Beilsteins Handbuch der Organischen Chemie

Beilsteins Handbuch der Organischen Chemie

Vierte Auflage

Drittes und Viertes Ergänzungswerk

Die Literatur von 1930 bis 1959 umfassend

Herausgegeben vom
Beilstein-Institut für Literatur der Organischen Chemie
Frankfurt am Main

Bearbeitet von

Reiner Luckenbach

Unter Mitwirkung von

Oskar Weissbach

Erich Bayer · Reinhard Ecker · Adolf Fahrmeir · Friedo Giese
Volker Guth · Irmgard Hagel · Franz-Josef Heinen · Günter Imsieke
Ursula Jacobshagen · Rotraud Kayser · Klaus Koulen · Bruno Langhammer
Lothar Mähler · Annerose Naumann · Wilma Nickel · Burkhard Polenski
Peter Raig · Helmut Rockelmann · Thilo Schmitt · Jürgen Schunck
Eberhard Schwarz · Josef Sunkel · Achim Trede · Paul Vincke

Sechsundzwanzigster Band

Zweiter Teil

Springer-Verlag Berlin Heidelberg New York 1982

ISBN 3-540-11468-8 Springer-Verlag Berlin Heidelberg New York
ISBN 0-387-11468-8 Springer-Verlag New York Heidelberg Berlin

© by Springer-Verlag Berlin Heidelberg 1982
Library of Congress Catalog Card Number: 22 – 79
Printed in Germany

Satz, Druck und Bindearbeiten: Universitätsdruckerei H. Stürtz AG, 8700 Würzburg
2151/3120-543210

Mitarbeiter der Redaktion

Helmut Appelt
Gerhard Bambach
Klaus Baumberger
Elise Blazek
Kurt Bohg
Reinhard Bollwan
Jörg Bräutigam
Ruth Brandt
Eberhard Breither
Werner Brich
Stephanie Corsepius
Edelgard Dauster
Edgar Deuring
Ingeborg Deuring
Irene Eigen
Hellmut Fiedler
Franz Heinz Flock
Manfred Frodl
Ingeborg Geibler
Libuse Goebels
Gertraud Griepke
Gerhard Grimm
Karl Grimm
Friedhelm Gundlach
Hans Härter
Alfred Haltmeier
Erika Henseleit

Karl-Heinz Herbst
Ruth Hintz-Kowalski
Guido Höffer
Eva Hoffmann
Horst Hoffmann
Gerhard Hofmann
Gerhard Jooss
Klaus Kinsky
Heinz Klute
Ernst Heinrich Koetter
Irene Kowol
Olav Lahnstein
Alfred Lang
Gisela Lange
Dieter Liebegott
Sok Hun Lim
Gerhard Maleck
Edith Meyer
Kurt Michels
Ingeborg Mischon
Klaus-Diether Möhle
Gerhard Mühle
Heinz-Harald Müller
Ulrich Müller
Peter Otto
Rainer Pietschmann
Helga Pradella

Hella Rabien
Walter Reinhard
Gerhard Richter
Lutz Rogge
Günter Roth
Siegfried Schenk
Max Schick
Joachim Schmidt
Gerhard Schmitt
Peter Schomann
Cornelia Schreier
Wolfgang Schütt
Wolfgang Schurek
Bernd-Peter Schwendt
Wolfgang Staehle
Wolfgang Stender
Karl-Heinz Störr
Gundula Tarrach
Hans Tarrach
Elisabeth Tauchert
Mathilde Urban
Rüdiger Walentowski
Hartmut Wehrt
Hedi Weissmann
Frank Wente
Ulrich Winckler
Renate Wittrock

Hinweis für Benutzer

Falls Sie Probleme beim Arbeiten mit dem Beilstein-Handbuch haben, ziehen Sie bitte den vom Beilstein-Institut entwickelten „Leitfaden" zu Rate. Er steht Ihnen — ebenso wie weiteres Informationsmaterial über das Beilstein-Handbuch — auf Anforderung kostenlos zur Verfügung.

Beilstein-Institut   Springer-Verlag
für Literatur der Organischen Chemie   Abt. 4005
Varrentrappstrasse 40–42   Heidelberger Platz 3
D-6000 Frankfurt/M. 90   D-1000 Berlin 33

Note for Users

Should you encounter difficulties in using the Beilstein Handbook please refer to the guideline „How to Use Beilstein", developed for users by the Beilstein Institute. This guideline (also available in Japanese), together with other informational material on the Beilstein Handbook, can be obtained free of charge by writing to

Beilstein-Institut   Springer-Verlag
für Literatur der Organischen Chemie   Abt. 4005
Varrentrappstrasse 40–42   Heidelberger Platz 3
D-6000 Frankfurt/M. 90   D-1000 Berlin 33

For those users of the Beilstein Handbook who are unfamiliar with the German language, a pocket-format "Beilstein Dictionary" (German/English) has been compiled by the Beilstein editorial staff and is also available free of charge. The contents of this dictionary are also to be found in volume 22/7 on pages XXIX to LV.

Inhalt – Contents

Abkürzungen und Symbole – Abbreviations and Symbols IX
Transliteration von russischen Autorennamen – Key to the Russian
   Alphabet for Authors' Names XI

Stereochemische Bezeichnungsweisen sowie Verzeichnis der Literatur-
Quellen und ihrer Kürzungen s. Bd. **26**, Teilband 1, S. XI, XXIX.

Dritte Abteilung

Heterocyclische Verbindungen

17. Verbindungen mit drei cyclisch gebundenen Stickstoff-Atomen

IV. Carbonsäuren

A. Monocarbonsäuren . . . . · 931
B. Dicarbonsäuren . . . . · · 963
C. Tricarbonsäuren . . . . · · 984
D. Tetracarbonsäuren . . . . · · 999
E. Hydroxycarbonsäuren .1002
F. Oxocarbonsäuren 1006
G. Hydroxy-oxo-carbonsäuren 1051

V. Sulfonsäuren

1053

VI. Amine

A. Monoamine 1071
B. Diamine 1161
C. Triamine 1253
D. Tetraamine 1306
E. Hydroxyamine 1306
F. Oxoamine 1351
G. Hydroxy-oxo-amine 1399
H. Aminocarbonsäuren 1403
J. Aminosulfonsäuren 1427

VII. Hydroxylamine 1430

VIII. Hydrazine 1432

IX. Azo-Verbindungen 1442

X. Diazonium-Verbindungen 1447

XI. Nitrosoamine 1447

XII. Nitramine 1449

XIII. Triazane und XIV. Triazene 1451

XV. C-Phosphor-Verbindungen 1452

XVI. C-Quecksilber-Verbindungen 1453

Sachregister 1455

Formelregister 1542

Abkürzungen und Symbole[1]

A.	Äthanol
Acn.	Aceton
Ae.	Diäthyläther
äthanol.	äthanolisch
alkal.	alkalisch
Anm.	Anmerkung
at	technische Atmosphäre (98 066,5 $N \cdot m^{-2}$ $= 0,980665$ bar $= 735,559$ Torr)
atm	physikalische Atmosphäre
Aufl.	Auflage
B.	Bildungsweise(n), Bildung
Bd.	Band
Bzl.	Benzol
bzw.	beziehungsweise
c	Konzentration einer optisch aktiven Verbindung in g/100 ml Lösung
D	1) Debye (Dimension des Dipolmoments)
	2) Dichte (z.B. D_4^{20}: Dichte bei 20° bezogen auf Wasser von 4°)
d	Tag
$D(R-X)$	Dissoziationsenergie der Verbindung RX in die freien Radikale $R^{\bullet}$ und $X^{\bullet}$
Diss.	Dissertation
DMF	Dimethylformamid
DMSO	Dimethylsulfoxid
E	1) Erstarrungspunkt
	2) Ergänzungswerk des Beilstein-Handbuchs
E.	Äthylacetat
Eg.	Essigsäure (Eisessig)
engl. Ausg.	englische Ausgabe
EPR	Elektronen-paramagnetische Resonanz ($=$ ESR)
F	Schmelzpunkt (-bereich)
Gew.-%	Gewichtsprozent
grad	Grad
H	Hauptwerk des Beilstein-Handbuchs
h	Stunde
Hz	Hertz ($= s^{-1}$)
K	Grad Kelvin
konz.	konzentriert
korr.	korrigiert

Abbreviations and Symbols[2]

	ethanol
	acetone
	diethyl ether
	solution in ethanol
	alkaline
	footnote
	technical atmosphere
	physical (standard) atmosphere
	edition
	formation
	volume
	benzene
	or, respectively
	concentration of an optically active compound in g/100 ml solution
	1) Debye (dimension of dipole moment)
	2) density (e.g. D_4^{20}: density at 20° related to water at 4°)
	day
	dissociation energy of the compound RX to form the free radicals $R^{\bullet}$ and $X^{\bullet}$
	dissertation, thesis
	dimethylformamide
	dimethylsulfoxide
	1) freezing (solidification) point
	2) Beilstein supplementary series
	ethyl acetate
	acetic acid
	english edition
	electron paramagnetic resonance ($=$ ESR)
	melting point (range)
	percent by weight
	degree
	Beilstein basic series
	hour
	cycles per second ($= s^{-1}$)
	degree Kelvin
	concentrated
	corrected

[1] Bezüglich weiterer, hier nicht aufgeführter Symbole und Abkürzungen für physikalisch-chemische Grössen und Einheiten siehe

[2] For other symbols and abbreviations for physicochemical quantities and units not listed here see

International Union of Pure and Applied Chemistry Manual of Symbols and Terminology for Physicochemical Quantities and Units (1969) [London 1970].

Kp	Siedepunkt (-bereich)	boiling point (range)
l	1) Liter	1) litre
	2) Rohrlänge in dm	2) length of cell in dm
$[M]_\lambda^t$	molares optisches Drehungsvermögen für Licht der Wellenlänge λ bei der Temperatur t	molecular rotation for the wavelength λ and the temperature t
m	1) Meter	1) metre
	2) Molarität einer Lösung	2) molarity of solution
Me.	Methanol	methanol
n	1) Normalität einer Lösung	1) normality of solution
	2) nano $(=10^{-9})$	2) nano $(=10^{-9})$
	3) Brechungsindex (z.B. $n_{656,1}^{15}$: Brechungsindex für Licht der Wellenlänge 656,1 nm bei 15°)	3) refractive index (e.g. $n_{656,1}^{15}$: refractive index for the wavelength 656.1 nm and 15°)
opt.-inakt.	optisch inaktiv	optically inactive
p	Konzentration einer optisch aktiven Verbindung in g/100 g Lösung	concentration of an optically active compound in g/100 g solution
PAe.	Petroläther, Benzin, Ligroin	petroleum ether, ligroin
Py.	Pyridin	pyridine
S.	Seite	page
s	Sekunde	second
s.	siehe	see
s. a.	siehe auch	see also
s. o.	siehe oben	see above
sog.	sogenannt	so called
Spl.	Supplement	supplement
… stdg.	… stündig (z.B. 3-stündig)	for … hours (e.g. for 3 hours)
s. u.	siehe unten	see below
Syst.-Nr.	System-Nummer	system number
THF	Tetrahydrofuran	tetrahydrofuran
Tl.	Teil	part
Torr	Torr $(=$mm Quecksilber)	torr $(=$millimetre of mercury)
unkorr.	unkorrigiert	uncorrected
unverd.	unverdünnt	undiluted
verd.	verdünnt	diluted
vgl.	vergleiche	compare (cf.)
wss.	wässrig	aqueous
z. B.	zum Beispiel	for example (e.g.)
Zers.	Zersetzung	decomposition
zit. bei	zitiert bei	cited in
α_λ^t	optisches Drehungsvermögen (Erläuterung s. bei $[M]_\lambda^t$)	angle of rotation (for explanation see $[M]_\lambda^t$)
$[\alpha]_\lambda^t$	spezifisches optisches Drehungsvermögen (Erläuterung s. bei $[M]_\lambda^t$)	specific rotation (for explanation see $[M]_\lambda^t$)
ε	1) Dielektrizitätskonstante	1) dielectric constant, relative permittivity
	2) Molarer dekadischer Extinktionskoeffizient	2) molar extinction coefficient
$\lambda_{(max)}$	Wellenlänge (eines Absorptionsmaximums)	wavelength (of an absorption maximum)
μ	Mikron $(=10^{-6}$ m)	micron $(=10^{-6}$ m)
°	Grad Celsius oder Grad (Drehungswinkel)	degree Celsius or degree (angle of rotation)

Transliteration von russischen Autorennamen
Key to the Russian Alphabet for Authors' Names

Russisches Schriftzeichen		Deutsches Äquivalent (BEILSTEIN)	Englisches Äquivalent (Chemical Abstracts)	Russisches Schriftzeichen		Deutsches Äquivalent (BEILSTEIN)	Englisches Äquivalent (Chemical Abstracts)
А	а	a	a	Р	р	r	r
Б	б	b	b	С	с	š	s
В	в	w	v	Т	т	t	t
Г	г	g	g	У	у	u	u
Д	д	d	d	Ф	ф	f	f
Е	е	e	e	Х	х	ch	kh
Ж	ж	sh	zh	Ц	ц	z	ts
З	з	s	z	Ч	ч	tsch	ch
И	и	i	i	Ш	ш	sch	sh
Й	й	ĭ	ĭ	Щ	щ	schtsch	shch
К	к	k	k	Ы	ы	y	y
Л	л	l	l		ь	'	'
М	м	m	m	Э	э	ė	e
Н	н	n	n	Ю	ю	ju	yu
О	о	o	o	Я	я	ja	ya
П	п	p	p				

Transliteration von russischen Autorennamen
Key to the Russian Alphabet for Authors' Names

Russisches Schriftzeichen	Deutsches Äquivalent (Hauptteil)	Englisches Äquivalent (Chemical Abstracts)		Russisches Schriftzeichen	Deutsches Äquivalent (Hauptteil)	Englisches Äquivalent (Chemical Abstracts)
А	a	a		Р	r	r
Б	b	b		С	s	s
В	w	v		Т	t	t
Г	g	g		У	u	u
Д	d	d		Ф	f	f
Е	e	e		Х	ch	kh
Ж	sh	zh		Ц	z	ts
З	s	z		Ч	tsch	ch
И	i	i		Ш	sch	sh
Й	i	i		Щ	schtsch	shch
К	k	k		Ъ		
Л	l	l		Ы	y	y
М	m	m		Ь		
Н	n	n		Э	e	e
О	o	o		Ю	ju	yu
П	p	p		Я	ja	ya

Heterocyclische Verbindungen

Verbindungen mit drei cyclisch gebundenen Stickstoff-Atomen

Dritte Abteilung

Heterocyclische Verbindungen

Verbindungen mit drei cyclisch gebundenen Stickstoff-Atomen

IV. Carbonsäuren

A. Monocarbonsäuren

Monocarbonsäuren $C_nH_{2n-1}N_3O_2$

(±)-1-Phenyl-4,5-dihydro-1H-[1,2,3]triazol-4-carbonitril $C_9H_8N_4$, Formel I.
Bestätigung der Konstitution: *Huisgen et al.*, B. **99** [1966] 475, 482.
B. Aus Acrylonitril und Azidobenzol (*Gurwitsch, Terent'ew*, Sbornik Statei obšč. Chim.
1953 409, 412; C. A. **1955** 1047; *Hu. et al.*, l. c. S. 489).
Kristalle; F: 98° [Zers.] (*Gu., Te.*), 96,5–97,5° [aus Me.] (*Hu. et al.*, l. c. S. 489).
In dem von *Gurwitsch, Terent'ew* beim Erhitzen erhaltenen Präparat hat nicht 3-Anilino-
propionitril, sondern vermutlich 1-Phenyl-aziridin-2-carbonitril $C_9H_8N_2$ vorgelegen
(*Szeimies, Huisgen*, B. **99** [1966] 491, 495, 502).

Monocarbonsäuren $C_nH_{2n-3}N_3O_2$

Carbonsäuren $C_3H_3N_3O_2$

1H-[1,2,3]Triazol-4-carbonsäure $C_3H_3N_3O_2$, Formel II (R = H) und Taut. (H 277; E I 86).
B. Bei der Oxidation von 1H-[1,2,3]Triazol-4-carbaldehyd mit $KMnO_4$ in wss. KOH (*Wiley
et al.*, Am. Soc. **76** [1954] 4933; *Hüttel, Welzel*, A. **593** [1955] 207, 213). Aus 4-Methyl-1H-
[1,2,3]triazol mit Hilfe von CrO_3 in Essigsäure (*Hü., We.*).
Kristalle (aus H_2O); F: 222–224° [unkorr.] (*Pedersen*, Acta chem. scand. **13** [1959] 888,
890).
Äthylester $C_5H_7N_3O_2$. *B.* Aus der Säure [s. o.] (*Yamata et al.*, J. pharm. Soc. Japan
77 [1957] 452, 454; C. A. **1957** 14697). – Kristalle (aus H_2O); F: 117–118° (*Ya. et al.*).
Amid $C_3H_4N_4O$ (H 277). *B.* Aus dem Äthylester (s. o.) und wss. NH_3 (*Ya. et al.*). –
Kristalle (aus Eg.); F: 253–254° [Zers.] (*Ya. et al.*).
Hydrazid $C_3H_5N_5O$. *B.* Aus dem Äthylester (s. o.) und $N_2H_4 \cdot H_2O$ (*Ya. et al.*; s. a.
Meltzer et al., J. Am. pharm. Assoc. **42** [1953] 594, 596). – Kristalle; F: 260° [Zers.; aus
wss. A.] (*Ya. et al.*), 252–253° [Zers.; aus H_2O] (*Me. et al.*).
Azid $C_3H_2N_6O$; 1H-[1,2,3]Triazol-4-carbonylazid. *B.* Aus dem Hydrazid (s. o.) und
HNO_2 (*Ya. et al.*). – Kristalle; F: 143° [Zers.] (*Ya. et al.*).

1-Methyl-1H-[1,2,3]triazol-4-carbonsäure $C_4H_5N_3O_2$, Formel II (R = CH_3).
B. Bei der Oxidation von 1-Methyl-1H-[1,2,3]triazol-4-carbaldehyd mit Ag_2O oder mit
$KMnO_4$ (*Hüttel, Gebhardt*, A. **558** [1947] 34, 40; *Hüttel, Welzel*, A. **593** [1955] 207, 213).
Aus Propiolsäure und Methylazid in Toluol (*Pedersen*, Acta chem. scand. **13** [1959] 888, 890).
Kristalle; F: 224° [Zers.] (*Hü., Ge.; Hü., We.*), 218–219° [unkorr.; aus H_2O] (*Pe.*).
Azid $C_4H_4N_6O$; 1-Methyl-1H-[1,2,3]triazol-4-carbonylazid. *B.* Aus der Säure (s. o.)
bei aufeinanderfolgender Umsetzung mit PCl_5 und mit wss. NaN_3 (*Pe.*). – Zers. bei 152–154°
[unkorr.] unter Bildung von 1-Methyl-1H-[1,2,3]triazol-4-ylisocyanat(?) vom F: 215–217° (*Pe.*).

1-Phenyl-1H-[1,2,3]triazol-4-carbonsäure $C_9H_7N_3O_2$, Formel II (R = C_6H_5) (H 278; E I 86).
B. Beim Behandeln von 1-Phenyl-1H-[1,2,3]triazol-4-carbaldehyd in wss. Äthanol mit $AgNO_3$
und wss. NaOH (*Hüttel*, B. **74** [1941] 1680, 1687). Aus [1-Phenyl-1H-[1,2,3]triazol-4-yl]-methanol

mit Hilfe von wss. KMnO$_4$ (*Mugnaini, Grünanger,* R.A.L. [8] **14** [1953] 95, 96, 275, 276).
λ_{max} (A.): 247 nm (*Rondestvedt, Chang,* Am. Soc. **77** [1955] 6532, 6537).
Äthylester $C_{11}H_{11}N_3O_2$. Kristalle (aus wss. A.); F: 88°; Kp$_{22}$: 210° (*Borsche et al.,*
A. **554** [1943] 15, 22).

1-[4-Nitro-phenyl]-1*H*-[1,2,3]triazol-4-carbonsäure $C_9H_6N_4O_4$, Formel II (R = C_6H_4-NO$_2$)
(H 278; dort als 1-[x-Nitro-phenyl]-1*H*-[1,2,3]triazol-4-carbonsäure formuliert).
B. Beim Behandeln von 1-[4-Nitro-phenyl]-1*H*-benzotriazol-4,7-diol mit wss. NaBrO (*Caronna, Palazzo,* G. **82** [1952] 292, 294).
Hellgelbe Kristalle (aus A.); F: 202°.

2-Phenyl-2*H*-[1,2,3]triazol-4-carbonsäure $C_9H_7N_3O_2$, Formel III (X = OH, X' = X'' = H)
(H 278; E II 154).
B. Aus 2-Phenyl-2*H*-[1,2,3]triazol-4-carbaldehyd (*Riebsomer, Sumrell,* J. org. Chem. **13** [1948] 807, 810; *Posternak et al.,* Helv. **41** [1958] 235, 240) oder aus D$_r$-1cat$_F$-[2-Phenyl-2*H*-[1,2,3]triazol-4-yl]-butan-1t_F,2c_F,3r_F,4-tetraol (*Ri., Su.; Toldy et al.,* Acta chim. hung. **4** [1954] 303, 310; *El Khadem, El-Shafei,* Soc. **1958** 3117; s. a. *Hardegger, Schreier,* Helv. **35** [1952] 232, 244) mit Hilfe von KMnO$_4$.
Kristalle (aus A.); F: 196°; bei 150° sublimierbar (*Castle,* Mikroch. Acta **1953** 196, 198). Orthorhombisch; Kristalloptik: *Ca.* λ_{max} (A.): 270 nm (*El Kh., El-Sh.*).

I   II   III   IV

2-[3-Brom-phenyl]-2*H*-[1,2,3]triazol-4-carbonsäure $C_9H_6BrN_3O_2$, Formel III (X = OH, X' = Br, X'' = H).
B. Aus D$_r$-1cat$_F$-[2-(3-Brom-phenyl)-2*H*-[1,2,3]triazol-4-yl]-butan-1t_F,2c_F,3r_F,4-tetraol mit Hilfe von KMnO$_4$ (*El Khadem, El-Shafei,* Soc. **1959** 1655, 1658).
Kristalle (aus wss. A.); F: 197—198°. λ_{max} (A.): 270 nm.

2-[4-Brom-phenyl]-2*H*-[1,2,3]triazol-4-carbonsäure $C_9H_6BrN_3O_2$, Formel III (X = OH, X' = H, X'' = Br).
B. Analog der vorangehenden Verbindung (*El Khadem, El-Shafei,* Soc. **1958** 3117). Aus 2-Phenyl-2*H*-[1,2,3]triazol-4-carbonsäure und Brom in H$_2$O (*El Kh., El-Sh.*).
Kristalle (aus wss. A.); F: 236°. λ_{max} (A.): 280 nm.

2-[4-Nitro-phenyl]-2*H*-[1,2,3]triazol-4-carbonsäure $C_9H_6N_4O_4$, Formel III (X = OH, X' = H, X'' = NO$_2$).
B. Beim Nitrieren von 2-Phenyl-2*H*-[1,2,3]triazol-4-carbonsäure (*Riebsomer, Sumrell,* J. org. Chem. **13** [1948] 807, 813). Aus 2-[4-Nitro-phenyl]-2*H*-[1,2,3]triazol-4-carbaldehyd mit Hilfe von KMnO$_4$ (*Bishop,* Sci. **117** [1953] 715).
Kristalle; F: 236—238° [aus A.] (*Ri., Su.*), 236—237° [aus H$_2$O] (*Bi.*).

3-Phenyl-3*H*-[1,2,3]triazol-4-carbonsäure $C_9H_7N_3O_2$, Formel IV (X = X' = X'' = H)
(H 278).
B. Aus [3-Phenyl-3*H*-[1,2,3]triazol-4-yl]-methanol mit Hilfe von KMnO$_4$ (*Mugnaini, Grünanger,* R.A.L. [8] **14** [1953] 95, 96, 275, 276).
Kristalle; F: 190° (*Ramart-Lucas, Hoch,* Bl. **1949** 447, 453), 176° [Zers.; aus H$_2$O] (*Mu., Gr.*). UV-Spektrum (A.; 210—300 nm): *Ra.-Lu., Hoch,* l. c. S. 450; *Dal Monte et al.,* G. **88** [1958] 977, 980, 988.

3-[2-Chlor-phenyl]-3H-[1,2,3]triazol-4-carbonsäure $C_9H_6ClN_3O_2$, Formel IV (X = Cl, X' = X'' = H).

B. Aus 1-[2-Chlor-phenyl]-5-methyl-1*H*-[1,2,3]triazol mit Hilfe von KMnO$_4$ (*Dal Monte, Veg‌getti*, Boll. scient. Fac. Chim. ind. Univ. Bologna **16** [1958] 1).

Kristalle (aus H$_2$O); F: 182° (*Dal Mo., Ve.*). Über die UV-Absorption (A.) s. *Dal Monte et al.*, G. **88** [1958] 977, 980.

3-[2,4-Dichlor-phenyl]-3H-[1,2,3]triazol-4-carbonsäure $C_9H_5Cl_2N_3O_2$, Formel IV (X = X' = Cl, X'' = H).

B. Analog der vorangehenden Verbindung (*Dal Monte, Veggetti*, Boll. scient. Fac. Chim. ind. Univ. Bologna **16** [1958] 1, 2).

Kristalle (aus wss. A.); F: 183–184° (*Dal Mo., Ve.*). λ_{max} (A.): 229 nm und 280 nm (*Dal Monte et al.*, G. **88** [1958] 977, 980.

3-[2,5-Dichlor-phenyl]-3H-[1,2,3]triazol-4-carbonsäure $C_9H_5Cl_2N_3O_2$, Formel IV (X = X'' = Cl, X' = H).

B. Analog den vorangehenden Verbindungen (*Dal Monte, Veggetti*, Boll. scient. Fac. Chim. ind. Univ. Bologna **16** [1958] 1, 2).

Kristalle (aus H$_2$O); F: 180° (*Dal Mo., Ve.*). λ_{max} (A.): 277 nm (*Dal Monte et al.*, G. **88** [1958] 977, 980.

2-Phenyl-2H-[1,2,3]triazol-4-carbonsäure-phenylester $C_{15}H_{11}N_3O_2$, Formel III (X = O-C$_6$H$_5$, X' = X'' = H).

B. Bei aufeinanderfolgender Umsetzung von 2-Phenyl-2*H*-[1,2,3]triazol-4-carbonsäure mit PCl$_5$ und mit Phenol (*Riebsomer, Sumrell*, J. org. Chem. **13** [1948] 807, 812).

Kristalle (aus A.); F: 111–112°.

2-Phenyl-2H-[1,2,3]triazol-4-carbonsäure-[2-diäthylamino-äthylester] $C_{15}H_{20}N_4O_2$, Formel III (X = O-CH$_2$-CH$_2$-N(C$_2$H$_5$)$_2$, X' = X'' = H).

B. Analog der vorangehenden Verbindung (*Riebsomer, Sumrell*, J. org. Chem. **13** [1948] 807, 813).

Hydrochlorid $C_{15}H_{20}N_4O_2 \cdot HCl$. Kristalle (aus A.); F: 189–190°.

1-Phenyl-1H-[1,2,3]triazol-4-carbonsäure-[1-phenyl-1H-[1,2,3]triazol-4-ylmethylester] $C_{18}H_{14}N_6O_2$, Formel V.

B. In geringer Menge aus 1-Phenyl-1*H*-[1,2,3]triazol-4-carbaldehyd mit Hilfe von methanol. Natriummethylat (*Hüttel, Gebhardt*, A. **558** [1947] 34, 40, 47).

Kristalle (aus Bzl.); F: 145°.

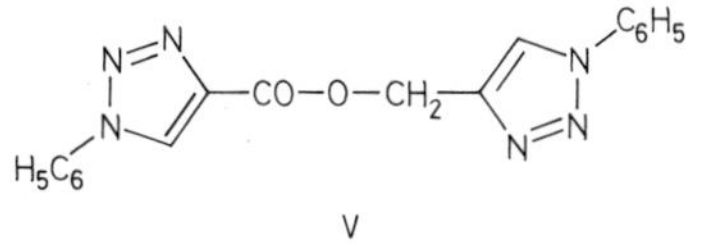

V 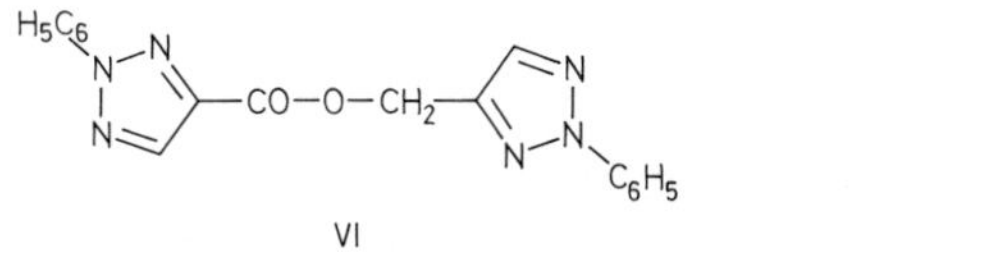   VI

2-Phenyl-2H-[1,2,3]triazol-4-carbonsäure-[2-phenyl-2H-[1,2,3]triazol-4-ylmethylester] $C_{18}H_{14}N_6O_2$, Formel VI.

B. Aus 2-Phenyl-2*H*-[1,2,3]triazol-4-carbonylchlorid und [2-Phenyl-2*H*-[1,2,3]triazol-4-yl]-methanol in Pyridin (*Riebsomer, Stauffer*, J. org. Chem. **16** [1951] 1643, 1645).

Kristalle (aus A.); F: 123–124°.

2-Phenyl-2H-[1,2,3]triazol-4-carbonsäure-amid $C_9H_8N_4O$, Formel III (X = NH$_2$, X' = X'' = H) (H 279).

B. Aus 2-Phenyl-2*H*-[1,2,3]triazol-4-carbonsäure bei aufeinanderfolgender Umsetzung mit PCl$_5$ und mit konz. wss. NH$_3$ (*Riebsomer, Sumrell*, J. org. Chem. **13** [1948] 807, 812).

Kristalle (aus A.); F: 142–143°.

2-Phenyl-2H-[1,2,3]triazol-4-carbonsäure-anilid $C_{15}H_{12}N_4O$, Formel III (X = NH-C_6H_5, X' = X'' = H).

B. Analog der vorangehenden Verbindung (*Riebsomer, Sumrell*, J. org. Chem. **13** [1948] 807, 813).

Kristalle (aus A.); F: 154–155°.

4-[2-Phenyl-2H-[1,2,3]triazol-4-carbonylamino]-benzoesäure-[2-phenyl-2H-[1,2,3]triazol-4-yl≈ methylester] $C_{25}H_{19}N_7O_3$, Formel VII.

B. Aus 2-Phenyl-2H-[1,2,3]triazol-4-carbonylchlorid und 4-Amino-benzoesäure-[2-phenyl-2H-[1,2,3]triazol-4-ylmethylester] in Pyridin (*Riebsomer, Stauffer*, J. org. Chem. **16** [1951] 1643, 1645).

Gelbliche Kristalle (aus Butan-1-ol); F: 168–169°.

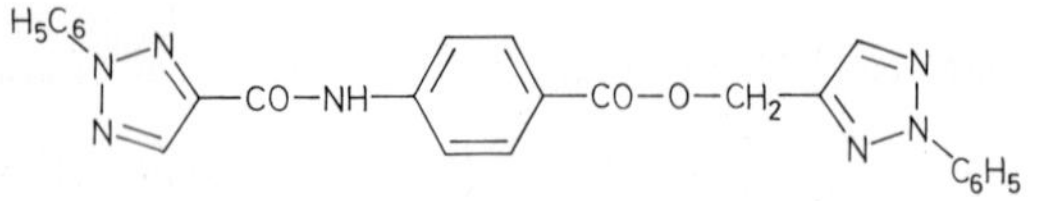

VII 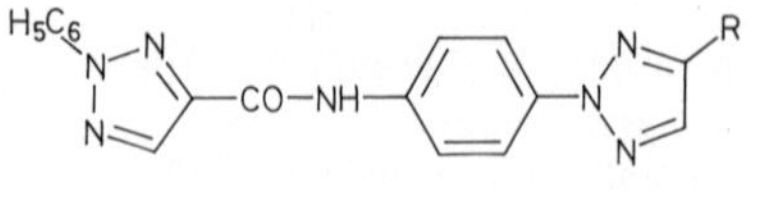   VIII

2-Phenyl-2H-[1,2,3]triazol-4-carbonsäure-[4-[1,2,3]triazol-2-yl-anilid] $C_{17}H_{13}N_7O$, Formel VIII (R = H).

B. Aus 2-Phenyl-2H-[1,2,3]triazol-4-carbonylchlorid und 4-[1,2,3]Triazol-2-yl-anilin in Pyridin (*Riebsomer, Stauffer*, J. org. Chem. **16** [1951] 1643, 1646).

Gelbliche Kristalle (aus Propan-1-ol); F: 178–179°.

2-Phenyl-2H-[1,2,3]triazol-4-carbonsäure-[4-(4-methyl-[1,2,3]triazol-2-yl)-anilid] $C_{18}H_{15}N_7O$, Formel VIII (R = CH$_3$).

B. Analog der vorangehenden Verbindung (*Riebsomer, Stauffer*, J. org. Chem. **16** [1951] 1643, 1646).

Kristalle (aus Butan-1-ol); F: 175–176°.

2-Phenyl-2H-[1,2,3]triazol-4-carbonsäure-[6-methoxy-[8]chinolylamid] $C_{19}H_{15}N_5O_2$, Formel IX.

B. Analog den vorangehenden Verbindungen (*Riebsomer, Stauffer*, J. org. Chem. **16** [1951] 1643, 1645).

Kristalle (aus Propan-1-ol); F: 182–183°.

3-Phenyl-3H-[1,2,3]triazol-4-carbonsäure-anilid $C_{15}H_{12}N_4O$, Formel X.

B. Aus 3-Phenyl-3H-[1,2,3]triazol-4-carbonsäure bei aufeinanderfolgender Umsetzung mit SOCl$_2$ und mit Anilin (*Borsche, Hahn*, A. **537** [1939] 219, 242).

Kristalle (aus wss. Me.); F: 168°.

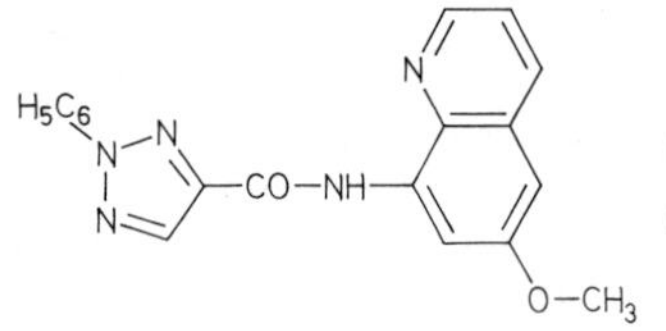

IX 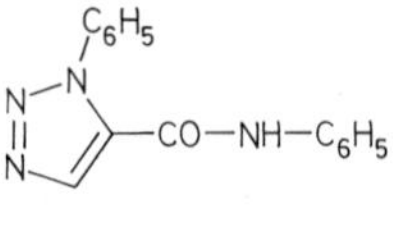   X 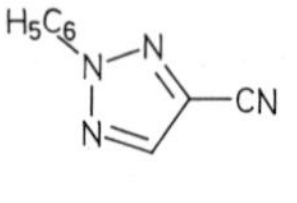   XI 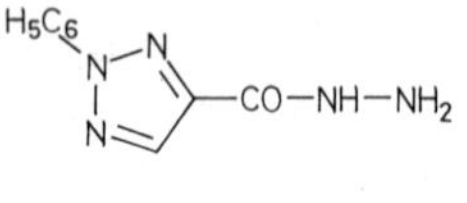   XII

2-Phenyl-2H-[1,2,3]triazol-4-carbonitril $C_9H_6N_4$, Formel XI (H 279).

B. Aus 2-Phenyl-2H-[1,2,3]triazol-4-carbaldehyd-oxim beim Erwärmen mit SOCl$_2$ in Benzol (*Riebsomer, Stauffer*, J. org. Chem. **16** [1951] 1643, 1644).

Kristalle (aus wss. A.); F: 88–89°.

2-Phenyl-2H-[1,2,3]triazol-4-carbonsäure-hydrazid $C_9H_9N_5O$, Formel XII.

B. Aus 2-Phenyl-2H-[1,2,3]triazol-4-carbonsäure-äthylester und $N_2H_4 \cdot H_2O$ (*Toldy et al.*, Acta chim. hung. **4** [1954] 303, 310).

Kristalle (aus Me.); F: 177−178°.

*1,5-Diphenyl-3-[2-phenyl-2H-[1,2,3]triazol-4-yl]-formazan $C_{24}H_{17}N_7$, Formel XIII.

B. Aus 2-Phenyl-2H-[1,2,3]triazol-4-carbaldehyd-phenylhydrazon und Benzoldiazoniumchlo≠ rid (*Cottrell et al.*, Soc. **1954** 2968).

Rote, gelb glänzende Kristalle (aus Nitromethan); F: 163−164°.

2-o-Tolyl-2H-[1,2,3]triazol-4-carbonsäure $C_{10}H_9N_3O_2$, Formel XIV (R = CH_3, R′ = X = H).

B. Aus $_D\text{r-1}cat_F$-[2-o-Tolyl-2H-[1,2,3]triazol-4-yl]-butan-1t_F,2c_F,3r_F,4-tetraol mit Hilfe von wss. $KMnO_4$ (*El Khadem, El-Shafei*, Soc. **1959** 1655, 1657).

Kristalle (aus wss. A.); F: 146°.

2-[4-Brom-2-methyl-phenyl]-2H-[1,2,3]triazol-4-carbonsäure $C_{10}H_8BrN_3O_2$, Formel XIV (R = CH_3, R′ = H, X = Br).

B. Analog der vorangehenden Verbindung (*El Khadem, El-Shafei*, Soc. **1959** 1655, 1657). Aus 2-o-Tolyl-2H-[1,2,3]triazol-4-carbonsäure und Brom in H_2O (*El Kh., El-Sh.*).

Kristalle (aus wss. A.); F: 198°.

2-[3-Carboxy-phenyl]-2H-[1,2,3]triazol-4-carbonsäure $C_{10}H_7N_3O_4$, Formel XIV (R = X = H, R′ = CO-OH).

B. Aus $_D\text{r-1}cat_F$-[2-m-Tolyl-2H-[1,2,3]triazol-4-yl]-butan-1t_F,2c_F,3r_F,4-tetraol mit Hilfe von wss. $KMnO_4$ (*El Khadem, El-Shafei*, Soc. **1959** 1655, 1657).

Kristalle (aus wss. A.); F: 312°. λ_{max} (A.): 272 nm.

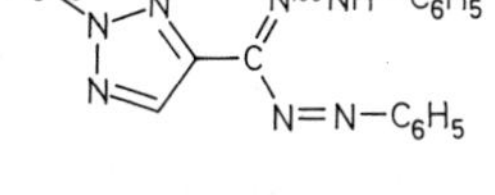

XIII 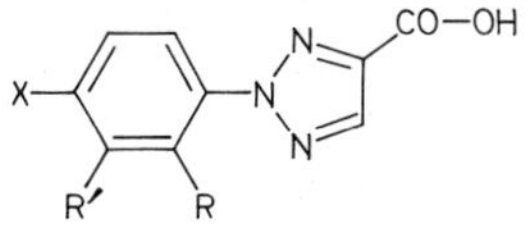   XIV 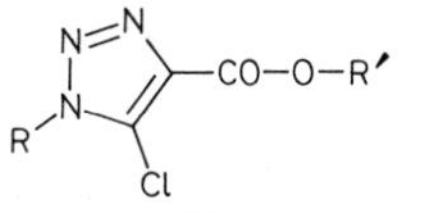   XV

2-[4-Carboxy-phenyl]-2H-[1,2,3]triazol-4-carbonsäure $C_{10}H_7N_3O_4$, Formel XIV (R = R′ = H, X = CO-OH).

B. Analog der vorangehenden Verbindung (*El Khadem, El-Shafei*, Soc. **1958** 3117).

Kristalle (aus A.); F: 344° [Zers.]. λ_{max} (A.): 282 nm.

2-[4-Arsono-phenyl]-2H-[1,2,3]triazol-4-carbonsäure $C_9H_8AsN_3O_5$, Formel XIV (R = R′ = H, X = AsO(OH)$_2$).

B. Beim Erhitzen von 2-[4-Arsono-phenyl]-2H-[1,2,3]triazol-4,5-dicarbonsäure mit CuO in Chinolin auf 190° (*Coles, Hamilton*, Am. Soc. **68** [1946] 1799).

F: >250°.

5-Chlor-1-phenyl-1H-[1,2,3]triazol-4-carbonsäure $C_9H_6ClN_3O_2$, Formel XV (R = C_6H_5, R′ = H) (H 280; E II 154).

B. Aus dem folgenden Methylester (*Lieber et al.*, J. org. Chem. **22** [1957] 654, 661).

F: 134° (*Li. et al.*, J. org. Chem. **22** 661; vgl. dagegen E II 154). IR-Banden (Nujol oder KBr; 1280−900 cm^{-1}): *Lieber et al.*, Canad. J. Chem. **36** [1958] 1441. λ_{max} (A.): 231 nm (*Li. et al.*, Canad. J. Chem. **36** 1441).

5-Chlor-1-phenyl-1H-[1,2,3]triazol-4-carbonsäure-methylester $C_{10}H_8ClN_3O_2$, Formel XV (R = C_6H_5, R′ = CH_3) (H 280).

B. Aus 5-Oxo-1-phenyl-4,5-dihydro-1H-[1,2,3]triazol-4-carbonsäure-methylester und PCl_5 (*Lieber et al.*, J. org. Chem. **22** [1957] 654, 661; Canad. J. Chem. **37** [1959] 118).

Kristalle (aus Me.); F: 87° (*Li. et al.*, Canad. J. Chem. **37** 119). λ_{max} (A.): 218 nm (*Lieber et al.*, Canad. J. Chem. **36** [1958] 1441).

1-Benzyl-5-chlor-1H-[1,2,3]triazol-4-carbonsäure-äthylester $C_{12}H_{12}ClN_3O_2$, Formel XV (R = CH_2-C_6H_5, R' = C_2H_5).
B. Analog der vorangehenden Verbindung (*Hoover, Day*, Am. Soc. **78** [1956] 5832, 5836).
Kristalle (aus A.); F: 67−68°.

1H-[1,2,4]Triazol-3-carbonsäure-äthylester $C_5H_7N_3O_2$, Formel I (R = X = H, R' = C_2H_5) und Taut.
B. Aus 1H-[1,2,4]Triazol-3-carbonsäure und äthanol. HCl (*Jones, Ainsworth*, Am. Soc. **77** [1955] 1538).
Kristalle (aus A.); F: 178°.

1-Phenyl-1H-[1,2,4]triazol-3-carbonsäure $C_9H_7N_3O_2$, Formel I (R = C_6H_5, R' = X = H) (H 281).
B. Aus 1-[1-Phenyl-1H-[1,2,4]triazol-3-yl]-äthanon mit Hilfe von $KMnO_4$ (*Wereschtschagina, Postowskiĭ*, Chimija chim. Technol. (NDVŠ) **1959** 341, 344; C. A. **1960** 510).
F: 197°.

1-[4-Chlor-phenyl]-1H-[1,2,4]triazol-3-carbonsäure $C_9H_6ClN_3O_2$, Formel I (R = C_6H_4-Cl, R' = X = H).
B. Analog der vorangehenden Verbindung (*Wereschtschagina, Postowskiĭ*, Chimija chim. Technol. (NDVŠ) **1959** 341, 344; C. A. **1960** 510).
F: 211−212°.

1-[4-Äthoxy-phenyl]-1H-[1,2,4]triazol-3-carbonsäure $C_{11}H_{11}N_3O_3$, Formel I (R = C_6H_4-O-C_2H_5, R' = X = H).
B. Analog den vorangehenden Verbindungen (*Wereschtschagina, Postowskiĭ*, Chimija chim. Technol. (NDVŠ) **1959** 341, 344; C. A. **1960** 510).
F: 192−193°.

5-Chlor-1-[4-nitro-phenyl]-1H-[1,2,4]triazol-3-carbonsäure-äthylester $C_{11}H_9ClN_4O_4$, Formel I (R = C_6H_4-NO_2, R' = C_2H_5, X = Cl).
B. Aus 1-[4-Nitro-phenyl]-5-oxo-4,5-dihydro-1H-[1,2,4]triazol-3-carbonsäure-äthylester, PCl_5 und $POCl_3$ (*Sharp, Hamilton*, Am. Soc. **68** [1946] 588, 590).
Kristalle (aus A.); F: 160−162°.

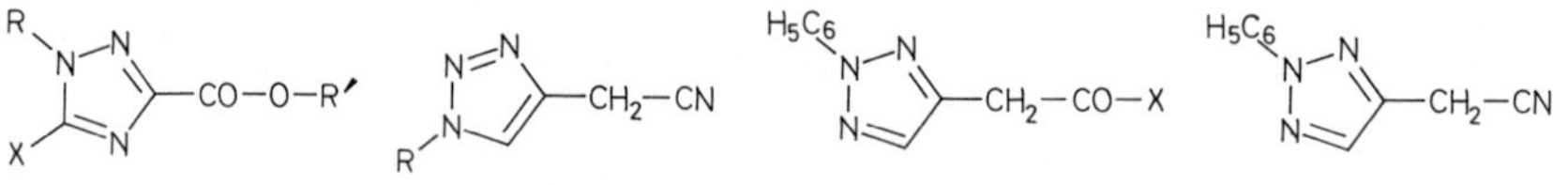

I   II   III   IV

Carbonsäuren $C_4H_5N_3O_2$

[1H-[1,2,3]Triazol-4-yl]-acetonitril $C_4H_4N_4$, Formel II (R = H) und Taut.
B. Neben geringen Mengen eines Acetyl-Derivats (s. u.) beim Erwärmen von 2-Hydroxyimino-3-[1H-[1,2,3]triazol-4-yl]-propionsäure mit Acetanhydrid (*Sheehan, Robinson*, Am. Soc. **71** [1949] 1436, 1438).
Kristalle (aus Bzl.); F: 91−91,5°.
Acetyl-Derivat $C_6H_6N_4O$. Kristalle (aus H_2O); Zers. bei 214°.

[1-Methyl-1H-[1,2,3]triazol-4-yl]-acetonitril $C_5H_6N_4$, Formel II (R = CH_3).
B. Analog der vorangehenden Verbindung (*Hüttel et al.*, A. **585** [1954] 115, 124).
Kristalle; F: 73−73,5°.

[2-Phenyl-2H-[1,2,3]triazol-4-yl]-essigsäure $C_{10}H_9N_3O_2$, Formel III (X = OH).

B. Aus [2-Phenyl-2H-[1,2,3]triazol-4-yl]-acetonitril oder aus dem folgenden Amid beim Behan≠ deln mit wss. NaOH (*Riebsomer, Stauffer*, J. org. Chem. **16** [1951] 1643, 1645; *Stein, D'Antoni*, Farmaco Ed. scient. **10** [1955] 235, 240).

Kristalle; F: 108−109° [aus wss. A.] (*Ri., St.*), 108−109° (*St., D'An.*).

[2-Phenyl-2H-[1,2,3]triazol-4-yl]-essigsäure-amid $C_{10}H_{10}N_4O$, Formel III (X = NH_2).

B. Beim Behandeln von 2-Diazo-1-[2-phenyl-2H-[1,2,3]triazol-4-yl]-äthanon mit $AgNO_3$ und konz. wss. NH_3 in Äthanol (*Stein, D'Antoni*, Farmaco Ed. scient. **10** [1955] 235, 239).

Kristalle (aus PAe.); F: 147,5−148°. UV-Spektrum (A.; 220−230 nm): *St., D'An.*, l. c. S. 238.

[1-Phenyl-1H-[1,2,3]triazol-4-yl]-acetonitril $C_{10}H_8N_4$, Formel II (R = C_6H_5).

B. Beim Behandeln von 2-Hydroxyimino-3-[1-phenyl-1H-[1,2,3]triazol-4-yl]-propionsäure mit Acetanhydrid und Natriumacetat (*Sheehan, Robinson*, Am. Soc. **73** [1951] 1207, 1210).

Kristalle (aus Bzl.+PAe.); F: 95−96°.

[2-Phenyl-2H-[1,2,3]triazol-4-yl]-acetonitril $C_{10}H_8N_4$, Formel IV.

B. Aus 4-Brommethyl-2-phenyl-2H-[1,2,3]triazol und KCN in wss. Äthanol (*Riebsomer, Stauffer*, J. org. Chem. **16** [1951] 1643, 1644).

Hellgelbe Kristalle (aus wss. A.); F: 53−54°.

5-Methyl-1H-[1,2,3]triazol-4-carbonsäure $C_4H_5N_3O_2$, Formel V (R = R' = H) und Taut. (H 281).

B. Beim Erhitzen von But-2-insäure mit HN_3 in Äther (*Hüttel, Welzel*, A. **593** [1955] 207, 214). Aus 1-[5-Methyl-1H-[1,2,3]triazol-4-yl]-äthanon beim Behandeln mit $K_2Cr_2O_7$ und wss. H_2SO_4 (*Quilico, Musante*, G. **71** [1941] 327, 340).

UV-Spektrum (A.; 210−270 nm): *Dal Monte et al.*, G. **88** [1958] 977, 980, 988.

1-[2-Chlor-phenyl]-5-methyl-1H-[1,2,3]triazol-4-carbonsäure $C_{10}H_8ClN_3O_2$, Formel V (R = C_6H_4-Cl, R' = H).

B. Aus 1-Azido-2-chlor-benzol bei aufeinanderfolgender Umsetzung mit Acetessigsäure-äthyl≠ ester in äthanol. Natriumäthylat und mit wss. NaOH (*Dal Monte, Veggetti*, Boll. scient. Fac. Chim. ind. Univ. Bologna **16** [1958] 1).

Kristalle (aus A.); F: 167° (*Dal Mo., Ve.*). UV-Spektrum (A.; 210−350 nm): *Dal Monte et al.*, G. **88** [1958] 977, 980, 988.

1-[2,5-Dichlor-phenyl]-5-methyl-1H-[1,2,3]triazol-4-carbonsäure $C_{10}H_7Cl_2N_3O_2$, Formel V (R = $C_6H_3Cl_2$, R' = H) (E II 155).

λ_{max} (A.): 277 nm und 285 nm (*Dal Monte et al.*, G. **88** [1958] 977, 980).

V   VI

5-Methyl-1-phenyl-1H-[1,2,3]triazol-4-carbonsäure-phenylester $C_{16}H_{13}N_3O_2$, Formel V (R = R' = C_6H_5).

B. Aus 5-Methyl-1-phenyl-1H-[1,2,3]triazol-4-carbonylchlorid und Phenol in Pyridin (*Ford, Mackay*, Soc. **1958** 1290, 1293).

Kristalle (aus PAe.); F: 146°.

5-Methyl-1-phenyl-1H-[1,2,3]triazol-4-carbonsäure-[4-nitro-phenylester] $C_{16}H_{12}N_4O_4$, Formel V (R = C_6H_5, R' = C_6H_4-NO_2).

B. Analog der vorangehenden Verbindung (*Ford, Mackay*, Soc. **1958** 1290, 1292).

Kristalle (aus A.); F: 224°.

5-Methyl-1-phenyl-1H-[1,2,3]triazol-4-carbonsäure-o-tolylester $C_{17}H_{15}N_3O_2$, Formel V
(R = C_6H_5, R' = C_6H_4-CH_3).
B. Analog den vorangehenden Verbindungen (*Ford, Mackay,* Soc. **1958** 1290, 1293).
Kristalle (aus Me.); F: 142°.

Bis-[5-methyl-1-phenyl-1H-[1,2,3]triazol-4-carbonyl]-peroxid $C_{20}H_{16}N_6O_4$, Formel VI.
B. Aus 5-Methyl-1-phenyl-1H-[1,2,3]triazol-4-carbonylchlorid und wss. alkal. H_2O_2 in
CH_2Cl_2 (*Ford, Mackay,* Soc. **1958** 1290, 1292; s. a. *Cooper,* Soc. **1952** 2408, 2415).
Kristalle; F: 167° [Zers.; aus CH_2Cl_2 + Ae.] (*Ford, Ma.*), 166° [Zers.; aus $CHCl_3$] (*Co.*).

5-Methyl-1-o-tolyl-1H-[1,2,3]triazol-4-carbonsäure $C_{11}H_{11}N_3O_2$, Formel VII (R = CH_3,
R' = H) (E II 156).
UV-Spektrum (A.; 210−280 nm): *Dal Monte et al.,* G. **88** [1958] 977, 980, 988.

1-[2-Chlor-4-methyl-phenyl]-5-methyl-1H-[1,2,3]triazol-4-carbonsäure $C_{11}H_{10}ClN_3O_2$,
Formel VII (R = Cl, R' = CH_3).
B. Aus 4-Azido-3-chlor-toluol bei aufeinanderfolgender Umsetzung mit Acetessigsäure-äthyl=
ester in äthanol. Natriumäthylat und mit wss. HCl (*Justoni,* Atti V. Congr. naz. Chim. pura
appl. Sardinien 1935, S. 370, 379).
Kristalle (aus H_2O); F: ca. 120°.

2-[4-Arsono-phenyl]-5-methyl-2H-[1,2,3]triazol-4-carbonsäure $C_{10}H_{10}AsN_3O_5$, Formel VIII
(X = H).
B. Beim Behandeln von [4-(4,5-Dimethyl-[1,2,3]triazol-2-yl)-phenyl]-arsonsäure mit $KMnO_4$
in wss. NaOH (*Coles, Hamilton,* Am. Soc. **68** [1946] 1799).
F: >250°.

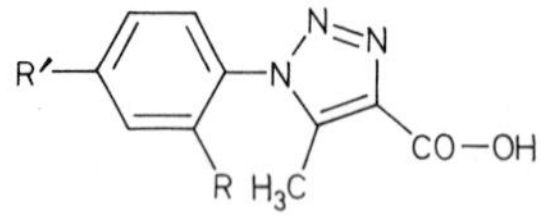

VII 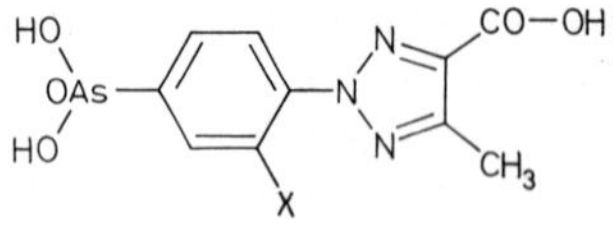   VIII

2-[4-Arsono-2-nitro-phenyl]-5-methyl-2H-[1,2,3]triazol-4-carbonsäure $C_{10}H_9AsN_4O_7$,
Formel VIII (X = NO_2).
B. Analog der vorangehenden Verbindung (*Coles, Hamilton,* Am. Soc. **68** [1946] 1799).
Kristalle (aus wss. HCl); F: >250°.
Äthylester $C_{12}H_{13}AsN_4O_7$. F: 189−209° [korr.; Zers.; nach Sintern bei 135−136°].

2-[2-Amino-4-arsono-phenyl]-5-methyl-2H-[1,2,3]triazol-4-carbonsäure $C_{10}H_{11}AsN_4O_5$,
Formel VIII (X = NH_2).
B. Bei der Hydrierung der vorangehenden Verbindung an Raney-Nickel in wss. NaOH
(*Coles, Hamilton,* Am. Soc. **68** [1946] 1799).
F: >250°.

[1H-[1,2,4]Triazol-3-yl]-essigsäure-äthylester $C_6H_9N_3O_2$, Formel IX (X = O-C_2H_5) und
Taut.
B. Aus [5-Thioxo-2,5-dihydro-1H-[1,2,4]triazol-3-yl]-essigsäure-äthylester beim Erwärmen mit
Raney-Nickel in Äthanol (*Ainsworth, Jones,* Am. Soc. **76** [1954] 5651, 5653).
Kristalle (aus A.); F: 82−83°.

[1H-[1,2,4]Triazol-3-yl]-essigsäure-amid $C_4H_6N_4O$, Formel IX (X = NH_2) und Taut.
B. Aus dem vorangehenden Äthylester und äthanol. NH_3 (*Ainsworth, Jones,* Am. Soc. **76**

[1954] 5651, 5653).

Kristalle (aus E.); F: 148 – 149°.

[1H-[1,2,4]Triazol-3-yl]-essigsäure-methylamid $C_5H_8N_4O$, Formel IX (X = NH-CH$_3$) und Taut.

B. Analog der vorangehenden Verbindung (*Ainsworth, Jones,* Am. Soc. **76** [1954] 5651, 5653).

Kristalle (aus Me. + A.); F: 180°.

[1H-[1,2,4]Triazol-3-yl]-essigsäure-dimethylamid $C_6H_{10}N_4O$, Formel IX (X = N(CH$_3$)$_2$) und Taut.

B. Analog den vorangehenden Verbindungen (*Ainsworth, Jones,* Am. Soc. **76** [1954] 5651, 5653).

Kristalle (aus A.); F: 103 – 104°.

[1H-[1,2,4]Triazol-3-yl]-acetonitril $C_4H_4N_4$, Formel X und Taut.

In dem von *Klosa* (Ar. **288** [1955] 452, 455) unter dieser Konstitution beschriebenen Präparat (rote Kristalle [aus Eg.]; Zers. ab 300°) hat wahrscheinlich ein Polymeres vorgelegen (*Browne, Polya,* Soc. **1962** 5149, 5150; vgl. auch *van der Plas, Jongejan,* R. **89** [1970] 680, 686).

Über die authentische Verbindung (F: 139°) s. *van der Plas, Jo.*

[4-Phenyl-4H-[1,2,4]triazol-3-yl]-acetonitril $C_{10}H_8N_4$, Formel XI (X = H).

B. Beim Erhitzen von *N,N'*-Diphenyl-formamidin mit Cyanessigsäure-hydrazid und Essig= säure (*Papini et al.,* G. **84** [1954] 769, 776; s. a. *Checchi, Ridi,* G. **87** [1957] 597, 611).

Kristalle; F: 158 – 160° [aus H$_2$O] (*Ch., Ridi*), 157° [aus A.] (*Pa. et al.*).

[4-(4-Äthoxy-phenyl)-4H-[1,2,4]triazol-3-yl]-acetonitril $C_{12}H_{12}N_4O$, Formel XI (X = O-C$_2$H$_5$).

B. Aus *N*-[4-Äthoxy-phenyl]-formamidin und Cyanessigsäure-hydrazid in Essigsäure (*Papini et al.,* G. **84** [1954] 769, 776).

Kristalle (aus H$_2$O); F: 192°.

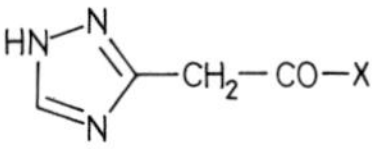

IX 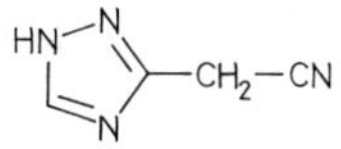   X 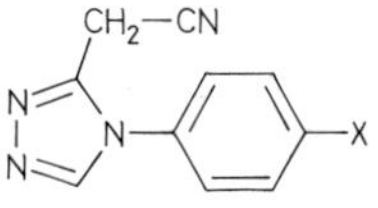   XI 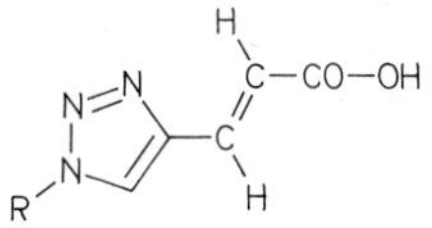   XII

Monocarbonsäuren $C_nH_{2n-5}N_3O_2$

Carbonsäuren $C_5H_5N_3O_2$

*3t(?)-[1-Methyl-1H-[1,2,3]triazol-4-yl]-acrylsäure $C_6H_7N_3O_2$, vermutlich Formel XII (R = CH$_3$).

B. Aus 1-Methyl-1H-[1,2,3]triazol-4-carbaldehyd bei der Umsetzung mit Malonsäure und anschliessenden Decarboxylierung (*Wiley et al.,* Am. Soc. **77** [1955] 3412).

Kristalle (aus H$_2$O); F: 218 – 220°.

*3t(?)-[2-Phenyl-2H-[1,2,3]triazol-4-yl]-acrylsäure $C_{11}H_9N_3O_2$, vermutlich Formel XIII.

B. Beim Erhitzen von 2-Phenyl-2H-[1,2,3]triazol-4-carbaldehyd mit Acetanhydrid und Na= triumacetat (*Riebsomer, Sumrell,* J. org. Chem. **13** [1948] 807, 811).

Kristalle (aus H$_2$O); F: 179 – 181°.

Äthylester $C_{13}H_{13}N_3O_2$. Kristalle (aus Me.); F: 64 – 66°.

*3t(?)-[1-Benzyl-1H-[1,2,3]triazol-4-yl]-acrylsäure $C_{12}H_{11}N_3O_2$, vermutlich Formel XII (R = CH$_2$-C$_6$H$_5$).

B. Aus 1-Benzyl-1H-[1,2,3]triazol-4-carbaldehyd bei der Umsetzung mit Malonsäure und

anschliessenden Decarboxylierung (*Wiley et al.*, Am. Soc. **77** [1955] 3412).
Kristalle (aus A.); F: 216−219°.

Carbonsäuren $C_6H_7N_3O_2$

5,6-Dimethyl-[1,2,4]triazin-3-carbonsäure-äthylester $C_8H_{11}N_3O_2$, Formel XIV (X = O-C$_2$H$_5$).
B. Aus 2-Thio-oxalamidsäure-äthylester (E III **2** 1595) bei aufeinanderfolgender Umsetzung mit $N_2H_4 \cdot H_2O$ und Butandion (*Schmidt, Druey*, Helv. **38** [1955] 1560, 1564).
Kp$_{0,18}$: 135−136°.

5,6-Dimethyl-[1,2,4]triazin-3-carbonsäure-amid $C_6H_8N_4O$, Formel XIV (X = NH$_2$).
B. Aus dem vorangehenden Äthylester und NH$_3$ (*Schmidt, Druey*, Helv. **38** [1955] 1560, 1563).
F: 169−171°.

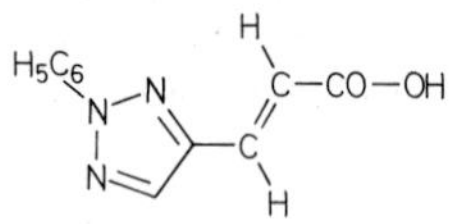

XIII 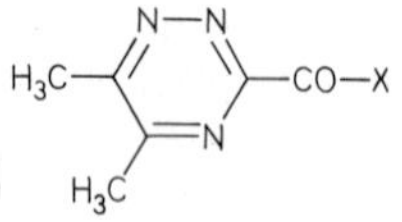   XIV 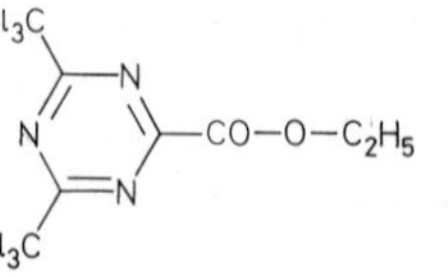   XV 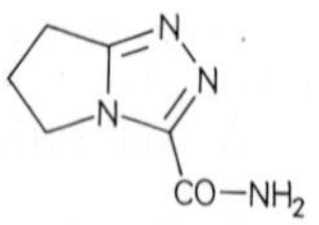   XVI

5,6-Dimethyl-[1,2,4]triazin-3-carbonsäure-hydrazid $C_6H_9N_5O$, Formel XIV (X = NH-NH$_2$).
B. Aus 5,6-Dimethyl-[1,2,4]triazin-3-carbonsäure-äthylester und $N_2H_4 \cdot H_2O$ (*Schmidt, Druey*, Helv. **38** [1955] 1560, 1563).
F: 156−157°.

4,6-Bis-trichlormethyl-[1,3,5]triazin-2-carbonsäure-äthylester $C_8H_5Cl_6N_3O_2$, Formel XV.
B. Als Hauptprodukt beim Behandeln von Trichloracetonitril mit Oxalsäure-äthylester-nitril und HCl (*Grundmann et al.*, A. **577** [1955] 77, 93).
Kristalle; F: 40° [nach Destillation bei 170−172°/4 Torr] (*Gr. et al.*). Kristalle (aus A.) mit 1 Mol Äthanol; F: 96−99° (*Gr. et al.*).
Reaktion mit wss. NH$_3$ bzw. NH$_3$-Gas unter verschiedenen Reaktionsbedingungen: *Kreutz= berger*, Am. Soc. **79** [1957] 2629.

6,7-Dihydro-5H-pyrrolo[2,1-c][1,2,4]triazol-3-carbonsäure-amid $C_6H_8N_4O$, Formel XVI.
B. Aus 5-Methoxy-3,4-dihydro-2H-pyrrol und Oxalamidsäure-hydrazid (*Petersen, Tietze*, B. **90** [1957] 909, 915).
Kristalle (aus H$_2$O) mit 2 Mol H$_2$O; F: 181°.

Carbonsäuren $C_7H_9N_3O_2$

4,5,6,7-Tetrahydro-1H-imidazo[4,5-c]pyridin-6-carbonsäure $C_7H_9N_3O_2$.

a) **(S)-4,5,6,7-Tetrahydro-1H-imidazo[4,5-c]pyridin-6-carbonsäure, (−)-Spinacin**, Formel I (R = H) und Taut. (E I 87; E II 157).
Nach Ausweis des Röntgen-Diagramms liegt in den Kristallen das 1H-Tautomere vor (*An= dreetti et al.*, G. **101** [1971] 625, 631).
Scheinbare Dissoziationsexponenten pK$'_{a1}$ und pK$'_{a2}$ (H$_2$O; potentiometrisch ermittelt) bei 25°: 4,73 bzw. 8,58 (*Neuberger*, Biochem. J. **38** [1944] 309, 310).
Hydrochlorid $C_7H_9N_3O_2 \cdot HCl$ (E I 87). Kristalle (aus wss. A.); F: 279−280° [unkorr.] (*Ne.*, l. c. S. 313).

b) **(±)-4,5,6,7-Tetrahydro-1H-imidazo[4,5-c]pyridin-6-carbonsäure, (±)-Spinacin**, Formel I (R = H)+Spiegelbild und Taut.
B. Aus DL-Histidin und Formaldehyd-dimethylacetal in wss. HCl (*Ackermann, Skraup*, Z. physiol. Chem. **284** [1944] 129).

Kristalle; F: 265° [unkorr.].

(S)-5-Hydroxymethyl-4,5,6,7-tetrahydro-1H-imidazo[4,5-c]pyridin-6-carbonsäure $C_8H_{11}N_3O_3$, Formel I (R = CH_2-OH) und Taut.

B. Aus L-Histidin oder aus der im vorangehenden Artikel unter a) beschriebenen Verbindung und wss. Formaldehyd (*Neuberger*, Biochem. J. **38** [1944] 309, 313).

Kristalle mit 1 Mol H_2O; F: 210—215° [unkorr.; Zers.]. $[\alpha]_D$: —84,6° [wss. NaOH (1,1 Äqui≠ valente NaOH); c = 1,6].

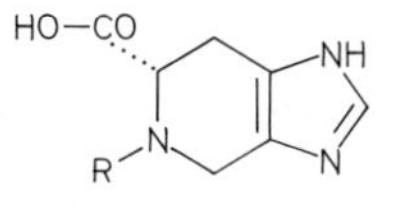

I 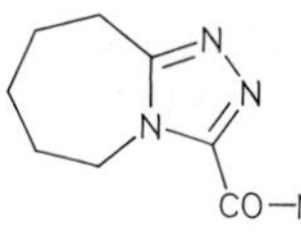   II 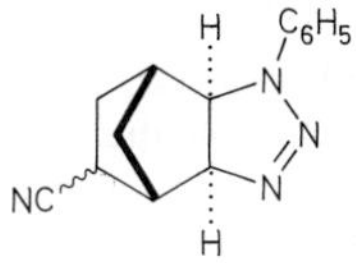   III 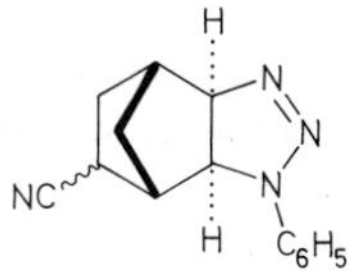   IV

Carbonsäuren $C_8H_{11}N_3O_2$

6,7,8,9-Tetrahydro-5H-[1,2,4]triazolo[4,3-a]azepin-3-carbonsäure-amid $C_8H_{12}N_4O$, Formel II.

B. Aus 7-Methoxy-3,4,5,6-tetrahydro-2H-azepin und Oxalamidsäure-hydrazid (*Petersen, Tietze*, B. **90** [1957] 909, 916).

Kristalle (aus H_2O); F: 191°.

(±)-1(oder 3)-Phenyl-(3at,7at)-3a,4,5,6,7,7a-hexahydro-1(oder 3)H-4r,7c-methano-benzotriazol-5ξ-carbonitril $C_{14}H_{14}N_4$, Formel III oder IV + Spiegelbilder.

B. Aus opt.-inakt. Norborn-5-en-2-carbonitril (Kp_{13}: 84—89°; Stereoisomerengemisch; s. *Alder et al.*, B. **91** [1958] 1516) und Azidobenzol (*Alder et al.*, B. **88** [1955] 144, 154).

F: 158° [aus Me.] (*Al. et al.*, B. **88** 154).

5-Chlor-1(oder 3)-phenyl-3a,4,5,6,7,7a-hexahydro-1(oder 3)H-4,7-methano-benzotriazol-5-carbonsäure-methylester $C_{15}H_{16}ClN_3O_2$.

a) **(±)-5t-Chlor-1(oder 3)-phenyl-(3at,7at)-3a,4,5,6,7,7a-hexahydro-1(oder 3)H-4r,7c-methano-benzotriazol-5c-carbonsäure-methylester**, Formel V (X = Cl) oder VI (X = Cl) + Spiegelbilder.

Präparat vom F: 166°. *B.* Neben dem Präparat vom F: 130° (s. u.) aus (±)-2endo-Chlor-norborn-5-en-2exo-carbonsäure bei aufeinanderfolgender Umsetzung mit Diazomethan und Azidobenzol (*Alder et al.*, A. **613** [1958] 6, 17). — Kristalle (aus Acn.); F: 166°.

Präparat vom F: 130°. *B.* s. o. — Kristalle (aus Me.); F: 130°.

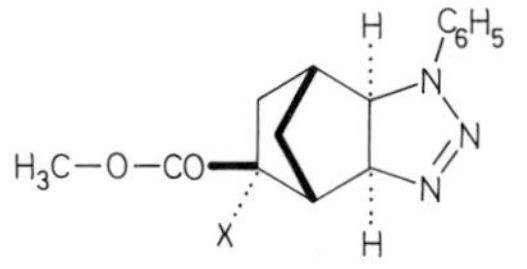

V 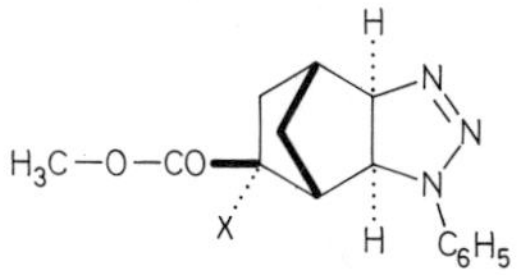   VI 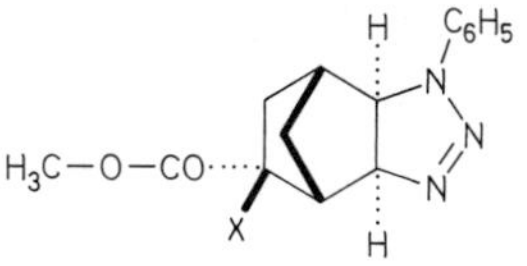   VII

b) **(±)-5c-Chlor-1(oder 3)-phenyl-(3at,7at)-3a,4,5,6,7,7a-hexahydro-1(oder 3)H-4r,7c-methano-benzotriazol-5t-carbonsäure-methylester**, Formel VII (X = Cl) oder VIII (X = Cl) + Spiegelbilder.

Präparat vom F: 164°. *B.* Neben dem Präparat vom F: 122° (s. u.) aus (±)-2exo-Chlor-norborn-5-en-2endo-carbonsäure bei aufeinanderfolgender Umsetzung mit Diazomethan und Azidobenzol (*Alder et al.*, A. **613** [1958] 6, 17). — Kristalle (aus Me.); F: 164°.

Präparat vom F: 122°. *B.* s. o. — Kristalle (aus Me.); F: 122°.

5-Brom-1(oder 3)-phenyl-3a,4,5,6,7,7a-hexahydro-1(oder 3)H-4,7-methano-benzotriazol-5-carbonsäure-methylester $C_{15}H_{16}BrN_3O_2$.

a) **(±)-5t-Brom-1(oder 3)-phenyl-(3at,7at)-3a,4,5,6,7,7a-hexahydro-1(oder 3)H-4r,7c-methano-benzotriazol-5c-carbonsäure-methylester**, Formel V (X = Br) oder VI (X = Br) + Spiegelbilder.

Präparat vom F: 185°. *B.* Neben dem Präparat vom F: 148° (s. u.) aus (±)-2endo-Brom-norborn-5-en-2exo-carbonsäure bei aufeinanderfolgender Umsetzung mit Diazomethan und Azidobenzol (*Alder et al.*, A. **613** [1958] 6, 18). — Kristalle; F: 185° [Zers.].

Präparat vom F: 148°. *B.* s. o. — Kristalle (aus PAe.); F: 148° [Zers.].

b) **(±)-5c-Brom-1(oder 3)-phenyl-(3at,7at)-3a,4,5,6,7,7a-hexahydro-1(oder 3)H-4r,7c-methano-benzotriazol-5t-carbonsäure-methylester**, Formel VII (X = Br) oder VIII (X = Br) + Spiegelbilder.

Präparat vom F: 158°. *B.* Neben dem Präparat vom F: 146° (s. u.) aus (±)-2exo-Brom-norborn-5-en-2endo-carbonsäure bei aufeinanderfolgender Umsetzung mit Diazomethan und Azidobenzol (*Alder et al.*, A. **613** [1958] 6, 17). — Kristalle (aus Acn.); F: 158°.

Präparat vom F: 146°. *B.* s. o. — Kristalle (aus PAe.); F: 146°.

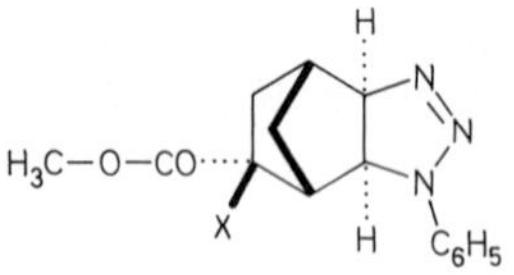

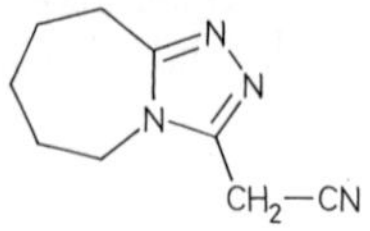

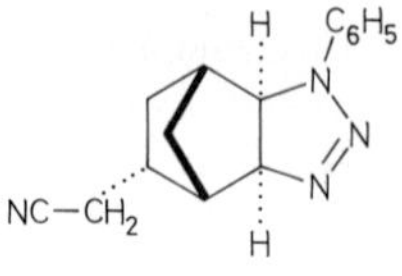

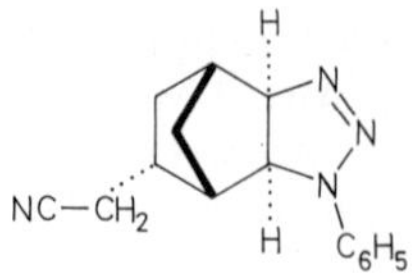

Carbonsäuren $C_9H_{13}N_3O_2$

[6,7,8,9-Tetrahydro-5H-[1,2,4]triazolo[4,3-a]azepin-3-yl]-acetonitril $C_9H_{12}N_4$, Formel IX.

B. Aus 7-Methoxy-3,4,5,6-tetrahydro-2H-azepin und Cyanessigsäure-hydrazid (*Petersen, Tietze*, B. **90** [1957] 909, 916).

F: 111°.

Hydrochlorid $C_9H_{12}N_4 \cdot HCl$. Kristalle (aus H_2O); F: 244°.

(±)-[1(oder 3)-Phenyl-(3at,7at)-3a,4,5,6,7,7a-hexahydro-1(oder 3)H-4r,7c-methano-benzotriazol-5t-yl]-acetonitril $C_{15}H_{16}N_4$, Formel X oder XI + Spiegelbilder.

B. Aus (±)-Norborn-5-en-2endo-yl-acetonitril und Azidobenzol (*Alder, Windemuth*, B. **71** [1938] 1939, 1955).

Kristalle (aus E.); F: 174 — 175°.

(±)-1(oder 3)-Phenyl-(3at,7at)-3a,4,5,6,7,7a-hexahydro-1(oder 3)H-4r,7c-äthano-benzotriazol-5t-carbonitril $C_{15}H_{16}N_4$, Formel XII oder XIII + Spiegelbilder.

B. Aus (±)-Bicyclo[2.2.2]oct-5-en-2endo-carbonitril (über die Konfiguration dieser Verbindung s. *Boehme et al.*, Am. Soc. **80** [1958] 5488, 5489) und Azidobenzol (*Alder et al.*, B. **88** [1955] 144, 155).

Kristalle (aus E. + PAe.); F: 184° (*Al. et al.*).

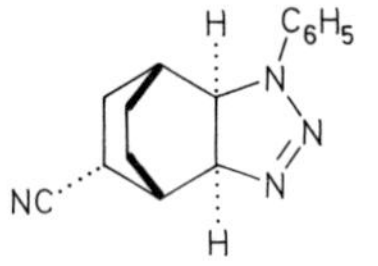

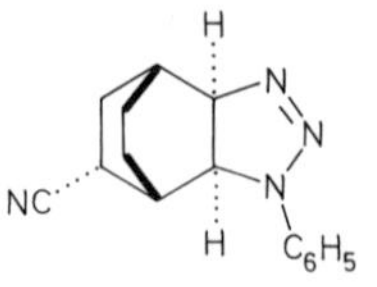

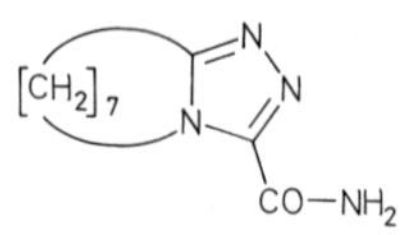

Carbonsäuren $C_{10}H_{15}N_3O_2$

6,7,8,9,10,11-Hexahydro-5H-[1,2,4]triazolo[4,3-a]azonin-3-carbonsäure-amid $C_{10}H_{16}N_4O$, Formel XIV.

B. Aus 9-Methoxy-3,4,5,6,7,8-hexahydro-2H-azonin und Oxalamidsäure-hydrazid (*Petersen,*

Tietze, B. **90** [1957] 909, 917).
Kristalle (aus H_2O); F: 177°.

Monocarbonsäuren $C_nH_{2n-7}N_3O_2$

(±)-1-Methyl-1,4-dihydro-cyclopentatriazol-4-carbonsäure(?) $C_7H_7N_3O_2$, vermutlich Formel I
(R = H).
B. Bei der Bestrahlung einer Lösung von 5-Hydroxy-1-methyl-1*H*-benzotriazol-4-diazonium-
betain in H_2O mit UV-Licht (*Süs*, A. **579** [1953] 133, 139, 151). Aus der folgenden Verbindung
mit Hilfe von wss. HCl (*Süs*, l. c. S. 150).
Kristalle (aus H_2O); F: 283 – 284° [Zers.].
Die Verbindung konnte nicht verestert werden und liess sich nicht decarboxylieren (*Süs,*
l. c. S. 139).

**(±)-Acetyl-[1-methyl-1,4-dihydro-cyclopentatriazol-4-carbonyl]-oxid(?), (±)-Essigsäure-[1-methyl-
1,4-dihydro-cyclopentatriazol-4-carbonsäure]-anhydrid(?)** $C_9H_9N_3O_3$, vermutlich Formel I
(R = CO-CH_3).
B. Bei der Bestrahlung einer Lösung von 5-Hydroxy-1-methyl-1*H*-benzotriazol-4-diazonium-
betain in wss. Essigsäure mit UV-Licht (*Süs*, A. **579** [1953] 133, 139, 150).
Kristalle (aus A., H_2O oder Eg.); F: 220 – 221°.

(±)-2-Phenyl-2,4-dihydro-cyclopentatriazol-4-carbonsäure(?) $C_{12}H_9N_3O_2$, vermutlich Formel II.
B. Bei der Bestrahlung einer Lösung von 5-Hydroxy-2-phenyl-2*H*-benzotriazol-4-diazonium-
betain in Essigsäure mit UV-Licht (*Süs*, A. **579** [1953] 133, 148).
Kristalle (aus Eg.); F: 225° [Zers.].
M e t h y l e s t e r $C_{13}H_{11}N_3O_2$. Gelbliche Kristalle (aus Me.); F: 119 – 120°.

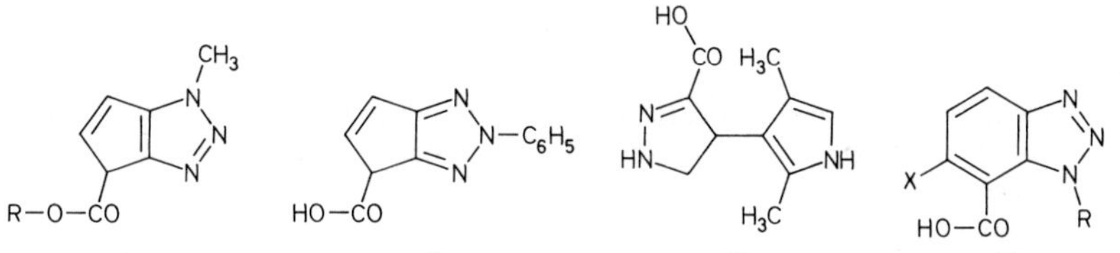

(±)-4-[2,4-Dimethyl-pyrrol-3-yl]-4,5-dihydro-1*H*-pyrazol-3-carbonsäure $C_{10}H_{13}N_3O_2$,
Formel III.
B. Aus (±)-4-[5-Äthoxycarbonyl-2,4-dimethyl-pyrrol-3-yl]-4,5-dihydro-1*H*-pyrazol-3-carbon⸗
säure-methylester beim aufeinanderfolgenden Behandeln mit äthanol. KOH und wss. H_2SO_4
(*Fischer, Staff*, Z. physiol. Chem. **234** [1935] 97, 122).
Kristalle (aus A.); F: 165° [Zers.].

Monocarbonsäuren $C_nH_{2n-9}N_3O_2$

Carbonsäuren $C_7H_5N_3O_2$

3-[2]Naphthyl-3*H*-benzotriazol-4-carbonsäure $C_{17}H_{11}N_3O_2$, Formel IV (R = $C_{10}H_7$, X = H).
B. Aus 3-Amino-2-[2]naphthylamino-benzoesäure beim Behandeln mit $NaNO_2$ und wss. HCl
(*Huisgen, Sorge*, A. **566** [1950] 162, 181).
Kristalle (aus A.); F: 254°.

5-Chlor-3-phenyl-3*H*-benzotriazol-4-carbonsäure $C_{13}H_8ClN_3O_2$, Formel IV (R = C_6H_5,
X = Cl).
B. Aus 2-Anilino-6-chlor-3-nitro-benzoesäure bei aufeinanderfolgendem Behandeln mit $FeCl_2$

in wss. NaOH und mit $NaNO_2$ in wss. HCl (*Lehmstedt, Schrader*, B. **70** [1937] 1526, 1532).
Kristalle (aus Nitrobenzol); F: 230°.

3-Oxy-1H-benzotriazol-5-carbonsäure, 1H-Benzotriazol-5-carbonsäure-3-oxid $C_7H_5N_3O_3$,
Formel V und Taut. (3-Hydroxy-3H-benzotriazol-5-carbonsäure).
   B. Beim Erwärmen von 4-Hydrazino-3-nitro-benzoesäure-hydrazid mit wss. Na_2CO_3 (*Gold=
stein, Voegeli*, Helv. **26** [1943] 475, 481).
   Kristalle (aus wss. A.), die sich ab ca. 225° zersetzen und bei 245 – 247° verbrennen.

3-Oxy-2-phenyl-2H-benzotriazol-5-carbonsäure $C_{13}H_9N_3O_3$, Formel VI (H 291).
   B. Aus 3-Nitro-4-[N'-phenyl-hydrazino]-benzoesäure beim Erhitzen mit Essigsäure (*Goldstein,
Voegeli*, Helv. **26** [1943] 475, 481).

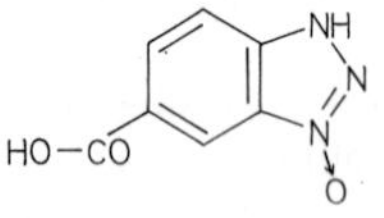

V 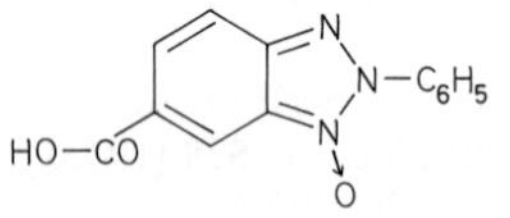   VI 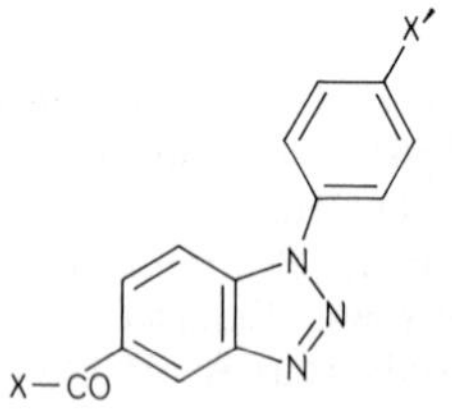   VII

1-Phenyl-1H-benzotriazol-5-carbonsäure-anilid $C_{19}H_{14}N_4O$, Formel VII (X = $NH-C_6H_5$,
X' = H).
   B. Beim Behandeln von 1-Phenyl-1H-benzotriazol-5-carbonsäure mit Anilin und $POCl_3$ (*Hun=
ter, Darling*, Am. Soc. **53** [1931] 4183, 4185). Aus Phenyl-[1-phenyl-1H-benzotriazol-5-yl]-keton-
(Z)-oxim bei der Umsetzung mit PCl_5 in Äther und anschliessenden Zersetzung des Reaktions=
produkts mit H_2O (*Hu., Da.*).
   Kristalle (aus A.); F: 228 – 230°.

1-[2-Chlor-phenyl]-1H-benzotriazol-5-carbonitril $C_{13}H_7ClN_4$, Formel VIII (X = Cl, X' = H).
   B. Beim Behandeln von 3-Amino-4-[2-chlor-anilino]-benzonitril mit $NaNO_2$, wss. HCl und
Essigsäure (*Coker et al.*, Soc. **1951** 110, 115).
   Kristalle (aus A.); F: 138°.

   Die folgenden Verbindungen sind in analoger Weise hergestellt worden:
   1-[4-Chlor-phenyl]-1H-benzotriazol-5-carbonitril $C_{13}H_7ClN_4$,   Formel VIII
(X = H, X' = Cl). Kristalle (aus Eg.); F: 298°.
   1-o-Tolyl-1H-benzotriazol-5-carbonitril $C_{14}H_{10}N_4$,   Formel VIII   (X = CH_3,
X' = H). Kristalle (aus wss. A.); F: 100°.
   1-[2-Methyl-4-nitro-phenyl]-1H-benzotriazol-5-carbonitril $C_{14}H_9N_5O_2$,   For=
mel VIII (X = CH_3, X' = NO_2). Orangefarbene Kristalle (aus A.); F: 220 – 221°.
   1-p-Tolyl-1H-benzotriazol-5-carbonitril $C_{14}H_{10}N_4$,   Formel VIII   (X = H,
X' = CH_3). Kristalle (aus A.); F: 199°.

1-[4-Äthoxy-phenyl]-1H-benzotriazol-5-carbonsäure-methylester $C_{16}H_{15}N_3O_3$, Formel VII
(X = $O-CH_3$, X' = $O-C_2H_5$).
   B. Aus 3-Amino-4-p-phenetidino-benzoesäure-methylester und $NaNO_2$ in wss. HCl (*Berken=
heĭm, Lur'e*, Ž. obšč. Chim. **6** [1936] 1043, 1053; C. **1937** I 2595).
   F: 142 – 146°.

1-[4-Dimethylamino-phenyl]-1H-benzotriazol-5-carbonitril $C_{15}H_{13}N_5$, Formel VIII (X = H,
X' = $N(CH_3)_2$).
   B. Analog der vorangehenden Verbindung (*Clifton, Plant*, Soc. **1951** 461, 465).
   Gelbe Kristalle (aus Me.); F: 218 – 220°.

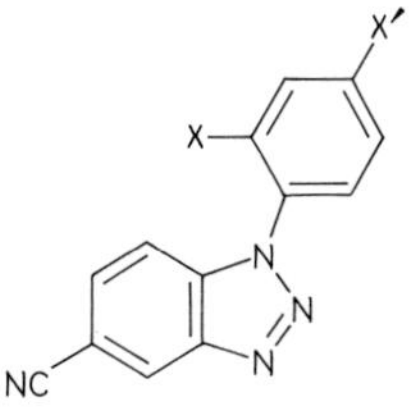

VIII 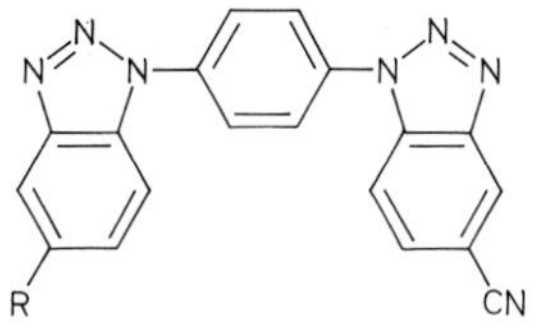   IX 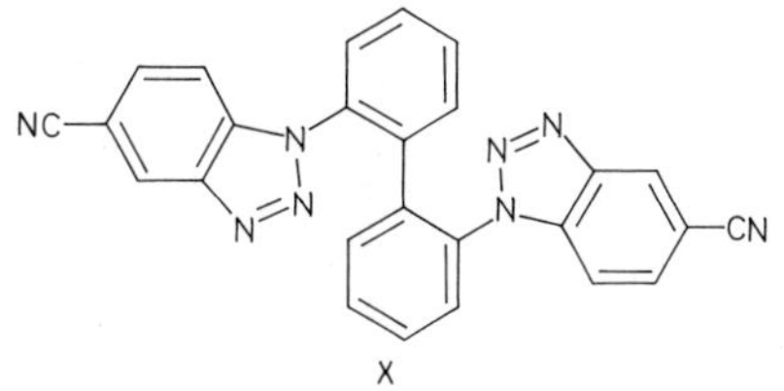   X

1-[4-Benzotriazol-1-yl-phenyl]-1*H*-benzotriazol-5-carbonitril $C_{19}H_{11}N_7$, Formel IX (R = H).

B. Aus 4-[4-Benzotriazol-1-yl-anilino]-3-nitro-benzonitril beim aufeinanderfolgenden Behan⸗
deln mit $Na_2S_2O_4$ in Essigsäure und mit wss. $NaNO_2$ (*Katritzky, Plant,* Soc. **1953** 412, 415).
Kristalle (aus Nitrobenzol) mit 1 Mol Nitrobenzol; F: >360°.

1,4-Bis-[5-cyan-benzotriazol-1-yl]-benzol, 1*H*,1′*H*-1,1′-*p*-Phenylen-bis-benzotriazol-5-carbonitril
$C_{20}H_{10}N_8$, Formel IX (R = CN).

B. Aus *N,N′*-Bis-[4-cyan-2-nitro-phenyl]-*p*-phenylendiamin beim aufeinanderfolgenden Be⸗
handeln mit $SnCl_2$ und wss. HCl und mit wss. $NaNO_2$ in Essigsäure (*Clifton, Plant,* Soc.
1953 461, 463).
Kristalle (aus Nitrobenzol); F: >360°.

**2,2′-Bis-[5-cyan-benzotriazol-1-yl]-biphenyl, 1*H*,1′*H*-1,1′-Biphenyl-2,2′-diyl-bis-benzotriazol-
5-carbonitril** $C_{26}H_{14}N_8$, Formel X.

B. Beim Behandeln von 2,2′-Bis-[2-amino-4-cyan-anilino]-biphenyl mit $NaNO_2$, wss. HCl
und Essigsäure (*Dunlop et al.,* Soc. **1934** 1672, 1678).
Kristalle (aus Eg.); F: 269°.
Beim Erhitzen auf 320° ist 9*H*,9′*H*-[1,1′]Bicarbazolyl-6,6′-dicarbonitril (?; E III/IV **25** 1155)
erhalten worden. Beim Erhitzen mit äthanol. NaOH auf 160° ist 1*H*,1′*H*-1,1′-Biphenyl-2,2′-
diyl-bis-benzotriazol-5-carbonsäure $C_{26}H_{16}N_6O_4$ (Kristalle [aus Acetanhydrid], die
unterhalb 330° nicht schmelzen) erhalten worden.

1-Carbazol-3-yl-1*H*-benzotriazol-5-carbonitril $C_{19}H_{11}N_5$, Formel XI.

B. Aus 3-Amino-4-carbazol-3-ylamino-benzonitril analog der vorangehenden Verbindung
(*Clifton, Plant,* Soc. **1951** 461, 465).
Kristalle (aus Eg.); F: 279 – 280°.
Beim Erhitzen auf 360° ist 5,8-Dihydro-indolo[2,3-*c*]carbazol-2-carbonitril (?; E III/IV **25**
1026) erhalten worden.

6-Chlor-1*H*-benzotriazol-5-carbonsäure $C_7H_4ClN_3O_2$, Formel XII (R = X′ = H, X = Cl)
und Taut.

B. Aus 4,5-Diamino-2-chlor-benzoesäure-dihydrochlorid und $NaNO_2$ in wss. HCl (*Goldstein,
Studer,* Helv. **21** [1938] 51, 53).
Kristalle (aus A.); F: ca. 320° [korr.; Zers.].

6-Chlor-3-oxy-1*H*-benzotriazol-5-carbonsäure $C_7H_4ClN_3O_3$, Formel XIII (X = Cl) und Taut.
(6-Chlor-3-hydroxy-3*H*-benzotriazol-5-carbonsäure).

B. Beim Erwärmen von 2-Chlor-4-hydrazino-5-nitro-benzoesäure mit wss. Na_2CO_3 (*Goldstein,
Glauser,* Helv. **21** [1938] 1513, 1516).
Gelbe Kristalle (aus H_2O oder wss. A.); Zers. bei 234,5° [korr.; unter Entflammung].

6-Chlor-3-oxy-2-phenyl-2*H*-benzotriazol-5-carbonsäure $C_{13}H_8ClN_3O_3$, Formel XIV (X = Cl).

B. Aus 2-Chlor-5-nitro-4-[*N′*-phenyl-hydrazino]-benzoesäure beim Erhitzen mit Essigsäure
(*Goldstein, Glauser,* Helv. **21** [1938] 1513, 1517).
Gelbliche Kristalle (aus wss. A.); F: 255,5° [korr.].

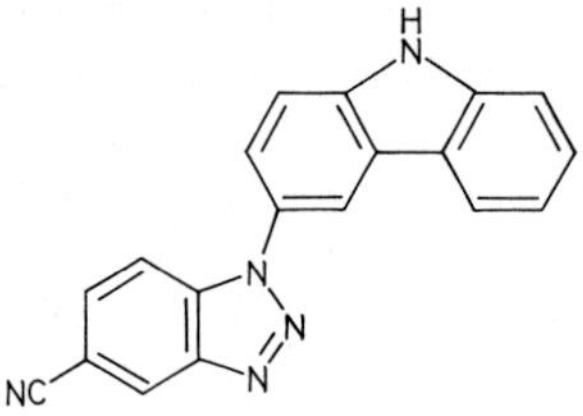

XI 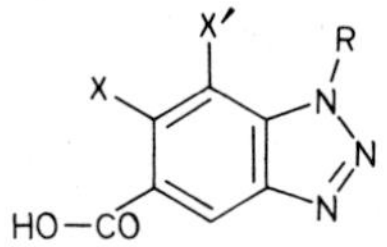   XII 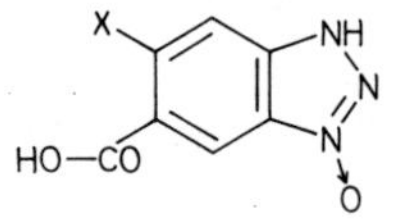   XIII

6-Brom-1*H*-benzotriazol-5-carbonsäure $C_7H_4BrN_3O_2$, Formel XII (R = X' = H, X = Br)
und Taut.
    B. Aus 4,5-Diamino-2-brom-benzoesäure-dihydrochlorid und $NaNO_2$ in wss. HCl (*Goldstein,
Gianola*, Helv. **26** [1943] 173, 180).
    Kristalle (aus A.); F: 325° [korr.; Zers.].

6-Brom-3-oxy-1*H*-benzotriazol-5-carbonsäure $C_7H_4BrN_3O_3$, Formel XIII (X = Br) und Taut.
(6-Brom-3-hydroxy-3*H*-benzotriazol-5-carbonsäure).
    B. Beim Erwärmen von 2-Brom-4-hydrazino-5-nitro-benzoesäure-hydrazid mit wss. Na_2CO_3
(*Goldstein, Gianola*, Helv. **26** [1943] 173, 179).
    Bräunliche Kristalle (aus wss. A.), die bei 211° verbrennen.

6-Brom-3-oxy-2-phenyl-2*H*-benzotriazol-5-carbonsäure $C_{13}H_8BrN_3O_3$, Formel XIV (X = Br).
    B. Aus 2-Brom-5-nitro-4-[*N'*-phenyl-hydrazino]-benzoesäure beim Erhitzen mit Essigsäure
(*Goldstein, Gianola*, Helv. **26** [1943] 173, 179).
    Orangegelbe Kristalle (aus wss. A.); F: 236° [korr.].

7-Brom-1-phenyl-1*H*-benzotriazol-5-carbonsäure $C_{13}H_8BrN_3O_2$, Formel XII (R = C_6H_5,
X = H, X' = Br).
    B. Aus 3-Amino-4-anilino-5-brom-benzoesäure und $NaNO_2$ in wss. H_2SO_4 (*Campbell, Mac=
Lean*, Soc. **1942** 504).
    Kristalle (aus wss. Me.); F: 215−217°.

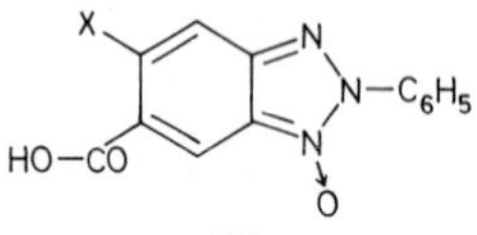

XIV 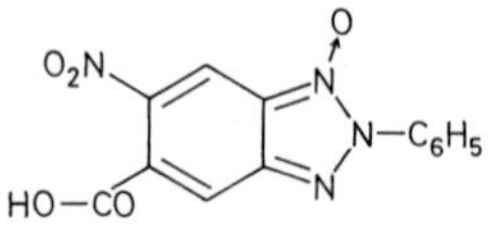   XV 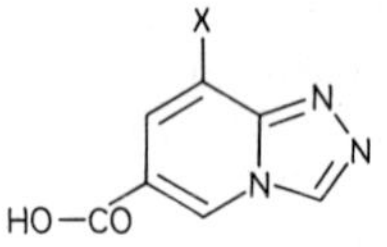   XVI

6-Nitro-1-oxy-2-phenyl-2*H*-benzotriazol-5-carbonsäure $C_{13}H_8N_4O_5$, Formel XV (E I 88).
    B. Aus 2,4-Dinitro-5-[*N'*-phenyl-hydrazino]-benzoesäure beim Erhitzen mit Essigsäure (*Gold=
stein, Stamm*, Helv. **35** [1952] 1470, 1473).
    Gelbe Kristalle (aus Eg.); F: 248° [korr.; Zers.].

7-Nitro-1-phenyl-1*H*-benzotriazol-5-carbonsäure $C_{13}H_8N_4O_4$, Formel XII (R = C_6H_5,
X = H, X' = NO_2).
    B. Aus 3-Amino-4-anilino-5-nitro-benzoesäure und $NaNO_2$ in Essigsäure (*Preston et al.*, Soc.
1942 500, 502).
    Kristalle (aus E.).

[1,2,4]Triazolo[4,3-*a*]pyridin-6-carbonsäure $C_7H_5N_3O_2$, Formel XVI (X = H) (H 292).
    Chinin-Salz $C_{20}H_{24}N_2O_2 \cdot C_7H_5N_3O_2$. Kristalle (aus Butanon); F: 135−145°; $[\alpha]_D^{17,5}$:
−161,6° [Eg.; c = 0,9] (*Kenner, Statham*, B. **69** [1936] 187).
    Brucin-Salz $C_{23}H_{26}N_2O_4 \cdot C_7H_5N_3O_2$. Kristalle (aus Me.); F: 218°. $[\alpha]_D^{20}$: −18,7° [wss.
Eg. (10 n); c = 0,9].

8-Chlor-[1,2,4]triazolo[4,3-*a*]pyridin-6-carbonsäure $C_7H_4ClN_3O_2$, Formel XVI (X = Cl).

B. Aus 5-Chlor-6-hydrazino-nicotinsäure und Ameisensäure (*Graf*, J. pr. [2] **138** [1933] 244, 257).

Kristalle (aus H_2O); F: $> 300°$.

6-Brom-1(3)*H*-imidazo[4,5-*b*]pyridin-7-carbonsäure $C_7H_4BrN_3O_2$, Formel I (R = H) und Taut.

B. Aus 6-Brom-7-methyl-1(3)*H*-imidazo[4,5-*b*]pyridin mit Hilfe von $KMnO_4$ (*Israel, Day*, J. org. Chem. **24** [1959] 1455, 1459).

Kristalle (aus wss. Äthylenglykol); F: $254-255°$ [Zers.].

6-Brom-1(3)*H*-imidazo[4,5-*b*]pyridin-7-carbonsäure-[2-hydroxy-äthylester] $C_9H_8BrN_3O_3$, Formel I (R = CH_2-CH_2-OH) und Taut.

B. Aus der vorangehenden Carbonsäure und Äthylenglykol (*Israel, Day*, J. org. Chem. **24** [1959] 1455, 1459).

Kristalle (aus H_2O); F: $208-209°$.

Carbonsäuren $C_8H_7N_3O_2$

1,4-Dihydro-benzo[*e*][1,2,4]triazin-3-carbonsäure-äthylester $C_{10}H_{11}N_3O_2$, Formel II (X = H) und Taut.

B. Beim Behandeln von Amino-[2-nitro-phenylhydrazono]-essigsäure-äthylester mit Eisen, wss. HCl und Essigsäure (*Fusco, Rossi*, G. **86** [1956] 484, 493).

Dunkelrote Kristalle (aus A.); F: $155°$ (*Fu., Ro.*, G. **86** 493).

Acetyl-Derivat $C_{12}H_{13}N_3O_3$; 1(?)-Acetyl-1,4-dihydro-benzo[*e*][1,2,4]triazin-3-carbonsäure-äthylester. Kristalle (aus A. oder Bzl.); F: $126,5°$ (*Fusco, Rossi*, Rend. Ist. lomb. **91** [1957] 186, 198).

Diacetyl-Derivat $C_{14}H_{15}N_3O_4$; 1,4-Diacetyl-1,4-dihydro-benzo[*e*][1,2,4]triazin-3-carbonsäure-äthylester. Kristalle (aus A.); F: $156°$ (*Fu., Ro.*, Rend. Ist. lomb. **91** 199).

Eine Verbindung (Kristalle [aus wss. A.]; F: $118°$), für die ebenfalls diese Konstitution in Betracht gezogen wurde, ist beim Erwärmen von 2-[2-Nitro-phenylhydrazono]-3-oxo-butter= säure-äthylester mit Zink und wenig Essigsäure in wss. Äthanol auf $50°$ erhalten worden (*Spara= tore*, G. **85** [1955] 1284, 1288, 1295). Analog ist aus 2-[2-Nitro-phenylhydrazono]-3-oxo-butter= säure-anilid (E II **15** 181) eine als 1,4-Dihydro-benzo[*e*][1,2,4]triazin-3-carbonsäure-anilid $C_{14}H_{12}N_4O$ angesehene Verbindung (Kristalle [aus Bzl.]; F: $211°$) erhalten worden (*Sp.*, l. c. S. 1297; vgl. aber *Fierz-David, Ziegler*, Helv. **11** [1928] 776, 784).

I   II   III

6-Chlor-1,4-dihydro-benzo[*e*][1,2,4]triazin-3-carbonsäure-äthylester $C_{10}H_{10}ClN_3O_2$, Formel II (X = Cl) und Taut.

B. Beim Behandeln von Amino-[4-chlor-2-nitro-phenylhydrazono]-essigsäure-äthylester mit Eisen, wss. HCl und Essigsäure (*Fusco, Rossi*, G. **86** [1956] 484, 493). Aus dem Diacetyl-Derivat (s. u.) mit Hilfe von äthanol. H_2SO_4 (*Fusco, Rossi*, Rend. Ist. lomb. **91** [1957] 186, 199).

Rote Kristalle (aus A.); F: $206°$ (*Fu., Ro.*, G. **86** 493; Rend. Ist. lomb. **91** 199).

Diacetyl-Derivat $C_{14}H_{14}ClN_3O_4$; 1,4-Diacetyl-6-chlor-1,4-dihydro-benzo[*e*]= [1,2,4]triazin-3-carbonsäure-äthylester. *B*. Aus 1,4-Diacetyl-1,4-dihydro-benzo[*e*]= [1,2,4]triazin-3-carbonsäure-äthylester und Chlor in Essigsäure (*Fu., Ro.*, Rend. Ist. lomb. **91** 199). — F: $156,5°$ [aus A.] (*Fu., Ro.*, Rend. Ist. lomb. **91** 199).

6-Brom-1,4-dihydro-benzo[*e*][1,2,4]triazin-3-carbonsäure-äthylester $C_{10}H_{10}BrN_3O_2$, Formel II (X = Br) und Taut.

B. Aus dem Acetyl-Derivat (s. u.) mit Hilfe von äthanol. H_2SO_4 (*Fusco, Rossi*, Rend. Ist. lomb. **91** [1957] 186, 200).

Rotbraune Kristalle (aus A.); F: 186°.

Acetyl-Derivat $C_{12}H_{12}BrN_3O_3$;   1(?)-Acetyl-6-brom-1,4-dihydro-benzo[*e*]⁼ [1,2,4]triazin-3-carbonsäure-äthylester. *B.* Aus 1,4-Diacetyl-1,4-dihydro-benzo[*e*]⁼ [1,2,4]triazin-3-carbonsäure-äthylester und Brom in Essigsäure (*Fu., Ro.*). − Gelbe Kristalle (aus A.); F: 209−210°.

6-Methyl-3-oxy-2-phenyl-2*H*-benzotriazol-5-carbonsäure $C_{14}H_{11}N_3O_3$, Formel III.

B. Aus 2-Methyl-5-nitro-4-[*N'*-phenyl-hydrazino]-benzoesäure beim Erhitzen mit Essigsäure (*Goldstein, Tardent*, Helv. **34** [1951] 149, 154).

Kristalle (aus wss. A.); F: 233° [korr.].

Carbonsäuren $C_9H_9N_3O_2$

3,4-Dimethyl-1-phenyl-1*H*-pyrazolo[3,4-*b*]pyridin-6-carbonsäure $C_{15}H_{13}N_3O_2$, Formel IV.

B. Aus dem Äthylester [s. u.] (*Checchi et al.*, G. **86** [1956] 631, 640).

Kristalle (aus wss. Me.); F: 194−196°.

Äthylester $C_{17}H_{17}N_3O_2$. *B.* Aus 5-Methyl-2-phenyl-2*H*-pyrazol-3-ylamin und 2,4-Dioxo-valeriansäure-äthylester (*Ch. et al.*, l. c. S. 639). − Kristalle (aus E.); F: 103−105°.

Hydrazid $C_{15}H_{15}N_5O$. *B.* Aus dem Äthylester (s. o.) und $N_2H_4 \cdot H_2O$ (*Ch. et al.*, l. c. S. 643). − Kristalle (aus A.); F: 179−181°. − Diacetyl-Derivat $C_{19}H_{19}N_5O_3$. Kristalle (aus Me.); F: 254−255° (*Ch. et al.*, l. c. S. 644).

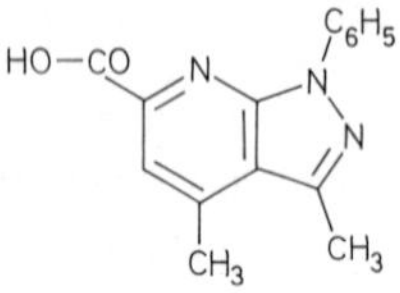

IV 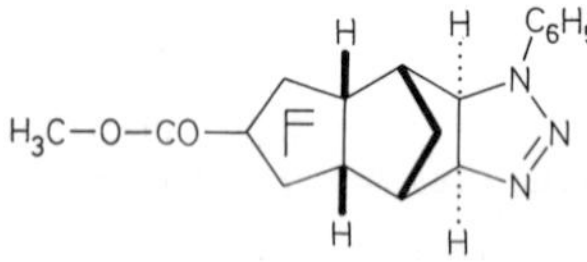   V 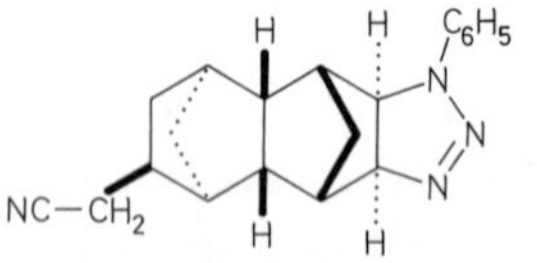   VI

Carbonsäuren $C_{11}H_{13}N_3O_2$

(±)-1-Phenyl-(3a*t*,4a*c*,7a*c*,8a*t*)-1,3a,4,4a,5(oder 7),7a,8,8a-octahydro-4*r*,8*c*-methano-indeno⁼ [5,6-*d*][1,2,3]triazol-6-carbonsäure-methylester $C_{18}H_{19}N_3O_2$, Formel V + Spiegelbild.

B. Aus (±)-(3a*c*,7a*c*)-3a,4,7,7a-Tetrahydro-1*H*-4*r*,7*c*-methano-inden-2-carbonsäure-methyl⁼ ester und Azidobenzol (*Alder et al.*, B. **87** [1954] 1752, 1757).

Kristalle (aus E.); F: 162°.

Carbonsäuren $C_{14}H_{19}N_3O_2$

(±)-[1(oder 3)-Phenyl-(3a*t*,4a*c*,8a*c*,9a*t*)-3a,4,4a,5,6,7,8,8a,9,9a-decahydro-1(oder 3)*H*-4*r*,9*c*;5*t*,8*t*-dimethano-naphtho[2,3-*d*][1,2,3]triazol-6*c*-yl]-acetonitril $C_{20}H_{22}N_4$, Formel VI oder VII + Spiegelbilder.

B. Aus (±)-[(4a*t*,8a*t*)-1,2,3,4,4a,5,8,8a-Octahydro-1*r*,4*c*;5*t*,8*t*-dimethano-naphthalin-2*t*-yl]-acetonitril (vgl. E III **9** 2878) und Azidobenzol (*Alder, Windemuth*, B. **71** [1938] 1939, 1955).

Kristalle (aus E.); F: 202−203°.

Monocarbonsäuren $C_nH_{2n-11}N_3O_2$

Carbonsäuren $C_8H_5N_3O_2$

Benzo[*e*][1,2,4]triazin-3-carbonsäure $C_8H_5N_3O_2$, Formel VIII (X = OH, X′ = H).

B. Aus dem folgenden Äthylester mit Hilfe von wss. NaOH (*Fusco, Rossi*, G. **86** [1956]

484, 495).

F: 215 – 216° [Zers.] (*Preston, Turnbull,* J.C.S. Perkin I **1977** 1229, 1232). Gelbes Pulver, das sich beim Erhitzen zersetzt (*Fu., Ro.*).

Benzo[e][1,2,4]triazin-3-carbonsäure-äthylester $C_{10}H_9N_3O_2$, Formel VIII (X = O-C_2H_5, X′ = H).

B. Beim Behandeln von 1,4-Dihydro-benzo[e][1,2,4]triazin-3-carbonsäure-äthylester mit NaNO$_2$, wss. HCl und Essigsäure (*Fusco, Rossi,* G. **86** [1956] 484, 494).

Gelbe Kristalle (aus A. oder H$_2$O); F: 93° (*Fu., Ro.*). Absorptionsspektrum (Cyclohexan; 200 – 500 nm): *Simonetta et al.,* Nuovo Cimento [10] **4** [1956] 1364, 1366.

Benzo[e][1,2,4]triazin-3-carbonsäure-hydrazid $C_8H_7N_5O$, Formel VIII (X = NH-NH$_2$, X′ = H).

B. Aus dem vorangehenden Äthylester und N$_2$H$_4$·H$_2$O (*Fusco, Rossi,* G. **86** [1956] 484, 496).

Kristalle (aus wss. A.); F: 207°.

Benzo[e][1,2,4]triazin-3-carbonylazid $C_8H_4N_6O$, Formel VIII (X = N$_3$, X′ = H).

B. Aus der vorangehenden Verbindung und NaNO$_2$ in wss. HCl (*Fusco, Rossi,* G. **86** [1956] 484, 499).

Bräunliche Kristalle (aus A.); F: 127°.

6-Chlor-benzo[e][1,2,4]triazin-3-carbonsäure $C_8H_4ClN_3O_2$, Formel VIII (X = OH, X′ = Cl).

B. Aus dem folgenden Äthylester mit Hilfe von Ba(OH)$_2$ in wss. Methanol (*Fusco, Rossi,* G. **86** [1956] 484, 495).

Gelbes Pulver, das sich beim Erhitzen zersetzt.

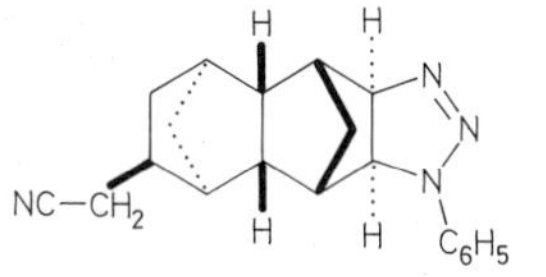

VII 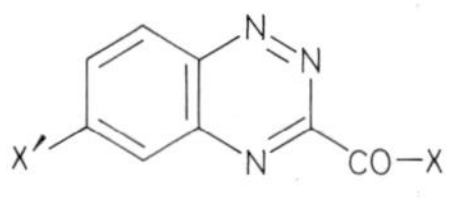   VIII 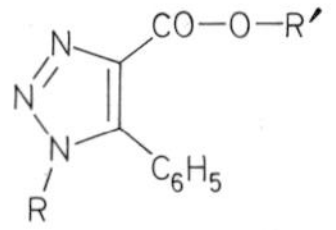   IX 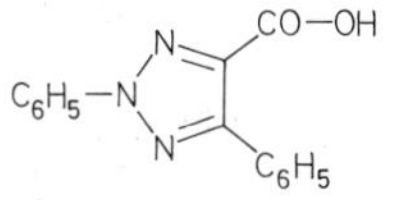   X

6-Chlor-benzo[e][1,2,4]triazin-3-carbonsäure-äthylester $C_{10}H_8ClN_3O_2$, Formel VIII (X = O-C_2H_5, X′ = Cl).

B. Beim Behandeln von 6-Chlor-1,4-dihydro-benzo[e][1,2,4]triazin-3-carbonsäure-äthylester mit NaNO$_2$ und wss. H$_2$SO$_4$ in Diisopropyläther (*Fusco, Rossi,* G. **86** [1956] 484, 494).

Hellgelbe Kristalle (aus wss. Eg.); F: 93° (*Fu., Ro.*). Absorptionsspektrum (Cyclohexan; 200 – 500 nm): *Simonetta et al.,* Nuovo Cimento [10] **4** [1956] 1364, 1366.

6-Chlor-benzo[e][1,2,4]triazin-3-carbonsäure-hydrazid $C_8H_6ClN_5O$, Formel VIII (X = NH-NH$_2$, X′ = Cl).

B. Aus dem vorangehenden Äthylester und N$_2$H$_4$·H$_2$O (*Fusco, Rossi,* G. **86** [1956] 484, 496).

Gelbe Kristalle; F: 178°.

6-Brom-benzo[e][1,2,4]triazin-3-carbonsäure-äthylester $C_{10}H_8BrN_3O_2$, Formel VIII (X = O-C_2H_5, X′ = Br).

B. Aus 6-Brom-1,4-dihydro-benzo[e][1,2,4]triazin-3-carbonsäure-äthylester mit Hilfe von NaNO$_2$ und wss. HCl (*Fusco, Rossi,* Rend. Ist. lomb. **91** [1957] 186, 200).

Orangefarbene Kristalle; F: 118° [nach Sublimation].

6-Nitro-benzo[e][1,2,4]triazin-3-carbonsäure-äthylester $C_{10}H_8N_4O_4$, Formel VIII (X = O-C_2H_5, X′ = NO$_2$).

B. Aus 1,4-Diacetyl-1,4-dihydro-benzo[e][1,2,4]triazin-3-carbonsäure-äthylester und HNO$_3$ in

Acetanhydrid (*Fusco, Rossi,* Rend. Ist. lomb. **91** [1957] 186, 200).
Braungraue Kristalle (aus A.); F: 141°.

Carbonsäuren $C_9H_7N_3O_2$

5-Phenyl-1H-[1,2,3]triazol-4-carbonsäure $C_9H_7N_3O_2$, Formel IX (R = R' = H) und Taut.
(E I 89; E II 158).
B. Beim Behandeln von 5-Phenyl-1H-[1,2,3]triazol-4-carbaldehyd mit $AgNO_3$ und wss.-äthan‹
ol. NaOH (*Sheehan, Robinson,* Am. Soc. **73** [1951] 1207, 1208).
Kristalle; Zers. bei 207,5° [korr.].

1,5-Diphenyl-1H-[1,2,3]triazol-4-carbonsäure $C_{15}H_{11}N_3O_2$, Formel IX (R = C_6H_5, R' = H)
(H 292).
Kristalle; F: 195° [aus A.] (*Ramart-Lucas, Hoch,* Bl. **1949** 447, 454); Zers. bei 184° [korr.;
aus Me.+H_2O] (*Sheehan, Robinson,* Am. Soc. **73** [1951] 1207, 1208).

2,5-Diphenyl-2H-[1,2,3]triazol-4-carbonsäure $C_{15}H_{11}N_3O_2$, Formel X.
B. Aus 4-Methyl-2,5-diphenyl-2H-[1,2,3]triazol (H **26** 69) mit Hilfe von $KMnO_4$ und wss.
NaOH (*Gallotti,* G. **60** [1930] 866, 870).
Kristalle (aus H_2O); F: 208−209°.

3,5-Diphenyl-3H-[1,2,3]triazol-4-carbonsäure $C_{15}H_{11}N_3O_2$, Formel XI.
B. Aus 3,5-Diphenyl-3H-[1,2,3]triazol-4-carbaldehyd beim Behandeln mit $AgNO_3$ und wss.-
äthanol. NaOH (*Sheehan, Robinson,* Am. Soc. **73** [1951] 1207, 1209).
Kristalle (aus wss. Me.); F: 177,5° [korr.; Zers.].

1-Benzyl-5-phenyl-1H-[1,2,3]triazol-4-carbonsäure $C_{16}H_{13}N_3O_2$, Formel IX (R = CH_2-C_6H_5,
R' = H).
B. Aus Phenylpropiolsäure beim Erhitzen mit Benzylazid in Toluol (*Moulin,* Helv. **35** [1952]
167, 177). Beim Erwärmen von 3-Oxo-3-phenyl-propionsäure-äthylester mit Benzylazid und
$NaNH_2$ in Benzol und Behandeln des Reaktionsgemisches mit wss. HCl (*Gompper,* B. **90**
[1957] 382, 385). Aus dem folgenden Methylester (*Mo.*).
Kristalle (aus Bzl.); F: 187,5−188° [korr.] (*Mo.*), 187−188° [Zers.] (*Go.*).

1-Benzyl-5-phenyl-1H-[1,2,3]triazol-4-carbonsäure-methylester $C_{17}H_{15}N_3O_2$, Formel IX
(R = CH_2-C_6H_5, R' = CH_3).
B. Aus Phenylpropiolsäure-methylester und Benzylazid in Toluol (*Moulin,* Helv. **35** [1952]
167, 177).
Kristalle (aus Bzl.); F: 88−89°.

1,5-Diphenyl-1H-[1,2,4]triazol-3-carbonsäure $C_{15}H_{11}N_3O_2$, Formel XII (X = OH) (H 293).
B. Beim Behandeln von 2-Phenyl-oxazol-4,5-dion-4-phenylhydrazon mit wss.-methanol. KOH
(*Sawdey,* Am. Soc. **79** [1957] 1955).
Kristalle (aus Bzl.); F: 181° [Zers.].

1,5-Diphenyl-1H-[1,2,4]triazol-3-carbonsäure-amid $C_{15}H_{12}N_4O$, Formel XII (X = NH_2)
(H 294).
Diese Konstitution kommt auch der von *Kuškow* (Ž. obšč. Chim. **21** [1951] 152; engl. Ausg.
S. 165) als Benzoylamino-phenylhydrazono-essigsäure-amid angesehenen Verbindung zu (*Saw‹
dey,* Am. Soc. **79** [1957] 1955).
B. Beim Erwärmen von 2-Phenyl-oxazol-4,5-dion-4-phenylhydrazon mit wss.-methanol. NH_3
(*Sa.; Ku.*). Aus dem Methylester [H **26** 294] und wss.-methanol. NH_3 (*Sa.*).
Kristalle (aus Me.); F: 198−199° (*Sa.; Ku.*).

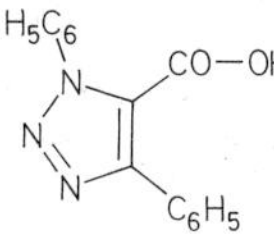

6-Methyl-benzo[e][1,2,4]triazin-3-carbonsäure-äthylester $C_{11}H_{11}N_3O_2$, Formel XIII (X = O-C_2H_5).

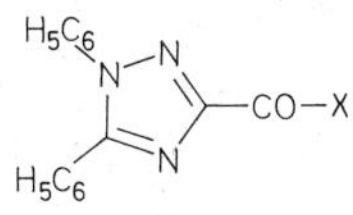

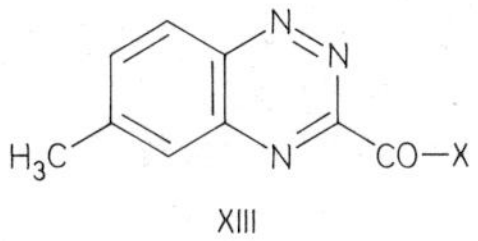

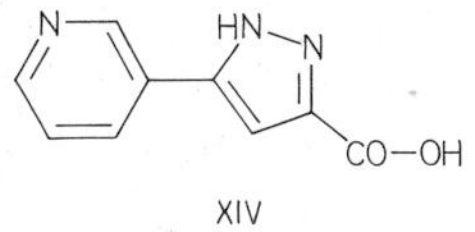

B. Beim Behandeln von Amino-[4-methyl-2-nitro-phenylhydrazono]-essigsäure-äthylester mit Eisen, wss. HCl und Essigsäure und Behandeln des Reaktionsprodukts in Diisopropyläther mit NaNO₂ und wss. H_2SO_4 (*Fusco, Rossi*, G. **86** [1956] 484, 494).

Gelbe Kristalle (aus Me.); F: 107° (*Fu., Ro.*). Absorptionsspektrum (Cyclohexan; 200 – 550 nm): *Simonetta et al.*, Nuovo Cimento [10] **4** [1956] 1364, 1366.

6-Methyl-benzo[e][1,2,4]triazin-3-carbonsäure-hydrazid $C_9H_9N_5O$, Formel XIII (X = NH-NH₂).

B. Aus dem vorangehenden Äthylester und $N_2H_4 \cdot H_2O$ (*Fusco, Rossi*, G. **86** [1956] 484, 499).

Gelbe Kristalle (aus Me.); F: 176°.

5-[3]Pyridyl-1(2)H-pyrazol-3-carbonsäure $C_9H_7N_3O_2$, Formel XIV und Taut.

B. Aus 3-[5-Methyl-1(2)H-pyrazol-3-yl]-pyridin mit Hilfe von KMnO₄ (*Gough, King*, Soc. **1933** 350).

Kristalle (aus H₂O); F: 308 – 310° [Zers.] (*Go., King*).

Picrat $C_9H_7N_3O_2 \cdot C_6H_3N_3O_7$. Kristalle; F: 242 – 245° (*Go., King*).

Äthylester $C_{11}H_{11}N_3O_2$. Kristalle (aus A.); F: 170° (*Clemo, Holmes*, Soc. **1934** 1739).

Hydrazid $C_9H_9N_5O$. *B.* Aus dem Äthylester [s. o.] (*Cl., Ho.*). – Kristalle (aus A.); F: 260° (*Cl., Ho.*).

5-[4]Pyridyl-1(2)H-pyrazol-3-carbonsäure $C_9H_7N_3O_2$, Formel I und Taut.

B. Aus 4-[5-Methyl-1(2)H-pyrazol-3-yl]-pyridin mit Hilfe von KMnO₄ (*Fabbrini*, Farmaco Ed. scient. **9** [1954] 603, 608).

Kristalle (aus H₂O); F: 328° [Zers.].

5-[3]Pyridyl-1(3)H-imidazol-4-carbonsäure $C_9H_7N_3O_2$, Formel II und Taut.

B. Aus dem Äthylester [s. u.] (*Ochiai, Ikuma*, B. **69** [1936] 1147, 1150).

Kristalle (aus H₂O); Zers. bei 248°.

Äthylester $C_{11}H_{11}N_3O_2$. *B.* Aus 5-[3]Pyridyl-2-thioxo-2,3-dihydro-1H-imidazol-4-carbon≠ säure-äthylester beim Behandeln mit H_2O_2 in wss. H_2SO_4 (*Och., Ik.*). – Kristalle (aus Me.+ Acn.); F: 198°.

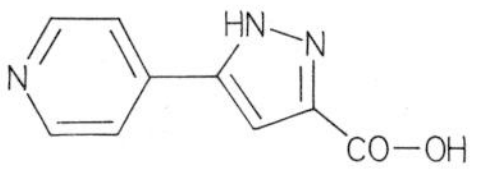

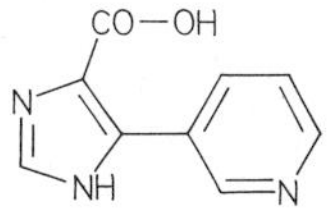

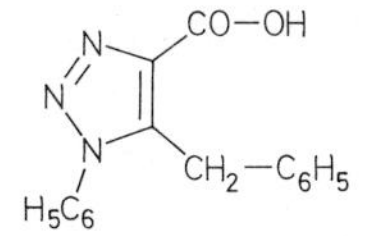

Carbonsäuren $C_{10}H_9N_3O_2$

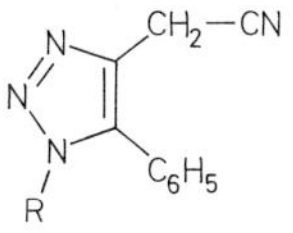

5-Benzyl-1-phenyl-1H-[1,2,3]triazol-4-carbonsäure $C_{16}H_{13}N_3O_2$, Formel III.

B. Beim Behandeln von 4-Phenyl-acetessigsäure-äthylester mit Azidobenzol und äthanol. Natriumäthylat (*Borsche, Hahn*, A. **537** [1939] 219, 244).

Kristalle (aus H₂O); F: 150 – 151°.

Anilid $C_{22}H_{18}N_4O$. Kristalle (aus PAe.); F: 189°.

[5-Phenyl-1*H*-[1,2,3]triazol-4-yl]-acetonitril $C_{10}H_8N_4$, Formel IV (R = H) und Taut.

B. Beim Erwärmen von [1-Acetyl-5-phenyl-1*H*-[1,2,3]triazol-4-yl]-acetonitril mit H_2O (*Sheehan, Robinson*, Am. Soc. **73** [1951] 1207, 1208).

Kristalle (aus wss. A.); F: 130—130,5° [korr.].

[1,5-Diphenyl-1*H*-[1,2,3]triazol-4-yl]-acetonitril $C_{16}H_{12}N_4$, Formel IV (R = C_6H_5).

B. Aus 3-[1,5-Diphenyl-1*H*-[1,2,3]triazol-4-yl]-2-hydroxyimino-propionsäure beim aufeinanderfolgenden Behandeln mit Acetanhydrid und Natriumacetat und mit wss. NaOH (*Sheehan, Robinson*, Am. Soc. **73** [1951] 1207, 1209).

Kristalle (aus Ae. + PAe.); F: 119,5—120,5° [korr.].

[1-Acetyl-5-phenyl-1*H*-[1,2,3]triazol-4-yl]-acetonitril $C_{12}H_{10}N_4O$, Formel IV (R = CO-CH$_3$).

B. Beim Behandeln von 2-Hydroxyimino-3-[5-phenyl-1*H*-[1,2,3]triazol-4-yl]-propionsäurehydrochlorid mit Natriumacetat und Acetanhydrid (*Sheehan, Robinson*, Am. Soc. **73** [1951] 1207, 1208).

Kristalle (aus A.); F: 121—121,5° [korr.].

Carbonsäuren $C_{12}H_{13}N_3O_2$

(±)-6-[1-Methyl-pyrrolidin-2-yl]-imidazo[1,2-*a*]pyridin-2-carbonsäure-äthylester $C_{15}H_{19}N_3O_2$, Formel V.

B. Aus (±)-5-[1-Methyl-pyrrolidin-2-yl]-[2]pyridylamin und Brom-brenztraubensäure-äthylester (*Gol'dfarb, Kondakowa*, Ž. obšč. Chim. **10** [1940] 1055, 1063; C. A. **1941** 4020).

Kristalle (aus Heptan); F: 154°. Kp$_{4-5}$: 235—237°.

Dipicrat $C_{15}H_{19}N_3O_2 \cdot 2C_6H_3N_3O_7$. Kristalle (aus A.); F: 225° [Zers.].

(±)-8-[1-Methyl-pyrrolidin-2-yl]-imidazo[1,2-*a*]pyridin-2-carbonsäure $C_{13}H_{15}N_3O_2$, Formel VI (X = OH, X' = H).

B. Aus dem folgenden Äthylester mit Hilfe von wss. HCl (*Gol'dfarb, Kondakowa*, Ž. obšč. Chim. **10** [1940] 1055, 1059; C. A. **1941** 4020).

Monohydrochlorid $C_{13}H_{15}N_3O_2 \cdot HCl$. Kristalle; F: 198—201°.

Dihydrochlorid $C_{13}H_{15}N_3O_2 \cdot 2HCl$. Kristalle (aus wss. HCl + Acn.); F: 232—237° [geschlossene Kapillare].

Dipicrat $C_{13}H_{15}N_3O_2 \cdot 2C_6H_3N_3O_7$. Kristalle (aus A.); F: 113—116°.

(±)-8-[1-Methyl-pyrrolidin-2-yl]-imidazo[1,2-*a*]pyridin-2-carbonsäure-äthylester $C_{15}H_{19}N_3O_2$, Formel VI (X = O-C$_2$H$_5$, X' = H).

B. Aus (±)-3-[1-Methyl-pyrrolidin-2-yl]-[2]pyridylamin und Brom-brenztraubensäure-äthylester (*Gol'dfarb, Kondakowa*, Ž. obšč. Chim. **10** [1940] 1055, 1058; C. A. **1941** 4020).

Kristalle (aus Heptan); F: 96—97°. Kp$_{12}$: 248—250°; Kp$_6$: 233—234°; Kp$_4$: 215—217°.

Hydrobromid $C_{15}H_{19}N_3O_2 \cdot HBr$. Kristalle (aus A. + Ae.); F: 220—222° [Zers.; geschlossene Kapillare].

Dipicrat $C_{15}H_{19}N_3O_2 \cdot 2C_6H_3N_3O_7$. Kristalle (aus A.); F: 177—178°.

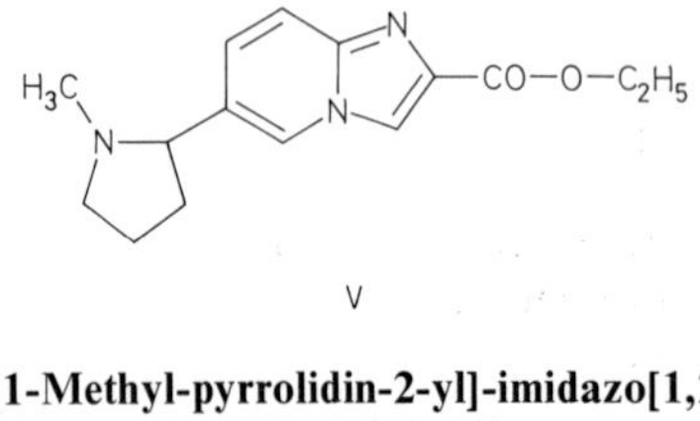

V 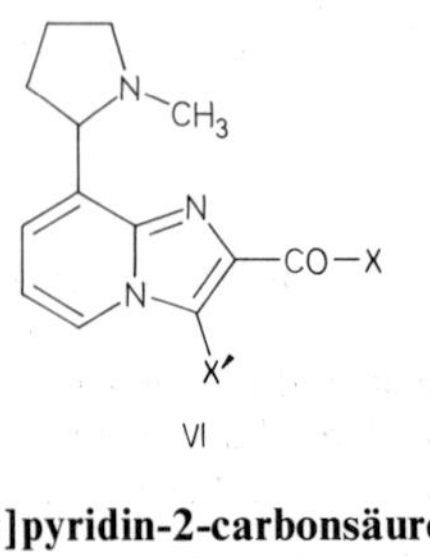   VI 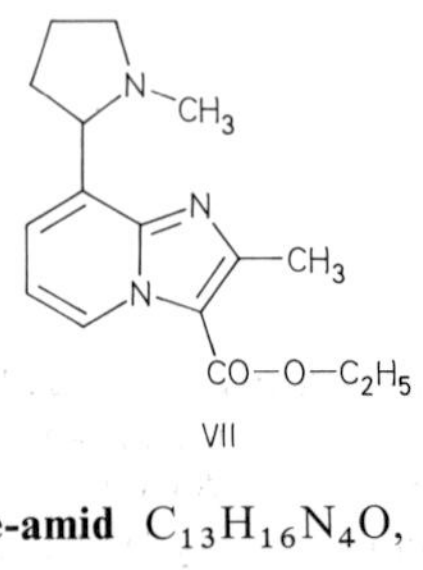   VII

(±)-8-[1-Methyl-pyrrolidin-2-yl]-imidazo[1,2-*a*]pyridin-2-carbonsäure-amid $C_{13}H_{16}N_4O$, Formel VI (X = NH$_2$, X' = H).

B. Aus dem vorangehenden Äthylester und wss.-äthanol. NH$_3$ (*Gol'dfarb, Kondakowa*, Ž.

obšč. Chim. **10** [1940] 1055, 1060; C. A. **1941** 4020).
Kristalle (aus Bzl.); F: 225°.
Dihydrochlorid $C_{13}H_{16}N_4O \cdot 2HCl$. F: 244 – 254°.

(±)-8-[1-Methyl-pyrrolidin-2-yl]-3-nitro-imidazo[1,2-a]pyridin-2-carbonsäure-äthylester
$C_{15}H_{18}N_4O_4$, Formel VI (X = O-C_2H_5, X' = NO$_2$).
B. Aus (±)-8-[1-Methyl-pyrrolidin-2-yl]-imidazo[1,2-a]pyridin-2-carbonsäure-äthylester beim
Behandeln mit konz. wss. HNO$_3$ und H$_2$SO$_4$ (*Gol'dfarb, Kondakowa,* Ž. obšč. Chim. **10** [1940]
1055, 1062; C. A. **1941** 4020).
Gelbe Kristalle (aus A.); F: 111 – 112°.

Carbonsäuren $C_{13}H_{15}N_3O_2$

(±)-2-Methyl-8-[1-methyl-pyrrolidin-2-yl]-imidazo[1,2-a]pyridin-3-carbonsäure-äthylester
$C_{16}H_{21}N_3O_2$, Formel VII.
B. Aus (±)-3-[1-Methyl-pyrrolidin-2-yl]-[2]pyridylamin und 2-Brom-3-oxo-buttersäure-äthyl≠
ester (*Kondakowa, Gol'dfarb,* Izv. Akad. S.S.S.R. Otd. chim. **1946** 523, 525; C. A. **1948** 6364).
Kristalle (aus wss. Acn.); F: 83 – 84°.
Dipicrat $C_{16}H_{21}N_3O_2 \cdot 2C_6H_3N_3O_7$. Kristalle (aus A. + Acn.); F: 198°.

Monocarbonsäuren $C_nH_{2n-15}N_3O_2$

3-Phenyl-3H-naphtho[1,2-d][1,2,3]triazol-4-carbonsäure $C_{17}H_{11}N_3O_2$, Formel VIII.
B. Aus 4-Amino-3-anilino-[2]naphthoesäure und NaNO$_2$ in wss. HCl (*Bachman, Cowen,*
J. org. Chem. **13** [1948] 89, 94).
Kristalle (aus Eg.); F: 325 – 327° [Zers.].

2-[2-Phenoxysulfonyl-trans(?)-stilben-4-yl]-2H-naphtho[1,2-d][1,2,3]triazol-4-carbonsäure(?)
$C_{31}H_{21}N_3O_5S$, vermutlich Formel IX (X = OH, X' = O-C_6H_5).
B. Aus der folgenden Verbindung beim Erwärmen mit Phenol und wss. NaOH in Pyridin
(*Geigy A.G.,* U.S.P. 2784184 [1954]).
F: 175 – 177° [aus wss. 2-Methoxy-äthanol].

2-[2-Chlorsulfonyl-trans(?)-stilben-4-yl]-2H-naphtho[1,2-d][1,2,3]triazol-4-carbonylchlorid
$C_{25}H_{15}Cl_2N_3O_3S$, vermutlich Formel IX (X = X' = Cl).
B. Aus dem Dinatrium-Salz der 2-[2-Sulfo-trans(?)-stilben-4-yl]-2H-naphtho[1,2-d][1,2,3]tri≠
azol-4-carbonsäure (aus 3-Amino-[2]naphthoesäure bei der Umsetzung mit 2-Sulfo-trans(?)-
stilben-4-diazonium-chlorid und anschliessenden Oxidation hergestellt), PCl$_5$ und POCl$_3$ (*Geigy
A.G.,* U.S.P. 2784184 [1954]).
F: 186 – 188°.

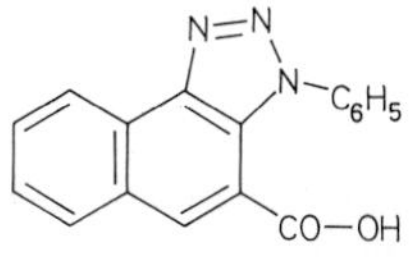

VIII 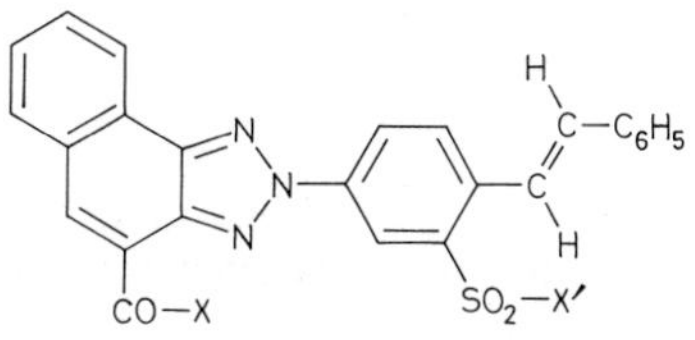   IX 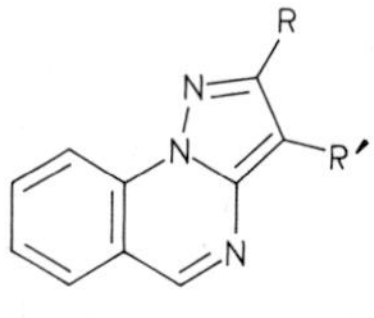   X

2-[2-Äthylsulfamoyl-trans(?)-stilben-4-yl]-2H-naphtho[1,2-d][1,2,3]triazol-4-carbonsäure-
äthylamid $C_{29}H_{27}N_5O_3S$, vermutlich Formel IX (X = X' = NH-C_2H_5).
B. Aus der vorangehenden Verbindung und wss. Äthylamin (*Geigy A.G.,* U.S.P. 2784184
[1954]).
F: 128 – 130°.

2-[2-Phenylsulfamoyl-*trans*(?)-stilben-4-yl]-2*H*-naphtho[1,2-*d*][1,2,3]triazol-4-carbonsäure-anilid
$C_{37}H_{27}N_5O_3S$, vermutlich Formel IX (X = X' = NH-C_6H_5).
B. Analog der vorangehenden Verbindung (*Geigy A. G.*, U.S.P. 2784184 [1954]).
F: 138–140°.

Pyrazolo[1,5-*a*]chinazolin-2(oder 3)-carbonsäure $C_{11}H_7N_3O_2$, Formel X (R = CO-OH,
R' = H oder R = H, R' = CO-OH).
B. Beim Erwärmen von 3-Cyan-pyrazolo[1,5-*a*]chinazolin-2-carbonsäure mit wss. NaOH
(*Evdokimoff*, G. **87** [1957] 1191, 1198). Aus Pyrazolo[1,5-*a*]chinazolin-2,3-dicarbonsäure-diäthyl=
ester mit Hilfe von wss. HCl (*Ev.*).
Kristalle (aus H_2O); F: 261–264° [Zers.].

Pyrazolo[1,5-*a*]chinazolin-3-carbonitril $C_{11}H_6N_4$, Formel X (R = H, R' = CN).
B. Beim Erhitzen von 3-Cyan-pyrazolo[1,5-*a*]chinazolin-2-carbonsäure mit CuCl in Chinolin
(*Evdokimoff*, G. **87** [1957] 1191, 1198).
Kristalle; F: 213–215° [Zers.; nach Sublimation].

1,4-Dihydro-naphtho[1,2-*e*][1,2,4]triazin-2-carbonsäure-äthylester $C_{14}H_{13}N_3O_2$, Formel XI und
Taut.
B. Beim Behandeln von Amino-[1-nitro-[2]naphthylhydrazono]-essigsäure-äthylester mit Ei=
sen, wss. HCl und Essigsäure (*Fusco, Bianchetti*, G. **87** [1957] 438, 444).
Gelbe Kristalle (aus Eg.); F: 176°.

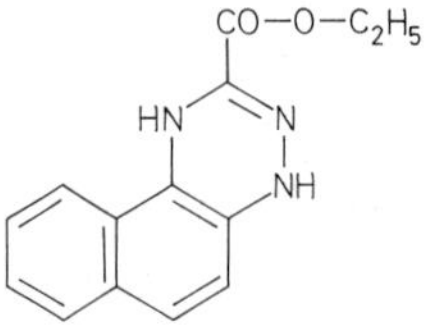

XI 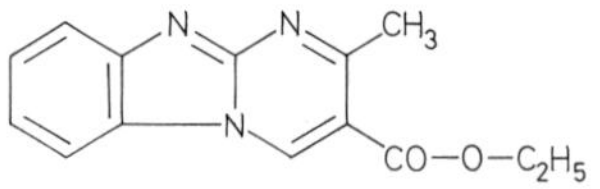   XII 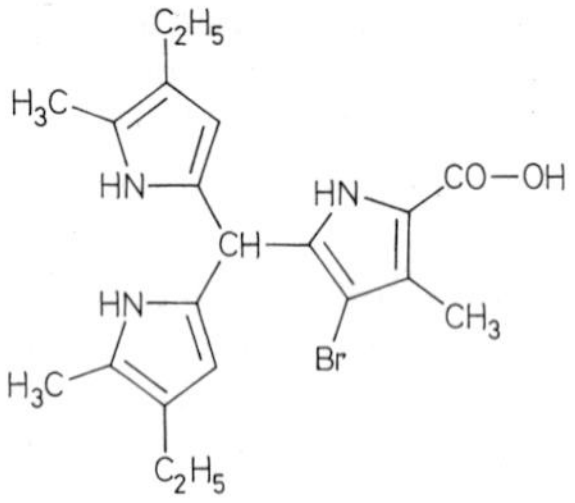   XIII

2-Methyl-benz[4,5]imidazo[1,2-*a*]pyrimidin-3-carbonsäure-äthylester $C_{14}H_{13}N_3O_2$, Formel XII.
B. Aus 1*H*-Benzimidazol-2-ylamin und 2-Acetyl-3-äthoxy-acrylsäure-äthylester in Äthanol
(*De Cat, Van Dormael*, Bl. Soc. chim. Belg. **60** [1951] 69, 74).
Kristalle (aus A.); F: 210–212°.

5-[Bis-(4-äthyl-5-methyl-pyrrol-2-yl)-methyl]-4-brom-3-methyl-pyrrol-2-carbonsäure
$C_{21}H_{26}BrN_3O_2$, Formel XIII.
B. Aus 4-Brom-5-formyl-3-methyl-pyrrol-2-carbonsäure und 3-Äthyl-2-methyl-pyrrol
(*Fischer, Strobel*, A. **531** [1937] 251, 259).
Kristalle (aus Me. + H_2O) mit 1 Mol H_2O(?); Zers. bei 152°.

**4-Äthyl-5-[4-äthyl-5-(4-äthyl-3,5-dimethyl-pyrrol-2-ylmethyl)-3-methyl-pyrrol-2-ylmethyl]-3-
methyl-pyrrol-2-carbonsäure-benzylester, 3,8,13-Triäthyl-2,7,12,14-tetramethyl-5,10,16,17-
tetrahydro-15*H*-tripyrrin-1-carbonsäure-benzylester** [1] $C_{32}H_{41}N_3O_2$, Formel XIV.
B. Aus dem Lithium-Salz der 4-Äthyl-5-[4-äthyl-3,5-dimethyl-pyrrol-2-ylmethyl]-3-methyl-
pyrrol-2-carbonsäure und [3-Äthyl-5-benzyloxycarbonyl-4-methyl-pyrrol-2-ylmethyl]-pyridin=
ium-bromid in wss. Methanol (*Hayes et al.*, Soc. **1958** 3779, 3788).
Kristalle (aus A.); F: 120–122°.

[1] Bei von **Tripyrrin** abgeleiteten Namen wird die in Formel XV angegebene Stellungsbezeich=
nung verwendet.

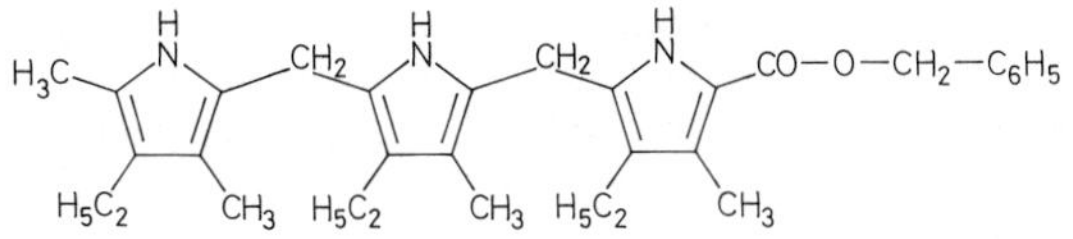

XIV 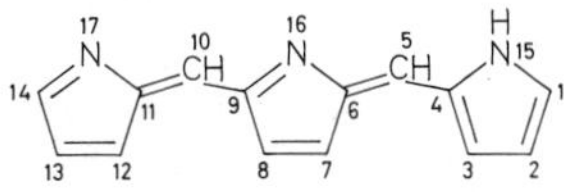   XV

Monocarbonsäuren $C_nH_{2n-17}N_3O_2$

Carbonsäuren $C_{12}H_7N_3O_2$

Naphtho[2,1-*e*][1,2,4]triazin-3-carbonsäure $C_{12}H_7N_3O_2$, Formel I.

B. Aus dem Äthylester (s. u.) mit Hilfe von wss. NaOH (*Fusco, Bianchetti*, G. **87** [1957] 438, 442).

Gelb; F: 176–177°.

Äthylester $C_{14}H_{11}N_3O_2$. *B.* Bei der Reduktion von Amino-[2-nitro-[1]naphthylhydr⹎ azono]-essigsäure-äthylester mit Eisen und wss. HCl in Essigsäure und Oxidation des Reaktions⹎ produkts mit NaNO₂ und wss. HCl (*Fu., Bi.*). — Gelbe Kristalle (aus A.); F: 150–151°.

Hydrazid $C_{12}H_9N_5O$. *B.* Aus dem Äthylester (s. o.) und N₂H₄·H₂O (*Fu., Bi.*, l. c. S. 452). — F: 234–235°.

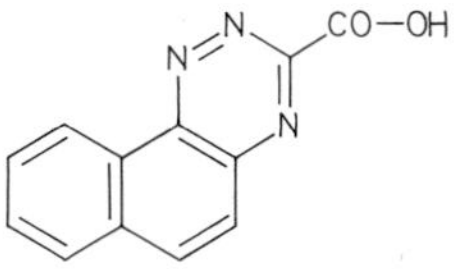

I 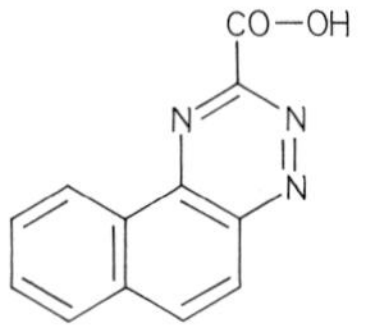   II 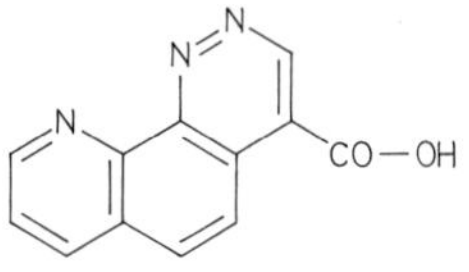   III

Naphtho[1,2-*e*][1,2,4]triazin-2-carbonsäure $C_{12}H_7N_3O_2$, Formel II.

B. Aus dem Äthylester [s. u.] (*Fusco, Bianchetti*, G. **87** [1957] 438, 445).

Kristalle (aus Me.); F: 204–206°.

Äthylester $C_{14}H_{11}N_3O_2$. *B.* Beim Behandeln von 1,4-Dihydro-naphtho[1,2-*e*][1,2,4]triazin-2-carbonsäure-äthylester mit NaNO₂, wss. HCl und Essigsäure (*Fu., Bi.*). — Kristalle (aus A.); F: 158–160°.

Pyrido[3,2-*h*]cinnolin-4-carbonsäure $C_{12}H_7N_3O_2$, Formel III.

B. Aus 4-*trans*(?)-Styryl-pyrido[3,2-*h*]cinnolin (S. 285) mit Hilfe von KMnO₄ (*Case, Brennan*, Am. Soc. **81** [1959] 6297, 6298).

Kristalle (aus H₂O); F: 196–197° [Zers.].

Carbonsäuren $C_{13}H_9N_3O_2$

2-[1*H*-Benzimidazol-2-yl]-nicotinsäure-[2-amino-anilid] $C_{19}H_{15}N_5O$, Formel IV.

B. Aus Benz[4',5']imidazo[1',2':1,2]pyrrolo[3,4-*b*]pyridin-5-on (S. 513) und *o*-Phenylendiamin (*Lecco, Dimitrijević*, B. **73** [1940] 108, 111).

Kristalle (aus Anilin + Ae.); F: 249–250°.

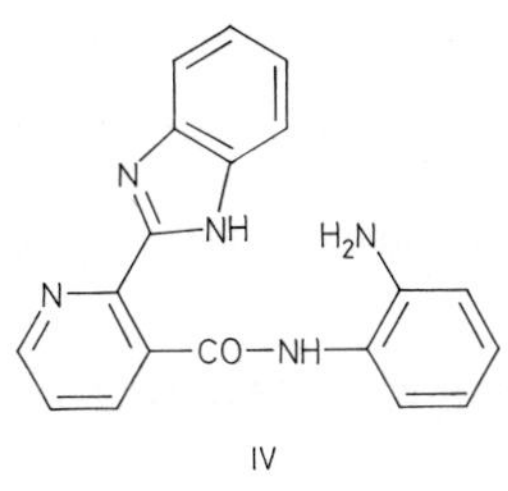

IV 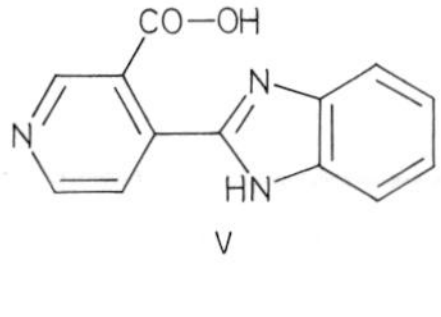   V 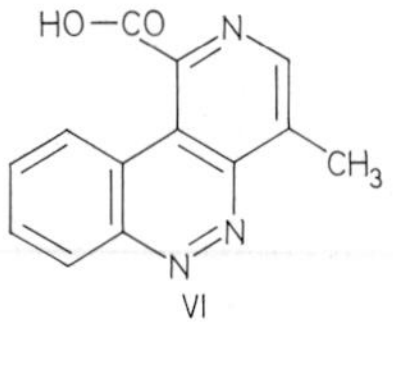   VI

4-[1H-Benzimidazol-2-yl]-nicotinsäure $C_{13}H_9N_3O_2$, Formel V.

B. Aus Benz[4',5']imidazo[1',2':1,2]pyrrolo[4,3-c]pyridin-11-on (S. 513) mit Hilfe von wss. KOH (*Leko, Bastić*, Glasnik chem. Društva Beograd **16** [1951] 175, 177; C. A. **1954** 9366).

Kristalle (aus H_2O); F: 258–259°.

4-Methyl-pyrido[4,3-c]cinnolin-1-carbonsäure $C_{13}H_9N_3O_2$, Formel VI.

Die von *Schofield, Simpson* (Soc. **1946** 472, 475, 478) unter dieser Konstitution beschriebene Verbindung ist vermutlich als 2-[2]Pyridyl-2H-indazol-3-carbonsäure (E III/IV **25** 811) zu formulieren (*Morley*, Soc. **1959** 2280, 2283).

Carbonsäuren $C_{14}H_{11}N_3O_2$

7-Methyl-2-phenyl-pyrazolo[1,5-a]pyrimidin-5-carbonsäure $C_{14}H_{11}N_3O_2$, Formel VII (X = OH).

B. Aus dem Äthylester (s. u.) mit Hilfe von wss. KOH (*Checchi et al.*, G. **86** [1956] 631, 640).

Kristalle (aus Me.); F: 225–227° [Zers.].

Natrium-Salz $NaC_{14}H_{10}N_3O_2$. Kristalle (aus H_2O); F: >300°.

Äthylester $C_{16}H_{15}N_3O_2$. B. Aus 5-Phenyl-1(2)H-pyrazol-3-ylamin und 2,4-Dioxo-valeriansäure-äthylester (*Ch. et al.*, l. c. S. 638). – Kristalle (aus A.); F: 156–158°.

Hydrazid $C_{14}H_{13}N_5O$. B. Aus dem Äthylester (s. o.) und $N_2H_4 \cdot H_2O$ (*Ch. et al.*, l. c. S. 643). Kristalle (aus Me.); F: 194–195°. – Acetyl-Derivat $C_{16}H_{15}N_5O_2$; N-Acetyl-N'-[7-methyl-2-phenyl-pyrazolo[1,5-a]pyrimidin-5-carbonyl]-hydrazin. Kristalle (aus Eg.); F: 271°. – Diacetyl-Derivat $C_{18}H_{17}N_5O_3$. Kristalle (aus A.); F: 215°.

VII   VIII

7-Methyl-2-phenyl-pyrazolo[1,5-a]pyrimidin-5-carbonsäure-[anilinomethylen-hydrazid] $C_{21}H_{18}N_6O$, Formel VII (X = NH-N=CH-NH-C_6H_5) und Taut.

B. Aus dem im vorangehenden Artikel beschriebenen Hydrazid und N,N'-Diphenyl-formamidin (*Checchi, Ridi*, G. **87** [1957] 597, 611).

Kristalle (aus Dioxan); F: 252–254° [Zers.].

7-Methyl-2-phenyl-pyrazolo[1,5-a]pyrimidin-5-carbonsäure-{[(5-phenyl-1(2)H-pyrazol-3-ylamino)-methylen]-hydrazid}, N-[7-Methyl-2-phenyl-pyrazolo[1,5-a]pyrimidin-5-carbonyl]-N''-[5-phenyl-1(2)H-pyrazol-3-yl]-formamidrazon $C_{24}H_{20}N_8O$ und Taut.

B. Aus 7-Methyl-2-phenyl-pyrazolo[1,5-a]pyrimidin-5-carbonsäure-hydrazid und N,N'-Bis-[5-phenyl-1(2)H-pyrazol-3-yl]-formamidin (*Checchi, Ridi*, G. **87** [1957] 597, 610).

Gelbe Kristalle (aus Me.); F: 238–240° [Zers.].

Diacetyl-Derivat $C_{28}H_{24}N_8O_3$. Kristalle (aus Eg.); F: 283–285°.

2-[5-Methyl-1(3)H-benzimidazol-2-yl]-nicotinsäure $C_{14}H_{11}N_3O_2$, Formel IX und Taut.

B. Aus 8(oder 9)-Methyl-benz[4',5']imidazo[1',2':1,2]pyrrolo[3,4-b]pyridin-5-on ($C_{14}H_9N_3O$; F: 248°; aus Pyridin-2,3-dicarbonsäure-anhydrid und 4-Methyl-o-phenylendiamin hergestellt) mit Hilfe von wss. KOH (*Bastić, Golubović*, Glasnik chem. Društva Beograd **21** [1956] 95, 98; C. A. **1958** 16349).

Kristalle (aus wss. A.).

Methylester $C_{15}H_{13}N_3O_2$. B. Aus 8(oder 9)-Methyl-benz[4',5']imidazo[1',2':1,2]pyrrolo[3,4-b]pyridin-5-on (F: 248°) und Methanol (*Ba., Go.*). Aus der Säure [s. o.] und Diazomethan

(*Ba., Go.*). − Kristalle (aus wss. Me.); F: 116°.

Amid $C_{14}H_{12}N_4O$. *B*. Aus 8(oder 9)-Methyl-benz[4′,5′]imidazo[1′,2′:1,2]pyrrolo[3,4-*b*]pyridin-5-on (F: 248°) und wss. NH_3 (*Ba., Go.*). − Kristalle (aus $CHCl_3$+PAe.); F: 236°.

Anilid $C_{20}H_{16}N_4O$. *B*. Analog dem Amid (*Ba., Go.*). − Kristalle (aus A.); F: 221−222°.

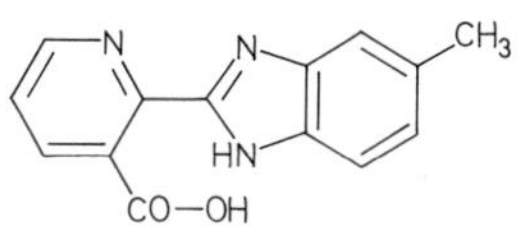

4-Methyl-1,3-diphenyl-1*H*-pyrazolo[3,4-*b*]pyridin-6-carbonsäure-äthylester $C_{22}H_{19}N_3O_2$, Formel X.

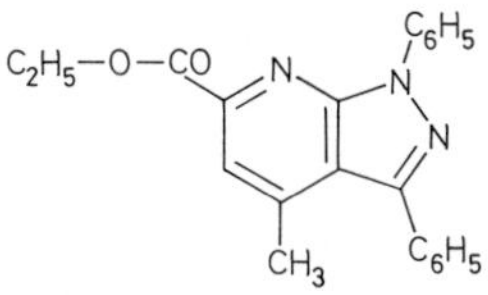

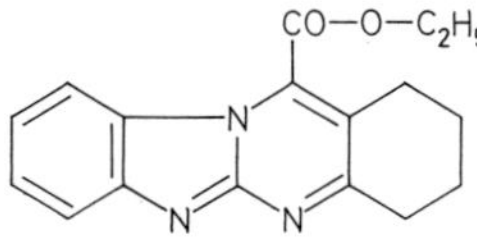

B. Aus 2,5-Diphenyl-2*H*-pyrazol-3-ylamin und 2,4-Dioxo-valeriansäure-äthylester (*Checchi et al.*, G. **86** [1956] 631, 639).

Gelbe Kristalle (aus E.); F: 163−165°.

Carbonsäuren $C_{15}H_{13}N_3O_2$

1,2,3,4-Tetrahydro-benz[4,5]imidazo[2,1-*b*]chinazolin-12-carbonsäure-äthylester $C_{17}H_{17}N_3O_2$, Formel XI.

B. Aus 1*H*-Benzimidazol-2-ylamin und [2-Oxo-cyclohexyl]-glyoxylsäure-äthylester (*Ried, Müller*, J. pr. [4] **8** [1959] 132, 142).

Gelbe Kristalle; F: 173−174°.

Carbonsäuren $C_{19}H_{21}N_3O_2$

5-[Bis-(3,5-dimethyl-pyrrol-2-yl)-methylen]-2-methyl-5*H*-pyrrol-3-carbonsäure-äthylester $C_{21}H_{25}N_3O_2$, Formel XII (R = H) und Taut.

B. Beim Erwärmen von Bis-[3,5-dimethyl-pyrrol-2-yl]-keton mit 2-Methyl-pyrrol-3-carbonsäure-äthylester und $POCl_3$ in $CHCl_3$ (*Treibs, Hintermeier*, A. **605** [1957] 35, 42).

Gelbe Kristalle (aus A.); F: 242° [korr.].

Picrat $C_{21}H_{25}N_3O_2 \cdot C_6H_3N_3O_7$. Orangefarbene Kristalle; F: 220° [Zers.].

Carbonsäuren $C_{20}H_{23}N_3O_2$

5-[Bis-(3,5-dimethyl-pyrrol-2-yl)-methylen]-2,4-dimethyl-5*H*-pyrrol-3-carbonsäure-äthylester $C_{22}H_{27}N_3O_2$, Formel XII (R = CH_3) und Taut.

B. Analog der vorangehenden Verbindung (*Treibs, Hintermeier*, A. **605** [1957] 35, 42).

Rotbraune Kristalle (aus wss. A.); F: 186°.

Carbonsäuren $C_{21}H_{25}N_3O_2$

*5-[Bis-(3,5-dimethyl-pyrrol-2-yl)-methyl]-4-[2-brom-vinyl]-3-methyl-pyrrol-2-carbonsäure $C_{21}H_{24}BrN_3O_2$, Formel XIII (R = CH_3, R′ = H).

B. Aus 4-[2-Brom-vinyl]-5-formyl-3-methyl-pyrrol-2-carbonsäure (F: 238°) und 2,4-Dimethylpyrrol (*Fischer, Strobel*, A. **531** [1937] 251, 255).

Kristalle (aus Me.) mit 0,5 Mol Methanol; Zers. bei 183°.

*5-[Bis-(4,5-dimethyl-pyrrol-2-yl)-methyl]-4-[2-brom-vinyl]-3-methyl-pyrrol-2-carbonsäure $C_{21}H_{24}BrN_3O_2$, Formel XIII (R = H, R′ = CH_3).

B. Analog der vorangehenden Verbindung (*Fischer, Strobel*, A. **531** [1937] 251, 257).

Kristalle (aus Me.+H_2O); Zers. bei 169°.

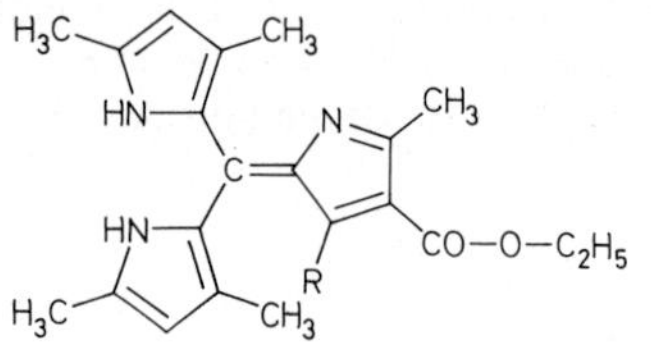

XII 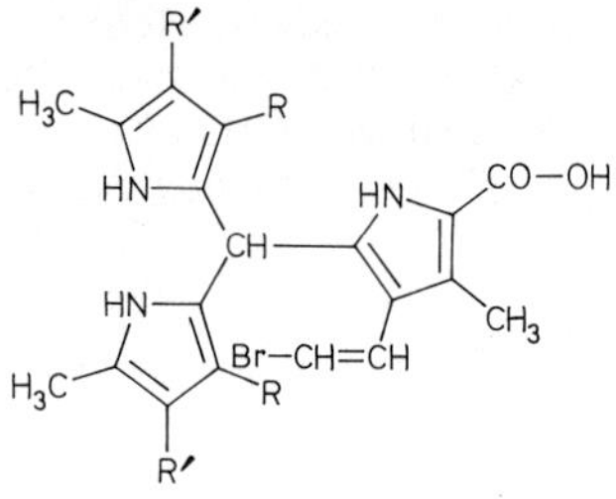   XIII

Carbonsäuren $C_{23}H_{29}N_3O_2$

*5-[Bis-(3-äthyl-5-methyl-pyrrol-2-yl)-methyl]-4-[2-brom-vinyl]-3-methyl-pyrrol-2-carbonsäure
$C_{23}H_{28}BrN_3O_2$, Formel XIII (R = C_2H_5, R' = H).
B. Analog den vorangehenden Verbindungen (*Fischer, Strobel*, A. **531** [1937] 251, 257).
Kristalle (aus Me. + H_2O); Zers. bei 141°.

---

*5-[Bis-(4-äthyl-5-methyl-pyrrol-2-yl)-methyl]-4-[2-brom-vinyl]-3-methyl-pyrrol-2-carbonsäure
$C_{23}H_{28}BrN_3O_2$, Formel XIII (R = H, R' = C_2H_5).
B. Analog den vorangehenden Verbindungen (*Fischer, Strobel*, A. **531** [1937] 251, 259).
Kristalle (aus Me. + H_2O); Zers. bei 168°.

---

*5-[Bis-(3,4,5-trimethyl-pyrrol-2-yl)-methyl]-4-[2-brom-vinyl]-3-methyl-pyrrol-2-carbonsäure
$C_{23}H_{28}BrN_3O_2$, Formel XIII (R = R' = CH_3).
B. Analog den vorangehenden Verbindungen (*Fischer, Strobel*, A. **531** [1937] 251, 258).
Kristalle (aus Me. + H_2O); Zers. bei 167°.

Carbonsäuren $C_{25}H_{33}N_3O_2$

*5-[Bis-(4-äthyl-3,5-dimethyl-pyrrol-2-yl)-methyl]-4-[2-brom-vinyl]-3-methyl-pyrrol-2-carbonsäure $C_{25}H_{32}BrN_3O_2$, Formel XIII (R = CH_3, R' = C_2H_5).
B. Analog den vorangehenden Verbindungen (*Fischer, Strobel*, A. **531** [1937] 251, 256).
Kristalle (aus Me. + H_2O).

---

*5-[Bis-(3-äthyl-4,5-dimethyl-pyrrol-2-yl)-methyl]-4-[2-brom-vinyl]-3-methyl-pyrrol-2-carbonsäure $C_{25}H_{32}BrN_3O_2$, Formel XIII (R = C_2H_5, R' = CH_3).
B. Analog den vorangehenden Verbindungen (*Fischer, Strobel*, A. **531** [1937] 251, 257).
Kristalle (aus Me. + H_2O); Zers. bei 158°.

Carbonsäuren $C_{27}H_{37}N_3O_2$

*5-[Bis-(4,5-dimethyl-3-propyl-pyrrol-2-yl)-methyl]-4-[2-brom-vinyl]-3-methyl-pyrrol-2-carbonsäure $C_{27}H_{36}BrN_3O_2$, Formel XIII (R = CH_2-C_2H_5, R' = CH_3).
B. Analog den vorangehenden Verbindungen (*Fischer, Strobel*, A. **531** [1937] 251, 258).
Kristalle (aus Acn. + H_2O) mit 1 Mol Aceton; Zers. bei 145°.

---

*5-[Bis-(3,4-diäthyl-5-methyl-pyrrol-2-yl)-methyl]-4-[2-brom-vinyl]-3-methyl-pyrrol-2-carbonsäure $C_{27}H_{36}BrN_3O_2$, Formel XIII (R = R' = C_2H_5).
B. Analog den vorangehenden Verbindungen (*Fischer, Strobel*, A. **531** [1937] 251, 258).
Rosafarbene Kristalle (aus Me. + H_2O) mit 1 Mol H_2O; Zers. bei 156°.

Monocarbonsäuren $C_nH_{2n-19}N_3O_2$

3-Phenyl-benzo[e][1,2,4]triazin-6-carbonsäure $C_{14}H_9N_3O_2$, Formel I.
B. Neben 3-Phenyl-benzo[e][1,2,4]triazin beim Erwärmen von 4-[3,N'''-Diphenyl-[5]form⸗

azano]-benzoesäure mit konz. H_2SO_4 und Essigsäure (*Jerchel, Woticky*, A. **605** [1957] 191, 197).

Dunkelgelbe Kristalle; F: 240–242°.

3-Phenyl-benzo[*e*][1,2,4]triazin-8-carbonsäure $C_{14}H_9N_3O_2$, Formel II.

B. Analog der vorangehenden Verbindung (*Jerchel, Woticky*, A. **605** [1957] 191, 198).

Gelbe Kristalle (aus THF + Me.); F: 230–231°.

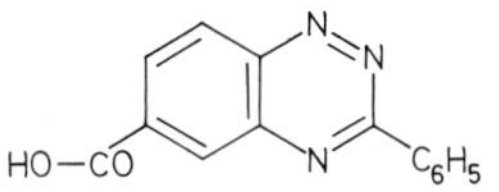

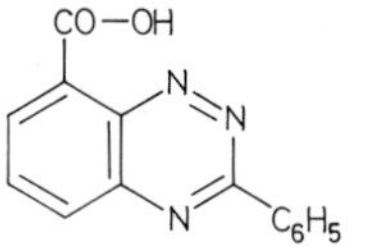

1-Acetyl-2-[3-carboxy-cinnolin-4-yl]-pyridinium-betain $C_{16}H_{11}N_3O_3$, Formel III.

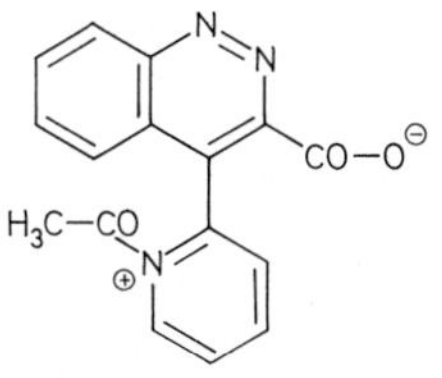

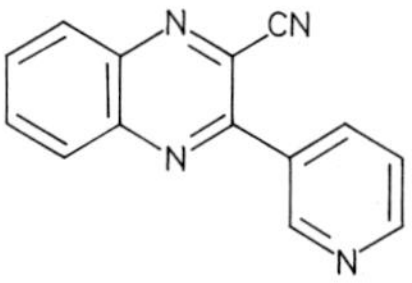

Die von *Schofield, Simpson* (Soc. **1946** 472, 477) unter dieser Konstitution beschriebene Verbindung ist vermutlich als 5-Acetyl-12-hydroxy-13-oxo-5,13-dihydro-pyrido[2′,1′:2,3]imid≈ azo[1,5-*b*]cinnolinium-betain (S. 693) zu formulieren (*Morley*, Soc. **1959** 2280, 2281).

3-[3]Pyridyl-chinoxalin-2-carbonitril $C_{14}H_8N_4$, Formel IV.

B. Aus 2-[4-Dimethylamino-phenylimino]-3-oxo-3-[3]pyridyl-propionitril und *o*-Phenylendi≈ amin (*Kröhnke, Gross*, B. **92** [1959] 22, 33).

Kristalle (aus E.); F: 193–194°.

3-[4]Pyridyl-chinoxalin-2-carbonitril $C_{14}H_8N_4$, Formel V.

B. Analog der vorangehenden Verbindung (*Kröhnke, Gross*, B. **92** [1959] 22, 33).

Kristalle (aus E.); F: 228–229°.

6,11-Dihydro-5*H*-indolo[2,3-*b*][1,5]naphthyridin-3-carbonsäure(?) $C_{15}H_{11}N_3O_2$, vermutlich Formel VI (R = H).

D i h y d r o b r o m i d $C_{15}H_{11}N_3O_2 \cdot 2HBr$. *B.* Aus 5-Benzyloxycarbonylamino-6-[2-oxo-ind≈ olin-3-ylmethyl]-nicotinsäure-methylester und wss. HBr (*Plieninger et al.*, B. **91** [1958] 2095, 2101). — Gelbliche Kristalle; F: 230°.

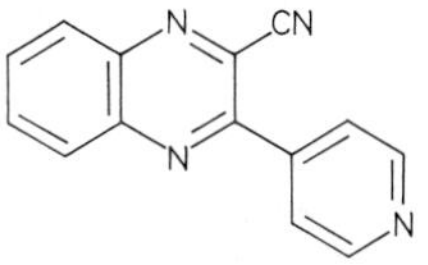

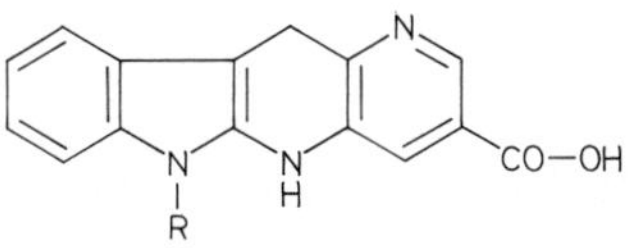

6-Methyl-6,11-dihydro-5*H*-indolo[2,3-*b*][1,5]naphthyridin-3-carbonsäure(?) $C_{16}H_{13}N_3O_2$, vermutlich Formel VI (R = CH_3).

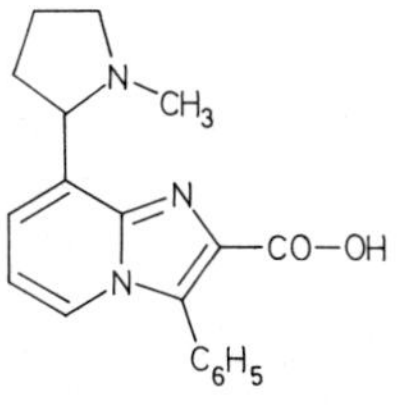

D i h y d r o b r o m i d $C_{16}H_{13}N_3O_2 \cdot 2HBr$. *B.* Aus 5-Benzyloxycarbonylamino-6-[1-methyl-2-oxo-indolin-3-ylmethyl]-nicotinsäure-methylester und wss. HBr (*Plieninger et al.*, B. **91** [1958] 2095, 2101). — Zers. > 270° [Sublimation ab 180°].

A c e t y l - D e r i v a t $C_{18}H_{15}N_3O_3$; 5 - A c e t y l - 6 - m e t h y l - 6,11 - d i h y d r o - 5 *H* - i n d o l o [2,3 - *b*]≈ [1,5] n a p h t h y r i d i n - 3 - c a r b o n s ä u r e(?). Zers. bei 330–336° [Sublimation ab 200°].

(±)-8-[1-Methyl-pyrrolidin-2-yl]-3-phenyl-imidazo[1,2-*a*]pyridin-2-carbonsäure $C_{19}H_{19}N_3O_2$, Formel VII.

B. Aus (±)-3-[1-Methyl-pyrrolidin-2-yl]-[2]pyridylamin und Brom-phenyl-brenztraubensäure

(*Gol'dfarb, Kondakowa, Ž.* prikl. Chim. **15** [1942] 151, 159; C. A. **1943** 2381).

Dihydrobromid $C_{19}H_{19}N_3O_2 \cdot 2\,HBr$. Kristalle (aus A.+Ae.); F: ca. 284° [Zers.; nach Dunkelfärbung ab 250°].

Dipicrat $C_{19}H_{19}N_3O_2 \cdot 2\,C_6H_3N_3O_7$. Kristalle (aus A.); F: 210−211° [Zers.].

2,4-Bis-[3,5-dimethyl-pyrrol-2-yl]-4-[2,4-dimethyl-pyrrol-3-yliden]-crotonsäure-äthylester

$C_{24}H_{29}N_3O_2$, Formel VIII und Taut.

Hydrobromid $C_{24}H_{29}N_3O_2 \cdot HBr$. *B.* Aus 4-[2,4-Dimethyl-pyrrol-3-yl]-2,4-dioxo-butter≈ säure-äthylester, 2,4-Dimethyl-pyrrol und wss. HBr (*Treibs, Herrmann,* A. **592** [1955] 1, 10). − Blaue Kristalle. λ_{max} (A.): 606 nm.

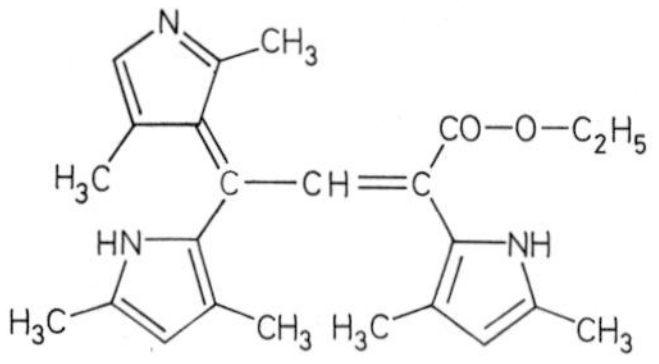

VIII 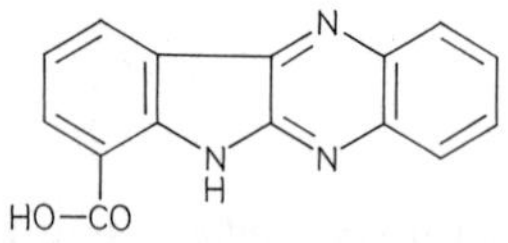   IX

Monocarbonsäuren $C_nH_{2n-21}N_3O_2$

6*H*-Indolo[2,3-*b*]chinoxalin-7-carbonsäure $C_{15}H_9N_3O_2$, Formel IX.

B. Aus 2,3-Dioxo-indolin-7-carbonsäure und *o*-Phenylendiamin (*Buu-Hoi et al.,* Bl. **1947** 131, 132).

Gelbe Kristalle (aus Py.); F: ca. 315°.

6*H*-Indolo[2,3-*b*]chinoxalin-8-carbonsäure $C_{15}H_9N_3O_2$, Formel X.

B. Analog der vorangehenden Verbindung (*Buu-Hoi et al.,* Bl. **1947** 131, 132).

Gelbe Kristalle (aus Nitrobenzol); F: ca. 340° [Zers.].

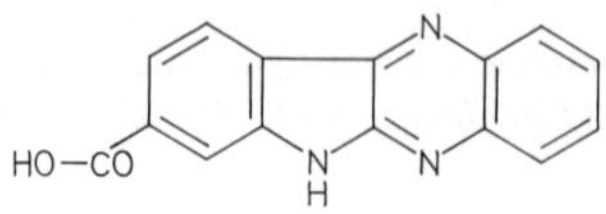

X 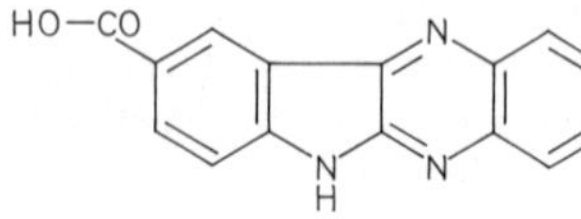   XI

6*H*-Indolo[2,3-*b*]chinoxalin-9-carbonsäure $C_{15}H_9N_3O_2$, Formel XI.

B. Analog den vorangehenden Verbindungen (*Buu-Hoi et al.,* Bl. **1947** 131, 132).

Gelbe Kristalle (aus Py.), die unterhalb 380° nicht schmelzen.

5,6-Diphenyl-[1,2,4]triazin-3-carbonsäure $C_{16}H_{11}N_3O_2$, Formel I (R = X = H).

B. Aus dem Äthylester (s. u.) mit Hilfe von wss.-äthanol. NaOH (*Schmidt, Druey,* Helv. **38** [1955] 1560, 1564).

Gelbe Kristalle (aus CCl$_4$); F: 156−157° [Zers.] (*Sch., Dr.*).

Bei der Hydrierung an Palladium/Kohle in wss.-äthanol. HCl ist 4,5-Diphenyl-1(2)*H*-pyrazol-3-carbonsäure erhalten worden (*Hoyer, Gompper,* B. **92** [1959] 564).

Äthylester $C_{18}H_{15}N_3O_2$. *B.* Aus Benzil und Amino-hydrazono-essigsäure-äthylester [E IV **2** 1869] (*Sch., Dr.,* l. c. S. 1562). − Gelbe Kristalle (aus PAe.); F: 99−100° (*Sch., Dr.*).

5,6-Bis-[4-chlor-phenyl]-[1,2,4]triazin-3-carbonsäure-äthylester $C_{18}H_{13}Cl_2N_3O_2$, Formel I (R = C$_2$H$_5$, X = Cl).

B. Analog dem im vorangehenden Artikel beschriebenen Äthylester (*Schmidt, Druey,* Helv. **38** [1955] 1560, 1563).

F: 138−139°.

2-Methyl-naphth[2′,3′:4,5]imidazo[1,2-a]pyrimidin-3-carbonsäure $C_{16}H_{11}N_3O_2$, Formel II.

B. Aus dem Äthylester [s. u.] (*Ried, Müller*, J. pr. [4] **8** [1959] 132, 147).

F: 341−343°.

Äthylester $C_{18}H_{15}N_3O_2$. *B*. Aus 1*H*-Naphth[2,3-*d*]imidazol-2-ylamin und 2-Acetyl-3-äth≠ oxy-acrylsäure-äthylester (*Ried, Mü.*, 1. c. S. 146). − Gelborangefarbene Kristalle; F: 268−270° [Zers.].

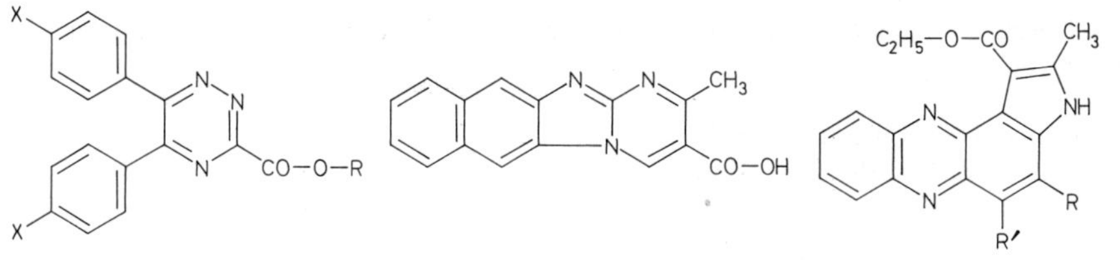

I   II   III

2-Methyl-3H-pyrrolo[3,2-a]phenazin-1-carbonsäure-äthylester $C_{18}H_{15}N_3O_2$, Formel III (R = R′ = H).

B. Aus 2-Methyl-4,5-dioxo-4,5-dihydro-indol-3-carbonsäure-äthylester und *o*-Phenylendiamin (*Teuber, Thaler*, B. **91** [1958] 2253, 2265).

Gelbe Kristalle (aus Me.+H₂O); F: 256° [Zers.].

2,5-Dimethyl-3H-pyrrolo[3,2-a]phenazin-1-carbonsäure-äthylester $C_{19}H_{17}N_3O_2$, Formel III (R = H, R′ = CH₃).

B. Aus 2,6-Dimethyl-4,5-dioxo-4,5-dihydro-indol-3-carbonsäure-äthylester und *o*-Phenylendi≠ amin (*Teuber, Thaler*, B. **91** [1958] 2253, 2268).

Gelbe Kristalle (aus Me.); F: 238° [Zers.].

2,4,5-Trimethyl-3H-pyrrolo[3,2-a]phenazin-1-carbonsäure-äthylester $C_{20}H_{19}N_3O_2$, Formel III (R = R′ = CH₃).

B. Analog der vorangehenden Verbindung (*Teuber, Thaler*, B. **91** [1958] 2253, 2269).

Gelbe Kristalle (aus Me.+H₂O); F: 244° [Zers.].

Monocarbonsäuren $C_nH_{2n-23}N_3O_2$

Phenanthro[9,10-e][1,2,4]triazin-3-carbonsäure-äthylester $C_{18}H_{13}N_3O_2$, Formel IV.

B. Aus [9,10]Phenanthrochinon und Amino-hydrazono-essigsäure-äthylester [E IV **2** 1869] (*Schmidt, Druey*, Helv. **38** [1955] 1560, 1564).

F: 179−181°.

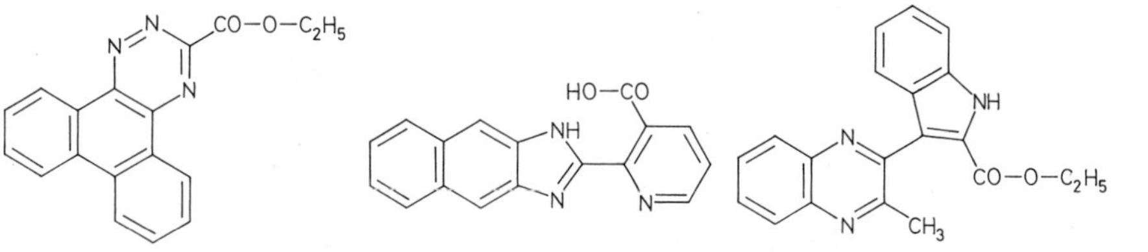

IV   V   VI

2-[1H-Naphth[2,3-d]imidazol-2-yl]-nicotinsäure $C_{17}H_{11}N_3O_2$, Formel V.

B. Aus 4,5,11b-Triaza-benzo[4,5]pentaleno[1,2-*b*]naphthalin-12-on (S. 531) mit Hilfe von wss. KOH (*Bastić, Golubović*, Glasnik chem. Društva Beograd **18** [1953] 235, 239; C. A. **1958**

2005).
    Gelbliche Kristalle (aus A.); F: 284°.

3-[3-Methyl-chinoxalin-2-yl]-indol-2-carbonsäure-äthylester $C_{20}H_{17}N_3O_2$, Formel VI.
    B. Beim Erhitzen von 3-[3-Methyl-chinoxalin-2-yl]-2-phenylhydrazono-propionsäure-äthyl≠
ester mit ZnCl₂ auf 140° (*Cook, Naylor,* Soc. **1943** 397, 400).
    Kristalle (aus PAe.); F: 153°.

1,2,3,4-Tetrahydro-naphth[2′,3′:4,5]imidazo[2,1-*b*]chinazolin-14-carbonsäure-äthylester
$C_{21}H_{19}N_3O_2$, Formel VII.
    B. Aus 1*H*-Naphth[2,3-*d*]imidazol-2-ylamin und [2-Oxo-cyclohexyl]-glyoxylsäure-äthylester
(*Ried, Müller,* J. pr. [4] **8** [1959] 132, 142).
    Rote Kristalle; F: 236−238° [Zers.].

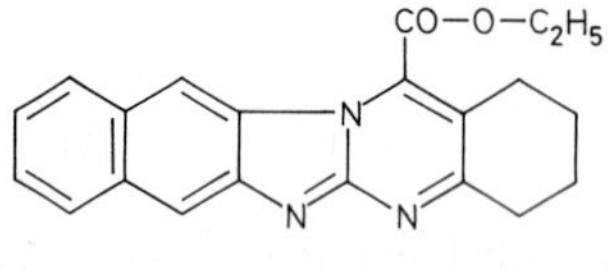

VII 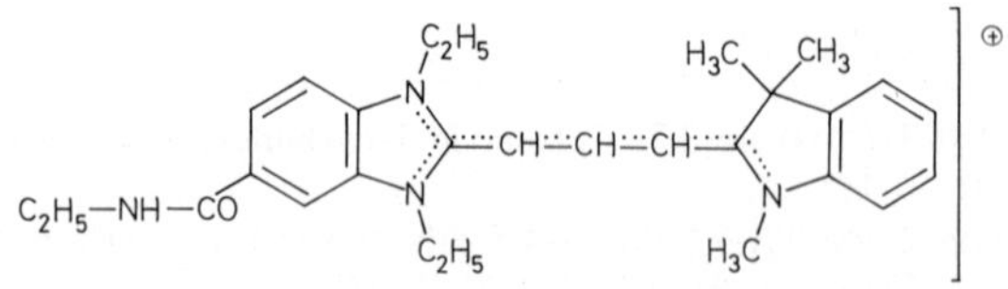   VIII

1,3-Diäthyl-5-äthylcarbamoyl-2-[3-(1,3,3-trimethyl-indolin-2-yliden)-propenyl]-benzimidazolium
[$C_{28}H_{35}N_4O$]⁺ und Mesomere; **1-[1,3-Diäthyl-5-äthylcarbamoyl-1(3)*H*-benzimidazol-2-yl]-**
3-[1,3,3-trimethyl-3*H*-indol-2-yl]-trimethinium [1]), Formel VIII.
    Perchlorat [$C_{28}H_{35}N_4O$]ClO₄. *B.* Aus 1,3-Diäthyl-5-äthylcarbamoyl-2-methyl-benzimid≠
azolium-jodid bei aufeinanderfolgender Umsetzung mit 2-[2-(*N*-Acetyl-anilino)-vinyl]-1,3,3-tri≠
methyl-3*H*-indolium-jodid und wss. NaClO₄ (*Eastman Kodak Co.,* U.S.P. 2778823 [1954];
D.B.P. 1007620 [1957]). − Rötliche Kristalle (aus A.); F: 262−264° [Zers.].

Monocarbonsäuren $C_nH_{2n-25}N_3O_2$

3-Chinoxalin-2-yl-chinolin-2-carbonsäure $C_{18}H_{11}N_3O_2$, Formel IX.
    B. Aus dem Äthylester [s. u.] (*Borsche, Doeller,* A. **537** [1939] 39, 47).
    Zers. bei ca. 101° [Präparat von fraglicher Einheitlichkeit].
    Methylester $C_{19}H_{13}N_3O_2$. *B.* Aus der Säure (s. o.) und methanol. HCl (*Bo., Do.*). −
Kristalle (aus wss. Me.); F: 172−173°.
    Äthylester $C_{20}H_{15}N_3O_2$. *B.* Aus Chinoxalin-2-yl-brenztraubensäure-äthylester und
2-Amino-benzaldehyd (*Bo., Do.,* l. c. S. 46). − Kristalle (aus A.); F: 153−154°.

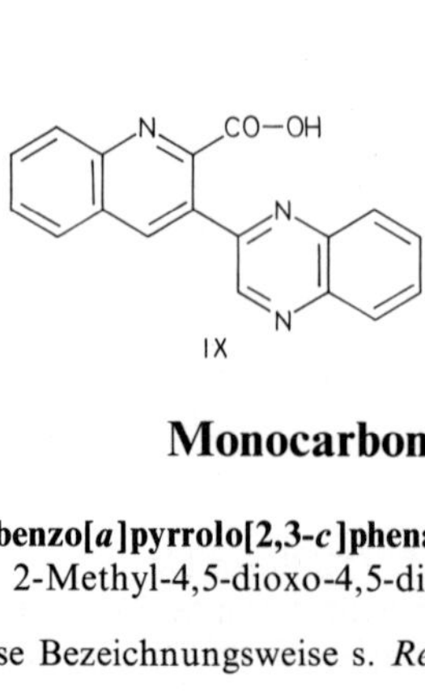

IX    X

Monocarbonsäuren $C_nH_{2n-27}N_3O_2$

2-Methyl-3*H*-benzo[*a*]pyrrolo[2,3-*c*]phenazin-1-carbonsäure-äthylester $C_{22}H_{17}N_3O_2$, Formel X.
    B. Aus 2-Methyl-4,5-dioxo-4,5-dihydro-1*H*-benz[*g*]indol-3-carbonsäure-äthylester und

---

[1]) Über diese Bezeichnungsweise s. *Reichardt, Mormann,* B. **105** [1972] 1815, 1832.

o-Phenylendiamin (*Teuber, Thaler*, B. **92** [1959] 667, 673).
  Gelbe Kristalle (aus Acn. + H$_2$O); F: 248°.

B. Dicarbonsäuren

Dicarbonsäuren C$_n$H$_{2n-3}$N$_3$O$_4$

(±)-1-Benzyl-4,5-dihydro-1*H*-[1,2,3]triazol-4*r*,5*t*(?)-dicarbonsäure-dimethylester C$_{13}$H$_{15}$N$_3$O$_4$,
vermutlich Formel I (R = C$_6$H$_5$, X = O-CH$_3$) + Spiegelbild.
  B. Aus Fumarsäure-dimethylester und Benzylazid (*Curtius, Raschig*, J. pr. [2] **125** [1930]
466, 489).
  Kristalle (aus PAe.); F: 75°.

(±)-1-Benzyl-4,5-dihydro-1*H*-[1,2,3]triazol-4*r*,5*t*(?)-dicarbonsäure-dihydrazid C$_{11}$H$_{15}$N$_7$O$_2$,
vermutlich Formel I (R = C$_6$H$_5$, X = NH-NH$_2$) + Spiegelbild.
  B. Aus Fumarsäure-diäthylester bei aufeinanderfolgender Umsetzung mit Benzylazid und
N$_2$H$_4$·H$_2$O (*Curtius, Raschig*, J. pr. [2] **125** [1930] 466, 487).
  Kristalle (aus H$_2$O); F: 142° [Zers.].

(±)-1-Carbazoylmethyl-4,5-dihydro-1*H*-[1,2,3]triazol-4*r*,5*t*(?)-dicarbonsäure-dihydrazid
C$_6$H$_{13}$N$_9$O$_3$, vermutlich Formel I (R = CO-NH-NH$_2$, X = NH-NH$_2$) + Spiegelbild.
  B. Aus Fumarsäure-diäthylester bei aufeinanderfolgender Umsetzung mit Azidoessigsäure-
äthylester und N$_2$H$_4$·H$_2$O (*Curtius, Klavehn*, J. pr. [2] **125** [1930] 498, 521).
  Rötliche Kristalle; Zers. bei 232°.
  H y d r a z i n - S a l z N$_2$H$_4$·C$_6$H$_{13}$N$_9$O$_3$. Rötliches Pulver; Zers. > 280°.
  T r i s - b e n z y l i d e n - D e r i v a t C$_{27}$H$_{25}$N$_9$O$_3$; 1-[Benzylidencarbazoyl-methyl]-4,5-di=
h y d r o - 1 *H*-[1,2,3]triazol-4*r*,5*t*(?)-dicarbonsäure-bis-benzylidenhydrazid. Dunkel=
gelbes Pulver (aus A.); Zers. bei 211°.

Dicarbonsäuren C$_n$H$_{2n-5}$N$_3$O$_4$

Dicarbonsäuren C$_4$H$_3$N$_3$O$_4$

1*H*-[1,2,3]Triazol-4,5-dicarbonsäure C$_4$H$_3$N$_3$O$_4$, Formel II (X = X' = OH) und Taut.
(H 297; E I 90; E II 160).
  B. Aus 1-Benzyl-1*H*-[1,2,3]triazol-4,5-dicarbonsäure mit Hilfe von Natrium und flüssigem
NH$_3$ (*Wiley et al.*, J. org. Chem. **21** [1956] 190).
  Beim Erhitzen mit Acetanhydrid ist 2-Methyl-oxazol-4-carbonsäure erhalten worden (*Ander=
son et al.*, J.C.S. Perkin I **1973** 550, 555; vgl. dagegen *Yamada et al.*, J. pharm. Soc. Japan
77 [1957] 452, 455; C. A. **1957** 14697).

1*H*-[1,2,3]Triazol-4,5-dicarbonsäure-monomethylester C$_5$H$_5$N$_3$O$_4$, Formel II (X = O-CH$_3$,
X' = OH) und Taut.
  B. Beim Erwärmen der folgenden Verbindung mit methanol. Natriummethylat und wenig
H$_2$O (*Yamada et al.*, J. pharm. Soc. Japan **77** [1957] 452, 454; C. A. **1957** 14697).
  Kristalle (aus Ae. + PAe.); F: 152 – 153° [Zers.].

1*H*-[1,2,3]Triazol-4,5-dicarbonsäure-dimethylester C$_6$H$_7$N$_3$O$_4$, Formel II (X = X' = O-CH$_3$)
und Taut.
  In dem früher (s. E II 26 160) unter dieser Konstitution beschriebenen Präparat vom F:
66 – 67° hat wahrscheinlich 1-Methyl-1*H*-[1,2,3]triazol-4,5-dicarbonsäure-dimethylester (s. u.)

vorgelegen (*Yamada et al.*, J. pharm. Soc. Japan **77** [1957] 452, 453; C. A. **1957** 14697).

B. Beim Behandeln von $1H$-[1,2,3]Triazol-4,5-dicarbonsäure mit methanol. HCl (*Ya. et al.*, l. c. S. 454).

Kristalle (aus H_2O oder Ae.+PAe.); F: 133−134,5°.

5-Carbamoyl-$1H$-[1,2,3]triazol-4-carbonsäure $C_4H_4N_4O_3$, Formel II (X = OH, X' = NH_2) und Taut. (E II 160).

B. Aus $1H$-[1,2,3]Triazol-4,5-dicarbonsäure-monomethylester (s. o.) und konz. wss. NH_3 (*Yamada et al.*, J. pharm. Soc. Japan **77** [1957] 452, 454; C. A. **1957** 14697).

Kristalle (aus H_2O); F: 246−247° [Zers.] (vgl. dagegen E II 160).

5-Cyan-$1H$-[1,2,3]triazol-4-carbonsäure-amid $C_4H_3N_5O$, Formel III (X = O, X' = NH_2) und Taut.

B. Neben $1H$-[1,2,3]Triazol-4,5-dicarbonitril beim Erwärmen von Acetylamino-imino-suc‍cinonitril mit $NaNO_2$ und wss. HCl (*Hinkel et al.*, Soc. **1937** 1432, 1437).

Kristalle (aus A.); F: 219° [Zers.].

5-Cyan-$1H$-[1,2,3]triazol-4-carbimidsäure-äthylester $C_6H_7N_5O$, Formel III (X = NH, X' = O-C_2H_5) und Taut.

Hydrochlorid $C_6H_7N_5O \cdot HCl$. B. Aus $1H$-[1,2,3]Triazol-4,5-dicarbonitril, Äthanol und HCl in Dioxan (*Bredereck, Schmötzer*, A. **600** [1956] 95, 107). − Kristalle (aus Ameisensäure + Ae.); Zers. ab 210°.

$\qquad$ I $\qquad$ II $\qquad$ III $\qquad$ IV $\qquad$ V $\qquad$ VI

$1H$-[1,2,3]Triazol-4,5-dicarbonitril C_4HN_5, Formel IV und Taut. (E II 160).

Kristalle (aus 1,2-Dichlor-äthan); F: 148° [korr.] (*Taylor*, Canad. J. Res. [B] **20** [1942] 161, 163). Wahre Dissoziationskonstante K_a (H_2O; konduktometrisch ermittelt) bei 25°: $3,378 \cdot 10^{-2}$ (*Ta.*, l. c. S. 167).

5-Carbazoyl-$1H$-[1,2,3]triazol-4-carbonsäure, $1H$-[1,2,3]Triazol-4,5-dicarbonsäure-monohydrazid $C_4H_5N_5O_3$, Formel II (X = OH, X' = NH-NH_2) und Taut.

B. Aus $1H$-[1,2,3]Triazol-4,5-dicarbonsäure-monomethylester (s. o.) und $N_2H_4 \cdot H_2O$ in Methanol (*Yamada et al.*, J. pharm. Soc. Japan **77** [1957] 452, 454; C. A. **1957** 14697).

Kristalle mit 1 Mol H_2O, die ab 200° unter Braunfärbung sintern.

1-Methyl-$1H$-[1,2,3]triazol-4,5-dicarbonsäure $C_5H_5N_3O_4$, Formel V (R = CH_3, X = OH).

B. Aus Butindisäure und Methylazid (*Wiley et al.*, Am. Soc. **77** [1955] 3412). Beim Erwärmen von 1,5,6-Trimethyl-$1H$-benzotriazol mit wss. $KMnO_4$ (*Plaut*, Am. Soc. **76** [1954] 5801).

Kristalle; F: 179−180° [aus H_2O] (*Wi. et al.*), 175−176° [aus Butan-1-ol] (*Pl.*).

1(?)-Methyl-1(?)H-[1,2,3]triazol-4,5-dicarbonsäure-dimethylester $C_7H_9N_3O_4$, vermutlich Formel V (R = CH_3, X = O-CH_3) (vgl. E I 90; E II 161).

B. Beim Erwärmen von $1H$-[1,2,3]Triazol-4,5-dicarbonsäure mit Methanol und konz. H_2SO_4 (*Yamada et al.*, J. pharm. Soc. Japan **77** [1957] 452, 454; C. A. **1957** 14697).

Kristalle (aus Bzl.+PAe.); F: 64−65°.

1-Äthyl-$1H$-[1,2,3]triazol-4,5-dicarbonsäure $C_6H_7N_3O_4$, Formel V (R = C_2H_5, X = OH) (E I 90).

B. Aus Butindisäure und Äthylazid in Äther (*Smith et al.*, J. org. Chem. **23** [1958] 1595,

1598).

Kristalle (aus Ae. + PAe.); F: 106 – 109°.

1-Butyl-1H-[1,2,3]triazol-4,5-dicarbonsäure $C_8H_{11}N_3O_4$, Formel V (R = [CH$_2$]$_3$-CH$_3$, X = OH).

B. Aus Butindisäure und Butylazid (*Wiley et al.*, Am. Soc. **77** [1955] 3412).

Kristalle (aus H$_2$O); F: 136 – 136,5° [Zers.].

1-Isobutyl-1H-[1,2,3]triazol-4,5-dicarbonsäure $C_8H_{11}N_3O_4$, Formel V (R = CH$_2$-CH(CH$_3$)$_2$, X = OH).

B. Aus Butindisäure und Isobutylazid (*Smith et al.*, J. org. Chem. **23** [1958] 1595, 1597).

Kristalle (aus Ae. + PAe.) mit 1 Mol H$_2$O; F: 136 – 137° [nach H$_2$O-Abgabe bei 121°].

1-Phenyl-1H-[1,2,3]triazol-4,5-dicarbonsäure $C_{10}H_7N_3O_4$, Formel V (R = C$_6$H$_5$, X = OH) (H 298; E I 90; E II 161).

B. Aus 1-Phenyl-1H-[1,2,3]triazol-4,5-dicarbaldehyd (*Henkel, Weygand*, B. **76** [1943] 812, 816) oder 4,5-Bis-hydroxymethyl-1-phenyl-1H-[1,2,3]triazol (*Mugnaini, Grünanger*, R.A.L. [8] **14** [1953] 275, 279) mit Hilfe von KMnO$_4$ und wss. Alkali.

Kristalle; F: 147 – 148° [Zers.; aus H$_2$O] (*Mu., Gr.*), 146 – 147° [Zers.; aus Ae. + PAe.] (*He., We.*).

2-Phenyl-2H-[1,2,3]triazol-4,5-dicarbonsäure $C_{10}H_7N_3O_4$, Formel VI (X = OH) (H 298; E II 161).

B. Aus 2-Phenyl-2H-[1,2,3]triazol-4,5-dicarbaldehyd mit Hilfe von wss. KMnO$_4$ (*Anderson, Aronson*, J. org. Chem. **24** [1959] 1812).

Kristalle (aus wss. Eg. + wenig konz. wss. HCl); F: 259 – 261° [Zers.].

1-Phenyl-1H-[1,2,3]triazol-4,5-dicarbonsäure-dimethylester $C_{12}H_{11}N_3O_4$, Formel V (R = C$_6$H$_5$, X = O-CH$_3$) (H 298; E II 162).

Beim Erwärmen mit Acetophenon und Natrium in Benzol ist 1-Phenyl-3-[1-phenyl-1H-[1,2,3]triazol-4-yl]-propan-1,3-dion erhalten worden (*Borsche et al.*, A. **554** [1943] 15, 20).

1-Phenyl-1H-[1,2,3]triazol-4,5-dicarbonylchlorid $C_{10}H_5Cl_2N_3O_2$, Formel V (R = C$_6$H$_5$, X = Cl).

B. Aus 1-Phenyl-1H-[1,2,3]triazol-4,5-dicarbonsäure und SOCl$_2$ (*Borsche et al.*, A. **554** [1943] 15, 18).

Kristalle; F: 40°.

1-Phenyl-1H-[1,2,3]triazol-4,5-dicarbonsäure-dianilid $C_{22}H_{17}N_5O_2$, Formel V (R = C$_6$H$_5$, X = NH-C$_6$H$_5$).

B. Aus der vorangehenden Verbindung und Anilin in Benzol (*Borsche et al.*, A. **554** [1943] 15, 18).

Kristalle (aus CHCl$_3$); F: 255°.

*2-Phenyl-2H-[1,2,3]triazol-4,5-dicarbonsäure-bis-benzylidenhydrazid $C_{24}H_{19}N_7O_2$, Formel VI (X = NH-N=CH-C$_6$H$_5$).

B. Aus 2-Phenyl-2H-[1,2,3]triazol-4,5-dicarbonsäure-dihydrazid und Benzaldehyd in Äthanol (*Seka, Preissecker*, M. **57** [1931] 71, 79).

Kristalle (aus A.); F: 240°.

1-Benzyl-1H-[1,2,3]triazol-4,5-dicarbonsäure $C_{11}H_9N_3O_4$, Formel V (R = CH$_2$-C$_6$H$_5$, X = OH).

B. Aus Butindisäure und Benzylazid (*Wiley et al.*, J. org. Chem. **21** [1956] 190). Aus dem Dimethylester oder Diamid [s. u.] (*Curtius, Raschig*, J. pr. [2] **125** [1930] 466, 494).

Kristalle; F: 183° [Zers.; aus H$_2$O] (*Cu., Ra.*), 183° (*Wi. et al.*).

Dimethylester $C_{13}H_{13}N_3O_4$. *B.* Aus Butindisäure-dimethylester und Benzylazid (*Cu.,*

Ra., l. c. S. 492). − Kristalle (aus PAe.); F: 48−49° (*Cu., Ra.*).

Diamid $C_{11}H_{11}N_5O_2$. *B.* Aus dem Dimethylester [s. o.] und wss. NH_3 (*Cu., Ra.,* l. c. S. 494). − Kristalle; F: 199° (*Cu., Ra.*).

Dihydrazid $C_{11}H_{13}N_7O_2$. Kristalle (aus H_2O oder A.); F: 175−176° (*Cu., Ra.,* l. c. S. 492, 493).

Bis-benzylidenhydrazid $C_{25}H_{21}N_7O_2$. Kristalle (aus A.); F: 230° (*Cu., Ra.*).

1-[2,5-Dimethyl-phenyl]-1*H*-[1,2,3]triazol-4,5-dicarbonsäure-bis-isopropylidenhydrazid $C_{18}H_{23}N_7O_2$, Formel VII.

B. Aus dem Dihydrazid (s. E II **26** 163) und Aceton (*Bertho, Hölder,* J. pr. [2] **119** [1928] 189, 195).

Kristalle (aus Acn.); F: 207°.

[1,2,3]Triazol-1,4,5-tricarbonsäure-trimethylester $C_8H_9N_3O_6$, Formel VIII (X = X′ = X″ = O-CH_3).

B. Aus Butindisäure-dimethylester und Azidokohlensäure-methylester (*Curtius, Klavehn,* J. pr. [2] **125** [1930] 498, 517).

Kristalle (aus A. oder Ae.); F: 117,5°.

1-Carbamoyl-1*H*-[1,2,3]triazol-4,5-dicarbonsäure-dimethylester $C_7H_8N_4O_5$, Formel VIII (X = X′ = O-CH_3, X″ = NH_2).

B. In geringen Mengen aus Butindisäure-dimethylester und Carbamoylazid (*Curtius, Klavehn,* J. pr. [2] **125** [1930] 498, 519).

Gelbbraune Kristalle; F: 181° [Zers.].

5(oder 4)-Carbamoyl-[1,2,3]triazol-1,4(oder 1,5)-dicarbonsäure-dimethylester $C_7H_8N_4O_5$, Formel VIII (X = X″ = O-CH_3, X′ = NH_2 oder X = NH_2, X′ = X″ = O-CH_3).

B. In geringen Mengen aus [1,2,3]Triazol-1,4,5-tricarbonsäure-trimethylester und äthanol. NH_3 (*Curtius, Klavehn,* J. pr. [2] **125** [1930] 498, 518).

Kristalle; F: 173° [Zers.].

[1,2,3]Triazol-1,4,5-tricarbonsäure-triamid, [1,2,3]Triazol-1,4,5-tricarbamid $C_5H_6N_6O_3$, Formel VIII (X = X′ = X″ = NH_2).

B. Aus [1,2,3]Triazol-1,4,5-tricarbonsäure-trimethylester und konz. wss. NH_3 (*Curtius, Klavehn,* J. pr. [2] **125** [1930] 498, 518).

Kristalle; Zers. ab 286°.

[1,2,3]Triazol-1,4,5-tricarbonsäure-trihydrazid $C_5H_9N_9O_3$, Formel VIII (X = X′ = X″ = NH-NH_2).

B. Aus [1,2,3]Triazol-1,4,5-tricarbonsäure-trimethylester und $N_2H_4 \cdot H_2O$ (*Curtius, Klavehn,* J. pr. [2] **125** [1930] 498, 519).

Kristalle; Zers. >280°.

*[1,2,3]Triazol-1,4,5-tricarbonsäure-tris-benzylidenhydrazid $C_{26}H_{21}N_9O_3$, Formel VIII (X = X′ = X″ = NH-N=CH-C_6H_5).

B. Aus der vorangehenden Verbindung und Benzaldehyd (*Curtius, Klavehn,* J. pr. [2] **125** [1930] 498, 519).

Zers. bei 258°.

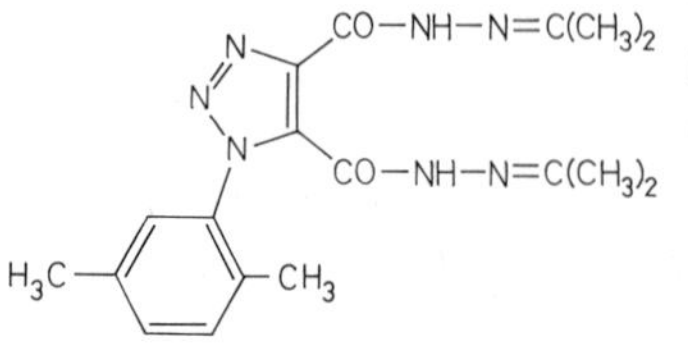

VII 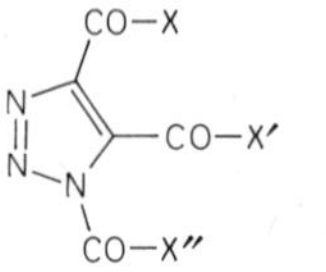   VIII 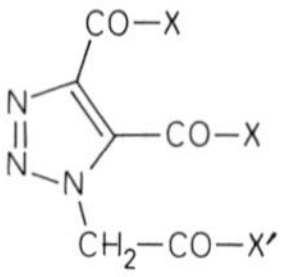   IX 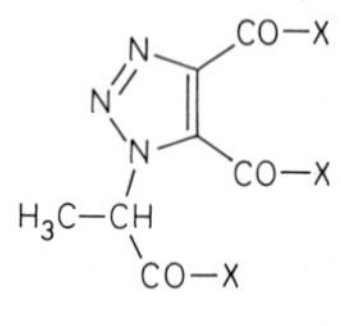   X

1-Carboxymethyl-1H-[1,2,3]triazol-4,5-dicarbonsäure $C_6H_5N_3O_6$, Formel IX (X = X' = OH).
B. Aus der folgenden Verbindung mit Hilfe von wss. KOH (*Curtius, Klavehn*, J. pr. [2]
125 [1930] 498, 511).
Kristalle (aus H_2O); F: 136° [Zers.]. Unbeständig.

1-Methoxycarbonylmethyl-1H-[1,2,3]triazol-4,5-dicarbonsäure-dimethylester $C_9H_{11}N_3O_6$,
Formel IX (X = X' = O-CH$_3$).
B. Aus Butindisäure-dimethylester und Azidoessigsäure-methylester (*Curtius, Klavehn*, J.
pr. [2] **125** [1930] 498, 508).
Kristalle (aus A.); F: 108°.

1-Äthoxycarbonylmethyl-1H-[1,2,3]triazol-4,5-dicarbonsäure-dimethylester $C_{10}H_{13}N_3O_6$,
Formel IX (X = O-CH$_3$, X' = O-C$_2$H$_5$).
B. Analog der vorangehenden Verbindung (*Curtius, Klavehn*, J. pr. [2] **125** [1930] 498, 509).
Kristalle; F: 124°.

1-Carbamoylmethyl-1H-[1,2,3]triazol-4,5-dicarbonsäure-diamid $C_6H_8N_6O_3$, Formel IX
(X = X' = NH$_2$).
B. Aus 1-Methoxycarbonylmethyl-1H-[1,2,3]triazol-4,5-dicarbonsäure-dimethylester und
konz. wss. NH$_3$ (*Curtius, Klavehn*, J. pr. [2] **125** [1930] 498, 510).
Kristalle (aus H_2O); Zers. bei 252°.

1-Carbazoylmethyl-1H-[1,2,3]triazol-4,5-dicarbonsäure-dihydrazid $C_6H_{11}N_9O_3$, Formel IX
(X = X' = NH-NH$_2$).
B. Aus 1-Methoxycarbonylmethyl-1H-[1,2,3]triazol-4,5-dicarbonsäure-dimethylester und
$N_2H_4 \cdot H_2O$ (*Curtius, Klavehn*, J. pr. [2] **125** [1930] 498, 510).
Gelbliche Kristalle (aus A.); Zers. bei 203°.

*1-[Benzylidencarbazoyl-methyl]-1H-[1,2,3]triazol-4,5-dicarbonsäure-bis-benzylidenhydrazid
$C_{27}H_{23}N_9O_3$, Formel IX (X = X' = NH-N=CH-C$_6$H$_5$).
B. Aus der vorangehenden Verbindung und Benzaldehyd (*Curtius, Klavehn*, J. pr. [2] **125**
[1930] 498, 511).
Zers. bei 265°.

($\pm$)-1-[1-Methoxycarbonyl-äthyl]-1H-[1,2,3]triazol-4,5-dicarbonsäure-dimethylester
$C_{10}H_{13}N_3O_6$, Formel X (X = O-CH$_3$).
B. Aus Butindisäure-dimethylester und ($\pm$)-2-Azido-propionsäure-methylester (*Curtius, Kla=
vehn*, J. pr. [2] **125** [1930] 498, 513).
Kristalle (aus Me. + H_2O); F: 63 − 64°.

($\pm$)-1-[1-Carbazoyl-äthyl]-1H-[1,2,3]triazol-4,5-dicarbonsäure-dihydrazid $C_7H_{13}N_9O_3$,
Formel X (X = NH-NH$_2$).
B. Aus der vorangehenden Verbindung und $N_2H_4 \cdot H_2O$ (*Curtius, Klavehn*, J. pr. [2] **125**
[1930] 498, 514).
Kristalle; F: 193° [Zers.].

1-[2-Carboxy-äthyl]-1H-[1,2,3]triazol-4,5-dicarbonsäure $C_7H_7N_3O_6$, Formel XI
(X = X' = OH).
B. Aus 1-[2-Carbazoyl-äthyl]-1H-[1,2,3]triazol-4,5-dicarbonsäure-dihydrazid mit Hilfe von
Bromwasser (*Curtius, Klavehn*, J. pr. [2] **125** [1930] 498, 516).
Kristalle (aus Eg.); F: 173° [Zers.].

1-[2-Methoxycarbonyl-äthyl]-1H-[1,2,3]triazol-4,5-dicarbonsäure-dimethylester $C_{10}H_{13}N_3O_6$,
Formel XI (X = X' = O-CH$_3$).
B. Aus Butindisäure-dimethylester und 3-Azido-propionsäure-methylester (*Curtius, Klavehn*,

J. pr. [2] **125** [1930] 498, 514).
Kristalle (aus Me.+H$_2$O); F: 44°.

3-[4,5-Dicarbamoyl-[1,2,3]triazol-1-yl]-propionsäure-methylester $C_8H_{11}N_5O_4$, Formel XI (X = NH$_2$, X' = O-CH$_3$).
B. Aus der vorangehenden Verbindung und konz. wss. NH$_3$ (*Curtius, Klavehn*, J. pr. [2] **125** [1930] 498, 516).
Kristalle (aus A.); F: 191°.

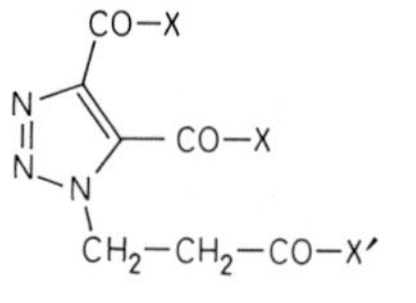

XI 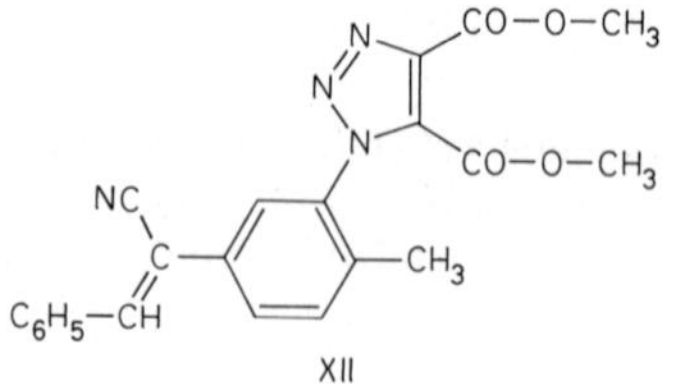   XII

1-[2-Carbazoyl-äthyl]-1*H*-[1,2,3]triazol-4,5-dicarbonsäure-dihydrazid $C_7H_{13}N_9O_3$, Formel XI (X = X' = NH-NH$_2$).
B. Aus 1-[2-Methoxycarbonyl-äthyl]-1*H*-[1,2,3]triazol-4,5-dicarbonsäure-dimethylester und N$_2$H$_4$·H$_2$O (*Curtius, Klavehn*, J. pr. [2] **125** [1930] 498, 515).
Gelbliche Kristalle (aus wss. A.); F: 184°.

1-[2-Isopropylidencarbazoyl-äthyl]-1*H*-[1,2,3]triazol-4,5-dicarbonsäure-bis-isopropylidenhydrazid $C_{16}H_{25}N_9O_3$, Formel XI (X = X' = NH-N=C(CH$_3$)$_2$).
B. Aus der vorangehenden Verbindung und Aceton (*Curtius, Klavehn*, J. pr. [2] **125** [1930] 498, 516).
Kristalle; F: 234° [Zers.].

*1-[2-Benzylidencarbazoyl-äthyl]-1*H*-[1,2,3]triazol-4,5-dicarbonsäure-bis-benzylidenhydrazid $C_{28}H_{25}N_9O_3$, Formel XI (X = X' = NH-N=CH-C$_6$H$_5$).
B. Analog der vorangehenden Verbindung (*Curtius, Klavehn*, J. pr. [2] **125** [1930] 498, 515).
F: 243°.

*1-[5-(1-Cyan-2-phenyl-vinyl)-2-methyl-phenyl]-1*H*-[1,2,3]triazol-4,5-dicarbonsäure-dimethylester $C_{22}H_{18}N_4O_4$, Formel XII.
B. Aus Butindisäure-dimethylester und 2-[3-Azido-4-methyl-phenyl]-3-phenyl-acrylonitril [F: 87°] (*Hohenlohe-Oehringen*, M. **89** [1958] 635, 644).
Kristalle (aus Me.); F: 158−159°.

1-[Bis-äthoxycarbonyl-phenyl-methyl]-1*H*-[1,2,3]triazol-4,5-dicarbonsäure-dimethylester, [4,5-Bis-methoxycarbonyl-[1,2,3]triazol-1-yl]-phenyl-malonsäure-diäthylester $C_{19}H_{21}N_3O_8$, Formel XIII.
B. Aus Butindisäure-dimethylester und Azido-phenyl-malonsäure-diäthylester (*Hohenlohe-Oehringen*, M. **89** [1958] 469, 477).
Kristalle (aus wss. Me.); F: 102−104°.

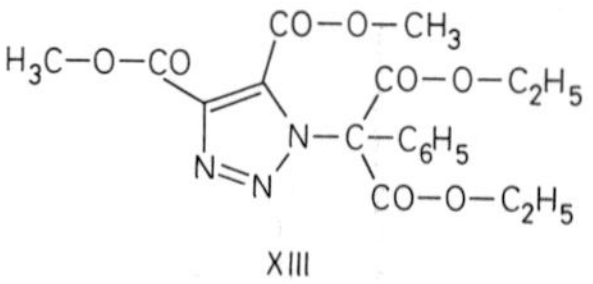

XIII 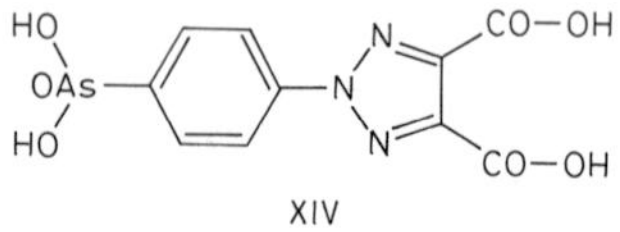   XIV

2-[4-Arsono-phenyl]-2*H*-[1,2,3]triazol-4,5-dicarbonsäure $C_{10}H_8AsN_3O_7$, Formel XIV.
B. Aus [4-(4,5-Dimethyl-[1,2,3]triazol-2-yl)-phenyl]-arsonsäure mit Hilfe von KMnO$_4$ (*Coles*,

Hamilton, Am. Soc. **68** [1946] 1799).
Kristalle (aus wss. HCl); F: > 250°.

1-[Tri-*O*-acetyl-β-D-xylopyranosyl]-1*H*-[1,2,3]triazol-4,5-dicarbonsäure-dimethylester
$C_{17}H_{21}N_3O_{11}$, Formel I (R = CO-CH$_3$, X = O-CH$_3$).
B. Aus Butindisäure-dimethylester und Tri-*O*-acetyl-β-D-xylopyranosylazid (*Baddiley et al.,*
Soc. **1958** 1651, 1654).
Kristalle (aus A.); F: 114°.

1-β-D-Xylopyranosyl-1*H*-[1,2,3]triazol-4,5-dicarbonsäure-diamid $C_9H_{13}N_5O_6$, Formel I
(R = H, X = NH$_2$).
B. Aus der vorangehenden Verbindung und methanol. NH$_3$ (*Baddiley et al.,* Soc. **1958** 1651,
1655).
Kristalle (aus wss. Me.) mit 0,5 Mol H$_2$O.
Beim Behandeln mit wss. KBrO sind 1-β-D-Xylopyranosyl-1,4-dihydro-[1,2,3]triazolo[4,5-*d*]≠
pyrimidin-5,7-dion und 3-β-D-Xylopyranosyl-3,4-dihydro-[1,2,3]triazolo[4,5-*d*]pyrimidin-5,7-
dion erhalten worden.

1-β-D-Ribofuranosyl-1*H*-[1,2,3]triazol-4,5-dicarbonsäure-diamid $C_9H_{13}N_5O_6$, Formel II.
B. Beim Erwärmen von Butindisäure-dimethylester mit Tri-*O*-benzoyl-β-D-ribofuranosylazid
in Benzol und Behandeln des Reaktionsprodukts mit methanol. NH$_3$ (*Baddiley et al.,* Soc.
1958 3606, 3608).
Kristalle (aus Me.). $[\alpha]_D^{20}$: − 64° [H$_2$O; c = 1].

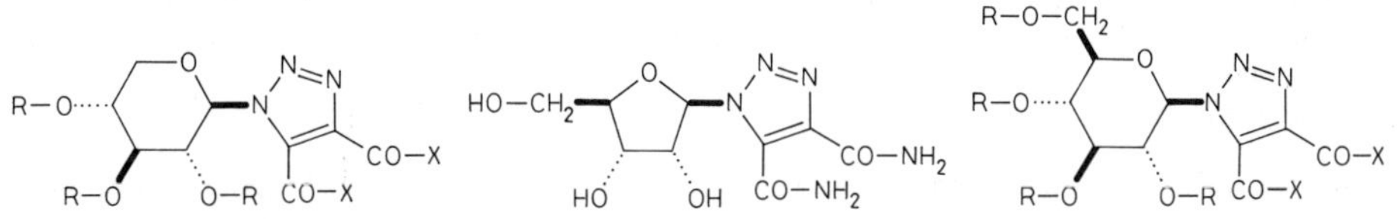

I   II   III

1-[Tetra-*O*-acetyl-β-D-glucopyranosyl]-1*H*-[1,2,3]triazol-4,5-dicarbonsäure-dimethylester
$C_{20}H_{25}N_3O_{13}$, Formel III (R = CO-CH$_3$, X = O-CH$_3$).
B. Aus Butindisäure-dimethylester und Tetra-*O*-acetyl-β-D-glucopyranosylazid (*Baddiley
et al.,* Soc. **1958** 1651, 1654).
Kristalle (aus A.); F: 153°.

1-β-D-Glucopyranosyl-1*H*-[1,2,3]triazol-4,5-dicarbonsäure-diamid $C_{10}H_{15}N_5O_7$, Formel III
(R = H, X = NH$_2$).
B. Aus der vorangehenden Verbindung und methanol. NH$_3$ (*Baddiley et al.,* Soc. **1958** 1651,
1654).
Kristalle (aus wss. Me.) mit 0,5 Mol H$_2$O.

Dicarbonsäuren $C_5H_5N_3O_4$

**[5-Carboxy-3-phenyl-3*H*-[1,2,3]triazol-4-yl]-essigsäure, 5-Carboxymethyl-1-phenyl-1*H*-
[1,2,3]triazol-4-carbonsäure** $C_{11}H_9N_3O_4$, Formel IV.
B. Bei der Umsetzung von Pentadiendisäure-dimethylester mit Azidobenzol in Toluol und
anschliessenden Hydrolyse (*Corsano, Inverardi,* Ric. scient. **29** [1959] 74).
F: 189–191° [Zers.].

Dicarbonsäuren $C_nH_{2n-7}N_3O_4$

[1,2,4]Triazin-5,6-dicarbonsäure-diäthylester $C_9H_{11}N_3O_4$, Formel V.
B. Aus Amino-hydrazono-essigsäure und Dioxobernsteinsäure-diäthylester in Äthanol (*Rätz,*

Schroeder, J. org. Chem. **23** [1958] 1931, 1934).
Kp_5: 165°. n_D^{29}: 1,4859.

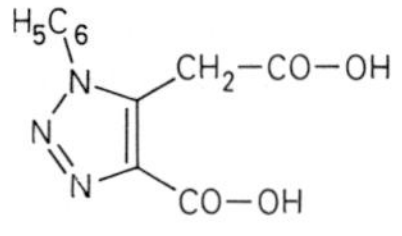

IV 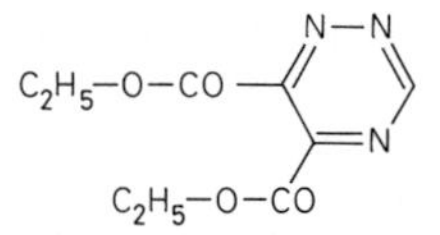   V 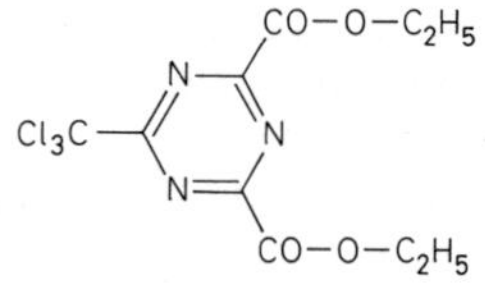   VI

Trichlormethyl-[1,3,5]triazin-2,4-dicarbonsäure-diäthylester $C_{10}H_{10}Cl_3N_3O_4$, Formel VI.

B. Neben anderen Verbindungen beim Behandeln von Trichloracetonitril mit Oxalsäure-äthylester-nitril und HCl (*Grundmann et al.*, A. **577** [1952] 77, 93).

Kristalle (aus A.); F: 112° (*Gr. et al.*).

Beim Behandeln mit wss. NH_3 bei 25° ist 6-Oxo-1,6-dihydro-[1,3,5]triazin-2,4-dicarbonsäure-diamid, mit äther. NH_3 bei 0° Amino-[1,3,5]triazin-2,4-dicarbonsäure-diäthylester erhalten wor‍den (*Kreutzberger*, Am. Soc. **79** [1957] 2629, 2631, 2632).

1-Phenyl-3a,4,5,6,7,7a-hexahydro-1H-4,7-methano-benzotriazol-5,6-dicarbonsäure-dimethylester $C_{17}H_{19}N_3O_4$.

a) **(±)-1-Phenyl-(3at,7at)-3a,4,5,6,7,7a-hexahydro-1H-4r,7c-methano-benzotriazol-5c,6t(oder 5t,6c)-dicarbonsäure-dimethylester**, Formel VII oder VIII + Spiegelbilder.

B. Aus (±)-Norborn-5-en-2*endo*,3*exo*-dicarbonsäure-dimethylester und Azidobenzol (*Alder, Stein*, A. **504** [1933] 216, 252).

Kristalle (aus Me.); F: 115°.

b) **(±)-1-Phenyl-(3at,7at)-3a,4,5,6,7,7a-hexahydro-1H-4r,7c-methano-benzotriazol-5t,6t-di‍carbonsäure-dimethylester**, Formel IX + Spiegelbild.

B. Aus Norborn-5-en-2*endo*,3*endo*-dicarbonsäure-dimethylester und Azidobenzol (*Alder, Stein*, A. **501** [1933] 1, 33).

Kristalle (aus Me.); F: 138 – 139°.

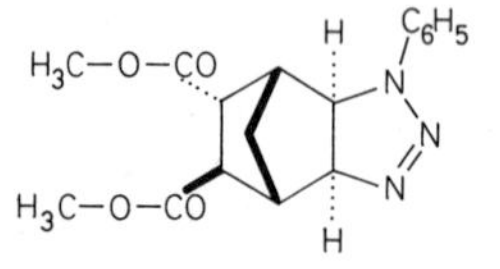

VII 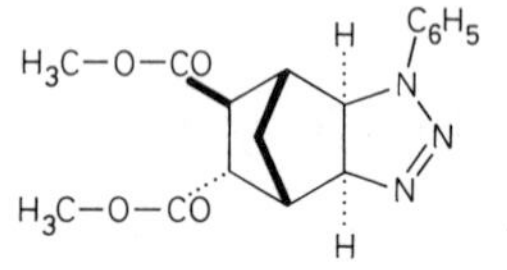   VIII 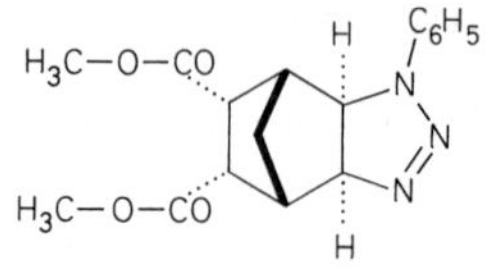   IX

(±)-6t(?)-Methyl-1(oder 3)-phenyl-(3at,7at)-1(oder 3),3a,4,6,7,7a-hexahydro-4r,7c-methano-benzotriazol-5,5-dicarbonsäure-diäthylester $C_{20}H_{25}N_3O_4$, vermutlich Formel X oder XI + Spiegelbilder.

B. Aus 3*endo*(?)-Methyl-norborn-5-en-2,2-dicarbonsäure-diäthylester (Kp_{11}: 138 – 139°; s. E III **9** 4053) und Azidobenzol (*Alder, Rickert*, B. **72** [1939] 1983, 1988).

Kristalle (aus E.); F: 158 – 159°.

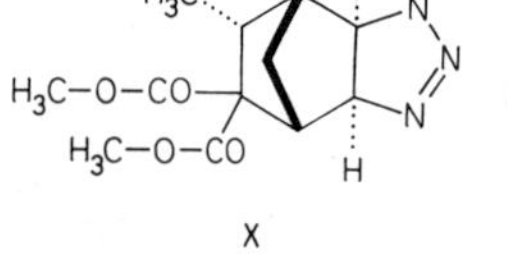

X 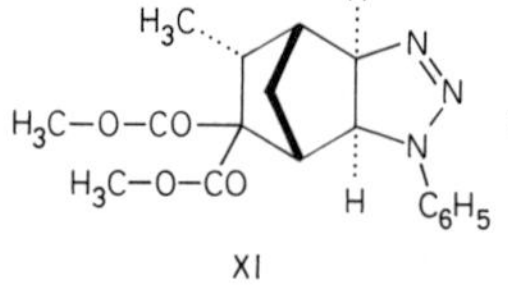   XI 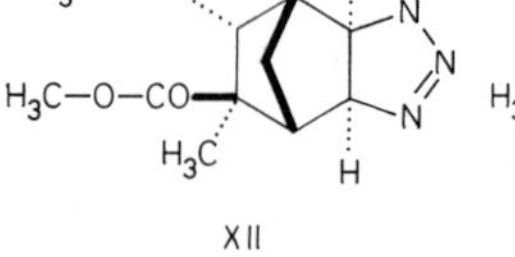   XII 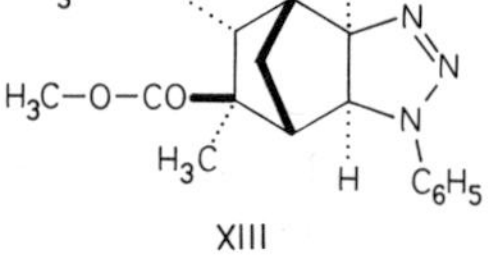   XIII

(±)-5t-Methyl-1(oder 3)-phenyl-(3at,7at)-3a,4,5,6,7,7a-hexahydro-1(oder 3)H-4r,7c-methano-benzotriazol-5c,6t-dicarbonsäure-dimethylester $C_{18}H_{21}N_3O_4$, Formel XII oder XIII + Spiegelbilder.

B. Aus (±)-2endo-Methyl-norborn-5-en-2exo,3endo-dicarbonsäure bei aufeinanderfolgender Umsetzung mit Diazomethan und Azidobenzol (*Alder et al.*, A. **593** [1955] 1, 14).

Kristalle (aus Me. + E.); F: 169° [Zers.].

Dicarbonsäuren $C_nH_{2n-9}N_3O_4$

(±)-4-[5-Äthoxycarbonyl-2,4-dimethyl-pyrrol-3-yl]-4,5-dihydro-1H-pyrazol-3-carbonsäure-methylester $C_{14}H_{19}N_3O_4$, Formel XIV (R = CH_3).

Bezüglich der Konstitution s. *v. Auwers, König*, A. **496** [1932] 27.

B. Aus 3-[5-Äthoxycarbonyl-2,4-dimethyl-pyrrol-3-yl]-acrylsäure-methylester und Diazo≠methan in Äther (*Fischer, Staff*, Z. physiol. Chem. **234** [1935] 97, 119).

Kristalle (aus $CHCl_3$ + Me.); F: 211° (*Fi., St.*).

(±)-4-[5-Äthoxycarbonyl-2,4-dimethyl-pyrrol-3-yl]-4,5-dihydro-1H-pyrazol-3-carbonsäure-äthylester $C_{15}H_{21}N_3O_4$, Formel XIV (R = C_2H_5).

Bezüglich der Konstitution s. *v. Auwers, König*, A. **496** [1932] 27.

B. Aus 3-[5-Äthoxycarbonyl-2,4-dimethyl-pyrrol-3-yl]-acrylsäure-äthylester und Diazomethan in Äther (*Fischer, Staff*, Z. physiol. Chem. **234** [1935] 97, 120).

Kristalle (aus A.); F: 172 – 175° (*Fi., St.*).

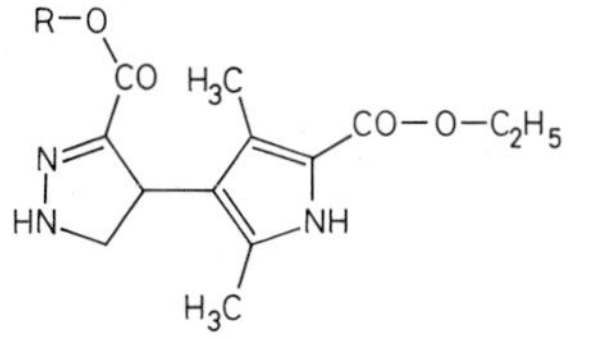

XIV 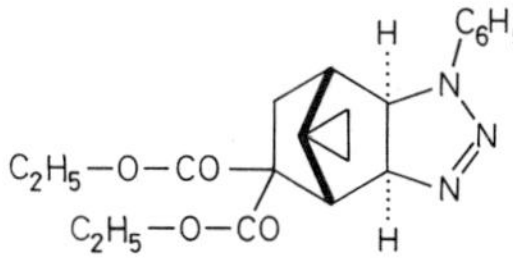   XV 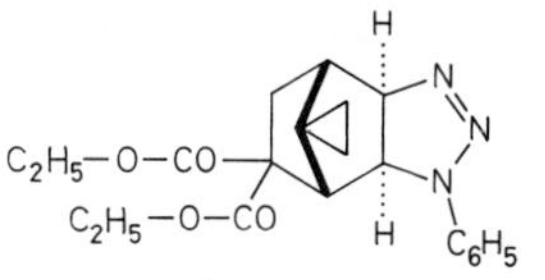   XVI

(±)-1'(oder 3')-Phenyl-(3'at,7'at)-1'(oder 3'),3'a,4',6',7',7'a-hexahydro-spiro[cyclopropan-1,8'-((4r,7c)-methano-benzotriazol)]-5',5'-dicarbonsäure-diäthylester $C_{21}H_{25}N_3O_4$, Formel XV oder XVI + Spiegelbilder.

B. Aus (±)-Spiro[cyclopropan-1,7'-norborn-5'-en]-2',2'-dicarbonsäure-diäthylester und Azi≠dobenzol (*Lewina et al.*, Ž. obšč. Chim. **25** [1955] 1097, 1099; engl. Ausg. S. 1055).

Kristalle (aus E.); F: 141°.

Dicarbonsäuren $C_nH_{2n-11}N_3O_4$

6-Brom-1(3)H-imidazo[4,5-b]pyridin-5,7-dicarbonsäure $C_8H_4BrN_3O_4$, Formel I und Taut.

B. Beim Erwärmen von 6-Brom-5,7-dimethyl-1(3)H-imidazo[4,5-b]pyridin mit $KMnO_4$ und wss. Na_2CO_3 (*Israel, Day*, J. org. Chem. **24** [1959] 1455, 1459).

Gelbliche Kristalle (aus wss. Äthylenglykol); F: 244° [Zers.].

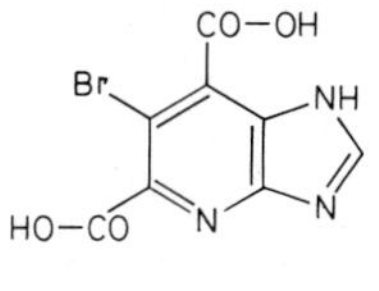

I 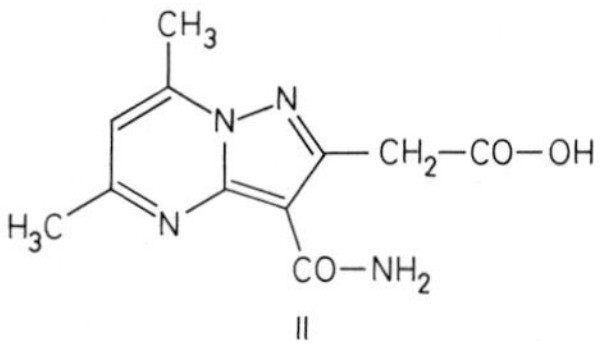   II 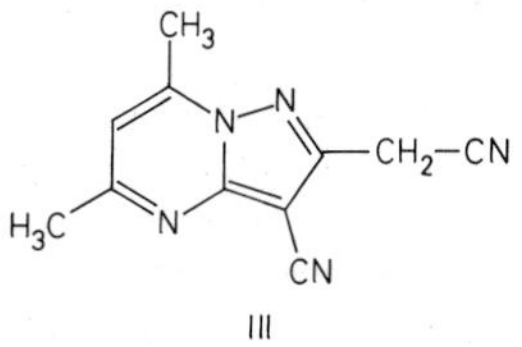   III

[3-Carbamoyl-5,7-dimethyl-pyrazolo[1,5-*a*]pyrimidin-2-yl]-essigsäure $C_{11}H_{12}N_4O_3$, Formel II.

B. Aus der folgenden Verbindung oder aus 2,4-Dimethyl-7*H*-pyrido[4′,3′;3,4]pyrazolo[1,5-*a*]⁼ pyrimidin-8,10-dion mit Hilfe von wss. NaOH (*Taylor, Hartke,* Am. Soc. **81** [1959] 2452, 2455).

Kristalle; F: 275−285° [korr.; Zers.; abhängig von der Geschwindigkeit des Erhitzens]. λ_{max} (wss. NaOH [0,1 n]): 229 nm, 281 nm und 305 nm.

Methylester $C_{12}H_{14}N_4O_3$. Gelbe Kristalle (aus H_2O); F: 247−249° [korr.; Zers.]. λ_{max} (H_2O): 228 nm, 276 nm und 303 nm.

[3-Cyan-5,7-dimethyl-pyrazolo[1,5-*a*]pyrimidin-2-yl]-acetonitril, 2-Cyanmethyl-5,7-dimethyl-pyrazolo[1,5-*a*]pyrimidin-3-carbonitril $C_{11}H_9N_5$, Formel III.

B. Beim Behandeln von [5-Amino-4-cyan-1(2)*H*-pyrazol-3-yl]-acetonitril mit Pentan-2,4-dion und äthanol. Kaliumäthylat (*Taylor, Hartke,* Am. Soc. **81** [1959] 2452, 2455).

Kristalle (aus Nitromethan); F: 226° [korr.]. λ_{max} (H_2O): 228 nm und 299 nm.

5-[1(3)*H*-Imidazol-4-ylmethyl]-4-methyl-pyrrol-2,3-dicarbonsäure $C_{11}H_{11}N_3O_4$, Formel IV (R = H) und Taut.

B. Aus der folgenden Verbindung mit Hilfe von äthanol. KOH (*Yamamoto et al.,* J. pharm. Soc. Japan **75** [1955] 1219; C. A. **1956** 8597).

Kristalle (aus H_2O) mit 1 Mol H_2O; F: 240° [Zers.].

5-[1(3)*H*-Imidazol-4-ylmethyl]-4-methyl-pyrrol-2,3-dicarbonsäure-3-äthylester $C_{13}H_{15}N_3O_4$, Formel IV (R = C_2H_5) und Taut.

B. Aus Histidin-hydrochlorid bei aufeinanderfolgender Umsetzung mit Acetanhydrid und Pyridin, mit wss. HCl und mit Oxalessigsäure-diäthylester (*Yamamoto et al.,* J. pharm. Soc. Japan **75** [1955] 1219; C. A. **1956** 8597).

Kristalle (aus A.); F: 202° [Zers.].

IV   V

[3-Äthoxycarbonyl-5-(1(3)*H*-imidazol-4-ylmethyl)-4-methyl-pyrrol-2-yl]-essigsäure $C_{14}H_{17}N_3O_4$, Formel V (R = H) und Taut.

B. Aus der folgenden Verbindung mit Hilfe von äthanol. KOH (*Yamamoto, Kimura,* J. pharm. Soc. Japan **76** [1956] 482, 484; C. A. **1957** 365).

Kristalle (aus A.); F: 202° [Zers.].

[3-Äthoxycarbonyl-5-(1(3)*H*-imidazol-4-ylmethyl)-4-methyl-pyrrol-2-yl]-essigsäure-äthylester, 2-Äthoxycarbonylmethyl-5-[1(3)*H*-imidazol-4-ylmethyl]-4-methyl-pyrrol-3-carbonsäure-äthylester $C_{16}H_{21}N_3O_4$, Formel V (R = C_2H_5) und Taut.

B. Beim Erwärmen von 3-Amino-4-[1(3)*H*-imidazol-4-yl]-butan-2-on-hydrochlorid mit 3-Oxo-glutarsäure-diäthylester, Natriumacetat und Essigsäure (*Yamamoto, Kimura,* J. pharm. Soc. Japan **76** [1956] 482, 484; C. A. **1957** 365).

Kristalle (aus wss. A.); F: 161°.

(±)-1(oder 3)-Phenyl-(3a*t*?,4a*c*,7a*c*,8a*t*?)-4,4a,5,7a,8,8a-hexahydro-1(oder 3)*H*-4*r*,8*c*-methano-indeno[5,6-*d*][1,2,3]triazol-3a,6-dicarbonsäure-dimethylester $C_{20}H_{21}N_3O_4$, vermutlich Formel VI oder VII + Spiegelbilder.

B. Aus (±)-(3a*c*,7a*c*)-3a,4,7,7a-Tetrahydro-3*H*-4*r*,7*c*-methano-inden-2,5-dicarbonsäure-di⁼ methylester (E III **9** 4400) und Azidobenzol in Äthylacetat (*Alder, Stein,* A. **501** [1933] 1, 35).

Kristalle (aus Me.); F: 145° [Zers.].

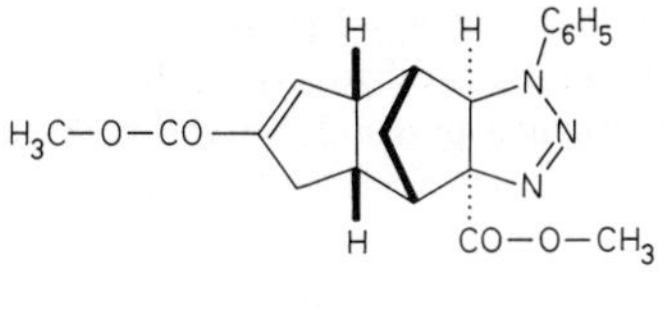

VI 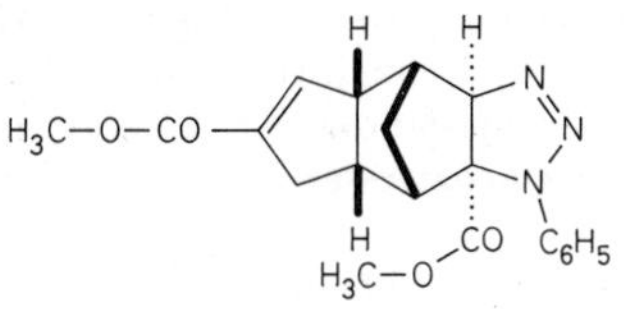   VII 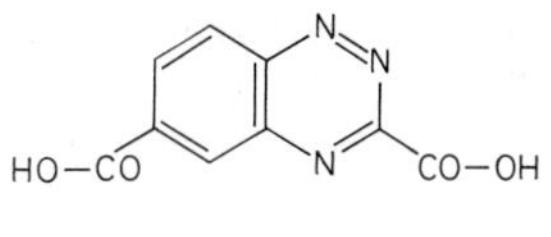   VIII

Dicarbonsäuren $C_nH_{2n-13}N_3O_4$

Benzo[e][1,2,4]triazin-3,6-dicarbonsäure $C_9H_5N_3O_4$, Formel VIII.

B. Aus 6-Acetyl-benzo[e][1,2,4]triazin-3-carbonsäure beim Behandeln mit Brom und wss. NaOH (*Fusco, Rossi*, Rend. Ist. lomb. **91** [1957] 186, 198).

Hellgelb; F: 280° [partielle Zers. bei 240°].

5-[2-Carboxy-phenyl]-2-phenyl-2H-[1,2,3]triazol-4-carbonsäure $C_{16}H_{11}N_3O_4$, Formel IX.

B. Beim Erwärmen von 2-Phenyl-2H-naphtho[1,2-d][1,2,3]triazol mit KMnO$_4$ und wss. NaOH (*Ghigi, Pozzo-Balbi*, G. **71** [1941] 228, 231).

Kristalle (aus H$_2$O oder wss. A.); F: 242°.

Dicarbonsäuren $C_nH_{2n-15}N_3O_4$

*Opt.-inakt. 2-[5-Äthoxycarbonyl-3-äthyl-4-methyl-pyrrol-2-ylmethyl]-4-äthyl-2-[3-äthyl-5-carboxy-4-methyl-pyrrol-2-ylmethyl]-5-brom-3,5-dimethyl-2,5-dihydro-pyrrol, 4,4′-Diäthyl-3,3′-dimethyl-5,5′-[4-äthyl-5-brom-3,5-dimethyl-1,5-dihydro-pyrrol-2,2-diyldimethyl]-bis-pyrrol-2-carbonsäure-monoäthylester $C_{28}H_{40}BrN_3O_4$, Formel X (R = H, R′ = C$_2$H$_5$).

Diese Konstitution ist für die nachstehend beschriebene Verbindung in Betracht gezogen worden (*Hayes et al.*, Soc. **1958** 3779, 3782).

B. Beim Hydrieren von 4-Äthyl-5-[4-äthyl-3,5-dimethyl-pyrrol-2-ylmethyl]-3-methyl-pyrrol-2-carbonsäure-benzylester an Palladium/Kohle in Methanol und Erwärmen des Reaktionspro=
dukts mit 4-Äthyl-5-brommethyl-3-methyl-pyrrol-2-carbonsäure-äthylester in CHCl$_3$ (*Ha. et al.*, l. c. S. 3788).

Rosafarbene Kristalle (aus E.+PAe.); F: 172–174°.

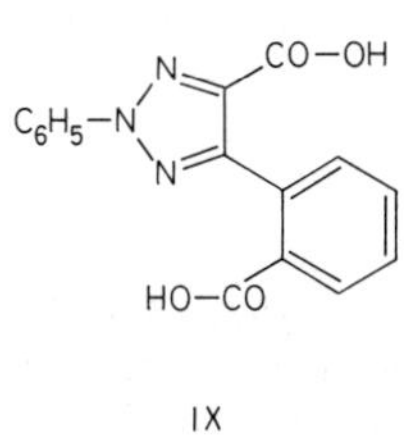

IX 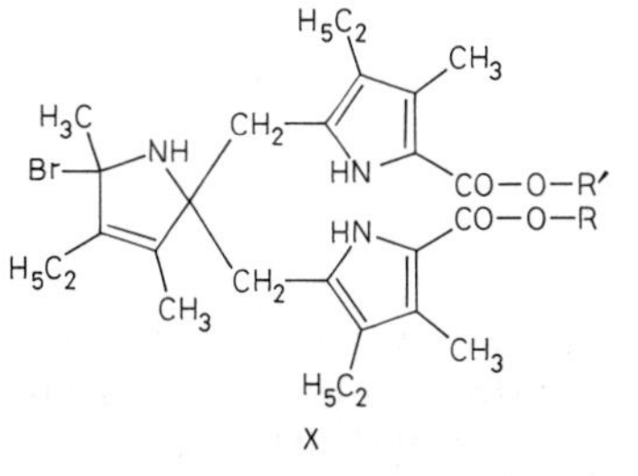   X 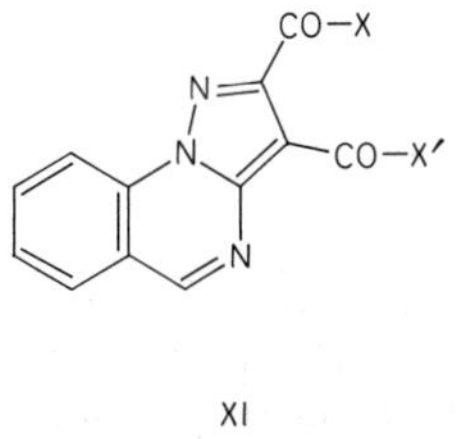   XI

*Opt.-inakt. 4-Äthyl-2-[3-äthyl-5-benzyloxycarbonyl-4-methyl-pyrrol-2-ylmethyl]-2-[3-äthyl-5-carboxy-4-methyl-pyrrol-2-ylmethyl]-5-brom-3,5-dimethyl-2,5-dihydro-pyrrol, 4,4′-Diäthyl-3,3′-dimethyl-5,5′-[4-äthyl-5-brom-3,5-dimethyl-1,5-dihydro-pyrrol-2,2-diyldimethyl]-bis-pyrrol-2-carbonsäure-monobenzylester $C_{33}H_{42}BrN_3O_4$, Formel X (R = H, R′ = CH$_2$-C$_6$H$_5$).

Diese Konstitution ist für die nachstehend beschriebene Verbindung in Betracht gezogen worden (*Hayes et al.*, Soc. **1958** 3779, 3782).

B. Analog der vorangehenden Verbindung (*Ha. et al.*, l. c. S. 3788).

Bräunliche Kristalle (aus CHCl$_3$+PAe.); F: 143–145°.

*Opt.-inakt. 2-[5-Äthoxycarbonyl-3-äthyl-4-methyl-pyrrol-2-ylmethyl]-4-äthyl-2-[3-äthyl-5-benzyloxycarbonyl-4-methyl-pyrrol-2-ylmethyl]-5-brom-3,5-dimethyl-2,5-dihydro-pyrrol, 4,4'-Diäthyl-3,3'-dimethyl-5,5'-[4-äthyl-5-brom-3,5-dimethyl-1,5-dihydro-pyrrol-2,2-diyldimethyl]-bis-pyrrol-2-carbonsäure-äthylester-benzylester $C_{35}H_{46}BrN_3O_4$, Formel X (R = C_2H_5, R' = $CH_2\text{-}C_6H_5$).

Diese Konstitution ist für die nachstehend beschriebene Verbindung in Betracht gezogen worden (*Hayes et al., Soc.* **1958** 3779, 3782).

B. Beim Erwärmen von 4-Äthyl-5-[4-äthyl-3,5-dimethyl-pyrrol-2-ylmethyl]-3-methyl-pyrrol-2-carbonsäure-benzylester mit 4-Äthyl-5-brommethyl-3-methyl-pyrrol-2-carbonsäure-äthylester in CHCl$_3$ (*Ha. et al.,* l. c. S. 3788).

Braune Kristalle (aus E. + PAe.); F: 163 − 165°.

Dicarbonsäuren $C_nH_{2n-17}N_3O_4$

Pyrazolo[1,5-a]chinazolin-2,3-dicarbonsäure $C_{12}H_7N_3O_4$, Formel XI (X = X' = OH).

B. Aus dem Diäthylester (s. u.) oder aus 3-Carbamoyl-pyrazolo[1,5-a]chinazolin-2-carbon≠säure-äthylester mit Hilfe von äthanol. KOH (*Evdokimoff,* G. **87** [1957] 1191, 1196, 1197).

Kristalle (aus wss. HCl); F: 250 − 251° [Zers.].

Di ä t h y l e s t e r $C_{16}H_{15}N_3O_4$. *B.* Aus Chlor-[2-formyl-phenylhydrazono]-essigsäure-äthyl≠ester und der Natrium-Verbindung des Cyanessigsäure-äthylesters in Äthanol (*Ev.*). − Kristalle (aus A.); F: 132−133°.

3-Carbamoyl-pyrazolo[1,5-a]chinazolin-2-carbonsäure-äthylester $C_{14}H_{12}N_4O_3$, Formel XI (X = O-C_2H_5, X' = NH$_2$).

B. Analog dem im vorangehenden Artikel beschriebenen Diäthylester (*Evdokimoff,* G. **87** [1957] 1191, 1197).

Gelbe Kristalle (aus Me.); F: 201 − 203°.

3-Cyan-pyrazolo[1,5-a]chinazolin-2-carbonsäure $C_{12}H_6N_4O_2$, Formel XII.

B. Aus dem Äthylester (s. u.) mit Hilfe von äthanol. KOH (*Evdokimoff,* G. **87** [1957] 1191, 1197).

Kristalle (aus H$_2$O); F: 273° [Zers.].

Ä t h y l e s t e r $C_{14}H_{10}N_4O_2$. *B.* Aus Chlor-[2-formyl-phenylhydrazono]-essigsäure-äthylester und Natrium-malononitril in Äthanol (*Ev.*). − Kristalle (aus A.); F: 239−241°.

XII

XIII

2-[5-Äthoxycarbonyl-3-äthyl-4-methyl-pyrrol-2-ylmethyl]-5-[4-äthoxycarbonyl-3,5-dimethyl-pyrrol-2-ylmethyl]-4-äthyl-3-methyl-pyrrol, 3,8-Diäthyl-2,7,12,14-tetramethyl-5,10,16,17-tetra≠hydro-15H-tripyrrin-1,13-dicarbonsäure-diäthylester $C_{28}H_{39}N_3O_4$, Formel XIII.

B. Aus dem Lithium-Salz der 5-[4-Äthoxycarbonyl-3,5-dimethyl-pyrrol-2-ylmethyl]-4-äthyl-3-methyl-pyrrol-2-carbonsäure und [5-Äthoxycarbonyl-3-äthyl-4-methyl-pyrrol-2-ylmethyl]-pyri≠dinium-bromid in wss. Methanol (*Hayes et al., Soc.* **1958** 3779, 3788).

Bräunliche Kristalle (aus A.); F: 151−153°.

2,5-Bis-[5-äthoxycarbonyl-3-äthyl-4-methyl-pyrrol-2-ylmethyl]-3-äthyl-4-methyl-pyrrol, 3,7,12-Triäthyl-2,8,13-trimethyl-5,10,16,17-tetrahydro-15H-tripyrrin-1,14-dicarbonsäure-diäthylester $C_{29}H_{41}N_3O_4$, Formel XIV.

B. Beim Erwärmen von 5-Äthoxymethyl-4-äthyl-3-methyl-pyrrol-2-carbonsäure-äthylester mit

3-Äthyl-4-methyl-pyrrol und wenig wss. HBr in Benzol (*Fischer, Adler,* Z. physiol. Chem. **197** [1931] 237, 267).
Kristalle (aus Eg.); F: 195°.

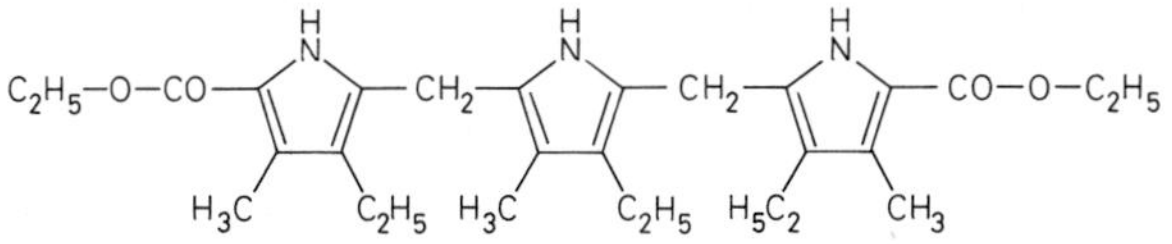

XIV

Dicarbonsäuren $C_nH_{2n-19}N_3O_4$

Bis-[4-äthoxycarbonyl-5-methyl-pyrrol-2-yl]-[2]pyridyl-methan, 2,2'-Dimethyl-5,5'-[2]pyridyl methylen-bis-pyrrol-3-carbonsäure-diäthylester $C_{22}H_{25}N_3O_4$, Formel I (R = R' = H).
B. Beim Erwärmen von Pyridin-2-carbaldehyd mit 2-Methyl-pyrrol-3-carbonsäure-äthylester und wss. HBr in Äthanol (*Strell et al.,* B. **90** [1957] 1798, 1804).
Kristalle (aus A.); F: 194°.
Hydrobromid. Gelbliche Kristalle; F: 210°.

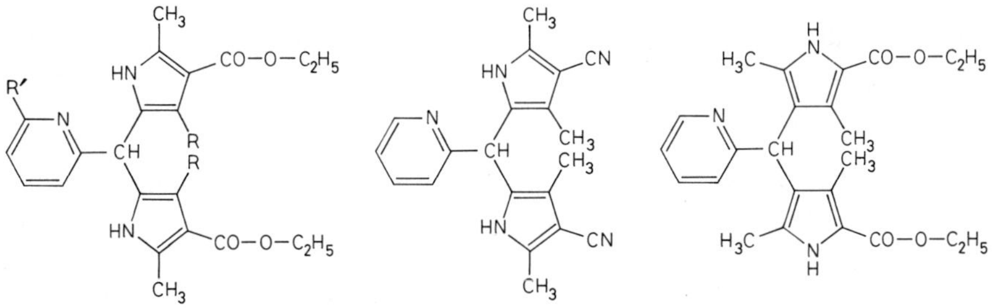

I   II   III

Bis-[4-äthoxycarbonyl-3,5-dimethyl-pyrrol-2-yl]-[2]pyridyl-methan, 2,4,2',4'-Tetramethyl-5,5'-[2]pyridylmethylen-bis-pyrrol-3-carbonsäure-diäthylester $C_{24}H_{29}N_3O_4$, Formel I
(R = CH₃, R' = H).
B. Beim Erwärmen von Pyridin-2-carbaldehyd mit 2,4-Dimethyl-pyrrol-3-carbonsäure-äthyl ester und wss. HBr in Äthanol (*Strell et al.,* B. **90** [1957] 1798, 1804).
Kristalle (aus A.); F: 140−141°.
Hydrobromid. Kristalle (aus A.); F: 213°.

Die folgenden Verbindungen sind in analoger Weise hergestellt worden:
Bis-[4-cyan-3,5-dimethyl-pyrrol-2-yl]-[2]pyridyl-methan, 2,4,2',4'-Tetramethyl-
5,5'-[2]pyridylmethylen-bis-pyrrol-3-carbonitril $C_{20}H_{19}N_5$, Formel II. Gelbliche
Kristalle (aus A.); F: 264° (*St. et al.,* l. c. S. 1805). − Hydrobromid. Kristalle; F: 246°.
Bis-[5-äthoxycarbonyl-2,4-dimethyl-pyrrol-3-yl]-[2]pyridyl-methan,   3,5,3',5'-
Tetramethyl-4,4'-[2]pyridylmethylen-bis-pyrrol-2-carbonsäure-diäthylester
$C_{24}H_{29}N_3O_4$, Formel III. Kristalle (aus A.); F: 208,5° (*St. et al.,* l. c. S. 1806).
Bis-[4-äthoxycarbonyl-3,5-dimethyl-pyrrol-2-yl]-[3]pyridyl-methan,   2,4,2',4'-
Tetramethyl-5,5'-[3]pyridylmethylen-bis-pyrrol-3-carbonsäure-diäthylester
$C_{24}H_{29}N_3O_4$, Formel IV. Kristalle; F: 193° [nach Sintern ab 189°] (*St. et al.,* l. c. S. 1804).
− Hydrobromid $C_{24}H_{29}N_3O_4 \cdot HBr$. Kristalle (aus A.); F: 227° [Zers.].
Bis-[5-äthoxycarbonyl-2,4-dimethyl-pyrrol-3-yl]-[3]pyridyl-methan,   3,5,3',5'-
Tetramethyl-4,4'-[3]pyridylmethylen-bis-pyrrol-2-carbonsäure-diäthylester
$C_{24}H_{29}N_3O_4$, Formel V. Kristalle; F: 203° (*St. et al.,* l. c. S. 1806).
Bis-[4-äthoxycarbonyl-3,5-dimethyl-pyrrol-2-yl]-[4]pyridyl-methan,   2,4,2',4'-
Tetramethyl-5,5'-[4]pyridylmethylen-bis-pyrrol-3-carbonsäure-diäthylester
$C_{24}H_{29}N_3O_4$, Formel VI. Kristalle (aus A.); F: 207° [nach Sintern ab 190° unter Rotfärbung]
(*St. et al.,* l. c. S. 1804). − Hydrobromid $C_{24}H_{29}N_3O_4 \cdot HBr$. Gelbliche Kristalle (aus A.);

F: 233° [Zers.; nach Sintern ab 203° unter Rotfärbung].

Bis-[5-äthoxycarbonyl-2,4-dimethyl-pyrrol-3-yl]-[4]pyridyl-methan,   3,5,3′,5′-Tetramethyl-4,4′-[4]pyridylmethylen-bis-pyrrol-2-carbonsäure-diäthylester $C_{24}H_{29}N_3O_4$, Formel VII. Kristalle (aus A.); F: 197° (*St. et al.*, l. c. S. 1806).

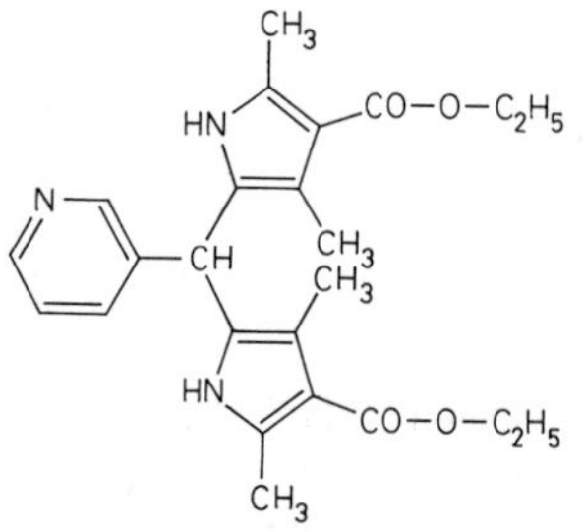

IV 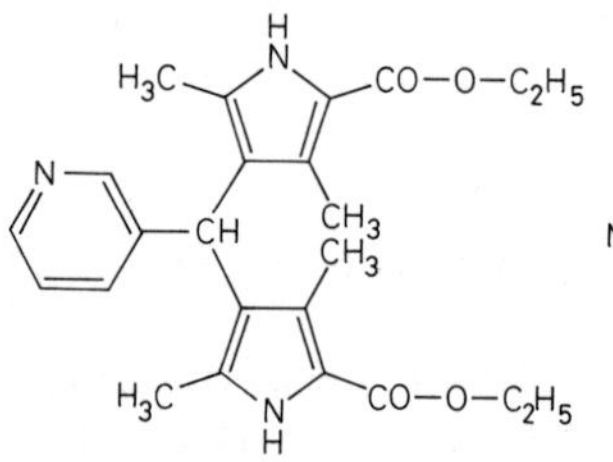   V 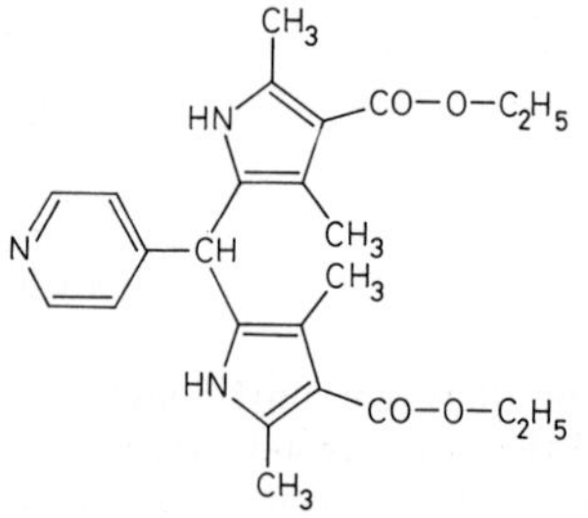   VI

Bis-[4-äthoxycarbonyl-3,5-dimethyl-pyrrol-2-yl]-[6-methyl-[2]pyridyl]-methan, 2,4,2′,4′-Tetra=methyl-5,5′-[6-methyl-[2]pyridylmethylen]-bis-pyrrol-3-carbonsäure-diäthylester $C_{25}H_{31}N_3O_4$, Formel I (R = R′ = CH₃).

B. Analog Bis-[4-äthoxycarbonyl-3,5-dimethyl-pyrrol-2-yl]-[2]pyridyl-methan [s. o.] (*Strell et al.*, B. **90** [1957] 1798, 1805).

Kristalle (aus A.); F: 195°.

Hydrobromid. Kristalle; F: 219°.

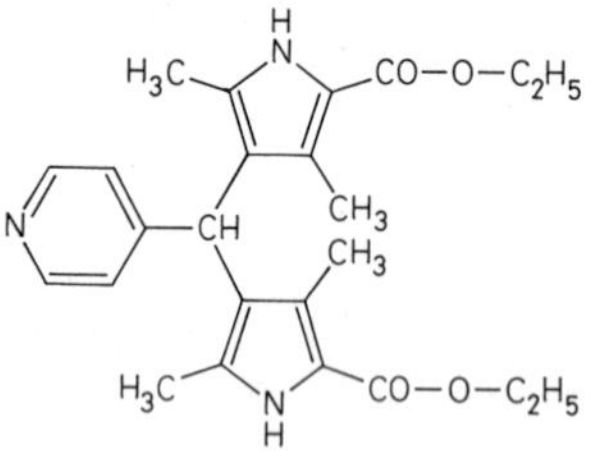

VII 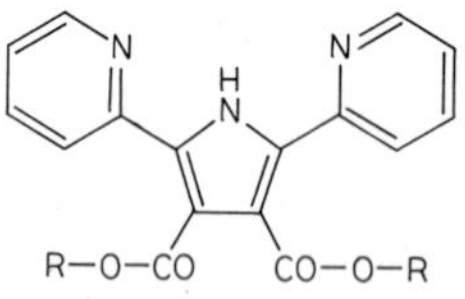   VIII

Dicarbonsäuren $C_nH_{2n-21}N_3O_4$

Dicarbonsäuren $C_{16}H_{11}N_3O_4$

2,5-Di-[2]pyridyl-pyrrol-3,4-dicarbonsäure $C_{16}H_{11}N_3O_4$, Formel VIII (R = H).

B. Aus dem folgenden Diäthylester (*Hein, Melichar*, Pharmazie **9** [1954] 455, 459).

Gelb; F: 238°.

Hydrochlorid $C_{16}H_{11}N_3O_4 \cdot HCl$. Kristalle (aus wss. HCl); F: 285°.

Barium-Salz $BaC_{16}H_9N_3O_4$. Kristalle mit 1 Mol H_2O.

2,5-Di-[2]pyridyl-pyrrol-3,4-dicarbonsäure-diäthylester $C_{20}H_{19}N_3O_4$, Formel VIII (R = C₂H₅).

B. Aus 2,3-Bis-[pyridin-2-carbonyl]-bernsteinsäure-diäthylester beim Erhitzen mit Ammo=niumacetat und Essigsäure (*Hein, Melichar*, Pharmazie **9** [1954] 455, 459).

Kristalle (aus wss. Me.); F: 109,5° (*Hein, Me.*).

Kupfer(II)-Komplexsalze. a) $Cu(C_{20}H_{18}N_3O_4)Br$. Grüne Kristalle [aus A.] (*Hein, Me.*). — b) $Cu(C_{20}H_{18}N_3O_4)_2$. Hellgrüne Kristalle [aus A.] (*Hein, Me.*).

Chrom(II)-Komplex $Cr(C_{20}H_{18}N_3O_4)_2$. Unbeständige dunkelbraune Kristalle (*Hein, Beierlein*, Pharm. Zentralhalle **96** [1957] 401, 415).

Eisen(II)-Komplex $Fe(C_{20}H_{18}N_3O_4)_2$. Dunkelrote Kristalle (aus A. unter Stickstoff); F: 208° (*Hein, Be.*, l. c. S. 414).

Eisen(III)-Komplexsalz Fe($C_{20}H_{18}N_3O_4$)Cl_2. Grüne Kristalle [aus A.] (*Hein, Me.*).
Kobalt(II)-Komplex Co($C_{20}H_{18}N_3O_4$)$_2$. Braune Kristalle (aus A.); F: 216°; Kp$_3$: ca. 280° (*Hein, Me.*). In 100 ml Äthanol lösen sich bei 20° 0,30 g (*Hein, Me.*).
Nickel(II)-Komplex Ni($C_{20}H_{18}N_3O_4$)$_2$. Hellgelbgrüne Kristalle; F: 220° (*Hein, Me.*). In 100 ml Äthanol lösen sich bei 20° 0,25 g (*Hein, Me.*).
Picrat $C_{20}H_{19}N_3O_4 \cdot C_6H_3N_3O_7$. Gelbe Kristalle (aus A.); F: 184° (*Hein, Me.*).

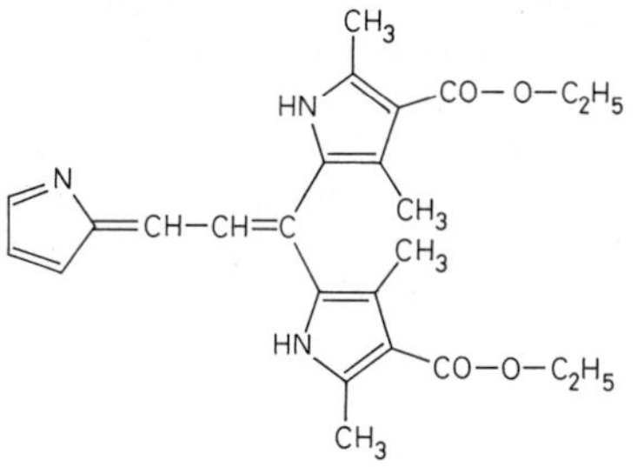

IX 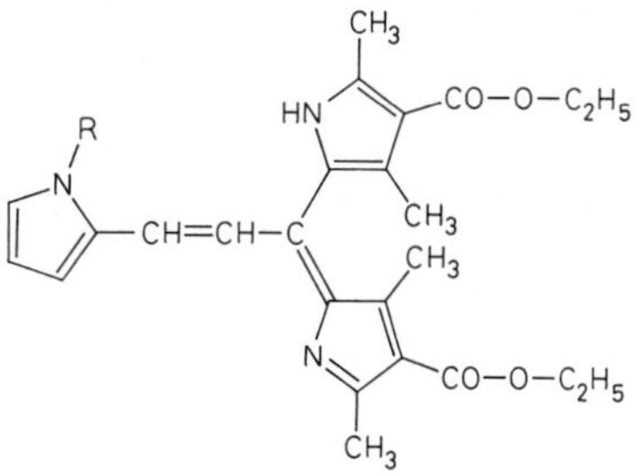   X

Dicarbonsäuren $C_{21}H_{21}N_3O_4$

1,1-Bis-[4-äthoxycarbonyl-3,5-dimethyl-pyrrol-2-yl]-3-pyrrol-2-yliden-propen, 2,4,2′,4′-Tetra=methyl-5,5′-[3-pyrrol-2-yliden-propenyliden]-bis-pyrrol-3-carbonsäure-diäthylester $C_{25}H_{29}N_3O_4$, Formel IX und Taut.

Hydrochlorid $C_{25}H_{29}N_3O_4 \cdot HCl$; 1,1-Bis-[4-äthoxycarbonyl-3,5-dimethyl-pyrr=ol-2-yl]-3-pyrrol-2-yl-trimethinium-chlorid. B. Beim Behandeln von 3,3-Bis-[4-äthoxy=carbonyl-3,5-dimethyl-pyrrol-2-yl]-acrylaldehyd mit Pyrrol und wenig konz. wss. HCl in Äthanol (*Treibs, Seifert*, A. **612** [1958] 242, 251). – λ_{max} (CHCl$_3$): 595 nm.

Die folgenden Verbindungen sind in analoger Weise hergestellt worden:
3-[4-Äthoxycarbonyl-3,5-dimethyl-pyrrol-2-yl]-3-[4-äthoxycarbonyl-3,5-di=methyl-pyrrol-2-yliden]-1-[1-methyl-pyrrol-2-yl]-propen $C_{26}H_{31}N_3O_4$, Formel X (R = CH$_3$). Hydrochlorid $C_{26}H_{31}N_3O_4 \cdot HCl$; 1,1-Bis-[4-äthoxycarbonyl-3,5-di=methyl-pyrrol-2-yl]-3-[1-methyl-pyrrol-2-yl]-trimethinium-chlorid. λ_{max} (CHCl$_3$): 593 nm.
3-[4-Äthoxycarbonyl-3,5-dimethyl-pyrrol-2-yl]-3-[4-äthoxycarbonyl-3,5-di=methyl-pyrrol-2-yliden]-1-[1-äthoxycarbonyl-pyrrol-2-yl]-propen $C_{28}H_{33}N_3O_6$, Formel X (R = CO-O-C$_2$H$_5$). Hydrochlorid $C_{28}H_{33}N_3O_6 \cdot HCl$; 1,1-Bis-[4-äthoxycar=bonyl-3,5-dimethyl-pyrrol-2-yl]-3-[1-äthoxycarbonyl-pyrrol-2-yl]-trimethin=ium-chlorid. λ_{max} (CHCl$_3$): 590 nm.
1,1-Bis-[4-äthoxycarbonyl-5-methyl-pyrrol-2-yl]-3-[3,5-dimethyl-pyrrol-2-yl=iden]-propen $C_{25}H_{29}N_3O_4$, Formel XI und Taut. Hydrobromid $C_{25}H_{29}N_3O_4 \cdot HBr$; 1,1-Bis-[4-äthoxycarbonyl-5-methyl-pyrrol-2-yl]-3-[3,5-dimethyl-pyrrol-2-yl]-trimethinium-bromid. Kristalle (aus CHCl$_3$+Ae.); F: 202–203° (*Tr., Se.*, l. c. S. 262). λ_{max} (CHCl$_3$): 605 nm.

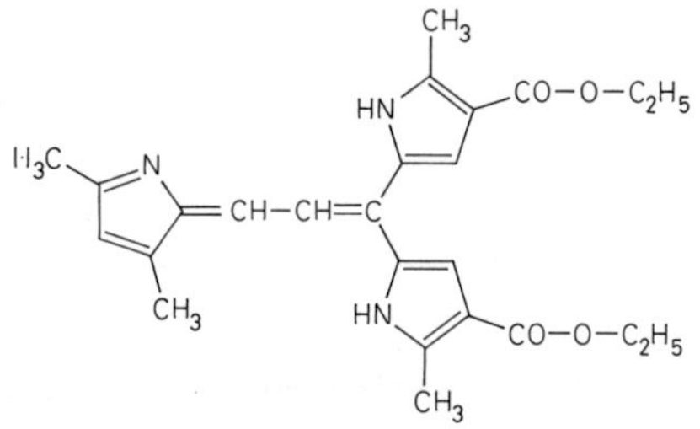

XI 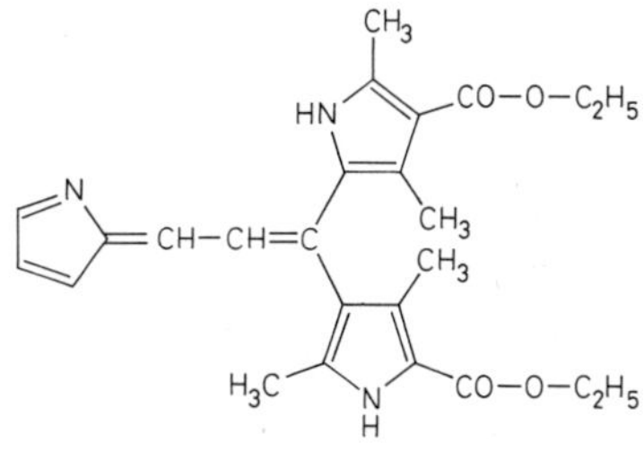   XII

1-[4-Äthoxycarbonyl-3,5-dimethyl-pyrrol-2-yl]-1-[5-äthoxycarbonyl-2,4-di=
methyl-pyrrol-3-yl]-3-pyrrol-2-yliden-propen $C_{25}H_{29}N_3O_4$, Formel XII und Taut.
Hydrochlorid $C_{25}H_{29}N_3O_4$; 1-[4-Äthoxycarbonyl-3,5-dimethyl-pyrrol-2-yl]-1-[5-
äthoxycarbonyl-2,4-dimethyl-pyrrol-3-yl]-3-pyrrol-2-yl-trimethinium-chlorid.
λ_{max} (CHCl$_3$): 588 nm.

3-[4-Äthoxycarbonyl-3,5-dimethyl-pyrrol-2-yl]-3-[5-äthoxycarbonyl-2,4-di=
methyl-pyrrol-3-yliden]-1-[1-methyl-pyrrol-2-yl]-propen $C_{26}H_{31}N_3O_4$, Formel XIII
(R = CH$_3$) und Taut. Hydrochlorid $C_{26}H_{31}N_3O_4 \cdot$HCl; 1-[4-Äthoxycarbonyl-3,5-di=
methyl-pyrrol-2-yl]-1-[5-äthoxycarbonyl-2,4-dimethyl-pyrrol-3-yl]-3-[1-methyl-
pyrrol-2-yl]-trimethinium-chlorid. λ_{max} (CHCl$_3$): 593 nm.

3-[4-Äthoxycarbonyl-3,5-dimethyl-pyrrol-2-yl]-3-[5-äthoxycarbonyl-2,4-di=
methyl-pyrrol-3-yliden]-1-[1-äthoxycarbonyl-pyrrol-2-yl]-propen $C_{28}H_{33}N_3O_6$,
Formel XIII (R = CO-O-C$_2$H$_5$) und Taut. Hydrochlorid $C_{28}H_{33}N_3O_6 \cdot$HCl; 1-[4-Äth=
oxycarbonyl-3,5-dimethyl-pyrrol-2-yl]-1-[5-äthoxycarbonyl-2,4-dimethyl-pyrr=
ol-3-yl]-3-[1-äthoxycarbonyl-pyrrol-2-yl]-trimethinium-chlorid. λ_{max} (CHCl$_3$):
586 nm.

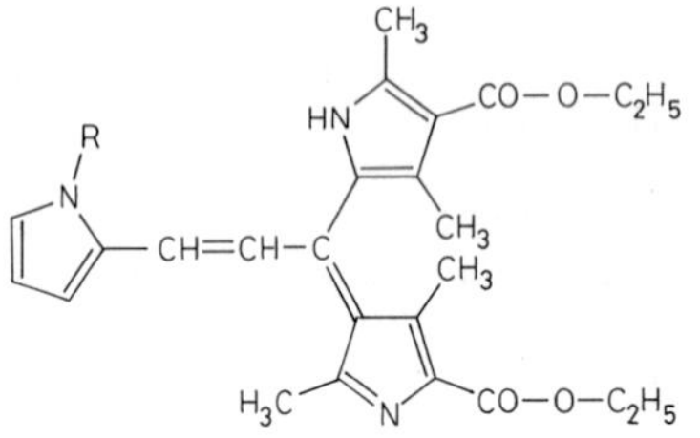

XIII

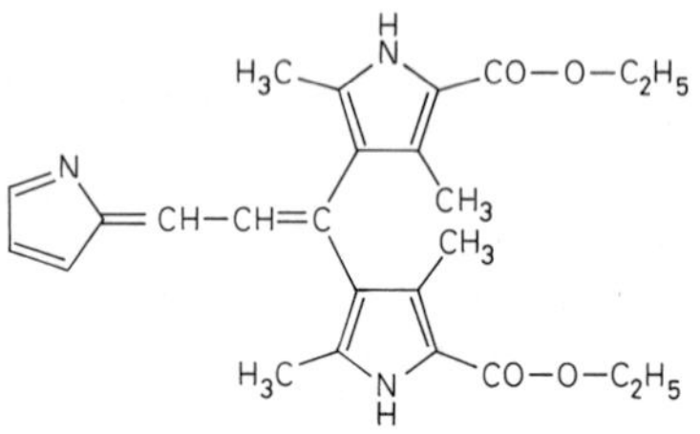

XIV

1,1-Bis-[5-äthoxycarbonyl-2,4-dimethyl-pyrrol-3-yl]-3-pyrrol-2-yliden-pro=
pen,   3,5,3',5'-Tetramethyl-4,4'-[3-pyrrol-2-yliden-propenyliden]-bis-pyrrol-
2-carbonsäure-diäthylester $C_{25}H_{29}N_3O_4$, Formel XIV und Taut. Hydrochlorid
$C_{25}H_{29}N_3O_4 \cdot$HCl; 1,1-Bis-[5-äthoxycarbonyl-2,4-dimethyl-pyrrol-3-yl]-3-pyrrol-
2-yl-trimethinium-chlorid. λ_{max} (CHCl$_3$): 563 nm.

3-[5-Äthoxycarbonyl-2,4-dimethyl-pyrrol-3-yl]-3-[5-äthoxycarbonyl-2,4-di=
methyl-pyrrol-3-yliden]-1-[1-methyl-pyrrol-2-yl]-propen $C_{26}H_{31}N_3O_4$,   Formel I
(R = CH$_3$). Hydrochlorid $C_{26}H_{31}N_3O_4 \cdot$HCl; 1,1-Bis-[5-äthoxycarbonyl-2,4-di=
methyl-pyrrol-3-yl]-3-[1-methyl-pyrrol-2-yl]-trimethinium-chlorid. λ_{max} (CHCl$_3$):
573 nm.

3-[5-Äthoxycarbonyl-2,4-dimethyl-pyrrol-3-yl]-3-[5-äthoxycarbonyl-2,4-di=
methyl-pyrrol-3-yliden]-1-[1-äthoxycarbonyl-pyrrol-2-yl]-propen $C_{28}H_{33}N_3O_6$,
Formel I (R = CO-O-C$_2$H$_5$). Hydrochlorid $C_{28}H_{33}N_3O_6 \cdot$HCl; 1,1-Bis-[5-äthoxycar=
bonyl-2,4-dimethyl-pyrrol-3-yl]-3-[1-äthoxycarbonyl-pyrrol-2-yl]-trimethin=
ium-chlorid. λ_{max} (CHCl$_3$): 567 nm.

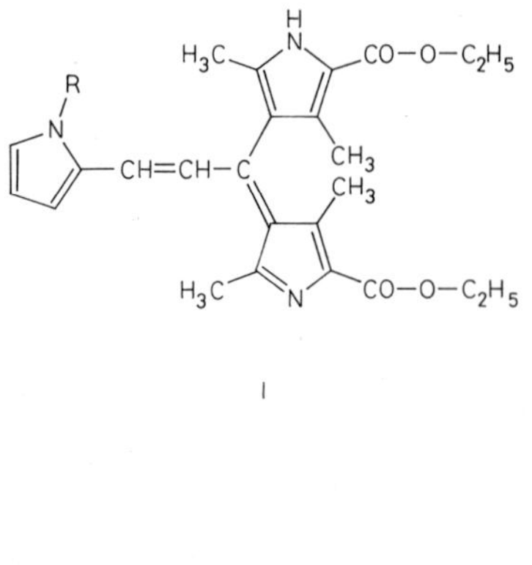

I

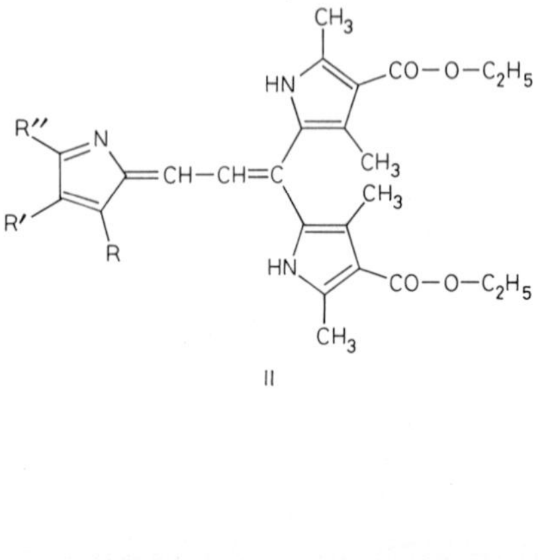

II

Dicarbonsäuren $C_{22}H_{23}N_3O_4$

1,1-Bis-[4-äthoxycarbonyl-3,5-dimethyl-pyrrol-2-yl]-3-[5-methyl-pyrrol-2-yliden]-propen
$C_{26}H_{31}N_3O_4$, Formel II (R = R′ = H, R″ = CH$_3$) und Taut.

Hydrochlorid $C_{26}H_{31}N_3O_4 \cdot$ HCl; 1,1-Bis-[4-äthoxycarbonyl-3,5-dimethyl-pyrr⸗
ol-2-yl]-3-[5-methyl-pyrrol-2-yl]-trimethinium-chlorid. *B.* Beim Behandeln von
3,3-Bis-[4-äthoxycarbonyl-3,5-dimethyl-pyrrol-2-yl]-acrylaldehyd mit 2-Methyl-pyrrol und wenig
konz. wss. HCl in Äthanol (*Treibs, Seifert,* A. **612** [1958] 242, 251). − λ_{max} (CHCl$_3$): 610,5 nm.

1-[4-Äthoxycarbonyl-3,5-dimethyl-pyrrol-2-yl]-1-[5-äthoxycarbonyl-2,4-dimethyl-pyrrol-3-yl]-
3-[5-methyl-pyrrol-2-yliden]-propen $C_{26}H_{31}N_3O_4$, Formel III (R = R′ = H, R″ = CH$_3$) und
Taut.

Hydrochlorid $C_{26}H_{31}N_3O_4 \cdot$ HCl; 1-[4-Äthoxycarbonyl-3,5-dimethyl-pyrrol-2-
yl]-1-[5-äthoxycarbonyl-2,4-dimethyl-pyrrol-3-yl]-3-[5-methyl-pyrrol-2-yl]-tri⸗
methinium-chlorid. *B.* Analog der vorangehenden Verbindung (*Treibs, Seifert,* A. **612**
[1958] 242, 251). − λ_{max} (CHCl$_3$): 598 nm.

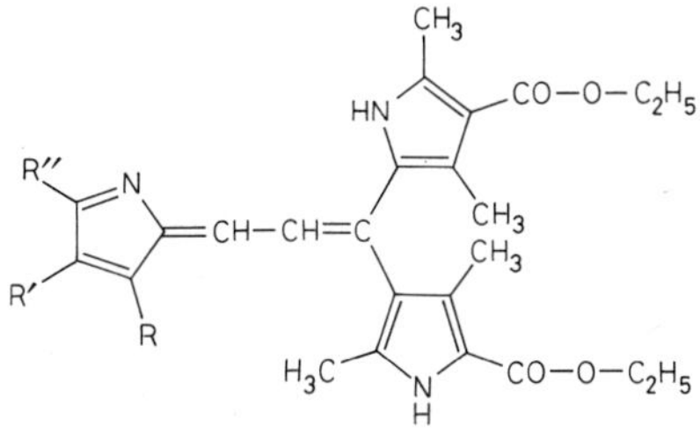

III

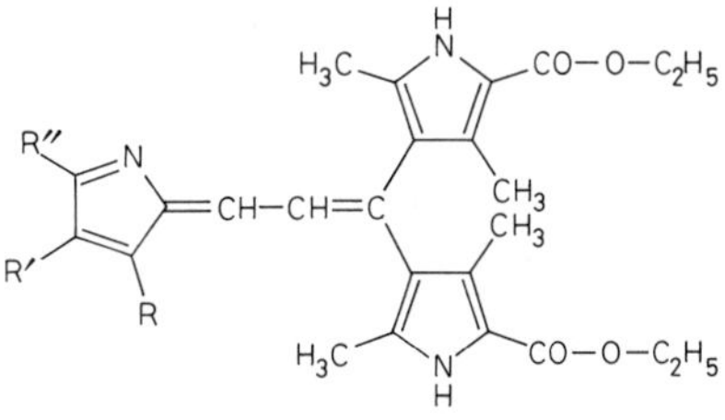

IV

1,1-Bis-[5-äthoxycarbonyl-2,4-dimethyl-pyrrol-3-yl]-3-[5-methyl-pyrrol-2-yliden]-propen
$C_{26}H_{31}N_3O_4$, Formel IV (R = R′ = H, R″ = CH$_3$) und Taut.

Hydrochlorid $C_{26}H_{31}N_3O_4 \cdot$ HCl; 1,1-Bis-[5-äthoxycarbonyl-2,4-dimethyl-pyrr⸗
ol-3-yl]-3-[5-methyl-pyrrol-2-yl]-trimethinium-chlorid. *B.* Analog den vorangehen⸗
den Verbindungen (*Treibs, Seifert,* A. **612** [1958] 242, 251). − λ_{max} (CHCl$_3$): 563 nm.

Dicarbonsäuren $C_{23}H_{25}N_3O_4$

4-[5-Äthoxycarbonyl-2,4-dimethyl-pyrrol-3-yliden]-2,4-bis-[3,5-dimethyl-pyrrol-2-yl]-crotonsäure-
äthylester, 4-[3-Äthoxycarbonyl-1,3-bis-(3,5-dimethyl-pyrrol-2-yl)-allyliden]-3,5-dimethyl-4H-
pyrrol-2-carbonsäure-äthylester $C_{27}H_{33}N_3O_4$, Formel V und Taut.

Hydrobromid $C_{27}H_{33}N_3O_4 \cdot$ HBr; 1-Äthoxycarbonyl-3-[5-äthoxycarbonyl-2,4-
dimethyl-pyrrol-3-yl]-1,3-bis-[3,5-dimethyl-pyrrol-2-yl]-trimethinium-bromid.
B. Beim Erwärmen von 4-[5-Äthoxycarbonyl-2,4-dimethyl-pyrrol-3-yl]-2,4-dioxo-buttersäure-
äthylester mit 2,4-Dimethyl-pyrrol und wenig konz. wss. HBr in Äthanol (*Treibs, Herrmann,*
A. **592** [1955] 1, 10). − Kupfern glänzende Kristalle (aus wss. HBr); F: 188°. λ_{max}: 613 nm.

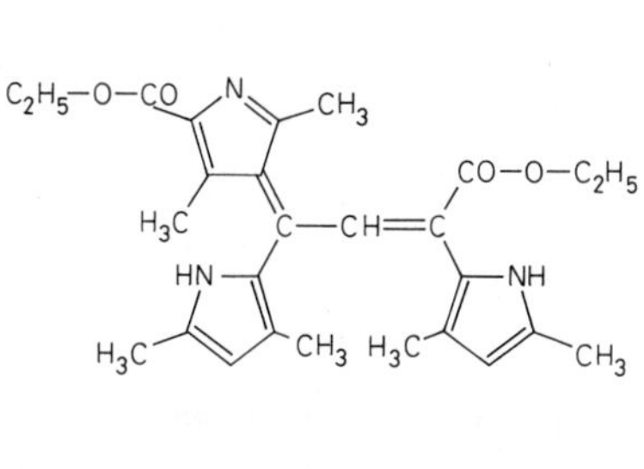

V

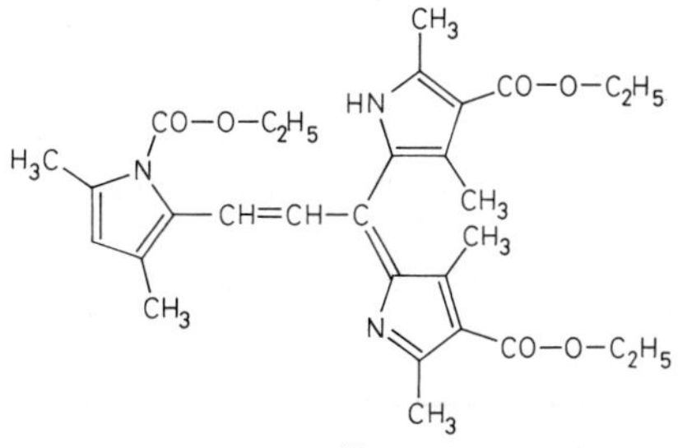

VI

1,1-Bis-[4-äthoxycarbonyl-3,5-dimethyl-pyrrol-2-yl]-3-[3,5-dimethyl-pyrrol-2-yliden]-propen
$C_{27}H_{33}N_3O_4$, Formel II (R = R'' = CH_3, R' = H) und Taut.

Hydrobromid $C_{27}H_{33}N_3O_4 \cdot HBr$; 1,1-Bis-[4-äthoxycarbonyl-3,5-dimethyl-pyrrⸯ
ol-2-yl]-3-[3,5-dimethyl-pyrrol-2-yl]-trimethinium-bromid. *B.* Aus 3,3-Bis-[4-äthⸯ
oxycarbonyl-3,5-dimethyl-pyrrol-2-yl]-acrylaldehyd beim Erwärmen mit 2,4-Dimethyl-pyrrol
und wenig konz. wss. HBr in Äthanol (*Treibs, Seifert,* A. **612** [1958] 242, 260). – Grün
glänzende Kristalle (aus $CHCl_3 + Ae.$); F: 217°. λ_{max} ($CHCl_3$): 609,5 nm.

Die folgenden Verbindungen sind in analoger Weise hergestellt worden:

1-[1-Äthoxycarbonyl-3,5-dimethyl-pyrrol-2-yl]-3-[4-äthoxycarbonyl-3,5-diⸯ
methyl-pyrrol-2-yl]-3-[4-äthoxycarbonyl-3,5-dimethyl-pyrrol-2-yliden]-propen
$C_{30}H_{37}N_3O_6$, Formel VI. Hydrochlorid $C_{30}H_{37}N_3O_6 \cdot HCl$; 3-[1-Äthoxycarbonyl-3,5-
dimethyl-pyrrol-2-yl]-1,1-bis-[4-äthoxycarbonyl-3,5-dimethyl-pyrrol-2-yl]-triⸯ
methinium-chlorid. λ_{max} ($CHCl_3$): 608 nm (*Tr., Se.,* l. c. S. 250).

1-[4-Äthoxycarbonyl-3,5-dimethyl-pyrrol-2-yl]-1-[5-äthoxycarbonyl-2,4-diⸯ
methyl-pyrrol-3-yl]-3-[3,5-dimethyl-pyrrol-2-yliden]-propen $C_{27}H_{33}N_3O_4$, Forⸯ
mel III (R = R'' = CH_3, R' = H) und Taut. Hydrobromid $C_{27}H_{33}N_3O_4 \cdot HBr$; 1-[4-Äthⸯ
oxycarbonyl-3,5-dimethyl-pyrrol-2-yl]-1-[5-äthoxycarbonyl-2,4-dimethyl-pyrrⸯ
ol-3-yl]-3-[3,5-dimethyl-pyrrol-2-yl]-trimethinium-bromid. F: 202–203° (*Tr., Se.,*
l. c. S. 262). λ_{max} ($CHCl_3$): 601 nm.

1-[1-Äthoxycarbonyl-3,5-dimethyl-pyrrol-2-yl]-3-[4-äthoxycarbonyl-3,5-diⸯ
methyl-pyrrol-2-yl]-3-[5-äthoxycarbonyl-2,4-dimethyl-pyrrol-3-yliden]-propen
$C_{30}H_{37}N_3O_6$, Formel VII und Taut. Hydrochlorid $C_{30}H_{37}N_3O_6 \cdot HCl$; 3-[1-Äthoxycarⸯ
bonyl-3,5-dimethyl-pyrrol-2-yl]-1-[4-äthoxycarbonyl-3,5-dimethyl-pyrrol-2-yl]-
1-[5-äthoxycarbonyl-2,4-dimethyl-pyrrol-3-yl]-trimethinium-chlorid. λ_{max}
($CHCl_3$): 600 nm (*Tr., Se.,* l. c. S. 251).

1,1-Bis-[5-äthoxycarbonyl-2,4-dimethyl-pyrrol-3-yl]-3-[3,5-dimethyl-pyrrol-2-
yliden]-propen $C_{27}H_{33}N_3O_4$, Formel IV (R = R'' = CH_3, R' = H) und Taut. Hydroⸯ
chlorid $C_{27}H_{33}N_3O_4 \cdot HCl$; 1,1-Bis-[5-äthoxycarbonyl-2,4-dimethyl-pyrrol-3-yl]-
3-[3,5-dimethyl-pyrrol-2-yl]-trimethinium-chlorid. λ_{max} ($CHCl_3$): 550 nm (*Tr., Se.,*
l. c. S. 251).

1-[1-Äthoxycarbonyl-3,5-dimethyl-pyrrol-2-yl]-3-[5-äthoxycarbonyl-2,4-diⸯ
methyl-pyrrol-3-yl]-3-[5-äthoxycarbonyl-2,4-dimethyl-pyrrol-3-yliden]-propen
$C_{30}H_{37}N_3O_6$, Formel VIII. Hydrochlorid $C_{30}H_{37}N_3O_6 \cdot HCl$; 3-[1-Äthoxycarbonyl-
3,5-dimethyl-pyrrol-2-yl]-1,1-bis-[5-äthoxycarbonyl-2,4-dimethyl-pyrrol-3-yl]-
trimethinium-chlorid. λ_{max} ($CHCl_3$): 550 nm (*Tr., Se.,* l. c. S. 251).

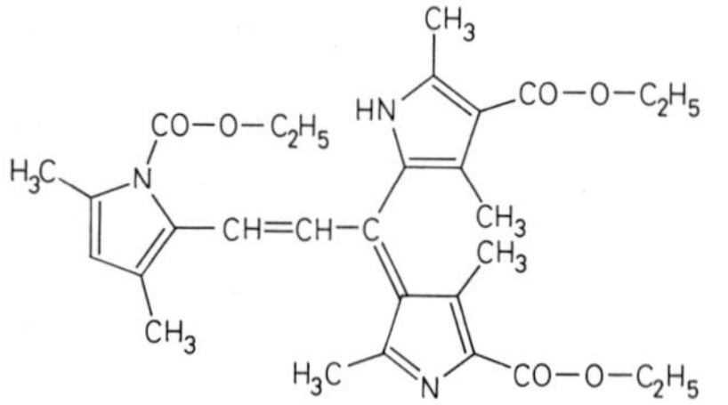

VII 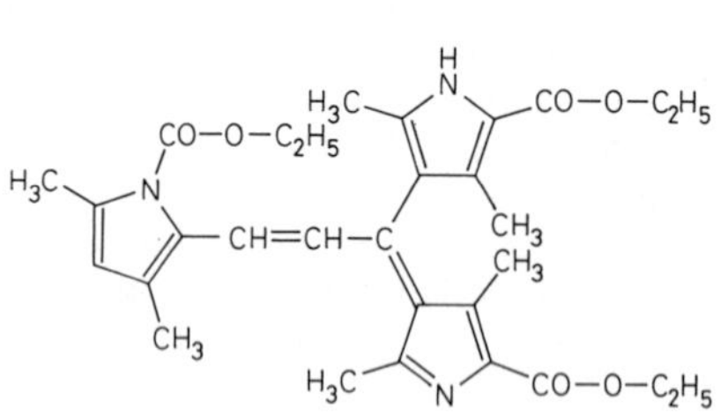   VIII

Dicarbonsäuren $C_{24}H_{27}N_3O_4$

1,1-Bis-[4-äthoxycarbonyl-3,5-dimethyl-pyrrol-2-yl]-3-[3(oder 4)-äthyl-4(oder 3)-methyl-pyrrol-2-yliden]-propen $C_{28}H_{35}N_3O_4$, Formel II (R = C_2H_5, R' = CH_3,
R'' = H oder R = CH_3, R' = C_2H_5, R'' = H) und Taut.

Hydrochlorid $C_{28}H_{35}N_3O_4 \cdot HCl$; 1,1-Bis-[4-äthoxycarbonyl-3,5-dimethyl-pyrrⸯ
ol-2-yl]-3-[3(oder 4)-äthyl-4(oder 3)-methyl-pyrrol-2-yl]-trimethinium-chlorid. *B.*
Aus 3,3-Bis-[4-äthoxycarbonyl-3,5-dimethyl-pyrrol-2-yl]-acrylaldehyd beim Behandeln mit 3-
Äthyl-4-methyl-pyrrol und wenig konz. wss. HCl in Äthanol (*Treibs, Seifert,* A. **612** [1958]

242, 251). − λ_{max} (CHCl$_3$): 613 nm.

1-[4-Äthoxycarbonyl-3,5-dimethyl-pyrrol-2-yl]-1-[5-äthoxycarbonyl-2,4-dimethyl-pyrrol-3-yl]-3-[3(oder 4)-äthyl-4(oder 3)-methyl-pyrrol-2-yliden]-propen $C_{28}H_{35}N_3O_4$, Formel III (R = C_2H_5, R′ = CH$_3$, R″ = H oder R = CH$_3$, R′ = C_2H_5, R″ = H) und Taut.

Hydrochlorid $C_{28}H_{35}N_3O_4 \cdot$ HCl; 1-[4-Äthoxycarbonyl-3,5-dimethyl-pyrrol-2-yl]-1-[5-äthoxycarbonyl-2,4-dimethyl-pyrrol-3-yl]-3-[3(oder 4)-äthyl-4(oder 3)-methyl-pyrrol-2-yl]-trimethinium-chlorid. *B.* Analog der vorangehenden Verbindung (*Treibs, Seifert,* A. **612** [1958] 242, 251). − λ_{max} (CHCl$_3$): 604 nm.

1,1-Bis-[5-äthoxycarbonyl-2,4-dimethyl-pyrrol-3-yl]-3-[3(oder 4)-äthyl-4(oder 3)-methyl-pyrrol-2-yliden]-propen $C_{28}H_{35}N_3O_4$, Formel IV (R = C_2H_5, R′ = CH$_3$, R″ = H oder R = CH$_3$, R′ = C_2H_5, R″ = H) und Taut.

Hydrochlorid $C_{28}H_{35}N_3O_4 \cdot$ HCl; 1,1-Bis-[5-äthoxycarbonyl-2,4-dimethyl-pyrrol-3-yl]-3-[3(oder 4)-äthyl-4(oder 3)-methyl-pyrrol-2-yl]-trimethinium-chlorid. *B.* Analog den vorangehenden Verbindungen (*Treibs, Seifert,* A. **612** [1958] 242, 251). − λ_{max} (CHCl$_3$): 562 nm.

Dicarbonsäuren $C_{25}H_{29}N_3O_4$

1,1-Bis-[4-äthoxycarbonyl-3,5-dimethyl-pyrrol-2-yl]-3-[4-äthyl-3,5-dimethyl-pyrrol-2-yliden]-propen $C_{29}H_{37}N_3O_4$, Formel II (R = R″ = CH$_3$, R′ = C_2H_5) und Taut.

Hydrochlorid $C_{29}H_{37}N_3O_4 \cdot$ HCl; 1,1-Bis-[4-äthoxycarbonyl-3,5-dimethyl-pyrrol-2-yl]-3-[4-äthyl-3,5-dimethyl-pyrrol-2-yl]-trimethinium-chlorid. *B.* Analog den vorangehenden Verbindungen (*Treibs, Seifert,* A. **612** [1958] 242, 251). − λ_{max} (CHCl$_3$): 615 nm.

1-[4-Äthoxycarbonyl-3,5-dimethyl-pyrrol-2-yl]-1-[5-äthoxycarbonyl-2,4-dimethyl-pyrrol-3-yl]-3-[4-äthyl-3,5-dimethyl-pyrrol-2-yliden]-propen $C_{29}H_{37}N_3O_4$, Formel III (R = R″ = CH$_3$, R′ = C_2H_5) und Taut.

Hydrochlorid $C_{29}H_{37}N_3O_4 \cdot$ HCl; 1-[4-Äthoxycarbonyl-3,5-dimethyl-pyrrol-2-yl]-1-[5-äthoxycarbonyl-2,4-dimethyl-pyrrol-3-yl]-3-[4-äthyl-3,5-dimethyl-pyrrol-2-yl]-trimethinium-chlorid. *B.* Analog den vorangehenden Verbindungen (*Treibs, Seifert,* A. **612** [1958] 242, 251). − λ_{max} (CHCl$_3$): 605 nm.

1,1-Bis-[5-äthoxycarbonyl-2,4-dimethyl-pyrrol-3-yl]-3-[4-äthyl-3,5-dimethyl-pyrrol-2-yliden]-propen $C_{29}H_{37}N_3O_4$, Formel IV (R = R″ = CH$_3$, R′ = C_2H_5) und Taut.

Hydrochlorid $C_{29}H_{37}N_3O_4 \cdot$ HCl; 1,1-Bis-[5-äthoxycarbonyl-2,4-dimethyl-pyrrol-3-yl]-3-[4-äthyl-3,5-dimethyl-pyrrol-2-yl]-trimethinium-chlorid. *B.* Analog den vorangehenden Verbindungen (*Treibs, Seifert,* A. **612** [1958] 242, 251). − λ_{max} (CHCl$_3$): 554 nm.

Dicarbonsäuren $C_nH_{2n-25}N_3O_4$

(±)-8-Benzhydryliden-1-phenyl-4,5,6,7-tetrahydro-1H-4r,7c-methano-benzotriazol-3at(?),7at(?)-dicarbonsäure-dimethylester $C_{30}H_{27}N_3O_4$, vermutlich Formel IX + Spiegelbild.

Bezüglich der Konfiguration an den C-Atomen 3a und 7a vgl. *Alder, Stein,* A. **515** [1935] 185.

B. Aus 7-Benzhydryliden-norborn-2-en-2,3-dicarbonsäure-dimethylester und Azidobenzol (*Alder et al.,* A. **566** [1950] 27, 54).

Kristalle (aus Me.); F: 172−173° (*Al. et al.*).

8-Benzhydryliden-1-phenyl-3a,4,5,6,7,7a-hexahydro-1H-4,7-methano-benzotriazol-5,6-dicarbonsäure-dimethylester $C_{30}H_{27}N_3O_4$.

a) **(±)-8-Benzhydryliden-1-phenyl-(3at,7at)-3a,4,5,6,7,7a-hexahydro-1H-4r,7c-methano-benzotriazol-5c,6c-dicarbonsäure-dimethylester,** Formel X + Spiegelbild.

B. Aus 7-Benzhydryliden-norborn-5-en-2exo,3exo-dicarbonsäure-dimethylester und Azido-

benzol (*Alder et al.,* A. **566** [1950] 27, 52).
Kristalle (aus Me.); F: 198°.

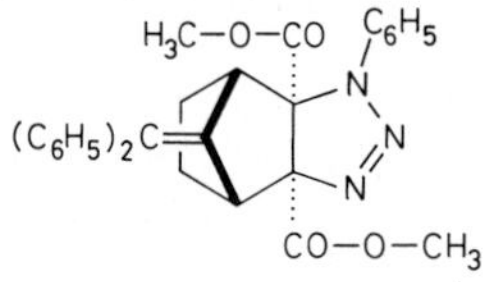

IX

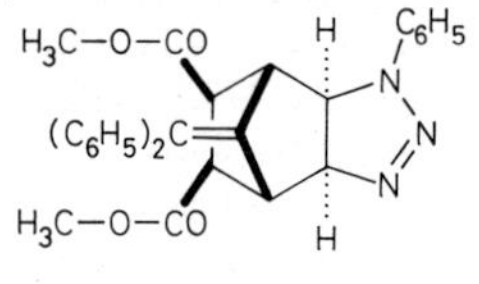

X

b) (±)-8-Benzhydryliden-1-phenyl-(3a*t*,7a*t*)-3a,4,5,6,7,7a-hexahydro-1*H*-4*r*,7*c*-methano-benzotriazol-5*c*,6*t*(oder 5*t*,6*c*)-dicarbonsäure-dimethylester, Formel XI oder XII + Spiegelbilder.
   B. Aus 7-Benzhydryliden-norborn-5-en-2*endo*,3*exo*-dicarbonsäure-dimethylester und Azido≠benzol (*Alder et al.,* A. **566** [1950] 27, 53).
   Kristalle (aus Me.); F: 184—185°.

c) (±)-8-Benzhydryliden-1-phenyl-(3a*t*,7a*t*)-3a,4,5,6,7,7a-hexahydro-1*H*-4*r*,7*c*-methano-benzotriazol-5*t*,6*t*-dicarbonsäure-dimethylester, Formel XIII + Spiegelbild.
   B. Aus 7-Benzhydryliden-norborn-5-en-2*endo*,3*endo*-dicarbonsäure-dimethylester und Azido≠benzol (*Alder et al.,* A. **566** [1950] 27, 52).
   Kristalle (aus Me.); F: 205° [Zers.].

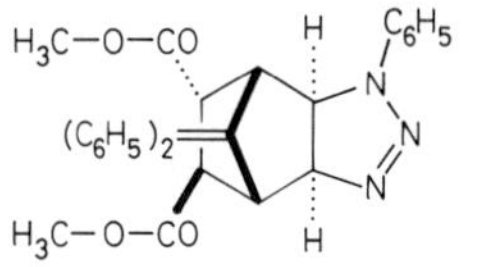

XI

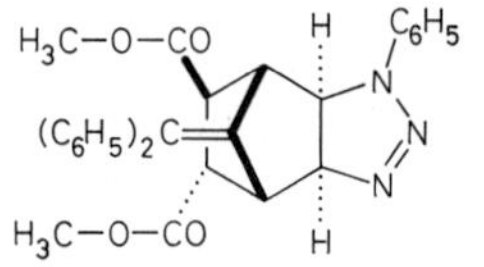

XII

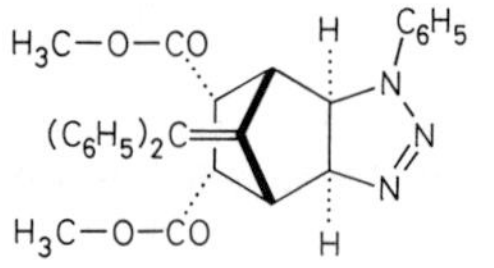

XIII

Bis-[4-äthoxycarbonyl-3,5-dimethyl-pyrrol-2-yl]-[2]chinolyl-methan, 2,4,2′,4′-Tetramethyl-5,5′-[2]chinolylmethylen-bis-pyrrol-3-carbonsäure-diäthylester $C_{28}H_{31}N_3O_4$, Formel XIV.
   B. Beim Erwärmen von Chinolin-2-carbaldehyd mit 2,4-Dimethyl-pyrrol-3-carbonsäure-äthylester und wss. HBr in Äthanol (*Strell et al.,* B. **90** [1957] 1798, 1807).
   Gelbliche Kristalle (aus A.); F: 211° [nach Sintern ab 202° unter Dunkelrotfärbung].
   Hydrobromid. Gelbe Kristalle (aus A.); F: 169—171° [Zers.; nach Sintern ab ca. 155° unter Dunkelfärbung].

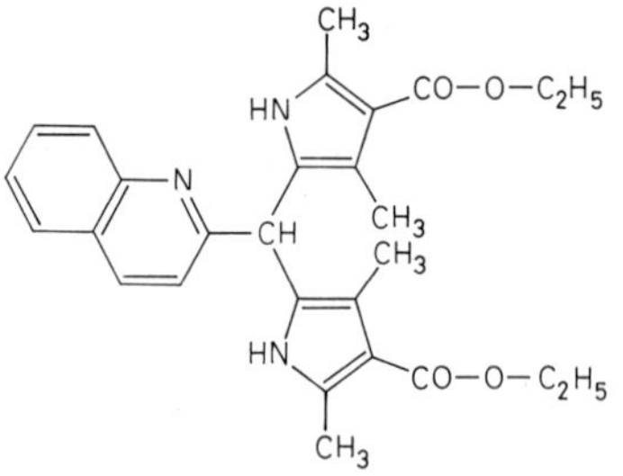

XIV

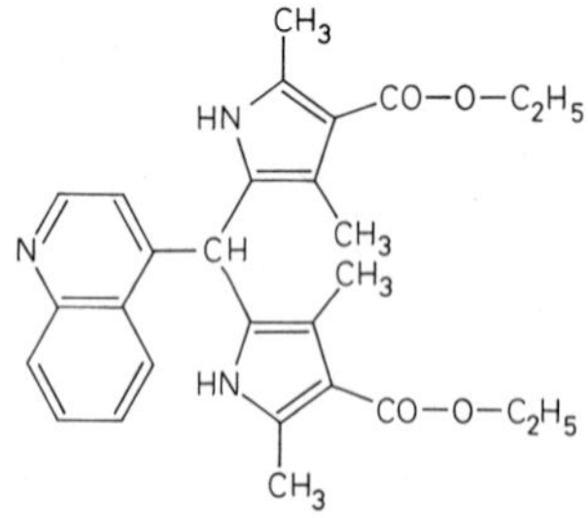

XV

Bis-[4-äthoxycarbonyl-3,5-dimethyl-pyrrol-2-yl]-[4]chinolyl-methan, 2,4,2′,4′-Tetramethyl-5,5′-[4]chinolylmethylen-bis-pyrrol-3-carbonsäure-diäthylester $C_{28}H_{31}N_3O_4$, Formel XV.
   B. Analog der vorangehenden Verbindung (*Strell et al.,* B. **90** [1957] 1798, 1807).
   Hydrobromid $C_{28}H_{31}N_3O_4 \cdot HBr$. Gelbe Kristalle (aus methanol. HBr); F: 228,5° [Zers.].

Dicarbonsäuren $C_nH_{2n-33}N_3O_4$

4-[5-Äthoxycarbonyl-2,4-dimethyl-pyrrol-3-yliden]-2,4-bis-[2-methyl-indol-3-yl]-crotonsäure-äthylester, 4-[3-Äthoxycarbonyl-1,3-bis-(2-methyl-indol-3-yl)-allyliden]-3,5-dimethyl-4H-pyrrol-2-carbonsäure-äthylester $C_{33}H_{33}N_3O_4$, Formel I und Taut.

Hydrobromid $C_{33}H_{33}N_3O_4 \cdot HBr$; 1-Äthoxycarbonyl-3-[5-äthoxycarbonyl-2,4-dimethyl-pyrrol-3-yl]-1,3-bis-[2-methyl-indol-3-yl]-trimethinium-bromid. *B.* Beim Erwärmen von 4-[5-Äthoxycarbonyl-2,4-dimethyl-pyrrol-3-yl]-2,4-dioxo-buttersäure-äthylester mit 2-Methyl-indol und wenig konz. wss. HBr in Äthanol (*Treibs, Herrmann*, A. **592** [1955] 1, 10). − λ_{max}: 622 nm.

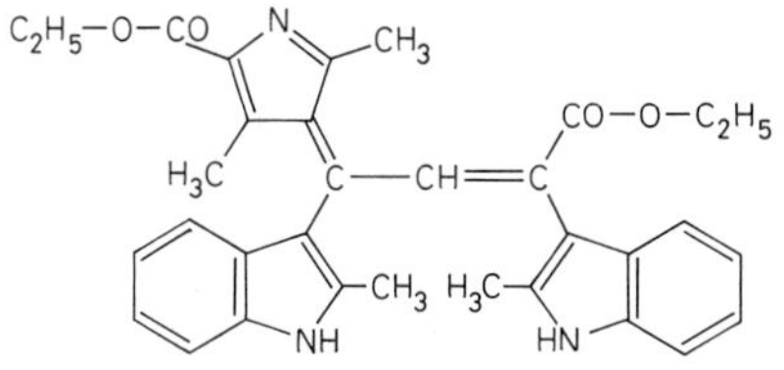

I

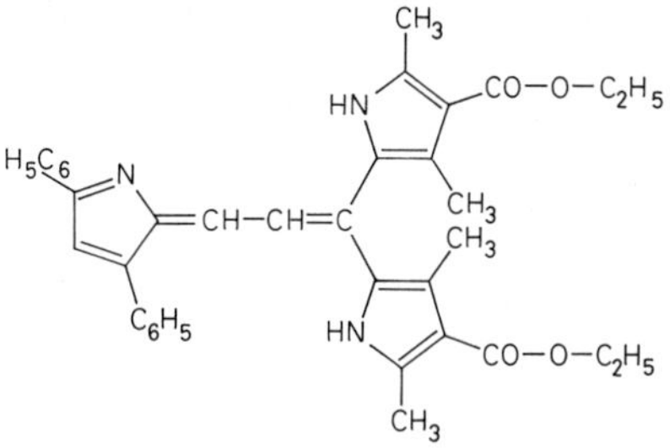

II

Dicarbonsäuren $C_nH_{2n-37}N_3O_4$

1,1-Bis-[4-äthoxycarbonyl-3,5-dimethyl-pyrrol-2-yl]-3-[3,5-diphenyl-pyrrol-2-yliden]-propen $C_{37}H_{37}N_3O_4$, Formel II und Taut.

Hydrochlorid $C_{37}H_{37}N_3O_4 \cdot HCl$; 1,1-Bis-[4-äthoxycarbonyl-3,5-dimethyl-pyrrol-2-yl]-3-[3,5-diphenyl-pyrrol-2-yl]-trimethinium-chlorid. *B.* Aus 3,3-Bis-[4-äthoxycarbonyl-3,5-dimethyl-pyrrol-2-yl]-acrylaldehyd beim Behandeln mit 2,4-Diphenyl-pyrrol und wenig konz. wss. HCl in Äthanol (*Treibs, Seifert*, A. **612** [1958] 242, 251). − λ_{max} (CHCl₃): > 660 nm.

1-[4-Äthoxycarbonyl-3,5-dimethyl-pyrrol-2-yl]-1-[5-äthoxycarbonyl-2,4-dimethyl-pyrrol-3-yl]-3-[3,5-diphenyl-pyrrol-2-yliden]-propen $C_{37}H_{37}N_3O_4$, Formel III und Taut.

Hydrochlorid $C_{37}H_{37}N_3O_4 \cdot HCl$; 1-[4-Äthoxycarbonyl-3,5-dimethyl-pyrrol-2-yl]-1-[5-äthoxycarbonyl-2,4-dimethyl-pyrrol-3-yl]-3-[3,5-diphenyl-pyrrol-2-yl]-trimethinium-chlorid. *B.* Analog der vorangehenden Verbindung (*Treibs, Seifert*, A. **612** [1958] 242, 251). − λ_{max} (CHCl₃): 659 nm.

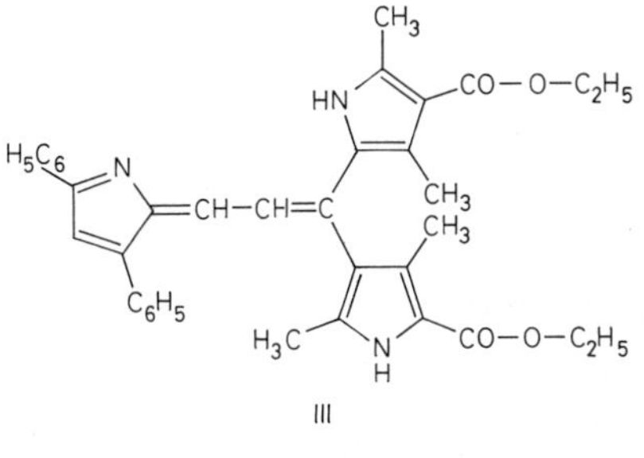

III

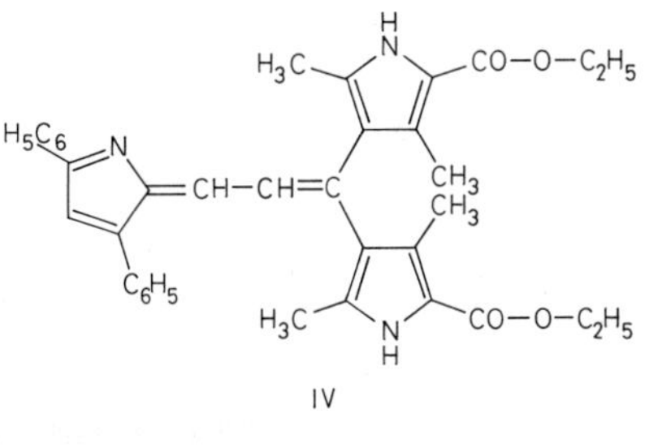

IV

1,1-Bis-[5-äthoxycarbonyl-2,4-dimethyl-pyrrol-3-yl]-3-[3,5-diphenyl-pyrrol-2-yliden]-propen $C_{37}H_{37}N_3O_4$, Formel IV und Taut.

Hydrochlorid $C_{37}H_{37}N_3O_4 \cdot HCl$; 1,1-Bis-[5-äthoxycarbonyl-2,4-dimethyl-pyrr-

ol-3-yl]-3-[3,5-diphenyl-pyrrol-2-yl]-trimethinium-chlorid. *B*. Analog den vorange=
henden Verbindungen (*Treibs, Seifert*, A. **612** [1958] 242, 251). − λ_{max} (CHCl$_3$): 620 nm.

Dicarbonsäuren $C_nH_{2n-39}N_3O_4$

10(?)H,12(?)H-Benzo[b]chino[3′,2′:3,4]chino[1,8-gh][1,6]naphthyridin-9,13-dicarbonsäure
$C_{28}H_{17}N_3O_4$, vermutlich Formel V.

B. Beim Erwärmen von 2,3,5,6-Tetrahydro-pyrido[3,2,1-*ij*]chinolin-1,7-dion mit Isatin und
wss.-methanol. KOH (*Braunholtz, Mann*, Soc. **1955** 393, 397).

Hygroskopischer purpurfarbener Feststoff; F: 363° [Zers.]. Feststoff mit 4 Mol H$_2$O. λ_{max}
(wss. NaOH [10%ig]): 229 − 231 nm, 266 nm und 390 − 393 nm.

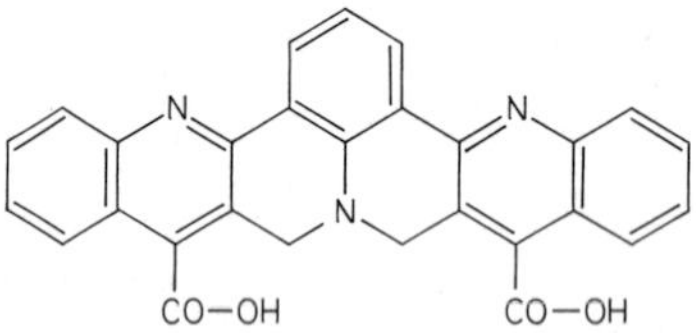

V 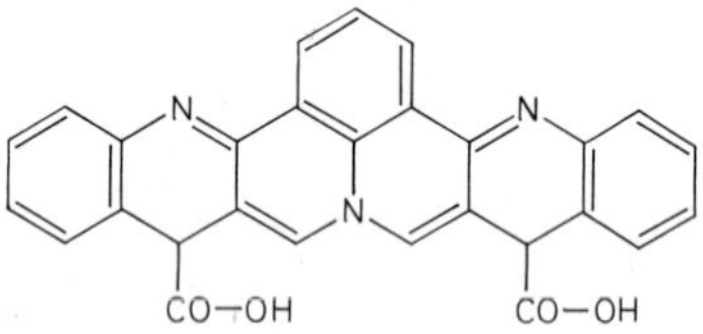   VI

***Opt.-inakt. 9(?)H,13(?)H-Benzo[b]chino[3′,2′:3,4]chino[1,8-gh][1,6]naphthyridin-9,13-di=
carbonsäure** $C_{28}H_{17}N_3O_4$, vermutlich Formel VI.

B. Aus der vorangehenden Dicarbonsäure beim Erhitzen auf 300 − 320°/0,1 Torr (*Braunholtz,
Mann*, Soc. **1955** 393, 397).

Hygroskopischer orangefarbener Feststoff; F: 363° [Zers.]. Feststoff mit 1,5 Mol H$_2$O. λ_{max}
(wss. NaOH [10%ig]): 424 − 428 nm.

Dicarbonsäuren $C_nH_{2n-45}N_3O_4$

**9-Äthyl-3,6-bis-[4-carboxy-[2]chinolyl]-carbazol, 2,2′-[9-Äthyl-carbazol-3,6-diyl]-bis-chinolin-
4-carbonsäure** $C_{34}H_{23}N_3O_4$, Formel VII.

B. Beim Erwärmen von 3,6-Diacetyl-9-äthyl-carbazol mit Isatin und wss.-äthanol. KOH
(*Buu-Hoi, Royer*, R. **66** [1947] 533, 543).

Orangefarbene Kristalle, die unterhalb 320° nicht schmelzen.

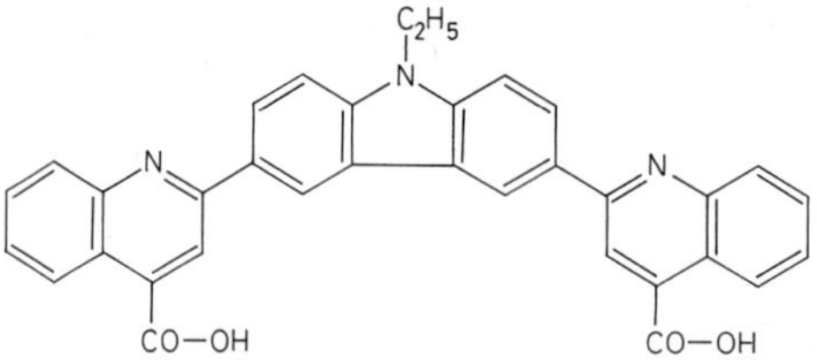

VII 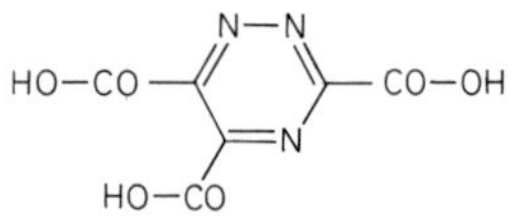   VIII

C. Tricarbonsäuren

Tricarbonsäuren $C_nH_{2n-9}N_3O_6$

[1,2,4]Triazin-3,5,6-tricarbonsäure $C_6H_3N_3O_6$, Formel VIII.

Trikalium-Salz K$_3$C$_6$N$_3$O$_6$. *B*. Aus dem Triäthylester [s. u.] mit Hilfe von äthanol. KOH

(*Rätz, Schroeder*, J. org. Chem. **23** [1958] 1931, 1934). – Gelbliche Kristalle (aus wss. A.), die unterhalb 300° nicht schmelzen.

Triäthylester $C_{12}H_{15}N_3O_6$. *B.* Aus Amino-hydrazono-essigsäure-äthylester und Dioxo-bernsteinsäure-diäthylester in Äthanol (*Rätz, Sch.*). – Orangegelbes Öl; Kp_3: 173°; Kp_1: 168 – 169°. n_D^{26}: 1,4949.

[1,3,5]Triazin-2,4,6-tricarbonsäure $C_6H_3N_3O_6$, Formel IX (X = OH) (H 300; E II 168).
B. Aus dem Trichlorid (s. u.) mit Hilfe von Ameisensäure (*Grundmann, Kober*, J. org. Chem. **21** [1956] 1392).
Feststoff; Zers. ab 160°; Verkohlung bis ca. 350° (*Gr., Ko.*).
Magnetische Susceptibilität von Komplex-Verbindungen mit Kupfer(2+), Mangan(2+), Eisen(2+), Kobalt(2+) und Nickel(2+): *Pascal, Lecuir*, C. r. **190** [1930] 784.

Trimethylester $C_9H_9N_3O_6$ (H 300). *B.* Aus dem Trichlorid (s. u.) und Methanol (*Gr., Ko.*). – Kristalle (aus Me.); F: 159,5 – 162° (*Gr., Ko.*).

Triäthylester $C_{12}H_{15}N_3O_6$ (H 300; E I 91; E II 168). Kristalle (aus A.); F: 168° (*Grundmann et al.*, A. **577** [1952] 77, 92).

Trichlorid $C_6Cl_3N_3O_3$; [1,3,5]Triazin-2,4,6-tricarbonylchlorid. *B.* Aus dem Trikalium-Salz der [1,3,5]Triazin-2,4,6-tricarbonsäure und $POCl_3$ (*Gr., Ko.*). – Kristalle; F: 54,5 – 56° [nach Destillation bei 114 – 115°/0,2 Torr]; D_4^{20}: 1,647 (*Gr., Ko.*).

[1,3,5]Triazin-2,4,6-tricarbonsäure-tris-[*N*-methyl-anilid] $C_{27}H_{24}N_6O_3$, Formel IX (X = N(CH_3)-C_6H_5).
B. Aus [1,3,5]Triazin-2,4,6-tricarbonylchlorid beim Behandeln mit *N*-Methyl-anilin und Pyridin in Äther (*Grundmann, Kober*, J. org. Chem. **21** [1956] 1392).
Kristalle (aus Me. oder wss. Acn.); F: 277 – 278°.

[1,3,5]Triazin-2,4,6-tris-thiocarbonsäure-tri-*S*-methylester $C_9H_9N_3O_3S_3$, Formel IX (X = S-CH_3).
B. Aus [1,3,5]Triazin-2,4,6-tricarbonylchlorid und Methanthiol in Äther bei −20° (*Grundmann, Kober*, J. org. Chem. **21** [1956] 1392).
Kristalle (aus PAe.+CHCl_3); F: 177 – 178°.

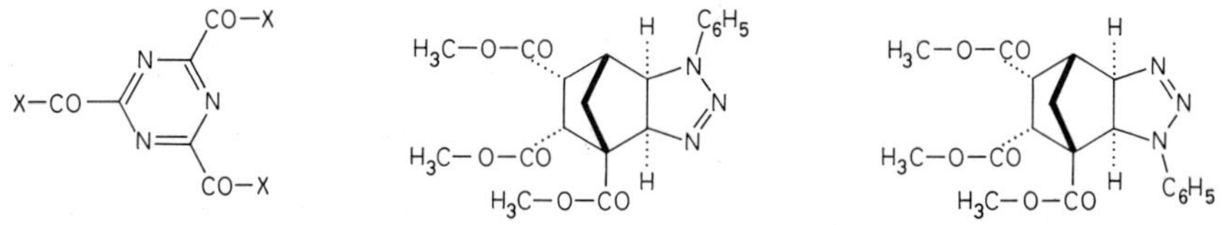

IX   X   XI

(±)-1(oder 3)-Phenyl-(3a*t*,7a*t*)-1(oder 3),3a,5,6,7,7a-hexahydro-4*r*,7*c*-methano-benzotriazol-4,5*t*,6*t*-tricarbonsäure-trimethylester $C_{19}H_{21}N_3O_6$, Formel X oder XI + Spiegelbilder.

a) Präparat vom F: 195°.
B. Neben dem unter b) beschriebenen Präparat aus (±)-Norborn-5-en-1,2*endo*,3*endo*-tricarbonsäure-trimethylester und Azidobenzol in Äthylacetat (*Alder et al.*, B. **87** [1954] 1752, 1758).
Kristalle (aus Me.); F: 195° [Zers.].

b) Präparat vom F: 149°.
B. s. unter a).
Kristalle (aus Me.); F: 148 – 149° [Zers.].
Überführung der unter a) und b) beschriebenen Präparate in zwei sog. „Amino-lactone" $C_{18}H_{19}NO_6$ (a) F: 177°; *N*-Acetyl-Derivat, F: 167°; b) F: 133°), die als (±)-5*exo*-Anilino-6*endo*-hydroxy-norbornan-1,2*endo*,3*endo*-tricarbonsäure-2-lacton-1,3-dimethylester oder als (±)-6*exo*-Anilino-5*endo*-hydroxy-norbornan-1,2*endo*,3*endo*-tricarbonsäure-3-lacton-1,2-dimethylester zu formulieren sind: *Al. et al.*

Tricarbonsäuren $C_nH_{2n-11}N_3O_6$

*Opt.-inakt. 3-[5-Äthoxycarbonyl-2,4-dimethyl-pyrrol-3-yl]-4,5-dihydro-3H-pyrazol-3,4-di⹀ carbonsäure-dimethylester $C_{16}H_{21}N_3O_6$, Formel I, oder (±)-4-[5-Äthoxycarbonyl-2,4-dimethyl-pyrrol-3-yl]-4,5-dihydro-1H-pyrazol-3,4-dicarbonsäure-dimethylester $C_{16}H_{21}N_3O_6$, Formel II.

B. Beim Behandeln [8 – 10 d] von [5-Äthoxycarbonyl-2,4-dimethyl-pyrrol-3-yl]-fumarsäure mit Diazomethan in Methanol und Äther (*Fischer, Staff,* Z. physiol. Chem. **234** [1935] 97, 119).
Kristalle (aus Me.); F: 126°.

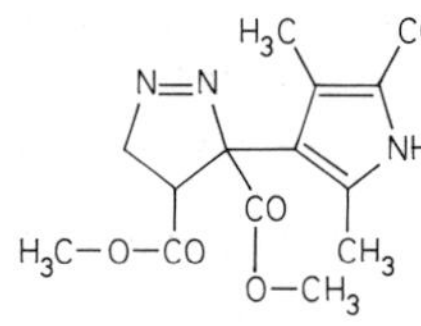

I 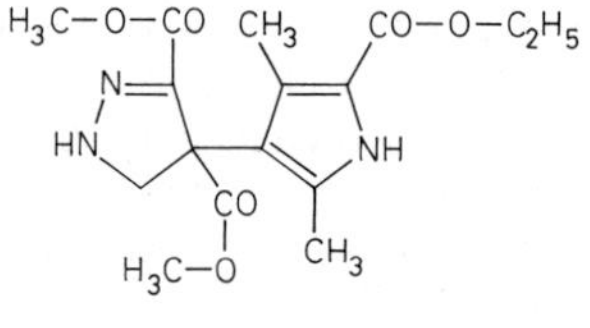   II

*Opt.-inakt. 4-[5-Äthoxycarbonyl-2,4-dimethyl-pyrrol-3-yl]-4,5-dihydro-1H-pyrazol-3,5-di⹀ carbonsäure-5(oder 3)-äthylester-3(oder 5)-methylester $C_{17}H_{23}N_3O_6$, Formel III (R = CH$_3$, R' = C$_2$H$_5$ oder R = C$_2$H$_5$, R' = CH$_3$) und Taut.

B. Aus 3-[5-Äthoxycarbonyl-2,4-dimethyl-pyrrol-3-yl]-acrylsäure-methylester (E III/IV **22** 1664) und Diazoessigsäure-äthylester (*Fischer, Staff,* Z. physiol. Chem. **234** [1935] 97, 121).
Kristalle (aus Me.); F: 143° [Zers.].

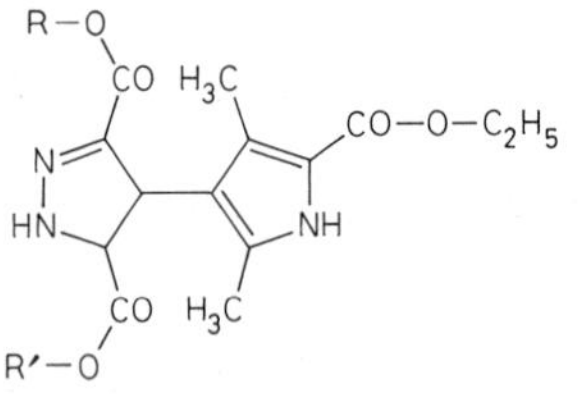

III 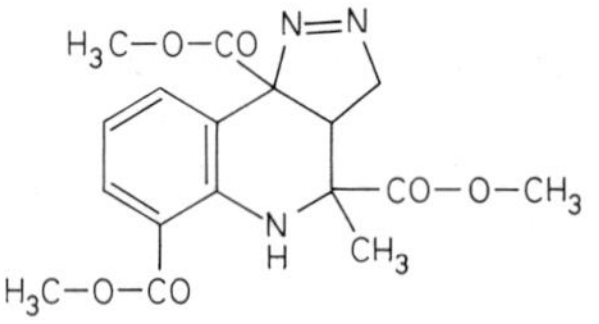   IV

Tricarbonsäuren $C_nH_{2n-15}N_3O_6$

*Opt.-inakt. 4-Methyl-3,3a,4,5-tetrahydro-pyrazolo[4,3-c]chinolin-4,6,9b-tricarbonsäure-trimethylester $C_{17}H_{19}N_3O_6$, Formel IV.

Diese Konstitution kommt der nachstehend beschriebenen, von *v. Euler et al.* (Ark. Kemi **5** [1953] 251, 255) als 4-Methyl-3,3a,4,5-tetrahydro-pyrazolo[3,4-c]chinolin-4,6,9b-tricarbonsäure-trimethylester angesehenen Verbindung $C_{17}H_{19}N_3O_6$ zu (*Eiter et al.,* A. **724** [1969] 143, 144).

B. Aus (±)-2-Methyl-1,2-dihydro-chinolin-2,4,8-tricarbonsäure oder 2-Methyl-1,2-dihydro-chinolin-2,4,8-tricarbonsäure-4,8-dimethylester(?) (s. E III/IV **22** 1792) und Diazomethan (*v. Euler, Hasselquist,* Ark. Kemi **5** [1953] 193, 195, 196; s. a. *v. Eu. et al.*).
Kristalle (aus CHCl$_3$ + PAe.); F: 131° [Zers.] (*v. Eu., Ha.*).

Tricarbonsäuren $C_nH_{2n-19}N_3O_6$

Tricarbonsäuren $C_{19}H_{19}N_3O_6$

Tris-[4-äthoxycarbonyl-5-methyl-pyrrol-2-yl]-methan, 2,2′,2″-Trimethyl-5,5′,5″-methantriyl-tris-pyrrol-3-carbonsäure-triäthylester $C_{25}H_{31}N_3O_6$, Formel V (R = H) (E II 169).

B. Aus 2-Methyl-pyrrol-3-carbonsäure-äthylester und Orthoameisensäure-triäthylester in Es⹀ sigsäure (*Treibs et al.,* A. **602** [1957] 153, 183).

Kristalle; F: 256°.

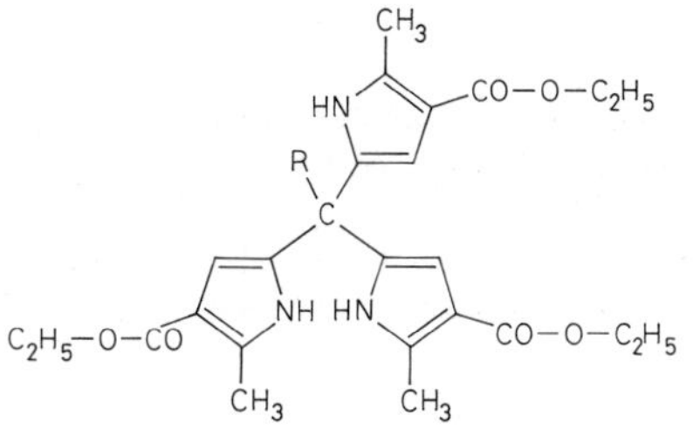

V 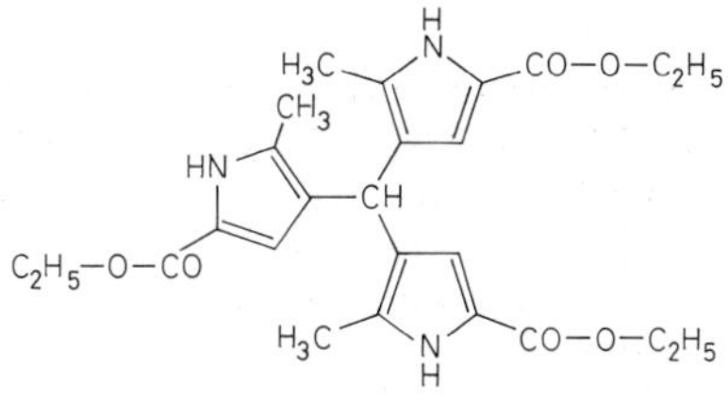   VI

Tris-[5-äthoxycarbonyl-2-methyl-pyrrol-3-yl]-methan, 5,5′,5″-Trimethyl-4,4′,4″-methantriyl-tris-pyrrol-2-carbonsäure-triäthylester $C_{25}H_{31}N_3O_6$, Formel VI.

B. Aus 4-Formyl-5-methyl-pyrrol-2-carbonsäure-äthylester und 5-Methyl-pyrrol-2-carbon≠säure-äthylester in wss.-äthanol. HCl (*Treibs et al.*, A. **602** [1957] 153, 181).

Kristalle (aus A.); F: 317°.

Tricarbonsäuren $C_{20}H_{21}N_3O_6$

1,1,1-Tris-[4-äthoxycarbonyl-5-methyl-pyrrol-2-yl]-äthan, 2,2′,2″-Trimethyl-5,5′,5″-äthan-1,1,1-triyl-tris-pyrrol-3-carbonsäure-triäthylester $C_{26}H_{33}N_3O_6$, Formel V (R = CH_3).

B. Neben 1,1-Bis-[4-äthoxycarbonyl-5-methyl-pyrrol-2-yl]-äthen beim Erwärmen von 2-Methyl-pyrrol-3-carbonsäure-äthylester mit Acetylchlorid (*Treibs, Reitsam*, A. **611** [1958] 194, 203). Beim Erwärmen von 1,1-Bis-[4-äthoxycarbonyl-5-methyl-pyrrol-2-yl]-äthen mit 2-Methyl-pyrrol-3-carbonsäure-äthylester, wss. Essigsäure und Natriumacetat in Äthanol (*Tr., Re.*, l. c. S. 204).

Dimorph; Kristalle (aus A.), F: 224° und Kristalle (aus A.), F: 259° [nach Erhitzen (1 h) der niedriger schmelzenden Modifikation auf 200° bzw. deren Schmelze auf 235−240°].

[5-Äthoxycarbonyl-2,4-dimethyl-pyrrol-3-yl]-bis-[4-äthoxycarbonyl-5-methyl-pyrrol-2-yl]-methan $C_{26}H_{33}N_3O_6$, Formel VII.

B. Aus [5-Äthoxycarbonyl-2,4-dimethyl-pyrrol-3-yliden]-bis-[4-äthoxycarbonyl-5-methyl-pyrrol-2-yl]-methan mit Hilfe von Zink und Essigsäure (*Treibs, Hintermeier*, A. **605** [1957] 35, 41).

Kristalle (aus A. + H_2O); F: 247°.

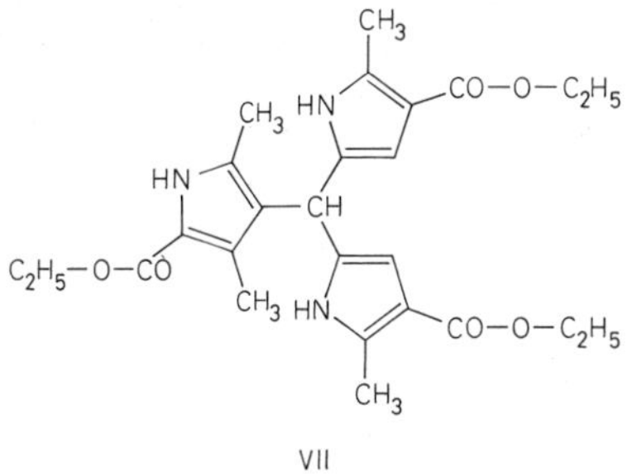

VII 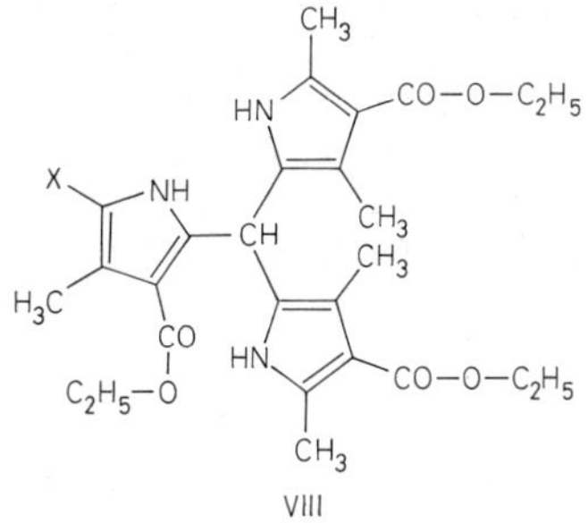   VIII

Tricarbonsäuren $C_{21}H_{23}N_3O_6$

Bis-[4-äthoxycarbonyl-3,5-dimethyl-pyrrol-2-yl]-[3-äthoxycarbonyl-4-methyl-pyrrol-2-yl]-methan, 4,2′,4′,2″,4″-Pentamethyl-2,5′,5″-methantriyl-tris-pyrrol-3-carbonsäure-triäthylester $C_{27}H_{35}N_3O_6$, Formel VIII (X = H).

B. Bei der Hydrierung von [3-Äthoxycarbonyl-5-brom-4-methyl-pyrrol-2-yl]-bis-[4-äthoxycar≠

bonyl-3,5-dimethyl-pyrrol-2-yl]-methan an Palladium in Methanol (*Corwin, Viohl,* Am. Soc. **66** [1944] 1137, 1145).
Kristalle (aus A.+H_2O); F: 224−225°.

[3-Äthoxycarbonyl-5-chlor-4-methyl-pyrrol-2-yl]-bis-[4-äthoxycarbonyl-3,5-dimethyl-pyrrol-2-yl]-methan, 5-Chlor-4,2′,4′,2′′,4′′-pentamethyl-2,5′,5′′-methantriyl-tris-pyrrol-3-carbonsäure-triäthylester $C_{27}H_{34}ClN_3O_6$, Formel VIII (X = Cl).
B. Aus [3-Äthoxycarbonyl-5-chlor-4-methyl-pyrrol-2-yliden]-[4-äthoxycarbonyl-3,5-dimethyl-pyrrol-2-yl]-methan und 2,4-Dimethyl-pyrrol-3-carbonsäure-äthylester (*Corwin, Doak,* Am. Soc. **77** [1955] 464, 469).
Kristalle (aus Me.); F: 231−232° [Zers.].

[3-Äthoxycarbonyl-5-brom-4-methyl-pyrrol-2-yl]-bis-[4-äthoxycarbonyl-3,5-dimethyl-pyrrol-2-yl]-methan, 5-Brom-4,2′,4′,2′′,4′′-pentamethyl-2,5′,5′′-methantriyl-tris-pyrrol-3-carbonsäure-triäthylester $C_{27}H_{34}BrN_3O_6$, Formel VIII (X = Br).
B. Analog der vorangehenden Verbindung (*Corwin, Viohl,* Am. Soc. **66** [1944] 1137, 1144).
Kristalle (aus A.+H_2O); F: 210° [Zers.].

Bis-[4-äthoxycarbonyl-3,5-dimethyl-pyrrol-2-yl]-[4-äthoxycarbonyl-3-methyl-pyrrol-2-yl]-methan, 2,4,2′,4′,4′′-Pentamethyl-5,5′,5′′-methantriyl-tris-pyrrol-3-carbonsäure-triäthylester $C_{27}H_{35}N_3O_6$, Formel IX (R = R′ = R′′ = H).
B. Aus [4-Äthoxycarbonyl-3,5-dimethyl-pyrrol-2-yl]-[4-äthoxycarbonyl-3-methyl-pyrrol-2-yliden]-methan und 2,4-Dimethyl-pyrrol-3-carbonsäure-äthylester (*Corwin, Viohl,* Am. Soc. **66** [1944] 1137, 1145).
Kristalle (aus A.+H_2O); F: 222°.

Tricarbonsäuren $C_{22}H_{25}N_3O_6$

Tris-[4-äthoxycarbonyl-3,5-dimethyl-pyrrol-2-yl]-methan, 2,4,2′,4′,2′′,4′′-Hexamethyl-5,5′,5′′-methantriyl-tris-pyrrol-3-carbonsäure-triäthylester $C_{28}H_{37}N_3O_6$, Formel IX (R = CH_3, R′ = R′′ = H).
Die Identität des früher (s. E II **26** 169) unter dieser Konstitution beschriebenen Präparats vom F: 194° ist ungewiss (*Treibs, Hintermeier,* A. **605** [1957] 35, 42).
B. Aus 2,4-Dimethyl-pyrrol-3-carbonsäure-äthylester und Orthoameisensäure-triäthylester in Essigsäure (*Treibs et al.,* A. **602** [1957] 153, 182). Aus [4-Äthoxycarbonyl-3,5-dimethyl-pyrrol-2-yl]-[4-äthoxycarbonyl-3,5-dimethyl-pyrrol-2-yliden]-methan und 2,4-Dimethyl-pyrrol-3-carbonsäure-äthylester (*Paden et al.,* Am. Soc. **62** [1940] 418, 423). Aus Bis-[4-äthoxycarbonyl-3,5-dimethyl-pyrrol-2-yl]-[4-äthoxycarbonyl-3,5-dimethyl-pyrrol-2-yliden]-methan mit Hilfe von Zink und Essigsäure (*Tr., Hi.*).
Kristalle; F: 265−267° [korr.; unter Dunkelfärbung; aus A.+H_2O] (*Tr., Hi.*), 232° [aus A.] (*Tr. et al.*), 220−225° [Zers.; nach Sintern bei 195°; aus A.+H_2O] (*Corwin, Andrews,* Am. Soc. **58** [1936] 1086, 1088).

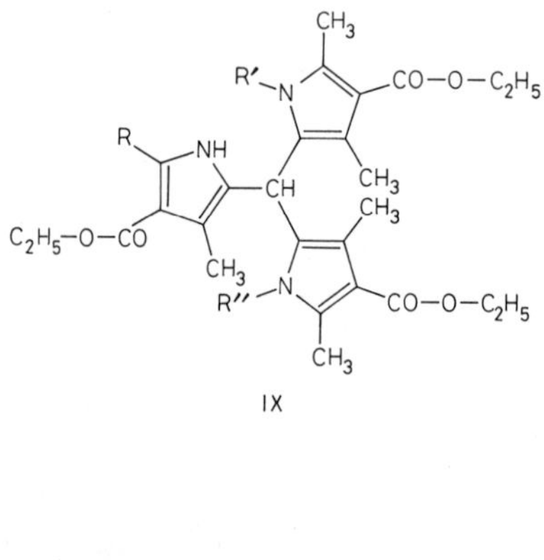

IX 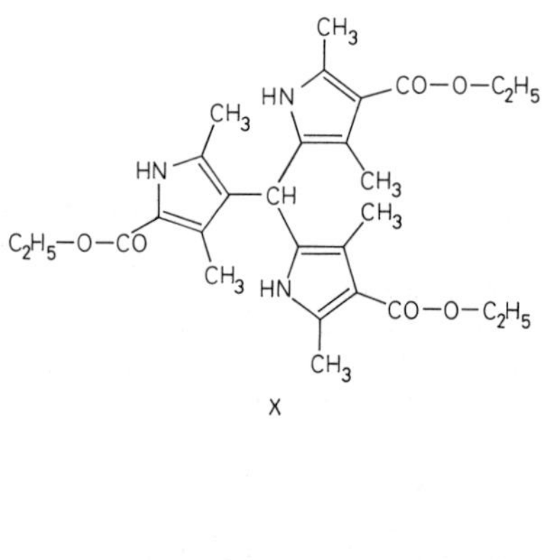   X

Bis-[4-äthoxycarbonyl-3,5-dimethyl-pyrrol-2-yl]-[4-äthoxycarbonyl-1,3,5-trimethyl-pyrrol-2-yl]-methan, 1,2,4,2',4',2'',4''-Heptamethyl-5,5',5''-methantriyl-tris-pyrrol-3-carbonsäure-triäthylester $C_{29}H_{39}N_3O_6$, Formel IX (R = R' = CH$_3$, R'' = H).

B. Aus 5-Formyl-1,2,4-trimethyl-pyrrol-3-carbonsäure-äthylester und 2,4-Dimethyl-pyrrol-3-carbonsäure-äthylester (*Corwin, Andrews*, Am. Soc. **58** [1936] 1086, 1089).

Kristalle (aus A. + H$_2$O); F: 177°.

[4-Äthoxycarbonyl-3,5-dimethyl-pyrrol-2-yl]-bis-[4-äthoxycarbonyl-1,3,5-trimethyl-pyrrol-2-yl]-methan, 1,2,4,1',2',4',2'',4''-Octamethyl-5,5',5''-methantriyl-tris-pyrrol-3-carbonsäure-triäthylester $C_{30}H_{41}N_3O_6$, Formel IX (R = R' = R'' = CH$_3$).

B. Beim Erhitzen von 5-Formyl-2,4-dimethyl-pyrrol-3-carbonsäure-äthylester mit 1,2,4-Tri= methyl-pyrrol-3-carbonsäure-äthylester auf 150° in Gegenwart von KHSO$_4$ (*Corwin, Andrews*, Am. Soc. **58** [1936] 1086, 1089).

Kristalle (aus A. + H$_2$O); F: 147−148°.

Bis-[4-äthoxycarbonyl-3,5-dimethyl-pyrrol-2-yl]-[5-äthoxycarbonyl-2,4-dimethyl-pyrrol-3-yl]-methan $C_{28}H_{37}N_3O_6$, Formel X (E II 169).

B. Aus 4-Formyl-3,5-dimethyl-pyrrol-2-carbonsäure-äthylester und 5-Jod-2,4-dimethyl-pyrr= ol-3-carbonsäure-äthylester (*Treibs, Kolm*, A. **614** [1958] 176, 184).

UV-Spektrum (CHCl$_3$; 220−350 nm): *Treibs et al.*, A. **602** [1957] 153, 174.

Tris-[5-äthoxycarbonyl-2,4-dimethyl-pyrrol-3-yl]-methan, 3,5,3',5',3'',5''-Hexamethyl-4,4',4''-methantriyl-tris-pyrrol-3-carbonsäure-triäthylester $C_{28}H_{37}N_3O_6$, Formel XI.

B. Aus 4-Formyl-3,5-dimethyl-pyrrol-2-carbonsäure-äthylester und 3,5-Dimethyl-pyrrol-2-carbonsäure-äthylester (*Fischer, Gademann*, A. **550** [1942] 196, 204; *Treibs et al.*, A. **602** [1957] 153, 180) oder 4-Jod-3,5-dimethyl-pyrrol-2-carbonsäure-äthylester (*Treibs, Kolm*, A. **614** [1958] 176, 184).

Kristalle; F: 246° (*Tr., Kolm*), 238° [aus A.] (*Tr. et al.*), 182° [aus A. + Acn.] (*Fi., Ga.*).

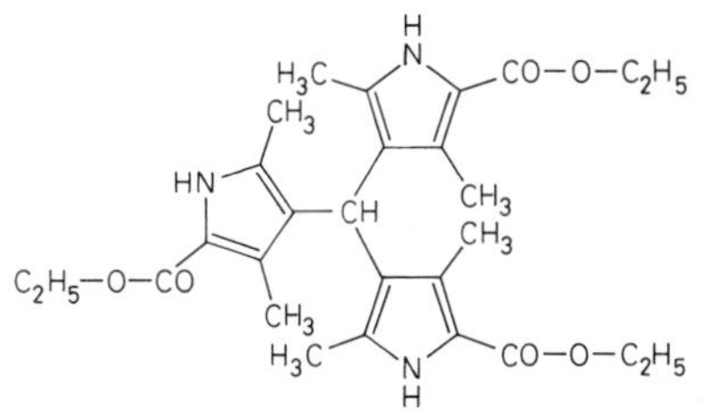

XI

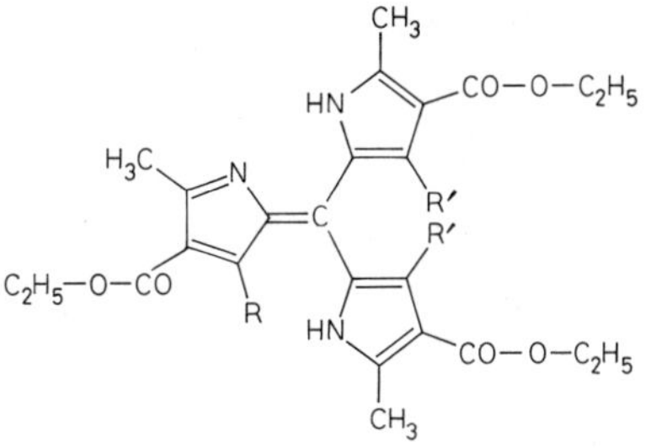

XII

Tricarbonsäuren $C_nH_{2n-21}N_3O_6$

Tricarbonsäuren $C_{19}H_{17}N_3O_6$

Bis-[4-äthoxycarbonyl-5-methyl-pyrrol-2-yl]-[4-äthoxycarbonyl-5-methyl-pyrrol-2-yliden]-methan, 2,2'-Dimethyl-5,5'-[4-äthoxycarbonyl-5-methyl-pyrrol-2-ylidenmethandiyl]-bis-pyrrol-3-carbon= säure-diäthylester $C_{25}H_{29}N_3O_6$, Formel XII (R = R' = H).

B. Aus Tris-[4-äthoxycarbonyl-5-methyl-pyrrol-2-yl]-methan mit Hilfe von KMnO$_4$ in wss. Aceton (*Castro et al.*, J. org. Chem. **24** [1959] 1437, 1439).

Rote Kristalle (aus A.); F: 227,5−229° [unkorr.; Zers.]. λ_{max}: 435−440 nm, 465−470 nm und 490 nm [Isopropylalkohol] bzw. 487 nm [Isopropylalkohol + HClO$_4$].

Tricarbonsäuren $C_{20}H_{19}N_3O_6$

[4-Äthoxycarbonyl-3,5-dimethyl-pyrrol-2-yliden]-bis-[4-äthoxycarbonyl-5-methyl-pyrrol-2-yl]-methan, 2,2'-Dimethyl-5,5'-[4-äthoxycarbonyl-3,5-dimethyl-pyrrol-2-ylidenmethandiyl]-bis-pyrrol-3-carbonsäure-diäthylester $C_{26}H_{31}N_3O_6$, Formel XII (R = CH_3, R' = H) und Taut.

B. Beim Erwärmen von 3,5-Dimethyl-pyrrol-2,4-dicarbonsäure-4-äthylester-2-*tert*-butylester mit 2-Methyl-pyrrol-3-carbonsäure-äthylester und $POCl_3$ in $CHCl_3$ (*Treibs, Hintermeier*, A. **605** [1957] 35, 42).

Rote Kristalle (aus A.); F: 196°.

[5-Äthoxycarbonyl-2,4-dimethyl-pyrrol-3-yliden]-bis-[4-äthoxycarbonyl-5-methyl-pyrrol-2-yl]-methan, 2,2'-Dimethyl-5,5'-[5-äthoxycarbonyl-2,4-dimethyl-pyrrol-3-ylidenmethandiyl]-bis-pyrrol-3-carbonsäure-diäthylester $C_{26}H_{31}N_3O_6$, Formel XIII (R = H) und Taut.

B. Beim Erwärmen von 3,5-Dimethyl-pyrrol-2,4-dicarbonsäure-2-äthylester-4-*tert*-butylester mit 2-Methyl-pyrrol-3-carbonsäure-äthylester und $POCl_3$ in $CHCl_3$ (*Treibs, Hintermeier*, A. **605** [1957] 35, 40).

Orangerote Kristalle (aus A. + H_2O); F: 216°.

Nickel(II)-Komplex. Dunkelrote, grün glänzende Kristalle; F: 353° [korr.]. λ_{max} ($CHCl_3$): 515,5 nm.

Picrat; [5-Äthoxycarbonyl-2,4-dimethyl-pyrrol-3-yl]-bis-[4-äthoxycarbonyl-5-methyl-pyrrol-2-yl]-methinium-picrat. Orangerote Kristalle (aus A.); F: 229−230°.

Tricarbonsäuren $C_{21}H_{21}N_3O_6$

Bis-[4-äthoxycarbonyl-3,5-dimethyl-pyrrol-2-yl]-[4-äthoxycarbonyl-5-methyl-pyrrol-2-yliden]-methan, 2,4,2',4'-Tetramethyl-5,5'-[4-äthoxycarbonyl-5-methyl-pyrrol-2-ylidenmethandiyl]-bis-pyrrol-3-carbonsäure-diäthylester $C_{27}H_{33}N_3O_6$, Formel XII (R = H, R' = CH_3) und Taut.

B. Beim Erwärmen von 2,4,2',4'-Tetramethyl-5,5'-carbonyl-bis-pyrrol-3-carbonsäure-äthyl≠ ester mit 2-Methyl-pyrrol-3-carbonsäure-äthylester und $POCl_3$ in $CHCl_3$ (*Treibs, Hintermeier*, A. **605** [1957] 35, 42).

Kristalle (aus A.); F: 193° (*Tr., Hi.*). Absorptionsspektrum ($CHCl_3$; 220−600 nm): *Treibs et al.*, A. **602** [1957] 153, 176.

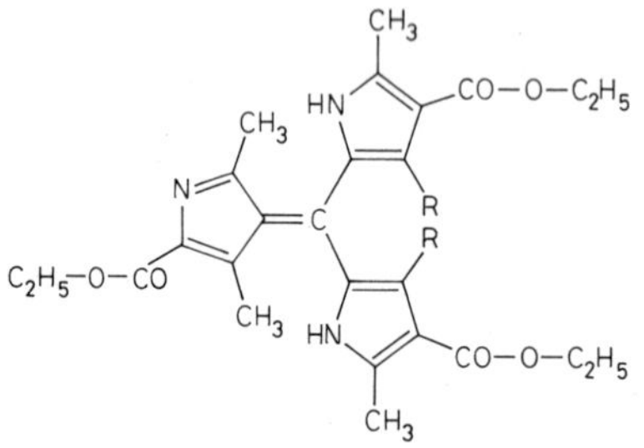

XIII 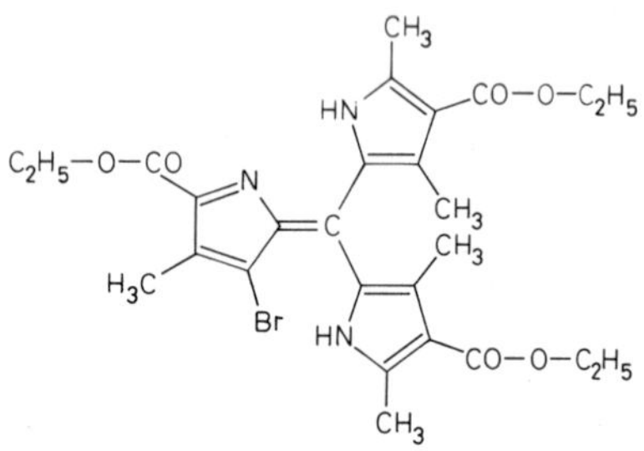   XIV

[5-Äthoxycarbonyl-3-brom-4-methyl-pyrrol-2-yliden]-bis-[4-äthoxycarbonyl-3,5-dimethyl-pyrrol-2-yl]-methan, 2,4,2',4'-Tetramethyl-5,5'-[5-äthoxycarbonyl-3-brom-4-methyl-pyrrol-2-yliden≠ methandiyl]-bis-pyrrol-3-carbonsäure-diäthylester $C_{27}H_{32}BrN_3O_6$, Formel XIV und Taut.

B. Aus [5-Äthoxycarbonyl-3-brom-4-methyl-pyrrol-2-yl]-bis-[4-äthoxycarbonyl-3,5-dimethyl-pyrrol-2-yl]-methan mit Hilfe von PbO_2 und Essigsäure (*Fischer, Gangl*, Z. physiol. Chem. **267** [1940/41] 201, 207).

Orangefarbene Kristalle (aus A.); F: 216° (*Fi., Ga.*). Absorptionsspektrum (saure sowie alkal. äthanol. Lösung; 400−600 nm): *Hubbard, Rimington*, Biochem. J. **46** [1950] 220, 222.

Perchlorat $C_{27}H_{32}BrN_3O_6 \cdot HClO_4$; [5-Äthoxycarbonyl-3-brom-4-methyl-pyrrol-2-yl]-bis-[4-äthoxycarbonyl-3,5-dimethyl-pyrrol-2-yl]-methinium-perchlorat.

Rote, grün glänzende Kristalle (aus $CHCl_3$ + Ae.); Zers. bei 180° [unscharf] (*Fi., Ga.*).

5′-[4-Äthoxycarbonyl-3,5-dimethyl-pyrrol-2-ylmethylen]-3,5,3′-trimethyl-1H,5′H-[2,2′]bipyrrolyl-4,4′-dicarbonsäure-diäthylester $C_{27}H_{33}N_3O_6$, Formel I und Taut.

Diese Konstitution kommt dem von *Treibs, Bader* (A. **627** [1959] 182, 187, 194) als 2-[4-Äthoxycarbonyl-3,5-dimethyl-pyrrol-2-ylmethylen]-5-[3-äthoxycarbonyl-4-methyl-pyrrol-2-ylidenmethyl]-4-methyl-2H-pyrrol-3-carbonsäure-äthylester (1,3,8,13-Tetramethyl-15H-tripyrrin-2,7,12-tricarbonsäure-triäthylester $C_{27}H_{31}N_3O_6$) angesehenen „Tripyrren" zu (*Treibs, Grimm*, A. **1978** 2024).

B. Aus dem Hydrobromid [s. u.] (*Tr., Ba.*).

Rote Kristalle; F: 115−117° (*Tr., Ba.*).

Hydrobromid $C_{27}H_{33}N_3O_6 \cdot$ HBr; [4-Äthoxycarbonyl-3,5-dimethyl-pyrrol-2-yl]-[4,4′-bis-äthoxycarbonyl-3,3′,5′-trimethyl-[2,2′]bipyrrolyl-5-yl]-methinium-bromid. B. Neben Bis-[4-äthoxycarbonyl-3,5-dimethyl-pyrrol-2-yl]-methinium-bromid beim Behandeln von 2,4-Dimethyl-pyrrol-3-carbonsäure-äthylester mit Brom in Essigsäure (*Tr., Ba.*). − Blaue, grün glänzende Kristalle (aus $CHCl_3$ + Ae.); F: 200−201° [Zers.] (*Tr., Ba.*).

I　　　　　　　　　　　　　　　　II

2,6,10-Trimethyl-1,4,5,8,9,12-hexahydro-cyclonona[1,2-b;4,5-b′;7,8-b″]tripyrrol-3,7,11-tricarbonsäure-triäthylester $C_{27}H_{33}N_3O_6$, Formel II.

Diese Konstitution kommt der früher (s. E II **25** 173; s. a. E II **22** 163) sowie von *Treibs, Kolm* (A. **614** [1958] 199, 203) als 2,6-Dimethyl-1,4,7,8-tetrahydro-pyrrolo[3,2-f]indol-3,5-dicarbonsäure-diäthylester angesehenen Verbindung zu (*Treibs et al.*, A. **733** [1970] 37, 38). Entsprechend ist wahrscheinlich die von *Strain* (A. **499** [1932] 40, 44) als 2,6-Dimethyl-1,4,7,8-tetrahydro-pyrrolo[3,2-f]indol-3,5-dicarbonitril („5,5′-Dimethyl-4,4′-dicyan-pyranthracen"; F: > 360°) angesehene Verbindung als 2,6,10-Trimethyl-1,4,5,8,9,12-hexahydro-cyclonona[1,2-b;4,5-b′;7,8-b″]tripyrrol-3,7,11-tricarbonitril $C_{21}H_{18}N_6$ zu formulieren.

B. Aus 2-Methyl-pyrrol-3-carbonsäure-äthylester oder Bis-[4-äthoxycarbonyl-5-methyl-pyrrol-2-yl]-phenyl-methan oder aus 1,1-Bis-[4-äthoxycarbonyl-5-methyl-pyrrol-2-yl]-äthan und wss. Formaldehyd in Essigsäure (*Tr., Kolm*).

Kristalle; F: 336° [Sublimation ab 310°] (*Tr., Kolm*).

Tricarbonsäuren $C_{22}H_{23}N_3O_6$

Bis-[4-äthoxycarbonyl-3,5-dimethyl-pyrrol-2-yl]-[4-äthoxycarbonyl-3,5-dimethyl-pyrrol-2-yliden]-methan, 2,4,2′,4′-Tetramethyl-5,5′-[4-äthoxycarbonyl-3,5-dimethyl-pyrrol-2-ylidenmethandiyl]-bis-pyrrol-3-carbonsäure-diäthylester $C_{28}H_{35}N_3O_6$, Formel XII (R = R′ = CH_3) auf S. 989.

B. Beim Erwärmen von 3,5-Dimethyl-pyrrol-2,4-dicarbonsäure-4-äthylester-2-*tert*-butylester oder von 2,4,2′,4′-Tetramethyl-5,5′-carbonyl-bis-pyrrol-3-carbonsäure-diäthylester mit 2,4-Dimethyl-pyrrol-3-carbonsäure-äthylester und $POCl_3$ in $CHCl_3$ (*Treibs, Hintermeier*, A. **605** [1957] 35, 41). Aus Tris-[4-äthoxycarbonyl-3,5-dimethyl-pyrrol-2-yl]-methan mit Hilfe von $KMnO_4$ in wss. Aceton (*Castro et al.*, J. org. Chem. **24** [1959] 1437, 1439).

Orangerote Kristalle; F: 219° [aus A. + H_2O] (*Tr., Hi.*), 210,7−211,6° [unkorr.; Zers.; auf 195−196° vorgeheizter App.; aus A.] (*Ca. et al.*). λ_{max}: 224 nm und 486 nm [Isopropylalkohol] bzw. 497 nm [Isopropylalkohol + $HClO_4$] (*Ca. et al.*).

Bis-[4-äthoxycarbonyl-3,5-dimethyl-pyrrol-2-yl]-[5-äthoxycarbonyl-2,4-dimethyl-pyrrol-3-yliden]-methan, 2,4,2′,4′-Tetramethyl-5,5′-[5-äthoxycarbonyl-2,4-dimethyl-pyrrol-3-ylidenmethandiyl]-bis-pyrrol-3-carbonsäure-diäthylester $C_{28}H_{35}N_3O_6$, Formel XIII (R = CH_3) auf S. 990 und Taut.

B. Beim Erwärmen von 3,5-Dimethyl-pyrrol-2,4-dicarbonsäure-2-äthylester-4-*tert*-butylester mit 2,4-Dimethyl-pyrrol-3-carbonsäure-äthylester und $POCl_3$ in $CHCl_3$ (*Treibs, Hintermeier, A.* **605** [1957] 35, 40).

Gelbbraune Kristalle (aus A.); F: 178° (*Tr., Hi.*). Absorptionsspektrum ($CHCl_3$; 220 – 600 nm): *Treibs et al., A.* **602** [1957] 153, 176.

H y d r o c h l o r i d $C_{28}H_{35}N_3O_6 \cdot HCl$; Bis-[4-äthoxycarbonyl-3,5-dimethyl-pyrrol-2-yl]-[5-äthoxycarbonyl-2,4-dimethyl-pyrrol-3-yl]-methinium-chlorid. Dunkelrote Kristalle (aus $CHCl_3$ + Ae.); F: 231° [Zers.] (*Tr., Hi.*).

K u p f e r(II) - K o m p l e x. Grün glänzende Kristalle; F: 265°; λ_{max} ($CHCl_3$): 507 nm (*Tr., Hi.*).

Z i n k - K o m p l e x $Zn(C_{28}H_{34}N_3O_6)_2$. Orangerote Kristalle; F: 318° [korr.]; λ_{max} ($CHCl_3$): 499,5 nm (*Tr., Hi.*).

N i c k e l(II) - K o m p l e x $Ni(C_{28}H_{34}N_3O_6)_2$. Grün glänzende Kristalle; F: 337° [korr.]; λ_{max} ($CHCl_3$): 512 nm (*Tr., Hi.*).

P i c r a t $C_{28}H_{35}N_3O_6 \cdot C_6H_3N_3O_7$. Orangerote Kristalle (aus A. + H_2O); F: ca. 210° (*Tr., Hi.*).

Tricarbonsäuren $C_{23}H_{25}N_3O_6$

Tris-[3-äthoxycarbonyl-4,5-dimethyl-pyrrol-2-yl]-äthen, 4,5,4′,5′,4″,5″-Hexamethyl-2,2′,2″-äthentriyl-tris-pyrrol-3-carbonsäure-triäthylester $C_{29}H_{37}N_3O_6$, Formel III und Taut.

Diese Konstitution kommt auch der früher (s. E II **26** 339) als Tetrakis-[3-äthoxycarbonyl-4,5-dimethyl-pyrrol-2-yl]-äthen angesehenen Verbindung zu (*Treibs, Reitsam,* B. **90** [1957] 777, 781, 785).

B. Beim Erwärmen von 4,5-Dimethyl-pyrrol-3-carbonsäure-äthylester mit Glyoxal und konz. HBr in Äthanol (*Tr., Re.,* l. c. S. 786). Aus 1,1,2,2-Tetrakis-[3-äthoxycarbonyl-4,5-dimethyl-pyrrol-2-yl]-äthan beim Erwärmen mit äthanol. HBr sowie beim Erwärmen mit $AlCl_3$ in CS_2 (*Tr., Re.*).

Gelbe Kristalle (aus A.); F: 230°.

III   IV

Tris-[4-äthoxycarbonyl-3,5-dimethyl-pyrrol-2-yl]-äthen, 2,4,2′,4′,2″,4″-Hexamethyl-5,5′,5″-äthentriyl-tris-pyrrol-3-carbonsäure-triäthylester $C_{29}H_{37}N_3O_6$, Formel IV und Taut.

B. Beim Erwärmen von 1,1,2,2-Tetrakis-[4-äthoxycarbonyl-3,5-dimethyl-pyrrol-2-yl]-äthan mit äthanol. HBr unter Stickstoff (*Treibs, Reitsam,* B. **90** [1957] 777, 784).

Kristalle (aus $CHCl_3$ + PAe.); F: 245°.

*Bis-[4-äthoxycarbonyl-3,5-dimethyl-pyrrol-2-yl]-[3-(2-brom-vinyl)-5-carboxy-4-methyl-pyrrol-2-yl]-methan, 5-[Bis-(4-äthoxycarbonyl-3,5-dimethyl-pyrrol-2-yl)-methyl]-4-[2-brom-vinyl]-3-methyl-pyrrol-2-carbonsäure $C_{27}H_{32}BrN_3O_6$, Formel V.

B. Aus 4-[2-Brom-vinyl]-5-formyl-3-methyl-pyrrol-2-carbonsäure (F: 238°) und 2,4-Dimethyl-pyrrol-3-carbonsäure-äthylester (*Fischer, Strobel,* A. **531** [1937] 251, 258).

Kristalle (aus Acn. + H_2O); Zers. bei 187°.

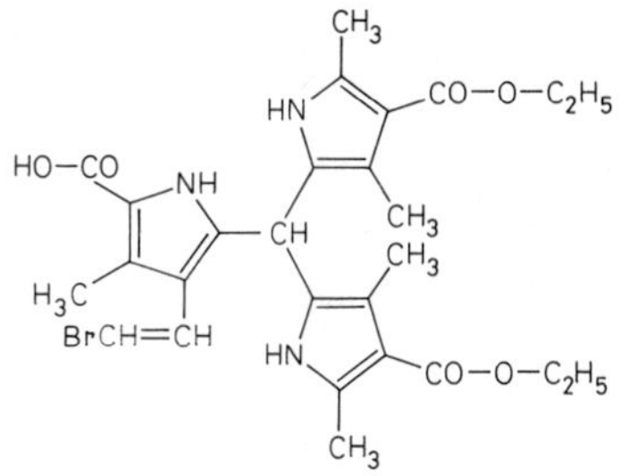

Tricarbonsäuren $C_{27}H_{33}N_3O_6$

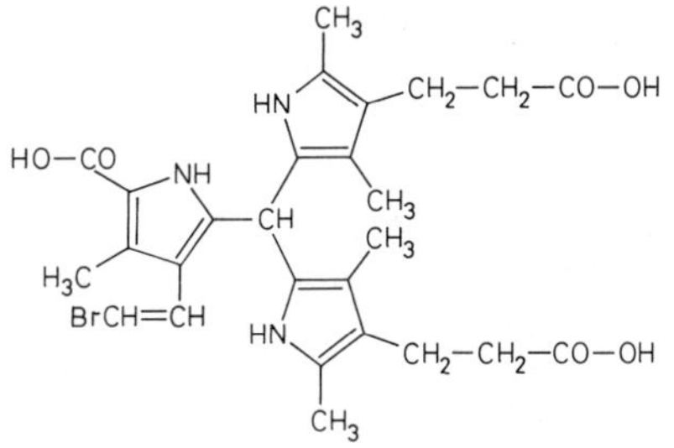

*5-{Bis-[4-(2-carboxy-äthyl)-3,5-dimethyl-pyrrol-2-yl]-methyl}-4-[2-brom-vinyl]-3-methyl-pyrrol-2-carbonsäure $C_{27}H_{32}BrN_3O_6$, Formel VI.

B. Analog der vorangehenden Verbindung (*Fischer, Strobel*, A. **531** [1937] 251, 256).
Kristalle (aus Acn. + H_2O) mit 0,5 Mol Aceton; Zers. bei 198°.

Tricarbonsäuren $C_nH_{2n-23}N_3O_6$

Tricarbonsäuren $C_{22}H_{21}N_3O_6$

3-[4-Äthoxycarbonyl-3,5-dimethyl-pyrrol-2-yliden]-1,1-bis-[4-äthoxycarbonyl-5-methyl-pyrrol-2-yl]-propen, 2,2'-Dimethyl-5,5'-[3-(4-äthoxycarbonyl-3,5-dimethyl-pyrrol-2-yliden)-propenyliden]-bis-pyrrol-3-carbonsäure-diäthylester $C_{28}H_{33}N_3O_6$, Formel VII (R = H) und Taut.

Hydrochlorid $C_{28}H_{33}N_3O_6 \cdot HCl$; 3-[4-Äthoxycarbonyl-3,5-dimethyl-pyrrol-2-yl]-1,1-bis-[4-äthoxycarbonyl-5-methyl-pyrrol-2-yl]-trimethinium-chlorid. B.
Aus 2-Methyl-pyrrol-3-carbonsäure-äthylester bei aufeinanderfolgender Umsetzung mit Acetyl≠chlorid und 5-Formyl-2,4-dimethyl-pyrrol-3-carbonsäure-äthylester (*Treibs, Hintermeier*, A. **592** [1955] 11, 21). — Schwarze, grün glänzende Kristalle; F: 197°. λ_{max} ($CHCl_3$): 568 nm und 610 nm.

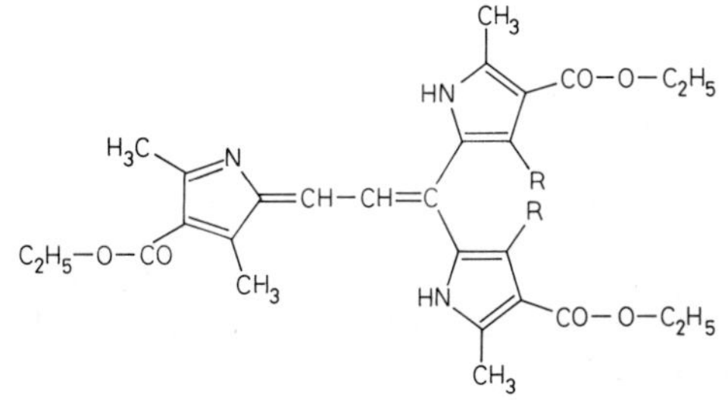

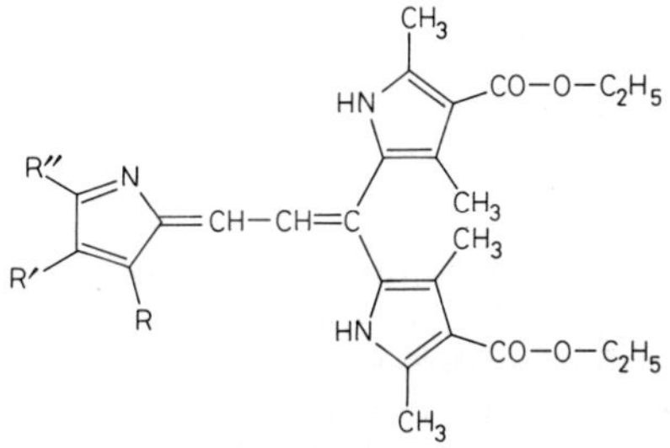

Tricarbonsäuren $C_{23}H_{33}N_3O_6$

1,1-Bis-[4-äthoxycarbonyl-3,5-dimethyl-pyrrol-2-yl]-3-[3(oder 4)-äthoxycarbonyl-4(oder 3)-methyl-pyrrol-2-yliden]-propen, 2,4,2',4'-Tetramethyl-5,5'-[3-(3(oder 4)-äthoxycarbonyl-4(oder 3)-methyl-pyrrol-2-yliden)-propenyliden]-bis-pyrrol-3-carbonsäure-diäthylester $C_{29}H_{35}N_3O_6$,
Formel VIII (R = CO-O-C_2H_5, R' = CH_3, R'' = H oder R = CH_3, R' = CO-O-C_2H_5,
R'' = H) und Taut.

Hydrobromid $C_{29}H_{35}N_3O_6 \cdot HBr$; 1,1-Bis-[4-äthoxycarbonyl-3,5-dimethyl-pyrr≠

ol-2-yl]-3-[3(oder 4)-äthoxycarbonyl-4(oder 3)-methyl-pyrrol-2-yl]-trimethin⹋
ium-bromid. *B.* Beim Behandeln von 3,3-Bis-[4-äthoxycarbonyl-3,5-dimethyl-pyrrol-2-yl]-
acrylaldehyd mit 4-Methyl-pyrrol-3-carbonsäure-äthylester und wenig konz. wss. HBr in Äth⹋
anol (*Treibs, Seifert,* A. **612** [1958] 242, 260). — Dunkelgrüne Kristalle (aus $CHCl_3$ + Ae.);
F: 200–202°. λ_{max} ($CHCl_3$): 597 nm.

Die folgenden Verbindungen sind in analoger Weise hergestellt worden:

1,1-Bis-[4-äthoxycarbonyl-3,5-dimethyl-pyrrol-2-yl]-3-[4-äthoxycarbonyl-5-
methyl-pyrrol-2-yliden]-propen, 2,4,2′,4′-Tetramethyl-5,5′-[3-(4-äthoxycarbonyl-
5-methyl-pyrrol-2-yliden)-propenyliden]-bis-pyrrol-3-carbonsäure-diäthyl⹋
ester $C_{29}H_{35}N_3O_6$, Formel VIII ($R = H$, $R' = CO-O-C_2H_5$, $R'' = CH_3$) und Taut. Hydro⹋
chlorid $C_{29}H_{35}N_3O_6 \cdot HCl$; 1,1-Bis-[4-äthoxycarbonyl-3,5-dimethyl-pyrrol-2-yl]-
3-[4-äthoxycarbonyl-5-methyl-pyrrol-2-yl]-trimethinium-chlorid. λ_{max} ($CHCl_3$):
609 nm (*Tr., Se.,* l. c. S. 250).

1-[4-Äthoxycarbonyl-3,5-dimethyl-pyrrol-2-yl]-1-[5-äthoxycarbonyl-2,4-di⹋
methyl-pyrrol-3-yl]-3-[3(oder 4)-äthoxycarbonyl-4(oder 3)-methyl-pyrrol-2-yl⹋
iden]-propen $C_{29}H_{35}N_3O_6$, Formel IX ($R = CO-O-C_2H_5$, $R' = CH_3$, $R'' = H$ oder
$R = CH_3$, $R' = CO-O-C_2H_5$, $R'' = H$) und Taut. Hydrochlorid $C_{29}H_{35}N_3O_6 \cdot HCl$;
1-[4-Äthoxycarbonyl-3,5-dimethyl-pyrrol-2-yl]-1-[5-äthoxycarbonyl-2,4-di⹋
methyl-pyrrol-3-yl]-3-[3(oder 4)-äthoxycarbonyl-4(oder 3)-methyl-pyrrol-2-yl]-
trimethinium-chlorid. λ_{max} ($CHCl_3$): 591 nm (*Tr., Se.,* l. c. S. 251).

1-[4-Äthoxycarbonyl-3,5-dimethyl-pyrrol-2-yl]-1-[5-äthoxycarbonyl-2,4-di⹋
methyl-pyrrol-3-yl]-3-[4-äthoxycarbonyl-5-methyl-pyrrol-2-yliden]-propen
$C_{29}H_{35}N_3O_6$, Formel IX ($R = H$, $R' = CO-O-C_2H_5$, $R'' = CH_3$) und Taut. Hydrochlorid
$C_{29}H_{35}N_3O_6 \cdot HCl$; 1-[4-Äthoxycarbonyl-3,5-dimethyl-pyrrol-2-yl]-1-[5-äthoxycar⹋
bonyl-2,4-dimethyl-pyrrol-3-yl]-3-[4-äthoxycarbonyl-5-methyl-pyrrol-2-yl]-tri⹋
methinium-chlorid. λ_{max} ($CHCl_3$): 597 nm.

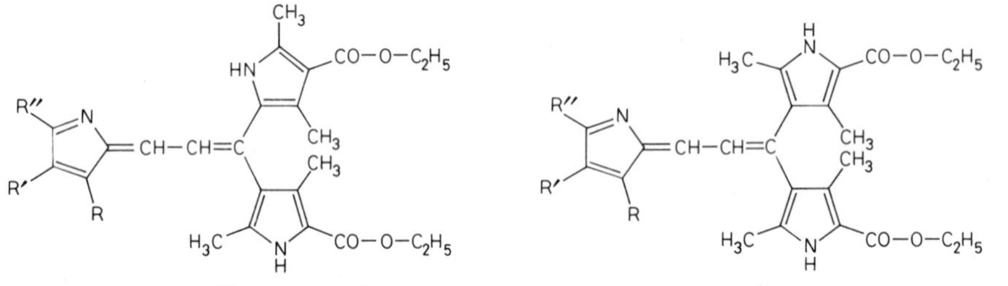

IX   X

1,1-Bis-[5-äthoxycarbonyl-2,4-dimethyl-pyrrol-3-yl]-3-[3(oder 4)-äthoxycar⹋
bonyl-4(oder 3)-methyl-pyrrol-2-yliden]-propen, 3,5,3′,5′-Tetramethyl-4,4′-[3-
(3(oder 4)-äthoxycarbonyl-4(oder 3)-methyl-pyrrol-2-yliden)-propenyliden]-bis-
pyrrol-2-carbonsäure-diäthylester $C_{29}H_{35}N_3O_6$, Formel X ($R = CO-O-C_2H_5$,
$R' = CH_3$, $R'' = H$ oder $R = CH_3$, $R' = CO-O-C_2H_5$, $R'' = H$) und Taut. Hydrochlorid
$C_{29}H_{35}N_3O_6 \cdot HCl$; 1,1-Bis-[5-äthoxycarbonyl-2,4-dimethyl-pyrrol-3-yl]-3-[3(oder
4)-äthoxycarbonyl-4(oder 3)-methyl-pyrrol-2-yl]-trimethinium-chlorid. λ_{max}
($CHCl_3$): 570 nm.

1,1-Bis-[5-äthoxycarbonyl-2,4-dimethyl-pyrrol-3-yl]-3-[4-äthoxycarbonyl-5-
methyl-pyrrol-2-yliden]-propen, 3,5,3′,5′-Tetramethyl-4,4′-[3-(4-äthoxycarbonyl-
5-methyl-pyrrol-2-yliden)-propenyliden]-bis-pyrrol-2-carbonsäure-diäthyl⹋
ester $C_{29}H_{35}N_3O_6$, Formel X ($R = H$, $R' = CO-O-C_2H_5$, $R'' = CH_3$) und Taut. Hydro⹋
chlorid $C_{29}H_{35}N_3O_6 \cdot HCl$; 1,1-Bis-[5-äthoxycarbonyl-2,4-dimethyl-pyrrol-3-yl]-
3-[4-äthoxycarbonyl-5-methyl-pyrrol-2-yl]-trimethinium-chlorid. λ_{max} ($CHCl_3$):
578 nm.

Tricarbonsäuren $C_{24}H_{25}N_3O_6$

2,4-Bis-[4-äthoxycarbonyl-3,5-dimethyl-pyrrol-2-yl]-4-[2,4-dimethyl-pyrrol-3-yliden]-crotonsäure-äthylester $C_{30}H_{37}N_3O_6$, Formel XI und Taut.

Hydrobromid $C_{30}H_{37}N_3O_6 \cdot HBr$; 1-Äthoxycarbonyl-1,3-bis-[4-äthoxycarbonyl-3,5-dimethyl-pyrrol-2-yl]-3-[2,4-dimethyl-pyrrol-3-yl]-trimethinium-bromid. *B.* Aus 4-[2,4-Dimethyl-pyrrol-3-yl]-2,4-dioxo-buttersäure-äthylester beim Erwärmen mit 2,4-Dimethyl-pyrrol-3-carbonsäure-äthylester und konz. wss. HBr in Äthanol (*Treibs, Herrmann,* A. **592** [1955] 1, 10). — Blaue Kristalle. λ_{max}: 601 nm.

1,1-Bis-[4-äthoxycarbonyl-3,5-dimethyl-pyrrol-2-yl]-3-[4-äthoxycarbonyl-3,5-dimethyl-pyrrol-2-yliden]-propen $C_{30}H_{37}N_3O_6$, Formel VII (R = CH_3) und Taut.

Hydrobromid $C_{30}H_{37}N_3O_6 \cdot HBr$; 1,1,3-Tris-[4-äthoxycarbonyl-3,5-dimethyl-pyrrol-2-yl]-trimethinium-bromid. *B.* Aus 2,4,2',4'-Tetramethyl-5,5'-vinyliden-bis-pyrrol-3-carbonsäure-diäthylester, 5-Formyl-2,4-dimethyl-pyrrol-3-carbonsäure-äthylester und konz. wss. HBr (*Treibs, Seifert,* A. **612** [1958] 242, 254). Aus 3,3-Bis-[4-äthoxycarbonyl-3,5-dimethyl-pyrrol-2-yl]-acrylaldehyd, 2,4-Dimethyl-pyrrol-3-carbonsäure-äthylester und konz. wss. HBr (*Tr., Se.,* l. c. S. 260). Aus Diäthyl-[3,3-bis-(4-äthoxycarbonyl-3,5-dimethyl-pyrrol-2-yl)-allyl]-methyl-ammonium-jodid bei aufeinanderfolgender Umsetzung mit 2,4-Dimethyl-pyrrol-3-carbonsäure-äthylester und HBr (*Treibs, Reitsam,* A. **611** [1958] 205, 219). — Schwarze, grün glänzende Kristalle; F: 222° [aus $CHCl_3$ + Ae.] (*Tr., Se.*), 220° (*Tr., Re.*). λ_{max} ($CHCl_3$): 613 nm (*Tr., Se.,* l. c. S. 250, 260).

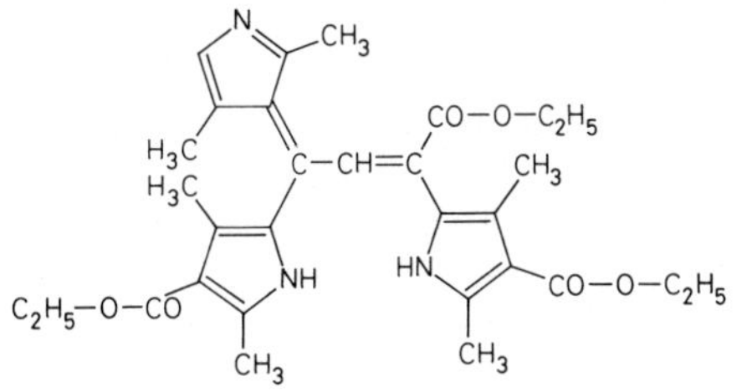

XI 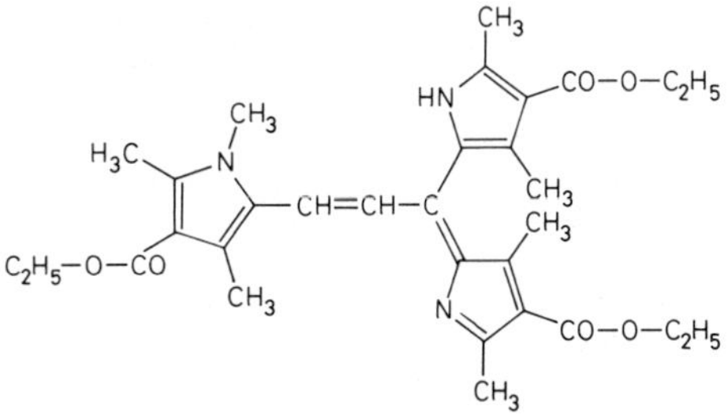   XII

3-[4-Äthoxycarbonyl-3,5-dimethyl-pyrrol-2-yl]-3-[4-äthoxycarbonyl-3,5-dimethyl-pyrrol-2-yliden]-1-[4-äthoxycarbonyl-1,3,5-trimethyl-pyrrol-2-yl]-propen $C_{31}H_{39}N_3O_6$, Formel XII.

Hydrochlorid $C_{31}H_{39}N_3O_6 \cdot HCl$; 1,1-Bis-[4-äthoxycarbonyl-3,5-dimethyl-pyrrol-2-yl]-3-[4-äthoxycarbonyl-1,3,5-trimethyl-pyrrol-2-yl]-trimethinium-chlorid. *B.* Beim Behandeln von 3,3-Bis-[4-äthoxycarbonyl-3,5-dimethyl-pyrrol-2-yl]-acrylaldehyd mit 1,2,4-Trimethyl-pyrrol-3-carbonsäure-äthylester und konz. wss. HCl in Äthanol (*Treibs, Seifert,* A. **612** [1958] 242, 251). — λ_{max} ($CHCl_3$): 596 nm.

Die folgenden Verbindungen sind in analoger Weise hergestellt worden:

1,1-Bis-[4-äthoxycarbonyl-3,5-dimethyl-pyrrol-2-yl]-3-[4-äthoxycarbonyl-2,5-dimethyl-pyrrol-3-yliden]-propen, 2,4,2',4'-Tetramethyl-5,5'-[3-(4-äthoxycarbonyl-2,5-dimethyl-pyrrol-3-yliden)-propenyliden]-bis-pyrrol-3-carbonsäure-diäthylester $C_{30}H_{37}N_3O_6$, Formel XIII (R = CO-O-C_2H_5, R' = CH_3) und Taut. Hydrochlorid $C_{30}H_{37}N_3O_6 \cdot HCl$; 1,1-Bis-[4-äthoxycarbonyl-3,5-dimethyl-pyrrol-2-yl]-3-[4-äthoxycarbonyl-2,5-dimethyl-pyrrol-3-yl]-trimethinium-chlorid. λ_{max} ($CHCl_3$): 584 nm.

1,1-Bis-[4-äthoxycarbonyl-3,5-dimethyl-pyrrol-2-yl]-3-[5-äthoxycarbonyl-2,4-dimethyl-pyrrol-3-yliden]-propen, 2,4,2',4'-Tetramethyl-5,5'-[3-(5-äthoxycarbonyl-2,4-dimethyl-pyrrol-3-yliden)-propenyliden]-bis-pyrrol-3-carbonsäure-diäthylester $C_{30}H_{37}N_3O_6$, Formel XIII (R = CH_3, R' = CO-O-C_2H_5) und Taut. Hydrobromid $C_{30}H_{37}N_3O_6 \cdot HBr$; 1,1-Bis-[4-äthoxycarbonyl-3,5-dimethyl-pyrrol-2-yl]-3-[5-äthoxycarbonyl-2,4-dimethyl-pyrrol-3-yl]-trimethinium-bromid. Kristalle (aus $CHCl_3 + Ae.$); F: 193–194° (*Tr., Se.,* l. c. S. 260). λ_{max} ($CHCl_3$): 561 nm.

1,3-Bis-[4-äthoxycarbonyl-3,5-dimethyl-pyrrol-2-yl]-3-[5-äthoxycarbonyl-2,4-dimethyl-pyrrol-3-yliden]-propen $C_{30}H_{37}N_3O_6$, Formel XIV (R = H) und Taut. Hydrochlorid $C_{30}H_{37}N_3O_6 \cdot HCl$; 1,3-Bis-[4-äthoxycarbonyl-3,5-dimethyl-pyrrol-2-yl]-3-[5-äthoxycarbonyl-2,4-dimethyl-pyrrol-3-yl]-trimethinium-chlorid. Rotbraun glänzende Kristalle (aus $CHCl_3 + Ae.$); Zers. bei 165° (*Tr., Se.,* l. c. S. 262). λ_{max} ($CHCl_3$): 605 nm.

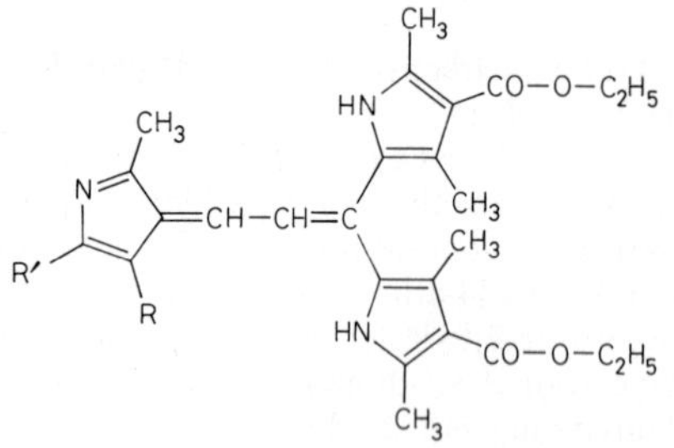

$\qquad\qquad$ XIII 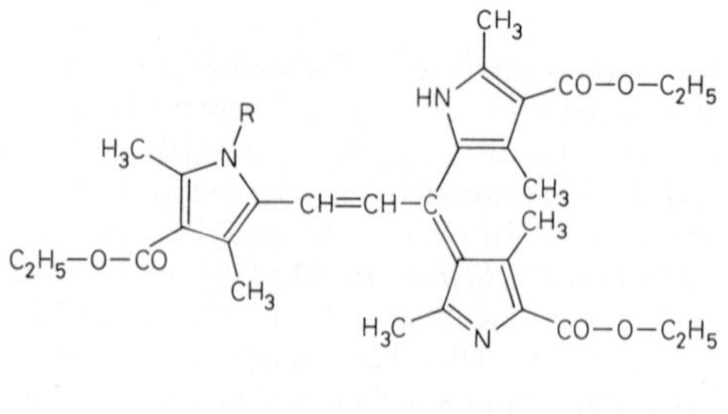 $\qquad\qquad\qquad\qquad\qquad\qquad\qquad$ XIV

3-[4-Äthoxycarbonyl-3,5-dimethyl-pyrrol-2-yl]-3-[5-äthoxycarbonyl-2,4-dimethyl-pyrrol-3-yliden]-1-[4-äthoxycarbonyl-1,3,5-trimethyl-pyrrol-2-yl]-propen $C_{31}H_{39}N_3O_6$, Formel XIV (R = CH_3) und Taut. Hydrochlorid $C_{31}H_{39}N_3O_6 \cdot HCl$; 1-[4-Äthoxycarbonyl-3,5-dimethyl-pyrrol-2-yl]-1-[5-äthoxycarbonyl-2,4-dimethyl-pyrrol-3-yl]-3-[4-äthoxycarbonyl-1,3,5-trimethyl-pyrrol-2-yl]-trimethinium-chlorid. λ_{max} ($CHCl_3$): 590 nm.

1-[4-Äthoxycarbonyl-3,5-dimethyl-pyrrol-2-yl]-1-[5-äthoxycarbonyl-2,4-dimethyl-pyrrol-3-yl]-3-[4-äthoxycarbonyl-2,5-dimethyl-pyrrol-3-yliden]-propen $C_{30}H_{37}N_3O_6$, Formel I und Taut. Hydrochlorid $C_{30}H_{37}N_3O_6 \cdot HCl$; 1-[4-Äthoxycarbonyl-3,5-dimethyl-pyrrol-2-yl]-3-[4-äthoxycarbonyl-2,5-dimethyl-pyrrol-3-yl]-1-[5-äthoxycarbonyl-2,4-dimethyl-pyrrol-3-yl]-trimethinium-chlorid. λ_{max} ($CHCl_3$): 585 nm.

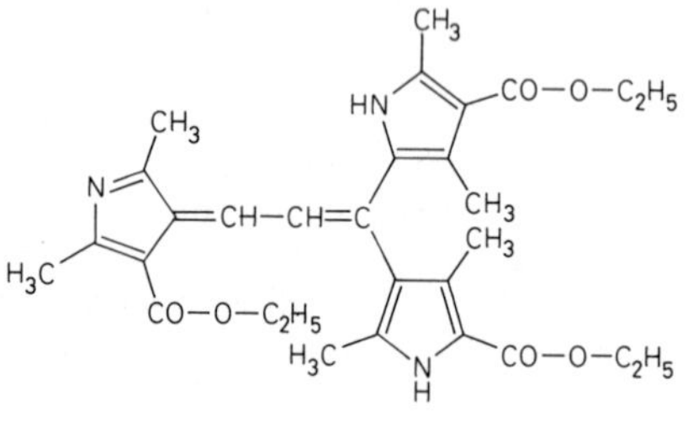

$\qquad\qquad\qquad$ I 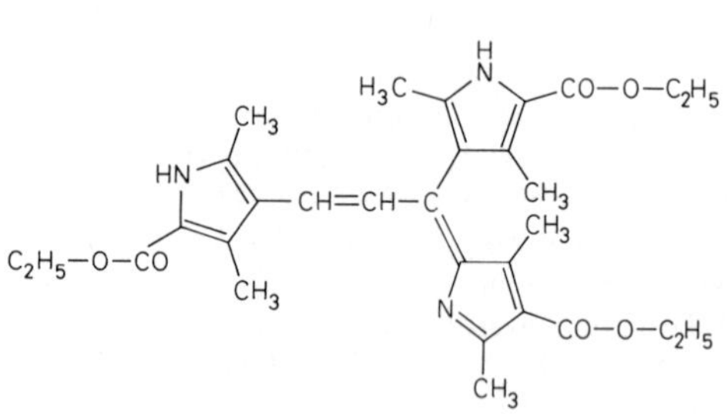 $\qquad\qquad\qquad\qquad\qquad\qquad\qquad\qquad$ II

1,3-Bis-[5-äthoxycarbonyl-2,4-dimethyl-pyrrol-3-yl]-3-[4-äthoxycarbonyl-3,5-dimethyl-pyrrol-2-yliden]-propen $C_{30}H_{37}N_3O_6$, Formel II und Taut. Hydrochlorid $C_{30}H_{37}N_3O_6 \cdot HCl$; 1-[4-Äthoxycarbonyl-3,5-dimethyl-pyrrol-2-yl]-1,3-bis-[5-äthoxycarbonyl-2,4-dimethyl-pyrrol-3-yl]-trimethinium-chlorid. λ_{max} ($CHCl_3$): 563 nm.

1,1-Bis-[5-äthoxycarbonyl-2,4-dimethyl-pyrrol-3-yl]-3-[4-äthoxycarbonyl-3,5-dimethyl-pyrrol-2-yliden]-propen, 3,5,3′,5′-Tetramethyl-4,4′-[3-(4-äthoxycarbonyl-3,5-dimethyl-pyrrol-2-yliden)-propenyliden]-bis-pyrrol-2-carbonsäure-diäthylester $C_{30}H_{37}N_3O_6$, Formel III und Taut. Hydrochlorid $C_{30}H_{37}N_3O_6 \cdot HCl$; 3-[4-Äthoxycarbonyl-3,5-dimethyl-pyrrol-2-yl]-1,1-bis-[5-äthoxycarbonyl-2,4-

dimethyl-pyrrol-3-yl]-trimethinium-chlorid. λ_{max} (CHCl$_3$): 572 nm.

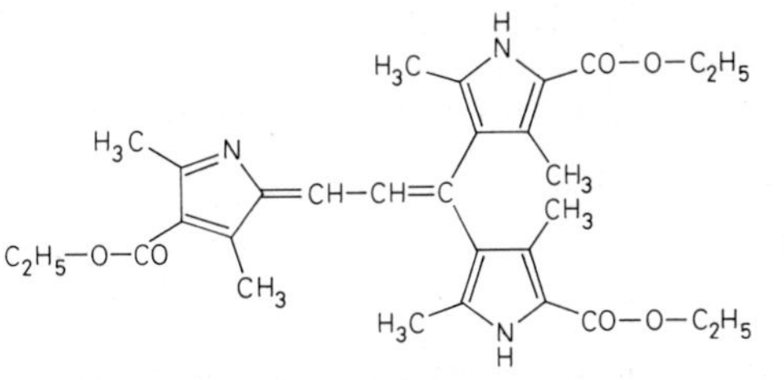

3-[5-Äthoxycarbonyl-2,4-dimethyl-pyrrol-3-yl]-3-[5-äthoxycarbonyl-2,4-di=
methyl-pyrrol-3-yliden]-1-[4-äthoxycarbonyl-1,3,5-trimethyl-pyrrol-2-yl]-pro=
pen C$_{31}$H$_{39}$N$_3$O$_6$, Formel IV. Hydrochlorid C$_{31}$H$_{39}$N$_3$O$_6$·HCl; 1,1-Bis-[5-äthoxy=
carbonyl-2,4-dimethyl-pyrrol-3-yl]-3-[4-äthoxycarbonyl-1,3,5-trimethyl-
pyrrol-2-yl]-trimethinium-chlorid. λ_{max} (CHCl$_3$): 579 nm.

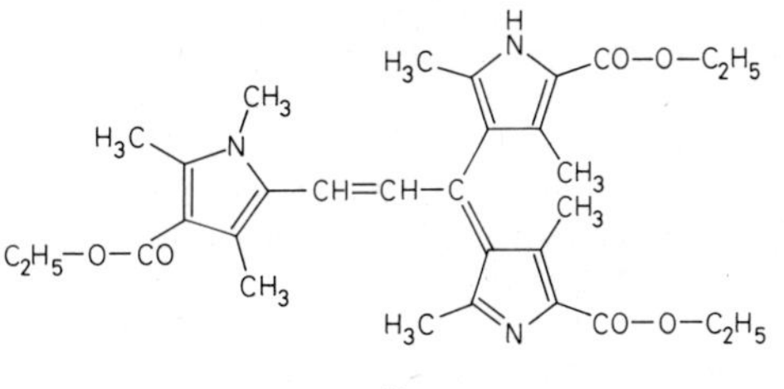

1,1-Bis-[4-äthoxycarbonyl-2,4-dimethyl-pyrrol-3-yl]-3-[4-äthoxycarbonyl-2,5-
dimethyl-pyrrol-3-yliden]-propen, 3,5,3',5'-Tetramethyl-4,4'-[3-(4-äthoxycar=
bonyl-2,5-dimethyl-pyrrol-3-yliden)-propenyliden]-bis-pyrrol-2-carbonsäure-
diäthylester C$_{30}$H$_{37}$N$_3$O$_6$, Formel V (R = CO-O-C$_2$H$_5$, R' = CH$_3$) und Taut. Hydro=
chlorid C$_{30}$H$_{37}$N$_3$O$_6$·HCl; 3-[4-Äthoxycarbonyl-2,5-dimethyl-pyrrol-3-yl]-1,1-bis-
[5-äthoxycarbonyl-2,4-dimethyl-pyrrol-3-yl]-trimethinium-chlorid. λ_{max} (CHCl$_3$):
563 nm.

1,1-Bis-[5-äthoxycarbonyl-2,4-dimethyl-pyrrol-3-yl]-3-[5-äthoxycarbonyl-2,4-
dimethyl-pyrrol-3-yliden]-propen, 3,5,3',5'-Tetramethyl-4,4'-[3-(5-äthoxycar=
bonyl-2,4-dimethyl-pyrrol-3-yliden)-propenyliden]-bis-pyrrol-2-carbonsäure-
diäthylester C$_{30}$H$_{37}$N$_3$O$_6$, Formel V (R = CH$_3$, R' = CO-O-C$_2$H$_5$) und Taut. Hydro=
chlorid C$_{30}$H$_{37}$N$_3$O$_6$·HCl; 1,1,3-Tris-[5-äthoxycarbonyl-2,4-dimethyl-pyrrol-3-yl]-
trimethinium-chlorid. λ_{max} (CHCl$_3$): 554 nm.

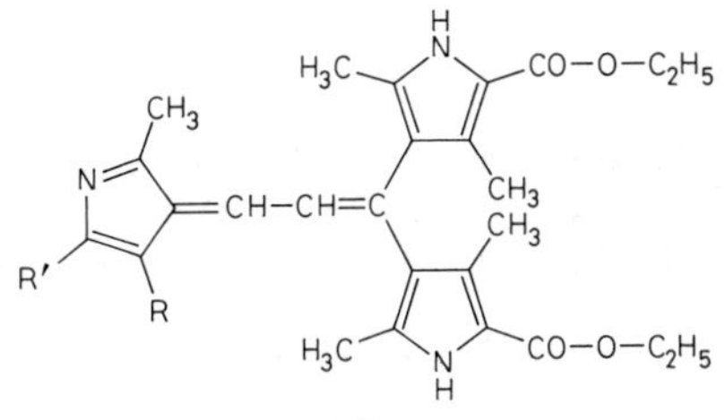

**1,2-Bis-[4-äthoxycarbonyl-3,5-dimethyl-pyrrol-2-yl]-3-[4-äthoxycarbonyl-3,5-dimethyl-pyrrol-
2-yliden]-propen** C$_{30}$H$_{37}$N$_3$O$_6$, Formel VI.

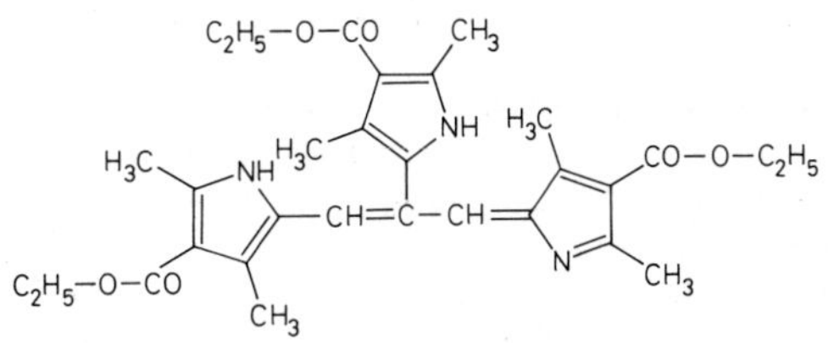

B. Neben [4-Äthoxycarbonyl-3,5-dimethyl-pyrrol-2-yl]-[4-äthoxycarbonyl-3,5-dimethyl-pyrr=
ol-2-yliden]-methan aus 2,4-Dimethyl-pyrrol-3-carbonsäure-äthylester und Chloracetylchlorid
(*Treibs, Reitsam,* A. 611 [1958] 194, 202). — Kristalle (aus A.) mit 1 Mol H$_2$O; F: 179°.

Hydrobromid C$_{30}$H$_{37}$N$_3$O$_6$·HBr; 1,2,3-Tris-[4-äthoxycarbonyl-3,5-dimethyl-
pyrrol-2-yl]-trimethinium-bromid. Goldbronzefarbene Kristalle; F: 209° [Zers.].

Tricarbonsäuren C$_{25}$H$_{27}$N$_3$O$_6$

**1,3-Bis-[4-äthoxycarbonyl-3,5-dimethyl-pyrrol-2-yl]-1-[4-äthoxycarbonyl-3,5-dimethyl-pyrrol-
2-yliden]-but-2-en** C$_{31}$H$_{39}$N$_3$O$_6$, Formel VII (R = CH$_3$, R' = H) und Taut.

Hydrochlorid C$_{31}$H$_{39}$N$_3$O$_6$·HCl; 1,1,3-Tris-[4-äthoxycarbonyl-3,5-dimethyl-pyrrol-2-yl]-3-methyl-trimethinium-chlorid. *B*. Aus 2,4-Dimethyl-pyrrol-3-carbon≈ säure-äthylester und Acetylchlorid (*Treibs, Hintermeier*, A. **592** [1955] 1, 21). Aus 2,4,2′,4′-Tetra≈ methyl-5,5′-vinyliden-bis-pyrrol-3-carbonsäure-diäthylester beim Erhitzen mit Acetylchlorid (*Treibs, Seifert*, A. **612** [1958] 242, 253). — Schwarzgrün glänzende Kristalle; F: 182° (*Tr., Se.*), 167—169° [aus CHCl₃ + Ae. + PAe.] (*Tr., Hi.*). λ_{max} (CHCl₃): 520 nm und 627 nm (*Tr., Hi.*).

Hydrobromid $C_{31}H_{39}N_3O_6 \cdot HBr$. *B*. Aus 2,4,2′,4′-Tetramethyl-5,5′-vinyliden-bis-pyrrol-3-carbonsäure-diäthylester beim Erhitzen mit Acetylbromid (*Tr., Se.*). — Kristalle (aus CHCl₃ + Ae.); F: 182,5° (*Tr., Se.*).

1,3-Bis-[4-äthoxycarbonyl-3,5-dimethyl-pyrrol-2-yl]-3-[4-äthoxycarbonyl-3,5-dimethyl-pyrrol-2-yliden]-2-methyl-propen $C_{31}H_{39}N_3O_6$, Formel VII (R = H, R′ = CH₃) und Taut.

Hydrochlorid $C_{31}H_{39}N_3O_6 \cdot HCl$; 1,1,3-Tris-[4-äthoxycarbonyl-3,5-dimethyl-pyrrol-2-yl]-2-methyl-trimethinium-chlorid. *B*. Aus 1-[4-Äthoxycarbonyl-3,5-dimethyl-pyrrol-2-yl]-1-[4-äthoxycarbonyl-3,5-dimethyl-pyrrol-2-yliden]-propan bei aufeinanderfolgender Umsetzung mit Acetylchlorid und 5-Formyl-2,4-dimethyl-pyrrol-3-carbonsäure-äthylester (*Treibs, Hintermeier*, A. **592** [1955] 1, 22). — Blauschwarze, grün glänzende Kristalle (aus CHCl₃ + Ae.); F: 166—167°. λ_{max} (CHCl₃): 475 nm und 624 nm.

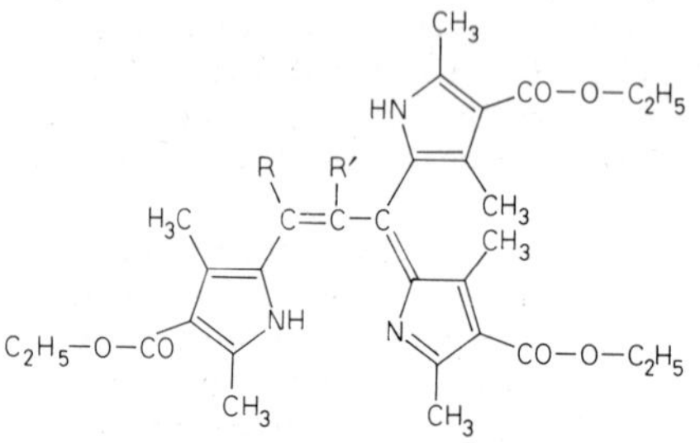

VII

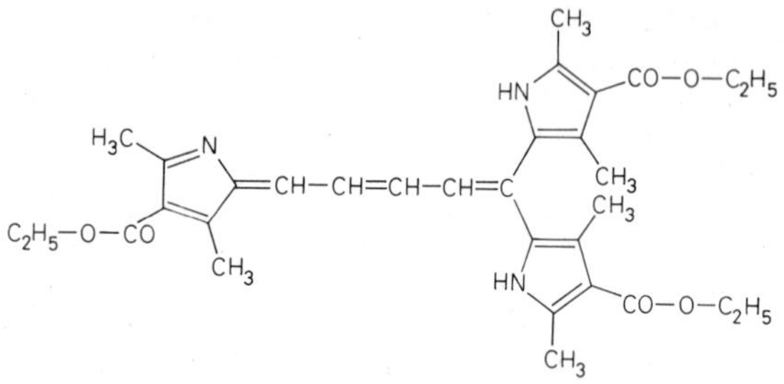

VIII

Tricarbonsäuren $C_nH_{2n-25}N_3O_6$

1,1-Bis-[4-äthoxycarbonyl-3,5-dimethyl-pyrrol-2-yl]-5-[4-äthoxycarbonyl-3,5-dimethyl-pyrrol-2-yliden]-penta-1,3-dien, 2,4,2′,4′-Tetramethyl-5,5′-[5-(4-äthoxycarbonyl-3,5-dimethyl-pyrrol-2-yliden)-penta-1,3-dienyliden]-bis-pyrrol-3-carbonsäure-diäthylester $C_{32}H_{39}N_3O_6$, Formel VIII und Taut.

Hydrobromid $C_{32}H_{39}N_3O_6 \cdot HBr$; 1,1,5-Tris-[4-äthoxycarbonyl-3,5-dimethyl-pyrrol-2-yl]-pentamethinium-bromid. *B*. Beim Erwärmen von 5,5-Bis-[4-äthoxycarbonyl-3,5-dimethyl-pyrrol-2-yl]-penta-2,4-dienal mit 2,4-Dimethyl-pyrrol-3-carbonsäure-äthylester und konz. wss. HBr in Äthanol (*Treibs, Seifert*, A. **612** [1958] 242, 264). — Kristalle (aus A. + Ae.); Zers. bei 170—173°.

Tricarbonsäuren $C_nH_{2n-33}N_3O_6$

Tris-[2-cyan-phenyl]-[1,3,5]triazin, 2,2′,2″-[1,3,5]Triazin-2,4,6-triyl-tri-benzonitril $C_{24}H_{12}N_6$, Formel IX.

Diese Konstitution kommt auch der früher (s. E III **9** 4200 im Artikel Phthalonitril) als „trimeres Phthalonitril“ bezeichneten Verbindung zu (*Ross, Fineman*, Am. Soc. **72** [1950] 3302).

B. Beim längeren Erhitzen von Phthalonitril auf 325° in Gegenwart von wenig H₂O (*Ross, Fi.*).

Dimorphe Kristalle (aus Eg.); F: 301,5—303°. Netzebenenabstände der beiden Modifikatio≈

nen: *Ross, Fi.* IR-Spektrum der beiden Modifikationen (Nujol; 2 – 16 µ): *Ross, Fi.*

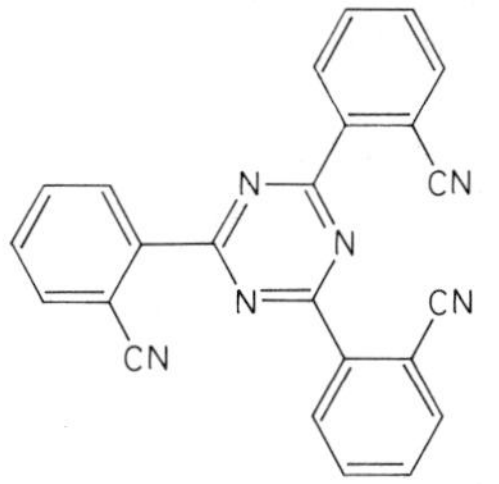

IX 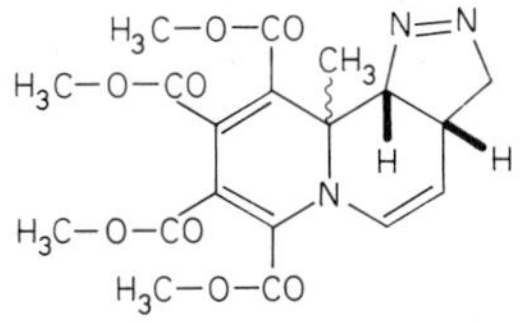   X 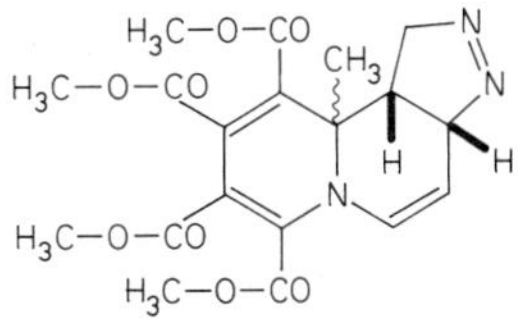   XI

D. Tetracarbonsäuren

Tetracarbonsäuren $C_nH_{2n-17}N_3O_8$

(±)-10a-Methyl-(3ar,10aξ,10bc)-3,3a,10a,10b-tetrahydro-pyrazolo[3,4-a]chinolizin-7,8,9,10-tetracarbonsäure-tetramethylester $C_{19}H_{21}N_3O_8$, Formel X + Spiegelbild, oder
(±)-10a-Methyl-(3ar,10aξ,10bc)-1,3a,10a,10b-tetrahydro-pyrazolo[4,3-a]chinolizin-7,8,9,10-tetra=
carbonsäure-tetramethylester $C_{19}H_{21}N_3O_8$, Formel XI + Spiegelbild.

Diese Konstitutionsformeln kommen für die nachstehend beschriebene Verbindung in Be=
tracht (vgl. *Acheson, Feinberg,* Soc. [C] **1968** 351, 352).

B. Aus (±)-9a-Methyl-9aH-chinolizin-1,2,3,4-tetracarbonsäure-tetramethylester (E III/IV **22** 1812) und Diazomethan in Benzol (*Diels, Pistor,* A. **530** [1937] 87, 95).

Hellgelbe Kristalle (aus wss. Me.); F: 125° [Zers.] (*Di., Pi.*).

Tetracarbonsäuren $C_nH_{2n-21}N_3O_8$

Bis-[4-äthoxycarbonyl-5-methyl-pyrrol-2-yl]-[3,5-bis-äthoxycarbonyl-4-methyl-pyrrol-2-yl]-methan, 5-[Bis-(4-äthoxycarbonyl-5-methyl-pyrrol-2-yl)-methyl]-3-methyl-pyrrol-2,4-dicarbon=säure-diäthylester $C_{28}H_{35}N_3O_8$, Formel XII.

B. Aus 5-Formyl-3-methyl-pyrrol-2,4-dicarbonsäure-diäthylester und 2-Methyl-pyrrol-3-car=bonsäure-äthylester (*Castro et al.,* J. org. Chem. **24** [1959] 1437, 1438).

Kristalle (aus A. oder wss. A.); F: 197,5 – 198° [unkorr.; Zers.].

Bis-[4-äthoxycarbonyl-3,5-dimethyl-pyrrol-2-yl]-[3,5-bis-äthoxycarbonyl-4-methyl-pyrrol-2-yl]-methan, 5-[Bis-(4-äthoxycarbonyl-3,5-dimethyl-pyrrol-2-yl)-methyl]-3-methyl-pyrrol-2,4-di=carbonsäure-diäthylester $C_{30}H_{39}N_3O_8$, Formel XIII (R = R′ = R″ = H) (E II 170).

B. Aus 5-[4-Äthoxycarbonyl-3,5-dimethyl-pyrrol-2-ylidenmethyl]-3-methyl-pyrrol-2,4-dicar=bonsäure-diäthylester (*Paden et al.,* Am. Soc. **62** [1940] 418, 421) oder 5-[(4-Äthoxycarbonyl-3,5-dimethyl-pyrrol-2-yl)-methoxy-methyl]-3-methyl-pyrrol-2,4-dicarbonsäure-diäthylester (*Corwin, Andrews,* Am. Soc. **59** [1937] 1973, 1978) und 2,4-Dimethyl-pyrrol-3-carbonsäure-äthylester.

Kristalle (aus wss. A.); F: 194° (*Co., An.*), 191 – 192° (*Pa. et al.*).

[4-Äthoxycarbonyl-3,5-dimethyl-pyrrol-2-yl]-[4-äthoxycarbonyl-1,3,5-trimethyl-pyrrol-2-yl]-[3,5-bis-äthoxycarbonyl-4-methyl-pyrrol-2-yl]-methan, 5-[(4-Äthoxycarbonyl-3,5-dimethyl-pyrrol-2-yl)-(4-äthoxycarbonyl-1,3,5-trimethyl-pyrrol-2-yl)-methyl]-3-methyl-pyrrol-2,4-dicarbonsäure-diäthylester $C_{31}H_{41}N_3O_8$, Formel XIII (R = CH$_3$, R′ = R″ = H).

B. Analog der vorangehenden Verbindung (*Paden et al.,* Am. Soc. **62** [1940] 418, 422; *Corwin, Andrews,* Am. Soc. **59** [1937] 1973, 1979).

Kristalle (aus wss. Me.); F: 155–156° (*Pa. et al.*).

Bis-[4-äthoxycarbonyl-3,5-dimethyl-pyrrol-2-yl]-[3,5-bis-äthoxycarbonyl-1,4-dimethyl-pyrrol-2-yl]-methan, 5-[Bis-(4-äthoxycarbonyl-3,5-dimethyl-pyrrol-2-yl)-methyl]-1,3-dimethyl-pyrrol-2,4-dicarbonsäure-diäthylester $C_{31}H_{41}N_3O_8$, Formel XIII (R = R′ = H, R″ = CH₃).
   B. Aus 5-Formyl-1,3-dimethyl-pyrrol-2,4-dicarbonsäure-diäthylester und 2,4-Dimethyl-pyrrol-3-carbonsäure-äthylester (*Corwin, Andrews,* Am. Soc. **59** [1937] 1973, 1979).
   Kristalle (aus A.+H₂O); F: 169–170°.

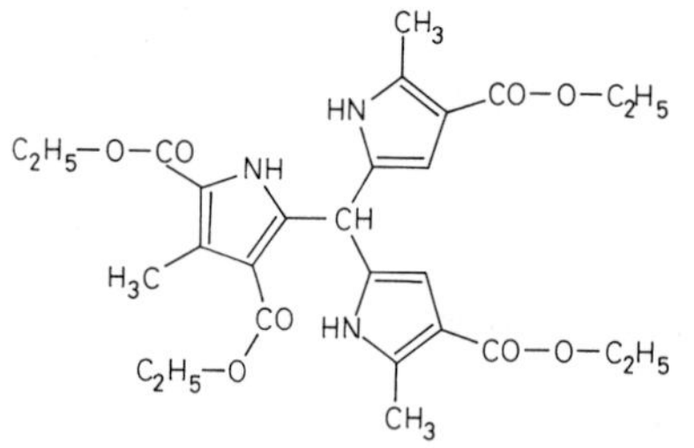

XII 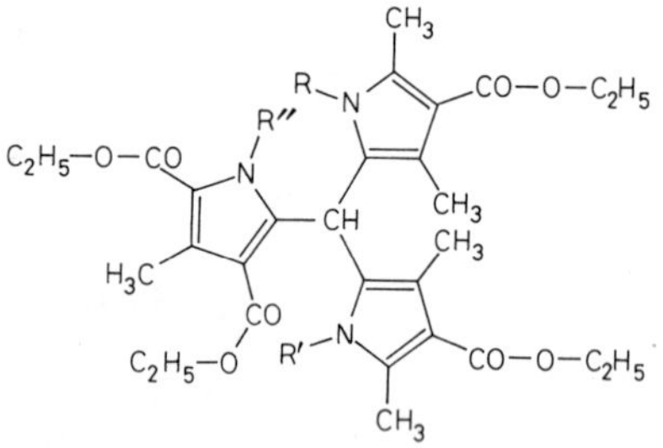   XIII

Bis-[4-äthoxycarbonyl-1,3,5-trimethyl-pyrrol-2-yl]-[3,5-bis-äthoxycarbonyl-1,4-dimethyl-pyrrol-2-yl]-methan, 5-[Bis-(4-äthoxycarbonyl-1,3,5-trimethyl-pyrrol-2-yl)-methyl]-1,3-dimethyl-pyrrol-2,4-dicarbonsäure-diäthyester $C_{33}H_{45}N_3O_8$, Formel XIII (R = R′ = R″ = CH₃).
   B. Analog der vorangehenden Verbindung (*Corwin, Andrews,* Am. Soc. **59** [1937] 1973, 1980).
   Kristalle (aus A.+H₂O); F: 178°.

2,5-Bis-[5-äthoxycarbonyl-3-(2-carboxy-äthyl)-4-methyl-pyrrol-2-ylmethyl]-3-äthyl-4-methyl-pyrrol, 7-Äthyl-3,12-bis-[2-carboxy-äthyl]-2,8,13-trimethyl-5,10,16,17-tetrahydro-15H-tripyrrin-1,14-dicarbonsäure-diäthylester $C_{31}H_{41}N_3O_8$, Formel XIV.
   B. Beim Erwärmen von 3-[5-Äthoxycarbonyl-2-äthoxymethyl-4-methyl-pyrrol-3-yl]-propionsäure mit 3-Äthyl-4-methyl-pyrrol und konz. wss. HBr in Benzol (*Fischer, Adler,* Z. physiol. Chem. **197** [1931] 237, 267).
   Kristalle (aus Eg.); F: 217°.

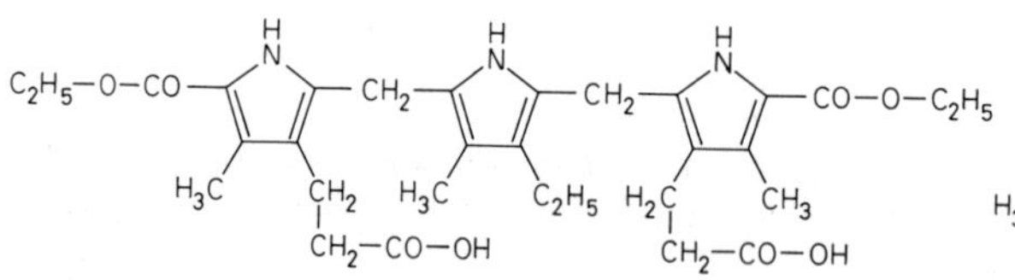

XIV 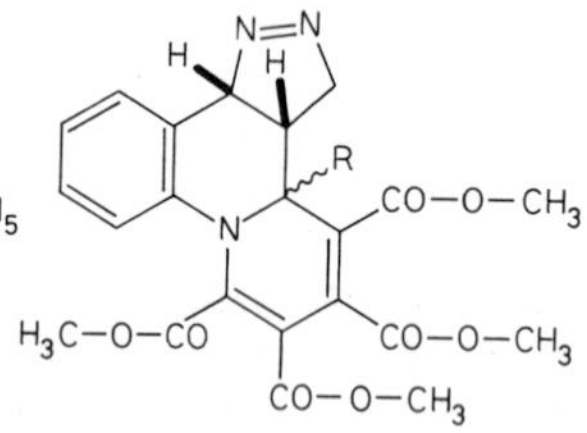   XV

Tetracarbonsäuren $C_nH_{2n-23}N_3O_8$

(±)-(3ar,3bξ,12bc)-3,3a,3b,12b-Tetrahydro-pyrazolo[4,3-c]pyrido[1,2-a]chinolin-4,5,6,7-tetracarbonsäure-tetramethylester $C_{22}H_{21}N_3O_8$, Formel XV (R = H)+Spiegelbild.
   Diese Konstitution kommt für die nachstehend beschriebene Verbindung in Betracht (vgl. *Acheson, Feinberg,* Soc. [C] **1968** 351, 352).
   B. Aus (±)-4aH-Pyrido[1,2-a]chinolin-1,2,3,4-tetracarbonsäure-tetramethylester (E III/IV **22** 1817) und Diazomethan in Benzol (*Diels, Alder,* A. **510** [1934] 87, 120).

Gelbe Kristalle (aus Acetonitril + Me.); F: 153° (*Di., Al.*).

(±)-3b-Methyl-(3a*r*,3bξ,12b*c*)-3,3a,3b,12b-tetrahydro-pyrazolo[4,3-*c*]pyrido[1,2-*a*]chinolin-4,5,6,7-tetracarbonsäure-tetramethylester $C_{23}H_{23}N_3O_8$, Formel XV (R = CH_3) + Spiegelbild.
Diese Konstitution kommt für die nachstehend beschriebene Verbindung in Betracht (vgl. *Acheson, Feinberg*, Soc. [C] **1968** 351, 352).
B. Aus (±)-4a-Methyl-4a*H*-pyrido[1,2-*a*]chinolin-1,2,3,4-tetracarbonsäure-tetramethylester (E III/IV **22** 1819) und Diazomethan in Benzol (*Diels, Alder*, A. **510** [1934] 87, 128).
Gelbe Kristalle (aus Me.); F: 138° (*Di., Al.*).

Bis-[4-äthoxycarbonyl-5-methyl-pyrrol-2-yl]-[3,5-bis-äthoxycarbonyl-4-methyl-pyrrol-2-yliden]-methan, 5-[Bis-(4-äthoxycarbonyl-5-methyl-pyrrol-2-yl)-methylen]-3-methyl-5*H*-pyrrol-2,4-dicarbonsäure-diäthylester $C_{28}H_{33}N_3O_8$, Formel XVI (R = H) und Taut.
B. Aus Bis-[4-äthoxycarbonyl-5-methyl-pyrrol-2-yl]-[3,5-bis-äthoxycarbonyl-4-methyl-pyrrol-2-yl]-methan mit Hilfe von wss. $KMnO_4$ (*Castro et al.*, J. org. Chem. **24** [1959] 1437, 1440).
Rote Kristalle (aus A.); F: 221,9 − 223° [unkorr.; Zers.]. λ_{max}: 262 nm und 460 − 466 nm [Isopropylalkohol] bzw. 512 nm [Isopropylalkohol + $HClO_4$].

Bis-[4-äthoxycarbonyl-3,5-dimethyl-pyrrol-2-yl]-[3,5-bis-äthoxycarbonyl-4-methyl-pyrrol-2-yliden]-methan, 5-[Bis-(4-äthoxycarbonyl-3,5-dimethyl-pyrrol-2-yl)-methylen]-3-methyl-5*H*-pyrrol-2,4-dicarbonsäure-diäthylester $C_{30}H_{37}N_3O_8$, Formel XVI (R = CH_3) und Taut.
B. Analog der vorangehenden Verbindung (*Castro et al.*, J. org. Chem. **24** [1959] 1437, 1439).
Rotorangefarbene Kristalle (aus wss. A.); F: 176 − 177,9° [unkorr.; Zers.; nach Erweichen]. λ_{max}: 264 nm und 475 nm [Isopropylalkohol] bzw. 524 nm [Isopropylalkohol + $HClO_4$].

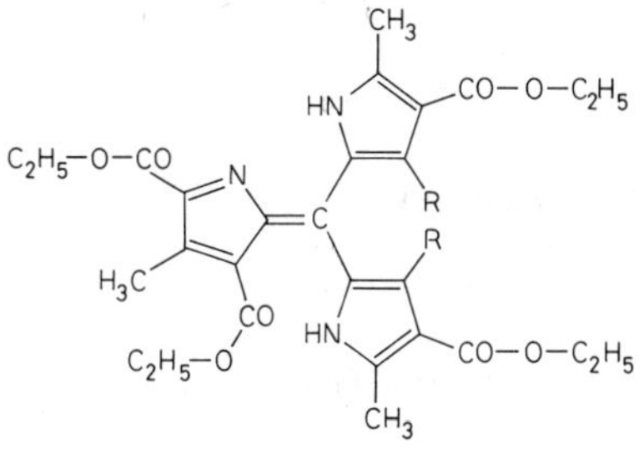

XVI 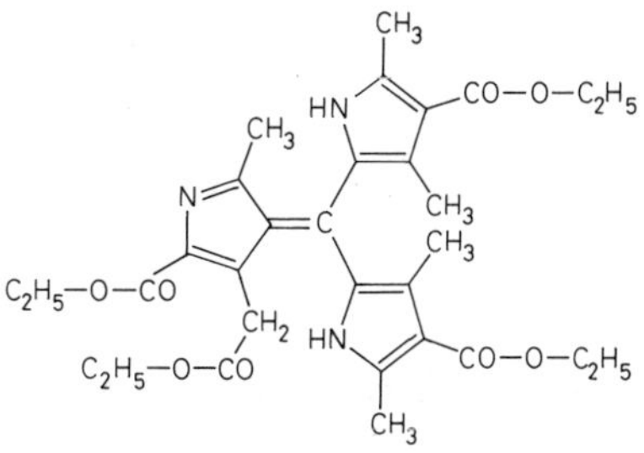   XVII

[5-Äthoxycarbonyl-4-äthoxycarbonylmethyl-2-methyl-pyrrol-3-yliden]-bis-[4-äthoxycarbonyl-3,5-dimethyl-pyrrol-2-yl]-methan, 2,4,2′,4′-Tetramethyl-5,5′-[5-äthoxycarbonyl-4-äthoxycarbonylmethyl-2-methyl-pyrrol-3-ylidenmethandiyl]-bis-pyrrol-3-carbonsäure-diäthylester $C_{31}H_{39}N_3O_8$, Formel XVII und Taut.
B. Beim Erwärmen von 3-Äthoxycarbonylmethyl-5-methyl-pyrrol-2,4-dicarbonsäure-2-äthylester-4-*tert*-butylester mit 2,4-Dimethyl-pyrrol-3-carbonsäure-äthylester und $POCl_3$ in $CHCl_3$ (*Treibs, Hintermeier*, A. **605** [1957] 35, 41).
Rotbraune Kristalle (aus A. + H_2O); F: 203°.

Tetracarbonsäuren $C_nH_{2n-25}N_3O_8$

2,4-Bis-[4-äthoxycarbonyl-3,5-dimethyl-pyrrol-2-yl]-4-[5-äthoxycarbonyl-2,4-dimethyl-pyrrol-3-yliden]-crotonsäure-äthylester $C_{33}H_{41}N_3O_8$, Formel XVIII und Taut.
Hydrobromid $C_{33}H_{41}N_3O_8 \cdot HBr$; 1-Äthoxycarbonyl-1,3-bis-[4-äthoxycarbonyl-3,5-dimethyl-pyrrol-2-yl]-3-[5-äthoxycarbonyl-2,4-dimethyl-pyrrol-3-yl]-trimethinium-bromid. *B.* Aus 4-[5-Äthoxycarbonyl-2,4-dimethyl-pyrrol-3-yl]-2,4-dioxo-butter-

säure-äthylester beim Erwärmen mit 2,4-Dimethyl-pyrrol-3-carbonsäure-äthylester und konz. wss. HBr in Äthanol (*Treibs, Herrmann*, A. **592** [1955] 1, 10). — Blaue Kristalle. λ_{max}: 592 nm.

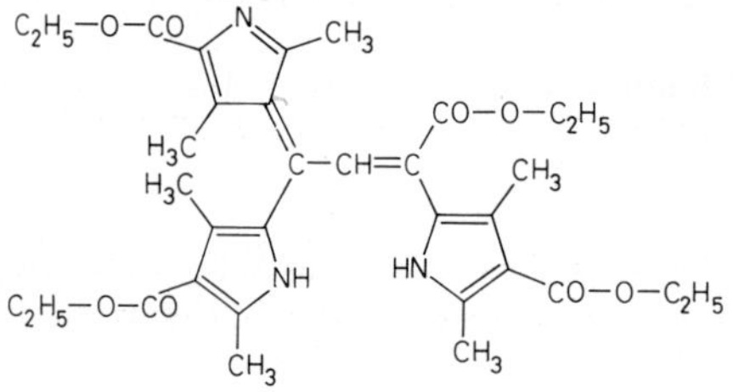

XVIII 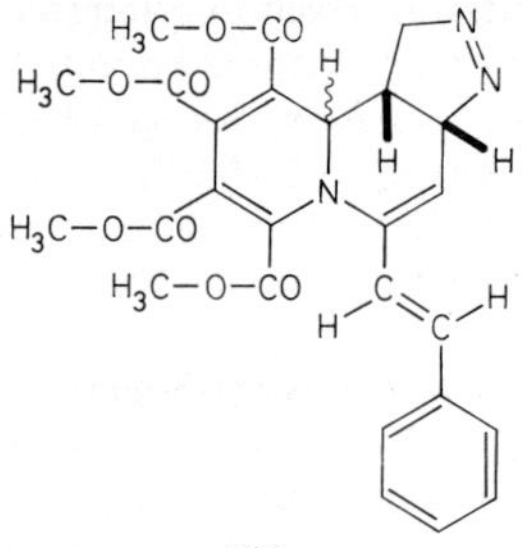   XIX

Tetracarbonsäuren $C_nH_{2n-27}N_3O_8$

(±)-5-*trans*-Styryl-(3a*r*,10a*ξ*,10b*c*)-1,3a,10a,10b-tetrahydro-pyrazolo[4,3-*a*]chinolizin-7,8,9,10-tetracarbonsäure-tetramethylester $C_{26}H_{25}N_3O_8$, Formel XIX + Spiegelbild.

Diese Konstitution kommt der von *Diels, Möller* (A. **516** [1935] 45, 51, 58) als 1-[1,2-Bis-methoxycarbonyl-2-(3,4-bis-methoxycarbonyl-4,5-dihydro-3*H*-pyrazol-3-yl)-vinyl]-2-styryl-pyr=idinium-betain angesehenen Verbindung zu (*Acheson, Feinberg*, Soc. [C] **1968** 351, 352, 358).

B. Aus (±)-6-*trans*-Styryl-9a*H*-chinolizin-1,2,3,4-tetracarbonsäure-tetramethylester (E III/IV **22** 1819) und Diazomethan in Benzol (*Di., Mö.*).

Gelbe Kristalle (aus Me.); F: 142—143° [Zers.] (*Di., Mö.*).

E. Hydroxycarbonsäuren

1. Hydroxycarbonsäuren mit 3 Sauerstoff-Atomen

Hydroxycarbonsäuren $C_nH_{2n-3}N_3O_3$

5-Hydroxymethyl-3-phenyl-3*H*-[1,2,3]triazol-4-carbonsäure $C_{10}H_9N_3O_3$, Formel I.

B. Aus 4,5-Bis-hydroxymethyl-1-phenyl-1*H*-[1,2,3]triazol und $KMnO_4$ in wss. NaOH (*Mug=naini, Grünanger*, R.A.L. [8] **14** [1953] 95, 98, 275, 279).

Kristalle (aus A.); F: 173° [Zers.] (*Mu., Gr.*, l. c. S. 279).

Hydroxycarbonsäuren $C_nH_{2n-9}N_3O_3$

5-Hydroxy-1*H*-benzotriazol-4-carbonsäure $C_7H_5N_3O_3$, Formel II (X = OH) und Taut.

B. Beim Erhitzen von 1*H*-Benzotriazol-5-ol mit K_2CO_3 und CO_2 auf 180—190°/42 at (*Scalera, Adams*, Am. Soc. **75** [1953] 715, 716).

Kristalle (aus H_2O); F: 209—209,5°.

5-Hydroxy-1*H*-benzotriazol-4-carbonsäure-anilid $C_{13}H_{10}N_4O_2$, Formel II (X = NH-C_6H_5) und Taut.

B. Aus der vorangehenden Verbindung beim Erwärmen mit Anilin und PCl_3 in Chlorbenzol

(*Scalera, Adams,* Am. Soc. **75** [1953] 715, 717).
Kristalle (aus A.); F: 187 – 187,5°.

5-Hydroxy-1 *H*-benzotriazol-4-carbonsäure-[1]naphthylamid $C_{17}H_{12}N_4O_2$, Formel II
(X = NH-C$_{10}$H$_7$) und Taut.
B. Analog der vorangehenden Verbindung (*Scalera, Adams,* Am. Soc. **75** [1953] 715, 717).
Kristalle (aus A.); F: 213 – 214°.

5-Hydroxy-1 *H*-benzotriazol-4-carbonsäure-*o*-anisidid $C_{14}H_{12}N_4O_3$, Formel II
(X = NH-C$_6$H$_4$-O-CH$_3$) und Taut.
B. Analog den vorangehenden Verbindungen (*Scalera, Adams,* Am. Soc. **75** [1953] 715, 717).
Kristalle (aus A.); F: 212°.

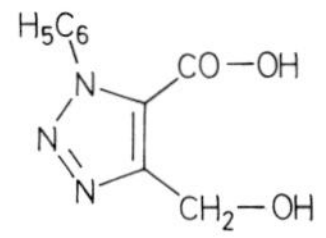

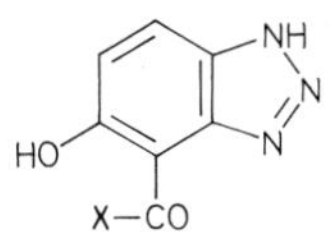

7-Hydroxy-1 *H*-benzotriazol-4-carbonsäure $C_7H_5N_3O_3$, Formel III (R = H) und Taut.
B. Aus der folgenden Verbindung mit Hilfe von wss. HBr (*Kalle & Co.,* D.B.P. 838 692 [1952]).
Kristalle (aus wss. A.); F: 228° [Zers.].

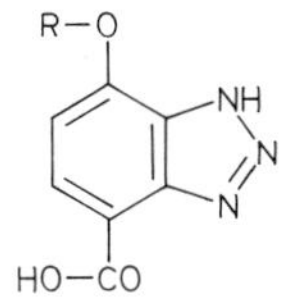

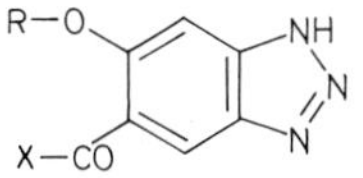

7-Methoxy-1 *H*-benzotriazol-4-carbonsäure $C_8H_7N_3O_3$, Formel III (R = CH$_3$) und Taut.
B. Beim Behandeln von 4-Methoxy-7-methyl-1 *H*-benzotriazol mit KMnO$_4$ in wss. MgSO$_4$
(*Kalle & Co.,* D.B.P. 838 692 [1952]).
Kristalle (aus wss. Eg.); F: 268°.

6-Hydroxy-1 *H*-benzotriazol-5-carbonsäure $C_7H_5N_3O_3$, Formel IV (R = H, X = OH) und
Taut.
B. Beim Behandeln von 5-Amino-2-hydroxy-4-ureido-benzoesäure mit NaNO$_2$ und wss. HCl
(*Scalera, Adams,* Am. Soc. **75** [1953] 715, 717). Beim Erwärmen der folgenden Verbindung
mit wss. HBr (*Kalle & Co.,* D.B.P. 838 692 [1952]).
Kristalle (aus wss. HCl) mit 0,5 Mol H$_2$O; Zers. bei 272 – 280° (*Sc., Ad.*).
Hydrobromid. Zers. ab 235° (*Kalle & Co.*).

6-Methoxy-1 *H*-benzotriazol-5-carbonsäure-methylester $C_9H_9N_3O_3$, Formel IV (R = CH$_3$,
X = O-CH$_3$) und Taut.
B. Aus 4,5-Diamino-2-methoxy-benzoesäure-methylester und NaNO$_2$ in wss. HCl (*Kalle
& Co.,* D.B.P. 838 692 [1952]).
Kristalle (aus A.); F: 189 – 190°.

6-Hydroxy-1 *H*-benzotriazol-5-carbonsäure-anilid $C_{13}H_{10}N_4O_2$, Formel IV (R = H,
X = NH-C$_6$H$_5$) und Taut.
B. Beim Erwärmen von 6-Hydroxy-1 *H*-benzotriazol-5-carbonsäure mit Anilin und PCl$_3$ in
Chlorbenzol (*Scalera, Adams,* Am. Soc. **75** [1953] 715, 717).
F: 250 – 253° [Zers.].

6-Äthoxy-3-oxy-1 *H*-benzotriazol-5-carbonsäure, 6-Äthoxy-1 *H*-benzotriazol-5-carbonsäure-3-oxid
$C_9H_9N_3O_4$, Formel V (R = H, R′ = C$_2$H$_5$) und Taut. (6-Äthoxy-3-hydroxy-3 *H*-
benzotriazol-5-carbonsäure).
B. Aus 2-Äthoxy-4-hydrazino-5-nitro-benzoesäure beim Erwärmen mit wss. NaOH (*Goldstein,*

Brochon, Helv. **32** [1949] 2334, 2339).
Bräunliche Kristalle (aus A.); Zers. > 200°.

6-Methoxy-3-oxy-2-phenyl-2H-benzotriazol-5-carbonsäure $C_{14}H_{11}N_3O_4$, Formel V
(R = C_6H_5, R' = CH_3).
B. Beim Erwärmen von 2-Methoxy-5-nitro-4-[N'-phenyl-hydrazino]-benzoesäure mit Essig⸗
säure (*Goldstein, Jaquet*, Helv. **24** [1941] 30, 37).
Kristalle (aus wss. A.); F: 208° [korr.].

6-Äthoxy-3-oxy-2-phenyl-2H-benzotriazol-5-carbonsäure $C_{15}H_{13}N_3O_4$, Formel V (R = C_6H_5,
R' = C_2H_5).
B. Analog der vorangehenden Verbindung (*Goldstein, Brochon*, Helv. **32** [1949] 2334, 2339).
Gelbliche Kristalle (aus A.); F: 197° [korr.].

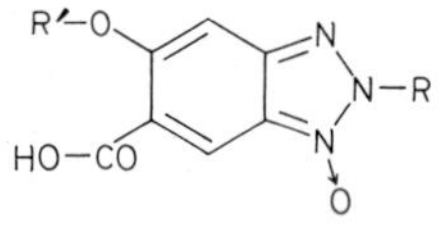

      V 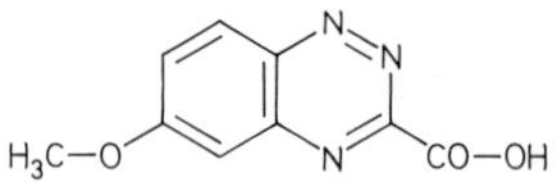   VI 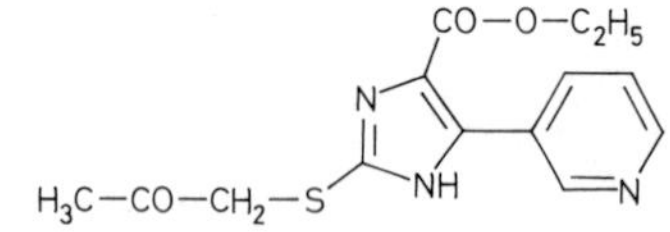   VII

Hydroxycarbonsäuren $C_nH_{2n-11}N_3O_3$

6-Methoxy-benzo[e][1,2,4]triazin-3-carbonsäure $C_9H_7N_3O_3$, Formel VI.
B. Aus dem Äthylester (s. u.) mit Hilfe von methanol. Ba(OH)$_2$ (*Fusco, Rossi*, G. **86** [1956]
484, 495).
Gelbes Pulver (*Fu., Ro.*).
Äthylester $C_{11}H_{11}N_3O_3$. *B*. Aus Amino-[4-methoxy-2-nitro-phenylhydrazono]-essigsäure-
äthylester bei aufeinanderfolgender Umsetzung mit Eisen in Essigsäure und wss. HCl und
mit NaNO$_2$ und wss. H$_2$SO$_4$ in Diisopropyläther (*Fu., Ro.*, l. c. S. 494). – Gelbe Kristalle
(aus A.); F: 158° (*Fu., Ro.*). Absorptionsspektrum (Cyclohexan; 200 – 500 nm): *Simonetta
et al.*, Nuovo Cimento [10] **4** [1956] 1364, 1366.
Hydrazid $C_9H_9N_5O_2$. Gelbe Kristalle (aus Eg.); F: 228° (*Fu., Ro.*, l. c. S. 496).

2-Acetonylmercapto-5-[3]pyridyl-1(3)H-imidazol-4-carbonsäure-äthylester $C_{14}H_{15}N_3O_3S$,
Formel VII und Taut.
B. Aus 5-[3]Pyridyl-2-thioxo-2,3-dihydro-1H-imidazol-4-carbonsäure-äthylester und Chlor⸗
aceton in Gegenwart von Natriumäthylat (*Ochiai, Hou*, J. pharm. Soc. Japan **58** [1938] 236;
dtsch. Ref. S. 33; C. A. **1938** 4161).
Kristalle; F: 124° [nach Sintern ab 110°].

Hydroxycarbonsäuren $C_nH_{2n-17}N_3O_3$

4-[2-Methoxy-1,2-dihydro-[2]pyridyl]-cinnolin-3-carbonsäure $C_{15}H_{13}N_3O_3$, Formel VIII
(R = CH_3, R' = H).
Die von *Schofield, Simpson* (Soc. **1946** 472, 477) unter dieser Konstitution beschriebene
Verbindung ist als 4-Oxo-2-[2]pyridyl-1,2,3,4-tetrahydro-cinnolin-3-carbonsäure-methylester
(E III/IV **25** 1640) zu formulieren (*Morley*, Soc. **1959** 2280).
Entsprechend sind die von *Schofield, Simpson* als 4-[2-Äthoxy-1,2-dihydro-[2]pyridyl]-
cinnolin-3-carbonsäure $C_{16}H_{15}N_3O_3$ (Formel VIII [R = C_2H_5, R' = H]), als 4-[1-Ace⸗
tyl-2-methoxy-1,2-dihydro-[2]pyridyl]-cinnolin-3-carbonsäure $C_{17}H_{15}N_3O_4$ (For⸗
mel VIII [R = CH_3, R' = CO-CH$_3$]), als 4-[1-Acetyl-2-äthoxy-1,2-dihydro-[2]pyridyl]-
cinnolin-3-carbonsäure $C_{18}H_{17}N_3O_4$ (Formel VIII [R = C_2H_5, R' = CO-CH$_3$]) und als
4-[1-Acetyl-2-isopropoxy-1,2-dihydro-[2]pyridyl]-cinnolin-3-carbonsäure

$C_{19}H_{19}N_3O_4$ (Formel VIII [R = CH(CH$_3$)$_2$, R′ = CO-CH$_3$]) angesehenen Verbindungen als 4-Oxo-2-[2]pyridyl-1,2,3,4-tetrahydro-cinnolin-3-carbonsäure-äthylester (E III/IV **25** 1640), als 1-Acetyl-4-oxo-2-[2]pyridyl-1,2,3,4-tetrahydro-cinnolin-3-carbonsäure-methylester (E III/IV **25** 1641), als 1-Acetyl-4-oxo-2-[2]pyridyl-1,2,3,4-tetrahydro-cinnolin-3-carbonsäure-äthylester (E III/IV **25** 1641) bzw. als 1-Acetyl-4-oxo-2-[2]pyridyl-1,2,3,4-tetrahydro-cinnolin-3-carbon⁀säure-isopropylester (E III/IV **25** 1641) zu formulieren (*Mo.*).

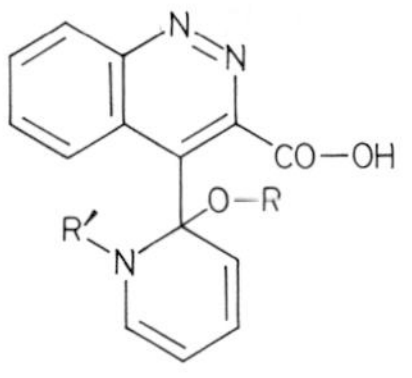

VIII 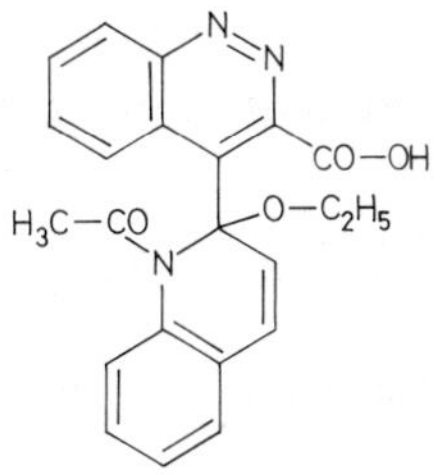   IX 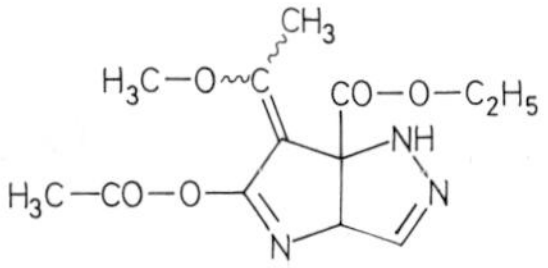   X

Hydroxycarbonsäuren $C_nH_{2n-23}N_3O_3$

4-[1-Acetyl-2-äthoxy-1,2-dihydro-[2]chinolyl]-cinnolin-3-carbonsäure $C_{22}H_{19}N_3O_4$, Formel IX.
   Die von *Schofield, Simpson* (Soc. **1946** 472, 479) unter dieser Konstitution beschriebene Verbindung ist als 1-Acetyl-2-[2]chinolyl-4-oxo-1,2,3,4-tetrahydro-cinnolin-3-carbonsäure-äthyl⁀ester (E III/IV **25** 1641) zu formulieren (*Morley*, Soc. **1959** 2280).

2. Hydroxycarbonsäuren mit 4 Sauerstoff-Atomen

Hydroxycarbonsäuren $C_nH_{2n-7}N_3O_4$

***(±)-5-Acetoxy-6-[1-methoxy-äthyliden]-1,3a-dihydro-6H-pyrrolo[3,2-c]pyrazol-6a-carbonsäure-äthylester(?)** $C_{13}H_{17}N_3O_5$, vermutlich Formel X und Taut.
   B. Aus 5-Acetoxy-4-acetyl-pyrrol-3-carbonsäure-äthylester und Diazomethan in Äther (*Grob, Ankli*, Helv. **32** [1949] 2023, 2029, 2034).
   Kristalle (aus CHCl$_3$ + PAe.); F: 133 – 134° [korr.; Zers.].

Hydroxycarbonsäuren $C_nH_{2n-9}N_3O_4$

2,4-Dimethoxy-5H-pyrrolo[3,2-d]pyrimidin-6-carbonsäure-äthylester $C_{11}H_{13}N_3O_4$, Formel XI (R = CH$_3$).
   B. Aus [2,4-Dimethoxy-6-methyl-pyrimidin-5-yl]-[2-nitro-benzyliden]-amin (E III/IV **25** 3489) beim Behandeln mit Oxalsäure-diäthylester und Kaliumäthylat in Äther und anschliessenden Behandeln mit äthanol. HCl (*Pfleiderer, Mosthaf*, B. **90** [1957] 738, 745).
   Kristalle (aus Bzl. + PAe.); F: 179 – 180°.

2,4-Diäthoxy-5H-pyrrolo[3,2-d]pyrimidin-6-carbonsäure-äthylester $C_{13}H_{17}N_3O_4$, Formel XI (R = C$_2$H$_5$).
   B. Aus 2,4-Diäthoxy-6-methyl-5-nitro-pyrimidin und Oxalsäure-diäthylester über mehrere Stufen (*Tanaka et al.*, J. pharm. Soc. Japan **75** [1955] 770).
   Kristalle; F: 142°.

F. Oxocarbonsäuren

1. Oxocarbonsäuren mit 3 Sauerstoff-Atomen

Oxocarbonsäuren $C_nH_{2n-3}N_3O_3$

Oxocarbonsäuren $C_3H_3N_3O_3$

5-Oxo-2,5-dihydro-1H-[1,2,3]triazol-4-carbonsäure-äthylester $C_5H_7N_3O_3$, Formel XII (R = H, X = O-C$_2$H$_5$) und Taut. (z. B. 5-Hydroxy-1H-[1,2,3]triazol-4-carbonsäure-äthylester) (E I 92).

In dem nachstehend beschriebenen Präparat hat möglicherweise Carbamoyl-diazo-essigsäure-äthylester (s. E I 3 269) vorgelegen.

B. Beim Behandeln von Amino-carbamoyl-essigsäure-äthylester-hydrochlorid mit NaNO$_2$ und wss. HCl (*Cook et al.,* Soc. **1949** 1443, 1447).

Kristalle (aus Bzl.); F: 145−146° (vgl. E I **26** 92).

5-Oxo-2,5-dihydro-1H-[1,2,3]triazol-4-carbonsäure-amid $C_3H_4N_4O_2$, Formel XII (R = H, X = NH$_2$) und Taut. (E I 93).

λ_{max}: 224 nm und 267 nm [wss. A.] bzw. 240 nm [wss.-äthanol. HCl] (*Hoover, Day,* Am. Soc. **78** [1956] 5832, 5834).

[Naphthalin-1-sulfonyl]-[5-oxo-2,5-dihydro-1H-[1,2,3]triazol-4-carbonyl]-amin, 5-Oxo-2,5-dihydro-1H-[1,2,3]triazol-4-carbonsäure-[naphthalin-1-sulfonylamid] $C_{13}H_{10}N_4O_4S$, Formel XII (R = H, X = NH-SO$_2$-C$_{10}$H$_7$) und Taut. s. Diazomalonsäure-amid-[naphthalin-1-sulfonylamid] (E III **11** 386).

[Naphthalin-2-sulfonyl]-[5-oxo-2,5-dihydro-1H-[1,2,3]triazol-4-carbonyl]-amin, 5-Oxo-2,5-dihydro-1H-[1,2,3]triazol-4-carbonsäure-[naphthalin-2-sulfonylamid] $C_{13}H_{10}N_4O_4S$, Formel XII (R = H, X = NH-SO$_2$-C$_{10}$H$_7$) und Taut. s. Diazomalonsäure-amid-[naphthalin-2-sulfonylamid] (E III **11** 410).

N,N'-Bis-[5-oxo-2,5-dihydro-1H-[1,2,3]triazol-4-carbonyl]-naphthalin-1,5-disulfonamid $C_{16}H_{12}N_8O_8S_2$, Formel XIII und Taut. s. N,N'-Bis-[carbamoyl-diazo-acetyl]-naphthalin-1,5-disulfonamid (E III **11** 465).

1-[4-Chlor-phenyl]-5-oxo-2,5-dihydro-1H-[1,2,3]triazol-4-carbonsäure $C_9H_6ClN_3O_3$, Formel XII (R = C$_6$H$_4$-Cl, X = OH) und Taut.

B. Beim Behandeln von Malonsäure-diäthylester mit 1-Azido-4-chlor-benzol und äthanol. Natriumäthylat und Erwärmen des Reaktionsprodukts mit wss. NaOH (*Ilford Ltd.,* U.S.P. 2705713 [1954]).

F: 96° [Zers.].

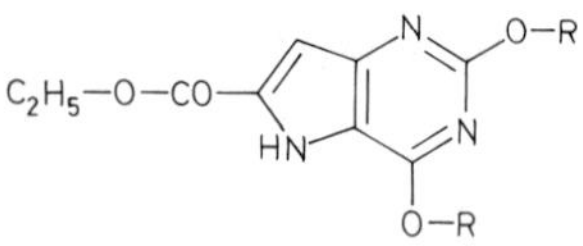

XI 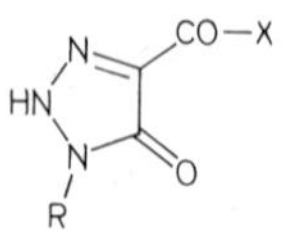   XII 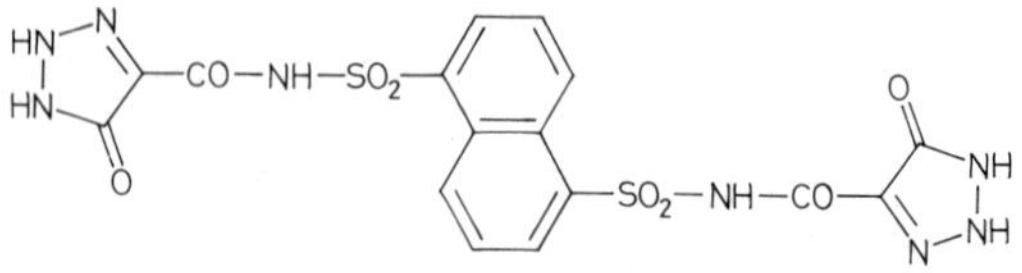   XIII

1-[4-Brom-phenyl]-5-oxo-2,5-dihydro-1H-[1,2,3]triazol-4-carbonsäure $C_9H_6BrN_3O_3$,
Formel XII (R = C_6H_4-Br, X = OH) und Taut. (H 307).
B. Analog der vorangehenden Verbindung (*Ilford Ltd.*, U.S.P. 2705713 [1954]).
F: 97° [Zers.].

5-Oxo-1-phenyl-2,5-dihydro-1H-[1,2,3]triazol-4-carbonsäure-methylester $C_{10}H_9N_3O_3$,
Formel XII (R = C_6H_5, X = O-CH$_3$) und Taut. (H 308; E I 93; E II 171).
UV-Spektrum (250 – 380 nm): *Ramart-Lucas, Hoch*, Bl. **1949** 447, 452.
Zum Mechanismus der Umlagerung in 2-Diazo-N-phenyl-malonamidsäure-methylester (vgl.
H 308; E I 93; E II 171) s. *Brown, Hammick*, Soc. **1947** 1384.

1-[4-Brom-phenyl]-5-oxo-2,5-dihydro-1H-[1,2,3]triazol-4-carbonsäure-äthylester
$C_{11}H_{10}BrN_3O_3$, Formel XII (R = C_6H_4-Br, X = O-C$_2$H$_5$) und Taut. (H 309).
F: 138° [im vorgeheizten App.] (*Leffler, Liu*, Am. Soc. **78** [1956] 1949, 1952).
Geschwindigkeitskonstante der Umlagerung zu N-[4-Brom-phenyl]-2-diazo-malonamidsäure-
äthylester in Acetonitril sowie in DMF bei 2 – 25°: *Le., Liu*, l. c. S. 1951.

5-Oxo-1-p-tolyl-2,5-dihydro-1H-[1,2,3]triazol-4-carbonsäure-äthylester $C_{12}H_{13}N_3O_3$,
Formel XII (R = C_6H_4-CH$_3$, X = O-C$_2$H$_5$) und Taut. (H 310).
In einem früher (s. E II **26** 172) unter dieser Konstitution beschriebenen Präparat vom
F: 98 – 99° hat wahrscheinlich 2-Diazo-N-p-tolyl-malonamidsäure-äthylester (E I **12** 431) vorge≈
legen.
F: 88° [im vorgeheizten App.] (*Leffler, Liu*, Am. Soc. **78** [1956] 1949, 1952).
Geschwindigkeitskonstante der Umlagerung zu 2-Diazo-N-p-tolyl-malonamidsäure-äthylester
in Acetonitril, auch unter Zusatz von 1,3,5-Trinitro-benzol, sowie in DMF bei 3 – 34°: *Le.,
Liu*, l. c. S. 1951.

1-Benzyl-5-oxo-2,5-dihydro-1H-[1,2,3]triazol-4-carbonsäure $C_{10}H_9N_3O_3$, Formel XII
(R = CH$_2$-C$_6$H$_5$, X = OH) und Taut.
B. Aus 1-Benzyl-5-oxo-2,5-dihydro-1H-[1,2,3]triazol-4-carbonsäure-methylester beim Erwär≈
men mit wss. NaOH (*Gompper*, B. **90** [1957] 382, 386).
F: 90° [Zers.].

1-Benzyl-5-oxo-2,5-dihydro-1H-[1,2,3]triazol-4-carbonsäure-äthylester $C_{12}H_{13}N_3O_3$,
Formel XII (R = CH$_2$-C$_6$H$_5$, X = O-C$_2$H$_5$) und Taut.
B. Beim Erwärmen von Malonsäure-diäthylester mit Benzylazid und Natriummethylat in
Äthanol (*Hoover, Day*, Am. Soc. **78** [1956] 5832, 5835).
Kristalle (aus CHCl$_3$+PAe.); F: 111 – 112° [unkorr.]. λ_{max}: 228 nm und 274 nm [wss. A.]
bzw. 293 nm [wss.-äthanol. HCl].

1-Benzyl-5-oxo-2,5-dihydro-1H-[1,2,3]triazol-4-carbonsäure-amid $C_{10}H_{10}N_4O_2$, Formel XII
(R = CH$_2$-C$_6$H$_5$, X = NH$_2$) und Taut.
B. Aus dem vorangehenden Äthylester beim Erhitzen mit NH$_3$ in Äthylenglykol (*Hoover,
Day*, Am. Soc. **78** [1956] 5832, 5836).
Kristalle (aus A.); F: 174 – 175° [unkorr.; Zers.]. λ_{max}: 227 nm und 272 nm [wss. A.] bzw.
290 nm [wss.-äthanol. HCl].

1-[4-Methoxy-phenyl]-5-oxo-2,5-dihydro-1H-[1,2,3]triazol-4-carbonsäure-äthylester
$C_{12}H_{13}N_3O_4$, Formel XII (R = C_6H_4-O-CH$_3$, X = O-C$_2$H$_5$) und Taut.
B. Aus 2-Diazo-N-[4-methoxy-phenyl]-malonamidsäure-äthylester mit Hilfe von äthanol. Na≈
triumäthylat (*Leffler, Liu*, Am. Soc. **78** [1956] 1949, 1952).
F: 91° [im vorgeheizten App.].
Geschwindigkeitskonstante der Umlagerung zu 2-Diazo-N-[4-methoxy-phenyl]-malonamid≈
säure-äthylester in Acetonitril sowie in DMF, auch unter Zusatz von HClO$_4$, LiCl, LiNO$_3$,
NaNO$_3$, KNO$_3$, NH$_4$NO$_3$ und 1,3,5-Trinitro-benzol, bei 3 – 50°: *Le., Liu*, l. c. S. 1951.

1-[Naphthalin-1-sulfonyl]-5-oxo-2,5-dihydro-1H-[1,2,3]triazol-4-carbonsäure $C_{13}H_9N_3O_5S$,
Formel XIV (R = $C_{10}H_7$, X = OH) und Taut. s. 2-Diazo-N-[naphthalin-1-sulfonyl]-
malonamidsäure (E III **11** 385).

1-[Naphthalin-2-sulfonyl]-5-oxo-2,5-dihydro-1H-[1,2,3]triazol-4-carbonsäure $C_{13}H_9N_3O_5S$,
Formel XIV (R = $C_{10}H_7$, X = OH) und Taut. s. 2-Diazo-N-[naphthalin-2-sulfonyl]-
malonamidsäure (E III **11** 409).

1,5-Bis-[4-carboxy-5-oxo-2,5-dihydro-[1,2,3]triazol-1-sulfonyl]-naphthalin, 5,5′-Dioxo-2,5,2′,5′-
tetrahydro-1H,1′H-1,1′-[naphthalin-1,5-disulfonyl]-bis-[1,2,3]triazol-4-carbonsäure
$C_{16}H_{10}N_6O_{10}S_2$, Formel XV (X = OH) und Taut. s. N,N'-Bis-[carboxy-diazo-acetyl]-
naphthalin-1,5-disulfonamid (E III **11** 465).

XIV   XV

1-[4-Chlor-benzolsulfonyl]-5-oxo-2,5-dihydro-1H-[1,2,3]triazol-4-carbonsäure-äthylester
$C_{11}H_{10}ClN_3O_5S$, Formel XIV (R = C_6H_4-Cl, X = O-C_2H_5) und Taut. s. N-[4-Chlor-
benzolsulfonyl]-2-diazo-malonamidsäure-äthylester (E III **11** 91).

1-[Naphthalin-1-sulfonyl]-5-oxo-2,5-dihydro-1H-[1,2,3]triazol-4-carbonsäure-äthylester
$C_{15}H_{13}N_3O_5S$, Formel XIV (R = $C_{10}H_7$, X = O-C_2H_5) und Taut. s. 2-Diazo-N-[naphthalin-
1-sulfonyl]-malonamidsäure-äthylester (E III **11** 385).

1-[Naphthalin-2-sulfonyl]-5-oxo-2,5-dihydro-1H-[1,2,3]triazol-4-carbonsäure-äthylester
$C_{15}H_{13}N_3O_5S$, Formel XIV (R = $C_{10}H_7$, X = O-C_2H_5) und Taut. s. 2-Diazo-N-[naphthalin-
2-sulfonyl]-malonamidsäure-äthylester (E III **11** 409).

1-[9,10-Dioxo-9,10-dihydro-anthracen-2-sulfonyl]-5-oxo-2,5-dihydro-1H-[1,2,3]triazol-
4-carbonsäure-äthylester $C_{19}H_{13}N_3O_7S$, Formel I und Taut. s. 2-Diazo-N-[9,10-dioxo-
9,10-dihydro-anthracen-2-sulfonyl]-malonamidsäure-äthylester (E III **11** 629).

1,5-Bis-[4-äthoxycarbonyl-5-oxo-2,5-dihydro-[1,2,3]triazol-1-sulfonyl]-naphthalin, 5,5′-Dioxo-
2,5,2′,5′-tetrahydro-1H,1′H-1,1′-[naphthalin-1,5-disulfonyl]-bis-[1,2,3]triazol-4-carbonsäure-
diäthylester $C_{20}H_{18}N_6O_{10}S_2$, Formel XV (X = O-C_2H_5) und Taut. s. N,N'-Bis-[äthoxy≠
carbonyl-diazo-acetyl]-naphthalin-1,5-disulfonamid (E III **11** 465).

1-[Naphthalin-1-sulfonyl]-5-oxo-2,5-dihydro-1H-[1,2,3]triazol-4-carbonsäure-amid
$C_{13}H_{10}N_4O_4S$, Formel XIV (R = $C_{10}H_7$, X = NH$_2$) und Taut. s. Diazomalonsäure-amid-
[naphthalin-1-sulfonylamid] (E III **11** 386).

1-[Naphthalin-2-sulfonyl]-5-oxo-2,5-dihydro-1H-[1,2,3]triazol-4-carbonsäure-amid
$C_{13}H_{10}N_4O_4S$, Formel XIV (R = $C_{10}H_7$, X = NH$_2$) und Taut. s. Diazomalonsäure-amid-
[naphthalin-2-sulfonylamid] (E III **11** 410).

1,5-Bis-[4-carbamoyl-5-oxo-2,5-dihydro-[1,2,3]triazol-1-sulfonyl]-naphthalin, 5,5′-Dioxo-2,5,2′,5′-
tetrahydro-1H,1′H-1,1′-[naphthalin-1,5-disulfonyl]-bis-[1,2,3]triazol-4-carbonsäure-diamid
$C_{16}H_{12}N_8O_8S_2$, Formel XV (X = NH$_2$) und Taut. s. N,N'-Bis-[carbamoyl-diazo-acetyl]-
naphthalin-1,5-disulfonamid (E III **11** 465).

[1-Amino-5-oxo-2,5-dihydro-1H-[1,2,3]triazol-4-carbonyl]-[naphthalin-1-sulfonyl]-amin, 1-Amino-5-oxo-2,5-dihydro-1H-[1,2,3]triazol-4-carbonsäure-[naphthalin-1-sulfonylamid] $C_{13}H_{11}N_5O_4S$, Formel II (X = SO_2-$C_{10}H_7$) und Taut. s. 2-Diazo-N-[naphthalin-1-sulfonyl]-malonamid‍säure-hydrazid (E III **11** 386).

　　Benzyliden-Derivat $C_{20}H_{15}N_5O_4S$; [1-Benzylidenamino-5-oxo-2,5-dihydro-1H-[1,2,3]triazol-4-carbonyl]-[naphthalin-1-sulfonyl]-amin s. 2-Diazo-N-[naphthalin-1-sulfonyl]-malonamidsäure-benzylidenhydrazid (E III **11** 386).

[1-Amino-5-oxo-2,5-dihydro-1H-[1,2,3]triazol-4-carbonyl]-[naphthalin-2-sulfonyl]-amin, 1-Amino-5-oxo-2,5-dihydro-1H-[1,2,3]triazol-4-carbonsäure-[naphthalin-2-sulfonylamid] $C_{13}H_{11}N_5O_4S$, Formel II (X = SO_2-$C_{10}H_7$) und Taut. s. 2-Diazo-N-[naphthalin-2-sulfonyl]-malonamidsäure-hydrazid (E III **11** 410).

　　Isopropyliden-Derivat $C_{16}H_{15}N_5O_4S$; [1-Isopropylidenamino-5-oxo-2,5-di‍hydro-1H-[1,2,3]triazol-4-carbonyl]-[naphthalin-2-sulfonyl]-amin s. 2-Diazo-N-[naphthalin-2-sulfonyl]-malonamidsäure-isopropylidenhydrazid (E III **11** 410).

　　Benzyliden-Derivat $C_{20}H_{15}N_5O_4S$; [1-Benzylidenamino-5-oxo-2,5-dihydro-1H-[1,2,3]triazol-4-carbonyl]-[naphthalin-2-sulfonyl]-amin s. 2-Diazo-N-[naphthalin-2-sulfonyl]-malonamidsäure-benzylidenhydrazid (E III **11** 410).

1-Amino-5-oxo-2,5-dihydro-1H-[1,2,3]triazol-4-carbonsäure-hydrazid $C_3H_6N_6O_2$, Formel II (X = NH_2) und Taut.

　　Die von *Curtius et al.* (J. pr. [2] **125** [1930] 366, 378, 400) unter dieser Konstitution beschriebene Verbindung ist möglicherweise als Diazomalonsäure-dihydrazid zu formulieren (s. E III **11** 385 im Artikel 2-Diazo-N-[naphthalin-1-sulfonyl]-malonamidsäure-äthylester).

5-Thioxo-2,5-dihydro-1H-[1,2,3]triazol-4-carbonsäure-amid $C_3H_4N_4OS$, Formel III (R = H, X = NH_2) und Taut.

　　B. Aus dem im folgenden Artikel beschriebenen Amid mit Hilfe von $NaNH_2$ in flüssigem NH_3 (*Hoover, Day,* Am. Soc. **78** [1956] 5832, 5836).

　　Kristalle (aus H_2O); F: 194 – 195° [unkorr.; Zers.].

1-Benzyl-5-thioxo-2,5-dihydro-1H-[1,2,3]triazol-4-carbonsäure $C_{10}H_9N_3O_2S$, Formel III (R = CH_2-C_6H_5, X = OH) und Taut.

　　B. Aus dem Äthylester (s. u.) mit Hilfe von wss. Alkali (*Hoover, Day,* Am. Soc. **78** [1956] 5832, 5836).

　　F: 123° [unkorr.; Zers.].

　　Äthylester $C_{12}H_{13}N_3O_2S$. Natrium-Verbindung $NaC_{12}H_{12}N_3O_2S$. B. Beim Erwär‍men von 1-Benzyl-5-chlor-1H-[1,2,3]triazol-4-carbonsäure-äthylester mit H_2S und Natrium‍methylat in Äthanol (*Ho., Day*). – Kristalle (aus Isopropylalkohol); F: 248 – 249° [unkorr.; Zers.].

　　Amid $C_{10}H_{10}N_4OS$. B. Beim Erhitzen der Natrium-Verbindung des Äthylesters (s. o.) mit NH_3 in Äthylenglykol (*Ho., Day*). – Kristalle (aus A.); F: 205 – 206° [unkorr.; Zers.; nach Sintern bei 199°].

5-Oxo-2,5-dihydro-1H-[1,2,4]triazol-3-carbonsäure $C_3H_3N_3O_3$, Formel IV (R = H, X = OH) und Taut. (H 310; E II 175).

　　B. Neben 1,2,1′,2′-Tetrahydro-[3,3′]bi[1,2,4]triazolyl-5,5′-dion beim Erwärmen von Oxalsäure-bis-[N'-carbamoyl-hydrazid] mit wss. KOH (*Gehlen,* A. **577** [1952] 237, 240).

　　Kristalle (aus H_2O); Zers. bei ca. 210°.

1-[4-Nitro-phenyl]-5-oxo-2,5-dihydro-1*H*-[1,2,4]triazol-3-carbonsäure $C_9H_6N_4O_5$, Formel IV
(R = C_6H_4-NO_2, X = OH) und Taut.

Diese Verbindung hat vermutlich in dem früher (H **26** 312) als 1-[x-Nitro-phenyl]-5-oxo-2,5-dihydro-1*H*-[1,2,4]triazol-3-carbonsäure formulierten Präparat (F: 307−310° [Zers.]) vorgelegen.

B. Aus dem Äthylester (s. u.) mit Hilfe von wss. KOH (*Fusco, Musante,* G. **68** [1938] 665, 679; *Sharp, Hamilton,* Am. Soc. **68** [1946] 588, 590).

Kristalle; F: 316−319° (*Sh., Ha.*), 300° [Zers.] (*Fu., Mu.*).

Methylester $C_{10}H_8N_4O_5$. *B.* Beim Erwärmen von Brom-[4-nitro-phenylhydrazono]-essigsäure-äthylester mit Kaliumcyanat und Methanol und Erwärmen des Reaktionsgemisches mit konz. wss. HCl (*Sh., Ha.*). − Kristalle (aus Acn.); F: 254−255° (*Sh., Ha.*).

Äthylester $C_{11}H_{10}N_4O_5$. *B.* Analog dem Methylester [s. o.] (*Fu., Mu.*). Aus Amino-[4-nitro-phenylhydrazono]-essigsäure-äthylester beim Behandeln mit $COCl_2$ in pyridinhaltigem Benzol (*Sh., Ha.*). − Kristalle; F: 243−244° [aus Acn.] (*Sh., Ha.*), 235° [aus A.] (*Fu., Mu.*).

Hydrazid $C_9H_8N_6O_4$. Kristalle; F: 290−291° (*Sh., Ha.*).

Azid $C_9H_5N_7O_4$; 1-[4-Nitro-phenyl]-5-oxo-2,5-dihydro-1*H*-[1,2,4]triazol-3-carbonylazid. Feststoff, der bei 163−164° explodiert (*Sh., Ha.*).

1-[4-Amino-phenyl]-5-oxo-2,5-dihydro-1*H*-[1,2,4]triazol-3-carbonsäure-methylester
$C_{10}H_{10}N_4O_3$, Formel IV (R = C_6H_4-NH_2, X = O-CH_3) und Taut.

B. Bei der Hydrierung des im vorangehenden Artikel beschriebenen Methylesters an Raney-Nickel in Äthanol (*Sharp, Hamilton,* Am. Soc. **68** [1946] 588, 590).

F: 212−214°.

1-[4-Amino-phenyl]-5-oxo-2,5-dihydro-1*H*-[1,2,4]triazol-3-carbonsäure-äthylester $C_{11}H_{12}N_4O_3$,
Formel IV (R = C_6H_4-NH_2, X = O-C_2H_5) und Taut.

B. Analog dem vorangehenden Methylester (*Sharp, Hamilton,* Am. Soc. **68** [1946] 588, 589).

F: 211−212°.

Oxocarbonsäuren $C_4H_5N_3O_3$

[5-Oxo-1-phenyl-2,5-dihydro-1*H*-[1,2,4]triazol-3-yl]-essigsäure $C_{10}H_9N_3O_3$, Formel V
(R = C_6H_5, X = O) und Taut.

B. Aus [5-Oxo-1-phenyl-2,5-dihydro-1*H*-[1,2,4]triazol-3-yl]-malonsäure-diäthylester beim Erwärmen mit äthanol. KOH (*Ghosh,* J. Indian chem. Soc. **13** [1936] 86, 90).

Kristalle (aus A.); F: >300° [Dunkelfärbung bei 280°].

[5-Thioxo-2,5-dihydro-1*H*-[1,2,4]triazol-3-yl]-essigsäure $C_4H_5N_3O_2S$, Formel V (R = H,
X = S) und Taut.

B. Aus dem Äthylester (s. u.) mit Hilfe von wss. NaOH (*Ainsworth, Jones,* Am. Soc. **76** [1954] 5651, 5653).

Kristalle (aus H_2O); F: 225−229° (*Ai., Jo.*).

Äthylester $C_6H_9N_3O_2S$. *B.* Aus Malonsäure-äthylester-[*N'*-thiocarbamoyl-hydrazid] beim Erwärmen mit äthanol. Natriumäthylat (*Ai., Jo.;* E. Lilly & Co., U.S.P. 2710296 [1953]).
− Kristalle (aus H_2O); F: 192−194°.

Oxocarbonsäuren $C_nH_{2n-5}N_3O_3$

3-Oxo-3-[1-phenyl-1*H*-[1,2,3]triazol-4-yl]-propionsäure-äthylester $C_{13}H_{13}N_3O_3$, Formel VI und
Taut.

B. Beim Erwärmen von 1-Phenyl-1*H*-[1,2,3]triazol-4,5-dicarbonsäure-diäthylester mit Äthylacetat und Natrium (*Borsche et al.*, A. **554** [1943] 15, 19).

Kristalle (aus wss. A. oder PAe.); F: 115°.

2,4-Dinitro-phenylhydrazon $C_{19}H_{17}N_7O_6$; 3-[2,4-Dinitro-phenylhydrazono]-3-[1-phenyl-1H-[1,2,3]triazol-4-yl]-propionsäure-äthylester. Kristalle (aus Me. oder CHCl₃); F: 235–236° (*Bo. et al.*, l. c. S. 20).

---

*2-Hydroxyimino-3-[1H-[1,2,3]triazol-4-yl]-propionsäure $C_5H_6N_4O_3$, Formel VII (R = H) und Taut.

B. Aus 5-[1H-[1,2,3]Triazol-4-ylmethylen]-2-thioxo-thiazolidin-4-on beim Erwärmen mit wss. NaOH und Erwärmen der erhaltenen 2-Thioxo-3-[1H-[1,2,3]triazol-4-yl]-propionsäure $C_5H_5N_3O_2S$ (Zers. bei 257°; nicht rein isoliert) mit NH_2OH in Äthanol (*Sheehan, Robinson*, Am. Soc. **71** [1949] 1436, 1438).

Gelbliche Kristalle (aus H_2O); F: 169° [korr.; Zers.].

---

*2-Hydroxyimino-3-[1-methyl-1H-[1,2,3]triazol-4-yl]-propionsäure $C_6H_8N_4O_3$, Formel VII (R = CH₃).

B. Analog der vorangehenden Verbindung (*Hüttel et al.*, A. **585** [1954] 115, 124).

F: 155° [Zers.].

---

*2-Hydroxyimino-3-[1-phenyl-1H-[1,2,3]triazol-4-yl]-propionsäure $C_{11}H_{10}N_4O_3$, Formel VII (R = C₆H₅).

B. Analog den vorangehenden Verbindungen (*Sheehan, Robinson*, Am. Soc. **73** [1951] 1207, 1209).

Kristalle (aus H_2O); F: 166° [korr.; Zers.].

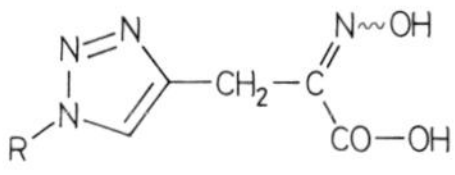

VII 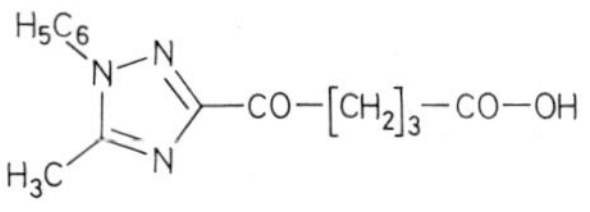   VIII 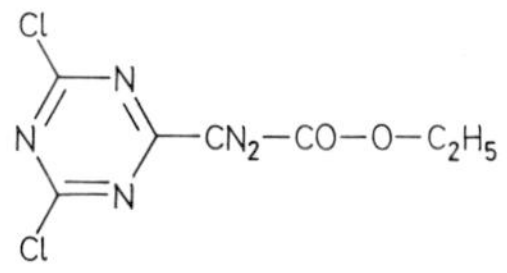   IX

5-[5-Methyl-1-phenyl-1H-[1,2,4]triazol-3-yl]-5-oxo-valeriansäure $C_{14}H_{15}N_3O_3$, Formel VIII und Taut.

B. Beim Behandeln von N-[2,6-Dioxo-cyclohexyl]-acetamid mit Benzoldiazoniumchlorid und Natriumacetat in H_2O (*Stetter et al.*, B. **92** [1959] 1184, 1187).

Gelbe Kristalle (aus 1,2-Dichlor-äthan); F: 149–150° [korr.].

Methylester $C_{15}H_{17}N_3O_3$. *B.* Aus der Säure (s. o.) und Diazomethan in Methanol (*St. et al.*). – Kristalle (aus PAe.); F: 93–94°.

Oxim $C_{14}H_{16}N_4O_3$; *5-Hydroxyimino-5-[5-methyl-1-phenyl-1H-[1,2,4]triazol-3-yl]-valeriansäure. Kristalle (aus A. + H_2O); F: 176–178° [korr.].

Oxocarbonsäuren $C_nH_{2n-7}N_3O_3$

Diazo-[4,6-dichlor-[1,3,5]triazin-2-yl]-essigsäure-äthylester $C_7H_5Cl_2N_5O_2$, Formel IX.

B. Aus Trichlor-[1,3,5]triazin beim Erwärmen mit Diazoessigsäure-äthylester in Petroläther (*Grundmann, Kober*, Am. Soc. **79** [1957] 944, 947; *Olin Mathieson Chem. Corp.*, U.S.P. 2867621 [1956]).

Gelbe Kristalle (aus PAe.); F: 53–54°.

8-Nitro-5-oxo-1,2,3,5-tetrahydro-imidazo[1,2-c]pyrimidin-7-carbonsäure-methylester $C_8H_8N_4O_5$, Formel X und Taut.

B. Beim Erhitzen von 2-Chlor-6-[2-chlor-äthylamino]-5-nitro-pyrimidin-4-carbonsäure-methylester mit Natriumacetat und Essigsäure (*Clark, Ramage*, Soc. **1958** 2821, 2825).

Kristalle (aus Eg.); F: 215° [Zers.].

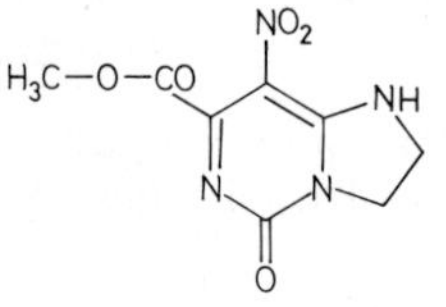

X 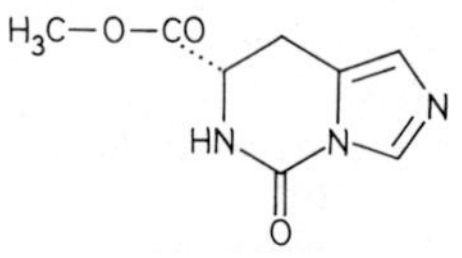 XI 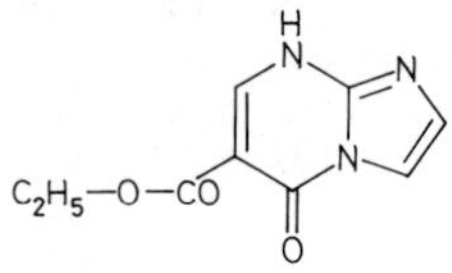 XII

(S)-5-Oxo-5,6,7,8-tetrahydro-imidazo[1,5-c]pyrimidin-7-carbonsäure-methylester $C_8H_9N_3O_3$, Formel XI.

B. Aus L-Histidin-methylester-dihydrochlorid beim Behandeln mit Chlorothiokohlensäure-S-phenylester und Triäthylamin in CHCl₃ (*Schlögl, Woidich,* M. **87** [1956] 679, 688).

Kristalle (aus Me. + Ae. + PAe.); F: 168−169° [nach Sublimation bei 130−140°/0,01 Torr]; $[\alpha]_D^{20}$: +63° [wss. HCl (0,1 n)] (*Sch., Wo.*). IR-Spektrum (Nujol; 2,5−15 μ): *Derkosch et al.,* M. **88** [1957] 35, 36, 40.

Picrat $C_8H_9N_3O_3 \cdot C_6H_3N_3O_7$. Kristalle (aus Me.); F: 203−205° (*Sch., Wo.*).

Oxocarbonsäuren $C_nH_{2n-9}N_3O_3$

Oxocarbonsäuren $C_7H_5N_3O_3$

5-Oxo-5,8-dihydro-imidazo[1,2-a]pyrimidin-6-carbonsäure-äthylester $C_9H_9N_3O_3$, Formel XII und Taut.

B. Beim Erhitzen von 1H-Imidazol-2-ylamin mit Äthoxymethylen-malonsäure-diäthylester in Essigsäure (*Allen et al.,* J. org. Chem. **24** [1959] 779, 787).

Kristalle (aus H₂O); F: 253°. UV-Spektrum (Me.; 200−350 nm): *Al. et al.*

Oxocarbonsäuren $C_8H_7N_3O_3$

2-Methyl-7-oxo-4,7-dihydro-pyrazolo[1,5-a]pyrimidin-6-carbonsäure $C_8H_7N_3O_3$, Formel XIII und Taut.

B. Aus dem Äthylester (s. u.) mit Hilfe von wss. HCl (*Allen et al.,* J. org. Chem. **24** [1959] 779, 787).

Zers. >285°.

Äthylester $C_{10}H_{11}N_3O_3$. *B.* Aus 5-Methyl-1(2)H-pyrazol-3-ylamin und Äthoxymethylen-malonsäure-diäthylester in Essigsäure (*Al. et al.*). − Kristalle (aus DMF); F: 294°. UV-Spektrum (Me.; 210−350 nm): *Al. et al.*

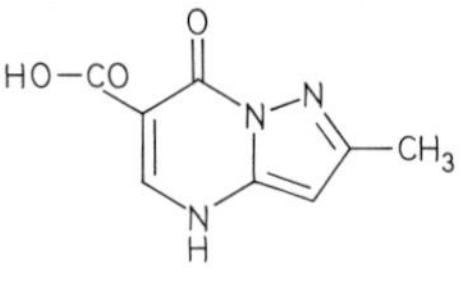

XIII 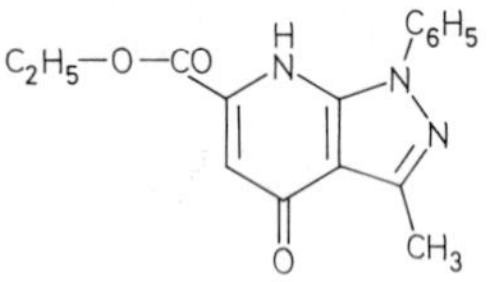 XIV 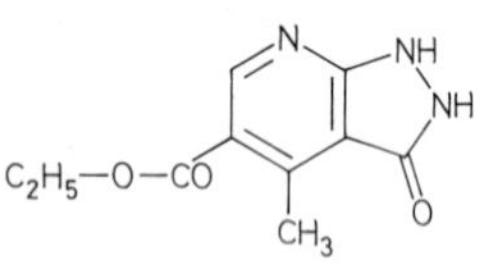 XV

3-Methyl-4-oxo-1-phenyl-4,7-dihydro-1H-pyrazolo[3,4-b]pyridin-6-carbonsäure-äthylester $C_{16}H_{15}N_3O_3$, Formel XIV und Taut.

B. Aus 5-Methyl-2-phenyl-2H-pyrazol-3-ylamin und Oxalessigsäure-diäthylester in Essigsäure (*Checchi et al.,* G. **86** [1956] 631, 639).

Kristalle (aus A.); F: 110°.

4-Methyl-3-oxo-2,3-dihydro-1H-pyrazolo[3,4-b]pyridin-5-carbonsäure-äthylester $C_{10}H_{11}N_3O_3$, Formel XV und Taut.

B. Aus 5-Amino-1,2-dihydro-pyrazol-3-on und 2-Acetyl-3-äthoxy-acrylsäure-äthylester (E IV

3 1962) in Essigsäure (*Papini et al.*, G. **87** [1957] 931, 946).
Kristalle (aus Dioxan); F: 280−285° [Zers.].

6-Methyl-3-oxo-2,3-dihydro-1 *H*-pyrazolo[3,4-*b*]pyridin-4-carbonsäure $C_8H_7N_3O_3$, Formel I
und Taut.
B. Aus dem Äthylester [s. u.] (*Papini et al.*, G. **87** [1957] 931, 945).
Pyridin-Salz $C_5H_5N \cdot C_8H_7N_3O_3$. Gelbes Pulver.
Äthylester $C_{10}H_{11}N_3O_3$. *B.* Aus 5-Amino-1,2-dihydro-pyrazol-3-on und 2,4-Dioxo-valeri≈
ansäure-äthylester bei 120° (*Pa. et al.*, l. c. S. 944). − Kristalle (aus A.); F: 240°.

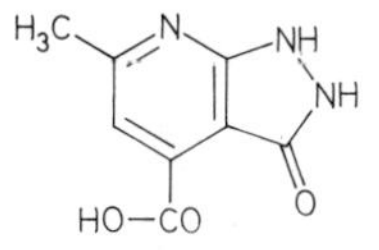

I 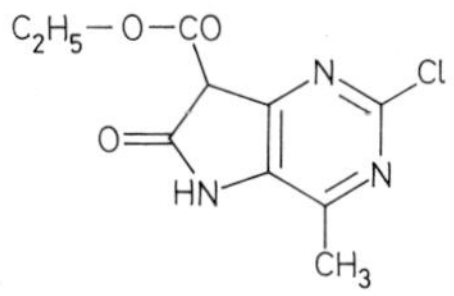   II 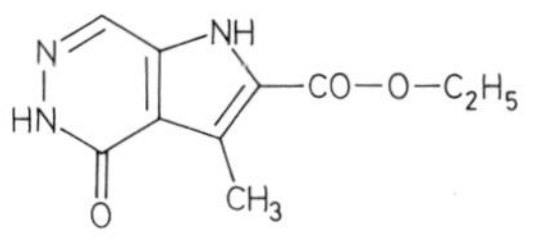   III

2-Chlor-4-methyl-6-oxo-6,7-dihydro-5 *H*-pyrrolo[3,2-*d*]pyrimidin-7-carbonsäure-äthylester
$C_{10}H_{10}ClN_3O_3$, Formel II und Taut.
B. Aus [5-Amino-2-chlor-6-methyl-pyrimidin-4-yl]-malonsäure-diäthylester mit Hilfe von wss.
Na_2CO_3 (*Rose*, Soc. **1954** 4116, 4123).
Kristalle; Zers. bei 200−300°.

3-Methyl-4-oxo-4,5-dihydro-1 *H*-pyrrolo[2,3-*d*]pyridazin-2-carbonsäure-äthylester $C_{10}H_{11}N_3O_3$,
Formel III und Taut.
B. Aus 5-Formyl-3-methyl-pyrrol-2,4-dicarbonsäure-diäthylester beim Erwärmen mit
$N_2H_4 \cdot H_2O$ in Essigsäure (*Fischer et al.*, A. **500** [1933] 1, 11).
Gelbliche Kristalle (aus Eg.); F: 318° [Zers.; nach Dunkelfärbung ab 295°].

Oxocarbonsäuren $C_9H_9N_3O_3$

5-Isopropyliden-6-oxo-6,7-dihydro-5 *H*-imidazo[1,2-*a*]imidazol-2-carbonsäure-methylester
$C_{10}H_{11}N_3O_3$, Formel IV und Taut.
Kristalle (aus Me.); F: 304−307° bzw. F: 288−290° [Zers.; nach Dunkelfärbung ab 280°]
(2 Präparate) (*Du Vigneaud, Melville*, Chem. Penicillin 1949 S. 269, 277, 299). λ_{max} (Me.):
255 nm.

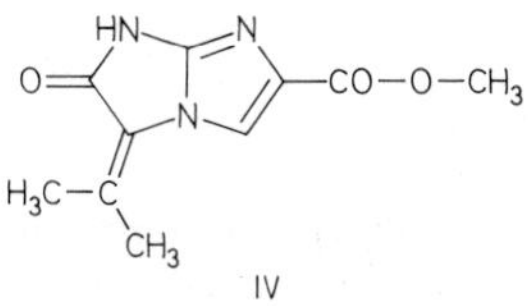

IV 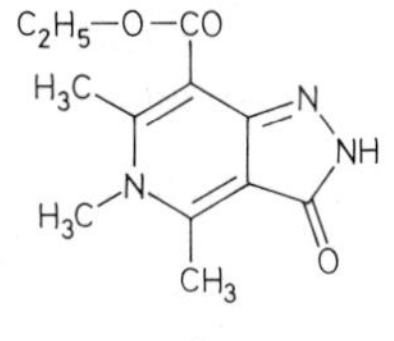   V 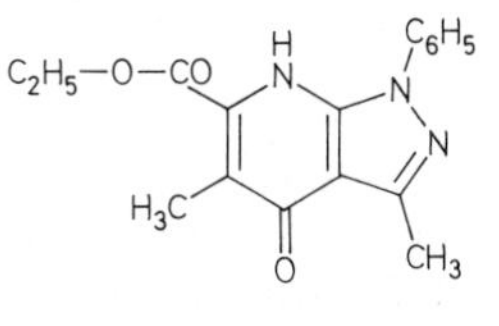   VI

4,5,6-Trimethyl-3-oxo-3,5-dihydro-2 *H*-pyrazolo[4,3-*c*]pyridin-7-carbonsäure-äthylester
$C_{12}H_{15}N_3O_3$, Formel V und Taut.
B. Aus 1,2,6-Trimethyl-4-oxo-1,4-dihydro-pyridin-3,5-dicarbonsäure-diäthylester beim Erhit≈
zen mit Dimethylsulfat auf 150° und Behandeln des Reaktionsprodukts mit $N_2H_4 \cdot H_2O$ in
Äthanol (*Hünig, Köbrich*, A. **617** [1958] 181, 202).
Gelbe Kristalle (aus H_2O); F: 275−276° [korr.; Braunfärbung].

3,5-Dimethyl-4-oxo-1-phenyl-4,7-dihydro-1 *H*-pyrazolo[3,4-*b*]pyridin-6-carbonsäure-äthylester
$C_{17}H_{17}N_3O_3$, Formel VI und Taut.
B. Aus 5-Methyl-2-phenyl-2*H*-pyrazol-3-ylamin und Methyloxalessigsäure-diäthylester in Es≈

sigsäure (*Checchi et al.*, G. **86** [1956] 631, 639).

Kristalle (aus Me.); F: 174−176°.

Oxocarbonsäuren $C_{10}H_{11}N_3O_3$

(±)-4-Oxo-1,2-diphenyl-3-[2-[4]pyridyl-äthyl]-[1,2]diazetidin-3-carbonsäure $C_{22}H_{19}N_3O_3$, Formel VII.

B. Aus 1,2-Diphenyl-4-[2-[4]pyridyl-äthyl]-pyrazolidin-3,5-dion beim Behandeln mit NaClO und wss. NaOH (*Geigy Chem. Corp.*, U.S.P. 2859211 [1957]).

Kristalle (aus Py.+E.); F: 162°.

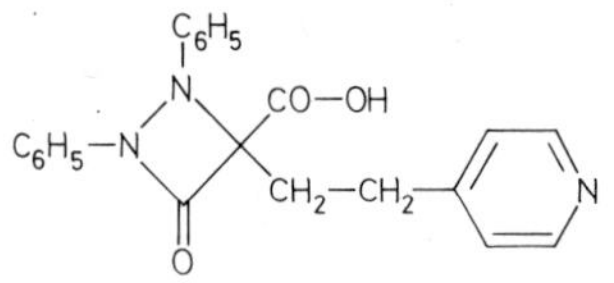

VII 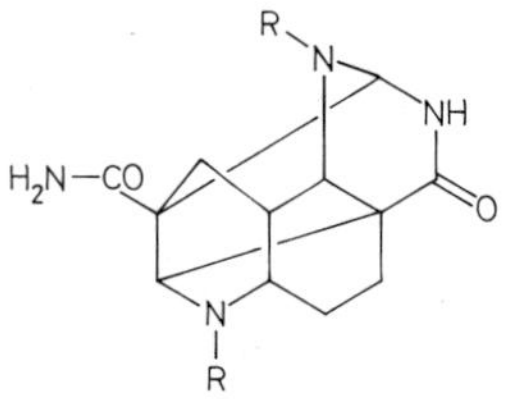   VIIIa 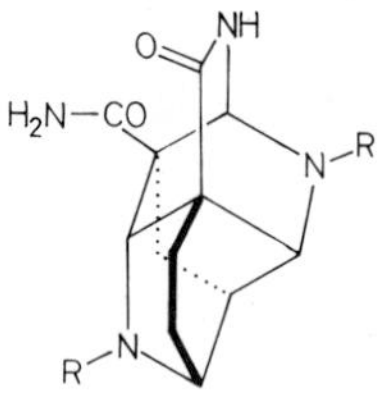   VIIIb

Oxocarbonsäuren $C_{12}H_{15}N_3O_3$

(±)-1,7-Dimethyl-4-oxo-decahydro-2,9;4a,8-dicyclo-pyrido[2,3-*h*]chinazolin-9-carbonsäure-amid, (±)-1,6-Dimethyl-4-oxo-octahydro-4a*t*,7*t*-äthano-8*c*,2*r*,5*c*-äthanylyliden-pyrido≈ [4,3-*d*]pyrimidin-10-carbonsäure-amid $C_{14}H_{20}N_4O_2$, Formel VIIIa ≡ VIIIb +Spiegelbild (R = CH₃).

Diese Konstitution kommt dem nachstehend beschriebenen sog. „dimeren 1-Methyl-1,4-dihydro-pyridin-3-carbonsäure-amid" zu (*Ammon, Jensen*, Acta cryst. **23** [1967] 805).

B. Aus 1-Methyl-1,4-dihydro-pyridin-3-carbonsäure-amid beim Behandeln mit wss. H_2SO_4 (*Karrer et al.*, Helv. **19** [1936] 811, 827; *Kühnis et al.*, Helv. **40** [1957] 751).

Atomabstände und Bindungswinkel (Röntgen-Diagramm): *Am., Je.*

Kristalle (aus Me.); F: 236° (*Kü. et al.*, l. c. S. 753; s. a. *Ka. et al.*). Monoklin; Kristallstruktur-Analyse (Röntgen-Diagramm): *Am., Je.* Dichte der Kristalle: 1,368 (*Am., Je.*). UV-Spektrum (A. sowie wss. Lösungen vom pH 1−13; 220−340 nm): *Kü. et al.*, l. c. S. 754, 756.

(±)-1,7-Diäthyl-4-oxo-decahydro-2,9;4a,8-dicyclo-pyrido[2,3-*h*]chinazolin-9-carbonsäure-amid $C_{16}H_{24}N_4O_2$, Formel VIIIa ≡ VIIIb+Spiegelbild (R = C_2H_5).

Bezüglich der Konstitution dieser als „dimeres 1-Äthyl-1,4-dihydro-pyridin-3-carbonsäure-amid" bezeichneten Verbindung vgl. *Ammon, Jensen*, Acta cryst. **23** [1967] 805.

B. Analog der vorangehenden Verbindung (*Kühnis et al.*, Helv. **40** [1957] 751, 755).

Kristalle (aus Me.); F: 231−233° [nach Braunfärbung ab 220°] (*Kü. et al.*).

(±)-4-Oxo-1,7-dipropyl-decahydro-2,9;4a,8-dicyclo-pyrido[2,3-*h*]chinazolin-9-carbonsäure-amid $C_{18}H_{28}N_4O_2$, Formel VIIIa ≡ VIIIb+Spiegelbild (R = CH_2-C_2H_5).

Bezüglich der Konstitution dieser als „dimeres 1-Propyl-1,4-dihydro-pyridin-3-carbonsäure-amid" bezeichneten Verbindung vgl. *Ammon, Jensen*, Acta cryst. **23** [1967] 805.

B. Analog den vorangehenden Verbindungen (*Kühnis et al.*, Helv. **40** [1957] 751, 757).

Kristalle (aus E.); F: 166−168° (*Kü. et al.*).

Oxocarbonsäuren $C_nH_{2n-11}N_3O_3$

Oxocarbonsäuren $C_8H_5N_3O_3$

3-Oxo-3,4-dihydro-pyrido[2,3-*b*]pyrazin-2-carbonsäure $C_8H_5N_3O_3$, Formel IX (R = H, X = OH) und Taut.

B. Aus dem folgenden Ureid oder aus dem Äthylester (s. u.) beim Erwärmen mit wss. KOH

(*Clark-Lewis, Thompson,* Soc. **1957** 430, 435; s. a. *Rudy, Majer,* B. **71** [1938] 1323, 1332).
Gelbliche Kristalle; F: 235° [aus Eg.] (*Rudy, Ma.*), 234° (*Cl.-Le., Th.*).

Äthylester $C_{10}H_9N_3O_3$. *B.* Neben geringen Mengen 2-Oxo-1,2-dihydro-pyrido[2,3-*b*]pyr⸗azin-3-carbonsäure-äthylester beim Erwärmen von Pyridin-2,3-diyldiamin mit Mesoxalsäure-diäthylester in wss. Äthanol (*Cl.-Le., Th.*). – Gelbliche Kristalle (aus A.); F: 213–214° (*Cl.-Le., Th.*).

Amid $C_8H_6N_4O_2$. *B.* Aus dem Äthylester (s. o.) und wss. NH_3 (*Cl.-Le., Th.*). – Gelbe Kristalle (aus DMF); Zers. ab 300° (*Cl.-Le., Th.*). λ_{max} (A.): 226–227 nm und 358–359 nm (*Cl.-Le., Th.*).

[3-Oxo-3,4-dihydro-pyrido[2,3-*b*]pyrazin-2-carbonyl]-harnstoff, 3-Oxo-3,4-dihydro-pyrido[2,3-*b*]⸗pyrazin-2-carbonsäure-ureid $C_9H_7N_5O_3$, Formel IX (R = H, X = NH-CO-NH_2) und Taut.

Diese Konstitution kommt der von *Rudy, Majer* (B. **71** [1938] 1323, 1331) als 5-[2-Amino-[3]pyridylimino]-barbitursäure angesehenen Verbindung zu; die von *Rudy, Majer* (l. c. S. 1332) unter dieser Konstitution beschriebene Verbindung ist als 1′,4′-Dihydro-spiro[imidazolidin-4,2′-pyrido[2,3-*b*]pyrazin]-2,5,3′-trion (Syst.-Nr. 4187) zu formulieren (*Clark-Lewis, Thompson,* Soc. **1957** 430).

B. Aus Pyridin-2,3-diyldiamin und Alloxan (E III/IV **24** 2137) in H_2O (*Rudy, Ma.,* l. c. S. 1331; *Cl.-Le., Th.,* l. c. S. 433; vgl. auch *Ziegler,* Am. Soc. **71** [1949] 1891).

Gelbe Kristalle; F: 285° (*Rudy, Ma.*), 283–285° [Zers.] (*Cl.-Le., Th.*).

Bei kurzem Erwärmen mit wss. NaOH ist 1′,4′-Dihydro-spiro[imidazolidin-4,2′-pyrido⸗[2,3-*b*]pyrazin]-2,5,3′-trion erhalten worden (*Rudy, Ma.,* l. c. S. 1332; s. a. *Cl.-Le., Th.*).

4-Methyl-3-oxo-3,4-dihydro-pyrido[2,3-*b*]pyrazin-2-carbonsäure $C_9H_7N_3O_3$, Formel IX (R = CH_3, X = OH).

B. Aus [4-Methyl-3-oxo-3,4-dihydro-pyrido[2,3-*b*]pyrazin-2-carbonyl]-harnstoff, aus 4′-Methyl-1′,4′-dihydro-spiro[imidazolidin-4,2′-pyrido[2,3-*b*]pyrazin]-2,5,3′-trion oder aus dem Äthylester (s. u.) beim Erhitzen mit wss. KOH (*Clark-Lewis, Thompson,* Soc. **1957** 430, 435).

Gelbe Kristalle (aus Bzl.); F: 186° [Zers.]. λ_{max} (A.): 223 nm und 324–326 nm.

Äthylester $C_{11}H_{11}N_3O_3$. *B.* Aus N^2-Methyl-pyridin-2,3-diyldiamin und Mesoxalsäure-diäthylester in Äthanol (*Cl.-Le., Th.*). – Gelbe Kristalle (aus wss. A.); F: 119,5–120°. λ_{max} (A.): 225–226 nm und 345–346 nm.

Amid $C_9H_8N_4O_2$. *B.* Aus dem Äthylester (s. o.) und methanol. NH_3 (*Cl.-Le., Th.*). – Gelbe Kristalle (aus A.); F: 284–285° [Zers.]. λ_{max} (A.): 226 nm, 275 nm und 350–360 nm.

Acetyl-[4-methyl-3-oxo-3,4-dihydro-pyrido[2,3-*b*]pyrazin-2-carbonyl]-amin, 4-Methyl-3-oxo-3,4-dihydro-pyrido[2,3-*b*]pyrazin-2-carbonsäure-acetylamid $C_{11}H_{10}N_4O_3$, Formel IX (R = CH_3, X = NH-CO-CH_3).

B. Aus der folgenden Verbindung, aus 4′-Methyl-1′,4′-dihydro-spiro[imidazolidin-4,2′-pyri⸗do[2,3-*b*]pyrazin]-2,5,3′-trion oder aus dem im vorangehenden Artikel beschriebenen Amid beim Erhitzen mit Acetanhydrid (*Clark-Lewis, Thompson,* Soc. **1957** 430, 437).

Gelbe Kristalle (aus wss. A. oder Bzl.); F: 204–205°. λ_{max} (A.): 339–340 nm.

[4-Methyl-3-oxo-3,4-dihydro-pyrido[2,3-*b*]pyrazin-2-carbonyl]-harnstoff, 4-Methyl-3-oxo-3,4-di⸗hydro-pyrido[2,3-*b*]pyrazin-2-carbonsäure-ureid $C_{10}H_9N_5O_3$, Formel IX (R = CH_3, X = NH-CO-NH_2).

Diese Konstitution kommt der von *Rudy, Majer* (B. **71** [1938] 1323, 1330) als 5-[2-Methyl⸗amino-[3]pyridylimino]-barbitursäure angesehenen Verbindung zu; die von *Rudy, Majer* unter dieser Konstitution beschriebene Verbindung ist als 4′-Methyl-1′,4′-dihydro-spiro[imidazolidin-4,2′-pyrido[2,3-*b*]pyrazin]-2,5,3′-trion (Syst.-Nr. 4187) zu formulieren (*Clark-Lewis, Thompson,* Soc. **1957** 430).

B. Aus N^2-Methyl-pyridin-2,3-diyldiamin und Alloxan (E III/IV **24** 2137) in H_2O (*Rudy, Ma.; Cl.-Le., Th.*).

Gelbe Kristalle; F: 235–236° [Zers.; aus Eg.] (*Rudy, Ma.*), 232° [Zers.] (*Cl.-Le., Th.*). λ_{max}

(A.): 228 nm, 278−279 nm und 361 nm (*Cl.-Le., Th.*).

[3-Oxo-4-propyl-3,4-dihydro-pyrido[2,3-*b*]pyrazin-2-carbonyl]-harnstoff, 3-Oxo-4-propyl-3,4-dihydro-pyrido[2,3-*b*]pyrazin-2-carbonsäure-ureid $C_{12}H_{13}N_5O_3$, Formel IX (R = CH$_2$-C$_2$H$_5$, X = NH-CO-NH$_2$).

Diese Konstitution kommt der von *Rudy, Majer* (B. **71** [1938] 1323, 1329) als 5-[2-Propyl⸗ amino-[3]pyridylimino]-barbitursäure angesehenen Verbindung zu; die von *Rudy, Majer* unter dieser Konstitution beschriebene Verbindung ist als 4′-Propyl-1′,4′-dihydro-spiro[imidazolidin-4,2′-pyrido[2,3-*b*]pyrazin]-2,5,3′-trion (Syst.-Nr. 4187) zu formulieren (*Clark-Lewis, Thompson*, Soc. **1957** 430).

B. Aus N^2-Propyl-pyridin-2,3-diyldiamin beim Erwärmen mit Alloxan (E III/IV **24** 2137) und wss. Essigsäure (*Rudy, Ma.*).

Gelbe Kristalle; F: 243° [Zers.; nach Sintern bei 200°] (*Rudy, Ma.*).

IX   X   XI   XII

[3-Oxo-4-phenyl-3,4-dihydro-pyrido[2,3-*b*]pyrazin-2-carbonyl]-harnstoff, 3-Oxo-4-phenyl-3,4-dihydro-pyrido[2,3-*b*]pyrazin-2-carbonsäure-ureid $C_{15}H_{11}N_5O_3$, Formel IX (R = C$_6$H$_5$, X = NH-CO-NH$_2$).

Diese Konstitution kommt der von *Rudy, Majer* (B. **72** [1939] 940, 942) als 5-[2-Anilino-[3]pyridylimino]-barbitursäure angesehenen Verbindung zu; die von *Rudy, Majer* (l. c. S. 943) unter dieser Konstitution beschriebene Verbindung ist als 4′-Phenyl-1′,4′-dihydro-spiro[imidazolidin-4,2′-pyrido[2,3-*b*]pyrazin]-2,5,3′-trion (Syst.-Nr. 4187) zu formulieren (*Clark-Lewis, Thompson*, Soc. **1957** 430).

B. Aus N^2-Phenyl-pyridin-2,3-diyldiamin beim Erwärmen mit Alloxan (E III/IV **24** 2137) und wss. Essigsäure (*Rudy, Ma.*, l. c. S. 942).

Gelbe Kristalle (aus Ameisensäure + H$_2$O); F: 255° [Zers.] (*Rudy, Ma.*).

———————

2-Oxo-1,2-dihydro-pyrido[2,3-*b*]pyrazin-3-carbonsäure-äthylester $C_{10}H_9N_3O_3$, Formel X (R = H, X = O-C$_2$H$_5$) und Taut.

B. Neben 3-Oxo-3,4-dihydro-pyrido[2,3-*b*]pyrazin-2-carbonsäure-äthylester (Hauptprodukt) beim Erwärmen von Pyridin-2,3-diyldiamin mit Mesoxalsäure-diäthylester in wss. Äthanol (*Clark-Lewis, Thompson*, Soc. **1957** 430, 435).

Gelbliche Kristalle (aus A.); F: 247−254° [Zers.].

1-Methyl-2-oxo-1,2-dihydro-pyrido[2,3-*b*]pyrazin-3-carbonsäure $C_9H_7N_3O_3$, Formel X (R = CH$_3$, X = OH).

B. Aus dem Äthylester (s. u.) oder aus dem folgenden Ureid beim Erwärmen mit wss. KOH (*Clark-Lewis, Thompson*, Soc. **1957** 430, 435).

Kristalle (aus H$_2$O) mit 1,5 Mol H$_2$O; F: 146−148° [Zers.]. Bei 120°/1 Torr wird 0,5 Mol Kristallwasser abgegeben; das Monohydrat schmilzt bei 163° [Zers.].

Äthylester $C_{11}H_{11}N_3O_3$. B. Aus N^3-Methyl-pyridin-2,3-diyldiamin und Mesoxalsäure-diäthylester in Äthanol (*Cl.-Le., Th.*). − Gelbliche Kristalle (aus A.); F: 161−162°.

Amid $C_9H_8N_4O_2$. B. Aus dem Äthylester (s. o.) und wss. NH$_3$ in Äthanol (*Cl.-Le., Th.*, l. c. S. 437). − Gelbe Kristalle (aus H$_2$O); F: 264−265° [Zers.]. λ_{max} (A.): 229 nm und 357 nm.

Acetylamid $C_{11}H_{10}N_4O_3$; Acetyl-[1-methyl-2-oxo-1,2-dihydro-pyrido[2,3-*b*]⸗ pyrazin-3-carbonyl]-amin. B. Aus dem Amid (s. o.) und Acetanhydrid (*Cl.-Le., Th.*). − Kristalle (aus Bzl.); F: 195−196°. λ_{max} (A.): 224−225 nm und 347 nm.

[1-Methyl-2-oxo-1,2-dihydro-pyrido[2,3-*b*]pyrazin-3-carbonyl]-harnstoff, 1-Methyl-2-oxo-1,2-dihydro-pyrido[2,3-*b*]pyrazin-3-carbonsäure-ureid $C_{10}H_9N_5O_3$, Formel X (R = CH_3, X = NH-CO-NH_2).

B. Aus N^3-Methyl-pyridin-2,3-diyldiamin und Alloxan (E III/IV **24** 2137) in H_2O (*Clark-Lewis, Thompson*, Soc. **1957** 430, 434).

Feststoff mit 0,5 Mol H_2O; F: 193° [Zers.]; die wasserfreie Verbindung schmilzt bei 284° [Zers.].

Beim Erwärmen mit wss. KOH oder Essigsäure ist 1′-Methyl-1′,4′-dihydro-spiro[imidazolidin-4,3′-pyrido[2,3-*b*]pyrazin]-2,5,2′-trion (Syst.-Nr. 4187) erhalten worden.

Oxocarbonsäuren $C_9H_7N_3O_3$

(±)-5-Oxo-4-phenyl-4,5-dihydro-1*H*-[1,2,3]triazol-4-carbonsäure-amid $C_9H_8N_4O_2$, Formel XI und Taut.

B. Neben Amino-phenyl-malonsäure-diamid (Hauptprodukt) bei der Hydrierung von Azido-phenyl-malonsäure-diamid an Palladium/Kohle in Äthanol (*Hohenlohe-Oehringen*, M. **89** [1958] 597, 601).

Kristalle (aus Ae.+PAe.); F: 160° [Zers.].

5-[5-Oxo-1-phenyl-2,5-dihydro-1*H*-pyrazol-3-yl]-nicotinsäure-äthylester $C_{17}H_{15}N_3O_3$, Formel XII und Taut.

B. Aus 5-Äthoxycarbonylacetyl-nicotinsäure-äthylester und Phenylhydrazin in Benzol (*Lukeš, Vaculík*, Collect. **23** [1958] 954, 957).

Gelbe Kristalle (aus A.); F: 196,5−197° [unkorr.; Zers.].

2-Oxo-5-[3]pyridyl-2,3-dihydro-1*H*-imidazol-4-carbonsäure-äthylester $C_{11}H_{11}N_3O_3$, Formel XIII (X = O) und Taut.

B. Bei der Hydrierung von 2-Hydroxyimino-3-oxo-3-[3]pyridyl-propionsäure-äthylester an Palladium/Kohle in wss. HCl und anschliessenden Umsetzung mit Kaliumcyanat (*Ochiai, Ikuma*, B. **69** [1936] 1147, 1149).

Kristalle (aus wss. Me.); Zers. bei 258°.

5-[3]Pyridyl-2-thioxo-2,3-dihydro-1*H*-imidazol-4-carbonsäure-äthylester $C_{11}H_{11}N_3O_2S$, Formel XIII (X = S) und Taut.

B. Analog der vorangehenden Verbindung (*Ochiai, Ikuma*, B. **69** [1936] 1147, 1149).

Kristalle (aus wss. Me.); Zers. bei 230−231°.

Hydrochlorid. Kristalle; Zers. bei 116°.

Picrat. Kristalle; Zers. bei 192°.

XIII 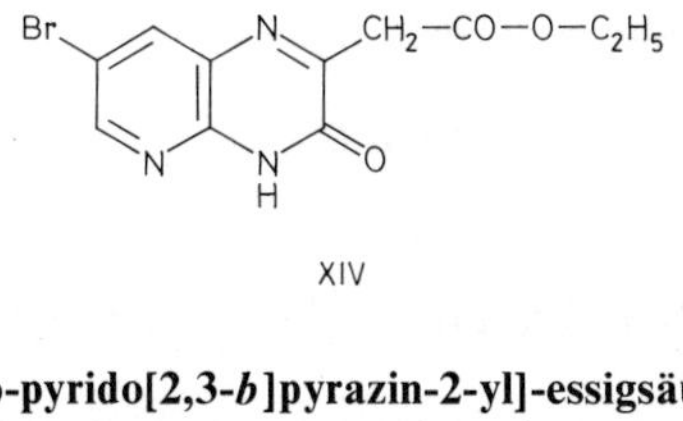   XIV 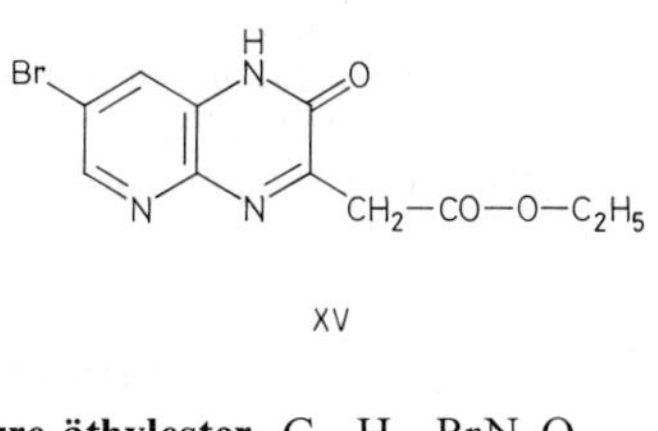   XV

[7-Brom-3-oxo-3,4-dihydro-pyrido[2,3-*b*]pyrazin-2-yl]-essigsäure-äthylester $C_{11}H_{10}BrN_3O_3$, Formel XIV und Taut.

B. Aus 5-Brom-pyridin-2,3-diyldiamin beim Erhitzen mit der Natrium-Verbindung des Oxalessigsäure-diäthylesters und Essigsäure (*Leese, Rydon*, Soc. **1955** 303, 307).

Kristalle (aus Py.); Zers. bei 260°. λ_{max} (A.): 281 nm, 290 nm und 360 nm.

[7-Brom-2-oxo-1,2-dihydro-pyrido[2,3-*b*]pyrazin-3-yl]-essigsäure-äthylester $C_{11}H_{10}BrN_3O_3$, Formel XV und Taut.

B. Aus 5-Brom-pyridin-2,3-diyldiamin beim Erhitzen mit der Natrium-Verbindung des Oxal=
essigsäure-diäthylesters und wss. H_2SO_4 (*Leese, Rydon,* Soc. **1955** 303, 307).

Kristalle. λ_{max} (wss. NaOH [0,01 n]): 238 nm und 348 nm.

[6-(4-Nitro-phenyl)-5-oxo-5,6-dihydro-pyrido[2,3-*d*]pyridazin-8-yl]-essigsäure-methylester
$C_{16}H_{12}N_4O_5$, Formel I.

B. Aus 2-Methoxycarbonylacetyl-nicotinsäure oder [5-Oxo-5*H*-furo[3,4-*b*]pyridin-7-yliden]-
essigsäure-methylester und [4-Nitro-phenyl]-hydrazin (*Ochiai et al.,* B. **70** [1937] 2018, 2022).

Hellrotgelbe Kristalle (aus A.); F: 180°.

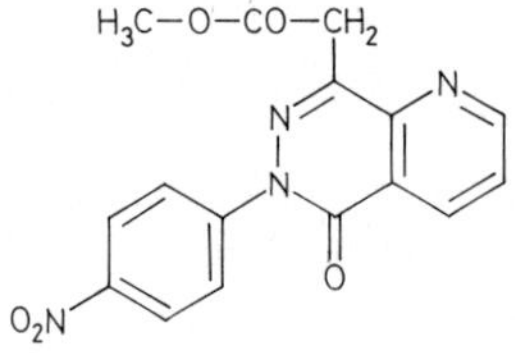

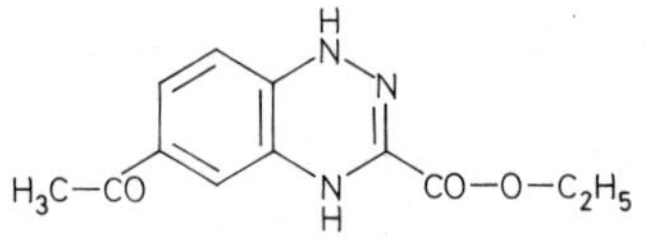

Oxocarbonsäuren $C_{10}H_9N_3O_3$

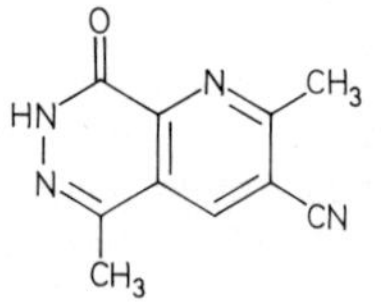

6-Acetyl-1,4-dihydro-benzo[*e*][1,2,4]triazin-3-carbonsäure-äthylester $C_{12}H_{13}N_3O_3$, Formel II
und Taut.

B. Aus [4-Acetyl-2-nitro-phenylhydrazono]-amino-essigsäure-äthylester beim Behandeln mit
Eisen, wss. HCl und Essigsäure (*Fusco, Rossi,* Rend. Ist. lomb. **91** [1957] 186, 194).

Violette Kristalle (aus Eg.); F: 244°.

2,5-Dimethyl-8-oxo-7,8-dihydro-pyrido[2,3-*d*]pyridazin-3-carbonitril $C_{10}H_8N_4O$, Formel III
und Taut.

B. Aus 3-Acetyl-5-cyan-6-methyl-pyridin-2-carbonsäure-äthylester und $N_2H_4 \cdot H_2O$ in Meth=
anol (*Jones,* Am. Soc. **78** [1956] 159, 161).

F: 338 – 340°.

Oxocarbonsäuren $C_{12}H_{13}N_3O_3$

[3-Benzyl-6-oxo-1,2,5,6-tetrahydro-[1,2,4]triazin-5-yl]-essigsäure-hydrazid $C_{12}H_{15}N_5O_2$,
Formel IV (X = NH-NH$_2$) und Taut.

B. Aus [(α-Äthoxy-phenäthyliden)-amino]-bernsteinsäure-diäthylester und $N_2H_4 \cdot H_2O$ in
Äthanol (*Kjær,* Acta chem. scand. **7** [1953] 1024, 1029).

Kristalle (aus H_2O); F: 197 – 198° [unkorr.].

---

*[3-Benzyl-6-oxo-1,2,5,6-tetrahydro-[1,2,4]triazin-5-yl]-essigsäure-benzylidenhydrazid
$C_{19}H_{19}N_5O_2$, Formel IV (X = NH-N=CH-C$_6$H$_5$) und Taut.

B. Aus der vorangehenden Verbindung und Benzaldehyd in wss. Äthanol (*Kjær,* Acta chem.
scand. **7** [1953] 1024, 1029).

Kristalle (aus A.); Zers. bei 200° [Sintern ab 140°].

Oxocarbonsäuren $C_nH_{2n-13}N_3O_3$

4-[3-Thioxo-2,3-dihydro-[1,2,4]triazin-5-yl]-benzonitril $C_{10}H_6N_4S$, Formel V und Taut.

B. Beim Erwärmen von 4-Thiosemicarbazonoacetyl-benzonitril mit wss. K_2CO_3 (*Fusco et al.,*
Ann. Chimica **42** [1952] 94, 101).

Kristalle (aus Propan-1-ol); F: 239 – 240° [Zers.] (*Fu. et al.,* l. c. S. 97).

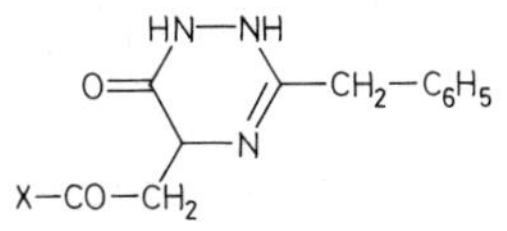

IV 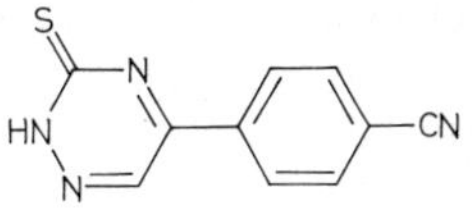   V 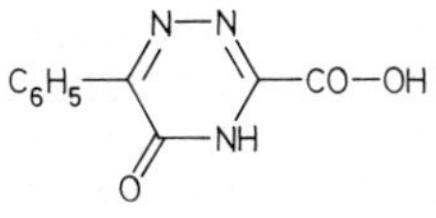   VI 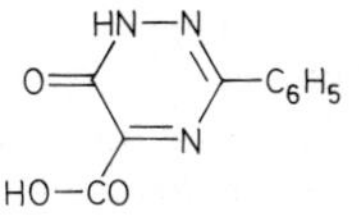   VII

5-Oxo-6-phenyl-4,5-dihydro-[1,2,4]triazin-3-carbonsäure $C_{10}H_7N_3O_3$, Formel VI und Taut.

B. Beim Erwärmen von Amino-[(cyan-phenyl-methylen)-hydrazono]-essigsäure-methylester mit wss. NaOH (*Fusco, Rossi*, Tetrahedron **3** [1958] 209, 222).

Kristalle (aus H_2O) mit 1 Mol H_2O; F: 265° [unkorr.].

6-Oxo-3-phenyl-1,6-dihydro-[1,2,4]triazin-5-carbonsäure $C_{10}H_7N_3O_3$, Formel VII und Taut.

B. Aus 5,6-Dimethyl-3-phenyl-[1,2,4]triazin beim Erwärmen mit $KMnO_4$ und wss. NaOH (*Metze, Meyer*, B. **90** [1957] 481, 484).

Kristalle (aus H_2O oder A.); F: 238°.

5-Oxo-3-phenyl-4,5-dihydro-[1,2,4]triazin-6-carbonsäure $C_{10}H_7N_3O_3$, Formel VIII und Taut.

B. Aus [(α-Amino-benzyliden)-hydrazono]-cyan-essigsäure-methylester beim Erwärmen mit wss. NaOH (*Fusco, Rossi*, Tetrahedron **3** [1958] 209, 224).

F: 179−180° [unkorr.].

6-Acetyl-benzo[e][1,2,4]triazin-3-carbonsäure $C_{10}H_7N_3O_3$, Formel IX.

B. Aus dem Äthylester (s. u.) mit Hilfe von wss. K_2CO_3 (*Fusco, Rossi*, Rend. Ist. lomb. **91** [1957] 186, 195).

Braune Kristalle; F: 158−159°.

Äthylester $C_{12}H_{11}N_3O_3$. *B.* Beim Behandeln von 6-Acetyl-1,4-dihydro-benzo[e][1,2,4]tri≈ azin-3-carbonsäure-äthylester mit $NaNO_2$ und wss. HCl (*Fu., Ro.*). − Kristalle (aus wss. Eg.); F: 149−149,5°.

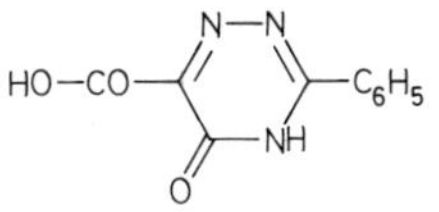

VIII 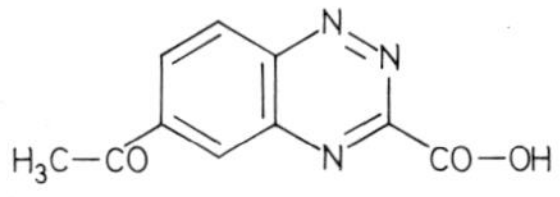   IX 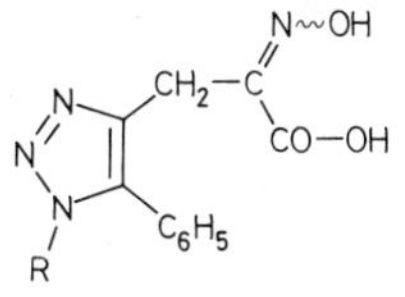   X

*2-Hydroxyimino-3-[5-phenyl-1H-[1,2,3]triazol-4-yl]-propionsäure $C_{11}H_{10}N_4O_3$, Formel X (R = H) und Taut.

B. Aus 5-[5-Phenyl-1H-[1,2,3]triazol-4-ylmethylen]-2-thioxo-thiazolidin-4-on bei aufeinander≈ folgender Umsetzung mit wss. NaOH und NH_2OH (*Sheehan, Robinson*, Am. Soc. **73** [1951] 1207, 1208).

Hydrochlorid $C_{11}H_{10}N_4O_3 \cdot HCl$. Kristalle (aus A. + Ae.); Zers. bei 192° [korr.].

*3-[1,5-Diphenyl-1H-[1,2,3]triazol-4-yl]-2-hydroxyimino-propionsäure $C_{17}H_{14}N_4O_3$, Formel X (R = C_6H_5).

B. Analog der vorangehenden Verbindung (*Sheehan, Robinson*, Am. Soc. **73** [1951] 1207, 1209).

Kristalle (aus A.); Zers. bei 155,5° [korr.].

3′-Oxo-2′,3′-dihydro-5β-chol-11-eno[11,12-e][1,2,4]triazin-24-säure $C_{25}H_{37}N_3O_3$, Formel XI, oder **3′-Oxo-2′,3′-dihydro-5β-chol-11-eno[12,11-e][1,2,4]triazin-24-säure** $C_{25}H_{37}N_3O_3$, Formel XII, sowie Taut.

Eine dieser Konstitutionsformeln kommt wahrscheinlich der nachstehend beschriebenen Ver≈

bindung zu (*Bergström, Haslewood*, Soc. **1939** 540).

B. Beim Erhitzen des Monosemicarbazons der 11,12-Dioxo-5β-cholan-24-säure (F: 240–242°; E III **10** 3584) mit äthanol. Natriumäthylat (*Be., Ha.*).

Kristalle (aus wss. A.); F: 292–295° [unkorr.; Zers.].

Beim Behandeln mit Diazomethan ist eine wahrscheinlich als 3′-Methoxy-5β-chol-11-eno[11,12-*e*][1,2,4]triazin-24-säure-methylester oder 3′-Methoxy-5β-chol-11-eno[12,11-*e*][1,2,4]triazin-24-säure-methylester zu formulierende Verbindung $C_{27}H_{41}N_3O_3$ erhalten worden.

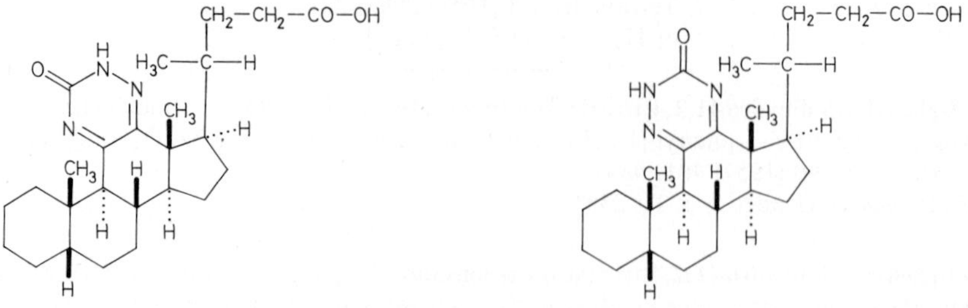

XI   XII

Oxocarbonsäuren $C_nH_{2n-15}N_3O_3$

4-Oxo-1,4-dihydro-benz[4,5]imidazo[1,2-*a*]pyrimidin-3-carbonsäure-äthylester $C_{13}H_{11}N_3O_3$, Formel XIII und Taut.

Diese Verbindung war Hauptbestandteil des von *De Cat, Van Dormael* (Bl. Soc. chim. Belg. **60** [1951] 69, 73) als 2-Oxo-1,2-dihydro-benz[4,5]imidazo[1,2-*a*]pyrimidin-3-carbonsäure-äthylester $C_{13}H_{11}N_3O_3$ angesehenen Präparats vom F: 270–271° (*Chow et al.*, J. heterocycl. Chem. **10** [1973] 71, 72, 73).

B. Aus 1*H*-Benzimidazol-2-ylamin und Äthoxymethylen-malonsäure-diäthylester (*De Cat, Van Do.; Chow et al.*).

Kristalle (aus Eg.); F: 292–294° [Zers.] (*Chow et al.*).

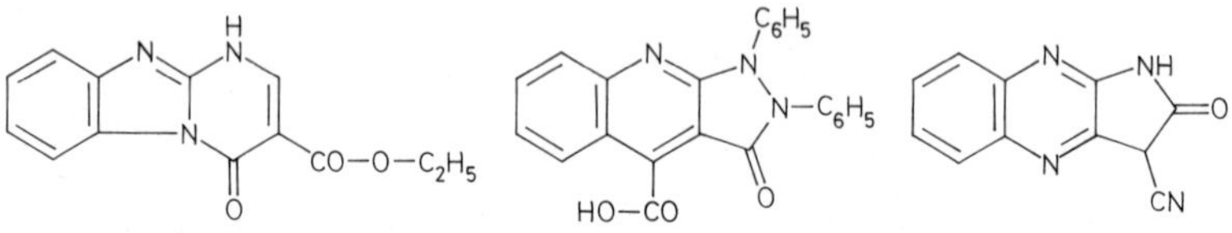

XIII   XIV   XV

3-Oxo-1,2-diphenyl-2,3-dihydro-1*H*-pyrazolo[3,4-*b*]chinolin-4-carbonsäure $C_{23}H_{15}N_3O_3$, Formel XIV.

B. Beim Erwärmen von Isatin mit 1,2-Diphenyl-pyrazolidin-3,5-dion und wss.-äthanol. KOH (*Musante, Fabbrini*, G. **84** [1954] 595, 603).

Kristalle (aus Bzl.+PAe.); F: 140–142°.

2-Oxo-2,3-dihydro-1*H*-pyrrolo[2,3-*b*]chinoxalin-3-carbonitril $C_{11}H_6N_4O$, Formel XV und Taut.

B. Aus 4-Chlor-2,5-dioxo-2,5-dihydro-pyrrol-3-carbonitril und *o*-Phenylendiamin (*Wiley, Slaymaker*, Am. Soc. **80** [1958] 1385, 1388).

Gelbe Kristalle (aus Me.+DMF); F: >360°.

[4-Oxo-1,4-dihydro-benz[4,5]imidazo[1,2-*a*]pyrimidin-2-yl]-essigsäure-äthylester $C_{14}H_{13}N_3O_3$, Formel I und Taut.

B. Aus 1*H*-Benzimidazol-2-ylamin und 3-Oxo-glutarsäure (*De Cat, Van Dormael*, Bl. Soc.

chim. Belg. **59** [1950] 573, 582).

Kristalle (aus Isopentylalkohol); F: 202 — 204°.

2-Methyl-4-oxo-1,4-dihydro-benz[4,5]imidazo[1,2-a]pyrimidin-3-carbonitril $C_{12}H_8N_4O$,
Formel II und Taut.

B. Aus 1H-Benzimidazol-2-ylamin und 2-Cyan-acetessigsäure-äthylester (*De Cat, Van Dor=
mael*, Bl. Soc. chim. Belg. **59** [1950] 573, 584).

Kristalle (aus Butan-1-ol); F: 293 — 295°.

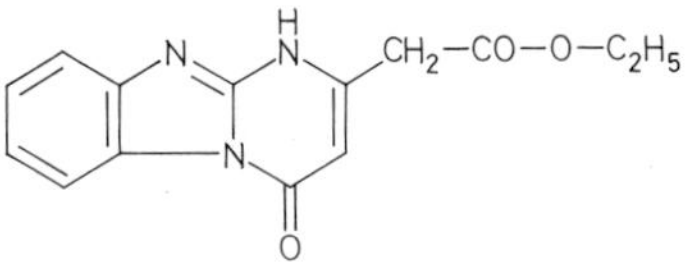

I 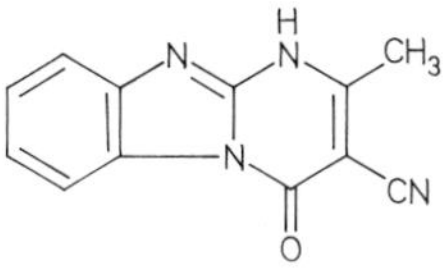   II 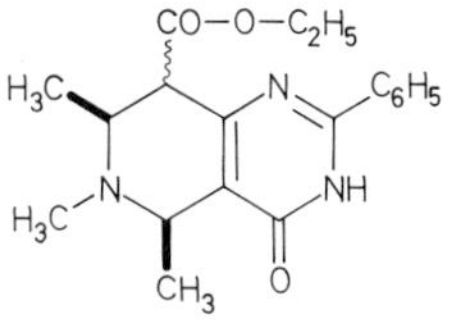   III

**(±)-5r,6,7c-Trimethyl-4-oxo-2-phenyl-3,4,5,6,7,8-hexahydro-pyrido[4,3-d]pyrimidin-8ξ-carbon=
säure-äthylester** $C_{19}H_{23}N_3O_3$, Formel III + Spiegelbild und Taut.

B. Beim Behandeln von 1,2r,6c-Trimethyl-4-oxo-piperidin-3,5-dicarbonsäure-diäthylester mit
Benzamidin-hydrochlorid und wss.-äthanol. K_2CO_3 (*Cook, Reed*, Soc. **1945** 399, 401).

Kristalle (aus A.) mit 1 Mol H_2O; F: 215°. Im Hochvakuum sublimierbar.

Oxocarbonsäuren $C_nH_{2n-17}N_3O_3$

Oxocarbonsäuren $C_{12}H_7N_3O_3$

3-Oxo-3,4-dihydro-pyrido[3,2-f]chinoxalin-2-carbonsäure(?) $C_{12}H_7N_3O_3$, vermutlich
Formel IV (X = OH) und Taut.

B. Aus der folgenden Verbindung mit Hilfe von wss. NaOH (*Rudy*, B. **71** [1938] 847, 857).
Aus Chinolin-5,6-diyldiamin und Mesoxalsäure in wss. Essigsäure (*Rudy*).

Hellgelbe Kristalle; F: 320° [nach Sublimation im Hochvakuum] bzw. 306° [aus wss. Eg.].

**[3-Oxo-3,4-dihydro-pyrido[3,2-f]chinoxalin-2-carbonyl]-harnstoff, 3-Oxo-3,4-dihydro-pyrido=
[3,2-f]chinoxalin-2-carbonsäure-ureid** $C_{13}H_9N_5O_3$, Formel IV (X = NH-CO-NH$_2$) und Taut.

Diese Konstitution kommt vermutlich der von *Rudy* (B. **71** [1938] 847, 852, 856) als 5-[6-
Amino-[5]chinolylimino]-barbitursäure $C_{13}H_9N_5O_3$ angesehenen Verbindung zu (vgl.
Clark-Lewis, Thompson, Soc. **1957** 430, 431; vgl. auch *King, Clark-Lewis*, Soc. **1951** 3379,
3380).

B. Aus Chinolin-5,6-diyldiamin und Alloxan (E III/IV 24 2137) in wss. Äthanol (*Rudy*).

Gelbe Kristalle (aus Ameisensäure); F: 353° [Zers.] (*Rudy*).

7-Oxo-7,10-dihydro-pyrido[3,2-c][1,5]naphthyridin-8-carbonsäure-äthylester $C_{14}H_{11}N_3O_3$,
Formel V und Taut.

B. Aus [[1,5]naphthyridin-4-ylamino-methylen]-malonsäure-diäthylester beim Erhitzen in
einem Gemisch von Biphenyl und Diphenyläther (*Case, Brennan*, Am. Soc. **81** [1959] 6297,
6300).

Kristalle (aus DMF); F: 290 — 291° [Zers.].

Oxocarbonsäuren $C_{13}H_9N_3O_3$

7-Oxo-2-phenyl-4,7-dihydro-pyrazolo[1,5-a]pyrimidin-5-carbonsäure $C_{13}H_9N_3O_3$, Formel VI
(R = R′ = X = H) und Taut.

B. Aus dem Äthylester [s. u.] (*Checchi et al.*, G. **86** [1956] 631, 640).

Kristalle (aus H_2O); F: 323 — 325° [Zers.].

Äthylester $C_{15}H_{13}N_3O_3$. *B.* Aus 5-Phenyl-1(2)*H*-pyrazol-3-ylamin und Oxalessigsäure-diäthylester in Essigsäure (*Ch. et al.*). − Kristalle (aus A.); F: 270−272°.

4-Methyl-7-oxo-2-phenyl-4,7-dihydro-pyrazolo[1,5-*a*]pyrimidin-5-carbonsäure $C_{14}H_{11}N_3O_3$, Formel VI (R = CH$_3$, R′ = X = H).
B. Aus der vorangehenden Verbindung und Dimethylsulfat in wss. KOH (*Checchi et al.*, G. **86** [1956] 631, 641).
Kristalle (aus A.); F: 172−175° [Zers.].

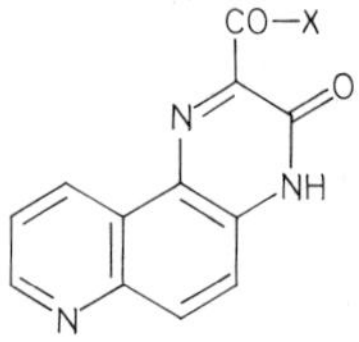

IV 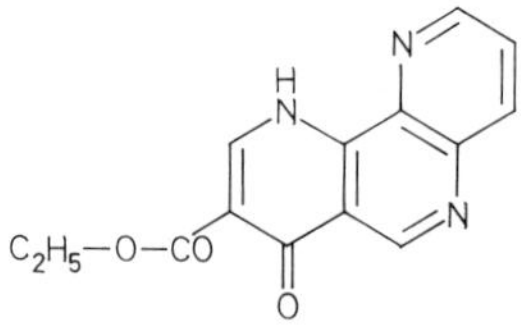   V 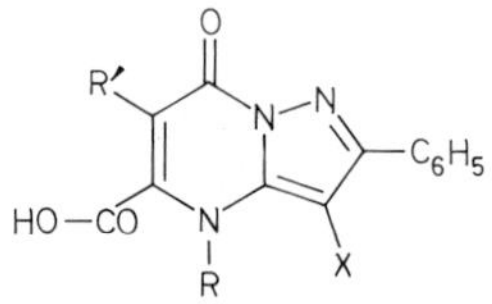   VI

3-Nitroso-7-oxo-2-phenyl-4,7-dihydro-pyrazolo[1,5-*a*]pyrimidin-5-carbonsäure $C_{13}H_8N_4O_4$, Formel VI (R = R′ = H, X = NO) und Taut.
B. Aus 7-Oxo-2-phenyl-4,7-dihydro-pyrazolo[1,5-*a*]pyrimidin-5-carbonsäure beim Behandeln mit KNO$_2$ und konz. wss. HCl in Essigsäure (*Checchi et al.*, G. **86** [1956] 631, 642).
Kristalle (aus A.); F: 265°.
Äthylester $C_{15}H_{12}N_4O_4$. *B.* Analog der Säure [s. o.] (*Ch. et al.*). − Kristalle (aus A.); F: 235°.

4-Methyl-3-nitroso-7-oxo-2-phenyl-4,7-dihydro-pyrazolo[1,5-*a*]pyrimidin-5-carbonsäure $C_{14}H_{10}N_4O_4$, Formel VI (R = CH$_3$, R′ = H, X = NO).
B. Analog der vorangehenden Verbindung (*Checchi et al.*, G. **86** [1956] 631, 642).
Kristalle (aus A.); F: 174°.

2-[1-Methyl-3-oxo-2-phenyl-2,3-dihydro-1*H*-pyrazol-4-yl]-chinolin-4-carbonsäure $C_{20}H_{15}N_3O_3$, Formel VII.
B. Beim Erwärmen von 4-Acetyl-1-methyl-2-phenyl-1,2-dihydro-pyrazol-3-on mit Isatin und wss. KOH (*Ledrut, Swierkot*, Bl. Soc. chim. Belg. **59** [1950] 238, 243).
Kristalle (aus A.); F: 284−286°.

3-Oxo-4-phenyl-2,3-dihydro-1*H*-pyrazolo[3,4-*b*]pyridin-5-carbonsäure-äthylester $C_{15}H_{13}N_3O_3$, Formel VIII und Taut.
Für die nachstehend beschriebene Verbindung kommt auch die Formulierung als 2-Oxo-5(oder 7)-phenyl-1,2-dihydro-pyrazolo[1,5-*a*]pyrimidin-6-carbonsäure-äthylester $C_{15}H_{13}N_3O_3$ in Betracht.
B. Aus 5-Amino-2,4-dihydro-pyrazol-3-on und 3-Äthoxy-2-benzoyl-acrylsäure-äthylester in Essigsäure (*Papini et al.*, G. **87** [1957] 931, 946).
Kristalle (aus Bzl.); F: 225−230°.

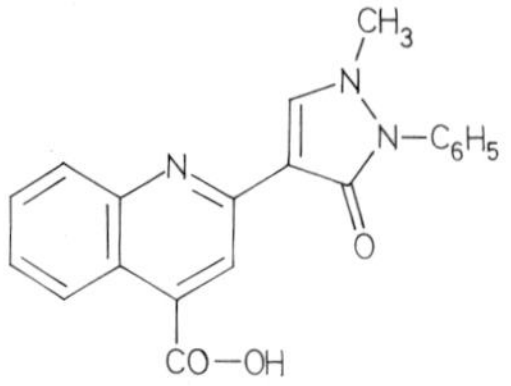

VII 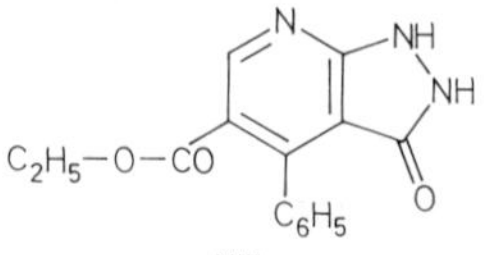   VIII 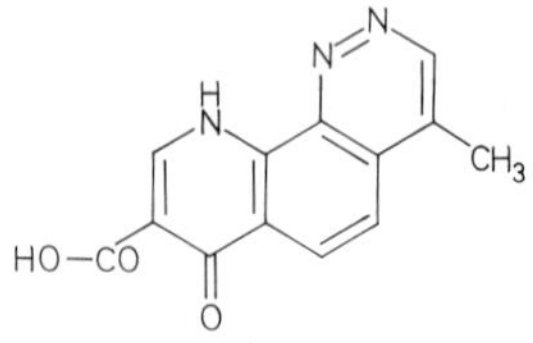   IX

4-Methyl-7-oxo-7,10-dihydro-pyrido[3,2-*h*]cinnolin-8-carbonsäure $C_{13}H_9N_3O_3$, Formel IX und Taut.

B. Aus dem Äthylester [s. u.] (*McKenzie, Hamilton*, J. org. Chem. **16** [1951] 1414).

F: 313−314° [unkorr.; Zers.] (*McK., Ha.*).

Äthylester $C_{15}H_{13}N_3O_3$. *B.* Aus [(4-Methyl-cinnolin-8-ylamino)-methylen]-malonsäure-diäthylester beim Erhitzen auf 245° in Diphenyläther (*McK., Ha.*). − Gelbliche Kristalle (aus A.); F: 257−258° [unkorr.] (*McK., Ha.*). Absorptionsspektrum (A.; 250−420 nm): *McK., Ha.* λ_{max} eines Eisen(II)-Komplexes (H_2O): 605 nm (*Irwing, Williams*, Analyst **77** [1952] 813, 824).

<h3 style="text-align:center">Oxocarbonsäuren $C_{14}H_{11}N_3O_3$</h3>

6-Methyl-7-oxo-2-phenyl-4,7-dihydro-pyrazolo[1,5-*a*]pyrimidin-5-carbonsäure $C_{14}H_{11}N_3O_3$, Formel VI (R = X = H, R′ = CH₃) und Taut.

B. Aus dem Äthylester [s. u.] (*Checchi et al.*, G. **86** [1956] 631, 640).

Kristalle (aus A.); F: 298−300° [Zers.].

Äthylester $C_{16}H_{15}N_3O_3$. *B.* Aus 5-Phenyl-1(2)*H*-pyrazol-3-ylamin und Methyloxalessig≠säure-diäthylester in Essigsäure (*Ch. et al.*, l. c. S. 638). − Gelbliche Kristalle (aus A.); F: 220−221°.

Hydrazid $C_{14}H_{13}N_5O_2$. Kristalle (aus A.); F: >330° (*Ch. et al.*, l. c. S. 644).

4,6-Dimethyl-7-oxo-2-phenyl-4,7-dihydro-pyrazolo[1,5-*a*]pyrimidin-5-carbonsäure $C_{15}H_{13}N_3O_3$, Formel VI (R = R′ = CH₃, X = H).

B. Aus der vorangehenden Verbindung und Dimethylsulfat in wss. KOH (*Checchi et al.*, G. **86** [1956] 631, 641).

Kristalle (aus E.); F: 272−274° [Zers.].

6-Methyl-3-nitroso-7-oxo-2-phenyl-4,7-dihydro-pyrazolo[1,5-*a*]pyrimidin-5-carbonsäure $C_{14}H_{10}N_4O_4$, Formel VI (R = H, R′ = CH₃, X = NO) und Taut.

B. Aus 6-Methyl-7-oxo-2-phenyl-4,7-dihydro-pyrazolo[1,5-*a*]pyrimidin-5-carbonsäure beim Behandeln mit KNO_2 und konz. wss. HCl in Essigsäure (*Checchi et al.*, G. **86** [1956] 631, 642).

Gelbe Kristalle (aus H_2O) bzw. grüne Kristalle (aus Dioxan); F: 243°.

4,6-Dimethyl-3-nitroso-7-oxo-2-phenyl-4,7-dihydro-pyrazolo[1,5-*a*]pyrimidin-5-carbonsäure $C_{15}H_{12}N_4O_4$, Formel VI (R = R′ = CH₃, X = NO).

B. Analog der vorangehenden Verbindung (*Checchi et al.*, G. **86** [1956] 631, 642).

Kristalle (aus A.); F: 255°.

2-[1,5-Dimethyl-3-oxo-2-phenyl-2,3-dihydro-1*H*-pyrazol-4-yl]-chinolin-4-carbonsäure $C_{21}H_{17}N_3O_3$, Formel X.

B. Beim Behandeln von 4-Acetyl-1,5-dimethyl-2-phenyl-1,2-dihydro-pyrazol-3-on mit Isatin und wss. KOH (*Ledrut, Swierkot*, Bl. Soc. chim. Belg. **59** [1950] 238, 241). Aus 1,5-Dimethyl-2-phenyl-4-[phenylimino-methyl]-1,2-dihydro-pyrazol-3-on und Brenztraubensäure in Äthanol (*Schmidt*, Pharmazie **11** [1956] 191, 193; s. a. *Le., Sw.*).

Gelbe Kristalle (aus A.); F: 268−270° (*Le., Sw.*), 268−269° (*Sch.*).

Chinin-Salz $C_{20}H_{24}N_2O_2 \cdot C_{21}H_{17}N_3O_3$. Kristalle (aus A. + Ae.); F: 158−160° (*Le., Sw.*).

Äthylester $C_{23}H_{21}N_3O_3$. Kristalle (aus Ae.); F: 145° (*Le., Sw.*).

Allylester $C_{24}H_{21}N_3O_3$. Kristalle (aus Ae.); F: 153° (*Le., Sw.*).

5-Methyl-4-oxo-1,3-diphenyl-4,7-dihydro-1*H*-pyrazolo[3,4-*b*]pyridin-6-carbonsäure-äthylester $C_{22}H_{19}N_3O_3$, Formel XI und Taut.

B. Aus 2,5-Diphenyl-2*H*-pyrazol-3-ylamin und Methyloxalessigsäure-diäthylester in Essig≠

säure (*Checchi et al.*, G. **86** [1956] 631, 639).
Kristalle (aus A.); F: 202–205°.

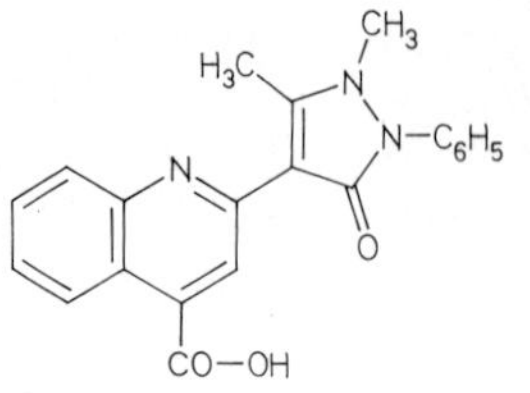

X 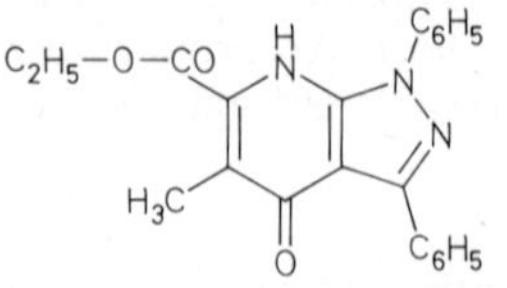 XI 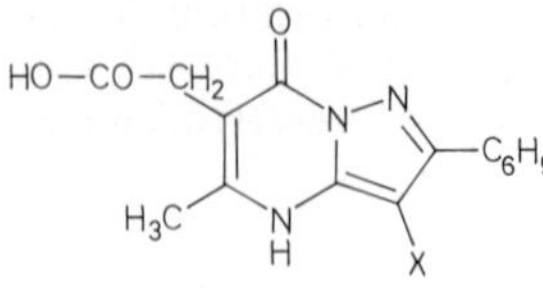 XII

Oxocarbonsäuren $C_{15}H_{13}N_3O_3$

[5-Methyl-7-oxo-2-phenyl-4,7-dihydro-pyrazolo[1,5-*a*]pyrimidin-6-yl]-essigsäure $C_{15}H_{13}N_3O_3$,
Formel XII (X = H) und Taut.
B. Aus dem Äthylester [s. u.] (*Checchi et al.*, G. **86** [1956] 631, 640).
Kristalle (aus H_2O); F: 314–316° [Zers.].
Äthylester $C_{17}H_{17}N_3O_3$. B. Aus 5-Phenyl-1(2)*H*-pyrazol-3-ylamin und Acetylbernstein≈
säure-diäthylester (*Ch. et al.*). — Kristalle (aus Me.); F: 242–244°.

[5-Methyl-3-nitroso-7-oxo-2-phenyl-4,7-dihydro-pyrazolo[1,5-*a*]pyrimidin-6-yl]-essigsäure
$C_{15}H_{12}N_4O_4$, Formel XII (X = NO) und Taut.
B. Aus der vorangehenden Verbindung beim Behandeln mit KNO_2 und konz. wss. HCl
in Essigsäure (*Checchi et al.*, G. **86** [1956] 631, 642).
Kristalle (aus A.); F: 259°.
Äthylester $C_{17}H_{16}N_4O_4$. B. Analog der Säure [s. o.] (*Ch. et al.*). — Kristalle (aus A.);
F: 239°.

Oxocarbonsäuren $C_{16}H_{15}N_3O_3$

[3,5-Dimethyl-7-oxo-2-phenyl-4,7-dihydro-pyrazolo[1,5-*a*]pyrimidin-6-yl]-essigsäure
$C_{16}H_{15}N_3O_3$, Formel XII (X = CH_3) und Taut.
B. Aus dem Äthylester [s. u.] (*Checchi et al.*, G. **86** [1956] 631, 641).
Kristalle (aus A.); F: 308–310° [Zers.].
Äthylester $C_{18}H_{19}N_3O_3$. B. Aus 4-Methyl-5-phenyl-1(2)*H*-pyrazol-3-ylamin und Acetyl≈
bernsteinsäure-diäthylester (*Ch. et al.*). — Kristalle (aus A.); F: 270–272°.

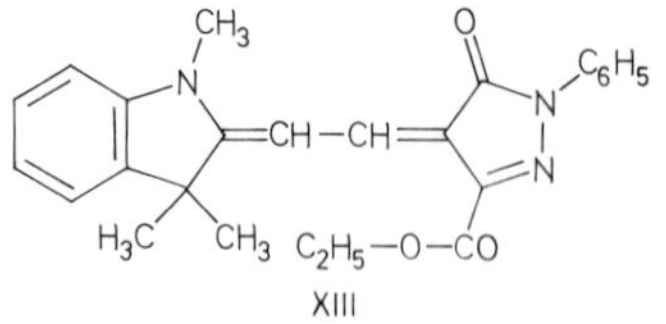

XIII 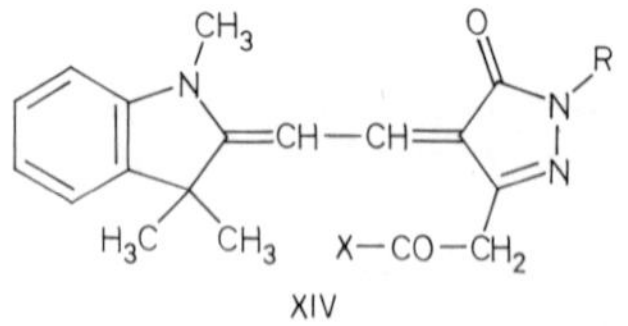 XIV

**5-Oxo-1-phenyl-4-[2-(1,3,3-trimethyl-indolin-2-yliden)-äthyliden]-4,5-dihydro-1*H*-pyrazol-
3-carbonsäure-äthylester** $C_{25}H_{25}N_3O_3$, Formel XIII und Mesomere.
B. Beim Erwärmen von [3-Äthoxycarbonyl-5-oxo-1-phenyl-2,5-dihydro-1*H*-pyrazol-4-yl]-[3-
äthoxycarbonyl-5-oxo-1-phenyl-1,5-dihydro-pyrazol-4-yliden]-methan mit 1,2,3,3-Tetramethyl-
3*H*-indolium-jodid und Triäthylamin in Äthanol (*Ilford Ltd.*, U.S.P. 2369355 [1942]).
Rote Kristalle; F: 208°.

Oxocarbonsäuren $C_{17}H_{17}N_3O_3$

{5-Oxo-1-phenyl-4-[2-(1,3,3-trimethyl-indolin-2-yliden)-äthyliden]-4,5-dihydro-1H-pyrazol-3-yl}-essigsäure $C_{24}H_{23}N_3O_3$, Formel XIV (R = C_6H_5, X = OH) und Mesomere.

B. Beim Erwärmen von [5-Oxo-1-phenyl-2,5-dihydro-1H-pyrazol-3-yl]-essigsäure mit 2-[2-(N-Acetyl-anilino)-vinyl]-1,3,3-trimethyl-3H-indolium-jodid und Triäthylamin in Äthanol (*Eastman Kodak Co.*, U.S.P. 2493743 [1945]).

Orangegelbe Kristalle (*Eastman Kodak Co.*).

Äthylester $C_{26}H_{27}N_3O_3$. *B.* Analog 5-Oxo-1-phenyl-4-[2-(1,3,3-trimethyl-indolin-2-yliden)-äthyliden]-4,5-dihydro-1H-pyrazol-3-carbonsäure-äthylester   (s. o.)   (*Ilford Ltd.*, U.S.P. 2369355 [1942]). – Rote Kristalle; F: 190° (*Ilford Ltd.*).

{1-[2]Naphthyl-5-oxo-4-[2-(1,3,3-trimethyl-indolin-2-yliden)-äthyliden]-4,5-dihydro-1H-pyrazol-3-yl}-essigsäure-äthylester $C_{30}H_{29}N_3O_3$, Formel XIV (R = $C_{10}H_7$, X = O-C_2H_5) und Mesomere.

B. Aus [3-Äthoxycarbonylmethyl-1-[2]naphthyl-5-oxo-2,5-dihydro-1H-pyrazol-4-yl]-[3-äthoxycarbonylmethyl-1-[2]naphthyl-5-oxo-1,5-dihydro-pyrazol-4-yliden]-methan beim Erwärmen mit 1,2,3,3-Tetramethyl-3H-indolium-jodid und Triäthylamin in Äthanol (*Ilford Ltd.*, U.S.P. 2369355 [1942]).

Kristalle; F: 150°.

Oxocarbonsäuren $C_nH_{2n-19}N_3O_3$

3-{2-[3-Äthyl-5-(3-äthyl-5-brom-4-methyl-pyrrol-2-ylidenmethyl)-4-methyl-pyrrol-2-ylmethylen]-4-methyl-5-oxo-2,5-dihydro-pyrrol-3-yl}-propionsäure-methylester, 3-[7,12-Diäthyl-14-brom-2,8,13-trimethyl-15,16-dihydro-1H-tripyrrin-3-yl]-propionsäure-methylester $C_{25}H_{30}BrN_3O_3$, Formel I und Taut.

B. Aus 3-[2-(3-Äthyl-4-methyl-pyrrol-2-ylmethylen)-4-methyl-5-oxo-2,5-dihydro-pyrrol-3-yl]-propionsäure beim Behandeln mit 3-Äthyl-5-brom-4-methyl-pyrrol-2-carbaldehyd, wss. HBr und Methanol (*Fischer, Reinecke*, Z. physiol. Chem. **259** [1939] 83, 91).

Dunkelrote, grün glänzende Kristalle (aus Me.); F: 200° (*Fi., Re.*). λ_{max} eines Zink-Komplexes (Me.): 576 nm und 626 nm (*Fi., Re.*) bzw. 619 nm (*Hüni*, Z. physiol. Chem. **282** [1947] 253, 262).

3-[2-(4-Äthyl-5-brom-3-methyl-pyrrol-2-ylidenmethyl)-5-(4-äthyl-3-methyl-5-oxo-1,5-dihydro-pyrrol-2-ylidenmethyl)-4-methyl-pyrrol-3-yl]-propionsäure-methylester, 3-[2,13-Diäthyl-1-brom-3,8,12-trimethyl-14-oxo-16,17-dihydro-14H-tripyrrin-7-yl]-propionsäure-methylester $C_{25}H_{30}BrN_3O_3$, Formel II (R = R''' = C_2H_5, R' = R'' = CH_3, X = Br) und Taut.

B. Beim Erwärmen von 3-[5-(4-Äthyl-3-methyl-5-oxo-1,5-dihydro-pyrrol-2-ylidenmethyl)-4-methyl-pyrrol-3-yl]-propionsäure mit 4-Äthyl-5-brom-3-methyl-pyrrol-2-carbaldehyd, wss. HBr und Methanol (*Fischer, Reinecke*, Z. physiol. Chem. **259** [1939] 83, 93).

Kristalle (aus Me.); F: 172°.

3-[2-(3-Äthyl-5-brom-4-methyl-pyrrol-2-ylidenmethyl)-5-(4-äthyl-3-methyl-5-oxo-1,5-dihydro-pyrrol-2-ylidenmethyl)-4-methyl-pyrrol-3-yl]-propionsäure-methylester, 3-[3,13-Diäthyl-1-brom-2,8,12-trimethyl-14-oxo-16,17-dihydro-14H-tripyrrin-7-yl]-propionsäure-methylester $C_{25}H_{30}BrN_3O_3$, Formel II (R = R'' = CH_3, R' = R''' = C_2H_5, X = Br) und Taut.

B. Analog der vorangehenden Verbindung (*Fischer, Reinecke*, Z. physiol. Chem. **259** [1939]

83, 92).

Kristalle; F: 180° (*Fi., Re.*). λ_{max} eines Zink-Komplexes (Me.): 620 nm (*Hüni*, Z. physiol. Chem. **282** [1947] 253, 262).

3-[2-(4-Äthyl-5-brom-3-methyl-pyrrol-2-ylidenmethyl)-5-(3-äthyl-4-methyl-5-oxo-1,5-dihydro-pyrrol-2-ylidenmethyl)-4-methyl-pyrrol-3-yl]-propionsäure-methylester, 3-[2,12-Diäthyl-1-brom-3,8,13-trimethyl-14-oxo-16,17-dihydro-14H-tripyrrin-7-yl]-propionsäure-methylester
$C_{25}H_{30}BrN_3O_3$, Formel II (R = R'' = C_2H_5, R' = R''' = CH_3, X = Br) und Taut.

B. Analog den vorangehenden Verbindungen (*Fischer, Reinecke*, Z. physiol. Chem. **259** [1939] 83, 92).

Kristalle; F: 197°.

3-[5-(3-Äthyl-4-methyl-5-oxo-1,5-dihydro-pyrrol-2-ylidenmethyl)-2-(3-äthyl-4-methyl-pyrrol-2-ylidenmethyl)-4-methyl-pyrrol-3-yl]-propionsäure-methylester, 3-[3,12-Diäthyl-2,8,13-trimethyl-14-oxo-16,17-dihydro-14H-tripyrrin-7-yl]-propionsäure-methylester $C_{25}H_{31}N_3O_3$, Formel II (R = R''' = CH_3, R' = R'' = C_2H_5, X = H) und Taut.

B. Analog den vorangehenden Verbindungen (*Plieninger, Lichtenwald*, Z. physiol. Chem. **273** [1942] 206, 220).

Gelb glänzende Kristalle (aus Me.); F: 143°. λ_{max} eines Zink-Komplexes (Me.): 566 nm und 613 nm.

3-[2-(3-Äthyl-5-brom-4-methyl-pyrrol-2-ylidenmethyl)-5-(3-äthyl-4-methyl-5-oxo-1,5-dihydro-pyrrol-2-ylidenmethyl)-4-methyl-pyrrol-3-yl]-propionsäure-methylester, 3-[3,12-Diäthyl-1-brom-2,8,13-trimethyl-14-oxo-16,17-dihydro-14H-tripyrrin-7-yl]-propionsäure-methylester
$C_{25}H_{30}BrN_3O_3$, Formel II (R = R''' = CH_3, R' = R'' = C_2H_5, X = Br) und Taut.

B. Analog den vorangehenden Verbindungen (*Fischer, Reinecke*, Z. physiol. Chem. **259** [1939] 83, 91).

Rote Kristalle; F: 207°.

Oxocarbonsäuren $C_nH_{2n-21}N_3O_3$

4-Oxo-1,4-dihydro-naphth[2',3':4,5]imidazo[1,2-a]pyrimidin-3-carbonsäure-äthylester
$C_{17}H_{13}N_3O_3$, Formel III und Taut.

Diese Konstitution kommt wahrscheinlich der von *Ried, Müller* (J. pr. [4] **8** [1959] 132, 146) als 2-Oxo-1,2-dihydro-naphth[2',3':4,5]imidazo[1,2-a]pyrimidin-3-carbon≠säure-äthylester $C_{17}H_{13}N_3O_3$ angesehenen Verbindung zu (vgl. den analog hergestellten 4-Oxo-1,4-dihydro-benz[4,5]imidazo[1,2-a]pyrimidin-3-carbonsäure-äthylester [S. 1020]).

B. Aus 1H-Naphth[2,3-d]imidazol-2-ylamin und Äthoxymethylen-malonsäure-diäthylester (*Ried, Mü.*).

Kristalle (aus DMF + H_2O oder Py. + H_2O); F: 336 − 339° [Zers.].

[4-Oxo-1,4-dihydro-naphth[2',3':4,5]imidazo[1,2-a]pyrimidin-2-yl]-essigsäure-äthylester
$C_{18}H_{15}N_3O_3$, Formel IV (X = O-C_2H_5) und Taut.

B. Aus 1H-Naphth[2,3-d]imidazol-2-ylamin und 3-Oxo-glutarsäure-diäthylester (*Ried, Müller*, J. pr. [4] **8** [1959] 132, 138).

Gelbliche Kristalle (aus DMF + H_2O oder Py. + H_2O); F: 264 − 266° [Zers.].

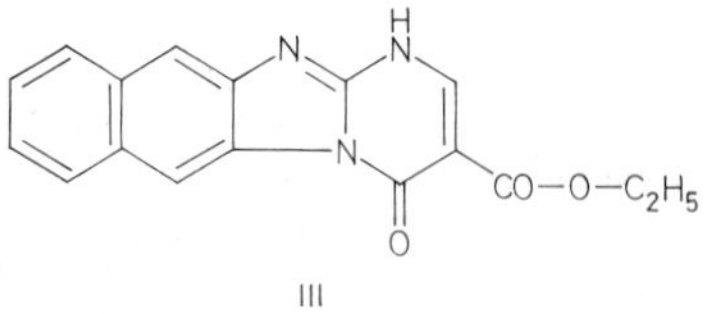

III 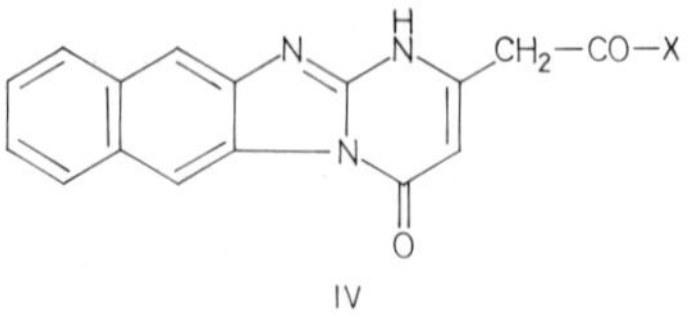   IV 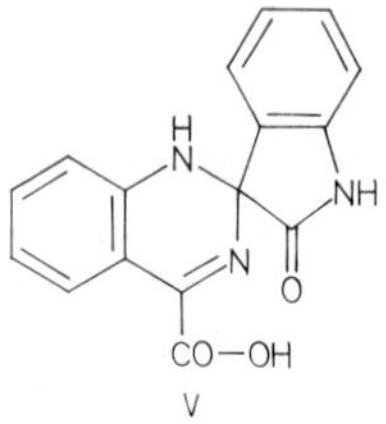   V

[4-Oxo-1,4-dihydro-naphth[2′,3′:4,5]imidazo[1,2-a]pyrimidin-2-yl]-essigsäure-hydrazid
$C_{16}H_{13}N_5O_2$, Formel IV (X = NH-NH$_2$) und Taut.
B. Aus dem vorangehenden Äthylester und N$_2$H$_4 \cdot$ H$_2$O (*Ried, Müller*, J. pr. [4] **8** [1959]
132, 139).
F: 353−354° [Zers.].

(±)-2′-Oxo-1H-spiro[chinazolin-2,3′-indolin]-4-carbonsäure $C_{16}H_{11}N_3O_3$, Formel V und Taut.
Diese Konstitution kommt der früher (s. H **21** 442; E II **21** 333) als (±)-[2-Amino-phenyl]-
hydroxy-[2-oxo-indolin-3-ylidenamino]-essigsäure angesehenen Isamsäure (Imasatinsäure)
zu (*Cornforth*, J.C.S. Perkin I **1976** 2004). Entsprechend sind die als Imasatinsäure-amid
(Amasatin) (s. H **21** 442; E II **21** 334) und als Imasatinsäure-anilid (s. E II **21** 334)
bezeichneten Derivate als 2′-Oxo-1H-spiro[chinazolin-2,3′-indolin]-4-carbonsäure-
amid $C_{16}H_{12}N_4O_2$ und als 2′-Oxo-1H-spiro[chinazolin-2,3′-indolin]-4-carbon≈
säure-anilid $C_{22}H_{16}N_4O_2$ zu formulieren.
Methylester $C_{17}H_{13}N_3O_3$; Isamsäure-methylester. Diese Verbindung hat vermutlich
in dem früher (s. ,,Verbindung $C_{17}H_{13}N_3O_3$'' E II **21** 333 [Zeile 9 v. u.]) beschriebenen Präparat
vom F: 186−187° vorgelegen.
Äthylester $C_{18}H_{15}N_3O_3$; Isamsäure-äthylester. Diese Verbindung hat vermutlich
in dem früher (s. ,,Verbindung $C_{18}H_{15}N_3O_3$'' E II **21** 334 [Zeile 1 v. o.]) beschriebenen Präparat
vom F: 197° vorgelegen. − F: 198° [aus Butan-1-ol] (*Jacini*, G. **77** [1947] 295, 304). − Beim
Behandeln mit NaNO$_2$ und wss.-äthanol. HCl ist eine Verbindung $C_{18}H_{14}N_4O_4$ (gelbrosa≈
farbene Kristalle; F: 165°) erhalten worden (*Ja.*, l. c. S. 305).

3-[2-(3-Äthyl-5-brom-4-methyl-pyrrol-2-ylidenmethyl)-4-methyl-5-(4-methyl-5-oxo-3-vinyl-
1,5-dihydro-pyrrol-2-ylidenmethyl)-pyrrol-3-yl]-propionsäure-methylester, 3-[3-Äthyl-1-brom-
2,8,13-trimethyl-14-oxo-12-vinyl-16,17-dihydro-14H-tripyrrin-7-yl]-propionsäure-methylester
$C_{25}H_{28}BrN_3O_3$, Formel VI und Taut.
B. Aus 3-[4-Methyl-5-(4-methyl-5-oxo-3-vinyl-1,5-dihydro-pyrrol-2-ylidenmethyl)-pyrrol-3-
yl]-propionsäure beim Erwärmen mit 3-Äthyl-5-brom-4-methyl-pyrrol-2-carbaldehyd, wss. HBr
und Methanol (*Fischer, Reinecke*, Z. physiol. Chem. **259** [1939] 83, 95).
Kristalle; F: 191°. λ_{max} eines Zink-Komplexes (Me.): 582 nm und 635 nm.

VI   VII

---

*2-[4-Äthyl-5-methoxycarbonyl-3-methyl-pyrrol-2-ylidenmethyl]-5-[3(oder 4)-äthyl-4(oder 3)-
methyl-5-oxo-1,5-dihydro-pyrrol-2-ylidenmethyl]-4-[2-brom-vinyl]-3-methyl-pyrrol,
2,12(oder 2,13)-Diäthyl-8-[2-brom-vinyl]-3,7,13(oder 3,7,12)-trimethyl-14-oxo-16,17-dihydro-14H-
tripyrrin-1-carbonsäure-methylester $C_{25}H_{28}BrN_3O_3$, Formel VII (R = C$_2$H$_5$, R′ = CH$_3$ oder
R = CH$_3$, R′ = C$_2$H$_5$) und Taut.
B. Aus 5-[3(oder 4)-Äthyl-4(oder 3)-methyl-5-oxo-1,5-dihydro-pyrrol-2-ylidenmethyl]-4-[2-
brom-vinyl]-3-methyl-pyrrol-2-carbonsäure (Gemisch der Stellungsisomeren) beim Erwärmen
mit 3-Äthyl-5-formyl-4-methyl-pyrrol-2-carbonsäure-methylester, wss. HBr und Methanol (*Plie≈*
ninger, Lichtenwald, Z. physiol. Chem. **273** [1942] 206, 222).
Kristalle (aus Me.); F: 183°.

Oxocarbonsäuren $C_nH_{2n-23}N_3O_3$

3-[4-Methyl-3-oxo-3,4-dihydro-chinoxalin-2-yl]-indol-2-carbonsäure-äthylester $C_{20}H_{17}N_3O_3$,
Formel VIII.
B. Beim Erhitzen von 3-[4-Methyl-3-oxo-3,4-dihydro-chinoxalin-2-yl]-2-phenylhydrazono-

propionsäure-äthylester mit ZnCl$_2$ auf 140° (*Cook, Naylor*, Soc. **1943** 397, 400).
Kristalle (aus E.); F: 246°.

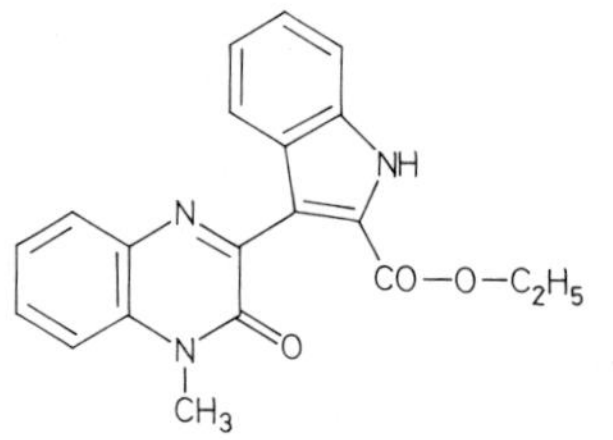

VIII

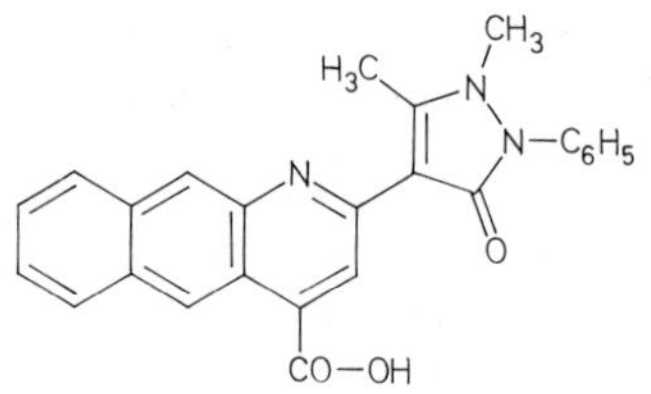

IX

2-[1,5-Dimethyl-3-oxo-2-phenyl-2,3-dihydro-1*H*-pyrazol-4-yl]-benzo[*g*]chinolin-4-carbonsäure
C$_{25}$H$_{19}$N$_3$O$_3$, Formel IX.
B. Aus 1,5-Dimethyl-3-oxo-2-phenyl-2,3-dihydro-1*H*-pyrazol-4-carbaldehyd, Brenztrauben≠
säure und [2]Naphthylamin (*Ledrut, Swierkot*, Bl. Soc. chim. Belg. **59** [1950] 238, 241; *Ridi,*
Checchi, Ann. Chimica **43** [1953] 816, 822).
Gelbe Kristalle; F: 278–284° (*Le., Sw.*), 278° [Zers.] (*Ridi, Ch.*).

*2-[1,3-Dimethyl-1,3-dihydro-benzimidazol-2-yliden]-4-[1,3,3-trimethyl-indolin-2-yliden]-
acetoacetonitril C$_{24}$H$_{24}$N$_4$O, Formel X.
B. Beim Erwärmen von 4-[1,3,3-Trimethyl-indolin-2-yliden]-acetoacetonitril (E III/IV **22** 3088)
mit 1,3-Dimethyl-2-methylmercapto-benzimidazolium-methylsulfat, Pyridin und Triäthylamin
(*Farbenfabr. Bayer*, D.B.P. 821524 [1949]; D.R.B.P. Org. Chem. 1950–1951 **1** 846).
Kristalle (aus Bzl.); F: 254°.

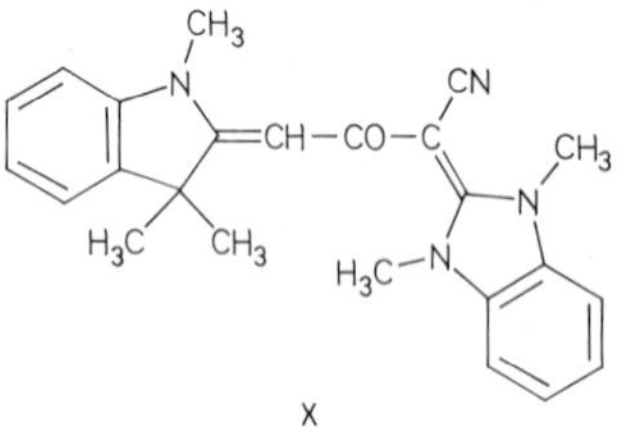

X

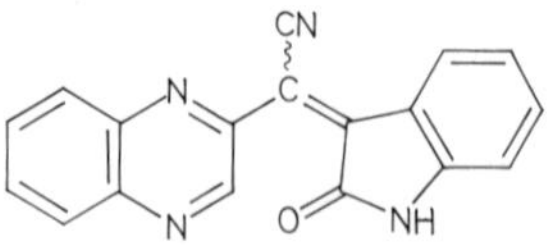

XI

Oxocarbonsäuren C$_n$H$_{2n-25}$N$_3$O$_3$

*Chinoxalin-2-yl-[2-oxo-indolin-3-yliden]-acetonitril C$_{18}$H$_{10}$N$_4$O, Formel XI und Taut.
B. Beim Erwärmen von Chinoxalin-2-yl-acetonitril mit Isatin und wenig Piperidin in Methanol
(*Borsche, Doeller*, A. **537** [1939] 39, 50).
F: 306–308°.

7-Oxo-2,3-diphenyl-7,8-dihydro-imidazo[1,2-*a*]pyrimidin-6-carbonsäure-äthylester C$_{21}$H$_{17}$N$_3$O$_3$,
Formel XII und Taut.
Für diese Verbindung ist auch die Formulierung als 5-Oxo-2,3-diphenyl-5,8-dihydro-
imidazo[1,2-*a*]pyrimidin-6-carbonsäure-äthylester C$_{21}$H$_{17}$N$_3$O$_3$ in Betracht zu ziehen
(vgl. den analog hergestellten 4-Oxo-1,4-dihydro-benz[4,5]imidazo[1,2-*a*]pyrimidin-3-carbon≠
säure-äthylester [S. 1020]).
B. Aus 4,5-Diphenyl-1*H*-imidazol-2-ylamin und Äthoxymethylen-malonsäure-diäthylester
(*De Cat, Van Dormael*, Bl. Soc. chim. Belg. **60** [1951] 69, 74).
Kristalle (aus Xylol + Butan-1-ol); F: 304–305°.

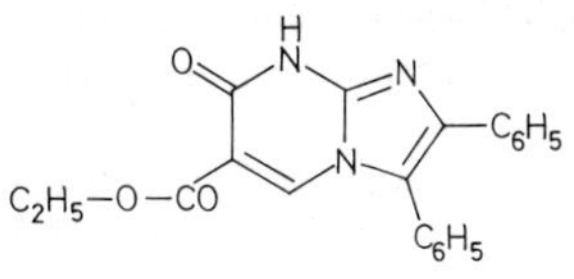

XII 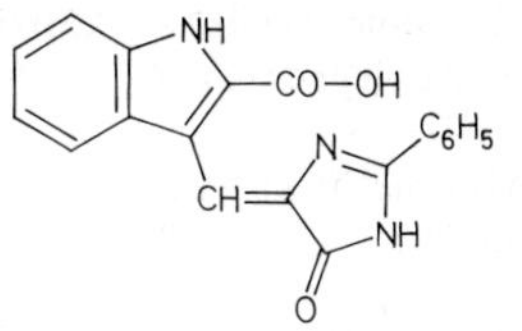   XIII 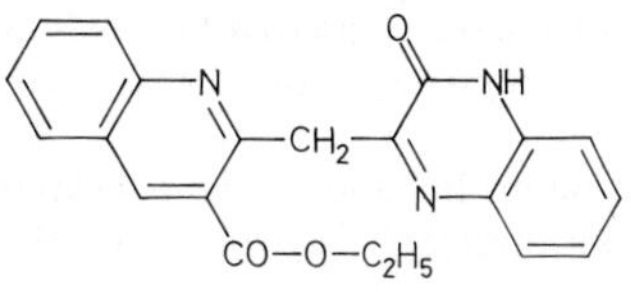   XIV

*3-[5-Oxo-2-phenyl-1,5-dihydro-imidazol-4-ylidenmethyl]-indol-2-carbonsäure $C_{19}H_{13}N_3O_3$,
Formel XIII und Taut.
   Natrium-Salz $NaC_{19}H_{12}N_3O_3$. *B.* Aus 3-[2-Benzoylamino-2-carbamoyl-vinyl]-indol-2-
carbonsäure-äthylester (E III/IV **22** 3293) mit Hilfe von wss. NaOH (*King, Stiller,* Soc. **1937**
466, 469). − Orangegelbe Kristalle mit 3 Mol H_2O.

2-[3-Oxo-3,4-dihydro-chinoxalin-2-ylmethyl]-chinolin-3-carbonsäure-äthylester $C_{21}H_{17}N_3O_3$,
Formel XIV und Taut.
   B. Aus [3-Äthoxycarbonyl-[2]chinolyl]-brenztraubensäure-äthylester und *o*-Phenylendiamin
(*Borsche et al.,* B. **76** [1943] 1099, 1104).
   Rotbraune Kristalle (aus Chlorbenzol oder Nitrobenzol); F: > 360°.

2. Oxocarbonsäuren mit 4 Sauerstoff-Atomen

Oxocarbonsäuren $C_nH_{2n-3}N_3O_4$

Oxocarbonsäuren $C_4H_5N_3O_4$

4,6-Dioxo-hexahydro-[1,3,5]triazin-2-carbonsäure $C_4H_5N_3O_4$, Formel I und Taut.
   Diese Konstitution kommt der früher (s. H **25** 474; E I **25** 691; E II **25** 379) als [2,5-Dioxo-
imidazolidin-4-yl]-carbamidsäure angesehenen D i h y d r o a l l a n t o x a n s ä u r e (H y d r o x o n -
s ä u r e) zu (*Brandenberger, Brandenberger,* Helv. **37** [1954] 2207, 2210; vgl. auch *Pike,* Org.
magnet. Resonance **8** [1976] 224).
   IR-Spektrum (Nujol; 2 − 16 μ): *Br., Br.*
   Entsprechend sind die E I **25** 691 als [2,5-Dioxo-imidazolidin-4-yl]-carbamidsäure-methylester
(H y d r o x o n s ä u r e - m e t h y l e s t e r), als [2,5-Dioxo-imidazolidin-4-yl]-carbamidsäure-äthylester
(H y d r o x o n s ä u r e - ä t h y l e s t e r) bzw. E II **25** 381 als [1-Methyl-2,5-dioxo-imidazolidin-4-yl]-
carbamidsäure (3-Methyl-hydroxonsäure), als [1-Methyl-2,5-dioxo-imidazolidin-4-yl]-carbamid -
säure-methylester und als [1-Methyl-2,5-dioxo-imidazolidin-4-yl]-carbamidsäure-äthylester an -
gesehenen Verbindungen als 4,6-D i o x o - h e x a h y d r o - [1,3,5]t r i a z i n - 2 - c a r b o n s ä u r e -
m e t h y l e s t e r $C_5H_7N_3O_4$, als 4,6-D i o x o - h e x a h y d r o - [1,3,5]t r i a z i n - 2 - c a r b o n s ä u r e -
ä t h y l e s t e r $C_6H_9N_3O_4$ bzw. als 5-M e t h y l - 4,6 - d i o x o - h e x a h y d r o - [1,3,5]t r i a z i n - 2 - c a r -
b o n s ä u r e $C_5H_7N_3O_4$, als 5-M e t h y l - 4,6 - d i o x o - h e x a h y d r o - [1,3,5]t r i a z i n - 2 - c a r b o n -
s ä u r e - m e t h y l e s t e r $C_6H_9N_3O_4$ und als 5-M e t h y l - 4,6 - d i o x o - h e x a h y d r o - [1,3,5]t r i a z i n -
2 - c a r b o n s ä u r e - ä t h y l e s t e r $C_7H_{11}N_3O_4$ zu formulieren.

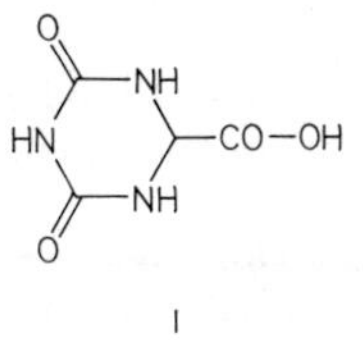

I 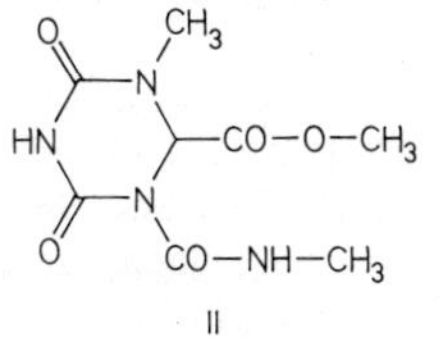   II 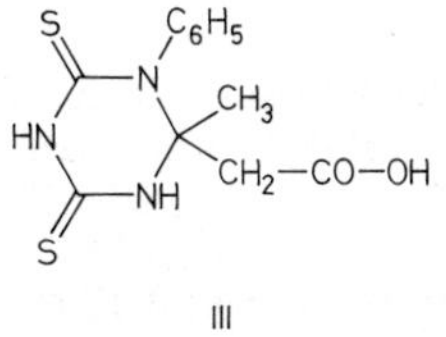   III

(±)-1-Methyl-3-methylcarbamoyl-4,6-dioxo-hexahydro-[1,3,5]triazin-2-carbonsäure-methyl≠ ester(?), Hydrotheobromursäure-methylester $C_8H_{12}N_4O_5$, vermutlich Formel II und Taut.

B. Beim Behandeln von 1-Methyl-3-methylcarbamoyl-4,6-dioxo-hexahydro-[1,3,5]triazin-2-carbonsäure(?) (Hydrotheobromursäure, s. H **26** 314) oder 1,7-Dimethyl-imidazo[1,5-*a*]≠[1,3,5]triazin-2,4,6,8-tetraon(?) („Hydrotheobromursäure-anhydrid", F: 264° [Zers.]) mit Dime≠ thylsulfat und wss. NaOH (*Biltz*, B. **67** [1934] 1856, 1865). Kristalle (aus A. oder E.); F: 183−184° [korr.]. Kristalle (aus H_2O) mit 1 Mol H_2O; F: 115° [korr.].

Oxocarbonsäuren $C_6H_9N_3O_4$

(±)-[2-Methyl-1-phenyl-4,6-dithioxo-hexahydro-[1,3,5]triazin-2-yl]-essigsäure $C_{12}H_{13}N_3O_2S_2$, Formel III und Taut.

B. Aus 1-Phenyl-dithiobiuret bei der Umsetzung mit Acetessigsäure-äthylester in äthanol. HCl und anschliessenden Hydrolyse (*Fairfull, Peak*, Soc. **1955** 803, 806). Kristalle (aus Butan-1-ol); F: 208°.

Oxocarbonsäuren $C_7H_{11}N_3O_4$

[2-Äthyl-1,3,5-trimethyl-4,6-dioxo-[1,3,5]triazin-2-yl]-essigsäure $C_{10}H_{17}N_3O_4$, Formel IV.

Diese Konstitution kommt möglicherweise der früher (s. E II **27** 833) als [2-Äthyl-3,5-di≠ methyl-6-methylimino-4-oxo-tetrahydro-[1,3,5]oxadiazin-2-yl]-essigsäure angesehenen Verbin≠ dung zu, da in der E II **27** 833 genannten Ausgangsverbindung 6-Äthyliden-1,3,5-trimethyl-dihydro-[1,3,5]triazin-2,4-dion (S. 562) vorgelegen hat.

Oxocarbonsäuren $C_nH_{2n-5}N_3O_4$

Oxocarbonsäuren $C_4H_3N_3O_4$

3,5-Dioxo-2,3,4,5-tetrahydro-[1,2,4]triazin-6-carbonsäure $C_4H_3N_3O_4$, Formel V (X = O) und Taut.

B. Aus der folgenden Verbindung mit Hilfe von wss. HNO_3 oder von $KMnO_4$ und wss. NaOH (*Falco et al.*, Am. Soc. **78** [1956] 1938, 1940). Beim Erwärmen von 3-Methylmercapto-5-oxo-4,5-dihydro-[1,2,4]triazin-6-carbonsäure mit konz. wss. HCl und Essigsäure (*Barlow, Welch*, Am. Soc. **78** [1956] 1258). Kristalle; F: 241° [unkorr.; Zers.; aus Eg.] (*Ba., We.*), 238−239° [aus H_2O] (*Fa. et al.*). λ_{max} (wss. Lösung): 273 nm [pH 1] bzw. 260 nm [pH 11] (*Fa. et al.*).

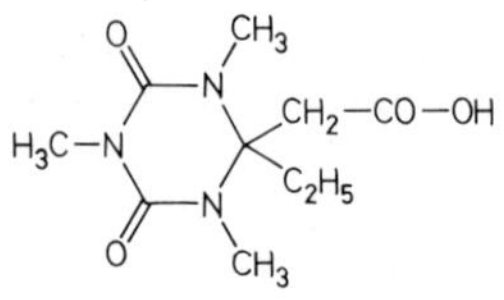

IV 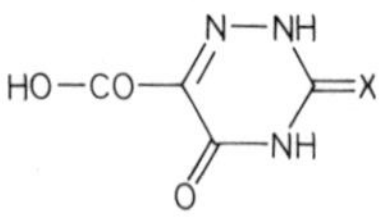   V 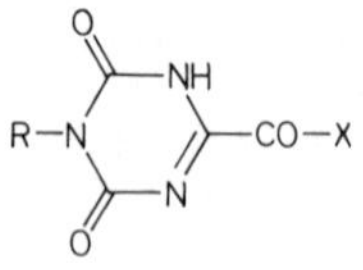   VI

5-Oxo-3-thioxo-2,3,4,5-tetrahydro-[1,2,4]triazin-6-carbonsäure $C_4H_3N_3O_3S$, Formel V (X = S) und Taut.

B. Beim Erwärmen des Dinatrium-Salzes der Mesoxalsäure mit Thiosemicarbazid in H_2O (*Barlow, Welch*, Am. Soc. **78** [1956] 1258). Aus Thiosemicarbazono-malonsäure-diäthylester beim Erwärmen mit wss. NaOH (*Falco et al.*, Am. Soc. **78** [1956] 1938, 1940). Kristalle (aus Eg.); F: 247° [unkorr.; Zers.; nach Sintern bei 220°] (*Ba., We.*). Kristalle (aus H_2O) mit 1 Mol H_2O; F: 222−224° (*Fa. et al.*). λ_{max}: 269 nm [H_2O] (*Ba., We.*), 270 nm [wss. Lösung vom pH 1] bzw. 265 nm [wss. Lösung vom pH 11] (*Fa. et al.*).

Äthylester $C_6H_7N_3O_3S$. Grünlichgelbe Kristalle (aus H_2O); F: 206 – 207° [unkorr.] (*Ba., We.*).

4,6-Dioxo-1,4,5,6-tetrahydro-[1,3,5]triazin-2-carbonsäure $C_4H_3N_3O_4$, Formel VI (R = H, X = OH) und Taut. (E II 176).

Diese Konstitution kommt der früher (s. H **24** 451; E I **24** 402; E II **24** 264) als [2,5-Dioxo-imidazolidin-4-yliden]-carbamidsäure angesehenen Allantoxansäure (Oxonsäure) zu (*Brandenberger, Brandenberger*, Helv. **37** [1954] 2207, 2209; *Flament et al.*, Helv. **42** [1959] 485, 486; *Pike*, Org. magnet. Resonance **8** [1976] 224; s. a. *Hartman, Fellig*, Am. Soc. **77** [1955] 1051; *Canellakis, Cohen*, J. biol. Chem. **213** [1955] 379).

UV-Spektrum (wss. Lösungen vom pH 4,2, pH 8,9 und pH 12,6; 210 – 300 nm): *Br., Br.,* l. c. S. 2212. Scheinbare Dissoziationskonstanten K'_{a1} und K'_{a2} (H_2O; polarographisch ermittelt) bei 18°: $1,6 \cdot 10^{-6}$ bzw. $8 \cdot 10^{-7}$ (*Gladik* [*Hladik*], Pr. I. int. polarogr. Congr. Prag 1951, Tl. 1, S. 680, 685, 686, 692; C. A. **1952** 10958).

4,6-Dioxo-1,4,5,6-tetrahydro-[1,3,5]triazin-2-carbonsäure-amid $C_4H_4N_4O_3$, Formel VI (R = H, X = NH$_2$) und Taut.

Diese Konstitution kommt dem früher (s. E II **24** 264) als [2,5-Dioxo-imidazolidin-4-yliden]-harnstoff angesehenen Allantoxansäure-amid (Oxonsäure-amid) zu (vgl. die entsprechenden Angaben im vorangehenden Artikel; s. hierzu auch *Piskala, Gut*, Collect. **27** [1962] 1562, 1567).

Kristalle (aus H_2O), die unterhalb 350° nicht schmelzen [Dunkelfärbung ab 300°].

4,6-Dioxo-1,4,5,6-tetrahydro-[1,3,5]triazin-2-carbonitril $C_4H_2N_4O_2$, Formel VII (X = O).

B. Aus 4,6-Dioxo-1,4,5,6-tetrahydro-[1,3,5]triazin-2-carbaldehyd-oxim beim Erhitzen mit Acetanhydrid oder Benzoesäure-anhydrid in Pyridin (*Ostrogovich, Crasu*, G. **66** [1936] 653, 655). Aus 4,6-Dioxo-1,4,5,6-tetrahydro-[1,3,5]triazin-2-carbaldehyd-[*O*-acetyl-oxim] (oder-[*O*-benzoyl-oxim]) beim Erwärmen in Pyridin (*Os., Cr.*, G. **66** 654).

Natrium-Salz $NaC_4HN_4O_2$: *Os., Cr.*, G. **66** 655.

Kalium-Salz. Kristalle (aus H_2O), die beim Erhitzen schwarz werden und unter Zersetzung schmelzen (*Ostrogovich, Crasu*, G. **71** [1941] 496, 501 Anm. 6).

Silber-Salz $AgC_4HN_4O_2$. Pulver (*Os., Cr.*, G. **66** 655).

Barium-Salz $Ba(C_4HN_4O_2)_2$. Kristalle (*Os., Cr.*, G. **66** 655).

Pyridin-Salze. a) $C_4H_2N_4O_2 \cdot C_5H_5N$. Kristalle (*Os., Cr.*, G. **66** 655). – b) $C_4H_2N_4O_2 \cdot 2C_5H_5N$. Kristalle (*Os., Cr.*, G. **66** 655).

---

*4,6-Dioxo-1,4,5,6-tetrahydro-[1,3,5]triazin-2-carbohydroximsäure-amid, 4,6-Dioxo-1,4,5,6-tetrahydro-[1,3,5]triazin-2-carbamidoxim $C_4H_5N_5O_3$, Formel VIII (R = H, X = O).

B. Aus dem Natrium-Salz der vorangehenden Verbindung und NH_2OH (*Ostrogovich, Crasu*, G. **66** [1936] 653, 660).

Gelbliche Kristalle.

Natrium-Salz $NaC_4H_4N_5O_3$. Kristalle mit 1 Mol H_2O; unterhalb 310° nicht schmelzend.

Silber-Salz $AgC_4H_4N_5O_3$.

4-Acetoxyimino-6-oxo-1,4,5,6-tetrahydro-[1,3,5]triazin-2-carbonitril $C_6H_5N_5O_3$, Formel VII (X = N-O-CO-CH$_3$) und Taut.

Pyridin-Salz $C_5H_5N \cdot C_6H_5N_5O_3$. *B.* Aus 4-Acetoxyimino-6-[acetoxyimino-methyl]-3,4-dihydro-1*H*-[1,3,5]triazin-2-on beim Erhitzen mit Pyridin (*Ostrogovich, Cadariu*, G. **71** [1941] 515, 519). – Kristalle; F: ca. 163° [Zers.].

4-Benzoyloxyimino-6-oxo-1,4,5,6-tetrahydro-[1,3,5]triazin-2-carbonitril $C_{11}H_7N_5O_3$, Formel VII (X = N-O-CO-C$_6$H$_5$) und Taut.

Pyridin-Salz $C_5H_5N \cdot C_{11}H_7N_5O_3$. *B.* Aus 4-Benzoyloxyimino-6-[benzoyloxyimino-methyl]-3,4-dihydro-1*H*-[1,3,5]triazin-2-on und Pyridin (*Ostrogovich, Cadariu*, G. **71** [1941] 515, 520). – Kristalle (aus Acn.); F: 188 – 189° [rasches Erhitzen].

4-Hydroxyimino-6-oxo-1,4,5,6-tetrahydro-[1,3,5]triazin-2-carbamidoxim $C_4H_6N_6O_3$,
Formel VIII (R = H, X = N-OH) und Taut.

B. Aus dem Pyridin-Salz des 4-Acetoxyimino-6-oxo-1,4,5,6-tetrahydro-[1,3,5]triazin-2-carbo=
nitrils und NH₂OH in Methanol (*Ostrogovich, Cadariu,* G. **71** [1941] 515, 521).

Gelbliche Kristalle mit 1 Mol H₂O.

Hydrochlorid $2C_4H_6N_6O_3 \cdot 3HCl$. Kristalle.

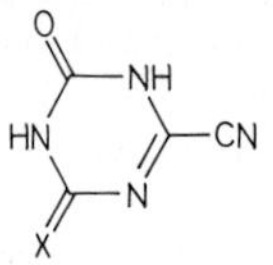

VII 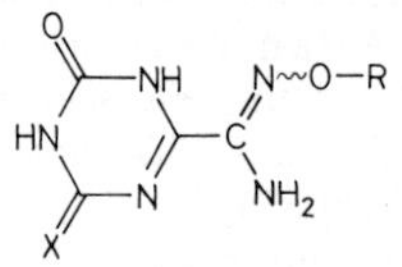   VIII 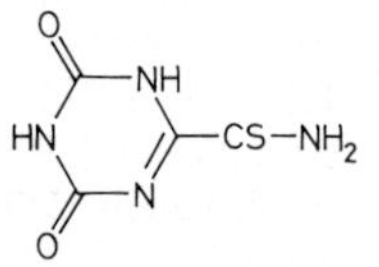   IX 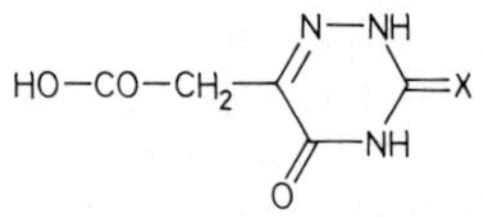   X

N-Acetoxy-4-acetoxyimino-6-oxo-1,4,5,6-tetrahydro-[1,3,5]triazin-2-carbimidsäure-amid,
N-Acetoxy-4-acetoxyimino-6-oxo-1,4,5,6-tetrahydro-[1,3,5]triazin-2-carbamidin
$C_8H_{10}N_6O_5$, Formel VIII (R = CO-CH₃, X = N-O-CO-CH₃) und Taut.

B. Aus der vorangehenden Verbindung und Acetanhydrid (*Ostrogovich, Cadariu,* G. **71** [1941]
515, 521).

Kristalle; F: 265–266° [Zers.].

5-Methyl-4,6-dioxo-1,4,5,6-tetrahydro-[1,3,5]triazin-2-carbonsäure $C_5H_5N_3O_4$, Formel VI
(R = CH₃, X = OH) und Taut.

Diese Konstitution kommt der früher (s. E II **24** 265) als [1-Methyl-2,5-dioxo-imidazolidin-4-
yliden]-carbamidsäure angesehenen 3-Methyl-allantoxansäure (3-Methyl-oxonsäure)
zu (vgl. die entsprechenden Angaben im Artikel Allantoxansäure [S. 1031]; s. hierzu auch
Piskala, Gut, Collect. **26** [1961] 2519, 2521).

4,6-Dioxo-1,4,5,6-tetrahydro-[1,3,5]triazin-2-thiocarbonsäure-amid $C_4H_4N_4O_2S$, Formel IX
und Taut.

B. Beim Behandeln von 4,6-Dioxo-1,4,5,6-tetrahydro-[1,3,5]triazin-2-carbaldehyd-oxim mit
H₂S und wss. HCl (*Ostrogovich, Crasu,* G. **66** [1936] 653, 658).

Rote Kristalle (aus H₂O) mit 1 Mol H₂O.

Ammonium-Salz [NH₄]C₄H₃N₄O₂S. Gelbe Kristalle.

Oxocarbonsäuren $C_5H_5N_3O_4$

[3,5-Dioxo-2,3,4,5-tetrahydro-[1,2,4]triazin-6-yl]-essigsäure $C_5H_5N_3O_4$, Formel X (X = O)
und Taut.

B. Aus der folgenden Säure beim Erwärmen mit KMnO₄ und wss. NaOH (*Gut, Prystaš,*
Collect. **24** [1959] 2986, 2991).

Kristalle (aus H₂O); F: 187–188°.

Äthylester $C_7H_9N_3O_4$. Kristalle (aus H₂O); F: 182–183°.

[5-Oxo-3-thioxo-2,3,4,5-tetrahydro-[1,2,4]triazin-6-yl]-essigsäure $C_5H_5N_3O_3S$, Formel X
(X = S) und Taut.

B. Beim Erwärmen von Thiosemicarbazono-bernsteinsäure-diäthylester mit wss. NaOH (*Gut,
Prystaš,* Collect. **24** [1959] 2986, 2989).

Kristalle (aus H₂O); F: 181°.

Äthylester $C_7H_9N_3O_3S$. Kristalle (aus H₂O); F: 185°.

Oxocarbonsäuren $C_8H_{11}N_3O_4$

*Opt.-inakt. 8-Methyl-2,4-dioxo-1,3,8-triaza-spiro[4.5]decan-6-carbonsäure-äthylester
$C_{11}H_{17}N_3O_4$, Formel XI.

B. Aus 1-Methyl-4-oxo-piperidin-3-carbonsäure-äthylester beim Erwärmen mit KCN und
[NH₄]₂CO₃ in wss. Äthanol (*Mailey, Day,* J. org. Chem. **22** [1957] 1061, 1062).

Kristalle (aus wss. A.); F: 230−232°.

Oxocarbonsäuren $C_{12}H_{19}N_3O_4$

9-[3,5-Dioxo-2,3,4,5-tetrahydro-[1,2,4]triazin-6-yl]-nonansäure $C_{12}H_{19}N_3O_4$, Formel XII und Taut.

B. Aus 2-Oxo-undecandisäure und Semicarbazid (*Sakutškaja, Ž. obšč. Chim.* **10** [1940] 1553, 1558; C. **1941** I 2657).

F: 128−132° [aus wss. A.].

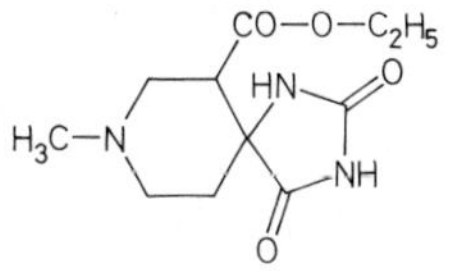

XI 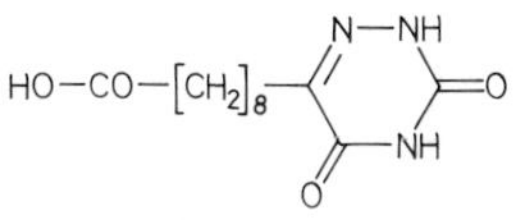   XII 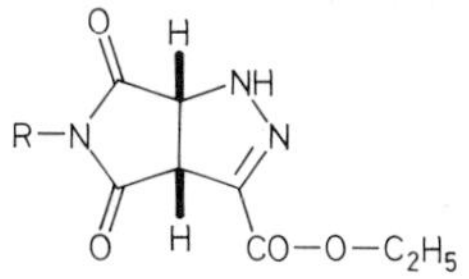   XIII

Oxocarbonsäuren $C_nH_{2n-7}N_3O_4$

(±)-4,6-Dioxo-5-phenyl-(3ar,6ac)-1,3a,4,5,6,6a-hexahydro-pyrrolo[3,4-c]pyrazol-3-carbonsäure-äthylester $C_{14}H_{13}N_3O_4$, Formel XIII (R = C_6H_5) + Spiegelbild.

B. Beim Behandeln von *N*-Phenyl-maleinimid mit Diazoessigsäure-äthylester in Äther bei 0° (*Mustafa et al.,* Am. Soc. **78** [1956] 145, 147).

Kristalle (aus $CHCl_3$ + Ae.); F: 193° [unkorr.; Zers.].

Beim Erhitzen auf 130° unter vermindertem Druck ist 1,3-Dioxo-2-phenyl-hexahydro-cyclo= propa[c]pyrrol-4-carbonsäure-äthylester erhalten worden.

Die folgenden Verbindungen sind in analoger Weise hergestellt worden:

(±)-4,6-Dioxo-5-*p*-tolyl-(3ar,6ac)-1,3a,4,5,6,6a-hexahydro-pyrrolo[3,4-c]pyrazol-3-carbonsäure-äthylester $C_{15}H_{15}N_3O_4$, Formel XIII (R = C_6H_4-CH_3) + Spiegelbild. Kristalle (aus $CHCl_3$ + Ae.); F: 193° [unkorr.; Zers.].

(±)-5-[2,4-Dimethyl-phenyl]-4,6-dioxo-(3ar,6ac)-1,3a,4,5,6,6a-hexahydro-pyrrolo[3,4-c]pyrazol-3-carbonsäure-äthylester $C_{16}H_{17}N_3O_4$, Formel XIII (R = $C_6H_3(CH_3)_2$) + Spiegelbild. Kristalle (aus $CHCl_3$ + Ae.); F: 146° [unkorr.; Zers.].

(±)-5-[4-Methoxy-phenyl]-4,6-dioxo-(3ar,6ac)-1,3a,4,5,6,6a-hexahydro-pyrrolo[3,4-c]pyrazol-3-carbonsäure-äthylester $C_{15}H_{15}N_3O_5$, Formel XIII (R = C_6H_4-O-CH_3) + Spiegelbild. Kristalle (aus $CHCl_3$ + Ae.); F: 154° [unkorr.; Zers.].

(±)-5-[4-Äthoxy-phenyl]-4,6-dioxo-(3ar,6ac)-1,3a,4,5,6,6a-hexahydro-pyrrolo[3,4-c]pyrazol-3-carbonsäure-äthylester $C_{16}H_{17}N_3O_5$, Formel XIII (R = C_6H_4-O-C_2H_5) + Spiegelbild. Kristalle (aus $CHCl_3$ + Ae.); F: 164° [unkorr.; Zers.].

(±)-5-[2,5-Dimethoxy-phenyl]-4,6-dioxo-(3ar,6ac)-1,3a,4,5,6,6a-hexahydro-pyrrolo[3,4-c]pyrazol-3-carbonsäure-äthylester $C_{16}H_{17}N_3O_6$, Formel XIV + Spiegelbild. Kristalle (aus $CHCl_3$ + Ae.); F: 124° [unkorr.; Zers.].

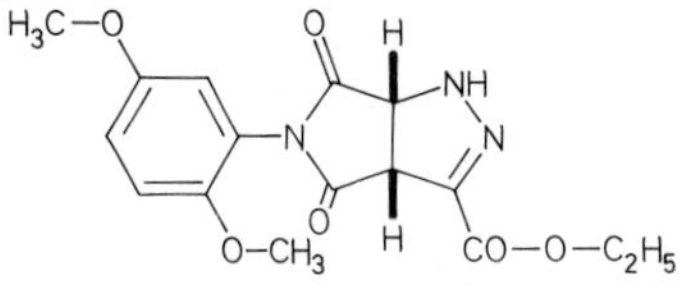

XIV 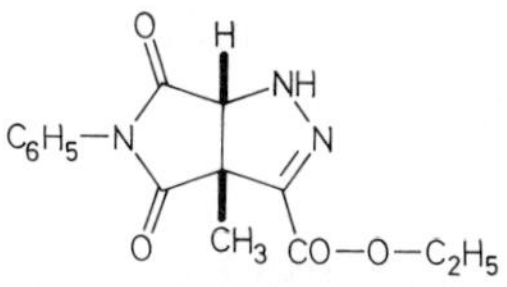   XV 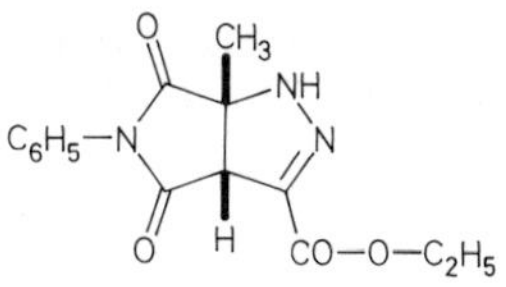   XVI

(±)-3a(oder 6a)-Methyl-4,6-dioxo-5-phenyl-(3ar,6ac)-1,3a,4,5,6,6a-hexahydro-pyrrolo[3,4-c]= pyrazol-3-carbonsäure-äthylester $C_{15}H_{15}N_3O_4$, Formel XV + Spiegelbild oder Formel XVI + Spiegelbild.

B. Aus (±)-3-Methyl-1-phenyl-pyrrol-2,5-dion und Diazoessigsäure-äthylester in Äther bei 0° (*Mustafa et al.,* Am. Soc. **78** [1956] 145, 147).

Kristalle (aus $CHCl_3$ + Ae.); F: 170° [unkorr.; Zers.].

Oxocarbonsäuren $C_nH_{2n-9}N_3O_4$

3,4-Dioxo-2,3,4,7-tetrahydro-1*H*-pyrazolo[3,4-*b*]pyridin-6-carbonsäure-äthylester $C_9H_9N_3O_4$,
Formel I und Taut.

Die Identität einer von *Papini et al.* (G. **87** [1957] 931, 945) unter dieser Konstitution beschrie=
benen, aus 5-Amino-1,2-dihydro-pyrazol-3-on und Oxalessigsäure-diäthylester bei 100° erhalte=
nen Verbindung (Kristalle [aus wss. A.], F: 267 – 270°) ist ungewiss (vgl. dazu *Taylor, Barton,*
Am. Soc. **81** [1959] 2448, 2451; *Imbach et al.,* Bl. **1970** 1929, 1930).

1,3-Dimethyl-2,4-dioxo-2,3,4,5-tetrahydro-1*H*-pyrrolo[3,2-*d*]pyrimidin-6-carbonsäure
$C_9H_9N_3O_4$, Formel II (R = R′ = H).
    B. Aus dem Äthylester [s. u.] (*Pfleiderer, Mosthaf,* B. **90** [1957] 738, 745).
    Kristalle (aus H_2O); F: 370° [Zers.].
    Äthylester $C_{11}H_{13}N_3O_4$. *B.* Aus 5-Benzylidenamino-1,3,6-trimethyl-1*H*-pyrimidin-2,4-
dion bei aufeinanderfolgender Umsetzung mit Oxalsäure-diäthylester und Kaliumäthylat in
Äther und mit äthanol. HCl (*Pf., Mo.*). – Kristalle (aus A.); F: 234 – 235°.

**1,3,5-Trimethyl-2,4-dioxo-2,3,4,5-tetrahydro-1*H*-pyrrolo[3,2-*d*]pyrimidin-6-carbonsäure-
äthylester** $C_{12}H_{15}N_3O_4$, Formel II (R = CH_3, R′ = C_2H_5).
    B. Aus dem im vorangehenden Artikel beschriebenen Äthylester und Diazomethan (*Pfleiderer,
Mosthaf,* B. **90** [1957] 738, 745).
    Kristalle (aus A.); F: 189°.

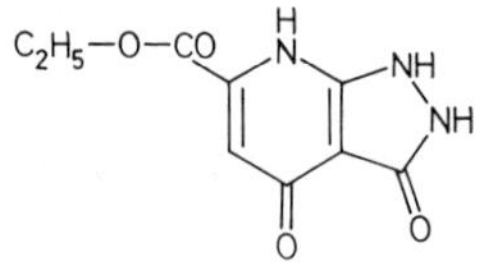

I 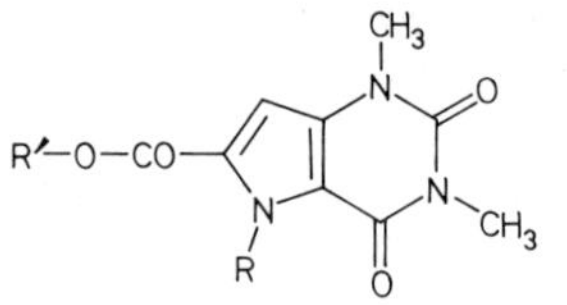   II 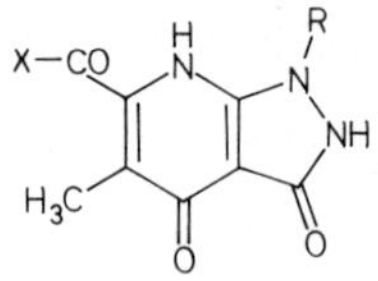   III

5-Methyl-3,4-dioxo-2,3,4,7-tetrahydro-1*H*-pyrazolo[3,4-*b*]pyridin-6-carbonsäure-äthylester
$C_{10}H_{11}N_3O_4$, Formel III (R = H, X = O-C_2H_5) und Taut.
    Die Identität einer von *Papini et al.* (G. **87** [1957] 931, 945) unter dieser Konstitution beschrie=
benen, aus 5-Amino-1,2-dihydro-pyrazol-3-on und Methyloxalessigsäure-diäthylester bei 100°
erhaltenen Verbindung (Kristalle [aus H_2O], F: 256 – 260°; in ein Hydrazid [F: 260° [Zers.]]
überführbar) ist ungewiss (vgl. dazu *Taylor, Barton,* Am. Soc. **81** [1959] 2448, 2451; *Imbach
et al.,* Bl. **1970** 1929, 1930).

**5-Methyl-3,4-dioxo-1-phenyl-2,3,4,7-tetrahydro-1*H*-pyrazolo[3,4-*b*]pyridin-6-carbonsäure-
äthylester** $C_{16}H_{15}N_3O_4$, Formel III (R = C_6H_5, X = O-C_2H_5) und Taut.
    Die Identität einer von *Papini et al.* (G. **87** [1957] 931, 946) unter dieser Konstitution beschrie=
benen, aus vermeintlichem 5-Amino-1-phenyl-1,2-dihydro-pyrazol-3-on (s. E III/IV **25** 3518)
und Methyloxalessigsäure-diäthylester in Essigsäure hergestellten Verbindung (gelbe Kristalle
[aus A.], F: 220 – 221°) ist ungewiss (vgl. die Angaben im vorangehenden Artikel).

Oxocarbonsäuren $C_nH_{2n-11}N_3O_4$

Oxocarbonsäuren $C_9H_7N_3O_4$

7-Methyl-2,4-dioxo-1,2,3,4-tetrahydro-pyrido[2,3-*d*]pyrimidin-5-carbonsäure $C_9H_7N_3O_4$,
Formel IV (R = R′ = H, X = OH) und Taut.
    B. Aus dem Äthylester [s. u.] (*Ridi et al.,* Ann. Chimica **46** [1956] 428, 435).
    Kristalle (aus Eg.); F: 340°.

Äthylester $C_{11}H_{11}N_3O_4$. *B.* Aus 6-Amino-1*H*-pyrimidin-2,4-dion und 2,4-Dioxo-valerian=
säure-äthylester (*Ridi et al.*). — Kristalle (aus Eg.); F: 230°. — Beim Erhitzen mit $N_2H_4 \cdot H_2O$
auf 120° ist 5-Methyl-7,9-dihydro-2*H*-1,2,6,7,9-pentaaza-phenalen-3,8-dion erhalten worden
(*Ridi et al.*, l. c. S. 438).

1,7-Dimethyl-2,4-dioxo-1,2,3,4-tetrahydro-pyrido[2,3-*d*]pyrimidin-5-carbonsäure $C_{10}H_9N_3O_4$,
Formel IV (R = CH_3, R' = H, X = OH) und Taut.
B. Aus dem Äthylester [s. u.] (*Ridi et al.*, Ann. Chimica **46** [1956] 428, 436).
Kristalle (aus A.); F: 320°.
Äthylester $C_{12}H_{13}N_3O_4$. *B.* Analog dem im vorangehenden Artikel beschriebenen Äthyl=
ester (*Ridi et al.*). — Kristalle (aus A.); F: 215°.

1,3,7-Trimethyl-2,4-dioxo-1,2,3,4-tetrahydro-pyrido[2,3-*d*]pyrimidin-5-carbonsäure
$C_{11}H_{11}N_3O_4$, Formel IV (R = R' = CH_3, X = OH).
B. Aus 7-Methyl-2,4-dioxo-1,2,3,4-tetrahydro-pyrido[2,3-*d*]pyrimidin-5-carbonsäure oder aus
der vorangehenden Säure und Dimethylsulfat in wss. NaOH (*Ridi et al.*, Ann. Chimica **46**
[1956] 428, 436). Aus dem folgenden Äthylester (*Ridi et al.*).
Kristalle; F: 280°.

1,3,7-Trimethyl-2,4-dioxo-1,2,3,4-tetrahydro-pyrido[2,3-*d*]pyrimidin-5-carbonsäure-äthylester
$C_{13}H_{15}N_3O_4$, Formel IV (R = R' = CH_3, X = O-C_2H_5).
B. Aus 7-Methyl-2,4-dioxo-1,2,3,4-tetrahydro-pyrido[2,3-*d*]pyrimidin-5-carbonsäure-äthyl=
ester oder 1,7-Dimethyl-2,4-dioxo-1,2,3,4-tetrahydro-pyrido[2,3-*d*]pyrimidin-5-carbonsäure-
äthylester und Dimethylsulfat in wss. NaOH (*Ridi et al.*, Ann. Chimica **46** [1956] 428, 435).
Kristalle (aus A.); F: 140°.

1-Äthyl-7-methyl-2,4-dioxo-1,2,3,4-tetrahydro-pyrido[2,3-*d*]pyrimidin-5-carbonsäure-äthylester
$C_{13}H_{15}N_3O_4$, Formel IV (R = C_2H_5, R' = H, X = O-C_2H_5) und Taut.
B. Aus 1-Äthyl-6-amino-1*H*-pyrimidin-2,4-dion und 2,4-Dioxo-valeriansäure-äthylester (*Ridi,
Checchi*, Ann. Chimica **47** [1957] 728, 736).
Kristalle (aus A.); F: 180°.

1-Äthyl-3,7-dimethyl-2,4-dioxo-1,2,3,4-tetrahydro-pyrido[2,3-*d*]pyrimidin-5-carbonsäure
$C_{12}H_{13}N_3O_4$, Formel IV (R = C_2H_5, R' = CH_3, X = OH).
B. Aus dem Äthylester [s. u.] (*Ridi, Checchi*, Ann. Chimica **47** [1957] 728, 737).
Kristalle (aus Eg.); F: 275°.
Äthylester $C_{14}H_{17}N_3O_4$. *B.* Aus dem vorangehenden Äthylester und Dimethylsulfat in
wss. KOH (*Ridi, Ch.*). — Kristalle; F: 140°.

7-Methyl-2,4-dioxo-1-phenyl-1,2,3,4-tetrahydro-pyrido[2,3-*d*]pyrimidin-5-carbonsäure
$C_{15}H_{11}N_3O_4$, Formel IV (R = C_6H_5, R' = H, X = OH) und Taut.
B. Aus dem Äthylester [s. u.] (*Ridi et al.*, Ann. Chimica **46** [1956] 428, 436).
Kristalle (aus A. oder Eg.); F: 338° (*Ridi et al.*, Ann. Chimica **46** 436).
Äthylester $C_{17}H_{15}N_3O_4$. *B.* Aus 6-Amino-1-phenyl-1*H*-pyrimidin-2,4-dion und 2,4-Dioxo-
valeriansäure-äthylester (*Ridi et al.*, Ann. Chimica **45** [1955] 439, 447, **46** 434). — Kristalle
(aus A.); F: 235° (*Ridi et al.*, Ann. Chimica **45** 448, **46** 434).

3,7-Dimethyl-2,4-dioxo-1-phenyl-1,2,3,4-tetrahydro-pyrido[2,3-*d*]pyrimidin-5-carbonsäure
$C_{16}H_{13}N_3O_4$, Formel IV (R = C_6H_5, R' = CH_3, X = OH).
B. Aus der vorangehenden Säure und Dimethylsulfat in wss. NaOH (*Ridi et al.*, Ann. Chimica
46 [1956] 428, 436). Aus dem folgenden Äthylester mit Hilfe von konz. wss. HCl und Essigsäure
(*Ridi et al.*).
F: 304−306°.

**3,7-Dimethyl-2,4-dioxo-1-phenyl-1,2,3,4-tetrahydro-pyrido[2,3-*d*]pyrimidin-5-carbonsäure-
äthylester** $C_{18}H_{17}N_3O_4$, Formel IV (R = C_6H_5, R' = CH_3, X = O-C_2H_5).

B. Aus 6-Amino-3-methyl-1-phenyl-1*H*-pyrimidin-2,4-dion und 2,4-Dioxo-valeriansäure-
äthylester (*Ridi et al.,* Ann. Chimica **46** [1956] 428, 434). Aus 7-Methyl-2,4-dioxo-1-phenyl-
1,2,3,4-tetrahydro-pyrido[2,3-*d*]pyrimidin-5-carbonsäure-äthylester und Dimethylsulfat in wss.
NaOH (*Ridi et al.,* l. c. S. 435).

Kristalle (aus A.); F: 180° (*Ridi et al.*).

Beim Erwärmen mit wss. KOH sind 2-Anilino-6-methyl-pyridin-3,4-dicarbonsäure und 4-Ani≠
lino-2,6-dimethyl-pyrrolo[3,4-*c*]pyridin-1,3-dion erhalten worden (*Ridi, Checchi,* Ann. Chimica
47 [1957] 728, 738).

3,7-Dimethyl-2,4-dioxo-1-phenyl-1,2,3,4-tetrahydro-pyrido[2,3-*d*]pyrimidin-5-carbonsäure-anilid
$C_{22}H_{18}N_4O_3$, Formel IV (R = C_6H_5, R' = CH_3, X = NH-C_6H_5).

B. Aus 3,7-Dimethyl-2,4-dioxo-1-phenyl-1,2,3,4-tetrahydro-pyrido[2,3-*d*]pyrimidin-5-carbon≠
säure und Anilin (*Ridi, Checchi,* Ann. Chimica **47** [1957] 728, 741).

Kristalle (aus A. oder Eg.); F: > 300°.

1-[4-Äthoxy-phenyl]-7-methyl-2,4-dioxo-1,2,3,4-tetrahydro-pyrido[2,3-*d*]pyrimidin-5-carbonsäure
$C_{17}H_{15}N_3O_5$, Formel IV (R = C_6H_4-O-C_2H_5, R' = H, X = OH) und Taut.

B. Aus dem Äthylester [s. u.] (*Ridi et al.,* Ann. Chimica **46** [1956] 428, 436).

Kristalle (aus Eg.); F: 300° (*Ridi et al.,* Ann. Chimica **46** 436).

Äthylester $C_{19}H_{19}N_3O_5$. *B.* Aus 1-[4-Äthoxy-phenyl]-6-amino-1*H*-pyrimidin-2,4-dion und
2,4-Dioxo-valeriansäure-äthylester (*Ridi et al.,* Ann. Chimica **45** [1955] 439, 448, **46** 434). –
Kristalle (aus A.); F: 220° (*Ridi et al.,* Ann. Chimica **45** 448, **46** 434).

**1-[4-Äthoxy-phenyl]-3,7-dimethyl-2,4-dioxo-1,2,3,4-tetrahydro-pyrido[2,3-*d*]pyrimidin-5-carbon≠
säure** $C_{18}H_{17}N_3O_5$, Formel IV (R = C_6H_4-O-C_2H_5, R' = CH_3, X = OH).

B. Aus der vorangehenden Säure und Dimethylsulfat in wss. NaOH (*Ridi et al.,* Ann. Chimica
46 [1956] 428, 436). Aus dem folgenden Äthylester mit Hilfe von konz. wss. HCl und Essigsäure
(*Ridi et al.*).

Kristalle (aus A.); F: 323°.

**1-[4-Äthoxy-phenyl]-3,7-dimethyl-2,4-dioxo-1,2,3,4-tetrahydro-pyrido[2,3-*d*]pyrimidin-5-carbon≠
säure-äthylester** $C_{20}H_{21}N_3O_5$, Formel IV (R = C_6H_4-O-C_2H_5, R' = CH_3, X = O-C_2H_5).

B. Aus 1-[4-Äthoxy-phenyl]-6-amino-3-methyl-1*H*-pyrimidin-2,4-dion und 2,4-Dioxo-valeri≠
ansäure-äthylester (*Ridi et al.,* Ann. Chimica **46** [1956] 428, 434). Aus 1-[4-Äthoxy-phenyl]-7-
methyl-2,4-dioxo-1,2,3,4-tetrahydro-pyrido[2,3-*d*]pyrimidin-5-carbonsäure-äthylester und Di≠
methylsulfat in wss. KOH (*Ridi et al.*).

Kristalle (aus A. oder Eg.); F: 203°.

7-Methyl-4-oxo-2-thioxo-1,2,3,4-tetrahydro-pyrido[2,3-*d*]pyrimidin-5-carbonsäure $C_9H_7N_3O_3S$,
Formel V (R = R' = H) und Taut.

B. Aus dem Äthylester (s. u.) mit Hilfe von wss. Alkalilauge (*Ridi, Checchi,* Ann. Chimica
47 [1957] 728, 742).

Kristalle (aus Eg.); F: 345°.

Beim Erhitzen auf 360° ist 7-Methyl-1*H*-pyrido[2,3-*d*]pyrimidin-2,4-dion erhalten worden
(*Ridi, Ch.,* l. c. S. 741).

Äthylester $C_{11}H_{11}N_3O_3S$. *B.* Aus 6-Amino-2-thioxo-2,3-dihydro-1*H*-pyrimidin-4-on und
2,4-Dioxo-valeriansäure-äthylester (*Ridi, Ch.,* l. c. S. 741). – Kristalle (aus Eg.); F: 230°.

1,7-Dimethyl-4-oxo-2-thioxo-1,2,3,4-tetrahydro-pyrido[2,3-d]pyrimidin-5-carbonsäure-äthylester
$C_{12}H_{13}N_3O_3S$, Formel V (R = CH_3, R' = C_2H_5).
B. Aus 6-Amino-1-methyl-2-thioxo-2,3-dihydro-1H-pyrimidin-4-on und 2,4-Dioxo-valerian≈
säure-äthylester (*Ridi, Checchi*, Ann. Chimica **47** [1957] 728, 742).
Kristalle (aus A.); F: 202°.

2-Methyl-5,8-dioxo-5,6,7,8-tetrahydro-pyrido[2,3-d]pyridazin-3-carbonitril $C_9H_6N_4O_2$,
Formel VI und Taut.
B. Aus 5-Cyan-6-methyl-pyridin-2,3-dicarbonsäure-diäthylester und $N_2H_4 \cdot H_2O$ in Methanol
(*Jones*, Am. Soc. **78** [1956] 159, 161).
F: 320° [Zers.].

Oxocarbonsäuren $C_{10}H_9N_3O_4$

*5-[1-Acetyl-2,5-dioxo-imidazolidin-4-ylidenmethyl]-2-methyl-pyrrol-3-carbonsäure-äthylester
$C_{14}H_{15}N_3O_5$, Formel VII.
B. Beim Erhitzen von 5-Formyl-2-methyl-pyrrol-3-carbonsäure-äthylester mit Imidazolidin-
2,4-dion, Acetanhydrid und Natriumacetat (*González, González*, An. Soc. españ. [B] **47** [1951]
549).
Kristalle (aus A.); F: 195−197°.

Oxocarbonsäuren $C_nH_{2n-13}N_3O_4$

2-[5-Oxo-3-thioxo-2,3,4,5-tetrahydro-[1,2,4]triazin-6-yl]-benzoesäure $C_{10}H_7N_3O_3S$,
Formel VIII (R = CO-OH, R' = H) und Taut.
B. Aus [2-Carboxy-phenyl]-thiosemicarbazono-essigsäure mit Hilfe von wss. Alkali (*Hagen≈
bach et al.*, Ang. Ch. **66** [1954] 359, 361).
Gelbe Kristalle (aus A.); F: 263° [Zers.].

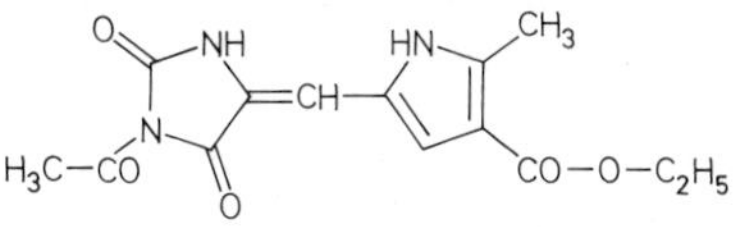

VII 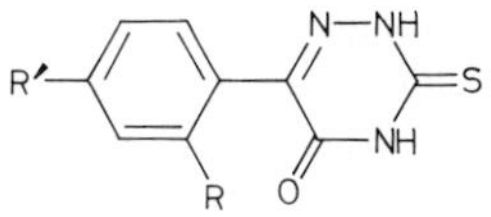   VIII 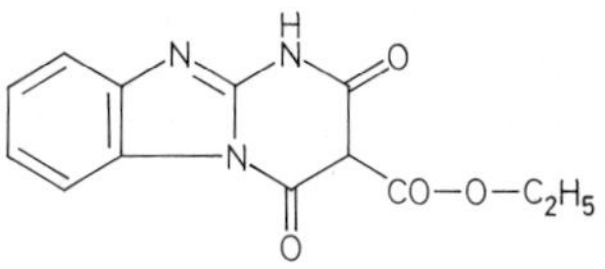   IX

4-[5-Oxo-3-thioxo-2,3,4,5-tetrahydro-[1,2,4]triazin-6-yl]-benzoesäure $C_{10}H_7N_3O_3S$,
Formel VIII (R = H, R' = CO-OH) und Taut.
B. Analog der vorangehenden Verbindung (*Hagenbach et al.*, Ang. Ch. **66** [1954] 359, 361).
Gelbe Kristalle (aus wss. Dioxan); F: 240° [Zers.].

Oxocarbonsäuren $C_nH_{2n-15}N_3O_4$

2,4-Dioxo-1,2,3,4-tetrahydro-benz[4,5]imidazo[1,2-a]pyrimidin-3-carbonsäure-äthylester
$C_{13}H_{11}N_3O_4$, Formel IX und Taut.
B. Aus 1H-Benzimidazol-2-ylamin und Methantricarbonsäure-triäthylester (*De Cat, Van Dor≈
mael*, Bl. Soc. chim. Belg. **59** [1950] 573, 585).
Kristalle (aus 2-Methoxy-äthanol), die unterhalb 330° nicht schmelzen.

(±)-3-[3-Methyl-2,5-dioxo-imidazolidin-4-ylmethyl]-indol-4-carbonsäure $C_{14}H_{13}N_3O_4$,
Formel X.
B. Beim Erwärmen von 3-[4-Carboxy-indol-3-yl]-2-methylamino-propionsäure mit Kalium≈
cyanat in H_2O und anschliessenden Behandeln mit wss. HCl (*Uhle, Harris*, Am. Soc. **79**
[1957] 102, 107).
F: >340°.

Oxocarbonsäuren $C_nH_{2n-17}N_3O_4$

2,4-Dioxo-1,2,3,4-tetrahydro-pyrimido[4,5-*b*]chinolin-5-carbonsäure $C_{12}H_7N_3O_4$, Formel XI
(R = H) und Taut.
   B. Aus dem Methylester [s. u.] (*King et al.*, Soc. **1948** 552, 554). Beim Erwärmen von 3,3-Bis-
[2,4,6-trioxo-hexahydro-pyrimidin-5-yl]-indolin-2-on mit konz. wss. HCl (*King et al.*).
   Kristalle (aus Eg.) mit 1 Mol H_2O; F: > 325°.
   M e t h y l e s t e r $C_{13}H_9N_3O_4$. *B.* Beim Erwärmen von 3,3-Bis-[2,4,6-trioxo-hexahydro-pyrimi≠
din-5-yl]-indolin-2-on mit methanol. HCl (*King et al.*). Aus dem Chlorid (s. u.) und Methanol
(*King et al.*, l. c. S. 555). — Kristalle (aus Eg.); F: > 320°. — N a t r i u m - S a l z $NaC_{13}H_8N_3O_4$.
Hellgelbe Kristalle mit 1,5 Mol H_2O; F: > 310°.
   Ä t h y l e s t e r $C_{14}H_{11}N_3O_4$. *B.* Aus dem Chlorid (s. u.) und Äthanol (*King et al.*). — Kristalle
(aus Dioxan + H_2O); F: > 320°.
   C h l o r i d $C_{12}H_6ClN_3O_3$; 2 - 4 - D i o x o - 1 , 2 , 3 , 4 - t e t r a h y d r o - p y r i m i d o [4,5-*b*] c h i n o l i n - 5 -
c a r b o n y l c h l o r i d. *B.* Aus der Säure (s. o.) und $SOCl_2$ (*King et al.*). — Gelb; Zers. bei
250°.
   A m i d $C_{12}H_8N_4O_3$. *B.* Aus dem Chlorid (s. o.) und wss. NH_3 (*King et al.*). — Kristalle
(aus Formamid); F: > 310°.

X   XI   XII

10-Methyl-2,4-dioxo-2,3,4,10-tetrahydro-pyrimido[4,5-*b*]chinolin-5-carbonsäure $C_{13}H_9N_3O_4$,
Formel XII und Taut.
   B. Aus dem Methylester [s. u.] (*King et al.*, Soc. **1948** 552, 555). Beim Erwärmen von 1-Methyl-
3,3-bis-[2,4,6-trioxo-hexahydro-pyrimidin-5-yl]-indolin-2-on mit konz. wss. HCl (*King et al.*).
   Gelbe Kristalle (aus wss. $NaHCO_3$ + wss. HCl); F: > 300°.
   M e t h y l e s t e r $C_{14}H_{11}N_3O_4$. *B.* Beim Erwärmen von 1-Methyl-3,3-bis-[2,4,6-trioxo-hexa≠
hydro-pyrimidin-5-yl]-indolin-2-on mit methanol. HCl (*King et al.*). — Gelbe Kristalle (aus
aus H_2O); F: 280 − 282°.

1,3-Dimethyl-2,4-dioxo-1,2,3,4-tetrahydro-pyrimido[4,5-*b*]chinolin-5-carbonsäure-methylester
$C_{15}H_{13}N_3O_4$, Formel XI (R = CH_3).
   B. Aus 2,4-Dioxo-1,2,3,4-tetrahydro-pyrimido[4,5-*b*]chinolin-5-carbonsäure und Diazo≠
methan in Äther (*King et al.*, Soc. **1948** 552, 554).
   Kristalle (aus A. oder wss. Eg.); F: 220°.

***1-[3-(3-Methyl-2,5-dioxo-imidazolidin-4-ylidenmethyl)-indol-2-carbonyl]-piperidin, 3-[3-Methyl-
2,5-dioxo-imidazolidin-4-ylidenmethyl]-indol-2-carbonsäure-piperidid** $C_{19}H_{20}N_4O_3$,
Formel XIII.
   B. Beim Erwärmen von 1-[3-Formyl-indol-2-carbonyl]-piperidin mit 1-Methyl-imidazolidin-
2,4-dion und Piperidin (*Brehm*, Am. Soc. **71** [1949] 3541).
   Gelbliche Kristalle (aus Py. + H_2O); F: 306 − 307,5° [Zers.].

Oxocarbonsäuren $C_nH_{2n-19}N_3O_4$

2,4-Dioxo-7-phenyl-1,2,3,4-tetrahydro-pyrido[2,3-*d*]pyrimidin-5-carbonsäure $C_{14}H_9N_3O_4$,
Formel XIV (R = R′ = R″ = H) und Taut.
   B. Aus dem Äthylester (s. u.) mit Hilfe von konz. wss. HCl und Essigsäure (*Ridi*, Ann.

Chimica **49** [1959] 944, 951).

Kristalle (aus Eg.); F: 320° (*Ridi,* l. c. S. 953).

Äthylester $C_{16}H_{13}N_3O_4$. *B.* Beim Erhitzen von 6-Amino-1*H*-pyrimidin-2,4-dion mit 2,4-Dioxo-4-phenyl-buttersäure-äthylester und P_2O_5 (*Ridi*). — Kristalle (aus Eg.); F: 290°.

2,4-Dioxo-1,7-diphenyl-1,2,3,4-tetrahydro-pyrido[2,3-*d*]pyrimidin-5-carbonsäure $C_{20}H_{13}N_3O_4$,
Formel XIV (R = C_6H_5, R' = R'' = H) und Taut.

B. Aus 6-Amino-1-phenyl-1*H*-pyrimidin-2,4-dion beim Erhitzen mit 2,4-Dioxo-4-phenyl-but=tersäure und P_2O_5 (*Ridi,* Ann. Chimica **49** [1959] 944, 950). Aus dem folgenden Äthylester mit Hilfe von konz. wss. HCl und Essigsäure (*Ridi*).

Kristalle (aus Eg.); F: 325° (*Ridi,* l. c. S. 953).

2,4-Dioxo-1,7-diphenyl-1,2,3,4-tetrahydro-pyrido[2,3-*d*]pyrimidin-5-carbonsäure-äthylester
$C_{22}H_{17}N_3O_4$, Formel XIV (R = C_6H_5, R' = H, R'' = C_2H_5) und Taut.

B. Aus 6-Amino-1-phenyl-1*H*-pyrimidin-2,4-dion und 2,4-Dioxo-4-phenyl-buttersäure-äthyl=ester (*Ridi,* Ann. Chimica **49** [1959] 944, 951).

Gelbliche Kristalle (aus Eg.); F: 290° (*Ridi,* l. c. S. 953).

Beim Erhitzen mit $N_2H_4 \cdot H_2O$ auf 125° sind 5-Anilino-7-phenyl-2,3-dihydro-pyrido[3,4-*d*]=pyridazin-1,4-dion und 5,7-Diphenyl-7,9-dihydro-2*H*-1,2,6,7,9-pentaaza-phenalen-3,8-dion er=halten worden (*Ridi,* l. c. S. 956).

XIII　　　　　　　　　　　XIV　　　　　　　　　　　XV

3-Methyl-2,4-dioxo-1,7-diphenyl-1,2,3,4-tetrahydro-pyrido[2,3-*d*]pyrimidin-5-carbonsäure
$C_{21}H_{15}N_3O_4$, Formel XIV (R = C_6H_5, R' = CH_3, R'' = H).

B. Aus 6-Amino-3-methyl-1-phenyl-1*H*-pyrimidin-2,4-dion und 2,4-Dioxo-4-phenyl-butter=säure (*Ridi,* Ann. Chimica **49** [1959] 944, 950). Aus 2,4-Dioxo-1,7-diphenyl-1,2,3,4-tetrahydro-pyrido[2,3-*d*]pyrimidin-5-carbonsäure und Dimethylsulfat in wss. NaOH (*Ridi*). Aus dem fol=genden Äthylester (*Ridi*).

Kristalle (aus Eg.); F: 305° (*Ridi,* l. c. S. 953).

3-Methyl-2,4-dioxo-1,7-diphenyl-1,2,3,4-tetrahydro-pyrido[2,3-*d*]pyrimidin-5-carbonsäure-äthylester $C_{23}H_{19}N_3O_4$, Formel XIV (R = C_2H_5, R' = CH_3, R'' = C_2H_5).

B. Aus 6-Amino-3-methyl-1-phenyl-1*H*-pyrimidin-2,4-dion und 2,4-Dioxo-4-phenyl-butter=säure-äthylester (*Ridi,* Ann. Chimica **49** [1959] 944, 951). Aus 2,4-Dioxo-1,7-diphenyl-1,2,3,4-tetrahydro-pyrido[2,3-*d*]pyrimidin-5-carbonsäure-äthylester und Dimethylsulfat in wss. NaOH (*Ridi*).

Gelbliche Kristalle (aus Me.); F: 220° (*Ridi,* l. c. S. 953).

1-[4-Äthoxy-phenyl]-2,4-dioxo-7-phenyl-1,2,3,4-tetrahydro-pyrido[2,3-*d*]pyrimidin-5-carbonsäure
$C_{22}H_{17}N_3O_5$, Formel XIV (R = C_6H_4-O-C_2H_5, R' = R'' = H) und Taut.

B. Aus dem Äthylester (s. u.) mit Hilfe von konz. wss. HCl und Essigsäure (*Ridi,* Ann. Chimica **49** [1959] 944, 951).

Kristalle (aus Eg.); F: >300° (*Ridi,* l. c. S. 953).

Äthylester $C_{24}H_{21}N_3O_5$. *B.* Aus 1-[4-Äthoxy-phenyl]-6-amino-1*H*-pyrimidin-2,4-dion und 2,4-Dioxo-4-phenyl-buttersäure-äthylester (*Ridi*). — Kristalle (aus Eg.); F: 253° (*Ridi,* l. c. S. 953).

2,12-Dioxo-1,2,3,4,5,12-hexahydro-benz[4,5]imidazo[2,1-*b*]chinazolin-3-carbonsäure-äthylester
$C_{17}H_{15}N_3O_4$, Formel XV und Taut.

B. Aus 1*H*-Benzimidazol-2-ylamin und 2,5-Dioxo-cyclohexan-1,4-dicarbonsäure-diäthylester in THF (*Ried, Müller*, J. pr. [4] **8** [1959] 132, 140).

Gelbe Kristalle (aus DMF + H₂O oder Py. + H₂O); F: 285 − 287° [Zers.].

3-[2-(3-Äthyl-4-methyl-5-oxo-1,5-dihydro-pyrrol-2-ylidenmethyl)-5-(4-äthyl-3-methyl-5-oxo-1,5-dihydro-pyrrol-2-ylidenmethyl)-4-methyl-pyrrol-3-yl]-propionsäure-methylester, 3-[3,13-Diäthyl-2,8,12-trimethyl-1,14-dioxo-14,15,16,17-tetrahydro-1*H*-tripyrrin-7-yl]-propionsäure-methylester
$C_{25}H_{31}N_3O_4$, Formel I und Taut.

B. Beim Erwärmen von 3-[3,13-Diäthyl-1-brom-2,8,12-trimethyl-14-oxo-16,17-dihydro-14*H*-tripyrrin-7-yl]-propionsäure-methylester mit Kaliumacetat und Essigsäure (*Fischer, Reinecke*, Z. physiol. Chem. **265** [1940] 9, 21).

Orangegelbe Kristalle.

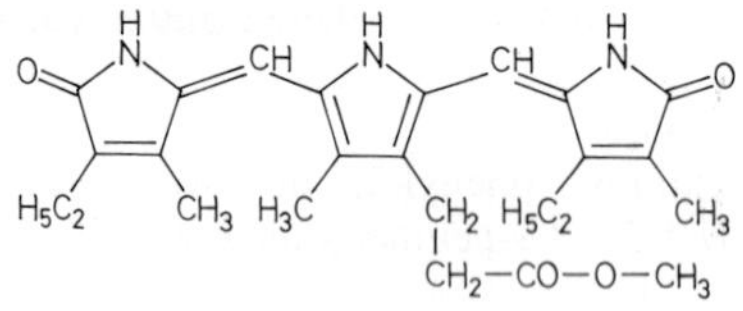

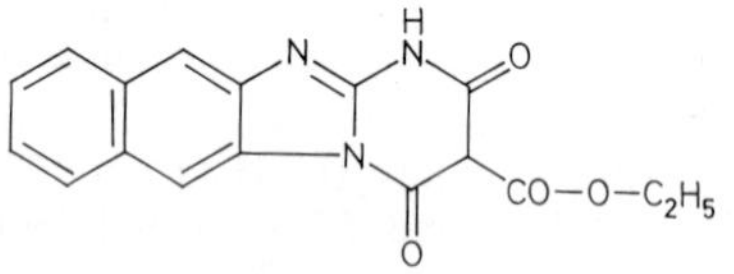

Oxocarbonsäuren $C_nH_{2n-21}N_3O_4$

2,4-Dioxo-1,2,3,4-tetrahydro-naphth[2′,3′:4,5]imidazo[1,2-*a*]pyrimidin-3-carbonsäure-äthylester
$C_{17}H_{13}N_3O_4$, Formel II und Taut.

B. Aus 1*H*-Naphth[2,3-*d*]imidazol-2-ylamin und Methantricarbonsäure-triäthylester (*Ried, Müller*, J. pr. [4] **8** [1959] 132, 144).

F: 335 − 340° [Zers.].

3-[2-(4-Acetyl-3-methyl-pyrrol-2-ylidenmethyl)-5-(3-äthyl-4-methyl-5-oxo-1,5-dihydro-pyrrol-2-ylidenmethyl)-4-methyl-pyrrol-3-yl]-propionsäure-methylester, 3-[2-Acetyl-12-äthyl-3,8,13-trimethyl-14-oxo-16,17-dihydro-14*H*-tripyrrin-7-yl]-propionsäure-methylester $C_{25}H_{29}N_3O_4$,
Formel III und Taut.

B. Beim Erwärmen von 3-[5-(3-Äthyl-4-methyl-5-oxo-1,5-dihydro-pyrrol-2-ylidenmethyl)-4-methyl-pyrrol-3-yl]-propionsäure mit 4-Acetyl-3-methyl-pyrrol-2-carbaldehyd und wss.-methanol. HBr (*Plieninger Lichtenwald*, Z. physiol. Chem. **273** [1942] 206, 224).

Rote, metallisch glänzende Kristalle (aus Me.); F: 128°.

Hydrobromid $C_{25}H_{29}N_3O_4 \cdot HBr$. Violette Kristalle (aus methanol. HBr), die unterhalb 300° nicht schmelzen.

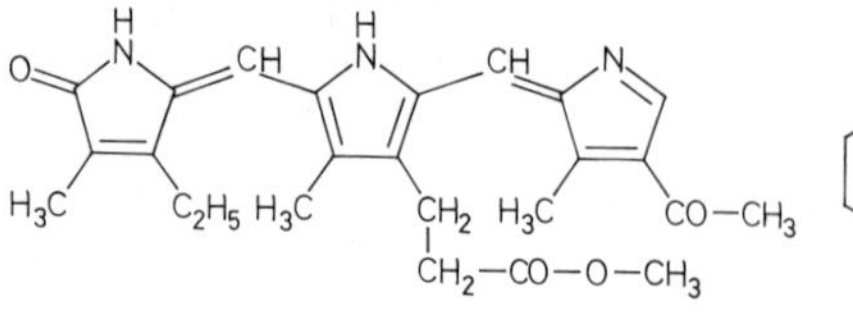

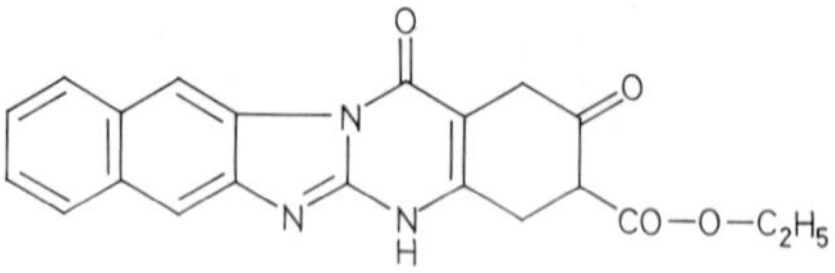

Oxocarbonsäuren $C_nH_{2n-25}N_3O_4$

2,14-Dioxo-1,2,3,4,5,14-hexahydro-naphth[2′,3′:4,5]imidazo[2,1-*b*]chinazolin-3-carbonsäure-äthylester $C_{21}H_{17}N_3O_4$, Formel IV und Taut.

B. Aus 1*H*-Naphth[2,3-*d*]imidazol-2-ylamin und 2,5-Dioxo-cyclohexan-1,4-dicarbonsäure-diäthylester (*Ried, Müller*, J. pr. [4] **8** [1959] 132, 140).

F: 375 − 380° [Zers.].

Oxocarbonsäuren $C_nH_{2n-39}N_3O_4$

2,4-Bis-[4-benzoyl-3,5-dimethyl-pyrrol-2-yl]-4-[2,4-dimethyl-pyrrol-3-yliden]-crotonsäure-äthylester $C_{38}H_{37}N_3O_4$, Formel V und Taut.

Hydrobromid $C_{38}H_{37}N_3O_4 \cdot HBr$; 1-Äthoxycarbonyl-1,3-bis-[4-benzoyl-3,5-dimethyl-pyrrol-2-yl]-3-[2,4-dimethyl-pyrrol-3-yl]-trimethinium-bromid. *B.* Beim Erwärmen von 4-[2,4-Dimethyl-pyrrol-3-yl]-2,4-dioxo-buttersäure-äthylester mit [2,4-Dimethyl-pyrrol-3-yl]-phenyl-keton und konz. wss. HBr in Äthanol (*Treibs, Herrmann,* A. **592** [1955] 1, 10). – Blaue Kristalle; F: 203°. λ_{max} (A.?): 605 nm.

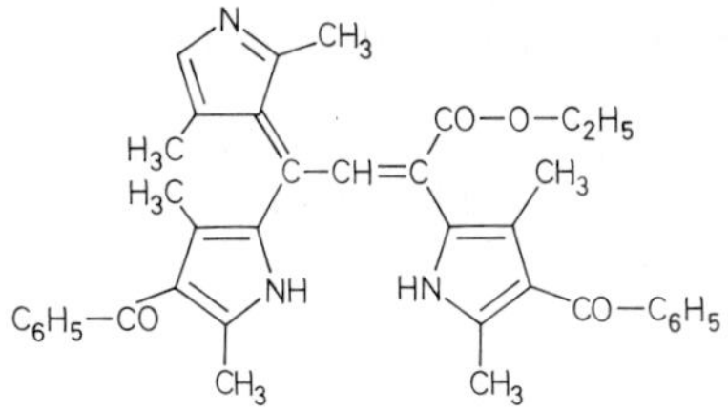

V 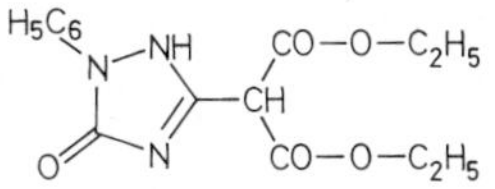   VI 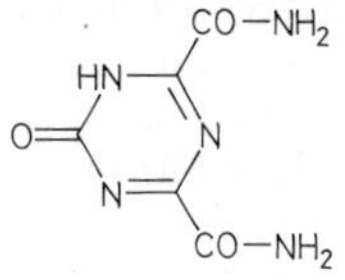   VII

3. Oxocarbonsäuren mit 5 Sauerstoff-Atomen

Oxocarbonsäuren $C_nH_{2n-5}N_3O_5$

[5-Oxo-1-phenyl-2,5-dihydro-1H-[1,2,4]triazol-3-yl]-malonsäure-diäthylester $C_{15}H_{17}N_3O_5$, Formel VI und Taut.

B. Beim Erwärmen von [Bis-äthoxycarbonyl-thioacetyl]-carbamidsäure mit Phenylhydrazin in Äthanol (*Ghosh,* J. Indian chem. Soc. **13** [1936] 86, 90).

Kristalle (aus A.); F: 203°.

Oxocarbonsäuren $C_nH_{2n-7}N_3O_5$

6-Oxo-1,6-dihydro-[1,3,5]triazin-2,4-dicarbonsäure-diamid $C_5H_5N_5O_3$, Formel VII und Taut.

B. Aus Trichlormethyl-[1,3,5]triazin-2,4-dicarbonsäure-diäthylester beim Behandeln mit wss. NH_3 (*Kreutzberger,* Am. Soc. **79** [1957] 2629, 2632).

F: > 400°.

5,6-Bis-äthoxycarbonylmethyl-2H-[1,2,4]triazin-3-thion(?), [3-Thioxo-2,3-dihydro-[1,2,4]triazin-5,6-diyl]-di-essigsäure-diäthylester $C_{11}H_{15}N_3O_4S$, vermutlich Formel VIII und Taut.

B. Neben 3,4-Bis-thiosemicarbazono-adipinsäure-diäthylester (Hauptprodukt) beim Erwärmen von 3,4-Dioxo-adipinsäure-diäthylester mit Thiosemicarbazid und wss. Äthanol (*Górski et al.,* Chemia anal. **3** [1958] 647, 648; C. A. **1960** 17260).

F: 162°.

Oxocarbonsäuren $C_nH_{2n-11}N_3O_5$

3,5-Dimethyl-4-[2,4,6-trioxo-hexahydro-pyrimidin-5-ylmethyl]-pyrrol-2-carbonsäure-äthylester $C_{14}H_{17}N_3O_5$, Formel IX und Taut.

B. Aus [5-Äthoxycarbonyl-2,4-dimethyl-pyrrol-3-ylmethyl]-malonsäure-diäthylester beim Erhitzen mit Harnstoff und äthanol. Natriumäthylat (*Fischer et al.,* A. **494** [1932] 246, 261).

Kristalle (aus Me. + Acn.); F: 240°.

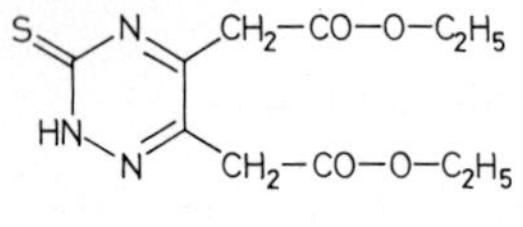

VIII 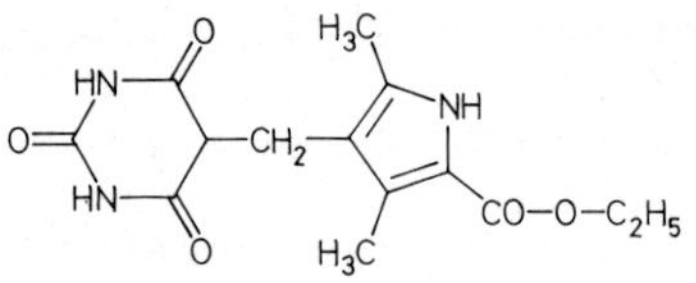   IX 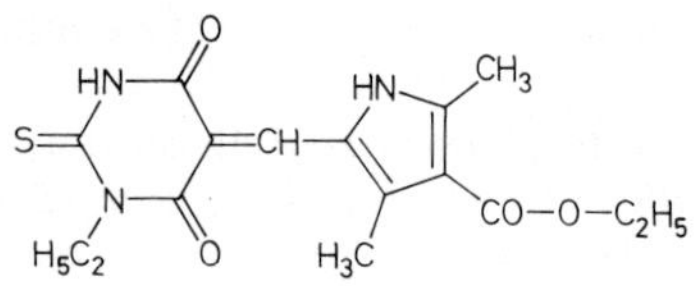   X

Oxocarbonsäuren $C_nH_{2n-13}N_3O_5$

*5-[1-Äthyl-4,6-dioxo-2-thioxo-tetrahydro-pyrimidin-5-ylidenmethyl]-2,4-dimethyl-pyrrol-3-carbonsäure-äthylester $C_{16}H_{19}N_3O_4S$, Formel X und Taut.

B. Beim Erwärmen von 5-Formyl-2,4-dimethyl-pyrrol-3-carbonsäure-äthylester mit 1-Äthyl-2-thio-barbitursäure in Äthanol (*Eastman Kodak Co.*, U.S.P. 2739147 [1951]).

Gelbe Kristalle (aus Py. + Me.); F: 273 − 275° [Zers.].

Oxocarbonsäuren $C_nH_{2n-19}N_3O_5$

3-[2-(3-Äthyl-5-methoxycarbonyl-4-methyl-pyrrol-2-ylmethyl)-5-(3-äthyl-4-methyl-5-oxo-1,5-dihydro-pyrrol-2-ylidenmethyl)-4-methyl-pyrrol-3-yl]-propionsäure-methylester, 3,12-Diäthyl-7-[2-methoxycarbonyl-äthyl]-2,8,13-trimethyl-14-oxo-5,15,16,17-tetrahydro-14H-tripyrrin-1-carbonsäure-methylester $C_{27}H_{35}N_3O_5$, Formel XI und Taut.

B. Beim Behandeln von 3,12-Diäthyl-7-[2-methoxycarbonyl-äthyl]-2,8,13-trimethyl-14-oxo-16,17-dihydro-14H-tripyrrin-1-carbonsäure-methylester (S. 1044) mit Zink und Essigsäure (*Plieninger, Lichtenwald*, Z. physiol. Chem. **273** [1942] 206, 223).

Gelbe Kristalle (aus Me.); F: 230°.

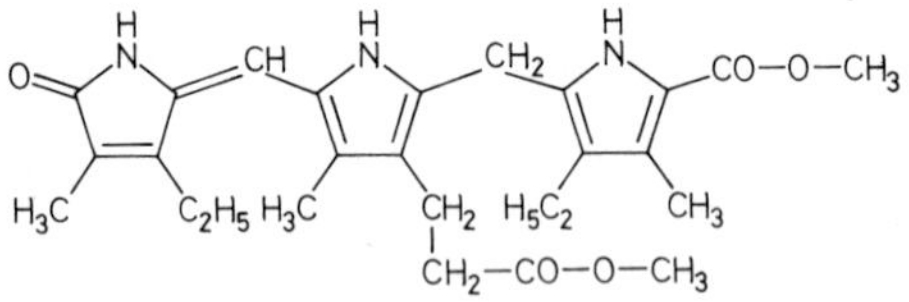

XI 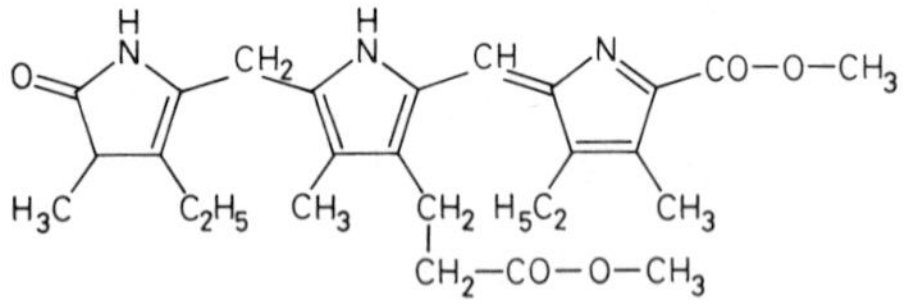   XII

3-[2-(3-Äthyl-5-methoxycarbonyl-4-methyl-pyrrol-2-ylmethyl)-5-(3-äthyl-4-methyl-5-oxo-4,5-dihydro-pyrrol-2-ylmethyl)-4-methyl-pyrrol-3-yl]-propionsäure-methylester, 3,12-Diäthyl-7-[2-methoxycarbonyl-äthyl]-2,8,13-trimethyl-14-oxo-10,14,16,17-tetrahydro-13H-tripyrrin-1-carbonsäure-methylester $C_{27}H_{35}N_3O_5$, Formel XII und Taut.

B. Aus Neobilirubinsäure (E III/IV **25** 1654) bei aufeinanderfolgender Umsetzung mit Diazomethan, 4-Äthyl-5-formyl-3-methyl-pyrrol-2-carbonsäure-methylester und wenig konz. wss. HBr in Methanol (*Plieninger, Lichtenwald*, Z. physiol. Chem. **273** [1942] 206, 224).

Gelbe Kristalle (aus Ae. + PAe.); F: 150°.

Oxocarbonsäuren $C_nH_{2n-21}N_3O_5$

3-{5-[4-Äthyl-3-methyl-5-oxo-1,5-dihydro-pyrrol-2-ylidenmethyl]-2-[5-brom-4-(2-methoxycarbonyl-äthyl)-3-methyl-pyrrol-2-ylidenmethyl]-4-methyl-pyrrol-3-yl}-propionsäure-methylester, 3,3′-[13-Äthyl-1-brom-3,8,12-trimethyl-14-oxo-16,17-dihydro-14H-tripyrrin-2,7-diyl]-di-propionsäure-dimethylester $C_{27}H_{32}BrN_3O_5$, Formel XIII (R = CH_3, R′ = C_2H_5) und Taut.

B. Beim Erwärmen von Isoneoxanthobilirubinsäure (E III/IV **25** 1684) mit 3-[2-Brom-5-formyl-4-methyl-pyrrol-3-yl]-propionsäure, Methanol und wenig konz. wss. HBr (*Fischer, Reinecke*, Z. physiol. Chem. **259** [1939] 83, 93).

Kristalle; F: 130°.

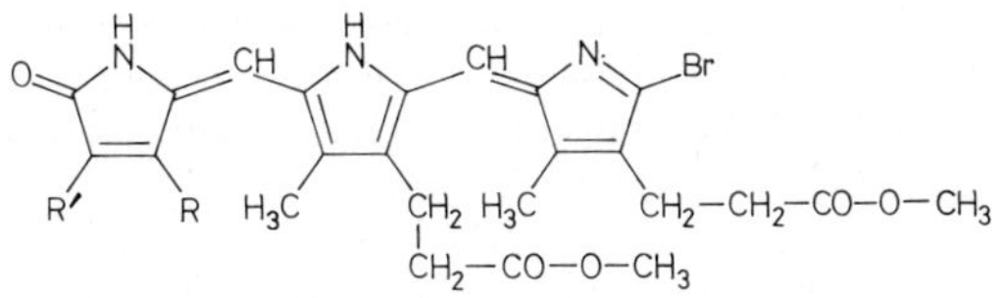

XIII

3-{5-[3-Äthyl-4-methyl-5-oxo-1,5-dihydro-pyrrol-2-ylidenmethyl]-2-[5-brom-4-(2-methoxy⸗ carbonyl-äthyl)-3-methyl-pyrrol-2-ylidenmethyl]-4-methyl-pyrrol-3-yl}-propionsäure-methylester, 3,3'-[12-Äthyl-1-brom-3,8,13-trimethyl-14-oxo-16,17-dihydro-14H-tripyrrin-2,7-diyl]-dipropionsäure-dimethylester $C_{27}H_{32}BrN_3O_5$, Formel XIII (R = C_2H_5, R' = CH_3) und Taut.

B. Analog der vorangehenden Verbindung aus Neoxanthobilirubinsäure [E III/IV **25** 1685] (*Fischer, Reinecke,* Z. physiol. Chem. **259** [1939] 83, 92).

Rote Kristalle; F: 184°.

3-{5-[3-Äthyl-4-methyl-5-oxo-1,5-dihydro-pyrrol-2-ylidenmethyl]-2-[5-brom-3-(2-methoxy⸗ carbonyl-äthyl)-4-methyl-pyrrol-2-ylidenmethyl]-4-methyl-pyrrol-3-yl}-propionsäure-methylester, 3,3'-[12-Äthyl-1-brom-2,8,13-trimethyl-14-oxo-16,17-dihydro-14H-tripyrrin-3,7-diyl]-dipropionsäure-dimethylester $C_{27}H_{32}BrN_3O_5$, Formel XIV und Taut.

B. Beim Erwärmen von Neoxanthobilirubinsäure (E III/IV **25** 1685) mit 3-[5-Brom-2-formyl-4-methyl-pyrrol-3-yl]-propionsäure, Methanol und wenig konz. wss. HBr (*Siedel, Grams,* Z. physiol. Chem. **267** [1941] 49, 77).

Violette, kupfern glänzende Kristalle (aus Me.); F: 195° [korr.]. λ_{max} eines Zink-Komplexes (A.?): 571 nm und 622 nm.

3-[2-(3-Äthyl-5-carboxy-4-methyl-pyrrol-2-ylidenmethyl)-5-(3-äthyl-4-methyl-5-oxo-1,5-dihydro-pyrrol-2-ylidenmethyl)-4-methyl-pyrrol-3-yl]-propionsäure, 3,12-Diäthyl-7-[2-carboxy-äthyl]-2,8,13-trimethyl-14-oxo-16,17-dihydro-14H-tripyrrin-1-carbonsäure $C_{25}H_{29}N_3O_5$, Formel XV (R = R' = H) und Taut.

λ_{max} eines Kupfer(II)-Komplexes: 645 nm [Me.] bzw. 690 nm [Eg.]; eines Zink-Komplexes: 637 nm [Me.] (*Hüni,* Z. physiol. Chem. **282** [1947] 253, 261).

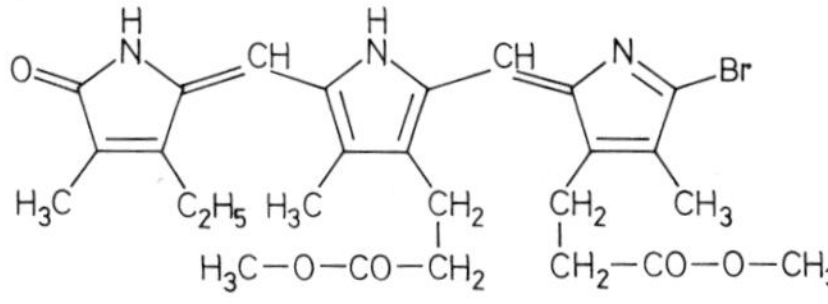

XIV 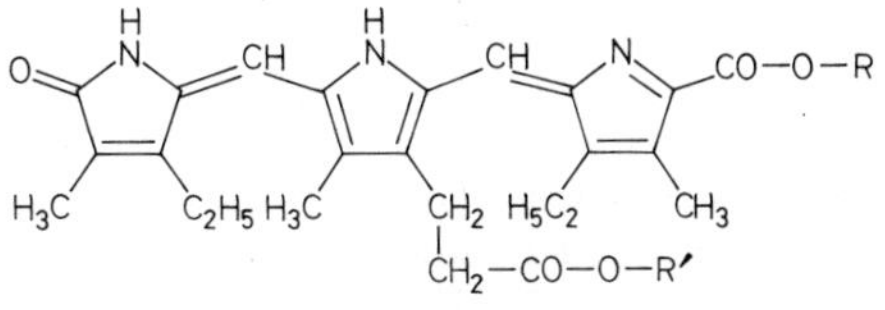   XV

3-[2-(3-Äthyl-5-methoxycarbonyl-4-methyl-pyrrol-2-ylidenmethyl)-5-(3-äthyl-4-methyl-5-oxo-1,5-dihydro-pyrrol-2-ylidenmethyl)-4-methyl-pyrrol-3-yl]-propionsäure, 3-[3,12-Diäthyl-1-methoxycarbonyl-2,8,13-trimethyl-14-oxo-16,17-dihydro-14H-tripyrrin-7-yl]-propionsäure $C_{26}H_{31}N_3O_5$, Formel XV (R = CH_3, R' = H) und Taut.

λ_{max} (Me.) eines Kupfer(II)-Komplexes: 628 nm; eines Zink-Komplexes: 615 nm (*Hüni,* Z. physiol. Chem. **282** [1947] 251, 253).

3-[2-(3-Äthyl-5-carboxy-4-methyl-pyrrol-2-ylidenmethyl)-5-(3-äthyl-4-methyl-5-oxo-1,5-di⸗ hydro-pyrrol-2-ylidenmethyl)-4-methyl-pyrrol-3-yl]-propionsäure-methylester, 3,12-Diäthyl-7-[2-methoxycarbonyl-äthyl]-2,8,13-trimethyl-14-oxo-16,17-dihydro-14H-tripyrrin-1-carbonsäure $C_{26}H_{31}N_3O_5$, Formel XV (R = H, R' = CH_3) und Taut.

B. Beim Behandeln von 3-[5-(3-Äthyl-4-methyl-5-oxo-1,5-dihydro-pyrrol-2-ylidenmethyl)-4-methyl-pyrrol-3-yl]-propionsäure-methylester mit 4-Äthyl-5-formyl-3-methyl-pyrrol-2-carbon⸗ säure und wenig konz. wss. HBr in Methanol (*Plieninger, Lichtenwald,* Z. physiol. Chem. **273** [1942] 206, 220).

Kristalle; F: 208—214°.

3-[2-(3-Äthyl-5-methoxycarbonyl-4-methyl-pyrrol-2-ylidenmethyl)-5-(3-äthyl-4-methyl-5-oxo-1,5-dihydro-pyrrol-2-ylidenmethyl)-4-methyl-pyrrol-3-yl]-propionsäure-methylester, 3,12-Diäthyl-7-[2-methoxycarbonyl-äthyl]-2,8,13-trimethyl-14-oxo-16,17-dihydro-14H-tripyrrin-1-carbonsäure-methylester $C_{27}H_{33}N_3O_5$, Formel XV (R = R′ = CH_3) und Taut.

B. Analog der vorangehenden Verbindung (*Plieninger, Lichtenwald, Z. physiol. Chem.* **273** [1942] 206, 221). Aus der vorangehenden Verbindung und Diazomethan (*Pl., Li.*).

Kristalle; F: 166 – 168°.

Kupfer(II)-Komplexsalz $CuC_{27}H_{31}N_3O_5$. Kristalle; λ_{max} (Me.): 628 nm (*Pl., Li.,* l. c. S. 223).

Zink-Komplexsalz $ZnC_{27}H_{31}N_3O_5$. Violette, kupfern glänzende Kristalle. λ_{max} (Me.): 577 nm und 615 nm.

Oxocarbonsäuren $C_nH_{2n-23}N_3O_5$

3-[4-Acetyl-3,5-dimethyl-pyrrol-2-yliden]-1,1-bis-[4-äthoxycarbonyl-3,5-dimethyl-pyrrol-2-yl]-propen $C_{29}H_{35}N_3O_5$, Formel XVI und Taut.

Hydrochlorid $C_{29}H_{35}N_3O_5 \cdot HCl$; 3-[4-Acetyl-3,5-dimethyl-pyrrol-2-yl]-1,1-bis-[4-äthoxycarbonyl-3,5-dimethyl-pyrrol-2-yl]-trimethinium-chlorid. *B.* Beim Be≠ handeln von 3,3-Bis-[4-äthoxycarbonyl-3,5-dimethyl-pyrrol-2-yl]-acrylaldehyd mit 1-[2,4-Di≠ methyl-pyrrol-3-yl]-äthanon und konz. wss. HCl in Äthanol (*Treibs, Seifert,* A. **612** [1958] 242, 250). – λ_{max} (CHCl$_3$): 616 nm.

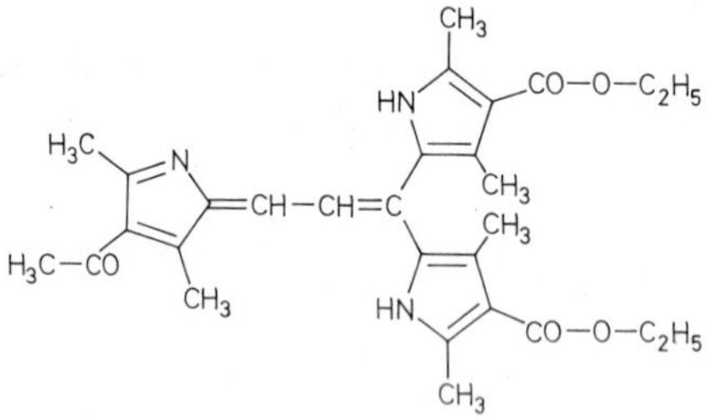

XVI 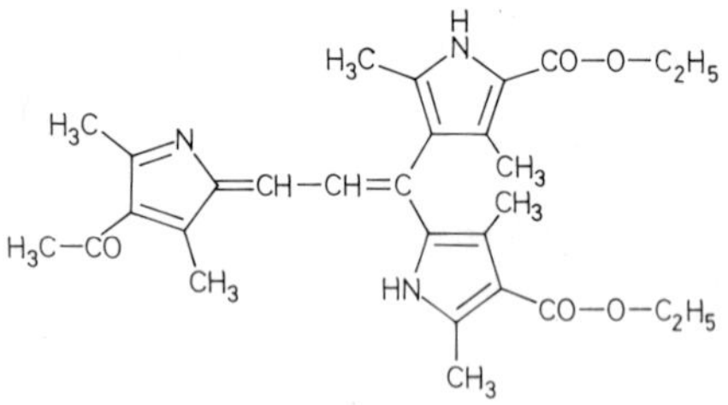 XVII

3-[4-Acetyl-3,5-dimethyl-pyrrol-2-yliden]-1-[4-äthoxycarbonyl-3,5-dimethyl-pyrrol-2-yl]-1-[5-äthoxycarbonyl-2,4-dimethyl-pyrrol-3-yl]-propen $C_{29}H_{35}N_3O_5$, Formel XVII und Taut.

Hydrochlorid $C_{29}H_{35}N_3O_5 \cdot HCl$; 3-[4-Acetyl-3,5-dimethyl-pyrrol-2-yl]-1-[4-äth≠ oxycarbonyl-3,5-dimethyl-pyrrol-2-yl]-1-[5-äthoxycarbonyl-2,4-dimethyl-pyrr≠ ol-3-yl]-trimethinium-chlorid. *B.* Analog der vorangehenden Verbindung (*Treibs, Seifert,* A. **612** [1958] 242, 251). – λ_{max} (CHCl$_3$): 608 nm.

3-[4-Acetyl-3,5-dimethyl-pyrrol-2-yliden]-1,1-bis-[5-äthoxycarbonyl-2,4-dimethyl-pyrrol-3-yl]-propen $C_{29}H_{35}N_3O_5$, Formel I und Taut.

Hydrochlorid $C_{29}H_{35}N_3O_5 \cdot HCl$; 3-[4-Acetyl-3,5-dimethyl-pyrrol-2-yl]-1,1-bis-[5-äthoxycarbonyl-2,4-dimethyl-pyrrol-3-yl]-trimethinium-chlorid. *B.* Analog den vorangehenden Verbindungen (*Treibs, Seifert,* A. **612** [1958] 242, 251). – λ_{max} (CHCl$_3$): 579 nm.

3-{2-[5-Brom-4-(2-methoxycarbonyl-äthyl)-3-methyl-pyrrol-2-ylidenmethyl]-4-methyl-5-[4-methyl-5-oxo-3-vinyl-1,5-dihydro-pyrrol-2-ylidenmethyl]-pyrrol-3-yl}-propionsäure-methylester, 3,3′-[1-Brom-3,8,13-trimethyl-14-oxo-12-vinyl-16,17-dihydro-14H-tripyrrin-2,7-diyl]-di-propionsäure-dimethylester $C_{27}H_{30}BrN_3O_5$, Formel II und Taut.

B. Beim Erwärmen von 3-[4-Methyl-5-(4-methyl-5-oxo-3-vinyl-1,5-dihydro-pyrrol-2-yliden≠ methyl)-pyrrol-3-yl]-propionsäure mit 3-[2-Brom-5-formyl-4-methyl-pyrrol-3-yl]-propionsäure,

Methanol und wenig konz. wss. HBr (*Fischer, Reinecke,* Z. physiol. Chem. **259** [1939] 83, 95).

F: 156° (*(Fi., Re.).* λ_{max} eines Zink-Komplexes (Me.): 629 nm (*Hüni,* Z. physiol. Chem. **282** [1947] 253, 261).

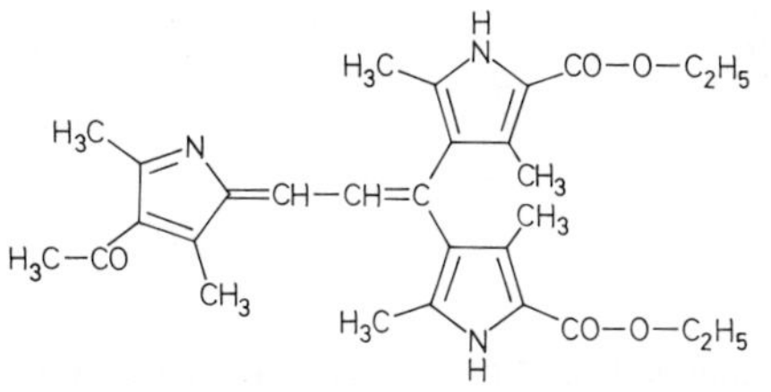

*5-[5-(3-Äthyl-4-methyl-5-oxo-1,5-dihydro-pyrrol-2-ylidenmethyl)-3-(2-methoxycarbonyl-äthyl)-4-methyl-pyrrol-2-ylmethylen]-4-[2-brom-vinyl]-3-methyl-5*H*-pyrrol-2-carbonsäure, 12-Äthyl-3-[2-brom-vinyl]-7-[2-methoxycarbonyl-äthyl]-2,8,13-trimethyl-14-oxo-16,17-dihydro-14*H*-tripyrrin-1-carbonsäure $C_{26}H_{28}BrN_3O_5$, Formel III und Taut.

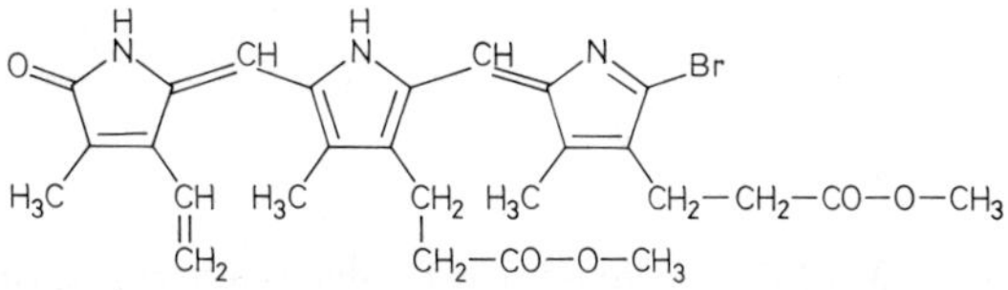

B. Beim Behandeln von Neoxanthobilirubinsäure-methylester (E III/IV **25** 1685) mit 4-[2-Brom-vinyl]-5-formyl-3-methyl-pyrrol-2-carbonsäure und wenig konz. wss. HBr in Methaᵃnol (*Plieninger, Lichtenwald,* Z. physiol. Chem. **273** [1942] 206, 221).

Kristalle.

Methylester $C_{27}H_{30}BrN_3O_5$. Rote Kristalle. λ_{max} eines Zink-Komplexes (Me.): 577 nm und 615 nm.

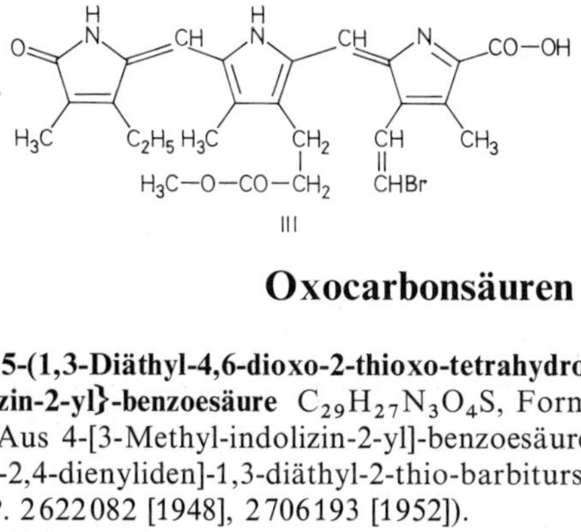

Oxocarbonsäuren $C_nH_{2n-31}N_3O_5$

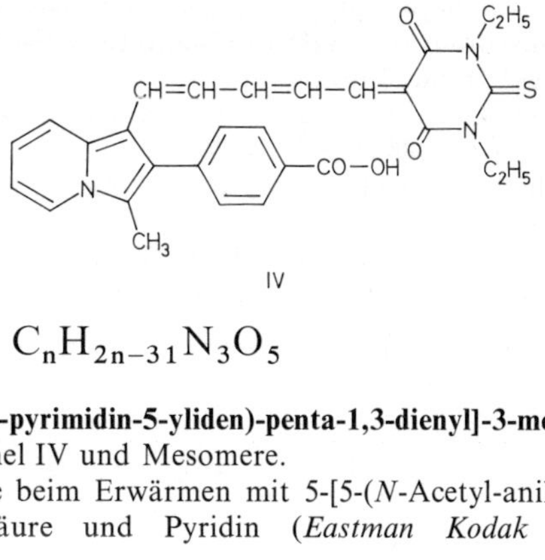

4-{1-[5-(1,3-Diäthyl-4,6-dioxo-2-thioxo-tetrahydro-pyrimidin-5-yliden)-penta-1,3-dienyl]-3-methyl-indolizin-2-yl}-benzoesäure $C_{29}H_{27}N_3O_4S$, Formel IV und Mesomere.

B. Aus 4-[3-Methyl-indolizin-2-yl]-benzoesäure beim Erwärmen mit 5-[5-(*N*-Acetyl-anilino)-penta-2,4-dienyliden]-1,3-diäthyl-2-thio-barbitursäure und Pyridin (*Eastman Kodak Co.,* U.S.P. 2622082 [1948], 2706193 [1952]).

Dunkelgrün; F: 242 – 245° [Zers.].

4. Oxocarbonsäuren mit 6 Sauerstoff-Atomen

Oxocarbonsäuren $C_nH_{2n-21}N_3O_6$

2,5-Bis-[3-äthoxycarbonyl-4-methyl-5-oxo-1,5-dihydro-pyrrol-2-ylidenmethyl]-3-äthyl-4-methyl-pyrrol, 7-Äthyl-2,8,13-trimethyl-1,14-dioxo-14,15,16,17-tetrahydro-1*H*-tripyrrin-3,12-dicarbonᵃsäure-diäthylester $C_{25}H_{29}N_3O_6$, Formel V und Taut.

B. Aus 2-Chlormethyl-4-methyl-5-oxo-4,5-dihydro-pyrrol-3-carbonsäure-äthylester und

3-Äthyl-4-methyl-pyrrol in Benzol (*Fischer, Adler*, Z. physiol. Chem. **200** [1931] 209, 229). Braunviolette, grün glänzende Kristalle (aus Py. oder Eg.); F: 283° [Zers.]. λ_{max} (konz. H_2SO_4): 645 nm.

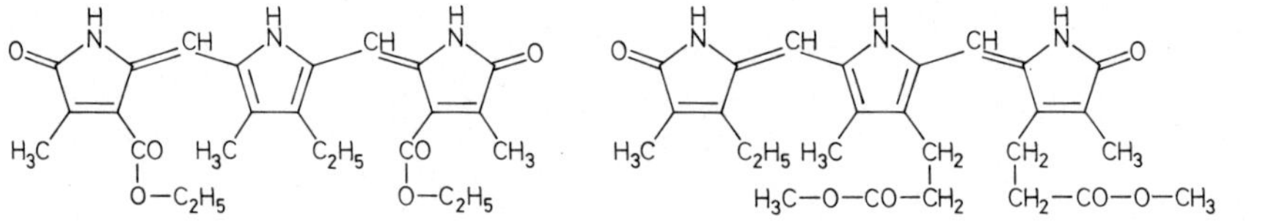

V

VI

3-{5-[3-Äthyl-4-methyl-5-oxo-1,5-dihydro-pyrrol-2-ylidenmethyl]-2-[3-(2-methoxycarbonyl-äthyl)-4-methyl-5-oxo-1,5-dihydro-pyrrol-2-ylidenmethyl]-4-methyl-pyrrol-3-yl}-propionsäure-methyl⸗ ester, 3,3′-[12-Äthyl-2,8,13-trimethyl-1,14-dioxo-14,15,16,17-tetrahydro-1*H*-tripyrrin-3,7-diyl]-di-propionsäure-dimethylester $C_{27}H_{33}N_3O_6$, Formel VI und Taut.

B. Beim Erhitzen von 3,3′-[12-Äthyl-1-brom-2,8,13-trimethyl-14-oxo-16,17-dihydro-14*H*-tri⸗ pyrrin-3,7-diyl]-di-propionsäure-dimethylester (S. 1043) mit Kaliumacetat und Essigsäure (*Sie⸗ del, Grams*, Z. physiol. Chem. **267** [1941] 49, 78).

Gelbrote Kristalle (aus Ae.); F: 153−154° [korr.].

Oxocarbonsäuren $C_nH_{2n-25}N_3O_6$

3-{2-[3-(2-Carboxy-äthyl)-5-formyl-4-methyl-pyrrol-2-ylidenmethyl]-4-methyl-5-[4-methyl-5-oxo-3-vinyl-1,5-dihydro-pyrrol-2-ylidenmethyl]-pyrrol-3-yl}-propionsäure, 3,3′-[1-Formyl-2,8,13-trimethyl-14-oxo-12-vinyl-16,17-dihydro-14*H*-tripyrrin-3,7-diyl]-di-propionsäure $C_{26}H_{27}N_3O_6$, Formel VII und Taut.

Diese Konstitution kommt wahrscheinlich dem nachstehend beschriebenen Oocyan zu (*Lemberg*, A. **488** [1931] 74, 77, 78).

Isolierung aus Möweneierschalen: Le.

Kristalle.

Dimethylester(?) $C_{28}H_{31}N_3O_6$(?). Dunkelblaue Kristalle (aus Me.); F: 233−234° [korr.; unter Dunkelfärbung]. Absorptionsspektrum (Ae. sowie methanol. HCl; 450−700 nm): Le., l. c. S. 88.

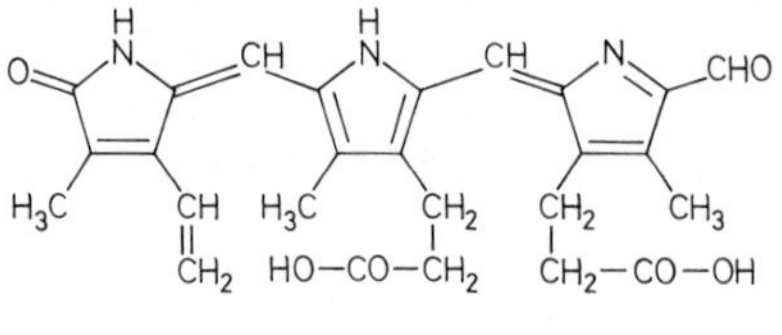

VII

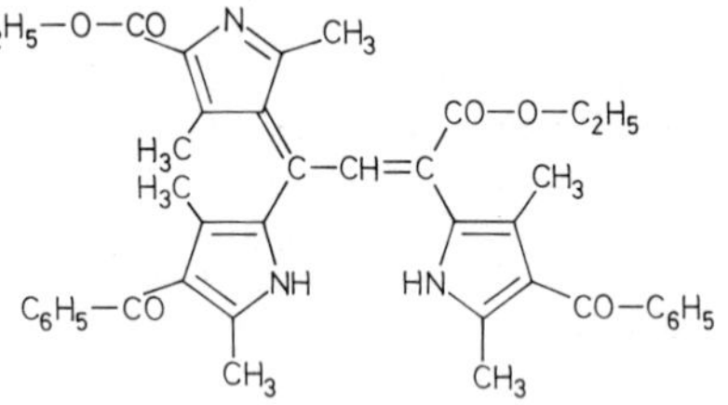

VIII

Oxocarbonsäuren $C_nH_{2n-41}N_3O_6$

4-[5-Äthoxycarbonyl-2,4-dimethyl-pyrrol-3-yliden]-2,4-bis-[4-benzoyl-3,5-dimethyl-pyrrol-2-yl]-crotonsäure-äthylester, 4-[3-Äthoxycarbonyl-1,3-bis-(4-benzoyl-3,5-dimethyl-pyrrol-2-yl)-allyliden]-3,5-dimethyl-pyrrol-2-carbonsäure-äthylester $C_{41}H_{41}N_3O_6$, Formel VIII und Taut.

Hydrobromid $C_{41}H_{41}N_3O_6 \cdot HBr$; 1-Äthoxycarbonyl-3-[5-äthoxycarbonyl-2,4-dimethyl-pyrrol-3-yl]-1,3-bis-[4-benzoyl-3,5-dimethyl-pyrrol-2-yl]-trimethin⸗ ium-bromid. B. Beim Erwärmen von 4-[5-Äthoxycarbonyl-2,4-dimethyl-pyrrol-3-yl]-2,4-dioxo-buttersäure-äthylester mit [2,4-Dimethyl-pyrrol-3-yl]-phenyl-keton und wenig konz. wss.

HBr in Äthanol (*Treibs, Herrmann*, A. **592** [1955] 1, 10). — Blaue Kristalle; F: 138°. λ_{max}: 614 nm.

5. Oxocarbonsäuren mit 7 Sauerstoff-Atomen

Oxocarbonsäuren $C_nH_{2n-21}N_3O_7$

3-{5-Äthoxycarbonyl-2-[5-(3-äthyl-4-methyl-5-oxo-1,5-dihydro-pyrrol-2-ylidenmethyl)-3-(2-methoxycarbonyl-äthyl)-4-methyl-pyrrol-2-ylmethyl]-4-methyl-pyrrol-3-yl}-propionsäure(?), 3-[1-Äthoxycarbonyl-12-äthyl-7-(2-methoxycarbonyl-äthyl)-2,8,13-trimethyl-14-oxo-5,15,16,17-tetrahydro-14H-tripyrrin-3-yl]-propionsäure(?) $C_{29}H_{37}N_3O_7$, vermutlich Formel IX und Taut.

B. Beim Behandeln von Neoxanthobilirubinsäure-methylester (E III/IV **25** 1685) mit 3-[5-Äth-oxycarbonyl-2-brommethyl-4-methyl-pyrrol-3-yl]-propionsäure und wenig konz. wss. HBr in Methanol (*Hüni*, Z. physiol. Chem. **282** [1947] 253, 256).

Gelbe Kristalle (aus Me.); F: 185°.

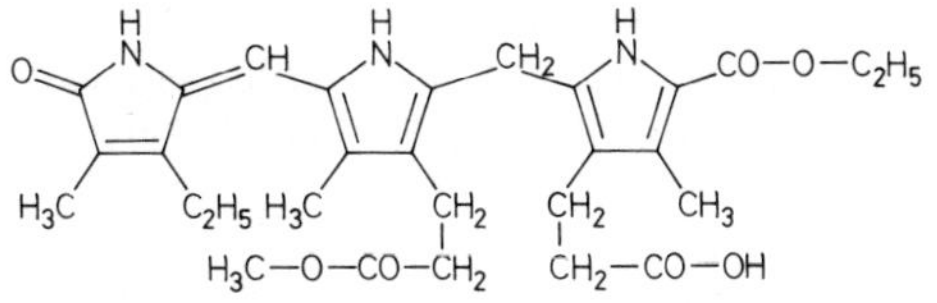

IX 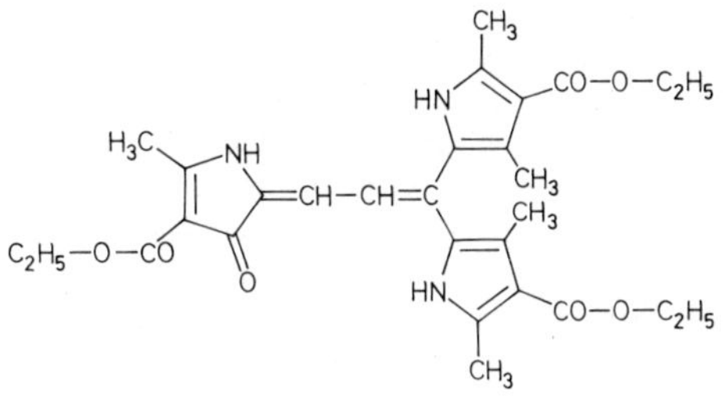   X

Oxocarbonsäuren $C_nH_{2n-23}N_3O_7$

Oxocarbonsäuren $C_{23}H_{23}N_3O_7$

1,1-Bis-[4-äthoxycarbonyl-3,5-dimethyl-pyrrol-2-yl]-3-[4-äthoxycarbonyl-5-methyl-3-oxo-1,3-dihydro-pyrrol-2-yliden]-propen $C_{29}H_{35}N_3O_7$, Formel X und Taut. (z.B. 3-[4-Äth-oxycarbonyl-3,5-dimethyl-pyrrol-2-yl]-3-[4-äthoxycarbonyl-3,5-dimethyl-pyrrol-2-yliden]-1-[4-äthoxycarbonyl-3-hydroxy-5-methyl-pyrrol-2-yl]-propen).

Hydrochlorid $C_{29}H_{35}N_3O_7 \cdot HCl$; 1,1-Bis-[4-äthoxycarbonyl-3,5-dimethyl-pyrr-ol-2-yl]-3-[4-äthoxycarbonyl-3-hydroxy-5-methyl-pyrrol-2-yl]-trimethinium-chlorid. *B.* Beim Behandeln von 3,3-Bis-[4-äthoxycarbonyl-3,5-dimethyl-pyrrol-2-yl]-acrylalde-hyd mit 4-Hydroxy-2-methyl-pyrrol-3-carbonsäure-äthylester und konz. wss. HCl in Äthanol (*Treibs, Seifert*, A. **612** [1958] 242, 250). — λ_{max} (CHCl$_3$): 601 nm.

1-[4-Äthoxycarbonyl-3,5-dimethyl-pyrrol-2-yl]-1-[5-äthoxycarbonyl-2,4-dimethyl-pyrrol-3-yl]-3-[4-äthoxycarbonyl-5-methyl-3-oxo-1,3-dihydro-pyrrol-2-yliden]-propen $C_{29}H_{35}N_3O_7$, Formel XI und Taut. (z.B. 3-[4-Äthoxycarbonyl-3,5-dimethyl-pyrrol-2-yl]-3-[5-äthoxycarbonyl-2,4-dimethyl-pyrrol-3-yliden]-1-[4-äthoxycarbonyl-3-hydroxy-5-methyl-pyrrol-2-yl]-propen).

Hydrochlorid $C_{29}H_{35}N_3O_7 \cdot HCl$; 1-[4-Äthoxycarbonyl-3,5-dimethyl-pyrrol-2-yl]-1-[5-äthoxycarbonyl-2,4-dimethyl-pyrrol-3-yl]-3-[4-äthoxycarbonyl-3-hydr-oxy-5-methyl-pyrrol-2-yl]-trimethinium-chlorid. *B.* Analog der vorangehenden Ver-bindung (*Treibs, Seifert*, A. **612** [1958] 242, 251). — λ_{max} (CHCl$_3$): 592 nm.

XI   XII

1,1-Bis-[5-äthoxycarbonyl-2,4-dimethyl-pyrrol-3-yl]-3-[4-äthoxycarbonyl-5-methyl-3-oxo-1,3-dihydro-pyrrol-2-yliden]-propen $C_{29}H_{35}N_3O_7$, Formel XII und Taut. (z.B. 3-[5-Äth=oxycarbonyl-2,4-dimethyl-pyrrol-3-yl]-3-[5-äthoxycarbonyl-2,4-dimethyl-pyrrol-3-yliden]-1-[4-äthoxycarbonyl-3-hydroxy-5-methyl-pyrrol-2-yl]-propen).

Hydrochlorid $C_{29}H_{35}N_3O_7 \cdot HCl$; 1,1-Bis-[5-äthoxycarbonyl-2,4-dimethyl-pyrr=ol-3-yl]-3-[4-äthoxycarbonyl-3-hydroxy-5-methyl-pyrrol-2-yl]-trimethinium-chlorid. *B.* Analog den vorangehenden Verbindungen (*Treibs, Seifert*, A. **612** [1958] 242, 251). − λ_{max} (CHCl₃): 553 nm.

Oxocarbonsäuren $C_{26}H_{29}N_3O_7$

3-{2-[5-Brom-4-(2-methoxycarbonyl-äthyl)-3-methyl-pyrrol-2-ylidenmethyl]-5-[3-(2-methoxy=carbonyl-äthyl)-4-methyl-5-oxo-1,5-dihydro-pyrrol-2-ylidenmethyl]-4-methyl-pyrrol-3-yl}-propion=säure-methylester, 3,3′,3″-[1-Brom-3,8,13-trimethyl-14-oxo-16,17-dihydro-14H-tripyrrin-2,7,12-triyl]-tri-propionsäure-trimethylester $C_{29}H_{34}BrN_3O_7$, Formel XIII und Taut.

B. Aus Oxyopsopyrrolcarbonsäure (E III/IV **22** 2951) oder aus [3-(2-Carboxy-äthyl)-4-methyl-5-oxo-1,5-dihydro-pyrrol-2-yliden]-[4-(2-carboxy-äthyl)-3-methyl-pyrrol-2-yl]-methan beim Be=handeln mit 3-[2-Brom-5-formyl-4-methyl-pyrrol-3-yl]-propionsäure, Methanol und wenig konz. wss. HBr (*Fischer, Reinecke*, Z. physiol. Chem. **259** [1939] 83, 91, 93).

Rote Kristalle; F: 187° (*Fi., Re.*). λ_{max} eines Zink-Komplexes (Me.): 619 nm (*Hüni*, Z. physiol. Chem. **282** [1947] 253, 262) bzw. 576 nm und 627 nm (*Fi., Re.*).

5-[5-(4-Äthyl-3-methyl-5-oxo-1,5-dihydro-pyrrol-2-ylidenmethyl)-3-(2-carboxy-äthyl)-4-methyl-pyrrol-2-ylmethylen]-4-[2-carboxy-äthyl]-3-methyl-5H-pyrrol-2-carbonsäure, 13-Äthyl-3,7-bis-[2-carboxy-äthyl]-2,8,12-trimethyl-14-oxo-16,17-dihydro-14H-tripyrrin-1-carbonsäure $C_{26}H_{29}N_3O_7$, Formel XIV (R = CH₃, R′ = C₂H₅, R″ = H) und Taut.

B. Beim Erwärmen von 13-Äthyl-3,7-bis-[2-methoxycarbonyl-äthyl]-2,8,12-trimethyl-14-oxo-16,17-dihydro-14H-tripyrrin-1-carbonsäure-äthylester (s. u.) mit methanol. KOH (*Hüni*, Z. phy=siol. Chem. **282** [1947] 253, 259).

Rot; F: 218°. λ_{max} eines Zink-Komplexes (Me.): 634 nm.

Kupfer(II)-Komplexsalz $CuC_{26}H_{27}N_3O_7$. Rotbraune Kristalle, die unterhalb 300° nicht schmelzen. λ_{max}: 627 nm und 683 nm [Eg.] bzw. 595 nm und 648 nm [Py.].

XIII   XIV

5-[5-(4-Äthyl-3-methyl-5-oxo-1,5-dihydro-pyrrol-2-ylidenmethyl)-3-(2-methoxycarbonyl-äthyl)-4-methyl-pyrrol-2-ylmethylen]-4-[2-methoxycarbonyl-äthyl]-3-methyl-5H-pyrrol-2-carbonsäure-methylester, 13-Äthyl-3,7-bis-[2-methoxycarbonyl-äthyl]-2,8,12-trimethyl-14-oxo-16,17-dihydro-14H-tripyrrin-1-carbonsäure-methylester $C_{29}H_{35}N_3O_7$, Formel XIV (R = CH₃, R′ = C₂H₅, R″ = CH₃) und Taut.

B. Aus der vorangehenden Verbindung und Diazomethan (*Hüni*, Z. physiol. Chem. **282**

[1947] 253, 259).

Gelb glänzende Kristalle (aus Me.); F: 142°. λ_{max} (Me.) eines Kupfer(II)-Komplexes: 570 nm und 622 nm; eines Zink-Komplexes: 563 nm und 608 nm.

5-[5-(4-Äthyl-3-methyl-5-oxo-1,5-dihydro-pyrrol-2-ylidenmethyl)-3-(2-methoxycarbonyl-äthyl)-4-methyl-pyrrol-2-ylmethylen]-4-[2-methoxycarbonyl-äthyl]-3-methyl-5H-pyrrol-2-carbonsäure-äthylester, 13-Äthyl-3,7-bis-[2-methoxycarbonyl-äthyl]-2,8,12-trimethyl-14-oxo-16,17-dihydro-14H-tripyrrin-1-carbonsäure-äthylester $C_{30}H_{37}N_3O_7$, Formel XV (R = CH$_3$, R′ = C$_2$H$_5$) und Taut.

B. Beim Behandeln von Isoneoxanthobilirubinsäure (E III/IV **25** 1684) mit 3-[5-Äthoxycarbonyl-2-formyl-4-methyl-pyrrol-3-yl]-propionsäure und wenig konz. wss. HBr in Methanol und Behandeln des Reaktionsprodukts mit Diazomethan in CHCl$_3$ (*Hüni*, Z. physiol. Chem. **282** [1947] 253, 257).

Rote Kristalle (aus Me.); F: 117°.

Kupfer(II)-Komplexsalz $CuC_{30}H_{35}N_3O_7$. Blauviolette Kristalle; F: 208°. λ_{max}: 628 nm [Me.], 572 und 623 nm [Eg.] bzw. 578 nm und 629 nm [Py.].

Zink-Komplexsalz $ZnC_{30}H_{35}N_3O_7$. λ_{max} (Me.): 563 nm und 611 nm.

XV

5-[5-(3-Äthyl-4-methyl-5-oxo-1,5-dihydro-pyrrol-2-ylidenmethyl)-3-(2-carboxy-äthyl)-4-methyl-pyrrol-2-ylmethylen]-4-[2-carboxy-äthyl]-3-methyl-pyrrol-2-carbonsäure, 12-Äthyl-3,7-bis-[2-carboxy-äthyl]-2,8,13-trimethyl-14-oxo-16,17-dihydro-14H-tripyrrin-1-carbonsäure $C_{26}H_{29}N_3O_7$, Formel XIV (R = C$_2$H$_5$, R′ = CH$_3$, R″ = H) und Taut.

B. Aus der folgenden Verbindung beim Erwärmen mit methanol. KOH (*Hüni*, Z. physiol. Chem. **282** [1947] 253, 258).

λ_{max} eines Zink-Komplexes (Me.): 634 nm.

Kupfer(II)-Komplexsalz $CuC_{26}H_{27}N_3O_7$. Grünliche Kristalle; F: 263° [Zers.]. λ_{max}: 627 nm und 683 nm [Eg.] bzw. 595 nm und 648 nm [Py.].

5-[5-(3-Äthyl-4-methyl-5-oxo-1,5-dihydro-pyrrol-2-ylidenmethyl)-3-(2-methoxycarbonyl-äthyl)-4-methyl-pyrrol-2-ylmethylen]-4-[2-methoxycarbonyl-äthyl]-3-methyl-5H-pyrrol-2-carbonsäure-äthylester, 12-Äthyl-3,7-bis-[2-methoxycarbonyl-äthyl]-2,8,13-trimethyl-14-oxo-16,17-dihydro-14H-tripyrrin-1-carbonsäure-äthylester $C_{30}H_{37}N_3O_7$, Formel XV (R = C$_2$H$_5$, R′ = CH$_3$) und Taut.

B. Beim Behandeln von Neoxanthobilirubinsäure-methylester (E III/IV **25** 1685) mit 3-[5-Äthoxycarbonyl-2-formyl-4-methyl-pyrrol-3-yl]-propionsäure und wenig konz. wss. HBr in Methanol und Behandeln des Reaktionsprodukts mit Diazomethan in CHCl$_3$ (*Hüni*, Z. physiol. Chem. **282** [1947] 253, 257).

Rote Kristalle (aus Me.); F: 145°. λ_{max} eines Zink-Komplexes (Me.): 563 nm und 611 nm.

Kupfer(II)-Komplexsalz $CuC_{30}H_{35}N_3O_7$. Blaue Kristalle; F: 175°. λ_{max}: 628 nm [Me.], 572 nm und 623 nm [Eg.] bzw. 578 nm und 629 nm [Py.].

Oxocarbonsäuren $C_nH_{2n-25}N_3O_7$

4-[2-Carboxy-äthyl]-5-[3-(2-carboxy-äthyl)-4-methyl-5-(4-methyl-5-oxo-3-vinyl-1,5-dihydro-pyrrol-2-ylidenmethyl)-pyrrol-2-ylmethylen]-3-methyl-5H-pyrrol-2-carbonsäure, 3,7-Bis-[2-carboxy-äthyl]-2,8,13-trimethyl-14-oxo-12-vinyl-16,17-dihydro-14H-tripyrrin-1-carbonsäure $C_{26}H_{27}N_3O_7$, Formel XIV (R = CH=CH$_2$, R′ = CH$_3$, R″ = H) und Taut.

B. Aus der folgenden Verbindung mit Hilfe von methanol. KOH (*Hüni*, Z. physiol. Chem.

282 [1947] 253, 257).

λ_{max} eines Kupfer(II)-Komplexes: 656 nm [Me.] bzw. 699 nm [Eg.]; eines Zink-Komplexes: 645 nm [Me.].

4-[2-Methoxycarbonyl-äthyl]-5-[3-(2-methoxycarbonyl-äthyl)-4-methyl-5-(4-methyl-5-oxo-3-vinyl-1,5-dihydro-pyrrol-2-ylidenmethyl)-pyrrol-2-ylmethylen]-3-methyl-5H-pyrrol-2-carbonsäure-äthylester, 3,7-Bis-[2-methoxycarbonyl-äthyl]-2,8,13-trimethyl-14-oxo-12-vinyl-16,17-dihydro-14H-tripyrrin-1-carbonsäure-äthylester $C_{30}H_{35}N_3O_7$, Formel XV (R = CH=CH$_2$, R' = CH$_3$) und Taut.

B. Beim Behandeln von 3-[4-Methyl-5-(4-methyl-5-oxo-3-vinyl-1,5-dihydro-pyrrol-2-yliden≠ methyl)-pyrrol-3-yl]-propionsäure-methylester mit 3-[5-Äthoxycarbonyl-2-formyl-4-methyl-pyrrol-3-yl]-propionsäure und wenig konz. wss. HBr in Methanol und Behandeln des Reaktions≠ produkts mit Diazomethan in CHCl$_3$ (*Hüni,* Z. physiol. Chem. **282** [1947] 253, 257).

Rote Kristalle (aus Me.); F: 146°. λ_{max} (Me.) eines Kupfer(II)-Komplexes: 636 nm; eines Zink-Komplexes: 570 nm und 620 nm.

6. Oxocarbonsäuren mit 8 Sauerstoff-Atomen

Oxocarbonsäuren $C_nH_{2n-23}N_3O_8$

3-[2,5-Bis-(3-äthoxycarbonyl-4-methyl-5-oxo-1,5-dihydro-pyrrol-2-ylidenmethyl)-4-methyl-pyrrol-3-yl]-propionsäure, 3-[3,12-Bis-äthoxycarbonyl-2,8,13-trimethyl-1,14-dioxo-14,15,16,17-tetra≠ hydro-1H-tripyrrin-7-yl]-propionsäure $C_{26}H_{29}N_3O_8$, Formel I und Taut.

B. Aus 2-Chlormethyl-4-methyl-5-oxo-4,5-dihydro-pyrrol-3-carbonsäure-äthylester und 3-[4-Methyl-pyrrol-3-yl]-propionsäure in Benzol (*Fischer, Adler,* Z. physiol. Chem. **200** [1931] 209, 230).

Braunviolette Kristalle (aus A. oder Eg.); F: 245°.

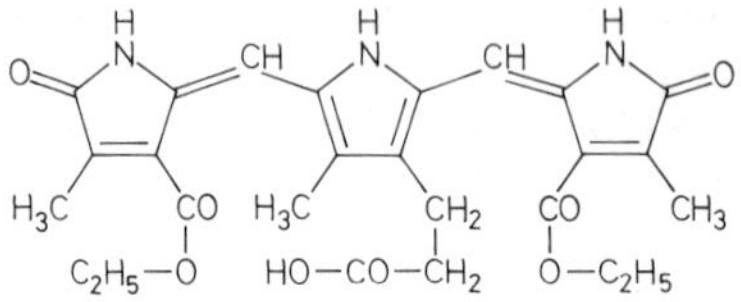

I 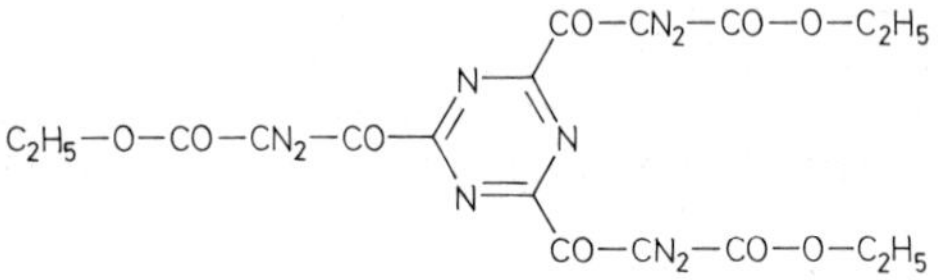 II

7. Oxocarbonsäuren mit 12 Sauerstoff-Atomen

Oxocarbonsäuren $C_nH_{2n-21}N_3O_{12}$

Tris-[äthoxycarbonyl-diazo-acetyl]-[1,3,5]triazin, 2,2',2''-Tris-diazo-3,3',3''-trioxo-3,3',3''-[1,3,5]triazin-2,4,6-triyl-tri-propionsäure-triäthylester $C_{18}H_{15}N_9O_9$, Formel II.

B. Aus [1,3,5]Triazin-2,4,6-tricarbonylchlorid und Diazoessigsäure-äthylester in Äther (*Grund≠ mann, Kober,* J. org. Chem. **21** [1956] 1392).

Gelbe Kristalle; F: 36−39°. Unbeständig.

G. Hydroxy-oxo-carbonsäuren

1. Hydroxy-oxo-carbonsäuren mit 4 Sauerstoff-Atomen

Hydroxy-oxo-carbonsäuren $C_nH_{2n-5}N_3O_4$

3-Methylmercapto-5-oxo-4,5-dihydro-[1,2,4]triazin-6-carbonsäure $C_5H_5N_3O_3S$, Formel III und Taut.

B. Aus 5-Oxo-3-thioxo-2,3,4,5-tetrahydro-[1,2,4]triazin-6-carbonsäure beim Behandeln mit CH_3I und wss. NaOH (*Barlow, Welch*, Am. Soc. **78** [1956] 1258).

Kristalle (aus Eg.); Zers. bei 176°.

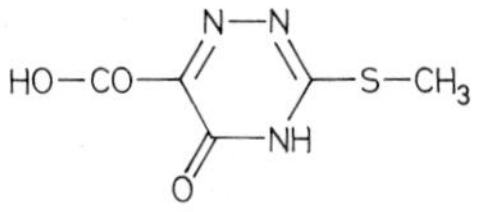

III 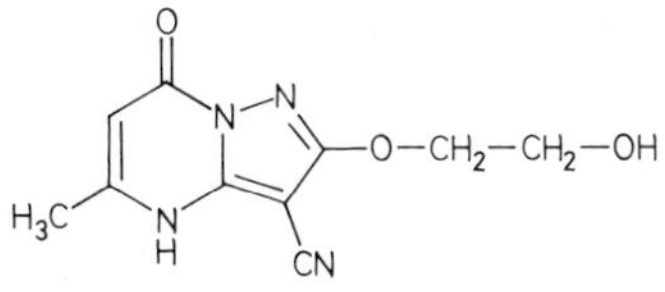   IV 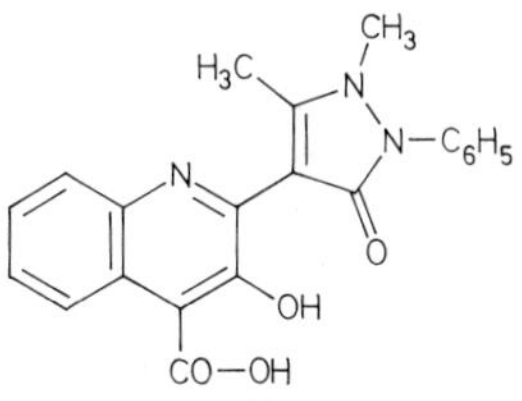   V

Hydroxy-oxo-carbonsäuren $C_nH_{2n-9}N_3O_4$

2-[2-Hydroxy-äthoxy]-5-methyl-7-oxo-4,7-dihydro-pyrazolo[1,5-*a*]pyrimidin-3-carbonitril $C_{10}H_{10}N_4O_3$, Formel IV und Taut.

B. Aus 3-Amino-5-[2-hydroxy-äthoxy]-1(2)*H*-pyrazol-4-carbonitril beim Erhitzen mit Acet≠ essigsäure-äthylester (*Middleton, Engelhardt*, Am. Soc. **80** [1958] 2829, 2832).

Kristalle (aus wss. DMF); F: >300°.

Hydroxy-oxo-carbonsäuren $C_nH_{2n-17}N_3O_4$

2-[1,5-Dimethyl-3-oxo-2-phenyl-2,3-dihydro-1*H*-pyrazol-4-yl]-3-hydroxy-chinolin-4-carbonsäure $C_{21}H_{17}N_3O_4$, Formel V.

B. Beim Erwärmen von 4-Chloracetyl-1,5-dimethyl-2-phenyl-1,2-dihydro-pyrazol-3-on mit Isatin und wss.-äthanol. KOH (*Benary*, B. **66** [1933] 1569).

F: 160 – 162° [Zers.].

Hydroxy-oxo-carbonsäuren $C_nH_{2n-21}N_3O_4$

3-[α-Hydroxy-benzhydryl]-6-oxo-1,6-dihydro-[1,2,4]triazin-5-carbonsäure $C_{17}H_{13}N_3O_4$, Formel VI und Taut.

B. Aus 3-[α-Hydroxy-benzhydryl]-5-methyl-1*H*-[1,2,4]triazin-6-on beim Erwärmen mit wss. $KMnO_4$ (*Metze, Rolle*, B. **91** [1958] 422, 426).

Kristalle (aus H_2O) mit 1 Mol H_2O; Zers. bei 130 – 160° [Zers. ab 100°; abhängig von der Geschwindigkeit des Erhitzens].

2. Hydroxy-oxo-carbonsäuren mit 5 Sauerstoff-Atomen

Hydroxy-oxo-carbonsäuren $C_nH_{2n-11}N_3O_5$

7-Hydroxy-1,3-dimethyl-2,4-dioxo-1,2,3,4-tetrahydro-pyrido[3,2-*d*]pyrimidin-6-carbonsäure $C_{10}H_9N_3O_5$, Formel VII.
B. Aus dem Äthylester (s. u.) mit Hilfe von wss. NaHCO$_3$ (*Pfleiderer, Mosthaf*, B. **90** [1957] 738, 744).
Kristalle (aus Eg.) mit 1 Mol H$_2$O; F: 324°.
Äthylester $C_{12}H_{13}N_3O_5$. *B.* Beim Erwärmen von 5-Amino-1,3,6-trimethyl-1*H*-pyrimidin-2,4-dion mit Mesoxalsäure-diäthylester-hydrat in Äthanol und Essigsäure und Behandeln des erhaltenen [1,3,6-Trimethyl-2,4-dioxo-1,2,3,4-tetrahydro-pyrimidin-5-ylimino]-malonsäure-diäthylesters $C_{14}H_{19}N_3O_6$ (F: 136−137°) mit Kaliumäthylat in Äther (*Pf., Mo.*). − Kristalle (aus A.) mit 1 Mol H$_2$O; F: 247−248°.

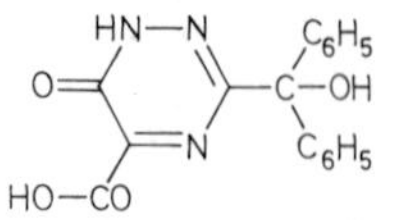

VI 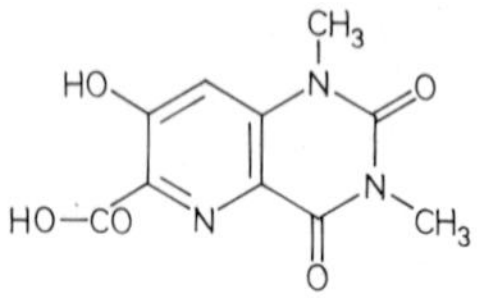   VII 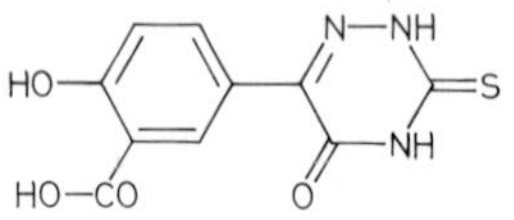   VIII 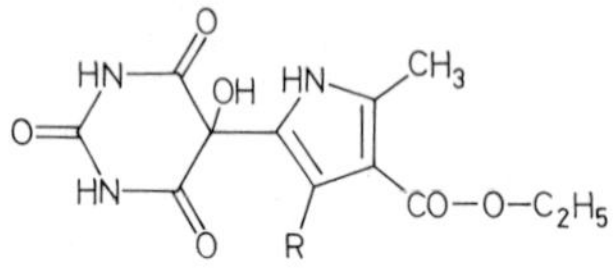   IX

Hydroxy-oxo-carbonsäuren $C_nH_{2n-13}N_3O_5$

2-Hydroxy-5-[5-oxo-3-thioxo-2,3,4,5-tetrahydro-[1,2,4]triazin-6-yl]-benzoesäure $C_{10}H_7N_3O_4S$, Formel VIII und Taut.
B. Aus [3-Carboxy-4-hydroxy-phenyl]-thiosemicarbazono-essigsäure mit Hilfe von wss. Alkali (*Hagenbach et al.*, Ang. Ch. **66** [1954] 359, 361).
Gelbe Kristalle (aus Dioxan); F: 292° [Zers.].

3. Hydroxy-oxo-carbonsäuren mit 6 Sauerstoff-Atomen

Hydroxy-oxo-carbonsäuren $C_nH_{2n-11}N_3O_6$

(±)-5-[5-Hydroxy-2,4,6-trioxo-hexahydro-pyrimidin-5-yl]-2-methyl-pyrrol-3-carbonsäure-äthylester $C_{12}H_{13}N_3O_6$, Formel IX (R = H).
B. Aus 2-Methyl-pyrrol-3-carbonsäure-äthylester und Alloxan in Äthanol (*Treibs et al.*, A. **612** [1958] 229, 239).
Kristalle (aus A.) mit 1 Mol H$_2$O; F: 147°.

(±)-5-[5-Hydroxy-2,4,6-trioxo-hexahydro-pyrimidin-5-yl]-2,4-dimethyl-pyrrol-3-carbonsäure-äthylester $C_{13}H_{15}N_3O_6$, Formel IX (R = CH$_3$).
B. Analog der vorangehenden Verbindung (*Treibs et al.*, A. **612** [1958] 229, 239).
Kristalle (aus A. + H$_2$O) mit 3 Mol H$_2$O; F: 70°.   [*Goebels*]

V. Sulfonsäuren

A. Monosulfonsäuren

Monosulfonsäuren $C_nH_{2n+1}N_3O_3S$

(±)-1-Phenyl-4,5-dihydro-1H-[1,2,3]triazol-4-sulfonsäure-diäthylamid $C_{12}H_{18}N_4O_2S$, Formel I.
B. Beim Erhitzen von N,N-Diäthyl-äthensulfonamid mit Phenylazid in Benzol (*Rondestvedt, Chang*, Am. Soc. **77** [1955] 6532, 6539).
Kristalle (aus wss. Dioxan); F: 92,5 – 93,5°. λ_{max} (A.): 225 nm und 310 nm.

Monosulfonsäuren $C_nH_{2n-1}N_3O_3S$

1H-[1,2,4]Triazol-3-sulfonsäure-amid $C_2H_4N_4O_2S$, Formel II und Taut.
B. Aus dem Säurechlorid (erhalten aus 1,2-Dihydro-[1,2,4]triazol-3-thion mit Hilfe von Chlor) und flüssigem NH_3 (*Roblin, Clapp*, Am. Soc. **72** [1950] 4890; *Am. Cyanamid Co.*, U.S.P. 2554816 [1950]; *Pala*, Farmaco Ed. scient. **13** [1958] 461, 468).
Kristalle (aus H_2O); F: 224 – 226° (*Pala*), 224,5 – 225,5° [korr.; Zers.] (*Ro., Cl.; Am. Cy⸗ anamid Co.*).

Monosulfonsäuren $C_nH_{2n-7}N_3O_3S$

[1,2,4]Triazolo[4,3-a]pyridin-3-sulfonsäure-amid $C_6H_6N_4O_2S$, Formel III (R = H).
B. Aus dem Säurechlorid (erhalten aus 2H-[1,2,4]Triazolo[4,3-a]pyridin-3-thion mit Hilfe von Chlor) und flüssigem NH_3 (*Roblin, Clapp*, Am. Soc. **72** [1950] 4890; *Am. Cyanamid Co.*, U.S.P. 2554816 [1950]; *Pala*, Farmaco Ed. scient. **13** [1958] 461, 468).
Kristalle (aus H_2O); F: 242 – 243° (*Pala*), 242 – 243° [Zers.] (*Am. Cyanamid Co.*), 242 – 242,5° [korr.; Zers.] (*Ro., Cl.*).

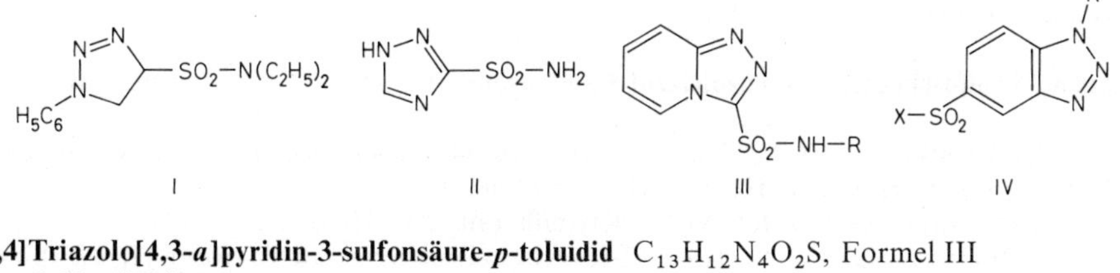

I   II   III   IV

[1,2,4]Triazolo[4,3-a]pyridin-3-sulfonsäure-p-toluidid $C_{13}H_{12}N_4O_2S$, Formel III (R = C_6H_4-CH_3).
B. Analog der vorangehenden Verbindung (*Am. Cyanamid Co.*, U.S.P. 2554816 [1950]).
Kristalle (aus A.); F: 244 – 245°.

1H-Benzotriazol-5-sulfonsäure-amid $C_6H_6N_4O_2S$, Formel IV (R = H, X = NH_2) und Taut.
B. Beim Behandeln von 3,4-Diamino-benzolsulfonsäure-amid mit $NaNO_2$ in wss. Essigsäure und wss. HCl (*Allen et al.*, Am. Soc. **66** [1944] 835).
Kristalle (aus H_2O); F: 236 – 237°.

3-Oxy-1H-benzotriazol-5-sulfonsäure-amid $C_6H_6N_4O_3S$, Formel V (R = H) und Taut.
(3-Hydroxy-3H-benzotriazol-5-sulfonsäure-amid).
Konstitution: *Eastman Kodak Co.*, U.S.P. 2410619 [1944].
B. Beim Erwärmen von 4-Chlor-3-nitro-benzolsulfonsäure-amid mit $N_2H_4 \cdot H_2O$ in Äthanol
(*Allen et al.*, Am. Soc. **66** [1944] 835; *Eastman Kodak Co.*).
F: 222° [Zers.].

3-Oxy-1H-benzotriazol-5-sulfonsäure-[2-hydroxy-äthylamid] $C_8H_{10}N_4O_4S$, Formel V
(R = CH_2-CH_2-OH) und Taut. (3-Hydroxy-3H-benzotriazol-5-sulfonsäure-[2-hydr⸗
oxy-äthylamid]).
Konstitution: *Eastman Kodak Co.*, U.S.P. 2410619 [1944].
B. Analog der vorangehenden Verbindung (*Allen et al.*, Am. Soc. **66** [1944] 835; *Eastman
Kodak Co.*).
F: 168−169° [Zers.] (*Eastman Kodak Co.*), 168° [Zers.] (*Al. et al.*).

3-Oxy-1H-benzotriazol-5-sulfonsäure-[2-hydroxy-anilid] $C_{12}H_{10}N_4O_4S$, Formel V
(R = C_6H_4-OH) und Taut. (3-Hydroxy-3H-benzotriazol-5-sulfonsäure-[2-hydroxy-
anilid]).
Konstitution: *Eastman Kodak Co.*, U.S.P. 2410619 [1944].
B. Analog den vorangehenden Verbindungen (*Allen et al.*, Am. Soc. **66** [1944] 835; *Eastman
Kodak Co.*).
F: 228° [Zers.].

1-Phenyl-1H-benzotriazol-5-sulfonsäure $C_{12}H_9N_3O_3S$, Formel IV (R = C_6H_5, X = OH)
(E I 97).
Natrium-Salz $NaC_{12}H_8N_3O_3S$. Kristalle; UV-Spektrum (H_2O; 220−320 nm): *Dobáš
et al.*, Collect. **23** [1958] 915, 918−920, 924.

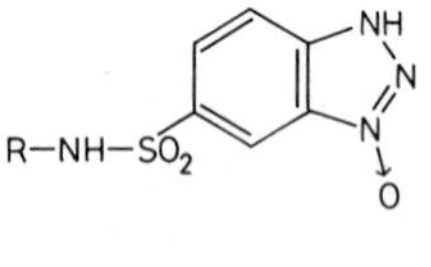

V 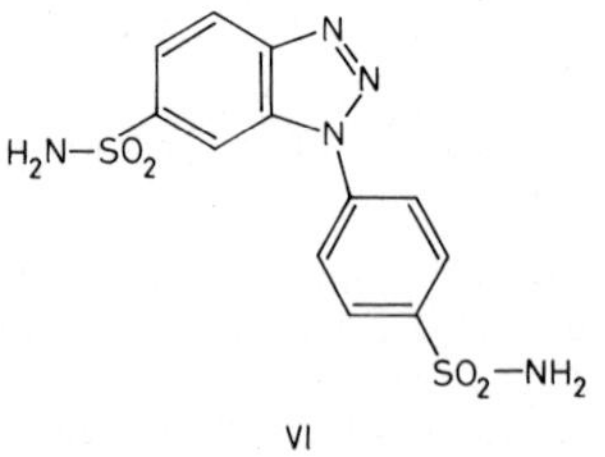   VI 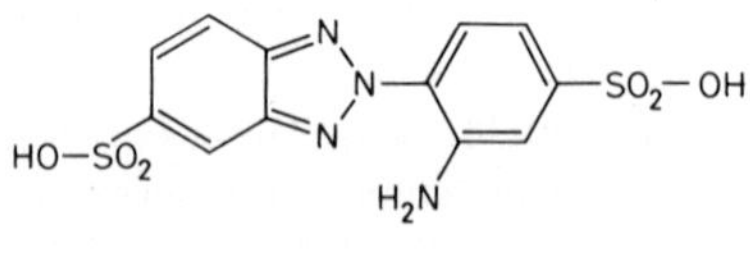   VII

3-[4-Sulfamoyl-phenyl]-3H-benzotriazol-5-sulfonsäure-amid $C_{12}H_{11}N_5O_4S_2$, Formel VI.
B. Aus 4-Amino-3,4′-imino-bis-benzolsulfonsäure-diamid beim Behandeln mit $NaNO_2$ und
wss. HCl (*Kasuge, Tsuzi*, Ann. Rep. Fac. Pharm. Kanazawa Univ. **2** [1952] 3, 9).
Kristalle (aus wss. Acn.); F: 275°.

2-[2-Amino-4-sulfo-phenyl]-2H-benzotriazol-5-sulfonsäure $C_{12}H_{10}N_4O_6S_2$, Formel VII
(E II 177).
B. Bei der Reduktion von 2,2′-Diamino-azobenzol-4,4′-disulfonsäure mit Zink-Pulver und
wss. NH_4Cl (*Ruggli, Hinovker*, Helv. **17** [1934] 973, 983).
Dinatrium-Salz $Na_2C_{12}H_8N_4O_6S_2$. Kristalle (aus wss. HCl); Zers. > 300°.
Acetyl-Derivat $C_{14}H_{12}N_4O_7S_2$; 2-[2-Acetylamino-4-sulfo-phenyl]-2H-benzo⸗
triazol-5-sulfonsäure. Dinatrium-Salz $Na_2C_{14}H_{10}N_4O_7S_2$. Kristalle (aus wss. A.); F:
125°.

2-[2-(6-Brom-2-hydroxy-[1]naphthylazo)-4-sulfo-phenyl]-2H-benzotriazol-5-sulfonsäure
$C_{22}H_{14}BrN_5O_7S_2$, Formel VIII und Taut.
B. Beim Diazotieren der vorangehenden Verbindung und anschliessenden Behandeln mit
6-Brom-[2]naphthol (*Ruggli, Hinovker*, Helv. **17** [1934] 973, 986).
Dinatrium-Salz $Na_2C_{22}H_{12}BrN_5O_7S_2$. Rote Kristalle (aus wss. A.).

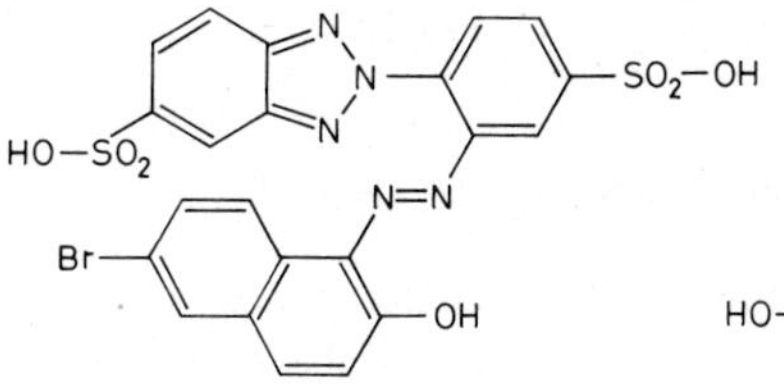

VIII

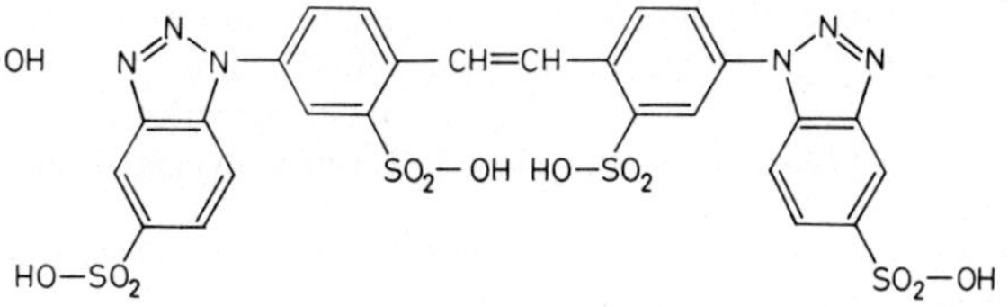

IX

*4,4′-Bis-[5-sulfo-benzotriazol-1-yl]-stilben-2,2′-disulfonsäure, 1H,1′H-1,1′-[2,2′-Disulfo-stilben-4,4′-diyl]-bis-benzotriazol-5-sulfonsäure $C_{26}H_{18}N_6O_{12}S_4$, Formel IX.

Tetranatrium-Salz $Na_4C_{26}H_{14}N_6O_{12}S_4$. *B.* Beim Behandeln des Dinatrium-Salzes der 4,4′-Bis-[2-amino-4-sulfo-anilino]-stilben-2,2′-disulfonsäure (erhalten aus 4,4′-Diamino-stilben-2,2′-disulfonsäure und 4-Chlor-3-nitro-benzolsulfonsäure über mehrere Stufen) mit $NaNO_2$ und wss. HCl (*Dobáš et al., Collect.* **23** [1958] 915, 918 – 920, 923). – Feststoff mit 6 Mol H_2O. UV-Spektrum (H_2O; 230 – 370 nm): *Do. et al.*

1(3)H-Imidazo[4,5-b]pyridin-5-sulfonsäure $C_6H_5N_3O_3S$, Formel X (X = OH) und Taut.
B. Beim Erhitzen von 5,6-Diamino-pyridin-2-sulfonsäure mit Formamid (*Graboyes, Day, Am. Soc.* **79** [1957] 6421, 6423, 6424).
Kristalle (aus H_2O), die unterhalb 360° nicht schmelzen.

1(3)H-Imidazo[4,5-b]pyridin-5-sulfonsäure-amid $C_6H_6N_4O_2S$, Formel X (X = NH_2) und Taut.
B. Beim Erhitzen von 5,6-Diamino-pyridin-2-sulfonsäure-amid-hydrochlorid mit Orthoamei=sensäure-triäthylester (*Graboyes, Day, Am. Soc.* **79** [1957] 6421, 6423, 6425).
Kristalle (aus H_2O); F: 289 – 290° [unkorr.].

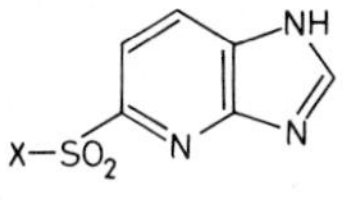

X

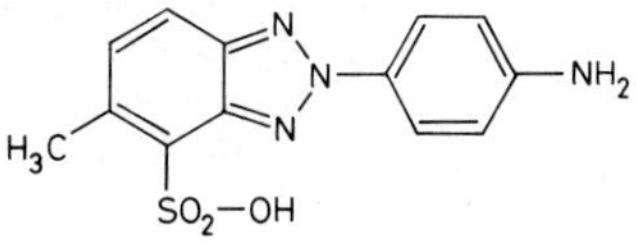

XI

2-[4-Amino-phenyl]-5-methyl-2H-benzotriazol-4(?)-sulfonsäure $C_{13}H_{12}N_4O_3S$, vermutlich Formel XI.
B. Aus 2-[4-Amino-phenyl]-5-methyl-2H-benzotriazol und H_2SO_4 [63% SO_3 enthaltend] (*Pos=kočil, Allan, Collect.* **22** [1957] 548, 555).
Kristalle mit 0,5 Mol H_2O.
Ammonium-Salz. Gelbe Kristalle.

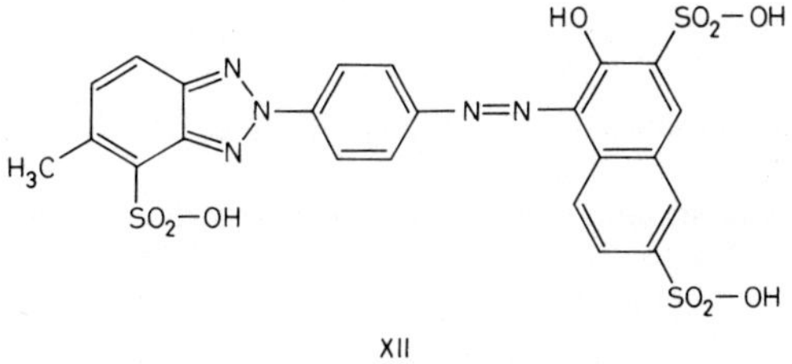

XII

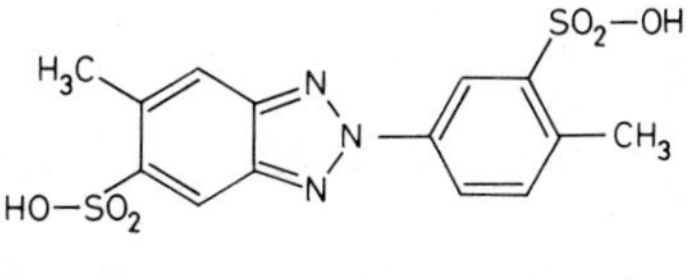

XIII

3-Hydroxy-4-[4-(5-methyl-4(?)-sulfo-benzotriazol-2-yl)-phenylazo]-naphthalin-2,7-disulfonsäure $C_{23}H_{17}N_5O_{10}S_3$, vermutlich Formel XII und Taut.
B. Aus diazotierter 2-[4-Amino-phenyl]-5-methyl-2H-benzotriazol-4(?)-sulfonsäure (s. o.) und

3-Hydroxy-naphthalin-2,7-disulfonsäure (*Poskočil, Allan,* Collect. **22** [1957] 548, 550).
Kristalle. λ_{max} (H_2SO_4): 519,5 nm und 553 nm.

6-Methyl-2-[4-methyl-3-sulfo-phenyl]-2*H*-benzotriazol-5-sulfonsäure $C_{14}H_{13}N_3O_6S_2$,
Formel XIII.

B. Beim Erhitzen von Dinatrium-[2′-(2-hydroxy-[1]naphthylazo)-4,5′-dimethyl-azobenzol-3,4′-disulfonat] (erhalten aus diazotierter 2′-Amino-4,5′-dimethyl-azobenzol-3,4′-disulfonsäure und [2]Naphthol) mit wss. HCl (*Ruggli, Courtin,* Helv. **15** [1932] 75, 97).
Hygroskopische Kristalle (aus wss. HCl) mit 1 Mol H_2O.

Monosulfonsäuren $C_nH_{2n-9}N_3O_3S$

5-[4-Chlor-phenyl]-1*H*-[1,2,4]triazol-3-sulfonsäure-amid $C_8H_7ClN_4O_2S$, Formel I und Taut.

B. Aus dem Säurechlorid (erhalten aus 3-Benzylmercapto-5-[4-chlor-phenyl]-1*H*-[1,2,4]triazol mit Hilfe von Chlor) und flüssigem NH_3 (*Am. Cyanamid Co.,* U.S.P. 2744907 [1954]).
Kristalle (aus H_2O); F: 265 – 268°.

Monosulfonsäuren $C_nH_{2n-13}N_3O_3S$

2-Phenyl-2*H*-naphtho[1,2-*d*][1,2,3]triazol-4-sulfonsäure $C_{16}H_{11}N_3O_3S$, Formel II (X = H)
(E II 178).

B. Beim Behandeln von 4-Amino-3-phenylazo-naphthalin-2-sulfonsäure (erhalten aus diazo≠
tiertem Anilin und 4-Amino-naphthalin-2-sulfonsäure) mit NaClO in wss. NaOH (*CIBA,*
U.S.P. 2198300 [1938]).

2-[4-Amino-phenyl]-2*H*-naphtho[1,2-*d*][1,2,3]triazol-4-sulfonsäure $C_{16}H_{12}N_4O_3S$, Formel II
(X = NH_2).

B. Aus 4-Amino-naphthalin-2-sulfonsäure und diazotiertem 4-Nitro-anilin über mehrere Stu≠
fen (*Dobáš et al.,* Collect. **23** [1958] 1346, 1354, 1355).
Natrium-Salz $NaC_{16}H_{11}N_4O_3S \cdot H_2O$. UV-Spektrum (wss. Lösung vom pH 9,4;
220 – 380 nm): *Do. et al.,* l. c. S. 1349, 1350.

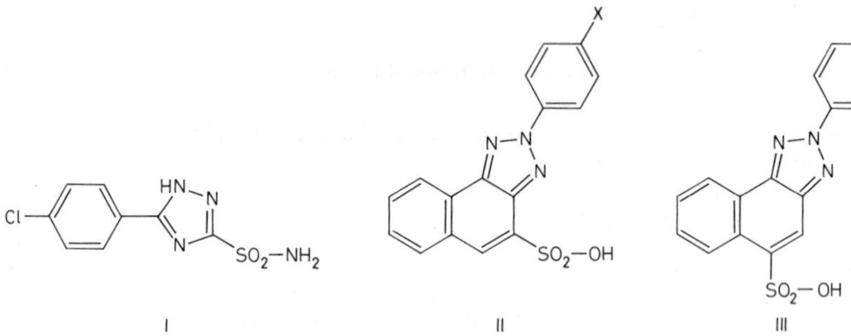

| I | II | III |

2-Phenyl-2*H*-naphtho[1,2-*d*][1,2,3]triazol-5-sulfonsäure $C_{16}H_{11}N_3O_3S$, Formel III (X = H)
(E II 178).

B. Beim Erwärmen von 1,2-Bis-phenylazo-naphthalin mit $NaHSO_3$ in wss. Äthanol (*Ufimzew,*
Ž. obšč. Chim. **16** [1946] 1845, 1852; C. A. **1947** 6552).
Natrium-Salz $NaC_{16}H_{10}N_3O_3S$. Kristalle (aus H_2O).

2-[4-(2-Diäthylamino-äthoxycarbonyl)-phenyl]-2*H*-naphtho[1,2-*d*][1,2,3]triazol-5-sulfonsäure,
4-[5-Sulfo-naphtho[1,2-*d*][1,2,3]triazol-2-yl]-benzoesäure-[2-diäthylamino-äthylester]
$C_{23}H_{24}N_4O_5S$, Formel III (X = CO-O-CH_2-CH_2-N(C_2H_5)$_2$).
B. Beim Erhitzen von 4-Amino-3-[4-(2-diäthylamino-äthoxycarbonyl)-phenylazo]-naphthalin-

1-sulfonsäure mit $CuSO_4$ und wss. NH_3 (*Neri*, G. **61** [1931] 610, 613).
Natrium-Salz $NaC_{23}H_{23}N_4O_5S$. Kristalle.

2-[4-Sulfo-phenyl]-2H-naphtho[1,2-d][1,2,3]triazol-5-sulfonsäure $C_{16}H_{11}N_3O_6S_2$, Formel III
(X = SO_2-OH).
B. Analog der vorangehenden Verbindung (*Neri*, G. **61** [1931] 597, 601).
Dinatrium-Salz $Na_2C_{16}H_9N_3O_6S_2$. Kristalle (aus A.).

2-[4-Amino-phenyl]-2H-naphtho[1,2-d][1,2,3]triazol-5-sulfonsäure $C_{16}H_{12}N_4O_3S$, Formel III
(X = NH_2).
B. Aus 3-Amino-naphthalin-1-sulfonsäure und diazotiertem 4-Nitro-anilin über mehrere Stu⸗
fen (*Dobáš et al.*, Collect. **23** [1958] 1346, 1354, 1355).
Natrium-Salz $NaC_{16}H_{11}N_4O_3S \cdot H_2O$. UV-Spektrum (wss. Lösung vom pH 9,4;
240 – 390 nm): *Do. et al.*, l. c. S. 1349, 1350.

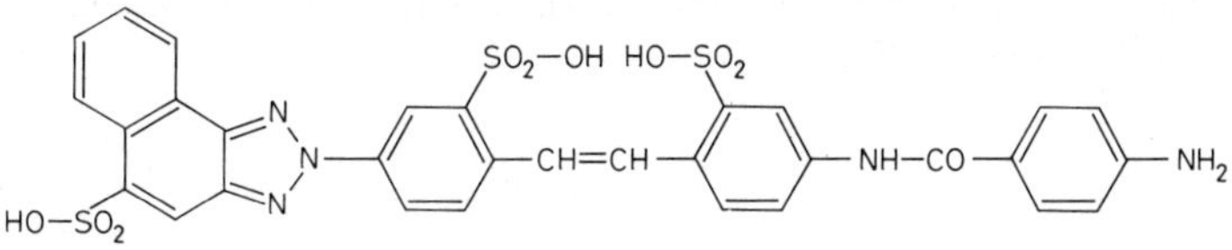

IV

***4-[4-Amino-benzoylamino]-4′-[5-sulfo-naphtho[1,2-d][1,2,3]triazol-2-yl]-stilben-2,2′-disulfon⸗
säure** $C_{31}H_{23}N_5O_{10}S_3$, Formel IV.
B. Beim Behandeln von 4-Amino-4′-[5-sulfo-2H-naphtho[1,2-d][1,2,3]triazol-2-yl]-stilben-2,2′-
disulfonsäure mit 4-Nitro-benzoylchlorid und anschliessenden Reduzieren mit Eisen (*Dobáš
et al.*, Collect. **23** [1958] 915, 919, 922).
Trinatrium-Salz $Na_3C_{31}H_{20}N_5O_{10}S_3 \cdot 5H_2O$. Absorptionsspektrum ($H_2O$; 230 – 420 nm):
Do. et al., l. c. S. 918, 920.

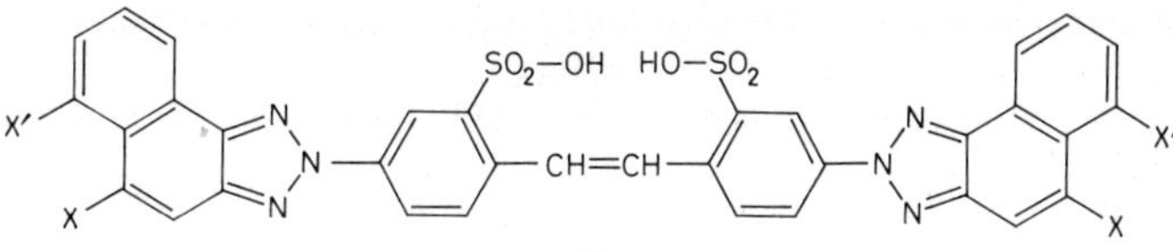

V

***4,4′-Bis-[5-sulfo-naphtho[1,2-d][1,2,3]triazol-2-yl]-stilben-2,2′-disulfonsäure, 2H,2′H-2,2′-
[2,2′-Disulfo-stilben-4,4′-diyl]-bis-naphtho[1,2-d][1,2,3]triazol-5-sulfonsäure** $C_{34}H_{22}N_6O_{12}S_4$,
Formel V (X = SO_2-OH, X′ = H).
B. Aus 4,4′-Diamino-stilben-2,2′-disulfonsäure und 3-Amino-naphthalin-1-sulfonsäure über
mehrere Stufen (*Dobáš et al.*, Collect. **23** [1958] 915, 919, 921).
Tetranatrium-Salz $Na_4C_{34}H_{18}N_6O_{12}S_4 \cdot 4H_2O$.   Absorptionsspektrum   (H_2O;
240 – 430 nm): *Do. et al.*, l. c. S. 918, 920.

2-[3-Sulfo-biphenyl-4-yl]-2H-naphtho[1,2-d][1,2,3]triazol-6-sulfonsäure $C_{22}H_{15}N_3O_6S_2$,
Formel VI (X = SO_2-OH, X′ = H).
B. Beim Behandeln von diazotierter 4-Amino-biphenyl-3-sulfonsäure mit 6-Amino-naphtha⸗
lin-1-sulfonsäure und anschliessenden Erwärmen mit $CuSO_4$ in wss. NH_3 (*Dobáš et al.*, Collect.
23 [1958] 926, 929, 930).
Barium-Salz $BaC_{22}H_{13}N_3O_6S_2 \cdot 0,5$ Mol H_2O.

*2-[2-Phenoxysulfonyl-stilben-4-yl]-2H-naphtho[1,2-d][1,2,3]triazol-6-sulfonsäure-phenylester
$C_{36}H_{25}N_3O_6S_2$, Formel VII (X = O-C_6H_5).
B. Aus dem Säurechlorid (s. u.) beim Erhitzen mit Phenol und wss. NaOH in Nitrobenzol

(*Geigy A.G.*, U.S.P. 2784184 [1954]).
F: 148 – 150° [aus 2-Methoxy-äthanol].

*2-[2-(4-*tert*-Pentyl-phenoxysulfonyl)-stilben-4-yl]-2*H*-naphtho[1,2-*d*][1,2,3]triazol-6-sulfonsäure-[4-*tert*-pentyl-phenylester] $C_{46}H_{45}N_3O_6S_2$, Formel VII (X = O-C$_6$H$_4$-C(CH$_3$)$_2$-C$_2$H$_5$).
B. Analog der vorangehenden Verbindung (*Geigy A.G.*, U.S.P. 2784184 [1954]).
Braungelb; F: 191 – 193°.

*2-[2-(4-Octyl-phenoxysulfonyl)-stilben-4-yl]-2*H*-naphtho[1,2-*d*][1,2,3]triazol-6-sulfonsäure-[4-octyl-phenylester] $C_{52}H_{57}N_3O_6S_2$, Formel VII (X = O-C$_6$H$_4$-[CH$_2$]$_7$-CH$_3$).
B. Analog den vorangehenden Verbindungen (*Geigy A.G.*, U.S.P. 2784184 [1954]).
Hellgelb; F: 124 – 126°.

*2-[2-Chlorsulfonyl-stilben-4-yl]-2*H*-naphtho[1,2-*d*][1,2,3]triazol-6-sulfonylchlorid $C_{24}H_{15}Cl_2N_3O_4S_2$, Formel VII (X = Cl).
B. Aus 2-[2-Sulfo-stilben-4-yl]-2*H*-naphtho[1,2-*d*][1,2,3]triazol-6-sulfonsäure, PCl$_5$ und POCl$_3$
(*Geigy A.G.*, U.S.P. 2784184 [1954]).
Gelb; F: 197 – 199°.

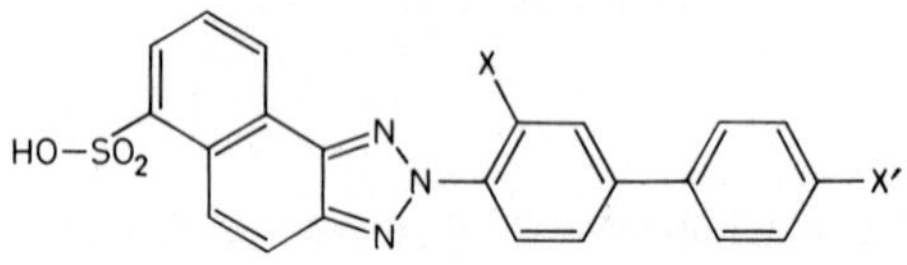

VI 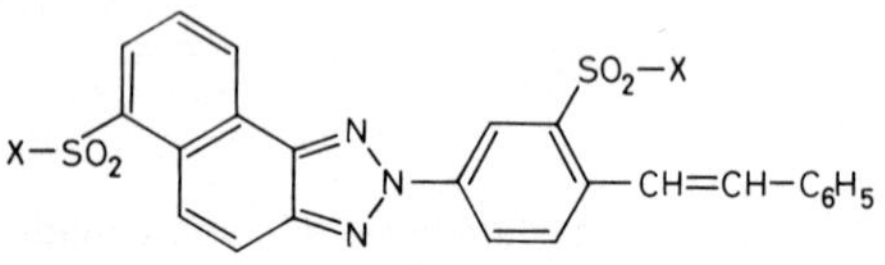   VII

*2-[2-Sulfamoyl-stilben-4-yl]-2*H*-naphtho[1,2-*d*][1,2,3]triazol-6-sulfonsäure-amid $C_{24}H_{19}N_5O_4S_2$, Formel VII (X = NH$_2$).
B. Aus der vorangehenden Verbindung und NH$_3$ (*Geigy A.G.*, U.S.P. 2784184 [1954]).
Hellgelb; Zers. bei 205 – 210°.

*2-[2-Dibutylsulfamoyl-stilben-4-yl]-2*H*-naphtho[1,2-*d*][1,2,3]triazol-6-sulfonsäure-dibutylamid $C_{40}H_{51}N_5O_4S_2$, Formel VII (X = N([CH$_2$]$_3$-CH$_3$)$_2$).
B. Beim Erhitzen des Säurechlorids (s. o.) mit Dibutylamin in Nitrobenzol (*Geigy A.G.*,
U.S.P. 2784184 [1954]).
Gelb; F: 91 – 93°.

Die folgenden Verbindungen sind in analoger Weise hergestellt worden:

   ***2-[2-Dodecylsulfamoyl-stilben-4-yl]-2*H*-naphtho[1,2-*d*][1,2,3]triazol-6-sulfon⁼
säure-dodecylamid** $C_{48}H_{67}N_5O_4S_2$, Formel VII (X = NH-[CH$_2$]$_{11}$-CH$_3$). F: 141 – 143°.
   ***2-[2-Octadecylsulfamoyl-stilben-4-yl]-2*H*-naphtho[1,2-*d*][1,2,3]triazol-6-
sulfonsäure-octadecylamid** $C_{60}H_{91}N_5O_4S_2$, Formel VII (X = NH-[CH$_2$]$_{17}$-CH$_3$). F:
146 – 148°.
   ***2-[2-Cyclohexylsulfamoyl-stilben-4-yl]-2*H*-naphtho[1,2-*d*][1,2,3]triazol-6-
sulfonsäure-cyclohexylamid** $C_{36}H_{39}N_5O_4S_2$, Formel VII (X = NH-C$_6$H$_{11}$). Gelb; F:
145 – 147°.
   ***N-{2-[2-(2-Carboxy-phenylsulfamoyl)-stilben-4-yl]-2*H*-naphtho[1,2-*d*][1,2,3]⁼
triazol-6-sulfonyl}-anthranilsäure, 2-[2-(2-Carboxy-phenylsulfamoyl)-stilben-
4-yl]-2*H*-naphtho[1,2-*d*][1,2,3]triazol-6-sulfonsäure-[2-carboxy-anilid]**
$C_{38}H_{27}N_5O_8S_2$, Formel VII (X = NH-C$_6$H$_4$-CO-OH). Hellgelb; Zers. >300°.
   ***3-{2-[2-(3-Carboxy-phenylsulfamoyl)-stilben-4-yl]-2*H*-naphtho[1,2-*d*][1,2,3]⁼
triazol-6-sulfonylamino}-benzoesäure, 2-[2-(3-Carboxy-phenylsulfamoyl)-
stilben-4-yl]-2*H*-naphtho[1,2-*d*][1,2,3]triazol-6-sulfonsäure-[3-carboxy-anilid]**
$C_{38}H_{27}N_5O_8S_2$, Formel VII (X = NH-C$_6$H$_4$-CO-OH). Zers. >300°.
   ***4-{2-[2-(4-Carboxy-phenylsulfamoyl)-stilben-4-yl]-2*H*-naphtho[1,2-*d*][1,2,3]⁼
triazol-6-sulfonylamino}-benzoesäure, 2-[2-(4-Carboxy-phenylsulfamoyl)-
stilben-4-yl]-2*H*-naphtho[1,2-*d*][1,2,3]triazol-6-sulfonsäure-[4-carboxy-anilid]**

$C_{38}H_{27}N_5O_8S_2$, Formel VII (X = NH-C_6H_4-CO-OH). Zers. > 300°.

*2-[4'-Sulfo-stilben-4-yl]-2H-naphtho[1,2-d][1,2,3]triazol-6-sulfonsäure $C_{24}H_{17}N_3O_6S_2$,
Formel VIII (X = SO_2-OH, X' = H).
    B. Beim Behandeln von diazotierter 4'-Amino-stilben-4-sulfonsäure mit 6-Amino-naphthalin-1-sulfonsäure und anschliessenden Erhitzen mit $CuSO_4$ in wss. NH_3 (*Dobáš, Pirkl,* Collect.
24 [1959] 545, 548).
    Dinatrium-Salz $Na_2C_{24}H_{15}N_3O_6S_2 \cdot H_2O$.

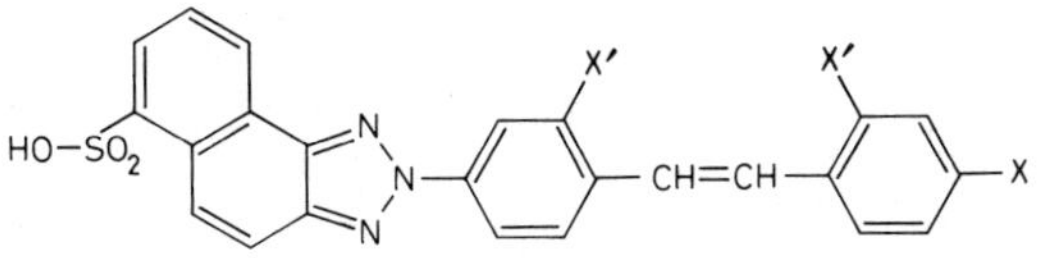

VIII 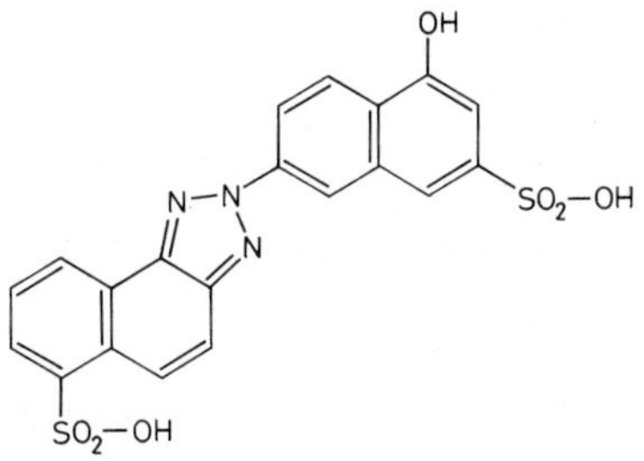   IX

2-[5-Hydroxy-7-sulfo-[2]naphthyl]-2H-naphtho[1,2-d][1,2,3]triazol-6-sulfonsäure
$C_{20}H_{13}N_3O_7S_2$, Formel IX.
    B. Analog der vorangehenden Verbindung (*Mužik, Allan,* Collect. **20** [1955] 615, 621).
    Benzidin-Salz $C_{12}H_{12}N_2 \cdot C_{20}H_{13}N_3O_7S_2$. Hellgelbe Kristalle.

2-[4-Amino-phenyl]-2H-naphtho[1,2-d][1,2,3]triazol-6-sulfonsäure $C_{16}H_{12}N_4O_3S$, Formel X
(R = X = X' = H).
    B. Aus 6-Amino-naphthalin-1-sulfonsäure und diazotiertem 4-Nitro-anilin über mehrere Stu=
fen (*Dobáš et al.,* Collect. **23** [1958] 1346, 1354, 1355).
    Natrium-Salz $NaC_{16}H_{11}N_4O_3S \cdot H_2O$. UV-Spektrum (wss. Lösung vom pH 9,4;
240 − 380 nm): *Do. et al.,* l. c. S. 1349, 1350.

2-[2,4-Diamino-phenyl]-2H-naphtho[1,2-d][1,2,3]triazol-6-sulfonsäure $C_{16}H_{13}N_5O_3S$, Formel X
(R = X' = H, X = NH_2).
    B. Analog der vorangehenden Verbindung (*Dobáš et al.,* Collect. **23** [1958] 1346, 1354, 1355).
    Natrium-Salz $NaC_{16}H_{12}N_5O_3S \cdot H_2O$. UV-Spektrum (wss. Lösung vom pH 9,4;
230 − 400 nm): *Do. et al.,* l. c. S. 1349, 1350.

2-[4-Amino-2-methoxy-phenyl]-2H-naphtho[1,2-d][1,2,3]triazol-6-sulfonsäure $C_{17}H_{14}N_4O_4S$,
Formel X (R = X' = H, X = O-CH_3).
    B. Analog den vorangehenden Verbindungen (*Dobáš et al.,* Collect. **23** [1958] 1346, 1354,
1355).
    Natrium-Salz $NaC_{17}H_{13}N_4O_4S$. UV-Spektrum (wss. Lösung vom pH 9,4; 230 − 350 nm):
Do. et al., l. c. S. 1349, 1350.

2-[4-Amino-3-methoxy-phenyl]-2H-naphtho[1,2-d][1,2,3]triazol-6-sulfonsäure $C_{17}H_{14}N_4O_4S$,
Formel X (R = X = H, X' = O-CH_3).
    B. Aus 6-Amino-naphthalin-1-sulfonsäure und diazotiertem Essigsäure-[4-amino-2-methoxy-anilid] über mehrere Stufen (*Dobáš et al.,* Collect. **23** [1958] 1346, 1354, 1355).
    Natrium-Salz $NaC_{17}H_{13}N_4O_4S \cdot H_2O$. UV-Spektrum (wss. Lösung vom pH 9,4;
230 − 380 nm): *Do. et al.,* l. c. S. 1349, 1350.

2-[4-Amino-3-sulfo-phenyl]-2H-naphtho[1,2-d][1,2,3]triazol-6-sulfonsäure $C_{16}H_{12}N_4O_6S_2$,
Formel X (R = X = H, X' = SO_2-OH).
    B. Aus 6-Amino-naphthalin-1-sulfonsäure und diazotierter [4-Amino-2-sulfo-phenyl]-oxal=

amidsäure über mehrere Stufen (*Dobáš et al.,* Collect. **23** [1958] 1346, 1354, 1355).

Dinatrium-Salz $Na_2C_{16}H_{10}N_4O_6S_2$.   UV-Spektrum (wss. Lösung vom pH 9,4; 230 – 390 nm): *Do. et al.,* l. c. S. 1349, 1350.

2-[4-Acetylamino-3-sulfo-phenyl]-2*H*-naphtho[1,2-*d*][1,2,3]triazol-6-sulfonsäure $C_{18}H_{14}N_4O_7S_2$, Formel X (R = CO-CH$_3$, X = H, X' = SO$_2$-OH).

B. Beim Behandeln von diazotierter 2-Acetylamino-5-amino-benzolsulfonsäure mit 6-Amino-naphthalin-1-sulfonsäure und anschliessenden Erhitzen mit CuSO$_4$ in wss. Pyridin (*Dobáš et al.,* Collect. **23** [1958] 1357, 1360, 1361).

Barium-Salz $BaC_{18}H_{12}N_4O_7S_2 \cdot 4H_2O$.

X   XI

2-[4'-Amino-3-sulfo-biphenyl-4-yl]-2*H*-naphtho[1,2-*d*][1,2,3]triazol-6-sulfonsäure $C_{22}H_{16}N_4O_6S_2$, Formel VI (X = SO$_2$-OH, X' = NH$_2$).

B. Aus diazotierter 4'-Acetylamino-4-amino-biphenyl-3-sulfonsäure und 6-Amino-naphthalin-1-sulfonsäure über mehrere Stufen (*Dobáš et al.,* Collect. **23** [1958] 926, 929, 930).

Dinatrium-Salz $Na_2C_{22}H_{14}N_4O_6S_2 \cdot H_2O$.

Acetyl-Derivat $C_{24}H_{18}N_4O_7S_2$; 2-[4'-Acetylamino-3-sulfo-biphenyl-4-yl]-2*H*-naphtho[1,2-*d*][1,2,3]triazol-6-sulfonsäure. Barium-Salz $BaC_{24}H_{16}N_4O_7S_2 \cdot 4H_2O$.

Phenylacetyl-Derivat $C_{30}H_{22}N_4O_7S_2$; 2-[4'-(2-Phenyl-acetylamino)-3-sulfo-biphenyl-4-yl]-2*H*-naphtho[1,2-*d*][1,2,3]triazol-6-sulfonsäure. Barium-Salz $BaC_{30}H_{20}N_4O_7S_2 \cdot H_2O$.

Phenoxyacetyl-Derivat $C_{30}H_{22}N_4O_8S_2$; 2-[4'-(2-Phenoxy-acetylamino)-3-sulfo-biphenyl-4-yl]-2*H*-naphtho[1,2-*d*][1,2,3]triazol-6-sulfonsäure. Barium-Salz $BaC_{30}H_{20}N_4O_8S_2 \cdot 4H_2O$.

*4-Amino-4'-[6-sulfo-naphtho[1,2-*d*][1,2,3]triazol-2-yl]-stilben-2,2'-disulfonsäure $C_{24}H_{18}N_4O_9S_3$, Formel VIII (X = NH$_2$, X' = SO$_2$-OH).

B. Aus 6-Amino-naphthalin-1-sulfonsäure und diazotierter 4-Amino-4'-nitro-stilben-2,2'-disulfonsäure über mehrere Stufen (*Dobáš et al.,* Collect. **23** [1958] 915, 919, 922).

Dinatrium-Salz $Na_2C_{24}H_{16}N_4O_9S_3 \cdot 6H_2O$. Gelb. Absorptionsspektrum (H$_2$O; 230 – 420 nm): *Do. et al.,* l. c. S. 918, 920.

Acetyl-Derivat $C_{26}H_{20}N_4O_{10}S_3$; 4-Acetylamino-4'-[6-sulfo-naphtho[1,2-*d*][1,2,3]triazol-2-yl]-stilben-2,2'-disulfonsäure. Trinatrium-Salz $Na_3C_{26}H_{17}N_4O_{10}S_3$. Kristalle (aus H$_2$O) mit 5 Mol H$_2$O. Absorptionsspektrum (H$_2$O; 240 – 410 nm): *Do. et al.*

Benzoyl-Derivat $C_{31}H_{22}N_4O_{10}S_3$; 4-Benzoylamino-4'-[6-sulfo-naphtho[1,2-*d*][1,2,3]triazol-2-yl]-stilben-2,2'-disulfonsäure. Trinatrium-Salz $Na_3C_{31}H_{19}N_4O_{10}S_3$. Kristalle. Absorptionsspektrum (H$_2$O; 240 – 410 nm): *Do. et al.*

Phenylcarbamoyl-Derivat $C_{31}H_{23}N_5O_{10}S_3$; 4-[*N'*-Phenyl-ureido]-4'-[6-sulfo-naphtho[1,2-*d*][1,2,3]triazol-2-yl]-stilben-2,2'-disulfonsäure.   Trinatrium-Salz $Na_3C_{31}H_{20}N_5O_{10}S_3$. Kristalle (aus H$_2$O) mit 5 Mol H$_2$O. Absorptionsspektrum (H$_2$O; 240 – 410 nm): *Do. et al.*

[4-Amino-benzoyl]-Derivat $C_{31}H_{23}N_5O_{10}S_3$; 4-[4-Amino-benzoylamino]-4'-[6-sulfo-naphtho[1,2-*d*][1,2,3]triazol-2-yl]-stilben-2,2'-disulfonsäure. Trinatrium-Salz $Na_3C_{31}H_{20}N_5O_{10}S_3 \cdot 2H_2O$. Absorptionsspektrum (H$_2$O; 240 – 410 nm): *Do. et al.*

4,4′-Bis-[6-sulfo-naphtho[1,2-d][1,2,3]triazol-2-yl]-biphenyl-3-sulfonsäure, $2H,2'H$-2,2′-[3-Sulfo-biphenyl-4,4′-diyl]-bis-naphtho[1,2-d][1,2,3]triazol-6-sulfonsäure $C_{32}H_{20}N_6O_9S_3$, Formel XI.

B. Beim aufeinanderfolgenden Behandeln von diazotierter 4,4′-Diamino-biphenyl-3-sulfonsäure mit 6-Amino-naphthalin-1-sulfonsäure und mit $CuSO_4$ in wss. NH_3 (*Dobáš et al.*, Collect. **23** [1958] 280, 286, 288).

T r i n a t r i u m - S a l z $Na_3C_{32}H_{17}N_6O_9S_3$. Kristalle mit 3 Mol H_2O. UV-Spektrum (H_2O; 240−380 nm): *Do. et al.*, l. c. S. 282, 283.

*4,4′-Bis-[6-sulfo-naphtho[1,2-d][1,2,3]triazol-2-yl]-stilben-2,2′-disulfonsäure, $2H,2'H$-2,2′-[2,2′-Disulfo-stilben-4,4′-diyl]-bis-naphtho[1,2-d][1,2,3]triazol-6-sulfonsäure $C_{34}H_{22}N_6O_{12}S_4$, Formel V (X = H, X′ = SO_2-OH) auf S. 1057.

B. Analog der vorangehenden Verbindung (*Dobáš et al.*, Collect. **23** [1958] 915, 919, 921).

T e t r a n a t r i u m - S a l z $Na_4C_{34}H_{18}N_6O_{12}S_4 \cdot 4H_2O$. Absorptionsspektrum ($H_2O$; 240−420 nm): *Do. et al.*, l. c. S. 918, 920.

XII

5,5-Dioxo-3,7-bis-[6-sulfo-naphtho[1,2-d][1,2,3]triazol-2-yl]-5λ^6-dibenzothiophen-2-sulfonsäure, $2H,2'H$-2,2′-[5,5-Dioxo-2-sulfo-5λ^6-dibenzothiophen-3,7-diyl]-bis-naphtho[1,2-d][1,2,3]triazol-6-sulfonsäure $C_{32}H_{18}N_6O_{11}S_4$, Formel XII.

B. Aus diazotierter 7-Acetylamino-3-amino-5,5-dioxo-5λ^6-dibenzothiophen-2-sulfonsäure und 6-Amino-naphthalin-1-sulfonsäure über mehrere Stufen (*Dobáš et al.*, Collect. **23** [1958] 280, 286, 287).

T r i n a t r i u m - S a l z $Na_3C_{32}H_{15}N_6O_{11}S_4$. Kristalle mit 6 Mol H_2O. UV-Spektrum (H_2O; 240−400 nm): *Do. et al.*, l. c. S. 282, 283.

2-Phenyl-2H-naphtho[1,2-d][1,2,3]triazol-7-sulfonsäure $C_{16}H_{11}N_3O_3S$, Formel XIII (X = H) (E II 178).

B. Beim Behandeln von Benzoldiazoniumchlorid mit 6-Amino-naphthalin-2-sulfonsäure und anschliessenden Erhitzen mit wss. NaClO (*Dobáš et al.*, Collect. **23** [1958] 280, 286, 287).

N a t r i u m - S a l z $NaC_{16}H_{10}N_3O_3S$. Kristalle mit 1 Mol H_2O. UV-Spektrum (H_2O; 230−380 nm): *Do. et al.*, l. c. S. 282, 283.

2-[4-Sulfo-phenyl]-2H-naphtho[1,2-d][1,2,3]triazol-7-sulfonsäure $C_{16}H_{11}N_3O_6S_2$, Formel XIII (X = SO_2-OH).

B. Beim Erhitzen von 6-Amino-5-[4-sulfo-phenylazo]-naphthalin-2-sulfonsäure mit $CuSO_4$ und wss. NH_3 (*Neri*, G. **61** [1931] 597, 603).

D i n a t r i u m - S a l z $Na_2C_{16}H_9N_3O_6S_2$. Kristalle (aus A.).

*2-[2-Phenoxysulfonyl-stilben-4-yl]-2H-naphtho[1,2-d][1,2,3]triazol-7-sulfonsäure-phenylester $C_{36}H_{25}N_3O_6S_2$, Formel XIV (X = O-C_6H_5).

B. Beim Erhitzen von 2-[2-Chlorsulfonyl-stilben-4-yl]-2H-naphtho[1,2-d][1,2,3]triazol-7-sulfonylchlorid mit Phenol (*Geigy A.G.*, U.S.P. 2784184 [1954]).

Hellgelb; F: 221−223°.

*2-[2-[1]Naphthyloxysulfonyl-stilben-4-yl]-2H-naphtho[1,2-d][1,2,3]triazol-7-sulfonsäure-[1]naphthylester $C_{44}H_{29}N_3O_6S_2$, Formel XIV (X = O-$C_{10}H_7$).

B. Analog der vorangehenden Verbindung (*Geigy A.G.*, U.S.P. 2784184 [1954]).

F: 285−287°.

*2-[2-[2]Naphthyloxysulfonyl-stilben-4-yl]-2H-naphtho[1,2-d][1,2,3]triazol-7-sulfonsäure-[2]naphthylester $C_{44}H_{29}N_3O_6S_2$, Formel XIV (X = O-$C_{10}H_7$).
B. Analog den vorangehenden Verbindungen (*Geigy A.G.*, U.S.P. 2784184 [1954]).
Braungelb; F: 168−170°.

*2-[2-Sulfamoyl-stilben-4-yl]-2H-naphtho[1,2-d][1,2,3]triazol-7-sulfonsäure-amid $C_{24}H_{19}N_5O_4S_2$, Formel XIV (X = NH_2).
B. Aus 2-[2-Chlorsulfonyl-stilben-4-yl]-2H-naphtho[1,2-d][1,2,3]triazol-7-sulfonylchlorid und NH_3 (*Geigy A.G.*, U.S.P. 2784184 [1954]).
Grüngelb; F: 230−232°.

*2-[2-Äthylsulfamoyl-stilben-4-yl]-2H-naphtho[1,2-d][1,2,3]triazol-7-sulfonsäure-äthylamid $C_{28}H_{27}N_5O_4S_2$, Formel XIV (X = NH-C_2H_5).
B. Analog der folgenden Verbindung (*Geigy A.G.*, U.S.P. 2784184 [1954]).
Hellgelb; F: 245−247°.

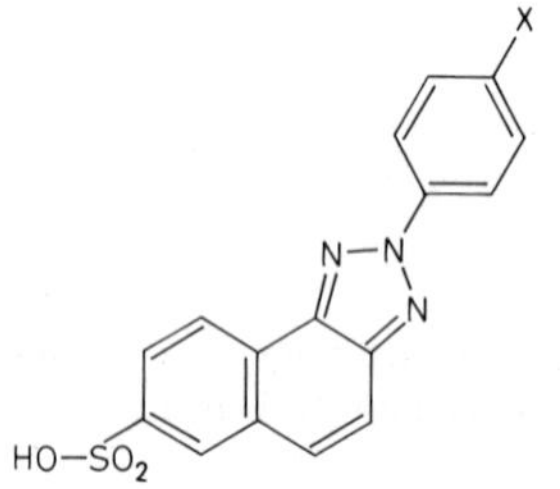

XIII 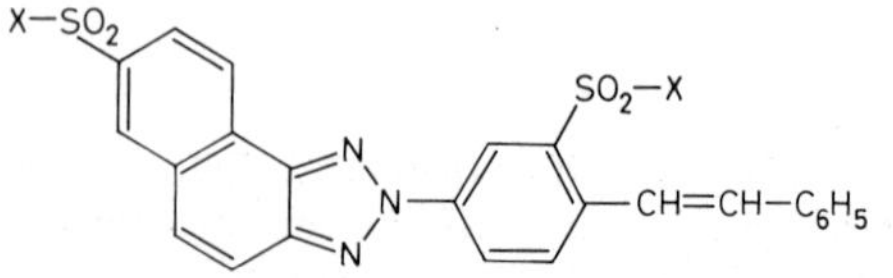   XIV

*2-[2-Dibutylsulfamoyl-stilben-4-yl]-2H-naphtho[1,2-d][1,2,3]triazol-7-sulfonsäure-dibutylamid $C_{40}H_{51}N_5O_4S_2$, Formel XIV (X = N([CH_2]_3-CH_3)_2).
B. Beim Erhitzen von 2-[2-Chlorsulfamoyl-stilben-4-yl]-2H-naphtho[1,2-d][1,2,3]triazol-7-sulfonylchlorid mit Dibutylamin in Nitrobenzol (*Geigy A.G.*, U.S.P. 2784184 [1954]).
Braungelb; F: 114−116°.

Die folgenden Verbindungen sind in analoger Weise hergestellt worden:

    *2-[2-Octylsulfamoyl-stilben-4-yl]-2H-naphtho[1,2-d][1,2,3]triazol-7-sulfon=
säure-octylamid $C_{40}H_{51}N_5O_4S_2$, Formel XIV (X = NH-[CH_2]_7-CH_3). Hellgelb; F: 196−198°.

    *2-[2-Decylsulfamoyl-stilben-4-yl]-2H-naphtho[1,2-d][1,2,3]triazol-7-sulfon=
säure-decylamid $C_{44}H_{59}N_5O_4S_2$, Formel XIV (X = NH-[CH_2]_9-CH_3). Gelb; F: 286−288°.

    *2-[2-Dodecylsulfamoyl-stilben-4-yl]-2H-naphtho[1,2-d][1,2,3]triazol-7-sulfon=
säure-dodecylamid $C_{48}H_{67}N_5O_4S_2$, Formel XIV (X = NH-[CH_2]_{11}-CH_3). Gelb; F: 179−181°.

    *2-[2-Hexadecylsulfamoyl-stilben-4-yl]-2H-naphtho[1,2-d][1,2,3]triazol-7-sulfonsäure-hexadecylamid $C_{56}H_{83}N_5O_4S_2$, Formel XIV (X = NH-[CH_2]_{15}-CH_3). Braungelb; F: 210−212°.

    *2-[2-Octadecylsulfamoyl-stilben-4-yl]-2H-naphtho[1,2-d][1,2,3]triazol-7-sulfonsäure-octadecylamid $C_{60}H_{91}N_5O_4S_2$, Formel XIV (X = NH-[CH_2]_{17}-CH_3). Gelb; F: 212−214°.

    *2-[2-Cyclohexylsulfamoyl-stilben-4-yl]-2H-naphtho[1,2-d][1,2,3]triazol-7-sulfonsäure-cyclohexylamid $C_{36}H_{39}N_5O_4S_2$, Formel XIV (X = NH-C_6H_{11}). Gelb; F: 182−184°.

    *2-[2-Phenylsulfamoyl-stilben-4-yl]-2H-naphtho[1,2-d][1,2,3]triazol-7-sulfon=
säure-anilid $C_{36}H_{27}N_5O_4S_2$, Formel XIV (X = NH-C_6H_5). Gelb; F: 246−248°.

    *2-[2-(Methyl-phenyl-sulfamoyl)-stilben-4-yl]-2H-naphtho[1,2-d][1,2,3]triazol-

7-sulfonsäure-[N-methyl-anilid] $C_{38}H_{31}N_5O_4S_2$,   Formel XIV   (X = N(CH$_3$)-C$_6$H$_5$). Gelb; F: 210—212°.

*2-[2-Benzylsulfamoyl-stilben-4-yl]-2H-naphtho[1,2-d][1,2,3]triazol-7-sulfon≈ säure-benzylamid $C_{38}H_{31}N_5O_4S_2$,   Formel XIV   (X = NH-CH$_2$-C$_6$H$_5$).   Gelb;   F: 165—167°.

*2-[2-[1]Naphthylsulfamoyl-stilben-4-yl]-2H-naphtho[1,2-d][1,2,3]triazol-7-sulfonsäure-[1]naphthylamid $C_{44}H_{31}N_5O_4S_2$,   Formel XIV   (X = NH-C$_{10}$H$_7$).   F: 164—166°.

*2-[2-(Äthyl-[1]naphthyl-sulfamoyl)-stilben-4-yl]-2H-naphtho[1,2-d][1,2,3]tri≈ azol-7-sulfonsäure-[äthyl-[1]naphthyl-amid] $C_{48}H_{39}N_5O_4S_2$,   Formel XIV (X = N(C$_2$H$_5$)-C$_{10}$H$_7$). Gelb; F: 168—170°.

*2-[2-[2]Naphthylsulfamoyl-stilben-4-yl]-2H-naphtho[1,2-d][1,2,3]triazol-7-sulfonsäure-[2]naphthylamid $C_{44}H_{31}N_5O_4S_2$,   Formel XIV (X = NH-C$_{10}$H$_7$).   Braun≈ gelb; F: 248—250°.

*2-{2-[Bis-(2-hydroxy-äthyl)-sulfamoyl]-stilben-4-yl}-2H-naphtho[1,2-d][1,2,3]≈ triazol-7-sulfonsäure-[bis-(2-hydroxy-äthyl)-amid] $C_{32}H_{35}N_5O_8S_2$,   Formel XIV (X = N(CH$_2$-CH$_2$-OH)$_2$). Hellgelb; F: 160—162°.

*1-{2-[2-(Piperidin-1-sulfonyl)-stilben-4-yl]-2H-naphtho[1,2-d][1,2,3]triazol-7-sulfonyl}-piperidin, 2-[2-(Piperidin-1-sulfonyl)-stilben-4-yl]-2H-naphtho[1,2-d]≈ [1,2,3]triazol-7-sulfonsäure-piperidid $C_{34}H_{35}N_5O_4S_2$,   Formel I.   Braungelb;   F: 286—288°.

*2-{2-[2-(4-Pentyl-phenoxy)-phenylsulfamoyl]-stilben-4-yl}-2H-naphtho≈ [1,2-d][1,2,3]triazol-7-sulfonsäure-[2-(4-pentyl-phenoxy)-anilid] $C_{58}H_{55}N_5O_6S_2$, Formel II (R = X' = H, X = O-C$_6$H$_4$-[CH$_2$]$_4$-CH$_3$). Gelb; F: 80—82°.

*2-[2-(3-Sulfamoyl-phenylsulfamoyl)-stilben-4-yl]-2H-naphtho[1,2-d]≈ [1,2,3]triazol-7-sulfonsäure-[3-sulfamoyl-anilid] $C_{36}H_{29}N_7O_8S_4$,   Formel II (R = SO$_2$-NH$_2$, X = X' = H). Hellgelb; F: 212—214°.

*2-[2-(4-Sulfamoyl-phenylsulfamoyl)-stilben-4-yl]-2H-naphtho[1,2-d][1,2,3]tri≈ azol-7-sulfonsäure-[4-sulfamoyl-anilid] $C_{36}H_{29}N_7O_8S_4$,   Formel II   (R = X = H, X' = SO$_2$-NH$_2$). Hellgelb; F: 282—284°.

*2-[2-(5-Benzolsulfonyl-2-methyl-phenylsulfamoyl)-stilben-4-yl]-2H-naph≈ tho[1,2-d][1,2,3]triazol-7-sulfonsäure-[5-benzolsulfonyl-2-methyl-anilid] $C_{50}H_{39}N_5O_8S_4$, Formel II (R = SO$_2$-C$_6$H$_5$, X = CH$_3$, X' = H). Olivgelb; F: 120—122°.

*2-[2-(2-Amino-äthylsulfamoyl)-stilben-4-yl]-2H-naphtho[1,2-d][1,2,3]triazol-7-sulfonsäure-[2-amino-äthylamid] $C_{28}H_{29}N_7O_4S_2$, Formel XIV (X = NH-CH$_2$-CH$_2$-NH$_2$). Gelb; F: 263—265°.

*2-{2-[Bis-(2-diäthylamino-äthyl)-sulfamoyl]-stilben-4-yl}-2H-naphtho[1,2-d]≈ [1,2,3]triazol-7-sulfonsäure-[bis-(2-diäthylamino-äthyl)-amid] $C_{48}H_{71}N_9O_4S_2$, Formel XIV (X = N[CH$_2$-CH$_2$-N(C$_2$H$_5$)$_2$]$_2$). Orangegelb; F: 148—150°.

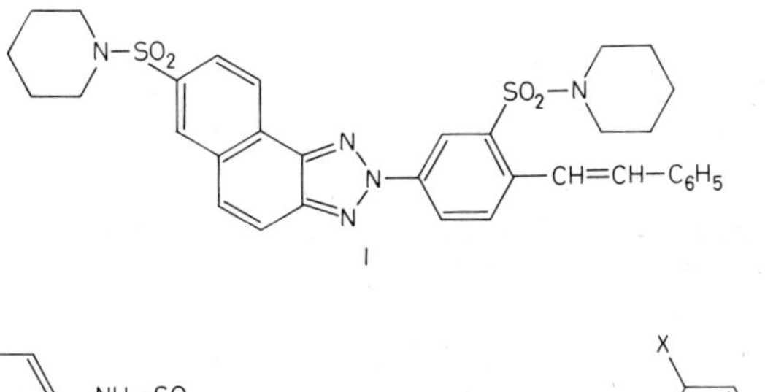

I

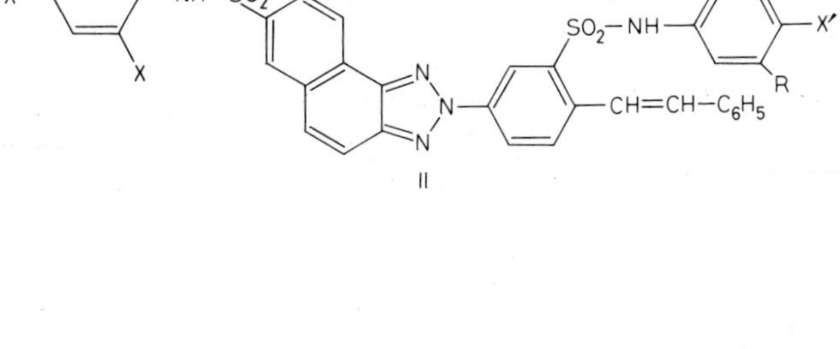

II

2-[2-Amino-phenyl]-2H-naphtho[1,2-d][1,2,3]triazol-7-sulfonsäure $C_{16}H_{12}N_4O_3S$, Formel III (X = NH$_2$, X′ = X″ = H).

B. Aus 6-Amino-naphthalin-2-sulfonsäure und diazotiertem 2-Nitro-anilin über mehrere Stu≠ fen (*Dobáš et al.*, Collect. **23** [1958] 1346, 1354, 1355).

Natrium-Salz NaC$_{16}$H$_{11}$N$_4$O$_3$S. UV-Spektrum (wss. Lösung vom pH 9,4; 230−370 nm): *Do. et al.*, l. c. S. 1350.

2-[3-Amino-phenyl]-2H-naphtho[1,2-d][1,2,3]triazol-7-sulfonsäure $C_{16}H_{12}N_4O_3S$, Formel III (X = X″ = H, X′ = NH$_2$).

B. Analog der vorangehenden Verbindung (*Dobáš et al.*, Collect. **23** [1958] 1346, 1354, 1355).

Natrium-Salz NaC$_{16}$H$_{11}$N$_4$O$_3$S·H$_2$O. UV-Spektrum (wss. Lösung vom pH 9,4; 230−370 nm): *Do. et al.*, l. c. S. 1349, 1350.

2-[4-Amino-phenyl]-2H-naphtho[1,2-d][1,2,3]triazol-7-sulfonsäure $C_{16}H_{12}N_4O_3S$, Formel III (X = X′ = H, X″ = NH$_2$).

B. Analog den vorangehenden Verbindungen (*Dobáš et al.*, Collect. **23** [1958] 1346, 1354, 1355).

Natrium-Salz NaC$_{16}$H$_{11}$N$_4$O$_3$S·H$_2$O. UV-Spektrum (wss. Lösung vom pH 9,4; 230−390 nm): *Do. et al.*, l. c. S. 1349, 1350.

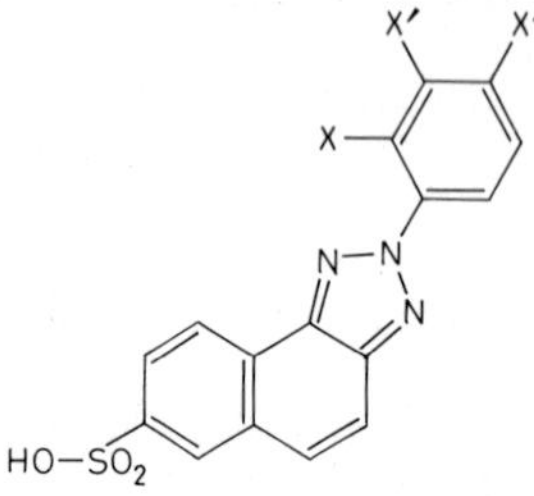

III 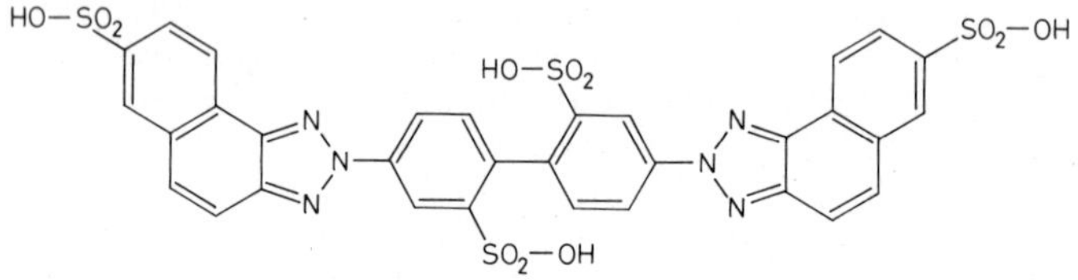   IV

4,4′-Bis-[7-sulfo-naphtho[1,2-d][1,2,3]triazol-2-yl]-biphenyl-2,2′-disulfonsäure, 2H,2′H-2,2′-[2,2′-Disulfo-biphenyl-4,4′-diyl]-bis-naphtho[1,2-d][1,2,3]triazol-7-sulfonsäure $C_{32}H_{20}N_6O_{12}S_4$, Formel IV.

B. Bei der Umsetzung von diazotierter 4,4′-Diamino-biphenyl-2,2′-disulfonsäure mit 6-Amino-naphthalin-2-sulfonsäure und anschliessenden Oxidation (*Dobáš et al.*, Collect. **23** [1958] 280, 286, 289).

Tetranatrium-Salz Na$_4$C$_{32}$H$_{16}$N$_6$O$_{12}$S$_4$. Kristalle mit 4 Mol H$_2$O. UV-Spektrum (H$_2$O; 230−380 nm): *Do. et al.*, l. c. S. 282, 283.

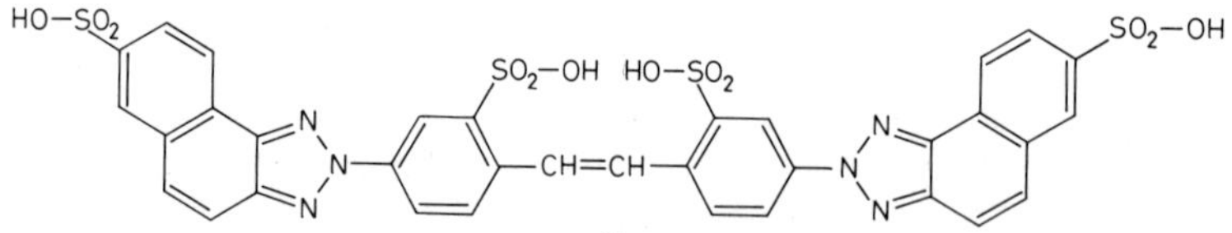

V

*4,4′-Bis-[7-sulfo-naphtho[1,2-d][1,2,3]triazol-2-yl]-stilben-2,2′-disulfonsäure, 2H,2′H-2,2′-[2,2′-Disulfo-stilben-4,4′-diyl]-bis-naphtho[1,2-d][1,2,3]triazol-7-sulfonsäure $C_{34}H_{22}N_6O_{12}S_4$, Formel V.

B. Analog der vorangehenden Verbindung (*Dobáš et al.*, Collect. **23** [1958] 915, 919, 921).

Tetranatrium-Salz Na$_4$C$_{34}$H$_{18}$N$_6$O$_{12}$S$_4$·4H$_2$O. Absorptionsspektrum (H$_2$O; 230−420 nm): *Do. et al.*, l. c. S. 918, 920.

2-[4-Amino-phenyl]-2H-naphtho[1,2-d][1,2,3]triazol-8-sulfonsäure $C_{16}H_{12}N_4O_3S$, Formel VI.

B. Aus 7-Amino-naphthalin-2-sulfonsäure und diazotiertem 4-Nitro-anilin über mehrere Stu≠ fen (*Dobáš et al.*, Collect. **23** [1958] 1346, 1354, 1355).

Natrium-Salz $NaC_{16}H_{11}N_4O_3S \cdot H_2O$.   UV-Spektrum (wss. Lösung vom pH 9,4; 230—390 nm): *Do. et al.*, l. c. S. 1349, 1350.

B. Disulfonsäuren

Disulfonsäuren $C_nH_{2n-1}N_3O_6S_2$

4-Phenyl-4*H*-[1,2,4]triazol-3,5-disulfonsäure-diamid $C_8H_9N_5O_4S_2$, Formel VII.

B. Aus dem Säurechlorid (aus 4-Phenyl-[1,2,4]triazolidin-3,5-dithion und Chlor hergestellt) und flüssigem NH₃ (*Roblin, Clapp*, Am. Soc. **72** [1950] 4890).

Kristalle (aus H₂O); F: 242,5—243,5° [korr.; Zers.].

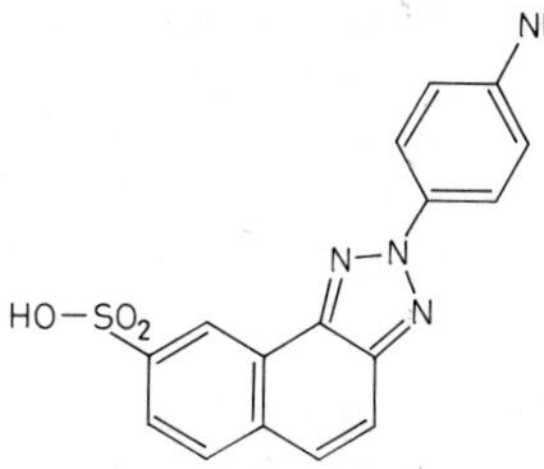

VI 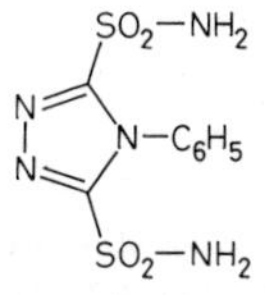   VII 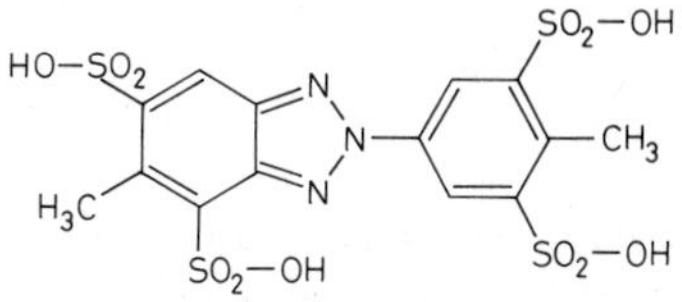   VIII

Disulfonsäuren $C_nH_{2n-7}N_3O_6S_2$

5-Methyl-2-[4-methyl-3,5-disulfo-phenyl]-2*H*-benzotriazol-4,6-disulfonsäure $C_{14}H_{13}N_3O_{12}S_4$, Formel VIII.

B. Beim Erhitzen von 4-Methyl-2-*p*-tolylazo-anilin-hydrochlorid mit H₂SO₄ [26% SO₃ enthal‡ tend] auf über 85° (*Ruggli, Courtin*, Helv. **15** [1932] 75, 84, 93).

Violett.

Barium-Salz $Ba_2C_{14}H_9N_3O_{12}S_4$. Kristalle (aus H₂O) mit 6 Mol H₂O.

Disulfonsäuren $C_nH_{2n-13}N_3O_6S_2$

2-[4-Amino-phenyl]-2*H*-naphtho[1,2-*d*][1,2,3]triazol-4,7-disulfonsäure $C_{16}H_{12}N_4O_6S_2$, Formel IX.

B. Aus 3-Amino-naphthalin-2,7-disulfonsäure und diazotiertem 4-Nitro-anilin über mehrere Stufen (*Dobáš et al.*, Collect. **23** [1958] 1346, 1354, 1355).

Dinatrium-Salz $Na_2C_{16}H_{10}N_4O_6S_2 \cdot 2H_2O$. UV-Spektrum (wss. Lösung vom pH 9,4; 230—400 nm): *Do. et al.*, l. c. S. 1349, 1350.

Acetyl-Derivat $C_{18}H_{14}N_4O_7S_2$; 2-[4-Acetylamino-phenyl]-2*H*-naphtho[1,2-*d*]‡ [1,2,3]triazol-4,7-disulfonsäure. Dinatrium-Salz $Na_2C_{18}H_{12}N_4O_7S_2 \cdot 4H_2O$. UV-Spektrum (wss. HCl [0,1 n] sowie wss. Lösung vom pH 9): *Dobáš et al.*, Collect. **23** [1958] 1357.

4-[4,7-Disulfo-naphtho[1,2-*d*][1,2,3]triazol-2-yl]-4'-[7-sulfo-naphtho[1,2-*d*][1,2,3]triazol-2-yl]-biphenyl, 2-[4'-(7-Sulfo-naphtho[1,2-*d*][1,2,3]triazol-2-yl)-biphenyl-4-yl]-2*H*-naphtho[1,2-*d*]‡ [1,2,3]triazol-4,7-disulfonsäure $C_{32}H_{20}N_6O_9S_3$, Formel X (X = H).

B. Aus 6-Amino-naphthalin-2-sulfonsäure, diazotiertem Benzidin und 3-Amino-naphthalin-

2,7-disulfonsäure über mehrere Stufen (*Dobáš et al.,* Collect. **23** [1958] 280, 286, 288).

Trinatrium-Salz $Na_3C_{32}H_{17}N_6O_9S_3$. Kristalle mit 3 Mol H_2O. Absorptionsspektrum (H_2O; 220 – 420 nm): *Do. et al.,* l. c. S. 282, 283.

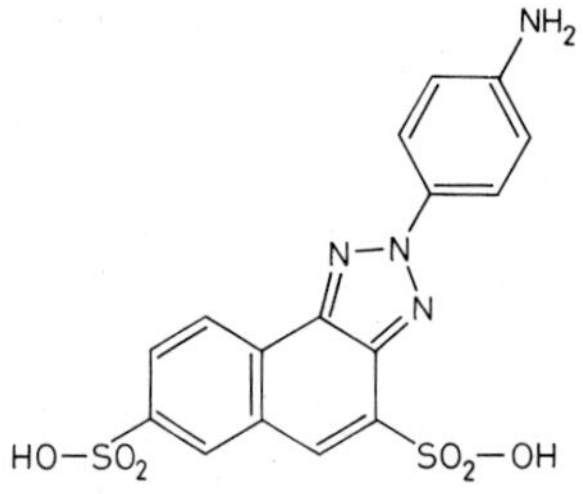

4,4′-Bis-[4,7-disulfo-naphtho[1,2-*d*][1,2,3]triazol-2-yl]-biphenyl, 2*H*,2′*H*-2,2′-Biphenyl-4,4′-diyl-bis-naphtho[1,2-*d*][1,2,3]triazol-4,7-disulfonsäure $C_{32}H_{20}N_6O_{12}S_4$, Formel X (X = SO_2-OH).

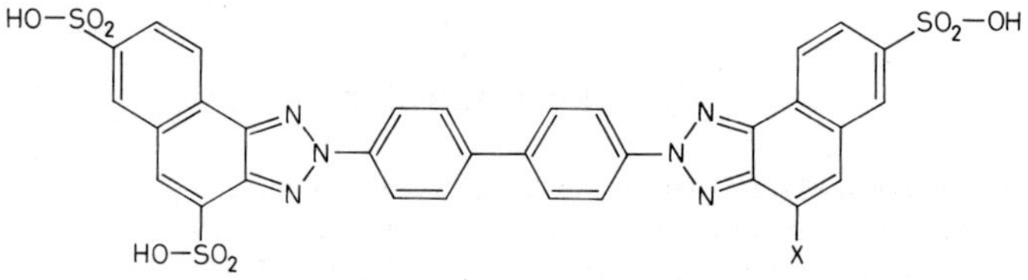

B. Bei der Umsetzung von diazotiertem Benzidin mit 3-Amino-naphthalin-2,7-disulfonsäure und anschliessenden Oxidation mit NaClO (*Dobáš et al.,* Collect. **23** [1958] 280, 286, 288).

Tetranatrium-Salz $Na_4C_{32}H_{16}N_6O_{12}S_4$. Kristalle mit 4 Mol H_2O. Absorptionsspektrum (H_2O; 220 – 410 nm): *Do. et al.,* l. c. S. 282, 283.

4-[5,9-Disulfo-naphtho[1,2-*d*][1,2,3]triazol-2-yl]-4′-[7-sulfo-naphtho[1,2-*d*][1,2,3]triazol-2-yl]-biphenyl, 2-[4′-(7-Sulfo-naphtho[1,2-*d*][1,2,3]triazol-2-yl)-biphenyl-4-yl]-2*H*-naphtho[1,2-*d*][1,2,3]triazol-5,9-disulfonsäure $C_{32}H_{20}N_6O_9S_3$, Formel XI (X = H, X′ = SO_2-OH).

B. Aus diazotiertem Benzidin, 6-Amino-naphthalin-2-sulfonsäure und 4-Amino-naphthalin-1,5-disulfonsäure über mehrere Stufen (*Dobáš et al.,* Collect. **23** [1958] 280, 286, 288).

Trinatrium-Salz $Na_3C_{32}H_{17}N_6O_9S_3$. Kristalle mit 3 Mol H_2O. Absorptionsspektrum (H_2O; 220 – 410 nm): *Do. et al.,* l. c. S. 282, 283.

4,4′-Bis-[5,9-disulfo-naphtho[1,2-*d*][1,2,3]triazol-2-yl]-biphenyl, 2*H*,2′*H*-2,2′-Biphenyl-4,4′-diyl-bis-naphtho[1,2-*d*][1,2,3]triazol-5,9-disulfonsäure $C_{32}H_{20}N_6O_{12}S_4$, Formel XI (X = SO_2-OH, X′ = H).

B. Bei der Umsetzung von diazotiertem Benzidin mit 4-Amino-naphthalin-1,5-disulfonsäure und anschliessenden Oxidation mit NaClO (*Dobáš et al.,* Collect. **23** [1958] 280, 286, 288).

Tetranatrium-Salz $Na_4C_{32}H_{16}N_6O_{12}S_4$. Kristalle mit 4 Mol H_2O. UV-Spektrum (H_2O; 230 – 400 nm): *Do. et al.,* l. c. S. 282, 283.

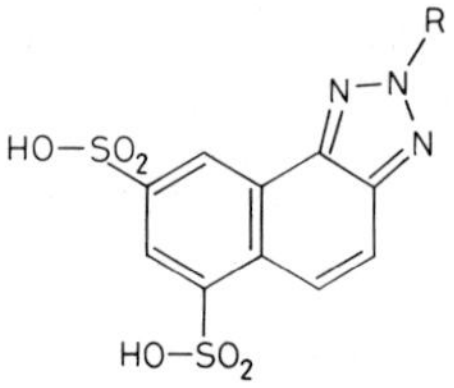

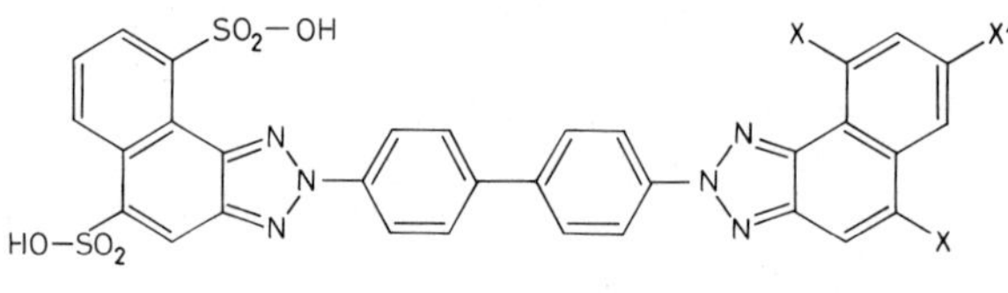

2-[4′-Chlor-biphenyl-4-yl]-2*H*-naphtho[1,2-*d*][1,2,3]triazol-6,8-disulfonsäure $C_{22}H_{14}ClN_3O_6S_2$, Formel XII (R = C_6H_4-C_6H_4-Cl).

B. Beim Behandeln von diazotiertem 4′-Chlor-biphenyl-4-ylamin mit 6-Amino-naphthalin-1,3-disulfonsäure in wss. Pyridin und anschliessenden Erwärmen mit wss. $CuSO_4$ (*Dobáš et al.,* Collect. **23** [1958] 926, 928, 929).

Dinatrium-Salz $Na_2C_{22}H_{12}ClN_3O_6S_2 \cdot 2H_2O$.

*2-Stilben-4-yl-2H-naphtho[1,2-d][1,2,3]triazol-6,8-disulfonsäure $C_{24}H_{17}N_3O_6S_2$, Formel XII
(R = C_6H_4-CH=CH-C_6H_5).

B. Beim Behandeln von diazotierter 2-[4-Amino-phenyl]-2H-naphtho[1,2-d][1,2,3]triazol-6,8-disulfonsäure mit Zimtsäure unter Zusatz von $CuCl_2$ und Natriumacetat (*Dobáš, Pirkl,* Collect. **24** [1959] 545, 547).

Barium-Salz $BaC_{24}H_{15}N_3O_6S_2 \cdot 2H_2O$.

***2-[2-Phenoxysulfonyl-stilben-4-yl]-2H-naphtho[1,2-d][1,2,3]triazol-6,8-disulfonsäure-diphenyl=
ester** $C_{42}H_{29}N_3O_9S_3$, Formel I (X = O-C_6H_5).

B. Beim Erhitzen von 2-[2-Chlorsulfonyl-stilben-4-yl]-2H-naphtho[1,2-d][1,2,3]triazol-6,8-di=
sulfonylchlorid mit Phenol (*Geigy A.G.,* U.S.P. 2784184 [1954]).

Gelb; F: 175—177°.

***2-[2-[2]Naphthyloxysulfonyl-stilben-4-yl]-2H-naphtho[1,2-d][1,2,3]triazol-6,8-disulfonsäure-di-
[2]naphthylester** $C_{54}H_{35}N_3O_9S_3$, Formel I (X = O-$C_{10}H_7$).

B. Analog der vorangehenden Verbindung (*Geigy A.G.,* U.S.P. 2784184 [1954]).

Braungelb; F: 298—300°.

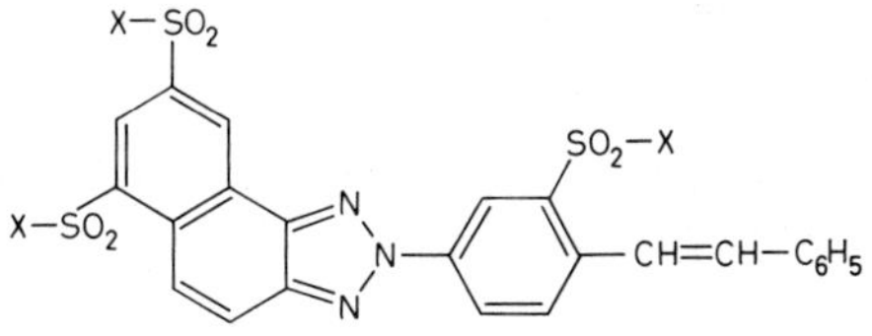

I

***2-[2-Äthylsulfamoyl-stilben-4-yl]-2H-naphtho[1,2-d][1,2,3]triazol-6,8-disulfonsäure-bis-
äthylamid** $C_{30}H_{32}N_6O_6S_3$, Formel I (X = NH-C_2H_5).

B. Beim Erhitzen von 2-[2-Chlorsulfonyl-stilben-4-yl]-2H-naphtho[1,2-d][1,2,3]triazol-6,8-di=
sulfonylchlorid mit Äthylamin (*Geigy A.G.,* U.S.P. 2784184 [1954]).

Graubraun; F: 161—164°.

Die folgenden Verbindungen sind in analoger Weise hergestellt worden:

*2-[2-Cyclohexylsulfamoyl-stilben-4-yl]-2H-naphtho[1,2-d][1,2,3]triazol-6,8-di=
sulfonsäure-bis-cyclohexylamid $C_{42}H_{50}N_6O_6S_3$, Formel I (X = NH-C_6H_{11}). Gelb=
braun; F: 126—128°.

*2-[2-Phenylsulfamoyl-stilben-4-yl]-2H-naphtho[1,2-d][1,2,3]triazol-6,8-disulf=
onsäure-dianilid $C_{42}H_{32}N_6O_6S_3$, Formel I (X = NH-C_6H_5). Hellgelb; F: 276—278°.

*2-[2-[2]Naphthylsulfamoyl-stilben-4-yl]-2H-naphtho[1,2-d][1,2,3]triazol-6,8-di=
sulfonsäure-bis-[2]naphthylamid $C_{54}H_{38}N_6O_6S_3$, Formel I (X = NH-$C_{10}H_7$). Gelb; F:
293—295°.

2-[4-Amino-phenyl]-2H-naphtho[1,2-d][1,2,3]triazol-6,8-disulfonsäure $C_{16}H_{12}N_4O_6S_2$,
Formel XII (R = C_6H_4-NH_2).

B. Aus 6-Amino-naphthalin-1,3-disulfonsäure und diazotiertem 4-Nitro-anilin über mehrere
Stufen (*Dobáš et al.,* Collect. **23** [1958] 1346, 1354, 1355).

Dinatrium-Salz $Na_2C_{16}H_{10}N_4O_6S_2 \cdot 2H_2O$. UV-Spektrum (wss. Lösung vom pH 9,4;
230—400 nm): *Do. et al.,* l. c. S. 1349, 1350.

**N,N'-Bis-[4-(6,8-disulfo-naphtho[1,2-d][1,2,3]triazol-2-yl)-phenyl]-harnstoff, 2H,2'H-2,2'-
[4,4'-Ureylen-di-phenyl]-bis-naphtho[1,2-d][1,2,3]triazol-6,8-disulfonsäure** $C_{33}H_{22}N_8O_{13}S_4$,
Formel II.

B. Aus der vorangehenden Verbindung und $COCl_2$ (*Dobáš et al.,* Collect. **23** [1958] 280,
286, 289).

Tetranatrium-Salz $Na_4C_{33}H_{18}N_8O_{13}S_4$. Kristalle mit 4 Mol H_2O. UV-Spektrum (H_2O;
230—400 nm): *Do. et al.,* l. c. S. 282, 283.

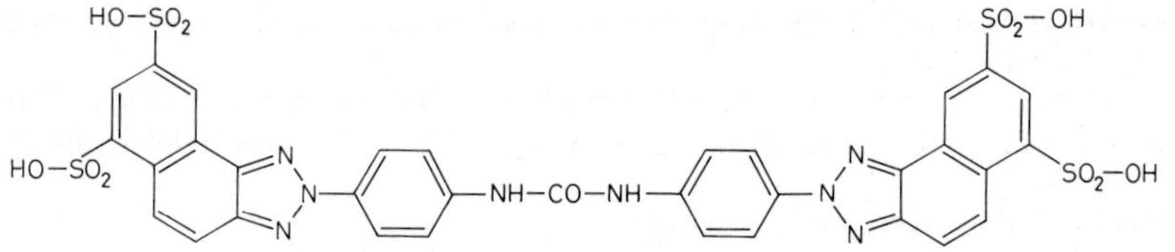

II

2-[4-(3-Acetylamino-benzoylamino)-phenyl]-2*H*-naphtho[1,2-*d*][1,2,3]triazol-6,8-disulfonsäure
$C_{25}H_{19}N_5O_8S_2$, Formel XII (R = C_6H_4-NH-CO-C_6H_4-NH-CO-CH$_3$).
B. Aus 2-[4-Amino-phenyl]-2*H*-naphtho[1,2-*d*][1,2,3]triazol-6,8-disulfonsäure über mehrere
Stufen (*Dobáš et al.*, Collect. **23** [1958] 1357, 1360, 1362).
Dinatrium-Salz $Na_2C_{25}H_{17}N_5O_8S_2$. UV-Spektrum (wss. Lösung vom pH 9;
220 – 380 nm): *Do. et al.*, l. c. S. 1358, 1359.

1,4-Bis-[6,8-disulfo-naphtho[1,2-*d*][1,2,3]triazol-2-yl]-benzol, 2*H*,2′*H*-2,2′-*p*-Phenylen-bis-
naphtho[1,2-*d*][1,2,3]triazol-6,8-disulfonsäure $C_{26}H_{16}N_6O_{12}S_4$, Formel III.
B. Beim Behandeln von diazotierter 2-[4-Amino-phenyl]-2*H*-naphtho[1,2-*d*][1,2,3]triazol-6,8-
disulfonsäure mit 6-Amino-naphthalin-1,3-disulfonsäure und anschliessenden Erhitzen mit wss.
NaClO (*Dobáš et al.*, Collect. **23** [1958] 280, 286, 288; *Clayton Aniline Co.*, U.S.P. 2666062
[1954]).
Tetranatrium-Salz $Na_4C_{26}H_{12}N_6O_{12}S_4$. Kristalle mit 4 Mol H_2O (*Do. et al.*). UV-
Spektrum (H_2O; 230 – 400 nm): *Do. et al.*, l. c. S. 282, 283.

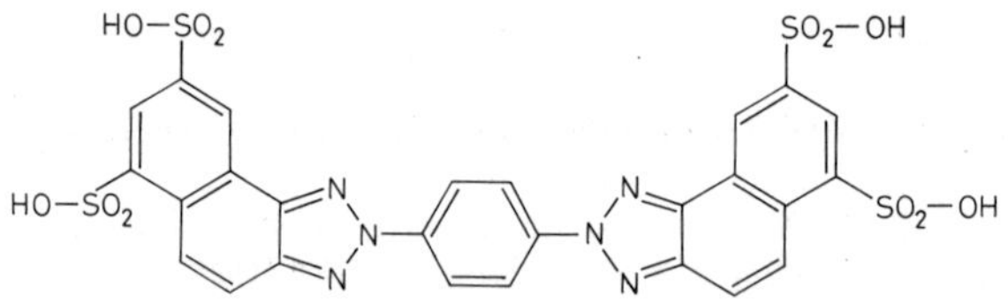

III

4-[6,8-Disulfo-naphtho[1,2-*d*][1,2,3]triazol-2-yl]-4′-[7-sulfo-naphtho[1,2-*d*][1,2,3]triazol-2-yl]-
biphenyl, 2-[4′-(7-Sulfo-naphtho[1,2-*d*][1,2,3]triazol-2-yl)-biphenyl-4-yl]-2*H*-naphtho[1,2-*d*]⁼
[1,2,3]triazol-6,8-disulfonsäure $C_{32}H_{20}N_6O_9S_3$, Formel IV.
B. Aus diazotiertem Benzidin, 6-Amino-naphthalin-2-sulfonsäure und 6-Amino-naphthalin-
1,3-disulfonsäure über mehrere Stufen (*Dobáš et al.*, Collect. **23** [1958] 280, 286, 288).
Trinatrium-Salz $Na_3C_{32}H_{17}N_6O_9S_3$. Kristalle mit 3 Mol H_2O. Absorptionsspektrum
(H_2O; 220 – 410 nm): *Do. et al.*, l. c. S. 282, 283.

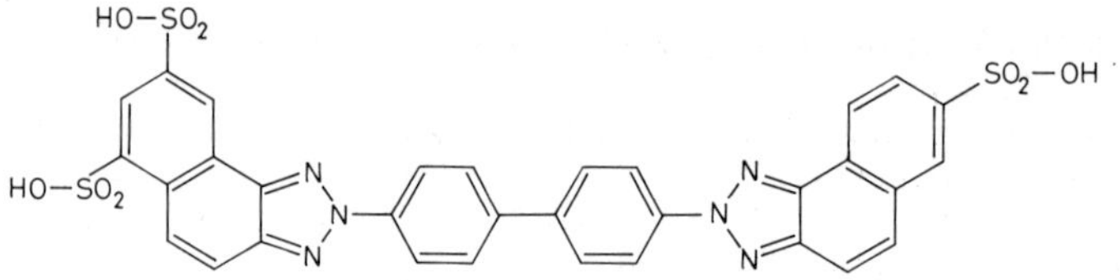

IV

4,4′-Bis-[6,8-disulfo-naphtho[1,2-*d*][1,2,3]triazol-2-yl]-biphenyl, 2*H*,2′*H*-2,2′-Biphenyl-4,4′-diyl-
bis-naphtho[1,2-*d*][1,2,3]triazol-6,8-disulfonsäure $C_{32}H_{20}N_6O_{12}S_4$, Formel V (X = H).
B. Bei der Umsetzung von diazotiertem Benzidin mit 6-Amino-naphthalin-1,3-disulfonsäure
und anschliessenden Oxidation (*Dobáš et al.*, Collect. **23** [1958] 280, 286, 288).
Tetranatrium-Salz $Na_4C_{32}H_{16}N_6O_{12}S_4$. Kristalle mit 4 Mol H_2O. UV-Spektrum (H_2O;
230 – 400 nm): *Do. et al.*, l. c. S. 282, 283.

Die folgenden Verbindungen sind in analoger Weise hergestellt worden:

3,3′-Dichlor-4,4′-bis-[6,8-disulfo-naphtho[1,2-*d*][1,2,3]triazol-2-yl]-biphenyl, 2*H*,2′*H*-2,2′-[3,3′-Dichlor-biphenyl-4,4′-diyl]-bis-naphtho[1,2-*d*][1,2,3]triazol-6,8-disulfonsäure $C_{32}H_{18}Cl_2N_6O_{12}S_4$, Formel V (X = Cl). Tetranatrium-Salz $Na_4C_{32}H_{14}Cl_2N_6O_{12}S_4$. Kristalle mit 4 Mol H_2O. UV-Spektrum (H_2O; 240–360 nm): *Do. et al.*

4,4′-Bis-[6,8-disulfo-naphtho[1,2-*d*][1,2,3]triazol-2-yl]-3,3′-dimethyl-biphenyl, 2*H*,2′*H*-2,2′-[3,3′-Dimethyl-biphenyl-4,4′-diyl]-bis-naphtho[1,2-*d*][1,2,3]triazol-6,8-disulfonsäure $C_{34}H_{24}N_6O_{12}S_4$, Formel V (X = CH₃). Tetranatrium-Salz $Na_4C_{34}H_6O_{12}S_4$. Kristalle mit 2 Mol H_2O. UV-Spektrum (H_2O; 230–370 nm): *Do. et al.*

4,4′-Bis-[6,8-disulfo-naphtho[1,2-*d*][1,2,3]triazol-2-yl]-3,3′-dimethoxy-biphenyl, 2*H*,2′*H*-2,2′-[3,3′-Dimethoxy-biphenyl-4,4′-diyl]-bis-naphtho[1,2-*d*][1,2,3]triazol-6,8-disulfonsäure $C_{34}H_{24}N_6O_{14}S_4$, Formel V (X = O-CH₃). Tetranatrium-Salz $Na_4C_{34}H_{20}N_6O_{14}S_4$. Kristalle mit 4 Mol H_2O. UV-Spektrum (H_2O; 240–370 nm): *Do. et al.*

3,7-Bis-[6,8-disulfo-naphtho[1,2-*d*][1,2,3]triazol-2-yl]-dibenzothiophen-5,5-dioxid, 2*H*,2′*H*-2,2′-[5,5-Dioxo-5λ⁶-dibenzothiophen-3,7-diyl]-bis-naphtho[1,2-*d*][1,2,3]triazol-6,8-disulfonsäure $C_{32}H_{18}N_6O_{14}S_5$, Formel VI. Tetranatrium-Salz $Na_4C_{32}H_{14}N_6O_{14}S_5$. Kristalle mit 6 Mol H_2O. Absorptionsspektrum (H_2O; 230–420 nm): *Do. et al.*

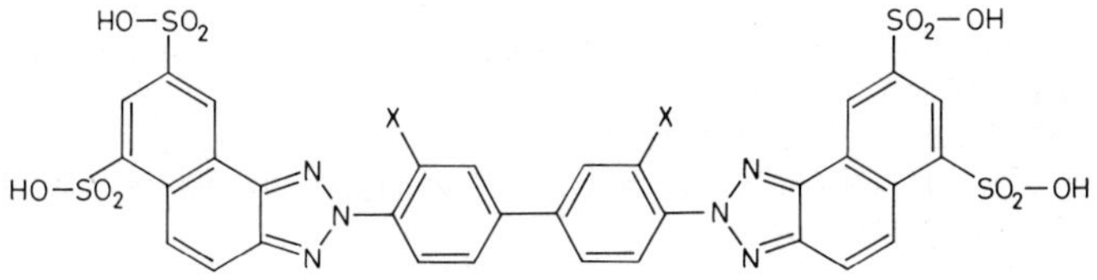

V

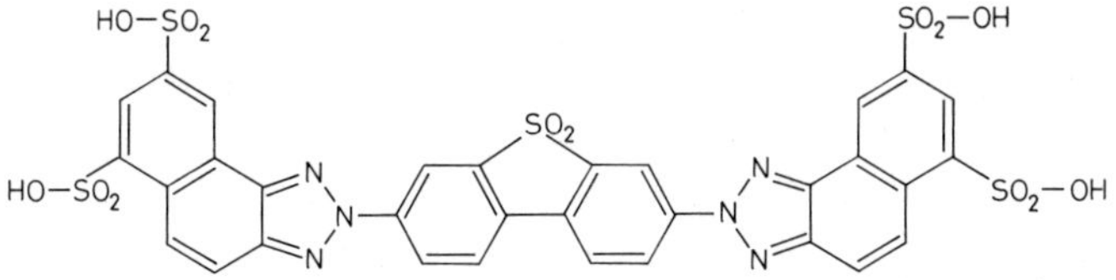

VI

C. Hydroxysulfonsäuren

6,7-Dihydroxy-1*H*-benzotriazol-4-sulfonsäure $C_6H_5N_3O_5S$, Formel VII und Taut.

B. Aus 7-Amino-6-hydroxy-1*H*-benzotriazol-4-sulfonsäure bei der Oxidation mit Brom und Behandeln der erhaltenen 6,7-Dioxo-6,7-dihydro-1*H*-benzotriazol-4-sulfonsäure $C_6H_3N_3O_5S$ mit SO_2 in H_2O (*Fieser, Martin,* Am. Soc. **57** [1935] 1835, 1838).

Redoxpotential (6,7-Dihydroxy-1*H*-benzotriazol-4-sulfonsäure/6,7-Dioxo-6,7-dihydro-1*H*-benzotriazol-4-sulfonsäure) in wss. Lösungen vom pH 0,5–8,9 bei 25°: *Fi., Ma.,* l. c. S. 1836.

Kalium-Salz $KC_6H_4N_3O_5S$. Kristalle (aus SO_2 enthaltendem H_2O) mit 4 Mol H_2O.

D. Oxosulfonsäuren

5-Oxo-4-phenyl-4,5-dihydro-1*H*-[1,2,4]triazol-3-sulfonsäure-amid $C_8H_8N_4O_3S$, Formel VIII und Taut.

B. Aus dem Säurechlorid (erhalten aus 4-Phenyl-5-thioxo-[1,2,4]triazolidin-3-on mit Hilfe von Chlor) und flüssigem NH_3 (*Roblin, Clapp*, Am. Soc. **72** [1950] 4890).

Kristalle (aus H_2O); F: 264,5 – 266,5° [unkorr.; Zers.] (*Am. Cyanamid Co.*, U.S.P. 2554816 [1950]), 257 – 259° [korr.; Zers.] (*Ro., Cl.*).

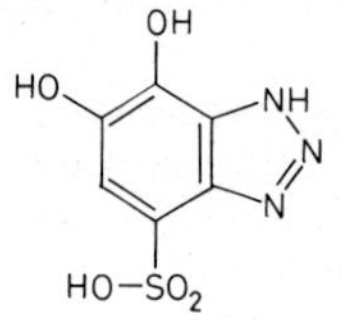

VII 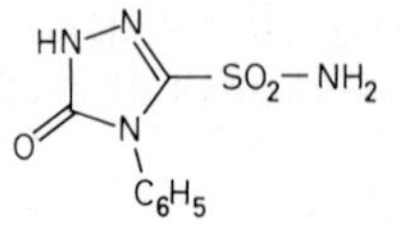   VIII 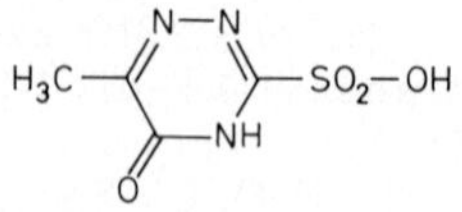   IX 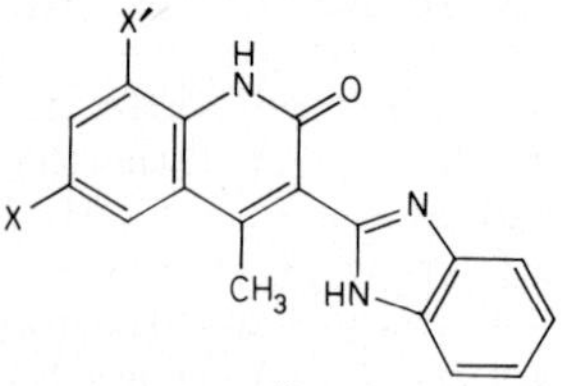   X

6-Methyl-5-oxo-4,5-dihydro-[1,2,4]triazin-3-sulfonsäure $C_4H_5N_3O_4S$, Formel IX und Taut.

λ_{max}: 240 nm und 275 nm [wss. Lösung vom pH 1] bzw. 240 nm und 290 nm [wss. Lösung vom pH 11] (*Falco et al.*, Am. Soc. **78** [1956] 1938, 1939).

3-[1H-Benzimidazol-2-yl]-4-methyl-2-oxo-1,2-dihydro-chinolin-6(oder 8)-sulfonsäure(?)

$C_{17}H_{13}N_3O_4S$, vermutlich Formel X (X = SO_2-OH, X′ = H oder X = H, X′ = SO_2-OH) und Taut.

B. Beim Erhitzen von 2-[1H-Benzimidazol-2-yl]-acetessigsäure-anilid mit konz. H_2SO_4 (*Ghosh*, J. Indian chem. Soc. **15** [1938] 89, 92).

Kristalle (aus H_2O); F: 293 – 295° [Zers.].

Hydrochlorid $C_{17}H_{13}N_3O_4S \cdot HCl$. Kristalle (aus H_2O), die sich bei ca. 240° grau färben und unterhalb 310° nicht schmelzen.

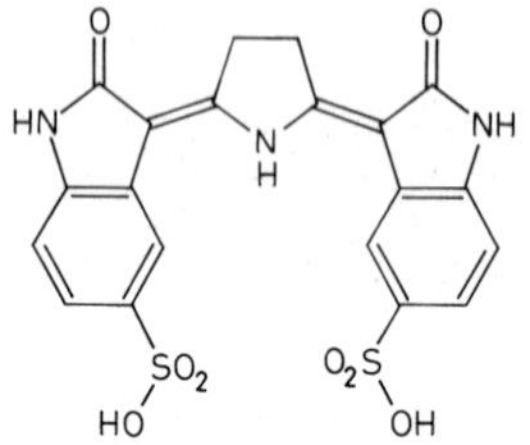

XI 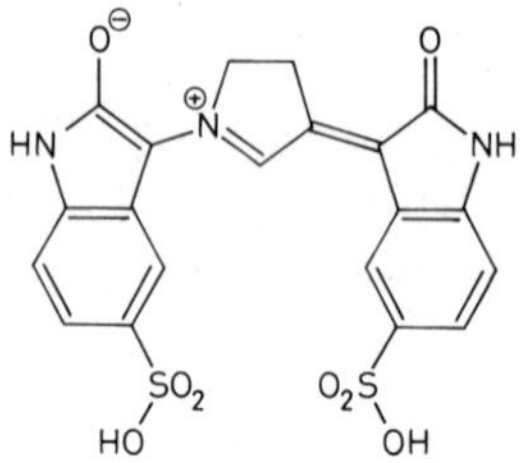   XII

2,5-Bis-[2-oxo-5-sulfo-indolin-3-yliden]-pyrrolidin $C_{20}H_{15}N_3O_8S_2$, Formel XI.

Die von *Grassmann, v. Arnim* (A. **519** [1935] 192, 202) unter dieser Konstitution beschriebene Verbindung ist wahrscheinlich als 1-[2-Hydroxy-5-sulfo-indol-3-yl]-4-[2-oxo-5-sulfo-indolin-3-yliden]-3,4-dihydro-2H-pyrrolium-betain $C_{20}H_{15}N_3O_8S_2$ (Formel XII und Mesomeres) zu formulieren (s. diesbezüglich *Johnson, McCaldin*, Soc. **1957** 3470, **1958** 817; *Hudson, Robertson*, Tetrahedron Letters **1967** 4015).

B. Aus 2,3-Dioxo-indolin-5-sulfonsäure und Prolin in Essigsäure (*Gr., v. Ar.*).

Dikalium-Salz $K_2C_{20}H_{13}N_3O_8S_2$. Blaue, rötlich schimmernde Kristalle (*Gr., v. Ar.*).

VI. Amine

A. Monoamine

Monoamine $C_nH_{2n+2}N_4$

3-Anilino-1,4-diphenyl-4,5-dihydro-1H-[1,2,4]triazol, [1,4-Diphenyl-4,5-dihydro-1H-[1,2,4]triazol-3-yl]-phenyl-amin $C_{20}H_{18}N_4$, Formel I (H 131).
Die beim Behandeln mit $FeCl_3$-Lösung oder mit $NaNO_2$ in Äthanol und Essigsäure erhaltene Verbindung (vgl. H 131) ist als 3-Anilino-1,4-diphenyl-[1,2,4]triazolium-betain (S. 1075) zu formulieren (*Schönberg,* Soc. **1938** 824; *Warren,* Soc. **1938** 1100; *Kuhn, Kainer,* Ang. Ch. **65** [1953] 442, 444; *Evans, Milligan,* Austral. J. Chem. **20** [1967] 1779).

---

*Opt.-inakt. 4,6-Dimethyl-1,4,5,6-tetrahydro-[1,3,5]triazin-2-ylamin $C_5H_{12}N_4$, Formel II.
In dem von *Paquin* (Ang. Ch. **60** [1948] 267, 269; J. org. Chem. **14** [1949] 189, 192) beschriebenen Präparat hat vermutlich das Nitrat vorgelegen (*Ueda et al.,* Chem. pharm. Bl. **10** [1962] 1167, 1168).
Nitrat $C_5H_{12}N_4 \cdot HNO_3$. B. Beim Erwärmen von Guanidin-nitrat mit Acetaldehyd-ammoniak (S. 25) und H_2O (*Pa.*). – Kristalle (aus wss. A.); F: 156–157° [Zers.] (*Pa.; Ueda et al.*). IR-Spektrum (Nujol; 4000–650 cm^{-1}): *Ueda et al.,* l. c. S. 1170.

Monoamine $C_nH_{2n}N_4$

Amine $C_2H_4N_4$

1H-[1,2,3]Triazol-4-ylamin $C_2H_4N_4$, Formel III (R = R′ = H) und Taut.
Bezüglich der Tautomerie vgl. *Elguero et al.,* Adv. heterocycl. Chem. Spl. 1 [1976] 439.
B. Aus 3-Benzyl-3H-[1,2,3]triazol-4-ylamin mit Hilfe von Natrium in flüssigem NH_3 (*Hoover, Day,* Am. Soc. **78** [1956] 5832, 5835). Beim Erhitzen von [1H-[1,2,3]Triazol-4-yl]-carbamidsäure-äthylester mit äthanol. KOH (*Yamada et al.,* J. pharm. Soc. Japan **77** [1957] 452, 454; C. A. **1957** 14697). Bei der Hydrierung von [1H-[1,2,3]Triazol-4-yl]-carbamidsäure-benzylester an Palladium in Äthanol (*Ya. et al.*).
Hydrochlorid $C_2H_4N_4 \cdot HCl$. Kristalle (aus A.+Ae.); F: 142° [Zers.] (*Ya. et al.*), 139° [unkorr.; Zers.] (*Ho., Day*). λ_{max}: 239 nm [wss. A.], 245 nm [saure wss.-äthanol. Lösung] bzw. 228 nm [alkal. wss.-äthanol. Lösung] (*Ho., Day*).
Picrat. Gelbe Kristalle (aus Me.); F: 178° [Zers.] (*Ya. et al.*).

1-Methyl-1H-[1,2,3]triazol-4-ylamin $C_3H_6N_4$, Formel III (R = CH_3, R′ = H).
B. Beim Erhitzen von [1-Methyl-1H-[1,2,3]triazol-4-yl]-carbamidsäure-äthylester mit wss. NaOH (*Pedersen,* Acta chem. scand. **13** [1959] 888, 891).
Kristalle (aus Bzl.+PAe.); F: 88–90°.
Hydrochlorid $C_3H_6N_4 \cdot HCl$. Kristalle (aus A.); F: 182–185° [unkorr.].

3-Methyl-3H-[1,2,3]triazol-4-ylamin $C_3H_6N_4$, Formel IV (R = CH_3, R′ = H).
B. Beim Erhitzen von 5-Brom-1-methyl-1H-[1,2,3]triazol mit äthanol. NH_3 (*Pedersen,* Acta chem. scand. **13** [1959] 888, 892).
Hydrochlorid $C_3H_6N_4 \cdot HCl$. Kristalle (aus A.); F: 181–182° [unkorr.].

1-Phenyl-1H-[1,2,3]triazol-4-ylamin $C_8H_8N_4$, Formel III (R = C_6H_5, R' = H).

B. Beim Erhitzen von *N*-Phenyl-*N'*-[1-phenyl-1*H*-[1,2,3]triazol-4-yl]-triazen mit wss. HCl (*Kleinfeller, Bönig*, J. pr. [2] **132** [1932] 175, 181, 196).

Kristalle (aus A.); F: 110°.

Acetyl-Derivat $C_{10}H_{10}N_4O$; 4-Acetylamino-1-phenyl-1*H*-[1,2,3]triazol, *N*-[1-Phenyl-1*H*-[1,2,3]triazol-4-yl]-acetamid. *B*. Beim Erhitzen von *N*-Phenyl-*N'*-[1-phenyl-1*H*-[1,2,3]triazol-4-yl]-triazen mit Acetanhydrid (*Kl., Bö.*). — Kristalle (aus A.); F: 143°.

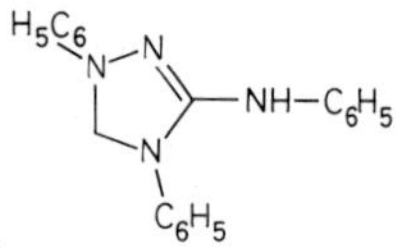

I 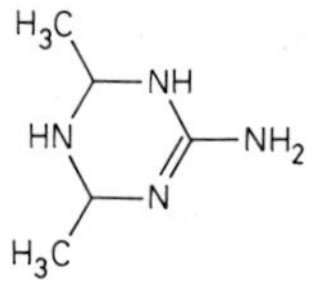   II 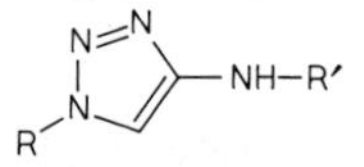   III 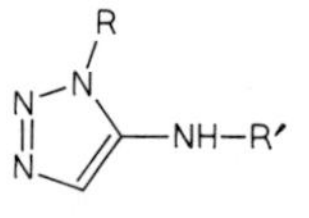   IV 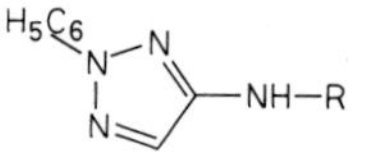   V

2-Phenyl-2H-[1,2,3]triazol-4-ylamin $C_8H_8N_4$, Formel V (R = H) (H 135).

B. Aus 2-Phenyl-2*H*-[1,2,3]triazol-4-carbonsäure-amid beim Erhitzen mit wss. NaClO (*Muljiani et al.*, J. Univ. Bombay **27**, Tl. 5 A [1959] 21).

Kristalle (aus H_2O); F: 70°.

3-Phenyl-3H-[1,2,3]triazol-4-ylamin $C_8H_8N_4$, Formel IV (R = C_6H_5, R' = H) (H 135).

F: 110−111° [korr.] (*Lieber et al.*, J. org. Chem. **22** [1957] 654, 661). λ_{max} (A.): 221 nm (*Lieber et al.*, Spectrochim. Acta **10** [1958] 250, 256).

Gleichgewicht mit 4-Anilino-1*H*-[1,2,3]triazol bei 184−185°: *Li. et al.*, J. org. Chem. **22** 660.

4-Anilino-1H-[1,2,3]triazol, Phenyl-[1H-[1,2,3]triazol-4-yl]-amin $C_8H_8N_4$, Formel III (R = H, R' = C_6H_5) und Taut. (H 134; E II 75).

IR-Banden (Nujol oder KBr; 1310−960 cm⁻¹): *Lieber et al.*, Canad. J. Chem. **36** [1958] 1441. λ_{max} (A.): 251 nm (*Lieber et al.*, Spectrochim. Acta **10** [1958] 250, 256).

Gleichgewicht mit 3-Phenyl-3*H*-[1,2,3]triazol-4-ylamin bei 184−185°: *Lieber et al.*, J. org. Chem. **22** [1957] 654, 660.

5-Anilino-1-methyl-1H-[1,2,3]triazol, [3-Methyl-3H-[1,2,3]triazol-4-yl]-phenyl-amin $C_9H_{10}N_4$, Formel IV (R = CH_3, R' = C_6H_5) (H 134).

B. Beim Erhitzen von 5-Brom-1-methyl-1*H*-[1,2,3]triazol mit Anilin (*Pedersen*, Acta chem. scand. **13** [1959] 888, 892).

Kristalle (aus Bzl.+PAe.); F: 169−171° [unkorr.] (*Pe.*). UV-Spektrum (wss. HCl, wss. Lösungen vom pH 1,3 und pH 2,5 sowie wss. NaOH; 245−300 nm): *Lieber et al.*, Curr. Sci. **26** [1957] 14. Scheinbarer Dissoziationsexponent pK'_a (H_2O; spektrophotometrisch ermittelt): 1,73 (*Li. et al.*).

5-p-Toluidino-1-p-tolyl-1H-[1,2,3]triazol, p-Tolyl-[3-p-tolyl-3H-[1,2,3]triazol-4-yl]-amin $C_{16}H_{16}N_4$, Formel IV (R = R' = C_6H_4-CH_3).

B. Aus Di-*p*-tolylcarbodiimid und Diazomethan (*Bergmann, Schütz*, Z. physik. Chem. [B] **19** [1932] 389, 393).

Kristalle (aus A.); F: 164−165°.

3-Benzyl-3H-[1,2,3]triazol-4-ylamin $C_9H_{10}N_4$, Formel IV (R = CH_2-C_6H_5, R' = H).

B. Beim Erhitzen von 5-Amino-1-benzyl-1*H*-[1,2,3]triazol-4-carbonsäure mit *N,N*-Dimethylanilin (*Hoover, Day*, Am. Soc. **78** [1956] 5832, 5835).

Kristalle (aus $CHCl_3$+PAe.); F: 127−128° [unkorr.]. λ_{max}: 242 nm [wss. A.] bzw. 254 nm [saure wss.-äthanol. Lösung].

1-[1]Naphthyl-5-[1]naphthylamino-1*H*-[1,2,3]triazol, [1]Naphthyl-[3-[1]naphthyl-3*H*-[1,2,3]triazol-4-yl]-amin $C_{22}H_{16}N_4$, Formel VI.

B. Aus Di-[2]naphthylcarbodiimid und Diazomethan (*Rotter, Schaudy*, M. **58** [1931] 245, 247).

Kristalle (aus E.); F: 184°.

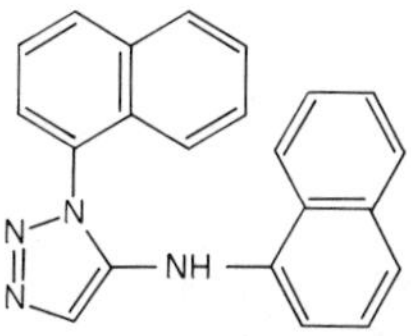

VI 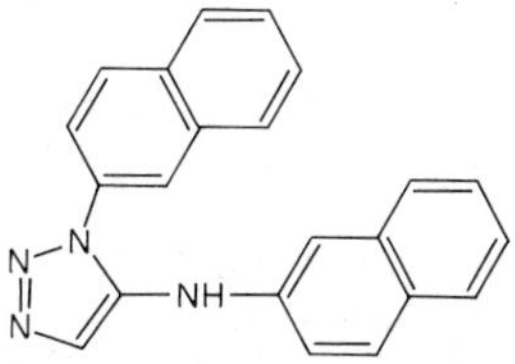   VII 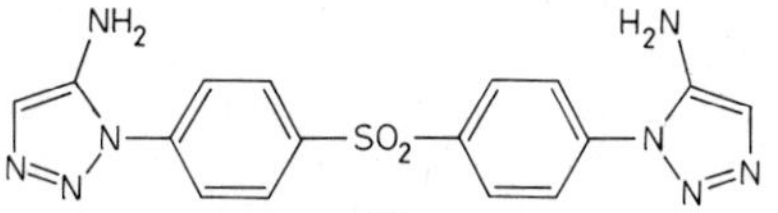   VIII

1-[2]Naphthyl-5-[2]naphthylamino-1*H*-[1,2,3]triazol, [2]Naphthyl-[3-[2]naphthyl-3*H*-[1,2,3]triazol-4-yl]-amin $C_{22}H_{16}N_4$, Formel VII.

B. Analog der vorangehenden Verbindung (*Rotter, Schaudy*, M. **58** [1931] 245, 248).

Kristalle (aus E. oder Propan-1-ol); F: 202°.

Bis-[4-(5-amino-[1,2,3]triazol-1-yl)-phenyl]-sulfon $C_{16}H_{14}N_8O_2S$, Formel VIII.

B. Beim Erhitzen von Bis-[4-(5-amino-4-carboxy-[1,2,3]triazol-1-yl)-phenyl]-sulfon mit Chino≈ lin (*Libermann et al.*, Bl. **1952** 719, 723).

F: 169−170°.

[1*H*-[1,2,3]Triazol-4-yl]-carbamidsäure-äthylester $C_5H_8N_4O_2$, Formel III (R = H, R′ = CO-O-C_2H_5) und Taut.

B. Beim Erhitzen von 1*H*-[1,2,3]Triazol-4-carbonylazid mit Äthanol (*Yamada et al.*, J. pharm. Soc. Japan **77** [1957] 452, 454; C. A. **1957** 14697).

Kristalle (aus H_2O); F: 138−140°.

[1*H*-[1,2,3]Triazol-4-yl]-carbamidsäure-benzylester $C_{10}H_{10}N_4O_2$, Formel III (R = H, R′ = CO-O-CH_2-C_6H_5) und Taut.

B. Beim Behandeln von 1*H*-[1,2,3]Triazol-4,5-dicarbonsäure-4-hydrazid mit $NaNO_2$ in wss. HCl und folgenden Erhitzen mit Benzylalkohol in Toluol (*Yamada et al.*, J. pharm. Soc. Japan **77** [1957] 452, 454; C. A. **1957** 14697).

Kristalle (aus wss. Me.); F: 144−145°.

[1-Methyl-1*H*-[1,2,3]triazol-4-yl]-carbamidsäure-äthylester $C_6H_{10}N_4O_2$, Formel III (R = CH_3, R′ = CO-O-C_2H_5).

B. Beim Erwärmen von 1-Methyl-1*H*-[1,2,3]triazol-4-carbonylazid mit Äthanol (*Pedersen*, Acta chem. scand. **13** [1959] 888, 891).

Kristalle (aus A.); F: 123−124° [unkorr.].

1*H*-[1,2,4]Triazol-3-ylamin $C_2H_4N_4$, Formel IX (R = H) und Taut. (H 137; E I 38; E II 76).

Bezüglich der Tautomerie vgl. *Elguero et al.*, Adv. heterocycl. Chem. Spl. 1 [1976] 439.

B. Beim Erwärmen von Aminoguanidin-hydrogencarbonat mit Ameisensäure in Toluol (*Far≈ benfabr. Bayer*, U.S.P. 2875209 [1956]). Beim Erhitzen von [1,3,5]Triazin mit Aminoguanidin auf 210° (*Grundmann, Kreutzberger*, Am. Soc. **79** [1957] 2839, 2843; *Olin Mathieson Chem. Corp.*, U.S.P. 2763661 [1955]).

Kristalle (aus E.); F: 158−159° [korr.] (*Gr., Kr.*). Standard-Bildungsenthalpie (+18,36 kcal· mol⁻¹) und Standard-Verbrennungsenthalpie (−343,10 kcal·mol⁻¹): *Williams et al.*, J. phys. Chem. **61** [1957] 261, 264. Scheinbarer Dissoziationsexponent pK_a' (potentiometrisch ermittelt) bei 25°: 3,09 [H_2O (umgerechnet aus Eg.)] bzw. 1,36 [Eg.] (*Rochlin et al.*, Am. Soc. **76** [1954] 1451).

Über die Reaktion mit Acetessigsäure-äthylester (vgl. H 138) bzw. mit Diketen (E III/IV **17** 4297) s. *Allen et al.*, J. org. Chem. **24** [1959] 787, 788, 792; *Sirakawa*, J. pharm. Soc.

Japan **79** [1959] 899, 903; C. A. **1960** 556.

Nitrat (H 138). Kristalle (aus A.); F: 180,5−181,5° (*Wi. et al.*, l. c. S. 266). Standard-Bildungsenthalpie (−140,89 kcal·mol⁻¹) und Standard-Verbrennungsenthalpie (−318,01 kcal·mol⁻¹): *Wi. et al.*

Pentachlorphenolat $C_2H_4N_4 \cdot C_6HCl_5O$. Kristalle; F: 163,4−164,3° (*Am. Chem. Paint Co.*, U.S.P. 2764594 [1954]). Löslichkeit (g/100 ml) bei 24° in H_2O: 0,041 g; in Äthanol: 15,01 g; in Isopropylalkohol: 9,30 g (*Am. Chem. Paint Co.*).

2,3,5-Trijod-benzoat. Kristalle (aus Me.); F: 171−172° (*Le., Bi.*).

[4-Chlor-phenoxy]-acetat. Kristalle (aus Me.); F: 174−175° (*Leaper, Bishop*, Research **8** [1955] Spl. 40).

[2,4-Dichlor-phenoxy]-acetat. Kristalle (aus Me.); F: 122−123° (*Le., Bi.*).

[3,4-Dichlor-phenoxy]-acetat. Kristalle (aus Me.); F: 177−178° (*Le., Bi.*).

[2,4,5-Trichlor-phenoxy]-acetat. Kristalle (aus Me.); F: 167−167,5° (*Le., Bi.*).

[4-Chlor-2-methyl-phenoxy]-acetat. Kristalle (aus Me.); F: 115−116° (*Le., Bi.*).

Verbindung mit Bis-[4-chlor-benzolsulfonyl]-amin. Kristalle (aus H_2O); F: 165−166° [unkorr.] (*Runge et al.*, B. **88** [1955] 533, 539). In 100 g H_2O lösen sich bei 21° 0,527 g (*Ru. et al.*).

3-Methylamino-1H-[1,2,4]triazol, Methyl-[1H-[1,2,4]triazol-3-yl]-amin $C_3H_6N_4$, Formel IX (R = CH₃) und Taut.

B. Beim Hydrieren von Formaldehyd und 1H-[1,2,4]Triazol-3-ylamin an Raney-Nickel in Äthanol (*Pesson, Polmanss*, C. r. **247** [1958] 787).

F: 186−187°.

3-Cyclohexylamino-1H-[1,2,4]triazol, Cyclohexyl-[1H-[1,2,4]triazol-3-yl]-amin $C_8H_{14}N_4$, Formel IX (R = C_6H_{11}) und Taut.

B. Beim Hydrieren von Cyclohexanon und 1H-[1,2,4]Triazol-3-ylamin-hydrochlorid an Palladium/Kohle in Äthanol (*Pesson, Polmanss*, C. r. **247** [1958] 787).

F: 187−188°.

IX   X   XI

4-Phenyl-4H-[1,2,4]triazol-3-ylamin $C_8H_8N_4$, Formel X.

B. Beim Erwärmen von N''-Phenyl-N-thiocarbamoyl-formamidrazon mit wss. NaOH und Dimethylsulfat (*Raison*, Soc. **1957** 2858, 2861).

Kristalle (aus H_2O); F: 223°.

3-Amino-2,4-diphenyl-[1,2,4]triazolium-betain, 2,4-Diphenyl-2,4-dihydro-[1,2,4]triazol-3-on-imin $C_{14}H_{12}N_4$, Formel XI (R = C_6H_5) und Mesomeres.

Diese Konstitution kommt der von *Krollpfeiffer, Braun* (B. **70** [1937] 89, 91, 94) als 2,3-Diphenyl-2,3-dihydro-[1,2,3,4]tetrazin, von *Baker et al.* (Soc. **1950** 3389, 3393) und von *Edgerley, Sutton* (Soc. **1950** 3394) dagegen als Phenyl-[1-phenyl-1H-[1,2,4]triazol-3-yl]-amin formulierten Verbindung zu (*Huisgen et al.*, B. **98** [1965] 1476, 1479, 1480).

B. Aus 1,4-Diphenyl-1,4-dihydro-[1,2,4,5]tetrazin beim Behandeln mit äthanol. Natriumäthylat (*Ba. et al.; Hu. et al.*, l. c. S. 1485). Beim Erwärmen von 3,6-Diacetyl-1,4-diphenyl-1,4-dihydro-[1,2,4,5]tetrazin mit äthanol. Natriumäthylat (*Kr., Br.*, l. c. S. 95; *Hu. et al.*) oder wss.-äthanol. KOH (*Hu. et al.*).

Dipolmoment (ε; Bzl.) bei 25°: 3,54 D (*Ed., Su.*).

Kristalle; F: 114,5−115° [aus wss. A.] (*Ba. et al.*), 114−115° [aus Bzl.+PAe.] (*Hu. et al.*). IR-Banden (KBr sowie $CHCl_3$; 3320−690 cm⁻¹): *Hu. et al.* UV-Spektrum (A.; 220−310 nm): *Hu. et al.*

Acetyl-Derivat $C_{16}H_{14}N_4O$. Kristalle (aus Bzl.+PAe.); F: 113,5−114,5° (*Ba. et al.*).

3-Amino-2,4-bis-[4-chlor-phenyl]-[1,2,4]triazolium-betain, 2,4-Bis-[4-chlor-phenyl]-2,4-dihydro-[1,2,4]triazol-3-on-imin $C_{14}H_{10}Cl_2N_4$, Formel XI (R = C_6H_4Cl) und Mesomeres.

Diese Konstitution kommt der von *Baker et al.* (Soc. **1950** 3389, 3393) als [4-Chlor-phenyl]-[1-(4-chlor-phenyl)-1H-[1,2,4]triazol-3-yl]-amin ($C_{14}H_{10}Cl_2N_4$) formulierten Verbin≠ dung zu (s. diesbezüglich *Huisgen et al.*, B. **98** [1965] 1476, 1480).

B. Beim Erwärmen von 1,4-Bis-[4-chlor-phenyl]-1,4-dihydro-[1,2,4,5]tetrazin mit äthanol. Natriumäthylat (*Ba. et al.*).

Kristalle (aus wss. A.); F: 140° (*Ba. et al.*).

Acetyl-Derivat $C_{16}H_{12}Cl_2N_4O$. Kristalle (aus wss. A.); F: 183−184,5° (*Ba. et al.*).

3-Anilino-1-phenyl-1H-[1,2,4]triazol, Phenyl-[1-phenyl-1H-[1,2,4]triazol-3-yl]-amin $C_{14}H_{12}N_4$, Formel XII (R = R′ = C_6H_5).

Diese Konstitution kommt der früher (H **26** 348) als 1,4-Diphenyl-1,4-dihydro-[1,2,4,5]tetrazin beschriebenen Verbindung zu (*Huisgen et al.*, B. **98** [1965] 1476, 1482). Entsprechende Formulie≠ rungen sind für die H **26** 348 beschriebenen Derivate in Betracht zu ziehen.

Die von *Baker et al.* (Soc. **1950** 3389, 3393) und *Edgerley, Sutton* (Soc. **1950** 3394) unter dieser Konstitution beschriebene Verbindung ist als 3-Amino-2,4-diphenyl-[1,2,4]triazolium-betain (s. o.) zu formulieren (*Hu. et al.*, l. c. S. 1480, 1482).

B. Aus N-Anilino-N′-phenyl-guanidin und Ameisensäure (*Hu. et al.*, l. c. S. 1486).

Kristalle (aus A.); F: 180,5−181° (*Hu. et al.*). ^{1}H-NMR-Absorption (CDCl$_3$): *Hu. et al.* IR-Banden (KBr sowie CHCl$_3$; 3450−680 cm^{-1}): *Hu. et al.* UV-Spektrum (A.; 220−330 nm): *Hu. et al.*, l. c. S. 1479.

Acetyl-Derivat $C_{16}H_{14}N_4O$; N-Phenyl-N-[1-phenyl-1H-[1,2,4]triazol-3-yl]-acet≠ amid. Kristalle (aus Bzl.); F: 112° (*Hu. et al.*, l. c. S. 1486).

3-Anilino-1,4-diphenyl-[1,2,4]triazolium $[C_{20}H_{17}N_4]^+$, Formel XIII.

Betain $C_{20}H_{16}N_4$; Nitron (H 349; E I 110; E II 76). Konstitution: *Baker, Ollis*, Quart. Rev. **11** [1957] 15, 26; *Evans, Milligan*, Austral. J. Chem. **20** [1967] 1779. Dipolmoment (ε; Bzl.) bei 30°: 7,2 D (*Warren*, Soc. **1938** 1100). Kristalle; F: 188−189° [aus A.+Bzl.] (*Wa.*), 187−188° (*Ev., Mi.*). ^{1}H-NMR-Absorption (Trifluoressigsäure): *Ev., Mi.* Absorptionsspektrum in Dioxan (220−410 nm) sowie in wss. HCl (220−320 nm): *Kuhn, Kainer*, Ang. Ch. **65** [1953] 442, 445. − Methojodid $[C_{21}H_{19}N_4]I$; vermutlich 3-[N-Methyl-anilino]-1,4-diphenyl-[1,2,4]triazolium-jodid (vgl. H 350). UV-Spektrum (Me.; 220−340 nm): *Kuhn, Ka.*

Perchlorat $[C_{20}H_{17}N_4]ClO_4$. Dichte der Kristalle bei 19°: 1,455 (*Lange, Müller*, B. **63** [1930] 1058, 1069).

Fluorosulfat $[C_{20}H_{17}N_4]SO_3F$ (E I 111; E II 77). Dichte der Kristalle bei 19°: 1,432 (*La., Mü.*).

Nitrat $[C_{20}H_{17}N_4]NO_3$ (H 350; E I 111; E II 77). Kristalle; F: 265,5−266° (*Petrowitsch*, Ž. obšč. Chim. **29** [1959] 407, 409; engl. Ausg. S. 409, 410).

Azid $[C_{20}H_{17}N_4]N_3$. Kristalle; Zers. bei 160° [unter Schwarzfärbung] (*Cirulis, Straumanis*, J. pr. [2] **161** [1943] 65, 74).

Difluorophosphat $[C_{20}H_{17}N_4]PO_2F_2$ (E II 77). Dichte der Kristalle bei 19°: 1,438 (*La., Mü.*).

Hexafluorophosphat $[C_{20}H_{17}N_4]PF_6$ (E II 77). Dichte der Kristalle bei 18°: 1,489 (*La., Mü.*).

Hexafluoroarsenat $[C_{20}H_{17}N_4]AsF_6$. Kristalle (aus H_2O) mit 1 Mol H_2O; das wasserfreie Salz schmilzt bei 210° [unkorr.] (*La., Mü.*, l. c. S. 1069, 1070).

Hexafluoroantimonat $[C_{20}H_{17}N_4]SbF_6$. Kristalle (aus H_2O) mit 2 Mol H_2O; das wasserfreie Salz schmilzt bei 193,5° [unkorr.; nach Sintern] (*La., Mü.*, l. c. S. 1070). Dichte der Kristalle bei 18°: 1,700 [wasserfreies Salz] bzw. 1,678 [Dihydrat] (*La., Mü.*). Löslichkeit des wasserfreien Salzes in H_2O bei 20°: 0,006 mol·l^{-1} (*La., Mü.*).

Tetrafluoroborat $[C_{20}H_{17}N_4]BF_4$ (E II 77). Dichte der Kristalle bei 20°: 1,437 (*La., Mü.*, l. c. S. 1069). − Thermogravimetrische Analyse: *Duval*, Anal. chim. Acta **4** [1950] 55.

Dibrenzcatechinato-borat $[C_{20}H_{17}N_4][B(C_6H_4O_2)_2]$. Kristalle (aus A. oder wss. Acn. bzw. aus CHCl$_3$); F: 179° [unkorr.] (*Schäfer*, Z. anorg. Ch. **259** [1949] 86, 89, 255, 260).

Brenzcatechinato-bis-[2-hydroxy-phenolato]-borat $[C_{20}H_{17}N_4][B(C_6H_4O_2)(C_6H_5O_2)_2]$. Kristalle (aus CHCl$_3$) mit 0,5 Mol CHCl$_3$; F: 118° [unkorr.] (*Sch.*, l. c. S. 260).

Perrhenat(VII) $[C_{20}H_{17}N_4]ReO_4$. Kristalle; Löslichkeit in 100 ml H_2O bei 0°: 0,017−0,018 g

(*Geilmann, Voigt,* Z. anorg. Ch. **193** [1930] 311). — Thermogravimetrische Analyse: *Duval, Mikroch.* **36/37** [1951] 425, 433, 436.

Tetracyanopalladat(II) $[C_{20}H_{17}N_4]HPd(CN)_4$. Kristalle (*Feigl, Heisig,* Am. Soc. **73** [1951] 5630).

2-Methyl-4,6-dinitro-phenolat $[C_{20}H_{17}N_4]C_7H_5N_2O_5$. Gelbe Kristalle (aus A.); F: 219° [unkorr.] (*Wain,* Ann. appl. Biol. **29** [1942] 301, 304).

2-Cyclohexyl-4,6-dinitro-phenolat $[C_{20}H_{17}N_4]C_{12}H_{13}N_2O_5$. Orangerote Kristalle; F: 206−207° [unkorr.] (*Wain*).

Über weitere Salze und Additionsverbindungen mit aromatischen Nitro-Verbindungen s. *Langhans,* Explosivst. **1953** 36.

Trifluoracetat $[C_{20}H_{17}N_4]C_2F_3O_2$. Kristalle [aus A.] (*Swarts,* Bl. Soc. chim. Belg. **48** [1939] 176, 191). Eine bei 20° gesättigte Lösung in H_2O bzw. in Äthanol enthält 0,17% bzw. 14,8% (*Sw.*).

Trichloracetat $[C_{20}H_{17}N_4]C_2Cl_3O_2$. F: 103° (*Dulière,* Bl. Soc. chim. biol. **34** [1952] 991).

3,3,3-Trifluor-propionat $[C_{20}H_{17}N_4]C_3H_2F_3O_2$. Kristalle [aus wss. A.] (*Haszeldine, Leedham,* Soc. **1952** 3483, 3489). IR-Spektrum (2−15 μ): *Ha., Le.,* Soc. **1952** 3486.

Pentafluorpropionat $[C_{20}H_{17}N_4]C_3F_5O_2$. Kristalle (aus wss. A.); F: 204−206° [Zers.] (*Haszeldine, Leedham,* Soc. **1953** 1548, 1550).

Heptafluorbutyrat $[C_{20}H_{17}N_4]C_4F_7O_2$. Kristalle [aus wss. A.] (*Haszeldine,* Soc. **1950** 2789, 2791).

XII   XIII   XIV

3-*o*-Toluidino-1-*o*-tolyl-1*H*-[1,2,4]triazol, *o*-Tolyl-[1-*o*-tolyl-1*H*-[1,2,4]triazol-3-yl]-amin $C_{16}H_{16}N_4$, Formel XII (R = R′ = C_6H_4-CH_3).

Diese Konstitution ist für die früher (H **26** 348) als 1,4-Di-*o*-tolyl-1,4-dihydro-[1,2,4,5]tetrazin beschriebene Verbindung in Betracht zu ziehen (vgl. *Huisgen et al.,* B. **98** [1965] 1476, 1482). Entsprechende Formulierungen sind für die H **26** 348 beschriebenen Derivate in Betracht zu ziehen.

3-Amino-2,4-di-*p*-tolyl-[1,2,4]triazolium-betain, 2,4-Di-*p*-tolyl-2,4-dihydro-[1,2,4]triazol-3-on-imin $C_{16}H_{16}N_4$, Formel XI (R = C_6H_4-CH_3) und Mesomeres.

Bezüglich der Konstitution vgl. *Huisgen et al.,* B. **98** [1965] 1476, 1480.

B. Aus 1,4-Di-*p*-tolyl-1,4-dihydro-[1,2,4,5]tetrazin beim Behandeln mit äthanol. Natriumäthylat (*Baker et al.,* Soc. **1950** 3389, 3393).

Kristalle (aus wss. A.); F: 118−118,5° (*Ba. et al.*).

Acetyl-Derivat $C_{18}H_{18}N_4O$. Kristalle (aus Bzl.+PAe.); F: 147−148° (*Ba. et al.*).

3-*p*-Toluidino-1-*p*-tolyl-1*H*-[1,2,4]triazol, *p*-Tolyl-[1-*p*-tolyl-1*H*-[1,2,4]triazol-3-yl]-amin $C_{16}H_{16}N_4$, Formel XII (R = R′ = C_6H_4-CH_3).

Diese Konstitution ist für die früher (H **26** 349) als 1,4-Di-*p*-tolyl-1,4-dihydro-[1,2,4,5]tetrazin beschriebene Verbindung in Betracht zu ziehen (vgl. *Huisgen et al.,* B. **98** [1965] 1476, 1482). Entsprechende Formulierungen sind für die H **26** 348 beschriebenen Derivate in Betracht zu ziehen.

Die von *Baker et al.* (Soc. **1950** 3389, 3393) unter dieser Konstitution beschriebene Verbindung ist als 3-Amino-2,4-di-*p*-tolyl-[1,2,4]triazolium-betain (s. o.) zu formulieren (s. diesbezüglich *Hu. et al.,* l. c. S. 1480).

3-Benzylamino-1*H*-[1,2,4]triazol, Benzyl-[1*H*-[1,2,4]triazol-3-yl]-amin $C_9H_{10}N_4$, Formel XII (R = H, R′ = CH_2-C_6H_5) und Taut.

B. Bei der Hydrierung von Benzaldehyd und 1*H*-[1,2,4]Triazol-3-ylamin an Raney-Nickel

in Äthanol (*Pesson, Polmanss*, C. r. **247** [1958] 787).
    F: 164–165°.

3-Phenäthylamino-1H-[1,2,4]triazol, Phenäthyl-[1H-[1,2,4]triazol-3-yl]-amin $C_{10}H_{12}N_4$,

Formel XII (R = H, R′ = CH_2-CH_2-C_6H_5) und Taut.
    B. Bei der Hydrierung von Phenylacetaldehyd und 1H-[1,2,4]Triazol-3-ylamin-hydrochlorid an Palladium/Kohle in Äthanol (*Pesson, Polmanss*, C. r. **247** [1958] 787).
    F: 125°.

(±)-[1-Methyl-2-phenyl-äthyl]-[1H-[1,2,4]triazol-3-yl]-amin $C_{11}H_{14}N_4$, Formel XII (R = H,

R′ = $CH(CH_3)$-CH_2-C_6H_5) und Taut.
    B. Analog der vorangehenden Verbindung (*Pesson, Polmanss*, C. r. **247** [1958] 787).
    F: 110°.

[2-Methoxy-benzyl]-[1H-[1,2,4]triazol-3-yl]-amin $C_{10}H_{12}N_4O$, Formel XII (R = H,

R′ = CH_2-C_6H_4-O-CH_3) und Taut.
    B. Bei der Hydrierung von 2-Methoxy-benzaldehyd und 1H-[1,2,4]Triazol-3-ylamin an Raney-Nickel in Äthanol (*Pesson, Polmanss*, C. r. **247** [1958] 787).
    F: 174°.

    Die folgenden Verbindungen sind in analoger Weise hergestellt worden:
    [2-Äthoxy-benzyl]-[1H-[1,2,4]triazol-3-yl]-amin $C_{11}H_{14}N_4O$, Formel XII (R = H, R′ = CH_2-C_6H_4-O-C_2H_5) und Taut. F: 158°.
    [4-Methoxy-benzyl]-[1H-[1,2,4]triazol-3-yl]-amin $C_{10}H_{12}N_4O$, Formel XII (R = H, R′ = CH_2-C_6H_4-O-CH_3) und Taut. F: 196–198°.
    3-Veratrylamino-1H-[1,2,4]triazol, [1H-[1,2,4]Triazol-3-yl]-veratryl-amin $C_{11}H_{14}N_4O_2$, Formel XIV und Taut. F: 216–217°.

*2-[(1H-[1,2,4]Triazol-3-ylamino)-methylen]-cyclopentanon $C_8H_{10}N_4O$, Formel I und Taut.

    B. Aus 1H-[1,2,4]Triazol-3-ylamin und 2-Oxo-cyclopentancarbaldehyd (*Cook et al.*, R. **69** [1950] 343, 347).
    Kristalle (aus Bzl. + Eg.); F: 175°.

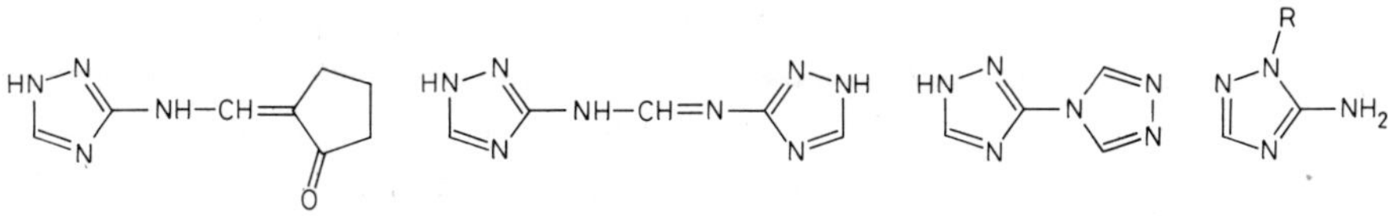

N,N′-Bis-[1H-[1,2,4]triazol-3-yl]-formamidin $C_5H_6N_8$, Formel II und Taut.

    B. Aus 1H-[1,2,4]Triazol-3-ylamin und Orthoameisensäure-triäthylester (*Ilford Ltd.*, U.S.P. 2534914 [1949]).
    Kristalle; F: > 285°.

1H-[3,4′]Bi[1,2,4]triazolyl $C_4H_4N_6$, Formel III und Taut.

    B. Aus 1H-[1,2,4]Triazol-3-ylamin und N,N′-Diformyl-hydrazin (*Wiley, Hart*, J. org. Chem. **18** [1953] 1368, 1369).
    Kristalle (aus H_2O); F: 300–302° [Zers.].

2-Acetyl-2H-[1,2,4]triazol-3-ylamin $C_4H_6N_4O$, Formel IV (R = CO-CH_3).

    Zur Konstitution s. *Coburn et al.*, J. heterocycl. Chem. **7** [1970] 1149.
    B. Aus 1H-[1,2,4]Triazol-3-ylamin und Acetylchlorid (*Staab, Seel*, B. **92** [1959] 1302, 1306).
    Kristalle (aus Bzl.); F: 150° (*St., Seel*).
    Überführung in die folgende Verbindung durch Erhitzen: *St., Seel*.

3-Acetylamino-1H-[1,2,4]triazol, N-[1H-[1,2,4]Triazol-3-yl]-acetamid $C_4H_6N_4O$, Formel V
(R = H, R′ = CO-CH₃) und Taut.

B. Beim Erhitzen der vorangehenden Verbindung (*Staab, Seel*, B. **92** [1959] 1302, 1306).
Beim Behandeln der folgenden Verbindung mit H_2O (*St., Seel; Birkofer*, B. **76** [1943] 769,
771).

Kristalle; F: 295−300° [Zers.] (*Bi.*), 288° (*St., Seel*).

1-Acetyl-3-acetylamino-1H-[1,2,4]triazol, N-[1-Acetyl-1H-[1,2,4]triazol-3-yl]-acetamid
$C_6H_8N_4O_2$, Formel V (R = R′ = CO-CH₃).

Konstitution: *Staab, Seel*, B. **92** [1959] 1302, 1303; *Coburn et al.*, J. heterocycl. Chem. **7**
[1970] 1149.

B. Aus 1H-[1,2,4]Triazol-3-ylamin und Acetanhydrid (*Birkofer*, B. **76** [1943] 769, 771).

Kristalle (aus Toluol); F: 190−191° (*Bi.*).

3-Propionylamino-1H-[1,2,4]triazol, N-[1H-[1,2,4]Triazol-3-yl]-propionamid $C_5H_8N_4O$,
Formel V (R = H, R′ = CO-CH₂-CH₃) und Taut.

B. Aus der folgenden Verbindung beim Erhitzen mit H_2O oder mit Äthanol (*Birkofer*,
B. **76** [1943] 769, 771).

F: 268−271°.

1-Propionyl-3-propionylamino-1H-[1,2,4]triazol, N-[1-Propionyl-1H-[1,2,4]triazol-3-yl]-
propionamid $C_8H_{12}N_4O_2$, Formel V (R = R′ = CO-CH₂-CH₃).

Bezüglich der Konstitution s. *Staab, Seel*, B. **92** [1959] 1302, 1303; *Coburn et al.*, J. heterocycl.
Chem. **7** [1970] 1149.

B. Aus 1H-[1,2,4]Triazol-3-ylamin und Propionsäure-anhydrid (*Birkofer*, B. **76** [1943] 769,
771).

Kristalle (aus Toluol); F: 130° (*Bi.*).

3-Butyrylamino-1H-[1,2,4]triazol, N-[1H-[1,2,4]Triazol-3-yl]-butyramid $C_6H_{10}N_4O$, Formel V
(R = H, R′ = CO-CH₂-CH₂-CH₃) und Taut.

B. Aus der folgenden Verbindung beim Erhitzen mit H_2O oder mit Äthanol (*Birkofer*,
B. **76** [1943] 769, 771).

F: 234−235°.

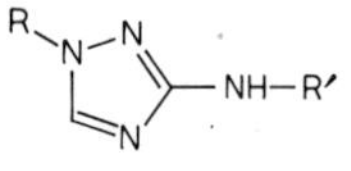

V 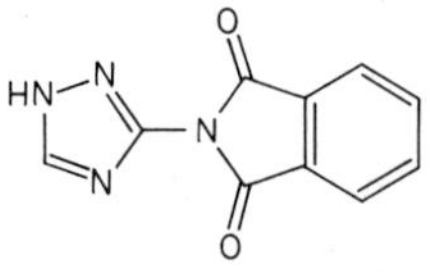   VI 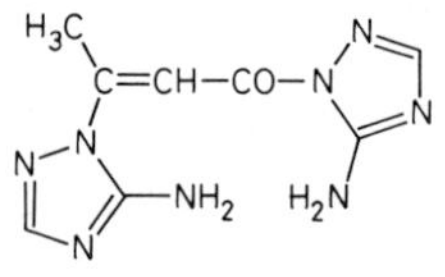   VII 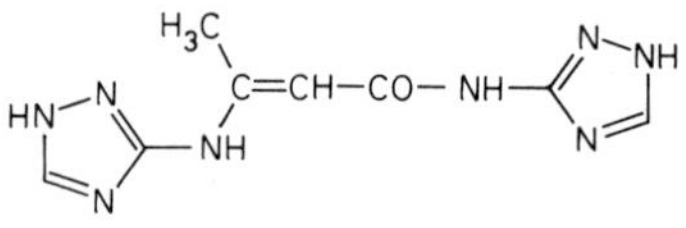   VIII

1-Butyryl-3-butyrylamino-1H-[1,2,4]triazol, N-[1-Butyryl-1H-[1,2,4]triazol-3-yl]-butyramid
$C_{10}H_{16}N_4O_2$, Formel V (R = R′ = CO-CH₂-CH₂-CH₃).

Bezüglich der Konstitution s. *Staab, Seel*, B. **92** [1959] 1302, 1303; *Coburn et al.*, J. heterocycl.
Chem. **7** [1970] 1149.

B. Aus 1H-[1,2,4]Triazol-3-ylamin und Buttersäure-anhydrid (*Birkofer*, B. **76** [1943] 769,
771).

Kristalle (aus Toluol); F: 107−114° (*Bi.*).

2(?)-Benzoyl-2(?)H-[1,2,4]triazol-3-ylamin $C_9H_8N_4O$, vermutlich Formel IV (R = CO-C₆H₅).

Bezüglich der Konstitution s. *Coburn et al.*, J. heterocycl. Chem. **7** [1970] 1149.

B. Aus 1H-[1,2,4]Triazol-3-ylamin und Benzoylchlorid (*Staab, Seel*, B. **92** [1959] 1302, 1306).

Kristalle (nach Sublimation bei 80−90°/10⁻³ Torr); F: 193° (*St., Seel*).

3-Benzoylamino-1*H*-[1,2,4]triazol, *N*-[1*H*-[1,2,4]Triazol-3-yl]-benzamid C₉H₈N₄O, Formel V
(R = H, R′ = CO-C₆H₅) und Taut.

B. Beim Erhitzen der vorangehenden Verbindung (*Staab, Seel,* B. **92** [1959] 1302, 1306).
F: 283°.

2-Jod-benzoesäure-[1*H*-[1,2,4]triazol-3-ylamid] C₉H₇IN₄O, Formel V (R = H,
R′ = CO-C₆H₄-I) und Taut.

B. Aus 1*H*-[1,2,4]Triazol-3-ylamin und 2-Jod-benzoylchlorid (*Cook et al.,* R. **69** [1950] 343, 349).
Kristalle (aus A.); F: 285 – 315°.

2-Nitro-benzoesäure-[1*H*-[1,2,4]triazol-3-ylamid] C₉H₇N₅O₃, Formel V (R = H,
R′ = CO-C₆H₄-NO₂) und Taut.

B. Aus 1*H*-[1,2,4]Triazol-3-ylamin und 2-Nitro-benzoylchlorid (*Cook et al.,* R. **69** [1950] 343, 350).
Kristalle; F: 238 – 243°.

***N*-[1*H*-[1,2,4]Triazol-3-yl]-phthalimid** C₁₀H₆N₄O₂, Formel VI und Taut.

B. Aus 1*H*-[1,2,4]Triazol-3-ylamin und Phthalsäure-anhydrid (*Monsanto Chem. Co.,*
U.S.P. 2762817 [1955]).
Kristalle (aus wss. DMF); F: 337 – 338°.

***2-[3-(5-Amino-[1,2,4]triazol-1-yl)-crotonoyl]-2*H*-[1,2,4]triazol-3-ylamin** C₈H₁₀N₈O,
Formel VII, oder **3-[1*H*-[1,2,4]Triazol-3-ylamino]-crotonsäure-[1*H*-[1,2,4]triazol-3-ylamid]**
C₈H₁₀N₈O, Formel VIII und Taut.

Eine Verbindung (F: 220 – 223° [unkorr.] bzw. F: 221 – 222°), für die diese beiden Konstitu⹁
tionen in Betracht gezogen werden (*Gen. Aniline & Film Corp.,* U.S.P. 2444608 [1946]; *Allen
et al.,* J. org. Chem. **24** [1959] 787, 788), ist als 1*H*-[1,2,4]Triazol-3-ylamin-Salz des 5-Methyl-4*H*-
[1,2,4]triazolo[1,5-*a*]pyrimidin-7-ons zu formulieren (*Sirawaka,* J. pharm. Soc. Japan **79** [1959]
899, 901; C. A. **1960** 556).

2-Hydroxy-4-nitro-benzoesäure-[1*H*-[1,2,4]triazol-3-ylamid] C₉H₇N₅O₄, Formel IX und Taut.

B. Beim Erhitzen von 2-Hydroxy-4-nitro-benzoylchlorid mit 1*H*-[1,2,4]Triazol-3-ylamin in
Pyridin (*Jensen, Christensen,* Acta chem. scand. **6** [1952] 166, 170).
Hellgelbe Kristalle (aus A.); F: ca. 315° [Zers.].

[(1*H*-[1,2,4]Triazol-3-ylamino)-methylen]-malonsäure-diäthylester C₁₀H₁₄N₄O₄, Formel V
(R = H, R′ = CH=C(CO-O-C₂H₅)₂ und Taut.

Konstitution: *Williams,* Soc. **1962** 2222, 2223.
B. Aus 1*H*-[1,2,4]Triazol-3-ylamin und Äthoxymethylen-malonsäure-diäthylester (*Gen. Aniline
& Film Corp.,* U.S.P. 2449226 [1946]; *Wi.,* l. c. S. 2226).
Kristalle (aus H₂O); F: 180 – 181° (*Wi.*).

2-Cyan-3-[1*H*-[1,2,4]triazol-3-ylamino]-acrylsäure-äthylester C₈H₉N₅O₂, Formel V (R = H,
R′ = CH=C(CN)-CO-O-C₂H₅) und Taut.

Diese Konstitution kommt der von *De Cat, Van Dormael* (Bl. Soc. chim. Belg. **60** [1951]
69, 71) als 5-Amino-[1,2,4]triazolo[1,5-*a*]pyrimidin-6-carbonsäure-äthylester angesehenen Ver⹁
bindung zu (*Williams,* Soc. **1962** 2222, 2224).
B. Aus 1*H*-[1,2,4]Triazol-3-ylamin und 3-Äthoxy-2-cyan-acrylsäure-äthylester (*De Cat,
Van Do.,* l. c. S. 75; *Wi.,* l. c. S. 2226).
Kristalle (aus wss. Eg.); F: 202 – 204° (*Wi.*), 198 – 200° (*De Cat, Van Do.*).

3-Anthraniloylamino-1*H*-[1,2,4]triazol, Anthranilsäure-[1*H*-[1,2,4]triazol-3-ylamid] C₉H₉N₅O,
Formel V (R = H, R′ = CO-C₆H₄-NH₂) und Taut.

B. Aus Isatosäure-anhydrid (1*H*-Benz[*d*][1,3]oxazin-2,4-dion) und 1*H*-[1,2,4]Triazol-3-ylamin
(*Cook et al.,* R. **69** [1950] 343, 349). Bei der Hydrierung von 2-Nitro-benzoesäure-[1*H*-[1,2,4]tri⹁

azol-3-ylamid] an Palladium/SrCO$_3$ (*Cook et al.*).
F: 290 – 292°.

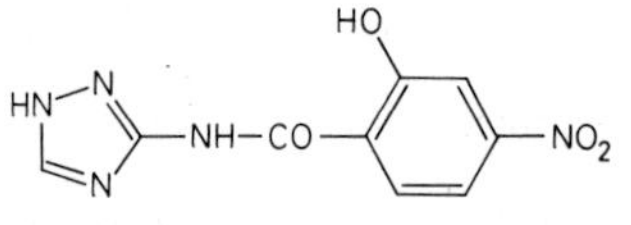

3-**Furfurylamino-1H-[1,2,4]triazol, Furfuryl-[1H-[1,2,4]triazol-3-yl]-amin** $C_7H_8N_4O$, Formel X
und Taut.
B. Bei der Hydrierung von Furfural und 1*H*-[1,2,4]Triazol-3-ylamin an Raney-Nickel in
Äthanol (*Pesson, Polmanss*, C. r. **247** [1958] 787).
F: 132 – 133°.

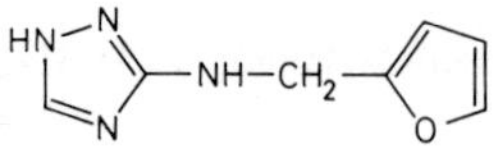

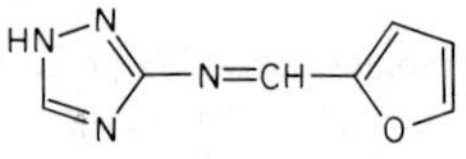

***Furfuryliden-[1H-[1,2,4]triazol-3-yl]-amin, Furfural-[1H-[1,2,4]triazol-3-ylimin]** $C_7H_6N_4O$,
Formel XI und Taut.
B. Aus 1*H*-[1,2,4]Triazol-3-ylamin und Furfural (*Farbenfabr. Bayer*, U.S.P. 2870144 [1957]).
F: 189 – 190°.

(±)-3*endo*-**[1H-[1,2,4]Triazol-3-ylcarbamoyl]-7-oxa-norbornan-2endo-carbonsäure** $C_{10}H_{12}N_4O_4$,
Formel XII + Spiegelbild und Taut.
B. Aus 1*H*-[1,2,4]Triazol-3-ylamin und 7-Oxa-norbornan-2*endo*,3*endo*-dicarbonsäure-anhyₔ
drid (*Monsanto Chem. Co.*, U.S.P. 2762816 [1955]).
Kristalle (aus wss. NaOH + wss. HCl); F: 330,8 – 332° [nach Sintern bei 300°].

2(?)-**[4-Nitro-benzolsulfonyl]-2(?)H-[1,2,4]triazol-3-ylamin** $C_8H_7N_5O_4S$, vermutlich
Formel XIII (X = NO$_2$).
Bezüglich der Konstitution s. *Coburn et al.*, J. heterocycl. Chem. **7** [1970] 1149.
B. Neben geringeren Mengen 4-Nitro-benzolsulfonsäure-[1*H*-[1,2,4]triazol-3-ylamid] beim Erₔ
wärmen von 1*H*-[1,2,4]Triazol-3-ylamin mit 4-Nitro-benzolsulfonylchlorid in Pyridin (*Backer,
de Jonge*, R. **62** [1943] 158, 162).
Kristalle (aus wss. Dioxan); F: 214 – 215° (*Ba., de Jo.*).

2(?)-**Sulfanilyl-2(?)H-[1,2,4]triazol-3-ylamin** $C_8H_9N_5O_2S$, vermutlich Formel XIII (X = NH$_2$).
B. Aus der vorangehenden Verbindung beim Erhitzen mit Eisen-Pulver und wss.-äthanol.
HCl (*Backer, de Jonge*, R. **62** [1943] 158, 162).
Kristalle (aus H$_2$O); F: 186 – 187°.

4-**Nitro-benzolsulfonsäure-[1H-[1,2,4]triazol-3-ylamid]** $C_8H_7N_5O_4S$, Formel XIV (X = NO$_2$)
und Taut.
B. s. o. im Artikel 2(?)-[4-Nitro-benzolsulfonyl]-2(?)*H*-[1,2,4]triazol-3-ylamin.
Kristalle (aus H$_2$O); F: 216 – 218° (*Backer, de Jonge*, R. **62** [1943] 158, 162).

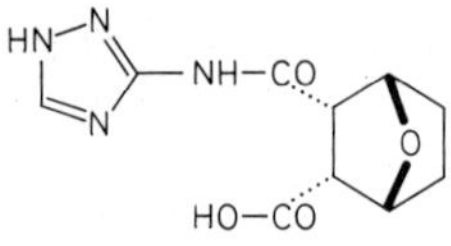

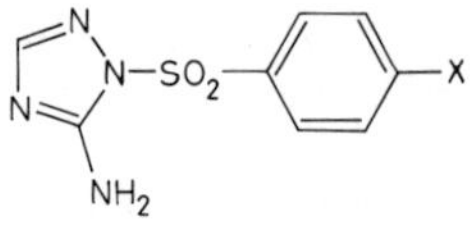

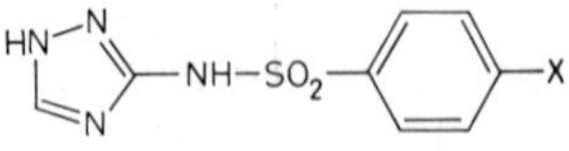

3-**Sulfanilylamino-1H-[1,2,4]triazol, Sulfanilsäure-[1H-[1,2,4]triazol-3-ylamid]** $C_8H_9N_5O_2S$,
Formel XIV (X = NH$_2$) und Taut.
B. Aus der vorangehenden Verbindung mit Hilfe von Eisen-Pulver und Essigsäure (*Anderson
et al.*, Am. Soc. **64** [1942] 2902).
F: 195 – 196° [korr.; Zers.]. Löslichkeit in 100 ml H$_2$O bei 37°: 60 mg.

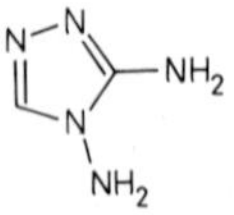

N-Acetyl-sulfanilsäure-[1*H*-[1,2,4]triazol-3-ylamid], Essigsäure-[4-(1*H*-[1,2,4]triazol-3-ylsulfamoyl)-anilid] $C_{10}H_{11}N_5O_3S$, Formel XIV (X = NH-CO-CH$_3$) und Taut.

B. Neben einer isomeren Verbindung $C_{10}H_{11}N_5O_3S$ (Kristalle [aus A.]; F: 203–204°; 2(?)-[*N*-Acetyl-sulfanilyl]-2(?)*H*-[1,2,4]triazol-3-ylamin) beim Erhitzen von 1*H*-[1,2,4]Triazol-3-ylamin mit *N*-Acetyl-sulfanilylchlorid und Pyridin (*Backer, de Jonge*, R. **62** [1943] 158, 161).

Kristalle (aus wss. A.); F: 272–273°.

3,4-Diamino-4*H*-[1,2,4]triazol, [1,2,4]Triazol-3,4-diyldiamin $C_2H_5N_5$, Formel XV (E I 39).

B. Beim Erwärmen von *N,N'*-Diamino-guanidin-nitrat mit Ameisensäure (*Lieber et al.*, J. org. Chem. **18** [1953] 218, 227; vgl. E I 39). Aus 4,5-Diamino-2,4-dihydro-[1,2,4]triazol-3-thion mit Hilfe von Raney-Nickel (*Hoggarth*, Soc. **1952** 4817, 4820).

Kristalle (aus A.); F: 216–218° (*Ho.*).

Beim Erhitzen mit Benzil und KOH in Äthanol ist 6,7-Diphenyl-[1,2,4]triazolo[4,3-*b*][1,2,4]triazin erhalten worden (*Ho.*).

Nitrat $C_2H_5N_5 \cdot HNO_3$ (E I 39). Kristalle (aus A.); F: 198–199° [unkorr.] (*Li. et al.*).

Benzyliden-Derivat $C_9H_9N_5$ (vgl. E I 39). Kristalle; F: 241–242° (*Ho.*).

[4-Chlor-benzyliden]-Derivat $C_9H_8ClN_5$. Kristalle; F: 223–225° (*Ho.*).

[4-Methoxy-benzyliden]-Derivat $C_{10}H_{11}N_5O$. Gelbe Kristalle; F: 214–215° (*Ho.*).

Amine $C_3H_6N_4$

5-Methyl-2-phenyl-2*H*-[1,2,3]triazol-4-ylamin $C_9H_{10}N_4$, Formel I (H 145).

Kristalle (aus PAe.); F: 92–93° (*Quilico, Musante*, G. **72** [1942] 399, 405).

Benzyliden-Derivat $C_{16}H_{14}N_4$; Benzyliden-[5-methyl-2-phenyl-2*H*-[1,2,3]triazol-4-yl]-amin, Benzaldehyd-[5-methyl-2-phenyl-2*H*-[1,2,3]triazol-4-ylimin]. Kristalle (aus A.); F: 119–120°.

Acetyl-Derivat $C_{11}H_{12}N_4O$; 4-Acetylamino-5-methyl-2-phenyl-2*H*-[1,2,3]triazol, *N*-[5-Methyl-2-phenyl-2*H*-[1,2,3]triazol-4-yl]-acetamid. Kristalle (aus H$_2$O); F: 148–149°.

Dibenzoyl-Derivat $C_{23}H_{18}N_4O_2$; 4-Dibenzoylamino-5-methyl-2-phenyl-2*H*-[1,2,3]triazol(?), *N*-[5-Methyl-2-phenyl-2*H*-[1,2,3]triazol-4-yl]-dibenzamid(?). Kristalle (aus A.); F: 144–145°.

Phenylcarbamoyl-Derivat $C_{16}H_{15}N_5O$; *N*-[5-Methyl-2-phenyl-2*H*-[1,2,3]triazol-4-yl]-*N'*-phenyl-harnstoff (H 145). Kristalle (aus A.); F: 240°.

N-[2-Phenyl-2*H*-[1,2,3]triazol-4-ylmethyl]-phthalimid $C_{17}H_{12}N_4O_2$, Formel II.

B. Beim Erhitzen von 4-Brommethyl-2-phenyl-2*H*-[1,2,3]triazol mit Kaliumphthalimid (*Riebsomer, Stauffer*, J. org. Chem. **16** [1951] 1643, 1644).

Orangefarbene Kristalle (aus A.); F: 135–136°.

5-Methyl-1*H*-[1,2,4]triazol-3-ylamin $C_3H_6N_4$, Formel III (R = R' = H) und Taut. (H 145; E I 39; E II 77).

B. Aus [5-Methyl-1*H*-[1,2,4]triazol-3-yl]-harnstoff beim Erhitzen mit wss. NaOH (*Kaiser, Peters*, J. org. Chem. **18** [1953] 196, 200).

Kristalle (aus E.); F: 151–152° (*Williams et al.*, J. phys. Chem. **61** [1957] 261, 266). Standard-Bildungsenthalpie (−54,59 kcal·mol^{-1}) und Standard-Verbrennungsenthalpie (−466,68 kcal·mol^{-1}): *Wi. et al.*, l. c. S. 264. UV-Spektrum (H$_2$O; 210–250 nm): *Goerdeler*, B. **87** [1954] 57, 61.

Nitrat (H 146). Kristalle (aus A.); F: 176–177° (*Wi. et al.*, l. c. S. 266).

Picrat $C_3H_6N_4 \cdot C_6H_3N_3O_7$ (H 146). Kristalle (aus H$_2$O); F: 232° [unkorr.; Zers.] (*Sirakawa*, J. pharm. Soc. Japan **79** [1959] 899, 902; C. A. **1960** 556).

3-Methyl-5-propylamino-1*H*-[1,2,4]triazol, [5-Methyl-1*H*-[1,2,4]triazol-3-yl]-propyl-amin $C_6H_{12}N_4$, Formel III (R = H, R' = CH$_2$-C$_2$H$_5$) und Taut.

B. Beim Erhitzen von 5-Methyl-[1,3,4]oxadiazol-2-ylamin (Konstitution: *Gehlen, Blankenstein*,

A. **638** [1960] 136, 139) mit Propylamin (*Gehlen, Benatzky,* A. **615** [1958] 60, 68).
Kristalle (aus H_2O); F: 181° (*Ge., Be.*).
Silber-Salz $AgC_6H_{11}N_4$: *Ge., Be.*

Die folgenden Verbindungen sind in analoger Weise hergestellt worden:
3-Butylamino-5-methyl-1*H*-[1,2,4]triazol, Butyl-[5-methyl-1*H*-[1,2,4]triazol-3-yl]-amin $C_7H_{14}N_4$, Formel III (R = H, R′ = $[CH_2]_3$-CH_3) und Taut. Kristalle (aus H_2O); F: 167° (*Ge., Be.,* l. c. S. 69). – Hydrobromid $C_7H_{14}N_4 \cdot HBr$: *Ge., Be.* – Silber-Salz $AgC_7H_{13}N_4$: *Ge., Be.*

3-Anilino-5-methyl-1*H*-[1,2,4]triazol, [5-Methyl-1*H*-[1,2,4]triazol-3-yl]-phenyl-amin $C_9H_{10}N_4$, Formel III (R = H, R′ = C_6H_5) und Taut. Kristalle (aus H_2O); F: 208° (*Ge., Be.,* l. c. S. 63). – Hydrochlorid $C_9H_{10}N_4 \cdot HCl$. Kristalle [aus wss. HCl] (*Ge., Be.*). – Hydrobromid $C_9H_{10}N_4 \cdot HBr$. Kristalle (aus wss. HBr); F: 193° [Zers.] (*Ge., Be.*). – Silber-Salz $AgC_9H_9N_4$: *Ge., Be.* – Picrat $C_9H_{10}N_4 \cdot C_6H_3N_3O_7$. Gelbe Kristalle (aus H_2O); F: 192,5° (*Ge., Be.*). – Acetyl-Derivat $C_{11}H_{12}N_4O$. Kristalle (aus A.); F: 96–98° (*Ge., Be.*). – Jod-Verbindung $C_9H_9IN_4$. Kristalle (aus H_2O); F: 273° (*Ge., Be.*).

2-[5-Methyl-1*H*-[1,2,4]triazol-3-ylamino]-äthanol $C_5H_{10}N_4O$, Formel III (R = H, R′ = CH_2-CH_2-OH) und Taut. Kristalle (aus H_2O); F: 213° (*Ge., Be.,* l. c. S. 66). – Hydro‡bromid $C_5H_{10}N_4O \cdot HBr$. F: 55–57° [Zers.] (*Ge., Be.*). – Silber-Salz $AgC_5H_9N_4O$: *Ge., Be.* – Picrat $C_5H_{10}N_4O \cdot C_6H_3N_3O_7$. Gelbe Kristalle (aus A.); F: 165° (*Ge., Be.*). – Di‡benzoyl-Derivat $C_{19}H_{18}N_4O_3$. Kristalle (aus A.); F: 190,5° (*Ge., Be.*).

I   II   III

3-Anilino-5-methyl-1,4-diphenyl-[1,2,4]triazolium-betain $C_{21}H_{18}N_4$, Formel IV.
Diese Konstitution kommt der früher (H **26** 352) als 4-Methyl-3,5,6-triphenyl-2,3,5,6-tetraaza-bicyclo[2.1.1]hex-1-en („1.4-Diphenyl-5-methyl-3.5-endoanilo-1.2.4-triazolin") formulierten Verbindung zu (*Evans, Milligan,* Austral. J. Chem. **20** [1967] 1779; s. a. die Angaben im Artikel 3-Anilino-1,4-diphenyl-[1,2,4]triazolium-betain [E II **26** 76]).
Hellgelbe Kristalle (aus Acetonitril); F: 251–252° (*Ev., Mi.*). ^{1}H-NMR-Absorption (Trifluor‡essigsäure): *Ev., Mi.*

N,N′-Bis-[5-methyl-1*H*-[1,2,4]triazol-3-yl]-formamidin $C_7H_{10}N_8$, Formel V und Taut.
B. Aus 5-Methyl-1*H*-[1,2,4]triazol-3-ylamin und Orthoameisensäure-triäthylester (*Ilford Ltd.,* U.S.P. 2534914 [1949]).
Kristalle; F: 275°.

3-Acetylamino-5-methyl-1*H*-[1,2,4]triazol, N-[5-Methyl-1*H*-[1,2,4]triazol-3-yl]-acetamid
$C_5H_8N_4O$, Formel III (R = H, R′ = CO-CH_3) und Taut. (H 146).
B. Aus der folgenden Verbindung beim Erhitzen mit wss. Essigsäure (*Birkofer,* B. **76** [1943] 769, 772).
F: 284°.

1-Acetyl-3-acetylamino-5-methyl-1*H*-[1,2,4]triazol, N-[1-Acetyl-5-methyl-1*H*-[1,2,4]triazol-3-yl]-acetamid $C_7H_{10}N_4O_2$, Formel III (R = R′ = CO-CH_3).
Bezüglich der Konstitution s. *Staab, Seel,* B. **92** [1959] 1302, 1303; *Coburn et al.,* J. heterocycl. Chem. **7** [1970] 1149.
B. Beim Erhitzen von Aminoguanidin-nitrat mit Acetanhydrid und Pyridin (*Patinkin et al.,* Am. Soc. **77** [1955] 562, 567). Aus 5-Methyl-1*H*-[1,2,4]triazol-3-ylamin und Acetanhydrid (*Birko‡fer,* B. **76** [1943] 769, 772).
Kristalle; F: 203–206° (*Pa. et al.*), 203–204° [aus Toluol oder A.] (*Bi.*).

3-Methyl-5-propionylamino-1*H***-[1,2,4]triazol, *N*-[5-Methyl-1***H***-[1,2,4]triazol-3-yl]-propionamid**
$C_6H_{10}N_4O$, Formel III (R = H, R' = CO-CH$_2$-CH$_3$) und Taut.
B. Aus der folgenden Verbindung beim Erhitzen mit H$_2$O (*Birkofer*, B. **76** [1943] 769, 772).
F: 265°.

5-Methyl-1-propionyl-3-propionylamino-1*H***-[1,2,4]triazol, *N*-[5-Methyl-1-propionyl-1***H*-[1,2,4]triazol-3-yl]-propionamid** $C_9H_{14}N_4O_2$, Formel III (R = R' = CO-CH$_2$-CH$_3$).
Bezüglich der Konstitution s. *Staab, Seel*, B. **92** [1959] 1302, 1303; *Coburn et al.*, J. heterocycl. Chem. **7** [1970] 1149.
B. Aus 5-Methyl-1*H*-[1,2,4]triazol-3-ylamin und Propionsäure-anhydrid (*Birkofer*, B. **76** [1943] 769, 772).
Kristalle (aus Toluol); F: 134−135° (*Bi.*).

3-Butyrylamino-5-methyl-1*H***-[1,2,4]triazol, *N*-[5-Methyl-1***H***-[1,2,4]triazol-3-yl]-butyramid**
$C_7H_{12}N_4O$, Formel III (R = H, R' = CO-CH$_2$-CH$_2$-CH$_3$) und Taut.
B. Aus der folgenden Verbindung beim Erhitzen mit H$_2$O oder Äthanol (*Birkofer*, B. **76** [1943] 769, 772).
F: 258−259° [Zers.].

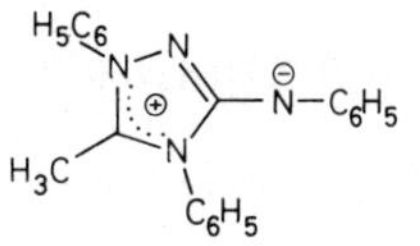

IV 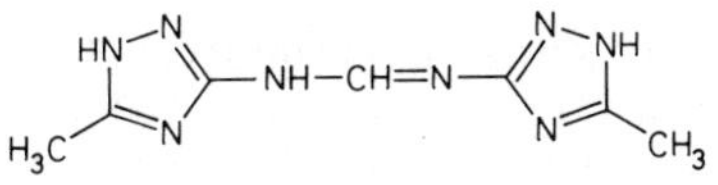   V 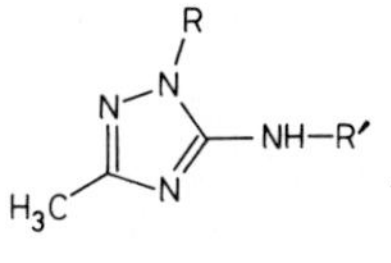   VI

1-Butyryl-3-butyrylamino-5-methyl-1*H***-[1,2,4]triazol, *N*-[1-Butyryl-5-methyl-1***H*-[1,2,4]triazol-3-yl]-butyramid** $C_{11}H_{18}N_4O_2$, Formel III (R = R' = CO-CH$_2$-CH$_2$-CH$_3$).
Bezüglich der Konstitution s. *Staab, Seel*, B. **92** [1959] 1302, 1303; *Coburn et al.*, J. heterocycl. Chem. **7** [1970] 1149.
B. Aus 5-Methyl-1*H*-[1,2,4]triazol-3-ylamin und Buttersäure-anhydrid (*Birkofer*, B. **76** [1943] 769, 772).
Kristalle (aus PAe.); F: 86−87° (*Bi.*).

[5-Methyl-1*H***-[1,2,4]triazol-3-yl]-harnstoff** $C_4H_7N_5O$, Formel III (R = H, R' = CO-NH$_2$)
und Taut.
B. Beim Erhitzen von *N*-Acetyl-*N'*-cyan-guanidin mit N$_2$H$_4$ in H$_2$O (*Kaiser, Peters*, J. org. Chem. **18** [1953] 196, 198).
Zers. bei 307° [unkorr.; aus wss. 2-Äthoxy-äthanol].

N*-[5-Methyl-2-(4-nitro-phenyl)-2H***-[1,2,4]triazol-3-yl]-anthranilsäure** $C_{16}H_{13}N_5O_4$, Formel VI
(R = C$_6$H$_4$-NO$_2$, R' = C$_6$H$_4$-CO-OH) und Taut.
B. Aus 5-Methyl-2-[4-nitro-phenyl]-1,2-dihydro-[1,2,4]triazol-3-on und Anthranilsäure mit Hilfe von PCl$_3$ (*Ghosh, Betrabet*, J. Indian chem. Soc. **7** [1930] 899, 901).
Hellbraune Kristalle (aus wss. Eg.); F: 308°.

5-Methyl-2(?)-[4-nitro-benzolsulfonyl]-2(?)*H***-[1,2,4]triazol-3-ylamin** $C_9H_9N_5O_4S$, vermutlich
Formel VI (R = SO$_2$-C$_6$H$_4$-NO$_2$, R' = H).
Bezüglich der Konstitution s. *van den Bos*, R. **79** [1960] 836; *Coburn et al.*, J. heterocycl. Chem. **7** [1970] 1149.
B. Neben geringeren Mengen 4-Nitro-benzolsulfonsäure-[5-methyl-1*H*-[1,2,4]triazol-3-ylamid]
beim Erwärmen von 5-Methyl-1*H*-[1,2,4]triazol-3-ylamin mit 4-Nitro-benzolsulfonylchlorid in Pyridin (*Backer, de Jonge*, R. **62** [1943] 158, 161).
Kristalle (aus wss. Dioxan); F: 228−229° (*Ba., de Jo.*).

5-Methyl-2(?)-sulfanilyl-2(?)H-[1,2,4]triazol-3-ylamin $C_9H_{11}N_5O_2S$, vermutlich Formel VI
($R = SO_2$-C_6H_4-NH_2, $R' = H$).

B. Aus der vorangehenden Verbindung beim Erhitzen mit Eisen-Pulver und wss.-äthanol.
HCl (*Backer, de Jonge,* R. **62** [1943] 158, 161).

Kristalle (aus wss. A.); F: 209−210°.

**2(?)-[N-Acetyl-sulfanilyl]-5-methyl-2(?)H-[1,2,4]triazol-3-ylamin, Essigsäure-[4-(3(?)-amino-
5(?)-methyl-[1,2,4]triazol-1-sulfonyl)-anilid]** $C_{11}H_{13}N_5O_3S$, vermutlich Formel VI
($R = SO_2$-C_6H_4-NH-CO-CH_3, $R' = H$).

Bezüglich der Konstitution s. *van den Bos,* R. **79** [1960] 836; *Coburn et al.,* J. heterocycl.
Chem. **7** [1970] 1149.

B. Aus 5-Methyl-1H-[1,2,4]triazol-3-ylamin und N-Acetyl-sulfanilylchlorid in Pyridin (*Backer,
de Jonge,* R. **62** [1943] 158, 160; *Jensen,* Dansk Tidsskr. Farm. **15** [1941] 299, 303).

Kristalle; F: 245° [aus A.] (*Je.*), 240−241° [aus wss. A.] (*Ba., de Jo.*). UV-Spektrum (wss.
NaOH; 230−300 nm): *Veldstra, Wiardi,* R. **62** [1943] 661, 667.

4-Nitro-benzolsulfonsäure-[5-methyl-1H-[1,2,4]triazol-3-ylamid] $C_9H_9N_5O_4S$, Formel VII
($R = SO_2$-C_6H_4-NO_2) und Taut.

B. s. o. im Artikel 5-Methyl-2(?)-[4-nitro-benzolsulfonyl]-2(?)H-[1,2,4]triazol-3-ylamin.

Kristalle (aus wss. A.); Zers. bei ca. 282° (*Backer, de Jonge,* R. **62** [1943] 158, 161).

**3-Methyl-5-sulfanilylamino-1H-[1,2,4]triazol, Sulfanilsäure-[5-methyl-1H-[1,2,4]triazol-
3-ylamid]** $C_9H_{11}N_5O_2S$, Formel VII ($R = SO_2$-C_6H_4-NH_2) und Taut.

B. Aus dem Acetyl-Derivat (s. u.) beim Erwärmen mit wss. NaOH (*Backer, de Jonge,* R.
62 [1943] 158, 161).

Kristalle (aus H_2O); F: 244−245° (*Ba., de Jo.*).

Natrium-Verbindung $NaC_9H_{10}N_5O_2S$. F: >300° (*Raiziss et al.,* Am. Soc. **63** [1941]
2739).

Acetyl-Derivat $C_{11}H_{13}N_5O_3S$; N-Acetyl-sulfanilsäure-[5-methyl-1H-[1,2,4]tri-
azol-3-ylamid], Essigsäure-[4-(5-methyl-1H-[1,2,4]triazol-3-ylsulfamoyl)-anilid].
B. Aus 5-Methyl-1H-[1,2,4]triazol-3-ylamin und N-Acetyl-sulfanilylchlorid in Pyridin (*Ba.,
de Jo.*). − Kristalle (aus wss. A.); F: 298−299° (*Ba., de Jo.*). UV-Spektrum (wss. NaOH;
240−360 nm): *Veldstra, Wiardi,* R. **62** [1943] 661, 667.

3-Carboxy-propionyl-Derivat $C_{13}H_{15}N_5O_5S$; N-[4-(5-Methyl-1H-[1,2,4]triazol-
3-ylsulfamoyl)-phenyl]-succinamidsäure. Kristalle (aus wss. A.); F: 205° [Zers.]
(*Schering A.G.,* D.B.P. 909342 [1941]).

2-Carboxy-benzoyl-Derivat $C_{17}H_{15}N_5O_5S$; N-[4-(5-Methyl-1H-[1,2,4]triazol-3-
ylsulfamoyl)-phenyl]-phthalamidsäure. Kristalle (aus wss. A.); F: 282° (*Schering A.G.*).

5-Methyl-[1,2,4]triazol-3,4-diyldiamin $C_3H_7N_5$, Formel VIII ($R = CH_3$) (E I 40).

B. Aus N-Amino-N'-nitro-guanidin beim Behandeln mit Zink-Pulver und wss. Essigsäure
(*Lieber et al.,* J. org. Chem. **18** [1953] 218, 225; *Scott et al.,* J. appl. Chem. **2** [1952] 184)
oder bei der Hydrierung an Platin in Essigsäure (*Li. et al.*). Beim Behandeln von N,N'-Diamino-
guanidin-hydrochlorid mit Acetanhydrid und Essigsäure (*Li. et al.*). Beim Erhitzen von
5-Methyl-[1,3,4]oxadiazol-2-ylamin (Konstitution: *Gehlen, Blankenstein,* A. **638** [1960] 136, 139)
mit $N_2H_4 \cdot H_2O$ (*Gehlen, Elchlepp,* A. **594** [1955] 14, 18; s. a. *Gehlen, Röbisch,* A. **663** [1963]
119, 122).

Kristalle (aus A.); F: 213° (*Ge., El.;* s. a. *Ge., Rö.*).

Hydrochlorid $C_3H_7N_5 \cdot HCl$. Kristalle; Zers. bei 250−253° [korr.; geschlossene Kapillare;
aus A.] (*Li. et al.*); F: 244−246° [unkorr.; aus wss. A.] (*Sc. et al.*). Bei ca. 205° sublimierbar
(*Li. et al.*).

Hydrobromid $C_3H_7N_5 \cdot HBr$. Kristalle mit 1 Mol H_2O; F: 202° (*Ge., El.*).

Nitrat $C_3H_7N_5 \cdot HNO_3$ (E I 40). Kristalle (aus A.); F: 188° [unkorr.] (*Li. et al.*).

Picrat $C_3H_7N_5 \cdot C_6H_3N_3O_7$ (E I 40). Gelbe Kristalle; F: 191° (*Ge., El.,* l. c. S. 16 Anm. 5),
188° [unkorr.; aus H_2O] (*Li. et al.*).

Dibenzyliden-Derivat $C_{17}H_{15}N_5$; N^3,N^4-Dibenzyliden-5-methyl-[1,2,4]triazol-

3,4-diyldiamin. Gelbe Kristalle (aus wss. A.); F: 167,5−168,5° [unkorr.] (*Li. et al.*).

3-Aminomethyl-1*H*-[1,2,4]triazol, *C*-[1*H*-[1,2,4]Triazol-3-yl]-methylamin $C_3H_6N_4$, Formel IX und Taut.

Dihydrochlorid $C_3H_6N_4 \cdot 2HCl$. *B.* Aus der folgenden Verbindung beim Behandeln mit wss. HCl (*Ainsworth, Jones*, Am. Soc. **76** [1954] 5651). − Kristalle (aus Me. + Ae.); F: 263−265°.

N-[1*H*-[1,2,4]Triazol-3-ylmethyl]-phthalimid $C_{11}H_8N_4O_2$, Formel X (R = H) und Taut.

B. Aus *N*-[5-Thioxo-2,5-dihydro-1*H*-[1,2,4]triazol-3-ylmethyl]-phthalimid beim Behandeln mit HNO_3 und wenig $NaNO_2$ (*Ainsworth, Jones*, Am. Soc. **76** [1954] 5651).
Kristalle (aus H_2O); F: 270−272°.

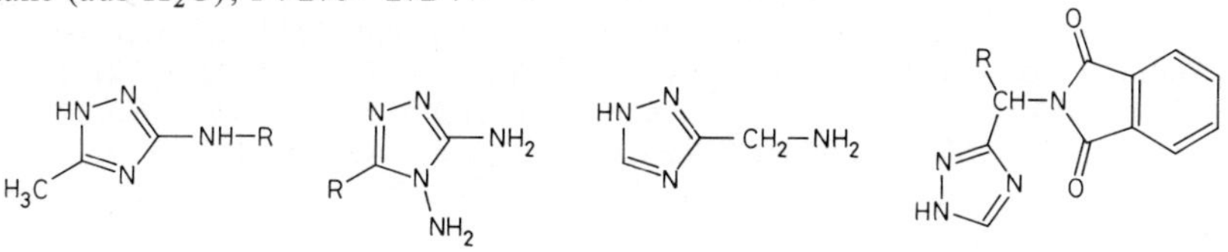

VII   VIII   IX   X

Amine $C_4H_8N_4$

(±)-5-Methyl-2,5-dihydro-[1,2,4]triazin-3-ylamin $C_4H_8N_4$, Formel XI und Taut.

B. Aus (±)-*N*-[β-Thiosemicarbazono-isopropyl]-phthalimid beim Erhitzen mit N_2H_4 in H_2O und anschliessenden Behandeln mit wss. HCl (*Foye, Lange*, J. Am. pharm. Assoc. **46** [1957] 371).

Hydrochlorid $C_4H_8N_4 \cdot HCl$. Hygroskopische Kristalle (aus Propan-1-ol + Bzl.) mit 4 Mol H_2O; F: 135−137° [unkorr.].

(±)-[2-Nitro-1-(1-phenyl-1*H*-[1,2,3]triazol-4-yl)-äthyl]-[1-phenyl-1*H*-[1,2,3]triazol-4-ylmethylen]-amin $C_{19}H_{16}N_8O_2$, Formel XII.

B. Beim Behandeln von 1-Phenyl-1*H*-[1,2,3]triazol-4-carbaldehyd mit Nitromethan und Ammoniumacetat in Essigsäure und Äthanol (*Hüttel et al.*, A. **585** [1954] 115, 121).
Kristalle (aus E. oder Butan-1-ol); F: 170° [Zers.].

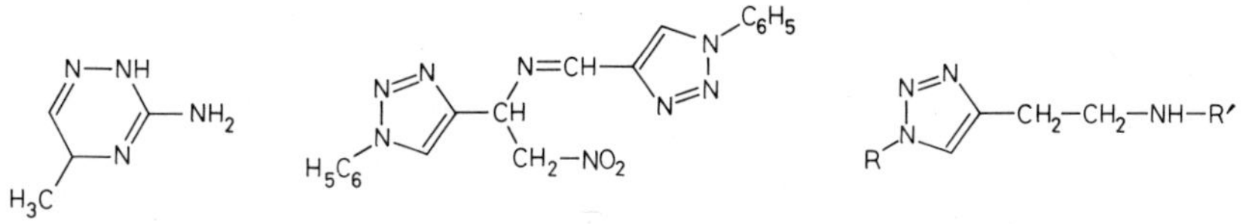

XI   XII   XIII

2-[1*H*-[1,2,3]Triazol-4-yl]-äthylamin $C_4H_8N_4$, Formel XIII (R = R′ = H) und Taut.

B. Aus dem *N*-Acetyl-Derivat [s. u.] (*Sheehan, Robinson*, Am. Soc. **71** [1949] 1436, 1439).
Kristalle (nach Sublimation bei 100°/0,05 Torr); F: 157,5−159° [korr.].
Dihydrochlorid $C_4H_8N_4 \cdot 2HCl$. Kristalle (aus Me. + Ae.); F: 185−186° [korr.; Zers.].
Acetyl-Derivat $C_6H_{10}N_4O$; *N*-[2-(1*H*-[1,2,3]Triazol-4-yl)-äthyl]-acetamid. *B.* Beim Hydrieren von [1*H*-[1,2,3]Triazol-4-yl]-acetonitril an Platin in Acetanhydrid (*Sh., Ro.*). − Kristalle (aus E. + Ae.); F: 81−82°. − Hydrochlorid $C_6H_{10}N_4O \cdot HCl$. Kristalle (aus A. + Acn.); F: 166−166,5° [korr.; Zers.].

2-[1-Methyl-1*H*-[1,2,3]triazol-4-yl]-äthylamin $C_5H_{10}N_4$, Formel XIII (R = CH_3, R′ = H).

B. Aus dem *N*-Acetyl-Derivat [s. u.] (*Hüttel et al.*, A. **585** [1954] 115, 124).
Dihydrochlorid $C_5H_{10}N_4 \cdot 2HCl$. Hygroskopische Kristalle (aus A.); F: 197−197,5°.
Hydrogenoxalat $C_5H_{10}N_4 \cdot C_2H_2O_4$. Kristalle (aus Oxalsäure enthaltendem A.); F: 156,5°.
Acetyl-Derivat $C_7H_{12}N_4O$; *N*-[2-(1-Methyl-1*H*-[1,2,3]triazol-4-yl)-äthyl]-acet≠

amid. *B.* Bei der Hydrierung von [1-Methyl-1*H*-[1,2,3]triazol-4-yl]-acetonitril an Platin in Acetanhydrid (*Hü. et al.*). — Kristalle; F: 102—103°.

4-[2-Isopropylamino-äthyl]-1*H*-[1,2,3]triazol, Isopropyl-[2-(1*H*-[1,2,3]triazol-4-yl)-äthyl]-amin

$C_7H_{14}N_4$, Formel XIII (R = H, R' = CH(CH$_3$)$_2$ und Taut.

B. Beim Hydrieren von 2-[1*H*-[1,2,3]Triazol-4-yl]-äthylamin und Aceton an Platin in Äthanol (*Sheehan, Robinson*, Am. Soc. **71** [1949] 1436, 1439).

Kristalle (aus Butanon); F: 143—144° [korr.].

2-[1-Phenyl-1*H*-[1,2,3]triazol-4-yl]-äthylamin

$C_{10}H_{12}N_4$, Formel XIII (R = C$_6$H$_5$, R' = H).

B. Bei der Hydrierung von [1-Phenyl-1*H*-[1,2,3]triazol-4-yl]-acetaldehyd-oxim an Platin in Äthanol (*Hüttel et al.*, A. **585** [1954] 115, 120) oder von [1-Phenyl-1*H*-[1,2,3]triazol-4-yl]-aceto=nitril an Platin in Acetanhydrid (*Sheehan, Robinson*, Am. Soc. **73** [1951] 1207, 1210).

Monohydrochlorid $C_{10}H_{12}N_4 \cdot HCl$. Kristalle (aus A.); F: 197—198° (*Hü. et al.*).

Dihydrochlorid $C_{10}H_{12}N_4 \cdot 2HCl$. Kristalle (aus Me.+Ae.); F: 182° [korr.; unter Ab=spaltung von HCl und Übergang in das Monohydrochlorid; abhängig von der Geschwindigkeit des Erhitzens] (*Sh., Ro.*; s. dazu *Hü. et al.*).

Hydrogenoxalat $C_{10}H_{12}N_4 \cdot C_2H_2O_4$. Kristalle (aus H$_2$O); F: 197° [unter Braunfärbung] (*Hü. et al.*).

5-Äthyl-1*H*-[1,2,4]triazol-3-ylamin

$C_4H_8N_4$, Formel XIV (R = H) und Taut. (E II 79).

Nitrat (E II 79). *B.* Aus Aminoguanidin-nitrat und Propionimidsäure-äthylester-hydrochlo=rid (*BASF*, D.B.P. 1073499 [1958]). — Kristalle (aus A.+E.); F: 167°.

3-Äthyl-5-anilino-1*H*-[1,2,4]triazol, [5-Äthyl-1*H*-[1,2,4]triazol-3-yl]-phenyl-amin

$C_{10}H_{12}N_4$, Formel XIV (R = C$_6$H$_5$) und Taut.

B. Beim Erhitzen von 5-Äthyl-[1,3,4]oxadiazol-2-ylamin (bezüglich der Konstitution s. *Gehlen, Blankenstein*, A. **638** [1960] 136, 139) mit Anilin und wss. HCl (*Gehlen, Benatzky*, A. **615** [1958] 60, 64).

Kristalle (aus A.); F: 187° (*Ge., Be.*).

Hydrobromid $C_{10}H_{12}N_4 \cdot HBr$. Kristalle [aus wss. HBr] (*Ge., Be.*).

Silber-Salz AgC$_{10}$H$_{11}$N$_4$: *Ge., Be.*

Picrat $C_{10}H_{12}N_4 \cdot C_6H_3N_3O_7$. Gelbe Kristalle (aus H$_2$O); F: 171° (*Ge., Be.*).

Acetyl-Derivat $C_{12}H_{14}N_4O$. Kristalle (aus A.); F: 79° (*Ge., Be.*).

XIV   XV   XVI

5-Äthyl-3-anilino-1,4-diphenyl-[1,2,4]triazolium-betain

$C_{22}H_{20}N_4$, Formel XV.

Diese Konstitution kommt der früher (H **26** 352) als 4-Äthyl-3,5,6-triphenyl-2,3,5,6-tetraaza-bicyclo[2.1.1]hex-1-en („1.4-Diphenyl-5-äthyl-3.5-endoanilo-1.2.4-triazolin") formulierten Ver=bindung zu (s. diesbezüglich *Evans, Milligan*, Austral. J. Chem. **20** [1967] 1779; s. a. die Angaben im Artikel 3-Anilino-1,4-diphenyl-[1,2,4]triazolium-betain [E II **26** 76]).

2-[5-Äthyl-1*H*-[1,2,4]triazol-3-ylamino]-äthanol

$C_6H_{12}N_4O$, Formel XIV (R = CH$_2$-CH$_2$-OH) und Taut.

B. Beim Erhitzen von 5-Äthyl-[1,3,4]oxadiazol-2-ylamin (bezüglich der Konstitution s. *Gehlen, Blankenstein*, A. **638** [1960] 136, 139) mit 2-Amino-äthanol (*Gehlen, Benatzky*, A. **615** [1958] 60, 67).

Kristalle (aus H$_2$O); F: 224° (*Ge., Be.*).

Diacetyl-Derivat $C_{10}H_{16}N_4O_3$. Kristalle (aus A.); F: 129,5° (*Ge., Be.*).

Dibenzoyl-Derivat $C_{20}H_{20}N_4O_3$. Kristalle (aus A.); F: 179,5° (*Ge., Be.*).

N,N'-**Bis-[5-äthyl-1*H*-[1,2,4]triazol-3-yl]-formamidin** $C_9H_{14}N_8$, Formel XVI und Taut.

B. Aus 5-Äthyl-1*H*-[1,2,4]triazol-3-ylamin und Orthoameisensäure-triäthylester (*Ilford Ltd.*, U.S.P. 2534914 [1949]).

Kristalle; F: 263°.

5-Äthyl-[1,2,4]triazol-3,4-diyldiamin $C_4H_9N_5$, Formel VIII (R = C_2H_5) auf S. 1085.

B. Beim Erhitzen von 5-Äthyl-[1,3,4]oxadiazol-2-ylamin (bezüglich der Konstitution s. *Gehlen, Blankenstein*, A. **638** [1960] 136, 139) mit $N_2H_4 \cdot H_2O$ (*Gehlen, Elchlepp*, A. **594** [1955] 14, 19; s. a. *Gehlen, Röbisch*, A. **663** [1963] 119, 122).

Kristalle (aus A.); F: 195° (*Ge., El.*).

Hydrobromid $C_4H_9N_5 \cdot HBr$. Feststoff mit 1 Mol H_2O; F: 188° [Zers.] (*Ge., El.*).

(±)-1-[1*H*-[1,2,4]Triazol-3-yl]-äthylamin $C_4H_8N_4$, Formel I und Taut.

B. Aus der folgenden Verbindung beim Behandeln mit wss. HCl (*Ainsworth, Jones*, Am. Soc. **76** [1954] 5651).

Dihydrochlorid $C_4H_8N_4 \cdot 2HCl$. Kristalle (aus A. + Me.); F: 182−183°.

(±)-*N*-[1-(1*H*-[1,2,4]Triazol-3-yl)-äthyl]-phthalimid $C_{12}H_{10}N_4O_2$, Formel X (R = CH_3) auf S. 1085 und Taut.

B. Aus (±)-*N*-[1-(5-Thioxo-2,5-dihydro-1*H*-[1,2,4]triazol-3-yl)-äthyl]-phthalimid beim Behandeln mit HNO_3 und wenig $NaNO_2$ (*Ainsworth, Jones*, Am. Soc. **76** [1954] 5651).

Kristalle (aus H_2O); F: 195−196°.

2-[1*H*-[1,2,4]Triazol-3-yl]-äthylamin $C_4H_8N_4$, Formel II (R = H) und Taut.

B. Aus *N*-[2-(1*H*-[1,2,4]Triazol-3-yl)-äthyl]-phthalimid beim Behandeln mit wss. HCl (*Ainsworth, Jones*, Am. Soc. **75** [1953] 4915, 4917).

Kristalle (nach Destillation bei 158−160°/0,1 Torr); F: 83−85° (*Ai., Jo.*).

Dihydrochlorid $C_4H_8N_4 \cdot 2HCl$. Zers. bei 215° (*Ai., Jo.*).

Dipicrat $C_4H_8N_4 \cdot 2C_6H_3N_3O_7$. Gelbe Kristalle (aus A.); F: 190° (*Ai., Jo.*).

Acetyl-Derivat $C_6H_{10}N_4O$; *N*-[2-(1*H*-[1,2,4]Triazol-3-yl)-äthyl]-acetamid. Hydrochlorid $C_6H_{10}N_4O \cdot HCl$. Kristalle; F: 160° (*Ai., Jo.*, l. c. S. 4918), ca. 160° [aus A. + Ae.] (*E. Lilly & Co.*, U.S.P. 2710296 [1953]).

Benzoyl-Derivat $C_{11}H_{12}N_4O$; *N*-[2-(1*H*-[1,2,4]Triazol-3-yl)-äthyl]-benzamid. Kristalle (aus H_2O); F: 189−190° (*Ai., Jo.*).

2-[1-Methyl-1*H*-[1,2,4]triazol-3-yl]-äthylamin $C_5H_{10}N_4$, Formel III (R = CH_3, R' = H).

B. Aus *N*-[2-(1-Methyl-1*H*-[1,2,4]triazol-3-yl)-äthyl]-phthalimid beim Behandeln mit wss. HCl (*Ainsworth, Jones*, Am. Soc. **77** [1955] 621, 623).

Dihydrochlorid $C_5H_{10}N_4 \cdot 2HCl$. Hygroskopisch; F: 175−178°.

Dipicrat $C_5H_{10}N_4 \cdot 2C_6H_3N_3O_7$. Kristalle (aus H_2O); F: 212−213°.

2-[2-Methyl-2*H*-[1,2,4]triazol-3-yl]-äthylamin $C_5H_{10}N_4$, Formel IV.

B. Neben der vorangehenden Verbindung aus *N*-[2-(1*H*-[1,2,4]Triazol-3-yl)-äthyl]-phthalimid bei der Umsetzung mit CH_3I und anschliessenden Hydrolyse mit wss. HCl (*Ainsworth, Jones*, Am. Soc. **77** [1955] 621, 623).

Dihydrochlorid $C_5H_{10}N_4 \cdot 2HCl$. Hygroskopisch.

Dipicrat $C_5H_{10}N_4 \cdot 2C_6H_3N_3O_7$. Kristalle; F: 180−182°.

2-[4-Methyl-4H-[1,2,4]triazol-3-yl]-äthylamin $C_5H_{10}N_4$, Formel V (R = CH_3).

B. Aus N-[2-(4-Methyl-4H-[1,2,4]triazol-3-yl)-äthyl]-phthalimid beim Behandeln mit wss. HCl (*Ainsworth, Jones,* Am. Soc. **77** [1955] 621, 623).

Dihydrochlorid $C_5H_{10}N_4 \cdot 2HCl$. Kristalle (aus Me.+Ae.); F: 190–194°.

Dipicrat $C_5H_{10}N_4 \cdot 2C_6H_3N_3O_7$. Kristalle (aus H_2O); F: 207–208°.

3-[2-Methylamino-äthyl]-1H-[1,2,4]triazol, Methyl-[2-(1H-[1,2,4]triazol-3-yl)-äthyl]-amin $C_5H_{10}N_4$, Formel II (R = CH_3) und Taut.

B. Aus [1H-[1,2,4]Triazol-3-yl]-essigsäure-methylamid mit Hilfe von $LiAlH_4$ in THF (*Ains=worth, Jones,* Am. Soc. **76** [1954] 5651, 5653).

Dihydrochlorid $C_5H_{10}N_4 \cdot 2HCl$. Kristalle (aus Me.+Ae.); F: 175–178°.

Dipicrat $C_5H_{10}N_4 \cdot 2C_6H_3N_3O_7$. Kristalle (aus H_2O); F: 159–160°.

3-[2-Dimethylamino-äthyl]-1H-[1,2,4]triazol, Dimethyl-[2-(1H-[1,2,4]triazol-3-yl)-äthyl]-amin $C_6H_{12}N_4$, Formel III (R = H, R′ = CH_3) und Taut.

B. Aus 3-[2-Chlor-äthyl]-1H-[1,2,4]triazol-hydrochlorid und Dimethylamin (*Ainsworth, Jones,* Am. Soc. **76** [1954] 5651, 5653). Aus 2-[1H-[1,2,4]Triazol-3-yl]-äthylamin, Formaldehyd und Ameisensäure (*Ai., Jo.*). Analog der vorangehenden Verbindung (*Ai., Jo.*).

Dihydrochlorid $C_6H_{12}N_4 \cdot 2HCl$. Kristalle (aus Me.+Ae.); F: 155–157°.

Dipicrat $C_6H_{12}N_4 \cdot 2C_6H_3N_3O_7$. Kristalle (aus H_2O); F: 181–182°.

3-[2-Äthylamino-äthyl]-1H-[1,2,4]triazol, Äthyl-[2-(1H-[1,2,4]triazol-3-yl)-äthyl]-amin $C_6H_{12}N_4$, Formel II (R = C_2H_5) und Taut.

B. Aus 3-[2-Chlor-äthyl]-1H-[1,2,4]triazol-hydrochlorid und Äthylamin (*Ainsworth, Jones,* Am. Soc. **76** [1954] 5641, 5654).

Dihydrochlorid $C_6H_{12}N_4 \cdot 2HCl$. Kristalle (aus Me.+Ae.); F: 158–160°.

Dipicrat $C_6H_{12}N_4 \cdot 2C_6H_3N_3O_7$. Kristalle (aus H_2O); F: 161°.

3-[2-Diäthylamino-äthyl]-1H-[1,2,4]triazol, Diäthyl-[2-(1H-[1,2,4]triazol-3-yl)-äthyl]-amin $C_8H_{16}N_4$, Formel III (R = H, R′ = C_2H_5) und Taut.

B. Analog der vorangehenden Verbindung (*Ainsworth, Jones,* Am. Soc. **76** [1954] 5651, 5654).

Dihydrochlorid $C_8H_{16}N_4 \cdot 2HCl$. F: 152–155°.

Dipicrat $C_8H_{16}N_4 \cdot 2C_6H_3N_3O_7$. Kristalle (aus A.); F: 160°.

IV   V   VI

3-[2-Isopropylamino-äthyl]-1H-[1,2,4]triazol, Isopropyl-[2-(1H-[1,2,4]triazol-3-yl)-äthyl]-amin $C_7H_{14}N_4$, Formel II (R = $CH(CH_3)_2$) und Taut.

B. Bei der Hydrierung von 2-[1H-[1,2,4]Triazol-3-yl]-äthylamin und Aceton an Platin in Äthanol (*Ainsworth, Jones,* Am. Soc. **75** [1953] 4915, 4917).

Dihydrochlorid $C_7H_{14}N_4 \cdot 2HCl$. Kristalle (aus Me.+Ae.); F: 186°.

Dipicrat $C_7H_{14}N_4 \cdot 2C_6H_3N_3O_7$. Kristalle (aus A.); F: 142–144°.

2-[4-Phenyl-4H-[1,2,4]triazol-3-yl]-äthylamin $C_{10}H_{12}N_4$, Formel V (R = C_6H_5).

B. Aus N-[2-(4-Phenyl-4H-[1,2,4]triazol-3-yl)-äthyl]-phthalimid beim Behandeln mit wss. HCl (*Ainsworth, Jones,* Am. Soc. **77** [1955] 621, 623).

Dihydrochlorid $C_{10}H_{12}N_4 \cdot 2HCl$. Kristalle (aus Me.+Ae.); F: 205–207°.

3-[2-Benzylamino-äthyl]-1*H***-[1,2,4]triazol, Benzyl-[2-(1***H***-[1,2,4]triazol-3-yl)-äthyl]-amin**
$C_{11}H_{14}N_4$, Formel II (R = CH_2-C_6H_5) und Taut.

B. Bei der Hydrierung von 2-[1*H*-[1,2,4]Triazol-3-yl]-äthylamin und Benzaldehyd an Platin in Äthanol (*Ainsworth, Jones*, Am. Soc. **75** [1953] 4915, 4917).

Dihydrochlorid $C_{11}H_{14}N_4 \cdot 2HCl$. Kristalle; F: 220° (*Ai., Jo.*), ca. 220° [aus A. + Ae.] (*E. Lilly & Co.*, U.S.P. 2710296 [1953]).

Dipicrat $C_{11}H_{14}N_4 \cdot 2C_6H_3N_3O_7$. Kristalle (aus wss. A.); F: 115—116° (*Ai., Jo.*).

N-[2-(1*H***-[1,2,4]Triazol-3-yl)-äthyl]-phthalimid** $C_{12}H_{10}N_4O_2$, Formel VI (R = H, n = 2) und Taut.

B. Aus *N*-[2-(5-Thioxo-2,5-dihydro-1*H*-[1,2,4]triazol-3-yl)-äthyl]-phthalimid beim Behandeln mit wss. HNO_3 und wenig $NaNO_2$ (*Ainsworth, Jones*, Am. Soc. **75** [1953] 4915, 4917).

Kristalle (aus H_2O); F: 215°.

Hydrochlorid $C_{12}H_{10}N_4O_2 \cdot HCl$. Kristalle (aus Me. + Ae.); F: 245°.

Die folgenden Verbindungen sind in analoger Weise hergestellt worden:

N-[2-(1-Methyl-1*H*-[1,2,4]triazol-3-yl)-äthyl]-phthalimid $C_{13}H_{12}N_4O_2$, Formel VI (R = CH_3, n = 2). F: 195—196° (*Ainsworth, Jones*, Am. Soc. **77** [1955] 621, 623).

N-[2-(4-Methyl-4*H*-[1,2,4]triazol-3-yl)-äthyl]-phthalimid $C_{13}H_{12}N_4O_2$, Formel VII (R = CH_3). Kristalle (aus H_2O); F: 219—220°.

N-[2-(4-Phenyl-4*H*-[1,2,4]triazol-3-yl)-äthyl]-phthalimid $C_{18}H_{14}N_4O_2$, Formel VII (R = C_6H_5). Kristalle (aus H_2O); F: 175—177°.

[2-(1*H***-[1,2,4]Triazol-3-yl)-äthyl]-harnstoff** $C_5H_9N_5O$, Formel II (R = CO-NH_2) und Taut.

B. Aus 2-[1*H*-[1,2,4]Triazol-3-yl]-äthylamin und Kaliumcyanat (*Ainsworth, Jones*, Am. Soc. **75** [1953] 4915, 4918).

Kristalle (aus A. + Ae.); F: 188—190°.

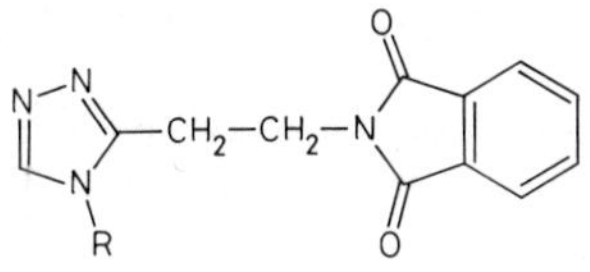

| VII | VIII | IX | X |

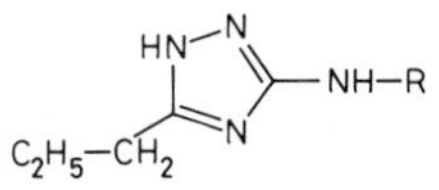

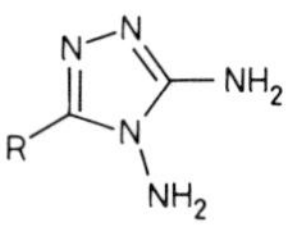

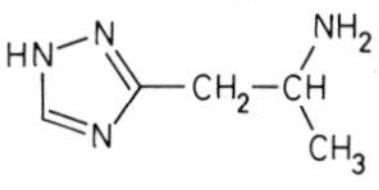

Amine $C_5H_{10}N_4$

3-Propyl-5-propylamino-1*H***-[1,2,4]triazol, Propyl-[5-propyl-1***H***-[1,2,4]triazol-3-yl]-amin**
$C_8H_{16}N_4$, Formel VIII (R = CH_2-C_2H_5) und Taut.

B. Beim Erhitzen von 5-Propyl-[1,3,4]oxadiazol-2-ylamin (bezüglich der Konstitution s. *Gehlen, Blankenstein*, A. **638** [1960] 136, 139) mit Propylamin (*Gehlen, Benatzky*, A. **615** [1958] 60, 68).

Kristalle (aus H_2O); F: 163° (*Ge., Be.*).

Silber-Salz $AgC_8H_{15}N_4$: *Ge., Be.*

Acetyl-Derivat $C_{10}H_{18}N_4O$. Kristalle (aus A.); F: 112° (*Ge., Be.*).

Die folgenden Verbindungen sind in analoger Weise hergestellt worden:

3-Isopropylamino-5-propyl-1*H*-[1,2,4]triazol, Isopropyl-[5-propyl-1*H*-[1,2,4]triazol-3-yl]-amin $C_8H_{16}N_4$, Formel VIII (R = $CH(CH_3)_2$) und Taut. Kristalle (aus H_2O); F: 171° (*Ge., Be.*, l. c. S. 69). — Hydrobromid $C_8H_{16}N_4 \cdot HBr$: *Ge., Be.* — Silber-Salz $AgC_8H_{15}N_4$: *Ge., Be.*

3-Butylamino-5-propyl-1*H*-[1,2,4]triazol, Butyl-[5-propyl-1*H*-[1,2,4]triazol-3-yl]-amin $C_9H_{18}N_4$, Formel VIII (R = $[CH_2]_3$-CH_3) und Taut. Kristalle (aus H_2O); F: 161° (*Ge., Be.*, l. c. S. 69). — Hydrobromid $C_9H_{18}N_4 \cdot HBr$. Kristalle (*Ge., Be.*). — Silber-Salz $AgC_9H_{17}N_4$: *Ge., Be.*

3-Anilino-5-propyl-1*H*-[1,2,4]triazol, Phenyl-[5-propyl-1*H*-[1,2,4]triazol-3-yl]-

amin $C_{11}H_{14}N_4$, Formel VIII (R = C_6H_5) und Taut. Kristalle (aus H_2O); F: 191° (*Ge.*, *Be.*, l. c. S. 65). — Hydrochlorid $C_{11}H_{14}N_4 \cdot HCl$. Kristalle [aus wss. HCl] (*Ge.*, *Be.*). — Hydrobromid $C_{11}H_{14}N_4 \cdot HBr$. Kristalle (aus wss. HBr); F: 110° [Zers.] (*Ge.*, *Be.*). — Silber-Salz $AgC_{11}H_{13}N_4$: *Ge.*, *Be.* — Picrat $C_{11}H_{14}N_4 \cdot C_6H_3N_3O_7$. Gelbe Kristalle (aus H_2O); F: 171,5° (*Ge.*, *Be.*). — Acetyl-Derivat $C_{13}H_{16}N_4O$. Kristalle (aus A.); F: 72° (*Ge.*, *Be.*). — Benzoyl-Derivat $C_{18}H_{18}N_4O$. Kristalle (aus A.); F: 111,5° (*Ge.*, *Be.*). — Nitroso-Verbindung $C_{11}H_{13}N_5O$. Kristalle (aus H_2O); F: 185° (*Ge.*, *Be.*).

2-[5-Propyl-1*H*-[1,2,4]triazol-3-ylamino]-äthanol $C_7H_{14}N_4O$,   Formel VIII (R = CH_2-CH_2-OH) und Taut. Kristalle (aus H_2O); F: 217° (*Ge.*, *Be.*, l. c. S. 67). — Silber-Salz $AgC_7H_{13}N_4O$. Kristalle (*Ge.*, *Be.*). — Picrat $C_7H_{14}N_4O \cdot C_6H_3N_3O_7$. Gelbe Kristalle (aus H_2O); F: 168° (*Ge.*, *Be.*). — Diacetyl-Derivat $C_{11}H_{18}N_4O_3$. Kristalle (aus A.); F: 146,5° (*Ge.*, *Be.*).

5-Propyl-[1,2,4]triazol-3,4-diyldiamin $C_5H_{11}N_5$, Formel IX (R = CH_2-CH_2-CH_3).

B. Beim Erhitzen von 5-Propyl-[1,3,4]oxadiazol-2-ylamin (bezüglich der Konstitution s. *Gehlen, Blankenstein,* A. **638** [1960] 136, 139) mit $N_2H_4 \cdot H_2O$ (*Gehlen, Elchlepp,* A. **594** [1955] 14, 19; s. a. *Gehlen, Röbisch,* A. **663** [1963] 119, 122).

Kristalle; F: 173° (*Ge., El.*), 171° [aus Butanon] (*Ge., Rö.*).

Hydrobromid $C_5H_{11}N_5 \cdot HBr$. F: 188° (*Ge., El.*).

Dibenzyliden-Derivat $C_{19}H_{19}N_5$; N^3,N^4-Dibenzyliden-5-propyl-[1,2,4]triazol-3,4-diyldiamin. Kristalle (aus wss. Me.); F: 153° (*Ge., Rö.*).

(±)-1-Methyl-2-[1*H*-[1,2,4]triazol-3-yl]-äthylamin $C_5H_{10}N_4$, Formel X und Taut.

B. Aus der folgenden Verbindung beim Behandeln mit wss. HCl (*Ainsworth, Jones,* Am. Soc. **76** [1954] 5651, 5654).

Dihydrochlorid. Hygroskopisch.

Hydrogensulfat $C_5H_{10}N_4 \cdot H_2SO_4$. Kristalle (aus wss. A.); F: 225–227°.

(±)-*N*-[1-Methyl-2-(1*H*-[1,2,4]triazol-3-yl)-äthyl]-phthalimid $C_{13}H_{12}N_4O_2$, Formel XI und Taut.

B. Aus (±)-*N*-[1-Methyl-2-(5-thioxo-2,5-dihydro-1*H*-[1,2,4]triazol-3-yl)-äthyl]-phthalimid beim Behandeln mit HNO_3 und wenig $NaNO_2$ (*Ainsworth, Jones,* Am. Soc. **76** [1954] 5651, 5653).

Kristalle (aus H_2O); F: 199–200°.

3-[1*H*-[1,2,4]Triazol-3-yl]-propylamin $C_5H_{10}N_4$, Formel XII und Taut.

B. Aus der folgenden Verbindung beim Behandeln mit wss. HCl (*Ainsworth, Jones,* Am. Soc. **76** [1954] 5651, 5654).

Dihydrochlorid $C_5H_{10}N_4 \cdot 2HCl$. Kristalle (aus Me. + Ae.); F: 172–174°.

XI   XII   XIII

N-[3-(1*H*-[1,2,4]Triazol-3-yl)-propyl]-phthalimid $C_{13}H_{12}N_4O_2$, Formel VI (R = H, n = 3) und Taut.

B. Aus *N*-[3-(5-Thioxo-2,5-dihydro-1*H*-[1,2,4]triazol-3-yl)-propyl]-phthalimid beim Behandeln mit HNO_3 und wenig $NaNO_2$ (*Ainsworth, Jones,* Am. Soc. **76** [1954] 5651, 5653).

Kristalle (aus H_2O); F: 155–156°.

(±)-2-[1*H*-[1,2,4]Triazol-3-yl]-propylamin $C_5H_{10}N_4$, Formel XIII und Taut.

B. Aus der folgenden Verbindung beim Behandeln mit wss. HCl (*Ainsworth, Jones,* Am. Soc. **76** [1954] 5651, 5654).

Dihydrochlorid. Hygroskopisch.

Hydrogensulfat $C_5H_{10}N_4 \cdot H_2SO_4$. Kristalle (aus A.); F: 218−220°.

(±)-N-[2-(1H-[1,2,4]Triazol-3-yl)-propyl]-phthalimid $C_{13}H_{12}N_4O_2$, Formel XIV und Taut.

B. Aus (±)-N-[2-(5-Thioxo-2,5-dihydro-1H-[1,2,4]triazol-3-yl)-propyl]-phthalimid beim Be≠
handeln mit HNO_3 und wenig $NaNO_2$ (*Ainsworth, Jones,* Am. Soc. **76** [1954] 5651, 5653).
Kristalle (aus H_2O); F: 210−212°.

(±)-6a-Anilino-1-phenyl-(3ar,6ac)-1,3a,4,5,6,6a-hexahydro-cyclopentatriazol, (±)-Phenyl-
[3-phenyl-(6ac)-4,5,6,6a-tetrahydro-3H-cyclopentatriazol-3ar-yl]-amin $C_{17}H_{18}N_4$, Formel XV
(R = R' = C_6H_5) + Spiegelbild.

Diese Konstitution und Konfiguration kommt wahrscheinlich der von *Alder, Stein* (A. **501**
[1933] 1, 19, 41) als Phenyl-[1-phenyl-4,5,6,6a-tetrahydro-1H-cyclopentatriazol-3a-
yl]-amin angesehenen Verbindung $C_{17}H_{18}N_4$ zu (*Fusco et al.,* G. **91** [1961] 849, 852; *Huisgen
et al.,* B. **98** [1965] 1138, 1144).

B. Beim Erhitzen von Cyclopentylidenanilin mit Azidobenzol (*Al., St.*). Aus (±)-1-Phenyl-
(3ar,6ac)-1,3a,4,5,6,6a-hexahydro-cyclopentatriazol beim Erhitzen (*Al., St.*).
Kristalle (aus E.); F: 192° [Zers.] (*Al., St.*).

Beim Behandeln mit wasserhaltiger Oxalsäure in Äthylacetat ist 2-Anilino-cyclopentanon
erhalten worden (*Al., St.*).

(±)-6a-Anilino-1-[4-brom-phenyl]-(3ar,6ac)-1,3a,4,5,6,6a-hexahydro-cyclopentatriazol,
(±)-[3-(4-Brom-phenyl)-(6ac)-4,5,6,6a-tetrahydro-3H-cyclopentatriazol-3ar-yl]-phenyl-amin
$C_{17}H_{17}BrN_4$, Formel XV (R = C_6H_4Br, R' = C_6H_5) + Spiegelbild.

Bezüglich der Konstitution der von *Alder, Stein* (A. **501** [1933] 1, 43) als [1-(4-Brom-
phenyl)-4,5,6,6a-tetrahydro-1H-cyclopentatriazol-3a-yl]-phenyl-amin formulier≠
ten Verbindung $C_{17}H_{17}BrN_4$ s. die im vorangehenden Artikel zitierte Literatur.

B. Aus Cyclopentylidenanilin und 1-Azido-4-brom-benzol beim Erhitzen (*Al., St.*).
Kristalle (aus E.); F: 208° [Zers.].

(±)-6a-[4-Brom-anilino]-1-phenyl-(3ar,6ac)-1,3a,4,5,6,6a-hexahydro-cyclopentatriazol,
(±)-[4-Brom-phenyl]-[3-phenyl-(6ac)-4,5,6,6a-tetrahydro-3H-cyclopentatriazol-3ar-yl]-amin
$C_{17}H_{17}BrN_4$, Formel XV (R = C_6H_5, R' = C_6H_4Br) + Spiegelbild.

Bezüglich der Konstitution der von *Alder, Stein* (A. **501** [1933] 1, 43) als [4-Brom-phenyl]-
[1-phenyl-4,5,6,6a-tetrahydro-1H-cyclopentatriazol-3a-yl]-amin formulierten Ver≠
bindung $C_{17}H_{17}BrN_4$ s. die in den vorangehenden Artikeln zitierte Literatur.

B. Aus 4-Brom-N-cyclopentyliden-anilin und Azidobenzol beim Erhitzen (*Al., St.*).
Kristalle (aus E.); F: 182°.

XIV   XV   XVI   XVII

Amine $C_6H_{12}N_4$

(±)-5-Isopropyl-2,5-dihydro-[1,2,4]triazin-3-ylamin $C_6H_{12}N_4$, Formel XVI (R = $CH(CH_3)_2$)
und Taut.

B. Neben 5-Isopropyl-4,5-dihydro-2H-[1,2,4]triazin-3-thion beim Erhitzen von (±)-N-[2-
Methyl-1-thiosemicarbazonomethyl-propyl]-phthalimid mit N_2H_4 in H_2O (*Foye, Lange,* J. Am.
pharm. Assoc. **46** [1957] 371).

Überführung in 5-Isopropyl-[1,2,4]triazin-3-ylamin mit Hilfe von wss. Na_2CO_3: *Foye, La.*

Hydrochlorid $C_6H_{12}N_4 \cdot HCl$. Kristalle (aus Propan-1-ol + Bzl.); F: 143−145° [unkorr.].
λ_{max} (A.): 235 nm und 268 nm.

5-Isobutyl-[1,2,4]triazol-3,4-diyldiamin $C_6H_{13}N_5$, Formel IX (R = CH_2-$CH(CH_3)_2$) auf S. 1089.

B. Beim Erhitzen von 5-Isobutyl-[1,3,4]oxadiazol-2-ylamin (bezüglich der Konstitution s. *Gehlen, Blankenstein,* A. **638** [1960] 136, 139) mit $N_2H_4 \cdot H_2O$ (*Gehlen, Elchlepp,* A. **594** [1955] 14, 19; s. a. *Gehlen, Röbisch,* A. **663** [1963] 119, 122).

Kristalle; F: 147° (*Ge., El.*).

Hydrobromid $C_6H_{13}N_5 \cdot HBr$. F: 156° (*Ge., El.*).

---

*Opt.-inakt. **7a-Anilino-1-phenyl-3a,4,5,6,7,7a-hexahydro-1H-benzotriazol, Phenyl-[3-phenyl-3,4,5,6,7,7a-hexahydro-benzotriazol-3a-yl]-amin** $C_{18}H_{20}N_4$, Formel XVII.

Diese Konstitution kommt wahrscheinlich der von *Alder, Stein* (A. **501** [1933] 1, 44) als Phenyl-[1-phenyl-1,4,5,6,7,7a-hexahydro-benzotriazol-3a-yl]-amin angesehenen Ver≈ bindung $C_{18}H_{20}N_4$ zu (*Fusco et al.,* G. **91** [1961] 849, 852).

B. Beim Erhitzen von Cyclohexylidenanilin mit Azidobenzol (*Al., St.*).

Kristalle (aus E.); F: 187° [Zers.] (*Al., St.*).

Beim Behandeln mit wasserhaltiger Oxalsäure ist 1-Phenyl-4,5,6,7-tetrahydro-1H-benzotriazol erhalten worden (*Al., St.*).

Amine $C_7H_{14}N_4$

(±)-5-Isobutyl-2,5-dihydro-[1,2,4]triazin-3-ylamin $C_7H_{14}N_4$, Formel XVI (R = CH_2-$CH(CH_3)_2$) und Taut.

B. Neben 5-Isobutyl-4,5-dihydro-2H-[1,2,4]triazin-3-thion beim Erhitzen von (±)-N-[3-Methyl-1-thiosemicarbazonomethyl-butyl]-phthalimid mit N_2H_4 in H_2O (*Foye, Lange,* J. Am. pharm. Assoc. **46** [1957] 371).

Hydrochlorid $C_7H_{14}N_4 \cdot HCl$. Kristalle (aus Propan-1-ol); F: 185–187° [unkorr.].

5-Pentyl-1H-[1,2,4]triazol-3-ylamin $C_7H_{14}N_4$, Formel I (R = $[CH_2]_4$-CH_3, R' = H) und Taut.

B. Aus der folgenden Verbindung beim Erhitzen mit wss. NaOH (*Kaiser, Peters,* J. org. Chem. **18** [1953] 196, 201).

Kristalle (aus H_2O); F: 130–132° [unkorr.].

Nitrat $C_7H_{14}N_4 \cdot HNO_3$. Zers. bei 138–139° [unkorr.].

[5-Pentyl-1H-[1,2,4]triazol-3-yl]-harnstoff $C_8H_{15}N_5O$, Formel I (R = $[CH_2]_4$-CH_3, R' = CO-NH_2).

B. Beim Erhitzen von N-Cyan-N'-hexanoyl-guanidin mit N_2H_4 (*Kaiser, Peters,* J. org. Chem. **18** [1953] 196, 199).

Zers. bei 223–224° [unkorr.].

---

*Opt.-inakt. **8a-Anilino-1-phenyl-1,3a,4,5,6,7,8,8a-octahydro-cycloheptatriazol, Phenyl-[3-phenyl-4,5,6,7,8,8a-hexahydro-3H-cycloheptatriazol-3a-yl]-amin** $C_{19}H_{22}N_4$, Formel II.

Bezüglich der Konstitution der von *Alder, Stein* (A. **501** [1933] 1, 23, 47) als Phenyl-[1-phenyl-4,5,6,7,8,8a-hexahydro-1H-cycloheptatriazol-3a-yl]-amin angesehenen Ver≈ bindung $C_{19}H_{22}N_4$ s. *Fusco et al.,* G. **91** [1961] 849, 852.

B. Beim Erhitzen von Cycloheptylidenanilin mit Azidobenzol (*Al., St.*).

Kristalle (aus E.); F: 194° [Zers.] (*Al., St.*).

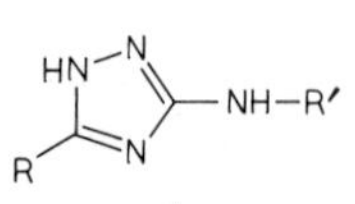

I 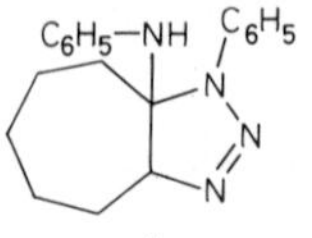   II 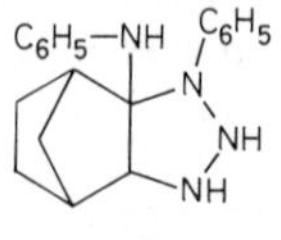   III

*Opt.-inakt. 7a(?)-Anilino-1-phenyl-octahydro-4,7-methano-benzotriazol, Phenyl-[3-phenyl-octahydro-4,7-methano-benzotriazol-3a(?)-yl]-amin $C_{19}H_{22}N_4$, Formel III.

B. Bei der Hydrierung von opt.-inakt. Phenyl-[3-phenyl-3,4,5,6,7,7a-hexahydro-4,7-methano-benzotriazol-3a(?)-yl]-amin (S. 1106) an Platin in Äthylacetat (*Alder et al.*, B. **88** [1955] 144, 155).

Kristalle (aus E.); F: 240° [Zers.].

Amine $C_8H_{16}N_4$

5-Hexyl-1H-[1,2,4]triazol-3-ylamin $C_8H_{16}N_4$, Formel I (R = $[CH_2]_5$-CH_3, R′ = H) und Taut.

B. Beim Erhitzen von Aminoguanidin-hydrogensulfat mit Heptansäure (*Atkinson et al.*, Soc. **1954** 4508).

Kristalle (aus E.); F: 131,5° [korr.].

Amine $C_{19}H_{38}N_4$

5-Heptadecyl-1H-[1,2,4]triazol-3-ylamin $C_{19}H_{38}N_4$, Formel I (R = $[CH_2]_{16}$-CH_3, R′ = H) und Taut.

B. Beim Erhitzen von Aminoguanidin-hydrogencarbonat mit Stearinsäure (*I.G. Farbenind.*, F.P. 845137 [1938]; *Aniline & Film Corp.*, U.S.P. 2233805 [1938]). Aus [5-Heptadecyl-1H-[1,2,4]triazol-3-yl]-harnstoff (aus N-Cyan-N'-stearoyl-guanidin und N_2H_4 hergestellt) beim Erhitzen mit wss. NaOH (*Am. Cyanamid Co.*, U.S.P. 2382156 [1944]).

Kristalle (aus A.+2-Äthoxy-äthanol); F: 105 – 110° (*Am. Cyanamid Co.*).

Monoamine $C_nH_{2n-2}N_4$

Amine $C_3H_4N_4$

[1,2,4]Triazin-3-ylamin $C_3H_4N_4$, Formel IV.

Bezüglich der Tautomerie s. *Elguero et al.*, Adv. heterocycl. Chem. Spl. 1 [1972] 165.

B. Aus Aminoguanidin-hydrogencarbonat und Glyoxal (*Erickson*, Am. Soc. **74** [1952] 4706).

Kraftkonstante der NH-Valenzschwingung (CHCl$_3$): *Mason*, Soc. **1958** 3619, 3620.

Kristalle (aus Acetonitril); F: 171,5 – 172,5° [korr.] (*Er.*). Intensität und Halbwertsbreite der symmetrischen und antisymmetrischen NH-Valenzschwingungsbande (CHCl$_3$): *Ma.*, l. c. S. 3621. Absorptionsspektrum (Cyclohexan, A., Acetonitril sowie H_2O; 210 – 440 nm): *Hirt, Schmitt*, J. chem. Physics **23** [1955] 600. λ_{max}: 310 nm und 394 nm [Cyclohexan] bzw. 319 nm [H_2O] (*Mason*, Soc. **1959** 1247, 1251). Scheinbarer Dissoziationsexponent pK'_a (potentiometrisch ermittelt) bei 25°: 3,09 [H_2O (umgerechnet aus Eg.)] bzw. 1,36 [Eg.] (*Rochlin et al.*, Am. Soc. **76** [1954] 1451); bei Raumtemperatur: 4,00 [H_2O] (*Ma.*, Soc. **1959** 1251).

Verbindung mit N,N'-Bis-[4-nitro-phenyl]-harnstoff $C_3H_4N_4 \cdot C_{13}H_{10}N_4O_5$. Gelbbraun; F: 268 – 269° (*Searle & Co.*, U.S.P. 2731385 [1955]; *Merck & Co. Inc.*, D.B.P. 1011890 [1955]).

Verbindung mit N,N'-Bis-[4-nitro-phenyl]-thioharnstoff $C_3H_4N_4 \cdot C_{13}H_{10}N_4O_4S$. F: 195 – 196° (*Searle & Co.; Merck & Co. Inc.*).

N-[4-Chlor-phenyl]-N'-[1,2,4]triazin-3-yl-harnstoff $C_{10}H_8ClN_5O$, Formel V (X = H, X′ = Cl).

B. Aus [1,2,4]Triazin-3-ylamin und 4-Chlor-phenylisocyanat (*Merck & Co. Inc.*, U.S.P. 2762743 [1953]).

Kristalle (aus Dioxan); F: 218 – 220°.

Die folgenden Verbindungen sind in analoger Weise hergestellt worden:

N-[3-Nitro-phenyl]-N'-[1,2,4]triazin-3-yl-harnstoff $C_{10}H_8N_6O_3$, Formel V (X = NO$_2$, X′ = H). F: 225 – 231°.

N-[4-Nitro-phenyl]-N'-[1,2,4]triazin-3-yl-harnstoff $C_{10}H_8N_6O_3$, Formel V (X = H,

X′ = NO$_2$). Zers. bei 265−270° [nach Sintern bei 250°].

N-[4-Äthoxy-phenyl]-*N′*-[1,2,4]triazin-3-yl-harnstoff $C_{12}H_{13}N_5O_2$,   Formel V
(X = H, X′ = O-C$_2$H$_5$). Kristalle; F: 196−197,5°.

N-[4-Cyan-phenyl]-*N′*-[1,2,4]triazin-3-yl-harnstoff $C_{11}H_8N_6O$, Formel V (X = H,
X′ = CN). F: 247−251°.

N-[4-Amino-phenyl]-N′-[1,2,4]triazin-3-yl-harnstoff $C_{10}H_{10}N_6O$, Formel V (X = H,
X′ = NH$_2$).
B. Aus *N*-[4-Nitro-phenyl]-*N′*-[1,2,4]triazin-3-yl-harnstoff bei der Hydrierung an Palladium/
Kohle in wss. HCl (*Merck & Co. Inc.*, U.S.P. 2762743 [1953]).
Kristalle (aus Eg.); Zers. bei 185−285°.

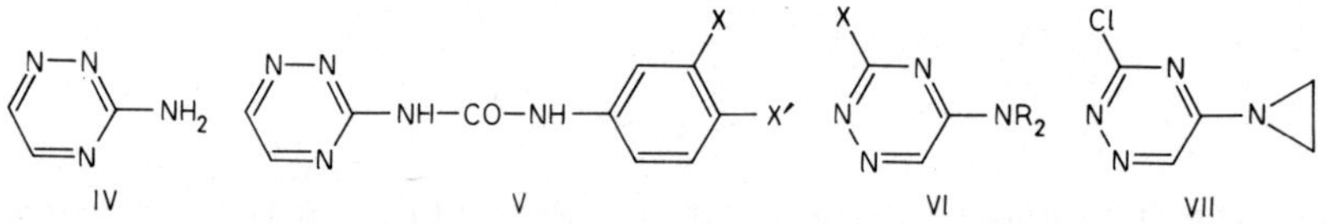

IV   V   VI   VII

5-Dimethylamino-[1,2,4]triazin, Dimethyl-[1,2,4]triazin-5-yl-amin $C_5H_8N_4$, Formel V
(R = CH$_3$, X = H).
Konstitution: *Neunhoeffer, Lehmann*, B. **109** [1976] 1113.
B. Bei der Hydrierung von [3-Chlor-[1,2,4]triazin-5-yl]-dimethyl-amin (s. u.) an Palladium/
Kohle in Benzol (*Grundmann et al.*, J. org. Chem. **23** [1958] 1522).
Kristalle (aus PAe.); F: 108° (*Gr. et al.*).

3-Chlor-[1,2,4]triazin-5-ylamin $C_3H_3ClN_4$, Formel VI (R = H, X = Cl).
Konstitution: *Pískala et al.*, Collect. **40** [1975] 2680, 2682, 2683.
B. Aus 3,5-Dichlor-[1,2,4]triazin und äthanol. NH$_3$ (*Grundmann et al.*, J. org. Chem. **23**
[1958] 1522).
Kristalle (aus H$_2$O); Zers. bei 250° [nach Verfärbung ab 205°] (*Gr. et al.*).

3-Chlor-5-dimethylamino-[1,2,4]triazin, [3-Chlor-[1,2,4]triazin-5-yl]-dimethyl-amin $C_5H_7ClN_4$,
Formel VI (R = CH$_3$, X = Cl).
Konstitution: *Pískala, Šorm*, Collect. **41** [1976] 465, 466, 467.
B. Aus 3,5-Dichlor-[1,2,4]triazin und Dimethylamin (*Grundmann et al.*, J. org. Chem. **23**
[1958] 1522).
Kristalle (aus PAe.); F: 119° (*Gr. et al.*).

5-Aziridin-1-yl-3-chlor-[1,2,4]triazin $C_5H_5ClN_4$, Formel VII.
Bezüglich der Konstitution s. *Pískala, Šorm*, Collect. **41** [1976] 465, 467.
B. Aus 3,5-Dichlor-[1,2,4]triazin und Aziridin (*Grundmann et al.*, J. org. Chem. **23** [1958]
1522).
Kristalle (aus PAe.); F: 95° (*Gr. et al.*).

[1,3,5]Triazin-2-ylamin $C_3H_4N_4$, Formel VIII (R = H) (H 152).
B. Beim Erhitzen von Guanidin-carbonat mit Tris-formylamino-methan in DMF (*Bredereck
et al.*, Ang. Ch. **71** [1959] 753, 770, 774). Aus Formylguanidin und Formamid mit Hilfe von
KOH oder NaOH (*Grundmann et al.*, B. **87** [1954] 19, 23). Beim Behandeln von [1,3,5]Triazin
mit 2,2,2-Trichlor-acetamidin oder mit Guanidin-hydrochlorid (*Schaefer, Peters*, Am. Soc. **81**
[1959] 1470, 1473, 1474).
Kristalle; F: 224−227° [unkorr.; aus H$_2$O] (*Sch., Pe.*), 226° (*Br. et al.*), 225−226° [korr.;
aus Py.] (*Gr. et al.*). UV-Spektrum (H$_2$O; 48000−32000 cm^{-1}): *Hirt, Salley*, J. chem. Physics
21 [1953] 1181, 1182.

Methylamino-[1,3,5]triazin, Methyl-[1,3,5]triazin-2-yl-amin $C_4H_6N_4$, Formel VIII (R = CH$_3$).
B. Bei der Hydrierung von [Dichlor-[1,3,5]triazin-2-yl]-methyl-amin an Palladium/Kohle in

Dioxan (*Hirt et al.*, Helv. **33** [1950] 1365, 1366).
    F: 110°.

Die folgenden Verbindungen sind in analoger Weise hergestellt worden:
    Äthylamino-[1,3,5]triazin, Äthyl-[1,3,5]triazin-2-yl-amin $C_5H_8N_4$, Formel VIII
(R = C_2H_5). Kristalle (aus Bzl.+PAe.); F: 64°. Kp_{12}: 112—113°.
    Propylamino-[1,3,5]triazin, Propyl-[1,3,5]triazin-2-yl-amin $C_6H_{10}N_4$, Formel VIII
(R = CH_2-CH_2-CH_3). F: 52°. Kp_{15}: 140—142°.
    Butylamino-[1,3,5]triazin, Butyl-[1,3,5]triazin-2-yl-amin $C_7H_{12}N_4$, Formel VIII
(R = $[CH_2]_3$-CH_3). Kristalle (aus Bzl.); F: 63—65°. Kp_{18}: 135°.

Octylamino-[1,3,5]triazin, Octyl-[1,3,5]triazin-2-yl-amin $C_{11}H_{20}N_4$, Formel VIII
(R = $[CH_2]_7$-CH_3).
    B. Aus [1,3,5]Triazin und Octylguanidin-octylcarbamat (*Am. Cyanamid Co.*, U.S.P. 2845422
[1957]).
    Kristalle; F: 70—71°.

Dodecylamino-[1,3,5]triazin, Dodecyl-[1,3,5]triazin-2-yl-amin $C_{15}H_{28}N_4$, Formel VIII
(R = $[CH_2]_{11}$-CH_3).
    B. Aus [1,3,5]Triazin und Dodecylguanidin (*Schaefer, Peters*, Am. Soc. **81** [1959] 1470, 1474).
    Kristalle (aus E.); F: 83—84°.

Anilino-[1,3,5]triazin, Phenyl-[1,3,5]triazin-2-yl-amin $C_9H_8N_4$, Formel VIII (R = C_6H_5).
    B. Beim Erhitzen von Phenylguanidin-sulfat mit Tris-formylamino-methan in DMF (*Bredereck et al.*, B. **94** [1961] 1883, 1888). Aus [1,3,5]Triazin und Phenylguanidin-carbonat (*Schaefer, Peters*, Am. Soc. **81** [1959] 1470, 1474).
    Kristalle; F: 171—173° [unkorr.; aus A.] (*Sch., Pe.*), 171° (*Br. et al.*).
    Hydrochlorid $C_9H_8N_4 \cdot HCl$. F: 250—252° [unkorr.] (*Foye, Weinswig*, J. Am. pharm. Assoc. **48** [1959] 327).

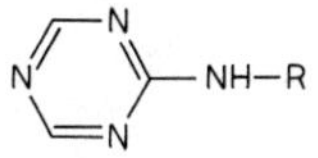

VIII 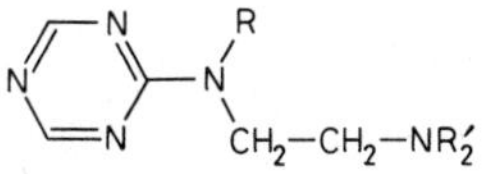   IX 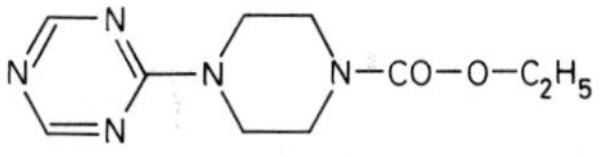   X

Benzylamino-[1,3,5]triazin, Benzyl-[1,3,5]triazin-2-yl-amin $C_{10}H_{10}N_4$, Formel VIII
(R = CH_2-C_6H_5).
    B. Aus Phenoxy-[1,3,5]triazin und Benzylamin (*Hirt et al.*, Helv. **33** [1950] 1365, 1367).
    Kristalle; F: 105°. Kp_{13}: 183—185°.

[4-Methoxy-benzyl]-[1,3,5]triazin-2-yl-amin $C_{11}H_{12}N_4O$, Formel VIII
(R = CH_2-C_6H_4-O-CH_3).
    B. Analog der vorangehenden Verbindung (*Hirt et al.*, Helv. **33** [1950] 1365, 1368).
    F: 118—119°.

[4-Äthoxy-benzyl]-[1,3,5]triazin-2-yl-amin $C_{12}H_{14}N_4O$, Formel VIII
(R = CH_2-C_6H_4-O-C_2H_5).
    B. Analog den vorangehenden Verbindungen (*Hirt et al.*, Helv. **33** [1950] 1365, 1368).
    Kristalle (aus A.); F: 117°.

N-Benzyl-N',N'-dimethyl-N-[1,3,5]triazin-2-yl-äthylendiamin $C_{14}H_{19}N_5$, Formel IX
(R = CH_2-C_6H_5, R' = CH_3).
    B. Beim Erhitzen der Natrium-Verbindung von Benzyl-[1,3,5]triazin-2-yl-amin mit [2-Chloräthyl]-dimethyl-amin in Toluol (*Hirt et al.*, Helv. **33** [1950] 1365, 1367).
    Kp_{15}: 190—195°.
    Hydrochlorid. Kristalle; F: 153°.

Die folgenden Verbindungen sind in analoger Weise hergestellt worden:

N,N-Diäthyl-N'-benzyl-N'-[1,3,5]triazin-2-yl-äthylendiamin $C_{16}H_{23}N_5$, Formel IX (R = CH_2-C_6H_5, R' = C_2H_5). $Kp_{1,0}$: 170−175°.

N-[4-Methoxy-benzyl]-N',N'-dimethyl-N-[1,3,5]triazin-2-yl-äthylendiamin $C_{15}H_{21}N_5O$, Formel IX (R = CH_2-C_6H_4-O-CH_3, R' = CH_3). Kp_{15}: 225°. − Hydrochlorid $C_{15}H_{21}N_5O \cdot HCl$. F: 173−175°.

N-[4-Äthoxy-benzyl]-N',N'-dimethyl-N-[1,3,5]triazin-2-yl-äthylendiamin $C_{16}H_{23}N_5O$, Formel IX (R = CH_2-C_6H_4-O-C_2H_5, R' = CH_3). Kp_{12}: 222°. − Hydrochlorid $C_{16}H_{23}N_5O \cdot HCl$. F: 155−156°.

4-[1,3,5]Triazin-2-yl-piperazin-1-carbonsäure-äthylester $C_{10}H_{15}N_5O_2$, Formel X.
B. Bei der Hydrierung von 4-[Dichlor-[1,3,5]triazin-2-yl]-piperazin-1-carbonsäure-äthylester an Palladium/Kohle in Äthanol (*Foye, Weinswig*, J. Am. pharm. Assoc. **48** [1959] 327).
Hydrochlorid $C_{10}H_{15}N_5O_2 \cdot HCl$. F: 220−222° [unkorr.].

[2]Pyridyl-[1,3,5]triazin-2-yl-amin $C_8H_7N_5$, Formel XI.
B. Analog der vorangehenden Verbindung (*Foye, Weinswig*, J. Am. pharm. Assoc. **48** [1959] 327).
Dihydrochlorid $C_8H_7N_5 \cdot 2HCl$. Feststoff mit 4 Mol H_2O; F: 238−241° [unkorr.].

4,6-Dichlor-[1,3,5]triazin-2-ylamin $C_3H_2Cl_2N_4$, Formel XII (R = H) (H 152; E II 83).
B. Aus Trichlor-[1,3,5]triazin und NH_3 in Dioxan und 1,2-Diäthoxy-äthan (*Thurston et al.*, Am. Soc. **73** [1951] 2981) oder in wss. Aceton (*Koopman, Daams*, R. **77** [1958] 235, 238).
Gelbe Kristalle; F: 237° (*Cuthbertson, Moffatt*, Soc. **1948** 561, 563). IR-Spektrum (KBr; 2−15 µ): *Padgett, Hamner*, Am. Soc. **80** [1958] 803, 807. UV-Spektrum (H_2O; 48000−32000 cm^{-1}): *Hirt, Salley*, J. chem. Physics **21** [1953] 1181, 1182. In 100 ml Dioxan lösen sich bei 25° ca. 9 g, bei 100° ca. 54 g (*Th. et al.*).

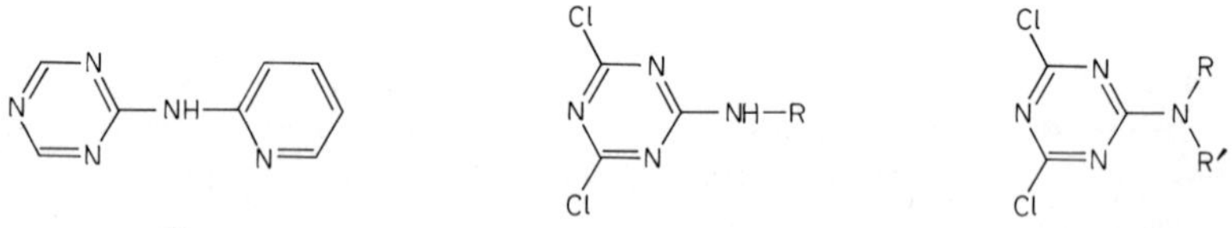

XI   XII   XIII

Dichlor-methylamino-[1,3,5]triazin, [Dichlor-[1,3,5]triazin-2-yl]-methyl-amin $C_4H_4Cl_2N_4$, Formel XII (R = CH_3) (H 152).
B. Aus Trichlor-[1,3,5]triazin und Methylamin (*Koopman, Daams*, R. **77** [1958] 235, 238; H 152).
Kristalle (aus Bzl.+PAe.); F: 158−159° [unkorr.].

Die folgenden Verbindungen sind in analoger Weise hergestellt worden:
Dichlor-dimethylamino-[1,3,5]triazin, [Dichlor-[1,3,5]triazin-2-yl]-dimethyl-amin $C_5H_6Cl_2N_4$, Formel XIII (R = R' = CH_3). Kristalle (aus PAe.); F: 124−124,5° [korr.] (*Burger, Hornbaker*, Am. Soc. **75** [1953] 4579), 122−124° (*Grundmann, Beyer*, Am. Soc. **76** [1954] 1948), 122,5−123,5° (*Pearlman, Banks*, Am. Soc. **70** [1948] 3726).
Äthylamino-dichlor-[1,3,5]triazin, Äthyl-[dichlor-[1,3,5]triazin-2-yl]-amin $C_5H_6Cl_2N_4$, Formel XII (R = C_2H_5) (H 152). Kristalle (aus PAe.); F: 104−105° [unkorr.] (*Koopman, Daams*, R. **77** [1958] 235, 238).
[2-Chlor-äthyl]-[dichlor-[1,3,5]triazin-2-yl]-amin $C_5H_5Cl_3N_4$, Formel XII (R = CH_2-CH_2Cl). Kristalle; F: 111,5−113° [korr.] (*Schaefer*, Am. Soc. **77** [1955] 5922, 5928).
Dichlor-diäthylamino-[1,3,5]triazin, Diäthyl-[dichlor-[1,3,5]triazin-2-yl]-amin $C_7H_{10}Cl_2N_4$, Formel XIII (R = R' = C_2H_5). Kristalle (aus Bzl.); F: 78−79° (*Ko., Da.; Thurston et al.*, Am. Soc. **73** [1951] 2981).
Dichlor-propylamino-[1,3,5]triazin, [Dichlor-[1,3,5]triazin-2-yl]-propyl-amin $C_6H_8Cl_2N_4$, Formel XII (R = CH_2-C_2H_5). Kristalle (aus Bzl.); F: 70−71° (*Ko., Da.*).

Dichlor-dipropylamino-[1,3,5]triazin, [Dichlor-[1,3,5]triazin-2-yl]-dipropyl-amin $C_9H_{14}Cl_2N_4$, Formel XIII (R = R′ = CH_2-C_2H_5). Kristalle (aus PAe.); F: 56−57° (*Ko., Da.*).

Dichlor-isopropylamino-[1,3,5]triazin, [Dichlor-[1,3,5]triazin-2-yl]-isopropyl-amin $C_6H_8Cl_2N_4$, Formel XII (R = $CH(CH_3)_2$). Kristalle (aus PAe.); F: 37−40°; Kp_{13}: 155−156° (*Ko., Da.*).

Dichlor-diisopropylamino-[1,3,5]triazin, [Dichlor-[1,3,5]triazin-2-yl]-diisopro=pyl-amin $C_9H_{14}Cl_2N_4$, Formel XIII (R = R′ = $CH(CH_3)_2$). Kristalle (aus PAe.); F: 102−103° [unkorr.] (*Ko., Da.*).

Butylamino-dichlor-[1,3,5]triazin, Butyl-[dichlor-[1,3,5]triazin-2-yl]-amin $C_7H_{10}Cl_2N_4$, Formel XII (R = $[CH_2]_3$-CH_3). Kristalle (aus PAe. bzw. aus Bzl.); F: 51−52° (*Ko., Da.; Th. et al.*).

Dichlor-dibutylamino-[1,3,5]triazin, Dibutyl-[dichlor-[1,3,5]triazin-2-yl]-amin $C_{11}H_{18}Cl_2N_4$, Formel XIII (R = R′ = $[CH_2]_3$-CH_3). $Kp_{0,07}$: 107° (*Ko., Da.*).

Dichlor-isobutylamino-[1,3,5]triazin, [Dichlor-[1,3,5]triazin-2-yl]-isobutyl-amin $C_7H_{10}Cl_2N_4$, Formel XII (R = CH_2-$CH(CH_3)_2$). Kristalle (aus Bzl.); F: 95,5−96,5° (*Ko., Da.*).

tert-Butylamino-dichlor-[1,3,5]triazin, *tert*-Butyl-[dichlor-[1,3,5]triazin-2-yl]-amin $C_7H_{10}Cl_2N_4$, Formel XII (R = $C(CH_3)_3$). Kristalle (aus PAe.); F: 130,5−131,5° [un=korr.] (*Ko., Da.*). IR-Spektrum (KBr; 2−16 μ): *Padgett, Hamner*, Am. Soc. **80** [1958] 803, 807.

Dichlor-isopentylamino-[1,3,5]triazin, [Dichlor-[1,3,5]triazin-2-yl]-isopentyl-amin $C_8H_{12}Cl_2N_4$, Formel XII (R = CH_2-CH_2-$CH(CH_3)_2$). Kristalle (aus PAe.); F: 74−75° (*Ko., Da.*).

Dichlor-dihexylamino-[1,3,5]triazin, [Dichlor-[1,3,5]triazin-2-yl]-dihexyl-amin $C_{15}H_{26}Cl_2N_4$, Formel XIII (R = R′ = $[CH_2]_5$-CH_3). Kristalle (aus PAe.); F: 31,5−32,5° (*Ko., Da.*).

(±)-[Dichlor-[1,3,5]triazin-2-yl]-[1,4-dimethyl-butyl]-amin $C_9H_{14}Cl_2N_4$, Formel XII (R = $CH(CH_3)$-CH_2-$CH(CH_3)_2$). F: 54,5−55°; $Kp_{0,04}$: 117−118° (*Ko., Da.*).

Dichlor-heptylamino-[1,3,5]triazin, [Dichlor-[1,3,5]triazin-2-yl]-heptyl-amin $C_{10}H_{16}Cl_2N_4$, Formel XII (R = $[CH_2]_6$-CH_3). Kristalle (aus PAe.); F: 55−56° (*Ko., Da.*).

(±)-[2-Äthyl-hexyl]-[dichlor-[1,3,5]triazin-2-yl]-amin $C_{11}H_{18}Cl_2N_4$, Formel XII (R = CH_2-$CH(C_2H_5)$-$[CH_2]_3$-CH_3). $Kp_{0,01}$: 144° (*Ko., Da.*).

Dichlor-decylamino-[1,3,5]triazin, Decyl-[dichlor-[1,3,5]triazin-2-yl]-amin $C_{13}H_{22}Cl_2N_4$, Formel XII (R = $[CH_2]_9$-CH_3). Kristalle (aus PAe.); F: 56−57° (*Ko., Da.*).

Dichlor-dodecylamino-[1,3,5]triazin, [Dichlor-[1,3,5]triazin-2-yl]-dodecyl-amin $C_{15}H_{26}Cl_2N_4$, Formel XII (R = $[CH_2]_{11}$-CH_3). Kristalle (aus Heptan); F: 65° (*Th. et al.*), 62−63° (*Ko., Da.*).

Allylamino-dichlor-[1,3,5]triazin, Allyl-[dichlor-[1,3,5]triazin-2-yl]-amin $C_6H_6Cl_2N_4$, Formel XII (R = CH_2-CH=CH_2). Kristalle (aus PAe.); F: 70,5−72° (*Ko., Da.*).

Anilino-dichlor-[1,3,5]triazin, [Dichlor-[1,3,5]triazin-2-yl]-phenyl-amin $C_9H_6Cl_2N_4$, Formel XII (R = C_6H_5). Kristalle (aus Bzl.); F: 138° (*Fierz-David, Matter*, J. Soc. Dyers Col. **53** [1937] 424, 426), 137,5° [unkorr.] (*Burchfield, Storrs*, Contrib. Boyce Thomp=son Inst. **18** [1956] 319, 320), 133−135° [unkorr.] (*Th. et al.*).

XIV   XV   XVI

[2-Chlor-phenyl]-[dichlor-[1,3,5]triazin-2-yl]-amin $C_9H_5Cl_3N_4$, Formel XII (R = C_6H_4-Cl) (E II 83).

B. Aus Trichlor-[1,3,5]triazin und 2-Chlor-anilin (*Ethyl Corp.*, U.S.P. 2720480 [1953]). Kristalle (aus Bzl.); F: 157,5° [unkorr.] (*Burchfield, Storrs*, Contrib. Boyce Thompson Inst.

18 [1956] 319, 320), 155–157° [aus Bzl. + PAe.] (*Ethyl Corp.*).

Geschwindigkeitskonstante der Reaktion mit 4-Hydroxy-benzoesäure, Äthylamin, Pyridin, Nicotinsäure und verschiedenen Aminosäuren in wss. Lösungen vom pH 7–8 bei 29°: *Burch= field, Storrs*, Contrib. Boyce Thompson Inst. **18** [1956] 395, 404, 405, **19** [1957] 169, 173, 175; mit Glycin und Cystein in wss. Lösungen vom pH 5–7 bei 30°: *Bu., St.*, Contrib. Boyce Thompson Inst. **18** 411. Über die Reaktion mit Pyridin s. a. *Bu., St.*, Contrib. Boyce Thompson Inst. **18** 322.

Die folgenden Verbindungen sind in analoger Weise hergestellt worden:

[3-Chlor-phenyl]-[dichlor-[1,3,5]triazin-2-yl]-amin $C_9H_5Cl_3N_4$, Formel XII (R = C_6H_4Cl). Kristalle; F: 131,8° [unkorr.; aus Bzl.] (*Bu., St.*, Contrib. Boyce Thompson Inst. **18** 320), 129–131° [aus Trichloräthylen] (*Ethyl Corp.*).

[4-Chlor-phenyl]-[dichlor-[1,3,5]triazin-2-yl]-amin $C_9H_5Cl_3N_4$, Formel XII (R = C_6H_4Cl). Kristalle (aus Bzl.); F: 188° (*Cuthbertson, Moffatt*, Soc. **1948** 561, 563), 187,5° [unkorr.] (*Bu., St.*). – Bildung von Phenyl-[1,3,5]triazin-2-yl-amin bei der Hydrierung an Palladium/Kohle in Äthanol: *Foye, Weinswig*, J. Am. pharm. Assoc. **48** [1959] 327.

[2,4-Dichlor-phenyl]-[dichlor-[1,3,5]triazin-2-yl]-amin $C_9H_4Cl_4N_4$, Formel XII (R = $C_6H_3Cl_2$). Kristalle (aus Bzl.); F: 149–150,5° (*Ethyl Corp.*).

[2,5-Dichlor-phenyl]-[dichlor-[1,3,5]triazin-2-yl]-amin $C_9H_4Cl_4N_4$, Formel XII (R = $C_6H_3Cl_2$) (E II 83). Kristalle; F: 167–169,5° [aus Trichloräthylen] (*Ethyl Corp.*), 168–169° [aus Bzl.] (*Koslowa et al.*, Ž. obšč. Chim. **33** [1963] 3303, 3305; engl. Ausg. S. 3232).

[2-Brom-phenyl]-[dichlor-[1,3,5]triazin-2-yl]-amin $C_9H_5BrCl_2N_4$, Formel XII (R = C_6H_4Br). Kristalle (aus Bzl.); F: 158,5–159° (*Ethyl Corp.*).

[3-Brom-phenyl]-[dichlor-[1,3,5]triazin-2-yl]-amin $C_9H_5BrCl_2N_4$, Formel XII (R = C_6H_4Br). Kristalle (aus Bzl.); F: 141,5–142° (*Ethyl Corp.*).

[4-Brom-phenyl]-[dichlor-[1,3,5]triazin-2-yl]-amin $C_9H_5BrCl_2N_4$, Formel XII (R = C_6H_4Br). F: 180–182,5° (*Ethyl Corp.*).

[Dichlor-[1,3,5]triazin-2-yl]-[4-nitro-phenyl]-amin $C_9H_5Cl_2N_5O_2$, Formel XII (R = C_6H_4-NO_2). Kristalle (aus Cyclohexanon); F: > 360° (*Schuldt, Wolf*, Contrib. Boyce Thompson Inst. **18** [1956] 377, 378, 380).

[Dichlor-[1,3,5]triazin-2-yl]-methyl-phenyl-amin $C_{10}H_8Cl_2N_4$, Formel XIV (R = CH_3). Kristalle (aus Bzl.); F: 131–132° [unkorr.] (*Thurston et al.*, Am. Soc. **73** [1951] 2981; *Ethyl Corp.*).

Dichlor-diphenylamino-[1,3,5]triazin, [Dichlor-[1,3,5]triazin-2-yl]-diphenyl-amin $C_{15}H_{10}Cl_2N_4$, Formel XIV (R = C_6H_5). Kristalle (aus A.); F: 172–174° [unkorr.] (*Th. et al.*).

Dichlor-*o*-toluidino-[1,3,5]triazin, [Dichlor-[1,3,5]triazin-2-yl]-*o*-tolyl-amin $C_{10}H_8Cl_2N_4$, Formel XV (R = R′ = R″ = H). Kristalle; F: 160° [aus Bzl. + PAe.] (*Fontana, Peretti*, Ann. Chimica **49** [1959] 316, 317), 156–157,5° [aus Bzl.] (*Sch., Wolf*), 156–157° [aus Bzl.] (*Ethyl Corp.*). λ_{max}: 272 nm [Hexan] bzw. 243 nm [A.] (*Fo., Pe.*).

[5-Chlor-2-methyl-phenyl]-[dichlor-[1,3,5]triazin-2-yl]-amin $C_{10}H_7Cl_3N_4$, For= mel XV (R = R′ = H, R″ = Cl). Kristalle (aus Bzl.); F: 195–196,5° (*Sch., Wolf*), 191–192,5° (*Ethyl Corp.*).

[4-Chlor-2-methyl-phenyl]-[dichlor-[1,3,5]triazin-2-yl]-amin $C_{10}H_7Cl_3N_4$, For= mel XV (R = R″ = H, R′ = Cl). Kristalle (aus Bzl.); F: 167–168°; λ_{max}: 275 nm [Hexan] bzw. 252 nm [A.] (*Fo., Pe.*).

[3-Chlor-2-methyl-phenyl]-[dichlor-[1,3,5]triazin-2-yl]-amin $C_{10}H_7Cl_3N_4$, For= mel XV (R = Cl, R′ = R″ = H). Kristalle (aus Bzl.); F: 196,5–198,5° (*Ethyl Corp.*).

Dichlor-*m*-toluidino-[1,3,5]triazin, [Dichlor-[1,3,5]triazin-2-yl]-*m*-tolyl-amin $C_{10}H_8Cl_2N_4$, Formel XVI (R = CH_3, R′ = X = H). Kristalle (aus Bzl. + PAe.); F: 127–129°; λ_{max} (Hexan sowie A.): 276 nm (*Fo., Pe.*).

Dichlor-*p*-toluidino-[1,3,5]triazin, [Dichlor-[1,3,5]triazin-2-yl]-*p*-tolyl-amin $C_{10}H_8Cl_2N_4$, Formel XVI (R = X = H, R′ = CH_3). Kristalle; F: 132–133° [aus PAe.] (*Fo., Pe.*), 130–131° [aus Bzl.] (*Ethyl Corp.*). λ_{max} (Hexan sowie A.): 278 nm (*Fo., Pe.*).

[2-Chlor-4-methyl-phenyl]-[dichlor-[1,3,5]triazin-2-yl]-amin $C_{10}H_7Cl_3N_4$, For= mel XVI (R = H, R′ = CH_3, X = Cl). Kristalle (aus Bzl.); F: 163–164°; λ_{max}: 280 nm [Hexan] bzw. 253 nm [A.] (*Fo., Pe.*).

Benzylamino-dichlor-[1,3,5]triazin, Benzyl-[dichlor-[1,3,5]triazin-2-yl]-amin $C_{10}H_8Cl_2N_4$, Formel XII (R = CH_2-C_6H_5). Kristalle (aus PAe.); F: 116,3 – 117,8° (*Bras et al., Ž. obšč. Chim.* **28** [1958] 2972, 2973; engl. Ausg. S. 3001, 3002).

[2-Äthyl-phenyl]-[dichlor-[1,3,5]triazin-2-yl]-amin $C_{11}H_{10}Cl_2N_4$, Formel XII (R = C_6H_4-C_2H_5). Kristalle (aus Bzl.); F: 119,5 – 120,5° (*Ethyl Corp.*).

Dichlor-[2]naphthylamino-[1,3,5]triazin, [Dichlor-[1,3,5]triazin-2-yl]-[2]naphth* yl-amin $C_{13}H_8Cl_2N_4$, Formel I (H 153). Kristalle; F: 156,7 – 158° [aus Bzl.] (*Sch., Wolf*), 156° (*Ethyl Corp.*).

Biphenyl-2-ylamino-dichlor-[1,3,5]triazin, Biphenyl-2-yl-[dichlor-[1,3,5]triazin-2-yl]-amin $C_{15}H_{10}Cl_2N_4$, Formel XVI (R = R' = H, X = C_6H_5). Kristalle (aus Bzl. + PAe.); F: 139 – 141° (*Ethyl Corp.*).

Biphenyl-4-ylamino-dichlor-[1,3,5]triazin, Biphenyl-4-yl-[dichlor-[1,3,5]triazin-2-yl]-amin $C_{15}H_{10}Cl_2N_4$, Formel XVI (R = X = H, R' = C_6H_5). Kristalle (aus Bzl.); F: 169 – 172° (*Sch., Wolf*).

[Dichlor-[1,3,5]triazin-2-yl]-[3-methoxy-propyl]-amin $C_7H_{10}Cl_2N_4O$, Formel XII (R = CH_2-CH_2-CH_2-O-CH_3). Kristalle (aus Bzl. + PAe.); F: 75 – 76° (*Koopman, Daams,* R. **77** [1958] 235, 237, 238).

[Dichlor-[1,3,5]triazin-2-yl]-[3-isopropoxy-propyl]-amin $C_9H_{14}Cl_2N_4O$, Formel XII (R = CH_2-CH_2-CH_2-O-CH(CH_3)$_2$). Kristalle (aus PAe.); F: 41 – 42° (*Ko., Da.*).

Dichlor-piperidino-[1,3,5]triazin $C_8H_{10}Cl_2N_4$, Formel II. Kristalle (aus PAe.); F: 90 – 90,5° (*Bras et al.,* l. c. S. 2974).

o-Anisidino-dichlor-[1,3,5]triazin, [Dichlor-[1,3,5]triazin-2-yl]-[2-methoxy-phenyl]-amin $C_{10}H_8Cl_2N_4O$, Formel XVI (R = R' = H, X = O-CH_3). F: 174,5 – 176° (*Sch., Wolf*).

p-Anisidino-dichlor-[1,3,5]triazin, [Dichlor-[1,3,5]triazin-2-yl]-[4-methoxy-phenyl]-amin $C_{10}H_8Cl_2N_4O$, Formel XVI (R = X = H, R' = O-CH_3). Kristalle (aus Bzl.); F: 168 – 170° (*Curd et al.,* Soc. **1947** 154, 158), 167 – 169,5° (*Ethyl Corp.*).

[Dichlor-[1,3,5]triazin-2-yl]-phenyl-carbamonitril $C_{10}H_5Cl_2N_5$, Formel III (R = CN, R' = C_6H_5).
B. Aus Trichlor-[1,3,5]triazin und dem Kalium-Salz des Phenylcarbamonitrils (*Biechler,* C. r. **203** [1936] 568).
F: 138 – 183°(?).

Dichlor-[1,3,5]triazin-2-ylisothiocyanat $C_4Cl_2N_4S$, Formel IV.
B. Aus Trichlor-[1,3,5]triazin und Kalium-thiocyanat (*Am. Cyanamid Co.,* U.S.P. 2864820 [1957]).
Gelb; F: 130 – 135° [Zers.].

N-**[Dichlor-[1,3,5]triazin-2-yl]-glycin-äthylester** $C_7H_8Cl_2N_4O_2$, Formel III (R = CH_2-CO-O-C_2H_5, R' = H).
B. Aus Trichlor-[1,3,5]triazin und Glycin-äthylester (*Šwenzizkaja et al., Ž. obšč. Chim.* **28** [1958] 1601, 1604; engl. Ausg. S. 1650, 1652; *Foye, Chafetz,* J. Am. pharm. Assoc. **45** [1956] 461; *Koopman, Daams,* R. **77** [1958] 235, 237, 238).
Kristalle; F: 90 – 91° [aus A.] (*Foye, Ch.*), 88 – 89° [aus Ae.] (*Šw. et al.*).

N-**[Dichlor-[1,3,5]triazin-2-yl]-glycin-nitril** $C_5H_3Cl_2N_5$, Formel III (R = CH_2-CN, R' = H).
B. Aus Trichlor-[1,3,5]triazin und Glycin-nitril (*Am. Cyanamid Co.,* U.S.P. 2476546 [1945]).
Kristalle; F: 178 – 180° (*Am. Cyanamid Co.*).

Die folgenden Verbindungen sind in analoger Weise hergestellt worden:
N-Butyl-*N*-[dichlor-[1,3,5]triazin-2-yl]-glycin-nitril $C_9H_{11}Cl_2N_5$, Formel III (R = CH_2-CN, R' = [CH_2]$_3$-CH_3). Kristalle (aus PAe.); F: 80 – 81° (*Thurston et al.,* Am. Soc. **73** [1951] 2981; *Am. Cyanamid Co.*).
N-Cyclohexyl-*N*-[dichlor-[1,3,5]triazin-2-yl]-glycin-nitril $C_{11}H_{13}Cl_2N_5$, Formel

III (R = CH_2-CN, R' = C_6H_{11}). Kristalle (aus Me.); F: 145—146° [unkorr.] (*Th. et al.; Am. Cyanamid Co.*).

N-[Dichlor-[1,3,5]triazin-2-yl]-*N*-phenyl-glycin-nitril $C_{11}H_7Cl_2N_5$,   Formel III (R = CH_2-CN, R' = C_6H_5). Kristalle; F: 152—154° (*Am. Cyanamid Co.*).

N-[Dichlor-[1,3,5]triazin-2-yl]-DL-alanin-methylester $C_7H_8Cl_2N_4O_2$, Formel III (R = $CH(CH_3)$-CO-O-CH_3, R' = H).

B. Aus Trichlor-[1,3,5]triazin und DL-Alanin-methylester (*Šwenzizkaja et al.*, Ž. obšč. Chim. **28** [1958] 1601, 1605; engl. Ausg. S. 1650, 1653).
Kristalle; F: 91—94° (*Šw. et al.*).

Die folgenden Verbindungen sind in analoger Weise hergestellt worden:

N-[Dichlor-[1,3,5]triazin-2-yl]-DL-alanin-benzylester $C_{13}H_{12}Cl_2N_4O_2$, Formel III (R = $CH(CH_3)$-CO-O-CH_2-C_6H_5, R' = H). F: 125—126° (*Šw. et al.*).

N-[Dichlor-[1,3,5]triazin-2-yl]-β-alanin-methylester $C_7H_8Cl_2N_4O_2$, Formel III (R = CH_2-CH_2-CO-O-CH_3, R' = H). Kristalle; F: 102—103° (*Šw. et al.*).

N-[Dichlor-[1,3,5]triazin-2-yl]-β-alanin-äthylester $C_8H_{10}Cl_2N_4O_2$, Formel III (R = CH_2-CH_2-CO-O-C_2H_5, R' = H). F: 94—95° (*Foye, Chafetz*, J. Am. pharm. Assoc. **45** [1956] 461).

N-[Dichlor-[1,3,5]triazin-2-yl]-*N*-phenyl-β-alanin-äthylester $C_{14}H_{14}Cl_2N_4O_2$, Formel III (R = CH_2-CH_2-CO-O-C_2H_5, R' = C_6H_5). Kristalle (aus Ae.); F: 110—111° (*Šw. et al.*).

Bis-[2-cyan-äthyl]-[dichlor-[1,3,5]triazin-2-yl]-amin, 3,3'-[Dichlor-[1,3,5]triazin-2-ylimino]-di-propionitril $C_9H_8Cl_2N_6$, Formel III (R = R' = CH_2-CH_2-CN).

B. Aus Trichlor-[1,3,5]triazin und Bis-[2-cyan-äthyl]-amin (*Thurston et al.*, Am. Soc. **73** [1951] 2981).
Kristalle (aus PAe.); F: 212—215° [unkorr.].

6-[4,6-Dichlor-[1,3,5]triazin-2-ylamino]-hexansäure-äthylester $C_{11}H_{16}Cl_2N_4O_2$, Formel III (R = $[CH_2]_5$-CO-O-C_2H_5, R' = H).

B. Aus Trichlor-[1,3,5]triazin und 6-Amino-hexansäure-äthylester (*Koopman, Daams*, R. **77** [1958] 235, 237, 238).
Kristalle (aus Bzl.+PAe.); F: 81—82,5°.

4-[4,6-Dichlor-[1,3,5]triazin-2-ylamino]-benzonitril $C_{10}H_5Cl_2N_5$, Formel III (R = C_6H_4-CN, R' = H).

B. Aus Trichlor-[1,3,5]triazin und 4-Amino-benzonitril (*Ethyl Corp.*, U.S.P. 2720480 [1953]; *Schuldt, Wolf*, Contrib. Boyce Thompson Inst. **18** [1956] 377, 378, 380).
Kristalle (aus Cyclohexanon); F: > 360° (*Sch., Wolf*).

Die folgenden Verbindungen sind in analoger Weise hergestellt worden:

N-[Dichlor-[1,3,5]triazin-2-yl]-DL-asparaginsäure-diäthylester $C_{11}H_{14}Cl_2N_4O_4$, Formel III (R = $CH(CO-O-C_2H_5)$-CH_2-CO-O-C_2H_5, R' = H). F: 63—64° (*Šwenzizkaja et al.*, Ž. obšč. Chim. **28** [1958] 1601, 1605; engl. Ausg. S. 1650, 1653).

N-[Dichlor-[1,3,5]triazin-2-yl]-DL-glutaminsäure-diäthylester $C_{12}H_{16}Cl_2N_4O_4$, Formel III (R = $CH(CO-O-C_2H_5)$-CH_2-CH_2-CO-O-C_2H_5, R' = H). Kp$_{0,08}$: 159° (*Šw. et al.*).

N-[Dichlor-[1,3,5]triazin-2-yl]-sulfanilsäure $C_9H_6Cl_2N_4O_3S$, Formel III (R = C_6H_4-SO_3H, R' = H). Natrium-Salz $NaC_9H_5Cl_2N_4O_3S$. Kristalle (aus H_2O) mit 2 Mol H_2O (*Thurston et al.*, Am. Soc. **73** [1951] 2981).

N-[Dichlor-[1,3,5]triazin-2-yl]-sulfanilsäure-amid $C_9H_7Cl_2N_5O_2S$,   Formel III ($R = C_6H_4$-SO_2-NH_2, $R' = H$). Feststoff (*D'Alelio, White*, J. org. Chem. **24** [1959] 643).

N,N-Diäthyl-N'-[dichlor-[1,3,5]triazin-2-yl]-äthylendiamin $C_9H_{15}Cl_2N_5$, Formel III ($R = CH_2$-CH_2-$N(C_2H_5)_2$, $R' = H$).

B. Aus Trichlor-[1,3,5]triazin und N,N-Diäthyl-äthylendiamin (*Foye, Buckpitt*, J. Am. pharm. Assoc. **41** [1952] 385).

Hydrochlorid $C_9H_{15}Cl_2N_5 \cdot HCl$. Kristalle (aus A.); F: $200-201°$ (*Foye, Bu.*).

Die folgenden Verbindungen sind in analoger Weise hergestellt worden:

[2-(4,6-Dichlor-[1,3,5]triazin-2-ylamino)-äthyl]-carbamidsäure-äthylester $C_8H_{11}Cl_2N_5O_2$, Formel III ($R = CH_2$-CH_2-NH-CO-O-C_2H_5, $R' = H$). Kristalle (aus E.); F: $171-172°$ [unkorr.]; λ_{max} (A.): 235 nm (*Foye, Chafetz*, J. Am. pharm. Assoc. **46** [1957] 366, 368).

4-[Dichlor-[1,3,5]triazin-2-yl]-piperazin-1-carbonsäure-äthylester $C_{10}H_{13}Cl_2N_5O_2$, Formel V. Kristalle (aus PAe.); F: $162-163°$ [unkorr.]; λ_{max} (A.): 243 nm (*Foye, Ch.*).

[Dichlor-[1,3,5]triazin-2-yl]-[3-piperidino-propyl]-amin $C_{11}H_{17}Cl_2N_5$, Formel VI. F: $90°$ [Zers.; abhängig von der Geschwindigkeit des Erhitzens] (*Mosher, Whitmore*, Am. Soc. **67** [1945] 662).

*[Dichlor-[1,3,5]triazin-2-yl]-[4-phenylazo-phenyl]-amin $C_{15}H_{10}Cl_2N_6$, Formel III ($R = C_6H_4$-$N{=}N$-C_6H_5, $R' = H$). Kristalle (aus Bzl.); F: $211-213°$ (*Ethyl Corp.*, U.S.P. 2 720 480 [1953]).

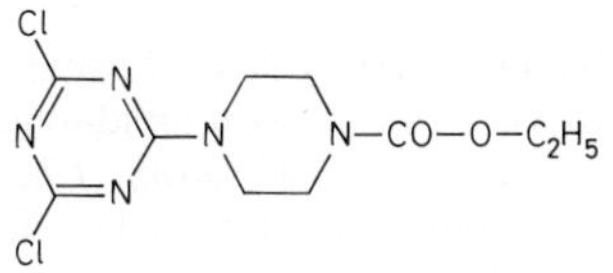

V 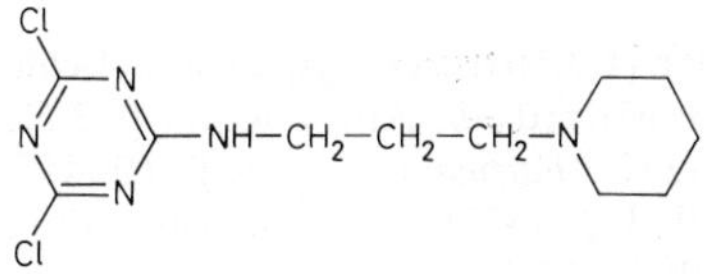   VI

[4-(4,6-Dichlor-[1,3,5]triazin-2-ylamino)-phenyl]-phenyl-arsinsäure $C_{15}H_{11}AsCl_2N_4O_2$, Formel III ($R = C_6H_4$-$AsO(OH)$-C_6H_5, $R' = H$).

B. Aus Trichlor-[1,3,5]triazin und [4-Amino-phenyl]-phenyl-arsinsäure (*Ueda et al.*, Pharm. Bl. **1** [1953] 252).

Feststoff.

Bis-[4-(4,6-dichlor-[1,3,5]triazin-2-ylamino)-phenyl]-arsinsäure $C_{18}H_{11}AsCl_4N_8O_2$, Formel VII.

B. Aus Trichlor-[1,3,5]triazin und Bis-[4-amino-phenyl]-arsinsäure (*Ueda et al.*, Pharm. Bl. **1** [1953] 252).

Feststoff.

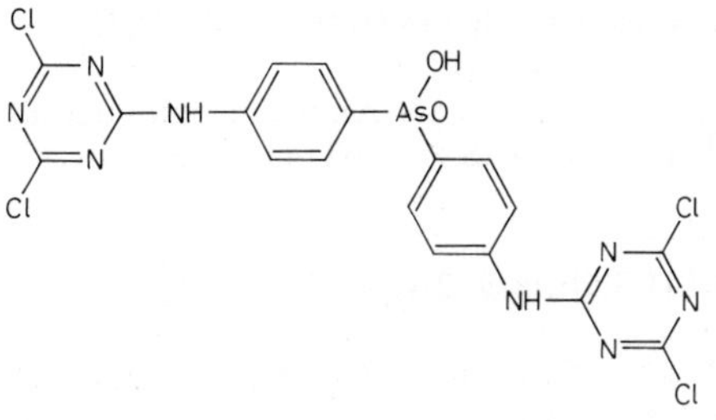

VII 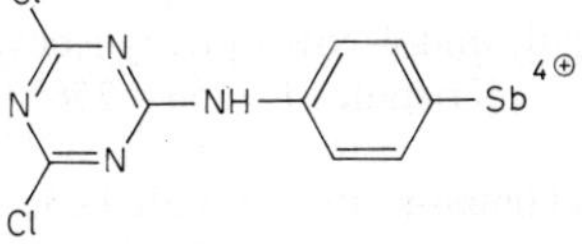   VIII

[4-(4,6-Dichlor-[1,3,5]triazin-2-ylamino)-phenyl]-arsonsäure $C_9H_7AsCl_2N_4O_3$, Formel III ($R = C_6H_4$-$AsO(OH)_2$, $R' = H$).

B. Aus Trichlor-[1,3,5]triazin und [4-Amino-phenyl]-arsonsäure (*Friedheim*, Am. Soc. **66** [1944] 1775, 1776).

Zers. bei $300-350°$.

[4-(4,6-Dichlor-[1,3,5]triazin-2-ylamino)-phenyl]-antimon(4+) $[C_9H_5Cl_2N_4Sb]^{4+}$, Formel VIII.
   Dihydroxid-oxid $[C_9H_5Cl_2N_4Sb]O(OH)_2$; [4-(4,6-Dichlor-[1,3,5]triazin-2-ylamino)-phenyl]-stibonsäure $C_9H_7Cl_2N_4O_3Sb$. *B.* Aus Trichlor-[1,3,5]triazin und [4-Amino-phenyl]-stibonsäure (*Friedheim*, U.S.P. 2415555 [1942], 2418115 [1943]). — Feststoff.

[Dichlor-[1,3,5]triazin-2-yl]-[2]pyridyl-amin $C_8H_5Cl_2N_5$, Formel IX.
   B. Aus Trichlor-[1,3,5]triazin und [2]Pyridylamin (*Foye, Buckpitt,* J. Am. pharm. Assoc. **41** [1952] 385).
   Kristalle; F: $258-260°$.

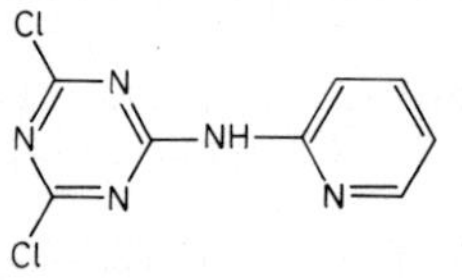

IX

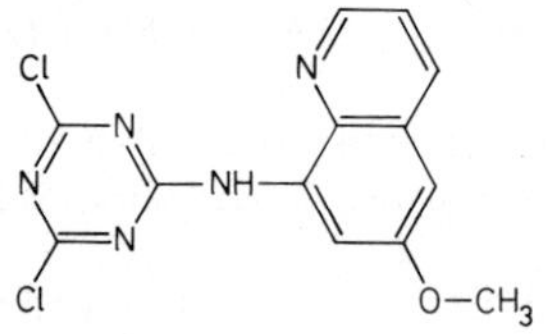

X

[Dichlor-[1,3,5]triazin-2-yl]-[6-methoxy-[8]chinolyl]-amin $C_{13}H_9Cl_2N_5O$, Formel X.
   B. Analog der vorangehenden Verbindung (*Cuthbertson, Moffatt,* Soc. **1948** 561, 563).
   Gelbe Kristalle; F: $237°$.

N^6-**[Dichlor-[1,3,5]triazin-2-yl]-2-methyl-chinolin-4,6-diyldiamin** $C_{13}H_{10}Cl_2N_6$, Formel XI.
   Hydrochlorid. *B.* Aus Trichlor-[1,3,5]triazin und 2-Methyl-chinolin-4,6-diyldiamin in Essigsäure (*I.G. Farbenind.,* D.R.P. 606497 [1932]; Frdl. **21** 539; *Winthrop Chem. Co.,* U.S.P. 2092352 [1932]). — Essigsäure enthaltender Feststoff, unterhalb 300° nicht schmelzend [Eg.-Abgabe $>100°$].

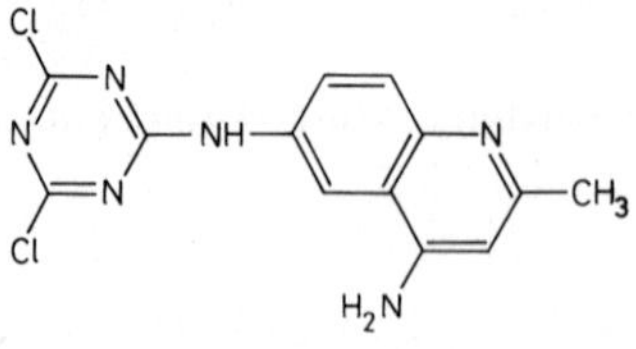

XI

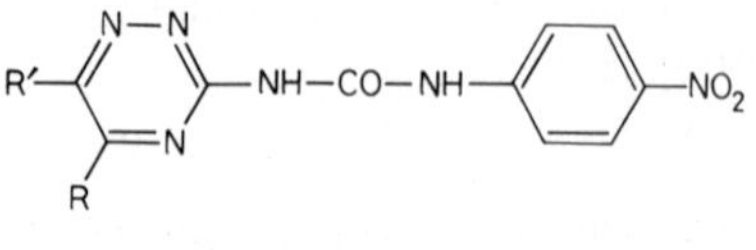

XII

Amine $C_4H_6N_4$

N-**[5(und/oder 6)-Methyl-[1,2,4]triazin-3-yl]-N'-[4-nitro-phenyl]-harnstoff** $C_{11}H_{10}N_6O_3$, Formel XII (R = CH_3, R' = H und/oder R = H, R' = CH_3).
   B. Aus 5(und/oder 6)-Methyl-[1,2,4]triazin-3-ylamin (erhalten aus Aminoguanidin und Pyruvaldehyd) und 4-Nitro-phenylisocyanat (*Merck & Co. Inc.,* U.S.P. 2762743 [1953]).
   Gelbe Kristalle; F: $254-256°$ [Zers.].

Benzylamino-methyl-[1,3,5]triazin, Benzyl-[methyl-[1,3,5]triazin-2-yl]-amin $C_{11}H_{12}N_4$, Formel XIII (R = X = H).
   B. Bei der Hydrierung von Benzyl-[chlor-methyl-[1,3,5]triazin-2-yl]-amin an Palladium/Kohle in Isopropylalkohol (*Hirt et al.,* Helv. **33** [1950] 1365, 1369).
   Kristalle (aus PAe.); F: $68°$.

N-**Benzyl-N',N'-dimethyl-N-[methyl-[1,3,5]triazin-2-yl]-äthylendiamin** $C_{15}H_{21}N_5$, Formel XIII
(R = CH_2-CH_2-N(CH_3)$_2$, X = H).
   B. Aus der Natrium-Verbindung der vorangehenden Verbindung und [2-Chlor-äthyl]-di≠

methyl-amin (*Hirt et al.*, Helv. **33** [1950] 1365, 1369).

$Kp_{0,6}$: 161 − 163°.

Hydrochlorid $C_{15}H_{21}N_5 \cdot HCl$.

Benzylamino-chlor-methyl-[1,3,5]triazin, Benzyl-[chlor-methyl-[1,3,5]triazin-2-yl]-amin
$C_{11}H_{11}ClN_4$, Formel XIII (R = H, X = Cl).

B. Aus Dichlor-methyl-[1,3,5]triazin und Benzylamin (*Hirt et al.*, Helv. **33** [1950] 1365, 1369).

Kristalle; F: 100°.

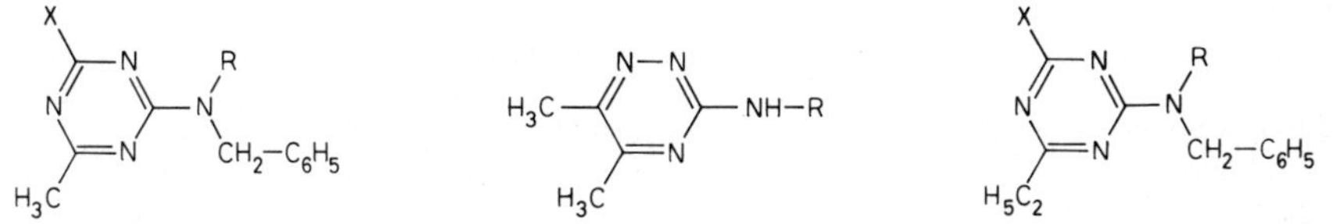

XIII   XIV   XV

Amine $C_5H_8N_4$

5,6-Dimethyl-[1,2,4]triazin-3-ylamin $C_5H_8N_4$, Formel XIV (R = H).

B. Aus Aminoguanidin-hydrogencarbonat und Butandion (*Erickson*, Am. Soc. **74** [1952] 4706).

Kraftkonstante der NH-Valenzschwingung (CCl_4): *Mason*, Soc. **1958** 3619, 3620.

Hellgelbe Kristalle (aus Toluol + A.); F: 211 − 212° [korr.] (*Er.*). Intensität und Halbwerts‑ breite der symmetrischen und antisymmetrischen NH-Valenzschwingungsbande (CCl_4): *Ma.*, l. c. S. 3621. Absorptionsspektrum (Cyclohexan, A., Acetonitril sowie H_2O; 48000 − 23000 cm^{-1}): *Hirt, Schmitt*, J. chem. Physics **23** [1955] 600. 100 ml H_2O lösen bei 25° ca. 1 g (*Er.*).

N-[5,6-Dimethyl-[1,2,4]triazin-3-yl]-N'-phenyl-harnstoff $C_{12}H_{13}N_5O$, Formel XIV
(R = CO-NH-C_6H_5).

B. Aus 5,6-Dimethyl-[1,2,4]triazin-2-ylamin und Phenylisocyanat (*Merck & Co. Inc.*, U.S.P. 2762743 [1953]).

Kristalle; F: 200 − 201°.

N-[5,6-Dimethyl-[1,2,4]triazin-3-yl]-N'-[4-nitro-phenyl]-harnstoff $C_{12}H_{12}N_6O_3$, Formel XIV
(R = CO-NH-C_6H_4-NO_2).

B. Analog der vorangehenden Verbindung (*Merck & Co. Inc.*, U.S.P. 2762743 [1953]).

Kristalle; F: 254 − 255°.

Äthyl-benzylamino-[1,3,5]triazin, [Äthyl-[1,3,5]triazin-2-yl]-benzyl-amin $C_{12}H_{14}N_4$, Formel XV
(R = X = H).

B. Bei der Hydrierung von [Äthyl-chlor-[1,3,5]triazin-2-yl]-benzyl-amin an Palladium/Kohle in Isopropylalkohol (*Hirt et al.*, Helv. **33** [1950] 1365, 1369).

Kristalle (aus PAe.); F: 48°.

N-[Äthyl-[1,3,5]triazin-2-yl]-N-benzyl-N',N'-dimethyl-äthylendiamin $C_{16}H_{23}N_5$, Formel XV
(R = CH_2-CH_2-N(CH_3)$_2$, X = H).

B. Aus der Natrium-Verbindung der vorangehenden Verbindung und [2-Chlor-äthyl]-di‑ methyl-amin (*Hirt et al.*, Helv. **33** [1950] 1365, 1369).

$Kp_{0,4}$: 170 − 173°.

Äthyl-benzylamino-chlor-[1,3,5]triazin, [Äthyl-chlor-[1,3,5]triazin-2-yl]-benzyl-amin
$C_{12}H_{13}ClN_4$, Formel XV (R = H, X = Cl).

B. Aus Äthyl-dichlor-[1,3,5]triazin und Benzylamin (*Hirt et al.*, Helv. **33** [1950] 1365, 1369).

F: 87°.

4,6-Dimethyl-[1,3,5]triazin-2-ylamin $C_5H_8N_4$, Formel I (R = R' = CH_3) (H 154).

B. Aus Chlor-dimethyl-[1,3,5]triazin und NH_3 (*Schroeder, Grundmann,* Am. Soc. **78** [1956] 2447, 2449). Beim Behandeln von Tris-trichlormethyl-[1,3,5]triazin mit Formamid, Zink-Pulver und Kupfer(II)-acetat in Methanol (*Grundmann, Weisse,* B. **84** [1951] 684, 686; s. a. *Grundmann et al.,* B. **87** [1954] 19, 23).

Kristalle; F: 171–173° [korr.; nach Sublimation im Vakuum] (*Gr., We.*), 171–172° (*Albert et al.,* Soc. **1948** 2240, 2247). Scheinbarer Dissoziationsexponent pK'_a (H_2O; potentiometrisch ermittelt) bei 20°: 3,60 (*Al. et al.*).

Hydrochlorid $C_5H_8N_4 \cdot HCl$. Gelbliche Kristalle (aus Eg. oder Me.+Ae); F: 285° [Zers.] (*Gr. et al.*).

Picrat $C_5H_8N_4 \cdot C_6H_3N_3O_7$. Gelbe Kristalle; F: 247° [Zers.] (*Gr. et al.*).

Aziridin-1-yl-dimethyl-[1,3,5]triazin $C_7H_{10}N_4$, Formel II (R = CH_3).

B. Aus Chlor-dimethyl-[1,3,5]triazin und Aziridin (*Schroeder, Grundmann,* Am. Soc. **78** [1956] 2447, 2450).

Kristalle (aus PAe.); F: 94°.

Die folgenden Verbindungen sind in analoger Weise hergestellt worden:

4,6-Bis-chlormethyl-[1,3,5]triazin-2-ylamin $C_5H_6Cl_2N_4$, Formel I (R = R' = CH_2Cl). Kristalle (aus H_2O); F: 105° [unkorr.].

Bis-chlormethyl-dimethylamino-[1,3,5]triazin, [Bis-chlormethyl-[1,3,5]triazin-2-yl]-dimethyl-amin $C_7H_{10}Cl_2N_4$, Formel III (R = CH_2Cl). F: 34°.

Aziridin-1-yl-bis-chlormethyl-[1,3,5]triazin $C_7H_8Cl_2N_4$, Formel II (R = CH_2Cl). F: 60°.

4,6-Bis-dichlormethyl-[1,3,5]triazin-2-ylamin $C_5H_4Cl_4N_4$, Formel I (R = R' = $CHCl_2$). Kristalle (aus H_2O); F: 142° [unkorr.].

Bis-dichlormethyl-dimethylamino-[1,3,5]triazin, [Bis-dichlormethyl-[1,3,5]triazin-2-yl]-dimethyl-amin $C_7H_8Cl_4N_4$, Formel III (R = $CHCl_2$). Kristalle (aus PAe.); F: 78°.

Dimethylamino-bis-trichlormethyl-[1,3,5]triazin, [Bis-trichlormethyl-[1,3,5]triazin-2-yl]-dimethyl-amin $C_7H_6Cl_6N_4$, Formel III (R = CCl_3). F: 120° [unkorr.].

Aziridin-1-yl-bis-trichlormethyl-[1,3,5]triazin $C_7H_4Cl_6N_4$, Formel II (R = CCl_3). F: 99°.

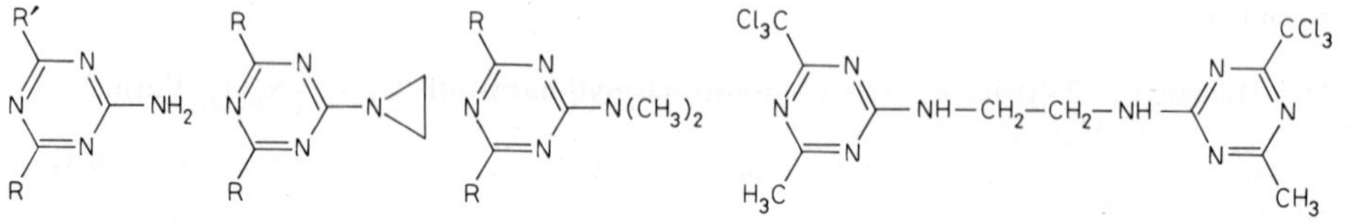

I II III IV

4-Methyl-6-trichlormethyl-[1,3,5]triazin-2-ylamin $C_5H_5Cl_3N_4$, Formel I (R = CH_3, R' = CCl_3).

B. Aus Methyl-bis-trichlormethyl-[1,3,5]triazin und wss. NH_3 (*Kreutzberger,* Am. Soc. **79** [1957] 2629, 2631, 2632).

Kristalle (aus wss. Me.); F: 158–159° [korr.].

***N,N'*-Bis-[methyl-trichlormethyl-[1,3,5]triazin-2-yl]-äthylendiamin** $C_{12}H_{12}Cl_6N_8$, Formel IV.

B. Aus Methyl-bis-trichlormethyl-[1,3,5]triazin und Äthylendiamin in $CHCl_3$ (*Kreutzberger,* Am. Soc. **79** [1957] 2629, 2632).

Kristalle (aus wss. A.); F: 221–222° [korr.].

1^4,10^6,19^6,28^6,37^6,46^6,55^6,64^6,73^4-Nonamethyl-1^6,73^6-bis-trichlormethyl-2,9,11,18,20,27,29,36,38,45,47,54,56,63,65,72-hexadecaaza-1,73-di-(2)[1,3,5]triazina-10,19,28,37,46,55,64-hepta-(2,4)[1,3,5]triazina-prototriheptacontaphan[1]) $C_{86}H_{139}N_{43}Cl_6$, Formel V.

B. Beim Erhitzen von Methyl-bis-trichlormethyl-[1,3,5]triazin mit Hexandiyldiamin in DMF

[1]) Über diese Bezeichnungsweise s. *Kauffmann,* Tetrahedron **28** [1972] 5183.

(*Kreutzberger*, Am. Soc. **79** [1957] 2629, 2632).
  Gelb; F: 200—201° [korr.].

4,6-Bis-trichlormethyl-[1,3,5]triazin-2-ylamin $C_5H_2Cl_6N_4$, Formel I (R = R' = CCl$_3$) (H 154).
  B. Aus 2,2,2-Trichlor-acetamidin beim Erhitzen auf 200° (*Schaefer et al.*, Am. Soc. **81** [1959]
1466, 1469). Beim Erhitzen von Bis-[2,2,2-trichlor-acetimidoyl]-amin auf 250° (*Sch. et al.*).
  Kristalle (aus A.); F: 164—166° [unkorr.].

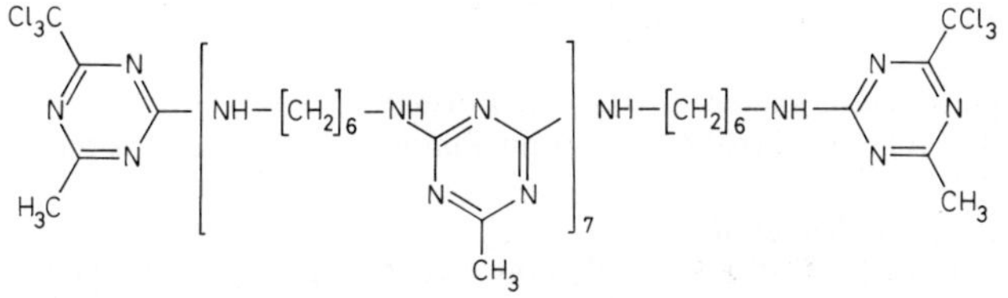

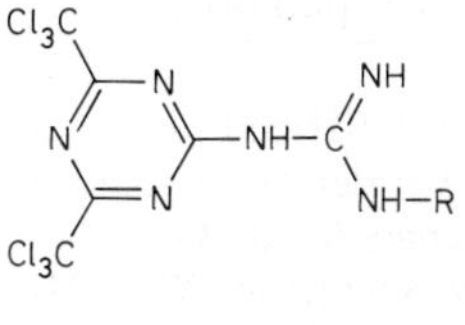

N-[Bis-trichlormethyl-[1,3,5]triazin-2-yl]-N'-[4-chlor-phenyl]-guanidin $C_{12}H_7Cl_7N_6$, Formel VI
(R = C_6H_4-Cl) und Taut.
  B. Aus Tris-trichlormethyl-[1,3,5]triazin und [4-Chlor-phenyl]-guanidin (*ICI*, U.S.P. 2830052
[1955]).
  Kristalle; F: 216—218°.

[Bis-trichlormethyl-[1,3,5]triazin-2-yl]-[2]pyridyl-amin $C_{10}H_5Cl_6N_5$, Formel VII.
  B. Aus Chlor-bis-trichlormethyl-[1,3,5]triazin und [2]Pyridylamin (*Schroeder*, Am. Soc. **81**
[1959] 5658, 5662).
  Kristalle (aus PAe.); F: 241° [unkorr.].

4,6-Bis-tribrommethyl-[1,3,5]triazin-2-ylamin $C_5H_2Br_6N_4$, Formel I (R = R' = CBr$_3$).
  In der früher (H **26** 155) unter dieser Konstitution beschriebenen Verbindung (F: 184—185°)
hat möglicherweise 4,6-Bis-dibrommethyl-[1,3,5]triazin-2-ylamin $C_5H_4Br_4N_4$ vorgele=
gen (*Schaefer, Ross*, J. org. Chem. **29** [1964] 1527, 1536).
  Authentisches 4,6-Bis-tribrommethyl-[1,3,5]triazin-2-ylamin schmilzt bei 218,5—219,5° [un=
korr.].

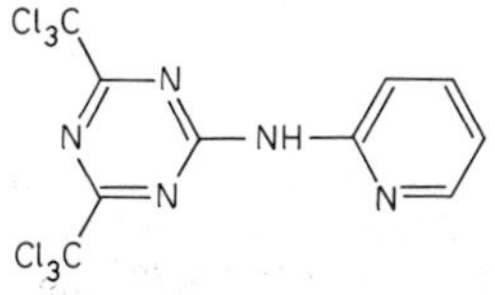

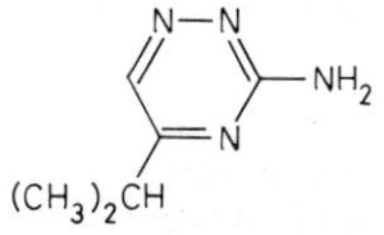

Amine $C_6H_{10}N_4$

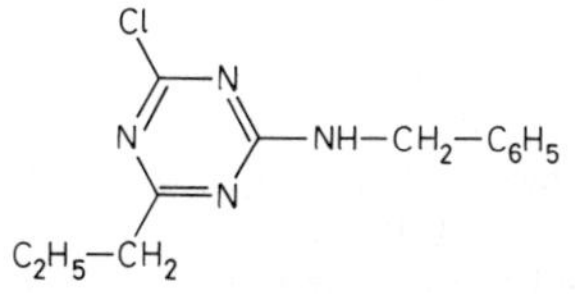

5-Isopropyl-[1,2,4]triazin-3-ylamin $C_6H_{10}N_4$, Formel VIII.
  B. Beim Behandeln von 5-Isopropyl-2,5-dihydro-[1,2,4]triazin-3-ylamin mit wss. Na$_2$CO$_3$
(*Foye, Lange*, J. Am. pharm. Assoc. **46** [1957] 371).
  Kristalle (aus A.); F: 177—178° [unkorr.]. λ_{max} (A.): 241 nm.

Benzylamino-chlor-propyl-[1,3,5]triazin, Benzyl-[chlor-propyl-[1,3,5]triazin-2-yl]-amin
$C_{13}H_{15}ClN_4$, Formel IX.
  B. Aus Dichlor-propyl-[1,3,5]triazin und Benzylamin (*Hirt et al.*, Helv. **33** [1950] 1365, 1369).
  F: 81°.

Amine $C_7H_{12}N_4$

5,8-Dimethyl-6,7-dihydro-[1,2,4]triazocin-3-ylamin $C_7H_{12}N_4$, Formel X.
  Die früher (s. H **26** 156) und von *Beyer, Pyl* (A. **605** [1957] 50, 54, 58) mit Vorbehalt

unter dieser Konstitution beschriebene „Verbindung $C_7H_{12}N_4$" (F: 151°) ist als [2,5-Dimethyl-pyrrol-1-yl]-guanidin (E III/IV **20** 2140) zu formulieren (*Beyer et al.*, A. **638** [1960] 150).

4,6-Bis-[1,1-dichlor-äthyl]-[1,3,5]triazin-2-ylamin $C_7H_8Cl_4N_4$, Formel I (R = R′ = CCl_2-CH_3) auf S. 1104.

B. Aus Chlor-bis-[1,1-dichlor-äthyl]-[1,3,5]triazin und äthanol. NH_3 (*Schroeder, Grundmann*, Am. Soc. **78** [1956] 2447, 2449, 2450).

F: 162° [unkorr.].

1,4,5,6,7,8-Hexahydro-cycloheptatriazol-6-ylamin $C_7H_{12}N_4$, Formel XI und Taut.

B. Bei der Hydrierung von Cycloheptatriazol-6-ylamin an Platin in Methanol (*Nozoe et al.*, Pr. Japan Acad. **30** [1954] 313, 314).

UV-Spektrum (Me.; 210–240 nm): *No. et al.*

Picrolonat $C_7H_{12}N_4 \cdot C_{10}H_8N_4O_5$. Gelbe Kristalle (aus wss. A.); F: 221–223° [Zers.].

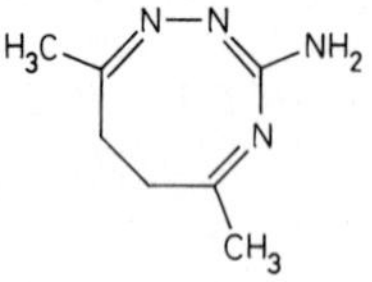

X 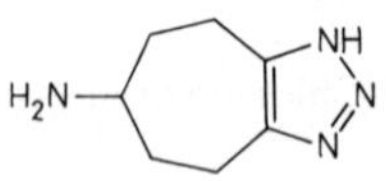   XI 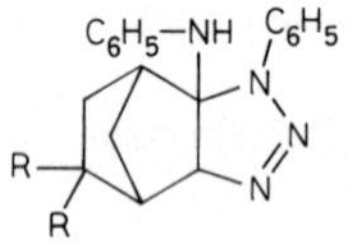   XII 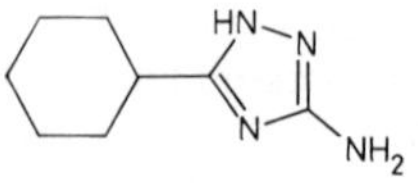   XIII

*Opt.-inakt. 7a(?)-Anilino-1-phenyl-3a,4,5,6,7,7a-hexahydro-1H-4,7-methano-benzotriazol, Phenyl-[3-phenyl-3,4,5,6,7,7a-hexahydro-4,7-methano-benzotriazol-3a(?)-yl]-amin $C_{19}H_{20}N_4$, vermutlich Formel XII (R = H) [1]).

B. Beim Erhitzen von (±)-[2]Norbornyliden-anilin mit Azidobenzol (*Alder, Stein*, A. **501** [1933] 1, 21, 45).

Kristalle (aus E.); F: 238°.

Beim Behandeln mit wasserhaltiger Oxalsäure ist 3-Anilino-norbornan-2-on (F: 98°) erhalten worden.

Amine $C_8H_{14}N_4$

5-Cyclohexyl-1H-[1,2,4]triazol-3-ylamin $C_8H_{14}N_4$, Formel XIII und Taut.

Nitrat. *B.* Beim Erhitzen von Aminoguanidin-nitrat mit Cyclohexancarbimidsäure-äthyl=ester und Pyridin (*BASF*, D.B.P. 1073499 [1958]). — Kristalle; F: 194–195° [Zers.].

*Opt.-inakt. 8a(?)-Anilino-1-phenyl-1,3a,4,5,6,7,8,8a-octahydro-4,7-methano-cycloheptatriazol, Phenyl-[1-phenyl-3a,4,5,6,7,8-hexahydro-1H-4,7-methano-cycloheptatriazol-8a(?)-yl]-amin $C_{20}H_{22}N_4$, vermutlich Formel XIV [1]).

B. Beim Erwärmen von (±)-Bicyclo[3.2.1]oct-2-en mit Azidobenzol (*Alder et al.*, B. **88** [1955] 144, 149, 154).

Kristalle (aus E.+PAe.); F: 202° [Zers.].

(±)-5t(oder 6t)-Isothiocyanatomethyl-1-phenyl-(3at,7at)-3a,4,5,6,7,7a-hexahydro-1H-4r,7c-methano-benzotriazol, (±)-[1(oder 3)-Phenyl-(3at,7at)-3a,4,5,6,7,7a-hexahydro-1(oder 3)H-4r,7c-methano-benzotriazol-5t-yl]-methylisothiocyanat $C_{15}H_{16}N_4S$, Formel XV (R = CH_2-NCS, R′ = H oder R = H, R′ = CH_2-NCS)+Spiegelbilder.

Bezüglich der Konfiguration vgl. *Huisgen et al.*, B. **98** [1965] 3992.

B. Aus Norborn-5-en-2*endo*-ylmethylisothiocyanat (E III **12** 213) und Azidobenzol (*Alder*,

---

[1]) Bezüglich der Position der Anilino-Gruppe s. *Fusco et al.*, G. **91** [1961] 849, 852; *Huisgen et al.*, B. **98** [1965] 1138, 1144.

Windemuth, R. **71** [1938] 1939, 1957).
Kristalle (aus E.); F: 116 – 117° (*Al., Wi.*).

---

*Opt.-inakt. **7a(?)-Anilino-1-phenyl-3a,4,5,6,7,7a-hexahydro-1*H*-4,7-äthano-benzotriazol, Phenyl-[3-phenyl-3,4,5,6,7,7a-hexahydro-4,7-äthano-benzotriazol-3a(?)-yl]-amin** $C_{20}H_{22}N_4$, vermutlich Formel XVI [1]).

B. Beim Erhitzen von (±)-Bicyclo[2.2.2]oct-2-yliden-anilin mit Azidobenzol (*Alder, Stein,* A. **501** [1933] 1, 22, 46).
Kristalle (aus E.); F: 259°.

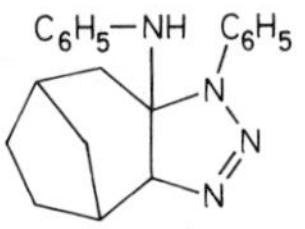

XIV 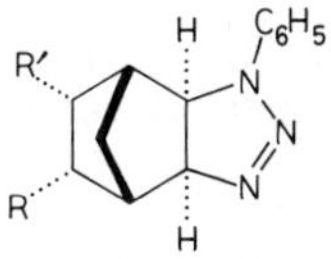   XV 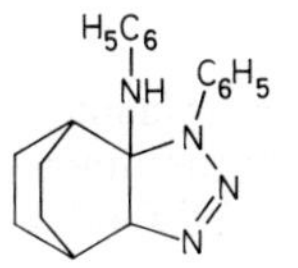   XVI 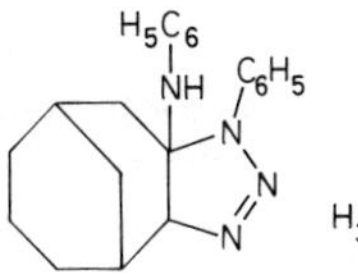   XVII 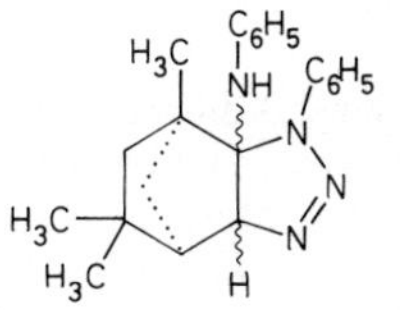   XVIII

Amine $C_9H_{16}N_4$

*Opt.-inakt. **9a(?)-Anilino-1-phenyl-3a,4,5,6,7,8,9,9a-octahydro-1*H*-4,8-methano-cyclooctatriazol, Phenyl-[1-phenyl-1,3a,4,5,6,7,8,9-octahydro-4,8-methano-cyclooctatriazol-9a(?)-yl]-amin** $C_{21}H_{24}N_4$, vermutlich Formel XVII [1]).

B. Beim Erhitzen von (±)-Bicyclo[3.3.1]non-2-en (E IV **5** 425) mit Azidobenzol (*Alder et al.,* B. **88** [1955] 144, 149, 155).
Kristalle (aus E.); F: 184° [Zers.].

---

*Opt.-akt.(?) **7a(?)-Anilino-5,5-dimethyl-1-phenyl-3a,4,5,6,7,7a-hexahydro-1*H*-4,7-methano-benzotriazol, [6,6-Dimethyl-3-phenyl-3,4,5,6,7,7a-hexahydro-4,7-methano-benzotriazol-3a(?)-yl]-phenyl-amin** $C_{21}H_{24}N_4$, vermutlich Formel XII (R = CH_3) [1]).

B. Beim Erhitzen von opt.-akt.(?) [5,5-Dimethyl-[2]norbornyliden]-anilin (E III **12** 317) mit Azidobenzol (*Alder, Stein,* A. **515** [1935] 165, 174, 183).
Kristalle (aus Me.); F: 230°.

Amine $C_{10}H_{18}N_4$

(4R)-7a(?)-Anilino-5,5,7-trimethyl-1-phenyl-(3aξ,7aξ)-3a,4,5,6,7,7a-hexahydro-1*H*-4r,7c-methano-benzotriazol, Phenyl-[(4S)-4,6,6-trimethyl-3-phenyl-(7aξ)-3,4,5,6,7,7a-hexahydro-4r,7c-methano-benzotriazol-3a(?)ξ-yl]-amin $C_{22}H_{26}N_4$, vermutlich Formel XVIII [1]).

B. Beim Erhitzen von [(1S)-1,5,5-Trimethyl-[2]norbornyliden]-anilin (E III **12** 318) mit Azido⸗benzol (*Alder, Stein,* A. **515** [1935] 165, 173, 182).
Kristalle (aus Me.); F: 232 – 233°.

Monoamine $C_nH_{2n-4}N_4$

2,3-Dihydro-imidazo[1,2-*c*]pyrimidin-5-ylamin $C_6H_8N_4$, Formel I (R = X = H).

B. Aus 2-[2-Amino-pyrimidin-4-ylamino]-äthanol beim Behandeln mit wss. HBr (*Martin, Mathieu,* Tetrahedron **1** [1957] 75, 79).
Picrat. Netzebenenabstände: *Ma., Ma.,* l. c. S. 81.

8-Nitro-2,3-dihydro-imidazo[1,2-*c*]pyrimidin-5-ylamin $C_6H_7N_5O_2$, Formel I (R = H, X = NO_2).

B. Aus [2-Chlor-äthyl]-[2-chlor-5-nitro-pyrimidin-4-yl]-amin und äthanol. NH_3 (*Martin, Ma⸗*

---

[1]) Siehe S. 1106 Anm.

thieu, Tetrahedron **1** [1957] 75, 82).

Gelbe Kristalle (aus H_2O) mit 1 Mol H_2O; Zers. bei 205–220°. Netzebenenabstände: *Ma.*, *Ma.*, l. c. S. 80.

2,3-Dihydro-imidazo[1,2-c]pyrimidin-8-ylamin $C_6H_8N_4$, Formel II (R = X = H).

B. Aus der folgenden Verbindung bei der Hydrierung an Palladium/$CaCO_3$ in Methanol (*Ramage, Trappe*, Soc. **1952** 4410, 4415).

Kristalle (aus wasserhaltigem E.) mit 1 Mol H_2O; F: 71°; die wasserfreie Verbindung schmilzt bei 140°.

Picrat $C_6H_8N_4 \cdot C_6H_3N_3O_7$. Kristalle (aus 2-Äthoxy-äthanol); F: 240° [Zers.].

5-Chlor-2,3-dihydro-imidazo[1,2-c]pyrimidin-8-ylamin $C_6H_7ClN_4$, Formel II (R = H, X = Cl).

B. Aus [2-Chlor-äthyl]-[2-chlor-5-nitro-pyrimidin-4-yl]-amin bei der Hydrierung an Raney-Nickel in Methanol (*Ramage, Trappe*, Soc. **1952** 4410, 4415).

Kristalle (aus E.); F: 157°.

Hydrochlorid $C_6H_7ClN_4 \cdot HCl$. Kristalle (aus wss. A.), die unterhalb 300° nicht schmelzen.

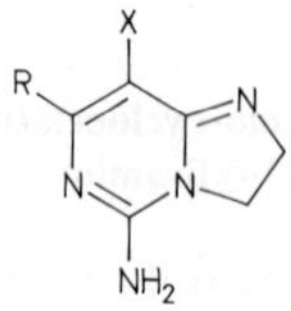

I 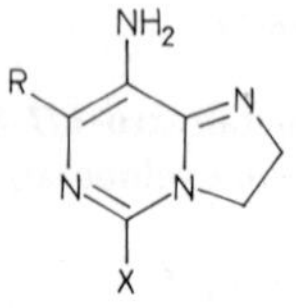   II 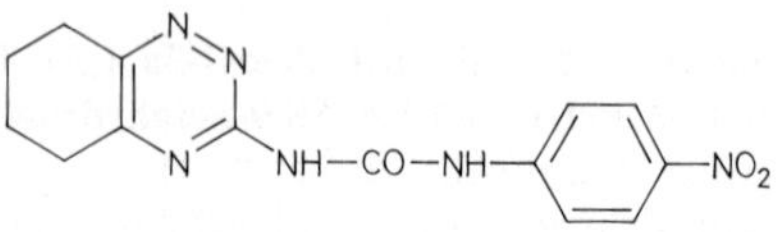   III

N-[4-Nitro-phenyl]-N'-[5,6,7,8-tetrahydro-benzo[e][1,2,4]triazin-3-yl]-harnstoff $C_{14}H_{14}N_6O_3$, Formel III.

B. Beim Erhitzen von 5,6,7,8-Tetrahydro-benzo[e][1,2,4]triazin-3-ylamin (erhalten aus Amino≠ guanidin und Cyclohexan-1,2-dion) mit 4-Nitro-phenylisocyanat in Dioxan (*Merck & Co. Inc.*, U.S.P. 2762743 [1953]).

Grüngelbe Kristalle; F: 241–243°.

7-Methyl-8-nitro-2,3-dihydro-imidazo[1,2-c]pyrimidin-5-ylamin $C_7H_9N_5O_2$, Formel I (R = CH_3, X = NO_2).

B. Beim Behandeln von [2-Chlor-äthyl]-[2-chlor-6-methyl-5-nitro-pyrimidin-4-yl]-amin mit methanol. NH_3 (*Ramage, Trappe*, Soc. **1952** 4410, 4414).

Orangegelbe Kristalle (aus H_2O), die unterhalb 300° nicht schmelzen.

7-Methyl-2,3-dihydro-imidazo[1,2-c]pyrimidin-8-ylamin $C_7H_{10}N_4$, Formel II (R = CH_3, X = H).

B. Aus 2-[2-Chlor-6-methyl-5-nitro-pyrimidin-4-ylamino]-äthanol beim Erhitzen mit wss. HI und rotem Phosphor (*Ramage, Trappe*, Soc. **1952** 4410, 4414). Aus der folgenden Verbindung bei der Hydrierung an Palladium/$CaCO_3$ in Methanol (*Ra., Tr.*).

Hellbraune Kristalle (aus wasserhaltigem E.) mit 2 Mol H_2O, F: 108°; die wasserfreie hygro≠ skopische Verbindung schmilzt bei 155°.

Hydrojodid $C_7H_{10}N_4 \cdot HI$. Kristalle (aus H_2O); F: 265° [Zers.].

Picrat $C_7H_{10}N_4 \cdot C_6H_3N_3O_7$. Kristalle (aus 2-Äthoxy-äthanol); F: 244° [Zers.].

5-Chlor-7-methyl-2,3-dihydro-imidazo[1,2-c]pyrimidin-8-ylamin $C_7H_9ClN_4$, Formel II (R = CH_3, X = Cl).

B. Aus [2-Chlor-äthyl]-[2-chlor-6-methyl-5-nitro-pyrimidin-4-yl]-amin bei der Hydrierung an Raney-Nickel in Äthanol (*Ramage, Trappe*, Soc. **1952** 4410, 4413).

Kristalle (aus H_2O); F: 163°.

Hydrochlorid $C_7H_9ClN_4 \cdot HCl$. Kristalle (aus wss. A.), die unterhalb 300° nicht schmelzen.

Monoamine $C_nH_{2n-6}N_4$

Amine $C_6H_6N_4$

[1,2,4]Triazolo[4,3-*a*]pyridin-3-ylamin $C_6H_6N_4$, Formel IV.

B. Aus 2-Hydrazino-pyridin und Bromcyan (*Kauffmann et al.*, Z. Naturf. **14b** [1959] 601).
Hydrobromid. F: 244°.

1*H*-Benzotriazol-4-ylamin $C_6H_6N_4$, Formel V (R = H) und Taut.

B. Bei der Hydrierung von 4-Nitro-1*H*-benzotriazol an einem Nickel-Kobalt-Kupfer-Kataly-
sator in Äthanol bei 100°/80 at (*Fries et al.*, A. **511** [1934] 213, 229).

Gelbliche Kristalle (aus Bzl.); F: 149° (*Fr. et al.*). UV-Spektrum (A., wss. HCl sowie wss.
NaOH; 210 – 370 nm): *Dal Monte et al.*, G. **88** [1958] 977, 1002, 1004.

Monoacetyl-Derivat $C_8H_8N_4O$; 4-Acetylamino-1*H*-benzotriazol, *N*-[1*H*-
Benzotriazol-4-yl]-acetamid. *B.* Aus dem Diacetyl-Derivat (s. u.) mit Hilfe von äthanol.
NaOH (*Fr. et al.*). — Kristalle; F: 241° (*Fr. et al.*).

Diacetyl-Derivat $C_{10}H_{10}N_4O_2$. *B.* Aus 1*H*-Benzotriazol-4-ylamin und Acetanhydrid (*Fr.
et al.*). — Kristalle (aus PAe.); F: 174° (*Fr. et al.*).

1-Methyl-1*H*-benzotriazol-4-ylamin $C_7H_8N_4$, Formel V (R = CH₃).

Diese Konstitution kommt der von *Fries et al.* (A. **511** [1934] 213, 218, 232) als 3-Methyl-
3*H*-benzotriazol-4-ylamin $C_7H_8N_4$ beschriebenen Verbindung zu (*Kamel et al.*, Tetrahedron **22** [1966] 3351).

B. Analog der vorangehenden Verbindung (*Fr. et al.*).

Kristalle (aus Bzl.); F: 121° (*Fr. et al.*). UV-Spektrum (A., wss. HCl sowie wss. NaOH;
210 – 370 nm): *Dal Monte et al.*, G. **88** [1958] 977, 1002, 1004.

2-Phenyl-2*H*-benzotriazol-4-ylamin $C_{12}H_{10}N_4$, Formel VI.

B. Analog den vorangehenden Verbindungen bei Raumtemperatur/80 at (*Fries et al.*, A.
511 [1934] 241, 261).

Kristalle (aus A.); F: 116°.

Beim Erhitzen mit wss. HCl Auf 200° ist eine Verbindung $C_{36}H_{24}N_{10}$ (Tris-[2-phenyl-2*H*-
benzotriazol-4-yl]-amin(?); rote Kristalle [aus Py.]; F: 280°) erhalten worden (*Fr. et al.*,
l. c. S. 263).

Acetyl-Derivat $C_{14}H_{12}N_4O$; 4-Acetylamino-2-phenyl-2*H*-benzotriazol, *N*-[2-
Phenyl-2*H*-benzotriazol-4-yl]-acetamid. Kristalle (aus PAe.); F: 168°.

1*H*-Benzotriazol-5-ylamin $C_6H_6N_4$, Formel VII (R = R′ = H) und Taut. (H 323).

B. Analog den vorangehenden Verbindungen bei 80°/80 at (*Fries et al.*, A. **511** [1934] 213,
221).

Kristalle (aus A.); F: 157° (*Fr. et al.*). UV-Spektrum (A., wss. HCl sowie wss. NaOH;
210 – 370 nm): *Dal Monte et al.*, G. **88** [1958] 977, 1002, 1004.

Dihydrochlorid. Kristalle (*Fieser, Martin*, Am. Soc. **57** [1935] 1844, 1848).

1-Methyl-1*H*-benzotriazol-5-ylamin $C_7H_8N_4$, Formel VII (R = CH₃, R′ = H) (H 323;
E II 180).

λ_{max}: 220 nm, 260 nm und 327 – 330 nm [A.] bzw. 262 nm und 272 nm [wss. HCl] (*Dal Monte
et al.*, G. **88** [1958] 977, 1002).

2-Methyl-2*H*-benzotriazol-5-ylamin $C_7H_8N_4$, Formel VIII (R = CH₃).

B. Aus 2-Methyl-5-nitro-2*H*-benzotriazol (S. 130) beim Erhitzen mit $Na_2S_2O_4$ in Äthanol
(*Brady, Reynolds*, Soc. **1930** 2667, 2672) oder bei der Hydrierung an Palladium/Kohle in Äthanol
(*Kamel et al.*, Tetrahedron **20** [1964] 211, 214; *Fries et al.*, A. **511** [1934] 213, 227 Anm. 1).

Kristalle (aus Bzl.+PAe.); F: 101° (*Ka. et al.*; s. a. *Dal Monte et al.*, G. **88** [1958] 977,

1002) [1]). UV-Spektrum (A., wss. HCl sowie wss. NaOH; 210–370 nm): *Dal Mo. et al.*, l. c. S. 1004.

6-Amino-3-methyl-3H-benzotriazol-1-oxid, 1-Methyl-3-oxy-1H-benzotriazol-5-ylamin $C_7H_8N_4O$, Formel IX.

B. Aus 3-Methyl-6-nitro-3H-benzotriazol-1-oxid beim Erhitzen mit $Na_2S_2O_4$ in wss. Äthanol (*Brady, Reynolds*, Soc. **1931** 1273, 1280).

Kristalle (aus Bzl.+PAe.); F: 225° [Zers.].

1-Phenyl-1H-benzotriazol-5-ylamin $C_{12}H_{10}N_4$, Formel VII (R = C_6H_5, R' = H) (H 324; E I 100; E II 180).

UV-Spektrum (A. sowie wss. HCl; 210–380 nm): *Dal Monte et al.*, G. **88** [1958] 977, 1012, 1017.

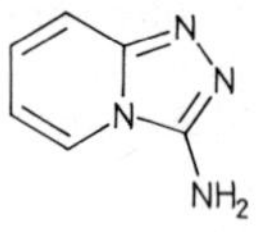

IV 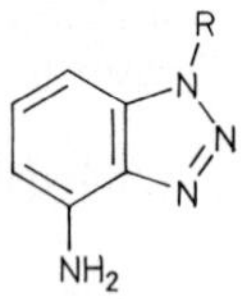   V 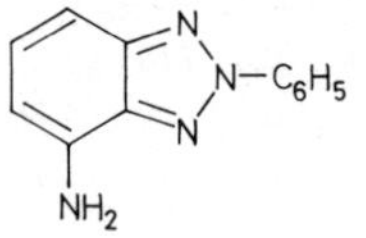   VI 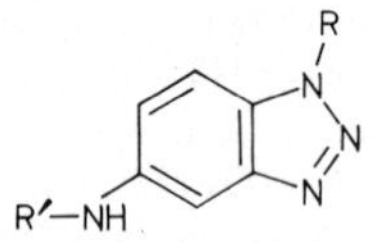   VII

1-[4-Chlor-phenyl]-1H-benzotriazol-5-ylamin $C_{12}H_9ClN_4$, Formel VII (R = C_6H_4-Cl, R' = H).

B. Beim Behandeln von 1-[4-Chlor-phenyl]-5-nitro-1H-benzotriazol mit Zink-Pulver und $CaCl_2$ in wss. Äthanol (*Carter et al.*, Soc. **1955** 337, 339).

Hellbraune Kristalle (aus wss. A.); F: 170–171°.

1-[4-Brom-phenyl]-1H-benzotriazol-5-ylamin $C_{12}H_9BrN_4$, Formel VII (R = C_6H_4-Br, R' = H).

B. Aus 1-[4-Brom-phenyl]-5-nitro-1H-benzotriazol beim Behandeln mit $SnCl_2$ und HCl in Essigsäure (*Bremer*, A. **514** [1934] 279, 284).

Kristalle (aus Toluol); F: 171°.

2-Phenyl-2H-benzotriazol-5-ylamin $C_{12}H_{10}N_4$, Formel VIII (R = C_6H_5) (H 324; E I 100; E II 180).

UV-Spektrum (A. sowie wss. HCl; 220–400 nm): *Dal Monte et al.*, G. **88** [1958] 977, 1023, 1026.

2-[4-Chlor-phenyl]-2H-benzotriazol-5-ylamin $C_{12}H_9ClN_4$, Formel VIII (R = C_6H_4-Cl).

B. Beim Erhitzen von 4-[4-Chlor-phenylazo]-*m*-phenylendiamin mit Kupfer(II)-acetat (*Arient, Dvořák*, Collect. **22** [1957] 632).

Kristalle (aus Bzl.); F: 224,5–225,5°.

[4-Chlor-2-nitro-phenyl]-[1-phenyl-1H-benzotriazol-5-yl]-amin $C_{18}H_{12}ClN_5O_2$, Formel X (X = NO_2, X' = Cl).

B. Aus 1-Phenyl-1H-benzotriazol-5-ylamin und 1,4-Dichlor-2-nitro-benzol (*Katritzky, Plant*, Soc. **1953** 412, 414).

Rote Kristalle (aus Toluol); F: 201–202°.

[2,4-Dinitro-phenyl]-[1-phenyl-1H-benzotriazol-5-yl]-amin $C_{18}H_{12}N_6O_4$, Formel X (X = X' = NO_2).

Diese Konstitution kommt der früher (E II **26** 20) als [4-Benzotriazol-1-yl-phenyl]-[2,4-dinitro-phenyl]-amin formulierten Verbindung zu (*Katritzky, Plant*, Soc. **1953** 412, 414).

B. Beim Erhitzen von 1-Phenyl-1H-benzotriazol-5-ylamin mit 1-Chlor-2,4-dinitro-benzol und

---

[1]) Die Angabe „F: 201°" von *Brady, Reynolds* beruht vermutlich auf einem Druckfehler.

Natriumacetat (*Ka., Pl.*).

Orangefarbene Kristalle (aus Eg.); F: 229 – 230°.

Die bei der Reduktion mit $SnCl_2$ und HCl erhaltene, E II 20 als N^1-[4-Benzotriazol-1-yl-phenyl]-benzen-1,2,4-triyltriamin beschriebene Verbindung $C_{18}H_{16}N_6$ ist als N^1-[1-Phenyl-1*H*-benzotriazol-5-yl]-benzen-1,2,4-triyltriamin Formel X [X = X′ = NH_2]) zu formulieren.

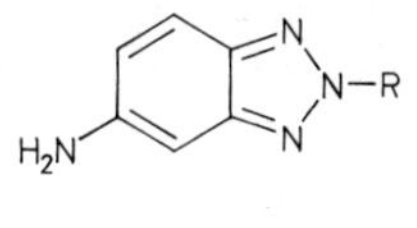

VIII 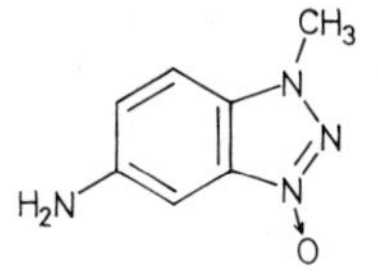   IX 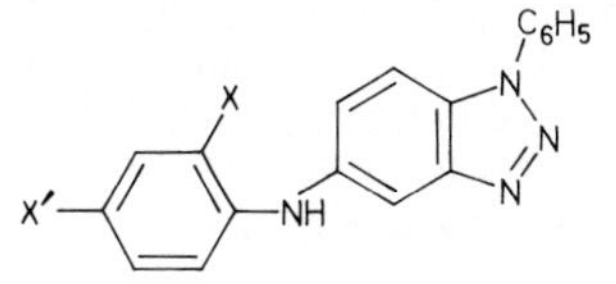   X

1-*o*-Tolyl-1*H*-benzotriazol-5-ylamin $C_{13}H_{12}N_4$, Formel VII (R = C_6H_4-CH_3, R′ = H).

B. Beim Behandeln von 5-Nitro-1-*o*-tolyl-1*H*-benzotriazol mit Zink-Pulver und $CaCl_2$ in wss. Äthanol (*Carter et al.*, Soc. **1955** 337, 339).

Braune Kristalle (aus A.); F: 93°.

Acetyl-Derivat $C_{15}H_{14}N_4O$; 5-Acetylamino-1-*o*-tolyl-1*H*-benzotriazol, *N*-[1-*o*-Tolyl-1*H*-benzotriazol-5-yl]-acetamid. Kristalle (aus Eg.); F: 204°.

1-*p*-Tolyl-1*H*-benzotriazol-5-ylamin $C_{13}H_{12}N_4$, Formel VII (R = C_6H_4-CH_3, R′ = H).

B. Beim Behandeln von 5-Nitro-1-*p*-tolyl-1*H*-benzotriazol mit $SnCl_2$ und HCl in Essigsäure (*Bremer*, A. **514** [1934] 279, 284).

Kristalle (aus Toluol); F: 117°.

Beim Erhitzen in Paraffinöl auf ca. 350° ist 6-Methyl-carbazol-3-ylamin erhalten worden.

2-*p*-Tolyl-2*H*-benzotriazol-5-ylamin $C_{13}H_{12}N_4$, Formel VIII (R = C_6H_4-CH_3) (H 324; E II 181).

F: 215 – 216° (*Siegrist, Zweidler*, Helv. **55** [1972] 2300, 2328). λ_{max}: 307 nm und 356 nm [A.] bzw. 313 nm [wss. HCl] (*Dal Monte et al.*, G. **88** [1958] 977, 1023).

5-Benzylamino-1-phenyl-1*H*-benzotriazol, Benzyl-[1-phenyl-1*H*-benzotriazol-5-yl]-amin $C_{19}H_{16}N_4$, Formel VII (R = C_6H_5, R′ = CH_2-C_6H_5).

B. Beim Hydrieren von Benzyliden-[1-phenyl-1*H*-benzotriazol-5-yl]-amin an Palladium/$SrCO_3$ in Dioxan (*Katritzky, Plant*, Soc. **1953** 412, 416).

Kristalle (aus wss. A.); F: 111°.

1-[2-Methoxy-phenyl]-1*H*-benzotriazol-5-ylamin $C_{13}H_{12}N_4O$, Formel VII (R = C_6H_4-O-CH_3, R′ = H).

B. Beim Behandeln von 1-[2-Methoxy-phenyl]-5-nitro-1*H*-benzotriazol mit Zink-Pulver und $CaCl_2$ in wss. Äthanol (*Carter et al.*, Soc. **1955** 337, 339).

Hellbraune Kristalle (aus wss. A.); F: 149°.

2-[5-Amino-benzotriazol-2-yl]-phenol $C_{12}H_{10}N_4O$, Formel VIII (R = C_6H_4-OH).

B. Aus 2-[2,4-Diamino-phenylazo]-phenol (hergestellt aus 2-Diazo-phenol und *m*-Phenylendiamin) bei der Oxidation mit Luft unter Zusatz von $MnSO_4$ und $CuSO_4$ in wss. NaOH (*Poskočil, Allan*, Chem. Listy **47** [1953] 1801, 1809; Collect. **19** [1954] 305, 315; C. A. **1954** 4221).

Gelbe Kristalle (aus Me.); F: 212° [korr.].

1-[3-Methoxy-phenyl]-1*H*-benzotriazol-5-ylamin $C_{13}H_{12}N_4O$, Formel VII (R = C_6H_4-O-CH_3, R′ = H).

B. Beim Behandeln von 1-[3-Methoxy-phenyl]-5-nitro-1*H*-benzotriazol mit Zink-Pulver und $CaCl_2$ in wss. Äthanol (*Carter et al.*, Soc. **1955** 337, 339).

Kristalle (aus wss. A.); F: 108 – 109°.

1-[4-Methoxy-phenyl]-1*H*-benzotriazol-5-ylamin $C_{13}H_{12}N_4O$, Formel VII (R = C_6H_4-O-CH$_3$, R' = H).

B. Beim Behandeln von 1-[4-Methoxy-phenyl]-5-nitro-1*H*-benzotriazol mit SnCl$_2$ und HCl in Essigsäure (*Bremer*, A. **514** [1934] 279, 284).

Kristalle (aus Toluol); F: 157°.

4-[5-Amino-benzotriazol-2-yl]-phenol $C_{12}H_{10}N_4O$, Formel VIII (R = C_6H_4-OH).

B. Aus 4-[2,4-Diamino-phenylazo]-phenol bei der Oxidation mit Luft unter Zusatz von MnSO$_4$ und CuSO$_4$ in wss. NaOH (*Poskočil, Allan*, Chem. Listy **47** [1953] 1801, 1808; Collect. **19** [1954] 305, 314; C. A. **1954** 4221).

Rosafarbene Kristalle (aus A.); F: 249° [korr.].

2-[4-Methoxy-phenyl]-2*H*-benzotriazol-5-ylamin $C_{13}H_{12}N_4O$, Formel VIII (R = C_6H_4-O-CH$_3$).

B. Beim Erhitzen von 4-[4-Methoxy-phenylazo]-*m*-phenylendiamin mit CuSO$_4$ und wss. NH$_3$ (*Tatsuoka et al.*, Ann. Rep. Takeda Res. Labor. **10** [1951] 16, 31; C. A. **1953** 4886).

Rote Kristalle (aus A.); F: 174—175°.

*Benzyliden-[1-phenyl-1*H*-benzotriazol-5-yl]-amin, Benzaldehyd-[1-phenyl-1*H*-benzotriazol-5-yl⸗imin] $C_{19}H_{14}N_4$, Formel XI (E II 181).

Kristalle (aus A.); F: 139° (*Katritzky, Plant*, Soc. **1953** 412, 416).

(±)-2-[1-Phenyl-1*H*-benzotriazol-5-ylamino]-cyclohexanon $C_{18}H_{18}N_4O$, Formel XII (X = X' = X'' = H).

B. Beim Erhitzen von 1-Phenyl-1*H*-benzotriazol-5-ylamin mit (±)-2-Hydroxy-cyclohexanon (*Carter et al.*, Soc. **1955** 337, 339).

Kristalle (aus Cyclohexanon); F: 169°.

Die folgenden Verbindungen sind in analoger Weise hergestellt worden:

(±)-2-[1-(4-Chlor-phenyl)-1*H*-benzotriazol-5-ylamino]-cyclohexanon $C_{18}H_{17}ClN_4O$, Formel XII (X = X' = H, X'' = Cl). Kristalle (aus A.); F: 200—201°.

(±)-2-[1-*o*-Tolyl-1*H*-benzotriazol-5-ylamino]-cyclohexanon $C_{19}H_{20}N_4O$, Formel XII (X = CH$_3$, X' = X'' = H). Hellbraune Kristalle (aus A.); F: 196—197°.

(±)-2-[1-(2-Methoxy-phenyl)-1*H*-benzotriazol-5-ylamino]-cyclohexanon $C_{19}H_{20}N_4O_2$, Formel XII (X = O-CH$_3$, X' = X'' = H). Kristalle (aus A.); F: 129—130°.

(±)-2-[1-(3-Methoxy-phenyl)-1*H*-benzotriazol-5-ylamino]-cyclohexanon $C_{19}H_{20}N_4O_2$, Formel XII (X = X'' = H, X' = O-CH$_3$). Kristalle (aus A.); F: 178°.

(±)-2-[1-(4-Methoxy-phenyl)-1*H*-benzotriazol-5-ylamino]-cyclohexanon $C_{19}H_{20}N_4O_2$, Formel XII (X = X' = H, X'' = O-CH$_3$). Kristalle (aus A.); F: 178—179°.

5-[4-Acetyl-2-nitro-anilino]-1-phenyl-1*H*-benzotriazol, 1-[3-Nitro-4-(1-phenyl-1*H*-benzotriazol-5-ylamino)-phenyl]-äthanon $C_{20}H_{15}N_5O_3$, Formel X (X = NO$_2$, X' = CO-CH$_3$).

B. Beim Erhitzen von 1-Phenyl-1*H*-benzotriazol-5-ylamin mit 1-[4-Brom-3-nitro-phenyl]-äth⸗anon, Natriumacetat und Kupfer-Pulver (*Katritzky, Plant*, Soc. **1953** 412, 414).

Orangefarbene Kristalle (aus Toluol); F: 205°.

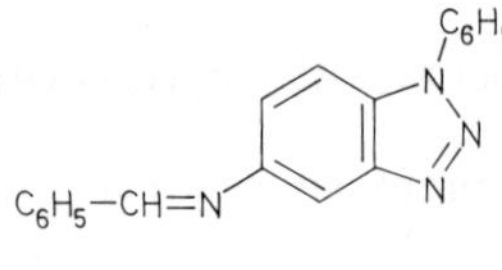

XI 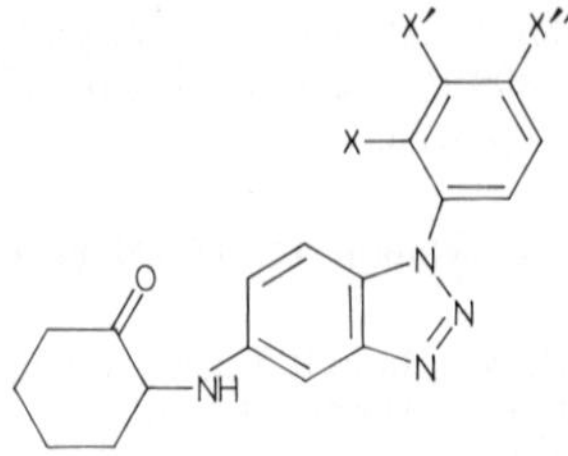   XII 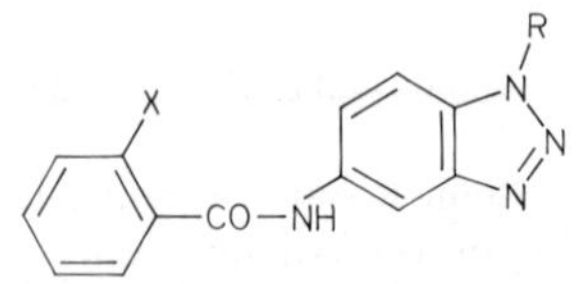   XIII

5-Benzoylamino-1-phenyl-1H-benzotriazol, N-[1-Phenyl-1H-benzotriazol-5-yl]-benzamid
$C_{19}H_{14}N_4O$, Formel XIII (R $=$ C_6H_5, X $=$ H).

B. Aus 1-Phenyl-1H-benzotriazol-5-ylamin und Benzoylchlorid (*Hunter, Darling,* Am. Soc. **53** [1931] 4183, 4186). Beim Behandeln von Phenyl-[1-phenyl-1H-benzotriazol-5-yl]-keton-(*E*)-oxim mit PCl_5 (*Hu., Da.*).

Kristalle (aus A.); F: 230–231°.

3-[1-Phenyl-1H-benzotriazol-5-ylamino]-crotonsäure-äthylester $C_{18}H_{18}N_4O_2$, Formel XIV und Taut.

B. Beim Behandeln von 1-Phenyl-1H-benzotriazol-5-ylamin mit Acetessigsäure-äthylester und wss. HCl (*Carter et al.,* Soc. **1955** 337, 340).

Kristalle (aus A.); F: 127–128°.

1-[1-Phenyl-1H-benzotriazol-5-ylamino]-cyclopentancarbonsäure $C_{18}H_{18}N_4O_2$, Formel XV (X $=$ OH).

B. Aus dem Amid (s. u.) beim Erhitzen mit wss. HCl (*Katritzky, Plant,* Soc. **1953** 412, 415).

Kristalle (aus wss. A.); F: 227–228°.

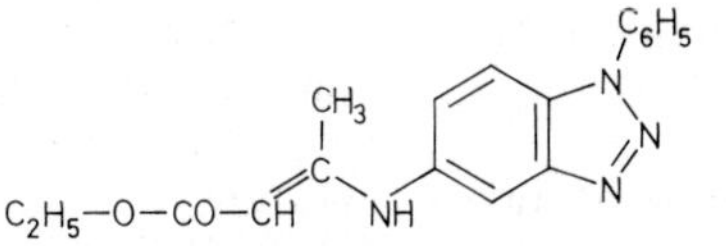

1-[1-Phenyl-1H-benzotriazol-5-ylamino]-cyclopentancarbonsäure-amid $C_{18}H_{19}N_5O$, Formel XV (X $=$ NH_2).

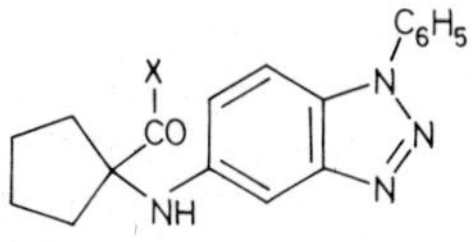

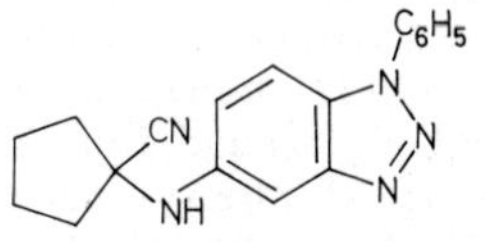

B. Aus dem Nitril (s. u.) beim Behandeln mit konz. H_2SO_4 (*Katritzky, Plant,* Soc. **1953** 412, 415).

Dimorph; Kristalle (aus Pentan-1-ol); F: 228° bzw. Kristalle (aus wss. A.), F: 210° [instabil].

1-[1-Phenyl-1H-benzotriazol-5-ylamino]-cyclopentancarbonitril $C_{18}H_{17}N_5$, Formel XVI.

B. Aus 1-Phenyl-1H-benzotriazol-5-ylamin bei aufeinanderfolgender Umsetzung mit KCN in wss. Essigsäure und mit Cyclopentanon (*Katritzky, Plant,* Soc. **1953** 412, 415).

Kristalle (aus A.); F: 139°.

5-Salicyloylamino-1H-benzotriazol, N-[1H-Benzotriazol-5-yl]-salicylamid $C_{13}H_{10}N_4O_2$, Formel XIII (R $=$ H, X $=$ OH) und Taut.

B. Aus Salicylsäure-phenylester und 1H-Benzotriazol-5-ylamin (*VanAllan,* Am. Soc. **69** [1947] 2913).

F: 245°.

3-Nitro-4-[1-phenyl-1H-benzotriazol-5-ylamino]-benzonitril $C_{19}H_{12}N_6O_2$, Formel X (X $=$ NO_2, X' $=$ CN) auf S. 1111.

B. Beim Erhitzen von 1-Phenyl-1H-benzotriazol-5-ylamin mit 4-Chlor-3-nitro-benzonitril und Natriumacetat (*Katritzky, Plant,* Soc. **1953** 412, 414).

Orangerote Kristalle (aus Eg.); F: 200° [rasches Erhitzen] bzw. 209° [langsames Erhitzen; unter Gelbfärbung].

5-[5-Amino-benzotriazol-2-yl]-2-hydroxy-benzoesäure $C_{13}H_{10}N_4O_3$, Formel I.

B. Aus 3-Carboxy-4-hydroxy-benzoldiazonium-betain bei der Umsetzung mit *m*-Phenylendi≠amin und anschliessenden Oxidation mit Luft in Gegenwart von $MnSO_4$ und $CuSO_4$ in wss. NaOH (*Mužik, Allan,* Collect. **20** [1955] 615, 619).

Natrium-Salz. Kristalle (aus H_2O + Eg.).

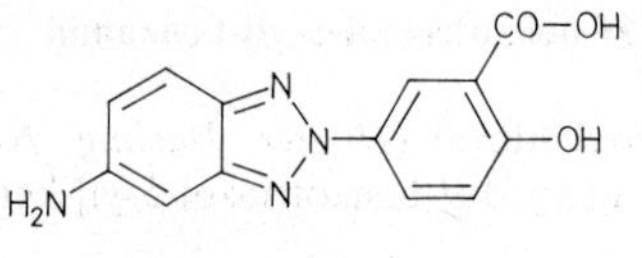

I 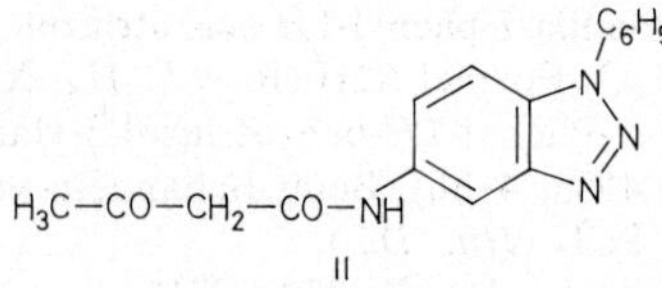   II

5-Acetoacetylamino-1-phenyl-1H-benzotriazol, N-[1-Phenyl-1H-benzotriazol-5-yl]-acetoacetamid $C_{16}H_{14}N_4O_2$, Formel II und Taut.

B. Beim Erhitzen von 1-Phenyl-1H-benzotriazol-5-ylamin mit Acetessigsäure-äthylester (*Car=ter et al.,* Soc. **1955** 337, 340).

Kristalle (aus A.); F: 210° [Zers.].

Die folgenden Verbindungen sind von CIBA (U.S.P. 2136135 [1937]) *in analoger Weise herge= stellt worden:*

5-Acetoacetylamino-2-phenyl-2H-benzotriazol, N-[2-Phenyl-2H-benzotri= azol-5-yl]-acetoacetamid $C_{16}H_{14}N_4O_2$,   Formel III   (R = CH$_3$,   X = H)   und   Taut. Kristalle (aus A.); F: 152°.

5-Acetoacetylamino-2-[4-methoxy-phenyl]-2H-benzotriazol, N-[2-(4-Methoxy-phenyl)-2H-benzotriazol-5-yl]-acetoacetamid $C_{17}H_{16}N_4O_3$,   Formel III (R = CH$_3$, X = O-CH$_3$) und Taut. Kristalle (aus A.); F: 163°.

5-Acetoacetylamino-2-[4-äthoxy-phenyl]-2H-benzotriazol, N-[2-(4-Äthoxy-phenyl)-2H-benzotriazol-5-yl]-acetoacetamid $C_{18}H_{18}N_4O_3$,   Formel III (R = CH$_3$, X = O-C$_2$H$_5$) und Taut. Kristalle (aus A.); F: 191°.

3-Oxo-3-phenyl-propionsäure-[2-phenyl-2H-benzotriazol-5-ylamid] $C_{21}H_{16}N_4O_2$, Formel III (R = C$_6$H$_5$, X = H) und Taut. Kristalle (aus A.); F: 180°.

3,3'-Dioxo-3,3'-p-phenylen-di-propionsäure-bis-[2-phenyl-2H-benzotriazol-5-ylamid] $C_{36}H_{26}N_8O_4$, Formel IV und Taut. Kristalle (aus A.); F: 280°.

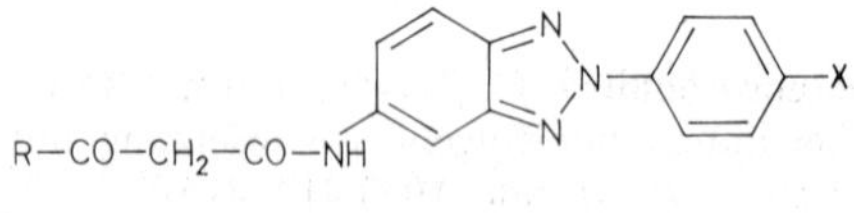

III 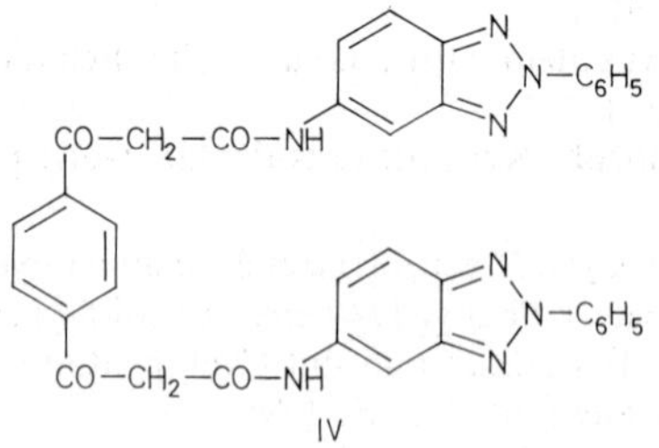   IV

4-[5-Amino-benzotriazol-1-yl]-benzolsulfonsäure $C_{12}H_{10}N_4O_3S$, Formel V.

Natrium-Salz $NaC_{12}H_9N_4O_3S$. *B.* Aus N-[2-Amino-4-nitro-phenyl]-sulfanilsäure (Na= trium-Salz; erhalten aus dem Natrium-Salz der N-[2,4-Dinitro-phenyl]-sulfanilsäure mit Hilfe von Na$_2$S) über mehrere Stufen (*Dobáš et al.,* Collect. **23** [1958] 915, 919, 924). – UV-Spektrum (H$_2$O; 220 – 360 nm): *Do. et al.,* l. c. S. 918, 920.

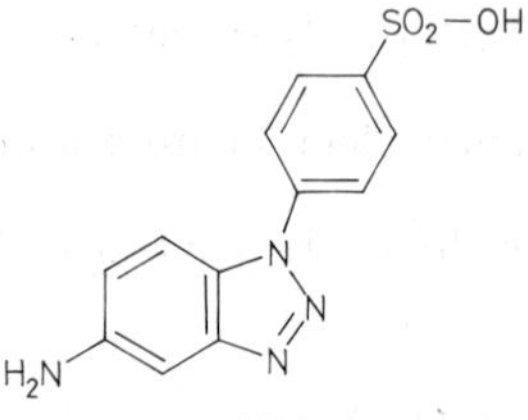

V 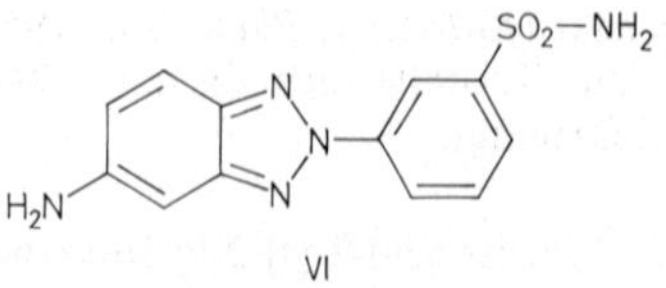   VI

3-[5-Amino-benzotriazol-2-yl]-benzolsulfonsäure-amid $C_{12}H_{11}N_5O_2S$, Formel VI.

B. Aus diazotiertem 3-Amino-benzolsulfonsäure-amid bei der Umsetzung mit *m*-Phenylendi= amin und anschliessenden Erhitzen mit CuSO$_4$ und wss. NH$_3$ (*Farbenfabr. Bayer,*

U.S.P. 2880202 [1954]).
F: 288−290°.

*4-[5-Acetylamino-benzotriazol-2-yl]-stilben-2-sulfonsäure-phenylester $C_{28}H_{22}N_4O_4S$,
Formel VII (R = CH_3, X = O-C_6H_5).
B. Aus Essigsäure-[4-amino-anilid] und diazotiertem 4-Amino-stilben-2-sulfonsäure-phenyl≠
ester über mehrere Stufen (*Geigy A.G.*, U.S.P. 2784184 [1954]).
Bräunlichgelb; F: 204−206°.

Die folgenden Verbindungen sind in analoger Weise hergestellt worden:
  *4-[5-Acetylamino-benzotriazol-2-yl]-stilben-2-sulfonsäure-dodecylamid
$C_{34}H_{43}N_5O_3S$, Formel VII (R = CH_3, X = NH-$[CH_2]_{11}$-CH_3). Braungelb; F: 165−167°.
  *4-[5-Acetylamino-benzotriazol-2-yl]-stilben-2-sulfonsäure-cyclohexylamid
$C_{28}H_{29}N_5O_3S$, Formel VII (R = CH_3, X = NH-C_6H_{11}). Bräunlichgelb; F: 192−194°.
  *4-[5-Benzoylamino-benzotriazol-2-yl]-stilben-2-sulfonsäure-cyclohexyl≠
amid $C_{33}H_{31}N_5O_3S$, Formel VII (R = C_6H_5, X = NH-C_6H_{11}). Bräunlichgelb; F: 200−202°.

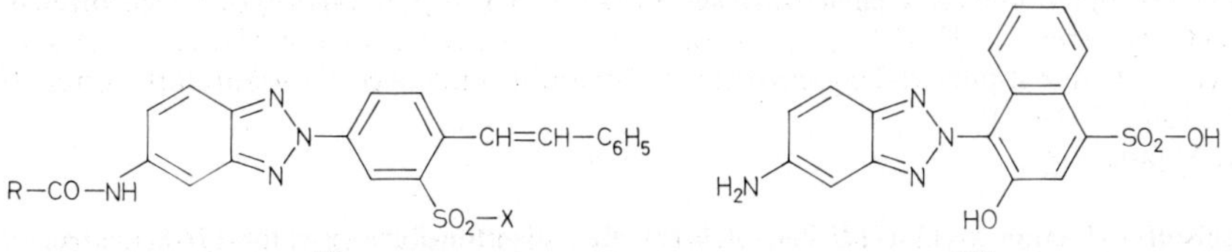

VII   VIII

4-[5-Amino-benzotriazol-2-yl]-3-hydroxy-naphthalin-1-sulfonsäure $C_{16}H_{12}N_4O_4S$, Formel VIII.
B. Aus 4-[2,4-Diamino-phenylazo]-3-hydroxy-naphthalin-1-sulfonsäure (hergestellt aus 4-Di≠
azo-3-hydroxy-naphthalin-1-sulfonsäure und *m*-Phenylendiamin) bei der Oxidation mit Luft
unter Zusatz von $MnSO_4$ in wss. NaOH (*Poskočil, Allan,* Chem. Listy **47** [1953] 1801, 1808;
Collect. **19** [1954] 305, 314; C. A. **1954** 4221).
Kristalle.
Natrium-Salz. Kristalle.

2-[4-Amino-phenyl]-2*H*-benzotriazol-5-ylamin $C_{12}H_{11}N_5$, Formel IX (E II 181).
B. Bei der katalytischen Hydrierung von 5-Nitro-2-[4-nitro-phenyl]-2*H*-benzotriazol (*Fries
et al.*, A. **511** [1934] 241, 248).
F: 205°.

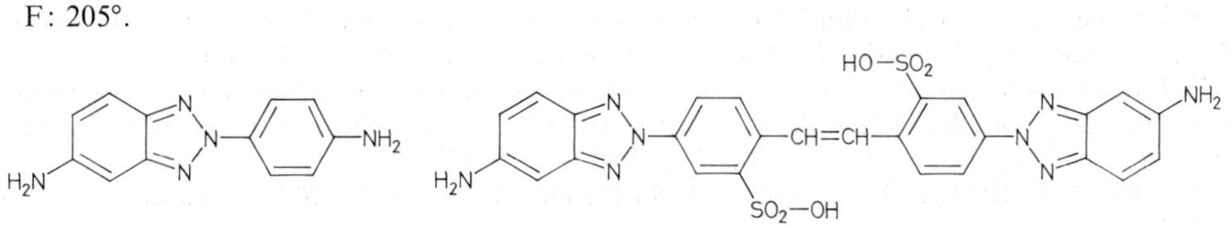

IX   X

*4,4'-Bis-[5-amino-benzotriazol-2-yl]-stilben-2,2'-disulfonsäure $C_{26}H_{20}N_8O_6S_2$, Formel X.
B. Beim Behandeln von diazotierter 4,4'-Diamino-stilben-2,2'-disulfonsäure mit *m*-Phenylen≠
diamin und anschliessenden Oxidation mit $CuSO_4$ in wss. NH_3 (*Dobáš et al.*, Collect. **23**
[1958] 915, 919, 922).
Feststoff mit 2 Mol H_2O. Absorptionsspektrum (wss. Na_2CO_3; 250−410 nm): *Do. et al.*,
l. c. S. 918, 920.

5-Sulfanilylamino-1*H*-benzotriazol, Sulfanilsäure-[1*H*-benzotriazol-5-ylamid] $C_{12}H_{11}N_5O_2S$,
Formel XI (X = H, X' = SO_2-C_6H_4-NH_2) und Taut.
B. Aus 1*H*-Benzotriazol-5-ylamin bei der Umsetzung mit *N*-Acetyl-sulfanilylchlorid und an≠
schliessender Hydrolyse mit wss. HCl (*Rajagopalan*, Pr. Indian Acad. [A] **18** [1943] 100, 101).

Kristalle (aus A.); F: 135—137°.

4-Chlor-1H-benzotriazol-5-ylamin $C_6H_5ClN_4$, Formel XI (X = Cl, X' = H) und Taut.

B. Aus dem Acetyl-Derivat (s. u.) beim Erhitzen mit wss. HCl (*Fries et al.*, A. **511** [1934] 213, 223).

Kristalle (aus H_2O); F: 218°.

Acetyl-Derivat $C_8H_7ClN_4O$; 5-Acetylamino-4-chlor-1H-benzotriazol, *N*-[4-Chlor-1H-benzotriazol-5-yl]-acetamid. *B.* Beim Behandeln von *N*-[1-Acetyl-1H-benzo≠triazol-5-yl]-acetamid mit Chlor (*Fr. et al.*). — Kristalle (aus H_2O); F: 281° [Zers.].

XI   XII   XIII

5-Acetoacetylamino-6-chlor-2-phenyl-2H-benzotriazol, N-[6-Chlor-2-phenyl-2H-benzotriazol-5-yl]-acetoacetamid $C_{16}H_{13}ClN_4O_2$, Formel XII (R = CO-CH_2-CO-CH_3, X = Cl) und Taut.

B. Aus 6-Chlor-2-phenyl-2H-benzotriazol-5-ylamin und Acetessigsäure-äthylester (*CIBA*, U.S.P. 2136135 [1937]).

F: 185° [aus A.].

5-Benzolsulfonylamino-x-chlor-1H-benzotriazol, Benzolsulfonsäure-[x-chlor-1H-benzotriazol-5-ylamid] $C_{12}H_9ClN_4O_2S$, Formel XIII und Taut.

B. Aus 2,5-Bis-benzolsulfonylamino-x-chlor-anilin (F: 224—225° [korr.; Zers.]) bei der Diazo≠tierung und anschliessenden Behandlung mit CuCl und wss. HCl (*Adams, Blomstrom*, Am. Soc. **75** [1953] 3405, 3407).

Kristalle (aus wss. A.); F: 210—211° [korr.].

6-Nitro-2-phenyl-2H-benzotriazol-5-ylamin $C_{12}H_9N_5O_2$, Formel XII (R = H, X = NO_2) (E I 102).

B. Aus diazotiertem Anilin beim Umsetzen mit 4-Nitro-*m*-phenylendiamin und anschliessen≠den Erhitzen mit $CuSO_4$ und wss. NH_3 (*Farbenfabr. Bayer*, U.S.P. 2880202 [1954]).

F: 217—218°.

1(3)H-Imidazo[4,5-b]pyridin-5-ylamin $C_6H_6N_4$, Formel I (X = H) und Taut.

B. Beim Erhitzen von Pyridin-2,3,6-triyltriamin-dihydrochlorid mit Ameisensäure (*Graboyes, Day*, Am. Soc. **79** [1957] 6421, 6423, 6425; s. a. *Korte*, B. **85** [1952] 1012, 1021). Aus 5-Chlor-1(3)H-imidazo[4,5-b]pyridin-hydrochlorid beim Erhitzen mit konz. wss. NH_3 und $CuSO_4$ (*Sale≠mink, van der Want*, R. **68** [1949] 1013, 1029). Aus dem Formyl-Derivat (s. u.) beim Erhitzen mit wss. HCl (*Vaughan et al.*, Am. Soc. **71** [1949] 1885, 1887).

F: 164—167° [Rohprodukt] (*Ko.*). UV-Spektrum (wss. NaOH; 220—360 nm): *Ko.*, l. c. S. 1014.

Dihydrochlorid $C_6H_6N_4 \cdot 2$HCl. Kristalle (aus wss.-äthanol. HCl); F: 290—292° [korr.] (*Va. et al.*).

Sulfat $2C_6H_6N_4 \cdot H_2SO_4$. Kristalle (aus wss. A.); F: 259—260° [Zers.] (*Gr., Day*).

Picrat $C_6H_6N_4 \cdot C_6H_3N_3O_7$. Orangefarbene Kristalle; F: 251° [aus H_2O] (*Sa., v.d. Want*), 237—238° [Zers.] (*Ko.*).

Formyl-Derivat $C_7H_6N_4O$; 5-Formylamino-1(3)H-imidazo[4,5-b]pyridin, *N*-[1(3)H-Imidazo[4,5-b]pyridin-5-yl]-formamid. *B.* Beim Erhitzen von Pyridin-2,3,6-triyltriamin-dihydrochlorid mit Ameisensäure und Natrium-formiat (*Va. et al.*). — Kristalle (aus wss. Eg.); F: 256—258° [korr.] (*Va. et al.*).

7-Chlor-1(3)H-imidazo[4,5-b]pyridin-5-ylamin $C_6H_5ClN_4$, Formel I (X = Cl) und Taut.

B. Aus dem Formyl-Derivat (s. u.) beim Erhitzen mit wss. HCl (*Markees, Kidder*, Am. Soc. **78** [1956] 4130, 4134).

Kristalle (aus H₂O) mit 1 Mol H₂O; F: 229–231° [korr.; H₂O-Abgabe >130°].

Formyl-Derivat C₇H₅ClN₄O; 7-Chlor-5-formylamino-1(3)H-imidazo[4,5-b]⁼ pyridin, N-[7-Chlor-1(3)H-imidazo[4,5-b]pyridin-5-yl]-formamid. *B.* Beim Erhitzen von 4-Chlor-pyridin-2,3,6-triyltriamin mit Ameisensäure (*Ma., Ki.*). – Kristalle (aus H₂O); F: >300°.

1(3)H-Imidazo[4,5-b]pyridin-7-ylamin C₆H₆N₄, Formel II und Taut.

B. Aus Pyridin-2,3,4-triyltriamin-dihydrochlorid beim Erhitzen mit Natrium-dithioformiat in Pyridin (*Kögl et al.*, R. **67** [1948] 29, 40).

UV-Spektrum (wss. Lösungen vom pH 2, pH 5 und pH 11; 230–340 nm): *Kögl et al.*, l. c. S. 42.

Dihydrochlorid C₆H₆N₄·2HCl. Kristalle (aus H₂O); F: 325–328° [unkorr.].

Picrat C₆H₆N₄·C₆H₃N₃O₇. Gelbe Kristalle (aus H₂O); F: 312° [unkorr.].

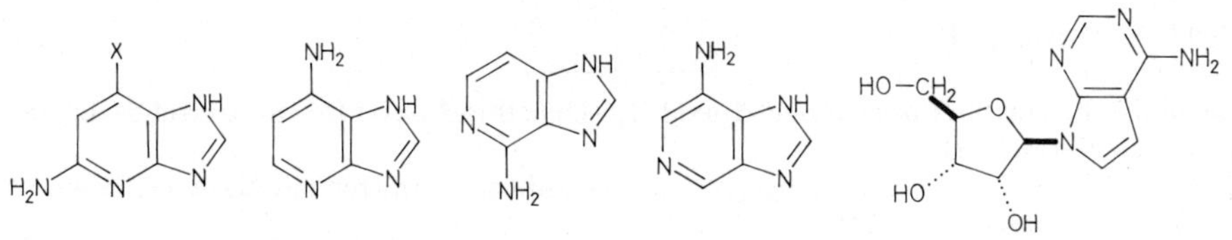

I   II   III   IV   V

1(3)H-Imidazo[4,5-c]pyridin-4-ylamin C₆H₆N₄, Formel III und Taut.

B. Beim Erhitzen von 4-Chlor-1(3)H-imidazo[4,5-c]pyridin-hydrochlorid mit konz. wss. NH₃ und CuSO₄ (*Salemink, van der Want*, R. **68** [1949] 1013, 1021).

UV-Spektrum (wss. Lösungen vom pH 2, pH 5 und pH 11; 240–320 nm): *Sa., v.d. Want.*

Dihydrochlorid C₆H₆N₄·2HCl. Kristalle (aus konz. wss. HCl+Acn.); F: 251–252° [unkorr.].

Picrat C₆H₆N₄·C₆H₃N₃O₇. Dunkelgelbe Kristalle (aus H₂O); F: 319° [unkorr.; nach Dunkelfärbung bei 280°].

1(3)H-Imidazo[4,5-c]pyridin-7-ylamin C₆H₆N₄, Formel IV und Taut.

B. Beim Erhitzen von Pyridin-3,4,5-triyltriamin-sulfat mit Ameisensäure (*Graboyes, Day,* Am. Soc. **79** [1957] 6421, 6423, 6425). Aus 7-Nitro-1(3)H-imidazo[4,5-c]pyridin bei der Reduk⁼ tion mit SnCl₂ und konz. wss. HCl (*Gr., Day*).

Hydrogensulfat C₆H₆N₄·H₂SO₄. Kristalle (aus wss.-methanol. H₂SO₄); F: 240–241° [Zers.].

(1R)-1-[4-Amino-pyrrolo[2,3-d]pyrimidin-7-yl]-D-1,4-anhydro-ribit, 7-β-D-Ribofuranosyl-7H-pyrrolo[2,3-d]pyrimidin-4-ylamin, **Tubercidin** C₁₁H₁₄N₄O₄, Formel V.

Konstitution: *Suzuki, Marumo*, J. Antibiotics Japan [A] **14** [1961] 34; *Tolman et al.*, Am. Soc. **91** [1969] 2102. – Konfiguration: *Mizuno et al.*, Chem. pharm. Bl. **11** [1963] 1091; J. org. Chem. **28** [1963] 3329.

Isolierung aus der Kulturflüssigkeit von Streptomyces tubercidicus: *Anzai et al.*, J. Antibiotics Japan [A] **10** [1957] 201.

Kristalle (aus H₂O); Zers. bei 247–248° (*An. et al.*). IR-Spektrum (Nujol; 3500–600 cm⁻¹): *An. et al.* UV-Spektrum (wss. HCl, H₂O sowie wss. NaOH; 210–310 nm): *An. et al.* Scheinbarer Dissoziationsexponent pK′ₐ (H₂O?) bei 10°: 5,2–5,3 (*An. et al.*). Löslichkeit in H₂O, Methanol und Äthanol: *An. et al.*

Picrat C₁₁H₁₄N₄O₄·C₆H₃N₃O₇. Zers. bei 229–231° (*An. et al.*).

Amine C₇H₈N₄

7-Chlor-4-methyl-2-p-tolyl-2H-benzotriazol-5-ylamin C₁₄H₁₃ClN₄, Formel VI.

B. Aus 7-Chlor-4-methyl-5-nitro-2-p-tolyl-2H-benzotriazol beim Behandeln mit Zink und

wss.-äthanol. HCl (*Joshi, Gupta,* J. Indian chem. Soc. **35** [1958] 681, 685).
  Hellgelbe Kristalle (aus A.); F: 237°.

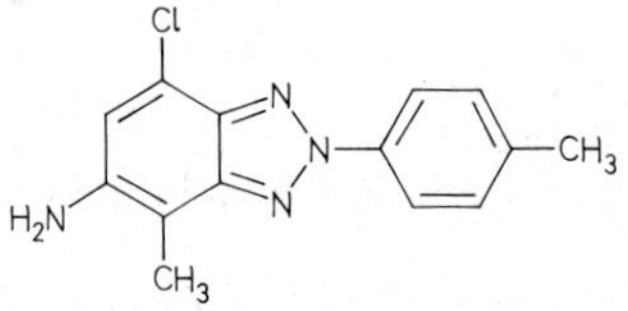

VI 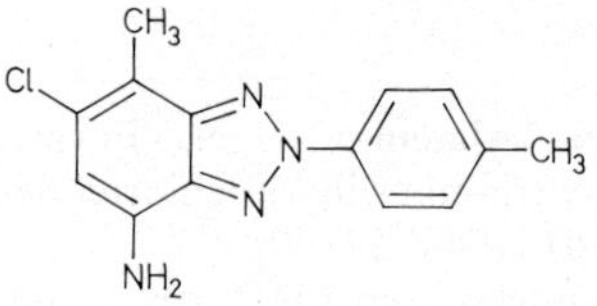   VII 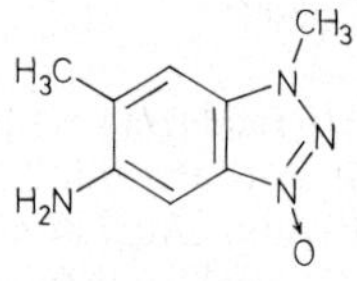   VIII

6-Chlor-7-methyl-2-*p*-tolyl-2*H*-benzotriazol-4-ylamin $C_{14}H_{13}ClN_4$, Formel VII.
  B. Analog der vorangehenden Verbindung (*Joshi, Gupta,* J. Indian chem. Soc. **35** [1958] 681, 685).
  Gelbliche Kristalle; F: 247°.

6-Amino-3,5-dimethyl-3*H*-benzotriazol-1-oxid, 1,6-Dimethyl-3-oxy-1*H*-benzotriazol-5-ylamin
$C_8H_{10}N_4O$, Formel VIII.
  B. Aus 3,5-Dimethyl-6-nitro-3*H*-benzotriazol-1-oxid beim Erhitzen mit $Na_2S_2O_4$ in wss. Äth=
anol (*Brady, Reynolds,* Soc. **1931** 1273, 1281).
  Kristalle (aus Bzl.+PAe.); F: 279° [Zers.].

6-Methyl-2-phenyl-2*H*-benzotriazol-5-ylamin $C_{13}H_{12}N_4$, Formel IX (R = X = X′ = H)
(E II 182).
  Kristalle (aus Acn.); F: 218−219° (*Farbenfabr. Bayer,* U.S.P. 2880202 [1954]).

5-Acetoacetylamino-6-methyl-2-phenyl-2*H*-benzotriazol, *N*-[6-Methyl-2-phenyl-2*H*-benzotriazol-5-yl]-acetoacetamid $C_{17}H_{16}N_4O_2$, Formel IX (R = CO-CH$_2$-CO-CH$_3$, X = X′ = H) und Taut.
  B. Beim Erhitzen von 6-Methyl-2-phenyl-2*H*-benzotriazol-5-ylamin mit Acetessigsäure-äthyl=
ester (*CIBA,* U.S.P. 2136135 [1937]).
  Kristalle (aus A.); F: 205°.

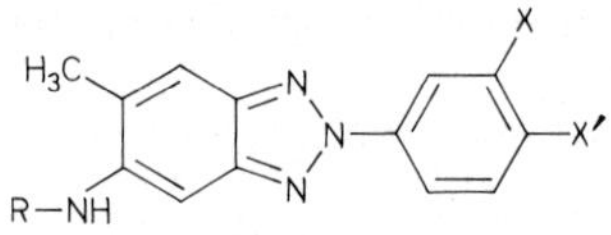

IX 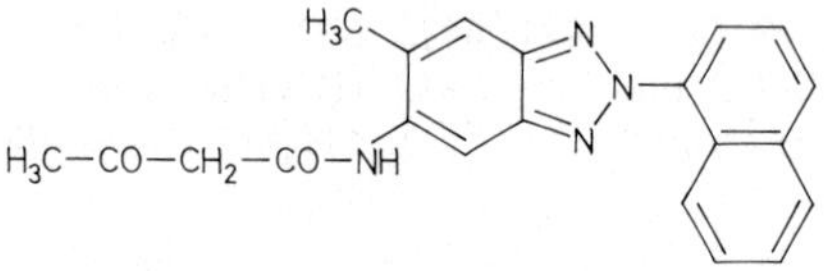   X

5-Acetoacetylamino-6-methyl-2-[1]naphthyl-2*H*-benzotriazol, *N*-[6-Methyl-2-[1]naphthyl-2*H*-benzotriazol-5-yl]-acetoacetamid $C_{21}H_{18}N_4O_2$, Formel X und Taut.
  B. Analog der vorangehenden Verbindung (*CIBA,* U.S.P. 2136135 [1937]).
  Kristalle (aus Chlorbenzol); F: 209°.

5-Acetoacetylamino-2-[4-methoxy-phenyl]-6-methyl-2*H*-benzotriazol, *N*-[2-(4-Methoxy-phenyl)-6-methyl-2*H*-benzotriazol-5-yl]-acetoacetamid $C_{18}H_{18}N_4O_3$, Formel IX
(R = CO-CH$_2$-CO-CH$_3$, X = H, X′ = O-CH$_3$) und Taut.
  B. Analog den vorangehenden Verbindungen (*CIBA,* U.S.P. 2136135 [1937]).
  Kristalle (aus Chlorbenzol); F: 222°.

2-Amino-5-[5-amino-6-methyl-benzotriazol-2-yl]-benzolsulfonsäure $C_{13}H_{13}N_5O_3S$, Formel IX
(R = H, X = SO$_2$-OH, X′ = NH$_2$).
  B. Aus *N*-[4-Amino-2-sulfo-phenyl]-oxalamidsäure und 4-Methyl-*m*-phenylendiamin über
mehrere Stufen (*Chmátal et al.,* Collect. **24** [1959] 494, 498).

Gelbliche Kristalle mit 0,25 Mol H_2O.

1,6-Dimethyl-1H-benzotriazol-4-ylamin $C_8H_{10}N_4$, Formel XI.

B. Aus 1,6-Dimethyl-4-nitro-1H-benzotriazol beim Erhitzen mit $Na_2S_2O_4$ (*Brady, Reynolds*, Soc. **1930** 2667, 2673).

Kristalle; F: 190°.

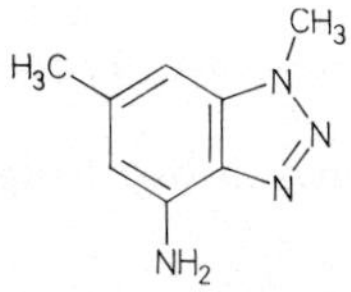

XI 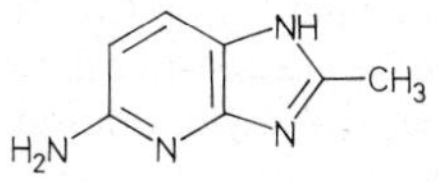   XII 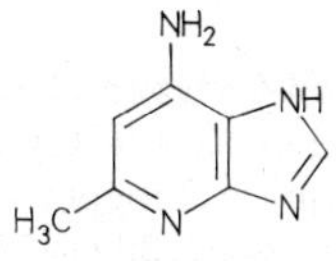   XIII

2-Methyl-1(3)H-imidazo[4,5-b]pyridin-5-ylamin $C_7H_8N_4$, Formel XII und Taut.

B. Beim Behandeln von 2,6-Bis-acetylamino-3-nitro-pyridin mit $SnCl_2$ und wss. HCl (*Bernstein et al.*, Am. Soc. **69** [1947] 1154, 1157).

Hydrochlorid $C_7H_8N_4 \cdot HCl$.

5-Methyl-1(3)H-imidazo[4,5-b]pyridin-7-ylamin $C_7H_8N_4$, Formel XIII und Taut.

B. Aus 6-Methyl-pyridin-2,3,4-triyltriamin beim Behandeln mit wss. Formaldehyd und Kupfer(II)-acetat (*Salemink, van der Want*, R. **68** [1949] 1013, 1024).

Dihydrochlorid $C_7H_8N_4 \cdot 2HCl$. Kristalle (aus wss. Acn.) mit 1 Mol H_2O; Zers. > 300°.

Picrat $C_7H_8N_4 \cdot C_6H_3N_3O_7$. Gelbbraune Kristalle (aus H_2O); Zers. > 300°.

6-Methyl-1(3)H-imidazo[4,5-c]pyridin-4-ylamin $C_7H_8N_4$, Formel XIV und Taut.

B. Beim Erhitzen von 4-Chlor-6-methyl-1(3)H-imidazo[4,5-c]pyridin mit wss. NH_3 und $CuSO_4$ (*Salemink, van der Want*, R. **68** [1949] 1013, 1028).

Hydrochlorid $C_7H_8N_4 \cdot HCl$. Kristalle mit 1 Mol H_2O; F: 299° [unkorr.].

Picrat $C_7H_8N_4 \cdot C_6H_3N_3O_7$. Gelbe Kristalle (aus H_2O); F: 285° [unkorr.; Zers.].

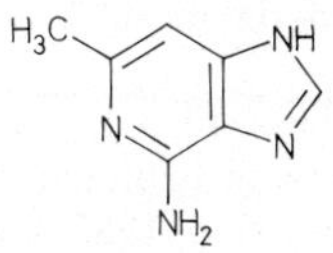

XIV 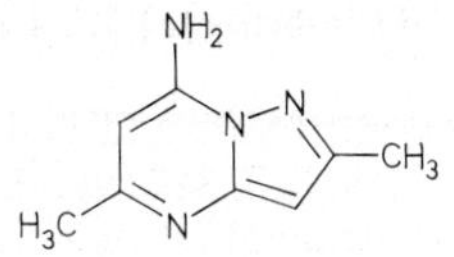   XV 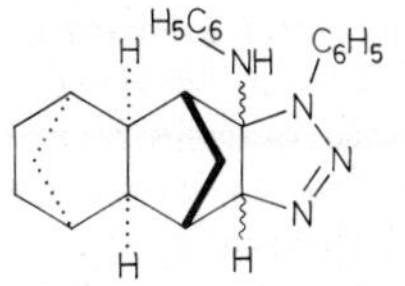   XVI

Amine $C_8H_{10}N_4$

2,5-Dimethyl-pyrazolo[1,5-a]pyrimidin-7-ylamin $C_8H_{10}N_4$, Formel XV.

Diese Konstitution kommt der früher (s. H 3 661 und E I 3 232) beschriebenen sogenannten „γ-Verbindung $C_8H_{10}N_4$" vom F: 200−201° zu (*Alcalde et al.*, J. heterocycl. Chem. **11** [1974] 423, 427; *Ballard et al.*, Acta cryst. [B] **31** [1975] 295; *Mornon et al.*, Acta cryst. [B] **31** [1975] 2119).

Amine $C_{12}H_{18}N_4$

(±)-9a-Anilino-1-phenyl-(3aξ,4at,8at,9aξ)-3a,4,4a,5,6,7,8,8a,9,9a-decahydro-1H-4r,9c;5t,8t-dimethano-naphtho[2,3-d][1,2,3]triazol, (±)-Phenyl-[3-phenyl-(4at,8at,9aξ)-3,4,4a,5,6,7,8,8a,9,9a-decahydro-4r,9c;5t,8t-dimethano-naphtho[2,3-d][1,2,3]triazol-3aξ-yl]-amin $C_{24}H_{26}N_4$, Formel XVI + Spiegelbild.

Bezüglich der Position der Anilino-Gruppe s. *Fusco et al.*, G. **91** [1961] 849, 852; *Huisgen et al.*, B. **98** [1965] 1138, 1144.

B. Beim Erhitzen von (±)-[(4a*t*,8a*t*)-Octahydro-1*r*,4*c*;5*t*,8*t*-dimethano-naphthalin-2-yliden]-anilin mit Azidobenzol (*Alder et al.*, B. **88** [1955] 144, 149, 155).
Kristalle (aus Acetonitril); F: 233° [Zers.] (*Al. et al.*).

Monoamine $C_nH_{2n-8}N_4$

Amine $C_7H_6N_4$

Cycloheptatriazol-6-ylamin $C_7H_6N_4$, Formel I und Taut. (6-Imino-1,6-dihydro-cycloheptatriazol, 1*H*-Cycloheptatriazol-6-on-imin).
B. Aus 7-Imino-cyclohepta-1,3,5-trien-1,4-diyldiamin und $NaNO_2$ in wss. Essigsäure (*Nozoe et al.*, Pr. Japan Acad. **30** [1954] 313).
F: >290°. UV-Spektrum (Me.; 220−400 nm): *No. et al.*
Picrat $C_7H_6N_4 \cdot C_6H_3N_3O_7$. Gelbe Kristalle (aus wss. A.); F: >290° [Dunkelfärbung bei 250°].
Styphnat $C_7H_6N_4 \cdot C_6H_3N_3O_8$. Gelbe Kristalle (aus wss. A.); F: >290° [Dunkelfärbung bei 250°].
Picrolonat $C_7H_6N_4 \cdot C_{10}H_8N_4O_5$. Gelbe Kristalle (aus wss. A.); F: 260° [Zers.].

Benzo[*d*][1,2,3]triazin-4-ylamin $C_7H_6N_4$, Formel II und Taut.
Über die Tautomerie s. *Elguero et al.*, J. heterocycl. Chem. Spl. **1** [1976] 168.
B. Aus 4-Methylmercapto-benzo[*d*][1,2,3]triazin beim Behandeln mit NH_3 (*Grundmann, Ulrich*, J. org. Chem. **24** [1959] 273).
Kristalle (aus A. oder Eg.); F: 284−285°.
Hydrochlorid. F: 160−163° [Zers.].

Benzo[*e*][1,2,4]triazin-3-ylamin $C_7H_6N_4$, Formel III (R = H) (E I 44; E II 90).
B. Beim Erhitzen von 1-[2-Nitro-phenyl]-thiosemicarbazid mit $SnCl_2$ und wss. HCl (*Guha, Arndt*, J. Indian chem. Soc. **8** [1931] 199, 201). Beim Erhitzen von Benzo[*e*][1,2,4]triazin-3-yl-carbamidsäure-äthylester mit wss. HCl (*Fusco, Rossi*, G. **86** [1956] 484, 499).
Gelbe Kristalle; F: 207° (*Fu., Ro.*), 206° [aus A.] (*Guha, Ar.*).

3-Amino-benzo[*e*][1,2,4]triazin-1-oxid, 1-Oxy-benzo[*e*][1,2,4]triazin-3-ylamin $C_7H_6N_4O$, Formel IV (R = R' = H) (E I 44).
B. Aus 2-Nitro-anilin beim Umsetzen mit Cyanamid und anschliessenden Erhitzen mit wss. NaOH (*Jiu, Mueller*, J. org. Chem. **24** [1959] 813, 817; vgl. E I 44). Beim Erhitzen von 3-Chlor-benzo[*e*][1,2,4]triazin-1-oxid mit NH_3 in Äthanol (*Robbins, Schofield*, Soc. **1957** 3186, 3190).
Kristalle (aus A.); F: 285,5−288° [unkorr.] (*Jiu, Mu.*), 270−271° (*Backer, Moed*, R. **66** [1947] 689, 697).

3-Amino-benzo[*e*][1,2,4]triazin-2-oxid, 2-Oxy-benzo[*e*][1,2,4]triazin-3-ylamin $C_7H_6N_4O$, Formel V (E I 44).
Konstitution: *Mason, Tennant*, Soc. [B] **1970** 911, 915.
Kristalle (aus Eg.); F: 200° (*Ma., Te.*, l. c. S. 912). ^{1}H-NMR-Spektrum (Trifluoressigsäure): *Ma., Te.*, l. c. S. 912, 913.

3-Amino-benzo[*e*][1,2,4]triazin-1,4-dioxid, 1,4-Dioxy-benzo[*e*][1,2,4]triazin-3-ylamin $C_7H_6N_4O_2$, Formel VI.
Konstitution: *Mason, Tennant*, Soc. [B] **1970** 911, 914, 915.
B. Aus 1-Oxy-benzo[*e*][1,2,4]triazin-3-ylamin (*Ma., Te.*; *Robbins, Schofield*, Soc. **1957** 3186, 3190), aus 3-Acetylamino-benzo[*e*][1,2,4]triazin-1-oxid oder aus Benzo[*e*][1,2,4]triazin-3-ylamin (*Ro., Sch.*) beim Erwärmen mit wss. H_2O_2 und Essigsäure.
Orangefarbene Kristalle; F: 229−230° [Zers.; Geschwindigkeit des Erhitzens: 10°/min; aus Me.] (*Ro., Sch.*), 220° [aus wss. Eg.] (*Ma., Te.*, l. c. S. 912). ^{1}H-NMR-Spektrum (Trifluoressigsäure): *Ma., Te.*, l. c. S. 912−914. λ_{max} (A.): 272 nm und 474 nm (*Ro., Sch.*).

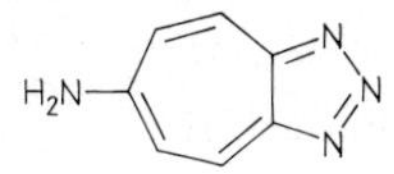

I 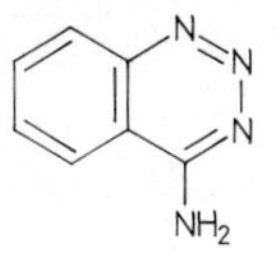   II 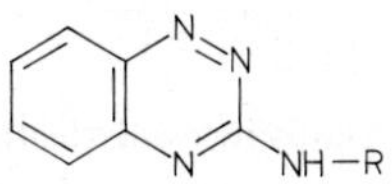   III 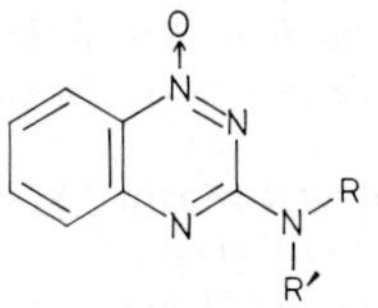   IV

3-Dimethylamino-benzo[e][1,2,4]triazin-1-oxid, Dimethyl-[1-oxy-benzo[e][1,2,4]triazin-3-yl]-amin $C_9H_{10}N_4O$, Formel IV (R = R′ = CH₃).

B. Beim Erhitzen von *N,N*-Dimethyl-*N′*-[2-nitro-benzolsulfonyl]-guanidin mit wss. NaOH (*Backer, Moed,* R. **66** [1947] 689, 697).

Orangefarbene Kristalle (aus A.); F: 161−161,5°.

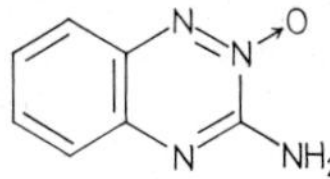

V 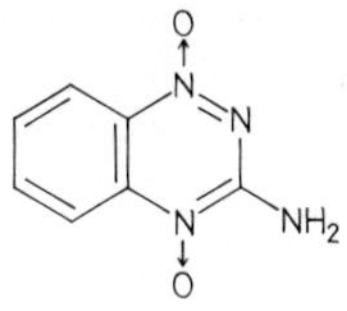   VI 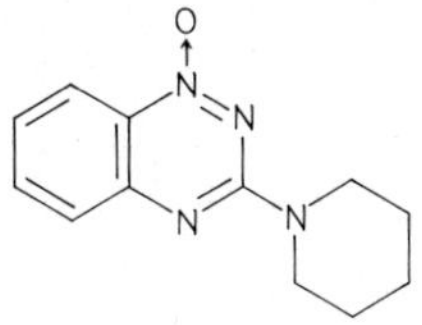   VII 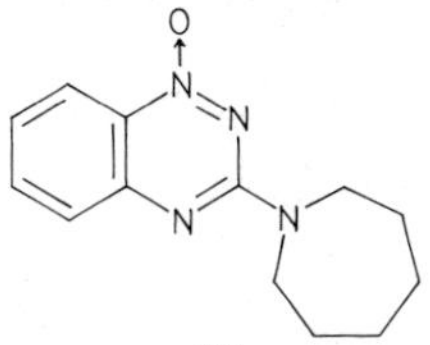   VIII

3-Phenäthylamino-benzo[e][1,2,4]triazin-1-oxid, [1-Oxy-benzo[e][1,2,4]triazin-3-yl]-phenäthyl-amin $C_{15}H_{14}N_4O$, Formel IV (R = CH₂-CH₂-C₆H₅, R′ = H).

B. Aus 3-Chlor-benzo[e][1,2,4]triazin-1-oxid und Phenäthylamin (*Jiu, Mueller,* J. org. Chem. **24** [1959] 813, 815).

F: 193−195° [unkorr.].

Die folgenden Verbindungen sind in analoger Weise hergestellt worden:

2-[1-Oxy-benzo[e][1,2,4]triazin-3-ylamino]-äthanol $C_9H_{10}N_4O_2$, Formel IV (R = CH₂-CH₂-OH, R′ = H). F: 114−116° [unkorr.].

2-Methyl-1-[1-oxy-benzo[e][1,2,4]triazin-3-ylamino]-propan-2-ol $C_{11}H_{14}N_4O_2$, Formel IV (R = CH₂-C(CH₃)₂-OH, R′ = H). F: 159−160° [unkorr.].

3-Piperidino-benzo[e][1,2,4]triazin-1-oxid $C_{12}H_{14}N_4O$, Formel VII. F: 108−110° [unkorr.].

3-Hexahydroazepin-1-yl-benzo[e][1,2,4]triazin-1-oxid $C_{13}H_{16}N_4O$, Formel VIII. F: 121−122,5° [unkorr.].

2-Methyl-2-[1-oxy-benzo[e][1,2,4]triazin-3-ylamino]-propan-1,3-diol $C_{11}H_{14}N_4O_3$, Formel IV (R = C(CH₂-OH)₂-CH₃, R′ = H). Kristalle (aus E.); F: 127−128° [unkorr.] (*Jiu, Mu.,* l. c. S. 817).

1-[Methyl-(1-oxy-benzo[e][1,2,4]triazin-3-yl)-amino]-1-desoxy-D-glucit(?) $C_{14}H_{20}N_4O_6$, vermutlich Formel IX. F: 135−137° [unkorr.].

3-Acetylamino-benzo[e][1,2,4]triazin-1-oxid, *N*-[1-Oxy-benzo[e][1,2,4]triazin-3-yl]-acetamid $C_9H_8N_4O_2$, Formel IV (R = CO-CH₃, R′ = H).

B. Aus 1-Oxy-benzo[e][1,2,4]triazin-3-ylamin und Acetanhydrid in Pyridin (*Robbins, Schofield,* Soc. **1957** 3186, 3190).

Gelbe Kristalle (aus Me.); F: 191−192°.

3-Benzoylamino-benzo[e][1,2,4]triazin-1-oxid, *N*-[1-Oxy-benzo[e][1,2,4]triazin-3-yl]-benzamid $C_{14}H_{10}N_4O_2$, Formel IV (R = CO-C₆H₅, R′ = H).

B. Analog der vorangehenden Verbindung (*Robbins, Schofield,* Soc. **1957** 3186, 3190).

F: 206−209°.

3-Nitro-benzoesäure-[1-oxy-benzo[e][1,2,4]triazin-3-ylamid] $C_{14}H_9N_5O_4$, Formel IV (R = CO-C₆H₄-NO₂, R′ = H).

B. Aus der vorangehenden Verbindung beim Behandeln mit rauchender HNO₃ und konz.

H_2SO_4 (*Robbins, Schofield*, Soc. **1957** 3186, 3193).
  Kristalle (aus wss. Dioxan); F: 233 – 237°.

Benzo[e][1,2,4]triazin-3-yl-carbamidsäure-äthylester $C_{10}H_{10}N_4O_2$, Formel III
(R = CO-O-C_2H_5).
  B. Beim Erwärmen von Benzo[e][1,2,4]triazin-3-carbonylazid mit Äthanol (*Fusco, Rossi*, G.
86 [1956] 484, 499).
  Kristalle (aus H_2O); F: 132°.

N'-Benzo[e][1,2,4]triazin-3-yl-N,N-dimethyl-äthylendiamin $C_{11}H_{15}N_5$, Formel III
(R = CH_2-CH_2-N(CH_3)$_2$).
  B. Aus der folgenden Verbindung beim Behandeln mit Zink-Pulver und wss. NH_4Cl (*Jiu,
Mueller*, J. org. Chem. **24** [1959] 813, 818).
  Kristalle (aus Hexan); F: 98 – 100°.

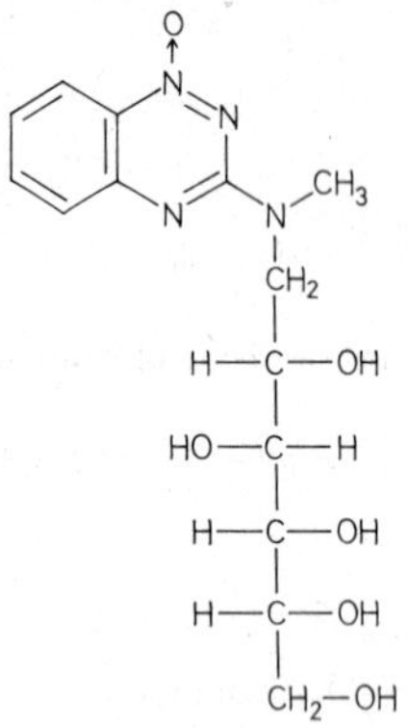

IX 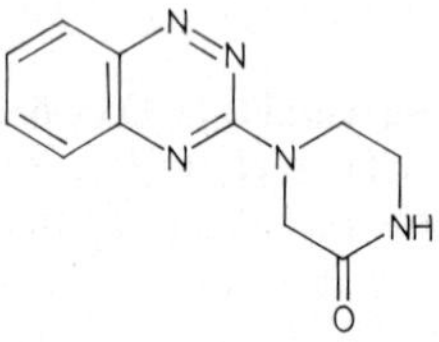   X 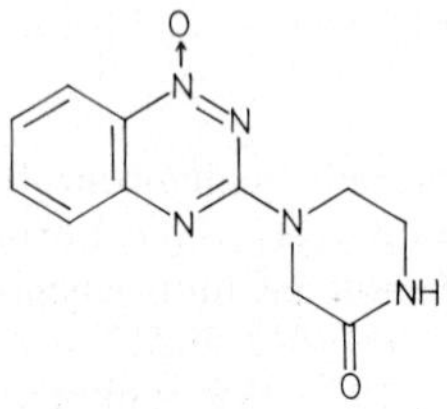   XI

N,N-Dimethyl-N'-[1-oxy-benzo[e][1,2,4]triazin-3-yl]-äthylendiamin $C_{11}H_{15}N_5O$, Formel IV
(R = CH_2-CH_2-N(CH_3)$_2$, R' = H) und Taut.
  B. Aus 3-Chlor-benzo[e][1,2,4]triazin-1-oxid und N,N-Dimethyl-äthylendiamin (*Jiu, Mueller*,
J. org. Chem. **24** [1959] 813, 817).
  Kristalle (aus Hexan); F: 128,5 – 131° [unkorr.].

N,N-Diäthyl-N'-[1-oxy-benzo[e][1,2,4]triazin-3-yl]-äthylendiamin $C_{13}H_{19}N_5O$, Formel IV
(R = CH_2-CH_2-N(C_2H_5)$_2$, R' = H) und Taut.
  B. Analog der vorangehenden Verbindung (*Jiu, Mueller*, J. org. Chem. **24** [1959] 813, 815).
  F: 77,5 – 80°.

4-Benzo[e][1,2,4]triazin-3-yl-piperazin-2-on $C_{11}H_{11}N_5O$, Formel X.
  B. Aus der folgenden Verbindung beim Behandeln mit Zink-Pulver und wss. NH_4Cl (*Jiu,
Mueller*, J. org. Chem. **24** [1959] 813, 816).
  F: 237 – 239,5° [unkorr.].

4-[1-Oxy-benzo[e][1,2,4]triazin-3-yl]-piperazin-2-on $C_{11}H_{11}N_5O_2$, Formel XI.
  B. Aus 3-Chlor-benzo[e][1,2,4]triazin-1-oxid und Piperazinon (*Jiu, Mueller*, J. org. Chem.
24 [1959] 813, 815).
  F: 254 – 257° [unkorr.].

N,N-Dibutyl-N'-[1-oxy-benzo[e][1,2,4]triazin-3-yl]-propandiyldiamin $C_{18}H_{29}N_5O$, Formel IV
(R = [CH_2]$_3$-N([CH_2]$_3$-CH_3)$_2$, R' = H).
  B. Analog der vorangehenden Verbindung (*Jiu, Mueller*, J. org. Chem. **24** [1959] 813, 815).

F: $77-78,5°$.

3-Furfurylamino-benzo[*e*][1,2,4]triazin-1-oxid, Furfuryl-[1-oxy-benzo[*e*][1,2,4]triazin-3-yl]-amin

$C_{12}H_{10}N_4O_2$, Formel XII.

B. Analog den vorangehenden Verbindungen (*Jiu, Mueller,* J. org. Chem. **24** [1959] 813, 815).

F: $172-178°$ [unkorr.].

4-Nitro-benzolsulfonsäure-benzo[*e*][1,2,4]triazin-3-ylamid $C_{13}H_9N_5O_4S$, Formel III

$(R = SO_2\text{-}C_6H_4\text{-}NO_2)$.

B. Aus Benzo[*e*][1,2,4]triazin-3-ylamin und 4-Nitro-benzolsulfonylchlorid in Pyridin (*Merck & Co. Inc.,* U.S.P. 2496364 [1946]; s. a. *Wolf et al.,* Am. Soc. **76** [1954] 3551).

Gelbe Kristalle; F: $252-253°$ [aus wss. $NH_3+Eg.$] (*Merck & Co. Inc.*), $250-252°$ (*Wolf et al.*).

Natrium-Salz. Gelbe Kristalle (*Merck & Co. Inc.*).

3-Sulfanilylamino-benzo[*e*][1,2,4]triazin, Sulfanilsäure-benzo[*e*][1,2,4]triazin-3-ylamid

$C_{13}H_{11}N_5O_2S$, Formel III $(R = SO_2\text{-}C_6H_4\text{-}NH_2)$.

B. Aus der vorangehenden Verbindung beim Erhitzen mit Eisen-Pulver und äthanol. HCl (*Merck & Co. Inc.,* U.S.P. 2496364 [1946]; s. a. *Wolf et al.,* Am. Soc. **76** [1954] 3551).

Kristalle; F: $216-218°$ [aus wss. $NH_3+Eg.$] (*Merck & Co. Inc.*), $216-217°$ (*Wolf et al.*).

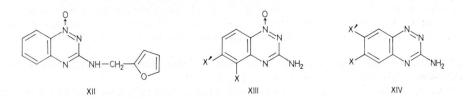

XII   XIII   XIV

3-Amino-5-chlor-benzo[*e*][1,2,4]triazin-1-oxid, 5-Chlor-1-oxy-benzo[*e*][1,2,4]triazin-3-ylamin

$C_7H_5ClN_4O$, Formel XIII $(X = Cl, X' = H)$.

B. Aus 2-Chlor-6-nitro-anilin beim Umsetzen mit Cyanamid-dihydrochlorid und anschliessenden Erhitzen mit wss. NaOH (*Merck & Co. Inc.,* U.S.P. 2489352 [1946]; s. a. *Wolf et al.,* Am. Soc. **76** [1954] 3551).

F: $258-260°$.

6-Chlor-benzo[*e*][1,2,4]triazin-3-ylamin $C_7H_5ClN_4$, Formel XIV $(X = Cl, X' = H)$.

B. Aus der folgenden Verbindung beim Erhitzen mit Jod und rotem Phosphor in Essigsäure (*Merck & Co. Inc.,* U.S.P. 2489351 [1946]; s. a. *Wolf et al.,* Am. Soc. **76** [1954] 3551).

F: $277,5-279°$ (*Zeiger, Joullié,* J. org. Chem. **42** [1977] 542, 543, 545), $250-251°$ (*Merck & Co. Inc.; Wolf et al.*).

3-Amino-6-chlor-benzo[*e*][1,2,4]triazin-1-oxid, 6-Chlor-1-oxy-benzo[*e*][1,2,4]triazin-3-ylamin

$C_7H_5ClN_4O$, Formel XIII $(X = H, X' = Cl)$.

B. Aus 5-Chlor-2-nitro-anilin beim Umsetzen mit Cyanamid und anschliessenden Erhitzen mit wss. NaOH (*Merck & Co. Inc.,* U.S.P. 2489352 [1946]; s. a. *Wolf et al.,* Am. Soc. **76** [1954] 3551).

F: $293-295°$.

7-Chlor-benzo[*e*][1,2,4]triazin-3-ylamin $C_7H_5ClN_4$, Formel XIV $(X = H, X' = Cl)$.

B. Aus der folgenden Verbindung bei der Hydrierung an Raney-Nickel in Äthanol bzw. in Pyridin (*Wolf et al.,* Am. Soc. **76** [1954] 3551; *Merck & Co. Inc.,* U.S.P. 2489351 [1946]).

Kristalle; F: $255-256°$ (*Merck & Co. Inc.*), $254-255°$ (*Wolf et al.*).

3-Amino-7-chlor-benzo[e][1,2,4]triazin-1-oxid, 7-Chlor-1-oxy-benzo[e][1,2,4]triazin-3-ylamin
$C_7H_5ClN_4O$, Formel I (R = R' = H).

B. Aus 4-Chlor-2-nitro-anilin beim Umsetzen mit Cyanamid und anschliessenden Erhitzen mit wss. NaOH (*Wolf et al.*, Am. Soc. **76** [1954] 3551; *Merck & Co. Inc.*, U.S.P. 2489352 [1946]; s. a. *Jiu, Mueller*, J. org. Chem. **24** [1959] 813, 814, 816).

Orangefarben; F: 302−305° (*Wolf et al.*), 302° [Zers.] (*Merck & Co. Inc.*).

H y d r o c h l o r i d. Gelbe Kristalle (*Wolf et al.*).

3-Amino-7-chlor-benzo[e][1,2,4]triazin-2-oxid, 7-Chlor-2-oxy-benzo[e][1,2,4]triazin-3-ylamin
$C_7H_5ClN_4O$, Formel II.

Bezüglich der Konstitution der von *Robbins, Schofield* (Soc. **1957** 3189, 3192) als 7-Chlor-4-oxy-benzo[e][1,2,4]triazin-3-ylamin formulierten Verbindung s. *Mason, Tennant*, Soc. [B] **1970** 911, 915.

B. Beim Behandeln von 7-Chlor-benzo[e][1,2,4]triazin-3-ylamin mit wss. H_2O_2 und Essigsäure (*Robbins, Schofield*, Soc. **1957** 3186, 3192; *Ma., Te.*, l. c. S. 916).

Kristalle; F: 223° [aus wss. Eg.] (*Ma., Te.*, l. c. S. 912), 213−215° [aus Dioxan] (*Ro., Sch.*).
^{1}H-NMR-Absorption (Trifluoressigsäure): *Ma., Te.*, l. c. S. 912, 913.

3-Amino-7-chlor-benzo[e][1,2,4]triazin-1,4-dioxid, 7-Chlor-1,4-dioxy-benzo[e][1,2,4]triazin-3-ylamin $C_7H_5ClN_4O_2$, Formel III.

Konstitution: *Mason, Tennant*, Soc. [B] **1970** 911, 914.

B. Beim Erwärmen von 7-Chlor-1-oxy-benzo[e][1,2,4]triazin-3-ylamin mit wss. H_2O_2 und Essigsäure (*Robbins, Schofield*, Soc. **1957** 3186, 3192; *Ma., Te.*, l. c. S. 915).

Orangerot; F: 269° (*Ma., Te.*, l. c. S. 912). Orangefarbene Kristalle (aus 2-Äthoxy-äthanol) mit 0,5 Mol 2-Äthoxy-äthanol; F: 293−295° [Zers.; Geschwindigkeit des Erhitzens: 10°/min] (*Ro., Sch.*). ^{1}H-NMR-Absorption (Trifluoressigsäure): *Ma., Te.*, l. c. S. 912, 913.

7-Chlor-3-methylamino-benzo[e][1,2,4]triazin-1-oxid, [7-Chlor-1-oxy-benzo[e][1,2,4]triazin-3-yl]-methyl-amin $C_8H_7ClN_4O$, Formel I (R = CH_3, R' = H).

B. Aus 3,7-Dichlor-benzo[e][1,2,4]triazin-1-oxid beim Erwärmen mit Methylamin (*Wolf et al.*, Am. Soc. **76** [1954] 4611).

Gelbe Kristalle; F: 236°.

7-Chlor-3-dipropylamino-benzo[e][1,2,4]triazin, [7-Chlor-benzo[e][1,2,4]triazin-3-yl]-dipropyl-amin $C_{13}H_{17}ClN_4$, Formel IV (R = R' = CH_2-C_2H_5).

B. Aus der folgenden Verbindung beim Erhitzen mit rotem Phosphor, Jod und Essigsäure (*Merck & Co. Inc.*, U.S.P. 2489359 [1947]).

Kristalle (aus wss. A.); F: 66°.

7-Chlor-3-dipropylamino-benzo[e][1,2,4]triazin-1-oxid, [7-Chlor-1-oxy-benzo[e][1,2,4]triazin-3-yl]-dipropyl-amin $C_{13}H_{17}ClN_4O$, Formel I (R = R' = CH_2-C_2H_5).

B. Aus 3,7-Dichlor-benzo[e][1,2,4]triazin-1-oxid beim Erwärmen mit Dipropylamin (*Wolf et al.*, Am. Soc. **76** [1954] 4611).

Gelbe Kristalle; F: 105−106°.

I   II   III   IV

3-Butylamino-7-chlor-benzo[e][1,2,4]triazin, Butyl-[7-chlor-benzo[e][1,2,4]triazin-3-yl]-amin
$C_{11}H_{13}ClN_4$, Formel IV (R = $[CH_2]_3$-CH_3, R' = H).

B. Aus 3,7-Dichlor-benzo[e][1,2,4]triazin beim Erwärmen mit Butylamin-hydrochlorid (*Merck*

& *Co. Inc.,* U.S.P. 2489359 [1947]). Aus der folgenden Verbindung beim Erwärmen mit rotem Phosphor, Jod und Essigsäure (*Merck & Co. Inc.*).
　　Gelb; F: 151−152°.

3-Butylamino-7-chlor-benzo[e][1,2,4]triazin-1-oxid, Butyl-[7-chlor-1-oxy-benzo[e][1,2,4]triazin-3-yl]-amin $C_{11}H_{13}ClN_4O$, Formel I (R = [CH$_2$]$_3$-CH$_3$, R′ = H).
　　B. Aus 3,7-Dichlor-benzo[e][1,2,4]triazin-1-oxid beim Erwärmen mit Butylamin (*Wolf et al.,* Am. Soc. **76** [1954] 4611; *Merck & Co. Inc.,* U.S.P. 2489355 [1947]).
　　Gelbe Kristalle (aus A.); F: 170° (*Wolf et al.; Merck & Co. Inc.*).

　　Die folgenden Verbindungen sind in analoger Weise hergestellt worden:
　　(±)-[7-Chlor-1-oxy-benzo[e][1,2,4]triazin-3-yl]-[1-methyl-heptyl]-amin $C_{15}H_{21}ClN_4O$, Formel I (R = CH(CH$_3$)-[CH$_2$]$_5$-CH$_3$, R′ = H). Gelbe Kristalle; F: 89−90° (*Wolf et al.; Merck & Co. Inc.*).
　　7-Chlor-3-dodecylamino-benzo[e][1,2,4]triazin-1-oxid, [7-Chlor-1-oxy-benzo[e][1,2,4]triazin-3-yl]-dodecyl-amin $C_{19}H_{29}ClN_4O$, Formel I (R = [CH$_2$]$_{11}$-CH$_3$, R′ = H). Gelbe Kristalle; F: 140° (*Wolf et al.; Merck & Co. Inc.*).
　　3-Allylamino-7-chlor-benzo[e][1,2,4]triazin-1-oxid, Allyl-[7-chlor-1-oxy-benzo[e][1,2,4]triazin-3-yl]-amin $C_{10}H_9ClN_4O$, Formel I (R = CH$_2$-CH=CH$_2$, R′ = H). Kristalle (aus A.); F: 159−160° (*Merck & Co. Inc.*).

[7-Chlor-benzo[e][1,2,4]triazin-3-yl]-methyl-phenyl-amin $C_{14}H_{11}ClN_4$, Formel IV (R = C$_6$H$_5$, R′ = CH$_3$).
　　B. Aus der folgenden Verbindung beim Erhitzen mit rotem Phosphor, Jod und Essigsäure (*Merck & Co. Inc.,* U.S.P. 2489359 [1947]).
　　F: 145−146°.

[7-Chlor-1-oxy-benzo[e][1,2,4]triazin-3-yl]-methyl-phenyl-amin $C_{14}H_{11}ClN_4O$, Formel I (R = C$_6$H$_5$, R′ = CH$_3$).
　　B. Aus 7-Chlor-4H-benzo[e][1,2,4]triazin-3-on-1-oxid und *N*-Methyl-anilin (*Jiu, Mueller,* J. org. Chem. **24** [1959] 813, 815).
　　F: 158,5−160° [unkorr.].

3-Benzylamino-7-chlor-benzo[e][1,2,4]triazin, Benzyl-[7-chlor-benzo[e][1,2,4]triazin-3-yl]-amin $C_{14}H_{11}ClN_4$, Formel IV (R = CH$_2$-C$_6$H$_5$, R′ = H).
　　B. Aus 7-Chlor-benzo[e][1,2,4]triazin-3-ylamin und Benzylamin (*Wolf et al.,* Am. Soc. **76** [1954] 4611).
　　Gelb; F: 175°.

3-Benzylamino-7-chlor-benzo[e][1,2,4]triazin-1-oxid, Benzyl-[7-chlor-1-oxy-benzo[e][1,2,4]triazin-3-yl]-amin $C_{14}H_{11}ClN_4O$, Formel I (R = CH$_2$-C$_6$H$_5$, R′ = H).
　　B. Aus 3,7-Dichlor-benzo[e][1,2,4]triazin-1-oxid beim Erwärmen mit Benzylamin (*Wolf et al.,* Am. Soc. **76** [1954] 4611).
　　Gelbe Kristalle; F: 186°.

　　Die folgenden Verbindungen sind in analoger Weise hergestellt worden:
　　7-Chlor-3-phenäthylamino-benzo[e][1,2,4]triazin-1-oxid, [7-Chlor-1-oxy-benzo[e][1,2,4]triazin-3-yl]-phenäthyl-amin $C_{15}H_{13}ClN_4O$, Formel I (R = CH$_2$-CH$_2$-C$_6$H$_5$, R′ = H). Gelbe Kristalle; F: 195−196°.
　　2-[7-Chlor-1-oxy-benzo[e][1,2,4]triazin-3-ylamino]-äthanol $C_9H_9ClN_4O_2$, Formel I (R = CH$_2$-CH$_2$-OH, R′ = H). Gelbe Kristalle; F: 186°.
　　[7-Chlor-1-oxy-benzo[e][1,2,4]triazin-3-yl]-[2-(2-diäthylamino-äthylmercapto)-äthyl]-amin $C_{15}H_{22}ClN_5OS$, Formel I (R = CH$_2$-CH$_2$-S-CH$_2$-CH$_2$-N(C$_2$H$_5$)$_2$, R′ = H). Gelbe Kristalle; F: 104−105°.
　　(±)-2-[7-Chlor-1-oxy-benzo[e][1,2,4]triazin-3-ylamino]-butan-1-ol $C_{11}H_{13}ClN_4O_2$, Formel I (R = CH(C$_2$H$_5$)-CH$_2$-OH, R′ = H). Gelbe Kristalle; F: 138°.
　　7-Chlor-3-piperidino-benzo[e][1,2,4]triazin-1-oxid $C_{12}H_{13}ClN_4O$, Formel V. Gelbe

Kristalle; F: 142°.

3-*p*-Anisidino-7-chlor-benzo[*e*][1,2,4]triazin-1-oxid, [7-Chlor-1-oxy-benzo[*e*]≠ [1,2,4]triazin-3-yl]-[4-methoxy-phenyl]-amin $C_{14}H_{11}ClN_4O_2$, Formel VI (X = O-CH₃). Kristalle (aus 2-Äthoxy-äthanol); F: 210–211°.

[7-Chlor-1-oxy-benzo[*e*][1,2,4]triazin-3-yl]-[4-sulfanilyl-phenyl]-amin $C_{19}H_{14}ClN_5O_3S$, Formel VI (X = SO₂-C₆H₄-NH₂). Gelbe Kristalle; F: 293°.

[7-Chlor-1-oxy-benzo[*e*][1,2,4]triazin-3-yl]-[3,4-dimethoxy-phenäthyl]-amin $C_{17}H_{17}ClN_4O_3$, Formel VII. Gelbe Kristalle; F: 183–184°.

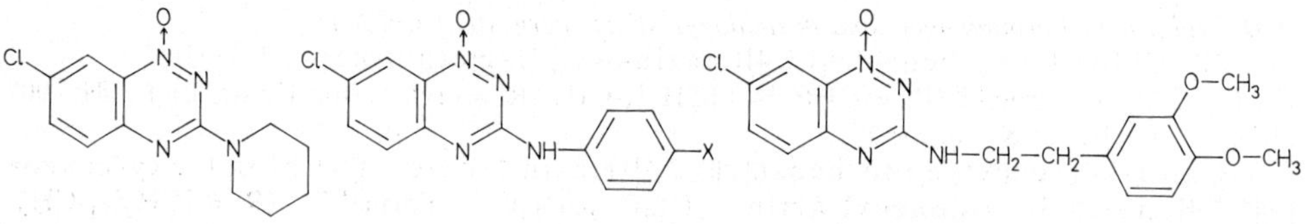

V   VI   VII

3-Acetylamino-7-chlor-benzo[*e*][1,2,4]triazin-1-oxid, *N*-[7-Chlor-1-oxy-benzo[*e*][1,2,4]triazin-3-yl]-acetamid $C_9H_7ClN_4O_2$, Formel VIII (R = CH₃).
B. Aus 7-Chlor-1-oxy-benzo[*e*][1,2,4]triazin-3-ylamin und Acetanhydrid in Pyridin (*Wolf et al.*, Am. Soc. **76** [1954] 3551).
Kristalle (aus 2-Äthoxy-äthanol); F: 256°.

***N*-[7-Chlor-1-oxy-benzo[*e*][1,2,4]triazin-3-yl]-succinamidsäure** $C_{11}H_9ClN_4O_4$, Formel VIII (R = CH₂-CH₂-CO-OH).
B. Analog der vorangehenden Verbindung (*Merck & Co. Inc.*, U.S.P. 2489356 [1947]).
Grüne Kristalle; F: 250–254° (*Wolf et al.*, Am. Soc. **76** [1954] 3551), 250–251° (*Merck & Co. Inc.*).

[7-Chlor-1-oxy-benzo[*e*][1,2,4]triazin-3-yl]-guanidin $C_8H_7ClN_6O$, Formel IX und Taut.
B. Aus 3,7-Dichlor-benzo[*e*][1,2,4]triazin-1-oxid beim Erwärmen mit Guanidin (*Wolf et al.*, Am. Soc. **76** [1954] 4611).
Gelbe Kristalle; F: 282°.

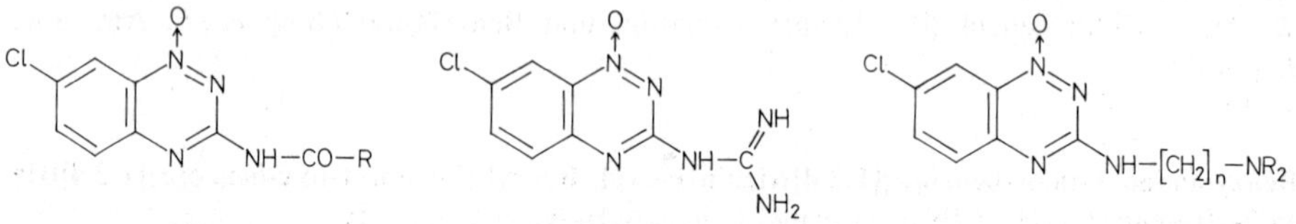

VIII   IX   X

4-[7-Chlor-1-oxy-benzo[*e*][1,2,4]triazin-3-ylamino]-benzoesäure $C_{14}H_9ClN_4O_3$, Formel VI (X = CO-OH).
B. Aus 3,7-Dichlor-benzo[*e*][1,2,4]triazin-1-oxid beim Erwärmen mit 4-Amino-benzoesäure (*Wolf et al.*, Am. Soc. **76** [1954] 4611).
Gelbe Kristalle; F: 300°.

Die folgenden Verbindungen sind in analoger Weise hergestellt worden:
4-[4-(7-Chlor-1-oxy-benzo[*e*][1,2,4]triazin-3-ylamino)-phenyl]-buttersäure $C_{17}H_{15}ClN_4O_3$, Formel VI (X = [CH₂]₃-CO-OH). Gelbe Kristalle; F: 250–251° (*Wolf et al.*).

N'-[7-Chlor-1-oxy-benzo[*e*][1,2,4]triazin-3-yl]-*N*,*N*-dimethyl-äthylendiamin $C_{11}H_{14}ClN_5O$, Formel X (R = CH₃, n = 2). F: 157–161° [unkorr.] (*Jiu, Mueller*, J. org. Chem. **24** [1959] 813, 815).

N,*N*-Diäthyl-*N'*-[7-chlor-1-oxy-benzo[*e*][1,2,4]triazin-3-yl]-propandiyldiamin $C_{14}H_{20}ClN_5O$, Formel X (R = C₂H₅, n = 3). Gelbe Kristalle; F: 79° (*Wolf et al.*).

($\pm$)-N^4,N^4-Diäthyl-N^1-[7-chlor-benzo[e][1,2,4]triazin-3-yl]-1-methyl-butandiyldiamin
$C_{16}H_{24}ClN_5$, Formel XI.

B. Aus der folgenden Verbindung beim Erhitzen mit rotem Phosphor, Jod und Essigsäure (*Merck & Co. Inc.,* U.S.P. 2489359 [1947]).

Kp$_{0,003}$: 70°.

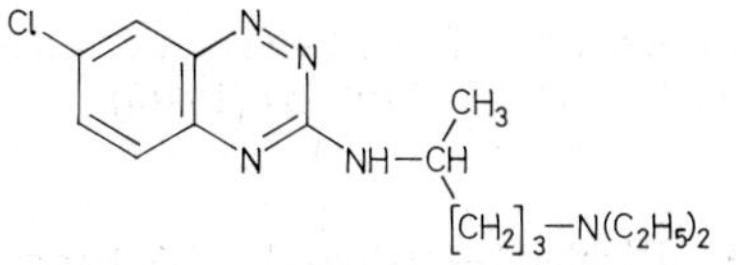

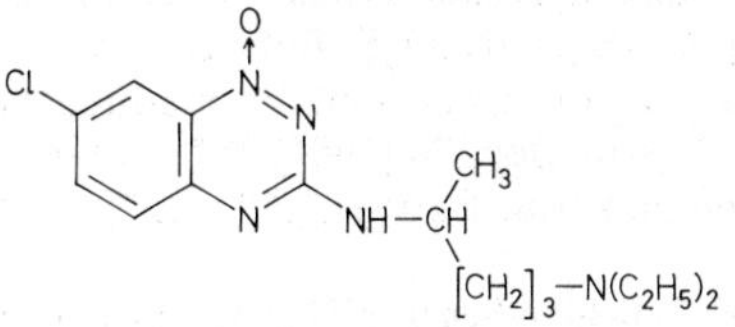

($\pm$)-N^4,N^4-Diäthyl-N^1-[7-chlor-1-oxy-benzo[e][1,2,4]triazin-3-yl]-1-methyl-butandiyldiamin
$C_{16}H_{24}ClN_5O$, Formel XII.

B. Aus 3,7-Dichlor-benzo[e][1,2,4]triazin-1-oxid beim Erwärmen mit ($\pm$)-N^4,N^4-Diäthyl-1-methyl-butandiyldiamin (*Wolf et al.,* Am. Soc. **76** [1954] 4611; *Merck & Co. Inc.,* U.S.P. 2489355 [1947]).

Kp$_{0,003}$: 130° (*Wolf et al.; Merck & Co. Inc.*).

Die folgenden Verbindungen sind in analoger Weise hergestellt worden:

3-[4-Acetylamino-anilino]-7-chlor-benzo[e][1,2,4]triazin-1-oxid, Essigsäure-[4-(7-chlor-1-oxy-benzo[e][1,2,4]triazin-3-ylamino)-anilid] $C_{15}H_{12}ClN_5O_2$, Formel VI (X = NH-CO-CH$_3$). F: 285—286° (*Merck & Co. Inc.*).

($\pm$)-2-Amino-6-[7-chlor-1-oxy-benzo[e][1,2,4]triazin-3-ylamino]-hexansäure $C_{13}H_{16}ClN_5O_3$, Formel XIII. Gelbe Kristalle; F: 248° (*Wolf et al.; Merck & Co. Inc.*).

7-Chlor-3-[2]thienylamino-benzo[e][1,2,4]triazin-1-oxid, [7-Chlor-1-oxy-benzo$e$][1,2,4]triazin-3-yl]-[2]thienyl-amin $C_{11}H_7ClN_4OS$, Formel XIV. F: 142—143° (*Merck & Co. Inc.*).

[7-Chlor-1-oxy-benzo[e][1,2,4]triazin-3-yl]-[6-methoxy-[8]chinolyl]-amin $C_{17}H_{12}ClN_5O_2$, Formel XV. Gelbe Kristalle (aus Py.); F: 254° (*Merck & Co. Inc.*).

4-[(7-Chlor-1-oxy-benzo[e][1,2,4]triazin-3-ylamino)-methyl]-5-hydroxymethyl-2-methyl-pyridin-3-ol, $N^{4'}$-[7-Chlor-1-oxy-benzo[e][1,2,4]triazin-3-yl]-pyridoxamin $C_{15}H_{14}ClN_5O_3$, Formel XVI. Gelbe Kristalle; F: 213—214° [Zers.] (*Wolf et al.; Merck & Co. Inc.*).

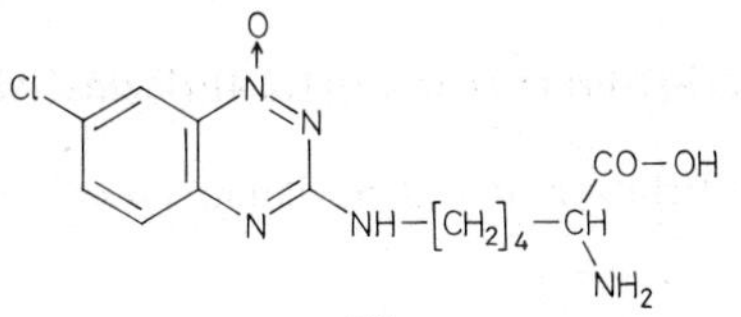

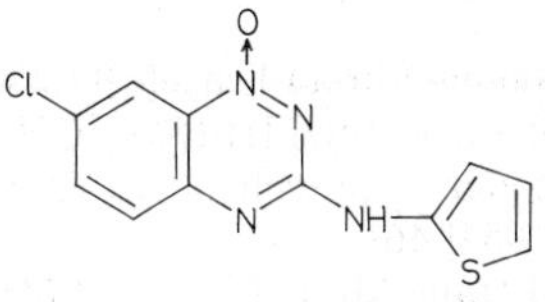

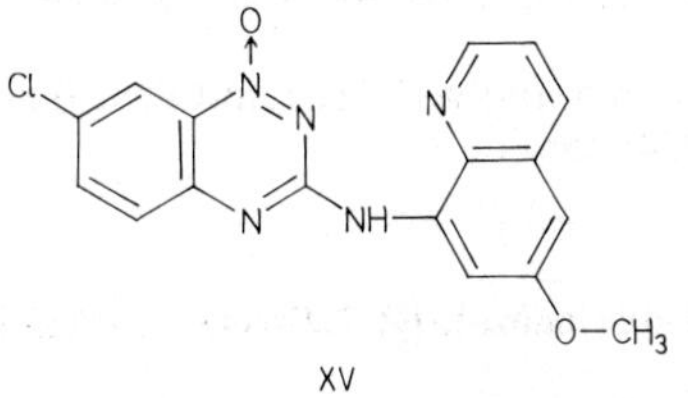

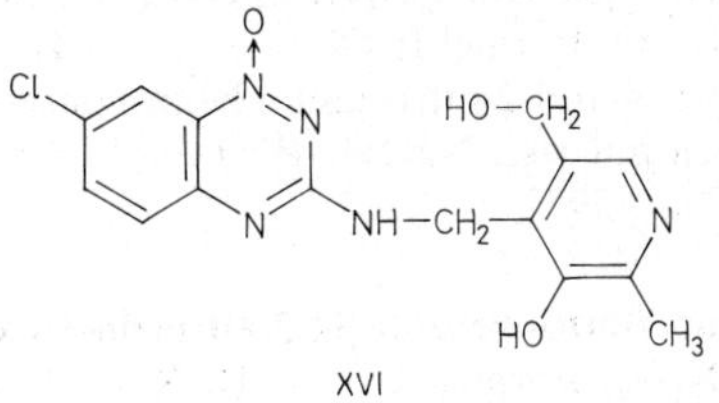

4-Nitro-benzolsulfonsäure-[7-chlor-benzo[e][1,2,4]triazin-3-ylamid] $C_{13}H_8ClN_5O_4S$, Formel I (X = NO$_2$).

B. Beim Erhitzen von 7-Chlor-benzo[e][1,2,4]triazin-3-ylamin mit 4-Nitro-benzolsulfonylchlo≈

rid und Pyridin (*Wolf et al.*, Am. Soc. **76** [1954] 3551; *Merck & Co. Inc.*, U.S.P. 2496364 [1946]).

Kristalle (aus alkal. wss. Lösung+Eg.); F: 240°.

Natrium-Salz. Gelbe Kristalle.

7-Chlor-3-sulfanilylamino-benzo[e][1,2,4]triazin, Sulfanilsäure-[7-chlor-benzo[e][1,2,4]triazin-3-ylamid] $C_{13}H_{10}ClN_5O_2S$, Formel I (X = NH_2).

B. Aus der vorangehenden Verbindung beim Erhitzen mit Eisen-Pulver und äthanol. HCl (*Wolf et al.*, Am. Soc. **76** [1954] 3551; *Merck & Co. Inc.*, U.S.P. 2496364 [1946]).

Kristalle (aus wss. Eg.); F: 219−220°.

3-Amino-5,7-dichlor-benzo[e][1,2,4]triazin-1-oxid, 5,7-Dichlor-1-oxy-benzo[e][1,2,4]triazin-3-ylamin $C_7H_4Cl_2N_4O$, Formel II (X = X′ = Cl).

B. Aus 2,4-Dichlor-6-nitro-anilin beim aufeinanderfolgenden Erhitzen mit Cyanamid-dihy≠ drochlorid und mit wss. NaOH (*Merck & Co. Inc.*, U.S.P. 2489352 [1946]; s. a. *Wolf et al.*, Am. Soc. **76** [1954] 3551).

Kristalle (aus 2-Äthoxy-äthanol); F: 287° [Zers.].

7-Brom-benzo[e][1,2,4]triazin-3-ylamin $C_7H_5BrN_4$, Formel III (R = H).

B. Aus der folgenden Verbindung beim Erhitzen mit Jod und rotem Phosphor in Essigsäure (*Wolf et al.*, Am. Soc. **76** [1954] 3551).

Kristalle; F: 256° (*Merck & Co. Inc.*, U.S.P. 2489351 [1946]), 253° [aus 2-Äthoxy-äthanol] (*Wolf et al.*).

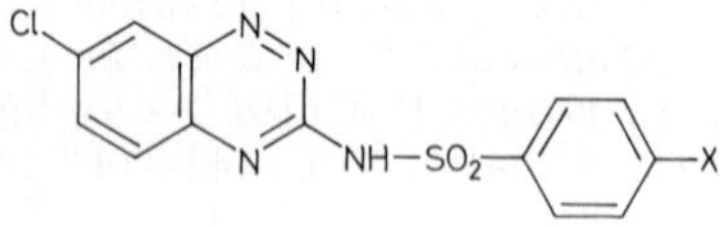

I 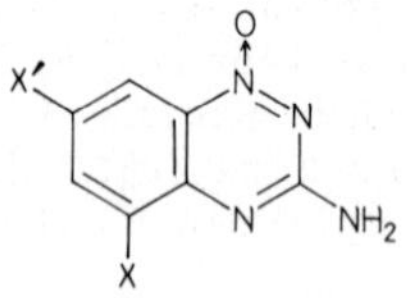   II 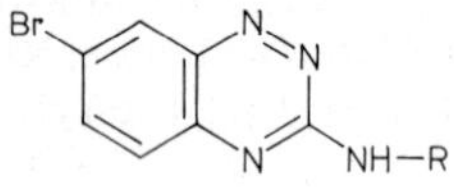   III

3-Amino-7-brom-benzo[e][1,2,4]triazin-1-oxid, 7-Brom-1-oxy-benzo[e][1,2,4]triazin-3-ylamin $C_7H_5BrN_4O$, Formel II (X = H, X′ = Br).

B. Beim aufeinanderfolgenden Erhitzen von 4-Brom-2-nitro-anilin mit Cyanamid, Essigsäure und wss. HCl und mit wss. NaOH (*Wolf et al.*, Am. Soc. **76** [1954] 3551).

Gelbe Kristalle (aus Py.); F: 294−295°.

3-Benzylamino-7-brom-benzo[e][1,2,4]triazin, Benzyl-[7-brom-benzo[e][1,2,4]triazin-3-yl]-amin $C_{14}H_{11}BrN_4$, Formel III (R = CH_2-C_6H_5).

B. Aus der vorangehenden Verbindung beim Erhitzen mit Benzylamin (*Wolf et al.*, Am. Soc. **76** [1954] 4611).

Kristalle (aus Me.); F: 173−174°.

3-Amino-7-jod-benzo[e][1,2,4]triazin-1-oxid, 7-Jod-1-oxy-benzo[e][1,2,4]triazin-3-ylamin $C_7H_5IN_4O$, Formel II (X = H, X′ = I).

B. Aus 4-Jod-2-nitro-anilin beim Umsetzen mit Cyanamid und wss. HCl und anschliessenden Erhitzen mit wss. NaOH (*Wolf et al.*, Am. Soc. **76** [1954] 3551).

F: 296−297°.

3-Amino-7-nitro-benzo[e][1,2,4]triazin-1-oxid, 7-Nitro-1-oxy-benzo[e][1,2,4]triazin-3-ylamin $C_7H_5N_5O_3$, Formel II (X = H, X′ = NO_2).

Konstitution: *Dolman et al.*, R. **83** [1964] 1305, 1306.

B. Beim Erhitzen von 1-Oxy-benzo[e][1,2,4]triazin-3-ylamin mit wss. HNO_3 und konz. H_2SO_4 (*Robbins, Schofield*, Soc. **1957** 3186, 3193).

Gelbe Kristalle; F: 291−292° [Zers.; aus Dioxan] (*Ro., Sch.*), 289−290° [Zers.; aus wss.

Dioxan] (*Do. et al.*).

Benzo[*e*][1,2,4]triazin-6-ylamin $C_7H_6N_4$, Formel IV (R = H).

B. Bei der Hydrierung von Ameisensäure-[*N'*-(2,4-dinitro-phenyl)-hydrazid] an Palladium/ Kohle in Äthanol (*Abramovitch, Schofield*, Soc. **1955** 2326, 2333). Aus 6-Acetylamino-benzo[*e*]= [1,2,4]triazin-3-carbonsäure-äthylester beim aufeinanderfolgenden Erhitzen mit wss. HCl und mit Kupfer-Pulver (*Fusco, Rossi*, Rend. Ist. lomb. **91** [1957] 186, 197).

Gelbe Kristalle; F: 298−299° [Zers.; aus A.] (*Ab., Sch.*), 297−298° [nach Sublimation bei 190−195°/20−25 Torr] (*Fu., Ro.*). Absorptionsspektrum (Me., H_2O, sowie wss. H_2SO_4; 220−540 nm): *Favini, Simonetta*, R.A.L. [8] **23** [1957] 434, 438, 440.

Picrat. Orangefarbene Kristalle (aus wss. A.); F: 233−234° [Zers.] (*Fu., Ro.*).

6-Acetylamino-benzo[*e*][1,2,4]triazin, *N*-Benzo[*e*][1,2,4]triazin-6-yl-acetamid $C_9H_8N_4O$, Formel IV (R = CO-CH$_3$).

B. Aus 1-Benzo[*e*][1,2,4]triazin-6-yl-äthanon beim Behandeln mit HN_3 in $CHCl_3$ und mit konz. H_2SO_4 (*Fusco, Rossi*, Rend. Ist. lomb. **91** [1957] 186, 197). Beim Erhitzen von 6-Acetyl= amino-benzo[*e*][1,2,4]triazin-3-carbonsäure mit Kupfer-Pulver (*Fu., Ro.*).

Gelbe Kristalle (aus A.); F: 227−228°.

Pyrido[3,2-*d*]pyrimidin-4-ylamin $C_7H_6N_4$, Formel V (R = R' = X = H).

B. Beim Erwärmen von 4-Amino-1*H*-pyrido[3,2-*d*]pyrimidin-2-thion mit wss. NH_3 und Ra= ney-Nickel in Äthanol (*Robins, Hitchings*, Am. Soc. **78** [1956] 973, 975; *Oakes et al.*, Soc. **1956** 1045, 1052).

Kristalle; F: 224° [aus H_2O] (*Oa. et al.*), 221−222° [unkorr.] (*Ro., Hi.*). λ_{max} (wss. Lösung): 305 nm [pH 1] bzw. 235 nm, 280 nm und 310 nm [pH 11] (*Ro., Hi.*, l. c. S. 974).

2-Chlor-pyrido[3,2-*d*]pyrimidin-4-ylamin $C_7H_5ClN_4$, Formel V (R = R' = H, X = Cl).

B. Aus 2,4-Dichlor-pyrido[3,2-*d*]pyrimidin und NH_3 (*Robins, Hitchings*, Am. Soc. **78** [1956] 973, 975; *Oakes et al.*, Soc. **1956** 1045, 1052).

Kristalle; F: 265° [aus H_2O] (*Oa. et al.*), 264−265° [unkorr.] (*Ro., Hi.*). λ_{max} (wss. Lösung): 275 nm und 310 nm [pH 1] bzw. 237 nm, 275 nm und 310 nm [pH 11] (*Ro., Hi.*, l. c. S. 974).

2-Chlor-4-diäthylamino-pyrido[3,2-*d*]pyrimidin, Diäthyl-[2-chlor-pyrido[3,2-*d*]pyrimidin-4-yl]- amin $C_{11}H_{13}ClN_4$, Formel V (R = R' = C_2H_5, X = Cl).

B. Analog der vorangehenden Verbindung (*Oakes et al.*, Soc. **1956** 1045, 1052).

Kristalle (aus PAe.); F: 82°.

Äthyl-[2-chlor-pyrido[3,2-*d*]pyrimidin-4-yl]-phenyl-amin $C_{15}H_{13}ClN_4$, Formel V (R = C_6H_5, R' = C_2H_5, X = Cl).

B. Beim Erhitzen von 1*H*-Pyrido[3,2-*d*]pyrimidin-2,4-dion mit $POCl_3$ und *N,N*-Diäthyl-anilin (*Oakes et al.*, Soc. **1956** 1045, 1051).

Hellgrüne Kristalle (aus PAe.); F: 168°.

N,N-Diäthyl-*N'*-[2-chlor-pyrido[3,2-*d*]pyrimidin-4-yl]-propandiyldiamin $C_{14}H_{20}ClN_5$, Formel V (R = [CH$_2$]$_3$-N(C$_2$H$_5$)$_2$, R' = H, X = Cl).

B. Aus 2,4-Dichlor-pyrido[3,2-*d*]pyrimidin und *N,N*-Diäthyl-propandiyldiamin (*Oakes et al.*, Soc. **1956** 1045, 1052).

Hydrochlorid $C_{14}H_{20}ClN_5 \cdot HCl$. Kristalle (aus Dioxan+Bzl.); F: 128°.

Pyrido[2,3-*d*]pyrimidin-4-ylamin $C_7H_6N_4$, Formel VI (R = R' = X = H).

B. Beim Erhitzen von 4-Chlor-pyrido[2,3-*d*]pyrimidin mit konz. wss. NH_3 (*Robins, Hitchings,* Am. Soc. **77** [1955] 2256, 2259). Aus 4-Amino-1*H*-pyrido[2,3-*d*]pyrimidin-2-thion beim Erhitzen mit Raney-Nickel in wss.-äthanol. NH_3 (*Ro., Hi.*).

Kristalle (aus wss. Isopropylalkohol); F: 301 – 302° (*Burrough Wellcome & Co.,* U.S.P. 2749345 [1953]), 299 – 301° [unkorr.; Zers.; auf 280° vorgeheizter App.; rasches Erhitzen] (*Ro., Hi.*). λ_{max} (wss. Lösung): 313 nm [pH 1] bzw. 318 nm [pH 11] (*Ro., Hi.,* l. c. S. 2258).

4-Diäthylamino-pyrido[2,3-*d*]pyrimidin, Diäthyl-pyrido[2,3-*d*]pyrimidin-4-yl-amin $C_{11}H_{14}N_4$, Formel VI (R = R' = C_2H_5, X = H).

B. Aus 4-Chlor-pyrido[2,3-*d*]pyrimidin und Diäthylamin (*Robins, Hitchings,* Am. Soc. **77** [1955] 2256, 2259).

Kristalle (aus PAe.); F: 72 – 73°.

4-Anilino-pyrido[2,3-*d*]pyrimidin, Phenyl-pyrido[2,3-*d*]pyrimidin-4-yl-amin $C_{13}H_{10}N_4$, Formel VI (R = C_6H_5, R' = X = H).

B. Aus 4-Chlor-pyrido[2,3-*d*]pyrimidin und Anilin (*Robins, Hitchings,* Am. Soc. **77** [1955] 2256, 2259).

Hellgrüne Kristalle (aus A.); F: 256 – 257° [unkorr.].

2-Chlor-pyrido[2,3-*d*]pyrimidin-4-ylamin $C_7H_5ClN_4$, Formel VI (R = R' = H, X = Cl).

B. Aus 2,4-Dichlor-pyrido[2,3-*d*]pyrimidin und NH_3 (*Robins, Hitchings,* Am. Soc. **77** [1955] 2256, 2259; *Oakes et al.,* Soc. **1956** 1045, 1053).

F: >360° (*Oa. et al.*); Zers. >310° (*Ro., Hi.*). λ_{max} (wss. Lösung): 248 nm und 348 nm [pH 1] bzw. 273 nm und 317 nm [pH 11] (*Ro., Hi.,* l. c. S. 2258).

Pyrido[2,3-*b*]pyrazin-6-ylamin $C_7H_6N_4$, Formel VII.

B. Aus Pyridin-2,3,6-triyltriamin-dihydrochlorid und Glyoxal in H_2O (*Bernstein et al.,* Am. Soc. **69** [1947] 1151, 1154, 1157; *Korte,* B. **85** [1952] 1012, 1021).

Kristalle (aus H_2O); F: 267° [unkorr.] (*Be. et al.*).

Pyrido[2,3-*b*]pyrazin-8-ylamin $C_7H_6N_4$, Formel VIII.

B. Beim Erhitzen von Pyridin-2,3,4-triyltriamin-dihydrochlorid mit Glyoxal in wss. Lösung vom pH 2 (*Albert, Hampton,* Soc. **1952** 4985, 4992).

Orangegelbe Kristalle (aus H_2O) mit 1 Mol H_2O; F: 254 – 255° [unkorr.; Zers.].

Pyrido[3,4-*b*]pyrazin-5-ylamin $C_7H_6N_4$, Formel IX.

B. Beim Erhitzen von Pyridin-2,3,4-triyltriamin mit Glyoxal in wss. Lösung vom pH 7 (*Albert, Hampton,* Soc. **1952** 4985, 4992).

Gelbe Kristalle (aus H_2O); F: 187 – 188°. Bei 140 – 160°/25 Torr sublimierbar.

Pyrido[3,4-*b*]pyrazin-8-ylamin $C_7H_6N_4$, Formel X.

B. Aus Pyridin-3,4,5-triyltriamin und Glyoxal (*Israel, Day,* J. org. Chem. **24** [1959] 1455, 1459).

Orangefarbene Kristalle (aus PAe.); F: 149 – 150°.

Amine $C_8H_8N_4$

5-Phenyl-1*H*-[1,2,3]triazol-4-ylamin $C_8H_8N_4$, Formel XI und Taut.

B. Aus *N*-[5-Phenyl-1*H*-[1,2,3]triazol-4-yl]-acetamid oder aus *N*-[5-Phenyl-1*H*-[1,2,3]triazol-4-yl]-benzamid beim Erhitzen mit wss. HCl bzw. mit wss.-äthanol. HCl (*Ruccia, Spinelli,* G. **89** [1959] 1654, 1662, 1665).

Kristalle (aus $CHCl_3$); F: 125°.

3-Äthyl-5-phenyl-3*H*-[1,2,3]triazol-4-ylamin $C_{10}H_{12}N_4$, Formel XII (R = C_2H_5).

B. Beim Behandeln von Phenylacetonitril mit Äthylazid und äthanol. Natriumäthylat (*Lieber*

et al., J. org. Chem. **22** [1957] 654, 661).
Kristalle (aus Bzl.); F: 111−112° [korr.].

3-Hexyl-5-phenyl-3*H*-[1,2,3]triazol-4-ylamin $C_{14}H_{20}N_4$, Formel XII (R = $[CH_2]_5$-CH_3).
B. Beim Behandeln von Hexylazid mit Phenylacetonitril und Kalium-*tert*-butylat in THF
(*Lieber et al.*, J. org. Chem. **24** [1959] 134).
Kristalle (aus Bzl.); F: 87−88°.

IX X XI XII XIII

3,5-Diphenyl-3*H*-[1,2,3]triazol-4-ylamin $C_{14}H_{12}N_4$, Formel XIII (X = X' = X'' = H)
(H 167; E I 45).
B. Aus Azidobenzol und Phenylacetonitril mit Hilfe von Natriummethylat (*Lieber et al.*,
Org. Synth. Coll. Vol. IV [1963] 380; J. org. Chem. **22** [1957] 654, 656).
Kristalle; F: 179° (*Ramart-Lucas, Hoch*, Bl. **1949** 447, 454), 169−171° [aus Bzl.] (*Li. et al.*,
Org. Synth. Coll. Vol. IV 380). IR-Banden (Nujol oder KBr; 1300−960 cm⁻¹): *Lieber et al.*,
Canad. J. Chem. **36** [1958] 1441. UV-Spektrum (A.; 240−320 nm): *Ra.-Lu., Hoch*.
Geschwindigkeitskonstante der Isomerisierung zu Phenyl-[5-phenyl-1*H*-[1,2,3]triazol-4-yl]-
amin in Äthylenglykol bei 133°, 150° und 159°: *Lieber et al.*, Am. Soc. **79** [1957] 5962, 5964;
Gleichgewichtskonstante dieses Reaktionssystems bei 184−185°: *Li. et al.*, J. org. Chem. **22**
659; in Äthylenglykol bei 133°, 150°, 159° und 185°: *Li. et al.*, Am. Soc. **79** 5964; relative
Geschwindigkeit der Isomerisierung in Pyridin bei Siedetemperatur: *Li. et al.*, J. org. Chem.
22 659.

Die folgenden Verbindungen sind in analoger Weise hergestellt worden:
3-[2-Chlor-phenyl]-5-phenyl-3*H*-[1,2,3]triazol-4-ylamin $C_{14}H_{11}ClN_4$, Formel XIII
(X = Cl, X' = X'' = H). Kristalle (aus Toluol); F: 116−117° [korr.] (*Li. et al.*, J. org. Chem.
22 656).
3-[3-Chlor-phenyl]-5-phenyl-3*H*-[1,2,3]triazol-4-ylamin $C_{14}H_{11}ClN_4$, Formel XIII
(X = X'' = H, X' = Cl). Kristalle (aus Me.); F: 152° [korr.] (*Li. et al.*, J. org. Chem. **22**
656). − Geschwindigkeitskonstante der Isomerisierung zu [3-Chlor-phenyl]-[5-phenyl-1*H*-
[1,2,3]triazol-4-yl]-amin in Äthylenglykol bei 128°, 133°, 150° und 159°: *Li. et al.*, Am. Soc.
79 5964; Gleichgewichtskonstante dieses Reaktionssystems bei 184−185°: *Li. et al.*, J. org.
Chem. **22** 659; in Äthylenglykol bei 133°, 150°, 159° und 185°: *Li. et al.*, Am. Soc. **79** 5964.
3-[4-Chlor-phenyl]-5-phenyl-3*H*-[1,2,3]triazol-4-ylamin $C_{14}H_{11}ClN_4$, Formel XIII
(X = X' = H, X'' = Cl). Kristalle (aus Bzl.); F: 187−188° [korr.] (*Li. et al.*, J. org. Chem.
22 656). − Gleichgewichtskonstante des Reaktionssystems mit [4-Chlor-phenyl]-[5-phenyl-1*H*-
[1,2,3]triazol-4-yl]-amin bei 184−185°: *Li. et al.*, J. org. Chem. **22** 659.
3-[4-Brom-phenyl]-5-phenyl-3*H*-[1,2,3]triazol-4-ylamin $C_{14}H_{11}BrN_4$, Formel XIII
(X = X' = H, X'' = Br). Kristalle (aus Bzl.); F: 188−189° [korr.] (*Li. et al.*, J. org. Chem.
22 656). IR-Banden (Nujol oder KBr; 1280−970 cm⁻¹): *Lieber et al.*, Canad. J. Chem. **36**
[1958] 1441. − Gleichgewichtskonstante des Reaktionssystems mit [4-Brom-phenyl]-[5-phenyl-
1*H*-[1,2,3]triazol-4-yl]-amin bei 184−185°: *Li. et al.*, J. org. Chem. **22** 659.
3-[3-Nitro-phenyl]-5-phenyl-3*H*-[1,2,3]triazol-4-ylamin $C_{14}H_{11}N_5O_2$, Formel XIII
(X = X'' = H, X' = NO₂). Kristalle (aus E.); F: 171−172° [korr.] (*Li. et al.*, J. org. Chem.
22 656). λ_{max} (A.): 243 nm (*Lieber et al.*, Spectrochim. Acta **10** [1958] 250, 253). − Gleichge⸗
wichtskonstante des Reaktionssystems mit [3-Nitro-phenyl]-[5-phenyl-1*H*-[1,2,3]triazol-4-yl]-
amin bei 184−185°: *Li. et al.*, J. org. Chem. **22** 659.
3-[4-Nitro-phenyl]-5-phenyl-3*H*-[1,2,3]triazol-4-ylamin $C_{14}H_{11}N_5O_2$, Formel XIII
(X = X' = H, X'' = NO₂) (E II 92). Kristalle (aus E.); F: 182−183° [korr.] (*Li. et al.*, J.

org. Chem. **22** 656). UV-Spektrum (A.; 240 – 320 nm): *Li. et al.*, Spectrochim. Acta **10** 252. – Geschwindigkeitskonstante der Isomerisierung zu [4-Nitro-phenyl]-[5-phenyl-1*H*-[1,2,3]tri≠ azol-4-yl]-amin in Äthylenglykol bei 128°, 133° und 150°: *Li. et al.*, Am. Soc. **79** 5964; Gleichge≠ wichtskonstante dieses Reaktionssystems bei 184 – 185°: *Li. et al.*, J. org. Chem. **22** 659; in Äthylenglykol bei 133°, 150°, 159° und 185°: *Li. et al.*, Am. Soc. **79** 5964; in wss. DMF, Äthanol, Aceton, Äthylacetat und Benzol, jeweils bei Siedetemperatur: *Li. et al.*, J. org. Chem. **22** 661; relative Geschwindigkeit der Isomerisierung in Pyridin bei Siedetemperatur: *Li. et al.*, J. org. Chem. **22** 659.

2,5-Diphenyl-2*H*-[1,2,3]triazol-4-ylamin $C_{14}H_{12}N_4$, Formel XIV.

B. Beim Erhitzen von *N*-[2,5-Diphenyl-2*H*-[1,2,3]triazol-4-yl]-acetamid (*Ruccia, Spinelli*, G. **89** [1959] 1654, 1660) oder von *N*-[2,5-Diphenyl-2*H*-[1,2,3]triazol-4-yl]-benzamid (*Gramantieri*, G. **65** [1935] 102, 105) mit wss. HCl.

Kristalle; F: 83 – 84° [aus wss. A. oder wss. Eg.] (*Gr.*), 83° [aus wss. A.] (*Ru., Sp.*).

4-Anilino-5-phenyl-1*H*-[1,2,3]triazol, Phenyl-[5-phenyl-1*H*-[1,2,3]triazol-4-yl]-amin $C_{14}H_{12}N_4$, Formel XV (X = X′ = X″ = H) und Taut. (H 167; E I 45).

B. Beim Erhitzen [24 h] von 3,5-Diphenyl-3*H*-[1,2,3]triazol-4-ylamin in Pyridin (*Lieber et al.*, Org. Synth. Coll. Vol. IV [1963] 380; J. org. Chem. **22** [1957] 654, 658, 661).

Kristalle (aus wss. A.); F: 167 – 169° (*Li. et al.*, Org. Synth. Coll. Vol. IV 380), 167 – 168° [korr.] (*Li. et al.*, J. org. Chem. **22** 658). λ_{max} (A.): 240 nm (*Lieber et al.*, Spectrochim. Acta **10** [1958] 250, 254). Scheinbarer Dissoziationsexponent pK_a' (wss. A. [18%ig]; spektrophotome≠ trisch ermittelt): 7,58 (*Lieber et al.*, J. org. Chem. **23** [1958] 1916).

Geschwindigkeitskonstante der Isomerisierung zu 3,5-Diphenyl-3*H*-[1,2,3]triazol-4-ylamin in Äthylenglykol bei 133°: *Lieber et al.*, Am. Soc. **79** [1957] 5962, 5964; Gleichgewichtskonstante dieses Reaktionssystems bei 184 – 185°: *Li. et al.*, J. org. Chem. **22** 659; in Äthylenglykol bei 133°, 150°, 159° und 185°: *Li. et al.*, Am. Soc. **79** 5964.

Die folgenden Verbindungen sind in analoger Weise hergestellt worden:

[2-Chlor-phenyl]-[5-phenyl-1*H*-[1,2,3]triazol-4-yl]-amin $C_{14}H_{11}ClN_4$, Formel XV (X = Cl, X′ = X″ = H) und Taut. Kristalle (aus Toluol); F: 134 – 135° [korr.] (*Li. et al.*, J. org. Chem. **22** 658).

[3-Chlor-phenyl]-[5-phenyl-1*H*-[1,2,3]triazol-4-yl]-amin $C_{14}H_{11}ClN_4$, Formel XV (X = X″ = H, X′ = Cl) und Taut. Kristalle (aus Bzl.); F: 166 – 167° [korr.] (*Li. et al.*, J. org. Chem. **22** 658). λ_{max} (A.): 245 nm (*Lieber et al.*, Spectrochim. Acta **10** [1958] 250, 254). Scheinbarer Dissoziationsexponent pK_a': 7,55 [H_2O umgerechnet aus DMF]; potentiometrisch ermittelt] bzw. 7,23 [wss. A. (18%ig); spektrophotometrisch ermittelt] (*Lieber et al.*, J. org. Chem. **23** [1958] 1916). – Geschwindigkeitskonstante der Isomerisierung zu 3-[3-Chlor-phenyl]- 5-phenyl-3*H*-[1,2,3]triazol-4-ylamin in Äthylenglykol bei 150° und 159°: *Lieber et al.*, Am. Soc. **79** [1957] 5962, 5964; Gleichgewichtskonstante dieses Reaktionssystems bei 184 – 185°: *Li. et al.*, J. org. Chem. **22** 659; in Äthylenglykol bei 133°, 150°, 159° und 185°: *Li. et al.*, Am. Soc. **79** 5964.

[4-Chlor-phenyl]-[5-phenyl-1*H*-[1,2,3]triazol-4-yl]-amin $C_{14}H_{11}ClN_4$, Formel XV (X = X′ = H, X″ = Cl) und Taut. Kristalle (aus wss. A.); F: 158 – 159° [korr.] (*Li. et al.*, J. org. Chem. **22** 658). λ_{max} (A.): 245 nm (*Li. et al.*, Spectrochim. Acta **10** 254). Scheinbarer Dissoziationsexponent pK_a' (H_2O [umgerechnet aus DMF]; potentiometrisch ermittelt): 7,80 (*Li. et al.*, J. org. Chem. **23** 1916). – Gleichgewichtskonstante des Reaktionssystems mit 3-[4- Chlor-phenyl]-5-phenyl-3*H*-[1,2,3]triazol-4-ylamin bei 184 – 185°: *Li. et al.*, J. org. Chem. **22** 659.

[4-Brom-phenyl]-[5-phenyl-1*H*-[1,2,3]triazol-4-yl]-amin $C_{14}H_{11}BrN_4$, Formel XV (X = X′ = H, X″ = Br) und Taut. Kristalle (aus A.); F: 174 – 175° [korr.] (*Li. et al.*, J. org. Chem. **22** 658). UV-Spektrum (A.; 230 – 320 nm): *Li. et al.*, Spectrochim. Acta **10** 255. – Gleichgewichtskonstante des Reaktionssystems mit 3-[4-Brom-phenyl]-5-phenyl-3*H*- [1,2,3]triazol-4-ylamin bei 184 – 185°: *Li. et al.*, J. org. Chem. **22** 659.

[3-Nitro-phenyl]-[5-phenyl-1*H*-[1,2,3]triazol-4-yl]-amin $C_{14}H_{11}N_5O_2$, Formel XV (X = X″ = H, X′ = NO_2) und Taut. Dunkelgelbe Kristalle (aus Ae. + PAe. oder Ae. + Hexan);

F: 136–137° [korr.] (*Li. et al.*, J. org. Chem. **22** 658, 661). λ_{max} (A.): 259 nm und 370 nm (*Li. et al.*, Spectrochim. Acta **10** 254). Scheinbarer Dissoziationsexponent pK'_a (H_2O [umgerechʐ net aus DMF]; potentiometrisch ermittelt): 6,80 (*Li. et al.*, J. org. Chem. **23** 1916). – Gleichgeʐ wichtskonstante des Reaktionssystems mit 3-[3-Nitro-phenyl]-5-phenyl-3*H*-[1,2,3]triazol-4-ylʐ amin bei 184–185°: *Li. et al.*, J. org. Chem. **22** 659.

[4-Nitro-phenyl]-[5-phenyl-1*H*-[1,2,3]triazol-4-yl]-amin $C_{14}H_{11}N_5O_2$, Formel XV (X = X′ = H, X″ = NO_2) und Taut. (E II 92). Kristalle (aus Ae.); F: 164–165° [korr.] (*Li. et al.*, J. org. Chem. **22** 658). UV-Spektrum (A.; 230–390 nm): *Li. et al.*, Spectrochim. Acta **10** 255. Scheinbarer Dissoziationsexponent pK'_a: 6,70 [H_2O (umgerechnet aus DMF); potentioʐ metrisch ermittelt] bzw. 6,60 [wss. A. (18%ig); spektrophotometrisch ermittelt] (*Li. et al.*, J. org. Chem. **23** 1916). – Gleichgewichtskonstante des Reaktionssystems mit 3-[4-Nitro-phenyl]-5-phenyl-3*H*-[1,2,3]triazol-4-ylamin bei 184–185°: *Li. et al.*, J. org. Chem. **22** 659; in Äthylenʐ glykol bei 133°, 150°, 159° und 185°: *Li. et al.*, Am. Soc. **79** 5964; in wss. DMF, Äthanol, Aceton, Äthylacetat und Benzol, jeweils bei Siedetemperatur: *Li. et al.*, J. org. Chem. **22** 661.

5-Phenyl-3-*o*-tolyl-3*H*-[1,2,3]triazol-4-ylamin $C_{15}H_{14}N_4$, Formel XIII (X = CH_3, X′ = X″ = H).

B. Aus 2-Azido-toluol und Phenylacetonitril mit Hilfe von Natriummethylat (*Lieber et al.*, J. org. Chem. **22** [1957] 654, 656, 660).
Kristalle (aus Bzl.); F: 116–117° [korr.].

4-Phenyl-5-*o*-toluidino-1*H*-[1,2,3]triazol, [5-Phenyl-1*H*-[1,2,3]triazol-4-yl]-*o*-tolyl-amin $C_{15}H_{14}N_4$, Formel XV (X = CH_3, X′ = X″ = H) und Taut.

B. Aus der vorangehenden Verbindung beim Erhitzen in Pyridin (*Lieber et al.*, J. org. Chem. **22** [1957] 654, 658, 661).
Kristalle (aus Toluol); F: 98–99°.

5-Phenyl-3-*m*-tolyl-3*H*-[1,2,3]triazol-4-ylamin $C_{15}H_{14}N_4$, Formel XIII (X = X″ = H, X′ = CH_3).

B. Aus 3-Azido-toluol und Phenylacetonitril mit Hilfe von Natriummethylat (*Lieber et al.*, J. org. Chem. **22** [1957] 654, 656).
Kristalle (aus E.); F: 143–144° [korr.].
Gleichgewichtskonstante des Reaktionssystems mit der folgenden Verbindung bei 184–185°: *Li. et al.*, l. c. S. 659.

XIV   XV   XVI   XVII

4-Phenyl-5-*m*-toluidino-1*H*-[1,2,3]triazol, [5-Phenyl-1*H*-[1,2,3]triazol-4-yl]-*m*-tolyl-amin $C_{15}H_{14}N_4$, Formel XV (X = X″ = H, X′ = CH_3) und Taut.

B. Aus der vorangehenden Verbindung beim Erhitzen in Pyridin (*Lieber et al.*, J. org. Chem. **22** [1957] 654, 661).
Kristalle (aus Bzl.); F: 168–169° [korr.] (*Li. et al.*, J. org. Chem. **22** 658). Scheinbarer Dissoziationsexponent pK'_a (H_2O [umgerechnet aus DMF]; potentiometrisch ermittelt): 7,86 (*Lieber et al.*, J. org. Chem. **23** [1958] 1916).
Gleichgewichtskonstante des Reaktionssystems mit der vorangehenden Verbindung bei 184–185°: *Li. et al.*, J. org. Chem. **22** 659.

5-Phenyl-3-*p*-tolyl-3*H*-[1,2,3]triazol-4-ylamin $C_{15}H_{14}N_4$, Formel XIII (X = X′ = H, X″ = CH_3).

B. Aus 4-Azido-toluol und Phenylacetonitril mit Hilfe von Natriummethylat (*Lieber et al.*,

J. org. Chem. **22** [1957] 654, 656).

Kristalle (aus Me.); F: 175—176° [korr.] (*Li. et al.*, J. org. Chem. **22** 656). λ_{max} (A.): 265 nm (*Lieber et al.*, Spectrochim. Acta **10** [1958] 250, 253).

Geschwindigkeitskonstante der Isomerisierung zu der folgenden Verbindung in Äthylenglykol bei 133°, 150° und 159°: *Lieber et al.*, Am. Soc. **79** [1957] 5962, 5964; Gleichgewichtskonstante dieses Reaktionssystems bei 184—185°: *Li. et al.*, J. org. Chem. **22** 659; in Äthylenglykol bei 133°, 150°, 159° und 185°: *Li. et al.*, Am. Soc. **79** 5964.

4-Phenyl-5-*p*-toluidino-1*H*-[1,2,3]triazol, [5-Phenyl-1*H*-[1,2,3]triazol-4-yl]-*p*-tolyl-amin $C_{15}H_{14}N_4$, Formel XV (X = X' = H, X'' = CH_3) und Taut.

B. Aus der vorangehenden Verbindung beim Erhitzen in Pyridin (*Lieber et al.*, J. org. Chem. **22** [1957] 654, 661).

Kristalle (aus Bzl.); F: 158—159° [korr.] (*Li. et al.*, J. org. Chem. **22** 658). IR-Banden (Nujol oder KBr; 1290—910 cm^{-1}): *Lieber et al.*, Canad. J. Chem. **36** [1958] 1441. λ_{max} (A.): 240 nm (*Lieber et al.*, Spectrochim. Acta. **10** [1958] 250, 254). Scheinbarer Dissoziationsexponent pK_a': 7,94 [H_2O (umgerechnet aus DMF); potentiometrisch ermittelt] bzw. 7,72 [wss. A. (18%ig); spektrophotometrisch ermittelt] (*Lieber et al.*, J. org. Chem. **23** [1958] 1916).

Geschwindigkeitskonstante der Isomerisierung zu der vorangehenden Verbindung in Äthylen= glykol bei 133°, 150° und 159°: *Lieber et al.*, Am. Soc. **79** [1957] 5962, 5964; Gleichgewichtskon= stante dieses Reaktionssystems bei 184—185°: *Li. et al.*, J. org. Chem. **22** 659; in Äthylenglykol bei 133°, 150°, 159° und 185°: *Li. et al.*, Am. Soc. **79** 5964.

3-Benzyl-5-phenyl-3*H*-[1,2,3]triazol-4-ylamin $C_{15}H_{14}N_4$, Formel XVI (R = CH_2-C_6H_5).

B. Aus Benzylazid und Phenylacetonitril mit Hilfe von Kalium-*tert*-butylat in THF (*Lieber et al.*, J. org. Chem. **24** [1959] 134).

Kristalle (aus Bzl.); F: 157—158° [korr.] (*Lieber et al.*, J. org. Chem. **22** [1957] 654, 656), 156—156,5° (*Li. et al.*, J. org. Chem. **24** 135). IR-Banden (Nujol oder KBr; 1300—990 cm^{-1}): *Lieber et al.*, Canad. J. Chem. **36** [1958] 1441. UV-Spektrum (A.; 240—320 nm): *Lieber et al.*, Spectrochim. Acta **10** [1958] 250, 252.

Geschwindigkeitskonstante der Isomerisierung zu der folgenden Verbindung in Äthylenglykol bei 133°, 150° und 159°: *Lieber et al.*, Am. Soc. **79** [1957] 5962, 5964; Gleichgewichtskonstante dieses Reaktionssystems bei 184—185°: *Li. et al.*, J. org. Chem. **22** 659; in Äthylenglykol bei 133°, 150°, 159° und 185°: *Li. et al.*, Am. Soc. **79** 5964; relative Geschwindigkeit der Isomerisierung in Pyridin bei Siedetemperatur: *Li. et al.*, J. org. Chem. **22** 659.

4-Benzylamino-5-phenyl-1*H*-[1,2,3]triazol, Benzyl-[5-phenyl-1*H*-[1,2,3]triazol-4-yl]-amin $C_{15}H_{14}N_4$, Formel XVII (R = CH_2-C_6H_5) und Taut.

B. Aus der vorangehenden Verbindung beim Erhitzen in 4-Methyl-pyridin (*Lieber et al.*, J. org. Chem. **22** [1957] 654, 661).

Kristalle (aus Ae.); F: 121—122° [korr.] (*Li. et al.*, J. org. Chem. **22** 658). λ_{max} (A.): 285 nm (*Lieber et al.*, Spectrochim. Acta **10** [1958] 250, 254).

Geschwindigkeitskonstante der Isomerisierung zu der vorangehenden Verbindung in Äthylen= glykol bei 128°, 133° und 159°: *Lieber et al.*, Am. Soc. **79** [1957] 5962, 5964; Gleichgewichtskon= stante dieses Reaktionssystems bei 184—185°: *Li. et al.*, J. org. Chem. **22** 659; in Äthylenglykol bei 133°, 150°, 159° und 185°: *Li. et al.*, Am. Soc. **79** 5964.

3-[2]Naphthyl-5-phenyl-3*H*-[1,2,3]triazol-4-ylamin $C_{18}H_{14}N_4$, Formel XVI (R = $C_{10}H_7$).

B. Aus 2-Azido-naphthalin und Phenylacetonitril mit Hilfe von Natriummethylat (*Lieber et al.*, J. org. Chem. **22** [1957] 654, 656).

Kristalle (aus E.); F: 184—185° [korr.].

Gleichgewichtskonstante des Reaktionssystems mit der folgenden Verbindung bei 184—185°: *Li. et al.*, l. c. S. 659.

4-[2]Naphthylamino-5-phenyl-1*H*-[1,2,3]triazol, [2]Naphthyl-[5-phenyl-1*H*-[1,2,3]triazol-4-yl]-amin $C_{18}H_{14}N_4$, Formel XVII (R = $C_{10}H_7$) und Taut.

B. Aus der vorangehenden Verbindung beim Erhitzen in Pyridin (*Lieber et al.*, J. org. Chem.

22 [1957] 654, 658, 661).

Kristalle (aus wss. A.); F: 214—215° [korr.].

Gleichgewichtskonstante des Reaktionssystems mit der vorangehenden Verbindung bei 184—185°: *Li. et al.*, l. c. S. 659.

3-[4-Methoxy-phenyl]-5-phenyl-3*H*-[1,2,3]triazol-4-ylamin $C_{15}H_{14}N_4O$, Formel XVI (R = C_6H_4-O-CH$_3$).

B. Aus 4-Azido-anisol und Phenylacetonitril mit Hilfe von Natriummethylat (*Lieber et al.*, J. org. Chem. **22** [1957] 654, 656).

Kristalle (aus E.); F: 163—164° [korr.] (*Li. et al.*, J. org. Chem. **22** 656). λ_{max} (A.): 260 nm (*Lieber et al.*, Spectrochim. Acta **10** [1958] 250, 253).

Geschwindigkeitskonstante der Isomerisierung zu der folgenden Verbindung in Äthylenglykol bei 133°, 150° und 159°: *Lieber et al.*, Am. Soc. **79** [1957] 5962, 5964; Gleichgewichtskonstante dieses Reaktionssystems bei 184—185°: *Li. et al.*, J. org. Chem. **22** 659; in Äthylenglykol bei 133°, 150°, 159° und 185°: *Li. et al.*, Am. Soc. **79** 5964; relative Geschwindigkeit der Isomerisierung in Pyridin bei Siedetemperatur: *Li. et al.*, J. org. Chem. **22** 659.

4-*p*-Anisidino-5-phenyl-1*H*-[1,2,3]triazol, [4-Methoxy-phenyl]-[5-phenyl-1*H*-[1,2,3]triazol-4-yl]-amin $C_{15}H_{14}N_4O$, Formel XVII (R = C_6H_4-O-CH$_3$) und Taut.

B. Aus der vorangehenden Verbindung beim Erhitzen in 4-Methyl-pyridin (*Lieber et al.*, J. org. Chem. **22** [1957] 654, 661).

Kristalle (aus Toluol); F: 134—135° [korr.] (*Li. et al.*, J. org. Chem. **22** 658). λ_{max} (A.): 240 nm (*Lieber et al.*, Spectrochim. Acta **10** [1958] 250, 254). Scheinbarer Dissoziationsexponent pK'_a: 8,20 [H$_2$O (umgerechnet aus DMF); potentiometrisch ermittelt] bzw. 7,91 [wss. A. (18%ig); spektrophotometrisch ermittelt] (*Lieber et al.*, J. org. Chem. **23** [1958] 1916).

Geschwindigkeitskonstante der Isomerisierung zu der vorangehenden Verbindung in Äthylen‍glykol bei 150°: *Lieber et al.*, Am. Soc. **79** [1957] 5962, 5964; Gleichgewichtskonstante dieses Reaktionssystems bei 184—185°: *Li. et al.*, J. org. Chem. **22** 659; in Äthylenglykol bei 133°, 150°, 159° und 185°: *Li. et al.*, Am. Soc. **79** 5964.

*Benzyliden-[2,5-diphenyl-2*H*-[1,2,3]triazol-4-yl]-amin, Benzaldehyd-[2,5-diphenyl-2*H*-[1,2,3]triazol-4-ylimin] $C_{21}H_{16}N_4$, Formel I.

B. Aus 2,5-Diphenyl-2*H*-[1,2,3]triazol-4-ylamin und Benzaldehyd in wss.-äthanol. HCl (*Gra‍mantieri*, G. **65** [1935] 102, 105; *Ruccia, Spinelli*, G. **89** [1959] 1654, 1660).

Kristalle; F: 127° (*Ru., Sp.*), 126—127° [aus A.] (*Gr.*).

4-Formylamino-2,5-diphenyl-2*H*-[1,2,3]triazol, *N*-[2,5-Diphenyl-2*H*-[1,2,3]triazol-4-yl]-formamid $C_{15}H_{12}N_4O$, Formel II (R = X = H).

B. Beim Erhitzen von [1,2,4]Oxadiazol-3-yl-phenyl-keton-phenylhydrazon auf ca. 210° (*Ruc‍cia, Spinelli*, G. **89** [1959] 1654, 1667).

Kristalle (aus A.); F: 178°.

4-Acetylamino-5-phenyl-1*H*-[1,2,3]triazol, *N*-[5-Phenyl-1*H*-[1,2,3]triazol-4-yl]-acetamid $C_{10}H_{10}N_4O$, Formel III (R = CH$_3$) und Taut.

B. Aus [5-Methyl-[1,2,4]oxadiazol-3-yl]-phenyl-keton-hydrazon beim Erhitzen auf ca. 145° oder beim Erwärmen mit wss.-äthanol. KOH (*Ruccia, Spinelli*, G. **89** [1959] 1654, 1665, 1666). Beim Erwärmen von [5-Methyl-[1,2,4]oxadiazol-3-yl]-phenyl-keton-semicarbazon mit wss.-äth‍anol. KOH (*Ru., Sp.*, l. c. S. 1667).

Kristalle (aus H$_2$O); F: 225°.

I   II   III

4-Acetylamino-2,5-diphenyl-2*H*-[1,2,3]triazol, *N*-[2,5-Diphenyl-2*H*-[1,2,3]triazol-4-yl]-acetamid $C_{16}H_{14}N_4O$, Formel II (R = CH_3, X = H).

B. Aus [5-Methyl-[1,2,4]oxadiazol-3-yl]-phenyl-keton-phenylhydrazon beim Erhitzen auf ca. 200° oder beim Behandeln mit wss.-äthanol. KOH (*Ruccia, Spinelli*, G. **89** [1959] 1654, 1664). Aus 2,5-Diphenyl-2*H*-[1,2,3]triazol-4-ylamin und Acetanhydrid (*Ru., Sp.*).

Kristalle (aus A. oder PAe.); F: 182° (*Ru., Sp.*, l. c. S. 1660).

4-Benzoylamino-5-phenyl-1*H*-[1,2,3]triazol, *N*-[5-Phenyl-1*H*-[1,2,3]triazol-4-yl]-benzamid $C_{15}H_{12}N_4O$, Formel III (R = C_6H_5) und Taut.

B. Aus Phenyl-[5-phenyl-[1,2,4]oxadiazol-3-yl]-keton-hydrazon (bzw. -semicarbazon) beim Er‡ hitzen auf ca. 150° oder beim Erwärmen mit wss.-äthanol. KOH (*Ruccia, Spinelli*, G. **89** [1959] 1654, 1661, 1663).

Kristalle (aus A.); F: 190°.

4-Benzoylamino-2,5-diphenyl-2*H*-[1,2,3]triazol, *N*-[2,5-Diphenyl-2*H*-[1,2,3]triazol-4-yl]-benzamid $C_{21}H_{16}N_4O$, Formel II (R = C_6H_5, X = H).

B. Aus Phenyl-[5-phenyl-[1,2,4]oxadiazol-3-yl]-keton-phenylhydrazon beim Erhitzen auf ca. 200° (*Ruccia, Spinelli*, G. **89** [1959] 1654, 1660; *Gramantieri*, G. **65** [1935] 102, 105) oder beim Erwärmen mit Äthanol (*Gr.*), mit wss.-äthanol. HCl oder mit wss.-äthanol. KOH (*Ru., Sp.*).

Kristalle (aus A.); F: 191° (*Ru., Sp.*), 190° (*Gr.*).

4-Benzoylamino-2-[4-brom-phenyl]-5-phenyl-2*H*-[1,2,3]triazol, *N*-[2-(4-Brom-phenyl)-5-phenyl-2*H*-[1,2,3]triazol-4-yl]-benzamid $C_{21}H_{15}BrN_4O$, Formel II (R = C_6H_5, X = Br).

B. Aus Phenyl-[5-phenyl-[1,2,4]oxadiazol-3-yl]-keton-[4-brom-phenylhydrazon] beim Erhitzen auf 190−200° (*Gramantieri*, G. **65** [1935] 102, 106).

Kristalle (aus A.); F: 185°.

5-Phenyl-1*H*-[1,2,4]triazol-3-ylamin $C_8H_8N_4$, Formel IV (R = R' = R'' = H) und Taut. (E I 45).

B. Aus Aminoguanidin-sulfat beim Erhitzen mit Benzoesäure und wss. HBr (*Atkinson et al.*, Soc. **1954** 4508) oder mit Benzimidsäure-äthylester-hydrochlorid (*BASF*, D.B.P. 1073499 [1958]). Aus Aminoguanidin-nitrat beim Erhitzen mit Benzimidsäure-äthylester-hydrochlorid oder mit Thiobenzimidsäure-äthylester-hydrochlorid (*BASF*). Aus Benzoylamino-guanidin beim Erhitzen auf 220° oder beim Erwärmen mit äthanol. Natriumäthylat (*Hoggarth*, Soc. **1950** 612).

Kristalle; F: 188° [korr.; aus E.] (*At. et al.*), 187−188° [unkorr.] (*Kaiser, Peters*, J. org. Chem. **18** [1953] 196, 201).

Hydrochlorid (E I 45). Kristalle; Zers. bei 253−254° [unkorr.] (*Ka., Pe.*).

Nitrat $C_8H_8N_4 \cdot HNO_3$ (E I 45). Kristalle (aus H_2O); Zers. bei 208° (*BASF*; s. a. *Ka., Pe.*). F: 207° [korr.; Zers.] (*At. et al.*).

Picrat (E I 45). Kristalle (aus wss. A.); F: 219° [korr.] (*At. et al.*).

3-Dimethylamino-5-phenyl-1*H*-[1,2,4]triazol, Dimethyl-[5-phenyl-1*H*-[1,2,4]triazol-3-yl]-amin $C_{10}H_{12}N_4$, Formel IV (R = H, R' = R'' = CH_3) und Taut.

B. Als Hauptprodukt beim Erhitzen von 1-Benzoyl-*S*-methyl-isothiosemicarbazid mit Di‡ methylamin in Äthanol (*Hoggarth*, Soc. **1950** 1579, 1582).

Kristalle (aus wss. A.); F: 207−208°.

3-Anilino-5-phenyl-1*H*-[1,2,4]triazol, Phenyl-[5-phenyl-1*H*-[1,2,4]triazol-3-yl]-amin $C_{14}H_{12}N_4$, Formel IV (R = R'' = H, R' = C_6H_5) und Taut.

B. Beim Erhitzen von 5-Phenyl-[1,3,4]oxadiazol-2-ylamin (Konstitution: *Gehlen, Blankenstein*, A. **638** [1960] 136, 139) mit Anilin und wss. HCl (*Gehlen, Benatzky*, A. **615** [1958] 60, 66).

Kristalle (aus A.); F: 242° (*Ge., Be.*).

Beim Behandeln mit Brom in CCl_4 ist eine Dibrom-Verbindung $C_{14}H_{10}Br_2N_4$ (Kristalle [aus A.]; F: 257°) erhalten worden (*Ge., Be.*).

Hydrobromid $C_{14}H_{12}N_4 \cdot HBr$: *Ge., Be.*
Silber-Salz $AgC_{14}H_{11}N_4$: *Ge., Be.*

IV   V   VI

3-Anilino-1,5-diphenyl-1*H*-[1,2,4]triazol, [1,5-Diphenyl-1*H*-[1,2,4]triazol-3-yl]-phenyl-amin
$C_{20}H_{16}N_4$, Formel IV (R = R′ = C_6H_5, R″ = H) (H 169).
Diese Konstitution kommt wahrscheinlich auch der früher (H **26** 366) als 3,4,5-Triphenyl-2,3,5,6-tetraaza-bicyclo[2.1.1]hex-1-en („1.4.5-Triphenyl-3.5-endoimino-1.2.4-triazolin") formu=
lierten Verbindung zu (vgl. hierzu *Ollis, Ramsden*, J.C.S. Perkin I **1974** 638, 639, 640 sowie die Angaben im Artikel 3-Anilino-1,4-diphenyl-[1,2,4]triazolium-betain [E II **26** 76]).

3-Anilino-4,5-diphenyl-4*H*-[1,2,4]triazol, [4,5-Diphenyl-4*H*-[1,2,4]triazol-3-yl]-phenyl-amin
$C_{20}H_{16}N_4$, Formel V (H 171).
B. Beim Erhitzen von 1-Benzoyl-4-phenyl-thiosemicarbazid mit Anilin auf 200 – 220° (*Dymek,* Ann. Univ. Lublin [AA] **9** [1954] 61, 64; C. A. **1957** 5095).
Kristalle (aus A.); F: 210 – 212°.
Acetyl-Derivat $C_{22}H_{18}N_4O$; *N*-[4,5-Diphenyl-4*H*-[1,2,4]triazol-3-yl]-*N*-phenyl-acetamid. Kristalle (aus wss. A.); F: 148 – 150°.

3-Anilino-1,4,5-triphenyl-[1,2,4]triazolium-betain $C_{26}H_{20}N_4$, Formel VI.
Diese Konstitution kommt der früher (H **26** 366) als Tetraphenyl-2,3,5,6-tetraaza-bicyclo=[2.1.1]hex-1-en („1.4.5-Triphenyl-3.5-endoanilo-1.2.4-triazolin") formulierten Verbindung zu (*Ollis, Ramsden,* J.C.S. Perkin I **1974** 638, 639; vgl. auch die Angaben im Artikel 3-Anilino-1,4-diphenyl-[1,2,4]triazolium-betain [E II **26** 76]). Entsprechend ist die früher (H **26** 366) als „1-Ben=zyl-4.5-diphenyl-3.5-endoanilo-1.2.4-triazolin" bezeichnete Verbindung als 3-Anilino-1-ben=zyl-4,5-diphenyl-[1,2,4]triazolium-betain $C_{27}H_{22}N_4$ zu formulieren.
Dipolmoment bei 25°: 8,8 D [ε; Dioxan] bzw. 9,1 D [ε; Bzl.] (*Jensen, Friediger,* Danske Vid. Selsk. Math. fys. Medd. **20** Nr. 20 [1943] 24, 51).
Die früher (H **26** 366) beschriebenen Methohalogenide des 3-Anilino-1,4,5-triphenyl-[1,2,4]triazolium-betains (dort als „4-Methyl-1.4.5-triphenyl-3.5-endoanilo-1.2.4-triazolinium-chlorid und -jodid" formuliert) sind möglicherweise als 3-[*N*-Methyl-anilino]-1,4,5-tri=phenyl-[1,2,4]triazolium-salze $[C_{27}H_{23}N_4]Cl$ (bzw. I) zu formulieren.

1-Benzyl-5-phenyl-1*H*-[1,2,4]triazol-3-ylamin $C_{15}H_{14}N_4$, Formel IV (R = CH_2-C_6H_5, R′ = R″ = H).
Diese Konstitution kommt der von *Kaiser, Peters* (J. org. Chem. **18** [1953] 196, 200) als 4-Benzyl-5-phenyl-4*H*-[1,2,4]triazol-3-ylamin $C_{15}H_{14}N_4$ formulierten Verbindung zu (*van den Bos,* R. **79** [1960] 1129, 1132, 1133; *Davidson, Dhami,* Chem. and Ind. **1978** 92).
B. Beim Erhitzen von [1-Benzyl-5-phenyl-1*H*-[1,2,4]triazol-3-yl]-harnstoff mit wss. KOH (*Ka., Pe.*).
Kristalle (aus Me.); F: 137 – 138° [unkorr.] bzw. 140 – 141° [unkorr.; nach Trocknen im Vakuum] (*Ka., Pe.*).

2-[5-Phenyl-1*H*-[1,2,4]triazol-3-ylamino]-äthanol $C_{10}H_{12}N_4O$, Formel IV (R = R″ = H, R′ = CH_2-CH_2-OH) und Taut.
B. Beim Erhitzen von 5-Phenyl-[1,3,4]oxadiazol-2-ylamin (Konstitution: *Gehlen, Blankenstein,* A. **638** [1960] 136, 139) mit 2-Amino-äthanol (*Gehlen, Benatzky,* A. **615** [1958] 60, 68).
Kristalle (aus H_2O); F: 154° (*Ge., Be.*).
Diacetyl-Derivat $C_{14}H_{16}N_4O_3$. Kristalle (aus A.); F: 87° (*Ge., Be.*).
Dibenzoyl-Derivat $C_{24}H_{20}N_4O_3$. Kristalle (aus A.); F: 99° (*Ge., Be.*).

5-Phenyl-3-piperidino-1H-[1,2,4]triazol $C_{13}H_{16}N_4$, Formel VII und Taut.

B. Beim aufeinanderfolgenden Behandeln von Piperidin-1-thiocarbamid mit Dimethylsulfat und Benzoesäure-hydrazid (*Hoggarth*, Soc. **1950** 612).

Kristalle (aus wss. A.); F: 196—198°.

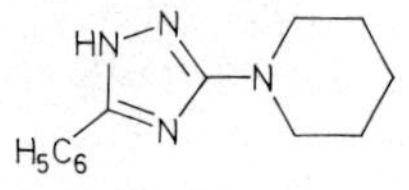

VII

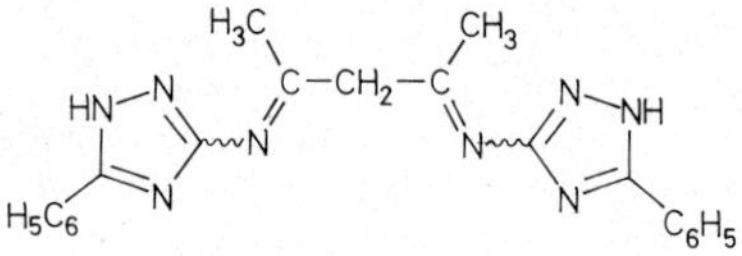

VIII

*****Pentan-2,4-dion-bis-[5-phenyl-1H-[1,2,4]triazol-3-ylimin](?)** $C_{21}H_{20}N_8$, vermutlich Formel VIII und Taut.

B. Aus 5-Phenyl-1H-[1,2,4]triazol-3-ylamin beim Erhitzen mit Pentan-2,4-dion in Äthanol und wenig Piperidin (*Bower, Doyle,* Soc. **1957** 727, 732).

Kristalle (aus Me.); F: 230° [korr.].

5-Benzoylamino-1-methyl-3-phenyl-1H-[1,2,4]triazol, N-[2-Methyl-5-phenyl-2H-[1,2,4]triazol-3-yl]-benzamid $C_{16}H_{14}N_4O$, Formel IX.

B. Beim Behandeln von N-Amino-N-methyl-guanidin mit Benzoylchlorid in wss. NaOH (*Atkinson et al.,* Soc. **1954** 4508).

Kristalle (aus Bzl.); F: 134° [korr.].

[5-Phenyl-1H-[1,2,4]triazol-3-yl]-carbamidsäure-butylester $C_{13}H_{16}N_4O_2$, Formel X (R = H, X = O-[CH$_2$]$_3$-CH$_3$) und Taut.

B. Aus [5-Phenyl-1H-[1,2,4]triazol-3-yl]-harnstoff und Butan-1-ol (*Kaiser, Peters,* J. org. Chem. **18** [1953] 196, 199).

Kristalle (aus Me.); F: 161—162° [unkorr.].

[5-Phenyl-1H-[1,2,4]triazol-3-yl]-carbamidsäure-[2-äthoxy-äthylester] $C_{13}H_{16}N_4O_3$, Formel X (R = H, X = O-CH$_2$-CH$_2$-O-C$_2$H$_5$) und Taut.

B. Aus [5-Phenyl-1H-[1,2,4]triazol-3-yl]-harnstoff und 2-Äthoxy-äthanol (*Kaiser, Peters,* J. org. Chem. **18** [1953] 196, 199).

Kristalle (aus A.); F: 149—150° [unkorr.].

[5-Phenyl-1H-[1,2,4]triazol-3-yl]-harnstoff $C_9H_9N_5O$, Formel X (R = H, X = NH$_2$) und Taut.

B. Beim Erhitzen von N-Benzoyl-N'-cyan-guanidin mit N_2H_4 in H_2O (*Kaiser, Peters,* J. org. Chem. **18** [1953] 196, 199).

Kristalle (aus wss. 2-Äthoxy-äthanol); F: 239—240° [unkorr.].

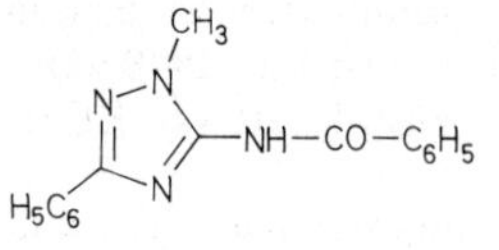

IX

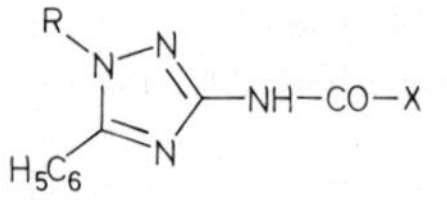

X

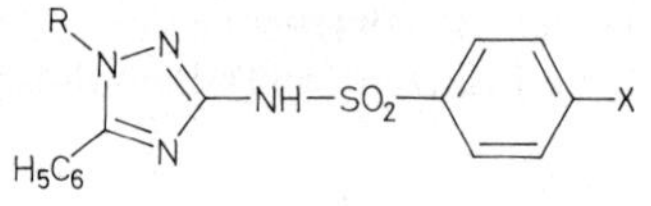

XI

[1(?)-Methyl-5-phenyl-1H-[1,2,4]triazol-3-yl]-harnstoff $C_{10}H_{11}N_5O$, vermutlich Formel X (R = CH$_3$, X = NH$_2$).

Bezüglich der Konstitution s. die im Artikel 1-Benzyl-5-phenyl-1H-[1,2,4]triazol-3-ylamin (S. 1137) zitierte Literatur.

B. Aus der vorangehenden Verbindung und Dimethylsulfat in wss. NaOH (*Kaiser, Peters,* J. org. Chem. **18** [1953] 196, 199).

Zers. bei 218—220° [aus wss. 2-Äthoxy-äthanol].

[1(?)-Benzyl-5-phenyl-1H-[1,2,4]triazol-3-yl]-harnstoff $C_{16}H_{15}N_5O$, vermutlich Formel X ($R = CH_2$-C_6H_5, $X = NH_2$).

Bezüglich der Konstitution s. die im Artikel 1-Benzyl-5-phenyl-1H-[1,2,4]triazol-3-ylamin (S. 1137) zitierte Literatur.

B. Aus [5-Phenyl-1H-[1,2,4]triazol-3-yl]-harnstoff und Benzylchlorid beim Erhitzen in wss. NaOH (*Kaiser, Peters,* J. org. Chem. **18** [1953] 196, 200).

Kristalle (aus Butan-1-ol); Zers. bei 234 – 235°.

[1(?)-Benzoyl-5-phenyl-1H-[1,2,4]triazol-3-yl]-harnstoff $C_{16}H_{13}N_5O_2$, vermutlich Formel X ($R = CO$-C_6H_5, $X = NH_2$).

Bezüglich der Konstitution s. *Coburn et al.,* J. heterocycl. Chem. **7** [1970] 1149.

B. Aus [5-Phenyl-1H-[1,2,4]triazol-3-yl]-harnstoff und Benzoylchlorid in Pyridin (*Kaiser, Pe=ters,* J. org. Chem. **18** [1953] 196, 200).

Kristalle (aus wss. 2-Äthoxy-äthanol); Zers. bei 216 – 218° (*Ka., Pe.*).

4-Chlor-benzolsulfonsäure-[5-phenyl-1H-[1,2,4]triazol-3-ylamid] $C_{14}H_{11}ClN_4O_2S$, Formel XI ($R = H, X = Cl$) und Taut.

B. Aus 5-Phenyl-1H-[1,2,4]triazol-3-ylamin und 4-Chlor-benzolsulfonylchlorid (*Hultquist et al.,* Am. Soc. **73** [1951] 2558, 2560).

Kristalle (aus wss. A.); F: 209 – 210°.

4-Hydroxy-benzolsulfonsäure-[5-phenyl-1H-[1,2,4]triazol-3-ylamid] $C_{14}H_{12}N_4O_3S$, Formel XI ($R = H, X = OH$) und Taut.

B. Aus 5-Phenyl-1H-[1,2,4]triazol-3-ylamin beim Behandeln mit 4-Acetoxy-benzolsulfonyl=chlorid in Pyridin und anschliessenden Erwärmen mit wss. NaOH (*Hultquist et al.,* Am. Soc. **73** [1951] 2558, 2560).

Feststoff mit 1 Mol H_2O; F: 149 – 151°.

3-Benzolsulfonylamino-1-benzyl-5-phenyl-1H-[1,2,4]triazol, N-[1-Benzyl-5-phenyl-1H-[1,2,4]tri=azol-3-yl]-benzolsulfonamid $C_{21}H_{18}N_4O_2S$, Formel XI ($R = CH_2$-C_6H_5, $X = H$).

B. Aus 1-Benzyl-5-phenyl-1H-[1,2,4]triazol-3-ylamin (S. 1137) und Benzolsulfonylchlorid in Pyridin (*Kaiser, Peters,* J. org. Chem. **18** [1953] 196, 200).

Kristalle (aus A.); F: 200 – 202° [unkorr.].

3,4-Diamino-5-phenyl-4H-[1,2,4]triazol, 5-Phenyl-[1,2,4]triazol-3,4-diyldiamin $C_8H_9N_5$, Formel XII ($R = X = H$).

B. Neben anderen Verbindungen beim Erhitzen von 1-Benzoyl-S-methyl-isothiosemicarbazid mit $N_2H_4 \cdot H_2O$ und Äthanol (*Hoggarth,* Soc. **1950** 1579, 1581).

Kristalle (aus H_2O oder A.); F: 226° (*Ho.,* l. c. S. 1581).

Benzoyl-Derivat $C_{15}H_{13}N_5O$. Kristalle (aus A.); F: 266° (*Hoggarth,* Soc. **1950** 614, 616).

N^3-Methyl-5-phenyl-[1,2,4]triazol-3,4-diyldiamin $C_9H_{11}N_5$, Formel XII ($R = CH_3, X = H$).

B. Neben anderen Verbindungen beim Erhitzen von 1-Benzoyl-4,S-dimethyl-isothiosemicarb=azid mit $N_2H_4 \cdot H_2O$ in Äthanol (*Hoggarth,* Soc. **1950** 1579, 1581).

Kristalle (aus E.); F: 222°.

5,N^3-Diphenyl-[1,2,4]triazol-3,4-diyldiamin $C_{14}H_{13}N_5$, Formel XII ($R = C_6H_5, X = H$).

B. Beim Erhitzen von 1-Benzoyl-4-phenyl-thiosemicarbazid mit $N_2H_4 \cdot H_2O$ in Äthanol (*Hog=garth,* Soc. **1950** 1579, 1581). Neben Phenyl-[5-phenyl-[1,3,4]oxadiazol-2-yl]-amin (Hauptpro=dukt) beim Erhitzen von 1-Benzoyl-S-methyl-4-phenyl-isothiosemicarbazid mit $N_2H_4 \cdot H_2O$ in Äthanol (*Ho.*).

Kristalle (aus 2-Äthoxy-äthanol); F: 288°.

*N^3,N^4-Dibenzyliden-5-phenyl-[1,2,4]triazol-3,4-diyldiamin $C_{22}H_{17}N_5$, Formel XIII ($X = H$).

B. Beim Erhitzen von 5-Phenyl-[1,2,4]triazol-3,4-diyldiamin mit Benzaldehyd und äthanol.

KOH (*Hoggarth*, Soc. **1950** 614, 616).
  Gelbe Kristalle (aus A.); F: 202–203°.

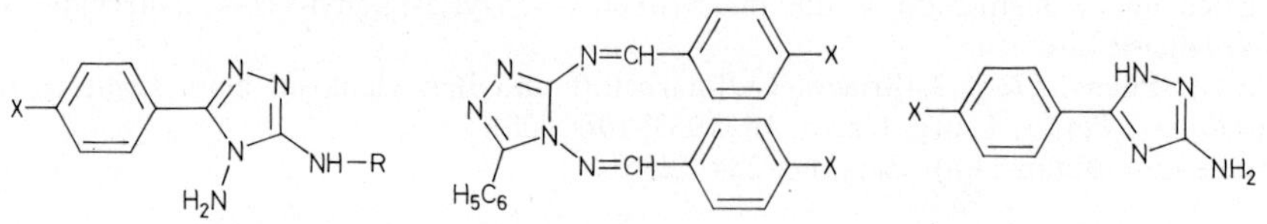

       XII   XIII   XIV

***N^3,N^4-Bis-[4-methoxy-benzyliden]-5-phenyl-[1,2,4]triazol-3,4-diyldiamin** $C_{24}H_{21}N_5O_2$,
Formel XIII (X = O-CH$_3$).
  B. Analog der vorangehenden Verbindung (*Hoggarth*, Soc. **1950** 614, 616).
  Gelbe Kristalle (aus A.); F: 165°.

5-[4-Chlor-phenyl]-1H-[1,2,4]triazol-3-ylamin $C_8H_7ClN_4$, Formel XIV (X = Cl) und Taut.
  B. Aus [4-Chlor-benzoylamino]-guanidin beim Erhitzen auf 220° (*Hoggarth*, Soc. **1950** 612).
  Kristalle (aus wss. A.); F: 227–229°.

5-[4-Chlor-phenyl]-[1,2,4]triazol-3,4-diyldiamin $C_8H_8ClN_5$, Formel XII (R = H, X = Cl).
  B. Neben anderen Verbindungen beim Erhitzen von 1-[4-Chlor-benzoyl]-*S*-methyl-isothio≠
semicarbazid mit $N_2H_4 \cdot H_2O$ in Äthanol (*Hoggarth*, Soc. **1950** 1579, 1581).
  Kristalle (aus H_2O); F: 236°.

5-[4-Nitro-phenyl]-1H-[1,2,4]triazol-3-ylamin $C_8H_7N_5O_2$, Formel XIV (X = NO$_2$) und Taut.
  B. Beim Erhitzen von Aminoguanidin-nitrat mit 4-Nitro-benzimidsäure-äthylester-hydrochlo≠
rid und Pyridin (*BASF*, D.B.P. 1073499 [1958]).
  Gelbe Kristalle; Zers. bei 273–275°.

5-Methyl-cycloheptatriazol-6-ylamin $C_8H_8N_4$, Formel I und Taut. (6-Imino-5-methyl-1,6-
dihydro-cycloheptatriazol, 5-Methyl-1H-cycloheptatriazol-6-on-imin).
  B. Aus 7-Imino-3-methyl-cyclohepta-1,3,5-trien-1,4-diyldiamin (erhalten aus 4-Methyl-5-
nitroso-tropolon) und NaNO$_2$ in Essigsäure (*Nozoe et al.*, Pr. Japan Acad. **30** [1954] 313,
316).
  Kristalle; F: >290°.
  Picrat $C_8H_8N_4 \cdot C_6H_3N_3O_7$. Gelbe Kristalle (aus wss. A.); F: 230,5° [Zers.].

3-Methyl-benzo[e][1,2,4]triazin-6-ylamin $C_8H_8N_4$, Formel II.
  B. Bei der Hydrierung von Essigsäure-[N'-(2,4-dinitro-phenyl)-hydrazid] an Palladium/Kohle
in Äthanol (*Abramovitch, Schofield*, Soc. **1955** 2326, 2334).
  Gelbe Kristalle; F: 265–266° [Zers.].

5-Methyl-benzo[e][1,2,4]triazin-3-ylamin $C_8H_8N_4$, Formel III (R = CH$_3$, R′ = H).
  B. Aus der folgenden Verbindung beim Erhitzen mit rotem Phosphor, Jod und Essigsäure
(*Merck & Co. Inc.*, U.S.P. 2489351 [1946]).
  Kristalle (aus A.); F: 207–208°.

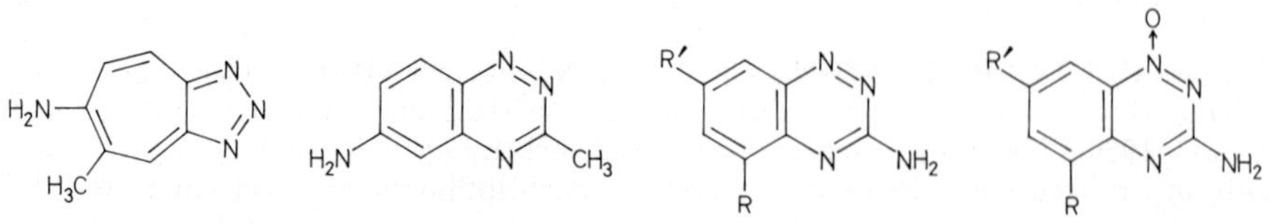

      I   II   III   IV

3-Amino-5-methyl-benzo[e][1,2,4]triazin-1-oxid, 5-Methyl-1-oxy-benzo[e][1,2,4]triazin-3-ylamin
$C_8H_8N_4O$, Formel IV (R = CH$_3$, R′ = H).
  B. Aus 2-Methyl-6-nitro-anilin beim aufeinanderfolgenden Erhitzen mit Cyanamid und konz.

wss. HCl und mit wss. KOH (*Wolf et al.*, Am. Soc. **76** [1954] 3551).
   F: 260°.

7-Methyl-benzo[*e*][1,2,4]triazin-3-ylamin $C_8H_8N_4$, Formel III (R = H, R' = CH$_3$).
   B. Aus der folgenden Verbindung beim Erhitzen mit rotem Phosphor, Jod und Essigsäure
(*Merck & Co. Inc.*, U.S.P. 2489351 [1946]).
   Kristalle (aus A.); F: 217−218°.

3-Amino-7-methyl-benzo[*e*][1,2,4]triazin-1-oxid, 7-Methyl-1-oxy-benzo[*e*][1,2,4]triazin-3-ylamin
$C_8H_8N_4O$, Formel IV (R = H, R' = CH$_3$).
   B. Aus 4-Methyl-2-nitro-anilin beim aufeinanderfolgenden Erhitzen mit Cyanamid und konz.
wss. HCl und mit wss. NaOH (*Wolf et al.*, Am. Soc. **76** [1954] 3551).
   F: 271°.

3-[3]Pyridyl-1(2)*H*-pyrazol-4-ylamin $C_8H_8N_4$, Formel V und Taut.
   Die von *Gough, King* (Soc. **1931** 2968; s. a. *Gough, King*, Soc. **1933** 350, *Weijlard*, Am.
Soc. **67** [1945] 1031) unter dieser Konstitution beschriebene Verbindung ist als 5-[3]Pyridyl-
1(2)*H*-pyrazol-3-ylamin (s. u.) zu formulieren (s. diesbezüglich *Lund*, Soc. **1933** 686; *Clemo,
Holmes*, Soc. **1934** 1739).
   B. Beim Erhitzen von 3-[5-Chlor-4-nitro-1(2)*H*-pyrazol-3-yl]-pyridin mit rotem Phosphor und
wss. HI (*Cl., Ho.*).
   Kristalle (aus A.); F: 176° (*Cl., Ho.*).
   Dipicrat $C_8H_8N_4 \cdot 2 C_6H_3N_3O_7$. Gelbe Kristalle (aus H$_2$O); F: 205° (*Cl., Ho.*).
   Acetyl-Derivat $C_{10}H_{10}N_4O$;   *N*-[3-[3]Pyridyl-1(2)*H*-pyrazol-4-yl]-acetamid.
Kristalle (aus A.); F: 183° (*Cl., Ho.*). − Dihydrochlorid $C_{10}H_{10}N_4O \cdot 2 HCl$. Kristalle
(aus A.); F: 254° (*Cl., Ho.*).

5-[3]Pyridyl-1(2)*H*-pyrazol-3-ylamin $C_8H_8N_4$, Formel VI (R = X = H) und Taut.
   Bezüglich der Konstitution s. die im vorangehenden Artikel zitierte Literatur.
   B. Aus 3-[5-Nitro-1(2)*H*-pyrazol-3-yl]-pyridin bei der Reduktion mit Zinn und wss. HCl
(*Gough, King*, Soc. **1931** 2968, 2971) oder mit Na$_2$S$_2$O$_4$ in wss. NaOH (*Lund*, Soc. **1933**
686).
   Dihydrochlorid $C_8H_8N_4 \cdot 2 HCl$. Kristalle; F: 300−302° (*Go., King*), 301° [aus H$_2$O]
(*Clemo, Holmes*, Soc. **1934** 1739).
   Dipicrat $C_8H_8N_4 \cdot 2 C_6H_3N_3O_7$. Kristalle (aus H$_2$O); F: 219−220° (*Go., King*), 219° (*Cl.,
Ho.*).
   Acetyl-Derivat $C_{10}H_{10}N_4O$;   *N*-[5-[3]Pyridyl-1(2)*H*-pyrazol-3-yl]-acetamid.
Kristalle (aus A.); F: 308−309° (*Cl., Ho.*), 308° (*Lund*).

[5-[3]Pyridyl-1(2)*H*-pyrazol-3-yl]-carbamidsäure-äthylester $C_{11}H_{12}N_4O_2$, Formel VI
(R = CO-O-C$_2$H$_5$, X = H) und Taut.
   Dihydrochlorid $C_{11}H_{12}N_4O_2 \cdot 2 HCl$. *B.* Aus 5-[3]Pyridyl-1(2)*H*-pyrazol-3-carbonsäure-
hydrazid über mehrere Stufen (*Clemo, Holmes*, Soc. **1934** 1739). − Kristalle mit 1 Mol Äthanol;
F: 302° [Äthanol-Abgabe bei 126°].

                    V   VI   VII   VIII

3-[3]Pyridyl-5-sulfanilyl-1(2)*H*-pyrazol, Sulfanilsäure-[5-[3]pyridyl-1(2)*H*-pyrazol-3-ylamid]
$C_{14}H_{13}N_5O_2S$, Formel VI (R = SO$_2$-C$_6$H$_4$-NH$_2$, X = H) und Taut.
   B. Aus dem Acetyl-Derivat (s. u.) mit Hilfe von wss. NaOH (*Veldstra, Wiardi*, R. **61** [1942]

627, 633).

Kristalle (aus H_2O) mit 1 Mol H_2O; F: 210° [unkorr.; H_2O-Abgabe bei 140°].

Acetyl-Derivat $C_{16}H_{15}N_5O_3S$; *N*-Acetyl-sulfanilsäure-[5-[3]pyridyl-1(2)*H*-pyr≤ azol-3-ylamid], Essigsäure-[4-(5-[3]pyridyl-1(2)*H*-pyrazol-3-ylsulfamoyl)-anilid]. Bezüglich der Konstitution s. die im Artikel 3-[3]Pyridyl-1(2)*H*-pyrazol-4-ylamin (s. o.) zitierte Literatur. — *B*. Beim Erwärmen von 5-[3]Pyridyl-1(2)*H*-pyrazol-3-ylamin mit *N*-Acetyl-sulf≤ anilylchlorid und Pyridin (*Ve., Wi.*). — F: 234—236° [unkorr.; Zers.].

4-Nitro-5-[3]pyridyl-1(2)*H*-pyrazol-3-ylamin $C_8H_7N_5O_2$, Formel VI (R = H, X = NO_2) und Taut.

B. Bei der Reduktion von 3-[4,5-Dinitro-1(2)*H*-pyrazol-3-yl]-pyridin mit H_2S (*Lund*, Soc. **1935** 418).

Kristalle (aus A.).

Hydrochlorid $C_8H_7N_5O_2 \cdot HCl$.

Acetyl-Derivat $C_{10}H_9N_5O_3$; *N*-[4-Nitro-5-[3]pyridyl-1(2)*H*-pyrazol-3-yl]-acet≤ amid. F: 175°.

6-Methyl-pyrido[3,2-*d*]pyrimidin-4-ylamin $C_8H_8N_4$, Formel VII (X = H).

B. Beim Erwärmen von 4-Amino-6-methyl-1*H*-pyrido[3,2-*d*]pyrimidin-2-thion mit Raney-Nickel in Äthanol und wss. NH_3 (*Oakes, Rydon*, Soc. **1956** 4433, 4437).

Kristalle (aus Bzl.+PAe.); F: 184°.

2-Chlor-6-methyl-pyrido[3,2-*d*]pyrimidin-4-ylamin $C_8H_7ClN_4$, Formel VII (X = Cl).

B. Aus 2,4-Dichlor-6-methyl-pyrido[3,2-*d*]pyrimidin und NH_3 (*Oakes, Rydon*, Soc. **1956** 4433, 4437).

Kristalle (aus Bzl.); F: 261°.

7-Methyl-pyrido[2,3-*d*]pyrimidin-4-ylamin $C_8H_8N_4$, Formel VIII.

B. Aus 2-Amino-6-methyl-nicotinsäure über mehrere Stufen (*Burroughs Wellcome & Co.*, U.S.P. 2749345 [1953]).

Kristalle (aus A.).

Amine $C_9H_{10}N_4$

4-Benzoylamino-2-phenyl-5-*p*-tolyl-2*H*-[1,2,3]triazol, *N*-[2-Phenyl-5-*p*-tolyl-2*H*-[1,2,3]triazol-4-yl]-benzamid $C_{22}H_{18}N_4O$, Formel IX.

B. Aus [5-Phenyl-[1,2,4]oxadiazol-3-yl]-*p*-tolyl-keton-phenylhydrazon beim Erhitzen oder beim Behandeln mit wss. Äthanol (*Gramantieri*, G. **65** [1935] 102, 107).

Kristalle (aus A.); F: 177—178°.

5-*m*-Tolyl-1*H*-[1,2,4]triazol-3-ylamin $C_9H_{10}N_4$, Formel X und Taut.

Nitrat $C_9H_{10}N_4 \cdot HNO_3$. *B*. Beim Erhitzen von Aminoguanidin-nitrat mit *m*-Toluimidsäure-äthylester-hydrochlorid und Pyridin (*BASF*, D.B.P. 1073499 [1958]). — Kristalle (aus H_2O); F: 215° [Zers.].

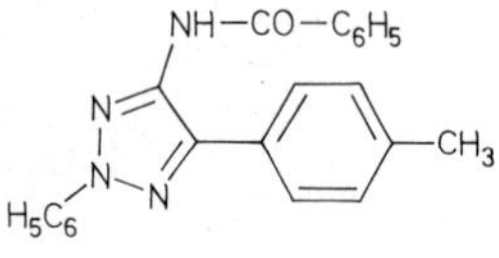

IX 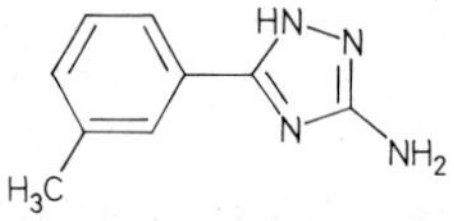   X 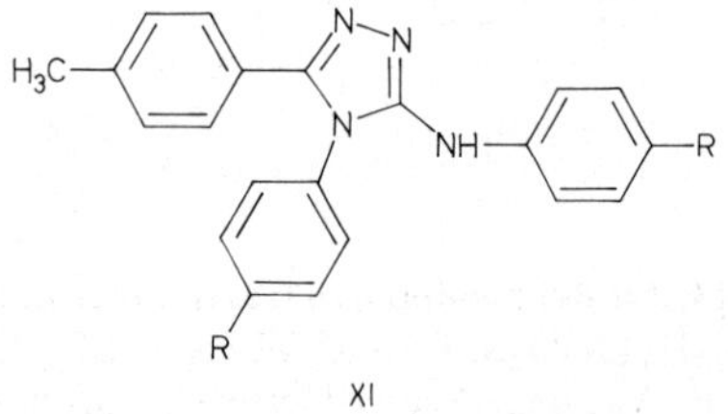   XI

3-Anilino-4-phenyl-5-*p*-tolyl-4*H*-[1,2,4]triazol, Phenyl-[4-phenyl-5-*p*-tolyl-4*H*-[1,2,4]triazol-3-yl]-amin $C_{21}H_{18}N_4$, Formel XI (R = H).

B. Beim Erhitzen von 4-Phenyl-1-*p*-toluoyl-thiosemicarbazid mit Anilin auf $180-200°$ (*Dy=mek*, Ann. Univ. Lublin [AA] **9** [1954] 61, 66; C. A. **1957** 5095).

Kristalle (aus A.); F: $239-241°$.

3-*p*-Toluidino-4,5-di-*p*-tolyl-4*H*-[1,2,4]triazol, [4,5-Di-*p*-tolyl-4*H*-[1,2,4]triazol-3-yl]-*p*-tolyl-amin $C_{23}H_{22}N_4$, Formel XI (R = CH_3).

B. Analog der vorangehenden Verbindung (*Dymek*, Ann. Univ. Lublin [AA] **9** [1954] 61, 68; C. A. **1957** 5095).

Kristalle (aus A.); F: $214°$.

Acetyl-Derivat $C_{25}H_{24}N_4O$; *N*-[4,5-Di-*p*-tolyl-4*H*-[1,2,4]triazol-3-yl]-*N*-*p*-tolyl-acetamid. Kristalle; F: $187-189°$.

3-Anilino-5-benzyl-1*H*-[1,2,4]triazol, [5-Benzyl-1*H*-[1,2,4]triazol-3-yl]-phenyl-amin $C_{15}H_{14}N_4$, Formel XII und Taut.

B. Beim Erhitzen von 5-Benzyl-[1,3,4]oxadiazol-2-ylamin (Konstitution: *Gehlen, Blankenstein*, A. **638** [1960] 136, 139) mit Anilin und wss. HCl (*Gehlen, Benatzky*, A. **615** [1958] 60, 66).

Kristalle (aus H_2O); F: $212°$ (*Ge., Be.*).

3,4-Diamino-5-benzyl-4*H*-[1,2,4]triazol, 5-Benzyl-[1,2,4]triazol-3,4-diyldiamin $C_9H_{11}N_5$, Formel XIII (n = 1).

B. Beim Erhitzen von 5-Benzyl-[1,3,4]oxadiazol-2-ylamin (Konstitution: *Gehlen, Blankenstein*, A. **638** [1960] 136, 139) mit $N_2H_4 \cdot H_2O$ (*Gehlen, Elchlepp*, A. **594** [1955] 14, 20; s. a. *Gehlen, Röbisch*, A. **663** [1963] 119, 122).

Kristalle; F: $192°$ (*Ge., Rö.*), $187°$ [aus H_2O] (*Ge., El.*).

Bildung einer graugrünen Kupfer(II)-Verbindung $CuC_9H_9N_5$ beim Behandeln mit wss.-ammoniakal. $CuSO_4$: *Ge., El.*

Hydrobromid $C_9H_{11}N_5 \cdot HBr$. F: $221°$ (*Ge., El.*).

Acetyl-Derivat $C_{11}H_{13}N_5O$. Kristalle; F: $142°$ (*Ge., El.*).

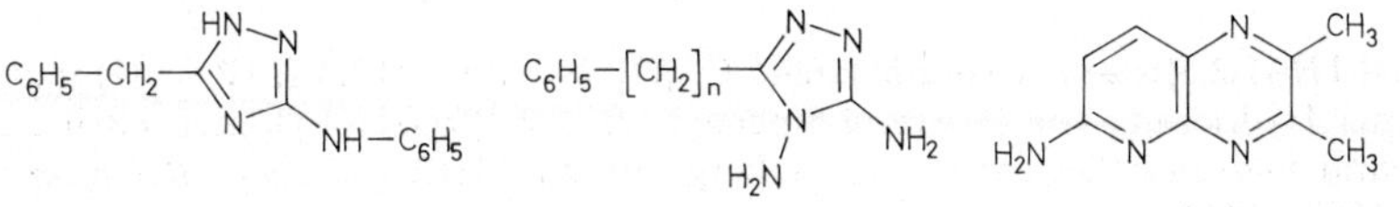

XII   XIII   XIV

3-Amino-5,7-dimethyl-benzo[*e*][1,2,4]triazin-1-oxid, 5,7-Dimethyl-1-oxy-benzo[*e*][1,2,4]triazin-3-ylamin $C_9H_{10}N_4O$, Formel IV (R = R′ = CH_3) auf S. 1140.

B. Aus 2,4-Dimethyl-6-nitro-anilin beim Umsetzen mit Natrium-cyanamid oder mit Cyanamid und anschliessenden Erhitzen mit wss. NaOH (*Jiu, Mueller*, J. org. Chem. **24** [1959] 813, 814, 816).

F: $251-253°$ [unkorr.].

2,3-Dimethyl-pyrido[2,3-*b*]pyrazin-6-ylamin $C_9H_{10}N_4$, Formel XIV.

B. Aus Pyridin-2,3,6-triyltriamin-dihydrochlorid und Butandion in H_2O (*Bernstein et al.*, Am. Soc. **69** [1947] 1151, 1154, 1156).

Kristalle (aus H_2O); F: $227-228°$ [unkorr.].

2,3-Dimethyl-pyrido[3,4-*b*]pyrazin-8-ylamin $C_9H_{10}N_4$, Formel XV.

B. Aus Pyridin-3,4,5-triyltriamin und Butandion in H_2O (*Israel, Day*, J. org. Chem. **24** [1959] 1455, 1459).

Gelbe Kristalle (aus H_2O); F: $187-189°$.

Amine $C_{10}H_{12}N_4$

3-Dimethylaminomethyl-6-phenyl-4,5(?)-dihydro-[1,2,4]triazin, Dimethyl-[6-phenyl-4,5(?)-dihydro-[1,2,4]triazin-3-ylmethyl]-amin $C_{12}H_{16}N_4$, vermutlich Formel XVI (R = R' = CH_3) und Taut.

B. Aus 3-Chlormethyl-6-phenyl-4,5(?)-dihydro-[1,2,4]triazin (S. 184) und Dimethylamin in siedendem Äthanol (*Sprio, Madonia,* Ann. Chimica **49** [1959] 731, 736).

Dihydrochlorid $C_{12}H_{16}N_4 \cdot 2HCl$. Kristalle (aus äthanol. HCl); F: 232 – 235° [Zers.].

Die folgenden Verbindungen sind in analoger Weise hergestellt worden:

3-Diäthylaminomethyl-6-phenyl-4,5(?)-dihydro-[1,2,4]triazin, Diäthyl-[6-phenyl-4,5(?)-dihydro-[1,2,4]triazin-3-ylmethyl]-amin $C_{14}H_{20}N_4$, vermutlich Formel XVI (R = R' = C_2H_5) und Taut. Dihydrochlorid $C_{14}H_{20}N_4 \cdot 2HCl$. Kristalle (aus äthanol. HCl); F: 235° [Zers.].

3-Allylaminomethyl-6-phenyl-4,5(?)-dihydro-[1,2,4]triazin, Allyl-[6-phenyl-4,5(?)-dihydro-[1,2,4]triazin-3-ylmethyl]-amin $C_{13}H_{16}N_4$, vermutlich Formel XVI (R = CH_2-CH=CH_2, R' = H) und Taut. Dihydrochlorid $C_{13}H_{16}N_4 \cdot 2HCl$. Kristalle (aus äthanol. HCl); F: 210° [Zers.].

3-Benzylaminomethyl-6-phenyl-4,5(?)-dihydro-[1,2,4]triazin, Benzyl-[6-phenyl-4,5(?)-dihydro-[1,2,4]triazin-3-ylmethyl]-amin $C_{17}H_{18}N_4$, vermutlich Formel XVI (R = CH_2-C_6H_5, R' = H) und Taut. Dihydrochlorid $C_{17}H_{18}N_4 \cdot 2HCl$. Kristalle (aus äthanol. HCl); F: 238 – 240°.

2-[(6-Phenyl-4,5(?)-dihydro-[1,2,4]triazin-3-ylmethyl)-amino]-äthanol $C_{12}H_{16}N_4O$, vermutlich Formel XVI (R = CH_2-CH_2-OH, R' = H) und Taut. Dihydrochlorid $C_{12}H_{16}N_4O \cdot 2HCl$. Kristalle (aus äthanol. HCl); F: 190 – 192° [Braunfärbung].

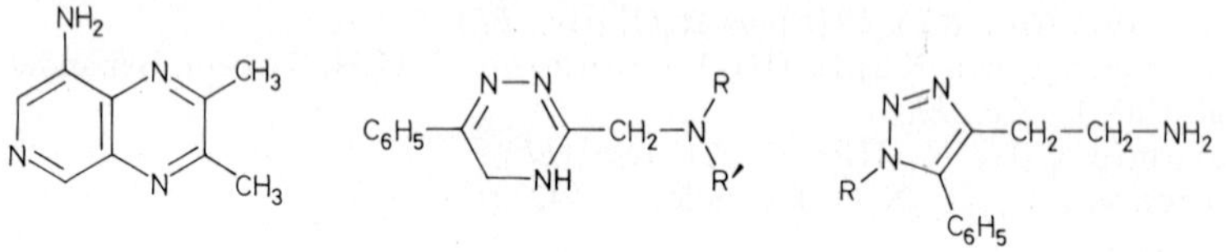

XV   XVI   XVII

2-[5-Phenyl-1H-[1,2,3]triazol-4-yl]-äthylamin $C_{10}H_{12}N_4$, Formel XVII (R = H) und Taut.

B. Bei der Hydrierung von [1-Acetyl-5-phenyl-1H-[1,2,3]triazol-4-yl]-acetonitril an Platin in Acetanhydrid und anschliessenden Behandlung mit wss. HCl (*Sheehan, Robinson,* Am. Soc. **73** [1951] 1207, 1208).

Dihydrochlorid $C_{10}H_{12}N_4 \cdot 2HCl$. Kristalle (aus Me. + Ae.); F: 214 – 215° [korr.; Zers.; langsames Erhitzen].

2-[1,5-Diphenyl-1H-[1,2,3]triazol-4-yl]-äthylamin $C_{16}H_{16}N_4$, Formel XVII (R = C_6H_5).

B. Beim Hydrieren von [1,5-Diphenyl-1H-[1,2,3]triazol-4-yl]-acetonitril an Platin in Acetanhydrid und anschliessenden Erhitzen mit wss. HCl und Essigsäure (*Sheehan, Robinson,* Am. Soc. **73** [1951] 1207, 1209).

Kristalle (aus PAe.); F: 106,5 – 107,5° [korr.]. Bei 100°/0,01 Torr sublimierbar.

3,4-Diamino-5-phenäthyl-4H-[1,2,4]triazol, 5-Phenäthyl-[1,2,4]triazol-3,4-diyldiamin $C_{10}H_{13}N_5$, Formel XIII (n = 2).

B. Beim Erhitzen von 5-Phenäthyl-[1,3,4]oxadiazol-2-ylamin (Konstitution: *Gehlen, Blankenstein,* A. **638** [1960] 136, 139) mit $N_2H_4 \cdot H_2O$ (*Gehlen, Elchlepp,* A. **594** [1955] 14, 20; s. a. *Gehlen, Röbisch,* A. **663** [1963] 119, 122).

Kristalle; F: 224° (*Ge., Rö.*), 214° [aus H_2O] (*Ge., El.*).

Bildung einer graugrünen Kupfer(II)-Verbindung $Cu(C_{10}H_{12}N_5)_2$ beim Behandeln mit wss.-ammoniakal. $CuSO_4$: *Ge., El.*

Hydrobromid $C_{10}H_{13}N_5 \cdot HBr$. F: 200° (*Ge., El.*).

Monoamine $C_nH_{2n-10}N_4$

Amine $C_9H_8N_4$

3-Phenyl-[1,2,4]triazin-5-ylamin $C_9H_8N_4$, Formel I.

B. Aus 5-Amino-3-phenyl-[1,2,4]triazin-6-carbonsäure beim Erhitzen (*Fusco, Rossi*, Tetrahe=
dron **3** [1958] 209, 223).

Kristalle (aus H_2O); F: 249 – 250° [unkorr.].

5-Phenyl-[1,2,4]triazin-3-ylamin $C_9H_8N_4$, Formel II.

Nach Ausweis der ^{1}H-NMR-Absorption in Dioxan, der IR-Absorption in Nujol sowie der
UV-Absorption in Äthanol liegt 5-Phenyl-[1,2,4]triazin-3-ylamin vor (*Elvidge et al.*, Soc. **1964**
4157, 4160).

B. Beim Erhitzen von Phenylglyoxal-hydrat mit Aminoguanidin und wss. NaOH (*Ekeley
et al.*, R. **59** [1940] 496, 500; *El. et al.*). Aus 3-Chlor-5-phenyl-[1,2,4]triazin oder 5-Phenyl-2H-
[1,2,4]triazin-3-thion und methanol. NH_3 (*Fusco, Rossi*, Rend. Ist. lomb. **88** [1955] 173, 178).

Kristalle (aus A.); F: 235° (*El. et al.*), 233 – 235° (*Ek. et al.*), 232° (*Fu., Ro.,* l. c. S. 178).
^{1}H-NMR-Absorption (Dioxan): *El. et al.*, l. c. S. 4159. IR-Banden (Nujol; 3300 – 650 cm^{-1}):
El. et al. UV-Spektrum (A.; 240 – 390 nm): *Ek. et al.*, l. c. S. 498. λ_{max} (A.): 272 nm und 333 nm
(*El. et al.*). Schmelzpunkte von Gemischen mit 6-Phenyl-[1,2,4]triazin-3-ylamin: *El. et al.*

Beim Erhitzen mit Phenacylbromid in Äthanol ist 3,6-Diphenyl-imidazo[1,2-*b*][1,2,4]triazin
erhalten worden (*Fusco, Rossi*, Rend. Ist. lomb. **88** [1955] 194, 198).

Hydrochlorid $C_9H_8N_4 \cdot HCl$. Kristalle; F: 213° [Zers.] (*Ek. et al.*).

Acetyl-Derivat $C_{11}H_{10}N_4O$; 3-Acetylamino-5-phenyl-[1,2,4]triazin, *N*-[5-
Phenyl-[1,2,4]triazin-3-yl]-acetamid. Kristalle; F: 184° [aus wss. A.] (*El. et al.*), 182 – 184°
(*Ek. et al.*). IR-Banden (Nujol; 3200 – 700 cm^{-1}): *El. et al.*

5-Phenyl-3-piperazino-[1,2,4]triazin $C_{13}H_{15}N_5$, Formel III (R = X = H).

B. Beim Erhitzen von 5-Phenyl-2H-[1,2,4]triazin-3-thion mit Piperazin (*Rossi*, R.A.L. [8]
14 [1953] 113, 116).

Dihydrochlorid $C_{13}H_{15}N_5 \cdot 2HCl$. Kristalle (aus wss. A.); F: 300 – 305°.

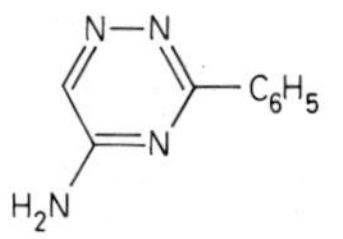

I 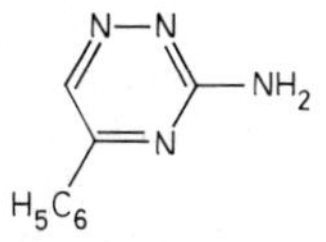   II 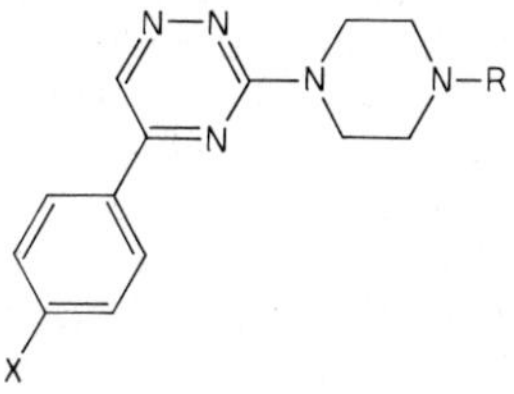   III

3-[4-Methyl-piperazino]-5-phenyl-[1,2,4]triazin $C_{14}H_{17}N_5$, Formel III (R = CH_3, X = H).

B. Aus der vorangehenden Verbindung beim Erhitzen mit wss. Ameisensäure und wss. Form=
aldehyd (*Rossi*, R.A.L. [8] **14** [1953] 113, 116).

Dihydrochlorid $C_{14}H_{17}N_5 \cdot 2HCl$. Kristalle (aus wss. A. + E.) mit 2 Mol H_2O; F: 278°.
Picrat. F: 229°.

3-[4-Nitroso-piperazino]-5-phenyl-[1,2,4]triazin $C_{13}H_{14}N_6O$, Formel III (R = NO, X = H).

B. Aus 5-Phenyl-3-piperazino-[1,2,4]triazin-dihydrochlorid und $NaNO_2$ in H_2O (*Rossi*, R.A.L.
[8] **14** [1953] 113, 116).

Kristalle (aus A.); F: 174°.

5-[4-Chlor-phenyl]-3-piperazino-[1,2,4]triazin $C_{13}H_{14}ClN_5$, Formel III (R = H, X = Cl).

B. Beim Erhitzen von 5-[4-Chlor-phenyl]-2H-[1,2,4]triazin-3-thion mit Piperazin (*Rossi*,
R.A.L. [8] **14** [1953] 113, 118).

Monohydrochlorid $C_{13}H_{14}ClN_5 \cdot HCl$. Gelbe Kristalle (aus wss. A.); F: 330°.
Dihydrochlorid. Rot; F: 350°.

5-[4-Chlor-phenyl]-3-[4-methyl-piperazino]-[1,2,4]triazin $C_{14}H_{16}ClN_5$, Formel III (R = CH_3, X = Cl).
B. Aus der vorangehenden Verbindung beim Erhitzen mit wss. Ameisensäure und wss. Form≠ aldehyd (*Rossi*, R.A.L. [8] **14** [1953] 113, 119).
Kristalle (aus Ae.); F: 121°.
Hydrochlorid $C_{14}H_{16}ClN_5 \cdot HCl$. Orangefarbene Kristalle (aus wss. Me.); F: 305°.

4-[5-(4-Chlor-phenyl)-[1,2,4]triazin-3-yl]-1,1-dimethyl-piperazinium $[C_{15}H_{19}ClN_5]^+$, Formel IV.
Jodid $[C_{15}H_{19}ClN_5]I$. *B*. Aus der vorangehenden Verbindung und CH_3I (*Rossi*, R.A.L. [8] **14** [1953] 113, 119). − Gelbe Kristalle (aus A.); F: 165°.

IV   V   VI

6-Phenyl-[1,2,4]triazin-3-ylamin $C_9H_8N_4$, Formel V.
Die nachstehend beschriebene, von *Ekeley et al.* (R. **59** [1940] 496, 501) als 3-Imino-6-phenyl-2,3-dihydro-[1,2,4]triazin formulierte Verbindung liegt nach Ausweis der ^{1}H-NMR-Absorption in Dioxan, der IR-Absorption in Nujol sowie der UV-Absorption in Äthanol als 6-Phenyl-[1,2,4]triazin-3-ylamin vor; Entsprechendes gilt für das Acetyl-Derivat [s. u.] (*Elvidge et al.*, Soc. **1964** 4157, 4158). In der von *Ekeley et al.* als 6-Phenyl-[1,2,4]triazin-3-ylamin formulierten Verbindung (F: 175°) hat ein Gemisch dieser Verbindung mit 5-Phenyl-[1,2,4]triazin-3-ylamin vorgelegen; Entsprechendes gilt für das Acetyl-Derivat (*El. et al.*).
B. Beim aufeinanderfolgenden Behandeln von Phenylglyoxal-hydrat mit wss. NaOH und Aminoguanidin-hydrochlorid (*Ek. et al.*; *El. et al.*, l. c. S. 4161).
Kristalle (aus A.); F: 197° (*El. et al.*), 192−193,5° (*Ek. et al.*). ^{1}H-NMR-Absorption (Di≠ oxan): *El. et al.*, l. c. S. 4159. IR-Banden (Nujol; 3350−650 cm^{-1}): *El. et al.* Absorptions≠ spektrum (A.; 250−500 nm): *Ek. et al.* λ_{max} (A.): 266 nm und 343 nm (*El. et al.*). Schmelzpunkte von Gemischen mit 5-Phenyl-[1,2,4]triazin-3-ylamin: *El. et al.*
Hydrochlorid $C_9H_8N_4 \cdot HCl$. Kristalle mit 1 Mol H_2O; F: 228−235° [Zers.] (*Ek. et al.*).
Acetyl-Derivat $C_{11}H_{10}N_4O$; 3-Acetylamino-6-phenyl-[1,2,4]triazin, *N*-[6-Phen≠ yl-[1,2,4]triazin-3-yl]-acetamid. Kristalle; F: 227° [aus wss. A.] (*El. et al.*), 219−221° [Zers.] (*Ek. et al.*). IR-Banden (Nujol; 3200−650 cm^{-1}): *El. et al.*

6-Phenyl-[1,2,4]triazin-5-ylamin $C_9H_8N_4$, Formel VI.
B. Aus 5-Amino-6-phenyl-[1,2,4]triazin-3-carbonsäure beim Erhitzen (*Fusco, Rossi*, Tetrahe≠ dron **3** [1958] 209, 222).
Kristalle (aus H_2O) mit 1 Mol H_2O; die nach Sublimation bei 170°/2 Torr erhaltene wasser≠ freie Verbindung schmilzt bei 127° [unkorr.].

Amine $C_{10}H_{10}N_4$

4-Benzyl-[1,3,5]triazin-2-ylamin $C_{10}H_{10}N_4$, Formel VII (R = X = X′ = H).
Diese Konstitution kommt der von *Chase et al.* (Soc. **1951** 3439, 3442) als [(*E*)-2-Cyan-2-phenyl-vinyl]-guanidin beschriebenen Verbindung zu (*Russell et al.*, Am. Soc. **74** [1952] 5403).
B. Aus Phenylacetonitril und Formylguanidin (*Ru. et al*; *Russell, Hitchings*, Am. Soc. **73** [1951] 3763, 3766). Beim Erhitzen von 3-Oxo-2-phenyl-propionitril mit Guanidin-nitrat und Natriumäthylat in Äthanol (*Ch. et al.*). Beim Erhitzen von 6-Amino-4-benzyl-1*H*-[1,3,5]triazin-

2-thion mit Raney-Nickel und Äthanol (*Ru. et al.*).

Kristalle (aus Bzl.); F: 139–140° (*Ru. et al.*), 138,5–139,5° (*Ch. et al.*), 139° [unkorr.] (*Ru., Hi.*). λ_{max} (A.): 259–261 nm (*Ru. et al.*).

4-[4-Chlor-benzyl]-[1,3,5]triazin-2-ylamin $C_{10}H_9ClN_4$, Formel VII (R = X = H, X′ = Cl).
Bezüglich der Konstitution s. die Angabe im vorangehenden Artikel.

B. Beim Erhitzen von 2-[4-Chlor-phenyl]-3-oxo-propionsäure mit Guanidin-nitrat und Natriumäthylat in Äthanol (*Chase et al.*, Soc. **1951** 3439, 3443). Aus 6-Amino-4-[4-chlor-benzyl]-1*H*-[1,3,5]triazin-2-thion beim Erhitzen mit Raney-Nickel und Äthanol (*Russell et al.*, Am. Soc. **74** [1952] 5403).

Kristalle (aus Butan-1-ol); F: 206–207° (*Ch. et al.*), 205–206° (*Ru. et al.*). λ_{max}: 261,5 nm (*Logemann et al.*, B. **87** [1954] 1175, 1176).

4-[3,4-Dichlor-benzyl]-[1,3,5]triazin-2-ylamin $C_{10}H_8Cl_2N_4$, Formel VII (R = H, X = X′ = Cl).
B. Beim Erhitzen von Formylguanidin mit [3,4-Dichlor-phenyl]-acetonitril auf 180° (*Russell et al.*, Am. Soc. **74** [1952] 5403).

Kristalle (aus Bzl.+PAe.); F: 155°. λ_{max} (A.): 265 nm.

4-Phenyl-6-trichlormethyl-[1,3,5]triazin-2-ylamin $C_{10}H_7Cl_3N_4$, Formel VIII.
B. Aus Bis-[2,2,2-trichlor-acetimidoyl]-amin und Benzamidin (*Schaefer et al.*, Am. Soc. **81** [1959] 1466, 1470). Aus Phenyl-bis-trichlormethyl-[1,3,5]triazin beim Behandeln mit konz. wss. NH_3 (*Kreutzberger*, Am. Soc. **79** [1957] 2629, 2632).

Kristalle; F: 175–176° [korr.; aus wss. Acn.] (*Kr.*), 172–174° [unkorr.; aus wss. A.] (*Sch. et al.*).

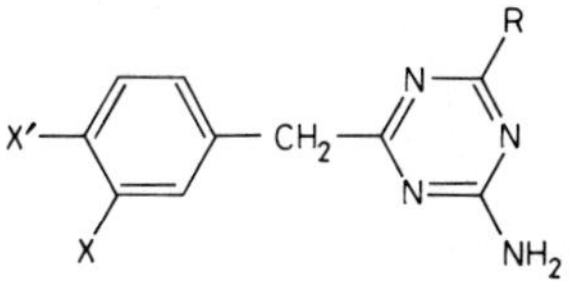

VII 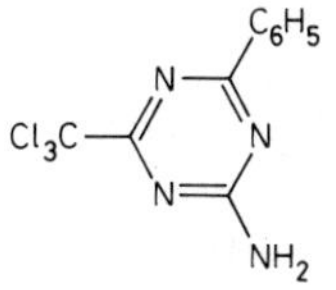   VIII 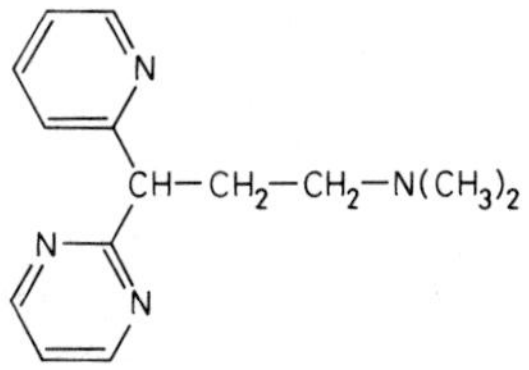   IX

Amine $C_{11}H_{12}N_4$

4-[4-Chlor-benzyl]-6-methyl-[1,3,5]triazin-2-ylamin $C_{11}H_{11}ClN_4$, Formel VII (R = CH_3, X = H, X′ = Cl).
B. Beim Erhitzen von [4-Chlor-phenyl]-acetonitril mit Acetylguanidin (*Logemann et al.*, B. **87** [1954] 1175, 1176, 1178).

Kristalle (aus Butan-1-ol); F: 165–166°. λ_{max}: 260 nm.

Amine $C_{12}H_{14}N_4$

4-Äthyl-6-[4-chlor-benzyl]-[1,3,5]triazin-2-ylamin $C_{12}H_{13}ClN_4$, Formel VII (R = C_2H_5, X = H, X′ = Cl).
Konstitution: *Logemann et al.*, B. **87** [1954] 1175, 1176.

B. Neben 6-Äthyl-[1,3,5]triazin-2,4-diyldiamin beim Erhitzen von [4-Chlor-phenyl]-acetonitril mit Propionylguanidin (*Lo. et al.*, l. c. S. 1178). Beim Erwärmen von 2-[4-Chlor-phenyl]-3-oxo-valeronitril mit Guanidin und Natriummethylat in Methanol (*Logemann et al.*, B. **87** [1954] 435, 437).

Kristalle; F: 105–106° [aus A.] (*Lo. et al.*, l. c. S. 438), 104–105° [aus wss. Me.] (*Lo. et al.*, l. c. S. 1178). UV-Spektrum (220–280 nm): *Lo. et al.*, l. c. S. 436, 1176.

(±)-Dimethyl-[3-[2]pyridyl-3-pyrimidin-2-yl-propyl]-amin $C_{14}H_{18}N_4$, Formel IX.
B. Beim aufeinanderfolgenden Behandeln von [2]Pyridylacetonitril mit 2-Chlor-pyrimidin

und [2-Chlor-äthyl]-dimethyl-amin und anschliessend mit wss. H_2SO_4 oder $NaNH_2$ (*Schering Corp.*, U.S.P. 2604473 [1950]).

Kp_1: 135—140°.

Amine $C_{13}H_{16}N_4$

4-[6,7,8,9-Tetrahydro-5*H*-[1,2,4]triazolo[4,3-*a*]azepin-3-yl]-anilin $C_{13}H_{16}N_4$, Formel X.

B. Bei der Hydrierung von 4-Nitro-benzoesäure-hexahydroazepin-2-ylidenhydrazid (E III/IV **21** 3204) an Raney-Nickel in Methanol bei 100 at (*Petersen, Tietze*, B. **90** [1957] 909, 919). Aus 3-[4-Nitro-phenyl]-6,7,8,9-tetrahydro-5*H*-[1,2,4]triazolo[4,3-*a*]azepin durch katalytische Reduktion (*Pe., Ti.*).

Kristalle (aus THF); F: 211°.

Amine $C_{14}H_{18}N_4$

1,2,3,4,8,9,10,11-Octahydro-indazolo[3,2-*b*]chinazolin-7-ylamin, $C_{14}H_{18}N_4$, Formel XI und Taut. (1,3,4,5,8,9,10,11-Octahydro-2*H*-indazolo[3,2-*b*]chinazolin-7-on-imin).

Diese Konstitution kommt der früher (E II **26** 217) als 4,5,6,7,4′,5′,6′,7′-Octahydro-1*H*,1′*H*-[3,3′]biindazolyl angesehenen Verbindung zu (*Alemagna, Bacchetti*, Chimica e Ind. **45** [1963] 709).

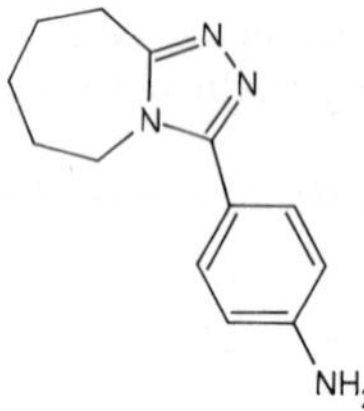

X 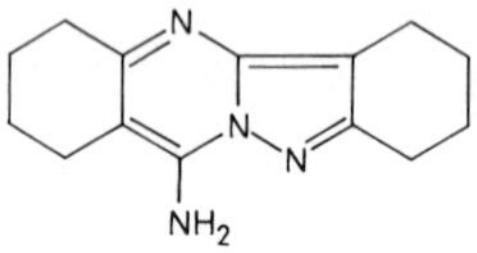   XI 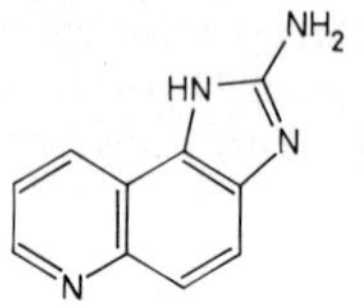   XII 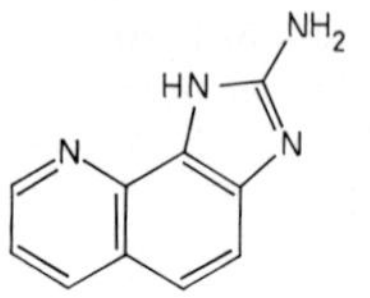   XIII

Monoamine $C_nH_{2n-12}N_4$

1(3)*H*-Imidazo[4,5-*f*]chinolin-2-ylamin $C_{10}H_8N_4$, Formel XII und Taut.

B. Aus Chinolin-5,6-diyldiamin und Bromcyan (*I.G. Farbenind.*, D.R.P. 641598 [1935]; Frdl. **23** 270).

F: 265°.

1(3)*H*-Imidazo[4,5-*h*]chinolin-2-ylamin $C_{10}H_8N_4$, Formel XIII und Taut.

B. Aus Chinolin-7,8-diyldiamin und Bromcyan (*I.G. Farbenind.*, D.R.P. 641598 [1935]; Frdl. **23** 270).

F: 175°.

Imidazo[1,2-*a*;5,4-*c*′]dipyridin-4-ylamin $C_{10}H_8N_4$, Formel I.

B. Aus 4-Nitro-imidazo[1,2-*a*;5,4-*c*′]dipyridin bei der Reduktion mit Eisen und wss.-äthanol. HCl (*Petrow, Saper*, Soc. **1946** 588, 590).

Hellgelbe Kristalle (aus wss. Me.); F: 256—257° [korr.].

Beim Behandeln mit $NaNO_2$ und wss. HCl und anschliessenden Erhitzen ist 1,2,4,5b,9b-Pentaaza-cyclopenta[*jk*]fluoren-9a-ol(?) erhalten worden.

Acetyl-Derivat $C_{12}H_{10}N_4O$; 4-Acetylamino-imidazo[1,2-*a*;5,4-*c*′]dipyridin, *N*-Imidazo[1,2-*a*;5,4-*c*′]dipyridin-4-yl-acetamid. Kristalle (aus wss. A.); F: 264—265° [korr.]. — Methojodid [$C_{13}H_{13}N_4O$]I. Hellgelbe Kristalle (aus H_2O); F: 311° [korr.; Zers.].

5*H*-Pyrrolo[3,2-*c*;4,5-*c*′]dipyridin-4-ylamin $C_{10}H_8N_4$, Formel II.

B. Beim Erhitzen von 4-[1,2,3]Triazolo[4,5-*c*]pyridin-1-yl-[3]pyridylamin in Paraffinöl auf 280—320° (*Koenigs, Nantka*, B. **74** [1941] 215).

Kristalle (aus H_2O); F: > 350°.

Picrat. Gelbe Kristalle; F: 283°.

I   II   III   IV

2-Methyl-benz[4,5]imidazo[1,2-a]pyrimidin-4-ylamin $C_{11}H_{10}N_4$, Formel III (R = H).

B. Beim Erhitzen von 1*H*-Benzimidazol-2-ylamin mit 3-Amino-crotononitril (*Antaki, Petrow*, Soc. **1951** 551, 555).

Kristalle (aus Eg. + A.); F: > 300°.

4-Methyl-7,9-dinitro-benz[4,5]imidazo[1,2-a]pyrimidin-2-ylamin $C_{11}H_8N_6O_4$, Formel IV.

B. Beim Erhitzen von 6-Methyl-*N²*-picryl-pyrimidin-2,4-diyldiamin mit Phenol und Nitro≠
benzol (*Ochiai, Yanai*, J. pharm. Soc. Japan **60** [1940] 493, 497; dtsch. Ref. S. 192, 196;
C. A. **1941** 743).

Gelbe Kristalle (aus Nitrobenzol); F: > 330°.

Acetyl-Derivat $C_{13}H_{10}N_6O_5$; *N*-[4-Methyl-7,9-dinitro-benz[4,5]imidazo[1,2-a]≠
pyrimidin-2-yl]-acetamid. *B.* Analog der Amino-Verbindung (*Och., Ya.*). Aus der Amino-
Verbindung und Acetanhydrid (*Och., Ya.*). – Gelbe Kristalle (aus Py.); Zers. bei 323 – 325°.

3-Methyl-1-phenyl-1H-pyrazolo[3,4-b]chinolin-4-ylamin $C_{17}H_{14}N_4$, Formel V (R = R' = H).

B. Aus 3-Methyl-1-phenyl-1,9-dihydro-pyrazolo[3,4-b]chinolin-4-on beim Erhitzen mit wss.
NH_3 und wss. $[NH_4]HSO_3$ auf 230 – 240° (*Kocwa*, Bl. Acad. polon. [A] **1936** 390, 395).

Kristalle (aus A.); F: 150°.

**4-Anilino-3-methyl-1-phenyl-1H-pyrazolo[3,4-b]chinolin, [3-Methyl-1-phenyl-1H-pyrazolo≠
[3,4-b]chinolin-4-yl]-phenyl-amin** $C_{23}H_{18}N_4$, Formel V (R = H, R' = C_6H_5).

B. Aus [5-Methyl-2-phenyl-2*H*-pyrazol-3-yl]-phenyl-amin beim Erhitzen mit *N,N'*-Diphenyl-
harnstoff, *N,N'*-Diphenyl-thioharnstoff, Phenylisocyanat oder Phenylisothiocyanat auf
245 – 250° (*Kocwa*, Bl. Acad. polon. [A] **1936** 390, 393).

Grüngelbe Kristalle (aus A.); F: 170°.

Hydrochlorid $C_{23}H_{18}N_4 \cdot HCl$. Gelbe Kristalle (aus Eg.); F: 265° [Zers.].

Picrat $C_{23}H_{18}N_4 \cdot C_6H_3N_3O_7$. Gelbe Kristalle (aus Eg.); F: 256 – 257° [Zers.].

**4-Anilino-3-methyl-2-phenyl-2H-pyrazolo[3,4-b]chinolin, [3-Methyl-2-phenyl-2H-pyrazolo≠
[3,4-b]chinolin-4-yl]-phenyl-amin** $C_{23}H_{18}N_4$, Formel VI (R = H).

B. Beim Erhitzen von [5-Methyl-1-phenyl-1*H*-pyrazol-3-yl]-phenyl-amin mit Phenylisocyanat
oder *N,N'*-Diphenyl-harnstoff auf 230 – 240° (*Kocwa*, Bl. Acad. polon. [A] **1936** 382, 385).

Gelbe Kristalle (aus A.); F: 198 – 199°.

Hydrochlorid $C_{23}H_{18}N_4 \cdot HCl$. Gelbe Kristalle (aus Eg.); F: 273 – 274° [Zers.].

Picrat $C_{23}H_{18}N_4 \cdot C_6H_3N_3O_7$. Gelbe Kristalle (aus Bzl.); F: 209°.

**3-Methyl-4-[1]naphthylamino-1-phenyl-1H-pyrazolo[3,4-b]chinolin, [3-Methyl-1-phenyl-1H-
pyrazolo[3,4-b]chinolin-4-yl]-[1]naphthyl-amin** $C_{27}H_{20}N_4$, Formel V (R = H, R' = $C_{10}H_7$).

B. Aus [5-Methyl-2-phenyl-2*H*-pyrazol-3-yl]-phenyl-amin beim Erhitzen mit [1]Naphthyliso≠
cyanat auf 290° (*Kocwa*, Bl. Acad. polon. [A] **1936** 390, 397).

Grüngelbe Kristalle (aus A. oder Bzl.); F: 198°.

Picrat $C_{27}H_{20}N_4 \cdot C_6H_3N_3O_7$. Gelbe Kristalle (aus Eg.); F: 224° [Zers.].

2,3-Dimethyl-benz[4,5]imidazo[1,2-a]pyrimidin-4-ylamin $C_{12}H_{12}N_4$, Formel III (R = CH_3).

B. Beim Erhitzen von 1*H*-Benzimidazol-2-ylamin mit 3-Amino-2-methyl-crotononitril (*De Cat*,

Van Dormael, Bl. Soc. chim. Belg. **59** [1950] 573, 586).

F: > 300° [nicht rein erhalten].

Hydrochlorid $C_{12}H_{12}N_4 \cdot HCl$. Kristalle (aus A.); F: 325−330°.

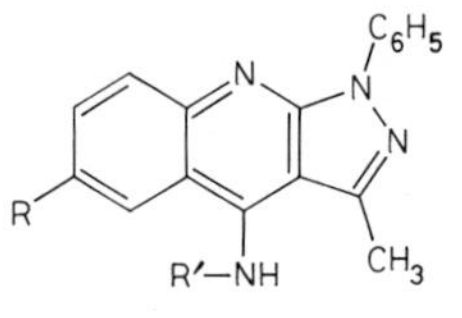

V	VI	VII	VIII

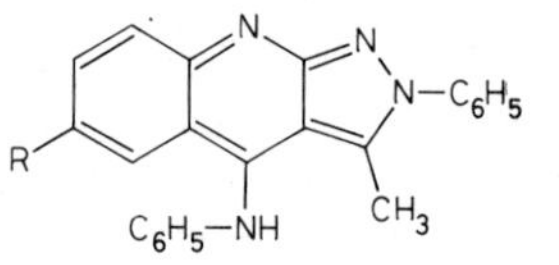

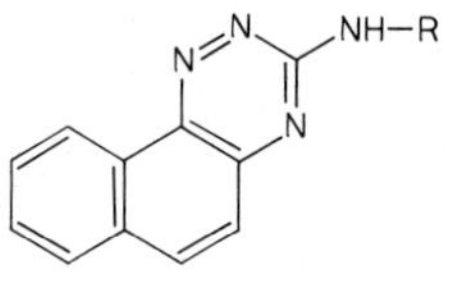

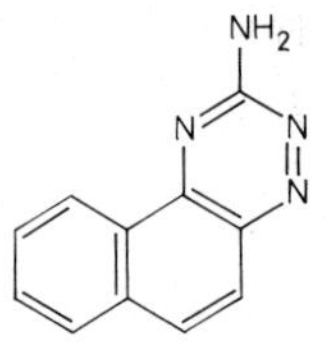

4-Anilino-3,6-dimethyl-1-phenyl-1*H***-pyrazolo[3,4-***b***]chinolin, [3,6-Dimethyl-1-phenyl-1***H*-
pyrazolo[3,4-*b***]chinolin-4-yl]-phenyl-amin** $C_{24}H_{20}N_4$, Formel V (R = CH$_3$, R' = C$_6$H$_5$).

B. Aus [5-Methyl-2-phenyl-2*H*-pyrazol-3-yl]-*p*-tolyl-amin beim Erhitzen mit *N,N'*-Diphenyl-
harnstoff, *N,N'*-Diphenyl-thioharnstoff, Phenylisocyanat oder Phenylisothiocyanat auf 240°
(*Kocwa*, Bl. Acad. polon. [A] **1936** 390, 398).

Grüngelbe Kristalle (aus A.); F: 174−175°.

Hydrochlorid $C_{24}H_{20}N_4 \cdot HCl$. Kristalle (aus Eg.); F: 257° [Zers.].

Picrat $C_{24}H_{20}N_4 \cdot C_6H_3N_3O_7$. Gelbe Kristalle (aus Eg.); F: 234° [Zers.].

4-Anilino-3,6-dimethyl-2-phenyl-2*H***-pyrazolo[3,4-***b***]chinolin, [3,6-Dimethyl-2-phenyl-2***H*-
pyrazolo[3,4-*b***]chinolin-4-yl]-phenyl-amin** $C_{24}H_{20}N_4$, Formel VI (R = CH$_3$).

B. Aus [5-Methyl-1-phenyl-1*H*-pyrazol-3-yl]-*p*-tolyl-amin beim Erhitzen mit Phenylisothio≠
cyanat auf 245° (*Kocwa*, Bl. Acad. polon. [A] **1936** 382, 388).

Hellgelbe Kristalle (aus A.); F: 192−193°.

3,6-Dimethyl-4-[1]naphthylamino-1-phenyl-1*H***-pyrazolo[3,4-***b***]chinolin, [3,6-Dimethyl-1-phenyl-
1***H***-pyrazolo[3,4-***b***]chinolin-4-yl]-[1]naphthyl-amin** $C_{28}H_{22}N_4$, Formel V (R = CH$_3$,
R' = C$_{10}$H$_7$).

B. Aus [5-Methyl-2-phenyl-2*H*-pyrazol-3-yl]-*p*-tolyl-amin beim Erhitzen mit [1]Naphthyliso≠
cyanat auf 280−285° (*Kocwa*, Bl. Acad. polon. [A] **1936** 390, 400).

Grüngelbe Kristalle (aus Bzl.); F: 238−239°.

Picrat $C_{28}H_{22}N_4 \cdot C_6H_3N_3O_7$. Orangegelbe Kristalle (aus Bzl.); F: 195°.

Monoamine $C_nH_{2n-14}N_4$

Naphtho[2,1-*e***][1,2,4]triazin-3-ylamin** $C_{11}H_8N_4$, Formel VII (R = H).

B. Aus der folgenden Verbindung beim Erwärmen mit äthanol. KOH (*Fusco, Bianchetti*,
G. **87** [1957] 446, 453).

Kristalle (aus A.); F: 292−294° [Schwarzfärbung ab 270°].

Naphtho[2,1-*e***][1,2,4]triazin-3-yl-carbamidsäure-äthylester** $C_{14}H_{12}N_4O_2$, Formel VII
(R = CO-O-C$_2$H$_5$).

B. Beim Erwärmen von Naphtho[2,1-*e*][1,2,4]triazin-3-carbonylazid mit Äthanol (*Fusco,
Bianchetti*, G. **87** [1957] 446, 452).

Hellgelbe Kristalle (aus A.); F: 180−181°.

Naphtho[1,2-*e***][1,2,4]triazin-2-ylamin** $C_{11}H_8N_4$, Formel VIII (E II 100).

Diese Konstitution kommt der H **7** 720 (Zeile 11 v. u.) beschriebenen Verbindung $C_{11}H_8N_4$
zu (*Scott, Reilly*, Nature **169** [1952] 584; *Fusco, Bianchetti*, G. **87** [1957] 446).

B. Aus der folgenden Verbindung beim aufeinanderfolgenden Behandeln mit Eisen-Pulver,
wss. Essigsäure und mit wss. FeCl$_3$ (*Fu., Bi.*, l. c. S. 450).

Kristalle (aus A.); F: 200−201° (*Fu., Bi.*; s. a. *Sc., Re.*).

2-Amino-naphtho[1,2-*e*][1,2,4]triazin-1-oxid, 1-Oxy-naphtho[1,2-*e*][1,2,4]triazin-2-ylamin
$C_{11}H_8N_4O$, Formel IX.

Diese Konstitution kommt der H 7 720 (Zeile 22 v. u.) beschriebenen Verbindung $C_{11}H_8N_4O$ zu (*Scott, Reilly*, Nature **169** [1952] 584).

Gelbe Kristalle (aus A.); F: 242 – 243° (*Fusco, Bianchetti*, G. **87** [1959] 446, 450).

Pyrimido[4,5-*b*]chinolin-4-ylamin $C_{11}H_8N_4$, Formel X.

B. Beim Erhitzen von 2-Amino-chinolin-3-carbonitril mit Formamid (*Taylor, Kalenda*, Am. Soc. **78** [1956] 5108, 5114).

Gelber Feststoff (nach Sublimation bei 200°/0,1 Torr); F: >325° [Zers.].

IX   X   XI   XII

4-Amino-10-phenyl-pyrido[3,4-*b*]chinoxalinium $[C_{17}H_{13}N_4]^+$, Formel XI.

Chlorid $[C_{17}H_{13}N_4]Cl$. *B*. Beim Erwärmen von 4-Nitro-10-phenyl-5,10-dihydro-pyrido‐[3,4-*b*]chinoxalin mit Eisen und $FeCl_3$ in wss. Methanol (*Petrow, Saper*, Soc. **1946** 588, 591). – Bronzefarbene Kristalle (aus Me.); F: >310°. – A c e t y l - D e r i v a t $[C_{19}H_{15}N_4O]Cl$; 4 - A c e t y l a m i n o - 1 0 - p h e n y l - p y r i d o [3 , 4 - *b*] c h i n o x a l i n i u m - c h l o r i d. Rote Kristalle (aus A.); F: 275° [korr.; Zers.].

Pyrido[2,3-*b*][1,8]naphthyridin-3-ylamin, A n t h y r i d i n - 3 - y l a m i n $C_{11}H_8N_4$, Formel XII.

Die Identität einer von *Takahashi et al.* (J. pharm. Soc. Japan **67** [1947] 221; C. A. **1952** 112) unter dieser Konstitution beschriebenen Verbindung (F: 125 – 128°; erhalten aus N^2-[2]Pyridyl-pyridin-2,5-diyldiamin, Glycerin und Oxalsäure) ist ungewiss (*Carboni et al.*, J. heterocycl. Chem. **9** [1972] 801). Über authentisches Pyrido[2,3-*b*][1,8]naphthyridin-3-ylamin (F: >320°) s. *Ca. et al.*

4-Imidazo[1,2-*a*]pyrimidin-2-yl-anilin $C_{12}H_{10}N_4$, Formel XIII (R = H).

B. Aus 2-[4-Nitro-phenyl]-imidazo[1,2-*a*]pyrimidin beim Behandeln mit $SnCl_2$ und wss.-äth‐anol. HCl (*Matsukawa, Ban*, J. pharm. Soc. Japan **71** [1951] 760; C. A. **1952** 8094).

Gelbe Kristalle (aus H_2O); F: 264° [nach Verfärbung ab ca. 255°].

D i h y d r o c h l o r i d $C_{12}H_{10}N_4 \cdot 2HCl$. Gelbe Kristalle (aus wss.-äthanol. HCl); F: >300°.

D i p i c r a t $C_{12}H_{10}N_4 \cdot 2C_6H_3N_3O_7$. Gelbe Kristalle; F: 223° [Zers.].

A c e t y l - D e r i v a t $C_{14}H_{12}N_4O$; E s s i g s ä u r e - [4 - i m i d a z o [1 , 2 - *a*] p y r i m i d i n - 2 - y l - a n i‐lid]. Hellgelbe Kristalle (aus Me.); F: 302°.

XIII   XIV   XV

2-[1(3)*H*-Imidazo[4,5-*b*]pyridin-2-yl]-anilin $C_{12}H_{10}N_4$, Formel XIV und Taut.

Die von *Takahashi, Yajima* (J. pharm. Soc. Japan **66** [1946], Ausg. B., S. 72; C. A. **1951** 8533) unter dieser Konstitution beschriebene Verbindung ist als Pyridin-2,3-diyldiamin-anthr‐anilat $C_5H_7N_3 \cdot C_7N_7NO_2$ zu formulieren (*Garmaise, Komlossy*, J. org. Chem. **29** [1964] 3403).

B. Beim Erhitzen von Pyridin-2,3-diyldiamin mit Anthranilsäure und Polyphosphorsäure (*Ga., Ko.*).

Kristalle (aus Me.); F: 337−338° [korr.] (*Ga., Ko.*). λ_{max} (Me.): 250 nm, 294 nm, 305 nm und 355 nm (*Ga., Ko.*).

4-[1(3)H-Imidazo[4,5-c]pyridin-2-yl]-anilin $C_{12}H_{10}N_4$, Formel XV und Taut.

B. Beim Erhitzen von N^3(oder N^4)-[4-Nitro-benzyliden]-pyridin-3,4-diyldiamin (F: 203°) mit Kupfer(II)-acetat und wss. Äthanol unter Druck (*Weidenhagen, Weeden*, B. **71** [1938] 2347, 2350, 2360).

Gelbe Kristalle; F: 324° [Zers.].

4-[5-Methyl-imidazo[1,2-a]pyrimidin-2-yl]-anilin $C_{13}H_{12}N_4$, Formel XIII (R = CH$_3$).

B. Aus 5-Methyl-2-[4-nitro-phenyl]-imidazo[1,2-a]pyrimidin beim Behandeln mit SnCl$_2$ und wss.-äthanol. HCl (*Matsukawa, Ban*, J. pharm. Soc. Japan **71** [1951] 760; C. A. **1952** 8094).

Gelbbraune Kristalle (aus wss A.); F: 298°.

Dihydrochlorid $C_{13}H_{12}N_4 \cdot 2HCl$. Kristalle (aus wss. HCl+A. oder wss. HCl+Acn.); F: >300°.

Dipicrat $C_{13}H_{12}N_4 \cdot 2C_6H_3N_3O_7$. Gelbe Kristalle (aus H$_2$O); F: 235−236° [Zers.].

Acetyl-Derivat $C_{15}H_{14}N_4O$; 2-[4-Acetylamino-phenyl]-5-methyl-imidazo*[1,2-a]pyrimidin, Essigsäure-[4-(5-methyl-imidazo[1,2-a]pyrimidin-2-yl)-anilid]. Kristalle (aus A.); F: 300°.

(±)-1-[4,5-Dihydro-1H-imidazol-2-yl]-3-dimethylamino-1-[2,6-dimethyl-[4]pyridyl]-1-phenyl-propan, (±)-[3-(4,5-Dihydro-1H-imidazol-2-yl)-3-(2,6-dimethyl-[4]pyridyl)-3-phenyl-propyl]-dimethyl-amin $C_{21}H_{28}N_4$, Formel I.

B. Aus 4-Dimethylamino-2-[2,6-dimethyl-[4]pyridyl]-2-phenyl-butyronitril beim Behandeln mit Äthylendiamin und HCl in Äthanol (*Kato et al.*, J. pharm. Soc. Japan **75** [1955] 1449; C. A. **1956** 10717).

Hydrochlorid-hexachloroplatinat(IV) $C_{21}H_{28}N_4 \cdot HCl \cdot H_2PtCl_6$. Gelbe Kristalle (aus wss. A.); Zers. bei 235−237°.

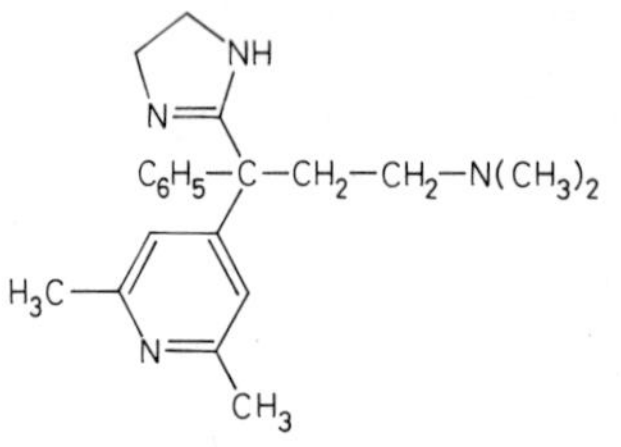

I 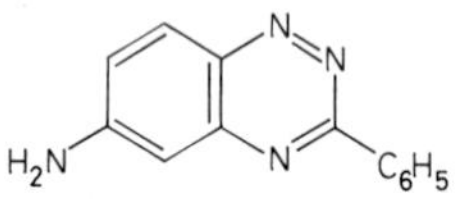   II 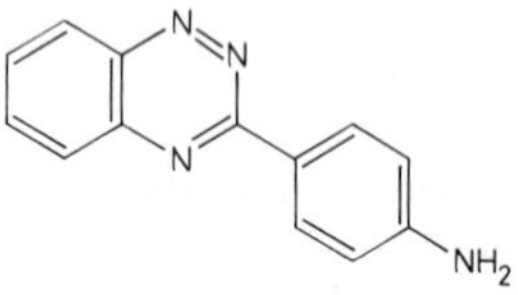   III

Monoamine $C_nH_{2n-16}N_4$

3-Phenyl-benzo[e][1,2,4]triazin-6-ylamin $C_{13}H_{10}N_4$, Formel II.

B. Aus 6-Nitro-3-phenyl-benzo[e][1,2,4]triazin mit Hilfe von SnCl$_2$ und HCl (*Robbins, Schofield*, Soc. **1957** 3186, 3193).

Gelbe Kristalle (aus Me.); F: 251−252° [Zers.].

4-Benzo[e][1,2,4]triazin-3-yl-anilin $C_{13}H_{10}N_4$, Formel III.

B. Analog der vorangehenden Verbindung (*Robbins, Schofield*, Soc. **1957** 3186, 3190). Aus 3-[4-Nitro-phenyl]-benzo[e][1,2,4]triazin-1-oxid bei der Hydrierung an Platin in Methanol (*Fusco, Bianchetti*, Rend. Ist. lomb. **91** [1957] 963, 974).

Kristalle; F: 188−189° [aus A.] (*Fu., Bi.*), 186−188° [aus Me.] (*Ro., Sch.*).

Acetyl-Derivat $C_{15}H_{12}N_4O$; Essigsäure-[4-benzo[e][1,2,4]triazin-3-yl-anilid]. Gelb; F: 238−241° (*Ro., Sch.*).

4-[1(?)-Oxy-benzo[e][1,2,4]triazin-3-yl]-anilin $C_{13}H_{10}N_4O$, vermutlich Formel IV.

B. Aus Essigsäure-[4-benzo[e][1,2,4]triazin-3-yl-anilid] beim Behandeln mit H$_2$O$_2$ in wss. Es*

sigsäure und anschliessenden Hydrolysieren (*Robbins, Schofield,* Soc. **1957** 3186, 3191).
Orangefarben; F: 235 – 237° [Zers.].

3-Amino-7-phenyl-benzo[*e*][1,2,4]triazin-1-oxid, 1-Oxy-7-phenyl-benzo[*e*][1,2,4]triazin-3-ylamin $C_{13}H_{10}N_4O$, Formel V.

B. Beim aufeinanderfolgenden Erhitzen von 3-Nitro-biphenyl-4-ylamin mit Natriumcyanamid oder Cyanamid, mit konz. wss. HCl und mit wss. NaOH (*Jiu, Mueller,* J. org. Chem. **24** [1959] 813, 814, 816).
F: 303 – 305° [unkorr.].

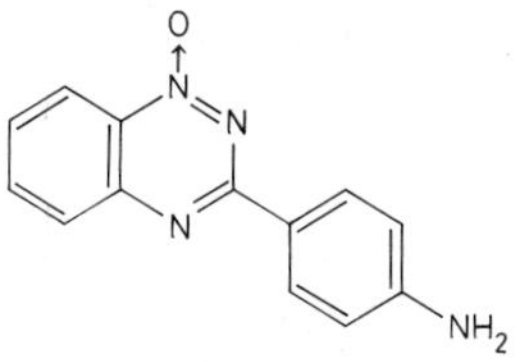

IV

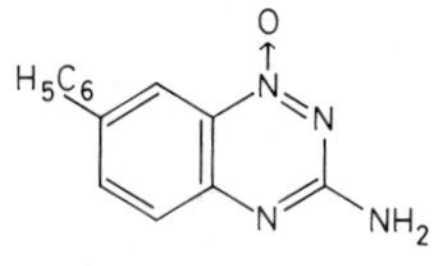

V

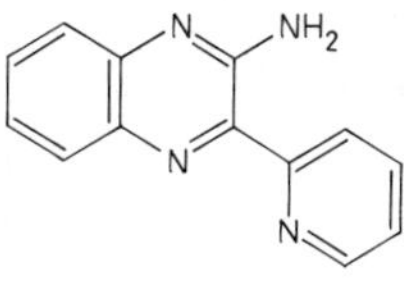

VI

3-[2]Pyridyl-chinoxalin-2-ylamin $C_{13}H_{10}N_4$, Formel VI.

B. Beim Erhitzen von [4-Dimethylamino-phenylimino]-[2]pyridyl-acetonitril mit *o*-Phenylen⸗ diamin in wss. Essigsäure (*Kröhnke, Gross,* B. **92** [1959] 22, 34).
Kristalle (aus A.); F: 178 – 179°.

*3-[4-Dimethylamino-styryl]-2-methyl-[1,2,4]triazolo[4,3-*a*]pyridinium $[C_{17}H_{19}N_4]^+$, Formel VII.

Jodid $[C_{17}H_{19}N_4]I$. *B.* Aus 2,3-Dimethyl-[1,2,4]triazolo[4,3-*a*]pyridinium-jodid und 4-Di⸗ methylamino-benzaldehyd (*Bower,* Soc. **1957** 4510, 4513). – Orangefarbene Kristalle (aus Me.); F: 269°. λ_{max} (Me.): 422 nm.

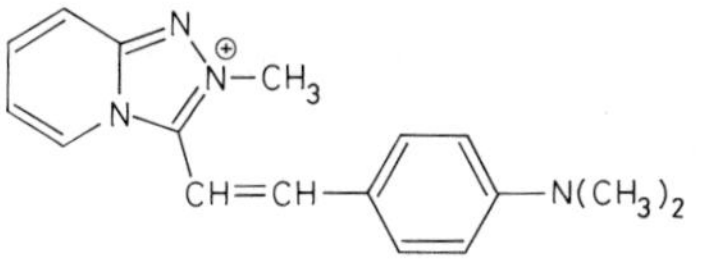

VII

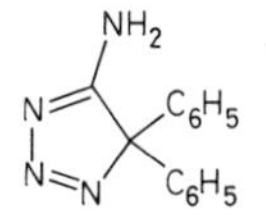

VIII

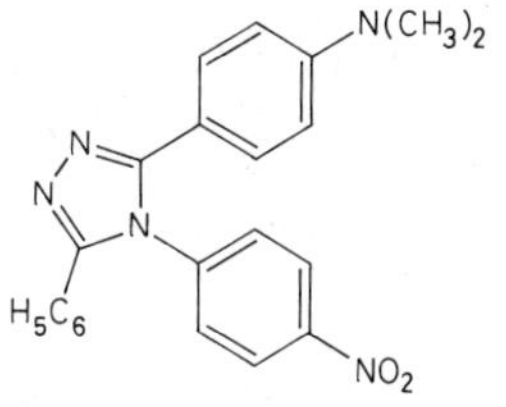

IX

5,5-Diphenyl-5*H*-[1,2,3]triazol-4-ylamin $C_{14}H_{12}N_4$, Formel VIII.

B. Neben Amino-diphenyl-acetonitril beim Hydrieren von Azido-diphenyl-acetonitril an Pal⸗ ladium in Äthanol (*Hohenlohe-Oehringen,* M. **89** [1958] 557, 560).
Kristalle (aus A.); Zers. bei 187°.

N,N-Dimethyl-4-[4-(4-nitro-phenyl)-5-phenyl-4*H*-[1,2,4]triazol-3-yl]-anilin $C_{22}H_{19}N_5O_2$, Formel IX.

B. Aus *N,N*-Dimethyl-4-[1*H*-tetrazol-5-yl]-anilin und *N*-[4-Nitro-phenyl]-benzimidoylchlorid in Pyridin (*Huisgen et al.,* Chem. and Ind. **1958** 1114; B. **93** [1960] 2885, 2887, 2890).
Orangefarbene Kristalle (aus E. + Me.); F: 260 – 262° (*Hu. et al.,* B. **93** 2887, 2890).

Monoamine $C_nH_{2n-18}N_4$

3(oder 4)-Nitro-acenaphtho[1,2-*e*][1,2,4]triazin-9-ylamin $C_{13}H_7N_5O_2$, Formel X (X = NO_2, X′ = H oder X = H, X′ = NO_2).

B. Beim Erhitzen von 5-Nitro-acenaphthen-1,2-dion mit Aminoguanidin-hydrochlorid in Es⸗

sigsäure (*De, Dutta,* B. **64** [1931] 2604).
Gelbe Kristalle (aus Py.); F: > 290°.

3,4-Dinitro-acenaphtho[1,2-e][1,2,4]triazin-9-ylamin $C_{13}H_6N_6O_4$, Formel X (X = X′ = NO₂).
B. Analog der vorangehenden Verbindung (*De, Dutta,* B. **64** [1931] 2604).
F: > 300° [aus Py.].

3,6-Diphenyl-[1,2,4]triazin-5-ylamin $C_{15}H_{12}N_4$, Formel XI.
B. Aus *N*-[Cyan-phenyl-methylen]-benzamidrazon beim Erwärmen mit wss.-äthanol. NaOH
(*Fusco, Rossi,* Tetrahedron 3 [1958] 209, 218).
Kristalle (aus A.); F: 219° [unkorr.]. Absorptionsspektrum (220 – 450 nm): *Fu., Ro.,* l. c.
S. 211.
Permanganat $C_{15}H_{12}N_4 \cdot HMnO_4$. Rotvioletter Feststoff.

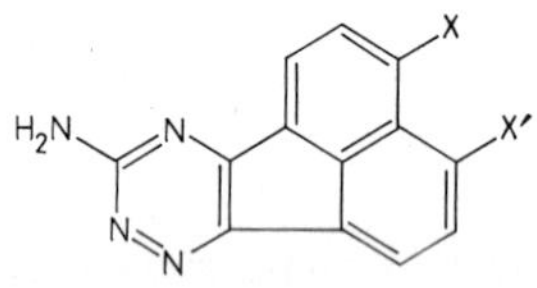

X 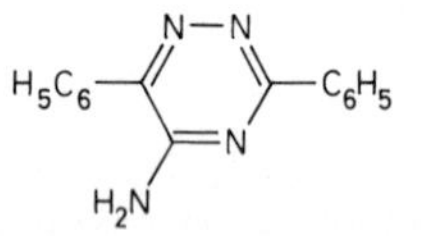   XI 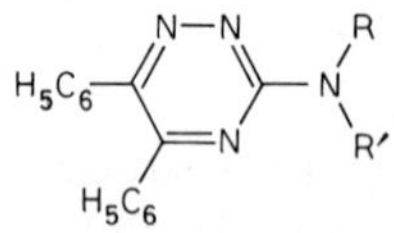   XII

5,6-Diphenyl-[1,2,4]triazin-3-ylamin $C_{15}H_{12}N_4$, Formel XII (R = R′ = H) (H 186).
Nach Ausweis der ¹H-NMR-Absorption in Dioxan liegt 5,6-Diphenyl-[1,2,4]triazin-3-ylamin
vor (*Elvidge et al.,* Soc. **1964** 4157, 4160).
B. Beim Erhitzen von 3-Chlor-5,6-diphenyl-[1,2,4]triazin mit wss. NH₃ (*Laakso et al.,* Tetra=
hedron **1** [1957] 103, 109).
Hellgelbe Kristalle; F: 176,5 – 177,5° [aus wss. A.] (*El. et al.,* l. c. S. 4161), 175° (*La.*).
¹H-NMR-Absorption (Dioxan): *El. et al.,* l. c. S. 4159.

3-Dimethylamino-5,6-diphenyl-[1,2,4]triazin, [5,6-Diphenyl-[1,2,4]triazin-3-yl]-dimethyl-amin
$C_{17}H_{16}N_4$, Formel XII (R = R′ = CH₃).
B. Beim Erhitzen von 3-Methylmercapto-5,6-diphenyl-[1,2,4]triazin mit Dimethylamin in Äth=
anol auf 180° (*Polonovski, Pesson,* C. r. **232** [1951] 1260).
F: 107 – 108°.

(±)-2-[5,6-Diphenyl-[1,2,4]triazin-3-ylamino]-1-phenyl-äthanol $C_{23}H_{20}N_4O$, Formel XII
(R = CH₂-CH(C₆H₅)-OH, R′ = H).
B. Aus 5,6-Diphenyl-2*H*-[1,2,4]triazin-3-thion beim Erhitzen mit (±)-2-Amino-1-phenyl-äth=
anol (*Fusco, Rossi,* Rend. Ist. lomb. **88** [1955] 194, 201).
Kristalle (aus A.): F: 193°.

3-Diacetylamino-5,6-diphenyl-[1,2,4]triazin, *N*-[5,6-Diphenyl-[1,2,4]triazin-3-yl]-diacetamid
$C_{19}H_{16}N_4O_2$, Formel XII (R = R′ = CO-CH₃).
Diese Verbindung hat möglicherweise auch in der früher (H **26** 186) als *N*-[5,6-Diphenyl-
[1,2,4]triazin-3-yl]-acetamid $C_{17}H_{14}N_4O$ formulierten Verbindung (F: 151°) vorgelegen
(*Sasaki, Minamoto,* Chem. pharm. Bl. **13** [1965] 1168, 1170).
B. Beim Erhitzen [10 h] von 5,6-Diphenyl-[1,2,4]triazin-3-ylamin mit Acetanhydrid (*Sa., Mi.,*
l. c. S. 1176).
Kristalle (aus Bzl. oder CHCl₃); F: 151 – 153° [unkorr.]. IR-Banden (KBr sowie CHCl₃;
3500 – 700 cm⁻¹): *Sa., Mi.,* l. c. S. 1171, 1176. UV-Spektrum (A.; 220 – 360 nm): *Sa., Mi.*

5,6-Diphenyl-3-sulfanilylamino-[1,2,4]triazin, Sulfanilsäure-[5,6-diphenyl-[1,2,4]triazin-3-ylamid]
$C_{21}H_{17}N_5O_2S$, Formel XII (R = SO₂-C₆H₄-NH₂, R′ = H).
B. Aus 5,6-Diphenyl-[1,2,4]triazin-3-ylamin bei der Umsetzung mit *N*-Acetyl-sulfanilylchlorid

und anschliessenden Hydrolyse mit wss. NaOH (*Raiziss et al.*, Am. Soc. **63** [1941] 2739).

Kristalle (aus H_2O oder wss. A.); F: 189° [unkorr.; nach Erweichen].

4,6-Diphenyl-[1,3,5]triazin-2-ylamin $C_{15}H_{12}N_4$, Formel XIII (X = H) (H 186).

B. Beim Erhitzen von Benzonitril mit Guanidin in Äthanol (*Burroughs Wellcome & Co.*, U.S.P. 2769809 [1951]; *Russell, Hitchings*, Am. Soc. **72** [1950] 4922, 4924). Aus Chlor-diphenyl-[1,3,5]triazin und äthanol. NH_3 (*Grundmann, Schröder*, B. **87** [1954] 747, 753 Anm. 19; vgl. H 186).

Kristalle (aus A.); F: 172° [unkorr.] (*Gr., Sch.*).

Beim Behandeln mit wss. H_2O_2 [30%ig] und H_2SO_4 [30% SO_3 enthaltend] sind 4-Amino-6-phenyl-1H-[1,3,5]triazin-2-on und 4-Amino-1-hydroxy-3,5-dioxy-6-phenyl-1H-[1,3,5]triazin-2-on erhalten worden (*Gr., Sch.*).

Anilino-diphenyl-[1,3,5]triazin, [Diphenyl-[1,3,5]triazin-2-yl]-phenyl-amin $C_{21}H_{16}N_4$, Formel XIV (X = X′ = H).

B. Beim Erhitzen von Chlor-diphenyl-[1,3,5]triazin mit Anilin (*Ruccia*, G. **89** [1959] 1670, 1679).

Kristalle (aus A.); F: 155°.

Aziridin-1-yl-diphenyl-[1,3,5]triazin $C_{17}H_{14}N_4$, Formel XV.

B. Aus Chlor-diphenyl-[1,3,5]triazin und Aziridin (*Bras*, Ž. obšč. Chim. **25** [1955] 1413, 1414; engl. Ausg. S. 1359).

Kristalle (aus Ae.); F: 144−145°.

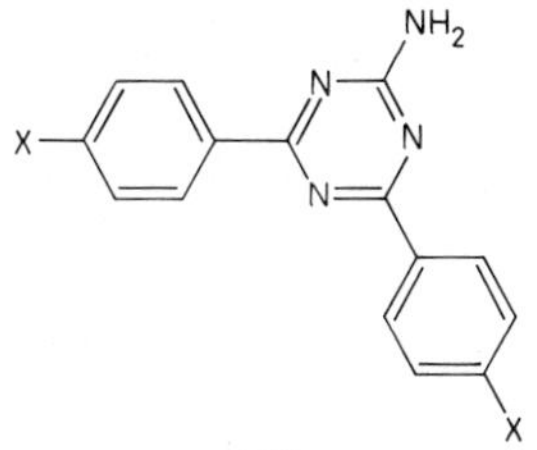

XIII 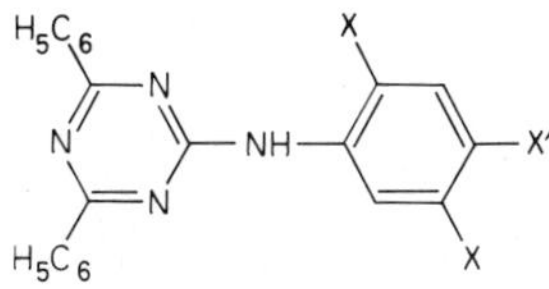   XIV 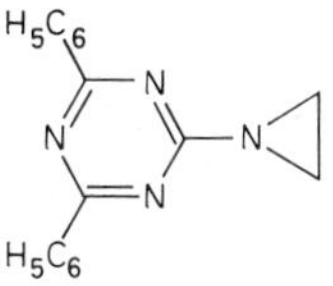   XV

2,5-Diäthoxy-N-[diphenyl-[1,3,5]triazin-2-yl]-p-phenylendiamin $C_{25}H_{25}N_5O_2$, Formel XIV (X = O-C_2H_5, X′ = NH_2).

B. Bei der Umsetzung von Chlor-diphenyl-[1,3,5]triazin mit Essigsäure-[2,5-diäthoxy-4-amino-anilid] und anschliessenden Hydrolyse mit konz. wss. HCl (*Am. Cyanamid Co.*, U.S.P. 2688616 [1952]).

Hydrochlorid. Zers. >250°.

4,6-Bis-[4-chlor-phenyl]-[1,3,5]triazin-2-ylamin $C_{15}H_{10}Cl_2N_4$, Formel XIII (X = Cl).

B. Aus 4-Chlor-benzonitril beim Erhitzen mit Guanidin (*Russell, Hitchings*, Am. Soc. **72** [1950] 4922, 4924) oder mit *p*-Toluimidoyl-guanidin (*Ru., Hi.*). Beim Erhitzen von Chlor-bis-[4-chlor-phenyl]-[1,3,5]triazin mit äthanol. NH_3 (*Grundmann, Schröder*, B. **87** [1954] 747, 753).

Kristalle; F: 257° (*Gr., Sch.*), 254° [aus A.] (*Ru., Hi.*).

Beim Behandeln mit wss. H_2O_2 [30%ig] und H_2SO_4 [30% SO_3 enthaltend] sind bei 3° 4-Amino-6-[4-chlor-phenyl]-1H-[1,3,5]triazin-2-on und N-[Bis-(4-chlor-phenyl)-[1,3,5]triazin-2-yl]-hydroxylamin, bei 18−20° neben der erstgenannten Verbindung 4-Amino-6-[4-chlor-phenyl]-1-hydroxy-3,5-dioxy-1H-[1,3,5]triazin-2-on erhalten worden (*Gr., Sch.*).

4,6-Bis-[4-nitro-phenyl]-[1,3,5]triazin-2-ylamin $C_{15}H_{10}N_6O_4$, Formel XIII (X = NO_2).

B. Beim Erhitzen von 4-Nitro-benzonitril mit Guanidin in Äthanol (*Russell, Hitchings*, Am. Soc. **72** [1950] 4922, 4924).

Hellbraun; F: >320°.

N-[Benz[4,5]imidazo[1,2-*c*]chinazolin-6-ylmethyl]-benzamid $C_{22}H_{16}N_4O$, Formel I.

B. Beim Erhitzen von *N*-[4-Oxo-4*H*-benz[*d*][1,3]oxazin-2-ylmethyl]-benzamid mit *o*-Phenylen= diamin und Kupfer-Pulver auf 170−180° (*Ghosh*, J. Indian chem. Soc. **14** [1937] 411).

Kristalle (aus A.); F: 211−212°.

Hydrochlorid. Kristalle; F: 225−231°.

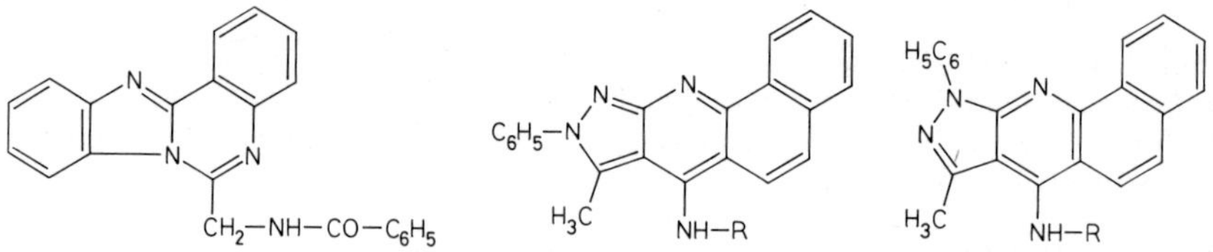

7-Anilino-8-methyl-9-phenyl-9*H*-benzo[*h*]pyrazolo[3,4-*b*]chinolin, [8-Methyl-9-phenyl-9*H*-benzo[*h*]pyrazolo[3,4-*b*]chinolin-7-yl]-phenyl-amin $C_{27}H_{20}N_4$, Formel II (R = C_6H_5).

B. Beim Erhitzen von [5-Methyl-1-phenyl-1*H*-pyrazol-3-yl]-[1]naphthyl-amin mit Phenyliso= thiocyanat auf 235−240° (*Kocwa*, Bl. Acad. polon. [A] **1937** 571, 576).

Gelbe Kristalle (aus A.); F: 179−180° (*Ko.*, l. c. S. 576).

Die folgenden Verbindungen sind in analoger Weise hergestellt worden:

7-Anilino-8-methyl-10-phenyl-10*H*-benzo[*h*]pyrazolo[3,4-*b*]chinolin, [8-Methyl-10-phenyl-10*H*-benzo[*h*]pyrazolo[3,4-*b*]chinolin-7-yl]-phenyl-amin $C_{27}H_{20}N_4$, Formel III (R = C_6H_5). Gelbe Kristalle (aus A.); F: 198° (*Kocwa*, Bl. Acad. polon. [A] **1937** 232, 236). − Hydrochlorid $C_{27}H_{20}N_4 \cdot$HCl. Gelbe Kristalle; F: 205° (*Ko.*, l. c. S. 236).

8-Methyl-7-[1]naphthylamino-9-phenyl-9*H*-benzo[*h*]pyrazolo[3,4-*b*]chinolin, [8-Methyl-9-phenyl-9*H*-benzo[*h*]pyrazolo[3,4-*b*]chinolin-7-yl]-[1]naphthyl-amin $C_{31}H_{22}N_4$, Formel II (R = $C_{10}H_7$). Gelbe Kristalle (aus A.); F: 218−219° (*Ko.*, l. c. S.578).

8-Methyl-7-[1]naphthylamino-10-phenyl-10*H*-benzo[*h*]pyrazolo[3,4-*b*]chinolin, [8-Methyl-10-phenyl-10*H*-benzo[*h*]pyrazolo[3,4-*b*]chinolin-7-yl]-[1]naphthyl-amin $C_{31}H_{22}N_4$, Formel III (R = $C_{10}H_7$). Gelbe Kristalle (aus A.); F: 225° (*Ko.*, l. c. S. 238).

3-Anilino-2-methyl-6*H*-indolo[2,3-*b*]chinoxalin, [2-Methyl-6*H*-indolo[2,3-*b*]chinoxalin-3-yl]-phenyl-amin $C_{21}H_{16}N_4$, Formel IV.

B. Beim Erhitzen von 3-Chlor-2-methyl-6*H*-indolo[2,3-*b*]chinoxalin mit Anilin und Kupfer-Pulver (*Prasad, Dutta*, B. **70** [1937] 2365).

Schwarz; F: 260°.

2-[6-Methyl-5-phenyl-[1,2,4]triazin-3-yl]-anilin $C_{16}H_{14}N_4$, Formel V.

B. Beim Erhitzen von Anthranilsäure-[1-methyl-2-oxo-2-phenyl-äthylidenhydrazid] mit NH_3 und Äthanol (*Metze*, B. **89** [1956] 2056, 2057).

Gelbe Kristalle (aus A.); F: 144°.

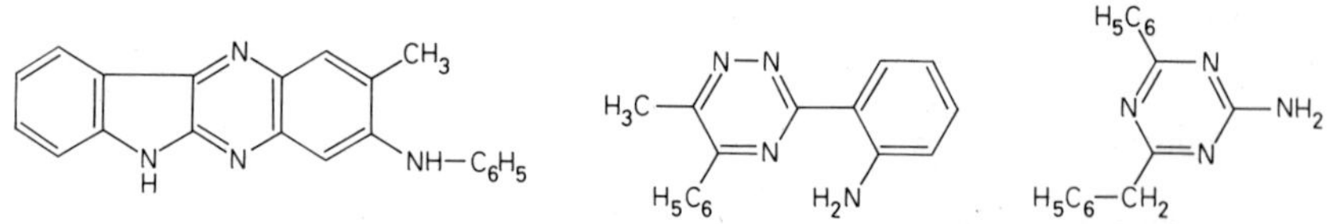

4-Benzyl-6-phenyl-[1,3,5]triazin-2-ylamin $C_{16}H_{14}N_4$, Formel VI.

Diese Verbindung hat vermutlich auch in dem von *I.G. Farbenind.* (D.R.P. 667542 [1936];

Frdl. **25** 1186; U.S.P. 2211710 [1938]) als 5,6-Diphenyl-pyrimidin-2,4-diyldiamin beschriebenen Präparat (F: 220 – 221°) vorgelegen (s. dazu *Russell et al.*, Am. Soc. **74** [1952] 5403).

B. Beim Erhitzen von Benzoylguanidin mit Phenylacetonitril oder von Phenylacetyl-guanidin mit Benzonitril (*Ru. et al.*). Aus (±)-3-Oxo-2,3-diphenyl-propionitril beim Erhitzen mit Guanidin in Äthanol zuletzt auf 170° (*Ru. et al.*; s. a. *I.G. Farbenind.*).

Kristalle (aus E.); F: 206 – 207° (*Ru. et al.*). λ_{max} (A.): 253 nm (*Ru. et al.*).

Monoamine $C_nH_{2n-20}N_4$

Pyrido[3,2-a]phenazin-5-ylamin $C_{15}H_{10}N_4$, Formel VII (R = H).

B. Aus 8-Amino-chinolin-5,6-dion (E III/IV **21** 6500) und o-Phenylendiamin in Essigsäure (*Drake, Pratt*, Am. Soc. **73** [1951] 544, 549).

Orangefarbene Kristalle (aus A.); F: 257 – 258° [korr.]. IR-Spektrum (Mineralöl; 2,5 – 15 μ): *Dr., Pr.*, l. c. S. 546.

Acetyl-Derivat $C_{17}H_{12}N_4O$; 5-Acetylamino-pyrido[3,2-a]phenazin, *N*-Pyrido-[3,2-a]phenazin-5-yl-acetamid. B. Aus 8-Acetylamino-chinolin-5,6-dion (E III/IV **21** 6500) und o-Phenylendiamin in Essigsäure (*Dr., Pr.*). Aus Pyrido[3,2-a]phenazin-5-ylamin und Acetanhydrid (*Dr., Pr.*). – Gelbe Kristalle (aus A.); F: 256 – 257° [korr.].

N-Isopropyl-N′-pyrido[3,2-a]phenazin-5-yl-pentandiyldiamin $C_{23}H_{27}N_5$, Formel VII (R = $[CH_2]_5$-NH-CH$(CH_3)_2$).

B. Analog der vorangehenden Verbindung (*Drake, Pratt*, Am. Soc. **73** [1951] 544, 549).

Dihydrobromid $C_{23}H_{27}N_5 \cdot 2HBr$. Dunkelrote Kristalle (aus A. + Ae.) mit 2 Mol H_2O, F: ca. 200 – 202°, die nach Wiedererstarren bei ca. 230 – 232° partiell schmelzen; nach nochmaliger Umkristallisation erfolgt partielles Schmelzen bei ca. 231 – 233°. IR-Spektrum (Mineralöl; 2,5 – 15 μ): *Dr., Pr.*, l. c. S. 546. UV-Spektrum (wss. HCl [0,1 n]; 230 – 400 nm): *Dr., Pr.*, l. c. S. 547.

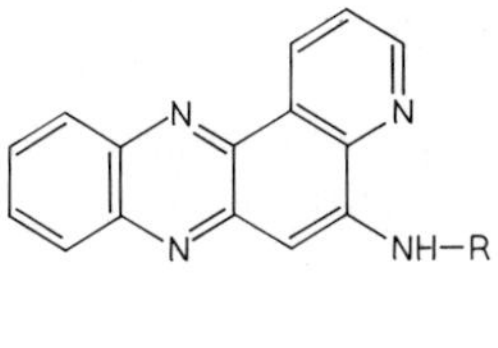

VII 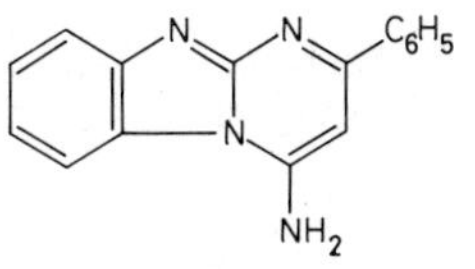   VIII 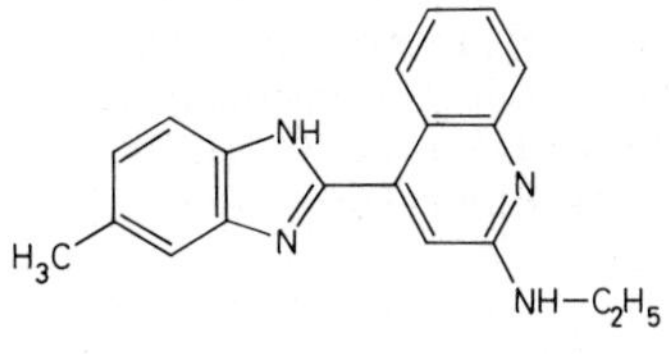   IX

2-Phenyl-benz[4,5]imidazo[1,2-a]pyrimidin-4-ylamin $C_{16}H_{12}N_4$, Formel VIII.

B. Beim Erhitzen von 1*H*-Benzimidazol-2-ylamin mit β-Amino-cinnamonitril [E III **10** 2995] (*Antaki, Petrow*, Soc. **1951** 551, 555; *De Cat, Van Dormael*, Bl. Soc. chim. Belg. **59** [1950] 573, 586).

Gelbe Kristalle; F: > 330° (*De Cat, Van Do.*), > 300° [aus Eg. + A.] (*An., Pe.*).

2-Äthylamino-4-[5-methyl-1(3)*H*-benzimidazol-2-yl]-chinolin, Äthyl-[4-(5-methyl-1(3)*H*-benzimidazol-2-yl)-[2]chinolyl]-amin $C_{19}H_{18}N_4$, Formel IX und Taut.

B. Aus 2-Äthylamino-chinolin-4-carbonsäure-chlorid beim Erhitzen mit 4-Methyl-o-phenylendiamin und Pyridin (*I.G. Farbenind.*, D.R.P. 533691 [1929]; Frdl. **18** 2724, 2729).

Pulver (aus H_2O); F: 145°.

Monoamine $C_nH_{2n-22}N_4$

3-Pyridazino[4,5-c]isochinolin-6-yl-anilin $C_{17}H_{12}N_4$, Formel X.

B. Analog der folgenden Verbindung (*Atkinson, Rodway*, Soc. **1959** 1, 4).

Gelbe Kristalle (aus A.); F: 245 – 246°.

4-Pyridazino[4,5-c]isochinolin-6-yl-anilin $C_{17}H_{12}N_4$, Formel XI.

B. Beim Erhitzen von 6-[4-Nitro-phenyl]-pyridazino[4,5-c]isochinolin mit $SnCl_2$ und konz. wss. HCl (*Atkinson, Rodway,* Soc. **1959** 1, 4).

Gelbe Kristalle (aus A.); F: 305—307°.

Methojodid $[C_{18}H_{15}N_4]I$. Rote Kristalle (aus A.); F: 323—324° [Zers.].

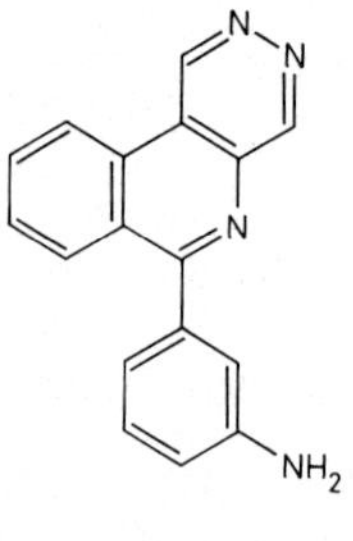

X 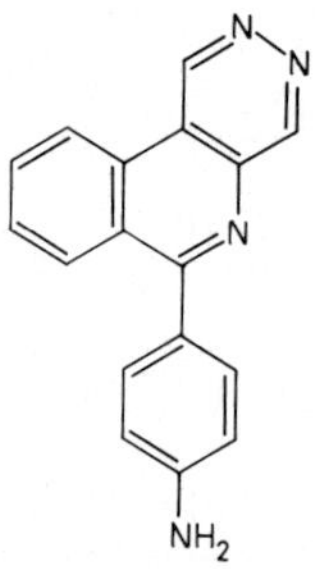   XI 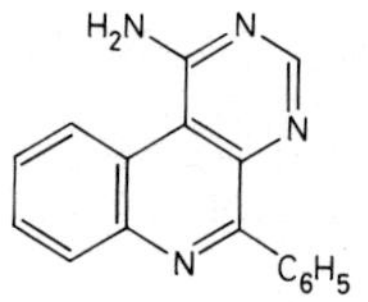   XII 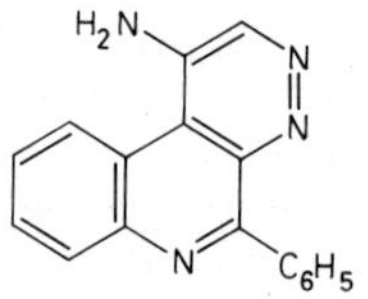   XIII

5-Phenyl-pyrimido[4,5-c]chinolin-1-ylamin $C_{17}H_{12}N_4$, Formel XII.

B. Aus 3-Amino-2-phenyl-chinolin-4-carbonitril und Formamid (*Atkinson, Mattocks,* Soc. **1957** 3718, 3720). Beim Erhitzen von 1-Chlor-5-phenyl-pyrimido[4,5-c]chinolin mit NH_3 in Phenol (*At., Ma.*).

Kristalle; F: 233—234° [aus Bzl.] bzw. 233° [aus E.].

Acetyl-Derivat $C_{19}H_{14}N_4O$; 1-Acetylamino-5-phenyl-pyrimido[4,5-c]chinolin, *N*-[5-Phenyl-pyrimido[4,5-c]chinolin-1-yl]-acetamid. Kristalle (aus Eg.); F: 251—252°.

Methojodid $[C_{18}H_{15}N_4]I$. Hellgelbe Kristalle (aus Me. oder Nitromethan); F: 239° [Zers.].

5-Phenyl-pyridazino[3,4-c]chinolin-1-ylamin $C_{17}H_{12}N_4$, Formel XIII.

B. Aus 1-Phenoxy-5-phenyl-pyridazino[3,4-c]chinolin beim Erhitzen mit Ammoniumacetat oder mit NH_3 in Acetamid (*Atkinson, Mattocks,* Soc. **1957** 3722, 3726).

Kristalle (aus Nitromethan); F: 276°.

Acetyl-Derivat $C_{19}H_{14}N_4O$; 1-Acetylamino-5-phenyl-pyridazino[3,4-c]chino≠ lin, *N*-[5-Phenyl-pyridazino[3,4-c]chinolin-1-yl]-acetamid. Kristalle (aus Eg.); F: 287—289°.

Methojodid $[C_{18}H_{15}N_4]I$. Gelbe Kristalle (aus Me.); F: 285° [Zers.].

3-[2]Chinolyl-chinoxalin-2-ylamin $C_{17}H_{12}N_4$, Formel I.

B. Beim Erhitzen von [2]Chinolyl-[4-dimethylamino-phenylimino]-acetonitril mit *o*-Phenylen≠ diamin in wss. Essigsäure (*Kröhnke, Gross,* B. **92** [1959] 22, 30).

Gelbe Kristalle (aus A.); F: 215,5—217°.

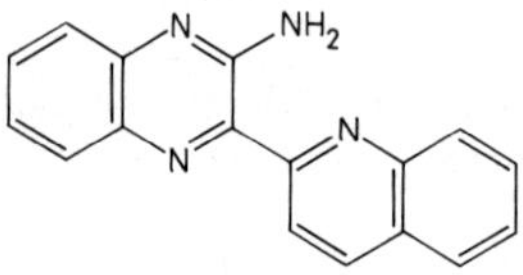

I 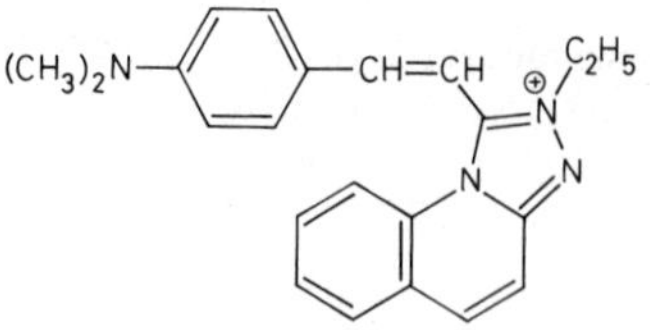   II 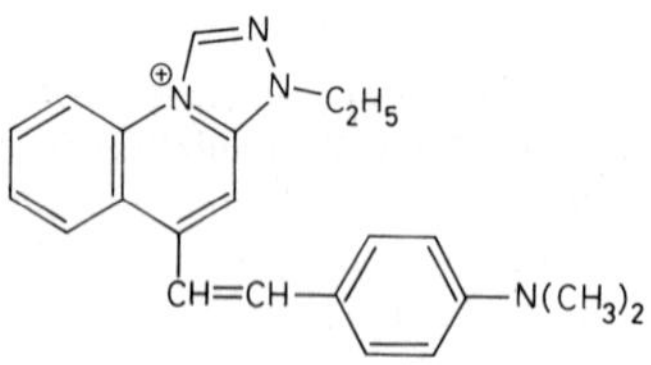   III

*2-Äthyl-1-[4-dimethylamino-styryl]-[1,2,4]triazolo[4,3-a]chinolinium $[C_{22}H_{23}N_4]^+$, Formel II.

Jodid $[C_{22}H_{23}N_4]I$. *B.* Aus 2-Äthyl-1-methyl-[1,2,4]triazolo[4,3-a]chinolinium-jodid und 4-Dimethylamino-benzaldehyd (*Eastman Kodak Co.,* U.S.P. 2786054 [1954]). — Gelbe Kristalle (aus A.); F: 261—262° [Zers.].

*3(?)-Äthyl-5-[4-dimethylamino-styryl]-3H-[1,2,4]triazolo[4,3-a]chinolinium $[C_{22}H_{23}N_4]^+$, vermutlich Formel III.

Jodid $[C_{22}H_{23}N_4]$I. *B*. Beim aufeinanderfolgenden Behandeln von 5-Méthyl-[1,2,4]tri⸗ azolo[4,3-a]chinolin mit Toluol-4-sulfonsäure-äthylester, mit 4-Dimethylamino-benzaldehyd und Piperidin und mit wss. NaI (*Eastman Kodak Co.*, U.S.P. 2689849 [1952]). – Rötlichbraune Kristalle (aus Me.); F: 278 – 280° [Zers.].

2,5-Diphenyl-pyrazolo[1,5-a]pyrimidin-7-ylamin $C_{18}H_{14}N_4$, Formel IV.

B. Beim Erhitzen von 5-Phenyl-1H-pyrazol-3-ylamin mit 3-Oxo-3-phenyl-propionitril (*Checchi, Ridi*, G. **87** [1957] 597, 606). – Kristalle (aus A.); F: 275 – 278°.

3,6-Diphenyl-pyrazolo[1,5-a]pyrimidin-7-ylamin $C_{18}H_{14}N_4$, Formel V.

Konstitution: *Alcalde et al.*, J. heterocycl. Chem. **11** [1974] 424, 427.

B. Beim Erhitzen von 3-Oxo-2-phenyl-propionitril mit N_2H_4 und wss. HCl in Essigsäure (*Alberti*, G. **89** [1959] 1017, 1020). Bei der Umsetzung von 4-Phenyl-1H-pyrazol-3-ylamin mit 3-Oxo-2-phenyl-propionitril (*Al. et al.*). – Kristalle; F: 223 – 224° (*Al. et al.*). IR-Banden (KBr; 3500 – 650 cm^{-1}): *Al. et al.* λ_{max} (Me.): 223 nm, 263 nm, 295 nm und 320 nm (*Al. et al.*).

IV   V   VI

Monoamine $C_nH_{2n-24}N_4$

2,3-Diphenyl-pyrido[2,3-b]pyrazin-6-ylamin $C_{19}H_{14}N_4$, Formel VI.

B. Aus Desoxybenzoin und 3-Nitroso-pyridin-2,6-diyldiamin mit Hilfe von Natriumäthylat (*Leese, Rydon*, Soc. **1955** 303, 306). Aus Pyridin-2,3,6-triyltriamin und Benzil in Äthanol (*Petrow, Saper*, Soc. **1948** 1389, 1392).

Gelbe Kristalle; F: 273° [korr.; aus Bzl.] (*Pe., Sa.*), 271° [aus A.] (*Le., Ry.*). λ_{max} (A.): 237 nm, 281 nm, 291 nm und 390 nm (*Le., Ry.*).

Acetyl-Derivat $C_{21}H_{16}N_4O$; 6-Acetylamino-2,3-diphenyl-pyrido[2,3-b]pyrazin, N-[2,3-Diphenyl-pyrido[2,3-b]pyrazin-6-yl]-acetamid. Kristalle (aus wss. A.); F: 268 – 269° [korr.] (*Pe., Sa.*).

*Opt.-inakt. 17-[2-Formyl-anilino]-10,11-dihydro-5aH,17H-5,11-cyclo-dibenzo[3,4;7,8][1,5]di⸗ azocino[2,1-b]chinazolin, 2-[10,11-Dihydro-5aH,17H-5,11-cyclo-dibenzo[3,4;7,8][1,5]di⸗ azocino[2,1-b]chinazolin-17-ylamino]-benzaldehyd $C_{28}H_{22}N_4O$, Formel VII (R = X′ = H, X = O).

Diese Konstitution kommt der H **14** 23 und E II **14** 16 als Anhydro-tetrakis-[2-amino-benz⸗ aldehyd] bezeichneten Verbindung zu (*McGeachin*, Canad. J. Chem. **44** [1966] 2323, 2325; *Albert, Yamamoto*, Soc. [B] **1966** 956, 959); Entsprechend ist das E II **14** 17 beschriebene Benzoylhydrazon als opt.-inakt. Benzoesäure-[2-(10,11-dihydro-5aH,17H-5,11-cyclo-dibenzo[3,4;7,8][1,5]diazocino[2,1-b]chinazolin-17-ylamino)-benzylidenhydrazid] $C_{35}H_{28}N_6O$ (Formel VII [R = X′ = H, X = N-NH-CO-C$_6$H$_5$]) zu formulieren. Die E II **14** 17 als Acetyl-anhydro-tetrakis-[2-amino-benzaldehyd] und als Nitroso-acetyl-anhydro-tetrakis-[2-amino-benzaldehyd] bezeichneten Derivate sind als opt.-inakt. 2-[10-Acetyl-10,11-di⸗ hydro-5aH,17H-5,11-cyclo-dibenzo[3,4;7,8][1,5]diazocino[2,1-b]chinazolin-17-yl⸗ amino]-benzaldehyd $C_{30}H_{24}N_4O_2$ (Formel VII [R = CO-CH$_3$, X = O, X′ = H]) bzw. als opt.-inakt. 2-[(10-Acetyl-10,11-dihydro-5aH,17H-5,11-cyclo-dibenzo[3,4;7,8][1,5]⸗ diazocino[2,1-b]chinazolin-17-yl)-nitroso-amino]-benzaldehyd $C_{30}H_{23}N_5O_3$

(Formel VII [R = CO-CH$_3$, X = O, X′ = NO]) zu formulieren (*McG.; Al., Ya.*).

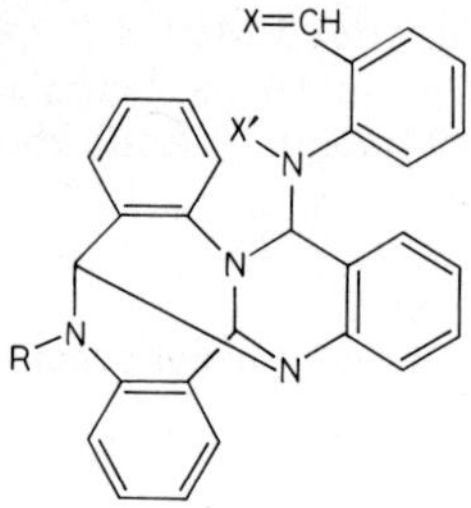

VII 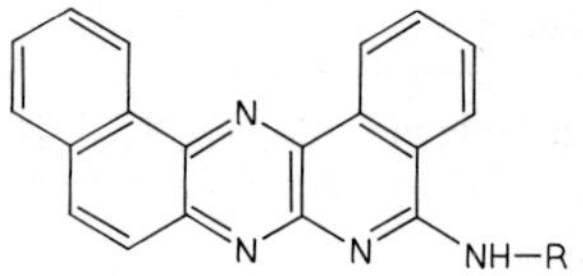   VIII 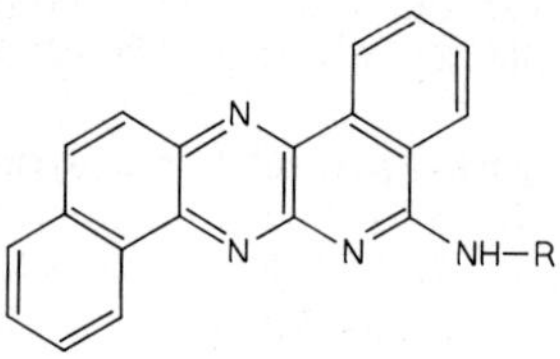   IX

Monoamine C$_n$H$_{2n-26}$N$_4$

Benz[*f*]isochino[3,4-*b*]chinoxalin-5-ylamin C$_{19}$H$_{12}$N$_4$, Formel VIII (R = H).

B. Aus 1-Nitroso-[2]naphthylamin und [2-Cyan-phenyl]-acetonitril mit Hilfe von Natrium=
äthylat in Äthanol (*Osdene, Timmis*, Soc. **1955** 4349, 4352).

Gelbe Kristalle (aus Eg.); F: >360° [nach Trocknen im Vakuum bei 180°].

5-Anilino-benz[*f*]isochino[3,4-*b*]chinoxalin, Benz[*f*]isochino[3,4-*b*]chinoxalin-5-yl-phenyl-amin
C$_{25}$H$_{16}$N$_4$, Formel VIII (R = C$_6$H$_5$).

B. Aus 6*H*-Benz[*f*]isochino[3,4-*b*]chinoxalin-5-thion beim Erhitzen mit Anilin (*Osdene, Tim=
mis*, Soc. **1955** 4349, 4353).

Kristalle (aus Bzl.); F: 263° [nach Trocknen im Vakuum bei 110°].

Benz[*f*]isochino[4,3-*b*]chinoxalin-5-ylamin C$_{19}$H$_{12}$N$_4$, Formel IX (R = H).

B. Aus 2-Nitroso-[1]naphthylamin und [2-Cyan-phenyl]-acetonitril mit Hilfe von Natrium=
äthylat in Äthanol (*Osdene, Timmis*, Soc. **1955** 4349, 4352).

Gelbe Kristalle (aus Eg.); F: 338° [nach Trocknen im Vakuum bei 190°].

5-Anilino-benz[*f*]isochino[4,3-*b*]chinoxalin, Benz[*f*]isochino[4,3-*b*]chinoxalin-5-yl-phenyl-amin
C$_{25}$H$_{16}$N$_4$, Formel IX (R = C$_6$H$_5$).

B. Aus 6*H*-Benz[*f*]isochino[4,3-*b*]chinoxalin-5-thion oder 5-Methylmercapto-benz[*f*]iso=
chino[4,3-*b*]chinoxalin beim Erhitzen mit Anilin (*Osdene, Timmis*, Soc. **1955** 4349, 4353).

Gelbe Kristalle (aus Xylol); F: 282−283° [nach Trocknen im Vakuum bei 110°].

4-[5,6-Diphenyl-[1,2,4]triazin-3-yl]-anilin C$_{21}$H$_{16}$N$_4$, Formel X.

B. Beim Erhitzen von Benzil mit 4-Amino-benzoesäure-hydrazid und Ammoniumacetat in
Essigsäure (*Laakso et al.*, Tetrahedron **1** [1957] 103, 112).

Gelbe Kristalle (aus Eg.+A.); F: 218−219°.

Acetyl-Derivat C$_{23}$H$_{18}$N$_4$O; 3-[4-Acetylamino-phenyl]-5,6-diphenyl-[1,2,4]tri=
azin, Essigsäure-[4-(5,6-diphenyl-[1,2,4]triazin-3-yl)-anilid]. Hellgelbe Kristalle (aus
Eg.); F: 264−265°.

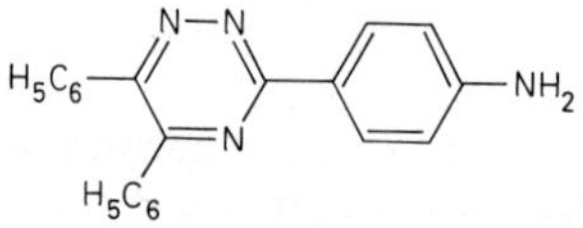

X 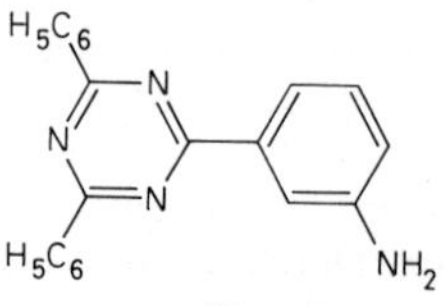   XI 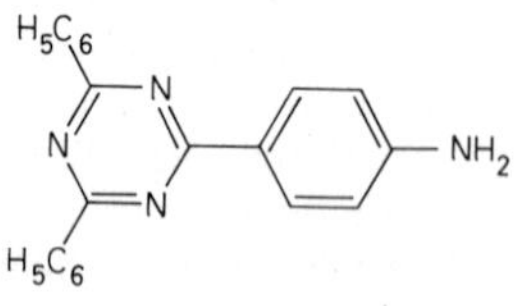   XII

3-[Diphenyl-[1,3,5]triazin-2-yl]-anilin C$_{21}$H$_{16}$N$_4$, Formel XI.

B. Beim Erhitzen von [3-Nitro-phenyl]-diphenyl-[1,3,5]triazin mit Phenylhydrazin (*Cook, Jo=*

nes, Soc. **1941** 278, 281).
Kristalle (aus Decalin); F: 214°.

Die folgenden Verbindungen sind in analoger Weise hergestellt worden:
4-[Diphenyl-[1,3,5]triazin-2-yl]-anilin $C_{21}H_{16}N_4$, Formel XII. Kristalle (aus Decalin);
F: 273° [Zers.]. – Acetyl-Derivat $C_{23}H_{18}N_4O$; [4-Acetylamino-phenyl]-diphenyl-
[1,3,5]triazin, Essigsäure-[4-(diphenyl-[1,3,5]triazin-2-yl)-anilid]. Kristalle (aus Deca⁼
lin); F: 315°.
5-[Di-*p*-tolyl-[1,3,5]triazin-2-yl]-2-methyl-anilin $C_{24}H_{22}N_4$, Formel XIII (X = H).
Gelbe Kristalle (aus Decalin); F: 231°.
5-[Bis-(4-methyl-3-nitro-phenyl)-[1,3,5]triazin-2-yl]-2-methyl-anilin
$C_{24}H_{20}N_6O_4$, Formel XIII (X = NO₂). Kristalle (aus Decalin); F: 261°.

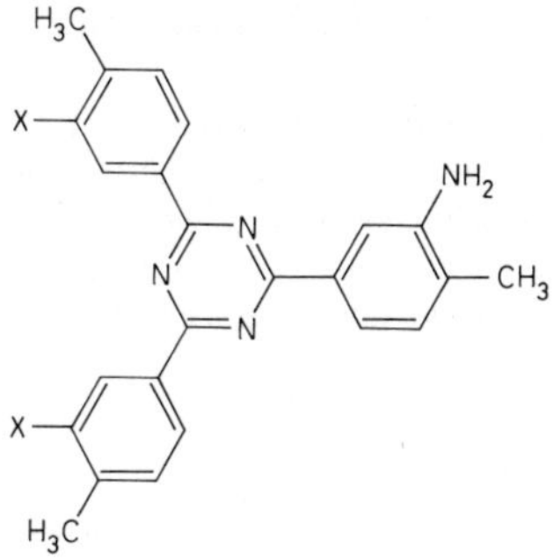

XIII 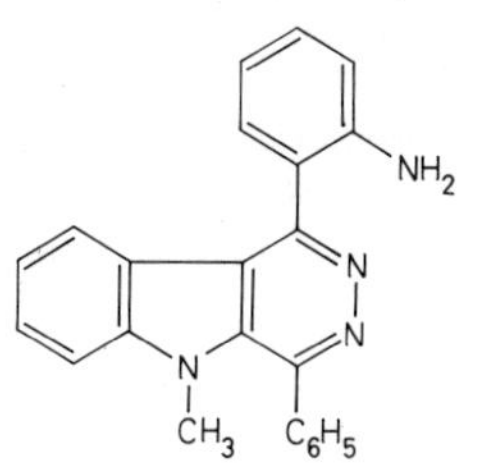   XIV

Monoamine $C_nH_{2n-28}N_4$

2-[5-Methyl-4-phenyl-5*H*-pyridazino[4,5-*b*]indol-1-yl]-anilin $C_{23}H_{18}N_4$, Formel XIV.
B. Beim Erhitzen von 5-Methyl-6-phenyl-5*H*-benz[6,7]azepino[3,4-*b*]indol-12-on mit
$N_2H_4 \cdot H_2O$ in 2-Äthoxy-äthanol (*Staunton, Topham,* Soc. **1953** 1889, 1892).
Kristalle (aus A.); F: 256 – 257°.   [*Rabien*]

B. Diamine

Diamine $C_nH_{2n+1}N_5$

Diamine $C_2H_5N_5$

1*H*-[1,2,4]Triazol-3,5-diyldiamin $C_2H_5N_5$, Formel I und Taut.; **Guanazol** (H 193; E I 57;
dort auch als 3.5-Diimino-1.2.4-triazolidin bezeichnet).
Nach Ausweis des IR-Spektrums liegt in KBr das Diamin vor (*Lopyrew et al.,* Chimija
geterocikl. Soedin. **1969** 732; engl. Ausg. S. 544).
Beim Behandeln mit wss. Ca(ClO)₂ ist eine Verbindung $C_2HCl_2N_5$ (gelber Feststoff [aus
Ae.], der beim raschen Erhitzen bei ca. 135° detoniert) erhalten worden (*Stollé, Dietrich,* J.
pr. [2] **139** [1934] 193, 197, 207). Das beim Erhitzen des Hydrochlorids mit wss. Cyanguanidin
erhaltene sog. Guanazoguanazol (s. H 193) ist nicht als [1,2,4]Triazolo[1,2-*a*][1,2,4]triazol-
1,3,5,7-tetraon-tetraimin, sondern als [1,2,4]Triazolo[4,3-*a*][1,3,5]triazin-3,5,7-triyltriamin zu
formulieren (*Kaiser et al.,* J. org. Chem. **18** [1953] 1610). Die beim Erhitzen mit *N,N'*-Diformyl-
hydrazin erhaltene Verbindung (*Papini, Checchi,* G. **82** [1952] 735, 739, 754; *Wiley, Hart,*
J. org. Chem. **18** [1953] 1368, 1370) ist als 1*H*-[3,4']Bi[1,2,4]triazolyl-5-ylamin zu formulieren
(*Hauser, Logush,* J. org. Chem. **29** [1964] 972).

Dinitrat $C_2H_5N_5 \cdot 2HNO_3$. Gelbliche Kristalle, die bei ca. 145° verpuffen (*St., Di.*, l. c. S. 207).

Picrat (H 193). Orangegelbe Kristalle; F: 249 – 251° [unkorr.; Zers.] (*Henry et al.*, Am. Soc. 75 [1953] 955, 962). Netzebenenabstände: *He. et al.*

Verbindung mit Oxalessigsäure-diäthylester $C_2H_5N_5 \cdot 2C_8H_{12}O_5$. Kristalle (aus Me.); F: 197°. (*Papini et al.*, G. 87 [1957] 931, 941).

1-Phenyl-1H-[1,2,4]triazol-3,5-diyldiamin $C_8H_9N_5$, Formel II (X = X′ = X″ = H) (H 195; E I 57; dort auch als 1-Phenyl-3.5-diimino-1.2.4-triazolidin bezeichnet).

Nach Ausweis des IR-Spektrums liegt in KBr das Diamin vor (*Lopyrew et al.*, Chimija geterocikl. Soedin. **1969** 732; engl. Ausg. S. 544).

Gelbliche Kristalle (aus H_2O); F: 173,7 – 175° [korr.] (*Steck et al.*, Am. Soc. **80** [1958] 3929). UV-Spektrum (A., wss. HCl [0,01 n] sowie wss. NaOH [0,01 n]; 220 – 300 nm): *Steck, Nachod*, Am. Soc. **79** [1957] 4411, 4412, 4414.

Die beim Erhitzen mit N,N'-Diformyl-hydrazin erhaltene Verbindung $C_{10}H_9N_7$ (*Papini, Checchi*, G. **82** [1952] 735, 740, 744) ist als 1-Phenyl-1H-[3,4′]bi[1,2,4]triazolyl-5-ylamin zu formulieren (*Beresnewa et al.*, Chimija geterocikl. Soedin. **1969** 1118; engl. Ausg. S. 848).

Hydrochlorid (H 196). Kristalle (aus A. + Ae.); F: 235 – 235,5° [korr.] (*St. et al.*).

Picrat $C_8H_9N_5 \cdot C_6H_3N_3O_7$ (E I 57). Gelbe Kristalle (aus wss. A.); F: 226 – 227° [korr.; Zers.] (*St. et al.*).

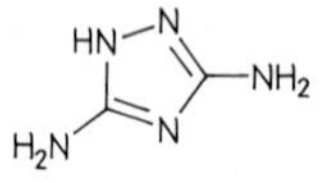

I 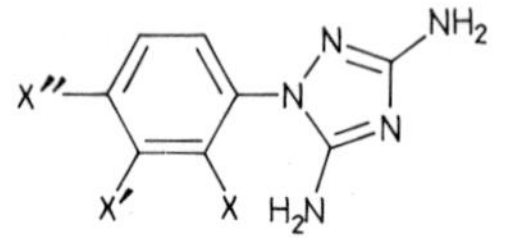   II 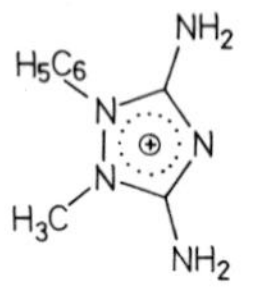   III 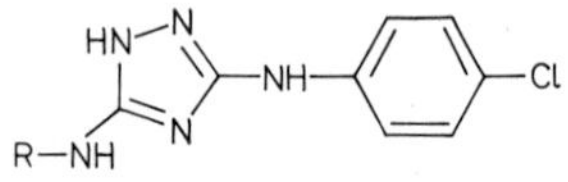   IV

1-[4-Fluor-phenyl]-1H-[1,2,4]triazol-3,5-diyldiamin $C_8H_8FN_5$, Formel II (X = X′ = H, X″ = F).

B. Beim Erhitzen von Cyanguanidin mit [4-Fluor-phenyl]-hydrazin-hydrochlorid in H_2O (*Steck et al.*, Am. Soc. **80** [1958] 3929).

Kristalle (aus A.); F: 174 – 174,5° [korr.] (*St. et al.*). UV-Spektrum (A.; 220 – 320 nm): *Steck, Nachod*, Am. Soc. **79** [1957] 4411, 4413.

Picrat $C_8H_8FN_5 \cdot C_6H_3N_3O_7$. Gelbe Kristalle (aus H_2O); F: 233 – 233,5° [korr.; Zers.] (*St. et al.*).

Die folgenden Verbindungen sind in analoger Weise hergestellt worden:

1-[3-Chlor-phenyl]-1H-[1,2,4]triazol-3,5-diyldiamin $C_8H_8ClN_5$, Formel II (X = X″ = H, X′ = Cl). Hellrosafarbene Kristalle (aus H_2O); F: 147,5 – 148° [korr.] (*St. et al.*). λ_{max}: 272 nm [A.], 256 nm [wss. HCl (0,01 n)] bzw. 266 nm [wss. NaOH (0,01 n)] (*St., Na.*). – Picrat $C_8H_8ClN_5 \cdot C_6H_3N_3O_7$. Gelbe Kristalle (aus wss. A.); F: 226 – 227° [korr.; Zers.] (*St. et al.*).

1-[4-Chlor-phenyl]-1H-[1,2,4]triazol-3,5-diyldiamin $C_8H_8ClN_5$, Formel II (X = X′ = H, X″ = Cl). Orangefarbene Kristalle (aus A.); F: 199,5 – 200° [korr.] (*St. et al.*), 198 – 199° (*Thurston, Walker*, Soc. **1952** 4542). UV-Spektrum (A.; 220 – 320 nm): *St., Na.* – Hydrochlorid $C_8H_8ClN_5 \cdot HCl$. Kristalle (aus A.); F: 230 – 231° [korr.; Zers.] (*St. et al.*). – Picrat $C_8H_8ClN_5 \cdot C_6H_3N_3O_7$. Gelbe Kristalle (aus A.); F: 234 – 234,5° [korr.] (*St. et al.*).

1-[2,4-Dichlor-phenyl]-1H-[1,2,4]triazol-3,5-diyldiamin $C_8H_7Cl_2N_5$, Formel II (X = X″ = Cl, X′ = H). Kristalle (aus A.); F: 182 – 184° (*Th., Wa.*).

1-[3,4-Dichlor-phenyl]-1H-[1,2,4]triazol-3,5-diyldiamin $C_8H_7Cl_2N_5$, Formel II (X = H, X′ = X″ = Cl). Kristalle (aus A.); F: 204 – 205° (*Th., Wa.*).

1-[4-Brom-phenyl]-1H-[1,2,4]triazol-3,5-diyldiamin $C_8H_8BrN_5$, Formel II (X = X′ = H, X″ = Br). Orangefarbene Kristalle; F: 211,5 – 212° [korr.; aus H_2O] (*St. et al.*), 210° (*Hitchings et al.*, Am. Soc. **74** [1952] 3200). UV-Spektrum (A.; 220 – 320 nm): *St., Na.* – Hydrochlorid $C_8H_8BrN_5 \cdot HCl$. Kristalle (aus A. + Ae.); F: 244,5 – 245° [korr.] (*St. et al.*).

– Picrat $C_8H_8BrN_5 \cdot C_6H_3N_3O_7$. Gelbe Kristalle (aus wss. A.); F: 222–223° [korr.] (*St. et al.*).

1-[4-Jod-phenyl]-1*H*-[1,2,4]triazol-3,5-diyldiamin $C_8H_8IN_5$,   Formel II (X = X' = H, X'' = I). Hellbraune Kristalle (aus A.); F: 232–233° [korr.] (*St. et al.*). UV-Spektrum (A.; 220–320 nm): *St., Na.* – Picrat $C_8H_8IN_5 \cdot C_6H_3N_3O_7$. Gelbe Kristalle (aus wss. A.); F: 245–245,5° [korr.; Zers.] (*St. et al.*).

3,5-Diamino-1-methyl-2-phenyl-[1,2,4]triazolium $[C_9H_{12}N_5]^+$, Formel III und Mesomere.

Betain $C_9H_{11}N_5$; z.B.   5-Amino-1-methyl-2-phenyl-[1,2,4]triazol-3-on-imin (H 198; dort als 2-Methyl-1-phenyl-3.5-diimino-1.2.4-triazolidin bezeichnet). λ_{max}: 216 nm [A.] bzw. 224 nm [wss. HCl (0,01 n)] (*Steck, Nachod*, Am. Soc. **79** [1957] 4411, 4414).

Jodid $[C_9H_{12}N_5]I$ (H 198). Kristalle (aus A.); F: 236–237° [korr.] (*Steck et al.*, Am. Soc. **80** [1958] 3929).

N^3-[4-Chlor-phenyl]-N^5-methyl-1*H*-[1,2,4]triazol-3,5-diyldiamin $C_9H_{10}ClN_5$, Formel IV (R = CH$_3$) und Taut.

B. Beim Erwärmen von N^1-[4-Chlor-phenyl]-N^2-methyl-μ-imido-dithiodicarbimidsäure-di= äthylester (aus S-Äthyl-N-[4-chlor-phenylthiocarbamoyl]-N'-methyl-isothioharnstoff und Äthyljodid hergestellt) mit $N_2H_4 \cdot H_2O$ in Äthanol (*Curd et al.*, Soc. **1949** 1739, 1742). Kristalle (aus wss. 2-Äthoxy-äthanol); F: 261–263°.

Die folgenden Verbindungen sind in analoger Weise hergestellt worden:

N^3-Äthyl-N^5-[4-chlor-phenyl]-1*H*-[1,2,4]triazol-3,5-diyldiamin $C_{10}H_{12}ClN_5$, Formel IV (R = C$_2$H$_5$) und Taut. Kristalle (aus wss. 2-Äthoxy-äthanol); F: 228–230°.

N^3-[4-Chlor-phenyl]-N^5-isopropyl-1*H*-[1,2,4]triazol-3,5-diyldiamin $C_{11}H_{14}ClN_5$, Formel IV (R = CH(CH$_3$)$_2$) und Taut. Kristalle (aus Bzl.); F: 162–164°.

N^3-[4-Brom-phenyl]-N^5-isopropyl-1*H*-[1,2,4]triazol-3,5-diyldiamin $C_{11}H_{14}BrN_5$, Formel V und Taut. Kristalle (aus Chlorbenzol); F: 154–156°.

N^3-Butyl-N^5-[4-chlor-phenyl]-1*H*-[1,2,4]triazol-3,5-diyldiamin $C_{12}H_{16}ClN_5$, For= mel IV (R = [CH$_2$]$_3$-CH$_3$) und Taut. Kristalle (aus A.); F: 196–198°.

3,5-Dianilino-1*H*-[1,2,4]triazol, N^3,N^5-Diphenyl-1*H*-[1,2,4]triazol-3,5-diyldiamin $C_{14}H_{13}N_5$, Formel VI (R = H) und Taut. (vgl. E II 106).

B. Beim Erwärmen von N^1,N^2-Diphenyl-μ-imido-dithiodicarbimidsäure-dimethylester mit N_2H_4 in Äthanol (*Underwood, Dains*, Univ. Kansas Sci. Bl. **24** [1936] 5, 11). Kristalle (aus A.); F: 250–251°.

Benzoyl-Derivat $C_{21}H_{17}N_5O$. Hellgelbe Kristalle (aus A.); F: 136° (*Un., Da.*, l. c. S. 12).

Bis-*p*-tolylcarbamoyl-Derivat $C_{30}H_{27}N_7O_2$; 3,5-Bis-[N-phenyl-N'-*p*-tolyl-ureido]-1*H*-[1,2,4]triazol, N,N''-Diphenyl-N',N'''-di-*p*-tolyl-N,N''-[1*H*-[1,2,4]tri= azol-3,5-diyl]-di-harnstoff. Kristalle (aus Heptan); F: 188° (*Un., Da.*, l. c. S. 12).

1,N^3,N^5-Triphenyl-1*H*-[1,2,4]triazol-3,5-diyldiamin $C_{20}H_{17}N_5$, Formel VI (R = C$_6$H$_5$).

B. Beim Erhitzen von N^1,N^2-Diphenyl-μ-imido-dithiodicarbimidsäure-dimethylester mit Phenylhydrazin (*Underwood, Dains*, Univ. Kansas Sci. Bl. **24** [1936] 5, 9). Beim Erwärmen von N-Anilino-N'-phenyl-N''-phenylthiocarbamoyl-guanidin mit äthanol. NaOH (*Un., Da.*, l. c. S. 10).

Kristalle (aus A.); F: 153–154°.

Hydrogensulfat $C_{20}H_{17}N_5 \cdot H_2SO_4$. F: 190° (*Un., Da.*, l. c. S. 10).

       V   VI   VII

1-[4-Brom-phenyl]-N^3,N^5-diphenyl-1H-[1,2,4]triazol-3,5-diyldiamin $C_{20}H_{16}BrN_5$, Formel VI
(R = C_6H_4-Br).

B. Beim Erhitzen von N^1,N^2-Diphenyl-μ-imido-dithiodicarbimidsäure-dimethylester mit [4-Brom-phenyl]-hydrazin (*Underwood, Dains,* Univ. Kansas Sci. Bl. **24** [1936] 5, 10).

Kristalle (aus A.); F: 190°.

N^3,N^5-Diphenyl-1-o-tolyl-1H-[1,2,4]triazol-3,5-diyldiamin $C_{21}H_{19}N_5$, Formel VI
(R = C_6H_4-CH_3).

B. Analog der vorangehenden Verbindung (*Underwood, Dains,* Univ. Kansas Sci. Bl. **24** [1936] 5, 10).

Kristalle (aus A.); F: 174°.

1-p-Tolyl-1H-[1,2,4]triazol-3,5-diyldiamin $C_9H_{11}N_5$, Formel VII (X = H) (H 202).

λ_{max}: 267 nm [A.], 248 nm [wss. HCl (0,01 n)] bzw. 256 nm [wss. NaOH (0,01 n)] (*Steck, Nachod,* Am. Soc. **79** [1957] 4411, 4413).

1-[3-Chlor-4-methyl-phenyl]-1H-[1,2,4]triazol-3,5-diyldiamin $C_9H_{10}ClN_5$, Formel VII
(X = Cl).

B. Beim Erhitzen von Cyanguanidin mit [3-Chlor-4-methyl-phenyl]-hydrazin-hydrochlorid in H_2O (*Steck et al.,* Am. Soc. **80** [1958] 3929).

Kristalle (aus H_2O); F: 176,5−177° [korr.] (*St. et al.*). λ_{max}: 268 nm [A.], 251 nm [wss. HCl (0,01 n)] bzw. 259 nm [wss. NaOH (0,01 n)] (*Steck, Nachod,* Am. Soc. **79** [1957] 4411, 4413).

Picrat $C_9H_{10}ClN_5 \cdot C_6H_3N_3O_7$. Gelbe Kristalle (aus wss. A.); F: 232−233° [korr.; Zers.] (*St. et al.*).

N^3,N^5-Diphenyl-1-p-tolyl-1H-[1,2,4]triazol-3,5-diyldiamin $C_{21}H_{19}N_5$, Formel VI
(R = C_6H_4-CH_3).

B. Beim Erhitzen von N^1,N^2-Diphenyl-μ-imido-dithiodicarbimidsäure-dimethylester mit p-Tolylhydrazin (*Underwood, Dains,* Univ. Kansas Sci. Bl. **24** [1936] 5, 11).

F: 161°.

3,5-Diamino-1-benzyl-2-phenyl-[1,2,4]triazolium $[C_{15}H_{16}N_5]^+$, Formel VIII.

Chlorid $[C_{15}H_{16}N_5]Cl$. *B.* Beim Erhitzen von 1-Phenyl-1H-[1,2,4]triazol-3,5-diyldiamin mit Benzylchlorid in Methanol (*Steck et al.,* Am. Soc. **80** [1958] 3929). − Kristalle (aus A.+Ae.); F: 229−231° [korr.].

1-[2]Naphthyl-1H-[1,2,4]triazol-3,5-diyldiamin $C_{12}H_{11}N_5$, Formel IX (H 203).

UV-Spektrum (A., wss. HCl [0,01 n] sowie wss. NaOH [0,01 n]; 200−360 nm): *Steck, Nachod,* Am. Soc. **79** [1957] 4411, 4412.

Picrat $C_{12}H_{11}N_5 \cdot C_6H_3N_3O_7$. Gelbe Kristalle (aus wss. Acn.); F: 238−239° [korr.; Zers.] (*Steck et al.,* Am. Soc. **80** [1958] 3929).

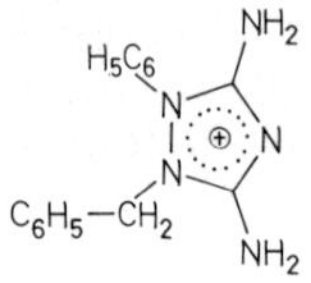

VIII 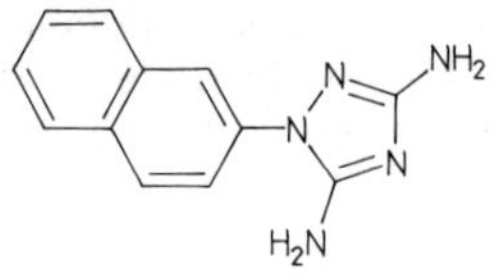   IX 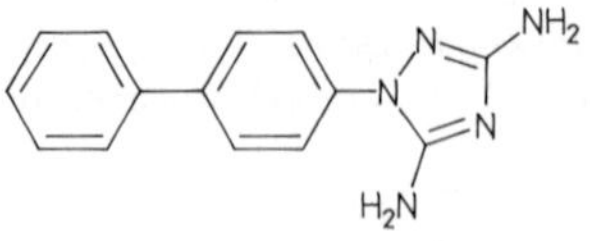   X 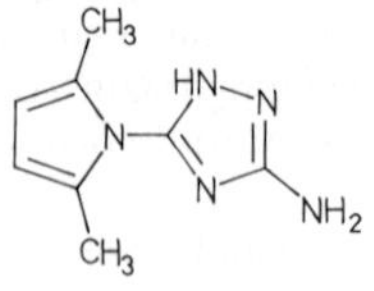   XI

1-Biphenyl-4-yl-1H-[1,2,4]triazol-3,5-diyldiamin $C_{14}H_{13}N_5$, Formel X.

B. Beim Erhitzen von Cyanguanidin mit Biphenyl-4-ylhydrazin-hydrochlorid in H_2O (*Steck et al.,* Am. Soc. **80** [1958] 3929).

Kristalle (aus H_2O); F: 226,5−227° [korr.] (*St. et al.*). UV-Spektrum (A., wss. HCl [0,01 n] sowie wss. NaOH [0,01 n]; 220−340 nm): *Steck, Nachod,* Am. Soc. **79** [1957] 4411, 4412.

Picrat $C_{14}H_{13}N_5 \cdot C_6H_3N_3O_7$. Gelbe Kristalle (aus wss. 2-Äthoxy-äthanol); F: 245−246°

[korr.] (*St. et al.*).

5-[3,5-Dimethyl-pyrrol-1-yl]-1*H*-[1,2,4]triazol-3-ylamin(?) $C_8H_{11}N_5$, vermutlich Formel XI und
Taut.
B. Beim Erhitzen von Guanazol (S. 1161) mit Hexan-2,5-dion (*Papini et al.*, G. **87** [1957]
931, 942).
Kristalle (aus H_2O); F: 245°.

1-[4-*p*-Tolyloxy-phenyl]-1*H*-[1,2,4]triazol-3,5-diyldiamin $C_{15}H_{15}N_5O$, Formel XII.
B. Beim Erhitzen von Cyanguanidin mit [4-*p*-Tolyloxy-phenyl]-hydrazin-hydrochlorid in H_2O
(*Steck et al.*, Am. Soc. **80** [1958] 3929).
Kristalle (aus Bzl.); F: 163,5–164° [korr.] (*St. et al.*). λ_{max}: 267 nm [A.], 248 nm [wss. HCl
(0,01 n)] bzw. 256 nm [wss. NaOH (0,01 n)] (*Steck, Nachod*, Am. Soc. **79** [1957] 4411, 4413).
Picrat $C_{15}H_{15}N_5O \cdot C_6H_3N_3O_7$. Gelbe Kristalle (aus wss. A.); F: 188–189° [korr.] (*St.
et al.*).

1-[4-(4-Chlor-phenylmercapto)-phenyl]-1*H*-[1,2,4]triazol-3,5-diyldiamin $C_{14}H_{12}ClN_5S$,
Formel XIII (X = Cl).
B. Analog der vorangehenden Verbindung (*Steck et al.*, Am. Soc. **80** [1958] 3929).
Kristalle (aus wss. A.); F: 183–184° [korr.].

XII   XIII   XIV

1-[4-*p*-Tolylmercapto-phenyl]-1*H*-[1,2,4]triazol-3,5-diyldiamin $C_{15}H_{15}N_5S$, Formel XIII
(X = CH_3).
B. Analog den vorangehenden Verbindungen (*Steck et al.*, Am. Soc. **80** [1958] 3929).
Hellorangefarbene Kristalle (aus wss. A.); F: 184–184,5° [korr.] (*St. et al.*). λ_{max}: 288 nm
[A.], 273 nm [wss. HCl (0,01 n)] bzw. 280 nm [wss. NaOH (0,01 n)] (*Steck, Nachod*, Am. Soc.
79 [1957] 4411, 4413).
Picrat $C_{15}H_{15}N_5S \cdot C_6H_3N_3O_7$. Gelbe Kristalle (aus A.); F: 199–200° [korr.] (*St. et al.*).

(±)-1-[5-Amino-1-phenyl-1*H*-[1,2,4]triazol-3-ylamino]-2,2,2-trichlor-äthanol(?) $C_{10}H_{10}Cl_3N_5O$,
vermutlich Formel XIV.
B. Beim Erhitzen von 1-Phenyl-1*H*-[1,2,4]triazol-3,5-diyldiamin mit Chloralhydrat in H_2O
(*Papini*, G. **80** [1950] 855, 858).
Kristalle (aus A.); F: 176°.

*N^3-Benzyliden-1*H*-[1,2,4]triazol-3,5-diyldiamin $C_9H_9N_5$, Formel I (R = X = H) und Taut.
B. Aus Guanazol (S. 1161) und Benzaldehyd (*Stollé, Dietrich*, J. pr. [2] **139** [1934] 193,
207; *Papini, Checchi*, G. **82** [1952] 735, 742).
Gelbe Kristalle; F: 234° [aus Nitrobenzol] (*St., Di.*), 228–233° [aus A.] (*Pa., Ch.*).

*N^3-Benzyliden-1-phenyl-1*H*-[1,2,4]triazol-3,5-diyldiamin $C_{15}H_{13}N_5$, Formel I (R = C_6H_5,
X = H).
Diese Konstitution ist der früher (H **26** 335) als N^3(oder N^5)-Benzyliden-1-phenyl-1*H*-[1,2,4]≠
triazol-3,5-diyldiamin („1-Phenyl-5(oder 3)-benzalamino-1.2.4-triazolon-3(oder 5)-imid") for≠
mulierten Verbindung zuzuordnen (*Fuentes, Lenoir*, Canad. J. Chem. **54** [1976] 3620, 3622).

*N^3-[2-Nitro-benzyliden]-1-phenyl-1*H*-[1,2,4]triazol-3,5-diyldiamin $C_{15}H_{12}N_6O_2$, Formel I
(R = C_6H_5, X = NO_2).
Bezüglich der Konstitution s. *Fuentes, Lenoir*, Canad. J. Chem. **54** [1976] 3620.
B. Aus 1-Phenyl-1*H*-[1,2,4]triazol-3,5-diyldiamin und 2-Nitro-benzaldehyd (*Papini, Checchi*,

G. **82** [1952] 735, 743).
Gelb; F: 222 – 224° (*Pa., Ch.*).

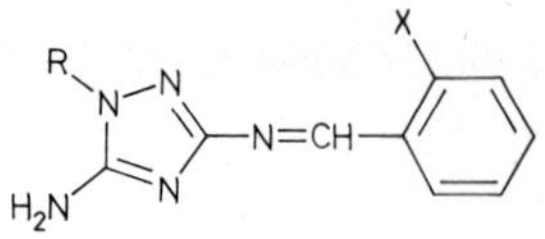

I

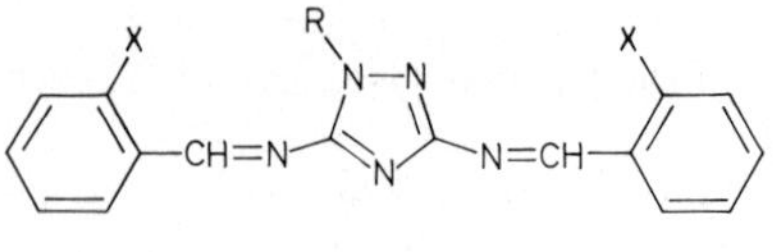

II

*N^3,N^5-**Dibenzyliden-1***H*-**[1,2,4]triazol-3,5-diyldiamin** $C_{16}H_{13}N_5$, Formel II (R = X = H) und Taut.

B. Aus Guanazol (S. 1161) oder aus N^3-Benzyliden-1*H*-[1,2,4]triazol-3,5-diyldiamin und Benzaldehyd (*Papini, Checchi,* G. **82** [1952] 735, 742).
Gelbe Kristalle; F: 206 – 209°.

*[5-**Amino-1-phenyl-1***H*-**[1,2,4]triazol-3-ylimino]-acetaldehyd, Glyoxal-mono-[5-amino-1-phenyl-1***H*-**[1,2,4]triazol-3-ylimin]** $C_{10}H_9N_5O$, Formel III.
Bezüglich der Konstitution s. *Fuentes, Lenoir,* Canad. J. Chem. **54** [1976] 3620, 3622.
B. Aus 1-Phenyl-1*H*-[1,2,4]triazol-3,5-diyldiamin und Glyoxal (*Papini, Checchi,* G. **82** [1952] 735, 742).
Gelber Feststoff, der beim Erhitzen verbrennt (*Pa., Ch.*).

*2-**[(5-Amino-1***H*-**[1,2,4]triazol-3-ylimino)-methyl]-phenol, Salicylaldehyd-[5-amino-1***H*-**[1,2,4]⁼ triazol-3-ylimin]** $C_9H_9N_5O$, Formel I (R = H, X = OH) und Taut.
B. Aus Guanazol (S. 1161) und Salicylaldehyd (*Papini, Checchi,* G. **82** [1952] 735, 742).
Gelbe Kristalle (aus A.); F: 228°.

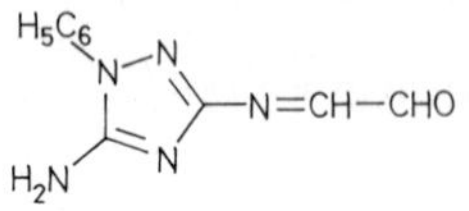

III

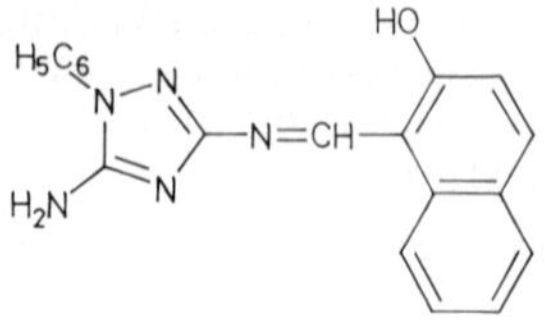

IV

*N^3,N^5-**Disalicyliden-1***H*-**[1,2,4]triazol-3,5-diyldiamin** $C_{16}H_{13}N_5O_2$, Formel II (R = H, X = OH) und Taut.
B. Aus Guanazol (S. 1161) oder der vorangehenden Verbindung und Salicylaldehyd (*Papini, Checchi,* G. **82** [1952] 735, 742).
F: 248 – 250°.

*1-**Phenyl-**N^3,N^5-**disalicyliden-1***H*-**[1,2,4]triazol-3,5-diyldiamin** $C_{22}H_{17}N_5O_2$, Formel II (R = C_6H_5, X = OH).
B. Aus 1-Phenyl-1*H*-[1,2,4]triazol-3,5-diyldiamin und Salicylaldehyd (*Papini, Checchi,* G. **82** [1952] 735, 743).
Gelb; F: 265 – 266°.

*1-**[(5-Amino-1-phenyl-1***H*-**[1,2,4]triazol-3-ylimino)-methyl]-[2]naphthol, 2-Hydroxy-[1]naphth⁼ aldehyd-[5-amino-1-phenyl-1***H*-**[1,2,4]triazol-3-ylimin]** $C_{19}H_{15}N_5O$, Formel IV.
Bezüglich der Konstitution s. *Fuentes, Lenoir,* Canad. J. Chem. **54** [1976] 3620.
B. Aus 1-Phenyl-1*H*-[1,2,4]triazol-3,5-diyldiamin und 2-Hydroxy-[1]naphthaldehyd (*Papini, Checchi,* G. **82** [1952] 735, 743).
Gelbe Kristalle (aus A.); F: 250 – 251° (*Pa., Ch.*).

3-[(5-Amino-1-phenyl-1H-[1,2,4]triazol-3-ylamino)-methylen]-pentan-2,4-dion $C_{14}H_{15}N_5O_2$,
Formel V (R = H) und Taut.

 B. Aus 1-Phenyl-1H-[1,2,4]triazol-3,5-diyldiamin und 3-Äthoxymethylen-pentan-2,4-dion (*Pa≠pini et al.*, G. **87** [1957] 931, 940).

 Kristalle (aus Dioxan); F: 220°.

N^3,N^5-**Bis-[2-acetyl-3-oxo-but-1-enyl]-1-phenyl-1H-[1,2,4]triazol-3,5-diyldiamin** $C_{20}H_{21}N_5O_4$,
Formel V (R = CH=C(CO-CH$_3$)$_2$) und Taut.

 B. Aus 1-Phenyl-1H-[1,2,4]triazol-3,5-diyldiamin und 3-Äthoxymethylen-pentan-2,4-dion (*Pa≠pini et al.*, G. **87** [1957] 931, 940).

 Kristalle (aus Dioxan); F: 197−200°.

N-**[5-Amino-1-phenyl-1H-[1,2,4]triazol-3-yl]-formamid(?)** $C_9H_9N_5O$, vermutlich Formel VI
(X = O).

 B. Beim Erhitzen von 1-Phenyl-1H-[1,2,4]triazol-3,5-diyldiamin mit Äthylformiat oder Form≠amid (*Papini*, G. **80** [1950] 855, 858). Beim Erhitzen von (±)-1-[5-Amino-1-phenyl-1H-[1,2,4]tri≠azol-3-ylamino]-2,2,2-trichlor-äthanol (?; S. 1165) mit wss. NaOH (*Pa.*).

 Kristalle (aus A.); F: 217°.

N-**[5-Amino-1-phenyl-1H-[1,2,4]triazol-3-yl]-N'-phenyl-formamidin(?)** $C_{15}H_{14}N_6$, vermutlich
Formel VI (X = N-C$_6$H$_5$) und Taut.

 B. Aus 1-Phenyl-1H-[1,2,4]triazol-3,5-diyldiamin beim Erhitzen mit N,N'-Diphenyl-formami≠din (*Papini*, G. **80** [1950] 855, 861).

 Kristalle (aus CHCl$_3$); F: 260°.

      V   VI   VII

N-**[4-Äthoxy-phenyl]-N'-[5-amino-1-phenyl-1H-[1,2,4]triazol-3-yl]-formamidin(?)** $C_{17}H_{18}N_6O$,
vermutlich Formel VI (X = N-C$_6$H$_4$-O-C$_2$H$_5$) und Taut.

 B. Aus 1-Phenyl-1H-[1,2,4]triazol-3,5-diyldiamin beim Erhitzen mit N-[4-Äthoxy-phenyl]-formamidin (*Papini*, G. **80** [1950] 855, 861).

 Kristalle (aus A.); F: 210°.

1H-[3,4′]Bi[1,2,4]triazolyl-5-ylamin $C_4H_5N_7$, Formel VII (R = H) und Taut.

 Diese Konstitution kommt sowohl der von *Papini, Checchi* (G. **82** [1952] 735, 739, 744)
als [1,2,4]Triazolo[1,2-a][1,2,4,5]tetrazin-6,8-dion-diimin $C_4H_5N_7$ als auch der von *Wiley, Hart*
(J. org. Chem. **18** [1953] 1368, 1370) als [1,2,4]Triazolidin-3,5-dion-bis-[formylhydrazono-methylimin] $C_6H_9N_9O_2$ angesehenen Verbindung zu (*Hauser, Logush*, J. org. Chem. **29** [1964]
972).

 B. Beim Erhitzen von Guanazol (S. 1161) mit N,N'-Diformyl-hydrazin (*Pa., Ch.; Wi., Hart*).

 Kristalle (aus H$_2$O bei schneller Kristallisation); F: >350° (*Ha., Lo.*; s. a. *Wi., Hart*).
Kristalle (aus H$_2$O bei langsamer Kristallisation) mit 0,25 Mol H$_2$O; F: >350° (*Ha., Lo.*).

1-Phenyl-1H-[3,4′]bi[1,2,4]triazolyl-5-ylamin $C_{10}H_9N_7$, Formel VII (R = C$_6$H$_5$).

 Diese Konstitution kommt der von *Papini, Checchi* (G. **82** [1952] 735, 740) mit Vorbehalt
als 1-Phenyl-1,3-dihydro-[1,2,4]triazolo[1,5-d][1,2,4,6]tetrazepin-2-on-imin formulierten Verbin≠dung zu (*Beresnewa et al.*, Chimija geterocikl. Soedin. **1969** 1118; engl. Ausg. S. 848).

 B. Aus 1-Phenyl-1H-[1,2,4]triazol-3,5-diyldiamin beim Erhitzen mit N,N'-Diformyl-hydrazin
(*Pa., Ch.*, l. c. S. 744; *Be. et al.*).

 Kristalle; F: 256−258° [aus Eg.] (*Pa., Ch.*), 242° [aus H$_2$O] (*Be. et al.*).

1-p-Tolyl-1H-[3,4′]bi[1,2,4]triazolyl-5-ylamin $C_{11}H_{11}N_7$, Formel VII (R = C$_6$H$_4$-CH$_3$).

 Bezüglich der Konstitution s. die Angaben im vorangehenden Artikel.

B. Analog der vorangehenden Verbindung (*Papini, Checchi,* G. **82** [1952] 735, 745).
Kristalle (aus wss. Eg.); F: 265°.

3,5-Bis-acetylamino-1H-[1,2,4]triazol, N,N'-[1H-[1,2,4]Triazol-3,5-diyl]-bis-acetamid
$C_6H_9N_5O_2$, Formel VIII (R = CH_3) und Taut.
B. Aus Guanazol (S. 1161) und Acetanhydrid (*Stollé, Dietrich,* J. pr. [2] **139** [1934] 193, 206).
Kristalle; F: > 300°.

1-Propionyl-1H-[1,2,4]triazol-3,5-diyldiamin $C_5H_9N_5O$, Formel IX (R = C_2H_5).
B. Beim Erhitzen von Cyanguanidin mit Propionsäure-hydrazid und wss. HCl (*Libbey-Owens-Ford Glass Co.,* U.S.P. 2456090 [1942]).
F: > 250°.

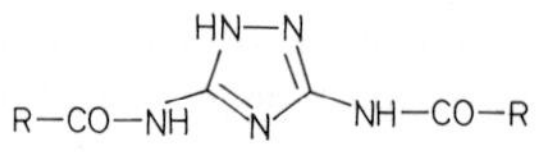

VIII 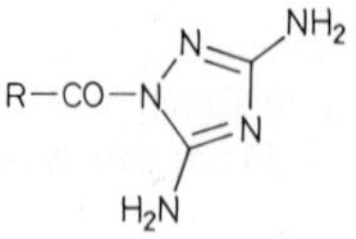   IX 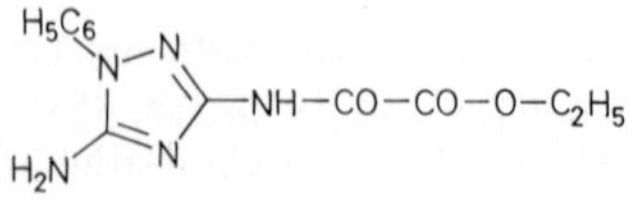   X

1-Benzoyl-1H-[1,2,4]triazol-3,5-diyldiamin $C_9H_9N_5O$, Formel IX (R = C_6H_5).
B. Beim Erhitzen von Cyanguanidin mit Benzoesäure-hydrazid und wss. HCl (*Libbey-Owens-Ford Glass Co.,* U.S.P. 2456090 [1942]).
Kristalle (aus A.); F: 223 − 225°.

3,5-Bis-benzoylamino-1H-[1,2,4]triazol, N,N'-[1H-[1,2,4]Triazol-3,5-diyl]-bis-benzamid
$C_{16}H_{13}N_5O_2$, Formel VIII (R = C_6H_5) und Taut.
B. Beim Erhitzen von Guanazol (S. 1161) mit Benzoylchlorid und Pyridin (*Stollé, Dietrich,* J. pr. [2] **139** [1934] 193, 206).
Kristalle (aus Me.); F: ca. 300° [nach Sintern ab 295°].

N-[5-Amino-1-phenyl-1H-[1,2,4]triazol-3-yl]-oxalamidsäure-äthylester(?) $C_{12}H_{13}N_5O_3$, vermutlich Formel X.
B. Aus 1-Phenyl-1H-[1,2,4]triazol-3,5-diyldiamin beim Erhitzen mit Oxalsäure-diäthylester (*Papini,* G. **80** [1950] 855, 860).
Kristalle (aus A.); F: 186 − 187° [Zers.].

N,N'-Bis-[5-amino-1-phenyl-1H-[1,2,4]triazol-3-yl]-oxalamid(?) $C_{18}H_{16}N_{10}O_2$, vermutlich Formel XI.
B. Beim Erhitzen von 1-Phenyl-1H-[1,2,4]triazol-3,5-diyldiamin mit Oxalsäure-diäthylester oder mit der vorangehenden Verbindung auf 160° (*Papini,* G. **80** [1950] 855, 860).
Kristalle (aus wss. Eg.); F: 280° [Zers.].

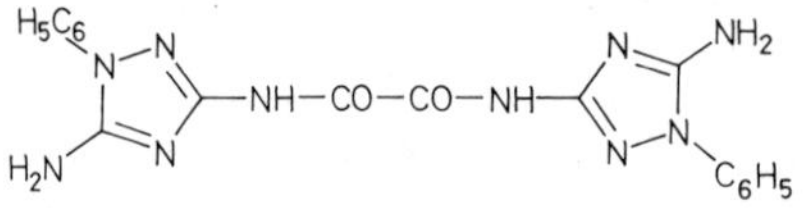

XI 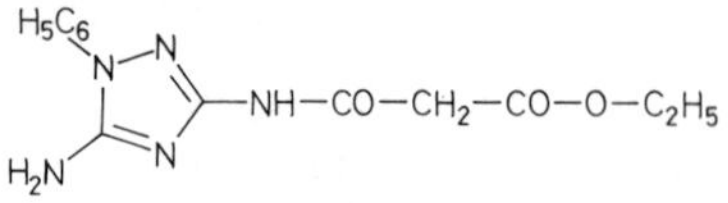   XII

N-[5-Amino-1-phenyl-1H-[1,2,4]triazol-3-yl]-malonamidsäure-äthylester(?) $C_{13}H_{15}N_5O_3$, vermutlich Formel XII.
B. Aus 1-Phenyl-1H-[1,2,4]triazol-3,5-diyldiamin beim Erhitzen mit Malonsäure-diäthylester (*Papini,* G. **80** [1950] 855, 859).
Kristalle (aus A.); F: 185°.

***N,N'*-Bis-[5-amino-1-phenyl-1*H*-[1,2,4]triazol-3-yl]-malonamid(?)** $C_{19}H_{18}N_{10}O_2$, vermutlich
Formel XIII.

B. Beim Erhitzen von 1-Phenyl-1*H*-[1,2,4]triazol-3,5-diyldiamin mit Malonsäure-diäthylester
oder mit der vorangehenden Verbindung (*Papini*, G. **80** [1950] 855, 859).
Gelbliche Kristalle (aus A.); F: 263° [Zers.].

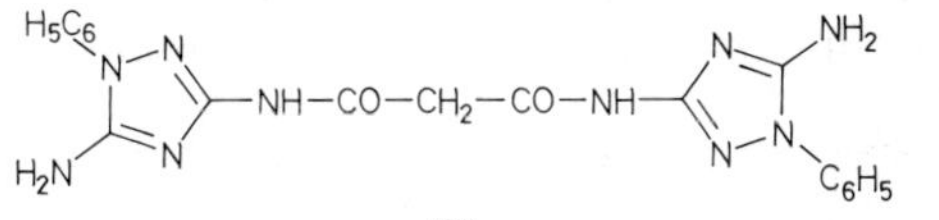

XIII 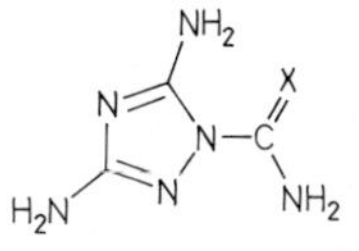   XIV

3,5-Diamino-[1,2,4]triazol-1(?)-carbonsäure-amid $C_3H_6N_6O$, vermutlich Formel XIV (X = O).

B. Beim Erhitzen von Cyanguanidin mit Semicarbazid-hydrochlorid in H_2O (*Gen. Electric
Co.*, U.S.P. 2352944 [1942]; *Libbey-Owens-Ford Glass Co.*, U.S.P. 2456090 [1942]).
Zers. bei 240 – 245° (*Libbey-Owens-Ford Glass Co.*).

3,5-Diamino-[1,2,4]triazol-1(?)-carbimidsäure-amid, 3,5-Diamino-[1,2,4]triazol-1(?)-carbamidin
$C_3H_7N_7$, vermutlich Formel XIV (X = NH).

B. Beim Erhitzen von Cyanguanidin mit Aminoguanidin-hydrochlorid oder -nitrat in H_2O
(*Gen. Electric Co.*, U.S.P. 2352944 [1942]; *Libbey-Owens-Ford Glass Co.*, U.S.P. 2456090
[1942]).
Kristalle (aus A.); F: 123 – 128° (*Libbey-Owens-Ford Glass Co.*).

[5-Amino-1*H*-[1,2,4]triazol-3-yl]-harnstoff $C_3H_6N_6O$, Formel I (R = R' = H) und Taut.

B. Beim Behandeln von Guanazol (S. 1161) in wss. CaO mit Chlorcyan (*Am. Cyanamid
Co.*, U.S.P. 2723274 [1954]).
Kristalle (aus H_2O); F: 210°.

[5-Amino-1-phenyl-1*H*-[1,2,4]triazol-3-yl]-harnstoff(?) $C_9H_{10}N_6O$, vermutlich Formel I
(R = C_6H_5, R' = H).

B. Beim Erhitzen von 1-Phenyl-1*H*-[1,2,4]triazol-3,5-diyldiamin mit Harnstoff oder mit Carb=
amidsäure-äthylester (*Papini*, G. **80** [1950] 855, 862).
Kristalle (aus A.); F: 254°.

***N*-[5-Amino-1-phenyl-1*H*-[1,2,4]triazol-3-yl]-*N'*-phenyl-harnstoff(?)** $C_{15}H_{14}N_6O$, vermutlich
Formel I (R = R' = C_6H_5).

B. Aus 1-Phenyl-1*H*-[1,2,4]triazol-3,5-diyldiamin beim Erhitzen mit *N,N'*-Diphenyl-harnstoff
(*Papini*, G. **80** [1950] 855, 862).
Kristalle (aus A.); F: 225°.

***N*-[5-Amino-1(?)-phenyl-1(?)*H*-[1,2,4]triazol-3-yl]-*N'*-[1]naphthyl-harnstoff** $C_{19}H_{16}N_6O$,
vermutlich Formel I (R = C_6H_5, R' = $C_{10}H_7$).

B. Beim Erhitzen von 1-Phenyl-1*H*-[1,2,4]triazol-3,5-diyldiamin mit [1]Naphthylisocyanat in
Xylol (*Steck et al.*, Am. Soc. **80** [1958] 3929).
Kristalle (aus wss. Py.) mit 0,5 Mol H_2O; F: 236 – 238° [korr.].

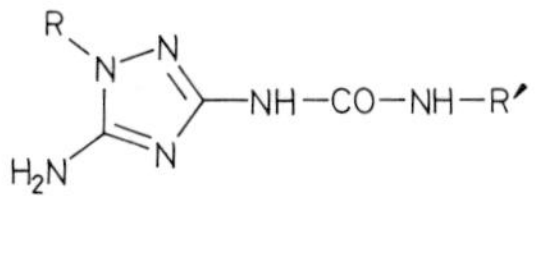

I 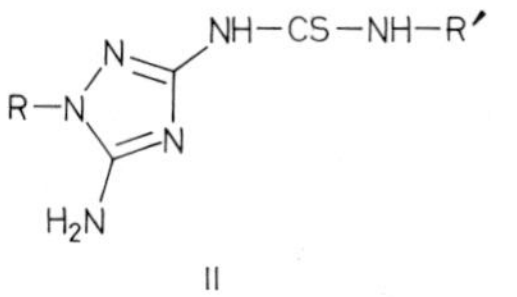   II 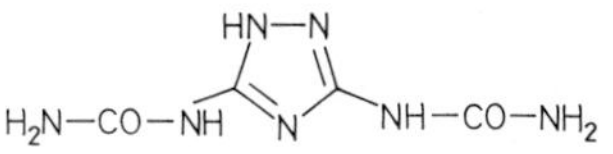   III

***N*-[5-Amino-1(?)-phenyl-1(?)*H*-[1,2,4]triazol-3-yl]-*N'*-phenyl-thioharnstoff** $C_{15}H_{14}N_6S$,
vermutlich Formel II (R = R' = C_6H_5) (E II **26** 108 als *N*-[5-Amino-1(oder 2)-phenyl-
1(oder 2)*H*-[1,2,4]triazol-3-yl]-*N'*-phenyl-thioharnstoff formuliert).
Kristalle (aus wss. Dioxan); F: 247 – 248° [korr.] (*Steck et al.*, Am. Soc. **80** [1958] 3929).

N-[5-Amino-1(?)-phenyl-1(?)*H*-[1,2,4]triazol-3-yl]-*N'*-[1]naphthyl-thioharnstoff $C_{19}H_{16}N_6S$,
vermutlich Formel II (R = C_6H_5, R' = $C_{10}H_7$).
  B. Beim Erhitzen von 1-Phenyl-1*H*-[1,2,4]triazol-3,5-diyldiamin mit [1]Naphthylisothiocyanat
in Xylol (*Steck et al.*, Am. Soc. **80** [1958] 3929).
  Kristalle (aus wss. Py.); F: 257−258° [korr.].

N-[5-Amino-1(?)-(4-chlor-phenyl)-1(?)*H*-[1,2,4]triazol-3-yl]-*N'*-phenyl-thioharnstoff
$C_{15}H_{13}ClN_6S$, vermutlich Formel II (R = C_6H_4Cl, R' = C_6H_5).
  B. Analog der vorangehenden Verbindung (*Steck et al.*, Am. Soc. **80** [1958] 3929).
  Kristalle (aus wss. Dioxan); F: 220−221° [korr.].

3,5-Diureido-1*H*-[1,2,4]triazol, N,N''-[1*H*-[1,2,4]Triazol-3,5-diyl]-di-harnstoff $C_4H_7N_7O_2$,
Formel III und Taut.
  B. Aus Guanazol (S. 1161) und Cyansäure (*Am. Cyanamid Co.*, U.S.P. 2723274, 2732275
[1954]).
  Kristalle (aus wss. 2-Äthoxy-äthanol); F: 240° [Zers.].

N³,N⁵-Bis-[2-äthoxycarbonyl-1-methyl-vinyl]-1-phenyl-1*H*-[1,2,4]triazol-3,5-diyldiamin,
3,3'-[1-Phenyl-1*H*-[1,2,4]triazol-3,5-diyldiamino]-di-crotonsäure-diäthylester $C_{20}H_{25}N_5O_4$,
Formel IV und Taut.
  B. Beim Erhitzen von 1-Phenyl-1*H*-[1,2,4]triazol-3,5-diyldiamin mit Acetessigsäure-äthylester
auf 140° (*Papini, Checchi*, G. **80** [1950] 850, 852).
  Kristalle (aus A.); F: 120−122°.

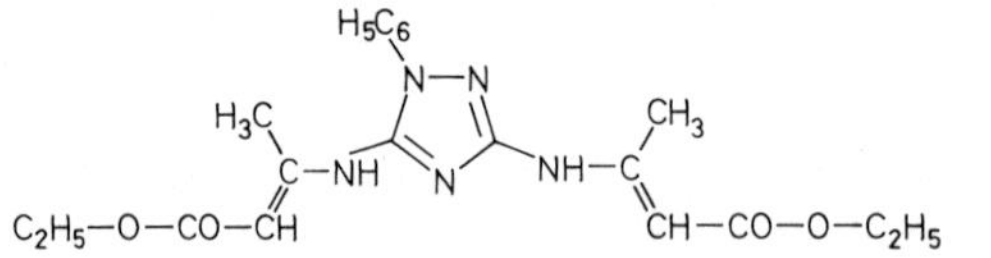

IV 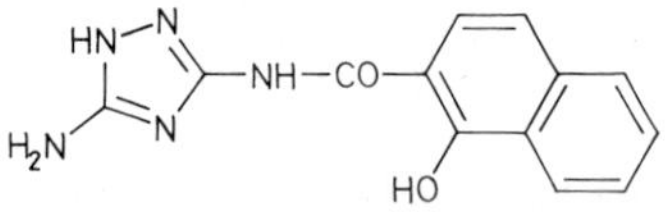   V

1-Hydroxy-[2]naphthoesäure-[5-amino-1*H*-[1,2,4]triazol-3-ylamid] $C_{13}H_{11}N_5O_2$, Formel V und
Taut.
  B. Aus Guanazol (S. 1161) beim Erhitzen mit 1-Hydroxy-[2]naphthoesäure-phenylester (*Ge=
vaert Photo-Prod. N.V.*, U.S.P. 2823998 [1950]).
  Kristalle (aus Py.); F: 295°.

**(±)-*N*-[5-(1-Hydroxy-[2]naphthoylamino)-1*H*-[1,2,4]triazol-3-yl]-3(?)-octadec-x-enyl-
succinamidsäure** $C_{35}H_{49}N_5O_5$, vermutlich Formel VI und Taut.
  B. Beim Erhitzen der vorangehenden Verbindung mit (±)-Octadec-x-enylbernsteinsäure-anhy=
drid in Pyridin (*Gevaert Photo-Prod. N.V.*, U.S.P. 2823998 [1950]).
  Kristalle (aus Py.); F: 281−282°.

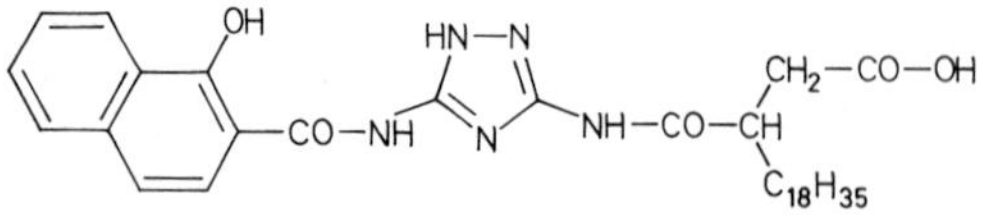

VI 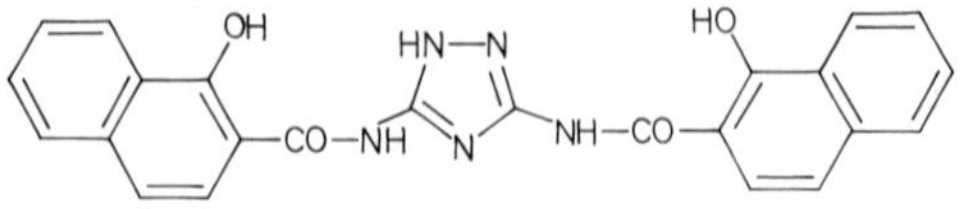   VII

3,5-Bis-[1-hydroxy-[2]naphthoylamino]-1*H*-[1,2,4]triazol $C_{24}H_{17}N_5O_4$, Formel VII und Taut.
  B. Beim Erwärmen von Guanazol (S. 1161) mit 1-Hydroxy-[2]naphthoesäure in Chlorbenzol
(*Gevaert Photo-Prod. N.V.*, U.S.P. 2823998 [1950]).
  Kristalle (aus wss. A.); F: 230°.

[(5-Amino-1H-[1,2,4]triazol-3-ylamino)-methylen]-malonsäure-monoäthylester(?) $C_8H_{11}N_5O_4$, vermutlich Formel VIII (R = H, R′ = CO-OH) und Taut.

Die nachstehend beschriebene Verbindung wird von *Papini et al.* (G. **87** [1957] 931, 944) als [(3,5-Diimino-[1,2,4]triazolidin-1-yl)-methylen]-malonsäure-monoäthylester $C_8H_{11}N_5O_4$ formuliert (s. jedoch *Williams*, Soc. **1962** 2222, 2223).

B. Beim Erhitzen der folgenden Verbindung mit wss. HCl (*Pa. et al.*).

Kristalle (aus Eg.); F: 290° (*Pa. et al.*).

3-[5-Amino-1H-[1,2,4]triazol-3-ylamino]-2-cyan-acrylsäure-äthylester(?) [1]) $C_8H_{10}N_6O_2$, vermutlich Formel VIII (R = H, R′ = CN) und Taut.

B. Aus Guanazol (S. 1161) und 3-Äthoxy-2-cyan-acrylsäure-äthylester (*Papini et al.*, G. **87** [1957] 931, 943).

Kristalle (aus H_2O); F: 207−210°.

3-[5-Amino-1-phenyl-1H-[1,2,4]triazol-3-ylamino]-2-cyan-acrylsäure-äthylester(?) [1]) $C_{14}H_{14}N_6O_2$, vermutlich Formel VIII (R = C_6H_5, R′ = CN) und Taut.

B. Beim Erwärmen von 1-Phenyl-1H-[1,2,4]triazol-3,5-diyldiamin mit 3-Äthoxy-2-cyan-acryl≈ säure-äthylester in Äthanol (*Papini et al.*, G. **87** [1957] 931, 940).

Kristalle (aus wss. A.); F: 188−190°.

VIII   IX

N-[5-Amino-1-phenyl-1H-[1,2,4]triazol-3-yl]-acetoacetamid(?) [1]) $C_{12}H_{13}N_5O_2$, vermutlich Formel IX (R = C_6H_5) und Taut.

B. Aus 1-Phenyl-1H-[1,2,4]triazol-3,5-diyldiamin beim Erwärmen mit Acetessigsäure-äthyl≈ ester (*Papini*, G. **80** [1950] 100, 103).

Kristalle (aus A.); F: 208−209° [Zers.].

N-[5-Amino-1-p-tolyl-1H-[1,2,4]triazol-3-yl]-acetoacetamid(?) [1]) $C_{13}H_{15}N_5O_2$, vermutlich Formel IX (R = C_6H_4-CH_3) und Taut.

B. Aus 1-p-Tolyl-1H-[1,2,4]triazol-3,5-diyldiamin beim Erhitzen mit Acetessigsäure-äthylester (*Papini*, G. **80** [1950] 100, 103).

Kristalle (aus A.); Zers. bei 215−216°.

N-[5-Amino-1-[2]naphthyl-1H-[1,2,4]triazol-3-yl]-acetoacetamid(?) [1]) $C_{16}H_{15}N_5O_2$, vermutlich Formel IX (R = $C_{10}H_7$) und Taut.

B. Analog der vorangehenden Verbindung (*Papini*, G. **80** [1950] 100, 104).

Kristalle (aus A.); Zers. bei 224−225°.

3,5-Bis-acetoacetylamino-1-phenyl-1H-[1,2,4]triazol, N,N'-[1-Phenyl-1H-[1,2,4]triazol-3,5-diyl]-bis-acetoacetamid $C_{16}H_{17}N_5O_4$, Formel X (R = CH_3) und Taut.

B. Beim Erhitzen von 1-Phenyl-1H-[1,2,4]triazol-3,5-diyldiamin mit Acetessigsäure-äthylester in Xylol (*Gen. Aniline & Film Corp.*, U.S.P. 2395776 [1943]).

Kristalle (aus A.); F: 195°.

3-Oxo-3-phenyl-propionsäure-[5-amino-1-phenyl-1H-[1,2,4]triazol-3-ylamid](?) [1]) $C_{17}H_{15}N_5O_2$, vermutlich Formel XI (R = H) und Taut.

B. Aus 1-Phenyl-1H-[1,2,4]triazol-3,5-diyldiamin beim Erhitzen mit 3-Oxo-3-phenyl-propion≈ säure-äthylester (*Papini, Checchi*, G. **82** [1952] 735, 741).

Kristalle (aus A.); F: 213−215°.

---

[1]) Bezüglich der Konstitution s. die Angaben im Artikel [(5-Amino-1H-[1,2,4]triazol-3-yl≈ amino)-methylen]-malonsäure-monoäthylester (S. 1171).

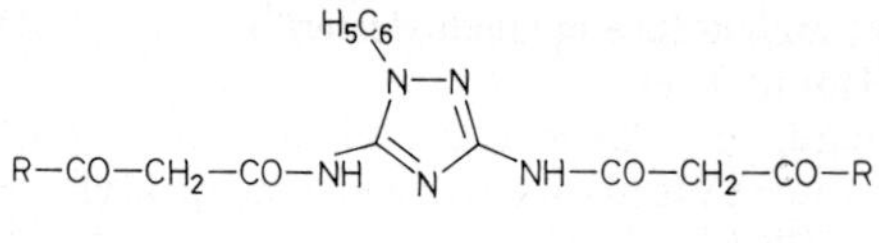

X

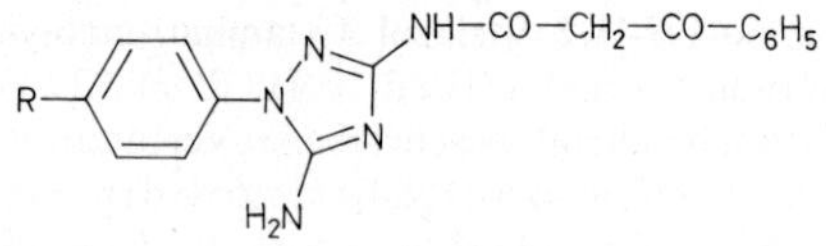

XI

3-Oxo-3-phenyl-propionsäure-[5-amino-1-*p*-tolyl-1*H*-[1,2,4]triazol-3-ylamid](?) [1]) $C_{18}H_{17}N_5O_2$, vermutlich Formel XI (R = CH$_3$) und Taut.

B. Analog der vorangehenden Verbindung (*Papini, Checchi*, G. **82** [1952] 735, 741). Kristalle (aus Eg.); F: 240–241°.

3,5-Bis-[3-oxo-3-phenyl-propionylamino]-1-phenyl-1*H*-[1,2,4]triazol $C_{26}H_{21}N_5O_4$, Formel X (R = C$_6$H$_5$) und Taut.

B. Beim Erhitzen von 1-Phenyl-1*H*-[1,2,4]triazol-3,5-diyldiamin mit 3-Oxo-3-phenyl-propion= säure-äthylester in Xylol (*Gen. Aniline & Film Corp.*, U.S.P. 2395776 [1943]). F: 218–220°.

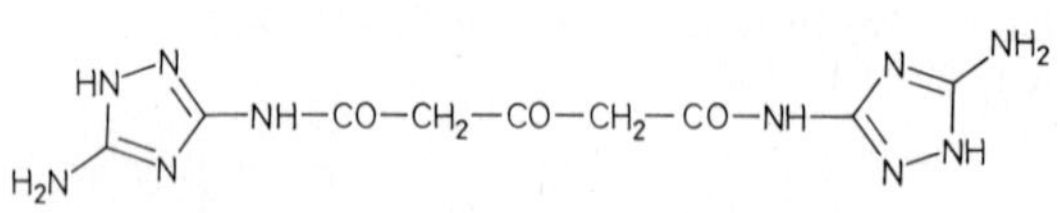

XII

3-Oxo-glutarsäure-bis-[5-amino-1*H*-[1,2,4]triazol-3-ylamid](?) [1]) $C_9H_{12}N_{10}O_3$, vermutlich Formel XII und Taut.

B. Aus Guanazol (S. 1161) und 3-Oxo-glutarsäure-diäthylester (*Papini et al.*, G. **87** [1957] 931, 944). Kristalle (aus H$_2$O); F: 310°.

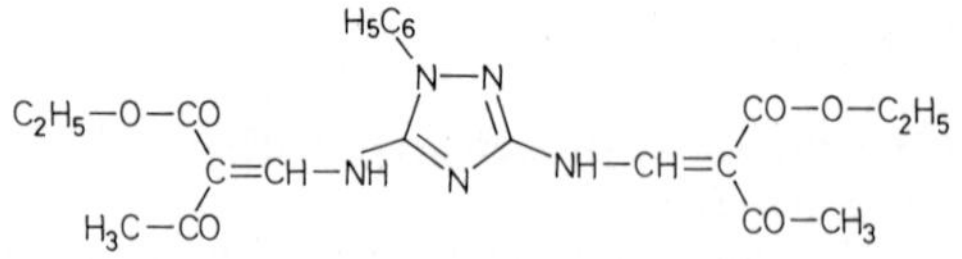

XIII

N^3,N^5-Bis-[2-äthoxycarbonyl-3-oxo-but-1-enyl]-1-phenyl-1*H*-[1,2,4]triazol-3,5-diyldiamin, 2,2'-Diacetyl-3,3'-[1-phenyl-1*H*-[1,2,4]triazol-3,5-diyldiamino]-di-acrylsäure-diäthylester $C_{22}H_{25}N_5O_6$, Formel XIII und Taut.

B. Aus 1-Phenyl-1*H*-[1,2,4]triazol-3,5-diyldiamin und 2-Acetyl-3-äthoxy-acrylsäure-äthylester (*Papini et al.*, G. **87** [1957] 931, 940). Kristalle (aus A.); F: 153–155°.

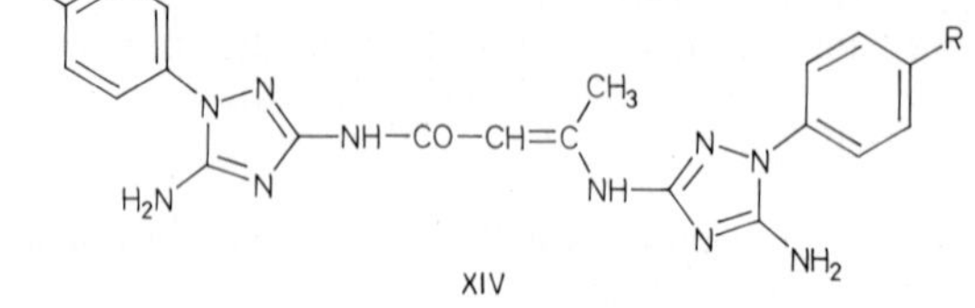

XIV

3-[5-Amino-1-phenyl-1*H*-[1,2,4]triazol-3-ylamino]-crotonsäure-[5-amino-1-phenyl-1*H*-[1,2,4]triazol-3-ylamid](?) [1]) $C_{20}H_{20}N_{10}O$, vermutlich Formel XIV (R = H) und Taut.

B. Beim Erhitzen von 1-Phenyl-1*H*-[1,2,4]triazol-3,5-diyldiamin mit Acetessigsäure-äthylester

[1]) Siehe Seite 1171 Anm.

oder mit N-[5-Amino-1-phenyl-1H-[1,2,4]triazol-3-yl]-acetoacetamid(?) [S. 1171] (*Papini*, G. **80** [1950] 100, 104, 105).

Kristalle (aus A.); Zers. bei 240−241°.

3-[5-Amino-1-p-tolyl-1H-[1,2,4]triazol-3-ylamino]-crotonsäure-[5-amino-1-p-tolyl-1H-[1,2,4]triazol-3-ylamid](?) [1]) $C_{22}H_{24}N_{10}O$, vermutlich Formel XIV (R = CH₃) und Taut.

B. Analog der vorangehenden Verbindung (*Papini*, G. **80** [1950] 100, 105).

Zers. bei 239−241°.

*1-Phenyl-N³,N⁵-dipiperonyliden-1H-[1,2,4]triazol-3,5-diyldiamin $C_{24}H_{17}N_5O_4$, Formel I.

B. Beim Erhitzen von 1-Phenyl-1H-[1,2,4]triazol-3,5-diyldiamin mit Piperonal (*Papini, Checchi*, G. **82** [1952] 735, 743).

Gelbe Kristalle (aus Dioxan); F: 231−234°.

[1,2,4]Triazol-3,4,5-triyltriamin, Guanazin $C_2H_6N_6$, Formel II (R = R′ = H) (H 206).

B. Beim Erwärmen von Thiosemicarbazid mit PbO in Äthanol (*Stollé, Dietrich*, J. pr. [2] **139** [1934] 193, 209).

Kristalle (aus A.); F: 255° (*St., Di.*).

Picrat $C_2H_6N_6 \cdot C_6H_3N_3O_7$. F: 282−284° (*McBride et al.*, Anal. Chem. **25** [1953] 1042, 1044).

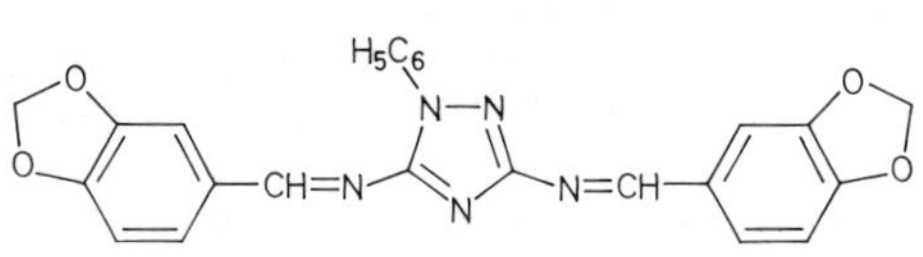

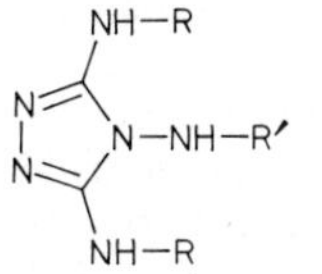

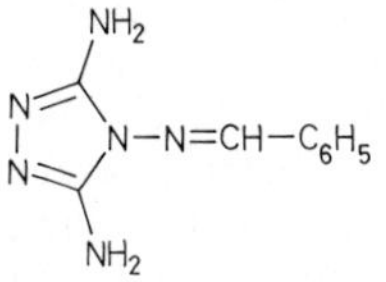

*N⁴-Benzyliden-[1,2,4]triazol-3,4,5-triyltriamin $C_9H_{10}N_6$, Formel III.

Bestätigung der Konstitution: *Child*, J. heterocycl. Chem. **2** [1965] 98.

B. Neben N^3,N^4-Dibenzyliden-[1,2,4]triazol-3,4,5-triyltriamin (s. u.) beim Behandeln von Guanazin (s. o.) mit Benzaldehyd und wss. HCl (*Stollé, Dietrich*, J. pr. [2] **139** [1934] 193, 210; *Ch.*).

Gelbe Kristalle (aus A.); F: 194−195° [korr.] (*Ch.*), 184° (*St., Di.*).

3,5-Diamino-4-anilino-1-phenyl-[1,2,4]triazolium-betain $C_{14}H_{14}N_6$, Formel IV (H 209; E I 61).

Dibenzyliden-Derivat $C_{28}H_{22}N_6$; vermutlich 4-Anilino-3,5-bis-benzylidenamino-1-phenyl-[1,2,4]triazolium-betain. Gelbe Kristalle (aus A.); F: 179° (*Papini, Checchi*, G. **82** [1952] 735, 743).

Disalicyliden-Derivat $C_{28}H_{22}N_6O_2$; vermutlich 4-Anilino-1-phenyl-3,5-bis-salicylidenamino-[1,2,4]triazolium-betain. Kristalle (aus A.); F: 255°.

N³,N⁵-Diphenyl-[1,2,4]triazol-3,4,5-triyltriamin(?) $C_{14}H_{14}N_6$, vermutlich Formel II (R = C₆H₅, R′ = H).

B. Neben anderen Verbindungen beim Behandeln von S-Methyl(oder Äthyl)-4-phenyl-isothiosemicarbazid mit Hexylamin, Cyclohexylamin, Pyrrolidin oder Piperidin (*Scott*, Chem. and Ind. **1954** 158).

F: 268°.

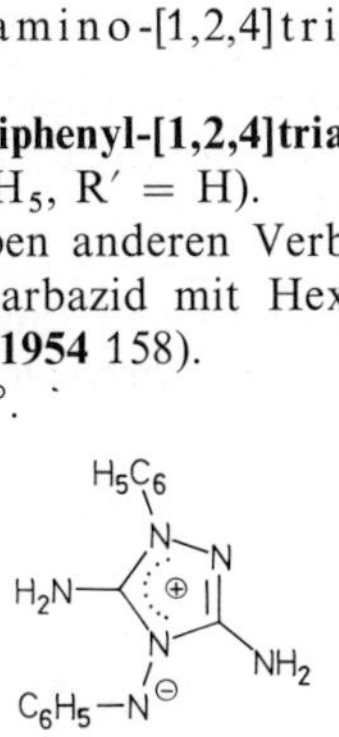

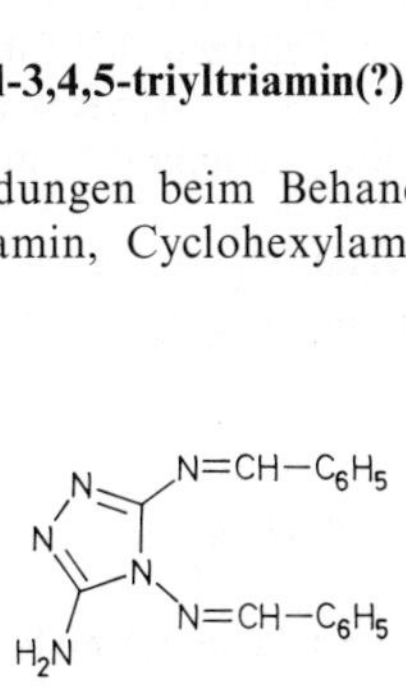

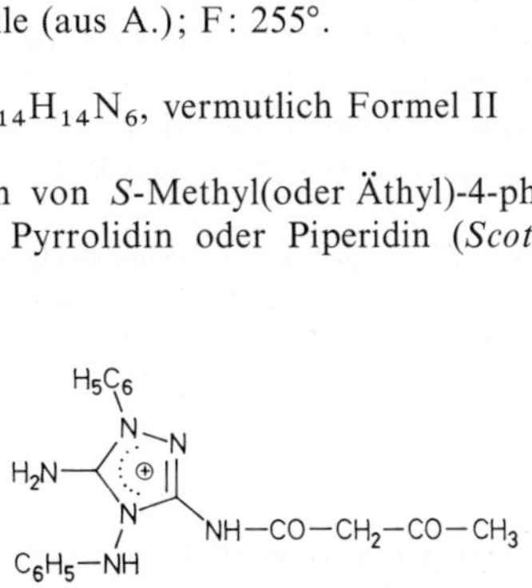

---
[1]) Siehe Seite 1171 Anm.

***N^3,N^4-Dibenzyliden-[1,2,4]triazol-3,4,5-triyltriamin** $C_{16}H_{14}N_6$, Formel V (H 335).
Bestätigung der Konstitution: *Child*, J. heterocycl. Chem. **2** [1965] 98.
B. s. o. im Artikel N^4-Benzyliden-[1,2,4]triazol-3,4,5-triyltriamin.
Gelbe Kristalle; F: 200–201° [korr.; aus wss. Me.] (*Ch.*), 194° (*Stollé, Dietrich*, J. pr.
[2] **139** [1934] 193, 210).

3,4,5-Tris-acetylamino-4H-[1,2,4]triazol, N,N',N''-[1,2,4]Triazol-3,4,5-triyl-tris-acetamid
$C_8H_{12}N_6O_3$, Formel II (R = R' = CO-CH$_3$) (H 206).
Kristalle (aus Me.); F: 279–282° (*Child, Tomcufcik*, J. heterocycl. Chem. **2** [1965] 302,
303).

3-Acetoacetylamino-5-amino-4-anilino-1-phenyl-[1,2,4]triazolium(?) $[C_{18}H_{19}N_6O_2]^+$, vermutlich
Formel VI und Taut.
Betain $C_{18}H_{18}N_6O_2$ (im Original als 1-Acetoacetyl-4-anilino-3,5-diimino-2-phenyl-
[1,2,4]triazolidin $C_{18}H_{18}N_6O_2$ formuliert). *B.* Beim Erhitzen von 3,5-Diamino-4-anilino-
1-phenyl-[1,2,4]triazolium-betain mit Acetessigsäure-äthylester (*Papini*, G. **80** [1950] 100, 104). –
Kristalle (aus A.); Zers. bei 175°.

Diamine $C_3H_7N_5$

2,5-Dihydro-[1,2,3]triazin-4,6-diyldiamin $C_3H_7N_5$, Formel VII und Taut.
Für diese Verbindung ist auch die Konstitution eines 5-Hydrazino-4H-pyrazol-3-yl=
amins $C_3H_7N_5$ in Betracht zu ziehen (*Sato*, J. org. Chem. **24** [1959] 963, 965; s. a. *Neunhoeffer,
Wiley*, Chem. heterocycl. Compounds **33** [1978] 12).
B. Neben 3-Amino-5-cyanmethyl-1(2)H-pyrazol-4-carbonitril beim Behandeln von Malono=
nitril mit $N_2H_4 \cdot H_2O$ in wss. Äthanol (*Sato*).
Rotes Öl (*Sato*).
Dihydrochlorid $C_3H_7N_5 \cdot 2HCl$. Kristalle (aus wss. HCl); F: 205° [Zers.] (*Sato*). IR-
Banden (KBr; 3400–1450 cm^{-1}): *Sato*. Dihydrobromid $C_3H_7N_5 \cdot 2HBr$. F: 205° [Zers.]
(*Sato*).
Tribenzoyl-Derivat $C_{24}H_{19}N_5O_3$. Kristalle (aus wss. A.); F: 239° (*Sato*).

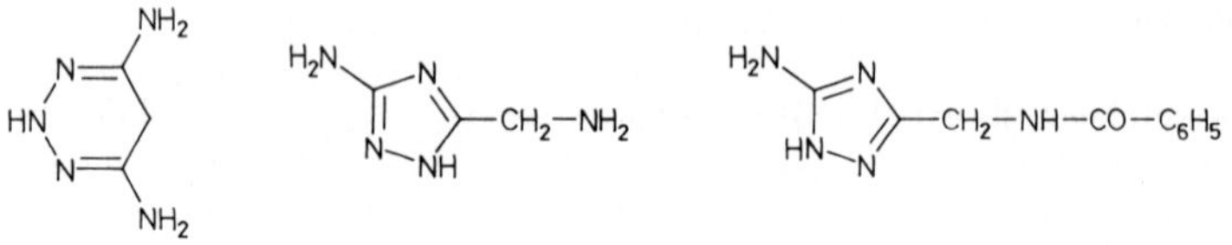

| VII | VIII | IX |

5-Aminomethyl-1H-[1,2,4]triazol-3-ylamin $C_3H_7N_5$, Formel VIII und Taut.
Dihydrochlorid $C_3H_7N_5 \cdot 2HCl$. *B.* Beim Erhitzen der folgenden Verbindung mit wss.
HCl (*Biemann, Bretschneider*, M. **89** [1958] 603, 608). – Kristalle (aus wss. A.); F: 269–272°
[Umwandlung bei 250–255°]. pH-Wert einer wss. Lösung [1%ig]: 2,15.

N-[5-Amino-1H-[1,2,4]triazol-3-ylmethyl]-benzamid $C_{10}H_{11}N_5O$, Formel IX und Taut.
B. Aus S-Methyl-isothioharnstoff und Hippursäure-hydrazid (*Biemann, Bretschneider*, M.
89 [1958] 603, 608).
Kristalle (aus A.); F: 230–233°.

Diamine $C_4H_9N_5$

(±)-1-[3-Chlor-phenyl]-6-methyl-1,6-dihydro-[1,3,5]triazin-2,4-diyldiamin $C_{10}H_{12}ClN_5$,
Formel X (X = Cl, X' = H) und Taut.
Hydrochlorid. *B.* Beim Erwärmen von 1-[3-Chlor-phenyl]-biguanid-hydrochlorid mit Acet=
aldehyd-diäthylacetal und wss. HCl (*ICI*, D.B.P. 879696 [1951]; U.S.P. 2803628 [1951]).

— Kristalle (aus A. + Ae.); F: 194°.

(±)-1-[4-Chlor-phenyl]-6-methyl-1,6-dihydro-[1,3,5]triazin-2,4-diyldiamin $C_{10}H_{12}ClN_5$,
Formel X (X = H, X' = Cl) und Taut.

B. Aus 1-[4-Chlor-phenyl]-biguanid bei der Umsetzung mit Acetaldehyd oder dessen Diäthyl=
acetal (*Modest, Levine*, J. org. Chem. **21** [1956] 14, 19; *ICI*, D.B.P. 879696 [1951];
U.S.P. 2803628 [1951]) oder mit Acetylen in Gegenwart von $HgCl_2$ (*ICI*).

Kristalle (aus A. + Ae.); F: 174° (*ICI*).

Hydrochlorid $C_{10}H_{12}ClN_5 \cdot HCl$. Kristalle (aus H_2O); F: 240−241° (*ICI*), 236−238°
[korr.] (*Mo., Le.*).

Picrat. Kristalle (aus 2-Äthoxy-äthanol); F: 256−257° (*ICI*).

(±)-1-[3,4-Dichlor-phenyl]-6-methyl-1,6-dihydro-[1,3,5]triazin-2,4-diyldiamin $C_{10}H_{11}Cl_2N_5$,
Formel X (X = X' = Cl) und Taut.

Hydrochlorid $C_{10}H_{11}Cl_2N_5 \cdot HCl$. *B.* Beim Erwärmen von 1-[3,4-Dichlor-phenyl]-bigu=
anid mit Acetaldehyd und wss.-äthanol. HCl (*Modest, Levine*, J. org. Chem. **21** [1956] 14,
19; s. a. *ICI*, D.B.P. 879696 [1951]; U.S.P. 2803628 [1951]). − Kristalle; F: 228−230° [korr.;
aus wss. A.] (*Mo., Le.*), 221−222° [aus H_2O] (*ICI*).

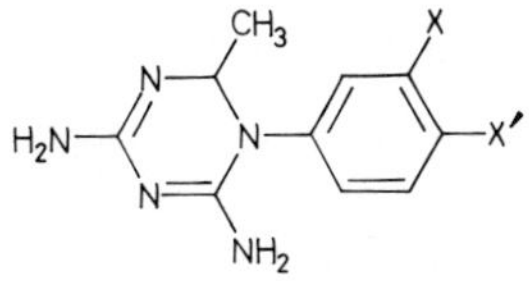

X 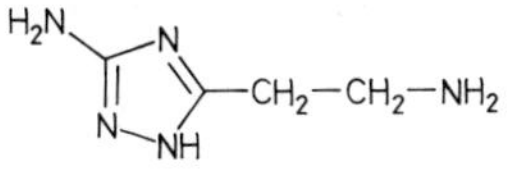   XI 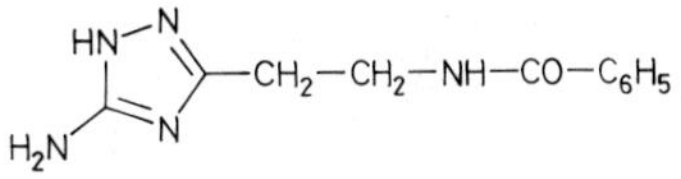   XII

5-[2-Amino-äthyl]-1*H*-**[1,2,4]triazol-3-ylamin** $C_4H_9N_5$, Formel XI und Taut.

B. Beim Erhitzen der folgenden Verbindung mit wss. HCl (*Biemann, Bretschneider*, M. **89**
[1958] 603, 609).

Dihydrochlorid $C_4H_9N_5 \cdot 2HCl$. Kristalle (aus A.); F: 195−202° [Zers.]. pH-Wert einer
wss. Lösung [1%ig]: 2,48.

Dipicrat $C_4H_9N_5 \cdot 2C_6H_3N_3O_7$. Kristalle (aus wss. A.); F: 241−244° [Zers.].

N-**[2-(5-Amino-1***H*-**[1,2,4]triazol-3-yl)-äthyl]-benzamid** $C_{11}H_{13}N_5O$, Formel XII und Taut.

B. Aus *S*-Methyl-isothioharnstoff und 3-Benzoylamino-propionsäure-hydrazid (*Biemann,
Bretschneider*, M. **89** [1958] 603, 609).

Kristalle (aus A.); F: 201−203°.

Diamine $C_5H_{11}N_5$

(±)-6-Äthyl-1-[3-chlor-phenyl]-1,6-dihydro-[1,3,5]triazin-2,4-diyldiamin $C_{11}H_{14}ClN_5$,
Formel XIII (X = Cl, X' = H) und Taut.

Hydrochlorid. *B.* Beim Erwärmen von 1-[3-Chlor-phenyl]-biguanid-hydrochlorid mit Pro=
pionaldehyd und wss. HCl (*ICI*, D.B.P. 879696 [1951]; U.S.P. 2803628 [1951]). − F: 236−237°.

(±)-6-Äthyl-1-[4-chlor-phenyl]-1,6-dihydro-[1,3,5]triazin-2,4-diyldiamin $C_{11}H_{14}ClN_5$,
Formel XIII (X = H, X' = Cl) und Taut.

B. Analog der vorangehenden Verbindung (*Carrington et al.*, Soc. **1954** 1017, 1027; s. a.
Modest, Levine, J. org. Chem. **21** [1956] 14, 19).

Kristalle; F: 164−167° [korr.]; λ_{max} (H_2O): 245 nm (*Mo., Le.*).

Hydrochlorid $C_{11}H_{14}ClN_5 \cdot HCl$. Kristalle; F: 244−245° [aus H_2O] (*Ca. et al.*), 236−237°
[korr.; aus wss. A.] (*Mo., Le.*). λ_{max} (wss. HCl [0,01 n]): 244 nm (*Ca. et al.*).

(1*S*)-2-Oxo-bornan-10-sulfonat $C_{11}H_{14}ClN_5 \cdot C_{10}H_{16}O_4S$. Kristalle (aus A.) mit
0,5 Mol H_2O; F: 217°; $[\alpha]_D^{20}$: +19,8° [A.; c = 2] (*Ca. et al.*).

(±)-6-Äthyl-1-[3,4-dichlor-phenyl]-1,6-dihydro-[1,3,5]triazin-2,4-diyldiamin $C_{11}H_{13}Cl_2N_5$, Formel XIII (X = X' = Cl) und Taut.

Hydrochlorid $C_{11}H_{13}Cl_2N_5 \cdot HCl$. *B.* Analog den vorangehenden Verbindungen (*Modest, Levine*, J. org. Chem. **21** [1956] 14, 19; *ICI*, D.B.P. 879696 [1951]; U.S.P. 2803628 [1951]). — Kristalle; F: 233−234° [aus A. + E.] (*ICI*), 229−231° [korr.; aus wss. A.] (*Mo., Le.*).

(±)-6-Äthyl-N^2-[4-chlor-phenyl]-1,6-dihydro-[1,3,5]triazin-2,4-diyldiamin $C_{11}H_{14}ClN_5$, Formel XIV und Taut.

B. Beim Erwärmen von (±)-6-Äthyl-1-[4-chlor-phenyl]-1,6-dihydro-[1,3,5]triazin-2,4-diyldi‍amin-hydrochlorid mit wss.-äthanol. NaOH (*Modest, Levine*, J. org. Chem. **21** [1956] 14, 20).

Kristalle (aus H_2O), die ab 101° unter Aufschäumen zu schmelzen beginnen und in eine bei 115° trübe, bei 170° klare gelbe Schmelze übergehen.

6,6-Dimethyl-1-phenyl-1,6-dihydro-[1,3,5]triazin-2,4-diyldiamin $C_{11}H_{15}N_5$, Formel XV (X = H) und Taut.

B. Aus Cyanguanidin, Anilin-hydrochlorid und Aceton (*Carrington et al.*, Soc. **1954** 1017, 1024; *Modest*, J. org. Chem. **21** [1956] 1, 7, 8). Beim Erwärmen von 1-Phenyl-biguanid mit Aceton in wss. oder wss.-äthanol. HCl (*Ca. et al.*; *Modest, Levine*, J. org. Chem. **21** [1956] 14, 19).

Kristalle; F: 142−151° [korr.] (*Mo.*, l. c. S. 10). Kristalle (aus wasserhaltigem $CHCl_3$ + Ae. + PAe.) mit 1 Mol H_2O; F: 138−139° (*Ca. et al.*).

Hydrochlorid $C_{11}H_{15}N_5 \cdot HCl$. Kristalle (aus H_2O); F: 200−203° [korr.; Zers.] (*Mo.*, l. c. S. 8). Kristalle (aus A. + Ae.) mit 0,5 Mol H_2O; F: 209−210° (*Ca. et al.*). Das Semihydrat(?) ist monoklin; Dimensionen der Elementarzelle (Röntgen-Diagramm): *Bailey*, Acta cryst. **7** [1954] 366. λ_{max} (wss. HCl [0,01 n]): 240 nm (*Ca. et al.*).

Picrat $C_{11}H_{15}N_5 \cdot C_6H_3N_3O_7$. Gelbe Kristalle; F: 208−209° [korr.] (*Mo., Le.*).

1-[2-Chlor-phenyl]-6,6-dimethyl-1,6-dihydro-[1,3,5]triazin-2,4-diyldiamin $C_{11}H_{14}ClN_5$, Formel XV (X = Cl) und Taut.

Hydrochlorid $C_{11}H_{14}ClN_5 \cdot HCl$. *B.* Beim Erwärmen von Cyanguanidin mit 2-Chlor-anilin-hydrochlorid und Aceton (*Modest*, J. org. Chem. **21** [1956] 1, 8). — Kristalle (aus H_2O); F: 217−221° [korr.; Zers.].

1-[3-Chlor-phenyl]-6,6-dimethyl-1,6-dihydro-[1,3,5]triazin-2,4-diyldiamin $C_{11}H_{14}ClN_5$, Formel I (X = Cl, X' = H) und Taut.

Hydrochlorid $C_{11}H_{14}ClN_5 \cdot HCl$. *B.* Aus 3-Chlor-anilin-hydrochlorid, Cyanguanidin und Aceton (*Modest*, J. org. Chem. **21** [1956] 1, 8). Beim Erwärmen von 1-[3-Chlor-phenyl]-biguanid-hydrochlorid mit Aceton und wss. HCl (*ICI*, D.B.P. 879696 [1951]; U.S.P. 2803628 [1951]). — Kristalle; F: 195−200° [korr.; Zers.; aus H_2O] (*Mo.*), 191° (*ICI*).

1-[4-Chlor-phenyl]-6,6-dimethyl-1,6-dihydro-[1,3,5]triazin-2,4-diyldiamin, Cycloguanil $C_{11}H_{14}ClN_5$, Formel I (X = H, X' = Cl) und Taut.

Isolierung aus Harn von Menschen sowie aus Harn und Faeces von Kaninchen nach Verabrei‍chung von 1-[4-Chlor-phenyl]-5-isopropyl-biguanid-hydrochlorid: *Crowther, Levi*, Brit. J. Phar‍macol. Chemotherapy **8** [1953] 93, 95, 96.

B. Aus 4-Chlor-anilin-hydrochlorid, Cyanguanidin und Aceton (*Basu, Sen*, J. scient. ind. Res. India **11** B [1952] 312; *Bami*, J. scient. ind. Res. India **14** C [1955] 231, 234; *Modest*, J. org. Chem. **21** [1956] 1, 8). Aus 1-[4-Chlor-phenyl]-biguanid-hydrochlorid und Aceton in wss. HCl (*Carrington et al.*, Soc. **1954** 1017, 1022; *Loo*, Am. Soc. **76** [1954] 5096, 5098; *Bami*;

Modest, Levine, J. org. Chem. **21** [1956] 14, 19).

Kristalle; F: 146° (*Ca. et al.*), 145° [unkorr.; aus Ae.] (*Loo*), 143–144° (*Basu, Sen*). λ_{max}: 241 nm [H_2O] (*Mo.*, 1. c. S. 10) bzw. 240 nm [wss. HCl (0,01 n)] (*Ca. et al.*). Scheinbarer Dissoziationsexponent pK_a' (wss. A. [50%ig]; potentiometrisch ermittelt): 11,2 (*Mo.*, 1. c. S. 4).

Hydrochlorid $C_{11}H_{14}ClN_5 \cdot HCl$. Kristalle; F: 204–219° [abhängig von der Geschwindigkeit des Erhitzens; aus A.+Ae. oder H_2O] (*Ca. et al.*, 1. c. S. 1023), 210–215° [aus H_2O] (*Mo.*), 212–213° (*Basu, Sen*), 211–212° [aus H_2O] (*Bami*). Monoklin; Kristallstruktur-Analyse (Röntgen-Diagramm): *Bailey*, Acta cryst. **7** [1954] 366. UV-Spektrum (H_2O; 200–270 nm): *Mo.*, 1. c. S. 5; s. a. *Basu et al.*, Sci. Culture **18** [1952] 45.

Dihydrochlorid $C_{11}H_{14}ClN_5 \cdot 2HCl$. Kristalle, die ab 196° zu schmelzen beginnen und in eine bei 193° halbfeste, bei 196° klare Schmelze übergehen (*Mo.*, 1. c. S. 9).

Hydrobromid $C_{11}H_{14}ClN_5 \cdot HBr$. Kristalle (aus H_2O); F: 213–214° (*Ca. et al.*, 1. c. S. 1023). Monoklin; Kristallstruktur-Analyse (Röntgen-Diagramm): *Bai.*

Nitrit $C_{11}H_{14}ClN_5 \cdot HNO_2$. Kristalle (aus H_2O); F: 163–166° [korr.; Zers.] (*Mo.*, 1. c. S. 9).

Nitrat $C_{11}H_{14}ClN_5 \cdot HNO_3$. Kristalle (aus H_2O); F: 198–199° [korr.; Zers.] (*Mo.*, 1. c. S. 9). λ_{max} (H_2O): 241 nm (*Mo., Le.*, 1. c. S. 17).

Hydrogencarbonat $C_{11}H_{14}ClN_5 \cdot H_2CO_3$. Kristalle; $\leq$F: 194–197° [korr.; Zers.] (*Mo.*, 1. c. S. 9).

Picrat $C_{11}H_{14}ClN_5 \cdot C_6H_3N_3O_7$. Gelbe Kristalle; F: 215–218° [unkorr.] (*Loo*), 209–212° [aus Isopropylalkohol] (*Cr., Levi*), 209–210° [aus A.] (*Ca. et al.*, 1. c. S. 1022).

[4-Chlor-phenyl]-thiocarbamoyl-Derivat $C_{18}H_{18}Cl_2N_6S$. Kristalle (aus A.); F: 174–175° (*Ca. et al.*, 1. c. S. 1027).

1-[2,4-Dichlor-phenyl]-6,6-dimethyl-1,6-dihydro-[1,3,5]triazin-2,4-diyldiamin $C_{11}H_{13}Cl_2N_5$, Formel II (X = X′ = Cl, X″ = H) und Taut.

Hydrochlorid $C_{11}H_{13}Cl_2N_5 \cdot HCl$. B. Beim Erwärmen von Cyanguanidin mit 2,4-Dichloranilin-hydrochlorid und Aceton (*Modest*, J. org. Chem. **21** [1956] 1, 8). – Kristalle (aus H_2O); F: 204–208° [korr.; Zers.].

1-[2,5-Dichlor-phenyl]-6,6-dimethyl-1,6-dihydro-[1,3,5]triazin-2,4-diyldiamin $C_{11}H_{13}Cl_2N_5$, Formel II (X = X″ = Cl, X′ = H) und Taut.

Hydrochlorid $C_{11}H_{13}Cl_2N_5 \cdot HCl$. B. Analog der vorangehenden Verbindung (*Modest*, J. org. Chem. **21** [1956] 1, 8). – Kristalle (aus H_2O); F: 186–196° [korr.; Zers.].

1-[3,4-Dichlor-phenyl]-6,6-dimethyl-1,6-dihydro-[1,3,5]triazin-2,4-diyldiamin $C_{11}H_{13}Cl_2N_5$, Formel I (X = X′ = Cl) und Taut.

Isolierung aus dem Harn von Kaninchen nach Verabreichung von 1-[3,4-Dichlor-phenyl]-5-isopropyl-biguanid-hydrochlorid: *Crowther, Levi*, Brit. J. Pharmacol. Chemotherapy **8** [1953] 93, 96.

B. Beim Erwärmen von Cyanguanidin mit 3,4-Dichlor-anilin-hydrochlorid und Aceton (*Modest*, J. org. Chem. **21** [1956] 1, 8). Aus 1-[3,4-Dichlor-phenyl]-biguanid-hydrochlorid und Aceton in wss. HCl (*ICI*, D.B.P. 879696 [1951]; U.S.P. 2803628 [1951]).

F: 140° (*ICI*). λ_{max}: 240 nm [wss. HCl (0,01 n)] bzw. 260 nm [wss. NaOH (0,1 n)] (*Cr., Levi*).

Hydrochlorid $C_{11}H_{13}Cl_2N_5 \cdot HCl$. Kristalle; F: 207–212° [korr.; Zers.; aus H_2O] (*Mo.*), 198–199° (*ICI*).

Picrat. Gelbe Kristalle (aus 2-Äthoxy-äthanol); F: 197–198° (*Cr., Levi*).

1-[3,5-Dichlor-phenyl]-6,6-dimethyl-1,6-dihydro-[1,3,5]triazin-2,4-diyldiamin $C_{11}H_{13}Cl_2N_5$,
Formel III (X = H) und Taut.

Hydrochlorid. *B.* Beim Erwärmen von 1-[3,5-Dichlor-phenyl]-biguanid-hydrochlorid mit
Aceton und wss. HCl (*ICI*, D.B.P. 879696 [1951]; U.S.P. 2803628 [1951]). — Kristalle (aus
H_2O); F: 186—187°.

6,6-Dimethyl-1-[3,4,5-trichlor-phenyl]-1,6-dihydro-[1,3,5]triazin-2,4-diyldiamin $C_{11}H_{12}Cl_3N_5$,
Formel III (X = Cl) und Taut.

Hydrochlorid. *B.* Analog der vorangehenden Verbindung (*ICI*, D.B.P. 879696 [1951];
U.S.P. 2803628 [1951]). — F: 204°.

1-[2-Brom-phenyl]-6,6-dimethyl-1,6-dihydro-[1,3,5]triazin-2,4-diyldiamin $C_{11}H_{14}BrN_5$,
Formel II (X = Br, X' = X'' = H) und Taut.

Hydrochlorid $C_{11}H_{14}BrN_5 \cdot HCl$. *B.* Aus Cyanguanidin, 2-Brom-anilin-hydrochlorid und
Aceton (*Modest*, J. org. Chem. **21** [1956] 1, 8). — Kristalle (aus H_2O); F: 217—222° [korr.;
Zers.].

1-[3-Brom-phenyl]-6,6-dimethyl-1,6-dihydro-[1,3,5]triazin-2,4-diyldiamin $C_{11}H_{14}BrN_5$, Formel I
(X = Br, X' = H) und Taut.

Hydrochlorid. *B.* Aus Cyanguanidin, 3-Brom-anilin und Aceton in wss. HCl (*ICI*,
D.B.P. 879696 [1951]; U.S.P. 2803628 [1951]). — F: 217—218°.

1-[4-Brom-phenyl]-6,6-dimethyl-1,6-dihydro-[1,3,5]triazin-2,4-diyldiamin $C_{11}H_{14}BrN_5$, Formel I
(X = H, X' = Br) und Taut.

B. Aus Cyanguanidin, 4-Brom-anilin-hydrochlorid und Aceton (*Bami*, J. scient. ind. Res.
India **14** C [1955] 231, 234; *Modest*, J. org. Chem. **21** [1956] 1, 8). Beim Erwärmen von 1-[4-Brom-
phenyl]-biguanid-hydrochlorid mit Aceton in H_2O oder wss. HCl (*ICI*, D.B.P. 879696 [1951];
U.S.P. 2803628 [1951]).

Kristalle; F: 141—142° [aus $CHCl_3$+Ae.] (*ICI*), 135° [aus wasserhaltigem $CHCl_3$+Ae.]
(*Bami*).

Hydrochlorid $C_{11}H_{14}BrN_5 \cdot HCl$. Kristalle; F: 203—208° [korr.; Zers.; aus H_2O] (*Mo.*),
199—200° [aus A.] (*ICI*). Kristalle (aus H_2O) mit 1 Mol H_2O; F: 202—203° (*Bami*).

Picrat. Gelbe Kristalle (aus A.); F: 199° (*ICI*), 195—196° (*Bami*).

1-[3-Brom-4-chlor-phenyl]-6,6-dimethyl-1,6-dihydro-[1,3,5]triazin-2,4-diyldiamin $C_{11}H_{13}BrClN_5$,
Formel I (X = Br, X' = Cl) und Taut.

Hydrochlorid. *B.* Aus 1-[3-Brom-4-chlor-phenyl]-biguanid-hydrochlorid und Aceton in
wss. HCl (*ICI*, D.B.P. 879696 [1951]; U.S.P. 2803628 [1951]). — Kristalle (aus A.+Ae.); F:
197°.

1-[3,4-Dibrom-phenyl]-6,6-dimethyl-1,6-dihydro-[1,3,5]triazin-2,4-diyldiamin $C_{11}H_{13}Br_2N_5$,
Formel I (X = X' = Br) und Taut.

Hydrochlorid. *B.* Analog der vorangehenden Verbindung (*ICI*, D.B.P. 879696 [1951];
U.S.P. 2803628 [1951]). — Kristalle (aus A.+Ae.); F: 195—196°.

1-[3-Jod-phenyl]-6,6-dimethyl-1,6-dihydro-[1,3,5]triazin-2,4-diyldiamin $C_{11}H_{14}IN_5$, Formel I
(X = I, X' = H) und Taut.

Hydrochlorid. *B.* Aus Cyanguanidin, 3-Jod-anilin und Aceton in wss. HCl (*ICI*,
D.B.P. 879696 [1951]; U.S.P. 2803628 [1951]). — F: 214—215°.

1-[4-Jod-phenyl]-6,6-dimethyl-1,6-dihydro-[1,3,5]triazin-2,4-diyldiamin $C_{11}H_{14}IN_5$, Formel I
(X = H, X' = I) und Taut.

Hydrochlorid $C_{11}H_{14}IN_5 \cdot HCl$. *B.* Aus 1-[4-Jod-phenyl]-biguanid-hydrochlorid und Aceton in H_2O oder wss. HCl (*ICI*, D.B.P. 879696 [1951]; U.S.P. 2803628 [1951]; *Bami*, J. scient.
ind. Res. India **14** C [1955] 231, 235). — Kristalle; F: 202° [aus H_2O] (*Bami*), 201° [aus
A.] (*ICI*).

1-[3-Chlor-4-jod-phenyl]-6,6-dimethyl-1,6-dihydro-[1,3,5]triazin-2,4-diyldiamin $C_{11}H_{13}ClIN_5$,
Formel I (X = Cl, X' = I) und Taut.

Hydrochlorid. *B.* Analog der vorangehenden Verbindung (*ICI*, D.B.P. 879696 [1951];
U.S.P. 2803628 [1951]). — Kristalle (aus H_2O); F: 205°.

6,6-Dimethyl-1-[3-nitro-phenyl]-1,6-dihydro-[1,3,5]triazin-2,4-diyldiamin $C_{11}H_{14}N_6O_2$, Formel I
(X = NO_2, X' = H) und Taut.

Hydrochlorid $C_{11}H_{14}N_6O_2 \cdot HCl$. *B.* Analog den vorangehenden Verbindungen (*ICI*,
D.B.P. 879696 [1951]; U.S.P. 2803628 [1951]). — Kristalle (aus H_2O); F: 204 – 206°.

6,6-Dimethyl-1-[4-nitro-phenyl]-1,6-dihydro-[1,3,5]triazin-2,4-diyldiamin $C_{11}H_{14}N_6O_2$, Formel I
(X = H, X' = NO_2) und Taut.

Hydrochlorid $C_{11}H_{14}N_6O_2 \cdot HCl$. *B.* Neben 1-[4-Nitro-phenyl]-biguanid-hydrochlorid
beim Behandeln von Cyanguanidin mit 4-Nitro-anilin, Aceton und konz. wss. HCl (*Modest*,
J. org. Chem. **21** [1956] 1, 7, 8). Aus 1-[4-Nitro-phenyl]-biguanid-hydrochlorid und Aceton
in wss.-äthanol. HCl (*Modest, Levine*, J. org. Chem. **21** [1956] 14, 19). — Lichtempfindliche
hellgelbe Kristalle; F: 206 – 207° [unkorr.]; λ_{max} (H_2O): 240 nm (*Mo.*).

6,6-Dimethyl-N^2-phenyl-1,6-dihydro-[1,3,5]triazin-2,4-diyldiamin $C_{11}H_{15}N_5$, Formel IV
(R = R' = X = H) und Taut.

B. Beim Erwärmen von 1-Phenyl-biguanid mit Aceton unter Zusatz von Piperidin oder
Essigsäure (*Modest*, J. org. Chem. **21** [1956] 1, 12; *Modest, Levine*, J. org. Chem. **21** [1956]
14, 17). Beim Erhitzen von 6,6-Dimethyl-1-phenyl-1,6-dihydro-[1,3,5]triazin-2,4-diyldiamin mit
wss. NaOH (*Carrington et al.*, Soc. **1954** 1017, 1024; *Mo.*, l. c. S. 12).

Kristalle (aus H_2O); F: 187 – 189° [korr.; Zers.] (*Mo.*, l. c. S. 11), 184 – 185° (*Ca. et al.*).
λ_{max}: 250 nm [H_2O bzw. wss. HCl (0,01 n)] (*Mo., Le.; Ca. et al.*), 253 nm [wss. NaOH (0,1 n)]
(*Ca. et al.*).

Picrat $C_{11}H_{15}N_5 \cdot C_6H_3N_3O_7$. Gelbe Kristalle (aus wss. A.); F: 219 – 221° [korr.] (*Mo.,
Le.*).

N^2-[4-Chlor-phenyl]-6,6-dimethyl-1,6-dihydro-[1,3,5]triazin-2,4-diyldiamin $C_{11}H_{14}ClN_5$,
Formel IV (R = R' = H, X = Cl) und Taut.

Isolierung aus dem Harn von Affen nach Verabreichung von 1-[4-Chlor-phenyl]-5-isopropyl-
biguanid: *Crounse*, J. org. Chem. **16** [1951] 492, 496.

B. Beim Erwärmen von 1-[4-Chlor-phenyl]-biguanid-monohydrat mit Aceton unter Zusatz
von Piperidin oder Essigsäure (*Birtwell et al.*, Soc. **1948** 1645, 1655; *Cr.*, l. c. S. 500; *Chase
et al.*, Soc. **1951** 3439, 3444; *Birtwell et al.*, Soc. **1952** 1279, 1283; *Modest*, J. org. Chem.
21 [1956] 1, 11, 12). Aus 1-[4-Chlor-phenyl]-6,6-dimethyl-1,6-dihydro-[1,3,5]triazin-2,4-diyldi≠
amin beim Erwärmen mit H_2O oder wss. NaOH (*Basu, Sen*, J. scient. ind. Res. India **11** B
[1952] 312; *Carrington et al.*, Soc. **1954** 1017, 1022; *Loo*, Am. Soc. **76** [1954] 5096, 5098;
Mo.).

Kristalle mit 1 Mol H_2O; F: 135 – 136° [unkorr.; aus wss. A.] (*Bi.*, Soc. **1952** 1283), 135°
(*Ca. et al.*), 132° [unkorr.] (*Loo*). Kristalle mit 1 Mol Methanol; F: 129 – 130° (*Cr.*, l. c. S. 500).
UV-Spektrum (220 – 300 nm) in H_2O: *Mo.*, l. c. S. 5; in wss. HCl [0,01 n] sowie in wss. NaOH
[0,1 n]: *Ca. et al.*, l. c. 1018, 1022; s. a. *Cr.*, l. c. S. 494. Scheinbarer Dissoziationsexponent
pK'_a (wss. A. [50%ig]; potentiometrisch ermittelt): 10,4 (*Mo.*, l. c. S. 4).

Monohydrochlorid $C_{11}H_{14}ClN_5 \cdot HCl$. Kristalle (aus H_2O); F: 128 – 131° [korr.; Zers.]
(*Mo.*, l. c. S. 10).

Dihydrochlorid $C_{11}H_{14}ClN_5 \cdot 2HCl$. Kristalle, die bei 190° sintern, ab 200° zu schmelzen
beginnen und in eine bei 210° halbfeste, bei 213° klare Schmelze übergehen (*Mo.*, l. c. S. 11).

Nitrit $C_{11}H_{14}ClN_5 \cdot HNO_2$. Kristalle (aus A.); F: 177 – 179° [korr.; Zers.] (*Mo.*, l. c. S. 11).

Picrat $C_{11}H_{14}ClN_5 \cdot C_6H_3N_3O_7$. Gelbe Kristalle; F: 244 – 245° [unkorr.] (*Loo*), 239 – 240°
[unkorr.; aus A.] (*Bi.*, Soc. **1952** 1284), 238° [aus Me.] (*Cr.*, l. c. S. 497), 236 – 237° [aus A.]
(*Ca. et al.*).

Bis-[toluol-4-sulfonat] $C_{11}H_{14}ClN_5 \cdot 2C_7H_8O_3S$. Kristalle (aus A.); F: 232° (*Cr.*, l. c.

S. 497).

Diacetyl-Derivat $C_{15}H_{18}ClN_5O_2$. Kristalle (aus A.) mit 1 Mol H_2O; F: 214° (*Ca. et al.*, l. c. S. 1025).

N^2-[4-Brom-phenyl]-6,6-dimethyl-1,6-dihydro-[1,3,5]triazin-2,4-diyldiamin $C_{11}H_{14}BrN_5$, Formel IV (R = R' = H, X = Br) und Taut.

B. Beim Erhitzen von 1-[4-Brom-phenyl]-6,6-dimethyl-1,6-dihydro-[1,3,5]triazin-2,4-diyldiamin mit wss. KOH (*Bami*, J. scient. ind. Res. India **14** C [1955] 231, 234).

Kristalle (aus wss. A.); F: 137°.

Picrat $C_{11}H_{14}BrN_5 \cdot C_6H_3N_3O_7$. Kristalle; F: 216−217°.

6,6,N^2-Trimethyl-1-phenyl-1,6-dihydro-[1,3,5]triazin-2,4-diyldiamin $C_{12}H_{17}N_5$, Formel V (R = CH_3, R' = X = H) und Taut.

B. Beim Erhitzen von 1-Methyl-2-phenyl-biguanid-hydrochlorid mit Aceton und wss.-äthanol. HCl (*Modest, Levine*, J. org. Chem. **21** [1956] 14, 18, 19).

Picrat $C_{12}H_{17}N_5 \cdot C_6H_3N_3O_7$. Gelbe Kristalle (aus A.); F: 209−210° [korr.; Zers.].

1-[4-Chlor-phenyl]-6,6,N^2-trimethyl-1,6-dihydro-[1,3,5]triazin-2,4-diyldiamin $C_{12}H_{16}ClN_5$, Formel V (R = CH_3, R' = H, X = Cl) und Taut.

B. Beim Erwärmen von 1-[4-Chlor-phenyl]-2-methyl-biguanid mit Aceton und wss. HCl (*Carrington et al.*, Soc. **1954** 1017, 1029).

Kristalle; F: 154−155° und (nach Wiedererstarren) F: 217−219° [Zers.] (*Ca. et al.*, l. c. S. 1029). UV-Spektrum (wss. HCl [0,01 n] sowie wss. NaOH [0,1 n]; 220−260 nm): *Ca. et al.*, l. c. S. 1018, 1029.

Isomerisierung zu einem Gleichgewicht mit N^2-[4-Chlor-phenyl]-1,6,6-trimethyl-1,6-dihydro-[1,3,5]triazin-2,4-diyldiamin (s. u.) beim Erhitzen mit wss. NaOH auf 100°: *Ca. et al.*, l. c. S. 1029.

Hydrochlorid $C_{12}H_{16}ClN_5 \cdot HCl$. Kristalle mit 1 Mol H_2O; F: 228−230° [Zers.; nach Sintern bei 185°]; λ_{max} (wss. HCl [0,01 n]): 236 nm (*Ca. et al.*, l. c. S. 1029).

Picrat $C_{12}H_{16}ClN_5 \cdot C_6H_3N_3O_7$. Gelbe Kristalle (aus A.); F: 179−181° (*Ca. et al.*, l. c. S. 1029).

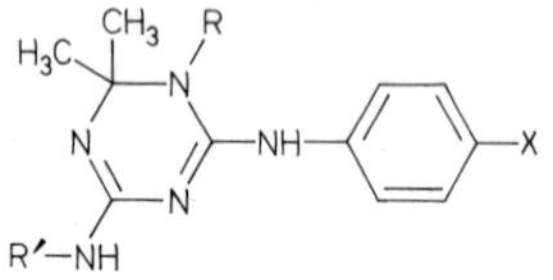

IV 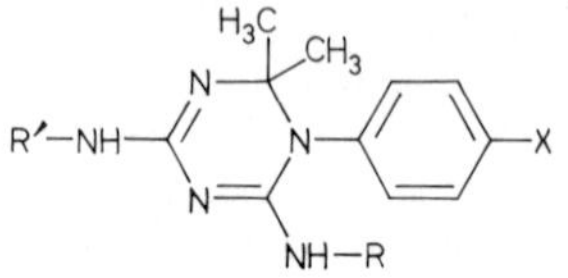   V 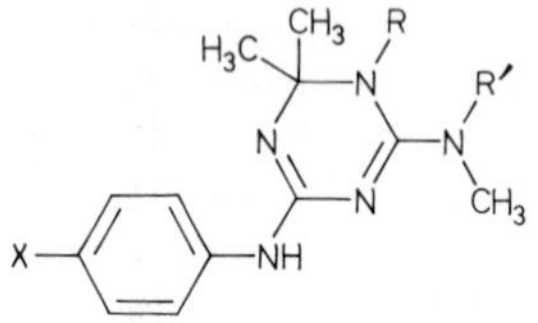   VI

6,6,N^4-Trimethyl-1-phenyl-1,6-dihydro-[1,3,5]triazin-2,4-diyldiamin $C_{12}H_{17}N_5$, Formel V (R = X = H, R' = CH_3) und Taut.

Hydrochlorid $C_{12}H_{17}N_5 \cdot HCl$. *B*. Beim Erwärmen von *N*-Cyan-*N'*-methyl-guanidin mit Anilin-hydrochlorid und Aceton (*Modest*, J. org. Chem. **21** [1956] 1, 8). Beim Erhitzen von 1-Methyl-5-phenyl-biguanid-hydrochlorid mit Aceton und wss.-äthanol. HCl (*Modest, Levine*, J. org. Chem. **21** [1956] 14, 19). − Kristalle (aus Butan-1-ol); F: 170−172° [korr.; Zers.] (*Mo.*, l. c. S. 8). λ_{max} (H_2O): 241 nm (*Mo.*, l. c. S. 6).

1-[4-Chlor-phenyl]-6,6,N^4-trimethyl-1,6-dihydro-[1,3,5]triazin-2,4-diyldiamin $C_{12}H_{16}ClN_5$, Formel V (R = H, R' = CH_3, X = Cl) und Taut.

Hydrochlorid $C_{12}H_{16}ClN_5 \cdot HCl$. *B*. Aus 1-[4-Chlor-phenyl]-5-methyl-biguanid-hydrochlorid, Aceton und wss. HCl (*ICI*, D.B.P. 879696 [1951]; U.S.P. 2803628 [1951]). − Kristalle mit 0,5 Mol H_2O; F: 172−173°.

1,6,6-Trimethyl-N^2-phenyl-1,6-dihydro-[1,3,5]triazin-2,4-diyldiamin $C_{12}H_{17}N_5$, Formel IV
(R = CH₃, R' = X = H) und Taut.

B. Beim Erwärmen von 1-Methyl-2-phenyl-biguanid mit Aceton unter Zusatz von Piperidin (*Modest*, J. org. Chem. **21** [1956] 1, 11, 13).

Kristalle; F: 204−206° [korr.; Zers.; dunkelbraune Schmelze].

N^2-[4-Chlor-phenyl]-1,6,6-trimethyl-1,6-dihydro-[1,3,5]triazin-2,4-diyldiamin $C_{12}H_{16}ClN_5$,
Formel IV (R = CH₃, R' = H, X = Cl) und Taut.

B. Analog der vorangehenden Verbindung (*Carrington et al.*, Soc. **1954** 1017, 1029).

Kristalle (aus wss. Me.); F: 223−224° [Zers.] (*Ca. et al.*, l. c. S. 1029). UV-Spektrum (wss. HCl [0,01 n] sowie wss. NaOH [0,1 n]; 220−280 nm): *Ca. et al.*, l. c. S. 1018, 1029.

Isomerisierung zu 1-[4-Chlor-phenyl]-6,6,N^2-trimethyl-1,6-dihydro-[1,3,5]triazin-2,4-diyldi≈ amin s. o.

Picrat $C_{12}H_{16}ClN_5 \cdot C_6H_3N_3O_7$. Gelbe Kristalle (aus A.); F: 192−195° (*Ca. et al.*, l. c. S. 1029).

N^2-[4-Chlor-phenyl]-6,6,N^4-trimethyl-1,6-dihydro-[1,3,5]triazin-2,4-diyldiamin $C_{12}H_{16}ClN_5$,
Formel IV (R = H, R' = CH₃, X = Cl) und Taut.

B. Beim Erwärmen von 1-[4-Chlor-phenyl]-5-methyl-biguanid-monohydrat mit Aceton unter Zusatz von Piperidin (*Modest*, J. org. Chem. **21** [1956] 1, 11, 12).

Hydrochlorid $C_{12}H_{16}ClN_5 \cdot HCl$. Kristalle (aus H_2O) mit 1 Mol H_2O; F: 122−127° [korr.; Zers.; nach Sintern bei 82−87°].

N^4-[4-Chlor-phenyl]-1,6,6,N^2-tetramethyl-1,6-dihydro-[1,3,5]triazin-2,4-diyldiamin
$C_{13}H_{18}ClN_5$, Formel VI (R = CH₃, R' = H, X = Cl) und Taut.

B. Beim Erwärmen von 5-[4-Chlor-phenyl]-1,2-dimethyl-biguanid-hydrochlorid mit Aceton und wss. HCl (*Carrington et al.*, Soc. **1954** 1017, 1028).

Kristalle (aus Bzl.); F: 126−127°. λ_{max} (wss. HCl [0,01 n] sowie wss. NaOH [0,1 n]): 265 nm.

Picrat $C_{13}H_{18}ClN_5 \cdot C_6H_3N_3O_7$. Gelbe Kristalle (aus Propan-1-ol); F: 184−185° [nach partiellem Schmelzen bei 168−169° und Wiedererstarren].

6,6,N^4,N^4-Tetramethyl-1-phenyl-1,6-dihydro-[1,3,5]triazin-2,4-diyldiamin $C_{13}H_{19}N_5$,
Formel VII (R = C₆H₅, R' = H) und Taut.

Dihydrochlorid $C_{13}H_{19}N_5 \cdot 2HCl$. *B.* Beim Erwärmen von 1,1-Dimethyl-5-phenyl-bigu≈ anid-hydrochlorid mit Aceton und wss.-äthanol. HCl (*Modest, Levine*, J. org. Chem. **21** [1956] 14, 18, 19). − Kristalle (aus Propan-1-ol + Ae.); F: 220−221° [korr.; nach Sintern bei 185°].

1-[4-Chlor-phenyl]-6,6,N^4,N^4-tetramethyl-1,6-dihydro-[1,3,5]triazin-2,4-diyldiamin
$C_{13}H_{18}ClN_5$, Formel VII (R = C₆H₄-Cl, R' = H) und Taut.

B. Analog der vorangehenden Verbindung (*Carrington et al.*, Soc. **1954** 1017, 1027).

Monohydrochlorid $C_{13}H_{18}ClN_5 \cdot HCl$. Kristalle (aus A. + Ae.) mit 0,5 Mol H_2O; F: 120° und (nach Wiedererstarren) F: 263−264°. λ_{max}: 246 nm [wss. HCl (0,01 n)] bzw. 243 nm [wss. NaOH (0,1 n)].

Dihydrochlorid $C_{13}H_{18}ClN_5 \cdot 2HCl$. Kristalle (aus äthanol. HCl + E.); F: 186−188° und (nach Wiedererstarren) F: 264,5°.

Hydrojodid $C_{13}H_{18}ClN_5 \cdot HI$. Kristalle mit 1 Mol H_2O; F: ca. 110° [Zers. bei ca. 145°].

Picrat $C_{13}H_{18}ClN_5 \cdot C_6H_3N_3O_7$. Gelbe Kristalle (aus A.); F: 242−243° [nach partiellem Schmelzen bei ca. 180° und Wiedererstarren].

6,6,N^2,N^2-Tetramethyl-N^4-phenyl-1,6-dihydro-[1,3,5]triazin-2,4-diyldiamin $C_{13}H_{19}N_5$,
Formel VI (R = X = H, R' = CH₃) und Taut.

B. Beim Erwärmen von 1,1-Dimethyl-5-phenyl-biguanid mit Aceton unter Zusatz von Piperi≈ din (*Modest*, J. org. Chem. **21** [1956] 1, 11, 12). Aus 6,6,N^4,N^4-Tetramethyl-1-phenyl-1,6-dihydro-[1,3,5]triazin-2,4-diyldiamin-dihydrochlorid beim Erhitzen über den Schmelzpunkt oder mit wss. Alkalilauge (*Modest, Levine*, J. org. Chem. **21** [1956] 14, 18).

Kristalle (aus H_2O); F: 155−158° [korr.; Zers.] (*Mo.*).

N^2-[4-Chlor-phenyl]-6,6,N^4,N^4-tetramethyl-1,6-dihydro-[1,3,5]triazin-2,4-diyldiamin
$C_{13}H_{18}ClN_5$, Formel VII (R = H, R' = C_6H_4-Cl) und Taut.

B. Beim Erwärmen von 5-[4-Chlor-phenyl]-1,1-dimethyl-biguanid mit Aceton und wenig Piperidin (*Carrington et al.,* Soc. **1954** 1017, 1028).

Hydrochlorid $C_{13}H_{18}ClN_5 \cdot$ HCl. Kristalle (aus wss. HCl); F: 265 – 266°. λ_{max}: 259 nm [wss. HCl (0,01 n)] bzw. 262 nm [wss. NaOH (0,1 n)].

Picrat $C_{13}H_{18}ClN_5 \cdot C_6H_3N_3O_7$. Gelbe Kristalle (aus 2-Äthoxy-äthanol); F: 241 – 242°.

6,6-Dimethyl-1,N^2-diphenyl-1,6-dihydro-[1,3,5]triazin-2,4-diyldiamin $C_{17}H_{19}N_5$, Formel VIII (R = C_6H_5, R' = X = H) und Taut.

B. Beim Erwärmen von 1,2-Diphenyl-biguanid mit Aceton und wss. HCl (*Carrington et al.,* Soc. **1954** 1017, 1030).

F: 171 – 174°.

Hydrochlorid $C_{17}H_{19}N_5 \cdot$ HCl. Kristalle mit 2 Mol H_2O; F: 236 – 237°. λ_{max}: 248 nm [wss. HCl (0,01 n)] bzw. 246 nm [wss. NaOH (0,1 n)].

Picrat $C_{17}H_{19}N_5 \cdot C_6H_3N_3O_7$. Gelbe Kristalle (aus 2-Äthoxy-äthanol); F: 236 – 238° [Zers.].

1,N^2-Bis-[4-chlor-phenyl]-6,6-dimethyl-1,6-dihydro-[1,3,5]triazin-2,4-diyldiamin $C_{17}H_{17}Cl_2N_5$, Formel VIII (R = C_6H_4-Cl, R' = H, X = Cl) und Taut.

B. Beim Erwärmen von 1,2-Bis-[4-chlor-phenyl]-biguanid mit Aceton und wss. HCl oder mit Aceton unter Zusatz von Piperidin (*Carrington et al.,* Soc. **1954** 1017, 1030).

Kristalle (aus wss. A.); F: 196 – 197°.

Hydrochlorid $C_{17}H_{17}Cl_2N_5 \cdot$ HCl. Kristalle (aus wss.-äthanol. HCl) mit 1,5 Mol H_2O; Zers. bei 134°. λ_{max}: 248 nm [wss. HCl (0,01 n)] bzw. 244 nm [wss. NaOH (0,1 n)].

Picrat $C_{17}H_{17}Cl_2N_5 \cdot C_6H_3N_3O_7$. Gelbe Kristalle (aus A.); F: 247 – 249°.

6,6,N^2-Trimethyl-N^2-phenyl-1,6-dihydro-[1,3,5]triazin-2,4-diyldiamin $C_{12}H_{17}N_5$, Formel VIII (R = X = H, R' = CH_3) und Taut.

B. Beim Erwärmen von 1-Methyl-1-phenyl-biguanid-monohydrat mit Aceton unter Zusatz von Piperidin (*Carrington et al.,* Soc. **1954** 1017, 1024; *Modest,* J. org. Chem. **21** [1956] 1, 11, 12). Beim Erwärmen von 1-Methyl-1-phenyl-biguanid-hydrochlorid mit Aceton und wss.-äthanol. HCl (*Modest, Levine,* J. org. Chem. **21** [1956] 14, 18, 20).

Hydrochlorid $C_{12}H_{17}N_5 \cdot$ HCl. Kristalle (aus Butan-1-ol); F: 240 – 241° [korr.; Zers.] (*Mo.*). λ_{max}: 247 nm [H_2O bzw. wss. HCl (0,01 n)] (*Mo., Le.; Ca. et al.*), 255 nm [wss. NaOH (0,1 n)] (*Ca. et al.*).

Picrat $C_{12}H_{17}N_5 \cdot C_6H_3N_3O_7$. Kristalle (aus A.); F: 239 – 240° (*Ca. et al.*).

N^2-[4-Chlor-phenyl]-6,6,N^2-trimethyl-1,6-dihydro-[1,3,5]triazin-2,4-diyldiamin $C_{12}H_{16}ClN_5$, Formel VIII (R = H, R' = CH_3, X = Cl) und Taut.

B. Analog der vorangehenden Verbindung (*Carrington et al.,* Soc. **1954** 1017, 1023, 1024).

Dihydrochlorid $C_{12}H_{16}ClN_5 \cdot 2$ HCl. Kristalle (aus A.+Ae.) mit 1,5 Mol H_2O; F: 146 – 147° (*Ca. et al.,* l. c. S. 1024). UV-Spektrum (wss. HCl [0,01 n]; 220 – 270 nm; λ_{max}: 247,5 nm): *Ca. et al.,* l. c. S. 1018, 1024. λ_{max} (wss. NaOH [0,1 n]): 260 nm (*Ca. et al.,* l. c. S. 1024).

Picrat $C_{12}H_{16}ClN_5 \cdot C_6H_3N_3O_7$. Gelbe Kristalle (aus A.); F: 278° (*Ca. et al.,* l. c. S. 1023).

VII   VIII   IX

6,6-Dimethyl-1-*o*-tolyl-1,6-dihydro-[1,3,5]triazin-2,4-diyldiamin $C_{12}H_{17}N_5$, Formel IX
(R = CH₃, R' = X = H) und Taut.

Hydrochlorid $C_{12}H_{17}N_5 \cdot HCl$. *B.* Beim Erwärmen von Cyanguanidin mit *o*-Toluidin-hydrochlorid und Aceton (*Modest,* J. org. Chem. **21** [1956] 1, 8). Beim Erwärmen von 1-*o*-Tolyl-biguanid mit Aceton und wss.-äthanol. HCl (*Modest, Levine,* J. org. Chem. **21** [1956] 14, 19). – Kristalle (aus H₂O); F: 224–226° [korr.; Zers.] (*Mo.; s. a. Mo., Le.*).

1-[4-Chlor-3-methyl-phenyl]-6,6-dimethyl-1,6-dihydro-[1,3,5]triazin-2,4-diyldiamin $C_{12}H_{16}ClN_5$,
Formel IX (R = H, R' = CH₃, X = Cl) und Taut.

Hydrochlorid. *B.* Beim Erwärmen von Cyanguanidin mit 4-Chlor-3-methyl-anilin, Aceton und wss. HCl (*ICI,* D.B.P. 879696 [1951]; U.S.P. 2803628 [1951]). – F: 210–211°.

6,6-Dimethyl-1-*p*-tolyl-1,6-dihydro-[1,3,5]triazin-2,4-diyldiamin $C_{12}H_{17}N_5$, Formel IX
(R = R' = H, X = CH₃) und Taut.

Hydrochlorid $C_{12}H_{17}N_5 \cdot HCl$. *B.* Analog der vorangehenden Verbindung (*ICI,* D.B.P. 879696 [1951]; U.S.P. 2803628 [1951]; *Bami,* J. scient. ind. Res. India **14** C [1955] 231, 233; *Modest,* J. org. Chem. **21** [1956] 1, 8). – Kristalle; F: 206–208° [korr.; Zers.; aus H₂O] (*Mo.*), 197–198° (*ICI*). Kristalle (aus H₂O) mit 1 Mol H₂O; F: 185–186° (*Bami*).

1-[3,4-Dimethyl-phenyl]-6,6-dimethyl-1,6-dihydro-[1,3,5]triazin-2,4-diyldiamin $C_{13}H_{19}N_5$,
Formel IX (R = H, R' = X = CH₃) und Taut.

Hydrochlorid. *B.* Analog den vorangehenden Verbindungen (*ICI,* D.B.P. 879696 [1951]; U.S.P. 2803628 [1951]). – F: 198–200°.

N^2-Biphenyl-4-yl-6,6-dimethyl-1,6-dihydro-[1,3,5]triazin-2,4-diyldiamin $C_{17}H_{19}N_5$, Formel VIII
(R = R' = H, X = C₆H₅) und Taut.

B. Beim Erwärmen von 1-Biphenyl-4-yl-biguanid mit Aceton (*Bauer et al.,* Soc. **1951** 2342, 2343, 2345).

Kristalle (aus CHCl₃ + PAe.); F: 181–182° [Zers.].

Dipicrat $C_{17}H_{19}N_5 \cdot 2 C_6H_3N_3O_7$. Kristalle (aus wss. A.); F: 244–245°.

Bis-benzolsulfonat $C_{17}H_{19}N_5 \cdot 2 C_6H_6O_3S$. Kristalle (aus Isopropylalkohol); F: 232,5°.

1-[4-Methoxy-phenyl]-6,6-dimethyl-1,6-dihydro-[1,3,5]triazin-2,4-diyldiamin $C_{12}H_{17}N_5O$,
Formel IX (R = R' = H, X = O-CH₃) und Taut.

Hydrochlorid $C_{12}H_{17}N_5O \cdot HCl$. *B.* Aus Cyanguanidin, *p*-Anisidin-hydrochlorid und Aceton (*ICI,* D.B.P. 879696 [1951]; U.S.P. 2803628 [1951]; *Bami,* J. scient. ind. Res. India **14** C [1955] 231, 233). Aus 1-[4-Methoxy-phenyl]-biguanid, Aceton und wss. HCl (*Bami*). – Kristalle (aus A.); F: 200–201° (*ICI*). Kristalle (aus H₂O) mit 1 Mol H₂O; F: 215° (*Bami*).

1-[4-Äthoxy-phenyl]-6,6-dimethyl-1,6-dihydro-[1,3,5]triazin-2,4-diyldiamin $C_{13}H_{19}N_5O$,
Formel IX (R = R' = H, X = O-C₂H₅) und Taut.

Hydrochlorid $C_{13}H_{19}N_5O \cdot HCl$. *B.* Aus Cyanguanidin, *p*-Phenetidin-hydrochlorid und Aceton (*ICI,* D.B.P. 879696 [1951]; U.S.P. 2803628 [1951]; *Bami,* J. scient. ind. Res. India **14** C [1955] 231, 233). – Kristalle (aus H₂O); F: 212–213° (*ICI*), 202° (*Bami*).

6,6-Dimethyl-1-[4-methylmercapto-phenyl]-1,6-dihydro-[1,3,5]triazin-2,4-diyldiamin $C_{12}H_{17}N_5S$,
Formel IX (R = R' = H, X = S-CH₃) und Taut.

B. Beim Erwärmen von Cyanguanidin mit 4-Methylmercapto-anilin, Aceton und konz. wss. HCl (*Schalit, Cutler,* J. org. Chem. **24** [1959] 573, 574).

Kristalle; F: 149,2–152,2° [korr.].

Hydrochlorid $C_{12}H_{17}N_5S \cdot HCl$. Kristalle (aus sehr verd. wss. HCl); F: 204,4–207,8° [korr.]. λ_{max} (H₂O): 260 nm.

1-[4-Methansulfonyl-phenyl]-6,6-dimethyl-1,6-dihydro-[1,3,5]triazin-2,4-diyldiamin
$C_{12}H_{17}N_5O_2S$, Formel IX (R = R' = H, X = SO₂-CH₃) und Taut.

Hydrochlorid $C_{12}H_{17}N_5O_2S \cdot HCl$. *B.* Analog der vorangehenden Verbindung (*Raychaud=*

huri, J. Indian chem. Soc. **35** [1958] 75). — Kristalle (aus wss. A.); F: 242°. λ_{max} (wss. HCl [0,01 n]): 240 nm.

1-[4-Äthylmercapto-phenyl]-6,6-dimethyl-1,6-dihydro-[1,3,5]triazin-2,4-diyldiamin $C_{13}H_{19}N_5S$, Formel IX (R = R' = H, X = S-C_2H_5) und Taut.

B. Analog den vorangehenden Verbindungen (*Schalit, Cutler*, J. org. Chem. **24** [1959] 573, 574).

Hellgelbe Kristalle; F: 132—138,7° [korr.].

Hydrochlorid $C_{13}H_{19}N_5S\cdot HCl$. Kristalle (aus sehr verd. wss. HCl); F: 214,2—220,8° [korr.]. λ_{max} (H_2O): 260 nm.

1-[4-Äthansulfonyl-phenyl]-6,6-dimethyl-1,6-dihydro-[1,3,5]triazin-2,4-diyldiamin $C_{13}H_{19}N_5O_2S$, Formel IX (R = R' = H, X = SO_2-C_2H_5) und Taut.

Hydrochlorid. *B.* Beim Erwärmen von 1-[4-Äthansulfonyl-phenyl]-biguanid-hydrochlorid mit Aceton und wss. HCl (*ICI*, D.B.P. 879696 [1951]; U.S.P. 2803628 [1951]). — Kristalle (aus wss. A.); F: 251—252°.

Bis-[4-(4,6-diamino-2,2-dimethyl-2H-[1,3,5]triazin-1-yl)-phenyl]-sulfon $C_{22}H_{28}N_{10}O_2S$, Formel X und Taut.

Dihydrochlorid $C_{22}H_{28}N_{10}O_2S\cdot 2HCl$. *B.* Beim Behandeln von Cyanguanidin mit Bis-[4-amino-phenyl]-sulfon, Aceton und wss. HCl (*Raychaudhuri*, J. Indian chem. Soc. **35** [1958] 75). — Kristalle (aus wss. A.); F: 266—268°. λ_{max} (wss. HCl [0,01 n]): 240 nm.

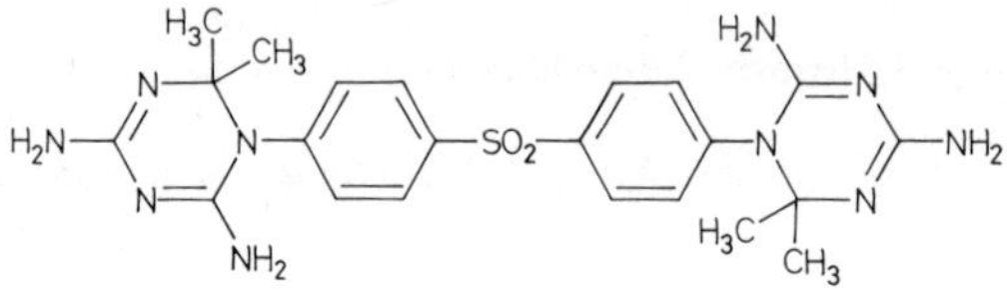

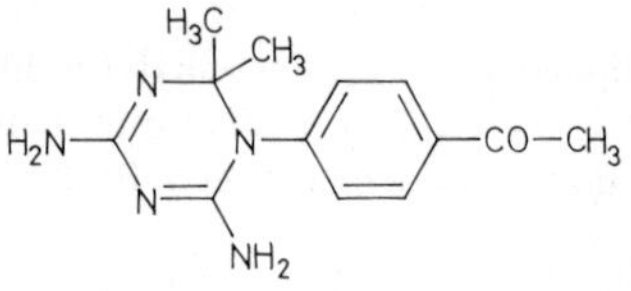

1-[4-(4,6-Diamino-2,2-dimethyl-2H-[1,3,5]triazin-1-yl)-phenyl]-äthanon $C_{13}H_{17}N_5O$, Formel XI und Taut.

Hydrochlorid $C_{13}H_{17}N_5O\cdot HCl$. *B.* Beim Erwärmen von Cyanguanidin mit 1-[4-Amino-phenyl]-äthanon, Aceton und konz. wss. HCl (*Schalit, Cutler*, J. org. Chem. **24** [1959] 573, 574, 575). — Kristalle (aus sehr verd. wss. HCl); F: 210—211,6° [korr.].

6-Acetylamino-4-[4-chlor-anilino]-2,2-dimethyl-1,2-dihydro-[1,3,5]triazin, N-[4-(4-Chlor-anilino)-6,6-dimethyl-1,6-dihydro-[1,3,5]triazin-2-yl]-acetamid $C_{13}H_{16}ClN_5O$, Formel XII (R = CH_3) und Taut.

B. Beim Erwärmen von N^2-[4-Chlor-phenyl]-6,6-dimethyl-1,6-dihydro-[1,3,5]triazin-2,4-diyl⁼ diamin mit Acetanhydrid und wss. NaOH in Dioxan (*Crounse*, J. org. Chem. **16** [1951] 492, 497).

Kristalle (aus Dioxan) mit 1 Mol H_2O; F: 148,5°.

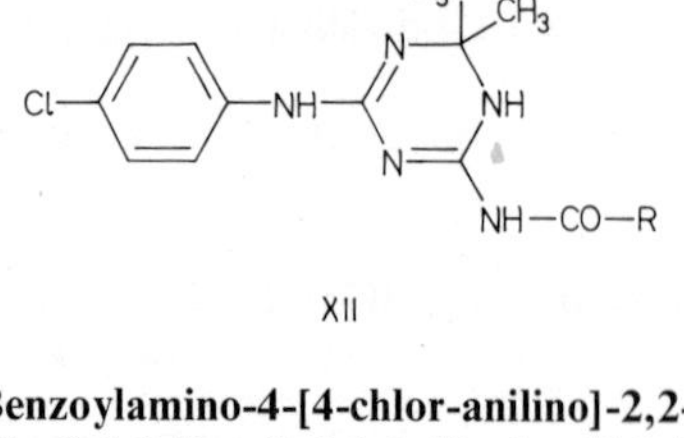

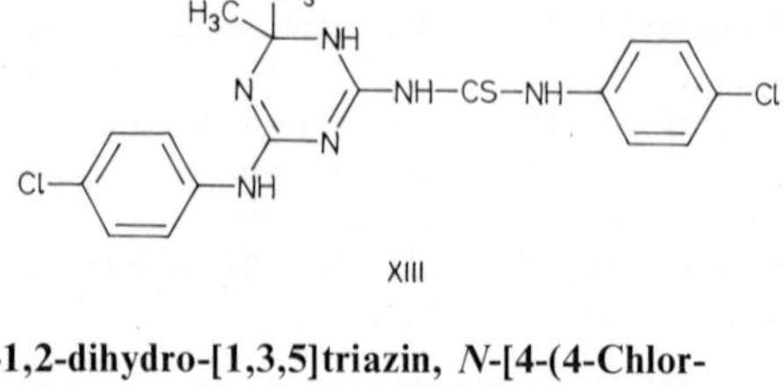

6-Benzoylamino-4-[4-chlor-anilino]-2,2-dimethyl-1,2-dihydro-[1,3,5]triazin, N-[4-(4-Chlor-anilino)-6,6-dimethyl-1,6-dihydro-[1,3,5]triazin-2-yl]-benzamid $C_{18}H_{18}ClN_5O$, Formel XII (R = C_6H_5) und Taut.

B. Beim Erwärmen von N^2-[4-Chlor-phenyl]-6,6-dimethyl-1,6-dihydro-[1,3,5]triazin-2,4-diyl⁼

diamin mit Benzoylchlorid und wss. NaOH in Dioxan und 1,2-Dichlor-äthan (*Crounse*, J. org. Chem. **16** [1951] 492, 497).

Kristalle (aus 1,2-Dichlor-äthan); F: 147–148°.

N-[4-(4-Chlor-anilino)-6,6-dimethyl-1,6-dihydro-[1,3,5]triazin-2-yl]-N'-[4-chlor-phenyl]-thioharnstoff $C_{18}H_{18}Cl_2N_6S$, Formel XIII und Taut.

B. Beim Erwärmen von N^2-[4-Chlor-phenyl]-6,6-dimethyl-1,6-dihydro-[1,3,5]triazin-2,4-diyl≠diamin mit 4-Chlor-phenylisothiocyanat in Aceton (*Carrington et al.*, Soc. **1954** 1017, 1025).

Kristalle (aus A.); F: 199–200°.

4-[4,6-Diamino-2,2-dimethyl-2H-[1,3,5]triazin-1-yl]-benzoesäure $C_{12}H_{15}N_5O_2$, Formel I (X = OH) und Taut.

B. Beim Erwärmen von Cyanguanidin mit 4-Amino-benzoesäure, Aceton und konz. wss. HCl (*Modest*, J. org. Chem. **21** [1956] 1, 8).

Kristalle (aus H_2O); F: 346–348° [unkorr.] (*Mo.*, l. c. S. 10).

Hydrochlorid $C_{12}H_{15}N_5O_2 \cdot HCl$. Kristalle; F: 200–210° [korr.; Zers.] (*Mo.*, l. c. S. 8).

4-[4,6-Diamino-2,2-dimethyl-2H-[1,3,5]triazin-1-yl]-benzoesäure-äthylester $C_{14}H_{19}N_5O_2$, Formel I (X = O-C_2H_5) und Taut.

B. Analog der vorangehenden Verbindung (*Modest*, J. org. Chem. **21** [1956] 1, 8).

Kristalle, die bei 132° zu schmelzen beginnen und bei 155–160° unter Aufschäumen in eine klare Schmelze übergehen (*Mo.*, l. c. S. 10).

Hydrochlorid $C_{14}H_{19}N_5O_2 \cdot HCl$. Kristalle; F: 189–191° [korr.; Zers.; aus H_2O] (*Mo.*, l. c. S. 8). λ_{max} (H_2O): 236 nm (*Modest et al.*, Am. Soc. **74** [1952] 855).

4-[4,6-Diamino-2,2-dimethyl-2H-[1,3,5]triazin-1-yl]-benzoesäure-amid $C_{12}H_{16}N_6O$, Formel I (X = NH_2) und Taut.

B. Analog den vorangehenden Verbindungen (*Modest*, J. org. Chem. **21** [1956] 1, 8).

Kristalle, die bei 178° zu schmelzen beginnen und bei 212–214° [korr.] unter Aufschäumen in eine klare Schmelze übergehen (*Mo.*, l. c. S. 10).

Hydrochlorid $C_{12}H_{16}N_6O \cdot HCl$. Kristalle (aus wss. A.); F: 210–212° [korr.; Zers.] (*Mo.*, l. c. S. 8).

4-[4-Amino-6,6-dimethyl-1,6-dihydro-[1,3,5]triazin-2-ylamino]-benzoesäure $C_{12}H_{15}N_5O_2$, Formel II (R = H) und Taut.

B. Beim Erhitzen von 4-[4,6-Diamino-2,2-dimethyl-2H-[1,3,5]triazin-1-yl]-benzoesäure-hy≠drochlorid mit wss. NaOH (*Modest*, J. org. Chem. **21** [1956] 1, 11).

Kristalle; F: 340–346° [korr.; Zers.].

4-[4-Amino-6,6-dimethyl-1,6-dihydro-[1,3,5]triazin-2-ylamino]-benzoesäure-äthylester $C_{14}H_{19}N_5O_2$, Formel II (R = C_2H_5) und Taut.

B. Beim Erwärmen von 4-[4,6-Diamino-2,2-dimethyl-2H-[1,3,5]triazin-1-yl]-benzoesäure-äthylester mit wss. Äthanol (*Modest*, J. org. Chem. **21** [1956] 1, 11, 12).

Kristalle (aus A.) mit 1 Mol Äthanol; F: 123–128° [korr.; Zers.].

4-[4,6-Diamino-2,2-dimethyl-2H-[1,3,5]triazin-1-yl]-benzolsulfonsäure-amid $C_{11}H_{16}N_6O_2S$, Formel III und Taut.

Hydrochlorid $C_{11}H_{16}N_6O_2S \cdot HCl$. *B.* Aus Cyanguanidin, Aceton und Sulfanilsäure-amid-hydrochlorid (*Basu et al.*, Sci. Culture **18** [1952] 45; *Schalit, Cutler*, J. org. Chem. **24** [1959]

573, 574). − Pulver (aus wss. A.); F: 207,4−214,8° (*Sch., Cu.*). Kristalle (aus wss. A.) mit 1 Mol H_2O; F: 206−208° und (nach Trübung) Zers. >250° (*Basu et al.*). UV-Spektrum (H_2O; 200−300 nm): *Basu et al.*

Picrat. F: 212−213° (*Basu et al.*).

1,4-Bis-[4,6-diamino-2,2-dimethyl-2*H*-[1,3,5]triazin-1-yl]-benzol, 6,6,6′,6′-Tetramethyl-1,6,1′,6′-tetrahydro-1,1′-*p*-phenylen-bis-[1,3,5]triazin-2,4-diyldiamin $C_{16}H_{24}N_{10}$, Formel IV und Taut.

Hydrochlorid $C_{16}H_{24}N_{10}\cdot 2$HCl. *B.* Beim Erwärmen von 1,1′-*p*-Phenylen-bis-biguanid-dihydrochlorid mit Aceton und wss. HCl (*Modest, Levine*, J. org. Chem. **21** [1956] 14, 18, 19). − Kristalle (aus H_2O); F: 299−300° [korr.; Zers.].

IV   V

2-Diäthylaminomethyl-4-[4,6-diamino-2,2-dimethyl-2*H*-[1,3,5]triazin-1-yl]-phenol $C_{16}H_{26}N_6O$, Formel V und Taut.

Dihydrochlorid $C_{16}H_{26}N_6O\cdot 2$HCl. *B.* Beim Erhitzen von 4-Amino-2-diäthylamino-methyl-phenol (aus 4-Acetylamino-2-diäthylaminomethyl-phenol hergestellt) mit Cyanguanidin und Aceton in H_2O (*Raychaudhuri*, J. Indian chem. Soc. **35** [1958] 75). − Kristalle (aus A. + Acn.); F: 196°. λ_{max} (wss. HCl [0,01 n]): 234−236 nm und 276 nm.

Diamine $C_6H_{13}N_5$

(±)-1-Phenyl-6-propyl-1,6-dihydro-[1,3,5]triazin-2,4-diyldiamin $C_{12}H_{17}N_5$, Formel VI (R = X = X′ = H) und Taut.

Hydrochlorid $C_{12}H_{17}N_5\cdot$ HCl. *B.* Beim Erwärmen von 1-Phenyl-biguanid-hydrochlorid mit Butyraldehyd und wss.-äthanol. HCl (*Modest, Levine*, J. org. Chem. **21** [1956] 14, 17, 19). − Kristalle (aus H_2O); F: 226−227° [korr.; Zers.]. λ_{max} (H_2O): 245 nm.

(±)-1-[4-Chlor-phenyl]-6-propyl-1,6-dihydro-[1,3,5]triazin-2,4-diyldiamin $C_{12}H_{16}ClN_5$, Formel VI (R = X = H, X′ = Cl) und Taut.

Hydrochlorid $C_{12}H_{16}ClN_5\cdot$ HCl. *B.* Analog der vorangehenden Verbindung (*ICI*, D.B.P. 879696 [1951]; U.S.P. 2803628 [1951]; *Modest, Levine*, J. org. Chem. **21** [1956] 14, 19). − Kristalle; F: 239−240° (*ICI*), 225−226° [korr.; Zers.; aus H_2O] (*Mo., Le.*).

(±)-1-[3,4-Dichlor-phenyl]-6-propyl-1,6-dihydro-[1,3,5]triazin-2,4-diyldiamin $C_{12}H_{15}Cl_2N_5$, Formel VI (R = H, X = X′ = Cl) und Taut.

Hydrochlorid $C_{12}H_{15}Cl_2N_5\cdot$ HCl. *B.* Analog den vorangehenden Verbindungen (*ICI*, D.B.P. 879696 [1951]; U.S.P. 2803628 [1951]; *Modest, Levine*, J. org. Chem. **21** [1956] 14, 19). − Kristalle; F: 231° (*ICI*), 224−227° [korr.; Zers.; aus wss. A.] (*Mo., Le.*).

(±)-6-Propyl-1-*o*-tolyl-1,6-dihydro-[1,3,5]triazin-2,4-diyldiamin $C_{13}H_{19}N_5$, Formel VI (R = CH_3, X = X′ = H) und Taut.

Hydrochlorid $C_{13}H_{19}N_5\cdot$ HCl. *B.* Analog den vorangehenden Verbindungen (*Modest, Levine*, J. org. Chem. **21** [1956] 14, 19). − Kristalle (aus H_2O); F: 241−243° [korr.; Zers.].

(±)-1-[4-Methoxy-phenyl]-6-propyl-1,6-dihydro-[1,3,5]triazin-2,4-diyldiamin $C_{13}H_{19}N_5O$, Formel VI (R = X = H, X′ = O-CH_3) und Taut.

Hydrochlorid $C_{13}H_{19}N_5O\cdot$ HCl. *B.* Analog den vorangehenden Verbindungen (*Modest, Levine*, J. org. Chem. **21** [1956] 14, 19). − Kristalle (aus Propan-1-ol); F: 227−228° [korr.; Zers.].

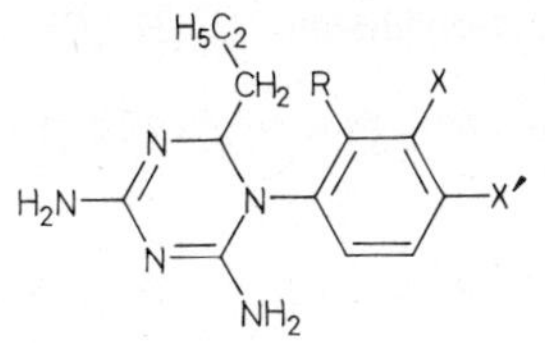

(±)-1-[4-Methylmercapto-phenyl]-6-propyl-1,6-dihydro-[1,3,5]triazin-2,4-diyldiamin $C_{13}H_{19}N_5S$, Formel VI (R = X = H, X' = S-CH$_3$) und Taut.

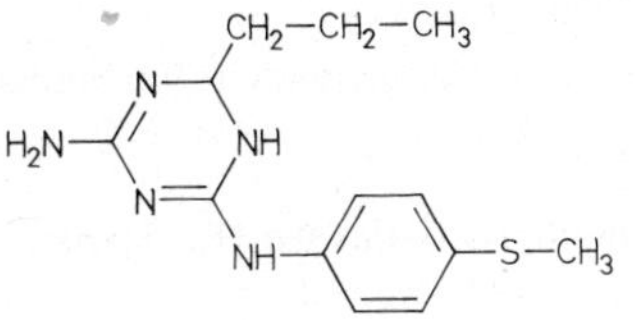

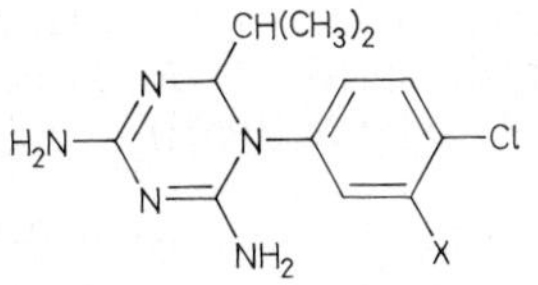

B. Beim Erwärmen von 1-[4-Methylmercapto-phenyl]-biguanid-hydrochlorid mit Butyralde≠ hyd und wss. HCl (*Schalit, Cutler,* J. org. Chem. **24** [1959] 573, 574, 575).

F: 143–144,6° [korr.]. Scheinbarer Dissoziationsexponent pK$_a'$ (H$_2$O): 11,0.

Hydrochlorid $C_{13}H_{19}N_5S \cdot HCl$. F: 230,2–231,1° [korr.; aus A.]. UV-Spektrum (H$_2$O; 220–300 nm): *Sch., Cu.*

(±)-N^2-[4-Methylmercapto-phenyl]-6-propyl-1,6-dihydro-[1,3,5]triazin-2,4-diyldiamin $C_{13}H_{19}N_5S$, Formel VII und Taut.

B. Beim Erhitzen des Hydrochlorids der vorangehenden Verbindung mit wss. NaOH (*Schalit, Cutler,* J. org. Chem. **24** [1959] 573, 576).

F: 125,8–129,2° [korr.]. Scheinbarer Dissoziationsexponent pK$_a'$ (H$_2$O): 10,6 (*Sch., Cu.,* l. c. S. 575).

Hydrochlorid $C_{13}H_{19}N_5S \cdot HCl$. F: 158,8–161,4° [korr.; aus A.]. UV-Spektrum (H$_2$O; 220–320 nm): *Sch., Cu.*

(±)-1-[4-Chlor-phenyl]-6-isopropyl-1,6-dihydro-[1,3,5]triazin-2,4-diyldiamin $C_{12}H_{16}ClN_5$, Formel VIII (X = H) und Taut.

B. Beim Erwärmen von 1-[4-Chlor-phenyl]-biguanid-hydrochlorid mit Isobutyraldehyd und wss.-äthanol. HCl (*Carrington et al.,* Soc. **1954** 1017, 1026; *Modest, Levine,* J. org. Chem. **21** [1956] 14, 19).

F: 144–146° (*Ca. et al.*).

Hydrochlorid $C_{12}H_{16}ClN_5 \cdot HCl$. Kristalle (aus wss. A.); F: 226–227° [korr.; Zers.] (*Mo., Le.*). Kristalle mit 2 Mol H$_2$O; F: 226–227° (*Ca. et al.*). λ_{max} (wss. HCl [0,01 n]): 244 nm (*Ca. et al.*).

L$_g$-Tartrat $2C_{12}H_{16}ClN_5 \cdot C_4H_6O_6$. Kristalle (aus wss. A.) mit 1 Mol H$_2$O; F: 196–197°; $[\alpha]_D^{20}$: +9,6° [H$_2$O; c = 5] (*Ca. et al.*).

(±)-1-[3,4-Dichlor-phenyl]-6-isopropyl-1,6-dihydro-[1,3,5]triazin-2,4-diyldiamin $C_{12}H_{15}Cl_2N_5$, Formel VIII (X = Cl) und Taut.

Hydrochlorid $C_{12}H_{15}Cl_2N_5 \cdot HCl$. *B.* Analog der vorangehenden Verbindung (*ICI,* D.B.P. 879696 [1951]; U.S.P. 2803628 [1951]; *Modest, Levine,* J. org. Chem. **21** [1956] 14, 19). – Kristalle; F: 237–238° [aus H$_2$O] (*ICI*), 228–230° [korr.; Zers.; aus wss. A.] (*Mo., Le.*).

(±)-N^2-[4-Chlor-phenyl]-6-isopropyl-1,6-dihydro-[1,3,5]triazin-2,4-diyldiamin $C_{12}H_{16}ClN_5$, Formel IX und Taut.

B. Beim Erhitzen von (±)-1-[4-Chlor-phenyl]-6-isopropyl-1,6-dihydro-[1,3,5]triazin-2,4-diyldi≠ amin-hydrochlorid mit wss. NaOH (*Carrington et al.,* Soc. **1954** 1017, 1026).

Kristalle (aus wss. Me.) mit 1 Mol Methanol; F: 118–120°.

(±)-6-Äthyl-6-methyl-1-phenyl-1,6-dihydro-[1,3,5]triazin-2,4-diyldiamin $C_{12}H_{17}N_5$, Formel X (X = X' = H) und Taut.

Hydrochlorid $C_{12}H_{17}N_5 \cdot HCl$. *B.* Beim Erwärmen von 1-Phenyl-biguanid-hydrochlorid mit Butanon und wss.-äthanol. HCl (*Modest, Levine,* J. org. Chem. **21** [1956] 14, 18, 19). – Kristalle (aus H$_2$O); F: 204–206° [korr.; Zers.].

(±)-6-Äthyl-1-[3-chlor-phenyl]-6-methyl-1,6-dihydro-[1,3,5]triazin-2,4-diyldiamin $C_{12}H_{16}ClN_5$, Formel X (X = Cl, X′ = H) und Taut.

Hydrochlorid. *B.* Analog der vorangehenden Verbindung (*ICI*, D.B.P. 879696 [1951]; U.S.P. 2803628 [1951]). − F: 180−181°.

(±)-6-Äthyl-1-[4-chlor-phenyl]-6-methyl-1,6-dihydro-[1,3,5]triazin-2,4-diyldiamin $C_{12}H_{16}ClN_5$, Formel X (X = H, X′ = Cl) und Taut.

B. Aus Cyanguanidin, 4-Chlor-anilin-hydrochlorid und Butanon (*Bami*, J. scient. ind. Res. India **14** C [1955] 231, 234; *Modest*, J. org. Chem. **21** [1956] 1, 8, 9). Beim Erwärmen von 1-[4-Chlor-phenyl]-biguanid-hydrochlorid mit Butanon und wss. HCl (*Carrington et al.*, Soc. **1954** 1017, 1025).

Kristalle (aus wasserhaltigem $CHCl_3$ + Ae. + PAe.); F: 139−140° (*Ca. et al.*). λ_{max} (wss. HCl [0,01 n]): 242 nm (*Ca. et al.*).

Hydrochlorid $C_{12}H_{16}ClN_5 \cdot HCl$. Kristalle; F: 208° [aus H_2O] (*Bami*), 206−208° [aus A. + Ae.] (*Ca. et al.*), 196−201° [korr.; Zers.] (*Mo.*).

L_g-Tartrat $2C_{12}H_{16}ClN_5 \cdot C_4H_6O_6$. Kristalle (aus wss. A.); F: 186−187°; $[\alpha]_D^{20}$: +4,2° [H_2O; c = 5] (*Ca. et al.*).

(±)-6-Äthyl-1-[3,4-dichlor-phenyl]-6-methyl-1,6-dihydro-[1,3,5]triazin-2,4-diyldiamin $C_{12}H_{15}Cl_2N_5$, Formel X (X = X′ = Cl) und Taut.

Hydrochlorid $C_{12}H_{15}Cl_2N_5 \cdot HCl$. *B.* Analog der vorangehenden Verbindung (*Modest*, J. org. Chem. **21** [1956] 1, 8, 9; *ICI*, D.B.P. 879696 [1951]; U.S.P. 2803628 [1951]). − Kristalle (aus H_2O); F: 210−211° (*ICI*), 202−208° [korr.; Zers.] (*Mo.*).

IX   X   XI

(±)-6-Äthyl-1-[4-brom-phenyl]-6-methyl-1,6-dihydro-[1,3,5]triazin-2,4-diyldiamin $C_{12}H_{16}BrN_5$, Formel X (X = H, X′ = Br) und Taut.

Hydrochlorid $C_{12}H_{16}BrN_5 \cdot HCl$. *B.* Aus Cyanguanidin, 4-Brom-anilin-hydrochlorid und Butanon (*Bami*, J. scient. ind. Res. India **14** C [1955] 231, 234). Beim Erwärmen von 1-[4-Brom-phenyl]-biguanid mit Butanon und wss. HCl (*Bami*). − Kristalle (aus H_2O); F: 205−206°.

(±)-6-Äthyl-1-[4-jod-phenyl]-6-methyl-1,6-dihydro-[1,3,5]triazin-2,4-diyldiamin $C_{12}H_{16}IN_5$, Formel X (X = H, X′ = I) und Taut.

Hydrochlorid $C_{12}H_{16}IN_5 \cdot HCl$. *B.* Beim Erwärmen von 1-[4-Jod-phenyl]-biguanid mit Butanon und wss. HCl (*Bami*, J. scient. ind. Res. India **14** C [1955] 231, 235). − Kristalle (aus H_2O); Zers. > 210°.

6-Äthyl-N^2-[4-chlor-phenyl]-6-methyl-1,6-dihydro-[1,3,5]triazin-2,4-diyldiamin $C_{12}H_{16}ClN_5$, Formel XI und Taut.

a) **(+)-6-Äthyl-N^2-[4-chlor-phenyl]-6-methyl-1,6-dihydro-[1,3,5]triazin-2,4-diyldiamin.**
Gewinnung aus dem unter b) beschriebenen Racemat mit Hilfe von L_g-Weinsäure: *Carrington et al.*, Soc. **1954** 1017, 1025.

Kristalle (aus A.) mit 1 Mol Äthanol; F: 120−121°. $[\alpha]_D^{23}$: +16° [A.; c = 5].

L_g-Tartrat $C_{12}H_{16}ClN_5 \cdot C_4H_6O_6$. Kristalle (aus A.) mit 1 Mol Äthanol; F: 82−83°. $[\alpha]_D^{20}$: +74° [H_2O; c = 5].

b) **(±)-6-Äthyl-N^2-[4-chlor-phenyl]-6-methyl-1,6-dihydro-[1,3,5]triazin-2,4-diyldiamin.**
B. Beim Erwärmen von (±)-6-Äthyl-1-[4-chlor-phenyl]-6-methyl-1,6-dihydro-[1,3,5]triazin-2,4-diyldiamin mit H_2O (*Carrington et al.*, Soc. **1954** 1017, 1025).

Kristalle (aus wss. Me.) mit 0,5 Mol H_2O; F: $140-142°$. λ_{max} (wss. NaOH [0,1 n]): 258 nm.

(±)-6-Äthyl-6-methyl-1-p-tolyl-1,6-dihydro-[1,3,5]triazin-2,4-diyldiamin $C_{13}H_{19}N_5$, Formel X (X = H, X' = CH_3) und Taut.

Hydrochlorid $C_{13}H_{19}N_5 \cdot HCl$. B. Aus Cyanguanidin, p-Toluidin-hydrochlorid und But≠ anon (Bami, J. scient. ind. Res. India **14** C [1955] 231, 233). — Kristalle (aus H_2O) mit 1 Mol H_2O; F: 186°.

(±)-6-Äthyl-1-[4-methoxy-phenyl]-6-methyl-1,6-dihydro-[1,3,5]triazin-2,4-diyldiamin $C_{13}H_{19}N_5O$, Formel X (X = H, X' = $O-CH_3$) und Taut.

Hydrochlorid $C_{13}H_{19}N_5O \cdot HCl$. B. Analog der vorangehenden Verbindung (Bami, J. scient. ind. Res. India **14** C [1955] 231, 233). — Kristalle (aus H_2O); F: 182°.

(±)-1-[4-Äthoxy-phenyl]-6-äthyl-6-methyl-1,6-dihydro-[1,3,5]triazin-2,4-diyldiamin $C_{14}H_{21}N_5O$, Formel X (X = H, X' = $O-C_2H_5$) und Taut.

Hydrochlorid $C_{14}H_{21}N_5O \cdot HCl$. B. Analog den vorangehenden Verbindungen (Bami, J. scient. ind. Res. India **14** C [1955] 231, 233). — Kristalle (aus H_2O); F: $197-198°$.

(±)-4-[2-Äthyl-4,6-diamino-2-methyl-2H-[1,3,5]triazin-1-yl]-benzolsulfonsäure-amid $C_{12}H_{18}N_6O_2S$, Formel X (X = H, X' = SO_2-NH_2) und Taut.

Hydrochlorid $C_{12}H_{18}N_6O_2S \cdot HCl$. B. Beim Erwärmen von Cyanguanidin mit Sulfanil≠ amid, Butanon und wss. HCl (Raychaudhuri, J. Indian chem. Soc. **35** [1958] 75). — Kristalle (aus wss. A.); F: 210°. λ_{max} (wss. HCl [0,01 n]): 244 nm.

Diamine $C_7H_{15}N_5$

(±)-1-[4-Chlor-phenyl]-6-methyl-6-propyl-1,6-dihydro-[1,3,5]triazin-2,4-diyldiamin $C_{13}H_{18}ClN_5$, Formel XII und Taut.

Hydrochlorid $C_{13}H_{18}ClN_5 \cdot HCl$. B. Beim Behandeln von Cyanguanidin mit 4-Chlor- anilin-hydrochlorid und Pentan-2-on in Äthanol (Modest, J. org. Chem. **21** [1956] 1, 8, 9). Aus 1-[4-Chlor-phenyl]-biguanid-hydrochlorid, Pentan-2-on und wss.-äthanol. HCl (Modest, Levine, J. org. Chem. **21** [1956] 14, 18, 19). — Kristalle (aus H_2O); F: $188-192°$ [korr.; Zers.] (Mo.; s. a. Mo., Le.). λ_{max} (H_2O): 244 nm (Mo., Le.).

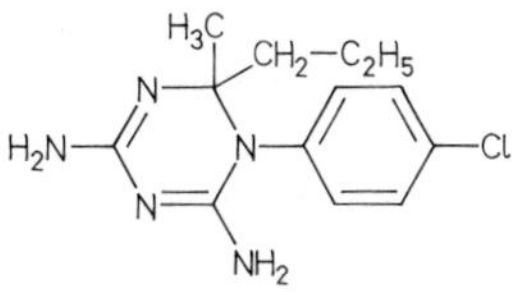

XII 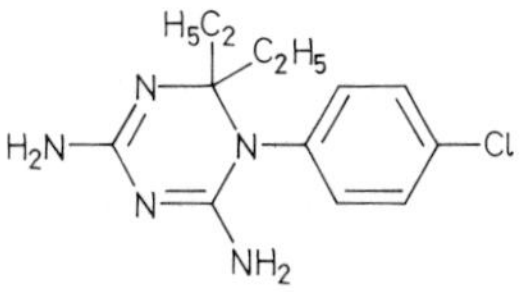   XIII 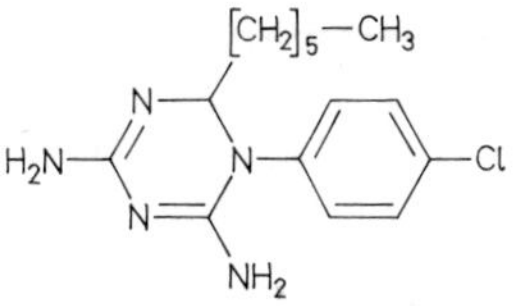   XIV

6,6-Diäthyl-1-[4-chlor-phenyl]-1,6-dihydro-[1,3,5]triazin-2,4-diyldiamin $C_{13}H_{18}ClN_5$, Formel XIII und Taut.

Hydrochlorid $C_{13}H_{18}ClN_5 \cdot HCl$. B. Analog der vorangehenden Verbindung (Modest, J. org. Chem. **21** [1956] 1, 8, 9; Modest, Levine, J. org. Chem. **21** [1956] 14, 18, 19). — Kristalle (aus H_2O); F: $172-180°$ [korr.; Zers.] (Mo.; s. a. Mo., Le.).

Diamine $C_9H_{19}N_5$

(±)-1-[4-Chlor-phenyl]-6-hexyl-1,6-dihydro-[1,3,5]triazin-2,4-diyldiamin $C_{15}H_{22}ClN_5$, Formel XIV und Taut.

Hydrochlorid $C_{15}H_{22}ClN_5 \cdot HCl$. B. Beim Erwärmen von 1-[4-Chlor-phenyl]-biguanid mit Heptanal und wss.-äthanol. HCl (Modest, Levine, J. org. Chem. **21** [1956] 14, 19). — Kristalle (aus H_2O); F: $220-222°$ [korr.; Zers.].

Diamine $C_nH_{2n-1}N_5$

Diamine $C_3H_5N_5$

[1,3,5]Triazin-2,4-diyldiamin, F o r m o g u a n a m i n $C_3H_5N_5$, Formel I (R = R' = H) (H 225; E I 65; dort als 2.4-Diimino-tetrahydro-1.3.5-triazin bezeichnet).

B. Beim Aufbewahren von *N*-Chlor-formamidin unter Zutritt von Luft (*Goerdeler, Wember*, B. **86** [1953] 400, 403). Beim Erhitzen von Formylguanidin (*Libbey-Owens-Ford Glass Co.*, U.S.P. 2408694 [1942]; *Yamashita*, J. chem. Soc. Japan Ind. Chem. Sect. **54** [1951] 786; C. A. **1954** 3986). Bei der Hydrierung von Cyanguanidin an Nickel- oder Kobalt-Katalysatoren in Methanol oder Dioxan bei 130°/65 − 280 at (*Am. Cyanamid Co.*, U.S.P. 2653938 [1948]). Beim Erwärmen von Guanidin mit *N*-Cyan-formamidin in Äthanol (*Shirai et al.*, J. org. Chem. **23** [1958] 100). Aus Formamidin, Cyanamid und Guanidin (*Sh. et al.*). Aus Cyanguanidin und Formamid (*Bredereck et al.*, Ang. Ch. **71** [1959] 753, 771). Aus Biguanid und Äthylformiat (*Geigy A.G.*, Schweiz. P. 255408 [1949]; *Ya.*) oder Formamid (*Am. Cyanamid Co.*, U.S.P. 2320882 [1941]). Bei der Hydrierung von 6-Chlor-[1,3,5]triazin-2,4-diyldiamin an Palla⁃ dium/Kohle in Propan-1,2-diol (*Foye, Weinswig*, J. Am. pharm. Assoc. **48** [1959] 327).

Kristalle (aus H_2O); F: 318° [unkorr.; Zers.] (*Ya.*), 317 − 318° [unkorr.] (*Sh. et al.*). UV-Spektrum (H_2O; 210 − 300 nm; λ_{max}: 258 nm): *Hirt, Salley*, J. chem. Physics **21** [1953] 1181, 1182. λ_{max} (A.): 248 − 253 nm (*Overberger, Shapiro*, Am. Soc. **76** [1954] 1855, 1856). Scheinbare Dissoziationskonstante K_b' (H_2O; potentiometrisch ermittelt) bei 25°: $7,6 \cdot 10^{-9}$ (*Dudley*, Am. Soc. **73** [1951] 3007).

C h r o m a t $C_3H_5N_5 \cdot H_2CrO_4$. Orangegelbe Kristalle (*Rehnelt*, M. **86** [1955] 653, 659).

P i c r a t $C_3H_5N_5 \cdot C_6H_3N_3O_7$. Gelbe Kristalle; F: 250 − 252° (*Ya.*), 247 − 249° [korr.; Zers.; aus H_2O] (*Go., We.*), 248° (*Odo et al.*, Bl. chem. Soc. Japan **28** [1955] 614).

V e r b i n d u n g e n m i t O x a l s ä u r e. a) $3C_3H_5N_5 \cdot 2C_2H_2O_4$. Kristalle (*Rehnelt*, M. **84** [1953] 809, 811, 812). − b) $C_3H_5N_5 \cdot C_2H_2O_4$. Kristalle; F: 275° (*Ya.*), 260 − 263° [Zers.; geschlossene Kapillare] (*Re.*, M. **86** 659).

S a l z d e r 2-C a r b o x y m e t h o x y-5-m e t h y l-i s o p h t h a l s ä u r e $C_3H_5N_5 \cdot C_{11}H_{10}O_7$. Kristalle; F: 254 − 255° [Zers.] (*Re.*, M. **86** 659).

3-B r o m-4-h y d r o x y-5-i s o p r o p y l-2-m e t h y l-b e n z o l s u l f o n a t $C_3H_5N_5 \cdot C_{10}H_{13}BrO_4S$. Kristalle (aus H_2O) mit 1 Mol H_2O; F: 247° (*Re.*, M. **84** 811).

F l a v i a n a t (8-Hydroxy-5,7-dinitro-naphthalin-2-sulfonat) $C_3H_5N_5 \cdot C_{10}H_6N_2O_8S$. Gelbe Kristalle mit 2 Mol H_2O (*Re.*, M. **86** 659).

N^2-Methyl-[1,3,5]triazin-2,4-diyldiamin $C_4H_7N_5$, Formel I (R = CH_3, R' = H).

B. Aus Cyanguanidin bei aufeinanderfolgender Umsetzung mit Methylamin und Äthylformiat (*Shapiro et al.*, Am. Soc. **79** [1957] 5064, 5066).

Kristalle (aus Acetonitril); F: 234 − 238° [unkorr.]. λ_{max} (Me.): 263 nm (*Sh. et al.*, l. c. S. 5071).

N^2,N^4-Dimethyl-[1,3,5]triazin-2,4-diyldiamin $C_5H_9N_5$, Formel I (R = R' = CH_3).

B. Aus 1,5-Dimethyl-biguanid-sulfat beim Erhitzen mit Natriumformiat oder aus 1,5-Di⁃ methyl-biguanid und Äthylformiat (*Geigy A.G.*, Schweiz. P. 261828 [1949]). Aus 6-Chlor-N^2,N^4-dimethyl-[1,3,5]triazin-2,4-diyldiamin bei der Hydrierung an Palladium/CaCO₃ in Di⁃ oxan oder beim Behandeln mit HI und PH_4I (*Geigy A.G.*, Schweiz. P. 261818 [1949]).

Kristalle (aus H_2O); F: 204°. Löslichkeit in H_2O bei 37°: 1,5%.

N^2,N^2-Dimethyl-[1,3,5]triazin-2,4-diyldiamin $C_5H_9N_5$, Formel II (R = CH_3, R' = H).

B. Aus 1,1-Dimethyl-biguanid und Ameisensäure (*Clauder, Bulcsu*, Magyar kém. Folyóirat **57** [1951] 68, 71; C. A. **1952** 4023) oder Formamid (*Am. Cyanamid Co.*, U.S.P. 2320882 [1941]).

Kristalle; F: 192° (*Am. Cyanamid Co.*), 189 − 190° [aus H_2O] (*Cl., Bu.*).

N^2,N^2,N^4-Trimethyl-[1,3,5]triazin-2,4-diyldiamin $C_6H_{11}N_5$, Formel II (R = R' = CH_3).

B. Aus 1,1,5-Trimethyl-biguanid und wss. Ameisensäure (*Clauder, Bulcsu*, Magyar kém.

Folyóirat **57** [1951] 68, 72; C. A. **1952** 4023).
Kristalle (aus wss. A.); F: 193 – 194°.

N^2-Äthyl-[1,3,5]triazin-2,4-diyldiamin $C_5H_9N_5$, Formel I (R = C_2H_5, R′ = H).

B. Aus Cyanguanidin bei aufeinanderfolgender Umsetzung mit Äthylamin und mit Äthylfor⸗ miat (*Shapiro et al.*, Am. Soc. **79** [1957] 5064, 5066). Aus 1-Äthyl-biguanid bei der Umsetzung mit Äthylformiat, mit Formamidin oder mit $CHCl_3$ und KOH (*Geigy A.G.*, Schweiz. P. 254538 [1949]). Aus 1-Äthyl-biguanid-sulfat beim Behandeln mit Formamid und NH_3 in Methanol oder mit Formamid und Natriumäthylat (*Geigy A.G.*, Schweiz. P. 254538). Aus 1-Äthyl-bigua⸗ nid-hydrochlorid und Ameisensäure (*Heumann & Co.*, D.B.P. 1008303 [1955]). Aus N^2-Äthyl-6-chlor-[1,3,5]triazin-2,4-diyldiamin mit Hilfe von $SnCl_2$ und Zink (*Geigy A.G.*, Schweiz. P. 261811 [1949]).

Kristalle; F: 197,5° [aus Me.] (*Geigy A.G.*), 195 – 197° [unkorr.; aus Acetonitril] (*Sh. et al.*, l. c. S. 5066), 187° (*Heumann & Co.*). λ_{max} (Me.): 263 nm (*Sh. et al.*, l. c. S. 5071). Löslichkeit in H_2O bei 37°: ca. 1% (*Geigy A.G.*).

N^2,N^2-Diäthyl-[1,3,5]triazin-2,4-diyldiamin $C_7H_{13}N_5$, Formel II (R = C_2H_5, R′ = H).

B. Aus 1,1-Diäthyl-biguanid und Ameisensäure (*Clauder, Bulcsu*, Magyar kém. Folyóirat **57** [1951] 68, 71; C. A. **1952** 4023) oder Äthylformiat (*Geigy A.G.*, Schweiz. P. 261825 [1949]). Bei der Hydrierung von N^2,N^2-Diäthyl-6-chlor-[1,3,5]triazin-2,4-diyldiamin an Palladium/ $CaCO_3$ in Dioxan (*Geigy A.G.*, Schweiz. P. 261815 [1949]).

Kristalle (aus H_2O); F: 170° (*Geigy A.G.*), 164 – 165° (*Cl., Bu.*). Löslichkeit in H_2O bei 37°: 0,4% (*Geigy A.G.*).

Hydrochlorid. Kristalle; F: 155 – 156° (*Geigy A.G.*).

N^2-Propyl-[1,3,5]triazin-2,4-diyldiamin $C_6H_{11}N_5$, Formel III (X = H).

B. Aus Cyanguanidin bei aufeinanderfolgender Umsetzung mit Propylamin und mit Äthylfor⸗ miat (*Shapiro et al.*, Am. Soc. **79** [1957] 5064, 5066, 5069). Aus 1-Propyl-biguanid bei der Umsetzung mit Äthylformiat oder mit Formamid (*Geigy A.G.*, Schweiz. P. 261829 [1949]). Aus 6-Chlor-N^2-propyl-[1,3,5]triazin-2,4-diyldiamin mit Hilfe von $SnCl_2$ und Zink (*Geigy A.G.*, Schweiz. P. 261819 [1949]).

Kristalle; F: 168° [aus Me.] (*Geigy A.G.*), 163 – 165° [unkorr.; aus Acetonitril] (*Sh. et al.*, l. c. S. 5066). λ_{max} (Me.): 263 nm (*Sh. et al.*, l. c. S. 5071).

(±)-N^2-[2,3-Dibrom-propyl]-[1,3,5]triazin-2,4-diyldiamin $C_6H_9Br_2N_5$, Formel III (X = Br).

B. Aus N^2-Allyl-[1,3,5]triazin-2,4-diyldiamin und Brom (*Shapiro et al.*, Am. Soc. **79** [1957] 5064, 5066, 5070).

Gelber Feststoff.

Hydrochlorid $C_6H_9Br_2N_5 \cdot HCl$. Hygroskopische Kristalle (aus Isopropylalkohol + Ae.) mit 2 Mol H_2O; F: 115° [unkorr.; Zers.].

N^2-Isopropyl-[1,3,5]triazin-2,4-diyldiamin $C_6H_{11}N_5$, Formel IV (R = H).

B. Aus Cyanguanidin bei aufeinanderfolgender Umsetzung mit Isopropylamin und mit Äthyl⸗ formiat (*Shapiro et al.*, Am. Soc. **79** [1957] 5064, 5066).

Kristalle (aus Acetonitril); F: 137 – 140° [unkorr.]. λ_{max} (Me.): 264 nm (*Sh. et al.*, l. c. S. 5071).

N^2-Butyl-[1,3,5]triazin-2,4-diyldiamin $C_7H_{13}N_5$, Formel V (R = H, n = 3).

B. Analog der vorangehenden Verbindung (*Shapiro et al.*, Am. Soc. **79** [1957] 5064, 5066).

Aus 1-Butyl-biguanid bei der Umsetzung mit Äthylformiat oder mit Formamid (*Geigy A.G.*, Schweiz. P. 261821 [1949]). Aus N^2-Butyl-6-chlor-[1,3,5]triazin-2,4-diyldiamin bei der Hydrie= rung an Palladium/CaCO$_3$ oder mit Hilfe von HI und PH$_4$I oder von SnCl$_2$ und Zink (*Geigy A.G.*, Schweiz. P. 252530 [1948]).

Kristalle (aus Me.); F: 122° und (nach Wiedererstarren bei 124°) F: 144° (*Geigy A.G.*). Kristalle (aus Bzl.); F: 140−143° [unkorr.] (*Sh. et al.*, l. c. S. 5066).

Picrat $C_7H_{13}N_5 \cdot C_6H_3N_3O_7$. F: 192−195° (*Sh. et al.*, l. c. S. 5070). λ_{max} (Me.): 263 nm (*Sh. et al.*, l. c. S. 5071).

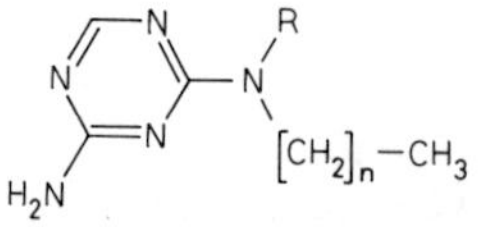

V 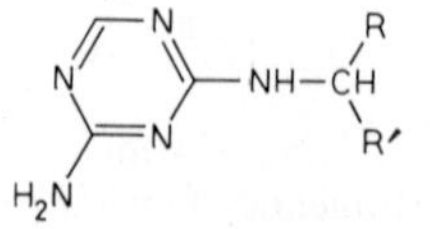   VI 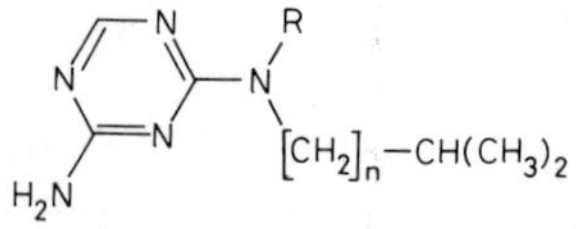   VII

N^2-**Butyl-N^2-methyl-[1,3,5]triazin-2,4-diyldiamin** $C_8H_{15}N_5$, Formel V (R = CH$_3$, n = 3).

B. Beim Erhitzen von Cyanguanidin mit Butyl-methyl-amin-hydrochlorid und anschliessenden Behandeln mit Äthylformiat und methanol. Natriummethylat (*Shapiro et al.*, Am. Soc. **79** [1957] 5064, 5069).

Kristalle (aus Acetonitril); F: 118−120° [unkorr.] (*Sh. et al.*, l. c. S. 5067).

Die folgenden Verbindungen sind in analoger Weise hergestellt worden:

(±)-N^2-*sec*-Butyl-[1,3,5]triazin-2,4-diyldiamin $C_7H_{13}N_5$, Formel VI (R = CH$_3$, R′ = C$_2$H$_5$). Kristalle (aus Bzl.); F: 138−139° [unkorr.] (*Sh. et al.*, l. c. S. 5066). λ_{max} (Me.): 264 nm (*Sh. et al.*, l. c. S. 5071).

N^2-Isobutyl-[1,3,5]triazin-2,4-diyldiamin $C_7H_{13}N_5$, Formel VII (R = H, n = 1). Kristalle (aus Bzl.); F: 142−147° [unkorr.] (*Sh. et al.*, l. c. S. 5066). λ_{max} (Me.): 263−264 nm (*Sh. et al.*, l. c. S. 5071). − Picrat $C_7H_{13}N_5 \cdot C_6H_3N_3O_7$. F: 203−204° (*Sh. et al.*, l. c. S. 5070).

N^2-Isobutyl-N^2-methyl-[1,3,5]triazin-2,4-diyldiamin $C_8H_{15}N_5$, Formel VII (R = CH$_3$, n = 1). Kristalle (aus Acetonitril); F: 158−160° [unkorr.] (*Sh. et al.*, l. c. S. 5067).

N^2-*tert*-Butyl-[1,3,5]triazin-2,4-diyldiamin $C_7H_{13}N_5$, Formel IV (R = CH$_3$). Kristalle (aus Bzl.); F: 147−150° [unkorr.] (*Sh. et al.*, l. c. S. 5066). λ_{max} (Me.): 262 nm (*Sh. et al.*, l. c. S. 5071).

N^2-Pentyl-[1,3,5]triazin-2,4-diyldiamin $C_8H_{15}N_5$, Formel V (R = H, n = 4). Kristalle (aus Acetonitril); F: 115−118° [unkorr.] (*Sh. et al.*, l. c. S. 5066). − Hydrochlorid $C_8H_{15}N_5 \cdot HCl$. Kristalle (aus Isopropylalkohol); F: 208−210° (*Sh. et al.*, l. c. S. 5070). − Picrat $C_8H_{15}N_5 \cdot C_6H_3N_3O_7$. F: 148° (*Sh. et al.*, l. c. S. 5070).

N^2-Methyl-N^2-pentyl-[1,3,5]triazin-2,4-diyldiamin $C_9H_{17}N_5$, Formel V (R = CH$_3$, n = 4). Kristalle (aus Acetonitril); F: 120−122° [unkorr.] (*Sh. et al.*, l. c. S. 5067).

(±)-N^2-[1-Methyl-butyl]-[1,3,5]triazin-2,4-diyldiamin $C_8H_{15}N_5$, Formel VI (R = CH$_3$, R′ = CH$_2$-C$_2$H$_5$). Kristalle (aus Acetonitril); F: 136−138° [unkorr.] (*Sh. et al.*, l. c. S. 5066).

N^2-[1-Äthyl-propyl]-[1,3,5]triazin-2,4-diyldiamin $C_8H_{15}N_5$, Formel VI (R = R′ = C$_2$H$_5$). Kristalle (aus Acetonitril); F: 158−160° [unkorr.] (*Sh. et al.*, l. c. S. 5066).

(±)-N^2-[2-Methyl-butyl]-[1,3,5]triazin-2,4-diyldiamin $C_8H_{15}N_5$, Formel VIII (R = H, R′ = C$_2$H$_5$). Kristalle (aus Acetonitril); F: 123−124° [unkorr.] (*Sh. et al.*, l. c. S. 5066).

(±)-N^2-[1,2-Dimethyl-propyl]-[1,3,5]triazin-2,4-diyldiamin $C_8H_{15}N_5$, Formel VI (R = CH$_3$, R′ = CH(CH$_3$)$_2$). Kristalle (aus Acetonitril); F: 161−162° [unkorr.] (*Sh. et al.*, l. c. S. 5066).

N^2-Isopentyl-[1,3,5]triazin-2,4-diyldiamin $C_8H_{15}N_5$, Formel VII (R = H, n = 2). Kristalle (aus Acetonitril); F: 125−127° [unkorr.] (*Sh. et al.*, l. c. S. 5066). − Hydrochlorid $C_8H_{15}N_5 \cdot HCl$. Kristalle (aus Isopropylalkohol); F: 203−205° (*Sh. et al.*, l. c. S. 5070). − Picrat $C_8H_{15}N_5 \cdot C_6H_3N_3O_7$. F: 185° (*Sh. et al.*, l. c. S. 5070).

N^2-Isopentyl-N^2-methyl-[1,3,5]triazin-2,4-diyldiamin $C_9H_{17}N_5$, Formel VII (R = CH$_3$, n = 2). Kristalle (aus Acetonitril); F: 137−138° [unkorr.] (*Sh. et al.*, l. c. S. 5067).

N^2-Neopentyl-[1,3,5]triazin-2,4-diyldiamin $C_8H_{15}N_5$, Formel VIII

(R = R' = CH$_3$). Kristalle (aus Bzl.); F: 168–170° [unkorr.] (*Sch. et al.*, l. c. S. 5066).

N^2-Hexyl-[1,3,5]triazin-2,4-diyldiamin C$_9$H$_{17}$N$_5$, Formel IX (n = 5). Kristalle (aus Acetonitril); F: 120–122° [unkorr.] (*Sh. et al.*, l. c. S. 5066). λ_{max} (Me.): 265 nm (*Sh. et al.*, l. c. S. 5071).

N^2-Isohexyl-[1,3,5]triazin-2,4-diyldiamin C$_9$H$_{17}$N$_5$, Formel VII (R = H, n = 3). Kristalle (aus Acetonitril); F: 129–130° [unkorr.] (*Sh. et al.*, l. c. S. 5066).

N^2-Heptyl-[1,3,5]triazin-2,4-diyldiamin C$_{10}$H$_{19}$N$_5$, Formel IX (n = 6). Kristalle (aus Acetonitril); F: 120–121° [unkorr.] (*Sh. et al.*, l. c. S. 5066).

VIII   IX   X

N^2-Octyl-[1,3,5]triazin-2,4-diyldiamin C$_{11}$H$_{21}$N$_5$, Formel IX (n = 7). Kristalle (aus Acetonitril); F: 121–122° [unkorr.] (*Sh. et al.*, l. c. S. 5066). λ_{max} (Me.): 265 nm (*Sh. et al.*, l. c. S. 5071).

N^2-[1,1-Dimethyl-hexyl]-[1,3,5]triazin-2,4-diyldiamin C$_{11}$H$_{21}$N$_5$, Formel X. Kri=
stalle (aus Acetonitril); F: 115–117° [unkorr.] (*Sh. et al.*, l. c. S. 5066).

(±)-N^2-[2-Äthyl-hexyl]-[1,3,5]triazin-2,4-diyldiamin C$_{11}$H$_{21}$N$_5$, Formel XI. Kristalle (aus wss. Me.); F: 110–112° [unkorr.] (*Sh. et al.*, l. c. S. 5066).

N^2-Nonyl-[1,3,5]triazin-2,4-diyldiamin C$_{12}$H$_{23}$N$_5$, Formel IX (n = 8). Kristalle (aus Acetonitril); F: 106–110° [unkorr.] (*Sh. et al.*, l. c. S. 5066).

N^2-Decyl-[1,3,5]triazin-2,4-diyldiamin C$_{13}$H$_{25}$N$_5$, Formel IX (n = 9). Kristalle (aus Acetonitril); F: 104–106° [unkorr.] (*Sh. et al.*, l. c. S. 5066).

N^2-Dodecyl-[1,3,5]triazin-2,4-diyldiamin C$_{15}$H$_{29}$N$_5$, Formel IX (n = 11). Kristalle (aus Acetonitril); F: 110–113° [unkorr.] (*Sh. et al.*, l. c. S. 5066).

N^2-Tetradecyl-[1,3,5]triazin-2,4-diyldiamin C$_{17}$H$_{33}$N$_5$, Formel IX (n = 13). Kristalle (aus Acetonitril); F: 97–101° (*Sh. et al.*, l. c. S. 5066). λ_{max} (Me.): 264 nm (*Sh. et al.*, l. c. S. 5071).

N^2-Hexadecyl-[1,3,5]triazin-2,4-diyldiamin C$_{19}$H$_{37}$N$_5$, Formel IX (n = 15). Kristalle (aus Acetonitril): F: 80–87° [unreines Präparat] (*Sh. et al.*, l. c. S. 5066).

N^2-Octadecyl-[1,3,5]triazin-2,4-diyldiamin C$_{21}$H$_{41}$N$_5$, Formel IX (n = 17). Kristalle (aus Acetonitril): F: 108–109° [unkorr.] (*Sh. et al.*, l. c. S. 5066).

XI   XII

N^2-Allyl-[1,3,5]triazin-2,4-diyldiamin C$_6$H$_9$N$_5$, Formel XII (R = H).

B. Aus Cyanguanidin bei aufeinanderfolgender Umsetzung mit Allylamin und mit Äthylfor=
miat (*Shapiro et al.*, Am. Soc. **79** [1957] 5064, 5066; J. Am. pharm. Assoc. **46** [1957] 689, 692). Aus 1-Allyl-biguanid und Äthylformiat (*Sh. et al.*, J. Am. pharm. Assoc. **46** 691; *Geigy A.G.*, Schweiz. P. 261822 [1949]). Aus N^2-Allyl-6-chlor-[1,3,5]triazin-2,4-diyldiamin beim Be=
handeln mit HI und PH$_4$I (*Geigy A.G.*, Schweiz. P. 261812 [1949]).

Kristalle; F: 152,5° [aus H$_2$O] (*Geigy A.G.*), 148–149° [unkorr.; aus Bzl. bzw. aus Acetonitril] (*Sh. et al.*, Am. Soc. **79** 5066; J. Am. pharm. Assoc. **46** 691). Löslichkeit in H$_2$O bei 37°: ca. 1,5% (*Geigy A.G.*).

Picrat C$_6$H$_9$N$_5$·C$_6$H$_3$N$_3$O$_7$. Kristalle (aus H$_2$O); F: 194–195° (*Sh. et al.*, J. Am. pharm. Assoc. **46** 692).

N^2-Methallyl-[1,3,5]triazin-2,4-diyldiamin C$_7$H$_{11}$N$_5$, Formel XII (R = CH$_3$).

B. Aus Cyanguanidin bei aufeinanderfolgender Umsetzung mit Methallylamin und mit Äthyl=

formiat (*Shapiro et al.*, Am. Soc. **79** [1957] 5064, 5066; J. Am. pharm. Assoc. **46** [1957] 689, 692).

Kristalle (aus Bzl.); F: 132−134° [unkorr.].

N^2-Cyclopentyl-[1,3,5]triazin-2,4-diyldiamin $C_8H_{13}N_5$, Formel XIII.

B. Aus Cyanguanidin bei aufeinanderfolgender Umsetzung mit Cyclopentylamin und mit Äthylformiat (*Shapiro et al.*, Am. Soc. **79** [1957] 5064, 5066). Aus 1-Cyclopentyl-biguanid bei der Umsetzung mit Äthylformiat oder Formamid (*Geigy A.G.*, Schweiz. P. 261831 [1949]). Bei der Hydrierung von 6-Chlor-N^2-cyclopentyl-[1,3,5]triazin-2,4-diyldiamin an Palladium/ CaCO₃ in Dioxan (*Geigy A.G.*, Schweiz. P. 261820 [1949]).

Kristalle; F: 164° (*Geigy A.G.*), 161−162° [unkorr.; aus Acetonitril] (*Sh. et al.*).

N^2-Cyclohexyl-[1,3,5]triazin-2,4-diyldiamin $C_9H_{15}N_5$, Formel XIV (R = H).

B. Aus Cyanguanidin bei aufeinanderfolgender Umsetzung mit Cyclohexylamin und mit Äthylformiat (*Shapiro et al.*, Am. Soc. **79** [1957] 5064, 5066, 5069). Aus 1-Cyclohexyl-biguanid und Äthylformiat (*Sh. et al.*, l. c. S. 5069). Beim Erhitzen von 4-Amino-6-cyclohexylamino-[1,3,5]triazin-2-carbonsäure auf 210° (*Sh. et al.*, l. c. S. 5070).

Kristalle (aus Acetonitril); F: 162−164° [unkorr.] (*Sh. et al.*, l. c. S. 5066). λ_{max} (Me.): 264 nm (*Sh. et al.*, l. c. S. 5071).

Hydrochlorid $C_9H_{15}N_5 \cdot HCl$. Kristalle (aus Isopropylalkohol); F: 212−214° (*Sh. et al.*, l. c. S. 5070).

Picrat $C_9H_{15}N_5 \cdot C_6H_3N_3O_7$. F: 205−207° (*Sh. et al.*, l. c. S. 5070).

Acetyl-Derivat $C_{11}H_{17}N_5O$; *N*-[Cyclohexylamino-[1,3,5]triazin-2-yl]-acetamid. Kristalle (aus Propan-1-ol); F: 206−207° (*Sh. et al.*, l. c. S. 5070).

Propionyl-Derivat $C_{12}H_{19}N_5O$; *N*-[Cyclohexylamino-[1,3,5]triazin-2-yl]-pro= pionamid. Kristalle (aus Acetonitril); F: 197−198° (*Sh. et al.*, l. c. S. 5070).

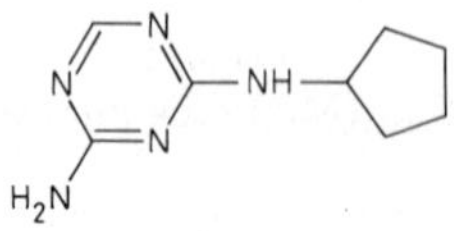

XIII 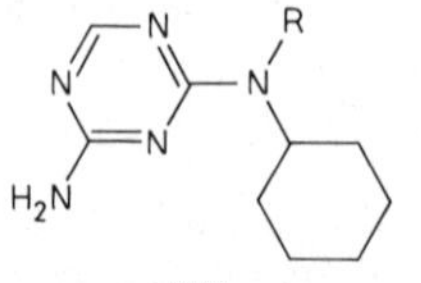   XIV 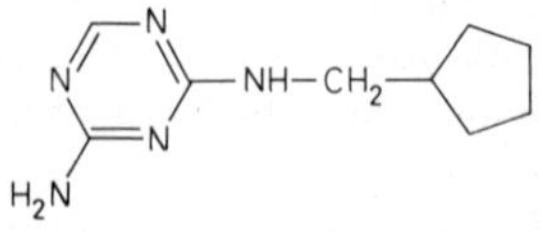   XV

N^2-Cyclohexyl-N^2-methyl-[1,3,5]triazin-2,4-diyldiamin $C_{10}H_{17}N_5$, Formel XIV (R = CH₃).

B. Aus Cyanguanidin bei aufeinanderfolgender Umsetzung mit Cyclohexyl-methyl-amin und mit Äthylformiat (*Shapiro et al.*, Am. Soc. **79** [1957] 5064, 5067, 5069).

Kristalle (aus Acetonitril); F: 172−174° [unkorr.].

N^2-Äthyl-N^2-cyclohexyl-[1,3,5]triazin-2,4-diyldiamin $C_{11}H_{19}N_5$, Formel XIV (R = C₂H₅).

B. Analog der vorangehenden Verbindung (*Shapiro et al.*, Am. Soc. **79** [1957] 5064, 5067, 5069). Aus 1-Äthyl-1-cyclohexyl-biguanid bei der Umsetzung mit Äthylformiat oder mit Form= amid (*Geigy A.G.*, Schweiz. P. 261827 [1949]).

Kristalle; F: 148−150° [unkorr.; aus Acetonitril] (*Sh. et al.*), 145° [aus wss. Me.] (*Geigy A.G.*).

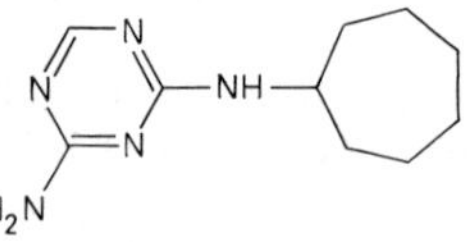

I 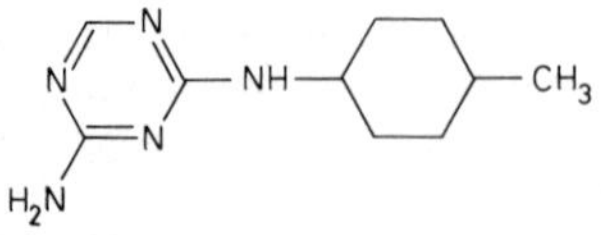   II 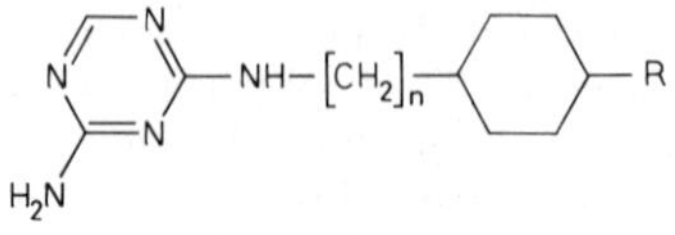   III

N^2-Cyclopentylmethyl-[1,3,5]triazin-2,4-diyldiamin $C_9H_{15}N_5$, Formel XV.

B. Beim Erhitzen von Cyanguanidin mit *C*-Cyclopentyl-methylamin-hydrochlorid und an= schliessenden Behandeln mit Äthylformiat und methanol. Natriummethylat (*Shapiro et al.*,

Am. Soc. **79** [1957] 5064, 5066).

Kristalle (aus Acetonitril); F: 141−143° [unkorr.].

Die folgenden Verbindungen sind in analoger Weise hergestellt worden:

N^2-Cycloheptyl-[1,3,5]triazin-2,4-diyldiamin $C_{10}H_{17}N_5$, Formel I. Kristalle (aus Acetonitril); F: 142−144° [unkorr.].

*N^2-[4-Methyl-cyclohexyl]-[1,3,5]triazin-2,4-diyldiamin $C_{10}H_{17}N_5$, Formel II. Kristalle (aus Acetonitril); F: 230−232° [unkorr.].

N^2-Cyclohexylmethyl-[1,3,5]triazin-2,4-diyldiamin $C_{10}H_{17}N_5$, Formel III (R = H, n = 1). Kristalle (aus Acetonitril); F: 159−162° [unkorr.].

N^2-[2-Cyclopentyl-äthyl]-[1,3,5]triazin-2,4-diyldiamin $C_{10}H_{17}N_5$, Formel IV. Kristalle (aus Acetonitril); F: 148−149° [unkorr.].

N^2-[2-Cyclohexyl-äthyl]-[1,3,5]triazin-2,4-diyldiamin $C_{11}H_{19}N_5$, Formel III (R = H, n = 2). Kristalle (aus Acetonitril); F: 162−164° [unkorr.].

*N^2-[4-Methyl-cyclohexylmethyl]-[1,3,5]triazin-2,4-diyldiamin $C_{11}H_{19}N_5$, Formel III (R = CH$_3$, n = 1). Kristalle (aus Acetonitril); F: 135−136° [unkorr.].

N^2-[3-Cyclohexyl-propyl]-[1,3,5]triazin-2,4-diyldiamin $C_{12}H_{21}N_5$, Formel III (R = H, n = 3). Kristalle (aus Acetonitril); F: 133−137° [unkorr.].

N^2-[4-Cyclohexyl-butyl]-[1,3,5]triazin-2,4-diyldiamin $C_{13}H_{23}N_5$, Formel III (R = H, n = 4). Kristalle (aus Acetonitril); F: 145−148° [unkorr.].

*Opt.-inakt. N^2-[1,3,3-Trimethyl-[2]norbornyl]-[1,3,5]triazin-2,4-diyldiamin $C_{13}H_{21}N_5$, Formel V. Kristalle (aus Acetonitril); F: 78−80°.

N^2-[(1R)-Bornan-2ξ-yl]-[1,3,5]triazin-2,4-diyldiamin $C_{13}H_{21}N_5$, Formel VI. Kristalle (aus Acetonitril); F: 164−166° [unkorr.].

*Opt.-inakt. N^2-Bornan-2-yl-[1,3,5]triazin-2,4-diyldiamin $C_{13}H_{21}N_5$, Formel VI +Spiegelbild. Kristalle (aus Acetonitril); F: 172−175° [unkorr.].

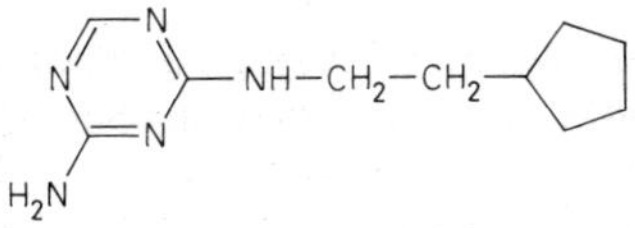

IV 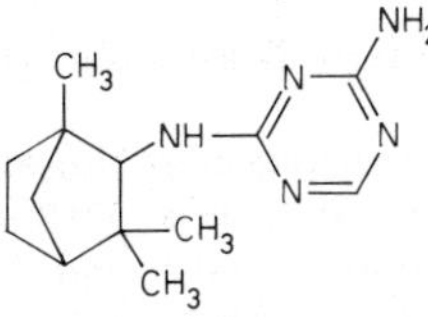   V 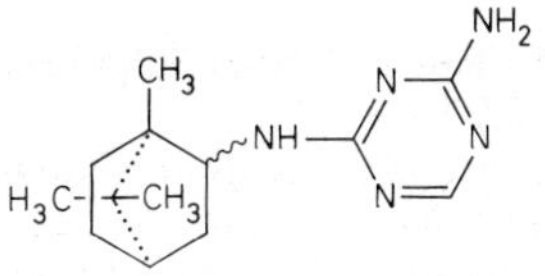   VI

N^2-Phenyl-[1,3,5]triazin-2,4-diyldiamin, Amanozin $C_9H_9N_5$, Formel VII (X = X′ = H).

Diese Verbindung hat wahrscheinlich auch in den von *Plaskon Co.* (U.S.P. 2217030 [1939], 2273382 [1939]), von *Papini* (G. **80** [1950] 837, 840) und von *Ridi, Checchi* (Ann. Chimica **43** [1953] 807, 810; s. a. *Checchi et al.*, Ann. Chimica **44** [1954] 522, 523; *Ridi et al.*, Ann. Chimica **44** [1954] 769, 774) als 2,4-Diimino-1-phenyl-1,2,3,4-tetrahydro-[1,3,5]triazin $C_9H_9N_5$ formulierten Präparaten vorgelegen (s. diesbezüglich *Šokolowškaja et al.*, Ž. obšč. Chim. **27** [1957] 765; engl. Ausg. S. 839).

B. Aus Cyanguanidin bei aufeinanderfolgender Umsetzung mit Anilin und mit Äthylformiat (*Shapiro et al.*, Am. Soc. **79** [1957] 5064, 5066). Beim Erhitzen von Cyanguanidin mit N,N′-Diphenyl-formamidin (*Pa.*). Aus 1-Phenyl-biguanid bei der Umsetzung mit Ameisensäure (*Clauder, Bulcsu*, Magyar kém. Folyóirat **57** [1951] 68, 71; C. A. **1952** 4023; *Overberger, Shapiro*, Am. Soc. **76** [1954] 93, 94; *Heumann & Co.*, D.B.P. 1008303 [1955]), mit Äthylformiat (*Plaskon Co.; Wagner*, J. org. Chem. **5** [1940] 133, 140), mit Orthoameisensäure-triäthylester (*Ridi, Ch.*, l. c. S. 815) oder mit Formamid (*Am. Cyanamid Co.*, U.S.P. 2320882 [1941]; *Pa.; Ov., Sh.*, l. c. S. 95). Beim Erhitzen von Amino-anilino-[1,3,5]triazin-2-carbonsäure (*Ov., Sh.*, l. c. S. 96; *So. et al.*, l. c. S. 772). Bei der Hydrierung von N-Cyan-N′-phenyl-guanidin an einem Nickel-Katalysator in Methanol bei 127°/110−135 at (*Am. Cyanamid Co.*, U.S.P. 2653938 [1948]). Bei der Hydrierung von 6-Chlor-N^2-[4-chlor-phenyl]-[1,3,5]triazin-2,4-diyldiamin an Palladium/Kohle in Äthanol (*Foye, Weinswig*, J. Am. pharm. Assoc. **48** [1959] 327).

Kristalle; F: 237° (*Am. Cyanamid Co.*, U.S.P. 2320882), 235−236° [unkorr.; aus Dioxan] (*Ov., Sh.*, l. c. S. 94), 234−235° (*Cl., Bu.*), 232−233° [aus A.] (*So. et al.*). UV-Spektrum (Me.; 220−320 nm; λ_{max}: 261 nm): *Overberger, Shapiro*, Am. Soc. **76** [1954] 1855, 1856, 1857. λ_{max}

(wss. HCl [1 n]): 250 nm (*Ov., Sh.*, l. c. S. 1856).

Monohydrochlorid $C_9H_9N_5 \cdot HCl$. Kristalle; F: 258−260° (*Cl., Bu.*), 246−255° [unkorr.; Zers.; aus wss. A.] (*Ov., Sh.*, l. c. S. 96); Zers. bei 255° [nach Braunfärbung ab 245°; aus A.] (*Pa.*).

Dihydrochlorid $C_9H_9N_5 \cdot 2HCl$. F: 170−173° [unkorr.] (*Foye, We.*).

Picrat $C_9H_9N_5 \cdot C_6H_3N_3O_7$. Gelbe Kristalle; Zers. >300° [aus A. oder Eg.] (*Pa.*); F: 248−249° [unkorr.; Zers.; aus H_2O] (*Ov., Sh.*, l. c. S. 94).

Oxalat $C_9H_9N_5 \cdot C_2H_2O_4$. Kristalle (aus Isopropylalkohol); F: 212−213° [unkorr.] (*Ov., Sh.*, l. c. S. 96).

Acetyl-Derivat $C_{11}H_{11}N_5O$; *N*-[Anilino-[1,3,5]triazin-2-yl]-acetamid. Kristalle (aus Acetonitril); F: 167−169° [unkorr.] (*Ov., Sh.*, l. c. S. 95). λ_{max} (Me.): 265 nm (*Ov., Sh.*, l. c. S. 1856).

Phenylcarbamoyl-Derivat $C_{16}H_{14}N_6O$; *N*-[Anilino-[1,3,5]triazin-2-yl]-*N'*-phenyl-harnstoff. Kristalle (aus Dioxan); F: 253−254° [unkorr.] (*Ov., Sh.*, l. c. S. 94).

N^2-[4-Fluor-phenyl]-[1,3,5]triazin-2,4-diyldiamin $C_9H_8FN_5$, Formel VII (X = H, X′ = F).
B. Aus Cyanguanidin bei aufeinanderfolgender Umsetzung mit 4-Fluor-anilin und mit Äthylformiat (*Shapiro et al.*, Am. Soc. **79** [1957] 5064, 5067, 5069).
Kristalle (aus Acetonitril); F: 145−148° [unkorr.].

N^2-[2-Chlor-phenyl]-[1,3,5]triazin-2,4-diyldiamin $C_9H_8ClN_5$, Formel VII (X = Cl, X′ = H).
Über die Konstitution vgl. die Angaben im Artikel N^2-Phenyl-[1,3,5]triazin-2,4-diyldiamin (s. o.).
B. Aus 1-[2-Chlor-phenyl]-biguanid und Äthylformiat (*Plaskon Co.*, U.S.P. 2217030 [1939], 2273382 [1939]).
F: 148−149°.

N^2-[4-Chlor-phenyl]-[1,3,5]triazin-2,4-diyldiamin, Chlorazanil $C_9H_8ClN_5$, Formel VII (X = H, X′ = Cl).
B. Aus Cyanguanidin bei aufeinanderfolgender Umsetzung mit 4-Chlor-anilin und mit Äthylformiat (*Shapiro et al.*, Am. Soc. **79** [1957] 5064, 5067, 5069). Aus 1-[4-Chlor-phenyl]-biguanid (bzw. dessen Hydrochlorid oder Hydrobromid) und Ameisensäure (*Clauder, Bulcsu*, Magyar kém. Folyóirat **57** [1951] 68, 72; C. A. **1952** 4023; s. a. *Heumann & Co.*, D.B.P. 1008303 [1955]).
Kristalle; F: 259° [unkorr.; aus Dioxan] (*Sh. et al.*), 257−258° [aus H_2O] (*Cl., Bu.*).
Hydrochlorid $C_9H_8ClN_5 \cdot HCl$. F: 277−278° (*Cl., Bu.*), 258° (*Heumann & Co.*).
Hydrobromid. F: 291° (*Heumann & Co.*).

N^2-[2,4-Dichlor-phenyl]-[1,3,5]triazin-2,4-diyldiamin $C_9H_7Cl_2N_5$, Formel VII (X = X′ = Cl).
B. Beim aufeinanderfolgenden Erwärmen von Cyanguanidin mit 2,4-Dichlor-anilin-hydrochlorid und Essigsäure und mit Ameisensäure (*ICI*, D.B.P. 1012303 [1955]). Aus 1-[2,4-Dichlor-phenyl]-biguanid und Ameisensäure oder Äthylformiat (*ICI*). Bei der aufeinanderfolgenden Umsetzung von 1-[2,4-Dichlor-phenyl]-biguanid mit Diäthyloxalat und mit wss.-äthanol. HCl oder äthanol. Oxalsäure (*ICI*). Beim Erhitzen von Amino-[2,4-dichlor-anilino]-[1,3,5]triazin-2-carbonsäure auf 260−270° (*ICI*).
Kristalle (aus A.); F: 221°.

VII   VIII   IX

N^2-[4-Brom-phenyl]-[1,3,5]triazin-2,4-diyldiamin $C_9H_8BrN_5$, Formel VII (X = H, X′ = Br).
B. Aus Cyanguanidin bei aufeinanderfolgender Umsetzung mit 4-Brom-anilin und mit Äthyl‑

formiat (*Shapiro et al.*, Am. Soc. **79** [1957] 5064, 5067, 5069). Aus 1-[4-Brom-phenyl]-biguanid und Ameisensäure (*Clauder, Bulcsu*, Magyar kém. Folyóirat **57** [1951] 68, 72; C. A. **1952** 4023) oder Äthylformiat (*Overberger, Shapiro*, Am. Soc. **76** [1954] 93, 95). Aus N^2-Phenyl-[1,3,5]triazin-2,4-diyldiamin und Brom (*Ov., Sh.; G. Richter R.T.*, D.B.P. 910654 [1951]).

Kristalle; F: 263−264° [unkorr.; aus Dioxan] (*Sh. et al.*), 259−260° [aus H_2O] (*Cl., Bu.*).
UV-Spektrum (Me.; 220−320 nm): *Overberger, Shapiro*, Am. Soc. **76** [1954] 1855, 1856, 1857.
Hydrochlorid $C_9H_8BrN_5 \cdot HCl$. F: 284−285° (*G. Richter R.T.*), 282−284° (*Cl., Bu.*).

N^2-**[2-Brom-4-chlor-phenyl]-[1,3,5]triazin-2,4-diyldiamin** $C_9H_7BrClN_5$, Formel VII (X = Br, X′ = Cl).

B. Beim Erhitzen von 1-[2-Brom-4-chlor-phenyl]-biguanid-hydrochlorid mit Natriumformiat und Ameisensäure (*ICI*, D.B.P. 1012303 [1955]).
Kristalle (aus 2-Äthoxy-äthanol); F: 214°.

N^2-**[2,4-Dibrom-phenyl]-[1,3,5]triazin-2,4-diyldiamin** $C_9H_7Br_2N_5$, Formel VII (X = X′ = Br).
B. Analog der vorangehenden Verbindung (*ICI*, D.B.P. 1012303 [1955]). Aus N^2-Phenyl-[1,3,5]triazin-2,4-diyldiamin und Brom (*ICI*).
Kristalle (aus A. oder wss. A.); F: 208°.

N^2-**[2,4,6-Tribrom-phenyl]-[1,3,5]triazin-2,4-diyldiamin** $C_9H_6Br_3N_5$, Formel VIII (X = X″ = Br, X′ = H).
B. Aus N^2-Phenyl-[1,3,5]triazin-2,4-diyldiamin-hydrochlorid und Brom (*Clauder, Bulcsu*, Magyar kém. Folyóirat **57** [1951] 68, 73; C. A. **1952** 4023).
Kristalle (aus A.); F: 232−233° [Zers.].

N^2-**[4-Jod-phenyl]-[1,3,5]triazin-2,4-diyldiamin** $C_9H_8IN_5$, Formel VII (X = H, X′ = I).
B. Aus Cyanguanidin bei aufeinanderfolgender Umsetzung mit 4-Jod-anilin und mit Äthylformiat (*Shapiro et al.*, Am. Soc. **79** [1957] 5064, 5067, 5069).
Kristalle (aus Dioxan); F: 251−253° [unkorr.; Zers.].

N^2-**[4-Nitro-phenyl]-[1,3,5]triazin-2,4-diyldiamin** $C_9H_8N_6O_2$, Formel VII (X = H, X′ = NO_2).
B. Aus 1-[4-Nitro-phenyl]-biguanid-hydrochlorid und Ameisensäure (*Heumann & Co.*, D.B.P. 1008303 [1955]). Aus 1-[4-Nitro-phenyl]-biguanid und Methylformiat (*Am. Cyanamid Co.*, U.S.P. 2493703 [1947]).
Kristalle; F: 347° [aus Ameisensäure] (*Heumann & Co.*); Zers. bei 325° (*Am. Cyanamid Co.*).

N^2-**[4-Chlor-3-nitro-phenyl]-[1,3,5]triazin-2,4-diyldiamin** $C_9H_7ClN_6O_2$, Formel VIII (X = H, X′ = NO_2, X″ = Cl).
B. Aus 1-[4-Chlor-3-nitro-phenyl]-biguanid und Äthylformiat (*Sokolowskaja et al.*, Ž. obšč. Chim. **23** [1953] 467, 469; engl. Ausg. S. 481, 483).
Gelb; F: 274−275,5° [aus wss. Eg.].

N^2,N^2-**Diäthyl-N^4-[4-chlor-phenyl]-[1,3,5]triazin-2,4-diyldiamin** $C_{13}H_{16}ClN_5$, Formel IX (R = R′ = C_2H_5, X = Cl).
B. Aus 1,1-Diäthyl-5-[4-chlor-phenyl]-biguanid und wss. Ameisensäure (*Clauder, Bulcsu*, Magyar kém. Folyóirat **57** [1951] 68, 72; C. A. **1952** 4023).
Hydrochlorid $C_{13}H_{16}ClN_5 \cdot HCl$. F: 191−192°.

N^2-**Isopropyl-N^4-phenyl-[1,3,5]triazin-2,4-diyldiamin** $C_{12}H_{15}N_5$, Formel IX (R = $CH(CH_3)_2$, R′ = X = H).
B. Beim Erhitzen von 6-Chlor-N^2-[4-chlor-phenyl]-N^4-isopropyl-[1,3,5]triazin-2,4-diyldiamin oder 6-Chlor-N^2-isopropyl-N^4-phenyl-[1,3,5]triazin-2,4-diyldiamin mit $N_2H_4 \cdot H_2O$ und Palladium/$SrCO_3$ in wss.-äthanol. KOH (*Cuthbertson, Moffatt*, Soc. **1948** 561, 564).

Kristalle (aus Bzl.); F: 199°.

N^2-[4-Chlor-phenyl]-N^4-isopropyl-[1,3,5]triazin-2,4-diyldiamin $C_{12}H_{14}ClN_5$, Formel IX (R = CH(CH$_3$)$_2$, R' = H, X = Cl).

B. Aus 1-[4-Chlor-phenyl]-5-isopropyl-biguanid und Äthylformiat (*Cuthbertson, Moffatt*, Soc. **1948** 561, 564).

Kristalle (aus Me.); F: 228°.

Dianilino-[1,3,5]triazin, N^2,N^4-Diphenyl-[1,3,5]triazin-2,4-diyldiamin $C_{15}H_{13}N_5$, Formel IX (R = C$_6$H$_5$, R' = X = H).

B. Aus 1,5-Diphenyl-biguanid und Methylformiat (*Hechenbleikner*, Am. Soc. **76** [1954] 3032). Aus Dichlor-[1,3,5]triazin und Anilin (*He*.). Bei der Hydrierung von 6-Chlor-N^2,N^4-bis-[4-chlor-phenyl]-[1,3,5]triazin-2,4-diyldiamin an Palladium/Kohle in Äthanol (*Foye, Weinswig*, J. Am. pharm. Assoc. **48** [1959] 327). Beim Erwärmen von 6-Methylmercapto-N^2,N^4-diphenyl-[1,3,5]triazin-2,4-diyldiamin mit Raney-Nickel in Dioxan (*Grundmann, Kreutzberger*, Am. Soc. **77** [1955] 44, 46).

Kristalle; F: 316° [korr.; aus wss. A.] (*Gr., Kr.*), 292–295° (*He*.).

Dihydrochlorid $C_{15}H_{13}N_5 \cdot 2HCl$. F: >300° (*Foye, We*.).

N^2-Methyl-N^2-phenyl-[1,3,5]triazin-2,4-diyldiamin $C_{10}H_{11}N_5$, Formel X (R = CH$_3$).

B. Aus Cyanguanidin bei aufeinanderfolgender Umsetzung mit *N*-Methyl-anilin und mit Äthylformiat (*Shapiro et al.*, Am. Soc. **79** [1957] 5064, 5066, 5069). Aus 1-Methyl-1-phenyl-biguanid und Ameisensäure (*Clauder, Bulcsu*, Magyar kém. Folyóirat **57** [1951] 68, 72; C. A. **1952** 4023).

Kristalle; F: 185–187° [unkorr.; aus Acetonitril] (*Sh. et al.*), 185–186° [aus H$_2$O] (*Cl., Bu*.).

N^2-Äthyl-N^2-phenyl-[1,3,5]triazin-2,4-diyldiamin $C_{11}H_{13}N_5$, Formel X (R = C$_2$H$_5$).

B. Aus Cyanguanidin analog der vorangehenden Verbindung (*Shapiro et al.*, Am. Soc. **79** [1957] 5064, 5067, 5069).

Kristalle (aus Bzl.); F: 178–180° [unkorr.].

N^2,N^2-Diphenyl-[1,3,5]triazin-2,4-diyldiamin $C_{15}H_{13}N_5$, Formel X (R = C$_6$H$_5$).

B. Aus 1,1-Diphenyl-biguanid und wss. Ameisensäure (*Clauder, Bulcsu*, Magyar kém. Folyói=rat **57** [1951] 68, 72; C. A. **1952** 4023).

Kristalle (aus wss. A.); F: 206°.

N^2-o-Tolyl-[1,3,5]triazin-2,4-diyldiamin $C_{10}H_{11}N_5$, Formel XI (R = CH$_3$, R' = H).

B. Aus 1-o-Toluyl-biguanid und Ameisensäure (*Clauder, Bulcsu*, Magyar kém. Folyóirat **57** [1951] 68, 71; C. A. **1952** 4023) oder Äthylformiat (*Plaskon Co.*, U.S.P. 2217030 [1939], 2273382 [1939] [1])).

Kristalle; F: 165–166° [aus wss. A.] (*Cl., Bu*.), 159–161° (*Plaskon Co.*).

N^2-p-Tolyl-[1,3,5]triazin-2,4-diyldiamin $C_{10}H_{11}N_5$, Formel XI (R = H, R' = CH$_3$).

B. Beim Erhitzen von Cyanguanidin mit *N,N'*-Di-p-tolyl-formamidin (*Papini*, G. **80** [1950] 837, 842 [1])). Aus 1-p-Tolyl-biguanid bei der Umsetzung mit Ameisensäure (*Clauder, Bulcsu*, Magyar kém. Folyóirat **57** [1951] 68, 71; C. A. **1952** 4203; *Heumann & Co.*, D.B.P. 1008303 [1955]), mit Äthylformiat (*Plaskon Co.*, U.S.P. 2217030 [1939], 2273382 [1939] [1])) oder mit Formamid oder *N,N'*-Diformyl-hydrazin (*Ridi et al.*, Ann. Chimica **44** [1954] 769, 781 [1])). Beim Erhitzen von Amino-p-toluidino-[1,3,5]triazin-2-carbonsäure (bzw. deren Methyl- oder Äthylester) mit wss. HCl (*Ridi et al.*, l. c. S. 779).

Kristalle; F: 228° [aus A.] (*Ridi et al.*, l. c. S. 779), 227–228° (*Plaskon Co.*), 218–220° [aus Eg.] (*Pa*.).

---

[1]) Im Original als 2,4-Diimino-1-o-tolyl (bzw. 1-p-tolyl)-1,2,3,4-tetrahydro-[1,3,5]triazin formuliert; vgl. auch die Angaben im Artikel N^2-Phenyl-[1,3,5]triazin-2,4-diyldi=amin (S. 1195).

Hydrochlorid $C_{10}H_{11}N_5 \cdot HCl$. Kristalle; F: 275° (*Heumann & Co.*), 264 – 265° (*Cl., Bu.*); Zers. bei ca. 260° (*Pa.*).

Picrat $C_{10}H_{11}N_5 \cdot C_6H_3N_3O_7$. Orangegelbe Kristalle (aus A. oder Eg.); Zers. > 280° (*Pa.*).

N^2-Benzyl-[1,3,5]triazin-2,4-diyldiamin $C_{10}H_{11}N_5$, Formel XII (R = X = H).

B. Aus Cyanguanidin bei aufeinanderfolgender Umsetzung mit Benzylamin und mit Äthylfor≈ miat (*Shapiro et al.*, Am. Soc. **79** [1957] 5064, 5066, 5069). Aus 1-Benzyl-biguanid-sulfat und Äthylformiat oder $CHCl_3$ unter Zusatz von Natriumäthylat (*Geigy A.G.*, Schweiz. P. 261823 [1949]). Beim Behandeln von *N*-Benzyl-*N'*-cyan-guanidin mit Chlorcyan und KOH in Aceton und Erhitzen des Reaktionsprodukts mit wss. HI (*Am. Cyanamid Co.*, U.S.P. 2630433 [1950]). Aus N^2-Benzyl-6-chlor-[1,3,5]triazin-2,4-diyldiamin beim Erhitzen mit wss. HI (*Am. Cyanamid Co.*, U.S.P. 2658894 [1950]) oder beim Behandeln mit wss. HI und PH_4I (*Geigy A.G.*, Schweiz. P. 261813 [1949]).

Kristalle; F: 182 – 182,5° [aus Me.] (*Geigy A.G.*), 180 – 183° [unkorr.; aus Propan-1-ol] (*Sh. et al.*). λ_{max} (Me.): 264 nm (*Sh. et al.*, l. c. S. 5071). Löslichkeit in H_2O bei 37°: ca. 0,25% (*Geigy A.G.*).

Hydrochlorid. Kristalle; F: 200 – 202° (*Geigy A.G.*).

N^2-[4-Chlor-benzyl]-[1,3,5]triazin-2,4-diyldiamin $C_{10}H_{10}ClN_5$, Formel XII (R = H, X = Cl).

B. Aus Cyanguanidin bei aufeinanderfolgender Umsetzung mit 4-Chlor-benzylamin und mit Äthylformiat (*Shapiro et al.*, Am. Soc. **79** [1957] 5054, 5066, 5069). Aus 1-[4-Chlor-benzyl]-biguanid-sulfat und Äthylformiat unter Zusatz von Natriumäthylat (*Geigy A.G.*, Schweiz. P. 261830 [1949]).

Kristalle; F: 200° [aus Me.] (*Geigy A.G.*), 198 – 200° [unkorr.; aus Acetonitril] (*Sh. et al.*). λ_{max} (Me.): 264 nm (*Sh. et al.*, l. c. S. 5071).

N^2-Äthyl-N^2-benzyl-[1,3,5]triazin-2,4-diyldiamin $C_{12}H_{15}N_5$, Formel XII (R = C_2H_5, X = H).

B. Aus 1-Äthyl-1-benzyl-biguanid-sulfat und Äthylformiat mit Hilfe von äthanol. Natrium≈ äthylat (*Geigy A.G.*, Schweiz. P. 261826 [1949]).

Kristalle (aus wss. Me.); F: 86 – 86,5°.

N^2-Benzyl-N^2-phenyl-[1,3,5]triazin-2,4-diyldiamin $C_{16}H_{15}N_5$, Formel XII (R = C_6H_5, X = H).

B. Aus Cyanguanidin bei aufeinanderfolgender Umsetzung mit Benzyl-phenyl-amin und mit Äthylformiat (*Shapiro et al.*, Am. Soc. **79** [1957] 5064, 5067, 5069).

Kristalle (aus Acetonitril); F: 185 – 186° [unkorr.].

N^2-[2-Äthyl-phenyl]-[1,3,5]triazin-2,4-diyldiamin $C_{11}H_{13}N_5$, Formel XI (R = C_2H_5, R' = H).

B. Analog der vorangehenden Verbindung (*Shapiro et al.*, Am. Soc. **79** [1957] 5064, 5067, 5069).

Kristalle (aus Acetonitril); F: 194 – 196° [unkorr.].

N^2-[4-Äthyl-phenyl]-[1,3,5]triazin-2,4-diyldiamin [1]) $C_{11}H_{13}N_5$, Formel XI (R = H, R' = C_2H_5).

B. Aus 1-[4-Äthyl-phenyl]-biguanid und Äthylformiat (*Plaskon Co.*, U.S.P. 2217030 [1939], 2273382 [1939]).

F: 195 – 196°.

---

[1]) Vgl. S. 1198 Anm.

(±)-N^2-[1-Phenyl-äthyl]-[1,3,5]triazin-2,4-diyldiamin $C_{11}H_{13}N_5$, Formel XIII (X = H).

B. Aus Cyanguanidin bei aufeinanderfolgender Umsetzung mit (±)-1-Phenyl-äthylamin und mit Äthylformiat (*Shapiro et al.,* Am. Soc. **79** [1957] 5064, 5066, 5069). Aus (±)-1-[1-Phenyl-äthyl]-biguanid-sulfat und Äthylformiat oder CHCl₃ unter Zusatz von Natriumäthylat (*Geigy A.G.,* Schweiz. P. 261824 [1949]).

Kristalle; F: 142−144° [unkorr.; aus Bzl.] (*Sh. et al.*), 138° [aus Me.] (*Geigy A.G.*). λ_{max} (Me.): 263 nm (*Sh. et al.,* l. c. S. 5071).

(±)-N^2-[1-(4-Chlor-phenyl)-äthyl]-[1,3,5]triazin-2,4-diyldiamin $C_{11}H_{12}ClN_5$, Formel XIII (X = Cl).

B. Aus Cyanguanidin analog der vorangehenden Verbindung (*Shapiro et al.,* Am. Soc. **79** [1957] 5064, 5066, 5069).

Kristalle (aus Acetonitril); F: 166−169° [unkorr.].

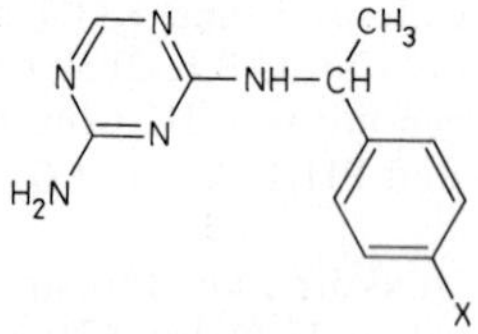

XIII 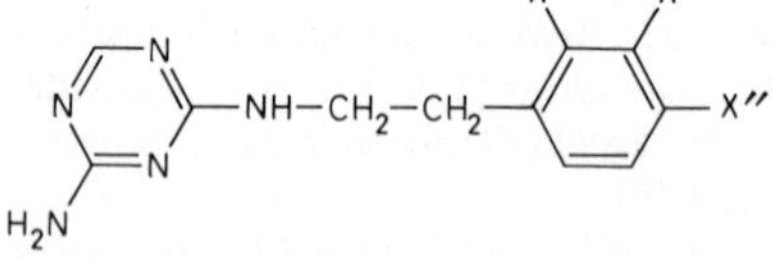   XIV

N^2-Phenäthyl-[1,3,5]triazin-2,4-diyldiamin $C_{11}H_{13}N_5$, Formel XIV (X = X′ = X″ = H).

B. Aus Cyanguanidin bei aufeinanderfolgender Umsetzung mit Phenäthylamin und mit Methylformiat (*Shapiro et al.,* Am. Soc. **79** [1957] 5064, 5066, 5070).

Kristalle (aus E. + Hexan); F: 159−161° [unkorr.] (*Sh. et al.,* l. c. S. 5066). λ_{max} (Me.): 263 nm (*Sh. et al.,* l. c. S. 5071).

Hydrochlorid $C_{11}H_{13}N_5 \cdot HCl$. Kristalle (aus Isopropylalkohol); F: 185−186° (*Sh. et al.,* l. c. S. 5070).

Picrat $C_{11}H_{13}N_5 \cdot C_6H_3N_3O_7$. F: 181−183° (*Sh. et al.,* l. c. S. 5070).

Diacetyl-Derivat $C_{15}H_{17}N_5O_2$. Kristalle (aus Acetonitril); F: 150−151° (*Sh. et al.,* l. c. S. 5070).

N^2-[2-Chlor-phenäthyl]-[1,3,5]triazin-2,4-diyldiamin $C_{11}H_{12}ClN_5$, Formel XIV (X = Cl, X′ = X″ = H).

B. Aus Cyanguanidin bei aufeinanderfolgender Umsetzung mit 2-Chlor-phenäthylamin und mit Äthylformiat (*Shapiro et al.,* Am. Soc. **79** [1957] 5064, 5066, 5069).

Kristalle (aus Acetonitril); F: 179−181° [unkorr.].

Die folgenden Verbindungen sind in analoger Weise hergestellt worden:

N^2-[4-Chlor-phenäthyl]-[1,3,5]triazin-2,4-diyldiamin $C_{11}H_{12}ClN_5$, Formel XIV (X = X′ = H, X″ = Cl). Kristalle (aus Acetonitril); F: 173−176° [unkorr.].

N^2-[2,4-Dichlor-phenäthyl]-[1,3,5]triazin-2,4-diyldiamin $C_{11}H_{11}Cl_2N_5$, Formel XIV (X = X″ = Cl, X′ = H). Kristalle (aus Acetonitril); F: 195−198° [unkorr.].

N^2-[3,4-Dichlor-phenäthyl]-[1,3,5]triazin-2,4-diyldiamin $C_{11}H_{11}Cl_2N_5$, Formel XIV (X = H, X′ = X″ = Cl). Kristalle (aus Acetonitril); F: 184−186° [unkorr.].

N^2-[4-Brom-phenäthyl]-[1,3,5]triazin-2,4-diyldiamin $C_{11}H_{12}BrN_5$, Formel XIV (X = X′ = H, X″ = Br). Kristalle (aus Acetonitril); F: 192−197° [unkorr.].

N^2-[3-Phenyl-propyl]-[1,3,5]triazin-2,4-diyldiamin $C_{12}H_{15}N_5$, Formel I (n = 3). Kristalle (aus Acetonitril); F: 125−128° [unkorr.].

N^2-[2,4,5-Trimethyl-phenyl]-[1,3,5]triazin-2,4-diyldiamin $C_{12}H_{15}N_5$, Formel II.

B. Aus 1-[2,4,5-Trimethyl-phenyl]-biguanid und Ameisensäure (*Clauder, Bulcsu,* Magyar kém. Folyóirat **57** [1951] 68, 71; C. A. **1952** 4023).

Hydrochlorid $C_{12}H_{15}N_5 \cdot HCl$. F: 192−194°.

N^2-[4-Phenyl-butyl]-[1,3,5]triazin-2,4-diyldiamin $C_{13}H_{17}N_5$, Formel I (n = 4).

B. Aus Cyanguanidin bei aufeinanderfolgender Umsetzung mit 4-Phenyl-butylamin und mit Äthylformiat (*Shapiro et al.,* Am. Soc. **79** [1957] 5064, 5066, 5069).

Kristalle (aus Acetonitril); F: 98 – 100°.

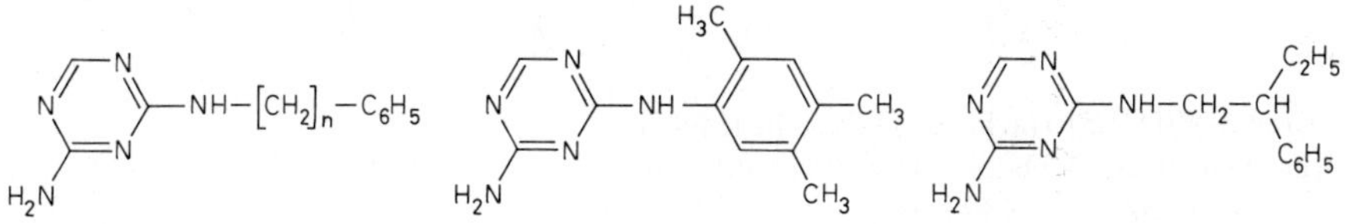

(±)-N^2-[2-Phenyl-butyl]-[1,3,5]triazin-2,4-diyldiamin $C_{13}H_{17}N_5$, Formel III.

B. Analog der vorangehenden Verbindung (*Shapiro et al.,* Am. Soc. **79** [1957] 5064, 5067, 5069).

Kristalle (aus Acetonitril); F: 137 – 138° [unkorr.].

N^2-[5-Phenyl-pentyl]-[1,3,5]triazin-2,4-diyldiamin $C_{14}H_{19}N_5$, Formel I (n = 5).

B. Analog den vorangehenden Verbindungen (*Shapiro et al.,* Am. Soc. **79** [1957] 5064, 5067, 5069).

Kristalle (aus Acetonitril); F: 115 – 118° [unkorr.].

N^2-[1]Naphthyl-[1,3,5]triazin-2,4-diyldiamin $C_{13}H_{11}N_5$, Formel IV.

B. Aus 1-[1]Naphthyl-biguanid und wss. Ameisensäure (*Clauder, Bulcsu,* Magyar kém. Folyói= rat **57** [1951] 68, 72; C. A. **1952** 4023).

Kristalle (aus wss. A.); F: 246 – 247°.

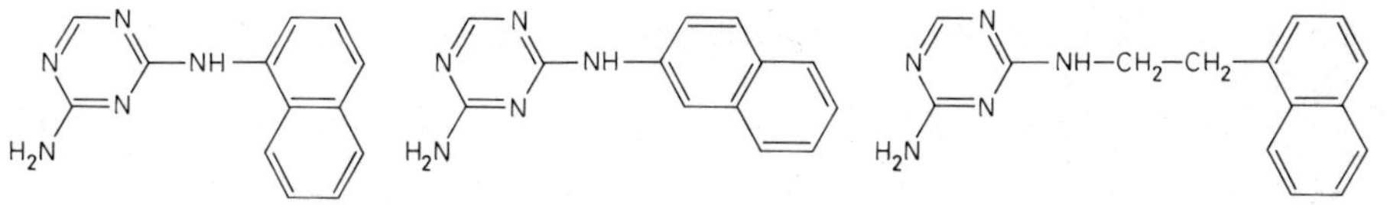

N^2-[2]Naphthyl-[1,3,5]triazin-2,4-diyldiamin $C_{13}H_{11}N_5$, Formel V.

B. Aus Cyanguanidin bei aufeinanderfolgender Umsetzung mit [2]Naphthylamin und mit Äthylformiat (*Shapiro et al.,* Am. Soc. **79** [1957] 5064, 5067, 5069). Aus 1-[2]Naphthyl-biguanid und Formamid (*Am. Cyanamid Co.,* U.S.P. 2320882 [1941]).

Kristalle; F: 233 – 238° [unkorr.; aus Acetonitril] (*Sh. et al.*), 199° (*Am. Cyanamid Co.*).

N^2-[2-[1]Naphthyl-äthyl]-[1,3,5]triazin-2,4-diyldiamin $C_{15}H_{15}N_5$, Formel VI.

B. Aus Cyanguanidin bei aufeinanderfolgender Umsetzung mit 2-[1]Naphthyl-äthylamin und mit Äthylformiat (*Shapiro et al.,* Am. Soc. **79** [1957] 5064, 5067, 5069).

Kristalle (aus Acetonitril); F: 211 – 212° [unkorr.].

Die folgenden Verbindungen sind in analoger Weise hergestellt worden:

(±)-N^2-[1-[2]Naphthyl-äthyl]-[1,3,5]triazin-2,4-diyldiamin $C_{15}H_{15}N_5$, Formel VII. Kristalle (aus Acetonitril); F: 164 – 166° [unkorr.] [unreines Präparat].

N^2-Benzhydryl-[1,3,5]triazin-2,4-diyldiamin $C_{16}H_{15}N_5$, Formel VIII (R = C_6H_5). Kristalle (aus Acetonitril); F: 196 – 197° [unkorr.].

(±)-N^2-Bibenzyl-α-yl-[1,3,5]triazin-2,4-diyldiamin $C_{17}H_{17}N_5$, Formel VIII (R = CH_2-C_6H_5). Kristalle (aus Acn. + Hexan); F: 88 – 91° [unreines Präparat].

N^2-[2,2-Diphenyl-äthyl]-[1,3,5]triazin-2,4-diyldiamin $C_{17}H_{17}N_5$, Formel IX. Kristalle (aus Acetonitril); F: 165 – 167° [unkorr.].

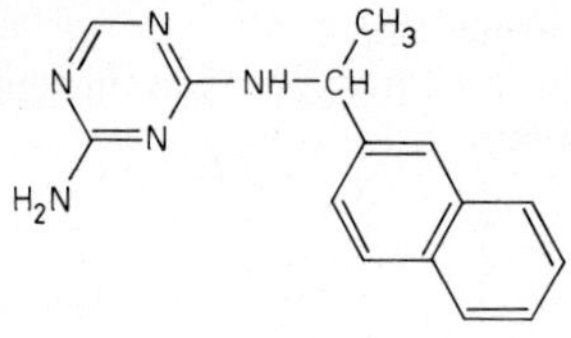

VII 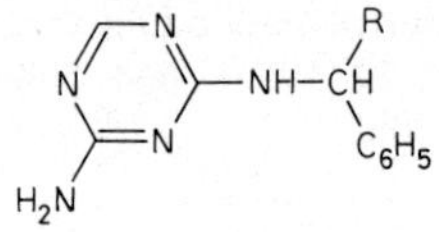 VIII 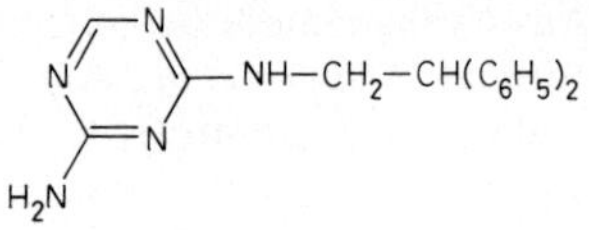 IX

Bis-aziridin-1-yl-[1,3,5]triazin $C_7H_9N_5$, Formel X.

B. Aus Aziridin und Dichlor-[1,3,5]triazin (*Schaefer et al.*, Am. Soc. **77** [1955] 5918, 5921).
Kristalle (aus Bzl.); F: 147—148° [korr.; Zers.].

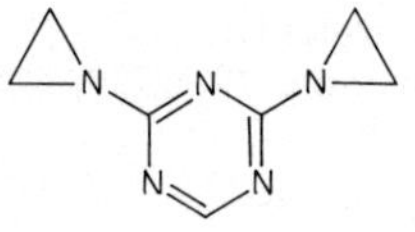

X 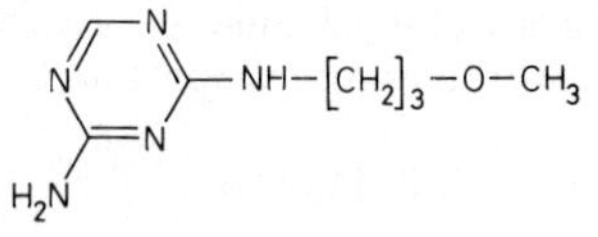 XI 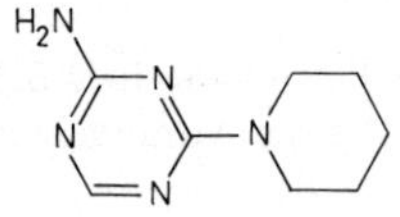 XII

N^2-**[3-Methoxy-propyl]-[1,3,5]triazin-2,4-diyldiamin** $C_7H_{13}N_5O$, Formel XI.

B. Aus Cyanguanidin bei aufeinanderfolgender Umsetzung mit 3-Methoxy-propylamin und
mit Äthylformiat (*Shapiro et al.*, Am. Soc. **79** [1957] 5064, 5066, 5069).
Kristalle (aus Bzl.); F: 113—117° [unkorr.].

4-Piperidino-[1,3,5]triazin-2-ylamin $C_8H_{13}N_5$, Formel XII (H 336).

B. Aus [Piperidin-1-carbimidoyl]-guanidin und Ameisensäure (*Clauder, Bulcsu*, Magyar kém.
Folyóirat **57** [1951] 68, 71; C. A. **1952** 4023).
Kristalle (aus H_2O); F: 194—195°.

N^2-**[2-Methoxy-phenyl]-[1,3,5]triazin-2,4-diyldiamin** [1]) $C_{10}H_{11}N_5O$, Formel XIII (R = CH_3,
X = X′ = H).

B. Aus 1-[2-Methoxy-phenyl]-biguanid und Äthylformiat (*Plaskon Co.*, U.S.P. 2217030
[1939], 2273382 [1939]).
F: 181—182°.

N^2-**[4-Methoxy-phenyl]-[1,3,5]triazin-2,4-diyldiamin** $C_{10}H_{11}N_5O$, Formel XIV (R = CH_3).

B. Aus 1-[4-Methoxy-phenyl]-biguanid und Ameisensäure (*Clauder, Bulcsu*, Magyar kém.
Folyóirat **57** [1951] 68, 72; C. A. **1952** 4023).
Kristalle (aus H_2O); F: 242—243°.

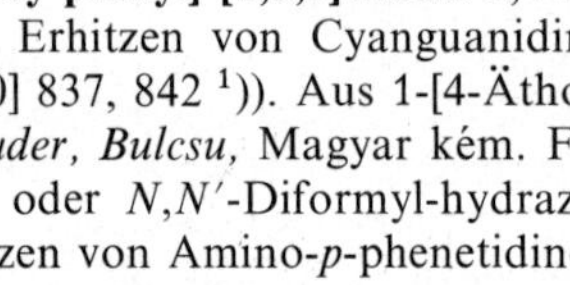

XIII 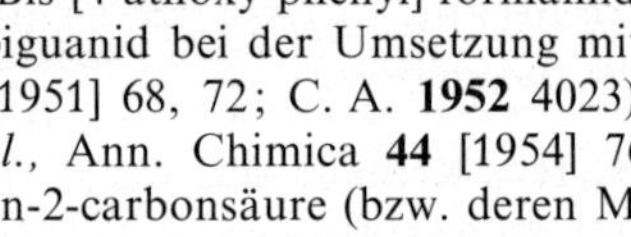 XIV

N^2-**[4-Äthoxy-phenyl]-[1,3,5]triazin-2,4-diyldiamin** $C_{11}H_{13}N_5O$, Formel XIV (R = C_2H_5).

B. Beim Erhitzen von Cyanguanidin mit N,N'-Bis-[4-äthoxy-phenyl]-formamidin (*Papini*,
G. **80** [1950] 837, 842 [1])). Aus 1-[4-Äthoxy-phenyl]-biguanid bei der Umsetzung mit Ameisen=
säure (*Clauder, Bulcsu*, Magyar kém. Folyóirat **57** [1951] 68, 72; C. A. **1952** 4023) sowie mit
Formamid oder N,N'-Diformyl-hydrazin (*Ridi et al.*, Ann. Chimica **44** [1954] 769, 781 [1])).
Beim Erhitzen von Amino-*p*-phenetidino-[1,3,5]triazin-2-carbonsäure (bzw. deren Methyl- oder

---

[1]) Vgl. S. 1198 Anm.

Äthylester) mit wss. HCl (*Ridi et al.*, l. c. S. 779).

Kristalle; F: 209–210° [aus H_2O] (*Cl., Bu.*), 205° [aus Eg.] (*Ridi et al.*, l. c. S. 779), 196–198° [aus Eg.] (*Pa.*).

Hydrochlorid $C_{11}H_{13}N_5O \cdot HCl$. Kristalle; F: 256° [Zers. ab ca. 252°] (*Pa.*).

Picrat $C_{11}H_{13}N_5O \cdot C_6H_3N_3O_7$. Orangegelbe Kristalle; Zers. > 300° (*Pa.*).

N^2-[2,5-Diäthoxy-4-nitro-phenyl]-[1,3,5]triazin-2,4-diyldiamin $C_{13}H_{16}N_6O_4$, Formel XIII (R = C_2H_5, X = NO_2, X' = O-C_2H_5).

B. Aus 1-[2,5-Diäthoxy-phenyl]-biguanid bei der Umsetzung mit Ameisensäure und anschlies= senden Nitrierung (*Kalle & Co.*, D.B.P. 838691 [1949]).

Kristalle (aus A.); F: 213°.

N^2-[3,4-Dimethoxy-phenäthyl]-[1,3,5]triazin-2,4-diyldiamin $C_{13}H_{17}N_5O_2$, Formel XV.

B. Aus Cyanguanidin bei aufeinanderfolgender Umsetzung mit 3,4-Dimethoxy-phenäthylamin und mit Äthylformiat (*Shapiro et al.*, Am. Soc. **79** [1957] 5064, 5069).

Kristalle (aus Acetonitril); F: 155–156° [unkorr.] (*Sh. et al.*, l. c. S. 5066). λ_{max} (Me.): 267–275 nm (*Sh. et al.*, l. c. S. 5071).

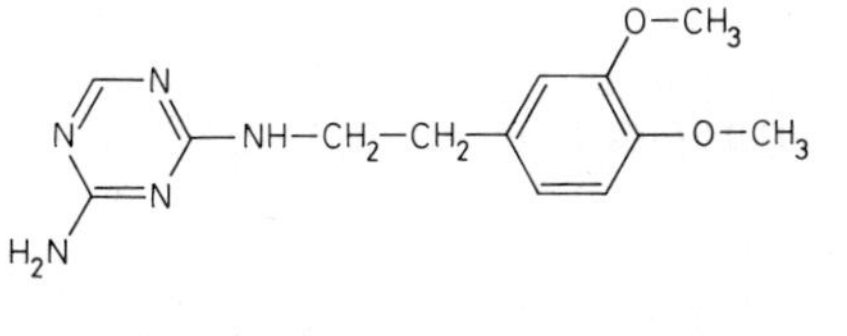

XV 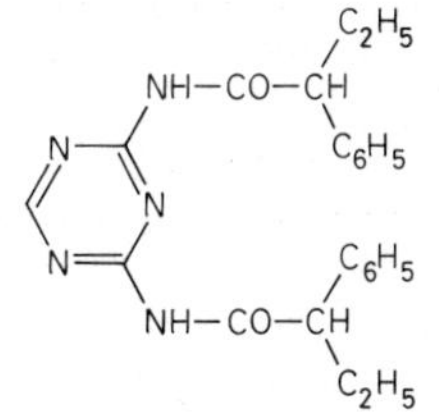   XVI

*Opt.-inakt. Bis-[2-phenyl-butyrylamino]-[1,3,5]triazin $C_{23}H_{25}N_5O_2$, Formel XVI.

B. Beim Erhitzen von [1,3,5]Triazin-2,4-diyldiamin mit (±)-2-Phenyl-butyrylchlorid und Pyri= din (*Ruggieri*, Giorn. Med. militare **107** [1957] 597, 598).

Kristalle (aus A.); F: 217–218°.

4-[4-Amino-[1,3,5]triazin-2-ylamino]-benzoesäure-äthylester $C_{12}H_{13}N_5O_2$, Formel I.

B. Aus 1-[4-Äthoxycarbonyl-phenyl]-biguanid und Äthylformiat (*Shapiro et al.*, Am. Soc. **79** [1957] 5064, 5067, 5069).

Kristalle (aus Acetonitril); F: 219–221° [unkorr.].

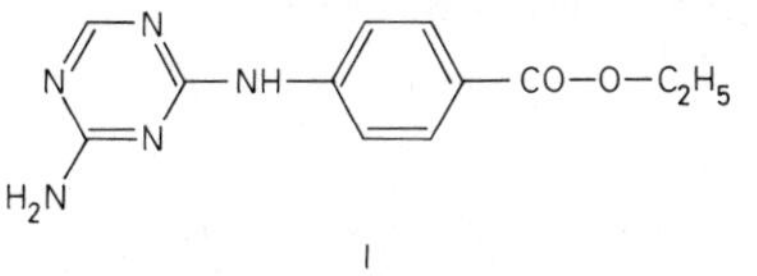

I 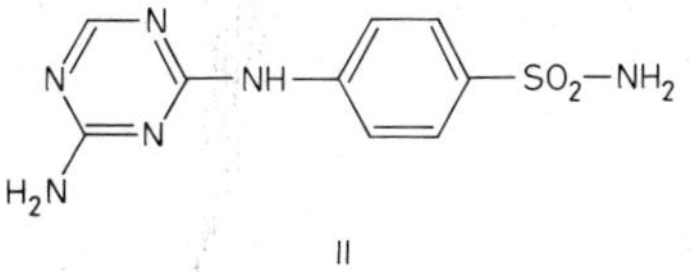   II

N-[Amino-[1,3,5]triazin-2-yl]-sulfanilsäure-amid $C_9H_{10}N_6O_2S$, Formel II.

B. Aus Cyanguanidin bei aufeinanderfolgender Umsetzung mit Sulfanilamid und mit Äthyl= formiat (*Shapiro et al.*, Am. Soc. **79** [1957] 5064, 5067, 5069). Aus 1-[4-Sulfamoyl-phenyl]-biguanid und wss. Ameisensäure (*Sterling Drug Inc.*, U.S.P. 2829143 [1958]).

Kristalle; F: 283–284° (*Sterling Drug Inc.*), 265° [unkorr.; Zers.] (*Sh. et al.*).

Hydrochlorid. F: 283–288° (*Sterling Drug Inc.*).

N^2,N^4-Bis-[2-äthoxycarbonylamino-äthyl]-[1,3,5]triazin-2,4-diyldiamin $C_{13}H_{23}N_7O_4$, Formel III.

B. Bei der Hydrierung von N^2,N^4-Bis-[2-äthoxycarbonylamino-äthyl]-6-chlor-[1,3,5]triazin-2,4-diyldiamin an Palladium/Kohle in Äthanol (*Foye, Weinswig*, J. Am. pharm. Assoc. **48** [1959] 327).

Hydrochlorid $C_{13}H_{23}N_7O_4 \cdot HCl$. Kristalle mit $2\,Mol\ H_2O$; F: 143 – 146° [unkorr.].

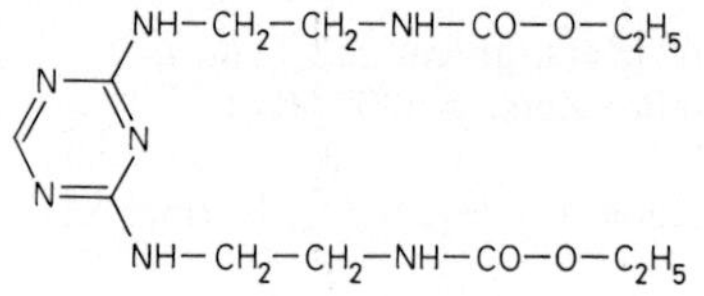

III 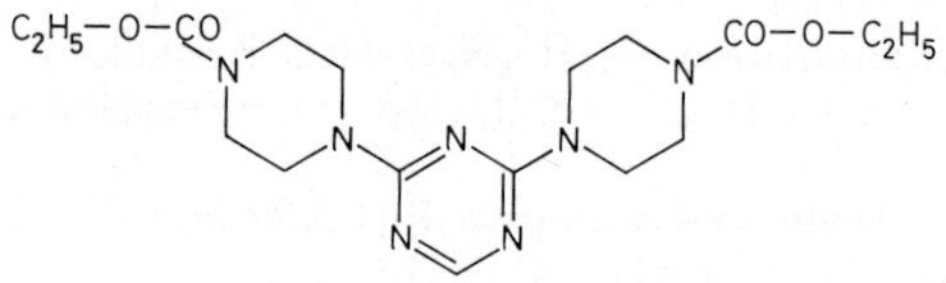 IV

Bis-[4-äthoxycarbonyl-piperazino]-[1,3,5]triazin, 4,4′-[1,3,5]Triazin-2,4-diyl-bis-piperazin-1-carbonsäure-diäthylester $C_{17}H_{27}N_7O_4$, Formel IV.

B. Analog der vorangehenden Verbindung (*Foye, Weinswig,* J. Am. pharm. Assoc. **48** [1959] 327).

Hydrochlorid $C_{17}H_{27}N_7O_4 \cdot HCl$. F: 294 – 295° [unkorr.].

N^2-**[3-Amino-4-chlor-phenyl]-[1,3,5]triazin-2,4-diyldiamin** $C_9H_9ClN_6$, Formel V.

B. Bei der Hydrierung von N^2-[4-Chlor-3-nitro-phenyl]-[1,3,5]triazin-2,4-diyldiamin an Palla≠dium/Kohle in wss. HCl (*Šokolowškaja et al.,* Ž. obšč. Chim. **23** [1953] 467, 470; engl. Ausg. S. 481, 483).

Gelbliche Kristalle (aus wss. A.); F: 248 – 249°.

Dihydrochlorid $C_9H_9ClN_6 \cdot 2HCl$. Kristalle (aus H_2O); F: 255 – 257°.

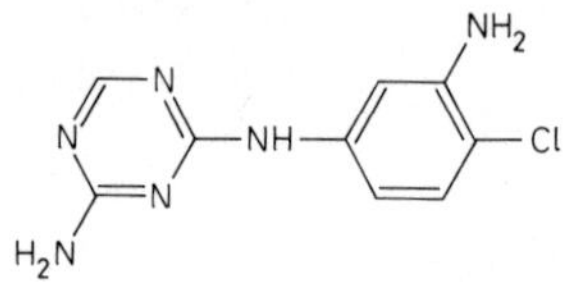

V 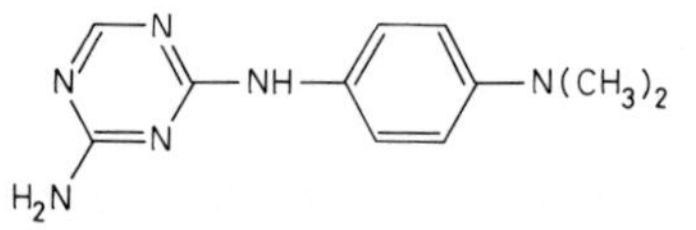 VI

N^2-**[4-Dimethylamino-phenyl]-[1,3,5]triazin-2,4-diyldiamin** $C_{11}H_{14}N_6$, Formel VI.

B. Aus 1-[4-Dimethylamino-phenyl]-biguanid und wss. Ameisensäure (*Clauder, Bulcsu,* Ma≠gyar kém. Folyóirat **57** [1951] 68, 72; C. A. **1952** 4023).

Kristalle (aus wss. A.); F: 225 – 226°.

Bis-[4-(4-amino-[1,3,5]triazin-2-ylamino)-phenyl]-methan $C_{19}H_{18}N_{10}$, Formel VII.

B. Aus Cyanguanidin bei aufeinanderfolgender Umsetzung mit Bis-[4-amino-phenyl]-methan und mit Äthylformiat (*Shapiro et al.,* Am. Soc. **79** [1957] 5064, 5067, 5069).

Kristalle (aus E. + Hexan); F: 217° [unkorr.; Zers.].

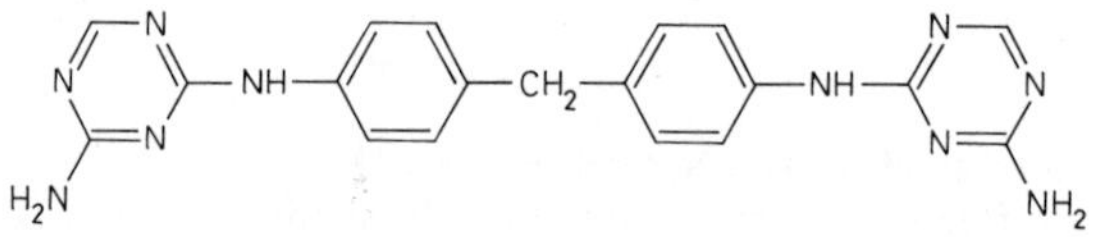

VII 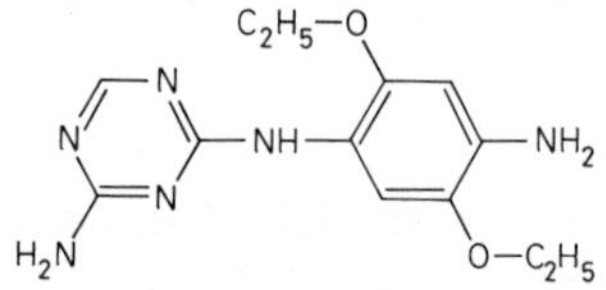 VIII

N^2-**[2,5-Diäthoxy-4-amino-phenyl]-[1,3,5]triazin-2,4-diyldiamin** $C_{13}H_{18}N_6O_2$, Formel VIII.

B. Bei der Hydrierung von N^2-[2,5-Diäthoxy-4-nitro-phenyl]-[1,3,5]triazin-2,4-diyldiamin an Nickel in Äthanol (*Kalle & Co.,* D.B.P. 838691 [1949]).

Hydrochlorid. Zers. bei 266°.

3-[4-(4-Amino-[1,3,5]triazin-2-ylamino)-phenylazo]-biphenyl-4-ol $C_{21}H_{17}N_7O$, Formel IX und Taut.

B. Aus N^2-[4-Amino-phenyl]-[1,3,5]triazin-2,4-diyldiamin (aus der entsprechenden Nitro-Ver≠

bindung mit Hilfe von $SnCl_2$ hergestellt) bei der Diazotierung und anschliessenden Umsetzung mit Biphenyl-4-ol (*Am. Cyanamid Co.*, U.S.P. 2493703 [1947]).

Bräunlich; F: 143°.

5-[4-(4-Amino-[1,3,5]triazin-2-ylamino)-phenylazo]-2-hydroxy-benzoesäure $C_{16}H_{13}N_7O_3$, Formel X und Taut.

B. Analog der vorangehenden Verbindung (*Am. Cyanamid Co.*, U.S.P. 2493703 [1947]). Dunkelbraun; F: ca. 304°.

(±)-3-[4-Amino-[1,3,5]triazin-2-ylamino]-2-hydroxy-propylquecksilber(1+) $[C_6H_{10}HgN_5O]^+$, Formel XI (R = R′ = H).

Chlorid $[C_6H_{10}HgN_5O]Cl$. *B.* Aus dem Acetat (s. u.) mit Hilfe von NaCl oder Dimethylamin-hydrochlorid (*Shapiro et al.*, J. Am. pharm. Assoc. **46** [1957] 689, 691; *U.S. Vitamin Corp.*, U.S.P. 2792393 [1956]). – F: 191° [unkorr.; Zers.].

Acetat $[C_6H_{10}HgN_5O]C_2H_3O_2$. *B.* Aus N^2-Allyl-[1,3,5]triazin-2,4-diyldiamin, Quecksil≈ ber(II)-acetat und wss. Essigsäure (*Sh. et al.; U.S. Vitamin Corp.*). – F: 127° [unkorr.; Zers.].

(±)-3-[4-Amino-[1,3,5]triazin-2-ylamino]-2-methoxy-propylquecksilber(1+) $[C_7H_{12}HgN_5O]^+$, Formel XI (R = CH₃, R′ = H).

Hydroxid $[C_7H_{12}HgN_5O]OH$. *B.* Aus dem Acetat (s. u.) mit Hilfe von methanol. NaOH (*Shapiro et al.*, J. Am. pharm. Assoc. **46** [1957] 689, 691, 692; *U.S. Vitamin Corp.*, U.S.P. 2792393 [1956]). – F: 170° [unkorr.; Zers.] [unreines Präparat] (*Sh. et al.; U.S. Vitamin Corp.*).

Fluorid. Verbindung mit Kaliumfluorid $[C_7H_{12}HgN_5O]F \cdot KF$. *B.* Aus dem Hydroxid und wss. KF (*Sh. et al.; U.S. Vitamin Corp.*). – Gelbes Pulver mit 2 Mol H_2O; F: 148° [unkorr.; Zers.] (*Sh. et al.; U.S. Vitamin Corp.*).

Chlorid $[C_7H_{12}HgN_5O]Cl$. *B.* Aus dem Acetat (s. u.) mit Hilfe von NaCl oder Dimethylamin-hydrochlorid (*U.S. Vitamin Corp.*). – F: 157–160° (*U.S. Vitamin Corp.*).

Acetat $[C_7H_{12}HgN_5O]C_2H_3O_2$. *B.* Beim Erhitzen von N^2-Allyl-[1,3,5]triazin-2,4-diyldiamin mit Quecksilber(II)-acetat und Methanol in Essigsäure (*Sh. et al.; U.S. Vitamin Corp.*). – F: 181° [unkorr.; Zers.] (*Sh. et al.*).

Salz der L-Ascorbinsäure $[C_7H_{12}HgN_5O]C_6H_7O_6$. *B.* Aus dem Hydroxid und wss. L-Ascorbin≈ säure (*Sh. et al.; U.S. Vitamin Corp.*). – F: 108° [unkorr.; Zers.] (*Sh. et al.; U.S. Vitamin Corp.*).

(±)-2-Äthoxy-3-[4-amino-[1,3,5]triazin-2-ylamino]-propylquecksilber(1+) $[C_8H_{14}HgN_5O]^+$, Formel XI (R = C_2H_5, R′ = H).

Hydroxid $[C_8H_{14}HgN_5O]OH$. *B.* Aus dem Acetat mit Hilfe von äthanol. NaOH (*U.S. Vitamin Corp.*, U.S.P. 2792393 [1956]). – F: 169° (*U.S. Vitamin Corp.*).

Acetat $[C_8H_{14}HgN_5O]C_2H_3O_2$. *B.* Beim Erhitzen von N^2-Allyl-[1,3,5]triazin-2,4-diyldiamin mit Quecksilber(II)-acetat und Äthanol in Essigsäure (*Shapiro et al.*, J. Am. pharm. Assoc. **46** [1957] 689, 691, 692; *U.S. Vitamin Corp.*). – F: 122° [unkorr.; Zers.] (*Sh. et al.; U.S. Vitamin Corp.*).

(±)-3-[4-Amino-[1,3,5]triazin-2-ylamino]-2-propoxy-propylquecksilber(1+) $[C_9H_{16}HgN_5O]^+$, Formel XI (R = CH_2-C_2H_5, R′ = H).

Hydroxid $[C_9H_{16}HgN_5O]OH$. *B.* Beim Erhitzen von N^2-Allyl-[1,3,5]triazin-2,4-diyldiamin mit Quecksilber(II)-acetat und Propan-1-ol in Essigsäure und Behandeln der Reaktionslösung mit methanol. NaOH (*U.S. Vitamin Corp.*, U.S.P. 2792393 [1956]). — F: 137° (*U.S. Vitamin Corp.*).

Bromid $[C_9H_{16}HgN_5O]Br$. *B.* Aus dem Acetat und wss. NaBr (*U.S. Vitamin Corp.; Shapiro et al.*, J. Am. pharm. Assoc. **46** [1957] 689, 691). — F: 168° [unkorr.; Zers.] (*U.S. Vitamin Corp.; Sh. et al.*).

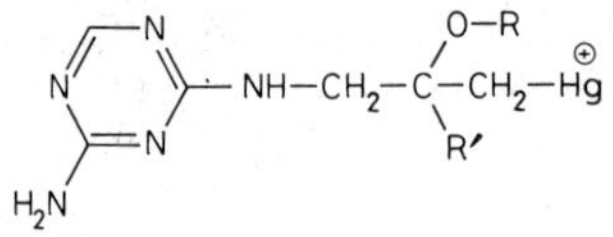

XI 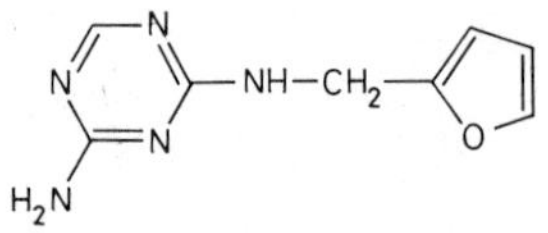 XII 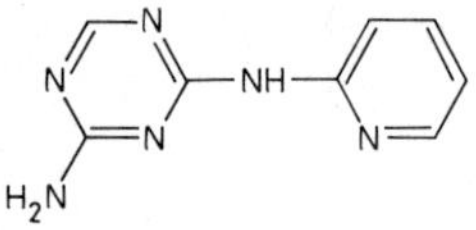 XIII

(±)-3-[4-Amino-[1,3,5]triazin-2-ylamino]-2-methoxy-2-methyl-propylquecksilber(1+) $[C_8H_{14}HgN_5O]^+$, Formel XI (R = R' = CH₃).

Hydroxid $[C_8H_{14}HgN_5O]OH$. *B.* Aus dem Acetat mit Hilfe von methanol. NaOH (*U.S. Vitamin Corp.*, U.S.P. 2792393 [1956]). — F: 184° (*U.S. Vitamin Corp.*).

Fluorid. Verbindung mit Kaliumfluorid $[C_8H_{14}HgN_5O]F \cdot KF$. *B.* Aus dem Hydroxid und wss. KF (*U.S. Vitamin Corp.; Shapiro et al.*, J. Am. pharm. Assoc. **46** [1957] 689, 691). — Feststoff mit 2 Mol H_2O; F: 115° [unkorr.; Zers.] (*U.S. Vitamin Corp.; Sh. et al.*).

Acetat $[C_8H_{14}HgN_5O]C_2H_3O_2$. *B.* Beim Erhitzen von N^2-Methallyl-[1,3,5]triazin-2,4-diyldiamin mit Quecksilber(II)-acetat und Methanol in Essigsäure (*U.S. Vitamin Corp.; Sh. et al.*). — F: 125° [unkorr.; Zers.] (*U.S. Vitamin Corp.; Sh. et al.*).

N^2-**Furfuryl-[1,3,5]triazin-2,4-diyldiamin** $C_8H_9N_5O$, Formel XII.

B. Aus Cyanguanidin bei aufeinanderfolgender Umsetzung mit Furfurylamin und mit Äthylformiat (*Shapiro et al.*, Am. Soc. **79** [1957] 5064, 5067, 5069).

Kristalle (aus Acetonitril); F: 162—165° [unkorr.].

N^2-**[2]Pyridyl-[1,3,5]triazin-2,4-diyldiamin** $C_8H_8N_6$, Formel XIII.

B. Aus 1-[2]Pyridyl-biguanid und Methylformiat (*Am. Cyanamid Co.*, U.S.P. 2474194 [1941]). F: 273—274°.

N^2,N^4-**Di-[2]pyridyl-[1,3,5]triazin-2,4-diyldiamin** $C_{13}H_{11}N_7$, Formel XIV.

B. Bei der Hydrierung von 6-Chlor-N^2,N^4-di-[2]pyridyl-[1,3,5]triazin-2,4-diyldiamin an Palladium/Kohle in Äthanol (*Foye, Weinswig*, J. Am. pharm. Assoc. **48** [1959] 327).

Hydrochlorid $C_{13}H_{11}N_7 \cdot HCl$. Kristalle mit 4 Mol H_2O; F: 219—220° [unkorr.].

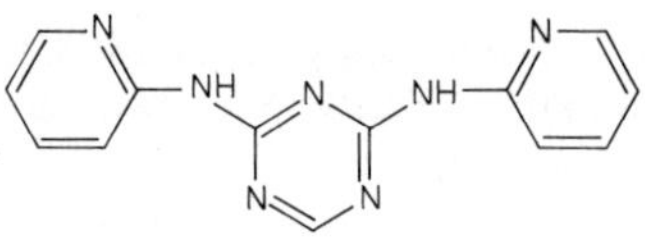

XIV 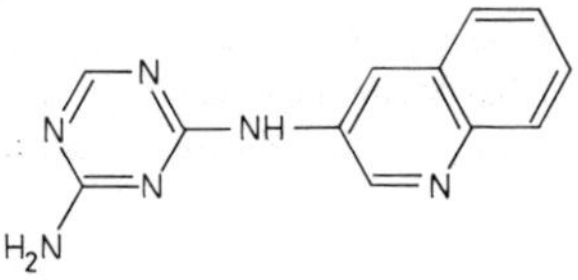 XV

N^2-**[3]Chinolyl-[1,3,5]triazin-2,4-diyldiamin** $C_{12}H_{10}N_6$, Formel XV.

B. Aus 1-[3]Chinolyl-biguanid und Äthylformiat (*Shapiro et al.*, Am. Soc. **79** [1957] 5064, 5067, 5069).

Kristalle (aus Acetonitril); F: 291—292° [unkorr.; Zers.] [unreines Präparat].

Picrat $C_{12}H_{10}N_6 \cdot C_6H_3N_3O_7$. F: 269° [Zers.] (*Sh. et al.*, l. c. S. 5070).

Bis-nicotinoylamino-[1,3,5]triazin, N,N'-[1,3,5]Triazin-2,4-diyl-bis-nicotinamid $C_{15}H_{11}N_7O_2$, Formel XVI.

B. Beim Erhitzen von [1,3,5]Triazin-2,4-diyldiamin mit Nicotinoylchlorid und Pyridin (*Ruggieri*, Giorn. Med. militare **107** [1957] 460).

Kristalle; F: 204—207°.

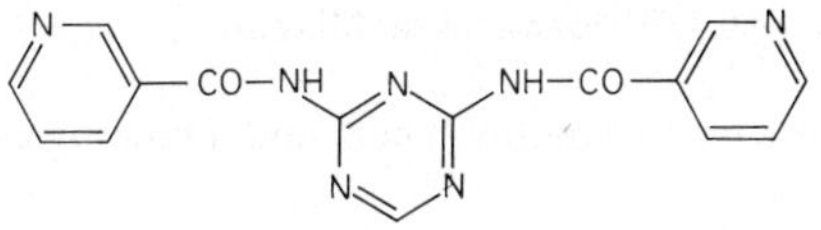

XVI

Bis-phosphonoamino-[1,3,5]triazin, N,N'-[1,3,5]Triazin-2,4-diyl-bis-amidophosphorsäure $C_3H_7N_5O_6P_2$, Formel I.

B. Aus [1,3,5]Triazin-2,4-diyldiamin beim Erhitzen mit $POCl_3$ und anschliessenden Behandeln mit wss. $NaHCO_3$ (*Cilag A.G.*, Schweiz. P. 243738 [1945]).

F: 250−260° [bei schnellem Erhitzen].

6-Fluor-[1,3,5]triazin-2,4-diyldiamin $C_3H_4FN_5$, Formel II (R = H).

B. Aus Trifluor-[1,3,5]triazin und NH_3 in Äther (*Grisley et al.*, J. org. Chem. **23** [1958] 1802).

Feststoff.

N^2,N^2,N^4,N^4-Tetraäthyl-6-fluor-[1,3,5]triazin-2,4-diyldiamin $C_{11}H_{20}FN_5$, Formel II (R = C_2H_5).

B. Beim Behandeln von Trifluor-[1,3,5]triazin mit Diäthylamin in THF (*Grisley et al.*, J. org. Chem. **23** [1958] 1802).

Kristalle (nach Sublimation bei 60°/0,5 Torr); F: 44−45,5° [nach Erweichen bei 37°].

6-Chlor-[1,3,5]triazin-2,4-diyldiamin $C_3H_4ClN_5$, Formel III (R = R' = H) (H 225).

B. Aus N,N'-Dicyan-guanidin (Kalium-Salz) beim Behandeln mit konz. wss. HCl (*Am. Cyɜ anamid Co.*, U.S.P. 2658893 [1950]). Aus Trichlor-[1,3,5]triazin und NH_3 in wss. Aceton (*Banks et al.*, Am. Soc. **66** [1944] 1771, 1773; *Thurston et al.*, Am. Soc. **73** [1951] 2981) oder bei 420−480° (*DEGUSSA*, U.S.P. 2779763 [1953]).

F: 370° (*Mosher, Whitmore*, Am. Soc. **67** [1945] 662). IR-Spektrum (KBr; 2−16 μ): *Padgett, Hamner*, Am. Soc. **80** [1958] 803, 807. UV-Spektrum (2-Äthoxy-äthanol; 48000−35000 cm^{-1}): *Hirt, Salley*, J. chem. Physics **21** [1953] 1181, 1182. In 100 ml H_2O lösen sich bei 20° ca. 60 mg, bei 100° ca. 120 mg (*Ba. et al.*).

Picrat. Unterhalb 300° nicht schmelzend [bei langsamem Erhitzen] bzw. F: 210° [Zers.; auf 210° vorgeheiztes Bad] (*Mo., Wh.*).

6-Chlor-N^2-methyl-[1,3,5]triazin-2,4-diyldiamin $C_4H_6ClN_5$, Formel III (R = CH_3, R' = H) (H 226).

B. Aus 4,6-Dichlor-[1,3,5]triazin-2-ylamin und Methylamin (*Pearlman, Banks*, Am. Soc. **70** [1948] 3726).

Kristalle (aus H_2O); F: 244−246°.

6-Chlor-N^2,N^4-dimethyl-[1,3,5]triazin-2,4-diyldiamin $C_5H_8ClN_5$, Formel III (R = R' = CH_3) (H 226).

Die Identität der von *Hofmann* (s. H 226) aus Trichlor-[1,3,5]triazin und Methylamin in Methanol erhaltenen, unter dieser Konstitution beschriebenen Verbindung (F: 241°) ist ungewiss (*Pearlman, Banks*, Am. Soc. **70** [1948] 3726).

B. Aus Trichlor-[1,3,5]triazin und Methylamin (*Pe., Ba.*).

F: >335° (*Pe., Ba.*). IR-Spektrum (KBr; 2−16 μ): *Padgett, Hamner*, Am. Soc. **80** [1958] 803, 807.

6-Chlor-N^2,N^2-dimethyl-[1,3,5]triazin-2,4-diyldiamin $C_5H_8ClN_5$, Formel IV (R = CH_3, R' = H).

B. Aus 4,6-Dichlor-[1,3,5]triazin-2-ylamin und Dimethylamin (*Pearlman, Banks*, Am. Soc. **70** [1948] 3726).

Kristalle (aus A.); F: 220−222°.

6-Chlor-N^2,N^2,N^4-trimethyl-[1,3,5]triazin-2,4-diyldiamin $C_6H_{10}ClN_5$, Formel IV
(R = R′ = CH_3).

B. Aus [Dichlor-[1,3,5]triazin-2-yl]-methyl-amin und Dimethylamin (*Pearlman, Banks*, Am.
Soc. **70** [1948] 3726).

Kristalle (aus $CHCl_3$); F: 207−209°.

6-Chlor-N^2,N^2,N^4,N^4-tetramethyl-[1,3,5]triazin-2,4-diyldiamin $C_7H_{12}ClN_5$, Formel V
(R = CH_3).

B. Aus Trichlor-[1,3,5]triazin und Dimethylamin (*Pearlman, Banks*, Am. Soc. **70** [1948] 3726;
s. a. *Kaiser et al.*, Am. Soc. **73** [1951] 2984).

Kristalle; F: 66−68° [aus Propan-1-ol] (*Pe., Ba.*), 62−63° [aus Me.] (*Ka. et al.*).

N^2-Äthyl-6-chlor-[1,3,5]triazin-2,4-diyldiamin $C_5H_8ClN_5$, Formel III (R = C_2H_5, R′ = H)
(H 226).

B. Aus 4,6-Dichlor-[1,3,5]triazin-2-ylamin und Äthylamin (*Pearlman, Banks*, Am. Soc. **70**
[1948] 3726).

Kristalle (aus H_2O); F: 177−179°.

N^2,N^4-Diäthyl-6-chlor-[1,3,5]triazin-2,4-diyldiamin, Simazin $C_7H_{12}ClN_5$, Formel III
(R = R′ = C_2H_5).

B. Aus Trichlor-[1,3,5]triazin und Äthylamin (*Pearlman, Banks*, Am. Soc. **70** [1948] 3728;
Thurston et al., Am. Soc. **73** [1951] 2981).

Kristalle; F: 228−229° [aus A.] (*Pe., Ba.*), 226−227° [unkorr.; aus 2-Methoxy-äthanol]
(*Th. et al.*).

6-Chlor-N^2,N^4-bis-[2-chlor-äthyl]-[1,3,5]triazin-2,4-diyldiamin $C_7H_{10}Cl_3N_5$, Formel III
(R = R′ = CH_2-CH_2-Cl).

B. Aus Trichlor-[1,3,5]triazin und [2-Chlor-äthyl]-amin (*Schaefer*, Am. Soc. **77** [1955] 5922,
5927).

Kristalle (aus Dioxan); F: 163° [korr.; Zers.].

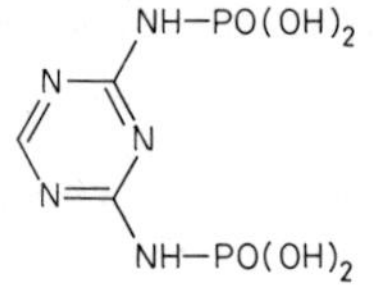

I 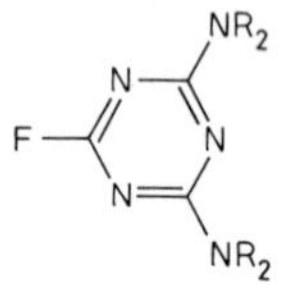   II 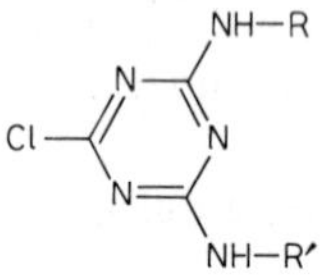   III 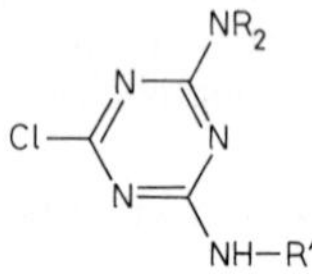   IV

N^2,N^2-Diäthyl-6-chlor-[1,3,5]triazin-2,4-diyldiamin $C_7H_{12}ClN_5$, Formel IV (R = C_2H_5,
R′ = H) (E II 186).

B. Aus 4,6-Dichlor-[1,3,5]triazin-2-ylamin und Diäthylamin (*Pearlman, Banks*, Am. Soc. **70**
[1948] 3726).

Kristalle (aus wss. A.); F: 123−125°.

N^2,N^2,N^4-Triäthyl-6-chlor-[1,3,5]triazin-2,4-diyldiamin $C_9H_{16}ClN_5$, Formel IV
(R = R′ = C_2H_5).

B. Aus Äthyl-[dichlor-[1,3,5]triazin-2-yl]-amin und Diäthylamin (*Pearlman, Banks*, Am. Soc.
70 [1948] 3726).

Kristalle (aus Propan-1-ol); F: 100−102°.

N^2,N^2,N^4,N^4-Tetraäthyl-6-chlor-[1,3,5]triazin-2,4-diyldiamin $C_{11}H_{20}ClN_5$, Formel V
(R = C_2H_5).

B. Aus Trichlor-[1,3,5]triazin und Diäthylamin (*Pearlman, Banks*, Am. Soc. **70** [1948] 3726;
Thurston et al., Am. Soc. **73** [1951] 2981).

Kp$_4$: 154−156° (*Pe., Ba.*); Kp$_1$: 132,5−134° (*Th. et al.*).

6-Chlor-N^2-propyl-[1,3,5]triazin-2,4-diyldiamin C$_6$H$_{10}$ClN$_5$, Formel III (R = CH$_2$-C$_2$H$_5$, R' = H).
B. Aus 4,6-Dichlor-[1,3,5]triazin-2-ylamin und Propylamin (*Pearlman, Banks*, Am. Soc. **70** [1948] 3726).
Kristalle (aus Bzl.); F: 169−171°.

N^2-Butyl-6-chlor-[1,3,5]triazin-2,4-diyldiamin C$_7$H$_{12}$ClN$_5$, Formel III (R = [CH$_2$]$_3$-CH$_3$, R' = H).
B. Beim Behandeln von *N*-Butyl-*N'*-cyan-guanidin mit Chlorcyan und KOH in Aceton und Behandeln des Reaktionsprodukts mit konz. wss. HCl (*Am. Cyanamid Co.*, U.S.P. 2658893 [1950]). Aus Trichlor-[1,3,5]triazin bei aufeinanderfolgender Umsetzung mit NH$_3$ und mit Butyl⸗ amin (*Geigy A.G.*, Schweiz. P. 252530 [1948]; *Am. Cyanamid Co.*, U.S.P. 2537816 [1946]). Aus 4,6-Dichlor-[1,3,5]triazin-2-ylamin und Butylamin (*Pearlman, Banks*, Am. Soc. **70** [1948] 3726; *Thurston et al.*, Am. Soc. **73** [1951] 2981).
Kristalle; F: 148−150° [unkorr.; aus wss. Dioxan bzw. aus wss. Me.] (*Th. et al.; Am. Cyanamid Co.*, U.S.P. 2537816), 142−144° [unkorr.; aus wss. THF] (*Pe., Ba.*).

N^2,N^4-Dibutyl-6-chlor-[1,3,5]triazin-2,4-diyldiamin C$_{11}$H$_{20}$ClN$_5$, Formel III (R = R' = [CH$_2$]$_3$-CH$_3$).
B. Aus Trichlor-[1,3,5]triazin und Butylamin (*Schuldt, Wolf*, Contrib. Boyce Thompson Inst. **18** [1956] 377, 379, 380).
Kristalle (aus Dioxan); F: 209−211° (*Sch., Wolf*). IR-Spektrum (KBr; 2−16 µ): *Padgett, Hamner*, Am. Soc. **80** [1958] 803, 807.

N^2,N^2-Dibutyl-6-chlor-[1,3,5]triazin-2,4-diyldiamin C$_{11}$H$_{20}$ClN$_5$, Formel IV (R = [CH$_2$]$_3$-CH$_3$, R' = H).
B. Aus 4,6-Dichlor-[1,3,5]triazin-2-ylamin und Dibutylamin (*Thurston et al.*, Am. Soc. **73** [1951] 2981).
Kristalle (aus Me.); F: 119−120° [unkorr.].

N^2,N^4-Di-*tert*-butyl-6-chlor-[1,3,5]triazin-2,4-diyldiamin C$_{11}$H$_{20}$ClN$_5$, Formel III (R = R' = C(CH$_3$)$_3$).
IR-Spektrum (KBr; 2−16 µ): *Padgett, Hamner*, Am. Soc. **80** [1958] 803, 807.

6-Chlor-N^2-pentyl-[1,3,5]triazin-2,4-diyldiamin C$_8$H$_{14}$ClN$_5$, Formel III (R = [CH$_2$]$_4$-CH$_3$, R' = H).
B. Aus 4,6-Dichlor-[1,3,5]triazin-2-ylamin und Pentylamin (*Pearlman, Banks*, Am. Soc. **70** [1948] 3726).
Kristalle (aus H$_2$O); F: 148−150°.

6-Chlor-N^2-hexyl-[1,3,5]triazin-2,4-diyldiamin C$_9$H$_{16}$ClN$_5$, Formel III (R = [CH$_2$]$_5$-CH$_3$, R' = H).
B. Analog der vorangehenden Verbindung (*Pearlman, Banks*, Am. Soc. **70** [1948] 3726).
Kristalle (aus Bzl.); F: 149−151°.

6-Chlor-N^2,N^4-dioctadecyl-[1,3,5]triazin-2,4-diyldiamin C$_{39}$H$_{76}$ClN$_5$, Formel III (R = R' = [CH$_2$]$_{17}$-CH$_3$).
B. Aus Trichlor-[1,3,5]triazin und Octadecylamin (*Thurston et al.*, Am. Soc. **73** [1951] 2981).
Kristalle (aus Butan-1-ol); F: 136−137° [unkorr.].

N^2-Allyl-6-chlor-[1,3,5]triazin-2,4-diyldiamin C$_6$H$_8$ClN$_5$, Formel III (R = CH$_2$-CH=CH$_2$, R' = H).
B. Aus 4,6-Dichlor-[1,3,5]triazin-2-ylamin und Allylamin (*Pearlman, Banks*, Am. Soc. **70** [1948] 3726).

Kristalle (aus H_2O); F: 168 – 170°.

N^2,N^4-**Diallyl-6-chlor-[1,3,5]triazin-2,4-diyldiamin** $C_9H_{12}ClN_5$, Formel III
(R = R' = CH_2-CH=CH_2).
  B. Aus Trichlor-[1,3,5]triazin und Allylamin (*Pearlman, Banks*, Am. Soc. **70** [1948] 3726).
Kristalle (aus 2-Methoxy-äthanol); F: 203 – 205°.

N^2,N^2-**Diallyl-6-chlor-[1,3,5]triazin-2,4-diyldiamin** $C_9H_{12}ClN_5$, Formel IV
(R = CH_2-CH=CH_2, R' = H).
  B. Aus 4,6-Dichlor-[1,3,5]triazin-2-ylamin und Diallylamin (*Pearlman, Banks*, Am. Soc. **70**
[1948] 3726).
Kristalle (aus wss. A.); F: 78 – 80°.

N^2,N^2,N^4-**Triallyl-6-chlor-[1,3,5]triazin-2,4-diyldiamin** $C_{12}H_{16}ClN_5$, Formel IV
(R = R' = CH_2-CH=CH_2).
  B. Aus Trichlor-[1,3,5]triazin bei aufeinanderfolgender Umsetzung mit Allylamin und mit
Diallylamin (*Pearlman, Banks*, Am. Soc. **70** [1948] 3726).
Kristalle (aus wss. A.); F: 72°.

N^2,N^2,N^4,N^4-**Tetraallyl-6-chlor-[1,3,5]triazin-2,4-diyldiamin** $C_{15}H_{20}ClN_5$, Formel V
(R = CH_2-CH=CH_2).
  B. Aus Trichlor-[1,3,5]triazin und Diallylamin (*Pearlman, Banks*, Am. Soc. **70** [1948] 3726).
$Kp_{1,2}$: 147 – 150°.

6-**Chlor-N^2-methallyl-[1,3,5]triazin-2,4-diyldiamin** $C_7H_{10}ClN_5$, Formel III
(R = CH_2-C(CH_3)=CH_2, R' = H).
  B. Aus 4,6-Dichlor-[1,3,5]triazin-2-ylamin und Methallylamin (*Pearlman, Banks*, Am. Soc.
70 [1948] 3726).
Kristalle (aus wss. A.); F: 168 – 170°.

6-**Chlor-N^2,N^4-dimethallyl-[1,3,5]triazin-2,4-diyldiamin** $C_{11}H_{16}ClN_5$, Formel III
(R = R' = CH_2-C(CH_3)=CH_2).
  B. Aus Trichlor-[1,3,5]triazin und Methallylamin (*Pearlman, Banks*, Am. Soc. **70** [1948] 3726).
Kristalle (aus 2-Äthoxy-äthanol); F: 209 – 211°.

6-**Chlor-N^2,N^2-dimethallyl-[1,3,5]triazin-2,4-diyldiamin** $C_{11}H_{16}ClN_5$, Formel IV
(R = CH_2-C(CH_3)=CH_2, R' = H).
  B. Aus 4,6-Dichlor-[1,3,5]triazin-2-ylamin und Dimethallylamin (*Pearlman, Banks*, Am. Soc.
70 [1948] 3726).
Kristalle (aus wss. A.); F: 114 – 116°.

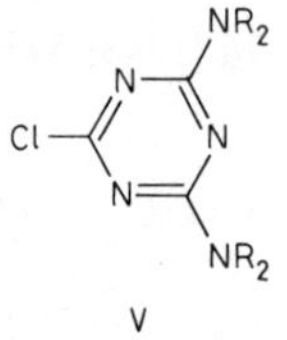

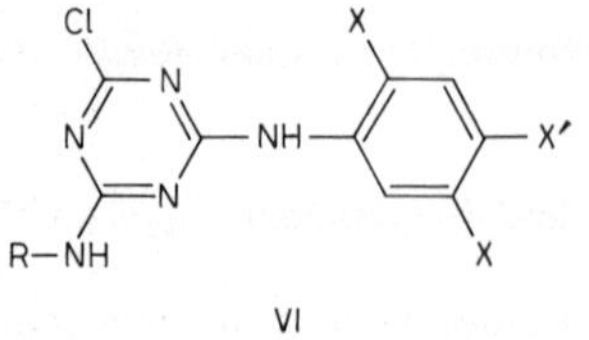

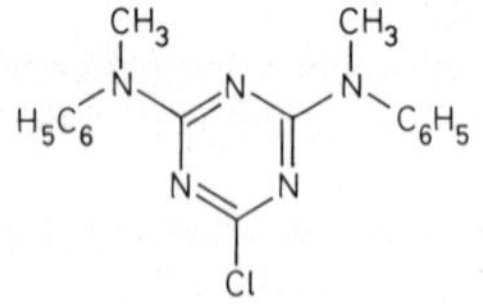

6-**Chlor-N^2,N^2,N^4-trimethallyl-[1,3,5]triazin-2,4-diyldiamin** $C_{15}H_{22}ClN_5$, Formel IV
(R = R' = CH_2-C(CH_3)=CH_2).
  B. Aus Trichlor-[1,3,5]triazin bei aufeinanderfolgender Umsetzung mit Methallylamin und
mit Dimethallylamin (*Pearlman, Banks*, Am. Soc. **70** [1948] 3726).
Kristalle (aus wss. A.); F: 87°.

6-Chlor-N^2,N^2,N^4,N^4-tetramethallyl-[1,3,5]triazin-2,4-diyldiamin $C_{19}H_{28}ClN_5$, Formel V
($R = CH_2$-$C(CH_3)$=CH_2).

B. Aus Trichlor-[1,3,5]triazin und Dimethallylamin (*Pearlman, Banks*, Am. Soc. **70** [1948]
3726).

Kp_2: 175 – 179°.

6-Chlor-N^2-cyclohexyl-[1,3,5]triazin-2,4-diyldiamin $C_9H_{14}ClN_5$, Formel III ($R = C_6H_{11}$,
$R' = H$).

B. Aus N,N'-Dicyan-N''(?)-cyclohexyl-guanidin (Natrium-Salz; F: 257° [Zers.]) beim Behan=
deln mit konz. wss. HCl (*Am. Cyanamid Co.*, U.S.P. 2658893 [1950]). Aus 4,6-Dichlor-[1,3,5]tri=
azin-2-ylamin und Cyclohexylamin (*Pearlman, Banks*, Am. Soc. **70** [1948] 3726).

Kristalle (aus 2-Äthoxy-äthanol); F: 185 – 187° (*Pe., Ba.*).

6-Chlor-N^2,N^4-dicyclohexyl-[1,3,5]triazin-2,4-diyldiamin $C_{15}H_{24}ClN_5$, Formel III
($R = R' = C_6H_{11}$).

B. Aus Trichlor-[1,3,5]triazin und Cyclohexylamin (*Am. Cyanamid Co.*, U.S.P. 2508323
[1946]; *Thurston et al.*, Am. Soc. **73** [1951] 2981).

Kristalle (aus Butan-1-ol bzw. aus Butanon); F: 228 – 229° [unkorr.] (*Am. Cyanamid Co.*;
Th. et al.). IR-Spektrum (KBr; 2 – 16 μ): *Padgett, Hamner*, Am. Soc. **80** [1958] 803, 807.

6-Chlor-N^2-phenyl-[1,3,5]triazin-2,4-diyldiamin $C_9H_8ClN_5$, Formel VI ($R = X = X' = H$)
(E II 120).

B. Aus 4,6-Dichlor-[1,3,5]triazin-2-ylamin und Anilin (*Thurston et al.*, Am. Soc. **73** [1951]
2981).

Kristalle (aus A. + Dioxan); F: 213 – 214° [unkorr.].

6-Chlor-N^2-[4-chlor-phenyl]-[1,3,5]triazin-2,4-diyldiamin $C_9H_7Cl_2N_5$, Formel VI
($R = X = H$, $X' = Cl$).

B. Aus Trichlor-[1,3,5]triazin bei aufeinanderfolgender Umsetzung mit 4-Chlor-anilin und
mit wss. NH_3 (*Foye, Weinswig*, J. Am. pharm. Assoc. **48** [1959] 327).

Zers. bei 200° [unkorr.].

6-Chlor-N^2-isopropyl-N^4-phenyl-[1,3,5]triazin-2,4-diyldiamin $C_{12}H_{14}ClN_5$, Formel VI
($R = CH(CH_3)_2$, $X = X' = H$).

B. Aus [Dichlor-[1,3,5]triazin-2-yl]-phenyl-amin und Isopropylamin (*Cuthbertson, Moffatt*,
Soc. **1948** 561, 564).

Kristalle (aus Bzl. + PAe.); F: 127 – 128°.

6-Chlor-N^2-[4-chlor-phenyl]-N^4-isopropyl-[1,3,5]triazin-2,4-diyldiamin $C_{12}H_{13}Cl_2N_5$,
Formel VI ($R = CH(CH_3)_2$, $X = H$, $X' = Cl$).

B. Analog der vorangehenden Verbindung (*Curd et al.*, Soc. **1947** 154, 159; *Cuthbertson,
Moffatt*, Soc. **1948** 561, 563).

Kristalle (aus Bzl.); F: 172° (*Cu., Mo.*), 164 – 166° (*Curd et al.*).

Dianilino-chlor-[1,3,5]triazin, 6-Chlor-N^2,N^4-diphenyl-[1,3,5]triazin-2,4-diyldiamin
$C_{15}H_{12}ClN_5$, Formel VI ($R = C_6H_5$, $X = X' = H$) (H 226; E II 120).

Kristalle; F: 201 – 202° [korr.; aus wss. A.] (*Grundmann, Kreutzberger*, Am. Soc. **77** [1955]
44, 47), 199 – 201° [unkorr.; aus Bzl.] (*Thurston et al.*, Am. Soc. **73** [1951] 2981), 199° [nach
Sublimation im Vakuum] (*Matsunaga, Morita*, Bl. chem. Soc. Japan **31** [1958] 644, 645). Magne=
tische Suszeptibilität: $-166,7 \cdot 10^{-6}$ cm³·mol⁻¹ (*Ma., Mo.*).

6-Chlor-N^2,N^4-bis-[4-chlor-phenyl]-[1,3,5]triazin-2,4-diyldiamin $C_{15}H_{10}Cl_3N_5$, Formel VI
($R = C_6H_4$-Cl, $X = H$, $X' = Cl$).

B. Aus Trichlor-[1,3,5]triazin und 4-Chlor-anilin (*Curd et al.*, Soc. **1947** 154, 159; *Schuldt,
Wolf*, Contrib. Boyce Thompson Inst. **18** [1956] 377, 379, 380; *Foye, Weinswig*, J. Am. pharm.
Assoc. **48** [1959] 327).

Kristalle; F: 243—245° (*Foye, We.*), 223° [aus Bzl.] (*Curd et al.*), 218—219° [aus Bzl.] (*Sch., Wolf*).

Die folgenden Verbindungen sind in analoger Weise hergestellt worden:

6-Chlor-N^2,N^4-bis-[2,5-dichlor-phenyl]-[1,3,5]triazin-2,4-diyldiamin $C_{15}H_8Cl_5N_5$, Formel VI (R = $C_6H_3Cl_2$, X = Cl, X' = H). F: 192—194° (*Sch., Wolf*).

6-Chlor-N^2,N^4-bis-[4-nitro-phenyl]-[1,3,5]triazin-2,4-diyldiamin $C_{15}H_{10}ClN_7O_4$, Formel VI (R = C_6H_4-NO_2, X = H, X' = NO_2). F: 382—383° (*Sch., Wolf*).

6-Chlor-N^2,N^4-dimethyl-N^2,N^4-diphenyl-[1,3,5]triazin-2,4-diyldiamin $C_{17}H_{16}ClN_5$, Formel VII. F: 84,5—87° (*Sch., Wolf*).

2-[4-Amino-6-chlor-[1,3,5]triazin-2-ylamino]-äthanol $C_5H_8ClN_5O$, Formel VIII.
B. Aus 4,6-Dichlor-[1,3,5]triazin-2-ylamin und 2-Amino-äthanol (*Pearlman, Banks*, Am. Soc. **70** [1958] 3726).
Kristalle (aus H_2O); F: 187—189°.

Aziridin-1-yl-chlor-methylamino-[1,3,5]triazin, [Aziridin-1-yl-chlor-[1,3,5]triazin-2-yl]-methyl-amin $C_6H_8ClN_5$, Formel IX.
B. Aus [Dichlor-[1,3,5]triazin-2-yl]-methyl-amin und Aziridin (*Bras et al.*, Ž. obšč. Chim. **28** [1958] 2972, 2973; engl. Ausg. S. 3001, 3002).
Kristalle (aus Toluol); F: 151° [Zers.].

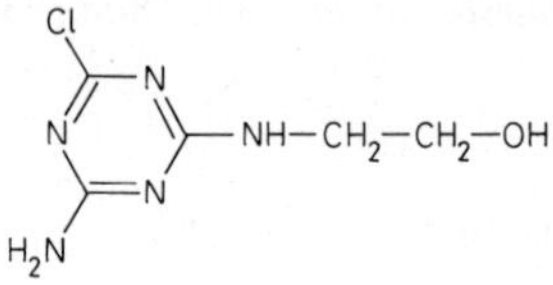

VIII 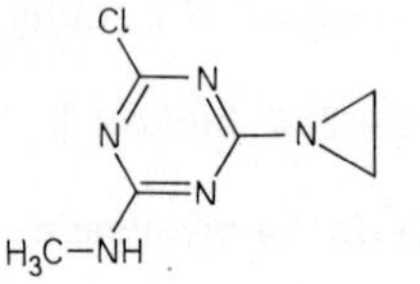   IX 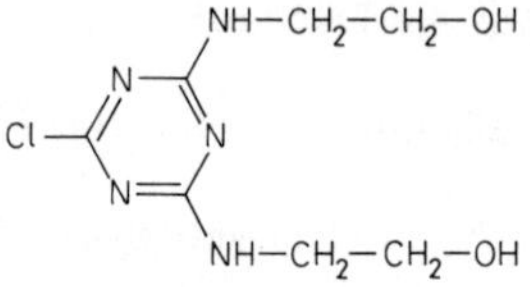   X

6-Chlor-N^2,N^4-bis-[2-hydroxy-äthyl]-[1,3,5]triazin-2,4-diyldiamin $C_7H_{12}ClN_5O_2$, Formel X.
B. Aus Trichlor-[1,3,5]triazin und 2-Amino-äthanol (*I.G. Farbenind.*, Schweiz. P. 176023 [1934]; *Banks et al.*, Am. Soc. **66** [1944] 1771, 1772, 1773; *Thurston et al.*, Am. Soc. **73** [1951] 2981).
Kristalle (aus 2-Äthoxy-äthanol) mit 1 Mol H_2O; F: 205—206° [unkorr.] (*Th. et al.*). Kristalle (aus H_2O); F: 192—194° [korr.] (*Ba. et al.*).

Bis-aziridin-1-yl-chlor-[1,3,5]triazin $C_7H_8ClN_5$, Formel XI.
B. Aus Trichlor-[1,3,5]triazin und Aziridin (*ICI*, Brit. P. 680652 [1950]; *Schaefer et al.*, Am. Soc. **77** [1955] 5918, 5920; *Bras*, Ž. obšč. Chim. **25** [1955] 1413, 1416; engl. Ausg. S. 1359, 1361).
Kristalle; F: 145° [korr.; Zers.; aus Me.] (*Sch. et al.*), 140° [Zers.; auf 135° vorgeheiztes Bad; aus E.] (*Bras*).

2-[Äthyl-(amino-chlor-[1,3,5]triazin-2-yl)-amino]-äthanol $C_7H_{12}ClN_5O$, Formel XII (R = C_2H_5).
B. Aus 4,6-Dichlor-[1,3,5]triazin-2-ylamin und 2-Äthylamino-äthanol (*Pearlman, Banks*, Am. Soc. **70** [1948] 3726).
Kristalle (aus H_2O); F: 136—138°.

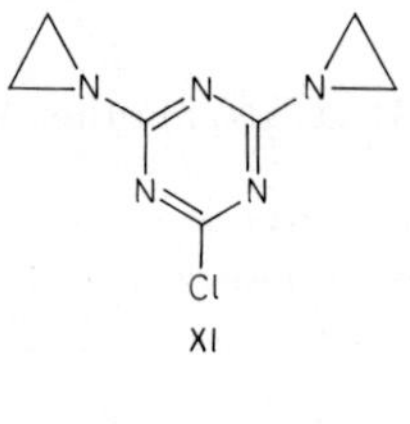

XI 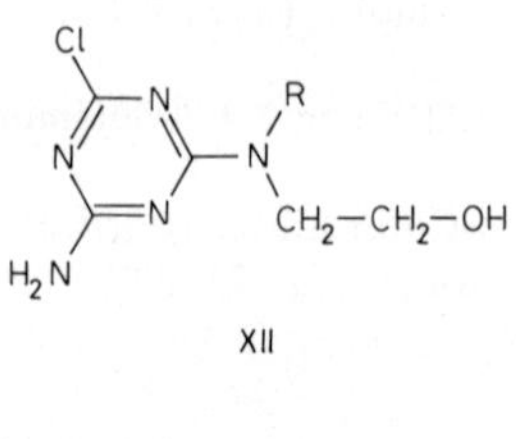   XII 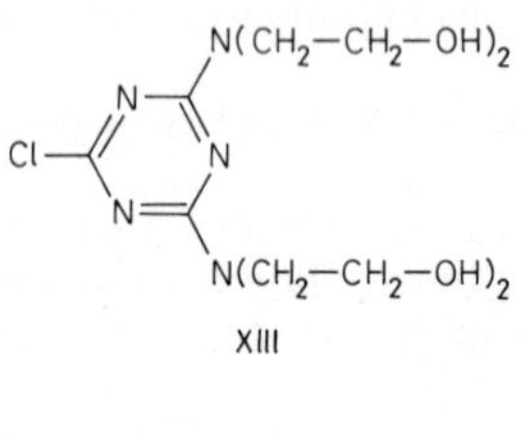   XIII

2-[(Amino-chlor-[1,3,5]triazin-2-yl)-phenyl-amino]-äthanol $C_{11}H_{12}ClN_5O$, Formel XII
($R = C_6H_5$).
  B. Analog der vorangehenden Verbindung (*Pearlman, Banks,* Am. Soc. **70** [1948] 3726).
  Kristalle (aus 2-Methoxy-äthanol); F: 188−189°.

6-Chlor-N^2,N^2,N^4,N^4-tetrakis-[2-hydroxy-äthyl]-[1,3,5]triazin-2,4-diyldiamin $C_{11}H_{20}ClN_5O_4$,
Formel XIII.
  B. Aus Trichlor-[1,3,5]triazin und Bis-[2-hydroxy-äthyl]-amin (*Thurston et al.,* Am. Soc. **73**
[1951] 2981).
  Kristalle (aus H_2O); F: 147−148° [unkorr.].

(±)-1-[4-Amino-6-chlor-[1,3,5]triazin-2-ylamino]-propan-2-ol $C_6H_{10}ClN_5O$, Formel XIV
($R = H$).
  B. Aus 4,6-Dichlor-[1,3,5]triazin-2-ylamin und (±)-1-Amino-propan-2-ol (*Pearlman, Banks,*
Am. Soc. **70** [1948] 3726).
  Kristalle (aus H_2O); F: 192−194°.

*Opt.-inakt. 6-Chlor-N^2,N^4-bis-[2-hydroxy-propyl]-[1,3,5]triazin-2,4-diyldiamin $C_9H_{16}ClN_5O_2$,
Formel XIV ($R = CH_2$-$CH(CH_3)$-OH).
  B. Aus Trichlor-[1,3,5]triazin und (±)-1-Amino-propan-2-ol (*Banks et al.,* Am. Soc. **66** [1944]
1771, 1772, 1773).
  Kristalle (aus H_2O); F: 195−198°.

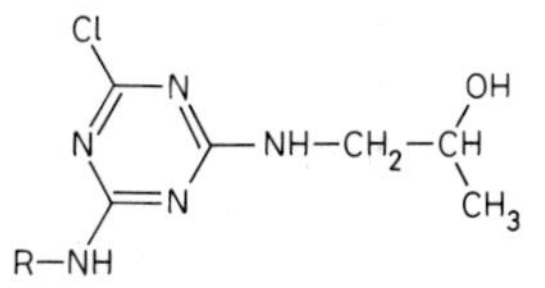

XIV 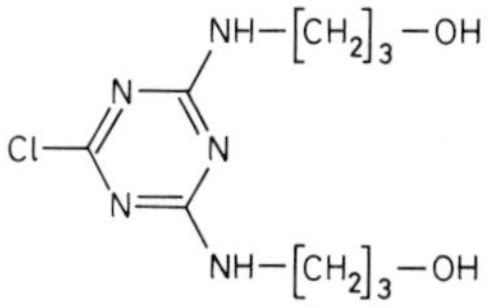   XV 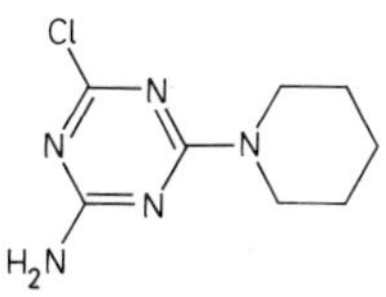   XVI

6-Chlor-N^2,N^4-bis-[3-hydroxy-propyl]-[1,3,5]triazin-2,4-diyldiamin $C_9H_{16}ClN_5O_2$, Formel XV
und Taut.
  B. Analog der vorangehenden Verbindung (*Thurston et al.,* Am. Soc. **73** [1951] 2981).
  Kristalle (aus wss. 2-Methoxy-äthanol); F: 210−212° [unkorr.].

4-Chlor-6-piperidino-[1,3,5]triazin-2-ylamin $C_8H_{12}ClN_5$, Formel XVI.
  B. Aus 4,6-Dichlor-[1,3,5]triazin-2-ylamin und Piperidin (*Pearlman, Banks,* Am. Soc. **70** [1948]
3726).
  Kristalle (aus 2-Äthoxy-äthanol); F: 180−182°.

Chlor-dipiperidino-[1,3,5]triazin $C_{13}H_{20}ClN_5$, Formel I.
  B. Aus Trichlor-[1,3,5]triazin und Piperidin (*Pearlman, Banks,* Am. Soc. **70** [1948] 3726).
  Kristalle (aus wss. A. + Bzl.); F: 117−119°.

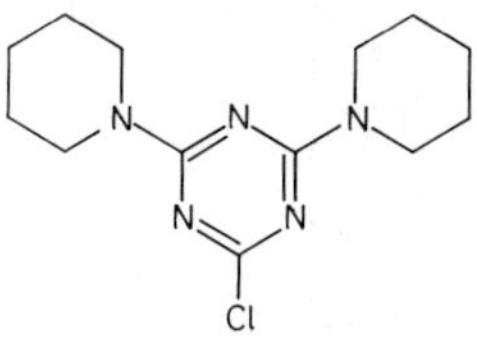

I 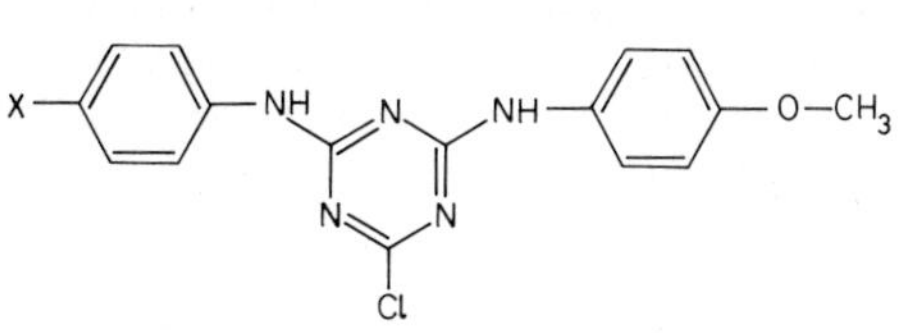   II

6-Chlor-N^2-[4-chlor-phenyl]-N^4-[4-methoxy-phenyl]-[1,3,5]triazin-2,4-diyldiamin
$C_{16}H_{13}Cl_2N_5O$, Formel II (X = Cl).
  B. Aus [4-Chlor-phenyl]-[dichlor-[1,3,5]triazin-2-yl]-amin und *p*-Anisidin (*Curd et al.,* Soc.

1947 154, 159). Aus [Dichlor-[1,3,5]triazin-2-yl]-[4-methoxy-phenyl]-amin und 4-Chlor-anilin (*Curd et al.*, l. c. S. 160).

Kristalle (aus Bzl.); F: 186°.

6-Chlor-N^2,N^4-bis-[4-methoxy-phenyl]-[1,3,5]triazin-2,4-diyldiamin $C_{17}H_{16}ClN_5O_2$, Formel II (X = O-CH₃).

B. Aus Trichlor-[1,3,5]triazin und *p*-Anisidin (*Schuldt, Wolf*, Contrib. Boyce Thompson Inst. **18** [1956] 377, 380). Aus [Dichlor-[1,3,5]triazin-2-yl]-[4-methoxy-phenyl]-amin und *p*-Anisidin (*Curd et al.*, Soc. **1947** 154, 159).

Kristalle; F: 200–201° [aus Acn.] (*Sch., Wolf*), 197–199° [aus Bzl.] (*Curd et al.*).

6-Chlor-N^2,N^4-bis-[9,10-dioxo-9,10-dihydro-[1]anthryl]-[1,3,5]triazin-2,4-diyldiamin,
1,1′-[6-Chlor-[1,3,5]triazin-2,4-diyldiamino]-di-anthrachinon, C i b a n o n g e l b - 2 G R
$C_{31}H_{16}ClN_5O_4$, Formel III (E II 120).

λ_{max}: 250 nm, 284 nm, 300 nm und 427,5 nm [A.] bzw. 422 nm [Chlorbenzol] (*Moran, Stone≠ hill*, Soc. **1957** 765, 769).

Chlor-bis-[N-cyan-anilino]-[1,3,5]triazin, N,N′-Diphenyl-N,N′-[chlor-[1,3,5]triazin-2,4-diyl]-di-carbamonitril $C_{17}H_{10}ClN_7$, Formel IV.

B. Aus Trichlor-[1,3,5]triazin und Phenylcarbamonitril [Kalium-Salz] (*Biechler*, C. r. **203** [1936] 568).

F: 181°.

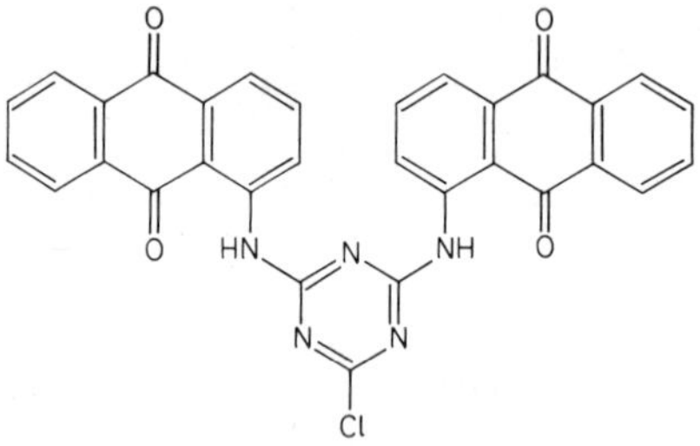

III 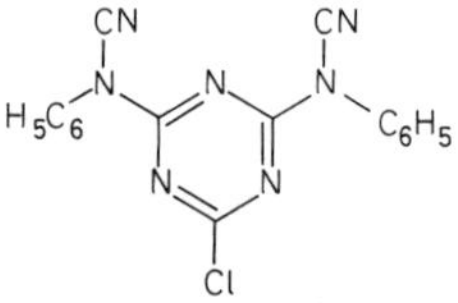   IV 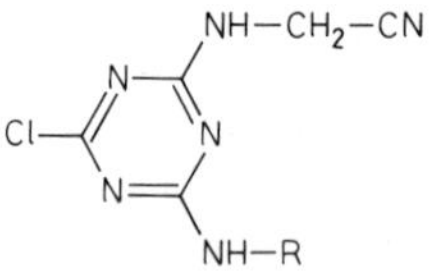   V

N-[Amino-chlor-[1,3,5]triazin-2-yl]-glycin-nitril $C_5H_5ClN_6$, Formel V (R = H).

B. Aus 4,6-Dichlor-[1,3,5]triazin-2-ylamin und Glycin-nitril (*Am. Cyanamid Co.*, U.S.P. 2476547 [1945]).

Kristalle (aus wss. Dioxan); Zers. bei 260°.

N-[Butylamino-chlor-[1,3,5]triazin-2-yl]-glycin-nitril $C_9H_{13}ClN_6$, Formel V
(R = [CH₂]₃-CH₃).

B. Analog der vorangehenden Verbindung (*Am. Cyanamid Co.*, U.S.P. 2476548 [1945]).

Kristalle; F: 138–140°.

N^2,N^4-Bis-carboxymethyl-6-chlor-[1,3,5]triazin-2,4-diylamin, N,N′-[Chlor-[1,3,5]triazin-2,4-diyl]-bis-glycin $C_7H_8ClN_5O_4$, Formel VI (R = H, n = 1).

B. Aus Trichlor-[1,3,5]triazin und Glycin (*Banks et al.*, Am. Soc. **66** [1944] 1771, 1772, 1773).

F: 230–235° [korr.].

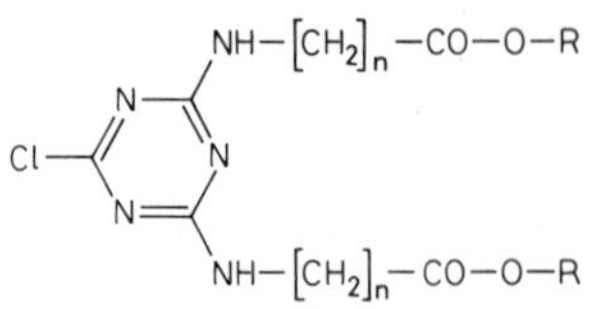

VI 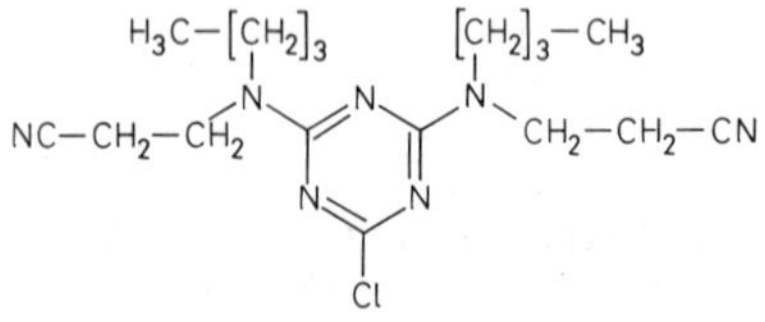   VII

N^2,N^4-**Bis-äthoxycarbonylmethyl-6-chlor-[1,3,5]triazin-2,4-diylamin, N,N'-[Chlor-[1,3,5]triazin-2,4-diyl]-bis-glycin-diäthylester** $C_{11}H_{16}ClN_5O_4$, Formel VI (R = C_2H_5, n = 1).

B. Aus Trichlor-[1,3,5]triazin und Glycin-äthylester (*Foye, Chafetz,* J. Am. pharm. Assoc. **45** [1956] 461).

F: 179 – 180° [unkorr.; aus Butan-1-ol] (*Foye, Ch.*).

Die folgenden Verbindungen sind in analoger Weise hergestellt worden:

6-Chlor-N^2,N^4-bis-cyanmethyl-[1,3,5]triazin-2,4-diyldiamin, N,N'-[Chlor-[1,3,5]triazin-2,4-diyl]-bis-glycin-dinitril $C_7H_6ClN_7$, Formel V (R = CH_2-CN). Kristalle (aus wss. 2-Äthoxy-äthanol); F: 275 – 280 [unkorr.] (*Thurston et al.,* Am. Soc. **73** [1951] 2981).

N^2,N^4-Bis-[2-äthoxycarbonyl-äthyl]-6-chlor-[1,3,5]triazin-2,4-diyldiamin, N,N'-[Chlor-[1,3,5]triazin-2,4-diyl]-di-β-alanin-diäthylester $C_{13}H_{20}ClN_5O_4$, Formel VI (R = C_2H_5, n = 2). F: 139 – 140° [unkorr.; aus Me.] (*Foye, Ch.*).

N^2,N^4-Dibutyl-N^2,N^4-bis-[2-cyan-äthyl]-6-chlor-[1,3,5]triazin-2,4-diyldiamin, N,N'-Dibutyl-N,N'-[chlor-[1,3,5]triazin-2,4-diyl]-di-β-alanin-dinitril $C_{17}H_{26}ClN_7$, Formel VII. Kristalle (aus A.); F: 75 – 76° (*Am. Cyanamid Co.,* U.S.P. 2476547 [1945]).

6-Chlor-N^2,N^2,N^4,N^4-tetrakis-[2-cyan-äthyl]-[1,3,5]triazin-2,4-diyldiamin, 3,3',3'',3'''-[6-Chlor-[1,3,5]triazin-2,4-diyldiimino]-tetra-propionitril $C_{15}H_{16}ClN_9$, Formel VIII. Kristalle (aus 1,2-Dichlor-äthan); F: 162 – 165° [unkorr.] (*Th. et al.*).

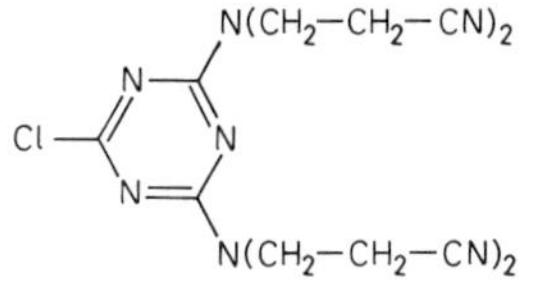

VIII

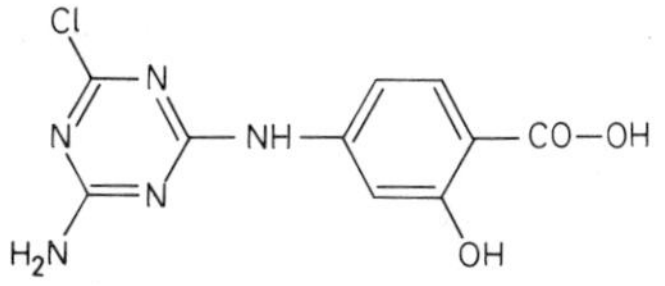

IX

4-[4-Amino-6-chlor-[1,3,5]triazin-2-ylamino]-2-hydroxy-benzoesäure $C_{10}H_8ClN_5O_3$, Formel IX.

B. Aus 4,6-Dichlor-[1,3,5]triazin-2-ylamin und 4-Amino-2-hydroxy-benzoesäure (*Walker et al.,* J. Am. pharm. Assoc. **39** [1950] 393, 394, 395).

Kristalle; F: 263 – 266°.

6-Chlor-N^2-[2-diäthylamino-äthyl]-N^4-phenyl-[1,3,5]triazin-2,4-diyldiamin $C_{15}H_{21}ClN_6$, Formel X (R = C_6H_5).

B. Aus [Dichlor-[1,3,5]triazin-2-yl]-phenyl-amin und N,N-Diäthyl-äthylendiamin (*Curd et al.,* Soc. **1947** 154, 158).

Kristalle (aus A.); F: 150 – 151°.

Hydrochlorid $C_{15}H_{21}ClN_6 \cdot$ HCl. Kristalle (aus H_2O) mit 1 Mol H_2O; F: 156°.

6-Chlor-N^2-[4-chlor-phenyl]-N^4-[2-diäthylamino-äthyl]-[1,3,5]triazin-2,4-diyldiamin $C_{15}H_{20}Cl_2N_6$, Formel X (R = C_6H_4-Cl).

B. Analog der vorangehenden Verbindung (*Curd et al.,* Soc. **1947** 154, 159).

Kristalle (aus Bzl.) mit 1 Mol H_2O; F: 174 – 175°.

Hydrochlorid $C_{15}H_{20}Cl_2N_6 \cdot$ HCl. Kristalle (aus H_2O); F: 228°.

6-Chlor-N^2-[2-diäthylamino-äthyl]-N^4-[4-methoxy-phenyl]-[1,3,5]triazin-2,4-diyldiamin $C_{16}H_{23}ClN_6O$, Formel X (R = C_6H_4-O-CH_3).

B. Analog den vorangehenden Verbindungen (*Curd et al.,* Soc. **1947** 154, 159).

Hydrochlorid $C_{16}H_{23}ClN_6O \cdot$ HCl. Kristalle (aus H_2O) mit 1 Mol H_2O; F: 120 – 121°.

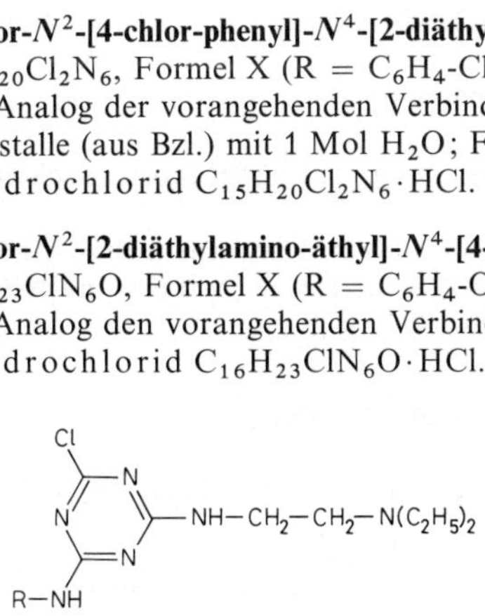

X

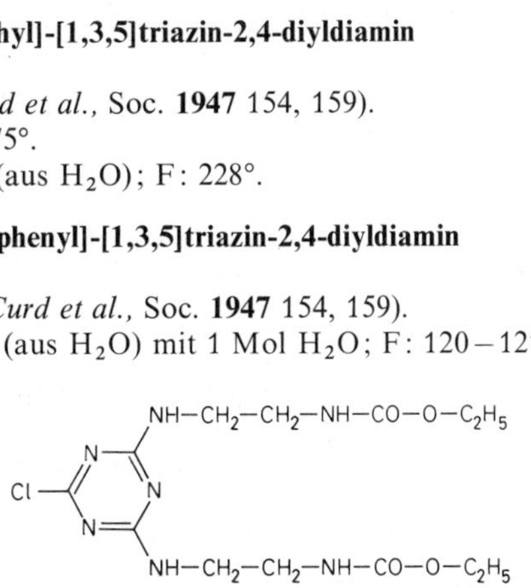

XI

6-Chlor-N^2,N^4-bis-[2-diäthylamino-äthyl]-[1,3,5]triazin-2,4-diyldiamin $C_{15}H_{30}ClN_7$, Formel X
(R = CH_2-CH_2-$N(C_2H_5)_2$).

B. Aus Trichlor-[1,3,5]triazin und *N,N*-Diäthyl-äthylendiamin (*Cavallito et al.*, J. org. Chem.
19 [1954] 826, 827).

Bis-methojodid [$C_{17}H_{36}ClN_7$]I_2; 6-Chlor-N^2,N^4-bis-[2-(diäthyl-methyl-ammo≠
nio)-äthyl]-[1,3,5]triazin-2,4-diyldiamin-dijodid. Kristalle (aus A.+Ae.); F: 200°
[korr.].

Bis-äthojodid [$C_{19}H_{40}ClN_7$]I_2; 6-Chlor-N^2,N^4-bis-[2-triäthylammonio-äthyl]-
[1,3,5]triazin-2,4-diyldiamin-dijodid. Kristalle (aus A.+Ae.); F: 94° [Zers.].

N^2,N^4-Bis-[2-äthoxycarbonylamino-äthyl]-6-chlor-[1,3,5]triazin-2,4-diyldiamin $C_{13}H_{22}ClN_7O_4$,
Formel XI.

B. Analog der vorangehenden Verbindung (*Foye, Chafetz*, J. Am. pharm. Assoc. **46** [1957]
366, 368, 370).

Kristalle (aus A.); F: 190—192° [unkorr.]. λ_{max} (A.): 222 nm.

**Bis-[4-äthoxycarbonyl-piperazino]-chlor-[1,3,5]triazin, 4,4'-[Chlor-[1,3,5]triazin-2,4-diyl]-bis-
piperazin-1-carbonsäure-diäthylester** $C_{17}H_{26}ClN_7O_4$, Formel XII.

B. Analog der vorangehenden Verbindung (*Foye, Chafetz*, J. Am. pharm. Assoc. **46** [1957]
366, 368, 370).

Kristalle (aus Toluol); F: 236—238° [unkorr.]. λ_{max} (A.): 240 nm.

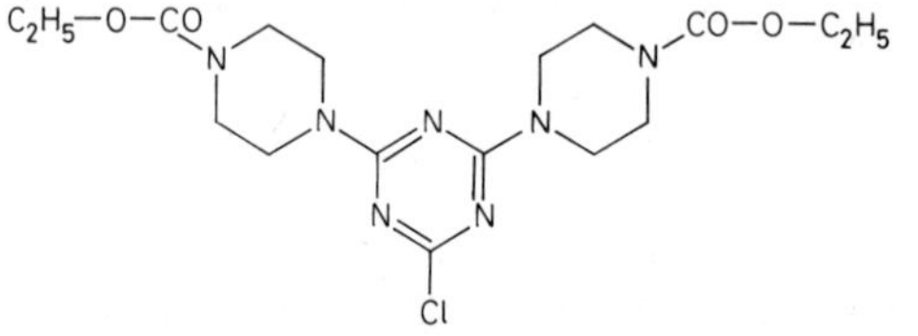

XII 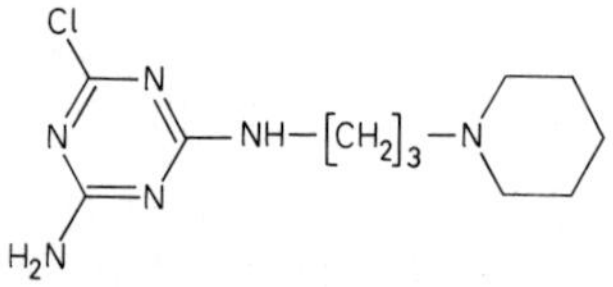   XIII

6-Chlor-N^2-[3-piperidino-propyl]-[1,3,5]triazin-2,4-diyldiamin $C_{11}H_{19}ClN_6$, Formel XIII.

B. Aus 4,6-Dichlor-[1,3,5]triazin-2-ylamin und 3-Piperidino-propylamin (*Mosher, Whitmore*,
Am. Soc. **67** [1945] 662). Aus [Dichlor-[1,3,5]triazin-2-yl]-[3-piperidino-äthyl]-amin und wss.
NH_3 (*Mo., Wh.*).

Kristalle (aus A.); F: 178—179°.

Dipicrat $C_{11}H_{19}ClN_6 \cdot 2 C_6H_3N_3O_7$. Kristalle (aus Me.); F: 165,5—166°.

6-Chlor-N^2,N^4-bis-[3-diäthylamino-propyl]-[1,3,5]triazin-2,4-diyldiamin $C_{17}H_{34}ClN_7$, Formel I
(R = C_2H_5).

B. Aus Trichlor-[1,3,5]triazin und *N,N*-Diäthyl-propandiyldiamin (*Cavallito et al.*, J. org.
Chem. **19** [1954] 826, 827, 828).

Dihydrochlorid $C_{17}H_{34}ClN_7 \cdot 2 HCl$. Kristalle (aus A.+Ae.); F: 159° [korr.; nach Sintern
oder Erweichen].

Bis-äthojodid [$C_{21}H_{44}ClN_7$]I_2; 6-Chlor-N^2,N^4-bis-[3-triäthylammonio-propyl]-
[1,3,5]triazin-2,4-diyldiamin-dijodid. Kristalle (aus A.+Ae.); F: 172° [korr.; nach Sintern
oder Erweichen].

6-Chlor-N^2,N^4-bis-[3-dipropylamino-propyl]-[1,3,5]triazin-2,4-diyldiamin $C_{21}H_{42}ClN_7$,
Formel I (R = CH_2-C_2H_5).

B. Analog der vorangehenden Verbindung (*Cavallito et al.*, J. org. Chem. **19** [1954] 826,
827, 828).

Dihydrochlorid $C_{21}H_{42}ClN_7 \cdot 2 HCl$. Kristalle; F: 117° [korr.; Zers.; nach Sintern oder
Erweichen].

Bis-propojodid [$C_{27}H_{56}ClN_7$]I_2; 6-Chlor-N^2,N^4-bis-[3-tripropylammonio-propyl]-[1,3,5]triazin-2,4-diyldiamin-dijodid. Kristalle; F: 79° [nach Sintern oder Erweiչchen].

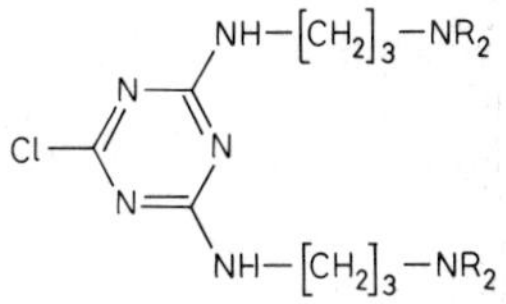

I

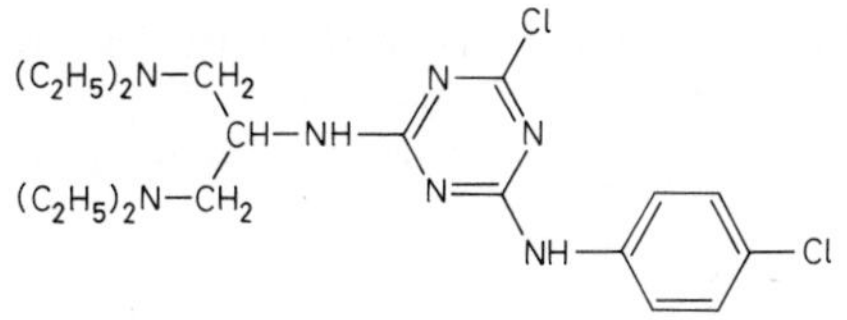

II

N^2-[β,β'-**Bis-diäthylamino-isopropyl**]-**6-chlor-**N^4-[**4-chlor-phenyl**]-**[1,3,5]triazin-2,4-diyldiamin,** N^1,N^1,N^3,N^3-**Tetraäthyl-**N^2-**[chlor-(4-chlor-anilino)-[1,3,5]triazin-2-yl]-propan-1,2,3-triyl**չ**triamin** $C_{20}H_{31}Cl_2N_7$, Formel II.

B. Aus [4-Chlor-phenyl]-[dichlor-[1,3,5]triazin-2-yl]-amin und N^1,N^1,N^3,N^3-Tetraäthyl-propan-1,2,3-triyltriamin (*Curd et al.,* Soc. **1947** 154, 159).

Kristalle (aus Bzl.); F: 156°.

Hydrochlorid $C_{20}H_{31}Cl_2N_7 \cdot$ HCl. Kristalle mit 1 Mol H_2O; F: 199 – 200°.

[4-(4-Amino-6-chlor-[1,3,5]triazin-2-ylamino)-phenyl]-phenyl-arsinsäure $C_{15}H_{13}AsClN_5O_2$, Formel III.

B. Aus [4-(4,6-Dichlor-[1,3,5]triazin-2-ylamino)-phenyl]-phenyl-arsinsäure und wss. NH_3 (*Ueda et al.,* Pharm. Bl. **1** [1953] 252).

Feststoff.

Bis-[4-(4-amino-6-chlor-[1,3,5]triazin-2-ylamino)-phenyl]-arsinsäure $C_{18}H_{15}AsCl_2N_{10}O_2$, Formel IV.

B. Analog der vorangehenden Verbindung (*Ueda et al.,* Pharm. Bl. **1** [1953] 252).

Feststoff.

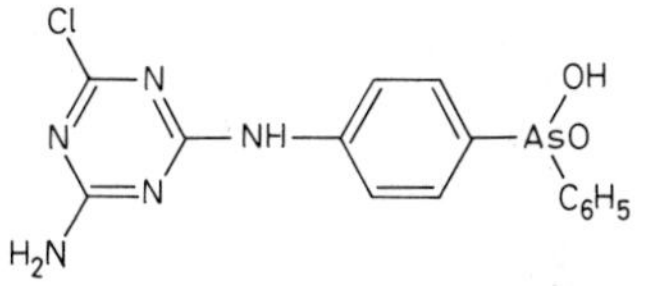

III

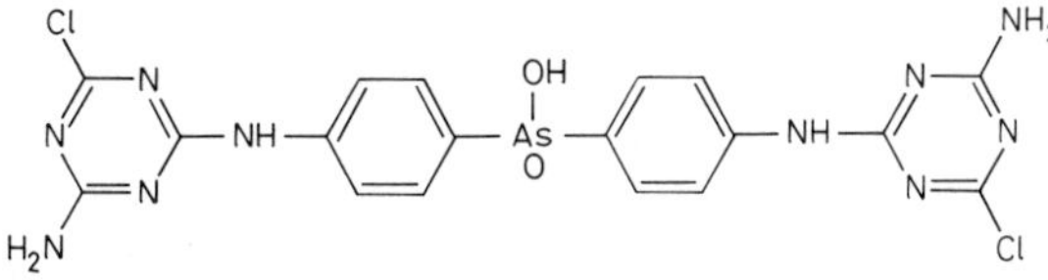

IV

[4-(4-Amino-6-chlor-[1,3,5]triazin-2-ylamino)-phenyl]-arsonsäure $C_9H_9AsClN_5O_3$, Formel V (R = H).

B. Aus [4-(4,6-Dichlor-[1,3,5]triazin-2-ylamino)-phenyl]-arsonsäure und wss. NH_3 (*Friedheim,* Am. Soc. **66** [1944] 1775, 1776, 1777).

Zers. bei 300 – 350°.

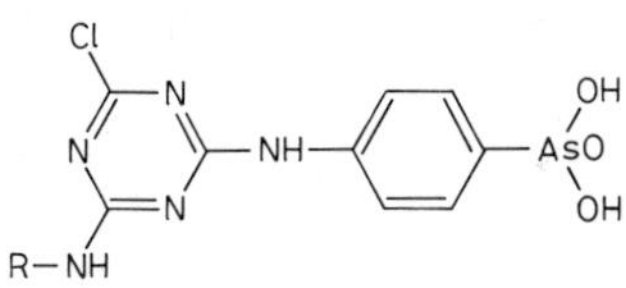

V

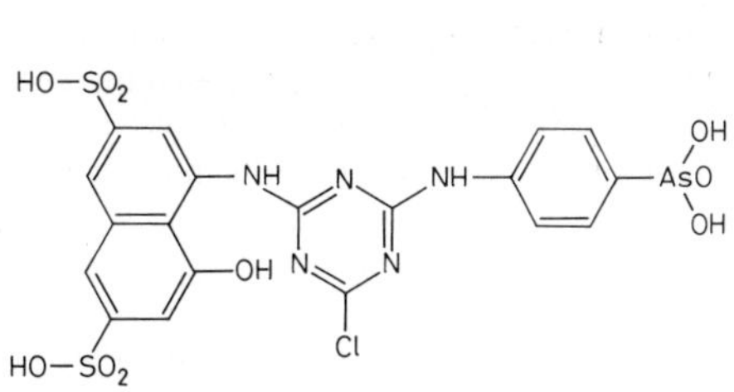

VI

[4-Arsono-anilino]-chlor-[4-sulfo-anilino]-[1,3,5]triazin, N-[(4-Arsono-anilino)-chlor-[1,3,5]triazin-2-yl]-sulfanilsäure $C_{15}H_{13}AsClN_5O_6S$, Formel V (R = C_6H_4-SO_2-OH).

B. Aus [4-(4,6-Dichlor-[1,3,5]triazin-2-ylamino)-phenyl]-arsonsäure und Sulfanilsäure (*Friedչ

heim, Am. Soc. **66** [1944] 1775, 1776, 1777).
Zers. bei $300-350°$.

4-[4-(4-Arsono-anilino)-6-chlor-[1,3,5]triazin-2-ylamino]-5-hydroxy-naphthalin-2,7-disulfonsäure
$C_{19}H_{15}AsClN_5O_{10}S_2$, Formel VI.
B. Analog der vorangehenden Verbindung (*Friedheim,* Am. Soc. **66** [1944] 1775, 1776, 1777).
Zers. bei $300-350°$.

N^2,N^4-**Bis-[4-arsono-phenyl]-6-chlor-[1,3,5]triazin-2,4-diyldiamin** $C_{15}H_{14}As_2ClN_5O_6$,
Formel V ($R = C_6H_4$-$AsO(OH)_2$).
B. Analog den vorangehenden Verbindungen (*Friedheim,* Am. Soc. **66** [1944] 1775, 1776, 1777).
Zers. bei $300-350°$.

[4-(4-Amino-6-chlor-[1,3,5]triazin-2-ylamino)-phenyl]-antimon(4+) $[C_9H_7ClN_5Sb]^{4+}$,
Formel VII.
    Dihydroxid-oxid $[C_9H_7ClN_5Sb]O(OH)_2$; [4-(4-A m i n o-6-c h l o r-[1,3,5]t r i a z i n-2-y l ≠ a m i n o)-p h e n y l]-s t i b o n s ä u r e $C_9H_9ClN_5O_3Sb$. B. Aus der entsprechenden Dichlor-Verbin≠ dung (S. 1102) und wss. NH_3 (*Friedheim,* U.S.P. 2418115 [1953]). — Feststoff.

6-Chlor-N^2,N^4-di-[2]pyridyl-[1,3,5]triazin-2,4-diyldiamin $C_{13}H_{10}ClN_7$, Formel VIII und Taut.
B. Aus Trichlor-[1,3,5]triazin und [2]Pyridylamin (*Foye, Buckpitt,* J. Am. pharm. Assoc. **41** [1952] 385).
Kristalle (aus H_2O); F: $238-240°$.

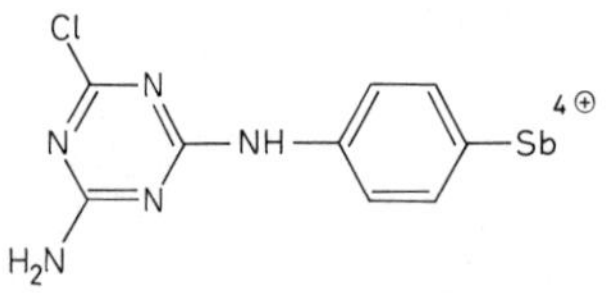

VII 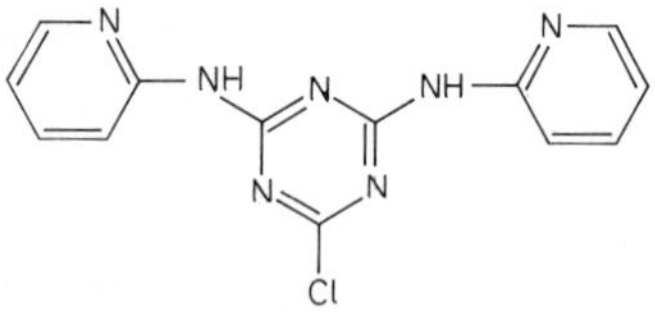   VIII 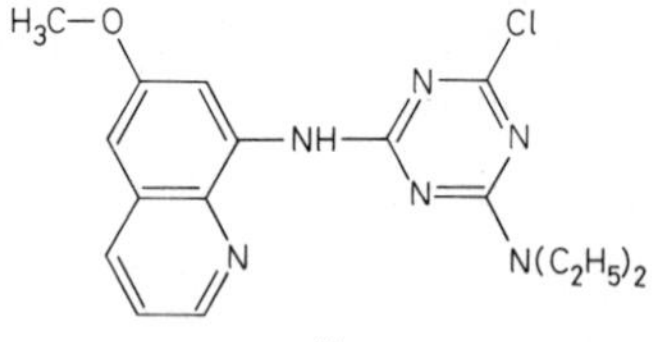   IX

N^2,N^2-**Diäthyl-6-chlor-N^4-[6-methoxy-[8]chinolyl]-[1,3,5]triazin-2,4-diyldiamin** $C_{17}H_{19}ClN_6O$,
Formel IX.
B. Aus [Dichlor-[1,3,5]triazin-2-yl]-[6-methoxy-[8]chinolyl]-amin und Diäthylamin (*Cuthbert≠ son, Moffatt,* Soc. **1948** 561, 563).
Kristalle (aus Bzl.); F: $170°$.
H y d r o c h l o r i d $C_{17}H_{19}ClN_6O \cdot HCl$. Kristalle mit 2 Mol H_2O; F: $278°$ [Zers.].

N^6-**[Amino-chlor-[1,3,5]triazin-2-yl]-2-methyl-chinolin-4,6-diyldiamin** $C_{13}H_{12}ClN_7$, Formel X.
B. Aus 4,6-Dichlor-[1,3,5]triazin-2-ylamin und 2-Methyl-chinolin-4,6-diyldiamin (*I.G. Farben≠ ind.,* D.R.P. 606497 [1932]; Frdl. **21** 539; *Winthrop Chem. Co.,* U.S.P. 2092352 [1932]).
Kristalle (aus A.); unterhalb $300°$ nicht schmelzend.

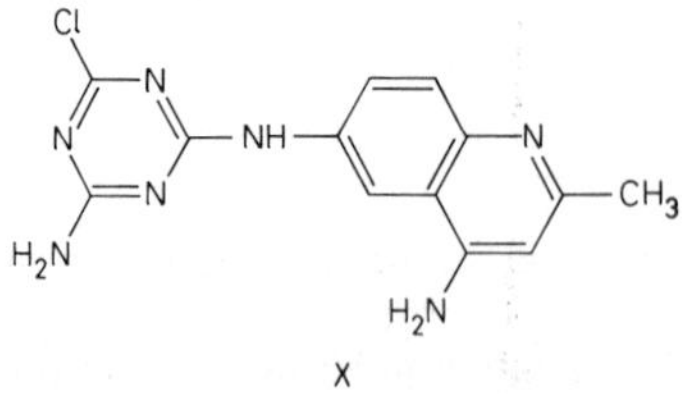

X 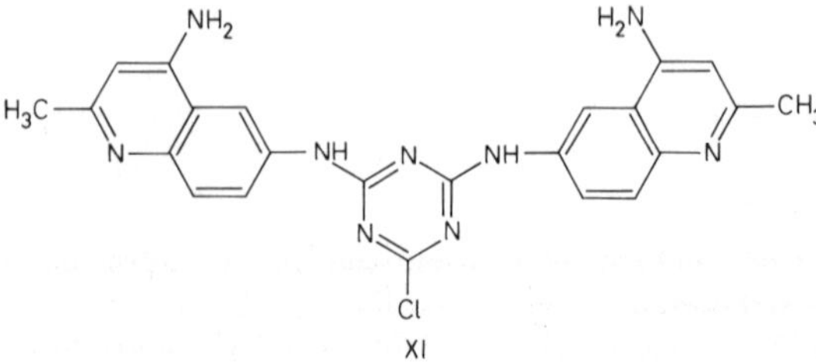   XI

N^2,N^4-Bis-[4-amino-2-methyl-[6]chinolyl]-6-chlor-[1,3,5]triazin-2,4-diyldiamin $C_{23}H_{20}ClN_9$, Formel XI.

B. Aus Trichlor-[1,3,5]triazin und 2-Methyl-chinolin-4,6-diyldiamin (*I.G. Farbenind.*, D.R.P. 606497 [1932]; Frdl. **21** 539; *Winthrop Chem. Co.*, U.S.P. 2092352 [1932]).

Unterhalb 360° nicht schmelzend [Dunkelfärbung ab ca. 300°].

Dihydrochlorid $C_{23}H_{20}ClN_9 \cdot 2\,HCl$. Kristalle (aus Eg.) mit 2 Mol Essigsäure; unterhalb 300° nicht schmelzend [Lösungsmittelabgabe > 100°].

Diamine $C_4H_7N_5$

6-Methyl-[1,3,5]triazin-2,4-diyldiamin, Acetoguanamin $C_4H_7N_5$, Formel I (R = R′ = H) (H 229; E I 66; E II 121).

Diese Konstitution kommt auch der früher (s. H **3** 88) als sog. „isomeres Diacetylguanidin" $C_5H_9N_3O_2$ formulierten Verbindung zu (*Grundmann, Beyer*, B. **83** [1950] 452, 454).

B. Beim Erhitzen von Harnstoff mit Acetonitril und NH_3 auf 350° (*Am. Cyanamid Co.*, U.S.P. 2527314 [1946]). Aus Biguanid und Äthylacetat (*Overberger et al.*, Am. Soc. **79** [1957] 941, 943) oder Acetanhydrid [vgl. E II 121] (*Am. Cyanamid Co.*, U.S.P. 2446980 [1941]). Aus Cyanguanidin und Acetonitril beim Erwärmen mit NH_3 unter Zusatz von NaOH (*British Oxygen Co.*, U.S.P. 2735850 [1954]) oder beim Erhitzen unter Zusatz von Piperidin oder Äthylendiamin (*I.G. Farbenind.*, D.R.P. 731309 [1940]; D.R.P. Org. Chem. 6 2630; U.S.P. 2302162 [1941]). Beim Erhitzen von Acetylguanidin (*Libbey-Owens-Ford Glass Co.*, U.S.P. 2408694 [1942]). Beim Erhitzen von Methyl-bis-trichlormethyl-[1,3,5]triazin mit NH_3 in DMF (*Kreutzberger*, Am. Soc. **79** [1957] 2629, 2631, 2632). Aus 6-Chlormethyl-[1,3,5]triazin-2,4-diyldiamin durch Hydrierung an Palladium/CaCO₃ in wss. HCl (*Ov. et al.*).

Kristalle; F: 278−279° [aus H_2O] (*Kr.*), 277−278° [aus wss. Eg.] (*British Oxygen Co.*), 275° [unkorr.; aus H_2O] (*Ov. et al.*), 275° [korr.; aus H_2O] (*Gr., Be.*), 272−274° [Sublimation ab 218°] (*Rehnelt*, M. **86** [1955] 652, 659). UV-Spektrum (H_2O; 210−300 nm): *Hirt, Salley*, J. chem. Physics **21** [1953] 1181, 1182. λ_{max} (H_2O): 252−256 nm (*Overberger, Shapiro*, Am. Soc. **76** [1954] 1855, 1856). Scheinbare Dissoziationskonstante K_b' (H_2O; potentiometrisch ermittelt) bei 25°: $4,0 \cdot 10^{-10}$ (*Dudley*, Am. Soc. **73** [1951] 3007).

3-Brom-4-hydroxy-5-isopropyl-2-methyl-benzolsulfonat $C_4H_7N_5 \cdot C_{10}H_{13}BrO_4S$. Kristalle mit 0,5 Mol H_2O; F: 261° (*Re.*, l. c. S. 660).

6,N^2,N^4-Trimethyl-[1,3,5]triazin-2,4-diyldiamin $C_6H_{11}N_5$, Formel I (R = R′ = CH_3).

B. Aus Dichlor-methyl-[1,3,5]triazin und Methylamin (*Overberger et al.*, Am. Soc. **79** [1957] 941, 943). Beim Erhitzen von 6-Methyl-[1,3,5]triazin-2,4-diyldiamin mit Methylamin-hydrochlorid in Phenol (*Ov. et al.*).

Kristalle (aus H_2O); F: 255−256° [unkorr.].

6,N^2,N^2,N^4,N^4-Pentamethyl-[1,3,5]triazin-2,4-diyldiamin $C_8H_{15}N_5$, Formel II.

B. Aus Dichlor-methyl-[1,3,5]triazin und Dimethylamin (*Overberger et al.*, Am. Soc. **79** [1957] 941, 943). Aus 6-Methyl-[1,3,5]triazin-2,4-diyldiamin beim Erhitzen mit Dimethylamin-hydrochlorid und $ZnCl_2$ auf 220−240° (*Ov. et al.*).

Kristalle (aus PAe.); F: 45−46°.

N^2-Allyl-6-methyl-[1,3,5]triazin-2,4-diyldiamin $C_7H_{11}N_5$, Formel I (R = CH_2-CH=CH_2, R′ = H).

B. Beim Behandeln von 1-Allyl-biguanid-hydrochlorid in Acetonitril mit wss. NaOH und mit Acetylchlorid (*Shapiro et al.*, J. Am. pharm. Assoc. **46** [1957] 689, 692; *U.S. Vitamin Corp.*, U.S.P. 2792393 [1956]).

Kristalle; F: 118−119° (*U.S. Vitamin Corp.*), 113−116° [aus Bzl.] (*Sh. et al.*).

Picrat $C_7H_{11}N_5 \cdot C_6H_3N_3O_7$. Kristalle (aus Me.); F: 187−189° (*Sh. et al.*).

N^2-Cyclohexyl-6-methyl-[1,3,5]triazin-2,4-diyldiamin $C_{10}H_{17}N_5$, Formel I (R = C_6H_{11}, R′ = H).

B. Aus dem *N*-Acetyl-Derivat (s. u.) beim Erwärmen mit wss.-methanol. NaOH (*Cockburn*,

Bannard, Canad. J. Chem. **35** [1957] 1285, 1289).

Kristalle; F: 185−186° [korr.]. λ_{max} (Cyclohexan): 207 nm und 257 nm (*Co., Ba.*, l. c. S. 1287).

Acetyl-Derivat $C_{12}H_{19}N_5O$; *N*-[Cyclohexylamino-methyl-[1,3,5]triazin-2-yl]-acetamid. *B.* Aus Cyclohexylguanidin-hydrochlorid oder 1-Cyclohexyl-biguanid und Acet≠anhydrid (*Co., Ba.*). − Kristalle (aus Acn.); F: 189−190,5° [korr.]. λ_{max} (Cyclohexan): 221 nm und 266 nm.

I   II   III   IV

6-Methyl-N^2-phenyl-[1,3,5]triazin-2,4-diyldiamin $C_{10}H_{11}N_5$, Formel III (R = R′ = X = H).

B. Aus 1-Phenyl-biguanid bei der Umsetzung mit Äthylacetat (*Am. Cyanamid Co.*, U.S.P. 2309663 [1941], 2344784 [1941]), mit Isopropenylacetat (*Shapiro, Overberger*, Am. Soc. **76** [1954] 97, 98), mit Acetanhydrid (*Clauder, Bulcsu*, Magyar kém. Folyóirat **57** [1951] 68, 71; C. A. **1952** 4023) oder mit Acetonitril (*Am. Cyanamid Co.*, U.S.P. 2777848 [1955]). Beim Erhitzen von [Amino-anilino-[1,3,5]triazin-2-yl]-essigsäure (*Sokolowskaja et al.*, Ž. obšč. Chim. **27** [1957] 1021, 1027; engl. Ausg. S. 1103, 1108). Aus 6-Chlormethyl-N^2-phenyl-[1,3,5]triazin-2,4-diyldiamin oder 6-Dichlormethyl-N^2-phenyl-[1,3,5]triazin-2,4-diyldiamin bei der Hydrierung an Palladium/CaCO₃ in Äthanol (*Sh., Ov.*).

Kristalle; F: 180−182° [aus wss. Me.] (*So. et al.*, l. c. S. 1027), 178−180° [unkorr.] (*Sh., Ov.*), 179° (*Am. Cyanamid Co.*, U.S.P. 2344784), 176−177° [aus wss. A.] (*Cl., Bu.*). IR-Spektrum (polyfluorierte Kohlenwasserstoffe; 2−12 μ): *Sokolowskaja et al.*, Ž. obšč. Chim. **27** [1957] 765, 768; engl. Ausg. S. 839, 842. λ_{max} (Me.): 271 nm (*Overberger, Shapiro*, Am. Soc. **76** [1954] 1855, 1856).

N^2-[4-Chlor-phenyl]-6-methyl-[1,3,5]triazin-2,4-diyldiamin $C_{10}H_{10}ClN_5$, Formel III (R = R′ = H, X = Cl).

B. Beim Behandeln von 1-[4-Chlor-phenyl]-biguanid-hydrochlorid mit NaOH in wss. Dioxan und mit Acetanhydrid (*Curd, Rose*, Soc. **1946** 362, 364). Aus dem Acetyl-Derivat (s. u.) mit Hilfe von methanol. KOH (*Curd et al.*, Soc. **1947** 154, 158).

Kristalle; F: 198−199° [unkorr.; aus Chlorbenzol] (*Birtwell*, Soc. **1952** 1279, 1282), 195−196° [aus Butan-1-ol] (*Curd, Rose*). UV-Spektrum (wss. HCl [0,01 n]; 210−320 nm): *Crounse*, J. org. Chem. **16** [1951] 492, 494). λ_{max} (wss. HCl [0,01 n]): 272 nm (*Overberger, Shapiro*, Am. Soc. **76** [1954] 1855, 1856).

Acetyl-Derivat $C_{12}H_{12}ClN_5O$; *N*-[(4-Chlor-anilino)-methyl-[1,3,5]triazin-2-yl]-acetamid. *B.* Beim Erhitzen von 1-[4-Chlor-phenyl]-biguanid mit Acetanhydrid (*Curd et al.*). − Kristalle (aus Eg.); F: 269−271° (*Curd et al.*).

N^2,N^2-Diäthyl-N^4-[4-chlor-phenyl]-6-methyl-[1,3,5]triazin-2,4-diyldiamin $C_{14}H_{18}ClN_5$, Formel III (R = R′ = C_2H_5, X = Cl).

B. Aus 1,1-Diäthyl-5-[4-chlor-phenyl]-biguanid und Acetanhydrid (*Curd et al.*, Soc. **1947** 154, 158).

Kristalle (aus PAe.); F: 112°.

N^2-[4-Chlor-phenyl]-N^4-isopropyl-6-methyl-[1,3,5]triazin-2,4-diyldiamin $C_{13}H_{16}ClN_5$, Formel III (R = CH(CH₃)₂, R′ = H, X = Cl).

B. Analog der vorangehenden Verbindung (*Fraser, Kermack*, Soc. **1951** 2682, 2685).

Kristalle (aus PAe.); F: 173,5−174°.

6-Methyl-N^2-phenäthyl-[1,3,5]triazin-2,4-diyldiamin $C_{12}H_{15}N_5$, Formel I
(R = CH_2-CH_2-C_6H_5, R' = H).
  B. Aus 1-Phenäthyl-biguanid und Äthylacetat (*Shapiro et al.,* Am. Soc. **81** [1959] 2220, 2223).
  Kristalle (aus Acetonitril); F: 145—146°.

4-Methyl-6-piperidino-[1,3,5]triazin-2-ylamin $C_9H_{15}N_5$, Formel IV.
  B. Aus dem Acetyl-Derivat (s. u.) beim Erwärmen mit wss.-methanol. NaOH (*Cockburn, Bannard,* Canad. J. Chem. **35** [1957] 1285, 1290).
  Kristalle; F: 185—187° [korr.]. λ_{max} (A.): 213 nm, 225 nm und 263 nm (*Co., Ba.,* l. c. S. 1287).
  Acetyl-Derivat $C_{11}H_{17}N_5O$; Acetylamino-methyl-piperidino-[1,3,5]triazin, *N*-[Methyl-piperidino-[1,3,5]triazin-2-yl]-acetamid. *B.* Beim Erhitzen von Piperidin-1-carbamidin-hydrochlorid oder von [Piperidin-1-carbimidoyl]-guanidin mit Acetanhydrid (*Co., Ba.,* l. c. S. 1289). — Kristalle (aus Acn.); F: 146—146,5° [korr.]. λ_{max} (Cyclohexan): 228 nm und 273 nm.

N^2-[2,5-Diäthoxy-4-nitro-phenyl]-6-methyl-[1,3,5]triazin-2,4-diyldiamin [1]) $C_{14}H_{18}N_6O_4$, Formel V (R = C_2H_5, X = NO_2).
  B. Aus 2,5-Diäthoxy-anilin-hydrochlorid bei aufeinanderfolgender Umsetzung mit Cyanguanidin und Acetanhydrid und mit HNO_3 in Essigsäure (*Kalle & Co.,* D.B.P. 838691 [1949]; *Keuffel & Esser Co.,* U.S.P. 2665985 [1950]).
  Kristalle; F: 253°.

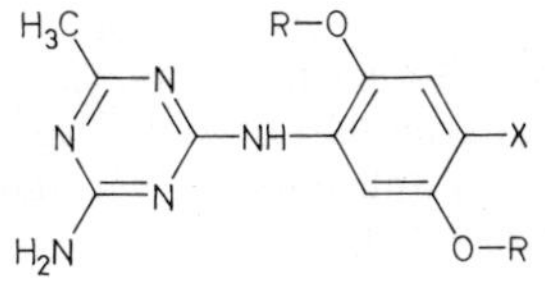

V 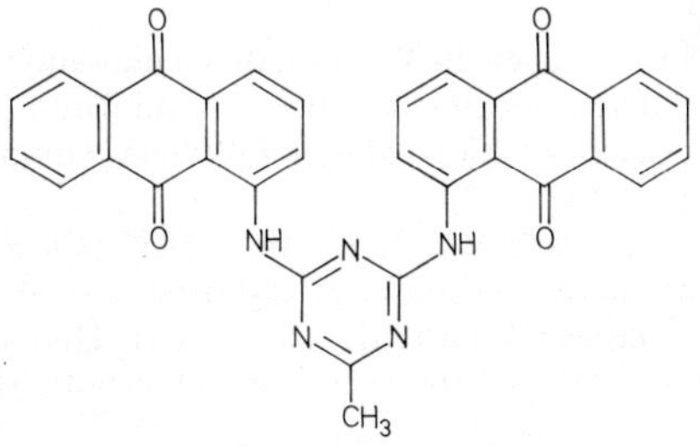   VI

N^2,N^4-Bis-[9,10-dioxo-9,10-dihydro-[1]anthryl]-6-methyl-[1,3,5]triazin-2,4-diyldiamin, 1,1'-[6-Methyl-[1,3,5]triazin-2,4-diylamino]-di-anthrachinon $C_{32}H_{19}N_5O_4$, Formel VI.
  B. Aus Dichlor-methyl-[1,3,5]triazin und 1-Amino-anthrachinon (*I.G. Farbenind.,* D.R.P. 553312 [1930]; *Gen. Aniline Works,* U.S.P. 1897428 [1931]).
  Hellgelbe Kristalle.

N-[Amino-methyl-[1,3,5]triazin-2-yl]-acetamid $C_6H_9N_5O$, Formel VII (R = H) (H 229).
  B. Beim Erhitzen der folgenden Verbindung mit wss. NH_3 (*Grundmann, Beyer,* B. **83** [1950] 452, 454). Beim Erhitzen von Guanidin-acetat mit Acetanhydrid (*Rjabinin,* Ž. obšč. Chim. **22** [1952] 541; engl. Ausg. S. 605).
  Kristalle; F: 285° [aus H_2O] (*Rj.*), 283—284° [korr.] (*Gr., Be.*).

N-[Anilino-methyl-[1,3,5]triazin-2-yl]-acetamid $C_{12}H_{13}N_5O$, Formel VII (R = C_6H_5) und Taut.
  Diese Konstitution kommt aufgrund der Bildungsweise vermutlich der von *Checchi et al.* (Ann. Chimica **44** [1954] 522, 529) als 2,4-Diimino-6-methyl-1-phenyl-1,2,3,4-tetrahydro-[1,3,5]triazin $C_{10}H_{11}N_5$ formulierten Verbindung zu (s. diesbezüglich *Curd et al.,* Soc. **1947** 154, 157).
  B. Aus 1-Phenyl-biguanid und Acetanhydrid (*Ch. et al.*).
  Kristalle (aus Dioxan); F: 234—235° (*Ch. et al.*).

---

[1]) Vgl. S. 1198 Anm.

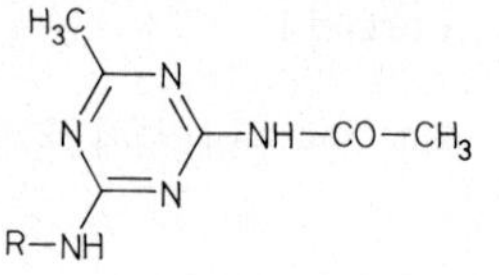

VII

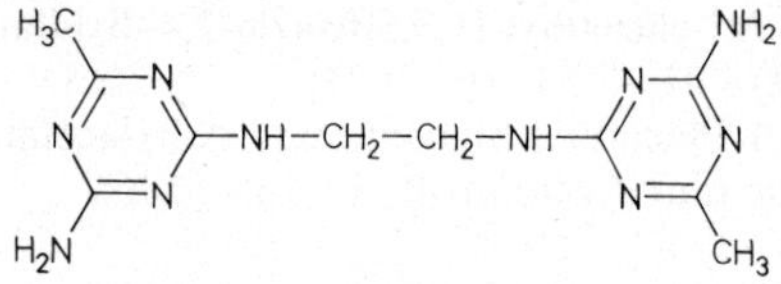

VIII

Bis-acetylamino-methyl-[1,3,5]triazin, N,N'-[Methyl-[1,3,5]triazin-2,4-diyl]-bis-acetamid
$C_8H_{11}N_5O_2$, Formel VII (R = CO-CH$_3$) (H 229).

Diese Konstitution kommt auch der früher (s. H **24** 18) als N-[4-Methyl-1H-[1,3]diazet-2-yliden]-acetamid („Anhydrodiacetylguanidin") $C_5H_7N_3O$ formulierten Verbindung zu (*Grund=mann, Beyer*, B. **83** [1950] 452, 453; s. a. *Rjabinin*, Ž. obšč. Chim. **22** [1952] 541; engl. Ausg. S. 605).

B. Beim Erhitzen von Guanidin-hydrochlorid mit Acetanhydrid (*Cockburn, Bannard*, Canad. J. Chem. **35** [1957] 1285, 1289; s. a. *Rj.*). Aus 6-Methyl-[1,3,5]triazin-2,4-diyldiamin und Acet=anhydrid (*Gr., Be.*).

Kristalle; F: 217,5° [aus H$_2$O] (*Rj.*), 214−216° [unkorr.; Zers.; rasches Erhitzen ab 200°; aus E.] (*Co., Ba.*), 212−214° [korr.; aus Acetanhydrid] (*Gr., Be.*).

N,N'-Bis-[amino-methyl-[1,3,5]triazin-2-yl]-äthylendiamin $C_{10}H_{16}N_{10}$, Formel VIII.

B. Aus 4-Methyl-6-trichlormethyl-[1,3,5]triazin-2-ylamin und Äthylendiamin (*Kreutzberger*, Am. Soc. **79** [1957] 2629, 2632).

F: 328−330° [korr.].

N^2-[4-Chlor-phenyl]-N^4-[2-diäthylamino-äthyl]-6-methyl-[1,3,5]triazin-2,4-diyldiamin
$C_{16}H_{23}ClN_6$, Formel IX (n = 2) und Taut.

B. Aus 1-[4-Chlor-phenyl]-5-[2-diäthylamino-äthyl]-biguanid und Acetanhydrid (*Curd et al.*, Soc. **1947** 154, 158).

Kristalle (aus PAe.); F: 145−146° (*Curd et al.*). Scheinbarer Dissoziationsexponent pK$'_{a1}$ (diprotonierte Verbindung; H$_2$O) bei 25°: 4,05 [potentiometrisch ermittelt] bzw. 4,0 [spektro=photometrisch ermittelt]; scheinbarer Dissoziationsexponent pK$'_{a2}$ (protonierte Verbindung; H$_2$O) bei 25°: 9,3 [potentiometrisch ermittelt] (*Gage*, Soc. **1949** 469, 470).

N^2-[4-Chlor-phenyl]-N^4-[3-diäthylamino-propyl]-6-methyl-[1,3,5]triazin-2,4-diyldiamin
$C_{17}H_{25}ClN_6$, Formel IX (n = 3).

B. Analog der vorangehenden Verbindung (*Curd et al.*, Soc. **1947** 154, 158).

Kristalle (aus PAe.); F: 125°.

N^2-[4-Amino-2,5-dimethoxy-phenyl]-6-methyl-[1,3,5]triazin-2,4-diyldiamin [1]) $C_{12}H_{16}N_6O_2$,
Formel V (R = CH$_3$, X = NH$_2$).

B. Aus 2,5-Dimethoxy-anilin, Cyanguanidin und Acetanhydrid über mehrere Stufen (*Kalle & Co.*, D.B.P. 838691 [1949]; *Keuffel & Esser Co.*, U.S.P. 2665985 [1950]).

Hydrochlorid. F: 265° [Zers.].

N^2-[2,5-Diäthoxy-4-amino-phenyl]-6-methyl-[1,3,5]triazin-2,4-diyldiamin [1]) $C_{14}H_{20}N_6O_2$,
Formel V (R = C$_2$H$_5$, X = NH$_2$).

B. Bei der Hydrierung der entsprechenden Nitro-Verbindung (S. 1221) an Nickel (*Kalle & Co.*, D.B.P. 838691 [1949]; *Keuffel & Esser Co.*, U.S.P. 2665985 [1950]).

F: 165°.

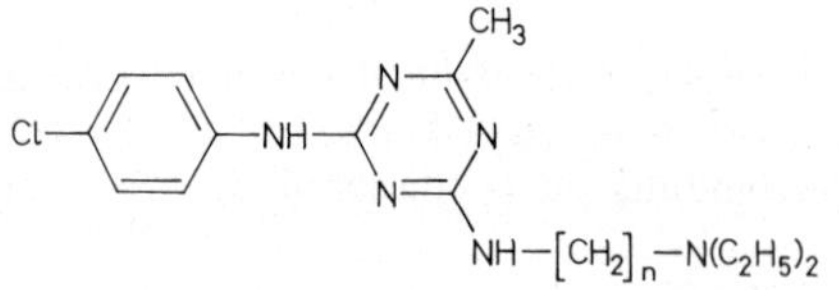

IX

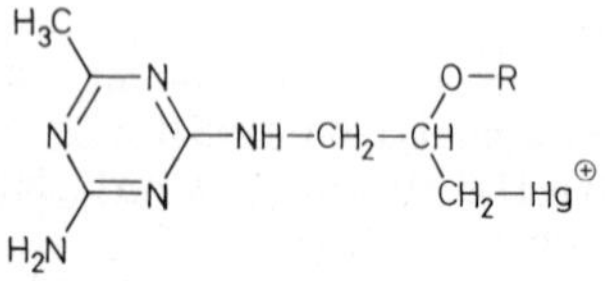

X

---

[1]) Vgl. S. 1198 Anm.

(±)-3-[4-Amino-6-methyl-[1,3,5]triazin-2-ylamino]-2-hydroxy-propylquecksilber(1+)
$[C_7H_{12}HgN_5O]^+$, Formel X (R = H).

    Chlorid $[C_7H_{12}HgN_5O]Cl$. *B*. Aus dem Acetat (s. u.) mit Hilfe von NaCl oder Dimethylamin-hydrochlorid (*Shapiro et al.*, J. Am. pharm. Assoc. **46** [1957] 689, 690; *U.S. Vitamin Corp.*, U.S.P. 2792393 [1956]). – F: 212° [unkorr.; Zers.].

    Bromid $[C_7H_{12}HgN_5O]Br$. *B*. Aus dem Acetat (s. u.) und wss. NaBr (*Sh. et al.*; *U.S. Vitamin Corp.*). – F: 209° [unkorr.; Zers.].

    Acetat $[C_7H_{12}HgN_5O]C_2H_3O_2$. *B*. Aus N^2-Allyl-6-methyl-[1,3,5]triazin-2,4-diyldiamin, Quecksilber(II)-acetat und wss. Essigsäure (*Sh. et al.*; *U.S.Vitamin Corp.*). – F: 132° [unkorr.; Zers.].

(±)-3-[4-Amino-6-methyl-[1,3,5]triazin-2-ylamino]-2-methoxy-propylquecksilber(1+)
$[C_8H_{14}HgN_5O]^+$, Formel X (R = CH$_3$).

    Chlorid $[C_8H_{14}HgN_5O]Cl$. *B*. Aus dem Acetat mit Hilfe von NaCl oder Dimethylamin-hydrochlorid (*Shapiro et al.*, J. Am. pharm. Assoc. **46** [1957] 689, 691; *U.S. Vitamin Corp.*, U.S.P. 2792393 [1956]). – F: 179° [unkorr.; Zers.] (*Sh. et al.*; *U.S. Vitamin Corp.*).

    Acetat $[C_8H_{14}HgN_5O]C_2H_3O_2$. *B*. Beim Erhitzen von N^2-Allyl-6-methyl-[1,3,5]triazin-2,4-diyldiamin mit Quecksilber(II)-acetat und Methanol in Essigsäure (*Sh. et al.*; *U.S. Vitamin Corp.*). – F: 149° [unkorr.; Zers.] (*Sh. et al.*), 146° [Zers.] (*U.S. Vitamin Corp.*).

6-Trifluormethyl-[1,3,5]triazin-2,4-diyldiamin $C_4H_4F_3N_5$, Formel XI (R = R′ = H).

    B. Aus Biguanid und Trifluoressigsäure-methylester (*Shaw, Gross*, J. org. Chem. **24** [1959] 1809).

    Kristalle (nach Sublimation); F: 318 – 321° [unkorr.].

N^2-Butyl-6-trifluormethyl-[1,3,5]triazin-2,4-diyldiamin $C_8H_{12}F_3N_5$, Formel XI
(R = $[CH_2]_3$-CH$_3$, R′ = H).

    B. Aus 1-Butyl-biguanid-hydrochlorid und Trifluoressigsäure-methylester unter Zusatz von Natriummethylat (*Shaw, Gross*, J. org. Chem. **24** [1959] 1809).

    Kristalle; F: 98 – 100°.

N^2-Cyclohexyl-6-trifluormethyl-[1,3,5]triazin-2,4-diyldiamin $C_{10}H_{14}F_3N_5$, Formel XI
(R = C_6H_{11}, R′ = H).

    B. Aus 1-Cyclohexyl-biguanid und Trifluoressigsäure-anhydrid (*Cockburn, Bannard*, Canad. J. Chem. **35** [1957] 1285, 1291).

    Kristalle (aus Ae. + PAe.); F: 165 – 168° [korr.] (*Co., Ba.*, l. c. S. 1292). λ_{max} (Cyclohexan): 207,5 nm und 271 nm (*Co., Ba.*, l. c. S. 1287).

N^2-Phenyl-6-trifluormethyl-[1,3,5]triazin-2,4-diyldiamin $C_{10}H_8F_3N_5$, Formel XI (R = C_6H_5, R′ = H).

    B. Aus 1-Phenyl-biguanid und Trifluoressigsäure-äthyl(bzw. -methyl)ester (*Overberger et al.*, Am. Soc. **79** [1957] 941, 943; *Shaw, Gross*, J. org. Chem. **24** [1959] 1809).

    Kristalle; F: 185 – 186° [unkorr.; aus Me.] (*Shaw, Gr.*), 182 – 183° [unkorr.; aus wss. Me.] (*Ov. et al.*).

N^2,N^4-Bis-[4-chlor-phenyl]-6-trifluormethyl-[1,3,5]triazin-2,4-diyldiamin $C_{16}H_{10}Cl_2F_3N_5$, Formel XI (R = R′ = C_6H_4-Cl).

    B. Aus 1,5-Bis-[4-chlor-phenyl]-biguanid-hydrochlorid und Trifluoressigsäure-methylester unter Zusatz von Natriummethylat (*Shaw, Gross*, J. org. Chem. **24** [1959] 1809).

    Kristalle (aus Dioxan) mit 1 Mol Dioxan; F: 182 – 185° [unkorr.].

4-Piperidino-6-trifluormethyl-[1,3,5]triazin-2-ylamin $C_9H_{12}F_3N_5$, Formel XII.

    B. Aus 1-Carbamimidoyl-piperidin oder dessen Hydrochlorid und Trifluoressigsäure-anhydrid (*Cockburn, Bannard*, Canad. J. Chem. **35** [1957] 1285, 1291). Aus dem Trifluoracetyl-Derivat (s. u.) durch Hydrolyse mit wss.-methanol. NaOH (*Co., Ba.*, l. c. S. 1292).

Kristalle (aus Ae.+PAe.); F: 160° [korr.]. λ_{max} (Cyclohexan): 206,5 nm, 227 nm und 277 nm (*Co., Ba.,* l. c. S. 1287).

Trifluoracetyl-Derivat $C_{11}H_{11}F_6N_5O$; Trifluoressigsäure-[4-piperidino-6-trifluormethyl-[1,3,5]triazin-2-ylamid]. *B.* Aus der Base (s. o.) oder aus [Piperidin-1-carbimidoyl]-guanidin und Trifluoressigsäure-anhydrid (*Co., Ba.,* l. c. S. 1291, 1292). — Kristalle (nach Sublimation bei 80°/0,05 Torr); F: 107,5−108,5° [korr.] (*Co., Ba.,* l. c. S. 1291). λ_{max} (Cyclohexan): 232 nm, 246 nm und 290 nm (*Co., Ba.,* l. c. S. 1287).

6-Chlormethyl-[1,3,5]triazin-2,4-diyldiamin $C_4H_6ClN_5$, Formel XIII (R = R' = R'' = H).
B. Aus Biguanid und Chloressigsäure-äthylester (*Ettel, Nosek,* Chem. Listy **46** [1952] 289, 291; C. A. **1953** 4344; *Overberger et al.,* Am. Soc. **79** [1957] 941, 943). Beim Behandeln von Dichlor-chlormethyl-[1,3,5]triazin mit äthanol. NH_3 in Äther (*Grundmann, Kober,* Am. Soc. **79** [1957] 944, 948).
Kristalle (aus H_2O); unterhalb 330° nicht schmelzend [Dunkelfärbung >220°] (*Gr., Ko.*); Zers. bei 210−214° [nach allmählicher Braunfärbung] (*Ov. et al.*). Kristalle (aus H_2O) mit 1 Mol H_2O; F: 210−215° [Zers.] (*Et., No.*).

6-Chlormethyl-N^2,N^2,N^4,N^4-tetramethyl-[1,3,5]triazin-2,4-diyldiamin $C_8H_{14}ClN_5$, Formel XIII (R = R' = R'' = CH_3).
B. Beim Behandeln von 6-Diazomethyl-N^2,N^2,N^4,N^4-tetramethyl-[1,3,5]triazin-2,4-diyldiamin mit wss. HCl (*Hendry et al.,* Soc. **1958** 1134, 1140).
Kristalle (aus Me.); F: 78−80°.

XI   XII   XIII   XIV

6-Chlormethyl-N^2-phenyl-[1,3,5]triazin-2,4-diyldiamin $C_{10}H_{10}ClN_5$, Formel XIII (R = R'' = H, R' = C_6H_5).
B. Aus 1-Phenyl-biguanid-hydrochlorid und Chloressigsäure-äthylester unter Zusatz von Natriummethylat (*Shapiro, Overberger,* Am. Soc. **76** [1954] 97, 98; s. a. *Overberger, Michelotti,* Org. Synth. **38** [1958] 1).
Kristalle; F: 144−145° [unkorr.; nach Braunfärbung; aus wss. Me.] (*Sh., Ov.*), 142−143° [aus Dioxan] (*Ov., Mi.*). λ_{max} (Me.): 257 nm (*Overberger, Shapiro,* Am. Soc. **76** [1954] 1855, 1856).

6-Chlormethyl-N^2-[4-chlor-phenyl]-[1,3,5]triazin-2,4-diyldiamin $C_{10}H_9Cl_2N_5$, Formel XIII (R = R'' = H, R' = C_6H_4-Cl).
B. Analog der vorangehenden Verbindung (*Overberger et al.,* Am. Soc. **79** [1957] 941, 943).
Kristalle (aus wss. Me.); F: 180° [unkorr.; Zers.; nach Braunfärbung].

6-Dichlormethyl-[1,3,5]triazin-2,4-diyldiamin $C_4H_5Cl_2N_5$, Formel XIV (R = R' = X = H) (H 230).
B. Aus Biguanid und Dichloressigsäure-äthylester (*Overberger et al.,* Am. Soc. **79** [1957] 941, 943).
Kristalle (aus H_2O); F: 256−257° [unkorr.; Zers.; nach Braunfärbung].

6-Dichlormethyl-N^2-phenyl-[1,3,5]triazin-2,4-diyldiamin $C_{10}H_9Cl_2N_5$, Formel XIV (R = C_6H_5, R' = X = H).
B. Aus 1-Phenyl-biguanid und Dichloressigsäure-methylester unter Zusatz von Natriummethylat (*Shapiro, Overberger,* Am. Soc. **76** [1954] 97, 99).
Kristalle (aus A.); F: 154−155° [unkorr.] (*Sh., Ov.*). λ_{max} (Me.): 255 nm (*Overberger, Shapiro,* Am. Soc. **76** [1954] 1855, 1856).

Picrat $C_{10}H_9Cl_2N_5 \cdot C_6H_3N_3O_7$. Kristalle (aus A.); F: 206° [unkorr.] (*Shapiro et al.*, Am. Soc. **81** [1959] 3996, 4000).

*N*²-**Phenyl-6-trichlormethyl-[1,3,5]triazin-2,4-diyldiamin** $C_{10}H_8Cl_3N_5$, Formel XIV (R = C_6H_5, R′ = H, X = Cl).
B. In geringer Menge neben 4-Amino-6-anilino-1*H*-[1,3,5]triazin-2-on beim Erwärmen von 1-Phenyl-biguanid mit Trichloressigsäure-äthylester in $CHCl_3$ (*Shapiro, Overberger*, Am. Soc. **76** [1954] 97, 99).
Kristalle (aus wss. Me.); F: 170—172° (*Sh., Ov.*). UV-Spektrum (Me.; 220—360 nm): *Over= berger, Shapiro*, Am. Soc. **76** [1954] 1855, 1856, 1857.

*N*²-**[4-Chlor-phenyl]-*N*⁴-[2-dimethylamino-äthyl]-6-trichlormethyl-[1,3,5]triazin-2,4-diyldiamin** $C_{14}H_{16}Cl_4N_6$, Formel XIV (R = C_6H_4-Cl, R′ = CH_2-CH_2-N(CH_3)₂, X = Cl) und Taut.
B. Beim Erhitzen von 1-[4-Chlor-phenyl]-5-[2-dimethylamino-äthyl]-biguanid mit Trichlor= essigsäure-anhydrid und Trichloressigsäure (*ICI*, U.S.P. 2830052 [1955]).
Dihydrochlorid. Zers. bei 175°.

*N*²-**[4-Chlor-phenyl]-*N*⁴-[2-piperidino-äthyl]-6-trichlormethyl-[1,3,5]triazin-2,4-diyldiamin** $C_{17}H_{20}Cl_4N_6$, Formel I.
B. Analog der vorangehenden Verbindung (*ICI*, U.S.P. 2830052 [1955]).
Dihydrochlorid. Zers. bei 147—149°.

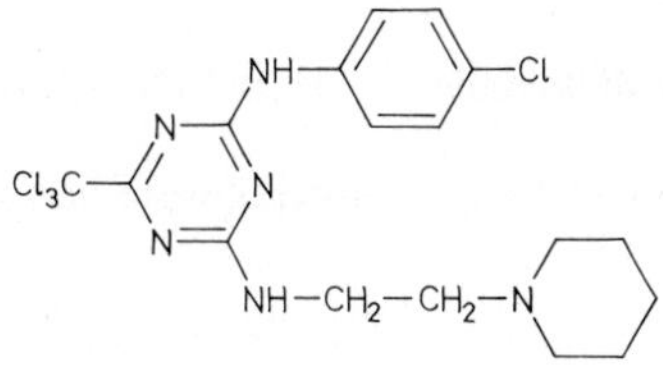

I 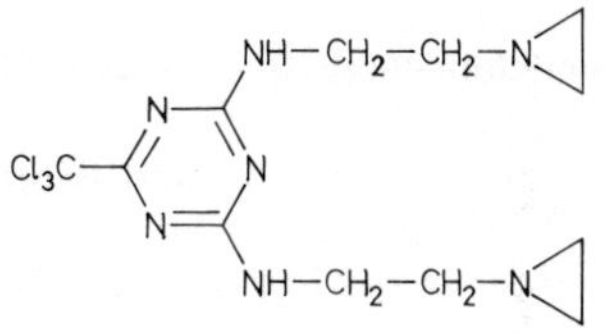 II

*N*²,*N*⁴-**Bis-[2-aziridin-1-yl-äthyl]-6-trichlormethyl-[1,3,5]triazin-2,4-diyldiamin** $C_{12}H_{18}Cl_3N_7$, Formel II.
B. Aus Tris-trichlormethyl-[1,3,5]triazin und Aziridin (*Bestian*, A. **566** [1950] 210, 232).
Kristalle (aus A.); F: 169—170° [Zers.].

*N*²-**[3-Dimethylamino-propyl]-*N*⁴-phenyl-6-trichlormethyl-[1,3,5]triazin-2,4-diyldiamin** $C_{15}H_{19}Cl_3N_6$, Formel III (X = X′ = H).
B. Beim Erhitzen von 1-[3-Dimethylamino-propyl]-5-phenyl-biguanid-carbonat mit Trichlor= essigsäure-anhydrid und Trichloressigsäure (*ICI*, U.S.P. 2830052 [1955]).
Dihydrochlorid. Zers. bei 216—224°.

Die folgenden Verbindungen sind in analoger Weise hergestellt worden:
*N*²-[4-Chlor-phenyl]-*N*⁴-[3-dimethylamino-propyl]-6-trichlormethyl-[1,3,5]tri= azin-2,4-diyldiamin $C_{15}H_{18}Cl_4N_6$, Formel III (X = H, X′ = Cl). Dihydrochlorid. F: 224—226° [Zers.].
*N*²-[3,4-Dichlor-phenyl]-*N*⁴-[3-dimethylamino-propyl]-6-trichlormethyl-[1,3,5]triazin-2,4-diyldiamin $C_{15}H_{17}Cl_5N_6$, Formel III (X = X′ = Cl). Dihydrochlo= rid. Zers. bei 202—206°.

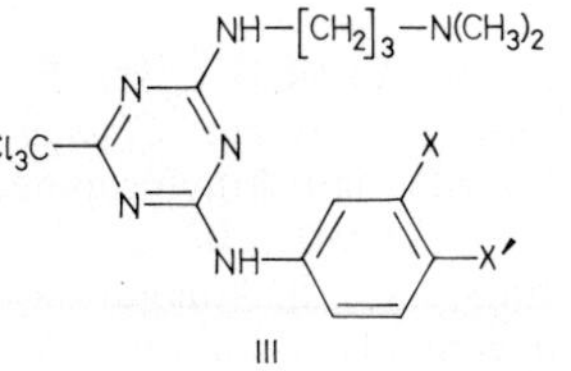

III 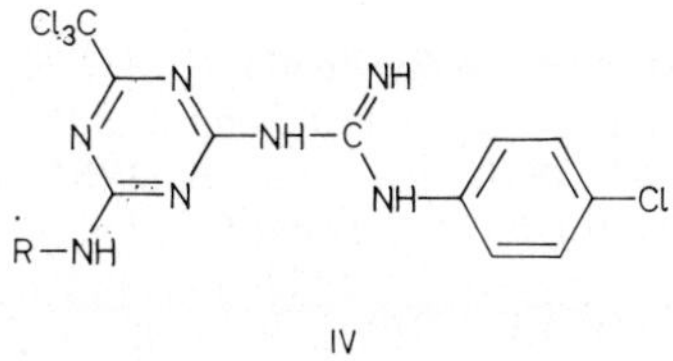 IV 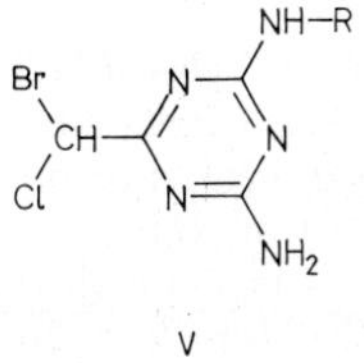 V

N^2-[3-Dimethylamino-propyl]-N^4-[4-nitro-phenyl]-6-trichlormethyl-[1,3,5]tri=
azin-2,4-diyldiamin $C_{15}H_{18}Cl_3N_7O_2$, Formel III (X = H, X' = NO_2). Kristalle (aus Bzl.);
Zers. bei 172−174°.

N^2-[3-Dimethylamino-propyl]-N^4-[4-methoxy-phenyl]-6-trichlormethyl-
[1,3,5]triazin-2,4-diyldiamin $C_{16}H_{21}Cl_3N_6O$, Formel III (X = H, X' = O-CH₃). Dihy=
drochlorid. Zers. bei 224−225°.

**N-[4-Chlor-phenyl]-N'-[(3-dimethylamino-propylamino)-trichlormethyl-[1,3,5]triazin-2-yl]-
guanidin** $C_{16}H_{20}Cl_4N_8$, Formel IV (R = $[CH_2]_3$-$N(CH_3)_2$) und Taut.
B. Aus *N*-[Bis-trichlormethyl-[1,3,5]triazin-2-yl]-*N'*-[4-chlor-phenyl]-guanidin und *N,N*-Di=
methyl-propandiyldiamin (*ICI*, U.S.P. 2830052 [1955]).
Kristalle; F: 188−189°.

**(±)-N-[4-Chlor-phenyl]-N'-[(4-diäthylamino-1-methyl-butylamino)-trichlormethyl-[1,3,5]triazin-
2-yl]-guanidin** $C_{20}H_{28}Cl_4N_8$, Formel IV (R = $CH(CH_3)$-$[CH_2]_3$-$N(C_2H_5)_2$) und Taut.
B. Analog der vorangehenden Verbindung (*ICI*, U.S.P. 2830052 [1955]).
Hydrochlorid. F: 72°.

(±)-6-[Brom-chlor-methyl]-[1,3,5]triazin-2,4-diyldiamin $C_4H_5BrClN_5$, Formel V (R = H).
B. Aus Biguanid und Brom-chlor-essigsäure-äthylester (*Overberger et al.*, Am. Soc. **79** [1957]
941, 943).
Kristalle (aus H_2O); F: 205−206° [unkorr.; Zers.].

(±)-6-[Brom-chlor-methyl]-N^2-phenyl-[1,3,5]triazin-2,4-diyldiamin $C_{10}H_9BrClN_5$, Formel V
(R = C_6H_5) und Taut.
B. Aus 1-Phenyl-biguanid und Brom-chlor-essigsäure-äthylester unter Zusatz von Natrium=
methylat (*Overberger et al.*, Am. Soc. **79** [1957] 941, 943).
Kristalle (aus wss. Me.); F: 168−169° [unkorr.].

Diamine $C_5H_9N_5$

6-Äthyl-[1,3,5]triazin-2,4-diyldiamin, Propioguanamin $C_5H_9N_5$, Formel VI (R = R' = H)
(H 232).
B. Beim Erhitzen von Harnstoff mit Propionitril und NH_3 auf 350−375° (*Am. Cyanamid
Co.*, U.S.P. 2527314 [1946]). Aus Cyanguanidin und Propionitril unter Zusatz von Piperidin
oder Äthylendiamin (*Alien Property Custodian*, U.S.P. 2302162 [1941]) oder wss. NaOH (*Allied
Chem. & Dye Corp.*, U.S.P. 2684366 [1949]). Aus Biguanid und Äthylpropionat (*Overberger,
Michelotti*, Am. Soc. **80** [1958] 988). Beim Erhitzen von Propionylguanidin (*Libbey-Owens-Ford
Glass Co.*, U.S.P. 2408694 [1942]). Bei der Hydrierung von 6-Vinyl-[1,3,5]triazin-2,4-diyldiamin
an Platin in wss. HCl (*Ov., Mi.*).
Kristalle; F: 308° [aus H_2O] (*Ov., Mi.*), 293−295° (*Allied Chem.*), 288−290° [aus Me.]
(*Logemann et al.*, B. **87** [1954] 1175, 1178). Bei ca. 250° sublimierbar (*Rehnelt*, M. **86** [1955]
653, 660). λ_{max}: 255,5 nm (*Lo. et al.*, l. c. S. 1176).

6-Äthyl-N^2-allyl-[1,3,5]triazin-2,4-diyldiamin $C_8H_{13}N_5$, Formel VI (R = CH_2-CH=CH₂,
R' = H).
B. Aus 1-Allyl-biguanid und Äthylpropionat unter Zusatz von Natriummethylat (*Am. Cyan=
amid Co.*, U.S.P. 2309679 [1941]).
Kristalle (aus A.); F: 85−87°.

6-Äthyl-N^2-phenyl-[1,3,5]triazin-2,4-diyldiamin $C_{11}H_{13}N_5$, Formel VI (R = C_6H_5, R' = H).
B. Aus 1-Phenyl-biguanid bei der Umsetzung mit Propionsäure-anhydrid (*Clauder, Bulcsu*,
Magyar kém. Folyóirat **57** [1951] 68, 71; C. A. **1952** 4023) oder mit Äthylpropionat unter
Zusatz von Natriummethylat (*Am. Cyanamid Co.*, U.S.P. 2309663 [1941]). Bei der Hydrierung
von N^2-Phenyl-6-vinyl-[1,3,5]triazin-2,4-diyldiamin an Palladium/Kohle in Äthanol (*Overberger,
Shapiro*, Am. Soc. **76** [1954] 1061, 1064). Beim Behandeln von 6-[1-Brom-äthyl]-N^2-phenyl-

[1,3,5]triazin-2,4-diyldiamin mit NaI und Essigsäure in Aceton (*Shapiro, Overberger*, Am. Soc. **76** [1954] 97, 99).

Kristalle; F: 159–159,5° [unkorr.] (*Sh., Ov.*), 157–158° [aus Toluol] (*Am. Cyanamid Co.*), 156–157° [aus wss. A.] (*Cl., Bu.*). UV-Spektrum (Me.; 220–340 nm): *Overberger, Shapiro*, Am. Soc. **76** [1954] 1855, 1856, 1857.

6-Äthyl-N^2-[4-chlor-phenyl]-[1,3,5]triazin-2,4-diyldiamin $C_{11}H_{12}ClN_5$, Formel VI (R = C_6H_4-Cl, R' = H).

B. Beim Behandeln von 1-[4-Chlor-phenyl]-biguanid-hydrochlorid mit Propionylchlorid und wss. NaOH in Dioxan (*Birtwell*, Soc. **1949** 2561, 2569). Beim Erhitzen des Cyanguanidin-Salzes des *N*-[4-Chlor-phenyl]-propionamidins in Butan-1-ol (*Birtwell*, Soc. **1952** 1279, 1282).

Kristalle (aus Toluol); F: 175–176° [unkorr.] (*Bi.*, Soc. **1949** 2568).

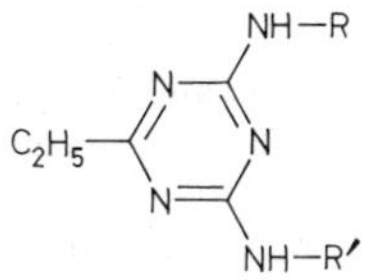

VI 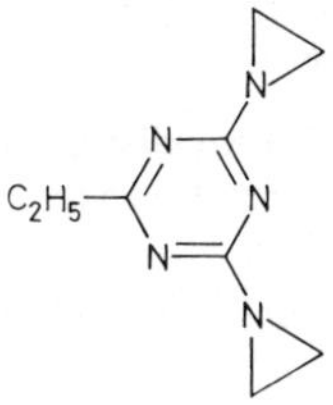   VII 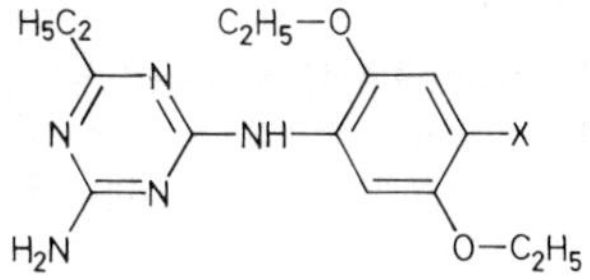   VIII

6-Äthyl-N^2-[4-brom-phenyl]-[1,3,5]triazin-2,4-diyldiamin $C_{11}H_{12}BrN_5$, Formel VI (R = C_6H_4-Br, R' = H).

B. Aus 1-[4-Brom-phenyl]-biguanid-hydrochlorid und Äthylpropionat unter Zusatz von Na≠ triummethylat (*Overberger, Shapiro*, Am. Soc. **76** [1954] 1061, 1064). Beim Behandeln von 6-Äthyl-N^2-phenyl-[1,3,5]triazin-2,4-diyldiamin mit *N*-Brom-succinimid und Dibenzoylperoxid in CCl_4 (*Ov., Sh.*, l. c. S. 1064).

Kristalle (aus Acetonitril); F: 180–182° [unkorr.] (*Ov., Sh.*, l. c. S. 1064). λ_{max} (Me.): 277 nm (*Overberger, Shapiro*, Am. Soc. **76** [1954] 1855, 1856).

Äthyl-bis-aziridin-1-yl-[1,3,5]triazin $C_9H_{13}N_5$, Formel VII.

B. Aus Äthyl-dichlor-[1,3,5]triazin und Aziridin (*Bras*, Ž. obšč. Chim. **25** [1955] 1413, 1414; engl. Ausg. S. 1359, 1360).

Kristalle (aus PAe.); F: 65–65,5°.

6-Äthyl-N^2-[2,5-diäthoxy-phenyl]-[1,3,5]triazin-2,4-diyldiamin [1]) $C_{15}H_{21}N_5O_2$, Formel VIII (X = H).

B. Aus 2,5-Diäthoxy-anilin bei aufeinanderfolgender Umsetzung mit Cyanguanidin und mit Propionsäure-anhydrid (*Kalle & Co.*, D.B.P 838691 [1949]; *Keuffel & Esser Co.*, U.S.P. 2665985 [1950]).

Kristalle (aus A.); F: 138°.

6-Äthyl-N^2-[2,5-diäthoxy-4-nitro-phenyl]-[1,3,5]triazin-2,4-diyldiamin [1]) $C_{15}H_{20}N_6O_4$, Formel VIII (X = NO_2).

B. Aus der vorangehenden Verbindung mit Hilfe von wss. HNO_3 (*Kalle & Co.*, D.B.P. 838691 [1949]; *Keuffel & Esser Co.*, U.S.P. 2665985 [1950]).

F: 169°.

Äthyl-bis-propionylamino-[1,3,5]triazin, *N,N'*-[Äthyl-[1,3,5]triazin-2,4-diyl]-bis-propionamid $C_{11}H_{17}N_5O_2$, Formel VI (R = R' = CO-C_2H_5).

Diese Konstitution kommt der früher (s. H **24** 62) als *N*-[4-Äthyl-1*H*-[1,3]diazet-2-yliden]-propionamid („Anhydrodipropionylguanidin") $C_7H_{11}N_3O$ formulierten Verbindung zu

---

[1]) Vgl. S. 1198 Anm.

(*Grundmann, Beyer*, B. **83** [1950] 452, 455).

B. Beim Erhitzen von 6-Äthyl-[1,3,5]triazin-2,4-diyldiamin mit Propionsäure-anhydrid (*Gr., Be.*).

Kristalle (aus CCl_4); F: 158,5—159° [korr.].

6-Äthyl-N^2-[2,5-diäthoxy-4-amino-phenyl]-[1,3,5]triazin-2,4-diyldiamin [1]) $C_{15}H_{22}N_6O_2$, Formel VIII (X = NH_2).

B. Aus der entsprechenden Nitro-Verbindung (s. o.) durch Hydrierung an Nickel (*Kalle & Co.*, D.B.P. 838691 [1949]; *Keuffel & Esser Co.*, U.S.P. 2665985 [1950]).

F: 148°.

6-Pentafluoräthyl-[1,3,5]triazin-2,4-diyldiamin $C_5H_4F_5N_5$, Formel IX.

B. Aus Biguanid und Pentafluorpropionsäure-methylester (*Shaw, Gross*, J. org. Chem. **24** [1959] 1809).

Kristalle (aus Me.); F: 255—256° [unkorr.].

(±)-6-[1-Brom-äthyl]-N^2-phenyl-[1,3,5]triazin-2,4-diyldiamin $C_{11}H_{12}BrN_5$, Formel X.

B. Aus Biguanid und (±)-2-Brom-propionsäure-äthylester unter Zusatz von Natriummethylat (*Shapiro, Overberger*, Am. Soc. **76** [1954] 97, 99).

Kristalle (aus wss. Me.); F: 135—136° [unkorr.] (*Sh., Ov.*). λ_{max} (Me.): 256 nm (*Overberger, Shapiro*, Am. Soc. **76** [1954] 1855, 1856).

Diamine $C_6H_{11}N_5$

6-Propyl-[1,3,5]triazin-2,4-diyldiamin, Butyroguanamin $C_6H_{11}N_5$, Formel XI (R = X = H) (H 233).

B. Aus Cyanguanidin und Butyronitril unter Zusatz von wss. NaOH (*Allied Chem. & Dye Corp.*, U.S.P. 2684366 [1949]). Beim Erhitzen von Butyrylguanidin (*Libbey-Owens-Ford Glass Co.*, U.S.P. 2408694 [1942]).

F: 196° (*Allied Chem.*), 195° (*Libbey-Owens-Ford Glass Co.*).

Sesquioxalat $2C_6H_{11}N_5 \cdot 3C_2H_2O_4$. Kristalle mit 4 Mol H_2O (*Rehnelt*, M. **84** [1953] 809, 811).

3-Brom-4-hydroxy-5-isopropyl-2-methyl-benzolsulfonat $C_6H_{11}N_5 \cdot C_{10}H_{13}BrO_4S$. Kristalle (aus H_2O) mit 0,5 Mol H_2O; F: 206—207° (*Re.*).

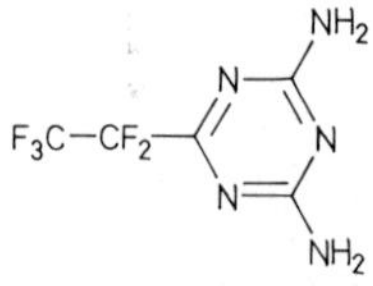

IX 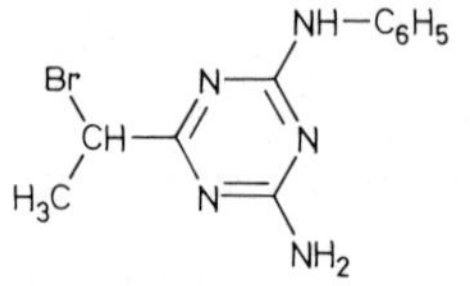   X 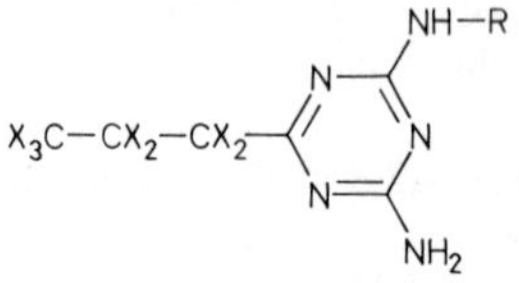   XI

N^2-Phenyl-6-propyl-[1,3,5]triazin-2,4-diyldiamin $C_{12}H_{15}N_5$, Formel XI (R = C_6H_5, X = H).

B. Aus 1-Phenyl-biguanid und Äthylbutyrat (*Am. Cyanamid Co.*, U.S.P. 2309663 [1941]).

Kristalle (aus Toluol); F: 155—156°.

4-[4-Amino-6-propyl-[1,3,5]triazin-2-ylamino]-phenol $C_{12}H_{15}N_5O$, Formel XI (R = C_6H_4-OH, X = H).

B. Aus 1-[4-Hydroxy-phenyl]-biguanid-hydrochlorid und Äthylbutyrat unter Zusatz von Natriummethylat (*Am. Cyanamid Co.*, U.S.P. 2309663 [1941]).

Kristalle (aus wss. Me. oder wss. Acn.); F: 205—206°.

4′-[4-Amino-6-propyl-[1,3,5]triazin-2-ylamino]-biphenyl-4-ol $C_{18}H_{19}N_5O$, Formel XI (R = C_6H_4-C_6H_4-OH, X = H).

B. Aus der Natrium-Verbindung von 1-[4′-Hydroxy-biphenyl-4-yl]-biguanid und Äthylbutyrat (*Am. Cyanamid Co.*, U.S.P. 2309663 [1941]).

[1]) Vgl. S. 1198 Anm.

Kristalle (aus Äthylenglykol + Ae.); F: 270°.

*N*²-[3-Amino-phenyl]-6-propyl-[1,3,5]triazin-2,4-diyldiamin C$_{12}$H$_{16}$N$_6$, Formel XI
(R = C$_6$H$_4$-NH$_2$, X = H).
B. Aus 1-[3-Amino-phenyl]-biguanid-hydrochlorid und Äthylbutyrat unter Zusatz von Na=
triummethylat (*Am. Cyanamid Co.*, U.S.P. 2309663 [1941]).
Kristalle (aus A.); F: 200−205° [Zers.; nach Sintern bei 175°].

6-Heptafluorpropyl-[1,3,5]triazin-2,4-diyldiamin C$_6$H$_4$F$_7$N$_5$, Formel XI (R = H, X = F).
B. Aus Biguanid und Heptafluorbuttersäure-methylester (*Shaw, Gross*, J. org. Chem. **24**
[1959] 1809).
Kristalle (aus Me.); F: 203−204° [unkorr.].

Diamine C$_7$H$_{13}$N$_5$

6-Butyl-[1,3,5]triazin-2,4-diyldiamin, Valeroguanamin C$_7$H$_{13}$N$_5$, Formel XII (X = H).
B. Beim Erhitzen von Guanidin-carbonat mit Valeriansäure auf 220−250° (*Am. Cyanamid
Co.*, U.S.P. 2381121 [1941]; *Rehnelt*, M. **86** [1955] 653, 660). Beim Erhitzen von Valerylguanidin
(*Libbey-Owens-Ford Glass Co.*, U.S.P. 2408694 [1942]).
Kristalle; 172−173° [aus H$_2$O] (*Am. Cyanamid Co.*), 168° (*Libbey-Owens-Ford Glass Co.*).
Kristalle mit 0,5 Mol H$_2$O; F: 209−212° [nach partiellem Schmelzen bei 163−165°] (*Re.*).

(±)-6-[3-Nitro-butyl]-[1,3,5]triazin-2,4-diyldiamin C$_7$H$_{12}$N$_6$O$_2$, Formel XII (X = NO$_2$).
Natrium-Salz. *B*. Aus Biguanid und (±)-4-Nitro-valeriansäure-methylester unter Zusatz
von Natriummethylat (*Am. Cyanamid Co.*, U.S.P. 2394526 [1941]). − Kristalle (aus wss. A.).

6-Isobutyl-[1,3,5]triazin-2,4-diyldiamin C$_7$H$_{13}$N$_5$, Formel XIII (X = H) (H 233).
B. Beim Erhitzen von Cyanguanidin mit Isovaleramidin-hydrochlorid auf 230° (*Ostrogovich,
Gheorghiu*, G. **62** [1932] 317, 319).
Kristalle (aus A. oder H$_2$O) mit 0,5 Mol H$_2$O; F: 174−175° (*Os., Gh.*, l. c. S. 319, 321).
Hydrochlorid C$_7$H$_{13}$N$_5$·HCl. Kristalle; F: 259−260° [nach Erweichen ab ca. 255°;
braune Schmelze] (*Os., Gh.*, l. c. S. 322).
Sulfat 2C$_7$H$_{13}$N$_5$·H$_2$SO$_4$. Kristalle (aus A.) mit 1 Mol H$_2$O; F: 267° [nach Braunfärbung
ab ca. 260°] (*Os., Gh.*, l. c. S. 322).
Picrat C$_7$H$_{13}$N$_5$·C$_6$H$_3$N$_3$O$_7$. Hellgelbe Kristalle mit 1 Mol H$_2$O; F: 244−245° [Zers.
ab ca. 240°] (*Os., Gh.*, l. c. S. 322).
Acetyl-Derivat C$_9$H$_{15}$N$_5$O; *N*-[Amino-isobutyl-[1,3,5]triazin-2-yl]-acetamid.
Kristalle (aus E.); F: 227−228° (*Os., Gh.*, l. c. S. 323).
Diacetyl-Derivat C$_{11}$H$_{17}$N$_5$O$_2$; Bis-acetylamino-isobutyl-[1,3,5]triazin,
N,N'-[Isobutyl-[1,3,5]triazin-2,4-diyl]-bis-acetamid. Kristalle; F: 129−130° (*Os., Gh.*,
l. c. S. 324).

(±)-6-[α-Brom-isobutyl]-[1,3,5]triazin-2,4-diyldiamin C$_7$H$_{12}$BrN$_5$, Formel XIII (X = Br).
B. Aus Biguanid und (±)-α-Brom-isovaleriansäure-äthylester (*Am. Cyanamid Co.*,
U.S.P. 2394526 [1941]).
Kristalle (aus Acn.); F: 196−197°.

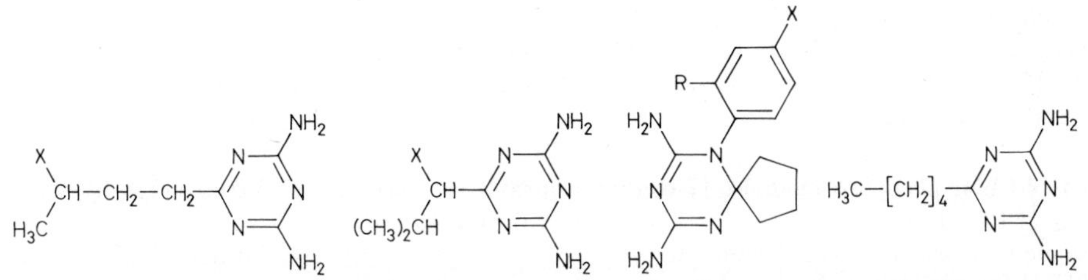

XII XIII XIV XV

10-[4-Chlor-phenyl]-6,8,10-triaza-spiro[4.5]deca-6,8-dien-7,9-diyldiamin $C_{13}H_{16}ClN_5$, Formel XIV (R = H, X = Cl) und Taut.

Hydrochlorid $C_{13}H_{16}ClN_5 \cdot HCl$. *B.* Aus 4-Chlor-anilin-hydrochlorid, Cyanguanidin und Cyclopentanon (*Modest*, J. org. Chem. **21** [1956] 1, 8). Beim Erwärmen von 1-[4-Chlor-phenyl]-biguanid mit Cyclopentanon und wss.-äthanol. HCl (*Modest, Levine*, J. org. Chem. **21** [1956] 14, 19; s. a. *ICI*, D.B.P. 879696 [1951]; U.S.P. 2803628 [1951]). – Kristalle; F: 221–222° [aus H_2O] (*ICI*, U.S.P. 2803628), 212–216° [korr.; Zers.; aus H_2O] (*Mo.*; s. a. *Mo., Le.*).

10-o-Tolyl-6,8,10-triaza-spiro[4.5]deca-6,8-dien-7,9-diyldiamin $C_{14}H_{19}N_5$, Formel XIV (R = CH$_3$, X = H) und Taut.

Hydrochlorid $C_{14}H_{19}N_5 \cdot HCl$. *B.* Aus 1-o-Tolyl-biguanid und Cyclopentanon in wss.-äthanol. HCl (*Modest, Levine*, J. org. Chem. **21** [1956] 14, 19). – Kristalle (aus H_2O); F: 218–223° [korr.].

Diamine $C_8H_{15}N_5$

6-Pentyl-[1,3,5]triazin-2,4-diyldiamin $C_8H_{15}N_5$, Formel XV.

Diese Verbindung hat wahrscheinlich auch in dem von *Bandrowski* (B. **9** [1876] 240, 243) aus sog. Gärungscapronsäure (H **2** 321) hergestellten Präparat (F: 177–178°) vorgelegen, das früher (s. H **26** 234 [Zeile 3 v. o.]) als 6-Isopentyl-[1,3,5]triazin-2,4-diyldiamin angesehen worden ist (*Rehnelt*, M. **86** [1955] 653, 654).

B. Beim Erhitzen von Guanidin-carbonat mit Hexansäure auf 220–230° (*Am. Cyanamid Co.*, U.S.P. 2381121 [1941]; *Rehnelt*, M. **84** [1953] 809, 812). Aus N-Cyan-N′-hexanoyl-guanidin und Cyanamid (*Adams et al.*, J. org. Chem. **18** [1953] 934, 940).

Kristalle; F: 177–178° (*Am. Cyanamid Co.*), 174° (*Re.*, M. **84** 812), 169–171° [unkorr.; aus Me.] (*Ad. et al.*).

Picrat $C_8H_{15}N_5 \cdot C_6H_3N_3O_7$. Hellgelbe Kristalle (aus A.); F: 238–240° [Zers.] (*Re.*, M. **86** 660).

Sesquioxalat $2C_8H_{15}N_5 \cdot 3C_2H_2O_4$. Kristalle mit 4 Mol H_2O; F: 136–153° (*Re.*, M. **84** 811).

3-Brom-4-hydroxy-5-isopropyl-2-methyl-benzolsulfonat $C_8H_{15}N_5 \cdot C_{10}H_{13}BrO_4S$. Kristalle; F: 215° (*Re.*, M. **86** 660).

6-Isopentyl-[1,3,5]triazin-2,4-diyldiamin $C_8H_{15}N_5$, Formel I (H 233).

B. Beim Erhitzen von 4-Methyl-valeramidin-hydrochlorid mit Cyanguanidin auf 215° (*Ostrogovich, Gheorghiu*, G. **62** [1932] 317, 325).

Kristalle (aus wss. A.) mit 0,5 Mol H_2O; F: 177,5–178° [nach Erweichen ab ca. 175°] (*Os., Gh.*, l. c. S. 326).

Hydrochlorid. Kristalle; F: 253–255° [nach Verfärbung ab ca. 250°; rotbraune Schmelze] (*Os., Gh.*, l. c. S. 327).

Sulfat $2C_8H_{15}N_5 \cdot H_2SO_4$. Kristalle mit 1 Mol H_2O; F: 226–228° [leichte Gelbfärbung] (*Os., Gh.*, l. c. S. 327).

Picrat $C_8H_{15}N_5 \cdot C_6H_3N_3O_7$. Hellgelbe Kristalle mit 2 Mol H_2O; F: 247–248° [Zers.; nach Braunfärbung ab ca. 245°; rotbraune Schmelze] (*Os., Gh.*, l. c. S. 327; s. a. *Rehnelt*, M. **86** [1955] 653, 654).

Acetyl-Derivat $C_{10}H_{17}N_5O$; N-[Amino-isopentyl-[1,3,5]triazin-2-yl]-acetamid. Kristalle (aus E.); F: 233–234° (*Os., Gh.*, l. c. S. 328).

Diacetyl-Derivat $C_{12}H_{19}N_5O_2$; Bis-acetylamino-isopentyl-[1,3,5]triazin, N,N′-[Isopentyl-[1,3,5]triazin-2,4-diyl]-bis-acetamid. Kristalle (aus E.); F: 124–125° (*Os., Gh.*, l. c. S. 328).

(±)-1-[4-Chlor-phenyl]-6-methyl-6-[2-methyl-propenyl]-1,6-dihydro-[1,3,5]triazin-2,4-diyldiamin $C_{14}H_{18}ClN_5$, Formel II (X = X′ = H, X″ = Cl) und Taut.

B. Beim Erwärmen von Cyanguanidin mit 4-Chlor-anilin-hydrochlorid und Mesityloxid in Äthanol (*Sen, Singh*, J. Indian chem. Soc. **36** [1959] 260).

Kristalle (aus A.); F: 238−239°. λ_{max} (H_2O): 241 nm.
Nitrit $C_{14}H_{18}ClN_5 \cdot HNO_2$. Kristalle (aus H_2O); F: 154°.
Carbonat $C_{14}H_{18}ClN_5 \cdot H_2CO_3$. Kristalle; F: 128°.
Picrat $C_{14}H_{18}ClN_5 \cdot C_6H_3N_3O_7$. Gelbe Kristalle (aus A.); F: 197°.

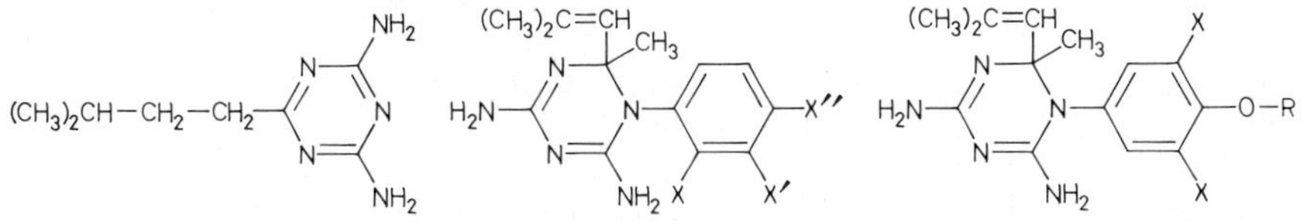

Die folgenden Verbindungen sind in analoger Weise hergestellt worden:

(±)-1-[4-Brom-phenyl]-6-methyl-6-[2-methyl-propenyl]-1,6-dihydro-[1,3,5]triazin-2,4-diyldiamin $C_{14}H_{18}BrN_5$, Formel II (X = X′ = H, X″ = Br) und Taut. Kristalle (aus A.); F: 210°. − Nitrit $C_{14}H_{18}BrN_5 \cdot HNO_2$. Kristalle (aus H_2O); F: 152°. − Carbonat $C_{14}H_{18}BrN_5 \cdot H_2CO_3$. Kristalle; F: 121°. − Picrat $C_{14}H_{18}BrN_5 \cdot C_6H_3N_3O_7$. Gelbe Kristalle (aus A.); F: 199°.

(±)-1-[4-Brom-3-chlor-phenyl]-6-methyl-6-[2-methyl-propenyl]-1,6-dihydro-[1,3,5]triazin-2,4-diyldiamin $C_{14}H_{17}BrClN_5$, Formel II (X = H, X′ = Cl, X″ = Br) und Taut. Kristalle (aus A.); F: 209−211°. λ_{max} (H_2O): 241 nm. − Nitrit $C_{14}H_{17}BrClN_5 \cdot HNO_2$. Kristalle (aus H_2O); F: 159°. − Carbonat $C_{14}H_{17}BrClN_5 \cdot H_2CO_3$. Kristalle; F: 127°. − Picrat $C_{14}H_{17}BrClN_5 \cdot C_6H_3N_3O_7$. Gelbe Kristalle (aus A.); F: 187−188°.

(±)-1-[4-Jod-phenyl]-6-methyl-6-[2-methyl-propenyl]-1,6-dihydro-[1,3,5]triazin-2,4-diyldiamin $C_{14}H_{18}IN_5$, Formel II (X = X′ = H, X″ = I) und Taut. Kristalle (aus A.); F: 240−241°. − Picrat $C_{14}H_{18}IN_5 \cdot C_6H_3N_3O_7$. Gelbe Kristalle (aus A.); F: 181−182°.

(±)-6-Methyl-6-[2-methyl-propenyl]-1-[4-nitro-phenyl]-1,6-dihydro-[1,3,5]triazin-2,4-diyldiamin $C_{14}H_{18}N_6O_2$, Formel II (X = X′ = H, X″ = NO_2) und Taut. Kristalle (aus A.); F: 269°. − Picrat $C_{14}H_{18}N_6O_2 \cdot C_6H_3N_3O_7$. Gelbe Kristalle (aus A.); F: 234°.

(±)-6-Methyl-6-[2-methyl-propenyl]-1-*p*-tolyl-1,6-dihydro-[1,3,5]triazin-2,4-diyldiamin $C_{15}H_{21}N_5$, Formel II (X = X′ = H, X″ = CH_3) und Taut. Kristalle (aus A.); F: 231°. − Picrat $C_{15}H_{21}N_5 \cdot C_6H_3N_3O_7$. Gelbe Kristalle (aus A.); F: 184°.

(±)-1-[2,4-Dimethyl-phenyl]-6-methyl-6-[2-methyl-propenyl]-1,6-dihydro-[1,3,5]triazin-2,4-diyldiamin $C_{16}H_{23}N_5$, Formel II (X = X″ = CH_3, X′ = H) und Taut. Kristalle (aus A.); F: 242°. λ_{max} (H_2O): 241 nm. − Nitrit $C_{16}H_{23}N_5 \cdot HNO_2$. Kristalle (aus H_2O); F: 153°. − Carbonat $C_{16}H_{23}N_5 \cdot H_2CO_3$. Kristalle; F: 171°. − Picrat $C_{16}H_{23}N_5 \cdot C_6H_3N_3O_7$. Gelbe Kristalle (aus A.); F: 192°.

(±)-1-[4-Methoxy-phenyl]-6-methyl-6-[2-methyl-propenyl]-1,6-dihydro-[1,3,5]triazin-2,4-diyldiamin $C_{15}H_{21}N_5O$, Formel III (R = CH_3, X = H) und Taut. Kristalle (aus A.); F: 221°. − Nitrit $C_{15}H_{21}N_5O \cdot HNO_2$. Kristalle (aus H_2O); F: 178°. − Carbonat $C_{15}H_{21}N_5O \cdot H_2CO_3$. Kristalle; F: 164°. − Picrat $C_{15}H_{21}N_5O \cdot C_6H_3N_3O_7$. Gelbe Kristalle (aus A.); F: 197°.

(±)-1-[4-Äthoxy-phenyl]-6-methyl-6-[2-methyl-propenyl]-1,6-dihydro-[1,3,5]triazin-2,4-diyldiamin $C_{16}H_{23}N_5O$, Formel III (R = C_2H_5, X = H) und Taut. Kristalle (aus A.); F: 215°. λ_{max} (H_2O): 241 nm. − Picrat $C_{16}H_{23}N_5O \cdot C_6H_3N_3O_7$. Gelbe Kristalle (aus A.); F: 188°.

(±)-2,6-Dibrom-4-[4,6-diamino-2-methyl-2-(2-methyl-propenyl)-2H-[1,3,5]triazin-1-yl]-phenol $C_{14}H_{17}Br_2N_5O$, Formel III (R = H, X = Br) und Taut. Kristalle (aus A.); F: 237°. − Picrat $C_{14}H_{17}Br_2N_5O \cdot C_6H_3N_3O_7$. Gelbe Kristalle (aus A.); F: 185°.

5-[2-Chlor-phenyl]-1,3,5-triaza-spiro[5.5]undeca-1,3-dien-2,4-diyldiamin $C_{14}H_{18}ClN_5$,
Formel IV (X = Cl, X′ = H) und Taut.
B. Beim Erwärmen von Cyclohexanon mit 2-Chlor-anilin-hydrochlorid und Cyanguanidin

oder mit 1-[2-Chlor-phenyl]-biguanid-hydrochlorid in Äthanol bzw. wss. Äthanol (*Sen, Singh,* J. Indian chem. Soc. **35** [1958] 847, 849, 851).

Hydrochlorid $C_{14}H_{18}ClN_5 \cdot HCl$. Kristalle (aus A.); F: 251–252°.
Picrat $C_{14}H_{18}ClN_5 \cdot C_6H_3N_3O_7$. F: 164–165°.

Die folgenden Verbindungen sind in analoger Weise hergestellt worden:

5-[4-Chlor-phenyl]-1,3,5-triaza-spiro[5.5]undeca-1,3-dien-2,4-diyldiamin $C_{14}H_{18}ClN_5$, Formel IV (X = H, X' = Cl) und Taut. Hydrochlorid $C_{14}H_{18}ClN_5 \cdot HCl$. Kristalle (aus H_2O); F: 224–226° [korr.; Zers.] (*Modest*, J. org. Chem. **21** [1956] 1, 7, 8; s. a. *Modest, Levine*, J. org. Chem. **21** [1956] 14, 17, 19).

5-[2,4-Dichlor-phenyl]-1,3,5-triaza-spiro[5.5]undeca-1,3-dien-2,4-diyldiamin $C_{14}H_{17}Cl_2N_5$, Formel IV (X = X' = Cl) und Taut. λ_{max} (H_2O): 241–242 nm (*Sen, Si.,* l. c. S. 848). – Hydrochlorid $C_{14}H_{17}Cl_2N_5 \cdot HCl$. Kristalle (aus A.); F: 240–242° (*Sen, Si.,* l. c. S. 851). – Nitrit $C_{14}H_{17}Cl_2N_5 \cdot HNO_2$. Kristalle (aus H_2O); F: 161° (*Sen, Si.*). – Carbonat $C_{14}H_{17}Cl_2N_5 \cdot H_2CO_3$. Kristalle; F: 154° (*Sen, Si.*). – Picrat $C_{14}H_{17}Cl_2N_5 \cdot C_6H_3N_3O_7$. F: 206–207° (*Sen, Si.*).

5-[4-Äthyl-phenyl]-1,3,5-triaza-spiro[5.5]undeca-1,3-dien-2,4-diyldiamin $C_{16}H_{23}N_5$, Formel IV (X = H, X' = C_2H_5) und Taut. λ_{max} (H_2O): 241–242 nm (*Sen, Si.,* l. c. S. 848). – Hydrochlorid $C_{16}H_{23}N_5 \cdot HCl$. Kristalle (aus A.); F: 227–228° (*Sen, Si.,* l. c. S. 851). – Nitrit $C_{16}H_{23}N_5 \cdot HNO_2$. Kristalle (aus H_2O); F: 167° (*Sen, Si.*). – Carbonat $C_{16}H_{23}N_5 \cdot H_2CO_3$. Kristalle; F: 172° (*Sen, Si.*). – Picrat $C_{16}H_{23}N_5 \cdot C_6H_3N_3O_7$. F: 188–190° (*Sen, Si.*).

4-[2,4-Diamino-1,3,5-triaza-spiro[5.5]undeca-2,4-dien-1-yl]-phenol $C_{14}H_{19}N_5O$, Formel IV (X = H, X' = OH) und Taut. Hydrochlorid $C_{14}H_{19}N_5O \cdot HCl$. Kristalle (aus A.); F: 275–276° (*Sen, Si.,* l. c. S. 851). – Picrat $C_{14}H_{19}N_5O \cdot C_6H_3N_3O_7$. F: 201–202° (*Sen, Si.*).

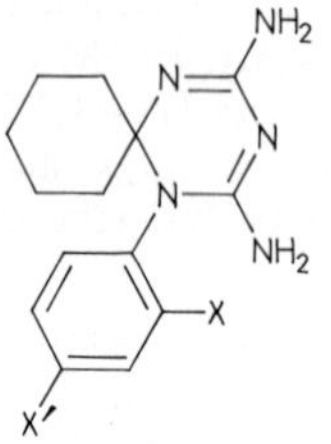

IV 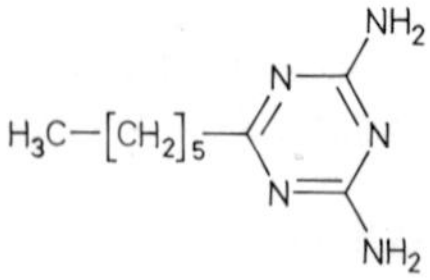   V 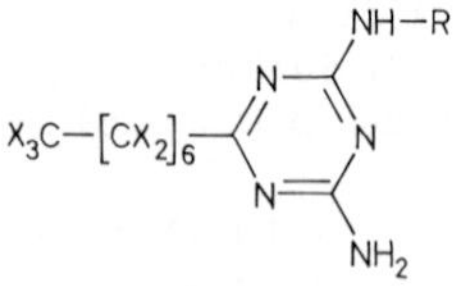   VI

Diamine $C_9H_{17}N_5$

6-Hexyl-[1,3,5]triazin-2,4-diyldiamin $C_9H_{17}N_5$, Formel V (H 234).
Kristalle; F: 160–161° (*Rehnelt*, M. **86** [1955] 653, 661).
Picrat $C_9H_{17}N_5 \cdot C_6H_3N_3O_7$. Hellgelbe Kristalle; F: 236° [Zers.; partielle Sublimation ab 210°].
Flavianat (8-Hydroxy-5,7-dinitro-naphthalin-2-sulfonat) $C_9H_{17}N_5 \cdot C_{10}H_6N_2O_8S$. Gelbe Kristalle; F: 208–212° [Zers.].

Diamine $C_{10}H_{19}N_5$

6-Heptyl-[1,3,5]triazin-2,4-diyldiamin $C_{10}H_{19}N_5$, Formel VI (R = X = H).
B. Beim Erhitzen von Harnstoff mit Octannitril und NH_3 auf 300° (*Am. Cyanamid Co.,* U.S.P. 2527314 [1946]). Aus Cyanguanidin und Octannitril unter Zusatz von Piperidin oder Pyrrolidin (*I.G. Farbenind.,* D.R.P. 731309 [1940]; D.R.P. Org. Chem. **6** 2630).
Kristalle; F: 204° [aus H_2O] (*I.G. Farbenind.*), 174–175° [aus Me.] (*Am. Cyanamid Co.*).

N-[Amino-heptyl-[1,3,5]triazin-2-yl]-octanamid $C_{18}H_{33}N_5O$, Formel VI (R = CO-$[CH_2]_6$-CH_3, X = H).
B. Neben der vorangehenden Verbindung beim Behandeln von Biguanid mit Octanoylchlorid

in Aceton (*Am. Cyanamid Co.*, U.S.P. 2385766 [1941]).
Kristalle (aus Me. + Toluol); F: 197 — 198°.

6-Pentadecafluorheptyl-[1,3,5]triazin-2,4-diyldiamin $C_{10}H_4F_{15}N_5$, Formel VI (R = H, X = F).
B. Aus Biguanid und Pentadecafluoroctansäure-methylester (*Shaw, Gross*, J. org. Chem. **24** [1959] 1809).
Kristalle (aus Me.); F: 177 — 179° [unkorr.].

(±)-6-[1-Äthyl-pentyl]-[1,3,5]triazin-2,4-diyldiamin $C_{10}H_{19}N_5$, Formel VII (R = H).
B. Aus Biguanid und (±)-2-Äthyl-hexansäure-methylester unter Zusatz von Natriummethylat (*Am. Cyanamid Co.*, U.S.P. 2309679 [1941]).
Kristalle (aus E.); F: 108 — 109,5°.

(±)-6-[1-Äthyl-pentyl]-N^2-butyl-[1,3,5]triazin-2,4-diyldiamin $C_{14}H_{27}N_5$, Formel VII (R = [CH₂]₃-CH₃).
B. Aus 1-Butyl-biguanid-sulfat und (±)-2-Äthyl-hexansäure-äthylester unter Zusatz von Na⁼triumäthylat (*Am. Cyanamid Co.*, U.S.P. 2309679 [1941]).
Kristalle (aus PAe.); F: 131 — 132°.

Diamine $C_{11}H_{21}N_5$

(±)-6-[1-Äthyl-4-methyl-pentyl]-[1,3,5]triazin-2,4-diyldiamin $C_{11}H_{21}N_5$, Formel VIII.
B. Aus Biguanid-sulfat und (±)-2-Äthyl-5-methyl-hexansäure-methylester unter Zusatz von Natriumäthylat (*Am. Cyanamid Co.*, U.S.P. 2321052 [1940]).
Kristalle (aus PAe.); F: 97 — 101°.

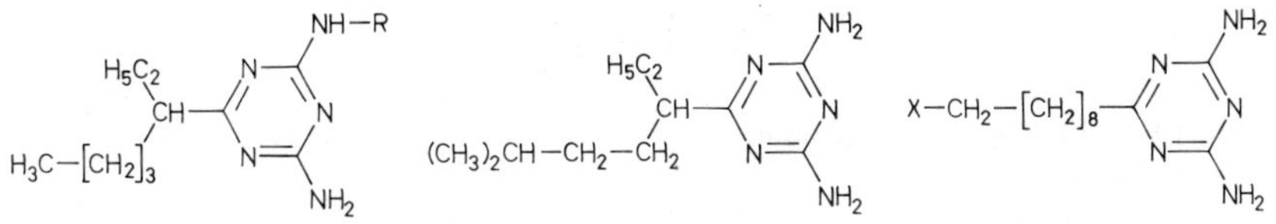

VII   VIII   IX

Diamine $C_{12}H_{23}N_5$

6-Nonyl-[1,3,5]triazin-2,4-diyldiamin $C_{12}H_{23}N_5$, Formel IX (X = H).
B. Aus Biguanid beim Behandeln mit Methyldecanoat unter Zusatz von Aluminiumisoprop⁼ylat (*Am. Cyanamid Co.*, U.S.P. 2309679 [1941]) oder mit Decanoylchlorid (*Geigy A.G.*, U.S.P. 2447175 [1948]).
Kristalle; F: 118 — 120° [aus E. + Py.] (*Geigy A.G.*), 118 — 119° [aus Acn.] (*Am. Cyanamid Co.*).

6-[9-Brom-nonyl]-[1,3,5]triazin-2,4-diyldiamin $C_{12}H_{22}BrN_5$, Formel IX (X = Br).
B. Aus Biguanid und 10-Brom-decansäure-methylester (*Am. Cyanamid Co.*, U.S.P. 2394526 [1941]).
F: 143 — 144° [nicht rein erhalten].

Diamine $C_{14}H_{27}N_5$

6-Undecyl-[1,3,5]triazin-2,4-diyldiamin, Lauroguanamin $C_{14}H_{27}N_5$, Formel X (R = H, n = 10).
B. Aus Cyanguanidin und Lauronitril unter Zusatz von Ätzkali (*Teramura*, Mem. Fac. ind. Arts Kyoto tech. Univ. Sci. Technol. Nr. 8 [1959] 53, 61). Aus Biguanid beim Behandeln

mit Methyllaurat und äthanol. Natriumäthylat oder wss. NaOH (*Am. Cyanamid Co.*, U.S.P. 2309679 [1941], 2344784 [1941]; *Geigy A.G.*, U.S.P. 2447175 [1948]) oder mit Lauroyl=chlorid in Toluol unter Zusatz von Na_2CO_3 (*Geigy A.G.*). Beim Erhitzen von Harnstoff mit Lauronitril und NH_3 auf 350° (*Am. Cyanamid Co.*, U.S.P. 2527314 [1946]).

Kristalle; F: 118−119° (*Am. Cyanamid Co.*, U.S.P. 2309679), 115−118° [aus Isopropylalko=hol] (*Te.*), 115−116° (*Geigy A.G.*).

N^2-Phenyl-6-undecyl-[1,3,5]triazin-2,4-diyldiamin [1]) $C_{20}H_{31}N_5$, Formel X (R = C_6H_5, n = 10).

B. Aus 1-Phenyl-biguanid und Lauroylchlorid unter Zusatz von Na_2CO_3 (*Geigy A.G.*, D.R.P. 735596 [1939]; D.R.P. Org. Chem. **6** 2622; U.S.P. 2437691 [1942]).

Kristalle; F: 99° (*Geigy A.G.*, D.R.P. 735596).

N^2-Lauroyl-6-undecyl-[1,3,5]triazin-2,4-diyldiamin $C_{26}H_{49}N_5O$, Formel X (R = CO-$[CH_2]_{10}$-CH_3, n = 10).

B. Aus Biguanid-sulfat und Lauroylchlorid in wss. NaOH (*Am. Cyanamid Co.*, U.S.P. 2385766 [1941]).

Kristalle (aus $CHCl_3$ + E.); F: 182−183,5°.

Diamine $C_{16}H_{31}N_5$

6-Tridecyl-[1,3,5]triazin-2,4-diyldiamin, Myristoguanamin $C_{16}H_{31}N_5$, Formel X (R = H, n = 12).

B. Aus Biguanid bei der Umsetzung mit Myristoylchlorid unter Zusatz von Na_2CO_3 (*Geigy A.G.*, U.S.P. 2447175 [1948]; s. a. *Am. Cyanamid Co.*, U.S.P. 2446980 [1941]) oder mit Methyl=myristat unter Zusatz von Natriummethylat (*Geigy A.G.*).

F: 114−116,5° (*Geigy A.G.*).

Diamine $C_{18}H_{35}N_5$

6-Pentadecyl-[1,3,5]triazin-2,4-diyldiamin, Palmitoguanamin $C_{18}H_{35}N_5$, Formel X (R = H, n = 14).

B. Analog der vorangehenden Verbindung (*Geigy A.G.*, U.S.P. 2447175 [1948]).

F: 113−118°.

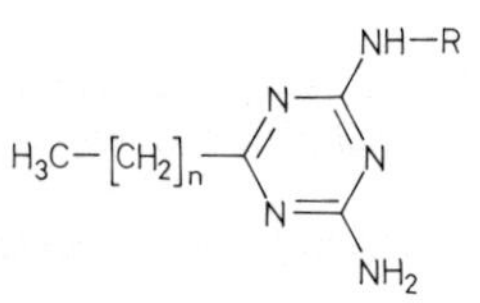

X 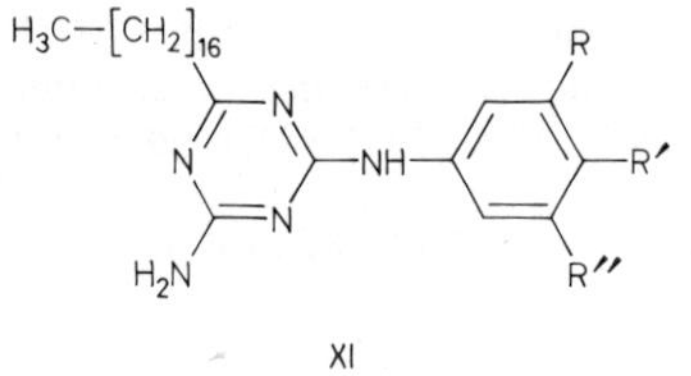   XI 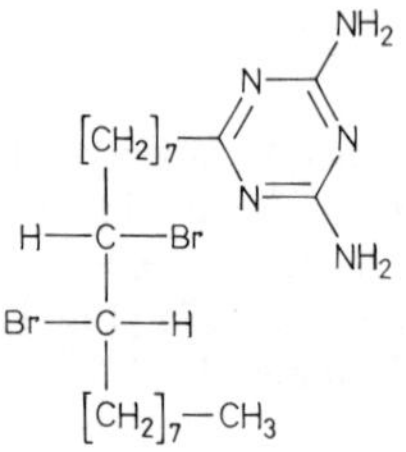   XII

Diamine $C_{20}H_{39}N_5$

6-Heptadecyl-[1,3,5]triazin-2,4-diyldiamin, Stearoguanamin $C_{20}H_{39}N_5$, Formel X (R = H, n = 16).

B. Aus Biguanid bei der Umsetzung mit Stearoylchlorid oder mit Methylstearat (*Geigy A.G.*, U.S.P. 2447175 [1948]; s. a. *Am. Cyanamid Co.*, U.S.P. 2309679 [1941]). Beim Erhitzen von Cyanguanidin mit Stearonitril und KOH in 2-Äthoxy-äthanol (*Am. Cyanamid Co.*, U.S.P. 2606904 [1950]).

---

[1]) Vgl. S. 1198 Anm.

Kristalle; F: 116 – 117° [aus Acn.] (*Am. Cyanamid Co.*, U.S.P. 2309679). E: 117,95° [extrapoliert] (*Witschonke*, Anal. Chem. **26** [1954] 562). UV-Spektrum (A.; 47000 – 35000 cm⁻¹): *Hirt, Salley*, J. chem. Physics **21** [1953] 1181, 1182.

6-Heptadecyl-N^2-phenyl-[1,3,5]triazin-2,4-diyldiamin ¹) $C_{26}H_{43}N_5$, Formel XI (R = R' = R'' = H).

B. Aus 1-Phenyl-biguanid beim Erhitzen mit Stearoylchlorid und Na_2CO_3 in Chlorbenzol (*Geigy A.G.*, D.R.P. 735596 [1939]; D.R.P. Org. Chem. **6** 2622; U.S.P. 2437691 [1942]).

Kristalle; F: 113 – 114° (*Geigy A.G.*, D.B.P. 735596; U.S.P. 2437691).

Die folgenden Verbindungen sind in analoger Weise hergestellt worden:

6-Heptadecyl-N^2-*m*-tolyl-[1,3,5]triazin-2,4-diyldiamin ¹) $C_{27}H_{45}N_5$, Formel XI (R = CH₃, R' = R'' = H). Kristalle; F: 108° (*Geigy A.G.*, D.R.P. 735596).

6-Heptadecyl-N^2-*p*-tolyl-[1,3,5]triazin-2,4-diyldiamin ¹) $C_{27}H_{45}N_5$, Formel XI (R = R'' = H, R' = CH₃). Kristalle; F: 119° (*Geigy A.G.*, D.R.P. 735596).

N^2-[3,4-Dimethyl-phenyl]-6-heptadecyl-[1,3,5]triazin-2,4-diyldiamin ¹) $C_{28}H_{47}N_5$, Formel XI (R = R' = CH₃, R'' = H). Kristalle; F: 110 – 120° (*Geigy A.G.*, D.R.P. 735596).

N^2-[3,5-Dimethyl-phenyl]-6-heptadecyl-[1,3,5]triazin-2,4-diyldiamin ¹) $C_{28}H_{47}N_5$, Formel XI (R = R'' = CH₃, R' = H). Kristalle; F: 124° (*Geigy A.G.*, D.R.P. 735596).

6-Heptadecyl-N^2-[4-methoxy-phenyl]-[1,3,5]triazin-2,4-diyldiamin ¹) $C_{27}H_{45}N_5O$, Formel XI (R = R'' = H, R' = O-CH₃). Kristalle; F: 102° (*Geigy A.G.*, D.R.P. 735596).

N^2-[4-Äthoxy-phenyl]-6-heptadecyl-[1,3,5]triazin-2,4-diyldiamin ¹) $C_{28}H_{47}N_5O$, Formel XI (R = R'' = H, R' = O-C₂H₅). Kristalle; F: 94° (*Geigy A.G.*, D.R.P. 735596).

(±)-6-[*threo*-8,9-Dibrom-heptadecyl]-[1,3,5]triazin-2,4-diyldiamin $C_{20}H_{37}Br_2N_5$, Formel XII + Spiegelbild.

B. Aus Biguanid und (±)-*threo*-9,10-Dibrom-octadecansäure-methylester (*Am. Cyanamid Co.*, U.S.P. 2394526 [1941]).

Kristalle (aus Acn.); F: 93 – 96°.

Diamine $C_nH_{2n-3}N_5$

6-Vinyl-[1,3,5]triazin-2,4-diyldiamin, Acryloguanamin $C_5H_7N_5$, Formel I (R = H).

B. Aus Biguanid-sulfat und Acryloylchlorid in wss. NaOH (*Overberger, Michelotti*, Am. Soc. **80** [1958] 988).

Kristalle (aus H_2O); Zers. bei 300 – 310°.

N^2-Phenyl-6-vinyl-[1,3,5]triazin-2,4-diyldiamin $C_{11}H_{11}N_5$, Formel I (R = C₆H₅).

B. Beim Behandeln von Phenylbiguanid-hydrochlorid mit Acryloylchlorid und wss. NaOH in Acetonitril unter Zusatz von Hydrochinon (*Overberger, Shapiro*, Am. Soc. **76** [1954] 1061, 1063).

Kristalle (aus wss. A.); F: 180 – 181° [unkorr.] (*Ov., Sh.*, l. c. S. 1064). UV-Spektrum (Me.; 220 – 360 nm): *Overberger, Shapiro*, Am. Soc. **76** [1954] 1855, 1856, 1857.

Picrat $C_{11}H_{11}N_5 \cdot C_6H_3N_3O_7$. Kristalle (aus H_2O); F: 232 – 233° [unkorr.] (*Ov., Sh.*, l. c. S. 1064).

6-*trans*-Propenyl-[1,3,5]triazin-2,4-diyldiamin $C_6H_9N_5$, Formel II.

B. Beim Erhitzen von Cyanguanidin mit *trans*-Crotononitril und Piperidin auf 175 – 180° (*I.G. Farbenind.*, D.R.P. 731309 [1940]; D.R.P. Org. Chem. **6** 2630).

Verkohlung > 360°.

---

¹) Vgl. S. 1198 Anm.

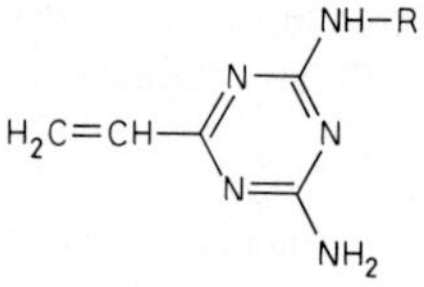

$H_2C=CH-$ (Formel I, NH-R)   II   III   IV

I 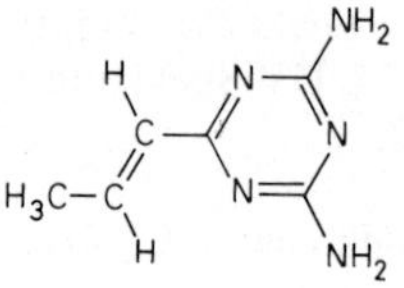   II 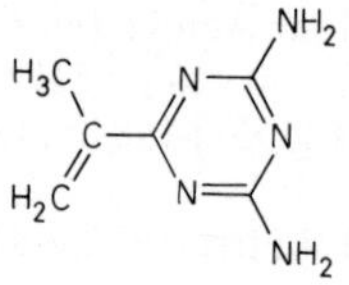   III 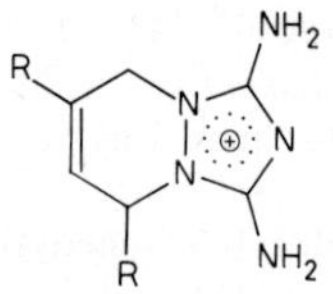   IV

6-Isopropenyl-[1,3,5]triazin-2,4-diyldiamin, Methacryloguanamin $C_6H_9N_5$, Formel III.
B. Aus Biguanid und Methylmethacrylat in Methanol (*Am. Cyanamid Co.*, U.S.P. 2461943 [1941]).
Kristalle (aus E.); F: 246−247°.

1,3-Diamino-5,8-dihydro-[1,2,4]triazolo[1,2-*a*]pyridazinium $[C_6H_{10}N_5]^+$, Formel IV (R = H).
Nitrat $[C_6H_{10}N_5]NO_3$. B. Beim Erwärmen von 3,6-Dihydro-pyridazin-1,2-dicarbamidin-di=nitrat (E III/IV **23** 457) mit Methanol (*MacKenzie et al.*, J. org. Chem. **17** [1952] 1666, 1674). − Kristalle (aus Me.); F: 261,2° [korr.] [etwas NH_4NO_3 enthaltendes Präparat]. Netzebenenab=stände: *MacK. et al.*

1-Benzoyl-4,6-bis-benzoylamino-2,3-diphenyl-2,3-dihydro-1*H*-benzotriazol $C_{39}H_{29}N_5O_3$, Formel V.
Zur Konstitution vgl. *Secareanu, Lupaş*, J. pr. [2] **140** [1934] 233, 235.
B. Aus 4,6-Dinitro-2,3-diphenyl-2,3-dihydro-benzotriazol-1-ol (E II **26** 17) bei der aufeinan=derfolgenden Umsetzung mit $Na_2S_2O_4$ und mit Benzoylchlorid (*Secareanu*, Bl. [4] **53** [1933] 1024, 1031).
Kristalle (aus Xylol); F: 236−240° (*Se.*).

(±)-1,3-Diamino-5,7-dimethyl-5,8-dihydro-[1,2,4]triazolo[1,2-*a*]pyridazinium $[C_8H_{14}N_5]^+$, Formel IV (R = CH₃).
Nitrat $[C_8H_{14}N_5]NO_3$. B. Beim Behandeln von *trans*(?)-Diazendicarbamidin-dinitrat (E IV **3** 246) mit 2-Methyl-penta-1,3-dien und Pyridin in Methanol (*Wright et al.*, Canad. J. Chem. **30** [1952] 62, 69). − Kristalle (aus A.); F: 196,5−196,8° [korr.].
Picrat $[C_8H_{14}N_5]C_6H_2N_3O_7$. F: 253,5−254,2° [korr.].

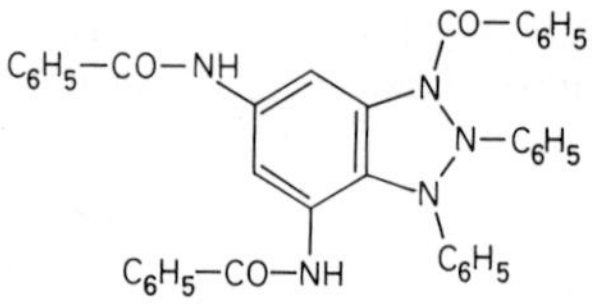

V 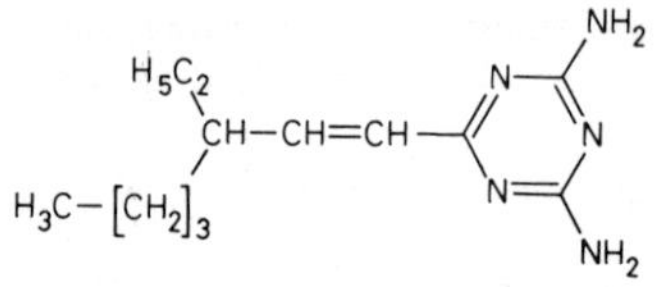   VI 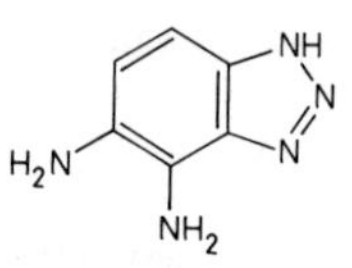   VII

*(±)-6-[3-Äthyl-hept-1-enyl]-[1,3,5]triazin-2,4-diyldiamin $C_{12}H_{21}N_5$, Formel VI.
B. Aus Biguanid und (±)-4-Äthyl-oct-2-ensäure-methylester (*Am. Cyanamid Co.*, U.S.P. 2461943 [1941]).
F: 99−101° [aus Acn.].

Diamine $C_nH_{2n-5}N_5$

1*H*-Benzotriazol-4,5-diyldiamin $C_6H_7N_5$, Formel VII und Taut. (H 331).
Dihydrochlorid. B. Aus 4-Phenylazo-1*H*-benzotriazol-5-ylamin-hydrochlorid, $SnCl_2$ und konz. wss. HCl (*Fieser, Martin*, Am. Soc. **57** [1935] 1844, 1848). − Gelbe Kristalle (aus wss. HCl).

2-Phenyl-2H-benzotriazol-4,5-diyldiamin $C_{12}H_{11}N_5$, Formel VIII (E II 185).

B. Beim Behandeln von 2-Phenyl-4-phenylazo-2H-benzotriazol-5-ylamin mit $SnCl_2 \cdot 2H_2O$ und wss.-äthanol. HCl (*Mužik, Allan,* Chem. Listy **48** [1954] 221, 224; Collect. **19** [1954] 953, 957; C A. **1955** 2426).

Kristalle (aus wss. A.); F: 127° [korr.].

2-Phenyl-2H-benzotriazol-5,6-diyldiamin $C_{12}H_{11}N_5$, Formel IX (R = X = H) (E I 104).

B. Aus der folgenden Verbindung beim Erwärmen mit wss. H_2SO_4 (*Mužik,* Collect. **23** [1958] 291, 302).

Kristalle (aus wss. A.); F: 244° [korr.].

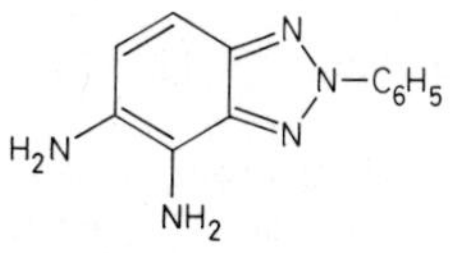

VIII 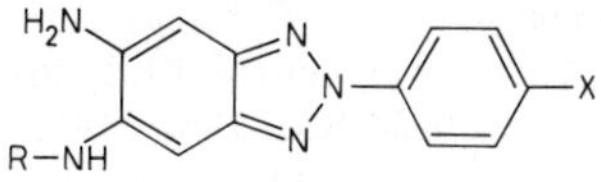   IX 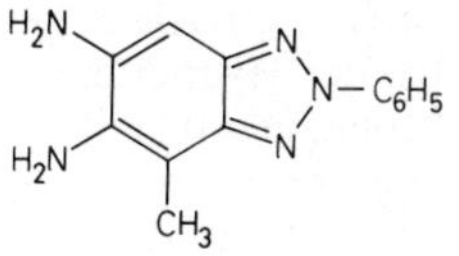   X

N-[6-Amino-2-phenyl-2H-benzotriazol-5-yl]-toluol-4-sulfonamid $C_{19}H_{17}N_5O_2S$, Formel IX (R = SO_2-C_6H_4-CH_3, X = H).

B. Aus Toluol-4-sulfonsäure-[2,4-diamino-5-phenylazo-anilid] durch Oxidation mit Luft in wss. NaOH unter Zusatz von $CuSO_4 \cdot 5H_2O$ oder mit wss.-ammoniakal. $CuSO_4$ (*Mužik,* Collect. **23** [1958] 291, 298).

Kristalle (aus Chlorbenzol); F: 208 – 212° [korr.].

4-[5-Amino-6-(toluol-4-sulfonylamino)-benzotriazol-2-yl]-benzolsulfonsäure $C_{19}H_{17}N_5O_5S_2$, Formel IX (R = SO_2-C_6H_4-CH_3, X = SO_2-OH).

B. Analog der vorangehenden Verbindung (*Mužik,* Collect. **23** [1958] 291, 300).

Kristalle mit 1,5 Mol H_2O.

4-Methyl-2-phenyl-2H-benzotriazol-5,6-diyldiamin $C_{13}H_{13}N_5$, Formel X.

B. Bei der Hydrierung von 4-Methyl-2-phenyl-6-phenylazo-2H-benzotriazol-5-ylamin an Raney-Nickel in Butan-1-ol bei 120 – 125°/62 at (*Mužik, Allan,* Chem. Listy **48** [1954] 221, 224; Collect. **19** [1954] 953, 957; C. A. **1955** 2426).

Kristalle (aus wss. A.); F: 211° [korr.].

6-Methyl-2-phenyl-2H-benzotriazol-4,5-diyldiamin $C_{13}H_{13}N_5$, Formel XI.

B. Beim Behandeln von 6-Methyl-2-phenyl-4-phenylazo-2H-benzotriazol-5-ylamin mit $SnCl_2 \cdot 2H_2O$ und wss.-äthanol. HCl (*Mužik, Allan,* Chem. Listy **48** [1954] 221, 225; Collect. **19** [1954] 953, 957; C. A. **1955** 2426).

Kristalle (aus wss. A.); F: 144° [korr.].

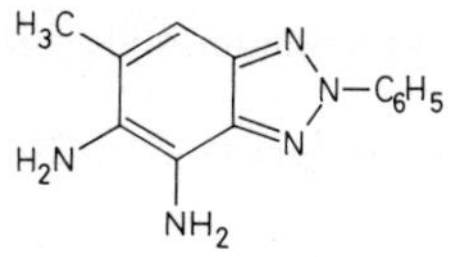

XI 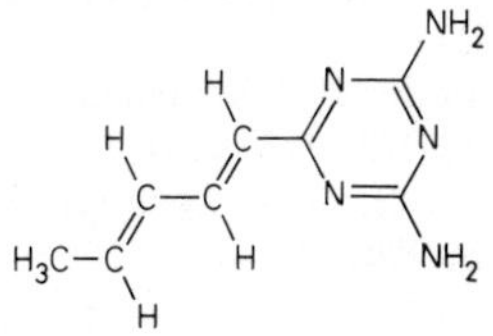   XII 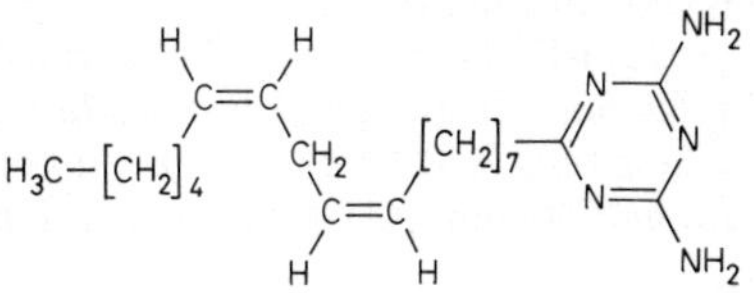   XIII

6-Penta-1,3t-dien-t-yl-[1,3,5]triazin-2,4-diyldiamin, Sorboguanamin $C_8H_{11}N_5$, Formel XII.

B. Aus Biguanid und Methylsorbat (*Am. Cyanamid Co.,* U.S.P. 2461943 [1941]).

Hellgelbe Kristalle (aus E.); F: 220°.

6-Heptadeca-8c,11c-dienyl-[1,3,5]triazin-2,4-diyldiamin, Linoleoguanamin $C_{20}H_{35}N_5$, Formel XIII.

B. Aus Biguanid und Linoloylchlorid (*Geigy A.G.*, U.S.P. 2447175 [1948]; *Am. Cyanamid Co.*, U.S.P. 2483986 [1941]).

Kristalle (aus Acn.); F: 94°.

Diamine $C_nH_{2n-7}N_5$

Diamine $C_7H_7N_5$

Benzo[e][1,2,4]triazin-3,7-diyldiamin $C_7H_7N_5$, Formel I.

B. Bei der Hydrierung von 7-Nitro-1-oxy-benzo[e][1,2,4]triazin-3-ylamin (S. 1128) an Palladium/Kohle in Äthanol (*Robbins, Schofield,* Soc. **1957** 3186, 3194).

Rote Kristalle (aus H_2O), die sich bei 250° dunkel und bei 260−262° schwarz färben.

Acetyl-Derivat $C_9H_9N_5O$. Gelbes Pulver (aus Eg.), das sich bei ca. 270° braun und > 293° schwarz färbt.

Pyrido[3,2-d]pyrimidin-2,4-diyldiamin $C_7H_7N_5$, Formel II (R = H).

B. Aus 2,4-Dichlor-pyrido[3,2-d]pyrimidin und NH_3 (*Robins, Hitchings,* Am. Soc. **78** [1956] 973, 975; *Oakes et al.,* Soc. **1956** 1045, 1052).

Kristalle (aus wss. A.); F: 317−319° [unkorr.] (*Ro., Hi.*), 318° (*Oa. et al.*). λ_{max} (wss. Lösung): 316 nm [pH 1] bzw. 235 nm und 340 nm [pH 11] (*Ro., Hi.,* l. c. S. 974).

N^2,N^2,N^4,N^4-Tetramethyl-pyrido[3,2-d]pyrimidin-2,4-diyldiamin $C_{11}H_{15}N_5$, Formel II (R = CH_3).

B. Aus 2,4-Dichlor-pyrido[3,2-d]pyrimidin und Dimethylamin (*Robins, Hitchings,* Am. Soc. **78** [1956] 973, 976).

Kristalle (aus Pentan); F: 65−66°. λ_{max} (wss. Lösung): 270 nm [pH 1] bzw. 276 nm und 360 nm [pH 11] (*Ro., Hi.,* l. c. S. 974).

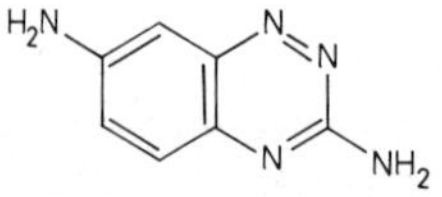

I 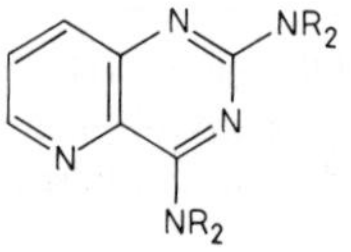   II 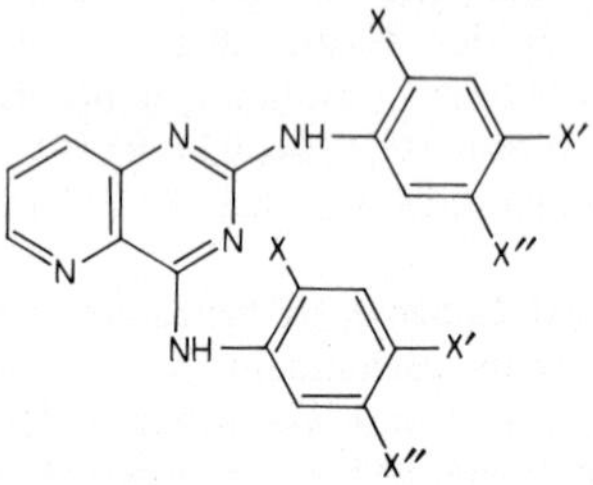   III

2,4-Dianilino-pyrido[3,2-d]pyrimidin, N^2,N^4-**Diphenyl-pyrido[3,2-d]pyrimidin-2,4-diyldiamin** $C_{19}H_{15}N_5$, Formel III (X = X' = X'' = H).

B. Aus 2,4-Dichlor-pyrido[3,2-d]pyrimidin oder 2-Chlor-pyrido[3,2-d]pyrimidin-4-ylamin und Anilin (*Robins, Hitchings,* Am. Soc. **78** [1956] 973, 975, 976).

Kristalle (aus A.); F: 168−170° [unkorr.]. λ_{max} (wss. Lösung): 333 nm [pH 1] bzw. 248 nm, 296 nm und 368 nm [pH 11] (*Ro., Hi.,* l. c. S. 974).

N^2,N^4-Bis-[2-chlor-phenyl]-pyrido[3,2-d]pyrimidin-2,4-diyldiamin $C_{19}H_{13}Cl_2N_5$, Formel III (X = Cl, X' = X'' = H).

B. Aus 2,4-Dichlor-pyrido[3,2-d]pyrimidin und 2-Chlor-anilin (*Robins, Hitchings,* Am. Soc. **78** [1956] 973, 975).

Kristalle; F: 143−145° [unkorr.]. λ_{max} (wss. Lösung): 330 nm [pH 1] bzw. 240 nm, 288 nm und 360 nm [pH 11] (*Ro., Hi.,* l. c. S. 974).

N^2,N^4-**Bis-[4-chlor-phenyl]-pyrido[3,2-*d*]pyrimidin-2,4-diyldiamin** $C_{19}H_{13}Cl_2N_5$, Formel III
(X = X'' = H, X' = Cl).
  B. Analog der vorangehenden Verbindung (*Robins, Hitchings*, Am. Soc. **78** [1956] 973, 975).
Kristalle; F: 215 – 217° [unkorr.].

N^2,N^4-**Bis-[2,5-dimethyl-phenyl]-pyrido[3,2-*d*]pyrimidin-2,4-diyldiamin** $C_{23}H_{23}N_5$, Formel III
(X = X'' = CH$_3$, X' = H).
  B. Analog den vorangehenden Verbindungen (*Robins, Hitchings*, Am. Soc. **78** [1956] 973,
975).
  Kristalle; F: 176 – 178° [unkorr.]. λ_{max} (wss. Lösung): 327 nm [pH 1] bzw. 240 nm, 282 nm
und 368 nm [pH 11] (*Ro., Hi.*, l. c. S. 974).

Pyrido[2,3-*d*]pyrimidin-2,4-diyldiamin $C_7H_7N_5$, Formel IV (R = R' = H).
  B. Aus 2,4-Dichlor-pyrido[2,3-*d*]pyrimidin und NH$_3$ (*Robins, Hitchings*, Am. Soc. **77** [1955]
2256, 2259; *Oakes et al.*, Soc. **1956** 1045, 1053).
  Kristalle; F: 356° [Zers.; aus wss.-äthanol. NaOH] (*Ro., Hi.*), 342° [aus wss. A.] (*Oa. et al.*).
λ_{max} (wss. Lösung): 266 nm und 313 nm [pH 1] bzw. 245 nm [pH 11] (*Ro., Hi.*, l. c. S. 2258).

N^2,N^2,N^4,N^4-**Tetramethyl-pyrido[2,3-*d*]pyrimidin-2,4-diyldiamin** $C_{11}H_{15}N_5$, Formel IV
(R = R' = CH$_3$).
  B. Aus 2,4-Dichlor-pyrido[2,3-*d*]pyrimidin und Dimethylamin (*Robins, Hitchings*, Am. Soc.
77 [1955] 2256, 2260).
  Kristalle (aus Heptan); F: 97 – 99°.

2,4-Dianilino-pyrido[2,3-*d*]pyrimidin, N^2,N^4-Diphenyl-pyrido[2,3-*d*]pyrimidin-2,4-diyldiamin
$C_{19}H_{15}N_5$, Formel IV (R = C$_6$H$_5$, R' = H).
  B. Analog der vorangehenden Verbindung (*Robins, Hitchings*, Am. Soc. **77** [1955] 2256,
2260).
  Hellgrüne Kristalle (aus wss. A.); F: 235 – 237° [unkorr.].

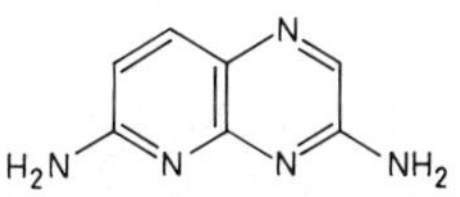

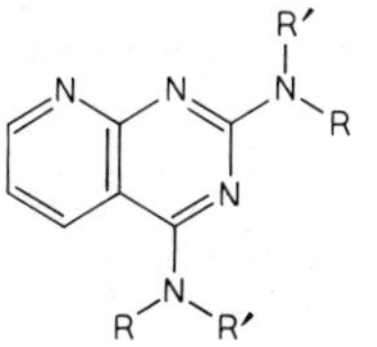

Pyrido[2,3-*b*]pyrazin-3,6-diyldiamin $C_7H_7N_5$, Formel V.
  B. Beim Erhitzen von 3,6-Diamino-pyrido[2,3-*b*]pyrazin-2-carbonsäure mit Kupfer-Pulver
in Chinolin (*Osdene, Timmis*, Soc. **1955** 2032, 2034).
  Hellgelbes Pulver (nach Sublimation bei 220°/1 Torr); F: 238°. λ_{max} (wss. HCl [1 n]): 208 nm,
249 nm, 295 nm, 364 nm und 382 nm (*Os., Ti.*, l. c. S. 2033).
  Picrat $C_7H_7N_5 \cdot C_6H_3N_3O_7$. Orangefarbene Kristalle (aus wss. A.); F: 260° [Zers.].
  Diacetyl-Derivat $C_{11}H_{11}N_5O_2$; 3,6-Bis-acetylamino-pyrido[2,3-*b*]pyrazin, N,N'-
Pyrido[2,3-*b*]pyrazin-3,6-diyl-bis-acetamid. Kristalle (aus H$_2$O); F: 300°.

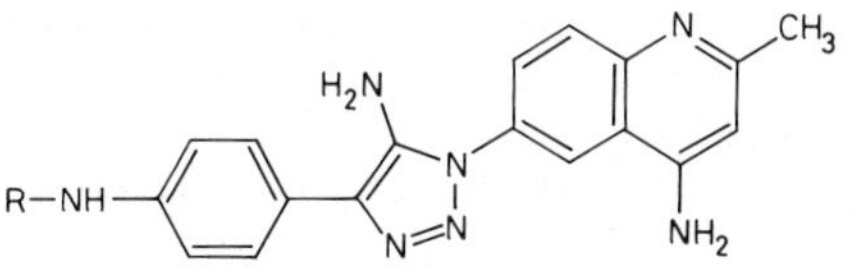

Diamine $C_8H_9N_5$

**3-[4-Amino-2-methyl-[6]chinolyl]-5-[4-amino-phenyl]-3*H*-[1,2,3]triazol-4-ylamin, 6-[5-Amino-
4-(4-amino-phenyl)-[1,2,3]triazol-1-yl]-2-methyl-[4]chinolylamin** $C_{18}H_{17}N_7$, Formel VI
(R = H).
  B. Aus 6-Azido-2-methyl-[4]chinolylamin und [4-Amino-phenyl]-acetonitril unter Zusatz von
Natriumäthylat (*Farbw. Hoechst*, D.B.P. 947552 [1944]).
  Kristalle (aus A.); F: 161°.

3-[4-Amino-2-methyl-[6]chinolyl]-5-[4-guanidino-phenyl]-3H-[1,2,3]triazol-4-ylamin, {4-[5-Amino-1-(4-amino-2-methyl-[6]chinolyl)-1H-[1,2,3]triazol-4-yl]-phenyl}-guanidin $C_{19}H_{19}N_9$, Formel VI (R = C(NH$_2$)=NH) und Taut.

B. Analog der vorangehenden Verbindung (*Farbw. Hoechst*, D.B.P. 950637 [1944]). Aus dem Hydrochlorid der vorangehenden Verbindung und Cyanamid (*Farbw. Hoechst*, D.B.P. 947552 [1944]).

Kristalle (aus wss. A.); F: 193 — 194° [Zers.] (*Farbw. Hoechst*, D.B.P. 947552).

2,4-Bis-[2,4-diamino-phenyl]-2H-[1,2,3]triazol(?), 4,4′-[1,2,3]Triazol-2,4-diyl-bis-m-phenylen-diamin(?) $C_{14}H_{15}N_7$, vermutlich Formel VII.

B. Beim Erhitzen von 2,4-Bis-[2,4-dinitro-phenyl]-2H-[1,2,3]triazol (?; S. 169) mit Eisen-Pulver und konz. wss. HCl in Essigsäure (*Ghigi, Pozzo-Balbi*, G. **71** [1941] 228, 233).

Kristalle (aus H$_2$O) mit 1 Mol H$_2$O; F: 132 — 135° und (nach Wiedererstarren) F: 182°.

1H-Benzo[f][1,3,5]triazepin-2,4-diyldiamin $C_8H_9N_5$, Formel VIII (R = X = H) und Taut.

B. Beim Erwärmen der Natrium-Verbindung des Cyanguanidins mit o-Phenylendiamin und wss. HCl (*King et al.*, Soc. **1948** 1366, 1371).

Hellbraune Kristalle (aus wss. A.) mit 0,25 Mol H$_2$O; F: 191° [Zers.].

Nitrat $C_8H_9N_5 \cdot HNO_3$. Kristalle (aus H$_2$O); F: 269° [Zers.].

Picrat $C_8H_9N_5 \cdot C_6H_3N_3O_7$. Gelbe Kristalle (aus wss. A.); F: 268° [Zers.].

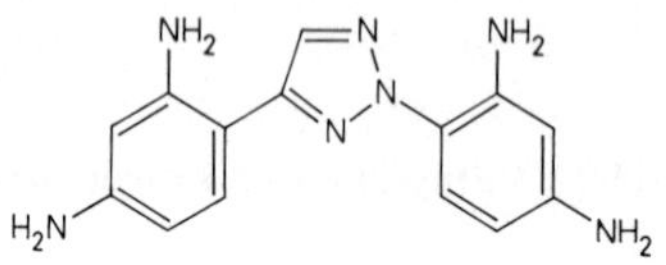

VII 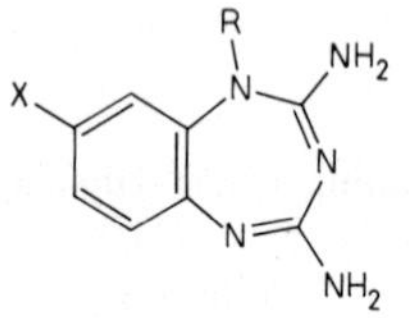   VIII 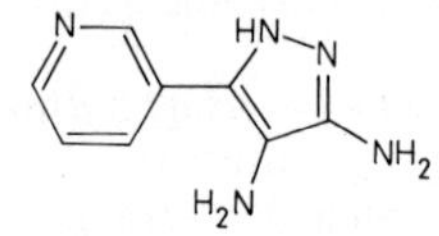   IX

1-Methyl-1H-benzo[f][1,3,5]triazepin-2,4-diyldiamin $C_9H_{11}N_5$, Formel VIII (R = CH$_3$, X = H) und Taut.

B. Aus N-Methyl-2-nitro-anilin bei der Hydrierung an Raney-Nickel in Methanol und anschliessenden Umsetzung mit Cyanguanidin (*Acheson, Taylor*, Soc. **1956** 4727, 4728, 4729).

Sulfat $C_9H_{11}N_5 \cdot H_2SO_4$. Kristalle (aus wss. A.) mit 2 Mol H$_2$O; F: 252° [Zers.; nach Erweichen bei ca. 230°].

Dipicrat $C_9H_{11}N_5 \cdot 2C_6H_3N_3O_7$. Gelbe Kristalle (aus Me.); F: 216 — 217° [Zers.].

Die folgenden Verbindungen sind in analoger Weise hergestellt worden:

7-Chlor-1H-benzo[f][1,3,5]triazepin-2,4-diyldiamin $C_8H_8ClN_5$, Formel VIII (R = H, X = Cl) und Taut. Sulfat $2C_8H_8ClN_5 \cdot H_2SO_4$. Kristalle (aus H$_2$O) mit 1 Mol H$_2$O; F: 274° [Zers.]. — Picrat $C_8H_8ClN_5 \cdot C_6H_3N_3O_7$. Gelbe Kristalle (aus Me.); F: 263 — 264°.

1-Äthyl-8-chlor-1H-benzo[f][1,3,5]triazepin-2,4-diyldiamin $C_{10}H_{12}ClN_5$, Formel VIII (R = C$_2$H$_5$, X = Cl) und Taut. Sulfat $C_{10}H_{12}ClN_5 \cdot H_2SO_4$. Kristalle (aus wss. A.) mit 2,5 Mol H$_2$O; F: 107 — 115° und (nach H$_2$O-Abgabe und Wiedererstarren) Zers. bei ca. 170 — 180°. — Dipicrat $C_{10}H_{12}ClN_5 \cdot 2C_6H_3N_3O_7$. Gelbe Kristalle (aus wss. A.); F: 195 — 196° [Zers.; nach Sintern bei ca. 190°].

8-Chlor-1-isopropyl-1H-benzo[f][1,3,5]triazepin-2,4-diyldiamin $C_{11}H_{14}ClN_5$, Formel VIII (R = CH(CH$_3$)$_2$, X = Cl) und Taut. Sulfat $C_{11}H_{14}ClN_5 \cdot H_2SO_4$. Kristalle (aus wss. A.); F: 175 — 177° [Zers.]. — Dipicrat $C_{11}H_{14}ClN_5 \cdot 2C_6H_3N_3O_7$. Gelbe Kristalle (aus A.) mit 1 Mol Äthanol; F: 208 — 210° [Zers.; nach Sintern bei ca. 180°].

5-[3]Pyridyl-1(2)H-pyrazol-3,4-diyldiamin $C_8H_9N_5$, Formel IX und Taut.

B. Aus 3-[4,5-Dinitro-1(2)H-pyrazol-3-yl]-pyridin mit Hilfe von Na$_2$S$_2$O$_4$ (*Lund*, Soc. **1935** 418).

Dihydrochlorid $C_8H_9N_5 \cdot 2HCl$. Kristalle (aus wss.-äthanol. HCl).

6-Methyl-pyrido[3,2-*d*]pyrimidin-2,4-diyldiamin $C_8H_9N_5$, Formel X.

B. Beim Erhitzen von 2,4-Dichlor-6-methyl-pyrido[3,2-*d*]pyrimidin oder 2-Chlor-6-methyl-pyrido[3,2-*d*]pyrimidin-4-ylamin mit äthanol. NH_3 auf 170° (*Oakes, Rydon,* Soc. **1956** 4433, 4437).

Kristalle (aus A. + Bzl.); F: 241°.

Hydrobromid $C_8H_9N_5 \cdot HBr$. F: 285°.

7-Methyl-pyrido[2,3-*d*]pyrimidin-2,4-diyldiamin $C_8H_9N_5$, Formel XI.

B. Beim Erhitzen von 2,4-Dichlor-7-methyl-pyrido[2,3-*d*]pyrimidin mit äthanol. NH_3 auf 155° (*Robins, Hitchings,* Am. Soc. **80** [1958] 3449, 3456).

Hellrosafarbene Kristalle (aus wss. A.); F: 315° [unkorr.; Zers.; auf ca. 305 − 310° vorgeheizter App.]. λ_{max} (wss. Lösung): 313 nm und 362 nm [pH 1] bzw. 265 nm und 338 nm [pH 10,7] (*Ro., Hi.,* l. c. S. 3454).

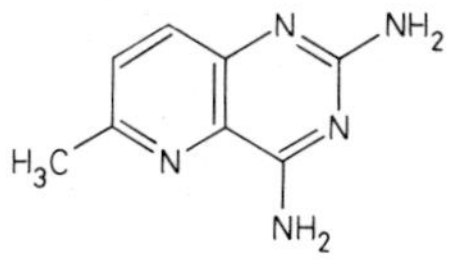

X 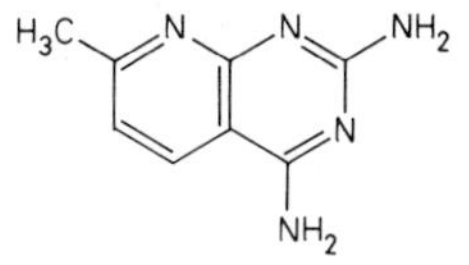   XI 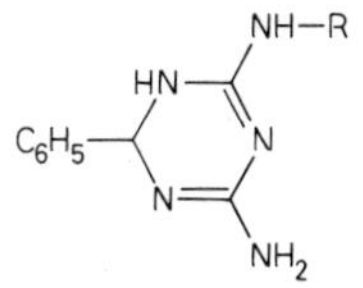   XII

Diamine $C_9H_{11}N_5$

6-Phenyl-1,6-dihydro-[1,3,5]triazin-2,4-diyldiamin $C_9H_{11}N_5$, Formel XII (R = H) und Taut.

B. Aus Biguanid und Benzaldehyd (*Am. Cyanamid Co.,* U.S.P. 2515166 [1946]).

Kristalle; F: 176 − 181°.

(±)-1,6-Diphenyl-1,6-dihydro-[1,3,5]triazin-2,4-diyldiamin $C_{15}H_{15}N_5$, Formel XIII (X = X′ = X″ = H) und Taut.

B. Aus Cyanguanidin, Anilin-hydrochlorid und Benzaldehyd (*Carrington et al.,* Soc. **1954** 1017, 1030, 1031; *Modest,* J. org. Chem. **21** [1956] 1, 8). Beim Erwärmen von 1-Phenyl-biguanid mit Benzaldehyd in Äthanol unter Zusatz von Piperidin (*Modest, Levine,* J. org. Chem. **21** [1956] 14, 19, 20). Beim Erwärmen von Cyanguanidin mit Benzylidenanilin in wss. HCl (*Ca. et al.*).

Kristalle; F: 158 − 162° [korr.] (*Mo., Le.*).

Hydrochlorid $C_{15}H_{15}N_5 \cdot HCl$. Kristalle (aus H_2O); F: 232 − 233° bzw. 221 − 224° [2 Präparate] (*Ca. et al.*), 215 − 220° [korr.; Zers.] (*Mo.; Mo., Le.*). λ_{max}: 251 nm [H_2O] (*Mo., Le.*) bzw. 249 nm [wss. HCl (0,01 n)] (*Ca. et al*).

(±)-1-[4-Chlor-phenyl]-6-phenyl-1,6-dihydro-[1,3,5]triazin-2,4-diyldiamin $C_{15}H_{14}ClN_5$, Formel XIII (X = X″ = H, X′ = Cl) und Taut.

Hydrochlorid $C_{15}H_{14}ClN_5 \cdot HCl$. *B.* Aus Cyanguanidin, 4-Chlor-anilin-hydrochlorid und Benzaldehyd (*Modest,* J. org. Chem. **21** [1956] 1, 8). Beim Erwärmen von 1-[4-Chlor-phenyl]-biguanid mit Benzaldehyd und wss.-äthanol. HCl (*Modest, Levine,* J. org. Chem. **21** [1956] 14, 19; *ICI.,* D.B.P. 879696 [1951]; U.S.P. 2803628 [1951]). − Kristalle (aus H_2O); F: 241° (*ICI*), 217 − 221° [korr.; Zers.] (*Mo.,* l. c. S. 8). λ_{max} (H_2O): 251 nm (*Mo.,* l. c. S. 6).

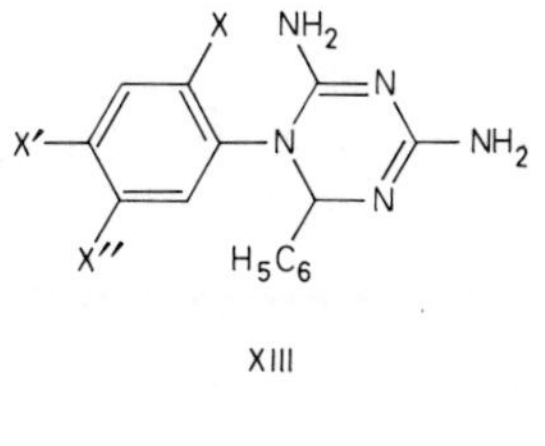

XIII 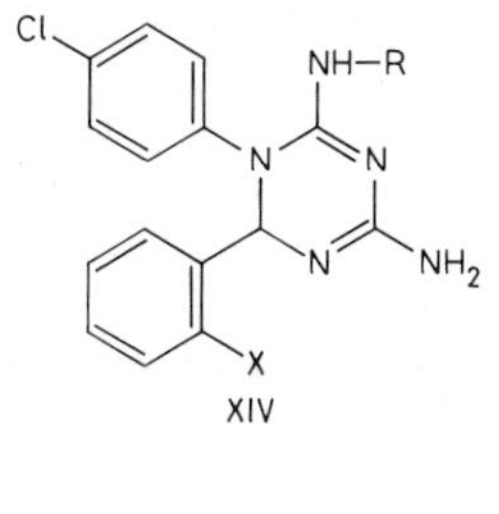   XIV 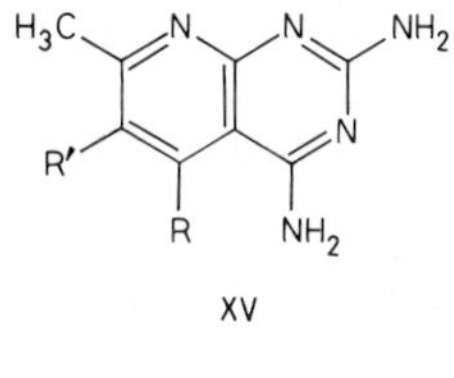   XV

(±)-1-[2,4-Dichlor-phenyl]-6-phenyl-1,6-dihydro-[1,3,5]triazin-2,4-diyldiamin $C_{15}H_{13}Cl_2N_5$, Formel XIII (X = X' = Cl, X'' = H) und Taut.

Hydrochlorid $C_{15}H_{13}Cl_2N_5 \cdot HCl$. *B.* Aus Cyanguanidin, 2,4-Dichlor-anilin-hydrochlorid und Benzaldehyd (*Modest, J. org. Chem.* **21** [1956] 1, 8, 9, 10). – Kristalle (aus H_2O); F: 217–221° [korr.; Zers.].

Die folgenden Verbindungen sind in analoger Weise hergestellt worden:

(±)-1-[2,5-Dichlor-phenyl]-6-phenyl-1,6-dihydro-[1,3,5]triazin-2,4-diyldiamin $C_{15}H_{13}Cl_2N_5$, Formel XIII (X = X'' = Cl, X' = H) und Taut. Hydrochlorid $C_{15}H_{13}Cl_2N_5 \cdot HCl$. Kristalle (aus H_2O); F: 211–216° [korr.; Zers.].

(±)-1-[3,4-Dichlor-phenyl]-6-phenyl-1,6-dihydro-[1,3,5]triazin-2,4-diyldiamin $C_{15}H_{13}Cl_2N_5$, Formel XIII (X = H, X' = X'' = Cl) und Taut. Hydrochlorid $C_{15}H_{13}Cl_2N_5 \cdot HCl$. Kristalle (aus H_2O); F: 213–217° [korr.; Zers.].

(±)-1-[4-Chlor-phenyl]-N^2-methyl-6-phenyl-1,6-dihydro-[1,3,5]triazin-2,4-diyl≈ diamin $C_{16}H_{16}ClN_5$, Formel XIV (R = CH_3, X = H) und Taut. Hydrochlorid $C_{16}H_{16}ClN_5 \cdot HCl$. Kristalle (aus H_2O); F: 186–194° [korr.; Zers.]. λ_{max} (H_2O): 251 nm.

(±)-6-[2-Chlor-phenyl]-1-[4-chlor-phenyl]-1,6-dihydro-[1,3,5]triazin-2,4-diyldi≈ amin $C_{15}H_{13}Cl_2N_5$, Formel XIV (R = H, X = Cl) und Taut. Hydrochlorid $C_{15}H_{13}Cl_2N_5 \cdot HCl$. Kristalle (aus H_2O); F: 221–224° [korr.; Zers.].

(±)-6,N^2-Diphenyl-1,6-dihydro-[1,3,5]triazin-2,4-diyldiamin $C_{15}H_{15}N_5$, Formel XII (R = C_6H_5) und Taut.

B. Beim Erwärmen von 1-Phenyl-biguanid mit Benzaldehyd in Gegenwart von Piperidin in Äthanol (*Modest, Levine, J. org. Chem.* **21** [1956] 14, 20). Beim Erwärmen von (±)-1,6-Di≈ phenyl-1,6-dihydro-[1,3,5]triazin-2,4-diyldiamin mit Äthanol (*Mo., Le.*). Kristalle (aus A.) mit 1 Mol Äthanol; F: 174–178° [korr.]. λ_{max} (H_2O): 253 nm. Hydrochlorid $C_{15}H_{15}N_5 \cdot HCl$. Kristalle (aus wss. A.); F: 213–221° [korr.].

5,7-Dimethyl-pyrido[2,3-d]pyrimidin-2,4-diyldiamin $C_9H_{11}N_5$, Formel XV (R = CH_3, R' = H).

B. Beim Erhitzen von Pyrimidin-2,4,6-triyltriamin mit Pentan-2,4-dion und wss. H_3PO_4 (*Robins, Hitchings, Am. Soc.* **80** [1958] 3449, 3456). Beim Erhitzen von 2,4-Dichlor-5,7-dimethyl-pyrido[2,3-d]pyrimidin mit äthanol. NH_3 auf 155° (*Ro., Hi.*).

Kristalle (aus A.); F: 305–306° [unkorr.; auf ca. 295–300° vorgeheizter App.]. λ_{max} (wss. Lösung): 313 nm und 356 nm [pH 1] bzw. 337 nm [pH 10,7] (*Ro., Hi.,* l. c. S. 3454).

6,7-Dimethyl-pyrido[2,3-d]pyrimidin-2,4-diyldiamin $C_9H_{11}N_5$, Formel XV (R = H, R' = CH_3).

B. Analog der vorangehenden Verbindung (*Robins, Hitchings, Am. Soc.* **80** [1958] 3449, 3453, 3456).

Hellorangefarbene Kristalle (aus wss. A.); F: 350–360° [unkorr.; Zers.; auf ca. 340–345° vorgeheizter App.].

> **Diamine $C_{10}H_{13}N_5$**

(±)-5-[α-Amino-phenäthyl]-1H-[1,2,4]triazol-3-ylamin $C_{10}H_{13}N_5$, Formel I und Taut.

B. Beim Erhitzen des Acetyl-Derivats (s. u.) mit wss. HCl (*Biemann, Bretschneider, M.* **89** [1958] 597, 609, 610).

Hydrochlorid $C_{10}H_{13}N_5 \cdot HCl$. *B.* Aus dem Dihydrochlorid bei 150°/3 Torr (*Bi., Br.*). – F: 277–280°. pH-Wert einer wss. Lösung [1%ig]: 4,85 (*Bi., Br.,* l. c. S. 605, 610).

Dihydrochlorid $C_{10}H_{13}N_5 \cdot 2HCl$. F: 277–280° [Zers.; aus A.+Ae.] (*Bi., Br.,* l. c. S. 605, 610). pH-Wert einer wss. Lösung [1%ig]: 2,15.

Acetyl-Derivat $C_{12}H_{15}N_5O$; (±)-N-[α-(5-Amino-1H-[1,2,4]triazol-3-yl)-phen≈ äthyl]-acetamid. *B.* Aus S-Methyl-isothioharnstoff und N-Acetyl-DL-phenylalanin-hydrazid

(*Bi., Br.*). − Kristalle (aus H$_2$O); F: 159−161° und (nach Wiedererstarren bei 180°): F: 235−238°.

7-Äthyl-6-methyl-pyrido[2,3-*d*]pyrimidin-2,4-diyldiamin C$_{10}$H$_{13}$N$_5$, Formel II (R = H, R′ = C$_2$H$_5$).

B. Beim Erhitzen von Pyrimidin-2,4,6-triyltriamin mit 2-Methyl-3-oxo-valeraldehyd und wss. H$_3$PO$_4$ (*Robins, Hitchings,* Am. Soc. **80** [1958] 3449, 3453).

Kristalle (aus A.); F: 304−305° [unkorr.; auf ca. 295−300° vorgeheizter App.].

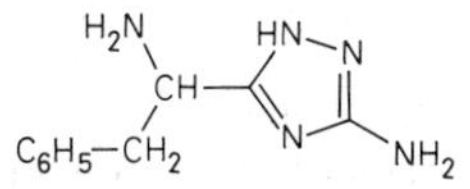

I 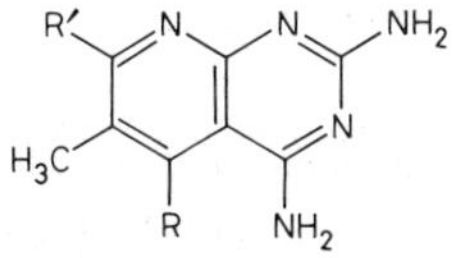   II 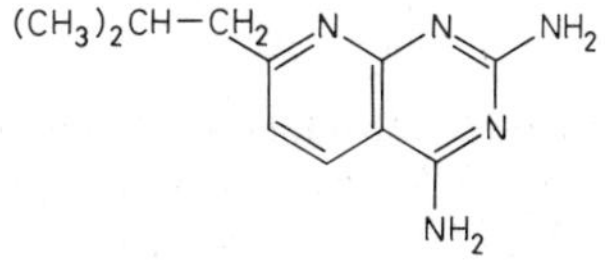   III

5,6,7-Trimethyl-pyrido[2,3-*d*]pyrimidin-2,4-diyldiamin C$_{10}$H$_{13}$N$_5$, Formel II (R = R′ = CH$_3$).

B. Aus 5,6,7-Trimethyl-1*H*-pyrido[2,3-*d*]pyrimidin-2,4-dion bei der aufeinanderfolgenden Umsetzung mit POCl$_3$ und mit äthanol. NH$_3$ (*Burroughs Wellcome & Co.*, U.S.P. 2749344 [1953]).

F: 314° (*Burroughs*). λ_{max} (wss. Lösung): 280 nm, 330 nm und 362 nm [pH 1] bzw. 342 nm [pH 10,7] (*Robins, Hitchings,* Am. Soc. **80** [1958] 3449, 3455).

Diamine C$_{11}$H$_{15}$N$_5$

7-Isobutyl-pyrido[2,3-*d*]pyrimidin-2,4-diyldiamin C$_{11}$H$_{15}$N$_5$, Formel III.

B. Beim Erhitzen von Pyrimidin-2,4,6-triyltriamin mit 5-Methyl-3-oxo-hexanal und wss. H$_3$PO$_4$ (*Robins, Hitchings,* Am. Soc. **80** [1958] 3449, 3453).

Kristalle (aus A.); F: 302−304° [unkorr.; auf ca. 290−295° vorgeheizter App.].

Diamine C$_{12}$H$_{17}$N$_5$

7-Butyl-6-methyl-pyrido[2,3-*d*]pyrimidin-2,4-diyldiamin C$_{12}$H$_{17}$N$_5$, Formel IV (R = H, R′ = C$_2$H$_5$).

B. Analog der vorangehenden Verbindung (*Robins, Hitchings,* Am. Soc. **80** [1958] 3449, 3453).

Kristalle (aus wss. A.); F: 275−278° [unkorr.; Zers.; auf ca. 265−270° vorgeheizter App.].

6-Äthyl-7-propyl-pyrido[2,3-*d*]pyrimdin-2,4-diyldiamin C$_{12}$H$_{17}$N$_5$, Formel IV (R = R′ = CH$_3$).

B. Beim Erhitzen von Pyrimidin-2,4,6-triyltriamin mit der Natrium-Verbindung des 2-Äthyl-3-oxo-hexanals und wss. H$_3$PO$_4$ (*Burroughs Wellcome & Co.*, U.S.P. 2749344 [1953]).

Kristalle (aus A.); F: 197° (*Burroughs*). λ_{max} (wss. Lösung): 325 nm und 373 nm [pH 1] bzw. 345 nm [pH 10,7] (*Robins, Hitchings,* Am. Soc. **80** [1958] 3449, 3454).

Diamine C$_{14}$H$_{21}$N$_5$

7-Butyl-6-propyl-pyrido[2,3-*d*]pyrimidin-2,4-diyldiamin C$_{14}$H$_{21}$N$_5$, Formel IV (R = R′ = C$_2$H$_5$).

B. Beim Erhitzen von Pyrimidin-2,4,6-triyltriamin mit 3-Oxo-2-propyl-heptanal und wss. H$_3$PO$_4$ (*Robins, Hitchings,* Am. Soc. **80** [1958] 3449, 3453).

Kristalle (aus wss. A.); F: 195−197° [unkorr.; auf ca. 185−190° vorgeheizter App.].

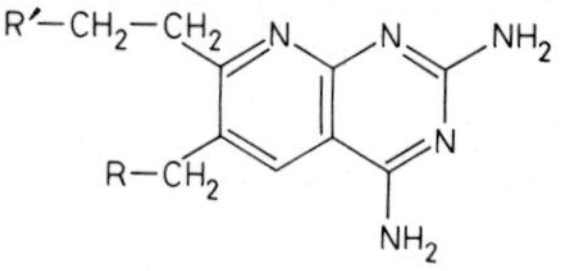

IV 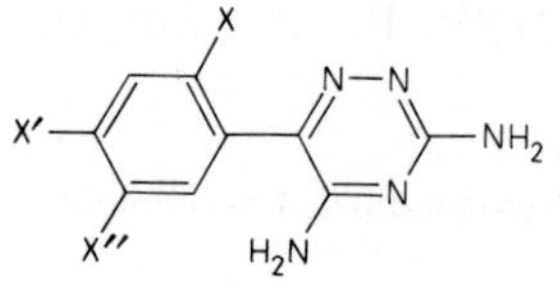   V 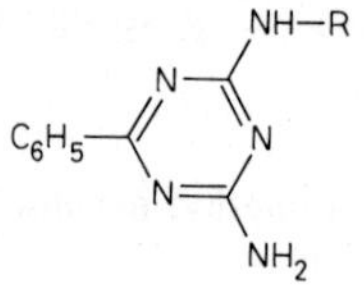   VI

Diamine $C_nH_{2n-9}N_5$

Diamine $C_9H_9N_5$

6-Phenyl-[1,2,4]triazin-3,5-diyldiamin $C_9H_9N_5$, Formel V (X = X′ = X″ = H).

B. Aus 3-Methylmercapto-6-phenyl-4*H*-[1,2,4]triazin-5-on bei aufeinanderfolgender Umsetzung mit POCl$_3$ und mit NH$_3$ (*Wellcome Found.*, D.B.P. 951996 [1953]).

Kristalle (aus wss. A.); F: 206°.

Die folgenden Verbindungen sind in analoger Weise hergestellt worden:

6-[4-Chlor-phenyl]-[1,2,4]triazin-3,5-diyldiamin $C_9H_8ClN_5$,   Formel V
(X = X″ = H, X′ = Cl). Kristalle (aus wss. A.); F: 218−220° (*Wellcome Found.*; s. a. *Hitchings et al.*, Am. Soc. **74** [1952] 3200).

6-[2,4-Dichlor-phenyl]-[1,2,4]triazin-3,5-diyldiamin $C_9H_7Cl_2N_5$,   Formel V
(X = X′ = Cl, X″ = H). Kristalle (aus wss. A.); F: 220−222° (*Wellcome Found.*).

6-[3,4-Dichlor-phenyl]-[1,2,4]triazin-3,5-diyldiamin $C_9H_7Cl_2N_5$, Formel V (X = H,
X′ = X″ = Cl). Kristalle (aus wss. A.); F: 219−220° (*Wellcome Found.*; s. a. *Hi. et al.*).

6-Phenyl-[1,3,5]triazin-2,4-diyldiamin, Benzoguanamin $C_9H_9N_5$, Formel VI (R = H)
(E I 69).

B. Aus Cyanguanidin und Benzonitril mit Hilfe von Piperidin (*I.G. Farbenind.*, D.R.P. 731309
[1940]; D.R.P. Org. Chem. **6** 2630; *Zerweck, Brunner*, U.S.P. 2302162 [1941]), von wss. KOH
(*Allied Chem. & Dye Corp.*, U.S.P. 2684366 [1949]) sowie von NH$_3$ und methanol. oder wss.
NaOH (*British Oxygen Co.*, D.B.P. 965489 [1955]; U.S.P. 2735850 [1950], 2792395 [1955]).
Beim Erhitzen von Benzonitril mit Harnstoff und NH$_3$ auf 300° (*Am. Cyanamid Co.*,
U.S.P. 2527314 [1946]). Beim Erhitzen von *N*-Benzoyl-*N′*-cyan-guanidin mit Cyanamid in H$_2$O
(*Adams et al.*, J. org. Chem. **18** [1953] 934, 940).

Kristalle; F: 228° (*Allied Chem.*), 227−228° [aus 2-Methoxy-äthanol] (*Simons, Saxton*, Org.
Synth. **33** [1953] 13), 227° (*British Oxygen Co.*, U.S.P. 2735850). E: 227,0° [extrapoliert] (*Witschonke*, Anal. Chem. **26** [1954] 562).

Hydrochlorid $C_9H_9N_5 \cdot HCl$. Kristalle (aus wss. A.) mit 1 Mol H$_2$O; F: 246−247° [Zers.]
(*Nachod, Steck*, Am. Soc. **70** [1948] 2818 Anm. 11). UV-Spektrum (A., H$_2$O, wss. HCl [0,01 n]
sowie wss. NaOH [0,01 n]; 200−300 nm): *Na., St.*

Sulfat $2C_9H_9N_5 \cdot H_2SO_4$. Kristalle (aus wss. H$_2$SO$_4$) mit 3 Mol H$_2$O (*Rehnelt*, M. **84**
[1953] 809, 813).

4-Hydroxy-5-isopropyl-2-methyl-benzolsulfonat $C_9H_9N_5 \cdot C_{10}H_{14}O_4S$. Kristalle;
F: 226−230° (*Re.*, l. c. S. 811, 813).

N^2-Allyl-6-phenyl-[1,3,5]triazin-2,4-diyldiamin $C_{12}H_{13}N_5$, Formel VI (R = CH$_2$-CH=CH$_2$).

B. Aus 1-Allyl-biguanid und Methylbenzoat unter Zusatz von Natriummethylat (*Am.
Cyanamid Co.*, U.S.P. 2427314 [1941]).

Kristalle (aus A.); F: 115−116°.

6,N^2-Diphenyl-[1,3,5]triazin-2,4-diyldiamin $C_{15}H_{13}N_5$, Formel VI (R = C$_6$H$_5$).

B. Aus 1-Phenyl-biguanid und Methylbenzoat unter Zusatz von Natriummethylat oder NaOH
(*Am. Cyanamid Co.*, U.S.P. 2309663 [1941], 2344784 [1941], 2427314 [1941]).

Kristalle (aus Toluol); F: 199−201°.

2,4-Bis-aziridin-1-yl-6-phenyl-[1,3,5]triazin $C_{13}H_{13}N_5$, Formel VII.

B. Aus Dichlor-phenyl-[1,3,5]triazin und Aziridin in Gegenwart von Triäthylamin (*Schaefer et al.*, Am. Soc. **77** [1955] 5918, 5921).

Kristalle (aus Bzl. + Heptan); F: 142° [korr.; Zers.].

N^2-[2,5-Diäthoxy-phenyl]-6-phenyl-[1,3,5]triazin-2,4-diyldiamin $C_{19}H_{21}N_5O_2$, Formel VIII (X = H).

Bezüglich der Konstitution vgl. die Angaben im Artikel N^2-Phenyl-[1,3,5]triazin-2,4-diyldi≠ amin (S. 1195).

B. Beim Erhitzen von 1-[2,5-Diäthoxy-phenyl]-biguanid mit Benzoesäure-anhydrid auf 140° (*Kalle & Co.*, D.B.P. 838691 [1949]).

Kristalle (aus A.); F: 148°.

N^2-[2,5-Diäthoxy-4-nitro-phenyl]-6-phenyl-[1,3,5]triazin-2,4-diyldiamin $C_{19}H_{20}N_6O_4$, Formel VIII (X = NO$_2$).

B. Aus der vorangehenden Verbindung und HNO$_3$ (*Kalle & Co.*, D.B.P. 838691 [1949]).

F: 183°.

N^2,N^4-Bis-[9,10-dioxo-9,10-dihydro-[1]anthryl]-6-phenyl-[1,3,5]triazin-2,4-diyldiamin, 1,1'-[6-Phenyl-[1,3,5]triazin-2,4-diyldiamino]-di-anthrachinon $C_{37}H_{21}N_5O_4$, Formel IX (R = C_6H_5, X = H).

B. Aus Dichlor-phenyl-[1,3,5]triazin und 1-Amino-anthrachinon (*I.G. Farbenind.*, D.R.P. 590163 [1930]; Frdl. **19** 2045, 2047; *Gen. Aniline Works*, U.S.P. 1994602 [1931]).

Gelbe Kristalle (aus A.).

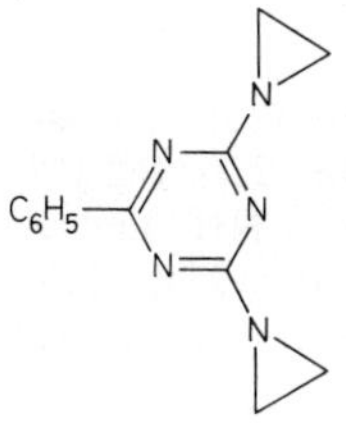

VII 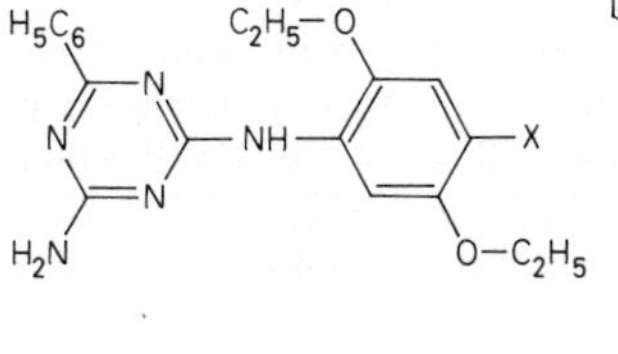   VIII 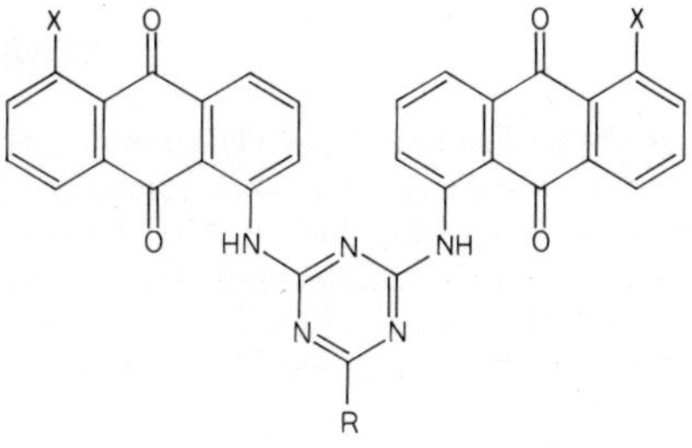   IX

N^2,N^2,N^4,N^4-Tetrakis-[2-carboxy-äthyl]-6-phenyl-[1,3,5]triazin-2,4-diyldiamin, 3,3',3'',3'''-[6-Phenyl-[1,3,5]triazin-2,4-diyldiimino]-tetra-propionsäure $C_{21}H_{25}N_5O_8$, Formel X (R = CH$_2$-CH$_2$-CO-OH, X = H).

B. Beim Erhitzen der folgenden Verbindung mit wss. NaOH (*Rohm & Haas Co.*, U.S.P. 2577477 [1950]).

Kristalle (aus H$_2$O); F: 195−196°.

N^2,N^2,N^4,N^4-Tetrakis-[2-cyan-äthyl]-6-phenyl-[1,3,5]triazin-2,4-diyldiamin, 3,3',3'',3'''-[6-Phenyl-[1,3,5]triazin-2,4-diyldiimino]-tetra-propionitril $C_{21}H_{21}N_9$, Formel X (R = CH$_2$-CH$_2$-CN, X = H).

B. Beim Erwärmen von 6-Phenyl-[1,3,5]triazin-2,4-diyldiamin mit Acrylonitril und NaOH in Acetonitril (*Rohm & Haas Co.*, U.S.P. 2577477 [1950]).

Kristalle (aus Butanon); F: 162−163°.

N^2-[2,5-Diäthoxy-4-amino-phenyl]-6-phenyl-[1,3,5]triazin-2,4-diyldiamin $C_{19}H_{22}N_6O_2$, Formel VIII (X = NH$_2$).

B. Aus der entsprechenden Nitro-Verbindung (s. o.) bei der Hydrierung an Nickel (*Kalle & Co.*, D.B.P. 838691 [1949]).

Grüngelbe Kristalle; F: 115°.

N^2,N^2,N^4,N^4-**Tetrachlor-6-phenyl-[1,3,5]triazin-2,4-diyldiamin** $C_9H_5Cl_4N_5$, Formel X
(R = Cl, X = H).

B. Aus 6-Phenyl-[1,3,5]triazin-2,4-diyldiamin und Chlor in H_2O (*Rohm & Haas Co.*,
U.S.P. 2671787 [1952]).
Kristalle (aus Acn.); F: 134−139°.

6-[3-Nitro-phenyl]-[1,3,5]triazin-2,4-diyldiamin $C_9H_8N_6O_2$, Formel X (R = H, X = NO_2) und
Taut.
B. Aus *N*-Cyan-*N′*-[3-nitro-benzoyl]-guanidin und Cyanamid (*Am. Cyanamid Co.*,
U.S.P. 2397396 [1943]).
Kristalle (aus 2-Äthoxy-äthanol); F: 243−245°.

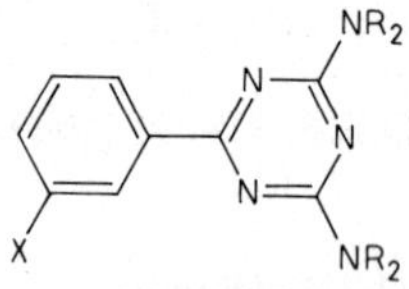

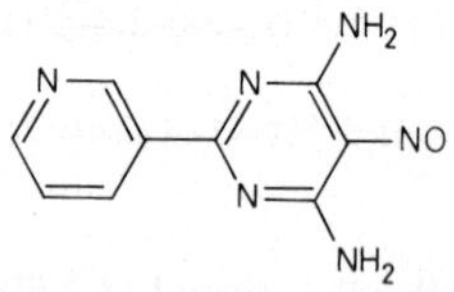

5-Nitroso-2-[3]pyridyl-pyrimidin-4,6-diyldiamin $C_9H_8N_6O$, Formel XI.
B. Beim Erhitzen der Verbindung von Nicotinamidin mit Hydroxyimino-malononitril (E III/
IV **22** 436) in 5-Äthyl-2-methyl-pyridin (*Taylor et al.*, Am. Soc. **81** [1959] 2442, 2444, 2446).
Blaugrüne Kristalle; F: 304° [korr.].

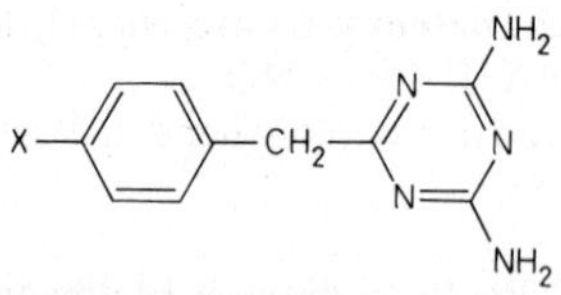

Diamine $C_{10}H_{11}N_5$

6-Benzyl-[1,3,5]triazin-2,4-diyldiamin $C_{10}H_{11}N_5$, Formel XII (X = H).
B. Aus Cyanguanidin und Phenylacetonitril mit Hilfe von Piperidin (*I.G. Farbenind.*,
D.R.P. 731309 [1940]; D.R.P. Org. Chem. **6** 2630; *Zerweck, Brunner*, U.S.P. 2302162 [1941]),
von wss. KOH (*Allied Chem. & Dye Corp.*, U.S.P. 2684366 [1949]) sowie von NH_3 und meth=
anol. NaOH (*British Oxygen Co.*, D.B.P. 965489 [1955]; U.S.P. 2735850 [1954], 2792395
[1955]). Aus Biguanid und Phenylessigsäure-äthylester (*Am. Cyanamid Co.*, U.S.P. 2427314
[1941]).
Kristalle; F: 245° (*Allied Chem.*), 244° (*British Oxygen Co.*), 238−239° [Zers.; aus A.]
(*Ostrogovich, Gheorghiu*, G. **60** [1930] 648, 658).
Hydrochlorid. Kristalle (aus A. + Ae.); F: 215° (*Os., Gh.*, l. c. S. 659, 660).
Sulfate $2C_{10}H_{11}N_5 \cdot H_2SO_4$. Kristalle mit 2 Mol H_2O; F: 178−183° (*Os., Gh.*, l. c. S. 661).
− $C_{10}H_{11}N_5 \cdot H_2SO_4$. Kristalle; F: 193−203° (*Os., Gh.*).
Picrat $C_{10}H_{11}N_5 \cdot C_6H_3N_3O_7$. Hellgelbe Kristalle; F: 235° [Zers.] (*Os., Gh.*, l. c. S. 662).
Diacetat $C_{10}H_{11}N_5 \cdot 2C_2H_4O_2$. Kristalle (aus Eg.); F: 230° [nach Erweichen bei 130−140°
und Wiedererstarren] (*Os., Gh.*).
Monoacetyl-Derivat $C_{12}H_{13}N_5O$; *N*-[Amino-benzyl-[1,3,5]triazin-2-yl]-acet=
amid. Kristalle (aus A.); F: 239−240° (*Os., Gh.*, l. c. S. 664).
Diacetyl-Derivat $C_{14}H_{15}N_5O_2$; Bis-acetylamino-benzyl-[1,3,5]triazin, *N,N′*-
[Benzyl-[1,3,5]triazin-2,4-diyl]-bis-acetamid. Gelbliche Kristalle (aus E.); F: 145° (*Os.,
Gh.*).

N^2,N^4-**Bis-[5-benzoylamino-9,10-dioxo-9,10-dihydro-[1]anthryl]-6-benzyl-[1,3,5]triazin-2,4-
diyldiamin, 5,5′-Bis-benzoylamino-1,1′-[6-benzyl-[1,3,5]triazin-2,4-diyldiamino]-di-anthrachinon**
$C_{52}H_{33}N_7O_6$, Formel IX (R = CH_2-C_6H_5, X = NH-CO-C_6H_5).
B. Aus Benzyl-dichlor-[1,3,5]triazin und *N*-[5-Amino-9,10-dioxo-9,10-dihydro-[1]anthryl]-
benzamid (*I.G. Farbenind.*, D.R.P. 590163 [1930]; Frdl. **19** 2045, 2048; *Gen. Aniline Works*,
U.S.P. 1994602 [1931]).
Gelbe Kristalle (aus A.).

6-[4-Chlor-benzyl]-[1,3,5]triazin-2,4-diyldiamin $C_{10}H_{10}ClN_5$, Formel XII (X = Cl).

B. Aus Cyanguanidin und [4-Chlor-phenyl]-acetonitril (*Russel et al.,* Am. Soc. **74** [1952] 5403).

Kristalle; F: 252° [aus A.] (*Ru. et al.*), 250 – 252° (*Logemann et al.,* B. **87** [1954] 1175, 1176). λ_{max} (A.): 259 nm (*Ru. et al.;* s. a. *Lo. et al.*).

6-*m*-Tolyl-[1,3,5]triazin-2,4-diyldiamin $C_{10}H_{11}N_5$, Formel XIII.

B. Beim Erhitzen von Cyanguanidin mit *m*-Tolunitril auf 220 – 225° (*Ostrogovich, Gheorghiu,* G. **60** [1930] 648, 650).

Kristalle (aus A.); F: 239 – 240°.

Hydrochlorid $C_{10}H_{11}N_5 \cdot HCl$. Kristalle; F: 265°.

Sulfat $2C_{10}H_{11}N_5 \cdot H_2SO_4$. Kristalle mit 2 Mol H_2O; F: 260° [nach Erweichen ab 254°].

Picrat $C_{10}H_{11}N_5 \cdot C_6H_3N_3O_7$. Hellgelbe Kristalle; F: 267 – 268° [Zers.; dunkelrote Schmelze].

Diacetat $C_{10}H_{11}N_5 \cdot 2C_2H_4O_2$. Kristalle (aus Eg.); F: 230 – 232° [nach Erweichen bei 130 – 140° und Wiedererstarren].

Monoacetyl-Derivat $C_{12}H_{13}N_5O$; *N*-[Amino-*m*-tolyl-[1,3,5]triazin-2-yl]-acet= amid. Kristalle (aus E.); F: 248°.

Diacetyl-Derivat $C_{14}H_{15}N_5O_2$; Bis-acetylamino-*m*-tolyl-[1,3,5]triazin, *N,N'*-[*m*-Tolyl-[1,3,5]triazin-2,4-diyl]-bis-acetamid. Kristalle; F: 232 – 233°.

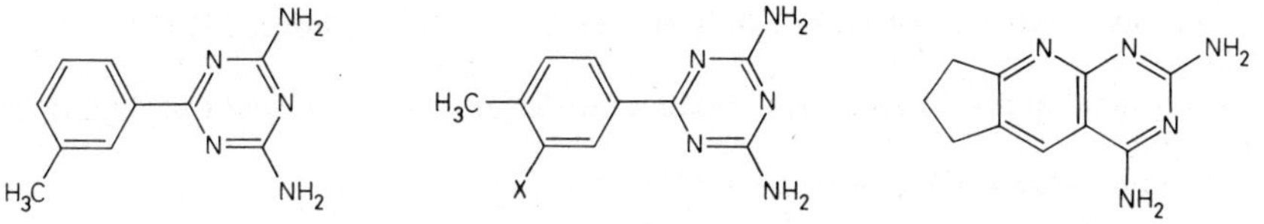

XIII   XIV   XV

6-*p*-Tolyl-[1,3,5]triazin-2,4-diyldiamin $C_{10}H_{11}N_5$, Formel XIV (X = H).

B. Analog der vorangehenden Verbindung (*Ostrogovich, Gheorghiu,* G. **60** [1930] 648, 654).

Kristalle; F: 240°.

Hydrochlorid $C_{10}H_{11}N_5 \cdot HCl$. Kristalle; F: 285°.

Sulfat $2C_{10}H_{11}N_5 \cdot H_2SO_4$. Kristalle mit 3 Mol H_2O; F: 298°.

Picrat $C_{10}H_{11}N_5 \cdot C_6H_3N_3O_7$. Gelbe Kristalle; F: 269° [Zers.; dunkelrote Schmelze].

Diacetat $C_{10}H_{11}N_5 \cdot 2C_2H_4O_2$. F: 230 – 232° [nach Erweichen ab ca. 140° und Wieder= erstarren].

Monoacetyl-Derivat $C_{12}H_{13}N_5O$; *N*-[Amino-*p*-tolyl-[1,3,5]triazin-2-yl]-acet= amid. Kristalle; F: 273 – 274°.

Diacetyl-Derivat $C_{14}H_{15}N_5O_2$; Bis-acetylamino-*p*-tolyl-[1,3,5]triazin, *N,N'*-[*p*-Tolyl-[1,3,5]triazin-2,4-diyl]-bis-acetamid. Kristalle; F: 264°.

6-[3-Brom-4-methyl-phenyl]-[1,3,5]triazin-2,4-diyldiamin $C_{10}H_{10}BrN_5$, Formel XIV (X = Br).

B. Aus Biguanid und 3-Brom-4-methyl-benzoesäure-methylester (*Am. Cyanamid Co.,* U.S.P. 2463471 [1941]).

Kristalle (aus A.); F: 235°.

7,8-Dihydro-6*H*-cyclopenta[5,6]pyrido[2,3-*d*]pyrimidin-2,4-diyldiamin $C_{10}H_{11}N_5$, Formel XV.

B. Beim Erhitzen von Pyrimidin-2,4,6-triyltriamin mit der Natrium-Verbindung des 2-Oxo-cyclopentancarbaldehyds und wss. H_3PO_4 (*Burroughs Wellcome & Co.,* U.S.P. 2749344 [1953]).

Kristalle (aus wss. A.); F: >360°.

Diamine $C_nH_{2n-11}N_5$

Benz[4,5]imidazo[1,2-*a*]pyrimidin-7,9-diyldiamin $C_{10}H_9N_5$, Formel I (R = H).

B. Bei der Hydrierung von 7,9-Dinitro-benz[4,5]imidazo[1,2-*a*]pyrimidin an Platin in Meth=

anol (*Berg, Petrow,* Soc. **1952** 784, 786).
Grüne Kristalle; F: > 300°.

6-*trans*-Styryl-[1,3,5]triazin-2,4-diyldiamin $C_{11}H_{11}N_5$, Formel II (R = X = H) (H 237).
B. Aus Biguanid und *trans*-Zimtsäure-äthylester (*Am. Cyanamid Co.,* U.S.P. 2461943 [1941]).
Kristalle (aus Butan-1-ol); F: ca. 276°.

N^2-Phenyl-6-*trans*-styryl-[1,3,5]triazin-2,4-diyldiamin $C_{17}H_{15}N_5$, Formel II (R = C_6H_5,
X = H).
B. Beim Erwärmen von 6-Methyl-N^2-phenyl-[1,3,5]triazin-2,4-diyldiamin mit Benzaldehyd
und konz. H_2SO_4 (*Sokolowškaja et al.,* Ž. obšč. Chim. **27** [1957] 765, 772; engl. Ausg. S. 839,
845).
Kristalle (aus Me.); F: 187−188°.

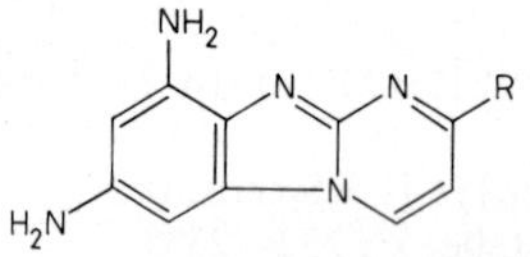

I 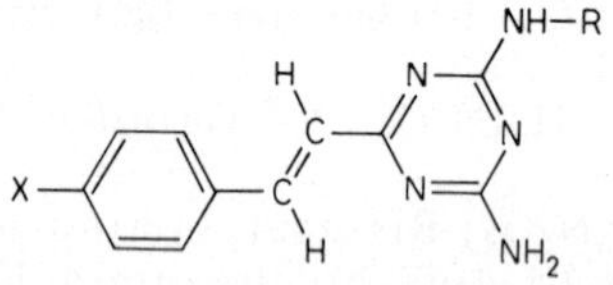   II 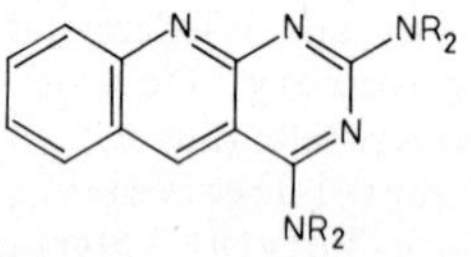   III

6-[4-Nitro-*trans*-styryl]-[1,3,5]triazin-2,4-diyldiamin $C_{11}H_{10}N_6O_2$, Formel II (R = H,
X = NO_2).
B. Aus Biguanid und 4-Nitro-*trans*-zimtsäure-äthylester (*Am. Cyanamid Co.,* U.S.P. 2461943
[1941]).
Kristalle (aus 2-Äthoxy-äthanol); F: 336°.

2-Methyl-benz[4,5]imidazo[1,2-*a*]pyrimidin-7,9-diyldiamin $C_{11}H_{11}N_5$, Formel I (R = CH_3).
Dihydrochlorid $C_{11}H_{11}N_5 \cdot 2HCl$. B. Bei der Hydrierung von 2-Methyl-7,9-dinitro-benz=
[4,5]imidazo[1,2-*a*]pyrimidin an Platin in wss.-methanol. HCl (*Berg, Petrow,* Soc. **1952** 784,
786). − Hellgelbe Kristalle (aus wss. HCl); F: > 300°.

Diamine $C_nH_{2n-13}N_5$

Pyrimido[4,5-*b*]chinolin-2,4-diyldiamin $C_{11}H_9N_5$, Formel III (R = H).
B. Aus 2,4-Dichlor-pyrimido[4,5-*b*]chinolin und NH_3 (*Taylor, Kalenda,* Am. Soc. **78** [1956]
5108, 5115).
Gelb; F: 344−347° [korr.] [Rohprodukt].

N^2,N^2,N^4,N^4-Tetramethyl-pyrimido[4,5-*b*]chinolin-2,4-diyldiamin $C_{15}H_{17}N_5$, Formel III
(R = CH_3).
B. Aus 2,4-Dichlor-pyrimido[4,5-*b*]chinolin und Dimethylamin (*Taylor, Kalenda,* Am. Soc.
78 [1956] 5108, 5115).
Hellgelbe Kristalle (aus A. oder nach Vakuumsublimation); F: 194−195,5° [korr.].

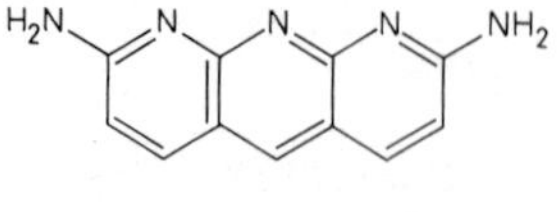

IV 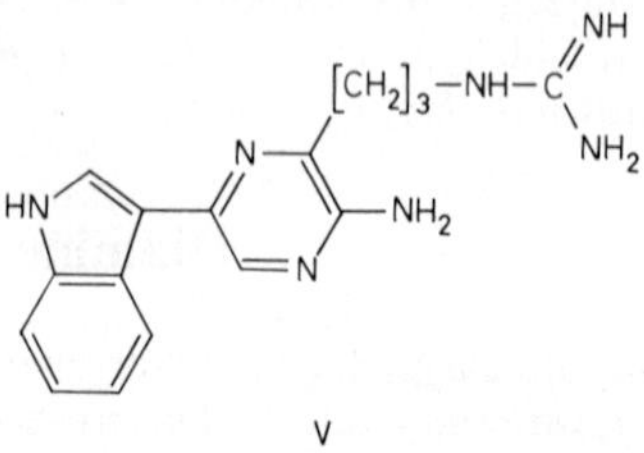   V

Pyrido[2,3-*b*][1,8]naphthyridin-2,8-diyldiamin, Anthyridin-2,8-diyldiamin $C_{11}H_9N_5$, Formel IV.

B. Beim Erhitzen von Pyridin-2,6-diyldiamin mit wss. Formaldehyd und Ameisensäure (*Schering-Kahlbaum A.G.*, D.R.P. 563132 [1931]; Frdl. **19** 1128).

Gelbe Kristalle (aus A.); Zers. bei 250°.

[3-(3-Amino-6-indol-3-yl-pyrazin-2-yl)-propyl]-guanidin $C_{16}H_{19}N_7$, Formel V und Taut.; Oxyluciferin-B, Cypridina-ätioluciferin.

Konstitution: *Kishi et al.*, Tetrahedron Letters **1966** 3427, 3428, 3431.

B. Neben der folgenden Verbindung beim Behandeln von Cypridina-luciferin ((*S*)-2-*sec*-Butyl-8-[3-guanidino-propyl]-6-indol-3-yl-7*H*-imidazo[1,2-*a*]pyrazin-3-on) mit wss. NH_3 (*Shimomura et al.*, Bl. chem. Soc. Japan **30** [1957] 929, 931, 933).

^{1}H-NMR-Spektrum (DMSO-d_6): *Ki. et al.*, l. c. S. 3432. IR-Banden (KBr; 3500−750 cm^{-1}): *Ki. et al.* UV-Spektrum (Me.; 220−400 nm): *Sh. et al.* λ_{max}: 223 nm, 306 nm und 410 nm [wss.-methanol. HCl] bzw. 227 nm, 273 nm und 365 nm [wss.-methanol. NaOH] (*Ki. et al.*). Scheinbarer Dissoziationsexponent pK_a' (wss. A. [50%ig]): 2,9 (*Ki. et al.*).

Dihydrochlorid $C_{16}H_{19}N_7 \cdot 2HCl$. F: 235−237° [Zers.; geschlossene Kapillare] (*Ki. et al.*).

Dihydrobromid $C_{16}H_{19}N_7 \cdot 2HBr$. F: 226−229° [Zers.; geschlossene Kapillare] (*Ki. et al.*).

Dinitrat $C_{16}H_{19}N_7 \cdot 2HNO_3$. F: 222−224° [Zers.; geschlossene Kapillare] (*Ki. et al.*).

(*S*)-2-Methyl-buttersäure-[3-(3-guanidino-propyl)-5-indol-3-yl-pyrazin-2-ylamid], {3-[6-Indol-3-yl-3-((*S*)-2-methyl-butyrylamino)-pyrazin-2-yl]-propyl}-guanidin $C_{21}H_{27}N_7O$, Formel VI und Taut.; Oxyluciferin-A, Cypridina-oxyluciferin.

Konstitution: *Goto et al.*, Tetrahedron Letters **1968** 4035; zur Konfiguration s. *Kishi et al.*, Tetrahedron Letters **1966** 3427, 3435.

B. s. im vorangehenden Artikel.

Gelbe Kristalle (aus wss.-methanol. HCl); F: 140−148° [nach Dunkelfärbung bei 135°] (*Shimomura et al.*, Bl. chem. Soc. Japan **30** [1957] 929, 931, 933). Absorptionsspektrum (Me. sowie wss. Lösung vom pH 5,6; 205−420 nm): *Sh. et al.*

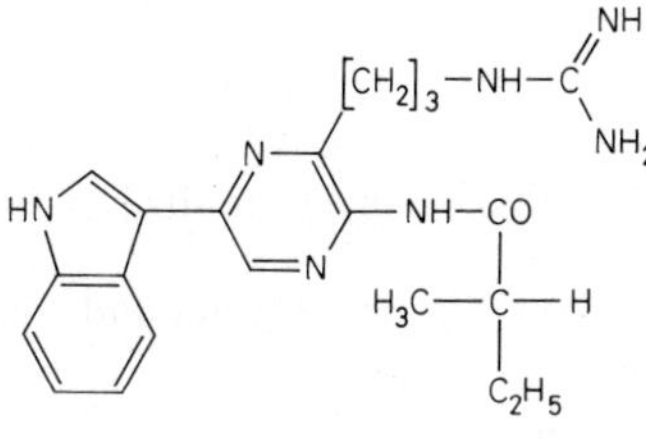

VI 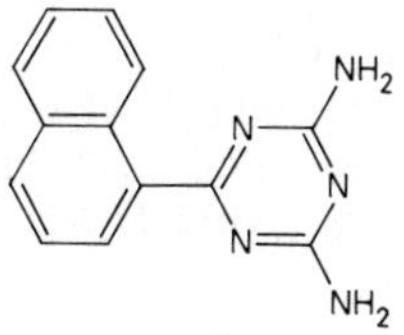   VII 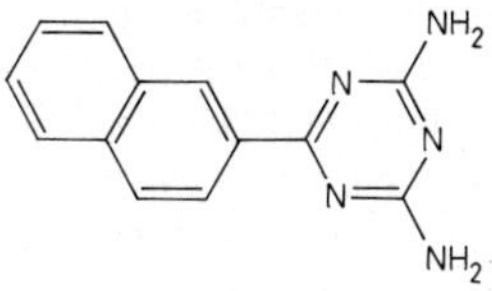   VIII

Diamine $C_nH_{2n-15}N_5$

6-[1]Naphthyl-[1,3,5]triazin-2,4-diyldiamin, [1]Naphthoguanamin $C_{13}H_{11}N_5$, Formel VII.

B. Aus Biguanid und [1]Naphthoesäure-äthylester (*Am. Cyanamid Co.*, U.S.P. 2427314 [1941]).

Kristalle (aus wss. 2-Äthoxy-äthanol); F: 276°.

6-[2]Naphthyl-[1,3,5]triazin-2,4-diyldiamin, [2]Naphthoguanamin $C_{13}H_{11}N_5$, Formel VIII.

B. Beim Erhitzen von Cyanguanidin mit [2]Naphthonitril unter Zusatz von Piperidin, Pyrrolidin oder Benzylamin (*I.G. Farbenind.*, D.R.P. 731309 [1940]; D.R.P. Org. Chem. **6** 2630; U.S.P. 2302162 [1941]).

F: 240°.

4-[6(oder 7)-Brom-benzo[e][1,2,4]triazin-3-yl]-m-phenylendiamin $C_{13}H_{10}BrN_5$, Formel IX
(X = Br, X' = H oder X = H, X' = Br).

B. Beim Erhitzen von 1,5-Bis-[4-brom-phenyl]-3-[2,4-dinitro-phenyl]-formazan mit Zinn und
konz. wss. HCl (*Parkes, Aldis*, Soc. **1938** 1841, 1843).

Kristalle (aus A.); F: 180° [nach Dunkelfärbung bei 160°].

7-Phenyl-pyrido[2,3-d]pyrimidin-2,4-diyldiamin $C_{13}H_{11}N_5$, Formel X (R = X = H).

B. Beim Erhitzen von Pyrimidin-2,4,6-triyltriamin mit 3-Oxo-3-phenyl-propionaldehyd und
wss. H_3PO_4 (*Robins, Hitchings*, Am. Soc. **80** [1958] 3449, 3453, 3457). Beim Erhitzen von
2,4-Dichlor-7-phenyl-pyrido[2,3-d]pyrimidin mit äthanol. NH_3 auf 155° (*Ro., Hi.*, l. c. S. 3457).

Hellgrüne Kristalle (aus wss. A.); F: 289−290° [unkorr.; auf ca. 280−285° vorgeheizter
App.]. λ_{max} (wss. Lösung): 337 nm [pH 1] bzw. 240 nm, 260 nm und 350 nm [pH 10,7] (*Ro., Hi.*, l. c. S. 3455).

7-[4-Chlor-phenyl]-pyrido[2,3-d]pyrimidin-2,4-diyldiamin $C_{13}H_{10}ClN_5$, Formel X (R = H,
X = Cl).

B. Beim Erhitzen von Pyrimidin-2,4,6-triyltriamin mit 3-[4-Chlor-phenyl]-3-oxo-propion⸗
aldehyd und wss. H_3PO_4 (*Robins, Hitchings*, Am. Soc. **80** [1958] 3449, 3453).

Kristalle (aus A.); F: 311° [unkorr.; auf ca. 300−305° vorgeheizter App.].

7-[4-Brom-phenyl]-pyrido[2,3-d]pyrimidin-2,4-diyldiamin $C_{13}H_{10}BrN_5$, Formel X (R = H,
X = Br).

B. Analog der vorangehenden Verbindung (*Robins, Hitchings*, Am. Soc. **80** [1958] 3449,
3453).

Kristalle (aus A.); F: 320° [unkorr.; auf ca. 310−315° vorgeheizter App.].

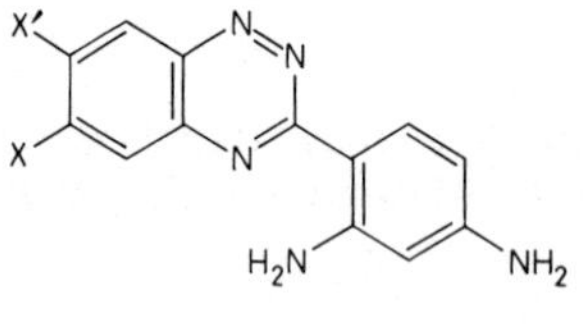

IX 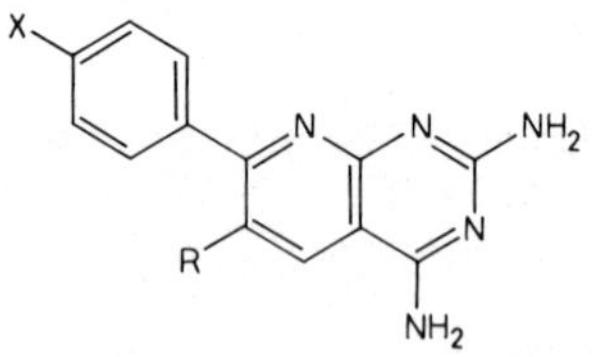   X 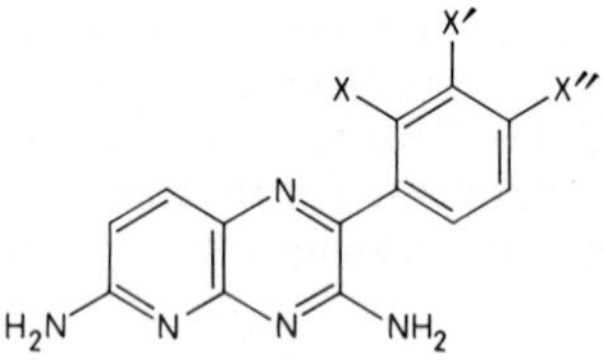   XI

2-Phenyl-pyrido[2,3-b]pyrazin-3,6-diyldiamin $C_{13}H_{11}N_5$, Formel XI (X = X' = X'' = H).

B. Aus 3-Nitroso-pyridin-2,6-diyldiamin (E III/IV **21** 5723) und Phenylacetonitril in äthanol.
Natriumäthylat (*Osdene, Timmis*, Soc. **1955** 2032, 2035).

Gelbe Kristalle (aus A.); F: 245°. λ_{max} (wss. HCl [1 n]): 210 nm, 259 nm, 301 nm und 389,5 nm
(*Os., Ti.*, l. c. S. 2034).

Die folgenden Verbindungen sind in analoger Weise hergestellt worden:

2-[4-Fluor-phenyl]-pyrido[2,3-b]pyrazin-3,6-diyldiamin $C_{13}H_{10}FN_5$, Formel XI
(X = X' = H, X'' = F). Gelbe Kristalle (aus H_2O); F: 284−285°. λ_{max} (wss. HCl [1 n]):
208,5 nm, 258 nm, 301 nm und 389 nm.

2-[2-Chlor-phenyl]-pyrido[2,3-b]pyrazin-3,6-diyldiamin $C_{13}H_{10}ClN_5$, Formel XI
(X = Cl, X' = X'' = H). Gelbe Kristalle (aus Butan-1-ol); F: 340°.

2-[3-Chlor-phenyl]-pyrido[2,3-b]pyrazin-3,6-diyldiamin $C_{13}H_{10}ClN_5$, Formel XI
(X = X'' = H, X' = Cl). Gelbe Kristalle (aus A.); F: 275−276°.

2-[4-Chlor-phenyl]-pyrido[2,3-b]pyrazin-3,6-diyldiamin $C_{13}H_{10}ClN_5$, Formel XI
(X = X' = H, X'' = Cl). Gelbe Kristalle (aus A.); F: 274°.

2-[3,4-Dichlor-phenyl]-pyrido[2,3-b]pyrazin-3,6-diyldiamin $C_{13}H_9Cl_2N_5$, For⸗
mel XI (X = H, X' = X'' = Cl). Gelbe Kristalle (aus Butan-1-ol); F: 243°.

2-[4-Nitro-phenyl]-pyrido[2,3-b]pyrazin-3,6-diyldiamin $C_{13}H_{10}N_6O_2$, Formel XI
(X = X' = H, X'' = NO_2). Orangefarbene Kristalle (aus Butan-1-ol); F: 370° [Zers.]. λ_{max}
(wss. HCl [1 n]): 207,5 nm, 258 nm und 393 nm.

7-*p*-Tolyl-pyrido[2,3-*d*]pyrimidin-2,4-diyldiamin $C_{14}H_{13}N_5$, Formel X (R = H, X = CH₃).

B. Beim Erhitzen von Pyrimidin-2,4,6-triyltriamin mit 3-Oxo-3-*p*-tolyl-propionaldehyd und wss. H_3PO_4 (*Robins, Hitchings,* Am. Soc. **80** [1958] 3449, 3453).

Kristalle (aus A.); F: 323 – 325° [unkorr.; auf ca. 315 – 320° vorgeheizter App.].

6-Methyl-7-phenyl-pyrido[2,3-*d*]pyrimidin-2,4-diyldiamin $C_{14}H_{13}N_5$, Formel X (R = CH₃, X = H).

B. Analog der vorangehenden Verbindung (*Robins, Hitchings,* Am. Soc. **80** [1958] 3449, 3453).

Kristalle (aus wss. A.); F: 287 – 290° [unkorr.; auf ca. 280 – 285° vorgeheizter App.]. λ_{max} (wss. Lösung): 335 nm [pH 1] bzw. 251 nm und 355 nm [pH 10,7] (*Ro., Hi.,* l. c. S. 3455).

2-*o*-Tolyl-pyrido[2,3-*b*]pyrazin-3,6-diyldiamin $C_{14}H_{13}N_5$, Formel XI (X = CH₃, X' = X'' = H).

B. Aus 3-Nitroso-pyridin-2,6-diyldiamin (E III/IV **21** 5723) und *o*-Tolylacetonitril in äthanol. Natriumäthylat (*Osdene, Timmis,* Soc. **1955** 2032, 2035).

Kristalle (aus Butan-1-ol); F: 332°.

6-Äthyl-7-phenyl-pyrido[2,3-*d*]pyrimidin-2,4-diyldiamin $C_{15}H_{15}N_5$, Formel XII (R = CH₃, X = H).

B. Beim Erhitzen von Pyrimidin-2,4,6-triyltriamin mit 2-Benzoyl-butyraldehyd und wss. H_3PO_4 (*Robins, Hitchings,* Am. Soc. **80** [1958] 3449, 3453, 3454).

Kristalle (aus wss. A.); F: 282 – 285° [unkorr.; auf ca. 275 – 280° vorgeheizter App.].

6-Äthyl-7-[4-chlor-phenyl]-pyrido[2,3-*d*]pyrimidin-2,4-diyldiamin $C_{15}H_{14}ClN_5$, Formel XII (R = CH₃, X = Cl).

B. Analog der vorangehenden Verbindung (*Robins, Hitchings,* Am. Soc. **80** [1958] 3449, 3453).

Kristalle (aus wss. A.); F: 258 – 259° [unkorr.; auf ca. 250 – 255° vorgeheizter App.].

7-Phenyl-6-propyl-pyrido[2,3-*d*]pyrimidin-2,4-diyldiamin $C_{16}H_{17}N_5$, Formel XII (R = C₂H₅, X = H).

B. Analog den vorangehenden Verbindungen (*Robins, Hitchings,* Am. Soc. **80** [1958] 3449, 3453).

Kristalle (aus A.); F: 245 – 247° [unkorr.; auf ca. 235 – 240° vorgeheizter App.].

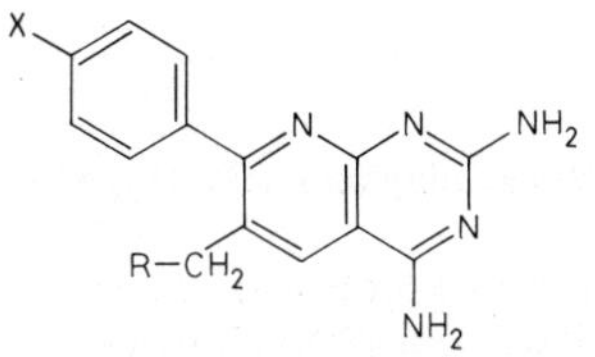

XII 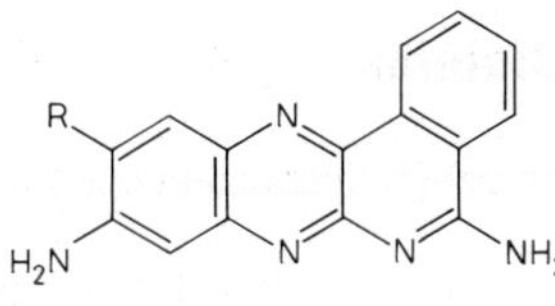   XIII 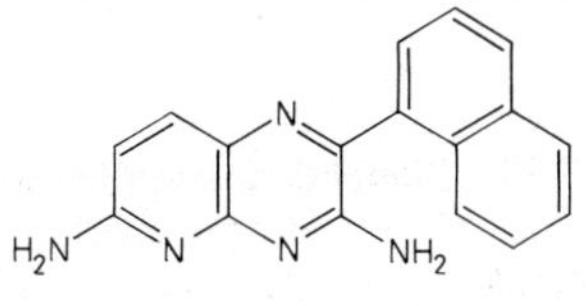   XIV

Diamine $C_nH_{2n-19}N_5$

Isochino[3,4-*b*]chinoxalin-5,9-diyldiamin $C_{15}H_{11}N_5$, Formel XIII (R = H).

B. Aus 4-Nitroso-*m*-phenylendiamin und [2-Cyan-phenyl]-acetonitril in äthanol. Natrium= äthylat (*Osdene, Timmis,* Soc. **1955** 2214, 2216).

Dunkelorangefarbene Kristalle (aus Eg.) mit 2 Mol Essigsäure, die nach Trocknen im Vakuum bei 190° in die solvatfreie Verbindung (gelbe Kristalle) übergehen.

10-Methyl-isochino[3,4-*b*]chinoxalin-5,9-diyldiamin $C_{16}H_{13}N_5$, Formel XIII (R = CH₃).

B. Analog der vorangehenden Verbindung (*Osdene, Timmis,* Soc. **1955** 2214, 2216).

Kristalle (aus DMF); F: 363° [unkorr.].

Acetyl-Derivat $C_{18}H_{15}N_5O$; N-[5-Amino-10-methyl-isochino[3,4-b]chinoxalin-9-yl]-acetamid. Kristalle (aus Butan-1-ol); F: 328–329° [unkorr.; Zers.].

Diamine $C_nH_{2n-21}N_5$

2-[1]Naphthyl-pyrido[2,3-b]pyrazin-3,6-diyldiamin $C_{17}H_{13}N_5$, Formel XIV.

B. Aus 3-Nitroso-pyridin-2,6-diyldiamin (E III/IV **21** 5723) und [1]Naphthylacetonitril in äthanol. Natriumäthylat (*Osdene, Timmis,* Soc. **1955** 2032, 2035).

Gelbe Kristalle (aus Eg.+PAe.); F: 259°.

2-[2]Naphthyl-pyrido[2,3-b]pyrazin-3,6-diyldiamin $C_{17}H_{13}N_5$, Formel XV.

B. Analog der vorangehenden Verbindung (*Osdene, Timmis,* Soc. **1955** 2032, 2035).

Gelbe Kristalle (aus A.); F: 256°.

Diamine $C_nH_{2n-23}N_5$

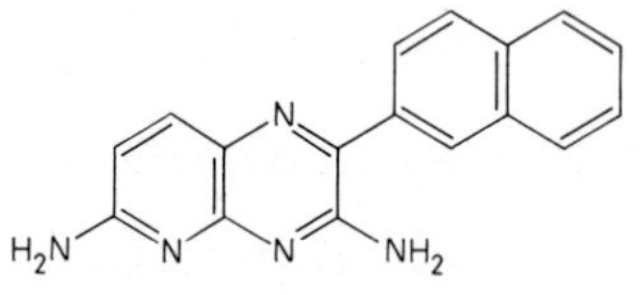

XV 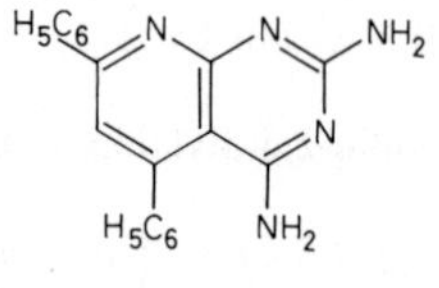   XVI 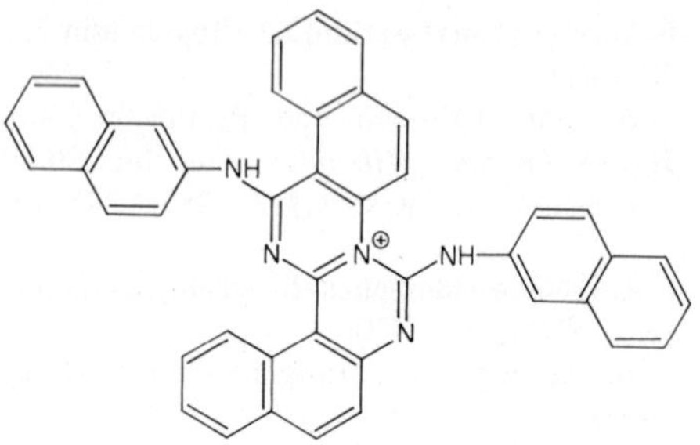   XVII

5,7-Diphenyl-pyrido[2,3-d]pyrimidin-2,4-diyldiamin $C_{19}H_{15}N_5$, Formel XVI.

B. Beim Erhitzen von Pyrimidin-2,4,6-triyltriamin mit 1,3-Diphenyl-propan-1,3-dion und wss. H_3PO_4 (*Robins, Hitchings,* Am. Soc. **80** [1958] 3449, 3453).

Kristalle (aus A.); F: 288–290° [unkorr.; auf ca. 280–285° vorgeheizter App.]. λ_{max} (wss. Lösung): 343 nm [pH 1] bzw. 265 nm und 365 nm [pH 10,7] (*Ro., Hi.,* l. c. S. 3455).

Diamine $C_nH_{2n-31}N_5$

8,17-Bis-[2]naphthylamino-benzo[f]benzo[5,6]chinazolino[3,4-a]chinazolinylium $[C_{43}H_{28}N_5]^+$, Formel XVII und Mesomere.

Betain $C_{43}H_{27}N_5$ und Taut.; 9H-Benzo[f]benzo[5,6]chinazolino[3,4-a]chinazolin-8,17-dion-bis-[2]naphthylimin. *B.* Beim Erhitzen von [2]Naphthylamin und Thioharnstoff oder von [2]Naphthyl-thioharnstoff unter vermindertem Druck auf 300° (*Dzie≠woński et al.,* Bl. Acad. polon. [A] **1936** 493, 497, 498). – Gelbliche Kristalle (aus Bzl.) mit 1 Mol Benzol; F: 206–207°. – Acetyl-Derivat $C_{45}H_{29}N_5O$. *B.* Beim Erhitzen des Betains mit Acetanhydrid (*Dz. et al.,* l. c. S. 499). Kristalle (aus Xylol); F: 245,5°.

Chlorid $[C_{43}H_{28}N_5]Cl$. *B.* Aus dem Betain und konz. wss. HCl in Essigsäure oder Äthanol (*Dz. et al.*). – Gelbliche Kristalle (aus Nitrobenzol); F: 308–310°.

Nitrit $[C_{43}H_{28}N_5]NO_2$. *B.* Aus dem Betain und $NaNO_2$ in Essigsäure (*Dz. et al.,* l. c. S. 499). – Kristalle (aus Anilin); F: 259°.

Picrat $[C_{43}H_{28}N_5]C_6H_2N_3O_7$. Gelbe Kristalle (aus Bzl.); F: 269–270° (*Dz. et al.,* l. c. S. 498).

Acetat $[C_{43}H_{28}N_5]C_2H_3O_2$. *B.* Aus dem Betain und Essigsäure (*Dz. et al.,* l. c. S. 499). – Gelbe Kristalle; F: 160–190° [Zers.; abhängig von der Geschwindigkeit des Erhitzens].

[*G. Hofmann*]

C. Triamine

Triamine $C_nH_{2n}N_6$

Triamine $C_3H_6N_6$

[1,3,5]Triazin-2,4,6-triyltriamin, Melamin, Cyanuramid $C_3H_6N_6$, Formel I
(R = R' = R'' = H) auf S. 1256 (H 245; E I 74; E II 132; dort auch als tautomeres
Isomelamin bezeichnet).

Nach Ausweis des IR-Spektrums liegt im festen Zustand [1,3,5]Triazin-2,4,6-triyltriamin vor
(*Jones, Orville-Thomas*, Trans. Faraday Soc. **55** [1959] 203).

Zusammenfassende Darstellungen: *McClellan*, Ind. eng. Chem. **32** [1940] 1181; *Bann, Miller*,
Chem. Reviews **58** [1958] 131; *Smolin, Rapoport*, Chem. heterocycl. Compounds **13** [1959]
309 – 388.

B. Aus NH_3 und CO an Nickel- oder Kobalt-Katalysatoren bei 290 – 390° und höheren
Drucken (*CIBA*, D.B.P. 841459 [1951]; D.R.B.P. Org. Chem. 1950 – 1951 **6** 2459, 2460). Beim
Leiten von HCN und Luft über AgO/Silicagel bei ca. 400° (*Am. Cyanamid Co.*, U.S.P. 2835556
[1953]). Aus HCN und NH_3 beim Erhitzen auf 450 – 750° in Gegenwart von Chromoxid
oder anderen Katalysatoren (*Monsanto Chem. Co.*, U.S.P. 2855396 [1958]) oder auf
350 – 400°/35 at (*Am. Cyanamid Co.*, U.S.P. 2577201 [1950]).

Aus Harnstoff beim Erhitzen auf ca. 350° (*Am. Cyanamid Co.*, U.S.P. 2566231 [1943]),
unter Zusatz von Eisen auf 400 – 450° unter Druck (*Hibernia*, D.B.P. 955685 [1956]), unter
Zusatz von NH_3 (*Monsanto Chem. Co.*, U.S.P. 2819266 [1955]) sowie NH_3 und Ammonium-
Salzen auf 250 – 350° unter Druck (*Monsanto Chem. Co.*, U.S.P. 2819265 [1955]; *Allied Chem.
& Dye Co.*, U.S.P. 2550659 [1947]), unter Zusatz von Guanidin sowie NH_3 und Guanidin-
carbonat auf 400 – 450°/200 at (*Südd. Kalkstickstoff-Werke*, U.S.P. 2845424 [1955]), unter Zu=
satz von NH_3, SO_2 und Guanidin-amidosulfat auf 260 – 360° unter Druck (*Consol. Mining
and Smelting Co. Canada*, U.S.P. 2824104 [1956], 2899433 [1956]), auch in Gegenwart von
Katalysatoren wie P_2O_5 oder As_2O_5 (*Consol. Mining and Smelting Co. Canada*, U.S.P. 2902488
[1956]). Aus Biuret und NH_3 bei 300° (*Am. Cyanamid Co.*, U.S.P. 2658892 [1951], 2760961
[1953]). Beim Erhitzen von Guanidin oder Biguanid, auch in Gemischen mit Cyanamid sowie
Cyanguanidin unter Druck (*CIBA*, D.R.P. 715761 [1939]; D.R.P. Org. Chem. **6** 2647). Aus
$CaCN_2$ beim Erhitzen mit NH_3 und NH_4Cl auf ca. 400° (*Monsanto Chem. Co.*, U.S.P. 2556126
[1949]), mit NH_3 und CO_2 auf ca. 375° (*Am. Cyanamid Co.*, U.S.P. 2658891 [1950]). Aus
Calciumcyanat beim Erhitzen mit NH_3 und CO_2 auf ca. 270° unter Druck (*Allied Chem.
Corp.*, U.S.P. 2856408 [1956]).

Aus Cyanguanidin beim Erhitzen auf ca. 300° (*Schwezowa, Kasarnowskiǐ*, Trudy Chim. chim.
Technol. **1** [1958] 537; C. A. **1960** 7724), beim Erhitzen mit NH_3 auf 200 – 300° unter Druck
[vgl. E II 132] (*Monsanto Chem. Co.*, U.S.P. 2500489 [1946]; *Südd. Kalkstickstoff-Werke*,
D.B.P. 839195 [1951]; D.R.B.P. Org. Chem. 1950 – 1951 **6** 2465; D.B.P. 953081 [1951];
D.R.B.P. Org. Chem. 1950 – 1951 **6** 2466; U.S.P. 2706729 [1950]; *Oshima*, Sci. Rep. Res.
Inst. Tohoku Univ. [A] **3** [1951] 126, 128; *Kurabayashi, Yanagiya*, J. chem. Soc. Japan Ind.
Chem. Sect. **56** [1953] 379; C. A. **1954** 10593; s. a. *Süszer et al.*, Rev. Chim. Bukarest **9** [1958]
509; C. A. **1961** 21142). Über die Synthese aus Cyanguanidin mit Hilfe von KOH, CaO
sowie NH_3 und $CaCO_3$ s. *Oshima*, J. chem. Soc. Japan Ind. Chem. Sect. **53** [1950] 135;
C. A. **1953** 2183; *Südd. Kalkstickstoff-Werke*, D.B.P. 820311 [1951]; D.R.B.P. Org. Chem.
1950 – 1951 **6** 2467; *Am. Cyanamid Co.*, U.S.P. 2737513 [1952].

Aus Trichlor-[1,3,5]triazin und NH_3 bei ca. 450° (*DEGUSSA*, U.S.P. 2779763 [1953]). Aus
Tribrom-[1,3,5]triazin und NH_3 beim Erwärmen unter Druck (*Koppers Co.*, D.B.P. 896196
[1951]; D.R.B.P. Org. Chem. 1950 – 1951 **6** 2469, 2471; U.S.P. 2559617 [1947]).

Atomabstände und Bindungswinkel der Kristalle (Röntgen-Diagramm): *Hughes*, Am. Soc.
63 [1941] 1737, 1744, 1745; des Dampfes (Elektronenbeugung): *Akimoto*, Bl. chem. Soc. Japan
28 [1955] 1, 4. Grundschwingungsfrequenzen des Moleküls: *Jones, Orville-Thomas*, Trans. Fara=
day Soc. **55** [1959] 203, 204.

Kristalle; F: 361 – 362° [vorgeheizter App.] bzw. Sublimation ab ca. 240° [langsames Erhitzen]

(*Mitchell*, Anal. Chem. **21** [1949] 448, 453); F: 352° [unkorr.; aus H_2O] (*Steele et al.*, J. appl. Chem. **2** [1952] 296). Monoklin; Dimensionen der Elementarzelle (Röntgen-Diagramm): *Hughes*, Am. Soc. **63** [1941] 1737, 1738; *Knaggs, Lonsdale*, Pr. roy. Soc. [A] **177** [1941] 140; *Shanker et al.*, J. Indian chem. Soc. **16** [1939] 671. Dichte der Kristalle bei 20°: 1,571 (*Kn., Lo.*); bei 25°: 1,573 (*Salley, Gray*, Am. Soc. **70** [1948] 2650, 2652). Kompressibilität bei 5000−40000 at: *Bridgman*, Pr. Am. Acad. Arts Sci. **76** [1948] 71, 82. Calorimetrisch ermittelte Wärmekapazität C_p [cal·grad^{-1}·mol^{-1}] bei 15,62 K (0,63) bis 299,95 K (37,31): *Stephenson, Berets*, Am. Soc. **74** [1952] 882. Standard-Entropie: 35,63 cal·grad^{-1}·mol^{-1} (*St., Be.*). Standard-Gibbs-Energie der Bildung: $+42,33$ kcal·mol^{-1} (*St., Be.*; s. a. *Tavernier, Lamouroux*, Mém. Poudres **38** [1956] 65, 78, 84; *Sa., Gray*). Verbrennungsenthalpie ($C_3H_6N_{6fest} \rightarrow CO_{2gasförmig} + H_2O_{flüssig} + HNO_{3flüssig}$) bei 25°: $-471,76$ kcal·mol^{-1} (*Sa., Gray;* s. a. *Ta., La.*). Kristalloptik: *Wood, Williams*, Pr. roy. Soc. [A] **177** [1941] 144, 145; s. a. *Mi.*

IR-Spektrum der festen Verbindung bei 2,5−16 µ: *Padgett, Hamner*, Am. Soc. **80** [1958] 803, 804; *Roosens*, Bl. Soc. chim. Belg. **59** [1950] 377, 385; bei 2,5−25 µ: *Jones, Orville-Thomas*, Trans. Faraday Soc. **55** [1959] 203, 205. UV-Spektrum des Dampfes (240−360 nm): *Costa et al.*, J. chem. Physics **18** [1950] 434; von Lösungen in Äthanol (220−270 nm): *Kurzer, Powell*, Soc. **1954** 4152, 4154; in H_2O (190−350 nm): *Hirt, Salley*, J. chem. Physics **21** [1953] 1181; in wss. HCl [0,1 n sowie 12 n] und in wss. Lösung vom pH > 6 (200−240 nm): *Hirt, Schmitt*, Spectrochim. Acta **12** [1958] 127, 129, 130; in wss. Lösungen vom pH 1−10,8 (220−260 nm): *Klotz, Askounis*, Am. Soc. **69** [1947] 801; vom pH 1,4 und pH 8 (210−370 nm): *Co. et al.* λ_{max}: 234 nm [konz. $HClO_4$] bzw. 236 nm [wss. HCl vom pH 1,3] (*Dewar, Paoloni*, Trans. Faraday Soc. **53** [1957] 261, 267).

Magnetische Suszeptibilität: $-63,3 \cdot 10^{-6}$ cm^3·mol^{-1} (*Matsunaga, Morita*, Bl. chem. Soc. Japan **31** [1958] 644, 645), $-61,74 \cdot 10^{-6}$ cm^3·mol^{-1} (*Ploquin, Vergneau-Souvray*, C. r. **234** [1952] 97). Anisotropie der magnetischen Suszeptibilität bei 20°: *Knaggs, Lonsdale*, Pr. roy. Soc. [A] **177** [1941] 140. Scheinbare Dissoziationsexponenten pK'_{a1} und pK'_{a2} (H_2O; spektrophotome≠ trisch ermittelt): ca. 0 bzw. 5,1 (*Hirt, Schmitt*, Spectrochim. Acta **12** [1958] 127, 129). Scheinbarer Dissoziationsexponent pK'_{a2} (H_2O; potentiometrisch ermittelt) bei 20°: 5,16 (*Albert et al.*, Soc. **1948** 2240, 2247). Scheinbarer Dissoziationsexponent pK'_{b2} (H_2O) bei 25°: 9,0 [potentiometrisch ermittelt] bzw. 8,9 [spektrophotometrisch ermittelt] (*Dixon et al.*, Am. Soc. **69** [1947] 599, 600). Scheinbare Dissoziationskonstante K'_{b2} (H_2O; potentiometrisch ermittelt) bei 25°: $1,0 \cdot 10^{-9}$ (*Dudley*, Am. Soc. **73** [1951] 3007).

Löslichkeit in H_2O bei 15°: 0,28 g·l^{-1} (*Tavernier, Lamouroux*, Mém. Poudres **38** [1956] 65, 78); bei 20° (0,323 g/100 ml) bis 90° (3,74 g/100 ml): *Nishida et al.*, Rep. Gov. chem. ind. Res. Inst. Tokyo **48** [1953] 231; C. A. **1955** 15915; in wss. NaOH [10%ig] bei 5°: 0,106 g/100 ml (*Engelbrecht et al.*, Anal. Chem. **29** [1957] 579).

Zur Pyrolyse zwischen 200° und 500° s. *May*, J. appl. Chem. **9** [1959] 340. Geschwindigkeit der Hydrolyse in wss. HCl bei Siedetemperatur: *Hirt et al.*, Anal. Chem. **26** [1954] 1273. Beim Behandeln mit HNO_3 in Acetanhydrid wird 4,6-Bis-nitroamino-1H-[1,3,5]triazin-2-on erhalten (*Cason*, Am. Soc. **69** [1947] 495, 496; *Atkinson*, Am. Soc. **73** [1951] 4443). Kinetik der Reaktion mit Formaldehyd (Bildung von [4,6-Diamino-[1,3,5]triazin-2-ylamino]-methanol) in wss. Lösungen vom pH 3−10,6 bei 35−70°: *Okano, Ogata*, Am. Soc. **74** [1952] 5728; vom pH 7,7 bei 50°, 60° und 70°: *Květoň, Hanousek*, Chem. Listy **48** [1954] 1205; C. A. **1955** 6970. Bildung von N^2,N^4,N^6-Tris-hydroxymethyl-[1,3,5]triazin-2,4,6-triyltriamin sowie von Hexakis-N-hydroxymethyl-[1,3,5]triazin-2,4,6-triyltriamin beim Behandeln mit wss. Form≠ aldehyd: *Kočevar, Pregrad*, Reyon Zellw. **1956** 88.

Hydrochlorid $C_3H_6N_6 \cdot HCl$. Orthorhombische Kristalle mit 0,5 Mol H_2O; Dimensionen der Elementarzelle (Röntgen-Diagramm): *Hughes*, Am. Soc. **63** [1941] 1737, 1750. Dichte der Kristalle: 1,587 (*Hu.*). Magnetische Suszeptibilität: $-87,5 \cdot 10^{-6}$ cm^3·mol^{-1} (*Matsunaga, Mo≠ rita*, Bl. chem. Soc. Japan **31** [1958] 644, 645). IR-Spektrum der festen Verbindung (2−15 µ): *Roosens*, Bl. Soc. chim. Belg. **59** [1950] 377, 386.

Perchlorat $C_3H_6N_6 \cdot HClO_4$. Kristalle mit 1 Mol H_2O, die beim Erhitzen sublimieren (*Rehnelt*, M. **84** [1953] 257, 259).

Phosphat $3C_3H_6N_6 \cdot 2H_3PO_4$. Kristalle mit 1 Mol H_2O; Zers. bei 360° (*Rehnelt*, M. **84** [1953] 257, 259). − Über ein kristallines Orthophosphat, Metaphosphat und Diphos≠ phat (jeweils Kristalloptik sowie Löslichkeit in H_2O bei 20−100°) s. *Wol'fkowitsch et al.*,

Izv. Akad. S.S.S.R. Otd. chim. **1946** 571, 573; C. A. **1948** 7781.

Chromat(VI) $2C_3H_6N_6 \cdot H_2CrO_4$. Orangegelbe Kristalle (*Rehnelt, M.* **84** [1953] 257, 259).

Tetrachloroaurate(III). $C_3H_6N_6 \cdot HAuCl_4$. Bräunlichgelbe Kristalle; F: 265—266° [Rot=färbung beim Erhitzen] (*Ostrogovich, G.* **65** [1935] 566, 575). — $C_3H_6N_6 \cdot 2HAuCl_4$. Gelbe Kristalle mit 2 Mol H_2O, F: 281—282° [Zers.; rotorangefarbene Schmelze]; gelbe Kristalle mit 4 Mol H_2O, F: 290—291° [Zers.; rotorangefarbene Schmelze] (*Ostrogovich, G.* **65** [1935] 566, 576).

Picrat $C_3H_6N_6 \cdot C_6H_3N_3O_7$ (E I 74). Kristalle; F: 320° (*Monsanto Chem. Co.,* U.S.P. 2855396 [1958]), 318° (*Mosher, Whitmore,* Am. Soc. **67** [1945] 662), 316—317° [Zers.; bei raschem Erhitzen; aus H_2O] bzw. 310—311° [Zers.; bei langsamem Erhitzen] (*Ostrogovich, G.* **65** [1935] 566, 574). In 100 ml H_2O lösen sich bei 30° $5,5 \cdot 10^{-4}$ g (*Engelbrecht et al.,* Anal. Chem. **29** [1957] 579).

Verbindung mit 6-Isopropyl-3-methyl-2,4-dinitro-phenol $C_3H_6N_6 \cdot C_{10}H_{12}N_2O_5$. Orangegelbe Kristalle; Zers. ab 210° [Entfärbung bei 150°] (*Rehnelt, M.* **86** [1955] 653, 661).

Verbindung mit 1 Mol Cyanursäure. IR-Spektrum (KBr; 2,5—14 μ): *Finkel'schteĭn,* Optika Spektr. **5** [1958] 264, 267; C. A. **1959** 10967.

Triformiat $C_3H_6N_6 \cdot 3CH_2O_2$. Kristalle, die sich beim Erhitzen zersetzen (*Ostrogovich, G.* **65** [1935] 566, 574).

Triacetat $C_3H_6N_6 \cdot 3C_2H_4O_2$. Kristalle (*Ostrogovich, G.* **65** [1935] 566, 575).

Chloracetat $C_3H_6N_6 \cdot C_2H_3ClO_2$. Kristalle (*Rehnelt, M.* **84** [1953] 257, 259).

Dichloracetat $C_3H_6N_6 \cdot C_2H_2Cl_2O_2$. Kristalle mit 2 Mol H_2O (*Rehnelt, M.* **84** [1953] 257, 259).

Oxalat $C_3H_6N_6 \cdot C_2H_2O_4$. Kristalle (*Steele et al.,* J. appl. Chem. **2** [1952] 296; *Ostrogovich, G.* **65** [1935] 566, 576). In 100 ml H_2O lösen sich bei 2° 0,060 g und bei 20,5° 0,129 g; in 100 ml Äthanol lösen sich bei 2° 0,0016 g bei 20,5° 0,007 g (*St. et al.*).

Dioxalat $C_3H_6N_6 \cdot 2C_2H_2O_4$. Kristalle (*Ostrogovich, G.* **65** [1935] 566, 576).

[2,6-Dicarboxy-4-methyl-phenoxy]-acetat $C_3H_6N_6 \cdot C_{11}H_{10}O_7$. Kristalle mit 1 Mol H_2O; Zers. bei 260° (*Rehnelt, M.* **84** [1953] 257, 259).

Verbindung mit Bis-[4-chlor-benzolsulfonyl]-amin. Kristalle (aus Me.); F: 307—308° [unkorr.] (*Runge et al.,* B. **88** [1955] 533, 539). In 100 g H_2O lösen sich bei 21° 0,084 g.

Toluol-4-sulfonat $C_3H_6N_6 \cdot C_7H_8O_3S$. Kristalle mit 1 Mol H_2O; Zers. bei 320° (*Rehnelt, M.* **84** [1953] 257, 259).

Naphthalin-1-sulfonat $C_3H_6N_6 \cdot C_{10}H_8O_3S$. Kristalle mit 1 Mol H_2O; Zers. bei 320° (*Rehnelt, M.* **84** [1953] 257, 259).

Naphthalin-2-sulfonat $C_3H_6N_6 \cdot C_{10}H_8O_3S$. Kristalle (*Rehnelt, M.* **84** [1953] 257, 259).

4-Hydroxy-5-isopropyl-2-methyl-benzolsulfonat $C_3H_6N_6 \cdot C_{10}H_{14}O_4S$. Kristalle mit 2 Mol H_2O (*Rehnelt, M.* **84** [1953] 257, 259).

3-Brom-4-hydroxy-5-isopropyl-2-methyl-benzolsulfonat $C_3H_6N_6 \cdot C_{10}H_{13}BrO_4S$. Kristalle mit 2 Mol H_2O; Zers. bei 300° (*Rehnelt, M.* **84** [1953] 257, 259).

Sulfanilat $C_3H_6N_6 \cdot C_6H_7NO_3S$. Kristalle mit 1 Mol H_2O (*Rehnelt, M.* **84** [1953] 257, 259).

Hexa-*N*-deuterio-[1,3,5]triazin-2,4,6-triyltriamin, Hexadeuteriomelamin $C_3D_6N_6$, Formel II (X = D).

Grundschwingungsfrequenzen des Moleküls: *Jones, Orville-Thomas,* Trans. Faraday Soc. **55** [1959] 203, 204.

IR-Spektrum der festen Verbindung (2,5—25 μ bzw. 3,5—14 μ): *Jo., Or.-Th.,* l. c. S. 205; *Finkel'schteĭn,* Optika Spektr. **5** [1958] 264, 266; C. A. **1959** 10967.

Triamino-[1,3,5]triazin-1-oxid, 1-Oxy-[1,3,5]triazin-2,4,6-triyltriamin $C_3H_6N_6O$, Formel III und Taut.

B. Aus dem Kalium-Salz des *N,N'*-Dicyan-guanidins und $NH_2OH \cdot HCl$ in 2-Äthoxy-äthanol (*Am. Cyanamid Co.,* U.S.P. 2729640 [1955]).

Kristalle (aus H_2O); Zers. bei 323—325°.

2,4,6-Triamino-1-methyl-[1,3,5]triazinium $[C_4H_9N_6]^+$, Formel IV (R = CH_3).
  Betain $C_4H_8N_6$; 4,6-Diamino-1-methyl-1H-[1,3,5]triazin-2-on-imin. *B.* Aus
Melamin (S. 1253) und Dimethylsulfat (*Am. Cyanamid Co.*, U.S.P. 2485983 [1945]). – Kristalle
mit 1 Mol H_2O; Zers. bei 259–260°.

N^2,N^4-**Dimethyl-[1,3,5]triazin-2,4,6-triyltriamin** $C_5H_{10}N_6$, Formel I (R = R' = CH_3,
R'' = H) (H 246).
  B. Beim Erhitzen von Melamin (S. 1253) mit Methylamin-hydrochlorid (*I.G. Farbenind.*,
D.R.P. 680661 [1937]; D.R.P. Org. Chem. **6** 2634; U.S.P. 2228161 [1938]).
  Zers. bei ca. 260–262°.

N^2,N^4,N^6-**Trimethyl-[1,3,5]triazin-2,4,6-triyltriamin** $C_6H_{12}N_6$, Formel I
(R = R' = R'' = CH_3) (H 246).
  B. Beim Erhitzen von Tris-trichlormethyl-[1,3,5]triazin mit Methylamin in DMF (*Kreutzber≈
ger*, Am. Soc. **79** [1957] 2629, 2632).
  Kristalle (aus H_2O); F: 115° [korr.] (*Kr.*). IR-Spektrum (KBr; 2–16 µ): *Padgett, Hamner*,
Am. Soc. **80** [1958] 803, 805.

N^2,N^2-**Dimethyl-[1,3,5]triazin-2,4,6-triyltriamin** $C_5H_{10}N_6$, Formel V (R = H).
  B. Aus Cyanguanidin und Dimethylcarbamonitril mit Hilfe von butanol. KOH (*Am.
Cyanamid Co.*, U.S.P. 2567847 [1946]) oder Piperidin (*Cassella,* D.B.P. 889593 [1942]). Aus
6-Chlor-[1,3,5]triazin-2,4-diyldiamin und Dimethylamin in Äthanol (*Taylor*, J. Pharm. Pharma≈
col. **11** [1959] 374).
  Kristalle; F: 307–308° [Zers.; aus 2-Äthoxy-äthanol] (*Am. Cyanamid Co.*), 306–307° [aus
A.] (*Ta.*). UV-Spektrum (H_2O; 210–280 nm): *Hirt, Salley*, J. chem. Physics **21** [1953] 1181,
1183.
  Hydrojodid $C_5H_{10}N_6 \cdot HI$. Kristalle (aus A.); F: 274–275° [Zers.] (*Ta.*).

I   II   III   IV   V

N^2,N^2,N^4,N^4-**Tetramethyl-[1,3,5]triazin-2,4,6-triyltriamin** $C_7H_{14}N_6$, Formel V (R = CH_3).
  B. Neben Melamin und N^2,N^2-Dimethyl-[1,3,5]triazin-2,4,6-triyltriamin beim Erhitzen von
Cyanguanidin mit Dimethylamin unter Druck (*I.G. Farbenind.*, U.S.P. 2222350 [1938];
D.R.P. 680661 [1937]; D.R.P. Org. Chem. **6** 2634).
  Kristalle; F: 230° [aus wss. Me.] (*Bredereck, Richter*, B. **99** [1966] 2461, 2467), 220–222°
(*I.G. Farbenind.*).

Hexa-N-methyl-[1,3,5]triazin-2,4,6-triyltriamin $C_9H_{18}N_6$, Formel II (X = CH_3) (H 331).
  B. Neben 6-Chlor-N^2,N^2,N^4,N^4-tetramethyl-[1,3,5]triazin-2,4-diyldiamin beim Erwärmen
von Trichlor-[1,3,5]triazin mit Dimethylamin und wss. NaOH in Aceton (*Kaiser et al.*, Am.
Soc. **73** [1951] 2984).
  Kristalle (aus Me.); F: 172–174° [unkorr.] (*Ka. et al.*). UV-Spektrum (H_2O; 210–280 nm):
Hirt, Salley, J. chem. Physics **21** [1953] 1181, 1183.

1-Äthyl-2,4,6-triamino-[1,3,5]triazinium $[C_5H_{11}N_6]^+$, Formel IV (R = C_2H_5).
  Betain $C_5H_{10}N_6$; 1-Äthyl-4,6-diamino-1H-[1,3,5]triazin-2-on-imin. *B.* Aus dem
Kalium-Salz des N,N'-Dicyan-guanidins und Äthylamin-hydrochlorid (*Am. Cyanamid Co.*,
U.S.P. 2481758 [1944]). Beim Erhitzen von Melamin (S. 1253) mit Diäthylsulfat (*Am. Cyanamid*

Co., U.S.P. 2485983 [1945]). – Zers. bei 270° (*Am. Cyanamid Co.*, U.S.P. 2485983). Scheinbare Dissoziationskonstante K'_b (H_2O; potentiometrisch ermittelt) bei 25°: $3,5 \cdot 10^{-4}$ (*Dudley*, Am. Soc. **73** [1951] 3007).

Chlorid. Zers. bei 312° (*Am. Cyanamid Co.*, U.S.P. 2481758).

N^2-Äthyl-[1,3,5]triazin-2,4,6-triyltriamin $C_5H_{10}N_6$, Formel I (R = C_2H_5, R' = R'' = H).
B. Aus 6-Chlor-[1,3,5]triazin-2,4-diyldiamin und Äthylamin mit Hilfe von wss. NaOH, wss. $NaHCO_3$ oder wss. Na_2CO_3 (*Kaiser et al.*, Am. Soc. **73** [1951] 2984).
Kristalle (aus wss. A.); F: 171–172° [unkorr.] (*Ka. et al.*). UV-Spektrum (H_2O; 210–280 nm): *Hirt, Salley*, J. chem. Physics **21** [1953] 1181, 1183. Scheinbare Dissoziationskonstante K'_b (H_2O; potentiometrisch ermittelt) bei 25°: $1,7 \cdot 10^{-9}$ (*Dudley*, Am. Soc. **73** [1951] 3007).

N^2,N^4-Diäthyl-[1,3,5]triazin-2,4,6-triyltriamin $C_7H_{14}N_6$, Formel I (R = R' = C_2H_5, R'' = H) (E II 133).
B. Analog der vorangehenden Verbindung (*Kaiser et al.*, Am. Soc. **73** [1951] 2984).
Kristalle (aus wss. A.); F: 156–158° [unkorr.] (*Ka. et al.*). Scheinbare Dissoziationskonstante K'_b (H_2O; potentiometrisch ermittelt) bei 25°: $3,4 \cdot 10^{-9}$ (*Dudley*, Am. Soc. **73** [1951] 3007).

N^2,N^4,N^6-Triäthyl-[1,3,5]triazin-2,4,6-triyltriamin $C_9H_{18}N_6$, Formel I (R = R' = R'' = C_2H_5) (H 247).
B. Aus N^2,N^4-Diäthyl-6-chlor-[1,3,5]triazin-2,4-diyldiamin und Äthylamin mit Hilfe von wss. NaOH, wss. $NaHCO_3$ oder wss. Na_2CO_3 (*Kaiser et al.*, Am. Soc. **73** [1951] 2984).
Kristalle (aus wss. A.) mit 0,5 Mol H_2O; F: 72–75° (*Ka. et al.*). Scheinbare Dissoziationskonstante K'_b (H_2O; potentiometrisch ermittelt) bei 25°: $6,9 \cdot 10^{-9}$ (*Dudley*, Am. Soc. **73** [1951] 3007).

N^2,N^2-Diäthyl-[1,3,5]triazin-2,4,6-triyltriamin $C_7H_{14}N_6$, Formel VI.
B. Aus Cyanguanidin und Diäthylcarbamonitril beim Erhitzen auf ca. 200° unter Druck (*Cassella*, D.B.P. 898591 [1942]) oder beim Erhitzen mit wss. KOH in 2-Äthoxy-äthanol (*Am. Cyanamid Co.*, U.S.P. 2567847 [1946]). Aus 6-Chlor-[1,3,5]triazin-2,4-diyldiamin und Diäthylamin mit Hilfe von wss. NaOH, wss. $NaHCO_3$ oder wss. Na_2CO_3 (*Kaiser et al.*, Am. Soc. **73** [1951] 2984).
Kristalle; F: 254° (?) [aus Benzylalkohol] (*Cassella*), 177–178° [aus 2-Äthoxy-äthanol] (*Am. Cyanamid Co.*), 168–170° [unkorr.; aus Isopropylalkohol] (*Ka. et al.*). UV-Spektrum (H_2O; 210–280 nm): *Hirt, Salley*, J. chem. Physics **21** [1953] 1181, 1183. Scheinbare Dissoziationskonstante K'_b (H_2O; potentiometrisch ermittelt) bei 25°: $4,2 \cdot 10^{-9}$ (*Dudley*, Am. Soc. **73** [1951] 3007).

N^2,N^2,N^4,N^4-Tetraäthyl-[1,3,5]triazin-2,4,6-triyltriamin $C_{11}H_{22}N_6$, Formel VII (R = R' = H).
B. Aus 4,6-Dichlor-[1,3,5]triazin-2-ylamin und Diäthylamin mit Hilfe von wss. NaOH, wss. $NaHCO_3$ oder wss. Na_2CO_3 (*Kaiser et al.*, Am. Soc. **73** [1951] 2984).
Kristalle (aus wss. Me.); F: 71–72° (*Ka. et al.*). Scheinbare Dissoziationskonstante K'_b (H_2O; potentiometrisch ermittelt) bei 25°: $1,9 \cdot 10^{-8}$ (*Dudley*, Am. Soc. **73** [1951] 3007).

N^2,N^2,N^4,N^4,N^6-Pentaäthyl-[1,3,5]triazin-2,4,6-triyltriamin $C_{13}H_{26}N_6$, Formel VII (R = C_2H_5, R' = H).
B. Beim Erhitzen von N^2,N^2,N^4,N^4-Tetraäthyl-6-chlor-[1,3,5]triazin-2,4-diyldiamin mit wss. Äthylamin in Dioxan (*Kaiser et al.*, Am. Soc. **73** [1951] 2984).
$Kp_{0,4}$: 120–121° [unkorr.].

Hexa-N-äthyl-[1,3,5]triazin-2,4,6-triyltriamin $C_{15}H_{30}N_6$, Formel VII (R = R' = C_2H_5) (H 332).
B. Aus N^2,N^2,N^4,N^4-Tetraäthyl-6-chlor-[1,3,5]triazin-2,4-diyldiamin und Diäthylamin in

Toluol (*Kaiser et al.*, Am. Soc. **73** [1951] 2984).
Kristalle (aus Me.); F: 46−47°; Kp$_{2-3}$: 151−154° (*Ka. et al.*). Magnetische Susceptibilität: −198,8·10^{-6} cm^3·mol^{-1} (*Matsunaga, Morita*, Bl. chem. Soc. Japan **31** [1958] 644, 645).

N^2-Isopropyl-[1,3,5]triazin-2,4,6-triyltriamin $C_6H_{12}N_6$, Formel VIII (R = CH(CH$_3$)$_2$).
B. Aus Isopropylcarbamonitril und Cyanguanidin mit Hilfe von wss. KOH in 2-Äthoxy-äthanol (*Am. Cyanamid Co.*, U.S.P. 2567847 [1946]).
Kristalle; F: 216−218°.

2,4,6-Triamino-1-butyl-[1,3,5]triazinium $[C_7H_{15}N_6]^+$, Formel IV (R = [CH$_2$]$_3$-CH$_3$).
Betain $C_7H_{14}N_6$; 4,6-Diamino-1-butyl-1*H*-[1,3,5]triazin-2-on-imin. *B.* Aus dem Kalium-Salz des *N,N'*-Dicyan-guanidins beim Erwärmen mit Butylamin-hydrochlorid oder mit Butylamin und wss. H$_2$SO$_4$ in 2-Äthoxy-äthanol (*Am. Cyanamid Co.*, U.S.P. 2481758 [1944]). − Zers. bei 230−231°.
Chlorid. Zers. bei 310°.

N^2-Butyl-[1,3,5]triazin-2,4,6-triyltriamin $C_7H_{14}N_6$, Formel VIII (R = [CH$_2$]$_3$-CH$_3$).
B. Aus Cyanguanidin und Butylamin (*I.G. Farbenind.*, U.S.P. 2222350 [1938]). Aus der vorangehenden Verbindung mit Hilfe von Natriumbutylat in Butan-1-ol (*Am. Cyanamid Co.*, U.S.P. 2482076 [1945]). Aus 6-Chlor-[1,3,5]triazin-2,4-diyldiamin und Butylamin mit Hilfe von wss. NaOH (*Kaiser et al.*, Am. Soc. **73** [1951] 2984).
Kristalle; F: 167−169° [unkorr.; aus Isopropylalkohol] (*Ka. et al.*), 160−162° [aus H$_2$O] (*Am. Cyanamid Co.*). IR-Spektrum (KBr; 2−15 µ): *Padgett, Hamner*, Am. Soc. **80** [1958] 803, 804.

N^2,N^4-Dibutyl-[1,3,5]triazin-2,4,6-triyltriamin $C_{11}H_{22}N_6$, Formel IX (R = [CH$_2$]$_3$-CH$_3$, R′ = H).
B. Aus Cyanguanidin und Butylamin beim Erhitzen auf ca. 280° unter Druck (*I.G. Farbenind.*, U.S.P. 2222350 [1938]). Aus Melamin (S. 1253) und Butylamin-hydrochlorid (*I.G. Farbenind.*, D.R.P. 680661 [1937]; D.R.P. Org. Chem. **6** 2634, 2636). Als Hauptprodukt neben N^2,N^4,N^6-Tributyl-[1,3,5]triazin-2,4,6-triyltriamin beim Erhitzen von Butylharnstoff mit Butylamin auf 350° (*Am. Cyanamid Co.*, U.S.P. 2566225 [1947]).
Hydrochlorid. Kristalle; F: 245−247° (*I.G. Farbenind.*).

N^2,N^4,N^6-Tributyl-[1,3,5]triazin-2,4,6-triyltriamin $C_{15}H_{30}N_6$, Formel IX (R = R′ = [CH$_2$]$_3$-CH$_3$).
B. s. im vorangehenden Artikel.
IR-Spektrum (Film; 2−16 µ): *Padgett, Hamner*, Am. Soc. **80** [1958] 803, 805.

N^2,N^2-Dibutyl-[1,3,5]triazin-2,4,6-triyltriamin $C_{11}H_{22}N_6$, Formel X (n = 3).
B. Aus Dibutylamin-hydrochlorid und dem Kalium-Salz des *N,N'*-Dicyan-guanidins (*Am. Cyanamid Co.*, U.S.P. 2392608 [1944]).
Kristalle (aus wss. Acn.); F: 134−135°.

VI   VII   VIII   IX

N^2-Isobutyl-[1,3,5]triazin-2,4,6-triyltriamin $C_7H_{14}N_6$, Formel VIII (R = CH$_2$-CH(CH$_3$)$_2$).
B. Neben der folgenden Verbindung beim Erhitzen von Cyanguanidin mit Isobutylamin in Xylol (*I.G. Farbenind.*, U.S.P. 2222350 [1938]).
F: 160−166° (*I.G. Farbenind.*). IR-Spektrum (KBr; 2−16 µ): *Padgett, Hamner*, Am. Soc. **80** [1958] 803, 804.

Hydrochlorid. F: 260−266° (*I.G. Farbenind.*).

N^2,N^4-Diisobutyl-[1,3,5]triazin-2,4,6-triyltriamin $C_{11}H_{22}N_6$, Formel IX
(R = CH_2-CH(CH$_3$)$_2$, R' = H).
B. s. bei der vorangehenden Verbindung.
Hydrochlorid. F: 230−235° (*I.G. Farbenind.*, U.S.P. 2222350 [1938]).

N^2,N^4,N^6-Triisobutyl-[1,3,5]triazin-2,4,6-triyltriamin $C_{15}H_{30}N_6$, Formel IX
(R = R' = CH_2-CH(CH$_3$)$_2$).
IR-Spektrum (KBr; 2−16 μ): *Padgett, Hamner*, Am. Soc. **80** [1958] 803, 805.

N^2-*tert*-Butyl-[1,3,5]triazin-2,4,6-triyltriamin $C_7H_{14}N_6$, Formel VIII (R = C(CH$_3$)$_3$).
B. Aus Cyanguanidin und *tert*-Butylcarbamonitril mit Hilfe von KOH in Butan-1-ol (*Rohm & Haas Co.*, U.S.P. 2628234 [1950]).
Kristalle; F: 156−158°.

N^2,N^4,N^6-Tri-*tert*-butyl-[1,3,5]triazin-2,4,6-triyltriamin $C_{15}H_{30}N_6$, Formel IX
(R = R' = C(CH$_3$)$_3$).
B. Aus *tert*-Butylcarbamonitril mit Hilfe von KOH in wss. Methanol (*Am. Cyanamid Co.*, U.S.P. 2691021 [1952]).
Kristalle; F: 175−180°.

N^2,N^2-Dipentyl-[1,3,5]triazin-2,4,6-triyltriamin $C_{13}H_{26}N_6$, Formel X (n = 4).
IR-Spektrum (Nujol; 1800−1000 cm^{-1}): *Barnes et al.*, Ind. eng. Chem. Anal. **15** [1943] 659, 702.

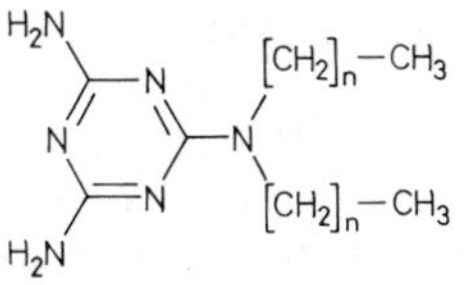

X 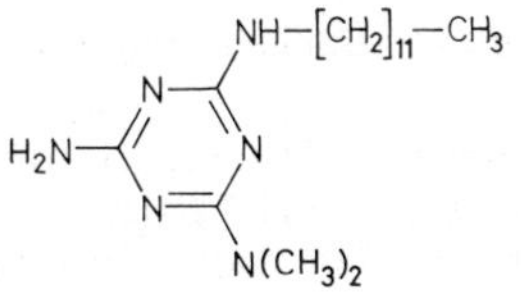   XI 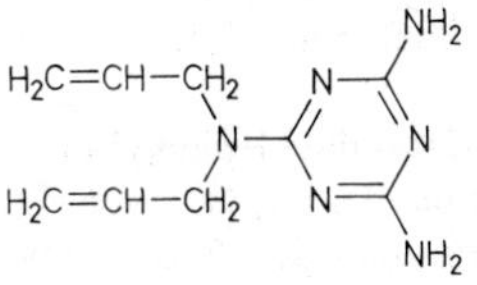   XII

N^2-[1,1,3,3-Tetramethyl-butyl]-[1,3,5]triazin-2,4,6-triyltriamin $C_{11}H_{22}N_6$, Formel VIII
(R = C(CH$_3$)$_2$-CH$_2$-C(CH$_3$)$_3$).
B. Aus [1,1,3,3-Tetramethyl-butyl]-carbamonitril und Cyanguanidin mit Hilfe von KOH in Propan-1-ol (*Rohm & Haas Co.*, U.S.P. 2606923 [1950]).
Kristalle (aus 1,2-Dichlor-äthan); F: 160−161° (*Rohm & Haas Co.*). IR-Spektrum (KBr; 2−16 μ): *Padgett, Hamner*, Am. Soc. **80** [1958] 803, 804.

2,4,6-Triamino-1-dodecyl-[1,3,5]triazinium $[C_{15}H_{31}N_6]^+$, Formel IV (R = [CH$_2$]$_{11}$-CH$_3$) auf S. 1256.
Betain $C_{15}H_{30}N_6$; 4,6-Diamino-1-dodecyl-1*H*-[1,3,5]triazin-2-on-imin. B. Aus dem Kalium-Salz des *N,N'*-Dicyan-guanidins und Dodecylamin mit Hilfe von NH$_4$Cl in wss. Meth= anol oder von H$_2$SO$_4$ in 2-Äthoxy-äthanol (*Am. Cyanamid Co.*, U.S.P. 2481758 [1944]). − Zers. bei 225°.
Chlorid. Kristalle (aus wss. 2-Äthoxy-äthanol); Zers. bei 314°.

N^2-Dodecyl-[1,3,5]triazin-2,4,6-triyltriamin $C_{15}H_{30}N_6$, Formel VIII (R = [CH$_2$]$_{11}$-CH$_3$).
B. Aus dem vorangehenden Chlorid mit Hilfe von Natriumbutylat (*Am. Cyanamid Co.*, U.S.P. 2482076 [1945]).
Kristalle (aus wss. Me.); F: 110°.

N^4-Dodecyl-N^2,N^2-dimethyl-[1,3,5]triazin-2,4,6-triyltriamin $C_{17}H_{34}N_6$, Formel XI.
B. Aus *N*-Cyan-*N'*-dodecyl-guanidin und Dimethylcarbamonitril mit Hilfe von wss. KOH in 2-Butoxy-äthanol (*Am. Cyanamid Co.*, U.S.P. 2567847 [1946]).

Kristalle (aus Acn.); F: 95—96°.

N^2-Octadecyl-[1,3,5]triazin-2,4,6-triyltriamin $C_{21}H_{42}N_6$, Formel VIII (R = [CH$_2$]$_{17}$-CH$_3$).
IR-Spektrum (KBr; 2—16 μ): *Padgett, Hamner*, Am. Soc. **80** [1958] 803, 804.

N^2,N^4-Dioctadecyl-[1,3,5]triazin-2,4,6-triyltriamin $C_{39}H_{78}N_6$, Formel IX (R = [CH$_2$]$_{17}$-CH$_3$,
R′ = H).
B. Aus Melamin (S. 1253) und Octadecylamin-hydrochlorid (*I.G. Farbenind.*, D.R.P. 680661
[1937]; D.R.P. Org. Chem. **6** 2634; U.S.P. 2228161 [1938]).
Kristalle (aus A.); F: 72—75°.

N^2,N^2-Diallyl-[1,3,5]triazin-2,4,6-triyltriamin $C_9H_{14}N_6$, Formel XII.
B. Aus Diallylcarbamonitril und Cyanguanidin mit Hilfe von wss. KOH in 2-Äthoxy-äthanol
(*Am. Cyanamid Co.*, U.S.P. 2567847 [1946]).
Kristalle (aus wss. A.); F: 144—145° (*Am. Cyanamid Co.*). UV-Spektrum (H$_2$O;
210—280 nm): *Hirt, Salley*, J. chem. Physics **21** [1953] 1181, 1183.

N^2-Cyclohexyl-[1,3,5]triazin-2,4,6-triyltriamin $C_9H_{16}N_6$, Formel VIII (R = C$_6$H$_{11}$).
IR-Spektrum (KBr; 2—16 μ): *Padgett, Hamner*, Am. Soc. **80** [1958] 803, 804.

N^2,N^4,N^6-Tricyclohexyl-[1,3,5]triazin-2,4,6-triyltriamin $C_{21}H_{36}N_6$, Formel IX
(R = R′ = C$_6$H$_{11}$).
IR-Spektrum (KBr; 2—16 μ): *Padgett, Hamner*, Am. Soc. **80** [1958] 803, 805.

N^2-Cyclohexylmethyl-[1,3,5]triazin-2,4,6-triyltriamin $C_{10}H_{18}N_6$, Formel VIII
(R = CH$_2$-C$_6$H$_{11}$).
IR-Spektrum (KBr; 2—16 μ): *Padgett, Hamner*, Am. Soc. **80** [1958] 803, 804.

2,4,6-Triamino-1-phenyl-[1,3,5]triazinium [$C_9H_{11}N_6$]$^+$, Formel XIII (X = H).
Betain $C_9H_{10}N_6$; 4,6-Diamino-1-phenyl-1 *H*-[1,3,5]triazin-2-on-imin. B. Aus dem
Kalium-Salz des *N,N′*-Dicyan-guanidins und Anilin mit Hilfe von wss. HCl (*Am. Cyanamid
Co.*, U.S.P. 2481758 [1944]). — Zers. bei 232°.
Chlorid. Kristalle (aus H$_2$O); Zers. bei 318°.

Die folgenden Verbindungen sind in analoger Weise hergestellt worden:
2,4,6-Triamino-1-[2,5-dichlor-phenyl]-[1,3,5]triazinium [$C_9H_9Cl_2N_6$]$^+$, Formel XIII
(X = Cl). Betain $C_9H_8Cl_2N_6$; 4,6-Diamino-1-[2,5-dichlor-phenyl]-1 *H*-[1,3,5]triazin-
2-on-imin. Zers. bei ca. 240°. — Verbindung mit *N,N′*-Dicyan-guanidin. Zers. bei
223°.
2,4,6-Triamino-1-[2-brom-phenyl]-[1,3,5]triazinium [$C_9H_{10}BrN_6$]$^+$, Formel XIV
(X = Br, X′ = X″ = H). Betain $C_9H_9BrN_6$; 4,6-Diamino-1-[2-brom-phenyl]-1 *H*-
[1,3,5]triazin-2-on-imin. Zers. bei 250°. — Chlorid. Kristalle (aus H$_2$O); Zers. bei
305—308°.
2,4,6-Triamino-1-[3-nitro-phenyl]-[1,3,5]triazinium [$C_9H_{10}N_7O_2$]$^+$, Formel XIV
(X = X″ = H, X′ = NO$_2$). Betain $C_9H_9N_7O_2$; 4,6-Diamino-1-[3-nitro-phenyl]-1 *H*-
[1,3,5]triazin-2-on-imin. Hellgelb; Zers. bei 241°. — Nitrat. Hellgelb; Zers. bei 280°.
2,4,6-Triamino-1-[4-nitro-phenyl]-[1,3,5]triazinium [$C_9H_{10}N_7O_2$]$^+$, Formel XIV
(X = X′ = H, X″ = NO$_2$). Betain $C_9H_9N_7O_2$; 4,6-Diamino-1-[4-nitro-phenyl]-1 *H*-
[1,3,5]triazin-2-on-imin. Gelb; Zers. bei 262—265°.

     XIII   XIV   XV

N^2-**Phenyl-[1,3,5]triazin-2,4,6-triyltriamin** $C_9H_{10}N_6$, Formel XV (X = X' = X'' = H) (H 247).

B. Aus N,N'-Dicyan-guanidin und Anilin (*Am. Cyanamid Co.*, U.S.P. 2392607 [1944]). Aus 6-Chlor-[1,3,5]triazin-2,4-diyldiamin und Anilin [vgl. H 247] (*Kaiser et al.*, Am. Soc. **73** [1951] 2984; *DEGUSSA*, D.B.P. 859024 [1952]; *Monsanto Chem. Co.*, U.S.P. 2784187 [1954], 2861070, 2861071 [1956]). Aus 2,4,6-Triamino-1-phenyl-[1,3,5]triazinium-betain (s. o.) mit Hilfe von Na= triumbutylat (*Am. Cyanamid Co.*, U.S.P. 2482076 [1945]).

Kristalle; F: 213° [aus wss. Me.] (*DEGUSSA*), 204−205° [unkorr.; aus Me.] (*Ka. et al.*), 204° (*Am. Cyanamid Co.*); der H 247 zitierte Schmelzpunkt von 284° bezieht sich auf das Hydrochlorid (*Ka. et al.*, l. c. S. 2984 Tab. I, Anm. d). IR-Spektrum (KBr; 2−16 μ): *Padgett, Hamner*, Am. Soc. **80** [1958] 803, 804. Scheinbare Dissoziationskonstante K'_b (H_2O; potentiome= trisch ermittelt) bei 25°: $4,5 \cdot 10^{-10}$ (*Dudley*, Am. Soc. **73** [1951] 3007).

Hydrochlorid $C_9H_{10}N_6 \cdot HCl$. Kristalle; F: 284−286° [aus A.] (*Walker et al.*, J. Am. pharm. Assoc. **39** [1950] 393, 394), 274° (*Ka. et al.*).

N^2-**[2-Chlor-phenyl]-[1,3,5]triazin-2,4,6-triyltriamin** $C_9H_9ClN_6$, Formel XV (X = Cl, X' = X'' = H).

B. Beim Erhitzen von 6-Chlor-[1,3,5]triazin-2,4-diyldiamin mit 2-Chlor-anilin in verd. wss. HCl (*Walker et al.*, J. Am. pharm. Assoc. **39** [1950] 393, 394).

Kristalle; F: 205−208° (*Wa. et al.*). IR-Spektrum (KBr; 2−16 μ): *Padgett, Hamner*, Am. Soc. **80** [1958] 803, 804.

Die folgenden Verbindungen sind in analoger Weise hergestellt worden:

N^2-[3-Chlor-phenyl]-[1,3,5]triazin-2,4,6-triyltriamin $C_9H_9ClN_6$, Formel XV (X = X'' = H, X' = Cl). Kristalle (aus wss. A.); F: 173−174° (*Walker et al.*, J. Am. pharm. Assoc. **39** [1950] 393, 394).

N^2-[4-Chlor-phenyl]-[1,3,5]triazin-2,4,6-triyltriamin $C_9H_9ClN_6$, Formel XV (X = X' = H, X'' = Cl). Kristalle; F: 245−249°.

N^2-[2,4-Dichlor-phenyl]-[1,3,5]triazin-2,4,6-triyltriamin $C_9H_8Cl_2N_6$, Formel XV (X = X'' = Cl, X' = H). Kristalle; F: 255−257°.

N^2-[3,4-Dichlor-phenyl]-[1,3,5]triazin-2,4,6-triyltriamin $C_9H_8Cl_2N_6$, Formel XV (X = H, X' = X'' = Cl). Kristalle (aus wss. A.); F: 210−211°.

N^2-[2-Nitro-phenyl]-[1,3,5]triazin-2,4,6-triyltriamin $C_9H_9N_7O_2$, Formel XV (X = NO_2, X' = X'' = H). Kristalle (aus A.); F: 300°.

N^2-[3-Nitro-phenyl]-[1,3,5]triazin-2,4,6-triyltriamin $C_9H_9N_7O_2$, Formel XV (X = X'' = H, X' = NO_2). Kristalle (aus Dioxan); F: 144−145°.

N^2-Methyl-N^4-phenyl-[1,3,5]triazin-2,4,6-triyltriamin $C_{10}H_{12}N_6$, Formel I (R = CH_3, R' = X = X' = H). Kristalle (aus H_2O); F: 84−86°.

N^2-[2,5-Dichlor-phenyl]-N^4,N^6-dimethyl-[1,3,5]triazin-2,4,6-triyltriamin $C_{11}H_{12}Cl_2N_6$, Formel I (R = R' = CH_3, X = X' = Cl). Kristalle (aus wss. A.); F: 153−155°.

N^4-[2-Chlor-phenyl]-N^2,N^2-dimethyl-[1,3,5]triazin-2,4,6-triyltriamin $C_{11}H_{13}ClN_6$, Formel II (R = CH_3, R' = X' = H, X = Cl). Kristalle (aus wss. A.); F: 133−135°.

N^4-[4-Chlor-phenyl]-N^2,N^2-dimethyl-[1,3,5]triazin-2,4,6-triyltriamin $C_{11}H_{13}ClN_6$, Formel II (R = CH_3, R' = X = H, X' = Cl). Kristalle (aus wss. A.); F: 173−175°.

N^6-[2-Chlor-phenyl]-N^2,N^2,N^4,N^4-tetramethyl-[1,3,5]triazin-2,4,6-triyltriamin $C_{13}H_{17}ClN_6$, Formel II (R = R' = CH_3, X = Cl, X' = H). Kristalle (aus wss. A.); F: 114−117°.

N^2-Äthyl-N^4-phenyl-[1,3,5]triazin-2,4,6-triyltriamin $C_{11}H_{14}N_6$, Formel I (R = C_2H_5, R' = X = X' = H). Kristalle (aus H_2O); F: 153−155°.

N^2,N^4-Diäthyl-N^6-phenyl-[1,3,5]triazin-2,4,6-triyltriamin $C_{13}H_{18}N_6$, Formel I (R = R' = C_2H_5, X = X' = H). Dihydrochlorid $C_{13}H_{18}N_6 \cdot 2HCl$. Kristalle (aus äthanol. HCl); F: 178−180°.

N^2,N^4-Diäthyl-N^6-[3-chlor-phenyl]-[1,3,5]triazin-2,4,6-triyltriamin $C_{13}H_{17}ClN_6$, Formel I (R = R' = C_2H_5, X = H, X' = Cl). Hydrochlorid $C_{13}H_{17}ClN_6 \cdot HCl$. Kristalle (aus äthanol. HCl); F: 165−167°.

N^2,N^2,N^4,N^4-Tetraäthyl-N^6-phenyl-[1,3,5]triazin-2,4,6-triyltriamin $C_{17}H_{26}N_6$, Formel II (R = R′ = C_2H_5, X = X′ = H). Kristalle (aus wss. Dioxan): F: 87−89°.

N^2,N^2,N^4,N^4-Tetraäthyl-N^6-[4-chlor-phenyl]-[1,3,5]triazin-2,4,6-triyltriamin $C_{17}H_{25}ClN_6$, Formel II (R = R′ = C_2H_5, X = H, X′ = Cl). Kristalle (aus wss. A.); F: 134−135°.

N^2,N^4-Diallyl-N^6-[2-chlor-phenyl]-[1,3,5]triazin-2,4,6-triyltriamin $C_{15}H_{17}ClN_6$, Formel I (R = R′ = CH_2-CH=CH_2, X = Cl, X′ = H). Kristalle (aus wss. A.); F: 56−59°.

N^2,N^4-Diallyl-N^6-[4-chlor-phenyl]-[1,3,5]triazin-2,4,6-triyltriamin $C_{15}H_{17}ClN_6$, Formel III (R = R′ = CH_2-CH=CH_2). Kristalle (aus wss. A.); F: 103−106°.

N^2,N^2-Diallyl-N^4-[4-chlor-phenyl]-[1,3,5]triazin-2,4,6-triyltriamin $C_{15}H_{17}ClN_6$, Formel II (R = CH_2-CH=CH_2, R′ = X = H, X′ = Cl). Kristalle (aus wss. A.); F: 137−141°.

N^2-[4-Chlor-phenyl]-N^4-methallyl-[1,3,5]triazin-2,4,6-triyltriamin $C_{13}H_{15}ClN_6$, Formel III (R = CH_2-C(CH_3)=CH_2, R′ = H). Hydrochlorid $C_{13}H_{15}ClN_6 \cdot$ HCl. Kristalle (aus A.); F: 237−239°.

N^4-[2-Chlor-phenyl]-N^2,N^2-dimethallyl-[1,3,5]triazin-2,4,6-triyltriamin $C_{17}H_{21}ClN_6$, Formel II (R = CH_2-C(CH_3)=CH_2, R′ = X′ = H, X = Cl). Kristalle (aus wss. A.); F: 78−81°.

N^4-[4-Chlor-phenyl]-N^2,N^2-dimethallyl-[1,3,5]triazin-2,4,6-triyltriamin $C_{17}H_{21}ClN_6$, Formel II (R = CH_2-C(CH_3)=CH_2, R′ = X = H, X′ = Cl). Kristalle (aus wss. A.); F: 154−157°.

N^2-[2,5-Dichlor-phenyl]-[1,3,5]triazin-2,4,6-triyltriamin $C_9H_8Cl_2N_6$, Formel I (R = R′ = H, X = X′ = Cl).

B. Aus 6-Chlor-[1,3,5]triazin-2,4-diyldiamin und 2,5-Dichlor-anilin beim Erhitzen in verd. wss. HCl (*Walker et al.*, J. Am. pharm. Assoc. **39** [1950] 393, 394). Aus 2,4,6-Triamino-1-[2,5-dichlor-phenyl]-[1,3,5]triazinium-betain (S. 1260) mit Hilfe von Natriumbutylat in Butan-1-ol (*Am. Cyanamid Co.*, U.S.P. 2482076 [1945]).

F: 228−230° (*Wa. et al.*), 223−225° (*Am. Cyanamid Co.*).

N^2-[4-Nitro-phenyl]-[1,3,5]triazin-2,4,6-triyltriamin $C_9H_9N_7O_2$, Formel II (R = R′ = X = H, X′ = NO_2).

B. Aus 6-Chlor-[1,3,5]triazin-2,4-diyldiamin und 4-Nitro-anilin beim Erhitzen in verd. wss. HCl (*Walker et al.*, J. Am. pharm. Assoc. **39** [1950] 393, 394). Aus 2,4,6-Triamino-1-[4-nitro-phenyl]-[1,3,5]triazinium-betain (S. 1260) mit Hilfe von Natriumbutylat in Butan-1-ol (*Am. Cyanamid Co.*, U.S.P. 2482076 [1945]).

Kristalle; F: 318° [aus wss. Dioxan] (*Am. Cyanamid Co.*), 300° (*Wa. et al.*).

N^2-[4-Chlor-phenyl]-N^4-isopropyl-[1,3,5]triazin-2,4,6-triyltriamin $C_{12}H_{15}ClN_6$, Formel III (R = CH(CH_3)_2, R′ = H).

B. Aus 6-Chlor-N^2-[4-chlor-phenyl]-N^4-isopropyl-[1,3,5]triazin-2,4-diyldiamin beim Erhitzen mit äthanol. NH_3 (*Curd et al.*, Soc. **1947** 154, 159; *Cuthbertson, Moffatt*, Soc. **1948** 561, 564).

Kristalle (aus E.); F: 166° (*Cu., Mo.*).

Hydrochlorid $C_{12}H_{15}ClN_6 \cdot$ HCl. Kristalle (aus H_2O) mit 1 Mol H_2O; F: 232−234° (*Curd et al.*).

Hydrobromid $C_{12}H_{15}ClN_6 \cdot$ HBr. Kristalle mit 1 Mol H_2O; F: 223° (*Cu., Mo.*).

Styphnat $2C_{12}H_{15}ClN_6 \cdot C_6H_3N_3O_8$. F: 239° (*Cu., Mo.*).

N^2,N^4-**Diphenyl-[1,3,5]triazin-2,4,6-triyltriamin** $C_{15}H_{14}N_6$, Formel IV (X = H) (H 247).

B. Aus 4,6-Dichlor-[1,3,5]triazin-2-ylamin und Anilin in H_2O (*Kaiser et al.*, Am. Soc. **73** [1951] 2984). Beim Erhitzen von Thioammelin (S. 1359) mit Anilin und wenig wss. HCl (*Gen. Electric Co.*, U.S.P. 2361823 [1942]).

Kristalle; F: 219–220° [unkorr.; aus Isopropylalkohol] (*Ka. et al.*), 208–210° [aus A.] (*Sugino*, J. chem. Soc. Japan **60** [1939] 411, 423; Bl. chem. Soc. Japan **27** [1954] 351, 355).

Picrat. F: 272° (*Su.*).

N^2,N^4-**Bis-[4-chlor-phenyl]-[1,3,5]triazin-2,4,6-triyltriamin** $C_{15}H_{12}Cl_2N_6$, Formel IV (X = Cl).

B. Aus [4-Chlor-phenyl]-biguanid und [4-Chlor-phenyl]-carbamonitril (*Gupta, Guha*, Curr. Sci. **18** [1949] 294). Aus 6-Chlor-N^2,N^4-bis-[4-chlor-phenyl]-[1,3,5]triazin-2,4-diyldiamin beim Erhitzen mit äthanol. NH_3 (*Curd et al.*, Soc. **1947** 154, 159).

Hydrochlorid $C_{15}H_{12}Cl_2N_6 \cdot HCl$. F: 284–285° (*Gu., Guha*), 276–279° (*Curd et al.*).

IV   V

Trianilino-[1,3,5]triazin, N^2,N^4,N^6-**Triphenyl-[1,3,5]triazin-2,4,6-triyltriamin** $C_{21}H_{18}N_6$, Formel V (R = X = X′ = H) (H 247).

B. Aus Trifluor-[1,3,5]triazin und Anilin in THF (*Grisley et al.*, J. org. Chem. **23** [1958] 1802). Beim Erwärmen von Anilin mit Trichlor-[1,3,5]triazin in Benzol und anschliessenden Erhitzen auf 310° (*Kaiser et al.*, Am. Soc. **73** [1951] 2984). Beim Erhitzen von Melamin (S. 1253) mit Anilin-hydrochlorid (*I.G. Farbenind.*, D.R.P. 680661 [1937]; D.R.P. Org. Chem. **6** 2634; *I.G. Farbenind.*, U.S.P. 2228161 [1938]). Aus Thioammelin (S. 1359), Anilin und Anilin-hydrochlorid (*Gen Electric Co.*, U.S.P. 2361823 [1942]).

Kristalle; F: 232–234° [unkorr.; aus 2-Methoxy-äthanol] (*Ka. et al.*), 222–227° [nach Sublimation bei 140°/0,5 Torr] (*Gr. et al.*), 224–225° [aus A.] (*Dymek et al.*, Ann. Univ. Lublin [AA] **9** [1954] 35, 38, 39). IR-Spektrum (KBr; 2–16 μ): *Padgett, Hamner*, Am. Soc. **80** [1958] 803, 805.

Hydrochlorid $C_{21}H_{18}N_6 \cdot HCl$. Kristalle (aus A.); F: 255–257° (*Dy. et al.*).

Picrat $C_{21}H_{18}N_6 \cdot C_6H_3N_3O_7$. Kristalle (aus Eg.); F: 242° [Zers.] (*Dy. et al.*).

N^2,N^4,N^6-**Tris-[2-chlor-phenyl]-[1,3,5]triazin-2,4,6-triyltriamin** $C_{21}H_{15}Cl_3N_6$, Formel V (R = X′ = H, X = Cl) (E I 74).

B. Neben Benzolsulfonsäure-[2-chlor-N-cyan-anilid] beim Erwärmen von [2-Chlor-phenyl]-harnstoff mit Benzolsulfonylchlorid und Pyridin (*Kurzer*, Soc. **1949** 3033, 3036).

Kristalle (aus $CHCl_3$+A.); F: 165–166° [unkorr.] (*Ku.*). IR-Spektrum (KBr; 2–16 μ): *Padgett, Hamner*, Am. Soc. **80** [1958] 803, 805. λ_{max}: 271 nm und 278 nm (*Ku.*, l. c. S. 3035).

N^2,N^4,N^6-**Tris-[3-chlor-phenyl]-[1,3,5]triazin-2,4,6-triyltriamin** $C_{21}H_{15}Cl_3N_6$, Formel V (R = X = H, X′ = Cl).

IR-Spektrum (KBr; 2–16 μ): *Padgett, Hamner*, Am. Soc. **80** [1958] 803, 805.

N^2,N^4,N^6-**Tris-[2-brom-phenyl]-[1,3,5]triazin-2,4,6-triyltriamin** $C_{21}H_{15}Br_3N_6$, Formel V (R = X′ = H, X = Br).

B. Aus 2-Brom-anilin und Tribrom-[1,3,5]triazin in Benzol (*Kurzer*, Soc. **1949** 3033, 3036). Neben Benzolsulfonsäure-[2-brom-N-cyan-anilid] beim Behandeln von [2-Brom-phenyl]-harnstoff mit Benzolsulfonylchlorid und Pyridin (*Ku.*).

Kristalle (aus $CHCl_3$+A.); F: 188–189° [unkorr.]. λ_{max}: 270 nm und 277 nm (*Ku.*, l. c. S. 3035).

N^2-**Methyl-N^2-phenyl-[1,3,5]triazin-2,4,6-triyltriamin** $C_{10}H_{12}N_6$, Formel VI (R = CH$_3$).

B. Aus dem Kalium-Salz des N,N'-Dicyan-guanidins und N-Methyl-anilin in wss. HCl (*Am. Cyanamid Co.*, U.S.P. 2392608 [1944]). Aus Cyanguanidin und Methyl-phenyl-carbamonitril beim Erhitzen mit wss. KOH in 2-Äthoxy-äthanol (*Am. Cyanamid Co.*, U.S.P. 2567847 [1946]) oder mit Pyrrolidin (*Cassella*, D.B.P. 889593 [1942]). Aus 6-Chlor-[1,3,5]triazin-2,4-diyldiamin und N-Methyl-anilin in verd. wss. HCl (*Walker et al.*, J. Am. pharm. Assoc. **39** [1950] 393, 395).

Kristalle; F: 257−259° [aus wss. A.] (*Wa. et al.*), 248−250° [aus 2-Äthoxy-äthanol] (*Am. Cyanamid Co.*, U.S.P. 2567847).

N^2,N^4-**Dimethyl-N^2,N^4-diphenyl-[1,3,5]triazin-2,4,6-triyltriamin** $C_{17}H_{18}N_6$, Formel VII.

B. Aus 4,6-Dichlor-[1,3,5]triazin-2-ylamin und N-Methyl-anilin mit Hilfe von wss. NaOH, wss. NaHCO$_3$ oder wss. Na$_2$CO$_3$ (*Kaiser et al.*, Am. Soc. **73** [1951] 2984).

Kristalle (aus Isopropylalkohol); F: 166−167° [unkorr.].

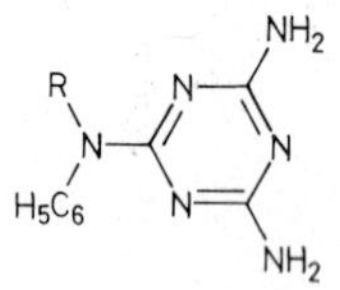

VI 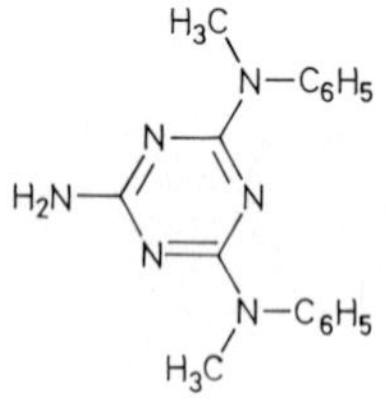   VII 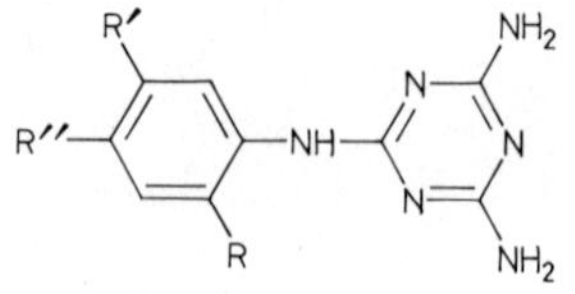   VIII

N^2-**Äthyl-N^2-phenyl-[1,3,5]triazin-2,4,6-triyltriamin** $C_{11}H_{14}N_6$, Formel VI (R = C$_2$H$_5$).

B. Aus 6-Chlor-[1,3,5]triazin-2,4-diyldiamin und N-Äthyl-anilin in verd. wss. HCl (*Walker et al.*, J. Am. pharm. Assoc. **39** [1950] 393, 395).

Kristalle (aus wss. A.); F: 215−217°.

Die folgenden Verbindungen sind in analoger Weise hergestellt worden:

N^2-*o*-Tolyl-[1,3,5]triazin-2,4,6-triyltriamin $C_{10}H_{12}N_6$, Formel VIII (R = CH$_3$, R' = R'' = H). Kristalle (aus wss. A.); F: 211−212° (*Wa. et al.*).

N^2-*m*-Tolyl-[1,3,5]triazin-2,4,6-triyltriamin $C_{10}H_{12}N_6$, Formel VIII (R = R'' = H, R' = CH$_3$). Kristalle (aus wss. A.); F: 229−230° (*Wa. et al.*).

N^2-*p*-Tolyl-[1,3,5]triazin-2,4,6-triyltriamin $C_{10}H_{12}N_6$, Formel IX (R = R' = H). Kristalle (aus wss. A.); F: 265−266° (*Wa. et al.*).

N^2,N^2-Diallyl-N^4-*p*-tolyl-[1,3,5]triazin-2,4,6-triyltriamin $C_{16}H_{20}N_6$, Formel IX (R = R' = CH$_2$-CH=CH$_2$). Kristalle (aus A.); F: 119−121° (*Wa. et al.*).

N^2-Methallyl-N^4-*p*-tolyl-[1,3,5]triazin-2,4,6-triyltriamin $C_{14}H_{18}N_6$, Formel IX (R = CH$_2$-C(CH$_3$)=CH$_2$, R' = H). Kristalle (aus A.); F: 137−139° (*Wa. et al.*).

Tri-*p*-toluidino-[1,3,5]triazin, N^2,N^4,N^6-Tri-*p*-tolyl-[1,3,5]triazin-2,4,6-triyl⁎ triamin $C_{24}H_{24}N_6$, Formel V (R = CH$_3$, X = X' = H) (H 248). Kristalle (aus Eg.); F: 227° (*Koslowa et al.*, Ž. obšč. Chim. **33** [1963] 3303, 3307; engl. Ausg. S. 3232, 3235).

N^2-Benzyl-N^2-phenyl-[1,3,5]triazin-2,4,6-triyltriamin $C_{16}H_{16}N_6$, Formel VI (R = CH$_2$-C$_6$H$_5$). Kristalle (aus A.); F: 311−314° (*Wa. et al.*).

N^2-**Dodecyl-N^2-phenyl-[1,3,5]triazin-2,4,6-triyltriamin** $C_{21}H_{34}N_6$, Formel VI (R = [CH$_2$]$_{11}$-CH$_3$).

IR-Spektrum (KBr; 2−16 µ): *Padgett, Hamner*, Am. Soc. **80** [1958] 803, 804.

N^2,N^2-**Dibenzyl-[1,3,5]triazin-2,4,6-triyltriamin** $C_{17}H_{18}N_6$, Formel X.

B. Aus Cyanguanidin und Dibenzylcarbamonitril beim Erhitzen mit wss. NaOH in 2-Äthoxy-äthanol (*Am. Cyanamid Co.*, U.S.P. 2567847 [1946]) oder mit Piperidin (*Cassella*, D.B.P. 889593 [1942]).

Kristalle; F: 222−223° [aus 2-Äthoxy-äthanol] (*Am. Cyanamid Co.*), 217−218° [aus Butan-1-ol] (*Cassella*).

N^2-[2,4-Dimethyl-phenyl]-[1,3,5]triazin-2,4,6-triyltriamin $C_{11}H_{14}N_6$, Formel VIII
(R = R'' = CH_3, R' = H).
B. Aus 6-Chlor-[1,3,5]triazin-2,4-diyldiamin und 2,4-Dimethyl-anilin in verd. wss. HCl (*Wal-ker et al.*, J. Am. pharm. Assoc. **39** [1950] 393, 394).
Kristalle (aus wss. A.); F: 239−241°.

N^2-[2,5-Dimethyl-phenyl]-[1,3,5]triazin-2,4,6-triyltriamin $C_{11}H_{14}N_6$, Formel VIII
(R = R' = CH_3, R'' = H).
B. Analog der vorangehenden Verbindung (*Walker et al.*, J. Am. pharm. Assoc. **39** [1950] 393, 394).
Kristalle (aus wss. A.); F: 237−239°.

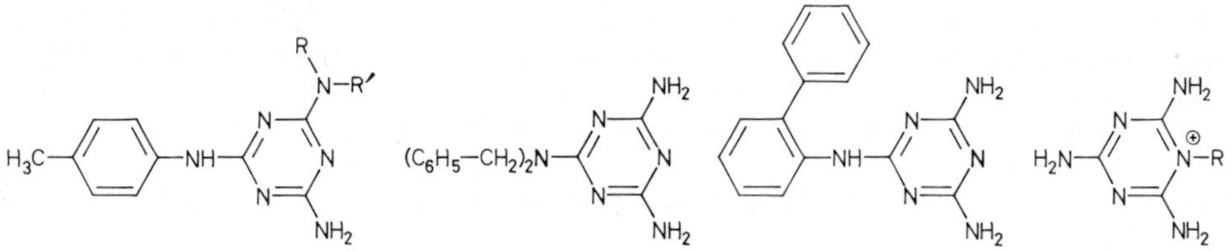

N^2-Biphenyl-2-yl-[1,3,5]triazin-2,4,6-triyltriamin $C_{15}H_{14}N_6$, Formel XI.
B. Aus 6-Chlor-[1,3,5]triazin-2,4-diyldiamin und Biphenyl-2-ylamin mit Hilfe von wss. NaOH, wss. NaHCO_3 oder wss. Na_2CO_3 in 2-Äthoxy-äthanol (*Kaiser et al.*, Am. Soc. **73** [1951] 2984).
F: 191−193° [unkorr.].
Triacetat $C_{15}H_{14}N_6 \cdot 3 C_2H_4O_2$. Kristalle (aus Eg.); F: 150−151° [unkorr.].

2,4,6-Triamino-1-o-tolyl-[1,3,5]triazinium $[C_{10}H_{13}N_6]^+$, Formel XII (R = C_6H_4-CH_3).
Betain $C_{10}H_{12}N_6$; 4,6-Diamino-1-o-tolyl-1H-[1,3,5]triazin-2-on-imin. *B.* Aus dem Kalium-Salz des N,N'-Dicyan-guanidins und o-Toluidin mit Hilfe von wss. HCl (*Am. Cyanamid Co.*, U.S.P. 2481758 [1944]). − Zers. bei 255°.
Chlorid. Zers. bei 304° (*Am. Cyanamid Co.*, U.S.P. 2481758).

Die folgenden Verbindungen sind in analoger Weise hergestellt worden:
2,4,6-Triamino-1-[1]naphthyl-[1,3,5]triazinium $[C_{13}H_{13}N_6]^+$, Formel XII (R = $C_{10}H_7$). Betain $C_{13}H_{12}N_6$; 4,6-Diamino-1-[1]naphthyl-1H-[1,3,5]triazin-2-on-imin. F: 260° [Zers.] (*Am. Cyanamid Co.*, U.S.P. 2481758).
2,4,6-Triamino-1-[2-hydroxy-äthyl]-[1,3,5]triazinium $[C_5H_{11}N_6O]^+$, Formel XII (R = CH_2-CH_2-OH). Chlorid $[C_5H_{11}N_6O]Cl$. Zers. bei 271−272° (*Am. Cyanamid Co.*, U.S.P. 2481758).
2,4,6-Triamino-1-[2-hydroxy-phenyl]-[1,3,5]triazinium $[C_9H_{11}N_6O]^+$, Formel XII (R = C_6H_4-OH). Betain $C_9H_{10}N_6O$; 4,6-Diamino-1-[2-hydroxy-phenyl]-1H-[1,3,5]triazin-2-on-imin. Zers. bei 255−257° (*Am. Cyanamid Co.*, U.S.P. 2481758).
1-[4-Äthoxy-phenyl]-2,4,6-triamino-[1,3,5]triazinium $[C_{11}H_{15}N_6O]^+$, Formel XII (R = C_6H_4-O-C_2H_5). Betain $C_{11}H_{14}N_6O$; 1-[4-Äthoxy-phenyl]-4,6-diamino-1H-[1,3,5]triazin-2-on-imin. F: 265° (*Am. Cyanamid Co.*, U.S.P. 2481758).
2,4,6-Triamino-1-[4-sulfamoyl-phenyl]-[1,3,5]triazinium $[C_9H_{12}N_7O_2S]^+$, Formel XII (R = C_6H_4-SO_2-NH_2). Betain $C_9H_{11}N_7O_2S$; 4,6-Diamino-1-[4-sulfamoyl-phenyl]-1H-[1,3,5]triazin-2-on-imin. Zers. bei 272−273° (*Am. Cyanamid Co.*, U.S.P. 2481758, 2498217 [1945]). − Chlorid. Kristalle (aus H_2O); Zers. bei 333° (*Am. Cyanamid Co.*, U.S.P. 2481758, 2498217).

2-[4,6-Diamino-[1,3,5]triazin-2-ylamino]-äthanol $C_5H_{10}N_6O$, Formel I (R = R' = H).
B. Aus 6-Chlor-[1,3,5]triazin-2,4-diyldiamin und 2-Amino-äthanol beim Erwärmen mit wss.

NaOH (*Schaefer*, Am. Soc. **77** [1955] 5922, 5928). Aus 2,4,6-Triamino-1-[2-hydroxy-äthyl]-[1,3,5]triazinium-chlorid (s. o.) mit Hilfe von Natriumbutylat (*Am. Cyanamid Co.*, U.S.P. 2482076 [1945]).

F: 225−227° [korr.] (*Sch.*), 223−225° [Zers.] (*Am. Cyanamid Co.*). IR-Spektrum (KBr; 2−14 μ): *Padgett, Hamner*, Am. Soc. **80** [1958] 803, 806. UV-Spektrum (H_2O; 210−280 nm): *Hirt, Salley*, J. chem. Physics **21** [1953] 1181, 1183.

N^2-[2-Vinyloxy-äthyl]-[1,3,5]triazin-2,4,6-triyltriamin $C_7H_{12}N_6O$, Formel II.

B. Aus 6-Chlor-[1,3,5]triazin-2,4-diyldiamin und 2-Vinyloxy-äthylamin beim Erwärmen mit wss. Na_2CO_3 (*Luskin et al.*, J. org. Chem. **23** [1958] 1032, 1036).

Hellbraun; F: 148−151°.

6-Aziridin-1-yl-[1,3,5]triazin-2,4-diyldiamin $C_5H_8N_6$, Formel III (R = H).

B. Aus 6-Chlor-[1,3,5]triazin-2,4-diyldiamin und Aziridin beim Erwärmen mit wss. NaOH (*Schaefer et al.*, Am. Soc. **77** [1955] 5918, 5920; *Am. Cyanamid Co.*, U.S.P. 2653934 [1950]).

Kristalle (aus H_2O); F: ca. 220° [korr.; Zers.] (*Sch. et al.*).

Geschwindigkeit der Reaktion mit wss. $Na_2S_2O_3$ bei 25°: *Sch. et al.*, l. c. S. 5919.

6-Aziridin-1-yl-N^2,N^2,N^4,N^4-tetramethyl-[1,3,5]triazin-2,4-diyldiamin $C_9H_{16}N_6$, Formel III (R = CH₃).

B. Aus Trichlor-[1,3,5]triazin, Aziridin und Dimethylamin mit Hilfe von K_2CO_3 (*Schaefer et al.*, Am. Soc. **77** [1955] 5918, 5921).

Kristalle (aus Hexan); F: 55−57°.

2-[4-Amino-6-anilino-[1,3,5]triazin-2-ylamino]-äthanol $C_{11}H_{14}N_6O$, Formel I (R = H, R′ = C_6H_5).

B. Aus 2-[4-Amino-6-chlor-[1,3,5]triazin-2-ylamino]-äthanol und Anilin in wss. HCl (*Walker et al.*, J. Am. pharm. Assoc. **39** [1950] 393, 395).

Kristalle (aus H_2O); F: 156−158°.

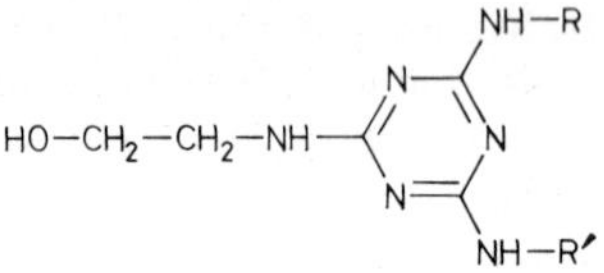

I 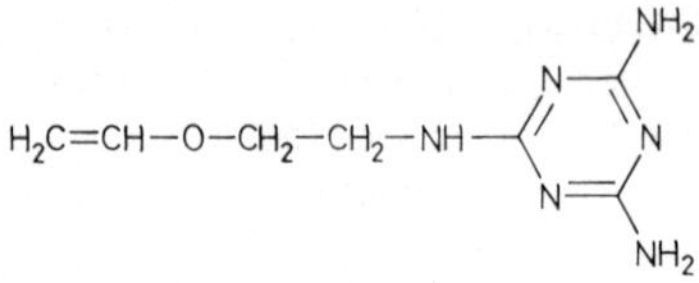 II 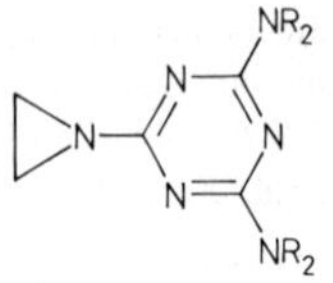 III

2-[4-Amino-6-(3-chlor-anilino)-[1,3,5]triazin-2-ylamino]-äthanol $C_{11}H_{13}ClN_6O$, Formel I (R = H, R′ = C_6H_4-Cl).

B. Analog der vorangehenden Verbindung (*Walker et al.*, J. Am. pharm. Assoc. **39** [1950] 393, 395).

Kristalle (aus H_2O); F: 147−150°.

2-[4-Amino-6-(4-chlor-anilino)-[1,3,5]triazin-2-ylamino]-äthanol $C_{11}H_{13}ClN_6O$, Formel I (R = H, R′ = C_6H_4-Cl).

B. Analog den vorangehenden Verbindungen (*Walker et al.*, J. Am. pharm. Assoc. **39** [1950] 393, 395).

Kristalle (aus H_2O); F: 173−174°.

N^2,N^4-Bis-[2-hydroxy-äthyl]-[1,3,5]triazin-2,4,6-triyltriamin $C_7H_{14}N_6O_2$, Formel I (R = CH_2-CH_2-OH, R′ = H).

B. Aus 4,6-Dichlor-[1,3,5]triazin-2-ylamin und 2-Amino-äthanol in H_2O unter Zusatz von NaOH, Na_2CO_3 oder $NaHCO_3$ (*Kaiser et al.*, Am. Soc. **73** [1951] 2984). Beim Erhitzen von 4,6-Diphenoxy-[1,3,5]triazin-2-ylamin mit 2-Amino-äthanol (*Thurston et al.*, Am. Soc. **73** [1951] 2992, 2994; *Am. Cyanamid Co.*, U.S.P. 2545049 [1948]).

Kristalle; F: 161−162,5° [aus H_2O] (*Am. Cyanamid Co.*), 160−162° [unkorr.; aus H_2O]

(*Th. et al.*), 160—161° [unkorr.; aus Me.] (*Ka. et al.*). UV-Spektrum (H$_2$O; 210—280 nm): *Hirt, Salley,* J. chem. Physics **21** [1953] 1181, 1183. Scheinbare Dissoziationskonstante K$'_b$ (H$_2$O; potentiometrisch ermittelt) bei 25°: 1,5·10^{-9} (*Dudley,* Am. Soc. **73** [1951] 3007).

Beim Erhitzen mit POCl$_3$ wird 2,3,8,9-Tetrahydro-diimidazo[1,2-*a*;1′,2′-*c*][1,3,5]triazin-5-ylamin-dihydrochlorid erhalten (*Schaefer,* Am. Soc. **77** [1955] 5922, 5927).

4,6-Bis-aziridin-1-yl-[1,3,5]triazin-2-ylamin C$_7$H$_{10}$N$_6$, Formel IV (R = R′ = H).

B. Aus 4,6-Dichlor-[1,3,5]triazin-2-ylamin und Aziridin in wss. NaOH (*Schaefer et al.,* Am. Soc. **77** [1955] 5918, 5920; *Am. Cyanamid Co.,* U.S.P. 2653934 [1950]).

Kristalle; F: 231° [korr.; Zers.; aus wss. Me.] (*Sch. et al.*), 224° [Zers.] (*Am. Cyanamid Co.*).

Geschwindigkeit der Reaktion mit wss. Na$_2$S$_2$O$_3$ bei 25°: *Sch. et al.,* l. c. S. 5919.

Bis-aziridin-1-yl-methylamino-[1,3,5]triazin, [Bis-aziridin-1-yl-[1,3,5]triazin-2-yl]-methyl-amin C$_8$H$_{12}$N$_6$, Formel IV (R = CH$_3$, R′ = H).

B. Aus [Dichlor-[1,3,5]triazin-2-yl]-methyl-amin und Aziridin in CHCl$_3$ (*Bras et al.,* Ž. obšč. Chim. **28** [1958] 2972; engl. Ausg. S. 3001). Aus Bis-aziridin-1-yl-chlor-[1,3,5]triazin und Methyl=amin (*Schaefer et al.,* Am. Soc. **77** [1955] 5918, 5921).

Kristalle; F: 128,5—131° [korr.; aus Toluol + Cyclohexan] (*Sch. et al.*), 123—124° [aus Bzl. + PAe.] (*Bras et al.*).

Bis-aziridin-1-yl-dimethylamino-[1,3,5]triazin, [Bis-aziridin-1-yl-[1,3,5]triazin-2-yl]-dimethyl-amin C$_9$H$_{14}$N$_6$, Formel IV (R = R′ = CH$_3$).

B. Aus Bis-aziridin-1-yl-chlor-[1,3,5]triazin und Dimethylamin (*Schaefer et al.,* Am. Soc. **77** [1955] 5918, 5921).

Kristalle (aus Bzl.); F: 67—69°.

[Bis-aziridin-1-yl-[1,3,5]triazin-2-yl]-[2-chlor-äthyl]-amin C$_9$H$_{13}$ClN$_6$, Formel IV (R = CH$_2$-CH$_2$-Cl, R′ = H).

B. Analog der vorangehenden Verbindung (*Schaefer et al.,* Am. Soc. **77** [1955] 5918, 5921).

Kristalle (aus Toluol); F: 87—88°.

Geschwindigkeit der Reaktion mit wss. Na$_2$S$_2$O$_3$ bei 25°: *Sch. et al.*

Bis-aziridin-1-yl-diäthylamino-[1,3,5]triazin, Diäthyl-[bis-aziridin-1-yl-[1,3,5]triazin-2-yl]-amin C$_{11}$H$_{18}$N$_6$, Formel IV (R = R′ = C$_2$H$_5$).

B. Analog den vorangehenden Verbindungen (*Schaefer et al.,* Am. Soc. **77** [1955] 5918, 5921).

Kristalle (aus Hexan); F: 66,5—68°.

N^2,N^4-Bis-[2-hydroxy-äthyl]-N^6-phenyl-[1,3,5]triazin-2,4,6-triyltriamin C$_{13}$H$_{18}$N$_6$O$_2$, Formel I (R = CH$_2$-CH$_2$-OH, R′ = C$_6$H$_5$).

B. Aus 6-Chlor-N^2,N^4-bis-[2-hydroxy-äthyl]-[1,3,5]triazin-2,4-diyldiamin und Anilin in wss. HCl (*Walker et al.,* J. Am. pharm. Assoc. **39** [1950] 393, 395) oder in H$_2$O unter Zusatz von NaOH, Na$_2$CO$_3$ oder NaHCO$_3$ (*Kaiser et al.,* Am. Soc. **73** [1951] 2984).

Kristalle; F: 134—135° [unkorr.; aus Me.] (*Ka. et al.*), 130—132° [aus H$_2$O] (*Wa. et al.*).

Bis-aziridin-1-yl-benzylamino-[1,3,5]triazin, Benzyl-[bis-aziridin-1-yl-[1,3,5]triazin-2-yl]-amin C$_{14}$H$_{16}$N$_6$, Formel IV (R = CH$_2$-C$_6$H$_5$, R′ = H).

B. Aus Bis-aziridin-1-yl-chlor-[1,3,5]triazin und Benzylamin in CHCl$_3$ (*Bras et al.,* Ž. obšč. Chim. **28** [1958] 2972, 2973; engl. Ausg. S. 3001, 3002). Aus Benzyl-[dichlor-[1,3,5]triazin-2-yl]-amin und Aziridin in Benzol (*Bras et al.*).

Zers. bei ca. 130° [nach Erweichen bei ca. 80°].

N^2,N^4,N^6-Tris-[2-hydroxy-äthyl]-[1,3,5]triazin-2,4,6-triyltriamin C$_9$H$_{18}$N$_6$O$_3$, Formel I (R = R′ = CH$_2$-CH$_2$-OH).

B. Aus 6-Chlor-N^2,N^4-bis-[2-hydroxy-äthyl]-[1,3,5]triazin-2,4-diyldiamin und 2-Amino-äth=

anol in H_2O unter Zusatz von NaOH, Na_2CO_3 oder $NaHCO_3$ (*Kaiser et al.*, Am. Soc. **73** [1951] 2984). Beim Erhitzen von Triphenoxy-[1,3,5]triazin mit 2-Amino-äthanol (*Thurston et al.*, Am. Soc. **73** [1951] 2992, 2994; *Am. Cyanamid Co.*, U.S.P. 2545049 [1948]).

Kristalle (aus Butan-1-ol); F: $100-101°$ [unkorr.] (*Ka. et al.*), $98-100°$ (*Th. et al.*). UV-Spektrum (H_2O; $210-280$ nm): *Hirt, Salley*, J. chem. Physics **21** [1953] 1181, 1183. Scheinbare Dissoziationskonstante K_b' (H_2O; potentiometrisch ermittelt) bei $25°$: $1,6\cdot10^{-9}$ (*Dudley*, Am. Soc. **73** [1951] 3007).

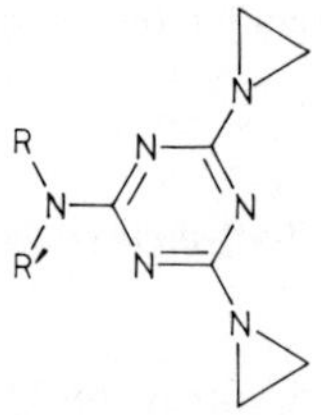

IV 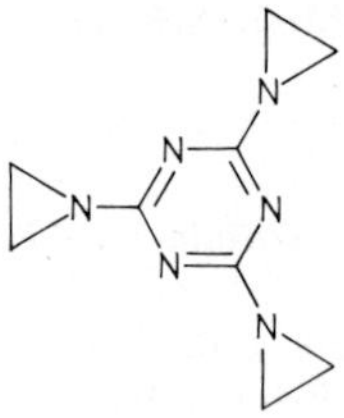 V 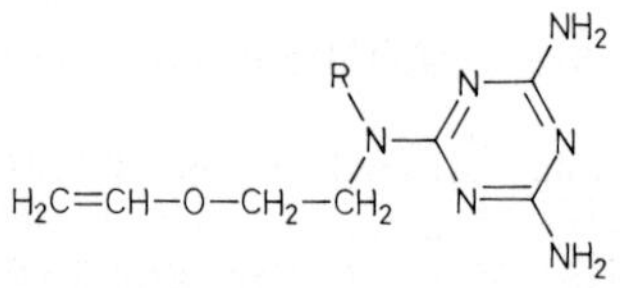 VI

Tris-aziridin-1-yl-[1,3,5]triazin, Tretamin $C_9H_{12}N_6$, Formel V (in der Literatur auch als Triäthylenmelamin bezeichnet).

B. Aus Trichlor-[1,3,5]triazin und Aziridin mit Hilfe von Triäthylamin in Benzol (*Bestian*, A. **566** [1950] 210, 231) oder von wss. K_2CO_3 in Dioxan (*Wystrach et al.*, Am. Soc. **77** [1955] 5915, 5917; *Am. Cyanamid Co.*, U.S.P. 2520619 [1948]). − Herstellung von Tris-aziridin-1-yl-[$^{14}C_3$][1,3,5]triazin: *Williams, Ronzio*, Org. Synth. Isotopes **1958** 794.

Kristalle; Zers. bei $150°$ [aus E.] (*Be.*), bei $139°$ [korr.; aus $CHCl_3$] (*Wy. et al.*). ^1H-NMR-Absorption ($CHCl_3$ sowie methanol. NaOH): *Bottini, Roberts*, Am. Soc. **80** [1958] 5203, 5207. IR-Spektrum der festen Verbindung ($2-15,5\mu$): *Allen, Seaman*, Anal. Chem. **27** [1955] 540, 541. Magnetische Susceptibilität: $-150,9\cdot10^{-6}$ cm$^3\cdot$mol^{-1} (*Mayr, Rabotti*, Experientia **13** [1957] 252).

Beim Aufbewahren bei $75°$ erfolgt langsam Polymerisation (*Wy. et al.*, l. c. S. 5918). Beim Erhitzen mit Raney-Nickel und Wasserstoff in wss. Dioxan bei $100°$ ist 2,3,6,7,10,11-Hexahydro-triimidazo[1,2-*a*;1′,2′-*c*;1″,2″-*e*][1,3,5]triazin erhalten worden (*Schaefer*, Am. Soc. **77** [1955] 5922, 5926). Geschwindigkeitskonstante der Hydrolyse in wss. Lösung vom pH 3 bei $37°$: *Ross*, Soc. **1950** 2257, 2263; der Reaktion mit $Na_2S_2O_3$ in wss. Aceton bei Siedetemperatur: *Ross*, l. c. S. 2259; s. a. *Ishidate et al.*, Pharm. Bl. **5** [1957] 203.

N^2-Methyl-N^2-[2-vinyloxy-äthyl]-[1,3,5]triazin-2,4,6-triyltriamin $C_8H_{14}N_6O$, Formel VI (R = CH_3).

B. Aus Methyl-[2-vinyloxy-äthyl]-carbamonitril und Cyanguanidin beim Erwärmen mit KOH in Isopropylalkohol (*Luskin et al.*, J. org. Chem. **23** [1958] 1032, 1036; *Rohm & Haas Co.*, U.S.P. 2694687 [1953]).

Kristalle; F: $137,5-139°$ [aus Isopropylalkohol] (*Rohm & Haas Co.*), $137-138°$ (*Lu. et al.*).

Die folgenden Verbindungen sind in analoger Weise hergestellt worden:

N^2-Äthyl-N^2-[2-vinyloxy-äthyl]-[1,3,5]triazin-2,4,6-triyltriamin $C_9H_{16}N_6O$, Formel VI (R = C_2H_5). Kristalle (aus Butan-2-ol); F: $141°$ (*Lu. et al.*, l. c. S. 1035).

N^2-Isopropyl-N^2-[2-vinyloxy-äthyl]-[1,3,5]triazin-2,4,6-triyltriamin $C_{10}H_{18}N_6O$, Formel VI (R = $CH(CH_3)_2$). Kristalle; F: $143-145°$ (*Lu. et al.*, l. c. S. 1035).

(±)-N^2-[2,4,4-Trimethyl-pentyl]-N^2-[2-vinyloxy-äthyl]-[1,3,5]triazin-2,4,6-triyltriamin $C_{15}H_{28}N_6O$, Formel VI (R = CH_2-$CH(CH_3)$-CH_2-$C(CH_3)_3$). Kristalle; F: $72-78°$ (*Lu. et al.*, l. c. S. 1036; *Rohm & Haas Co.*).

N^2-Cyclohexyl-N^2-[2-vinyloxy-äthyl]-[1,3,5]triazin-2,4,6-triyltriamin $C_{13}H_{22}N_6O$, Formel VI (R = C_6H_{11}). Kristalle; F: $144-146°$ (*Lu. et al.*, l. c. S. 1035; *Rohm & Haas Co.*).

N^2,N^4-**Bis-[2-hydroxy-äthyl]-**N^2,N^4-**diphenyl-[1,3,5]triazin-2,4,6-triyltriamin** $C_{19}H_{22}N_6O_2$,
Formel VII (R = R′ = H).

B. Aus 4,6-Dichlor-[1,3,5]triazin-2-ylamin und 2-Anilino-äthanol in wss. HCl (*Walker et al.*,
J. Am. pharm. Assoc. **39** [1950] 393, 395).
Kristalle (aus H_2O); F: 158−159°.

N^2,N^4,N^6-**Tris-[2-hydroxy-äthyl]-**N^2,N^4,N^6-**triphenyl-[1,3,5]triazin-2,4,6-triyltriamin**
$C_{27}H_{30}N_6O_3$, Formel VII (R = CH_2-CH_2-OH, R′ = C_6H_5).

B. Beim Erhitzen von Triphenoxy-[1,3,5]triazin mit 2-Anilino-äthanol auf 250° (*Thurston
et al.*, Am. Soc. **73** [1951] 2992, 2995; *Am. Cyanamid Co.*, U.S.P. 2545049 [1948]).
Kristalle (aus Propan-1-ol, Bzl. oder wss. H_2SO_4); F: 163−164° [unkorr.] (*Th. et al.*; *Am.
Cyanamid Co.*).

Triacetyl-Derivat $C_{33}H_{36}N_6O_6$; N^2,N^4,N^6-Tris-[2-acetoxy-äthyl]-N^2,N^4,N^6-
triphenyl-[1,3,5]triazin-2,4,6-triyltriamin. Kristalle (aus H_2O); F: 110,5−112° [unkorr.]
(*Schaefer et al.*, Am. Soc. **73** [1951] 3004).

N^2,N^2-**Bis-[2-hydroxy-äthyl]-[1,3,5]triazin-2,4,6-triyltriamin** $C_7H_{14}N_6O_2$, Formel VIII
(R = R′ = H).

UV-Spektrum (H_2O; 210−280 nm): *Hirt, Salley*, J. chem. Physics **21** [1953] 1181, 1183.
Scheinbare Dissoziationskonstante K_b' (H_2O; potentiometrisch ermittelt) bei 25°: $1,3 \cdot 10^{-9}$ (*Dud=
ley*, Am. Soc. **73** [1951] 3007).

VII   VIII   IX

N^2,N^2,N^4,N^4-**Tetrakis-[2-hydroxy-äthyl]-[1,3,5]triazin-2,4,6-triyltriamin** $C_{11}H_{22}N_6O_4$,
Formel VIII (R = CH_2-CH_2-OH, R′ = H).

B. Aus 4,6-Dichlor-[1,3,5]triazin-2-ylamin und Bis-[2-hydroxy-äthyl]-amin in H_2O unter Zu=
satz von NaOH, Na_2CO_3 oder $NaHCO_3$ (*Kaiser et al.*, Am. Soc. **73** [1951] 2984).
Kristalle (aus Me.); F: 128−129° [unkorr.] (*Ka. et al.*). UV-Spektrum (H_2O; 210−280 nm):
Hirt, Salley, J. chem. Physics **21** [1953] 1181, 1183. Scheinbare Dissoziationskonstante K_b'
(H_2O; potentiometrisch ermittelt) bei 25°: $1,4 \cdot 10^{-9}$ (*Dudley*, Am. Soc. **73** [1951] 3007).

Hexakis-N-[2-hydroxy-äthyl]-[1,3,5]triazin-2,4,6-triyltriamin $C_{15}H_{30}N_6O_6$, Formel VIII
(R = R′ = CH_2-CH_2-OH).

B. Aus Trichlor-[1,3,5]triazin und Bis-[2-hydroxy-äthyl]-amin (*Kaiser et al.*, Am. Soc. **73**
[1951] 2984).
Kristalle (aus Butan-1-ol); F: 169−170° [unkorr.] (*Ka. et al.*). Scheinbare Dissoziationskon=
stante K_b' (H_2O; potentiometrisch ermittelt) bei 25°: $5 \cdot 10^{-10}$ (*Dudley*, Am. Soc. **73** [1951]
3007).

(±)-1-[4-Amino-6-anilino-[1,3,5]triazin-2-ylamino]-propan-2-ol $C_{12}H_{16}N_6O$, Formel IX
(R = H).

B. Aus (±)-1-[4-Amino-6-chlor-[1,3,5]triazin-2-ylamino]-propan-2-ol und Anilin in wss. HCl
(*Walker et al.*, J. Am. pharm. Assoc. **39** [1950] 393, 395).
Kristalle (aus H_2O); F: 138−140°.

*****Opt.-inakt. N^2,N^4-Bis-[2-hydroxy-propyl]-N^6-phenyl-[1,3,5]triazin-2,4,6-triyltriamin**
$C_{15}H_{22}N_6O_2$, Formel IX (R = CH_2-CH(CH_3)-OH).

Hydrochlorid $C_{15}H_{22}N_6O_2 \cdot HCl$. B. Analog der vorangehenden Verbindung (*Walker
et al.*, J. Am. pharm. Assoc. **39** [1950] 393, 395). − Kristalle (aus Dioxan + Bzl.); F: 150−152°.

*Opt.-inakt. Tris-[2-methyl-aziridin-1-yl]-[1,3,5]triazin $C_{12}H_{18}N_6$, Formel X.

B. Aus Trichlor-[1,3,5]triazin und (±)-2-Methyl-aziridin in Benzol (*Bras, Ž. obšč. Chim.* **25** [1955] 1413, 1417; engl. Ausg. S. 1359, 1362) oder in wss. Na$_2$CO$_3$ (*Schaefer,* Am. Soc. **77** [1955] 5928).

Kristalle; F: 104−105° [aus PAe.] (*Bras*), 98−100° [aus Cyclohexan (*Sch.*).

(±)-N^2-Methyl-N^2-[2-vinyloxy-propyl]-[1,3,5]triazin-2,4,6-triyltriamin $C_9H_{16}N_6O$, Formel XI.

B. Aus (±)-Methyl-[2-vinyloxy-propyl]-carbamonitril und Cyanguanidin beim Erwärmen mit KOH in Isopropylalkohol (*Luskin et al.,* J. org. Chem. **23** [1958] 1032, 1035; *Rohm & Haas Co.,* U.S.P. 2674687 [1953]).

Kristalle (aus Toluol); F: 95−97°.

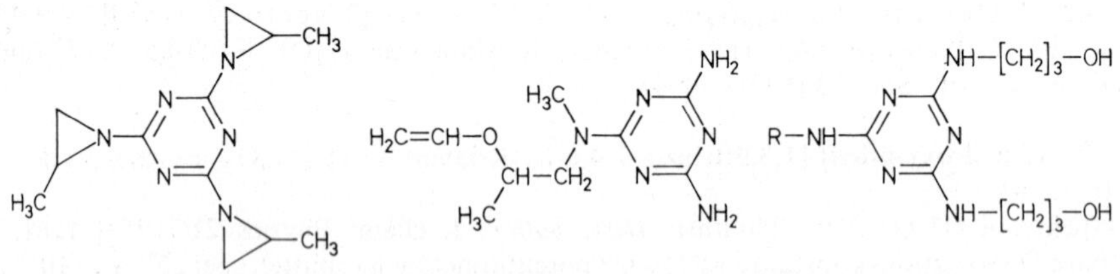

X   XI   XII

N^2,N^4-Bis-[3-hydroxy-propyl]-[1,3,5]triazin-2,4,6-triyltriamin $C_9H_{18}N_6O_2$, Formel XII (R = H).

B. Aus 6-Chlor-N^2,N^4-bis-[3-hydroxy-propyl]-[1,3,5]triazin-2,4-diyldiamin und wss. NH$_3$ beim Erwärmen unter Druck (*Kaiser et al.,* Am. Soc. **73** [1951] 2984).

Kristalle (aus Me.); F: 110−112° [unkorr.].

N^2,N^4,N^6-Tris-[3-hydroxy-propyl]-[1,3,5]triazin-2,4,6-triyltriamin $C_{12}H_{24}N_6O_3$, Formel XII (R = [CH$_2$]$_3$-OH).

B. Aus 6-Chlor-N^2,N^4-bis-[3-hydroxy-propyl]-[1,3,5]triazin-2,4-diyldiamin und 3-Amino-pro≈ pan-1-ol in H$_2$O unter Zusatz von NaOH, NaHCO$_3$ oder Na$_2$CO$_3$ (*Kaiser et al.,* Am. Soc. **73** [1951] 2984).

Kristalle (aus E.); F: 113−114° [unkorr.] (*Ka. et al.*). Scheinbare Dissoziationskonstante K$_b'$ (H$_2$O; potentiometrisch ermittelt) bei 25°: $3{,}0 \cdot 10^{-9}$ (*Dudley,* Am. Soc. **73** [1951] 3007).

Tris-azetidin-1-yl-[1,3,5]triazin $C_{12}H_{18}N_6$, Formel XIII.

B. Aus Trichlor-[1,3,5]triazin und Azetidin in wss. NaOH (*Schaefer,* Am. Soc. **77** [1955] 5928).

Kristalle (aus Bzl.); F: 256−259° [korr.].

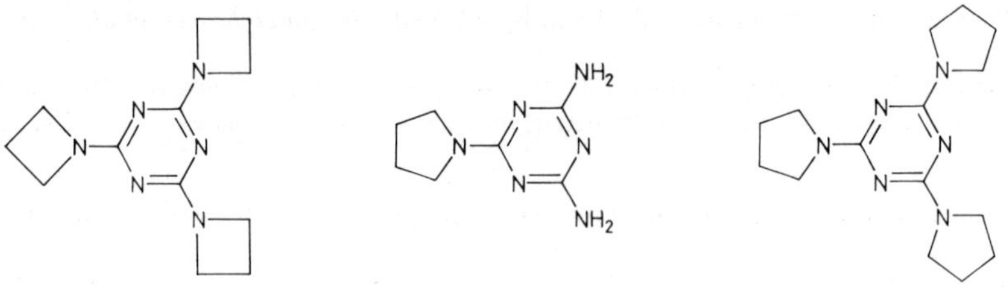

XIII   XIV   XV

6-Pyrrolidino-[1,3,5]triazin-2,4-diyldiamin $C_7H_{12}N_6$, Formel XIV.

B. Neben anderen Verbindungen beim Erhitzen von Cyanguanidin mit Pyrrolidin-hydrochlo≈ rid (*Detweiler, Amstutz,* Am. Soc. **74** [1952] 1483). Aus 6-Chlor-[1,3,5]triazin-2,4-diyldiamin und Pyrrolidin (*De., Am.*).

Kristalle (aus H$_2$O); F: 294,9−296,5° [korr.].

Tripyrrolidino-[1,3,5]triazin $C_{15}H_{24}N_6$, Formel XV.

B. Aus Trichlor-[1,3,5]triazin und Pyrrolidin (*Detweiler, Amstutz*, Am. Soc. **74** [1952] 1483).
Kristalle (aus A.); F: 186,5 – 189,8° [korr.].

N^2-**[Vinyloxy-*tert*-butyl]-[1,3,5]triazin-2,4,6-triyltriamin** $C_9H_{16}N_6O$, Formel I.

B. Aus [Vinyloxy-*tert*-butyl]-carbamonitril und Cyanguanidin beim Erwärmen mit KOH
in Isopropylalkohol (*Luskin et al.*, J. org. Chem. **23** [1958] 1032, 1035; *Rohm & Haas Co.*,
U.S.P. 2694687 [1953]).
Kristalle (aus Bzl.); F: 96 – 98°.

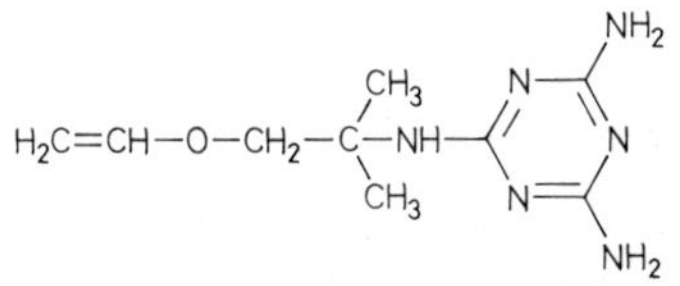

I 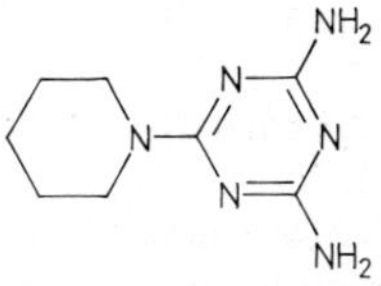   II

6-Piperidino-[1,3,5]triazin-2,4-diyldiamin $C_8H_{14}N_6$, Formel II.

B. Aus Cyanguanidin und Piperidin-1-carbonitril beim Erhitzen mit Piperidin (*Cassella*,
D.B.P. 889593 [1942]). Aus 6-Chlor-[1,3,5]triazin-2,4-diyldiamin und Piperidin (*Detweiler, Am=
stutz*, Am. Soc. **74** [1952] 1483; *Walker et al.*, J. Am. pharm. Assoc. **39** [1950] 393, 395).
Kristalle; F: 222,2 – 223,6° [korr.; aus wss. A.; nach Sublimation bei 2 Torr] (*De., Am.*),
216 – 217° [aus H_2O] (*Wa. et al.*).

Bis-aziridin-1-yl-piperidino-[1,3,5]triazin $C_{12}H_{18}N_6$, Formel III.

B. Aus Dichlor-piperidino-[1,3,5]triazin und Aziridin in Benzol (*Šwenzizkaja et al.*, Ž. obšč.
Chim. **28** [1958] 1601, 1604; engl. Ausg. S. 1650, 1651; *Bras et al.*, Ž. obšč. Chim. **28** [1958]
2972, 2974; engl. Ausg. S. 3001, 3003). Aus Bis-aziridin-1-yl-chlor-[1,3,5]triazin und Piperidin
in $CHCl_3$ (*Bras et al.*).
Kristalle; F: 130,5 – 131,5° [aus E.] (*Šw. et al.*), 130 – 131° [Zers.; aus Bzl. + PAe.] (*Bras
et al.*).

Tripiperidino-[1,3,5]triazin $C_{18}H_{30}N_6$, Formel IV (H 332).

B. Aus Trichlor-[1,3,5]triazin und Piperidin (*Detweiler, Amstutz*, Am. Soc. **74** [1952] 1483).
Kristalle (aus Acn.); F: 219-221,1° [korr.].

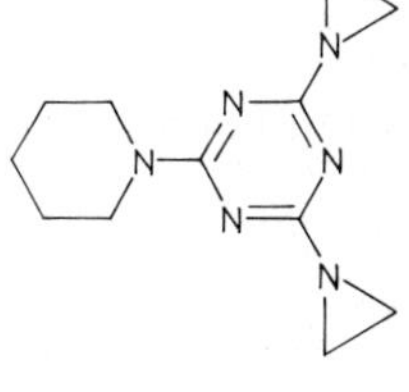

III 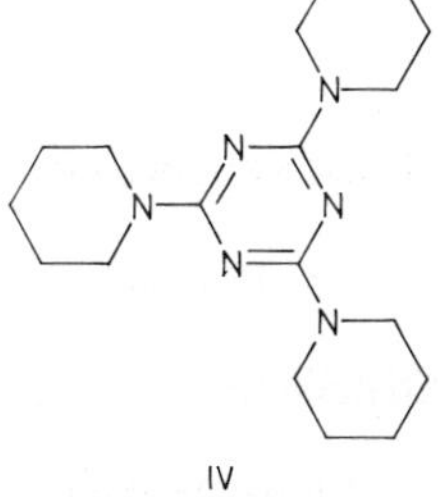   IV 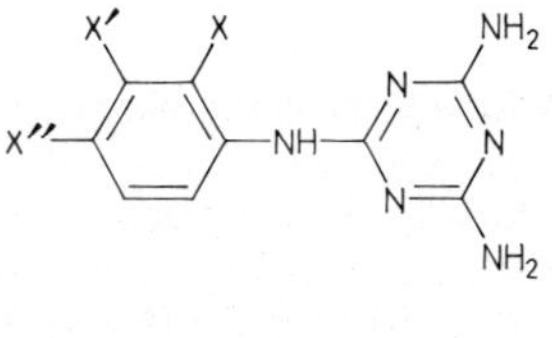   V

2-[4,6-Diamino-[1,3,5]triazin-2-ylamino]-phenol $C_9H_{10}N_6O$, Formel V (X = OH,
X' = X'' = H).

B. Aus 6-Chlor-[1,3,5]triazin-2,4-diyldiamin und 2-Amino-phenol in wss. HCl (*Walker et al.*,
J. Am. pharm. Assoc. **39** [1950] 393, 394).
Kristalle (aus A.); F: 257 – 259°.

Die folgenden Verbindungen sind in analoger Weise hergestellt worden:

N^2-[2-Äthoxy-phenyl]-[1,3,5]triazin-2,4,6-triyltriamin $C_{11}H_{14}N_6O$,   Formel V
(X = $O-C_2H_5$, X' = X'' = H). Kristalle (aus A.); F: 203 – 205°.

3-[4,6-Diamino-[1,3,5]triazin-2-ylamino]-phenol $C_9H_{10}N_6O$,   Formel V
(X = X'' = H, X' = OH). Kristalle (aus Me.); F: 241–242°.

N^2-[3-Äthoxy-phenyl]-[1,3,5]triazin-2,4,6-triyltriamin $C_{11}H_{14}N_6O$,   Formel V
(X = X'' = H, X' = O-C_2H_5). Kristalle (aus A.); F: 211–212°.

4-[4,6-Diamino-[1,3,5]triazin-2-ylamino]-phenol $C_9H_{10}N_6O$, Formel V (X = X' = H,
X'' = OH).

B. Aus Melamin (S. 1253) beim Erhitzen mit 4-Amino-phenol in Diäthylenglykol (*Gen. Elec=
tric Co.,* U.S.P. 2393755 [1942]). Aus 6-Chlor-[1,3,5]triazin-2,4-diyldiamin und 4-Amino-phenol
in wss. HCl (*Walker et al.,* J. Am. pharm. Assoc. **39** [1950] 393, 394).

Kristalle (aus Me.); F: 282–283° (*Wa. et al.*).

N^2-[4-Sulfanilyl-phenyl]-[1,3,5]triazin-2,4,6-triyltriamin $C_{15}H_{15}N_7O_2S$, Formel V
(X = X' = H, X'' = SO_2-C_6H_4-NH_2).

B. Neben der folgenden Verbindung beim Erwärmen von 6-Chlor-[1,3,5]triazin-2,4-diyldiamin
mit Bis-[4-amino-phenyl]-sulfon in wss. HCl (*Vogel,* U.S.P. 2599145 [1951]).

F: 240–245° [bei raschem Erhitzen].

Dihydrochlorid. Kristalle (aus wss. HCl).

Bis-[4-(4,6-diamino-[1,3,5]triazin-2-ylamino)-phenyl]-sulfon $C_{18}H_{18}N_{12}O_2S$, Formel VI.

B. Aus Bis-[4-amino-phenyl]-sulfon und 6-Chlor-[1,3,5]triazin-2,4-diyldiamin in wss. HCl (*Vo=
gel,* U.S.P. 2599145 [1951]).

Unterhalb 250° nicht schmelzend.

Dihydrochlorid. Kristalle (aus wss. HCl).

N^2-[4-Chlor-phenyl]-N^4-[4-methoxy-phenyl]-[1,3,5]triazin-2,4,6-triyltriamin $C_{16}H_{15}ClN_6O$,
Formel VII (R = H, R' = CH_3, X = Cl).

B. Aus 6-Chlor-N^2-[4-chlor-phenyl]-N^4-[4-methoxy-phenyl]-[1,3,5]triazin-2,4-diyldiamin und
äthanol. NH_3 (*Curd et al.,* Soc. **1947** 154, 160).

Hydrochlorid $C_{16}H_{15}ClN_6O \cdot$HCl. Kristalle mit 1 Mol H_2O; F: 259–261°.

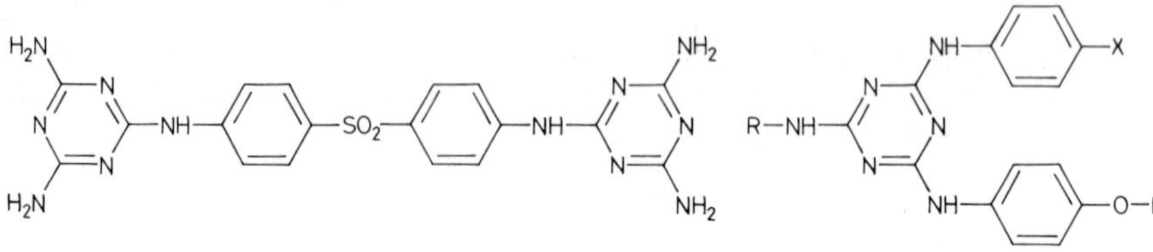

VI   VII

N^2,N^4-Bis-[4-methoxy-phenyl]-[1,3,5]triazin-2,4,6-triyltriamin $C_{17}H_{18}N_6O_2$, Formel VII
(R = H, R' = CH_3, X = O-CH_3).

B. Analog der vorangehenden Verbindung (*Curd et al.,* Soc. **1947** 154, 159).

Kristalle (aus Bzl.); F: 202–203°.

Hydrochlorid $C_{17}H_{18}N_6O_2 \cdot$HCl. Kristalle (aus äthanol. HCl) mit 1 Mol H_2O; F: 277°.

N^2,N^4-Bis-[4-äthoxy-phenyl]-[1,3,5]triazin-2,4,6-triyltriamin $C_{19}H_{22}N_6O_2$, Formel VII
(R = H, R' = C_2H_5, X = O-C_2H_5).

Hydrochlorid $C_{19}H_{22}N_6O_2 \cdot$HCl. *B.* Aus 4,6-Dichlor-[1,3,5]triazin-2-ylamin und p-Phen=
etidin in H_2O (*Kaiser et al.,* Am. Soc. **73** [1951] 2984). — Kristalle (aus wss. Eg.); F: 269–270°
[unkorr.].

N^2-[4-Chlor-phenyl]-N^4,N^6-bis-[4-methoxy-phenyl]-[1,3,5]triazin-2,4,6-triyltriamin
$C_{23}H_{21}ClN_6O_2$, Formel VII (R = C_6H_4-Cl, R' = CH_3, X = O-CH_3).

B. Aus 6-Chlor-N^2-[4-chlor-phenyl]-N^4-[4-methoxy-phenyl]-[1,3,5]triazin-2,4-diyldiamin und
p-Anisidin in Benzol (*Curd et al.,* Soc. **1947** 154, 160).

Hydrochlorid $C_{23}H_{21}ClN_6O_2 \cdot HCl$. Kristalle (aus Eg.) mit 1 Mol H_2O; F: 261°.

[4,6-Diamino-[1,3,5]triazin-2-ylamino]-methanol $C_4H_8N_6O$, Formel VIII (R = H).

B. Aus Melamin (S. 1253) und Paraformaldehyd in wss. Lösung vom pH 8 (*Květoň, Hanousek*, Chem. Listy **48** [1954] 1205; C. A. **1955** 6970).

Kristalle; F: 166—168° [Rohprodukt] (*Kv., Ha.*, Chem. Listy **48** 1205).

Geschwindigkeitskonstante der Hydrolyse in wss. Lösung vom pH 7,7 bei 50°, 60° und 70° sowie der Reaktion mit Formaldehyd in wss. Lösung vom pH 7,7 bei 40°, 50°, 60° und 70° (Bildung von N^2,N^4-Bis-hydroxymethyl-[1,3,5]triazin-2,4,6-triyltriamin): *Květoň, Hanousek*, Chem. Listy **48** 1205, **49** [1955] 63; C. A. **1955** 6970.

N^2,N^4-Bis-hydroxymethyl-[1,3,5]triazin-2,4,6-triyltriamin $C_5H_{10}N_6O_2$, Formel VIII (R = CH_2-OH).

B. Aus Melamin (S. 1253) und Formaldehyd in wss. NaOH (*Dixon et al.*, Am. Soc. **69** [1947] 599; *Květoň, Hanousek*, Chem. Listy **49** [1955] 63; C. A. **1955** 6970).

F: 140—143° (*Kv., Ha.*). UV-Spektrum (H_2O; 210—270 nm): *Hirt, Salley*, J. chem. Physics **21** [1953] 1181, 1183. Scheinbarer Dissoziationsexponent pK_b' (H_2O) bei 25°: 9,5 [spektrophotometrisch ermittelt] bzw. 9,2 [potentiometrisch ermittelt] (*Di. et al.*).

Geschwindigkeitskonstante der Hydrolyse in wss. Lösungen vom pH 7,1 bei 40°: *Květoň, Hanousek*, Chem. Listy **48** [1954] 1205; C. A. **1955** 6970; vom pH 7,7 und pH 7,9 bei 50°, 60° und 70°: *Kv., Ha.*, Chem. Listy **49** 63; der Reaktion mit Formaldehyd in wss. Lösungen vom pH 7,7 und pH 7,9 bei 50°, 60° und 70° (Bildung von N^2,N^4,N^6-Tris-hydroxymethyl-[1,3,5]triazin-2,4,6-triyltriamin): *Kv., Ha.*, Chem. Listy **49** 63.

VIII   IX

N^2,N^4,N^6-Tris-hydroxymethyl-[1,3,5]triazin-2,4,6-triyltriamin $C_6H_{12}N_6O_3$, Formel IX (R = H).

B. Aus Melamin (S. 1253) und Formaldehyd in wss. NaOH (*Dixon et al.*, Am. Soc. **69** [1947] 599; *Kočevar, Pregrad*, Reyon Zellw. **1956** 88).

F: 147—149° (*Ko., Pr.*). UV-Spektrum in H_2O (200—270 nm bzw. 270—380 nm): *Hirt, Salley*, J. chem. Physics **21** [1953] 1181, 1183; *Costa et al.*, J. chem. Physics **18** [1950] 434, 435; in wss. HCl (230—260 nm): *Hirt et al.*, Anal. Chem. **26** [1954] 1270, 1271. Magnetische Susceptibilität: $-112,2 \cdot 10^{-6} \text{ cm}^3 \cdot \text{mol}^{-1}$ (*Matsunaga, Morita*, Bl. chem. Soc. Japan **31** [1958] 644, 645). Scheinbarer Dissoziationsexponent pK_b' (H_2O) bei 25°: 9,9 [spektrophotometrisch sowie potentiometrisch ermittelt] (*Di. et al.*), 10,0 [potentiometrisch ermittelt] (*Dudley*, Am. Soc. **73** [1951] 3007).

N^2,N^4,N^6-Tris-methoxymethyl-[1,3,5]triazin-2,4,6-triyltriamin $C_9H_{18}N_6O_3$, Formel IX (R = CH_3).

B. Aus der vorangehenden Verbindung und Methanol mit Hilfe von konz. H_2SO_4 (*Du Pont de Nemours & Co.*, U.S.P. 2454078 [1941]).

Kristalle (*Du Pont*). UV-Spektrum (H_2O; 270—380 nm): *Costa et al.*, J. chem. Physics **18** [1950] 434, 435.

N^2,N^4,N^6-Tris-äthoxymethyl-[1,3,5]triazin-2,4,6-triyltriamin $C_{12}H_{24}N_6O_3$, Formel IX (R = C_2H_5).

B. Aus N^2,N^4,N^6-Tris-hydroxymethyl-[1,3,5]triazin-2,4,6-triyltriamin und Äthanol mit Hilfe von HCl (*Du Pont de Nemours & Co.*, U.S.P. 2454078 [1941]).

Kristalle.

Hexakis-*N*-hydroxymethyl-[1,3,5]triazin-2,4,6-triyltriamin $C_9H_{18}N_6O_6$, Formel X (R = H).

B. Aus Melamin (S. 1253) und wss. Formaldehyd (*CIBA*, U.S.P. 2197357 [1937]), unter Zusatz von wss. HCl (*Gams et al.*, Helv. Engi Festband [1941] 302, 315) oder von wss. NaOH (*Kočevar, Pregrad,* Reyon Zellw. **1956** 88).

Kristalle (aus H_2O); F: 250° [Zers.; auf 250° vorgeheiztes Bad] (*Gams et al.*). UV-Spektrum (H_2O; 200−270 nm bzw. 270−380 nm): *Hirt, Salley,* J. chem. Physics **21** [1953] 1181, 1183; *Costa et al.*, J. chem. Physics **18** [1950] 434, 435.

Hexakis-*N*-methoxymethyl-[1,3,5]triazin-2,4,6-triyltriamin $C_{15}H_{30}N_6O_6$, Formel X (R = CH_3).

B. Aus der vorangehenden Verbindung und Methanol mit Hilfe von konz. wss. HCl (*Gams et al.*, Helv. Engi Festband [1941] 302, 317; s. a. *Dixon et al.*, Am. Soc. **69** [1947] 599).

Kristalle (aus H_2O); F: 55°; $Kp_{0,02-0,03}$: 180° (*Gams et al.*). UV-Spektrum (H_2O; 210−270 nm): *Hirt, Salley,* J. chem. Physics **21** [1953] 1181, 1183. Scheinbarer Dissoziations≠ exponent pK_b' (H_2O) bei 25°: 11,8 [spektrophotometrisch ermittelt] bzw. 12,3 [potentiometrisch ermittelt] (*Di. et al.*).

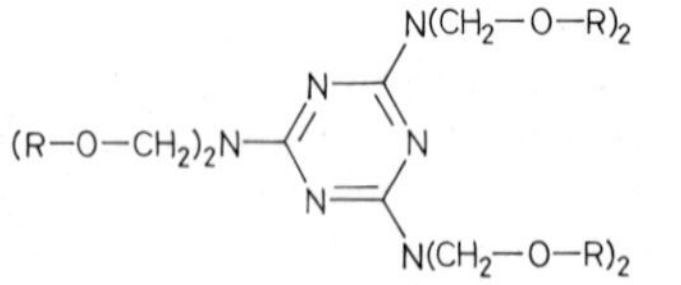

X 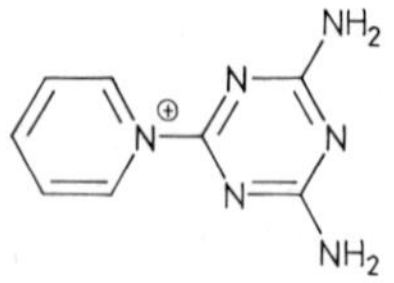   XI

1-[Diamino-[1,3,5]triazin-2-yl]-pyridinium $[C_8H_9N_6]^+$, Formel XI.

Chlorid $[C_8H_9N_6]Cl$. B. Aus 6-Chlor-[1,3,5]triazin-2,4-diyldiamin und Pyridin in DMF (*Am. Home Prod. Corp.*, U.S.P. 2767180 [1955]). − Kristalle (aus A.); Zers. und Sublimation bei ca. 300°.

1-[4-(4,6-Diamino-[1,3,5]triazin-2-ylamino)-phenyl]-äthanon $C_{11}H_{12}N_6O$, Formel XII.

B. Aus 6-Chlor-[1,3,5]triazin-2,4-diyldiamin und 1-[4-Amino-phenyl]-äthanon in wss. HCl (*Walker et al.*, J. Am. pharm. Assoc. **39** [1950] 393, 394).

Kristalle.

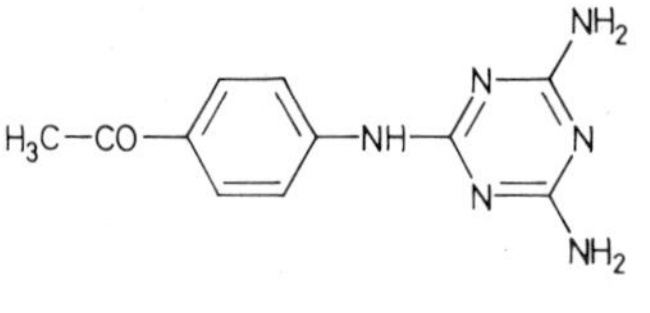

XII 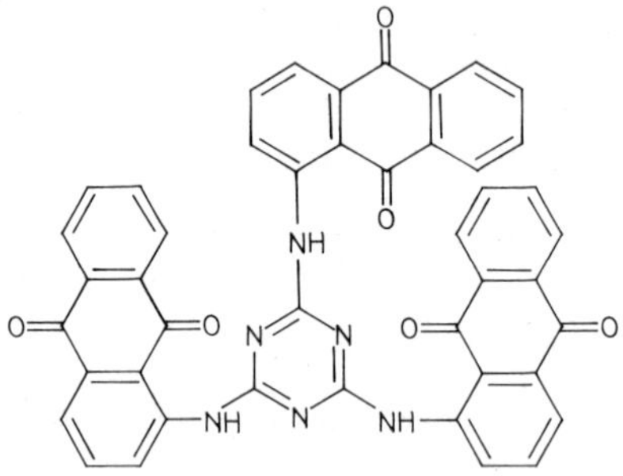   XIII

N^2,N^4,N^6-Tris-[9,10-dioxo-9,10-dihydro-[1]anthryl]-[1,3,5]triazin-2,4,6-triyltriamin, 1,1′,1″-[1,3,5]Triazin-2,4,6-triyltriamino-tri-anthrachinon $C_{45}H_{24}N_6O_6$, Formel XIII.

B. Aus Trichlor-[1,3,5]triazin und 1-Amino-anthrachinon beim Erhitzen in Phenol (*I.G. Farbenind.*, D.R.P. 590163 [1930]; Frdl. **19** 2045, 2046; s. a. *Fierz-David, Matter,* J. Soc. Dyers Col. **53** [1937] 424, 434). Beim Erhitzen von Trichlor-[1,3,5]triazin mit 1-Sulfinylamino-anthra≠ chinon (gelbe Kristalle; aus 1-Amino-anthrachinon und $SOCl_2$ hergestellt) in Phenol (*Am. Cyanamid Co.*, U.S.P. 2479943 [1947]).

Gelbe Kristalle (*I.G. Farbenind.*).

N-[Diamino-[1,3,5]triazin-2-yl]-formamid $C_4H_6N_6O$, Formel I.

B. Aus Melamin (S. 1253) und Formamid beim Erhitzen (*Ostrogovich*, G. **65** [1935] 566, 578).

Kristalle.

4,6-Bis-acetylamino-[1,3,5]triazin-2-ylamin, *N,N'*-[Amino-[1,3,5]triazin-2-yl]-bis-acetamid $C_7H_{10}N_6O_2$, Formel II (R = H).

B. Beim Erhitzen von Melamin (S. 1253) mit Acetanhydrid (*Ostrogovich*, G. **65** [1935] 566, 579; *Emerson, Patrick*, Am. Soc. **70** [1948] 343). Aus Melamin und Thioessigsäure unter Zusatz von Essigsäure (*Os.*, l. c. S. 581).

Kristalle; F: 312° [korr.; aus Acetanhydrid] (*Em., Pa.*), 305–306° [Gelbfärbung bei 280°; auf ca. 270° vorgeheiztes Bad] (*Os.*).

Silber-Salz $Ag_2C_7H_8N_6O_2$. Pulver (*Os.*).

Tetrachloroaurat(III) $C_7H_{10}N_6O_2 \cdot HAuCl_4$. Gelbe Kristalle, die sich beim Erhitzen zer= setzen (*Os.*).

Picrat $C_7H_{10}N_6O_2 \cdot C_6H_3N_3O_7$. Gelbe Kristalle; F: 209–210° [Zers.; orangerote Schmelze] (*Os.*).

Tris-acetylamino-[1,3,5]triazin, *N,N',N''*-[1,3,5]Triazin-2,4,6-triyl-tris-acetamid $C_9H_{12}N_6O_3$, Formel II (R = CO-CH₃).

B. Aus Melamin (S. 1253) und Acetanhydrid (*Ostrogovich*, G. **65** [1935] 566, 582) auch unter Zusatz von Natriumacetat (*Cason*, Am. Soc. **69** [1947] 495, 496).

Kristalle; Zers. ab 310° [aus Eg.] (*Ca.*); F: 298–300° [Zers.; auf ca. 270° vorgeheiztes Bad] (*Os.*). Kristalle mit 1 Mol H_2O (*Ca.*). In 100 ml Essigsäure lösen sich bei 23° ca. 0,5 g und bei Siedetemperatur ca. 2,5 g der wasserfreien Verbindung (*Ca.*).

Beim Behandeln mit konz. wss. HNO_3 in Acetanhydrid ist 6-Nitroamino-1*H*-[1,3,5]triazin-2,4-dion erhalten worden (*Ca.; Atkinson*, Am. Soc. **73** [1951] 4443). Beim Behandeln mit rauchender HNO_3 wird Bis-acetylamino-nitro-[1,3,5]triazin-hydrat erhalten (*At.*).

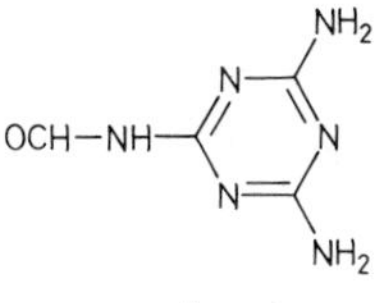

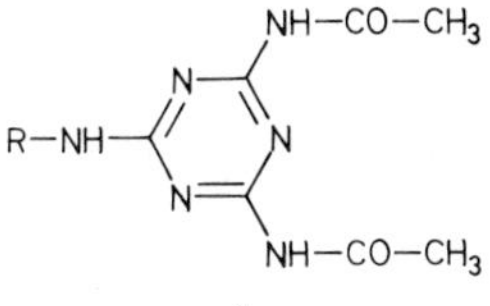

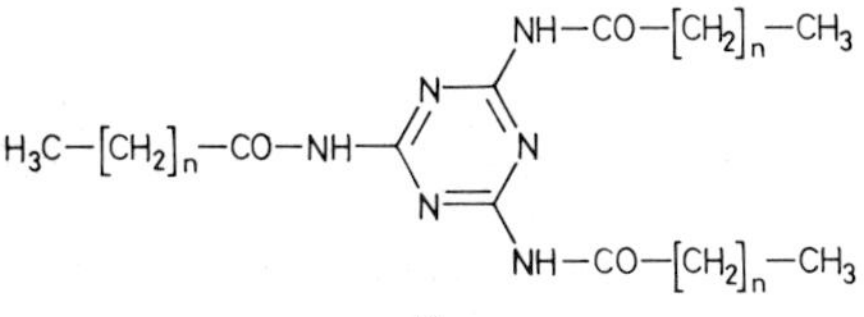

Tris-propionylamino-[1,3,5]triazin, *N,N',N''*-[1,3,5]Triazin-2,4,6-triyl-tris-propionamid $C_{12}H_{18}N_6O_3$, Formel III (n = 1).

B. Beim Erhitzen von Melamin (S. 1253) mit Propionsäure-anhydrid (*Emerson, Patrick*, Am. Soc. **70** [1948] 343).

Kristalle (aus Eg. oder Propionsäure-anhydrid); F: 94°.

Die folgenden Verbindungen sind in analoger Weise hergestellt worden:

Tris-butyrylamino-[1,3,5]triazin, *N,N',N''*-[1,3,5]Triazin-2,4,6-triyl-tris-butyr= amid $C_{15}H_{24}N_6O_3$, Formel III (n = 2). Kristalle (aus Eg. oder Buttersäure-anhydrid); F: 258° [korr.] (*Em., Pa.*).

Tris-valerylamino-[1,3,5]triazin, *N,N',N''*-[1,3,5]Triazin-2,4,6-triyl-tris-valer= amid $C_{18}H_{30}N_6O_3$, Formel III (n = 3). Kristalle (aus Eg. oder Valeriansäure-anhydrid); F: 228–229° [korr.] (*Em., Pa.; Monsanto Chem. Co.*, U.S.P. 2507700 [1946]).

Tris-isovalerylamino-[1,3,5]triazin, *N,N',N''*-[1,3,5]Triazin-2,4,6-triyl-tris-iso= valeramid $C_{18}H_{30}N_6O_3$, Formel IV (R = CH_2-CH(CH₃)₂). Kristalle (aus Eg. oder Iso= valeriansäure-anhydrid); F: 216–218° [korr.] (*Em., Pa.*).

Tris-hexanoylamino-[1,3,5]triazin, *N,N',N''*-[1,3,5]Triazin-2,4,6-triyl-tris-hexanamid $C_{21}H_{36}N_6O_3$, Formel III (n = 4). Kristalle (aus Eg. oder Hexansäure-anhydrid); F: 220° [korr.] (*Em., Pa.; Monsanto*).

Tris-heptanoylamino-[1,3,5]triazin, *N,N',N''*-[1,3,5]Triazin-2,4,6-triyl-trisheptanamid $C_{24}H_{42}N_6O_3$, Formel III (n = 5). Kristalle (aus Eg. oder Heptansäure-anhydrid); F: 210° [korr.] (*Em., Pa.; Monsanto*).

Tris-octanoylamino-[1,3,5]triazin, N,N',N''-[1,3,5]Triazin-2,4,6-triyl-tris-octan= amid $C_{27}H_{48}N_6O_3$, Formel III (n = 6). Kristalle (aus Eg. oder Octansäure-anhydrid); F: 209° [korr.] (*Em., Pa.; Monsanto*).

Tris-nonanoylamino-[1,3,5]triazin, N,N',N''-[1,3,5]Triazin-2,4,6-triyl-tris-nonanamid $C_{30}H_{54}N_6O_3$, Formel III (n = 7). Kristalle (aus Eg. oder Nonansäure-anhydrid); F: 194—195° [korr.] (*Em., Pa.; Monsanto*).

Tris-lauroylamino-[1,3,5]triazin, N,N',N''-[1,3,5]Triazin-2,4,6-triyl-tris-laur= amid $C_{39}H_{72}N_6O_3$, Formel III (n = 10). Kristalle (aus Eg. oder Laurinsäure-anhydrid); F: 178—179° [korr.] (*Em., Pa.; Monsanto*).

Tris-stearoylamino-[1,3,5]triazin, N,N',N''-[1,3,5]Triazin-2,4,6-triyl-tris-stear= amid $C_{57}H_{108}N_6O_3$, Formel III (n = 16). Kristalle (aus Eg. oder Stearinsäure-anhydrid); F: 159—161° [korr.] (*Em., Pa.; Monsanto*).

Tris-oleoylamino-[1,3,5]triazin, N,N',N''-[1,3,5]Triazin-2,4,6-triyl-tris-oleamid $C_{57}H_{102}N_6O_3$, Formel IV (R = $[CH_2]_7$-CH$\stackrel{c}{=}$CH-$[CH_2]_7$-CH$_3$). Kristalle (aus Eg. oder Ölsäure-anhydrid); F: 138—140° [korr.] (*Em., Pa.; Monsanto*).

N-[Diamino-[1,3,5]triazin-2-yl]-benzamid $C_{10}H_{10}N_6O$, Formel V (X = X' = X'' = H).
B. Aus Melamin (S. 1253) und Benzoesäure-anhydrid in Pyridin (*Oshima, Kitajima*, J. Soc. org. synth. Chem. Japan **11** [1953] 352; C. A. **1954** 11429). Aus Bis-acetylamino-benzoylamino-[1,3,5]triazin mit Hilfe von wss. NaOH (*Os., Ki.*).
Kristalle (aus H_2O); F: 232—233°.

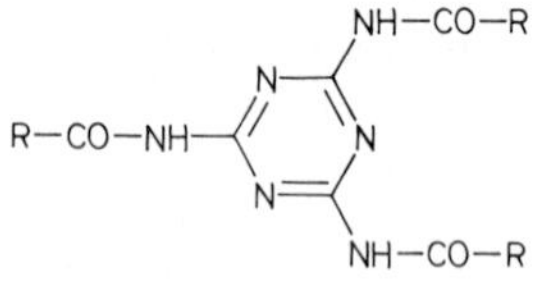

IV 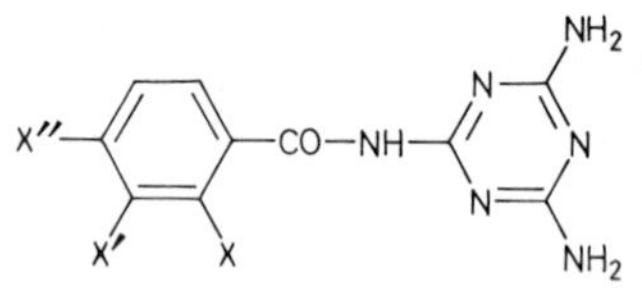   V

2-Chlor-benzoesäure-[4,6-diamino-[1,3,5]triazin-2-ylamid] $C_{10}H_9ClN_6O$, Formel V (X = Cl, X' = X'' = H).
B. Analog der vorangehenden Verbindung (*Oshima, Kitajima*, J. Soc. org. synth. Chem. Japan **16** [1958] 139, 141; C. A. **1958** 11084).
F: 260—261°.

3-Chlor-benzoesäure-[4,6-diamino-[1,3,5]triazin-2-ylamid] $C_{10}H_9ClN_6O$, Formel V (X = X'' = H, X' = Cl).
B. Analog den vorangehenden Verbindungen (*Oshima, Kitajima*, J. Soc. org. synth. Chem. Japan **16** [1958] 139, 142; C. A. **1958** 11084).
Kristalle (aus A.); F: 223—224°.

4-Chlor-benzoesäure-[4,6-diamino-[1,3,5]triazin-2-ylamid] $C_{10}H_9ClN_6O$, Formel V (X = X' = H, X'' = Cl).
B. Analog den vorangehenden Verbindungen (*Oshima, Kitajima*, J. Soc. org. synth. Chem. Japan **16** [1958] 139, 142; C. A. **1958** 11084).
Kristalle (aus A.); F: 266—267°.

Bis-acetylamino-benzoylamino-[1,3,5]triazin, N-[Bis-acetylamino-[1,3,5]triazin-2-yl]-benzamid $C_{14}H_{14}N_6O_3$, Formel VI (X = X' = X'' = H).
B. Aus 4,6-Bis-acetylamino-[1,3,5]triazin-2-ylamin beim Erhitzen mit Benzoesäure-anhydrid (*Oshima, Kitajima*, J. Soc. org. synth. Chem. Japan **11** [1953] 352; C. A. **1954** 11429).
Kristalle (aus A.); F: 280—282°.

Bis-acetylamino-[2-chlor-benzoylamino]-[1,3,5]triazin, 2-Chlor-benzoesäure-[4,6-bis-acetylamino-[1,3,5]triazin-2-ylamid] $C_{14}H_{13}ClN_6O_3$, Formel VI (X = Cl, X' = X'' = H).

B. Analog der vorangehenden Verbindung (*Oshima, Kitajima,* J. Soc. org. synth. Chem. Japan **16** [1958] 139, 141; C. A. **1958** 11 084).

Kristalle (aus A.); F: 245 – 247°.

Bis-acetylamino-[3-chlor-benzoylamino]-[1,3,5]triazin, 3-Chlor-benzoesäure-[4,6-bis-acetylamino-[1,3,5]triazin-2-ylamid] $C_{14}H_{13}ClN_6O_3$, Formel VI (X = X'' = Cl, X' = H).

B. Analog den vorangehenden Verbindungen (*Oshima, Kitajima,* J. Soc. org. synth. Chem. Japan **16** [1958] 139, 141; C. A. **1958** 11 084).

Kristalle (aus Nitrobenzol); F: 293 – 295°.

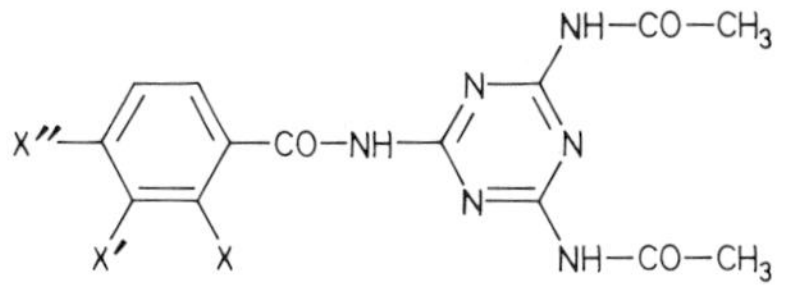

VI 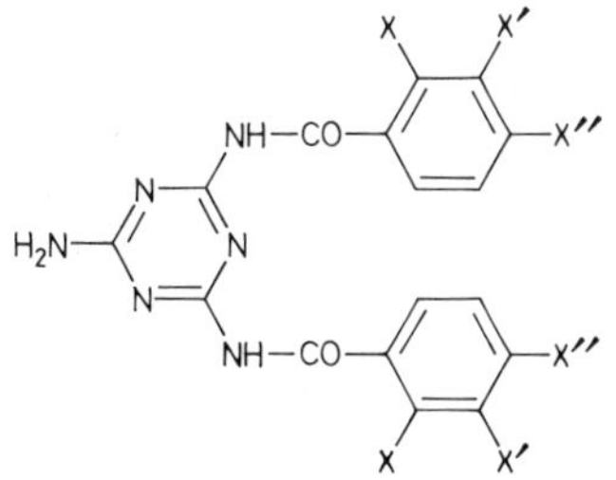   VII

Bis-acetylamino-[4-chlor-benzoylamino]-[1,3,5]triazin, 4-Chlor-benzoesäure-[4,6-bis-acetylamino-[1,3,5]triazin-2-ylamid] $C_{14}H_{13}ClN_6O_3$, Formel VI (X = X' = H, X'' = Cl).

B. Analog den vorangehenden Verbindungen (*Oshima, Kitajima,* J. Soc. org. synth. Chem. Japan **16** [1958] 139, 141; C. A. **1958** 11 084).

Kristalle (aus Nitrobenzol); F: 315 – 316°.

4,6-Bis-benzoylamino-[1,3,5]triazin-2-ylamin, N,N'-[Amino-[1,3,5]triazin-2,4-diyl]-bis-benzamid $C_{17}H_{14}N_6O_2$, Formel VII (X = X' = X'' = H).

B. Aus N-[Diamino-[1,3,5]triazin-2-yl]-benzamid beim Erhitzen mit Benzoesäure-anhydrid und Pyridin (*Oshima, Kitajima,* J. Soc. org. synth. Chem. Japan **15** [1957] 471; C. A. **1957** 17943).

Kristalle (aus A.); F: 242 – 243°.

Die folgenden Verbindungen sind in analoger Weise hergestellt worden:

4,6-Bis-[2-chlor-benzoylamino]-[1,3,5]triazin-2-ylamin $C_{17}H_{12}Cl_2N_6O_2$, Formel VII (X = Cl, X' = X'' = H). Kristalle (aus A.); F: 243 – 245° (*Oshima, Kitajima,* J. Soc. org. synth. Chem. Japan **16** [1958] 139, 142; C. A. **1958** 11 084).

4,6-Bis-[3-chlor-benzoylamino]-[1,3,5]triazin-2-ylamin $C_{17}H_{12}Cl_2N_6O_2$, Formel VII (X = X'' = H, X' = Cl). Kristalle (aus A.) mit 1 Mol Äthanol, F: 251 – 252°; die äthanol≠ freie Verbindung schmilzt bei 252 – 253° (*Os., Ki.,* J. Soc. org. synth. Chem. Japan **16** 142).

4,6-Bis-[4-chlor-benzoylamino]-[1,3,5]triazin-2-ylamin $C_{17}H_{12}Cl_2N_6O_2$, Formel VII (X = X' = H, X'' = Cl). Kristalle (aus A.); F: 273 – 274° (*Os., Ki.,* J. Soc. org. synth. Chem. Japan **16** 143).

Tris-benzoylamino-[1,3,5]triazin, N,N',N''-[1,3,5]Triazin-2,4,6-triyl-tris-benzamid $C_{24}H_{18}N_6O_3$, Formel VIII (X = X' = X'' = H).

B. Beim Erhitzen von Melamin (S. 1253) mit Benzoesäure-anhydrid (*Ostrogovich,* G. **65** [1935] 566, 583; *Emerson, Patrick,* Am. Soc. **70** [1948] 343; *Oshima, Kitajima,* J. Soc. org. synth. Chem. Japan **15** [1957] 471; C. A. **1957** 17943).

Kristalle; F: 201 – 203° [korr.; aus Eg.] (*Em., Pa.*), 193 – 194° (*Os., Ki.,* J. Soc. org. synth. Chem. Japan **15** 471).

Silber-Salz $Ag_2C_{24}H_{16}N_6O_3 \cdot 2H_2O$. Pulver (*Os.,* l. c. S. 586, 587).

Verbindung mit Dioxan $2C_{24}H_{18}N_6O_3 \cdot 3C_4H_8O_2$. Kristalle (aus Dioxan); F: 155° [Zers.] (*Os., Ki.,* J. Soc. org. synth. Chem. Japan **15** 471).

Verbindung mit Äthanol $C_{24}H_{18}N_6O_3 \cdot 2C_2H_6O$. F: 128—139° [Zers.] (*Os., Ki.*, J. Soc. org. synth. Chem. Japan **15** 471).

Verbindung mit Phenol $C_{24}H_{18}N_6O_3 \cdot 3C_6H_6O$. Kristalle; F: 182—183° (*Os.*, l. c. S. 585).

Picrat $C_{24}H_{18}N_6O_3 \cdot C_6H_3N_3O_7$. Kristalle; F: 228—229° (*Os.*).

Verbindung mit Aceton $C_{24}H_{18}N_6O_3 \cdot C_3H_6O$. F: 133—139° [Zers.] (*Os., Ki.*, J. Soc. org. synth. Chem. Japan **15** 471).

Verbindung mit Äthylacetat $C_{24}H_{18}N_6O_3 \cdot C_4H_8O_2$. F: 132—140° [Zers.] (*Os., Ki.*, J. Soc. org. synth. Chem. Japan **15** 471).

Die folgenden Verbindungen sind in analoger Weise hergestellt worden:

Tris-[2-chlor-benzoylamino]-[1,3,5]triazin $C_{24}H_{15}Cl_3N_6O_3$, Formel VIII (X = Cl, X′ = X″ = H). Kristalle (aus A.); F: 234—235° (*Oshima, Kitajima*, J. Soc. org. synth. Chem. Japan **16** [1958] 139, 143; C. A. **1958** 11084).

Tris-[3-chlor-benzoylamino]-[1,3,5]triazin $C_{24}H_{15}Cl_3N_6O_3$, Formel VIII (X = X″ = H, X′ = Cl). F: 219—222° (*Os., Ki.*, J. Soc. org. synth. Chem. Japan **16** 143).

Tris-[4-chlor-benzoylamino]-[1,3,5]triazin $C_{24}H_{15}Cl_3N_6O_3$, Formel VIII (X = X′ = H, X″ = Cl). Kristalle (aus wss. Py.); F: 263—264° (*Os., Ki.*, J. Soc. org. synth. Chem. Japan **16** 143).

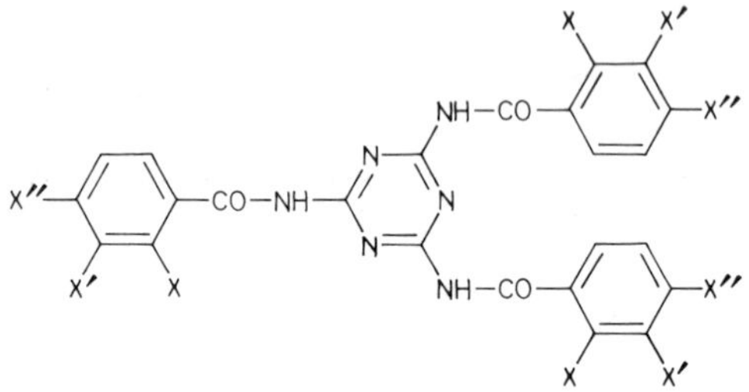

VIII 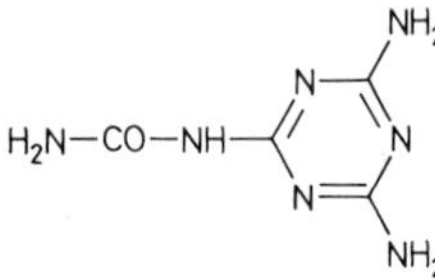   IX

[Diamino-[1,3,5]triazin-2-yl]-harnstoff $C_4H_7N_7O$, Formel IX.

B. Aus 6-Chlor-[1,3,5]triazin-2,4-diyldiamin und Natriumureid (*Gen. Electric Co.*, U.S.P. 2394042 [1941]). Aus Melamin-hydrochlorid (S. 1254) und Kaliumcyanat in H_2O (*Gen. Electric Co.*).

Kristalle, die oberhalb 280° unter Zersetzung sublimieren.

[Diamino-[1,3,5]triazin-2-yl]-carbamonitril $C_4H_5N_7$, Formel X.

B. Aus Cyanguanidin und Natrium-dicyanamid beim Erwärmen mit KOH in 2-Methoxy-äthanol (*Am. Cyanamid Co.*, U.S.P. 2510981 [1946]). Beim Erwärmen von Trichlor-[1,3,5]triazin mit Cyanamid und Na_2CO_3 in Aceton und anschliessend mit wss. NH_3 (*Kurabayashi, Yanagiya*, Rep. Gov. chem. ind. Res. Inst. Tokyo **48** [1953] 139, 141; C. A. **1954** 11429).

Kristalle [aus H_2O bzw. aus 2-Äthoxy-äthanol] (*Ku., Ya.; Am. Cyanamid Co.*).

Natrium-Salz $NaC_4H_4N_7$. Kristalle (aus wss. A.) mit 2 Mol H_2O; F: 402° (*Ku., Ya.*, l. c. S. 143).

Kupfer(II)-Salz $Cu(C_4H_4N_7)_2 \cdot 2NH_3$. Dunkelviolette Kristalle mit 2 Mol H_2O (*Ku., Ya.*, l. c. S. 147).

Guanidin-Salz. Kristalle (aus Me. oder H_2O); F: 260° [Zers.] (*Ku., Ya.*, l. c. S. 154, 155).

[Diamino-[1,3,5]triazin-2-yl]-guanidin $C_4H_8N_8$, Formel XI (R = R′ = H) und Taut.

B. Neben 4,6-Diguanidino-[1,3,5]triazin-2-ylamin und Triguanidino-[1,3,5]triazin beim Erhitzen von Cyanguanidin mit HCl oder HF in Phenol oder anderen Lösungsmitteln (*Am. Cyanamid Co.*, U.S.P. 2537840 [1949]). Aus der vorangehenden Verbindung und Ammoniumacetat beim Erhitzen in Äthylenglykol (*Am. Cyanamid Co.*, U.S.P. 2537834 [1946]). Aus 6-Chlor-[1,3,5]triazin-2,4-diyldiamin beim Erhitzen mit Guanidin-carbonat (*Kurabayashi, Yanagiya*, Rep. Gov. chem. ind. Res. Inst. Tokyo **48** [1953] 139, 142, 149; C. A. **1954** 11429).

Kristalle (aus wss. A.); F: 225° [Zers.] (*Ku., Ya.*, l. c. S. 152). UV-Spektrum (wss. HCl sowie wss. NaOH; 210–280 nm): *Hirt et al.*, Spectrochim. Acta **15** [1959] 962, 964. Scheinbarer Dissoziationsexponent pK_a' (protonierte Verbindung; H_2O; spektrophotometrisch sowie poten= tiometrisch ermittelt): 9,4 (*Hirt et al.*).

Monopicrat $C_4H_8N_8 \cdot C_6H_3N_3O_7$. Orangefarbene Kristalle (aus H_2O); F: 290,5° [Zers.] (*Ku., Ya.*).

Dipicrat $C_4H_8N_8 \cdot 2C_6H_3N_3O_7$. F: 257,7° [Zers.] (*Ku., Ya.*, l. c. S. 150).

N-Butyl-N'-[diamino-[1,3,5]triazin-2-yl]-guanidin $C_8H_{16}N_8$, Formel XI (R = $[CH_2]_3$-CH_3, R' = H) und Taut.

B. Beim Erhitzen von [Diamino-[1,3,5]triazin-2-yl]-carbamonitril mit Butylamin-hydrochlorid in Äthylenglykol (*Am. Cyanamid. Co.*, U.S.P. 2537834 [1946]).

Kristalle; F: 217–218°.

Die folgenden Verbindungen sind in analoger Weise hergestellt worden:

N-Cyclohexyl-*N'*-[diamino-[1,3,5]triazin-2-yl]-guanidin $C_{10}H_{18}N_8$, Formel XI (R = C_6H_{11}, R' = H) und Taut. F: 217–219° (*Am. Cyanamid Co.*).

N-[Diamino-[1,3,5]triazin-2-yl]-*N'*-phenyl-guanidin $C_{10}H_{12}N_8$, Formel XI (R = C_6H_5, R' = H) und Taut. Kristalle (aus wss. 2-Äthoxy-äthanol); Zers. bei 249–250° (*Am. Cyanamid Co.*). UV-Spektrum (wss. HCl sowie wss. NaOH; 210–310 nm): *Hirt et al.*, Spectrochim. Acta **15** [1959] 962, 964. Scheinbarer Dissoziationsexponent pK_a' (protonierte Verbindung; H_2O; spektrophotometrisch ermittelt): 8,2 (*Hirt et al.*). – Hydrochlorid. Kristalle (aus H_2O); Zers. bei 274–275° (*Am. Cyanamid Co.*).

N-[4-Chlor-phenyl]-*N'*-[diamino-[1,3,5]triazin-2-yl]-guanidin $C_{10}H_{11}ClN_8$, For= mel XI (R = C_6H_4-Cl, R' = H) und Taut. Kristalle; F: 260–261° (*Am. Cyanamid Co.*).

N-[Diamino-[1,3,5]triazin-2-yl]-*N'*-[2,5-dichlor-phenyl]-guanidin $C_{10}H_{10}Cl_2N_8$, Formel XI (R = $C_6H_3Cl_2$, R' = H) und Taut. Kristalle; F: 270–270,5° (*Am. Cyanamid Co.*).

N'-[Diamino-[1,3,5]triazin-2-yl]-*N*-methyl-*N*-phenyl-guanidin $C_{11}H_{14}N_8$, For= mel XI (R = C_6H_5, R' = CH_3) und Taut. Hydrochlorid. Kristalle (aus A.); Zers. bei 305° (*Am. Cyanamid Co.*).

N-[Diamino-[1,3,5]triazin-2-yl]-*N'*-[3-trifluormethyl-phenyl]-guanidin $C_{11}H_{11}F_3N_8$, Formel XI (R = C_6H_4-CF_3, R' = H) und Taut. Kristalle; F: 253–244°(?) (*Am. Cyanamid Co*).

N-Benzyl-*N'*-[diamino-[1,3,5]triazin-2-yl]-guanidin $C_{11}H_{14}N_8$, Formel XI (R = CH_2-C_6H_5, R' = H) und Taut. F: ca. 228–230° (*Am. Cyanamid Co.*).

N-[Diamino-[1,3,5]triazin-2-yl]-*N'*-[4-sulfamoyl-phenyl]-guanidin $C_{10}H_{13}N_9O_2S$, Formel XI (R = C_6H_4-SO_2-NH_2, R' = H) und Taut. Zers. bei 272° (*Am. Cyanamid Co.*).

N-{Amino-[methyl-(2-vinyloxy-äthyl)-amino]-[1,3,5]triazin-2-yl}-N'-methoxymethyl-thioharnstoff $C_{11}H_{19}N_7O_2S$, Formel XII.

B. Aus N^2-Methyl-N^2-[2-vinyloxy-äthyl]-[1,3,5]triazin-2,4,6-triyltriamin und Methoxymethyl= isothiocyanat in Aceton (*Rohm & Haas Co.*, U.S.P. 2837499 [1957]).

Gelber Feststoff.

4,6-Diguanidino-[1,3,5]triazin-2-ylamin, $N^1,N^{1'}$-[Amino-[1,3,5]triazin-2,4-diyl]-di-guanidin $C_5H_{10}N_{10}$, Formel XIII (R = H).

B. s. o. im Artikel [Diamino-[1,3,5]triazin-2-yl]-guanidin.

Kristalle (aus H_2O) mit 2 Mol H_2O; die wasserfreie Verbindung zersetzt sich beim Erhitzen (*Am. Cyanamid Co.*, U.S.P. 2537840 [1949]). UV-Spektrum (wss. HCl, wss. Lösung vom pH ca. 8 sowie wss. NaOH; $210-300$ nm): *Hirt et al.*, Spectrochim. Acta **15** [1959] 962, 964. Scheinbare Dissoziationsexponenten pK'_{a1} und pK'_{a2} (diprotonierte Verbindung; H_2O): 7,0 [potentiometrisch ermittelt] bzw. 7,1 [spektrophotometrisch ermittelt] und 9,8 [potentiometrisch sowie spektrophotometrisch ermittelt] (*Hirt et al.*).

Picrat. F: $297-298°$ [unkorr.] (*Am. Cyanamid Co.*).

Tris-cyanamino-[1,3,5]triazin, N,N',N''**-[1,3,5]Triazin-2,4,6-triyl-tri-carbamonitril** $C_6H_3N_9$, Formel XIV (R = R' = H) (E II 133).

Trinatrium-Salz $Na_3C_6N_9 \cdot 3H_2O$ (E II 133). Hexagonal; Kristallstruktur-Analyse (Röntgen-Diagramm): *Hoard*, Am. Soc. **60** [1938] 1194.

Triguanidino-[1,3,5]triazin, $N^1,N^{1'},N^{1''}$**-[1,3,5]Triazin-2,4,6-triyl-tri-guanidin** $C_6H_{12}N_{12}$, Formel XIII (R = $C(NH_2)$=NH).

B. s. o. im Artikel [Diamino-[1,3,5]triazin-2-yl]-guanidin.

UV-Spektrum (wss. HCl, wss. Lösungen vom pH ca. 6 und pH ca. 9 sowie wss. NaOH; $210-300$ nm): *Hirt et al.*, Spectrochim. Acta **15** [1959] 962, 964. Scheinbare Dissoziationsexponenten pK'_{a1}, pK'_{a2} und pK'_{a3} (triprotonierte Verbindung; H_2O; spektrophotometrisch sowie potentiometrisch ermittelt): 4,6 bzw. 7,6 bzw. 10,3.

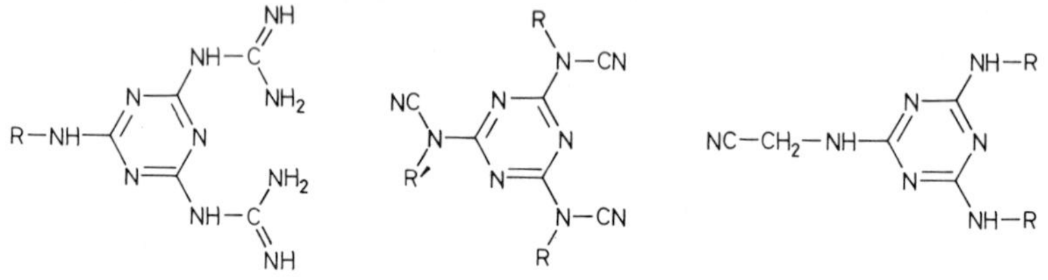

XIII   XIV   XV

Tris-[cyan-methyl-amino]-[1,3,5]triazin, N,N',N''**-Trimethyl-**N,N',N''**-[1,3,5]triazin-2,4,6-triyl-tri-carbamonitril** $C_9H_9N_9$, Formel XIV (R = R' = CH_3) (E II 185).

B. Aus Trichlor-[1,3,5]triazin und der Kalium-Verbindung des Methylcarbamonitrils (*Biechler,* C. r. **203** [1936] 568).

F: 241°.

Die folgenden Verbindungen sind in analoger Weise hergestellt worden:

Tris-[N-cyan-anilino]-[1,3,5]triazin, N,N',N''-Triphenyl-N,N',N''-[1,3,5]triazin-2,4,6-triyl-tri-carbamonitril $C_{24}H_{15}N_9$, Formel XIV (R = R' = C_6H_5). F: 210°.

Tris-[N-cyan-o-toluidino]-[1,3,5]triazin, N,N',N''-Tri-o-tolyl-N,N',N''-[1,3,5]triazin-2,4,6-triyl-tri-carbamonitril $C_{27}H_{21}N_9$, Formel XIV (R = R' = C_6H_4-CH_3). F: 203°.

Tris-[benzyl-cyan-amino]-[1,3,5]triazin, N,N',N''-Tribenzyl-N,N',N''-[1,3,5]triazin-2,4,6-triyl-tri-carbamonitril $C_{27}H_{21}N_9$, Formel XIV (R = R' = CH_2-C_6H_5). F: 158°.

Tris-[N-cyan-2,4-dimethyl-anilino]-[1,3,5]triazin, N,N',N''-Tris-[2,4-dimethyl-phenyl]-N,N',N''-[1,3,5]triazin-2,4,6-triyl-tri-carbamonitril $C_{30}H_{27}N_9$, Formel XIV (R = R' = $C_6H_3(CH_3)_2$). F: 193°.

Tris-[cyan-[1 oder 2]naphthyl-amino]-[1,3,5]triazin, N,N',N''-Tri-[1 oder 2]-naphthyl-N,N',N''-[1,3,5]triazin-2,4,6-triyl-tri-carbamonitril $C_{36}H_{21}N_9$, Formel XIV (R = R' = $C_{10}H_7$). F: 271°.

Tris-[N-cyan-o-anisidino]-[1,3,5]triazin, N,N',N''-Tris-[2-methoxy-phenyl]-N,N',N''-[1,3,5]triazin-2,4,6-triyl-tri-carbamonitril $C_{27}H_{21}N_9O_3$, Formel XIV (R = R' = C_6H_4-O-CH_3). F: 110°.

Bis-[N-cyan-anilino]-[N-cyan-p-phenetidino]-[1,3,5]triazin, N-[4-Äthoxy-phenyl]-N',N''-diphenyl-N,N',N''-[1,3,5]triazin-2,4,6-triyl-tri-carbamonitril

$C_{26}H_{19}N_9O$, Formel XIV (R = C_6H_5, R' = C_6H_4-O-C_2H_5). F: 98–104°.

[N-Cyan-anilino]-bis-[N-cyan-p-phenetidino]-[1,3,5]triazin, N,N'-Bis-[4-äth‌oxy-phenyl]-N''-phenyl-N,N',N''[1,3,5]triazin-2,4,6-triyl-tri-carbamonitril $C_{28}H_{23}N_9O_2$, Formel XIV (R = C_6H_4-O-C_2H_5, R' = C_6H_5). F: 115–120°.

Tris-[N-cyan-p-anisidino]-[1,3,5]triazin, N,N',N''-Tris-[4-methoxy-phenyl]-N,N',N''-[1,3,5]triazin-2,4,6-triyl-tri-carbamonitril $C_{27}H_{21}N_9O_3$, Formel XIV (R = R' = C_6H_4-O-CH_3). F: 201°.

Tris-[N-cyan-p-phenetidino]-[1,3,5]triazin, N,N',N''-Tris-[4-äthoxy-phenyl]-N,N',N''-[1,3,5]triazin-2,4,6-triyl-tri-carbamonitril $C_{30}H_{27}N_9O_3$, Formel XIV (R = R' = C_6H_4-O-C_2H_5). F: 151°.

N-[Diamino-[1,3,5]triazin-2-yl]-glycin-nitril $C_5H_7N_7$, Formel XV (R = H).

B. Aus 6-Chlor-[1,3,5]triazin-2,4-diyldiamin und Glycin-nitril beim Erhitzen in Phenol (*Am. Cyanamid Co.*, U.S.P. 2476548 [1945]). Aus N-[Dichlor-[1,3,5]triazin-2-yl]-glycin-nitril und wss. NH_3 (*Am. Cyanamid Co.*).

Kristalle (aus H_2O) mit 2 Mol H_2O; F: 220–225°.

N-[Dianilino-[1,3,5]triazin-2-yl]-glycin-nitril $C_{17}H_{15}N_7$, Formel XV (R = C_6H_5).

B. Aus N-[Dichlor-[1,3,5]triazin-2-yl]-glycin-nitril und Anilin in Aceton (*Am. Cyanamid Co.*, U.S.P. 2476548 [1945]). Beim Erhitzen von 6-Chlor-N^2,N^4-diphenyl-[1,3,5]triazin-2,4-diyldi‌amin mit Glycin-nitril in Phenol (*Am. Cyanamid Co.*).

Kristalle; F: 168–172°.

N-[Bis-aziridin-1-yl-[1,3,5]triazin-2-yl]-glycin-äthylester $C_{11}H_{16}N_6O_2$, Formel I.

B. Aus N-[Dichlor-[1,3,5]triazin-2-yl]-glycin-äthylester und Aziridin in Benzol mit Hilfe von Triäthylamin (*Šwenzizkaja et al., Ž. obšč. Chim.* **28** [1958] 1601, 1605; engl. Ausg. S. 1650, 1653).

Kristalle (aus Ae.); F: 69–70°.

N^2,N^4-Bis-cyanmethyl-[1,3,5]triazin-2,4,6-triyltriamin, N,N'-[Amino-[1,3,5]triazin-2,4-diyl]-bis-glycin-dinitril $C_7H_8N_8$, Formel II (R = R' = H).

B. Aus 6-Chlor-N^2,N^4-bis-cyanmethyl-[1,3,5]triazin-2,4-diyldiamin und wss. NH_3 (*Kaiser et al., Am. Soc.* **73** [1951] 2984). Aus 4,6-Dichlor-[1,3,5]triazin-2-ylamin beim Erhitzen mit Glycin-nitril in Phenol (*Am. Cyanamid Co.*, U.S.P. 2476548 [1945]).

Kristalle; F: 220° [unkorr.; aus H_2O] (*Ka. et al.*); Zers. bei 220° (*Am. Cyanamid Co.*).

I   II

N^2,N^2-Diäthyl-N^4,N^6-bis-cyanmethyl-[1,3,5]triazin-2,4,6-triyltriamin, N,N'-[Diäthylamino-[1,3,5]triazin-2,4-diyl]-bis-glycin-dinitril $C_{11}H_{16}N_8$, Formel II (R = R' = C_2H_5).

B. Aus Diäthyl-[dichlor-[1,3,5]triazin-2-yl]-amin oder aus N-[Chlor-diäthylamino-[1,3,5]tri‌azin-2-yl]-glycin-nitril und Glycin-nitril beim Erhitzen in Phenol (*Am. Cyanamid Co.*, U.S.P. 2476548 [1945]). Aus 6-Chlor-N^2,N^4-bis-cyanmethyl-[1,3,5]triazin-2,4-diyldiamin und Diäthylamin in Aceton (*Am. Cyanamid Co.*).

Kristalle; F: 158–162°.

N^2-Butyl-N^4,N^6-bis-cyanmethyl-[1,3,5]triazin-2,4,6-triyltriamin, N,N'-[Butylamino-[1,3,5]triazin-2,4-diyl]-bis-glycin-dinitril $C_{11}H_{16}N_8$, Formel II (R = $[CH_2]_3$-CH_3, R' = H).

B. Analog der vorangehenden Verbindung (*Am. Cyanamid Co.*, U.S.P. 2476548 [1945]).

Kristalle (aus H_2O); F: $138-140°$.

N^2,N^4-**Bis-cyanmethyl-N^6-dodecyl-[1,3,5]triazin-2,4,6-triyltriamin, N,N'-[Dodecylamino-[1,3,5]triazin-2,4-diyl]-bis-glycin-dinitril** $C_{19}H_{32}N_8$, Formel II (R = $[CH_2]_{11}$-CH_3, R' = H).

B. Aus [Dichlor-[1,3,5]triazin-2-yl]-dodecyl-amin und Glycin-nitril oder aus 6-Chlor-N^2,N^4-bis-cyanmethyl-[1,3,5]triazin-2,4-diyldiamin und Dodecylamin (*Am. Cyanamid Co.*, U.S.P. 2476548 [1945]).

Kristalle (aus H_2O); F: $145-150°$.

N^2,N^4-**Bis-carboxymethyl-N^6-phenyl-[1,3,5]triazin-2,4,6-triyltriamin, N,N'-[Anilino-[1,3,5]triazin-2,4-diyl]-bis-glycin** $C_{13}H_{14}N_6O_4$, Formel III.

B. Aus N,N'-[Chlor-[1,3,5]triazin-2,4-diyl]-bis-glycin und Anilin in wss. HCl (*Walker et al.*, J. Am. pharm. Assoc. **39** [1950] 393, 395).

Kristalle mit 3 Mol H_2O.

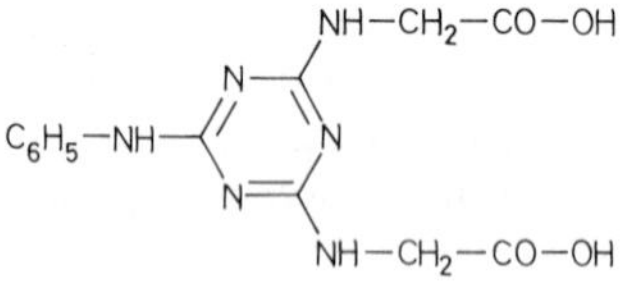

III 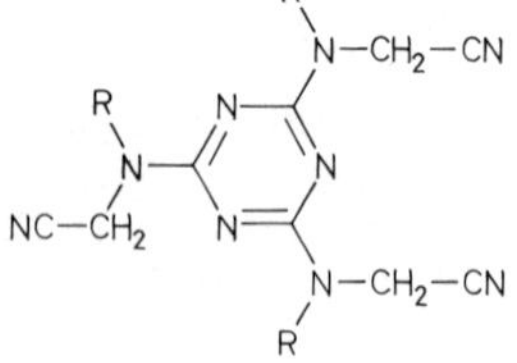   IV

N^2,N^4,N^6-**Tris-cyanmethyl-N^2,N^4,N^6-tridodecyl-[1,3,5]triazin-2,4,6-triyltriamin, N,N',N''-Tridodecyl-N,N',N''-[1,3,5]triazin-2,4,6-triyl-tris-glycin-trinitril** $C_{45}H_{81}N_9$, Formel IV (R = $[CH_2]_{11}$-CH_3).

B. Aus Trichlor-[1,3,5]triazin und N-Dodecyl-glycin-nitril in wss. NaOH (*Kaiser et al.*, Am. Soc. **73** [1951] 2984; *Am. Cyanamid Co.*, U.S.P. 2476548 [1945]).

Kristalle (aus Me.); F: $46-48°$.

N^2,N^4,N^6-**Tricyclohexyl-N^2,N^4,N^6-tris-methoxycarbonylmethyl-[1,3,5]triazin-2,4,6-triyltriamin, N,N',N''-Tricyclohexyl-N,N',N''-[1,3,5]triazin-2,4,6-triyl-tris-glycin-trimethylester** $C_{30}H_{48}N_6O_6$, Formel V.

B. Aus der folgenden Verbindung (*Kaiser et al.*, Am. Soc. **73** [1951] 2984).

Kristalle (aus Me.); F: $136-137°$ [unkorr.].

N^2,N^4,N^6-**Tris-cyanmethyl-N^2,N^4,N^6-tricyclohexyl-[1,3,5]triazin-2,4,6-triyltriamin, N,N',N''-Tricyclohexyl-N,N',N''-[1,3,5]triazin-2,4,6-triyl-tris-glycin-trinitril** $C_{27}H_{39}N_9$, Formel IV (R = C_6H_{11}).

B. Aus Trichlor-[1,3,5]triazin und N-Cyclohexyl-glycin-nitril in wss. NaOH (*Kaiser et al.*, Am. Soc. **73** [1951] 2984; *Am. Cyanamid Co.*, U.S.P. 2476548 [1945]).

Kristalle (aus Me.); F: $165-167°$ [unkorr.].

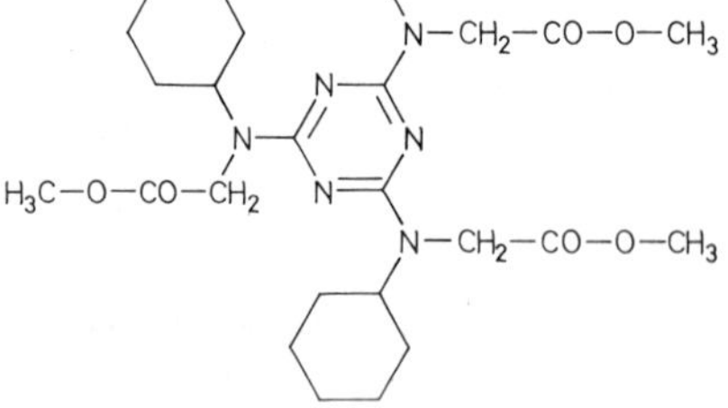

V 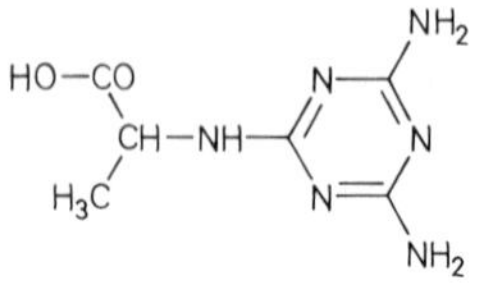   VI

N-[Diamino-[1,3,5]triazin-2-yl]-DL-alanin $C_6H_{10}N_6O_2$, Formel VI.

IR-Spektrum (KBr; 2 – 16 μ): *Padgett, Hamner,* Am. Soc. **80** [1958] 803, 806.

N-[Bis-aziridin-1-yl-[1,3,5]triazin-2-yl]-DL-alanin-methylester $C_{11}H_{16}N_6O_2$, Formel VII
(R = CH₃).

B. Aus *N*-[Dichlor-[1,3,5]triazin-2-yl]-DL-alanin-methylester und Aziridin in Äther mit Hilfe von Triäthylamin (*Šwenzizkaja et al., Ž.* obšč. Chim. **28** [1958] 1601, 1605; engl. Ausg. S. 1650, 1653).

F: 94 – 95°.

N-[Bis-aziridin-1-yl-[1,3,5]triazin-2-yl]-DL-alanin-äthylester $C_{12}H_{18}N_6O_2$, Formel VII
(R = C₂H₅).

B. Beim Behandeln von Trichlor-[1,3,5]triazin mit DL-Alanin-äthylester in Äther und an≠ schliessend mit Aziridin (*Šwenzizkaja et al., Ž.* obšč. Chim. **28** [1958] 1601, 1606; engl. Ausg. S. 1650, 1653).

Kristalle (aus Ae.); F: 100 – 101°.

N-[Bis-aziridin-1-yl-[1,3,5]triazin-2-yl]-DL-alanin-benzylester $C_{17}H_{20}N_6O_2$, Formel VII
(R = CH₂-C₆H₅).

B. Aus *N*-[Dichlor-[1,3,5]triazin-2-yl]-DL-alanin-benzylester und Aziridin in Benzol (*Šwenziz≠ kaja et al., Ž.* obšč. Chim. **28** [1958] 1601, 1606; engl. Ausg. S. 1650, 1653).

Kristalle (aus Ae.); F: 90 – 91°.

N-[Diamino-[1,3,5]triazin-2-yl]-β-alanin $C_6H_{10}N_6O_2$, Formel VIII.

IR-Spektrum (KBr; 2 – 16 μ): *Padgett, Hamner,* Am. Soc. **80** [1958] 803, 806.

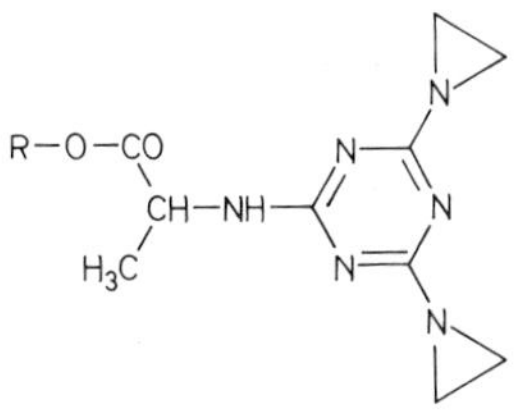

VII 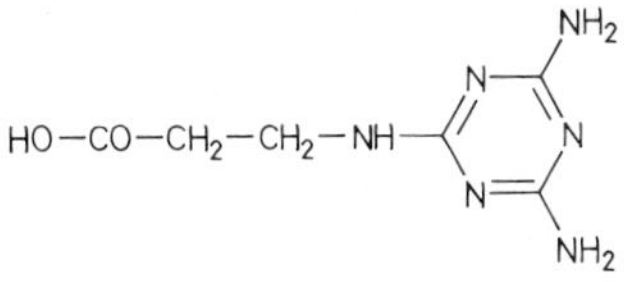　　　　　　　　　　　VIII 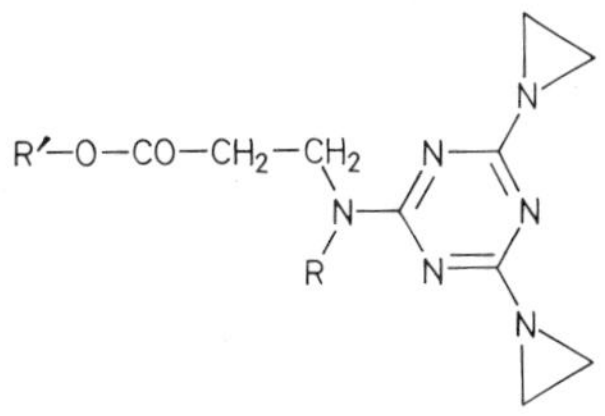　　　　　　　　　　　IX

N-[Bis-aziridin-1-yl-[1,3,5]triazin-2-yl]-β-alanin-methylester $C_{11}H_{16}N_6O_2$, Formel IX (R = H,
R' = CH₃).

B. Aus *N*-[Dichlor-[1,3,5]triazin-2-yl]-β-alanin-methylester und Aziridin in Äther (*Šwenzizkaja et al., Ž.* obšč. Chim. **28** [1958] 1601, 1606; engl. Ausg. S. 1650, 1654).

Kristalle (aus E.); F: 95 – 96°.

N-[Bis-aziridin-1-yl-[1,3,5]triazin-2-yl]-*N*-phenyl-β-alanin-äthylester $C_{18}H_{22}N_6O_2$, Formel IX
(R = C₆H₅, R' = C₂H₅).

B. Aus *N*-[Dichlor-[1,3,5]triazin-2-yl]-*N*-phenyl-β-alanin-äthylester und Aziridin in Äther (*Šwenzizkaja et al., Ž.* obšč. Chim. **28** [1958] 1601, 1607; engl. Ausg. S. 1650, 1654).

Feststoff, der sich beim Erhitzen zersetzt.

N^2,N^2-Bis-[2-cyan-äthyl]-N^4,N^6-diphenyl-[1,3,5]triazin-2,4,6-triyltriamin, 3,3'-[Dianilino-
[1,3,5]triazin-2-ylimino]-di-propionitril $C_{21}H_{20}N_8$, Formel X.

B. Aus Bis-[2-cyan-äthyl]-[dichlor-[1,3,5]triazin-2-yl]-amin und Anilin (*Kaiser et al.,* Am. Soc. **73** [1951] 2984; *Am. Cyanamid Co.,* U.S.P. 2476548 [1945]). Aus 6-Chlor-N^2,N^4-diphenyl-[1,3,5]triazin-2,4-diyldiamin und 3,3'-Imino-di-propionitril beim Erhitzen in Phenol (*Am. Cyan≠ amid Co.*).

Kristalle (aus wss. Acn.); F: 181 – 183° [unkorr.] (*Ka. et al.*).

N^2,N^2,N^4,N^4-**Tetrakis-[2-cyan-äthyl]-[1,3,5]triazin-2,4,6-triyltriamin, 3,3',3'',3'''-[6-Amino-[1,3,5]triazin-2,4-diyldiimino]-tetra-propionitril** $C_{15}H_{18}N_{10}$, Formel XI.

B. Aus 4,6-Dichlor-[1,3,5]triazin-2-ylamin und 3,3'-Imino-di-propionitril in wss. NaHCO$_3$ (*Am. Cyanamid Co.,* U.S.P. 2476548 [1945]). Aus 6-Chlor-N^2,N^2,N^4,N^4-tetrakis-[2-cyan-äthyl]-[1,3,5]triazin-2,4-diyldiamin und wss. NH$_3$ (*Am. Cyanamid Co.*).

Kristalle; F: 210–212°.

N-**[Bis-aziridin-1-yl-[1,3,5]triazin-2-yl]-DL-valin-äthylester** $C_{14}H_{22}N_6O_2$, Formel XII (R = CH(CH$_3$)$_2$).

B. Beim Behandeln von Trichlor-[1,3,5]triazin mit DL-Valin-äthylester in Äther und anschlies≈ send mit Aziridin (*S̄wenzizkaja et al.,* Ž. obšč. Chim. **28** [1958] 1601, 1607; engl. Ausg. S. 1650, 1654).

Kristalle (aus Ae.); F: 78–79°.

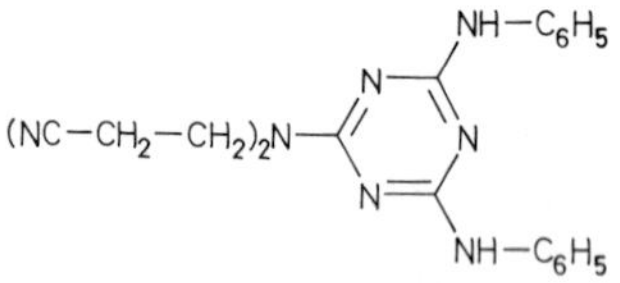

X 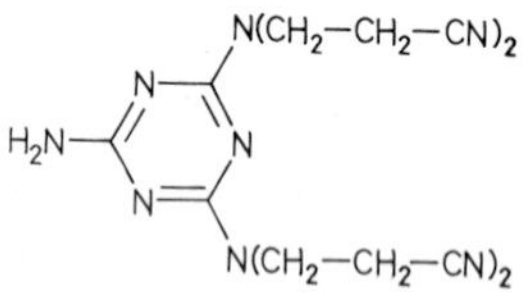   XI 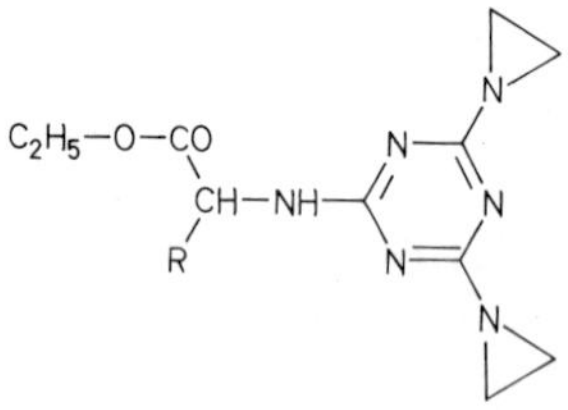   XII

N-**[Diamino-[1,3,5]triazin-2-yl]-anthranilsäure** $C_{10}H_{10}N_6O_2$, Formel XIII (R = H).

B. Aus 6-Chlor-[1,3,5]triazin-2,4-diyldiamin und Anthranilsäure in wss. HCl (*Walker et al.,* J. Am. pharm. Assoc. **39** [1950] 393, 394).

Kristalle.

N-**[Diamino-[1,3,5]triazin-2-yl]-anthranilsäure-methylester** $C_{11}H_{12}N_6O_2$, Formel XIII (R = CH$_3$).

B. Aus Melamin (S. 1253) beim Erhitzen mit Anthranilsäure-methylester (*Gen. Electric Co.,* U.S.P. 2328961 [1942]).

Kristalle (aus H$_2$O), die unterhalb 250° nicht schmelzen.

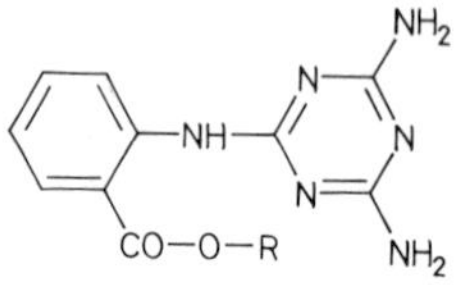

XIII 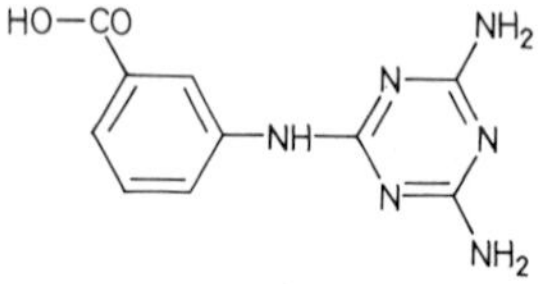   XIV 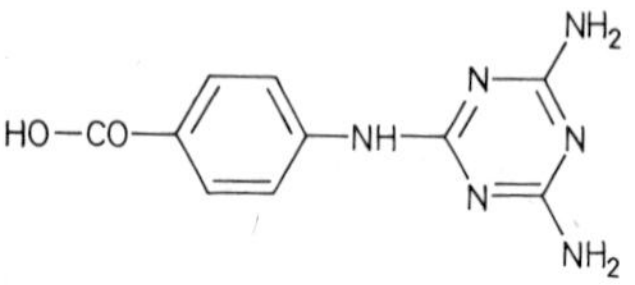   XV

3-[4,6-Diamino-[1,3,5]triazin-2-ylamino]-benzoesäure $C_{10}H_{10}N_6O_2$, Formel XIV.

B. Aus 6-Chlor-[1,3,5]triazin-2,4-diyldiamin und 3-Amino-benzoesäure (*Walker et al.,* J. Am. pharm. Assoc. **39** [1950] 393, 394).

Kristalle; F: 304–306°.

4-[4,6-Diamino-[1,3,5]triazin-2-ylamino]-benzoesäure $C_{10}H_{10}N_6O_2$, Formel XV.

B. Analog der vorangehenden Verbindung (*Walker et al.,* J. Am. pharm. Assoc. **39** [1950] 393, 394).

Kristalle; F: 300°.

N-**[Bis-aziridin-1-yl-[1,3,5]triazin-2-yl]-DL-asparaginsäure-diäthylester** $C_{15}H_{22}N_6O_4$, Formel XII (R = CH$_2$-CO-O-C$_2$H$_5$).

B. Aus N-[Dichlor-[1,3,5]triazin-2-yl]-DL-asparaginsäure-diäthylester und Aziridin (*S̄wenziz≈ kaja et al.,* Ž. obšč. Chim. **28** [1958] 1601, 1605; engl. Ausg. S. 1650, 1653).

Kristalle (aus Ae.); F: 76,5–77,5°.

N-[Bis-aziridin-1-yl-[1,3,5]triazin-2-yl]-DL-glutaminsäure-diäthylester $C_{16}H_{24}N_6O_4$, Formel XII
(R = CH_2-CH_2-CO-O-O_2H_5).

   B. Analog der vorangehenden Verbindung (*Šwenzizkaja et al.*, Ž. obšč. Chim. **28** [1958] 1601, 1607; engl. Ausg. S. 1650, 1654).

   Öl.

N-[Diamino-[1,3,5]triazin-2-yl]-sulfanilsäure $C_9H_{10}N_6O_3S$, Formel I (R = R′ = H, X = OH).

   B. Aus dem Natrium-Salz der *N*-[Dichlor-[1,3,5]triazin-2-yl]-sulfanilsäure und wss. NH_3 (*Kaiser et al.*, Am. Soc. **73** [1951] 2984).

   Kristalle (aus H_2O) mit 1 Mol H_2O.

N-[Diamino-[1,3,5]triazin-2-yl]-sulfanilsäure-amid $C_9H_{11}N_7O_2S$, Formel I (R = R′ = H, X = NH_2).

   B. Aus 6-Chlor-[1,3,5]triazin-2,4-diyldiamin und Sulfanilamid in wss. NaOH (*D'Alelio, White*, J. org. Chem. **24** [1959] 643; s. a. *Gen. Electric Co.*, U.S.P. 2312698 [1941]). Beim Erhitzen von Melamin (S. 1253) mit Sulfanilamid in Äthylenglykol (*Gen. Electric Co.*).

   Kristalle; F: 308−309° [Zers.] (*D'A., Wh.*), 271−273° (*Am. Cyanamid Co.*, U.S.P. 2498217 [1945]).

N-[Dianilino-[1,3,5]triazin-2-yl]-sulfanilsäure-amid $C_{21}H_{19}N_7O_2S$, Formel I (R = R′ = C_6H_5, X = NH_2).

   B. Aus *N*-[Dichlor-[1,3,5]triazin-2-yl]-sulfanilsäure-amid und Anilin (*D'Alelio, White*, J. org. Chem. **24** [1959] 643).

   F: 216−217°.

N-[Bis-carboxymethylamino-[1,3,5]triazin-2-yl]-sulfanilsäure-amid, *N,N′*-[(4-Sulfamoyl-anilino)-[1,3,5]triazin-2,4-diyl]-bis-glycin $C_{13}H_{15}N_7O_6S$, Formel I (R = R′ = CH_2-CO-OH, X = NH_2).

   B. Analog der vorangehenden Verbindung (*D'Alelio, White*, J. org. Chem. **24** [1959] 643).

   Dinatrium-Salz $Na_2C_{13}H_{13}N_7O_6S$. Kristalle mit 2 Mol H_2O.

N^2-[2-Hydroxy-äthyl]-N^4,N^6-bis-[4-sulfamoyl-phenyl]-[1,3,5]triazin-2,4,6-triyltriamin, *N,N′*-[(2-Hydroxy-äthylamino)-[1,3,5]triazin-2,4-diyl]-di-sulfanilsäure-diamid $C_{17}H_{20}N_8O_5S_2$, Formel I (R = C_6H_4-SO_2-NH_2, R′ = CH_2-CH_2-OH, X = NH_2).

   B. Analog *N*-[Diamino-[1,3,5]triazin-2-yl]-sulfanilsäure-amid [s. o.] (*D'Alelio, White*, J. org. Chem. **24** [1959] 643).

   F: 297−298° [Zers.].

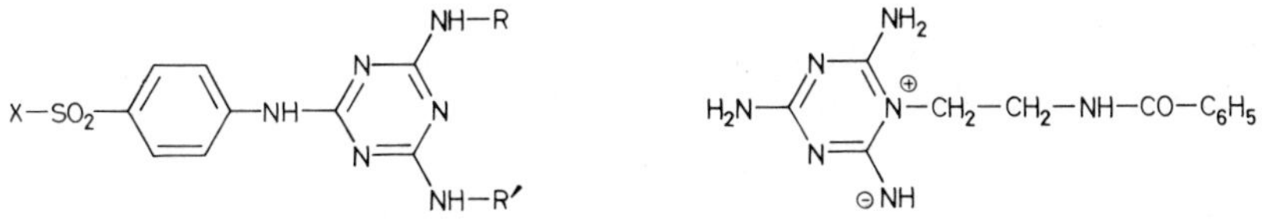

N^2-[4-Sulfamoyl-phenyl]-N^4,N^6-bis-[4-sulfo-phenyl]-[1,3,5]triazin-2,4,6-triyltriamin, *N,N′,N″*-[1,3,5]Triazin-2,4,6-triyl-tri-sulfanilsäure-monoamid $C_{21}H_{19}N_7O_8S_3$, Formel I (R = R′ = C_6H_4-SO_2-OH, X = NH_2).

   B. Aus *N*-[Dichlor-[1,3,5]triazin-2-yl]-sulfanilsäure-amid und Sulfanilsäure (*D'Alelio, White*, J. org. Chem. **24** [1959] 643).

   Dinatrium-Salz $Na_2C_{21}H_{17}N_7O_8S_3$. Kristalle mit 2 Mol H_2O.

N^2,N^4,N^6-Tris-[4-sulfamoyl-phenyl]-[1,3,5]triazin-2,4,6-triyltriamin, *N,N′,N″*-[1,3,5]Triazin-2,4,6-triyl-tri-sulfanilsäure-triamid $C_{21}H_{21}N_9O_6S_3$, Formel I (R = R′ = C_6H_4-SO_2-NH_2, X = NH_2).

   B. Aus Trichlor-[1,3,5]triazin und Sulfanilamid (*D'Alelio, White*, J. org. Chem. **24** [1959]

643).

Kristalle (aus wss. Acn.).

2,4,6-Triamino-1-[2-benzoylamino-äthyl]-[1,3,5]triazinium-betain, 4,6-Diamino-1-[2-benz⸗oylamino-äthyl]-1H-[1,3,5]triazin-2-on-imin $C_{12}H_{15}N_7O$, Formel II und Mesomeres.

B. Aus *N*-[2-Amino-äthyl]-benzamid-hydrochlorid und dem Kalium-Salz des *N,N'*-Dicyanguanidins beim Erhitzen mit NH_4Cl in 2-Äthoxy-äthanol (*Schaefer*, Am. Soc. **77** [1955] 5922, 5926).

Kristalle (aus 2-Methoxy-äthanol); F: 240−241° [korr.].

Beim Erhitzen mit wss. H_2SO_4 wird [2-Amino-äthyl]-[1,3,5]triazintrion erhalten.

[2-(4,6-Diamino-[1,3,5]triazin-2-ylamino)-äthyl]-carbamidsäure-äthylester $C_8H_{15}N_7O_2$, Formel III.

B. Aus 6-Chlor-[1,3,5]triazin-2,4-diyldiamin und [2-Amino-äthyl]-carbamidsäure-äthylester-hydrochlorid in wss. $NaHCO_3$ (*Foye, Chafetz*, J. Am. pharm. Assoc. **46** [1957] 366, 368, 370).

Kristalle (aus H_2O); F: 196−198° [unkorr.]. λ_{max} (A.): 208 nm.

N,N'-Bis-[diamino-[1,3,5]triazin-2-yl]-äthylendiamin, $N^2,N^{2'}$-Äthandiyl-bis-[1,3,5]triazin-2,4,6-triyltriamin $C_8H_{14}N_{12}$, Formel IV (R = H).

B. Analog der vorangehenden Verbindung (*Kaiser et al.*, Am. Soc. **73** [1951] 2984; *Am. Cyanamid Co.*, U.S.P. 2544071 [1947]).

Kristalle (aus H_2O); F: 314−316° [unkorr.].

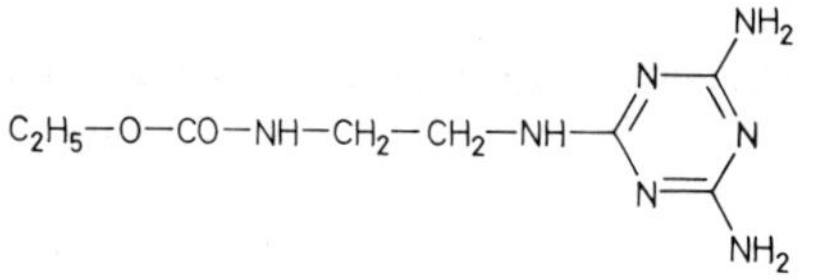

III

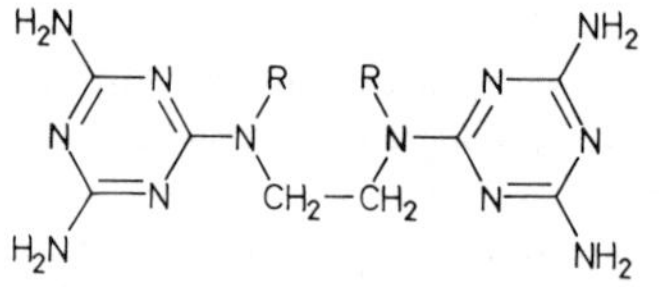

IV

N^2-[2-Diäthylamino-äthyl]-N^4-phenyl-[1,3,5]triazin-2,4,6-triyltriamin $C_{15}H_{23}N_7$, Formel V (R = X = H).

B. Aus 6-Chlor-N^2-[2-diäthylamino-äthyl]-N^4-phenyl-[1,3,5]triazin-2,4-diyldiamin-hydro⸗chlorid und äthanol. NH_3 (*Curd et al.*, Soc. **1947** 154, 159).

Kristalle (aus Bzl.); F: 128−129°.

N^2-[4-Chlor-phenyl]-N^4-[2-diäthylamino-äthyl]-[1,3,5]triazin-2,4,6-triyltriamin $C_{15}H_{22}ClN_7$, Formel V (R = H, X = Cl).

B. Analog der vorangehenden Verbindung (*Curd et al.*, Soc. **1947** 154, 159).

Kristalle (aus PAe.); F: 136−137°.

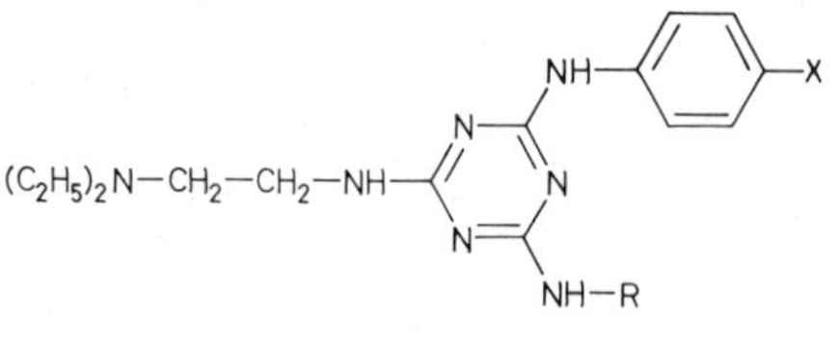

V

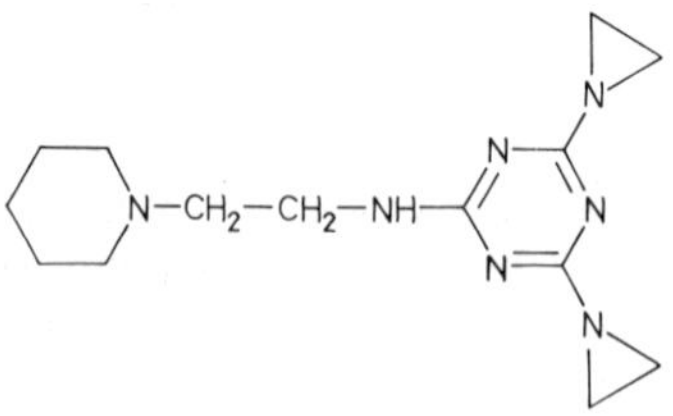

VI

N^2,N^4-Bis-[4-chlor-phenyl]-N^6-[2-diäthylamino-äthyl]-[1,3,5]triazin-2,4,6-triyltriamin $C_{21}H_{25}Cl_2N_7$, Formel V (R = C_6H_4-Cl, X = Cl).

Dihydrochlorid $C_{21}H_{25}Cl_2N_7 \cdot 2HCl$. *B*. Aus 6-Chlor-$N^2$-[4-chlor-phenyl]-$N^4$-[2-diäthyl⸗amino-äthyl]-[1,3,5]triazin-2,4-diyldiamin-hydrochlorid und 4-Chlor-anilin in wss. HCl (*Curd et al.*, Soc. **1947** 154, 159). − Kristalle (aus H_2O) mit 1 Mol H_2O, F: 116−119°; die wasserfreie

Verbindung schmilzt bei 150—154°.

[Bis-aziridin-1-yl-[1,3,5]triazin-2-yl]-[2-piperidino-äthyl]-amin $C_{14}H_{23}N_7$, Formel VI.

B. Aus Bis-aziridin-1-yl-chlor-[1,3,5]triazin und 2-Piperidino-äthylamin in Benzol (*Bras et al.*, Ž. obšč. Chim. **28** [1958] 2972, 2975; engl. Ausg. S. 3001, 3003).

Kristalle (aus Cyclohexan); F: 83,8—85,3°.

N^2,N^4,N^6**-Tris-[2-dimethylamino-äthyl]-[1,3,5]triazin-2,4,6-triyltriamin** $C_{15}H_{33}N_9$, Formel VII
(R = R' = CH₃).

B. Aus Trichlor-[1,3,5]triazin und N,N-Dimethyl-äthylendiamin in Benzol (*Olin Mathieson Chem. Corp.*, U.S.P. 2725379 [1953]).

$Kp_{0,2}$: 195—205°.

N^2,N^4,N^6**-Tris-[2-diäthylamino-äthyl]-[1,3,5]triazin-2,4,6-triyltriamin** $C_{21}H_{45}N_9$, Formel VII
(R = R' = C₂H₅).

B. Analog der vorangehenden Verbindung (*Foye, Buckpitt*, J. Am. pharm. Assoc. **41** [1952] 385; *Cavallito et al.*, J. org. Chem. **19** [1954] 826, 828; *Olin Mathieson Chem. Corp.*, U.S.P. 2725379 [1953]).

$Kp_{0,1}$: 216—218° (*Olin Mathieson*).

Trihydrochlorid $C_{21}H_{45}N_9 \cdot 3$ HCl. Kristalle; F: 260—261° [aus A.+Acn.] (*Foye, Bu.*), 256° [korr.; Zers.] (*Ca. et al.*).

Tris-methojodid $[C_{24}H_{54}N_9]I_3$; N^2,N^4,N^6-Tris-[2-(diäthyl-methyl-ammonio)-äthyl]-[1,3,5]triazin-2,4,6-triyltriamin-trijodid. F: 214° [korr.; Zers.] (*Ca. et al.*).

Tris-äthobromid $[C_{27}H_{60}N_9]Br_3$; N^2,N^4,N^6-Tris-[2-triäthylammonio-äthyl]-[1,3,5]triazin-2,4,6-triyltriamin-tribromid. Kristalle (aus A.+Hexan); F: 235—238° [Zers.] (*Olin Mathieson*).

Tris-äthojodid $[C_{27}H_{60}N_9]I_3$. F: 236° [korr.; Zers.] (*Ca. et al.*).

N^2,N^4,N^6**-Tris-[2-äthoxycarbonylamino-äthyl]-[1,3,5]triazin-2,4,6-triyltriamin** $C_{18}H_{33}N_9O_6$, Formel VII (R = CO-O-C₂H₅, R' = H).

B. Aus Trichlor-[1,3,5]triazin und [2-Amino-äthyl]-carbamidsäure-äthylester in Toluol (*Foye, Chafetz*, J. Am. pharm. Assoc. **46** [1957] 366, 368, 370).

Kristalle (aus E.); F: 152—153° [unkorr.]. λ_{max} (A.): 217 nm.

VII   VIII

N,N'**-Dicyclohexyl-**N,N'**-bis-[diamino-[1,3,5]triazin-2-yl]-äthylendiamin**, $N^2,N^{2'}$**-Dicyclohexyl-**$N^2,N^{2'}$**-äthandiyl-bis-[1,3,5]triazin-2,4,6-triyltriamin** $C_{20}H_{34}N_{12}$, Formel IV (R = C₆H₁₁).

B. Aus 6-Chlor-[1,3,5]triazin-2,4-diyldiamin und N,N'-Dicyclohexyl-äthylendiamin (*Kaiser et al.*, Am. Soc. **73** [1951] 2984; *Am. Cyanamid Co.*, U.S.P. 2544071 [1947]).

Kristalle (aus wss. 2-Äthoxy-äthanol); F: 338—340° [unkorr.] (*Ka. et al.*).

6-Piperazino-[1,3,5]triazin-2,4-diyldiamin $C_7H_{13}N_7$, Formel VIII (R = H).

Hydrobromid $C_7H_{13}N_7 \cdot HBr$. B. Aus 4-[Diamino-[1,3,5]triazin-2-yl]-piperazin-1-carbon⸗ säure-äthylester beim Erhitzen mit HBr in Essigsäure (*Foye, Chafetz*, J. Am. pharm. Assoc. **46** [1957] 366, 370). — Kristalle (aus A.); F: 255—257° [unkorr.]. λ_{max} (A.): 206 nm.

6-[4-Methyl-piperazino]-[1,3,5]triazin-2,4-diyldiamin $C_8H_{15}N_7$, Formel VIII (R = CH₃).

B. Aus 6-Chlor-[1,3,5]triazin-2,4-diyldiamin und 1-Methyl-piperazin in H₂O (*Foye, Chafetz*,

J. Am. pharm. Assoc. **46** [1957] 366, 368, 370).
Kristalle (aus H_2O) mit 1 Mol H_2O; F: 210−211° [unkorr.]. λ_{max} (H_2O): 211 nm.

Die folgenden Verbindungen sind in analoger Weise hergestellt worden:
6-[4-Äthyl-piperazino]-[1,3,5]triazin-2,4-diyldiamin $C_9H_{17}N_7$,   Formel VIII
(R = C_2H_5). Kristalle (aus E.); F: 193−194° [unkorr.]. λ_{max} (A.): 215 nm.
6-[4-Isopropyl-piperazino]-[1,3,5]triazin-2,4-diyldiamin $C_{10}H_{19}N_7$, Formel VIII
(R = $CH(CH_3)_2$). Kristalle (aus Propan-1-ol); F: 195° [unkorr.]. λ_{max} (A.): 214 nm.
4-[Diamino-[1,3,5]triazin-2-yl]-piperazin-1-carbonsäure-äthylester
$C_{10}H_{17}N_7O_2$, Formel VIII (R = $CO-O-C_2H_5$). Kristalle (aus A.); F: 213° [unkorr.]. λ_{max} (A.):
211 nm.

**1,4-Bis-[diamino-[1,3,5]triazin-2-yl]-piperazin, 6,6′-Piperazin-1,4-diyl-bis-[1,3,5]triazin-2,4-diyl⹁
diamin** $C_{10}H_{16}N_{12}$, Formel IX.
B. Aus 6-Chlor-[1,3,5]triazin-2,4-diyldiamin und Piperazin (*Detweiler, Amstutz,* Am. Soc.
74 [1952] 1483).
F: 398−400° [unkorr.].

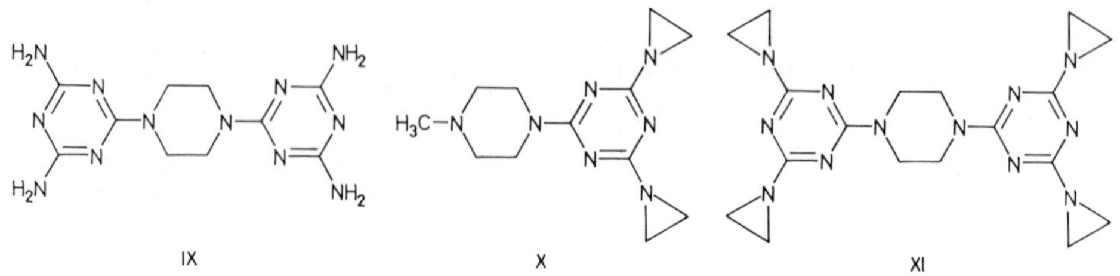

IX   X   XI

Bis-aziridin-1-yl-[4-methyl-piperazino]-[1,3,5]triazin $C_{12}H_{19}N_7$, Formel X.
B. Aus Bis-aziridin-1-yl-chlor-[1,3,5]triazin und 1-Methyl-piperazin (*Šwenzizkaja et al., Ž.*
obšč. Chim. **28** [1958] 1601, 1603; engl. Ausg. S. 1650, 1651).
Kristalle (aus Ae.); F: 82,5−83,5°.

**1,4-Bis-[bis-aziridin-1-yl-[1,3,5]triazin-2-yl]-piperazin, 4,6,4′,6′-Tetrakis-aziridin-1-yl-2,2′-
piperazin-1,4-diyl-bis-[1,3,5]triazin** $C_{18}H_{24}N_{12}$, Formel XI.
B. Analog der vorangehenden Verbindung (*Šwenzizkaja et al., Ž.* obšč. Chim. **28** [1958]
1601, 1603; engl. Ausg. S. 1650, 1562)
Unterhalb 350° nicht schmelzend.

Tris-[4-äthyl-piperazino]-[1,3,5]triazin $C_{21}H_{39}N_9$, Formel XII (R = C_2H_5).
B. Aus Trichlor-[1,3,5]triazin und 1-Äthyl-piperazin in Toluol (*Foye, Chafetz,* J. Am. pharm.
Assoc. **46** [1957] 366, 368, 370).
Trihydrochlorid $C_{21}H_{39}N_9 \cdot 3HCl$. Kristalle (aus wss. Propan-1-ol); F: 280° [unkorr.;
Zers.]. λ_{max} (H_2O) 227 nm.

**Tris-[4-äthoxycarbonyl-piperazino]-[1,3,5]triazin, 4,4′,4″-[1,3,5]Triazin-2,4,6-triyl-tris-piperazin-
1-carbonsäure-triäthylester** $C_{24}H_{39}N_9O_6$, Formel XII (R = $CO-O-C_2H_5$).
B. Analog der vorangehenden Verbindung (*Foye, Chafetz,* J. Am. pharm. Assoc. **46** [1957]
366, 368, 370).
Kristalle (aus wss. A.); F: 176−178° [unkorr.]. λ_{max} (A.): 233 nm.

**N^2,N^2-Bis-[2-(4,6-diamino-[1,3,5]triazin-2-ylamino)-äthyl]-[1,3,5]triazin-2,4,6-triyltriamin,
1,4,7-Tris-[diamino-[1,3,5]triazin-2-yl]-diäthylentriamin** $C_{13}H_{22}N_{18}$, Formel XIII.
B. Aus 6-Chlor-[1,3,5]triazin-2,4-diyldiamin und Diäthylentriamin in wss. NaOH (*Am. Cyan⹁
amid Co.,* U.S.P. 2544071 [1947]).
Kristalle (aus H_2O); F: 185−195°.

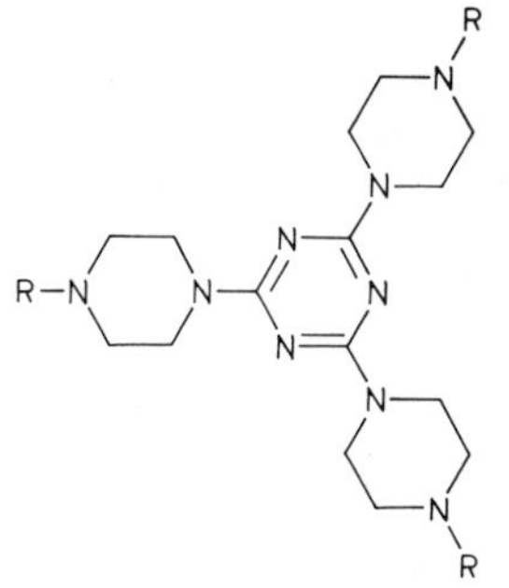

XII

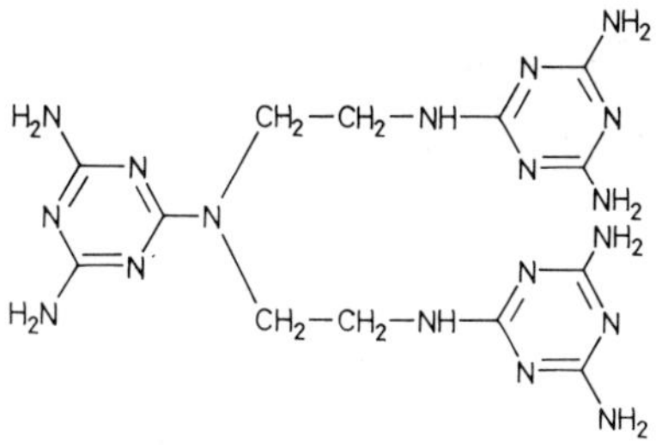

XIII

N^2-[3-Diäthylamino-propyl]-[1,3,5]triazin-2,4,6-triyltriamin $C_{10}H_{21}N_7$, Formel XIV (R = H).

B. Aus 6-Chlor-[1,3,5]triazin-2,4-diyldiamin und *N,N*-Diäthyl-propandiyldiamin beim Erhit≠
zen in Pyridin (*Mosher, Whitmore*, Am. Soc. **57** [1945] 662).

F: 132,8°.

Picrat. F: 197−199°.

N^2-[3-Piperidino-propyl]-[1,3,5]triazin-2,4,6-triyltriamin $C_{11}H_{21}N_7$, Formel XV.

B. Aus 6-Chlor-[1,3,5]triazin-2,4-diyldiamin und 3-Piperidino-propylamin (*Mosher, Whitmore,*
Am. Soc. **67** [1945] 662). Aus 6-Chlor-N^2-[3-piperidino-propyl]-[1,3,5]triazin-2,4-diyldiamin
beim Erhitzen mit äthanol. NH_3 (*Mo., Wh.*).

Kristalle (aus Acn.); F: 153−153,5°.

Hydrochlorid. Kristalle (aus Me.); F: 267,5−268°.

Picrat. Kristalle (aus A.); F: 226−227°.

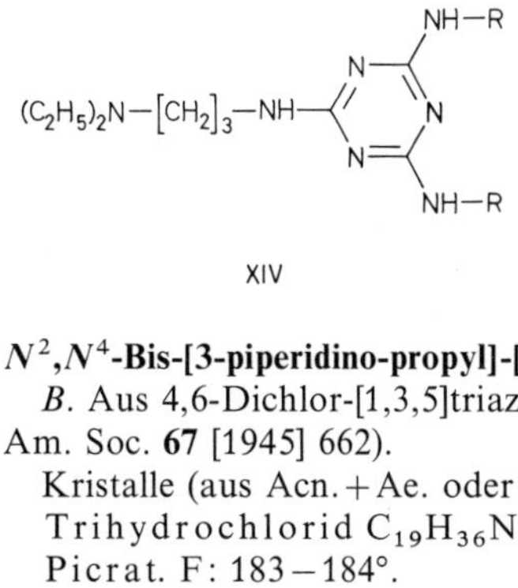

XIV

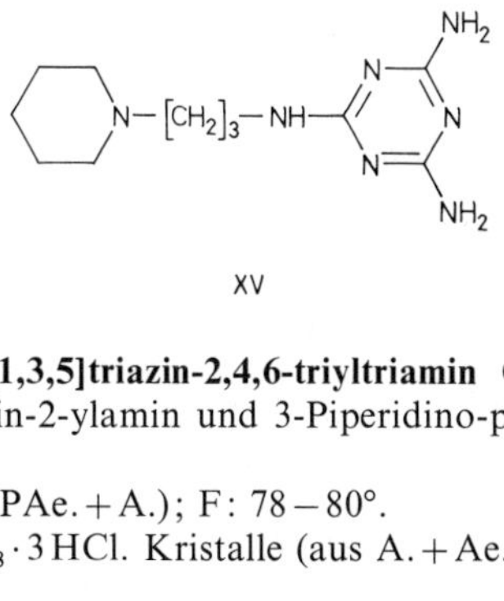

XV

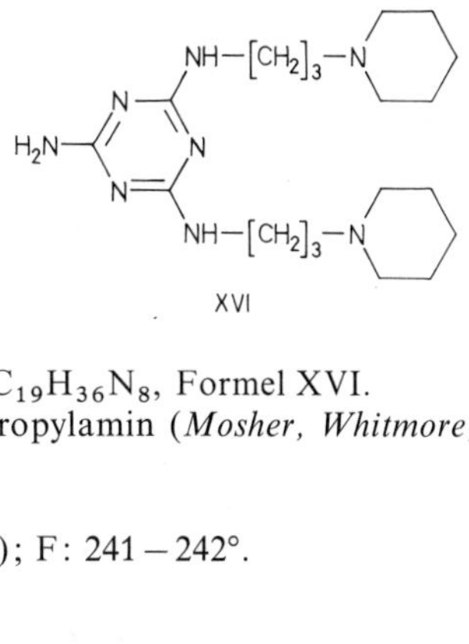

XVI

N^2,N^4-Bis-[3-piperidino-propyl]-[1,3,5]triazin-2,4,6-triyltriamin $C_{19}H_{36}N_8$, Formel XVI.

B. Aus 4,6-Dichlor-[1,3,5]triazin-2-ylamin und 3-Piperidino-propylamin (*Mosher, Whitmore,*
Am. Soc. **67** [1945] 662).

Kristalle (aus Acn.+Ae. oder PAe.+A.); F: 78−80°.

Trihydrochlorid $C_{19}H_{36}N_8 \cdot 3 HCl$. Kristalle (aus A.+Ae.); F: 241−242°.

Picrat. F: 183−184°.

N^2,N^4,N^6-Tris-[3-diäthylamino-propyl]-[1,3,5]triazin-2,4,6-triyltriamin $C_{24}H_{51}N_9$,
Formel XIV (R = $[CH_2]_3$-$N(C_2H_5)_2$).

B. Aus Trichlor-[1,3,5]triazin und *N,N*-Diäthyl-propandiyldiamin in Benzol (*Olin Mathieson
Chem. Corp.*, U.S.P. 2725379 [1953]).

$Kp_{0,2-0,3}$: 250−253°.

Tris-benzylochlorid $[C_{45}H_{72}N_9]Cl_3$; N^2,N^4,N^6-Tris-[3-(diäthyl-benzyl-ammo≠
nio)-propyl]-[1,3,5]triazin-2,4,6-triyltriamin-trichlorid. Kristalle (aus $CHCl_3$+Ae.);
F: 138° [Zers.].

N^2-[β,β′-Bis-diäthylamino-isopropyl]-N^4-[4-chlor-phenyl]-[1,3,5]triazin-2,4,6-triyltriamin
$C_{20}H_{33}ClN_8$, Formel I.

B. Aus N^2-[β,β′-Bis-diäthylamino-isopropyl]-6-chlor-N^4-[4-chlor-phenyl]-[1,3,5]triazin-2,4-
diyldiamin und äthanol. NH_3 (*Curd et al.*, Soc. **1947** 154, 159).

Kristalle (aus Bzl.+PAe.); F: 132°.

N^2-[4-Diäthylamino-butyl]-[1,3,5]triazin-2,4,6-triyltriamin $C_{11}H_{23}N_7$, Formel II (R = C_2H_5, n = 4).

B. Aus 6-Chlor-[1,3,5]triazin-2,4-diyldiamin und *N*,*N*-Diäthyl-butandiyldiamin beim Erhitzen in Pyridin (*Mosher, Whitmore,* Am. Soc. **67** [1945] 662).
F: 241°.
Picrat. F: 158—159°.

N^2-[6-Amino-hexyl]-[1,3,5]triazin-2,4,6-triyltriamin $C_9H_{19}N_7$, Formel II (R = H, n = 6).
B. Analog der vorangehenden Verbindung (*Mosher, Whitmore,* Am. Soc. **67** [1945] 662).
F: 154° (*Mo., Wh.*). IR-Spektrum (KBr; 2—14 μ): *Padgett, Hamner,* Am. Soc. **80** [1958] 803, 806.
Picrat. F: 204° [Zers.] (*Mo., Wh.*).

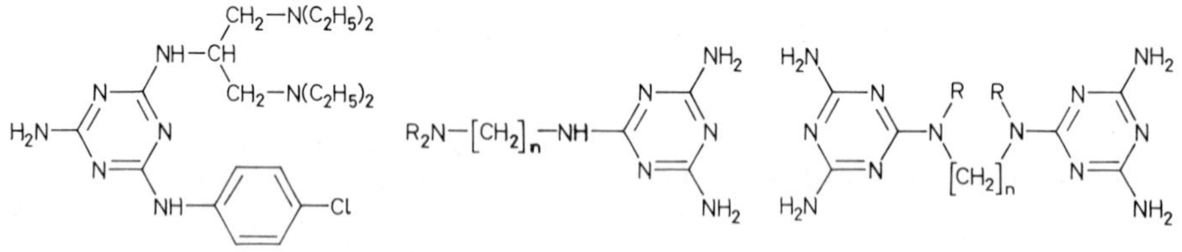

N,N'-Bis-[diamino-[1,3,5]triazin-2-yl]-N,N'-dimethyl-hexandiyldiamin, N^2,$N^{2'}$-Dimethyl-N^2,$N^{2'}$-hexandiyl-bis-[1,3,5]triazin-2,4,6-triyltriamin $C_{14}H_{26}N_{12}$, Formel III (R = CH_3, n = 6).

B. Aus 6-Chlor-[1,3,5]triazin-2,4-diyldiamin und *N*,*N'*-Dimethyl-hexandiyldiamin mit Hilfe von K_2CO_3 in DMF (*Austin et al.,* J. Pharm. Pharmacol. **11** [1959] 80, 92).
Gelbliche Kristalle (aus DMF+Ae.); F: 124—126° [unkorr.].
Bis-methojodid $[C_{16}H_{32}N_{12}]I_2$. Gelbliche Kristalle (aus A.+Ae.); F: 272° [unkorr.].

Die folgenden Verbindungen sind in analoger Weise hergestellt worden:

N,N'-Bis-[diamino-[1,3,5]triazin-2-yl]-N,N'-dimethyl-octandiyldiamin, N^2,$N^{2'}$-Dimethyl-N^2,$N^{2'}$-octandiyl-bis-[1,3,5]triazin-2,4,6-triyltriamin $C_{16}H_{30}N_{12}$, Formel III (R = CH_3, n = 8). Kristalle (aus DMF); F: 216—218° [unkorr.] (*Au. et al.*). — Bis-methojodid $[C_{18}H_{36}N_{12}]I_2$; N,N'-Bis-[diamino-[1,3,5]triazin-2-yl]-N,N,N',N'-tetramethyl-N,N'-octandiyl-bis-ammonium-dijodid. Gelbliche Kristalle (aus A.+Ae.); F: 252—254° [unkorr.] (*Au. et al.*). — Bis-methoperchlorat $[C_{18}H_{36}N_{12}](ClO_4)_2$. Kristalle (aus A.+Ae.); F: 202—204° [unkorr.] (*Au. et al.*).

N,N'-Bis-[diamino-[1,3,5]triazin-2-yl]-decandiyldiamin, N^2,$N^{2'}$-Decandiyl-bis-[1,3,5]triazin-2,4,6-triyltriamin $C_{16}H_{30}N_{12}$, Formel III (R = H, n = 10). Kristalle (aus wss. A.); F: 183—195° (*Am. Cyanamid Co.,* U.S.P. 2544071 [1947]).

N,N'-Bis-[diamino-[1,3,5]triazin-2-yl]-N,N'-dimethyl-decandiyldiamin, N^2,$N^{2'}$-Dimethyl-N^2,$N^{2'}$-decandiyl-bis-[1,3,5]triazin-2,4,6-triyltriamin $C_{18}H_{34}N_{12}$, Formel III (R = CH_3, n = 10). Kristalle (aus DMF); F: 232—234° [unkorr.] (*Au. et al.,* l. c. S. 90). — Bis-methojodid $[C_{20}H_{40}N_{12}]I_2$; N,N'-Bis-[diamino-[1,3,5]triazin-2-yl]-N,N,N',N'-tetramethyl-N,N'-decandiyl-bis-ammonium-dijodid. Gelbliche Kristalle (aus A.+Ae.); F: 252—253° [unkorr.] (*Au. et al.*). — Bis-methoperchlorat $[C_{20}H_{40}N_{12}](ClO_4)_2$. Kristalle (aus A.+Ae.); F: 226—228° [unkorr.] (*Au. et al.*).

2,4,6-Triamino-1-[4-amino-phenyl]-[1,3,5]triazinium-betain, 4,6-Diamino-1-[4-amino-phenyl]-1*H*-[1,3,5]triazin-2-on-imin $C_9H_{11}N_7$, Formel IV und Mesomeres.
B. Neben der folgenden Verbindung beim Erwärmen von *p*-Phenylendiamin mit dem Kalium-Salz des *N*,*N'*-Dicyan-guanidins, KCl und wss. HCl in H_2O (*Am. Cyanamid Co.,* U.S.P. 2481758 [1944]).
F: 265° [Zers.].

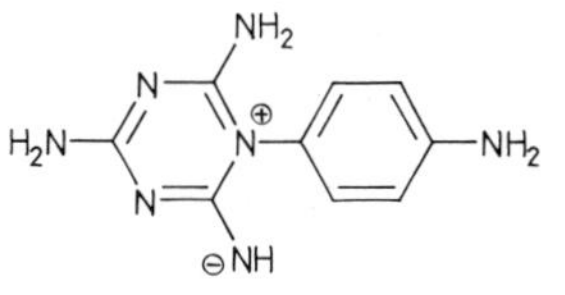

IV 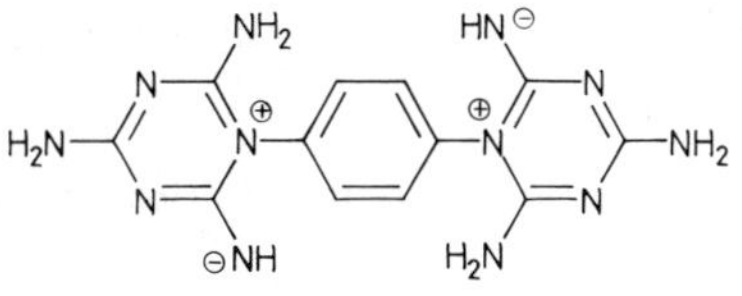   V

1,4-Bis-[2,4,6-triamino-[1,3,5]triazinium-1-yl]-benzol-dibetain, 2,4,6,2′,4′,6′-Hexaamino-1,1′-*p*-phenylen-bis-[1,3,5]triazinium-dibetain, 1,4-Bis-[4,6-diamino-2-imino-2*H*-[1,3,5]triazin-1-yl]-benzol $C_{12}H_{14}N_{12}$, Formel V und Mesomere.

B. s. im vorangehenden Artikel.

Zers. bei 220 – 230° (*Am. Cyanamid Co.*, U.S.P. 481758 [1944]).

N^2-[4-Amino-phenyl]-[1,3,5]triazin-2,4,6-triyltriamin $C_9H_{11}N_7$, Formel VI.

B. Aus *p*-Phenylendiamin und dem Kalium-Salz des *N,N′*-Dicyan-guanidins in wss. HCl (*Am. Cyanamid Co.*, U.S.P. 2392607 [1944]). Beim Erhitzen von 6-Chlor-[1,3,5]triazin-2,4-diyl=diamin mit Essigsäure-[4-amino-anilid] und wss. HCl und anschliessend mit wss. NaOH (*Soc. Usines Chim. Rhône-Poulenc*, D.B.P. 817755 [1951]; D.R.B.P. Org. Chem. 1950 – 1951 **3** 1148).

Braune Kristalle; F: 236° (*Rhône-Poulenc*), 232 – 235° (*Am. Cyanamid Co.*).

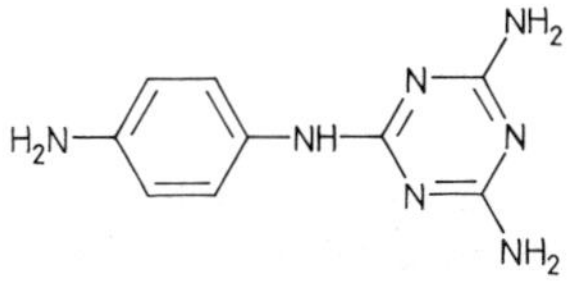

VI 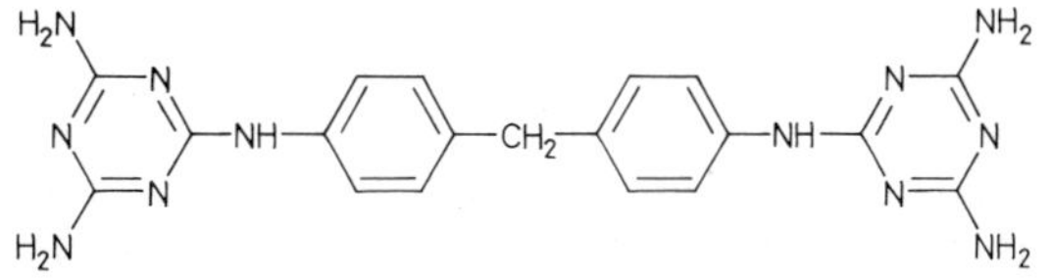   VII

Bis-[4-(4,6-diamino-[1,3,5]triazin-2-ylamino)-phenyl]-methan $C_{19}H_{20}N_{12}$, Formel VII.

B. Aus 6-Chlor-[1,3,5]triazin-2,4-diyldiamin und Bis-[4-amino-phenyl]-methan in H_2O (*Am. Cyanamid Co.*, U.S.P. 2544071 [1947]).

Kristalle; F: 322 – 326° [Zers.].

*4,4′-Bis-[4,6-dianilino-[1,3,5]triazin-2-ylamino]-stilben-2,2′-disulfonsäure $C_{44}H_{36}N_{12}O_6S_2$, Formel VIII (X = H).

Dinatrium-Salz $Na_2C_{44}H_{34}N_{12}O_6S_2 \cdot 9H_2O$. *B.* Aus dem Dinatrium-Salz der 4,4′-Di=amino-stilben-2,2′-disulfonsäure, Trichlor-[1,3,5]triazin und Anilin (*Hein, Pierce*, Am. Soc. **76** [1954] 2725, 2727). – λ_{max}: 353 nm.

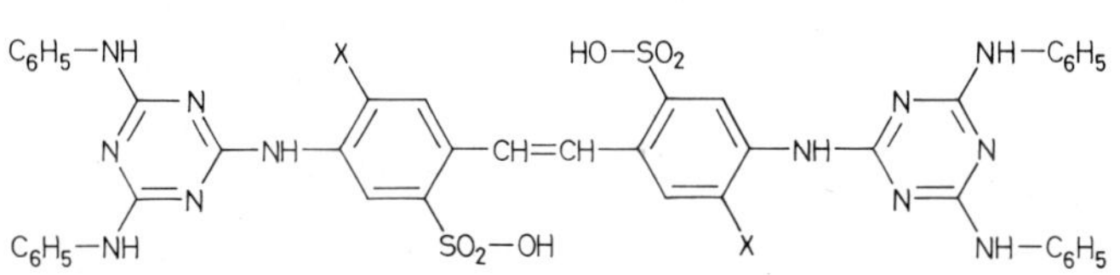

VIII

*5,5′-Dichlor-4,4′-bis-[4,6-dianilino-[1,3,5]triazin-2-ylamino]-stilben-2,2′-disulfonsäure $C_{44}H_{34}Cl_2N_{12}O_6S_2$, Formel VIII (X = Cl).

Dinatrium-Salz $Na_2C_{44}N_{32}Cl_2N_{12}O_6S_2$. *B.* Analog der vorangehenden Verbindung (*Hein, Pierce*, Am. Soc. **76** [1954] 2725, 2730). – Hellbraun. λ_{max}: 346 nm.

N^2-[4-Arsenoso-phenyl]-[1,3,5]triazin-2,4,6-triyltriamin $C_9H_9AsN_6O$, Formel IX (R = H).

B. Beim Behandeln von [4-(4,6-Diamino-[1,3,5]triazin-2-ylamino)-phenyl]-arsonsäure mit SO_2 in wss. HCl in Gegenwart von HI (*Banks et al.*, Am. Soc. **66** [1944] 1771, 1774; *Friedheim*, Am. Soc. **66** [1944] 1775, 1778).

Kristalle (aus wss. Eg.) mit 2 Mol H_2O, die beim Trocknen über P_2O_5 im Vakuum bei

Raumtemperatur in das Monohydrat und im Vakuum bei 135° in die wasserfreie Verbindung übergehen (*Ba. et al.*).

N^2-[4-Dichlorarsino-phenyl]-[1,3,5]triazin-2,4,6-triyltriamin $C_9H_9AsCl_2N_6$, Formel X (X = Cl).

Hydrochlorid $C_9H_9AsCl_2N_6 \cdot HCl$. *B.* Aus der vorangehenden Verbindung und wss. HCl (*Banks et al.*, Am. Soc. **66** [1944] 1771, 1772, 1774). – Kristalle.

Bis-carboxymethansulfenyl-[4-(4,6-diamino-[1,3,5]triazin-2-ylamino)-phenyl]-arsin, {[4-(4,6-Diamino-[1,3,5]triazin-2-ylamino)-phenyl]-arsandiyldimercapto}-di-essigsäure $C_{13}H_{15}AsN_6O_4S_2$, Formel X (X = S-CH$_2$-CO-OH).

Dinatrium-Salz $Na_2C_{13}H_{13}AsN_6O_4S_2$. *B.* Aus *$N^2$*-[4-Arsenoso-phenyl]-[1,3,5]triazin-2,4,6-triyltriamin und Mercaptoessigsäure in wss. NH_3 (*Banks et al.*, Am. Soc. **66** [1944] 1771, 1772, 1774). – Kristalle.

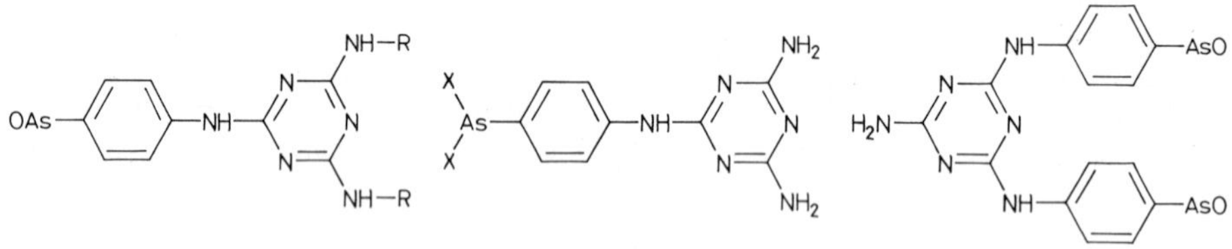

IX   X   XI

Bis-[2-carboxy-benzolsulfenyl]-[4-(4,6-diamino-[1,3,5]triazin-2-ylamino)-phenyl]-arsin, 2,2′-{[4-(4,6-Diamino-[1,3,5]triazin-2-ylamino)-phenyl]-arsandiyldimercapto}-di-benzoesäure $C_{23}H_{19}AsN_6O_4S_2$, Formel X (X = S-C$_6$H$_4$-CO-OH).

B. Analog der vorangehenden Verbindung (*Banks et al.*, Am. Soc. **66** [1944] 1771, 1772, 1774).

Kristalle.

N^2-[4-Arsenoso-phenyl]-*N^4*,*N^6*-bis-[2-hydroxy-äthyl]-[1,3,5]triazin-2,4,6-triyltriamin $C_{13}H_{17}AsN_6O_3$, Formel IX (R = CH$_2$-CH$_2$-OH).

B. Beim Behandeln von {4-[4,6-Bis-(2-hydroxy-äthylamino)-[1,3,5]triazin-2-ylamino]-phenyl}-arsonsäure mit SO_2 in konz. wss. HCl in Gegenwart von HI (*Banks et al.*, Am. Soc. **66** [1944] 1771, 1772).

Feststoff.

Die folgenden Verbindungen sind in analoger Weise hergestellt worden:

N^2-[4-Arsenoso-phenyl]-*N^4*,*N^6*-bis-carboxymethyl-[1,3,5]triazin-2,4,6-triyltriamin, N,N′-[(4-Arsenoso-anilino)-[1,3,5]triazin-2,4-diyl]-bis-glycin $C_{13}H_{13}AsN_6O_5$, Formel IX (R = CH$_2$-CO-OH). Feststoff.

N^2,*N^4*-Bis-[4-arsenoso-phenyl]-[1,3,5]triazin-2,4,6-triyltriamin $C_{15}H_{12}As_2N_6O_2$, Formel XI. Feststoff.

4-Arsenoso-2-[4,6-diamino-[1,3,5]triazin-2-ylamino]-phenol $C_9H_9AsN_6O_2$, Formel XII (R = H). Feststoff mit 1 Mol H_2O.

2-[4-Arsenoso-2-(4,6-diamino-[1,3,5]triazin-2-ylamino)-phenoxy]-äthanol $C_{11}H_{13}AsN_6O_3$, Formel XII (R = CH$_2$-CH$_2$-OH). Feststoff.

2-[4,6-Diamino-[1,3,5]triazin-2-ylamino]-4-dichlorarsino-phenol $C_9H_9AsCl_2N_6O$, Formel XIII.

Hydrochlorid. *B.* Beim Erwärmen von [3-(4,6-Diamino-[1,3,5]triazin-2-ylamino)-4-hydroxy-phenyl]-arsonsäure mit SO_2 und wss. HCl in Gegenwart von NaI (*Friedheim*, U.S.P. 2400547 [1944]). – Kristalle (aus A.).

5-[4,6-Diamino-[1,3,5]triazin-2-ylamino]-2-dichlorarsino-phenol $C_9H_9AsCl_2N_6O$, Formel XIV.

Hydrochlorid. *B.* Analog der vorangehenden Verbindung (*Friedheim*, U.S.P. 2390089 [1944]). – Kristalle (aus A.).

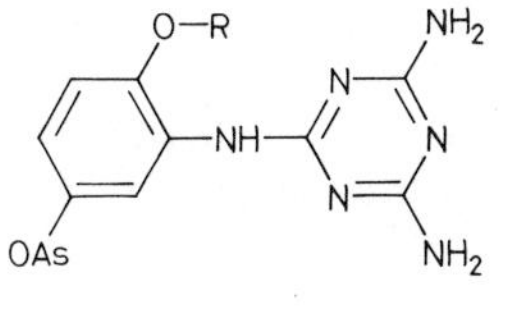

Formeln XII, 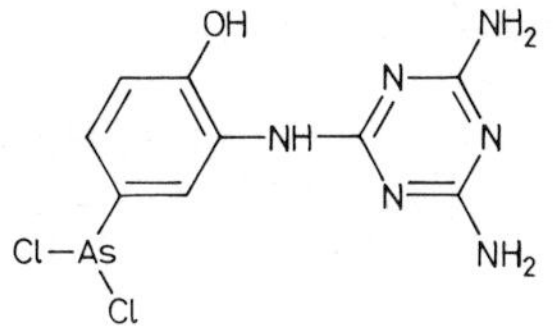 XIII, 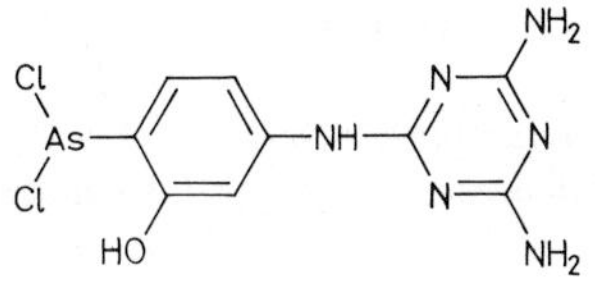 XIV

N^2-[4-Phenylarsinoyl-phenyl]-[1,3,5]triazin-2,4,6-triyltriamin, [4-(4,6-Diamino-[1,3,5]triazin-2-ylamino)-phenyl]-phenyl-arsinigsäure $C_{15}H_{15}AsN_6O$, Formel I (X = H).
    B. Beim Behandeln von [4-(4,6-Diamino-[1,3,5]triazin-2-ylamino)-phenyl]-phenyl-arsinsäure mit SO_2 in wss. HCl in Gegenwart von KI (*Ueda et al.*, Pharm. Bl. **1** [1953] 252).
    Hellgelbes Pulver.

Bis-[4-(4,6-diamino-[1,3,5]triazin-2-ylamino)-phenyl]-arsinoxid, Bis-[4-(4,6-diamino-[1,3,5]triazin-2-ylamino)-phenyl]-arsinigsäure $C_{18}H_{19}AsN_{12}O$, Formel II (X = H).
    B. Analog der vorangehenden Verbindung (*Ueda et al.*, Pharm. Bl. **1** [1953] 252).
    Hellgelbes Pulver.

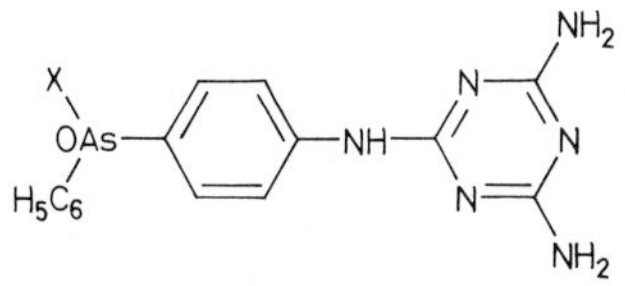

Formeln I, 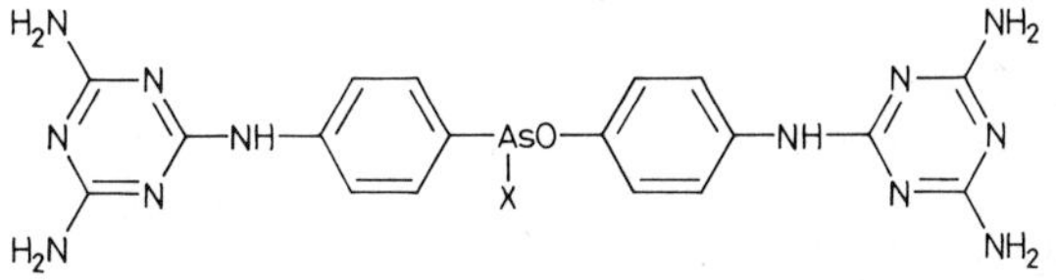 II

[4-(4,6-Diamino-[1,3,5]triazin-2-ylamino)-phenyl]-phenyl-arsinsäure $C_{15}H_{15}AsN_6O_2$, Formel I (X = OH).
    B. Aus [4-(4,6-Dichlor-[1,3,5]triazin-2-ylamino)-phenyl]-phenyl-arsinsäure und wss. NH_3 (*Ueda et al.*, Pharm. Bl. **1** [1953] 252).
    Pulver.

Bis-[4-(4,6-diamino-[1,3,5]triazin-2-ylamino)-phenyl]-arsinsäure $C_{18}H_{19}AsN_{12}O_2$, Formel II (X = OH).
    B. Analog der vorangehenden Verbindung (*Ueda et al.*, Pharm. Bl. **1** [1953] 252).
    Pulver.

[2-(4,6-Diamino-[1,3,5]triazin-2-ylamino)-phenyl]-arsonsäure $C_9H_{11}AsN_6O_3$, Formel III.
    B. Beim Behandeln von Trichlor-[1,3,5]triazin mit [2-Amino-phenyl]-arsonsäure und wss. NaOH in wss. Aceton und Erhitzen des Reaktionsprodukts mit wss. NH_3 (*Friedheim*, D.R.P. 726430 [1939]; D.R.P. Org. Chem. **3** 1048, 1050).
    Kristalle, die sich beim Erhitzen zersetzen.

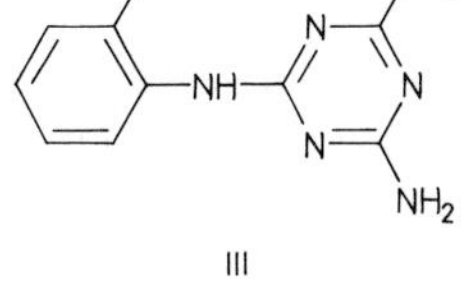

Formeln III, 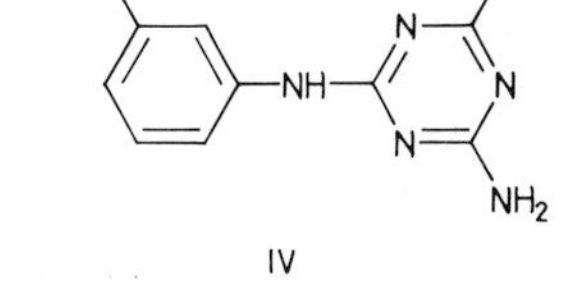 IV, 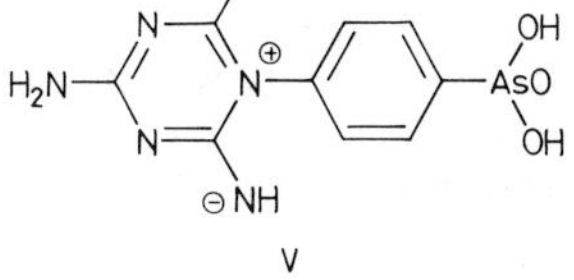 V

[3-(4,6-Diamino-[1,3,5]triazin-2-ylamino)-phenyl]-arsonsäure $C_9H_{11}AsN_6O_3$, Formel IV.
    B. Analog der vorangehenden Verbindung (*Friedheim*, D.R.P. 726430 [1939]; D.R.P. Org. Chem. **3** 1048, 1051).
    Kristalle, die sich beim Erhitzen zersetzen.

Hydrochlorid. Kristalle (aus wss. HCl).

2,4,6-Triamino-1-[4-arsono-phenyl]-[1,3,5]triazinium-betain, [4-(4,6-Diamino-2-imino-2H-[1,3,5]triazin-1-yl)-phenyl]-arsonsäure $C_9H_{11}AsN_6O_3$, Formel V und Mesomeres.
B. Analog 2,4,6-Triamino-1-o-tolyl-[1,3,5]triazinium-betain [S. 1265] (*Am. Cyanamid Co.*, U.S.P. 2481758 [1944]).
Unterhalb 320° nicht schmelzend.

[4-(4,6-Diamino-[1,3,5]triazin-2-ylamino)-phenyl]-arsonsäure $C_9H_{11}AsN_6O_3$, Formel VI (R = R' = H).
B. Aus 6-Chlor-[1,3,5]triazin-2,4-diyldiamin und [4-Amino-phenyl]-arsonsäure in wss. HCl unter Zusatz von Octan-1-ol (*Banks et al.*, Am. Soc. **66** [1944] 1771, 1774). Aus [4-(4,6-Dichlor-[1,3,5]triazin-2-ylamino)-phenyl]-arsonsäure beim Erhitzen mit wss. NH_3 (*Friedheim*, Am. Soc. **66** [1944] 1775, 1777).
Zers. > 300° (*Fr.*).
Hydrochlorid $C_9H_{11}AsN_6O_3 \cdot HCl$. Kristalle [aus wss. HCl] (*Ba. et al.*).
Natrium-Salze. a) $Na_2C_9H_9AsN_6O_3$. Feststoff mit 3 Mol H_2O; das wasserfreie Salz ist stark hygroskopisch und bildet an der Luft ein Tetrahydrat (*Ba. et al.*). — b) $Na_2C_9H_9AsN_6O_3 \cdot NaC_9H_{10}AsN_6O_3$. Feststoff (*Ba. et al.*).

[4-(4-Amino-6-methylamino-[1,3,5]triazin-2-ylamino)-phenyl]-arsonsäure $C_{10}H_{13}AsN_6O_3$, Formel VI (R = H, R' = CH_3).
B. Aus [4-(4-Amino-6-chlor-[1,3,5]triazin-2-ylamino)-phenyl]-arsonsäure und wss. Methylamin (*Friedheim*, Am. Soc. **66** [1944] 1775, 1777).
Zers. > 300°.

[4-(4,6-Bis-methylamino-[1,3,5]triazin-2-ylamino)-phenyl]-arsonsäure $C_{11}H_{15}AsN_6O_3$, Formel VI (R = R' = CH_3).
B. Analog der vorangehenden Verbindung (*Friedheim*, Am. Soc. **66** [1944] 1775, 1777).
Zers. > 300°.

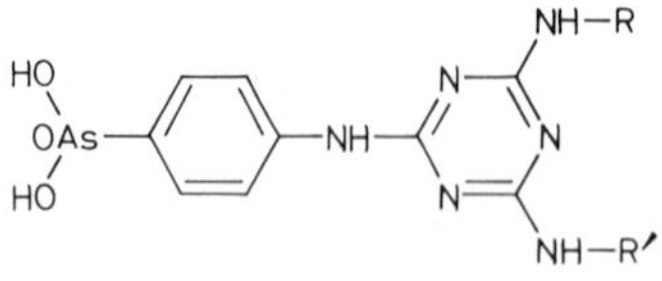

VI 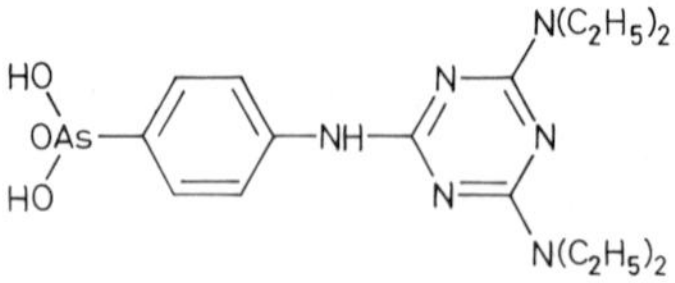   VII

[4-(4,6-Bis-diäthylamino-[1,3,5]triazin-2-ylamino)-phenyl]-arsonsäure $C_{17}H_{27}AsN_6O_3$, Formel VII.
B. Analog den vorangehenden Verbindungen (*Friedheim*, Am. Soc. **66** [1944] 1775, 1777).
Zers. > 300°.

{4-[4,6-Bis-(2-hydroxy-äthylamino)-[1,3,5]triazin-2-ylamino]-phenyl}-arsonsäure $C_{13}H_{19}AsN_6O_5$, Formel VI (R = R' = CH_2-CH_2-OH).
B. Aus 6-Chlor-N^2,N^4-bis-[2-hydroxy-äthyl]-[1,3,5]triazin-2,4-diyldiamin und [4-Amino-phenyl]-arsonsäure in wss. HCl unter Zusatz von Octan-1-ol (*Banks et al.*, Am. Soc. **66** [1944] 1771, 1772).
Natrium-Salz $Na_2C_{13}H_{17}AsN_6O_5 \cdot NaC_{13}H_{18}AsN_6O_5$.

{4-[4,6-Bis-(carboxymethyl-amino)-[1,3,5]triazin-2-ylamino]-phenyl}-arsonsäure, N,N'-[(4-Arsono-anilino)-[1,3,5]triazin-2,4-diyl]-bis-glycin $C_{13}H_{15}AsN_6O_7$, Formel VI (R = R' = CH_2-CO-OH).
B. Analog der vorangehenden Verbindung (*Banks et al.*, Am. Soc. **66** [1944] 1771, 1772).
Tetranatrium-Salz $Na_4C_{13}H_{11}AsN_6O_7$.

N^2,N^4-**Bis-[4-arsono-phenyl]-[1,3,5]triazin-2,4,6-triyltriamin** $C_{15}H_{16}As_2N_6O_6$, Formel VI
(R = C_6H_4-AsO(OH)$_2$, R' = H)

    B. Aus 4,6-Dichlor-[1,3,5]triazin-2-ylamin und [4-Amino-phenyl]-arsonsäure in wss. HCl unter Zusatz von Octan-1-ol (*Banks et al.*, Am. Soc. **66** [1944] 1771, 1772). Aus N^2,N^4-Bis-[4-arsono-phenyl]-6-chlor-[1,3,5]triazin-2,4-diyldiamin und wss. NH$_3$ (*Friedheim*, Am. Soc. **66** [1944] 1775, 1777).

    Zers. > 300° (*Fr.*).

    Tetranatrium-Salz Na$_4$C$_{15}$H$_{12}$As$_2$N$_6$O$_6$. Feststoff (*Ba. et al.*).

[3-(4,6-Diamino-[1,3,5]triazin-2-ylamino)-4-hydroxy-phenyl]-arsonsäure $C_9H_{11}AsN_6O_4$,
Formel VIII (R = H).

    B. Aus [3-Amino-4-hydroxy-phenyl]-arsonsäure beim Behandeln mit Trichlor-[1,3,5]triazin in wss. NaOH unter Zusatz von Octan-1-ol und anschliessend mit NH$_3$ (*Friedheim*, Am. Soc. **66** [1944] 1775, 1778). Aus 6-Chlor-[1,3,5]triazin-2,4-diyldiamin und [3-Amino-4-hydroxy-phenyl]-arsonsäure in wss. HCl unter Zusatz von Octan-1-ol (*Banks et al.*, Am. Soc. **66** [1944] 1771, 1772).

    Zers. > 300° (*Fr.*).

    Natrium-Salz Na$_2$C$_9$H$_9$AsN$_6$O$_4$·NaC$_9$H$_{10}$AsN$_6$O$_4$. Feststoff (*Ba. et al.*).

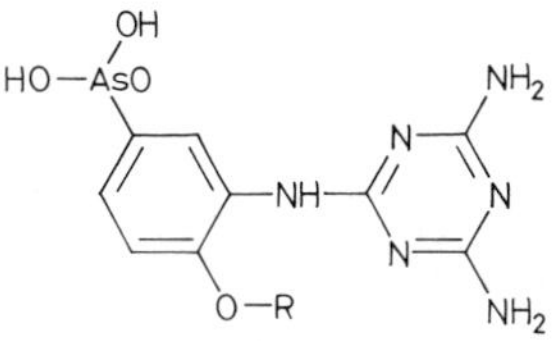

VIII 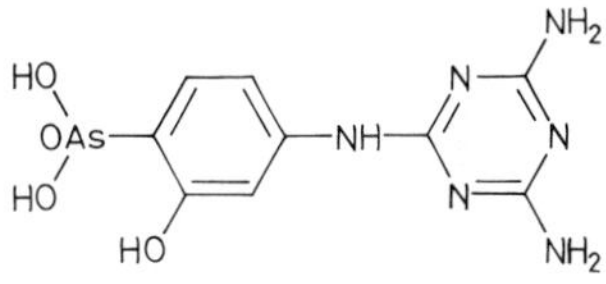   IX

[3-(4,6-Diamino-[1,3,5]triazin-2-ylamino)-4-(2-hydroxy-äthoxy)-phenyl]-arsonsäure
$C_{11}H_{15}AsN_6O_5$, Formel VIII (R = CH$_2$-CH$_2$-OH).

    Dinatrium-Salz Na$_2$C$_{11}$H$_{13}$AsN$_6$O$_5$. *B.* Analog der vorangehenden Verbindung (*Banks et al.*, Am. Soc. **66** [1944] 1771, 1772).

[4-(4,6-Diamino-[1,3,5]triazin-2-ylamino)-2-hydroxy-phenyl]-arsonsäure $C_9H_{11}AsN_6O_4$,
Formel IX.

    B. Analog den vorangehenden Verbindungen (*Friedheim*, Am. Soc. **66** [1944] 1775, 1778; *Banks et al.*, Am. Soc. **66** [1944] 1771, 1772).

    Zers. > 300° (*Fr.*).

    Dinatrium-Salz Na$_2$C$_9$H$_9$AsN$_6$O$_4$. Feststoff (*Ba. et al.*).

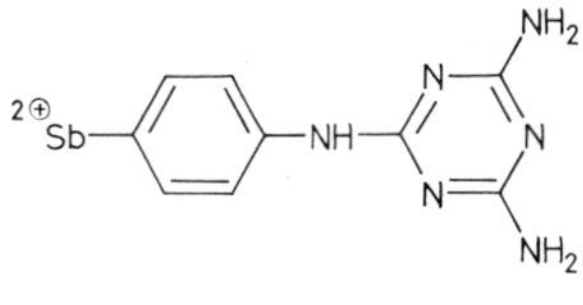

X 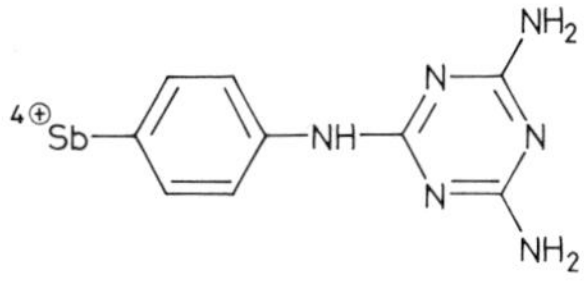   XI 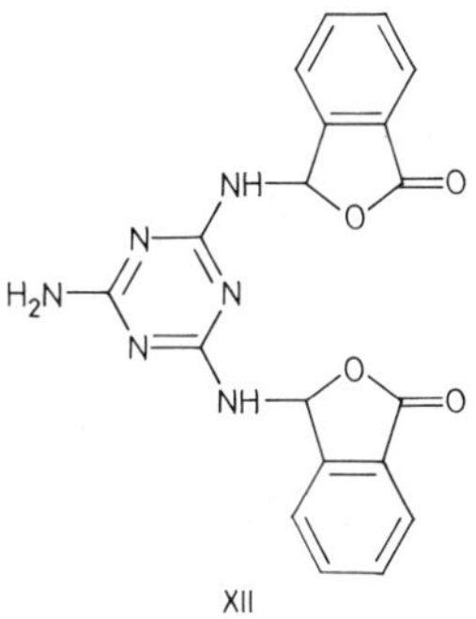   XII

[4-(4,6-Diamino-[1,3,5]triazin-2-ylamino)-phenyl]-antimon(2+) $[C_9H_9N_6Sb]^{2+}$, Formel X.

    (±)-**3-Hydroxy-propan-1,2-dithiolat** $[C_9H_9N_6Sb]C_3H_6OS_2$; (±)-{2-[4-(4,6-Diamino-[1,3,5]triazin-2-ylamino)-phenyl]-[1,3,2]dithiastibolan-4-yl}-methanol $C_{12}H_{15}N_6OS_2Sb$. *B.* Beim Behandeln des Natrium-Salzes von [4-(4,6-Diamino-[1,3,5]triazin-2-

ylamino)-phenyl]-antimon-dihydroxid-oxid mit Ammonium-mercaptoacetat in H_2O und anschliessend mit wss. Essigsäure und (±)-2,3-Dimercapto-propan-1-ol in Äthanol (*Friedheim*, U.S.P. 2659723 [1947]). — F: 175—200° [Zers.; nach Sintern bei 175°].

[4-(4,6-Diamino-[1,3,5]triazin-2-ylamino)-phenyl]-antimon(4+) $[C_9H_9N_6Sb]^{4+}$, Formel XI.

Dihydroxid-oxid $[C_9H_9N_6Sb]O(OH)_2$; [4-(4,6-Diamino-[1,3,5]triazin-2-ylamino)-phenyl]-stibonsäure $C_9H_{11}N_6O_3Sb$. *B.* Beim Behandeln von Trichlor-[1,3,5]triazin mit dem Natrium-Salz von [4-Amino-phenyl]-antimon-dihydroxid-oxid in wss. Aceton unter Zusatz von K_2CO_3 und 2-Äthyl-hexan-1-ol und anschliessend mit NH_3 (*Friedheim et al.*, Am. Soc. **69** [1947] 560). Aus N^2-[4-Amino-phenyl]-[1,3,5]triazin-2,4,6-triyltriamin bei der Diazotierung und Umsetzung mit $SbCl_3$ und konz. wss. HCl und anschliessend mit KOH in Methanol und Glycerin (*Soc. Usines Chim. Rhône-Poulenc*, D.B.P. 817755 [1951]; D.R.B.P. Org. Chem. 1950—1951 **3** 1148). — Zers. >250° (*Fr. et al.*). — Natrium-Salz $NaC_9H_{10}N_6O_3Sb$. Kristalle (aus H_2O) mit 4 Mol H_2O bzw. 8 Mol H_2O (*Rhône-Poulenc*; *Fr. et al.*).

*Opt.-inakt. N^2,N^4**-Diphthalidyl-[1,3,5]triazin-2,4,6-triyltriamin, 3,3′-[6-Amino-[1,3,5]triazin-2,4-diyldiamino]-di-phthalid** $C_{19}H_{14}N_6O_4$, Formel XII.

B. Beim Erwärmen von Melamin (S. 1253) mit 2-Formyl-benzoesäure in H_2O (*Dow Chem. Co.*, U.S.P. 2804458 [1956]).

F: 288—291°.

N^2**-[6-Methoxy-[8]chinolyl]-[1,3,5]triazin-2,4,6-triyltriamin** $C_{13}H_{13}N_7O$, Formel I (R = H).

B. Aus 4,6-Dichlor-N^2-[6-methoxy-[8]chinolyl]-[1,3,5]triazin-2-ylamin beim Erhitzen mit äthanol. NH_3 (*Cuthbertson*, *Moffatt*, Soc. **1948** 561, 563).

Dihydrochlorid $C_{13}H_{13}N_7O \cdot 2HCl$. Kristalle mit 2 Mol H_2O; F: 280° [Zers.].

N^2,N^2**-Diäthyl-**N^4**-[6-methoxy-[8]chinolyl]-[1,3,5]triazin-2,4,6-triyltriamin** $C_{17}H_{21}N_7O$, Formel I (R = C_2H_5).

B. Analog der vorangehenden Verbindung (*Cuthbertson*, *Moffatt*, Soc. **1948** 561, 563).

Gelbe Kristalle (aus A.); F: 191°.

Dihydrochlorid $C_{17}H_{21}N_7O \cdot 2HCl$. Kristalle mit 2 Mol H_2O; F: 216° [Zers.].

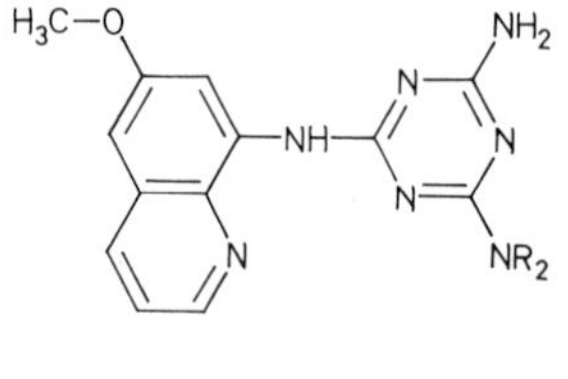

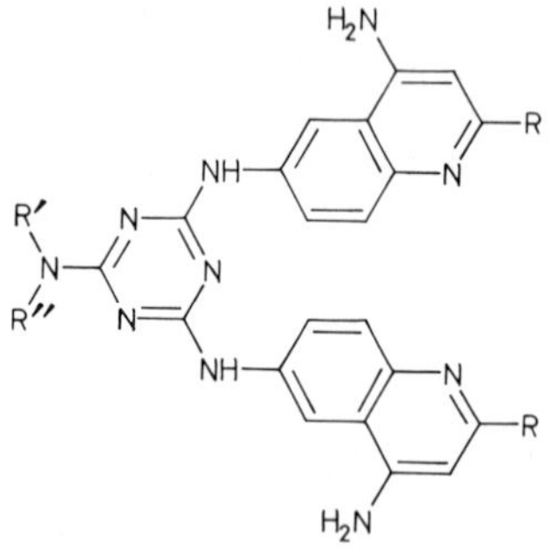

N^2,N^4**-Bis-[4-amino-[6]chinolyl]-[1,3,5]triazin-2,4,6-triyltriamin** $C_{21}H_{18}N_{10}$, Formel II (R = R′ = R″ = H).

B. Beim Behandeln von Trichlor-[1,3,5]triazin mit Chinolin-4,6-diyldiamin und Na_2CO_3 in wss. Aceton und anschliessenden Erhitzen mit äthanol. NH_3 (*Ochiai*, *Morishita*, J. pharm. Soc. Japan **76** [1956] 531, 534; C. A. **1957** 412). Aus 4,6-Dichlor-[1,3,5]triazin-2-ylamin und Chinolin-4,6-diyldiamin (*Jensch*, A. **568** [1950] 73, 80; *Och.*, *Mo.*).

Hellgelber Feststoff (aus Me.) mit 0,5 Mol H_2O (*Och.*, *Mo.*); F: 235° [Zers.] (*Je.*); Zers. bei 226° (*Och.*, *Mo.*).

N^2-[4-Amino-2-methyl-[6]chinolyl]-[1,3,5]triazin-2,4,6-triyltriamin $C_{13}H_{14}N_8$, Formel III (R = H).

B. Aus N^2-[4-Amino-2-methyl-[6]chinolyl]-4,6-dichlor-[1,3,5]triazin-2-ylamin-hydrochlorid beim Erhitzen mit äthanol. NH_3 (*I.G. Farbenind.*, D.R.P. 606497 [1932]; Frdl. **21** 539, 540; *Winthrop Chem. Co.*, U.S.P. 2092352 [1932]).

Kristalle (aus wss. A.); F: 267° [Zers.].

N^2-[4-Amino-2-methyl-[6]chinolyl]-N^4-[4-amino-phenyl]-[1,3,5]triazin-2,4,6-triyltriamin $C_{19}H_{19}N_9$, Formel III (R = C_6H_4-NH_2).

B. Aus N^2-[4-Amino-2-methyl-[6]chinolyl]-6-chlor-[1,3,5]triazin-2,4-diyldiamin beim Behandeln mit Essigsäure-[4-amino-anilid] und anschliessenden Erhitzen mit wss. HCl (*Farbw. Hoechst*, D.B.P. 947552 [1944]).

Kristalle (aus Me.); Zers. bei 195° [nach Sintern bei 185°].

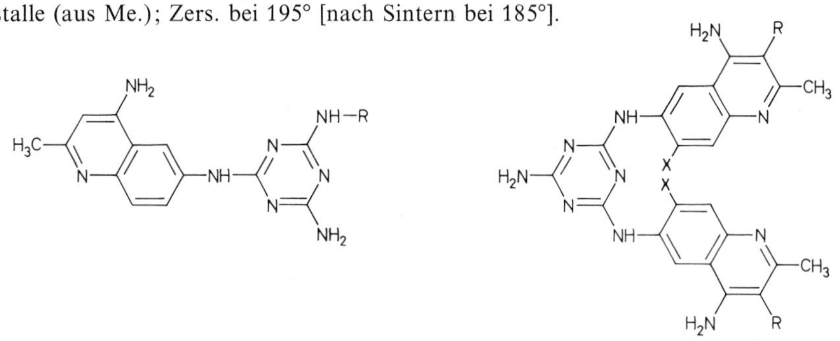

III   IV

N^2,N^4-Bis-[4-amino-2-methyl-[6]chinolyl]-[1,3,5]triazin-2,4,6-triyltriamin $C_{23}H_{22}N_{10}$, Formel II (R = CH_3, R' = R'' = H).

B. Aus N^2,N^4-Bis-[4-amino-2-methyl-[6]chinolyl]-6-chlor-[1,3,5]triazin-2,4-diyldiamin-dihydrochlorid beim Erhitzen mit äthanol. NH_3 (*I.G. Farbenind.*, D.R.P. 606497 [1932]; Frdl. **21** 539, 541; *Winthrop Chem. Co.*, U.S.P. 2092352 [1932]).

Zers. bei ca. 245°.

N^2,N^2-Diäthyl-N^4,N^6-bis-[4-amino-2-methyl-[6]chinolyl]-[1,3,5]triazin-2,4,6-triyltriamin $C_{27}H_{30}N_{10}$, Formel II (R = CH_3, R' = R'' = C_2H_5).

B. Analog der vorangehenden Verbindung (*I.G. Farbenind.*, D.R.P. 606497 [1932]; Frdl. **21** 539, 542; *Winthrop Chem. Co.*, U.S.P. 2092352 [1932]).

Kristalle (aus A.); F: 215—220°.

N^2,N^4-Bis-[4-amino-2-methyl-[6]chinolyl]-N^6-[2-diäthylamino-äthyl]-[1,3,5]triazin-2,4,6-triyltriamin $C_{29}H_{35}N_{11}$, Formel II (R = CH_3, R' = CH_2-CH_2-$N(C_2H_5)_2$, R'' = H).

B. Analog den vorangehenden Verbindungen (*I.G. Farbenind.*, D.R.P. 606497 [1932]; Frdl. **21** 539, 542; *Winthrop Chem. Co.*, U.S.P. 2092352 [1932]).

Zers. ab 170° [Aufschäumen bei ca. 200°].

N^2,N^4-Bis-[4-amino-2,3-dimethyl-[6]chinolyl]-[1,3,5]triazin-2,4,6-triyltriamin, Homocongasin $C_{25}H_{26}N_{10}$, Formel IV (R = CH_3, X = H).

B. Aus 4,6-Dichlor-[1,3,5]triazin-2-ylamin und 2,3-Dimethyl-chinolin-4,6-diyldiamin (*Jensch*, A. **568** [1950] 73, 82).

Hellgelb; F: 220° [langsame Zers.].

Trihydrochlorid $2C_{25}H_{26}N_{10}\cdot 6HCl\cdot 7H_2O$.

N^2,N^4-Bis-[4-amino-2-methyl-[6]chinolylmethyl]-[1,3,5]triazin-2,4,6-triyltriamin $C_{25}H_{26}N_{10}$, Formel V.

Dihydrochlorid $C_{25}H_{26}N_{10}\cdot 2HCl$. *B.* Aus 4,6-Dichlor-[1,3,5]triazin-2-ylamin und 6-Aminomethyl-2-methyl-chinolin-4-ylamin beim Erhitzen in Nitrobenzol (*Ashley, Davis*, Soc. **1957** 812, 816). — Kristalle (aus A.) mit 5 Mol H_2O; F: 270—280°.

N^2,N^4-Bis-[4-amino-7-methoxy-2-methyl-[6]chinolyl]-[1,3,5]triazin-2,4,6-triyltriamin $C_{25}H_{26}N_{10}O_2$, Formel IV (R = H, X = O-CH$_3$).

B. Beim Erwärmen von 7-Methoxy-2-methyl-chinolin-4,6-diyldiamin mit Trichlor-[1,3,5]tri= azin in Äthanol und Aceton und anschliessenden Erhitzen mit äthanol. NH$_3$ (*I.G. Farbenind.*, D.R.P. 606497 [1932]; Frdl. **21** 539, 543).

Unterhalb 305° nicht schmelzend.

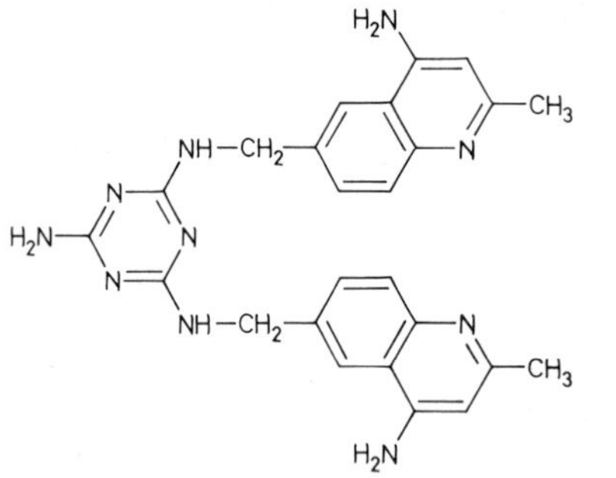

V 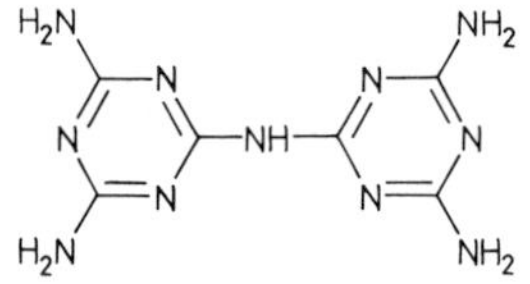   VI

Bis-[diamino-[1,3,5]triazin-2-yl]-amin $C_6H_9N_{11}$, Formel VI und Taut. (N^2-[4,6-Diamino-1H-[1,3,5]triazin-2-yliden]-[1,3,5]triazin-2,4,6-triyltriamin).

Diese Konstitution kommt wahrscheinlich dem H **3** 169, E II **3** 121 und E III **3** 277 beschriebe= nen Melam zu (*Takimoto*, J. chem. Soc. Japan Pure Chem. Sect. **85** [1964] 159, 168; C. A. **61** [1964] 2937; *Špiridonowa, Finkel'schteĭn*, Chimija geterocikl. Soedin. **1966** 126; engl. Ausg. S. 91).

B. Aus Cyanguanidin (*Am. Cyanamid Co.*, U.S.P. 2475709 [1945]).

IR-Spektrum (3800 − 650 cm^{-1}): *Ta.*, l. c. S. 171. UV-Spektrum (wss. Lösungen vom pH − 2,7 bis pH 14,4; 200 − 310 nm): *Ta.*, l. c. S. 162.

4-Hydroxy-benzolsulfonsäure-[4,6-diamino-[1,3,5]triazin-2-ylamid] $C_9H_{10}N_6O_3S$, Formel VII (X = OH).

B. Aus Sulfanilsäure-[4,6-diamino-[1,3,5]triazin-2-ylamid] beim Diazotieren und anschliessen= den Erhitzen mit H$_2$O (*Am. Cyanamid Co.*, U.S.P. 2535636 [1949]; *Hultquist et al.*, Am. Soc. **73** [1951] 2558, 2560).

Kristalle (aus H$_2$O) mit 2 Mol H$_2$O; F: >360° (*Hu. et al.*).

Sulfanilsäure-[4,6-diamino-[1,3,5]triazin-2-ylamid] $C_9H_{11}N_7O_2S$, Formel VII (X = NH$_2$).

B. Aus Melamin (S. 1253) beim Behandeln mit 4-Nitro-benzolsulfonylchlorid in Pyridin und anschliessenden Erwärmen mit Eisen und wss. Essigsäure (*Am. Cyanamid Co.*, U.S.P. 2407177 [1942]; *Anderson et al.*, Am. Soc. **64** [1942] 2902, 2903).

Kristalle (aus H$_2$O); F: 290 − 295° [korr.; Zers.] (*An. et al.; Am. Cyanamid Co.*). In 100 ml H$_2$O lösen sich bei 37° 728 mg (*An. et al.*).

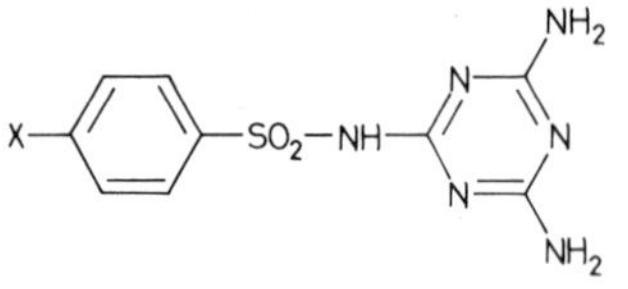

VII 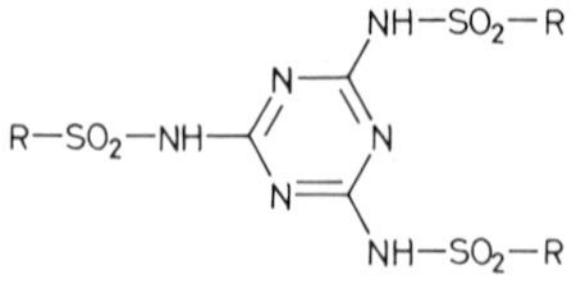   VIII

Tris-methansulfonylamino-[1,3,5]triazin, N,N',N''-[1,3,5]Triazin-2,4,6-triyl-tris-methansulfon= amid $C_6H_{12}N_6O_6S_3$, Formel VIII (R = CH$_3$).

B. Aus Methansulfonylchlorid und N-Cyan-N'-methansulfonyl-guanidin in Pyridin (*Kurzer, Powell*, Soc. **1953** 2531, 2536).

Kristalle (aus A.) mit 1 Mol Äthanol; F: 309 – 311° [Zers.] (*Ku., Po.*, Soc. **1953** 2536). UV-Spektrum (A.; 220 – 290 nm): *Kurzer, Powell*, Soc. **1954** 4152, 4154.

Tris-benzolsulfonylamino-[1,3,5]triazin, N,N',N''-**[1,3,5]Triazin-2,4,6-triyl-tris-benzolsulfonamid** $C_{21}H_{18}N_6O_6S_3$, Formel VIII (R = C_6H_5).

B. Analog der vorangehenden Verbindung (*Kurzer, Powell*, Soc. **1953** 2531, 2536). Aus Tri‌chlor-[1,3,5]triazin und der Natrium-Verbindung des Benzolsulfonamids in Xylol (*Kurzer, Po‌well*, Soc. **1954** 4152, 4155). Neben N,N'-Diphenyl-harnstoff beim Behandeln von 1-Phenyl‌biuret mit Benzolsulfonylchlorid in Pyridin (*Kurzer, Powell*, Soc. **1955** 1497, 1500).

F: 229 – 231° [Zers.] (*Ku., Po.*, Soc. **1953** 2536). Kristalle (aus A.) mit 1 Mol Äthanol; F: 150 – 152° [Zers.] (*Ku., Po.*, Soc. **1955** 1501), 149 – 151° [Zers.] (*Ku., Po.*, Soc. **1953** 2536). Kristalle (aus A. + Bzl.) mit 1 Mol Benzol; F: 190 – 192° [Zers.; nach Sintern bei 187 – 189°] (*Ku., Po.*, Soc. **1953** 2536). UV-Spektrum (A.; 220 – 295 nm): *Ku., Po.*, Soc. **1954** 4154.

Tris-[toluol-2-sulfonylamino]-[1,3,5]triazin, N,N',N''-**[1,3,5]Triazin-2,4,6-triyl-tris-toluol-2-sulfonamid** $C_{24}H_{24}N_6O_6S_3$, Formel VIII (R = C_6H_4-CH_3).

B. Aus N-Cyan-N'-[toluol-2-sulfonyl]-guanidin und Toluol-2-sulfonylchlorid in Pyridin (*Kur‌zer, Powell*, Soc. **1953** 2531, 2535). Neben N,N'-Diphenyl-harnstoff beim Behandeln von N-Cyan-N'-phenyl-harnstoff mit Toluol-2-sulfonylchlorid in Pyridin (*Kurzer, Powell*, Soc. **1955** 1497, 1501).

Kristalle (aus Acn.); F: 294 – 295° (*Ku., Po.*, Soc. **1953** 2536). UV-Spektrum (A.; 220 – 295 nm): *Kurzer, Powell*, Soc. **1954** 4152, 4154.

Tris-[toluol-4-sulfonylamino]-[1,3,5]triazin, N,N',N''-**[1,3,5]Triazin-2,4,6-triyl-tris-toluol-4-sulfonamid** $C_{24}H_{24}N_6O_6S_3$, Formel VIII (R = C_6H_4-CH_3).

B. Analog der vorangehenden Verbindung (*Kurzer, Powell*, Soc. **1953** 2531, 2535, **1955** 1497, 1501). Aus Natrium-[toluol-4-sulfonamid] und Trichlor-[1,3,5]triazin beim Erhitzen in Xylol (*Kurzer, Powell*, Soc. **1954** 4152, 4155).

Kristalle (aus A.); F: 284 – 285° (*Ku., Po.*, Soc. **1953** 2535). UV-Spektrum (A.; 220 – 295 nm): *Ku., Po.*, Soc. **1954** 4154.

Tris-sulfanilylamino-[1,3,5]triazin $C_{21}H_{21}N_9O_6S_3$, Formel IX (R = H).

B. Aus dem folgenden Triacetyl-Derivat beim Erwärmen mit wss. NaOH (*Kurzer et al.*, J. org. Chem. **20** [1955] 232, 234).

F: 221 – 223° [unkorr.; Zers.]. Kristalle (aus wss. A.) mit 1 Mol Äthanol; F: 215 – 218° [unkorr.; Zers.]. λ_{max} (A.): 279 nm.

Tris-[(N-acetyl-sulfanilyl)-amino]-[1,3,5]triazin $C_{27}H_{27}N_9O_9S_3$, Formel IX (R = CO-CH_3).

B. Aus Trichlor-[1,3,5]triazin und der Natrium-Verbindung des N-Acetyl-sulfanilsäure-amids in Decalin (*Kurzer et al.*, J. org. Chem. **20** [1955] 232, 234). Aus N-[N-Acetyl-sulfanilyl]-N'-cyan-guanidin und N-Acetyl-sulfanilylchlorid in Pyridin (*Ku. et al.*).

F: 302 – 304° [unkorr.; Zers.]. Kristalle (aus wss. A.) mit 1 Mol Äthanol; F: 300 – 304° [unkorr.; Zers.; nach Sintern bei 290 – 295°]. λ_{max} (A.): 267 nm.

IX   X

Tris-[(N-benzoyl-sulfanilyl)-amino]-[1,3,5]triazin $C_{42}H_{33}N_9O_9S_3$, Formel IX (R = CO-C_6H_5).

B. Aus Tris-sulfanilylamino-[1,3,5]triazin und Benzoylchlorid in Pyridin (*Kurzer et al.*, J. org. Chem. **20** [1955] 232, 235).

Kristalle (aus Nitrobenzol); F: 299 – 301° [unkorr.; Zers.].

1,2,4,6-Tetraamino-[1,3,5]triazinium $[C_3H_8N_7]^+$, Formel X.
Betain $C_3H_7N_7$; 1,4,6-Triamino-1H-[1,3,5]triazin-2-on-imin. *B.* Aus dem Kalium-Salz des *N,N'*-Dicyan-guanidins und wss. $N_2H_4 \cdot HCl$ (*Am. Cyanamid Co.*, U.S.P. 2729639 [1955]). — Zers. bei 242°.
Picrat. F: 233°.

Triamine $C_4H_8N_6$

6-Aminomethyl-[1,3,5]triazin-2,4-diyldiamin $C_4H_8N_6$, Formel XI (R = H).
B. Aus 6-Chlormethyl-[1,3,5]triazin-2,4-diyldiamin und $NaNH_2$ mit Hilfe von $FeCl_3$ (*Ettel, Nosek*, Chem. Listy **46** [1952] 289, 291; C. A. **1953** 4344). Aus 4,6-Diamino-[1,3,5]triazin-2-carbaldehyd-oxim mit Hilfe von $SnCl_2$ (*Ostrogovich, Cadariu*, G. **73** [1943] 156, 158).
Kristalle; F: 270–290° [Zers.] (*Et., No.*).
Dihydrochlorid $C_4H_8N_6 \cdot 2HCl$. Kristalle mit 1 Mol H_2O; Zers. beim Erhitzen (*Os., Ca.*).
Dipicrat $C_4H_8N_6 \cdot 2C_6H_3N_3O_7$. Kristalle; F: 229–231° [Zers.] (*Os., Ca.*).

6-Dimethylaminomethyl-[1,3,5]triazin-2,4-diyldiamin $C_6H_{12}N_6$, Formel XI (R = CH_3).
B. Aus *N,N*-Dimethyl-glycin-nitril und Cyanguanidin (*Rohm & Haas Co.*, U.S.P. 2719156 [1953]). Aus Biguanid und *N,N*-Dimethyl-glycin-äthylester in Methanol (*Ettel, Nosek*, Chem. Listy **46** [1952] 289, 291; C. A. **1953** 4344). Aus 6-Chlormethyl-[1,3,5]triazin-2,4-diyldiamin und Dimethylamin in H_2O (*Et., No.*).
Kristalle (aus H_2O); F: 240° (*Et., No.*), 235–238° (*Rohm & Haas Co.*).
Methochlorid $[C_7H_{15}N_6]Cl$; [4,6-Diamino-[1,3,5]triazin-2-ylmethyl]-trimethyl-ammonium-chlorid. Kristalle (aus wss. Acn.); F: 281° [Zers.] (*Et., No.*).
Äthochlorid $[C_8H_{17}N_6]Cl$; Äthyl-[4,6-diamino-[1,3,5]triazin-2-ylmethyl]-dimethyl-ammonium-chlorid. Kristalle (aus wss. Acn.); F: 266° [Zers.] (*Et., No.*).
Dodecylobromid $[C_{18}H_{37}N_6]Br$; [4,6-Diamino-[1,3,5]triazin-2-ylmethyl]-dodecyl-dimethyl-ammonium-bromid. F: 243–245° [Zers.] (*Rohm & Haas Co.*).
Octadecylobromid $[C_{24}H_{49}N_6]Br$; [4,6-Diamino-[1,3,5]triazin-2-ylmethyl]-dimethyl-octadecyl-ammonium-bromid. F: 242–244° (*Rohm & Haas Co.*).
5,5,7,7-Tetramethyl-oct-2-enylochlorid $[C_{18}H_{35}N_6]Cl$; [4,6-Diamino-[1,3,5]triazin-2-ylmethyl]-dimethyl-[5,5,7,7-tetramethyl-oct-2-enyl]-ammonium-chlorid. F: 249° (*Rohm & Haas Co.*).
Benzylochlorid $[C_{13}H_{19}N_6]Cl$; Benzyl-[4,6-diamino-[1,3,5]triazin-2-ylmethyl]-dimethyl-ammonium-chlorid. F: 251–253° (*Rohm & Haas Co.*).
Äthoxycarbonylochlorid(?) $[C_9H_{17}N_6O_2]Cl$; Äthoxycarbonyl-[4,6-diamino-[1,3,5]triazin-2-ylmethyl]-dimethyl-ammonium-chlorid(?). Kristalle (aus wss. Acn.); F: 233° (*Et., No.*).

XI   XII   XIII

6-Diäthylaminomethyl-[1,3,5]triazin-2,4-diyldiamin $C_8H_{16}N_6$, Formel XI (R = C_2H_5).
B. Aus Biguanid sowie aus 6-Chlormethyl-[1,3,5]triazin-2,4-diyldiamin analog der vorangehenden Verbindung (*Ettel, Nosek*, Chem. Listy **46** [1952] 289, 290; C. A. **1953** 4344).
Kristalle (aus A.); F: 210°.
Methochlorid $[C_9H_{19}N_6]Cl$; Diäthyl-[4,6-diamino-[1,3,5]triazin-2-ylmethyl]-methyl-ammonium-chlorid. Kristalle (aus wss. Acn.); F: 238° [Zers.]. — Verbindung mit Quecksilber(II)-chlorid. F: 154°.
Äthochlorid $[C_{10}H_{21}N_6]Cl$; Triäthyl-[4,6-diamino-[1,3,5]triazin-2-ylmethyl]-

ammonium-chlorid. Kristalle (aus Acn.+Me.) mit 1 Mol H_2O; F: 283° [Zers.].

2-Hydroxy-äthochlorid [$C_{10}H_{21}N_6O$]Cl; Diäthyl-[4,6-diamino-[1,3,5]triazin-2-ylmethyl]-[2-hydroxy-äthyl]-ammonium-chlorid. Kristalle (aus Me.); F: 241° [Zers.].
– Verbindung mit Quecksilber(II)-chlorid. F: 153°.

6-Aminomethyl-N^4-[4-chlor-phenyl]-N^2,N^2-dimethyl-[1,3,5]triazin-2,4-diyldiamin $C_{12}H_{15}ClN_6$,
Formel XII (R = H, X = Cl).
Dihydrochlorid $C_{12}H_{15}ClN_6\cdot2HCl$. B. Bei der Hydrierung von [4-Chlor-anilino]-di=
methylamino-[1,3,5]triazin-2-carbonitril an Palladium in methanol. HCl (*Hendry et al.*, Soc.
1958 1134, 1137). – Kristalle (aus wss. HCl) mit 0,5 Mol H_2O; F: 298° [Zers.].

6-Aminomethyl-N^2,N^2,N^4-trimethyl-N^4-phenyl-[1,3,5]triazin-2,4-diyldiamin $C_{13}H_{18}N_6$,
Formel XII (R = CH_3, X = H).
Hydrochlorid $2C_{13}H_{18}N_6\cdot3HCl$. B. Analog der vorangehenden Verbindung (*Hendry
et al.*, Soc. **1958** 1134, 1138). – F: 252–253°.

6-{[Bis-(2-hydroxy-äthyl)-amino]-methyl}-[1,3,5]triazin-2,4-diyldiamin $C_8H_{16}N_6O_2$, Formel XI
(R = CH_2-CH_2-OH).
B. Aus 6-Chlormethyl-[1,3,5]triazin-2,4-diyldiamin und Bis-[2-hydroxy-äthyl]-amin in H_2O
(*Ettel, Nosek*, Chem. Listy **46** [1952] 289, 290; C. A. **1953** 4344).
Kristalle (aus H_2O); F: 225°.

N-[4,6-Diamino-[1,3,5]triazin-2-ylmethyl]-N-[2-vinyloxy-äthyl]-formamid $C_9H_{14}N_6O_2$,
Formel XIII (R = H).
B. Beim Erwärmen von N-Formyl-N-[2-vinyloxy-äthyl]-glycin-nitril mit Cyanguanidin und
KOH in Isopropylalkohol (*Luskin et al.*, J. org. Chem. **23** [1958] 1032, 1035).
Kristalle (aus H_2O); F: 194–196°.

Die folgenden Verbindungen sind in analoger Weise hergestellt worden:
N-[4,6-Diamino-[1,3,5]triazin-2-ylmethyl]-N-[2-vinyloxy-äthyl]-acetamid
$C_{10}H_{16}N_6O_2$, Formel XIII (R = CH_3). F: 167–168° (*Lu. et al.*).
N-Cyclohexyl-N-[4,6-diamino-[1,3,5]triazin-2-ylmethyl]-methacrylamid
$C_{14}H_{22}N_6O$, Formel XIV. Kristalle (aus Me.); F: 273–274° (*Lu. et al.*; *Rohm & Haas Co.*,
U.S.P. 2744943 [1954]).
[4,6-Diamino-[1,3,5]triazin-2-ylmethyl]-[2-vinyloxy-äthyl]-carbamidsäure-
äthylester $C_{11}H_{18}N_6O_3$, Formel XV (R = CH_2-CH_2-O-CH=CH_2, R' = H, X = O-C_2H_5).
F: 147–149° (*Lu. et al.*).

XIV   XV

[4-Amino-6-anilino-[1,3,5]triazin-2-ylmethyl]-harnstoff $C_{11}H_{13}N_7O$, Formel XV (R = H,
R' = C_6H_5, X = NH_2).
B. Aus Hydantoinsäure-äthylester und 1-Phenyl-biguanid in Methanol (*Shapiro et al.*, Am.
Soc. **81** [1959] 3996, 4000).
Kristalle (aus DMF+Ae.); F: 227° [unkorr.; Zers.].

Triamine $C_5H_{10}N_6$

(±)-N-[1-(Diamino-[1,3,5]triazin-2-yl)-äthyl]-N-[2-vinyloxy-äthyl]-acetamid $C_{11}H_{18}N_6O_2$,
Formel I (R = CH_3).
B. Beim Erwärmen von N-[1-Cyan-äthyl]-N-[2-vinyloxy-äthyl]-acetamid mit Cyanguanidin

und KOH in Isopropylalkohol (*Luskin et al.*, J. org. Chem. **23** [1958] 1032, 1035, 1036). F: 152—154°.

Die folgenden Verbindungen sind in analoger Weise hergestellt worden:

N-[1-(Diamino-[1,3,5]triazin-2-yl)-äthyl]-N-[2-vinyloxy-äthyl]-benzamid $C_{16}H_{20}N_6O_2$, Formel I (R = C_6H_5). F: 190—193° (*Lu. et al.*).

(±)-[1-(Diamino-[1,3,5]triazin-2-yl)-äthyl]-[2-vinyloxy-äthyl]-carbamidsäure-äthylester $C_{12}H_{20}N_6O_3$, Formel I (R = O-C_2H_5). F: 140—142° (*Lu. et al.*).

(±)-N^2-[1-(Diamino-[1,3,5]triazin-2-yl)-äthyl]-N^2-methyl-[1,3,5]triazin-2,4,6-triyltriamin $C_9H_{15}N_{11}$, Formel II (R = CH_3). F: > 320° (*Rohm & Haas Co.*, U.S.P. 2675383 [1952]), > 300° (*Exner, deBenneville*, Am. Soc. **75** [1953] 4666).

(±)-N^2-Butyl-N^2-[1-(diamino-[1,3,5]triazin-2-yl)-äthyl]-[1,3,5]triazin-2,4,6-triyl-triamin $C_{12}H_{21}N_{11}$, Formel II (R = $[CH_2]_3$-CH_3). F: 210—211° (*Rohm & Haas Co.*, U.S.P. 2675383), 200—202° (*Ex., deB.*).

N-[2-(Diamino-[1,3,5]triazin-2-yl)-äthyl]-N-[2-vinyloxy-äthyl]-formamid $C_{10}H_{16}N_6O_2$, Formel III (R = CHO, R' = CH_2-CH_2-O-CH=CH_2). Kristalle (aus H_2O); F: 145—146° (*Lu. et al.*).

N-[2-(Diamino-[1,3,5]triazin-2-yl)-äthyl]-lauramid $C_{17}H_{32}N_6O$, Formel III (R = CO-$[CH_2]_{10}$-CH_3, R' = H). Kristalle (aus Isopropylalkohol); F: 159—160° (*Teramura*, Mem. Fac. ind. Arts Kyoto tech. Univ. Sci. Technol. Nr. 8 [1959] 53, 61; C. A. **1961** 562).

N-[2-(Diamino-[1,3,5]triazin-2-yl)-äthyl]-N-[2-vinyloxy-äthyl]-palmitamid $C_{25}H_{46}N_6O_2$, Formel III (R = CO-$[CH_2]_{14}$-CH_3, R' = CH_2-CH_2-O-CH=CH_2). Kristalle (aus A.); F: 112—115° (*Lu. et al.*).

N-[2-(Diamino-[1,3,5]triazin-2-yl)-äthyl]-methacrylamid $C_9H_{14}N_6O$, Formel III (R = CO-C(CH_3)=CH_2, R' = H). F: 184—185° (*Lu. et al.*; *Rohm & Haas Co.*, U.S.P. 2744943 [1954]).

N-[2-(Diamino-[1,3,5]triazin-2-yl)-äthyl]-N-methyl-methacrylamid $C_{10}H_{16}N_6O$, Formel III (R = CO-C(CH_3)=CH_2, R' = CH_3). Kristalle (aus Me.); F: 256—257° (*Lu. et al.*).

N-Cyclohexyl-N-[2-(diamino-[1,3,5]triazin-2-yl)-äthyl]-methacrylamid $C_{15}H_{24}N_6O$, Formel III (R = CO-C(CH_3)=CH_2, R' = C_6H_{11}). Kristalle (aus Me.); F: 220—221° (*Lu. et al.*; *Rohm & Haas Co.*, U.S.P. 2744943).

N-[2-(Diamino-[1,3,5]triazin-2-yl)-äthyl]-N-[2-vinyloxy-äthyl]-benzamid $C_{16}H_{20}N_6O_2$, Formel III (R = CO-C_6H_5, R' = CH_2-CH_2-O-CH=CH_2). F: 156—158° (*Lu. et al.*).

[2-(Diamino-[1,3,5]triazin-2-yl)-äthyl]-[2-vinyloxy-äthyl]-carbamidsäure-äthylester $C_{12}H_{20}N_6O_3$, Formel III (R = CO-O-C_2H_5, R' = CH_2-CH_2-O-CH=CH_2). F: 134—136° (*Lu. et al.*).

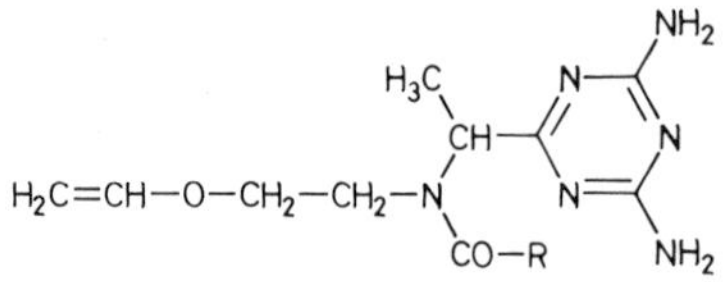

I 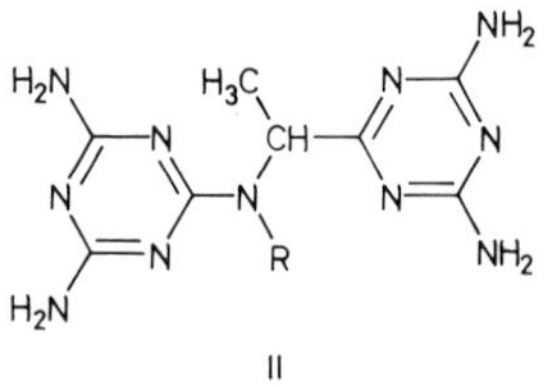   II 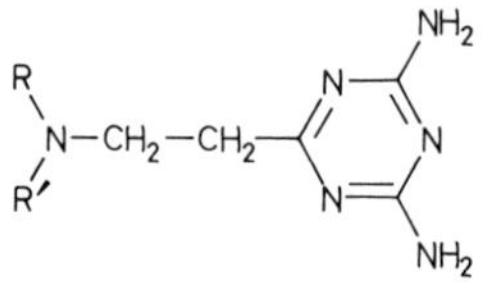   III

N^2-Butyl-N^2-phenyl-6-[2-pyrrolidino-äthyl]-[1,3,5]triazin-2,4-diyldiamin $C_{19}H_{28}N_6$, Formel IV (R = $[CH_2]_3$-CH_3, X = H).

B. Aus 3-Pyrrolidino-propionsäure-methylester und 1-Butyl-1-phenyl-biguanid-hydrochlorid mit Hilfe von methanol. Natriummethylat (*Shapiro et al.*, Am. Soc. **81** [1959] 3996, 3998).

Kristalle (aus Acetonitril); F: 102—103° [unkorr.].

N^2-Allyl-N^2-[4-chlor-phenyl]-6-[2-pyrrolidino-äthyl]-[1,3,5]triazin-2,4-diyldiamin $C_{18}H_{23}ClN_6$, Formel IV (R = CH_2-CH=CH_2, X = Cl).

B. Analog der vorangehenden Verbindung (*Shapiro et al.*, Am. Soc. **81** [1959] 3996, 3998).

Kristalle (aus Acetonitril); F: 124—125° [unkorr.].

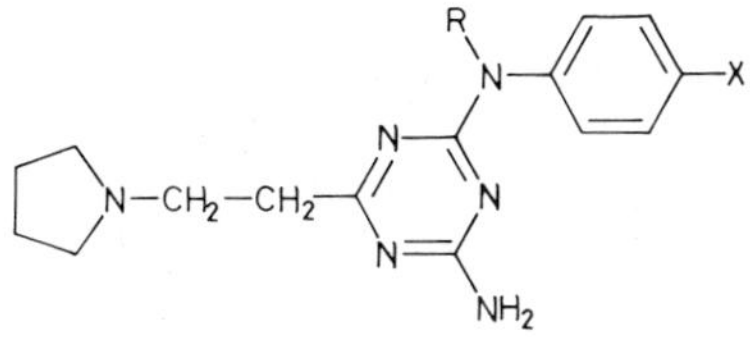

IV 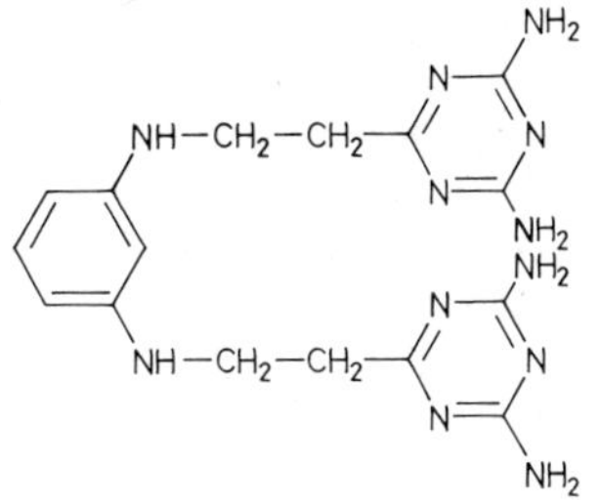   V

6-[2-Pyrrolidino-äthyl]-N^2-p-tolyl-[1,3,5]triazin-2,4-diyldiamin $C_{16}H_{22}N_6$, Formel IV (R = H, X = CH$_3$).

B. Analog den vorangehenden Verbindungen (*Shapiro et al.*, Am. Soc. **81** [1959] 3996, 3998). Kristalle (aus Acetonitril); F: 165—170° [unkorr.].

N,N'-Bis-[2-(diamino-[1,3,5]triazin-2-yl)-äthyl]-m-phenylendiamin $C_{16}H_{22}N_{12}$, Formel V.

B. Aus N,N'-Bis-[2-cyan-äthyl]-m-phenylendiamin und Cyanguanidin in butanol. KOH (*Suda, Oda*, J. chem. Soc. Japan Ind. Chem. Sect. **58** [1955] 608; C. A. **1956** 11353). Kristalle (aus H$_2$O); Zers. bei 245°.

N,N-Bis-[2-(diamino-[1,3,5]triazin-2-yl)-äthyl]-anilin, 6,6'-[3-Phenyl-3-aza-pentandiyl]-bis-[1,3,5]triazin-2,4-diyldiamin $C_{16}H_{21}N_{11}$, Formel VI.

B. Analog der vorangehenden Verbindung (*Suda, Oda*, J. chem. Soc. Japan Ind. Chem. Sect. **58** [1955] 608; C. A. **1956** 11353). Kristalle (aus H$_2$O); Zers. bei 264°.

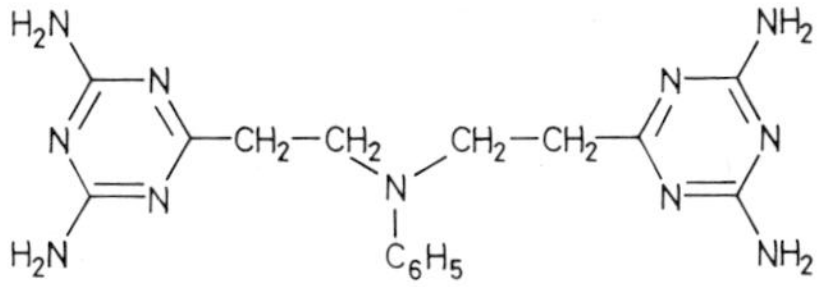

VI 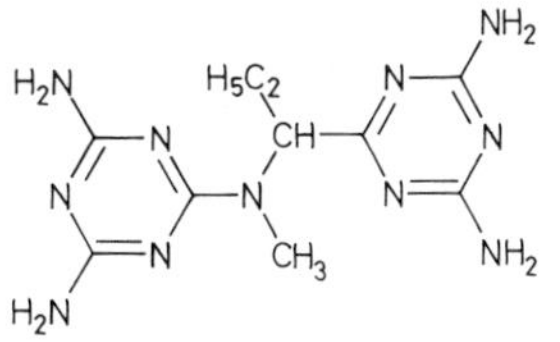   VII

Triamine $C_6H_{12}N_6$ bis $C_{12}H_{24}N_6$

($\pm$)-N^2-[1-(Diamino-[1,3,5]triazin-2-yl)-propyl]-N^2-methyl-[1,3,5]triazin-2,4,6-triyltriamin $C_{10}H_{17}N_{11}$, Formel VII.

B. Beim Erwärmen von ($\pm$)-2-[Cyan-methyl-amino]-butyronitril mit Cyanguanidin und KOH in Isopropylalkohol und Erhitzen des Reaktionsprodukts (F: 232—234°) mit Cyanguanidin und KOH in 2-Methoxy-äthanol (*Exner, deBenneville*, Am. Soc. **75** [1953] 4666). F: 255—260°.

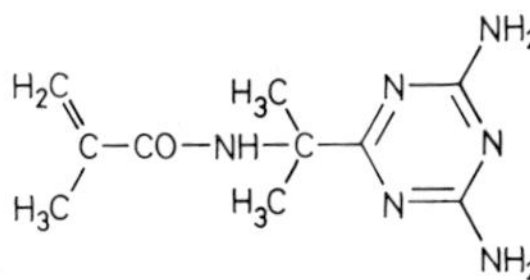

VIII 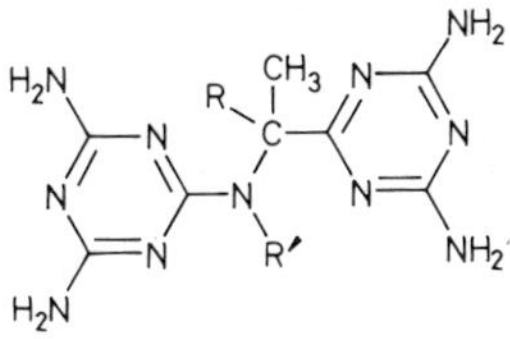   IX 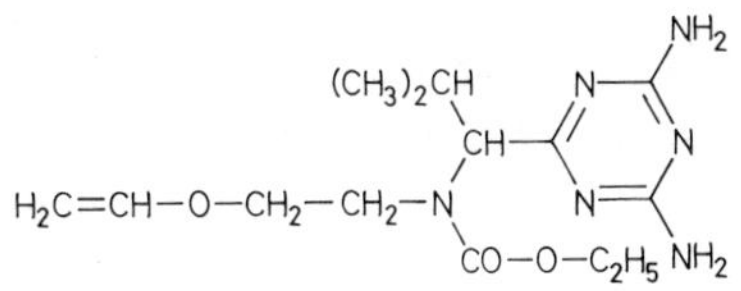   X

N-[1-(Diamino-[1,3,5]triazin-2-yl)-1-methyl-äthyl]-methacrylamid $C_{10}H_{16}N_6O$, Formel VIII.

B. Aus α-Methacryloylamino-isobutyronitril (E III **4** 1328) beim Erwärmen mit Cyanguanidin und KOH in Isopropylalkohol (*Luskin et al.*, J. org. Chem. **23** [1958] 1032, 1036; *Rohm & Haas Co.*, U.S.P. 2744943 [1954]).

Kristalle (aus A.); F: 175−177° (*Lu. et al.*).

Die folgenden Verbindungen sind in analoger Weise hergestellt worden:

N^2-[1-(Diamino-[1,3,5]triazin-2-yl)-1-methyl-äthyl]-N^2-methyl-[1,3,5]triazin-2,4,6-triyltriamin $C_{10}H_{17}N_{11}$, Formel IX (R = R′ = CH_3). F: 430−435° (*Rohm & Haas Co.*, U.S.P. 2675383 [1952]).

N^2-Butyl-N^2-[1-(diamino-[1,3,5]triazin-2-yl)-1-methyl-äthyl]-[1,3,5]triazin-2,4,6-triyltriamin $C_{13}H_{23}N_{11}$, Formel IX (R = CH_3, R′ = [CH_2]$_3$-CH_3). F: 271−272° (*Exner, deBenneville*, Am. Soc. **75** [1953] 4666).

(±)-N^2-[2-Äthyl-hexyl]-N^2-[1-(diamino-[1,3,5]triazin-2-yl)-1-methyl-äthyl]-[1,3,5]triazin-2,4,6-triyltriamin $C_{17}H_{31}N_{11}$, Formel IX (R = CH_3, R′ = CH_2-$CH(C_2H_5)$-[CH_2]$_3$-CH_3). F: 246° (*Ex., deB.*).

(±)-N^2-[1-(Diamino-[1,3,5]triazin-2-yl)-1-methyl-propyl]-N^2-methyl-[1,3,5]triazin-2,4,6-triyltriamin $C_{11}H_{19}N_{11}$, Formel IX (R = C_2H_5, R′ = CH_3). F: >290° (*Rohm & Haas Co.*, U.S.P. 2675383).

(±)-N^2-Butyl-N^2-[1-(diamino-[1,3,5]triazin-2-yl)-1-methyl-propyl]-[1,3,5]triazin-2,4,6-triyltriamin $C_{14}H_{25}N_{11}$, Formel IX (R = C_2H_5, R′ = [CH_2]$_3$-CH_3). F: >290° (*Ex., deB.*).

(±)-[1-(Diamino-[1,3,5]triazin-2-yl)-2-methyl-propyl]-[2-vinyloxy-äthyl]-carbamidsäure-äthylester $C_{14}H_{24}N_6O_3$, Formel X. Kristalle (aus Isopropylalkohol); F: 141−142° (*Lu. et al.*, l. c. S. 1035).

Opt.-inakt. N^2-[1-(Diamino-[1,3,5]triazin-2-yl)-3,5,5-trimethyl-hexyl]-N^2-methyl-[1,3,5]triazin-2,4,6-triyltriamin $C_{16}H_{29}N_{11}$, Formel XI. F: 256−258° (*Ex., deB.*).

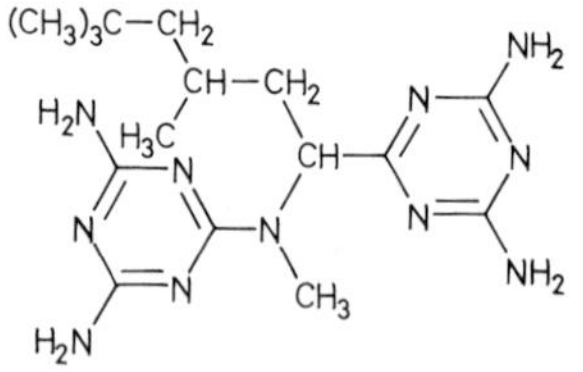

XI 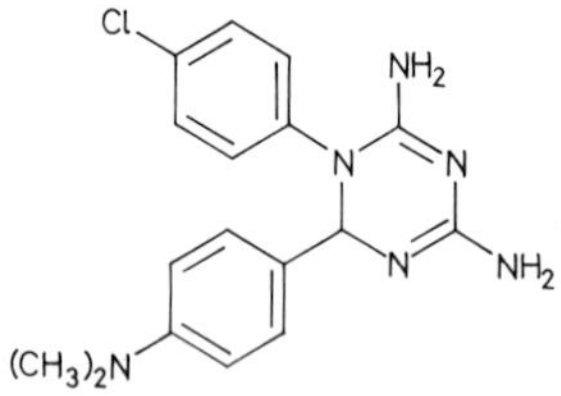   XII

Triamine $C_nH_{2n-6}N_6$

(±)-1-[4-Chlor-phenyl]-6-[4-dimethylamino-phenyl]-1,6-dihydro-[1,3,5]triazin-2,4-diyldiamin $C_{17}H_{19}ClN_6$, Formel XII und Taut.

Hydrochlorid. B. Aus 1-[4-Chlor-phenyl]-biguanid-hydrochlorid und 4-Dimethylamino-benzaldehyd in wss.-äthanol. HCl (*ICI*, D.B.P. 879696 [1951]; U.S.P. 2803628 [1951]). − F: 217°.

Triamine $C_nH_{2n-8}N_6$

6-[3-Amino-phenyl]-[1,3,5]triazin-2,4-diyldiamin $C_9H_{10}N_6$, Formel XIII (R = H).

B. Aus der folgenden Verbindung beim Erwärmen mit wss. HCl (*Brunner, Bertsch*, M. **79** [1948] 106, 111).

Kristalle (aus H_2O); F: 212−213°.

Essigsäure-[3-(diamino-[1,3,5]triazin-2-yl)-anilid] $C_{11}H_{12}N_6O$, Formel XIII (R = CO-CH_3).

B. Aus Cyanguanidin und Essigsäure-[3-cyan-anilid] beim Erhitzen unter Zusatz von Piperidin (*Brunner, Bertsch*, M. **79** [1948] 106, 110).

Kristalle (aus Pentan-1-ol); F: 278°.

Benzoesäure-[3-(diamino-[1,3,5]triazin-2-yl)-anilid] $C_{16}H_{14}N_6O$, Formel XIII (R = CO-C_6H_5).

B. Analog der vorangehenden Verbindung (*Brunner, Bertsch*, M. **79** [1948] 106, 110).

Kristalle (aus Pentan-1-ol); F: 252−253°.

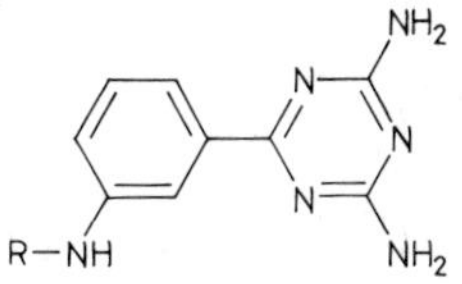

XIII 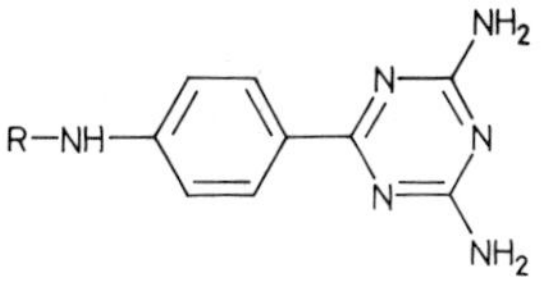   XIV 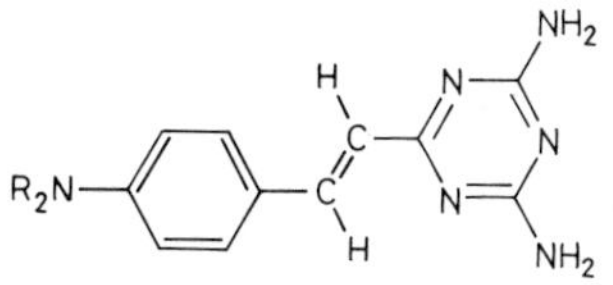   XV

6-[4-Amino-phenyl]-[1,3,5]triazin-2,4-diyldiamin $C_9H_{10}N_6$, Formel XIV (R = H).

B. Aus 4-Amino-benzoesäure-äthylester und Biguanid (*Am. Cyanamid Co.*, U.S.P. 2309679 [1941]).

Kristalle (aus H_2O); F: 206°.

Essigsäure-[4-(diamino-[1,3,5]triazin-2-yl)-anilid] $C_{11}H_{12}N_6O$, Formel XIV (R = CO-CH_3).

B. Analog der vorangehenden Verbindung (*Am. Cyanamid Co.*, U.S.P. 2447440 [1941]). Aus Essigsäure-[4-cyan-anilid] beim Erhitzen mit Cyanguanidin unter Zusatz von Piperidin (*Brunner, Bertsch*, M. **79** [1948] 106, 120).

Kristalle (aus wss. A. bzw. aus H_2O); F: 268° (*Am. Cyanamid Co.*; *Br., Be.*).

Triamine $C_nH_{2n-10}N_6$

6-[4-Amino-*trans*-styryl]-[1,3,5]triazin-2,4-diyldiamin $C_{11}H_{12}N_6$, Formel XV (R = H).

B. Beim Behandeln von 6-[4-Nitro-*trans*-styryl]-[1,3,5]triazin-2,4-diyldiamin mit $SnCl_2$ und konz. wss. HCl in Methanol (*Am. Cyanamid Co.*, U.S.P. 2447440 [1941]).

Gelbe Kristalle (aus Ae.+H_2O+wenig Äthylenglykol); F: 256−257°.

6-[4-Dimethylamino-*trans*(?)-styryl]-[1,3,5]triazin-2,4-diyldiamin $C_{13}H_{16}N_6$, vermutlich Formel XV (R = CH_3).

B. Aus 6-Methyl-[1,3,5]triazin-2,4-diyldiamin und 4-Dimethylamino-benzaldehyd mit Hilfe von konz. wss. HCl (*Chromow-Borišow, Kišarewa*, Ž. obšč. Chim. **29** [1959] 3010, 3016; engl. Ausg. S. 2976, 2981).

Gelbe Kristalle (aus A.) mit 1 Mol Äthanol; die äthanolfreie Verbindung schmilzt bei 250−253°.

M o n o h y d r o c h l o r i d $C_{13}H_{16}N_6 \cdot$ HCl. Hellbraune Kristalle (aus wss. HCl) mit 0,5 Mol H_2O; F: >300° [Zers.] (*Ch.-Bo., Ki.*, l. c. S. 3014).

D i h y d r o c h l o r i d $C_{13}H_{16}N_6 \cdot$ 2HCl. Kristalle (aus wss. HCl) mit 1 Mol H_2O; F: >300° [Zers.] (*Ch.-Bo., Ki.*, l. c. S. 3014).

2-Methyl-benz[4,5]imidazo[1,2-*a*]pyrimidin-4,7,9-triyltriamin $C_{11}H_{12}N_6$, Formel XVI.

T r i h y d r o c h l o r i d $C_{11}H_{12}N_6 \cdot$ 3HCl. *B.* Bei der Hydrierung von *N*-[2-Methyl-7,9-dinitro-benz[4,5]imidazo[1,2-*a*]pyrimidin-4-yl]-acetamid an Platin in Methanol (*Berg, Petrow*, Soc. **1952** 784, 786). − Rosa Kristalle (aus wss. HCl); unterhalb 300° nicht schmelzend.

Triamine $C_nH_{2n-16}N_6$

Tris-[6-dimethylamino-[3]pyridyl]-methan, Hexa-*N*-methyl-5,5′,5″-methantriyl-tris-[2]pyridyl‑amin $C_{22}H_{28}N_6$, Formel XVII (R = CH_3, X = H).

B. Aus Bis-[6-dimethylamino-[3]pyridyl]-methanol und Dimethyl-[2]pyridyl-amin mit Hilfe

von $POCl_3$ (*Knunjanz, Beresowskiĭ*, Ž. obšč. Chim. **18** [1948] 775, 780; C. A. **1949** 410).
  Kristalle (aus Ae.); F: 156—157°.
  Picrat. Kristalle (aus H_2O); F: 219,5—220° [Zers.].

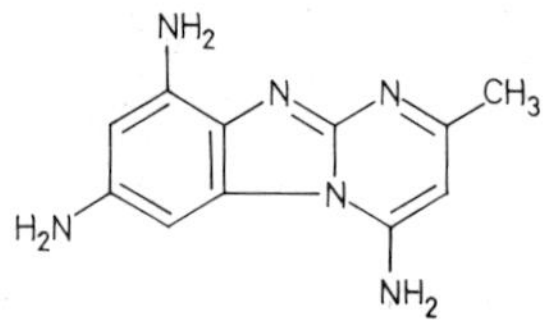

XVI 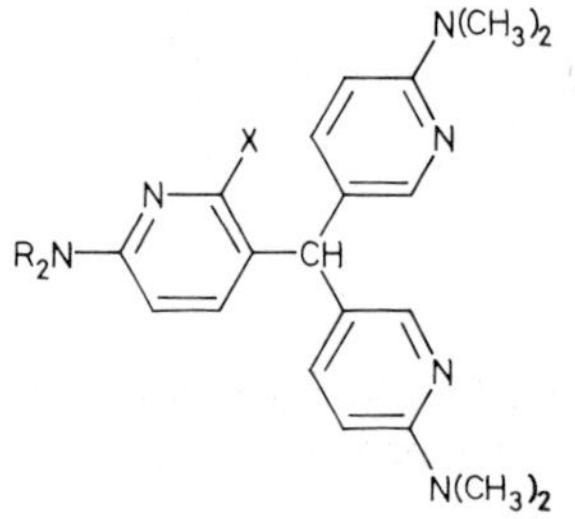   XVII 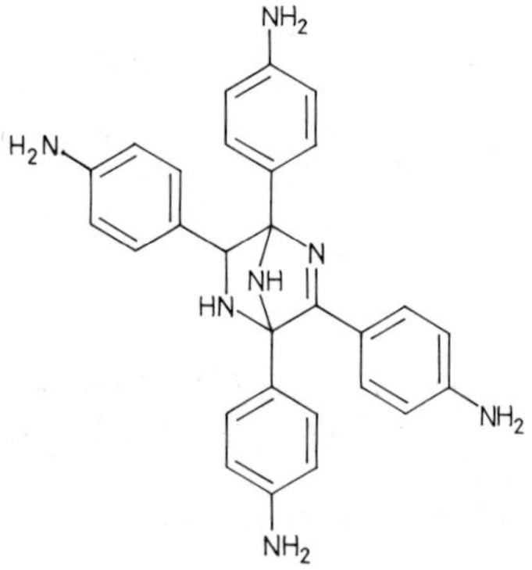   XVIII

D. Tetraamine

Tetraamine $C_nH_{2n-15}N_7$

[2,6-Diamino-[3]pyridyl]-bis-[6-dimethylamino-[3]pyridyl]-methan, 3-[Bis-(6-dimethylamino-[3]pyridyl)-methyl]-pyridin-2,6-diyldiamin $C_{20}H_{25}N_7$, Formel XVII (R = H, X = NH_2).
  B. Aus Bis-[6-dimethylamino-[3]pyridyl]-methanol und Pyridin-2,6-diyldiamin mit Hilfe von wss. H_2SO_4 (*Kahn, Petrow,* Soc. **1945** 858, 861).
  Kristalle (aus PAe.+Me.); F: 233° [korr.].
  Benzoyl-Derivat $C_{27}H_{29}N_7O$. Kristalle (aus A.); F: 210° [korr.].
  [Toluol-4-sulfonyl]-Derivat $C_{27}H_{31}N_7O_2S$. Gelbe Kristalle (aus wss. Py.); F: 234—235° [korr.].

Tetraamine $C_nH_{2n-29}N_7$

1,3,4,6-Tetrakis-[4-amino-phenyl]-2,5,7-triaza-norborn-2-en $C_{28}H_{27}N_7$, Formel XVIII.
  Die von *van Alphen* (R. **52** [1933] 525, 526, 567) unter dieser Konstitution beschriebene Verbindung ist als 3,4,5-Tris-[4-amino-phenyl]-1*H*-pyrazol (E III/IV **25** 3105) zu formulieren (*Comrie,* Soc. [C] **1971** 2807, 2809).   [*Kowol*]

E. Hydroxyamine

Amino-Derivate der Monohydroxy-Verbindungen $C_nH_{2n-1}N_3O$

Amino-Derivate der Hydroxy-Verbindungen $C_2H_3N_3O$

3-Anilino-5-methylmercapto-4-phenyl-4*H*-[1,2,4]triazol, [5-Methylmercapto-4-phenyl-4*H*-[1,2,4]triazol-3-yl]-phenyl-amin $C_{15}H_{14}N_4S$, Formel I (R = CH_3) (H 264; E II 143).
  B. Aus *S*-Methyl-4-phenyl-isothiosemicarbazid-nitrat beim Erwärmen mit Anilin, Butylamin,

Decylamin, Phenylhydrazin oder Morpholin in wss. Äthanol (*Scott*, Chem. and Ind. **1954** 158).

F: 228°.

3-Äthylmercapto-5-anilino-4-phenyl-4H-[1,2,4]triazol, [5-Äthylmercapto-4-phenyl-4H-[1,2,4]triazol-3-yl]-phenyl-amin $C_{16}H_{16}N_4S$, Formel I (R = C_2H_5) (H 264).

B. Aus *S*-Äthyl-4-phenyl-isothiosemicarbazid-nitrat beim Erwärmen mit Anilin in wss. Äthanol (*Scott*, Chem. and Ind. **1954** 158).

F: 217°.

5-Methylmercapto-[1,2,4]triazol-3,4-diyldiamin $C_3H_7N_5S$, Formel II (R = CH_3).

B. Aus 4,5-Diamino-2,4-dihydro-[1,2,4]triazol-3-thion und CH_3I in wss.-äthanol. NaOH (*Hoggarth*, Soc. **1952** 4817, 4819).

Kristalle (aus H_2O); F: 184 – 186°.

Dibenzyliden-Derivat $C_{17}H_{15}N_5S$; N^3,N^4-Dibenzyliden-5-methylmercapto-[1,2,4]triazol-3,4-diyldiamin. Gelbe Kristalle (aus A.); F: 181 – 182°.

Bis-[4-chlor-benzyliden]-Derivat $C_{17}H_{13}Cl_2N_5S$; N^3,N^4-Bis-[4-chlor-benzyliden]-5-methylmercapto-[1,2,4]triazol-3,4-diyldiamin. Gelbe Kristalle (aus A.); F: 212 – 214°.

Bis-[4-methoxy-benzyliden]-Derivat $C_{19}H_{19}N_5O_2S$; N^3,N^4-Bis-[4-methoxy-benzyliden]-5-methylmercapto-[1,2,4]triazol-3,4-diyldiamin. Gelbe Kristalle (aus A.); F: 156 – 158°.

[4,5-Diamino-4H-[1,2,4]triazol-3-ylmercapto]-essigsäure $C_4H_7N_5O_2S$, Formel II (R = CH_2-CO-OH).

B. Beim Erwärmen von 4,5-Diamino-2,4-dihydro-[1,2,4]triazol-3-thion mit Natrium-chloracetat und Na_2CO_3 in H_2O (*Eastman Kodak Co.*, U.S.P. 2819965 [1956]).

F: 240 – 243°.

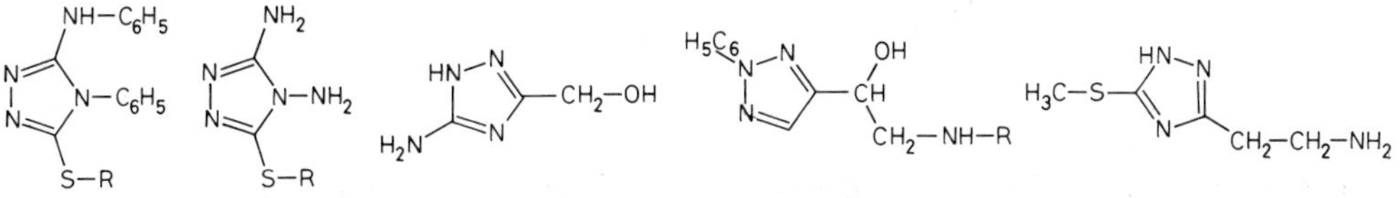

Amino-Derivate der Hydroxy-Verbindungen $C_3H_5N_3O$

[5-Amino-1H-[1,2,4]triazol-3-yl]-methanol $C_3H_6N_4O$, Formel III und Taut.

B. Aus Aminoguanidin und wss. Glykolsäure (*Allen et al.*, J. org. Chem. **24** [1959] 793, 795).

Glykolat $C_3H_6N_4O \cdot C_2H_4O_3$. Kristalle (aus A.); F: 113 – 115°.

Amino-Derivate der Hydroxy-Verbindungen $C_4H_7N_3O$

(±)-2-Methylamino-1-[2-phenyl-2H-[1,2,3]triazol-4-yl]-äthanol $C_{11}H_{14}N_4O$, Formel IV (R = CH_3).

B. Bei der Hydrierung von 2-Methylamino-1-[2-phenyl-2H-[1,2,3]triazol-4-yl]-äthanon-hydrochlorid an Palladium in Äthanol (*Stein, D'Antoni*, Farmaco Ed. scient. **10** [1955] 235, 241).

Kristalle (aus PAe.); F: 93°.

Hydrochlorid $C_{11}H_{14}N_4O \cdot HCl$. Kristalle (aus A. + Ae.); F: 150 – 150,5°. UV-Spektrum (A.; 220 – 340 nm): *St., D'An.*, l. c. S. 237.

(±)-2-Äthylamino-1-[2-phenyl-2H-[1,2,3]triazol-4-yl]-äthanol $C_{12}H_{16}N_4O$, Formel IV (R = C_2H_5).

B. Analog der vorangehenden Verbindung (*Stein, D'Antoni,* Farmaco Ed. scient. **10** [1955] 235, 241).

Kristalle (aus PAe.); F: 86,5–88°.

Hydrochlorid $C_{12}H_{16}N_4O\cdot HCl$. Kristalle (aus A.+Ae.); F: 138,5–140°. UV-Spektrum (A.; 220–340 nm): *St., D'An.,* l. c. S. 237.

2-[5-Methylmercapto-1H-[1,2,4]triazol-3-yl]-äthylamin $C_5H_{10}N_4S$, Formel V und Taut.

B. Aus dem Phthaloyl-Derivat [s. u.] (*Ainsworth, Jones,* Am. Soc. **75** [1953] 4915, 4916).

Dihydrochlorid $C_5H_{10}N_4S\cdot 2HCl$. Kristalle (aus Me.+Ae.); F: 218° [Zers.].

Phthaloyl-Derivat $C_{13}H_{12}N_4O_2S$; *N*-[2-(5-Methylmercapto-1*H*-[1,2,4]triazol-3-yl)-äthyl]-phthalimid. *B.* Aus *N*-[2-(5-Thioxo-2,5-dihydro-1*H*-[1,2,4]triazol-3-yl)-äthyl]-phthalimid und CH_3I (*Ai., Jo.*). – Kristalle (aus H_2O); F: 170–172°.

5-[2-Äthoxy-äthyl]-1H-[1,2,4]triazol-3-ylamin $C_6H_{12}N_4O$, Formel VI und Taut.

B. Beim Erwärmen von 3-Äthoxy-propionsäure-äthylester mit Aminoguanidin und wss. HBr (*Bachman, Heisey,* Am. Soc. **71** [1949] 1985, 1987).

Hygroskopische Kristalle (aus Acn.); F: 132–133°.

Amino-Derivate der Hydroxy-Verbindungen $C_5H_9N_3O$

6,6-Dimethyl-4-methylmercapto-1,6-dihydro-[1,3,5]triazin-2-ylamin $C_6H_{12}N_4S$, Formel VII und Taut.

B. Aus *S*-Methyl-isothioharnstoff und Aceton mit Hilfe von Natrium (*Birtwell et al.,* Soc. **1948** 1645, 1654, 1655).

Kristalle (aus Me.); F: 222° [Zers.].

VI   VII   VIII

5-[4-Chlor-phenyl]-4,4-dimethyl-6-methylmercapto-4,5-dihydro-[1,3,5]triazin-2-ylamin $C_{12}H_{15}ClN_4S$, Formel VIII (R = CH_3) und Taut.

B. Aus 6-Amino-3-[4-chlor-phenyl]-4,4-dimethyl-3,4-dihydro-1*H*-[1,3,5]triazin-2-thion beim Behandeln mit Dimethylsulfat und wss. NaOH (*Birtwell,* Soc. **1952** 1279, 1284) oder mit CH_3I (*Loo,* Am. Soc. **76** [1954] 5096, 5098). Beim Erwärmen von *N*-Carbamimidoyl-*N'*-[4-chlor-phenyl]-*S*-methyl-isothioharnstoff mit Aceton und Essigsäure (*Loo,* l. c. S. 5099).

Kristalle; F: 175–178° [unkorr.] (*Loo*), 171° [unkorr.; aus Cyclohexan+Bzl.] (*Bi.*).

Picrat $C_{12}H_{15}ClN_4S\cdot C_6H_3N_3O_7$. Gelbe Kristalle; F: 208–210° [unkorr.]; λ_{max}: 245 nm (*Loo*).

6-Äthylmercapto-5-[4-chlor-phenyl]-4,4-dimethyl-4,5-dihydro-[1,3,5]triazin-2-ylamin $C_{13}H_{17}ClN_4S$, Formel VIII (R = C_2H_5) und Taut.

B. Aus 6-Amino-3-[4-chlor-phenyl]-4,4-dimethyl-3,4-dihydro-1*H*-[1,3,5]triazin-2-thion und Äthyljodid (*Birtwell,* Soc. **1952** 1279, 1284).

Kristalle (aus Cyclohexan); F: 173–174° [unkorr.].

Hydrojodid $C_{13}H_{17}ClN_4S\cdot HI$. Kristalle (aus H_2O); F: 182–183° [unkorr.].

Picrat. F: 191–193° [unkorr.].

[4-Amino-1-(4-chlor-phenyl)-6,6-dimethyl-1,6-dihydro-[1,3,5]triazin-2-ylmercapto]-essigsäure $C_{13}H_{15}ClN_4O_2S$, Formel VIII (R = CH_2-CO-OH) und Taut.

B. Beim Erwärmen von 6-Amino-3-[4-chlor-phenyl]-4,4-dimethyl-3,4-dihydro-1*H*-[1,3,5]tri⸗

azin-2-thion mit wss. Chloressigsäure (*Birtwell*, Soc. **1952** 1279, 1284).

F: 241° [unkorr.; Zers.].

Picrat $C_{13}H_{15}ClN_4O_2S \cdot C_6H_3N_3O_7$. Kristalle (aus wss. A.); F: 153—155° [unkorr.; Zers.].

2-[1-Benzyl-5-piperidino-1H-[1,2,3]triazol-4-yl]-propan-2-ol $C_{17}H_{24}N_4O$, Formel IX.

B. Aus 2-[1-Benzyl-5-brom-1H-[1,2,3]triazol-4-yl]-propan-2-ol und Piperidin (*Moulin*, Helv. **35** [1952] 167, 180).

Kristalle (aus Ae.); F: 131—133° [korr.].

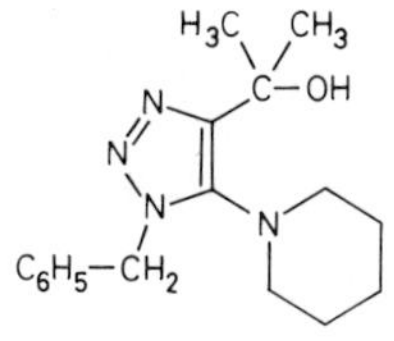

IX 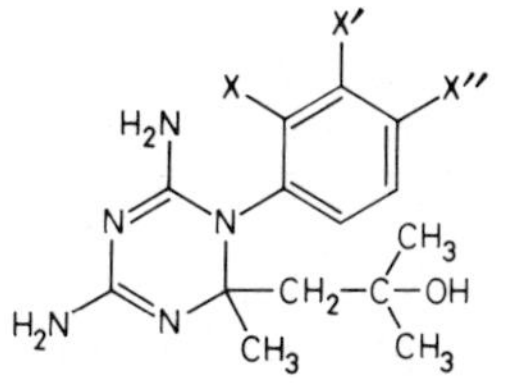   X 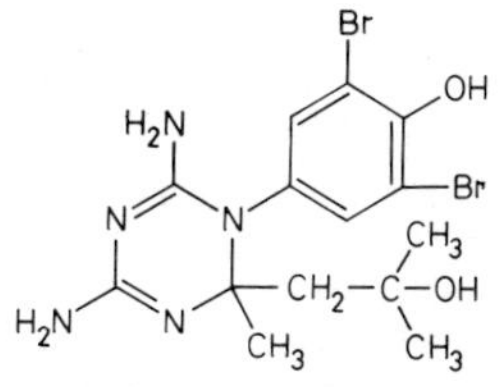   XI

Amino-Derivate der Hydroxy-Verbindungen $C_8H_{15}N_3O$

(±)-1-[4,6-Diamino-1-(4-chlor-phenyl)-2-methyl-1,2-dihydro-[1,3,5]triazin-2-yl]-2-methyl-propan-2-ol $C_{14}H_{20}ClN_5O$, Formel X (X = X' = H, X'' = Cl) und Taut.

B. Beim Erwärmen von 4-Chlor-anilin-hydrochlorid mit Cyanguanidin und 4-Hydroxy-4-methyl-pentan-2-on in Äthanol (*Sen, Singh*, J. Indian chem. Soc. **36** [1959] 260).

Kristalle (aus A.); F: 150°.

Nitrit $C_{14}H_{20}ClN_5O \cdot HNO_2$. Kristalle (aus H_2O); F: 177°.

Hydrogencarbonat $C_{14}H_{20}ClN_5O \cdot H_2CO_3$. Kristalle (aus H_2O); F: 154°.

Picrat $C_{14}H_{20}ClN_5O \cdot C_6H_3N_3O_7$. Gelbe Kristalle (aus A.); F: 199°.

Die folgenden Verbindungen sind in analoger Weise hergestellt worden:

(±)-1-[4,6-Diamino-1-(2,4-dichlor-phenyl)-2-methyl-1,2-dihydro-[1,3,5]triazin-2-yl]-2-methyl-propan-2-ol $C_{14}H_{19}Cl_2N_5O$, Formel X (X = X'' = Cl, X' = H) und Taut. Kristalle (aus A.); F: 226°. — Picrat $C_{14}H_{19}Cl_2N_5O \cdot C_6H_3N_3O_7$. Gelbe Kristalle (aus A.); F: 208—209°.

(±)-1-[4,6-Diamino-1-(4-brom-phenyl)-2-methyl-1,2-dihydro-[1,3,5]triazin-2-yl]-2-methyl-propan-2-ol $C_{14}H_{20}BrN_5O$, Formel X (X = X' = H, X'' = Br) und Taut. Kristalle (aus A.); F: 215°. — Nitrit $C_{14}H_{20}BrN_5O \cdot HNO_2$. Kristalle (aus H_2O); F: 160°. — Hydrogencarbonat $C_{14}H_{20}BrN_5O \cdot H_2CO_3$. Kristalle (aus H_2O); F: 109°. — Picrat $C_{14}H_{20}BrN_5O \cdot C_6H_3N_3O_7$. Gelbe Kristalle (aus A.); F: 206°.

(±)-1-[4,6-Diamino-1-(4-brom-3-chlor-phenyl)-2-methyl-1,2-dihydro-[1,3,5]triazin-2-yl]-2-methyl-propan-2-ol $C_{14}H_{19}BrClN_5O$, Formel X (X = H, X' = Cl, X'' = Br) und Taut. Kristalle (aus A.); F: 203—204°. — Nitrit $C_{14}H_{19}BrClN_5O \cdot HNO_2$. Kristalle (aus H_2O); F: 139°. — Hydrogencarbonat $C_{14}H_{19}BrClN_5O \cdot H_2CO_3$. Kristalle (aus H_2O); F: 133°. — Picrat $C_{14}H_{19}BrClN_5O \cdot C_6H_3N_3O_7$. Gelbe Kristalle (aus A.); F: 167°.

(±)-1-[4,6-Diamino-1-(4-jod-phenyl)-2-methyl-1,2-dihydro-[1,3,5]triazin-2-yl]-2-methyl-propan-2-ol $C_{14}H_{20}IN_5O$, Formel X (X = X' = H, X'' = I) und Taut. Kristalle (aus A.); F: 248°. — Picrat $C_{14}H_{20}IN_5O \cdot C_6H_3N_3O_7$. Gelbe Kristalle (aus A.); F: 190°.

(±)-1-[4,6-Diamino-1-(3-chlor-4-jod-phenyl)-2-methyl-1,2-dihydro-[1,3,5]triazin-2-yl]-2-methyl-propan-2-ol $C_{14}H_{19}ClIN_5O$, Formel X (X = H, X' = Cl, X'' = I) und Taut. Kristalle (aus A.); F: 205°. — Picrat $C_{14}H_{19}ClIN_5O \cdot C_6H_3N_3O_7$. Gelbe Kristalle (aus A.); F: 161°.

(±)-1-[4,6-Diamino-2-methyl-1-(4-nitro-phenyl)-1,2-dihydro-[1,3,5]triazin-2-yl]-2-methyl-propan-2-ol $C_{14}H_{20}N_6O_3$, Formel X (X = X' = H, X'' = NO_2) und Taut. Kristalle (aus A.); F: 259—260°. — Picrat $C_{14}H_{20}N_6O_3 \cdot C_6H_3N_3O_7$. Gelbe Kristalle (aus A.); F: 163°.

(±)-1-[4,6-Diamino-1-(4-jod-2-methyl-phenyl)-2-methyl-1,2-dihydro-[1,3,5]triazin-2-yl]-2-methyl-propan-2-ol $C_{15}H_{22}IN_5O$, Formel X (X = CH_3, X' = H, X'' = I) und Taut. Kristalle (aus A.); F: 230—231°. — Picrat $C_{15}H_{22}IN_5O \cdot C_6H_3N_3O_7$. Gelbe Kristalle (aus A.); F: 190—191°.

(±)-1-[4,6-Diamino-2-methyl-1-*p*-tolyl-1,2-dihydro-[1,3,5]triazin-2-yl]-2-methyl-propan-2-ol $C_{15}H_{23}N_5O$, Formel X (X = X' = H, X'' = CH_3) und Taut. Kristalle (aus A.); F: 234°. — Picrat $C_{15}H_{23}N_5O \cdot C_6H_3N_3O_7$. Gelbe Kristalle (aus A.); F: 187°.

(±)-1-[4,6-Diamino-1-(2,4-dimethyl-phenyl)-2-methyl-1,2-dihydro-[1,3,5]triazin-2-yl]-2-methyl-propan-2-ol $C_{16}H_{25}N_5O$, Formel X (X = X'' = CH_3, X' = H) und Taut. Kristalle (aus A.); F: 244°. — Nitrit $C_{16}H_{25}N_5O \cdot HNO_2$. Kristalle (aus H_2O); F: 163°. — Hydrogencarbonat $C_{16}H_{25}N_5O \cdot H_2CO_3$. Kristalle (aus H_2O); F: 117°. — Picrat $C_{16}H_{25}N_5O \cdot C_6H_3N_3O_7$. Gelbe Kristalle (aus A.); F: 198°.

(±)-1-[1-(2-Äthoxy-phenyl)-4,6-diamino-2-methyl-1,2-dihydro-[1,3,5]triazin-2-yl]-2-methyl-propan-2-ol $C_{16}H_{25}N_5O_2$, Formel X (X = O-C_2H_5, X' = X'' = H) und Taut. Kristalle (aus A.); F: 206—207°. — Picrat $C_{16}H_{25}N_5O_2 \cdot C_6H_3N_3O_7$. Gelbe Kristalle (aus A.); F: 190°.

(±)-1-[4,6-Diamino-1-(4-hydroxy-phenyl)-2-methyl-1,2-dihydro-[1,3,5]triazin-2-yl]-2-methyl-propan-2-ol $C_{14}H_{21}N_5O_2$, Formel X (X = X' = H, X'' = OH) und Taut. Kristalle (aus A.); F: 209—210°. — Picrat $C_{14}H_{21}N_5O_2 \cdot C_6H_3N_3O_7$. Gelbe Kristalle (aus A.); F: 203—204°.

(±)-1-[4,6-Diamino-1-(4-methoxy-phenyl)-2-methyl-1,2-dihydro-[1,3,5]triazin-2-yl]-2-methyl-propan-2-ol $C_{15}H_{23}N_5O_2$, Formel X (X = X' = H, X'' = O-CH_3) und Taut. Kristalle (aus A.); F: 220°. — Nitrit $C_{15}H_{23}N_5O_2 \cdot HNO_2$. Kristalle (aus H_2O); F: 171°. — Hydrogencarbonat $C_{15}H_{23}N_5O_2 \cdot H_2CO_3$. Kristalle (aus H_2O); F: 179°. — Picrat $C_{15}H_{23}N_5O_2 \cdot C_6H_3N_3O_7$. Gelbe Kristalle (aus A.); F: 187—188°.

(±)-1-[1-(4-Äthoxy-phenyl)-4,6-diamino-2-methyl-1,2-dihydro-[1,3,5]triazin-2-yl]-2-methyl-propan-2-ol $C_{16}H_{25}N_5O_2$, Formel X (X = X' = H, X'' = O-C_2H_5) und Taut. Kristalle (aus A.); F: 205—206°. — Picrat $C_{16}H_{25}N_5O_2 \cdot C_6H_3N_3O_7$. Gelbe Kristalle (aus A.); F: 190—191°.

(±)-1-[4,6-Diamino-1-(3,5-dibrom-4-hydroxy-phenyl)-2-methyl-1,2-dihydro-[1,3,5]triazin-2-yl]-2-methyl-propan-2-ol $C_{14}H_{19}Br_2N_5O_2$, Formel XI und Taut. Kristalle (aus A.); F: 242°. — Picrat $C_{14}H_{19}Br_2N_5O_2 \cdot C_6H_3N_3O_7$. Gelbe Kristalle (aus A.); F: 189°.

Amino-Derivate der Monohydroxy-Verbindungen $C_nH_{2n-3}N_3O$

Amino-Derivate der Hydroxy-Verbindungen $C_3H_3N_3O$

3-Äthoxy-5-dimethylamino-[1,2,4]triazin, [3-Äthoxy-[1,2,4]triazin-5-yl]-dimethyl-amin $C_7H_{12}N_4O$, Formel XII.

B. Beim Behandeln von [3-Chlor-[1,2,4]triazin-5-yl]-dimethyl-amin (S. 1094) mit Natrium= äthylat in Äthanol (*Grundmann et al.*, J. org. Chem. **23** [1958] 1522).

Kristalle (aus PAe.); F: 78—79°.

4-Chlor-6-methoxy-[1,3,5]triazin-2-ylamin $C_4H_5ClN_4O$, Formel XIII (R = CH_3).

B. Aus 4,6-Dichlor-[1,3,5]triazin-2-ylamin und methanol. Natriummethylat (*Cuthbertson, Moffatt*, Soc. **1948** 561, 563).

Kristalle (aus E.); F: >300°.

4-Allyloxy-6-chlor-[1,3,5]triazin-2-ylamin $C_6H_7ClN_4O$, Formel XIII (R = CH_2-CH=CH_2).

B. Aus 4,6-Dichlor-[1,3,5]triazin-2-ylamin beim Erhitzen mit Allylalkohol und Na_2CO_3 (*Am. Cyanamid Co.*, U.S.P. 2537816 [1946]).

Kristalle (aus Me.); F: 175—176°.

4-Chlor-6-phenoxy-[1,3,5]triazin-2-ylamin $C_9H_7ClN_4O$, Formel XIII (R = C_6H_5).

B. Aus 4,6-Dichlor-[1,3,5]triazin-2-ylamin und Phenol beim Erwärmen mit wss. Na_2CO_3

(*Schaefer et al.*, Am. Soc. **73** [1951] 2990).
Kristalle (aus Dioxan); F: 224—227° [unkorr.].

4-Methylmercapto-[1,3,5]triazin-2-ylamin $C_4H_6N_4S$, Formel XIV.
B. Aus *S*-Methyl-isothioharnstoff und Formamid (*Bredereck et al.*, Ang. Ch. **71** [1959] 753, 771; B. **94** [1961] 1883, 1889).
Kristalle (aus DMF, Dioxan oder H_2O); F: 238—240° (*Br. et al.*, B. **94** 1889).

6-Methoxy-[1,3,5]triazin-2,4-diyldiamin $C_4H_7N_5O$, Formel XV (R = CH_3).
B. Aus 6-Chlor-[1,3,5]triazin-2,4-diyldiamin beim Erwärmen mit methanol. Natriummethylat (*Controulis, Banks*, Am. Soc. **67** [1945] 1946) oder mit methanol. NaOH (*Dudley et al.*, Am. Soc. **73** [1951] 2986, 2989).
Kristalle; F: 238° [unkorr.; aus H_2O] (*Du. et al.*), 229—230° [aus Dioxan] (*Co., Ba.*).

6-Äthoxy-[1,3,5]triazin-2,4-diyldiamin $C_5H_9N_5O$, Formel XV (R = C_2H_5) (H 270).
B. Aus 6-Chlor-[1,3,5]triazin-2,4-diyldiamin beim Erwärmen mit äthanol. Natriumäthylat (*Controulis, Banks*, Am. Soc. **67** [1945] 1946). Aus *O*-Methyl-isoharnstoff-hydrochlorid und Äthylformiat mit Hilfe von äthanol. Natriumäthylat (*Grundmann et al.*, B. **87** [1954] 19, 23).
Kristalle; F: 182° [aus H_2O] (*Co., Ba.*), 176—177° [aus Dioxan] (*Gr. et al.*).

XII   XIII   XIV   XV

6-Propoxy-[1,3,5]triazin-2,4-diyldiamin $C_6H_{11}N_5O$, Formel XV (R = CH_2-C_2H_5).
B. Analog 6-Methoxy-[1,3,5]triazin-2,4-diyldiamin [s. o.] (*Controulis, Banks*, Am. Soc. **67** [1945] 1946; *Dudley et al.*, Am. Soc. **73** [1951] 2986, 2988).
Kristalle; F: 182—184° [unkorr.; aus Propan-1-ol] (*Du. et al.*), 182—183° [aus H_2O] (*Co., Ba.*).

Die folgenden Verbindungen sind in analoger Weise hergestellt worden:
6-Isopropoxy-[1,3,5]triazin-2,4-diyldiamin $C_6H_{11}N_5O$, Formel XV (R = $CH(CH_3)_2$). Kristalle (aus H_2O); F: 172° (*Co., Ba.*), 170—171° [unkorr.] (*Du. et al.*). IR-Spektrum (KBr; 2—16 μ): *Padgett, Hamner*, Am. Soc. **80** [1958] 803, 806.
6-Butoxy-[1,3,5]triazin-2,4-diyldiamin $C_7H_{13}N_5O$, Formel XV (R = $[CH_2]_3$-CH_3). Kristalle (aus H_2O); F: 178° [unkorr.] (*Du. et al.*), 174—175° (*Co., Ba.*). IR-Spektrum (KBr; 2—16 μ): *Pa., Ha.*
(±)-6-*sec*-Butoxy-[1,3,5]triazin-2,4-diyldiamin $C_7H_{13}N_5O$, Formel XV (R = $CH(CH_3)$-C_2H_5). Kristalle (aus Dioxan); F: 173—174° (*Co., Ba.*).
6-Isobutoxy-[1,3,5]triazin-2,4-diyldiamin $C_7H_{13}N_5O$, Formel XV (R = CH_2-$CH(CH_3)_2$). Kristalle (aus wss. Dioxan); F: 186° (*Co., Ba.*).
6-Pentyloxy-[1,3,5]triazin-2,4-diyldiamin $C_8H_{15}N_5O$, Formel XV (R = $[CH_2]_4$-CH_3). Kristalle (aus wss. A.); F: 147° (*Co., Ba.*).
(±)-6-[2-Methyl-butoxy]-[1,3,5]triazin-2,4-diyldiamin $C_8H_{15}N_5O$, Formel XV (R = CH_2-$CH(CH_3)$-C_2H_5). Kristalle (aus Bzl.); F: 170—172° (*Pearlman et al.*, Am. Soc. **71** [1949] 3248).
6-Isopentyloxy-[1,3,5]triazin-2,4-diyldiamin $C_8H_{15}N_5O$, Formel XV (R = CH_2-CH_2-$CH(CH_3)_2$). Kristalle (aus $CHCl_3$); F: 181—183° (*Pe. et al.*).
6-Hexyloxy-[1,3,5]triazin-2,4-diyldiamin $C_9H_{17}N_5O$, Formel XV (R = $[CH_2]_5$-CH_3). Kristalle (aus wss. Dioxan); F: 152° (*Co., Ba.*).
6-Heptyloxy-[1,3,5]triazin-2,4-diyldiamin $C_{10}H_{19}N_5O$, Formel XV (R = $[CH_2]_6$-CH_3). Kristalle (aus wss. Dioxan); F: 139° (*Co., Ba.*).
6-Octyloxy-[1,3,5]triazin-2,4-diyldiamin $C_{11}H_{21}N_5O$, Formel XV

(R = [CH$_2$]$_7$-CH$_3$). Kristalle (aus Bzl.); F: 122 – 124° (*Co., Ba.*).

6-Nonyloxy-[1,3,5]triazin-2,4-diyldiamin $C_{12}H_{23}N_5O$, Formel XV
(R = [CH$_2$]$_8$-CH$_3$). Kristalle (aus Xylol); F: 115° (*Co., Ba.*).

6-Decyloxy-[1,3,5]triazin-2,4-diyldiamin $C_{13}H_{25}N_5O$, Formel XV
(R = [CH$_2$]$_9$-CH$_3$). Kristalle (aus Bzl.); F: 121 – 123° (*Co., Ba.*).

6-Dodecyloxy-[1,3,5]triazin-2,4-diyldiamin $C_{15}H_{29}N_5O$, Formel XV
(R = [CH$_2$]$_{11}$-CH$_3$). IR-Spektrum (KBr; 2 – 16 µ): *Pa., Ha.*

6-Allyloxy-[1,3,5]triazin-2,4-diyldiamin $C_6H_9N_5O$, Formel XV (R = CH$_2$-CH=CH$_2$).
Kristalle (aus A. bzw. aus H$_2$O); F: 181 – 182° (*Co., Ba.; Du. et al.*). Scheinbare Dissoziations≠
konstante K_b' (H$_2$O; potentiometrisch ermittelt) bei 25°: $2{,}7 \cdot 10^{-11}$ (*Dudley*, Am. Soc. **73** [1951]
3007).

6-Cyclohexyloxy-[1,3,5]triazin-2,4-diyldiamin $C_9H_{15}N_5O$, Formel XV
(R = C$_6$H$_{11}$). Kristalle (aus wss. Dioxan); F: 209° (*Co., Ba.*).

6-Phenoxy-[1,3,5]triazin-2,4-diyldiamin $C_9H_9N_5O$, Formel XV (R = C$_6$H$_5$). Kristalle
(aus Butan-1-ol); F: 255 – 258° [unkorr.] (*Schaefer et al.*, Am. Soc. **73** [1951] 2990). IR-Spektrum
(KBr; 2 – 16 µ): *Pa., Ha.*

6-[2-Nitro-phenoxy]-[1,3,5]triazin-2,4-diyldiamin $C_9H_8N_6O_3$, Formel I (X = NO$_2$,
X' = H). Kristalle (aus wss. A.); F: 249 – 250° (*Witt, Hamilton*, Am. Soc. **67** [1945] 1078).

6-[4-Nitro-phenoxy]-[1,3,5]triazin-2,4-diyldiamin $C_9H_8N_6O_3$, Formel I (X = H,
X' = NO$_2$). Kristalle (aus wss. A.); F: > 250° (*Witt, Ha.*).

6-Benzyloxy-[1,3,5]triazin-2,4-diyldiamin $C_{10}H_{11}N_5O$, Formel XV
(R = CH$_2$-C$_6$H$_5$). Kristalle (aus A. + Xylol); F: 187° (*Co., Ba.*).

6-[2-Äthoxy-äthoxy]-[1,3,5]triazin-2,4-diyldiamin $C_7H_{13}N_5O_2$, Formel XV
(R = CH$_2$-CH$_2$-O-C$_2$H$_5$). Kristalle (aus H$_2$O); F: 155 – 156° (*Co., Ba.*).

6-[2-Phenoxy-äthoxy]-[1,3,5]triazin-2,4-diyldiamin $C_{11}H_{13}N_5O_2$, Formel XV
(R = CH$_2$-CH$_2$-O-C$_6$H$_5$). Kristalle (aus A.); F: 184 – 185° (*Co., Ba.*).

6-[2-Dimethylamino-äthoxy]-[1,3,5]triazin-2,4-diyldiamin $C_7H_{14}N_6O$, Formel XV
(R = CH$_2$-CH$_2$-N(CH$_3$)$_2$). Kristalle (aus wss. A.); F: 122° (*Co., Ba.*).

6-[3-Diäthylamino-propoxy]-[1,3,5]triazin-2,4-diyldiamin $C_{10}H_{20}N_6O$,
Formel XV (R = [CH$_2$]$_3$-N(C$_2$H$_5$)$_2$). Kristalle (aus wss. Acn.); F: 147° (*Co., Ba.*).

6-[2-Amino-phenoxy]-[1,3,5]triazin-2,4-diyldiamin $C_9H_{10}N_6O$, Formel I (X = NH$_2$, X' = H).
B. Bei der Hydrierung von 6-[2-Nitro-phenoxy]-[1,3,5]triazin-2,4-diyldiamin an Raney-Nickel
in Äthanol (*Witt, Hamilton*, Am. Soc. **67** [1945] 1078).
Kristalle (aus A.); F: 220 – 222°.

6-[4-Amino-phenoxy]-[1,3,5]triazin-2,4-diyldiamin $C_9H_{10}N_6O$, Formel I (X = H, X' = NH$_2$).
B. Analog der vorangehenden Verbindung (*Witt, Hamilton*, Am. Soc. **67** [1945] 1078).
F: > 250°.

**Bis-carboxymethansulfenyl-[4-(diamino-[1,3,5]triazin-2-yloxy)-phenyl]-arsin, {[4-(Diamino-
[1,3,5]triazin-2-yloxy)-phenyl]-arsandiyldimercapto}-di-essigsäure** $C_{13}H_{14}AsN_5O_5S_2$, Formel I
(X = H, X' = As(S-CH$_2$-CO-OH)$_2$).
B. Beim Behandeln der folgenden Verbindung mit dem Natrium-Salz der Mercaptoessigsäure
in H$_2$O (*Witt, Hamilton*, Am. Soc. **67** [1945] 1078).
Kristalle (aus wss. Eg.); F: 226 – 228°.

[4-(Diamino-[1,3,5]triazin-2-yloxy)-phenyl]-arsonsäure $C_9H_{10}AsN_5O_4$, Formel I (X = H,
X' = AsO(OH)$_2$).
B. Beim Erwärmen von 6-Chlor-[1,3,5]triazin-2,4-diyldiamin mit [4-Hydroxy-phenyl]-arson≠
säure und wss. NaOH (*Witt, Hamilton*, Am. Soc. **67** [1945] 1078). Beim Diazotieren von
6-[4-Amino-phenoxy]-[1,3,5]triazin-2,4-diyldiamin und anschliessenden Behandeln mit wss.
Na$_3$AsO$_3$ und CuSO$_4$ (*Witt, Ha.*).
Kristalle (aus wss. Eg.); F: > 250°.

[4-(Diamino-[1,3,5]triazin-3-yloxy)-3-nitro-phenyl]-arsonsäure $C_9H_9AsN_6O_6$, Formel I
(X = NO$_2$, X' = AsO(OH)$_2$).

Am. Soc. **67** [1945] 1078).
  Gelbe Kristalle (aus wss. Eg.).

           I   II   III

6-Methoxy-N^2-methyl-[1,3,5]triazin-2,4-diyldiamin $C_5H_9N_5O$, Formel II (R = H, R' = CH$_3$).
  B. Beim Erwärmen von 6-Chlor-N^2-methyl-[1,3,5]triazin-2,4-diyldiamin mit methanol. Na=
triummethylat (*Pearlman, Banks*, Am. Soc. **71** [1949] 1128).
  Kristalle (aus Bzl.); F: 155–156°.

Die folgenden Verbindungen sind in analoger Weise hergestellt worden:
  6-Äthoxy-N^2-methyl-[1,3,5]triazin-2,4-diyldiamin $C_6H_{11}N_5O$, Formel II (R = H,
R' = C$_2$H$_5$). Kristalle (aus wss. A.); F: 170–171° (*Pearlman et al.*, Am. Soc. **71** [1949] 3248).
  N^2-Methyl-6-propoxy-[1,3,5]triazin-2,4-diyldiamin $C_7H_{13}N_5O$, Formel II (R = H,
R' = CH$_2$-C$_2$H$_5$). Kristalle (aus wss. Propan-1-ol); F: 175–177° (*Pe. et al.*).
  6-Butoxy-N^2-methyl-[1,3,5]triazin-2,4-diyldiamin $C_8H_{15}N_5O$, Formel II (R = H,
R' = [CH$_2$]$_3$-CH$_3$). Kristalle (aus CHCl$_3$); F: 173–175° (*Pe., Ba.*).
  6-Hexyloxy-N^2-methyl-[1,3,5]triazin-2,4-diyldiamin $C_{10}H_{19}N_5O$,   Formel II
(R = H, R' = [CH$_2$]$_5$-CH$_3$). Kristalle (aus wss. A.); F: 166–168° (*Pe. et al.*).
  6-Cyclohexyloxy-N^2-methyl-[1,3,5]triazin-2,4-diyldiamin $C_{10}H_{17}N_5O$, Formel II
(R = H, R' = C$_6$H$_{11}$). Kristalle (aus wss. 2-Methoxy-äthanol); F: 232–234° (*Pe. et al.*).
  N^2-Methyl-6-phenoxy-[1,3,5]triazin-2,4-diyldiamin $C_{10}H_{11}N_5O$,   Formel II
(R = H, R' = C$_6$H$_5$). Kristalle (aus wss. Dioxan); F: 211–213° (*Pe. et al.*).
  6-Methoxy-N^2,N^4-dimethyl-[1,3,5]triazin-2,4-diyldiamin $C_6H_{11}N_5O$,   Formel II
(R = R' = CH$_3$). Kristalle (aus wss. Me.); F: 184–186° (*Pe., Ba.*).
  6-Äthoxy-N^2,N^4-dimethyl-[1,3,5]triazin-2,4-diyldiamin $C_7H_{13}N_5O$,   Formel II
(R = CH$_3$, R' = C$_2$H$_5$). Kristalle (aus wss. A.); F: 171–173° (*Pe. et al.*).
  6-Butoxy-N^2,N^4-dimethyl-[1,3,5]triazin-2,4-diyldiamin $C_9H_{17}N_5O$,   Formel II
(R = CH$_3$, R' = [CH$_2$]$_3$-CH$_3$). Kristalle (aus wss. Propan-1-ol); F: 103–104° (*Pe., Ba.*).
  6-Methoxy-N^2,N^2-dimethyl-[1,3,5]triazin-2,4-diyldiamin $C_6H_{11}N_5O$, Formel III
(R = H, R' = CH$_3$). Kristalle (aus H$_2$O); F: 169–171° (*Pe., Ba.*).
  6-Äthoxy-N^2,N^2-dimethyl-[1,3,5]triazin-2,4-diyldiamin $C_7H_{13}N_5O$,   Formel III
(R = H, R' = C$_2$H$_5$). Kristalle (aus Bzl.); F: 156–158° (*Pe. et al.*).
  6-Butoxy-N^2,N^2-dimethyl-[1,3,5]triazin-2,4-diyldiamin $C_9H_{17}N_5O$,   Formel III
(R = H, R' = [CH$_2$]$_3$-CH$_3$). Kristalle (aus wss. A.); F: 103–104° (*Pe., Ba.*).
  6-Methoxy-N^2,N^2,N^4-trimethyl-[1,3,5]triazin-2,4-diyldiamin $C_7H_{13}N_5O$,
Formel III (R = R' = CH$_3$). Kristalle (aus Me.); F: 187–188° (*Pe., Ba.*).
  6-Äthoxy-N^2,N^2,N^4-trimethyl-[1,3,5]triazin-2,4-diyldiamin $C_8H_{15}N_5O$, Formel III
(R = CH$_3$, R' = C$_2$H$_5$). Kristalle (aus Bzl.); F: 173–175° (*Pe. et al.*).
  6-Butoxy-N^2,N^2,N^4-trimethyl-[1,3,5]triazin-2,4-diyldiamin $C_{10}H_{19}N_5O$,
Formel III (R = CH$_3$, R' = [CH$_2$]$_3$-CH$_3$). Kristalle (aus Bzl.); F: 129–131° (*Pe., Ba.*).
  6-Cyclohexyloxy-N^2,N^2,N^4-trimethyl-[1,3,5]triazin-2,4-diyldiamin $C_{12}H_{21}N_5O$,
Formel III (R = CH$_3$, R' = C$_6$H$_{11}$). Kristalle (aus Me.); F: 154° (*Pe. et al.*).
  6-Methoxy-N^2,N^2,N^4,N^4-tetramethyl-[1,3,5]triazin-2,4-diyldiamin $C_8H_{15}N_5O$,
Formel IV (R = CH$_3$). Kristalle (aus wss. Me.); F: 90–92° (*Pe., Ba.*).
  6-Butoxy-N^2,N^2,N^4,N^4-tetramethyl-[1,3,5]triazin-2,4-diyldiamin $C_{11}H_{21}N_5O$,
Formel IV (R = [CH$_2$]$_3$-CH$_3$). Kp$_4$: 155–157° (*Pe., Ba.*).
  N^2-Äthyl-6-methoxy-[1,3,5]triazin-2,4-diyldiamin $C_6H_{11}N_5O$, Formel V (R = H,
R' = CH$_3$). Kristalle (aus H$_2$O); F: 168–170° (*Pe., Ba.*).

N^2-Äthyl-6-butoxy-[1,3,5]triazin-2,4-diyldiamin $C_9H_{17}N_5O$, Formel V (R = H, R′ = [CH$_2$]$_3$-CH$_3$). Kristalle (aus CHCl$_3$); F: 116—118° (*Pe., Ba.*).

N^2-Äthyl-6-[4-nitro-phenoxy]-[1,3,5]triazin-2,4-diyldiamin $C_{11}H_{12}N_6O_3$, Formel V (R = H, R′ = C_6H_4-NO$_2$). Kristalle (aus A.+Bzl.); F: 211—213° (*Witt, Hamilton*, Am. Soc. **67** [1945] 1078).

N^2-Äthyl-6-[4-amino-phenoxy]-[1,3,5]triazin-2,4-diyldiamin $C_{11}H_{14}N_6O$, Formel V (R = H, R′ = C_6H_4-NH$_2$).

B. Bei der Hydrierung von N^2-Äthyl-6-[4-nitro-phenoxy]-[1,3,5]triazin-2,4-diyldiamin (s. o.) an Raney-Nickel in wss. Äthanol (*Witt, Hamilton*, Am. Soc. **67** [1945] 1078).

F: 204—206°.

N^2,N^4-Diäthyl-6-[4-amino-phenoxy]-[1,3,5]triazin-2,4-diyldiamin $C_{13}H_{18}N_6O$, Formel V (R = C_2H_5, R′ = C_6H_4-NH$_2$).

B. Bei der Hydrierung von N^2,N^4-Diäthyl-6-[4-nitro-phenoxy]-[1,3,5]triazin-2,4-diyldiamin (s. u.) an Raney-Nickel in Äthanol (*Witt, Hamilton*, Am. Soc. **67** [1945] 1078).

F: 226—228°.

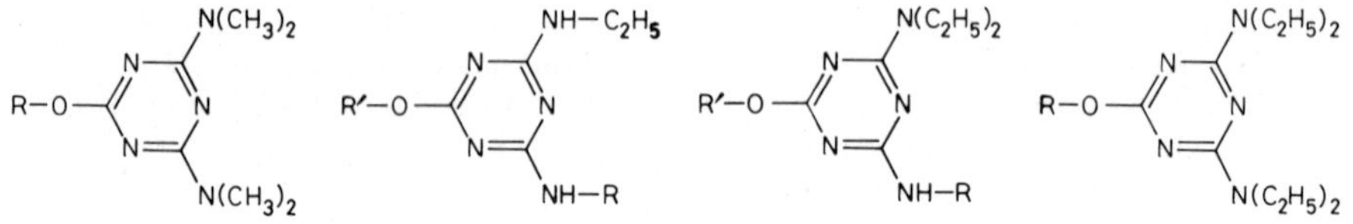

N^2,N^4-Diäthyl-6-methoxy-[1,3,5]triazin-2,4-diyldiamin $C_8H_{15}N_5O$, Formel V (R = C_2H_5, R′ = CH$_3$).

B. Beim Erwärmen von N^2,N^4-Diäthyl-6-chlor-[1,3,5]triazin-2,4-diyldiamin mit methanol. Natriummethylat (*Pearlman, Banks*, Am. Soc. **71** [1949] 1128).

Kristalle (aus wss. A.); F: 81—83°.

Die folgenden Verbindungen sind in analoger Weise hergestellt worden:

6-Äthoxy-N^2,N^4-diäthyl-[1,3,5]triazin-2,4-diyldiamin $C_9H_{17}N_5O$,   Formel V (R = R′ = C_2H_5). Kristalle (aus wss. A.); F: 116—118° (*Pearlman et al.*, Am. Soc. **71** [1949] 3248).

N^2,N^4-Diäthyl-6-propoxy-[1,3,5]triazin-2,4-diyldiamin $C_{10}H_{19}N_5O$,   Formel V (R = C_2H_5, R′ = CH$_2$-C$_2$H$_5$). Kristalle (aus wss. A.); F: 82—84° (*Pe. et al.*).

N^2,N^4-Diäthyl-6-butoxy-[1,3,5]triazin-2,4-diyldiamin $C_{11}H_{21}N_5O$,   Formel V (R = C_2H_5, R′ = [CH$_2$]$_3$-CH$_3$). Kristalle (aus wss. A.); F: 50—52° (*Pe., Ba.*).

N^2,N^4-Diäthyl-6-[4-nitro-phenoxy]-[1,3,5]triazin-2,4-diyldiamin $C_{13}H_{16}N_6O_3$, Formel V (R = C_2H_5, R′ = C_6H_4-NO$_2$). Kristalle (aus A.); F: 210—211° (*Witt, Hamilton*, Am. Soc. **67** [1945] 1078).

N^2,N^2-Diäthyl-6-methoxy-[1,3,5]triazin-2,4-diyldiamin $C_8H_{15}N_5O$,   Formel VI (R = H, R′ = CH$_3$). Kristalle (aus wss. Me.); F: 113—115° (*Pe., Ba.*).

N^2,N^2-Diäthyl-6-butoxy-[1,3,5]triazin-2,4-diyldiamin $C_{11}H_{21}N_5O$,   Formel VI (R = H, R′ = [CH$_2$]$_3$-CH$_3$). Kristalle (aus wss. A.); F: 73—75° (*Pe., Ba.*).

N^2,N^2,N^4-Triäthyl-6-methoxy-[1,3,5]triazin-2,4-diyldiamin $C_{10}H_{19}N_5O$,   Formel VI (R = C_2H_5, R′ = CH$_3$). Kristalle (aus Isooctan); F: 107—109° (*Pe., Ba.*).

N^2,N^2,N^4-Triäthyl-6-butoxy-[1,3,5]triazin-2,4-diyldiamin $C_{13}H_{25}N_5O$, Formel VI (R = C_2H_5, R′ = [CH$_2$]$_3$-CH$_3$). Kristalle (aus wss. A.); F: 80—82° (*Pe., Ba.*).

N^2,N^2,N^4,N^4-Tetraäthyl-6-methoxy-[1,3,5]triazin-2,4-diyldiamin $C_{12}H_{23}N_5O$, Formel VII (R = CH$_3$). Kp$_{1,5}$: 146—149° (*Pe., Ba.*).

N^2,N^2,N^4,N^4-Tetraäthyl-6-butoxy-[1,3,5]triazin-2,4-diyldiamin $C_{15}H_{29}N_5O$, Formel VII (R = [CH$_2$]$_3$-CH$_3$). Kp$_4$: 164—165° (*Pe., Ba.*).

6-Methoxy-N^2-propyl-[1,3,5]triazin-2,4-diyldiamin $C_7H_{13}N_5O$,   Formel VIII (R = CH$_3$, n = 2). Kristalle (aus H$_2$O); F: 148—150° (*Pe., Ba.*).

6-Butoxy-N^2-propyl-[1,3,5]triazin-2,4-diyldiamin $C_{10}H_{19}N_5O$,   Formel VIII
(R = [CH$_2$]$_3$-CH$_3$, n = 2). Kristalle (aus Isooctan); F: 116—118° (*Pe., Ba.*).

N^2-Butyl-6-methoxy-[1,3,5]triazin-2,4-diyldiamin $C_8H_{15}N_5O$,   Formel VIII
(R = CH$_3$, n = 3). Kristalle (aus wss. Me.); F: 125—127° (*Pe., Ba.*).

6-Butoxy-N^2-butyl-[1,3,5]triazin-2,4-diyldiamin $C_{11}H_{21}N_5O$,   Formel VIII
(R = [CH$_2$]$_3$-CH$_3$, n = 3). Kristalle (aus Isooctan); F: 103—104° (*Pe., Ba.*).

[4-(Bis-äthylamino-[1,3,5]triazin-2-yloxy)-phenyl]-bis-carboxymethansulfenyl-arsin, {[4-(Bis-äthylamino-[1,3,5]triazin-2-yloxy)-phenyl]-arsandiyldimercapto}-di-essigsäure
$C_{17}H_{22}AsN_5O_5S_2$, Formel IX.

B. Aus [4-(Bis-äthylamino-[1,3,5]triazin-2-yloxy)-phenyl]-arsonsäure (aus diazotiertem N^2,N^4-Diäthyl-6-[4-amino-phenoxy]-[1,3,5]triazin-2,4-diyldiamin und Na$_3$AsO$_3$ hergestellt) beim Be=
handeln mit dem Natrium-Salz der Mercaptoessigsäure in H$_2$O (*Witt, Hamilton, Am. Soc.*
67 [1945] 1078).

Kristalle (aus Me.); F: 170—173°.

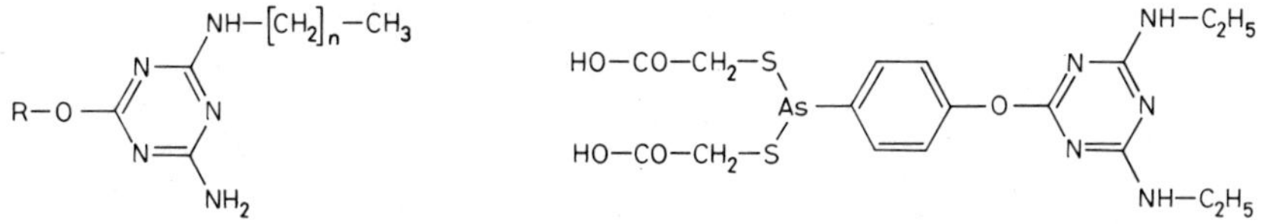

VIII   IX

6-Allyloxy-N^2-butyl-[1,3,5]triazin-2,4-diyldiamin $C_{10}H_{17}N_5O$, Formel VIII
(R = CH$_2$-CH=CH$_2$, n = 3).

B. Beim Erwärmen von N^2-Butyl-6-chlor-[1,3,5]triazin-2,4-diyldiamin mit Allylalkohol und
NaOH (*Dudley et al., Am. Soc.* **73** [1951] 2986, 2988).

Kristalle (aus wss. Dioxan); F: 104,5—106° [unkorr.].

6-Methoxy-N^2-pentyl-[1,3,5]triazin-2,4-diyldiamin $C_9H_{17}N_5O$, Formel VIII (R = CH$_3$,
n = 4).

B. Aus 6-Chlor-N^2-pentyl-[1,3,5]triazin-2,4-diyldiamin beim Erwärmen mit methanol. Na=
triummethylat (*Pearlman, Banks, Am. Soc.* **71** [1949] 1128).

Kristalle (aus Bzl.+Isooctan), die bei 98—104° sintern und bei 108—120° glasartig werden.

Die folgenden Verbindungen sind in analoger Weise hergestellt worden:

6-Äthoxy-N^2-pentyl-[1,3,5]triazin-2,4-diyldiamin $C_{10}H_{19}N_5O$,   Formel VIII
(R = C$_2$H$_5$, n = 4). Kristalle (aus wss. A.); F: 103—105° (*Pearlman et al., Am. Soc.* **71** [1949]
3248).

N^2-Pentyl-6-propoxy-[1,3,5]triazin-2,4-diyldiamin $C_{11}H_{21}N_5O$,   Formel VIII
(R = CH$_2$-C$_2$H$_5$, n = 4). Kristalle (aus wss. A.); F: 92—95° (*Pe. et al.*).

6-Butoxy-N^2-pentyl-[1,3,5]triazin-2,4-diyldiamin $C_{12}H_{23}N_5O$,   Formel VIII
(R = [CH$_2$]$_3$-CH$_3$, n = 4). Kristalle (aus Isooctan); F: 107—109° (*Pe., Ba.*).

N^2-Hexyl-6-methoxy-[1,3,5]triazin-2,4-diyldiamin $C_{10}H_{19}N_5O$,   Formel VIII
(R = CH$_3$, n = 5). Kristalle (aus Isooctan); F: 104—106° (*Pe., Ba.*).

6-Butoxy-N^2-hexyl-[1,3,5]triazin-2,4-diyldiamin $C_{13}H_{25}N_5O$,   Formel VIII
(R = [CH$_2$]$_3$-CH$_3$, n = 5). Kristalle (aus wss. A.); F: 119—121° (*Pe., Ba.*).

N^2-Allyl-6-methoxy-[1,3,5]triazin-2,4-diyldiamin $C_7H_{11}N_5O$, Formel X (R = H,
R' = CH$_3$). Kristalle (aus H$_2$O); F: 148—150° (*Pe., Ba.*).

N^2-Allyl-6-butoxy-[1,3,5]triazin-2,4-diyldiamin $C_{10}H_{17}N_5O$, Formel X (R = H,
R' = [CH$_2$]$_3$-CH$_3$). Kristalle (aus wss. Dioxan); F: 87—89° (*Pe., Ba.*).

N^2,N^4-Diallyl-6-methoxy-[1,3,5]triazin-2,4-diyldiamin $C_{10}H_{15}N_5O$,   Formel X
(R = CH$_2$-CH=CH$_2$, R' = CH$_3$). Kristalle (aus wss. Me.); F: 84—86° (*Pe., Ba.*).

N^2,N^4-Diallyl-6-butoxy-[1,3,5]triazin-2,4-diyldiamin $C_{13}H_{21}N_5O$,   Formel X
(R = CH$_2$-CH=CH$_2$, R' = [CH$_2$]$_3$-CH$_3$). Kp$_1$: 185—190° (*Pe., Ba.*).

N^2,N^2-Diallyl-6-methoxy-[1,3,5]triazin-2,4-diyldiamin $C_{10}H_{15}N_5O$,   Formel XI

(R = H, R′ = CH₃). Kristalle (aus wss. Me.); F: 87−89° (*Pe., Ba.*).

N^2,N^2-Diallyl-6-butoxy-[1,3,5]triazin-2,4-diyldiamin $C_{13}H_{21}N_5O$,   Formel XI
(R = H, R′ = [CH₂]₃-CH₃). Kp₁: 172−175° (*Pe., Ba.*).

N^2,N^2,N^4,N^4-Tetraallyl-6-methoxy-[1,3,5]triazin-2,4-diyldiamin $C_{16}H_{23}N_5O$,
Formel XI (R = CH₂-CH=CH₂, R′ = CH₃). Kp₁: 150−153° (*Pe., Ba.*).

N^2,N^2,N^4,N^4-Tetraallyl-6-butoxy-[1,3,5]triazin-2,4-diyldiamin $C_{19}H_{29}N_5O$, Formel XI (R = CH₂-CH=CH₂, R′ = [CH₂]₃-CH₃). Kp₁: 157−160° (*Pe., Ba.*).

N^2-Methallyl-6-methoxy-[1,3,5]triazin-2,4-diyldiamin $C_8H_{13}N_5O$,   Formel XII
(R = H, R′ = CH₃). Kristalle (aus wss. Me.); F: 129−131° (*Pe., Ba.*).

6-Butoxy-N^2-methallyl-[1,3,5]triazin-2,4-diyldiamin $C_{11}H_{19}N_5O$,   Formel XII
(R = H, R′ = [CH₂]₃-CH₃). Kristalle (aus Isooctan); F: 106−108° (*Pe., Ba.*).

N^2,N^4-Dimethallyl-6-methoxy-[1,3,5]triazin-2,4-diyldiamin $C_{12}H_{19}N_5O$, Formel XII (R = CH₂-C(CH₃)=CH₂, R′ = CH₃). Kristalle (aus wss. Me.); F: 112−114° (*Pe., Ba.*).

6-Butoxy-N^2,N^4-dimethallyl-[1,3,5]triazin-2,4-diyldiamin $C_{15}H_{25}N_5O$, Formel XII (R = CH₂-C(CH₃)=CH₂, R′ = [CH₂]₃-CH₃). Kristalle (aus wss. Me.); F: 58−60° (*Pe., Ba.*).

N^2,N^2-Dimethallyl-6-methoxy-[1,3,5]triazin-2,4-diyldiamin $C_{12}H_{19}N_5O$, Formel XIII (R = H, R′ = CH₃). Kristalle (aus wss. Me.); F: 101−103° (*Pe., Ba.*).

6-Butoxy-N^2,N^2-dimethallyl-[1,3,5]triazin-2,4-diyldiamin $C_{15}H_{25}N_5O$, Formel XIII (R = H, R′ = [CH₂]₃-CH₃). Kristalle (aus Isooctan); F: 60−62° (*Pe., Ba.*).

N^2,N^2,N^4,N^4-Tetramethallyl-6-methoxy-[1,3,5]triazin-2,4-diyldiamin
$C_{20}H_{31}N_5O$, Formel XIII (R = CH₂-C(CH₃)=CH₂, R′ = CH₃). Kp$_{1,5}$: 151−154° (*Pe., Ba.*).

6-Butoxy-N^2,N^2,N^4,N^4-tetramethallyl-[1,3,5]triazin-2,4-diyldiamin $C_{23}H_{37}N_5O$, Formel XIII (R = CH₂-C(CH₃)=CH₂, R′ = [CH₂]₃-CH₃). Kp₁: 164−167° (*Pe., Ba.*).

N^2-Cyclohexyl-6-methoxy-[1,3,5]triazin-2,4-diyldiamin $C_{10}H_{17}N_5O$, Formel XIV (R = H, R′ = CH₃). Kristalle (aus Bzl.); F: 170−172° (*Pe., Ba.*).

6-Butoxy-N^2-cyclohexyl-[1,3,5]triazin-2,4-diyldiamin $C_{13}H_{23}N_5O$,   Formel XIV
(R = H, R′ = [CH₂]₃-CH₃). Kristalle (aus CCl₄); F: 141−143° (*Pe., Ba.*).

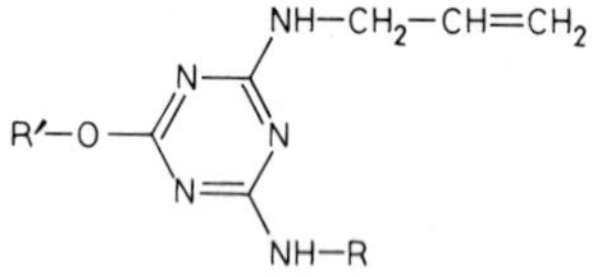

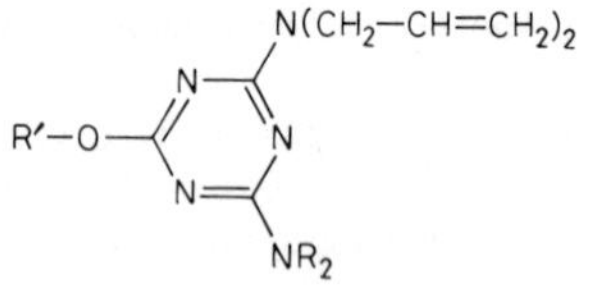

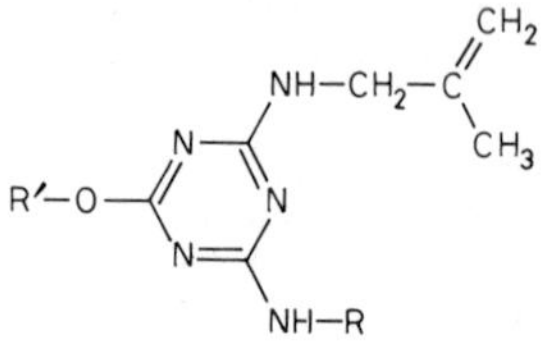

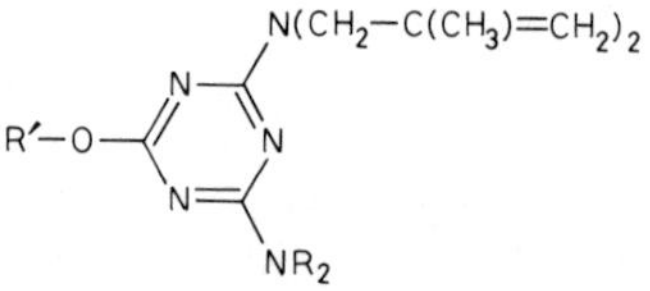

N^2-Cyclohexyl-6-phenoxy-[1,3,5]triazin-2,4-diyldiamin $C_{15}H_{19}N_5O$, Formel XIV (R = H, R′ = C₆H₅).

B. Aus 4,6-Diphenoxy-[1,3,5]triazin-2-ylamin und Cyclohexylamin beim Erhitzen in Dioxan (*Am. Cyanamid Co.*, U.S.P. 2545049 [1948]).

F: 218−225°.

6-Butoxy-N^2,N^4-dicyclohexyl-[1,3,5]triazin-2,4-diyldiamin $C_{19}H_{33}N_5O$, Formel XIV (R = C₆H₁₁, R′ = [CH₂]₃-CH₃).

B. Aus 6-Chlor-N^2,N^4-dicyclohexyl-[1,3,5]triazin-2,4-diyldiamin beim Erwärmen mit Butan-1-ol und NaOH (*Am. Cyanamid Co.*, U.S.P. 2508323 [1946]).

Kristalle, die bei 92° erweichen und bei 150° noch nicht vollständig geschmolzen sind.

N^2-[4-Chlor-phenyl]-N^4-isopropyl-6-methoxy-[1,3,5]triazin-2,4-diyldiamin $C_{13}H_{16}ClN_5O$,
Formel XV (R = $CH(CH_3)_2$, R' = CH_3, X = Cl).
    B. Beim Erwärmen von 6-Chlor-N^2-[4-chlor-phenyl]-N^4-isopropyl-[1,3,5]triazin-2,4-diyldi≠
amin mit methanol. Natriummethylat (*Cuthbertson, Moffat*, Soc. **1948** 561, 564).
    Kristalle (aus Ae. + PAe.); F: 137°.

6-Äthoxy-N^2-[4-chlor-phenyl]-N^4-isopropyl-[1,3,5]triazin-2,4-diyldiamin $C_{14}H_{18}ClN_5O$,
Formel XV (R = $CH(CH_3)_2$, R' = C_2H_5, X = Cl).
    B. Aus 6-Chlor-N^2-[4-chlor-phenyl]-N^4-isopropyl-[1,3,5]triazin-2,4-diyldiamin und Äthanol
beim Erhitzen mit Isopropylamin (*Curd et al.*, Soc. **1947** 154, 160).
    Kristalle (aus Bzl. + PAe. oder wss. A.); F: 163 − 164°.

XIV   XV   XVI

Dianilino-methoxy-[1,3,5]triazin, 6-Methoxy-N^2,N^4-diphenyl-[1,3,5]triazin-2,4-diyldiamin
$C_{16}H_{15}N_5O$, Formel XV (R = C_6H_5, R' = CH_3, X = H).
    B. Aus 6-Chlor-N^2,N^4-diphenyl-[1,3,5]triazin-2,4-diyldiamin beim Erhitzen mit Methanol
und NaOH (*Dudley et al.*, Am. Soc. **73** [1951] 2986, 2988).
    Kristalle (aus A.); F: 165 − 166° [unkorr.] (*Du. et al.*). Magnetische Susceptibilität:
−172,5·10^{-6} cm³·mol⁻¹ (*Matsunaga, Morita*, Bl. chem. Soc. Japan **31** [1958] 644, 645).

Dianilino-propoxy-[1,3,5]triazin, N^2,N^4-Diphenyl-6-propoxy-[1,3,5]triazin-2,4-diyldiamin
$C_{18}H_{19}N_5O$, Formel XV (R = C_6H_5, R' = CH_2-C_2H_5, X = H).
    B. Analog der vorangehenden Verbindung (*Dudley et al.*, Am. Soc. **73** [1951] 2986, 2988).
    Kristalle (aus wss. A.); F: 148 − 149°.

Bis-aziridin-1-yl-methoxy-[1,3,5]triazin $C_8H_{11}N_5O$, Formel XVI (R = CH_3).
    B. Aus Dichlor-methoxy-[1,3,5]triazin und Aziridin mit Hilfe von Triäthylamin in Benzol
(*ICI*, Brit. P. 680652 [1950]; s. a. *Bras, Ž.* obšč. Chim. **25** [1955] 1413, 1414; engl. Ausg.
S. 1359, 1360) oder von wss. NaOH (*Schaefer et al.*, Am. Soc. **77** [1955] 5918, 5921). Beim
Erwärmen von Bis-aziridin-1-yl-chlor-[1,3,5]triazin mit methanol. Natriummethylat (*Sch. et al.;
Bras*).
    Kristalle; F: 121° [aus PAe.] (*ICI*), 120 − 120,5° [nach Sintern bei 118°; aus E.] (*Bras*),
117 − 119° [korr.; aus Bzl. + PAe.] (*Sch. et al.*).

Äthoxy-bis-aziridin-1-yl-[1,3,5]triazin $C_9H_{13}N_5O$, Formel XVI (R = C_2H_5).
    B. Aus Äthoxy-dichlor-[1,3,5]triazin und Aziridin (*ICI*, Brit. P. 680652 [1950]; *Bras, Ž.*
obšč. Chim. **25** [1955] 1413, 1415; engl. Ausg. S. 1359, 1361).
    Kristalle; F: 78° (*ICI*), 75,5 − 76,5° [aus PAe.] (*Bras*).

Bis-aziridin-1-yl-isopropoxy-[1,3,5]triazin $C_{10}H_{15}N_5O$, Formel XVI (R = $CH(CH_3)_2$).
    B. Analog der vorangehenden Verbindung (*ICI*, Brit. P. 680652 [1950]).
    Kristalle; F: 105°.

Bis-aziridin-1-yl-phenoxy-[1,3,5]triazin $C_{13}H_{13}N_5O$, Formel XVI (R = C_6H_5).
    B. Analog den vorangehenden Verbindungen (*Bras, Ž.* obšč. Chim. **25** [1955] 1413, 1416;
engl. Ausg. S. 1359, 1361).
    Kristalle (aus E.); F: 104 − 105°.

Bis-aziridin-1-yl-benzyloxy-[1,3,5]triazin $C_{14}H_{15}N_5O$, Formel XVI (R = CH_2-C_6H_5).

B. Beim Erwärmen von Bis-aziridin-1-yl-chlor-[1,3,5]triazin mit Natriumbenzylat in Benzol und Xylol (*Bras, Ž. obšč. Chim.* **25** [1955] 1413, 1416; engl. Ausg. S. 1359, 1361).

Kristalle (aus E.); F: 127,5 – 129,5°.

Bis-aziridin-1-yl-[2-diäthylamino-äthoxy]-[1,3,5]triazin, Diäthyl-[2-(bis-aziridin-1-yl-[1,3,5]tri⹀ azin-2-yloxy)-äthyl]-amin $C_{13}H_{22}N_6O$, Formel XVI (R = CH_2-CH_2-$N(C_2H_5)_2$).

B. Analog der vorangehenden Verbindung (*Bras et al., Ž. obšč. Chim.* **28** [1958] 2972, 2975; engl. Ausg. S. 3001, 3004).

Kristalle (aus PAe.); F: 61,5 – 62,5°.

Bis-aziridin-1-yl-[2-piperidino-äthoxy]-[1,3,5]triazin $C_{14}H_{22}N_6O$, Formel I.

B. Analog den vorangehenden Verbindungen (*Bras et al., Ž. obšč. Chim.* **28** [1958] 2972, 2976; engl. Ausg. S. 3001, 3004).

F: 111 – 112°.

2-[Äthyl-(amino-methoxy-[1,3,5]triazin-2-yl)-amino]-äthanol $C_8H_{15}N_5O_2$, Formel II (R = C_2H_5, R′ = CH_3).

B. Beim Erwärmen von 2-[Äthyl-(amino-chlor-[1,3,5]triazin-2-yl)-amino]-äthanol mit meth⹀ anol. Natriummethylat (*Pearlman, Banks, Am. Soc.* **71** [1949] 1128).

Kristalle (aus wss. Me.); F: 162 – 164°.

2-[Äthyl-(amino-butoxy-[1,3,5]triazin-2-yl)-amino]-äthanol $C_{11}H_{21}N_5O_2$, Formel II (R = C_2H_5, R′ = $[CH_2]_3$-CH_3).

B. Analog der vorangehenden Verbindung (*Pearlman, Banks, Am. Soc.* **71** [1949] 1128).

Kristalle (aus wss. A.); F: 123 – 125°.

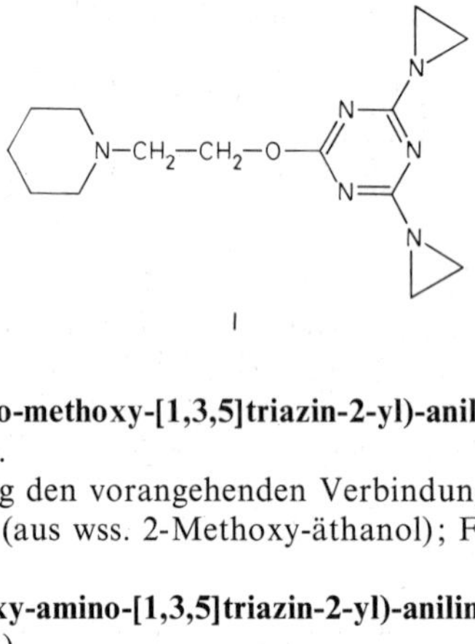

I 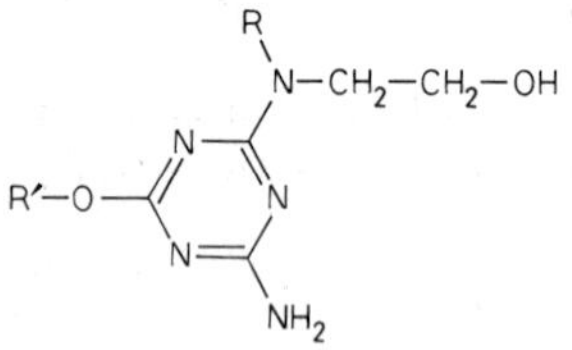   II

2-[N-(Amino-methoxy-[1,3,5]triazin-2-yl)-anilino]-äthanol $C_{12}H_{15}N_5O_2$, Formel II (R = C_6H_5, R′ = CH_3).

B. Analog den vorangehenden Verbindungen (*Pearlman, Banks, Am. Soc.* **71** [1949] 1128).

Kristalle (aus wss. 2-Methoxy-äthanol); F: 224 – 226°.

2-[N-(Äthoxy-amino-[1,3,5]triazin-2-yl)-anilino]-äthanol $C_{13}H_{17}N_5O_2$, Formel II (R = C_6H_5, R′ = C_2H_5).

B. Analog den vorangehenden Verbindungen (*Pearlman et al., Am. Soc.* **71** [1949] 3248).

Kristalle (aus wss. 2-Äthoxy-äthanol); F: 194 – 196° [Zers.].

2-[N-(Amino-butoxy-[1,3,5]triazin-2-yl)-anilino]-äthanol $C_{15}H_{21}N_5O_2$, Formel II (R = C_6H_5, R′ = $[CH_2]_3$-CH_3).

B. Analog den vorangehenden Verbindungen (*Pearlman, Banks, Am. Soc.* **71** [1949] 1128).

Kristalle (aus wss. 2-Äthoxy-äthanol); F: 157 – 159°.

N^2,N^4**-Bis-[2-hydroxy-äthyl]-6-methoxy-**N^2,N^4**-diphenyl-[1,3,5]triazin-2,4-diyldiamin** $C_{20}H_{23}N_5O_3$, Formel III.

B. Aus Dichlor-methoxy-[1,3,5]triazin und 2-Anilino-äthanol beim Erwärmen in wss. Na_2CO_3 (*Dudley et al., Am. Soc.* **73** [1951] 2986, 2989).

Kristalle (aus Me.); F: 130° [unkorr.; nach Umwandlung bei 119–120°].

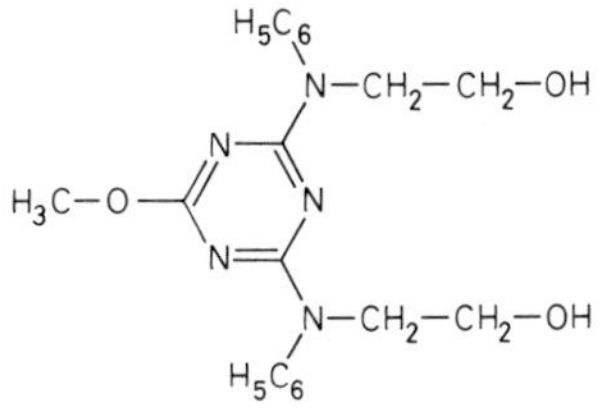

III 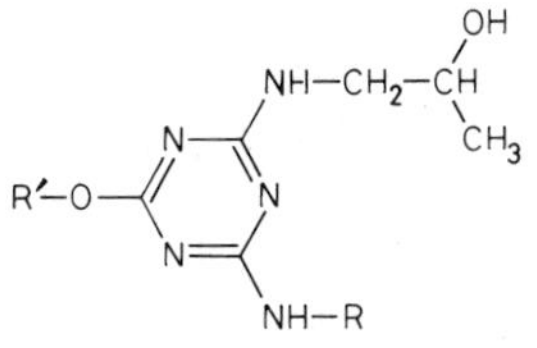   IV 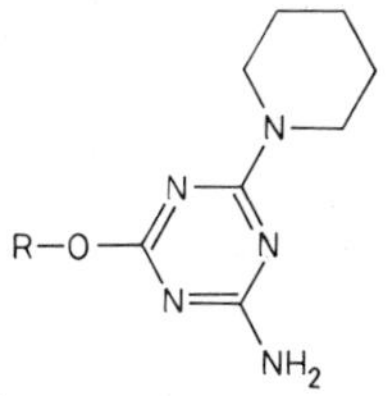   V 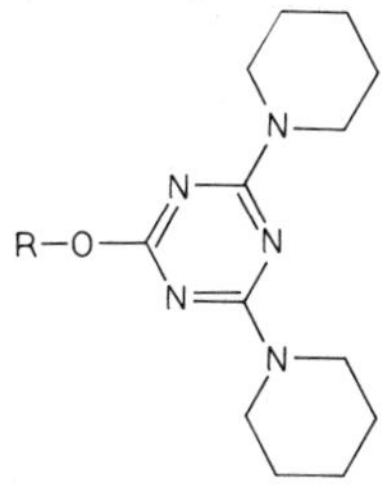   VI

(±)-1-[4-Äthoxy-6-amino-[1,3,5]triazin-2-ylamino]-propan-2-ol $C_8H_{15}N_5O_2$, Formel IV
(R = H, R′ = C_2H_5).

B. Aus (±)-1-[4-Amino-6-chlor-[1,3,5]triazin-2-ylamino]-propan-2-ol und äthanol. Natrium≠
äthylat (*Controulis, Banks,* Am. Soc. **67** [1945] 1946).
Kristalle (aus H_2O); F: 140–142°.

Die folgenden Verbindungen sind in analoger Weise hergestellt worden:

(±)-1-[4-Amino-6-butoxy-[1,3,5]triazin-2-ylamino]-propan-2-ol $C_{10}H_{19}N_5O_2$,
Formel IV (R = H, R′ = $[CH_2]_3$-CH_3). Kristalle (aus wss. A.); F: 131° (*Co., Ba.*).

*Opt.-inakt. 6-Äthoxy-N^2,N^4-bis-[2-hydroxy-propyl]-[1,3,5]triazin-2,4-diyldi≠
amin $C_{11}H_{21}N_5O_3$, Formel IV (R = CH_2-CH(OH)-CH_3, R′ = C_2H_5). Kristalle (aus H_2O);
F: 119–120° (*Co., Ba.*).

4-Methoxy-6-piperidino-[1,3,5]triazin-2-ylamin $C_9H_{15}N_5O$, Formel V (R = CH_3).
Kristalle (aus $CHCl_3$); F: 137–139° (*Pearlman, Banks,* Am. Soc. **71** [1949] 1128).

4-Butoxy-6-piperidino-[1,3,5]triazin-2-ylamin $C_{12}H_{21}N_5O$, Formel V
(R = $[CH_2]_3$-CH_3). Kristalle (aus wss. A.); F: 115–117° (*Pe., Ba.*).

Methoxy-dipiperidino-[1,3,5]triazin $C_{14}H_{23}N_5O$, Formel VI (R = CH_3). Kristalle
(aus Isooctan); F: 89–91° (*Pe., Ba.*).

Butoxy-dipiperidino-[1,3,5]triazin $C_{17}H_{29}N_5O$, Formel VI (R = $[CH_2]_3$-CH_3). Kp$_2$:
182–185° (*Pe., Ba.*).

6-Äthoxy-N^2,N^4-bis-[4-methoxy-phenyl]-[1,3,5]triazin-2,4-diyldiamin $C_{19}H_{21}N_5O_3$,
Formel VII.

B. Beim Erhitzen von 6-Chlor-N^2,N^4-bis-[4-methoxy-phenyl]-[1,3,5]triazin-2,4-diyldiamin mit
Äthanol unter Zusatz von N,N-Diäthyl-äthylendiamin (*Curd et al.,* Soc. **1947** 154, 160).
Hydrochlorid $C_{19}H_{21}N_5O_3 \cdot HCl$. Kristalle (aus wss. Eg. + HCl); F: 252–253°.

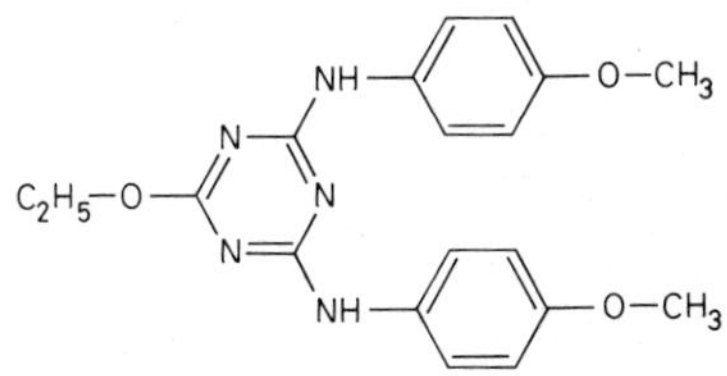

VII 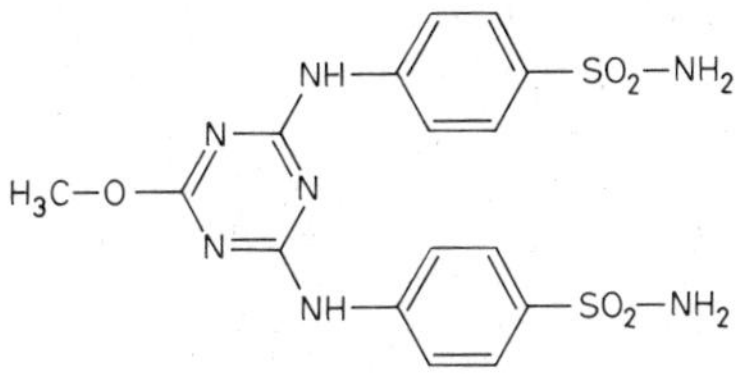   VIII

**6-Methoxy-N^2,N^4-bis-[4-sulfamoyl-phenyl]-[1,3,5]triazin-2,4-diyldiamin, N,N′-[Methoxy-
[1,3,5]triazin-2,4-diyl]-di-sulfanilsäure-diamid** $C_{16}H_{17}N_7O_5S_2$, Formel VIII.

B. Beim Erwärmen von Dichlor-methoxy-[1,3,5]triazin mit Sulfanilamid und wss. NaOH
(*D'Alelio, White,* J. org. Chem. **24** [1959] 643).
Kristalle (aus wss. Acn. oder wss. Dioxan); F: 307° [Zers.].

N^2,N^4-Bis-[2-äthoxycarbamoyl-äthyl]-6-propoxy-[1,3,5]triazin-2,4-diyldiamin $C_{16}H_{29}N_7O_5$,
Formel IX.

B. Aus Trichlor-[1,3,5]triazin, [2-Amino-äthyl]-carbamidsäure-äthylester und Propan-1-ol unter Zusatz von Diäthylamin (*Foye, Chafetz*, J. Am. pharm. Assoc. **46** [1957] 366, 368, 370). Kristalle (aus Bzl.); F: 112−114° [unkorr.]. λ_{max} (A.): 218 nm.

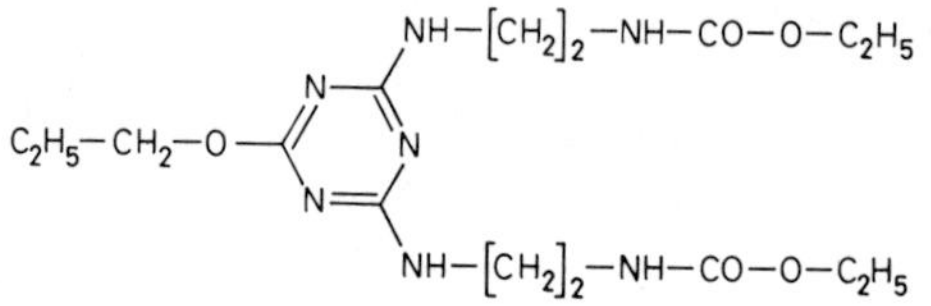

NH−[CH$_2$]$_2$−NH−CO−O−C$_2$H$_5$
C$_2$H$_5$−CH$_2$−O
NH−[CH$_2$]$_2$−NH−CO−O−C$_2$H$_5$

IX

NH−[CH$_2$]$_3$−N
C$_2$H$_5$−O
NH$_2$

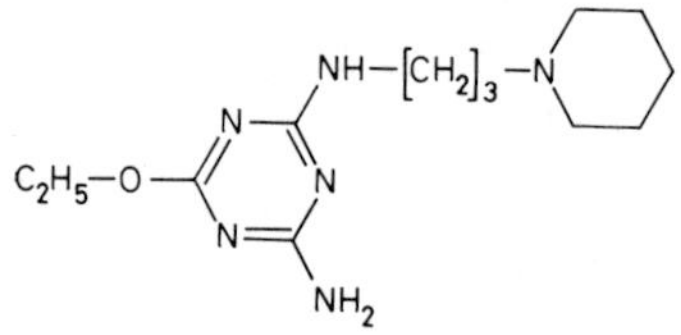

X

6-Äthoxy-N^2-[3-piperidino-propyl]-[1,3,5]triazin-2,4-diyldiamin $C_{13}H_{24}N_6O$, Formel X.

B. Aus 6-Chlor-N^2-[3-piperidino-propyl]-[1,3,5]triazin-2,4-diyldiamin und äthanol. Natrium≈ äthylat (*Mosher, Whitmore*, Am. Soc. **67** [1945] 662).

Kristalle (aus Me.); F: 130−130,5°.

(±)-N^4-[4-Diäthylamino-1-methyl-butyl]-6-methoxy-[1,3,5]triazin-2,4-diyldiamin $C_{13}H_{26}N_6O$, Formel XI.

B. Aus 4-Chlor-6-methoxy-[1,3,5]triazin-2-ylamin und (±)-N^4,N^4-Diäthyl-1-methyl-butandi≈ yldiamin (*Cuthbertson, Moffatt*, Soc. **1948** 561, 563).

$Kp_{0,03}$: 195−200°.

Dipicrat $C_{13}H_{26}N_6O \cdot 2 C_6H_3N_3O_7$. F: 190°.

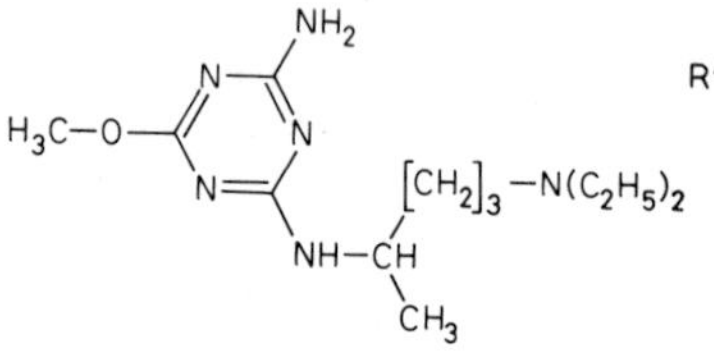

NH$_2$
H$_3$C−O
[CH$_2$]$_3$−N(C$_2$H$_5$)$_2$
NH−CH
CH$_3$

XI

R′−O
NH
NH−R
H
SO$_2$−OH
NH−R
HO−SO$_2$
H
NH
O−R′

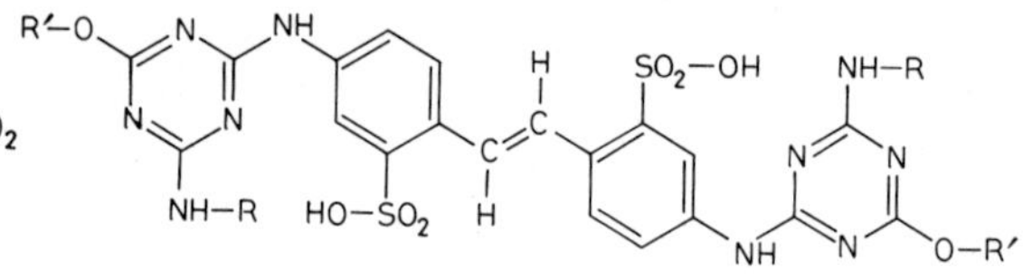

XII

4,4′-Bis-[4-amino-6-methoxy-[1,3,5]triazin-2-ylamino]-*trans*-stilben-2,2′-disulfonsäure $C_{22}H_{22}N_{10}O_8S_2$, Formel XII (R = H, R′ = CH$_3$).

B. Aus 4,4′-Diamino-*trans*-stilben-2,2′-disulfonsäure bei aufeinanderfolgender Umsetzung mit Trichlor-[1,3,5]triazin, mit wss. NH$_3$ und mit methanol. NaOH (*Yabe, Hayashi*, J. chem. Soc. Japan Ind. Chem. Sect. **60** [1957] 604, 610; C. A. **1959** 7599).

Dinatrium-Salz. Absorptionsspektrum (H$_2$O; 220−420 nm): *Yabe, Ha.*, l. c. S. 609.

Die folgenden Verbindungen sind in analoger Weise hergestellt und die Absorptionsspektren ihrer Natrium-Salze angegeben worden:

4,4′-Bis-[4-äthoxy-6-amino-[1,3,5]triazin-2-ylamino]-*trans*-stilben-2,2′-di≈ sulfonsäure $C_{24}H_{26}N_{10}O_8S_2$, Formel XII (R = H, R′ = C$_2$H$_5$).

4,4′-Bis-[4-anilino-6-methoxy-[1,3,5]triazin-2-ylamino]-*trans*-stilben-2,2′-di≈ sulfonsäure $C_{34}H_{30}N_{10}O_8S_2$, Formel XII (R = C$_6$H$_5$, R′ = CH$_3$).

4,4′-Bis-[4-äthoxy-6-anilino-[1,3,5]triazin-2-ylamino]-*trans*-stilben-2,2′-di≈ sulfonsäure $C_{36}H_{34}N_{10}O_8S_2$, Formel XII (R = C$_6$H$_5$, R′ = C$_2$H$_5$).

4,4′-Bis-[4-methoxy-6-(4-sulfo-anilino)-[1,3,5]triazin-2-ylamino]-*trans*-stilben-2,2′-disulfonsäure $C_{34}H_{30}N_{10}O_{14}S_4$, Formel XII (R = C$_6H_4$-SO$_2$-OH, R′ = CH$_3$).

4,4′-Bis-[4-äthoxy-6-(4-sulfo-anilino)-[1,3,5]triazin-2-ylamino]-*trans*-stilben-2,2′-disulfonsäure $C_{36}H_{34}N_{10}O_{14}S_4$, Formel XII (R = C$_6H_4$-SO$_2$-OH, R′ = C$_2H_5$).

6-Äthoxy-N^2,N^4-bis-[4-amino-2-methyl-[6]chinolyl]-[1,3,5]triazin-2,4-diyldiamin $C_{25}H_{25}N_9O$, Formel XIII.

B. Aus N^2,N^4-Bis-[4-amino-2-methyl-[6]chinolyl]-6-chlor-[1,3,5]triazin-2,4-diyldiamin und äthanol. Natriumäthylat (*I.G. Farbenind.*, D.R.P. 606497 [1932]; Frdl. **21** 539).

Zers. bei 235° [nach Sintern bei 200°].

6-Methylmercapto-[1,3,5]triazin-2,4-diyldiamin $C_4H_7N_5S$, Formel XIV (R = CH_3) (H 271).

B. Aus 4,6-Diamino-1*H*-[1,3,5]triazin-2-thion und Dimethylsulfat in wss. NaOH (*I.G. Farben=*
ind., D.R.P. 707027 [1939]; D.R.P. Org. Chem. **6** 2658).

Kristalle; F: 270−272° (*Welcher et al.,* Am. Soc. **81** [1959] 5663, 5666), 267−268° [aus
A.] (*I.G. Farbenind.*).

6-Äthylmercapto-[1,3,5]triazin-2,4-diyldiamin $C_5H_9N_5S$, Formel XIV (R = C_2H_5) (H 271).

B. Aus 4,6-Diamino-1*H*-[1,3,5]triazin-2-thion und Diäthylsulfat oder Äthylbromid in wss.
NaOH (*I.G. Farbenind.,* D.R.P. 707027 [1939]; D.R.P. Org. Chem. **6** 2658).

Kristalle (aus A.); F: 173−174°.

6-Isopropylmercapto-[1,3,5]triazin-2,4-diyldiamin $C_6H_{11}N_5S$, Formel XIV (R = $CH(CH_3)_2$).

B. Aus 6-Chlor-[1,3,5]triazin-2,4-diyldiamin und Propan-2-thiol in wss. NaOH (*Controulis,*
Banks, Am. Soc. **67** [1945] 1946).

Kristalle (aus wss. A.); F: 190°.

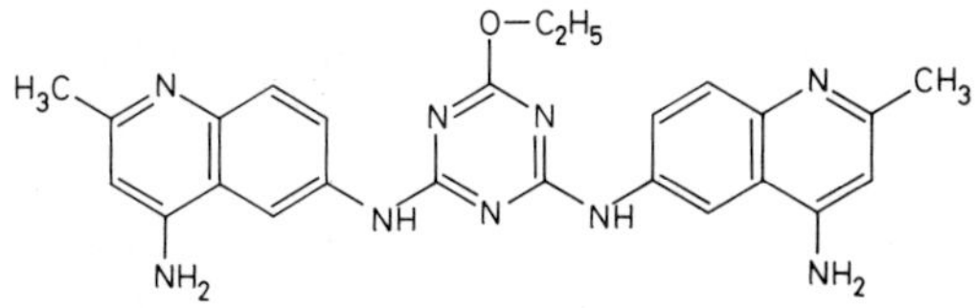

XIII 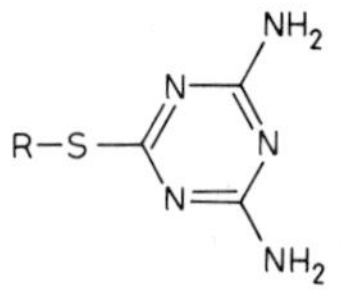   XIV

6-Allylmercapto-[1,3,5]triazin-2,4-diyldiamin $C_6H_9N_5S$, Formel XIV (R = CH_2-CH=CH_2).

B. Aus 4,6-Diamino-1*H*-[1,3,5]triazin-2-thion und Allylchlorid in wss. NaOH (*Resinous Prod.*
& Chem. Co., U.S.P. 2258130 [1940]).

Kristalle (aus H_2O); F: 152°.

Die folgenden Verbindungen sind in analoger Weise hergestellt worden:

6-Methallylmercapto-[1,3,5]triazin-2,4-diyldiamin $C_7H_{11}N_5S$,   Formel XIV
(R = CH_2-C(CH_3)=CH_2). Kristalle; F: 132−132,5° (*Welcher et al.,* Am. Soc. **81** [1959] 5663,
5666), 130−131° [aus H_2O] (*Resinous Prod.,* U.S.P. 2258130).

6-[2,4-Dinitro-phenylmercapto]-[1,3,5]triazin-2,4-diyldiamin $C_9H_7N_7O_4S$,   For=
mel XIV (R = $C_6H_3(NO_2)_2$). Hellgelbe Kristalle; F: 243° (*I.G. Farbenind.,* D.R.P. 707027
[1939]; D.R.P. Org. Chem. **6** 2658).

6-Benzylmercapto-[1,3,5]triazin-2,4-diyldiamin $C_{10}H_{11}N_5S$,   Formel XIV
(R = CH_2-C_6H_5). Kristalle; F: 171−172° (*We. et al.*), 166−167° [aus A.] (*I.G. Farbenind.*).

2-[Diamino-[1,3,5]triazin-2-ylmercapto]-äthanol $C_5H_9N_5OS$,   Formel XIV
(R = CH_2-CH_2-OH). Kristalle (aus H_2O); F: 185−186° (*Resinous Prod. & Chem. Co.,*
U.S.P. 2237584 [1939]).

6-[2-Äthoxy-äthylmercapto]-[1,3,5]triazin-2,4-diyldiamin $C_7H_{13}N_5OS$,   Formel
XIV (R = CH_2-CH_2-O-C_2H_5). Kristalle (aus H_2O); F: 148−149° (*Resinous Prod. & Chem.*
Co., U.S.P. 2227215 [1940]).

6-[2-Vinyloxy-äthylmercapto]-[1,3,5]triazin-2,4-diyldiamin $C_7H_{11}N_5OS$,   Formel
XIV (R = CH_2-CH_2-O-CH=CH_2). Kristalle (aus H_2O); F: 127−128° (*Resinous Prod.,*
U.S.P. 2227215).

6-[2-Phenoxy-äthylmercapto]-[1,3,5]triazin-2,4-diyldiamin $C_{11}H_{13}N_5OS$,   Formel
XIV (R = CH_2-CH_2-O-C_6H_5). Kristalle (aus A.); F: 177° (*Resinous Prod.,* U.S.P. 2227215).

6-[2-*o*-Tolyloxy-äthylmercapto]-[1,3,5]triazin-2,4-diyldiamin $C_{12}H_{15}N_5OS$, For=
mel XIV (R = CH_2-CH_2-O-C_6H_4-CH_3). Kristalle (aus A.); F: 183° (*Resinous Prod.,*
U.S.P. 2227215).

2-[2-(Diamino-[1,3,5]triazin-2-ylmercapto)-äthoxy]-äthanol $C_7H_{13}N_5O_2S$,   For=
mel XIV (R = CH_2-CH_2-O-CH_2-CH_2-OH). Kristalle (aus H_2O); F: 184−185° (*Resinous Prod.,*
U.S.P. 2237584).

6-[2-(2-Butoxy-äthoxy)-äthylmercapto]-[1,3,5]triazin-2,4-diyldiamin

$C_{11}H_{21}N_5O_2S$, Formel XIV (R = CH_2-CH_2-O-CH_2-CH_2-O-$[CH_2]_3$-CH_3). Kristalle (aus Bzl.);
F: 80° (*Resinous Prod.*, U.S.P. 2227215).

6-[2-(2-Phenoxy-äthoxy)-äthylmercapto]-[1,3,5]triazin-2,4-diyldiamin
$C_{13}H_{17}N_5O_2S$, Formel XIV (R = CH_2-CH_2-O-CH_2-CH_2-O-C_6H_5). Kristalle (aus Toluol); F:
76—77° (*Resinous Prod.*, U.S.P. 2227215).

6-[2-(2-[2]Naphthyloxy-äthoxy)-äthylmercapto]-[1,3,5]triazin-2,4-diyldiamin
$C_{17}H_{19}N_5O_2S$, Formel XIV (R = CH_2-CH_2-O-CH_2-CH_2-O-$C_{10}H_7$). Kristalle (aus Toluol);
F: 148—149° (*Resinous Prod.*, U.S.P. 2227215).

6-{2-[2-(5-Chlor-biphenyl-2-yloxy)-äthoxy]-äthylmercapto}-[1,3,5]triazin-2,4-
diyldiamin $C_{19}H_{20}ClN_5O_2S$, Formel XV. Kristalle (aus Bzl.); F: 147° (*Resinous Prod.*,
U.S.P. 2227215).

(±)-1-[Diamino-[1,3,5]triazin-2-ylmercapto]-propan-2-ol $C_6H_{11}N_5OS$, Formel XIV
(R = CH_2-CH(OH)-CH_3). Kristalle (aus H_2O); F: 179—180° (*Resinous Prod.*,
U.S.P. 2237584).

3-[Diamino-[1,3,5]triazin-2-ylmercapto]-propan-1-ol $C_6H_{11}N_5OS$, Formel XIV
(R = CH_2-CH_2-CH_2-OH). Kristalle (aus H_2O); F: 173—174° (*Resinous Prod.*,
U.S.P. 2237584).

1-[Diamino-[1,3,5]triazin-2-ylmercapto]-2-methyl-propan-2-ol $C_7H_{13}N_5OS$, For=
mel XIV (R = CH_2-$C(CH_3)_2$-OH). Kristalle (aus H_2O); F: 195—196° (*Resinous Prod.*,
U.S.P. 2237584).

2-[Diamino-[1,3,5]triazin-2-ylmercapto]-essigsäure $C_5H_7N_5O_2S$, Formel XIV
(R = CH_2-CO-OH). Zers. bei 235—245° (*We. et al.*, l. c. S. 5665). Scheinbarer Dissozia=
tionsexponent pK'_a (H_2O; potentiometrisch ermittelt): 6,2 (*We. et al.*). — Natrium-Salz
$NaC_5H_6N_5O_2S$. Kristalle [aus wss. Me.] (*We. et al.*).

XV   XVI   XVII

4-[2-(Diamino-[1,3,5]triazin-2-ylmercapto)-acetylamino]-benzoesäure-äthylester $C_{14}H_{16}N_6O_3S$,
Formel XIV (R = CH_2-CO-NH-C_6H_4-CO-O-C_2H_5).
B. Beim Erwärmen von 4,6-Diamino-1*H*-[1,3,5]triazin-2-thion mit 4-[2-Chlor-acetylamino]-
benzoesäure-äthylester und wss. NaOH (*Gen. Electric Co.*, U.S.P. 2315939 [1942]).
F: 112—113° [Zers. bei 195°].

3-[Diamino-[1,3,5]triazin-2-ylmercapto]-propionitril $C_6H_8N_6S$, Formel XIV
(R = CH_2-CH_2-CN).
B. Beim Erwärmen von 4,6-Diamino-1*H*-[1,3,5]triazin-2-thion mit Acrylonitril in wss. NaOH
unter Zusatz von $CuSO_4$ (*Welcher et al.*, Am. Soc. **81** [1959] 5663, 5666).
Gelbe Kristalle; F: 248—250°.

**Dianilino-methylmercapto-[1,3,5]triazin, 6-Methylmercapto-N^2,N^4-diphenyl-[1,3,5]triazin-
2,4-diyldiamin** $C_{16}H_{15}N_5S$, Formel XVI.
B. Beim Erhitzen von 6-Chlor-N^2,N^4-diphenyl-[1,3,5]triazin-2,4-diyldiamin mit NaHS in
Tetrahydrofurfurylalkohol und anschliessenden Behandeln mit CH_3I (*Grundmann, Kreutzberger*,
Am. Soc. **77** [1955] 44, 47).
Kristalle (aus wss. A.); F: 170—171° [korr.].

Bis-aziridin-1-yl-benzylmercapto-[1,3,5]triazin $C_{14}H_{15}N_5S$, Formel XVII.
B. Aus Bis-aziridin-1-yl-chlor-[1,3,5]triazin und Natrium-phenylmethanthiolat in Benzol und
Xylol (*Bras et al.*, Ž. obšč. Chim. **28** [1958] 2972, 2976; engl. Ausg. S. 3001, 3004).

Kristalle (aus Acn.); F: 114–115°.

Amino-Derivate der Hydroxy-Verbindungen $C_4H_5N_3O$

6-Methyl-3-methylmercapto-[1,2,4]triazin-5-ylamin $C_5H_8N_4S$, Formel I.

B. Aus 5-Amino-6-methyl-2*H*-[1,2,4]triazin-3-thion und Dimethylsulfat in wss. NaOH (*Falco et al.*, Am. Soc. **78** [1956] 1938, 1941).

Kristalle (aus Me.+Ae.); F: 164–165°. λ_{max} (wss. Lösung): 240 nm [pH 11] bzw. 250 nm [pH 1] (*Fa. et al.*, l. c. S. 1939).

[Diamino-[1,3,5]triazin-2-yl]-methanol $C_4H_7N_5O$, Formel II (R = H).

B. Aus 6-[(1-Butoxy-äthoxy)-methyl]-[1,3,5]triazin-2,4-diyldiamin beim Erwärmen mit wss. HCl (*Sims et al.*, J. org. Chem. **23** [1958] 724).

Kristalle (aus H_2O); F: 286–288°.

6-Isopropoxymethyl-[1,3,5]triazin-2,4-diyldiamin $C_7H_{13}N_5O$, Formel II (R = $CH(CH_3)_2$).

B. Aus Biguanid und Isopropoxyacetonitril (*Am. Cyanamid Co.*, U.S.P. 2777848 [1955]).

Kristalle (aus H_2O); F: 226–229°.

6-*tert*-Butoxymethyl-[1,3,5]triazin-2,4-diyldiamin $C_8H_{15}N_5O$, Formel II (R = $C(CH_3)_3$).

B. Aus *tert*-Butoxyacetonitril und Cyanguanidin (*Du Pont de Nemours & Co.*, U.S.P. 2491658 [1943]) oder Biguanid (*Am. Cyanamid Co.*, U.S.P. 2777848 [1955]).

Kristalle (aus H_2O); F: 236–237° (*Du Pont*).

6-[Äthoxymethoxy-methyl]-[1,3,5]triazin-2,4-diyldiamin $C_7H_{13}N_5O_2$, Formel II (R = CH_2-O-C_2H_5).

B. Aus Cyanguanidin und Äthoxymethoxy-acetonitril (*Du Pont de Nemours & Co.*, U.S.P. 2491658 [1943]; *Sims et al.*, J. org. Chem. **23** [1958] 724).

Kristalle (aus H_2O); F: 179–181° (*Sims et al.*), 177,5–178,5° (*Du Pont*).

6-[Isobutoxymethoxy-methyl]-[1,3,5]triazin-2,4-diyldiamin $C_9H_{17}N_5O_2$, Formel II (R = CH_2-O-CH_2-$CH(CH_3)_2$).

B. Aus Cyanguanidin und Isobutoxymethoxy-acetonitril (*Du Pont de Nemours & Co.*, U.S.P. 2491658 [1943]).

Kristalle (aus wss. Dioxan); F: 175–178,5°.

(±)-6-[(1-Butoxy-äthoxy)-methyl]-[1,3,5]triazin-2,4-diyldiamin $C_{10}H_{19}N_5O_2$, Formel II (R = $CH(CH_3)$-O-$[CH_2]_3$-CH_3).

B. Aus Cyanguanidin und (±)-[1-Butoxy-äthoxy]-acetonitril (*Sims et al.*, J. org. Chem. **23** [1958] 724).

Kristalle; F: 153°.

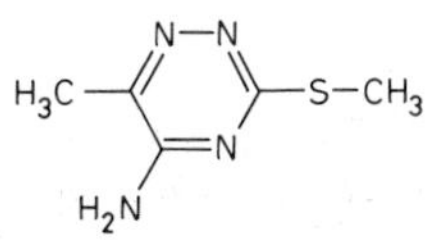

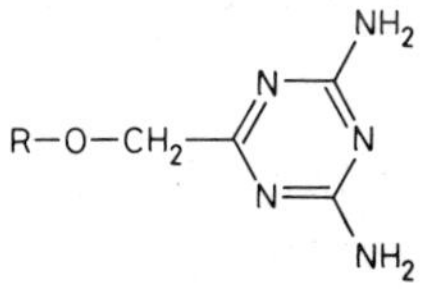

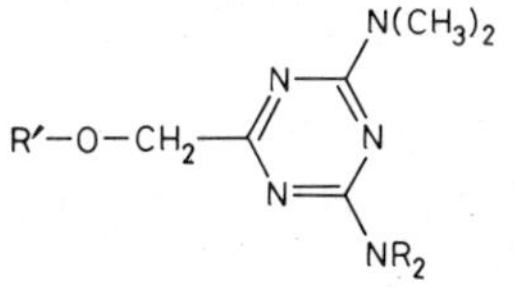

6-Methoxymethyl-N^2,N^2-dimethyl-[1,3,5]triazin-2,4-diyldiamin $C_7H_{13}N_5O$, Formel III (R = H, R′ = CH_3).

B. Aus 1,1-Dimethyl-biguanid und Methoxyessigsäure-methylester (*Shapiro et al.*, Am. Soc. **81** [1959] 3996, 3997, 3999).

Kristalle (aus Acetonitril); F: 141–143° [unkorr.].

[Bis-dimethylamino-[1,3,5]triazin-2-yl]-methanol $C_8H_{15}N_5O$, Formel III (R = CH_3, R′ = H).

B. Aus 6-Diazomethyl-N^2,N^2,N^4,N^4-tetramethyl-[1,3,5]triazin-2,4-diyldiamin mit Hilfe von

wss. H_2SO_4 (*Hendry et al.,* Soc. **1958** 1134, 1140).
Kristalle; F: 67 – 68°.

6-Methoxymethyl-N^2,N^2,N^4,N^4-tetramethyl-[1,3,5]triazin-2,4-diyldiamin $C_9H_{17}N_5O$,
Formel III (R = R′ = CH$_3$).
B. Neben 3,4,5-Trimethoxy-benzoesäure-[4,6-bis-dimethylamino-[1,3,5]triazin-2-ylmethyl≠
ester] beim Erwärmen von 6-Diazomethyl-N^2,N^2,N^4,N^4-tetramethyl-[1,3,5]triazin-2,4-diyldi≠
amin mit Methanol und 3,4,5-Trimethoxy-benzoesäure (*Hendry et al.,* Soc. **1958** 1134, 1140).
Kristalle (aus PAe.); F: 49 – 51°.

Acetoxymethyl-bis-dimethylamino-[1,3,5]triazin, Essigsäure-[4,6-bis-dimethylamino-[1,3,5]triazin-2-ylmethylester] $C_{10}H_{17}N_5O_2$, Formel III (R = CH$_3$, R′ = CO-CH$_3$).
B. Aus 6-Diazomethyl-N^2,N^2,N^4,N^4-tetramethyl-[1,3,5]triazin-2,4-diyldiamin und wss. Es≠
sigsäure (*Hendry et al.,* Soc. **1958** 1134, 1140).
Kristalle (aus Eg.); F: 68 – 70°.

3,4,5-Trimethoxy-benzoesäure-[4,6-bis-dimethylamino-[1,3,5]triazin-2-ylmethylester]
$C_{18}H_{25}N_5O_5$, Formel III (R = CH$_3$, R′ = CO-C$_6$H$_2$(O-CH$_3$)$_3$).
B. Aus 6-Diazomethyl-N^2,N^2,N^4,N^4-tetramethyl-[1,3,5]triazin-2,4-diyldiamin und 3,4,5-Tri≠
methoxy-benzoesäure in Benzol (*Hendry et al.,* Soc. **1958** 1134, 1140).
Kristalle (aus PAe.); F: 129 – 130°.

4-Amino-benzoesäure-[4,6-bis-diäthylamino-[1,3,5]triazin-2-ylmethylester] $C_{19}H_{28}N_6O_2$,
Formel IV.
B. Analog der vorangehenden Verbindung (*Grundmann, Kober,* Am. Soc. **79** [1957] 944,
946, 948).
Kristalle (aus PAe.); F: 88 – 89°.

IV   V

6-Methoxymethyl-N^2-pentyl-[1,3,5]triazin-2,4-diyldiamin $C_{10}H_{19}N_5O$, Formel V (R = C$_2$H$_5$,
R′ = H).
B. Aus 1-Pentyl-biguanid-hydrochlorid und Methoxyessigsäure-methylester mit Hilfe von
methanol. Natriummethylat (*Shapiro et al.,* Am. Soc. **81** [1959] 3996, 3997, 3999).
Kristalle (aus Acetonitril); F: 95 – 99°.

Die folgenden Verbindungen sind in analoger Weise hergestellt worden:
N^2-Isopentyl-6-methoxymethyl-[1,3,5]triazin-2,4-diyldiamin $C_{10}H_{19}N_5O$, For≠
mel V (R = R′ = CH$_3$). Kristalle (aus Acetonitril); F: 100 – 106° [unkorr.] (*Sh. et al.*).
N^2-Allyl-6-methoxymethyl-[1,3,5]triazin-2,4-diyldiamin $C_8H_{13}N_5O$, Formel VI.
Kristalle (aus Acetonitril); F: 110 – 112° [unkorr.] (*Sh. et al.*).
[Amino-anilino-[1,3,5]triazin-2-yl]-methanol $C_{10}H_{11}N_5O$,   Formel VII
(X = X′ = H). Kristalle; F: 190 – 191° [aus A.] (*Šokolowškaja et al.,* Ž. obšč. Chim. **27** [1957]
765, 771; engl. Ausg. S. 839, 844), 186 – 187° [unkorr.; aus Acetonitril] (*Sh. et al.*).
[Amino-(2-chlor-anilino)-[1,3,5]triazin-2-yl]-methanol $C_{10}H_{10}ClN_5O$, Formel VII
(X = Cl, X′ = H). Kristalle (aus Acetonitril); F: 185 – 186° [unkorr.] (*Sh. et al.*).
[Amino-(3-chlor-anilino)-[1,3,5]triazin-2-yl]-methanol $C_{10}H_{10}ClN_5O$, Formel VII
(X = H, X′ = Cl). Kristalle (aus A.); F: 161 – 163° [unkorr.] (*Sh. et al.*).
6-Methoxymethyl-N^2-phenyl-[1,3,5]triazin-2,4-diyldiamin $C_{11}H_{13}N_5O$, Formel

VIII (X = X′ = H). Kristalle (aus Acetonitril); F: 156−158° [unkorr.] (*Sh. et al.*).

N^2-[3-Chlor-phenyl]-6-methoxymethyl-[1,3,5]triazin-2,4-diyldiamin $C_{11}H_{12}ClN_5O$, Formel VIII (X = Cl, X′ = H). Kristalle (aus Acetonitril); F: 139−141° [unkorr.] (*Sh. et al.*).

N^2-[3,4-Dichlor-phenyl]-6-methoxymethyl-[1,3,5]triazin-2,4-diyldiamin $C_{11}H_{11}Cl_2N_5O$, Formel VIII (X = X′ = Cl). Kristalle (aus Acetonitril); F: 195−197° [unkorr.] (*Sh. et al.*).

N^2-[3-Brom-phenyl]-6-methoxymethyl-[1,3,5]triazin-2,4-diyldiamin $C_{11}H_{12}BrN_5O$, Formel VIII (X = Br, X′ = H). Kristalle (aus Acetonitril); F: 160−162° [unkorr.] (*Sh. et al.*).

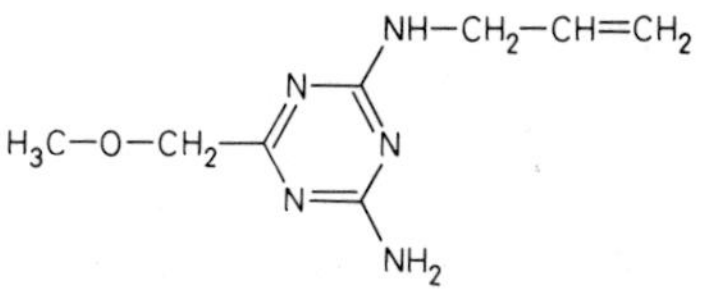

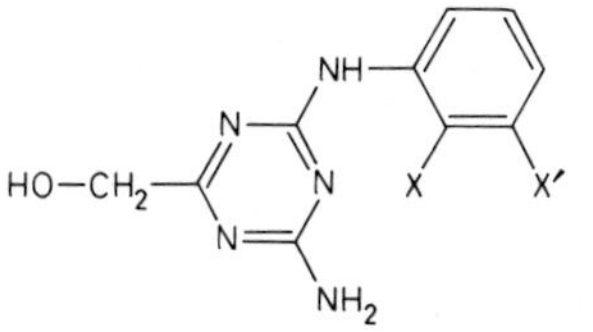

[(4-Chlor-anilino)-dimethylamino-[1,3,5]triazin-2-yl]-methanol $C_{12}H_{14}ClN_5O$, Formel IX.

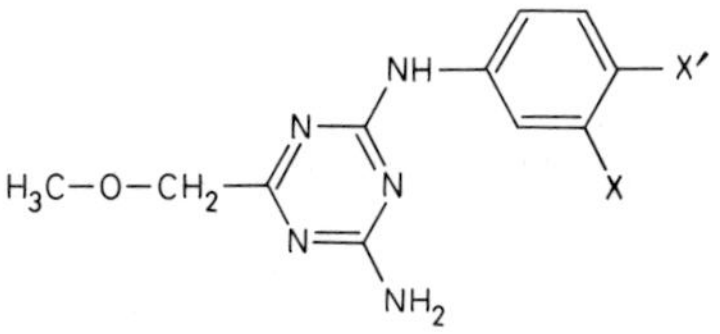

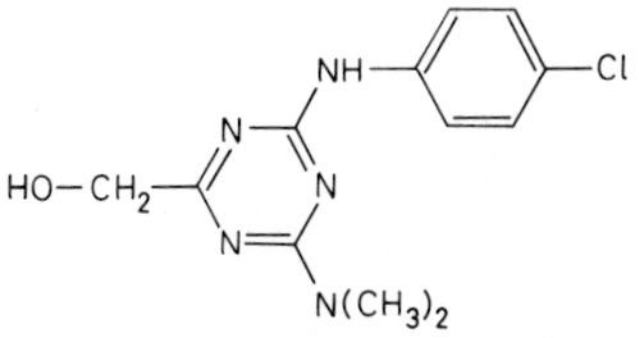

B. Beim Erwärmen von 6-Aminomethyl-N^4-[4-chlor-phenyl]-N^2,N^2-dimethyl-[1,3,5]triazin-2,4-diyldiamin mit $NaNO_2$ und wss. HCl (*Hendry et al.*, Soc. **1958** 1134, 1137).

Kristalle (aus Toluol); F: 183−184°.

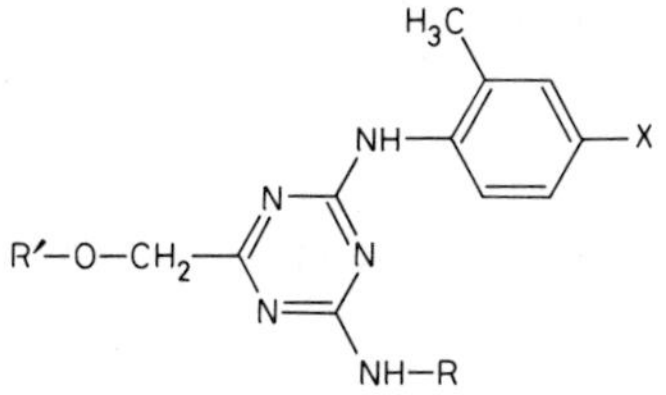

[Amino-(4-chlor-2-methyl-anilino)-[1,3,5]triazin-2-yl]-methanol $C_{11}H_{12}ClN_5O$, Formel X (R = R′ = H, X = Cl).

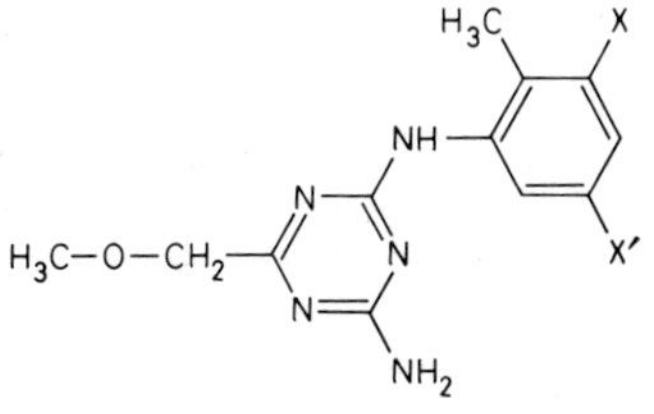

B. Aus 1-[4-Chlor-2-methyl-phenyl]-biguanid-hydrochlorid und Glykolsäure-methylester in methanol. Natriummethylat (*Shapiro et al., Am. Soc. 81* [1959] 3996, 3997, 3999).

Kristalle (aus Acetonitril); F: 221−223° [unkorr.].

Die folgenden Verbindungen sind in analoger Weise hergestellt worden:

N^2-[3-Chlor-2-methyl-phenyl]-6-methoxymethyl-[1,3,5]triazin-2,4-diyldiamin $C_{12}H_{14}ClN_5O$, Formel XI (X = Cl, X′ = H). Kristalle (aus Propan-1-ol); F: 191−193° [unkorr.].

N^2-[5-Chlor-2-methyl-phenyl]-6-methoxymethyl-[1,3,5]triazin-2,4-diyldiamin $C_{12}H_{14}ClN_5O$, Formel XI (X = H, X′ = Cl). Kristalle (aus Acetonitril); F: 160−162° [unkorr.].

N^2-[4-Brom-2-methyl-phenyl]-6-methoxymethyl-[1,3,5]triazin-2,4-diyldiamin

$C_{12}H_{14}BrN_5O$, Formel X (R = H, R′ = CH₃, X = Br). Kristalle (aus Isopropylalkohol); F: 163−164° [unkorr.].

[(N-Äthyl-2-methyl-anilino)-amino-[1,3,5]triazin-2-yl]-methanol $C_{13}H_{17}N_5O$, Formel XII (R = CH₃, R′ = R″ = H). Kristalle (aus Acetonitril); F: 116−118° [unkorr.].

N^2-Äthyl-6-methoxymethyl-N^2-o-tolyl-[1,3,5]triazin-2,4-diyldiamin $C_{14}H_{19}N_5O$, Formel XII (R = R″ = CH₃, R′ = H). Kristalle (aus Acetonitril); F: 145−147° [unkorr.]. − Picrat $C_{14}H_{19}N_5O \cdot C_6H_3N_3O_7$. Kristalle (aus H_2O); F: 160−162° [unkorr.].

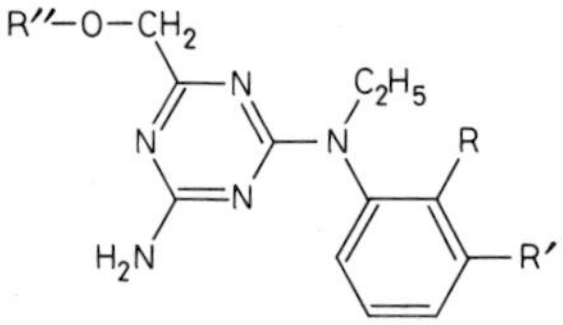

XII

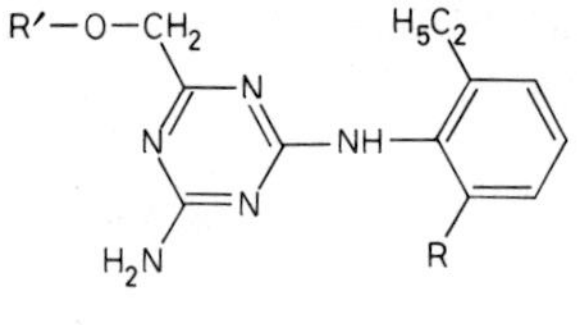

XIII

6-*tert*-Butoxymethyl-N^2,N^4-di-o-tolyl-[1,3,5]triazin-2,4-diyldiamin $C_{22}H_{27}N_5O$, Formel X (R = C_6H_4-CH₃, R′ = C(CH₃)₃, X = H).

B. Beim Erwärmen von 1,5-Di-o-tolyl-biguanid mit *tert*-Butoxyacetonitril und wss. KOH in 2-Äthoxy-äthanol (*Am. Cyanamid Co.*, U.S.P. 2777848 [1955]).

Kristalle (aus A.); F: 157−157,5°.

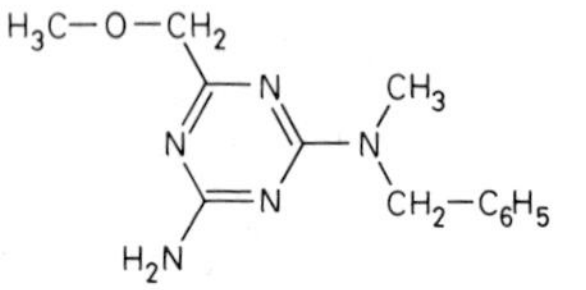

XIV

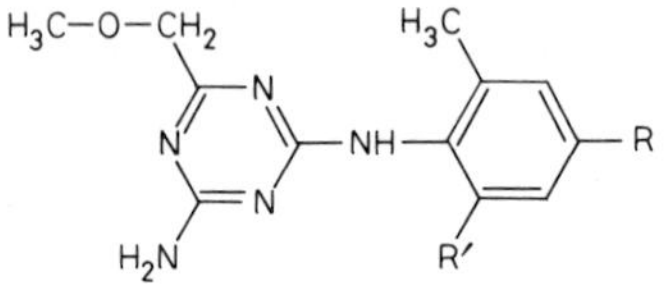

XV

6-Methoxymethyl-N^2-m-tolyl-[1,3,5]triazin-2,4-diyldiamin $C_{12}H_{15}N_5O$, Formel VIII (X = CH₃, X′ = H).

B. Aus 1-m-Tolyl-biguanid-hydrochlorid und Methoxyessigsäure-methylester in methanol. Natriummethylat (*Shapiro et al.*, Am. Soc. **81** [1959] 3996, 3997, 3999).

Kristalle (aus Acetonitril); F: 91−94°.

Die folgenden Verbindungen sind in analoger Weise hergestellt worden:

N^2-Äthyl-6-methoxymethyl-N^2-m-tolyl-[1,3,5]triazin-2,4-diyldiamin $C_{14}H_{19}N_5O$, Formel XII (R = H, R′ = R″ = CH₃). Kristalle (aus Acetonitril); F: 137−139° [unkorr.].

6-Methoxymethyl-N^2-p-tolyl-[1,3,5]triazin-2,4-diyldiamin $C_{12}H_{15}N_5O$, Formel VIII (X = H, X′ = CH₃). Kristalle (aus Acetonitril); F: 148−150° [unkorr.].

N^2-Benzyl-6-methoxymethyl-N^2-methyl-[1,3,5]triazin-2,4-diyldiamin $C_{13}H_{17}N_5O$, Formel XIV. Kristalle (aus Acetonitril); F: 125−127° [unkorr.].

[(2-Äthyl-anilino)-amino-[1,3,5]triazin-2-yl]-methanol $C_{12}H_{15}N_5O$, Formel XIII (R = R′ = H). Picrat $C_{12}H_{15}N_5O \cdot C_6H_3N_3O_7$. F: 185° [unkorr.]. − Verbindung mit 1-[2-Äthyl-phenyl]-biguanid $C_{12}H_{15}N_5O \cdot C_{10}H_{15}N_5$. F: 131−133° [unkorr.].

N^2-[2-Äthyl-phenyl]-6-methoxymethyl-[1,3,5]triazin-2,4-diyldiamin $C_{13}H_{17}N_5O$, Formel XIII (R = H, R′ = CH₃). Kristalle (aus Isopropylalkohol); F: 189−192° [unkorr.].

N^2-[2,3-Dimethyl-phenyl]-6-methoxymethyl-[1,3,5]triazin-2,4-diyldiamin $C_{13}H_{17}N_5O$, Formel XI (X = CH₃, X′ = H). Kristalle (aus Acetonitril); F: 170−174° [unkorr.].

N^2-[2,6-Dimethyl-phenyl]-6-methoxymethyl-[1,3,5]triazin-2,4-diyldiamin $C_{13}H_{17}N_5O$, Formel XV (R = H, R′ = CH₃). Kristalle (aus Acetonitril); F: 169−171° [unkorr.].

N^2-[2,4-Dimethyl-phenyl]-6-methoxymethyl-[1,3,5]triazin-2,4-diyldiamin

$C_{13}H_{17}N_5O$, Formel XV (R = CH_3, R' = H). Kristalle (aus Acetonitril); F: 155—157° [un=korr.].

N^2-[2,5-Dimethyl-phenyl]-6-methoxymethyl-[1,3,5]triazin-2,4-diyldiamin $C_{13}H_{17}N_5O$, Formel XI (X = H, X' = CH_3). Kristalle (aus Bzl.); F: 142—146° [unkorr.].

N^2-[2,6-Diäthyl-phenyl]-6-methoxymethyl-[1,3,5]triazin-2,4-diyldiamin $C_{15}H_{21}N_5O$, Formel XIII (R = C_2H_5, R' = CH_3). Kristalle (aus Acetonitril); F: 203—205° [unkorr.].

[Amino-piperidino-[1,3,5]triazin-2-yl]-methanol $C_9H_{15}N_5O$, Formel I. Kristalle (aus Acetonitril); F: 139—141° [unkorr.].

4-Indolin-1-yl-6-methoxymethyl-[1,3,5]triazin-2-ylamin $C_{13}H_{15}N_5O$, Formel II. Kristalle (aus Propan-1-ol); F: 198—199° [unkorr.].

(±)-1-[3-(4-Amino-6-methoxymethyl-[1,3,5]triazin-2-ylamino)-phenyl]-äthanol $C_{13}H_{17}N_5O_2$, Formel III. Kristalle (aus Propan-1-ol); F: 174—175° [unkorr.].

N^2-[2,5-Dimethoxy-phenyl]-6-methoxymethyl-[1,3,5]triazin-2,4-diyldiamin $C_{13}H_{17}N_5O_3$, Formel IV. Kristalle (aus Acetonitril); F: 131—132° [unkorr.].

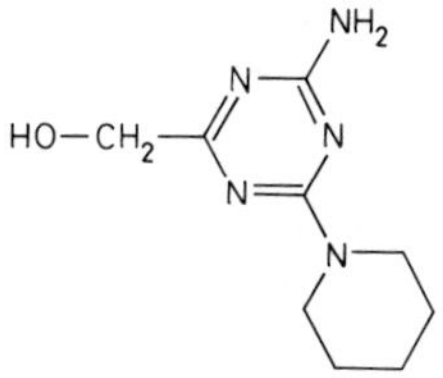

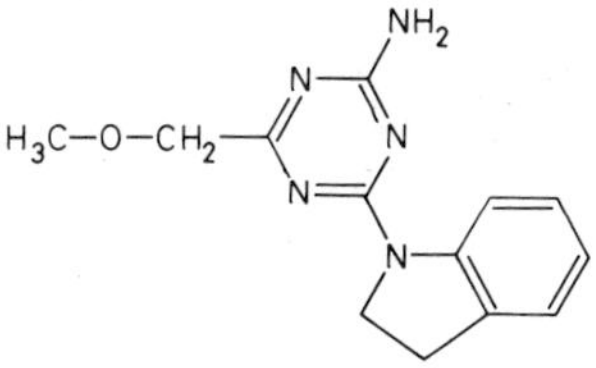

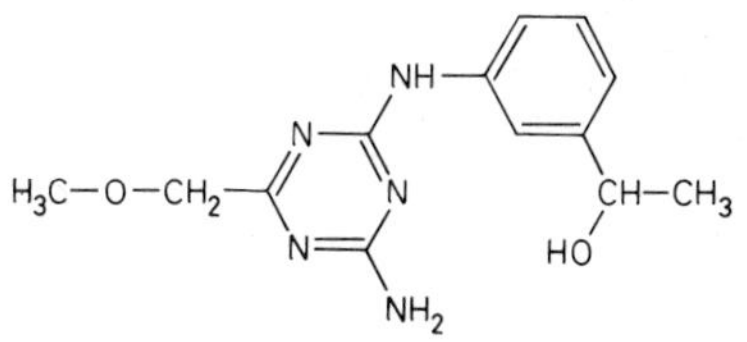

1,4-Bis-[(diamino-[1,3,5]triazin-2-yl)-methansulfonyl]-butan $C_{12}H_{20}N_{10}O_4S_2$, Formel V.

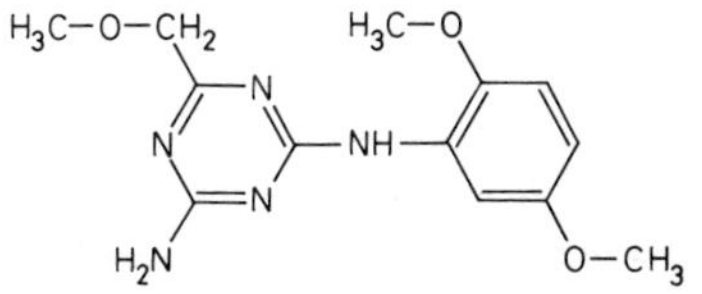

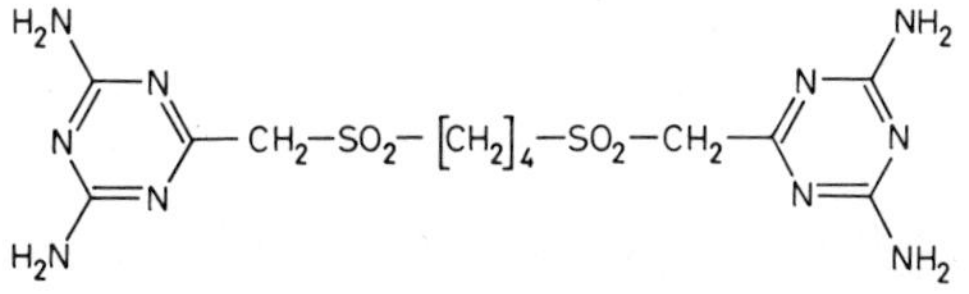

B. Aus dem Natrium- oder Kalium-Salz der Butan-1,4-disulfinsäure und 6-Chlormethyl-[1,3,5]triazin-2,4-diyldiamin (*Beachem et al.,* Am. Soc. **81** [1959] 5430, 5433, 5434).

Kristalle (aus H_2O) mit 2 Mol H_2O; Zers. bei 250°.

Amino-Derivate der Hydroxy-Verbindungen $C_5H_7N_3O$

(±)-1-[Diamino-[1,3,5]triazin-2-yl]-äthanol $C_5H_9N_5O$, Formel VI (R = R' = H).

B. Aus Biguanid und DL-Milchsäure-äthylester (*Am. Cyanamid Co.,* U.S.P. 2394526 [1941]). Aus der folgenden Verbindung beim Erwärmen mit wss. HCl (*Sims et al.,* J. org. Chem. **23** [1958] 724).

Kristalle (aus H_2O); F: 254°.

(±)-6-[1-tert-Butoxy-äthyl]-[1,3,5]triazin-2,4-diyldiamin $C_9H_{17}N_5O$, Formel VI (R = H, R' = $C(CH_3)_3$).

B. Aus Biguanid und (±)-2-*tert*-Butoxy-propionitril (*Am. Cyanamid Co.,* U.S.P. 2777848 [1955]).

Kristalle (aus wss. 2-Methoxy-äthanol); F: 181—182°.

*Opt.-inakt. 6-[1-(1-Äthoxy-äthoxy)-äthyl]-[1,3,5]triazin-2,4-diyldiamin $C_9H_{17}N_5O_2$, Formel VI (R = H, R' = $CH(CH_3)$-O-C_2H_5).

B. Aus opt.-inakt. 2-[1-Äthoxy-äthoxy]-propionitril und Cyanguanidin (*Sims et al.,* J. org. Chem. **23** [1958] 724).

F: 169—172°.

*Opt.-inakt. 6-[1-(1-Butoxy-äthoxy)-äthyl]-[1,3,5]triazin-2,4-diyldiamin $C_{11}H_{21}N_5O_2$, Formel VI (R = H, R' = CH(CH_3)-O-[CH_2]_3-CH_3).
B. Analog der vorangehenden Verbindung (*Sims et al.*, J. org. Chem. **23** [1958] 724).
F: 165—169°.

(±)-6-[1-*tert*-Butoxy-äthyl]-N^2-isopropyl-[1,3,5]triazin-2,4-diyldiamin $C_{12}H_{23}N_5O$, Formel VI (R = CH(CH_3)_2, R' = C(CH_3)_3).
B. Aus N^1-Isopropyl-biguanid und (±)-2-*tert*-Butoxy-propionitril (*Am. Cyanamid Co.*, U.S.P. 2777848 [1955]).
Kristalle (aus wss. Me.); F: 149—150°.

(±)-1-[Amino-anilino-[1,3,5]triazin-2-yl]-äthanol $C_{11}H_{13}N_5O$, Formel VI (R = C_6H_5, R' = H).
B. Aus DL-Milchsäure-äthylester und 1-Phenyl-biguanid (*Shapiro et al.*, Am. Soc. **81** [1959] 3996, 4000).
Kristalle (aus Acetonitril); F: 142—145° [unkorr.].
Picrat $C_{11}H_{13}N_5O \cdot C_6H_3N_3O_7$. Kristalle (aus H_2O); F: 199° [unkorr.].

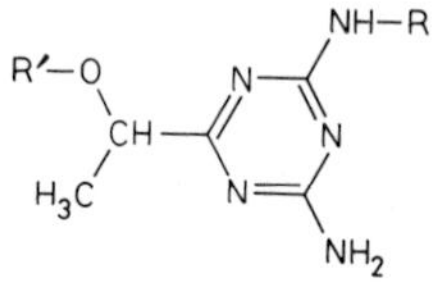

VI 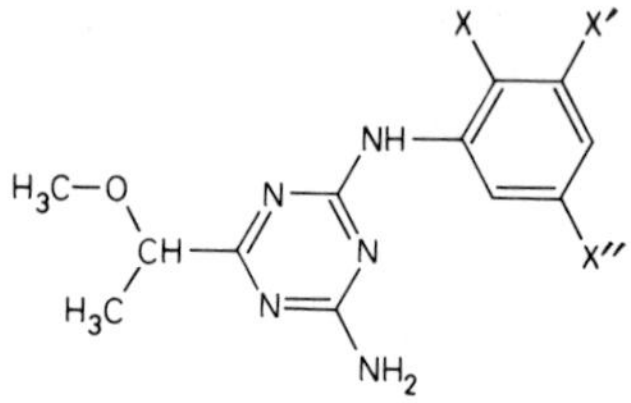   VII

(±)-6-[1-Methoxy-äthyl]-N^2-phenyl-[1,3,5]triazin-2,4-diyldiamin $C_{12}H_{15}N_5O$, Formel VII (X = X' = X'' = H).
B. Aus (±)-2-Methoxy-propionylchlorid beim Behandeln mit 1-Phenyl-biguanid-hydrochlorid und wss. NaOH in Acetonitril (*Shapiro et al.*, Am. Soc. **81** [1959] 3996, 3997).
Kristalle (aus Acetonitril); F: 168—169° [unkorr.].

Die folgenden Verbindungen sind in analoger Weise hergestellt worden:
(±)-N^2-[2,3-Dichlor-phenyl]-6-[1-methoxy-äthyl]-[1,3,5]triazin-2,4-diyldiamin $C_{12}H_{13}Cl_2N_5O$, Formel VII (X = X' = Cl, X'' = H). Kristalle (aus Acetonitril); F: 186—188° [unkorr.].
(±)-N^2-[2,5-Dichlor-phenyl]-6-[1-methoxy-äthyl]-[1,3,5]triazin-2,4-diyldiamin $C_{12}H_{13}Cl_2N_5O$, Formel VII (X = X'' = Cl, X' = H). Kristalle (aus Acetonitril); F: 100—101° [unkorr.].
(±)-N^2-[3,5-Dichlor-phenyl]-6-[1-methoxy-äthyl]-[1,3,5]triazin-2,4-diyldiamin $C_{12}H_{13}Cl_2N_5O$, Formel VII (X = H, X' = X'' = Cl). Kristalle (aus Acetonitril); F: 195—200° [unkorr.].
(±)-N^2-[3-Brom-phenyl]-6-[1-methoxy-äthyl]-[1,3,5]triazin-2,4-diyldiamin $C_{12}H_{14}BrN_5O$, Formel VII (X = X'' = H, X' = Br). Kristalle (aus Acetonitril); F: 84—87°.
(±)-N^2-[3-Jod-phenyl]-6-[1-methoxy-äthyl]-[1,3,5]triazin-2,4-diyldiamin $C_{12}H_{14}IN_5O$, Formel VII (X = X'' = H, X' = I). Kristalle (aus Acetonitril); F: 153—155° [unkorr.].
(±)-6-[1-Methoxy-äthyl]-N^2-o-tolyl-[1,3,5]triazin-2,4-diyldiamin $C_{13}H_{17}N_5O$, Formel VIII (R = X = H). Kristalle (aus Acetonitril); F: 198—199° [unkorr.].
(±)-N^2-[5-Chlor-2-methyl-phenyl]-6-[1-methoxy-äthyl]-[1,3,5]triazin-2,4-diyldiamin $C_{13}H_{16}ClN_5O$, Formel VIII (R = H, X = Cl). Kristalle (aus Acetonitril); F: 173—174° [unkorr.].
(±)-N^4-[5-Chlor-2-methyl-phenyl]-6-[1-methoxy-äthyl]-N^2,N^2-dimethyl-

[1,3,5]triazin-2,4-diyldiamin $C_{15}H_{20}ClN_5O$, Formel VIII (R = CH_3, X = Cl). Kristalle (aus Acetonitril); F: 86—87°.

(±)-N^2-Äthyl-6-[1-methoxy-äthyl]-N^2-o-tolyl-[1,3,5]triazin-2,4-diyldiamin $C_{15}H_{21}N_5O$, Formel IX (R = C_2H_5, R' = R'' = H). Kristalle (aus Acetonitril); F: 230—232° [unkorr.].

(±)-N^2-[2,3-Dimethyl-phenyl]-6-[1-methoxy-äthyl]-[1,3,5]triazin-2,4-diyldiamin $C_{14}H_{19}N_5O$, Formel IX (R = R'' = H, R' = CH_3). Kristalle (aus Acetonitril); F: 168—181°(?) [unkorr.].

(±)-N^2-[2,4-Dimethyl-phenyl]-6-[1-methoxy-äthyl]-[1,3,5]triazin-2,4-diyldiamin $C_{14}H_{19}N_5O$, Formel IX (R = R' = H, R'' = CH_3). Kristalle (aus Acetonitril); F: 165—167° [unkorr.].

(±)-6-[1-Methoxy-äthyl]-N^2-[3-methoxy-phenyl]-[1,3,5]triazin-2,4-diyldiamin $C_{13}H_{17}N_5O_2$, Formel VII (X = X'' = H, X' = O-CH_3) und Taut. Kristalle (aus Acetonitril); F: 143—144°.

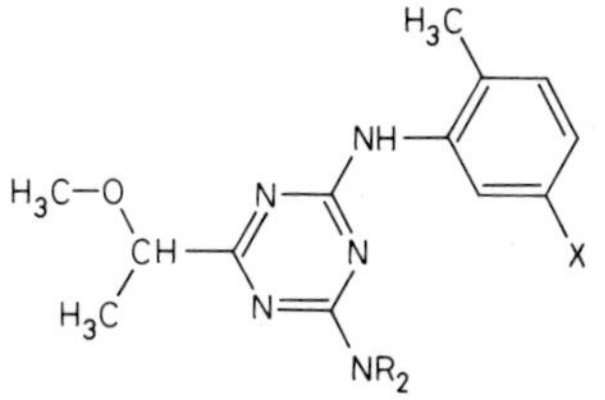

VIII 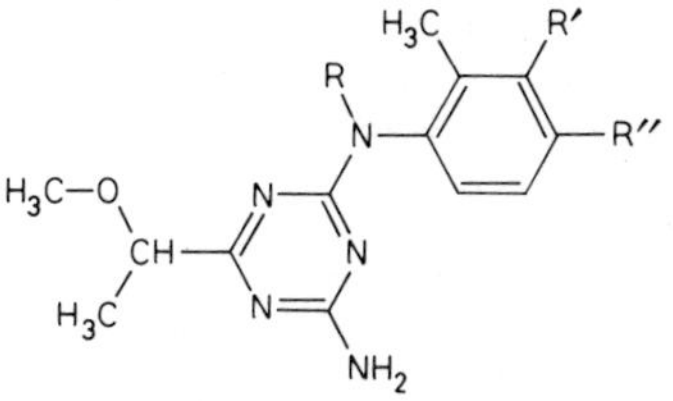   IX

(±)-N^2-Phenyl-6-[1-propoxy-äthyl]-[1,3,5]triazin-2,4-diyldiamin $C_{14}H_{19}N_5O$, Formel X.

B. Aus (±)-2-Propoxy-propionitril und 1-Phenyl-biguanid beim Erwärmen mit wss. KOH in 2-Äthoxy-äthanol (*Am. Cyanamid Co.*, U.S.P. 2777848 [1955]).

Kristalle (aus Acetonitril); F: 100—102°.

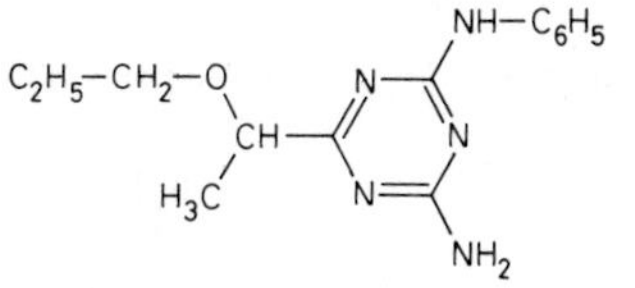

X 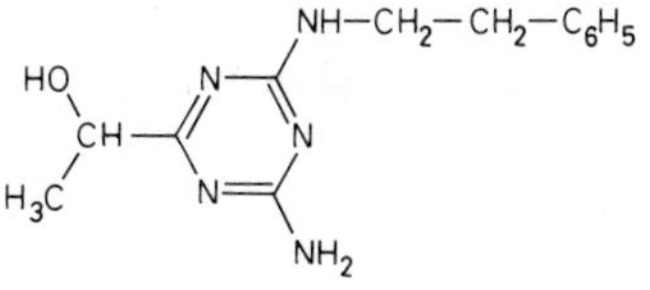   XI

(±)-1-[Amino-phenäthylamino-[1,3,5]triazin-2-yl]-äthanol $C_{13}H_{17}N_5O$, Formel XI.

B. Neben geringen Mengen einer als (±)-4-[1-Hydroxy-äthyl]-6-phenäthylamino-1H-[1,3,5]triazin-2-on $C_{13}H_{16}N_4O_2$ angesehenen Verbindung (Kristalle [aus 2-Methoxy-äthanol], F: 258—259°; Picrat $C_{13}H_{16}N_4O_2 \cdot C_6H_3N_3O_7$, F: 184—187° [aus H_2O]) beim Behandeln von N^1-Phenäthyl-biguanid mit DL-Milchsäure-äthylester in Methanol (*Shapiro et al.*, Am. Soc. **81** [1959] 2220, 2223).

Kristalle (aus Acetonitril); F: 107—111° [unkorr.; Zers.].

Picrat $C_{13}H_{17}N_5O \cdot C_6H_3N_3O_7$. Kristalle (aus Acetonitril); F: 185° [unkorr.; Zers.].

6-[2-Methoxy-äthyl]-[1,3,5]triazin-2,4-diyldiamin $C_6H_{11}N_5O$, Formel XII (R = H, R' = CH_3).

B. Beim Erwärmen von Biguanid mit Methylacrylat und Methanol (*Overberger et al.*, Am. Soc. **79** [1957] 941, 944).

Kristalle; F: 210—211° [unkorr.].

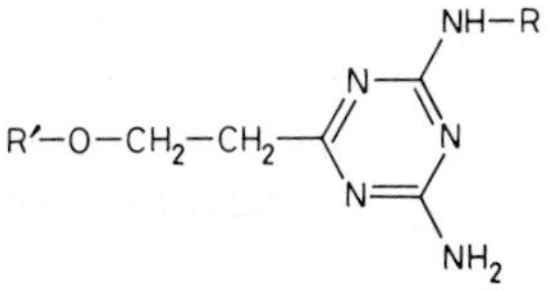

XII 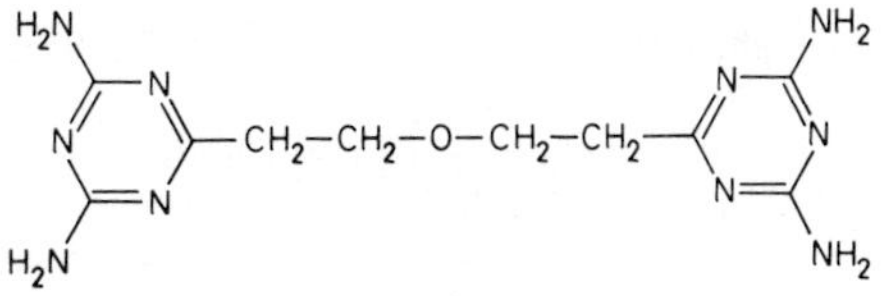   XIII

6-[2-Äthoxy-äthyl]-[1,3,5]triazin-2,4-diyldiamin $C_7H_{13}N_5O$, Formel XII (R = H, R' = C_2H_5).

B. Aus 3-Äthoxy-propionsäure oder 3-Äthoxy-propionsäure-äthylester und Biguanid (*Am. Cyanamid Co.*, U.S.P. 2309681 [1941], 2394526 [1941]).

Kristalle (aus wss. Acn.); F: 164−165° (*Am. Cyanamid Co.*, U.S.P. 2309681, 2394526).

Die folgenden Verbindungen sind in analoger Weise hergestellt worden:

6-[2-Pentyloxy-äthyl]-[1,3,5]triazin-2,4-diyldiamin $C_{10}H_{19}N_5O$, Formel XII (R = H, R' = $[CH_2]_4$-CH_3). Kristalle (aus Acn.); F: 119−120° (*Am. Cyanamid Co.*, U.S.P. 2309681, 2394526).

6-[2-Octadecyloxy-äthyl]-[1,3,5]triazin-2,4-diyldiamin $C_{23}H_{45}N_5O$, Formel XII (R = H, R' = $[CH_2]_{17}$-CH_3). Kristalle (aus Acn.); F: 108−110° (*Am. Cyanamid Co.*, U.S.P. 2309681).

Bis-[2-(diamino-[1,3,5]triazin-2-yl)-äthyl]-äther, 6,6'-[3-Oxa-pentandiyl]-bis-[1,3,5]triazin-2,4-diyldiamin $C_{10}H_{16}N_{10}O$, Formel XIII. Kristalle (aus H_2O); F: 310° (*Am. Cyanamid Co.*, U.S.P. 2309681, 2394526).

N^2-Cyclohexyl-6-[2-methoxy-äthyl]-[1,3,5]triazin-2,4-diyldiamin $C_{12}H_{21}N_5O$, Formel XII (R = C_6H_{11}, R' = CH_3). Kristalle (aus Me.); F: 75−77° (*Shapiro et al.*, Am. Soc. **81** [1959] 3996, 3997).

2-[Amino-anilino-[1,3,5]triazin-2-yl]-äthanol $C_{11}H_{13}N_5O$, Formel XII (R = C_6H_5, R' = H).

B. Neben N-[Phenylcarbamimidoyl-carbamimidoyl]-β-alanin beim Behandeln von 1-Phenyl-biguanid mit Oxetan-2-on in Acetonitril (*Overberger, Shapiro*, Am. Soc. **76** [1954] 1061, 1065). Beim Erwärmen von 6-[2-Methoxy-äthyl]-N^2-phenyl-[1,3,5]triazin-2,4-diyldiamin mit Trichlor≠essigsäure in wss. Dioxan (*Ov., Sh.*, l. c. S. 1065).

Kristalle (aus wss. Me.); F: 159−160° [unkorr.] (*Ov., Sh.*, l. c. S. 1065). λ_{max} (Me.): 265 nm (*Overberger, Shapiro*, Am. Soc. **76** [1954] 1855, 1856).

Picrat $C_{11}H_{13}N_5O \cdot C_6H_3N_3O_7$. Kristalle (aus H_2O); F: 224−225° [unkorr.] (*Ov., Sh.*, l. c. S. 1065).

6-[2-Methoxy-äthyl]-N^2-phenyl-[1,3,5]triazin-2,4-diyldiamin $C_{12}H_{15}N_5O$, Formel XIV (X = X' = X'' = H).

B. Beim Behandeln von 1-Phenyl-biguanid mit 3-Brom-propionsäure-methylester und meth≠anol. Natriummethylat (*Shapiro, Overberger*, Am. Soc. **76** [1954] 97, 99). Aus 1-Phenyl-biguanid und 3-Methoxy-propionsäure-methylester mit Hilfe von methanol. Natriummethylat (*Am. Cyan≠amid Co.*, U.S.P. 2309663 [1941], 2394526 [1941]; s. a. *Overberger, Shapiro*, Am. Soc. **76** [1954] 1061, 1063). Aus 1-Phenyl-biguanid und Methylacrylat (*Ov., Sh.*, l. c. S. 1064).

Kristalle; F: 119−120° [unkorr.; aus wss. Me.] (*Ov., Sh.*, l. c. S. 1064), 118° [aus Toluol] (*Am. Cyanamid Co.*). λ_{max} (wss. HCl): 263 nm (*Overberger, Shapiro*, Am. Soc. **76** [1954] 1855, 1856).

Hydrochlorid $C_{12}H_{15}N_5O \cdot HCl$. Kristalle (aus Acetonitril); F: 143−144° [unkorr.; Zers.] (*Ov., Sh.*, l. c. S. 1064). λ_{max} (Me.): 269 nm (*Ov., Sh.*, l. c. S. 1856).

Picrat $C_{12}H_{15}N_5O \cdot C_6H_3N_3O_7$. Kristalle (aus H_2O); F: 205−206° [unkorr.; Zers.] (*Ov., Sh.*, l. c. S. 1065).

Acetat $C_{12}H_{15}N_5O \cdot C_2H_4O_2$. Kristalle (aus wss. Eg.); F: 97−99° [Zers.] (*Ov., Sh.*, l. c. S. 1065). λ_{max} (Me.): 270 nm (*Ov., Sh.*, l. c. S. 1856).

Trichloracetat $C_{12}H_{15}N_5O \cdot C_2HCl_3O_2$. F: 138−139° [unkorr.] (*Sh., Ov.*, l. c. S. 100), 137−138° [unkorr.; Zers.] (*Ov., Sh.*, l. c. S. 1065). λ_{max} (Me.): 272 nm (*Ov., Sh.*, l. c. S. 1856).

Heptafluorbutyrat $C_{12}H_{15}N_5O \cdot C_4HF_7O_2$. F: 128−130° [unkorr.; Zers.] (*Ov., Sh.*, l. c. S. 1065). λ_{max} (Me.): 269 nm (*Ov., Sh.*, l. c. S. 1856).

N^2-[4-Fluor-phenyl]-6-[2-methoxy-äthyl]-[1,3,5]triazin-2,4-diyldiamin $C_{12}H_{14}FN_5O$, Formel XIV (X = X' = H, X'' = F).

B. Aus 1-[4-Fluor-phenyl]-biguanid-hydrochlorid beim Behandeln mit 3-Methoxy-propion≠säure-methylester und methanol. Natriummethylat (*Shapiro et al.*, Am. Soc. **81** [1959] 3996, 3998).

Kristalle (aus Bzl.); F: 130−132° [unkorr.].

Die folgenden Verbindungen sind in analoger Weise hergestellt worden:

N^2-[2-Chlor-phenyl]-6-[2-methoxy-äthyl]-[1,3,5]triazin-2,4-diyldiamin
$C_{12}H_{14}ClN_5O$, Formel XIV (X = Cl, X′ = X″ = H). Verbindung mit 1 Mol 1-[2-Chlor-phenyl]-biguanid $C_{12}H_{14}ClN_5O \cdot C_8H_{10}ClN_5$. Kristalle (aus Acetonitril); F: 135—137° [unkorr.].

N^2-[3-Chlor-phenyl]-6-[2-methoxy-äthyl]-[1,3,5]triazin-2,4-diyldiamin
$C_{12}H_{14}ClN_5O$, Formel XIV (X = X″ = H, X′ = Cl). Kristalle (aus Acetonitril); F: 162—163° [unkorr.].

N^2-[4-Chlor-phenyl]-6-[2-methoxy-äthyl]-[1,3,5]triazin-2,4-diyldiamin
$C_{12}H_{14}ClN_5O$, Formel XIV (X = X′ = H, X″ = Cl). Kristalle (aus Acetonitril); F: 130—133° [unkorr.].

N^2-[4-Brom-phenyl]-6-[2-methoxy-äthyl]-[1,3,5]triazin-2,4-diyldiamin
$C_{12}H_{14}BrN_5O$, Formel XIV (X = X′ = H, X″ = Br). Kristalle (aus Acetonitril); F: 114—117° [unkorr.].

N^2-[4-Jod-phenyl]-6-[2-methoxy-äthyl]-[1,3,5]triazin-2,4-diyldiamin
$C_{12}H_{14}IN_5O$, Formel XIV (X = X′ = H, X″ = I). Kristalle (aus Me.) mit 1 Mol H_2O; F: 115° [unkorr.; Zers.].

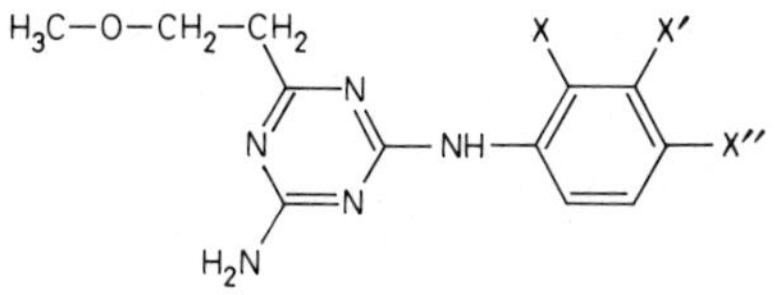

XIV 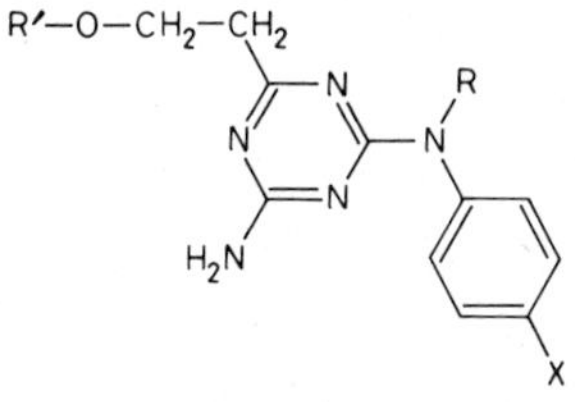   XV

6-[2-Äthoxy-äthyl]-N^2-phenyl-[1,3,5]triazin-2,4-diyldiamin $C_{13}H_{17}N_5O$, Formel XV
(R = X = H, R′ = C_2H_5).

B. Beim Behandeln von 1-Phenyl-biguanid mit 3-Äthoxy-propionsäure-äthylester oder mit Methylacrylat und äthanol. Natriumäthylat (*Overberger, Shapiro*, Am. Soc. **76** [1954] 1061, 1063, 1064).

Kristalle (aus wss. Me.); F: 120—121° [unkorr.] (*Ov., Sh.*, l. c. S. 1065). λ_{max} (Me.): 269 nm (*Overberger, Shapiro*, Am. Soc. **76** [1954] 1855, 1856).

Picrat $C_{13}H_{17}N_5O \cdot C_6H_3N_3O_7$. Kristalle (aus H_2O); F: 197—198° [unkorr.; Zers.] (*Ov., Sh.*, l. c. S. 1065).

Acetat $C_{13}H_{17}N_5O \cdot C_2H_4O_2$. Kristalle (aus wss. Eg.); F: 95—100° [Zers.] (*Ov., Sh.*, l. c. S. 1065).

Verbindung mit 1-Phenyl-biguanid $C_{13}H_{17}N_5O \cdot C_8H_{11}N_5$. Kristalle (aus Acetonitril); F: 146—148° [unkorr.] (*Ov., Sh.*, l. c. S. 1064).

N^2-Phenyl-6-[2-propoxy-äthyl]-[1,3,5]triazin-2,4-diyldiamin $C_{14}H_{19}N_5O$, Formel XV
(R = X = H, R′ = CH_2-C_2H_5).

B. Aus 1-Phenyl-biguanid beim Behandeln mit Methylacrylat und Natriumpropylat in Propan-1-ol (*Overberger, Shapiro*, Am. Soc. **76** [1954] 1061, 1063, 1065).

Kristalle (aus wss. Me.); F: 117—118° [unkorr.] (*Ov., Sh.*, l. c. S. 1065). λ_{max} (Me.): 265 nm (*Overberger, Shapiro*, Am. Soc. **76** [1954] 1855, 1856).

Picrat $C_{14}H_{19}N_5O \cdot C_6H_3N_3O_7$. Kristalle (aus H_2O); F: 191—193° [unkorr.; Zers.] (*Ov., Sh.*, l. c. S. 1065).

Trichloracetat $C_{14}H_{19}N_5O \cdot C_2HCl_3O_2$. F: 128—129° [unkorr.; Zers.] (*Ov., Sh.*, l. c. S. 1065).

6-[2-Methoxy-äthyl]-N^2-methyl-N^2-phenyl-[1,3,5]triazin-2,4-diyldiamin $C_{13}H_{17}N_5O$,
Formel XV (R = R′ = CH_3, X = H).

B. Aus 3-Methoxy-propionsäure-äthylester und 1-Methyl-1-phenyl-biguanid (*Shapiro et al.*,

Am. Soc. **81** [1959] 3996, 3997).
Kristalle (aus Acetonitril); F: 102−105° [unkorr.].

Die folgenden Verbindungen sind in analoger Weise hergestellt worden:

N^2-Äthyl-6-[2-methoxy-äthyl]-N^2-phenyl-[1,3,5]triazin-2,4-diyldiamin
$C_{14}H_{19}N_5O$, Formel XV (R = C_2H_5, R′ = CH_3, X = H). Kristalle (aus Acetonitril); F: 109−111° [unkorr.].

N^2-Äthyl-N^2-[4-chlor-phenyl]-6-[2-methoxy-äthyl]-[1,3,5]triazin-2,4-diyldi=
amin $C_{14}H_{18}ClN_5O$, Formel XV (R = C_2H_5, R′ = CH_3, X = Cl). Kristalle (aus Acetonitril); F: 107−112° [unkorr.].

6-[2-Äthoxy-äthyl]-N^2-äthyl-N^2-phenyl-[1,3,5]triazin-2,4-diyldiamin
$C_{15}H_{21}N_5O$, Formel XV (R = R′ = C_2H_5, X = H). Kristalle (aus Acetonitril); F: 90−92°.

6-[2-Äthoxy-äthyl]-N^2-äthyl-N^2-[4-chlor-phenyl]-[1,3,5]triazin-2,4-diyldiamin
$C_{15}H_{20}ClN_5O$, Formel XV (R = R′ = C_2H_5, X = Cl). Kristalle (aus Acetonitril); F: 71−73°.

N^2-Butyl-6-[2-methoxy-äthyl]-N^2-phenyl-[1,3,5]triazin-2,4-diyldiamin
$C_{16}H_{23}N_5O$, Formel XV (R = $[CH_2]_3$-CH_3, R′ = CH_3, X = H). Kristalle (aus Acetonitril); F: 67−69°.

6-[2-Äthoxy-äthyl]-N^2-butyl-N^2-phenyl-[1,3,5]triazin-2,4-diyldiamin
$C_{17}H_{25}N_5O$, Formel XV (R = $[CH_2]_3$-CH_3, R′ = C_2H_5, X = H). Kristalle (aus Acetonitril); F: 63−64°.

N^2-Isopentyl-6-[2-methoxy-äthyl]-N^2-phenyl-[1,3,5]triazin-2,4-diyldiamin
$C_{17}H_{25}N_5O$, Formel XV (R = CH_2-CH_2-$CH(CH_3)_2$, R′ = CH_3, X = H). Kristalle (aus Acetonitril); F: 86−89°.

N^2-Allyl-N^2-[4-chlor-phenyl]-6-[2-methoxy-äthyl]-[1,3,5]triazin-2,4-diyldiamin
$C_{15}H_{18}ClN_5O$, Formel XV (R = CH_2-CH=CH_2, R′ = CH_3, X = Cl). Kristalle (aus Aceto=
nitril); F: 111−112° [unkorr.].

6-[2-Äthoxy-äthyl]-N^2-allyl-N^2-[4-chlor-phenyl]-[1,3,5]triazin-2,4-diyldiamin
$C_{16}H_{20}ClN_5O$, Formel XV (R = CH_2-CH=CH_2, R′ = C_2H_5, X = Cl). Kristalle (aus Aceto=
nitril); F: 66−67°.

6-[2-Methoxy-äthyl]-N^2-o-tolyl-[1,3,5]triazin-2,4-diyldiamin $C_{13}H_{17}N_5O$, For=
mel I (R = X = H, R′ = CH_3). Kristalle (aus Acetonitril); F: 121−124° [unkorr.].

N^2-[4-Chlor-2-methyl-phenyl]-6-[2-methoxy-äthyl]-[1,3,5]triazin-2,4-diyl=
diamin $C_{13}H_{16}ClN_5O$, Formel I (R = H, R′ = CH_3, X = Cl). Kristalle (aus Acetonitril); F: 128−129° [unkorr.].

6-[2-Äthoxy-äthyl]-N^2-o-tolyl-[1,3,5]triazin-2,4-diyldiamin $C_{14}H_{19}N_5O$, Formel I (R = X = H, R′ = C_2H_5). Kristalle (aus Acetonitril); F: 115−118° [unkorr.].

N^2-Äthyl-6-[2-methoxy-äthyl]-N^2-o-tolyl-[1,3,5]triazin-2,4-diyldiamin
$C_{15}H_{21}N_5O$, Formel I (R = C_2H_5, R′ = CH_3, X = H). Kristalle (aus Acetonitril); F: 105−106° [unkorr.].

6-[2-Äthoxy-äthyl]-N^2-äthyl-N^2-o-tolyl-[1,3,5]triazin-2,4-diyldiamin
$C_{16}H_{23}N_5O$, Formel I (R = R′ = C_2H_5, X = H). Kristalle (aus Acetonitril); F: 79−81°.

6-[2-Methoxy-äthyl]-N^2-m-tolyl-[1,3,5]triazin-2,4-diyldiamin $C_{13}H_{17}N_5O$, For=
mel II (R = R″ = CH_3, R′ = H). Kristalle (aus Acetonitril); F: 111−112° [unkorr.].

6-[2-Äthoxy-äthyl]-N^2-m-tolyl-[1,3,5]triazin-2,4-diyldiamin $C_{14}H_{19}N_5O$, For=
mel II (R = CH_3, R′ = H, R″ = C_2H_5). Kristalle (aus Acetonitril); F: 149−151° [unkorr.].

6-[2-Methoxy-äthyl]-N^2-p-tolyl-[1,3,5]triazin-2,4-diyldiamin $C_{13}H_{17}N_5O$, For=
mel II (R = H, R′ = R″ = CH_3). Kristalle (aus Acetonitril); F: 119−121° [unkorr.].

6-[2-Äthoxy-äthyl]-N^2-p-tolyl-[1,3,5]triazin-2,4-diyldiamin $C_{14}H_{19}N_5O$, For=
mel II (R = H, R′ = CH_3, R″ = C_2H_5). Kristalle (aus Acetonitril); F: 112−114° [unkorr.].

N^2-Benzyl-6-[2-methoxy-äthyl]-N^2-phenyl-[1,3,5]triazin-2,4-diyldiamin
$C_{19}H_{21}N_5O$, Formel III. Kristalle (aus Propan-1-ol); F: 110−112° [unkorr.].

N^2-[2-Äthyl-phenyl]-6-[2-methoxy-äthyl]-[1,3,5]triazin-2,4-diyldiamin
$C_{14}H_{19}N_5O$, Formel IV. Kristalle (aus Acetonitril); F: 115−117° [unkorr.].

6-[2-Methoxy-äthyl]-N^2-phenäthyl-[1,3,5]triazin-2,4-diyldiamin $C_{14}H_{19}N_5O$,
Formel V. Kristalle (aus Isopropylalkohol); F: 140−142° [unkorr.].

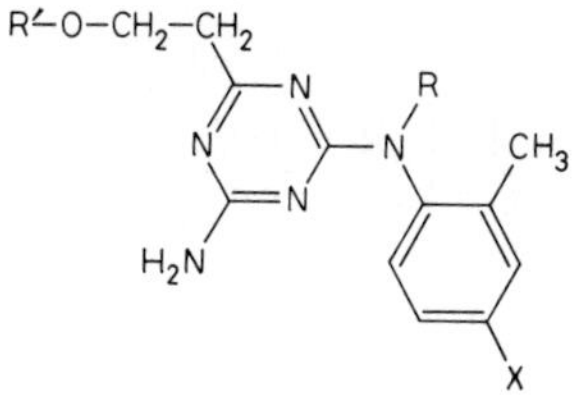

I

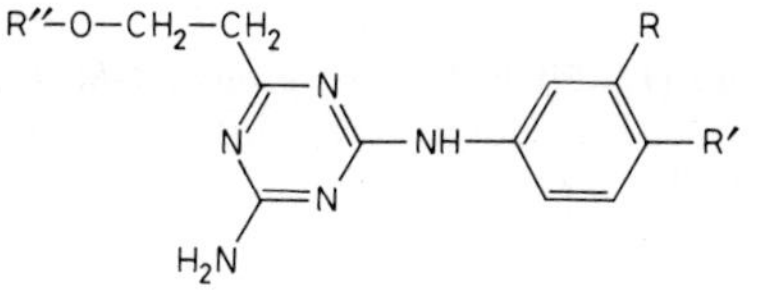

II

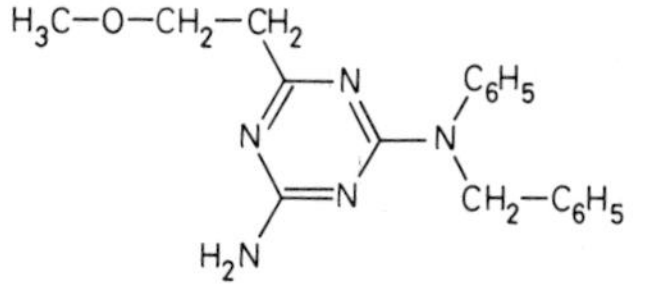

III

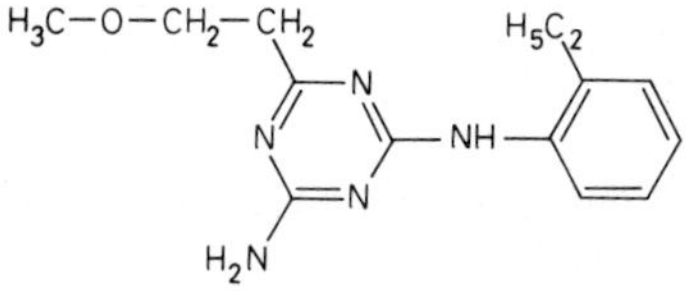

IV

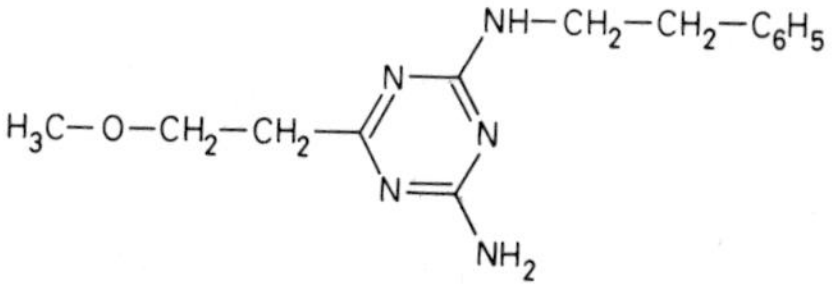

V

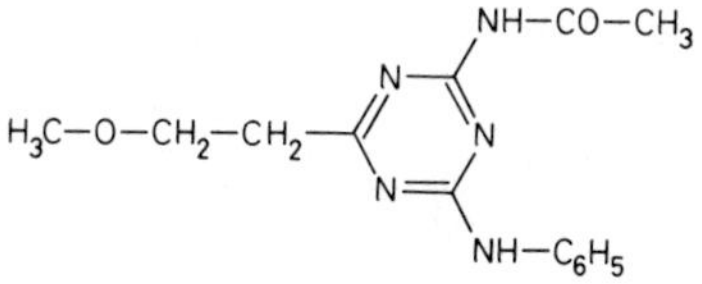

VI

Acetylamino-anilino-[2-methoxy-äthyl]-[1,3,5]triazin, *N*-[Anilino-(2-methoxy-äthyl)-[1,3,5]triazin-2-yl]-acetamid $C_{14}H_{17}N_5O_2$, Formel VI.

B. Aus 6-[2-Methoxy-äthyl]-N^2-phenyl-[1,3,5]triazin-2,4-diyldiamin und Acetanhydrid in Pyridin (*Overberger, Shapiro,* Am. Soc. **76** [1954] 1061, 1065).

Kristalle (aus H_2O); F: 158−159° [unkorr.] (*Ov., Sh.,* l. c. S. 1065). UV-Spektrum (Me.; 220−300 nm): *Overberger, Shapiro,* Am. Soc. **76** [1954] 1855, 1857.

Amino-Derivate der Hydroxy-Verbindungen $C_6H_9N_3O$

(±)-6-[2-Methoxy-propyl]-[1,3,5]triazin-2,4-diyldiamin $C_7H_{13}N_5O$, Formel VII (R = CH_3).

B. Aus Crotonsäure-methylester, Biguanid und Methanol (*Am. Cyanamid Co.,* U.S.P. 2309624 [1941], 2461943 [1941]).

Kristalle (aus Acn.); F: 187−188°.

(±)-6-[2-Äthoxy-propyl]-[1,3,5]triazin-2,4-diyldiamin $C_8H_{15}N_5O$, Formel VII (R = C_2H_5).

B. Aus Crotonsäure-methylester, Biguanid und Äthanol (*Am. Cyanamid Co.,* U.S.P. 2309624 [1941], 2309681 [1941]).

Kristalle (aus Acn.); F: 197−198°.

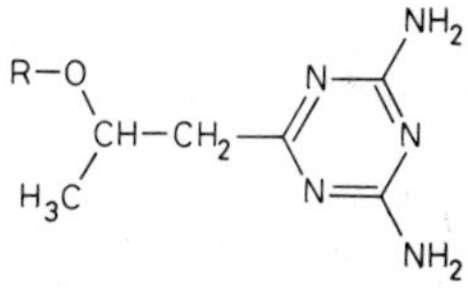

VII

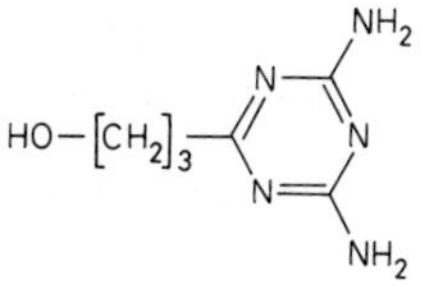

VIII

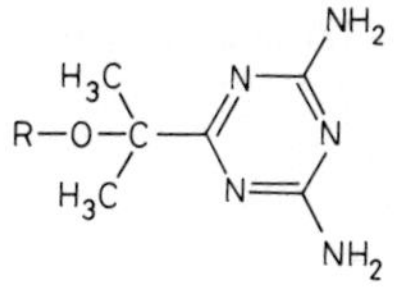

IX

3-[Diamino-[1,3,5]triazin-2-yl]-propan-1-ol $C_6H_{11}N_5O$, Formel VIII.

B. Aus Biguanid und Dihydro-furan-2-on in methanol. Natriummethylat (*Am. Cyanamid Co.,* U.S.P. 2309680 [1941]).

Kristalle (aus Butan-1-ol).

2-[Diamino-[1,3,5]triazin-2-yl]-propan-2-ol $C_6H_{11}N_5O$, Formel IX (R = H).

B. Aus der folgenden Verbindung beim Erwärmen mit wss. HCl (*Sims et al.*, J. org. Chem. **23** [1958] 724).

Kristalle (aus H_2O); F: 165—167°.

(±)-6-[α-(1-Äthoxy-äthoxy)-isopropyl]-[1,3,5]triazin-2,4-diyldiamin $C_{10}H_{19}N_5O_2$, Formel IX (R = $CH(CH_3)$-O-C_2H_5).

B. Beim Erwärmen von (±)-α-[1-Äthoxy-äthoxy]-isobutyronitril mit Cyanguanidin und KOH in Isopropylalkohol (*Sims et al.*, J. org. Chem. **23** [1958] 724).

F: 170°.

(±)-6-[α-(1-Butoxy-äthoxy)-isopropyl]-[1,3,5]triazin-2,4-diyldiamin $C_{12}H_{23}N_5O_2$, Formel IX (R = $CH(CH_3)$-O-$[CH_2]_3$-CH_3).

B. Analog der vorangehenden Verbindung (*Sims et al.*, J. org. Chem. **23** [1958] 724).

F: 130—132°.

(±)-6-[β-Methoxy-isopropyl]-[1,3,5]triazin-2,4-diyldiamin $C_7H_{13}N_5O$, Formel X.

B. Neben 6-Isopropenyl-[1,3,5]triazin-2,4-diyldiamin beim Behandeln von Biguanid mit Methylmethacrylat und Methanol (*Am. Cyanamid Co.*, U.S.P. 2309624 [1941], 2309681 [1941]).

Kristalle (aus Acn.); F: 166°.

Amino-Derivate der Monohydroxy-Verbindungen $C_nH_{2n-5}N_3O$

1-[Diamino-[1,3,5]triazin-2-yl]-cyclohexanol $C_9H_{15}N_5O$, Formel XI (R = H).

B. Aus der folgenden Verbindung beim Erwärmen mit wss. HCl (*Sims et al.*, J. org. Chem. **23** [1958] 724).

Kristalle (aus H_2O); F: 209°.

(±)-6-[1-(1-Äthoxy-äthoxy)-cyclohexyl]-[1,3,5]triazin-2,4-diyldiamin $C_{13}H_{23}N_5O_2$, Formel XI (R = $CH(CH_3)$-O-C_2H_5).

B. Beim Erwärmen von (±)-1-[1-Äthoxy-äthoxy]-cyclohexancarbonitril mit Cyanguanidin und KOH in Isopropylalkohol (*Sims et al.*, J. org. Chem. **23** [1958] 724).

F: 220—222°.

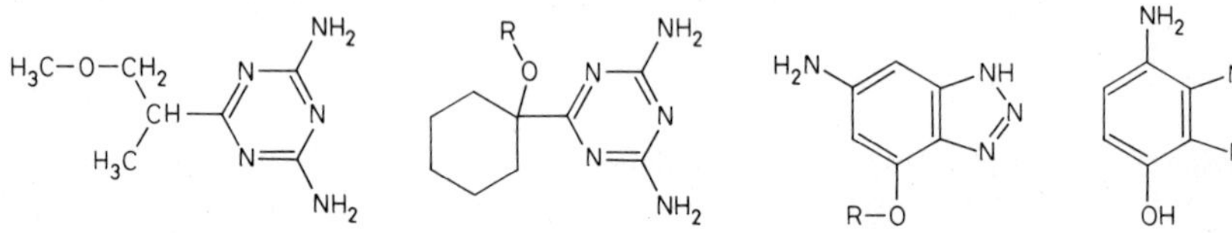

X   XI   XII   XIII

Amino-Derivate der Monohydroxy-Verbindungen $C_nH_{2n-7}N_3O$

6-Amino-1H-benzotriazol-4-ol $C_6H_6N_4O$, Formel XII (R = H) und Taut.

B. Bei der Hydrierung von 6-Nitro-1H-benzotriazol-4-ol an Palladium in Äthanol (*Gillespie et al.*, Am. Soc. **76** [1954] 3531).

Dihydrochlorid $C_6H_6N_4O \cdot 2HCl$. F: 220° [Zers.]. Bei 210—215° sublimierbar.

N-Acetyl-Derivat $C_8H_8N_4O_2$; 6-Acetylamino-1H-benzotriazol-4-ol, N-[7-Hydroxy-1H-benzotriazol-5-yl]-acetamid. Kristalle (aus wss. Eg.); F: 284—289° [korr.; Zers.].

7-Methoxy-1H-benzotriazol-5-ylamin $C_7H_8N_4O$, Formel XII (R = CH_3) und Taut.

B. Bei der Hydrierung von 4-Methoxy-6-nitro-1H-benzotriazol an Palladium in Äthanol

(*Gillespie et al.*, Am. Soc. **76** [1954] 3531).
Kristalle (aus A.); F: 196−198° [korr.].

7-Amino-1H-benzotriazol-4-ol $C_6H_6N_4O$, Formel XIII und Taut.
B. Bei der elektrochemischen Reduktion von 4-Nitro-1H-benzotriazol in wss. H_2SO_4 (*Fieser,*
Martin, Am. Soc. **57** [1935] 1835, 1839).
Kristalle (aus H_2O); F: 225−230° [Zers.].

7-Amino-2-methyl-2H-benzotriazol-4-ol $C_7H_8N_4O$, Formel XIV.
B. Bei der elektrochemischen Reduktion von 2-Methyl-4-nitro-2H-benzotriazol (S. 128) in
wss. H_2SO_4 (*Fieser, Martin*, Am. Soc. **57** [1935] 1835, 1839).
Dibenzoyl-Derivat $C_{21}H_{16}N_4O_3$. Kristalle (aus A.); F: 262−263°.

4-Amino-1H-benzotriazol-5-ol $C_6H_6N_4O$, Formel XV (R = R′ = H) und Taut.
B. Aus 1H-Benzotriazol-4,5-dion-4-oxim mit Hilfe von $SnCl_2$ und wss. HCl (*Fries et al.*,
A. **511** [1934] 213, 226) oder von wss. $Na_2S_2O_4$ (*Fieser, Martin*, Am. Soc. **57** [1935] 1835,
1838). Bei der elektrochemischen Reduktion von 4-Nitro-1H-benzotriazol-5-ol in wss. H_2SO_4
(*Fi., Ma.*).
Kristalle; F: 217° [Zers.; aus Acn. + PAe.] (*Fr. et al.*), 216−217° [aus H_2O] (*Fi., Ma.*).
Dihydrochlorid $C_6H_6N_4O \cdot 2HCl$. Kristalle; F: 225° [Zers.] (*Fi., Ma.*).

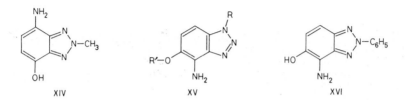

XIV   XV   XVI

5-Methoxy-1H-benzotriazol-4-ylamin $C_7H_8N_4O$, Formel XV (R = H, R′ = CH_3) und Taut.
B. Bei der Hydrierung von 5-Methoxy-4-nitro-1H-benzotriazol an Palladium/Kohle in Äth‡
anol (*Gillespie et al.*, Am. Soc. **78** [1956] 1651).
Dunkelrote Kristalle (aus wss. A.); F: 202−203° [korr.].

4-Amino-1-methyl-1H-benzotriazol-5-ol $C_7H_8N_4O$, Formel XV (R = CH_3, R′ = H).
B. Bei der Hydrierung von 1-Methyl-1H-benzotriazol-4,5-dion-4-oxim an Raney-Nickel in
Äthanol (*Süs*, A. **579** [1953] 133, 149).
F: 234−236° [unter Braunfärbung].
Hydrochlorid $C_7H_8N_4O \cdot HCl$. Kristalle (aus A. + wss. HCl); Zers. ab 188°.

4-Amino-2-phenyl-2H-benzotriazol-5-ol $C_{12}H_{10}N_4O$, Formel XVI.
B. Bei der Hydrierung von 2-Phenyl-2H-benzotriazol-4,5-dion-4-oxim an Raney-Nickel in
Äthanol (*Süs*, A. **579** [1953] 133, 147).
Hydrochlorid $C_{12}H_{10}N_4O \cdot HCl$. Kristalle (aus wss.-äthanol. HCl); F: 257−260°.

6-Methoxy-1H-benzotriazol-5-ylamin $C_7H_8N_4O$, Formel I (R = H) und Taut.
B. Aus N-[1-Acetyl-6-methoxy-1H-benzotriazol-5-yl]-acetamid (*Gillespie et al.*, Am. Soc. **78**
[1956] 1651).
Kristalle (aus H_2O); F: 157−158° [korr.].

6-Methoxy-2-phenyl-2H-benzotriazol-5-ylamin $C_{13}H_{12}N_4O$, Formel II (R = X = H,
R′ = CH_3) (E II 185).
B. Beim Behandeln von diazotiertem Anilin mit 4-Methoxy-m-phenylendiamin und anschlies‡
senden Erhitzen mit wss. NH_3 unter Zusatz von $CuSO_4$ (*Farbenfabr. Bayer*, U.S.P. 2880202
[1954]).
F: 186−187°.

1-Acetyl-5-acetylamino-6-methoxy-1*H*-benzotriazol, *N*-[1-Acetyl-6-methoxy-1*H*-benzotriazol-5-yl]-acetamid C₁₁H₁₂N₄O₃, Formel I (R = CO-CH₃).

B. Aus *N,N'*-[2-Amino-5-methoxy-*p*-phenylen]-bis-acetamid mit Hilfe von wss. NaNO₂ und wss. HCl (*Gillespie et al.*, Am. Soc. **78** [1956] 1651).

Kristalle (aus A.); F: 197,5 – 199,5° [korr.].

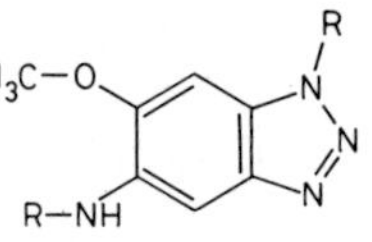

I 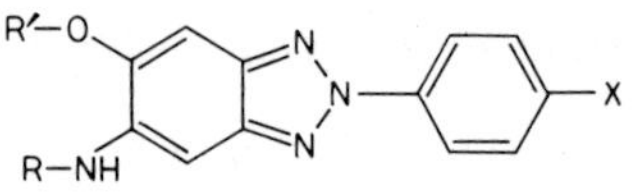　　　　　　　　　　　II 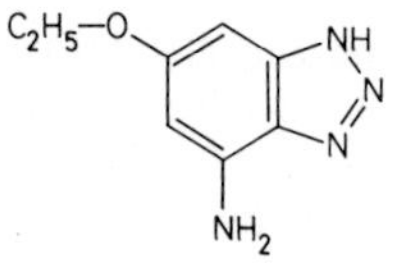　　　　　　　　　　　III

5-Acetoacetylamino-6-methoxy-2-[4-methoxy-phenyl]-2*H*-benzotriazol, *N*-[6-Methoxy-2-(4-methoxy-phenyl)-2*H*-benzotriazol-5-yl]-acetoacetamid C₁₈H₁₈N₄O₄, Formel II (R = CO-CH₂-CO-CH₃, R' = CH₃, X = O-CH₃) und Taut.

B. Aus 6-Methoxy-2-[4-methoxy-phenyl]-2*H*-benzotriazol-5-ylamin und Acetessigsäure-äthyl≠ ester (*CIBA*, Schweiz. P. 200924 [1936]; D.R.P. 726431 [1937]; D.R.P. Org. Chem. **6** 2483; U.S.P. 2136135 [1937]).

Kristalle (aus A.); F: 168°.

5-Acetoacetylamino-2-[4-äthoxy-phenyl]-6-methoxy-2*H*-benzotriazol, *N*-[2-(4-Äthoxy-phenyl)-6-methoxy-2*H*-benzotriazol-5-yl]-acetoacetamid C₁₉H₂₀N₄O₄, Formel II (R = CO-CH₂-CO-CH₃, R' = CH₃, X = O-C₂H₅) und Taut.

B. Analog der vorangehenden Verbindung (*CIBA*, D.R.P. 726431 [1937]; D.R.P. Org. Chem. **6** 2483; U.S.P. 2136135 [1937]).

Kristalle (aus A.); F: 155°.

5-Acetoacetylamino-6-äthoxy-2-[4-äthoxy-phenyl]-2*H*-benzotriazol, *N*-[6-Äthoxy-2-(4-äthoxy-phenyl)-2*H*-benzotriazol-5-yl]-acetoacetamid C₂₀H₂₂N₄O₄, Formel II (R = CO-CH₂-CO-CH₃, R' = C₂H₅, X = O-C₂H₅) und Taut.

B. Analog den vorangehenden Verbindungen (*CIBA*, D.R.P. 726431 [1937]; D.R.P. Org. Chem. **6** 2483).

Kristalle (aus Chlorbenzol); F: 178 – 179°.

6-Äthoxy-1*H*-benzotriazol-4-ylamin C₈H₁₀N₄O, Formel III und Taut.

B. Bei der Hydrierung von 6-Äthoxy-4-nitro-1*H*-benzotriazol an Palladium/Kohle in Äthanol (*Gillespie et al.*, Am. Soc. **79** [1957] 2245, 2247).

Rosafarbene Kristalle (aus H₂O); F: 120 – 122° [korr.; nach Sintern bei 88°].

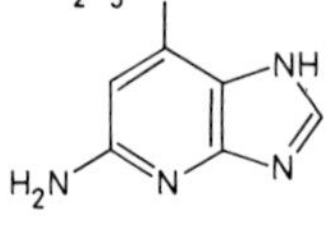

IV 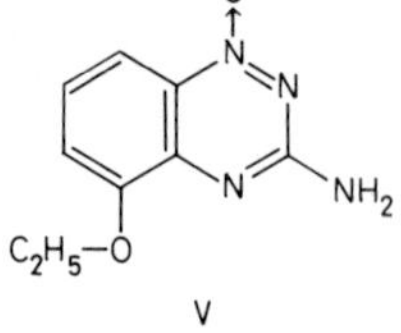　　　　　　　　　　　V 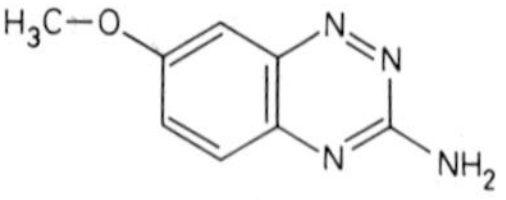　　　　　　　　　　　VI

7-Äthoxy-1(3)*H*-imidazo[4,5-*b*]pyridin-5-ylamin C₈H₁₀N₄O, Formel IV und Taut.

B. Aus 4-Äthoxy-pyridin-2,3,6-triyltriamin und Ameisensäure (*Markees, Kidder*, Am. Soc. **78** [1956] 4130, 4135).

Kristalle (aus H₂O); F: 240 – 241° [korr.].

Amino-Derivate der Monohydroxy-Verbindungen $C_nH_{2n-9}N_3O$

Amino-Derivate der Hydroxy-Verbindungen $C_7H_5N_3O$

5-Äthoxy-3-amino-benzo[*e*][1,2,4]triazin-1-oxid, 5-Äthoxy-1-oxy-benzo[*e*][1,2,4]triazin-3-ylamin $C_9H_{10}N_4O_2$, Formel V.

B. Aus 2-Äthoxy-6-nitro-anilin und Cyanamid (*Robbins, Schofield*, Soc. **1957** 3186, 3192). Gelbe Kristalle (aus Me.); F: 245,5 – 247,5°.

7-Methoxy-benzo[*e*][1,2,4]triazin-3-ylamin $C_8H_8N_4O$, Formel VI.

B. Aus der folgenden Verbindung mit Hilfe von Jod und rotem Phosphor in Essigsäure oder bei der Hydrierung an Raney-Nickel in Pyridin (*Merck & Co. Inc.*, U.S.P. 2489351 [1946]).

Kristalle (aus A.); F: 221 – 222°.

3-Amino-7-methoxy-benzo[*e*][1,2,4]triazin-1-oxid, 7-Methoxy-1-oxy-benzo[*e*][1,2,4]triazin-3-ylamin $C_8H_8N_4O_2$, Formel VII (R = CH_3).

B. Aus 4-Methoxy-2-nitro-anilin und Cyanamid (*Wolf et al.*, Am. Soc. **76** [1954] 2551; *Jiu, Mueller*, J. org. Chem. **24** [1959] 813, 814).

F: 278 – 281° [unkorr.] (*Jiu, Mu.*), 271° (*Mason, Tennant*, Soc. [B] **1970** 911, 912), 258 – 259° (*Wolf et al.*). ^{1}H-NMR-Absorption (Trifluoressigsäure): *Ma., Te.*

7-Äthoxy-3-amino-benzo[*e*][1,2,4]triazin-1-oxid, 7-Äthoxy-1-oxy-benzo[*e*][1,2,4]triazin-3-ylamin $C_9H_{10}N_4O_2$, Formel VII (R = C_2H_5).

B. Analog der vorangehenden Verbindung (*Jiu, Mueller*, J. org. Chem. **24** [1959] 813, 814).

F: 276 – 278° [unkorr.].

VII   VIII   IX

3-Amino-7-methoxy-benzo[*e*][1,2,4]triazin-2-oxid, 7-Methoxy-2-oxy-benzo[*e*][1,2,4]triazin-3-ylamin $C_8H_8N_4O_2$, Formel VIII.

Diese Konstitution kommt der von *Robbins, Schofield* (Soc. **1957** 3186) als 7-Methoxy-4-oxy-benzo[*e*][1,2,4]triazin-3-ylamin $C_8H_8N_4O_2$ angesehenen Verbindung zu (*Mason, Tennant*, Soc. [B] **1970** 911, 915).

B. Beim Behandeln von 7-Methoxy-benzo[*e*][1,2,4]triazin-3-ylamin mit wss. H_2O_2 und Essigsäure (*Ro., Sch.*, l. c. S. 3192; *Ma., Te.*, l. c. S. 916).

Orangefarbene Kristalle; F: 196° (*Ma., Te.*, l. c. S. 912), 182 – 183° [Zers.; aus Me.] (*Ro., Sch.*). ^{1}H-NMR-Absorption (Trifluoressigsäure): *Ma., Te.*

3-Amino-7-methoxy-benzo[*e*][1,2,4]triazin-1,4-dioxid, 7-Methoxy-1,4-dioxy-benzo[*e*][1,2,4]triazin-3-ylamin $C_8H_8N_4O_3$, Formel IX.

Konstitution: *Mason, Tennant*, Soc. [B] **1970** 911, 914.

B. Beim Erwärmen von 7-Methoxy-1-oxy-benzo[*e*][1,2,4]triazin-3-ylamin mit wss. H_2O_2 und Essigsäure (*Robbins, Schofield*, Soc. **1957** 3186, 3192; *Ma., Te.*, l. c. S. 915).

Orangefarbene Kristalle; F: 225° [aus wss. Eg.] (*Ma., Te.*, l. c. S. 912), 213 – 214° [Zers.; aus H_2O] (*Ro., Sch.*). ^{1}H-NMR-Absorption (Trifluoressigsäure) *Ma., Te.*

Amino-Derivate der Hydroxy-Verbindungen $C_8H_7N_3O$

3-[4-Acetylamino-phenyl]-5-methylmercapto-1*H*-[1,2,4]triazol, Essigsäure-[4-(5-methylmercapto-1*H*-[1,2,4]triazol-3-yl)-anilid] $C_{11}H_{12}N_4OS$, Formel X (R = CH_3) und Taut.

B. Aus 4-Acetylamino-benzaldehyd-[*S*-methyl-isothiosemicarbazon]-hydrochlorid mit Hilfe von wss. FeCl$_3$ (*Duschinsky, Gainer*, Am. Soc. **73** [1951] 4464).

Hydrochlorid $C_{11}H_{12}N_4OS \cdot HCl$. Kristalle (aus wss.-methanol. HCl); F: ca. 270° [korr.].

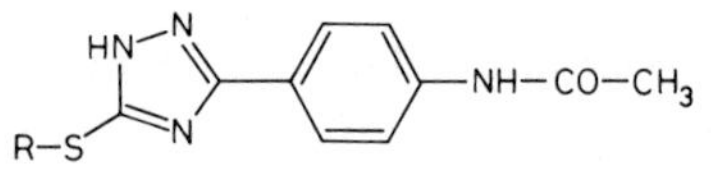

X 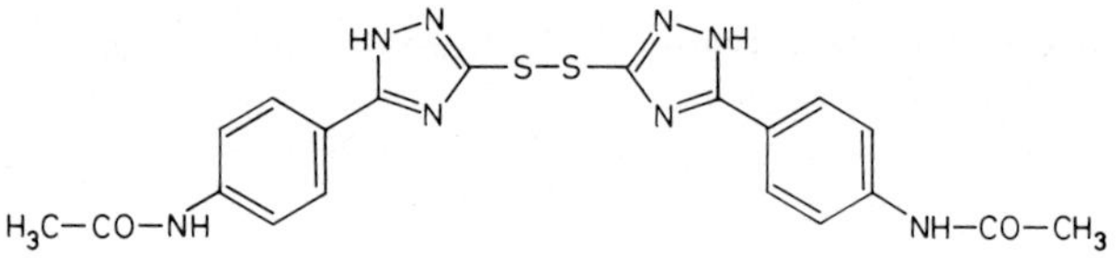   XI

3-[4-Acetylamino-phenyl]-5-benzylmercapto-1*H*-[1,2,4]triazol, Essigsäure-[4-(5-benzylmercapto-1*H*-[1,2,4]triazol-3-yl)-anilid] $C_{17}H_{16}N_4OS$, Formel X (R = $CH_2\text{-}C_6H_5$) und Taut.

B. Analog der vorangehenden Verbindung (*Duschinsky, Gainer*, Am. Soc. **73** [1951] 4464). Kristalle (aus Me.); F: 195 — 196° [korr.; Zers.].

Bis-[5-(4-acetylamino-phenyl)-1*H*-[1,2,4]triazin-3-yl]-disulfid $C_{20}H_{18}N_8O_2S_2$, Formel XI und Taut.

B. Aus Essigsäure-[4-(5-thioxo-2,5-dihydro-1*H*-[1,2,4]triazol-3-yl)-anilid] mit Hilfe von Jod in wss. NaOH (*Duschinsky, Gainer*, Am. Soc. **73** [1951] 4464).

Zers. bei ca. 322°.

2-[5-Amino-1*H*-[1,2,4]triazol-3-yl]-phenol $C_8H_8N_4O$, Formel XII und Taut.

B. Beim Erhitzen von Salicyloylamino-guanidin (*Giuliano, Leonardi*, Farmaco Ed. scient. **9** [1954] 529, 533).

Kristalle (aus H$_2$O); F: 162°.

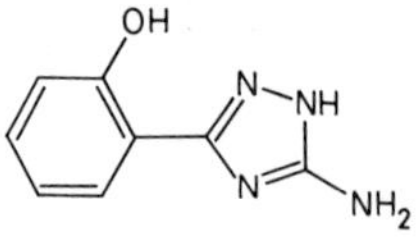

XII 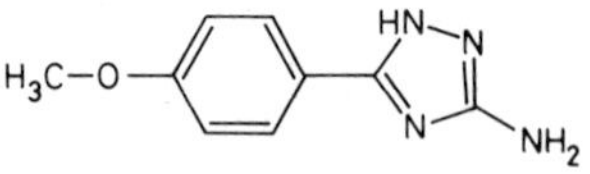   XIII 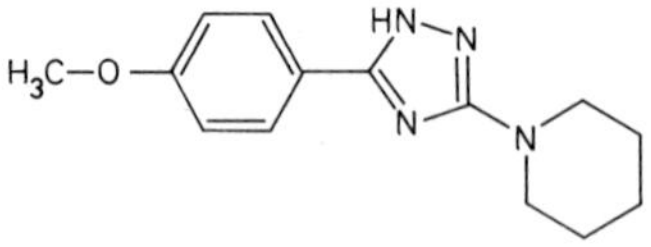   XIV

5-[4-Methoxy-phenyl]-1*H*-[1,2,4]triazol-3-ylamin $C_9H_{10}N_4O$, Formel XIII und Taut.

B. Analog der vorangehenden Verbindung (*Hoggarth*, Soc. **1950** 612).

Kristalle (aus H$_2$O); F: 224 — 226°.

1-[5-(4-Methoxy-phenyl)-1*H*-[1,2,4]triazol-3-yl]-piperidin, 3-[4-Methoxy-phenyl]-5-piperidino-1*H*-[1,2,4]triazol $C_{14}H_{18}N_4O$, Formel XIV und Taut.

B. Aus Piperidin-1-thiocarbamid bei aufeinanderfolgender Umsetzung mit Dimethylsulfat und mit 4-Methoxy-benzoesäure-hydrazid (*Hoggarth*, Soc. **1950** 612).

Kristalle (aus wss. A. oder Bzl. + PAe.); F: 206 — 208°.

5-[4-Methoxy-phenyl]-[1,2,4]triazol-3,4-diyldiamin $C_9H_{11}N_5O$, Formel I.

B. Neben anderen Verbindungen beim Erwärmen von 1-[4-Methoxy-benzoyl]-*S*-methyl-iso≈ thiosemicarbazid oder von 1-[4-Methoxy-benzoyl]-thiosemicarbazid mit $N_2H_4 \cdot H_2O$ in Äthanol (*Hoggarth*, Soc. **1950** 1579, 1580, 1581).

Kristalle (aus H$_2$O); F: 242°.

6-Methyl-2-phenoxy-pyrido[3,2-*d*]pyrimidin-4-ylamin $C_{14}H_{12}N_4O$, Formel II.

B. Beim Erwärmen von 2,4-Dichlor-6-methyl-pyrido[3,2-*d*]pyrimidin mit Phenol und NH$_3$ (*Oakes, Rydon*, Soc. **1956** 4433, 4437). Aus 2-Chlor-6-methyl-pyrido[3,2-*d*]pyrimidin-4-ylamin und Phenol (*Oa., Ry.*).

Kristalle (aus Bzl. + PAe.); F: 231°.

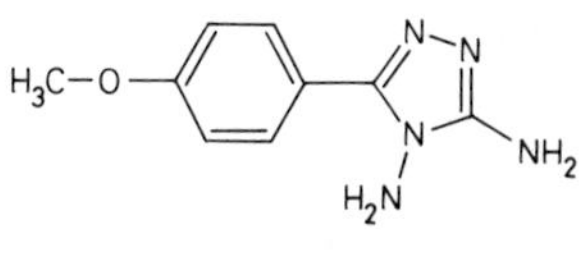

I 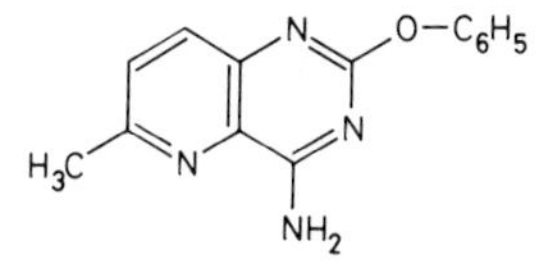   II 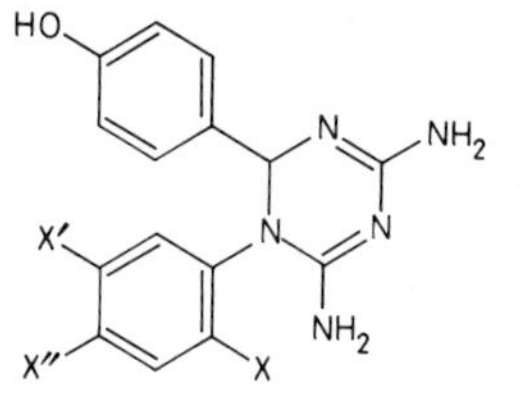   III

Amino-Derivate der Hydroxy-Verbindungen $C_9H_9N_3O$

(±)-4-[4,6-Diamino-1-(2-chlor-phenyl)-1,2-dihydro-[1,3,5]triazin-2-yl]-phenol $C_{15}H_{14}ClN_5O$,
Formel III (X = Cl, X' = X'' = H) und Taut.

B. Aus 4-Hydroxy-benzaldehyd, 2-Chlor-anilin und Cyanguanidin (*Sen, Singh*, J. Indian chem. Soc. **35** [1958] 847, 850).

Hydrochlorid $C_{15}H_{14}ClN_5O \cdot HCl$. Kristalle (aus A.); F: 221–222°.
Picrat $C_{15}H_{14}ClN_5O \cdot C_6H_3N_3O_7$. F: 128°.

Die folgenden Verbindungen sind in analoger Weise hergestellt worden:

(±)-4-[4,6-Diamino-1-(3-chlor-phenyl)-1,2-dihydro-[1,3,5]triazin-2-yl]-phenol $C_{15}H_{14}ClN_5O$, Formel III (X = X'' = H, X' = Cl) und Taut. Hydrochlorid $C_{15}H_{14}ClN_5O \cdot HCl$. Kristalle (aus A.); F: 292–293°. – Picrat $C_{15}H_{14}ClN_5O \cdot C_6H_3N_3O_7$. F: 255°.

(±)-4-[4,6-Diamino-1-(4-chlor-phenyl)-1,2-dihydro-[1,3,5]triazin-2-yl]-phenol $C_{15}H_{14}ClN_5O$, Formel III (X = X' = H, X'' = Cl) und Taut. Hydrochlorid $C_{15}H_{14}ClN_5O \cdot HCl$. Kristalle (aus A.); F: 253–254°. – Picrat $C_{15}H_{14}ClN_5O \cdot C_6H_3N_3O_7$. F: 193–194°.

(±)-4-[4,6-Diamino-1-(2,4-dichlor-phenyl)-1,2-dihydro-[1,3,5]triazin-2-yl]-phenol $C_{15}H_{13}Cl_2N_5O$, Formel III (X = X'' = Cl, X' = H) und Taut. Hydrochlorid $C_{15}H_{13}Cl_2N_5O \cdot HCl$. Kristalle (aus A.); F: 198–200°. – Picrat $C_{15}H_{13}Cl_2N_5O \cdot C_6H_3N_3O_7$. F: 133°.

(±)-1-[2-Chlor-phenyl]-6-[4-methoxy-phenyl]-1,6-dihydro-[1,3,5]triazin-2,4-diyldiamin $C_{16}H_{16}ClN_5O$, Formel IV (X = Cl, X' = X'' = H) und Taut. Hydrochlorid $C_{16}H_{16}ClN_5O \cdot HCl$. Kristalle (aus A.); F: 206–207°. – Picrat $C_{16}H_{16}ClN_5O \cdot C_6H_3N_3O_7$. F: 160–161°.

(±)-1-[3-Chlor-phenyl]-6-[4-methoxy-phenyl]-1,6-dihydro-[1,3,5]triazin-2,4-diyldiamin $C_{16}H_{16}ClN_5O$, Formel IV (X = X'' = H, X' = Cl) und Taut. Hydrochlorid $C_{16}H_{16}ClN_5O \cdot HCl$. Kristalle (aus A.); F: 232°. – Nitrit $C_{16}H_{16}ClN_5O \cdot HNO_2$. Kristalle (aus H_2O); F: 166°. – Hydrogencarbonat $C_{16}H_{16}ClN_5O \cdot H_2CO_3$. F: 165°. – Picrat $C_{16}H_{16}ClN_5O \cdot C_6H_3N_3O_7$. F: 136–137°.

(±)-1-[4-Chlor-phenyl]-6-[4-methoxy-phenyl]-1,6-dihydro-[1,3,5]triazin-2,4-diyldiamin $C_{16}H_{16}ClN_5O$, Formel IV (X = X' = H, X'' = Cl) und Taut. Hydrochlorid $C_{16}H_{16}ClN_5O \cdot HCl$. Kristalle (aus A.); F: 234–235°. – Picrat $C_{16}H_{16}ClN_5O \cdot C_6H_3N_3O_7$. F: 185°.

(±)-1-[2,4-Dichlor-phenyl]-6-[4-methoxy-phenyl]-1,6-dihydro-[1,3,5]triazin-2,4-diyldiamin $C_{16}H_{15}Cl_2N_5O$, Formel IV (X = X'' = Cl, X' = H) und Taut. Hydrochlorid $C_{16}H_{15}Cl_2N_5O \cdot HCl$. Kristalle (aus A.); F: 214–215°. – Picrat $C_{16}H_{15}Cl_2N_5O \cdot C_6H_3N_3O_7$. F: 227°.

(±)-4-[4,6-Diamino-1-*p*-tolyl-1,2-dihydro-[1,3,5]triazin-2-yl]-phenol $C_{16}H_{17}N_5O$, Formel III (X = X' = H, X'' = CH$_3$) und Taut. Hydrochlorid $C_{16}H_{17}N_5O \cdot HCl$. Kristalle (aus A.); F: 222–223°. – Nitrit $C_{16}H_{17}N_5O \cdot HNO_2$. Kristalle (aus H_2O); F: 147°. – Hydrogencarbonat $C_{16}H_{17}N_5O \cdot H_2CO_3$. F: 178°. – Picrat $C_{16}H_{17}N_5O \cdot C_6H_3N_3O_7$. F: 148–149°.

(±)-6-[4-Methoxy-phenyl]-1-*p*-tolyl-1,6-dihydro-[1,3,5]triazin-2,4-diyldiamin $C_{17}H_{19}N_5O$, Formel IV (X = X' = H, X'' = CH$_3$) und Taut. Hydrochlorid

$C_{17}H_{19}N_5O \cdot HCl$. Kristalle (aus A.); F: 215—216°. — Picrat $C_{17}H_{19}N_5O \cdot C_6H_3N_3O_7$. F: 220°.

(±)-4-[1-(2-Äthyl-phenyl)-4,6-diamino-1,2-dihydro-[1,3,5]triazin-2-yl]-phenol $C_{17}H_{19}N_5O$, Formel III (X = C_2H_5, X′ = X″ = H) und Taut. Hydrochlorid $C_{17}H_{19}N_5O \cdot HCl$. Kristalle (aus A.); F: 297—298°. — Picrat $C_{17}H_{19}N_5O \cdot C_6H_3N_3O_7$. F: 246—247°.

(±)-1-[2-Äthyl-phenyl]-6-[4-methoxy-phenyl]-1,6-dihydro-[1,3,5]triazin-2,4-diyldiamin $C_{18}H_{21}N_5O$, Formel IV (X = C_2H_5, X′ = X″ = H) und Taut. Hydrochlorid $C_{18}H_{21}N_5O \cdot HCl$. Kristalle (aus A.); F: 217°. — Picrat $C_{18}H_{21}N_5O \cdot C_6H_3N_3O_7$. F: 145°.

(±)-1-[2,6-Dimethyl-phenyl]-6-[4-methoxy-phenyl]-1,6-dihydro-[1,3,5]triazin-2,4-diyldiamin $C_{18}H_{21}N_5O$, Formel V und Taut. Hydrochlorid $C_{18}H_{21}N_5O \cdot HCl$. Kristalle (aus A.); F: 199°. — Picrat $C_{18}H_{21}N_5O \cdot C_6H_3N_3O_7$. F: 131°.

(±)-4-[4,6-Diamino-1-(2,4-dimethyl-phenyl)-1,2-dihydro-[1,3,5]triazin-2-yl]-phenol $C_{17}H_{19}N_5O$, Formel III (X = X″ = CH_3, X′ = H) und Taut. Hydrochlorid $C_{17}H_{19}N_5O \cdot HCl$. Kristalle (aus A.); F: 241—242°. — Picrat $C_{17}H_{19}N_5O \cdot C_6H_3N_3O_7$. F: 263°.

(±)-1-[2,4-Dimethyl-phenyl]-6-[4-methoxy-phenyl]-1,6-dihydro-[1,3,5]triazin-2,4-diyldiamin $C_{18}H_{21}N_5O$, Formel IV (X = X″ = CH_3, X′ = H) und Taut. Hydrochlorid $C_{18}H_{21}N_5O \cdot HCl$. Kristalle (aus A.); F: 211—212°. — Picrat $C_{18}H_{21}N_5O \cdot C_6H_3N_3O_7$. F: 187°.

(±)-1,6-Bis-[4-hydroxy-phenyl]-1,6-dihydro-[1,3,5]triazin-2,4-diyldiamin $C_{15}H_{15}N_5O_2$, Formel III (X = X′ = H, X″ = OH) und Taut. Hydrochlorid $C_{15}H_{15}N_5O_2 \cdot HCl$. Kristalle (aus A.); F: 296—297°. — Picrat $C_{15}H_{15}N_5O_2 \cdot C_6H_3N_3O_7$. F: 188—189°.

(±)-4-[4,6-Diamino-1-(4-methoxy-phenyl)-1,2-dihydro-[1,3,5]triazin-2-yl]-phenol $C_{16}H_{17}N_5O_2$, Formel III (X = X′ = H, X″ = O-CH_3) und Taut. Hydrochlorid $C_{16}H_{17}N_5O_2 \cdot HCl$. Kristalle (aus A.); F: 206—207°. — Picrat $C_{16}H_{17}N_5O_2 \cdot C_6H_3N_3O_7$. F: 140°.

(±)-4-[1-(4-Äthoxy-phenyl)-4,6-diamino-1,2-dihydro-[1,3,5]triazin-2-yl]-phenol $C_{17}H_{19}N_5O_2$, Formel III (X = X′ = H, X″ = O-C_2H_5) und Taut. Hydrochlorid $C_{17}H_{19}N_5O_2 \cdot HCl$. Kristalle (aus A.); F: 231—232°. — Nitrit $C_{17}H_{19}N_5O_2 \cdot HNO_2$. Kristalle (aus H_2O); F: 155°. — Hydrogencarbonat $C_{17}H_{19}N_5O_2 \cdot H_2CO_3$. F: 167°. — Picrat $C_{17}H_{19}N_5O_2 \cdot C_6H_3N_3O_7$. F: 131—132°.

(±)-4-[4,6-Diamino-2-(4-methoxy-phenyl)-1,2-dihydro-[1,3,5]triazin-1-yl]-phenol $C_{16}H_{17}N_5O_2$, Formel IV (X = X′ = H, X″ = OH) und Taut. Hydrochlorid $C_{16}H_{17}N_5O_2 \cdot HCl$. Kristalle (aus A.); F: 229—230°. — Picrat $C_{16}H_{17}N_5O_2 \cdot C_6H_3N_3O_7$. F: 231—232°.

(±)-1,6-Bis-[4-methoxy-phenyl]-1,6-dihydro-[1,3,5]triazin-2,4-diyldiamin $C_{17}H_{19}N_5O_2$, Formel IV (X = X′ = H, X″ = O-CH_3) und Taut. Hydrochlorid $C_{17}H_{19}N_5O_2 \cdot HCl$. Kristalle (aus A.); F: 219—220°. — Picrat $C_{17}H_{19}N_5O_2 \cdot C_6H_3N_3O_7$. F: 160°.

(±)-1-[4-Äthoxy-phenyl]-6-[4-methoxy-phenyl]-1,6-dihydro-[1,3,5]triazin-2,4-diyldiamin $C_{18}H_{21}N_5O_2$, Formel IV (X = X′ = H, X″ = O-C_2H_5) und Taut. Hydrochlorid $C_{18}H_{21}N_5O_2 \cdot HCl$. Kristalle (aus A.); F: 207—208°. — Nitrit $C_{18}H_{21}N_5O_2 \cdot HNO_2$. Kristalle (aus H_2O); F: 153°. — Hydrogencarbonat $C_{18}H_{21}N_5O_2 \cdot H_2CO_3$. F: 149°. — Picrat $C_{18}H_{21}N_5O_2 \cdot C_6H_3N_3O_7$. F: 167—168°.

IV   V   VI

Amino-Derivate der Hydroxy-Verbindungen $C_{11}H_{13}N_3O$

[3-Dimethylaminomethyl-6-phenyl-4,5(?)-dihydro-[1,2,4]triazin-5-yl]-methanol $C_{13}H_{18}N_4O$, vermutlich Formel VI (R = R′ = CH_3) und Taut.

B. Aus [3-Chlormethyl-6-phenyl-4,5(?)-dihydro-[1,2,4]triazin-5-yl]-methanol (S. 351) und Di≠ methylamin (*Sprio, Madonia*, Ann. Chimica **49** [1959] 731, 738).

Dihydrochlorid $C_{13}H_{18}N_4O \cdot 2HCl$. Kristalle (aus äthanol. HCl); F: 203° [Zers.].

Die folgenden Verbindungen sind in analoger Weise hergestellt worden:

[3-Diäthylaminomethyl-6-phenyl-4,5(?)-dihydro-[1,2,4]triazin-5-yl]-methanol $C_{15}H_{22}N_4O$, vermutlich Formel VI (R = R′ = C_2H_5) und Taut. Rosafarbene Kristalle (aus PAe.); F: 84–85°.

[3-Allylaminomethyl-6-phenyl-4,5(?)-dihydro-[1,2,4]triazin-5-yl]-methanol $C_{14}H_{18}N_4O$, vermutlich Formel VI (R = CH_2-CH=CH_2, R′ = H) und Taut. Dihydro≠ chlorid $C_{14}H_{18}N_4O \cdot 2HCl$. Kristalle (aus äthanol. HCl); F: 212–215° [Zers.].

[3-Benzylaminomethyl-6-phenyl-4,5(?)-dihydro-[1,2,4]triazin-5-yl]-methanol $C_{18}H_{20}N_4O$, vermutlich Formel VI (R = CH_2-C_6H_5, R′ = H) und Taut. Dihydrochlorid $C_{18}H_{20}N_4O \cdot 2HCl$. Kristalle (aus wss.-äthanol. HCl); F: 215° [Zers.].

{3-[(2-Hydroxy-äthylamino)-methyl]-6-phenyl-4,5(?)-dihydro-[1,2,4]triazin-5-yl}-methanol $C_{13}H_{18}N_4O_2$, vermutlich Formel VI (R = CH_2-CH_2-OH, R′ = H) und Taut. Dihydrochlorid $C_{13}H_{18}N_4O_2 \cdot 2HCl$. Kristalle (aus äthanol. HCl); F: 202° [Zers.].

Amino-Derivate der Monohydroxy-Verbindungen $C_nH_{2n-11}N_3O$

5-[4-Methoxy-phenyl]-3-piperazino-[1,2,4]triazin $C_{14}H_{17}N_5O$, Formel VII (R = H).

B. Aus 5-[4-Methoxy-phenyl]-2H-[1,2,4]triazin-3-thion und Piperazin (*Rossi*, R.A.L. [8] **14** [1953] 113, 117).

Gelbe Kristalle (aus H_2O) mit 1 Mol H_2O, F: 73°; die wasserfreie Verbindung schmilzt bei 102°.

Nitroso-Derivat $C_{14}H_{16}N_6O_2$, 5-[4-Methoxy-phenyl]-3-[4-nitroso-piperazino]-[1,2,4]triazin. Kristalle (aus A.); F: 185°.

5-[4-Methoxy-phenyl]-3-[4-methyl-piperazino]-[1,2,4]triazin $C_{15}H_{19}N_5O$, Formel VII (R = CH_3).

B. Aus der vorangehenden Verbindung beim Behandeln mit wss. Ameisensäure und wss. Formaldehyd (*Rossi*, R.A.L. [8] **14** [1953] 113, 118).

Dihydrochlorid $C_{15}H_{19}N_5O \cdot 2HCl$. Kristalle (aus wss. A.+E.); F: 280°.

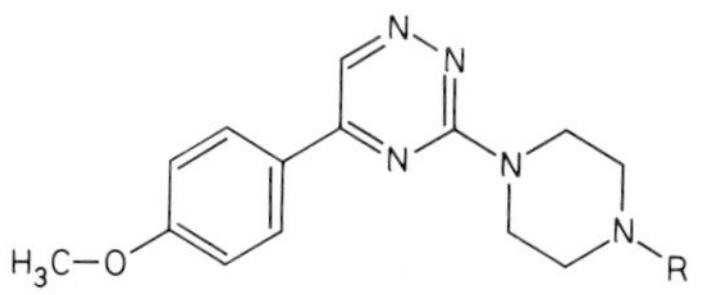

VII 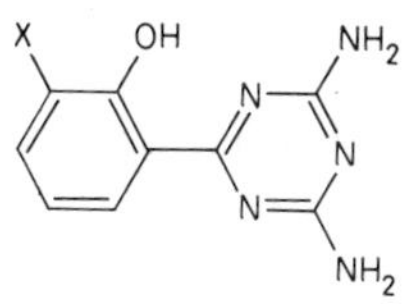　　　　　　　　VIII 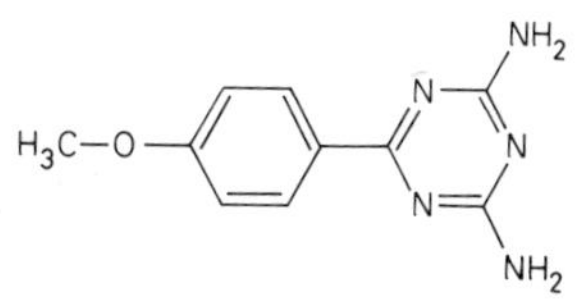　　　　　　　　IX

2-[Diamino-[1,3,5]triazin-2-yl]-phenol $C_9H_9N_5O$, Formel VIII (X = H).

B. Aus Biguanid und Salicylsäure-methylester (*Am. Cyanamid Co.*, U.S.P. 2386517 [1941]).

Gelbe Kristalle (aus 2-Äthoxy-äthanol+H_2O); F: 267°.

2-[Diamino-[1,3,5]triazin-2-yl]-6-nitro-phenol $C_9H_8N_6O_3$, Formel VIII (X = NO_2).

B. Analog der vorangehenden Verbindung (*Am. Cyanamid Co.*, U.S.P. 2386517 [1941]).

Gelbe Kristalle (aus 2-Äthoxy-äthanol+wss. Me.); F: 296°.

6-[4-Methoxy-phenyl]-[1,3,5]triazin-2,4-diyldiamin $C_{10}H_{11}N_5O$, Formel IX.

B. Aus 4-Methoxy-benzonitril und Cyanguanidin (*Brunner, Bertsch*, M. **79** [1948] 106, 111).

Kristalle (aus H_2O); F: 228°.

Bis-[4-(diamino-[1,3,5]triazin-2-yl)-phenyl]-äther, 6,6'-[4,4'-Oxy-diphenyl]-bis-[1,3,5]triazin-2,4-diyldiamin $C_{18}H_{16}N_{10}O$, Formel X.

B. Aus 4,4'-Oxy-di-benzonitril und Cyanguanidin (*Libbey-Owens-Ford Glass Co.*, U.S.P. 2532519 [1948]; *Allied Chem. & Dye Corp.*, U.S.P. 2684366 [1949]).

F: 290°.

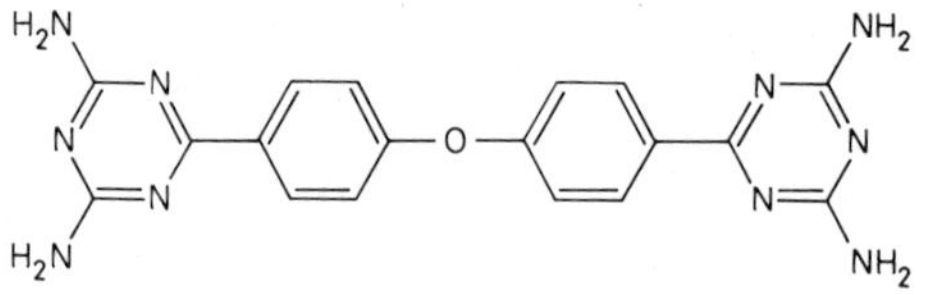

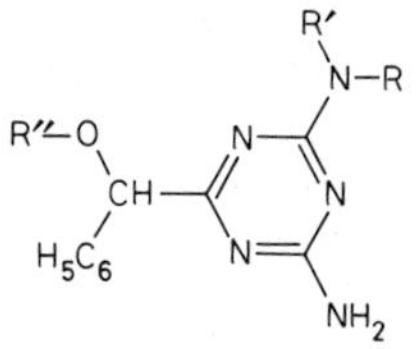

(±)-[Diamino-[1,3,5]triazin-2-yl]-phenyl-methanol $C_{10}H_{11}N_5O$, Formel XI (R = R' = R'' = H).

B. Aus der folgenden Verbindung mit Hilfe von wss. HCl (*Sims et al.*, J. org. Chem. **23** [1958] 724).

Kristalle; F: 218−224° [unkorr.; aus wss. A.] (*DeMilo*, J. heterocycl. Chem. **7** [1970] 987, 988), 182−190° [aus H_2O] (*Sims et al.*).

*Opt.-inakt. 6-[α-(1-Äthoxy-äthoxy)-benzyl]-[1,3,5]triazin-2,4-diyldiamin $C_{14}H_{19}N_5O_2$, Formel XI (R = R' = H, R'' = $CH(CH_3)$-O-C_2H_5).

B. Aus opt.-inakt. [1-Äthoxy-äthoxy]-phenyl-acetonitril und Cyanguanidin (*Sims et al.*, J. org. Chem. **23** [1958] 724).

F: 189−192°.

(±)-[Amino-anilino-[1,3,5]triazin-2-yl]-phenyl-methanol $C_{16}H_{15}N_5O$, Formel XI (R = C_6H_5, R' = R'' = H).

B. Aus DL-Mandelsäure-äthylester und 1-Phenyl-biguanid (*Shapiro et al.*, Am. Soc. **81** [1959] 3996, 3998).

Kristalle; F: 232−233,5° [unkorr.; aus DMF+H_2O] (*DeMilo*, J. heterocycl. Chem. **7** [1970] 987, 988), 210−215° [unkorr.; aus Propan-1-ol] (*Sh. et al.*).

(±)-[(N-Äthyl-o-toluidino)-amino-[1,3,5]triazin-2-yl]-phenyl-methanol $C_{19}H_{21}N_5O$, Formel XI (R = C_6H_4-CH_3, R' = C_2H_5, R'' = H).

B. Analog der vorangehenden Verbindung (*Shapiro et al.*, Am. Soc. **81** [1959] 3996, 3998).

Kristalle (aus Acetonitril); F: 115−120° [unkorr.].

2-[Diamino-[1,3,5]triazin-2-yl]-benzylalkohol $C_{10}H_{11}N_5O$, Formel XII.

B. Aus Phthalid und Biguanid (*Am. Cyanamid Co.*, U.S.P. 2309679 [1941]).

Kristalle (aus H_2O); F: 218°.

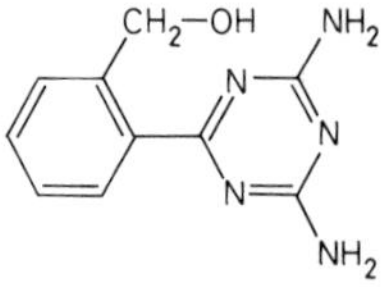

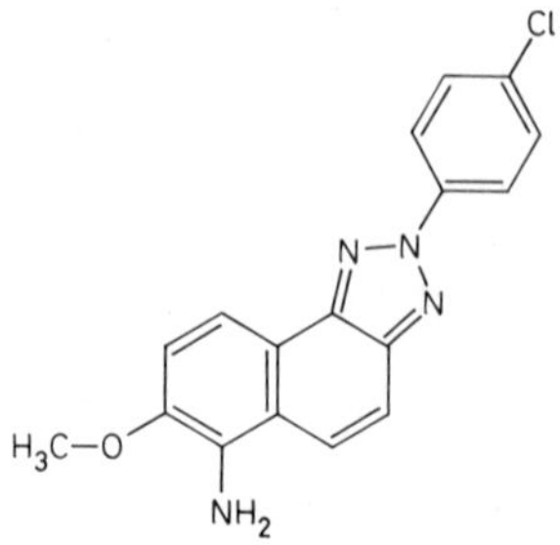

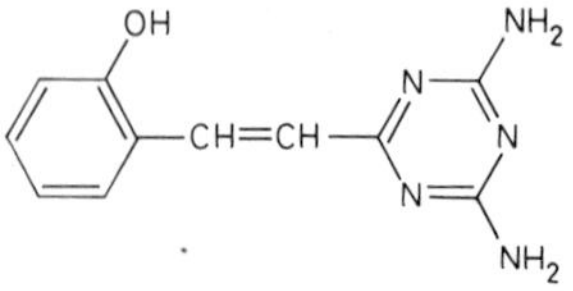

Amino-Derivate der Monohydroxy-Verbindungen $C_nH_{2n-13}N_3O$

2-[4-Chlor-phenyl]-7-methoxy-2H-naphtho[1,2-d][1,2,3]triazol-6-ylamin $C_{17}H_{13}ClN_4O$, Formel XIII.

B. Aus 2-[4-Chlor-phenyl]-7-methoxy-6-nitro-2H-naphtho[1,2-d][1,2,3]triazol mit Hilfe von Eisen-Pulver und Essigsäure in Äthanol (*CIBA*, Schweiz. P. 209336 [1938]).

Kristalle (aus Eg.); F: 270°.

---

*2-[2-(Diamino-[1,3,5]triazin-2-yl)-vinyl]-phenol $C_{11}H_{11}N_5O$, Formel XIV.

B. Aus Biguanid und Cumarin (*Am. Cyanamid Co.*, U.S.P. 2309679 [1941]).

Hellgelbe Kristalle (aus 2-Äthoxy-äthanol + PAe.); F: 296°.

Amino-Derivate der Monohydroxy-Verbindungen $C_nH_{2n-17}N_3O$

3-[Diamino-[1,3,5]triazin-2-yl]-[2]naphthol $C_{13}H_{11}N_5O$, Formel XV.

B. Aus 3-Hydroxy-[2]naphthoesäure-methylester und Biguanid (*Am. Cyanamid Co.*, U.S.P. 2427314 [1941]).

Gelbe Kristalle (aus Butan-1-ol); F: 317°.

4-[6-Methoxy-benzo[e][1,2,4]triazin-3-yl]-anilin $C_{14}H_{12}N_4O$, Formel XVI.

B. Aus 6-Methoxy-3-[4-nitro-phenyl]-benzo[e][1,2,4]triazin mit Hilfe von $SnCl_2$ (*Robbins, Schofield,* Soc. **1957** 3186, 3190).

Gelbe Kristalle (aus A.); F: 190−192°.

Oxid $C_{14}H_{12}N_4O_2$; 4-[6-Methoxy-1(?)-oxy-benzo[e][1,2,4]triazin-3-yl]-anilin. Rote Kristalle (aus A.); F: 245−246° [Zers.].

Acetyl-Derivat $C_{16}H_{14}N_4O_2$; 3-[4-Acetylamino-phenyl]-6-methoxy-benzo[e]-[1,2,4]triazin, Essigsäure-[4-(6-methoxy-benzo[e][1,2,4]triazin-3-yl)-anilid]. Gelbes Pulver, das bei 245−255° sublimiert.

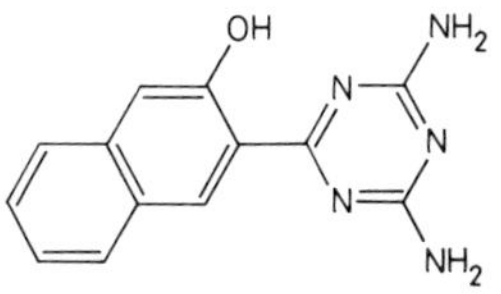

XV 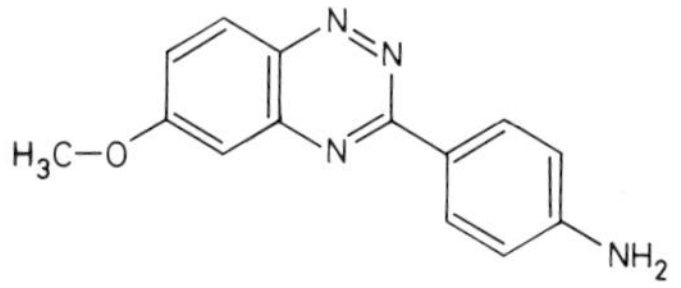   XVI 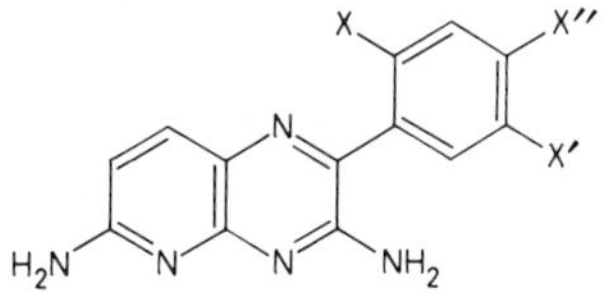   XVII

2-[2-Methoxy-phenyl]-pyrido[2,3-b]pyrazin-3,6-diyldiamin $C_{14}H_{13}N_5O$, Formel XVII (X = O-CH_3, X' = X'' = H).

B. Aus 3-Nitroso-pyridin-2,6-diyldiamin (Pyridin-2,3,6-trion-2,6-diimin-3-oxim; E III/IV **21** 5723) und [2-Methoxy-phenyl]-acetonitril (*Osdene, Timmis,* Soc. **1955** 2032, 2035).

Kristalle (aus H_2O); F: 273°. λ_{max} (wss. HCl): 210 nm, 258 nm und 388 nm (*Os., Ti.,* l. c. S. 2034).

Die folgenden Verbindungen sind in analoger Weise hergestellt worden:

2-[2-Äthoxy-phenyl]-pyrido[2,3-b]pyrazin-3,6-diyldiamin $C_{15}H_{15}N_5O$, Formel XVII (X = O-C_2H_5, X' = X'' = H). Kristalle (aus wss. A.); F: 290°.

2-[3-Methoxy-phenyl]-pyrido[2,3-b]pyrazin-3,6-diyldiamin $C_{14}H_{13}N_5O$, Formel XVII (X = X'' = H, X' = O-CH_3). Kristalle (aus H_2O); F: 205°. λ_{max} (wss. HCl): 212 nm, 260 nm, 300 nm und 390 nm (*Os., Ti.,* l. c. S. 2034).

2-[3-Äthoxy-phenyl]-pyrido[2,3-b]pyrazin-3,6-diyldiamin $C_{15}H_{15}N_5O$, Formel XVII (X = X'' = H, X' = O-C_2H_5). Kristalle (aus A.); F: 170°.

2-[4-Methoxy-phenyl]-pyrido[2,3-b]pyrazin-3,6-diyldiamin $C_{14}H_{13}N_5O$, Formel

mel XVII (X = X' = H, X'' = O-CH$_3$). Kristalle (aus H$_2$O); F: 275°. λ_{max} (wss. HCl): 207 nm, 306 nm und 392 nm (Os., Ti., l. c. S. 2034).

2-[4-Äthoxy-phenyl]-pyrido[2,3-b]pyrazin-3,6-diyldiamin   C$_{15}$H$_{15}$N$_5$O,   Formel XVII (X = X' = H, X'' = O-C$_2$H$_5$). Kristalle (aus A.); F: 256°.

Amino-Derivate der Monohydroxy-Verbindungen C$_n$H$_{2n-19}$N$_3$O

5,6-Bis-[4-acetylamino-phenyl]-3-methylmercapto-[1,2,4]triazin C$_{20}$H$_{19}$N$_5$O$_2$S, Formel XVIII.
 B. Aus 5,6-Bis-[4-acetylamino-phenyl]-2H-[1,2,4]triazin-3-thion und Dimethylsulfat in wss.-äthanol. NaOH (Polonovski, Pesson, C. r. **232** [1951] 1260).
 F: 347–348°.

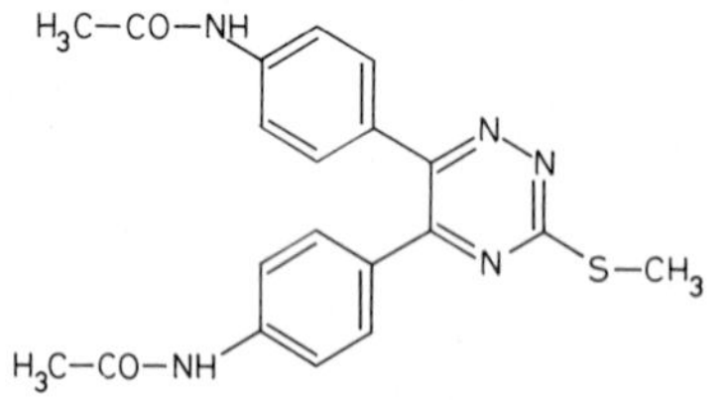

XVIII 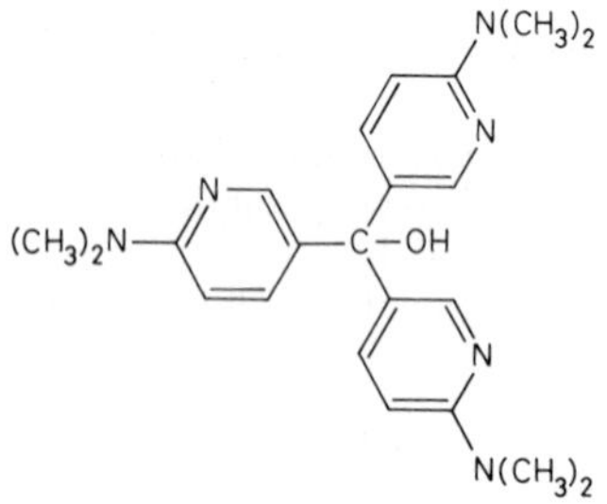   XIX

Tris-[6-dimethylamino-[3]pyridyl]-methanol C$_{22}$H$_{28}$N$_6$O, Formel XIX.
 B. Aus Bis-[6-dimethylamino-[3]pyridyl]-keton und Dimethyl-[2]pyridyl-amin mit Hilfe von POCl$_3$ (Knunjanz, Beresowškiĭ, Ž. obšč. Chim. **18** [1948] 767, 771; C. A. **1949** 409).
 Kristalle (aus Ae.); F: 162–163°. Absorptionsspektrum (wss. HCl; 450–700 nm): Kn., Be., l. c. S. 769.

Amino-Derivate der Dihydroxy-Verbindungen C$_n$H$_{2n-3}$N$_3$O$_2$

4,6-Dimethoxy-[1,3,5]triazin-2-ylamin C$_5$H$_8$N$_4$O$_2$, Formel I (R = CH$_3$) (H 269).
 B. Beim Erwärmen von 4,6-Dichlor-[1,3,5]triazin-2-ylamin mit Methanol und NaOH (Dudley et al., Am. Soc. **73** [1951] 2986, 2988, 2989).
 Kristalle (aus H$_2$O); F: 219° [unkorr.].

Die folgenden Verbindungen sind in analoger Weise hergestellt worden:
 4,6-Diäthoxy-[1,3,5]triazin-2-ylamin   C$_7$H$_{12}$N$_4$O$_2$,   Formel I   (R = C$_2$H$_5$) (H 269). Kristalle (aus Bzl.); F: 97–98°.
 4,6-Dipropoxy-[1,3,5]triazin-2-ylamin   C$_9$H$_{16}$N$_4$O$_2$,   Formel I   (R = CH$_2$-C$_2$H$_5$). Kristalle (aus Bzl.); F: 92–93°.
 4,6-Diisopropoxy-[1,3,5]triazin-2-ylamin   C$_9$H$_{16}$N$_4$O$_2$,   Formel I   (R = CH(CH$_3$)$_2$). Kristalle (aus Bzl.); F: 96°.
 4,6-Bis-allyloxy-[1,3,5]triazin-2-ylamin   C$_9$H$_{12}$N$_4$O$_2$, Formel I (R = CH$_2$-CH=CH$_2$). Kristalle (aus wss. A.); F: 60–61°. Kp$_1$: 151°.
 4,6-Bis-methallyloxy-[1,3,5]triazin-2-ylamin   C$_{11}$H$_{16}$N$_4$O$_2$,   Formel I (R = CH$_2$-C(CH$_3$)=CH$_2$). Kristalle (aus PAe.); F: 88–89°.

4,6-Dibutoxy-[1,3,5]triazin-2-ylamin C$_{11}$H$_{20}$N$_4$O$_2$, Formel I (R = [CH$_2$]$_3$-CH$_3$).
 B. Beim Erwärmen von 4,6-Dichlor-[1,3,5]triazin-2-ylamin mit Butan-1-ol und wss. NaOH (Dudley et al., Am. Soc. **73** [1951] 2986, 2988, 2989). Beim Erwärmen von 4,6-Dimethoxy-[1,3,5]triazin-2-ylamin mit Butan-1-ol und Natriumbutylat (Dudley et al., Am. Soc. **73** [1951] 2999, 3003).

Kristalle (aus Butan-1-ol); F: 101° [unkorr.] (*Du. et al.*, l. c. S. 2988).

4,6-Diphenoxy-[1,3,5]triazin-2-ylamin $C_{15}H_{12}N_4O_2$, Formel I (R = C_6H_5).

B. Aus Triphenoxy-[1,3,5]triazin und NH_3 (*Monsanto Chem. Co.*, U.S.P. 2770621 [1954]). Beim Erwärmen von 4,6-Dichlor-[1,3,5]triazin-2-ylamin mit Phenol und wss. NaOH (*Schaefer et al.*, Am. Soc. **73** [1951] 2990, 2992).

Kristalle; F: 181 − 182° [unkorr.; aus Butan-1-ol] (*Sch. et al.*), 170 − 175° [aus Dioxan] (*Monsanto*).

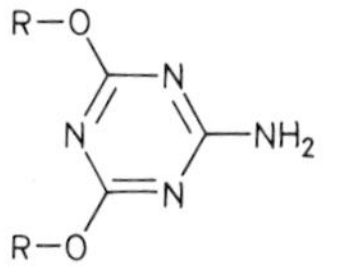

[2-Chlor-äthyl]-[dimethoxy-[1,3,5]triazin-2-yl]-amin $C_7H_{11}ClN_4O_2$, Formel II (R = H, X = Cl).

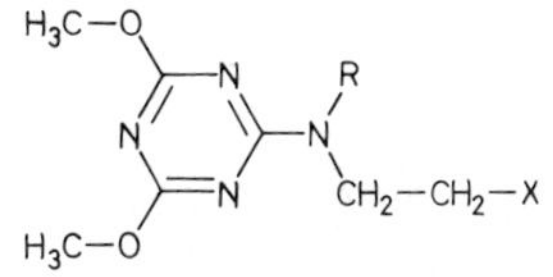

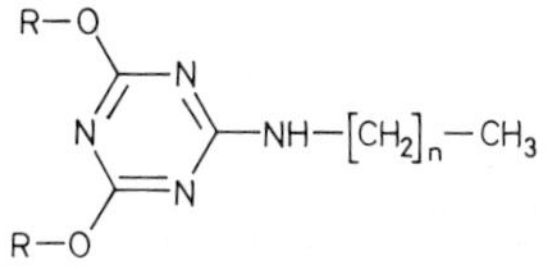

B. Aus [2-Chlor-äthyl]-[dichlor-[1,3,5]triazin-2-yl]-amin beim Erwärmen mit Methanol und NaOH (*Schaefer*, Am. Soc. **77** [1955] 5922, 5928).

Kristalle; F: 95 − 97°.

Die folgenden Verbindungen sind in analoger Weise hergestellt worden:

Diäthylamino-dimethoxy-[1,3,5]triazin, Diäthyl-[dimethoxy-[1,3,5]triazin-2-yl]-amin $C_9H_{16}N_4O_2$, Formel II (R = C_2H_5, X = H). Kristalle (aus Bzl.); F: 33 − 34° (*Dudley et al.*, Am. Soc. **73** [1951] 2986, 2988, 2989).

Butylamino-dimethoxy-[1,3,5]triazin, Butyl-[dimethoxy-[1,3,5]triazin-2-yl]-amin $C_9H_{16}N_4O_2$, Formel III (R = CH_3, n = 3). Kristalle (aus wss. Me.); F: 65 − 65,5° (*Du. et al.*).

Bis-allyloxy-dodecylamino-[1,3,5]triazin, [Bis-allyloxy-[1,3,5]triazin-2-yl]-dodecyl-amin $C_{21}H_{36}N_4O_2$, Formel III (R = CH_2-CH=CH_2, n = 11). Kristalle (aus Me.); F: 49 − 51° (*Du. et al.*).

Cyclohexylamino-dimethoxy-[1,3,5]triazin, Cyclohexyl-[dimethoxy-[1,3,5]triazin-2-yl]-amin $C_{11}H_{18}N_4O_2$, Formel IV (R = H).

B. Aus Chlor-dimethoxy-[1,3,5]triazin und Cyclohexylamin (*Am. Cyanamid Co.*, U.S.P. 2508323 [1946]). Beim Erwärmen von Cyclohexyl-[dichlor-[1,3,5]triazin-2-yl]-amin (aus Trichlor-[1,3,5]triazin und Cyclohexylamin hergestellt) mit Methanol und NaOH (*Dudley et al.*, Am. Soc. **73** [1951] 2986, 2988, 2989).

Kristalle; F: 128 − 129° [aus wss. Acn.] (*Am. Cyanamid Co.*), 127 − 129° [unkorr.; aus wss. Me.] (*Du. et al.*).

Cyclohexyl-[dimethoxy-[1,3,5]triazin-2-yl]-methyl-amin $C_{12}H_{20}N_4O_2$, Formel IV (R = CH_3).

B. Beim Erwärmen von Cyclohexyl-[dichlor-[1,3,5]triazin-2-yl]-methyl-amin mit Methanol und NaOH (*Dudley et al.*, Am. Soc. **73** [1951] 2986, 2988, 2989).

Kristalle (aus Heptan); F: 61 − 62°.

Dicyclohexylamino-dimethoxy-[1,3,5]triazin, Dicyclohexyl-[dimethoxy-[1,3,5]triazin-2-yl]-amin $C_{17}H_{28}N_4O_2$, Formel IV (R = C_6H_{11}).

B. Aus Chlor-dimethoxy-[1,3,5]triazin und Dicyclohexylamin (*Am. Cyanamid Co.*, U.S.P. 2508323 [1946]). Aus Dicyclohexyl-[dichlor-[1,3,5]triazin-2-yl]-amin beim Erwärmen mit methanol. NaOH (*Am. Cyanamid Co.*).

Kristalle (aus Me. + Heptan); F: 108 − 110°.

Anilino-dimethoxy-[1,3,5]triazin, [Dimethoxy-[1,3,5]triazin-2-yl]-phenyl-amin $C_{11}H_{12}N_4O_2$, Formel V (R = CH_3, R′ = X = H).

B. Aus [Dichlor-[1,3,5]triazin-2-yl]-phenyl-amin beim Erwärmen mit Methanol und NaOH

(*Dudley et al.*, Am. Soc. **73** [1951] 2986, 2988, 2989).
Kristalle (aus wss. Me.); F: 133−134° [unkorr.].

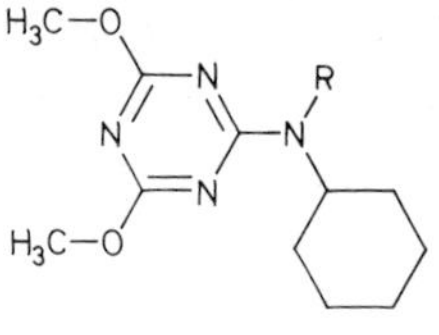

IV 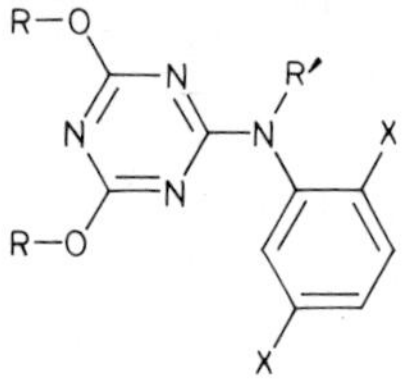   V 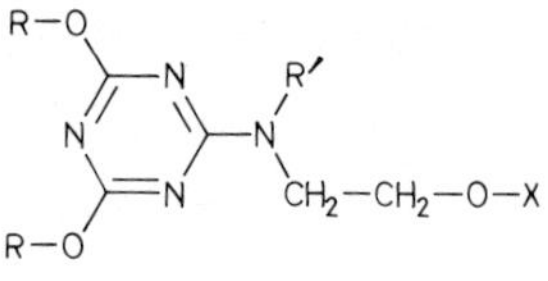   VI

Diäthoxy-anilino-[1,3,5]triazin, [Diäthoxy-[1,3,5]triazin-2-yl]-phenyl-amin $C_{13}H_{16}N_4O_2$,
Formel V (R = C_2H_5, R' = X = H).
B. Analog der vorangehenden Verbindung (*Dudley et al.*, Am. Soc. **73** [1951] 2986, 2988, 2989).
Kristalle (aus Me.); F: 106−107° [unkorr.].

Anilino-dibutoxy-[1,3,5]triazin, [Dibutoxy-[1,3,5]triazin-2-yl]-phenyl-amin $C_{17}H_{24}N_4O_2$,
Formel V (R = $[CH_2]_3$-CH_3, R' = X = H).
B. Aus [Dimethoxy-[1,3,5]triazin-2-yl]-phenyl-amin beim Erwärmen mit Butan-1-ol und Natrium-butylat (*Dudley et al.*, Am. Soc. **73** [1951] 2999, 3003).
Kristalle (aus Bzl.); F: 58−60°.

Bis-allyloxy-anilino-[1,3,5]triazin, [Bis-allyloxy-[1,3,5]triazin-2-yl]-phenyl-amin $C_{15}H_{16}N_4O_2$,
Formel V (R = CH_2-CH=CH_2, R' = X = H).
B. Aus [Dichlor-[1,3,5]triazin-2-yl]-phenyl-amin beim Erwärmen mit Allylalkohol und NaOH (*Am. Cyanamid Co.*, U.S.P. 2537816 [1946]).
Kristalle (aus Hexan + Bzl.); F: 130,5−131,5°.

Die folgenden Verbindungen sind in analoger Weise hergestellt worden:
[Bis-allyloxy-[1,3,5]triazin-2-yl]-[2,5-dichlor-phenyl]-amin $C_{15}H_{14}Cl_2N_4O_2$, Formel V (R = CH_2-CH=CH_2, R' = H, X = Cl). Kristalle (aus A.); F: 90−91° (*Am. Cyanamid Co.*), 89,5−90° (*Dudley et al.*, Am. Soc. **73** [1951] 2986, 2988, 2989).
[Dimethoxy-[1,3,5]triazin-2-yl]-methyl-phenyl-amin $C_{12}H_{14}N_4O_2$, Formel V (R = R' = CH_3, X = H). Kristalle (aus wss. Me.); F: 51−52° (*Du. et al.*).

Dimethoxy-[2-sulfooxy-äthylamino]-[1,3,5]triazin, Schwefelsäure-mono-[2-(4,6-dimethoxy-[1,3,5]triazin-2-ylamino)-äthylester] $C_7H_{12}N_4O_6S$, Formel VI (R = CH_3, R' = H, X = SO_2-OH).
Natrium-Salz $NaC_7H_{11}N_4O_6S$. *B.* Aus Chlor-dimethoxy-[1,3,5]triazin beim Behandeln mit Schwefelsäure-mono-[2-amino-äthylester] und wss. NaOH (*Schaefer*, Am. Soc. **77** [1955] 5922, 5928). − Kristalle (aus A.); F: 166−168° [korr.].

Aziridin-1-yl-dimethoxy-[1,3,5]triazin $C_7H_{10}N_4O_2$, Formel VII.
B. Aus Chlor-dimethoxy-[1,3,5]triazin und Aziridin (*Schaefer et al.*, Am. Soc. **77** [1955] 5918, 5921).
Kristalle (aus Bzl. + Heptan); F: 121−123° [korr.].

2-[N-(Dimethoxy-[1,3,5]triazin-2-yl)-anilino]-äthanol $C_{13}H_{16}N_4O_3$, Formel VI (R = CH_3, R' = C_6H_5, X = H).
B. Aus 2-[N-(Dichlor-[1,3,5]triazin-2-yl)-anilino]-äthanol beim Erwärmen mit Methanol und NaOH (*Dudley et al.*, Am. Soc. **73** [1951] 2986, 2988, 2989).
Kristalle (aus A.); F: 143−145° [unkorr.] (*Du. et al.*).
Acetyl-Derivat $C_{15}H_{18}N_4O_4$; 1-Acetoxy-2-[N-(dimethoxy-[1,3,5]triazin-2-yl)-anilino]-äthan. Kristalle; F: 234−237° [unkorr.] (*Schaefer et al.*, Am. Soc. **73** [1951] 3004, 3006).

[Bis-allyloxy-[1,3,5]triazin-2-yl]-bis-[2-hydroxy-äthyl]-amin $C_{13}H_{20}N_4O_4$, Formel VI
(R = CH_2-CH=CH_2, R' = CH_2-CH_2-OH, X = H).

B. Aus [Dichlor-[1,3,5]triazin-2-yl]-bis-[2-hydroxy-äthyl]-amin und Allylalkohol (*Dudley et al.*, Am. Soc. **73** [1951] 2986, 2988, 2989).

Kristalle (aus H_2O); F: 109−112° [unkorr.].

[4,6-Bis-allyloxy-[1,3,5]triazin-2-ylamino]-methanol $C_{10}H_{14}N_4O_3$, Formel VIII.

B. Aus 4,6-Bis-allyloxy-[1,3,5]triazin-2-ylamin und Formaldehyd in Dioxan (*Am. Cyanamid Co.*, U.S.P. 2496097 [1946]).

Kristalle; F: 67−76°.

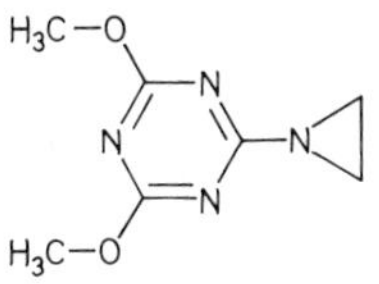

VII 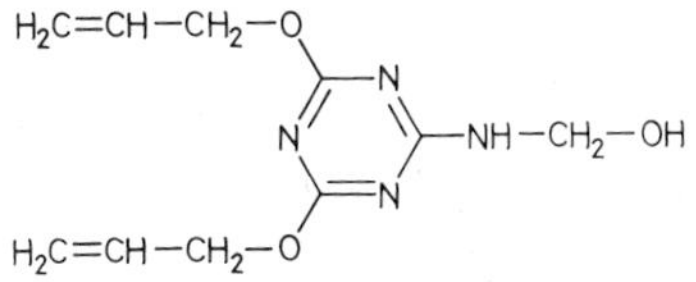   VIII 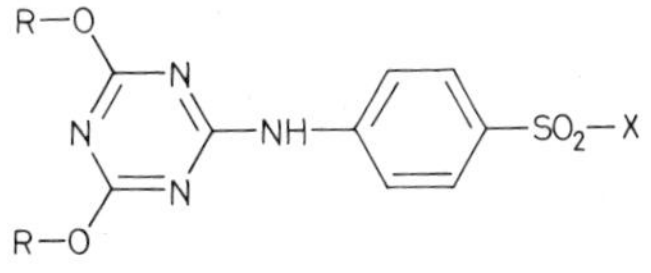   IX

N-**[Dimethoxy-[1,3,5]triazin-2-yl]-sulfanilsäure-amid** $C_{11}H_{13}N_5O_4S$, Formel IX (R = CH_3, X = NH_2).

B. Aus Chlor-dimethoxy-[1,3,5]triazin und Sulfanilamid in wss. NaOH (*D'Alelio, White*, J. org. Chem. **24** [1959] 643).

Kristalle (aus wss. Acn. oder wss. Dioxan); F: 214−218° [Zers.].

N-**[Diäthoxy-[1,3,5]triazin-2-yl]-sulfanilsäure** $C_{13}H_{16}N_4O_5S$, Formel IX (R = C_2H_5, X = OH).

B. Beim Erwärmen von *N*-[Dichlor-[1,3,5]triazin-2-yl]-sulfanilsäure mit Äthanol und NaOH (*Dudley et al.*, Am. Soc. **73** [1951] 2986, 2988, 2989).

Kristalle (aus H_2O) mit 1 Mol H_2O; F: 255−260° [unkorr.].

N-**[Diäthoxy-[1,3,5]triazin-2-yl]-sulfanilsäure-amid** $C_{13}H_{17}N_5O_4S$, Formel IX (R = C_2H_5, X = NH_2).

B. Analog der vorangehenden Verbindung (*D'Alelio, White*, J. org. Chem. **24** [1959] 643).

Kristalle (aus wss. Acn. oder wss. Dioxan); F: 210−211°.

N-**[Diphenoxy-[1,3,5]triazin-2-yl]-sulfanilsäure-amid** $C_{21}H_{17}N_5O_4S$, Formel IX (R = C_6H_5, X = NH_2).

B. Analog den vorangehenden Verbindungen (*D'Alelio, White*, J. org. Chem. **24** [1959] 643).

Kristalle (aus wss. Acn. oder wss. Dioxan); F: 207−208°.

4-[(4,6-Dimethoxy-[1,3,5]triazin-2-ylamino)-methyl]-benzolsulfonsäure-amid $C_{12}H_{15}N_5O_4S$, Formel X.

B. Aus 4-Aminomethyl-benzolsulfonsäure-amid und Trimethoxy-[1,3,5]triazin mit Hilfe von methanol. Natriummethylat (*Bretschneider, Klötzer*, M. **87** [1956] 120, 129).

Kristalle (aus H_2O); F: 186−188° [korr.].

Acetyl-Derivat $C_{14}H_{17}N_5O_5S$; 4-[(4,6-Dimethoxy-[1,3,5]triazin-2-ylamino)-methyl]-benzolsulfonsäure-acetylamid. F: 195° [korr.] (*Br., Kl.*, l. c. S. 130).

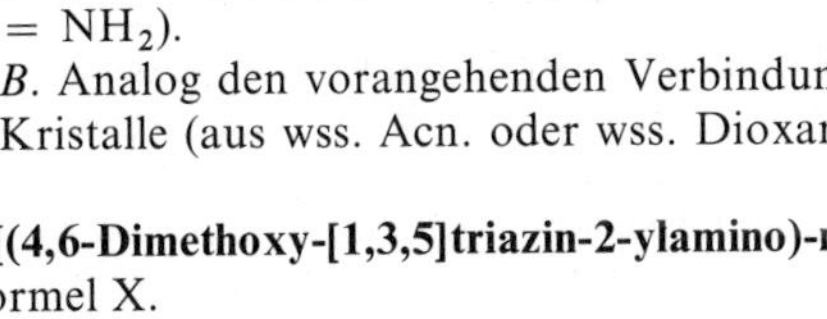

X 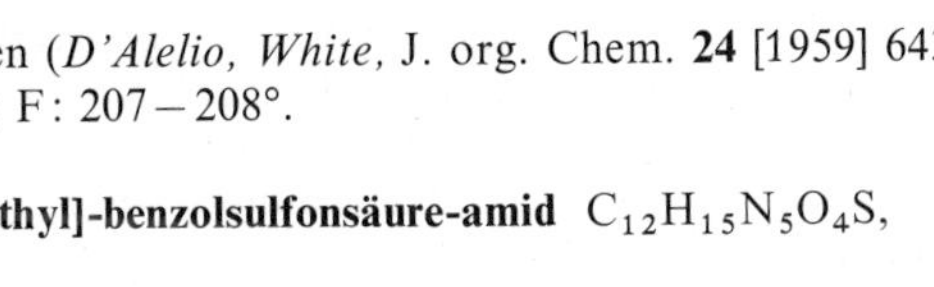   XI

N,N'-**Bis-[diäthoxy-[1,3,5]triazin-2-yl]-äthylendiamin** $C_{16}H_{26}N_8O_4$, Formel XI.

B. Beim Erwärmen von *N,N'*-Bis-[dichlor-[1,3,5]triazin-2-yl]-äthylendiamin mit Äthanol und

NaOH (*Dudley et al.*, Am. Soc. **73** [1951] 2986, 2988, 2989).
Kristalle (aus Heptan); F: 163 – 166° [unkorr.].

*4,4'-Bis-[4,6-dimethoxy-[1,3,5]triazin-2-ylamino]-stilben-2,2'-disulfonsäure $C_{24}H_{24}N_8O_{10}S_2$,
Formel I (R = R' = CH_3).
  B. Aus 4,4'-Diamino-stilben-2,2'-disulfonsäure, Trichlor-[1,3,5]triazin und Methanol (*Yabe,
Hayashi*, J. chem. Soc. Japan Ind. Chem. Sect. **60** [1957] 604, 605; C. A. **1959** 7599).
  Dinatrium-Salz. Absorptionsspektrum (H_2O; 220 – 420 nm): *Yabe, Ha.*, l. c. S. 608.

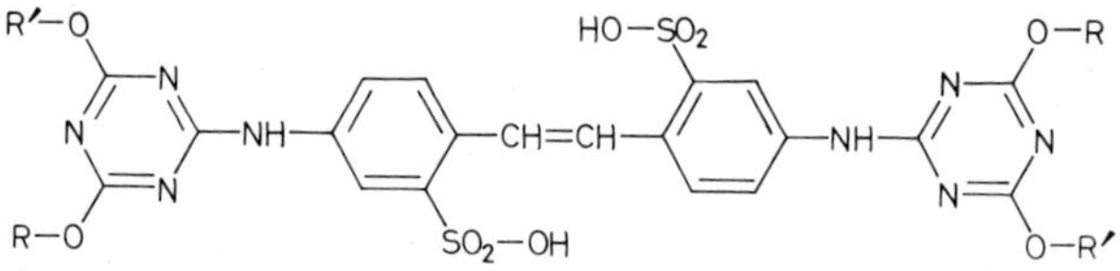

I

*4,4'-Bis-[4-äthoxy-6-methoxy-[1,3,5]triazin-2-ylamino]-stilben-2,2'-disulfonsäure
$C_{26}H_{28}N_8O_{10}S_2$, Formel I (R = C_2H_5, R' = CH_3).
  B. Analog der vorangehenden Verbindung (*Yabe, Hayashi*, J. chem. Soc. Japan Ind. Chem.
Sect. **60** [1957] 604, 607; C. A. **1959** 7599).
  Dinatrium-Salz. Absorptionsspektrum (H_2O; 220 – 420 nm): *Yabe, Ha.*, l. c. S. 610.

*4,4'-Bis-[4,6-diäthoxy-[1,3,5]triazin-2-ylamino]-stilben-2,2'-disulfonsäure $C_{28}H_{32}N_8O_{10}S_2$,
Formel I (R = R' = C_2H_5).
  B. Analog den vorangehenden Verbindungen (*Yabe, Hayashi*, J. chem. Soc. Japan Ind.
Chem. Sect. **60** [1957] 604, 605; C. A. **1959** 7599).
  Dinatrium-Salz. Absorptionsspektrum (H_2O; 220 – 420 nm): *Yabe, Ha.*, l. c. S. 608.

Dimethoxy-sulfanilylamino-[1,3,5]triazin, Sulfanilsäure-[4,6-dimethoxy-[1,3,5]triazin-2-ylamid]
$C_{11}H_{13}N_5O_4S$, Formel II (R = R' = H).
  B. Beim Erwärmen von Trimethoxy-[1,3,5]triazin mit Sulfanilamid und methanol. Natrium=
methylat (*Bretschneider, Klötzer*, M. **87** [1956] 120, 126).
  Kristalle (aus Butan-1-ol); F: 169 – 170° [korr.]. Kristalle (aus wss. Eg.) mit 1 Mol H_2O;
F: 140 – 142° [korr.].
  Verbindung mit Bis-[2-hydroxy-äthyl]-amin $C_{11}H_{13}N_5O_4S·C_4H_{11}NO_2$. Kristalle
(aus A.); F: 160 – 162° [korr.] (*Br., Kl.*, l. c. S. 128).
  Verbindung mit 4-Aminomethyl-benzolsulfonsäure-amid $C_{11}H_{13}N_5O_4S·$
$C_7H_{10}N_2O_2S$. Kristalle (aus H_2O); F: 173 – 174° [korr.] (*Br., Kl.*, l. c. S. 128).

N-Acetyl-sulfanilsäure-[4,6-dimethoxy-[1,3,5]triazin-2-ylamid], Essigsäure-[4-(4,6-dimethoxy-
[1,3,5]triazin-2-ylsulfamoyl)-anilid] $C_{13}H_{15}N_5O_5S$, Formel II (R = H, R' = $CO-CH_3$).
  B. Aus Trimethoxy-[1,3,5]triazin und N-Acetyl-sulfanilsäure-amid (*Bretschneider, Klötzer*, M.
87 [1956] 120, 127). Aus Sulfanilsäure-[4,6-dimethoxy-[1,3,5]triazin-2-ylamid] und Acetanhydrid
in Essigsäure (*Br., Kl.*).
  Kristalle (aus H_2O) mit 1 Mol H_2O; F: 210 – 212° [korr.].

N-[4-(4,6-Dimethoxy-[1,3,5]triazin-2-ylsulfamoyl)-phenyl]-phthalamidsäure $C_{19}H_{17}N_5O_7S$,
Formel II (R = H, R' = $CO-C_6H_4-CO-OH$).
  B. Aus Sulfanilsäure-[4,6-dimethoxy-[1,3,5]triazin-2-ylamid] und Phthalsäure-anhydrid in
Äthanol (*Bretschneider, Klötzer*, M. **87** [1956] 120, 128).
  Kristalle (aus Eg.); F: 215 – 218° [korr.].

II

III

**2,4-Dimethoxy-1-methyl-6-sulfanilylamino-[1,3,5]triazinium-betain(?), Sulfanilsäure-[4,6-di⹀
methoxy-1-methyl-1*H*-[1,3,5]triazin-2-ylidenamid](?)** $C_{12}H_{15}N_5O_4S$, vermutlich Formel III und
Mesomere.

B. Als Hauptprodukt neben Sulfanilsäure-[(dimethoxy-[1,3,5]triazin-2-yl)-methyl-amid] (s. u.)
beim Behandeln von Sulfanilsäure-[4,6-dimethoxy-[1,3,5]triazin-2-ylamid] mit Diazomethan in
Methanol und Äther (*Bretschneider, Klötzer*, M. **87** [1956] 120, 122, 127).
Kristalle (aus wss. Me.); F: 153−155° [korr.].

Sulfanilsäure-[(dimethoxy-[1,3,5]triazin-2-yl)-methyl-amid](?) $C_{12}H_{15}N_5O_4S$, vermutlich
Formel II (R = CH_3, R′ = H).
B. s.im vorangehenden Artikel.
Kristalle (aus A.); F: 124−126° [korr.] (*Bretschneider, Klötzer*, M. **87** [1956] 120, 127).

**Dimethylamino-bis-dimethylthiocarbamoylmercapto-[1,3,5]triazin, [Bis-dimethylthiocarbamoyl⹀
mercapto-[1,3,5]triazin-2-yl]-dimethyl-amin** $C_{11}H_{18}N_6S_4$, Formel IV (R = CH_3).
B. Beim Erwärmen von Trichlor-[1,3,5]triazin mit dem Natrium-Salz der Dimethyldithiocarb⹀
amidsäure in Aceton (*I.G. Farbenind.*, U.S.P. 2061520 [1932]; *D'Amico, Harman*, Am. Soc.
78 [1956] 5345, 5348).
Kristalle (aus Dioxan); F: 182° (*I.G. Farbenind.*), 172−173° [unkorr.] (*D'Am., Ha.*).

**Diäthylamino-bis-diäthylthiocarbamoylmercapto-[1,3,5]triazin, Diäthyl-[bis-diäthyl⹀
thiocarbamoylmercapto-[1,3,5]triazin-2-yl]-amin** $C_{17}H_{30}N_6S_4$, Formel IV (R = C_2H_5).
B. Beim Erwärmen von Trichlor-[1,3,5]triazin mit Diäthylamin-diäthyldithiocarbamat in Ace⹀
ton (*D'Amico, Harman*, Am. Soc. **78** [1956] 5345, 5348).
Kristalle (aus A.); F: 115−116° [unkorr.].

**Diisopropylamino-bis-diisopropylthiocarbamoylmercapto-[1,3,5]triazin, [Bis-diisopropylthiocarb⹀
amoylmercapto-[1,3,5]triazin-2-yl]-diisopropyl-amin** $C_{23}H_{42}N_6S_4$, Formel IV (R = $CH(CH_3)_2$).
B. Analog der vorangehenden Verbindung (*D'Amico, Harman*, Am. Soc. **78** [1956] 5345,
5348).
Kristalle (aus Dioxan); F: 218° [unkorr.].

IV   V

Piperidino-bis-[piperidin-1-thiocarbonylmercapto]-[1,3,5]triazin $C_{20}H_{30}N_6S_4$, Formel V.
B. Analog Dimethylamino-bis-dimethylthiocarbamoylmercapto-[1,3,5]triazin [s. o.] (*I.G. Far⹀
benind.*, U.S.P. 2061520 [1932]).
Gelbe Kristalle (aus Dioxan); F: 199−200°.

**Bis-methylmercapto-sulfanilylamino-[1,3,5]triazin, Sulfanilsäure-[4,6-bis-methylmercapto-
[1,3,5]triazin-2-ylamid]** $C_{11}H_{13}N_5O_2S_3$, Formel VI (R = CH_3).
B. Beim Erhitzen von Trismethylmercapto-[1,3,5]triazin mit der Natrium-Verbindung des
Sulfanilylamids und Acetamid (*Bretschneider, Klötzer*, M. **87** [1956] 120, 128).
Kristalle (aus Isopropylalkohol); F: 170−173° [korr.].

**Bis-äthylmercapto-sulfanilylamino-[1,3,5]triazin, Sulfanilsäure-[4,6-bis-äthylmercapto-
[1,3,5]triazin-2-ylamid]** $C_{13}H_{17}N_5O_2S_3$, Formel VI (R = C_2H_5).
B. Analog der vorangehenden Verbindung (*Bretschneider, Klötzer*, M. **87** [1956] 120, 129).
Kristalle (aus wss. A.); F: 155−156° [korr.; nach Umwandlung bei 130°].

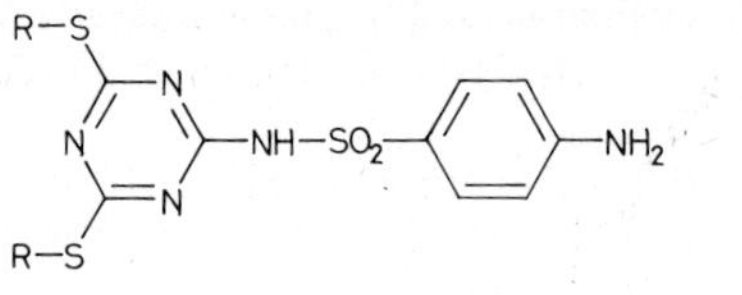

VI

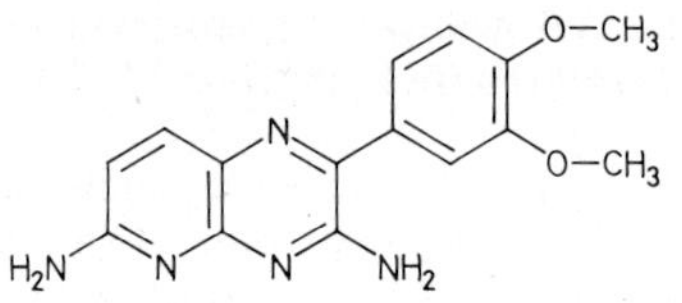

VII

Amino-Derivate der Dihydroxy-Verbindungen $C_nH_{2n-17}N_3O_2$

2-[3,4-Dimethoxy-phenyl]-pyrido[2,3-b]pyrazin-3,6-diyldiamin $C_{15}H_{15}N_5O_2$, Formel VII.

B. Aus 3-Nitroso-pyridin-2,6-diyldiamin und [3,4-Dimethoxy-phenyl]-acetonitril (*Osdene, Timmis*, Soc. **1955** 2032, 2035).

Kristalle (aus Butan-1-ol); F: 264°.

Amino-Derivate der Dihydroxy-Verbindungen $C_nH_{2n-19}N_3O_2$

3-Dimethylamino-5,6-bis-[4-methoxy-phenyl]-[1,2,4]triazin, [5,6-Bis-(4-methoxy-phenyl)-[1,2,4]triazin-3-yl]-dimethyl-amin $C_{19}H_{20}N_4O_2$, Formel VIII.

B. Beim Erhitzen von 5,6-Bis-[4-methoxy-phenyl]-3-methylmercapto-[1,2,4]triazin mit Di=methylamin in Äthanol (*Polonovski, Pesson*, C. r. **232** [1951] 1260).

F: 136–137°.

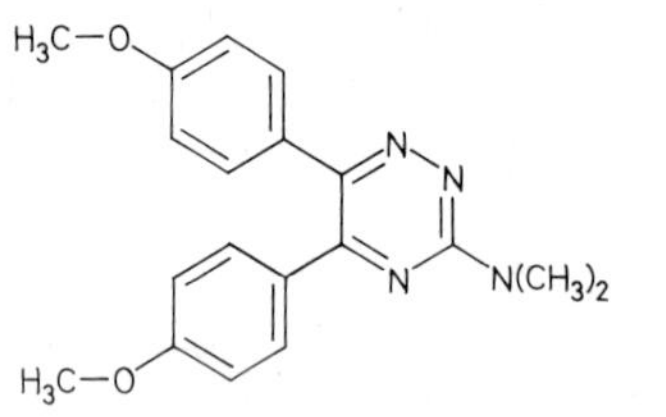

VIII

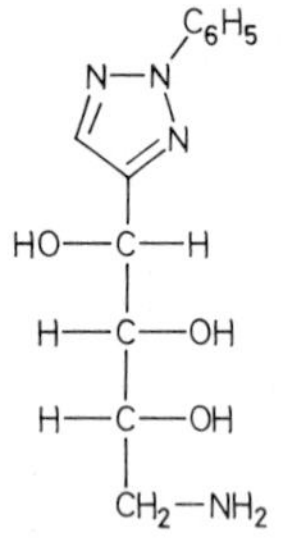

IX

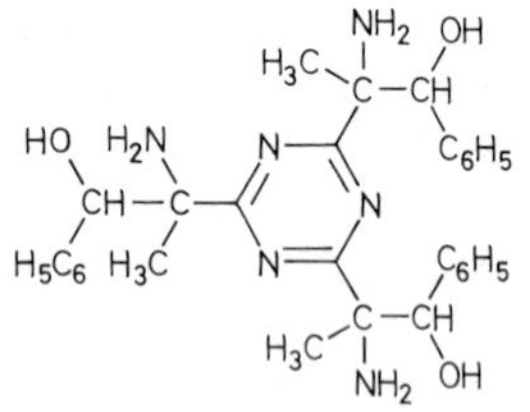

X

Amino-Derivate der Trihydroxy-Verbindungen $C_nH_{2n-1}N_3O_3$

$_D_r$-**4-Amino-1cat_F-[2-phenyl-2H-[1,2,3]triazol-4-yl]-butan-1t_F,2c_F,3r_F-triol** $C_{12}H_{16}N_4O_3$, Formel IX.

B. Aus $_D_r$-3c_F,4-Epoxy-1cat_F-[2-phenyl-2H-[1,2,3]triazol-4-yl]-butan-1t_F,2r_F-diol beim Behan=deln mit methanol. NH$_3$ (*Hardegger, Schreier*, Helv. **35** [1952] 623, 630).

F: 182–184° [korr.; Zers.].

Toluol-4-sulfonat $C_{12}H_{16}N_4O_3 \cdot C_7H_8O_3S$. *B.* Aus $_D_r$-1cat_F-[2-Phenyl-2H-[1,2,3]triazol-4-yl]-4-[toluol-4-sulfonyloxy]-butan-1t_F,2c_F,3r_F-triol (S. 411) und methanol. NH$_3$ (*Ha., Sch.*, l. c. S. 629). Aus der Base (s. o.) und Toluol-4-sulfonsäure (*Ha., Sch.*, l. c. S. 630). – Kristalle (aus Me.); F: 202–204° [korr.; Zers.] [α]$_D$: –33,5° [A.; c = 0,9].

Amino-Derivate der Trihydroxy-Verbindungen $C_nH_{2n-27}N_3O_3$

*****Opt.-inakt. Tris-[1-amino-2-hydroxy-1-methyl-2-phenyl-äthyl]-[1,3,5]triazin** $C_{30}H_{36}N_6O_3$, Formel X.

B. Aus (±)-1-Hydroxy-1-phenyl-aceton beim Behandeln mit NH$_4$Cl und KCN (*Bauer*, Chem. Zvesti **7** [1953] 189, 194; C. A. **1954** 10027).

Kristalle (aus CHCl$_3$); F: 135–136°.

F. Oxoamine

Amino-Derivate der Monooxo-Verbindungen $C_nH_{2n-1}N_3O$

Amino-Derivate der Oxo-Verbindungen $C_2H_3N_3O$

5-Amino-2,4-diphenyl-2,4-dihydro-[1,2,4]triazol-3-on $C_{14}H_{12}N_4O$, Formel I.

B. Beim Behandeln von 1-Acetyl-2,4-diphenyl-semicarbazid mit Bromcyan und wss.-äthanol. NaHCO₃ (*Gehlen, Blankenstein*, A. **627** [1959] 162, 164). Beim Erhitzen von 1-Cyan-2,4-diphenyl-semicarbazid (*Ge., Bl.*). Aus 3-Phenyl-carbazonitril und Phenylisocyanat (*Ge., Bl.*).

Kristalle (aus A.); F: 216°.

Benzyliden-Derivat $C_{21}H_{16}N_4O$; 5-Benzylidenamino-2,4-diphenyl-2,4-dihydro-[1,2,4]triazol-3-on. Gelbe Kristalle (aus Me.); F: 156°.

Diacetyl-Derivat $C_{18}H_{16}N_4O_3$. Kristalle (aus A.+H₂O); F: 114°.

[5-Oxo-2,5-dihydro-1H-[1,2,4]triazol-3-yl]-carbamidsäure-äthylester $C_5H_8N_4O_3$, Formel II (R = H) und Taut.

B. Aus N,N′-Bis-äthoxycarbonyl-S-methyl-isothioharnstoff und N₂H₄ (*Murray, Dains*, Am. Soc. **56** [1934] 144).

F: >335°.

[5-Oxo-1-phenyl-2,5-dihydro-1H-[1,2,4]triazol-3-yl]-carbamidsäure-äthylester $C_{11}H_{12}N_4O_3$, Formel II (R = C_6H_5) und Taut.

Diese Konstitution kommt der früher (E III **15** 186) als N,N′-Bis-äthoxycarbonyl-N″-anilino-guanidin beschriebenen Verbindung vom F: 192° zu (*Mohan et al.*, Chem. and Ind. **1978** 125).

F: 198 – 199°.

5-Amino-1,2-dihydro-[1,2,4]triazol-3-thion $C_2H_4N_4S$, Formel III (R = H) und Taut. (E II 110; dort auch als Thiourazolimid bezeichnet).

B. Beim Erhitzen von Hydrazin-N,N′-bis-thiocarbonsäure-diamid auf 215° (*Guha, Mehta*, J. Indian Inst. Sci. [A] **21** [1938] 41, 51).

Kristalle (aus H₂O); F: 298°.

Acetyl-Derivat $C_4H_6N_4OS$. Kristalle (aus H₂O); F: 325° [Zers.].

5-Amino-4-o-tolyl-2,4-dihydro-[1,2,4]triazol-3-thion $C_9H_{10}N_4S$, Formel IV (R = C_6H_4-CH_3) und Taut. (E II 114).

B. Aus Hydrazin-N,N′-bis-thiocarbonsäure-amid-o-toluidid beim Erhitzen (*Guha, Mehta*, J. Indian Inst. Sci. [A] **21** [1938] 41, 52).

Methyl-Derivat $C_{10}H_{12}N_4S$; vermutlich 5-Methylmercapto-4-o-tolyl-4H-[1,2,4]⸗triazol-3-ylamin. B. Beim Behandeln von 5-Amino-4-o-tolyl-2,4-dihydro-[1,2,4]triazol-3-thion mit Dimethylsulfat und wss. NaOH (*Guha, Me.*). — Kristalle (aus H₂O); F: 142° (*Guha, Me.*).

Acetyl-Derivat $C_{11}H_{12}N_4OS$; vermutlich 5-Acetylamino-4-o-tolyl-2,4-dihydro-[1,2,4]triazol-3-thion, N-[5-Thioxo-4-o-tolyl-4,5-dihydro-1H-[1,2,4]triazol-3-yl]-acetamid. Kristalle; F: 205° [aus A.] (*Guha, Me.*), 190 – 191° [aus wss. A.] (*Mazourevitch* [*Mazurewitsch*], Bl. [4] **47** [1930] 1160, 1167; Ž. russ. fiz.-chim. Obšč. **62** [1930] 1137, 1145).

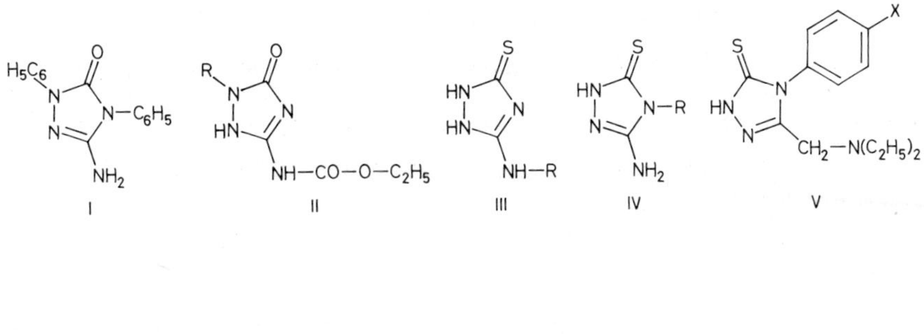

I   II   III   IV   V

5-Amino-4-*p*-tolyl-2,4-dihydro-[1,2,4]triazol-3-thion $C_9H_{10}N_4S$, Formel IV (R = C_6H_4-CH_3) und Taut. (E II 115).

B. Analog der vorangehenden Verbindung (*Guha, Mehta,* J. Indian Inst. Sci. [A] **21** [1938] 41, 53).

Methyl-Derivat $C_{10}H_{12}N_4S$; vermutlich 5-Methylmercapto-4-*p*-tolyl-4*H*-[1,2,4]triazol-3-ylamin. Kristalle (aus H_2O); F: 142° (*Guha, Me.*).

Acetyl-Derivat [1]) $C_{11}H_{12}N_4OS$; vermutlich 5-Acetylamino-4-*p*-tolyl-2,4-dihydro-[1,2,4]triazol-3-thion, *N*-[5-Thioxo-4-*p*-tolyl-4,5-dihydro-1*H*-[1,2,4]triazol-3-yl]-acetamid. Kristalle (aus A.); F: 160° (*Guha, Me.*).

5-[2,4-Dimethyl-anilino]-1,2-dihydro-[1,2,4]triazol-3-thion $C_{10}H_{12}N_4S$, Formel III (R = $C_6H_3(CH_3)_2$) und Taut.

B. Beim Erhitzen von Hydrazin-*N,N'*-bis-thiocarbonsäure-amid-anilid mit 2,4-Dimethyl-anilin (*Mazourevitch* [*Mazurewitsch*], Bl. [4] **47** [1930] 1160, 1174; Ž. russ. fiz.-chim. Obšč. **62** [1930] 1137, 1154).

Wasserhaltige Kristalle (aus A.); F: 203 – 204° [nach Sintern bei 196°].

4,5-Diamino-2,4-dihydro-[1,2,4]triazol-3-thion $C_2H_5N_5S$, Formel IV (R = NH_2) und Taut. (E II 117).

B. Aus Hydrazin-*N,N'*-bis-thiocarbonsäure-diamid und N_2H_4 (*Hoggarth,* Soc. **1952** 4817, 4818; s. a. E II 117).

Kristalle (aus H_2O); F: 210 – 212° [Zers.; auf 200° vorgeheiztes Bad; bei raschem Erhitzen] bzw. 204 – 206° [Zers.; auf 190° vorgeheiztes Bad; bei langsamem Erhitzen] (*Ho.*; s. a. *Scott, Audrieth,* J. org. Chem. **19** [1954] 742, 746).

4-Chlor-benzyliden-Derivat $C_9H_8ClN_5S$; 4(oder 5)-Amino-5(oder 4)-[4-chlor-benzylidenamino]-2,4-dihydro-[1,2,4]triazol-3-thion. Kristalle (aus A. oder wss. A.); F: 260 – 261° [Zers.] (*Ho.*).

4-Methoxy-benzyliden-Derivat $C_{10}H_{11}N_5OS$; 4(oder 5)-Amino-5(oder 4)-[4-methoxy-benzylidenamino]-2,4-dihydro-[1,2,4]triazol-3-thion. Hellgelbe Kristalle (aus A. oder wss. A.); F: 222 – 224° (*Ho.*).

Amino-Derivate der Oxo-Verbindungen $C_3H_5N_3O$

5-Diäthylaminomethyl-4-phenyl-2,4-dihydro-[1,2,4]triazol-3-thion $C_{13}H_{18}N_4S$, Formel V (X = H) und Taut.

B. Aus *N,N*-Diäthyl-glycin-äthylester und 4-Phenyl-thiosemicarbazid mit Hilfe von methanol. Natriummethylat (*Pesson et al.,* C. r. **248** [1959] 1677, 1679).

F: 168 – 169°.

4-[4-Chlor-phenyl]-5-diäthylaminomethyl-2,4-dihydro-[1,2,4]triazol-3-thion $C_{13}H_{17}ClN_4S$, Formel V (X = Cl) und Taut.

B. Analog der vorangehenden Verbindung (*Pesson et al.,* C. r. **248** [1959] 1677, 1679).

F: 148°.

N-[5-Thioxo-2,5-dihydro-1*H*-[1,2,4]triazol-3-ylmethyl]-phthalimid $C_{11}H_8N_4O_2S$, Formel VI (R = H, n = 1) und Taut.

B. Beim Erwärmen von 1-[*N,N*-Phthaloyl-glycyl]-thiosemicarbazid mit Natriummethylat und Äthanol (*Ainsworth, Jones,* Am. Soc. **76** [1954] 5651, 5652).

Kristalle (aus H_2O); F: 293 – 294° [unkorr.].

Amino-Derivate der Oxo-Verbindungen $C_4H_7N_3O$

(±)-*N*-[1-(5-Thioxo-2,5-dihydro-1*H*-[1,2,4]triazol-3-yl)-äthyl]-phthalimid $C_{12}H_{10}N_4O_2S$, Formel VII und Taut.

B. Analog der vorangehenden Verbindung (*Ainsworth, Jones,* Am. Soc. **76** [1954] 5651, 5652).

---

[1]) Über eine als 1-Acetyl-5-imino-4-*p*-tolyl-[1,2,4]triazolidin-3-thion formulierte Verbindung (F: 154°) s. E II **26** 116.

Kristalle (aus H_2O); F: 289—290° [unkorr.].

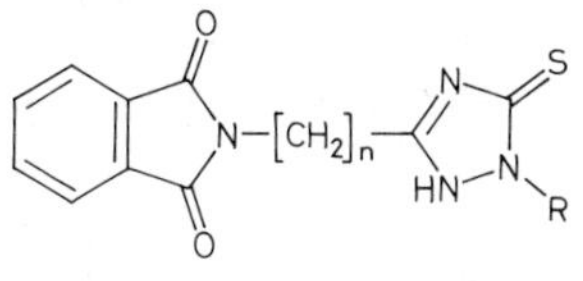

VI	VII	VIII

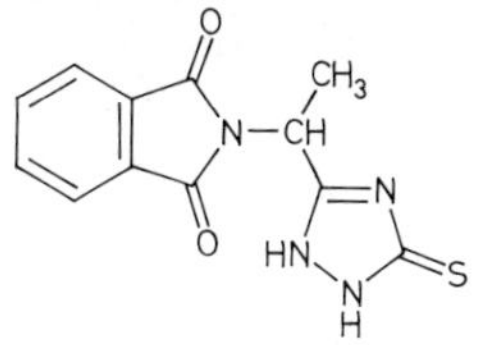

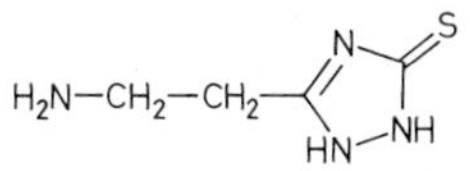

5-[2-Amino-äthyl]-1,2-dihydro-[1,2,4]triazol-3-thion $C_4H_8N_4S$, Formel VIII und Taut.

B. Aus der folgenden Verbindung mit Hilfe von N_2H_4 in H_2O (*Ainsworth, Jones,* Am. Soc. **75** [1953] 4915, 4916).

Kristalle (aus H_2O); F: 296—298° [Zers.].

Hydrochlorid $C_4H_8N_4S \cdot HCl$. Kristalle (aus Me.+Ae.); F: 270°.

N-[2-(5-Thioxo-2,5-dihydro-1H-[1,2,4]triazol-3-yl)-äthyl]-phthalimid $C_{12}H_{10}N_4O_2S$, Formel VI (R = H, n = 2) und Taut.

B. Beim Erwärmen von 1-[*N,N*-Phthaloyl-β-alanyl]-thiosemicarbazid mit Natriummethylat und Äthanol (*Ainsworth, Jones,* Am. Soc. **75** [1953] 4915, 4916).

Kristalle (aus Eg.); F: 295—297°.

N-[2-(1-Methyl-5-thioxo-2,5-dihydro-1H-[1,2,4]triazol-3-yl)-äthyl]-phthalimid $C_{13}H_{12}N_4O_2S$, Formel VI (R = CH_3, n = 2) und Taut.

B. Analog der vorangehenden Verbindung (*Ainsworth, Jones,* Am. Soc. **77** [1955] 621, 623).

Kristalle (aus Eg.); F: 240° [unkorr.].

N-[2-(4-Methyl-5-thioxo-4,5-dihydro-1H-[1,2,4]triazol-3-yl)-äthyl]-phthalimid $C_{13}H_{12}N_4O_2S$, Formel IX (R = CH_3, R′ = H) und Taut.

B. Analog den vorangehenden Verbindungen (*Ainsworth, Jones,* Am. Soc. **77** [1955] 621, 623).

Kristalle (aus wss. A.); F: 230°.

N-[2-(4-Phenyl-5-thioxo-4,5-dihydro-1H-[1,2,4]triazol-3-yl)-äthyl]-phthalimid $C_{18}H_{14}N_4O_2S$, Formel IX (R = C_6H_5, R′ = H) und Taut.

B. Analog den vorangehenden Verbindungen (*Ainsworth, Jones,* Am. Soc. **77** [1955] 621, 623).

Kristalle (aus wss. Eg.); F: 230—232°.

Amino-Derivate der Oxo-Verbindungen $C_5H_9N_3O$

6-Amino-3-[4-chlor-phenyl]-4,4-dimethyl-3,4-dihydro-1H-[1,3,5]triazin-2-on $C_{11}H_{13}ClN_4O$, Formel X (X = O, X′ = Cl) und Taut.

B. Aus *N*-Carbamimidoyl-*N*′-[4-chlor-phenyl]-harnstoff und Aceton mit Hilfe von Piperidin (*Carrington et al.,* Soc. **1954** 1017, 1026).

Kristalle (aus 2-Äthoxy-äthanol); F: 227° [Zers.].

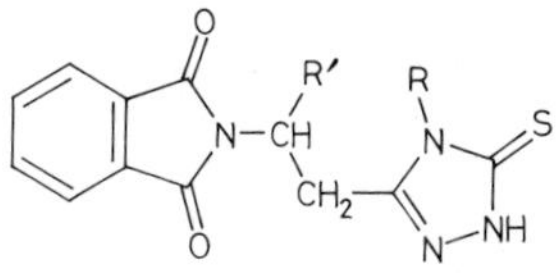

IX	X	XI

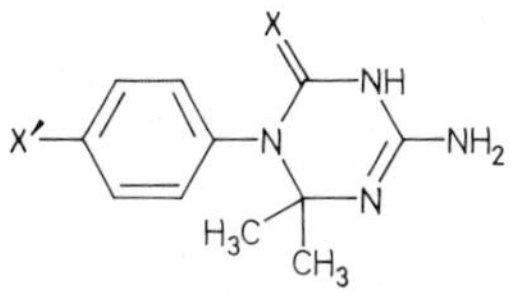

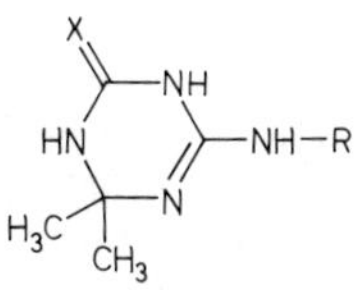

6-[4-Chlor-anilino]-4,4-dimethyl-3,4-dihydro-1*H*-[1,3,5]triazin-2-on $C_{11}H_{13}ClN_4O$, Formel XI (R = C_6H_4-Cl, X = O) und Taut.

B. Aus *N*-Carbamoyl-*N'*-[4-chlor-phenyl]-guanidin und Aceton mit Hilfe von Piperidin (*Car⁼ rington et al.*, Soc. **1954** 1017, 1026). Aus N^2-[4-Chlor-phenyl]-6,6-dimethyl-1,6-dihydro-[1,3,5]triazin-2,4-diyldiamin beim Erwärmen mit $NaNO_2$ und wss. HCl (*Ca. et al.*).

Kristalle (aus A.); F: 250° [Zers.]. λ_{max}: 228−236 nm [wss. HCl] bzw. 257 nm [wss. NaOH].

Hydrochlorid $C_{11}H_{13}ClN_4O \cdot HCl$. Kristalle (aus A.); F: 224° [Zers.].

4-Anilino-5-[2-diäthylamino-äthyl]-6,6-dimethyl-5,6-dihydro-1*H*-[1,3,5]triazin-2-on $C_{17}H_{27}N_5O$, Formel XII (R = C_6H_5, R′ = CH_2-CH_2-$N(C_2H_5)_2$) und Taut., oder **4-[2-Diäthylamino-äthylamino]-6,6-dimethyl-5-phenyl-5,6-dihydro-1*H*-[1,3,5]triazin-2-on** $C_{17}H_{27}N_5O$, Formel XII (R = CH_2-CH_2-$N(C_2H_5)_2$, R′ = C_6H_5) und Taut.

B. Neben 1-[2-Diäthylamino-äthyl]-2-phenyl-biguanid beim aufeinanderfolgenden Erwärmen von *N*-Carbamimidoyl-*N'*-phenyl-thioharnstoff mit *N,N*-Diäthyl-äthylendiamin und HgO in Äthanol und mit Aceton (*Birtwell*, Soc. **1952** 1279, 1285).

Dipicrat $C_{17}H_{27}N_5O \cdot 2 C_6H_3N_3O_7$. Kristalle (aus Acn. + A.) mit 1 Mol H_2O; F: 196−198° [unkorr.].

6-Amino-4,4-dimethyl-3,4-dihydro-1*H*-[1,3,5]triazin-2-thion $C_5H_{10}N_4S$, Formel XI (R = H, X = S) und Taut.

B. Aus *N*-Thiocarbamoyl-guanidin und Aceton mit Hilfe von Piperidin (*Chase, Walker,* Soc. **1955** 4443, 4449). Beim Behandeln von 4,4-Dimethyl-6-methylmercapto-1,4-dihydro-[1,3,5]triazin-2-ylamin mit H_2S in Pyridin und Triäthylamin (*Ch., Wa.*).

Kristalle (aus H_2O); F: 192−193°. λ_{max} (Me.): 277 nm.

Picrat $C_5H_{10}N_4S \cdot C_6H_3N_3O_7$. Gelbe Kristalle (aus A.); F: 216−217°.

6-Amino-4,4-dimethyl-3-phenyl-3,4-dihydro-1*H*-[1,3,5]triazin-2-thion $C_{11}H_{14}N_4S$, Formel X (X = S, X′ = H) und Taut.

B. Aus *N*-Carbamimidoyl-*N'*-phenyl-thioharnstoff und Aceton mit Hilfe von Piperidin (*Birt⁼ well,* Soc. **1952** 1279, 1283).

Kristalle (aus Butan-1-ol); F: 240° [unkorr.; Zers.].

6-Amino-3-[4-chlor-phenyl]-4,4-dimethyl-3,4-dihydro-1*H*-[1,3,5]triazin-2-thion $C_{11}H_{13}ClN_4S$, Formel X (X = S, X′ = Cl) und Taut.

B. Analog der vorangehenden Verbindung (*Birtwell,* Soc. **1952** 1279, 1283; s. a. *Loo,* Am. Soc. **76** [1954] 5096, 5098).

Kristalle; F: 230−231° [unkorr.; aus Acn.] (*Loo*), 229° [unkorr.; Zers.; aus Butan-1-ol] (*Bi.*).

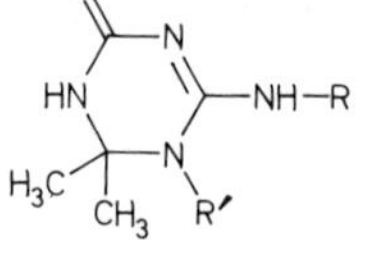

XII 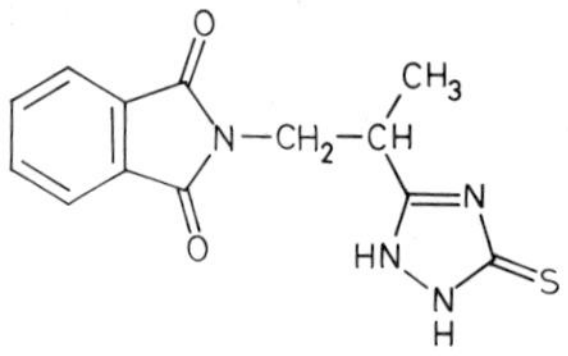   XIII

(±)-*N*-[1-Methyl-2-(5-thioxo-4,5-dihydro-1*H*-[1,2,4]triazol-3-yl)-äthyl]-phthalimid $C_{13}H_{12}N_4O_2S$, Formel IX (R = H, R′ = CH_3) und Taut.

B. Beim Erwärmen von (±)-1-[3-Phthalimido-butyryl]-thiosemicarbazid mit Natriummethylat und Äthanol (*Ainsworth, Jones,* Am. Soc. **76** [1954] 5651, 5652).

Kristalle (aus wss. Eg.); F: 285−286° [unkorr.].

***N*-[3-(5-Thioxo-2,5-dihydro-1*H*-[1,2,4]triazol-3-yl)-propyl]-phthalimid** $C_{13}H_{12}N_4O_2S$,
Formel VI (R = H, n = 3) und Taut.

B. Analog der vorangehenden Verbindung (*Ainsworth, Jones*, Am. Soc. **76** [1954] 5651, 5652).
Kristalle (aus wss. A.); F: 235–237° [unkorr.].

(±)-*N*-[2-(5-Thioxo-2,5-dihydro-1*H*-[1,2,4]triazol-3-yl)-propyl]-phthalimid $C_{13}H_{12}N_4O_2S$,
Formel XIII und Taut.

B. Analog den vorangehenden Verbindungen (*Ainsworth, Jones*, Am. Soc. **76** [1954] 5651,
5652).
Kristalle (aus wss. A.); F: 247–248° [unkorr.].

Amino-Derivate der Monooxo-Verbindungen $C_nH_{2n-3}N_3O$

Amino-Derivate der Oxo-Verbindungen $C_3H_3N_3O$

5-Amino-2*H*-[1,2,4]triazin-3-on $C_3H_4N_4O$, Formel XIV und Taut.

B. Beim Erhitzen von 5-Thioxo-4,5-dihydro-2*H*-[1,2,4]triazin-3-on mit äthanol. NH_3 (*Falco
et al.*, Am. Soc. **78** [1956] 1938, 1940).

Kristalle (aus Me.); unterhalb 320° nicht schmelzend (*Fa. et al.*). UV-Spektrum (wss.
Lösungen vom pH 1–13; 230–350 nm): *Bresnick et al.*, Biochim. biophys. Acta **37** [1960]
251, 253; vgl. *Fa. et al.*.

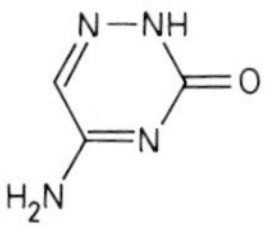

XIV 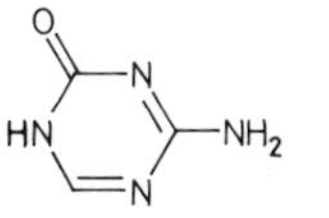   XV 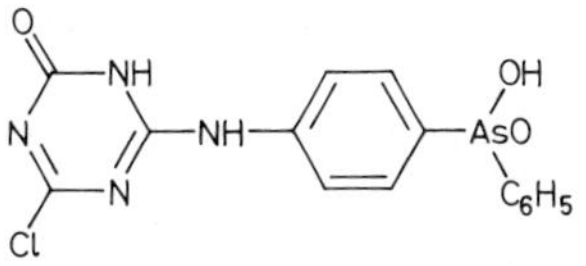   XVI

4-Amino-1*H*-[1,3,5]triazin-2-on $C_3H_4N_4O$, Formel XV und Taut.

B. Aus Cyanguanidin und Ameisensäure (*Grundmann et al.*, B. **87** [1954] 19, 22; *Klosa*,
Ar. **288** [1955] 139).

Kristalle; Zers. ab 360° (*Kl.*), ab 350° (*Gr. et al.*).

[4-(4-Chlor-6-oxo-1,6-dihydro-[1,3,5]triazin-2-ylamino)-phenyl]-phenyl-arsinsäure
$C_{15}H_{12}AsClN_4O_3$, Formel XVI und Taut.

B. Aus [4-(4,6-Dichlor-[1,3,5]triazin-2-ylamino)-phenyl]-phenyl-arsinsäure beim Behandeln
mit wss. NaOH (*Ueda et al.*, Pharm. Bl. **1** [1953] 252).

Feststoff.

Bis-[4-(4-chlor-6-oxo-1,6-dihydro-[1,3,5]triazin-2-ylamino)-phenyl]-arsinsäure
$C_{18}H_{13}AsCl_2N_8O_4$, Formel I und Taut.

B. Aus Bis-[4-(4,6-dichlor-[1,3,5]triazin-2-ylamino)-phenyl]-arsinsäure beim Behandeln mit
wss. NaOH (*Ueda et al.*, Pharm. Bl. **1** [1953] 252).

Feststoff.

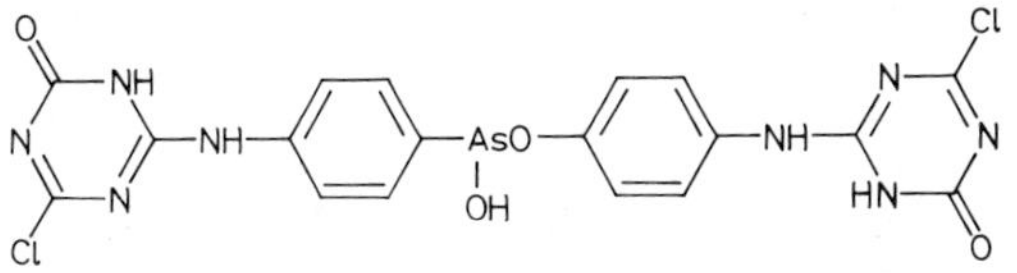

I 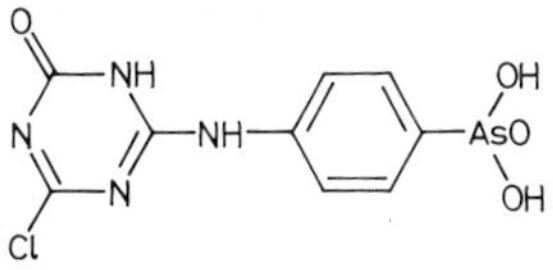   II

[4-(4-Chlor-6-oxo-1,6-dihydro-[1,3,5]triazin-2-ylamino)-phenyl]-arsonsäure $C_9H_8AsClN_4O_4$,
Formel II und Taut.

B. Aus [4-(4,6-Dichlor-[1,3,5]triazin-2-ylamino)-phenyl]-arsonsäure beim Behandeln mit wss.

NaOH (*Friedheim*, Am. Soc. **66** [1944] 1775, 1777).
Zers. > 300°.

4,6-Diamino-1H-[1,3,5]triazin-2-on $C_3H_5N_5O$, Formel III (R = R' = H) und Taut.; **Ammelin** (H 244; E I 74; E II 132).

Nach Ausweis des IR- und UV-Spektrums liegt in den Kristallen sowie in saurer und neutraler Lösung überwiegend 4,6-Diamino-1H-[1,3,5]triazin-2-on vor (*Hirt*, Appl. Spectr. **6** [1952] Nr. 2, S. 15; *Hirt, Schmitt*, Spectrochim. Acta **12** [1958] 127, 134, 135).

B. Beim Erhitzen von Cyanguanidin mit Biuret (*BASF*, D.B.P. 824946 [1950]; D.R.B.P. Org. Chem. 1950—1951 **6** 2480) oder mit Kaliumcyanat (*Monsanto Chem. Co.*, U.S.P. 2467712 [1946]). Beim Erhitzen von Guanidin-formiat (*Rehnelt*, M. **86** [1955] 651, 659). Beim Erhitzen von Harnstoff (*Allied Chem. & Dye Corp.*, U.S.P. 2572587 [1947]).

IR-Spektrum (KBr; 2—16 μ): *Padgett, Hamner*, Am. Soc. **80** [1958] 803, 808; *Finkel'schteĭn*, Optika Spektr. **5** [1958] 264, 268; C. A. **1959** 10967. UV-Spektrum (210—260 nm) in wss. HCl, Lösung vom pH 7 sowie wss. NaOH: *Hirt, Sch.*, l. c. S. 129, 130; s. a. *Hirt*; in wss. HCl sowie wss. NaOH: *Malkina, Finkel'schteĭn*, Ž. fiz. Chim. **32** [1958] 981, 982; C. A. **1958** 19448. λ_{max} (wss. HCl vom pH 3): 245 nm (*Foye, Chafetz*, J. Am. pharm. Assoc. **46** [1957] 366, 369). Scheinbare Dissoziationsexponenten pK'_{a1} und pK'_{a2} (protonierte Verbindung; H_2O; spektrophotometrisch ermittelt): 4,5 bzw. 9,4 (*Hirt, Sch.*, l. c. S. 129). Löslichkeit in wss. Lösungen vom pH 2—13: *Hirt*.

Picrat $C_3H_5N_5O \cdot C_6H_3N_3O_7$. Gelbe Kristalle mit 1 Mol H_2O; F: 266° [korr.] (*Ostrogovich, Gheorghiu*, G. **60** [1930] 648, 649).

4,6-Bis-äthylamino-1H-[1,3,5]triazin-2-on $C_7H_{13}N_5O$, Formel III (R = R' = C_2H_5) und Taut. (H 245).

B. Aus 2,4-Bis-äthylamino-6-chlor-[1,3,5]triazin mit Hilfe von $AgNO_2$ (*Grundmann, Schröder*, B. **87** [1954] 747, 752).

Kristalle (aus 2-Äthoxy-äthanol); F: 407—409° [korr.; Zers.].

4-Amino-6-anilino-1H-[1,3,5]triazin-2-on $C_9H_9N_5O$, Formel III (R = H, R' = C_6H_5) und Taut.

B. Als Hauptprodukt beim Erwärmen von 1-Phenyl-biguanid mit Trichloressigsäure-äthylester in $CHCl_3$ (*Shapiro, Overberger*, Am. Soc. **76** [1954] 97, 99).

F: > 300° (*Sh., Ov.*).

Hydrochlorid $C_9H_9N_5O \cdot HCl$. Kristalle (aus wss. HCl) mit 2 Mol H_2O; F: 127—130° [unkorr.] (*Sh., Ov.*). λ_{max} (Me.): 265 nm (*Overberger, Shapiro*, Am. Soc. **76** [1954] 1855, 1856).

Acetyl-Derivat $C_{11}H_{11}N_5O_2$. Kristalle (aus Acetonitril); F: 235° [Zers. bei 243°] (*Sh., Ov.*). λ_{max} (Me.): 243 nm (*Ov., Sh.*).

4-[4-Chlor-anilino]-6-isopropylamino-1H-[1,3,5]triazin-2-on $C_{12}H_{14}ClN_5O$, Formel III (R = C_6H_4-Cl, R' = $CH(CH_3)_2$) und Taut.

B. Beim Behandeln von N^2-[4-Chlor-phenyl]-N^4-isopropyl-6-methoxy-[1,3,5]triazin-2,4-diyl=diamin mit HBr (*Cuthbertson, Moffatt*, Soc. **1948** 561, 564).

F: 365° [aus wss. Py.].

Hydrobromid $C_{12}H_{14}ClN_5O \cdot HBr$. F: 377°.

4-Amino-6-phenäthylamino-1H-[1,3,5]triazin-2-on $C_{11}H_{13}N_5O$, Formel III (R = H, R' = CH_2-CH_2-C_6H_5) und Taut.

B. Beim Behandeln von 1-Phenäthyl-biguanid mit Trichloressigsäure-äthylester in Methanol (*Shapiro et al.*, Am. Soc. **81** [1959] 2220, 2223).

Hydrochlorid $C_{11}H_{13}N_5O \cdot HCl$. Kristalle (aus wss. HCl); F: 227—238° [unkorr.; Zers.].

4-Amino-6-[2-hydroxy-äthylamino]-1H-[1,3,5]triazin-2-on $C_5H_9N_5O_2$, Formel III (R = H, R' = CH_2-CH_2-OH) und Taut.

B. Aus 4,6-Dimethoxy-[1,3,5]triazin-2-ylamin beim Erhitzen mit 2-Amino-äthanol neben N^2,N^4-Bis-[2-hydroxy-äthyl]-[1,3,5]triazin-2,4,6-triyltriamin (*Thurston et al.*, Am. Soc. **73** [1951]

2992, 2994).

F: 280° [unkorr.].

Natrium-Salz $NaC_5H_8N_5O_2$. Kristalle (aus H_2O).

4-[N-(2-Hydroxy-äthyl)-anilino]-6-[N-vinyl-anilino]-1H-[1,3,5]triazin-2-on $C_{19}H_{19}N_5O_2$, Formel IV und Taut.

B. Aus Trichlor-[1,3,5]triazin bei der Umsetzung mit 2-Anilino-äthanol und anschliessenden Behandlung mit Acetanhydrid (*Schaefer et al.,* Am. Soc. **73** [1951] 3004). Aus N^2,N^4-Bis-[2-hydroxy-äthyl]-N^2,N^4-diphenyl-6-methoxy-[1,3,5]triazin-2,4-diyldiamin beim Erhitzen mit Acetanhydrid und H_2SO_4 (*Sch. et al.*).

Kristalle (aus Nitrobenzol); F: 228,5 − 229,5° [unkorr.].

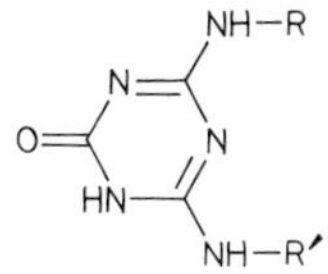

III 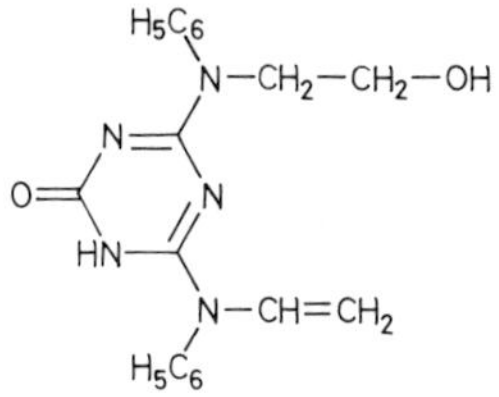   IV 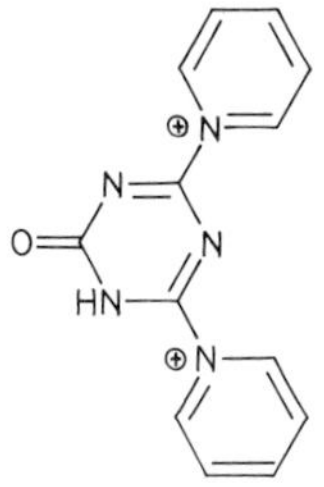   V 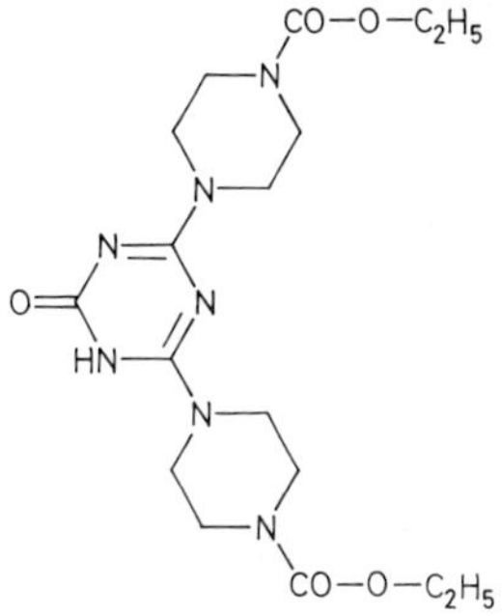   VI

4,6-Dipyridinio-1H-[1,3,5]triazin-2-on, 1,1'-[6-Oxo-1,6-dihydro-[1,3,5]triazin-2,4-diyl]-bis-pyridinium $[C_{13}H_{11}N_5O]^{2+}$, Formel V und Taut.

Betain-chlorid $[C_{13}H_{10}N_5O]Cl$; 1,1'-[Hydroxy-[1,3,5]triazin-2,4-diyl]-bis-pyridin= ium-betain-chlorid. Diese Konstitution wird der ursprünglich (*Saure,* B. **83** [1950] 335, 338) als 1-[Hydroxy-[2 oder 4]pyridyl-[1,3,5]triazin-2-yl]-pyridinium-chlorid $[C_{13}H_{11}N_5O]Cl$ formulierten Verbindung zugeordnet (*Tsujikawa,* J. pharm. Soc. Japan **85** [1965] 846, 848; C. A. **64** [1966] 735). − *B.* Beim Erwärmen von Trichlor-[1,3,5]triazin mit H_2O und anschliessend mit Pyridin (*Sa.,* l. c. S. 340; *Ts.,* l. c. S. 848). − Kristalle; F: > 350° [aus H_2O] (*Sa.*), > 300° [aus wss. Dioxan] (*Ts.*).

Betain-picrat $[C_{13}H_{10}N_5O]C_6H_2N_3O_7$. Nach *Tsujikawa* hat dieses Picrat in dem von *Saure* als Monopicrat des 6-[2 oder 4]Pyridyl-[1,3,5]triazin-2,4-diols $C_8H_6N_4O_2(\rightleftharpoons$6-[2 oder 4]Pyridyl-1,3-dihydro-[1,3,5]triazin-2,4-dions) formulierten Salz vom F: 220,5° vorgelegen. − *B.* Aus dem Betain-chlorid und Picrinsäure (*Sa.; Ts.*). − Gelbe Kristalle; F: 230° [Zers.; nach Braunfärbung bei 200°] (*Ts.*), 220,5° [aus H_2O] (*Sa.*).

4,6-Bis-acetylamino-1H-[1,3,5]triazin-2-on, N,N'-[6-Oxo-1,6-dihydro-[1,3,5]triazin-2,4-diyl]-bis-acetamid $C_7H_9N_5O_3$, Formel III (R = R' = $CO-CH_3$) und Taut.

B. Beim Erwärmen von Cyanguanidin mit Essigsäure (*Resinous Prod. & Chem. Co.,* U.S.P. 2273687 [1939]).

F: > 250°.

4,6-Bis-stearoylamino-1H-[1,3,5]triazin-2-on, N,N'-[6-Oxo-1,6-dihydro-[1,3,5]triazin-2,4-diyl]-bis-stearamid $C_{39}H_{73}N_5O_3$, Formel III (R = R' = $CO-[CH_2]_{16}-CH_3$) und Taut.

B. Neben 4-Amino-6-heptadecyl-1H-[1,3,5]triazin-2-on beim Erhitzen von Cyanguanidin mit Stearinsäure (*Resinous Prod. & Chem. Co.,* U.S.P. 2273687 [1939]).

Kristalle (aus A.); F: 115 − 121°.

4,6-Bis-[äthoxycarbonylmethyl-amino]-1H-[1,3,5]triazin-2-on, N,N'-[6-Oxo-1,6-dihydro-[1,3,5]triazin-2,4-diyl]-bis-glycin-diäthylester $C_{11}H_{17}N_5O_5$, Formel III (R = R' = $CH_2-CO-O-C_2H_5$) und Taut.

B. Neben N,N'-[Chlor-[1,3,5]triazin-2,4-diyl]-bis-glycin-diäthylester beim Behandeln von

Trichlor-[1,3,5]triazin mit Glycin-äthylester-hydrochlorid und wss. NaHCO$_3$ (*Foye, Chafetz*, J. Am. pharm. Assoc. **45** [1956] 461).

F: 267° [unkorr.; Zers.].

4,6-Bis-[2-äthoxycarbonyl-äthylamino]-1H-[1,3,5]triazin-2-on, N,N'-[6-Oxo-1,6-dihydro-[1,3,5]triazin-2,4-diyl]-bis-β-alanin-diäthylester $C_{13}H_{21}N_5O_5$, Formel III
(R = R' = CH$_2$-CH$_2$-CO-O-C$_2$H$_5$) und Taut.

B. Analog der vorangehenden Verbindung (*Foye, Chafetz*, J. Am. pharm. Assoc. **45** [1956] 461).

F: 273 – 275° [unkorr.; Zers.].

4-[4-Chlor-anilino]-6-[2-diäthylamino-äthylamino]-1H-[1,3,5]triazin-2-on $C_{15}H_{21}ClN_6O$,
Formel III (R = CH$_2$-CH$_2$-N(C$_2$H$_5$)$_2$, R' = C$_6$H$_4$-Cl) und Taut.

B. Aus 6-Chlor-N^2-[4-chlor-phenyl]-N^4-[2-diäthylamino-äthyl]-[1,3,5]triazin-2,4-diyldiamin-hydrochlorid beim Erwärmen mit wss. HCl (*Curd et al.*, Soc. **1947** 154, 159).

Dihydrochlorid $C_{15}H_{21}ClN_6O \cdot 2\,HCl$. Kristalle (aus wss. HCl); F: 262 – 264°.

4,6-Bis-[4-äthoxycarbonyl-piperazino]-1H-[1,3,5]triazin-2-on, 4,4'-[6-Oxo-1,6-dihydro-[1,3,5]triazin-2,4-diyl]-bis-piperazin-1-carbonsäure-diäthylester $C_{17}H_{27}N_7O_5$, Formel VI und Taut.

B. Aus Trichlor-[1,3,5]triazin und Piperazin-1-carbonsäure-äthylester-hydrochlorid in Prop$\approx$anol unter Zusatz von Triäthylamin (*Foye, Chafetz*, J. Am. pharm. Assoc. **46** [1957] 366, 370).

Kristalle (aus wss. A.); F: 103 – 105° [unkorr.] (*Fo., Ch.*, l. c. S. 368).

4,4'-Bis-[4-amino-6-oxo-1,6-dihydro-[1,3,5]triazin-2-ylamino]-*trans*-stilben-2,2'-disulfonsäure $C_{20}H_{18}N_{10}O_8S_2$, Formel VII (R = H) und Taut.

B. Aus 4,4'-Diamino-*trans*-stilben-2,2'-disulfonsäure bei aufeinanderfolgender Umsetzung mit Trichlor-[1,3,5]triazin, wss. NH$_3$ und wss. NaOH (*I.G. Farbenind.*, D.R.P. 752677 [1940]; D.R.P. Org. Chem. **2** 979; *Yabe, Hayashi*, J. chem. Soc. Japan Ind. Chem. Sect. **60** [1957] 604, 605; C. A. **1959** 7599).

Dinatrium-Salz. Absorptionsspektrum (H$_2$O; 220 – 420 nm): *Yabe, Ha.*, l. c. S. 609.

4,4'-Bis-[4-anilino-6-oxo-1,6-dihydro-[1,3,5]triazin-2-ylamino]-*trans*-stilben-2,2'-disulfonsäure $C_{32}H_{26}N_{10}O_8S_2$, Formel VII (R = C$_6$H$_5$) und Taut.

B. Analog der vorangehenden Verbindung (*I.G. Farbenind.*, D.R.P. 752677 [1940]; D.R.P. Org. Chem. **2** 979; *Yabe, Hayashi*, J. chem. Soc. Japan Ind. Chem. Sect. **60** [1957] 604, 609; C.A. **1959** 7599).

Dinatrium-Salz. Absorptionsspektrum (H$_2$O; 220 – 420 nm bzw. 220 – 380 nm): *Yabe, Ha.*; *Mashio, Kimura*, J. chem. Soc. Japan Ind. Chem. Sect. **62** [1959] 113, 117; C.A. **57** [1962] 8481.

4,4'-Bis-[6-oxo-4-(4-sulfo-anilino)-1,6-dihydro-[1,3,5]triazin-2-ylamino]-*trans*-stilben-2,2'-di$\approx$sulfonsäure $C_{32}H_{26}N_{10}O_{14}S_4$, Formel VII (R = C$_6H_4$-SO$_2$-OH) and Taut.

B. Analog den vorangehenden Verbindungen (*Yabe, Hayashi*, J. chem. Soc. Japan Ind. Chem. Sect. **60** [1957] 604, 609; C. A. **1959** 7599).

Tetranatrium-Salz. Absorptionsspektrum (H$_2$O; 220 – 420 nm): *Yabe, Ha.*

VII   VIII

4-Amino-6-[4-phenylarsinoyl-anilino]-1H-[1,3,5]triazin-2-on, [4-(4-Amino-6-oxo-1,6-dihydro-[1,3,5]triazin-2-ylamino)-phenyl]-phenyl-arsinigsäure $C_{15}H_{14}AsN_5O_2$, Formel VIII und Taut.

B. Aus [4-(4-Amino-6-oxo-1,6-dihydro-[1,3,5]triazin-2-ylamino)-phenyl]-phenyl-arsinsäure mit Hilfe von SO_2 und wss. HCl (*Ueda et al.*, Pharm. Bl. **1** [1953] 252, 254).

Gelblicher Feststoff.

Bis-[4-(4-amino-6-oxo-1,6-dihydro-[1,3,5]triazin-2-ylamino)-phenyl]-arsinoxid, Bis-[4-(4-amino-6-oxo-1,6-dihydro-[1,3,5]triazin-2-ylamino)-phenyl]-arsinigsäure $C_{18}H_{17}AsN_{10}O_3$, Formel IX (X = H) und Taut.

B. Aus Bis-[4-(4-amino-6-oxo-1,6-dihydro-[1,3,5]triazin-2-ylamino)-phenyl]-arsinsäure mit Hilfe von SO_2 und wss. HCl (*Ueda et al.*, Pharm. Bl. **1** [1953] 252, 254).

Gelblicher Feststoff.

[4-(4-Amino-6-oxo-1,6-dihydro-[1,3,5]triazin-2-ylamino)-phenyl]-phenyl-arsinsäure $C_{15}H_{14}AsN_5O_3$, Formel X (R = C_6H_5) und Taut.

B. Aus [4-(4-Chlor-6-oxo-1,6-dihydro-[1,3,5]triazin-2-ylamino)-phenyl]-phenyl-arsinsäure beim Erhitzen mit wss. NH_3 (*Ueda et al.*, Pharm. Bl. **1** [1953] 252, 254).

Feststoff.

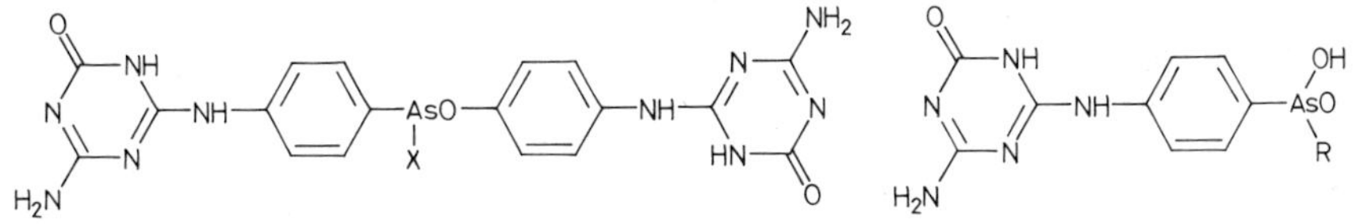

IX   X

Bis-[4-(4-amino-6-oxo-1,6-dihydro-[1,3,5]triazin-2-ylamino)-phenyl]-arsinsäure $C_{18}H_{17}AsN_{10}O_4$, Formel IX (X = OH) und Taut.

B. Analog der vorangehenden Verbindung (*Ueda et al.*, Pharm. Bl. **1** [1953] 252, 254).

Feststoff.

[4-(4-Amino-6-oxo-1,6-dihydro-[1,3,5]triazin-2-ylamino)-phenyl]-arsonsäure $C_9H_{10}AsN_5O_4$, Formel X (R = OH) und Taut.

B. Aus [4-(4-Chlor-6-oxo-1,6-dihydro-[1,3,5]triazin-2-ylamino)-phenyl]-arsonsäure mit Hilfe von wss. NH_3 (*Friedheim*, Am. Soc. **66** [1944] 1775, 1777). Aus 4-Amino-6-chlor-1H-[1,3,5]triazin-2-on und [4-Amino-phenyl]-arsonsäure (*Banks et al.*, Am. Soc. **66** [1944] 1771, 1772).

Zers. $> 300°$ (*Fr.*).

Dinatrium-Salz $Na_2C_9H_8AsN_5O_4$: *Ba. et al.*

4,6-Bis-[4-amino-2-methyl-[6]chinolylamino]-1H-[1,3,5]triazin-2-on $C_{23}H_{21}N_9O$, Formel XI und Taut.

B. Aus N^2,N^4-Bis-[4-amino-2-methyl-[6]chinolyl]-6-chlor-[1,3,5]triazin-2,4-diyldiamin beim Erwärmen mit wss. HCl (*I.G. Farbenind.*, D.R.P. 606497 [1932]; Frdl. **21** 539; *Winthrop Chem. Co.*, U.S.P. 2092352 [1932]).

Zers. bei 290°.

4,6-Diamino-1H-[1,3,5]triazin-2-thion $C_3H_5N_5S$, Formel XII (R = R' = H) und Taut.; Thioammelin (H 257; E I 77; E II 135).

B. Aus Cyanguanidin und Ammonium-thiocyanat (*Welcher et al.*, Am. Soc. **81** [1959] 5663; vgl. H 257 und E II 135).

Unterhalb 350° nicht schmelzend. IR-Banden ($3410-780$ cm^{-1}): *We. et al.* λ_{max} (H_2O): 282 nm. Scheinbare Dissoziationsexponenten pK'_a und pK'_{b2} (H_2O; potentiometrisch ermittelt): 7,8 bzw. 10,2.

Hydrochlorid $C_3H_5N_5S \cdot HCl$. Kristalle (aus wss. HCl). IR-Banden ($3250-955$ cm^{-1}):

We. et al. λ_{max} (H_2O): 270 nm.

Natrium-Salz $NaC_3H_4N_5S$. Kristalle. IR-Banden $(3400-810\ cm^{-1})$: *We. et al.* λ_{max} (H_2O): 268 nm.

4-Amino-6-dibutylamino-1*H*-[1,3,5]triazin-2-thion $C_{11}H_{21}N_5S$, Formel XII (R = $[CH_2]_3$-CH_3, R′ = H) und Taut.

B. Aus *N,N*-Dibutyl-*N*′-cyan-guanidin und Ammonium-thiocyanat beim Erwärmen in wss. HCl (*Welcher et al.*, Am. Soc. **81** [1959] 5663, 5665).

F: 219−220°.

4,6-Diamino-1-dodecyl-1*H*-[1,3,5]triazin-2-thion $C_{15}H_{29}N_5S$, Formel XII (R = H, R′ = $[CH_2]_{11}$-CH_3).

Diese Konstitution ist in Analogie zu der im folgenden Artikel beschriebenen Verbindung der von *Welcher et al.* (Am. Soc. **81** [1959] 5663, 5665) als 4-Amino-6-dodecylamino-1*H*-[1,3,5]triazin-2-thion formulierten Verbindung $C_{15}H_{29}N_5S$ zuzuordnen (s. diesbezüglich *Kurzer, Pitchfork*, Soc. **1965** 6296, 6297).

B. Aus *N*-Cyan-*N*′-dodecyl-guanidin und Ammonium-thiocyanat beim Erwärmen mit wss. HCl (*We. et al.*).

F: 196−197° (*We. et al.*).

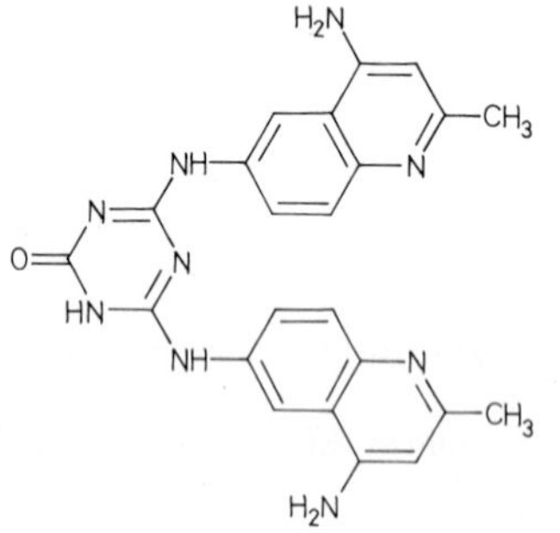

XI 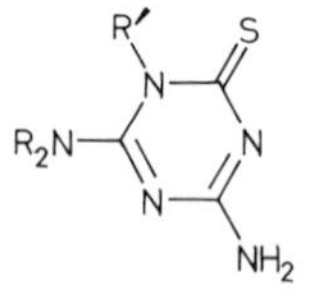   XII 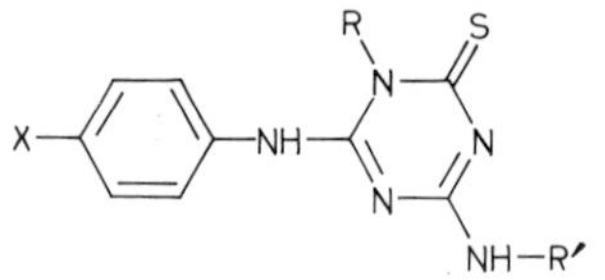   XIII

4,6-Diamino-1-phenyl-1*H*-[1,3,5]triazin-2-thion $C_9H_9N_5S$, Formel XII (R = H, R′ = C_6H_5).

Diese Konstitution ist der von *Welcher et al.* (Am. Soc. **81** [1959] 5663, 5664) als 4-Amino-6-anilino-1*H*-[1,3,5]triazin-2-thion [1]) angesehenen Verbindung $C_9H_9N_5S$ zuzuordnen (*Kurzer, Pitchfork*, Soc. **1965** 6296, 6298; s. a. *Rao, Konher*, Indian J. Chem. **7** [1969] 20, 21).

B. Aus *N*-Cyan-*N*′-phenyl-guanidin und Natrium-thiocyanat beim Erwärmen mit wss. HCl (*We. et al.*).

F: 287−288° (*We. et al.*).

4-Amino-6-[4-chlor-anilino]-1-[4-chlor-phenyl]-1*H*-[1,3,5]triazin-2-thion $C_{15}H_{11}Cl_2N_5S$, Formel XIII (R = C_6H_4-Cl, R′ = H, X = Cl).

B. Neben *N*-Carbamimidoyl-*N*′-[4-chlor-phenyl]-thioharnstoff beim Behandeln von 4-Chlor-phenylisothiocyanat mit Guanidin-hydrochlorid und Natrium in Aceton (*Birtwell*, Soc. **1952** 1279, 1283; *Loo*, Am. Soc. **76** [1954] 5096, 5098).

Kristalle; F: 293° [unkorr.; aus A.] (*Loo*), 290° [unkorr.; Zers.; aus 2-Äthoxy-äthanol] (*Bi.*).

4,6-Dianilino-1*H*-[1,3,5]triazin-2-thion $C_{15}H_{13}N_5S$, Formel XIII (R = X = H, R′ = C_6H_5) und Taut.

B. Beim Erhitzen von 6-Chlor-*N*^{2},*N*^{4}-diphenyl-[1,3,5]triazin-2,4-diyldiamin mit NaHS in Tetrahydrofurfurylalkohol (*Grundmann, Kreutzberger*, Am. Soc. **77** [1955] 44, 47).

F: 384−386° [korr.].

---

[1]) Über authentisches 4-Amino-6-anilino-1*H*-[1,3,5]triazin-2-thion (F: 263−265°) s. *Kurzer, Pitchfork*, Soc. **1965** 6296, 6305.

6-[4-Chlor-anilino]-1-[4-chlor-phenyl]-4-methylamino-1H-[1,3,5]triazin-2-thion(?)
$C_{16}H_{13}Cl_2N_5S$, vermutlich Formel XIII (R = C_6H_4-Cl, R' = CH_3, X = Cl).

    B. Aus 4-Chlor-phenylisothiocyanat und Methylguanidin (*Crowther et al.*, Soc. **1948** 1636, 1642).

    Kristalle (aus A.); F: 233° [Zers.].

4-Butylamino-6-[4-chlor-anilino]-1-[4-chlor-phenyl]-1H-[1,3,5]triazin-2-thion(?) $C_{19}H_{19}Cl_2N_5S$,
vermutlich Formel XIII (R = C_6H_4-Cl, R' = $[CH_2]_3$-CH_3, X = Cl) und Taut.

    B. Aus 4-Chlor-phenylisothiocyanat und Butylguanidin (*Crowther et al.*, Soc. **1948** 1636, 1642).

    Kristalle (aus A. + 2-Äthoxy-äthanol); F: 182 – 183°.

Amino-Derivate der Oxo-Verbindungen $C_4H_5N_3O$

N-**[3-Thioxo-2,3-dihydro-[1,2,4]triazin-5-ylmethyl]-phthalamidsäure** $C_{12}H_{10}N_4O_3S$, Formel I
(R = H) und Taut.

    B. Neben *N*-[2-Oxo-3-thiosemicarbazono-propyl]-phthalimid beim Behandeln von *N*-[3-Diazo-2-oxo-propyl]-phthalimid mit wss. NaCN in Methanol und anschliessend mit H_2S (*Hadáček, Slouka*, Spisy přírodov. Univ. Brno Nr. 400 [1959] 15, 18).

    Gelbe Kristalle (aus A.); F: 297 – 298°.

N-**[3-Thioxo-2,3-dihydro-[1,2,4]triazin-5-ylmethyl]-phthalimid** $C_{12}H_8N_4O_2S$, Formel II und
Taut.

    B. Aus *N*-[2-Oxo-3-thiosemicarbazono-propyl]-phthalimid beim Erwärmen mit wss. KOH
(*Hadáček, Slouka*, Spisy přírodov. Univ. Brno Nr. 400 [1959] 15, 18).

    Kristalle; F: 289 – 291°.

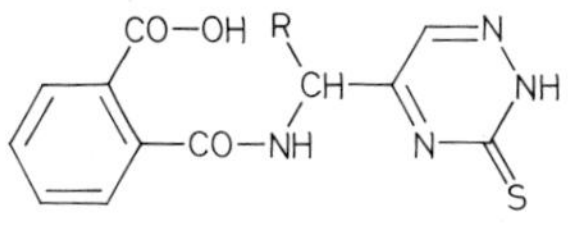

I 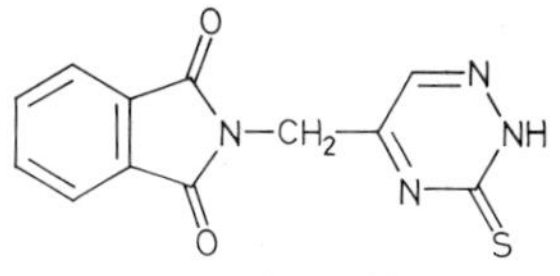   II 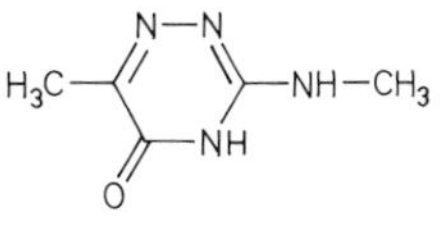   III

6-Methyl-3-methylamino-4H-[1,2,4]triazin-5-on $C_5H_8N_4O$, Formel III und Taut.

    B. Aus 6-Methyl-3-thioxo-3,4-dihydro-2H-[1,2,4]triazin-5-on beim Erhitzen mit Methylamin
in Äthanol (*Fusco, Rossi*, Rend. Ist. lomb. **88** [1955] 173, 178).

    Kristalle (aus H_2O); F: 305 – 306°.

5-Amino-6-methyl-2H-[1,2,4]triazin-3-on $C_4H_6N_4O$, Formel IV (X = O) und Taut.

    B. Aus 5-Amino-6-methyl-2H-[1,2,4]triazin-3-thion beim Behandeln mit $KMnO_4$ und wss.
NaOH (*Falco et al.*, Am. Soc. **78** [1956] 1938, 1941).

    Kristalle (aus H_2O); F: 327° [Zers.]. λ_{max} (wss. Lösung): 278 nm [pH 1] bzw. 252 nm [pH 11]
(*Fa. et al.*, l. c. S. 1939).

5-Amino-6-methyl-2H-[1,2,4]triazin-3-thion $C_4H_6N_4S$, Formel IV (X = S) und Taut.

    B. Beim Erhitzen von 6-Methyl-2H-[1,2,4]triazin-3,5-dithion mit äthanol. NH_3 (*Falco et al.*,
Am. Soc. **78** [1956] 1938, 1940).

    Kristalle (aus H_2O); unterhalb 320° nicht schmelzend [Dunkelfärbung bei 270°]. λ_{max} (wss.
Lösung): 275 nm und 320 nm [pH 1] bzw. 270 nm und 310 – 320 nm [pH 11] (*Fa. et al.*, l. c.
S. 1939).

4-Amino-6-methyl-1H-[1,3,5]triazin-2-on $C_4H_6N_4O$, Formel V (R = R' = H) und Taut.
(H 228; E I 66; E II 121; dort auch als Acetoguanid bezeichnet).

    B. Aus *N*-Acetyl-*N'*-carbamimidoyl-harnstoff (*Am. Cyanamid Co.*, U.S.P. 2481526 [1947]).

Aus N-Acetyl-N'-cyan-guanidin (*Adams et al.*, J. org. Chem. **17** [1952] 1162, 1167; s. a. *Klosa*, Ar. **288** [1955] 139). Aus Methyl-bis-trichlormethyl-[1,3,5]triazin beim Erhitzen mit wss. NH$_3$ (*Kreutzberger*, Am. Soc. **79** [1957] 2629, 2632).
Kristalle (aus H$_2$O); F: >400° (*Kr.*).

4-Isopropylamino-6-methyl-1*H***-[1,3,5]triazin-2-on** $C_7H_{12}N_4O$, Formel V (R = CH(CH$_3$)$_2$, R' = H) und Taut.
B. Beim Erwärmen von N-Cyan-N'-isopropyl-guanidin mit Acetanhydrid (*King et al.*, Soc. **1948** 1366, 1369).
Hellgelbe Kristalle (aus A.); F: 271° [Zers.].

4-Dibutylamino-6-methyl-1*H***-[1,3,5]triazin-2-on** $C_{12}H_{22}N_4O$, Formel V (R = R' = [CH$_2$]$_3$-CH$_3$) und Taut.
B. Analog der vorangehenden Verbindung (*Am. Cyanamid Co.*, U.S.P. 2481526 [1947]).
F: 102°.

4-[4-Chlor-anilino]-6-methyl-1*H***-[1,3,5]triazin-2-on** $C_{10}H_9ClN_4O$, Formel V (R = C$_6$H$_4$-Cl, R' = H) und Taut.
B. Analog den vorangehenden Verbindungen (*Curd et al.*, Soc. **1947** 154, 158).
Kristalle (aus Eg.); F: 341−344°. Kristalle (aus DMF) mit 2 Mol H$_2$O; F: 292−294°.

4-Acetylamino-6-methyl-1*H***-[1,3,5]triazin-2-on, N-[6-Methyl-4-oxo-4,5-dihydro-[1,3,5]triazin-2-yl]-acetamid** $C_6H_8N_4O_2$, Formel V (R = CO-CH$_3$, R' = H) und Taut. (H 228).
Gelbe Kristalle; F: 260° [Zers.; nach Rotfärbung ab 235°] (*Klosa*, Ar. **288** [1955] 139).

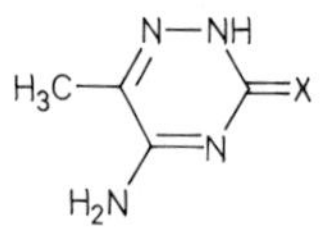

IV 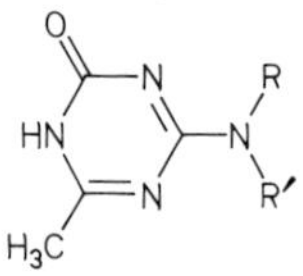   V 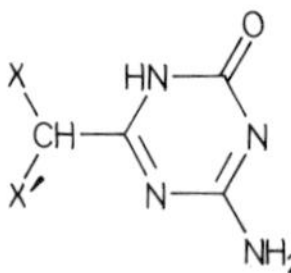   VI 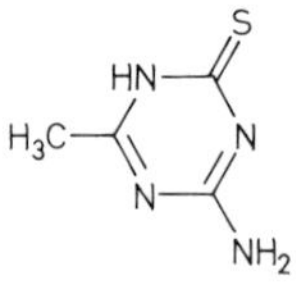   VII 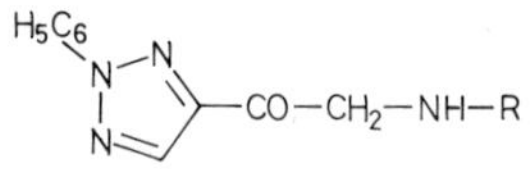   VIII

4-Amino-6-chlormethyl-1*H***-[1,3,5]triazin-2-on** $C_4H_5ClN_4O$, Formel VI (X = Cl, X' = H) und Taut.
B. Aus Cyanguanidin und Chloressigsäure mit Hilfe von POCl$_3$ (*Klosa*, Ar. **288** [1955] 139).
Kristalle (aus A.+Ae.); F: 276° [Zers.].

4-Amino-6-dibrommethyl-1*H***-[1,3,5]triazin-2-on** $C_4H_4Br_2N_4O$, Formel VI (X = X' = Br) und Taut. (H 231).
Phenylhydrazin-Salz $C_6H_8N_2 \cdot C_4H_4Br_2N_4O$. Gelbe Kristalle, die sich beim Aufbewahren rötlich färben und beim Erhitzen verkohlen (*Ostrogovich, Cadariu*, G. **71** [1941] 524, 530).
N-Methyl-N-phenyl-hydrazin-Salz $C_7H_{10}N_2 \cdot C_4H_4Br_2N_4O$. Gelbliche Kristalle (aus A.); F: 140−141°.

4-Amino-6-methyl-1*H***-[1,3,5]triazin-2-thion** $C_4H_6N_4S$, Formel VII und Taut. (E I 66).
Picrat $C_4H_6N_4S \cdot C_6H_3N_3O_7$. Gelbe Kristalle (aus A.); F: 196−197° [Zers.] (*Ostrogovich, Galea*, R.A.L. [6] **11** [1930] 1012, 1018).

4-Amino-6-aminomethyl-1*H***-[1,3,5]triazin-2-on** $C_4H_7N_5O$, Formel VI (X = NH$_2$, X' = H) und Taut.
B. Beim Behandeln von 4-Amino-6-oxo-1,6-dihydro-[1,3,5]triazin-2-carbaldehyd-oxim mit SnCl$_2$ und wss. HCl (*Ostrogovich, Cadariu*, G. **71** [1941] 524, 530).
Dihydrochlorid $C_4H_7N_5O \cdot 2HCl$. Unbeständige Kristalle.

2-Methylamino-1-[2-phenyl-2H-[1,2,3]triazol-4-yl]-äthanon $C_{11}H_{12}N_4O$, Formel VIII
(R = CH_3).

B. Aus 2-Brom-1-[2-phenyl-2H-[1,2,3]triazol-4-yl]-äthanon und Methylamin (*Stein, D'Antoni,* Farmaco Ed. scient. **10** [1955] 235, 240).

Hydrochlorid $C_{11}H_{12}N_4O \cdot HCl$. Kristalle (aus A.); F: 210−213° [Zers.]. UV-Spektrum (A.; 220−340 nm): *St., D'An.,* l. c. S. 237.

2-Äthylamino-1-[2-phenyl-2H-[1,2,3]triazol-4-yl]-äthanon $C_{12}H_{14}N_4O$, Formel VIII
(R = C_2H_5).

B. Analog der vorangehenden Verbindung (*Stein, D'Antoni,* Farmaco Ed. scient. **10** [1955] 235, 241).

Hydrochlorid $C_{12}H_{14}N_4O \cdot HCl$. Kristalle (aus A. + Ae.); F: 201,5−202,5° [Zers.]. UV-Spektrum (A.; 220−340 nm): *St., D'An.,* l. c. S. 237.

<h3 align="center">Amino-Derivate der Oxo-Verbindungen $C_5H_7N_3O$</h3>

(±)-N-[1-(3-Thioxo-2,3-dihydro-[1,2,4]triazin-5-yl)-äthyl]-phthalamidsäure $C_{13}H_{12}N_4O_3S$,
Formel I (R = CH_3) auf S. 1361 und Taut.

B. Analog N-[3-Thioxo-2,3-dihydro-[1,2,4]triazin-5-ylmethyl]-phthalamidsäure [S. 1361] (*Hadáček, Slouka,* Spisy přírodov. Univ. Brno Nr. 400 [1959] 15, 20).

Kristalle (aus A.); F: 146°.

N-[2-(3-Thioxo-2,3-dihydro-[1,2,4]triazin-5-yl)-äthyl]-phthalamidsäure $C_{13}H_{12}N_4O_3S$,
Formel IX und Taut.

B. Analog N-[3-Thioxo-2,3-dihydro-[1,2,4]triazin-5-ylmethyl]-phthalamidsäure [S. 1361] (*Hadáček, Slouka,* Spisy přírodov. Univ. Brno Nr. 400 [1959] 15, 20).

Kristalle (aus A.); F: 273−275°.

4-Äthyl-6-amino-1H-[1,3,5]triazin-2-on $C_5H_8N_4O$, Formel X (X = O) und Taut.

B. Aus N-Cyan-N'-propionyl-guanidin (*Adams et al.,* J. org. Chem. **17** [1952] 1162, 1168; s. a. *Klosa,* Ar. **288** [1955] 139). Aus N-Carbamimidoyl-N'-propionyl-harnstoff beim Erwärmen mit wss. NaOH (*Ad. et al.*). Aus 4-Äthyl-6-amino-1H-[1,3,5]triazin-2-thion mit Hilfe von H_2O_2 in wss. NaOH (*Ostrogovich, Galea,* G. **65** [1935] 349, 353).

Kristalle; F: 286° [Zers.] (*Kl.*), 277−278° (*Os., Ga.*), 265° (*Ad. et al.*).

Silber-Salz $AgC_5H_7N_4O$. Kristalle mit 1 Mol H_2O; F: 265−270° [Zers.] (*Os., Ga.*).

Hydrochlorid $C_5H_8N_4O \cdot HCl$. Kristalle; F: 214−216° (*Os., Ga.*).

Picrat $C_5H_8N_4O \cdot C_6H_3N_3O_7$. Kristalle mit 1 Mol H_2O; F: 191−192° [Zers.; nach Sintern bei ca. 187°] (*Os., Ga.*).

4-Äthyl-6-amino-1H-[1,3,5]triazin-2-thion $C_5H_8N_4S$, Formel X (X = S) und Taut.

B. Beim Erhitzen des Kalium-Salzes der Thiopropionsäure mit Cyanguanidin in Äthanol (*Ostrogovich, Galea,* R.A.L. [6] **11** [1930] 1012, 1015).

Kristalle; F: 257−258° [Zers.; nach Gelbfärbung ab 230°].

Silber-Salz $AgC_5H_7N_4S$. Kristalle.

Picrat $C_5H_8N_4S \cdot C_6H_3N_3O_7$. Hellgelbe Kristalle; F: 188−189° [Zers.].

IX   X   XI

<h3 align="center">Amino-Derivate der Oxo-Verbindungen $C_6H_9N_3O$</h3>

4-Amino-6-propyl-1H-[1,3,5]triazin-2-on $C_6H_{10}N_4O$, Formel XI (n = 2) und Taut.

B. Aus N-Butyryl-N'-cyan-guanidin (*Adams et al.,* J. org. Chem. **17** [1952] 1162, 1168; s. a.

Klosa, Ar. **288** [1955] 139). Aus 4-Amino-6-propyl-1*H*-[1,3,5]triazin-2-thion mit Hilfe von H_2O_2 in wss. NaOH (*Ostrogovich, Galea,* G. **65** [1935] 349, 355).

Kristalle; F: 274−275° [Zers.] (*Os., Ga.*), 262−264° [unkorr.] (*Ad. et al.*).

Picrat $C_6H_{10}N_4O \cdot C_6H_3N_3O_7$. Gelbe Kristalle mit 1 Mol H_2O; F: 195−196° [Zers.] (*Os., Ga.*).

4-Amino-6-propyl-1*H*-[1,3,5]triazin-2-thion $C_6H_{10}N_4S$, Formel XII und Taut.

B. Aus Thiobuttersäure beim Erhitzen mit Cyanguanidin (*Ostrogovich, Galea,* R.A.L. [6] **11** [1930] 1012, 1016).

Kristalle; F: 262−263° [Zers.; nach Gelbfärbung und Sintern].

Silber-Salz $AgC_6H_9N_4S$.

Picrat $C_6H_{10}N_4S \cdot C_6H_3N_3O_7$. Kristalle; F: 153° [Zers.].

Amino-Derivate der Oxo-Verbindungen $C_7H_{11}N_3O$

4-Amino-6-butyl-1*H*-[1,3,5]triazin-2-on $C_7H_{12}N_4O$, Formel XI (n = 3) und Taut.

B. Aus Cyanguanidin und Valeriansäure mit Hilfe von $POCl_3$ (*Klosa,* Ar. **288** [1955] 139).

Kristalle (aus A.+Ae.); F: 280° [Zers.].

4-Amino-6-isobutyl-1*H*-[1,3,5]triazin-2-on $C_7H_{12}N_4O$, Formel XIII (n = 1) und Taut.

B. Aus 4-Amino-6-isobutyl-1*H*-[1,3,5]triazin-2-thion (s. u.) mit Hilfe von H_2O_2 in wss. KOH (*Galea, Ostrogovich,* G. **67** [1937] 664, 666).

Kristalle (aus H_2O); F: 263−264° [Zers.].

Silber-Salz $AgC_7H_{11}N_4O$. F: 290° [Zers.].

Picrat $C_7H_{12}N_4O \cdot C_6H_3N_3O_7$. Kristalle; F: 217−218°.

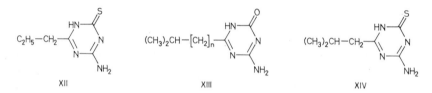

XII   XIII   XIV

4-Amino-6-isobutyl-1*H*-[1,3,5]triazin-2-thion $C_7H_{12}N_4S$, Formel XIV und Taut.

B. Aus Thioisovaleriansäure und Cyanguanidin (*Galea, Ostrogovich,* G. **67** [1937] 664).

Kristalle (aus A.); F: 269−270° [Zers.].

Silber-Salze. a) $AgC_7H_{11}N_4S$. Gelblich; Zers. bei ca. 150°. − b) $AgC_7H_{11}N_4S \cdot AgNO_3$. Verpuffung beim Erhitzen.

Hydrochlorid $C_7H_{12}N_4S \cdot HCl$. Kristalle mit 1 Mol H_2O; F: 129−130° [Zers.].

Picrat $C_7H_{12}N_4S \cdot C_6H_3N_3O_7$. Gelbe Kristalle (aus wss. A.); F: 174−175° [Zers.].

Amino-Derivate der Oxo-Verbindungen $C_8H_{13}N_3O$

4-Amino-6-pentyl-1*H*-[1,3,5]triazin-2-on $C_8H_{14}N_4O$, Formel XI (n = 4) und Taut.

B. Aus *N*-Cyan-*N'*-hexanoyl-guanidin (*Adams et al.,* J. org. Chem. **17** [1952] 1162, 1167; s. a. *Klosa,* Ar. **288** [1955] 139). Aus *N*-Carbamimidoyl-*N'*-hexanoyl-harnstoff beim Erwärmen mit wss. NaOH (*Ad. et al.*).

Kristalle; F: 283° [Zers.] (*Kl.*), 253−254° [unkorr.] (*Ad. et al.*).

Amino-Derivate der Oxo-Verbindungen $C_9H_{15}N_3O$

4-Amino-6-isohexyl-1*H*-[1,3,5]triazin-2-on $C_9H_{16}N_4O$, Formel XIII (n = 3) und Taut.

B. Aus 5-Methyl-hexansäure und Cyanguanidin beim Erhitzen in Xylol (*Dangjan, Titanjan,* Naučn. Trudy Erevansk. Univ. **53** [1956] 27, 31; C. A. **1960** 561).

Kristalle; F: 258°.

Amino-Derivate der Oxo-Verbindungen $C_{14}H_{25}N_3O$

4-Amino-6-undecyl-1H-[1,3,5]triazin-2-on $C_{14}H_{26}N_4O$, Formel XI (n = 10) und Taut.

B. Aus *N*-Carbamimidoyl-*N'*-lauroyl-harnstoff beim Erwärmen mit wss. NaOH (*Adams et al.*, J. org. Chem. **17** [1952] 1162, 1167, 1169). Aus *N*-Cyan-*N'*-lauroyl-guanidin (*Ad. et al.*).

F: 229–230° [unkorr.].

Amino-Derivate der Oxo-Verbindungen $C_{16}H_{29}N_3O$

4-Amino-6-tridecyl-1H-[1,3,5]triazin-2-on $C_{16}H_{30}N_4O$, Formel XI (n = 12) und Taut.

B. Aus *N*-Carbamoyl-*N'*-myristoyl-guanidin-sulfat beim Erwärmen mit wss.-äthanol. NaOH (*Am. Cyanamid Co.*, U.S.P. 2550747 [1947]).

Kristalle (aus 2-Methoxy-äthanol); F: 219–221°.

Amino-Derivate der Oxo-Verbindungen $C_{18}H_{33}N_3O$

4-Amino-6-pentadecyl-1H-[1,3,5]triazin-2-on $C_{18}H_{34}N_4O$, Formel XI (n = 14) und Taut.

B. Aus Cyanguanidin und Palmitinsäure mit Hilfe von $POCl_3$ (*Klosa*, Ar. **288** [1955] 139).

Kristalle (aus Eg.); F: 180–181°.

Amino-Derivate der Oxo-Verbindungen $C_{20}H_{37}N_3O$

4-Amino-6-heptadecyl-1H-[1,3,5]triazin-2-on $C_{20}H_{38}N_4O$, Formel XI (n = 16) und Taut.

B. Aus Cyanguanidin und Stearinsäure mit Hilfe von $POCl_3$ (*Klosa*, Ar. **288** [1955] 139; s. a. *Resinous Prod. & Chem. Co.*, U.S.P. 2273687 [1939]).

Kristalle (aus Eg.); F: 218° (*Kl.*).

Amino-Derivate der Monooxo-Verbindungen $C_nH_{2n-5}N_3O$

Amino-Derivate der Oxo-Verbindungen $C_4H_3N_3O$

4-Chlor-6-diazomethyl-[1,3,5]triazin-2-ylamin $C_4H_3ClN_6$, Formel I (R = R' = H).

B. Aus Dichlor-diazomethyl-[1,3,5]triazin und NH_3 (*Grundmann, Kober*, Am. Soc. **79** [1957] 944, 947; *Hendry et al.*, Soc. **1958** 1134, 1138).

Gelbe Kristalle; F: 186° [Zers.; aus PAe.] (*Gr., Ko.*), 180–181° [Zers.; aus Bzl.] (*He. et al.*).

Chlor-diazomethyl-methylamino-[1,3,5]triazin, [Chlor-diazomethyl-[1,3,5]triazin-2-yl]-methyl-amin $C_5H_5ClN_6$, Formel I (R = CH_3, R' = H).

B. Aus Dichlor-diazomethyl-[1,3,5]triazin und Methylamin (*Hendry et al., Soc.* **1958** 1134, 1138).

Gelbe Kristalle (aus DMF); Zers. bei 210°.

Die folgenden Verbindungen sind in analoger Weise hergestellt worden:

Chlor-diazomethyl-dimethylamino-[1,3,5]triazin, [Chlor-diazomethyl-[1,3,5]triazin-2-yl]-dimethyl-amin $C_6H_7ClN_6$, Formel I (R = R' = CH_3). Gelbliche Kristalle (aus A.); F: 102–103° (*He. et al.*).

Chlor-diäthylamino-diazomethyl-[1,3,5]triazin, Diäthyl-[chlor-diazomethyl-[1,3,5]triazin-2-yl]-amin $C_8H_{11}ClN_6$, Formel I (R = R' = C_2H_5). Gelbe Kristalle (aus PAe.); F: 52,5° (*Grundmann, Kober*, Am. Soc. **79** [1957] 944, 948).

[Chlor-diazomethyl-[1,3,5]triazin-2-yl]-[4-chlor-phenyl]-amin $C_{10}H_6Cl_2N_6$, Formel I (R = C_6H_4-Cl, R' = H). Gelbe Kristalle (aus Me.); F: 193° (*He. et al.*).

N-[Chlor-diazomethyl-[1,3,5]triazin-2-yl]-glycin-äthylester $C_8H_9ClN_6O_2$, Formel I (R = CH_2-CO-O-C_2H_5, R' = H). Gelbe Kristalle (aus Me.); F: 153° [Zers.] (*He. et al.*).

N-[Chlor-diazomethyl-[1,3,5]triazin-2-yl]-anthranilsäure $C_{11}H_7ClN_6O_2$, Formel I

(R = C_6H_4-CO-OH, R' = H). Natrium-Salz $NaC_{11}H_6ClN_6O_2$. Gelbe Kristalle (aus wss. Me.) mit 2 Mol H_2O (*He. et al.*).

6-Dimethoxymethyl-[1,3,5]triazin-2,4-diyldiamin, Diamino-[1,3,5]triazin-2-carbaldehyd-dimethylacetal $C_6H_{11}N_5O_2$, Formel II (R = CH_3).

B. Aus Dimethoxyacetonitril und Cyanguanidin (*Am. Cyanamid Co.*, U.S.P. 2619486 [1950]; *Wystrach, Erickson*, Am. Soc. **75** [1953] 6345).

Kristalle (aus H_2O); F: 208 – 209° [unkorr.].

6-Diäthoxymethyl-[1,3,5]triazin-2,4-diyldiamin, Diamino-[1,3,5]triazin-2-carbaldehyd-diäthylacetal $C_8H_{15}N_5O_2$, Formel II (R = C_2H_5).

B. Analog der vorangehenden Verbindung (*Am. Cyanamid Co.*, U.S.P. 2619486 [1950]; *Wystrach, Erickson*, Am. Soc. **75** [1953] 6345).

Kristalle (aus wss. A.); F: 194 – 194,5° [unkorr.] (*Wy., Er.*).

6-Dibutoxymethyl-[1,3,5]triazin-2,4-diyldiamin, Diamino-[1,3,5]triazin-2-carbaldehyd-dibutylacetal $C_{12}H_{23}N_5O_2$, Formel II (R = $[CH_2]_3$-CH_3).

B. Analog den vorangehenden Verbindungen (*Am. Cyanamid Co.*, U.S.P. 2619486 [1950]; *Wystrach, Erickson*, Am. Soc. **75** [1953] 6345).

Kristalle (aus Me.); F: 166,5 – 167,5° [unkorr.].

*Opt.-inakt. 6-[Bis-(2-äthyl-hexyloxy)-methyl]-[1,3,5]triazin-2,4-diyldiamin, Diamino-[1,3,5]triazin-2-carbaldehyd-[bis-(2-äthyl-hexyl)-acetal] $C_{20}H_{39}N_5O_2$, Formel II (R = CH_2-$CH(C_2H_5)$-$[CH_2]_3$-CH_3).

B. Analog den vorangehenden Verbindungen (*Am. Cyanamid Co.*, U.S.P. 2619486 [1950]; *Wystrach, Erickson*, Am. Soc. **75** [1953] 6345).

Kristalle (aus Hexan); F: 115 – 116° [unkorr.].

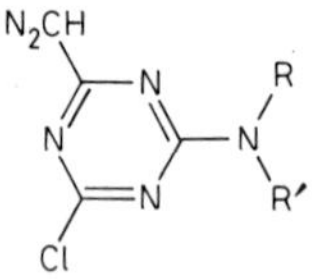

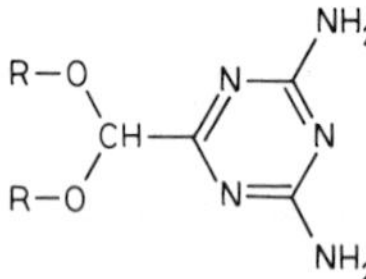

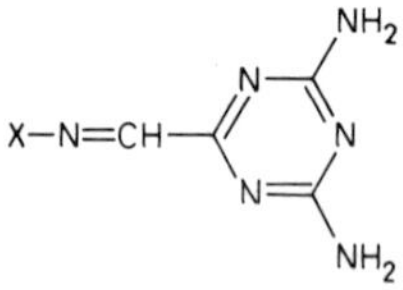

Diamino-[1,3,5]triazin-2-carbaldehyd-oxim $C_4H_6N_6O$, Formel III (X = OH).

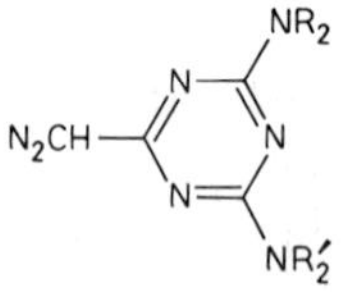

B. Aus 6-Dibrommethyl-[1,3,5]triazin-2,4-diyldiamin und NH_2OH (*Ostrogovich, Cadariu*, G. **73** [1943] 149, 152).

Hellgelbe Kristalle (aus H_2O oder Me.), die sich beim Einbringen in ein auf 160 – 162° vorgeheiztes Bad explosionsartig zersetzen (*Os., Ca.*, l. c. S. 152).

Hydrochlorid $C_4H_6N_6O \cdot HCl$. Kristalle mit 1 Mol H_2O (*Os., Ca.*, l. c. S. 152).

Natrium-Salz $NaC_4H_5N_6$. Gelbliche Kristalle mit 3 Mol H_2O; auf dem Platin-Blech erfolgt explosionsartige Zersetzung (*Os., Ca.*, l. c. S. 153).

Picrat $C_4H_6N_6O \cdot C_6H_3N_3O_7$. Gelbe Kristalle; F: ca. 218 – 220° [Zers.] (*Os., Ca.*, l. c. S. 152).

Acetyl-Derivat $C_6H_8N_6O_2$; Diamino-[1,3,5]triazin-2-carbaldehyd-[O-acetyl-oxim]. Kristalle, die sich beim Erhitzen zersetzen (*Ostrogovich, Cadariu*, G. **73** [1943] 156, 157).

Diamino-[1,3,5]triazin-2-carbaldehyd-phenylhydrazon $C_{10}H_{11}N_7$, Formel III (X = NH-C_6H_5).

B. Aus dem Oxim (s. o.) beim Erhitzen mit Phenylhydrazin in Methanol auf 130° (*Ostrogovich, Cadariu*, G. **73** [1943] 156, 159).

Gelbe Kristalle; F: 284 – 285°.

6-Diazomethyl-[1,3,5]triazin-2,4-diyldiamin $C_4H_5N_7$, Formel IV (R = R' = H).

B. Aus Dichlor-diazomethyl-[1,3,5]triazin und flüssigem NH_3 (*Grundmann, Kober*, Am. Soc.

79 [1957] 944, 947).
Zers. > 230°.

6-Diazomethyl-N^2,N^2-dimethyl-[1,3,5]triazin-2,4-diyldiamin $C_6H_9N_7$, Formel IV (R = CH_3, R' = H).
B. Aus 4-Chlor-6-diazomethyl-[1,3,5]triazin-2-ylamin und Dimethylamin (*Hendry et al.*, Soc.
1958 1134, 1139).
Gelbliche Kristalle (aus Me.); F: 152° [Zers.].

6-Diazomethyl-N^2,N^2,N^4-trimethyl-[1,3,5]triazin-2,4-diyldiamin $C_7H_{11}N_7$, Formel V
(R = CH_3).
B. Aus [Chlor-diazomethyl-[1,3,5]triazin-2-yl]-methyl-amin und Dimethylamin (*Hendry et al.*,
Soc. **1958** 1134, 1139).
Kristalle (aus A.); F: 118−120°.

6-Diazomethyl-N^2,N^2,N^4,N^4-tetramethyl-[1,3,5]triazin-2,4-diyldiamin $C_8H_{13}N_7$, Formel IV
(R = R' = CH_3).
B. Analog der vorangehenden Verbindung (*Hendry et al.*, Soc. **1958** 1134, 1140).
Gelbe Kristalle (aus PAe.); F: 94°.

N^2,N^2-Diäthyl-6-diazomethyl-[1,3,5]triazin-2,4-diyldiamin $C_8H_{13}N_7$, Formel IV (R = C_2H_5,
R' = H).
B. Analog den vorangehenden Verbindungen (*Hendry et al.*, Soc. **1958** 1134, 1139).
Kristalle (aus A.); F: 146−148°.

N^2,N^2,N^4,N^4-Tetraäthyl-6-diazomethyl-[1,3,5]triazin-2,4-diyldiamin $C_{12}H_{21}N_7$, Formel IV
(R = R' = C_2H_5).
B. Analog den vorangehenden Verbindungen (*Grundmann, Kober*, Am. Soc. **79** [1957] 944,
947).
$Kp_{0,035}$: 110−115°.

N^4-[4-Chlor-phenyl]-6-diazomethyl-N^2,N^2-dimethyl-[1,3,5]triazin-2,4-diyldiamin $C_{12}H_{12}ClN_7$,
Formel V (R = C_6H_4-Cl).
B. Aus [Chlor-diazomethyl-[1,3,5]triazin-2-yl]-[4-chlor-phenyl]-amin und Dimethylamin (*Hen=
dry et al.*, Soc. **1958** 1134, 1140). Aus 6-Aminomethyl-N^4-[4-chlor-phenyl]-N^2,N^2-dimethyl-
[1,3,5]triazin-2,4-diyldiamin mit Hilfe von $NaNO_2$ und Essigsäure (*He. et al.*, l. c. S. 1137).
Gelbe Kristalle (aus Me.); F: 153°.

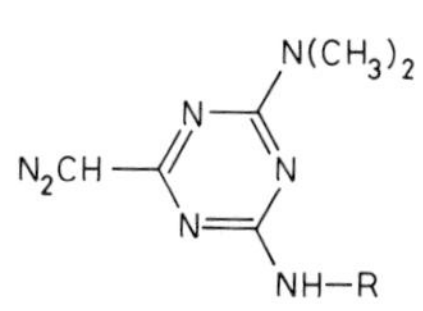

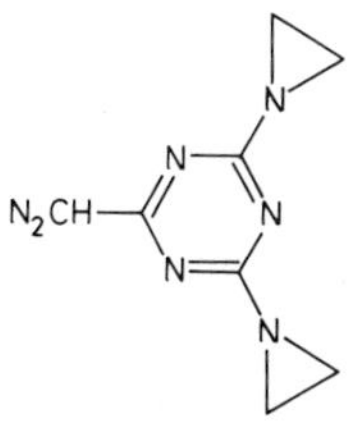

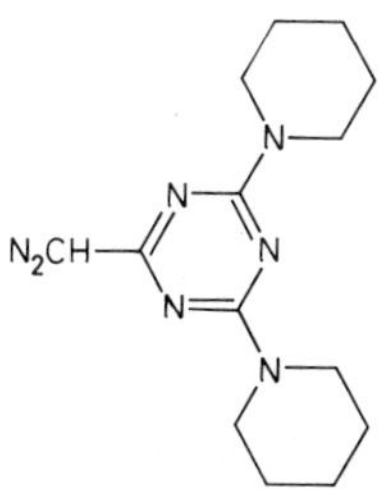

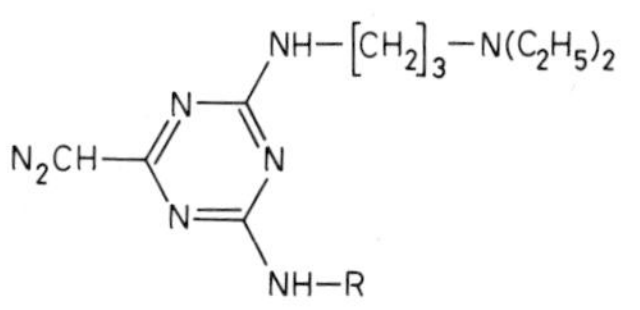

Bis-aziridin-1-yl-diazomethyl-[1,3,5]triazin $C_8H_9N_7$, Formel VI.
B. Aus Dichlor-diazomethyl-[1,3,5]triazin und Aziridin mit Hilfe von Triäthylamin (*Grund=
mann, Kober*, Am. Soc. **79** [1957] 944, 948; *Hendry et al.*, Soc. **1958** 1134, 1139).
Gelbe Kristalle; Zers. bei 120° [aus PAe. + E.] (*He. et al.*), bei 108° [aus PAe.] (*Gr., Ko.*).

Diazomethyl-dipiperidino-[1,3,5]triazin $C_{14}H_{21}N_7$, Formel VII.

B. Aus Dichlor-diazomethyl-[1,3,5]triazin und Piperidin (*Hendry et al.*, Soc. **1958** 1134, 1140). Kristalle (aus PAe.); F: 107°.

N-[Diazomethyl-dimethylamino-[1,3,5]triazin-2-yl]-glycin-äthylester $C_{10}H_{15}N_7O_2$, Formel V ($R = CH_2$-CO-O-C_2H_5).

B. Aus N-[Chlor-diazomethyl-[1,3,5]triazin-2-yl]-glycin-äthylester und Dimethylamin (*Hendry et al.*, Soc. **1958** 1134, 1140).

Kristalle (aus Me.); F: 138°.

N^2-[3-Diäthylamino-propyl]-6-diazomethyl-[1,3,5]triazin-2,4-diyldiamin $C_{11}H_{20}N_8$, Formel VIII ($R = H$).

B. Aus 4-Chlor-6-diazomethyl-[1,3,5]triazin-2-ylamin und N,N-Diäthyl-propandiyldiamin (*Hendry et al.*, Soc. **1958** 1134, 1139).

F: 106−108°.

N^2-[3-Diäthylamino-propyl]-6-diazomethyl-N^4-methyl-[1,3,5]triazin-2,4-diyldiamin $C_{12}H_{22}N_8$, Formel VIII ($R = CH_3$).

B. Analog der vorangehenden Verbindung (*Hendry et al.*, Soc. **1958** 1134, 1139).

F: 50−51°.

N^2-[4-Chlor-phenyl]-N^4-[3-diäthylamino-propyl]-6-diazomethyl-[1,3,5]triazin-2,4-diyldiamin $C_{17}H_{23}ClN_8$, Formel VIII ($R = C_6H_4$-Cl).

B. Analog den vorangehenden Verbindungen (*Hendry et al.*, Soc. **1958** 1134, 1140).

Kristalle; F: 86−87°.

Amino-Derivate der Oxo-Verbindungen $C_6H_7N_3O$

[Amino-anilino-[1,3,5]triazin-2-yl]-aceton $C_{12}H_{13}N_5O$, Formel IX ($R = X = H$).

B. Neben N-[4-Methyl-6-oxo-1,6-dihydro-pyrimidin-2-yl]-N'-phenyl-guanidin beim Erhitzen von 1-Phenyl-biguanid und Diketen in Toluol (*Am. Cyanamid Co.*, U.S.P. 2305118 [1941]).

Kristalle (aus A.); F: 259−260°.

[Amino-(4-chlor-anilino)-[1,3,5]triazin-2-yl]-aceton $C_{12}H_{12}ClN_5O$, Formel IX ($R = H$, $X = Cl$).

B. Neben N-[4-Chlor-phenyl]-N'-[4-methyl-6-oxo-1,6-dihydro-pyrimidin-2-yl]-guanidin beim Erwärmen von 1-[4-Chlor-phenyl]-biguanid-hydrochlorid mit Acetessigsäure-äthylester und wss.-äthanol. NaOH (*Curd, Rose*, Soc. **1946** 362, 364).

Kristalle (aus Me.); F: 162−164°.

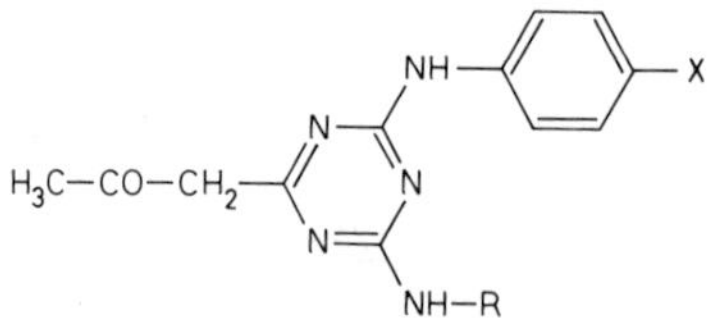

IX 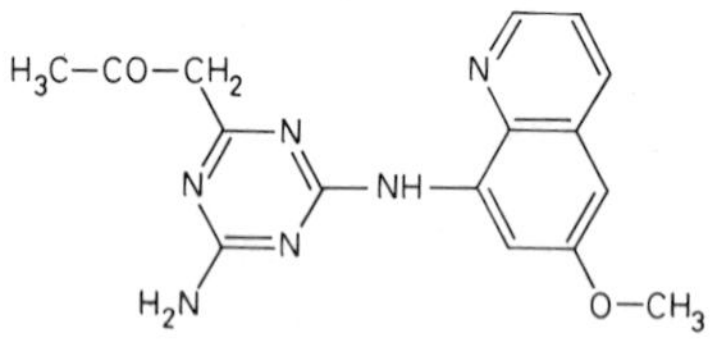   X

[(4-Chlor-anilino)-isopropylamino-[1,3,5]triazin-2-yl]-aceton $C_{15}H_{18}ClN_5O$, Formel IX ($R = CH(CH_3)_2$, $X = Cl$).

B. Analog der vorangehenden Verbindung (*Fraser, Kermack*, Soc. **1951** 2682, 2685).

Kristalle (aus PAe.); F: 121°.

[Amino-(6-methoxy-[8]chinolylamino)-[1,3,5]triazin-2-yl]-aceton $C_{16}H_{16}N_6O_2$, Formel X.

B. Analog den vorangehenden Verbindungen (*Sen et al.*, J. scient. ind. Res. India **11** B [1952] 324).

Kristalle (aus Me.); F: 185 — 186°.

5-Amino-8-nitro-2,3-dihydro-1*H***-imidazo[1,2-*c*]pyrimidin-7-on** $C_6H_7N_5O_3$, Formel XI und Taut.

B. Aus 2-Chlor-N^4-[2-chlor-äthyl]-5-nitro-pyrimidin-4,6-diyldiamin beim Behandeln mit NH_3 in Aceton und anschliessenden Erwärmen mit H_2O (*Martin, Mathieu*, Tetrahedron **1** [1957] 75, 83).

Orangefarbene Kristalle (aus H_2O); Zers. bei 320 — 340°. Netzebenenabstände: *Ma., Ma.,* l. c. S. 80.

7-Amino-8-nitro-2,3-dihydro-1*H***-imidazo[1,2-*c*]pyrimidin-5-on** $C_6H_7N_5O_3$, Formel XII (X = O, X′ = NO_2) und Taut.

B. Beim Erwärmen von 2-Chlor-N^4-[2-chlor-äthyl]-5-nitro-pyrimidin-4,6-diyldiamin mit wss. HCl (*Martin, Mathieu*, Tetrahedron **1** [1957] 75, 82).

Kristalle (aus H_2O); Zers. bei 330 — 340°. Netzebenenabstände: *Ma., Ma.,* l. c. S. 80.

7-Amino-8-nitro-2,3-dihydro-1*H***-imidazo[1,2-*c*]pyrimidin-5-thion** $C_6H_7N_5O_2S$, Formel XII (X = S, X′ = NO_2) und Taut.

B. Aus 2-Chlor-N^4-[2-chlor-äthyl]-5-nitro-pyrimidin-4,6-diyldiamin beim Erwärmen mit Thioharnstoff und anschliessend mit wss. NaOH (*Martin, Mathieu*, Tetrahedron **1** [1957] 75, 83).

Kristalle [aus DMF] (*Ma., Ma.,* l. c. S. 85). Netzebenenabstände: *Ma., Ma.,* l. c. S. 80.

7,8-Diamino-2,3-dihydro-1*H***-imidazo[1,2-*c*]pyrimidin-5-on** $C_6H_9N_5O$, Formel XII (X = O, X′ = NH_2) und Taut.

B. Aus 7-Amino-8-nitro-2,3-dihydro-1*H*-imidazo[1,2-*c*]pyrimidin-5-on (s. o.) beim Hydrieren an Raney-Nickel sowie beim Erwärmen mit $Na_2S_2O_4$ in wss. NH_3 (*Martin, Mathieu*, Tetrahedron **1** [1957] 75, 83).

Gelbliche Kristalle (aus H_2O).

Picrat $C_6H_9N_5O \cdot C_6H_3N_3O_7$. Kristalle (aus H_2O); Zers. bei 245 — 248°. Netzebenenabstände: *Ma., Ma.,* l. c. S. 80.

7,8-Diamino-2,3-dihydro-1*H***-imidazo[1,2-*c*]pyrimidin-5-thion** $C_6H_9N_5S$, Formel XII (X = S, X′ = NH_2) und Taut.

B. Aus 7-Amino-8-nitro-2,3-dihydro-1*H*-imidazo[1,2-*c*]pyrimidin-5-thion (s. o.) beim Behandeln mit $Na_2S_2O_4$ und wss. NH_3 (*Martin, Mathieu*, Tetrahedron **1** [1957] 75, 84).

Kristalle (aus H_2O); F: 330 — 335° [vorgeheizter App.?] bzw. Zers. bei 270 — 292° [langsames Erhitzen]. Netzebenenabstände: *Ma., Ma.,* l. c. S. 80.

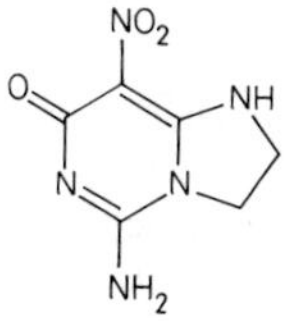

XI 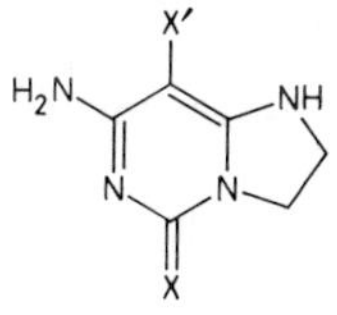   XII 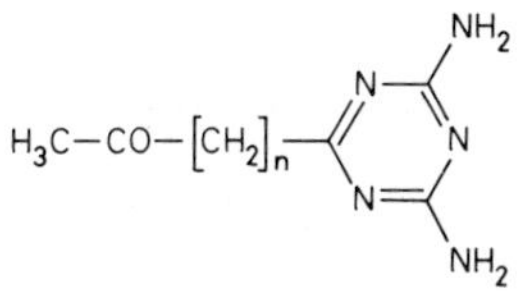   XIII 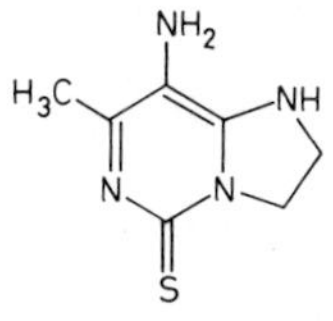   XIV

Amino-Derivate der Oxo-Verbindungen $C_7H_9N_3O$

4-[Diamino-[1,3,5]triazin-2-yl]-butan-2-on $C_7H_{11}N_5O$, Formel XIII (n = 2).

B. Aus Lävulinsäure-äthylester und Biguanid (*Am. Cyanamid Co.*, U.S.P. 2305118 [1941], 2394526 [1941]).

Kristalle (aus A.); F: 184 — 185°.

8-Amino-7-methyl-2,3-dihydro-1*H***-imidazo[1,2-*c*]pyrimidin-5-thion** $C_7H_{10}N_4S$, Formel XIV und Taut.

B. Aus 7-Methyl-8-nitro-2,3-dihydro-1*H*-imidazo[1,2-*c*]pyrimidin-5-thion mit Hilfe von

$Na_2S_2O_4$ und wss. NH_3 (*Ramage, Trappe,* Soc. **1952** 4410, 4413).
Kristalle (aus H_2O); F: 300° [Zers.].

(±)-1-Acetyl-8,10-diamino-1,7,9-triaza-spiro[4.5]deca-7,9-dien-6-on $C_9H_{13}N_5O_2$, Formel XV und Taut.
B. Beim Erwärmen von (±)-1-Acetyl-2-cyan-pyrrolidin-2-carbonsäure-äthylester mit Gua≠ nidin-carbonat und äthanol. Natriumäthylat (*Van Heyningen,* Am. Soc. **76** [1954] 3043).
Kristalle (aus H_2O); F: 311 – 312° [unkorr.].

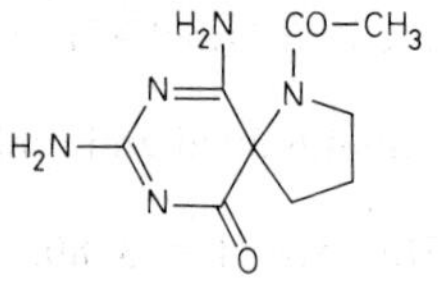

XV 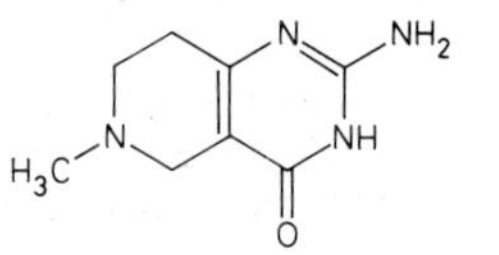   XVI 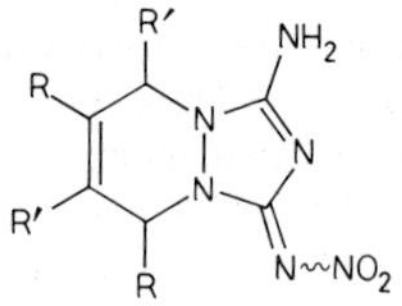   XVII

2-Amino-6-methyl-5,6,7,8-tetrahydro-3H-pyrido[4,3-d]pyrimidin-4-on $C_8H_{12}N_4O$, Formel XVI und Taut.
B. Aus 1-Methyl-4-oxo-piperidin-3-carbonsäure-äthylester und Guanidin-nitrat mit Hilfe von wss. K_2CO_3 (*Cook, Reed,* Soc. **1945** 399, 401).
Kristalle (aus H_2O); F: 284° [Zers.].

Amino-Derivate der Oxo-Verbindungen $C_8H_{11}N_3O$

(±)-5,7(oder 6,8)-Dimethyl-3-nitroimino-5,8-dihydro-3H-[1,2,4]triazolo[1,2-a]pyridazin-1-ylamin $C_8H_{12}N_6O_2$, Formel XVII (R = CH_3, R' = H oder R = H, R' = CH_3).
B. Aus (E,E?)-$N^2,N^{2'}$-Dinitro-*trans*-diazen-dicarbamidin (E IV **3** 254) und 2-Methyl-penta-1,3-dien in Methanol (*Wright,* Canad. J. Chem. **30** [1952] 62, 68).
Kristalle (aus Me.); F: 258,5 – 260,6° [korr.].

Amino-Derivate der Oxo-Verbindungen $C_{15}H_{25}N_3O$

12-[Diamino-[1,3,5]triazin-2-yl]-dodecan-2-on $C_{15}H_{27}N_5O$, Formel XIII (n = 10).
B. Aus 12-Oxo-tridecansäure-methylester und Biguanid (*Am. Cyanamid Co.,* U.S.P. 2305118 [1941], 2394526 [1941]).
Kristalle (aus Acn.); F: 158 – 159°.

Amino-Derivate der Monooxo-Verbindungen $C_nH_{2n-7}N_3O$

1,3,7-Triamino-5-oxo-5H-pyrazolo[1,2-a][1,2,4]triazolium-betain $C_5H_6N_6O$, Formel I und Taut.
Die Identität der von *Papini et al.* (G. **87** [1957] 931, 933, 941) als tautomeres 1,3,7 - T r i i m i n o -tetrahydro-pyrazolo[1,2-a][1,2,4]triazol-5-on beschriebenen, aus 1H-[1,2,4]Triazol-3,5-diyldiamin und Cyanessigsäure-äthylester erhaltenen Verbindung ist ungewiss (s. diesbezüglich *Hill et al.,* J. org. Chem. **26** [1961] 3834; *Williams,* Soc. **1962** 2222).

1,3-Diamino-7-methyl-5-oxo-5H-pyrazolo[1,2-a][1,2,4]triazolium-betain $C_6H_7N_5O$, Formel II und Taut.
Die Identität der von *Papini et al.* (G. **80** [1950] 100, 105) als tautomeres 1,3 - D i i m i n o - 7 -m e t h y l - 2,3 - d i h y d r o - 1 H - p y r a z o l o [1,2 - a][1,2,4]t r i a z o l - 5 - o n beschriebenen, aus 1H-[1,2,4]Triazol-3,5-diyldiamin und Acetessigsäure-äthylester erhaltenen Verbindung ist ungewiss (vgl. die Angaben im vorangehenden Artikel).

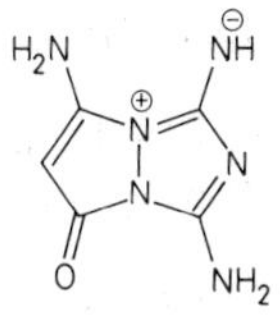

I 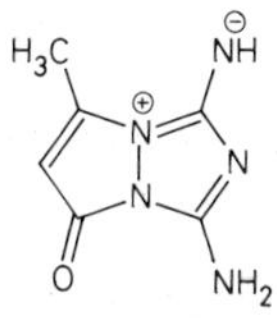   II 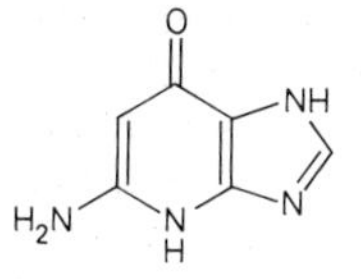   III 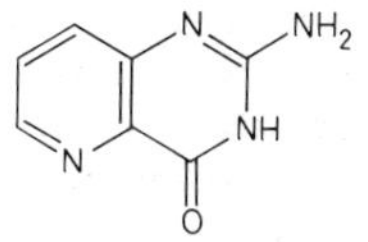   IV

5-Amino-1,4-dihydro-imidazo[4,5-*b*]pyridin-7-on $C_6H_6N_4O$, Formel III und Taut.

B. Beim Erwärmen von 2,3,6-Triamino-1*H*-pyridin-4-on (aus 2,6-Diamino-3-nitro-1*H*-pyri=
din-4-on durch Hydrierung an Raney-Nickel erhalten) mit Ameisensäure und Erhitzen des
Reaktionsprodukts auf 270° (*Gorton, Shive,* Am. Soc. **79** [1957] 670). Aus 7-Äthoxy-1(3)*H*-
imidazo[4,5-*b*]pyridin-5-ylamin beim Erwärmen mit wss. HBr (*Markees, Kidder,* Am. Soc. **78**
[1956] 4130, 4135).

Kristalle (aus H_2O) mit 1 Mol H_2O (*Ma., Ki.*); F: >300° (*Go., Sh.; Ma., Ki.*). λ_{max} (wss.
A.): 264 nm und 282 nm (*Go., Sh.*).

Amino-Derivate der Monooxo-Verbindungen $C_nH_{2n-9}N_3O$

Amino-Derivate der Oxo-Verbindungen $C_7H_5N_3O$

2-Amino-3*H*-pyrido[3,2-*d*]pyrimidin-4-on $C_7H_6N_4O$, Formel IV und Taut.

B. Beim Erhitzen von 3-Amino-pyridin-2-carbonsäure mit Guanidin-carbonat (*Korte,* B. **85**
[1952] 1012, 1022).

Kristalle (aus Eg.), die bei 220° im Vakuum sublimieren.

4-Amino-1*H*-pyrido[3,2-*d*]pyrimidin-2-thion $C_7H_6N_4S$, Formel V und Taut.

B. Beim Erwärmen von 1*H*-Pyrido[3,2-*d*]pyrimidin-2,4-dithion mit wss. NH_3 (*Robins, Hit=
chings,* Am. Soc. **78** [1956] 973, 975; *Oakes et al.,* Soc. **1956** 1045, 1052). Aus 2-Chlor-1*H*-
pyrido[3,2-*d*]pyrimidin-4-ylamin mit Hilfe von Thioharnstoff (*Ro., Hi.; Oa. et al.*).

Grünlichgelbe Kristalle; F: 340−345° [Zers.] (*Ro., Hi.*), 344° (*Oa. et al.*). λ_{max} (wss. Lösung):
287 nm [pH 1] bzw. 295 nm und 330−350 nm [pH 11] (*Ro., Hi.,* l. c. S. 974).

2-Amino-3*H*-pyrido[2,3-*d*]pyrimidin-4-on $C_7H_6N_4O$, Formel VI (R = X = H) und Taut.

B. Beim Erhitzen von 2-Chlor-3*H*-pyrido[2,3-*d*]pyrimidin-4-on mit äthanol. NH_3 (*Robins,
Hitchings,* Am. Soc. **77** [1955] 2256, 2259).

F: >360°. λ_{max} (wss. Lösung): 273 nm und 347 nm [pH 1] bzw. 265 nm und 328 nm [pH 11]
(*Ro., Hi.,* l. c. S. 2258).

2-Anilino-3*H*-pyrido[2,3-*d*]pyrimidin-4-on $C_{13}H_{10}N_4O$, Formel VI (R = C_6H_5, X = H) und
Taut.

B. Aus 2-Chlor-3*H*-pyrido[2,3-*d*]pyrimidin-4-on und Anilin (*Robins, Hitchings,* Am. Soc.
77 [1955] 2256, 2260).

Gelbgrüne Kristalle (aus Eg.); F: 350−352° [unkorr.].

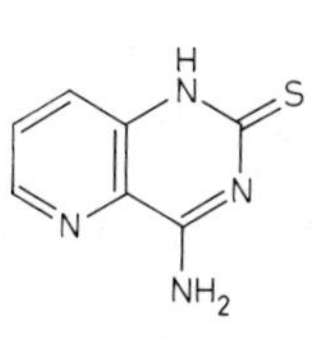

V 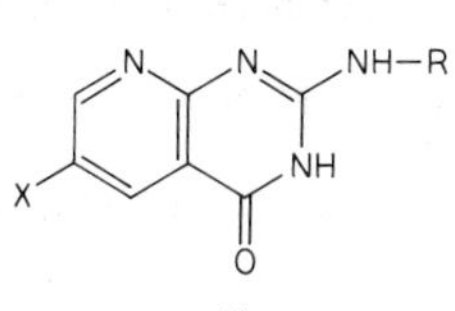   VI 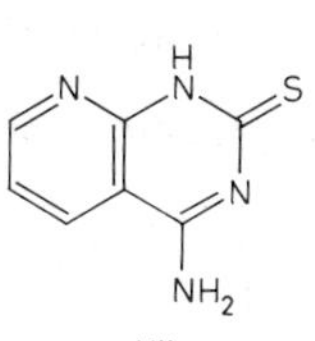   VII 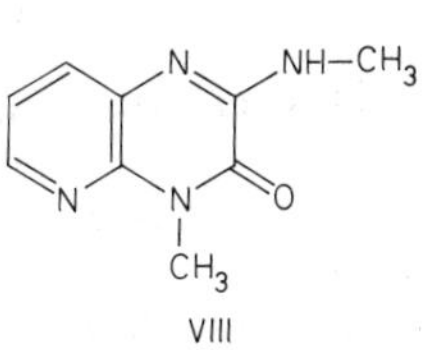   VIII

2-Amino-6-nitro-3*H*-pyrido[2,3-*d*]pyrimidin-4-on $C_7H_5N_5O_3$, Formel VI (R = H, X = NO_2)
und Taut.

Diese Konstitution kommt der von *Ulbricht, Price* (J. org. Chem. **22** [1957] 235, 238) als

3-[2-Amino-6-oxo-1,6-dihydro-pyrimidin-4-ylamino]-2-nitro-acrylaldehyd formulierten Verbin=
dung zu (*Bernetti et al.*, J. org. Chem. **27** [1962] 2863).

B. Beim Erhitzen von 2,6-Diamino-3*H*-pyrimidin-4-on mit dem Natrium-Salz des Nitro=
malonaldehyds (*Ul., Pr.; Be. et al.*). Beim Erwärmen von 2,6-Diamino-3*H*-pyrimidin-4-on mit
4-[2-Nitro-3-oxo-propenylamino]-benzoesäure (*Ul., Pr.*).

Bräunlichgrüne Kristalle (*Be. et al.*). IR-Banden (KBr; 3550−1105 cm^{-1}): *Ul., Pr.*, l. c. S. 237.
λ_{max} (wss. NaOH): 224 nm, 263 nm und 363 nm (*Be. et al.*, l. c. S. 2864).

Natrium-Salz $NaC_7H_4N_5O_3$. Kristalle (aus wss. NaOH) mit 0,5−2,5 Mol H_2O
(*Be. et al.*).

Acetyl-Derivat $C_9H_7N_5O_4$. Kristalle (aus A.); F: 320° [unkorr.; Zers.] (*Be. et al.*).

4-Amino-1*H*-pyrido[2,3-*d*]pyrimidin-2-thion $C_7H_6N_4S$, Formel VII und Taut.

B. Aus 1*H*-Pyrido[2,3-*d*]pyrimidin-2,4-dithion beim Erwärmen mit wss. NH_3 (*Robins, Hit=
chings*, Am. Soc. **77** [1955] 2256, 2259). Aus 2-Chlor-pyrido[2,3-*d*]pyrimidin-4-ylamin und H_2S
in wss. NaHS (*Ro., Hi.*).

Gelbgrüne Kristalle; Zers.: > 360°.

4-Methyl-2-methylamino-4*H*-pyrido[2,3-*b*]pyrazin-3-on $C_9H_{10}N_4O$, Formel VIII.

B. Beim Erwärmen von 1,3,4′-Trimethyl-1′-nitroso-1′,4′-dihydro-spiro[imidazolidin-4,2′-pyr=
ido[2,3-*b*]pyrazin]-2,5,3′-trion mit wss. NaOH (*Clark-Lewis, Thompson*, Soc. **1957** 430, 438).

Kristalle (aus H_2O); F: 211−212°.

6-Amino-4*H*-pyrido[2,3-*b*]pyrazin-3-on $C_7H_6N_4O$, Formel IX (R = R′ = H) und Taut.

B. Aus 6-Amino-3-oxo-3,4-dihydro-pyrido[2,3-*b*]pyrazin-2-carbonsäure beim Erhitzen auf
300° (*Leese, Rydon*, Soc. **1955** 303, 306; s. a. *Osdene, Timmis*, Soc. **1955** 2032, 2035).

Gelbe Kristalle; F: > 360° [nach Sublimation im Vakuum] (*Le., Ry.*), > 300° [aus H_2O]
(*Os., Ti.*). λ_{max} (wss. NaOH): 280 nm, 352 nm und 367 nm (*Le., Ry.*).

6-Amino-4-methyl-4*H*-pyrido[2,3-*b*]pyrazin-3-on $C_8H_8N_4O$, Formel IX (R = CH_3, R′ = H).

B. Aus 6-Amino-4*H*-pyrido[2,3-*b*]pyrazin-3-on und Dimethylsulfat in wss. NaOH (*Leese,
Rydon*, Soc. **1955** 303, 306).

Kristalle (aus Me.); F: 287−288°. λ_{max} (A.): 369 nm.

**6-Acetylamino-4*H*-pyrido[2,3-*b*]pyrazin-3-on, *N*-[3-Oxo-3,4-dihydro-pyrido[2,3-*b*]pyrazin-6-yl]-
acetamid** $C_9H_8N_4O_2$, Formel IX (R = H, R′ = $CO-CH_3$) und Taut.

B. Aus 6-Amino-4*H*-pyrido[2,3-*b*]pyrazin-3-on und Acetanhydrid (*Osdene, Timmis*, Soc. **1955**
2032, 2035).

Gelbe Kristalle (aus Butan-1-ol); F: > 300°.

IX   X   XI

Amino-Derivate der Oxo-Verbindungen $C_8H_7N_3O$

5-[4-Amino-phenyl]-1,2-dihydro-[1,2,4]triazol-3-thion $C_8H_8N_4S$, Formel X (R = R′ = H) und
Taut.

B. Aus Essigsäure-[4-(5-thioxo-2,5-dihydro-1*H*-[1,2,4]triazol-3-yl)-anilid] [s. u.] (*Duschinsky,
Gainer*, Am. Soc. **73** [1951] 4464).

Kristalle (aus H_2O); F: 283−285° [korr.; Zers.].

4-[4-Äthoxy-phenyl]-5-[4-amino-phenyl]-2,4-dihydro-[1,2,4]triazol-3-thion $C_{16}H_{16}N_4OS$,
Formel X (R = $C_6H_4-O-C_2H_5$, R′ = H) und Taut.

B. Beim Erwärmen von 4-[4-Äthoxy-phenyl]-1-[4-amino-benzoyl]-thiosemicarbazid mit wss.

NaOH (*Poštowškiĭ, Wereschtschagina*, Ž. obšč. Chim. **26** [1956] 2583, 2586, 2587; engl. Ausg. S. 2879, 2881, 2882).
Kristalle (aus A.); F: 268—269°.

5-[4-Acetylamino-phenyl]-1,2-dihydro-[1,2,4]triazol-3-thion, Essigsäure-[4-(5-thioxo-2,5-dihydro-1*H*-[1,2,4]triazol-3-yl)-anilid] $C_{10}H_{10}N_4OS$, Formel X (R = H, R' = CO-CH₃) und Taut.
B. Aus Essigsäure-[4-(5-benzylmercapto-1*H*-[1,2,4]triazol-3-yl)-anilid] mit Hilfe von Natrium und flüssigem NH_3 (*Duschinsky, Gainer*, Am. Soc. **73** [1951] 4464).
Zers. bei ca. 345°.

4-Amino-6-methyl-1*H*-pyrido[3,2-*d*]pyrimidin-2-thion $C_8H_8N_4S$, Formel XI und Taut.
B. Beim Erwärmen von 2-Chlor-6-methyl-pyrido[3,2-*d*]pyrimidin-4-ylamin mit Thioharnstoff in Äthanol (*Oakes, Rydon*, Soc. **1956** 4433, 4437).
Gelbe Kristalle; F: > 400°.

4-[(4-Oxo-3,4-dihydro-pyrido[3,2-*d*]pyrimidin-6-ylmethyl)-amino]-benzoesäure $C_{15}H_{12}N_4O_3$, Formel XII.
B. Beim Erwärmen von 6-Methyl-3*H*-pyrido[3,2-*d*]pyrimidin-4-on mit Brom, Natriumacetat und Essigsäure und anschliessend mit 4-Amino-benzoesäure (*Oakes, Rydon*, Soc. **1956** 4433, 4438).
Gelbes Pulver (aus alkal. Lösung + Eg.) mit 2,5 Mol H_2O; F: 265°.

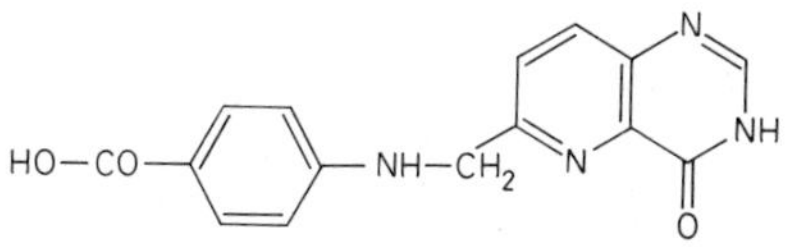

XII

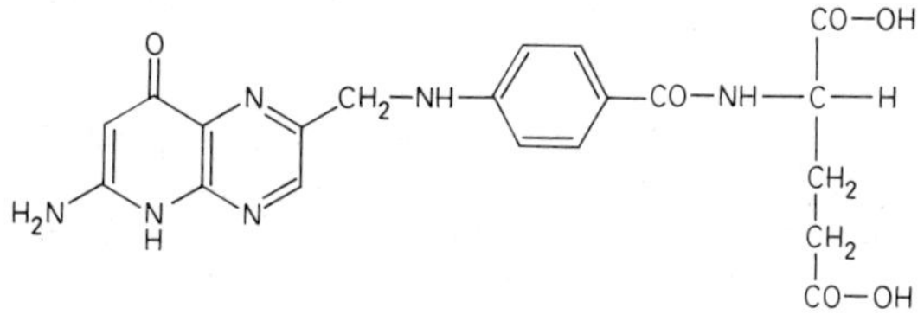

XIII

N-{4-[(6-Amino-8-oxo-5,8-dihydro-pyrido[2,3-*b*]pyrazin-2-ylmethyl)-amino]-benzoyl}-L-glutaminsäure $C_{20}H_{20}N_6O_6$, Formel XIII und Taut. (in der Literatur als 3-Desaza-folsäure bezeichnet).
B. Aus N-[4-Amino-benzoyl]-L-glutaminsäure, 2,3,6-Triamino-1*H*-pyridin-4-on und 2,3-Di≠brom-propionaldehyd (*Gorton et al.*, J. biol. Chem. **231** [1958] 331, 332).
Orangefarbener Feststoff mit 1,5 Mol H_2O; unterhalb 300° nicht schmelzend. λ_{max} (wss. NaOH): 265 nm und 346 nm.

6-Amino-2-methyl-4*H*-pyrido[2,3-*b*]pyrazin-3-on $C_8H_8N_4O$, Formel XIV (R = H) und Taut.
B. Aus [6-Amino-3-oxo-3,4-dihydro-pyrido[2,3-*b*]pyrazin-2-yl]-essigsäure-äthylester beim Er≠wärmen mit wss. NaOH (*Leese, Rydon*, Soc. **1955** 303, 307).
Kristalle (nach Sublimation im Hochvakuum); F: > 360°. λ_{max} (wss. NaOH): 264 nm und 353 nm.

6-Amino-2,4-dimethyl-4*H*-pyrido[2,3-*b*]pyrazin-3-on $C_9H_{10}N_4O$, Formel XIV (R = CH₃).
B. Aus der vorangehenden Verbindung und Dimethylsulfat in wss. NaOH (*Leese, Rydon*, Soc. **1955** 303, 307).
Kristalle (aus wss. Me.); F: 296—297°. λ_{max} (A.): 342 nm.

6-Amino-3-methyl-1*H*-pyrido[2,3-*b*]pyrazin-2-on $C_8H_8N_4O$, Formel XV und Taut.
B. Aus Pyridin-2,3,6-triyltriamin und Brenztraubensäure (*Korte*, B. **85** [1952] 1012, 1021).
Gelber Feststoff mit 0,5 Mol H_2O. Absorptionsspektrum (wss. NaOH; 220—440 nm): *Ko.*, l. c. S. 1015.

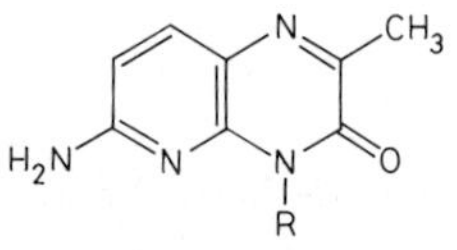

XIV 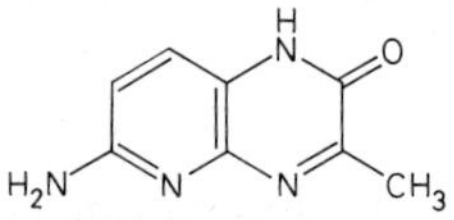   XV 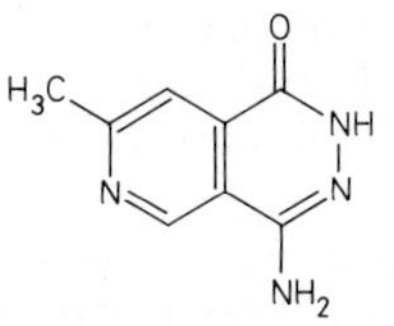   XVI

4-Amino-7-methyl-2H-pyrido[3,4-d]pyridazin-1-on C$_8$H$_8$N$_4$O, Formel XVI und Taut.
B. Aus 5-Cyan-2-methyl-isonicotinsäure-äthylester und N$_2$H$_4$ (*Reider, Elderfield*, J. org. Chem. **7** [1942] 286, 294).
Kristalle (aus A.); F: 324° [korr.].
Hydrochlorid C$_8$H$_8$N$_4$O·HCl. Rot.

5-Anilino-7-methyl-4-methylamino-2H-pyrido[3,4-d]pyridazin-1-on C$_{15}$H$_{15}$N$_5$O, Formel I (R = X = H) und Taut.
B. Aus 5,9-Dimethyl-7-phenyl-2,9-dihydro-7H-1,2,6,7,9-pentaaza-phenalen-3,8-dion beim Er= wärmen mit wss. KOH (*Ridi*, Ann. Chimica **49** [1959] 944, 956).
Gelbe Kristalle (aus Eg. oder A.); F: 275°.

5-Anilino-2,7-dimethyl-4-methylamino-2H-pyrido[3,4-d]pyridazin-1-on C$_{16}$H$_{17}$N$_5$O, Formel I (R = CH$_3$, X = H).
B. Aus 5,9-Dimethyl-7-phenyl-2,9-dihydro-7H-1,2,6,7,9-pentaaza-phenalen-3,8-dion beim Er= wärmen mit äthanol. KOH und Dimethylsulfat (*Ridi*, Ann. Chimica **49** [1959] 944, 956).
Kristalle (aus E.); F: 170°.

7-Methyl-4-methylamino-5-p-phenetidino-2H-pyrido[3,4-d]pyridazin-1-on C$_{17}$H$_{19}$N$_5$O$_2$, Formel I (R = H, X = O-C$_2$H$_5$) und Taut.
B. Aus 7-[4-Äthoxy-phenyl]-5,9-dimethyl-2,9-dihydro-7H-1,2,6,7,9-pentaaza-phenalen-3,8-dion beim Erwärmen mit wss. KOH (*Ridi*, Ann. Chimica **49** [1959] 944, 956).
Gelbliche Kristalle (aus A.); F: 235°.

2,7-Dimethyl-4-methylamino-5-p-phenetidino-2H-pyrido[3,4-d]pyridazin-1-on C$_{18}$H$_{21}$N$_5$O$_2$, Formel I (R = CH$_3$, X = O-C$_2$H$_5$).
B. Aus 7-[4-Äthoxy-phenyl]-5,9-dimethyl-2,9-dihydro-7H-1,2,6,7,9-pentaaza-phenalen-3,8-dion beim Erwärmen mit äthanol. KOH und Dimethylsulfat (*Ridi*, Ann. Chimica **49** [1959] 944, 957).
Gelbe Kristalle (aus E.).

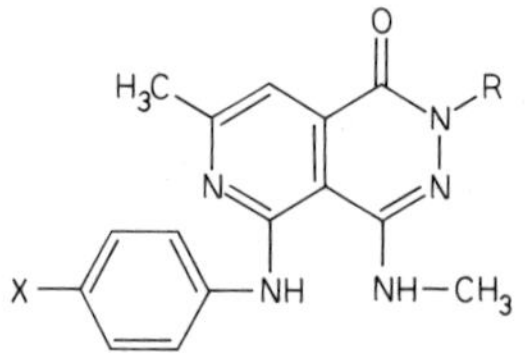

I 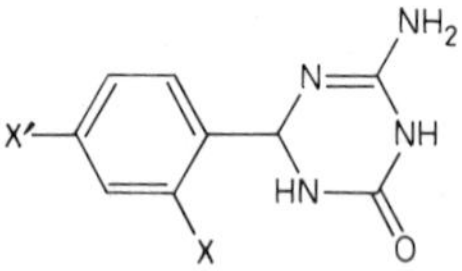   II 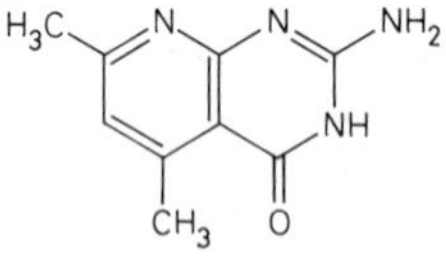   III

2-Acetyl-5-anilino-7-methyl-4-methylamino-2H-pyrido[3,4-d]pyridazin-1-on C$_{17}$H$_{17}$N$_5$O$_2$, Formel I (R = CO-CH$_3$, X = H).
B. Aus 5-Anilino-7-methyl-4-methylamino-2H-pyrido[3,4-d]pyridazin-1-on und Acetanhydrid (*Ridi*, Ann. Chimica **49** [1959] 944, 956).
Kristalle (aus E.); F: 185°.

2-Acetyl-7-methyl-4-methylamino-5-p-phenetidino-2H-pyrido[3,4-d]pyridazin-1-on C$_{19}$H$_{21}$N$_5$O$_3$, Formel I (R = CO-CH$_3$, X = O-C$_2$H$_5$).
B. Aus 7-Methyl-4-methylamino-5-p-phenetidino-2H-pyrido[3,4-d]pyridazin-1-on und

Acetanhydrid (*Ridi*, Ann. Chimica **49** [1959] 944, 956).
Kristalle (aus E.).

Amino-Derivate der Oxo-Verbindungen $C_9H_9N_3O$

(±)-6-Amino-4-[2-nitro-phenyl]-3,4-dihydro-1H-[1,3,5]triazin-2-on $C_9H_9N_5O_3$, Formel II
(X = NO$_2$, X′ = H) und Taut. (E II 125).
Hexachloroplatinat(IV) $2C_9H_9N_5O_3 \cdot H_2PtCl_6$. Gelbe oder orangerote Kristalle; F:
249 – 250° [unkorr.; Geschwindigkeit des Erhitzens: 1°/3 s] bzw. 240 – 242° [unkorr.; Geschwin=
digkeit des Erhitzens: 1°/15 s] (*Ostrogovich, Median*, G. **64** [1934] 792, 796). Elektrische Leitfä=
higkeit in wss. Lösung bei 18°: *Os., Me.*, l. c. S. 799.

(±)-6-Amino-4-[4-nitro-phenyl]-3,4-dihydro-1H-[1,3,5]triazin-2-on $C_9H_9N_5O_3$, Formel II
(X = H, X′ = NO$_2$) und Taut. (E II 125).
Hexachloroplatinat(IV) $2C_9H_9N_5O_3 \cdot H_2PtCl_6$. Gelbe oder orangefarbene Kristalle; F:
244 – 245° [unkorr.; Geschwindigkeit des Erhitzens: 1°/3 s] bzw. 238 – 240° [unkorr.; Geschwin=
digkeit des Erhitzens: 1°/15 s] (*Ostrogovich, Median*, G. **64** [1934] 792, 797). Elektrische Leitfä=
higkeit in wss. Lösung bei 18°: *Os., Me.*, l. c. S. 799.

2-Amino-5,7-dimethyl-3H-pyrido[2,3-d]pyrimidin-4-on $C_9H_{10}N_4O$, Formel III und Taut.
B. Aus 2,6-Diamino-3H-pyrimidin-4-on und Pentan-2,4-dion mit Hilfe von H_3PO_4 (*Robins,
Hitchings*, Am. Soc. **80** [1958] 3449, 3453).
F: > 360°. λ_{max} (wss. Lösung): 275 nm und 335 nm [pH 1] bzw. 268 nm und 324 nm [pH 10,7]
(*Ro., Hi.*, l. c. S. 3455).

Amino-Derivate der Oxo-Verbindungen $C_{10}H_{11}N_3O$

7-Äthyl-2-amino-6-methyl-3H-pyrido[2,3-d]pyrimidin-4-on $C_{10}H_{12}N_4O$, Formel IV (n = 1)
und Taut.
B. Analog der vorangehenden Verbindung (*Robins, Hitchings*, Am. Soc. **80** [1958] 3449,
3453).
Hellbraun; F: 345 – 350° [unkorr.]. λ_{max} (wss. Lösung): 276 nm und 348 nm [pH 1] bzw.
268 nm und 333 nm [pH 10,7] (*Ro., Hi.*, l. c. S. 3455).
Hydrochlorid $C_{10}H_{12}N_4O \cdot HCl$. Kristalle (aus A.); F: 335° [unkorr.; Zers.].

Amino-Derivate der Oxo-Verbindungen $C_{12}H_{15}N_3O$

2-Amino-7-butyl-6-methyl-3H-pyrido[2,3-d]pyrimidin-4-on $C_{12}H_{16}N_4O$, Formel IV (n = 3)
und Taut.
B. Analog den vorangehenden Verbindungen (*Robins, Hitchings*, Am. Soc. **80** [1958] 3449,
3453).
Hydrochlorid $C_{12}H_{16}N_4O \cdot HCl$. Kristalle (aus A.); F: 225 – 230° [unkorr.].

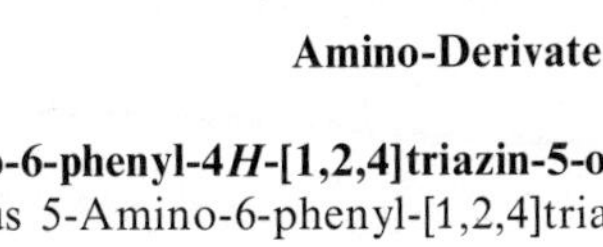

IV 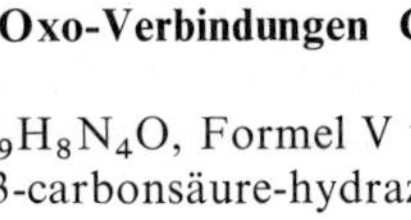   V 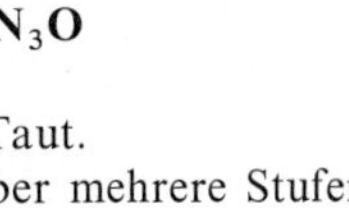   VI

Amino-Derivate der Monooxo-Verbindungen $C_nH_{2n-11}N_3O$

Amino-Derivate der Oxo-Verbindungen $C_9H_7N_3O$

3-Amino-6-phenyl-4H-[1,2,4]triazin-5-on $C_9H_8N_4O$, Formel V und Taut.
B. Aus 5-Amino-6-phenyl-[1,2,4]triazin-3-carbonsäure-hydrazid über mehrere Stufen (*Fusco,*

Rossi, Tetrahedron **3** [1958] 209, 223).

Kristalle (aus H$_2$O); F: 329° [unkorr.].

5-Amino-6-phenyl-2H-[1,2,4]triazin-3-thion C$_9$H$_8$N$_4$S, Formel VI und Taut.

B. Neben Phenyl-thiosemicarbazono-acetonitril beim Erwärmen von [4-Dimethylamino-phenylimino]-phenyl-acetonitril mit Thiosemicarbazid in Essigsäure (*Kröhnke, Leister,* B. **91** [1958] 1479, 1486).

Kristalle (aus Me.); F: 270° [nach Sintern ab 265°].

5-[4-Amino-phenyl]-2H-[1,2,4]triazin-3-thion C$_9$H$_8$N$_4$S, Formel VII und Taut.

B. Aus 5-[4-Nitro-phenyl]-2H-[1,2,4]triazin-3-thion mit Hilfe von wss. KHS (*Fusco et al.,* Ann. Chimica **42** [1952] 94, 102).

Gelbe Kristalle (aus Me.); F: 237—238° [Zers.] (*Fu. et al.,* l. c. S. 97).

Acetyl-Derivat C$_{11}$H$_{10}$N$_4$OS; 5-[4-Acetylamino-phenyl]-2H-[1,2,4]triazin-3-thion, Essigsäure-[4-(3-thioxo-2,3-dihydro-[1,2,4]triazin-5-yl)-anilid]. Gelbe Kristalle; F: 299—300° (*Fu. et al.,* l. c. S. 97).

4-Amino-6-phenyl-1H-[1,3,5]triazin-2-on, Benzoguanid C$_9$H$_8$N$_4$O, Formel VIII (X = O, X' = H) und Taut.

B. Aus Cyanguanidin sowie aus Carbamoylguanidin beim Erhitzen mit Benzoylchlorid oder mit Benzoesäure-anhydrid (*I.G. Farbenind.,* D.R.P. 543112 [1930]; Frdl. **18** 3090). Aus *N*-Benzoyl-*N'*-cyan-guanidin (*Adams et al.,* J. org. Chem. **17** [1952] 1162, 1167). Aus *N*-Benzoyl-*N'*-carbamoyl-guanidin sowie aus *N*-Benzoyl-*N'*-thiocarbamoyl-guanidin (*Ad. et al.,* l. c. S. 1169, 1171). Neben anderen Verbindungen beim Erhitzen von Benzamidin-hydrochlorid mit Carb‍amoylguanidin-acetat (*Ostrogovich,* R.A.L. [6] **11** [1930] 843, 844). Aus 4-Amino-6-phenyl-1H-[1,3,5]triazin-2-thion mit Hilfe von wss. alkal. H$_2$O$_2$ (*Ostrogovich, Galea,* G. **65** [1935] 357, 358).

Kristalle; F: 337° [korr.; aus 2-Methoxy-äthanol] (*Grundmann, Schröder,* B. **87** [1954] 747, 754), 334—335° [korr.; aus Me. oder A.] (*Os., Ga.*), 325° [unkorr.] (*Ad. et al.*). Kristalle (aus wss. A.) mit 1 Mol H$_2$O (*Os., Ga.*).

Silber-Salz AgC$_9$H$_7$N$_4$O. Feststoff mit 1 Mol H$_2$O (*Os., Ga.*).

Hydrochlorid C$_9$H$_8$N$_4$O·HCl. Kristalle (aus wss. HCl) mit 2 Mol H$_2$O; F: 295—296° [unkorr.; Zers.] (*Os., Ga.*).

Sulfat 2C$_9$H$_8$N$_4$O·H$_2$SO$_4$. Kristalle (aus wss. H$_2$SO$_4$) mit 4 Mol H$_2$O; F: 238—240° [unkorr.; Zers.] (*Os., Ga.*).

Picrat C$_9$H$_8$N$_4$O·C$_6$H$_3$N$_3$O$_7$. Gelbe Kristalle mit 2 Mol H$_2$O; F: 306—307° [korr.; Zers.] (*Os., Ga.*).

VII   VIII   IX

4-Amino-1-hydroxy-3,5-dioxy-6-phenyl-1H-[1,3,5]triazin-2-on, 4-Amino-1-hydroxy-6-phenyl-1H-[1,3,5]triazin-2-on-3,5-dioxid C$_9$H$_8$N$_4$O$_4$, Formel IX (X = H) und Taut. (z.B. 4-Amino-6-phenyl-[1,3,5]triazin-2-ol-1,3,5-trioxid).

B. Neben der vorangehenden Verbindung beim Behandeln von 4,6-Diphenyl-[1,3,5]triazin-2-ylamin mit H$_2$O$_2$, SO$_3$ und H$_2$SO$_4$ (*Grundmann, Schröder,* B. **87** [1954] 747, 753; *Olin Mathieson Chem. Corp.,* U.S.P. 2780622 [1955]).

Kristalle mit 1 Mol H$_2$O und Kristalle (aus A.) mit 1 Mol Äthanol, F: 244—246° [nach Sintern bei 160—170°]; die lösungsmittelfreie Verbindung schmilzt ebenfalls bei 244—246°.

4-Amino-6-[4-chlor-phenyl]-1H-[1,3,5]triazin-2-on C$_9$H$_7$ClN$_4$O, Formel VIII (X = O, X' = Cl) und Taut.

B. Aus Cyanguanidin und 4-Chlor-benzoylchlorid (*I.G. Farbenind.,* D.R.P. 543112 [1930];

Frdl. **18** 3090). Neben *N*-[Bis-(4-chlor-phenyl)-[1,3,5]triazin-2-yl]-hydroxylamin (bei 3°) oder neben der folgenden Verbindung (bei 18 – 20°) beim Behandeln von 4,6-Bis-[4-chlor-phenyl]-[1,3,5]triazin-2-ylamin mit H_2O_2, SO_3 und H_2SO_4 (*Grundmann, Schröder*, B. **87** [1954] 747, 754; s. a. *Olin Mathieson Chem. Corp.*, U.S.P. 2780622 [1955]).

Kristalle (aus 2-Methoxy-äthanol); F: 370° [korr.; Zers.] (*Gr., Sch.*).

4-Amino-6-[4-chlor-phenyl]-1-hydroxy-3,5-dioxy-1*H*-[1,3,5]triazin-2-on $C_9H_7ClN_4O_4$, Formel IX (X = Cl) und Taut. (z. B. 4-Amino-6-[4-chlor-phenyl]-[1,3,5]triazin-2-ol-1,3,5-trioxid).

B. s. bei der vorangehenden Verbindung.

Kristalle mit 1 Mol H_2O, F: 269° [nach Erweichen bei 165°] (*Grundmann, Schröder*, B. **87** [1954] 747, 754; *Olin Mathieson Chem. Corp.*, U.S.P. 2780622 [1955]); Kristalle (aus A.) mit 1 Mol Äthanol (*Olin Mathieson*); die lösungsmittelfreie Verbindung schmilzt ebenfalls bei 269° (*Olin Mathieson*).

4-Amino-6-[4-nitro-phenyl]-1*H*-[1,3,5]triazin-2-on $C_9H_7N_5O_3$, Formel VIII (X = O, X′ = NO_2) und Taut.

B. Aus *N*-Carbamoyl-*N*′-[4-nitro-benzoyl]-guanidin (*Am. Cyanamid Co.*, U.S.P. 2418944 [1942]).

Kristalle; Zers. > 300°.

4-Amino-6-phenyl-1*H*-[1,3,5]triazin-2-thion $C_9H_8N_4S$, Formel VIII (X = S, X′ = H) und Taut.

B. Aus dem Kalium-Salz der Thiobenzoesäure und Cyanguanidin (*Ostrogovich, Galea*, R.A.L. [6] **11** [1930] 1108).

Kristalle (aus A., Me. oder H_2O); F: 281 – 282° [Zers.].

Kupfer(II)-Salz $Cu(C_9H_7N_4S)_2$. Gelbliche Kristalle mit 0,5 Mol H_2O.

Silber-Salz $AgC_9H_7N_4S$.

Picrat $C_9H_8N_4S \cdot C_6H_3N_3O_7$. Gelbe Kristalle; F: 193 – 194° [Zers.] (*Os., Ga.*, l. c. S. 1110).

Methyl-Derivat $C_{10}H_{10}N_4S$. Kristalle; F: 170 – 171° [Zers.; nach Sublimation] (*Os., Ga.*, l. c. S. 1110).

4-Amino-6-[4-amino-phenyl]-1*H*-[1,3,5]triazin-2-on $C_9H_9N_5O$, Formel VIII (X = O, X′ = NH_2) und Taut.

B. Aus *N*-[4-Amino-benzoyl]-*N*′-carbamoyl-guanidin (*Am. Cyanamid Co.*, U.S.P. 2418944 [1942]).

Kristalle (aus H_2O), die bei 320 – 325° sintern.

7-Acetyl-3-amino-benzo[*e*][1,2,4]triazin-1-oxid, 1-[3-Amino-1-oxy-benzo[*e*][1,2,4]triazin-7-yl]-äthanon $C_9H_8N_4O_2$, Formel X.

B. Beim Erhitzen von 1-[4-Amino-3-nitro-phenyl]-äthanon mit Cyanamid-hydrochlorid (*Robbins, Schofield*, Soc. **1957** 3186, 3192).

Gelbe Kristalle (aus Dioxan); F: 272 – 273° [korr.].

2-Amino-6-[4]pyridyl-3*H*-pyrimidin-4-on $C_9H_8N_4O$, Formel XI und Taut.

B. Beim Erwärmen von 3-Oxo-3-[4]pyridyl-propionsäure-äthylester mit Guanidin-carbonat (*Magidson*, Ž. obšč. Chim. **26** [1956] 1137, 1140; engl. Ausg. S. 1291, 1294).

Kristalle; F: 357 – 359° [Zers.].

Natrium-Salz $NaC_9H_7N_4O$. Kristalle mit 5 Mol H_2O.

Amino-Derivate der Oxo-Verbindungen $C_{10}H_9N_3O$

4-Amino-6-benzyl-1*H*-[1,3,5]triazin-2-on $C_{10}H_{10}N_4O$, Formel XII (X = O, X′ = H) und Taut.

B. Aus 4-Amino-6-benzyl-1*H*-[1,3,5]triazin-2-thion mit Hilfe von wss. alkal. H_2O_2 (*Ostrogovich, Galea*, G. **65** [1935] 367, 368).

Kristalle (aus wss. A.); F: 277—278° [unkorr.; Zers.; nach Sintern bei 245—250°].
Silber-Salz $AgC_{10}H_9N_4O$. Kristalle; F: 279—280° [Zers.; nach Braunfärbung ab 220°].
Hydrochlorid $C_{10}H_{10}N_4O \cdot HCl$. Kristalle (aus wss. HCl); F: 220—222° [unkorr.; Zers.].
Picrat $C_{10}H_{10}N_4O \cdot C_6H_3N_3O_7$. Gelbe Kristalle (aus H_2O); F: 208—210° [unkorr.; Zers.].

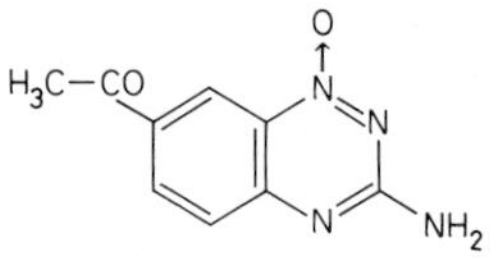

X 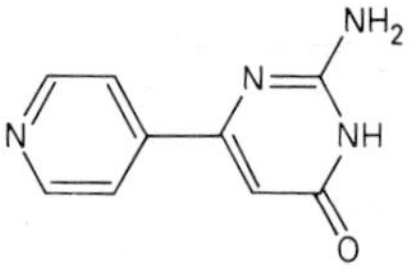   XI 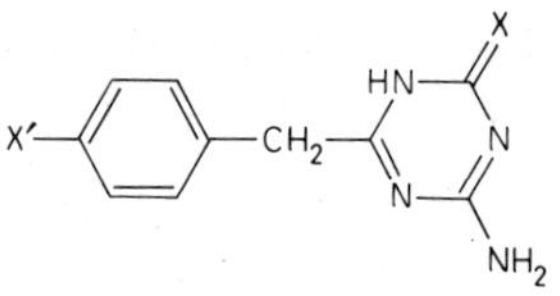   XII

4-Amino-6-benzyl-1H-[1,3,5]triazin-2-thion $C_{10}H_{10}N_4S$, Formel XII (X = S, X' = H) und Taut.

B. Aus Cyanguanidin und Phenyl-thioessigsäure (*Ostrogovich, Galea*, R.A.L. [6] **12** [1930] 162; *Russel et al.*, Am. Soc. **74** [1952] 5403).

Kristalle; F: 270—271° [Zers.; aus A.] (*Os., Ga.*), 265° [aus 2-Äthoxy-äthanol] (*Ru. et al.*).
Kupfer(II)-Salz $Cu(C_{10}H_9N_4S)_2$. Grünlichgelbe Kristalle mit 0,5 Mol H_2O (*Os., Ga.*).
Silber-Salz $AgC_{10}H_9N_4S$: *Os., Ga.*
Picrat $C_{10}H_{10}N_4S \cdot C_6H_3N_3O_7$. Gelbe Kristalle; F: 187—188° [aus wss. A.] (*Ru. et al.*), 187—188° [Zers.] (*Os., Ga.*).

4-Amino-6-[4-chlor-benzyl]-1H-[1,3,5]triazin-2-thion $C_{10}H_9ClN_4S$, Formel XII (X = S, X' = Cl) und Taut.

B. Aus Cyanguanidin und [4-Chlor-phenyl]-thioessigsäure (*Russell et al.*, Am. Soc. **74** [1952] 5403).

Kristalle (aus 2-Äthoxy-äthanol); F: 268—269° [Zers.].
Picrat $C_{10}H_9ClN_4S \cdot C_6H_3N_3O_7$. Gelbe Kristalle (aus A.); F: 196—197°.

4-Amino-6-o-tolyl-1H-[1,3,5]triazin-2-on $C_{10}H_{10}N_4O$, Formel XIII (R = CH_3, R' = R'' = H) und Taut.

B. Aus 4-Amino-6-o-tolyl-1H-[1,3,5]triazin-2-thion mit Hilfe von wss. alkal. H_2O_2 (*Ostrogovich, Galea*, G. **65** [1935] 357, 361).

Kristalle (aus H_2O); F: 292—293° [unkorr.].
Picrat $C_{10}H_{10}N_4O \cdot C_6H_3N_3O_7$. Gelbe Kristalle mit 1 Mol H_2O; F: 255—256° [unkorr.; Zers.].

4-Amino-6-o-tolyl-1H-[1,3,5]triazin-2-thion $C_{10}H_{10}N_4S$, Formel XIV (R = CH_3, R' = R'' = H) und Taut.

B. Aus Thio-o-toluylsäure und Cyanguanidin (*Ostrogovich, Galea*, R.A.L. [6] **11** [1930] 1108, 1112).

Kristalle (aus H_2O); F: 243—244° [Zers.].
Silber-Salz $AgC_{10}H_9N_4S$.
Picrat $C_{10}H_{10}N_4S \cdot C_6H_3N_3O_7$. Gelbe Kristalle; F: 224—225° [Zers.].

4-Amino-6-m-tolyl-1H-[1,3,5]triazin-2-on $C_{10}H_{10}N_4O$, Formel XIII (R = R'' = H, R' = CH_3) und Taut.

B. Aus 4-Amino-6-m-tolyl-1H-[1,3,5]triazin-2-thion mit Hilfe von wss. alkal. H_2O_2 (*Ostrogovich, Galea*, G. **65** [1935] 357, 362).

Kristalle; F: 217—219° [Zers.].
Picrat $C_{10}H_{10}N_4O \cdot C_6H_3N_3O_7$. Gelbe Kristalle; F: 297—298° [unkorr.; Zers.].

4-Amino-6-m-tolyl-1H-[1,3,5]triazin-2-thion $C_{10}H_{10}N_4S$, Formel XIV (R = R'' = H, R' = CH_3) und Taut.

B. Aus Cyanguanidin und Thio-m-toluylsäure (*Ostrogovich, Galea*, R.A.L. [6] **11** [1930] 1108,

1113).

Kristalle (aus H_2O); F: $272-273°$ [Zers.].

Silber-Salz $AgC_{10}H_9N_4S$.

Picrat $C_{10}H_{10}N_4S \cdot C_6H_3N_3O_7$. Gelbe Kristalle; F: $210-211°$ [Zers.].

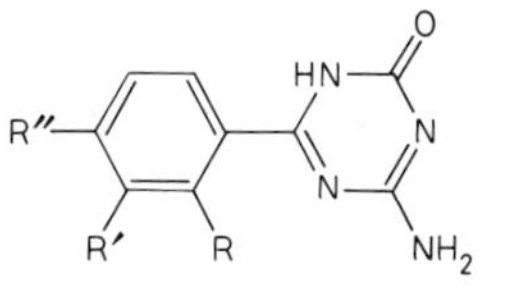

XIII 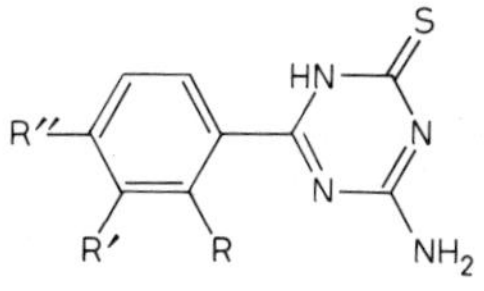   XIV

4-Amino-6-*p*-tolyl-1*H*-[1,3,5]triazin-2-on $C_{10}H_{10}N_4O$, Formel XIII (R = R' = H, R'' = CH_3) und Taut.

B. Aus *p*-Toluylsäure-anhydrid und Carbamoylguanidin (*I.G. Farbenind.*, D.R.P. 543112 [1930]; Frdl. **18** 3090). Aus *N*-Carbamimidoyl-*N'*-*p*-toluoyl-harnstoff (*Am. Cyanamid Co.*, U.S.P. 2481526 [1947]). Aus 4-Amino-6-*p*-tolyl-1*H*-[1,3,5]triazin-2-thion mit Hilfe von wss. alkal. H_2O_2 (*Ostrogovich, Galea, G.* **65** [1935] 357, 363).

Kristalle (aus wss. A.) mit 1 Mol H_2O; F: $333-334°$ [unkorr.; Zers.] (*Os., Ga.*).

Hydrochlorid $C_{10}H_{10}N_4O \cdot HCl$. Kristalle (aus wss. HCl) mit 1 Mol H_2O; F: $294-296°$ [Zers.] (*Os., Ga.*).

Silber-Salz $AgC_{10}H_9N_4O \cdot H_2O$: *Os., Ga.*

Picrat $C_{10}H_{10}N_4O \cdot C_6H_3N_3O_7$. Hellgelbe Kristalle; F: $304-305°$ (*Os., Ga.*).

4-Amino-6-*p*-tolyl-1*H*-[1,3,5]triazin-2-thion $C_{10}H_{10}N_4S$, Formel XIV (R = R' = H, R'' = CH_3) und Taut.

B. Aus Cyanguanidin und Thio-*p*-toluylsäure (*Ostrogovich, Galea, R.A.L.* [6] **11** [1930] 1108, 1114).

Gelbliche Kristalle (aus A.); F: $279-280°$ [Zers.].

Silber-Salz $AgC_{10}H_9N_4S$.

Picrat. Gelbe Kristalle (aus H_2O); F: $191-192°$ [Zers.].

2-Amino-5-methyl-6-[2]pyridyl-3*H*-pyrimidin-4-on $C_{10}H_{10}N_4O$, Formel XV und Taut.

B. Beim Behandeln von 3-Oxo-3-[2]pyridyl-propionsäure-äthylester mit äthanol. Natriumäthylat und CH_3I und Erwärmen des erhaltenen 2-Methyl-3-oxo-3-[2]pyridyl-propionsäure-äthylesters $C_{11}H_{13}NO_3$ ($Kp_{0,3}$: $90-92°$) mit Guanidin-carbonat in Äthanol (*Searle & Co.*, U.S.P. 2710867 [1954]).

F: $283-284°$ [Zers.].

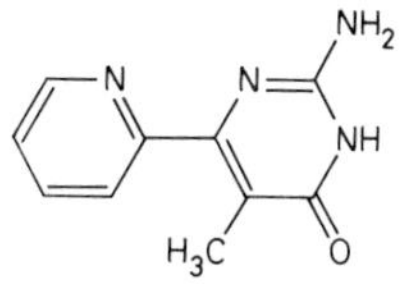

XV 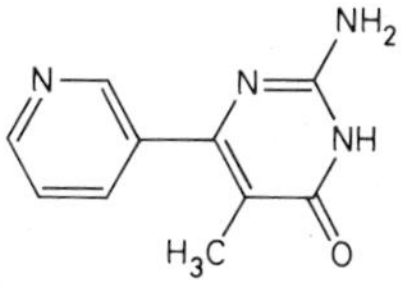   XVI

2-Amino-5-methyl-6-[3]pyridyl-3*H*-pyrimidin-4-on $C_{10}H_{10}N_4O$, Formel XVI und Taut.

B. Analog der vorangehenden Verbindung (*Searle & Co.*, U.S.P. 2710867 [1954]).

F: $282-284°$ [Zers.].

2-Amino-5-methyl-6-[4]pyridyl-3*H*-pyrimidin-4-on $C_{10}H_{10}N_4O$, Formel I und Taut.

B. Analog den vorangehenden Verbindungen (*Searle & Co.*, U.S.P. 2710867 [1954]).

F: $315-316°$ [Zers.].

Amino-Derivate der Monooxo-Verbindungen $C_nH_{2n-13}N_3O$

9-Amino-1,3-dihydro-imidazo[4,5-*b*]chinolin-2-on(?) $C_{10}H_8N_4O$, vermutlich Formel II.

B. Beim Erhitzen von 5-[2,α-Dinitro-benzyliden]-imidazolidin-2,4-dion (E III/IV **24** 1532) mit wss. HI (*Musial*, Roczniki Chem. **25** [1951] 46, 50, 51; C. A. **1953** 4885). Beim Behandeln von 9-Nitro-1,3-dihydro-imidazo[4,5-*b*]chinolin-2-on (E III/IV **26** 490) mit Zinn und wss. HCl (*Mu.*, l. c. S. 50).

Kristalle (aus wss. A.); Zers. bei 380–385°.

Hydrochlorid $C_{10}H_8N_4O \cdot HCl$. Kristalle (aus wss. HCl); Zers. bei 360–365°.

Sulfat $2C_{10}H_8N_4O \cdot H_2SO_4$. Kristalle (aus wss. H_2SO_4); Zers. bei 375–380°.

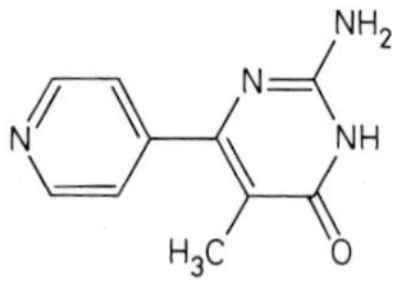

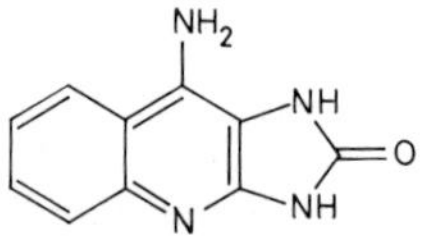

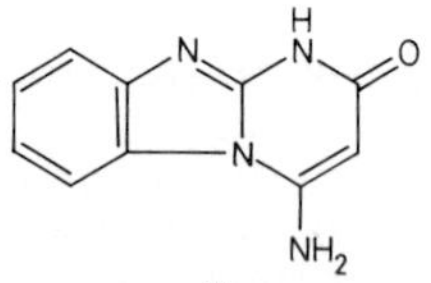

4-Amino-1*H*-benz[4,5]imidazo[1,2-*a*]pyrimidin-2-on $C_{10}H_8N_4O$, Formel III und Taut.

B. Aus 1*H*-Benzimidazol-2-ylamin beim Erhitzen mit Cyanessigsäure-äthylester (*Ridi, Checchi*, Ann. Chimica **44** [1954] 28, 33). Aus Cyanessigsäure-[1*H*-benzimidazol-2-ylamid] (*Ridi, Ch.*).

Kristalle (aus A.); F: 303–305° [Zers.].

4-Amino-6-*trans*-styryl-1*H*-[1,3,5]triazin-2-on $C_{11}H_{10}N_4O$, Formel IV (X = O, X′ = H) und Taut.

B. Aus 4-Amino-6-*trans*-styryl-1*H*-[1,3,5]triazin-2-thion mit Hilfe von wss. alkal. H_2O_2 (*Ostrogovich, Galea, G.* **65** [1935] 357, 369).

Kristalle (aus H_2O oder A.) mit 1 Mol H_2O; F: 308–309° [unkorr.; Zers.].

Picrat $C_{11}H_{10}N_4O \cdot C_6H_3N_3O_7$. Gelbe Kristalle mit 1 Mol H_2O; F: 271–273° [Zers.].

4-Amino-6-*trans*-styryl-1*H*-[1,3,5]triazin-2-thion $C_{11}H_{10}N_4S$, Formel IV (X = S, X′ = H) und Taut.

B. Aus Cyanguanidin und *trans*-Thiozimtsäure (*Ostrogovich, Galea*, R.A.L. [6] **12** [1930] 162, 163).

Gelbliche Kristalle (aus A.); F: 284–285° [Zers.].

Picrat $C_{11}H_{10}N_4S \cdot C_6H_3N_3O_7$. Orangegelbe Kristalle; F: 221–222° [Zers.].

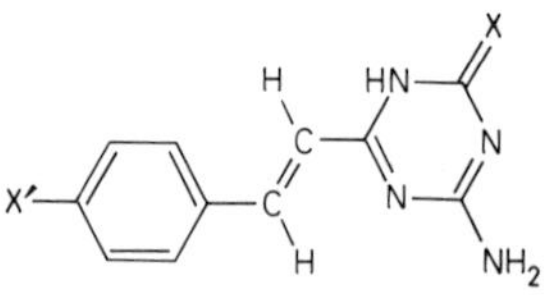

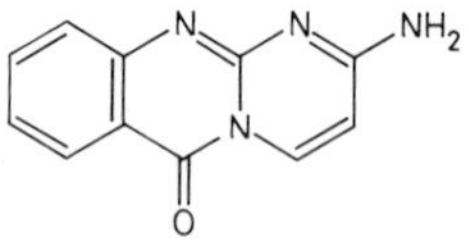

4-Amino-6-[4-dimethylamino-*trans*-styryl]-1*H*-[1,3,5]triazin-2-on $C_{13}H_{15}N_5O$, Formel IV (X = O, X′ = N(CH_3)_2) und Taut.

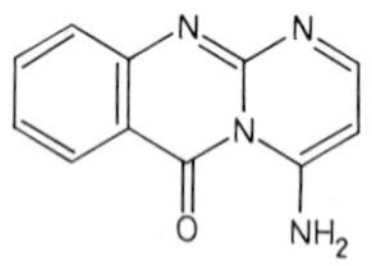

B. Aus 4-Amino-6-methyl-1*H*-[1,3,5]triazin-2-on und 4-Dimethylamino-benzaldehyd (*Chromow-Borisow, Kišarewa*, Ž. obšč. Chim. **29** [1959] 3010, 3016; engl. Ausg. S. 2976, 2981).

Gelborangefarben; F: 314–316° [Zers.].

Dihydrochlorid $C_{13}H_{15}N_5O \cdot 2HCl$. Hellblaue Kristalle (aus wss. HCl) mit 1 Mol H_2O; F: 267–269°.

Acetat $C_{13}H_{15}N_5O \cdot C_2H_4O_2$. Orangegelbe Kristalle (aus Eg.); F: 309–311° [Zers.].

Amino-Derivate der Monooxo-Verbindungen $C_nH_{2n-15}N_3O$

Amino-Derivate der Oxo-Verbindungen $C_{11}H_7N_3O$

2(oder 4)-Amino-pyrimido[2,1-*b*]chinazolin-6-on $C_{11}H_8N_4O$, Formel V oder VI.

B. Aus 2-Chlor-pyrimidin-4-ylamin und Anthranilsäure mit Hilfe von wss. HCl (*Yanai, Ku= raishi,* J. chem. Soc. Japan Pure Chem. Sect. **80** [1959] 1181; C. A. **1961** 4515).

Kristalle (aus A.); F: 285°. λ_{max} (A.): 252 nm und 329 nm.

Acetyl-Derivat $C_{13}H_{10}N_4O_2$; 2(oder4)-Acetylamino-pyrimido[2,1-*b*]chinazo= lin-6-on, *N*-[6-Oxo-6*H*-pyrimido[2,1-*b*]chinazolin-2(oder4)-yl]-acetamid. Kristalle (aus A.); F: 284°.

1-Amino-pyrimido[6,1-*b*]chinazolin-3-on $C_{11}H_8N_4O$, Formel VII und Taut.

B. Aus 2,6-Diamino-1*H*-pyrimidin-4-on und 2-Amino-benzaldehyd (*King, King,* Soc. **1947** 726, 733).

Hellgelbe Kristalle (aus Eg.) mit 0,5 Mol H_2O; F: >330°.

Hydrochlorid $C_{11}H_8N_4O \cdot HCl$. Kristalle (aus wss. HCl); F: >310°.

2-Amino-3*H*-pyrimido[4,5-*b*]chinolin-4-on $C_{11}H_8N_4O$, Formel VIII (R = H) und Taut.

B. Aus 2-Amino-1*H*-pyrimidin-4,6-dion und 2-Amino-benzaldehyd (*King, King,* Soc. **1947** 726, 733).

Kristalle; F: >310°.

Hydrochlorid $C_{11}H_8N_4O \cdot HCl$. Kristalle (aus wss. HCl) mit 2 Mol H_2O; F: >310°.

2-Methylamino-3*H*-pyrimido[4,5-*b*]chinolin-4-on $C_{12}H_{10}N_4O$, Formel VIII (R = CH₃) und Taut.

B. Analog der vorangehenden Verbindung (*King, King,* Soc. **1947** 726, 734).

Wasserhaltige hellgelbe Kristalle (aus H_2O); F: >310°.

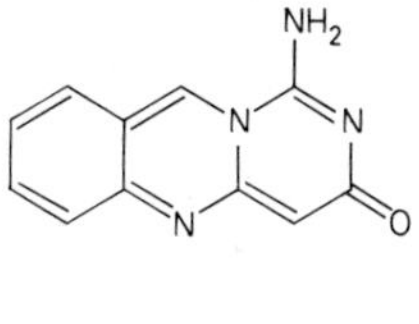

VII 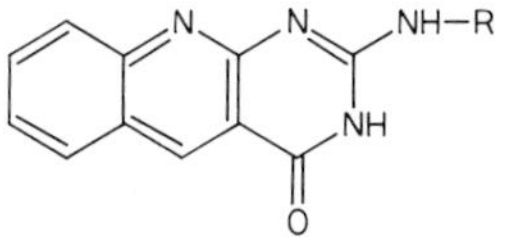   VIII 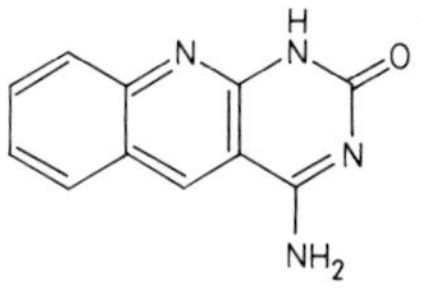   IX

[4-Oxo-3,4-dihydro-pyrimido[4,5-*b*]chinolin-2-yl]-guanidin $C_{12}H_{10}N_6O$, Formel VIII (R = C(NH₂)=NH) und Taut.

B. Analog den vorangehenden Verbindungen (*King, King,* Soc. **1947** 726, 734).

Kristalle; F: >310°.

Dihydrochlorid $C_{12}H_{10}N_6O \cdot 2HCl$. Gelbliche Kristalle (aus wss. HCl) mit 1,5 Mol H_2O, die bei 120° in das Monohydrochlorid $C_{12}H_{10}N_6O \cdot HCl \cdot H_2O$ übergehen; F: >310°.

Picrat $C_{12}H_{10}N_6O \cdot C_6H_3N_3O_7$. Gelbe Kristalle (aus Eg.) mit 1,5 Mol H_2O; F: 230° [Zers.].

2-[3-Diäthylamino-propylamino]-3*H*-pyrimido[4,5-*b*]chinolin-4-on $C_{18}H_{23}N_5O$, Formel VIII (R = [CH₂]₃-N(C₂H₅)₂) und Taut.

B. Analog den vorangehenden Verbindungen (*King, King,* Soc. **1947** 726, 734).

Picrat $C_{18}H_{23}N_5O \cdot C_6H_3N_3O_7$. Kristalle (aus A.) mit 1 Mol Äthanol; F: 222° [Zers.].

Meconat $C_{18}H_{23}N_5O \cdot C_7H_4O_7$. Hellgelbe Kristalle (aus wss. A.) mit 5 Mol H_2O; F: 180° [Zers.].

4-Amino-1*H*-pyrimido[4,5-*b*]chinolin-2-on $C_{11}H_8N_4O$, Formel IX und Taut.

B. Beim Erhitzen von 2-Amino-chinolin-3-carbonitril und Harnstoff auf 300—310° (*Taylor, Kalenda,* Am. Soc. **78** [1956] 5108, 5114).

Gelbe Kristalle (aus wss. DMF); F: 359° [korr.; Zers.].

Amino-Derivate der Oxo-Verbindungen $C_{12}H_9N_3O$

7-Amino-2-phenyl-4*H*-pyrazolo[1,5-*a*]pyrimidin-5-on $C_{12}H_{10}N_4O$, Formel X (R = R' = H) und Taut.

B. Aus 5-Phenyl-1(2)*H*-pyrazol-3-ylamin und Cyanessigsäure-äthylester bei 170° (*Checchi*, G. **88** [1958] 591, 601). Aus Cyanessigsäure-[5-phenyl-1(2)*H*-pyrazol-3-ylamid] mit Hilfe von wss. KOH (*Ch.*).

Kristalle (aus A.); F: 312 − 315°.

7-Amino-4-methyl-2-phenyl-4*H*-pyrazolo[1,5-*a*]pyrimidin-5-on $C_{13}H_{12}N_4O$, Formel X (R = CH₃, R' = H).

B. Aus der vorangehenden Verbindung und Dimethylsulfat in wss. KOH (*Checchi*, G. **88** [1958] 591, 601).

Kristalle (aus A.); F: 210 − 211°.

7-Acetylamino-4-methyl-2-phenyl-4*H*-pyrazolo[1,5-*a*]pyrimidin-5-on, *N*-[4-Methyl-5-oxo-2-phenyl-4,5-dihydro-pyrazolo[1,5-*a*]pyrimidin-7-yl]-acetamid $C_{15}H_{14}N_4O_2$, Formel X (R = CH₃, R' = CO-CH₃).

B. Aus der vorangehenden Verbindung und Acetanhydrid (*Checchi*, G. **88** [1958] 591, 602).

Kristalle (aus A.); F: 214 − 216°.

4-Acetyl-7-acetylamino-2-phenyl-4*H*-pyrazolo[1,5-*a*]pyrimidin-5-on, *N*-[4-Acetyl-5-oxo-2-phenyl-4,5-dihydro-pyrazolo[1,5-*a*]pyrimidin-7-yl]-acetamid $C_{16}H_{14}N_4O_3$, Formel X (R = R' = CO-CH₃).

B. Aus 7-Amino-2-phenyl-4*H*-pyrazolo[1,5-*a*]pyrimidin-5-on und Acetanhydrid (*Checchi*, G. **88** [1958] 591, 602).

Kristalle (aus Eg.); F: 262 − 264°.

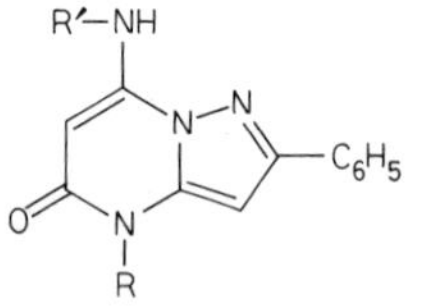

X 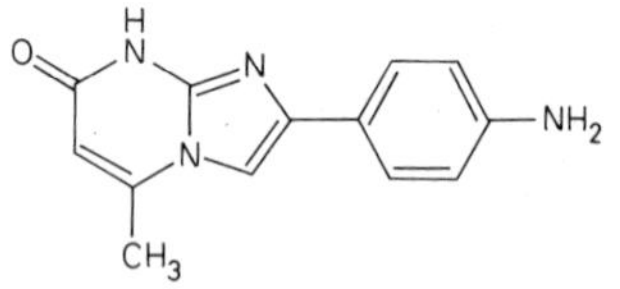   XI 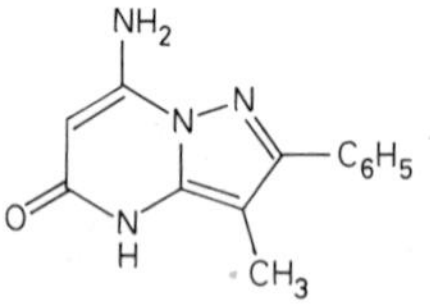   XII

2-Oxo-4-[5-oxo-2-phenyl-4,5-dihydro-pyrazolo[1,5-*a*]pyrimidin-7-ylamino]-pent-3-ensäure-äthylester $C_{19}H_{18}N_4O_4$, Formel X (R = H, R' = C(CH₃)=CH-CO-CO-O-C₂H₅) und Taut.

B. Aus 7-Amino-2-phenyl-4*H*-pyrazolo[1,5-*a*]pyrimidin-5-on beim Erhitzen mit 2,4-Dioxo-valeriansäure-äthylester (*Checchi*, G. **88** [1958] 591, 602).

Kristalle (aus A.); F: 165 − 167° [Zers.].

Acetyl-Derivat $C_{21}H_{20}N_4O_5$. Kristalle (aus Me.); F: 174 − 186° (?).

4-[4-Methyl-5-oxo-2-phenyl-4,5-dihydro-pyrazolo[1,5-*a*]pyrimidin-7-ylamino]-2-oxo-pent-3-en-säure-äthylester $C_{20}H_{20}N_4O_4$, Formel X (R = CH₃, R' = C(CH₃)=CH-CO-CO-O-C₂H₅) und Taut.

B. Aus 7-Amino-4-methyl-2-phenyl-4*H*-pyrazolo[1,5-*a*]pyrimidin-5-on beim Erhitzen mit 2,4-Dioxo-valeriansäure-äthylester (*Checchi*, G. **88** [1958] 591, 602).

Kristalle (aus A.); F: 155 − 157° [Zers.].

Amino-Derivate der Oxo-Verbindungen $C_{13}H_{11}N_3O$

2-[4-Amino-phenyl]-5-methyl-8*H*-imidazo[1,2-*a*]pyrimidin-7-on $C_{13}H_{12}N_4O$, Formel XI und Taut.

B. Aus 5-Methyl-2-[4-nitro-phenyl]-8*H*-imidazo[1,2-*a*]pyrimidin-7-on mit Hilfe von SnCl₂ und

wss. HCl (*Matsukawa, Ban*, J. pharm. Soc. Japan **71** [1951] 760, 762; C. A. **1952** 8094).
F: > 300°.
Dihydrochlorid $C_{13}H_{12}N_4O \cdot 2HCl$. Kristalle (aus wss. HCl); F: > 330°.
Dipicrat $C_{13}H_{12}N_4O \cdot 2C_6H_3N_3O_7$. Gelbe Kristalle; F: 253−254° [Zers.].
Acetyl-Derivat $C_{15}H_{14}N_4O_2$; 2-[4-Acetylamino-phenyl]-5-methyl-8*H*-imid≠
azo[1,2-*a*]pyrimidin-7-on, Essigsäure-[4-(5-methyl-7-oxo-7,8-dihydro-imidazo≠
[1,2-*a*]pyrimidin-2-yl)-anilid]. Kristalle, die bis 370° nicht vollständig geschmolzen sind.

7-Amino-3-methyl-2-phenyl-4*H*-pyrazolo[1,5-*a*]pyrimidin-5-on $C_{13}H_{12}N_4O$, Formel XII und
Taut.
B. Beim Erhitzen von 4-Methyl-5-phenyl-1(2)*H*-pyrazol-3-ylamin mit Cyanessigsäure-äthyl≠
ester (*Checchi*, G. **88** [1958] 591, 601).
Kristalle (aus Me.); F: 275−277°.

Amino-Derivate der Monooxo-Verbindungen $C_nH_{2n-17}N_3O$

2-Amino-7-phenyl-3*H*-pyrido[2,3-*d*]pyrimidin-4-on $C_{13}H_{10}N_4O$, Formel I (R = H) und Taut.
B. Aus 2,6-Diamino-3*H*-pyrimidin-4-on und 3-Oxo-3-phenyl-propionaldehyd mit Hilfe von
H_3PO_4 (*Robins, Hitchings*, Am. Soc. **80** [1958] 3449, 3453).
F: > 360°. λ_{max} (wss. Lösung): 275 nm, 328 nm und 368 nm [pH 1] bzw. 234 nm, 256 nm
und 343 nm [pH 10,7] (*Ro., Hi.*, l. c. S. 3455).

5-Anilino-4-methylamino-7-phenyl-2*H*-pyrido[3,4-*d*]pyridazin-1-on $C_{20}H_{17}N_5O$, Formel II
(R = H) und Taut.
B. Aus 9-Methyl-5,7-diphenyl-2,9-dihydro-7*H*-1,2,6,7,9-pentaaza-phenalen-3,8-dion beim Er≠
wärmen mit wss. KOH (*Ridi*, Ann. Chimica **49** [1959] 944, 956).
Hellgelbe Kristalle (aus A.); F: 260°.

5-Anilino-2-methyl-4-methylamino-7-phenyl-2*H*-pyrido[3,4-*d*]pyridazin-1-on $C_{21}H_{19}N_5O$,
Formel II (R = CH₃).
B. Aus der vorangehenden Verbindung und Dimethylsulfat (*Ridi*, Ann. Chimica **49** [1959]
944, 957). Beim Erwärmen von 9-Methyl-5,7-diphenyl-2,9-dihydro-7*H*-1,2,6,7,9-pentaaza-phe≠
nalen-3,8-dion mit äthanol. KOH und Dimethylsulfat (*Ridi*).
Hellgelbe Kristalle; F: 180°.

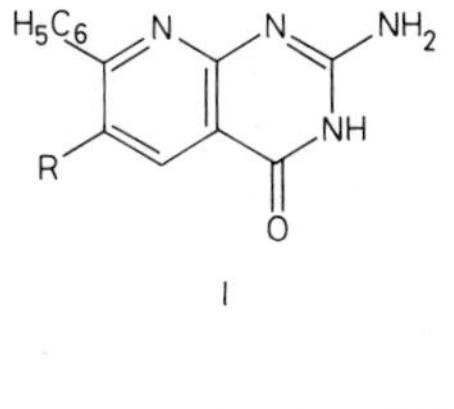

I 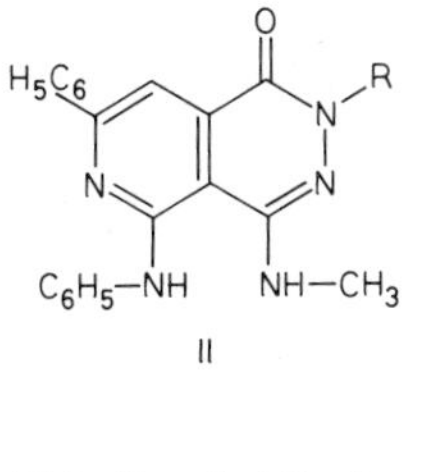   II 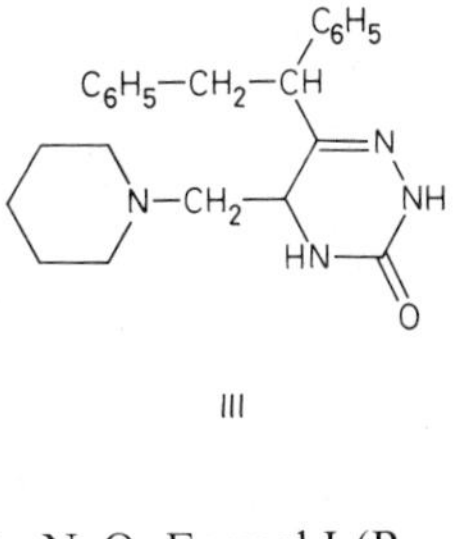   III

2-Amino-6-methyl-7-phenyl-3*H*-pyrido[2,3-*d*]pyrimidin-4-on $C_{14}H_{12}N_4O$, Formel I (R = CH₃)
und Taut.
B. Aus 2,6-Diamino-3*H*-pyrimidin-4-on und 2-Methyl-3-oxo-3-phenyl-propionaldehyd mit
Hilfe von H_3PO_4 (*Robins, Hitchings*, Am. Soc. **80** [1958] 3449, 3453).
λ_{max} (wss. Lösung): 278 nm und 367 nm [pH 1] bzw. 248 nm und 345 nm [pH 10,7] (*Ro.,
Hi.*, l. c. S. 3455).
Hydrochlorid $C_{14}H_{12}N_4O \cdot HCl$. Kristalle (aus A.); F: > 360°.

*Opt.-inakt. **6-Bibenzyl-α-yl-5-piperidinomethyl-4,5-dihydro-2H-[1,2,4]triazin-3-on** $C_{23}H_{28}N_4O$, Formel III und Taut.

B. Aus opt.-inakt. 2-Amino-4,5-diphenyl-1-piperidino-pentan-3-on (E III/IV **20** 1248) und Semicarbazid (*Ghosh et al.*, J. Indian chem. Soc. **36** [1959] 319, 322).

Kristalle (aus wss. A.); F: 136−137°.

Amino-Derivate der Monooxo-Verbindungen $C_nH_{2n-19}N_3O$

5,6-Bis-[4-acetylamino-phenyl]-2H-[1,2,4]triazin-3-thion $C_{19}H_{17}N_5O_2S$, Formel IV und Taut.

B. Aus 4,4′-Bis-acetylamino-benzil und Thiosemicarbazid (*Polonovski, Pesson*, C. r. **232** [1951] 1260).

F: ca. 315° [Zers.].

S-Methyl-Derivat (5,6-Bis-[4-acetylamino-phenyl]-3-methylmercapto-[1,2,4]triazin; S. 1344) [F: 347−348°]: *Po., Pe.*

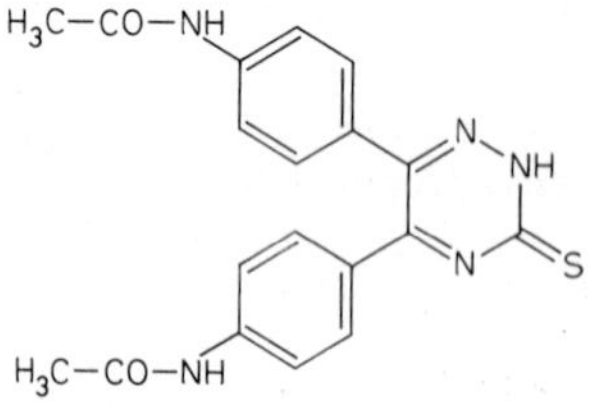

IV 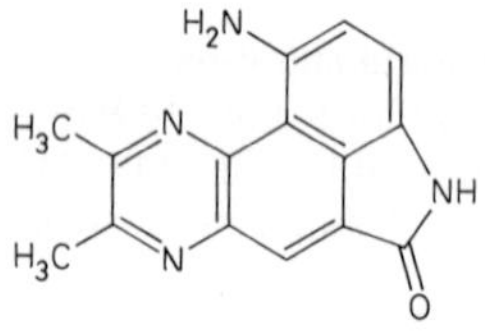   V 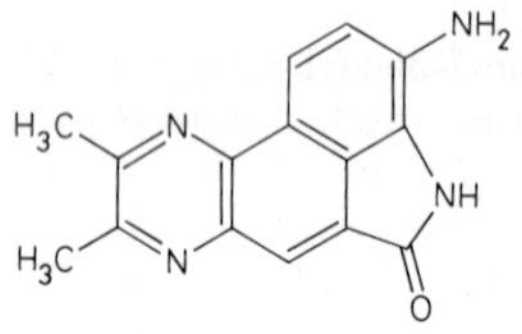   VI

1(oder 3)-Amino-8,9-dimethyl-4H-indolo[4,3-fg]chinoxalin-5-on $C_{15}H_{12}N_4O$, Formel V oder VI und Taut.

B. Beim Behandeln von 4-Amino-5,6(oder 5,8)-dinitro-1H-benz[cd]indol-2-on (E III/IV **22** 6491) mit Zink-Pulver und Essigsäure und anschliessend mit Butandion (*Stoll, Rutschmann,* Helv. **34** [1951] 382, 396).

Rote Kristalle (aus Acn.+A.); Zers. >350°.

*Opt.-inakt. **4,6-Bis-[4-dimethylamino-phenyl]-2-phenyl-1,2,4,5,6,7-hexahydro-pyrazolo[4,3-c]⁼ pyridin-3-on** $C_{28}H_{31}N_5O$, Formel VII und Taut.

B. Aus opt.-inakt. 2,6-Bis-[4-dimethylamino-phenyl]-4-oxo-piperidin-3-carbonsäure-äthylester (E III/IV **22** 6962) und Phenylhydrazin bei 125° (*Bhargava, Singh,* J. Indian chem. Soc. **34** [1957] 105, 107).

Orangefarbene Kristalle (aus CHCl₃); F: 142°.

VII 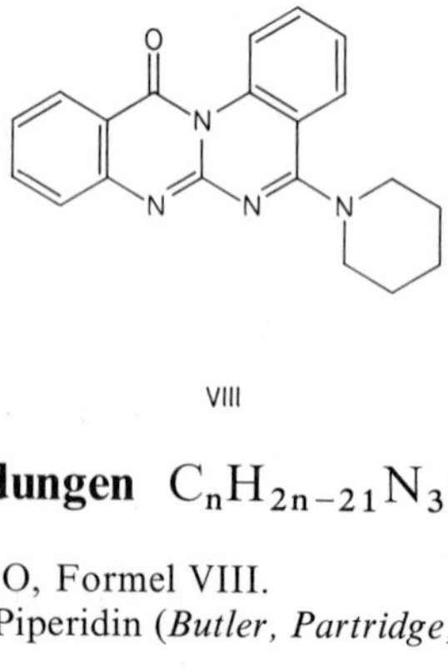   VIII

Amino-Derivate der Monooxo-Verbindungen $C_nH_{2n-21}N_3O$

5-Piperidino-chinazolino[3,2-a]chinazolin-12-on $C_{20}H_{18}N_4O$, Formel VIII.

B. Aus 5-Chlor-chinazolino[3,2-a]chinazolin-12-on und Piperidin (*Butler, Partridge,* Soc. **1959**

1512, 1520).

Kristalle (aus Ae.); F: 205–206°. λ_{max} (A.): 245 nm, 269 nm, 311 nm, 360 nm und 405 nm.
Picrat $C_{20}H_{18}N_4O \cdot C_6H_3N_3O_7$. Kristalle (aus A.); F: 220–221° [Zers.].

9-Amino-6H-isochino[3,4-b]chinoxalin-5-on $C_{15}H_{10}N_4O$, Formel IX (R = H) und Taut.

B. Aus 2-Cyanmethyl-benzoesäure-methylester und 4-Nitroso-*m*-phenylendiamin (H **14** 135) mit Hilfe von äthanol. Natriumäthylat (*Osdene, Timmis*, Soc. **1955** 2214, 2216).

Dunkelorangefarbene Kristalle (aus Eg.) mit 1 Mol Essigsäure, F: 336°, die langsam in lösungsmittelfreie gelbe Kristalle übergehen.

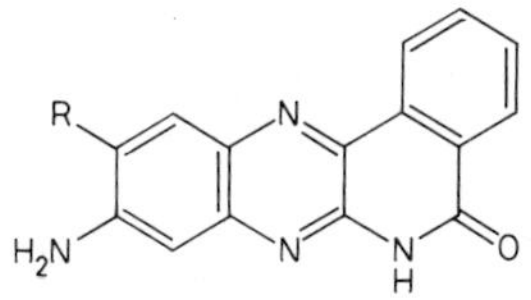

IX 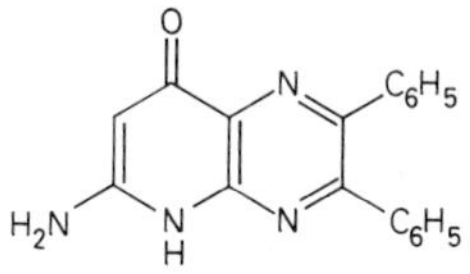   X

9-Amino-10-methyl-6H-isochino[3,4-b]chinoxalin-5-on $C_{16}H_{12}N_4O$, Formel IX (R = CH$_3$) und Taut.

B. Aus 4-Methyl-6-nitroso-*m*-phenylendiamin (H **14** 148) und 2-Cyanmethyl-benzoesäure-methylester mit Hilfe von äthanol. Natriumäthylat (*Osdene, Timmis*, Soc. **1955** 2214, 2216).

Orangefarbene Kristalle (aus Eg.); F: 334°.

Acetyl-Derivat $C_{18}H_{14}N_4O_2$; 9-Acetylamino-10-methyl-6H-isochino[3,4-b]chinoxalin-5-on, *N*-[10-Methyl-5-oxo-5,6-dihydro-isochino[3,4-b]chinoxalin-9-yl]-acetamid. Gelbe Kristalle (aus Butan-1-ol); F: 398° [Zers.].

Amino-Derivate der Monooxo-Verbindungen $C_nH_{2n-25}N_3O$

6-Amino-2,3-diphenyl-5H-pyrido[2,3-b]pyrazin-8-on $C_{19}H_{14}N_4O$, Formel X und Taut.

B. Beim Erwärmen von 2,3,6-Triamino-1*H*-pyridin-4-on (aus 2,6-Diamino-3-nitro-1*H*-pyridin-4-on durch Hydrierung an Raney-Nickel erhalten) mit Benzil in Äthanol und Essigsäure (*Gorton et al.*, J. biol. Chem. **231** [1958] 331, 334).

Hellorangefarbene Kristalle (aus wss. A.); F: 310–315° [Zers.]. λ_{max} (wss. NaOH): 280 nm.

[*Koetter*]

Amino-Derivate der Dioxo-Verbindungen $C_nH_{2n-3}N_3O_2$

Amino-Derivate der Dioxo-Verbindungen $C_3H_3N_3O_2$

6-Amino-1H-[1,3,5]triazin-2,4-dion $C_3H_4N_4O_2$, Formel I (R = H) und Taut.; Ammelid, Melanurensäure (H 243; E I 73; E II 132).

Nach Ausweis des IR- und UV-Spektrums liegt in den Kristallen sowie in neutraler und saurer Lösung überwiegend 6-Amino-1*H*-[1,3,5]triazin-2,4-dion vor (*Hirt*, Appl. Spectr. **6** [1952] Nr. 2, S. 15; *Hirt, Schmitt*, Spectrochim. Acta **12** [1958] 127, 134, 135).

B. Beim Erhitzen von *N'*-Carbamoyl-guanidincarbonsäure-äthylester mit wss. NH$_3$ (*Kaiser, Thurston*, J. org. Chem. **17** [1952] 185, 190).

IR-Spektrum (KBr; 2–16 µ): *Padgett, Hamner*, Am. Soc. **80** [1958] 803, 808; *Finkel'schteïn*, Optika Spektr. **5** [1958] 264, 268; C. A. **1959** 10967. UV-Spektrum (210–260 nm) in wss. HCl, wss. Lösung vom pH 4,7 sowie wss. NaOH: *Hirt, Sch.*, l. c. S. 129, 131; s. a. *Hirt*; in wss. HCl sowie wss. NOH: *Malkina, Finkel'schteïn*, Ž. fiz. Chim. **32** [1958] 981, 982; C. A. **1958** 19448. Scheinbare Dissoziationsexponenten pK$'_{a1}$, pK$'_{a2}$ und pK$'_{a3}$ (H$_2$O; spektro⁼

photometrisch ermittelt): 1,8 bzw. 6,9 bzw. ca. 13,5 (*Hirt, Sch.*, l. c. S. 129). Löslichkeit in wss. Lösungen vom pH 1 – 13: *Hirt*.

6-Butylamino-1,3-dimethyl-1*H*-[1,3,5]triazin-2,4-dion $C_9H_{16}N_4O_2$, Formel II (R = [CH$_2$]$_3$-CH$_3$).

B. Beim Erhitzen von Butyl-[dimethoxy-[1,3,5]triazin-2-yl]-amin, auch unter Zusatz von Toluol-4-sulfonsäure (*Schaefer et al.*, Am. Soc. **73** [1951] 2996, 2998).

Kristalle (aus A.); F: 172 – 173° [unkorr.].

6-Amino-3-phenyl-1*H*-[1,3,5]triazin-2,4-dion $C_9H_8N_4O_2$, Formel I (R = C_6H_5) und Taut.

B. Beim Erhitzen von Guanidin-*N,N'*-dicarbonsäure-diäthylester mit Anilin (*Murray, Dains*, Am. Soc. **56** [1934] 144).

F: > 335°.

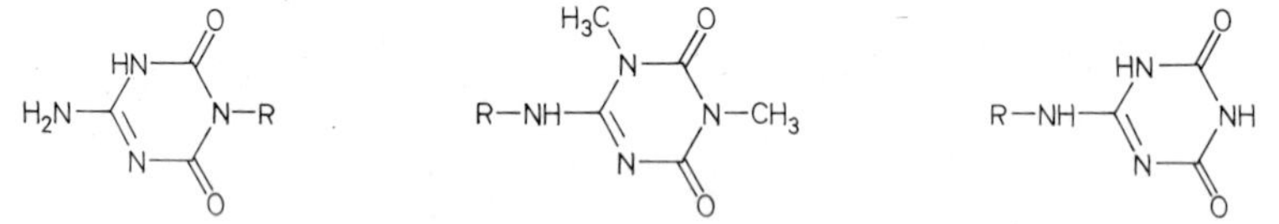

I   II   III

6-Anilino-1*H*-[1,3,5]triazin-2,4-dion $C_9H_8N_4O_2$, Formel III (R = C_6H_5) und Taut.

B. Beim Erwärmen von 4,6-Dioxo-1,4,5,6-tetrahydro-[1,3,5]triazin-2-carbonitril (Kalium-Salz) mit Anilin-hydrochlorid in H_2O (*Ostrogovich, Crasu*, G. **71** [1941] 496, 503).

Kristalle mit 1 Mol H_2O; F: 322 – 324° [Zers.].

6-Anilino-1,3-dimethyl-1*H*-[1,3,5]triazin-2,4-dion $C_{11}H_{12}N_4O_2$, Formel II (R = C_6H_5).

B. Als Hauptprodukt beim Erhitzen von [Dimethoxy-[1,3,5]triazin-2-yl]-phenyl-amin auf 160° (*Schaefer et al.*, Am. Soc. **73** [1951] 2996, 2998).

Kristalle (aus A.); F: 224 – 226° [unkorr.].

1-[4,6-Dioxo-1,4,5,6-tetrahydro-[1,3,5]triazin-2-yl]-pyridinium $[C_8H_7N_4O_2]^+$, Formel IV und Taut.

Betain $C_8H_6N_4O_2$. Diese Konstitution wird der ursprünglich von *Saure* (B. **83** [1950] 335, 337) als 6-[2 oder 4]Pyridyl-[1,3,5]triazin-2,4-diol ($\rightleftharpoons$ 6-[2 oder 4]Pyridyl-1*H*-[1,3,5]triazin-2,4-dion) $C_8H_6N_4O_2$ formulierten Verbindung zugeordnet (*Tsujikawa*, J. pharm. Soc. Japan **85** [1965] 846, 848; C. A. **64** [1966] 735). – *B*. Beim Behandeln von Trichlor-[1,3,5]triazin mit wss. Na_2CO_3 oder wss. KOH und Erwärmen der Reaktionslösung mit Pyridin (*Sa.*, l. c. S. 339). Beim Behandeln von Trichlor-[1,3,5]triazin mit wss. Pyridin (*Sa.; Ts.*). Aus 1,1'-[Hydr=oxy-[1,3,5]triazin-2,4-diyl]-bis-pyridinium-betain-chlorid (S. 1357) mit Hilfe von wss. K_2CO_3 oder beim Erwärmen mit wss. Pyridin (*Ts.*). – Kristalle (aus H_2O); F: >350° (*Sa.*), >300° (*Ts.*).

6-Benzoylamino-1*H*-[1,3,5]triazin-2,4-dion, *N*-[4,6-Dioxo-1,4,5,6-tetrahydro-[1,3,5]triazin-2-yl]-benzamid $C_{10}H_8N_4O_3$, Formel III (R = CO-C_6H_5) und Taut.

B. Aus 6-[α-((*E*)-Hydroxyimino)-benzyl]-1*H*-[1,3,5]triazin-2,4-dion mit Hilfe von PCl$_5$ und Acetylchlorid (*Ostrogovich, Tanislau*, G. **66** [1936] 672, 673).

Kristalle (aus Me., A. oder Eg.); F: 263 – 264° [Zers.; nach Erweichen und Gelbfärbung bei ca. 255°].

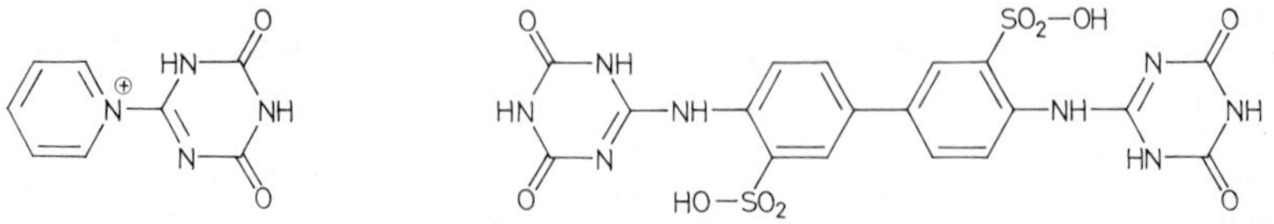

IV   V

N-[4,6-Dioxo-1,4,5,6-tetrahydro-[1,3,5]triazin-2-yl]-sulfanilsäure-amid $C_9H_9N_5O_4S$, Formel III
(R = C_6H_4-SO_2-NH_2) und Taut.

   B. Beim Erhitzen von *N*-[Dichlor-[1,3,5]triazin-2-yl]-sulfanilsäure-amid mit Essigsäure (*D'Ale=lio, White*, J. org. Chem. **24** [1959] 643).
Kristalle mit 2 Mol H_2O; F: 295−296° [Zers.].

6-[2-Diäthylamino-äthylamino]-1*H*-[1,3,5]triazin-2,4-dion $C_9H_{17}N_5O_2$, Formel III
(R = CH_2-CH_2-$N(C_2H_5)_2$) und Taut.

   Hydrochlorid $C_9H_{17}N_5O_2 \cdot HCl$. *B.* Aus *N,N*-Diäthyl-*N'*-[dichlor-[1,3,5]triazin-2-yl]-äthylendiamin beim Erwärmen mit Methanol oder Essigsäure (*Foye, Buckpitt*, J. Am. pharm.
Assoc. **41** [1952] 385). − Kristalle (aus A.); F: 263−265°.

4,4'-Bis-[4,6-dioxo-1,4,5,6-tetrahydro-[1,3,5]triazin-2-ylamino]-biphenyl-3,3'-disulfonsäure
$C_{18}H_{14}N_8O_{10}S_2$, Formel V und Taut.

   Natrium-Salz. *B.* Aus Trichlor-[1,3,5]triazin bei aufeinanderfolgender Umsetzung mit 4,4'-Diamino-biphenyl-3,3'-disulfonsäure und mit wss. Na_2CO_3 (*Inukai, Maki*, Rep. Gov. ind. Res.
Inst. Nagoya **2** [1953] 207, 209, 210; C. A. **1956** 16111). − Gelbes Pulver.

4,4'-Bis-[4,6-dioxo-1,4,5,6-tetrahydro-[1,3,5]triazin-2-ylamino]-*trans*-stilben-2,2'-disulfonsäure
$C_{20}H_{16}N_8O_{10}S_2$, Formel VI und Taut.

   Dinatrium-Salz. *B.* Aus Trichlor-[1,3,5]triazin bei aufeinanderfolgender Umsetzung mit
4,4'-Diamino-*trans*-stilben-2,2'-disulfonsäure und mit wss. NaOH (*Yabe, Hayashi*, J. chem.
Soc. Japan Ind. Chem. Sect. **60** [1957] 604, 605; C. A. **1959** 7599). − Absorptionsspektrum
(H_2O; 220−420 nm): *Yabe, Ha.*, l. c. S. 608.

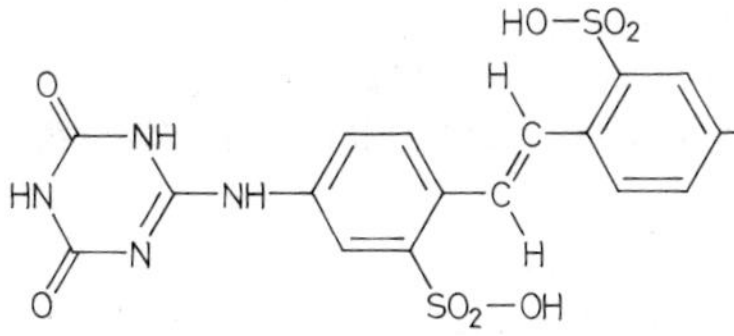

VI 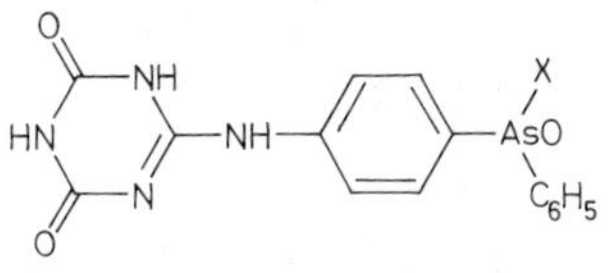   VII

[4-(4,6-Dioxo-1,4,5,6-tetrahydro-[1,3,5]triazin-2-ylamino)-phenyl]-phenyl-arsinoxid, [4-(4,6-Dioxo-1,4,5,6-tetrahydro-[1,3,5]triazin-2-ylamino)-phenyl]-phenyl-arsinigsäure
$C_{15}H_{13}AsN_4O_3$, Formel VII (X = H) und Taut.

   B. Beim Behandeln der entsprechenden Arsinsäure (s. u.) in wss. HCl mit SO_2 in Gegenwart
von KI (*Ueda et al.*, Pharm. Bl. **1** [1953] 252).
Gelbliches Pulver.

Bis-[4-(4,6-dioxo-1,4,5,6-tetrahydro-[1,3,5]triazin-2-ylamino)-phenyl]-arsinoxid, Bis-[4-(4,6-dioxo-1,4,5,6-tetrahydro-[1,3,5]triazin-2-ylamino)-phenyl]-arsinigsäure
$C_{18}H_{15}AsN_8O_5$, Formel VIII (X = H) und Taut.

   B. Analog der vorangehenden Verbindung (*Ueda et al.*, Pharm. Bl. **1** [1953] 252).
Gelbliches Pulver.

[4-(4,6-Dioxo-1,4,5,6-tetrahydro-[1,3,5]triazin-2-ylamino)-phenyl]-phenyl-arsinsäure
$C_{15}H_{13}AsN_4O_4$, Formel VII (X = OH) und Taut.

   B. Beim Erhitzen von [4-(4,6-Dichlor-[1,3,5]triazin-2-ylamino)-phenyl]-phenyl-arsinsäure mit
wss. NaOH (*Ueda et al.*, Pharm. Bl. **1** [1953] 252).
Pulver.

Bis-[4-(4,6-dioxo-1,4,5,6-tetrahydro-[1,3,5]triazin-2-ylamino)-phenyl]-arsinsäure
$C_{18}H_{15}AsN_8O_6$, Formel VIII (X = OH) und Taut.

   B. Analog der vorangehenden Verbindung (*Ueda et al.*, Pharm. Bl. **1** [1953] 252).
Pulver.

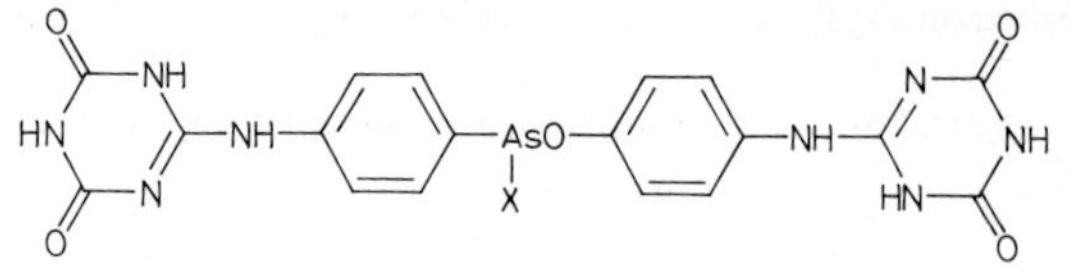

VIII 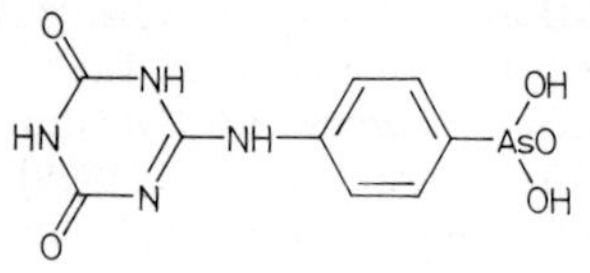   IX

[4-(4,6-Dioxo-1,4,5,6-tetrahydro-[1,3,5]triazin-2-ylamino)-phenyl]-arsonsäure $C_9H_9AsN_4O_5$,
Formel IX und Taut.

B. Aus 6-Chlor-1*H*-[1,3,5]triazin-2,4-dion und [4-Amino-phenyl]-arsonsäure (*Banks et al.*, Am.
Soc. **66** [1944] 1771, 1772, 1774). Beim Erhitzen von [4-(4,6-Dichlor-[1,3,5]triazin-2-ylamino)-
phenyl]-arsonsäure mit wss. NaOH auf 120° (*Friedheim*, Am. Soc. **66** [1944] 1775, 1776, 1777).
Zers. > 300° (*Fr.*).

Dinatrium-Salz $Na_2C_9H_7AsN_4O_5$: *Ba. et al.*

**6-Methansulfonylamino-1*H*-[1,3,5]triazin-2,4-dion, *N*-[4,6-Dioxo-1,4,5,6-tetrahydro-
[1,3,5]triazin-2-yl]-methansulfonamid** $C_4H_6N_4O_4S$, Formel X (R = CH_3) und Taut.

B. Aus Trichlor-[1,3,5]triazin bei aufeinanderfolgender Umsetzung mit der Natrium-Verbin≠
dung des Methansulfonamids und mit wss. NaOH (*Kurzer, Powell*, Soc. **1954** 4152, 4156).

Kristalle (aus A.) mit 1 Mol H_2O, F: 272−274° [Zers.; nach Sintern bei 266°]; die wasserfreie
Verbindung schmilzt bei 253−254° [Zers.]. UV-Spektrum (A.; 200−280 nm): *Ku., Po.*, l. c.
S. 4154.

**6-Benzolsulfonylamino-1*H*-[1,3,5]triazin-2,4-dion, *N*-[4,6-Dioxo-1,4,5,6-tetrahydro-[1,3,5]triazin-
2-yl]-benzolsulfonamid** $C_9H_8N_4O_4S$, Formel X (R = C_6H_5) und Taut.

B. Analog der vorangehenden Verbindung (*Kurzer, Powell*, Soc. **1954** 4152, 4156).

Kristalle (aus A.); F: 264−267° [Zers.]. UV-Spektrum (A.; 200−280 nm): *Ku., Po.*, l. c.
S. 4154.

***N*-[4,6-Dioxo-1,4,5,6-tetrahydro-[1,3,5]triazin-2-yl]-toluol-4-sulfonamid** $C_{10}H_{10}N_4O_4S$,
Formel X (R = C_6H_4-CH_3) und Taut.

B. Analog den vorangehenden Verbindungen (*Kurzer, Powell*, Soc. **1954** 4152, 4156).

Kristalle (aus A.); F: 248−250° [Zers.]. UV-Spektrum (A.; 200−280 nm): *Ku., Po.*, l. c.
S. 4154.

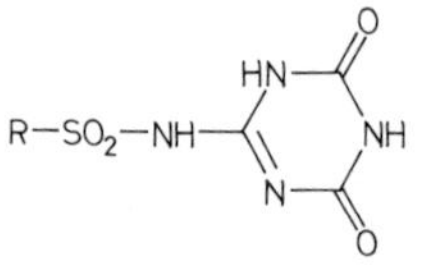

X 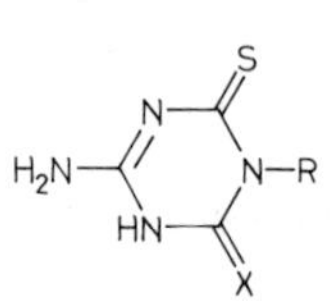   XI 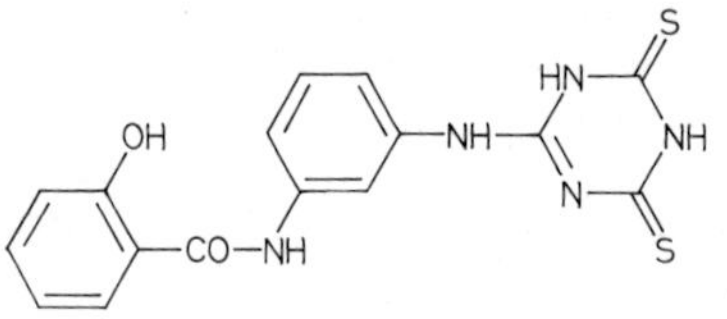   XII

6-Amino-3-phenyl-4-thioxo-3,4-dihydro-1*H*-[1,3,5]triazin-2-on $C_9H_8N_4OS$, Formel XI
(R = C_6H_5, X = O) und Taut.

B. Aus Phenylisothiocyanat und Guanidincarbonsäure-äthylester (*Murray, Dains*, Am. Soc.
56 [1934] 144).

F: 180° [Zers.].

6-Amino-1*H*-[1,3,5]triazin-2,4-dithion $C_3H_4N_4S_2$, Formel XI (R = H, X = S) und Taut.;
Dithioammelid, Dithiomelanurensäure (H 258).

B. Beim Erwärmen des Dikalium-Salzes der *N'*-Cyan-guanidindithiocarbonsäure mit H_2O
(*Am. Cyanamid Co.*, U.S.P. 2375733 [1943]). Beim Erwärmen von 4,6-Diamino-[1,3,5]thiadiazin-
2-thion in alkal. wss. Medium (*Am. Cyanamid Co.*).

Kalium-Salz KC$_3$H$_3$N$_4$S$_2$. Kristalle mit 0,5 Mol H$_2$O.

6-[3-Salicyloylamino-anilino]-1H-[1,3,5]triazin-2,4-dithion, Salicylsäure-[3-(4,6-dithioxo-1,4,5,6-tetrahydro-[1,3,5]triazin-2-ylamino)-anilid] C$_{16}$H$_{13}$N$_5$O$_2$S$_2$, Formel XII und Taut.

B. Aus Salicylsäure-[3-amino-anilid], Trichlor-[1,3,5]triazin und Thioharnstoff (*Manabe et al.*, J. chem. Soc. Japan Ind. Chem. Sect. **61** [1958] 1179, 1182; C. A. **1961** 22831).

Zers. bei 214°.

Amino-Derivate der Dioxo-Verbindungen C$_4$H$_5$N$_3$O$_2$

6-Phthalimidomethyl-3-thioxo-3,4-dihydro-2H-[1,2,4]triazin-5-on, N-[5-Oxo-3-thioxo-2,3,4,5-tetrahydro-[1,2,4]triazin-6-ylmethyl]-phthalimid C$_{12}$H$_8$N$_4$O$_3$S, Formel XIII und Taut.

B. Beim Behandeln von 3-Phthalimido-2-thiosemicarbazono-propionsäure mit wss. KOH (*Hadáček, Slouka*, Spisy přirodov. Univ. Brno Nr. 403 [1959] 253; C. A. **1960** 22675).

Kristalle (aus A.); F: 286°.

6-Aminomethyl-1H-[1,3,5]triazin-2,4-dion C$_4$H$_6$N$_4$O$_2$, Formel XIV (X = O) und Taut.

B. Aus 4,6-Dioxo-1,4,5,6-tetrahydro-[1,3,5]triazin-2-carbaldehyd-oxim beim Behandeln mit SnCl$_2$ und wss. HCl (*Ostrogovich, Crasu*, G. **66** [1936] 653, 657).

Hydrochlorid C$_4$H$_6$N$_4$O$_2$·HCl. Kristalle (aus wss. HCl).

Sulfat 2C$_4$H$_6$N$_4$O$_2$·H$_2$SO$_4$. Kristalle.

Picrat C$_4$H$_6$N$_4$O$_2$·C$_6$H$_3$N$_3$O$_7$. Gelbe Kristalle mit 1 Mol H$_2$O; F: 202–203° [Zers.].

Acetyl-Derivat C$_6$H$_8$N$_4$O$_3$; 6-[Acetylamino-methyl]-1H-[1,3,5]triazin-2,4-dion, N-[4,6-Dioxo-1,4,5,6-tetrahydro-[1,3,5]triazin-2-ylmethyl]-acetamid. Kristalle.

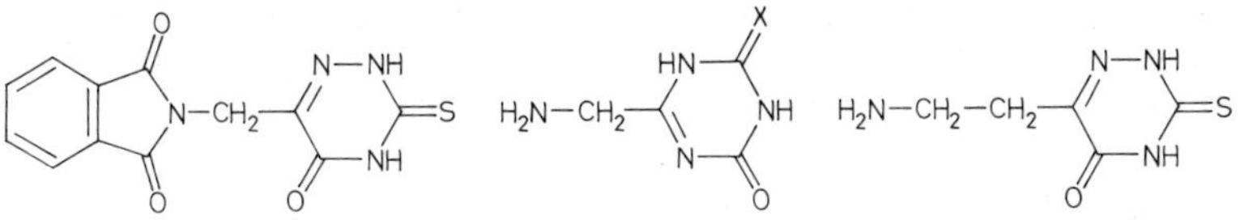

XIII   XIV   XV

*6-Aminomethyl-1H-[1,3,5]triazin-2,4-dion-monooxim C$_4$H$_7$N$_5$O$_2$, Formel XIV (X = N-OH) und Taut.

B. Aus 4-Hydroxyimino-6-oxo-1,4,5,6-tetrahydro-[1,3,5]triazin-2-carbaldehyd-oxim (S. 646) beim Behandeln mit SnCl$_2$ und wss. HCl (*Ostrogovich, Cadariu*, G. **71** [1941] 515, 522).

Dihydrochlorid C$_4$H$_7$N$_5$O$_2$·2HCl. Kristalle.

Picrat C$_4$H$_7$N$_5$O$_2$·C$_6$H$_3$N$_3$O$_7$. Gelbe Kristalle.

Amino-Derivate der Dioxo-Verbindungen C$_5$H$_7$N$_3$O$_2$

6-[2-Amino-äthyl]-3-thioxo-3,4-dihydro-2H-[1,2,4]triazin-5-on C$_5$H$_8$N$_4$OS, Formel XV und Taut.

B. Aus 4-Amino-2-oxo-buttersäure-hydrochlorid und Thiosemicarbazid beim Behandeln mit wss. KOH (*Hadáček, Slouka*, Pharmazie **14** [1959] 19; vgl. *Hadáček, Slouka*, Pharmazie **13** [1958] 402). Aus der folgenden Verbindung durch alkal. Hydrolyse (*Ha., Sl.*, Pharmazie **14** 20).

Kristalle (aus H$_2$O); F: 256° (*Ha., Sl.*, Pharmazie **13** 402).

Hydrochlorid C$_5$H$_8$N$_4$OS·HCl. Kristalle; Zers. bei 243–245° (*Ha., Sl.*, Pharmazie **13** 402).

N-[2-(5-Oxo-3-thioxo-2,3,4,5-tetrahydro-[1,2,4]triazin-6-yl)-äthyl]-phthalamidsäure C$_{13}$H$_{12}$N$_4$O$_4$S, Formel I und Taut.

B. Beim Behandeln von 4-Phthalimido-2-thiosemicarbazono-buttersäure mit wss. KOH (*Hadáček, Slouka*, Pharmazie **14** [1959] 19).

Kristalle (aus A. + Bzl.); F: 280 – 282° [Sublimation ab 200°].

6-[2-Phthalimido-äthyl]-3-thioxo-3,4-dihydro-2*H*-[1,2,4]triazin-5-on, *N*-**[2-(5-Oxo-3-thioxo-2,3,4,5-tetrahydro-[1,2,4]triazin-6-yl)-äthyl]-phthalimid** $C_{13}H_{10}N_4O_3S$, Formel II und Taut.
    B. Aus der vorangehenden Verbindung beim Erhitzen auf 210 – 250°/10 – 15 Torr (*Hadáček, Slouka,* Pharmazie **14** [1959] 19).
    F: 280 – 282°.

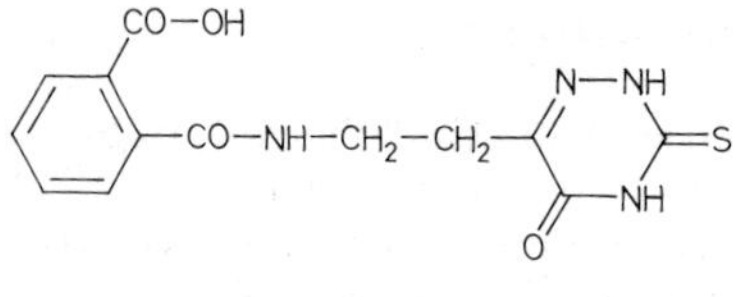

I 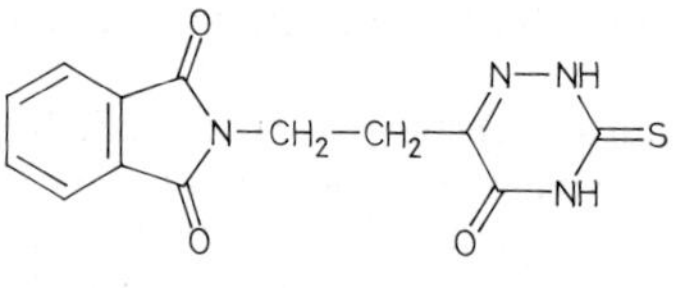   II 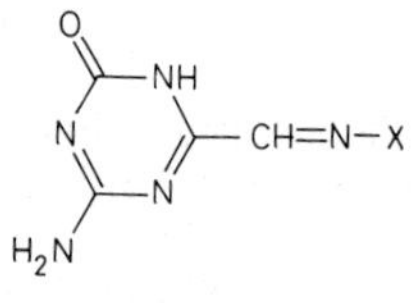   III

Amino-Derivate der Dioxo-Verbindungen $C_nH_{2n-5}N_3O_2$

*4-Amino-6-oxo-1,6-dihydro-[1,3,5]triazin-2-carbaldehyd-oxim $C_4H_5N_5O_2$, Formel III (X = OH) und Taut.

    a) α-**Form.**
    B. Neben 4-Hydroxyimino-6-oxo-1,4,5,6-tetrahydro-[1,3,5]triazin-2-carbaldehyd-oxim (Hauptprodukt; S. 646) beim Erwärmen von 4-Amino-6-dibrommethyl-1*H*-[1,3,5]triazin-2-on mit NH_2OH in Methanol (*Ostrogovich, Cadariu,* G. **71** [1941] 524, 528).
    Kristalle mit 0,5 Mol H_2O, die beim Erhitzen explodieren.
    Hydrochlorid $C_4H_5N_5O_2 \cdot HCl$. Kristalle mit 0,5 Mol H_2O, die beim Erhitzen explodieren.
    Diacetyl-Derivat $C_8H_9N_5O_4$; 4-Acetylamino-6-oxo-1,6-dihydro-[1,3,5]triazin-2-carbaldehyd-[*O*-acetyl-oxim]. Kristalle (aus Butanon); F: 154 – 154,5°. – Acetat $C_9H_8N_5O_4 \cdot C_2H_4O_2$. Gelbliche Kristalle; F: 158 – 159°.

    b) β-**Form.**
    B. Beim Erwärmen der α-Form mit Phenylhydrazin in Methanol (*Os., Ca.*).
    Dunkelgelbe Kristalle (aus H_2O) mit 0,5 Mol H_2O, die beim Erhitzen explodieren.

*4-Amino-6-hydroxyimino-1,6-dihydro-[1,3,5]triazin-2-carbaldehyd-oxim $C_4H_6N_6O_2$, Formel IV und Taut.
    B. In kleiner Menge neben Diamino-[1,3,5]triazin-2-carbaldehyd-oxim beim Erhitzen von 6-Dibrommethyl-[1,3,5]triazin-2,4-diyldiamin mit NH_2OH in Methanol (*Cadariu,* G. **73** [1943] 160, 162).
    Gelbe Kristalle (aus H_2O) mit 0,5 Mol H_2O, die sich beim Erhitzen explosionsartig zersetzen.

*4-Amino-6-oxo-1,6-dihydro-[1,3,5]triazin-2-carbaldehyd-phenylhydrazon $C_{10}H_{10}N_6O$, Formel III (X = NH-C_6H_5) und Taut.
    B. Beim Erhitzen von 4-Amino-6-oxo-1,6-dihydro-[1,3,5]triazin-2-carbaldehyd-oxim (α-Form; s. o.) mit Phenylhydrazin in Methanol auf 140° (*Ostrogovich, Cadariu,* G. **71** [1941] 524, 530). Neben anderen Verbindungen beim Behandeln von 4-Amino-6-dibrommethyl-1*H*-[1,3,5]triazin-2-on mit Phenylhydrazin (*Os., Ca.*).
    Gelbbraune Kristalle (aus A., Propan-1-ol oder Eg.).

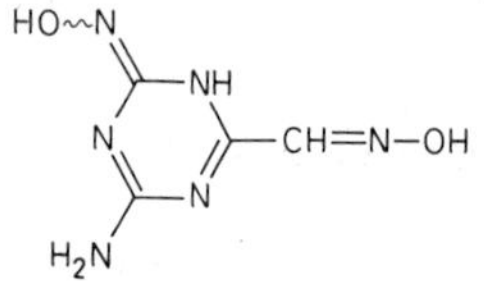

IV 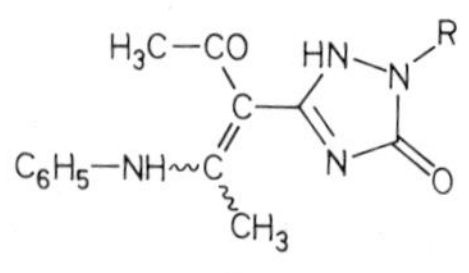   V 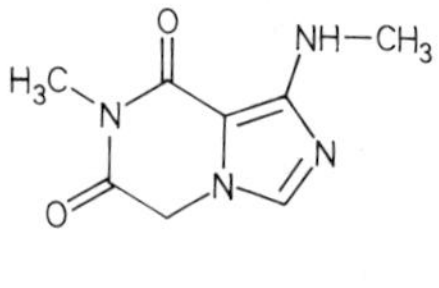   VI

*5-[1-Acetyl-2-anilino-propenyl]-1,2-dihydro-[1,2,4]triazol-3-on $C_{13}H_{14}N_4O_2$, Formel V
(R = H) und Taut.

B. Aus 3-[5-Oxo-2,5-dihydro-1*H*-[1,2,4]triazol-3-yl]-pentan-2,4-dion beim Erhitzen mit Anilin (*Ghosh,* J. Indian chem. Soc. **15** [1938] 240).

Kristalle (aus A.); F: 226—227°.

*5-[1-Acetyl-2-anilino-propenyl]-2-phenyl-1,2-dihydro-[1,2,4]triazol-3-on $C_{19}H_{18}N_4O_2$,
Formel V (R = C_6H_5) und Taut.

B. Beim Erhitzen von 3-[5-Oxo-1-phenyl-2,5-dihydro-1*H*-[1,2,4]triazol-3-yl]-pentan-2,4-dion mit Anilin auf 170° (*Ghosh,* J. Indian chem. Soc. **15** [1938] 240).

Kristalle (aus A.); F: 205—207°.

Amino-Derivate der Dioxo-Verbindungen $C_nH_{2n-7}N_3O_2$

7-Methyl-1-methylamino-imidazo[1,5-*a*]pyrazin-6,8-dion $C_8H_{10}N_4O_2$, Formel VI.

B. Beim Erhitzen von [1,3-Dimethyl-2,6-dioxo-1,2,3,6-tetrahydro-purin-7-yl]-essigsäure mit wss. Ba(OH)$_2$ (*Crippa, Crippa,* Farmaco Ed. scient. **10** [1955] 616).

Kristalle; F: 208°.

3-Amino-1,7-dihydro-pyrazolo[4,3-*c*]pyridin-4,6-dion $C_6H_6N_4O_2$, Formel VII und Taut.

B. Aus [5-Amino-4-carbamoyl-1(2)*H*-pyrazol-3-yl]-essigsäure beim Behandeln mit methanol. HCl (*Taylor, Hartke,* Am. Soc. **81** [1959] 2452, 2454) oder mit konz. wss. HCl (*Sato,* J. org. Chem. **24** [1959] 963, 965). Beim Erhitzen von [5-Amino-4-cyan-1(2)*H*-pyrazol-3-yl]-aceto= nitril mit konz. wss. HCl (*Ta., Ha.; Sato*).

Hellgelbe Kristalle (aus H$_2$O); F: >360° (*Ta., Ha.; Sato*). IR-Banden (KBr; 3430—1595 cm^{-1}): *Sato.* λ_{max} (H$_2$O): 277 nm (*Ta., Ha.*).

Hydrochlorid $C_6H_6N_4O_2 \cdot$ HCl. Kristalle (aus wss. HCl); F: >360° (*Sato*).

3-Amino-2-methyl-2,7-dihydro-pyrazolo[4,3-*c*]pyridin-4,6-dion $C_7H_8N_4O_2$, Formel VIII
(R = CH$_3$).

B. Beim Erhitzen von [5-Amino-4-carbamoyl-1-methyl-1*H*-pyrazol-3-yl]-essigsäure oder [5-Amino-4-cyan-1-methyl-1*H*-pyrazol-3-yl]-acetonitril mit konz. wss. HCl (*Taylor, Hartke,* Am. Soc. **81** [1959] 2456, 2461).

Gelbe Kristalle (aus H$_2$O); F: 326° [korr.; Zers.]. λ_{max} (H$_2$O): 242 nm und 279 nm.

3-Amino-2-phenyl-2,7-dihydro-pyrazolo[4,3-*c*]pyridin-4,6-dion $C_{12}H_{10}N_4O_2$, Formel VIII
(R = C_6H_5).

B. Aus [5-Amino-4-carbamoyl-1-phenyl-1*H*-pyrazol-3-yl]-essigsäure oder [5-Amino-4-cyan-1-phenyl-1*H*-pyrazol-3-yl]-acetonitril beim Erhitzen mit konz. wss. HCl (*Taylor, Hartke,* Am. Soc. **81** [1959] 2456, 2460; *Sato,* J. org. Chem. **24** [1959] 963, 965).

Gelbe Kristalle; F: 266—267° [korr.; aus H$_2$O oder nach Sublimation bei 180°/0,05 Torr] (*Ta., Ha.*), 258° [aus wss. Eg.] (*Sato*). IR-Banden (KBr; 3470—1595 cm^{-1}): *Sato.* λ_{max} (H$_2$O): 246 nm (*Ta., Ha.*).

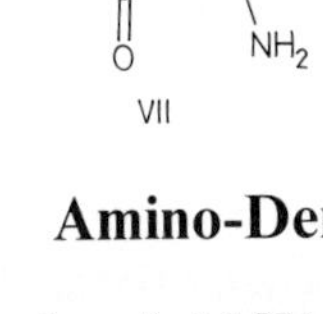

VII 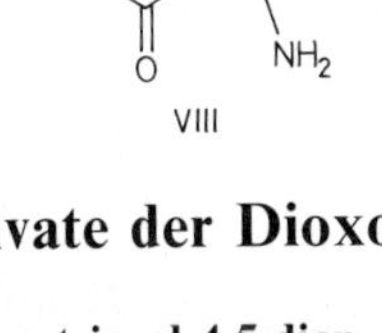   VIII 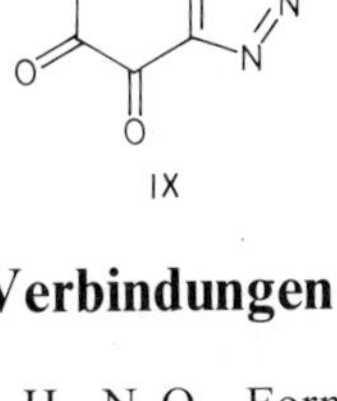   IX 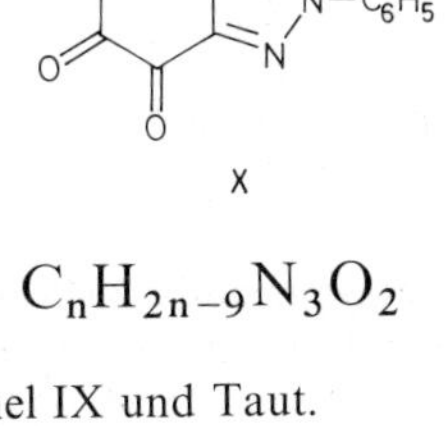   X

Amino-Derivate der Dioxo-Verbindungen $C_nH_{2n-9}N_3O_2$

7-Anilino-1-methyl-1*H*-benzotriazol-4,5-dion $C_{13}H_{10}N_4O_2$, Formel IX und Taut.

B. Aus 7-Chlor-1-methyl-1*H*-benzotriazol-4,5-dion (S. 576) und Anilin (*Fries et al.,* A. **511**

[1934] 213, 234).

Rote Kristalle; F: 219−221° [nach Sintern].

7-Anilino-2-phenyl-2*H*-benzotriazol-4,5-dion $C_{18}H_{12}N_4O_2$, Formel X (X = H) und Taut.

B. Aus 2-Phenyl-2*H*-benzotriazol-4,5-dion und Anilin (*Fries et al.*, A. **511** [1934] 241, 258).
Rote Kristalle (aus Bzl.+PAe.); F: 233°.

7-Anilino-6-brom-2-phenyl-2*H*-benzotriazol-4,5-dion $C_{18}H_{11}BrN_4O_2$, Formel X (X = Br) und
Taut.

B. Analog der vorangehenden Verbindung (*Fries et al.*, A. **511** [1934] 241, 253).
Rote Kristalle (aus Bzl.+PAe.); F: 227°.

6-Amino-1,4-dihydro-pyrido[2,3-*b*]pyrazin-2,3-dion $C_7H_6N_4O_2$, Formel XI und Taut.

B. Beim Erhitzen von Pyridin-2,3,6-triyltriamin-oxalat mit Oxalsäure-diäthylester auf 185°
(*Bernstein et al.*, Am. Soc. **69** [1947] 1151, 1154, 1157).
F: >300°.

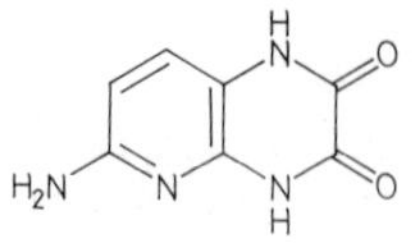

XI 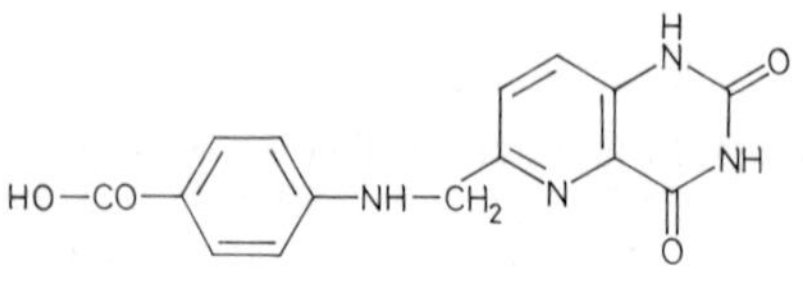   XII 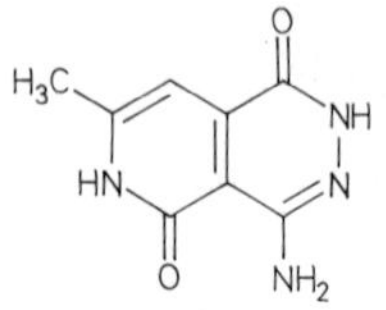   XIII

4-[(2,4-Dioxo-1,2,3,4-tetrahydro-pyrido[3,2-*d*]pyrimidin-6-ylmethyl)-amino]-benzoesäure
$C_{15}H_{12}N_4O_4$, Formel XII und Taut.

B. Aus 6-Methyl-1*H*-pyrido[3,2-*d*]pyrimidin-2,4-dion bei aufeinanderfolgender Umsetzung
mit Brom und mit 4-Amino-benzoesäure (*Oakes, Rydon*, Soc. **1956** 4433, 4438).
Kristalle mit 1,5 Mol H_2O; F: >380°.

4-Amino-7-methyl-2,6-dihydro-pyrido[3,4-*d*]pyridazin-1,5-dion $C_8H_8N_4O_2$, Formel XIII und
Taut.

B. Aus 3-Cyan-2-hydroxy-6-methyl-isonicotinsäure-äthylester und $N_2H_4 \cdot H_2O$ (*Musante, Fa*=
tutta, Ann. Chimica **47** [1957] 385, 392).
Gelbe Kristalle (aus A.); F: >330°.

5-Anilino-7-methyl-2,3-dihydro-pyrido[3,4-*d*]pyridazin-1,4-dion $C_{14}H_{12}N_4O_2$, Formel I
(R = H) und Taut.

B. Aus 2-Anilino-6-methyl-pyridin-3,4-dicarbonsäure, aus 4-Anilino-2,6-dimethyl-pyrrolo=
[3,4-*c*]pyridin-1,3-dion oder aus 3,7-Dimethyl-2,4-dioxo-1-phenyl-1,2,3,4-tetrahydro-pyrido=
[2,3-*d*]pyrimidin-5-carbonsäure und $N_2H_4 \cdot H_2O$ (*Ridi et al.*, Ann. Chimica **47** [1957] 728, 739,
740).
Hellgelbe Kristalle; F: 365°. UV-Spektrum (wss. HCl; 230−320 nm): *Ridi et al.*, l. c. S. 732.

5-Anilino-7-methyl-2,3-diphenyl-2,3-dihydro-pyrido[3,4-*d*]pyridazin-1,4-dion $C_{26}H_{20}N_4O_2$,
Formel I (R = C_6H_5).

B. Aus 2-Anilino-6-methyl-pyridin-3,4-dicarbonsäure und *N,N'*-Diphenyl-hydrazin (*Ridi
et al.*, Ann. Chimica **47** [1957] 728, 739).
Gelb; F: 355°.

6-[4-Dimethylamino-phenyl]-dihydro-[1,3,5]triazin-2,4-dion $C_{11}H_{14}N_4O_2$, Formel II.

B. Beim Erhitzen von 4-Dimethylamino-benzaldehyd mit Harnstoff (*Das-Gupta*, J. Indian
chem. Soc. **10** [1933] 111, 114).
F: 264° [Zers.].

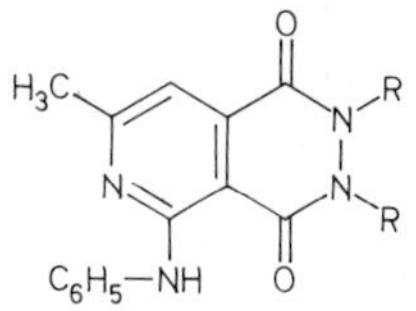

     I 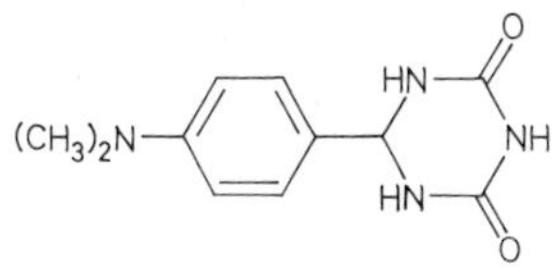   II 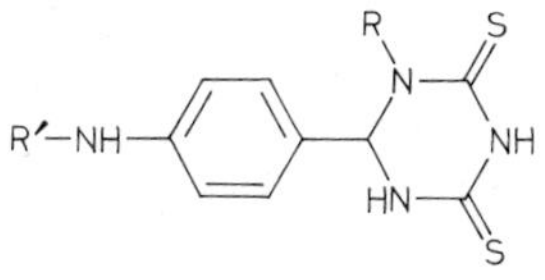   III

(±)-6-[4-Amino-phenyl]-1-phenyl-dihydro-[1,3,5]triazin-2,4-dithion $C_{15}H_{14}N_4S_2$, Formel III
(R = C_6H_5, R′ = H).
    B. Aus (±)-6-[4-Acetylamino-phenyl]-1-phenyl-dihydro-[1,3,5]triazin-2,4-dithion durch alkal.
Hydrolyse (*Fairfull, Peak,* Soc. **1955** 803, 805, 806).
    Kristalle (aus Butan-1-ol); F: 203−204°.

6-[4-Acetylamino-phenyl]-dihydro-[1,3,5]triazin-2,4-dithion, Essigsäure-[4-(4,6-dithioxo-hexa⁓
hydro-[1,3,5]triazin-2-yl)-anilid] $C_{11}H_{12}N_4OS_2$, Formel III (R = H, R′ = CO-CH₃) und Taut.
    Diese Konstitution kommt auch der von *Foye, Hefferren* (J. Am. pharm. Assoc. **42** [1953]
31) als [4-Acetylamino-benzyliden]-dithiobiuret formulierten Verbindung zu (*Fairfull, Peak,*
Soc. **1955** 803).
    B. Aus Dithiobiuret und 4-Acetylamino-benzaldehyd beim Behandeln in äthanol. HCl (*Fa.,
Peak,* l. c. S. 805, 806) oder beim Erhitzen in Essigsäure (*Foye, He.*).
    Orangefarbene Kristalle; F: 252−253° [aus Py.+Ae.] (*Fa., Peak,* l. c. S. 806), 249−250°
[aus Eg.] (*Foye, He.*).

(±)-6-[4-Acetylamino-phenyl]-1-phenyl-dihydro-[1,3,5]triazin-2,4-dithion, (±)-Essigsäure-
[4-(1-phenyl-4,6-dithioxo-hexahydro-[1,3,5]triazin-2-yl)-anilid] $C_{17}H_{16}N_4OS_2$, Formel III
(R = C_6H_5, R′ = CO-CH₃).
    B. Aus 1-Phenyl-dithiobiuret und 4-Acetylamino-benzaldehyd beim Behandeln mit äthanol.
HCl (*Fairfull, Peak,* Soc. **1955** 803, 805, 806).
    Kristalle (aus Butan-1-ol); F: 219−220°.

Amino-Derivate der Dioxo-Verbindungen $C_nH_{2n-11}N_3O_2$

6-[3-Amino-phenyl]-3-thioxo-3,4-dihydro-2H-[1,2,4]triazin-5-on $C_9H_8N_4OS$, Formel IV und
Taut.
    B. Aus 6-[3-Nitro-phenyl]-3-thioxo-3,4-dihydro-2H-[1,2,4]triazin-5-on beim Behandeln mit Ei⁓
sen-Pulver und wss. HCl (*Hagenbach et al.,* Ang. Ch. **66** [1954] 359, 361).
    Gelbe Kristalle (aus wss. Py.); F: 227−229°.
    Benzyliden-Derivat $C_{16}H_{12}N_4OS$; 6-[3-Benzylidenamino-phenyl]-3-thioxo-3,4-
dihydro-2H-[1,2,4]triazin-5-on. Gelbe Kristalle (aus A.); F: 206−208°.
    Acetyl-Derivat $C_{11}H_{10}N_4O_2S$; 6-[3-Acetylamino-phenyl]-3-thioxo-3,4-dihydro-
2H-[1,2,4]triazin-5-on, Essigsäure-[3-(5-oxo-3-thioxo-2,3,4,5-tetrahydro-[1,2,4]tri⁓
azin-6-yl)-anilid]. Gelbe Kristalle (aus A.); F: 245−247°.
    Benzoyl-Derivat $C_{16}H_{12}N_4O_2S$; 6-[3-Benzoylamino-phenyl]-3-thioxo-3,4-di⁓
hydro-2H-[1,2,4]triazin-5-on, Benzoesäure-[3-(5-oxo-3-thioxo-2,3,4,5-tetrahydro-
[1,2,4]triazin-6-yl)-anilid]. Gelbe Kristalle (aus wss. Py.); F: 289−292°.
    Äthoxycarbonyl-Derivat $C_{12}H_{12}N_4O_3S$; [3-(5-Oxo-3-thioxo-2,3,4,5-tetrahydro-
[1,2,4]triazin-6-yl)-phenyl]-carbamidsäure-äthylester. Gelbe Kristalle (aus wss. Py.);
F: 247−249°.
    Methansulfonyl-Derivat $C_{10}H_{10}N_4O_3S_2$; 6-[3-Methansulfonylamino-phenyl]-3-
thioxo-3,4-dihydro-2H-[1,2,4]triazin-5-on, Methansulfonsäure-[3-(5-oxo-3-thi⁓
oxo-2,3,4,5-tetrahydro-[1,2,4]triazin-6-yl)-anilid]. Gelbe Kristalle (aus A.); F:
259−261°.

IV   V   VI

6-[4-Amino-phenyl]-3-thioxo-3,4-dihydro-2*H*-[1,2,4]triazin-5-on $C_9H_8N_4OS$, Formel V und Taut.

B. Analog der vorangehenden Verbindung (*Hagenbach et al.*, Ang. Ch. **66** [1954] 359, 360). Gelbe Kristalle (aus wss. Py.); F: 306°.

Benzyliden-Derivat $C_{16}H_{12}N_4OS$; 6-[4-Benzylidenamino-phenyl]-3-thioxo-3,4-dihydro-2*H*-[1,2,4]triazin-5-on. Gelbe Kristalle; F: 250 – 255°.

Acetyl-Derivat $C_{11}H_{10}N_4O_2S$; 6-[4-Acetylamino-phenyl]-3-thioxo-3,4-dihydro-2*H*-[1,2,4]triazin-5-on, Essigsäure-[4-(5-oxo-3-thioxo-2,3,4,5-tetrahydro-[1,2,4]triazin-6-yl)-anilid]. Gelbe Kristalle (aus wss. Py.); F: 350 – 352°.

3-Methyl-crotonoyl-Derivat $C_{14}H_{14}N_4O_2S$; 3-Methyl-crotonsäure-[4-(5-oxo-3-thioxo-2,3,4,5-tetrahydro-[1,2,4]triazin-6-yl)-anilid]. Gelbe Kristalle (aus A.); F: 264 – 266°.

Benzoyl-Derivat $C_{16}H_{12}N_4O_2S$; 6-[4-Benzoylamino-phenyl]-3-thioxo-3,4-dihydro-2*H*-[1,2,4]triazin-5-on, Benzoesäure-[4-(5-oxo-3-thioxo-2,3,4,5-tetrahydro-[1,2,4]triazin-6-yl)-anilid]. Gelbe Kristalle (aus wss. Py.); F: 311 – 312°.

3,4-Dimethyl-benzoyl-Derivat $C_{18}H_{16}N_4O_2S$; 3,4-Dimethyl-benzoesäure-[4-(5-oxo-3-thioxo-2,3,4,5-tetrahydro-[1,2,4]triazin-6-yl)-anilid]. Gelbe Kristalle (aus wss. Py.); F: 310 – 315°.

Äthoxycarbonyl-Derivat $C_{12}H_{12}N_4O_3S$; [4-(5-Oxo-3-thioxo-2,3,4,5-tetrahydro-[1,2,4]triazin-6-yl)-phenyl]-carbamidsäure-äthylester. Gelbe Kristalle (aus wss. Py.); F: 320 – 330°.

Äthylcarbamoyl-Derivat $C_{12}H_{13}N_5O_2S$; *N*-Äthyl-*N'*-[4-(5-oxo-3-thioxo-2,3,4,5-tetrahydro-[1,2,4]triazin-6-yl)-phenyl]-harnstoff. Gelbe Kristalle (aus wss. Py.); F: 334°.

Methylthiocarbamoyl-Derivat $C_{11}H_{11}N_5OS_2$; *N*-Methyl-*N'*-[4-(5-oxo-3-thioxo-2,3,4,5-tetrahydro-[1,2,4]triazin-6-yl)-phenyl]-thioharnstoff. Gelbe Kristalle (aus wss. Py.); F: 230 – 235°.

4-Acetyl-benzoyl-Derivat $C_{18}H_{14}N_4O_3S$; 4-Acetyl-benzoesäure-[4-(5-oxo-3-thioxo-2,3,4,5-tetrahydro-[1,2,4]triazin-6-yl)-anilid]. Gelbe Kristalle (aus Py.); F: 315 – 317°.

Methansulfonyl-Derivat $C_{10}H_{10}N_4O_3S_2$; 6-[4-Methansulfonylamino-phenyl]-3-thioxo-3,4-dihydro-2*H*-[1,2,4]triazin-5-on, Methansulfonsäure-[4-(5-oxo-3-thioxo-2,3,4,5-tetrahydro-[1,2,4]triazin-6-yl)-anilid]. Gelbe Kristalle (aus wss. Py.); F: 298 – 300°.

2-Acetyl-6-amino-4*H*-pyrido[2,3-*b*]pyrazin-3-on $C_9H_8N_4O_2$, Formel VI und Taut.

B. Aus 3-Nitroso-pyridin-2,6-diyldiamin (E III/IV **21** 5723) und der Natrium-Verbindung des Acetessigsäure-äthylesters (*Leese, Rydon*, Soc. **1955** 303, 306).

Hellgelb; F: > 360°. λ_{max} (wss. NaOH [0,01 n]): 280 nm und 371 nm.

Amino-Derivate der Dioxo-Verbindungen $C_nH_{2n-13}N_3O_2$

6-[4-Dimethylamino-*trans*(?)-styryl]-1*H*-[1,3,5]triazin-2,4-dion $C_{13}H_{14}N_4O_2$, vermutlich Formel VII (R = H) und Taut.

B. Beim Erhitzen von 4-Dimethylamino-benzaldehyd mit 6-Methyl-1*H*-[1,3,5]triazin-2,4-dion-hydrochlorid oder Dimethoxy-methyl-[1,3,5]triazin in wss. HCl (*Chromow-Borišow, Kišarewa*, Ž. obšč. Chim. **29** [1959] 3010, 3015, 3017; engl. Ausg. S. 2976, 2980, 2982).

Orangefarbene Kristalle (aus Me.); F: ca. 300° [Zers.].
Hydrochlorid $C_{13}H_{14}N_4O_2 \cdot HCl$. Dunkelblaue Kristalle (aus wss. HCl); F: 270−271° [Zers.].

6-[4-Dimethylamino-*trans*(?)-styryl]-1,3-dimethyl-1*H*-[1,3,5]triazin-2,4-dion $C_{15}H_{18}N_4O_2$, vermutlich Formel VII (R = CH₃).

B. Beim Erhitzen von 4-Dimethylamino-benzaldehyd mit Dimethoxy-methyl-[1,3,5]triazin in Gegenwart von Piperidin auf 170−180° (*Chromow-Borišow, Kišarewa,* Ž. obšč. Chim. **29** [1959] 3010, 3017; engl. Ausg. S. 2976, 2982).
Orangerote Kristalle (aus Dioxan); F: 257−259°.

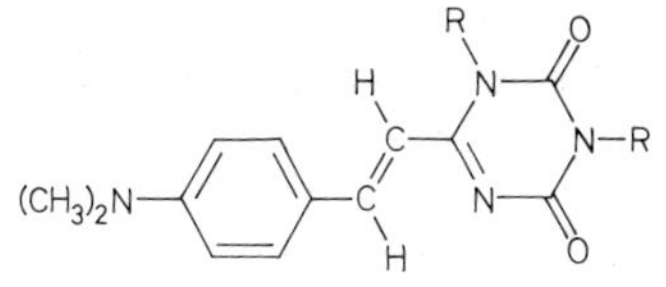

VII 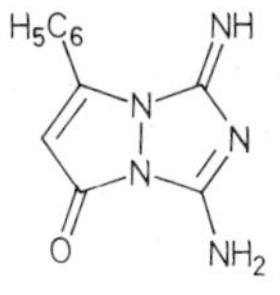　　　　　VIII 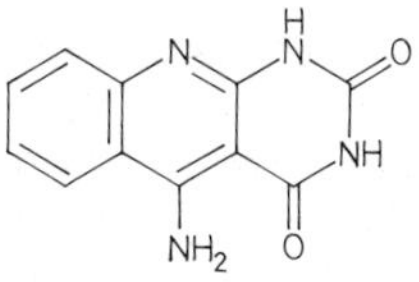　　　　　IX

Amino-Derivate der Dioxo-Verbindungen $C_nH_{2n-15}N_3O_2$

3-Amino-1-imino-7-phenyl-1*H*-pyrazolo[1,2-*a*][1,2,4]triazol-5-on $C_{11}H_9N_5O$, Formel VIII und Taut.

Die Identität der von *Papini, Checchi* (G. **82** [1952] 735, 741) als tautomeres 1,3-Diimino-7-phenyl-2,3-dihydro-1*H*-pyrazolo[1,2-*a*][1,2,4]triazol-5-on ($C_{11}H_9N_5O$) beschriebenen, aus 1*H*-[1,2,4]Triazol-3,5-diyldiamin und 3-Oxo-3-phenyl-propionsäure-äthylester erhaltenen Verbindung ist ungewiss (s. diesbezüglich *Hill et al.,* J. org. Chem. **26** [1961] 3834; *Williams,* Soc. **1962** 2222).

5-Amino-1*H*-pyrimido[4,5-*b*]chinolin-2,4-dion $C_{11}H_8N_4O_2$, Formel IX und Taut.

B. Aus 2,4-Dioxo-1,2,3,4-tetrahydro-pyrimido[4,5-*b*]chinolin-5-carbonsäure-amid mit Hilfe von NaBrO (*King et al.,* Soc. **1948** 552, 555).
Hydrochlorid $C_{11}H_8N_4O_2 \cdot HCl$. Kristalle (aus H_2O); F: >300°.

Amino-Derivate der Dioxo-Verbindungen $C_nH_{2n-17}N_3O_2$

6-Aminomethylen-2-phenyl-4*H*-pyrazolo[1,5-*a*]pyrimidin-5,7-dion $C_{13}H_{10}N_4O_2$, Formel X (R = H) und Taut.

B. Beim Erhitzen von [5,7-Dioxo-2-phenyl-4,5-dihydro-7*H*-pyrazolo[1,5-*a*]pyrimidin-6-yli=den]-[5,7-dioxo-2-phenyl-4,5,6,7-tetrahydro-pyrazolo[1,5-*a*]pyrimidin-6-yl]-methan mit Form=amidin auf 170−180° (*Checchi,* G. **88** [1958] 591, 601).
Kristalle (aus wss. Eg.); F: 308−310° [Zers.].

6-Anilinomethylen-2-phenyl-4*H*-pyrazolo[1,5-*a*]pyrimidin-5,7-dion $C_{19}H_{14}N_4O_2$, Formel X (R = C_6H_5) und Taut.

B. Beim Erhitzen von 2-Phenyl-4*H*-pyrazolo[1,5-*a*]pyrimidin-5,7-dion mit *N,N′*-Diphenyl-formamidin (*Checchi,* G. **88** [1958] 591, 600).
Kristalle (aus Eg.); F: 327−329° [Zers.].

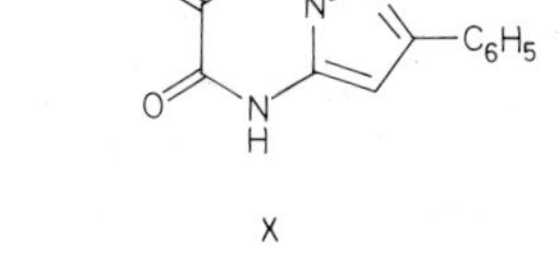

X 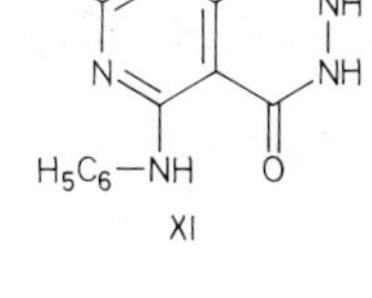　　　　　XI 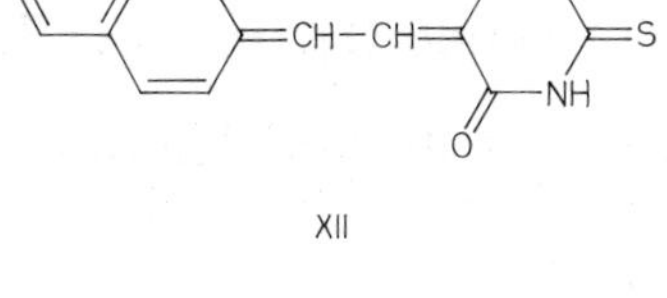　　　　　XII

5-Anilino-7-phenyl-2,3-dihydro-pyrido[3,4-*d*]pyridazin-1,4-dion $C_{19}H_{14}N_4O_2$, Formel XI und Taut.

B. Aus 2-Anilino-6-phenyl-pyridin-3,4-dicarbonsäure (bzw. deren 3-Methylamid), aus 4-Anilino-2-methyl-6-phenyl-pyrrolo[3,4-*c*]pyridin-1,3-dion oder aus 3-Methyl-2,4-dioxo-1,7-diphenyl-1,2,3,4-tetrahydro-pyrido[2,3-*d*]pyrimidin-5-carbonsäure-äthylester beim Erwärmen mit $N_2H_4 \cdot H_2O$ (*Ridi,* Ann. Chimica **49** [1959] 944, 955).

Kristalle (aus Eg.); F: 360°.

Verbindung mit Hydrazin $C_{19}H_{14}N_4O_2 \cdot N_2H_4$. F: 360° (*Ridi,* l. c. S. 956).

Amino-Derivate der Dioxo-Verbindungen $C_nH_{2n-19}N_3O_2$

*6-Amino-5-[2-(1-methyl-1*H*-[2]chinolyliden)-äthyliden]-2-thioxo-3,5-dihydro-2*H*-pyrimidin-4-on $C_{16}H_{14}N_4OS$, Formel XII und Mesomere.

B. Beim Erhitzen von [4-Amino-6-oxo-2-thioxo-2,6-dihydro-1*H*-pyrimidin-5-yliden]-[4-amino-6-oxo-2-thioxo-1,2,5,6-tetrahydro-pyrimidin-5-yl]-methan mit 1,2-Dimethyl-chinolinium-jodid in Gegenwart von Piperidin in Pyridin (*Zenno,* J. pharm. Soc. Japan **73** [1953] 1063, 1066; C. A. **1954** 8543).

Rote Kristalle (aus A.); F: 315−317° [Zers.].

(±)-2-Amino-11b,12-dihydro-14*H*-benzo[2,3][1,4]diazepino[7,1-*a*]phthalazin-7,13-dion $C_{16}H_{14}N_4O_2$, Formel XIII.

B. Beim Erhitzen von (±)-[2-(2,4-Dinitro-phenyl)-4-oxo-1,2,3,4-tetrahydro-phthalazin-1-yl]-essigsäure mit $SnCl_2$ und konz. wss. HCl (*Rowe, Osborn,* Soc. **1947** 829, 834).

Gelbe Kristalle; F: 290°.

Acetyl-Derivat $C_{18}H_{16}N_4O_3$; (±)-2-Acetylamino-11b,12-dihydro-14*H*-benzo[2,3][1,4]diazepino[7,1-*a*]phthalazin-7,13-dion, (±)-*N*-[7,13-Dioxo-6,7,11b,12,13,14-hexahydro-benzo[2,3][1,4]diazepino[7,1-*a*]phthalazin-2-yl]-acetamid. Kristalle (aus wss. A.); F: 306°.

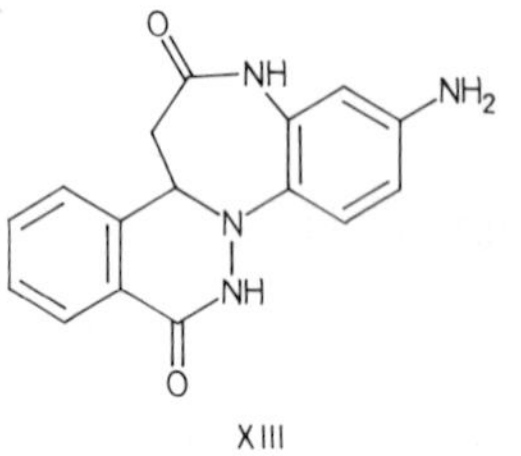

XIII 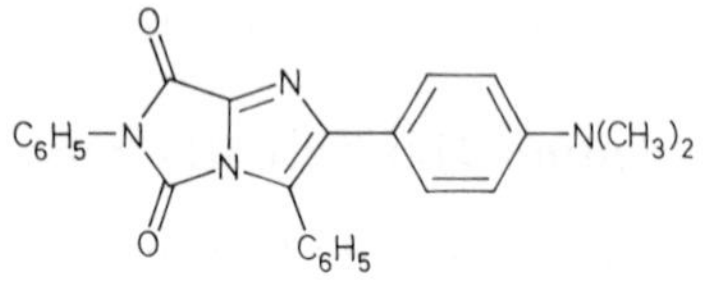   XIV

Amino-Derivate der Dioxo-Verbindungen $C_nH_{2n-23}N_3O_2$

2(oder 3)-[4-Dimethylamino-phenyl]-3,6(oder 2,6)-diphenyl-imidazo[1,5-*a*]imidazol-5,7-dion $C_{25}H_{20}N_4O_2$, Formel XIV oder XV.

B. Neben 4-[4-Dimethylamino-phenyl]-5-phenyl-1(3)*H*-imidazol-2-carbonsäure-anilid (Hauptprodukt) beim Erhitzen von *N,N*-Dimethyl-4-[5-phenyl-1(3)*H*-imidazol-4-yl]-anilin mit Phenylisocyanat (*Gompper et al.,* B. **92** [1959] 550, 561, 562).

Rote Kristalle (aus Butan-1-ol); F: 232−234°. λ_{max} (CHCl$_3$): 255 nm, 302 nm und 455 nm. Fluorescenzmaximum (CHCl$_3$): 613 nm (*Go. et al.,* l. c. S. 552).

Amino-Derivate der Dioxo-Verbindungen $C_nH_{2n-41}N_3O_2$

1-Amino-2-[5,6-diphenyl-[1,2,4]triazin-3-yl]-anthrachinon $C_{29}H_{18}N_4O_2$, Formel XVI (X = H).

B. Beim Erhitzen von 1-Amino-9,10-dioxo-9,10-dihydro-anthracen-2-carbonsäure-hydrazid

mit Benzil, Ammoniumacetat und Essigsäure (*Laakso et al.*, Tetrahedron **1** [1957] 103, 114).
Braune Kristalle (aus Py.); F: 236—237,5°.

Benzoyl-Derivat $C_{36}H_{22}N_4O_3$; 1-Benzoylamino-2-[5,6-diphenyl-[1,2,4]triazin-3-yl]-anthrachinon, *N*-[3-(5,6-Diphenyl-[1,2,4]triazin-3-yl)-9,10-dioxo-9,10-dihydro-[1]anthryl]-benzamid. Gelbe Kristalle (aus Eg.); F: 275—277°.

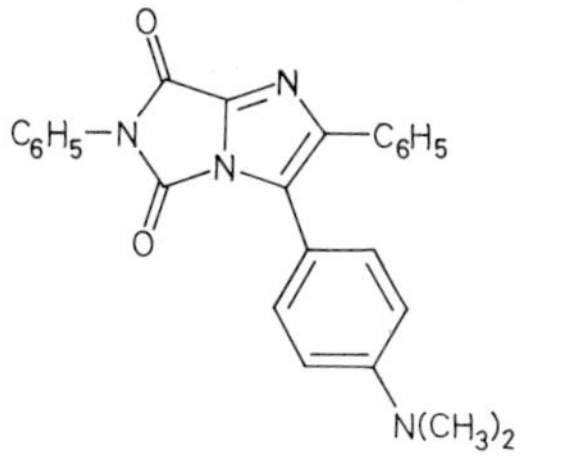

XV

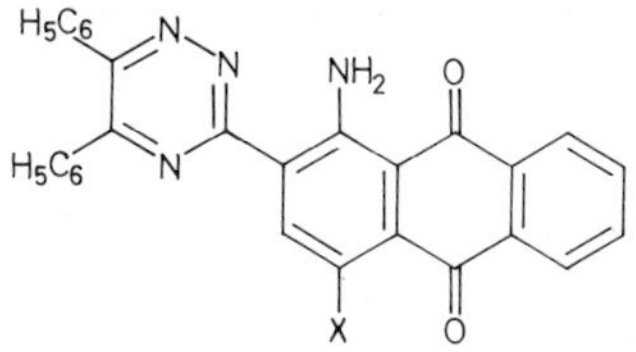

XVI

1-Amino-4-brom-2-[5,6-diphenyl-[1,2,4]triazin-3-yl]-anthrachinon $C_{29}H_{17}BrN_4O_2$, Formel XVI (X = Br).

B. Beim Erhitzen der vorangehenden Verbindung mit Brom und Pyridin (*Laakso et al.*, Tetrahedron **1** [1957] 103, 114).
Violette Kristalle (aus Py.), die sich bei 250° allmählich zersetzen.

1,4-Diamino-2-[5,6-diphenyl-[1,2,4]triazin-3-yl]-anthrachinon $C_{29}H_{19}N_5O_2$, Formel XVI (X = NH$_2$).

B. Beim Erhitzen von 1,4-Diamino-9,10-dioxo-9,10-dihydro-anthracen-2-carbonsäure-hydr‑azid mit Benzil, Ammoniumacetat und Essigsäure (*Laakso et al.*, Tetrahedron **1** [1957] 103, 115).
Blaue Kristalle (aus Eg.); F: 244—246°.

Benzoyl-Derivat $C_{36}H_{23}N_5O_3$; 1-Amino-4-benzoylamino-2-[5,6-diphenyl-[1,2,4]triazin-3-yl]-anthrachinon, *N*-[4-Amino-3-(5,6-diphenyl-[1,2,4]triazin-3-yl)-9,10-dioxo-9,10-dihydro-[1]anthryl]-benzamid. Blaue Kristalle (aus Eg.); F: 240—242°.

Dibenzoyl-Derivat $C_{43}H_{27}N_5O_4$; 1,4-Bis-benzoylamino-2-[5,6-diphenyl-[1,2,4]triazin-3-yl]-anthrachinon. Braune Kristalle (aus Eg.); F: ca. 270° [Zers.].

Amino-Derivate der Trioxo-Verbindungen $C_nH_{2n-7}N_3O_3$

(±)-6-Phthalimido-1*H*-imidazo[1,2-*a*]pyrimidin-2,5,7-trion $C_{14}H_8N_4O_5$, Formel I und Taut.

B. Aus 2-Amino-1,5-dihydro-imidazol-4-on und Phthalimidomalonsäure-diäthylester unter Zusatz von Natriumäthylat (*Prokof'ew, Schwatschkin*, Ž. obšč. Chim. **24** [1954] 1046, 1048; engl. Ausg. S. 1045).
Kristalle (aus wss. Ameisensäure), die sich beim Erhitzen zersetzen.

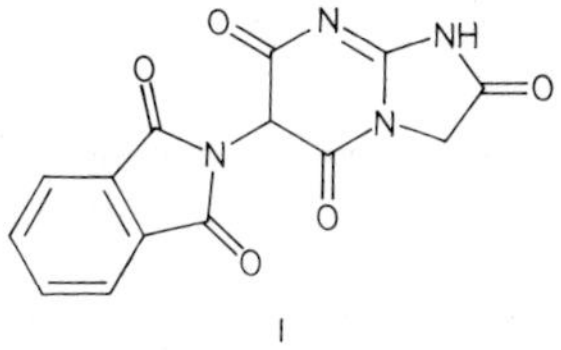

I

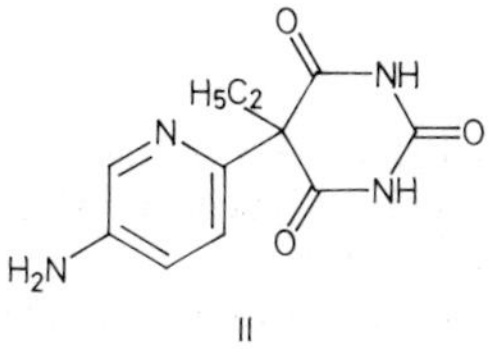

II

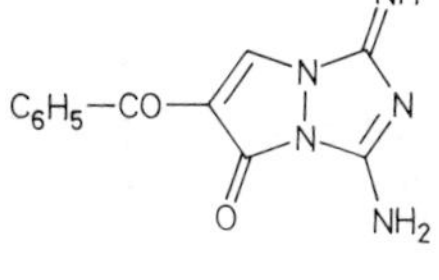

III

Amino-Derivate der Trioxo-Verbindungen $C_nH_{2n-11}N_3O_3$

5-Äthyl-5-[5-amino-[2]pyridyl]-barbitursäure $C_{11}H_{12}N_4O_3$, Formel II.

B. Aus 5-Äthyl-5-[5-nitro-[2]pyridyl]-barbitursäure, SnCl$_2$ und wss. HCl (*Chem. Fabr. v. Hey‑*

den, D.R.P. 626411 [1933]; Frdl. **22** 561; U.S.P. 2084136 [1934]).
  F: 270°.

Amino-Derivate der Trioxo-Verbindungen $C_nH_{2n-17}N_3O_3$

3-Amino-6-benzoyl-1-imino-1H-pyrazolo[1,2-a][1,2,4]triazol-5-on $C_{12}H_9N_5O_2$, Formel III und
Taut.
  Die Identität der von *Papini et al.* (G. **87** [1957] 931, 942) als tautomeres 6-Benzoyl-1,3-
diimino-2,3-dihydro-1H-pyrazolo[1,2-a][1,2,4]triazol-5-on ($C_{12}H_9N_5O_2$) beschriebe=
nen Verbindung (F: 183−185°) ist ungewiss (*Williams*, Soc. **1962** 2222).

Amino-Derivate der Tetraoxo-Verbindungen $C_nH_{2n-39}N_3O_4$

4-Benzoylamino-13-methyl-8-[2-methyl-1,3-dioxo-2,3-dihydro-1H-benz[de]isochinolin-5-yl]-
8,16-dihydro-isochino[5,4-ab]naphtho[2,3-h]phenazin-5,12,14,17-tetraon $C_{47}H_{27}N_5O_7$,
Formel IV (X = NH-CO-C$_6$H$_4$, X′ = H).
  Für die nachstehend beschriebene Verbindung ist auch die Konstitution eines 8-[5-Benzoyl=
amino-9,10-dioxo-9,10-dihydro-[1]anthryl]-5,13-dimethyl-8,16-dihydro-diiso=
chino[5,4-ab;5′,4′-hi]phenazin-4,6,12,14-tetraons $C_{47}H_{27}N_5O_7$ (Formel V
[X = NH-CO-C$_6$H$_5$, X′ = H]) in Betracht gezogen worden.
  B. Beim Erhitzen von 5-Amino-2-methyl-benz[de]isochinolin-1,3-dion mit 1-Benzoylamino-5-
chlor-anthrachinon in Nitrobenzol auf 210° (*Francis, Simonsen*, Soc. **1935** 496, 498).
  Rote Kristalle (aus Nitrobenzol); F: 331−333°.

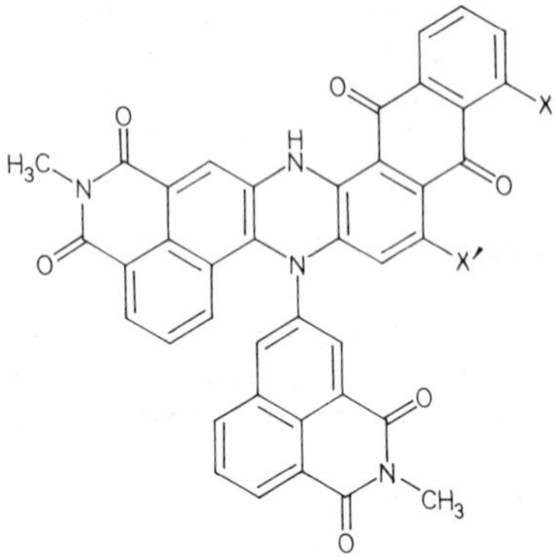

IV 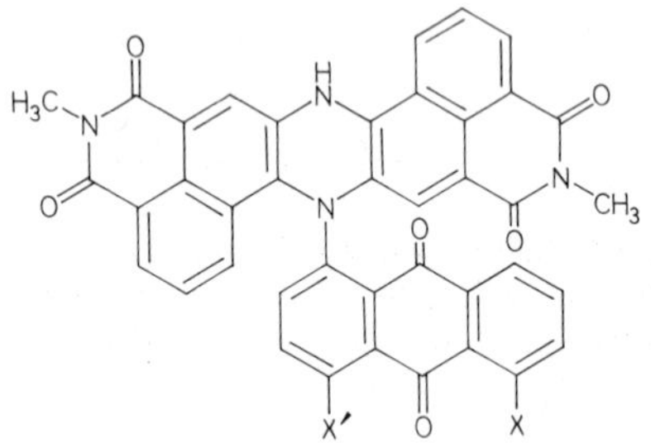   V

6-Benzoylamino-13-methyl-8-[2-methyl-1,3-dioxo-2,3-dihydro-1H-benz[de]isochinolin-5-yl]-
8,16-dihydro-isochino[5,4-ab]naphtho[2,3-h]phenazin-5,12,14,17-tetraon $C_{47}H_{27}N_5O_7$,
Formel IV (X = H, X′ = NH-CO-C$_6$H$_5$).
  Für die nachstehend beschriebene Verbindung ist auch die Konstitution eines 8-[4-Benzoyl=
amino-9,10-dioxo-9,10-dihydro-[1]anthryl]-5,13-dimethyl-8,16-dihydro-diiso=
chino[5,4-ab;5′,4′-hi]phenazin-4,6,12,14-tetraons $C_{47}H_{27}N_5O_7$ (Formel V [X = H,
X′ = NH-CO-C$_6$H$_5$]) in Betracht gezogen worden.
  B. Beim Erhitzen von 5-Amino-2-methyl-benz[de]isochinolin-1,3-dion mit 1-Benzoylamino-4-
chlor-anthrachinon in Nitrobenzol (*Francis, Simonsen*, Soc. **1935** 496, 499).
  Rote Kristalle (aus Nitrobenzol); F: 320−323°.

Amino-Derivate der Hexaoxo-Verbindungen $C_nH_{2n-69}N_3O_6$

Tris-[1-amino-9,10-dioxo-9,10-dihydro-[2]anthryl]-[1,3,5]triazin, 1,1′,1″-Triamino-2,2′,2″-[1,3,5]triazin-2,4,6-triyl-tri-anthrachinon $C_{45}H_{24}N_6O_6$, Formel VI.

B. Beim Erhitzen von 1-Amino-2-brom-anthrachinon mit CuCN in Pyridin (*Sunthankar, Venkataraman,* Pr. Indian Acad. [A] **25** [1947] 467, 477; s. a. *I.G. Farbenind.,* D.R.P. 539102 [1929]; Frdl. **18** 1494).

Violett; F: > 360° (*I.G. Farbenind.*), > 340° [aus hochsiedenden Pyridinbasen (Kp: 238 – 240°)] (*Su., Ve.*).

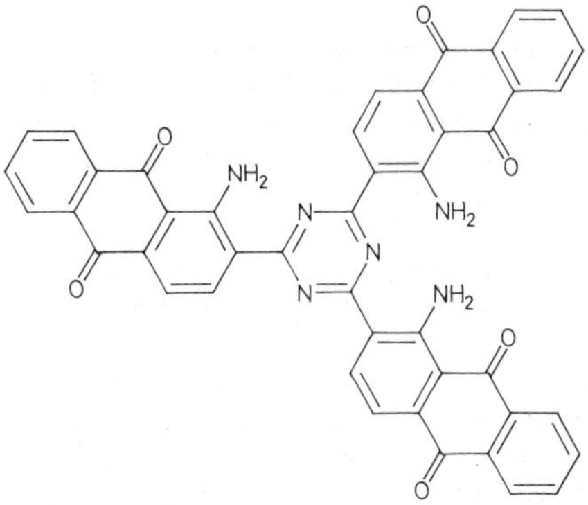

VI

G. Hydroxy-oxo-amine

Amino-Derivate der Hydroxy-oxo-Verbindungen $C_nH_{2n-3}N_3O_2$

Amino-Derivate der Hydroxy-oxo-Verbindungen $C_3H_3N_3O_2$

6-Anilino-4-methoxy-1-methyl-1H-[1,3,5]triazin-2-on $C_{11}H_{12}N_4O_2$, Formel VII.

B. Als Hauptprodukt beim Erhitzen von [Dimethoxy-[1,3,5]triazin-2-yl]-phenyl-amin auf 110° (*Schaefer et al.,* Am. Soc. **73** [1951] 2996, 2999).

Kristalle (aus A.); F: 290 – 300° [nach Umwandlung bei 230 – 240°].

Beim Erhitzen auf 160 – 170° entsteht 6-Anilino-1,3-dimethyl-1H-[1,3,5]triazin-2,4-dion.

4-Methoxy-6-[N-vinyl-anilino]-1H-[1,3,5]triazin-2-on $C_{12}H_{12}N_4O_2$, Formel VIII (R = CH$_3$) und Taut.

B. Beim Erhitzen von 1-Acetoxy-2-[(dimethoxy-[1,3,5]triazin-2-yl)-phenyl-amino]-äthan auf 200 – 240° (*Schaefer et al.,* Am. Soc. **73** [1951] 3004).

Kristalle (aus Dioxan); F: 254 – 255° [unkorr.].

4-Äthoxy-6-[N-vinyl-anilino]-1H-[1,3,5]triazin-2-on $C_{13}H_{14}N_4O_2$, Formel VIII (R = C$_2$H$_5$) und Taut.

B. Analog der vorangehenden Verbindung (*Schaefer et al.,* Am. Soc. **73** [1951] 3004).

Kristalle (aus 2-Methoxy-äthanol); F: 225 – 228° [unkorr.].

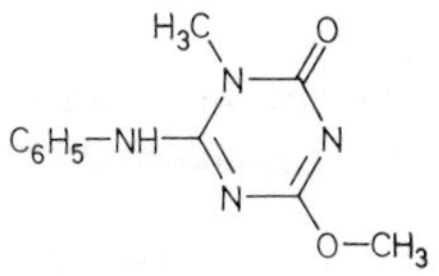

VII 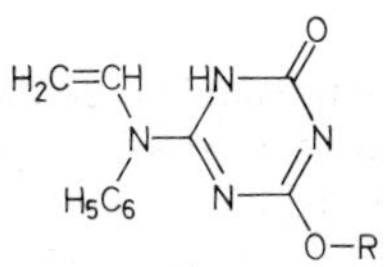   VIII 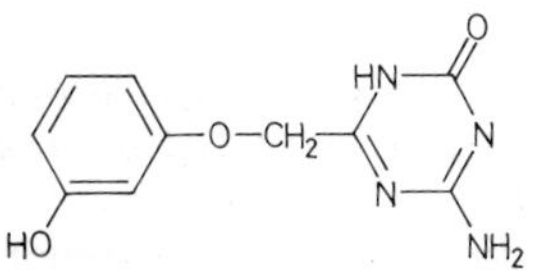   IX

Amino-Derivate der Hydroxy-oxo-Verbindungen $C_4H_5N_3O_2$

4-Amino-6-[3-hydroxy-phenoxymethyl]-1H-[1,3,5]triazin-2-on $C_{10}H_{10}N_4O_3$, Formel IX und Taut.

B. Beim Behandeln von N-Carbamoyl-N'-[(3-hydroxy-phenoxy)-acetyl]-guanidin mit wss. NaOH (*Am. Cyanamid Co.*, U.S.P. 2418944 [1942]).

Kristalle (aus H_2O); Zers. bei $235-240°$.

Amino-Derivate der Hydroxy-oxo-Verbindungen $C_6H_9N_3O_2$

(3aS)-2-[O^6-Carbamoyl-2-((S)-3,6-diamino-hexanoylamino)-2-desoxy-β-D-gulopyranosylamino]-7c-hydroxy-(3ar,7at)-1,3a,5,6,7,7a-hexahydro-imidazo[4,5-c]pyridin-4-on, L-Isolysin-[O^6-carbamoyl-1-((3aS)-7c-hydroxy-4-oxo-(3ar,7at)-3a,4,5,6,7,7a-hexahydro-1H-imidazo≠[4,5-c]pyridin-2-ylamino)-1-desoxy-β-D-gulopyranose-2-ylamid] $C_{19}H_{34}N_8O_8$, Formel X und Taut.; **Streptothricin-F**, Streptothricin.

Konstitution und Konfiguration: *van Tamelen et al.*, Am. Soc. **83** [1961] 4295; *Schutowa, Chochlow*, Doklady Akad. S.S.S.R. **205** [1972] 1119; Doklady Chem. N.Y. **205-207** [1972] 668. Konfiguration im Imidazo[4,5-c]pyridin-Ring: *Bycroft, King*, J.C.S. Chem. Commun. **1972** 652.

Identität von Streptothricin-F mit Racemomycin-A: *Taniyama et al.*, Chem. pharm. Bl. **19** [1971] 1627; mit Yazumycin-A: *Taniyama et al.*, J. Antibiotics Japan **24** [1971] 390.

Isolierung aus Actinomyces lavendulae: *Waksman, Woodruff*, Pr. Soc. exp. Biol. Med. **49** [1942] 207, 208; aus Streptomyces-Arten: *Janot et al.*, Ann. pharm. franç. **12** [1954] 440, 444; *Chun*, Antibiotics Chemotherapy Washington **6** [1956] 324.

Trihydrochlorid $C_{19}H_{34}N_8O_8 \cdot 3 HCl$. $[\alpha]_D^{25}$: $-51,9°$ [H_2O] (*Carter et al.*, Am. Soc. **76** [1954] 566, 567), $-49°$ [H_2O; c = 1] (*Merck & Co. Inc.*, U.S.P. 2474758 [1945]).

Verbindung mit Calciumchlorid und Chlorwasserstoff $C_{19}H_{34}N_8O_8 \cdot CaCl_2 \cdot HCl$. Kristalle (aus Me.+A.); $[\alpha]_D^{25}$: $-46,5°$ [H_2O; c = 1] (*Merck & Co. Inc.*, U.S.P. 2474758). IR-Spektrum (Nujol; $3500-800$ cm^{-1}): *Gore, Petersen*, Am. N.Y. Acad. Sci. **51** [1949] 924, 925.

Trireineckat $C_{19}H_{34}N_8O_8 \cdot 3 H[Cr(CNS)_4(NH_3)_2]$. Kristalle; F: $192-194°$ [korr.; Zers.; nach Sintern bei 184°] (*Fried, Wintersteiner*, Sci. **101** [1945] 613).

Tris-[4-(4-dimethylamino-phenylazo)-benzolsulfonat] (Helianthat) $C_{19}H_{34}N_8O_8 \cdot 3 C_{14}H_{15}N_3O_3S$. Bronzefarbene Kristalle (aus wss. Me.); F: $220-225°$ [Zers.; nach Sintern bei ca. 210°] (*Merck & Co. Inc.*, U.S.P. 2462175 [1945]).

X   XI

(3aS)-2-[O^6-Carbamoyl-2-(L-isolysyl $\xrightarrow{6}$ L-isolysylamino)-2-desoxy-β-D-gulopyranosylamino]-7c-hydroxy-(3ar,7at)-1,3a,5,6,7,7a-hexahydro-imidazo[4,5-c]pyridin-4-on $C_{25}H_{46}N_{10}O_9$, Formel XI (n = 1) und Taut.; **Streptothricin-E**.

Konstitution und Konfiguration: *Reschetow et al.*, Chimija prirodn. Soedin. **1965** 117; engl. Ausg. S. 91 sowie die bei Streptothricin-F (s. o.) zitierte Literatur.

Identität von Streptothricin-E mit Racemomycin-C: *Taniyama et al.*, Chem. pharm. Bl. **19** [1971] 1627; mit Yazumycin-C: *Taniyama et al.*, J. Antibiotics Japan **24** [1971] 390.

Isolierung aus Streptomyces racemochromogenus nov. sp.: *Taniyama, Takemura*, J. pharm. Soc. Japan **77** [1957] 1210, 1214; C. A. **1958** 3886.

4-[4-Hydroxy-phenylazo]-benzolsulfonat. Wasserhaltiges orangegelbes Pulver (aus Me.); Zers. ab 210° (*Ta., Ta.*). IR-Spektrum (Nujol; $2-14\,\mu$): *Ta., Ta.*, l. c. S. 1212.

(3aS)-2-[O^6-Carbamoyl-2-(L-isolysyl $\xrightarrow{6}$ L-isolysyl $\xrightarrow{6}$ L-isolysylamino)-2-desoxy-β-D-gulo-pyranosylamino]-7c-hydroxy-(3ar,7at)-1,3a,5,6,7,7a-hexahydro-imidazo[4,5-c]pyridin-4-on $C_{31}H_{58}N_{12}O_{10}$, Formel XI (n = 2) und Taut.; **Streptothricin-D.**

Konstitution und Konfiguration: *Reschetow et al.*, Chimija prirodn. Soedin. **1965** 117; engl. Ausg. S. 91 sowie die bei Streptothricin-F (s. o.) zitierte Literatur.

Identität von Streptothricin-D mit Phythobacteriomycin-D und Grisemin-D: *Reschetow, Chochlow*, Chimija prirodn. Soedin. **1965** 42, engl. Ausg. S. 31; mit Racemomycin-B: *Taniyama et al.*, Chem. pharm. Bl. **19** [1971] 1627.

Isolierung aus Streptomyces racemochromogenus nov. sp.: *Taniyama, Takemura*, J. pharm. Soc. Japan **77** [1957] 1210, 1214; C. A. **1958** 3886; s. a. *Larson et al.*, Am. Soc. **75** [1953] 2036.

Wasserhaltiges hygroskopisches Pulver; Zers. bei 150°; $[\alpha]_D^{10}$: $-34°$ [H_2O; c = 0,5] (*Ta., Ta.*, l. c. S. 1213, 1214). IR-Spektrum (Nujol; $2-14\,\mu$): *Ta., Ta.*, l. c. S. 1212.

Tetrahydrochlorid $C_{31}H_{58}N_{12}O_{10} \cdot 4HCl$. Wasserhaltiges hygroskopisches Pulver (aus wss. Acn.); Zers. ab ca. 175°; $[\alpha]_D^{19}$: $-45°$ [H_2O; c = 0,5] (*Ta., Ta.*, l. c. S. 1213, 1214).

Disulfat $C_{31}H_{58}N_{12}O_{10} \cdot 2H_2SO_4$. Hygroskopisches Pulver; Zers. ab 203° (*Ta., Ta.*, l. c. S. 1214). $[\alpha]_D^{17}$: $-26,5°$ [H_2O] (*Ta. et al.*). IR-Spektrum (Nujol; $2-14\,\mu$): *Ta., Ta.*, l. c. S. 1212.

Tetrapicrat $C_{31}H_{58}N_{12}O_{10} \cdot 4C_6H_3N_3O_7$. Hygroskopisches gelbes Pulver; Zers. bei 198° (*Ta., Ta.*, l. c. S. 1214). Wasserhaltige gelbe Kristalle (aus Acn.+A.+Bzl.); F: 75–81° [Zers. bei 110–128°]; $[\alpha]_D^{19}$: $-30°$ [Acn.; c = 0,5] (*Ta., Ta.*, l. c. S. 1213).

Tetrakis-[4-(4-hydroxy-phenylazo)-benzolsulfonat] $C_{31}H_{58}N_{12}O_{10} \cdot 4C_{12}H_{10}N_2O_4S$. Wasserhaltiges orangegelbes Pulver (aus Me. oder wss. Acn.); Zers. bei 207° (*Ta., Ta.*, l. c. S. 1213, 1214). IR-Spektrum (Nujol; $2-14\,\mu$): *Ta., Ta.*, l. c. S. 1212.

Tetrakis-[4-(4-dimethylamino-phenylazo)-benzolsulfonat] (Helianthat) $C_{31}H_{58}N_{12}O_{10} \cdot 4C_{14}H_{15}N_3O_3S$. Wasserhaltiges dunkelrotes Pulver (aus wss. Acn.); Zers. ab 210° (*Ta., Ta.*, l. c. S. 1213, 1214).

Benzoyl-Derivat. Hygroskopisches Pulver (aus wss. Me.); F: 209° [Zers.] (*Ta., Ta.*, l. c. S. 1214).

(3aS)-2-[O^6-Carbamoyl-2-(L-isolysyl $\xrightarrow{6}$ L-isolysyl $\xrightarrow{6}$-L-isolysyl $\xrightarrow{6}$ L-isolysylamino)-2-desoxy-β-D-gulopyranosylamino]-7c-hydroxy-(3ar,7at)-1,3a,5,6,7,7a-hexahydro-imidazo[4,5-c]pyridin-4-on $C_{37}H_{70}N_{14}O_{11}$, Formel XI (n = 3) und Taut.; **Streptothricin-C.**

Konstitution und Konfiguration: *van Tamelen et al.*, Am. Soc. **83** [1961] 4295 sowie die bei Streptothricin-F (s. o.) zitierte Literatur.

Identität von Streptothricin-C mit Phythobacteriomycin-C: *Reschetow, Chochlow*, Chimija prirodn. Soedin. **1965** 42; engl. Ausg. S. 31; mit Racemomycin-D: *Taniyama et al.*, Chem. pharm. Bl. **19** [1971] 1627; mit Geomycin: *Johnson, Westley*, Soc. **1962** 1642; s. a. *Reschetow et al.*, Chimija prirodn. Soedin. **1965** 117; engl. Ausg. S. 91.

Isolierung aus Streptomyces xanthophaeus nov. spec.: *Brockmann, Musso*, B. **87** [1954] 1779, 1795; s. a. *Brockmann, Musso*, B. **88** [1955] 648; *Brockmann, Cölln*, B. **92** [1959] 114.

Hygroskopisches gelbliches Pulver (*Br., Mu.*, B. **87** 1798). IR-Spektrum (KBr; $2-15\,\mu$): *Br., Mu.*, B. **87** 1788.

Hexahydrochlorid $C_{37}H_{70}N_{14}O_{11} \cdot 6HCl$. Hygroskopisches Pulver; $[\alpha]_D^{20}$: $+16,0°$ [H_2O; c = 3] (*Br., Mu.*, B. **87** 1797). IR-Spektrum (KBr; $2-15\,\mu$): *Br., Mu.*, B. **87** 1788. UV-Spektrum (H_2O; 210–300 nm): *Br., Mu.*, B. **87** 1789.

Hexakis-[4-(4-dimethylamino-phenylazo)-benzolsulfonat] (Helianthat) $C_{37}H_{70}N_{14}O_{11} \cdot 6C_{14}H_{15}N_3O_3S$. Schwach hygroskopische rote Kristalle; F: 205–215° [Zers.; nach Sintern ab 198°] (*Br., Mu.*, B. **87** 1797).

Amino-Derivate der Hydroxy-oxo-Verbindungen $C_nH_{2n-5}N_3O_2$

4-Diazomethyl-6-methoxy-[1,3,5]triazin-2-ylamin $C_5H_6N_6O$, Formel XII.

B. Aus 4-Chlor-6-diazomethyl-[1,3,5]triazin-2-ylamin und Natriummethylat (*Hendry et al.,* Soc. **1958** 1134, 1139).

Kristalle (aus Bzl.); F: 182° [Zers.].

4-Äthylmercapto-6-diazomethyl-[1,3,5]triazin-2-ylamin $C_6H_8N_6S$, Formel XIII.

B. Beim Erwärmen von 4-Chlor-6-diazomethyl-[1,3,5]triazin-2-ylamin mit Äthanthiol und Natriummethylat in Methanol (*Hendry et al.,* Soc. **1958** 1134, 1139).

Kristalle (aus Me.); F: 204° [Zers.].

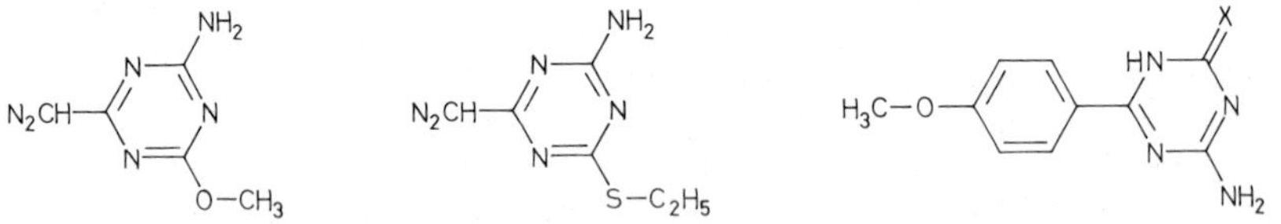

XII   XIII   XIV

Amino-Derivate der Hydroxy-oxo-Verbindungen $C_nH_{2n-11}N_3O_2$

4-Amino-6-[4-methoxy-phenyl]-1*H*-[1,3,5]triazin-2-on $C_{10}H_{10}N_4O_2$, Formel XIV (X = O) und Taut.

B. Aus der folgenden Verbindung mit Hilfe von wss.-alkal. H_2O_2 (*Ostrogovich, Galea,* G. **65** [1935] 357, 365).

Monokline Kristalle (aus A. oder wss. A.); F: 327—328° [unkorr.; Zers.].

Silber-Salz $AgC_{10}H_9N_4O_2$. Lichtempfindlicher Feststoff mit 1 Mol H_2O.

Hydrochlorid $C_{10}H_{10}N_4O_2 \cdot HCl$. F: 290—291° [unkorr.; Zers.].

Picrat $C_{10}H_{10}N_4O_2 \cdot C_6H_3N_3O_7$. Gelbe Kristalle; F: 308—309° [unkorr.; Zers.].

4-Amino-6-[4-methoxy-phenyl]-1*H*-[1,3,5]triazin-2-thion $C_{10}H_{10}N_4OS$, Formel XIV (X = S) und Taut.

B. Aus dem Kalium-Salz der 4-Methoxy-thiobenzoesäure und Cyanguanidin (*Ostrogovich, Galea,* R.A.L. [6] **11** [1930] 1108, 1115).

Kristalle (aus A.); F: 282—283°.

Silber-Salz $AgC_{10}H_9N_4OS$.

Picrat $C_{10}H_{10}N_4OS \cdot C_6H_3N_3O_7$. Kristalle; F: 198—199° [Zers.].

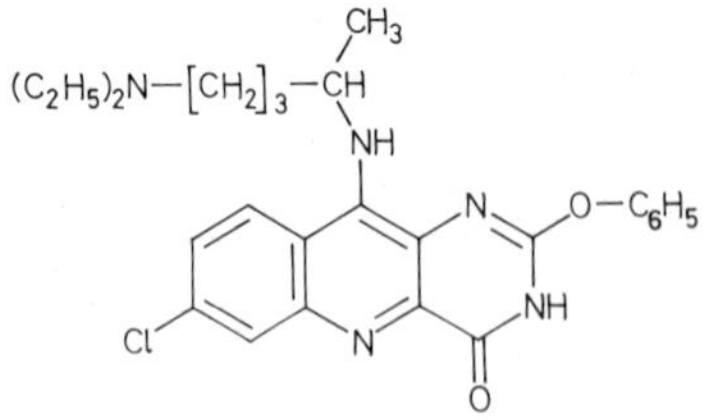

XV

Amino-Derivate der Hydroxy-oxo-Verbindungen $C_nH_{2n-15}N_3O_2$

(±)-7-Chlor-10-[4-diäthylamino-1-methyl-butylamino]-2-phenoxy-3*H*-pyrimido[5,4-*b*]chinolin-4-on $C_{26}H_{30}ClN_5O_2$, Formel XV und Taut.

B. Aus 4-Chlor-2-[2,4-dioxo-1,2,3,4-tetrahydro-pyrimidin-5-ylamino]-benzoesäure beim auf⸗

einanderfolgenden Erhitzen mit POCl$_3$, mit Phenol und mit (±)-N^4,N^4-Diäthyl-1-methyl-butan≈
diyldiamin (*Besly, Goldberg*, Soc. **1957** 4997, 5000).

Phosphat C$_{26}$H$_{30}$ClN$_5$O$_2$·H$_3$PO$_4$. Hellgelbe Kristalle (aus Dioxan); F: > 320°.

[*G. Hofmann*]

H. Aminocarbonsäuren

Amino-Derivate der Monocarbonsäuren C$_n$H$_{2n-3}$N$_3$O$_2$

Amino-Derivate der Carbonsäuren C$_3$H$_3$N$_3$O$_2$

5-Amino-1H-[1,2,3]triazol-4-carbonsäure C$_3$H$_4$N$_4$O$_2$, Formel I (R = H, X = OH) und Taut.

B. Aus 1,4-Dihydro-[1,2,3]triazolo[4,5-d]pyrimidin-5,7-dion mit Hilfe von wss. NaOH (*Am. Cyanamid Co.*, U.S.P. 2714110 [1954]).

Kristalle; F: 160 – 161° [auf 155° vorgeheizter App.; Geschwindigkeit des Erhitzens; 2°/min].

5-Amino-1H-[1,2,3]triazol-4-carbonsäure-amid C$_3$H$_5$N$_5$O, Formel I (R = H, X = NH$_2$) und Taut.

B. Aus 5-Amino-1-benzyl-1H-[1,2,3]triazol-4-carbonsäure-amid mit Hilfe von NaNH$_2$ und flüssigem NH$_3$ (*Hoover, Day*, Am. Soc. **78** [1956] 5832, 5834; *Yamada et al.*, J. pharm. Soc. Japan **77** [1957] 455; C. A. **1957** 14698). Beim Erhitzen von 1,4-Dihydro-[1,2,3]triazolo[4,5-d]≈pyrimidin-5,7-dion oder von 5-Amino-1,6-dihydro-[1,2,3]triazolo[4,5-d]pyrimidin-7-on mit wss. NH$_3$ (*Am. Cyanamid Co.*, U.S.P. 2714110 [1954]; s. a. *Bennett, Baker*, J. org. Chem. **22** [1957] 707). Aus 1,6-Dihydro-[1,2,3]triazolo[4,5-d]pyrimidin-7-on beim Erwärmen mit wss. HCl (*Hirata et al.*, Res. Rep. Nagoya ind. Sci. Res. Inst. Nr. 9 [1957] 83, 85; C. A. **1957** 12074).

Kristalle (aus H$_2$O); F: 226 – 227° [Zers.] (*Ya. et al.; Am. Cyanamid Co.*), 225 – 226° (*Hi. et al.*), 224 – 225° [unkorr.] (*Ho., Day*). IR-Spektrum (KBr; 4000 – 750 cm^{-1}): *Hi. et al.* λ_{max}: 226 nm und 260 nm [wss. A.] bzw. 223 nm und 264 nm [wss.-äthanol. NaOH] (*Ho., Day*), 226 nm und 261 nm [wss. Lösung vom pH 1] bzw. 266 nm [wss. Lösung vom pH 10] (*Be., Ba.*).

Hydrochlorid C$_3$H$_5$N$_5$O·HCl. Kristalle (aus A. + Ae.); F: 188 – 189° [Zers.] (*Ya. et al.*).

Monoacetyl-Derivat C$_5$H$_7$N$_5$O$_2$. B. Aus dem Diacetyl-Derivat (s. u.) beim Erhitzen mit H$_2$O (*Be., Ba.*). – F: 267 – 268° [unkorr.] (*Be., Ba.*).

Diacetyl-Derivat C$_7$H$_9$N$_5$O$_3$. B. Aus 5-Amino-1H-[1,2,3]triazol-4-carbonsäure-amid beim Erhitzen mit Acetanhydrid und Essigsäure (*Be., Ba.*). – F: 210 – 212° [unkorr.] (*Be., Ba.*).

5-Amino-1H-[1,2,3]triazol-4-carbonitril C$_3$H$_3$N$_5$, Formel II und Taut.

B. Aus 5-Amino-1-benzyl-1H-[1,2,3]triazol-4-carbonitril oder aus 5-Amino-1-benzyl-1H-[1,2,3]triazol-4-carbimidsäure-äthylester mit Hilfe von NaNH$_2$ und flüssigem NH$_3$ (*Hoover, Day*, Am. Soc. **78** [1956] 5832, 5835).

Kristalle (aus A. + PAe.); F: 226 – 228° [unkorr.; Zers.]. IR-Banden (KBr; 2,9 – 6,2 µ): *Ho., Day*.

5-Amino-1H-[1,2,3]triazol-4-carbonsäure-hydrazid C$_3$H$_6$N$_6$O, Formel I (R = H, X = NH-NH$_2$) und Taut.

B. Aus 5-Amino-1-benzyl-1H-[1,2,3]triazol-4-carbonsäure-hydrazid mit Hilfe von NaNH$_2$ und flüssigem NH$_3$ (*Hoover, Day*, Am. Soc. **78** [1956] 5832, 5835). Beim Erhitzen von 1,4-Di≈hydro-[1,2,3]triazolo[4,5-d]pyrimidin-5,7-dion mit N$_2$H$_4$·H$_2$O (*Am. Cyanamid Co.*, U.S.P. 2714110 [1954]).

Kristalle (aus H$_2$O); F: 232° [unkorr.; Zers.]; λ_{max}: 227 nm und 262 nm [wss. A.], 227 nm und 264 nm [wss.-äthanol. HCl] bzw. 264 nm [wss.-äthanol. NaOH] (*Ho., Day*, l. c. S. 5834).

5-Amino-1-methyl-1*H*-[1,2,3]triazol-4-carbonsäure-amid $C_4H_7N_5O$, Formel I (R = CH_3, X = NH_2).

B. Beim Erwärmen von Cyanessigsäure-amid mit Methylazid und äthanol. Natriumäthylat (*Baddiley et al.*, Soc. **1958** 1651, 1656).

Kristalle (aus A.); F: 248°.

5-Amino-1-phenyl-1*H*-[1,2,3]triazol-4-carbonsäure-äthylester $C_{11}H_{12}N_4O_2$, Formel III (X = H, X′ = $O-C_2H_5$) (H 309; E I 94; E II 172).

F: 130° (*Dornow, Helberg*, B. **93** [1960] 2001, 2009). UV-Spektrum (A.; 240–375 nm; λ_{max}: ca. 260 nm): *Ramart-Lucas, Hoch*, Bl. **1949** 447, 452. λ_{max} (A.): 223 nm (*Lieber et al.*, Spectro= chim. Acta **10** [1958] 250, 256).

Gleichgewicht des Reaktionssystems mit 5-Anilino-1*H*-[1,2,3]triazol-4-carbonsäure-äthylester bei 184–185°: *Lieber et al.*, J. org. Chem. **22** [1957] 654, 660. Kinetik der Isomerisierung zu 5-Anilino-1*H*-[1,2,3]triazol-4-carbonsäure-äthylester in Äthanol bei 70°, unter Zusatz von $HClO_4$ bei 50°, 60° und 70° sowie unter Zusatz von Picrinsäure bei 70°: *Brown et al.*, Soc. **1953** 3820.

5-Amino-1-[4-brom-phenyl]-1*H*-[1,2,3]triazol-4-carbonsäure-äthylester $C_{11}H_{11}BrN_4O_2$, Formel III (X = Br, X′ = $O-C_2H_5$).

B. Beim Erwärmen von Cyanessigsäure-äthylester mit 1-Azido-4-brom-benzol und äthanol. Natriumäthylat (*Brown et al.*, Soc. **1953** 3820).

Kristalle (aus A.); F: 166°.

Kinetik der Isomerisierung zu 5-[4-Brom-anilino]-1*H*-[1,2,3]triazol-4-carbonsäure-äthylester in Äthanol unter Zusatz von $HClO_4$ bei 50°, 60° und 70°: *Br. et al.*, l. c. S. 3823.

5-Anilino-1*H*-[1,2,3]triazol-4-carbonsäure-äthylester $C_{11}H_{12}N_4O_2$, Formel IV (X = H, X′ = $O-C_2H_5$) und Taut. (H 307; E I 92; E II 170).

F: 140° (*Dornow, Helberg*, B. **93** [1960] 2001, 2008). λ_{max} (A.): 260 nm (*Lieber et al.*, Spectro= chim. Acta **10** [1958] 250, 256).

Über die Isomerisierung s. o. im Artikel 5-Amino-1-phenyl-1*H*-[1,2,3]triazol-4-carbonsäure-äthylester.

5-[4-Nitro-anilino]-1*H*-[1,2,3]triazol-4-carbonsäure-äthylester $C_{11}H_{11}N_5O_4$, Formel IV (X = NO_2, X′ = $O-C_2H_5$) und Taut.

B. Beim Erwärmen von Cyanessigsäure-äthylester mit 1-Azido-4-nitro-benzol und äthanol. Natriumäthylat und Behandeln des erhaltenen 5-Amino-1-[4-nitro-phenyl]-1*H*-[1,2,3]triazol-4-carbonsäure-äthylesters mit Äthanol (*Brown et al.*, Soc. **1953** 3820, 3821).

Gelbe Kristalle (aus A.); F: 156°.

5-Amino-1-phenyl-1*H*-[1,2,3]triazol-4-carbonsäure-amid $C_9H_9N_5O$, Formel III (X = H, X′ = NH_2).

B. Aus Cyanessigsäure-amid (*Bennett, Baker*, J. org. Chem. **22** [1957] 707) oder Malonomono= imidsäure-diamid-hydrochlorid (*Yamada et al.*, J. pharm. Soc. Japan **77** [1957] 455; C. A. **1957** 14698) beim Behandeln mit Azidobenzol und äthanol. Natriumäthylat.

Kristalle; F: 170–171° [Zers.; aus wss. A.] (*Ya. et al.*), 164–165° [aus A.] (*Dornow, Helberg*, B. **93** [1960] 2001, 2005), 162–163° [unkorr.; aus A.] (*Be., Ba.*). λ_{max} (A.): 225 nm (*Be., Ba.*).

Beim Erhitzen über die Schmelztemperatur sowie beim Erhitzen mit Pyridin ist 5-Anilino-1*H*-[1,2,3]triazol-4-carbonsäure-amid erhalten worden (*Be., Ba.*).

5-Amino-2-phenyl-2H-[1,2,3]triazol-4-carbonsäure-amid $C_9H_9N_5O$, Formel V (X = O).

B. Beim Behandeln von 2-Phenylazo-malonomonoimidsäure-diamid-hydrochlorid (Syst.-Nr. 2050) mit $CuSO_4$ und wss.-äthanol. NH_3 (*Richter, Taylor*, Am. Soc. **78** [1956] 5848, 5850). Kristalle (aus A.); F: 171° [unkorr.; nach Sublimation bei 140−150°/0,01 Torr].

5-Anilino-1H-[1,2,3]triazol-4-carbonsäure-amid $C_9H_9N_5O$, Formel IV (X = H, X' = NH_2) und Taut.

B. Beim Erhitzen von 5-Amino-1-phenyl-1H-[1,2,3]triazol-4-carbonsäure-amid mit Pyridin (*Bennett, Baker*, J. org. Chem. **22** [1957] 707). Kristalle (aus A.); F: 200−201° [unkorr.]. λ_{max} (A.): 262 nm und 297 nm.

5-Amino-2-phenyl-2H-[1,2,3]triazol-4-carbimidsäure-amid, 5-Amino-2-phenyl-2H-[1,2,3]triazol-4-carbamidin $C_9H_{10}N_6$, Formel V (X = NH).

B. Beim Erwärmen von 2-Phenylazo-malonamidin (Syst.-Nr. 2050) mit $CuSO_4$ und wss. Pyridin (*Richter, Taylor*, Am. Soc. **78** [1956] 5848, 5851). Kristalle (aus A.); F: 168° [unkorr.].

5-Amino-1-p-tolyl-1H-[1,2,3]triazol-4-carbonsäure-äthylester $C_{12}H_{14}N_4O_2$, Formel III (X = CH_3, X' = $O-C_2H_5$).

B. Beim Erwärmen von Cyanessigsäure-äthylester mit 4-Azido-toluol und äthanol. Natrium≠äthylat (*Brown et al.*, Soc. **1953** 3820). Kristalle (aus A.); F: 147,5°. Kinetik der Isomerisierung zu 5-p-Toluidino-1H-[1,2,3]triazol-4-carbonsäure-äthylester in Äthanol unter Zusatz von $HClO_4$ bei 50°, 60° und 70°: *Br. et al.*, l. c. S. 3823.

5-Amino-1-benzyl-1H-[1,2,3]triazol-4-carbonsäure $C_{10}H_{10}N_4O_2$, Formel VI (X = O, X' = OH).

B. Aus Cyanessigsäure beim Erwärmen mit Benzylazid und äthanol. Natriumäthylat (*Hoover, Day*, Am. Soc. **78** [1956] 5832, 5835). Kristalle (aus $DMF+H_2O$); F: 179−180° [unkorr.; Zers.]. λ_{max} (wss. A.): 228 nm und 257 nm (*Ho., Day*, l. c. S. 5834).

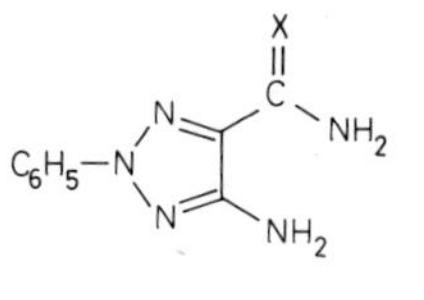

V 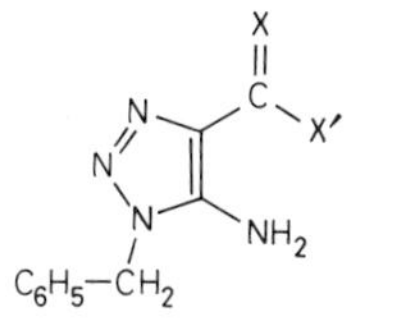   VI 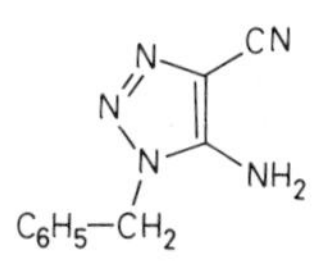   VII

5-Amino-1-benzyl-1H-[1,2,3]triazol-4-carbonsäure-äthylester $C_{12}H_{14}N_4O_2$, Formel VI (X = O, X' = $O-C_2H_5$).

B. Analog der vorangehenden Säure (*Hoover, Day*, Am. Soc. **78** [1956] 5832, 5834). Kristalle (aus $CHCl_3+PAe.$); F: 152−154° [unkorr.]. λ_{max} (wss. A.): 231 nm und 262 nm.

5-Amino-1-benzyl-1H-[1,2,3]triazol-4-carbonsäure-amid $C_{10}H_{11}N_5O$, Formel VI (X = O, X' = NH_2).

B. Analog den vorangehenden Verbindungen (*Hoover, Day*, Am. Soc. **78** [1956] 5832, 5834; *Yamada et al.*, J. pharm. Soc. Japan **77** [1957] 455; C. A. **1957** 14698). Aus dem vorangehenden Äthylester beim Erhitzen mit NH_3 in Äthylenglykol (*Ho., Day*). Kristalle; F: 233−235° [unkorr.; aus A.] (*Ho., Day*), 233−234° [Zers.; aus wss. A.] (*Ya. et al.*). λ_{max} (wss. A.): 230 nm und 261 nm (*Ho., Day*).

5-Amino-1-benzyl-1H-[1,2,3]triazol-4-carbimidsäure-äthylester $C_{12}H_{15}N_5O$, Formel VI (X = NH, X' = $O-C_2H_5$).

B. Neben der folgenden Verbindung beim Behandeln von Malononitril mit Benzylazid und

äthanol. Natriumäthylat (*Hoover, Day*, Am. Soc. **78** [1956] 5832, 5835).
Kristalle (aus CHCl$_3$ + PAe.); F: 115 – 117° [unkorr.].

5-Amino-1-benzyl-1*H*-[1,2,3]triazol-4-carbonitril C$_{10}$H$_9$N$_5$, Formel VII.
B. s. im vorangehenden Artikel.
Kristalle (aus CHCl$_3$ + PAe.); F: 175 – 176° [unkorr.] (*Hoover, Day*, Am. Soc. **78** [1956]
5832, 5835). λ_{max} (wss. A.): 225 nm und 250 nm (*Ho., Day*, l. c. S. 5834).

5-Amino-1-benzyl-1*H*-[1,2,3]triazol-4-carbonsäure-hydrazid C$_{10}$H$_{12}$N$_6$O, Formel VI (X = O,
X' = NH-NH$_2$).
B. Aus 5-Amino-1-benzyl-1*H*-[1,2,3]triazol-4-carbonsäure-äthylester und N$_2$H$_4$ · H$_2$O (*Hoo=
ver, Day*, Am. Soc. **78** [1956] 5832, 5834).
Kristalle (aus H$_2$O); F: 194 – 195° [unkorr.]. λ_{max}: 231 nm und 262 nm [wss. A.] bzw. 281 nm
[wss.-äthanol. HCl].

**Bis-[4-(5-amino-4-carboxy-[1,2,3]triazol-1-yl)-phenyl]-sulfon, 5,5'-Diamino-1*H*,1'*H*-
1,1'-[4,4'-sulfonyl-diphenyl]-bis-[1,2,3]triazol-4-carbonsäure** C$_{18}$H$_{14}$N$_8$O$_6$S, Formel VIII.
B. Aus dem Diäthylester (s. u.) mit Hilfe von wss. NaOH (*Libermann et al.*, Bl. **1952** 719,
723).
Kristalle (aus Formamid); F: 253° [Zers.].
Diäthylester C$_{22}$H$_{22}$N$_8$O$_6$S; 5,5'-Diamino-1*H*,1'*H*-1,1'-[4,4'-sulfonyl-diphenyl]-
bis-[1,2,3]triazol-4-carbonsäure-diäthylester. B. Neben 5-Amino-1-[4-(4-azido-benzol=
sulfonyl)-phenyl]-1*H*-[1,2,3]triazol-4-carbonsäure-äthylester beim Erwärmen von Cyanessig=
säure-äthylester mit Bis-[4-azido-phenyl]-sulfon und äthanol. Natriumäthylat (*Li. et al.*). –
Kristalle (aus wss. Dioxan); F: 273°.

VIII   IX

5-Amino-1-[4-methoxy-phenyl]-1*H*-[1,2,3]triazol-4-carbonsäure-äthylester C$_{12}$H$_{14}$N$_4$O$_3$,
Formel IX (X = O-CH$_3$).
B. Beim Erwärmen von Cyanessigsäure-äthylester mit 4-Azido-anisol und äthanol. Natrium=
äthylat (*Brown et al.*, Soc. **1953** 3820).
Kristalle (aus A.); F: 147°.
Kinetik der Isomerisierung zu 5-*p*-Anisidino-1*H*-[1,2,3]triazol-4-carbonsäure-äthylester in
Äthanol unter Zusatz von HClO$_4$ bei 50°, 60° und 70°: *Br. et al.*, l. c. S. 3823.

5-Amino-1-[4-(4-azido-benzolsulfonyl)-phenyl]-1*H*-[1,2,3]triazol-4-carbonsäure-äthylester
C$_{17}$H$_{15}$N$_7$O$_4$S, Formel IX (X = SO$_2$-C$_6$H$_4$-N$_3$).
B. s. o. im Artikel Bis-[4-(5-amino-4-carboxy-[1,2,3]triazol-1-yl)-phenyl]-sulfon.
Kristalle (aus Formamid); F: 217 – 218° (*Libermann et al.*, Bl. **1952** 719, 723).

[5-Carbamoyl-1*H*-[1,2,3]triazol-4-yl]-harnstoff, 5-Ureido-1*H*-[1,2,3]triazol-4-carbonsäure-amid
C$_4$H$_6$N$_6$O$_2$, Formel X und Taut.
B. Neben 1,4-Dihydro-[1,2,3]triazolo[4,5-*d*]pyrimidin-5,7-dion beim Erhitzen von 5-Amino-
1*H*-[1,2,3]triazol-4-carbonsäure-amid mit Harnstoff (*Yamada et al.*, J. pharm. Soc. Japan **77**
[1957] 455; C. A. **1957** 14698).
Kristalle (aus H$_2$O) mit 0,5 Mol H$_2$O; F: 280 – 295° [Zers.]. UV-Spektrum (wss. NaOH;
220 – 300 nm): *Ya. et al.*

1-[4-Äthoxycarbonyl-phenyl]-5-amino-1*H*-[1,2,3]triazol-4-carbonsäure-äthylester C$_{14}$H$_{16}$N$_4$O$_4$,
Formel IX (X = CO-O-C$_2$H$_5$).
B. Beim Erwärmen von Cyanessigsäure-äthylester mit 4-Azido-benzoesäure-äthylester und

äthanol. Natriumäthylat (*Brown et al.*, Soc. **1953** 3820).

Kristalle (aus A.); F: 166°.

Kinetik der Isomerisierung zu 5-[4-Äthoxycarbonyl-anilino]-1*H*-[1,2,3]triazol-4-carbonsäure-äthylester in Äthanol unter Zusatz von HClO₄ bei 50°, 60° und 70°: *Br. et al.*, l. c. S. 3823.

5-Amino-1*H*-[1,2,3]triazol-4-thiocarbonsäure-amid C₃H₅N₅S, Formel XI (R = H) und Taut.

B. Beim Erhitzen von 5-Amino-1*H*-[1,2,3]triazol-4-carbonitril mit NH₃ und H₂S in Äthanol (*Hoover, Day*, Am. Soc. **78** [1956] 5832, 5835).

Kristalle (aus A.+PAe.); F: 310−314° [unkorr.; Zers.]. λ_{max}: 234 nm, 272 nm und 311 nm [wss. A.] bzw. 252 nm, 277 nm und 321 nm [wss.-äthanol. NaOH] (*Ho., Day*, l. c. S. 5834).

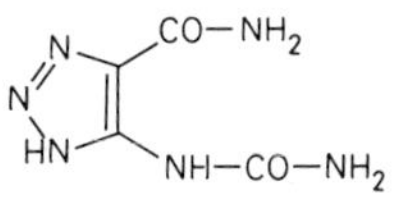

X 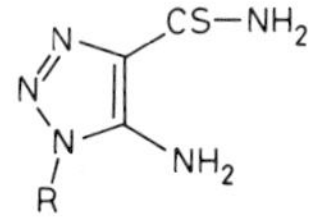   XI 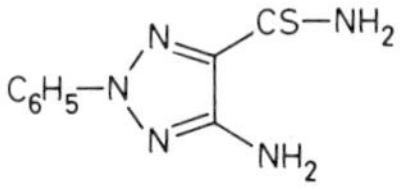   XII 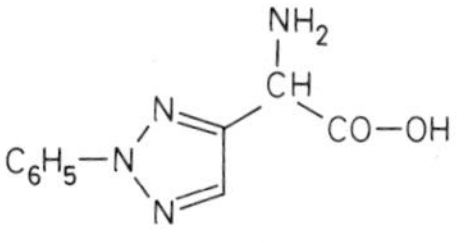   XIII

5-Amino-2-phenyl-2*H*-[1,2,3]triazol-4-thiocarbonsäure-amid C₉H₉N₅S, Formel XII.

B. Aus 5-Amino-2-phenyl-2*H*-[1,2,3]triazol-4-carbonsäure-amid und P₂S₅ in Pyridin (*Richter, Taylor*, Am. Soc. **78** [1956] 5848, 5851).

Gelbe Kristalle (aus A.); F: 193° [unkorr.; nach Sublimation bei 160°/0,01 Torr].

5-Amino-1-benzyl-1*H*-[1,2,3]triazol-4-thiocarbonsäure-amid C₁₀H₁₁N₅S, Formel XI
(R = CH₂-C₆H₅).

B. Beim Erwärmen von 5-Amino-1-benzyl-1*H*-[1,2,3]triazol-4-carbonitril mit NH₃ und H₂S in Äthanol (*Hoover, Day*, Am. Soc. **78** [1956] 5832, 5835).

Kristalle (aus A.); F: 227−229° [unkorr.]. λ_{max} (wss. A.): 244 nm, 278 nm und 312 nm (*Ho., Day*, l. c. S. 5834).

Amino-Derivate der Carbonsäuren C₄H₅N₃O₂

(±)-Amino-[2-phenyl-2*H*-[1,2,3]triazol-4-yl]-essigsäure C₁₀H₁₀N₄O₂, Formel XIII.

B. In kleiner Menge beim Behandeln von 2-Phenyl-2*H*-[1,2,3]triazol-4-carbaldehyd mit KCN und NH₄Cl in wss. Methanol und anschliessend mit wss. HCl (*Riebsomer, Stauffer*, J. org. Chem. **16** [1951] 1643, 1644).

F: 169−170°.

Amino-Derivate der Carbonsäuren C₅H₇N₃O₂

(±)-2-Amino-3-[1*H*-[1,2,3]triazol-4-yl]-propionsäure C₅H₈N₄O₂, Formel I (R = R′ = H) und Taut.

B. Aus (±)-2-Benzoylamino-3-[1*H*-[1,2,3]triazol-4-yl]-propionsäure mit Hilfe von wss. HCl (*Sheehan, Robinson*, Am. Soc. **71** [1949] 1436, 1440). Bei der Hydrierung von 2-Hydroxyimino-3-[1*H*-[1,2,3]triazol-4-yl]-propionsäure an Platin in äthanol. HCl (*Sh., Ro.*).

Kristalle (aus wss. A.); Zers. bei 266° [korr.].

Hydrochlorid. Kristalle (aus wss. Acn.); Zers. bei 219° [korr.].

(±)-2-Amino-3-[1-methyl-1*H*-[1,2,3]triazol-4-yl]-propionsäure C₆H₁₀N₄O₂, Formel I
(R = CH₃, R′ = H).

B. Beim Erhitzen von 4-[1-Methyl-1*H*-[1,2,3]triazol-4-ylmethylen]-2-phenyl-4*H*-oxazol-5-on mit wss. HI, rotem Phosphor und Acetanhydrid (*Hüttel et al.*, A. **585** [1954] 115, 122).

Kristalle (aus H₂O); F: 288−290° [Zers.].

(±)-2-Amino-3-[1-phenyl-1H-[1,2,3]triazol-4-yl]-propionsäure $C_{11}H_{12}N_4O_2$, Formel I
(R = C_6H_5, R' = H).

B. Analog der vorangehenden Verbindung (*Hüttel et al.*, A. **585** [1954] 115, 119). Aus 2-Benz=
oylamino-3-[1-phenyl-1H-[1,2,3]triazol-4-yl]-acrylsäure mit Hilfe von wss. HI (*Hü. et al.*). Aus
(±)-2-Benzoylamino-3-[1-phenyl-1H-[1,2,3]triazol-4-yl]-propionsäure mit Hilfe von wss. HCl
(*Hü. et al.*).

F: 277° [Zers.].

(±)-2-Benzoylamino-3-[1H-[1,2,3]triazol-4-yl]-propionsäure $C_{12}H_{12}N_4O_3$, Formel I (R = H,
R' = CO-C_6H_5) und Taut.

B. Bei der Hydrierung von 2-Benzoylamino-3-[1H-[1,2,3]triazol-4-yl]-acrylsäure an Platin in
Essigsäure (*Sheehan, Robinson,* Am. Soc. **71** [1949] 1436, 1440).

Kristalle (aus H_2O); F: 219—220° [korr.; Zers.].

(±)-2-Benzoylamino-3-[1-phenyl-1H-[1,2,3]triazol-4-yl]-propionsäure $C_{18}H_{16}N_4O_3$, Formel I
(R = C_6H_5, R' = CO-C_6H_5).

B. Analog der vorangehenden Verbindung (*Hüttel et al.*, A. **585** [1954] 115, 120).

F: 192,5° [Zers.].

I   II   III

(±)-2-Amino-3-[1H-[1,2,4]triazol-3-yl]-propionsäure $C_5H_8N_4O_2$, Formel II und Taut.

B. Aus 3-Chlormethyl-1H-[1,2,4]triazol-hydrochlorid beim Behandeln mit Formylamino-
malonsäure-diäthylester und äthanol. Natriumäthylat und Erwärmen des Reaktionsprodukts
mit konz. wss. HCl (*Jones, Ainsworth,* Am. Soc. **77** [1955] 1538; *E. Lilly & Co.,* U.S.P. 2719849
[1954]).

Kristalle (aus wss. A.); F: 263—264° (*E. Lilly & Co.*; s. a. *Jo., Ai.*). Scheinbare Dissoziations=
exponenten pK'_{a1} (diprotonierte Verbindung), pK'_{a2} und pK'_{a3} (H_2O?): 2,1 bzw. 8,4 bzw. 10,7
(*Jo., Ai.*).

Dihydrochlorid. Hygroskopische Kristalle [aus A.+Ae.] (*E. Lilly & Co.*).

Dinitrat. Kristalle [aus A.+Ae.] (*E. Lilly & Co.*).

Amino-Derivate der Carbonsäuren $C_6H_9N_3O_2$

(1R)-3-Amino-2,4,6-triaza-bicyclo[3.2.1]oct-2-en-7$endo$-carbonsäure $C_6H_{10}N_4O_2$, Formel III
und Taut. (z.B. [(1 R)-7$endo$-Carboxy-2,4,6-triaza-bicyclo[3.2.1]oct-3-yliden]-
ammonium-betain); **Viomycidin.**

Konstitution und Konfiguration: *Büchi,* zit. bei *Bycroft et al.,* Tetrahedron Letters **1968**
2925; *Büchi, Raleigh,* J. org. Chem. **36** [1971] 873; s. a. *Floyd et al.,* Chem. Commun. **1968**
998; *Takita, Maeda,* J. Antibiotics Japan **21** [1968] 512; *Koyama et al.,* J. Antibiotics Japan
22 [1969] 34.

B. Neben anderen Verbindungen beim Erwärmen von Viomycin-sulfat (Syst.-Nr. 4187) mit
wss. HCl (*Haskell et al.,* Am. Soc. **74** [1952] 599; s. a. *Dyer et al.,* Am. Soc. **86** [1964] 5363).

[M]$_D$: −37,6° [H_2O], −10,3° [saure wss. Lösung] (*Dyer et al.*). ^{1}H-NMR-Absorption (D_2O
sowie Trifluoressigsäure): *Dyer et al.* Scheinbare Dissoziationsexponenten (diprotonierte Ver=
bindung) pK'_{a1}, pK'_{a2} und pK'_{a3} in H_2O: ca. 1,3 bzw. 5,50 bzw. 12,6; in wss. DMF [66%ig]:
2,8 bzw. 5,87 bzw. 13,4 (*Boaz,* zit. bei *Dyer et al.*).

Hydrochlorid $C_6H_{10}N_4O_2 \cdot HCl$. Kristalle; F: 200—208° [Zers.]; [α]$_D^{30}$: −78° [H_2O;
c = 1,8] (*Dyer et al.*). ^{1}H-NMR-Absorption und ^{1}H-^{1}H-Spin-Spin-Kopplungskonstanten
(D_2O): *Dyer et al.* IR-Banden (2,9—7,1 μ): *Dyer et al.*

4-[4-Hydroxy-phenylazo]-benzolsulfonat $C_6H_{10}N_4O_2 \cdot C_{12}H_{10}N_2O_4S$.   Gelbe

Kristalle (aus H_2O); F: 212−215° [unkorr.] (*Ha. et al.*).

N-[2,4-Dinitro-phenyl]-Derivat $C_{12}H_{12}N_6O_6$. Kristalle mit 2 Mol H_2O; F: 171,5−172,5° (*Dyer et al.*).

N-Acetyl-Derivat $C_8H_{12}N_4O_3$. Kristalle; F: 256−257°; $[\alpha]_D^{28}$: +41,5° [H_2O; c = 2,4] (*Dyer et al.*). Scheinbare Dissoziationsexponenten (protonierte Verbindung) pK'_{a1} und pK'_{a2} (wss. DMF [66%ig]): 4,86 bzw. 13,0 (*Boaz*).

Amino-Derivate der Monocarbonsäuren $C_nH_{2n-5}N_3O_2$

Amino-Derivate der Carbonsäuren $C_4H_3N_3O_2$

Diamino-[1,3,5]triazin-2-carbonsäure-amid $C_4H_5N_6O$, Formel IV (R = H, X = NH_2).

B. Aus Bis-trichlormethyl-[1,3,5]triazin-2-carbonsäure-äthylester und NH_3 in DMF (*Kreutz⸗ berger*, Am. Soc. **79** [1957] 2629, 2632).

Kristalle (aus H_2O); F: > 400°.

Amino-cyclohexylamino-[1,3,5]triazin-2-carbonsäure $C_{10}H_{15}N_5O_2$, Formel IV (R = C_6H_{11}, X = OH).

B. Aus 1-Cyclohexyl-biguanid bei aufeinanderfolgender Umsetzung mit Oxalsäure-diäthyl⸗ ester und wss. NaOH (*Shapiro et al.*, Am. Soc. **79** [1957] 5064, 5070).

F: 204−207° [Zers.].

Amino-anilino-[1,3,5]triazin-2-carbonsäure $C_{10}H_9N_5O_2$, Formel IV (R = C_6H_5, X = OH).

B. Beim Erwärmen von 1-Phenyl-biguanid mit Oxalsäure-diäthylester und äthanol. Natrium⸗ äthylat (*Šokolowskaja et al.*, Ž. obšč. Chim. **27** [1957] 765, 771; engl. Ausg. S. 839, 844). Beim Behandeln von [Amino-anilino-[1,3,5]triazin-2-yl]-methanol mit $KMnO_4$ und wss. NaOH in Aceton (*Šo. et al.*). Aus dem Methylester [s. u.] oder Äthylester [s. u.] (*Ridi, Checchi*, Ann. Chimica **43** [1953] 807, 812, 813).

Kristalle; F: 248° [Zers.] (*Ridi, Ch.; Checchi et al.*, Ann. Chimica **44** [1954] 522, 527), 232−233° [unkorr.; Zers.] (*Overberger, Shapiro*, Am. Soc. **76** [1954] 93, 96); Zers. bei 229−230° [unter Sublimation] (*Šo. et al.*). Feststoff mit 1 Mol H_2O, F: 223−225° [unkorr.; Zers.]; Fest⸗ stoff mit 2 Mol H_2O, F: 222−225° [unkorr.; Zers.]; Feststoff mit 3 Mol H_2O, F: 235−237° [unkorr.; Zers.] (*Ov., Sh.*, l. c. S. 95). IR-Spektrum (polyfluorierte Kohlenwasserstoffe sowie Vaselinöl; 2−12 μ): *Šo. et al.*, l. c. S. 768.

Kalium-Salz $KC_{10}H_8N_5O_2$. Kristalle; Zers. bei 297−300° (*Šo. et al.*).

Verbindung mit 2-Diäthylamino-äthanol. λ_{max} (Me.): 258 nm (*Overberger, Shapiro*, Am. Soc. **76** [1954] 1855, 1856).

Amino-[2,4-dichlor-anilino]-[1,3,5]triazin-2-carbonsäure $C_{10}H_7Cl_2N_5O_2$, Formel IV (R = $C_6H_3Cl_2$, X = OH).

B. Aus 1-[2,4-Dichlor-phenyl]-biguanid bei aufeinanderfolgender Umsetzung mit Oxalsäure-diäthylester und wss. NaOH (*ICI*, D.B.P. 1012303 [1957]).

F: 253°.

Amino-anilino-[1,3,5]triazin-2-carbonsäure-methylester $C_{11}H_{11}N_5O_2$, Formel IV (R = C_6H_5, X = O-CH_3).

B. Als Hauptprodukt neben Amino-anilino-[1,3,5]triazin-2-carbonsäure beim Erwärmen von 1-Phenyl-biguanid mit Oxalsäure-dimethylester und Methanol (*Šokolowskaja et al.*, Ž. obšč. Chim. **27** [1957] 765, 770; engl. Ausg. S. 839, 844; s. a. *Overberger, Shapiro*, Am. Soc. **76** [1954] 93, 95; *Ridi, Checchi*, Ann. Chimica **43** [1953] 807, 814). Aus dem Kalium-Salz der Amino-anilino-[1,3,5]triazin-2-carbonsäure und methanol. HCl (*Šo. et al.*, l. c. S. 773).

Kristalle; F: 205−206° [aus wss. Me.] (*Šo. et al.*), 204−205° [unkorr.; aus wss. Me.] (*Ov., Sh.*, l. c. S. 95), 202−204° [aus A.] (*Ridi, Ch.; Checchi et al.*, Ann. Chimica **44** [1954] 522, 526). IR-Spektrum (polyfluorierte Kohlenwasserstoffe sowie Vaselinöl; 2−12 μ): *Šo. et al.*, l. c. S. 768. λ_{max} (Me.): 257 nm (*Overberger, Shapiro*, Am. Soc. **76** [1954] 1855, 1856).

Amino-anilino-[1,3,5]triazin-2-carbonsäure-äthylester $C_{12}H_{13}N_5O_2$, Formel IV (R = C_6H_5, X = O-C_2H_5).

Konstitution: *Šokolowškaja et al., Ž.* obšč. Chim. **27** [1957] 765, 773; engl. Ausg. S. 839, 845.

B. Aus 1-Phenyl-biguanid beim Erwärmen mit Oxalsäure-diäthylester und Äthanol (*Ridi, Checchi*, Ann. Chimica **43** [1953] 807, 813; s. a. *Checchi et al.*, Ann. Chimica **44** [1954] 522, 529). Aus dem Kalium-Salz der Amino-anilino-[1,3,5]triazin-2-carbonsäure und äthanol. HCl (*So. et al.*).

Kristalle; F: 203 – 204° [aus wss. A.] (*So. et al.*), 202 – 204° [aus A.] (*Ridi, Ch.; Ch. et al.*), 197 – 199° [unkorr.; aus Acetonitril + H_2O] (*Overberger, Shapiro*, Am. Soc. **76** [1954] 93, 95). λ_{max} (Me.): 256 nm (*Overberger, Shapiro*, Am. Soc. **76** [1954] 1855, 1856).

Amino-anilino-[1,3,5]triazin-2-carbonsäure-propylester $C_{13}H_{15}N_5O_2$, Formel IV (R = C_6H_5, X = O-CH_2-C_2H_5).

B. Aus der als N-[4,5-Dioxo-4,5-dihydro-1H-imidazol-2-yl]-N'-phenyl-guanidin oder 2-Amino-4,5-dioxo-4,5-dihydro-imidazol-1-carbimidsäure-anilid (s. E III/IV **25** 4099) zu formu= lierenden Verbindung beim Erwärmen mit Propan-1-ol (*Overberger, Shapiro*, Am. Soc. **76** [1954] 93, 95).

Kristalle (aus Propan-1-ol); F: 194 – 195° [unkorr.] (*Ov., Sh.,* l. c. S. 95). λ_{max} (Me.): 256 nm (*Overberger, Shapiro*, Am. Soc. **76** [1954] 1855, 1856).

Amino-anilino-[1,3,5]triazin-2-carbonsäure-[2-dimethylamino-äthylester] $C_{14}H_{18}N_6O_2$, Formel IV (R = C_6H_5, X = O-CH_2-CH_2-N(CH_3)$_2$).

B. Beim Erwärmen von Amino-anilino-[1,3,5]triazin-2-carbonsäure-äthylester mit 2-Di= methylamino-äthanol (*Overberger, Shapiro*, Am. Soc. **76** [1954] 93, 96).

F: 197 – 198° [unkorr.].

Amino-anilino-[1,3,5]triazin-2-carbonsäure-[2-diäthylamino-äthylester] $C_{16}H_{22}N_6O_2$, Formel IV (R = C_6H_5, X = O-CH_2-CH_2-N(C_2H_5)$_2$).

B. Analog der vorangehenden Verbindung (*Overberger, Shapiro*, Am. Soc. **76** [1954] 93, 96).

Kristalle (aus Acetonitril); F: 172 – 173° [unkorr.].

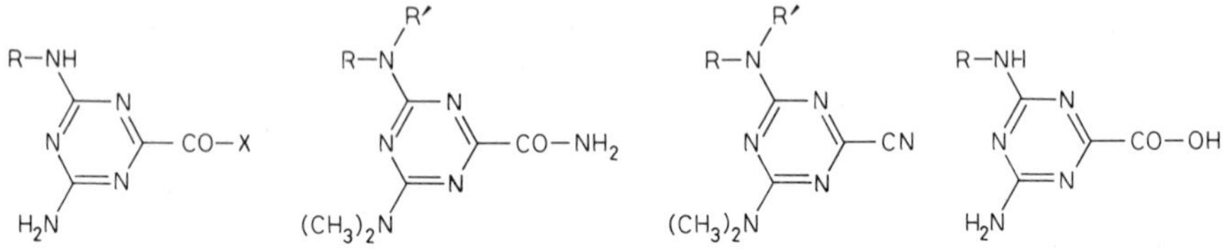

IV   V   VI   VII

Amino-anilino-[1,3,5]triazin-2-carbonsäure-amid $C_{10}H_{10}N_6O$, Formel IV (R = C_6H_5, X = NH_2).

B. Aus Amino-anilino-[1,3,5]triazin-2-carbonsäure-methylester und methanol. NH_3 (*Šokolow= škaja et al., Ž.* obšč. Chim. **27** [1957] 765, 773; engl. Ausg. S. 839, 846).

Kristalle (aus Me.); F: 280 – 281°.

Amino-anilino-[1,3,5]triazin-2-carbonsäure-anilid $C_{16}H_{14}N_6O$, Formel IV (R = C_6H_5, X = NH-C_6H_5).

B. Aus Amino-anilino-[1,3,5]triazin-2-carbonsäure-methylester bzw. -äthylester und Anilin (*Checchi et al.*, Ann. Chimica **44** [1954] 522, 528).

Kristalle (aus Eg.); F: 271 – 273°.

Amino-anilino-[1,3,5]triazin-2-carbonsäure-hydrazid $C_{10}H_{11}N_7O$, Formel IV (R = C_6H_5, X = NH-NH_2).

B. Aus dem entsprechenden Methylester [s. o.] (*Šokolowškaja et al., Ž.* obšč. Chim. **27** [1957]

765, 774; engl. Ausg. S. 839, 846; *Checchi et al.*, Ann. Chimica **44** [1954] 522, 528) oder Äthylester [s. o.] (*Ridi, Checchi*, Ann. Chimica **43** [1953] 807, 814) und $N_2H_4 \cdot H_2O$.
Kristalle; F: 245 – 248° (*Ridi, Ch.; Ch. et al.*), 245 – 247° [unkorr.; aus H_2O] (*Overberger, Shapiro*, Am. Soc. **76** [1954] 93, 96), 245 – 246° [aus wss. Me.] (*So. et al.*). λ_{max} (Me.): 254 nm (*Overberger, Shapiro*, Am. Soc. **76** [1954] 1855, 1856).

Amino-anilino-[1,3,5]triazin-2-carbonsäure-[N'-phenyl-hydrazid] $C_{16}H_{15}N_7O$, Formel IV ($R = C_6H_5$, $X = NH-NH-C_6H_5$).
B. Analog dem Amino-anilino-[1,3,5]triazin-2-carbonsäure-anilid [s. o.] (*Checchi et al.*, Ann. Chimica **44** [1954] 522, 528).
Kristalle (aus A.); F: 218 – 220°.

[4-Chlor-anilino]-dimethylamino-[1,3,5]triazin-2-carbonsäure-amid $C_{12}H_{13}ClN_6O$, Formel V ($R = C_6H_4$-Cl, $R' = H$).
B. Aus 5-[4-Chlor-phenyl]-1,1-dimethyl-biguanid bei aufeinanderfolgender Umsetzung mit Oxalsäure-dimethylester in Methanol und mit wss. NH_3 in DMF (*Hendry et al.*, Soc. **1958** 1134, 1137).
Kristalle (aus DMF); F: 301 – 302°.

[4-Chlor-anilino]-dimethylamino-[1,3,5]triazin-2-carbonitril $C_{12}H_{11}ClN_6$, Formel VI ($R = C_6H_4$-Cl, $R' = H$).
B. Aus der vorangehenden Verbindung beim Erhitzen mit $POCl_3$ (*Hendry et al.*, Soc. **1958** 1134, 1137).
Kristalle (aus Toluol); F: 200°.

Dimethylamino-[N-methyl-anilino]-[1,3,5]triazin-2-carbonsäure-amid $C_{13}H_{16}N_6O$, Formel V ($R = C_6H_5$, $R' = CH_3$).
B. Bei aufeinanderfolgender Umsetzung von 1,1,5-Trimethyl-5-phenyl-biguanid mit Oxal‌säure-diäthylester und mit wss. NH_3 in Methanol (*Hendry et al.*, Soc. **1958** 1134, 1137, 1138).
Kristalle (aus Bzl.); F: 125°.

Dimethylamino-[N-methyl-anilino]-[1,3,5]triazin-2-carbonitril $C_{13}H_{14}N_6$, Formel VI ($R = C_6H_5$, $R' = CH_3$).
B. Aus der vorangehenden Verbindung beim Erhitzen mit $POCl_3$ (*Hendry et al.*, Soc. **1958** 1134, 1138).
Kristalle (aus PAe.); F: 120°.

Amino-p-toluidino-[1,3,5]triazin-2-carbonsäure $C_{11}H_{11}N_5O_2$, Formel VII ($R = C_6H_4$-CH_3).
B. Aus dem Methylester (s. u.) oder Äthylester (s. u.) beim Erwärmen mit wss. KOH (*Ridi et al.*, Ann. Chimica **44** [1954] 769, 779).
F: 257° [Zers.].
M e t h y l e s t e r $C_{12}H_{13}N_5O_2$. *B.* Aus der als N-[4,5-Dioxo-4,5-dihydro-1H-imidazol-2-yl]-N'-p-tolyl-guanidin oder 2-Amino-4,5-dioxo-4,5-dihydro-imidazol-1-carbimidsäure-p-toluidid (s. E III/IV **25** 4100) zu formulierenden Verbindung und Methanol (*Ridi et al.*, l. c. S. 778).
– Kristalle (aus Me.); F: 210°.
Ä t h y l e s t e r $C_{13}H_{15}N_5O_2$. *B.* Analog dem Methylester [s. o.] (*Ridi et al.*, l. c. S. 778). Beim Erwärmen mit 1-p-Tolyl-biguanid mit Oxalsäure-diäthylester und Äthanol (*Ridi et al.*). – Kristalle (aus A.); F: 212°.
H y d r a z i d $C_{11}H_{13}N_7O$. *B.* Aus dem Methylester (s. o.) oder Äthylester (s. o.) und $N_2H_4 \cdot H_2O$ (*Ridi et al.*, l. c. S. 780). – Kristalle (aus A.); F: 242° [Zers.].
N'-P h e n y l-h y d r a z i d $C_{17}H_{17}N_7O$. *B.* Analog dem Methylester [s. o.] (*Ridi et al.*, l. c. S. 780). – Kristalle (aus A. oder Eg.); F: 243°.

Amino-phenäthylamino-[1,3,5]triazin-2-carbonsäure $C_{12}H_{13}N_5O_2$, Formel VII ($R = CH_2$-CH_2-C_6H_5).
Die Identität der nachstehend beschriebenen Verbindung ist ungewiss; für dieses Präparat

sind auch Formulierungen als N-[4,5-Dioxo-4,5-dihydro-1H-imidazol-2-yl]-N'-phen$=$ äthyl-guanidin $C_{12}H_{13}N_5O_2$ oder als 2-Amino-4,5-dioxo-4,5-dihydro-imidazol-1-carbimidsäure-phenäthylamid, 2-Amino-4,5-dioxo-N-phenäthyl-4,5-dihydro-imidazol-1-carbamidin $C_{12}H_{13}N_5O_2$ in Betracht zu ziehen (vgl. hierzu $\bar{S}okolow\bar{s}kaja$ et $al.$, Ž. obšč. Chim. **27** [1957] 765, 769; engl. Ausg. S. 839, 843; $Hayashi$ et $al.$, Chem. pharm. Bl. **16** [1968] 471).

$B.$ Beim Behandeln von 1-Phenäthyl-biguanid mit Oxalsäure-diäthylester in Methanol ($Dansi$, $Zanini$, G. **89** [1959] 1681, 1686).

Kristalle; F: 204° ($Da.$, $Za.$).

Amid $C_{12}H_{14}N_6O$. $B.$ Aus der Säure und wss. NH_3 in DMF ($Da.$, $Za.$). − Kristalle (aus DMF + H_2O); F: ca. 241° [Zers.] ($Da.$, $Za.$).

Amino-p-phenetidino-[1,3,5]triazin-2-carbonsäure $C_{12}H_{13}N_5O_3$, Formel VII ($R = C_6H_4$-O-C_2H_5).

$B.$ Aus dem Methylester (s. u.) oder Äthylester (s. u.) oder beim Erwärmen mit wss. KOH ($Ridi$ et $al.$, Ann. Chimica **44** [1954] 769, 779).

F: 240° [Zers.].

Methylester $C_{13}H_{15}N_5O_3$. $B.$ Aus der als N-[4-Äthoxy-phenyl]-N'-[4,5-dioxo-4,5-dihydro-1H-imidazol-2-yl]-guanidin oder 2-Amino-4,5-dioxo-4,5-dihydro-imidazol-1-carbimidsäure-p-phenetidid (s. E III/IV **25** 4100) zu formulierenden Verbindung und Methanol ($Ridi$ et $al.$, l. c. S. 778). − Kristalle (aus Me.); F: 196°.

Äthylester $C_{14}H_{17}N_5O_3$. $B.$ Analog dem Methylester [s. o.] ($Ridi$ et $al.$, l. c. S. 778). Beim Erwärmen von 1-[4-Äthoxy-phenyl]-biguanid mit Oxalsäure-diäthylester und Äthanol ($Ridi$ et $al.$). − Kristalle (aus A.); F: 188−190°.

Hydrazid $C_{12}H_{15}N_7O_2$. $B.$ Aus dem Methylester (s. o.) oder Äthylester (s. o.) und $N_2H_4 \cdot H_2O$ ($Ridi$ et $al.$, l. c. S. 780). − Kristalle (aus A.); F: 248° [Zers.].

N'-Phenyl-hydrazid $C_{18}H_{19}N_7O_2$. $B.$ Analog dem Methylester [s. o.] ($Ridi$ et $al.$, l. c. S. 780). − Kristalle (aus Eg.); F: 208° [Zers.].

Amino-Derivate der Carbonsäuren $C_5H_5N_3O_2$

[Diamino-[1,3,5]triazin-2-yl]-essigsäure-[2-vinyloxy-äthylamid] $C_9H_{14}N_6O_2$, Formel VIII ($R = H$, $X = NH$-CH_2-CH_2-O-$CH=CH_2$).

$B.$ Beim Erwärmen von Cyanessigsäure-[2-vinyloxy-äthylamid] mit Cyanguanidin und KOH in Isopropylalkohol ($Luskin$ et $al.$, J. org. Chem. **23** [1958] 1032, 1036).

Kristalle (aus H_2O); F: 180−182° ($Lu.$ et $al.$, l. c. S. 1035).

[Diamino-[1,3,5]triazin-2-yl]-acetonitril $C_5H_6N_6$, Formel IX ($R = H$).

$B.$ Aus Biguanid und Cyanessigsäure-äthylester in Methanol ($Am.$ $Cyanamid$ $Co.$, U.S.P. 2394526 [1941]).

Gelbliche Kristalle (aus H_2O); F: 273°.

[Amino-anilino-[1,3,5]triazin-2-yl]-essigsäure $C_{11}H_{11}N_5O_2$, Formel VIII ($R = C_6H_5$, $X = OH$).

$B.$ Aus 1-Phenyl-biguanid und dem Kalium-Salz des Malonsäure-monoäthylesters ($\bar{S}okolow\bar{s}kaja$ et $al.$, Ž. obšč. Chim. **27** [1957] 1021, 1025; engl. Ausg. S. 1103, 1106).

Kristalle; F: 241° [unkorr.; Zers.; aus DMF + Me.] ($Shapiro$ et $al.$, Am. Soc. **81** [1959] 3996, 4000), 239−240° [Zers.; aus wss. A.] ($\bar{S}o.$ et $al.$). Kristalle mit 1 Mol H_2O; F: 100−102° [Zers.] ($\bar{S}o.$ et $al.$, l. c. S. 1026). IR-Spektrum (polyfluorierte Kohlenwasserstoffe sowie Vaselinöl; 2−12 μ): $\bar{S}o.$ et $al.$, l. c. S. 1023.

Kalium-Salz $KC_{11}H_{10}N_5O_2$. Kristalle (aus A.); F: 256−260° ($\bar{S}o.$ et $al.$, l. c. S. 1026).

[Amino-(4-chlor-anilino)-[1,3,5]triazin-2-yl]-essigsäure $C_{11}H_{10}ClN_5O_2$, Formel VIII ($R = C_6H_4$-Cl, $X = OH$).

$B.$ Aus [Amino-(4-chlor-anilino)-[1,3,5]triazin-2-yl]-acetonitril beim Erwärmen mit wss. NaOH ($\bar{S}okolow\bar{s}kaja$ et $al.$, Ž. obšč. Chim. **23** [1953] 467, 470; engl. Ausg. S. 481, 484).

F: 326 – 327°.

[Amino-anilino-[1,3,5]triazin-2-yl]-essigsäure-methylester $C_{12}H_{13}N_5O_2$, Formel VIII
(R = C_6H_5, X = O-CH_3).

B. Aus dem Silber-Salz der [Amino-anilino-[1,3,5]triazin-2-yl]-essigsäure und CH_3I in Meth=
anol (*Sokolowškaja et al., Ž.* obšč. Chim. **27** [1957] 1021, 1027; engl. Ausg. S. 1103, 1108).
Kristalle (aus wss. Me.); F: 121 – 122°.

[Amino-anilino-[1,3,5]triazin-2-yl]-essigsäure-äthylester $C_{13}H_{15}N_5O_2$, Formel VIII
(R = C_6H_5, X = O-C_2H_5).

B. Neben anderen Verbindungen aus 1-Phenyl-biguanid beim Erwärmen mit Malonsäure-
äthylester-chlorid und K_2CO_3 in Benzol sowie beim Erwärmen mit Malonsäure-diäthylester
und äthanol. Natriumäthylat (*Sokolowškaja et al., Ž.* obšč. Chim. **27** [1957] 1021, 1024, 1025;
engl. Ausg. S. 1103, 1105, 1106).
Kristalle (aus wss. A.); F: 119 – 120°.

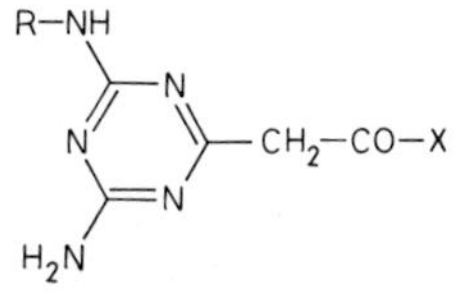

VIII 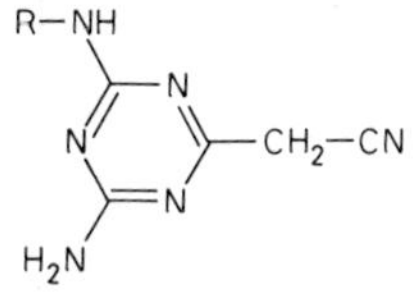   IX 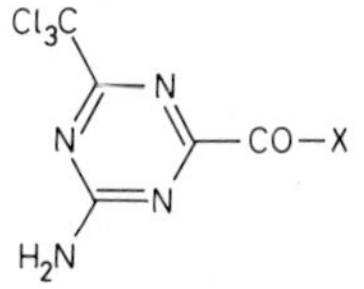   X

[Amino-anilino-[1,3,5]triazin-2-yl]-essigsäure-amid $C_{11}H_{12}N_6O$, Formel VIII (R = C_6H_5,
X = NH_2).

B. Aus dem vorangehenden Äthylester und methanol. NH_3 (*Sokolowškaja et al., Ž.* obšč.
Chim. **27** [1957] 1021, 1027; engl. Ausg. S. 1103, 1108). Aus der folgenden Verbindung mit
Hilfe von wss. H_2SO_4 (*So. et al.,* l. c. S. 1028).
Kristalle (aus wss. A. oder wss. Me.); F: 203 – 204°.

[Amino-anilino-[1,3,5]triazin-2-yl]-acetonitril $C_{11}H_{10}N_6$, Formel IX (R = C_6H_5).

B. Aus 1-Phenyl-biguanid und Cyanessigsäure-äthylester in Methanol (*Sokolowškaja et al.,
Ž.* obšč. Chim. **27** [1957] 1021, 1026; engl. Ausg. S. 1103, 1107; *Shapiro et al.,* Am. Soc.
81 [1959] 3996, 4000).
Kristalle (aus H_2O); F: 152 – 153° (*So. et al.*), 149 – 152° (*Sh. et al.*).

[Amino-(4-chlor-anilino)-[1,3,5]triazin-2-yl]-acetonitril $C_{11}H_9ClN_6$, Formel IX (R = C_6H_4-Cl).

B. Aus 1-[4-Chlor-phenyl]-biguanid und Cyanessigsäure-äthylester in Äthanol (*Sokolowškaja
et al., Ž.* obšč. Chim. **23** [1953] 467, 470; engl. Ausg. S. 481, 484).
Kristalle (aus wss. A.); F: 225 – 226°.

[Amino-anilino-[1,3,5]triazin-2-yl]-essigsäure-hydrazid $C_{11}H_{13}N_7O$, Formel VIII (R = C_6H_5,
X = NH-NH_2).

B. Aus [Amino-anilino-[1,3,5]triazin-2-yl]-essigsäure-äthylester und $N_2H_4 \cdot H_2O$ in Äthanol
(*Sokolowškaja et al., Ž.* obšč. Chim. **27** [1957] 1021, 1028; engl. Ausg. S. 1103, 1108).
Kristalle (aus A.); F: 215 – 216°.

———

Amino-trichlormethyl-[1,3,5]triazin-2-carbonsäure-äthylester $C_7H_7Cl_3N_4O_2$, Formel X
(X = O-C_2H_5).

B. Aus Bis-trichlormethyl-[1,3,5]triazin-2-carbonsäure-äthylester und NH_3 in Äther bei 0°
(*Kreutzberger,* Am. Soc. **79** [1957] 2629, 2632).
Kristalle (aus wss. Dioxan); F: 130 – 131° [korr.].

Amino-trichlormethyl-[1,3,5]triazin-2-carbonsäure-amid $C_5H_4Cl_3N_5O$, Formel X (X = NH_2).

B. Aus Bis-trichlormethyl-[1,3,5]triazin-2-carbonsäure-äthylester und wss. NH_3 bei 25°

(*Kreutzberger*, Am. Soc. **79** [1957] 2629, 2632).
Kristalle (aus Eg.); F: 315−316° [korr.].

2-Benzoylamino-3-[1H-[1,2,3]triazol-4-yl]-acrylsäure $C_{12}H_{10}N_4O_3$, Formel XI (R = H) und Taut.
B. Aus 2-Phenyl-4-[1H-[1,2,3]triazol-4-ylmethylen]-4H-oxazol-5-on oder 4-[1-Acetyl-1H-[1,2,3]triazol-4-ylmethylen]-2-phenyl-4H-oxazol-5-on beim Erwärmen mit wss. NaOH (*Sheehan, Robinson*, Am. Soc. **71** [1949] 1436, 1437, 1439).
Kristalle (aus H_2O) mit 2 Mol H_2O; F: 189° [korr.; Zers.].

2-Benzoylamino-3-[1-phenyl-1H-[1,2,3]triazol-4-yl]-acrylsäure $C_{18}H_{14}N_4O_3$, Formel XI (R = C_6H_5) und Taut.
B. Aus 2-Phenyl-4-[1-phenyl-1H-[1,2,3]triazol-4-ylmethylen]-4H-oxazol-5-on analog der vorangehenden Verbindung (*Hüttel et al.*, A. **585** [1954] 115, 120).
Kristalle; F: 202−204°.

Amino-Derivate der Carbonsäuren $C_6H_7N_3O_2$

3-[Diamino-[1,3,5]triazin-2-yl]-propionsäure-methylester $C_7H_{11}N_5O_2$, Formel XII (R = H, X = O-CH$_3$).
B. Neben 1,2-Bis-[diamino-[1,3,5]triazin-2-yl]-äthan beim Behandeln von Biguanid mit Bernsteinsäure-diäthylester und Methanol (*Am. Cyanamid Co.*, U.S.P. 2394526 [1941]; *Geigy A.G.*, U.S.P. 2447176 [1948]).
F: 159°.

3-[Diamino-[1,3,5]triazin-2-yl]-propionsäure-dibutylamid $C_{14}H_{26}N_6O$, Formel XII (R = H, X = N([CH$_2$]$_3$-CH$_3$)$_2$).
B. Aus Bernsteinsäure-anhydrid bei aufeinanderfolgender Umsetzung mit Dibutylamin, Butan-1-ol und Biguanid (*Am. Cyanamid Co.*, U.S.P. 2333452 [1941]).
Kristalle (aus wss. A.); F: 150−152°.

3-[Diamino-[1,3,5]triazin-2-yl]-propionsäure-anilid $C_{12}H_{14}N_6O$, Formel XII (R = H, X = NH-C$_6$H$_5$).
B. Aus N-Phenyl-succinimid und Biguanid in Methanol (*Am. Cyanamid Co.*, U.S.P. 2309661 [1941], 2333452 [1941]).
F: 202−203°.

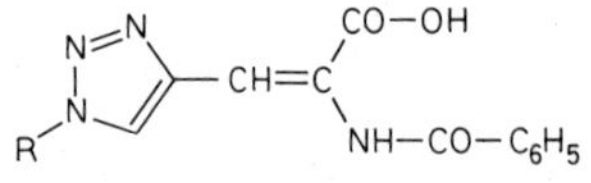

XI 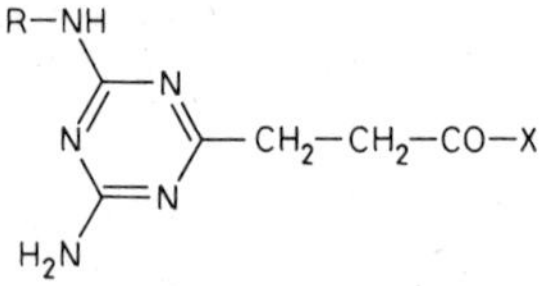   XII 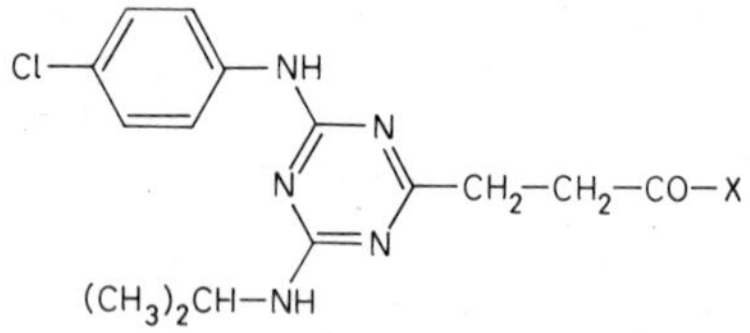   XIII

3-[Amino-anilino-[1,3,5]triazin-2-yl]-propionsäure $C_{12}H_{13}N_5O_2$, Formel XII (R = C_6H_5, X = OH).
B. Beim Erwärmen von 1-Phenyl-biguanid mit Bernsteinsäure-anhydrid und wss. NaOH in Dioxan (*Sokolowskaja et al.*, Ž. obšč. Chim. **27** [1957] 1968, 1970; engl. Ausg. S. 2030, 2031).
Kristalle (aus H_2O); F: 219−220° [Zers.]. IR-Spektrum (Vaselinöl; 2−11 μ): *So. et al.*
Methylester $C_{13}H_{15}N_5O_2$. *B.* Aus 1-Phenyl-biguanid und Bernsteinsäure-chlorid-methylester (*So. et al.*). − Kristalle (aus wss. Me.); F: 122−124°.
Äthylester $C_{14}H_{17}N_5O_2$. *B.* Analog dem Methylester [s. o.] (*So. et al.*). Beim Erwärmen

von 1-Phenyl-biguanid mit Bernsteinsäure-diäthylester und äthanol. Natriumäthylat ($\bar{S}o.$ *et al.*).
— Kristalle (aus wss. A.); F: 131−132°.

3-[Amino-anilino-[1,3,5]triazin-2-yl]-propionsäure-[2-diäthylamino-äthylester] $C_{18}H_{26}N_6O_2$,

Formel XII (R = C_6H_5, X = O-CH$_2$-CH$_2$-N(C$_2$H$_5$)$_2$).
B. Aus dem Kalium-Salz der vorangehenden Säure und Diäthyl-[2-chlor-äthyl]-amin in Benzol
($\bar{S}okolow\bar{s}kaja$ *et al., Ž.* obšč. Chim. **27** [1957] 1968, 1973; engl. Ausg. S. 2030, 2033).
D i h y d r o c h l o r i d $C_{18}H_{26}N_6O_2 \cdot 2$HCl. Hygroskopisch; unterhalb 300° nicht schmelzend.

3-[Amino-anilino-[1,3,5]triazin-2-yl]-propionsäure-amid $C_{12}H_{14}N_6O$, Formel XII (R = C_6H_5,

X = NH$_2$).
B. Aus 3-[Amino-anilino-[1,3,5]triazin-2-yl]-propionsäure-äthylester und methanol. NH$_3$ ($\bar{S}o^{\not c}$
$kolow\bar{s}kaja$ *et al., Ž.* obšč. Chim. **27** [1957] 1968, 1971; engl. Ausg. S. 2030, 2033). Aus 3-[Amino-
anilino-[1,3,5]triazin-2-yl]-propionsäure bei aufeinanderfolgender Umsetzung mit PCl$_5$ und wss.
NH$_3$ ($\bar{S}o.$ *et al.*).
Kristalle (aus wss. A.); F: 225−226°.

3-[Amino-anilino-[1,3,5]triazin-2-yl]-propionsäure-diäthylamid $C_{16}H_{22}N_6O$, Formel XII

(R = C_6H_5, X = N(C$_2$H$_5$)$_2$).
B. Beim Erwärmen von 1-Phenyl-biguanid mit *N,N*-Diäthyl-succinamidsäure-methylester in
Butan-1-ol ($\bar{S}okolow\bar{s}kaja$ *et al., Ž.* obšč. Chim. **27** [1957] 1968, 1972; engl. Ausg. S. 2030,
2033).
Kristalle (aus A.); F: 142−143°.
H y d r o c h l o r i d $C_{16}H_{22}N_6O \cdot$HCl. F: 180,5−181,5° [aus A.].

3-[Amino-anilino-[1,3,5]triazin-2-yl]-propionsäure-hydrazid $C_{12}H_{15}N_7O$, Formel XII

(R = C_6H_5, X = NH-NH$_2$).
B. Aus 3-[Amino-anilino-[1,3,5]triazin-2-yl]-propionsäure-äthylester und N$_2$H$_4 \cdot$H$_2$O in Äth$^{\not c}$
anol ($\bar{S}okolow\bar{s}kaja$ *et al., Ž.* obšč. Chim. **27** [1957] 1968, 1972; engl. Ausg. S. 2030, 2033).
Kristalle (aus A.); F: 192−193°.

3-[(4-Chlor-anilino)-isopropylamino-[1,3,5]triazin-2-yl]-propionsäure $C_{15}H_{18}ClN_5O_2$,

Formel XIII (X = OH).
B. Aus dem folgenden Äthylester mit Hilfe von äthanol. NaOH ($\bar{S}okolow\bar{s}kaja$ *et al., Ž.*
obšč. Chim. **23** [1953] 467, 471; engl. Ausg. S. 481, 484).
Kristalle (aus A.); F: 216−218°.

3-[(4-Chlor-anilino)-isopropylamino-[1,3,5]triazin-2-yl]-propionsäure-äthylester $C_{17}H_{22}ClN_5O_2$,

Formel XIII (X = O-C$_2$H$_5$).
B. Aus 1-[4-Chlor-phenyl]-5-isopropyl-biguanid beim Erwärmen mit Bernsteinsäure-äthyl$^{\not c}$
ester-chlorid und K$_2$CO$_3$ in Toluol ($\bar{S}okolow\bar{s}kaja$ *et al., Ž.* obšč. Chim. **23** [1953] 467, 470;
engl. Ausg. S. 481, 484).
Kristalle (aus A.); F: 89−90°.
H y d r o c h l o r i d $C_{17}H_{22}ClN_5O_2 \cdot$HCl. Kristalle (aus A.+Ae.); F: 165−166°.

3-[(4-Chlor-anilino)-isopropylamino-[1,3,5]triazin-2-yl]-propionsäure-hydrazid $C_{15}H_{20}ClN_7O$,

Formel XIII (X = NH-NH$_2$).
B. Aus dem Hydrochlorid des vorangehenden Äthylesters und N$_2$H$_4 \cdot$H$_2$O in Äthanol ($\bar{S}oko^{\not c}$
$low\bar{s}kaja$ *et al., Ž.* obšč. Chim. **23** [1953] 467, 471; engl. Ausg. S. 481, 485).
Kristalle (aus wss. A.); F: 168−170°.

Amino-Derivate der Carbonsäuren $C_7H_9N_3O_2$

4-[Amino-anilino-[1,3,5]triazin-2-yl]-buttersäure $C_{13}H_{15}N_5O_2$, Formel I (X = OH, n = 3).

B. Neben dem folgenden Äthylester beim Erhitzen von 1-Phenyl-biguanid mit Glutarsäure-

äthylester-chlorid und K_2CO_3 in Toluol (*Sokolowškaja et al., Ž.* obšč. Chim. **27** [1957] 1968, 1973; engl. Ausg. S. 2030, 2034). Aus dem Äthylester (s. u.) mit Hilfe von äthanol. KOH (*So. et al.,* l. c. S. 1974).
Kristalle (aus wss. A.); F: 208,5 – 209,5°.

4-[Amino-anilino-[1,3,5]triazin-2-yl]-buttersäure-äthylester $C_{15}H_{19}N_5O_2$, Formel I (X = $O-C_2H_5$, n = 3).
B. Aus 1-Phenyl-biguanid beim Erwärmen mit Glutarsäure-diäthylester und äthanol. Na= triumäthylat (*Sokolowškaja et al., Ž.* obšč. Chim. **27** [1947] 1968, 1973; engl. Ausg. S. 2030, 2034). Eine weitere Bildungsweise s. im vorangehenden Artikel.
Kristalle (aus wss. A.); F: 106,5 – 108°.

4-[Amino-anilino-[1,3,5]triazin-2-yl]-buttersäure-amid $C_{13}H_{16}N_6O$, Formel I (X = NH_2, n = 3).
B. Aus dem vorangehenden Äthylester und methanol. NH_3 (*Sokolowškaja et al., Ž.* obšč. Chim. **27** [1957] 1968, 1974; engl. Ausg. S. 2030, 2034).
Kristalle (aus wss. A.); F: 179,5 – 180,5°.

4-[Amino-anilino-[1,3,5]triazin-2-yl]-buttersäure-hydrazid $C_{13}H_{17}N_7O$, Formel I (X = $NH-NH_2$, n = 3).
B. Aus dem Äthylester (s. o.) und $N_2H_4 \cdot H_2O$ in Äthanol (*Sokolowškaja et al., Ž.* obšč. Chim. **27** [1957] 1968, 1974; engl. Ausg. S. 2030, 2034).
Kristalle (aus wss. A.); F: 208 – 209°.

Amino-Derivate der Carbonsäuren $C_8H_{11}N_3O_2$

5-[Diamino-[1,3,5]triazin-2-yl]-valeronitril $C_8H_{12}N_6$, Formel II.
B. Beim Erwärmen von Cyanguanidin mit Adiponitril, Natrium und flüssigem NH_3 (*Bann et al.,* Ind. chim. belge Sonderband 27. Congr. int. Chim. ind. Brüssel 1954 Bd. 3, S. 342, 343; *British Oxygen Co.,* U.S.P. 2735850 [1954]; s. a. *Du Pont de Nemours & Co.,* U.S.P. 2548772 [1948]).
Kristalle; F: 256 – 257° (*Bann et al.*), 254 – 257° (*British Oxygen Co.*), 251° [aus H_2O] (*Du Pont*).

5-[Amino-anilino-[1,3,5]triazin-2-yl]-valeriansäure $C_{14}H_{17}N_5O_2$, Formel I (X = OH, n = 4).
B. Aus dem Äthylester (s. u.) mit Hilfe von äthanol. KOH (*Sokolowškaja et al., Ž.* obšč. Chim. **27** [1957] 1968, 1975; engl. Ausg. S. 2030, 2035). Neben anderen Verbindungen beim Erwärmen von 1-Phenyl-biguanid mit Adipinsäure-diäthylester und äthanol. Natriumäthylat (*So. et al.*).
Kristalle (aus wss. A.); F: 206 – 207°.
Hydrochlorid $C_{14}H_{17}N_5O_2 \cdot HCl$. Kristalle (aus A.); F: 220,5 – 222° [Zers.].

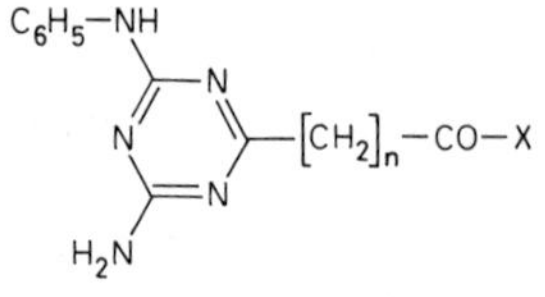

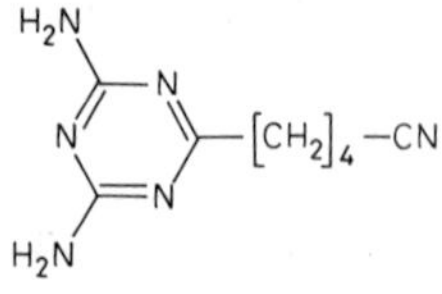

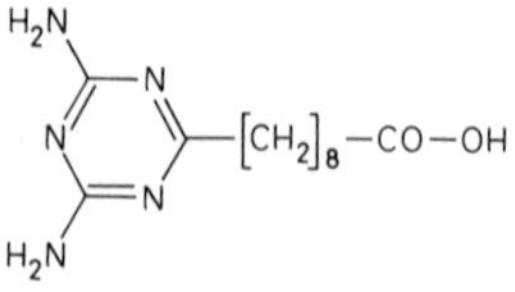

5-[Amino-anilino-[1,3,5]triazin-2-yl]-valeriansäure-methylester $C_{15}H_{19}N_5O_2$, Formel I (X = $O-CH_3$, n = 4).
B. Aus der vorangehenden Säure und methanol. H_2SO_4 (*Sokolowškaja et al., Ž.* obšč. Chim. **27** [1957] 1968, 1975; engl. Ausg. S. 2030, 2035).
Kristalle (aus wss. Me.); F: 122 – 123,5°.

5-[Amino-anilino-[1,3,5]triazin-2-yl]-valeriansäure-äthylester $C_{16}H_{21}N_5O_2$, Formel I
(X = O-C_2H_5, n = 4).

B. Aus 1-Phenyl-biguanid beim Erhitzen mit Adipinsäure-äthylester-chlorid und K_2CO_3 in Toluol sowie beim Erwärmen mit Adipinsäure-diäthylester und äthanol. Natriumäthylat (*S̄oko̱lows̄kaja et al., Ž. obšč.* Chim. **27** [1957] 1968, 1974, 1975; engl. Ausg. S. 2030, 2035).
Kristalle (aus A.); F: 126–127°.
Acetyl-Derivat $C_{18}H_{23}N_5O_3$; 5-[Acetylamino-anilino-[1,3,5]triazin-2-yl]-valeriansäure-äthylester(?). F: 155–156° [aus wss. A.].
Diacetyl-Derivat $C_{20}H_{25}N_5O_4$. F: 90–91° [aus wss. A.].

5-[Amino-anilino-[1,3,5]triazin-2-yl]-valeriansäure-amid $C_{14}H_{18}N_6O$, Formel I (X = NH_2,
n = 4).

B. Aus dem vorangehenden Äthylester und methanol. NH_3 (*S̄okolows̄kaja et al., Ž. obšč.* Chim. **27** [1957] 1968, 1976; engl. Ausg. S. 2030, 2036). Beim Erwärmen von 5-[Amino-anilino-[1,3,5]triazin-2-yl]-valeriansäure mit PCl_5 und Acetylchlorid und Behandeln des erhaltenen Säurechlorids mit wss. NH_3 (*S̄o. et al.*).
Kristalle (aus A. oder wss. Me.); F: 195–196°.

5-[Amino-anilino-[1,3,5]triazin-2-yl]-valeriansäure-hydrazid $C_{14}H_{19}N_7O$, Formel I
(X = NH-NH_2, n = 4).
B. Aus dem Äthylester (s. o.) und $N_2H_4 \cdot H_2O$ in Äthanol (*S̄okolows̄kaja et al., Ž. obšč.* Chim. **27** [1957] 1968, 1976; engl. Ausg. S. 2030, 2036).
Kristalle (aus wss. A.); F: 169–170°.

Amino-Derivate der Carbonsäuren $C_9H_{13}N_3O_2$

6-[Amino-anilino-[1,3,5]triazin-2-yl]-hexansäure $C_{15}H_{19}N_5O_2$, Formel I (X = OH, n = 5).
B. Aus dem Äthylester (s. u.) mit Hilfe von äthanol. NaOH (*S̄okolows̄kaja et al., Ž. obšč.* Chim. **27** [1957] 1968, 1977; engl. Ausg. S. 2030, 2036).
Kristalle (aus wss. Me.); F: 177,5–178°.
Äthylester $C_{17}H_{23}N_5O_2$. *B.* Aus 1-Phenyl-biguanid beim Erwärmen mit 6-Chlorcarbonyl-hexansäure-äthylester und K_2CO_3 in Toluol (*S̄o. et al.*). – Kristalle (aus PAe.); F: 87,5–89,5°.
Amid $C_{15}H_{20}N_6O$. *B.* Aus dem Äthylester [s. o.] oder aus der Säure [s. o.] (*S̄o. et al.*).
– Kristalle (aus wss. Me.); F: 164–165°.
Hydrazid $C_{15}H_{21}N_7O$. *B.* Aus dem Äthylester [s. o.] (*S̄o. et al.*). – Kristalle (aus wss. Me.); F: 194,5–196°.

Amino-Derivate der Carbonsäuren $C_{12}H_{19}N_3O_2$

9-[Diamino-[1,3,5]triazin-2-yl]-nonansäure $C_{12}H_{21}N_5O_2$, Formel III.
B. Aus Biguanid beim Erwärmen mit dem Natrium-Salz des Decandisäure-butylesters in Methanol (*Am. Cyanamid Co.*, U.S.P. 2394526 [1941], 2427315 [1941]; *Geigy A.G.*, U.S.P. 2447176 [1948]). Beim Erhitzen von Biguanid mit 9-Chlorcarbonyl-nonansäure-methylester und Na_2CO_3 in Toluol (*Geigy A.G.*).
F: 223–225° (*Am. Cyanamid Co.*, U.S.P. 2394526, 2427315; *Geigy A.G.*).
Butylester $C_{16}H_{29}N_5O_2$. *B.* Aus der Säure (s. o.) und Butan-1-ol unter Zusatz von H_2SO_4 (*Am. Cyanamid Co.*, U.S.P. 2427315). – Wachsartiger Feststoff (aus A.+H_2O); F: 90–92° (*Am. Cyanamid Co.*, U.S.P. 2427315).

Amino-Derivate der Monocarbonsäuren $C_nH_{2n-7}N_3O_2$

8-Amino-5-chlor-2,3-dihydro-imidazo[1,2-c]pyrimidin-7-carbonsäure $C_7H_7ClN_4O_2$, Formel IV
(R = H).
B. Aus dem folgenden Methylester oder Äthylester (s. u.) mit Hilfe von wss. NaOH (*Clark, Ramage*, Soc. **1958** 2821, 2825).

Gelbliche Kristalle; unterhalb 250° nicht schmelzend.

Natrium-Salz $NaC_7H_6ClN_4O_2$. Kristalle (aus H_2O) mit 3 Mol H_2O; Zers. ab 250°.

Picrat $2C_7H_7ClN_4O_2 \cdot C_6H_3N_3O_7$. Gelbe Kristalle (aus H_2O); F: 244° [Zers.; im vorgeheiz⸗ ten App.; bei raschem Erhitzen].

8-Amino-5-chlor-2,3-dihydro-imidazo[1,2-c]pyrimidin-7-carbonsäure-methylester $C_8H_9ClN_4O_2$, Formel IV (R = CH_3).

B. Aus 5-Amino-2-chlor-6-[2-chlor-äthylamino]-pyrimidin-4-carbonsäure-methylester beim Erwärmen mit H_2O oder Methanol (*Clark, Ramage,* Soc. **1958** 2821, 2824).

Gelbliche Kristalle (aus 2-Äthoxy-äthanol); F: 229° [Zers.; im vorgeheizten App.; bei raschem Erhitzen].

Picrat $C_8H_9ClN_4O_2 \cdot C_6H_3N_3O_7$. Gelbe Kristalle (aus 2-Äthoxy-äthanol); F: 246° [Zers.; im vorgeheizten App.; bei raschem Erhitzen].

8-Amino-5-chlor-2,3-dihydro-imidazo[1,2-c]pyrimidin-7-carbonsäure-äthylester $C_9H_{11}ClN_4O_2$, Formel IV (R = C_2H_5).

B. Analog dem vorangehenden Methylester (*Clark, Ramage, Soc.* **1958** 2821, 2824).

Wasserhaltige Kristalle (aus wss. 2-Äthoxy-äthanol oder H_2O), F: 153−154° [langsames Erhitzen]; die wasserfreie Verbindung schmilzt ebenfalls bei 153−154°.

Picrat $C_9H_{11}ClN_4O_2 \cdot C_6H_3N_3O_7$. Gelbe Kristalle (aus 2-Äthoxy-äthanol); F: 242° [Zers.].

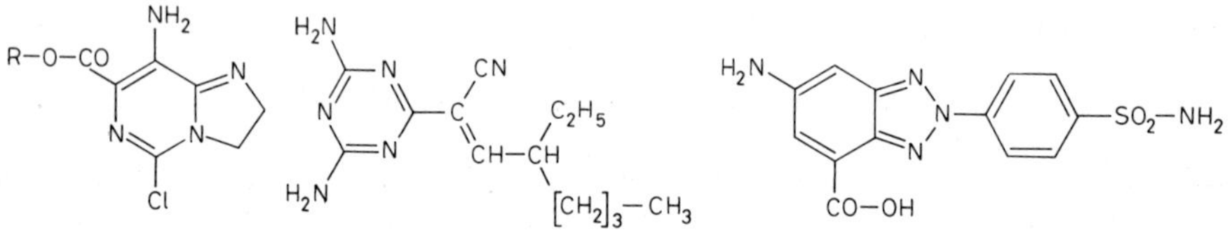

IV   V   VI

***(±)-4-Äthyl-2-[diamino-[1,3,5]triazin-2-yl]-oct-2-ennitril** $C_{13}H_{20}N_6$, Formel V.

Die Identität der nachstehend beschriebenen Verbindung ist ungewiss; für dieses Präparat ist auch eine Formulierung als opt.-inakt. 6-[1-Äthyl-pentyl]-2-amino-5-cyan-4-oxo-1,4,5,6-tetrahydro-pyrimidin-1-carbamidin $C_{13}H_{22}N_6O$ in Betracht zu ziehen (*Am. Cyanamid Co.,* U.S.P. 2394526 [1941], 2461943 [1941]).

B. Aus Biguanid und (±)-4-Äthyl-2-cyan-oct-2-ensäure-methylester in Methanol (*Am. Cyan⸗ amid Co.*).

F: 323−326° [Zers.].

Amino-Derivate der Monocarbonsäuren $C_nH_{2n-9}N_3O_2$

Amino-Derivate der Carbonsäuren $C_7H_5N_3O_2$

6-Amino-2-[4-sulfamoyl-phenyl]-2H-benzotriazol-4-carbonsäure $C_{13}H_{11}N_5O_4S$, Formel VI.

B. Aus 3,5-Diamino-2-[4-sulfamoyl-phenylazo]-benzoesäure beim Erwärmen mit $CuSO_4$ und wss. NH_3 (*Amorosa,* Ann. Chimica farm. **1939** (Aug.) 32, 43; C. A. **1939** II 4027).

Kristalle (aus wss. A.); F: 287−288° [nach Dunkelfärbung bei 282°].

Methylester $C_{14}H_{13}N_5O_4S$. *B.* Aus der Säure [s. o.] (*Am.*). − Gelbe Kristalle (aus wss. A.); F: 265−266°.

7-Amino-1-[4-methoxy-phenyl]-1H-benzotriazol-5-carbonsäure $C_{14}H_{12}N_4O_3$, Formel VII (R = H, R' = CH_3).

B. Aus 3,5-Diamino-4-p-anisidino-benzoesäure beim Behandeln mit $NaNO_2$ und Essigsäure (*Berkengeïm, Lur'e,* Ž. obšč. Chim. **6** [1936] 1043, 1054; C. **1937** I 2595).

Rot; F: 238−240° [Zers.].

1-[4-Äthoxy-phenyl]-7-amino-1H-benzotriazol-5-carbonsäure-methylester $C_{16}H_{16}N_4O_3$,
Formel VII (R = CH$_3$, R' = C$_2$H$_5$).

B. Analog der vorangehenden Verbindung (*Berkengeĭm, Lur'e, Ž.* obšč. Chim. **6** [1936] 1043, 1053; C. **1937** I 2595).

F: 120—122°.

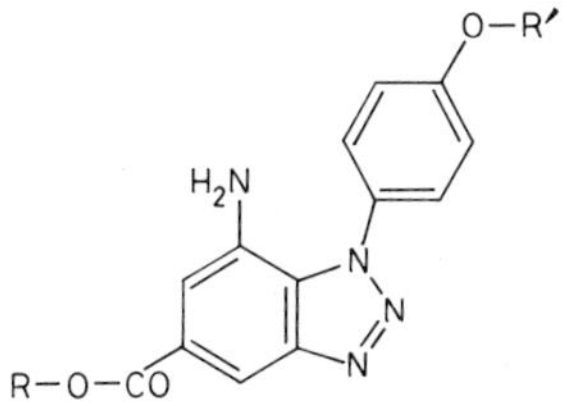

VII 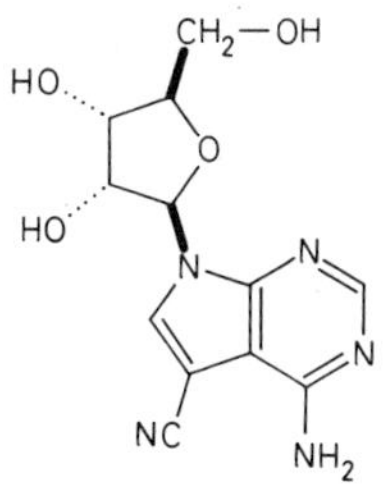   VIII 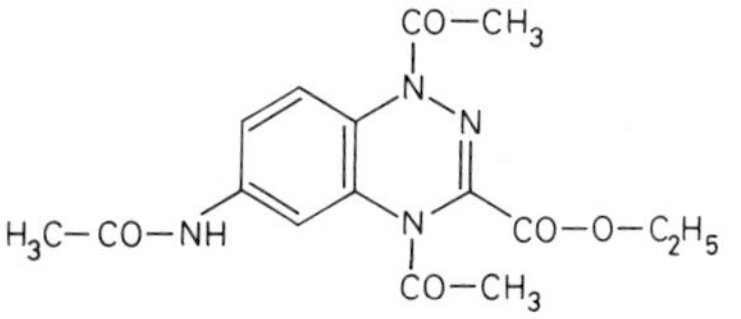   IX

4-Amino-7-β-D-ribofuranosyl-7H-pyrrolo[2,3-d]pyrimidin-5-carbonitril, Toyocamycin
$C_{12}H_{13}N_5O_4$, Formel VIII.

Konstitution: *Ohkuma,* J. Antibiotics Japan [A] **14** [1961] 343. Konfiguration: *Mizuno et al.*, J. org. Chem. **28** [1963] 3329.

Identität von Toyocamycin mit Antibioticum Nr. 1037 von *Yamamoto et al.* (Ann. Rep. Takeda Res. Labor. **16** [1957] 26, 28; C. A. **1958** 10279): *Aszalos et al.*, J. Antibiotics Japan [A] **19** [1966] 285; mit Antibioticum-E 212 von *Kikuchi* (J. Antibiotics Japan [A] **8** [1955] 145), mit Unamycin-B von *Matsuoka, Umezawa* (J. Antibiotics Japan [A] **13** [1960] 114) und mit Vengicid von *Struyk, Stheeman* (N. V. Koninkl. Nederl. Gist-en Spiritusfabr., Brit. P. 764198 [1956]): *Tolman et al.,* Am. Soc. **90** [1968] 524.

Isolierung aus Streptomyces toyocaensis: *Nishimura et al.*, J. Antibiotics Japan [A] **9** [1956] 60; s. a. *Ki.* Synthese: *Tolman et al.*, Am. Soc. **91** [1969] 2102.

Kristalle; F: 243° [aus Me. oder Acn.] (*Ni. et al.*), 237° [aus A.] (*Oh.*), 233—234° [aus Me.] (*Ki.*). Kristalle mit 1 Mol H$_2$O; F: 239—243° [aus wss. Me. oder wss. Acn.] (*Ni. et al.*), 237° [Zers.; aus H$_2$O] (*Oh.*). $[\alpha]_D^{16}$: −45,7° [wss. HCl (0,1 n); c = 1] (*Oh.*). IR-Spektrum (Nujol; 4000—700 cm^{-1}): *Oh.; Ni. et al.*; s. a. *Ki.* UV-Spektrum in Methanol (220—400 nm bzw. 220—310 nm): *Ni. et al.; Oh.*; in H$_2$O (220—300 nm): *Ki.*; in wss. HCl [0,1 n] sowie wss. NaOH [0,1 n] (220—320 nm): *Ki.; Oh.*

Amino-Derivate der Carbonsäuren $C_8H_7N_3O_2$

1,4-Diacetyl-6-acetylamino-1,4-dihydro-benzo[e][1,2,4]triazin-3-carbonsäure-äthylester
$C_{16}H_{18}N_4O_5$, Formel IX.

B. Aus 6-Acetylamino-benzo[e][1,2,4]triazin-3-carbonsäure-äthylester beim Erwärmen mit Na$_2$S$_2$O$_4$ und wss. Essigsäure und Behandeln des erhaltenen 6-Acetylamino-1,4-dihydro-benzo[e][1,2,4]triazin-3-carbonsäure-äthylesters $C_{12}H_{14}N_4O_3$ (braunviolette Kristalle) mit Acetanhydrid (*Fusco, Rossi,* Rend. Ist. lomb. **91** [1957] 186, 198, 201). Beim Behandeln von 6-Nitro-benzo[e][1,2,4]triazin-3-carbonsäure-äthylester mit Zink, wss. Essigsäure und Acet= anhydrid (*Fu., Ro.*).

Braune Kristalle (aus A.); F: 224°.

Amino-Derivate der Carbonsäuren $C_9H_9N_3O_2$

(±)-2-Amino-3-[1-(4-hydroxy-phenyl)-7-jod-1H-benzotriazol-5-yl]-propionsäure $C_{15}H_{13}IN_4O_3$,
Formel X (X = H).

B. Aus (±)-2-Acetylamino-3-[7-jod-1-(4-methoxy-phenyl)-1H-benzotriazol-5-yl]-propionsäure-äthylester mit Hilfe von HI und Essigsäure (*Cookson,* Soc. **1953** 643, 651).

Kristalle (aus H_2O) mit 1 Mol H_2O.

(±)-2-Amino-3-[1-(4-hydroxy-3-jod-phenyl)-7-jod-1*H*-benzotriazol-5-yl]-propionsäure
$C_{15}H_{12}I_2N_4O_3$, Formel X (X = I).
   B. Aus der vorangehenden Verbindung beim Behandeln mit Jod, wss. KI und wss. Äthylamin
sowie beim Behandeln mit ICl und Essigsäure (*Cookson*, Soc. **1953** 643, 652).
   F: 210–214° [Zers.].

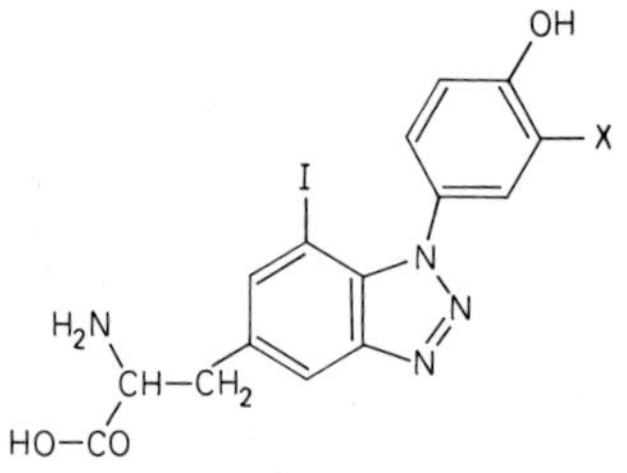

X

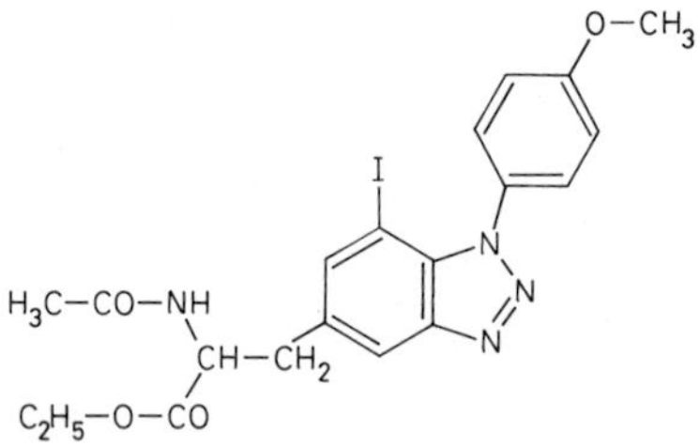

XI

(±)-2-Acetylamino-3-[7-jod-1-(4-methoxy-phenyl)-1*H*-benzotriazol-5-yl]-propionsäure-äthylester
$C_{20}H_{21}IN_4O_4$, Formel XI.
   B. Aus (±)-2-Acetylamino-3-[4-*p*-anisidino-3,5-dinitro-phenyl]-propionsäure-äthylester über
mehrere Reaktionsstufen (*Cookson*, Soc. **1953** 643, 651).
   Kristalle (aus Toluol); F: 152–154°.

Amino-Derivate der Monocarbonsäuren $C_nH_{2n-11}N_3O_2$

6-Acetylamino-benzo[*e*][1,2,4]triazin-3-carbonsäure $C_{10}H_8N_4O_3$, Formel XII.
   B. Aus dem Äthylester (s. u.) mit Hilfe von wss. Na_2CO_3 (*Fusco, Rossi*, Rend. Ist. lomb.
91 [1957] 186, 196).
   Braune Kristalle (aus H_2O) mit 2 Mol H_2O; F: 204°.
   Äthylester $C_{12}H_{12}N_4O_3$. *B.* Aus 6-Acetyl-benzo[*e*][1,2,4]triazin-3-carbonsäure-äthylester
bei aufeinanderfolgender Umsetzung mit HN_3 in $CHCl_3$ und mit konz. H_2SO_4 (*Fu., Ro.*).
– Gelbe Kristalle (aus Me.); F: 242°.

3,6-Diamino-pyrido[2,3-*b*]pyrazin-2-carbonsäure $C_8H_7N_5O_2$, Formel XIII (X = OH).
   B. Aus 3-Nitroso-pyridin-2,6-diyldiamin beim Erwärmen mit Cyanessigsäure-äthylester, Na=
trium-[2-äthoxy-äthylat] und 2-Äthoxy-äthanol (*Osdene, Timmis*, Soc. **1955** 2032, 2034).
   Gelbe Kristalle (aus H_2O); F: 284° [Zers.]. λ_{max} (wss. HCl): ca. 222 nm, 253,5 nm, 282 nm,
300 nm und 401 nm (*Os., Ti.*, l. c. S. 2033).

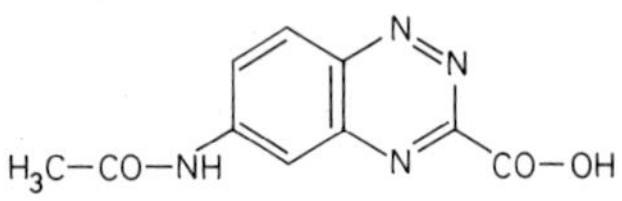

XII

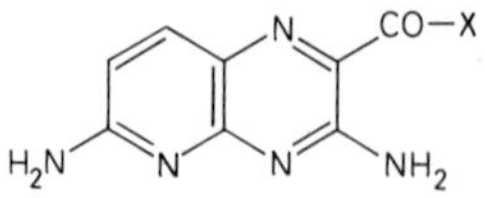

XIII

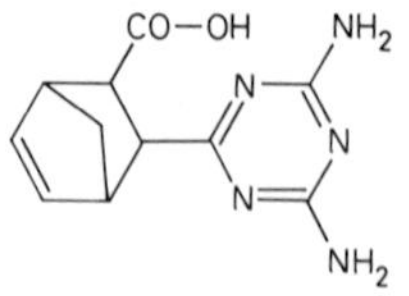

XIV

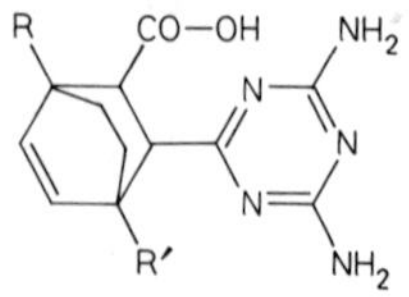

XV

3,6-Diamino-pyrido[2,3-*b*]pyrazin-2-carbonsäure-amid $C_8H_8N_6O$, Formel XIII (X = NH_2).
   B. Beim Erwärmen von 3-Nitroso-pyridin-2,6-diyldiamin mit Cyanessigsäure-amid und äth=
anol. Natriummäthylat (*Osdene, Timmis*, Soc. **1955** 2032, 2034).
   Gelbe Kristalle (aus H_2O); F: >300°. λ_{max} (wss. HCl): ca. 213 nm, 255 nm, 303 nm und
400 nm (*Os., Ti.*, l. c. S. 2033).

Beim Erwärmen mit wss. NaOH ist 3-Amino-6-oxo-5,6-dihydro-pyrido[2,3-*b*]pyrazin-2-car⁼
bonsäure erhalten worden.

---

*Opt.-inakt. 3-[Diamino-[1,3,5]triazin-2-yl]-norborn-5-en-2-carbonsäure $C_{11}H_{13}N_5O_2$,
Formel XIV.

B. Aus Biguanid und dem Natrium-Salz des opt.-inakt. Norborn-5-en-2,3-dicarbonsäure-
monomethylesters in Methanol (*Am. Cyanamid Co.*, U.S.P. 2423071 [1941], 2427316 [1941]).
F: 227° [Zers.].

***Opt.-inakt. 3-[Diamino-[1,3,5]triazin-2-yl]-1(oder 4)-isopropyl-4(oder 1)-methyl-
bicyclo[2.2.2]oct-5-en-2-carbonsäure** $C_{16}H_{23}N_5O_2$, Formel XV (R = CH(CH₃)₂, R' = CH₃
oder R = CH₃, R' = CH(CH₃)₂).

B. Aus Biguanid und opt.-inakt. 1-Isopropyl-4-methyl-bicyclo[2.2.2]oct-5-en-2,3-dicarbon⁼
säure-anhydrid in Methanol (*Am. Cyanamid Co.*, U.S.P. 2423071 [1941]).
F: 225−226°.

Amino-Derivate der Monocarbonsäuren $C_nH_{2n-13}N_3O_2$

5-Amino-6-phenyl-[1,2,4]triazin-3-carbonsäure $C_{10}H_8N_4O_2$, Formel I.

B. Aus Amino-[(cyan-phenyl-methylen)-hydrazono]-essigsäure-methylester beim Erwärmen
mit wss. K_2CO_3 (*Fusco, Rossi*, Tetrahedron **3** [1958] 209, 222).

Kristalle (aus H_2O); F: 178° [unkorr.; Zers.].

Methylester $C_{11}H_{10}N_4O_2$. *B.* Aus Amino-[(cyan-phenyl-methylen)-hydrazono]-essigsäure-
methylester beim Erwärmen mit methanol. Natriummethylat (*Fu., Ro.*, l. c. S. 223). − Kristalle
(aus A.); F: 229° [unkorr.].

Hydrazid $C_{10}H_{10}N_6O$. *B.* Aus dem Methylester (s. o.) und $N_2H_4 \cdot H_2O$ (*Fu., Ro.*, l. c.
S. 223). − F: 261−262° [unkorr.].

5-Amino-3-phenyl-[1,2,4]triazin-6-carbonsäure $C_{10}H_8N_4O_2$, Formel II.

B. Aus [(α-Amino-benzyliden)-hydrazono]-cyan-essigsäure-methylester beim Erwärmen mit
wss. K_2CO_3 (*Fusco, Rossi*, Tetrahedron **3** [1958] 209, 223).

Kristalle (aus Eg.); F: 184° [unkorr.].

Methylester $C_{11}H_{10}N_4O_2$. *B.* Aus [(α-Amino-benzyliden)-hydrazono]-cyan-essigsäure-
methylester beim Erwärmen mit methanol. Natriummethylat (*Fu., Ro.*, l. c. S. 224). − Gelbliche
Kristalle; F: 232° [unkorr.].

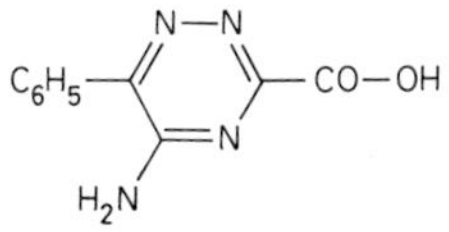

I 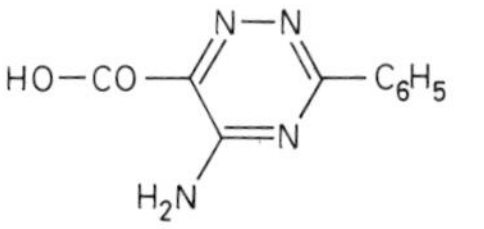   II 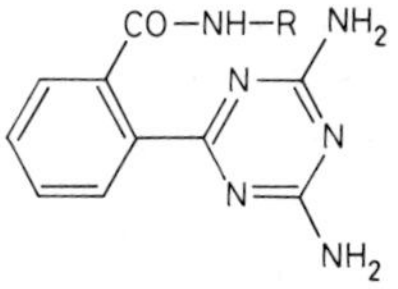   III

2-[Diamino-[1,3,5]triazin-2-yl]-benzoesäure-amid $C_{10}H_{10}N_6O$, Formel III (R = H).

B. Beim Erwärmen von Biguanid mit Phthalimid und methanol. Natriummethylat (*Am.
Cyanamid Co.*, U.S.P. 2309661 [1941], 2333452 [1941]).

Kristalle (aus H_2O); F: 264−266°.

2-[Diamino-[1,3,5]triazin-2-yl]-benzoesäure-octylamid $C_{18}H_{26}N_6O$, Formel III
(R = [CH₂]₇-CH₃).

B. Beim Behandeln von Biguanid mit *N*-Octyl-phthalamidsäure-methylester und methanol.
Natriummethylat (*Am. Cyanamid Co.*, U.S.P. 2333452 [1941]).

Kristalle (aus wss. A.); F: 171°.

Amino-Derivate der Monocarbonsäuren $C_nH_{2n-15}N_3O_2$

4-Amino-benz[4,5]imidazo[1,2-a]pyrimidin-3-carbonsäure-äthylester $C_{13}H_{12}N_4O_2$, Formel IV.

Diese Verbindung hat als Hauptbestandteil neben 4-Oxo-1,4-dihydro-benz[4,5]imidazo[1,2-a]pyrimidin-3-carbonitril in dem von *De Cat, Van Dormael* (Bl. Soc. chim. Belg. **60** [1951] 69, 75) als 2-Amino-benz[4,5]imidazo[1,2-a]pyrimidin-3-carbonsäure-äthylester $C_{13}H_{12}N_4O_2$ angesehenen Präparat (Kristalle [aus Eg.]; F: 248−250°) vorgelegen (*Chow et al.*, J. heterocycl. Chem. **10** [1973] 71, 73).

B. Aus 1*H*-Benzimidazol-2-ylamin und 3-Äthoxy-2-cyan-acrylsäure-äthylester (*Chow et al.*; *De Cat, Van Do.*).

F: 270−272° [Zers.; aus DMF] (*Chow et al.*).

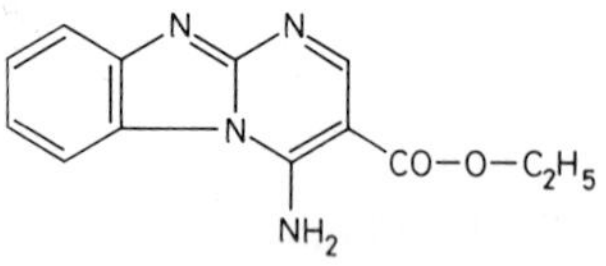

IV 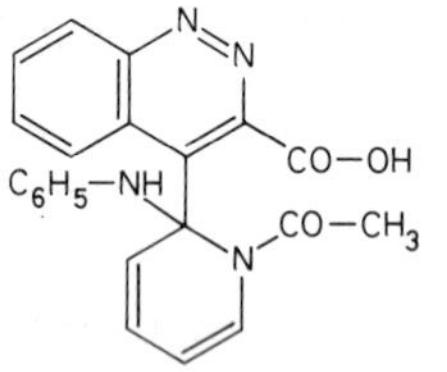   V 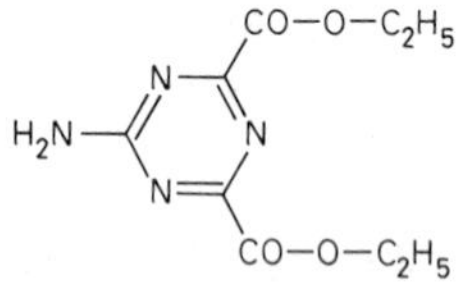   VI

Amino-Derivate der Monocarbonsäuren $C_nH_{2n-17}N_3O_2$

(±)-4-[1-Acetyl-2-anilino-1,2-dihydro-[2]pyridyl]-cinnolin-3-carbonsäure $C_{22}H_{18}N_4O_3$, Formel V.

Die von *Schofield, Simpson* (Soc. **1946** 472, 477) unter dieser Konstitution beschriebene Verbindung ist als 1-Acetyl-4-oxo-2-[2]pyridyl-1,2,3,4-tetrahydro-cinnolin-3-carbonsäure-anilid (E III/IV **25** 1641) zu formulieren (*Morley*, Soc. **1959** 2280).

Amino-Derivate der Dicarbonsäuren $C_nH_{2n-7}N_3O_4$

Amino-[1,3,5]triazin-2,4-dicarbonsäure-diäthylester $C_9H_{12}N_4O_4$, Formel VI.

B. Aus Trichlormethyl-[1,3,5]triazin-2,4-dicarbonsäure-diäthylester und NH_3 in Äther bei 0° (*Kreutzberger*, Am. Soc. **79** [1957] 2629, 2632).

Kristalle (aus wss. Acn.); F: 182−183° [korr.].

Dimethylamino-[1,3,5]triazin-2,4-bis-thiocarbonsäure-bis-dimethylamid $C_{11}H_{18}N_6S_2$, Formel VII.

B. Aus Trichlor-[1,3,5]triazin und dem Dimethylamin-Salz der Dimethyl-dithiocarbamidsäure in Aceton (*D'Amico, Harman*, Am. Soc. **78** [1956] 5345, 5348; *Monsanto Chem. Co.*, U.S.P. 2695901 [1953]).

Kristalle (aus Bzl.); F: 163−164° [unkorr.].

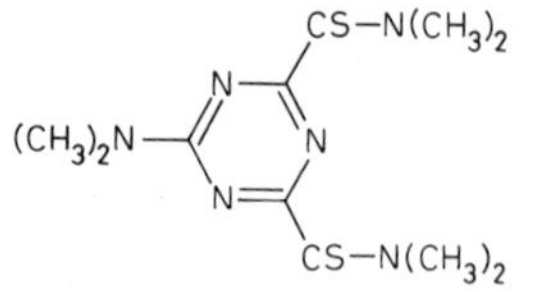

VII 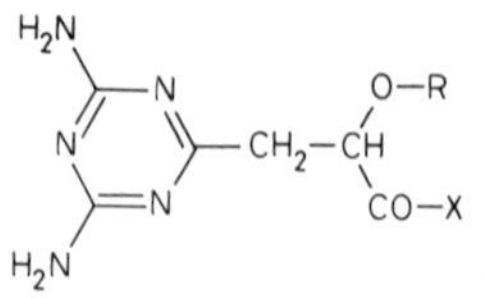   VIII

Amino-Derivate der Hydroxycarbonsäuren $C_nH_{2n-5}N_3O_3$

(±)-3-[Diamino-[1,3,5]triazin-2-yl]-2(oder 3)-methoxy-propionsäure-octylamid(?) $C_{15}H_{28}N_6O_2$, vermutlich Formel VIII (R = CH_3, X = NH-[CH_2]$_7$-CH_3) oder IX.

a) **Präparat vom F: 146−148°.**

B. Neben dem unter b) beschriebenen Präparat beim Behandeln von Biguanid mit *N*-Octylmaleinamidsäure-methylester und Methanol (*Am. Cyanamid Co.*, U.S.P. 2 394 526 [1941], 2 333 452 [1941]).

Kristalle (aus wss. A.); F: 146 – 148°.

  b) **Präparat vom F: 80°.**

B. s. unter a).

Kristalle (aus wss. A.); F: 80° und (nach Wiedererstarren bei ca. 105 – 110°) F: 145°.

(±)-3-[Diamino-[1,3,5]triazin-2-yl]-2-pentyloxy-propionsäure $C_{11}H_{19}N_5O_3$, Formel VIII (R = [CH$_2$]$_4$-CH$_3$, X = OH).

  B. Neben (±)-1,2-Bis-[diamino-[1,3,5]triazin-2-yl]-1-pentyloxy-äthan (Hauptprodukt; nicht näher beschrieben) beim Behandeln von Biguanid mit (±)-Pentyloxybernsteinsäure-dipentylester in Methanol (*Am. Cyanamid Co.*, U.S.P. 2 394 526 [1941]).

  F: 253 – 255°.

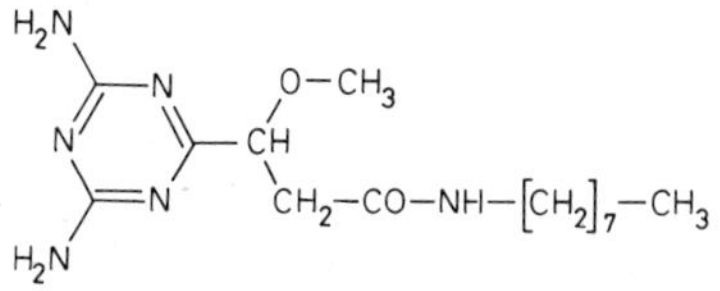

IX 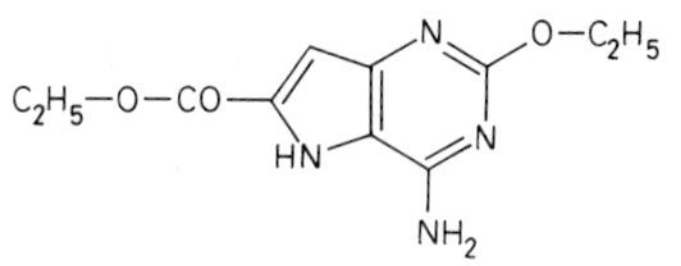   X

Amino-Derivate der Hydroxycarbonsäuren $C_nH_{2n-9}N_3O_3$

2-Äthoxy-4-amino-5H-pyrrolo[3,2-d]pyrimidin-6-carbonsäure-äthylester $C_{11}H_{14}N_4O_3$, Formel X.

  B. Aus 2-Äthoxy-6-methyl-5-nitro-pyrimidin-4-ylamin über mehrere Reaktionsstufen (*Tanaka et al.*, J. pharm. Soc. Japan **75** [1955] 770).

  Kristalle; F: 232°.

Amino-Derivate der Oxocarbonsäuren $C_nH_{2n-5}N_3O_3$

4-Amino-6-oxo-1,6-dihydro-[1,3,5]triazin-2-carbonsäure-amid $C_4H_5N_5O_2$, Formel XI und Taut.

  B. Neben Diamino-[1,3,5]triazin-2-carbonsäure-amid aus Bis-trichlormethyl-[1,3,5]triazin-2-carbonsäure-äthylester und wss. NH$_3$ (*Kreutzberger*, Am. Soc. **79** [1957] 2629, 2632).

  Feststoff mit 2,5 Mol H$_2$O; Zers. bei 168 – 173°.

Amino-Derivate der Oxocarbonsäuren $C_nH_{2n-7}N_3O_3$

8-Amino-5-oxo-1,2,3,5-tetrahydro-imidazo[1,2-c]pyrimidin-7-carbonsäure $C_7H_8N_4O_3$, Formel XII (R = H) und Taut.

  B. Beim Erhitzen von 8-Amino-5-chlor-2,3-dihydro-imidazo[1,2-c]pyrimidin-7-carbonsäure-methylester (oder -äthylester) mit wss. HCl (*Clark, Ramage*, Soc. **1958** 2821, 2825). Aus dem folgenden Methylester mit Hilfe von wss. NaOH (*Cl., Ra.*).

  Gelbe Kristalle (aus H$_2$O); F: 268° [Zers.; im vorgeheizten App.; bei raschem Erhitzen].

  Hydrochlorid $C_7H_8N_4O_3 \cdot$ HCl. Kristalle (aus wss. HCl) mit 1 Mol H$_2$O; Zers. > 250°.

  Quecksilber(II)-Salz. Verbindung mit Quecksilber(II)-chlorid Hg(C$_7$H$_7$N$_4$O$_3$)$_2 \cdot$ HgCl$_2$. Gelbe Kristalle; F: 236° [Zers.].

  Picrat 2 C$_7$H$_8$N$_4$O$_3 \cdot$ C$_6$H$_3$N$_3$O$_7$. Orangefarbene Kristalle; F: 215° [Zers.].

8-Amino-5-oxo-1,2,3,5-tetrahydro-imidazo[1,2-c]pyrimidin-7-carbonsäure-methylester $C_8H_{10}N_4O_3$, Formel XII (R = CH$_3$) und Taut.

  B. Aus 8-Nitro-5-oxo-1,2,3,5-tetrahydro-imidazo[1,2-c]pyrimidin-carbonsäure-methylester beim Behandeln mit $Na_2S_2O_4$ und wss. $NaHCO_3$ (*Clark, Ramage*, Soc. **1958** 2821, 2825).

Gelbliche Kristalle (aus 2-Äthoxy-äthanol); F: 238° [Zers.; im vorgeheizten App.; bei raschem Erhitzen].

Picrat $C_8H_{10}N_4O_3 \cdot C_6H_3N_3O_7$. Gelbe Kristalle (aus wss. 2-Äthoxy-äthanol); F: 252−253° [Zers.; im vorgeheizten App.; bei raschem Erhitzen].

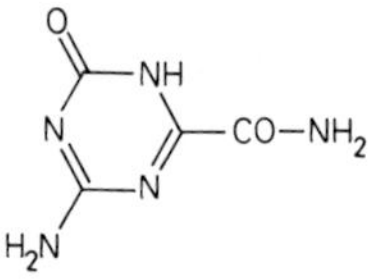

XI 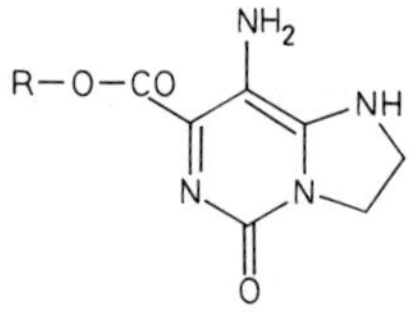   XII 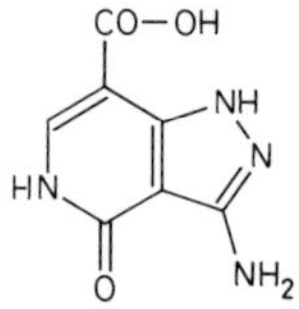   XIII 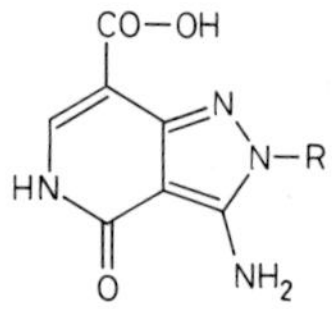   XIV

Amino-Derivate der Oxocarbonsäuren $C_nH_{2n-9}N_3O_3$

3-Amino-4-oxo-4,5-dihydro-1*H*-pyrazolo[4,3-*c*]pyridin-7-carbonsäure $C_7H_6N_4O_3$, Formel XIII und Taut.

B. Beim Erhitzen von [5-Amino-4-carbamoyl-1(2)*H*-pyrazol-3-yl]-essigsäure mit Orthoameisensäure-triäthylester und Acetanhydrid (*Taylor, Hartke*, Am. Soc. **81** [1959] 2452, 2454).

Bräunliche Kristalle; F: > 350°. λ_{max} (wss. NaOH [0,1 n]): 328 nm.

3-Amino-2-methyl-4-oxo-4,5-dihydro-2*H*-pyrazolo[4,3-*c*]pyridin-7-carbonsäure $C_8H_8N_4O_3$, Formel XIV (R = CH_3) und Taut.

B. Analog der vorangehenden Verbindung (*Taylor, Hartke*, Am. Soc. **81** [1959] 2456, 2461).

Hellgelbe Kristalle (aus H_2O); F: > 350°. λ_{max} (wss. NaOH [0,1 n]): 227 nm, 284 nm und 332 nm.

3-Amino-4-oxo-2-phenyl-4,5-dihydro-2*H*-pyrazolo[4,3-*c*]pyridin-7-carbonsäure $C_{13}H_{10}N_4O_3$, Formel XIV (R = C_6H_5) und Taut.

B. Analog den vorangehenden Verbindungen (*Taylor, Hartke*, Am. Soc. **81** [1959] 2456, 2461).

Hellgelbe Kristalle (aus wss. A.); F: > 350°. λ_{max} (wss. NaOH [0,1 n]): 242 nm, 277 nm und 332 nm.

4-Dimethylamino-2-methyl-6-oxo-6,7-dihydro-5*H*-pyrrolo[3,2-*d*]pyrimidin-7-carbonsäure-äthylester $C_{12}H_{16}N_4O_3$, Formel I und Taut.

B. Aus [5-Amino-6-chlor-2-methyl-pyrimidin-4-yl]-malonsäure-diäthylester bei der Behandlung mit wss. Na_2CO_3 und anschliessenden Umsetzung des erhaltenen 4-Chlor-2-methyl-6-oxo-6,7-dihydro-5*H*-pyrrolo[3,2-*d*]pyrimidin-7-carbonsäure-äthylesters $C_{10}H_{10}ClN_3O_3$ (Zers. beim Erhitzen) mit Dimethylamin (*Rose*, Soc. **1954** 4116, 4124).

Kristalle.

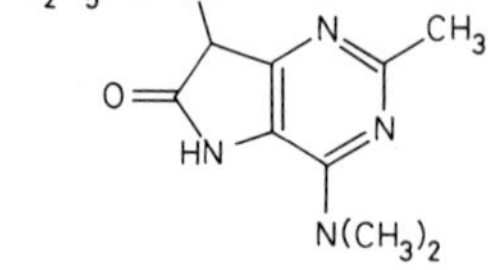

I 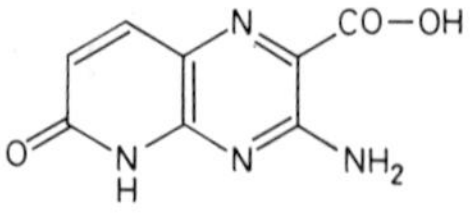   II 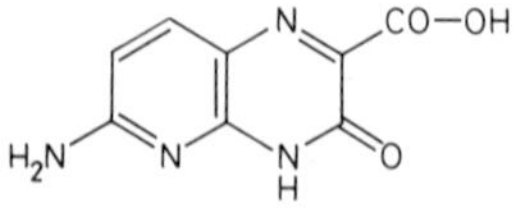   III

Amino-Derivate der Oxocarbonsäuren $C_nH_{2n-11}N_3O_3$

3-Amino-6-oxo-5,6-dihydro-pyrido[2,3-*b*]pyrazin-2-carbonsäure $C_8H_6N_4O_3$, Formel II und Taut.

B. Aus 3,6-Diamino-pyrido[2,3-*b*]pyrazin-2-carbonsäure-amid beim Erwärmen mit wss.

NaOH (*Osdene, Timmis*, Soc. **1955** 2032, 2034).

Gelbe Kristalle (aus wss. Ameisensäure [80%ig]). Absorptionsspektrum (wss. HCl; 200–450 nm): *Os., Ti.*, l. c. S. 2033.

6-Amino-3-oxo-3,4-dihydro-pyrido[2,3-*b*]pyrazin-2-carbonsäure $C_8H_6N_4O_3$, Formel III und Taut.

B. Beim Erwärmen von 3-Nitroso-pyridin-2,6-diyldiamin mit Malonsäure-diäthylester und äthanol. Natriumäthylat (*Leese, Rydon*, Soc. **1955** 303, 306; s. a. *Osdene, Timmis*, Soc. **1955** 2032, 2035).

Gelb; F: > 360° (*Le., Ry.*), > 300° (*Os., Ti.*). Absorptionsspektrum (wss. HCl; 200–450 nm): *Os., Ti.*, l. c. S. 2033. λ_{max} (wss. NaOH [0,01 n]): 280 nm und 371 nm (*Le., Ry.*).

[6-Amino-3-oxo-3,4-dihydro-pyrido[2,3-*b*]pyrazin-2-yl]-essigsäure-äthylester $C_{11}H_{12}N_4O_3$, Formel IV und Taut.

B. Aus 3-Nitroso-pyridin-2,6-diyldiamin bei der Hydrierung an Platin in Essigsäure und anschliessenden Umsetzung mit der Natrium-Verbindung des Oxalessigsäure-diäthylesters (*Leese, Rydon*, Soc. **1955** 303, 307).

Gelbe Kristalle (aus Py.); F: > 360°. λ_{max} (wss. NaOH [0,01]): 268 nm, 280 nm, 354 nm und 365 nm.

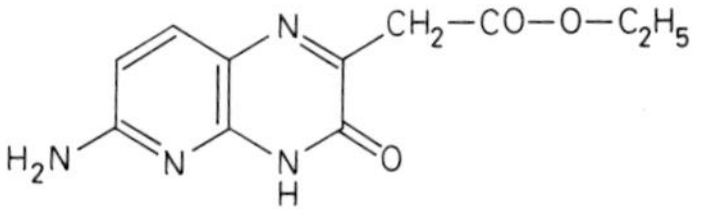

IV 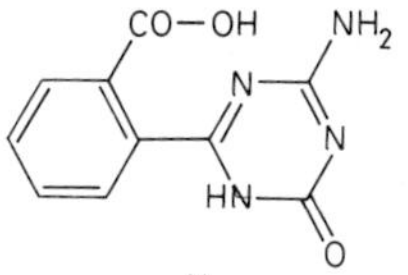   V

Amino-Derivate der Oxocarbonsäuren $C_nH_{2n-13}N_3O_3$

2-[4-Amino-6-oxo-1,6-dihydro-[1,3,5]triazin-2-yl]-benzoesäure $C_{10}H_8N_4O_3$, Formel V und Taut.

B. Aus *N*-Carbamoylcarbamimidoyl-phthalamidsäure mit Hilfe von wss. Na_2CO_3 (*Am. Cyanamid Co.*, U.S.P. 2418944 [1942]).

Kristalle (aus H_2O); Zers. bei 295°.

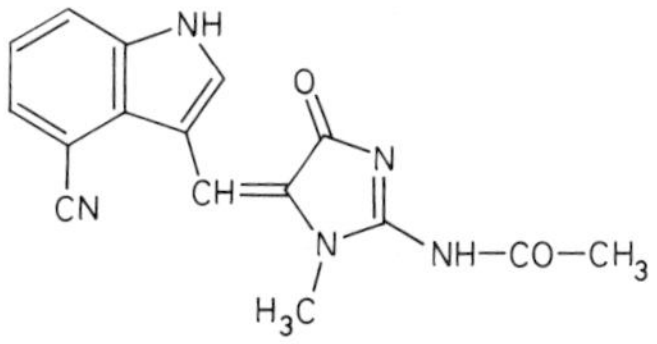

VI 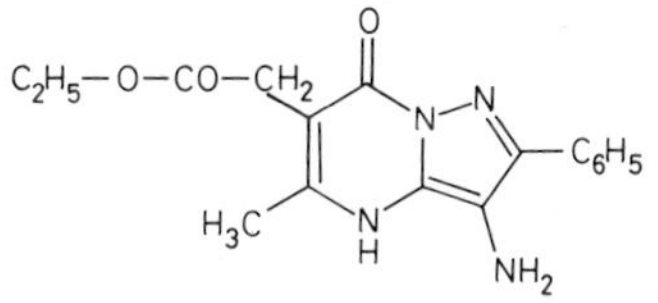   VII

Amino-Derivate der Oxocarbonsäuren $C_nH_{2n-17}N_3O_3$

*3-[2-Acetylamino-3-methyl-5-oxo-3,5-dihydro-imidazol-4-ylidenmethyl]-indol-4-carbonitril $C_{16}H_{13}N_5O_2$, Formel VI und Taut.

B. Beim Erhitzen von 3-Formyl-indol-4-carbonitril mit 2-Amino-1-methyl-1,5-dihydro-imidazol-4-on, Acetanhydrid, Essigsäure und Natriumacetat (*Uhle, Harris*, Am. Soc. **79** [1957] 102, 105).

Orangefarbene Kristalle (aus Eg.); F: > 300°.

[3-Amino-5-methyl-7-oxo-2-phenyl-4,7-dihydro-pyrazolo[1,5-*a*]pyrimidin-6-yl]-essigsäure-äthylester $C_{17}H_{18}N_4O_3$, Formel VII und Taut.

B. Aus [5-Methyl-3-nitroso-7-oxo-2-phenyl-4,7-dihydro-pyrazolo[1,5-*a*]pyrimidin-6-yl]-essig= säure-äthylester mit Hilfe von Zink und Essigsäure (*Checchi et al.,* G. **86** [1956] 631, 644).

Kristalle (aus A.); F: 275 – 277°.

Amino-Derivate der Oxocarbonsäuren $C_nH_{2n-9}N_3O_4$

3-Amino-1-imino-7-oxo-1H,7H-pyrazolo[1,2-*a*][1,2,4]triazol-5-carbonsäure-äthylester [1]) $C_8H_9N_5O_3$, Formel VIII (R = H) und Taut.

B. Aus 1H-[1,2,4]Triazol-3,5-diyldiamin und Oxalessigsäure-diäthylester in Essigsäure (*Papini et al.,* G. **87** [1957] 931, 941).

Kristalle (aus H_2O); F: 337°.

3-Amino-1,5-diimino-1H,5H-pyrazolo[1,2-*a*][1,2,4]triazol-6-carbonsäure [1]) $C_6H_6N_6O_2$, Formel IX und Taut.

B. Aus dem Äthylester (s. u.) mit Hilfe von wss. NaOH (*Papini et al.,* G. **87** [1957] 931, 944).

F: 320°.

Äthylester $C_8H_{10}N_6O_2$. *B.* Aus 1H-[1,2,4]Triazol-3,5-diyldiamin und 3-Äthoxy-2-cyan-acrylsäure-äthylester in Essigsäure (*Pa. et al.,* l. c. S. 943). – Kristalle (aus H_2O); F: 280°.

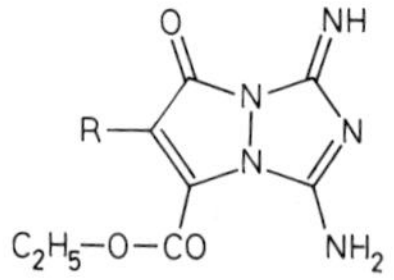

VIII 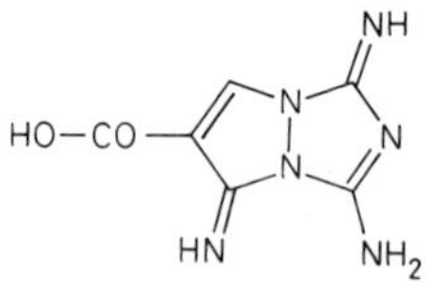   IX 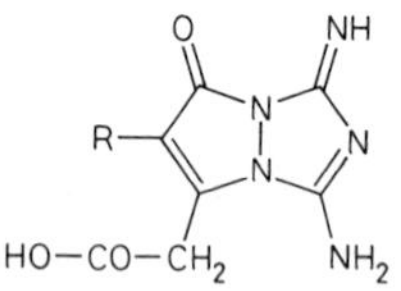   X

[3-Amino-1-imino-7-oxo-1H,7H-pyrazolo[1,2-*a*][1,2,4]triazol-5-yl]-essigsäure [1]) $C_7H_7N_5O_3$, Formel X (R = H) und Taut.

B. Aus dem Äthylester (s. u.) mit Hilfe von wss. NaOH (*Papini et al.,* G. **87** [1957] 931, 944).

Kristalle (aus H_2O); F: >360°.

Äthylester $C_9H_{11}N_5O_3$. *B.* Aus 1H-[1,2,4]Triazol-3,5-diyldiamin und 3-Oxo-glutarsäure-diäthylester in Essigsäure (*Pa. et al.,* l. c. S. 943). – Kristalle (aus H_2O); F: >340° [Zers.].

3-Amino-1-imino-6-methyl-7-oxo-1H,7H-pyrazolo[1,2-*a*][1,2,4]triazol-5-carbonsäure-äthylester [1]) $C_9H_{11}N_5O_3$, Formel VIII (R = CH_3) und Taut.

B. Aus 1H-[1,2,4]Triazol-3,5-diyldiamin und 2-Methyl-3-oxo-bernsteinsäure-diäthylester in Essigsäure (*Papini et al.,* G. **87** [1957] 931, 941).

F: 329° [aus Ameisensäure].

[3-Amino-1-imino-6-methyl-7-oxo-1H,7H-pyrazolo[1,2-*a*][1,2,4]triazol-5-yl]-essigsäure [1]) $C_8H_9N_5O_3$, Formel X (R = CH_3) und Taut.

B. Aus dem Äthylester (s. u.) mit Hilfe von wss. NaOH (*Papini et al.,* G. **87** [1957] 931, 942).

---

[1]) Die Identität der von *Papini et al.* (G. **87** [1957] 931) unter dieser Konstitution beschriebenen Verbindung ist ungewiss (s. hierzu *Allen et al.,* J. org. Chem. **24** [1959] 779, 780, 783; *Williams,* Soc. **1962** 2222).

Zers. bei 225–228° [aus H$_2$O].

Äthylester C$_{10}$H$_{13}$N$_5$O$_3$. *B.* Aus 1*H*-[1,2,4]Triazol-3,5-diyldiamin und 2-Methyl-3-oxo-glutarsäure-diäthylester in Essigsäure (*Pa. et al.*, l. c. S. 941). – F: 300° [aus A.].

Amino-Derivate der Oxocarbonsäuren   C$_n$H$_{2n-21}$N$_3$O$_5$

3-{2-[5-Äthoxycarbonyl-3-(2-äthoxycarbonylamino-äthyl)-4-methyl-pyrrol-2-ylidenmethyl]-5-[3-äthyl-4-methyl-5-oxo-1,5-dihydro-pyrrol-2-ylidenmethyl]-4-methyl-pyrrol-3-yl}-propionsäure-methylester, 3-[2-Äthoxycarbonylamino-äthyl]-12-äthyl-7-[2-methoxycarbonyl-äthyl]-2,8,13-trimethyl-14-oxo-16,17-dihydro-14*H*-tripyrrin-1-carbonsäure-äthylester C$_{31}$H$_{40}$N$_4$O$_7$, Formel XI und Taut.

B. Beim Behandeln von Neoxanthobilirubinsäure-methylester (E III/IV **25** 1685) mit 4-[2-Äthoxycarbonylamino-äthyl]-5-formyl-3-methyl-pyrrol-2-carbonsäure-äthylester und konz. wss. HBr in Methanol (*Hüni, Frank*, Z. physiol. Chem. **282** [1947] 244, 250).

Gelbrote Kristalle; F: 143°. λ_{max} eines Zink-Komplexsalzes (Me.): 556 nm und 613 nm.

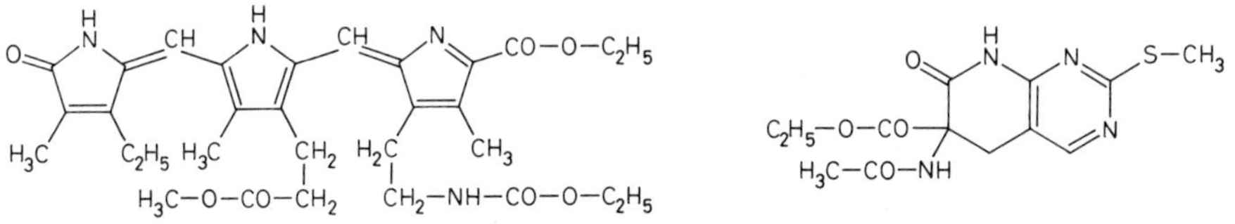

XI   XII

Amino-Derivate der Hydroxy-oxo-carbonsäuren   C$_n$H$_{2n-9}$N$_3$O$_3$

(±)-6-Acetylamino-2-methylmercapto-7-oxo-5,6,7,8-tetrahydro-pyrido[2,3-*d*]pyrimidin-6-carbon=säure-äthylester C$_{13}$H$_{16}$N$_4$O$_4$S, Formel XII.

B. Beim Erwärmen von 5-Brommethyl-2-methylmercapto-pyrimidin-4-ylamin-hydrobromid mit Acetylamino-malonsäure-diäthylester, Natriummethylat und Äthanol (*Blank, Caldwell*, J. org. Chem. **24** [1959] 1137).

Kristalle (aus A.); F: 187–188° [unkorr.].

J. Aminosulfonsäuren

Amino-Derivate der Monosulfonsäuren   C$_n$H$_{2n-1}$N$_3$O$_3$S

5-[2-Amino-äthyl]-1*H*-[1,2,4]triazol-3-sulfonsäure-amid C$_4$H$_9$N$_5$O$_2$S, Formel XIII und Taut.

B. Aus der folgenden Verbindung mit Hilfe von N$_2$H$_4$·H$_2$O oder wss. HCl (*Ainsworth, Jones*, Am. Soc. **75** [1953] 4915, 4917).

Hydrochlorid C$_4$H$_9$N$_5$O$_2$S·HCl. Kristalle (aus A.+Ae.); F: 170° [Zers.].

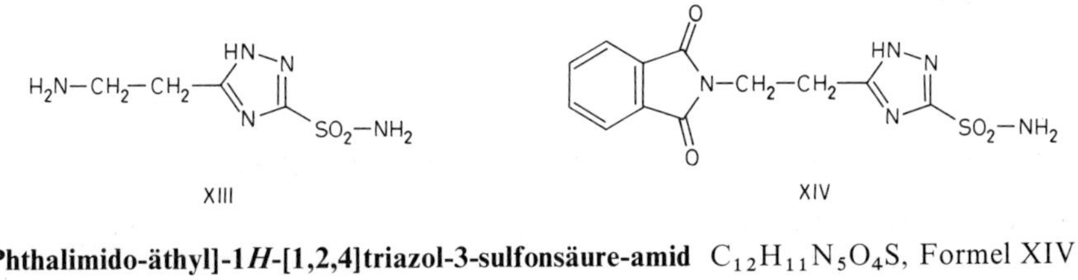

XIII   XIV

5-[2-Phthalimido-äthyl]-1*H*-[1,2,4]triazol-3-sulfonsäure-amid C$_{12}$H$_{11}$N$_5$O$_4$S, Formel XIV und Taut.

B. Aus *N*-[2-(5-Thioxo-2,5-dihydro-1*H*-[1,2,4]triazol-3-yl)-äthyl]-phthalimid bei aufeinander=

folgender Umsetzung mit Chlor in wss. Essigsäure und mit konz. wss. NH$_3$ (*Ainsworth, Jones,* Am. Soc. **75** [1953] 4915, 4917).

Kristalle (aus H$_2$O); F: 280 − 282° [Zers.].

Amino-Derivate der Monosulfonsäuren C$_n$H$_{2n-3}$N$_3$O$_3$S

5-Amino-6-methyl-[1,2,4]triazin-3-sulfonsäure C$_4$H$_6$N$_4$O$_3$S, Formel I.

B. Aus 5-Amino-6-methyl-2*H*-[1,2,4]triazin-3-thion beim Behandeln mit KMnO$_4$ und wss. NaOH (*Falco et al.,* Am. Soc. **78** [1956] 1938, 1941).

Kristalle (aus H$_2$O). λ_{max} (wss. Lösung): 250 nm [pH 1] bzw. 240 nm und 290 nm [pH 11].

[Diamino-[1,3,5]triazin-2-yl]-methansulfonsäure C$_4$H$_7$N$_5$O$_3$S, Formel II.

Natrium-Salz NaC$_4$H$_6$N$_5$O$_3$S. *B.* Aus 6-Chlormethyl-[1,3,5]triazin-2,4-diyldiamin und Na$_2$S$_2$O$_3$ in H$_2$O (*Ettel, Nosek,* Chem. Listy **46** [1952] 289; C. A. **1953** 4344). − Kristalle (aus wss. A.).

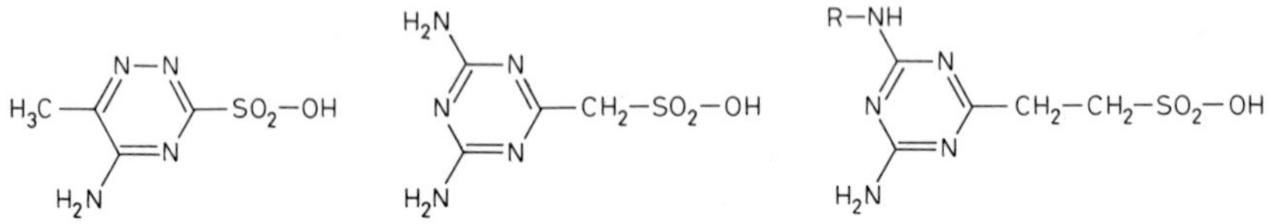

2-[Diamino-[1,3,5]triazin-2-yl]-äthansulfonsäure C$_5$H$_9$N$_5$O$_3$S, Formel III (R = H).

B. Aus Biguanid und 3-Sulfo-propionsäure in Methanol (*Am. Cyanamid Co.,* U.S.P. 2394526 [1941], 2390476 [1941]). Aus Cyanguanidin beim Erwärmen mit dem Natrium-Salz der 2-Cyan-äthansulfonsäure, Natrium-[2-methoxy-äthylat] und 2-Methoxy-äthanol (*Allied Chem. & Dye Corp.,* U.S.P. 2684366 [1949]).

Kristalle (aus H$_2$O), die unterhalb 410° nicht schmelzen (*Allied Chem.*). Kristalle (aus H$_2$O); Zers. bei 255 − 260° (*Am. Cyanamid Co.*).

2-[Amino-anilino-[1,3,5]triazin-2-yl]-äthansulfonsäure C$_{11}$H$_{13}$N$_5$O$_3$S, Formel III (R = C$_6$H$_5$).

B. Beim Behandeln von 1-Phenyl-biguanid mit 3-Sulfo-propionsäure-methylester und meth≠ anol. Natriummethylat (*Am. Cyanamid Co.,* U.S.P. 2394526 [1941], 2390476 [1941]).

Kristalle (aus H$_2$O).

Amino-sulfo-Derivate der Monohydroxy-Verbindungen C$_n$H$_{2n-7}$N$_3$O

7-Amino-6-hydroxy-1*H*-benzotriazol-4-sulfonsäure C$_6$H$_6$N$_4$O$_4$S, Formel IV und Taut.

B. Aus 4-Nitroso-1*H*-benzotriazol-5-ol und NaHSO$_3$ in H$_2$O (*Fieser, Martin,* Am. Soc. **57** [1935] 1835, 1838).

Kristalle (aus H$_2$O).

Amino-sulfo-Derivate der Monohydroxy-Verbindungen C$_n$H$_{2n-11}$N$_3$O

5-[Diamino-[1,3,5]triazin-2-yl]-2-hydroxy-benzolsulfonsäure C$_9$H$_9$N$_5$O$_4$S, Formel V.

B. Aus Biguanid und dem Kalium-Salz der 2-Hydroxy-5-methoxycarbonyl-benzolsulfonsäure in Methanol (*Am. Cyanamid Co.,* U.S.P. 2386517 [1941]).

Kristalle (aus H$_2$O); F: ca. 326°.

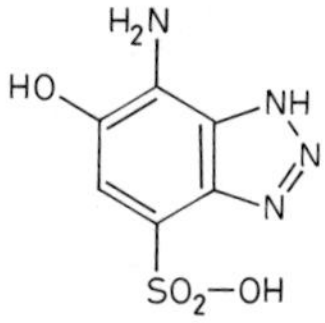

IV 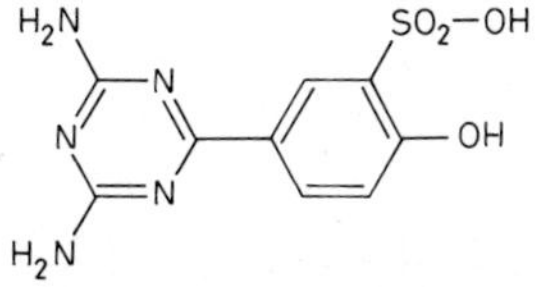   V 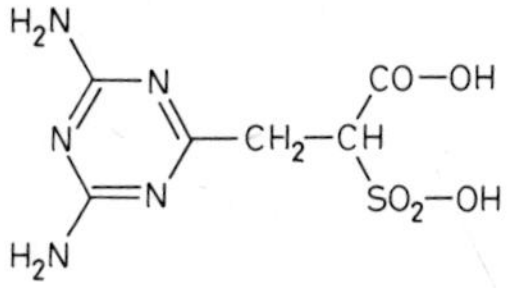   VI

Amino-sulfo-Derivate der Monocarbonsäuren $C_nH_{2n-5}N_3O_2$

(±)-3-[Diamino-[1,3,5]triazin-2-yl]-2-sulfo-propionsäure $C_6H_9N_5O_5S$, Formel VI.

B. Aus Biguanid beim Behandeln mit dem Natrium-Salz der (±)-1,2-Bis-äthoxycarbonyl-äthansulfonsäure und methanol. Natriummethylat (*Am. Cyanamid Co.,* U.S.P. 2394526 [1941], 2390476 [1941]).

Kristalle.

Dinatrium-Salz. Kristalle (aus wss. A.).   [*Goebels*]

VII. Hydroxylamine

N-[4-Hydroxy-4H-[1,2,4]triazol-3-yl]-hydroxylamin, 3-Hydroxyamino-[1,2,4]triazin-4-ol
$C_2H_4N_4O_2$, Formel VII.
Diese Konstitution kommt dem früher (H 27 783) als 4,5-Dihydro-[1,2,4,5]oxatriazin-6-on-oxim beschriebenen Isazaurolin zu (*Bassinet, Bois*, C. r. [C] **279** [1974] 627).

N-[Bis-trichlormethyl-[1,3,5]triazin-2-yl]-hydroxylamin $C_5H_2Cl_6N_4O$, Formel VIII.
B. Aus Chlor-bis-trichlormethyl-[1,3,5]triazin und methanol. NH_2OH (*Schroeder*, Am. Soc. **81** [1959] 5658, 5662).
Kristalle (aus PAe.); F: 135° [unkorr.].

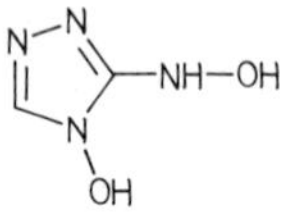

VII 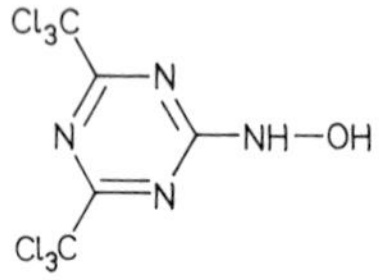   VIII 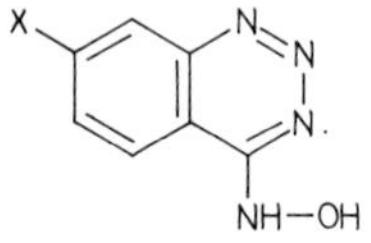   IX

N-Benzo[d][1,2,3]triazin-4-yl-hydroxylamin $C_7H_6N_4O$, Formel IX (X = H) und Taut. (H 164).
IR-Banden (Nujol; 3380−770 cm^{-1}): *Aron, Elvidge*, Chem. and Ind. **1958** 1234. λ_{max} (A.): 232 nm, 325 nm und 390 nm.

N-[7-Chlor-benzo[d][1,2,3]triazin-4-yl]-hydroxylamin $C_7H_5ClN_4O$, Formel IX (X = Cl) und Taut.
B. Aus 2-Amino-4-chlor-benzamidoxim beim Behandeln mit wss. HCl und $NaNO_2$ (*Grund=mann, Ulrich*, J. org. Chem. **24** [1959] 272).
Gelbe Kristalle (aus wss. A.) mit 1 Mol H_2O; F: 205−206° [Zers.].

N-[4-Nitro-5-[3]pyridyl-1(2)H-pyrazol-3-yl]-hydroxylamin $C_8H_7N_5O_3$, Formel X und Taut.
B. Aus 3-[4,5-Dinitro-1(2)H-pyrazol-3-yl]-pyridin mit Hilfe von $SnCl_2$ und wss. HCl (*Lund*, Soc. **1935** 418).
Gelbe Kristalle (aus wss. HCl); Zers. bei 177−178°.

N-[Bis-(4-chlor-phenyl)-[1,3,5]triazin-2-yl]-hydroxylamin $C_{15}H_{10}Cl_2N_4O$, Formel XI.
B. Neben 4-Amino-6-[4-chlor-phenyl]-1H-[1,3,5]triazin-2-on beim Behandeln von 4,6-Bis-[4-chlor-phenyl]-[1,3,5]triazin-2-ylamin mit konz. H_2SO_4, H_2O_2 und SO_3 bei 3° (*Grundmann, Schröder*, B. **87** [1954] 747, 754).
Kristalle (aus A.); F: 234,5−235,5° [unkorr.].

N-[7-Methoxy-benzo[d][1,2,3]triazin-4-yl]-hydroxylamin $C_8H_8N_4O_2$, Formel IX (X = O-CH$_3$).
B. Beim Erwärmen von 2-Amino-4-methoxy-benzonitril mit $NH_2OH \cdot HCl$ und Natrium in Äthanol und Behandeln des Reaktionsprodukts mit $NaNO_2$ und wss. HCl (*Grundmann, Ulrich*, J. org. Chem. **24** [1959] 272).
Kristalle (aus Eg.); F: 215−216° [Zers.].

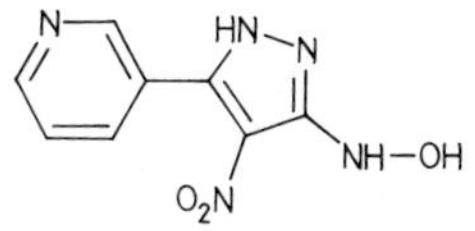

X 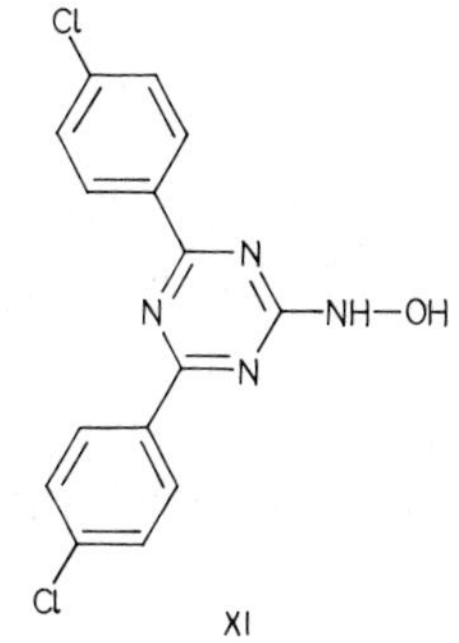 XI 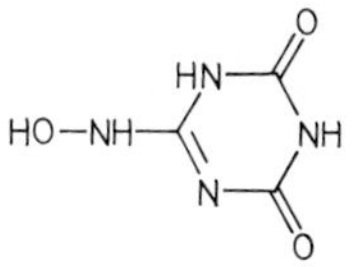 XII

6-Hydroxyamino-1H-[1,3,5]triazin-2,4-dion $C_3H_4N_4O_3$, Formel XII und Taut.

B. Aus 4,6-Dioxo-1,4,5,6-tetrahydro-[1,3,5]triazin-2-carbonitril beim Behandeln des Kalium-Salzes mit NH_2OH (*Ostrogovich, Crasu,* G. **71** [1941] 496, 502). Beim Erwärmen des Pyridin-Salzes von 4-Acetoxyimino-6-oxo-1,4,5,6-tetrahydro-[1,3,5]triazin-2-carbonitril mit wss. HCl (*Ostrogovich, Cadariu,* G. **71** [1941] 515, 520). Beim Erhitzen von 6-Hydrazino-1H-[1,3,5]triazin-2,4-dion mit wss. HNO_3 (*Shimizu, Nisikawa,* J. chem. Soc. Japan Pure Chem. Sect. **77** [1956] 1442, 1445; C. A. **1959** 5279).

Kristalle mit 1 Mol H_2O; F: 243° [Zers.] (*Sh., Ni.*). Kristalle mit 2 Mol H_2O (*Os., Cr.*).

VIII. Hydrazine

A. Monohydrazine

Monohydrazine $C_nH_{2n+1}N_5$

*Benzaldehyd-[1H-[1,2,4]triazol-3-ylhydrazon] $C_9H_9N_5$, Formel I (R = X = H) und Taut. (H 138).

B. Beim Erwärmen von 5-Benzylidenhydrazono-[1,2,4]triazolidin-3-thion mit Raney-Nickel in Äthanol (*Hoggarth,* Soc. **1952** 4817, 4820).

Kristalle (aus wss. A.); F: 226—228°.

Die folgenden Verbindungen sind in analoger Weise hergestellt worden:

*4-Chlor-benzaldehyd-[1H-[1,2,4]triazol-3-ylhydrazon] $C_9H_8ClN_5$, Formel I (R = H, X = Cl) und Taut. Gelbe Kristalle (aus wss. A.); F: 249—251°.

*4-Benzylidenamino-3-benzylidenhydrazino-4H-[1,2,4]triazol $C_{16}H_{14}N_6$, Formel II. Hellgelbe Kristalle (aus A.); F: 211—213° [Zers.].

*4-Methoxy-benzaldehyd-[1H-[1,2,4]triazol-3-ylhydrazon] $C_{10}H_{11}N_5O$, Formel I (R = H, X = O-CH$_3$) und Taut. Kristalle (aus A.); F: 211—212°.

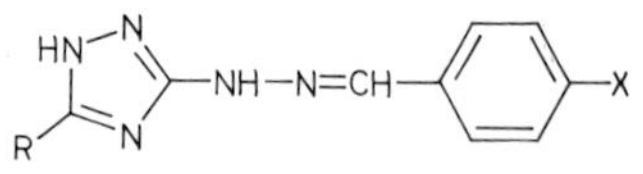

    I 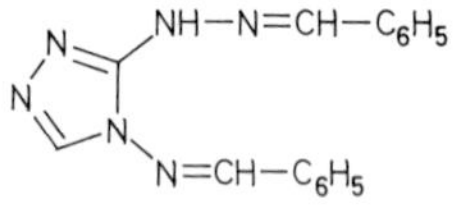   II 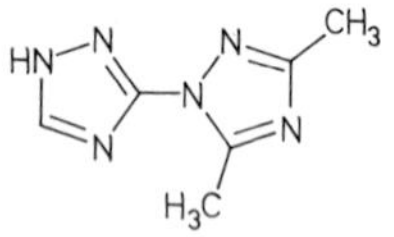   III

3,5-Dimethyl-1′H-[1,3′]bi[1,2,4]triazolyl $C_6H_8N_6$, Formel III und Taut.

B. Beim Erhitzen von 3-Hydrazino-1H-[1,2,4]triazol-hydrochlorid mit Diacetamid und Natriumacetat in Essigsäure (*Atkinson et al.,* Soc. **1954** 4508).

Kristalle; F: 191° [korr.; nach Sublimation bei 160°/1 Torr]. UV-Spektrum (A.; 220—300 nm): *At. et al.*

3-Hydrazino-5-methyl-1H-[1,2,4]triazol, [5-Methyl-1H-[1,2,4]triazol-3-yl]-hydrazin $C_3H_7N_5$, Formel IV und Taut.

Hydrochlorid $C_3H_7N_5\cdot HCl$. *B.* Aus [5-Methyl-1H-[1,3,4]triazol-3-yl]-nitro-amin mit Hilfe von Zink in wss. Essigsäure (*Lieber et al.,* J. org. Chem. **18** [1953] 218, 227). — Kristalle (aus wss. Me.); F: 236—239° [unkorr.; Zers.].

*Benzaldehyd-[5-methyl-1H-[1,2,4]triazol-3-ylhydrazon] $C_{10}H_{11}N_5$, Formel I (R = CH$_3$, X = H) und Taut. (H 146).

B. Aus der vorangehenden Verbindung und Benzaldehyd in H_2O (*Lieber et al.,* J. org. Chem. **18** [1953] 218, 227).

Kristalle (aus wss. A.); F: 267—268° [unkorr.] (*Li. et al.*). Standard-Bildungsenthalpie: +61,60 kcal·mol^{-1}; Standard-Verbrennungsenthalpie: −1377,87 kcal·mol^{-1} (*Williams et al.,* J. phys. Chem. **61** [1957] 261, 264).

Hydrochlorid $C_{10}H_{11}N_5\cdot HCl$ (H 146). Kristalle (aus A.); F: 219—220° [unkorr.; Zers.] (*Li. et al.*).

Picrat $C_{10}H_{11}N_5\cdot C_6H_3N_3O_7$. Kristalle (aus A.); F: 247—248° [Zers.] (*Li. et al.*).

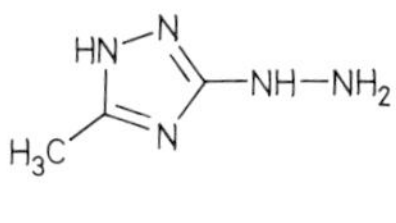

IV 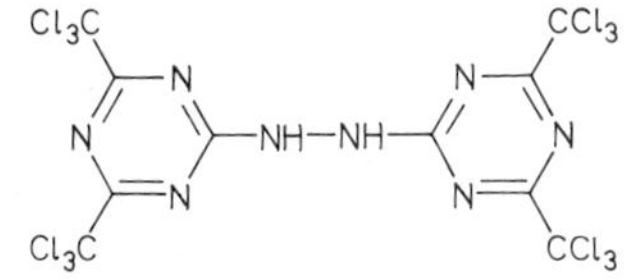   V 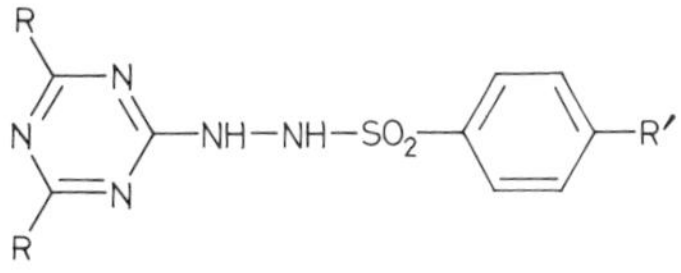   VI

Monohydrazine $C_nH_{2n-1}N_5$

N,N'-Bis-[bis-trichlormethyl-[1,3,5]triazin-2-yl]-hydrazin, 4,6,4',6'-Tetrakis-trichlormethyl-2,2'-hydrazo-bis-[1,3,5]triazin $C_{10}H_2Cl_{12}N_8$, Formel V.

B. Aus Chlor-bis-trichlormethyl-[1,3,5]triazin und N_2H_4 in Äther und Methanol (*Schroeder,* Am. Soc. **81** [1959] 5658, 5662).

Kristalle (aus PAe.); F: 245° [unkorr.].

Benzolsulfonsäure-[N'-(bis-trichlormethyl-[1,3,5]triazin-2-yl)-hydrazid] $C_{11}H_7Cl_6N_5O_2S$, Formel VI (R = CCl$_3$, R' = H).

B. Aus Benzolsulfonsäure-hydrazid und Chlor-bis-trichlormethyl-[1,3,5]triazin in Acetonitril (*Schroeder,* Am. Soc. **81** [1959] 5658, 5662).

Kristalle (aus Bzl.); F: 178—180° [unkorr.].

Toluol-4-sulfonsäure-[N'-(bis-trichlormethyl-[1,3,5]triazin-2-yl)-hydrazid] $C_{12}H_9Cl_6N_5O_2S$, Formel VI (R = CCl$_3$, R' = CH$_3$).

B. Analog der vorangehenden Verbindung (*Schroeder,* Am. Soc. **81** [1959] 5658, 5662).

Kristalle (aus Bzl.); F: 183—184° [unkorr.].

Toluol-4-sulfonsäure-[N'-(bis-pentafluoräthyl-[1,3,5]triazin-2-yl)-hydrazid] $C_{14}H_9F_{10}N_5O_2S$, Formel VI (R = C$_2$F$_5$, R' = CH$_3$).

B. Analog den vorangehenden Verbindungen (*Schroeder,* Am. Soc. **81** [1959] 5658, 5663).

Kristalle (aus PAe.); F: 109—113° [unkorr.].

3-[6,7,8,9-Tetrahydro-5H-[1,2,4]triazolo[4,3-a]azepin-3-yl]-thiocarbazidsäure-O-äthylester $C_{10}H_{17}N_5OS$, Formel VII.

B. Aus 7-Methoxy-3,4,5,6-tetrahydro-2H-azepin und 3-Thiocarbazoyl-thiocarbazidsäure-O-äthylester (*Petersen, Tietze,* B. **90** [1957] 909, 920).

Kristalle (aus A.); F: 198—200°.

Toluol-4-sulfonsäure-[N'-(bis-heptafluorpropyl-[1,3,5]triazin-2-yl)-hydrazid] $C_{16}H_9F_{14}N_5O_2S$, Formel VI (R = CF$_2$-C$_2$F$_5$, R' = CH$_3$).

B. Aus Chlor-bis-heptafluorpropyl-[1,3,5]triazin und Toluol-4-sulfonsäure-hydrazid in Aceto=nitril (*Schroeder,* Am. Soc. **81** [1959] 5658, 5663).

Kristalle (aus PAe.); F: 109—111° [unkorr.].

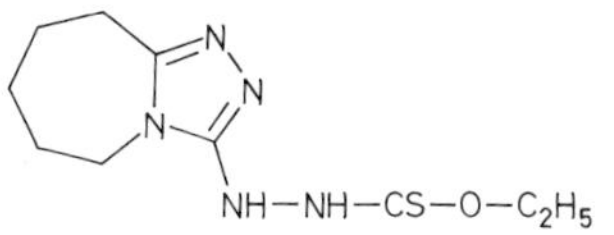

VII 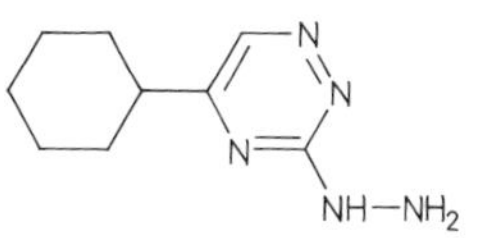   VIII 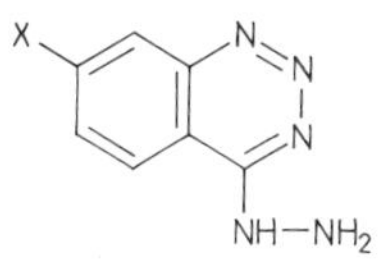   IX

Monohydrazine $C_nH_{2n-3}N_5$

5-Cyclohexyl-3-hydrazino-[1,2,4]triazin, [5-Cyclohexyl-[1,2,4]triazin-3-yl]-hydrazin $C_9H_{15}N_5$, Formel VIII.

B. Aus 5-Cyclohexyl-2H-[1,2,4]triazin-3-thion und $N_2H_4 \cdot H_2O$ (*Fusco, Trave,* Rend. Ist. lomb.

91 [1957] 202, 209).
Kristalle (aus H_2O); F: 85°.

Monohydrazine $C_nH_{2n-7}N_5$

4-Hydrazino-benzo[*d*][1,2,3]triazin, Benzo[*d*][1,2,3]triazin-4-yl-hydrazin $C_7H_7N_5$, Formel IX (X = H).
B. Aus 4-Methylmercapto-benzo[*d*][1,2,3]triazin und N_2H_4 in Äthanol (*Grundmann, Ulrich*, J. org. Chem. **24** [1959] 272).
Kristalle (aus A.); F: 191−192° [Zers.].

7-Chlor-4-hydrazino-benzo[*d*][1,2,3]triazin, [7-Chlor-benzo[*d*][1,2,3]triazin-4-yl]-hydrazin $C_7H_6ClN_5$, Formel IX (X = Cl).
B. Analog der vorangehenden Verbindung (*Grundmann, Ulrich*, J. org. Chem. **24** [1959] 272).
Kristalle (aus Dioxan); F: 195−198° [Zers.].

3-Hydrazino-benzo[*e*][1,2,4]triazin, Benzo[*e*][1,2,4]triazin-3-yl-hydrazin $C_7H_7N_5$, Formel X (R = H).
B. Aus 3-Chlor-benzo[*e*][1,2,4]triazin und $N_2H_4 \cdot H_2O$ (*Jiu, Mueller*, J. org. Chem. **24** [1959] 813, 818). Aus der folgenden Verbindung mit Hilfe von $SnCl_2$ und konz. wss. HCl (*Robbins, Schofield*, Soc. **1957** 3186, 3190).
Kristalle; F: 173−175° [unkorr.; aus Bzl.] (*Jiu, Mu.*), 168−170° [aus Me.] (*Ro., Sch.*).

3-Hydrazino-benzo[*e*][1,2,4]triazin-1-oxid, [1-Oxy-benzo[*e*][1,2,4]triazin-3-yl]-hydrazin $C_7H_7N_5O$, Formel XI (R = R′ = H).
B. Aus 3-Chlor-benzo[*e*][1,2,4]triazin-1-oxid und $N_2H_4 \cdot H_2O$ in Äthanol (*Robbins, Schofield*, Soc. **1957** 3186, 3190; *Jiu, Mueller*, J. org. Chem. **24** [1959] 813, 815).
Kristalle; F: 207,5−209° [unkorr.] (*Jiu, Mu.*), 201−203° [aus Me.] (*Ro., Sch.*).

3-[*N*-Methyl-hydrazino]-benzo[*e*][1,2,4]triazin, *N*-Benzo[*e*][1,2,4]triazin-3-yl-*N*-methyl-hydrazin $C_8H_9N_5$, Formel X (R = CH_3).
B. Aus der folgenden Verbindung mit Hilfe von Zink und wss. NH_4Cl (*Jiu, Mueller*, J. org. Chem. **24** [1959] 813, 816).
F: 85−89°.

3-[*N*-Methyl-hydrazino]-benzo[*e*][1,2,4]triazin-1-oxid, *N*-Methyl-*N*-[1-oxy-benzo[*e*][1,2,4]triazin-3-yl]-hydrazin $C_8H_9N_5O$, Formel XI (R = CH_3, R′ = H).
B. Aus 3-Chlor-benzo[*e*][1,2,4]triazin-1-oxid und Methylhydrazin (*Jiu, Mueller*, J. org. Chem. **24** [1959] 813, 815).
F: 134−135° [unkorr.].

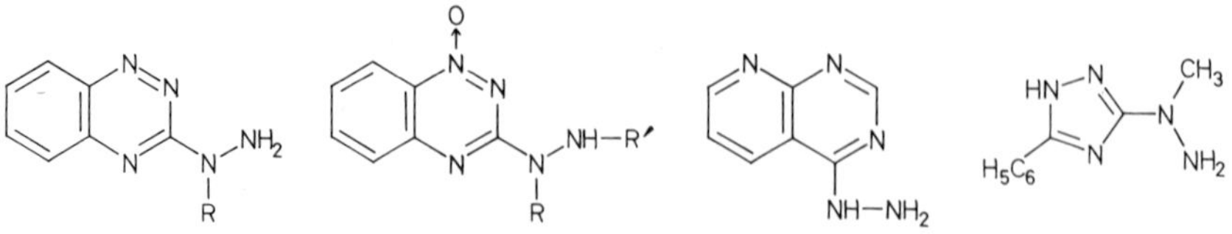

1-[1-Oxy-benzo[*e*][1,2,4]triazin-3-yl]-thiosemicarbazid $C_8H_8N_6OS$, Formel XI (R = H, R′ = $CS-NH_2$).
B. Analog der vorangehenden Verbindung (*Jiu, Mueller*, J. org. Chem. **24** [1959] 813, 817).
Kristalle (aus wss. DMF); F: 253−255° [unkorr.; Zers.].

Toluol-4-sulfonsäure-[N'-(1-oxy-benzo[e][1,2,4]triazin-3-yl)-hydrazid] $C_{14}H_{13}N_5O_3S$,
Formel XI (R = H, R' = SO_2-C_6H_4-CH_3).
B. Aus 3-Hydrazino-benzo[e][1,2,4]triazin-1-oxid und Toluol-4-sulfonylchlorid in Pyridin
(*Robbins, Schofield*, Soc. **1957** 3186, 3190).
Gelbe Kristalle (aus 2-Methoxy-äthanol); F: 223–225° [Zers.].

4-Hydrazino-pyrido[2,3-d]pyrimidin, Pyrido[2,3-d]pyrimidin-4-yl-hydrazin $C_7H_7N_5$,
Formel XII.
B. Aus 4-Chlor-pyrido[2,3-d]pyrimidin und wss. N_2H_4 (*Robbins, Hitchings*, Am. Soc. **77**
[1955] 2256, 2260).
Orangerote Kristalle (aus A.); F: 164–166° [unkorr.].

3-[N-Methyl-hydrazino]-5-phenyl-1H-[1,2,4]triazol, N-Methyl-N-[5-phenyl-1H-[1,2,4]triazol-3-yl]-hydrazin $C_9H_{11}N_5$, Formel XIII und Taut.
B. Neben anderen Verbindungen beim Erwärmen von 1-Benzoyl-S-methyl-isothiosemicarb‡
azid mit Methylhydrazin in Äthanol (*Hoggarth*, Soc. **1950** 1579, 1582).
Kristalle (aus wss. A.); F: 184–185°.

*Benzaldehyd-[methyl-(5-phenyl-1H-[1,2,4]triazol-3-yl)-hydrazon] $C_{16}H_{15}N_5$, Formel I
(X = H) und Taut.
B. Aus der vorangehenden Verbindung und Benzaldehyd in Äthanol (*Hoggarth*, Soc. **1950**
1579, 1582).
Kristalle (aus wss. A.); F: 191–192°.

*4-Methoxy-benzaldehyd-[methyl-(5-phenyl-1H-[1,2,4]triazol-3-yl)-hydrazon] $C_{17}H_{17}N_5O$,
Formel I (X = O-CH_3) und Taut.
B. Analog der vorangehenden Verbindung (*Hoggarth*, Soc. **1950** 1579, 1582).
Kristalle; F: 192–193°.

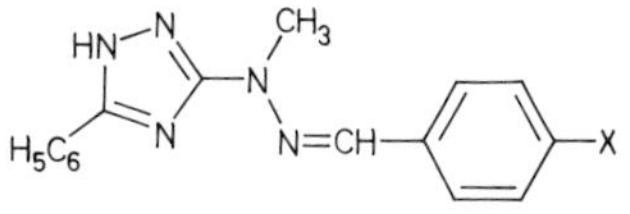

I 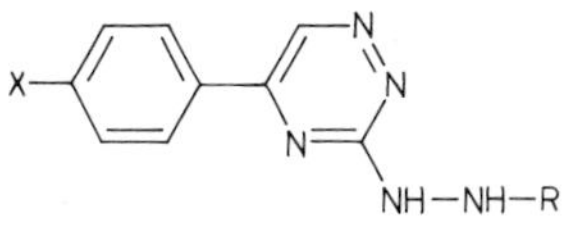 II

Monohydrazine $C_nH_{2n-9}N_5$

3-Hydrazino-5-phenyl-[1,2,4]triazin, [5-Phenyl-[1,2,4]triazin-3-yl]-hydrazin $C_9H_9N_5$, Formel II
(R = X = H).
B. Aus 5-Phenyl-2H-[1,2,4]triazin-3-thion und $N_2H_4 \cdot H_2O$ in Äthanol (*Fusco, Rossi*, Rend.
Ist. lomb. **88** [1955] 173, 179).
Kristalle (aus Bzl. oder Xylol); F: 150°. Kristalle (aus H_2O) mit 1 Mol H_2O.
Hydrochlorid $C_9H_9N_5 \cdot HCl$. Orangegelbe Kristalle (aus wss. HCl); F: 240°.

Essigsäure-[N'-(5-phenyl-[1,2,4]triazin-3-yl)-hydrazid] $C_{11}H_{11}N_5O$, Formel II (R = CO-CH_3,
X = H).
B. Aus der vorangehenden Verbindung und Acetylchlorid (*Fusco, Rossi*, Rend. Ist. lomb.
88 [1955] 173, 179).
Kristalle (aus H_2O); F: 181,5°.

Dichloressigsäure-[N'-(5-phenyl-[1,2,4]triazin-3-yl)-hydrazid] $C_{11}H_9Cl_2N_5O$, Formel II
(R = CO-$CHCl_2$, X = H).
B. Analog der vorangehenden Verbindung (*Fusco, Rossi*, Rend. Ist. lomb. **88** [1955] 173,
180).
Kristalle (aus A.); F: 208° [Zers.].

Benzolsulfonsäure-[N'-(5-phenyl-[1,2,4]triazin-3-yl)-hydrazid] $C_{15}H_{13}N_5O_2S$, Formel II
(R = SO_2-C_6H_5, X = H).
B. Analog den vorangehenden Verbindungen (*Rossi,* Rend. Ist. lomb. **88** [1955] 185, 189).
Kristalle (aus A.); F: 204°.

5-[4-Chlor-phenyl]-3-hydrazino-[1,2,4]triazin, [5-(4-Chlor-phenyl)-[1,2,4]triazin-3-yl]-hydrazin
$C_9H_8ClN_5$, Formel II (R = H, X = Cl).
B. Aus 5-[4-Chlor-phenyl]-2H-[1,2,4]triazin-3-thion und $N_2H_4 \cdot H_2O$ (*Fusco, Trave,* Rend.
Ist. lomb. **91** [1957] 202, 208, 209).
Kristalle (aus H_2O); F: 176°.

5-[4-Chlor-phenyl]-3-methylenhydrazino-[1,2,4]triazin, Formaldehyd-[5-(4-chlor-phenyl)-
[1,2,4]triazin-3-ylhydrazon] $C_{10}H_8ClN_5$, Formel III (R = R' = H).
B. Aus der vorangehenden Verbindung und wss. Formaldehyd (*Fusco, Trave,* Rend. Ist.
lomb. **91** [1957] 202, 208, 209).
Kristalle (aus A.); F: 207° (*Fu., Tr.*).

Die folgenden Verbindungen sind in analoger Weise hergestellt worden:
5-[4-Chlor-phenyl]-3-isopropylidenhydrazino-[1,2,4]triazin, Aceton-[5-(4-
chlor-phenyl)-[1,2,4]triazin-3-ylhydrazon] $C_{12}H_{12}ClN_5$, Formel III (R = R' = CH_3).
Kristalle (aus A.); F: 221° (*Fu., Tr.*).
*4-Chlor-benzaldehyd-[5-(4-chlor-phenyl)-[1,2,4]triazin-3-ylhydrazon]
$C_{16}H_{11}Cl_2N_5$, Formel III (R = C_6H_4-Cl, R' = H). Kristalle (aus Eg.); F: 273° (*Fusco, Rossi,*
Rend. Ist. lomb. **91** [1957] 202, 208, 209).

5-[4-Chlor-phenyl]-3-[3,5-dimethyl-pyrazol-1-yl]-[1,2,4]triazin $C_{14}H_{12}ClN_5$, Formel IV.
B. Aus 5-[4-Chlor-phenyl]-3-hydrazino-[1,2,4]triazin und Pentan-2,4-dion (*Fusco, Trave,* Rend.
Ist. lomb. **91** [1957] 202, 208, 209).
Kristalle (aus A.); F: 183°.

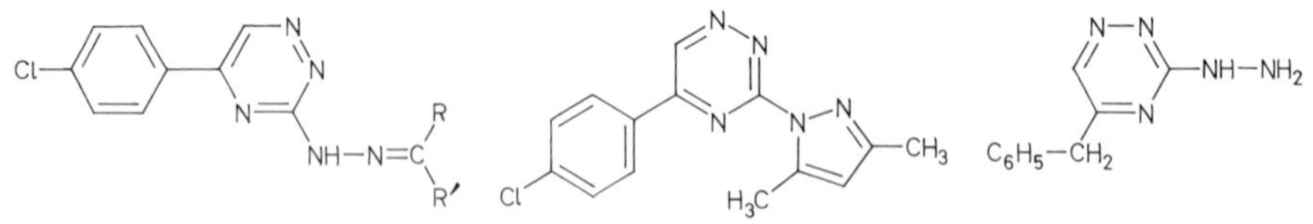

III   IV   V

5-Benzyl-3-hydrazino-[1,2,4]triazin, [5-Benzyl-[1,2,4]triazin-3-yl]-hydrazin $C_{10}H_{11}N_5$,
Formel V.
B. Aus 5-Benzyl-2H-[1,2,4]triazin-3-thion und $N_2H_4 \cdot H_2O$ (*Fusco, Trave,* Rend. Ist. lomb.
91 [1957] 202, 208, 209).
Braune Kristalle (aus A.); F: 104—105°.

3-Hydrazino-6-methyl-5-phenyl-[1,2,4]triazin, [6-Methyl-5-phenyl-[1,2,4]triazin-3-yl]-hydrazin
$C_{10}H_{11}N_5$, Formel VI.
B. Analog der vorangehenden Verbindung (*Fusco, Trave,* Rend. Ist. lomb. **91** [1957] 202,
208, 209).
Gelbe Kristalle (aus H_2O); F: 77,5°.

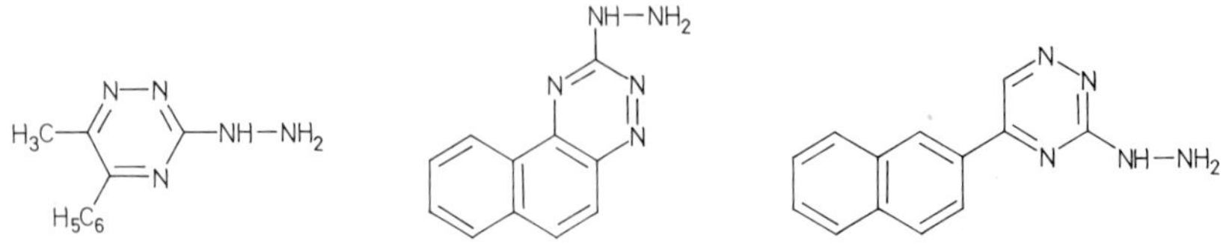

VI   VII   VIII

Monohydrazine $C_nH_{2n-13}N_5$

2-Hydrazino-naphtho[1,2-*e*][1,2,4]triazin, Naphtho[1,2-*e*][1,2,4]triazin-2-yl-hydrazin $C_{11}H_9N_5$, Formel VII.

B. Aus 2-Chlor-naphtho[1,2-*e*][1,2,4]triazin und $N_2H_4 \cdot H_2O$ in Dioxan (*Fusco, Bianchetti, G.* **87** [1957] 446, 451).

Gelbe Kristalle (aus A.); F: 217–218°.

Monohydrazine $C_nH_{2n-15}N_5$

3-Hydrazino-5-[2]naphthyl-[1,2,4]triazin, [5-[2]Naphthyl-[1,2,4]triazin-3-yl]-hydrazin $C_{13}H_{11}N_5$, Formel VIII.

B. Aus 5-[2]Naphthyl-2*H*-[1,2,4]triazin-3-thion und $N_2H_4 \cdot H_2O$ in Äthanol (*Fusco, Trave,* Rend. Ist. lomb. **91** [1957] 202, 209).

Gelbe Kristalle (aus A.); F: 183–185°.

8-Hydrazino-5-phenyl-pyrido[2,3-*d*]pyridazin, [5-Phenyl-pyrido[2,3-*d*]pyridazin-8-yl]-hydrazin $C_{13}H_{11}N_5$, Formel IX.

B. Aus 8-Chlor-5-phenyl-pyrido[2,3-*d*]pyridazin und $N_2H_4 \cdot H_2O$ in Äthanol (*Druey, Ringier,* Helv. **34** [1951] 195, 206).

Kristalle; Zers. bei ca. 200°.

Hydrochlorid $C_{13}H_{11}N_5 \cdot HCl$. Orangerote Kristalle (aus wss.-äthanol. HCl); F: 259°.

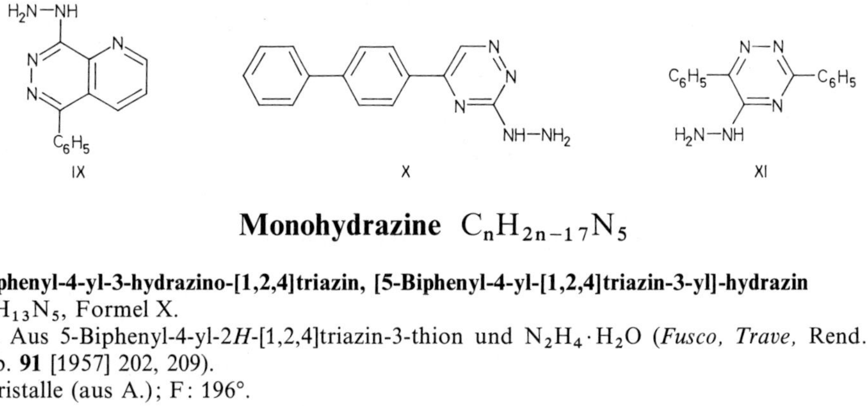

IX   X   XI

Monohydrazine $C_nH_{2n-17}N_5$

5-Biphenyl-4-yl-3-hydrazino-[1,2,4]triazin, [5-Biphenyl-4-yl-[1,2,4]triazin-3-yl]-hydrazin $C_{15}H_{13}N_5$, Formel X.

B. Aus 5-Biphenyl-4-yl-2*H*-[1,2,4]triazin-3-thion und $N_2H_4 \cdot H_2O$ (*Fusco, Trave,* Rend. Ist. lomb. **91** [1957] 202, 209).

Kristalle (aus A.); F: 196°.

5-Hydrazino-3,6-diphenyl-[1,2,4]triazin, [3,6-Diphenyl-[1,2,4]triazin-5-yl]-hydrazin $C_{15}H_{13}N_5$, Formel XI.

B. Aus 5-Chlor-3,6-diphenyl-[1,2,4]triazin und $N_2H_4 \cdot H_2O$ (*Fusco, Rossi,* Tetrahedron 3 [1958] 209, 218).

Orangefarbene Kristalle (aus A.); F: >300° [Sintern bei 217–218°].

3-Hydrazino-5,6-diphenyl-[1,2,4]triazin, [5,6-Diphenyl-[1,2,4]triazin-3-yl]-hydrazin $C_{15}H_{13}N_5$, Formel XII (R = H).

B. Aus 3-Chlor-5,6-diphenyl-[1,2,4]triazin (*Laakso et al.,* Tetrahedron 1 [1957] 109) sowie aus 5,6-Diphenyl-2*H*-[1,2,4]triazin-3-thion (*Fusco, Rossi,* Rend. Ist. lomb. **88** [1955] 173, 182) und $N_2H_4 \cdot H_2O$.

Gelbe Kristalle; F: 171–173° [aus A.] (*La. et al.*), 170° [aus wss. A.] (*Fu., Ro.*).

5,6-Diphenyl-3-[*N'*-phenyl-hydrazino]-[1,2,4]triazin, *N*-[5,6-Diphenyl-[1,2,4]triazin-3-yl]-*N'*-phenyl-hydrazin $C_{21}H_{17}N_5$, Formel XII (R = C_6H_5).

B. Aus 3-Chlor-5,6-diphenyl-[1,2,4]triazin und Phenylhydrazin in Pyridin (*Laakso et al.,* Te⸗

trahedron **1** [1957] 109, 109).
Gelbe Kristalle (aus Toluol); F: 197—198°.

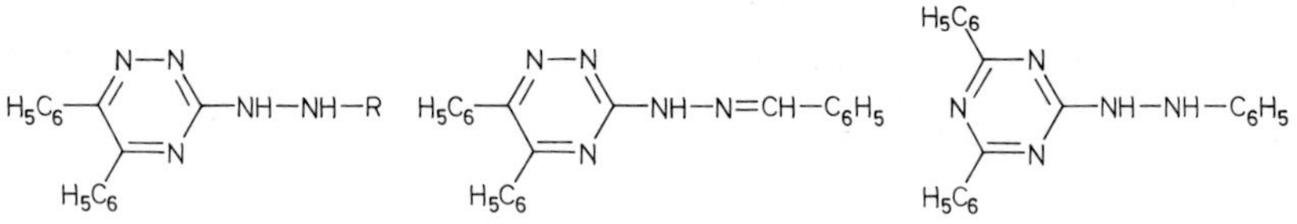

[Structures XII, XIII, XIV]

XII   XIII   XIV

*Benzaldehyd-[5,6-diphenyl-[1,2,4]triazin-3-ylhydrazon] $C_{22}H_{17}N_5$, Formel XIII.
B. Aus Benzaldehyd und *N*-Amino-*N'*-[α'-oxo-bibenzyl-α-ylidenamino]-guanidin-nitrat in Äthanol (*Lieber, Strojny,* J. org. Chem. **17** [1952] 518, 521).
Gelbe Kristalle (aus Me.); Zers. bei 253° [korr.].

Benzolsulfonsäure-[*N'*-(5,6-diphenyl-[1,2,4]triazin-3-yl)-hydrazid] $C_{21}H_{17}N_5O_2S$, Formel XII
(R = SO₂-C₆H₅).
B. Aus 3-Hydrazino-5,6-diphenyl-[1,2,4]triazin und Benzolsulfonylchlorid in Pyridin (*Rossi,* Rend. Ist. lomb. **88** [1955] 185, 189).
F: 170°.

Diphenyl-[*N'*-phenyl-hydrazino]-[1,3,5]triazin, *N*-[Diphenyl-[1,3,5]triazin-2-yl]-*N'*-phenyl-hydrazin $C_{21}H_{17}N_5$, Formel XIV (H 187).
Kristalle (aus A.); F: 154—155° (*Ruccia,* G. **89** [1959] 1670, 1680).

B. Dihydrazine

4-Amino-3,5-dihydrazino-4*H*-[1,2,4]triazol,   3,5-Dihydrazino-[1,2,4]triazol-4-ylamin $C_2H_8N_8$,
Formel I (H 206; E I 61).
Picrat. F: 152,5—153,3° (*McBride et al.,* Anal. Chem. **25** [1953] 1042, 1044).

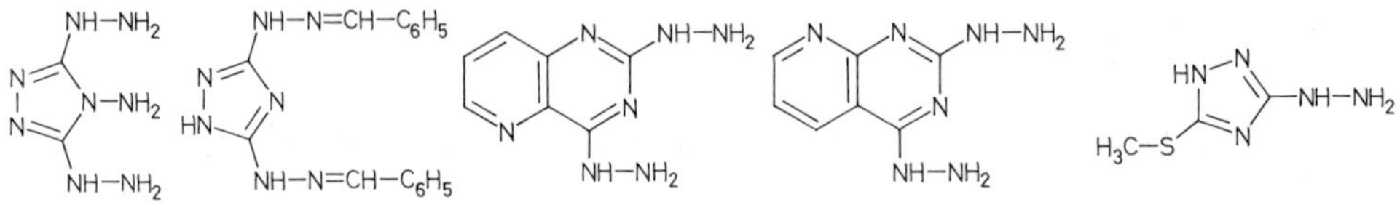

[Structures I, II, III, IV, V]

I   II   III   IV   V

*3,5-Bis-benzylidenhydrazino-1*H*-[1,2,4]triazol $C_{16}H_{15}N_7$, Formel II und Taut.
B. Neben 3-Benzylidenamino-5-benzylidenhydrazino-1*H*-[1,2,4]triazol (S. 1441) beim Behandeln der Monokalium-Verbindung von N^3,N^5-Dinitro-1*H*-[1,2,4]triazol-3,5-diyldiamin (S. 1450) mit Zink und wss. Essigsäure und anschliessenden Erwärmen mit Benzaldehyd und Piperidin in Äthanol (*Henry et al.,* Am. Soc. **75** [1953] 955, 962).
Hellgelbe Kristalle (aus wss. A.); F: 263—265° [unkorr.; Zers.].

2,4-Dihydrazino-pyrido[3,2-*d*]pyrimidin $C_7H_9N_7$, Formel III.
B. Aus 2,4-Dichlor-pyrido[3,2-*d*]pyrimidin und $N_2H_4 \cdot H_2O$ in Dioxan (*Oakes et al.,* Soc. **1956** 1045, 1052).
Kristalle (aus A.); F: 266°.

2,4-Dihydrazino-pyrido[2,3-*d*]pyrimidin $C_7H_9N_7$, Formel IV.

B. Aus 2,4-Dichlor-pyrido[2,3-*d*]pyrimidin und wss. N_2H_4 (*Robbins, Hitchings,* Am. Soc. **77** [1955] 2256, 2260).

Orangefarbene Kristalle (aus A.); F: 348—350° [unkorr.; Zers.].

C. Hydroxy-hydrazine

3-Hydrazino-5-methylmercapto-1*H*-[1,2,4]triazol, [5-Methylmercapto-1*H*-[1,2,4]triazol-3-yl]-hydrazin $C_3H_7N_5S$, Formel V und Taut.

B. Aus 5-Hydrazino-1,2-dihydro-[1,2,4]triazol-3-thion (E II **26** 112) und CH_3I in wss.-äthanol. NaOH (*Hoggarth,* Soc. **1952** 4817, 4819).

Kristalle (aus E. + A.), F: 154—156°.

Benzyliden-Derivat $C_{10}H_{11}N_5S$; Benzaldehyd-[5-methylmercapto-1*H*-[1,2,4]triazol-3-ylhydrazon]. Kristalle (aus A.); F: 255—257°.

[4-Chlor-benzyliden]-Derivat $C_{10}H_{10}ClN_5S$; 4-Chlor-benzaldehyd-[5-methyl=mercapto-1*H*-[1,2,4]triazol-3-ylhydrazon]. Kristalle (aus 2-Äthoxy-äthanol); F: 290—292°.

[4-Methoxy-benzyliden]-Derivat $C_{11}H_{13}N_5OS$; 4-Methoxy-benzaldehyd-[5-methylmercapto-1*H*-[1,2,4]triazol-3-ylhydrazon]. Kristalle (aus A.); F: 260—262°.

4-[3-Hydrazino-[1,2,4]triazin-5-yl]-phenol $C_9H_9N_5O$, Formel VI (R = R′ = H).

B. Aus 5-[4-Hydroxy-phenyl]-2*H*-[1,2,4]triazin-3-thion und $N_2H_4 \cdot H_2O$ in Äthanol (*Rossi,* Rend. Ist. lomb. **88** [1955] 185, 190).

Hydrochlorid $C_9H_9N_5O \cdot HCl$. F: 275°.

3-Hydrazino-5-[4-methoxy-phenyl]-[1,2,4]triazin, [5-(4-Methoxy-phenyl)-[1,2,4]triazin-3-yl]-hydrazin $C_{10}H_{11}N_5O$, Formel VI (R = H, R′ = CH_3).

B. Analog der vorangehenden Verbindung (*Fusco, Trave,* Rend. Ist. lomb. **91** [1957] 202, 209).

Kristalle (aus A.); F: 192—193°.

Benzolsulfonsäure-{*N*′-[5-(4-hydroxy-phenyl)-[1,2,4]triazin-3-yl]-hydrazid} $C_{15}H_{13}N_5O_3S$, Formel VI (R = SO_2-C_6H_5, R′ = H).

B. Aus 4-[3-Hydrazino-[1,2,4]triazin-5-yl]-phenol-hydrochlorid und Benzolsulfonylchlorid in Pyridin (*Rossi,* Rend. Ist. lomb. **88** [1955] 185, 190).

F: 140°.

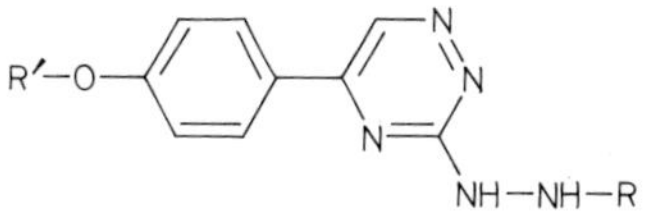

VI 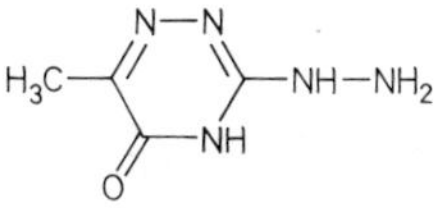   VII 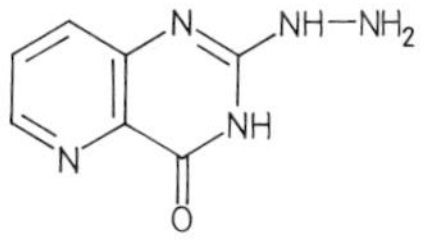   VIII

D. Oxo-hydrazine

3-Hydrazino-6-methyl-4*H*-[1,2,4]triazin-5-on $C_4H_7N_5O$, Formel VII und Taut.

B. Aus 6-Methyl-3-thioxo-3,4-dihydro-2*H*-[1,2,4]triazin-5-on und wss. $N_2H_4 \cdot H_2O$ (*Fusco, Rossi,* Rend. Ist. lomb. **88** [1955] 173, 183).

Kristalle (aus H_2O oder wss. A.) mit 1 Mol H_2O, F: 222—224°; die wasserfreie Verbindung schmilzt bei 230°.

2-Hydrazino-3*H***-pyrido[3,2-*d*]pyrimidin-4-on** $C_7H_7N_5O$, Formel VIII, oder **4-Hydrazino-1***H*-**pyrido[3,2-*d*]pyrimidin-2-on** $C_7H_7N_5O$, Formel IX, sowie Taut.
   B. Aus 2,4-Dichlor-pyrido[3,2-*d*]pyrimidin und $N_2H_4 \cdot H_2O$ in Dioxan (*Oakes et al.*, Soc. **1956** 1045, 1052).
   Kristalle (aus A.); F: 385° [Zers.].

3-Hydrazino-6-phenyl-4*H***-[1,2,4]triazin-5-on** $C_9H_9N_5O$, Formel X und Taut.
   B. Aus 6-Phenyl-3-thioxo-3,4-dihydro-2*H*-[1,2,4]triazin-5-on und wss. $N_2H_4 \cdot H_2O$ in Butan-1-ol (*Fusco, Rossi*, Tetrahedron **3** [1958] 209, 222).
   Hydrochlorid $C_9H_9N_5O \cdot HCl$. Kristalle (aus wss. HCl); F: 292 − 293° [unkorr.].

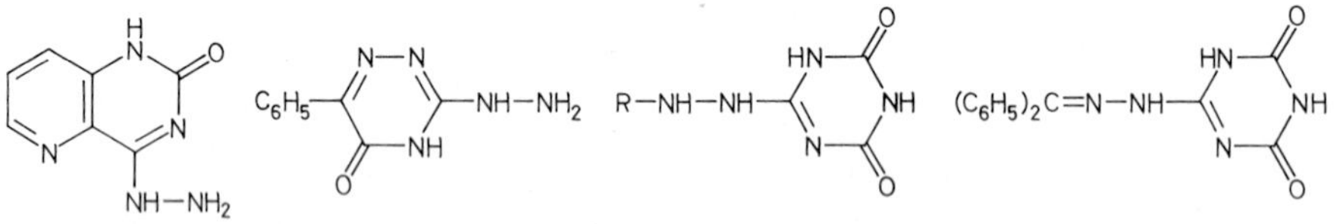

IX   X   XI   XII

6-Hydrazino-1*H***-[1,3,5]triazin-2,4-dion** $C_3H_5N_5O_2$, Formel XI (R = H) und Taut.
   B. Aus 6-Benzhydrylidenhydrazino-1*H*-[1,3,5]triazin-2,4-dion beim Behandeln mit konz. wss. HCl (*Shimizu, Nisikawa*, J. chem. Soc. Japan Pure Chem. Sect. **77** [1956] 1442, 1445; C. A. **1959** 5279).
   Feststoff.

6-[*N'***-Phenyl-hydrazino]-1***H***-[1,3,5]triazin-2,4-dion** $C_9H_9N_5O_2$, Formel XI (R = C_6H_5) und Taut.
   B. Aus 4,6-Dioxo-1,4,5,6-tetrahydro-[1,3,5]triazin-2-carbonitril (Kalium-Salz) beim Erwärmen mit Phenylhydrazin-hydrochlorid in H_2O (*Ostrogovich, Crasu*, G. **71** [1941] 496, 503).
   Kristalle (aus H_2O); F: 275 − 276° [Zers.; bei raschem Erhitzen].

6-Benzhydrylidenhydrazino-1*H***-[1,3,5]triazin-2,4-dion** $C_{16}H_{13}N_5O_2$, Formel XII und Taut.
   B. Aus Benzophenon-[4-carbamimidoyl-semicarbazon] beim Erhitzen mit Natrium-[2-hydr≈oxy-äthylat] in Äthylenglykol auf 160° (*Shimizu, Nisikawa*, J. chem. Soc. Japan Pure Chem. Sect. **77** [1956] 1442, 1445; C. A. **1959** 5279).
   Feststoff.

E. Hydrazino-amine

5-Hydrazino-1*H***-[1,2,4]triazol-3-ylamin** $C_2H_6N_6$, Formel I und Taut.
   Dihydrochlorid $C_2H_6N_6 \cdot 2HCl$. *B.* Aus N^3,N^5-Dinitroso-[1,2,4]triazol-3,5-diyldiamin (S. 1450) mit Hilfe von $SnCl_2$ und konz. wss. HCl (*Stollé, Dietrich*, J. pr. [2] **139** [1934] 193, 199). − Kristalle (aus wss. HCl); F: 217° [Zers.] (*St., Di.*).
   Benzyliden-Derivat $C_9H_{10}N_6$; vermutlich 5-Benzylidenhydrazino-1*H*-[1,2,4]tri≈azol-3-ylamin. Picrat $C_9H_{10}N_6 \cdot C_6H_3N_3O_7$. *B.* Beim Erwärmen von 3-Benzylidenamino-5-benzylidenhydrazino-1*H*-[1,2,4]triazol (s. u.) mit Picrinsäure in Äthanol (*Henry et al.*, Am. Soc. **75** [1953] 955, 962). − Orangefarbene Kristalle (aus A.); Zers. bei 242 − 243° [unkorr.] (*He. et al.*).

*(±)-[5-Benzylidenhydrazino-1*H*-[1,2,4]triazol-3-ylamino]-phenyl-methanol, (±)-α-[5-Benz≠
ylidenhydrazino-1*H*-[1,2,4]triazol-3-ylamino]-benzylalkohol** $C_{16}H_{16}N_6O$, Formel II
(X = NH-CH(OH)-C_6H_5) und Taut.
    B. Aus 5-Hydrazino-1*H*-[1,2,4]triazol-3-ylamin-dihydrochlorid und Benzaldehyd in H_2O
(*Stollé, Dietrich*, J. pr. [2] **139** [1934] 193, 199).
    Hellgelbe Kristalle (aus A.); F: 232° [nach Sintern].

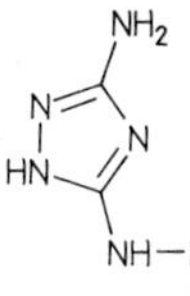

I 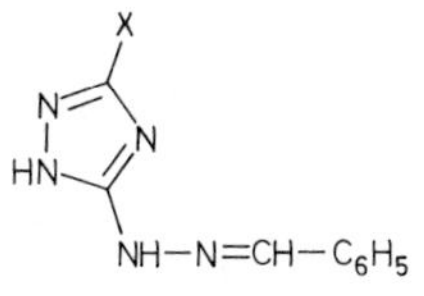   II 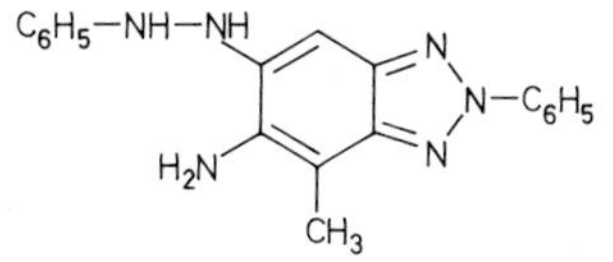   III

*3-Benzylidenamino-5-benzylidenhydrazino-1*H*-[1,2,4]triazol, Benzyliden-[5-benzylidenhydrazino-
1*H*-[1,2,4]triazol-3-yl]-amin** $C_{16}H_{14}N_6$, Formel II (X = N=CH-C_6H_5) und Taut.
    B. Beim Erhitzen der vorangehenden Verbindung auf ca. 140° unter vermindertem Druck
(*Stollé, Dietrich*, J. pr. [2] **139** [1934] 193, 200). Eine weitere Bildungsweise s. bei 3,5-Bis-
benzylidenhydrazino-1*H*-[1,2,4]triazol (S. 1438).
    Gelbe Kristalle; F: 232° [nach Sintern] (*St., Di.*), 230−231° [unkorr.; aus A.] (*Henry et al.,*
Am. Soc. **75** [1953] 955, 962).

4-Methyl-2-phenyl-6-[*N'*-phenyl-hydrazino]-2*H*-benzotriazol-5-ylamin $C_{19}H_{18}N_6$, Formel III.
    B. Aus 4-Methyl-2-phenyl-6-phenylazo-2*H*-benzotriazol-5-ylamin beim Erwärmen mit $SnCl_2$
und wss. HCl (*Mužík, Allan*, Chem. Listy **48** [1954] 221, 223; Collect. **19** [1954] 953, 956;
C. A. **1955** 2426).
    Hellgelbe Kristalle (aus $CHCl_3$ + A.); F: 210,5° [korr.].

N^2,N^2,N^4,N^4-Tetraäthyl-6-hydrazino-[1,3,5]triazin-2,4-diyldiamin $C_{11}H_{23}N_7$, Formel IV.
    B. Aus N^2,N^2,N^4,N^4-Tetraäthyl-6-chlor-[1,3,5]triazin-2,4-diyldiamin und $N_2H_4 \cdot H_2O$ in
Äthanol (*CIBA*, D.B.P. 1018424 [1956]).
    Dihydrochlorid. F: 198−200°.
    Mono-methansulfonat. Kristalle (aus E. + PAe.); F: 97−99°.
    Bis-methansulfonat. Kristalle; F: 175−176°.

IV   V

IX. Azo-Verbindungen

A. Mono-azo-Verbindungen

1-[5-Azido-1H-[1,2,4]triazol-3-ylazo]-[2]naphthol $C_{12}H_8N_8O$, Formel V und Taut.
B. Beim Behandeln einer Diazoniumsalz-Lösung von 5-Hydrazino-1H-[1,2,4]triazol-3-ylamin-dihydrochlorid mit äthanol. [2]Naphthol (*Stollé, Dietrich*, J. pr. [2] **139** [1934] 193, 201).
Orangefarbene Kristalle (aus A.); F: 195° [Zers.].

*4-[5-Azido-1H-[1,2,4]triazol-3-ylazo]-N,N-dimethyl-anilin $C_{10}H_{11}N_9$, Formel VI und Taut.
B. Analog der vorangehenden Verbindung (*Stollé, Dietrich*, J. pr. [2] **139** [1934] 193, 202).
Rote Kristalle (aus A. + Ae.); Zers. bei 185°.

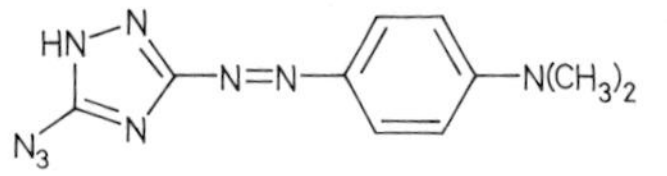

VI 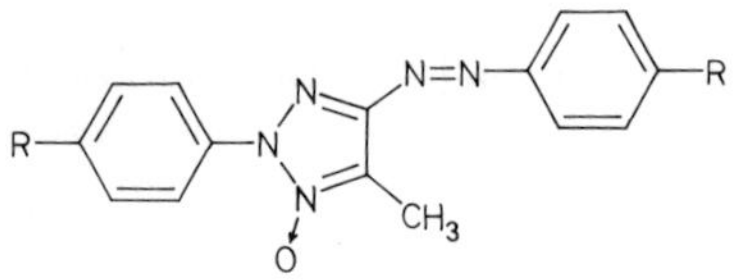   VII

*5-Methyl-2-phenyl-4-phenylazo-2H-[1,2,3]triazol-1-oxid $C_{15}H_{13}N_5O$, Formel VII (R = H).
B. Beim Behandeln von 3,5-Dimethyl-4-nitro-isoxazol mit wss. NaOH und anschliessend mit Benzoldiazoniumchlorid (*Quilico, Musante*, G. **72** [1942] 399, 405).
Orangerote Kristalle (aus A.); F: 135—136°.

*5-Methyl-2-p-tolyl-4-p-tolylazo-2H-[1,2,3]triazol-1-oxid $C_{17}H_{17}N_5O$, Formel VII (R = CH₃).
B. Analog der vorangehenden Verbindung (*Quilico, Musante*, G. **72** [1942] 399, 405).
Orangerote Kristalle (aus A.); F: 165—166°.

*Bis-[6-chlor-3-methyl-1-oxy-3H-benzotriazol-4-yl]-diazen-N-oxid(?), 6,6′-Dichlor-3,3′-dimethyl-3H,3′H-[4,4′]azoxybenzotriazol-1,1′-dioxid(?) $C_{14}H_{10}Cl_2N_8O_3$, vermutlich Formel VIII.
B. Aus 4-Chlor-2,6-dinitro-anisol und Methylhydrazin in Äthanol (*Vis*, R. **58** [1939] 847, 855).
Kristalle (aus A.); F: 194° [Sublimation bei 180°].

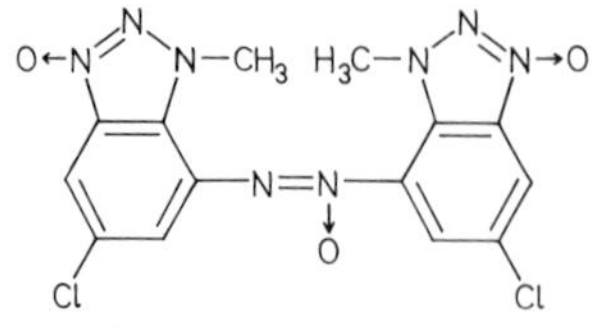

VIII 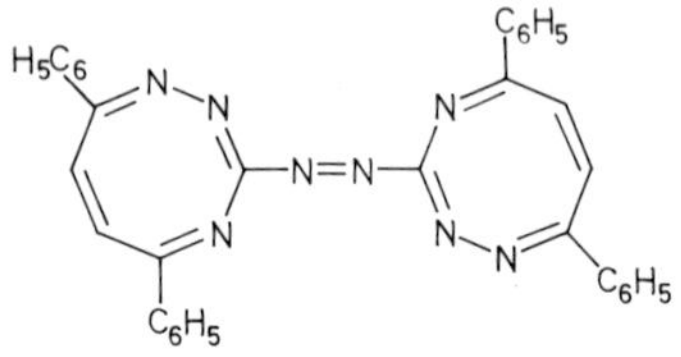   IX

Bis-[5,8-diphenyl-[1,2,4]triazocin-3-yl]-diazen, 5,8,5′,8′-Tetraphenyl-[3,3′]azo[1,2,4]triazocin $C_{34}H_{24}N_8$, Formel IX.
Eine von *Beyer, Pyl* (A. **605** [1957] 50, 57) unter dieser Konstitution beschriebene Verbindung

(F: 226°) ist als 2,6-Diphenyl-imidazo[1,2-*b*][1,2,4]triazin zu formulieren (*Loev, Goodman*, Tetra=hedron Letters **1968** 789, 791).

B. Bis-azo-Verbindungen

3,5-Bis-[4-hydroxy-phenylazo]-1*H*-[1,2,4]triazol $C_{14}H_{11}N_7O_2$, Formel X (R = R′ = H) und Taut.

B. Neben 4-[5-Amino-1*H*-[1,2,4]triazol-3-ylazo]-phenol bei der Umsetzung von diazotiertem 1*H*-[1,2,4]Triazol-3,5-diyldiamin mit Phenol (*Stollé, Dietrich*, J. pr. [2] **139** [1934] 193, 203).

Rot; F: ca. 270° [Zers.] (nicht rein erhalten).

***3,5-Bis-[4-acetoxy-phenylazo]-1*H*-[1,2,4]triazol** $C_{18}H_{15}N_7O_4$, Formel X (R = CO-CH₃, R′ = H) und Taut.

B. Beim Erhitzen (2 h) der vorangehenden Verbindung mit Acetanhydrid (*Stollé, Dietrich*, J. pr. [2] **139** [1934] 193, 204).

Orangefarbene Kristalle (aus A.); F: 235°.

***3,5-Bis-[4-acetoxy-phenylazo]-4-acetyl-4*H*-[1,2,4]triazol** $C_{20}H_{17}N_7O_5$, Formel X (R = R′ = CO-CH₃).

B. Beim Erhitzen (15 h) von 3,5-Bis-[4-hydroxy-phenylazo]-1*H*-[1,2,4]triazol mit Acetanhydrid (*Stollé, Dietrich*, J. pr. [2] **139** [1934] 193, 204).

Rote Kristalle (aus Bzl.); F: 167°.

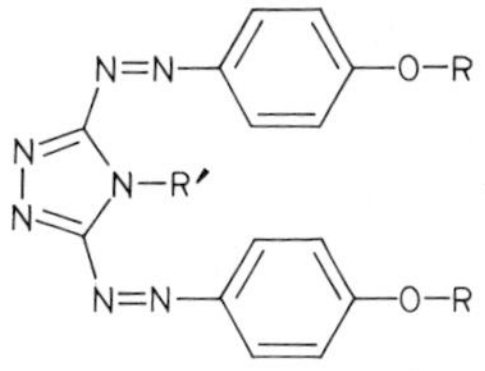

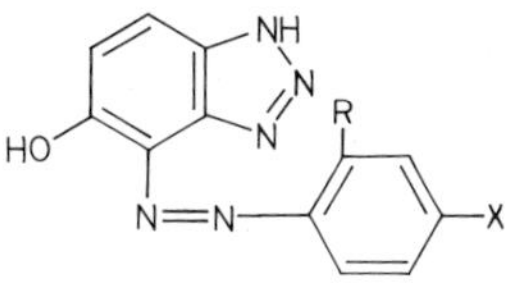

C. Hydroxy-azo-Verbindungen

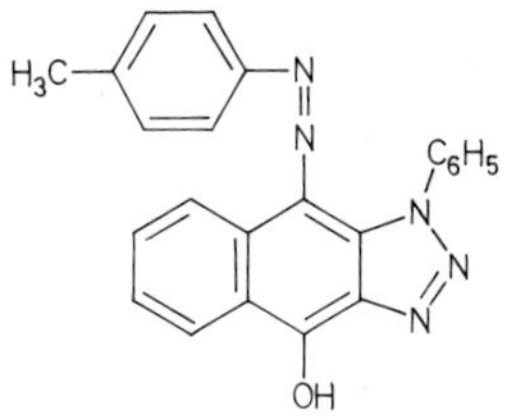

4-Phenylazo-1*H*-benzotriazol-5-ol $C_{12}H_9N_5O$, Formel XI (R = X = H) und Taut.

B. Aus 1*H*-Benzotriazol-5-ol und diazotiertem Anilin (*Fieser, Martin*, Am. Soc. **57** [1935] 1835, 1837).

Orangefarbene Kristalle (aus A.); F: 230 – 232° [Zers.] (*Fi., Ma.*).

Die folgenden Verbindungen sind in analoger Weise hergestellt worden:

4-[4-Chlor-phenylazo]-1*H*-benzotriazol-5-ol $C_{12}H_8ClN_5O$, Formel XI (R = H, X = Cl) und Taut. Orangefarbene Kristalle (aus Chlorbenzol); F: 247 – 248,5° (*Scalera, Adams*, Am. Soc. **75** [1953] 715, 718).

4-*o*-Tolylazo-1*H*-benzotriazol-5-ol $C_{13}H_{11}N_5O$, Formel XI (R = CH₃, X = H) und Taut. Rote Kristalle (aus A.); F: 243 – 244° [Zers.] (*Fi., Ma.*).

4-*p*-Tolylazo-1*H*-benzotriazol-5-ol $C_{13}H_{11}N_5O$, Formel XI (R = H, X = CH₃) und Taut. Rotorangefarbene Kristalle (aus A.); F: 224 – 225° (*Fi., Ma.*).

1-Phenyl-9-*p*-tolylazo-1*H*-naphtho[2,3-*d*][1,2,3]triazol-4-ol $C_{23}H_{17}N_5O$, Formel XII und Taut.

B. Aus 1-Phenyl-1*H*-naphtho[2,3-*d*][1,2,3]triazol-4-ol und diazotiertem *p*-Toluidin in meth=

anol. KOH (*Borsche et al.*, A. **554** [1943] 15, 22).
   Orangegelbe Kristalle (aus A.); F: 210° [Zers.].

D. Oxo-azo-Verbindungen

*(3*S*)-3*r*-[4(oder 6)-(4-Brom-phenylazo)-5,7-diisopentyl-2-*tert*-pentyl-indol-3-ylmethyl]-
6*c*-methyl-piperazin-2,5-dion, 4(oder 6)-[4-Brom-phenylazo]-hexahydroechinulin
$C_{35}H_{48}BrN_5O_2$, Formel XIII (R = N=N-C_6H_4-Br, R' = H oder R = H,
R' = N=N-C_6H_4-Br).
   B. Aus Hexahydroechinulin (S. 605) und 4-Brom-benzoldiazonium-sulfat in Äthanol (*Quilico
et al.*, G. **86** [1956] 211, 228).
   Kristalle (aus Bzl.); F: 273°. IR-Spektrum (Nujol; 2−15 μ): *Qu. et al.*, l. c. S. 216.

*(3*S*)-3*r*-[5,7-Diisopentyl-4(oder 6)-(4-nitro-phenylazo)-2-*tert*-pentyl-indol-3-ylmethyl]-6*c*-methyl-
piperazin-2,5-dion, 4(oder 6)-[4-Nitro-phenylazo]-hexahydroechinulin $C_{35}H_{48}N_6O_4$,
Formel XIII (R = N=N-C_6H_4-NO_2, R' = H oder R = H, R' = N=N-C_6H_4-NO_2).
   B. Analog der vorangehenden Verbindung (*Quilico et al.*, G. **86** [1956] 211, 227, 228).
   Rotbraune Kristalle (aus $CHCl_3$); F: 252−253°. IR-Spektrum (Nujol; 2−15 μ): *Qu. et al.*,
l. c. S. 216.

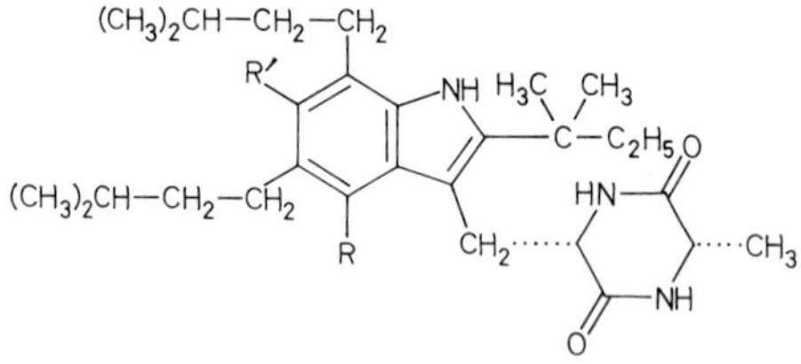

XIII 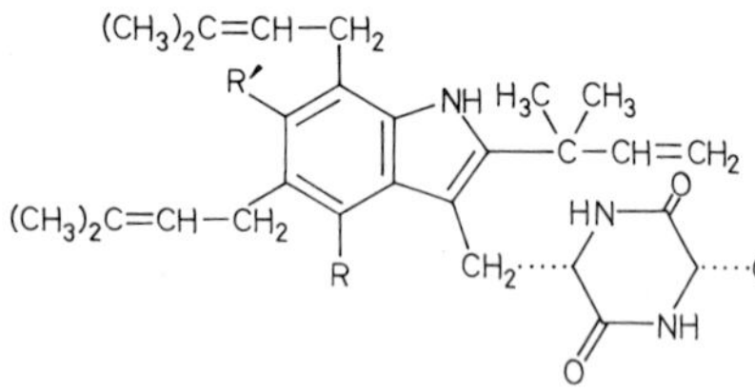   XIV

*(3*S*)-3*r*-[2-(1,1-Dimethyl-allyl)-5,7-bis-(3-methyl-but-2-enyl)-4(oder 6)-(4-nitro-phenylazo)-indol-
3-ylmethyl]-6*c*-methyl-piperazin-2,5-dion, 4(oder 6)-[4-Nitro-phenylazo]-echinulin
$C_{35}H_{42}N_6O_4$, Formel XIV (R = N=N-C_6H_4-NO_2, R' = H oder R = H,
R' = N=N-C_6H_4-NO_2).
   B. Aus Echinulin (S. 620) und 4-Nitro-benzoldiazonium-sulfat in Essigsäure (*Quilico et al.*,
G. **86** [1956] 211, 228).
   F: 180−185°.

E. Azo-amine

4-[5-Amino-1*H*-[1,2,4]triazol-3-ylazo]-phenol $C_8H_8N_6O$, Formel I und Taut.
   B. Bei 3,5-Bis-[4-hydroxy-phenylazo]-1*H*-[1,2,4]triazol (S. 1443).
   Gelbbraune Kristalle (aus H_2O) mit 1 Mol H_2O; F: 266° [Zers.] (*Stollé, Dietrich*, J. pr.
[2] **139** [1934] 193, 203, 205).
   Hydrochlorid $C_8H_8N_6O \cdot HCl$. Gelbrote Kristalle (aus wss. HCl) mit 1 Mol H_2O; Zers.
bei ca. 240°.

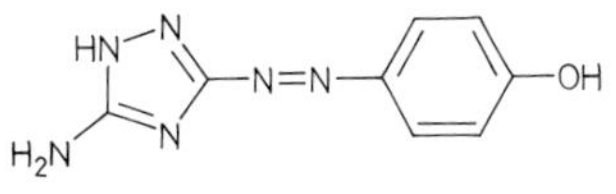

I

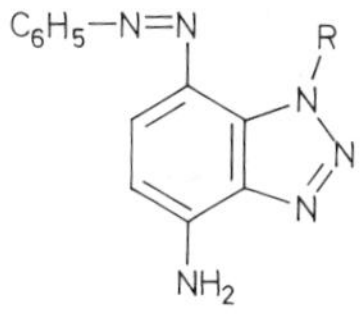

II

*7-Phenylazo-1*H*-benzotriazol-4-ylamin $C_{12}H_{10}N_6$, Formel II (R = H) und Taut.

B. Aus 1*H*-Benzotriazol-4-ylamin und Benzoldiazoniumchlorid (*Fries et al.*, A. **511** [1934] 213, 230).

Hellrote Kristalle (aus Xylol); F: 244° (*Fr. et al.*).

Diacetyl-Derivat $C_{16}H_{14}N_6O_2$. Gelbe Kristalle (aus Eg.); F: 284° (*Fr. et al.*).

Die folgenden Verbindungen sind in analoger Weise hergestellt worden:

*1-Methyl-7-phenylazo-1*H*-benzotriazol-4-ylamin $C_{13}H_{12}N_6$,   Formel II (R = CH$_3$). Orangefarbene Kristalle; F: 246° (*Fr. et al.*, l. c. S. 233). – Acetyl-Derivat $C_{15}H_{14}N_6O$; 4-Acetylamino-1-methyl-7-phenylazo-1*H*-benzotriazol, *N*-[1-Methyl-7-phenylazo-1*H*-benzotriazol-4-yl]-acetamid. Gelbe Kristalle (aus Eg.); F: 223° (*Fr. et al.*).

*1-Methyl-7-[1-methyl-1*H*-benzotriazol-4-ylazo]-1*H*-benzotriazol-4-ylamin, 7'-Amino-1,3'-dimethyl-1*H*,3'*H*-[4,4']azobenzotriazol $C_{14}H_{13}N_9$, Formel III. Violette Kristalle (aus Anilin); F: 291° (*Fr. et al.*, l. c. S. 233).

*4-Phenylazo-1*H*-benzotriazol-5-ylamin $C_{12}H_{10}N_6$, Formel IV (R = X = H) und Taut. Orangefarbene Kristalle (aus Xylol); F: 207° (*Fr. et al.*, l. c. S. 222). – Monoacetyl-Derivat $C_{14}H_{12}N_6O$. Gelbe Kristalle (aus Eg.); F: 243° (*Fr. et al.*).

*2-[4-Methoxy-phenyl]-4-[4-methoxy-phenylazo]-2*H*-benzotriazol-5-ylamin $C_{20}H_{18}N_6O_2$, Formel IV (R = C_6H_4-O-CH$_3$, X = O-CH$_3$). Orangerote Kristalle (aus A.); F: 195 – 197° (*Tatsuoka et al.*, Ann. Rep. Takeda Res. Labor. **10** [1951] 16, 32; C. A. **1953** 4886).

*4-[5-Amino-2-phenyl-2*H*-benzotriazol-4-ylazo]-benzolsulfonsäure-amid $C_{18}H_{15}N_7O_2S$, Formel IV (R = C_6H_5, X = SO$_2$-NH$_2$). Orangerot; F: 253° [Zers.] (*Ta. et al.*, l. c. S. 31).

*4-[5-Amino-2-(2-methoxy-phenyl)-2*H*-benzotriazol-4-ylazo]-benzolsulfonᷟsäure-amid $C_{19}H_{17}N_7O_3S$, Formel IV (R = C_6H_4-O-CH$_3$, X = SO$_2$-NH$_2$). Orangerote Kristalle (aus A.); F: 255° [Zers.] (*Ta. et al.*, l. c. S. 31).

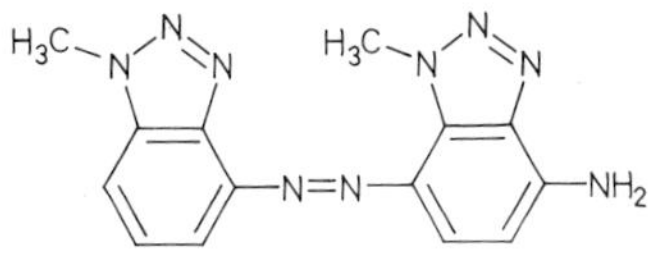

III

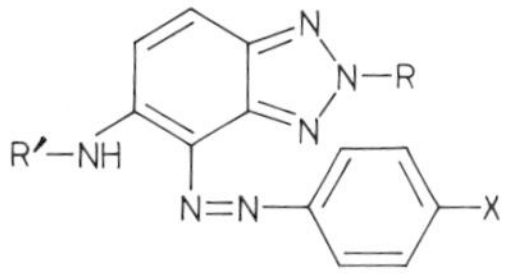

IV

*2-Phenyl-6-phenylazo-2*H*-benzotriazol-5-ylamin $C_{18}H_{14}N_6$, Formel V (R = X = H).

B. Aus 4,6-Bis-phenylazo-*m*-phenylendiamin beim Erwärmen mit CuSO$_4$ in wss. Pyridin (*Mužík, Allan*, Collect. **18** [1953] 388, 400).

Orangefarbene Kristalle (aus CHCl$_3$); F: 225,5° [korr.].

*2-[4-Chlor-phenyl]-6-[4-chlor-phenylazo]-2*H*-benzotriazol-5-ylamin $C_{18}H_{12}Cl_2N_6$, Formel V (R = H, X = Cl).

B. Analog der vorangehenden Verbindung (*Mužík, Allan*, Collect. **18** [1953] 388, 401).

Orangefarbene Kristalle; F: 274° [korr.].

*4-Methyl-2-phenyl-6-phenylazo-2*H*-benzotriazol-5-ylamin $C_{19}H_{16}N_6$, Formel V (R = CH$_3$, X = H).

B. Aus 2-Methyl-4,6-bis-phenylazo-*m*-phenylendiamin beim Erwärmen mit CuSO$_4$ in wss.

Pyridin (*Mužík, Allan,* Collect. **18** [1953] 388, 404).

  Rotbraune Kristalle (aus CHCl$_3$+PAe.); F: 161° [korr.].

  A c e t y l - D e r i v a t   C$_{21}$H$_{18}$N$_6$O; 5-Acetylamino-4-methyl-2-phenyl-6-phenylazo-2H-benzotriazol,   *N*-[4-Methyl-2-phenyl-6-phenylazo-2H-benzotriazol-5-yl]-acetamid. F: 272° [korr.].

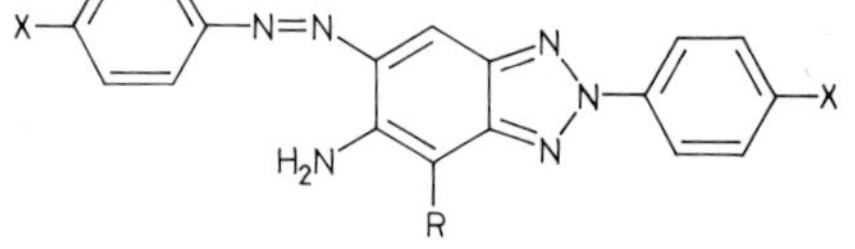

V 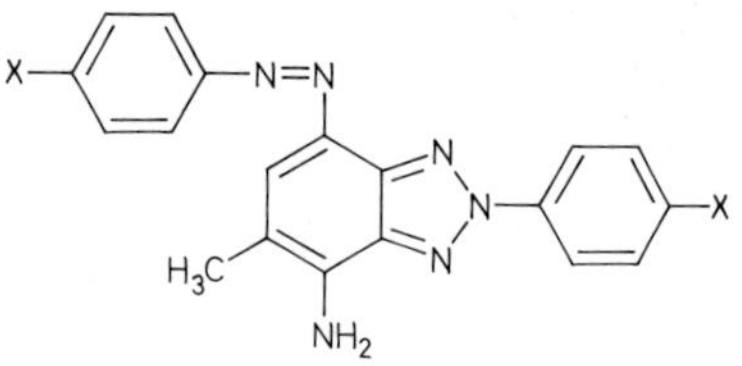   VI

*5-Methyl-2-phenyl-7-phenylazo-2H-benzotriazol-4-ylamin   C$_{19}$H$_{16}$N$_6$, Formel VI (X = H).

  B. Neben 4-Methyl-2,7-diphenyl-2,7-dihydro-benzo[1,2-*d*;3,4-*d'*]bis[1,2,3]triazol (Hauptpro‌dukt) beim Erhitzen von 4-Methyl-2,6-bis-phenylazo-*m*-phenylendiamin mit CuSO$_4$ in wss. Pyridin (*Mužík, Allan,* Collect. **18** [1953] 388, 402).

  Orangefarbene Kristalle; F: ca. 123°. λ_{max} (konz. H$_2$SO$_4$): 496 nm (*Mu., Al.,* l. c. S. 393).

*2-[4-Chlor-phenyl]-7-[4-chlor-phenylazo]-5-methyl-2H-benzotriazol-4-ylamin   C$_{19}$H$_{14}$Cl$_2$N$_6$, Formel VI (X = Cl).

  B. Analog der vorangehenden Verbindung (*Mužík, Allan,* Collect. **18** [1953] 388, 403).

  Orangerote Kristalle; F: 233° [korr.]. λ_{max} (konz. H$_2$SO$_4$): 487 nm (*Mu., Al.,* l. c. S. 393).

*2-[4-Chlor-phenyl]-4-[4-chlor-phenylazo]-6-methyl-2H-benzotriazol-5-ylamin   C$_{19}$H$_{14}$Cl$_2$N$_6$, Formel VII (R = CH$_3$, X = Cl).

  B. Beim Behandeln von 4-Methyl-*m*-phenylendiamin mit 4-Chlor-benzoldiazonium-chlorid, Erwärmen des Reaktionsprodukts mit CuSO$_4$ in wss. Pyridin und anschliessenden Behandeln mit 4-Chlor-benzoldiazonium-chlorid (*Mužík, Allan,* Collect. **18** [1953] 388, 405).

  Hellorangefarbene Kristalle (aus A.); F: 242° [korr.].

*N-[6-Amino-2-phenyl-7-phenylazo-2H-benzotriazol-5-yl]-toluol-4-sulfonamid**   C$_{25}$H$_{21}$N$_7$O$_2$S, Formel VII (R = NH-SO$_2$-C$_6$H$_4$-CH$_3$, X = H).

  B. Aus Toluol-4-sulfonsäure-[6-amino-2-phenyl-2H-benzotriazol-5-ylamid] und Benzol‌diazoniumchlorid (*Mužík,* Collect. **23** [1958] 291, 299).

  Orangefarbene Kristalle; F: 216° [korr.].

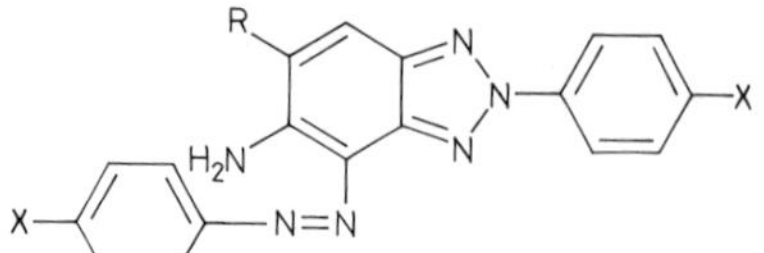

VII 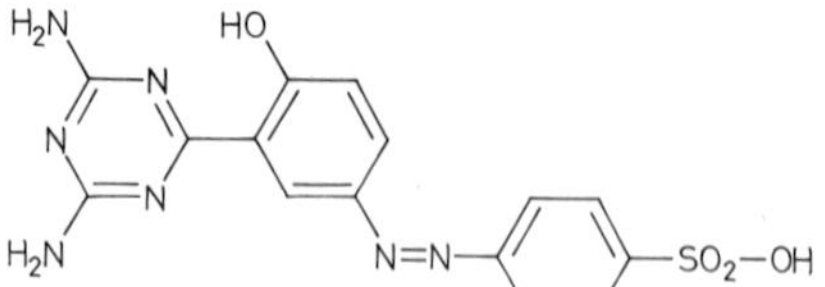   VIII

4-[3-(Diamino-[1,3,5]triazin-2-yl)-4-hydroxy-phenylazo]-benzolsulfonsäure   C$_{15}$H$_{13}$N$_7$O$_4$S, Formel VIII und Taut.

  B. Aus 2-[Diamino-[1,3,5]triazin-2-yl]-phenol und diazotierter Sulfanilsäure (*Am. Cyanamid Co.,* U.S.P. 2425286 [1941]).

  Hellbraun; F: >326°.

3-[Diamino-[1,3,5]triazin-2-yl]-1-phenylazo-[2]naphthol $C_{19}H_{15}N_7O$, Formel IX (X = H) und Taut.

B. Aus 3-[Diamino-[1,3,5]triazin-2-yl]-[2]naphthol und Benzoldiazoniumchlorid (*Am. Cyanamid Co.*, U.S.P. 2425286 [1941]).

Dunkelrot; F: 213°.

4-[3-(Diamino-[1,3,5]triazin-2-yl)-2-hydroxy-[1]naphthylazo]-benzolsulfonsäure $C_{19}H_{15}N_7O_4S$, Formel IX (X = SO_2-OH) und Taut.

B. Analog der vorangehenden Verbindung (*Am. Cyanamid Co.*, U.S.P. 2425286 [1941]).

Dunkelrot; F: 312° [Zers.].

X. Diazonium-Verbindungen

5-Hydroxy-1-methyl-1*H*-benzotriazol-4-diazonium-betain $C_7H_5N_5O$, Formel X, und Mesomeres (4-Diazo-1-methyl-1,4-dihydro-benzotriazol-5-on).

B. Aus 4-Amino-1-methyl-1*H*-benzotriazol-5-ol-hydrochlorid beim Behandeln mit wss. HCl und $NaNO_2$ (*Süs*, A. **579** [1953] 133, 150).

Gelbe Kristalle (aus H_2O oder A.); F: 170 – 171° [Zers.].

Beim Bestrahlen einer Lösung in H_2O mit UV-Licht ist eine als 1-Methyl-1,4-dihydro-cyclopentatriazol-4-carbonsäure (S. 943) angesehene Verbindung erhalten worden (*Süs*, l. c. S. 139, 151).

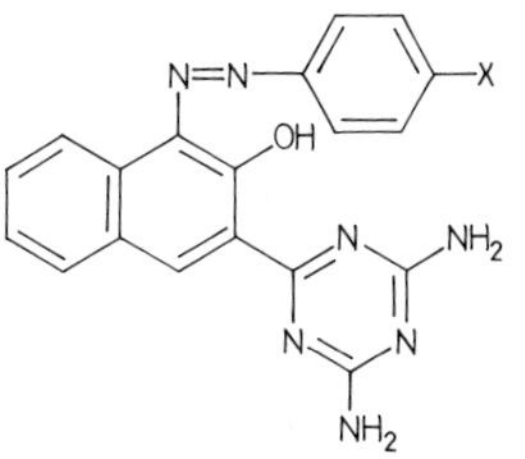

IX 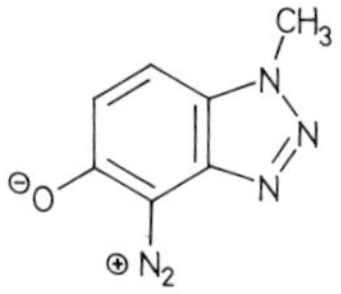   X 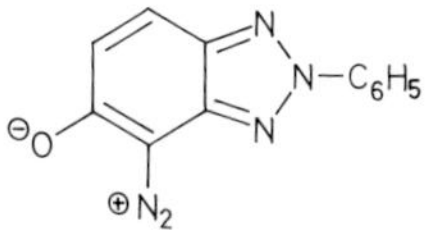   XI

5-Hydroxy-2-phenyl-2*H*-benzotriazol-4-diazonium-betain $C_{12}H_7N_5O$, Formel XI, und Mesomeres (4-Diazo-2-phenyl-2,4-dihydro-benzotriazol-5-on).

B. Aus 4-Amino-2-phenyl-2*H*-benzotriazol-5-ol beim Behandeln mit $NaNO_2$ und wss. HCl in DMF (*Süs*, A. **579** [1953] 133, 147; *Kalle & Co.*, D.B.P. 939327 [1953]).

Gelbe Kristalle (aus Dioxan); F: 200 – 201° [Zers.].

XI. Nitrosoamine

Methyl-nitroso-[1*H*-[1,2,4]triazol-3-yl]-amin $C_3H_5N_5O$, Formel XII (R = CH_3, X = H) und Taut.

B. Aus Methyl-[1*H*-[1,2,4]triazol-3-yl]-amin und $NaNO_2$ in saurer Lösung (*Pesson, Polmanss,*

C. r. **247** [1958] 787).
F: 154°.

Benzyl-nitroso-[1H-[1,2,4]triazol-3-yl]-amin $C_9H_9N_5O$, Formel XII (R = CH_2-C_6H_5, X = H)
und Taut.
B. Analog der vorangehenden Verbindung (*Pesson, Polmanss,* C. r. **247** [1958] 787).
F: 176°.

Nitroso-phenäthyl-[1H-[1,2,4]triazol-3-yl]-amin $C_{10}H_{11}N_5O$, Formel XII
(R = CH_2-CH_2-C_6H_5, X = H) und Taut.
B. Analog den vorangehenden Verbindungen (*Pesson, Polmanss,* C. r. **247** [1958] 787).
F: 135°.

3-Azido-5-nitrosoamino-1H-[1,2,4]triazol, [5-Azido-1H-[1,2,4]triazol-3-yl]-nitroso-amin
$C_2H_2N_8O$, Formel XII (R = H, X = N_3) und Taut.
B. Aus 5-Hydrazino-1H-[1,2,4]triazol-3-ylamin-hydrochlorid und wss. $NaNO_2$ (*Stollé, Diet=
rich,* J. pr. [2] **139** [1934] 193, 201).
Gelbbraunes Pulver, das bei 134° [Kapillare; rasches Erhitzen] detoniert.

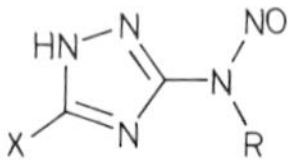

XII 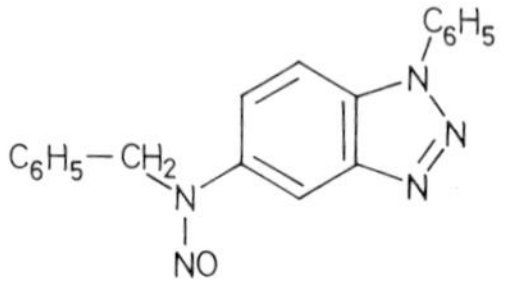   XIII 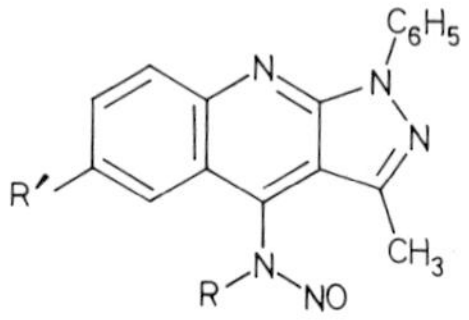   XIV

Benzyl-nitroso-[1-phenyl-1H-benzotriazol-5-yl]-amin $C_{19}H_{15}N_5O$, Formel XIII.
B. Aus Benzyl-[1-phenyl-1H-benzotriazol-5-yl]-amin und wss. $NaNO_2$ in Essigsäure (*Ka=
tritzky, Plant,* Soc. **1953** 412, 416).
Kristalle (aus A.); F: 141°.
Beim Behandeln mit Cyclohexanon und Zink in wss. Essigsäure wird 6-Benzyl-3-phenyl-
3,6,7,8,9,10-hexahydro-[1,2,3]triazolo[4,5-c]carbazol erhalten.

[3-Methyl-1-phenyl-1H-pyrazolo[3,4-b]chinolin-4-yl]-nitroso-phenyl-amin $C_{23}H_{17}N_5O$,
Formel XIV (R = C_6H_5, R' = H).
B. Aus [3-Methyl-1-phenyl-1H-pyrazolo[3,4-b]chinolin-4-yl]-phenyl-amin und KNO_2 in
Essigsäure (*Kocwa,* Bl. Acad. polon. [A] **1936** 390, 394).
Gelbe Kristalle (aus Eg.); F: 170° [Zers.].

[3-Methyl-1-phenyl-1H-pyrazolo[3,4-b]chinolin-4-yl]-[1]naphthyl-nitroso-amin $C_{27}H_{19}N_5O$,
Formel XIV (R = $C_{10}H_7$, R' = H).
B. Analog der vorangehenden Verbindung (*Kocwa,* Bl. Acad. polon. [A] **1936** 390, 398).
Hellbraune Kristalle, die bei 145° verkohlen.

[3,6-Dimethyl-1-phenyl-1H-pyrazolo[3,4-b]chinolin-4-yl]-nitroso-phenyl-amin $C_{24}H_{19}N_5O$,
Formel XIV (R = C_6H_5, R' = CH_3).
B. Analog den vorangehenden Verbindungen (*Kocwa,* Bl. Acad. polon. [A] **1936** 390, 399).
Gelbe Kristalle (aus Eg.); F: 174° [Zers.].

[8-Methyl-9-phenyl-9H-benzo[h]pyrazolo[3,4-b]chinolin-7-yl]-nitroso-phenyl-amin $C_{27}H_{19}N_5O$,
Formel I.
B. Aus [8-Methyl-9-phenyl-9H-benzo[h]pyrazolo[3,4-b]chinolin-7-yl]-phenyl-amin und

NaNO$_2$ in wss. Essigsäure (*Kocwa*, Bl. Acad. polon. [A] **1937** 571, 576).
Gelbe Kristalle (aus Eg.); F: 186° [Zers.].

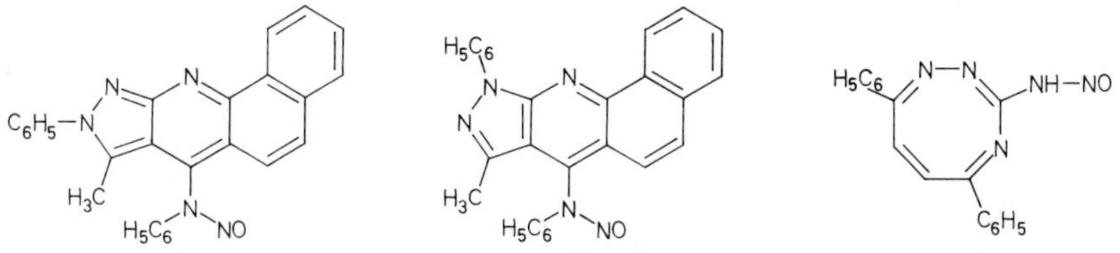

I   II   III

[8-Methyl-10-phenyl-10*H*-benzo[*h*]pyrazolo[3,4-*b*]chinolin-7-yl]-nitroso-phenyl-amin
C$_{27}$H$_{19}$N$_5$O, Formel II.
B. Analog der vorangehenden Verbindung (*Kocwa*, Bl. Acad. polon. [A] **1937** 232, 237).
Gelbe Kristalle (aus Eg.); F: 184−185° [Zers.].

3-Nitrosoamino-5,8-diphenyl-[1,2,4]triazocin, [5,8-Diphenyl-[1,2,4]triazocin-3-yl]-nitroso-amin
C$_{17}$H$_{13}$N$_5$O, Formel III.
Eine von *Beyer, Pyl* (A. **605** [1957] 50, 56) unter dieser Konstitution beschriebene Verbindung
(F: 144°) ist vermutlich als 5-Nitroso-2,6-diphenyl-1,5-dihydro-imidazo[1,2-*b*][1,2,4]triazin zu
formulieren (*Loev, Goodman*, Tetrahedron Letters **1968** 789, 791).

N^3,*N*^{5}-**Dinitroso-1*H*-[1,2,4]triazol-3,5-diyldiamin** C$_2$H$_3$N$_7$O$_2$, Formel IV (X = X′ = NO) und
Taut. (in der Literatur als Dinitrosoguanazol bezeichnet).
B. Aus Guanazol-hydrochlorid (S. 1161) und Amylnitrit in äthanol. HCl (*Stollé, Dietrich*,
J. pr. [2] **139** [1934] 193, 198).
Orangerot; Zers. bei ca. 187°.

N^3-**Nitroso-1*H*-[1,2,4]triazol-3,5-diyldiamin** C$_2$H$_4$N$_6$O, Formel IV (X = NO, X′ = H) und
Taut. (E I 57; dort als Nitrosoguanazol bezeichnet).
B. Aus Guanazol (S. 1161) und Amylnitrit in Äthanol (*Stollé, Dietrich*, J. pr. [2] **139** [1934]
193, 198).
Gelb; Zers. bei 172°.

XII. Nitramine

3-Nitroamino-1*H*-[1,2,4]triazol, Nitro-1*H*-[1,2,4]triazol-3-yl-amin C$_2$H$_3$N$_5$O$_2$, Formel V
(R = H) und Taut.
B. Aus *N*-Formyl-*N*′-nitrocarbamimidoyl-hydrazin beim Erhitzen mit wss. Na$_2$CO$_3$ (*Henry*,
Am. Soc. **72** [1950] 5343).
Kristalle (aus H$_2$O); F: 221−222° [Zers.] (*Williams et al.*, J. phys. Chem. **61** [1957] 261,
266); Zers. bei 217° [korr.] (*He.*). Standard-Bildungsenthalpie: +26,87 kcal·mol^{-1}; Standard-
Verbrennungsenthalpie: −317,45 kcal·mol^{-1} (*Wi. et al.*, l. c. S. 264). λ_{max} (H$_2$O): 284 nm (*De=
Vries, Gantz*, Am. Soc. **76** [1954] 1008). λ_{max} (wss. H$_2$SO$_4$) der Base: 282 nm; der protonierten
Verbindung: 247 nm (*Bonner, Lockhart*, Soc. **1958** 3858, 3861). Scheinbare Dissoziationsexpo=
nenten pK$'_{a1}$ und pK$'_{a2}$ (H$_2$O; spektrophotometrisch ermittelt) bei 24°: 3,95 bzw. 10,80 (*DeV.,
Ga.*). Protonierungsgleichgewicht in wss. H$_2$SO$_4$: *Bo., Lo.*, l. c. S. 3861.
Geschwindigkeitskonstante der Denitrierung in wss. H$_2$SO$_4$ [67−79%ig] bei 25°: *Bonner*,

Lockhart, Soc. **1958** 3852, 3853.

Aminoguanidin-Salz CH$_6$N$_4$·C$_2$H$_3$N$_5$O$_2$. *B*. Aus *N*-Formyl-*N'*-nitrocarbamimidoyl-hydrazin beim Erhitzen mit Aminoguanidin in Äthanol (*Henry et al.*, Am. Soc. **77** [1955] 5693). − Kristalle (aus Me.); Zers. bei 209−210° (*He. et al.*).

IV   V   VI   VII

3-Methyl-5-nitroamino-1*H*-[1,2,4]triazol, [5-Methyl-1*H*-[1,2,4]triazol-3-yl]-nitro-amin C$_3$H$_5$N$_5$O$_2$, Formel V (R = CH$_3$) und Taut.

B. Analog der vorangehenden Verbindung (*Henry*, Am. Soc. **72** [1950] 5343).

Kristalle (aus H$_2$O); F: 212−213° [korr.; Zers.] (*He.*). Standard-Bildungsenthalpie: +12,72 kcal·mol^{-1}; Standard-Verbrennungsenthalpie: −465,67 kcal·mol^{-1} (*Williams et al.*, J. phys. Chem. **61** [1957] 261, 264). IR-Spektrum (2−15 μ): *Lieber et al.*, Anal. Chem. **23** [1951] 1594, 1600. λ$_{max}$ (H$_2$O): 288 nm (*DeVries, Gantz*, Am. Soc. **76** [1954] 1008). Scheinbare Dissoziationsexponenten pK$'_{a1}$ und pK$'_{a2}$ (H$_2$O; spektrophotometrisch ermittelt) bei 24°: 4,75 bzw. 11,30 (*DeV., Ga.*). Scheinbare Dissoziationskonstante K$'_{a1}$ (H$_2$O; potentiometrisch ermittelt): 1,6·10^{-5} (*Lieber et al.*, Am. Soc. **73** [1951] 1792).

N^3,N^5-Dinitro-1*H*-[1,2,4]triazol-3,5-diyldiamin C$_2$H$_3$N$_7$O$_4$, Formel IV (X = X' = NO$_2$).

Ammonium-Salz [NH$_4$]C$_2$H$_2$N$_7$O$_4$. *B*. Aus *N*-[*N*-Hydrazincarbimidoyl-*N'*-nitro-carbamimidoyl]-*N'*-nitrocarbamimidoyl-hydrazin (E IV **3** 253) beim Behandeln mit wss. HCl und wss. NaNO$_2$ und anschliessend mit wss. NH$_3$ (*Henry et al.*, Am. Soc. **75** [1953] 955, 961). − Kristalle (aus H$_2$O); Zers. bei 182−184° [unkorr.]. Netzebenenabstände: *He. et al.* Scheinbarer Dissoziationsexponent pK$'_a$ (H$_2$O; potentiometrisch ermittelt): ca. 4,8.

Kalium-Salz KC$_2$H$_2$N$_7$O$_4$. Kristalle (aus H$_2$O); F: 199−200° [unkorr.; Zers.]. Netzebenenabstände: *He. et al.*

Guanidin-Salz CH$_5$N$_3$·C$_2$H$_3$N$_7$O$_4$. Kristalle (aus H$_2$O); Zers. bei 186−187° [unkorr.].

Aminoguanidin-Salz CH$_6$N$_4$·C$_2$H$_3$N$_7$O$_4$. Kristalle (aus H$_2$O); F: 180° [unkorr.; Zers.]. Netzebenenabstände: *He. et al.*

Benzylidenamino-guanidin-Salz 2C$_8$H$_{10}$N$_4$·C$_2$H$_3$N$_7$O$_4$. Kristalle (aus Me.); F: 183−184° [unkorr.]. Netzebenenabstände: *He. et al.*

4,6-Bis-nitroamino-1*H*-[1,3,5]triazin-2-on C$_3$H$_3$N$_7$O$_5$, Formel VI und Taut.

B. Aus Melamin (S. 1253) und HNO$_3$ in Acetanhydrid (*Cason*, Am. Soc. **69** [1947] 495, 496; *Atkinson*, Am. Soc. **73** [1951] 4443).

Zers. bei 228° (*At.*). Verbrennungswärme: *At.*

Beim heftigen Schlag erfolgt Detonation (*At.*).

Natrium-Salz Na$_2$C$_3$HN$_7$O$_5$. Kristalle (aus wss. A.) mit 2 Mol H$_2$O (*Ca.*).

Kalium-Salz K$_2$C$_3$HN$_7$O$_5$. Hellgelbe Kristalle (aus H$_2$O) mit 2 Mol H$_2$O (*Ca.*).

6-Nitroamino-1*H*-[1,3,5]triazin-2,4-dion C$_3$H$_3$N$_5$O$_4$, Formel VII und Taut.

B. Aus Tris-acetylamino-[1,3,5]triazin und konz. HNO$_3$ in Acetanhydrid (*Cason*, Am. Soc. **69** [1947] 495, 497; *Atkinson*, Am. Soc. **73** [1951] 4443).

Zers. bei 248°; bei 200°/1 Torr sublimierbar (*At.*).

Natrium-Salz NaC$_3$H$_2$N$_5$O$_4$. Kristalle (aus H$_2$O) mit 1 Mol H$_2$O (*Ca.*).

Kalium-Salz KC$_3$H$_2$N$_5$O$_4$. Kristalle (aus H$_2$O) mit 1 Mol H$_2$O (*Ca.*).

Bis-acetylamino-nitroamino-[1,3,5]triazin, *N*,*N'*-[Nitroamino-[1,3,5]triazin-2,4-diyl]-bis-acetamid C$_7$H$_9$N$_7$O$_4$, Formel VIII.

B. Aus Tris-acetylamino-[1,3,5]triazin und rauchender HNO$_3$ (*Atkinson*, Am. Soc. **73** [1951]

4443).

Feststoff mit 1 Mol H$_2$O; Zers. bei 300°.

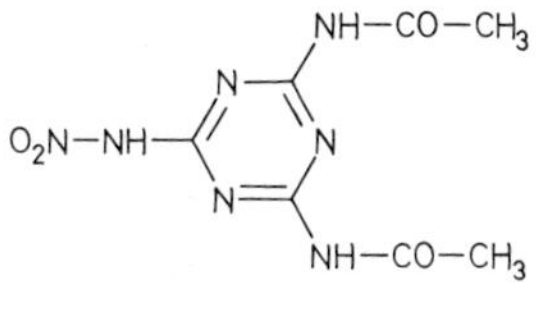

VIII 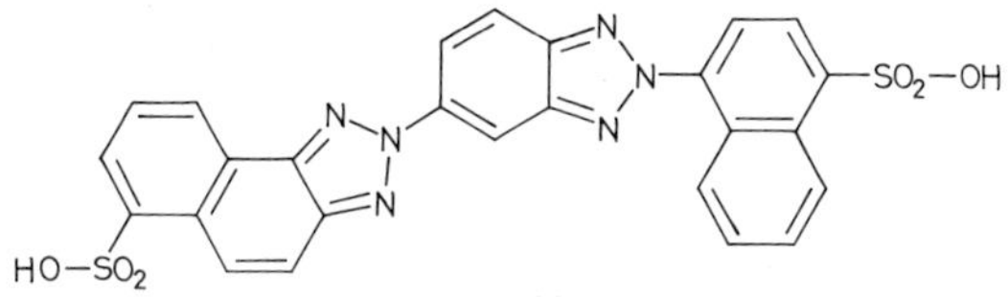   IX

XIII. Triazane

2-[2-(4-Sulfo-[1]naphthyl)-2*H*-benzotriazol-5-yl]-2*H*-naphtho[1,2-*d*][1,2,3]triazol-6-sulfonsäure
C$_{26}$H$_{16}$N$_6$O$_6$S$_2$, Formel IX.

Dinatrium-Salz Na$_2$C$_{26}$H$_{14}$N$_6$O$_6$S$_2$·2H$_2$O. *B*. Aus diazotierter 4-[5-Amino-benzotriazol-2-yl]-naphthalin-1-sulfonsäure bei der Umsetzung mit 6-Amino-naphthalin-1-sulfonsäure und anschliessenden Oxidation mit CuSO$_4$ in wss. NH$_3$ (*Dobáš et al.*, Collect. **24** [1959] 739, 741). – Feststoff (aus A.).

XIV. Triazene

N-Phenyl-*N'*-[1-phenyl-1*H*-[1,2,3]triazol-4-yl]-triazen C$_{14}$H$_{12}$N$_6$, Formel X (R = C$_6$H$_5$) und Taut.

B. Bei der Hydrierung von *N*-[4-Brom-phenyl]-*N'*-[1-(4-brom-phenyl)-1*H*-[1,2,3]triazol-4-yl]-triazen an Palladium/CaCO$_3$ in wss.-äthanol. KOH (*Kleinfeller, Bönig*, J. pr. [2] **132** [1932] 175, 196).

Hellgelbe Kristalle (aus wss. A.); F: 108°.

N-[4-Brom-phenyl]-*N'*-[1-(4-brom-phenyl)-1*H*-[1,2,3]triazol-4-yl]-triazen C$_{14}$H$_{10}$Br$_2$N$_6$,
Formel X (R = C$_6$H$_4$-Br) und Taut. (E II 75).

Nitrate. C$_{14}$H$_{10}$Br$_2$N$_6$·HNO$_3$. Kristalle; F: 174° [Zers.] (*Kleinfeller, Bönig*, J. pr. [2] **132** [1932] 175, 193, 194). – C$_{14}$H$_{10}$Br$_2$N$_6$·2HNO$_3$. Kristalle (aus konz. HNO$_3$); F: 153° [Zers.].

Sulfate. 4C$_{14}$H$_{10}$Br$_2$N$_6$·3H$_2$SO$_4$. Kristalle; F: 195°. – C$_{14}$H$_{10}$Br$_2$N$_6$·H$_2$SO$_4$(?). Kristalle; F: 143° [Zers.].

N-Acetyl-Derivat C$_{16}$H$_{12}$Br$_2$N$_6$O; 3-Acetyl-1-[4-brom-phenyl]-3-[1-(4-brom-phenyl)-1*H*-[1,2,3]triazol-4-yl]-triazen. Kristalle (aus A.); F: 172° [Zers.].

5-Nitro-1'-phenyl-1'*H*-[1,5']bibenzotriazolyl C$_{18}$H$_{11}$N$_7$O$_2$, Formel XI (R = NO$_2$).

B. Beim aufeinanderfolgenden Erwärmen von [2,4-Dinitro-phenyl]-[1-phenyl-1*H*-benzotriazol-5-yl]-amin in wss. Äthanol mit Na$_2$S, mit NaNO$_2$ und mit wss. HCl (*Katritzky, Plant*, Soc. **1953** 412, 414).

Kristalle (aus Eg.); F: 314°.

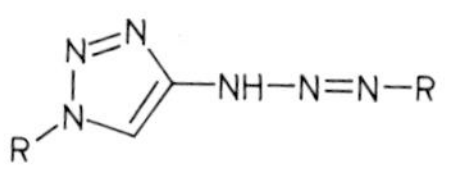

5-Acetyl-1'-phenyl-1'H-[1,5']bibenzotriazolyl, 1-[1'-Phenyl-1'H-[1,5']bibenzotriazolyl-5-yl]-
äthanon $C_{20}H_{14}N_6O$, Formel XI (R = CO-CH$_3$).
B. Beim aufeinanderfolgenden Erwärmen von 1-[3-Nitro-4-(1-phenyl-1H-benzotriazol-5-yl-amino)-phenyl]-äthanon in Essigsäure mit Na$_2$S$_2$O$_4$ und mit NaNO$_2$ (*Katritzky, Plant,* Soc.
1953 412, 415).
Hellgelbe Kristalle (aus Eg.); F: 295°.

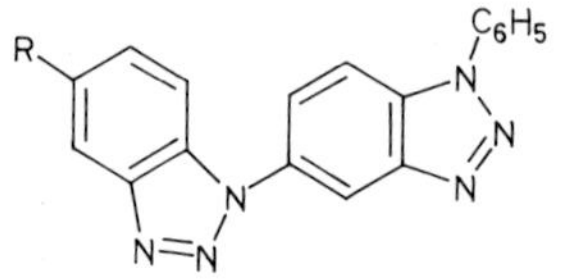

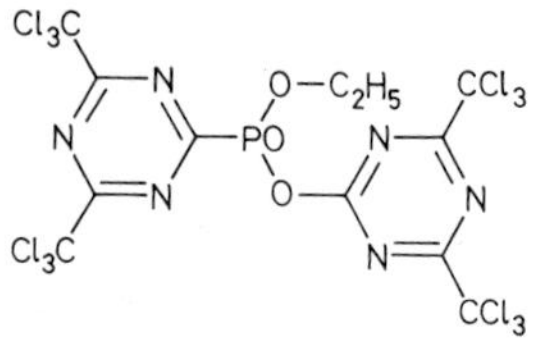

1'-Phenyl-1'H-[1,5']bibenzotriazolyl-5-carbonitril $C_{19}H_{11}N_7$, Formel XI (R = CN).
B. Beim Erwärmen von 4-[4-Anilino-3-nitro-anilino]-3-nitro-benzonitril mit SnCl$_2$ und wss.
HCl in Essigsäure und anschliessenden Behandeln mit NaNO$_2$ und wss. HCl (*Coker et al.,*
Soc. **1951** 110, 115). Analog der vorangehenden Verbindung (*Katritzky, Plant,* Soc. **1953** 412,
414).
Kristalle (aus Eg.); F: 310−312° (*Co. et al.*), 311° (*Ka., Pl.*).

XV. C-Phosphor-Verbindungen

[Bis-trichlormethyl-[1,3,5]triazin-2-yl]-phosphonsäure-äthylester-[bis-trichlormethyl-[1,3,5]triazin-
2-ylester] $C_{12}H_5Cl_{12}N_6O_3P$, Formel XII.
B. Beim Erhitzen von Chlor-bis-trichlormethyl-[1,3,5]triazin mit Triäthylphosphit auf 145°
(*Schroeder,* Am. Soc. **81** [1959] 5658, 5662).
Kp$_1$: 118°. n$_D^{29}$: 1,5230.

Tris-dimethoxyphosphoryl-[1,3,5]triazin, P,P',P''-[1,3,5]Triazin-2,4,6-triyl-tris-phosphonsäure-
hexamethylester $C_9H_{18}N_3O_9P_3$, Formel XIII (R = CH$_3$).
B. Aus Trichlor-[1,3,5]triazin und Trimethylphosphit (*Morrison,* J. org. Chem. **22** [1957]
444).
Kristalle (aus Acn.+PAe.); F: 123−124,5° [unkorr.].

Tris-diäthoxyphosphoryl-[1,3,5]triazin, P,P',P''-[1,3,5]Triazin-2,4,6-triyl-tris-phosphonsäure-
hexaäthylester $C_{15}H_{30}N_3O_9P_3$, Formel XIII (R = C$_2$H$_5$).
B. Analog der vorangehenden Verbindung (*Morrison,* J. org. Chem. **22** [1957] 444).
Kristalle (aus Ae.); F: 94−95° (*Mo.*). ^{31}P-NMR-Absorption (Schmelze): *Van Wazer et al.,*
Am. Soc. **78** [1956] 5715, 5723.

Tris-[bis-(2-chlor-äthoxy)-phosphoryl]-[1,3,5]triazin, P,P',P''-[1,3,5]Triazin-2,4,6-triyl-tris-
phosphonsäure-hexakis-[2-chlor-äthylester] $C_{15}H_{24}Cl_6N_3O_9P_3$, Formel XIII
(R = CH$_2$-CH$_2$-Cl).
B. Analog den vorangehenden Verbindungen (*Morrison,* J. org. Chem. **22** [1957] 444).
Kristalle (aus Acn.+Ae.); F: 51,5−54°.

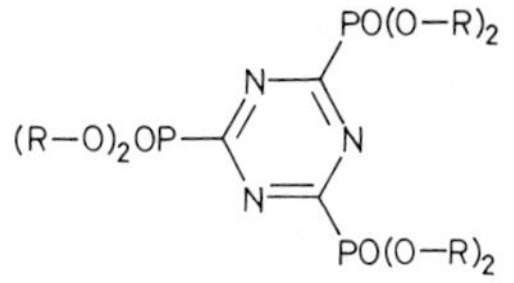

XIII 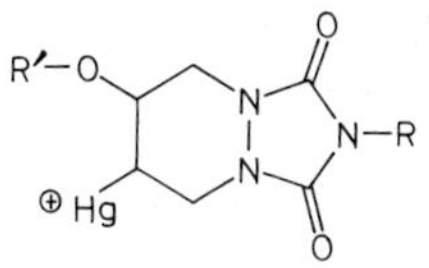   XIV

XVI. C-Quecksilber-Verbindungen

*Opt.-inakt. 7-Hydroxy-1,3-dioxo-hexahydro-[1,2,4]triazolo[1,2-a]pyridazin-6-ylquecksilber(1+) $[C_6H_8HgN_3O_3]^+$, Formel XIV (R = R' = H).

Hydroxid $[C_6H_8HgN_3O_3]OH$. *B.* Aus 5,8-Dihydro-[1,2,4]triazolo[1,2-a]pyridazin-1,3-dion und Quecksilber(II)-acetat in H_2O unter Zusatz von wenig konz. HNO_3 (*Sterling Drug Inc.*, U.S.P. 2813865 [1955]). – F: 266,5° [Zers.; nach Dunkelfärbung bei 264°].

*Opt.-inakt. 7-Methoxy-1,3-dioxo-hexahydro-[1,2,4]triazolo[1,2-a]pyridazin-6-ylquecksilber(1+) $[C_7H_{10}HgN_3O_3]^+$, Formel XIV (R = H, R' = CH_3).

Hydroxid $[C_7H_{10}HgN_3O_3]OH$. *B.* Aus dem Acetat (s. u.) mit Hilfe von wss. NaOH (*Sterling Drug Inc.*, U.S.P. 2813865 [1955]). – F: 295 – 300° [Zers.].

Methanthiolat $[C_7H_{10}HgN_3O_3]CH_3S$. Natrium-Salz $NaC_8H_{12}HgN_3O_3S$. *B.* Aus dem Hydroxid (s. o.) und Methanthiol in wss.-methanol. NaOH (*Sterling Drug Inc.*). – Kristalle (aus A.); F: >210° [Zers. ab 178,5°].

Acetat $[C_7H_{10}HgN_3O_3]C_2H_3O_2$. *B.* Aus 5,8-Dihydro-[1,2,4]triazolo[1,2-a]pyridazin-1,3-dion und Quecksilber(II)-acetat in Methanol unter Zusatz von wenig konz. HNO_3 (*Sterling Drug Inc.*).

Carboxymethanthiolat $[C_7H_{10}HgN_3O_3]C_2H_3O_2S$. Dinatrium-Salz $Na_2C_9H_{11}HgN_3O_5S$. *B.* Aus dem Hydroxid (s. o.) und Thioglykolsäure in wss. NaOH (*Sterling Drug Inc.*). – F: 211 – 223,5° [Zers. ab 219°].

1,2-Dicarboxy-äthanthiolat $[C_7H_{10}HgN_3O_3]C_4H_5O_4S$. Trinatrium-Salz $Na_3C_{11}H_{12}HgN_3O_7S$. *B.* Analog dem Carboxymethanthiolat (*Sterling Drug Inc.*). – F: 120 – 125°.

*Opt.-inakt. 7-Methoxy-2-methyl-1,3-dioxo-hexahydro-[1,2,4]triazolo[1,2-a]pyridazin-6-yl⸗ quecksilber(1+) $[C_8H_{12}HgN_3O_3]^+$, Formel XIV (R = R' = CH_3).

Acetat $[C_8H_{12}HgN_3O_3]C_2H_3O_2$. *B.* Aus 2-Methyl-5,8-dihydro-[1,2,4]triazolo[1,2-a]pyrid⸗ azin-1,3-dion und Quecksilber(II)-acetat in Methanol unter Zusatz von wenig konz. HNO_3 (*Sterling Drug Inc.*, U.S.P. 2813865 [1955]). – Kristalle (aus Me.); F: 188 – 191° [Zers.].

*Opt.-inakt. 2-Carboxymethyl-7-methoxy-1,3-dioxo-hexahydro-[1,2,4]triazolo[1,2-a]pyridazin-6-ylquecksilber(1+) $[C_9H_{12}HgN_3O_5]^+$, Formel XIV (R = CH_2-CO-OH, R' = CH_3).

Hydroxid $[C_9H_{12}HgN_3O_5]OH$. Natrium-Salz $NaC_9H_{12}HgN_3O_6$. *B.* Aus dem Acetat (s. u.) beim Behandeln mit wss. NaOH (*Sterling Drug Inc.*, U.S.P. 2813865 [1955]). – Kristalle (aus Me.); F: >225° [Zers.; nach Sintern bei 205°].

Acetat $[C_9H_{12}HgN_3O_5]C_2H_3O_2$; [6-Acetatomercurio-7-methoxy-1,3-dioxo-tetra⸗ hydro-[1,2,4]triazolo[1,2-a]pyridazin-2-yl]-essigsäure $C_{11}H_{15}HgN_3O_7$. *B.* Aus [1,3-Dioxo-5,8-dihydro-[1,2,4]triazolo[1,2-a]pyridazin-2-yl]-essigsäure und Quecksilber(II)-acetat in Methanol mit Hilfe von Kaliumacetat und konz. HNO_3 (*Sterling Drug Inc.*). – F: 232 – 235° [Zers.].

***Opt.-inakt. 2-Äthoxycarbonylmethyl-7-methoxy-1,3-dioxo-hexahydro-[1,2,4]triazolo[1,2-*a*]⸗
pyridazin-6-ylquecksilber(1+)** $[C_{11}H_{16}HgN_3O_5]^+$, Formel XIV (R = CH_2-CO-O-C_2H_5,
R′ = CH_3).

Acetat $[C_{11}H_{16}HgN_3O_5]C_2H_3O_2$; [6-Acetatomercurio-7-methoxy-1,3-dioxo-tetra⸗
hydro-[1,2,4]triazolo[1,2-*a*]pyridazin-2-yl]-essigsäure-äthylester $C_{13}H_{19}HgN_3O_7$.
B. Analog dem Acetat der vorangehenden Verbindung (*Sterling Drug Inc., U.S.P.* 2813865
[1955]). — F: 181−183,5° [nach Sintern bei 110−115°].   [*Kowol*]

Sachregister

Das folgende Register enthält die Namen der in diesem Band abgehandelten Verbindungen im allgemeinen mit Ausnahme der Namen von Salzen, deren Kat: ionen aus Metall-Ionen, Metallkomplex-Ionen oder protonierten Basen bestehen, und von Additionsverbindungen.

Die im Register aufgeführten Namen („Registernamen") unterscheiden sich von den im Text verwendeten Namen im allgemeinen dadurch, dass Substitutionspräfixe und Hydrierungsgradpräfixe hinter den Stammnamen gesetzt („invertiert") sind, und dass alle zur Konfigurationskennzeichnung dienenden genormten Präfixe und Symbole (s. „Stereochemische Bezeichnungsweisen") weggelassen sind.

Der Registername enthält demnach die folgenden Bestandteile in der angegebenen Reihenfolge:

1. den Register-Stammnamen (in Fettdruck); dieser setzt sich, sofern nicht ein Radikofunktionalname (s.u.) vorliegt, zusammen aus
   a) dem Stammvervielfachungsaffix (z.B. Bi in [1,2′]Binaphthyl),
   b) stammabwandelnden Präfixen[1]),
   c) dem Namensstamm (z.B. Hex in Hexan; Pyrr in Pyrrol),
   d) Endungen (z.B. an, en, in zur Kennzeichnung des Sättigungszustandes von Kohlenstoff-Gerüsten; ol, in, olidin zur Kennzeichnung von Ringgrösse und Sättigungszustand bei Heterocyclen; ium, id zur Kennzeichnung der Ladung eines Ions),
   e) dem Funktionssuffix zur Kennzeichnung der Hauptfunktion (z.B. -säure, -carbonsäure, -on, -ol),
   f) Additionssuffixen (z.B. oxid in Äthylenoxid, Pyridin-1-oxid).

2. Substitutionspräfixe*), d.h. Präfixe, die den Ersatz von Wasserstoff-Atomen durch andere Atome oder Gruppen („Substituenten") kennzeichnen (z.B. Äthyl-chlor in 2-Äthyl-1-chlor-naphthalin; Epoxy in 1,4-Epoxy-p-menthan).

3. Hydrierungsgradpräfixe (z.B. Hydro in 1,2,3,4-Tetrahydro-naphthalin; Dehydro in 4,4′-Didehydro-β,β′-carotin-3,3′-dion).

4. Funktionsabwandlungssuffixe (z.B. -oxim in Aceton-oxim; -methylester in Bern: steinsäure-dimethylester; -anhydrid in Benzoesäure-anhydrid).

---

[1]) Zu den stammabwandelnden Präfixen gehören:
Austauschpräfixe*) (z.B. Oxa in 3,9-Dioxa-undecan; Thio in Thioessigsäure),
Gerüstabwandlungspräfixe (z.B. Cyclo in 2,5-Cyclo-benzocyclohepten; Bicyclo in Bicyclo: [2.2.2]octan; Spiro in Spiro[4.5]decan; Seco in 5,6-Seco-cholestan-5-on; Iso in Isopentan),
Brückenpräfixe*) (nur in Namen verwendet, deren Stamm ein Ringgerüst ohne Seitenkette bezeichnet; z.B. Methano in 1,4-Methano-naphthalin; Epoxido in 4,7-Epoxido-inden [zum Stammnamen gehörig im Gegensatz zu dem bedeutungsgleichen Substitutionspräfix Epoxy]),
Anellierungspräfixe (z.B. Benzo in Benzocyclohepten; Cyclopenta in Cyclopenta[a]phen: anthren),
Erweiterungspräfixe (z.B. Homo in D-Homo-androst-5-en),
Subtraktionspräfixe (z.B. Nor in A-Nor-cholestan; Desoxy in 2-Desoxy-hexose).

Beispiele:
Dibrom-chlor-methan wird registriert als **Methan**, Dibrom-chlor-;
meso-1,6-Diphenyl-hex-3-in-2,5-diol wird registriert als **Hex-3-in-2,5-diol**, 1,6-Diphenyl-;
4a,8a-Dimethyl-octahydro-naphthalin-2-on-semicarbazon wird registriert als
   Naphthalin-2-on, 4a,8a-Dimethyl-octahydro-, semicarbazon;
5,6-Dihydroxy-hexahydro-4,7-ätheno-isobenzofuran-1,3-dion wird registriert als
   4,7-Ätheno-isobenzofuran-1,3-dion, 5,6-Dihydroxy-hexahydro-;
1-Methyl-chinolinium wird registriert als **Chinolinium**, 1-Methyl-.

Besondere Regelungen gelten für Radikofunktionalnamen, d.h. Namen, die aus
einer oder mehreren Radikalbezeichnungen und der Bezeichnung einer Funktions≠
klasse (z.B. Äther) oder eines Ions (z.B. Chlorid) zusammengesetzt sind:

a) Bei Radikofunktionalnamen von Verbindungen deren (einzige) durch einen
Funktionsklassen-Namen oder Ionen-Namen bezeichnete Funktionsgruppe mit nur
einem (einwertigen) Radikal unmittelbar verknüpft ist, umfasst der Register-
Stammname die Bezeichnung des Radikals und die Funktionsklassenbezeichnung
(oder Ionenbezeichnung) in unveränderter Reihenfolge; ausgenommen von dieser
Regelung sind jedoch Radikofunktionalnamen, die auf die Bezeichnung eines sub≠
stituierbaren (d.h. Wasserstoff-Atome enthaltenden) Anions enden (s. unter c)).
Präfixe, die eine Veränderung des Radikals ausdrücken, werden hinter den Stamm≠
namen gesetzt [2]).

Beispiele:
Äthylbromid, Phenyllithium und Butylamin werden unverändert registriert;
4′-Brom-3-chlor-benzhydrylchlorid wird registriert als **Benzhydrylchlorid**,4′-Brom-3-chlor-;
1-Methyl-butylamin wird registriert als **Butylamin**, 1-Methyl-.

b) Bei Radikofunktionalnamen von Verbindungen mit einem mehrwertigen Radi≠
kal, das unmittelbar mit den durch Funktionsklassen-Namen oder Ionen-Namen
bezeichneten Funktionsgruppen verknüpft ist, umfasst der Register-Stammname
die Bezeichnung dieses Radikals und die (gegebenenfalls mit einem Vervielfa≠
chungsaffix versehene) Funktionsklassenbezeichnung (oder Ionenbezeichnung),
nicht aber weitere im Namen enthaltene Radikalbezeichnungen, auch wenn sie
sich auf unmittelbar mit einer der Funktionsgruppen verknüpfte Radikale beziehen.

Beispiele:
Äthylendiamin und Äthylenchlorid werden unverändert registriert;
N,N-Diäthyl-äthylendiamin wird registriert als **Äthylendiamin**, *N,N*-Diäthyl-;
6-Methyl-1,2,3,4-tetrahydro-naphthalin-1,4-diyldiamin wird registriert als **Naphthalin-**
   1,4-diyldiamin, 6-Methyl-1,2,3,4-tetrahydro-.

c) Bei Radikofunktionalnamen, deren (einzige) Funktionsgruppe mit mehreren
Radikalen unmittelbar verknüpft ist oder deren als Anion bezeichnete Funktions≠
gruppe Wasserstoff-Atome enthält, besteht der Register-Stammname nur aus der
Funktionsklassenbezeichnung (oder Ionenbezeichnung); die Radikalbezeichnungen
werden dahinter angeordnet.

Beispiele:
Benzyl-methyl-amin wird registriert als **Amin**, Benzyl-methyl-;
Äthyl-trimethyl-ammonium wird registriert als **Ammonium**, Äthyl-trimethyl-;

---

[2]) Namen mit Präfixen, die eine Veränderung des als Anion bezeichneten Molekülteils
ausdrücken sollen (z.B. Methyl-chloracetat), werden im Handbuch nicht mehr verwendet.

Diphenyläther wird registriert als **Äther,** Diphenyl-;
[2-Äthyl-[1]naphthyl]-phenyl-keton-oxim wird registriert als **Keton,** [2-Äthyl-[1]naphthyl]-phenyl-, oxim.

Nach der sog. Konjunktiv-Nomenklatur gebildete Namen (z.B. Cyclohexan⸗methanol, 2,3-Naphthalindiessigsäure) werden im Handbuch nicht mehr verwendet.

Massgebend für die Anordnung von Verbindungsnamen sind in erster Linie die nicht kursiv gesetzten Buchstaben des Register-Stammnamens; in zweiter Linie werden die durch Kursivbuchstaben und/oder Ziffern repräsentierten Differenzie⸗rungsmarken des Register-Stammnamens berücksichtigt; erst danach entscheiden die nachgestellten Präfixe und zuletzt die Funktionsabwandlungssuffixe.

Beispiele:
o-**Phenylendiamin,** 3-Brom- erscheint unter dem Buchstaben P nach *m*-**Phenylendiamin,** 2,4,6-Trinitro-;
Cyclopenta[*b*]naphthalin, 1-Brom-1*H*- erscheint nach **Cyclopenta[*a*]naphthalin,** 3-Methyl-1*H*-;
Aceton, 1,3-Dibrom-, hydrazon erscheint nach **Aceton,** Chlor-, oxim.

Mit Ausnahme von deuterierten Verbindungen werden isotopen-markierte Prä⸗parate im allgemeinen nicht ins Register aufgenommen. Sie werden im Artikel der nicht markierten Verbindung erwähnt, wenn der Originalliteratur hinreichend bedeutende Bildungsweisen zu entnehmen sind.

Von griechischen Zahlwörtern abgeleitete Namen oder Namensteile sind einheit⸗lich mit c (nicht mit k) geschrieben.

Die Buchstaben i und j werden unterschieden. Die Umlaute ä, ö und ü gelten hinsichtlich ihrer alphabetischen Einordnung als ae, oe bzw. ue.

---

*) Verzeichnis der in systematischen Namen verwendeten Substitutionspräfixe, Austausch⸗präfixe und Brückenpräfixe s. Gesamtregister, Sachregister für Band 5 S. V–XXXVI.

Subject Index

The following index contains the names of compounds dealt with in this volume, with the exception of salts whose cations are formed by metal ions, complex metal ions or protonated bases; addition compounds are likewise omitted.

The names used in the index (Index Names) are different from the systematic nomenclature used in the text only insofar as Substitution and Degree-of-Unsatura‍tion Prefices are placed after the name (inverted), and all configurational prefices and symbols (see "Stereochemical Conventions") are omitted.

The Index Names are comprised of the following components in the order given:

1. the Index-Stem-Name (boldface type); this (insofar as a Radicofunctional name is not involved) is in turn made up of:
   a) the Parent-Multiplier (e.g. bi in [1,2′]Binaphthyl),
   b) Parent-Modifying Prefices[1],
   c) the Parent-Stem (e.g. Hex in Hexan, Pyrr in Pyrrol),
   d) endings (e.g. an, en, in defining the degree of unsaturation in the hydrocarbon entity; ol, in, olidin, referring to the ring size and degree of unsaturation of heterocycles; ium, id, indicating the charge of ions),
   e) the Functional-Suffix, indicating the main chemical function (e.g. -säure, -carbonsäure, -on, -ol),
   f) the Additive-Suffix (e.g. oxid in Äthylenoxid, Pyridin-1-oxid).

2. Substitutive Prefices*, i.e., prefices which denote the substitution of Hydrogen atoms with other atoms or groups (substituents) (e.g. äthyl and chlor in 2-Äthyl-1-chlor-naphthalin; epoxy in 1,4-Epoxy-p-menthan).

3. Hydrogenation-Prefices (e.g. hydro in 1,2,3,4-Tetrahydro-naphthalin; dehydro in 4,4′-Didehydro-β,β′-carotin-3,3′-dion).

4. Function-Modifying-Suffices (e.g. oxim in Aceton-oxim; methylester in Bern‍steinsäure-dimethylester; anhydrid in Benzoesäure-anhydrid).

---

[1] Parent-Modifying Prefices include the following:

Replacement Prefices* (e.g. oxa in 3,9-Dioxa-undecan; thio in Thioessigsäure),

Skeleton Prefices (e.g. cyclo in 2,5-Cyclo-benzocyclohepten; bicyclo in Bicyclo[2.2.2]octan; spiro in Spiro[4.5]decan; seco in 5,6-Seco-cholestan-5-on; iso in Isopentan),

Bridge Prefices* (only used for names of which the Parent is a ring system without a side chain), e.g. methano in 1,4-Methano-naphthalin; epoxido in 4,7-Epoxido-inden (used here as part of the Stem-name in preference to the Substitutive Prefix epoxy),

Fusion Prefices (e.g. benzo in Benzocyclohepten, cyclopenta in Cyclopenta[a]phenanthren),

Incremental Prefices (e.g. homo in D-Homo-androst-5-en),

Subtractive Prefices (e.g. nor in A-Nor-cholestan; desoxy in 2-Desoxy-hexose).

Examples:
Dibrom-chlor-methan is indexed under **Methan,** Dibrom-chlor-;
meso-1,6-Diphenyl-hex-3-in-2,5-diol is indexed under **Hex-3-in-2,5-diol,** 1,6-Diphenyl-;
4a,8a-Dimethyl-octahydro-naphthalin-2-on-semicarbazon is indexed under **Naphthalin-2-on,** 4a,8a-Dimethyl-octahydro-, semicarbazon;
5,6-Dihydroxy-hexahydro-4,7-ätheno-isobenzofuran-1,3-dion is indexed under **4,7-Ätheno-isobenzofuran-1,3-dion,** 5,6-Dihydroxy-hexahydro-;
1-Methyl-chinolinium is indexed under **Chinolinium,** 1-Methyl-.

Special rules are used for Radicofunctional Names (i.e. names comprised of one or more Radical Names and the name of either a class of compounds (e.g. Äther) or an ion (e.g. chlorid)):
a) For Radicofunctional names of compounds whose single functional group is described by a class name or ion, and is immediately connected to a single univalent radical, the Index-Stem-Name comprises the radical name followed by the functional name (or ion) in unaltered order; the only exception to this rule is found when the Radicofunctional Name would end with a Hydrogencontaining (i.e. substitutable) anion, (see under c), below). Prefices which modify the radical part of the name are placed after the Stem-Name[2].

Examples:
Äthylbromid, Phenyllithium and Butylamin are indexed unchanged.
4'-Brom-3-chlor-benzhydrylchlorid is indexed under **Benzhydrylchlorid,** 4'-Brom-3-chlor-;
1-Methyl-butylamin is indexed under **Butylamin,** 1-Methyl-.

b) For Radicofunctional names of compounds with a multivalent radical attached directly to a functional group described by a class name (or ion), the Index-Stem-Name is comprised of the name of the radical and the functional group (modified by a multiplier when applicable), but not those of other radicals contained in the molecule, even when they are attached to the functional group in question.

Examples:
Äthylendiamin and Äthylenchlorid are indexed unchanged;
6-Methyl-1,2,3,4-tetrahydro-naphthalin-1,4-diyldiamin is indexed under **Naphthalin-1,4-diyldiamin,** 6-Methyl-1,2,3,4-tetrahydro-;
N,N-Diäthyl-äthylendiamin is indexed under **Äthylendiamin,** *N,N*-Diäthyl-.

c) In the case of Radicofunctional names whose single functional group is directly bound to several different radicals, or whose functional group is an anion containing exchangeable Hydrogen atoms, the Index-Stem-Name is comprised of the functional class name (or ion) alone; the names of the radicals are listed after the Stem-Name.

Examples:
Benzyl-methyl-amin is indexed under **Amin,** Benzyl-methyl-;
Äthyl-trimethyl-ammonium is indexed under **Ammonium,** Äthyl-trimethyl-;
Diphenyläther is indexed under **Äther,** Diphenyl-;
[2-Äthyl-[1]naphthyl]-phenyl-keton-oxim is indexed under **Keton,** [2-Äthyl-[1]naphthyl]-phenyl-, oxim.

---

[2] Names using prefices which imply an alteration of the anionic component (e.g. Methyl-chloracetat) are no longer used in the Handbook.

Conjunctive names (e.g. Cyclohexanmethanol; 2,3-Naphthalindiessigsäure) are no longer in use in the Handbook.

The alphabetical listings follow the non-italic letters of the Stem-Name; the italic letters and/or modifying numbers of the Stem-Name then take precedence over prefices. Function-Modifying Suffices have the lowest priority.

Examples:

  o-**Phenylendiamin,** 3-Brom- appears under the letter P, after *m*-**Phenylendiamin,** 2,4,6-Trinitro-;

  Cyclopenta[*b*]naphthalin, 1-Brom-1*H*- appears after **Cyclopenta[*a*]naphthalin,** 3-Methyl-1*H*-;

  Aceton, 1,3-Dibrom-, hydrazon appears after **Aceton,** Chlor-, oxim.

With the exception of deuterated compounds, isotopically labeled substances are generally not listed in the index. They may be found in the articles describing the corresponding non-labeled compounds provided the original literature contains sufficiently important information on their method of preparation.

Names or parts of names derived from Greek numerals are written throughout with c (not k). The letters i and j are treated separately and the modified vowels ä, ö, and ü are treated as ae, oe and ue respectively for the purposes of alphabetical ordering.

---

* For a list of the Substitutive, Replacement and Bridge Prefices, see: Gesamtregister, Subject Index for Volume 5 pages V–XXXVI.

A

Acenaphtho[1,2-*e*][1,2,4]triazin-9-ylamin
–, 3,4-Dinitro- 1154
–, 3-Nitro- 1153
–, 4-Nitro- 1153

Acetaldehyd
–, [5-Amino-1-phenyl-1*H*-[1,2,4]triazol-3-ylimino]- 1166

Acetamid
–, *N*-[1-Acetyl-6-methoxy-1*H*-benzotriazol-5-yl]- 1336
–, *N*-[1-Acetyl-5-methyl-1*H*-[1,2,4]triazol-3-yl]- 1082
–, *N*-[4-Acetyl-5-oxo-2-phenyl-4,5-dihydro-pyrazolo[1,5-*a*]pyrimidin-7-yl]- 1382
–, *N*-[1-Acetyl-1*H*-[1,2,4]triazol-3-yl]- 1078
–, *N*-[Amino-benzyl-[1,3,5]triazin-2-yl]- 1246
–, *N*-[Amino-isobutyl-[1,3,5]triazin-2-yl]- 1229
–, *N*-[Amino-isopentyl-[1,3,5]triazin-2-yl]- 1230
–, *N*-[5-Amino-10-methyl-isochino[3,4-*b*]chinoxalin-9-yl]- 1252
–, *N*-[Amino-methyl-[1,3,5]triazin-2-yl]- 1221
–, *N*-[Amino-*m*-tolyl-[1,3,5]triazin-2-yl]- 1247
–, *N*-[Amino-*p*-tolyl-[1,3,5]triazin-2-yl]- 1247
–, *N,N'*-[Amino-[1,3,5]triazin-2-yl]-bis- 1275
–, *N*-[α-(5-Amino-1*H*-[1,2,4]triazol-3-yl)-phenäthyl]- 1242
–, *N*-[Anilino-(2-methoxy-äthyl)-[1,3,5]triazin-2-yl]- 1333
–, *N*-[Anilino-methyl-[1,3,5]triazin-2-yl]- 1221
–, *N*-[Anilino-[1,3,5]triazin-2-yl]- 1196
–, *N*-Benzo[*e*][1,2,4]triazin-6-yl- 1129
–, *N*-[1*H*-Benzotriazol-4-yl]- 1109
–, *N,N'*-[Benzyl-[1,3,5]triazin-2,4-diyl]-bis- 1246
–, *N*-[4-(4-Chlor-anilino)-6,6-dimethyl-1,6-dihydro-[1,3,5]triazin-2-yl]- 1184
–, *N*-[(4-Chlor-anilino)-methyl-[1,3,5]triazin-2-yl]- 1220
–, *N*-[4-Chlor-1*H*-benzotriazol-5-yl]- 1116
–, *N*-[7-Chlor-1-oxy-benzo[*e*][1,2,4]triazin-3-yl]- 1126
–, *N*-[Cyclohexylamino-methyl-[1,3,5]triazin-2-yl]- 1220

–, *N*-[Cyclohexylamino-[1,3,5]triazin-2-yl]- 1194
–, *N*-[1-(Diamino-[1,3,5]triazin-2-yl)-äthyl]-*N*-[2-vinyloxy-äthyl]- 1301
–, *N*-[4,6-Diamino-[1,3,5]triazin-2-ylmethyl]-*N*-[2-vinyloxy-äthyl]- 1301
–, *N*-[7,13-Dioxo-6,7,11b,12,13,14-hexahydro-benzo[2,3][1,4]diazepino[7,1-*a*]phthalazin-2-yl]- 1396
–, *N*-[4,6-Dioxo-1,4,5,6-tetrahydro-[1,3,5]triazin-2-ylmethyl]- 1389
–, *N*-[2,3-Diphenyl-pyrido[2,3-*b*]pyrazin-6-yl]- 1159
–, *N*-[5,6-Diphenyl-[1,2,4]triazin-3-yl]- 1154
–, *N*-[2,5-Diphenyl-2*H*-[1,2,3]triazol-4-yl]- 1136
–, *N*-[4,5-Diphenyl-4*H*-[1,2,4]triazol-3-yl]-*N*-phenyl- 1137
–, *N*-[4,5-Di-*p*-tolyl-4*H*-[1,2,4]triazol-3-yl]-*N*-*p*-tolyl- 1143
–, *N*-[7-Hydroxy-1*H*-benzotriazol-5-yl]- 1334
–, *N*-Imidazo[1,2-*a*;5,4-*c'*]dipyridin-4-yl- 1148
–, *N,N'*-[Isobutyl-[1,3,5]triazin-2,4-diyl]-bis- 1229
–, *N,N'*-[Isopentyl-[1,3,5]triazin-2,4-diyl]-bis- 1230
–, *N*-[4-Methyl-7,9-dinitro-benz[4,5]imidazo[1,2-*a*]pyrimidin-2-yl]- 1149
–, *N*-[10-Methyl-5-oxo-5,6-dihydro-isochino[3,4-*b*]chinoxalin-9-yl]- 1385
–, *N*-[6-Methyl-4-oxo-4,5-dihydro-[1,3,5]triazin-2-yl]- 1362
–, *N*-[4-Methyl-5-oxo-2-phenyl-4,5-dihydro-pyrazolo[1,5-*a*]pyrimidin-7-yl]- 1382
–, *N*-[1-Methyl-7-phenylazo-1*H*-benzotriazol-4-yl]- 1445
–, *N*-[4-Methyl-2-phenyl-6-phenylazo-2*H*-benzotriazol-5-yl]- 1446
–, *N*-[5-Methyl-2-phenyl-2*H*-[1,2,3]triazol-4-yl]- 1081
–, *N*-[Methyl-piperidino-[1,3,5]triazin-2-yl]- 1221
–, *N,N'*-[Methyl-[1,3,5]triazin-2,4-diyl]-bis- 1222
–, *N*-[5-Methyl-1*H*-[1,2,4]triazol-3-yl]- 1082
–, *N*-[2-(1-Methyl-1*H*-[1,2,3]triazol-4-yl)-äthyl]- 1085
–, *N,N'*-[Nitroamino-[1,3,5]triazin-2,4-diyl]-bis- 1450
–, *N*-[4-Nitro-5-[3]pyridyl-1(2)*H*-pyrazol-3-yl]- 1142
–, *N*-[3-Oxo-3,4-dihydro-pyrido[2,3-*b*]pyrazin-6-yl]- 1372

Acetamid (Fortsetzung)

−, *N*,*N'*-[6-Oxo-1,6-dihydro-[1,3,5]triazin-2,4-diyl]-bis- 1357

−, *N*-[6-Oxo-6*H*-pyrimido[2,1-*b*]⚹ chinazolin-2-yl]- 1381

−, *N*-[6-Oxo-6*H*-pyrimido[2,1-*b*]⚹ chinazolin-4-yl]- 1381

−, *N*-[1-Oxy-benzo[*e*][1,2,4]triazin-3-yl]- 1121

−, *N*-[2-Phenyl-2*H*-benzotriazol-4-yl]- 1109

−, *N*-Phenyl-*N*-[1-phenyl-1*H*-[1,2,4]triazol-3-yl]- 1075

−, *N*-[5-Phenyl-pyridazino[3,4-*c*]chinolin-1-yl]- 1158

−, *N*-[5-Phenyl-pyrimido[4,5-*c*]chinolin-1-yl]- 1158

−, *N*-[5-Phenyl-[1,2,4]triazin-3-yl]- 1145

−, *N*-[6-Phenyl-[1,2,4]triazin-3-yl]- 1146

−, *N*-[1-Phenyl-1*H*-[1,2,3]triazol-4-yl]- 1072

−, *N*-[5-Phenyl-1*H*-[1,2,3]triazol-4-yl]- 1135

−, *N*-Pyrido[3,2-*a*]phenazin-5-yl- 1157

−, *N*,*N'*-Pyrido[2,3-*b*]pyrazin-3,6-diyl-bis- 1239

−, *N*-[3-[3]Pyridyl-1(2)*H*-pyrazol-4-yl]- 1141

−, *N*-[5-[3]Pyridyl-1(2)*H*-pyrazol-3-yl]- 1141

−, *N*-[5-Thioxo-4-*o*-tolyl-4,5-dihydro-1*H*-[1,2,4]triazol-3-yl]- 1351

−, *N*-[5-Thioxo-4-*p*-tolyl-4,5-dihydro-1*H*-[1,2,4]triazol-3-yl]- 1352

−, *N*-[1-*o*-Tolyl-1*H*-benzotriazol-5-yl]- 1111

−, *N*,*N'*-[*m*-Tolyl-[1,3,5]triazin-2,4-diyl]-bis- 1247

−, *N*,*N'*-[*p*-Tolyl-[1,3,5]triazin-2,4-diyl]-bis- 1247

−, *N*,*N'*,*N''*-[1,3,5]Triazin-2,4,6-triyl-tris- 1275

−, *N*,*N'*-[1*H*-[1,2,4]Triazol-3,5-diyl]-bis- 1168

−, *N*,*N'*,*N''*-[1,2,4]Triazol-3,4,5-triyl-tris- 1174

−, *N*-[1*H*-[1,2,4]Triazol-3-yl]- 1078

−, *N*-[2-(1*H*-[1,2,3]Triazol-4-yl)-äthyl]- 1085

−, *N*-[2-(1*H*-[1,2,4]Triazol-3-yl)-äthyl]- 1087

Acetoacetamid

−, *N*-[6-Äthoxy-2-(4-äthoxy-phenyl)-2*H*-benzotriazol-5-yl]- 1336

−, *N*-[2-(4-Äthoxy-phenyl)-2*H*-benzotriazol-5-yl]- 1114

−, *N*-[2-(4-Äthoxy-phenyl)-6-methoxy-2*H*-benzotriazol-5-yl]- 1336

−, *N*-[5-Amino-1-[2]naphthyl-1*H*-[1,2,4]triazol-3-yl]- 1171

−, *N*-[5-Amino-1-phenyl-1*H*-[1,2,4]triazol-3-yl]- 1171

−, *N*-[5-Amino-1-*p*-tolyl-1*H*-[1,2,4]triazol-3-yl]- 1171

−, *N*-[6-Chlor-2-phenyl-2*H*-benzotriazol-5-yl]- 1116

−, *N*-[6-Methoxy-2-(4-methoxy-phenyl)-2*H*-benzotriazol-5-yl]- 1336

−, *N*-[2-(4-Methoxy-phenyl)-2*H*-benzotriazol-5-yl]- 1114

−, *N*-[2-(4-Methoxy-phenyl)-6-methyl-2*H*-benzotriazol-5-yl]- 1118

−, *N*-[6-Methyl-2-[1]naphthyl-2*H*-benzotriazol-5-yl]- 1118

−, *N*-[6-Methyl-2-phenyl-2*H*-benzotriazol-5-yl]- 1118

−, *N*-[1-Phenyl-1*H*-benzotriazol-5-yl]- 1114

−, *N*-[2-Phenyl-2*H*-benzotriazol-5-yl]- 1114

−, *N*,*N'*-[1-Phenyl-1*H*-[1,2,4]triazol-3,5-diyl]-bis- 1171

Acetoacetonitril

−, 2-[1,3-Dimethyl-1,3-dihydro-benzimidazol-2-yliden]-4-[1,3,3-trimethyl-indolin-2-yliden]- 1028

Acetoguanamin 1219

Acetoguanid 1361

Aceton

− [5-(4-chlor-phenyl)-[1,2,4]triazin-3-ylhydrazon] 1436

−, [Amino-anilino-[1,3,5]triazin-2-yl]- 1368

−, [Amino-(4-chlor-anilino)-[1,3,5]triazin-2-yl]- 1368

−, [Amino-(6-methoxy-[8]chinolylamino)-[1,3,5]triazin-2-yl]- 1368

−, [(4-Chlor-anilino)-isopropylamino-[1,3,5]triazin-2-yl]- 1368

Acetonitril

−, [1-Acetyl-5-phenyl-1*H*-[1,2,3]triazol-4-yl]- 952

−, [4-(4-Äthoxy-phenyl)-4*H*-[1,2,4]triazol-3-yl]- 939

−, [Amino-anilino-[1,3,5]triazin-2-yl]- 1413

−, [Amino-(4-chlor-anilino)-[1,3,5]triazin-2-yl]- 1413

−, Chinoxalin-2-yl-[2-oxo-indolin-3-yliden]- 1028

−, [3-Cyan-5,7-dimethyl-pyrazolo[1,5-*a*]⚹ pyrimidin-2-yl]- 972

−, [Diamino-[1,3,5]triazin-2-yl]- 1412

−, [1,5-Diphenyl-1*H*-[1,2,3]triazol-4-yl]- 952

−, [1-Methyl-1*H*-[1,2,3]triazol-4-yl]- 936

Acetonitril (Fortsetzung)

—, [1-Phenyl-3a,4,4a,5,6,7,8,8a,9,9a-decahydro-1*H*-4,9;5,8-dimethano-naphtho[2,3-*d*][1,2,3]triazol-6-yl]- 948

—, [3-Phenyl-3a,4,4a,5,6,7,8,8a,9,9a-decahydro-3*H*-4,9;5,8-dimethano-naphtho[2,3-*d*][1,2,3]triazol-6-yl]- 948

—, [1-Phenyl-3a,4,5,6,7,7a-hexahydro-1*H*-4,7-methano-benzotriazol-5-yl]- 942

—, [3-Phenyl-3a,4,5,6,7,7a-hexahydro-3*H*-4,7-methano-benzotriazol-5-yl]- 942

—, [1-Phenyl-1*H*-[1,2,3]triazol-4-yl]- 937

—, [2-Phenyl-2*H*-[1,2,3]triazol-4-yl]- 937

—, [4-Phenyl-4*H*-[1,2,4]triazol-3-yl]- 939

—, [5-Phenyl-1*H*-[1,2,3]triazol-4-yl]- 952

—, [6,7,8,9-Tetrahydro-5*H*-[1,2,4]triazolo=[4,3-*a*]azepin-3-yl]- 942

—, [1*H*-[1,2,3]Triazol-4-yl]- 936

—, [1*H*-[1,2,4]Triazol-3-yl]- 939

Acryloguanamin 1235

Acrylsäure

—, 3-[5-Amino-1-phenyl-1*H*-[1,2,4]triazol-3-ylamino]-2-cyan-,
  — äthylester 1171

—, 3-[5-Amino-1*H*-[1,2,4]triazol-3-ylamino]-2-cyan-,
  — äthylester 1171

—, 2-Benzoylamino-3-[1-phenyl-1*H*-[1,2,3]triazol-4-yl]- 1414

—, 2-Benzoylamino-3-[1*H*-[1,2,3]triazol-4-yl]- 1414

—, 3-[1-Benzyl-1*H*-[1,2,3]triazol-4-yl]- 939

—, 2-Cyan-3-[1*H*-[1,2,4]triazol-3-ylamino]-,
  — äthylester 1079

—, 2,2′-Diacetyl-3,3′-[1-phenyl-1*H*-[1,2,4]triazol-3,5-diyldiamino]-di-,
  — diäthylester 1172

—, 3-[1-Methyl-1*H*-[1,2,3]triazol-4-yl]- 939

—, 3-[2-Phenyl-2*H*-[1,2,3]triazol-4-yl]- 939

  — äthylester 939

Äthan

—, 1-Acetoxy-2-[*N*-(dimethoxy-[1,3,5]triazin-2-yl)-anilino]- 1346

—, 1,1,1-Tris-[4-äthoxycarbonyl-5-methyl-pyrrol-2-yl]- 987

4a,7-Äthano-8,2,5-äthanylyliden-pyrido[4,3-*d*]=pyrimidin

  s. unter *2,9;4a,8-Dicyclo-pyrido[2,3-h]chinazolin*

4,7-Äthano-benzotriazol

—, 7a-Anilino-1-phenyl-3a,4,5,6,7,7a-hexahydro-1*H*- 1107

4,7-Äthano-benzotriazol-5-carbonitril

—, 1-Phenyl-3a,4,5,6,7,7a-hexahydro-1*H*- 942

—, 3-Phenyl-3a,4,5,6,7,7a-hexahydro-3*H*- 942

Äthanol

—, 2-[*N*-(Äthoxy-amino-[1,3,5]triazin-2-yl)-anilino]- 1318

—, 2-[Äthyl-(amino-butoxy-[1,3,5]triazin-2-yl)-amino]- 1318

—, 2-[Äthyl-(amino-chlor-[1,3,5]triazin-2-yl)-amino]- 1212

—, 2-[Äthyl-(amino-methoxy-[1,3,5]triazin-2-yl)-amino]- 1318

—, 2-Äthylamino-1-[2-phenyl-2*H*-[1,2,3]triazol-4-yl]- 1308

—, 2-[5-Äthyl-1*H*-[1,2,4]triazol-3-ylamino]- 1086

—, 1-[Amino-anilino-[1,3,5]triazin-2-yl]- 1328

—, 2-[Amino-anilino-[1,3,5]triazin-2-yl]- 1330

—, 2-[4-Amino-6-anilino-[1,3,5]triazin-2-ylamino]- 1266

—, 2-[*N*-(Amino-butoxy-[1,3,5]triazin-2-yl)-anilino]- 1318

—, 2-[4-Amino-6-(3-chlor-anilino)-[1,3,5]triazin-2-ylamino]- 1266

—, 2-[4-Amino-6-(4-chlor-anilino)-[1,3,5]triazin-2-ylamino]- 1266

—, 2-[4-Amino-6-chlor-[1,3,5]triazin-2-ylamino]- 1212

—, 2-[(Amino-chlor-[1,3,5]triazin-2-yl)-phenyl-amino]- 1213

—, 1-[3-(4-Amino-6-methoxymethyl-[1,3,5]triazin-2-ylamino)-phenyl]- 1327

—, 2-[*N*-(Amino-methoxy-[1,3,5]triazin-2-yl)-anilino]- 1318

—, 1-[Amino-phenäthylamino-[1,3,5]triazin-2-yl]- 1329

—, 1-[5-Amino-1-phenyl-1*H*-[1,2,4]triazol-3-ylamino]-2,2,2-trichlor- 1165

—, 2-[7-Chlor-1-oxy-benzo[*e*][1,2,4]triazin-3-ylamino]- 1125

—, 1-[Diamino-[1,3,5]triazin-2-yl]- 1327

—, 2-[4,6-Diamino-[1,3,5]triazin-2-ylamino]- 1265

—, 2-[Diamino-[1,3,5]triazin-2-ylmercapto]- 1321

—, 2-[2-(Diamino-[1,3,5]triazin-2-ylmercapto)-äthoxy]- 1321

—, 2-[*N*-(Dimethoxy-[1,3,5]triazin-2-yl)-anilino]- 1346

—, 2-[5,6-Diphenyl-[1,2,4]triazin-3-ylamino]-1-phenyl- 1154

Äthanol (Fortsetzung)

−, 2-Methylamino-1-[2-phenyl-
2*H*-[1,2,3]triazol-4-yl]- 1307

−, 2-[5-Methyl-1*H*-[1,2,4]triazol-
3-ylamino]- 1082

−, 2-[1-Oxy-benzo[*e*][1,2,4]triazin-
3-ylamino]- 1121

−, 2-[(6-Phenyl-4,5-dihydro-[1,2,4]triazin-
3-ylmethyl)-amino]- 1144

−, 2-[5-Phenyl-1*H*-[1,2,4]triazol-
3-ylamino]- 1137

−, 2-[5-Propyl-1*H*-[1,2,4]triazol-
3-ylamino]- 1090

Äthanon

−, 2-Äthylamino-1-[2-phenyl-
2*H*-[1,2,3]triazol-4-yl]- 1363

−, 1-[3-Amino-1-oxy-benzo[*e*]⫽
[1,2,4]triazin-7-yl]- 1377

−, 1-[4-(4,6-Diamino-2,2-dimethyl-
2*H*-[1,3,5]triazin-1-yl)-phenyl]- 1184

−, 1-[4-(4,6-Diamino-[1,3,5]triazin-
2-ylamino)-phenyl]- 1274

−, 2-Methylamino-1-[2-phenyl-
2*H*-[1,2,3]triazol-4-yl]- 1363

−, 1-[3-Nitro-4-(1-phenyl-
1*H*-benzotriazol-5-ylamino)-phenyl]-
1112

−, 1-[1′-Phenyl-1′*H*-[1,5′]bibenzotriazolyl-
5-yl]- 1452

Äthansulfonsäure

−, 2-[Amino-anilino-[1,3,5]triazin-2-yl]-
1428

−, 2-[Diamino-[1,3,5]triazin-2-yl]- 1428

Äthen

−, Tris-[3-äthoxycarbonyl-4,5-dimethyl-
pyrrol-2-yl]- 992

−, Tris-[4-äthoxycarbonyl-3,5-dimethyl-
pyrrol-2-yl]- 992

Äther

−, Bis-[2-(diamino-[1,3,5]triazin-2-yl)-
äthyl]- 1330

−, Bis-[4-(diamino-[1,3,5]triazin-2-yl)-
phenyl]- 1342

Äthylamin

−, 2-[1,5-Diphenyl-1*H*-[1,2,3]triazol-4-yl]-
1144

−, 2-[5-Methylmercapto-1*H*-[1,2,4]triazol-
3-yl]- 1308

−, 1-Methyl-2-[1*H*-[1,2,4]triazol-3-yl]-
1090

−, 2-[1-Methyl-1*H*-[1,2,3]triazol-4-yl]-
1085

−, 2-[1-Methyl-1*H*-[1,2,4]triazol-3-yl]-
1087

−, 2-[2-Methyl-2*H*-[1,2,4]triazol-3-yl]-
1087

−, 2-[4-Methyl-4*H*-[1,2,4]triazol-3-yl]-
1088

−, 2-[1-Phenyl-1*H*-[1,2,3]triazol-4-yl]-
1086

−, 2-[4-Phenyl-4*H*-[1,2,4]triazol-3-yl]-
1088

−, 2-[5-Phenyl-1*H*-[1,2,3]triazol-4-yl]-
1144

−, 1-[1*H*-[1,2,4]Triazol-3-yl]- 1087

−, 2-[1*H*-[1,2,3]Triazol-4-yl]- 1085

−, 2-[1*H*-[1,2,4]Triazol-3-yl]- 1087

Äthylendiamin

−, *N*-[4-Äthoxy-benzyl]-*N*′,*N*′-dimethyl-
N-[1,3,5]triazin-2-yl- 1096

−, *N*-[Äthyl-[1,3,5]triazin-2-yl]-*N*-benzyl-
N′,*N*′-dimethyl- 1103

−, *N*′-Benzo[*e*][1,2,4]triazin-3-yl-
N,*N*-dimethyl- 1122

−, *N*-Benzyl-*N*′,*N*′-dimethyl-*N*′-[methyl-
[1,3,5]triazin-2-yl]- 1102

−, *N*-Benzyl-*N*′,*N*′-dimethyl-*N*-
[1,3,5]triazin-2-yl- 1095

−, *N*,*N*′-Bis-[amino-methyl-[1,3,5]triazin-
2-yl]- 1222

−, *N*,*N*′-Bis-[diäthoxy-[1,3,5]triazin-2-yl]-
1347

−, *N*,*N*′-Bis-[diamino-[1,3,5]triazin-2-yl]-
1286

−, *N*,*N*′-Bis-[methyl-trichlormethyl-
[1,3,5]triazin-2-yl]- 1104

−, *N*′-[7-Chlor-1-oxy-benzo[*e*]⫽
[1,2,4]triazin-3-yl]-*N*,*N*-dimethyl- 1126

−, *N*,*N*-Diäthyl-*N*′-benzyl-*N*′-
[1,3,5]triazin-2-yl- 1096

−, *N*,*N*-Diäthyl-*N*′-[dichlor-[1,3,5]triazin-
2-yl]- 1101

−, *N*,*N*-Diäthyl-*N*′-[1-oxy-benzo[*e*]⫽
[1,2,4]triazin-3-yl]- 1122

−, *N*,*N*′-Dicyclohexyl-*N*,*N*′-bis-[diamino-
[1,3,5]triazin-2-yl]- 1287

−, *N*,*N*-Dimethyl-*N*′-[1-oxy-benzo[*e*]⫽
[1,2,4]triazin-3-yl]- 1122

−, *N*-[4-Methoxy-benzyl]-*N*′,*N*′-dimethyl-
N-[1,3,5]triazin-2-yl- 1096

Alanin

−, *N*-[Bis-aziridin-1-yl-[1,3,5]triazin-2-yl]-,
− äthylester 1283
− benzylester 1283
− methylester 1283

−, *N*-[Diamino-[1,3,5]triazin-2-yl]- 1283

−, *N*-[Dichlor-[1,3,5]triazin-2-yl]-,
− benzylester 1100
− methylester 1100

β-Alanin

−, *N*-[Bis-aziridin-1-yl-[1,3,5]triazin-2-yl]-,
− methylester 1283

−, *N*-[Bis-aziridin-1-yl-[1,3,5]triazin-2-yl]-
N-phenyl-,
− äthylester 1283

−, *N*,*N*′-[Chlor-[1,3,5]triazin-2,4-diyl]-di-,
− diäthylester 1215

β-**Alanin**   (Fortsetzung)

−, N-[Diamino-[1,3,5]triazin-2-yl]- 1283

−, N,N′-Dibutyl-N,N′-[chlor-
[1,3,5]triazin-2,4-diyl]-di-,
  − dinitril 1215

−, N-[Dichlor-[1,3,5]triazin-2-yl]-,
  − äthylester 1100
  − methylester 1100

−, N-[Dichlor-[1,3,5]triazin-2-yl]-
N-phenyl-,
  − äthylester 1100

−, N,N′-[6-Oxo-1,6-dihydro-[1,3,5]triazin-
2,4-diyl]-bis-,
  − diäthylester 1358

Allantoxansäure 1031
  − amid 1031
−, Dihydro- 1029
−, 3-Methyl- 1032

Amanozin 1195

Amasatin 1027

Amidophosphorsäure
−, N,N′-[1,3,5]Triazin-2,4-diyl-bis- 1207

Amin
hier nur sekundäre und tertiäre Monoamine; pri=
märe Amine s. unter den entsprechenden Alkyl-
bzw. Arylaminen

−, Acetyl-[1-methyl-2-oxo-1,2-dihydro-
pyrido[2,3-b]pyrazin-3-carbonyl]- 1016

−, Acetyl-[4-methyl-3-oxo-3,4-dihydro-
pyrido[2,3-b]pyrazin-2-carbonyl]- 1015

−, [4-Äthoxy-benzyl]-[1,3,5]triazin-2-yl- 1095

−, [2-Äthoxy-benzyl]-[1H-[1,2,4]triazol-
3-yl]- 1077

−, [3-Äthoxy-[1,2,4]triazin-5-yl]-dimethyl-
1310

−, Äthyl-[2-chlor-pyrido[3,2-d]pyrimidin-
4-yl]-phenyl- 1129

−, [Äthyl-chlor-[1,3,5]triazin-2-yl]-benzyl- 1103

−, Äthyl-[dichlor-[1,3,5]triazin-2-yl]- 1096

−, [2-Äthyl-hexyl]-[dichlor-[1,3,5]triazin-
2-yl]- 1097

−, [5-Äthylmercapto-4-phenyl-
4H-[1,2,4]triazol-3-yl]-phenyl- 1307

−, Äthyl-[4-(5-methyl-
1(3)H-benzimidazol-2-yl)-[2]chinolyl]-
1157

−, [2-Äthyl-phenyl]-[dichlor-[1,3,5]triazin-
2-yl]- 1099

−, Äthyl-[1,3,5]triazin-2-yl- 1095

−, [Äthyl-[1,3,5]triazin-2-yl]-benzyl- 1103

−, Äthyl-[2-(1H-[1,2,4]triazol-3-yl)-äthyl]-
1088

−, [5-Äthyl-1H-[1,2,4]triazol-3-yl]-phenyl-
1086

−, Allyl-[7-chlor-1-oxy-benzo[e]=
[1,2,4]triazin-3-yl]- 1125

−, Allyl-[dichlor-[1,3,5]triazin-2-yl]-
1097

−, Allyl-[6-phenyl-4,5-dihydro-
[1,2,4]triazin-3-ylmethyl]- 1144

−, [1-Amino-5-oxo-2,5-dihydro-
1H-[1,2,3]triazol-4-carbonyl]-[naphthalin-
1-sulfonyl]- 1009

−, [1-Amino-5-oxo-2,5-dihydro-
1H-[1,2,3]triazol-4-carbonyl]-[naphthalin-
2-sulfonyl]- 1009

−, [5-Azido-1H-[1,2,4]triazol-3-yl]-
nitroso- 1448

−, [Aziridin-1-yl-chlor-[1,3,5]triazin-2-yl]-
methyl- 1212

−, Benz[f]isochino[3,4-b]chinoxalin-5-yl-
phenyl- 1160

−, Benz[f]isochino[4,3-b]chinoxalin-5-yl-
phenyl- 1160

−, Benzyl-[bis-aziridin-1-yl-[1,3,5]triazin-
2-yl]- 1267

−, Benzyl-[7-brom-benzo[e][1,2,4]triazin-
3-yl]- 1128

−, Benzyl-[7-chlor-benzo[e][1,2,4]triazin-
3-yl]- 1125

−, Benzyl-[chlor-methyl-[1,3,5]triazin-
2-yl]- 1103

−, Benzyl-[7-chlor-1-oxy-benzo[e]=
[1,2,4]triazin-3-yl]- 1125

−, Benzyl-[chlor-propyl-[1,3,5]triazin-
2-yl]- 1105

−, Benzyl-[dichlor-[1,3,5]triazin-2-yl]-
1099

−, [1-Benzylidenamino-5-oxo-
2,5-dihydro-1H-[1,2,3]triazol-4-carbonyl]-
[naphthalin-1-sulfonyl]- 1009

−, [1-Benzylidenamino-5-oxo-
2,5-dihydro-1H-[1,2,3]triazol-4-carbonyl]-
[naphthalin-2-sulfonyl]- 1009

−, Benzyliden-[5-benzylidenhydrazino-
1H-[1,2,4]triazol-3-yl]- 1441

−, Benzyliden-[2,5-diphenyl-
2H-[1,2,3]triazol-4-yl]- 1135

−, Benzyliden-[5-methyl-2-phenyl-
2H-[1,2,3]triazol-4-yl]- 1081

−, Benzyliden-[1-phenyl-1H-benzotriazol-
5-yl]- 1112

−, Benzyl-[methyl-[1,3,5]triazin-2-yl]-
1102

−, Benzyl-nitroso-[1-phenyl-
1H-benzotriazol-5-yl]- 1448

−, Benzyl-nitroso-[1H-[1,2,4]triazol-3-yl]-
1448

−, Benzyl-[1-phenyl-1H-benzotriazol-
5-yl]- 1111

−, Benzyl-[6-phenyl-4,5-dihydro-
[1,2,4]triazin-3-ylmethyl]- 1144

−, Benzyl-[5-phenyl-1H-[1,2,3]triazol-
4-yl]- 1134

−, Benzyl-[1,3,5]triazin-2-yl- 1095

−, Benzyl-[1H-[1,2,4]triazol-3-yl]- 1076

Amin (Fortsetzung)
—, Benzyl-[2-(1H-[1,2,4]triazol-3-yl)-äthyl]- 1089
—, [5-Benzyl-1H-[1,2,4]triazol-3-yl]-phenyl- 1143
—, Biphenyl-2-yl-[dichlor-[1,3,5]triazin-2-yl]- 1099
—, Biphenyl-4-yl-[dichlor-[1,3,5]triazin-2-yl]- 1099
—, [Bis-allyloxy-[1,3,5]triazin-2-yl]-bis-[2-hydroxy-äthyl]- 1347
—, [Bis-allyloxy-[1,3,5]triazin-2-yl]-[2,5-dichlor-phenyl]- 1346
—, [Bis-allyloxy-[1,3,5]triazin-2-yl]-dodecyl- 1345
—, [Bis-allyloxy-[1,3,5]triazin-2-yl]-phenyl- 1346
—, [Bis-aziridin-1-yl-[1,3,5]triazin-2-yl]-[2-chlor-äthyl]- 1267
—, [Bis-aziridin-1-yl-[1,3,5]triazin-2-yl]-dimethyl- 1267
—, [Bis-aziridin-1-yl-[1,3,5]triazin-2-yl]-methyl- 1267
—, [Bis-aziridin-1-yl-[1,3,5]triazin-2-yl]-[2-piperidino-äthyl]- 1287
—, [Bis-chlormethyl-[1,3,5]triazin-2-yl]-dimethyl- 1104
—, Bis-[2-cyan-äthyl]-[dichlor-[1,3,5]triazin-2-yl]- 1100
—, Bis-[diamino-[1,3,5]triazin-2-yl]- 1298
—, [Bis-dichlormethyl-[1,3,5]triazin-2-yl]-dimethyl- 1104
—, [Bis-diisopropylthiocarbamoyl≠mercapto-[1,3,5]triazin-2-yl]-diisopropyl- 1349
—, [Bis-dimethylthiocarbamoylmercapto-[1,3,5]triazin-2-yl]-dimethyl- 1349
—, [5,6-Bis-(4-methoxy-phenyl)-[1,2,4]triazin-3-yl]-dimethyl- 1350
—, [Bis-trichlormethyl-[1,3,5]triazin-2-yl]-dimethyl- 1104
—, [Bis-trichlormethyl-[1,3,5]triazin-2-yl]-[2]pyridyl- 1105
—, [2-Brom-phenyl]-[dichlor-[1,3,5]triazin-2-yl]- 1098
—, [3-Brom-phenyl]-[dichlor-[1,3,5]triazin-2-yl]- 1098
—, [4-Brom-phenyl]-[dichlor-[1,3,5]triazin-2-yl]- 1098
—, [4-Brom-phenyl]-[1-phenyl-4,5,6,6a-tetrahydro-1H-cyclopentatriazol-3a-yl]- 1091
—, [4-Brom-phenyl]-[3-phenyl-4,5,6,6a-tetrahydro-3H-cyclopentatriazol-3a-yl]- 1091
—, [4-Brom-phenyl]-[5-phenyl-1H-[1,2,3]triazol-4-yl]- 1132

—, [1-(4-Brom-phenyl)-4,5,6,6a-tetrahydro-1H-cyclopentatriazol-3a-yl]-phenyl- 1091
—, [3-(4-Brom-phenyl)-4,5,6,6a-tetrahydro-3H-cyclopentatriazol-3a-yl]-phenyl- 1091
—, Butyl-[7-chlor-benzo[e][1,2,4]triazin-3-yl]- 1124
—, Butyl-[7-chlor-1-oxy-benzo[e]≠[1,2,4]triazin-3-yl]- 1125
—, Butyl-[dichlor-[1,3,5]triazin-2-yl]- 1097
—, tert-Butyl-[dichlor-[1,3,5]triazin-2-yl]- 1097
—, Butyl-[dimethoxy-[1,3,5]triazin-2-yl]- 1345
—, Butyl-[5-methyl-1H-[1,2,4]triazol-3-yl]- 1082
—, Butyl-[5-propyl-1H-[1,2,4]triazol-3-yl]- 1089
—, Butyl-[1,3,5]triazin-2-yl- 1095
—, [2-Chlor-äthyl]-[dichlor-[1,3,5]triazin-2-yl]- 1096
—, [2-Chlor-äthyl]-[dimethoxy-[1,3,5]triazin-2-yl]- 1345
—, [7-Chlor-benzo[e][1,2,4]triazin-3-yl]-dipropyl- 1124
—, [7-Chlor-benzo[e][1,2,4]triazin-3-yl]-methyl-phenyl- 1125
—, [Chlor-diazomethyl-[1,3,5]triazin-2-yl]-[4-chlor-phenyl]- 1365
—, [Chlor-diazomethyl-[1,3,5]triazin-2-yl]-dimethyl- 1365
—, [Chlor-diazomethyl-[1,3,5]triazin-2-yl]-methyl- 1365
—, [2-Chlor-4-methyl-phenyl]-[dichlor-[1,3,5]triazin-2-yl]- 1098
—, [3-Chlor-2-methyl-phenyl]-[dichlor-[1,3,5]triazin-2-yl]- 1098
—, [4-Chlor-2-methyl-phenyl]-[dichlor-[1,3,5]triazin-2-yl]- 1098
—, [5-Chlor-2-methyl-phenyl]-[dichlor-[1,3,5]triazin-2-yl]- 1098
—, [4-Chlor-2-nitro-phenyl]-[1-phenyl-1H-benzotriazol-5-yl]- 1110
—, [7-Chlor-1-oxy-benzo[e][1,2,4]triazin-3-yl]-[2-(2-diäthylamino-äthylmercapto)-äthyl]- 1125
—, [7-Chlor-1-oxy-benzo[e][1,2,4]triazin-3-yl]-[3,4-dimethoxy-phenäthyl]- 1126
—, [7-Chlor-1-oxy-benzo[e][1,2,4]triazin-3-yl]-dipropyl- 1124
—, [7-Chlor-1-oxy-benzo[e][1,2,4]triazin-3-yl]-dodecyl- 1125
—, [7-Chlor-1-oxy-benzo[e][1,2,4]triazin-3-yl]-[6-methoxy-[8]chinolyl]- 1127
—, [7-Chlor-1-oxy-benzo[e][1,2,4]triazin-3-yl]-[4-methoxy-phenyl]- 1126

Amin (Fortsetzung)

—, [7-Chlor-1-oxy-benzo[*e*][1,2,4]triazin-3-yl]-methyl- 1124

—, [7-Chlor-1-oxy-benzo[*e*][1,2,4]triazin-3-yl]-[1-methyl-heptyl]- 1125

—, [7-Chlor-1-oxy-benzo[*e*][1,2,4]triazin-3-yl]-methyl-phenyl- 1125

—, [7-Chlor-1-oxy-benzo[*e*][1,2,4]triazin-3-yl]-phenäthyl- 1125

—, [7-Chlor-1-oxy-benzo[*e*][1,2,4]triazin-3-yl]-[4-sulfanilyl-phenyl]- 1126

—, [7-Chlor-1-oxy-benzo[*e*][1,2,4]triazin-3-yl]-[2]thienyl- 1127

—, [4-Chlor-phenyl]-[1-(4-chlor-phenyl)-1*H*-[1,2,4]triazol-3-yl]- 1075

—, [2-Chlor-phenyl]-[dichlor-[1,3,5]triazin-2-yl]- 1097

—, [3-Chlor-phenyl]-[dichlor-[1,3,5]triazin-2-yl]- 1098

—, [4-Chlor-phenyl]-[dichlor-[1,3,5]triazin-2-yl]- 1098

—, [2-Chlor-phenyl]-[5-phenyl-1*H*-[1,2,3]triazol-4-yl]- 1132

—, [3-Chlor-phenyl]-[5-phenyl-1*H*-[1,2,3]triazol-4-yl]- 1132

—, [4-Chlor-phenyl]-[5-phenyl-1*H*-[1,2,3]triazol-4-yl]- 1132

—, [3-Chlor-[1,2,4]triazin-5-yl]-dimethyl- 1094

—, Cyclohexyl-[dimethoxy-[1,3,5]triazin-2-yl]- 1345

—, Cyclohexyl-[dimethoxy-[1,3,5]triazin-2-yl]-methyl- 1345

—, Cyclohexyl-[1*H*-[1,2,4]triazol-3-yl]- 1074

—, Decyl-[dichlor-[1,3,5]triazin-2-yl]- 1097

—, [Diäthoxy-[1,3,5]triazin-2-yl]-phenyl- 1346

—, Diäthyl-[bis-aziridin-1-yl-[1,3,5]triazin-2-yl]- 1267

—, Diäthyl-[2-(bis-aziridin-1-yl-[1,3,5]triazin-2-yloxy)-äthyl]- 1318

—, Diäthyl-[bis-diäthylthiocarbamoyl≠mercapto-[1,3,5]triazin-2-yl]- 1349

—, Diäthyl-[chlor-diazomethyl-[1,3,5]triazin-2-yl]- 1365

—, Diäthyl-[2-chlor-pyrido[3,2-*d*]≠pyrimidin-4-yl]- 1129

—, Diäthyl-[dichlor-[1,3,5]triazin-2-yl]- 1096

—, Diäthyl-[dimethoxy-[1,3,5]triazin-2-yl]- 1345

—, Diäthyl-[6-phenyl-4,5-dihydro-[1,2,4]triazin-3-ylmethyl]- 1144

—, Diäthyl-pyrido[2,3-*d*]pyrimidin-4-yl- 1130

—, Diäthyl-[2-(1*H*-[1,2,4]triazol-3-yl)-äthyl]- 1088

—, [Dibutoxy-[1,3,5]triazin-2-yl]-phenyl- 1346

—, Dibutyl-[dichlor-[1,3,5]triazin-2-yl]- 1097

—, [2,4-Dichlor-phenyl]-[dichlor-[1,3,5]triazin-2-yl]- 1098

—, [2,5-Dichlor-phenyl]-[dichlor-[1,3,5]triazin-2-yl]- 1098

—, [Dichlor-[1,3,5]triazin-2-yl]-dihexyl- 1097

—, [Dichlor-[1,3,5]triazin-2-yl]-diisopropyl- 1097

—, [Dichlor-[1,3,5]triazin-2-yl]-dimethyl- 1096

—, [Dichlor-[1,3,5]triazin-2-yl]-[1,4-dimethyl-butyl]- 1097

—, [Dichlor-[1,3,5]triazin-2-yl]-diphenyl- 1098

—, [Dichlor-[1,3,5]triazin-2-yl]-dipropyl- 1097

—, [Dichlor-[1,3,5]triazin-2-yl]-dodecyl- 1097

—, [Dichlor-[1,3,5]triazin-2-yl]-heptyl- 1097

—, [Dichlor-[1,3,5]triazin-2-yl]-isobutyl- 1097

—, [Dichlor-[1,3,5]≠triazin-2-yl]-isopentyl- 1097

—, [Dichlor-[1,3,5]triazin-2-yl]-[3-isopropoxy-propyl]- 1099

—, [Dichlor-[1,3,5]triazin-2-yl]-isopropyl- 1097

—, [Dichlor-[1,3,5]triazin-2-yl]-[6-methoxy-[8]chinolyl]- 1102

—, [Dichlor-[1,3,5]triazin-2-yl]-[2-methoxy-phenyl]- 1099

—, [Dichlor-[1,3,5]triazin-2-yl]-[4-methoxy-phenyl]- 1099

—, [Dichlor-[1,3,5]triazin-2-yl]-[3-methoxy-propyl]- 1099

—, [Dichlor-[1,3,5]triazin-2-yl]-methyl- 1096

—, [Dichlor-[1,3,5]triazin-2-yl]-methyl-phenyl- 1098

—, [Dichlor-[1,3,5]triazin-2-yl]-[2]naphthyl- 1099

—, [Dichlor-[1,3,5]triazin-2-yl]-[4-nitro-phenyl]- 1098

—, [Dichlor-[1,3,5]triazin-2-yl]-phenyl- 1097

—, [Dichlor-[1,3,5]triazin-2-yl]-[4-phenylazo-phenyl]- 1101

—, [Dichlor-[1,3,5]triazin-2-yl]-[3-piperidino-propyl]- 1101

—, [Dichlor-[1,3,5]triazin-2-yl]-propyl- 1096

—, [Dichlor-[1,3,5]triazin-2-yl]-[2]pyridyl- 1102

—, [Dichlor-[1,3,5]triazin-2-yl]-*m*-tolyl- 1098

Amin (Fortsetzung)

−, [Dichlor-[1,3,5]triazin-2-yl]-*o*-tolyl- 1098

−, [Dichlor-[1,3,5]triazin-2-yl]-*p*-tolyl- 1098

−, Dicyclohexyl-[dimethoxy-[1,3,5]triazin- 2-yl]- 1345

−, [3-(4,5-Dihydro-1*H*-imidazol-2-yl)- 3-(2,6-dimethyl-[4]pyridyl)-3-phenyl- propyl]-dimethyl- 1152

−, [Dimethoxy-[1,3,5]triazin-2-yl]-methyl- phenyl- 1346

−, [Dimethoxy-[1,3,5]triazin-2-yl]-phenyl- 1345

−, Dimethyl-[1-oxy-benzo[*e*][1,2,4]triazin- 3-yl]- 1121

−, Dimethyl-[6-phenyl-4,5-dihydro- [1,2,4]triazin-3-ylmethyl]- 1144

−, [6,6-Dimethyl-3-phenyl-3,4,5,6,7,7a- hexahydro-4,7-methano-benzotriazol-3a- yl]-phenyl- 1107

−, [3,6-Dimethyl-1-phenyl- 1*H*-pyrazolo[3,4-*b*]chinolin-4-yl]- [1]naphthyl- 1150

−, [3,6-Dimethyl-1-phenyl- 1*H*-pyrazolo[3,4-*b*]chinolin-4-yl]-nitroso- phenyl- 1448

−, [3,6-Dimethyl-1-phenyl- 1*H*-pyrazolo[3,4-*b*]chinolin-4-yl]-phenyl- 1150

−, [3,6-Dimethyl-2-phenyl- 2*H*-pyrazolo[3,4-*b*]chinolin-4-yl]-phenyl- 1150

−, Dimethyl-[5-phenyl-1*H*-[1,2,4]triazol- 3-yl]- 1136

−, Dimethyl-[3-[2]pyridyl-3-pyrimidin- 2-yl-propyl]- 1147

−, Dimethyl-[1,2,4]triazin-5-yl- 1094

−, Dimethyl-[2-(1*H*-[1,2,4]triazol-3-yl)- äthyl]- 1088

−, [2,4-Dinitro-phenyl]-[1-phenyl- 1*H*-benzotriazol-5-yl]- 1110

−, [1,4-Diphenyl-4,5-dihydro- 1*H*-[1,2,4]triazol-3-yl]-phenyl- 1071

−, [5,6-Diphenyl-[1,2,4]triazin-3-yl]- dimethyl- 1154

−, [Diphenyl-[1,3,5]triazin-2-yl]-phenyl- 1155

−, [5,8-Diphenyl-[1,2,4]triazocin-3-yl]- nitroso- 1449

−, [1,5-Diphenyl-1*H*-[1,2,4]triazol-3-yl]- phenyl- 1137

−, [4,5-Diphenyl-4*H*-[1,2,4]triazol-3-yl]- phenyl- 1137

−, [4,5-Di-*p*-tolyl-4*H*-[1,2,4]triazol-3-yl]- *p*-tolyl- 1143

−, Dodecyl-[1,3,5]triazin-2-yl- 1095

−, Furfuryliden-[1*H*-[1,2,4]triazol-3-yl]- 1080

−, Furfuryl-[1-oxy-benzo[*e*][1,2,4]triazin- 3-yl]- 1123

−, Furfuryl-[1*H*-[1,2,4]triazol-3-yl]- 1080

−, [1-Isopropylidenamino-5-oxo- 2,5-dihydro-1*H*-[1,2,3]triazol-4-carbonyl]- [naphthalin-2-sulfonyl]- 1009

−, Isopropyl-[5-propyl-1*H*-[1,2,4]triazol- 3-yl]- 1089

−, Isopropyl-[2-(1*H*-[1,2,3]triazol-4-yl)- äthyl]- 1086

−, Isopropyl-[2-(1*H*-[1,2,4]triazol-3-yl)- äthyl]- 1088

−, [4-Methoxy-benzyl]-[1,3,5]triazin-2-yl- 1095

−, [2-Methoxy-benzyl]-[1*H*-[1,2,4]triazol- 3-yl]- 1077

−, [4-Methoxy-benzyl]-[1*H*-[1,2,4]triazol- 3-yl]- 1077

−, [4-Methoxy-phenyl]-[5-phenyl- 1*H*-[1,2,3]triazol-4-yl]- 1135

−, [2-Methyl-6*H*-indolo[2,3-*b*]chinoxalin- 3-yl]-phenyl- 1156

−, [5-Methylmercapto-4-phenyl- 4*H*-[1,2,4]triazol-3-yl]-phenyl- 1306

−, Methyl-nitroso-[1*H*-[1,2,4]triazol-3-yl]- 1447

−, [1-Methyl-2-phenyl-äthyl]- [1*H*-[1,2,4]triazol-3-yl]- 1077

−, [8-Methyl-9-phenyl-9*H*-benzo= [*h*]pyrazolo[3,4-*b*]chinolin-7-yl]- [1]naphthyl- 1156

−, [8-Methyl-10-phenyl-10*H*-benzo= [*h*]pyrazolo[3,4-*b*]chinolin-7-yl]- [1]naphthyl- 1156

−, [8-Methyl-9-phenyl-9*H*-benzo= [*h*]pyrazolo[3,4-*b*]chinolin-7-yl]-nitroso- phenyl- 1448

−, [8-Methyl-10-phenyl-10*H*-benzo= [*h*]pyrazolo[3,4-*b*]chinolin-7-yl]-nitroso- phenyl- 1449

−, [8-Methyl-9-phenyl-9*H*-benzo= [*h*]pyrazolo[3,4-*b*]chinolin-7-yl]-phenyl- 1156

−, [8-Methyl-10-phenyl-10*H*-benzo= [*h*]pyrazolo[3,4-*b*]chinolin-7-yl]-phenyl- 1156

−, [3-Methyl-1-phenyl-1*H*-pyrazolo[3,4-*b*]= chinolin-4-yl]-[1]naphthyl- 1149

−, [3-Methyl-1-phenyl-1*H*-pyrazolo[3,4-*b*]= chinolin-4-yl]-[1]naphthyl-nitroso- 1448

−, [3-Methyl-1-phenyl-1*H*-pyrazolo[3,4-*b*]= chinolin-4-yl]-nitroso-phenyl- 1448

−, [3-Methyl-1-phenyl-1*H*-pyrazolo[3,4-*b*]= chinolin-4-yl]-phenyl- 1149

−, [3-Methyl-2-phenyl-2*H*-pyrazolo[3,4-*b*]= chinolin-4-yl]-phenyl- 1149

−, Methyl-[1,3,5]triazin-2-yl- 1094

−, Methyl-[1*H*-[1,2,4]triazol-3-yl]- 1074

Amin   (Fortsetzung)

−, Methyl-[2-(1*H*-[1,2,4]triazol-3-yl)-äthyl]- 1088

−, [5-Methyl-1*H*-[1,2,4]triazol-3-yl]-nitro-1450

−, [3-Methyl-3*H*-[1,2,3]triazol-4-yl]-phenyl- 1072

−, [5-Methyl-1*H*-[1,2,4]triazol-3-yl]-phenyl- 1082

−, [5-Methyl-1*H*-[1,2,4]triazol-3-yl]-propyl- 1081

−, [Naphthalin-1-sulfonyl]-[5-oxo-2,5-dihydro-1*H*-[1,2,3]triazol-4-carbonyl]- 1006

−, [Naphthalin-2-sulfonyl]-[5-oxo-2,5-dihydro-1*H*-[1,2,3]triazol-4-carbonyl]-1006

−, [1]Naphthyl-[3-[1]naphthyl-3*H*-[1,2,3]triazol-4-yl]- 1073

−, [2]Naphthyl-[3-[2]naphthyl-3*H*-[1,2,3]triazol-4-yl]- 1073

−, [2]Naphthyl-[5-phenyl-1*H*-[1,2,3]triazol-4-yl]- 1134

−, [3-Nitro-phenyl]-[5-phenyl-1*H*-[1,2,3]triazol-4-yl]- 1132

−, [4-Nitro-phenyl]-[5-phenyl-1*H*-[1,2,3]triazol-4-yl]- 1133

−, [2-Nitro-1-(1-phenyl-1*H*-[1,2,3]triazol-4-yl)-äthyl]-[1-phenyl-1*H*-[1,2,3]triazol-4-ylmethylen]- 1085

−, Nitroso-phenäthyl-[1*H*-[1,2,4]triazol-3-yl]- 1448

−, Nitro-1*H*-[1,2,4]triazol-3-yl- 1449

−, Octyl-[1,3,5]triazin-2-yl- 1095

−, [1-Oxy-benzo[*e*][1,2]triazin-3-yl]-phenäthyl- 1121

−, Phenäthyl-[1*H*-[1,2,4]triazol-3-yl]-1077

−, Phenyl-[3-phenyl-3,4,4a,5,6,7,8,8a,9,⸗9a-decahydro-4,9;5,8-dimethano-naphtho[2,3-*d*][1,2,3]triazol-3a-yl]- 1119

−, Phenyl-[3-phenyl-3,4,5,6,7,7a-hexahydro-4,7-äthano-benzotriazol-3a-yl]-1107

−, Phenyl-[1-phenyl-1,4,5,6,7,7a-hexahydro-benzotriazol-3a-yl]- 1092

−, Phenyl-[3-phenyl-3,4,5,6,7,7a-hexahydro-benzotriazol-3a-yl]- 1092

−, Phenyl-[1-phenyl-4,5,6,7,8,8a-hexahydro-1*H*-cycloheptatriazol-3a-yl]-1092

−, Phenyl-[3-phenyl-4,5,6,7,8,8a-hexahydro-3*H*-cycloheptatriazol-3a-yl]-1092

−, Phenyl-[3-phenyl-3,4,5,6,7,7a-hexahydro-4,7-methano-benzotriazol-3a-yl]- 1106

−, Phenyl-[1-phenyl-3a,4,5,6,7,8-hexahydro-1*H*-4,7-methano-cycloheptatriazol-8a-yl]- 1106

−, Phenyl-[3-phenyl-octahydro-4,7-methano-benzotriazol-3a-yl]- 1093

−, Phenyl-[1-phenyl-1,3a,4,5,6,7,8,9-octahydro-4,8-methano-cyclooctatriazol-9a-yl]- 1107

−, Phenyl-[1-phenyl-4,5,6,6a-tetrahydro-1*H*-cyclopentatriazol-3a-yl]- 1091

−, Phenyl-[3-phenyl-4,5,6,6a-tetrahydro-3*H*-cyclopentatriazol-3a-yl]- 1091

−, Phenyl-[4-phenyl-5-*p*-tolyl-4*H*-[1,2,4]triazol-3-yl]- 1143

−, Phenyl-[1-phenyl-1*H*-[1,2,4]triazol-3-yl]- 1075

−, Phenyl-[5-phenyl-1*H*-[1,2,3]triazol-4-yl]- 1132

−, Phenyl-[5-phenyl-1*H*-[1,2,4]triazol-3-yl]- 1136

−, Phenyl-[5-propyl-1*H*-[1,2,4]triazol-3-yl]- 1089

−, Phenyl-pyrido[2,3-*d*]pyrimidin-4-yl-1130

−, Phenyl-[1,3,5]triazin-2-yl- 1095

−, Phenyl-[1*H*-[1,2,3]triazol-4-yl]- 1072

−, [5-Phenyl-1*H*-[1,2,3]triazol-4-yl]-*m*-tolyl- 1133

−, [5-Phenyl-1*H*-[1,2,3]triazol-4-yl]-*o*-tolyl- 1133

−, [5-Phenyl-1*H*-[1,2,3]triazol-4-yl]-*p*-tolyl- 1134

−, Phenyl-[4,6,6-trimethyl-3-phenyl-3,4,5,6,7,7a-hexahydro-4,7-methano-benzotriazol-3a-yl]- 1107

−, Propyl-[5-propyl-1*H*-[1,2,4]triazol-3-yl]- 1089

−, Propyl-[1,3,5]triazin-2-yl- 1095

−, [2]Pyridyl-[1,3,5]triazin-2-yl- 1096

−, *o*-Tolyl-[1-*o*-tolyl-1*H*-[1,2,4]triazol-3-yl]- 1076

−, *p*-Tolyl-[1-*p*-tolyl-1*H*-[1,2,4]triazol-3-yl]- 1076

−, *p*-Tolyl-[3-*p*-tolyl-3*H*-[1,2,3]triazol-4-yl]- 1072

−, [1*H*-[1,2,4]Triazol-3-yl]-veratryl-1077

−, Tris-[2-phenyl-2*H*-benzotriazol-4-yl]-1109

Ammelid 1385

Ammelin 1356

Ammonium

−, Äthoxycarbonyl-[4,6-diamino-[1,3,5]triazin-2-ylmethyl]-dimethyl-1300

−, Äthyl-[4,6-diamino-[1,3,5]triazin-2-ylmethyl]-dimethyl- 1300

−, Benzyl-[4,6-diamino-[1,3,5]triazin-2-ylmethyl]-dimethyl- 1300

−, *N,N'*-Bis-[diamino-[1,3,5]triazin-2-yl]-*N,N,N',N'*-tetramethyl-*N,N'*-decandiyl-bis-1290

Ammonium (Fortsetzung)

−, N,N′-Bis-[diamino-[1,3,5]triazin-2-yl]-
N,N,N′,N′-tetramethyl-N,N′-octandiyl-bis-
1290

−, [7-Carboxy-2,4,6-triaza-bicyclo≠
[3.2.1]oct-3-yliden]-,
− betain 1408

−, Diäthyl-[4,6-diamino-[1,3,5]triazin-
2-ylmethyl]-[2-hydroxy-äthyl]- 1301

−, Diäthyl-[4,6-diamino-[1,3,5]triazin-
2-ylmethyl]-methyl- 1300

−, [4,6-Diamino-[1,3,5]triazin-
2-ylmethyl]-dimethyl-octadecyl- 1300

−, [4,6-Diamino-[1,3,5]triazin-
2-ylmethyl]-dimethyl-[5,5,7,7-tetramethyl-
oct-2-enyl]- 1300

−, [4,6-Diamino-[1,3,5]triazin-
2-ylmethyl]-dodecyl-dimethyl- 1300

−, [4,6-Diamino-[1,3,5]triazin-
2-ylmethyl]-trimethyl- 1300

−, Triäthyl-[4,6-diamino-[1,3,5]triazin-
2-ylmethyl]- 1300

Anhydrid

−, Essigsäure-[1-methyl-1,4-dihydro-
cyclopentatriazol-4-carbonsäure]- 943

1,4-Anhydro-ribit

−, 1-[4-Amino-pyrrolo[2,3-d]pyrimidin-
7-yl]- 1117

Anilin

−, 4-[5-Azido-1H-[1,2,4]triazol-3-ylazo]-
N,N-dimethyl- 1442

−, 4-Benzo[e][1,2,4]triazin-3-yl- 1152

−, N,N-Bis-[2-(diamino-[1,3,5]triazin-
2-yl)-äthyl]- 1303

−, 5-[Bis-(4-methyl-3-nitro-phenyl)-
[1,3,5]triazin-2-yl]-2-methyl- 1161

−, N,N-Dimethyl-4-[4-(4-nitro-phenyl)-
5-phenyl-4H-[1,2,4]triazol-3-yl]- 1153

−, 3-[Diphenyl-[1,3,5]triazin-2-yl]- 1160

−, 4-[Diphenyl-[1,3,5]triazin-2-yl]- 1161

−, 4-[5,6-Diphenyl-[1,2,4]triazin-3-yl]-
1160

−, 5-[Di-p-tolyl-[1,3,5]triazin-2-yl]-
2-methyl- 1161

−, 2-[1(3)H-Imidazo[4,5-b]pyridin-2-yl]-
1151

−, 4-[1(3)H-Imidazo[4,5-c]pyridin-2-yl]-
1152

−, 4-Imidazo[1,2-a]pyrimidin-2-yl- 1151

−, 4-[6-Methoxy-benzo[e][1,2,4]triazin-
3-yl]- 1343

−, 4-[6-Methoxy-1-oxy-benzo[e]≠
[1,2,4]triazin-3-yl]- 1343

−, 4-[5-Methyl-imidazo[1,2-a]pyrimidin-
2-yl]- 1152

−, 2-[5-Methyl-4-phenyl-5H-pyridazino≠
[4,5-b]indol-1-yl]- 1161

−, 2-[6-Methyl-5-phenyl-[1,2,4]triazin-
3-yl]- 1156

−, 4-[1-Oxy-benzo[e][1,2,4]triazin-3-yl]-
1152

−, 3-Pyridazino[4,5-c]isochinolin-6-yl-
1157

−, 4-Pyridazino[4,5-c]isochinolin-6-yl-
1158

−, 4-[6,7,8,9-Tetrahydro-5H-
[1,2,4]triazolo[4,3-a]azepin-3-yl]- 1148

Anthrachinon

−, 1-Amino-4-benzoylamino-2-
[5,6-diphenyl-[1,2,4]triazin-3-yl]- 1397

−, 1-Amino-4-brom-2-[5,6-diphenyl-
[1,2,4]triazin-3-yl]- 1397

−, 1-Amino-2-[5,6-diphenyl-[1,2,4]triazin-
3-yl]- 1396

−, 1-Benzoylamino-2-[5,6-diphenyl-
[1,2,4]triazin-3-yl]- 1397

−, 5,5′-Bis-benzoylamino-1,1′-[6-benzyl-
[1,3,5]triazin-2,4-diyldiamino]-di- 1246

−, 1,4-Bis-benzoylamino-2-[5,6-diphenyl-
[1,2,4]triazin-3-yl]- 1397

−, 1,1′-[6-Chlor-[1,3,5]triazin-
2,4-diyldiamino]-di- 1214

−, 1,4-Diamino-2-[5,6-diphenyl-
[1,2,4]triazin-3-yl]- 1397

−, 1,1′-[6-Methyl-[1,3,5]triazin-
2,4-diyldiamino]-di- 1221

−, 1,1′-[6-Phenyl-[1,3,5]triazin-
2,4-diyldiamino]-di- 1245

−, 1,1′,1″-Triamino-2,2′,2″-[1,3,5]triazin-
2,4,6-triyl-tri- 1399

−, 1,1′,1″-[1,3,5]Triazin-2,4,6-triyl≠
triamino-tri- 1274

Anthranilsäure

− [1H-[1,2,4]triazol-3-ylamid] 1079

−, N-{2-[2-(2-Carboxy-phenylsulfamoyl)-
stilben-4-yl]-2H-naphtho[1,2-d]≠
[1,2,3]triazol-6-sulfonyl}- 1058

−, N-[Chlor-diazomethyl-[1,3,5]triazin-
2-yl]- 1365

−, N-[Diamino-[1,3,5]triazin-2-yl]- 1284
− methylester 1284

−, N-[5-Methyl-2-(4-nitro-phenyl)-
2H-[1,2,4]triazol-3-yl]- 1083

Anthyridin-2,8-diyldiamin 1249

Anthyridin-3-ylamin 1151

Antibioticum Nr. 1037 1419

Antibioticum-E 212 1419

Antimon(2+)

−, [4-(4,6-Diamino-[1,3,5]triazin-
2-ylamino)-phenyl]- 1295

Antimon(4+)

−, [4-(4-Amino-6-chlor-[1,3,5]triazin-
2-ylamino)-phenyl]- 1218

−, [4-(4,6-Diamino-[1,3,5]triazin-
2-ylamino)-phenyl]- 1296

−, [4-(4,6-Dichlor-[1,3,5]triazin-
2-ylamino)-phenyl]- 1102

Arsin

—, [4-(Bis-äthylamino-[1,3,5]triazin-
2-yloxy)-phenyl]-bis-carboxymethansulfenyl-
1315
—, Bis-[2-carboxy-benzolsulfenyl]-[4-
(4,6-diamino-[1,3,5]triazin-2-ylamino)-
phenyl]- 1292
—, Bis-carboxymethansulfenyl-[4-
(4,6-diamino-[1,3,5]triazin-2-ylamino)-
phenyl]- 1292
—, Bis-carboxymethansulfenyl-
[4-(diamino-[1,3,5]triazin-2-yloxy)-phenyl]-
1312

Arsinigsäure

—, [4-(4-Amino-6-oxo-1,6-dihydro-
[1,3,5]triazin-2-ylamino)-phenyl]-phenyl-
1359
—, Bis-[4-(4-amino-6-oxo-1,6-dihydro-
[1,3,5]triazin-2-ylamino)-phenyl]- 1359
—, Bis-[4-(4,6-diamino-[1,3,5]triazin-
2-ylamino)-phenyl]- 1293
—, Bis-[4-(4,6-dioxo-1,4,5,6-tetrahydro-
[1,3,5]triazin-2-ylamino)-phenyl]- 1387
—, [4-(4,6-Diamino-[1,3,5]triazin-
2-ylamino)-phenyl]-phenyl- 1293
—, [4-(4,6-Dioxo-1,4,5,6-tetrahydro-
[1,3,5]triazin-2-ylamino)-phenyl]-phenyl-
1387

Arsinoxid

—, Bis-[4-(4-amino-6-oxo-1,6-dihydro-
[1,3,5]triazin-2-ylamino)-phenyl]- 1359
—, Bis-[4-(4,6-diamino-[1,3,5]triazin-
2-ylamino)-phenyl]- 1293
—, Bis-[4-(4,6-dioxo-1,4,5,6-tetrahydro-
[1,3,5]triazin-2-ylamino)-phenyl]- 1387
—, [4-(4,6-Dioxo-1,4,5,6-tetrahydro-
[1,3,5]triazin-2-ylamino)-phenyl]-phenyl-
1387

Arsinsäure

—, [4-(4-Amino-6-chlor-[1,3,5]triazin-
2-ylamino)-phenyl]-phenyl- 1217
—, [4-(4-Amino-6-oxo-1,6-dihydro-
[1,3,5]triazin-2-ylamino)-phenyl]-phenyl-
1359
—, Bis-[4-(4-amino-6-chlor-[1,3,5]triazin-
2-ylamino)-phenyl]- 1217
—, Bis-[4-(4-amino-6-oxo-1,6-dihydro-
[1,3,5]triazin-2-ylamino)-phenyl]- 1359
—, Bis-[4-(4-chlor-6-oxo-1,6-dihydro-
[1,3,5]triazin-2-ylamino)-phenyl]- 1355
—, Bis-[4-(4,6-diamino-[1,3,5]triazin-
2-ylamino)-phenyl]- 1293
—, Bis-[4-(4,6-dichlor-[1,3,5]triazin-
2-ylamino)-phenyl]- 1101
—, Bis-[4-(4,6-dioxo-1,4,5,6-tetrahydro-
[1,3,5]triazin-2-ylamino)-phenyl]- 1387
—, [4-(4-Chlor-6-oxo-1,6-dihydro-
[1,3,5]triazin-2-ylamino)-phenyl]-phenyl-
1355

—, [4-(4,6-Diamino-[1,3,5]triazin-
2-ylamino)-phenyl]-phenyl- 1293
—, [4-(4,6-Dichlor-[1,3,5]triazin-
2-ylamino)-phenyl]-phenyl- 1101
—, [4-(4,6-Dioxo-1,4,5,6-tetrahydro-
[1,3,5]triazin-2-ylamino)-phenyl]-phenyl-
1387

Arsonsäure

—, [4-(4-Amino-6-chlor-[1,3,5]triazin-
2-ylamino)-phenyl]- 1217
—, [4-(4-Amino-6-methylamino-
[1,3,5]triazin-2-ylamino)-phenyl]- 1294
—, [4-(4-Amino-6-oxo-1,6-dihydro-
[1,3,5]triazin-2-ylamino)-phenyl]- 1359
—, {4-[4,6-Bis-(carboxymethyl-amino)-
[1,3,5]triazin-2-ylamino)-phenyl}- 1294
—, [4-(4,6-Bis-diäthylamino-[1,3,5]triazin-
2-ylamino)-phenyl]- 1294
—, {4-[4,6-Bis-(2-hydroxy-äthylamino)-
[1,3,5]triazin-2-ylamino)-phenyl}- 1294
—, [4-(4,6-Bis-methylamino-[1,3,5]triazin-
2-ylamino)-phenyl]- 1294
—, [4-(4-Chlor-6-oxo-1,6-dihydro-
[1,3,5]triazin-2-ylamino)-phenyl]- 1355
—, [4-(4,6-Diamino-2-imino-
2H-[1,3,5]triazin-1-yl)-phenyl]- 1294
—, [3-(4,6-Diamino-[1,3,5]triazin-
2-ylamino)-4-(2-hydroxy-äthoxy)-phenyl]-
1295
—, [3-(4,6-Diamino-[1,3,5]triazin-
2-ylamino)-4-hydroxy-phenyl]- 1295
—, [4-(4,6-Diamino-[1,3,5]triazin-
2-ylamino)-2-hydroxy-phenyl]- 1295
—, [2-(4,6-Diamino-[1,3,5]triazin-
2-ylamino)-phenyl]- 1293
—, [3-(4,6-Diamino-[1,3,5]triazin-
2-ylamino)-phenyl]- 1293
—, [4-(4,6-Diamino-[1,3,5]triazin-
2-ylamino)-phenyl]- 1294
—, [4-(Diamino-[1,3,5]triazin-2-yloxy)-
2-nitro-phenyl]- 1313
—, [4-(Diamino-[1,3,5]triazin-2-yloxy)-
phenyl]- 1312
—, [4-(4,6-Dichlor-[1,3,5]triazin-
2-ylamino)-phenyl]- 1101
—, [4-(4,6-Dioxo-1,4,5,6-tetrahydro-
[1,3,5]triazin-2-ylamino)-phenyl]- 1388

Asparaginsäure

—, N-[Bis-aziridin-1-yl-[1,3,5]triazin-2-yl]-,
— diäthylester 1284
—, N-[Dichlor-[1,3,5]triazin-2-yl]-,
— diäthylester 1100

Aziridin-2-carbonitril

—, 1-Phenyl- 931

[4,4']Azobenzotriazol

—, 7'-Amino-1,3'-dimethyl-1H,3'H-
1445

[3,3']Azo[1,2,4]triazocin

—, 5,8,5',8'-Tetraphenyl- 1442

[4,4']Azoxybenzotriazol-1,1'-dioxid
—, 6,6'-Dichlor-3,3'-dimethyl-3H,3'H-
1442

B

Barbitursäure
—, 5-Äthyl-5-[5-amino-[2]pyridyl]- 1397
—, 5-[6-Amino-[5]chinolylimino]- 1021
Benzaldehyd
- [5,6-diphenyl-[1,2,4]triazin-
3-ylhydrazon] 1438
- [2,5-diphenyl-2H-[1,2,3]triazol-
4-ylimin] 1135
- [5-methylmercapto-1H-
[1,2,4]triazol-3-ylhydrazon] 1439
- [methyl-(5-phenyl-1H-[1,2,4]triazol-
3-yl)-hydrazon] 1435
- [5-methyl-2-phenyl-2H-
[1,2,3]triazol-4-ylimin] 1081
- [5-methyl-1H-[1,2,4]triazol-
3-ylhydrazon] 1432
- [1-phenyl-1H-benzotriazol-
5-ylimin] 1112
- [1H-[1,2,4]triazol-3-ylhydrazon]
1432
—, 2-[10-Acetyl-10,11-dihydro-
5aH,17H-5,11-cyclo-dibenzo[3,4;7,8]≠
[1,5]diazocino[2,1-b]chinazolin-
17-ylamino]- 1159
—, 2-[(10-Acetyl-10,11-dihydro-
5aH,17H-5,11-cyclo-dibenzo[3,4;7,8]≠
[1,5]diazocino[2,1-b]chinazolin-17-yl)-
nitroso-amino]- 1159
—, 4-Chlor-,
- [5-(4-chlor-phenyl)-[1,2,4]triazin-
3-ylhydrazon] 1436
- [5-methylmercapto-1H-
[1,2,4]triazol-3-ylhydrazon] 1439
- [1H-[1,2,4]triazol-3-ylhydrazon]
1432
—, 2-[10,11-Dihydro-5aH,17H-5,11-cyclo-
dibenzo[3,4;7,8][1,5]diazocino[2,1-b]≠
chinazolin-17-ylamino]- 1159
—, 4-Methoxy-,
- [5-methylmercapto-1H-
[1,2,4]triazol-3-ylhydrazon] 1439
- [methyl-(5-phenyl-1H-[1,2,4]triazol-
3-yl)-hydrazon] 1435
- [1H-[1,2,4]triazol-3-ylhydrazon]
1432
Benzamid
—, N-[4-Amino-3-(5,6-diphenyl-
[1,2,4]triazin-3-yl)-9,10-dioxo-
9,10-dihydro-[1]anthryl]- 1397
—, N,N'-[Amino-[1,3,5]triazin-2,4-diyl]-
bis- 1277

—, N-[2-(5-Amino-1H-[1,2,4]triazol-3-yl)-
äthyl]- 1175
—, N-[5-Amino-1H-[1,2,4]triazol-
3-ylmethyl]- 1174
—, N-[Benz[4,5]imidazo[1,2-c]chinazolin-
6-ylmethyl]- 1156
—, N-[Bis-acetylamino-[1,3,5]triazin-2-yl]-
1276
—, N-[2-(4-Brom-phenyl)-5-phenyl-
2H-[1,2,3]triazol-4-yl]- 1136
—, N-[4-(4-Chlor-anilino)-6,6-dimethyl-
1,6-dihydro-[1,3,5]triazin-2-yl]- 1184
—, N-[Diamino-[1,3,5]triazin-2-yl]- 1276
—, N-[1-(Diamino-[1,3,5]triazin-2-yl)-
äthyl]-[2-vinyloxy-äthyl]- 1302
—, N-[2-(Diamino-[1,3,5]triazin-2-yl)-
äthyl]-N-[2-vinyloxy-äthyl]- 1302
—, N-[4,6-Dioxo-1,4,5,6-tetrahydro-
[1,3,5]triazin-2-yl]- 1386
—, N-[3-(5,6-Diphenyl-[1,2,4]triazin-3-yl)-
9,10-dioxo-9,10-dihydro-[1]anthryl]- 1397
—, N-[2,5-Diphenyl-2H-[1,2,3]triazol-
4-yl]- 1136
—, N-[2-Methyl-5-phenyl-2H-
[1,2,4]triazol-3-yl]- 1138
—, N-[1-Oxy-benzo[e][1,2,4]triazin-3-yl]-
1121
—, N-[1-Phenyl-1H-benzotriazol-5-yl]-
1113
—, N-[2-Phenyl-5-p-tolyl-2H-[1,2,3]triazol-
4-yl]- 1142
—, N-[5-Phenyl-1H-[1,2,3]triazol-4-yl]-
1136
—, N,N',N''-[1,3,5]Triazin-2,4,6-triyl-tris-
1277
—, N,N'-[1H-[1,2,4]Triazol-3,5-diyl]-bis-
1168
—, N-[1H-[1,2,4]Triazol-3-yl]- 1079
—, N-[2-(1H-[1,2,4]Triazol-3-yl)-äthyl]-
1087
Benzen-1,2,4-triyltriamin
—, N¹-[1-Phenyl-1H-benzotriazol-5-yl]-
1111
**Benz[4,5]imidazo[2,1-b]chinazolin-
3-carbonsäure**
—, 2,12-Dioxo-1,2,3,4,5,12-hexahydro-,
- äthylester 1040
**Benz[4,5]imidazo[2,1-b]chinazolin-
12-carbonsäure**
—, 1,2,3,4-Tetrahydro-,
- äthylester 957
Benzimidazolium
—, 1,3-Diäthyl-5-äthylcarbamoyl-2-
[3-(1,3,3-trimethyl-indolin-2-yliden)-
propenyl]- 962
Benz[4,5]imidazo[1,2-a]pyrimidin-3-carbonitril
—, 2-Methyl-4-oxo-1,4-dihydro- 1021

**Benz[4,5]imidazo[1,2-a]pyrimidin-
3-carbonsäure**
–, 2-Amino-,
  – äthylester 1422
–, 4-Amino-,
  – äthylester 1422
–, 2,4-Dioxo-1,2,3,4-tetrahydro-,
  – äthylester 1037
–, 2-Methyl-,
  – äthylester 954
–, 2-Oxo-1,2-dihydro-,
  – äthylester 1020
–, 4-Oxo-1,4-dihydro-,
  – äthylester 1020
**Benz[4,5]imidazo[1,2-a]pyrimidin-
7,9-diyldiamin** 1247
–, 2-Methyl- 1248
Benz[4,5]imidazo[1,2-a]pyrimidin-2-on
–, 4-Amino-1H- 1380
**Benz[4,5]imidazo[1,2-a]pyrimidin-
4,7,9-triyltriamin**
–, 2-Methyl- 1305
Benz[4,5]imidazo[1,2-a]pyrimidin-2-ylamin
–, 4-Methyl-7,9-dinitro- 1149
Benz[4,5]imidazo[1,2-a]pyrimidin-4-ylamin
–, 2,3-Dimethyl- 1149
–, 2-Methyl- 1149
–, 2-Phenyl- 1157
**Benz[4',5']imidazo[1',2':1,2]pyrrolo[3,4-b]≈
pyridin-5-on**
–, 8-Methyl- 956
–, 9-Methyl- 956
Benz[f]isochino[3,4-b]chinoxalin
–, 5-Anilino- 1160
Benz[f]isochino[4,3-b]chinoxalin
–, 5-Anilino- 1160
Benz[f]isochino[3,4-b]chinoxalin-5-ylamin
1160
Benz[f]isochino[4,3-b]chinoxalin-5-ylamin
1160
**Benzo[f]benzo[5,6]chinazolino[3,4-a]chinazolin-
8,17-dion**
–, 9H-,
  – bis-[2]naphthylimin 1252
**Benzo[f]benzo[5,6]chinazolino[3,4-a]chinazolinyl≈
ium**
–, 8,17-Bis-[2]naphthylamino- 1252
  – betain 1252
**Benzo[b]chino[3',2':3,4]chino[1,8-gh]≈
[1,6]naphthyridin-9,13-dicarbonsäure**
–, 9H,13H- 984
–, 10H,12H- 984
Benzo[g]chinolin-4-carbonsäure
–, 2-[1,5-Dimethyl-3-oxo-2-phenyl-
2,3-dihydro-1H-pyrazol-4-yl]- 1028
**Benzo[2,3][1,4]diazepino[7,1-a]phthalazin-
7,13-dion**
–, 2-Acetylamino-11b,12-dihydro-14H-
1396

–, 2-Amino-11b,12-dihydro-14H- 1396
Benzo[ij]dichino[2,3-b:3',2'-g]chinolizin
  s. *Benzo[b]chino[3',2':3,4]chino[1,8-
  gh][1,6]naphthyridin*
Benzoesäure
  – [3-(diamino-[1,3,5]triazin-2-yl)-
    anilid] 1305
  – [2-(10,11-dihydro-5aH,17H-
    5,11-cyclo-dibenzo[3,4;7,8]≈
    [1,5]diazocino[2,1-b]chinazolin-
    17-ylamino)-benzylidenhydrazid] 1159
  – [3-(5-oxo-3-thioxo-
    2,3,4,5-tetrahydro-[1,2,4]triazin-6-yl)-
    anilid] 1393
  – [4-(5-oxo-3-thioxo-
    2,3,4,5-tetrahydro-[1,2,4]triazin-6-yl)-
    anilid] 1394
–, 4-Acetyl-,
  – [4-(5-oxo-3-thioxo-
    2,3,4,5-tetrahydro-[1,2,4]triazin-6-yl)-
    anilid] 1394
–, 4-Amino-,
  – [4,6-bis-diäthylamino-[1,3,5]triazin-
    2-ylmethylester] 1324
–, 5-[5-Amino-benzotriazol-2-yl]-
  2-hydroxy- 1113
–, 4-[4-Amino-6-chlor-[1,3,5]triazin-
  2-ylamino]-2-hydroxy- 1215
–, 4-[4-Amino-6,6-dimethyl-1,6-dihydro-
  [1,3,5]triazin-2-ylamino]- 1185
  – äthylester 1185
–, 2-[4-Amino-6-oxo-1,6-dihydro-
  [1,3,5]triazin-2-yl]- 1425
–, 4-[4-Amino-[1,3,5]triazin-2-ylamino]-,
  – äthylester 1203
–, 5-[4-(4-Amino-[1,3,5]triazin-
  2-ylamino)-phenylazo]-2-hydroxy- 1205
–, 3-{2-[2-(3-Carboxy-phenylsulfamoyl)-
  stilben-4-yl]-2H-naphtho[1,2-d]≈
  [1,2,3]triazol-6-sulfonylamino}- 1058
–, 4-{2-[2-(4-Carboxy-phenylsulfamoyl)-
  stilben-4-yl]-2H-naphtho[1,2-d]≈
  [1,2,3]triazol-6-sulfonylamino}- 1058
–, 2-Chlor-,
  – [4,6-bis-acetylamino-[1,3,5]triazin-
    2-ylamid] 1277
  – [4,6-diamino-[1,3,5]triazin-
    2-ylamid] 1276
–, 3-Chlor-,
  – [4,6-bis-acetylamino-[1,3,5]triazin-
    2-ylamid] 1277
  – [4,6-diamino-[1,3,5]triazin-
    2-ylamid] 1276
–, 4-Chlor-,
  – [4,6-bis-acetylamino-[1,3,5]triazin-
    2-ylamid] 1277
  – [4,6-diamino-[1,3,5]triazin-
    2-ylamid] 1276

Benzoesäure (Fortsetzung)
−, 4-[7-Chlor-1-oxy-benzo[e][1,2,4]triazin-
    3-ylamino]- 1126
−, 4-{1-[5-(1,3-Diäthyl-4,6-dioxo-
    2-thioxo-tetrahydro-pyrimidin-5-yliden)-
    penta-1,3-dienyl]-3-methyl-indolizin-2-yl}-
    1045
−, 4-[4,6-Diamino-2,2-dimethyl-
    2H-[1,3,5]triazin-1-yl]- 1185
    − äthylester 1185
    − amid 1185
−, 2-[Diamino-[1,3,5]triazin-2-yl]-,
    − amid 1421
    − octylamid 1421
−, 3-[4,6-Diamino-[1,3,5]triazin-
    2-ylamino]- 1284
−, 4-[4,6-Diamino-[1,3,5]triazin-
    2-ylamino]- 1284
−, 2,2′-{[4-(4,6-Diamino-[1,3,5]triazin-
    2-ylamino)-phenyl]-arsandiyldimercapto}-
    di- 1292
−, 4-[2-(Diamino-[1,3,5]triazin-
    2-ylmercapto)-acetylamino]-,
    − äthylester 1322
−, 3,4-Dimethyl-,
    − [4-(5-oxo-3-thioxo-
    2,3,4,5-tetrahydro-[1,2,4]triazin-6-yl)-
    anilid] 1394
−, 4-[(2,4-Dioxo-1,2,3,4-tetrahydro-
    pyrido[3,2-d]pyrimidin-6-ylmethyl)-amino]-
    1392
−, 2-Hydroxy-4-nitro-,
    − [1H-[1,2,4]triazol-3-ylamid] 1079
−, 2-Hydroxy-5-[5-oxo-3-thioxo-
    2,3,4,5-tetrahydro-[1,2,4]triazin-6-yl]-
    1052
−, 2-Jod-,
    − [1H-[1,2,4]triazol-3-ylamid] 1079
−, 2-Nitro-,
    − [1H-[1,2,4]triazol-3-ylamid] 1079
−, 3-Nitro-,
    − [1-oxy-benzo[e][1,2,4]triazin-
    3-ylamid] 1121
−, 4-[(4-Oxo-3,4-dihydro-pyrido[3,2-d]
    pyrimidin-6-ylmethyl)-amino]- 1373
−, 2-[5-Oxo-3-thioxo-2,3,4,5-tetrahydro-
    [1,2,4]triazin-6-yl]- 1037
−, 4-[5-Oxo-3-thioxo-2,3,4,5-tetrahydro-
    [1,2,4]triazin-6-yl]- 1037
−, 4-[2-Phenyl-2H-[1,2,3]triazol-
    4-carbonylamino]-,
    − [2-phenyl-2H-[1,2,3]triazol-
    4-ylmethylester] 934
−, 4-[5-Sulfo-naphtho[1,2-d][1,2,3]triazol-
    2-yl]-,
    − [2-diäthylamino-äthylester] 1056
−, 3,4,5-Trimethoxy-,
    − [4,6-bis-dimethylamino-
    [1,3,5]triazin-2-ylmethylester] 1324

Benzoguanamin 1244
Benzoguanid 1376
Benzol
−, 1,4-Bis-[5-cyan-benzotriazol-1-yl]-
    945
−, 1,4-Bis-[4,6-diamino-2,2-dimethyl-
    2H-[1,3,5]triazin-1-yl]- 1186
−, 1,4-Bis-[4,6-diamino-2-imino-
    2H-[1,3,5]triazin-1-yl]- 1291
−, 1,4-Bis-[6,8-disulfo-naphtho[1,2-d]
    [1,2,3]triazol-2-yl]- 1068
−, 1,4-Bis-[2,4,6-triamino-
    [1,3,5]triazinium-1-yl]-,
    − dibetain 1291
Benzolsulfonamid
−, N-[1-Benzyl-5-phenyl-1H-
    [1,2,4]triazol-3-yl]- 1139
−, N-[4,6-Dioxo-1,4,5,6-tetrahydro-
    [1,3,5]triazin-2-yl]- 1388
−, N,N′,N″-[1,3,5]Triazin-2,4,6-triyl-tris-
    1299
Benzolsulfonsäure
    − [N′-(bis-trichlormethyl-
    [1,3,5]triazin-2-yl)-hydrazid] 1433
    − [x-chlor-1H-benzotriazol-5-ylamid]
    1116
    − [N′-(5,6-diphenyl-[1,2,4]triazin-
    3-yl)-hydrazid] 1438
    − {N′-[5-(4-hydroxy-phenyl)-
    [1,2,4]triazin-3-yl]-hydrazid} 1439
    − [N′-(5-phenyl-[1,2,4]triazin-3-yl)-
    hydrazid] 1436
−, 4-[2-Äthyl-4,6-diamino-2-methyl-
    2H-[1,3,5]triazin-1-yl]-,
    − amid 1189
−, 2-Amino-5-[5-amino-6-methyl-
    benzotriazol-2-yl]- 1118
−, 3-[5-Amino-benzotriazol-2-yl]-,
    − amid 1114
−, 4-[5-Amino-benzotriazol-1-yl]- 1114
−, 4-[5-Amino-2-(2-methoxy-phenyl)-
    2H-benzotriazol-4-ylazo]-,
    − amid 1445
−, 4-[5-Amino-2-phenyl-2H-benzotriazol-
    4-ylazo]-,
    − amid 1445
−, 4-[5-Amino-6-(toluol-4-sulfonylamino)-
    benzotriazol-2-yl]- 1237
−, 4-Chlor-,
    − [5-phenyl-1H-[1,2,4]triazol-
    3-ylamid] 1139
−, 4-[4,6-Diamino-2,2-dimethyl-
    2H-[1,3,5]triazin-1-yl]-,
    − amid 1185
−, 5-[Diamino-[1,3,5]triazin-2-yl]-
    2-hydroxy- 1428
−, 4-[3-(Diamino-[1,3,5]triazin-2-yl)-
    2-hydroxy-[1]naphthylazo]- 1447

Benzolsulfonsäure (Fortsetzung)

—, 4-[3-(Diamino-[1,3,5]triazin-2-yl)-
   4-hydroxy-phenylazo]- 1446
—, 4-[(4,6-Dimethoxy-[1,3,5]triazin-
   2-ylamino)-methyl]-,
   — acetylamid 1347
   — amid 1347
—, 4-Hydroxy-,
   — [4,6-diamino-[1,3,5]triazin-
      2-ylamid] 1298
   — [5-phenyl-1*H*-[1,2,4]triazol-
      3-ylamid] 1139
—, 4-Nitro-,
   — benzo[*e*][1,2,4]triazin-3-ylamid
      1123
   — [7-chlor-benzo[*e*][1,2,4]triazin-
      3-ylamid] 1127
   — [5-methyl-1*H*-[1,2,4]triazol-
      3-ylamid] 1084
   — [1*H*-[1,2,4]triazol-3-ylamid] 1080
Benzonitril
—, 4-[4,6-Dichlor-[1,3,5]triazin-
   2-ylamino]- 1100
—, 3-Nitro-4-[1-phenyl-1*H*-benzotriazol-
   5-ylamino]- 1113
—, 4-[3-Thioxo-2,3-dihydro-[1,2,4]triazin-
   5-yl]- 1018
—, 2,2′,2″-[1,3,5]Triazin-2,4,6-triyl-tri-
   998
Benzo[*h*]pyrazolo[3,4-*b*]chinolin
—, 7-Anilino-8-methyl-9-phenyl-9*H*-
   1156
—, 7-Anilino-8-methyl-10-phenyl-10*H*-
   1156
—, 8-Methyl-7-[1]naphthylamino-
   9-phenyl-9*H*- 1156
—, 8-Methyl-7-[1]naphthylamino-
   10-phenyl-10*H*- 1156
Benzo[*a*]pyrrolo[2,3-*c*]phenazin-1-carbonsäure
—, 2-Methyl-3*H*-,
   — äthylester 962
Benzo[*f*][1,3,5]triazepin-2,4-diyldiamin
—, 1*H*- 1240
—, 1-Äthyl-8-chlor-1*H*- 1240
—, 7-Chlor-1*H*- 1240
—, 8-Chlor-1-isopropyl-1*H*- 1240
—, 1-Methyl-1*H*- 1240
Benzo[*d*][1,2,3]triazin
—, 7-Chlor-4-hydrazino- 1434
—, 4-Hydrazino- 1434
Benzo[*e*][1,2,4]triazin
—, 6-Acetylamino- 1129
—, 3-[4-Acetylamino-phenyl]-6-methoxy-
   1343
—, 3-Benzylamino-7-brom- 1128
—, 3-Benzylamino-7-chlor- 1125
—, 3-Butylamino-7-chlor- 1124
—, 7-Chlor-3-dipropylamino- 1124

—, 7-Chlor-3-sulfanilylamino- 1128
—, 3-Hydrazino- 1434
—, 3-[*N*-Methyl-hydrazino]- 1434
—, 3-Sulfanilylamino- 1123
Benzo[*e*][1,2,4]triazin-3-carbonsäure 948
   — äthylester 949
   — hydrazid 949
—, 6-Acetyl- 1019
   — äthylester 1019
—, 6-Acetylamino- 1420
   — äthylester 1420
—, 6-Acetylamino-1,4-dihydro-,
   — äthylester 1419
—, 1-Acetyl-6-brom-1,4-dihydro-,
   — äthylester 948
—, 1-Acetyl-1,4-dihydro-,
   — äthylester 947
—, 6-Acetyl-1,4-dihydro-,
   — äthylester 1018
—, 6-Brom-,
   — äthylester 949
—, 6-Brom-1,4-dihydro-,
   — äthylester 948
—, 6-Chlor- 949
   — äthylester 949
   — hydrazid 949
—, 6-Chlor-1,4-dihydro-,
   — äthylester 947
—, 1,4-Diacetyl-6-acetylamino-
   1,4-dihydro-,
   — äthylester 1419
—, 1,4-Diacetyl-6-chlor-1,4-dihydro-,
   — äthylester 947
—, 1,4-Diacetyl-1,4-dihydro-,
   — äthylester 947
—, 1,4-Dihydro-,
   — äthylester 947
   — anilid 947
—, 6-Methoxy- 1004
   — äthylester 1004
   — hydrazid 1004
—, 6-Methyl-,
   — äthylester 951
   — hydrazid 951
—, 6-Nitro-,
   — äthylester 949
Benzo[*e*][1,2,4]triazin-6-carbonsäure
—, 3-Phenyl- 958
Benzo[*e*][1,2,4]triazin-8-carbonsäure
—, 3-Phenyl- 959
Benzo[*e*][1,2,4]triazin-3-carbonylazid
   949
Benzo[*e*][1,2,4]triazin-3,6-dicarbonsäure
   973
Benzo[*e*][1,2,4]triazin-1,4-dioxid
—, 3-Amino- 1120
—, 3-Amino-7-chlor- 1124
—, 3-Amino-7-methoxy- 1337
Benzo[*e*][1,2,4]triazin-3,7-diyldiamin 1238

Benzo[e][1,2,4]triazin-1-oxid
-, 3-Acetylamino- 1121
-, 7-Acetyl-3-amino- 1377
-, 3-[4-Acetylamino-anilino]-7-chlor- 1127
-, 3-Acetylamino-7-chlor- 1126
-, 5-Äthoxy-3-amino- 1337
-, 7-Äthoxy-3-amino- 1337
-, 3-Allylamino-7-chlor- 1125
-, 3-Amino- 1120
-, 3-Amino-7-brom- 1128
-, 3-Amino-5-chlor- 1123
-, 3-Amino-6-chlor- 1123
-, 3-Amino-7-chlor- 1124
-, 3-Amino-5,7-dichlor- 1128
-, 3-Amino-5,7-dimethyl- 1143
-, 3-Amino-7-jod- 1128
-, 3-Amino-7-methoxy- 1337
-, 3-Amino-5-methyl- 1140
-, 3-Amino-7-methyl- 1141
-, 3-Amino-7-nitro- 1128
-, 3-Amino-7-phenyl- 1153
-, 3-p-Anisidino-7-chlor- 1126
-, 3-Benzoylamino- 1121
-, 3-Benzylamino-7-chlor- 1125
-, 3-Butylamino-7-chlor- 1125
-, 7-Chlor-3-dipropylamino- 1124
-, 7-Chlor-3-dodecylamino- 1125
-, 7-Chlor-3-methylamino- 1124
-, 7-Chlor-3-phenäthylamino- 1125
-, 7-Chlor-3-piperidino- 1125
-, 7-Chlor-3-[2]thienylamino- 1127
-, 3-Dimethylamino- 1121
-, 3-Furfurylamino- 1123
-, 3-Hexahydroazepin-1-yl- 1121
-, 3-Hydrazino- 1434
-, 3-[N-Methyl-hydrazino]- 1434
-, 3-Phenäthylamino- 1121
-, 3-Piperidino- 1121
Benzo[e][1,2,4]triazin-2-oxid
-, 3-Amino- 1120
-, 3-Amino-7-chlor- 1124
-, 3-Amino-7-methoxy- 1337
Benzo[d][1,2,3]triazin-4-ylamin 1120
Benzo[e][1,2,4]triazin-3-ylamin 1120
-, 5-Äthoxy-1-oxy- 1337
-, 7-Äthoxy-1-oxy- 1337
-, 7-Brom- 1128
-, 7-Brom-1-oxy- 1128
-, 6-Chlor- 1123
-, 7-Chlor- 1123
-, 7-Chlor-1,4-dioxy- 1124
-, 5-Chlor-1-oxy- 1123
-, 6-Chlor-1-oxy- 1123
-, 7-Chlor-1-oxy- 1124
-, 7-Chlor-2-oxy- 1124
-, 5,7-Dichlor-1-oxy- 1128
-, 5,7-Dimethyl-1-oxy- 1143
-, 1,4-Dioxy- 1120

-, 7-Jod-1-oxy- 1128
-, 7-Methoxy- 1337
-, 7-Methoxy-1,4-dioxy- 1337
-, 7-Methoxy-1-oxy- 1337
-, 7-Methoxy-2-oxy- 1337
-, 7-Methoxy-4-oxy- 1337
-, 5-Methyl- 1140
-, 7-Methyl- 1141
-, 5-Methyl-1-oxy- 1140
-, 7-Methyl-1-oxy- 1141
-, 7-Nitro-1-oxy- 1128
-, 1-Oxy- 1120
-, 2-Oxy- 1120
-, 1-Oxy-7-phenyl- 1153
Benzo[e][1,2,4]triazin-6-ylamin 1129
-, 3-Methyl- 1140
-, 3-Phenyl- 1152
Benzotriazol
-, 5-Acetoacetylamino-6-äthoxy-2-[4-äthoxy-phenyl]-2H- 1336
-, 5-Acetoacetylamino-2-[4-äthoxy-phenyl]-2H- 1114
-, 5-Acetoacetylamino-2-[4-äthoxy-phenyl]-6-methoxy-2H- 1336
-, 5-Acetoacetylamino-6-chlor-2-phenyl-2H- 1116
-, 5-Acetoacetylamino-6-methoxy-2-[4-methoxy-phenyl]-2H- 1336
-, 5-Acetoacetylamino-2-[4-methoxy-phenyl]-2H- 1114
-, 5-Acetoacetylamino-2-[4-methoxy-phenyl]-6-methyl-2H- 1118
-, 5-Acetoacetylamino-6-methyl-2-[1]naphthyl-2H- 1118
-, 5-Acetoacetylamino-6-methyl-2-phenyl-2H- 1118
-, 5-Acetoacetylamino-1-phenyl-1H- 1114
-, 5-Acetoacetylamino-2-phenyl-2H- 1114
-, 1-Acetyl-5-acetylamino-6-methoxy-1H- 1336
-, 4-Acetylamino-1H- 1109
-, 5-Acetylamino-4-chlor-1H- 1116
-, 4-Acetylamino-1-methyl-7-phenylazo-1H- 1445
-, 5-Acetylamino-4-methyl-2-phenyl-6-phenylazo-2H- 1446
-, 4-Acetylamino-2-phenyl-2H- 1109
-, 5-Acetylamino-1-o-tolyl-1H- 1111
-, 5-[4-Acetyl-2-nitro-anilino]-1-phenyl-1H- 1112
-, 7a-Anilino-1-phenyl-3a,4,5,6,7,7a-hexahydro-1H- 1092
-, 5-Benzolsulfonylamino-x-chlor-1H- 1116
-, 5-Benzoylamino-1-phenyl-1H- 1113
-, 1-Benzoyl-4,6-bis-benzoylamino-2,3-diphenyl-2,3-dihydro-1H- 1236

Benzotriazol (Fortsetzung)
—, 5-Benzylamino-1-phenyl-1H- 1111
—, 5-Salicyloylamino-1H- 1113
—, 5-Sulfanilylamino-1H- 1115
Benzotriazol-5-carbonitril
—, 1-[4-Benzotriazol-1-yl-phenyl]-1H-
945
—, 1H,1′H-1,1′-Biphenyl-2,2′-diyl-bis-
945
—, 1-Carbazol-3-yl-1H- 945
—, 1-[2-Chlor-phenyl]-1H- 944
—, 1-[4-Chlor-phenyl]-1H- 944
—, 1-[4-Dimethylamino-phenyl]-1H- 944
—, 1-[2-Methyl-4-nitro-phenyl]-1H- 944
—, 1H,1′H-1,1′-p-Phenylen-bis- 945
—, 1-o-Tolyl-1H- 944
—, 1-p-Tolyl-1H- 944
Benzotriazol-4-carbonsäure
—, 6-Amino-2-[4-sulfamoyl-phenyl]-2H-
1418
  — methylester 1418
—, 5-Chlor-3-phenyl-3H- 943
—, 5-Hydroxy-1H- 1002
  — anilid 1002
  — o-anisidid 1003
  — [1]naphthylamid 1003
—, 7-Hydroxy-1H- 1003
—, 7-Methoxy-1H- 1003
—, 3-[2]Naphthyl-3H- 943
Benzotriazol-5-carbonsäure
—, 6-Äthoxy-3-hydroxy-3H- 1003
—, 6-Äthoxy-3-oxy-1H- 1003
—, 6-Äthoxy-3-oxy-2-phenyl-2H- 1004
—, 1-[4-Äthoxy-phenyl]-1H-,
  — methylester 944
—, 1-[4-Äthoxy-phenyl]-7-amino-1H-,
  — methylester 1419
—, 7-Amino-1-[4-methoxy-phenyl]-1H-
1418
—, 1H,1′H-1,1′-Biphenyl-2,2′-diyl-bis-
945
—, 6-Brom-1H- 946
—, 6-Brom-3-hydroxy-3H- 946
—, 6-Brom-3-oxy-1H- 946
—, 6-Brom-3-oxy-2-phenyl-2H- 946
—, 7-Brom-1-phenyl-1H- 946
—, 6-Chlor-1H- 945
—, 6-Chlor-3-hydroxy-3H- 945
—, 6-Chlor-3-oxy-1H- 945
—, 6-Chlor-3-oxy-3-phenyl-2H- 945
—, 3-Hydroxy-3H- 944
—, 6-Hydroxy-1H- 1003
  — anilid 1003
—, 6-Methoxy-1H-,
  — methylester 1003
—, 6-Methoxy-3-oxy-2-phenyl-2H- 1004
—, 6-Methyl-3-oxy-2-phenyl-2H- 948
—, 6-Nitro-1-oxy-2-phenyl-2H- 946
—, 7-Nitro-1-phenyl-1H- 946

—, 3-Oxy-1H- 944
—, 3-Oxy-2-phenyl-2H- 944
—, 1-Phenyl-1H-,
  — anilid 944
Benzotriazol-5-carbonsäure-3-oxid
  s. *Benzotriazol-5-carbonsäure, 3-Oxy-1*H-
—, 1H- 944
—, 6-Äthoxy-1H- 1003
Benzotriazol-4-diazonium
—, 5-Hydroxy-1-methyl-1H-,
  — betain 1447
—, 5-Hydroxy-2-phenyl-2H-,
  — betain 1447
Benzotriazol-4,5-dion
—, 7-Anilino-6-brom-2-phenyl-2H- 1392
—, 7-Anilino-1-methyl-1H- 1391
—, 7-Anilino-2-phenyl-2H- 1392
Benzotriazol-4,6-disulfonsäure
—, 5-Methyl-2-[4-methyl-3,5-disulfo-
phenyl]-2H- 1065
Benzotriazol-4,5-diyldiamin
—, 1H- 1236
—, 6-Methyl-2-phenyl-2H- 1237
—, 2-Phenyl-2H- 1237
Benzotriazol-5,6-diyldiamin
—, 4-Methyl-2-phenyl-2H- 1237
—, 2-Phenyl-2H- 1237
Benzotriazol-4-ol
—, 6-Acetylamino-1H- 1334
—, 6-Amino-1H- 1334
—, 7-Amino-1H- 1335
—, 7-Amino-2-methyl-2H- 1335
Benzotriazol-5-ol
—, 4-Amino-1H- 1335
—, 4-Amino-1-methyl-1H- 1335
—, 4-Amino-2-phenyl-2H- 1335
—, 4-[4-Chlor-phenylazo]-1H- 1443
—, 4-Phenylazo-1H- 1443
—, 4-o-Tolylazo-1H- 1443
—, 4-p-Tolylazo-1H- 1443
Benzotriazol-5-on
—, 4-Diazo-1-methyl-1,4-dihydro- 1447
—, 4-Diazo-2-phenyl-2,4-dihydro- 1447
Benzotriazol-1-oxid
—, 6-Amino-3,5-dimethyl-3H- 1118
—, 6-Amino-3-methyl-3H- 1110
Benzotriazol-4-sulfonsäure
—, 7-Amino-6-hydroxy-1H- 1428
—, 2-[4-Amino-phenyl]-5-methyl-2H-
1055
—, 6,7-Dihydroxy-1H- 1069
—, 6,7-Dioxo-6,7-dihydro-1H- 1069
Benzotriazol-5-sulfonsäure
—, 1H-,
  — amid 1053
—, 2-[2-Acetylamino-4-sulfo-phenyl]-2H-
1054
—, 2-[2-Amino-4-sulfo-phenyl]-2H- 1054

Benzotriazol-5-sulfonsäure (Fortsetzung)
−, 2-[2-(6-Brom-2-hydroxy-
[1]naphthylazo)-4-sulfo-phenyl]-2*H*- 1054
−, 1*H*,1′*H*-1,1′-[2,2′-Disulfo-stilben-
4,4′-diyl]-bis- 1055
−, 3-Hydroxy-3*H*-,
− amid 1054
− [2-hydroxy-äthylamid] 1054
− [2-hydroxy-anilid] 1054
−, 6-Methyl-2-[4-methyl-3-sulfo-phenyl]-
2*H*- 1056
−, 3-Oxy-1*H*-,
− amid 1054
− [2-hydroxy-äthylamid] 1054
− [2-hydroxy-anilid] 1054
−, 1-Phenyl-1*H*- 1054
−, 3-[4-Sulfamoyl-phenyl]-3*H*-,
− amid 1054
Benzotriazol-4-ylamin
−, 1*H*- 1109
−, 6-Äthoxy-1*H*- 1336
−, 6-Chlor-7-methyl-2-*p*-tolyl-2*H*- 1118
−, 2-[4-Chlor-phenyl]-7-[4-chlor-
phenylazo]-5-methyl-2*H*- 1446
−, 1,6-Dimethyl-1*H*- 1119
−, 5-Methoxy-1*H*- 1335
−, 1-Methyl-1*H*- 1109
−, 1-Methyl-7-[1-methyl-1*H*-benzotriazol-
4-ylazo]-1*H*- 1445
−, 1-Methyl-7-phenylazo-1*H*- 1445
−, 5-Methyl-2-phenyl-7-phenylazo-2*H*-
1446
−, 2-Phenyl-2*H*- 1109
−, 7-Phenylazo-1*H*- 1445
Benzotriazol-5-ylamin
−, 1*H*- 1109
−, 2-[4-Amino-phenyl]-2*H*- 1115
−, 1-[4-Brom-phenyl]-1*H*- 1110
−, 4-Chlor-1*H*- 1116
−, 7-Chlor-4-methyl-2-*p*-tolyl-2*H*- 1117
−, 1-[4-Chlor-phenyl]-1*H*- 1110
−, 2-[4-Chlor-phenyl]-2*H*- 1110
−, 2-[4-Chlor-phenyl]-6-[4-chlor-
phenylazo]-2*H*- 1445
−, 2-[4-Chlor-phenyl]-4-[4-chlor-
phenylazo]-6-methyl-2*H*- 1446
−, 1,6-Dimethyl-3-oxy-1*H*- 1118
−, 6-Methoxy-1*H*- 1335
−, 7-Methoxy-1*H*- 1334
−, 1-[2-Methoxy-phenyl]-1*H*- 1111
−, 1-[3-Methoxy-phenyl]-1*H*- 1111
−, 1-[4-Methoxy-phenyl]-1*H*- 1112
−, 2-[4-Methoxy-phenyl]-2*H*- 1112
−, 6-Methoxy-2-phenyl-2*H*- 1335
−, 2-[4-Methoxy-phenyl]-4-[4-methoxy-
phenylazo]-2*H*- 1445
−, 1-Methyl-1*H*- 1109
−, 2-Methyl-2*H*- 1109
−, 1-Methyl-3-oxy-1*H*- 1110

−, 6-Methyl-2-phenyl-2*H*- 1118
−, 4-Methyl-2-phenyl-6-phenylazo-2*H*-
1445
−, 4-Methyl-2-phenyl-6-[*N*′-phenyl-
hydrazino]-2*H*- 1441
−, 6-Nitro-2-phenyl-2*H*- 1116
−, 1-Phenyl-1*H*- 1110
−, 2-Phenyl-2*H*- 1110
−, 4-Phenylazo-1*H*- 1445
−, 2-Phenyl-6-phenylazo-2*H*- 1445
−, 1-*o*-Tolyl-1*H*- 1111
−, 1-*p*-Tolyl-1*H*- 1111
−, 2-*p*-Tolyl-2*H*- 1111
Benzylalkohol
−, α-[5-Benzylidenhydrazino-
1*H*-[1,2,4]triazol-3-ylamino]- 1441
−, 2-[Diamino-[1,3,5]triazin-2-yl]- 1342
[1,5′]Bibenzotriazolyl
−, 5-Acetyl-1′-phenyl-1′*H*- 1452
−, 5-Nitro-1′-phenyl-1′*H*- 1451
[1,5′]Bibenzotriazolyl-5-carbonitril
−, 1′-Phenyl-1′*H*- 1452
Bicyclo[2.2.2]oct-5-en-2-carbonsäure
−, 3-[Diamino-[1,3,5]triazin-2-yl]-
1-isopropyl-4-methyl- 1421
−, 3-[Diamino-[1,3,5]triazin-2-yl]-
4-isopropyl-1-methyl- 1421
Biphenyl
−, 2,2′-Bis-[5-cyan-benzotriazol-1-yl]-
945
−, 4,4′-Bis-[4,7-disulfo-naphtho[1,2-*d*]≠
[1,2,3]triazol-2-yl]- 1066
−, 4,4′-Bis-[5,9-disulfo-naphtho[1,2-*d*]≠
[1,2,3]triazol-2-yl]- 1066
−, 4,4′-Bis-[6,8-disulfo-naphtho[1,2-*d*]≠
[1,2,3]triazol-2-yl]- 1068
−, 4,4′-Bis-[6,8-disulfo-naphtho[1,2-*d*]≠
[1,2,3]triazol-2-yl]-3,3′-dimethoxy-
1069
−, 4,4′-Bis-[6,8-disulfo-naphtho[1,2-*d*]≠
[1,2,3]triazol-2-yl]-3,3′-dimethyl- 1069
−, 3,3′-Dichlor-4,4′-bis-[6,8-disulfo-
naphtho[1,2-*d*][1,2,3]triazol-2-yl]-
1069
−, 4-[4,7-Disulfo-naphtho[1,2-*d*]≠
[1,2,3]triazol-2-yl]-4′-[7-sulfo-naphtho≠
[1,2-*d*][1,2,3]triazol-2-yl]- 1065
−, 4-[5,9-Disulfo-naphtho[1,2-*d*]≠
[1,2,3]triazol-2-yl]-4′-[7-sulfo-naphtho≠
[1,2-*d*][1,2,3]triazol-2-yl]- 1066
−, 4-[6,8-Disulfo-naphtho[1,2-*d*]≠
[1,2,3]triazol-2-yl]-4′-[7-sulfo-naphtho≠
[1,2-*d*][1,2,3]triazol-2-yl]- 1068
Biphenyl-2,2′-disulfonsäure
−, 4,4′-Bis-[7-sulfo-naphtho[1,2-*d*]≠
[1,2,3]triazol-2-yl]- 1064
Biphenyl-3,3′-disulfonsäure
−, 4,4′-Bis-[4,6-dioxo-1,4,5,6-tetrahydro-
[1,3,5]triazin-2-ylamino]- 1387

Biphenyl-4-ol
- , 4′-[4-Amino-6-propyl-[1,3,5]triazin-
  2-ylamino]- 1228
- , 3-[4-(4-Amino-[1,3,5]triazin-
  2-ylamino)-phenylazo]- 1204

Biphenyl-3-sulfonsäure
- , 4,4′-Bis-[6-sulfo-naphtho[1,2-d]≉
  [1,2,3]triazol-2-yl]- 1061

[2,2′]Bipyrrolyl-4,4′-dicarbonsäure
- , 5′-[4-Äthoxycarbonyl-3,5-dimethyl-
  pyrrol-2-ylmethylen]-3,5,3′-trimethyl-
  1H,5′H-,
  – diäthylester 991

[1,3′]Bi[1,2,4]triazolyl
- , 3,5-Dimethyl-1′H- 1432

[3,4′]Bi[1,2,4]triazolyl
- , 1H- 1077

[3,4′]Bi[1,2,4]triazolyl-5-ylamin
- , 1H- 1167
- , 1-Phenyl-1H- 1167
- , 1-p-Tolyl-1H- 1167

Butan
- , 1,4-Bis-[(diamino-[1,3,5]triazin-2-yl)-
  methansulfonyl]- 1327

Butandiyldiamin
- , N^4,N^4-Diäthyl-N^1-[7-chlor-benzo[e]≉
  [1,2,4]triazin-3-y]-1-methyl- 1127
- , N^4,N^4-Diäthyl-N^1-[7-chlor-1-oxy-
  benzo[e][1,2,4]triazin-3-yl]-1-methyl- 1127

Butan-1-ol
- , 2-[7-Chlor-1-oxy-benzo[e][1,2,4]triazin-
  3-ylamino]- 1125

Butan-2-on
- , 4-[Diamino-[1,3,5]triazin-2-yl]- 1369

Butan-1,2,3-triol
- , 4-Amino-1-[2-phenyl-2H-[1,2,3]triazol-
  4-yl]- 1350

But-2-en
- , 1,3-Bis-[4-äthoxycarbonyl-
  3,5-dimethyl-pyrrol-2-yl]-1-[4-äthoxy≉
  carbonyl-3,5-dimethyl-pyrrol-2-yliden]-
  997

Buttersäure
- , 4-[Amino-anilino-[1,3,5]triazin-2-yl]-
  1415
  – äthylester 1416
  – amid 1416
  – hydrazid 1416
- , 4-[4-(7-Chlor-1-oxy-benzo[e]≉
  [1,2,4]triazin-3-ylamino)-phenyl]- 1126
- , 2-Methyl-,
  – [3-(3-guanidino-propyl)-5-indol-
  3-yl-pyrazin-2-ylamid] 1249

Butyramid
- , N-[1-Butyryl-5-methyl-1H-
  [1,2,4]triazol-3-yl]- 1083
- , N-[1-Butyryl-1H-[1,2,4]triazol-3-yl]-
  1078

- , N-[5-Methyl-1H-[1,2,4]triazol-3-yl]-
  1083
- , N,N′,N″-[1,3,5]Triazin-2,4,6-triyl-tris-
  1275
- , N-[1H-[1,2,4]Triazol-3-yl]- 1078

Butyroguanamin 1228

C

Carbamidsäure
- , Benzo[e][1,2,4]triazin-3-yl-,
  – äthylester 1122
- , [1-(Diamino-[1,3,5]triazin-2-yl)-äthyl]-
  [2-vinyloxy-äthyl]-,
  – äthylester 1302
- , [2-(Diamino-[1,3,5]triazin-2-yl)-äthyl]-
  [2-vinyloxy-äthyl]-,
  – äthylester 1302
- , [2-(4,6-Diamino-[1,3,5]triazin-
  2-ylamino)-äthyl]-,
  – äthylester 1286
- , [1-(Diamino-[1,3,5]triazin-2-yl)-
  2-methyl-propyl]-[2-vinyloxy-äthyl]-,
  – äthylester 1304
- , [4,6-Diamino-[1,3,5]triazin-
  2-ylmethyl]-[2-vinyloxy-äthyl]-,
  – äthylester 1301
- , [2-(4,6-Dichlor-[1,3,5]triazin-2-ylamino)-
  äthyl]-,
  – äthylester 1101
- , [1-Methyl-1H-[1,2,3]triazol-4-yl]-,
  – äthylester 1073
- , Naphtho[2,1-e][1,2,4]triazin-3-yl-,
  – äthylester 1150
- , [5-Oxo-2,5-dihydro-1H-[1,2,4]triazol-
  3-yl]-,
  – äthylester 1351
- , [5-Oxo-1-phenyl-2,5-dihydro-
  1H-[1,2,4]triazol-3-yl]-,
  – äthylester 1351
- , [3-(5-Oxo-3-thioxo-2,3,4,5-tetrahydro-
  [1,2,4]triazin-6-yl)-phenyl]-,
  – äthylester 1393
- , [4-(5-Oxo-3-thioxo-2,3,4,5-tetrahydro-
  [1,2,4]triazin-6-yl)-phenyl]-,
  – äthylester 1394
- , [5-Phenyl-1H-[1,2,4]triazol-3-yl]-,
  – [2-äthoxy-äthylester] 1138
  – butylester 1138
- , [5-[3]Pyridyl-1(2)H-pyrazol-3-yl]-,
  – äthylester 1141
- , [1H-[1,2,3]Triazol-4-yl]-,
  – äthylester 1073
  – benzylester 1073

Carbamonitril
- , N-[4-Äthoxy-phenyl]-N′,N″-diphenyl-
  N,N′,N″-[1,3,5]triazin-2,4,6-triyl-tri- 1280

Carbamonitril (Fortsetzung)
−, *N,N′*-Bis-[4-äthoxy-phenyl]-
N″-phenyl-*N,N′,N″*-[1,3,5]triazin-
2,4,6-triyl-tri- 1281
−, [Diamino-[1,3,5]triazin-2-yl]- 1278
−, [Dichlor-[1,3,5]triazin-2-yl]-phenyl-
1099
−, *N,N′*-Diphenyl-*N,N′*-[chlor-
[1,3,5]triazin-2,4-diyl]-di- 1214
−, *N,N′,N″*-[1,3,5]Triazin-2,4,6-triyl-tri-
1280
−, *N,N′,N″*-Tribenzyl-*N,N′,N″*-
[1,3,5]triazin-2,4,6-triyl-tri- 1280
−, *N,N′,N″*-Trimethyl-*N,N′,N″*-
[1,3,5]triazin-2,4,6-triyl-tri- 1280
−, *N,N′,N″*-Tri-[1]naphthyl-*N,N′,N″*-
[1,3,5]triazin-2,4,6-triyl-tri- 1280
−, *N,N′,N″*-Tri-[2]naphthyl-*N,N′,N″*-
[1,3,5]triazin-2,4,6-triyl-tri- 1280
−, *N,N′,N″*-Triphenyl-*N,N′,N″*-
[1,3,5]triazin-2,4,6-triyl-tri- 1280
−, *N,N′,N″*-Tris-[4-äthoxy-phenyl]-*N,N′,≠
N″*-[1,3,5]triazin-2,4,6-triyl-tri- 1281
−, *N,N′,N″*-Tris-[2,4-dimethyl-phenyl]-
N,N′,N″-[1,3,5]triazin-2,4,6-triyl-tri- 1280
−, *N,N′,N″*-Tris-[2-methoxy-phenyl]-
N,N′,N″-[1,3,5]triazin-2,4,6-triyl-tri- 1280
−, *N,N′,N″*-Tris-[4-methoxy-phenyl]-
N,N′,N″-[1,3,5]triazin-2,4,6-triyl-tri- 1281
−, *N,N′,N″*-Tri-*o*-tolyl-*N,N′,N″*-
[1,3,5]triazin-2,4,6-triyl-tri- 1280
Carbazol
−, 9-Äthyl-3,6-bis-[4-carboxy-[2]chinolyl]-
984
Chinazolino[3,2-*a*]chinazolin-12-on
−, 5-Piperidino- 1384
Chinolin
−, 2-Äthylamino-4-[5-methyl-
1(3)*H*-benzimidazol-2-yl]- 1157
Chinolin-2-carbonsäure
−, 3-Chinoxalin-2-yl- 962
− äthylester 962
− methylester 962
Chinolin-3-carbonsäure
−, 2-[3-Oxo-3,4-dihydro-chinoxalin-
2-ylmethyl]-,
− äthylester 1029
Chinolin-4-carbonsäure
−, 2,2′-[9-Äthyl-carbazol-3,6-diyl]-bis-
984
−, 2-[1,5-Dimethyl-3-oxo-2-phenyl-
2,3-dihydro-1*H*-pyrazol-4-yl]- 1023
− äthylester 1023
− allylester 1023
−, 2-[1,5-Dimethyl-3-oxo-2-phenyl-
2,3-dihydro-1*H*-pyrazol-4-yl]-3-hydroxy-
1051
−, 2-[1-Methyl-3-oxo-2-phenyl-
2,3-dihydro-1*H*-pyrazol-4-yl]- 1022

Chinolin-4,6-diyldiamin
−, *N*[6]-[Amino-chlor-[1,3,5]triazin-2-yl]-
2-methyl- 1218
−, *N*[6]-[Dichlor-[1,3,5]triazin-2-yl]-
2-methyl- 1102
Chinolin-6-sulfonsäure
−, 3-[1*H*-Benzimidazol-2-yl]-4-methyl-
2-oxo-1,2-dihydro- 1070
Chinolin-8-sulfonsäure
−, 3-[1*H*-Benzimidazol-2-yl]-4-methyl-
2-oxo-1,2-dihydro- 1070
[4]Chinolylamin
−, 6-[5-Amino-4-(4-amino-phenyl)-
[1,2,3]triazol-1-yl]-2-methyl- 1239
Chinoxalin-2-carbonitril
−, 3-[3]Pyridyl- 959
−, 3-[4]Pyridyl- 959
Chinoxalin-2-ylamin
−, 3-[2]Chinolyl- 1158
−, 3-[2]Pyridyl- 1153
Chlorazanil 1196
Chol-11-eno[11,12-*e*][1,2,4]triazin-24-säure
−, 3′-Methoxy-,
− methylester 1020
−, 3′-Oxo-2′,3′-dihydro- 1019
Chol-11-eno[12,11-*e*][1,2,4]triazin-24-säure
−, 3′-Methoxy-,
− methylester 1020
−, 3′-Oxo-2′,3′-dihydro- 1019
Cibanongelb-2GR 1214
Cinnolin-3-carbonsäure
−, 4-[1-Acetyl-2-äthoxy-1,2-dihydro-
[2]chinolyl]- 1005
−, 4-[1-Acetyl-2-äthoxy-1,2-dihydro-
[2]pyridyl]- 1004
−, 4-[1-Acetyl-2-anilino-1,2-dihydro-
[2]pyridyl]- 1422
−, 4-[1-Acetyl-2-isopropoxy-1,2-dihydro-
[2]pyridyl]- 1004
−, 4-[1-Acetyl-2-methoxy-1,2-dihydro-
[2]pyridyl]- 1004
−, 4-[2-Äthoxy-1,2-dihydro-[2]pyridyl]-
1004
−, 4-[2-Methoxy-1,2-dihydro-[2]pyridyl]-
1004
Crotonsäure
−, 4-[5-Äthoxycarbonyl-2,4-dimethyl-
pyrrol-3-yliden]-2,4-bis-[4-benzoyl-
3,5-dimethyl-pyrrol-2-yl]-,
− äthylester 1046
−, 4-[5-Äthoxycarbonyl-2,4-dimethyl-
pyrrol-3-yliden]-2,4-bis-[3,5-dimethyl-
pyrrol-2-yl]-,
− äthylester 979
−, 4-[5-Äthoxycarbonyl-2,4-dimethyl-
pyrrol-3-yliden]-2,4-bis-[2-methyl-indol-
3-yl]-,
− äthylester 983

Crotonsäure (Fortsetzung)
- , 3-[5-Amino-1-phenyl-1*H*-[1,2,4]triazol-3-ylamino]-,
  - [5-amino-1-phenyl-1*H*-[1,2,4]triazol-3-ylamid] 1172
- , 3-[5-Amino-1-*p*-tolyl-1*H*-[1,2,4]triazol-3-ylamino]-,
  - [5-amino-1-*p*-tolyl-1*H*-[1,2,4]triazol-3-ylamid] 1173
- , 2,4-Bis-[4-äthoxycarbonyl-3,5-dimethyl-pyrrol-2-yl]-4-[5-äthoxy≠carbonyl-2,4-dimethyl-pyrrol-3-yliden]-,
  - äthylester 1001
- , 2,4-Bis-[4-äthoxycarbonyl-3,5-dimethyl-pyrrol-2-yl]-4-[2,4-dimethyl-pyrrol-3-yliden]-,
  - äthylester 995
- , 2,4-Bis-[4-benzoyl-3,5-dimethyl-pyrrol-2-yl]-4-[2,4-dimethyl-pyrrol-3-yliden]-,
  - äthylester 1041
- , 2,4-Bis-[3,5-dimethyl-pyrrol-2-yl]-4-[2,4-dimethyl-pyrrol-3-yliden]-,
  - äthylester 960
- , 3-Methyl-,
  - [4-(5-oxo-3-thioxo-2,3,4,5-tetrahydro-[1,2,4]triazin-6-yl)-anilid] 1394
- , 3-[1-Phenyl-1*H*-benzotriazol-5-ylamino]-,
  - äthylester 1113
- , 3,3'-[1-Phenyl-1*H*-[1,2,4]triazol-3,5-diyldiamino]-di-,
  - diäthylester 1170
- , 3-[1*H*-[1,2,4]Triazol-3-ylamino]-,
  - [1*H*-[1,2,4]triazol-3-ylamid] 1079

Cyanuramid 1253

5,11-Cyclo-dibenzo[3,4;7,8][1,5]diazocino[2,1-*b*]≠chinazolin
- , 17-[2-Formyl-anilino]-10,11-dihydro-5a*H*,17*H*- 1159

Cycloguanil 1176

Cycloheptatriazol
- , 8a-Anilino-1-phenyl-1,3a,4,5,6,7,8,8a-octahydro- 1092
- , 6-Imino-1,6-dihydro- 1120
- , 6-Imino-5-methyl-1,6-dihydro- 1140

Cycloheptatriazol-6-on
- , 1*H*-,
  - imin 1120
- , 5-Methyl-1*H*-,
  - imin 1140

Cycloheptatriazol-6-ylamin 1120
- , 1,4,5,6,7,8-Hexahydro- 1106
- , 5-Methyl- 1140

Cyclohexanol
- , 1-[Diamino-[1,3,5]triazin-2-yl]- 1334

Cyclohexanon
- , 2-[1-(4-Chlor-phenyl)-1*H*-benzotriazol-5-ylamino]- 1112

- , 2-[1-(2-Methoxy-phenyl)-1*H*-benzotriazol-5-ylamino]- 1112
- , 2-[1-(3-Methoxy-phenyl)-1*H*-benzotriazol-5-ylamino]- 1112
- , 2-[1-(4-Methoxy-phenyl)-1*H*-benzotriazol-5-ylamino]- 1112
- , 2-[1-Phenyl-1*H*-benzotriazol-5-ylamino]- 1112
- , 2-[1-*o*-Tolyl-1*H*-benzotriazol-5-ylamino]- 1112

Cyclonona[1,2-*b*;4,5-*b'*;7,8-*b''*]tripyrrol-3,7,11-tricarbonitril
- , 2,6,10-Trimethyl-1,4,5,8,9,12-hexahydro- 991

Cyclonona[1,2-*b*;4,5-*b'*;7,8-*b''*]tripyrrol-3,7,11-tricarbonsäure
- , 2,6,10-Trimethyl-1,4,5,8,9,12-hexahydro-,
  - triäthylester 991

Cyclopentancarbonitril
- , 1-[1-Phenyl-1*H*-benzotriazol-5-ylamino]- 1113

Cyclopentancarbonsäure
- , 1-[1-Phenyl-1*H*-benzotriazol-5-ylamino]- 1113
  - amid 1113

Cyclopentanon
- , 2-[(1*H*-[1,2,4]Triazol-3-ylamino)-methylen]- 1077

Cyclopenta[5,6]pyrido[2,3-*d*]pyrimidin-2,4-diyldiamin
- , 7,8-Dihydro-6*H*- 1247

Cyclopentatriazol
- , 6a-Anilino-1-[4-brom-phenyl]-1,3a,4,5,6,6a-hexahydro- 1091
- , 6a-Anilino-1-phenyl-1,3a,4,5,6,6a-hexahydro- 1091
- , 6a-[4-Brom-anilino]-1-phenyl-1,3a,4,5,6,6a-hexahydro- 1091

Cyclopentatriazol-4-carbonsäure
- , 1-Methyl-1,4-dihydro- 943
- , 2-Phenyl-2,4-dihydro- 943
  - methylester 943

Cypridina-ätioluciferin 1249
Cypridina-oxyluciferin 1249

D

Decandiyldiamin
- , *N*,*N'*-Bis-[diamino-[1,3,5]triazin-2-yl]- 1290
- , *N*,*N'*-Bis-[diamino-[1,3,5]triazin-2-yl]-*N*,*N'*-dimethyl- 1290

3-Desazafolsäure 1373

1-Desoxy-glucit
- , 1-[Methyl-(1-oxy-benzo[*e*]≠[1,2,4]triazin-3-yl)-amino]- 1121

Diacetamid

−, *N*-[5,6-Diphenyl-[1,2,4]triazin-3-yl]-
    1154

Diäthylentriamin

−, 1,4,7-Tris-[diamino-[1,3,5]triazin-2-yl]-
    1288

Diazen

−, Bis-[5,8-diphenyl-[1,2,4]triazocin-3-yl]-
    1442

Diazen-*N*-oxid

−, Bis-[6-chlor-3-methyl-1-oxy-
    3*H*-benzotriazol-4-yl]- 1442

[1,2]Diazetidin-3-carbonsäure

−, 4-Oxo-1,2-diphenyl-3-[2-[4]pyridyl-
    äthyl]- 1014

Dibenzamid

−, *N*-[5-Methyl-2-phenyl-2*H*-
    [1,2,3]triazol-4-yl]- 1081

Dibenzothiophen-5,5-dioxid

−, 3,7-Bis-[6,8-disulfo-naphtho[1,2-*d*]⥮
    [1,2,3]triazol-2-yl]- 1069

5λ⁶-Dibenzothiophen-2-sulfonsäure

−, 5,5-Dioxo-3,7-bis-[6-sulfo-
    naphtho[1,2-*d*][1,2,3]triazol-2-yl]- 1061

**2,9;4a,8-Dicyclo-pyrido[2,3-*h*]chinazolin-
    9-carbonsäure**

−, 1,7-Diäthyl-4-oxo-decahydro-,
    − amid 1014

−, 1,7-Dimethyl-4-oxo-decahydro-,
    − amid 1014

−, 4-Oxo-1,7-dipropyl-decahydro-,
    − amid 1014

**Diisochino[5,4-*ab*;5′,4′-*hi*]phenazin-4,6,12,14-
    tetraon**

−, 8-[4-Benzoylamino-9,10-dioxo-
    9,10-dihydro-[1]anthryl]-5,13-dimethyl-
    8,16-dihydro- 1398

−, 8-[5-Benzoylamino-9,10-dioxo-
    9,10-dihydro-[1]anthryl]-5,13-dimethyl-
    8,16-dihydro- 1398

**4,9;5,8-Dimethano-naphtho[2,3-*d*]⥮
    [1,2,3]triazol**

−, 9a-Anilino-1-phenyl-3a,4,4a,5,6,7,8,8a,⥮
    9,9a-decahydro-1*H*- 1119

Disulfid

−, Bis-[5-(4-acetylamino-phenyl)-
    1*H*-[1,2,4]triazin-3-yl]- 1338

Dithioammelid 1388

Dithiomelanurensäure 1388

Dodecan-2-on

−, 12-[Diamino-[1,3,5]triazin-2-yl]-
    1370

E

Echinulin

−, 4-[4-Brom-phenylazo]-hexahydro-
    1444

−, 6-[4-Brom-phenylazo]-hexahydro-
    1444

−, 4-[4-Nitro-phenylazo]- 1444

−, 6-[4-Nitro-phenylazo]- 1444

−, 4-[4-Nitro-phenylazo]-hexahydro-
    1444

−, 6-[4-Nitro-phenylazo]-hexahydro-
    1444

Essigsäure

− [4-(3-amino-5-methyl-[1,2,4]triazol-
    1-sulfonyl)-anilid] 1084

− [4-benzo[*e*][1,2,4]triazin-3-yl-anilid]
    1152

− [4-(5-benzylmercapto-1*H*-
    [1,2,4]triazol-3-yl)-anilid] 1338

− [4,6-bis-dimethylamino-
    [1,3,5]triazin-2-ylmethylester] 1324

− [4-(7-chlor-1-oxy-benzo[*e*]⥮
    [1,2,4]triazin-3-ylamino)-anilid] 1127

− [3-(diamino-[1,3,5]triazin-2-yl)-
    anilid] 1304

− [4-(diamino-[1,3,5]triazin-2-yl)-
    anilid] 1305

− [4-(4,6-dimethoxy-[1,3,5]triazin-
    2-ylsulfamoyl)-anilid] 1348

− [4-(diphenyl-[1,3,5]triazin-2-yl)-
    anilid] 1161

− [4-(5,6-diphenyl-[1,2,4]triazin-3-yl)-
    anilid] 1160

− [4-(4,6-dithioxo-hexahydro-
    [1,3,5]triazin-2-yl)-anilid] 1393

− [4-imidazo[1,2-*a*]pyrimidin-2-yl-
    anilid] 1151

− [4-(6-methoxy-benzo[*e*]⥮
    [1,2,4]triazin-3-yl)-anilid] 1343

− [4-(5-methyl-imidazo[1,2-*a*]⥮
    pyrimidin-2-yl)-anilid] 1152

− [4-(5-methylmercapto-
    1*H*-[1,2,4]triazol-3-yl)-anilid] 1337

− [4-(5-methyl-7-oxo-7,8-dihydro-
    imidazo[1,2-*a*]pyrimidin-2-yl)-anilid]
    1383

− [4-(5-methyl-1*H*-[1,2,4]triazol-
    3-ylsulfamoyl)-anilid] 1084

− [3-(5-oxo-3-thioxo-
    2,3,4,5-tetrahydro-[1,2,4]triazin-6-yl)-
    anilid] 1393

− [4-(5-oxo-3-thioxo-
    2,3,4,5-tetrahydro-[1,2,4]triazin-6-yl)-
    anilid] 1394

Essigsäure (Fortsetzung)
- [4-(1-phenyl-4,6-dithioxo-hexahydro-[1,3,5]triazin-2-yl)-anilid] 1393
- [N'-(5-phenyl-[1,2,4]triazin-3-yl)-hydrazid] 1435
- [4-(5-[3]pyridyl-1(2)H-pyrazol-3-ylsulfamoyl)-anilid] 1142
- [4-(3-thioxo-2,3-dihydro-[1,2,4]triazin-5-yl)-anilid] 1376
- [4-(5-thioxo-2,5-dihydro-1H-[1,2,4]triazol-3-yl)-anilid] 1373
- [4-(1H-[1,2,4]triazol-3-ylsulfamoyl)-anilid] 1081
-, [6-Acetatomercurio-7-methoxy-1,3-dioxo-tetrahydro-[1,2,4]triazolo[1,2-a]pyridazin-2-yl]- 1453
  - äthylester 1454
-, [3-Äthoxycarbonyl-5-(1(3)H-imidazol-4-ylmethyl)-4-methyl-pyrrol-2-yl]- 972
  - äthylester 972
-, [2-Äthyl-1,3,5-trimethyl-4,6-dioxo-[1,3,5]triazin-2-yl]- 1030
-, [Amino-anilino-[1,3,5]triazin-2-yl]- 1412
  - äthylester 1413
  - amid 1413
  - hydrazid 1413
  - methylester 1413
-, [Amino-(4-chlor-anilino)-[1,3,5]triazin-2-yl]- 1412
-, [4-Amino-1-(4-chlor-phenyl)-6,6-dimethyl-1,6-dihydro-[1,3,5]triazin-2-ylmercapto]- 1308
-, [3-Amino-1-imino-6-methyl-7-oxo-1H,7H-pyrazolo[1,2-a][1,2,4]triazol-5-yl]- 1426
  - äthylester 1427
-, [3-Amino-1-imino-7-oxo-1H,7H-pyrazolo[1,2-a][1,2,4]triazol-5-yl]- 1426
  - äthylester 1426
-, [3-Amino-5-methyl-7-oxo-2-phenyl-4,7-dihydro-pyrazolo[1,5-a]pyrimidin-6-yl]-,
  - äthylester 1426
-, [6-Amino-3-oxo-3,4-dihydro-pyrido[2,3-b]pyrazin-2-yl]-,
  - äthylester 1425
-, Amino-[2-phenyl-2H-[1,2,3]triazol-4-yl]- 1407
-, [3-Benzyl-6-oxo-1,2,5,6-tetrahydro-[1,2,4]triazin-5-yl]-,
  - benzylidenhydrazid 1018
  - hydrazid 1018
-, {[4-(Bis-äthylamino-[1,3,5]triazin-2-yloxy)-phenyl]-arsandiyldimercapto}-di-1315

-, [7-Brom-2-oxo-1,2-dihydro-pyrido[2,3-b]pyrazin-3-yl]-,
  - äthylester 1018
-, [7-Brom-3-oxo-3,4-dihydro-pyrido[2,3-b]pyrazin-2-yl]-,
  - äthylester 1017
-, [3-Carbamoyl-5,7-dimethyl-pyrazolo[1,5-a]pyrimidin-2-yl]- 972
  - methylester 972
-, [5-Carboxy-3-phenyl-3H-[1,2,3]triazol-4-yl]- 969
-, [Diamino-[1,3,5]triazin-2-yl]-,
  - [2-vinyloxy-äthylamid] 1412
-, {[4-(4,6-Diamino-[1,3,5]triazin-2-ylamino)-phenyl]-arsandiyldimercapto}-di- 1292
-, 2-[Diamino-[1,3,5]triazin-2-ylmercapto]- 1322
-, {[4-(Diamino-[1,3,5]triazin-2-yloxy)-phenyl]-arsandiyldimercapto}-di- 1312
-, [4,5-Diamino-4H-[1,2,4]triazol-3-ylmercapto]- 1307
-, Diazo-[4,6-dichlor-[1,3,5]triazin-2-yl]-,
  - äthylester 1011
-, Dichlor-,
  - [N'-(5-phenyl-[1,2,4]triazin-3-yl)-hydrazid] 1435
-, [3,5-Dimethyl-7-oxo-2-phenyl-4,7-dihydro-pyrazolo[1,5-a]pyrimidin-6-yl]- 1024
  - äthylester 1024
-, [3,5-Dioxo-2,3,4,5-tetrahydro-[1,2,4]triazin-6-yl]- 1032
  - äthylester 1032
-, [5-Methyl-3-nitroso-7-oxo-2-phenyl-4,7-dihydro-pyrazolo[1,5-a]pyrimidin-6-yl]- 1024
  - äthylester 1024
-, [5-Methyl-7-oxo-2-phenyl-4,7-dihydro-pyrazolo[1,5-a]pyrimidin-6-yl]- 1024
  - äthylester 1024
-, [2-Methyl-1-phenyl-4,6-dithioxo-hexahydro-[1,3,5]triazin-2-yl]- 1030
-, {1-[2]Naphthyl-5-oxo-4-[2-(1,3,3-trimethyl-indolin-2-yliden)-äthyliden]-4,5-dihydro-1H-pyrazol-3-yl}-,
  - äthylester 1025
-, [6-(4-Nitro-phenyl)-5-oxo-5,6-dihydro-pyrido[2,3-d]pyridazin-8-yl]-,
  - methylester 1018
-, [4-Oxo-1,4-dihydro-benz[4,5]imidazo[1,2-a]pyrimidin-2-yl]-,
  - äthylester 1020
-, [4-Oxo-1,4-dihydro-naphth[2',3':4,5]imidazo[1,2-a]pyrimidin-2-yl]-,
  - äthylester 1026
  - hydrazid 1027
-, [5-Oxo-1-phenyl-2,5-dihydro-1H-[1,2,4]triazol-3-yl]- 1010

Essigsäure (Fortsetzung)
—, {5-Oxo-1-phenyl-4-[2-(1,3,3-trimethyl-
  indolin-2-yliden)-äthyliden]-4,5-dihydro-
  1*H*-pyrazol-3-yl}- 1025
  — äthylester 1025
—, [5-Oxo-3-thioxo-2,3,4,5-tetrahydro-
  [1,2,4]triazin-6-yl]- 1032
  — äthylester 1032
—, [2-Phenyl-2*H*-[1,2,3]triazol-4-yl]- 937
  — amid 937
—, [3-Thioxo-2,3-dihydro-[1,2,4]triazin-
  5,6-diyl]-di-,
  — diäthylester 1041
—, [5-Thioxo-2,5-dihydro-1*H*-
  [1,2,4]triazol-3-yl]- 1010
  — äthylester 1010
—, [1*H*-[1,2,4]Triazol-3-yl]-,
  — äthylester 938
  — amid 938
  — dimethylamid 939
  — methylamid 939
—, Trifluor-,
  — [4-piperidino-6-trifluormethyl-
  [1,3,5]triazin-2-ylamid] 1224

F

Formaldehyd
  — [5-(4-chlor-phenyl)-[1,2,4]triazin-
  3-ylhydrazon] 1436
Formamid
—, *N*-[5-Amino-1-phenyl-1*H*-
  [1,2,4]triazol-3-yl]- 1167
—, *N*-[7-Chlor-1(3)*H*-imidazo[4,5-*b*]≠
  pyridin-5-yl]- 1117
—, *N*-[Diamino-[1,3,5]triazin-2-yl]- 1275
—, *N*-[2-(Diamino-[1,3,5]triazin-2-yl)-
  äthyl]-*N*-[2-vinyloxy-äthyl]- 1302
—, *N*-[4,6-Diamino-[1,3,5]triazin-
  2-ylmethyl]-*N*-[2-vinyloxy-äthyl]- 1301
—, *N*-[2,5-Diphenyl-2*H*-[1,2,3]triazol-
  4-yl]- 1135
—, *N*-[1(3)*H*-Imidazo[4,5-*b*]pyridin-5-yl]-
  1116
Formamidin
—, *N*-[4-Äthoxy-phenyl]-*N'*-[5-amino-
  1-phenyl-1*H*-[1,2,4]triazol-3-yl]- 1167
—, *N*-[5-Amino-1-phenyl-1*H*-
  [1,2,4]triazol-3-yl]-*N'*-phenyl- 1167
—, *N,N'*-Bis-[5-äthyl-1*H*-[1,2,4]triazol-
  3-yl]- 1087
—, *N,N'*-Bis-[5-methyl-1*H*-[1,2,4]triazol-
  3-yl]- 1082
—, *N,N'*-Bis-[1*H*-[1,2,4]triazol-3-yl]-
  1077

Formamidrazon
—, *N*-[7-Methyl-2-phenyl-pyrazolo[1,5-*a*]≠
  pyrimidin-5-carbonyl]-*N'''*-[5-phenyl-
  1(2)*H*-pyrazol-3-yl]- 956
Formazan
—, 1,5-Diphenyl-3-[2-phenyl-
  2*H*-[1,2,3]triazol-4-yl]- 935
Formoguanamin 1190
Furfural
  — [1*H*-[1,2,4]triazol-3-ylimin] 1080

G

Glutaminsäure
—, *N*-{4-[(6-Amino-8-oxo-5,8-dihydro-
  pyrido[2,3-*b*]pyrazin-2-ylmethyl)-amino]-
  benzoyl}- 1373
—, *N*-[Bis-aziridin-1-yl-[1,3,5]triazin-2-yl]-,
  — diäthylester 1285
—, *N*-[Dichlor-[1,3,5]triazin-2-yl]-,
  — diäthylester 1100
Glutarsäure
—, 3-Oxo-,
  — bis-[5-amino-1*H*-[1,2,4]triazol-
  3-ylamid] 1172
Glycin
—, *N*-[Amino-chlor-[1,3,5]triazin-2-yl]-,
  — nitril 1214
—, *N,N'*-[Amino-[1,3,5]triazin-2,4-diyl]-
  bis-,
  — dinitril 1281
—, *N,N'*-[Anilino-[1,3,5]triazin-2,4-diyl]-
  bis- 1282
—, *N,N'*-[(4-Arsenoso-anilino)-
  [1,3,5]triazin-2,4-diyl]-bis- 1292
—, *N,N'*-[(4-Arsono-anilino)-[1,3,5]triazin-
  2,4-diyl]-bis- 1294
—, *N*-[Bis-aziridin-1-yl-[1,3,5]triazin-2-yl]-,
  — äthylester 1281
—, *N*-[Butylamino-chlor-[1,3,5]triazin-2-yl]-,
  — nitril 1214
—, *N,N'*-[Butylamino-[1,3,5]triazin-
  2,4-diyl]-bis-,
  — dinitril 1281
—, *N*-Butyl-*N*-[dichlor-[1,3,5]triazin-2-yl]-,
  — nitril 1099
—, *N*-[Chlor-diazomethyl-[1,3,5]triazin-
  2-yl]-,
  — äthylester 1365
—, *N,N'*-[Chlor-[1,3,5]triazin-2,4-diyl]-bis-
  1214
  — diäthylester 1215
  — dinitril 1215
—, *N*-Cyclohexyl-*N*-[dichlor-[1,3,5]triazin-
  2-yl]-,
  — nitril 1099

Glycin (Fortsetzung)
−, *N,N'*-[Diäthylamino-[1,3,5]triazin-
  2,4-diyl]-bis-,
  − dinitril 1281
−, *N*-[Diamino-[1,3,5]triazin-2-yl]-,
  − nitril 1281
−, *N*-[Dianilino-[1,3,5]triazin-2-yl]-,
  − nitril 1281
−, *N*-[Diazomethyl-dimethylamino-
  [1,3,5]triazin-2-yl]-,
  − äthylester 1368
−, *N*-[Dichlor-[1,3,5]triazin-2-yl]-,
  − äthylester 1099
  − nitril 1099
−, *N*-[Dichlor-[1,3,5]triazin-2-yl]-
  N-phenyl-,
  − nitril 1100
−, *N,N'*-[Dodecylamino-[1,3,5]triazin-
  2,4-diyl]-bis-,
  − dinitril 1282
−, *N,N'*-[6-Oxo-1,6-dihydro-[1,3,5]triazin-
  2,4-diyl]-bis-,
  − diäthylester 1357
−, *N,N'*-[(4-Sulfamoyl-anilino)-
  [1,3,5]triazin-2,4-diyl]-bis- 1285
−, *N,N',N''*-Tricyclohexyl-*N,N',N''*-
  [1,3,5]triazin-2,4,6-triyl-tris-,
  − trimethylester 1282
  − trinitril 1282
−, *N,N',N'''*-Tridodecyl-*N,N',N''*-
  [1,3,5]triazin-2,4,6-triyl-tris-,
  − trinitril 1282
Glyoxal
  − mono-[5-amino-1-phenyl-
  1*H*-[1,2,4]triazol-3-ylimin] 1166
Grisemin-D 1401
Guanazin 1173
Guanazol 1161
−, Dinitroso- 1449
−, Nitroso- 1449
Guanidin
−, {4-[5-Amino-1-(4-amino-2-methyl-
  [6]chinolyl)-1*H*-[1,2,3]triazol-4-yl]-phenyl}-
  1240
−, [3-(3-Amino-6-indol-3-yl-pyrazin-2-yl)-
  propyl]- 1249
−, *N¹,N¹'*-[Amino-[1,3,5]triazin-2,4-diyl]-
  di- 1279
−, *N*-Benzyl-*N'*-[diamino-[1,3,5]triazin-
  2-yl]- 1279
−, *N*-[Bis-trichlormethyl-[1,3,5]triazin-
  2-yl]-*N'*-[4-chlor-phenyl]- 1105
−, *N*-Butyl-*N'*-[diamino-[1,3,5]triazin-
  2-yl]- 1279
−, [7-Chlor-1-oxy-benzo[*e*][1,2,4]triazin-
  3-yl]- 1126
−, *N*-[4-Chlor-phenyl]-*N'*-
  [(4-diäthylamino-1-methyl-butylamino)-
  6-trichlormethyl-[1,3,5]triazin-2-yl]- 1226

−, *N*-[4-Chlor-phenyl]-*N'*-[diamino-
  [1,3,5]triazin-2-yl]- 1279
−, *N*-[4-Chlor-phenyl]-*N'*-
  [(3-dimethylamino-propylamino)-
  trichlormethyl-[1,3,5]triazin-2-yl]- 1226
−, *N*-Cyclohexyl-*N'*-[diamino-
  [1,3,5]triazin-2-yl]- 1279
−, [Diamino-[1,3,5]triazin-2-yl]- 1278
−, *N*-[Diamino-[1,3,5]triazin-2-yl]-*N'*-
  [2,5-dichlor-phenyl]- 1279
−, *N'*-[Diamino-[1,3,5]triazin-2-yl]-
  N-methyl-*N*-phenyl- 1279
−, *N*-[Diamino-[1,3,5]triazin-2-yl]-
  N'-phenyl- 1279
−, *N*-[Diamino-[1,3,5]triazin-2-yl]-*N'*-
  [4-sulfamoyl-phenyl]- 1279
−, *N*-[Diamino-[1,3,5]triazin-2-yl]-*N'*-
  [3-trifluormethyl-phenyl]- 1279
−, *N*-[4,5-Dioxo-4,5-dihydro-
  1*H*-imidazol-2-yl]-*N'*-phenäthyl- 1412
−, {3-[6-Indol-3-yl-3-(2-methyl-
  butyrylamino)-pyrazin-2-yl]-propyl}-
  1249
−, [4-Oxo-3,4-dihydro-pyrimido[4,5-*b*]≠
  chinolin-2-yl]- 1381
−, *N¹,N¹',N¹''*-[1,3,5]Triazin-2,4,6-triyl-
  tri- 1280

H

Harnstoff
−, *N*-[4-Äthoxy-phenyl]-*N'*-[1,2,4]triazin-
  3-yl- 1094
−, *N*-Äthyl-*N'*-[4-(5-oxo-3-thioxo-
  2,3,4,5-tetrahydro-[1,2,4]triazin-6-yl)-
  phenyl]- 1394
−, [4-Amino-6-anilino-[1,3,5]triazin-
  2-ylmethyl]- 1301
−, *N*-[4-Amino-phenyl]-*N'*-[1,2,4]triazin-
  3-yl- 1094
−, [5-Amino-1-phenyl-1*H*-[1,2,4]triazol-
  3-yl]- 1169
−, *N*-[5-Amino-1-phenyl-1*H*-
  [1,2,4]triazol-3-yl]-*N'*-[1]naphthyl- 1169
−, *N*-[5-Amino-1-phenyl-1*H*-
  [1,2,4]triazol-3-yl]-*N'*-phenyl- 1169
−, [5-Amino-1*H*-[1,2,4]triazol-3-yl]-
  1169
−, *N*-[Anilino-[1,3,5]triazin-2-yl]-
  N'-phenyl- 1196
−, [1-Benzoyl-5-phenyl-1*H*-[1,2,4]triazol-
  3-yl]- 1139
−, [1-Benzyl-5-phenyl-1*H*-[1,2,4]triazol-
  3-yl]- 1139
−, *N,N'*-Bis-[4-(6,8-disulfo-naphtho[1,2-*d*]≠
  [1,2,3]triazol-2-yl)-phenyl]- 1067

Harnstoff (Fortsetzung)

−, [5-Carbamoyl-1*H*-[1,2,3]triazol-4-yl]-
1406

−, *N*-[4-Chlor-phenyl]-*N'*-[1,2,4]triazin-
3-yl- 1093

−, *N*-[4-Cyan-phenyl]-*N'*-[1,2,4]triazin-
3-yl- 1094

−, [Diamino-[1,3,5]triazin-2-yl]- 1278

−, *N*-[5,6-Dimethyl-[1,2,4]triazin-3-yl]-
N'-[4-nitro-phenyl]- 1103

−, *N*-[5,6-Dimethyl-[1,2,4]triazin-3-yl]-
N'-phenyl- 1103

−, *N,N''*-Diphenyl-*N',N''''*-di-*p*-tolyl-
N,N'''-[1*H*-[1,2,4]triazol-3,5-diyl]-di- 1163

−, [1-Methyl-2-oxo-1,2-dihydro-
pyrido[2,3-*b*]pyrazin-3-carbonyl]- 1017

−, [4-Methyl-3-oxo-3,4-dihydro-
pyrido[2,3-*b*]pyrazin-2-carbonyl]- 1015

−, [1-Methyl-5-phenyl-1*H*-[1,2,4]triazol-
3-yl]- 1138

−, *N*-[5-Methyl-2-phenyl-2*H*-
[1,2,3]triazol-4-yl]-*N'*-phenyl- 1081

−, *N*-[5-Methyl-[1,2,4]triazin-3-yl]-*N'*-
[4-nitro-phenyl]- 1102

−, *N*-[6-Methyl-[1,2,4]triazin-3-yl]-*N'*-
[4-nitro-phenyl]- 1102

−, [5-Methyl-1*H*-[1,2,4]triazol-3-yl]-
1083

−, *N*-[4-Nitro-phenyl]-*N'*-[5,6,7,8-
tetrahydro-benzo[*e*][1,2,4]triazin-3-yl]-
1108

−, *N*-[3-Nitro-phenyl]-*N'*-[1,2,4]triazin-
3-yl- 1093

−, *N*-[4-Nitro-phenyl]-*N'*-[1,2,4]triazin-
3-yl- 1093

−, [3-Oxo-3,4-dihydro-pyrido[3,2-*f*]≠
chinoxalin-2-carbonyl]- 1021

−, [3-Oxo-3,4-dihydro-pyrido[2,3-*b*]≠
pyrazin-2-carbonyl]- 1015

−, [3-Oxo-4-phenyl-3,4-dihydro-
pyrido[2,3-*b*]pyrazin-2-carbonyl]- 1016

−, [3-Oxo-4-propyl-3,4-dihydro-
pyrido[2,3-*b*]pyrazin-2-carbonyl]- 1016

−, [5-Pentyl-1*H*-[1,2,4]triazol-3-yl]- 1092

−, [5-Phenyl-1*H*-[1,2,4]triazol-3-yl]-
1138

−, *N,N''*-[1*H*-[1,2,4]Triazol-3,5-diyl]-di-
1170

−, [2-(1*H*-[1,2,4]Triazol-3-yl)-äthyl]-
1089

Heptanamid

−, *N,N',N''*-[1,3,5]Triazin-2,4,6-triyl-tris-
1275

2,9,11,18,20,27,29,36,38,45,47,54,56,63,65,72-
Hexadecaaza-1,73-di-(2)[1,3,5]triazina-
10,19,28,37,46,55,64-hepta-(2,4)[1,3,5]triazina-
prototriheptacontaphan

−, 1⁴,10⁶,19⁶,28⁶,37⁶,46⁶,55⁶,64⁶,73⁴-
Nonamethyl-1⁶,73⁶-bis-trichlormethyl-
1104

Hexanamid

−, *N,N',N''*-[1,3,5]Triazin-2,4,6-triyl-tris-
1275

Hexandiyldiamin

−, *N,N'*-Bis-[diamino-[1,3,5]triazin-2-yl]-
N,N'-dimethyl- 1290

Hexansäure

−, 6-[Amino-anilino-[1,3,5]triazin-2-yl]-
1417
  − äthylester 1417
  − amid 1417
  − hydrazid 1417

−, 2-Amino-6-[7-chlor-1-oxy-benzo[*e*]≠
[1,2,4]triazin-3-ylamino]- 1127

−, 6-[4,6-Dichlor-[1,3,5]triazin-
2-ylamino]-,
  − äthylester 1100

Homocongasin 1297

Hydrazin

−, *N*-Acetyl-*N'*-[7-methyl-2-phenyl-
pyrazolo[1,5-*a*]pyrimidin-5-carbonyl]- 956

−, Benzo[*d*][1,2,3]triazin-4-yl- 1434

−, Benzo[*e*][1,2,4]triazin-3-yl- 1434

−, *N*-Benzo[*e*][1,2,4]triazin-3-yl-*N*-methyl-
1434

−, [5-Benzyl-[1,2,4]triazin-3-yl]- 1436

−, [5-Biphenyl-4-yl-[1,2,4]triazin-3-yl]-
1437

−, *N,N'*-Bis-[bis-trichlormethyl-
[1,3,5]triazin-2-yl]- 1433

−, [7-Chlor-benzo[*d*][1,2,2]triazin-4-yl]-
1434

−, [5-(4-Chlor-phenyl)-[1,2,4]triazin-3-yl]-
1436

−, [5-Cyclohexyl-[1,2,4]triazin-3-yl]-
1433

−, [3,6-Diphenyl-[1,2,4]triazin-5-yl]-
1437

−, [5,6-Diphenyl-[1,2,4]triazin-3-yl]-
1437

−, *N*-[Diphenyl-[1,3,5]triazin-2-yl]-
N'-phenyl- 1438

−, *N*-[5,6-Diphenyl-[1,2,4]triazin-3-yl]-
N'-phenyl- 1437

−, [5-(4-Methoxy-phenyl)-[1,2,4]triazin-
3-yl]- 1439

−, [5-Methylmercapto-1*H*-[1,2,4]triazol-
3-yl]- 1439

−, *N*-Methyl-*N*-[1-oxy-benzo[*e*]≠
[1,2,4]triazin-3-yl]- 1434

−, [6-Methyl-5-phenyl-[1,2,4]triazin-3-yl]-
1436

Hydrazin (Fortsetzung)
−, *N*-Methyl-*N*-[5-phenyl-1*H*-
[1,2,4]triazol-3-yl]- 1435
−, [5-Methyl-1*H*-[1,2,4]triazol-3-yl]-
1432
−, Naphtho[1,2-*e*][1,2,4]triazin-2-yl-
1437
−, [5-[2]Naphthyl-[1,2,4]triazin-3-yl]-
1437
−, [1-Oxy-benzo[*e*][1,2,4]triazin-3-yl]-
1434
−, [5-Phenyl-pyrido[2,3-*d*]pyridazin-8-yl]-
1437
−, [5-Phenyl-[1,2,4]triazin-3-yl]- 1435
−, Pyrido[2,3-*d*]pyrimidin-4-yl- 1435
Hydrotheobromursäure
− methylester 1030
Hydroxonsäure 1029
− äthylester 1029
− methylester 1029
Hydroxylamin
−, *N*-Benzo[*d*][1,2,3]triazin-4-yl- 1430
−, *N*-[Bis-(4-chlor-phenyl)-[1,3,5]triazin-
2-yl]- 1430
−, *N*-[Bis-trichlormethyl-[1,3,5]triazin-
2-yl]- 1430
−, *N*-[7-Chlor-benzo[*d*][1,2,3]triazin-4-yl]-
1430
−, *N*-[4-Hydroxy-4*H*-[1,2,4]triazol-3-yl]-
1430
−, *N*-[7-Methoxy-benzo[*d*][1,2,3]triazin-
4-yl]- 1430
−, *N*-[4-Nitro-5-[3]pyridyl-1(2)*H*-pyrazol-
3-yl]- 1430

I

Imasatinsäure 1027
− anilid 1027
Imidazo[4,5-*b*]chinolin-2-on
−, 9-Amino-1,3-dihydro- 1380
Imidazo[4,5-*f*]chinolin-2-ylamin
−, 1(3)*H*- 1148
Imidazo[4,5-*h*]chinolin-2-ylamin
−, 1(3)*H*- 1148
Imidazo[1,2-*a*;5,4-*c'*]dipyridin
−, 4-Acetylamino- 1148
Imidazo[1,2-*a*;5,4-*c'*]dipyridin-4-ylamin 1148
Imidazo[1,2-*a*]imidazol-2-carbonsäure
−, 5-Isopropyliden-6-oxo-6,7-dihydro-
5*H*-,
− methylester 1013
Imidazo[1,5-*a*]imidazol-5,7-dion
−, 2-[4-Dimethylamino-phenyl]-
3,6-diphenyl- 1396

−, 3-[4-Dimethylamino-phenyl]-
2,6-diphenyl- 1396
Imidazol-1-carbamidin
−, 2-Amino-4,5-dioxo-*N*-phenäthyl-
4,5-dihydro- 1412
Imidazol-1-carbimidsäure
−, 2-Amino-4,5-dioxo-4,5-dihydro-,
− phenäthylamid 1412
Imidazol-4-carbonsäure
−, 2-Acetonylmercapto-5-[3]pyridyl-
1(3)*H*-,
− äthylester 1004
−, 2-Oxo-5-[3]pyridyl-2,3-dihydro-1*H*-,
− äthylester 1017
−, 5-[3]Pyridyl-1(3)*H*- 951
− äthylester 951
−, 5-[3]Pyridyl-2-thioxo-2,3-dihydro-1*H*-,
− äthylester 1017
Imidazo[1,5-*a*]pyrazin-6,8-dion
−, 7-Methyl-1-methylamino- 1391
Imidazo[4,5-*b*]pyridin
−, 7-Chlor-5-formylamino-1(3)*H*- 1117
−, 5-Formylamino-1(3)*H*- 1116
Imidazo[1,2-*a*]pyridin-2-carbonsäure
−, 6-[1-Methyl-pyrrolidin-2-yl]-,
− äthylester 952
−, 8-[1-Methyl-pyrrolidin-2-yl]- 952
− äthylester 952
− amid 952
−, 8-[1-Methyl-pyrrolidin-2-yl]-3-nitro-,
− äthylester 953
−, 8-[1-Methyl-pyrrolidin-2-yl]-3-phenyl-
959
Imidazo[1,2-*a*]pyridin-3-carbonsäure
−, 2-Methyl-8-[1-methyl-pyrrolidin-2-yl]-,
− äthylester 953
Imidazo[4,5-*b*]pyridin-7-carbonsäure
−, 6-Brom-1(3)*H*- 947
− [2-hydroxy-äthylester] 947
Imidazo[4,5-*c*]pyridin-6-carbonsäure
−, 5-Hydroxymethyl-4,5,6,7-tetrahydro-
1*H*- 941
−, 4,5,6,7-Tetrahydro-1*H*- 940
Imidazo[4,5-*b*]pyridin-5,7-dicarbonsäure
−, 6-Brom-1(3)*H*- 971
Imidazo[4,5-*b*]pyridin-7-on
−, 5-Amino-1,4-dihydro- 1371
Imidazo[4,5-*c*]pyridin-4-on
−, 2-[*O*⁶-Carbamoyl-2-(3,6-diamino-
hexanoylamino)-2-desoxy-gulopyranosyl≠
amino]-7-hydroxy-1,3a,5,6,7,7a-
hexahydro- 1400
−, 2-[*O*⁶-Carbamoyl-2-(isolysyl-⁶-isolysyl≠
amino)-2-desoxy-gulopyranosylamino]-
7-hydroxy-1,3a,5,6,7,7a-hexahydro- 1400
−, 2-[*O*⁶-Carbamoyl-2-(isolysyl-⁶-isolysyl-⁶-≠
isolysylamino)-2-desoxy-gulopyranosyl≠
amino]-7-hydroxy-1,3a,5,6,7,7a-
hexahydro- 1401

Imidazo[4,5-c]pyridin-4-on　(Fortsetzung)
－, 2-[O^6-Carbamoyl-2-(isolysyl $\xrightarrow{6}$ isolysyl $\xrightarrow{6}$ ⇌
　　isolysyl $\xrightarrow{6}$ isolysylamino)-2-desoxy-
　　gulopyranosylamino]-7-hydroxy-
　　1,3a,5,6,7,7a-hexahydro- 1401
Imidazo[4,5-b]pyridin-5-sulfonsäure
－, 1(3)H- 1055
　－ amid 1055
Imidazo[4,5-b]pyridin-5-ylamin
－, 1(3)H- 1116
－, 7-Äthoxy-1(3)H- 1336
－, 7-Chlor-1(3)H- 1116
－, 2-Methyl-1(3)H- 1119
Imidazo[4,5-b]pyridin-7-ylamin
－, 1(3)H- 1117
－, 5-Methyl-1(3)H- 1119
Imidazo[4,5-c]pyridin-4-ylamin
－, 1(3)H- 1117
－, 6-Methyl-1(3)H- 1119
Imidazo[4,5-c]pyridin-7-ylamin
－, 1(3)H- 1117
Imidazo[1,2-a]pyrimidin
－, 2-[4-Acetylamino-phenyl]-5-methyl-
　　1152
Imidazo[1,2-a]pyrimidin-6-carbonsäure
－, 5-Oxo-5,8-dihydro-,
　－ äthylester 1012
－, 5-Oxo-2,3-diphenyl-5,8-dihydro-,
　－ äthylester 1028
－, 7-Oxo-2,3-diphenyl-7,8-dihydro-,
　－ äthylester 1028
Imidazo[1,2-c]pyrimidin-7-carbonsäure
－, 8-Amino-5-chlor-2,3-dihydro- 1417
　－ äthylester 1418
　－ methylester 1418
－, 8-Amino-5-oxo-1,2,3,5-tetrahydro-
　　1423
　－ methylester 1423
－, 8-Nitro-5-oxo-1,2,3,5-tetrahydro-,
　－ methylester 1011
Imidazo[1,5-c]pyrimidin-7-carbonsäure
－, 5-Oxo-5,6,7,8-tetrahydro-,
　－ methylester 1012
Imidazo[1,2-a]pyrimidin-7-on
－, 2-[4-Acetylamino-phenyl]-5-methyl-
　　8H- 1383
－, 2-[4-Amino-phenyl]-5-methyl-8H-
　　1382
Imidazo[1,2-c]pyrimidin-5-on
－, 7-Amino-8-nitro-2,3-dihydro-1H-
　　1369
－, 7,8-Diamino-2,3-dihydro-1H- 1369
Imidazo[1,2-c]pyrimidin-7-on
－, 5-Amino-8-nitro-2,3-dihydro-1H-
　　1369
Imidazo[1,2-c]pyrimidin-5-thion
－, 8-Amino-7-methyl-2,3-dihydro-1H-
　　1369

－, 7-Amino-8-nitro-2,3-dihydro-1H-
　　1369
－, 7,8-Diamino-2,3-dihydro-1H- 1369
Imidazo[1,2-a]pyrimidin-2,5,7-trion
－, 6-Phthalimido-1H- 1397
Imidazo[1,2-c]pyrimidin-5-ylamin
－, 2,3-Dihydro- 1107
－, 7-Methyl-8-nitro-2,3-dihydro- 1108
－, 8-Nitro-2,3-dihydro- 1107
Imidazo[1,2-c]pyrimidin-8-ylamin
－, 5-Chlor-2,3-dihydro- 1108
－, 5-Chlor-7-methyl-2,3-dihydro- 1108
－, 2,3-Dihydro- 1108
－, 7-Methyl-2,3-dihydro- 1108
Indazolo[3,2-b]chinazolin-7-on
－, 1,3,4,5,8,9,10,11-Octahydro-2H-,
　　－ imin 1148
Indazolo[3,2-b]chinazolin-7-ylamin
－, 1,2,3,4,8,9,10,11-Octahydro- 1148
Indol-4-carbonitril
－, 3-[2-Acetylamino-3-methyl-5-oxo-
　　3,5-dihydro-imidazol-4-ylidenmethyl]-
　　1425
Indol-2-carbonsäure
－, 3-[3-Methyl-chinoxalin-2-yl]-,
　　－ äthylester 962
－, 3-[3-Methyl-2,5-dioxo-imidazolidin-
　　4-ylidenmethyl]-,
　　－ piperidid 1038
－, 3-[4-Methyl-3-oxo-3,4-dihydro-
　　chinoxalin-2-yl]-,
　　－ äthylester 1027
－, 3-[5-Oxo-2-phenyl-1,5-dihydro-
　　imidazol-4-ylidenmethyl]- 1029
Indol-4-carbonsäure
－, 3-[3-Methyl-2,5-dioxo-imidazolidin-
　　4-ylmethyl]- 1037
Indolo[2,3-b]chinoxalin
－, 3-Anilino-2-methyl-6H- 1156
Indolo[2,3-b]chinoxalin-7-carbonsäure
－, 6H- 960
Indolo[2,3-b]chinoxalin-8-carbonsäure
－, 6H- 960
Indolo[2,3-b]chinoxalin-9-carbonsäure
－, 6H- 960
Indolo[4,3-fg]chinoxalin-5-on
－, 1-Amino-8,9-dimethyl-4H- 1384
－, 3-Amino-8,9-dimethyl-4H- 1384
Indolo[2,3-b][1,5]naphthyridin-3-carbonsäure
－, 5-Acetyl-6-methyl-6,11-dihydro-5H-
　　959
－, 6,11-Dihydro-5H- 959
－, 6-Methyl-6,11-dihydro-5H- 959
Isamsäure 1027
　－ äthylester 1027
　－ methylester 1027
Isazaurolin 1430
Isochino[3,4-b]chinoxalin-5,9-diyldiamin 1251
－, 10-Methyl- 1251

Isochino[3,4-*b*]chinoxalin-5-on
−, 9-Acetylamino-10-methyl-6*H*- 1385
−, 9-Amino-6*H*- 1385
−, 9-Amino-10-methyl-6*H*- 1385
Isochino[5,4-*ab*]naphtho[2,3-*h*]phenazin-5,12,14,17-tetraon
−, 4-Benzoylamino-13-methyl-8-
   [2-methyl-1,3-dioxo-2,3-dihydro-
   1*H*-benz[*de*]isochinolin-5-yl]-8,16-dihydro-
   1398
−, 6-Benzoylamino-13-methyl-8-
   [2-methyl-1,3-dioxo-2,3-dihydro-
   1*H*-benz[*de*]isochinolin-5-yl]-8,16-dihydro-
   1398
Isolysin
− [*O*⁶-carbamoyl-1-(7-hydroxy-4-oxo-
   3a,4,5,6,7,7a-hexahydro-
   1*H*-imidazo[4,5-*c*]pyridin-2-ylamino)-
   1-desoxy-gulopyranose-2-ylamid]
   1400
Isomelamin 1253;
   Derivate s. unter *[1,3,5]Triazin-
   2,4,6-triyltriamin*
Isovaleramid
−, *N,N′,N″*-[1,3,5]Triazin-2,4,6-triyl-tris-
   1275

L

Lauramid
−, *N*-[2-(Diamino-[1,3,5]triazin-2-yl)-
   äthyl]- 1302
−, *N,N′,N″*-[1,3,5]Triazin-2,4,6-triyl-tris-
   1276
Lauroguanamin 1233
Linoleoguanamin 1238

M

Malonamid
−, *N,N′*-Bis-[5-amino-1-phenyl-
   1*H*-[1,2,4]triazol-3-yl]- 1169
Malonamidsäure
−, *N*-[5-Amino-1-phenyl-1*H*-
   [1,2,4]triazol-3-yl]-,
   − äthylester 1168
Malonsäure
−, [(5-Amino-1*H*-[1,2,4]triazol-
   3-ylamino)-methylen]-,
   − monoäthylester 1171

−, [4,5-Bis-methoxycarbonyl-
   [1,2,3]triazol-1-yl]-phenyl-,
   − diäthylester 968
−, [(3,5-Diimino-[1,2,4]triazolidin-1-yl)-
   methylen]-,
   − monoäthylester 1171
−, [5-Oxo-1-phenyl-2,5-dihydro-
   1*H*-[1,2,4]triazol-3-yl]-,
   − diäthylester 1041
−, [(1*H*-[1,2,4]Triazol-3-ylamino)-
   methylen]-,
   − diäthylester 1079
−, [1,3,6-Trimethyl-2,4-dioxo-
   1,2,3,4-tetrahydro-pyrimidin-5-ylimino]-,
   − diäthylester 1052
Melam 1298
Melamin 1253;
   Derivate s. unter *[1,3,5]Triazin-
   2,4,6-triyltriamin*
−, Hexadeuterio- 1255
Melanurensäure 1385
Methacrylamid
−, *N*-Cyclohexyl-*N*-[2-(diamino-
   [1,3,5]triazin-2-yl)-äthyl]- 1302
−, *N*-Cyclohexyl-*N*-[4,6-diamino-
   [1,3,5]triazin-2-ylmethyl]- 1301
−, *N*-[2-(Diamino-[1,3,5]triazin-2-yl)-
   äthyl]- 1302
−, *N*-[2-(Diamino-[1,3,5]triazin-2-yl)-
   äthyl]-*N*-methyl- 1302
−, *N*-[1-(Diamino-[1,3,5]triazin-2-yl)-
   1-methyl-äthyl]- 1303
Methacryloguanamin 1236
Methan
−, [5-Äthoxycarbonyl-4-äthoxycarbonyl-
   methyl-2-methyl-pyrrol-3-yliden]-bis-
   [4-äthoxycarbonyl-3,5-dimethyl-pyrrol-
   2-yl]- 1001
−, [3-Äthoxycarbonyl-5-brom-4-methyl-
   pyrrol-2-yl]-bis-[4-äthoxycarbonyl-
   3,5-dimethyl-pyrrol-2-yl]- 988
−, [5-Äthoxycarbonyl-3-brom-4-methyl-
   pyrrol-2-yliden]-bis-[4-äthoxycarbonyl-
   3,5-dimethyl-pyrrol-2-yl]- 990
−, [3-Äthoxycarbonyl-5-chlor-4-methyl-
   pyrrol-2-yl]-bis-[4-äthoxycarbonyl-
   3,5-dimethyl-pyrrol-2-yl]- 988
−, [4-Äthoxycarbonyl-3,5-dimethyl-
   pyrrol-2-yl]-[4-äthoxycarbonyl-
   1,3,5-trimethyl-pyrrol-2-yl]-[3,5-bis-
   äthoxycarbonyl-4-methyl-pyrrol-2-yl]-
   999
−, [5-Äthoxycarbonyl-2,4-dimethyl-
   pyrrol-3-yl]-bis-[4-äthoxycarbonyl-
   5-methyl-pyrrol-2-yl]- 987
−, [4-Äthoxycarbonyl-3,5-dimethyl-
   pyrrol-2-yl]-bis-[4-äthoxycarbonyl-
   1,3,5-trimethyl-pyrrol-2-yl]- 989

Methan (Fortsetzung)
—, [4-Äthoxycarbonyl-3,5-dimethyl-pyrrol-3-yliden]-bis-[4-äthoxycarbonyl-5-methyl-pyrrol-2-yl]- 990
—, [5-Äthoxycarbonyl-2,4-dimethyl-pyrrol-3-yliden]-bis-[4-äthoxycarbonyl-5-methyl-pyrrol-2-yl]- 990
—, Bis-[4-äthoxycarbonyl-3,5-dimethyl-pyrrol-2-yl]-[5-äthoxycarbonyl-2,4-dimethyl-pyrrol-3-yl]- 989
—, Bis-[4-äthoxycarbonyl-3,5-dimethyl-pyrrol-2-yl]-[4-äthoxycarbonyl-3,5-dimethyl-pyrrol-2-yliden]- 991
—, Bis-[4-äthoxycarbonyl-3,5-dimethyl-pyrrol-2-yl]-[5-äthoxycarbonyl-2,4-dimethyl-pyrrol-3-yliden]- 992
—, Bis-[4-äthoxycarbonyl-3,5-dimethyl-pyrrol-2-yl]-[3-äthoxycarbonyl-4-methyl-pyrrol-2-yl]- 987
—, Bis-[4-äthoxycarbonyl-3,5-dimethyl-pyrrol-2-yl]-[4-äthoxycarbonyl-3-methyl-pyrrol-2-yl]- 988
—, Bis-[4-äthoxycarbonyl-3,5-dimethyl-pyrrol-2-yl]-[4-äthoxycarbonyl-5-methyl-pyrrol-2-yliden]- 990
—, Bis-[4-äthoxycarbonyl-3,5-dimethyl-pyrrol-2-yl]-[4-äthoxycarbonyl-1,3,5-trimethyl-pyrrol-2-yl]- 989
—, Bis-[4-äthoxycarbonyl-3,5-dimethyl-pyrrol-2-yl]-[3,5-bis-äthoxycarbonyl-1,4-dimethyl-pyrrol-2-yl]- 1000
—, Bis-[4-äthoxycarbonyl-3,5-dimethyl-pyrrol-2-yl]-[3,5-bis-äthoxycarbonyl-4-methyl-pyrrol-2-yl]- 999
—, Bis-[4-äthoxycarbonyl-3,5-dimethyl-pyrrol-2-yl]-[3,5-bis-äthoxycarbonyl-4-methyl-pyrrol-2-yliden]- 1001
—, Bis-[4-äthoxycarbonyl-3,5-dimethyl-pyrrol-2-yl]-[3-(2-brom-vinyl)-5-carboxy-4-methyl-pyrrol-2-yl]- 992
—, Bis-[4-äthoxycarbonyl-3,5-dimethyl-pyrrol-2-yl]-[2]chinolyl- 982
—, Bis-[4-äthoxycarbonyl-3,5-dimethyl-pyrrol-2-yl]-[4]chinolyl- 982
—, Bis-[4-äthoxycarbonyl-3,5-dimethyl-pyrrol-2-yl]-[6-methyl-[2]pyridyl]- 976
—, Bis-[4-äthoxycarbonyl-3,5-dimethyl-pyrrol-2-yl]-[2]pyridyl- 975
—, Bis-[4-äthoxycarbonyl-3,5-dimethyl-pyrrol-2-yl]-[3]pyridyl- 975
—, Bis-[4-äthoxycarbonyl-3,5-dimethyl-pyrrol-2-yl]-[4]pyridyl- 975
—, Bis-[5-äthoxycarbonyl-2,4-dimethyl-pyrrol-3-yl]-[2]pyridyl- 975
—, Bis-[5-äthoxycarbonyl-2,4-dimethyl-pyrrol-3-yl]-[3]pyridyl- 975
—, Bis-[5-äthoxycarbonyl-2,4-dimethyl-pyrrol-3-yl]-[4]pyridyl- 976

—, Bis-[4-äthoxycarbonyl-5-methyl-pyrrol-2-yl]-[4-äthoxycarbonyl-5-methyl-pyrrol-2-yliden]- 989
—, Bis-[4-äthoxycarbonyl-5-methyl-pyrrol-2-yl]-[3,5-bis-äthoxycarbonyl-4-methyl-pyrrol-2-yl]- 999
—, Bis-[4-äthoxycarbonyl-5-methyl-pyrrol-2-yl]-[3,5-bis-äthoxycarbonyl-4-methyl-pyrrol-2-yliden]- 1001
—, Bis-[4-äthoxycarbonyl-5-methyl-pyrrol-2-yl]-[2]pyridyl- 975
—, Bis-[4-äthoxycarbonyl-1,3,5-trimethyl-pyrrol-2-yl]-[3,5-bis-äthoxycarbonyl-1,4-dimethyl-pyrrol-2-yl]- 1000
—, Bis-[4-(4-amino-[1,3,5]triazin-2-ylamino)-phenyl]- 1204
—, Bis-[4-cyan-3,5-dimethyl-pyrrol-2-yl]-[2]pyridyl- 975
—, Bis-[4-(4,6-diamino-[1,3,5]triazin-2-ylamino)-phenyl]- 1291
—, [2,6-Diamino-[3]pyridyl]-bis-[6-dimethylamino-[3]pyridyl]- 1306
—, Tris-[4-äthoxycarbonyl-3,5-dimethyl-pyrrol-2-yl]- 988
—, Tris-[5-äthoxycarbonyl-2,4-dimethyl-pyrrol-3-yl]- 989
—, Tris-[4-äthoxycarbonyl-5-methyl-pyrrol-2-yl]- 986
—, Tris-[5-äthoxycarbonyl-2-methyl-pyrrol-3-yl]- 987
—, Tris-[6-dimethylamino-[3]pyridyl]- 1305

4,7-Methano-benzotriazol
—, 7a-Anilino-5,5-dimethyl-1-phenyl-3a,4,5,6,7,7a-hexahydro-1*H*- 1107
—, 7a-Anilino-1-phenyl-3a,4,5,6,7,7a-hexahydro-1*H*- 1106
—, 7a-Anilino-1-phenyl-octahydro- 1093
—, 7a-Anilino-5,5,7-trimethyl-1-phenyl-3a,4,5,6,7,7a-hexahydro-1*H*- 1107
—, 5-Isothiocyanatomethyl-1-phenyl-3a,4,5,6,7,7a-hexahydro-1*H*- 1106
—, 6-Isothiocyanatomethyl-1-phenyl-3a,4,5,6,7,7a-hexahydro-1*H*- 1106

4,7-Methano-benzotriazol-5-carbonitril
—, 1-Phenyl-3a,4,5,6,7,7a-hexahydro-1*H*- 941
—, 3-Phenyl-3a,4,5,6,7,7a-hexahydro-3*H*- 941

4,7-Methano-benzotriazol-5-carbonsäure
—, 5-Brom-1-phenyl-3a,4,5,6,7,7a-hexahydro-1*H*-,
  — methylester 942
—, 5-Brom-3-phenyl-3a,4,5,6,7,7a-hexahydro-3*H*-,
  — methylester 942
—, 5-Chlor-1-phenyl-3a,4,5,6,7,7a-hexahydro-1*H*-,
  — methylester 941

4,7-Methano-benzotriazol-5-carbonsäure
(Fortsetzung)
—, 5-Chlor-3-phenyl-3a,4,5,6,7,7a-
hexahydro-3*H*-,
  — methylester 941
4,7-Methano-benzotriazol-3a,7a-dicarbonsäure
—, 8-Benzhydryliden-1-phenyl-
4,5,6,7-tetrahydro-1*H*-,
  — dimethylester 981
4,7-Methano-benzotriazol-5,5-dicarbonsäure
—, 6-Methyl-1-phenyl-1,3a,4,6,7,7a-
hexahydro-,
  — diäthylester 971
—, 6-Methyl-3-phenyl-3,3a,4,6,7,7a-
hexahydro-,
  — diäthylester 971
4,7-Methano-benzotriazol-5,6-dicarbonsäure
—, 8-Benzhydryliden-1-phenyl-3a,4,5,6,7,⇌
7a-hexahydro-1*H*-,
  — dimethylester 981
—, 5-Methyl-1-phenyl-3a,4,5,6,7,7a-
hexahydro-1*H*-,
  — dimethylester 970
—, 5-Methyl-3-phenyl-3a,4,5,6,7,7a-
hexahydro-3*H*-,
  — dimethylester 970
—, 1-Phenyl-3a,4,5,6,7,7a-hexahydro-1*H*-,
  — dimethylester 970
4,7-Methano-benzotriazol-4,5,6-tricarbonsäure
—, 1-Phenyl-1,3a,5,6,7,7a-hexahydro-,
  — trimethylester 985
—, 3-Phenyl-3,3a,5,6,7,7a-hexahydro-,
  — trimethylester 985
4,7-Methano-cycloheptatriazol
—, 8a-Anilino-1-phenyl-1,3a,4,5,6,7,8,8a-
octahydro- 1106
4,8-Methano-cyclooctatriazol
—, 9a-Anilino-1-phenyl-3a,4,5,6,7,8,9,9a-
octahydro-1*H*- 1107
4,8-Methano-indeno[5,6-*d*][1,2,3]triazol-6-carbon-
säure
—, 1-Phenyl-1,3a,4,4a,5,7a,8,8a-
octahydro-,
  — methylester 948
—, 1-Phenyl-1,3a,4,4a,7,7a,8,8a-
octahydro-,
  — methylester 948
4,8-Methano-indeno[5,6-*d*][1,2,3]triazol-
3a,6-dicarbonsäure
—, 1-Phenyl-4,4a,5,7a,8,8a-hexahydro-
1*H*-,
  — dimethylester 972
—, 3-Phenyl-4,4a,5,7a,8,8a-hexahydro-
3*H*-,
  — dimethylester 972
Methanol
—, [(2-Äthyl-anilino)-amino-[1,3,5]triazin-
2-yl]- 1326

—, [(*N*-Äthyl-2-methyl-anilino)-amino-
[1,3,5]triazin-2-yl]- 1326
—, [(*N*-Äthyl-*o*-toluidino)-amino-
[1,3,5]triazin-2-yl]-phenyl- 1342
—, [3-Allylaminomethyl-6-phenyl-
4,5-dihydro-[1,2,4]triazin-5-yl]- 1341
—, [Amino-anilino-[1,3,5]triazin-2-yl]- 1324
—, [Amino-anilino-[1,3,5]triazin-2-yl]-
phenyl- 1342
—, [Amino-(2-chlor-anilino)-[1,3,5]triazin-
2-yl]- 1324
—, [Amino-(3-chlor-anilino)-[1,3,5]triazin-
2-yl]- 1324
—, [Amino-(4-chlor-2-methyl-anilino)-
[1,3,5]triazin-2-yl]- 1325
—, [Amino-piperidino-[1,3,5]triazin-2-yl]-
1327
—, [5-Amino-1*H*-[1,2,4]triazol-3-yl]- 1307
—, [3-Benzylaminomethyl-6-phenyl-
4,5-dihydro-[1,2,4]triazin-5-yl]- 1341
—, [5-Benzylidenhydrazino-1*H*-
[1,2,4]triazol-3-ylamino]-phenyl- 1441
—, [4,6-Bis-allyloxy-[1,3,5]triazin-
2-ylamino]- 1347
—, [Bis-dimethylamino-[1,3,5]triazin-2-yl]-
1323
—, [(4-Chlor-anilino)-dimethylamino-
[1,3,5]triazin-2-yl]- 1325
—, [3-Diäthylaminomethyl-6-phenyl-
4,5-dihydro-[1,2,4]triazin-5-yl]- 1341
—, [Diamino-[1,3,5]triazin-2-yl]- 1323
—, [4,6-Diamino-[1,3,5]triazin-2-ylamino]-
1273
—, {2-[4-(4,6-Diamino-[1,3,5]triazin-
2-ylamino)-phenyl]-[1,3,2]dithiastibolan-
4-yl}- 1295
—, [Diamino-[1,3,5]triazin-2-yl]-phenyl-
1342
—, [3-Dimethylaminomethyl-6-phenyl-
4,5-dihydro-[1,2,4]triazin-5-yl]- 1341
—, {3-[(2-Hydroxy-äthylamino)-methyl]-
6-phenyl-4,5-dihydro-[1,2,4]triazin-5-yl}-
1341
—, Tris-[6-dimethylamino-[3]pyridyl]-
1344
Methansulfonamid
—, *N*-[4,6-Dioxo-1,4,5,6-tetrahydro-
[1,3,5]triazin-2-yl]- 1388
—, *N*,*N'*,*N''*-[1,3,5]Triazin-2,4,6-triyl-tris-
1298
Methansulfonsäure
—, [3-(5-oxo-3-thioxo-
2,3,4,5-tetrahydro-[1,2,4]triazin-6-yl)-
anilid] 1393
—, [4-(5-oxo-3-thioxo-
2,3,4,5-tetrahydro-[1,2,4]triazin-6-yl)-
anilid] 1394
—, [Diamino-[1,3,5]triazin-2-yl]- 1428

Methinium
—, [5-Äthoxycarbonyl-3-brom-4-methyl-
pyrrol-2-yl]-bis-[4-äthoxycarbonyl-
3,5-dimethyl-pyrrol-2-yl]- 990
—, [5-Äthoxycarbonyl-2,4-dimethyl-
pyrrol-3-yl]-bis-[4-äthoxycarbonyl-
5-methyl-pyrrol-2-yl]- 990
—, [4-Äthoxycarbonyl-3,5-dimethyl-
pyrrol-2-yl]-[4,4′-bis-äthoxycarbonyl-
3,3′,5′-trimethyl-[2,2′]bipyrrolyl-5-yl]- 991
—, Bis-[4-äthoxycarbonyl-3,5-dimethyl-
pyrrol-2-yl]-[5-äthoxycarbonyl-
2,4-dimethyl-pyrrol-3-yl]- 992
Methylamin
—, C-[1H-[1,2,4]Triazol-3-yl]- 1085
Methylisothiocyanat
—, [1-Phenyl-3a,4,5,6,7,7a-hexahydro-
1H-4,7-methano-benzotriazol-5-yl]- 1106
—, [3-Phenyl-3a,4,5,6,7,7a-hexahydro-
3H-4,7-methano-benzotriazol-5-yl]- 1106
Myristoguanamin 1234

N

[1]Naphthaldehyd
—, 2-Hydroxy-,
— [5-amino-1-phenyl-1H-
[1,2,4]triazol-3-ylimin] 1166
Naphthalin
—, 1,5-Bis-[4-äthoxycarbonyl-5-oxo-
2,5-dihydro-[1,2,3]triazol-1-sulfonyl]-
1008
—, 1,5-Bis-[4-carbamoyl-5-oxo-
2,5-dihydro-[1,2,3]triazol-1-sulfonyl]-
1008
—, 1,5-Bis-[4-carboxy-5-oxo-2,5-dihydro-
[1,2,3]triazol-1-sulfonyl]- 1008
Naphthalin-1,5-disulfonamid
—, N,N′-Bis-[5-oxo-2,5-dihydro-
1H-[1,2,3]triazol-4-carbonyl]- 1006
Naphthalin-2,7-disulfonsäure
—, 4-[4-(4-Arsono-anilino)-6-chlor-
[1,3,5]triazin-2-ylamino]-5-hydroxy- 1218
—, 3-Hydroxy-4-[4-(5-methyl-4-sulfo-
benzotriazol-2-yl)-phenylazo]- 1055
Naphthalin-1-sulfonsäure
—, 4-[5-Amino-benzotriazol-2-yl]-
3-hydroxy- 1115
**Naphth[2′,3′:4,5]imidazo[2,1-b]chinazolin-
3-carbonsäure**
—, 2,14-Dioxo-1,2,3,4,5,14-hexahydro-,
— äthylester 1040
**Naphth[2′,3′:4,5]imidazo[2,1-b]chinazolin-
14-carbonsäure**
—, 1,2,3,4-Tetrahydro-,
— äthylester 962

**Naphth[2′,3′:4,5]imidazo[1,2-a]pyrimidin-
3-carbonsäure**
—, 2,4-Dioxo-1,2,3,4-tetrahydro-,
— äthylester 1040
—, 2-Methyl- 961
— äthylester 961
—, 2-Oxo-1,2-dihydro-,
— äthylester 1026
—, 4-Oxo-1,4-dihydro-,
— äthylester 1026
[2]Naphthoesäure
—, 1-Hydroxy-,
— [5-amino-1H-[1,2,4]triazol-
3-ylamid] 1170
[1]Naphthoguanamin 1249
[2]Naphthoguanamin 1249
[2]Naphthol
—, 1-[(5-Amino-1-phenyl-1H-
[1,2,4]triazol-3-ylimino)-methyl]- 1166
—, 1-[5-Azido-1H-[1,2,4]triazol-3-ylazo]-
1442
—, 3-[Diamino-[1,3,5]triazin-2-yl]- 1343
—, 3-[Diamino-[1,3,5]triazin-2-yl]-
1-phenylazo- 1447
Naphtho[1,2-e][1,2,4]triazin
—, 2-Hydrazino- 1437
Naphtho[1,2-e][1,2,4]triazin-2-carbonsäure 955
— äthylester 955
—, 1,4-Dihydro-,
— äthylester 954
Naphtho[2,1-e][1,2,4]triazin-3-carbonsäure 955
— äthylester 955
— hydrazid 955
Naphtho[1,2-e][1,2,4]triazin-1-oxid
—, 2-Amino- 1151
Naphtho[1,2-e][1,2,4]triazin-2-ylamin 1150
—, 1-Oxy- 1151
Naphtho[2,1-e][1,2,4]triazin-3-ylamin 1150
Naphtho[1,2-d][1,2,3]triazol-4-carbonsäure
—, 2-[2-Äthylsulfamoyl-stilben-4-yl]-2H-,
— äthylamid 953
—, 2-[2-Phenoxysulfonyl-stilben-4-yl]-2H-
953
—, 3-Phenyl-3H- 953
—, 2-[2-Phenylsulfamoyl-stilben-4-yl]-2H-,
— anilid 954
Naphtho[1,2-d][1,2,3]triazol-4-carbonylchlorid
—, 2-[2-Chlorsulfonyl-stilben-4-yl]-2H-
953
Naphtho[1,2-d][1,2,3]triazol-4,7-disulfonsäure
—, 2-[4-Acetylamino-phenyl]-2H- 1065
—, 2-[4-Amino-phenyl]-2H- 1065
—, 2H,2′H-2,2′-Biphenyl-4,4′-diyl-bis-
1066
—, 2-[4′-(7-Sulfo-naphtho[1,2-d]
[1,2,3]triazol-2-yl)-biphenyl-4-yl]-2H-
1065

Naphtho[1,2-*d*][1,2,3]triazol-5,9-disulfonsäure
—, 2*H*,2′*H*,2,2′-Biphenyl-4,4′-diyl-bis-
1066
—, 2-[4′-(7-Sulfo-naphtho[1,2-*d*]≠
[1,2,3]triazol-2-yl)-biphenyl-4-yl]-2*H*-
1066
Naphtho[1,2-*d*][1,2,3]triazol-6,8-disulfonsäure
—, 2-[4-(3-Acetylamino-benzoylamino)-
phenyl]-2*H*- 1068
—, 2-[2-Äthylsulfamoyl-stilben-4-yl]-2*H*-,
— bis-äthylamid 1067
—, 2-[4-Amino-phenyl]-2*H*- 1067
—, 2*H*,2′*H*-2,2′-Biphenyl-4,4′-diyl-bis-
1068
—, 2-[4′-Chlor-biphenyl-4-yl]-2*H*- 1066
—, 2-[2-Cyclohexylsulfamoyl-stilben-4-yl]-
2*H*-,
— bis-cyclohexylamid 1067
—, 2*H*,2′*H*-2,2′-[3,3′-Dichlor-biphenyl-
4,4′-diyl]-bis- 1069
—, 2*H*,2′*H*-2,2′-[3,3′-Dimethoxy-biphenyl-
4,4′-diyl]-bis- 1069
—, 2*H*,2′*H*-2,2′-[3,3′-Dimethyl-biphenyl-
4,4′-diyl]-bis- 1069
—, 2*H*,2′*H*-2,2′-[5,5-Dioxo-
5λ^6-dibenzothiophen-3,7-diyl]-bis-
1069
—, 2-[2-[2]Naphthyloxysulfonyl-stilben-
4-yl]-2*H*-,
— di-[2]naphthylester 1067
—, 2-[2-[2]Naphthylsulfamoyl-stilben-
4-yl]-2*H*-,
— bis-[2]naphthylamid 1067
—, 2-[2-Phenoxysulfonyl-stilben-4-yl]-2*H*-,
— diphenylester 1067
—, 2*H*,2′*H*-2,2′-*p*-Phenylen-bis- 1068
—, 2-[2-Phenylsulfamoyl-stilben-4-yl]-2*H*-,
— dianilid 1067
—, 2-Stilben-4-yl-2*H*- 1067
—, 2-[4′-(7-Sulfo-naphtho[1,2-*d*]≠
[1,2,3]triazol-2-yl)-biphenyl-4-yl]-2*H*-
1068
—, 2*H*,2′*H*-2,2′-[4,4′-Ureylen-di-phenyl]-
bis- 1067
Naphtho[2,3-*d*][1,2,3]triazol-4-ol
—, 1-Phenyl-9-*p*-tolylazo-1*H*- 1443
Naphtho[1,2-*d*][1,2,3]triazol-4-sulfonsäure
—, 2-[4-Amino-phenyl]-2*H*- 1056
—, 2-Phenyl-2*H*- 1056
Naphtho[1,2-*d*][1,2,3]triazol-5-sulfonsäure
—, 2-[4-Amino-phenyl]-2*H*- 1057
—, 2-[4-(2-Diäthylamino-äthoxycarbonyl)-
phenyl]-2*H*- 1056
—, 2*H*,2′*H*-2,2′-[2,2′-Disulfo-stilben-
4,4′-diyl]-bis- 1057
—, 2-Phenyl-2*H*- 1056
—, 2-[4-Sulfo-phenyl]-2*H*- 1057
Naphtho[1,2-*d*][1,2,3]triazol-6-sulfonsäure
—, 2-[4′-Acetylamino-3-sulfo-biphenyl-
4-yl]-2*H*- 1060

—, 2-[4-Acetylamino-3-sulfo-phenyl]-2*H*-
1060
—, 2-[4-Amino-2-methoxy-phenyl]-2*H*-
1059
—, 2-[4-Amino-3-methoxy-phenyl]-2*H*- 1059
—, 2-[4-Amino-phenyl]-2*H*- 1059
—, 2-[4′-Amino-3-sulfo-biphenyl-4-yl]-
2*H*- 1060
—, 2-[4-Amino-3-sulfo-phenyl]-2*H*- 1059
—, 2-[2-(2-Carboxy-phenylsulfamoyl)-
stilben-4-yl]-2*H*-,
— [2-carboxy-anilid] 1058
—, 2-[2-(3-Carboxy-phenylsulfamoyl)-
stilben-4-yl]-2*H*-,
— [3-carboxy-anilid] 1058
—, 2-[2-(4-Carboxy-phenylsulfamoyl)-
stilben-4-yl]-2*H*-,
— [4-carboxy-anilid] 1058
—, 2-[2-Cyclohexylsulfamoyl-stilben-4-yl]-
2*H*-,
— cyclohexylamid 1058
—, 2-[2,4-Diamino-phenyl]-2*H*- 1059
—, 2-[2-Dibutylsulfamoyl-stilben-4-yl]-
2*H*-,
— dibutylamid 1058
—, 2*H*,2′*H*-2,2′-[5,5-Dioxo-2-sulfo-
5λ^6-dibenzothiophen-3,7-diyl]-bis- 1061
—, 2*H*,2′*H*-2,2′-[2,2′-Disulfo-stilben-
4,4′-diyl]-bis- 1061
—, 2-[2-Dodecylsulfamoyl-stilben-4-yl]-
2*H*-,
— dodecylamid 1058
—, 2-[5-Hydroxy-7-sulfo-[2]naphthyl]-
2*H*- 1059
—, 2-[2-Octadecylsulfamoyl-stilben-4-yl]-
2*H*-,
— octadecylamid 1058
—, 2-[2-(4-Octyl-phenoxysulfonyl)-stilben-
4-yl]-2*H*-,
— [4-octyl-phenylester] 1058
—, 2-[2-(4-*tert*-Pentyl-phenoxysulfonyl)-
stilben-4-yl]-2*H*-,
— [4-*tert*-pentyl-phenylester] 1058
—, 2-[4′-(2-Phenoxy-acetylamino)-3-sulfo-
biphenyl-4-yl]-2*H*- 1060
—, 2-[2-Phenoxysulfonyl-stilben-4-yl]-2*H*-,
— phenylester 1057
—, 2-[4′-(2-Phenyl-acetylamino)-3-sulfo-
biphenyl-4-yl]-2*H*- 1060
—, 2-[2-Sulfamoyl-stilben-4-yl]-2*H*-,
— amid 1058
—, 2*H*,2′*H*-2,2′-[3-Sulfo-biphenyl-
4,4′-diyl]-bis- 1061
—, 2-[3-Sulfo-biphenyl-4-yl]-2*H*- 1057
—, 2-[2-(4-Sulfo-[1]naphthyl)-
2*H*-benzotriazol-5-yl]-2*H*- 1451
—, 2-[4′-Sulfo-stilben-4-yl]-2*H*- 1059

Naphtho[1,2-d][1,2,3]triazol-7-sulfonsäure
—, 2-[2-(Äthyl-[1]naphthyl-sulfamoyl)-
   stilben-4-yl]-2H-,
   — [äthyl-[1]naphthyl-amid] 1063
—, 2-[2-Äthylsulfamoyl-stilben-4-yl]-2H-,
   — äthylamid 1062
—, 2-[2-(2-Amino-äthylsulfamoyl)-stilben-
   4-yl]-2H-,
   — [2-amino-äthylamid] 1063
—, 2-[2-Amino-phenyl]-2H- 1064
—, 2-[3-Amino-phenyl]-2H- 1064
—, 2-[4-Amino-phenyl]-2H- 1064
—, 2-[2-(5-Benzolsulfonyl-2-methyl-
   phenylsulfamoyl)-stilben-4-yl]-2H-,
   — [5-benzolsulfonyl-2-methyl-anilid]
     1063
—, 2-[2-Benzylsulfamoyl-stilben-4-yl]-2H-,
   — benzylamid 1063
—, 2-{2-[Bis-(2-diäthylamino-äthyl)-
   sulfamoyl]-stilben-4-yl}-2H-,
   — [bis-(2-diäthylamino-äthyl)-amid]
     1063
—, 2-{2-[Bis-(2-hydroxy-äthyl)-sulfamoyl]-
   stilben-4-yl}-2H-,
   — [bis-(2-hydroxy-äthyl)-amid] 1063
—, 2-[2-Cyclohexylsulfamoyl-stilben-4-yl]-
   2H-,
   — cyclohexylamid 1062
—, 2-[2-Decylsulfamoyl-stilben-4-yl]-2H-,
   — decylamid 1062
—, 2-[2-Dibutylsulfamoyl-stilben-4-yl]-
   2H-,
   — dibutylamid 1062
—, 2H,2'H-2,2'-[2,2'-Disulfo-biphenyl-
   4,4'-diyl]-bis- 1064
—, 2H,2'H-2,2'-[2,2'-Disulfo-stilben-
   4,4'-diyl]-bis- 1064
—, 2-[2-Dodecylsulfamoyl-stilben-4-yl]-
   2H-,
   — dodecylamid 1062
—, 2-[2-Hexadecylsulfamoyl-stilben-4-yl]-
   2H-,
   — hexadecylamid 1062
—, 2-[2-(Methyl-phenyl-sulfamoyl)-
   stilben-4-yl]-2H-,
   — [N-methyl-anilid] 1062
—, 2-[2-[1]Naphthyloxysulfonyl-stilben-
   4-yl]-2H-,
   — [1]naphthylester 1061
—, 2-[2-[2]Naphthyloxysulfonyl-stilben-
   4-yl]-2H-,
   — [2]naphthylester 1062
—, 2-[2-[1]Naphthylsulfamoyl-stilben-
   4-yl]-2H-,
   — [1]naphthylamid 1063
—, 2-[2-[2]Naphthylsulfamoyl-stilben-
   4-yl]-2H-,
   — [2]naphthylamid 1063

—, 2-[2-Octadecylsulfamoyl-stilben-4-yl]-
   2H-,
   — octadecylamid 1062
—, 2-[2-Octylsulfamoyl-stilben-4-yl]-2H-,
   — octylamid 1062
—, 2-{2-[2-[2-(4-Pentyl-phenoxy)-
   phenylsulfamoyl]-stilben-4-yl}-2H-,
   — [2-(4-pentyl-phenoxy)-anilid] 1063
—, 2-[2-Phenoxysulfonyl-stilben-4-yl]-2H-,
   — phenylester 1061
—, 2-Phenyl-2H- 1061
—, 2-[2-Phenylsulfamoyl-stilben-4-yl]-2H-,
   — anilid 1062
—, 2-[2-(Piperidin-1-sulfonyl)-stilben-
   4-yl]-2H-,
   — piperidid 1063
—, 2-[2-(3-Sulfamoyl-phenylsulfamoyl)-
   stilben-4-yl]-2H-,
   — [3-sulfamoyl-anilid] 1063
—, 2-[2-(4-Sulfamoyl-phenylsulfamoyl)-
   stilben-4-yl]-2H-,
   — [4-sulfamoyl-anilid] 1063
—, 2-[2-Sulfamoyl-stilben-4-yl]-2H-,
   — amid 1062
—, 2-[4-Sulfo-phenyl]-2H- 1061
Naphtho[1,2-d][1,2,3]triazol-8-sulfonsäure
—, 2-[4-Amino-phenyl]-2H- 1064
Naphtho[1,2-d][1,2,3]triazol-6-sulfonylchlorid
—, 2-[2-Chlorsulfonyl-stilben-4-yl]-2H-
   1058
Naphtho[1,2-d][1,2,3]triazol-6-ylamin
—, 2-[4-Chlor-phenyl]-7-methoxy-2H-
   1343
Nicotinamid
—, N,N'-[1,3,5]Triazin-2,4-diyl-bis- 1206
Nicotinsäure
—, 2-[1H-Benzimidazol-2-yl]-,
   — [2-amino-anilid] 955
—, 4-[1H-Benzimidazol-2-yl]- 956
—, 2-[5-Methyl-1(3)H-benzimidazol-2-yl]-
   956
   — amid 957
   — anilid 957
   — methylester 956
—, 2-[1H-Naphth[2,3-d]imidazol-2-yl]-
   961
—, 5-[5-Oxo-1-phenyl-2,5-dihydro-
   1H-pyrazol-3-yl]-,
   — äthylester 1017
Nitron 1075
Nonanamid
—, N,N',N''-[1,3,5]Triazin-2,4,6-triyl-tris-
   1276
Nonansäure
—, 9-[Diamino-[1,3,5]triazin-2-yl]-
   1417
   — butylester 1417
—, 9-[3,5-Dioxo-2,3,4,5-tetrahydro-
   [1,2,4]triazin-6-yl]- 1033

Norbornan-1,2,3-tricarbonsäure
—, 5-Anilino-6-hydroxy-,
  — 2-lacton-1,3-di≠
  methylester 985
—, 6-Anilino-5-hydroxy-,
  — 3-lacton-1,2-dimethylester 985
Norborn-5-en-2-carbonsäure
—, 3-[Diamino-[1,3,5]triazin-2-yl]- 1421

O

Octanamid
—, N-[Amino-heptyl-[1,3,5]triazin-2-yl]-
  1232
—, N,N′,N″-[1,3,5]Triazin-2,4,6-triyl-tris-
  1276
Octandiyldiamin
—, N,N′-Bis-[diamino-[1,3,5]triazin-2-yl]-
  N,N′-dimethyl- 1290
Oct-2-ennitril
—, 4-Äthyl-2-[diamino-[1,3,5]triazin-2-yl]-
  1418
Oleamid
—, N,N′,N‴-[1,3,5]Triazin-2,4,6-triyl-tris-
  1276
Oocyan 1046
Oxalamid
—, N,N′-Bis-[5-amino-1-phenyl-
  1H-[1,2,4]triazol-3-yl]- 1168
Oxalamidsäure
—, N-[5-Amino-1-phenyl-1H-
  [1,2,4]triazol-3-yl]-,
  — äthylester 1168
7-Oxa-norbornan-2-carbonsäure
—, 3-[1H-[1,2,4]Triazol-3-ylcarbamoyl]-
  1080
Oxid
—, Acetyl-[1-methyl-1,4-dihydro-
  cyclopentatriazol-4-carbonyl]- 943
Oxonsäure 1031
  — amid 1031
—, 3-Methyl- 1032
Oxyluciferin-A 1249
Oxyluciferin-B 1249

P

Palmitamid
—, N-[2-(Diamino-[1,3,5]triazin-2-yl)-
  äthyl]-N-[2-vinyloxy-äthyl]- 1302
Palmitoguanamin 1234
Penta-1,3-dien
—, 1,1-Bis-[4-äthoxycarbonyl-

3,5-dimethyl-pyrrol-2-yl]-5-[4-äthoxy≠
  carbonyl-3,5-dimethyl-pyrrol-2-2-yliden]-
  998
Pentamethinium
—, 1,1,5-Tris-[4-äthoxycarbonyl-
  3,5-dimethyl-pyrrol-2-yl]- 998
Pentan-2,4-dion
  — bis-[5-phenyl-1H-[1,2,4]triazol-
  3-ylimin] 1138
—, 3-[(5-Amino-1-phenyl-1H-
  [1,2,4]triazol-3-ylamino)-methylen]-
  1167
Pentandiyldiamin
—, N-Isopropyl-N′-pyrido[3,2-a]phenazin-
  5-yl- 1157
Pent-3-ensäure
—, 4-[4-Methyl-5-oxo-2-phenyl-
  4,5-dihydro-pyrazolo[1,5-a]pyrimidin-
  7-ylamino]-2-oxo-,
  — äthylester 1382
—, 2-Oxo-4-[5-oxo-2-phenyl-4,5-dihydro-
  pyrazolo[1,5-a]pyrimidin-7-ylamino]-,
  — äthylester 1382
Peroxid
—, Bis-[5-methyl-1-phenyl-1H-
  [1,2,3]triazol-4-carbonyl]- 938
Phenanthro[9,10-e][1,2,4]triazin-3-carbonsäure
  — äthylester 961
Phenol
—, 4-[1-(4-Äthoxy-phenyl)-4,6-diamino-
  1,2-dihydro-[1,3,5]triazin-2-yl]- 1340
—, 4-[1-(2-Äthyl-phenyl)-4,6-diamino-
  1,2-dihydro-[1,3,5]triazin-2-yl]- 1340
—, 2-[5-Amino-benzotriazol-2-yl]- 1111
—, 4-[5-Amino-benzotriazol-2-yl]- 1112
—, 4-[4-Amino-6-propyl-[1,3,5]triazin-
  2-ylamino]- 1228
—, 2-[5-Amino-1H-[1,2,4]triazol-3-yl]-
  1338
—, 4-[5-Amino-1H-[1,2,4]triazol-3-ylazo]-
  1444
—, 2-[(5-Amino-1H-[1,2,4]triazol-
  3-ylimino)-methyl]- 1166
—, 4-Arsenoso-2-[4,6-diamino-
  [1,3,5]triazin-2-ylamino]- 1292
—, 2-Diäthylaminomethyl-4-[4,6-diamino-
  2,2-dimethyl-2H-[1,3,5]triazin-1-yl]-
  1186
—, 4-[4,6-Diamino-1-(2-chlor-phenyl)-
  1,2-dihydro-[1,3,5]triazin-2-yl]- 1339
—, 4-[4,6-Diamino-1-(3-chlor-phenyl)-
  1,2-dihydro-[1,3,5]triazin-2-yl]- 1339
—, 4-[4,6-Diamino-1-(4-chlor-phenyl)-
  1,2-dihydro-[1,3,5]triazin-2-yl]- 1339
—, 4-[4,6-Diamino-1-(2,4-dichlor-phenyl)-
  1,2-dihydro-[1,3,5]triazin-2-yl]- 1339
—, 4-[4,6-Diamino-1-(2,4-dimethyl-
  phenyl)-1,2-dihydro-[1,3,5]triazin-2-yl]-
  1340

Phenol (Fortsetzung)
−, 4-[4,6-Diamino-1-(4-methoxy-phenyl)-
　1,2-dihydro-[1,3,5]triazin-2-yl]- 1340
−, 4-[4,6-Diamino-2-(4-methoxy-phenyl)-
　1,2-dihydro-[1,3,5]triazin-1-yl]- 1340
−, 4-[4,6-Diamino-1-p-tolyl-1,2-dihydro-
　[1,3,5]triazin-2-yl]- 1339
−, 4-[2,4-Diamino-1,3,5-triaza-
　spiro[5.5]undeca-2,4-dien-1-yl]- 1232
−, 2-[Diamino-[1,3,5]triazin-2-yl]- 1341
−, 2-[4,6-Diamino-[1,3,5]triazin-
　2-ylamino]- 1271
−, 3-[4,6-Diamino-[1,3,5]triazin-
　2-ylamino]- 1272
−, 4-[4,6-Diamino-[1,3,5]triazin-
　2-ylamino]- 1272
−, 2-[4,6-Diamino-[1,3,5]triazin-
　2-ylamino]-4-dichlorarsino- 1292
−, 5-[4,6-Diamino-[1,3,5]triazin-
　2-ylamino]-2-dichlorarsino- 1292
−, 2-[Diamino-[1,3,5]triazin-2-yl]-6-nitro-
　1341
−, 2-[2-(Diamino-[1,3,5]triazin-2-yl)-
　vinyl]- 1343
−, 2,6-Dibrom-4-[4,6-diamino-2-methyl-
　2-(2-methyl-propenyl)-2H-[1,3,5]triazin-
　1-yl]- 1231
−, 4-[3-Hydrazino-[1,2,4]triazin-5-yl]-
　1439
m-Phenylendiamin
−, N,N′-Bis-[2-(diamino-[1,3,5]triazin-
　2-yl)-äthyl]- 1303
−, 4-[6-Brom-benzo[e][1,2,4]triazin-3-yl]-
　1249
−, 4-[7-Brom-benzo[e][1,2,4]triazin-3-yl]-
　1249
−, 4,4′-[1,2,3]Triazol-2,4-diyl-bis- 1240
p-Phenylendiamin
−, 2,5-Diäthoxy-N-[diphenyl-
　[1,3,5]triazin-2-yl]- 1155
Phosphonsäure
−, [Bis-trichlormethyl-[1,3,5]triazin-2-yl]-,
　− äthylester-[bis-trichlormethyl-
　　[1,3,5]triazin-2-ylester] 1452
−, P,P′,P″-[1,3,5]Triazin-2,4,6-triyl-tris-,
　− hexaäthylester 1452
　− hexakis-[2-chlor-äthylester] 1452
　− hexamethylester 1452
Phthalamidsäure
−, N-[4-(4,6-Dimethoxy-[1,3,5]triazin-
　2-ylsulfamoyl)-phenyl]- 1348
−, N-[4-(5-Methyl-1H-[1,2,4]triazol-
　3-ylsulfamoyl)-phenyl]- 1084
−, N-[2-(5-Oxo-3-thioxo-
　2,3,4,5-tetrahydro-[1,2,4]triazin-6-yl)-
　äthyl]- 1389
−, N-[1-(3-Thioxo-2,3-dihydro-
　[1,2,4]triazin-5-yl)-äthyl]- 1363

−, N-[2-(3-Thioxo-2,3-dihydro-
　[1,2,4]triazin-5-yl)-äthyl]- 1363
−, N-[3-Thioxo-2,3-dihydro-[1,2,4]triazin-
　5-ylmethyl]- 1361
Phthalazino[2,1-a][1,5]benzodiazepin
　s. Benzo[2,3][1,4]diazepino[7,1-
　a]phthalazin
Phthalid
−, 3,3′-[6-Amino-[1,3,5]triazin-
　2,4-diyldiamino]-di- 1296
Phthalimid
−, N-[1-Methyl-2-(5-thioxo-4,5-dihydro-
　1H-[1,2,4]triazol-3-yl)-äthyl]- 1354
−, N-[2-(1-Methyl-5-thioxo-2,5-dihydro-
　1H-[1,2,4]triazol-3-yl)-äthyl]- 1353
−, N-[2-(4-Methyl-5-thioxo-4,5-dihydro-
　1H-[1,2,4]triazol-3-yl)-äthyl]- 1353
−, N-[1-Methyl-2-(1H-[1,2,4]triazol-3-yl)-
　äthyl]- 1090
−, N-[2-(1-Methyl-1H-[1,2,4]triazol-3-yl)-
　äthyl]- 1089
−, N-[2-(4-Methyl-4H-[1,2,4]triazol-3-yl)-
　äthyl]- 1089
−, N-[2-(5-Oxo-3-thioxo-
　2,3,4,5-tetrahydro-[1,2,4]triazin-6-yl)-
　äthyl]- 1390
−, N-[5-Oxo-3-thioxo-2,3,4,5-tetrahydro-
　[1,2,4]triazin-6-ylmethyl]- 1389
−, N-[2-(4-Phenyl-5-thioxo-4,5-dihydro-
　1H-[1,2,4]triazol-3-yl)-äthyl]- 1353
−, N-[2-(4-Phenyl-4H-[1,2,4]triazol-3-yl)-
　äthyl]- 1089
−, N-[2-Phenyl-2H-[1,2,3]triazol-
　4-ylmethyl]- 1081
−, N-[3-Thioxo-2,3-dihydro-[1,2,4]triazin-
　5-ylmethyl]- 1361
−, N-[1-(5-Thioxo-2,5-dihydro-
　1H-[1,2,4]triazol-3-yl)-äthyl]- 1352
−, N-[2-(5-Thioxo-2,5-dihydro-
　1H-[1,2,4]triazol-3-yl)-äthyl]- 1353
−, N-[5-Thioxo-2,5-dihydro-
　1H-[1,2,4]triazol-3-ylmethyl]- 1352
−, N-[2-(5-Thioxo-2,5-dihydro-
　1H-[1,2,4]triazol-3-yl)-propyl]- 1355
−, N-[3-(5-Thioxo-2,5-dihydro-
　1H-[1,2,4]triazol-3-yl)-propyl]- 1355
−, N-[1H-[1,2,4]Triazol-3-yl]- 1079
−, N-[1-(1H-[1,2,4]Triazol-3-yl)-äthyl]-
　1087
−, N-[2-(1H-[1,2,4]Triazol-3-yl)-äthyl]-
　1089
−, N-[1H-[1,2,4]Triazol-3-ylmethyl]-
　1085
−, N-[2-(1H-[1,2,4]Triazol-3-yl)-propyl]-
　1091
−, N-[3-(1H-[1,2,4]Triazol-3-yl)-propyl]-
　1090
Phthalonitril
　− trimeres 998

Phythobacteriomycin-C 1401
Phythobacteriomycin-D 1401
Piperazin
–, 1,4-Bis-[bis-aziridin-1-yl-[1,3,5]triazin-
2-yl]- 1288
–, 1,4-Bis-[diamino-[1,3,5]triazin-2-yl]-
1288
Piperazin-1-carbonsäure
–, 4,4'-[Chlor-[1,3,5]triazin-2,4-diyl]-bis-,
– diäthylester 1216
–, 4-[Diamino-[1,3,5]triazin-2-yl]-,
– äthylester 1288
–, 4-[Dichlor-[1,3,5]triazin-2-yl]-,
– äthylester 1101
–, 4,4'-[6-Oxo-1,6-dihydro-[1,3,5]triazin-
2,4-diyl]-bis-,
– diäthylester 1358
–, 4,4'-[1,3,5]Triazin-2,4-diyl-bis-,
– diäthylester 1204
–, 4,4',4''-[1,3,5]Triazin-2,4,6-triyl-tris-,
– triäthylester 1288
–, 4-[1,3,5]Triazin-2-yl-,
– äthylester 1096
Piperazin-2,5-dion
–, 3-[4-(4-Brom-phenylazo)-
5,7-diisopentyl-2-*tert*-pentyl-indol-
3-ylmethyl]-6-methyl- 1444
–, 3-[6-(4-Brom-phenylazo)-
5,7-diisopentyl-2-*tert*-pentyl-indol-
3-ylmethyl]-6-methyl- 1444
–, 3-[5,7-Diisopentyl-4-(4-nitro-
phenylazo)-2-*tert*-pentyl-indol-3-ylmethyl]-
6-methyl- 1444
–, 3-[5,7-Diisopentyl-6-(4-nitro-
phenylazo)-2-*tert*-pentyl-indol-3-ylmethyl]-
6-methyl- 1444
–, 3-[2-(1,1-Dimethyl-allyl)-5,7-bis-
(3-methyl-but-2-enyl)-4-(4-nitro-
phenylazo)-indol-3-ylmethyl]-6-methyl-
1444
–, 3-[2-(1,1-Dimethyl-allyl)-5,7-bis-
(3-methyl-but-2-enyl)-6-(4-nitro-
phenylazo)-indol-3-ylmethyl]-6-methyl-
1444
Piperazinium
–, 4-[5-(4-Chlor-phenyl)-[1,2,4]triazin-
3-yl]-1,1-dimethyl- 1146
Piperazin-2-on
–, 4-Benzo[*e*][1,2,4]triazin-3-yl- 1122
–, 4-[1-Oxy-benzo[*e*][1,2,4]triazin-3-yl]-
1122
Piperidin
–, 1-[5-(4-Methoxy-phenyl)-
1*H*-[1,2,4]triazol-3-yl]- 1338
–, 1-[3-(3-Methyl-2,5-dioxo-imidazolidin-
4-ylidenmethyl)-indol-2-carbonyl]- 1038
–, 1-{2-[2-(Piperidin-1-sulfonyl)-stilben-
4-yl]-2*H*-naphtho[1,2-*d*][1,2,3]triazol-
7-sulfonyl}- 1063

Propan
–, 1-[4,5-Dihydro-1*H*-imidazol-2-yl]-
3-dimethylamino-1-[2,6-dimethyl-
[4]pyridyl]-1-phenyl- 1152
Propan-1,3-diol
–, 2-Methyl-2-[1-oxy-benzo[*e*]⚬
[1,2,4]triazin-3-ylamino]- 1121
Propandiyldiamin
–, *N,N*-Diäthyl-*N'*-[7-chlor-1-oxy-
benzo[*e*][1,2,4]triazin-3-yl]- 1126
–, *N,N*-Diäthyl-*N'*-[2-chlor-pyrido[3,2-*d*]⚬
pyrimidin-4-yl]- 1129
–, *N,N*-Dibutyl-*N'*-[1-oxy-benzo[*e*]⚬
[1,2,4]triazin-3-yl]- 1122
Propan-1-ol
–, 3-[Diamino-[1,3,5]triazin-2-yl]- 1333
–, 3-[Diamino-[1,3,5]triazin-
2-ylmercapto]- 1322
Propan-2-ol
–, 1-[4-Äthoxy-6-amino-[1,3,5]triazin-
2-ylamino]- 1319
–, 1-[1-(2-Äthoxy-phenyl)-4,6-diamino-
2-methyl-1,2-dihydro-[1,3,5]triazin-2-yl]-
2-methyl- 1310
–, 1-[1-(4-Äthoxy-phenyl)-4,6-diamino-
2-methyl-1,2-dihydro-[1,3,5]triazin-2-yl]-
2-methyl- 1310
–, 1-[4-Amino-6-anilino-[1,3,5]triazin-
2-ylamino]- 1269
–, 1-[4-Amino-6-butoxy-[1,3,5]triazin-
2-ylamino]- 1319
–, 1-[4-Amino-6-chlor-[1,3,5]triazin-
2-ylamino]- 1213
–, 2-[1-Benzyl-5-piperidino-
1*H*-[1,2,3]triazol-4-yl]- 1309
–, 1-[4,6-Diamino-1-(4-brom-3-chlor-
phenyl)-2-methyl-1,2-dihydro-
[1,3,5]triazin-2-yl]-2-methyl- 1309
–, 1-[4,6-Diamino-1-(4-brom-phenyl)-
2-methyl-1,2-dihydro-[1,3,5]triazin-2-yl]-
2-methyl- 1309
–, 1-[4,6-Diamino-1-(3-chlor-4-jod-
phenyl)-2-methyl-1,2-dihydro-
[1,3,5]triazin-2-yl]-2-methyl- 1309
–, 1-[4,6-Diamino-1-(4-chlor-phenyl)-
2-methyl-1,2-dihydro-[1,3,5]triazin-2-yl]-
2-methyl- 1309
–, 1-[4,6-Diamino-1-(3,5-dibrom-
4-hydroxy-phenyl)-2-methyl-1,2-dihydro-
[1,3,5]triazin-2-yl]-2-methyl- 1310
–, 1-[4,6-Diamino-1-(2,4-dichlor-phenyl)-
2-methyl-1,2-dihydro-[1,3,5]triazin-2-yl]-
2-methyl- 1309
–, 1-[4,6-Diamino-1-(2,4-dimethyl-
phenyl)-2-methyl-1,2-dihydro-
[1,3,5]triazin-2-yl]-2-methyl- 1310
–, 1-[4,6-Diamino-1-(4-hydroxy-phenyl)-
2-methyl-1,2-dihydro-[1,3,5]triazin-2-yl]-
2-methyl- 1310

Propan-2-ol (Fortsetzung)

−, 1-[4,6-Diamino-1-(4-jod-2-methyl-phenyl)-2-methyl-1,2-dihydro-[1,3,5]triazin-2-yl]-2-methyl- 1309

−, 1-[4,6-Diamino-1-(4-jod-phenyl)-2-methyl-1,2-dihydro-[1,3,5]triazin-2-yl]-2-methyl- 1309

−, 1-[4,6-Diamino-1-(4-methoxy-phenyl)-2-methyl-1,2-dihydro-[1,3,5]triazin-2-yl]-2-methyl- 1310

−, 1-[4,6-Diamino-2-methyl-1-(4-nitro-phenyl)-1,2-dihydro-[1,3,5]triazin-2-yl]-2-methyl- 1309

−, 1-[4,6-Diamino-2-methyl-1-p-tolyl-1,2-dihydro-[1,3,5]triazin-2-yl]-2-methyl-1310

−, 2-[Diamino-[1,3,5]triazin-2-yl]- 1334

−, 1-[Diamino-[1,3,5]triazin-2-ylmercapto]- 1322

−, 1-[Diamino-[1,3,5]triazin-2-ylmercapto]-2-methyl- 1322

−, 2-Methyl-1-[1-oxy-benzo[e][1,2,4]triazin-3-ylamino]- 1121

Propan-1,2,3-triyltriamin

−, N^1,N^1,N^3,N^3-Tetraäthyl-N^2-[chlor-(4-chlor-anilino)-[1,3,5]triazin-2-yl]- 1217

Propen

−, 3-[4-Acetyl-3,5-dimethyl-pyrrol-2-yliden]-1-[4-äthoxycarbonyl-3,5-dimethyl-pyrrol-2-yl]-1-[5-äthoxy-carbonyl-2,4-dimethyl-pyrrol-3-yl]- 1044

−, 3-[4-Acetyl-3,5-dimethyl-pyrrol-2-yliden]-1,1-bis-[4-äthoxycarbonyl-3,5-dimethyl-pyrrol-2-yl]- 1044

−, 3-[4-Acetyl-3,5-dimethyl-pyrrol-2-yliden]-1,1-bis-[5-äthoxycarbonyl-2,4-dimethyl-pyrrol-3-yl]- 1044

−, 1-[1-Äthoxycarbonyl-3,5-dimethyl-pyrrol-2-yl]-3-[4-äthoxycarbonyl-3,5-dimethyl-pyrrol-2-yl]-3-[4-äthoxy-carbonyl-3,5-dimethyl-pyrrol-2-yliden]-980

−, 1-[1-Äthoxycarbonyl-3,5-dimethyl-pyrrol-2-yl]-3-[4-äthoxycarbonyl-3,5-dimethyl-pyrrol-2-yl]-3-[5-äthoxy-carbonyl-2,4-dimethyl-pyrrol-3-yliden]-980

−, 1-[1-Äthoxycarbonyl-3,5-dimethyl-pyrrol-2-yl]-3-[5-äthoxycarbonyl-2,4-dimethyl-pyrrol-3-yl]-3-[5-äthoxy-carbonyl-2,4-dimethyl-pyrrol-3-yliden]-980

−, 1-[4-Äthoxycarbonyl-3,5-dimethyl-pyrrol-2-yl]-1-[5-äthoxycarbonyl-2,4-dimethyl-pyrrol-3-yl]-3-[4-äthoxy-carbonyl-2,5-dimethyl-pyrrol-3-yliden]-996

−, 1-[4-Äthoxycarbonyl-3,5-dimethyl-pyrrol-2-yl]-1-[5-äthoxycarbonyl-2,4-dimethyl-pyrrol-2-yl]-3-[4-äthoxy-carbonyl-5-methyl-3-oxo-1,3-dihydro-pyrrol-2-yliden]- 1047

−, 1-[4-Äthoxycarbonyl-3,5-dimethyl-pyrrol-2-yl]-1-[5-äthoxycarbonyl-2,4-dimethyl-pyrrol-3-yl]-3-[3-äthoxy-carbonyl-4-methyl-pyrrol-2-yliden]- 994

−, 1-[4-Äthoxycarbonyl-3,5-dimethyl-pyrrol-2-yl]-1-[5-äthoxycarbonyl-2,4-dimethyl-pyrrol-3-yl]-3-[4-äthoxy-carbonyl-3-methyl-pyrrol-2-yliden]-994

−, 1-[4-Äthoxycarbonyl-3,5-dimethyl-pyrrol-2-yl]-1-[5-äthoxycarbonyl-2,4-dimethyl-pyrrol-3-yl]-3-[4-äthoxy-carbonyl-5-methyl-pyrrol-2-yliden]-994

−, 1-[4-Äthoxycarbonyl-3,5-dimethyl-pyrrol-2-yl]-1-[5-äthoxycarbonyl-2,4-dimethyl-pyrrol-3-yl]-3-[4-äthyl-3,5-dimethyl-pyrrol-2-yliden]- 981

−, 1-[4-Äthoxycarbonyl-3,5-dimethyl-pyrrol-2-yl]-1-[5-äthoxycarbonyl-2,4-dimethyl-pyrrol-3-yl]-3-[3-äthyl-4-methyl-pyrrol-2-yliden]- 981

−, 1-[4-Äthoxycarbonyl-3,5-dimethyl-pyrrol-2-yl]-1-[5-äthoxycarbonyl-2,4-dimethyl-pyrrol-3-yl]-3-[4-äthyl-3-methyl-pyrrol-2-yliden]- 981

−, 1-[4-Äthoxycarbonyl-3,5-dimethyl-pyrrol-2-yl]-1-[5-äthoxycarbonyl-2,4-dimethyl-pyrrol-3-yl]-3-[3,5-dimethyl-pyrrol-2-yliden]- 980

−, 1-[4-Äthoxycarbonyl-3,5-dimethyl-pyrrol-2-yl]-1-[5-äthoxycarbonyl-2,4-dimethyl-pyrrol-3-yl]-3-[3,5-diphenyl-pyrrol-2-yliden]- 983

−, 3-[4-Äthoxycarbonyl-3,5-dimethyl-pyrrol-2-yl]-3-[4-äthoxycarbonyl-3,5-dimethyl-pyrrol-2-yliden]-1-[äthoxycarbonyl-3-hydroxy-5-methyl-pyrrol-2-yl]- 1047

−, 3-[4-Äthoxycarbonyl-3,5-dimethyl-pyrrol-2-yl]-3-[5-äthoxycarbonyl-2,4-dimethyl-pyrrol-3-yliden]-1-[4-äthoxycarbonyl-3-hydroxy-5-methyl-pyrrol-2-yl]- 1047

−, 3-[5-Äthoxycarbonyl-2,4-dimethyl-pyrrol-3-yl]-3-[5-äthoxycarbonyl-2,4-dimethyl-pyrrol-3-yliden]-1-[4-äthoxycarbonyl-3-hydroxy-5-methyl-pyrrol-2-yl]- 1048

Propen (Fortsetzung)
−, 3-[4-Äthoxycarbonyl-3,5-dimethyl-pyrrol-2-yl]-3-[4-äthoxycarbonyl-3,5-dimethyl-pyrrol-2-yliden]-1-[1-äthoxycarbonyl-pyrrol-2-yl]- 977
−, 3-[4-Äthoxycarbonyl-3,5-dimethyl-pyrrol-2-yl]-3-[5-äthoxycarbonyl-2,4-dimethyl-pyrrol-3-yliden]-1-[1-äthoxycarbonyl-pyrrol-2-yl]- 978
−, 3-[5-Äthoxycarbonyl-2,4-dimethyl-pyrrol-3-yl]-3-[5-äthoxycarbonyl-2,4-dimethyl-pyrrol-3-yliden]-1-[1-äthoxycarbonyl-pyrrol-2-yl]- 978
−, 3-[4-Äthoxycarbonyl-3,5-dimethyl-pyrrol-2-yl]-3-[4-äthoxycarbonyl-3,5-dimethyl-pyrrol-2-yliden]-1-[4-äthoxycarbonyl-1,3,5-trimethyl-pyrrol-2-yl]- 995
−, 3-[4-Äthoxycarbonyl-3,5-dimethyl-pyrrol-2-yl]-3-[5-äthoxycarbonyl-2,4-dimethyl-pyrrol-3-yliden]-1-[4-äthoxycarbonyl-1,3,5-trimethyl-pyrrol-2-yl]- 996
−, 3-[5-Äthoxycarbonyl-2,4-dimethyl-pyrrol-3-yl]-3-[5-äthoxycarbonyl-2,4-dimethyl-pyrrol-3-yliden]-1-[4-äthoxycarbonyl-1,3,5-trimethyl-pyrrol-2-yl]- 997
−, 3-[4-Äthoxycarbonyl-3,5-dimethyl-pyrrol-2-yl]-3-[4-äthoxycarbonyl-3,5-dimethyl-pyrrol-2-yliden]-1-[1-methyl-pyrrol-2-yl]- 977
−, 3-[4-Äthoxycarbonyl-3,5-dimethyl-pyrrol-2-yl]-3-[5-äthoxycarbonyl-2,4-dimethyl-pyrrol-3-yliden]-1-[1-methyl-pyrrol-2-yl]- 978
−, 3-[5-Äthoxycarbonyl-2,4-dimethyl-pyrrol-3-yl]-3-[5-äthoxycarbonyl-2,4-dimethyl-pyrrol-3-yliden]-1-[1-methyl-pyrrol-2-yl]- 978
−, 1-[4-Äthoxycarbonyl-3,5-dimethyl-pyrrol-2-yl]-1-[5-äthoxycarbonyl-2,4-dimethyl-pyrrol-3-yl]-3-[5-methyl-pyrrol-2-yliden]- 979
−, 1-[4-Äthoxycarbonyl-3,5-dimethyl-pyrrol-2-yl]-1-[5-äthoxycarbonyl-2,4-dimethyl-pyrrol-3-yl]-3-pyrrol-2-yliden- 978
−, 3-[4-Äthoxycarbonyl-3,5-dimethyl-pyrrol-2-yliden]-1,1-bis-[4-äthoxycarbonyl-5-methyl-pyrrol-2-yl]- 993
−, 1,1-Bis-[4-äthoxycarbonyl-3,5-dimethyl-pyrrol-2-yl]-3-[4-äthoxy≠carbonyl-2,5-dimethyl-pyrrol-3-yliden]- 995
−, 1,1-Bis-[4-äthoxycarbonyl-3,5-dimethyl-pyrrol-2-yl]-3-[4-äthoxy≠carbonyl-3,5-dimethyl-pyrrol-2-yliden]- 995

−, 1,1-Bis-[4-äthoxycarbonyl-3,5-dimethyl-pyrrol-2-yl]-3-[5-äthoxy≠carbonyl-2,4-dimethyl-pyrrol-3-yliden]- 995
−, 1,1-Bis-[5-äthoxycarbonyl-2,4-dimethyl-pyrrol-3-yl]-3-[4-äthoxy≠carbonyl-2,5-dimethyl-pyrrol-3-yliden]- 997
−, 1,1-Bis-[5-äthoxycarbonyl-2,4-dimethyl-pyrrol-3-yl]-3-[4-äthoxy≠carbonyl-3,5-dimethyl-pyrrol-2-yliden]- 996
−, 1,1-Bis-[5-äthoxycarbonyl-2,4-dimethyl-pyrrol-3-yl]-3-[5-äthoxy≠carbonyl-2,4-dimethyl-pyrrol-3-yliden]- 997
−, 1,2-Bis-[4-äthoxycarbonyl-3,5-dimethyl-pyrrol-2-yl]-3-[4-äthoxy≠carbonyl-3,5-dimethyl-pyrrol-2-yliden]- 997
−, 1,3-Bis-[4-äthoxycarbonyl-3,5-dimethyl-pyrrol-2-yl]-3-[5-äthoxy≠carbonyl-2,4-dimethyl-pyrrol-3-yliden]- 996
−, 1,3-Bis-[5-äthoxycarbonyl-2,4-dimethyl-pyrrol-3-yl]-3-[4-äthoxy≠carbonyl-3,5-dimethyl-pyrrol-2-yliden]- 996
−, 1,3-Bis-[4-äthoxycarbonyl-3,5-dimethyl-pyrrol-2-yl]-3-[4-äthoxy≠carbonyl-3,5-dimethyl-pyrrol-2-yliden]-2-methyl- 998
−, 1,1-Bis-[4-äthoxycarbonyl-3,5-dimethyl-pyrrol-2-yl]-3-[4-äthoxy≠carbonyl-5-methyl-3-oxo-1,3-dihydro-pyrrol-2-yliden]- 1047
−, 1,1-Bis-[5-äthoxycarbonyl-2,4-dimethyl-pyrrol-3-yl]-3-[4-äthoxy≠carbonyl-5-methyl-3-oxo-1,3-dihydro-pyrrol-2-yliden]- 1048
−, 1,1-Bis-[4-äthoxycarbonyl-3,5-dimethyl-pyrrol-2-yl]-3-[3-äthoxy≠carbonyl-4-methyl-pyrrol-2-yliden]- 993
−, 1,1-Bis-[4-äthoxycarbonyl-3,5-dimethyl-pyrrol-2-yl]-3-[4-äthoxy≠carbonyl-3-methyl-pyrrol-2-yliden]- 993
−, 1,1-Bis-[4-äthoxycarbonyl-3,5-dimethyl-pyrrol-2-yl]-3-[4-äthoxy≠carbonyl-5-methyl-pyrrol-2-yliden]- 994
−, 1,1-Bis-[5-äthoxycarbonyl-2,4-dimethyl-pyrrol-3-yl]-3-[3-äthoxy≠carbonyl-4-methyl-pyrrol-2-yliden]- 994
−, 1,1-Bis-[5-äthoxycarbonyl-2,4-dimethyl-pyrrol-3-yl]-3-[4-äthoxy≠carbonyl-3-methyl-pyrrol-2-yliden]- 994
−, 1,1-Bis-[5-äthoxycarbonyl-2,4-dimethyl-pyrrol-3-yl]-3-[4-äthoxy≠carbonyl-5-methyl-pyrrol-2-yliden]- 994

Propen (Fortsetzung)
—, 1,1-Bis-[4-äthoxycarbonyl-
3,5-dimethyl-pyrrol-2-yl]-3-[4-äthyl-
3,5-dimethyl-pyrrol-2-yliden]- 981
—, 1,1-Bis-[5-äthoxycarbonyl-
2,4-dimethyl-pyrrol-3-yl]-3-[4-äthyl-
3,5-dimethyl-pyrrol-2-yliden]- 981
—, 1,1-Bis-[4-äthoxycarbonyl-
3,5-dimethyl-pyrrol-2-yl]-3-[3-äthyl-
4-methyl-pyrrol-2-yliden]- 980
—, 1,1-Bis-[4-äthoxycarbonyl-
3,5-dimethyl-pyrrol-2-yl]-3-[4-äthyl-
3-methyl-pyrrol-2-yliden]- 980
—, 1,1-Bis-[5-äthoxycarbonyl-
2,4-dimethyl-pyrrol-3-yl]-3-[3-äthyl-
4-methyl-pyrrol-2-yliden]- 981
—, 1,1-Bis-[5-äthoxycarbonyl-
2,4-dimethyl-pyrrol-3-yl]-3-[4-äthyl-
3-methyl-pyrrol-2-yliden]- 981
—, 1,1-Bis-[4-äthoxycarbonyl-
3,5-dimethyl-pyrrol-2-yl]-3-[3,5-dimethyl-
pyrrol-2-yliden]- 980
—, 1,1-Bis-[5-äthoxycarbonyl-
2,4-dimethyl-pyrrol-3-yl]-3-[3,5-dimethyl-
pyrrol-2-yliden]- 980
—, 1,1-Bis-[4-äthoxycarbonyl-
3,5-dimethyl-pyrrol-2-yl]-3-[3,5-diphenyl-
pyrrol-2-yliden]- 983
—, 1,1-Bis-[5-äthoxycarbonyl-
2,4-dimethyl-pyrrol-3-yl]-3-[3,5-diphenyl-
pyrrol-3-yliden]- 983
—, 1,1-Bis-[4-äthoxycarbonyl-
3,5-dimethyl-pyrrol-2-yl]-3-[5-methyl-
pyrrol-2-yliden]- 979
—, 1,1-Bis-[5-äthoxycarbonyl-
2,4-dimethyl-pyrrol-3-yl]-3-[5-methyl-
pyrrol-2-yliden]- 979
—, 1,1-Bis-[4-äthoxycarbonyl-
3,5-dimethyl-pyrrol-2-yl]-3-pyrrol-2-yliden-
977
—, 1,1-Bis-[5-äthoxycarbonyl-
2,4-dimethyl-pyrrol-3-yl]-3-pyrrol-2-yliden-
978
—, 1,1-Bis-[4-äthoxycarbonyl-5-methyl-
pyrrol-2-yl]-3-[3,5-dimethyl-pyrrol-
2-yliden]- 977
Propioguanamin 1226
Propionamid
—, N,N'-[Äthyl-[1,3,5]triazin-2,4-diyl]-bis-
1227
—, N-[Cyclohexylamino-[1,3,5]triazin-
2-yl]- 1194
—, N-[5-Methyl-1-propionyl-
1H-[1,2,4]triazol-3-yl]- 1083
—, N-[5-Methyl-1H-[1,2,4]triazol-3-yl]-
1083
—, N-[1-Propionyl-1H-[1,2,4]triazol-3-yl]-
1078

—, N,N',N''-[1,3,5]Triazin-2,4,6-triyl-tris-
1275
—, N-[1H-[1,2,4]Triazol-3-yl]- 1078
Propionitril
—, 3,3',3'',3'''-[6-Amino-[1,3,5]triazin-
2,4-diyldiimino]-tetra- 1284
—, 3,3',3'',3'''-[6-Chlor-[1,3,5]triazin-
2,4-diyldiimino]-tetra- 1215
—, 3-[Diamino-[1,3,5]triazin-
2-ylmercapto]- 1322
—, 3,3'-[Dianilino-[1,3,5]triazin-
2-ylimino]-di- 1283
—, 3,3'-[Dichlor-[1,3,5]triazin-2-ylimino]-
di- 1100
—, 3,3',3'',3'''-[6-Phenyl-[1,3,5]triazin-
2,4-diyldiimino]-tetra- 1245
Propionsäure
—, 3-[2-Acetyl-12-äthyl-3,8,13-trimethyl-
14-oxo-16,17-dihydro-14H-tripyrrin-7-yl]-,
— methylester 1040
—, 2-Acetylamino-3-[7-jod-1-(4-methoxy-
phenyl)-1H-benzotriazol-5-yl]-,
— äthylester 1420
—, 3-[2-(4-Acetyl-3-methyl-pyrrol-
2-ylidenmethyl)-5-(3-äthyl-4-methyl-5-oxo-
1,5-dihydro-pyrrol-2-ylidenmethyl)-
4-methyl-pyrrol-3-yl]-,
— methylester 1040
—, 3-{2-[5-Äthoxycarbonyl-3-
(2-äthoxycarbonylamino-äthyl)-4-methyl-
pyrrol-2-ylidenmethyl]-5-[3-äthyl-4-methyl-
5-oxo-1,5-dihydro-pyrrol-2-ylidenmethyl]-
4-methyl-pyrrol-3-yl}-,
— methylester 1427
—, 3-[1-Äthoxycarbonyl-12-äthyl-7-
(2-methoxycarbonyl-äthyl)-
2,8,13-trimethyl-14-oxo-5,15,16,17-
tetrahydro-14H-tripyrrin-3-yl]- 1047
—, 3-{5-Äthoxycarbonyl-2-[5-(3-äthyl-
4-methyl-5-oxo-1,5-dihydro-pyrrol-
2-ylidenmethyl)-3-(2-methoxycarbonyl-
äthyl)-4-methyl-pyrrol-2-ylmethyl]-
4-methyl-pyrrol-3-yl}- 1047
—, 3-{2-[3-Äthyl-5-(3-äthyl-5-brom-
4-methyl-pyrrol-2-ylidenmethyl)-4-methyl-
pyrrol-2-ylmethylen]-4-methyl-5-oxo-
2,5-dihydro-pyrrol-3-yl}-,
— methylester 1025
—, 3-[2-(3-Äthyl-5-brom-4-methyl-pyrrol-
2-ylidenmethyl)-5-(3-äthyl-4-methyl-5-oxo-
1,5-dihydro-pyrrol-2-ylidenmethyl)-
4-methyl-pyrrol-3-yl]-,
— methylester 1026
—, 3-[2-(3-Äthyl-5-brom-4-methyl-pyrrol-
2-ylidenmethyl)-5-(4-äthyl-3-methyl-5-oxo-
1,5-dihydro-pyrrol-2-ylidenmethyl)-
4-methyl-pyrrol-3-yl]-,
— methylester 1025

Propionsäure (Fortsetzung)
−, 3-[2-(4-Äthyl-5-brom-3-methyl-pyrrol-
   2-ylidenmethyl)-5-(3-äthyl-4-methyl-5-oxo-
   1,5-dihydro-pyrrol-2-ylidenmethyl)-
   4-methyl-pyrrol-3-yl]-,
   − methylester 1026
−, 3-[2-(4-Äthyl-5-brom-3-methyl-pyrrol-
   2-ylidenmethyl)-5-(4-äthyl-3-methyl-5-oxo-
   1,5-dihydro-pyrrol-2-ylidenmethyl)-
   4-methyl-pyrrol-3-yl]-,
   − methylester 1025
−, 3-[2-(3-Äthyl-5-brom-4-methyl-pyrrol-
   2-ylidenmethyl)-4-methyl-5-(4-methyl-
   5-oxo-3-vinyl-1,5-dihydro-pyrrol-
   2-ylidenmethyl)-pyrrol-3-yl]-,
   − methylester 1027
−, 3,3′-[12-Äthyl-1-brom-
   2,8,13-trimethyl-14-oxo-16,17-dihydro-
   14H-tripyrrin-3,7-diyl]-di-,
   − dimethylester 1043
−, 3,3′-[12-Äthyl-1-brom-
   3,8,13-trimethyl-14-oxo-16,17-dihydro-
   14H-tripyrrin-2,7-diyl]-di-,
   − dimethylester 1043
−, 3,3′-[13-Äthyl-1-brom-
   3,8,12-trimethyl-14-oxo-16,17-dihydro-
   14H-tripyrrin-2,7-diyl]-di-,
   − dimethylester 1042
−, 3-[3-Äthyl-1-brom-2,8,13-trimethyl-
   14-oxo-12-vinyl-16,17-dihydro-
   14H-tripyrrin-7-yl]-,
   − methylester 1027
−, 3-[2-(3-Äthyl-5-carboxy-4-methyl-
   pyrrol-2-ylidenmethyl)-5-(3-äthyl-
   4-methyl-5-oxo-1,5-dihydro-pyrrol-
   2-ylidenmethyl)-4-methyl-pyrrol-3-yl]-
   1043
   − methylester 1043
−, 3-[2-(3-Äthyl-5-methoxycarbonyl-
   4-methyl-pyrrol-2-ylidenmethyl)-5-
   (3-äthyl-4-methyl-5-oxo-1,5-dihydro-
   pyrrol-2-ylidenmethyl)-4-methyl-pyrrol-
   3-yl]- 1043
   − methylester 1044
−, 3-[2-(3-Äthyl-5-methoxycarbonyl-
   4-methyl-pyrrol-2-ylidenmethyl)-5-
   (3-äthyl-4-methyl-5-oxo-4,5-dihydro-
   pyrrol-2-ylmethyl)-4-methyl-pyrrol-3-yl]-,
   − methylester 1042
−, 3-[2-(3-Äthyl-5-methoxycarbonyl-
   4-methyl-pyrrol-2-ylmethyl)-5-(3-äthyl-
   4-methyl-5-oxo-1,5-dihydro-pyrrol-
   2-ylidenmethyl)-4-methyl-pyrrol-3-yl]-,
   − methylester 1042

−, 3-[2-(3-Äthyl-4-methyl-5-oxo-
   1,5-dihydro-pyrrol-2-ylidenmethyl)-5-
   (4-äthyl-3-methyl-5-oxo-1,5-dihydro-
   pyrrol-2-ylidenmethyl)-4-methyl-pyrrol-
   3-yl]-,
   − methylester 1040
−, 3-[5-(3-Äthyl-4-methyl-5-oxo-
   1,5-dihydro-pyrrol-2-ylidenmethyl)-2-
   (3-äthyl-4-methyl-pyrrol-2-ylidenmethyl)-
   4-methyl-pyrrol-3-yl]-,
   − methylester 1026
−, 3-{5-[3-Äthyl-4-methyl-5-oxo-
   1,5-dihydro-pyrrol-2-ylidenmethyl]-2-
   [5-brom-3-(2-methoxycarbonyl-äthyl)-
   4-methyl-pyrrol-2-ylidenmethyl]-4-methyl-
   pyrrol-3-yl}-,
   − methylester 1043
−, 3-{5-[3-Äthyl-4-methyl-5-oxo-
   1,5-dihydro-pyrrol-2-ylidenmethyl]-2-
   [5-brom-4-(2-methoxycarbonyl-äthyl)-
   3-methyl-pyrrol-2-ylidenmethyl]-4-methyl-
   pyrrol-3-yl}-,
   − methylester 1043
−, 3-{5-[4-Äthyl-3-methyl-5-oxo-
   1,5-dihydro-pyrrol-2-ylidenmethyl]-2-
   [5-brom-4-(2-methoxycarbonyl-äthyl)-
   3-methyl-pyrrol-2-ylidenmethyl]-4-methyl-
   pyrrol-3-yl}-,
   − methylester 1042
−, 3-{5-[3-Äthyl-4-methyl-5-oxo-
   1,5-dihydro-pyrrol-2-ylidenmethyl]-2-[3-
   (2-methoxycarbonyl-äthyl)-4-methyl-
   5-oxo-1,5-dihydro-pyrrol-2-ylidenmethyl]-
   4-methyl-pyrrol-3-yl}-,
   − methylester 1046
−, 3,3′-[12-Äthyl-2,8,13-trimethyl-
   1,14-dioxo-14,15,16,17-tetrahydro-
   1H-tripyrrin-3,7-diyl]-di-,
   − dimethylester 1046
−, 3-[Amino-anilino-[1,3,5]triazin-2-yl]-
   1414
   − äthylester 1414
   − amid 1415
   − diäthylamid 1415
   − [2-diäthylamino-äthylester] 1415
   − hydrazid 1415-
   − methylester 1414
−, 2-Amino-3-[1-(4-hydroxy-3-jod-
   phenyl)-7-jod-1H-benzotriazol-5-yl]- 1420
−, 2-Amino-3-[1-(4-hydroxy-phenyl)-
   7-jod-1H-benzotriazol-5-yl]- 1419
−, 2-Amino-3-[1-methyl-1H-[1,2,3]triazol-
   4-yl]- 1407
−, 2-Amino-3-[1-phenyl-1H-[1,2,3]triazol-
   4-yl]- 1408
−, 2-Amino-3-[1H-[1,2,3]triazol-4-yl]-
   1407
−, 2-Amino-3-[1H-[1,2,4]triazol-3-yl]-
   1408

Propionsäure (Fortsetzung)

−, 2-Benzoylamino-3-[1-phenyl-1*H*-[1,2,3]triazol-4-yl]- 1408

−, 2-Benzoylamino-3-[1*H*-[1,2,3]triazol-4-yl]- 1408

−, 3-[2,5-Bis-(3-äthoxycarbonyl-4-methyl-5-oxo-1,5-dihydro-pyrrol-2-ylidenmethyl)-4-methyl-pyrrol-3-yl]- 1050

−, 3-[3,12-Bis-äthoxycarbonyl-2,8,13-trimethyl-1,14-dioxo-14,15,16,17-tetrahydro-1*H*-tripyrrin-7-yl]- 1050

−, 3-{2-[5-Brom-4-(2-methoxycarbonyl-äthyl)-3-methyl-pyrrol-2-ylidenmethyl]-5-[3-(2-methoxycarbonyl-äthyl)-4-methyl-5-oxo-1,5-dihydro-pyrrol-2-ylidenmethyl]-4-methyl-pyrrol-3-yl}-,
− methylester 1048

−, 3-{2-[5-Brom-4-(2-methoxycarbonyl-äthyl)-3-methyl-pyrrol-2-ylidenmethyl]-4-methyl-5-[4-methyl-5-oxo-3-vinyl-1,5-dihydro-pyrrol-2-ylidenmethyl]-pyrrol-3-yl}-,
− methylester 1044

−, 3,3′,3″-[1-Brom-3,8,13-trimethyl-14-oxo-16,17-dihydro-14*H*-tripyrrin-2,7,12-triyl]-tri-,
− trimethylester 1048

−, 3,3′-[1-Brom-3,8,13-trimethyl-14-oxo-12-vinyl-16,17-dihydro-14*H*-tripyrrin-2,7-diyl]-di-,
− dimethylester 1044

−, 3-{2-[3-(2-Carboxy-äthyl)-5-formyl-4-methyl-pyrrol-2-ylidenmethyl]-5-[4-methyl-5-oxo-3-vinyl-1,5-dihydro-pyrrol-2-ylidenmethyl]-4-methyl-pyrrol-3-yl}- 1046

−, 3-[(4-Chlor-anilino)-isopropylamino-[1,3,5]triazin-2-yl]- 1415
− äthylester 1415
− hydrazid 1415

−, 3-[7,12-Diäthyl-14-brom-2,8,13-trimethyl-15,16-dihydro-1*H*-tripyrrin-3-yl]-,
− methylester 1025

−, 3-[2,12-Diäthyl-1-brom-3,8,13-trimethyl-14-oxo-16,17-dihydro-14*H*-tripyrrin-7-yl]-,
− methylester 1026

−, 3-[2,13-Diäthyl-1-brom-3,8,12-trimethyl-14-oxo-16,17-dihydro-14*H*-tripyrrin-7-yl]-,
− methylester 1025

−, 3-[3,12-Diäthyl-1-brom-2,8,13-trimethyl-14-oxo-16,17-dihydro-14*H*-tripyrrin-7-yl]-,
− methylester 1026

−, 3-[3,13-Diäthyl-1-brom-2,8,12-trimethyl-14-oxo-16,17-dihydro-14*H*-tripyrrin-7-yl]-,
− methylester 1025

−, 3-[3,12-Diäthyl-1-methoxycarbonyl-2,8,13-trimethyl-14-oxo-16,17-dihydro-14*H*-tripyrrin-7-yl]- 1043

−, 3-[3,13-Diäthyl-2,8,12-trimethyl-1,14-dioxo-14,15,16,17-tetrahydro-1*H*-tripyrrin-7-yl]-,
− methylester 1040

−, 3-[3,12-Diäthyl-2,8,13-trimethyl-14-oxo-16,17-dihydro-14*H*-tripyrrin-7-yl]-,
− methylester 1026

−, 3-[Diamino-[1,3,5]triazin-2-yl]-,
− anilid 1414
− dibutylamid 1414
− methylester 1414

−, 3-[Diamino-[1,3,5]triazin-2-yl]-2-methoxy-,
− octylamid 1422

−, 3-[Diamino-[1,3,5]triazin-2-yl]-3-methoxy-,
− octylamid 1422

−, 3-[Diamino-[1,3,5]triazin-2-yl]-2-pentyloxy- 1423

−, 3-[Diamino-[1,3,5]triazin-2-yl]-2-sulfo-1429

−, 3-[4,5-Dicarbamoyl-[1,2,3]triazol-1-yl]-,
− methylester 968

−, 3-[2,4-Dinitro-phenylhydrazono]-3-[1-phenyl-1*H*-[1,2,3]triazol-4-yl]-,
− äthylester 1011

−, 3,3′-Dioxo-3,3′-*p*-phenylen-di-,
− bis-[2-phenyl-2*H*-benzotriazol-5-ylamid] 1114

−, 3-[1,5-Diphenyl-1*H*-[1,2,3]triazol-4-yl]-2-hydroxyimino- 1019

−, 3,3′-[1-Formyl-2,8,13-trimethyl-14-oxo-12-vinyl-16,17-dihydro-14*H*-tripyrrin-3,7-diyl]-di- 1046
− dimethylester 1046

−, 2-Hydroxyimino-3-[1-methyl-1*H*-[1,2,3]triazol-4-yl]- 1011

−, 2-Hydroxyimino-3-[1-phenyl-1*H*-[1,2,3]triazol-4-yl]- 1011

−, 2-Hydroxyimino-3-[5-phenyl-1*H*-[1,2,3]triazol-4-yl]- 1019

−, 2-Hydroxyimino-3-[1*H*-[1,2,3]triazol-4-yl]- 1011

−, 2-Methyl-3-oxo-3-[2]pyridyl-,
− äthylester 1379

−, 3-Oxo-3-phenyl-,
− [5-amino-1-phenyl-1*H*-[1,2,4]triazol-3-ylamid] 1171
− [5-amino-1-*p*-tolyl-1*H*-[1,2,4]triazol-3-yl=amid] 1172

Propionsäure

−, 3-Oxo-3-phenyl-, (Fortsetzung)
- [2-phenyl-2*H*-benzotriazol-
5-ylamid] 1114
−, 3-Oxo-3-[1-phenyl-1*H*-[1,2,3]triazol-
4-yl]-,
- äthylester 1010
−, 3,3′,3″,3‴-[6-Phenyl-[1,3,5]triazin-
2,4-diyldiimino]-tetra- 1245
−, 2-Thioxo-3-[1*H*-[1,2,3]triazol-4-yl]-
1011
−, 2,2′,2″-Tris-diazo-3,3′,3″-trioxo-
3,3′,3″-[1,3,5]triazin-2,4,6-triyl-tri-,
- triäthylester 1050

Propylamin

−, 2-[1*H*-[1,2,4]Triazol-3-yl]-
1090
−, 3-[1*H*-[1,2,4]Triazol-3-yl]- 1090

Propylquecksilber(1+)

−, 2-Äthoxy-3-[4-amino-[1,3,5]triazin-
2-ylamino]- 1205
−, 3-[4-Amino-6-methyl-[1,3,5]triazin-
2-ylamino]-2-hydroxy- 1223
−, 3-[4-Amino-6-methyl-[1,3,5]triazin-
2-ylamino]-2-methoxy- 1223
−, 3-[4-Amino-[1,3,5]triazin-2-ylamino]-
2-hydroxy- 1205
−, 3-[4-Amino-[1,3,5]triazin-2-ylamino]-
2-methoxy- 1205
−, 3-[4-Amino-[1,3,5]triazin-2-ylamino]-
2-methoxy-2-methyl- 1206
−, 3-[4-Amino-[1,3,5]triazin-2-ylamino]-
2-propoxy- 1205

Pyrazol

−, 3-[3]Pyridyl-5-sulfanilyl-1(2)*H*- 1141

Pyrazol-3-carbonsäure

−, 4-[5-Äthoxycarbonyl-2,4-dimethyl-
pyrrol-3-yl]-4,5-dihydro-1*H*-,
- äthylester 971
- methylester 971
−, 4-[2,4-Dimethyl-pyrrol-3-yl]-
4,5-dihydro-1*H*- 943
−, 5-Oxo-1-phenyl-4-[2-(1,3,3-trimethyl-
indolin-2-yliden)-äthyliden]-4,5-dihydro-
1*H*-,
- äthylester 1024
−, 5-[3]Pyridyl-1(2)*H*- 951
- äthylester 951
- hydrazid 951
−, 5-[4]Pyridyl-1(2)*H*- 951

Pyrazol-3,4-dicarbonsäure

−, 3-[5-Äthoxycarbonyl-2,4-dimethyl-
pyrrol-3-yl]-4,5-dihydro-3*H*-,
- dimethylester 986
−, 4-[5-Äthoxycarbonyl-2,4-dimethyl-
pyrrol-3-yl]-4,5-dihydro-1*H*-,
- dimethylester 986

Pyrazol-3,5-dicarbonsäure

−, 4-[5-Äthoxycarbonyl-2,4-dimethyl-
pyrrol-3-yl]-4,5-dihydro-1*H*-,
- 3-äthylester-5-methylester 986
- 5-äthylester-3-methylester 986

Pyrazol-3,4-diyldiamin

−, 5-[3]Pyridyl-1(2)*H*- 1240

Pyrazolo[1,5-*a*]chinazolin-3-carbonitril 954

Pyrazolo[1,5-*a*]chinazolin-2-carbonsäure 954

−, 3-Carbamoyl-,
- äthylester 974
−, 3-Cyan- 974
- äthylester 974

Pyrazolo[1,5-*a*]chinazolin-3-carbonsäure 954

Pyrazolo[1,5-*a*]chinazolin-2,3-dicarbonsäure
974

- diäthylester 974

Pyrazolo[3,4-*b*]chinolin

−, 4-Anilino-3,6-dimethyl-1-phenyl-1*H*-
1150
−, 4-Anilino-3,6-dimethyl-2-phenyl-2*H*-
1150
−, 4-Anilino-3-methyl-1-phenyl-1*H*-
1149
−, 4-Anilino-3-methyl-2-phenyl-2*H*-
1149
−, 3,6-Dimethyl-4-[1]naphthylamino-
1-phenyl-1*H*- 1150
−, 3-Methyl-4-[1]naphthylamino-
1-phenyl-1*H*- 1149

Pyrazolo[3,4-*b*]chinolin-4-carbonsäure

−, 3-Oxo-1,2-diphenyl-2,3-dihydro-1*H*-
1020

Pyrazolo[3,4-*c*]chinolin-4,6,9b-tricarbonsäure

−, 4-Methyl-3,3a,4,5-tetrahydro-,
- trimethylester 986

Pyrazolo[4,3-*c*]chinolin-4,6,9b-tricarbonsäure

−, 4-Methyl-3,3a,4,5-tetrahydro-,
- trimethylester 986

Pyrazolo[3,4-*b*]chinolin-4-ylamin

−, 3-Methyl-1-phenyl-1*H*- 1149

Pyrazolo[3,4-*a*]chinolizin-7,8,9,10-tetracarbon≈
säure

−, 10a-Methyl-3,3a,10a,10b-tetrahydro-,
- tetramethylester 999

Pyrazolo[4,3-*a*]chinolizin-7,8,9,10-tetracarbon≈
säure

−, 10a-Methyl-1,3a,10a,10b-tetrahydro-,
- tetramethylester 999
−, 5-Styryl-1,3a,10a,10b-tetrahydro-,
- tetramethylester 1002

Pyrazolo[3,4-*b*]pyridin-4-carbonsäure

−, 6-Methyl-3-oxo-2,3-dihydro-1*H*- 1013
- äthylester 1013

Pyrazolo[3,4-*b*]pyridin-5-carbonsäure

−, 4-Methyl-3-oxo-2,3-dihydro-1*H*-,
- äthylester 1012
−, 3-Oxo-4-phenyl-2,3-dihydro-1*H*-,
- äthylester 1022

Pyrazolo[3,4-b]pyridin-6-carbonsäure
−, 3,5-Dimethyl-4-oxo-1-phenyl-
4,7-dihydro-1H-,
− äthylester 1013
−, 3,4-Dimethyl-1-phenyl-1H- 948
− äthylester 948
− hydrazid 948
−, 3,4-Dioxo-2,3,4,7-tetrahydro-1H-,
− äthylester 1034
−, 5-Methyl-3,4-dioxo-1-phenyl-
2,3,4,7-tetrahydro-1H-,
− äthylester 1034
−, 5-Methyl-3,4-dioxo-2,3,4,7-tetrahydro-
1H-,
− äthylester 1034
−, 4-Methyl-1,3-diphenyl-1H-,
− äthylester 957
−, 5-Methyl-4-oxo-1,3-diphenyl-
4,7-dihydro-1H-,
− äthylester 1023
−, 3-Methyl-4-oxo-1-phenyl-4,7-dihydro-
1H-,
− äthylester 1012
Pyrazolo[4,3-c]pyridin-7-carbonsäure
−, 3-Amino-2-methyl-4-oxo-4,5-dihydro-
2H- 1424
−, 3-Amino-4-oxo-4,5-dihydro-1H- 1424
−, 3-Amino-4-oxo-2-phenyl-4,5-dihydro-
2H- 1424
−, 4,5,6-Trimethyl-3-oxo-3,5-dihydro-2H-,
− äthylester 1013
Pyrazolo[4,3-c]pyridin-4,6-dion
−, 3-Amino-1,7-dihydro- 1391
−, 3-Amino-2-methyl-2,7-dihydro- 1391
−, 3-Amino-2-phenyl-2,7-dihydro- 1391
Pyrazolo[4,3-c]pyridin-3-on
−, 4,6-Bis-[4-dimethylamino-phenyl]-
2-phenyl-1,2,4,5,6,7-hexahydro- 1384
**Pyrazolo[4,3-c]pyrido[1,2-a]chinolin-
4,5,6,7-tetracarbonsäure**
−, 3b-Methyl-3,3a,3b,12b-tetrahydro-,
− tetramethylester 1001
−, 3,3a,3b,12b-Tetrahydro-,
− tetramethylester 1000
Pyrazolo[1,5-a]pyrimidin-3-carbonitril
−, 2-Cyanmethyl-5,7-dimethyl- 972
−, 2-[2-Hydroxy-äthoxy]-5-methyl-7-oxo-
4,7-dihydro- 1051
Pyrazolo[1,5-a]pyrimidin-5-carbonsäure
−, 4,6-Dimethyl-3-nitroso-7-oxo-
2-phenyl-4,7-dihydro- 1023
−, 4,6-Dimethyl-7-oxo-2-phenyl-
4,7-dihydro- 1023
−, 4-Methyl-3-nitroso-7-oxo-2-phenyl-
4,7-dihydro- 1022
−, 6-Methyl-3-nitroso-7-oxo-2-phenyl-
4,7-dihydro- 1023
−, 4-Methyl-7-oxo-2-phenyl-4,7-dihydro-
1022

−, 6-Methyl-7-oxo-2-phenyl-4,7-dihydro-
1023
− äthylester 1023
− hydrazid 1023
−, 7-Methyl-2-phenyl- 956
− äthylester 956
− [anilinomethylen-hydrazid] 956
− hydrazid 956
− {[(5-phenyl-1(2)H-pyrazol-
3-ylamino)-methylen]-hydrazid} 956
−, 3-Nitroso-7-oxo-2-phenyl-4,7-dihydro-
1022
− äthylester 1022
−, 7-Oxo-2-phenyl-4,7-dihydro- 1021
− äthylester 1022
Pyrazolo[1,5-a]pyrimidin-6-carbonsäure
−, 2-Methyl-7-oxo-4,7-dihydro- 1012
− äthylester 1012
−, 2-Oxo-5-phenyl-1,2-dihydro-,
− äthylester 1022
−, 2-Oxo-7-phenyl-1,2-dihydro-,
− äthylester 1022
Pyrazolo[1,5-a]pyrimidin-5,7-dion
−, 6-Aminomethylen-2-phenyl-4H- 1395
−, 6-Anilinomethylen-2-phenyl-4H-
1395
Pyrazolo[1,5-a]pyrimidin-5-on
−, 4-Acetyl-7-acetylamino-2-phenyl-4H-
1382
−, 7-Acetylamino-4-methyl-2-phenyl-4H-
1382
−, 7-Amino-3-methyl-2-phenyl-4H-
1383
−, 7-Amino-4-methyl-2-phenyl-4H-
1382
−, 7-Amino-2-phenyl-4H- 1382
Pyrazolo[1,5-a]pyrimidin-7-ylamin
−, 2,5-Dimethyl- 1119
−, 2,5-Diphenyl- 1159
−, 3,6-Diphenyl- 1159
Pyrazolo[1,2-a][1,2,4]triazol-5-carbonsäure
−, 3-Amino-1-imino-6-methyl-7-oxo-
1H,7H-,
− äthylester 1426
−, 3-Amino-1-imino-7-oxo-1H,7H-,
− äthylester 1426
Pyrazolo[1,2-a][1,2,4]triazol-6-carbonsäure
−, 3-Amino-1,5-diimino-1H,5H- 1426
− äthylester 1426
Pyrazolo[1,2-a][1,2,4]triazolium
−, 1,3-Diamino-7-methyl-5-oxo-5H-,
− betain 1370
−, 1,3,7-Triamino-5-oxo-5H-,
− betain 1370
Pyrazolo[1,2-a][1,2,4]triazol-5-on
−, 3-Amino-6-benzoyl-1-imino-1H-
1398
−, 3-Amino-1-imino-7-phenyl-1H- 1395

Pyrazolo[1,2-*a*][1,2,4]triazol-5-on (Fortsetzung)
−, 6-Benzoyl-1,3-diimino-2,3-dihydro-
1*H*- 1398
−, 1,3-Diimino-7-methyl-2,3-dihydro-
1*H*- 1370
−, 1,3-Diimino-7-phenyl-2,3-dihydro-
1*H*- 1395
−, 1,3,7-Triimino-tetrahydro- 1370
Pyrazol-3-ylamin
−, 5-Hydrazino-4*H*- 1174
−, 4-Nitro-5-[3]pyridyl-1(2)*H*- 1142
−, 5-[3]Pyridyl-1(2)*H*- 1141
Pyrazol-4-ylamin
−, 3-[3]Pyridyl-1(2)*H*- 1141
Pyridazino[3,4-*c*]chinolin
−, 1-Acetylamino-5-phenyl- 1158
Pyridazino[3,4-*c*]chinolin-1-ylamin
−, 5-Phenyl- 1158
Pyridin-3-carbonsäure
−, 1-Äthyl-1,4-dihydro-,
− amid, dimeres 1014
−, 1-Methyl-1,4-dihydro-,
− amid, dimeres 1014
−, 1-Propyl-1,4-dihydro-,
− amid, dimeres 1014
Pyridin-2,6-diyldiamin
−, 3-[Bis-(6-dimethylamino-[3]pyridyl)-
methyl]- 1306
Pyridinium
−, 1-Acetyl-2-[3-carboxy-cinnolin-4-yl]-,
− betain 959
−, 1-[Diamino-[1,3,5]triazin-2-yl]- 1274
−, 1-[4,6-Dioxo-1,4,5,6-tetrahydro-
[1,3,5]triazin-2-yl]- 1386
− betain 1386
−, 1-[Hydroxy-[2]pyridyl-[1,3,5]triazin-
2-yl]- 1357
−, 1-[Hydroxy-[4]pyridyl-[1,3,5]triazin-
2-yl]- 1357
−, 1,1′-[Hydroxy-[1,3,5]triazin-2,4-diyl]-
bis-,
− betain 1357
−, 1,1′-[6-Oxo-1,6-dihydro-[1,3,5]triazin-
2,4-diyl]-bis- 1357
− betain 1357
Pyridin-3-ol
−, 4-[(7-Chlor-1-oxy-benzo[*e*]≠
[1,2,4]triazin-3-ylamino)-methyl]-
5-hydroxymethyl-2-methyl- 1127
Pyrido[3,2-*f*]chinoxalin-2-carbonsäure
−, 3-Oxo-3,4-dihydro- 1021
− ureid 1021
Pyrido[3,4-*b*]chinoxalinium
−, 4-Acetylamino-10-phenyl- 1151
−, 4-Amino-10-phenyl- 1151
Pyrido[3,2-*h*]cinnolin-4-carbonsäure 955
Pyrido[3,2-*h*]cinnolin-8-carbonsäure
−, 4-Methyl-7-oxo-7,10-dihydro- 1023
− äthylester 1023

Pyrido[4,3-*c*]cinnolin-1-carbonsäure
−, 4-Methyl- 956
Pyrido[3,2-*c*][1,5]naphthyridin-8-carbonsäure
−, 7-Oxo-7,10-dihydro-,
− äthylester 1021
Pyrido[2,3-*b*][1,8]naphthyridin-2,8-diyldiamin
1249
Pyrido[2,3-*b*][1,8]naphthyridin-3-ylamin 1151
Pyrido[3,2-*a*]phenazin
−, 5-Acetylamino- 1157
Pyrido[3,2-*a*]phenazin-5-ylamin 1157
Pyrido[2,3-*b*]pyrazin
−, 6-Acetylamino-2,3-diphenyl- 1159
−, 3,6-Bis-acetylamino- 1239
Pyrido[2,3-*b*]pyrazin-2-carbonsäure
−, 3-Amino-6-oxo-5,6-dihydro- 1424
−, 6-Amino-3-oxo-3,4-dihydro- 1425
−, 3,6-Diamino- 1420
− amid 1420
−, 4-Methyl-3-oxo-3,4-dihydro- 1015
− acetylamid 1015
− äthylester 1015
− amid 1015
− ureid 1015
−, 3-Oxo-3,4-dihydro- 1014
− äthylester 1015
− amid 1015
− ureid 1015
−, 3-Oxo-4-phenyl-3,4-dihydro-,
− ureid 1016
−, 3-Oxo-4-propyl-3,4-dihydro-,
− ureid 1016
Pyrido[2,3-*b*]pyrazin-3-carbonsäure
−, 1-Methyl-2-oxo-1,2-dihydro- 1016
− äthylester 1016
− amid 1016
− ureid 1017
−, 2-Oxo-1,2-dihydro-,
− äthylester 1016
Pyrido[2,3-*b*]pyrazin-2,3-dion
−, 6-Amino-1,4-dihydro- 1392
Pyrido[2,3-*b*]pyrazin-3,6-diyldiamin 1239
−, 2-[2-Äthoxy-phenyl]- 1343
−, 2-[3-Äthoxy-phenyl]- 1343
−, 2-[4-Äthoxy-phenyl]- 1344
−, 2-[2-Chlor-phenyl]- 1250
−, 2-[3-Chlor-phenyl]- 1250
−, 2-[4-Chlor-phenyl]- 1250
−, 2-[3,4-Dichlor-phenyl]- 1250
−, 2-[3,4-Dimethoxy-phenyl]- 1350
−, 2-[4-Fluor-phenyl]- 1250
−, 2-[2-Methoxy-phenyl]- 1343
−, 2-[3-Methoxy-phenyl]- 1343
−, 2-[4-Methoxy-phenyl]- 1343
−, 2-[1]Naphthyl- 1252
−, 2-[2]Naphthyl- 1252
−, 2-[4-Nitro-phenyl]- 1250
−, 2-Phenyl- 1250
−, 2-*o*-Tolyl- 1251

Pyrido[2,3-*b*]pyrazin-2-on
—, 6-Amino-3-methyl-1*H*- 1373
Pyrido[2,3-*b*]pyrazin-3-on
—, 2-Acetyl-6-amino-4*H*- 1394
—, 6-Acetylamino-4*H*- 1372
—, 6-Amino-4*H*- 1372
—, 6-Amino-2,4-dimethyl-4*H*- 1373
—, 6-Amino-2-methyl-4*H*- 1373
—, 6-Amino-4-methyl-4*H*- 1372
—, 4-Methyl-2-methylamino-4*H*- 1372
Pyrido[2,3-*b*]pyrazin-8-on
—, 6-Amino-2,3-diphenyl-5*H*- 1385
Pyrido[2,3-*b*]pyrazin-6-ylamin 1130
—, 2,3-Dimethyl- 1143
—, 2,3-Diphenyl- 1159
Pyrido[2,3-*b*]pyrazin-8-ylamin 1130
Pyrido[3,4-*b*]pyrazin-5-ylamin 1130
Pyrido[3,4-*b*]pyrazin-8-ylamin 1130
—, 2,3-Dimethyl- 1143
Pyrido[2,3-*d*]pyridazin
—, 8-Hydrazino-5-phenyl- 1437
Pyrido[2,3-*d*]pyridazin-3-carbonitril
—, 2,5-Dimethyl-8-oxo-7,8-dihydro- 1018
—, 2-Methyl-5,8-dioxo-5,6,7,8-tetrahydro-
1037
Pyrido[3,4-*d*]pyridazin-1,4-dion
—, 5-Anilino-7-methyl-2,3-dihydro- 1392
—, 5-Anilino-7-methyl-2,3-diphenyl-
2,3-dihydro- 1392
—, 5-Anilino-7-phenyl-2,3-dihydro- 1396
Pyrido[3,4-*d*]pyridazin-1,5-dion
—, 4-Amino-7-methyl-2,6-dihydro- 1392
Pyrido[3,4-*d*]pyridazin-1-on
—, 2-Acetyl-5-anilino-7-methyl-
4-methylamino-2*H*- 1374
—, 2-Acetyl-7-methyl-4-methylamino-5-
p-phenetidino-2*H*- 1374
—, 4-Amino-7-methyl-2*H*- 1374
—, 5-Anilino-2,7-dimethyl-
4-methylamino-2*H*- 1374
—, 5-Anilino-4-methylamino-7-phenyl-
2*H*- 1383
—, 5-Anilino-7-methyl-4-methylamino-
2*H*- 1374
—, 5-Anilino-2-methyl-4-methylamino-
7-phenyl-2*H*- 1383
—, 2,7-Dimethyl-4-methylamino-5-
p-phenetidino-2*H*- 1374
—, 7-Methyl-4-methylamino-5-
p-phenetidino-2*H*- 1374
Pyrido[2,3-*d*]pyrimidin
—, 4-Anilino- 1130
—, 4-Diäthylamino- 1130
—, 2,4-Dianilino- 1239
—, 2,4-Dihydrazino- 1439
—, 4-Hydrazino- 1435
Pyrido[3,2-*d*]pyrimidin
—, 2-Chlor-4-diäthylamino- 1129
—, 2,4-Dianilino- 1238

—, 2,4-Dihydrazino- 1438
Pyrido[2,3-*d*]pyrimidin-5-carbonsäure
—, 1-[4-Äthoxy-phenyl]-3,7-dimethyl-
2,4-dioxo-1,2,3,4-tetrahydro- 1036
— äthylester 1036
—, 1-[4-Äthoxy-phenyl]-2,4-dioxo-
7-phenyl-1,2,3,4-tetrahydro- 1039
— äthylester 1039
—, 1-[4-Äthoxy-phenyl]-7-methyl-
2,4-dioxo-1,2,3,4-tetrahydro-
1036
— äthylester 1036
—, 1-Äthyl-3,7-dimethyl-2,4-dioxo-
1,2,3,4-tetrahydro- 1035
— äthylester 1035
—, 1-Äthyl-7-methyl-2,4-dioxo-
1,2,3,4-tetrahydro-,
— äthylester 1035
—, 3,7-Dimethyl-2,4-dioxo-1-phenyl-
1,2,3,4-tetrahydro- 1035
— äthylester 1036
— anilid 1036
—, 1,7-Dimethyl-2,4-dioxo-
1,2,3,4-tetrahydro- 1035
— äthylester 1035
—, 1,7-Dimethyl-4-oxo-2-thioxo-
1,2,3,4-tetrahydro-,
— äthylester 1037
—, 2,4-Dioxo-1,7-diphenyl-
1,2,3,4-tetrahydro- 1039
— äthylester 1039
—, 2,4-Dioxo-7-phenyl-1,2,3,4-tetrahydro-
1038
— äthylester 1039
—, 3-Methyl-2,4-dioxo-1,7-diphenyl-
1,2,3,4-tetrahydro- 1039
— äthylester 1039
—, 7-Methyl-2,4-dioxo-1-phenyl-
1,2,3,4-tetrahydro- 1035
— äthylester 1035
—, 7-Methyl-2,4-dioxo-1,2,3,4-tetrahydro-
1034
— äthylester 1035
—, 7-Methyl-4-oxo-2-thioxo-
1,2,3,4-tetrahydro- 1036
— äthylester 1036
—, 1,3,7-Trimethyl-2,4-dioxo-
1,2,3,4-tetrahydro- 1035
— äthylester 1035
Pyrido[2,3-*d*]pyrimidin-6-carbonsäure
—, 6-Acetylamino-2-methylmercapto-
7-oxo-5,6,7,8-tetrahydro-,
— äthylester 1427
Pyrido[3,2-*d*]pyrimidin-6-carbonsäure
—, 7-Hydroxy-1,3-dimethyl-2,4-dioxo-
1,2,3,4-tetrahydro- 1052
— äthylester 1052

Pyrido[4,3-*d*]pyrimidin-8-carbonsäure
−, 5,6,7-Trimethyl-4-oxo-2-phenyl-
　3,4,5,6,7,8-hexahydro-,
　− äthylester 1021
Pyrido[2,3-*d*]pyrimidin-2,4-diyldiamin 1239
−, 6-Äthyl-7-[4-chlor-phenyl]- 1251
−, 7-Äthyl-6-methyl- 1243
−, 6-Äthyl-7-phenyl- 1251
−, 6-Äthyl-7-propyl- 1243
−, 7-[4-Brom-phenyl]- 1250
−, 7-Butyl-6-methyl- 1243
−, 7-Butyl-6-propyl- 1243
−, 7-[4-Chlor-phenyl]- 1250
−, 5,7-Dimethyl- 1242
−, 6,7-Dimethyl- 1242
−, 5,7-Diphenyl- 1252
−, N^2,N^4-Diphenyl- 1239
−, 7-Isobutyl- 1243
−, 7-Methyl- 1241
−, 6-Methyl-7-phenyl- 1251
−, 7-Phenyl- 1250
−, 7-Phenyl-6-propyl- 1251
−, N^2,N^2,N^4,N^4-Tetramethyl- 1239
−, 7-*p*-Tolyl- 1251
−, 5,6,7-Trimethyl- 1243
Pyrido[3,2-*d*]pyrimidin-2,4-diyldiamin 1238
−, N^2,N^4-Bis-[2-chlor-phenyl]- 1238
−, N^2,N^4-Bis-[4-chlor-phenyl]- 1239
−, N^2,N^4-Bis-[2,5-dimethyl-phenyl]-
　1239
−, N^2,N^4-Diphenyl- 1238
−, 6-Methyl- 1241
−, N^2,N^2,N^4,N^4-Tetramethyl- 1238
Pyrido[2,3-*d*]pyrimidin-4-on
−, 7-Äthyl-2-amino-6-methyl-3*H*- 1375
−, 2-Amino-3*H*- 1371
−, 2-Amino-7-butyl-6-methyl-3*H*- 1375
−, 2-Amino-5,7-dimethyl-3*H*- 1375
−, 2-Amino-6-methyl-7-phenyl-3*H*-
　1383
−, 2-Amino-6-nitro-3*H*- 1371
−, 2-Amino-7-phenyl-3*H*- 1383
−, 2-Anilino-3*H*- 1371
Pyrido[3,2-*d*]pyrimidin-2-on
−, 4-Hydrazino-1*H*- 1440
Pyrido[3,2-*d*]pyrimidin-4-on
−, 2-Amino-3*H*- 1371
−, 2-Hydrazino-3*H*- 1440
Pyrido[4,3-*d*]pyrimidin-4-on
−, 2-Amino-6-methyl-5,6,7,8-tetrahydro-
　3*H*- 1370
Pyrido[2,3-*d*]pyrimidin-2-thion
−, 4-Amino-1*H*- 1372
Pyrido[3,2-*d*]pyrimidin-2-thion
−, 4-Amino-1*H*- 1371
−, 4-Amino-6-methyl-1*H*- 1373
Pyrido[2,3-*d*]pyrimidin-4-ylamin 1130
−, 2-Chlor- 1130
−, 7-Methyl- 1142

Pyrido[3,2-*d*]pyrimidin-4-ylamin 1129
−, 2-Chlor- 1129
−, 2-Chlor-6-methyl- 1142
−, 6-Methyl- 1142
−, 6-Methyl-2-phenoxy- 1338
Pyridoxamin
−, $N^{4'}$-[7-Chlor-1-oxy-benzo[*e*]≠
　[1,2,4]triazin-3-yl]- 1127
[2]Pyridylamin
−, Hexa-*N*-methyl-5,5′,5″-methantriyl-
　tris- 1305
Pyrimidin-1-carbamidin
−, 6-[1-Äthyl-pentyl]-2-amino-5-cyan-
　4-oxo-1,4,5,6-tetrahydro- 1418
Pyrimidin-4,6-diyldiamin
−, 5-Nitroso-2-[3]pyridyl- 1246
Pyrimidin-4-on
−, 6-Amino-5-[2-(1-methyl-
　1*H*-[2]chinolyliden)-äthyliden]-2-thioxo-
　3,5-dihydro-2*H*- 1396
−, 2-Amino-5-methyl-6-[2]pyridyl-3*H*-
　1379
−, 2-Amino-5-methyl-6-[3]pyridyl-3*H*-
　1379
−, 2-Amino-5-methyl-6-[4]pyridyl-3*H*-
　1379
−, 2-Amino-6-[4]pyridyl-3*H*- 1377
Pyrimido[2,1-*b*]chinazolin-6-on
−, 2-Acetylamino- 1381
−, 4-Acetylamino- 1381
−, 2-Amino- 1381
−, 4-Amino- 1381
Pyrimido[6,1-*b*]chinazolin-3-on
−, 1-Amino- 1381
Pyrimido[4,5-*c*]chinolin
−, 1-Acetylamino-5-phenyl- 1158
Pyrimido[4,5-*b*]chinolin-5-carbonsäure
−, 1,3-Dimethyl-2,4-dioxo-
　1,2,3,4-tetrahydro-,
　− methylester 1038
−, 2,4-Dioxo-1,2,3,4-tetrahydro- 1038
　− äthylester 1038
　− amid 1038
　− methylester 1038
−, 10-Methyl-2,4-dioxo-2,3,4,10-
　tetrahydro- 1038
　− methylester 1038
Pyrimido[4,5-*b*]chinolin-5-carbonylchlorid
−, 2,4-Dioxo-1,2,3,4-tetrahydro- 1038
Pyrimido[4,5-*b*]chinolin-2,4-dion
−, 5-Amino-1*H*- 1395
Pyrimido[4,5-*b*]chinolin-2,4-diyldiamin 1248
−, N^2,N^2,N^4,N^4-Tetramethyl- 1248
Pyrimido[4,5-*b*]chinolin-2-on
−, 4-Amino-1*H*- 1381
Pyrimido[4,5-*b*]chinolin-4-on
−, 2-Amino-3*H*- 1381
−, 2-[3-Diäthylamino-propylamino]-3*H*-
　1381

Pyrimido[4,5-*b*]chinolin-4-on (Fortsetzung)
—, 2-Methylamino-3*H*- 1381
Pyrimido[5,4-*b*]chinolin-4-on
—, 7-Chlor-10-[4-diäthylamino-1-methyl-
butylamino]-2-phenoxy-3*H*- 1402
Pyrimido[4,5-*b*]chinolin-4-ylamin 1151
Pyrimido[4,5-*c*]chinolin-1-ylamin
—, 5-Phenyl- 1158
Pyrrol
—, 2-[5-Äthoxycarbonyl-3-äthyl-4-methyl-
pyrrol-2-ylmethyl]-5-[4-äthoxycarbonyl-
3,5-dimethyl-pyrrol-2-ylmethyl]-4-äthyl-
3-methyl- 974
—, 2-[5-Äthoxycarbonyl-3-äthyl-4-methyl-
pyrrol-2-ylmethyl]-4-äthyl-2-[3-äthyl-
5-benzyloxycarbonyl-4-methyl-pyrrol-
2-ylmethyl]-5-brom-3,5-dimethyl-
2,5-dihydro- 974
—, 2-[5-Äthoxycarbonyl-3-äthyl-4-methyl-
pyrrol-2-ylmethyl]-4-äthyl-2-[3-äthyl-
5-carboxy-4-methyl-pyrrol-2-ylmethyl]-
5-brom-3,5-dimethyl-2,5-dihydro- 973
—, 4-Äthyl-2-[3-äthyl-5-benzyloxycarbonyl-
4-methyl-pyrrol-2-ylmethyl]-2-[3-äthyl-
5-carboxy-4-methyl-pyrrol-2-ylmethyl]-
5-brom-3,5-dimethyl-2,5-dihydro- 973
—, 2-[4-Äthyl-5-methoxycarbonyl-
3-methyl-pyrrol-2-ylidenmethyl]-5-[3-äthyl-
4-methyl-5-oxo-1,5-dihydro-pyrrol-
2-ylidenmethyl]-4-[2-brom-vinyl]-3-methyl-
1027
—, 2-[4-Äthyl-5-methoxycarbonyl-
3-methyl-pyrrol-2-ylidenmethyl]-5-[4-äthyl-
3-methyl-5-oxo-1,5-dihydro-pyrrol-
2-ylidenmethyl]-4-[2-brom-vinyl]-3-methyl-
1027
—, 2,5-Bis-[5-äthoxycarbonyl-3-äthyl-
4-methyl-pyrrol-2-ylmethyl]-3-äthyl-
4-methyl- 974
—, 2,5-Bis-[5-äthoxycarbonyl-3-
(2-carboxy-äthyl)-4-methyl-pyrrol-
2-ylmethyl]-3-äthyl-4-methyl- 1000
—, 2,5-Bis-[3-äthoxycarbonyl-4-methyl-
5-oxo-1,5-dihydro-pyrrol-2-ylidenmethyl]-
3-äthyl-4-methyl- 1045
—, 2,5-Bis-pyrrol-2-ylmethylen- s.
Tripyrrin
Pyrrol-3-carbonitril
—, 2,4,2′,4′-Tetramethyl-5,5′-
[2]pyridylmethylen-bis- 975
Pyrrol-2-carbonsäure
—, 4-[3-Äthoxycarbonyl-1,3-bis-
(4-benzoyl-3,5-dimethyl-pyrrol-2-yl)-
allyliden]-3,5-dimethyl-,
— äthylester 1046
—, 4-[3-Äthoxycarbonyl-1,3-bis-
(3,5-dimethyl-pyrrol-2-yl)-allyliden]-
3,5-dimethyl-4*H*-,
— äthylester 979

—, 4-[3-Äthoxycarbonyl-1,3-bis-
(2-methyl-indol-3-yl)-allyliden]-
3,5-dimethyl-4*H*-,
— äthylester 983
—, 4-Äthyl-5-[4-äthyl-5-(4-äthyl-
3,5-dimethyl-pyrrol-2-ylmethyl)-3-methyl-
pyrrol-2-ylmethyl]-3-methyl-,
— benzylester 954
—, 5-[5-(3-Äthyl-4-methyl-5-oxo-
1,5-dihydro-pyrrol-2-ylidenmethyl)-3-
(2-carboxy-äthyl)-4-methyl-pyrrol-
2-ylmethylen]-4-[2-carboxy-äthyl]-
3-methyl- 1049
—, 5-[5-(4-Äthyl-3-methyl-5-oxo-
1,5-dihydro-pyrrol-2-ylidenmethyl)-3-
(2-carboxy-äthyl)-4-methyl-pyrrol-
2-ylmethylen]-4-[2-carboxy-äthyl]-
3-methyl-5*H*- 1048
—, 5-[5-(3-Äthyl-4-methyl-5-oxo-
1,5-dihydro-pyrrol-2-ylidenmethyl)-3-
(2-methoxycarbonyl-äthyl)-4-methyl-
pyrrol-2-ylmethylen]-4-[2-brom-vinyl]-
3-methyl-5*H*- 1045
—, 5-[5-(3-Äthyl-4-methyl-5-oxo-
1,5-dihydro-pyrrol-2-ylidenmethyl)-3-
(2-methoxycarbonyl-äthyl)-4-methyl-
pyrrol-2-ylmethylen]-4-[2-methoxycarbonyl-
äthyl]-3-methyl-5*H*-,
— äthylester 1049
—, 5-[5-(4-Äthyl-3-methyl-5-oxo-
1,5-dihydro-pyrrol-2-ylidenmethyl)-3-
(2-methoxycarbonyl-äthyl)-4-methyl-
pyrrol-2-ylmethylen]-4-[2-methoxycarbonyl-
äthyl]-3-methyl-5*H*-,
— methylester 1048
— äthylester 1049
—, 5-[Bis-(4-äthoxycarbonyl-3,5-dimethyl-
pyrrol-2-yl)-methyl]-4-[2-brom-vinyl]-
3-methyl- 992
—, 5-[Bis-(3-äthyl-4,5-dimethyl-pyrrol-
2-yl)-methyl]-4-[2-brom-vinyl]-3-methyl-
958
—, 5-[Bis-(4-äthyl-3,5-dimethyl-pyrrol-
2-yl)-methyl]-4-[2-brom-vinyl]-3-methyl-
958
—, 5-[Bis-(4-äthyl-5-methyl-pyrrol-2-yl)-
methyl]-4-brom-3-methyl- 954
—, 5-[Bis-(3-äthyl-5-methyl-pyrrol-2-yl)-
methyl]-4-[2-brom-vinyl]-3-methyl- 958
—, 5-[Bis-(4-äthyl-5-methyl-pyrrol-2-yl)-
methyl]-4-[2-brom-vinyl]-3-methyl- 958
—, 5-{Bis-[4-(2-carboxy-äthyl)-
3,5-dimethyl-pyrrol-2-yl]-methyl}-4-
[2-brom-vinyl]-3-methyl- 993
—, 5-[Bis-(3,4-diäthyl-5-methyl-pyrrol-
2-yl)-methyl]-4-[2-brom-vinyl]-3-methyl-
958

Pyrrol-2-carbonsäure (Fortsetzung)

−, 5-[Bis-(4,5-dimethyl-3-propyl-pyrrol-2-yl)-methyl]-4-[2-brom-vinyl]-3-methyl-958

−, 5-[Bis-(3,5-dimethyl-pyrrol-2-yl)-methyl]-4-[2-brom-vinyl]-3-methyl- 957

−, 5-[Bis-(4,5-dimethyl-pyrrol-2-yl)-methyl]-4-[2-brom-vinyl]-3-methyl- 957

−, 5-[Bis-(3,4,5-trimethyl-pyrrol-2-yl)-methyl]-4-[2-brom-vinyl]-3-methyl- 958

−, 4-[2-Carboxy-äthyl]-5-[3-(2-carboxy-äthyl)-4-methyl-5-(4-methyl-5-oxo-3-vinyl-1,5-dihydro-pyrrol-2-ylidenmethyl)-pyrrol-2-ylmethylen]-3-methyl-5*H*- 1049

−, 4,4′-Diäthyl-3,3′-dimethyl-5,5′-[4-äthyl-5-brom-3,5-dimethyl-1,5-dihydro-pyrrol-2,2-diyldimethyl]-bis-,
  − monobenzylester 973
  − monoäthylester 973
  − äthylester-benzylester 974

−, 3,5-Dimethyl-4-[2,4,6-trioxo-hexahydro-pyrimidin-5-ylmethyl]-,
  − äthylester 1041

−, 4-[2-Methoxycarbonyl-äthyl]-5-[3-(2-methoxycarbonyl-äthyl)-4-methyl-5-(4-methyl-5-oxo-3-vinyl-1,5-dihydro-pyrrol-2-ylidenmethyl)-pyrrol-2-ylmethylen]-3-methyl-5*H*-,
  − äthylester 1050

−, 3,5,3′,5′-Tetramethyl-4,4′-[3-(4-äthoxycarbonyl-2,5-dimethyl-pyrrol-3-yliden)-propenyliden]-bis-,
  − diäthylester 997

−, 3,5,3′,5′-Tetramethyl-4,4′-[3-(4-äthoxycarbonyl-3,5-dimethyl-pyrrol-2-yliden)-propenyliden]-bis-,
  − diäthylester 996

−, 3,5,3′,5′-Tetramethyl-4,4′-[3-(5-äthoxycarbonyl-2,4-dimethyl-pyrrol-3-yliden)-propenyliden]-bis-,
  − diäthylester 997

−, 3,5,3′,5′-Tetramethyl-4,4′-[3-(3-äthoxycarbonyl-4-methyl-pyrrol-2-yliden)-propenyliden]-bis-,
  − diäthylester 994

−, 3,5,3′,5′-Tetramethyl-4,4′-[3-(4-äthoxycarbonyl-3-methyl-pyrrol-2-yliden)-propenyliden]-bis-,
  − diäthylester 994

−, 3,5,3′,5′-Tetramethyl-4,4′-[3-(4-äthoxycarbonyl-5-methyl-pyrrol-2-yliden)-propenyliden]-bis-,
  − diäthylester 994

−, 3,5,3′,5′-Tetramethyl-4,4′-[2]pyridylmethylen-bis-,
  − diäthylester 975

−, 3,5,3′,5′-Tetramethyl-4,4′-[3]pyridylmethylen-bis-,
  − diäthylester 975

−, 3,5,3′,5′-Tetramethyl-4,4′-[4]pyridylmethylen-bis-,
  − diäthylester 976

−, 3,5,3′,5′-Tetramethyl-4,4′-[3-pyrrol-2-yliden-propenyliden]-bis-,
  − diäthylester 978

−, 5,5′,5″-Trimethyl-4,4′,4″-methantriyl-tris-,
  − triäthylester 987

Pyrrol-3-carbonsäure

−, 5-[1-Acetyl-2,5-dioxo-imidazolidin-4-ylidenmethyl]-2-methyl-,
  − äthylester 1037

−, 2-[4-Äthoxycarbonyl-3,5-dimethyl-pyrrol-2-ylmethylen]-5-[3-äthoxycarbonyl-4-methyl-pyrrol-2-ylidenmethyl]-4-methyl-2*H*-,
  − äthylester 991

−, 2-Äthoxycarbonylmethyl-5-[1(3)*H*-imidazol-4-ylmethyl]-4-methyl-,
  − äthylester 972

−, 5-[1-Äthyl-4,6-dioxo-2-thioxo-tetrahydro-pyrimidin-5-ylidenmethyl]-2,4-dimethyl-,
  − äthylester 1042

−, 5-[Bis-(3,5-dimethyl-pyrrol-2-yl)-methylen]-2,4-dimethyl-5*H*-,
  − äthylester 957

−, 5-[Bis-(3,5-dimethyl-pyrrol-2-yl)-methylen]-2-methyl-5*H*-,
  − äthylester 957

−, 5-Brom-4,2′,4′,2″,4″-pentamethyl-2,5′,5″-methantriyl-tris-,
  − triäthylester 988

−, 5-Chlor-4,2′,4′,2″,4″-pentamethyl-2,5′,5″-methantriyl-tris-,
  − triäthylester 988

−, 2,2′-Dimethyl-5,5′-[4-äthoxycarbonyl-3,5-dimethyl-pyrrol-2-ylidenmethandiyl]-bis-,
  − diäthylester 990

−, 2,2′-Dimethyl-5,5′-[5-äthoxycarbonyl-2,4-dimethyl-pyrrol-3-ylidenmethandiyl]-bis-,
  − diäthylester 990

−, 2,2′-Dimethyl-5,5′-[3-(4-äthoxycarbonyl-3,5-dimethyl-pyrrol-2-yliden)-propenyliden]-bis-,
  − diäthylester 993

−, 2,2′-Dimethyl-5,5′-[4-äthoxycarbonyl-5-methyl-pyrrol-2-ylidenmethandiyl]-bis-,
  − diäthylester 989

−, 2,2′-Dimethyl-5,5′-[2]pyridylmethylen-bis-,
  − diäthylester 975

−, 1,2,4,2′,4′,2″,4″-Heptamethyl-5,5′,5″-methantriyl-tris-,
  − triäthylester 989

Pyrrol-3-carbonsäure (Fortsetzung)

—, 2,4,2′,4′,2″,4″-Hexamethyl-5,5′,5″-
äthentriyl-tris-,
- triäthylester 992

—, 4,5,4′,5′,4″,5″-Hexamethyl-2,2′,2″-
äthentriyl-tris-,
- triäthylester 992

—, 2,4,2′,4′,2″,4″-Hexamethyl-5,5′,5″-
methantriyl-tris-,
- triäthylester 988

—, 3,5,3′,5′,3″,5″-Hexamethyl-4,4′,4″-
methantriyl-tris-,
- triäthylester 989

—, 5-[5-Hydroxy-2,4,6-trioxo-hexahydro-
pyrimidin-5-yl]-2,4-dimethyl-,
- äthylester 1052

—, 5-[5-Hydroxy-2,4,6-trioxo-hexahydro-
pyrimidin-5-yl]-2-methyl-,
- äthylester 1052

—, 1,2,4,1′,2′,4′,2″,4″-Octamethyl-5,5′,5″-
methantriyl-tris-,
- triäthylester 989

—, 2,4,2′,4′,4″-Pentamethyl-5,5′,5″-
methantriyl-tris-,
- triäthylester 988

—, 4,2′,4′,2″,4″-Pentamethyl-2,5′,5″-
methantriyl-tris-,
- triäthylester 987

—, 2,4,2′,4′-Tetramethyl-5,5′-
[5-äthoxycarbonyl-4-äthoxycarbonylmethyl-
2-methyl-pyrrol-3-ylidenmethandiyl]-bis-,
- diäthylester 1001

—, 2,4,2′,4′-Tetramethyl-5,5′-
[5-äthoxycarbonyl-3-brom-4-methyl-
pyrrol-2-ylidenmethandiyl]-bis-,
- diäthylester 990

—, 2,4,2′,4′-Tetramethyl-5,5′-
[4-äthoxycarbonyl-3,5-dimethyl-pyrrol-
2-ylidenmethandiyl]-bis-,
- diäthylester 991

—, 2,4,2′,4′-Tetramethyl-5,5′-
[5-äthoxycarbonyl-2,4-dimethyl-pyrrol-
3-ylidenmethandiyl]-bis-,
- diäthylester 992

—, 2,4,2′,4′-Tetramethyl-5,5′-[5-
(4-äthoxycarbonyl-3,5-dimethyl-pyrrol-
2-yliden)-penta-1,3-dienyliden]-bis-,
- diäthylester 998

—, 2,4,2′,4′-Tetramethyl-5,5′-[3-
(4-äthoxycarbonyl-2,5-dimethyl-pyrrol-
3-yliden)-propenyliden]-bis-,
- diäthylester 995

—, 2,4,2′,4′-Tetramethyl-5,5′-[3-
(5-äthoxycarbonyl-2,4-dimethyl-pyrrol-
3-yliden)-propenyliden]-bis-,
- diäthylester 995

—, 2,4,2′,4′-Tetramethyl-5,5′-
[4-äthoxycarbonyl-5-methyl-pyrrol-
2-ylidenmethandiyl]-bis-,
- diäthylester 990

—, 2,4,2′,4′-Tetramethyl-5,5′-[3-
(3-äthoxycarbonyl-4-methyl-pyrrol-
2-yliden)-propenyliden]-bis-,
- diäthylester 993

—, 2,4,2′,4′-Tetramethyl-5,5′-[3-
(4-äthoxycarbonyl-3-methyl-pyrrol-
2-yliden)-propenyliden]-bis-,
- diäthylester 993

—, 2,4,2′,4′-Tetramethyl-5,5′-[3-
(4-äthoxycarbonyl-5-methyl-pyrrol-
2-yliden)-propenyliden]-bis-,
- diäthylester 994

—, 2,4,2′,4′-Tetramethyl-5,5′-
[2]chinolylmethylen-bis-,
- diäthylester 982

—, 2,4,2′,4′-Tetramethyl-5,5′-
[4]chinolylmethylen-bis-,
- diäthylester 982

—, 2,4,2′,4′-Tetramethyl-5,5′-[6-methyl-
[2]pyridylmethylen]-bis-,
- diäthylester 976

—, 2,4,2′,4′-Tetramethyl-5,5′-
[2]pyridylmethylen-bis-,
- diäthylester 975

—, 2,4,2′,4′-Tetramethyl-5,5′-
[3]pyridylmethylen-bis-,
- diäthylester 975

—, 2,4,2′,4′-Tetramethyl-5,5′-
[4]pyridylmethylen-bis-,
- diäthylester 975

—, 2,4,2′,4′-Tetramethyl-5,5′-[3-pyrrol-
2-yliden-propenyliden]-bis-,
- diäthylester 977

—, 2,2′,2″-Trimethyl-5,5′,5″-äthan-
1,1,1-triyl-tris-,
- triäthylester 987

—, 2,2′,2″-Trimethyl-5,5′,5″-methantriyl-
tris-,
- triäthylester 986

Pyrrol-2,3-dicarbonsäure

—, 5-[1(3)H-Imidazol-4-ylmethyl]-
4-methyl- 972
- 3-äthylester 972

Pyrrol-2,4-dicarbonsäure

—, 5-[(4-Äthoxycarbonyl-3,5-dimethyl-
pyrrol-2-yl)-(4-äthoxycarbonyl-
1,3,5-trimethyl-pyrrol-2-yl)-methyl]-
3-methyl-,
- diäthylester 999

—, 5-[Bis-(4-äthoxycarbonyl-3,5-dimethyl-
pyrrol-2-yl)-methyl]-1,3-dimethyl-,
- diäthylester 1000

—, 5-[Bis-(4-äthoxycarbonyl-3,5-dimethyl-
pyrrol-2-yl)-methylen]-3-methyl-5H-,
- diäthylester 1001

Pyrrol-2,4-dicarbonsäure (Fortsetzung)
−, 5-[Bis-(4-äthoxycarbonyl-3,5-dimethyl-
pyrrol-2-yl)-methyl]-3-methyl-,
  − diäthylester 999
−, 5-[Bis-(4-äthoxycarbonyl-5-methyl-
pyrrol-2-yl)-methylen]-3-methyl-5*H*-,
  − diäthylester 1001
−, 5-[Bis-(4-äthoxycarbonyl-5-methyl-
pyrrol-2-yl)-methyl]-3-methyl-,
  − diäthylester 999
−, 5-[Bis-(4-äthoxycarbonyl-
1,3,5-trimethyl-pyrrol-2-yl)-methyl]-
1,3-dimethyl-,
  − diäthylester 1000
Pyrrol-3,4-dicarbonsäure
−, 2,5-Di-[2]pyridyl- 976
  − diäthylester 976
Pyrrolidin
−, 2,5-Bis-[2-oxo-5-sulfo-indolin-
3-yliden]- 1070
Pyrrolium
−, 1-[2-Hydroxy-5-sulfo-indol-3-yl]-4-
[2-oxo-5-sulfo-indolin-3-yliden]-
3,4-dihydro-2*H*-,
  − betain 1070
Pyrrolo[2,3-*b*]chinoxalin-3-carbonitril
−, 2-Oxo-2,3-dihydro-1*H*- 1020
Pyrrolo[3,2-*c*;4,5-*c'*]dipyridin-4-ylamin
−, 5*H*- 1148
Pyrrolo[3,2-*a*]phenazin-1-carbonsäure
−, 2,5-Dimethyl-3*H*-,
  − äthylester 961
−, 2-Methyl-3*H*-,
  − äthylester 961
−, 2,4,5-Trimethyl-3*H*-,
  − äthylester 961
Pyrrolo[3,2-*c*]pyrazol-6a-carbonsäure
−, 5-Acetoxy-6-[1-methoxy-äthyliden]-
1,3a-dihydro-6*H*-,
  − äthylester 1005
Pyrrolo[3,4-*c*]pyrazol-3-carbonsäure
−, 5-[4-Äthoxy-phenyl]-4,6-dioxo-
1,3a,4,5,6,6a-hexahydro-,
  − äthylester 1033
−, 5-[2,5-Dimethoxy-phenyl]-4,6-dioxo-
1,3a,4,5,6,6a-hexahydro-,
  − äthylester 1033
−, 5-[2,4-Dimethyl-phenyl]-4,6-dioxo-
1,3a,4,5,6,6a-hexahydro-,
  − äthylester 1033
−, 4,6-Dioxo-5-phenyl-1,3a,4,5,6,6a-
hexahydro-,
  − äthylester 1033
−, 4,6-Dioxo-5-*p*-tolyl-1,3a,4,5,6,6a-
hexahydro-,
  − äthylester 1033
−, 5-[4-Methoxy-phenyl]-4,6-dioxo-
1,3a,4,5,6,6a-hexahydro-,
  − äthylester 1033

−, 3a-Methyl-4,6-dioxo-5-phenyl-
1,3a,4,5,6,6a-hexahydro-,
  − äthylester 1033
−, 6a-Methyl-4,6-dioxo-5-phenyl-
1,3a,4,5,6,6a-hexahydro-,
  − äthylester 1033
Pyrrolo[2,3-*d*]pyridazin-2-carbonsäure
−, 3-Methyl-4-oxo-4,5-dihydro-1*H*-,
  − äthylester 1013
Pyrrolo[2,3-*d*]pyrimidin-5-carbonitril
−, 4-Amino-7-ribofuranosyl-7*H*- 1419
Pyrrolo[3,2-*d*]pyrimidin-6-carbonsäure
−, 2-Äthoxy-4-amino-5*H*-,
  − äthylester 1423
−, 2,4-Diäthoxy-5*H*-,
  − äthylester 1005
−, 2,4-Dimethoxy-5*H*-,
  − äthylester 1005
−, 1,3-Dimethyl-2,4-dioxo-
2,3,4,5-tetrahydro-1*H*- 1034
  − äthylester 1034
−, 1,3,5-Trimethyl-2,4-dioxo-
2,3,4,5-tetrahydro-1*H*-,
  − äthylester 1034
Pyrrolo[3,2-*d*]pyrimidin-7-carbonsäure
−, 2-Chlor-4-methyl-6-oxo-6,7-dihydro-
5*H*-,
  − äthylester 1013
−, 4-Chlor-2-methyl-6-oxo-6,7-dihydro-
5*H*-,
  − äthylester 1424
−, 4-Dimethylamino-2-methyl-6-oxo-
6,7-dihydro-5*H*-,
  − äthylester 1424
Pyrrolo[2,3-*d*]pyrimidin-4-ylamin
−, 7-Ribofuranosyl-7*H*- 1117
Pyrrolo[2,1-*c*][1,2,4]triazol-3-carbonsäure
−, 6,7-Dihydro-5*H*-,
  − amid 940

Q

Quinazoline
s. *Chinazolin*
Quinoline
s. *Chinolin*
Quinoxaline
s. *Chinoxalin*

R

Racemomycin-A 1400
Racemomycin-B 1401
Racemomycin-C 1401
Racemomycin-D 1401

S

Salicylaldehyd
- [5-amino-1H-[1,2,4]triazol-3-ylimin] 1166

Salicylamid
- , N-[1H-Benzotriazol-5-yl]- 1113

Salicylsäure
- [3-(4,6-dithioxo-1,4,5,6-tetrahydro-[1,3,5]triazin-2-ylamino)-anilid] 1389

Schwefelsäure
- mono-[2-(4,6-dimethoxy-[1,3,5]triazin-2-ylamino)-äthylester] 1346

Simazin 1208

Sorboguanamin 1237

Spinacin 940

Spiro[chinazolin-2,3'-indolin]-4-carbonsäure
- , 2'-Oxo-1H- 1027
  - äthylester 1027
  - amid 1027
  - anilid 1027
  - methylester 1027

Spiro[cyclopropan-1,8'-(4,7-methano-benzotriazol)]-5',5'-dicarbonsäure
- , 1'-Phenyl-1',3'a,4',6',7',7'a-hexahydro-,
  - diäthylester 971
- , 3'-Phenyl-3',3'a,4',6',7',7'a-hexahydro-,
  - diäthylester 971

Stearamid
- , N,N'-[6-Oxo-1,6-dihydro-[1,3,5]triazin-2,4-diyl]-bis- 1357
- , N,N',N''-[1,3,5]Triazin-2,4,6-triyl-tris- 1276

Stearoguanamin 1234

Stibonsäure
- , [4-(4-Amino-6-chlor-[1,3,5]triazin-2-ylamino)-phenyl]- 1218
- , [4-(4,6-Diamino-[1,3,5]triazin-2-ylamino)-phenyl]- 1296
- , [4-(4,6-Dichlor-[1,3,5]triazin-2-ylamino)-phenyl]- 1102

Stilben-2,2'-disulfonsäure
- , 4-Acetylamino-4'-[6-sulfo-naphtho≈[1,2-d][1,2,3]triazol-2-yl]- 1060
- , 4-[4-Amino-benzoylamino]-4'-[5-sulfo-naphtho[1,2-d][1,2,3]triazol-2-yl]- 1057
- , 4-[4-Amino-benzoylamino]-4'-[6-sulfo-naphtho[1,2-d][1,2,3]triazol-2-yl]- 1060
- , 4-Amino-4'-[6-sulfo-naphtho[1,2-d]≈[1,2,3]triazol-2-yl]- 1060
- , 4-Benzoylamino-4'-[6-sulfo-naphtho[1,2-d][1,2,3]triazol-2-yl]- 1060
- , 4,4'-Bis-[4-äthoxy-6-amino-[1,3,5]triazin-2-ylamino]- 1320
- , 4,4'-Bis-[4-äthoxy-6-anilino-[1,3,5]triazin-2-ylamino]- 1320
- , 4,4'-Bis-[4-äthoxy-6-methoxy-[1,3,5]triazin-2-ylamino]- 1348

- , 4,4'-Bis-[4-äthoxy-6-(4-sulfo-anilino)-[1,3,5]triazin-2-ylamino]- 1320
- , 4,4'-Bis-[5-amino-benzotriazol-2-yl]- 1115
- , 4,4'-Bis-[4-amino-6-methoxy-[1,3,5]triazin-2-ylamino]- 1320
- , 4,4'-Bis-[4-amino-6-oxo-1,6-dihydro-[1,3,5]triazin-2-ylamino]- 1358
- , 4,4'-Bis-[4-anilino-6-methoxy-[1,3,5]triazin-2-ylamino]- 1320
- , 4,4'-Bis-[4-anilino-6-oxo-1,6-dihydro-[1,3,5]triazin-2-ylamino]- 1358
- , 4,4'-Bis-[4,6-diäthoxy-[1,3,5]triazin-2-ylamino]- 1348
- , 4,4'-Bis-[4,6-dianilino-[1,3,5]triazin-2-ylamino]- 1291
- , 4,4'-Bis-[4,6-dimethoxy-[1,3,5]triazin-2-ylamino]- 1348
- , 4,4'-Bis-[4,6-dioxo-1,4,5,6-tetrahydro-[1,3,5]triazin-2-ylamino]- 1387
- , 4,4'-Bis-[4-methoxy-6-(4-sulfo-anilino)-[1,3,5]triazin-2-ylamino]- 1320
- , 4,4'-Bis-[6-oxo-4-(4-sulfo-anilino)-1,6-dihydro-[1,3,5]triazin-2-ylamino]- 1358
- , 4,4'-Bis-[5-sulfo-benzotriazol-1-yl]- 1055
- , 4,4'-Bis-[5-sulfo-naphtho[1,2-d]≈[1,2,3]triazol-2-yl]- 1057
- , 4,4'-Bis-[6-sulfo-naphtho[1,2-d]≈[1,2,3]triazol-2-yl]- 1061
- , 4,4'-Bis-[7-sulfo-naphtho[1,2-d]≈[1,2,3]triazol-2-yl]- 1064
- , 5,5'-Dichlor-4,4'-bis-[4,6-dianilino-[1,3,5]triazin-2-ylamino]- 1291
- , 4-[N'-Phenyl-ureido]-4'-[6-sulfo-naphtho[1,2-d][1,2,3]triazol-2-yl]- 1060

Stilben-2-sulfonsäure
- , 4-[5-Acetylamino-benzotriazol-2-yl]-,
  - cyclohexylamid 1115
  - dodecylamid 1115
  - phenylester 1115
- , 4-[5-Benzoylamino-benzotriazol-2-yl]-,
  - cyclohexylamid 1115

Streptothricin 1400
Streptothricin-C 1401
Streptothricin-D 1401
Streptothricin-E 1400
Streptothricin-F 1400

Succinamidsäure
- , N-[7-Chlor-1-oxy-benzo[e]≈[1,2,4]triazin-3-yl]- 1126
- , N-[5-(1-Hydroxy-[2]naphthoylamino)-1H-[1,2,4]triazol-3-yl]-3-octadec-x-enyl- 1170
- , N-[4-(5-Methyl-1H-[1,2,4]triazol-3-ylsulfamoyl)-phenyl]- 1084

Sulfanilsäure
- benzo[e][1,2,4]triazin-3-ylamid 1123
- [1H-benzotriazol-5-ylamid] 1115

Sulfanilsäure (Fortsetzung)
- [4,6-bis-äthylmercapto-
  [1,3,5]triazin-2-ylamid] 1349
- [4,6-bis-methylmercapto-
  [1,3,5]triazin-2-ylamid] 1349
- [7-chlor-benzo[e][1,2,4]triazin-
  3-ylamid] 1128
- [4,6-diamino-[1,3,5]triazin-
  2-ylamid] 1298
- [4,6-dimethoxy-1-methyl-
  1H-[1,3,5]triazin-2-ylidenamid] 1349
- [4,6-dimethoxy-[1,3,5]triazin-
  2-ylamid] 1348
- [(dimethoxy-[1,3,5]triazin-2-yl)-
  methyl-amid] 1349
- [5,6-diphenyl-[1,2,4]triazin-
  3-ylamid] 1154
- [5-methyl-1H-[1,2,4]triazol-
  3-ylamid] 1084
- [5-[3]pyridyl-1(2)H-pyrazol-
  3-ylamid] 1141
- [1H-[1,2,4]triazol-3-ylamid] 1080
-, N-Acetyl-,
  - [4,6-dimethoxy-[1,3,5]triazin-
    2-ylamid] 1348
  - [5-methyl-1H-[1,2,4]triazol-
    3-ylamid] 1084
  - [5-[3]pyridyl-1(2)H-pyrazol-
    3-ylamid] 1142
  - [1H-[1,2,4]triazol-3-ylamid] 1081
-, N-[Amino-[1,3,5]triazin-2-yl]-,
  - amid 1203
-, N-[(4-Arsono-anilino)-chlor-
  [1,3,5]triazin-2-yl]- 1217
-, N-[Bis-carboxymethylamino-
  [1,3,5]triazin-2-yl]-,
  - amid 1285
-, N-[Diäthoxy-[1,3,5]triazin-2-yl]- 1347
  - amid 1347
-, N-[Diamino-[1,3,5]triazin-2-yl]- 1285
  - amid 1285
-, N-[Dianilino-[1,3,5]triazin-2-yl]-,
  - amid 1285
-, N-[Dichlor-[1,3,5]triazin-2-yl]- 1100
  - amid 1101
-, N-[Dimethoxy-[1,3,5]triazin-2-yl]-,
  - amid 1347
-, N-[4,6-Dioxo-1,4,5,6-tetrahydro-
  [1,3,5]triazin-2-yl]-,
  - amid 1387
-, N-[Diphenoxy-[1,3,5]triazin-2-yl]-,
  - amid 1347
-, N,N'-[(2-Hydroxy-äthylamino)-
  [1,3,5]triazin-2,4-diyl]-di-,
  - diamid 1285
-, N,N'-[Methoxy-[1,3,5]triazin-2,4-diyl]-
  di-,
  - diamid 1319

-, N,N',N''-[1,3,5]Triazin-2,4,6-triyl-tri-,
  - monoamid 1285
  - triamid 1285

Sulfon
-, Bis-[4-(5-amino-4-carboxy-
  [1,2,3]triazol-1-yl)-phenyl]- 1406
-, Bis-[4-(5-amino-[1,2,3]triazol-1-yl)-
  phenyl]- 1073
-, Bis-[4-(4,6-diamino-2,2-dimethyl-
  2H-[1,3,5]triazin-1-yl)-phenyl]- 1184
-, Bis-[4-(4,6-diamino-[1,3,5]triazin-
  2-ylamino)-phenyl]- 1272

T

Thioammelin 1359
Thiocarbazidsäure
-, 3-[6,7,8,9-Tetrahydro-5H-
  [1,2,4]triazolo[4,3-a]azepin-3-yl]-,
  - O-äthylester 1433
Thiocarbonsäure
-, Dimethylamino-[1,3,5]triazin-2,4-bis-,
  - bis-dimethylamid 1422
Thioharnstoff
-, N-[5-Amino-1-(4-chlor-phenyl)-
  1H-[1,2,4]triazol-3-yl]-N'-phenyl- 1170
-, N-{Amino-[methyl-(2-vinyloxy-äthyl)-
  amino]-[1,3,5]triazin-2-yl}-
  N'-methoxymethyl- 1279
-, N-[5-Amino-1-phenyl-1H-
  [1,2,4]triazol-3-yl]-N'-[1]naphthyl- 1170
-, N-[5-Amino-1-phenyl-1H-
  [1,2,4]triazol-3-yl]-N'-phenyl- 1169
-, N-[4-(4-Chlor-anilino)-6,6-dimethyl-
  1,6-dihydro-[1,3,5]triazin-2-yl]-N'-[4-chlor-
  phenyl]- 1185
-, N-Methyl-N'-[4-(5-oxo-3-thioxo-
  2,3,4,5-tetrahydro-[1,2,4]triazin-6-yl)-
  phenyl]- 1394
Thiosemicarbazid
-, 1-[1-Oxy-benzo[e][1,2,4]triazin-3-yl]-
  1434
Thiourazolimid 1351
Toluol-2-sulfonamid
-, N,N',N''-[1,3,5]Triazin-2,4,6-triyl-tris-
  1299
Toluol-4-sulfonamid
-, N-[6-Amino-2-phenyl-2H-benzotriazol-
  5-yl]- 1237
-, N-[6-Amino-2-phenyl-7-phenylazo-
  2H-benzotriazol-5-yl]- 1446
-, N-[4,6-Dioxo-1,4,5,6-tetrahydro-
  [1,3,5]triazin-2-yl]- 1388
-, N,N',N''-[1,3,5]Triazin-2,4,6-triyl-tris-
  1299
Toluol-4-sulfonsäure
- [N'-(bis-heptafluorpropyl-
  [1,3,5]triazin-2-yl)-hydrazid] 1433

Toluol-4-sulfonsäure (Fortsetzung)
- [N'-(bis-pentafluoräthyl-[1,3,5]triazin-2-yl)-hydrazid] 1433
- [N'-(bis-trichlormethyl-[1,3,5]triazin-2-yl)-hydrazid] 1433
- [N'-(1-oxy-benzo[e][1,2,4]triazin-3-yl)-hydrazid] 1435

Toyocamycin 1419

Tretamin 1268

2,4,6-Triaza-bicyclo[3.2.1]oct-2-en-7-carbonsäure
- , 3-Amino- 1408

2,5,7-Triaza-norborn-2-en
- , 1,3,4,6-Tetrakis-[4-amino-phenyl]- 1306

6,8,10-Triaza-spiro[4.5]deca-6,8-dien-7,9-diyldiamin
- , 10-[4-Chlor-phenyl]- 1230
- , 10-o-Tolyl- 1230

1,7,9-Triaza-spiro[4.5]deca-7,9-dien-6-on
- , 1-Acetyl-8,10-diamino- 1370

1,3,8-Triaza-spiro[4.5]decan-6-carbonsäure
- , 8-Methyl-2,4-dioxo-,
- äthylester 1032

1,3,5-Triaza-spiro[5.5]undeca-1,3-dien-2,4-diyldiamin
- , 5-[4-Äthyl-phenyl]- 1232
- , 5-[2-Chlor-phenyl]- 1231
- , 5-[4-Chlor-phenyl]- 1232
- , 5-[2,4-Dichlor-phenyl]- 1232

Triazen
- , 3-Acetyl-1-[4-brom-phenyl]-3-[1-(4-brom-phenyl)-1H-[1,2,3]triazol-4-yl]- 1451
- , N-[4-Brom-phenyl]-N'-[1-(4-brom-phenyl)-1H-[1,2,3]triazol-4-yl]- 1451
- , N-Phenyl-N'-[1-phenyl-1H-[1,2,3]triazol-4-yl]- 1451

[1,2,4]Triazin
- , 3-Acetylamino-5-phenyl- 1145
- , 3-Acetylamino-6-phenyl- 1146
- , 3-[4-Acetylamino-phenyl]-5,6-diphenyl- 1160
- , 3-Äthoxy-5-dimethylamino- 1310
- , 3-Allylaminomethyl-6-phenyl-4,5-dihydro- 1144
- , 5-Aziridin-1-yl-3-chlor- 1094
- , 3-Benzylaminomethyl-6-phenyl-4,5-dihydro- 1144
- , 5-Benzyl-3-hydrazino- 1436
- , 5-Biphenyl-4-yl-3-hydrazino- 1437
- , 5,6-Bis-[4-acetylamino-phenyl]-3-methylmercapto- 1344
- , 3-Chlor-5-dimethylamino- 1094
- , 5-[4-Chlor-phenyl]-3-[3,5-dimethyl-pyrazol-1-yl]- 1436
- , 5-[4-Chlor-phenyl]-3-hydrazino- 1436
- , 5-[4-Chlor-phenyl]-3-isopropyl=idenhydrazino- 1436

- , 5-[4-Chlor-phenyl]-3-methyl=enhydrazino- 1436
- , 5-[4-Chlor-phenyl]-3-[4-methyl-piperazino]- 1146
- , 5-[4-Chlor-phenyl]-3-piperazino-1145
- , 5-Cyclohexyl-3-hydrazino- 1433
- , 3-Diacetylamino-5,6-diphenyl- 1154
- , 3-Diäthylaminomethyl-6-phenyl-4,5-dihydro- 1144
- , 5-Dimethylamino- 1094
- , 3-Dimethylamino-5,6-bis-[4-methoxy-phenyl]- 1350
- , 3-Dimethylamino-5,6-diphenyl- 1154
- , 3-Dimethylaminomethyl-6-phenyl-4,5-dihydro- 1144
- , 5,6-Diphenyl-3-[N'-phenyl-hydrazino]- 1437
- , 5,6-Diphenyl-3-sulfanilylamino- 1154
- , 3-Hydrazino-5,6-diphenyl- 1437
- , 5-Hydrazino-3,6-diphenyl- 1437
- , 3-Hydrazino-5-[4-methoxy-phenyl]- 1439
- , 3-Hydrazino-6-methyl-5-phenyl- 1436
- , 3-Hydrazino-5-[2]naphthyl- 1437
- , 3-Hydrazino-5-phenyl- 1435
- , 5-[4-Methoxy-phenyl]-3-[4-methyl-piperazino]- 1341
- , 5-[4-Methoxy-phenyl]-3-[4-nitroso-piperazino]- 1341
- , 5-[4-Methoxy-phenyl]-3-piperazino-1341
- , 3-[4-Methyl-piperazino]-5-phenyl-1145
- , 3-[4-Nitroso-piperazino]-5-phenyl-1145
- , 5-Phenyl-3-piperazino- 1145

[1,3,5]Triazin
- , Acetoxymethyl-bis-dimethylamino-1324
- , Acetylamino-anilino-[2-methoxy-äthyl]- 1333
- , 6-Acetylamino-4-[4-chlor-anilino]-2,2-dimethyl-1,2-dihydro- 1184
- , Acetylamino-methyl-piperidino- 1221
- , [4-Acetylamino-phenyl]-diphenyl-1161
- , Äthoxy-bis-aziridin-1-yl- 1317
- , 1-[4-Äthoxy-phenyl]-2,4-diimino-1,2,3,4-tetrahydro- 1202
- , Äthylamino- 1095
- , Äthylamino-dichlor- 1096
- , Äthyl-benzylamino- 1103
- , Äthyl-benzylamino-chlor- 1103
- , Äthyl-bis-aziridin-1-yl- 1227
- , Äthyl-bis-propionylamino-1227
- , 1-[4-Äthyl-phenyl]-2,4-diimino-1,2,3,4-tetrahydro- 1199

[1,3,5]Triazin (Fortsetzung)
—, Allylamino-dichlor- 1097
—, Anilino- 1095
—, Anilino-dibutoxy- 1346
—, Anilino-dichlor- 1097
—, Anilino-dimethoxy- 1345
—, Anilino-diphenyl- 1155
—, o-Anisidino-dichlor- 1099
—, p-Anisidino-dichlor- 1099
—, [4-Arsono-anilino]-chlor-[4-sulfo-anilino]- 1217
—, Aziridin-1-yl-bis-chlormethyl- 1104
—, Aziridin-1-yl-bis-trichlormethyl- 1104
—, Aziridin-1-yl-chlor-methylamino- 1212
—, Aziridin-1-yl-dimethoxy- 1346
—, Aziridin-1-yl-dimethyl- 1104
—, Aziridin-1-yl-diphenyl- 1155
—, 6-Benzoylamino-4-[4-chlor-anilino]-2,2-dimethyl-1,2-dihydro- 1184
—, Benzylamino- 1095
—, Benzylamino-chlor-methyl- 1103
—, Benzylamino-chlor-propyl- 1105
—, Benzylamino-dichlor- 1099
—, Benzylamino-methyl- 1102
—, Biphenyl-2-ylamino-dichlor- 1099
—, Biphenyl-4-ylamino-dichlor- 1099
—, Bis-acetylamino-benzoylamino- 1276
—, Bis-acetylamino-benzyl- 1246
—, Bis-acetylamino-[2-chlor-benzoyl-amino]- 1277
—, Bis-acetylamino-[3-chlor-benzoyl-amino]- 1277
—, Bis-acetylamino-[4-chlor-benzoyl-amino]- 1277
—, Bis-acetylamino-isobutyl- 1229
—, Bis-acetylamino-isopentyl- 1230
—, Bis-acetylamino-methyl- 1222
—, Bis-acetylamino-nitroamino- 1450
—, Bis-acetylamino-m-tolyl- 1247
—, Bis-acetylamino-p-tolyl- 1247
—, Bis-[2-äthoxycarbonyl-äthylamino]-chlor- 1215
—, Bis-[äthoxycarbonylmethyl-amino]-chlor- 1215
—, Bis-[4-äthoxycarbonyl-piperazino]- 1204
—, Bis-[4-äthoxycarbonyl-piperazino]-chlor- 1216
—, Bis-äthylmercapto-sulfanilylamino- 1349
—, Bis-allyloxy-anilino- 1346
—, Bis-allyloxy-dodecylamino- 1345
—, Bis-aziridin-1-yl- 1202
—, Bis-aziridin-1-yl-benzylamino- 1267
—, Bis-aziridin-1-yl-benzylmercapto- 1322
—, Bis-aziridin-1-yl-benzyloxy- 1318
—, Bis-aziridin-1-yl-chlor- 1212

—, Bis-aziridin-1-yl-diäthylamino- 1267
—, Bis-aziridin-1-yl-[2-diäthylamino-äthoxy]- 1318
—, Bis-aziridin-1-yl-diazomethyl- 1367
—, Bis-aziridin-1-yl-dimethylamino- 1267
—, Bis-aziridin-1-yl-isopropoxy- 1317
—, Bis-aziridin-1-yl-methoxy- 1317
—, Bis-aziridin-1-yl-methylamino- 1267
—, Bis-aziridin-1-yl-[4-methyl-piperazino]- 1288
—, Bis-aziridin-1-yl-phenoxy- 1317
—, Bis-aziridin-1-yl-phenyl- 1245
—, Bis-aziridin-1-yl-piperidino- 1271
—, Bis-aziridin-1-yl-[2-piperidino-äthoxy]- 1318
—, Bis-[butyl-(2-cyan-äthyl)-amino]-chlor- 1215
—, Bis-chlormethyl-dimethylamino- 1104
—, Bis-[N-cyan-anilino]-[N-cyan-p-phenetidino]- 1280
—, Bis-dichlormethyl-dimethylamino- 1104
—, Bis-methylmercapto-sulfanilylamino- 1349
—, Bis-nicotinoylamino- 1206
—, Bis-[2-phenyl-butyrylamino]- 1203
—, Bis-phosphonoamino- 1207
—, Butoxy-dipiperidino- 1319
—, Butylamino- 1095
—, Butylamino-dichlor- 1097
—, tert-Butylamino-dichlor- 1097
—, Butylamino-dimethoxy- 1345
—, Chlor-bis-[N-cyan-anilino]- 1214
—, Chlor-bis-[cyanmethyl-amino]- 1215
—, Chlor-diäthylamino-diazomethyl- 1365
—, Chlor-diazomethyl-dimethylamino- 1365
—, Chlor-diazomethyl-methylamino- 1365
—, Chlor-dipiperidino- 1213
—, [N-Cyan-anilino]-bis-[N-cyan-p-phenetidino]- 1281
—, Cyclohexylamino-dimethoxy- 1345
—, Diäthoxy-anilino- 1346
—, Diäthylamino-bis-diäthylthiocarbamoyl-mercapto- 1349
—, Diäthylamino-dimethoxy- 1345
—, Dianilino- 1198
—, Dianilino-chlor- 1211
—, Dianilino-methoxy- 1317
—, Dianilino-methylmercapto- 1322
—, Dianilino-propoxy- 1317
—, Diazomethyl-dipiperidino- 1368

[1,3,5]Triazin (Fortsetzung)
–, Dichlor-decylamino- 1097
–, Dichlor-diäthylamino- 1096
–, Dichlor-dibutylamino- 1097
–, Dichlor-dihexylamino- 1097
–, Dichlor-diisopropylamino- 1097
–, Dichlor-dimethylamino- 1096
–, Dichlor-diphenylamino- 1098
–, Dichlor-dipropylamino- 1097
–, Dichlor-dodecylamino- 1097
–, Dichlor-heptylamino- 1097
–, Dichlor-isobutylamino- 1097
–, Dichlor-isopentylamino- 1097
–, Dichlor-isopropylamino- 1097
–, Dichlor-methylamino- 1096
–, Dichlor-[2]naphthylamino- 1099
–, Dichlor-piperidino- 1099
–, Dichlor-propylamino- 1096
–, Dichlor-*m*-toluidino- 1098
–, Dichlor-*o*-toluidino- 1098
–, Dichlor-*p*-toluidino- 1098
–, Dicyclohexylamino-dimethoxy- 1345
–, 2,4-Diimino-1-[2-methoxy-phenyl]-
 1,2,3,4-tetrahydro- 1202
–, 2,4-Diimino-6-methyl-1-phenyl-
 1,2,3,4-tetrahydro- 1221
–, 2,4-Diimino-1-phenyl-
 1,2,3,4-tetrahydro- 1195
–, 2,4-Diimino-1-*p*-tolyl-
 1,2,3,4-tetrahydro- 1198
–, Diisopropylamino-bis-diisopropyl⹀
 thiocarbamoylmercapto- 1349
–, Dimethoxy-sulfanilylamino- 1348
–, Dimethoxy-[2-sulfooxy-äthylamino]-
 1346
–, Dimethylamino-bis-dimethyl⹀
 thiocarbamoylmercapto- 1349
–, Dimethylamino-bis-trichlormethyl-
 1104
–, Diphenyl-[*N'*-phenyl-hydrazino]-
 1438
–, Dodecylamino- 1095
–, Methoxy-dipiperidino- 1319
–, Methylamino- 1094
–, Octylamino- 1095
–, Piperidino-bis-[piperidin-
 1-thiocarbonylmercapto]- 1349
–, Propylamino- 1095
–, 4,6,4',6'-Tetrakis-aziridin-1-yl-
 2,2'-piperazin-1,4-diyl-bis- 1288
–, 4,6,4',6'-Tetrakis-trichlormethyl-
 2,2'-hydrazo-bis- 1433
–, Trianilino- 1263
–, Triguanidino- 1280
–, Tripiperidino- 1271
–, Tripyrrolidino- 1271
–, Tris-acetylamino- 1275
–, Tris-[(*N*-acetyl-sulfanilyl)-amino]-
 1299

–, Tris-[äthoxycarbonyl-diazo-acetyl]-
 1050
–, Tris-[4-äthoxycarbonyl-
 piperazino]- 1288
–, Tris-[4-äthyl-piperazino]- 1288
–, Tris-[1-amino-9,10-dioxo-
 9,10-dihydro-[2]anthryl]- 1399
–, Tris-[1-amino-2-hydroxy-1-methyl-
 2-phenyl-äthyl]- 1350
–, Tris-azetidin-1-yl- 1270
–, Tris-aziridin-1-yl- 1268
–, Tris-benzolsulfonylamino- 1299
–, Tris-benzoylamino- 1277
–, Tris-[(*N*-benzoyl-sulfanilyl)-amino]-
 1299
–, Tris-[benzyl-cyan-amino]- 1280
–, Tris-[bis-(2-chlor-äthoxy)-phosphoryl]-
 1452
–, Tris-butyrylamino- 1275
–, Tris-[2-chlor-benzoylamino]- 1278
–, Tris-[3-chlor-benzoylamino]- 1278
–, Tris-[4-chlor-benzoylamino]- 1278
–, Tris-cyanamino- 1280
–, Tris-[*N*-cyan-anilino]- 1280
–, Tris-[*N*-cyan-*o*-anisidino]- 1280
–, Tris-[*N*-cyan-*p*-anisidino]- 1281
–, Tris-[*N*-cyan-2,4-dimethyl-anilino]- 1280
–, Tris-[cyan-methyl-amino]- 1280
–, Tris-[cyan-[1]naphthyl-amino]- 1280
–, Tris-[cyan-[2]naphthyl-amino]- 1280
–, Tris-[*N*-cyan-*p*-phenetidino]- 1281
–, Tris-[2-cyan-phenyl]- 998
–, Tris-[*N*-cyan-*o*-toluidino]- 1280
–, Tris-diäthoxyphosphoryl- 1452
–, Tris-dimethoxyphosphoryl- 1452
–, Tris-heptanoylamino- 1275
–, Tris-hexanoylamino- 1275
–, Tris-isovalerylamino- 1275
–, Tris-lauroylamino- 1276
–, Tris-methansulfonylamino- 1298
–, Tris-[2-methyl-aziridin-1-yl]- 1270
–, Tris-nonanoylamino- 1276
–, Tris-octanoylamino- 1276
–, Tris-oleoylamino- 1276
–, Tris-propionylamino- 1275
–, Tris-stearoylamino- 1276
–, Tris-sulfanilylamino- 1299
–, Tris-[toluol-2-sulfonylamino]- 1299
–, Tris-[toluol-4-sulfonylamino]- 1299
–, Tris-valerylamino- 1275
–, Tri-*p*-toluidino- 1264
[1,3,5]Triazin-2-carbaldehyd
–, 4-Acetylamino-6-oxo-1,6-dihydro-,
 – [*O*-acetyl-oxim] 1390
–, 4-Amino-6-hydroxyimino-1,6-dihydro-,
 – oxim 1390
–, 4-Amino-6-oxo-1,6-dihydro-,
 – oxim 1390
 – phenylhydrazon 1390

[1,3,5]Triazin-2-carbaldehyd (Fortsetzung)
—, Diamino-,
- [*O*-acetyl-oxim] 1366
- [bis-(2-äthyl-hexyl)-acetal] 1366
- diäthylacetal 1366
- dibutylacetal 1366
- dimethylacetal 1366
- oxim 1366
- phenylhydrazon 1366

[1,3,5]Triazin-2-carbamidin
—, *N*-Acetoxy-4-acetoxyimino-6-oxo-
1,4,5,6-tetrahydro- 1032

[1,3,5]Triazin-2-carbamidoxim
—, 4,6-Dioxo-1,4,5,6-tetrahydro- 1031
—, 4-Hydroxyimino-6-oxo-
1,4,5,6-tetrahydro- 1032

[1,3,5]Triazin-2-carbimidsäure
—, *N*-Acetoxy-4-acetoxyimino-6-oxo-
1,4,5,6-tetrahydro-,
- amid 1032

[1,3,5]Triazin-2-carbohydroximsäure
—, 4,6-Dioxo-1,4,5,6-tetrahydro-,
- amid 1031

[1,3,5]Triazin-2-carbonitril
—, 4-Acetoxyimino-6-oxo-
1,4,5,6-tetrahydro- 1031
—, 4-Benzoyloxyimino-6-oxo-
1,4,5,6-tetrahydro- 1031
—, [4-Chlor-anilino]-dimethylamino-
1411
—, Dimethylamino-[*N*-methyl-anilino]-
1411
—, 4,6-Dioxo-1,4,5,6-tetrahydro-
1031

[1,2,4]Triazin-3-carbonsäure
—, 5-Amino-6-phenyl- 1421
- hydrazid 1421
- methylester 1421
—, 5,6-Bis-[4-chlor-phenyl]-,
- äthylester 960
—, 5,6-Dimethyl-,
- äthylester 940
- amid 940
- hydrazid 940
—, 5,6-Diphenyl- 960
- äthylester 960
—, 5-Oxo-6-phenyl-4,5-dihydro- 1019

[1,2,4]Triazin-5-carbonsäure
—, 3-[α-Hydroxy-benzhydryl]-6-oxo-
1,6-dihydro- 1051
—, 6-Oxo-3-phenyl-1,6-dihydro- 1019

[1,2,4]Triazin-6-carbonsäure
—, 5-Amino-3-phenyl- 1421
- methylester 1421
—, 3,5-Dioxo-2,3,4,5-tetrahydro- 1030
—, 3-Methylmercapto-5-oxo-4,5-dihydro-
1051
—, 5-Oxo-3-phenyl-4,5-dihydro- 1019

—, 5-Oxo-3-thioxo-2,3,4,5-tetrahydro-
1030
- äthylester 1031

[1,3,5]Triazin-2-carbonsäure
—, Amino-anilino- 1409
- äthylester 1410
- amid 1410
- anilid 1410
- [2-diäthylamino-äthylester] 1410
- [2-dimethylamino-äthylester] 1410
- hydrazid 1410
- methylester 1409
- [*N'*-phenyl-hydrazid] 1411
- propylester 1410
—, Amino-cyclohexylamino- 1409
—, Amino-[2,4-dichlor-anilino]- 1409
—, 4-Amino-6-oxo-1,6-dihydro-,
- amid 1423
—, Amino-phenäthylamino- 1411
- amid 1412
—, Amino-*p*-phenetidino- 1412
- äthylester 1412
- hydrazid 1412
- methylester 1412
- [*N'*-phenyl-hydrazid] 1412
—, Amino-*p*-toluidino- 1411
- äthylester 1411
- hydrazid 1411
- methylester 1411
- [*N'*-phenyl-hydrazid] 1411
—, Amino-trichlormethyl-,
- äthylester 1413
- amid 1413
—, 4,6-Bis-trichlormethyl-,
- äthylester 940
—, [4-Chlor-anilino]-dimethylamino-,
- amid 1411
—, Diamino-,
- amid 1409
—, Dimethylamino-[*N*-methyl-anilino]-,
- amid 1411
—, 4,6-Dioxo-hexahydro- 1029
- äthylester 1029
- methylester 1029
—, 4,6-Dioxo-1,4,5,6-tetrahydro- 1031
- amid 1031
—, 5-Methyl-4,6-dioxo-hexahydro- 1029
- äthylester 1029
- methylester 1029
—, 5-Methyl-4,6-dioxo-1,4,5,6-tetrahydro-
1032
—, 1-Methyl-3-methylcarbamoyl-
4,6-dioxo-hexahydro-,
- methylester 1030

[1,2,4]Triazin-5,6-dicarbonsäure
- diäthylester 969

[1,3,5]Triazin-2,4-dicarbonsäure
—, Amino-,
- diäthylester 1422

[1,3,5]Triazin-2,4-dicarbonsäure   (Fortsetzung)
−, 6-Oxo-1,6-dihydro-,
  − diamid 1041
−, Trichlormethyl-,
  − diäthylester 970
[1,3,5]Triazin-2,4-diol
−, 6-[2]Pyridyl- 1386
−, 6-[4]Pyridyl- 1386
[1,3,5]Triazin-2,4-dion
−, 6-[Acetylamino-methyl]-1*H*- 1389
−, 6-Amino-1*H*- 1385
−, 6-Aminomethyl-1*H*- 1389
  − monooxim 1389
−, 6-Amino-3-phenyl-1*H*- 1386
−, 6-Anilino-1*H*- 1386
−, 6-Anilino-1,3-dimethyl-1*H*- 1386
−, 6-Benzhydrylidenhydrazino-1*H*-
  1440
−, 6-Benzolsulfonylamino-1*H*- 1388
−, 6-Benzoylamino-1*H*- 1386
−, 6-Butylamino-1,3-dimethyl-1*H*- 1386
−, 6-[2-Diäthylamino-äthylamino]-1*H*-
  1387
−, 6-[4-Dimethylamino-phenyl]-dihydro-
  1392
−, 6-[4-Dimethylamino-styryl]-1*H*-
  1394
−, 6-[4-Dimethylamino-styryl]-
  1,3-dimethyl-1*H*- 1395
−, 6-Hydrazino-1*H*- 1440
−, 6-Hydroxyamino-1*H*- 1431
−, 6-Methansulfonylamino-1*H*- 1388
−, 6-Nitroamino-1*H*- 1450
−, 6-[*N'*-Phenyl-hydrazino]-1*H*- 1440
−, 6-[2]Pyridyl-1*H*- 1386
−, 6-[4]Pyridyl-1*H*- 1386
[1,3,5]Triazin-2,4-dithion
−, 6-[4-Acetylamino-phenyl]-dihydro-
  1393
−, 6-[4-Acetylamino-phenyl]-1-phenyl-
  dihydro- 1393
−, 6-Amino-1*H*- 1388
−, 6-[4-Amino-phenyl]-1-phenyl-dihydro-
  1393
−, 6-[3-Salicyloylamino-anilino]-1*H*-
  1389
[1,2,3]Triazin-4,6-diyldiamin
−, 2,5-Dihydro- 1174
[1,2,4]Triazin-3,5-diyldiamin
−, 6-[4-Chlor-phenyl]- 1244
−, 6-[2,4-Dichlor-phenyl]- 1244
−, 6-[3,4-Dichlor-phenyl]- 1244
−, 6-Phenyl- 1244
[1,3,5]Triazin-2,4-diyldiamin 1190
−, 1-[4-Äthansulfonyl-phenyl]-
  6,6-dimethyl-1,6-dihydro- 1184
−, 6-Äthoxy- 1311
−, 6-[2-Äthoxy-äthoxy]- 1312
−, 6-[1-(1-Äthoxy-äthoxy)-äthyl]- 1327

−, 6-[α-(1-Äthoxy-äthoxy)-benzyl]- 1342
−, 6-[1-(1-Äthoxy-äthoxy)-cyclohexyl]-
  1334
−, 6-[α-(1-Äthoxy-äthoxy)-isopropyl]-
  1334
−, 6-[2-Äthoxy-äthyl]- 1330
−, 6-[2-Äthoxy-äthyl]-*N²*-äthyl-*N²*-
  [4-chlor-phenyl]- 1332
−, 6-[2-Äthoxy-äthyl]-*N²*-äthyl-
  N²-phenyl- 1332
−, 6-[2-Äthoxy-äthyl]-*N²*-äthyl-*N²*-
  o-tolyl- 1332
−, 6-[2-Äthoxy-äthyl]-*N²*-allyl-*N²*-
  [4-chlor-phenyl]- 1332
−, 6-[2-Äthoxy-äthyl]-*N²*-butyl-
  N²-phenyl- 1332
−, 6-[2-Äthoxy-äthylmercapto]- 1321
−, 6-[2-Äthoxy-äthyl]-*N²*-phenyl- 1331
−, 6-[2-Äthoxy-äthyl]-*N²*-*m*-tolyl- 1332
−, 6-[2-Äthoxy-äthyl]-*N²*-*o*-tolyl- 1332
−, 6-[2-Äthoxy-äthyl]-*N²*-*p*-tolyl- 1332
−, 6-Äthoxy-*N²,N⁴*-bis-[4-amino-
  2-methyl-[6]chinolyl]- 1320
−, 6-Äthoxy-*N²,N⁴*-bis-[2-hydroxy-
  propyl]- 1319
−, 6-Äthoxy-*N²,N⁴*-bis-[4-methoxy-
  phenyl]- 1319
−, 6-Äthoxy-*N²*-[4-chlor-phenyl]-
  N⁴-isopropyl- 1317
−, 6-Äthoxy-*N²,N⁴*-diäthyl- 1314
−, 6-Äthoxy-*N²,N²*-dimethyl- 1313
−, 6-Äthoxy-*N²,N⁴*-dimethyl- 1313
−, 6-[Äthoxymethoxy-methyl]- 1323
−, 6-Äthoxy-*N²*-methyl- 1313
−, 6-Äthoxy-*N²*-pentyl- 1315
−, *N²*-[4-Äthoxy-phenyl]- 1202
−, 1-[4-Äthoxy-phenyl]-6-äthyl-6-methyl-
  1,6-dihydro- 1189
−, 1-[4-Äthoxy-phenyl]-6,6-dimethyl-
  1,6-dihydro- 1183
−, *N²*-[4-Äthoxy-phenyl]-6-heptadecyl-
  1235
−, 1-[4-Äthoxy-phenyl]-6-[4-methoxy-
  phenyl]-1,6-dihydro- 1340
−, 1-[4-Äthoxy-phenyl]-6-methyl-6-
  [2-methyl-propenyl]-1,6-dihydro- 1231
−, 6-Äthoxy-*N²*-[3-piperidino-propyl]-
  1320
−, 6-[2-Äthoxy-propyl]- 1333
−, 6-Äthoxy-*N²,N²,N⁴*-trimethyl- 1313
−, 6-Äthyl- 1226
−, *N²*-Äthyl- 1191
−, 6-Äthyl-*N²*-allyl- 1226
−, *N²*-Äthyl-6-[4-amino-phenoxy]- 1314
−, *N²*-Äthyl-*N²*-benzyl- 1199
−, 6-Äthyl-*N²*-[4-brom-phenyl]- 1227
−, 6-Äthyl-1-[4-brom-phenyl]-6-methyl-
  1,6-dihydro- 1188
−, *N²*-Äthyl-6-butoxy- 1314

[1,3,5]Triazin-2,4-diyldiamin   (Fortsetzung)
—, N^2-Äthyl-6-chlor- 1208
—, 6-Äthyl-N^2-[4-chlor-phenyl]- 1227
—, 6-Äthyl-1-[3-chlor-phenyl]-
1,6-dihydro- 1175
—, 6-Äthyl-1-[4-chlor-phenyl]-
1,6-dihydro- 1175
—, 6-Äthyl-N^2-[4-chlor-phenyl]-
1,6-dihydro- 1176
—, N^2-Äthyl-N^2-[4-chlor-phenyl]-6-
[2-methoxy-äthyl]- 1332
—, 6-Äthyl-1-[3-chlor-phenyl]-6-methyl-
1,6-dihydro- 1188
—, 6-Äthyl-1-[4-chlor-phenyl]-6-methyl-
1,6-dihydro- 1188
—, 6-Äthyl-N^2-[4-chlor-phenyl]-6-methyl-
1,6-dihydro- 1188
—, N^2-Äthyl-N^2-cyclohexyl- 1194
—, 6-Äthyl-N^2-[2,5-diäthoxy-4-amino-
phenyl]- 1228
—, 6-Äthyl-N^2-[2,5-diäthoxy-4-nitro-
phenyl]- 1227
—, 6-Äthyl-N^2-[2,5-diäthoxy-phenyl]- 1227
—, 6-Äthyl-1-[3,4-dichlor-phenyl]-
1,6-dihydro- 1176
—, 6-Äthyl-1-[3,4-dichlor-phenyl]-
6-methyl-1,6-dihydro- 1188
—, 6-[3-Äthyl-hept-1-enyl]- 1236
—, N^2-[2-Äthyl-hexyl]- 1193
—, 6-Äthyl-1-[4-jod-phenyl]-6-methyl-
1,6-dihydro- 1188
—, 6-Äthylmercapto- 1321
—, 1-[4-Äthylmercapto-phenyl]-
6,6-dimethyl-1,6-dihydro- 1184
—, N^2-Äthyl-6-methoxy- 1313
—, N^2-Äthyl-6-[2-methoxy-äthyl]-
N^2-phenyl- 1332
—, N^2-Äthyl-6-[1-methoxy-äthyl]-N^2-
o-tolyl- 1329
—, N^2-Äthyl-6-[2-methoxy-äthyl]-N^2-
o-tolyl- 1332
—, N^2-Äthyl-6-methoxymethyl-N^2-
m-tolyl- 1326
—, N^2-Äthyl-6-methoxymethyl-N^2-o-tolyl- 1326
—, 6-Äthyl-1-[4-methoxy-phenyl]-
6-methyl-1,6-dihydro- 1189
—, 6-[1-Äthyl-4-methyl-pentyl]- 1233
—, 6-Äthyl-6-methyl-1-phenyl-
1,6-dihydro- 1187
—, 6-Äthyl-6-methyl-1-p-tolyl-
1,6-dihydro- 1189
—, N^2-Äthyl-6-[4-nitro-phenoxy]- 1314
—, 6-[1-Äthyl-pentyl]- 1233
—, 6-[1-Äthyl-pentyl]-N^2-butyl- 1233
—, 6-Äthyl-N^2-phenyl- 1226
—, N^2-[2-Äthyl-phenyl]- 1199
—, N^2-[4-Äthyl-phenyl]- 1199
—, N^2-Äthyl-N^2-phenyl- 1198
—, N^2-[2-Äthyl-phenyl]-6-[2-methoxy-
äthyl]- 1332

—, N^2-[2-Äthyl-phenyl]-6-methoxymethyl-
1326
—, 1-[2-Äthyl-phenyl]-6-[4-methoxy-
phenyl]-1,6-dihydro- 1340
—, 6-[4-Äthyl-piperazino]- 1288
—, N^2-[1-Äthyl-propyl]- 1192
—, O^2-Allyl- 1193
—, N^2-Allyl-6-butoxy- 1315
—, N^2-Allyl-6-chlor- 1209
—, N^2-Allyl-N^2-[4-chlor-phenyl]-6-
[2-methoxy-äthyl]- 1332
—, N^2-Allyl-N^2-[4-chlor-phenyl]-6-
[2-pyrrolidino-äthyl]- 1302
—, 6-Allylmercapto- 1321
—, N^2-Allyl-6-methoxy- 1315
—, N^2-Allyl-6-methoxymethyl- 1324
—, N^2-Allyl-6-methyl- 1219
—, 6-Allyloxy- 1312
—, 6-Allyloxy-N^2-butyl- 1315
—, N^2-Allyl-6-phenyl- 1244
—, N^2-[3-Amino-4-chlor-phenyl]- 1204
—, N^2-[4-Amino-2,5-dimethoxy-phenyl]-
6-methyl- 1222
—, 6-Aminomethyl- 1300
—, 6-Aminomethyl-N^4-[4-chlor-phenyl]-
N^2,N^2-dimethyl- 1301
—, 6-Aminomethyl-N^2,N^2,N^4-trimethyl-
N^4-phenyl- 1301
—, 6-[2-Amino-phenoxy]- 1312
—, 6-[4-Amino-phenoxy]- 1312
—, 6-[3-Amino-phenyl]- 1304
—, 6-[4-Amino-phenyl]- 1305
—, N^2-[3-Amino-phenyl]-6-propyl- 1229
—, 6-[4-Amino-styryl]- 1305
—, 6-Aziridin-1-yl- 1266
—, 6-Aziridin-1-yl-N^2,N^2,N^4,N^4-
tetramethyl- 1266
—, N^2-Benzhydryl- 1201
—, 6-Benzyl- 1246
—, N^2-Benzyl- 1199
—, 6-Benzylmercapto- 1321
—, N^2-Benzyl-6-[2-methoxy-äthyl]-
N^2-phenyl- 1332
—, N^2-Benzyl-6-methoxymethyl-
N^2-methyl- 1326
—, 6-Benzyloxy- 1312
—, N^2-Benzyl-N^2-phenyl- 1199
—, N^2-Bibenzyl-α-yl- 1201
—, N^2-Biphenyl-4-yl-6,6-dimethyl-
1,6-dihydro- 1183
—, N^2,N^4-Bis-[2-äthoxycarbamoyl-äthyl]-
6-propoxy- 1319
—, N^2,N^4-Bis-[2-äthoxycarbonyl-äthyl]-6-chlor-
1215
—, N^2,N^4-Bis-[2-äthoxycarbonylamino-
äthyl]- 1203
—, N^2,N^4-Bis-[2-äthoxycarbonylamino-
äthyl]-6-chlor- 1216
—, N^2,N^4-Bis-äthoxycarbonylmethyl-6-chlor-
1215

[1,3,5]Triazin-2,4-diyldiamin (Fortsetzung)
—, 6-[Bis-(2-äthyl-hexyloxy)-methyl]-
  1366
—, N^2,N^4-Bis-[4-amino-2-methyl-
  [6]chinolyl]-6-chlor- 1219
—, N^2,N^4-Bis-[4-arsono-phenyl]-6-chlor-
  1218
—, N^2,N^4-Bis-[2-aziridin-1-yl-äthyl]-
  6-trichlormethyl- 1225
—, N^2,N^4-Bis-[5-benzoylamino-
  9,10-dioxo-9,10-dihydro-[1]anthryl]-
  6-benzyl- 1246
—, N^2,N^4-Bis-carboxymethyl-
  6-chlor- 1274
—, 1,N^2-Bis-[4-chlor-phenyl]-
  6,6-dimethyl-1,6-dihydro- 1182
—, N^2,N^4-Bis-[4-chlor-phenyl]-
  6-trifluormethyl- 1223
—, N^2-[β,β'-Bis-diäthylamino-isopropyl]-
  6-chlor-N^4-[4-chlor-phenyl]- 1217
—, N^2,N^4-Bis-[9,10-dioxo-9,10-dihydro-
  [1]anthryl]-6-methyl- 1221
—, N^2,N^4-Bis-[9,10-dioxo-9,10-dihydro-
  [1]anthryl]-6-phenyl- 1245
—, 6-{[Bis-(2-hydroxy-äthyl)-amino]-
  methyl}- 1301
—, N^2,N^4-Bis-[2-hydroxy-äthyl]-
  6-methoxy-N^2,N^4-diphenyl- 1318
—, 1,6-Bis-[4-hydroxy-phenyl]-
  1,6-dihydro- 1340
—, 1,6-Bis-[4-methoxy-phenyl]-
  1,6-dihydro- 1340
—, N^2-Bornan-2-yl- 1195
—, 6-[1-Brom-äthyl]-N^2-phenyl- 1228
—, 6-[Brom-chlor-methyl]- 1226
—, 6-[Brom-chlor-methyl]-N^2-phenyl- 1226
—, N^2-[2-Brom-4-chlor-phenyl]- 1197
—, 1-[3-Brom-4-chlor-phenyl]-
  6,6-dimethyl-1,6-dihydro- 1178
—, 1-[4-Brom-3-chlor-phenyl]-6-methyl-
  6-[2-methyl-propenyl]-1,6-dihydro- 1231
—, 6-[α-Brom-isobutyl]- 1229
—, 6-[3-Brom-4-methyl-phenyl]- 1247
—, N^2-[4-Brom-2-methyl-phenyl]-
  6-methoxymethyl- 1325
—, 6-[9-Brom-nonyl]- 1233
—, N^2-[4-Brom-phenäthyl]- 1200
—, N^2-[4-Brom-phenyl]- 1196
—, 1-[2-Brom-phenyl]-6,6-dimethyl-
  1,6-dihydro- 1178
—, 1-[3-Brom-phenyl]-6,6-dimethyl-
  1,6-dihydro- 1178
—, 1-[4-Brom-phenyl]-6,6-dimethyl-
  1,6-dihydro- 1178
—, N^2-[4-Brom-phenyl]-6,6-dimethyl-
  1,6-dihydro- 1180
—, N^2-[3-Brom-phenyl]-6-[1-methoxy-
  äthyl]- 1328
—, N^2-[4-Brom-phenyl]-6-[2-methoxy-
  äthyl]- 1331

—, N^2-[3-Brom-phenyl]-6-methoxymethyl-
  1325
—, 1-[4-Brom-phenyl]-6-methyl-6-
  [2-methyl-propenyl]-1,6-dihydro- 1231
—, 6-Butoxy- 1311
—, 6-sec-Butoxy- 1311
—, 6-[1-(1-Butoxy-äthoxy)-äthyl]- 1328
—, 6-[2-(2-Butoxy-äthoxy)-äthylmercapto]-
  1321
—, 6-[α-(1-Butoxy-äthoxy)-isopropyl]-
  1334
—, 6-[(1-Butoxy-äthoxy)-methyl]- 1323
—, 6-[1-tert-Butoxy-äthyl]- 1327
—, 6-[1-tert-Butoxy-äthyl]-N^2-isopropyl-
  1328
—, 6-Butoxy-N^2-butyl- 1315
—, 6-Butoxy-N^2-cyclohexyl- 1316
—, 6-Butoxy-N^2,N^4-dicyclohexyl- 1316
—, 6-Butoxy-N^2,N^2-dimethallyl- 1316
—, 6-Butoxy-N^2,N^4-dimethallyl- 1316
—, 6-Butoxy-N^2,N^2-dimethyl- 1313
—, 6-Butoxy-N^2,N^4-dimethyl- 1313
—, 6-Butoxy-N^2-hexyl- 1315
—, 6-Butoxy-N^2-methallyl- 1316
—, 6-Butoxy-N^2-methyl- 1313
—, 6-tert-Butoxymethyl- 1323
—, 6-tert-Butoxymethyl-N^2,N^4-di-o-tolyl-
  1326
—, 6-Butoxy-N^2-pentyl- 1315
—, 6-Butoxy-N^2-propyl- 1315
—, 6-Butoxy-N^2,N^2,N^4,N^4-tetramethallyl-
  1316
—, 6-Butoxy-N^2,N^2,N^4,N^4-tetramethyl-
  1313
—, 6-Butoxy-N^2,N^2,N^4-trimethyl- 1313
—, 6-Butyl- 1229
—, N^2-Butyl- 1191
—, N^2-sec-Butyl- 1192
—, N^2-tert-Butyl- 1192
—, N^2-Butyl-6-chlor- 1209
—, N^2-Butyl-6-methoxy- 1315
—, N^2-Butyl-6-[2-methoxy-äthyl]-
  N^2-phenyl- 1332
—, N^2-Butyl-N^2-methyl- 1192
—, N^2-Butyl-N^2-phenyl-6-[2-pyrrolidino-
  äthyl]- 1302
—, N^2-Butyl-6-trifluormethyl- 1223
—, N^2-[3]Chinolyl- 1206
—, 6-Chlor- 1207
—, 6-[4-Chlor-benzyl]- 1247
—, N^2-[4-Chlor-benzyl]- 1199
—, 6-{2-[2-(5-Chlor-biphenyl-2-yloxy)-
  äthoxy]-äthylmercapto}- 1322
—, 6-Chlor-N^2,N^4-bis-[2-chlor-äthyl]-
  1208
—, 6-Chlor-N^2,N^4-bis-[4-chlor-phenyl]-
  1211
—, 6-Chlor-N^2,N^4-bis-cyanmethyl- 1215
—, 6-Chlor-N^2,N^4-bis-[2-diäthylamino-
  äthyl]- 1216

[1,3,5]Triazin-2,4-diyldiamin (Fortsetzung)
- —, 6-Chlor-N^2,N^4-bis-[3-diäthylamino-propyl]- 1216
- —, 6-Chlor-N^2,N^4-bis-[2-(diäthyl-methyl-ammonio)-äthyl]- 1216
- —, 6-Chlor-N^2,N^4-bis-[2,5-dichlor-phenyl]- 1212
- —, 6-Chlor-N^2,N^4-bis-[9,10-dioxo-9,10-dihydro-[1]anthryl]- 1214
- —, 6-Chlor-N^2,N^4-bis-[3-dipropylamino-propyl]- 1216
- —, 6-Chlor-N^2,N^4-bis-[2-hydroxy-äthyl]- 1212
- —, 6-Chlor-N^2,N^4-bis-[2-hydroxy-propyl]- 1213
- —, 6-Chlor-N^2,N^4-bis-[3-hydroxy-propyl]- 1213
- —, 6-Chlor-N^2,N^4-bis-[4-methoxy-phenyl]- 1214
- —, 6-Chlor-N^2,N^4-bis-[4-nitro-phenyl]- 1212
- —, 6-Chlor-N^2,N^4-bis-[2-triäthyl-ammonio-äthyl]- 1216
- —, 6-Chlor-N^2,N^4-bis-[3-triäthyl-ammonio-propyl]- 1216
- —, 6-Chlor-N^2,N^4-bis-[3-tripropyl-ammonio-propyl]- 1216
- —, 6-Chlor-N^2-[4-chlor-phenyl]- 1211
- —, 6-Chlor-N^2-[4-chlor-phenyl]-N^4-[2-diäthylamino-äthyl]- 1215
- —, 6-Chlor-N^2-[4-chlor-phenyl]-N^4-isopropyl- 1211
- —, 6-Chlor-N^2-[4-chlor-phenyl]-N^4-[4-methoxy-phenyl]- 1213
- —, 6-Chlor-N^2-cyclohexyl- 1211
- —, 6-Chlor-N^2-[2-diäthylamino-äthyl]-N^4-[4-methoxy-phenyl]- 1215
- —, 6-Chlor-N^2-[2-diäthylamino-äthyl]-N^4-phenyl- 1215
- —, 6-Chlor-N^2,N^4-dicyclohexyl- 1211
- —, 6-Chlor-N^2,N^2-dimethallyl- 1210
- —, 6-Chlor-N^2,N^4-dimethallyl- 1210
- —, 6-Chlor-N^2,N^2-dimethyl- 1207
- —, 6-Chlor-N^2,N^4-dimethyl- 1207
- —, 6-Chlor-N^2,N^4-dimethyl-N^2,N^4-diphenyl- 1212
- —, 6-Chlor-N^2,N^4-dioctadecyl- 1209
- —, 6-Chlor-N^2,N^4-diphenyl- 1211
- —, 6-Chlor-N^2,N^4-di-[2]pyridyl- 1218
- —, 6-Chlor-N^2-hexyl- 1209
- —, 6-Chlor-N^2-isopropyl-N^4-phenyl- 1211
- —, 1-[3-Chlor-4-jod-phenyl]-6,6-dimethyl-1,6-dihydro- 1179
- —, 6-Chlor-N^2-methallyl- 1210
- —, 6-Chlormethyl- 1224
- —, 6-Chlor-N^2-methyl- 1207
- —, 6-Chlormethyl-N^2-[4-chlor-phenyl]- 1224

- —, 6-Chlormethyl-N^2-phenyl- 1224
- —, 1-[4-Chlor-3-methyl-phenyl]-6,6-dimethyl-1,6-dihydro- 1183
- —, N^2-[4-Chlor-2-methyl-phenyl]-6-[2-methoxy-äthyl]- 1332
- —, N^2-[5-Chlor-2-methyl-phenyl]-6-[1-methoxy-äthyl]- 1328
- —, N^4-[5-Chlor-2-methyl-phenyl]-6-[1-methoxy-äthyl]-N^2,N^2-dimethyl- 1328
- —, N^2-[3-Chlor-2-methyl-phenyl]-6-methoxymethyl- 1325
- —, N^2-[5-Chlor-2-methyl-phenyl]-6-methoxymethyl- 1325
- —, 6-Chlormethyl-N^2,N^2,N^4,N^4-tetramethyl- 1224
- —, N^2-[4-Chlor-3-nitro-phenyl]- 1197
- —, 6-Chlor-N^2-pentyl- 1209
- —, N^2-[2-Chlor-phenäthyl]- 1200
- —, N^2-[4-Chlor-phenäthyl]- 1200
- —, 6-Chlor-N^2-phenyl- 1211
- —, N^2-[2-Chlor-phenyl]- 1196
- —, N^2-[4-Chlor-phenyl]- 1196
- —, N^2-[1-(4-Chlor-phenyl)-äthyl]- 1200
- —, 6-[2-Chlor-phenyl]-1-[4-chlor-phenyl]-1,6-dihydro- 1242
- —, N^2-[4-Chlor-phenyl]-N^4-[2-diäthylamino-äthyl]-6-methyl- 1222
- —, N^2-[4-Chlor-phenyl]-N^4-[3-diäthylamino-propyl]-6-diazomethyl- 1368
- —, N^2-[4-Chlor-phenyl]-N^4-[3-diäthylamino-propyl]-6-methyl- 1222
- —, N^4-[4-Chlor-phenyl]-6-diazomethyl-N^2,N^2-dimethyl- 1367
- —, N^2-[4-Chlor-phenyl]-N^4-[2-dimethylamino-äthyl]-6-trichlormethyl- 1225
- —, 1-[4-Chlor-phenyl]-6-[4-dimethyl-amino-phenyl]-1,6-dihydro- 1304
- —, N^2-[4-Chlor-phenyl]-N^4-[3-dimethylamino-propyl]-6-trichlormethyl- 1225
- —, 1-[2-Chlor-phenyl]-6,6-dimethyl-1,6-dihydro- 1176
- —, 1-[3-Chlor-phenyl]-6,6-dimethyl-1,6-dihydro- 1176
- —, 1-[4-Chlor-phenyl]-6,6-dimethyl-1,6-dihydro- 1176
- —, N^2-[4-Chlor-phenyl]-6,6-dimethyl-1,6-dihydro- 1179
- —, 1-[4-Chlor-phenyl]-6-hexyl-1,6-dihydro- 1189
- —, N^2-[4-Chlor-phenyl]-N^4-isopropyl- 1198
- —, 1-[4-Chlor-phenyl]-6-isopropyl-1,6-dihydro- 1187
- —, N^2-[4-Chlor-phenyl]-6-isopropyl-1,6-dihydro- 1187

[1,3,5]Triazin-2,4-diyldiamin   (Fortsetzung)

–, N^2-[4-Chlor-phenyl]-N^4-isopropyl-6-methoxy- 1317

–, N^2-[4-Chlor-phenyl]-N^4-isopropyl-6-methyl- 1220

–, N^2-[2-Chlor-phenyl]-6-[2-methoxy-äthyl]- 1331

–, N^2-[3-Chlor-phenyl]-6-[2-methoxy-äthyl]- 1331

–, N^2-[4-Chlor-phenyl]-6-[2-methoxy-äthyl]- 1331

–, N^2-[3-Chlor-phenyl]-6-methoxymethyl- 1325

–, 1-[2-Chlor-phenyl]-6-[4-methoxy-phenyl]-1,6-dihydro- 1339

–, 1-[3-Chlor-phenyl]-6-[4-methoxy-phenyl]-1,6-dihydro- 1339

–, 1-[4-Chlor-phenyl]-6-[4-methoxy-phenyl]-1,6-dihydro- 1339

–, N^2-[4-Chlor-phenyl]-6-methyl- 1220

–, 1-[3-Chlor-phenyl]-6-methyl-1,6-dihydro- 1174

–, 1-[4-Chlor-phenyl]-6-methyl-1,6-dihydro- 1175

–, 1-[4-Chlor-phenyl]-6-methyl-6-[2-methyl-propenyl]-1,6-dihydro- 1230

–, 1-[4-Chlor-phenyl]-N^2-methyl-6-phenyl-1,6-dihydro- 1242

–, 1-[4-Chlor-phenyl]-6-methyl-6-propyl-1,6-dihydro- 1189

–, 1-[4-Chlor-phenyl]-6-phenyl-1,6-dihydro- 1241

–, N^2-[4-Chlor-phenyl]-N^4-[2-piperidino-äthyl]-6-trichlormethyl- 1225

–, 1-[4-Chlor-phenyl]-6-propyl-1,6-dihydro- 1186

–, 1-[4-Chlor-phenyl]-6,6,N^4,N^4-tetramethyl-1,6-dihydro- 1181

–, N^2-[4-Chlor-phenyl]-6,6,N^4,N^4-tetramethyl-1,6-dihydro- 1182

–, N^4-[4-Chlor-phenyl]-1,6,6,N^2-tetramethyl-1,6-dihydro- 1181

–, 1-[4-Chlor-phenyl]-6,6,N^2-trimethyl-1,6-dihydro- 1180

–, 1-[4-Chlor-phenyl]-6,6,N^4-trimethyl-1,6-dihydro- 1180

–, N^2-[4-Chlor-phenyl]-1,6,6-trimethyl-1,6-dihydro- 1181

–, N^2-[4-Chlor-phenyl]-6,6,N^2-trimethyl-1,6-dihydro- 1182

–, N^2-[4-Chlor-phenyl]-6,6,N^4-trimethyl-1,6-dihydro- 1181

–, 6-Chlor-N^2-[3-piperidino-propyl]- 1216

–, 6-Chlor-N^2-propyl- 1209

–, 6-Chlor-N^2,N^2,N^4,N^4-tetrakis-[2-cyan-äthyl]- 1215

–, 6-Chlor-N^2,N^2,N^4,N^4-tetrakis-[2-hydroxy-äthyl]- 1213

–, 6-Chlor-N^2,N^2,N^4,N^4-tetramethallyl- 1211

–, 6-Chlor-N^2,N^2,N^4,N^4-tetramethyl- 1208

–, 6-Chlor-N^2,N^2,N^4-trimethallyl- 1210

–, 6-Chlor-N^2,N^2,N^4-trimethyl- 1208

–, N^2-Cycloheptyl- 1195

–, N^2-Cyclohexyl- 1194

–, N^2-[2-Cyclohexyl-äthyl]- 1195

–, N^2-[4-Cyclohexyl-butyl]- 1195

–, N^2-Cyclohexyl-6-methoxy- 1316

–, N^2-Cyclohexyl-6-[2-methoxy-äthyl]- 1330

–, N^2-Cyclohexylmethyl- 1195

–, N^2-Cyclohexyl-6-methyl- 1219

–, N^2-Cyclohexyl-N^2-methyl- 1194

–, 6-Cyclohexyloxy- 1312

–, 6-Cyclohexyloxy-N^2-methyl- 1313

–, 6-Cyclohexyloxy-N^2,N^2,N^4-trimethyl- 1313

–, N^2-Cyclohexyl-6-phenoxy- 1316

–, N^2-[3-Cyclohexyl-propyl]- 1195

–, N^2-Cyclohexyl-6-trifluormethyl- 1223

–, N^2-Cyclopentyl- 1194

–, N^2-[2-Cyclopentyl-äthyl]- 1195

–, N^2-Cyclopentylmethyl- 1194

–, N^2-Decyl- 1193

–, 6-Decyloxy- 1312

–, N^2-[2,5-Diäthoxy-4-amino-phenyl]- 1204

–, N^2-[2,5-Diäthoxy-4-amino-phenyl]-6-methyl- 1222

–, N^2-[2,5-Diäthoxy-4-amino-phenyl]-6-phenyl- 1245

–, 6-Diäthoxymethyl- 1366

–, N^2-[2,5-Diäthoxy-4-nitro-phenyl]- 1203

–, N^2-[2,5-Diäthoxy-4-nitro-phenyl]-6-methyl- 1221

–, N^2-[2,5-Diäthoxy-4-nitro-phenyl]-6-phenyl- 1245

–, N^2-[2,5-Diäthoxy-phenyl]-6-phenyl- 1245

–, N^2,N^2-Diäthyl- 1191

–, 6-Diäthylaminomethyl- 1300

–, N^4-[4-Diäthylamino-1-methyl-butyl]-6-methoxy- 1320

–, N^2,N^4-Diäthyl-6-[4-amino-phenoxy]- 1314

–, 6-[3-Diäthylamino-propoxy]- 1312

–, N^2-[3-Diäthylamino-propyl]-6-diazomethyl- 1368

–, N^2-[3-Diäthylamino-propyl]-6-diazomethyl-N^4-methyl- 1368

–, N^2,N^2-Diäthyl-6-butoxy- 1314

–, N^2,N^4-Diäthyl-6-butoxy- 1314

–, N^2,N^2-Diäthyl-6-chlor- 1208

–, N^2,N^4-Diäthyl-6-chlor- 1208

[1,3,5]Triazin-2,4-diyldiamin (Fortsetzung)

−, N^2,N^2-Diäthyl-6-chlor-N^4-[6-methoxy-[8]chinolyl]- 1218

−, N^2,N^2-Diäthyl-N^4-[4-chlor-phenyl]-1197

−, 6,6-Diäthyl-1-[4-chlor-phenyl]-1,6-dihydro- 1189

−, N^2,N^2-Diäthyl-N^4-[4-chlor-phenyl]-6-methyl- 1220

−, N^2,N^2-Diäthyl-6-diazomethyl- 1367

−, N^2,N^2-Diäthyl-6-methoxy- 1314

−, N^2,N^4-Diäthyl-6-methoxy- 1314

−, N^2,N^4-Diäthyl-6-[4-nitro-phenoxy]- 1314

−, N^2-[2,6-Diäthyl-phenyl]-6-methoxymethyl- 1327

−, N^2,N^4-Diäthyl-6-propoxy- 1314

−, N^2,N^2-Diallyl-6-butoxy- 1316

−, N^2,N^4-Diallyl-6-butoxy- 1315

−, N^2,N^2-Diallyl-6-chlor- 1210

−, N^2,N^4-Diallyl-6-chlor- 1210

−, N^2,N^2-Diallyl-6-methoxy- 1315

−, N^2,N^4-Diallyl-6-methoxy- 1315

−, 6-Diazomethyl- 1366

−, 6-Diazomethyl-N^2,N^2-dimethyl- 1367

−, 6-Diazomethyl-N^2,N^2,N^4,N^4-tetramethyl- 1367

−, 6-Diazomethyl-N^2,N^2,N^4-trimethyl-1367

−, 6-[8,9-Dibrom-heptadecyl]- 1235

−, N^2-[2,4-Dibrom-phenyl]- 1197

−, 1-[3,4-Dibrom-phenyl]-6,6-dimethyl-1,6-dihydro- 1178

−, N^2-[2,3-Dibrom-propyl]- 1191

−, 6-Dibutoxymethyl- 1366

−, N^2,N^2-Dibutyl-6-chlor- 1209

−, N^2,N^4-Dibutyl-6-chlor- 1209

−, N^2,N^4-Di-*tert*-butyl-6-chlor- 1209

−, N^2,N^4-Dibutyl-6-chlor-N^2,N^4-bis-[2-cyan-äthyl]- 1215

−, 6-Dichlormethyl- 1224

−, 6-Dichlormethyl-N^2-phenyl- 1224

−, N^2-[2,4-Dichlor-phenäthyl]- 1200

−, N^2-[3,4-Dichlor-phenäthyl]- 1200

−, N^2-[2,4-Dichlor-phenyl]- 1196

−, N^2-[3,4-Dichlor-phenyl]-N^4-[3-dimethylamino-propyl]-6-trichlormethyl-1225

−, 1-[2,4-Dichlor-phenyl]-6,6-dimethyl-1,6-dihydro- 1177

−, 1-[2,5-Dichlor-phenyl]-6,6-dimethyl-1,6-dihydro- 1177

−, 1-[3,4-Dichlor-phenyl]-6,6-dimethyl-1,6-dihydro- 1177

−, 1-[3,5-Dichlor-phenyl]-6,6-dimethyl-1,6-dihydro- 1178

−, 1-[3,4-Dichlor-phenyl]-6-isopropyl-1,6-dihydro- 1187

−, N^2-[2,3-Dichlor-phenyl]-6-[1-methoxy-äthyl]- 1328

−, N^2-[2,5-Dichlor-phenyl]-6-[1-methoxy-äthyl]- 1328

−, N^2-[3,5-Dichlor-phenyl]-6-[1-methoxy-äthyl]- 1328

−, N^2-[3,4-Dichlor-phenyl]-6-methoxymethyl- 1325

−, 1-[2,4-Dichlor-phenyl]-6-[4-methoxy-phenyl]-1,6-dihydro- 1339

−, 1-[3,4-Dichlor-phenyl]-6-methyl-1,6-dihydro- 1175

−, 1-[2,4-Dichlor-phenyl]-6-phenyl-1,6-dihydro- 1242

−, 1-[2,5-Dichlor-phenyl]-6-phenyl-1,6-dihydro- 1242

−, 1-[3,4-Dichlor-phenyl]-6-phenyl-1,6-dihydro- 1242

−, 1-[3,4-Dichlor-phenyl]-6-propyl-1,6-dihydro- 1186

−, N^2,N^2-Dimethallyl-6-methoxy-1316

−, N^2,N^4-Dimethallyl-6-methoxy- 1316

−, 6-Dimethoxymethyl- 1366

−, N^2-[3,4-Dimethoxy-phenäthyl]- 1203

−, N^2-[2,5-Dimethoxy-phenyl]-6-methoxymethyl- 1327

−, N^2,N^2-Dimethyl- 1190

−, N^2,N^4-Dimethyl- 1190

−, 6-[2-Dimethylamino-äthoxy]- 1312

−, 6-Dimethylaminomethyl- 1300

−, N^2-[4-Dimethylamino-phenyl]- 1204

−, N^2-[3-Dimethylamino-propyl]-N^4-[4-methoxy-phenyl]-6-trichlormethyl-1226

−, N^2-[3-Dimethylamino-propyl]-N^4-[4-nitro-phenyl]-6-trichlormethyl- 1226

−, N^2-[3-Dimethylamino-propyl]-N^4-phenyl-6-trichlormethyl- 1225

−, 6-[4-Dimethylamino-styryl]- 1305

−, 6,6-Dimethyl-1,N^2-diphenyl-1,6-dihydro- 1182

−, N^2-[1,1-Dimethyl-hexyl]- 1193

−, 6,6-Dimethyl-1-[4-methylmercapto-phenyl]-1,6-dihydro- 1183

−, 6,6-Dimethyl-1-[3-nitro-phenyl]-1,6-dihydro- 1179

−, 6,6-Dimethyl-1-[4-nitro-phenyl]-1,6-dihydro- 1179

−, 6,6-Dimethyl-1-phenyl-1,6-dihydro-1176

−, 6,6-Dimethyl-N^2-phenyl-1,6-dihydro-1179

−, 1-[3,4-Dimethyl-phenyl]-6,6-dimethyl-1,6-dihydro- 1183

−, N^2-[3,4-Dimethyl-phenyl]-6-heptadecyl- 1235

−, N^2-[3,5-Dimethyl-phenyl]-6-heptadecyl- 1235

−, N^2-[2,3-Dimethyl-phenyl]-6-[1-methoxy-äthyl]- 1329

[1,3,5]Triazin-2,4-diyldiamin (Fortsetzung)

−, N^2-[2,4-Dimethyl-phenyl]-6-
[1-methoxy-äthyl]- 1329

−, N^2-[2,3-Dimethyl-phenyl]-
6-methoxymethyl- 1326

−, N^2-[2,4-Dimethyl-phenyl]-
6-methoxymethyl- 1326

−, N^2-[2,5-Dimethyl-phenyl]-
6-methoxymethyl- 1327

−, N^2-[2,6-Dimethyl-phenyl]-
6-methoxymethyl- 1326

−, 1-[2,4-Dimethyl-phenyl]-6-[4-methoxy-
phenyl]-1,6-dihydro- 1340

−, 1-[2,6-Dimethyl-phenyl]-6-[4-methoxy-
phenyl]-1,6-dihydro- 1340

−, 1-[2,4-Dimethyl-phenyl]-6-methyl-6-
[2-methyl-propenyl]-1,6-dihydro- 1231

−, N^2-[1,2-Dimethyl-propyl]- 1192

−, 6,6-Dimethyl-1-o-tolyl-1,6-dihydro-
1183

−, 6,6-Dimethyl-1-p-tolyl-1,6-dihydro-
1183

−, 6,6-Dimethyl-1-[3,4,5-trichlor-phenyl]-
1,6-dihydro- 1178

−, 6-[2,4-Dinitro-phenylmercapto]- 1321

−, 6,N^2-Diphenyl- 1244

−, N^2,N^2-Diphenyl- 1198

−, N^2,N^4-Diphenyl- 1198

−, N^2-[2,2-Diphenyl-äthyl]- 1201

−, 1,6-Diphenyl-1,6-dihydro- 1241

−, 6,N^2-Diphenyl-1,6-dihydro- 1242

−, N^2,N^4-Diphenyl-6-propoxy- 1317

−, N^2,N^4-Di-[2]pyridyl- 1206

−, N^2-Dodecyl- 1193

−, 6-Dodecyloxy- 1312

−, 6-Fluor- 1207

−, N^2-[4-Fluor-phenyl]- 1196

−, N^2-[4-Fluor-phenyl]-6-[2-methoxy-
äthyl]- 1330

−, N^2-Furfuryl- 1206

−, 6-Heptadeca-8,11-dienyl- 1238

−, 6-Heptadecyl- 1234

−, 6-Heptadecyl-N^2-[4-methoxy-phenyl]-
1235

−, 6-Heptadecyl-N^2-phenyl- 1235

−, 6-Heptadecyl-N^2-m-tolyl- 1235

−, 6-Heptadecyl-N^2-p-tolyl- 1235

−, 6-Heptafluorpropyl- 1229

−, 6-Heptyl- 1232

−, N^2-Heptyl- 1193

−, 6-Heptyloxy- 1311

−, N^2-Hexadecyl- 1193

−, 6-Hexyl- 1232

−, N^2-Hexyl- 1193

−, N^2-Hexyl-6-methoxy- 1315

−, 6-Hexyloxy- 1311

−, 6-Hexyloxy-N^2-methyl- 1313

−, 6-Isobutoxy- 1311

−, 6-[Isobutoxymethoxy-methyl]- 1323

−, 6-Isobutyl- 1229

−, N^2-Isobutyl- 1192

−, N^2-Isobutyl-N^2-methyl- 1192

−, N^2-Isohexyl- 1193

−, 6-Isopentyl- 1230

−, N^2-Isopentyl- 1192

−, N^2-Isopentyl-6-[2-methoxy-äthyl]-
N^2-phenyl- 1332

−, N^2-Isopentyl-6-methoxymethyl- 1324

−, N^2-Isopentyl-N^2-methyl- 1192

−, 6-Isopentyloxy- 1311

−, 6-Isopropenyl- 1236

−, 6-Isopropoxy- 1311

−, 6-Isopropoxymethyl- 1323

−, N^2-Isopropyl- 1191

−, 6-Isopropylmercapto- 1321

−, N^2-Isopropyl-N^4-phenyl- 1197

−, 6-[4-Isopropyl-piperazino]- 1288

−, N^2-[4-Jod-phenyl]- 1197

−, 1-[3-Jod-phenyl]-6,6-dimethyl-
1,6-dihydro- 1178

−, 1-[4-Jod-phenyl]-6,6-dimethyl-
1,6-dihydro- 1178

−, N^2-[3-Jod-phenyl]-6-[1-methoxy-äthyl]-
1328

−, N^2-[4-Jod-phenyl]-6-[2-methoxy-äthyl]-
1331

−, 1-[4-Jod-phenyl]-6-methyl-6-[2-methyl-
propenyl]-1,6-dihydro- 1231

−, N^2-Lauroyl-6-undecyl- 1234

−, N^2-Methallyl- 1193

−, 6-Methallylmercapto- 1321

−, N^2-Methallyl-6-methoxy- 1316

−, 1-[4-Methansulfonyl-phenyl]-
6,6-dimethyl-1,6-dihydro- 1183

−, 6-Methoxy- 1311

−, 6-[2-Methoxy-äthyl]- 1329

−, 6-[1-Methoxy-äthyl]-N^2-[3-methoxy-
phenyl]- 1329

−, 6-[2-Methoxy-äthyl]-N^2-methyl-
N^2-phenyl- 1331

−, 6-[2-Methoxy-äthyl]-N^2-phenäthyl-
1332

−, 6-[1-Methoxy-äthyl]-N^2-phenyl- 1328

−, 6-[2-Methoxy-äthyl]-N^2-phenyl- 1330

−, 6-[1-Methoxy-äthyl]-N^2-o-tolyl- 1328

−, 6-[2-Methoxy-äthyl]-N^2-m-tolyl- 1332

−, 6-[2-Methoxy-äthyl]-N^2-o-tolyl- 1332

−, 6-[2-Methoxy-äthyl]-N^2-p-tolyl- 1332

−, 6-Methoxy-N^2,N^4-bis-[4-sulfamoyl-
phenyl]- 1319

−, 6-Methoxy-N^2,N^2-dimethyl- 1313

−, 6-Methoxy-N^2,N^4-dimethyl- 1313

−, 6-Methoxy-N^2,N^4-diphenyl- 1317

−, 6-[β-Methoxy-isopropyl]- 1334

−, 6-Methoxy-N^2-methyl- 1313

−, 6-Methoxymethyl-N^2,N^2-dimethyl-
1323

−, 6-Methoxymethyl-N^2-pentyl- 1324

[1,3,5]Triazin-2,4-diyldiamin   (Fortsetzung)

—, 6-Methoxymethyl-N^2-phenyl- 1324

—, 6-Methoxymethyl-N^2,N^2,N^4,N^4-tetramethyl- 1324

—, 6-Methoxymethyl-N^2-m-tolyl- 1326

—, 6-Methoxymethyl-N^2-p-tolyl- 1326

—, 6-Methoxy-N^2-pentyl- 1315

—, 6-[4-Methoxy-phenyl]- 1341

—, N^2-[2-Methoxy-phenyl]- 1202

—, N^2-[4-Methoxy-phenyl]- 1202

—, 1-[4-Methoxy-phenyl]-6,6-dimethyl-1,6-dihydro- 1183

—, 1-[4-Methoxy-phenyl]-6-methyl-6-[2-methyl-propenyl]-1,6-dihydro- 1231

—, 1-[4-Methoxy-phenyl]-6-propyl-1,6-dihydro- 1186

—, 6-[4-Methoxy-phenyl]-1-p-tolyl-1,6-dihydro- 1339

—, 6-[2-Methoxy-propyl]- 1333

—, 6-Methoxy-N^2-propyl- 1314

—, N^2-[3-Methoxy-propyl]- 1202

—, 6-Methoxy-N^2,N^2,N^4,N^4-tetramethyl-1313

—, 6-Methoxy-N^2,N^2,N^4-trimethyl- 1313

—, 6-Methyl- 1219

—, N^2-Methyl- 1190

—, 6-[2-Methyl-butoxy]- 1311

—, N^2-[1-Methyl-butyl]- 1192

—, N^2-[2-Methyl-butyl]- 1192

—, N^2-[4-Methyl-cyclohexyl]- 1195

—, N^2-[4-Methyl-cyclohexylmethyl]-1195

—, 6-Methylmercapto- 1321

—, 6-Methylmercapto-N^2,N^4-diphenyl-1322

—, 1-[4-Methylmercapto-phenyl]-6-propyl-1,6-dihydro- 1187

—, N^2-[4-Methylmercapto-phenyl]-6-propyl-1,6-dihydro- 1187

—, 6-Methyl-6-[2-methyl-propenyl]-1-[4-nitro-phenyl]-1,6-dihydro- 1231

—, 6-Methyl-6-[2-methyl-propenyl]-1-p-tolyl-1,6-dihydro- 1231

—, N^2-Methyl-N^2-pentyl- 1192

—, 6-Methyl-N^2-phenäthyl- 1221

—, N^2-Methyl-6-phenoxy- 1313

—, 6-Methyl-N^2-phenyl- 1220

—, N^2-Methyl-N^2-phenyl- 1198

—, 6-[4-Methyl-piperazino]- 1287

—, N^2-Methyl-6-propoxy- 1313

—, 6-[1]Naphthyl- 1249

—, 6-[2]Naphthyl- 1249

—, N^2-[1]Naphthyl- 1201

—, N^2-[2]Naphthyl- 1201

—, N^2-[1-[2]Naphthyl-äthyl]- 1201

—, N^2-[2-[1]Naphthyl-äthyl]- 1201

—, 6-[2-(2-[2]Naphthyloxy-äthoxy)-äthylmercapto]- 1322

—, N^2-Neopentyl- 1193

—, 6-[3-Nitro-butyl]- 1229

—, 6-[2-Nitro-phenoxy]- 1312

—, 6-[4-Nitro-phenoxy]- 1312

—, 6-[3-Nitro-phenyl]- 1246

—, N^2-[4-Nitro-phenyl]- 1197

—, 6-[4-Nitro-styryl]- 1248

—, 6-Nonyl- 1233

—, N^2-Nonyl- 1193

—, 6-Nonyloxy- 1312

—, N^2-Octadecyl- 1193

—, 6-[2-Octadecyloxy-äthyl]- 1330

—, N^2-Octyl- 1193

—, 6-Octyloxy- 1311

—, 6,6'-[3-Oxa-pentandiyl]-bis- 1330

—, 6,6'-[4,4'-Oxy-diphenyl]-bis- 1342

—, 6-Pentadecafluorheptyl- 1233

—, 6-Pentadecyl- 1234

—, 6-Penta-1,3-dienyl- 1237

—, 6-Pentafluoräthyl- 1228

—, 6,N^2,N^2,N^4,N^4-Pentamethyl- 1219

—, 6-Pentyl- 1230

—, N^2-Pentyl- 1192

—, 6-Pentyloxy- 1311

—, 6-[2-Pentyloxy-äthyl]- 1330

—, N^2-Pentyl-6-propoxy- 1315

—, N^2-Phenäthyl- 1200

—, 6-Phenoxy- 1312

—, 6-[2-Phenoxy-äthoxy]- 1312

—, 6-[2-(2-Phenoxy-äthoxy)-äthylmercapto]- 1322

—, 6-[2-Phenoxy-äthylmercapto]- 1321

—, 6-Phenyl- 1244

—, N^2-Phenyl- 1195

—, N^2-[1-Phenyl-äthyl]- 1200

—, 6,6'-[3-Phenyl-3-aza-pentandiyl]-bis-1303

—, N^2-[2-Phenyl-butyl]- 1201

—, N^2-[4-Phenyl-butyl]- 1201

—, 6-Phenyl-1,6-dihydro- 1241

—, N^2-[5-Phenyl-pentyl]- 1201

—, N^2-Phenyl-6-[1-propoxy-äthyl]- 1329

—, N^2-Phenyl-6-[2-propoxy-äthyl]- 1331

—, N^2-[3-Phenyl-propyl]- 1200

—, N^2-Phenyl-6-propyl- 1228

—, 1-Phenyl-6-propyl-1,6-dihydro- 1186

—, N^2-Phenyl-6-styryl- 1248

—, N^2-Phenyl-6-trichlormethyl- 1225

—, N^2-Phenyl-6-trifluormethyl- 1223

—, N^2-Phenyl-6-undecyl- 1234

—, N^2-Phenyl-6-vinyl- 1235

—, 6,6'-Piperazin-1,4-diyl-bis- 1288

—, 6-Piperazino- 1287

—, 6-Piperidino- 1271

—, 6-Propenyl- 1235

—, 6-Propoxy- 1311

—, 6-Propyl- 1228

—, N^2-Propyl- 1191

—, 6-Propyl-1-o-tolyl-1,6-dihydro- 1186

—, N^2-[2]Pyridyl- 1206

[1,3,5]Triazin-2,4-diyldiamin   (Fortsetzung)
—, 6-Pyrrolidino- 1270
—, 6-[2-Pyrrolidino-äthyl]-N^2-p-tolyl-
1303
—, 6-Styryl- 1248
—, N^2,N^2,N^4,N^4-Tetraäthyl-6-butoxy-
1314
—, N^2,N^2,N^4,N^4-Tetraäthyl-6-chlor-
1208
—, N^2,N^2,N^4,N^4-Tetraäthyl-
6-diazomethyl- 1367
—, N^2,N^2,N^4,N^4-Tetraäthyl-6-fluor-
1207
—, N^2,N^2,N^4,N^4-Tetraäthyl-6-hydrazino-
1441
—, N^2,N^2,N^4,N^4-Tetraäthyl-6-methoxy-
1314
—, N^2,N^2,N^4,N^4-Tetraallyl-6-butoxy-
1316
—, N^2,N^2,N^4,N^4-Tetraallyl-6-chlor- 1210
—, N^2,N^2,N^4,N^4-Tetraallyl-6-methoxy-
1316
—, N^2,N^2,N^4,N^4-Tetrachlor-6-phenyl-
1246
—, N^2-Tetradecyl- 1193
—, N^2,N^2,N^4,N^4-Tetrakis-[2-carboxy-
äthyl]-6-phenyl- 1245
—, N^2,N^2,N^4,N^4-Tetrakis-[2-cyan-äthyl]-
6-phenyl- 1245
—, N^2,N^2,N^4,N^4-Tetramethallyl-
6-methoxy- 1316
—, 6,6,N^2,N^2-Tetramethyl-N^4-phenyl-
1,6-dihydro- 1181
—, 6,6,N^4,N^4-Tetramethyl-1-phenyl-
1,6-dihydro- 1181
—, 6,6,6',6'-Tetramethyl-1,6,1',6'-
tetrahydro-1,1'-p-phenylen-bis- 1186
—, 6-m-Tolyl- 1247
—, 6-p-Tolyl- 1247
—, N^2-o-Tolyl- 1198
—, 6-[2-o-Tolyloxy-äthylmercapto]- 1321
—, N^2,N^2,N^4-Triäthyl-6-butoxy- 1314
—, N^2,N^2,N^4-Triäthyl-6-chlor- 1208
—, N^2,N^2,N^4-Triäthyl-6-methoxy- 1314
—, N^2,N^2,N^4-Triallyl-6-chlor- 1210
—, N^2-[2,4,6-Tribrom-phenyl]- 1197
—, 6-Tridecyl- 1234
—, 6-Trifluormethyl- 1223
—, 6,N^2,N^4-Trimethyl- 1219
—, N^2,N^2,N^4-Trimethyl- 1190
—, N^2-[1,3,3-Trimethyl-[2]norbornyl]-
1195
—, N^2-[2,4,5-Trimethyl-phenyl]- 1200
—, 1,6,6-Trimethyl-N^2-phenyl-
1,6-dihydro- 1181
—, 6,6,N^2-Trimethyl-1-phenyl-
1,6-dihydro- 1180
—, 6,6,N^2-Trimethyl-N^2-phenyl-
1,6-dihydro- 1182

—, 6,6,N^4-Trimethyl-1-phenyl-
1,6-dihydro- 1180
—, 6-Undecyl- 1233
—, 6-Vinyl- 1235
—, 6-[2-Vinyloxy-äthylmercapto]- 1321
[1,3,5]Triazinium
—, 1-[4-Äthoxy-phenyl]-2,4,6-triamino-
1265
   — betain 1265
—, 1-Äthyl-2,4,6-triamino- 1256
   — betain 1256
—, 2,4-Dimethoxy-1-methyl-6-sulfanilyl≠
amino-,
   — betain 1349
—, 2,4,6,2',4',6'-Hexaamino-1,1'-
p-phenylen-bis-,
   — dibetain 1291
—, 1,2,4,6-Tetraamino- 1300
   — betain 1300
—, 2,4,6-Triamino-1-[4-amino-phenyl]-,
   — betain 1290
—, 2,4,6-Triamino-1-[4-arsono-phenyl]-,
   — betain 1294
—, 2,4,6-Triamino-1-[2-benzoylamino-
äthyl]-,
   — betain 1286
—, 2,4,6-Triamino-1-[2-brom-phenyl]-
1260
   — betain 1260
—, 2,4,6-Triamino-1-butyl- 1258
   — betain 1258
—, 2,4,6-Triamino-1-[2,5-dichlor-phenyl]-
1260
   — betain 1260
—, 2,4,6-Triamino-1-dodecyl- 1259
   — betain 1259
—, 2,4,6-Triamino-1-[2-hydroxy-äthyl]-
1265
—, 2,4,6-Triamino-1-[2-hydroxy-phenyl]-
1265
   — betain 1265
—, 2,4,6-Triamino-1-methyl- 1256
   — betain 1256
—, 2,4,6-Triamino-1-[1]naphthyl- 1265
   — betain 1265
—, 2,4,6-Triamino-1-[3-nitro-phenyl]-
1260
   — betain 1260
—, 2,4,6-Triamino-1-[4-nitro-phenyl]-
1260
   — betain 1260
—, 2,4,6-Triamino-1-phenyl- 1260
   — betain 1260
—, 2,4,6-Triamino-1-[4-sulfamoyl-phenyl]-
1265
   — betain 1265
—, 2,4,6-Triamino-1-o-tolyl- 1265
   — betain 1265

[1,2,4]Triazin-4-ol
—, 3-Hydroxyamino- 1430
[1,3,5]Triazin-2-ol-1,3,5-trioxid
—, 4-Amino-6-[4-chlor-phenyl]- 1377
—, 4-Amino-6-phenyl- 1376
[1,2,4]Triazin-3-on
—, 5-Amino-2*H*- 1355
—, 5-Amino-6-methyl-2*H*- 1361
—, 6-Bibenzyl-α-yl-5-piperidinomethyl-
   4,5-dihydro-2*H*- 1384
[1,2,4]Triazin-5-on
—, 6-[3-Acetylamino-phenyl]-3-thioxo-
   3,4-dihydro-2*H*- 1393
—, 6-[4-Acetylamino-phenyl]-3-thioxo-
   3,4-dihydro-2*H*- 1394
—, 6-[2-Amino-äthyl]-3-thioxo-
   3,4-dihydro-2*H*- 1389
—, 3-Amino-6-phenyl-4*H*- 1375
—, 6-[3-Amino-phenyl]-3-thioxo-
   3,4-dihydro-2*H*- 1393
—, 6-[4-Amino-phenyl]-3-thioxo-
   3,4-dihydro-2*H*- 1394
—, 6-[3-Benzoylamino-phenyl]-3-thioxo-
   3,4-dihydro-2*H*- 1393
—, 6-[4-Benzoylamino-phenyl]-3-thioxo-
   3,4-dihydro-2*H*- 1394
—, 6-[3-Benzylidenamino-phenyl]-
   3-thioxo-3,4-dihydro-2*H*- 1393
—, 6-[4-Benzylidenamino-phenyl]-
   3-thioxo-3,4-dihydro-2*H*- 1394
—, 3-Hydrazino-6-methyl-4*H*- 1439
—, 3-Hydrazino-6-phenyl-4*H*- 1440
—, 6-[3-Methansulfonylamino-phenyl]-
   3-thioxo-3,4-dihydro-2*H*- 1393
—, 6-[4-Methansulfonylamino-phenyl]-
   3-thioxo-3,4-dihydro-2*H*- 1394
—, 6-Methyl-3-methylamino-4*H*- 1361
—, 6-[2-Phthalimido-äthyl]-3-thioxo-
   3,4-dihydro-2*H*- 1390
—, 6-Phthalimidomethyl-3-thioxo-
   3,4-dihydro-2*H*- 1389
[1,3,5]Triazin-2-on
—, 4-Acetylamino-6-methyl-1*H*- 1362
—, 1-[4-Äthoxy-phenyl]-4,6-diamino-1*H*-,
   — imin 1265
—, 4-Äthoxy-6-[*N*-vinyl-anilino]-1*H*-
   1399
—, 4-Äthyl-6-amino-1*H*- 1363
—, 1-Äthyl-4,6-diamino-1*H*-,
   — imin 1256
—, 4-Amino-1*H*- 1355
—, 4-Amino-6-aminomethyl-1*H*- 1362
—, 4-Amino-6-[4-amino-phenyl]-1*H*-
   1377
—, 4-Amino-6-anilino-1*H*- 1356
—, 4-Amino-6-benzyl-1*H*- 1377
—, 4-Amino-6-butyl-1*H*- 1364
—, 4-Amino-6-chlormethyl-1*H*- 1362
—, 4-Amino-6-[4-chlor-phenyl]-1*H*- 1376

—, 6-Amino-3-[4-chlor-phenyl]-
   4,4-dimethyl-3,4-dihydro-1*H*- 1353
—, 4-Amino-6-[4-chlor-phenyl]-
   1-hydroxy-3,5-dioxy-1*H*- 1377
—, 4-Amino-6-dibrommethyl-1*H*- 1362
—, 4-Amino-6-[4-dimethylamino-styryl]-
   1*H*- 1380
—, 4-Amino-6-heptadecyl-1*H*- 1365
—, 4-Amino-6-[2-hydroxy-äthylamino]-
   1*H*- 1356
—, 4-Amino-1-hydroxy-3,5-dioxy-
   6-phenyl-1*H*- 1376
—, 4-Amino-6-[3-hydroxy-phenoxymethyl]-
   1*H*- 1400
—, 4-Amino-6-isobutyl-1*H*- 1364
—, 4-Amino-6-isohexyl-1*H*- 1364
—, 4-Amino-6-[4-methoxy-phenyl]-1*H*-
   1402
—, 4-Amino-6-methyl-1*H*- 1361
—, 4-Amino-6-[4-nitro-phenyl]-1*H*- 1377
—, 6-Amino-4-[2-nitro-phenyl]-
   3,4-dihydro-1*H*- 1375
—, 6-Amino-4-[4-nitro-phenyl]-
   3,4-dihydro-1*H*- 1375
—, 4-Amino-6-pentadecyl-1*H*- 1365
—, 4-Amino-6-pentyl-1*H*- 1364
—, 4-Amino-6-phenäthylamino-1*H*-
   1356
—, 4-Amino-6-phenyl-1*H*- 1376
—, 4-Amino-6-[4-phenylarsinoyl-anilino]-
   1*H*- 1359
—, 6-Amino-3-phenyl-4-thioxo-
   3,4-dihydro-1*H*- 1388
—, 4-Amino-6-propyl-1*H*- 1363
—, 4-Amino-6-styryl-1*H*- 1380
—, 4-Amino-6-*m*-tolyl-1*H*- 1378
—, 4-Amino-6-*o*-tolyl-1*H*- 1378
—, 4-Amino-6-*p*-tolyl-1*H*- 1379
—, 4-Amino-6-tridecyl-1*H*- 1365
—, 4-Amino-6-undecyl-1*H*- 1365
—, 4-Anilino-5-[2-diäthylamino-äthyl]-
   6,6-dimethyl-5,6-dihydro-1*H*- 1354
—, 6-Anilino-4-methoxy-1-methyl-1*H*-
   1399
—, 4,6-Bis-acetylamino-1*H*- 1357
—, 4,6-Bis-[2-äthoxycarbonyl-
   äthylamino]-1*H*- 1358
—, 4,6-Bis-[äthoxycarbonylmethyl-
   amino]-1*H*- 1357
—, 4,6-Bis-[4-äthoxycarbonyl-piperazino]-
   1*H*- 1358
—, 4,6-Bis-äthylamino-1*H*- 1356
—, 4,6-Bis-[4-amino-2-methyl-
   [6]chinolylamino]-1*H*- 1359
—, 4,6-Bis-nitroamino-1*H*- 1450
—, 4,6-Bis-stearoylamino-1*H*- 1357
—, 4-[4-Chlor-anilino]-6-[2-diäthylamino-
   äthylamino]-1*H*- 1358

[1,3,5]Triazin-2-on (Fortsetzung)
–, 6-[4-Chlor-anilino]-4,4-dimethyl-
  3,4-dihydro-1H- 1354
–, 4-[4-Chlor-anilino]-6-isopropylamino-
  1H- 1356
–, 4-[4-Chlor-anilino]-6-methyl-1H-
  1362
–, 4-[2-Diäthylamino-äthylamino]-
  6,6-dimethyl-5-phenyl-5,6-dihydro-1H-
  1354
–, 4,6-Diamino-1H- 1356
–, 4,6-Diamino-1-[4-amino-phenyl]-1H-,
  – imin 1290
–, 4,6-Diamino-1-[2-benzoylamino-
  äthyl]-1H-,
  – imin 1286
–, 4,6-Diamino-1-[2-brom-phenyl]-1H-,
  – imin 1260
–, 4,6-Diamino-1-butyl-1H-,
  – imin 1258
–, 4,6-Diamino-1-[2,5-dichlor-phenyl]-
  1H-,
  – imin 1260
–, 4,6-Diamino-1-dodecyl-1H-,
  – imin 1259
–, 4,6-Diamino-1-[2-hydroxy-phenyl]-1H-,
  – imin 1265
–, 4,6-Diamino-1-methyl-1H-,
  – imin 1256
–, 4,6-Diamino-1-[1]naphthyl-1H-,
  – imin 1265
–, 4,6-Diamino-1-[3-nitro-phenyl]-1H-,
  – imin 1260
–, 4,6-Diamino-1-[4-nitro-phenyl]-1H-,
  – imin 1260
–, 4,6-Diamino-1-phenyl-1H-,
  – imin 1260
–, 4,6-Diamino-1-[4-sulfamoyl-phenyl]-
  1H-,
  – imin 1265
–, 4,6-Diamino-1-o-tolyl-1H-,
  – imin 1265
–, 4-Dibutylamino-6-methyl-1H- 1362
–, 4,6-Dipyridinio-1H- 1357
–, 4-[N-(2-Hydroxy-äthyl)-anilino]-6-
  [N-vinyl-anilino]-1H- 1357
–, 4-[1-Hydroxy-äthyl]-6-phenäthyl≈
  amino-1H- 1329
–, 4-Isopropylamino-6-methyl-1H- 1362
–, 4-Methoxy-6-[N-vinyl-anilino]-1H-
  1399
–, 1,4,6-Triamino-1H-,
  – imin 1300
[1,3,5]Triazin-2-on-3,5-dioxid
–, 4-Amino-1-hydroxy-6-phenyl-1H-
  1376
[1,3,5]Triazin-1-oxid
–, Triamino- 1255

[1,2,4]Triazin-3-sulfonsäure
–, 5-Amino-6-methyl- 1428
–, 6-Methyl-5-oxo-4,5-dihydro- 1070
[1,3,5]Triazin-2-thiocarbonsäure
–, 4,6-Dioxo-1,4,5,6-tetrahydro-,
  – amid 1032
[1,2,4]Triazin-3-thion
–, 5-[4-Acetylamino-phenyl]-2H- 1376
–, 5-Amino-6-methyl-2H- 1361
–, 5-[4-Amino-phenyl]-2H- 1376
–, 5-Amino-6-phenyl-2H- 1376
–, 5,6-Bis-[4-acetylamino-phenyl]-2H-
  1384
–, 5,6-Bis-äthoxycarbonylmethyl-2H-
  1041
[1,3,5]Triazin-2-thion
–, 4-Äthyl-6-amino-1H- 1363
–, 4-Amino-6-anilino-1H- 1360
–, 4-Amino-6-benzyl-1H- 1378
–, 4-Amino-6-[4-chlor-anilino]-1-[4-chlor-
  phenyl]-1H- 1360
–, 4-Amino-6-[4-chlor-benzyl]-1H- 1378
–, 6-Amino-3-[4-chlor-phenyl]-
  4,4-dimethyl-3,4-dihydro-1H- 1354
–, 4-Amino-6-dibutylamino-1H- 1360
–, 6-Amino-4,4-dimethyl-3,4-dihydro-
  1H- 1354
–, 6-Amino-4,4-dimethyl-3-phenyl-
  3,4-dihydro-1H- 1354
–, 4-Amino-6-dodecylamino-1H- 1360
–, 4-Amino-6-isobutyl-1H- 1364
–, 4-Amino-6-[4-methoxy-phenyl]-1H-
  1402
–, 4-Amino-6-methyl-1H- 1362
–, 4-Amino-6-phenyl-1H- 1377
–, 4-Amino-6-propyl-1H- 1364
–, 4-Amino-6-styryl-1H- 1380
–, 4-Amino-6-m-tolyl-1H- 1378
–, 4-Amino-6-o-tolyl-1H- 1378
–, 4-Amino-6-p-tolyl-1H- 1379
–, 4-Butylamino-6-[4-chlor-anilino]-1-
  [4-chlor-phenyl]-1H- 1361
–, 6-[4-Chlor-anilino]-1-[4-chlor-phenyl]-
  4-methylamino-1H- 1361
–, 4,6-Diamino-1H- 1359
–, 4,6-Diamino-1-dodecyl-1H- 1360
–, 4,6-Diamino-1-phenyl-1H- 1360
–, 4,6-Dianilino-1H- 1360
[1,2,4]Triazin-3,5,6-tricarbonsäure 984
  – triäthylester 985
[1,3,5]Triazin-2,4,6-tricarbonsäure 985
  – triäthylester 985
  – trimethylester 985
  – tris-[N-methyl-anilid] 985
[1,3,5]Triazin-2,4,6-tricarbonylchlorid 985
[1,3,5]Triazin-2,4,6-tris-thiocarbonsäure
  – tri-S-methylester 985
[1,3,5]Triazin-2,4,6-triyltriamin 1253
–, $N^2,N^{2'}$-Äthandiyl-bis- 1286

[1,3,5]Triazin-2,4,6-triyltriamin   (Fortsetzung)

−, N^2-[2-Äthoxy-phenyl]- 1271

−, N^2-[3-Äthoxy-phenyl]- 1272

−, N^2-Äthyl- 1257

−, N^2-[2-Äthyl-hexyl]-N^2-[1-(diamino-[1,3,5]triazin-2-yl)-1-methyl-äthyl]- 1304

−, N^2-Äthyl-N^2-phenyl- 1264

−, N^2-Äthyl-N^4-phenyl- 1261

−, N^2-Äthyl-N^2-[2-vinyloxy-äthyl]- 1268

−, N^2-[6-Amino-hexyl]- 1290

−, N^2-[4-Amino-2-methyl-[6]chinolyl]- 1297

−, N^2-[4-Amino-2-methyl-[6]chinolyl]-N^4-[4-amino-phenyl]- 1297

−, N^2-[4-Amino-phenyl]- 1291

−, N^2-[4-Arsenoso-phenyl]- 1291

−, N^2-[4-Arsenoso-phenyl]-N^4,N^6-bis-carboxymethyl- 1292

−, N^2-[4-Arsenoso-phenyl]-N^4,N^6-bis-[2-hydroxy-äthyl]- 1292

−, N^2-Benzyl-N^2-phenyl- 1264

−, N^2-Biphenyl-2-yl- 1265

−, N^2,N^4-Bis-[4-äthoxy-phenyl]- 1272

−, N^2,N^4-Bis-[4-amino-[6]chinolyl]- 1296

−, N^2,N^4-Bis-[4-amino-2,3-dimethyl-[6]chinolyl]- 1297

−, N^2,N^4-Bis-[4-amino-7-methoxy-2-methyl-[6]chinolyl]- 1298

−, N^2,N^4-Bis-[4-amino-2-methyl-[6]chinolyl]- 1297

−, N^2,N^4-Bis-[4-amino-2-methyl-[6]chinolyl]-N^6-[2-diäthylamino-äthyl]- 1297

−, N^2,N^4-Bis-[4-amino-2-methyl-[6]chinolylmethyl]- 1297

−, N^2,N^4-Bis-[4-arsenoso-phenyl]- 1292

−, N^2,N^4-Bis-[4-arsono-phenyl]- 1295

−, N^2,N^4-Bis-carboxymethyl-N^6-phenyl- 1282

−, N^2,N^4-Bis-[4-chlor-phenyl]- 1263

−, N^2,N^4-Bis-[4-chlor-phenyl]-N^6-[2-diäthylamino-äthyl]- 1286

−, N^2,N^2-Bis-[2-cyan-äthyl]-N^4,N^6-diphenyl- 1283

−, N^2,N^4-Bis-cyanmethyl- 1281

−, N^2,N^4-Bis-cyanmethyl-N^6-dodecyl- 1282

−, N^2-[β,β'-Bis-diäthylamino-isopropyl]-N^4-[4-chlor-phenyl]- 1289

−, N^2,N^2-Bis-[2-(4,6-diamino-[1,3,5]triazin-2-ylamino)-äthyl]- 1288

−, N^2,N^2-Bis-[2-hydroxy-äthyl]- 1269

−, N^2,N^4-Bis-[2-hydroxy-äthyl]- 1266

−, N^2,N^4-Bis-[2-hydroxy-äthyl]-N^2,N^4-diphenyl- 1269

−, N^2,N^4-Bis-[2-hydroxy-äthyl]-N^6-phenyl- 1267

−, N^2,N^4-Bis-hydroxymethyl- 1273

−, N^2,N^4-Bis-[3-hydroxy-propyl]- 1270

−, N^2,N^4-Bis-[2-hydroxy-propyl]-N^6-phenyl- 1269

−, N^2,N^4-Bis-[4-methoxy-phenyl]- 1272

−, N^2,N^4-Bis-[3-piperidino-propyl]- 1289

−, N^2-Butyl- 1258

−, N^2-tert-Butyl- 1259

−, N^2-Butyl-N^4,N^6-bis-cyanmethyl- 1281

−, N^2-Butyl-N^2-[1-(diamino-[1,3,5]triazin-2-yl)-äthyl]- 1302

−, N^2-Butyl-N^2-[1-(diamino-[1,3,5]triazin-2-yl)-1-methyl-äthyl]- 1304

−, N^2-Butyl-N^2-[1-(diamino-[1,3,5]triazin-2-yl)-1-methyl-propyl]- 1304

−, N^2-[2-Chlor-phenyl]- 1261

−, N^2-[3-Chlor-phenyl]- 1261

−, N^2-[4-Chlor-phenyl]- 1261

−, N^2-[4-Chlor-phenyl]-N^4,N^6-bis-[4-methoxy-phenyl]- 1272

−, N^2-[4-Chlor-phenyl]-N^4-[2-diäthylamino-äthyl]- 1286

−, N^4-[2-Chlor-phenyl]-N^2,N^2-dimethallyl- 1262

−, N^4-[4-Chlor-phenyl]-N^2,N^2-dimethallyl- 1262

−, N^4-[2-Chlor-phenyl]-N^2,N^2-dimethyl- 1261

−, N^4-[4-Chlor-phenyl]-N^2,N^2-dimethyl- 1261

−, N^2-[4-Chlor-phenyl]-N^4-isopropyl- 1262

−, N^2-[4-Chlor-phenyl]-N^4-methallyl- 1262

−, N^2-[4-Chlor-phenyl]-N^4-[4-methoxy-phenyl]- 1272

−, N^6-[2-Chlor-phenyl]-N^2,N^2,N^4,N^4-tetramethyl- 1261

−, N^2-Cyclohexyl- 1260

−, N^2-Cyclohexylmethyl- 1260

−, N^2-Cyclohexyl-N^2-[2-vinyloxy-äthyl]- 1268

−, N^2,$N^{2'}$-Decandiyl-bis- 1290

−, N^2,N^2-Diäthyl- 1257

−, N^2,N^4-Diäthyl- 1257

−, N^2-[2-Diäthylamino-äthyl]-N^4-phenyl- 1286

−, N^2-[4-Diäthylamino-butyl]- 1290

−, N^2-[3-Diäthylamino-propyl]- 1289

−, N^2,N^2-Diäthyl-N^4,N^6-bis-[4-amino-2-methyl-[6]chinolyl]- 1297

−, N^2,N^2-Diäthyl-N^4,N^6-bis-cyanmethyl- 1281

−, N^2,N^4-Diäthyl-N^6-[3-chlor-phenyl]- 1261

−, N^2,N^2-Diäthyl-N^4-[6-methoxy-[8]chinolyl]- 1296

−, N^2,N^4-Diäthyl-N^6-phenyl- 1261

[1,3,5]Triazin-2,4,6-triyltriamin (Fortsetzung)

—, N^2,N^2-Diallyl- 1260
—, N^2,N^2-Diallyl-N^4-[4-chlor-phenyl]- 1262
—, N^2,N^4-Diallyl-N^6-[2-chlor-phenyl]- 1262
—, N^2,N^4-Diallyl-N^6-[4-chlor-phenyl]- 1262
—, N^2,N^2-Diallyl-N^4-p-tolyl- 1264
—, N^2-[1-(Diamino-[1,3,5]triazin-2-yl)-äthyl]-N^2-methyl- 1302
—, N^2-[4,6-Diamino-1H-[1,3,5]triazin-2-yliden]- 1298
—, N^2-[1-(Diamino-[1,3,5]triazin-2-yl)-1-methyl-äthyl]-N^2-methyl- 1304
—, N^2-[1-(Diamino-[1,3,5]triazin-2-yl)-1-methyl-propyl]-N^2-methyl- 1304
—, N^2-[1-(Diamino-[1,3,5]triazin-2-yl)-propyl]-N^2-methyl- 1303
—, N^2-[1-(Diamino-[1,3,5]triazin-2-yl)-3,5,5-trimethyl-hexyl]-N^2-methyl- 1304
—, N^2,N^2-Dibenzyl- 1264
—, N^2,N^2-Dibutyl- 1258
—, N^2,N^4-Dibutyl- 1258
—, N^2-[4-Dichlorarsino-phenyl]- 1292
—, N^2-[2,4-Dichlor-phenyl]- 1261
—, N^2-[2,5-Dichlor-phenyl]- 1262
—, N^2-[3,4-Dichlor-phenyl]- 1261
—, N^2-[2,5-Dichlor-phenyl]-N^4,N^6-dimethyl- 1261
—, $N^2,N^{2'}$-Dicyclohexyl-$N^2,N^{2'}$-äthandiyl-bis- 1287
—, N^2,N^4-Diisobutyl- 1259
—, N^2,N^2-Dimethyl- 1256
—, N^2,N^4-Dimethyl- 1256
—, $N^2,N^{2'}$-Dimethyl-$N^2,N^{2'}$-decandiyl-bis- 1290
—, N^2,N^4-Dimethyl-N^2,N^4-diphenyl- 1264
—, $N^2,N^{2'}$-Dimethyl-$N^2,N^{2'}$-hexandiyl-bis- 1290
—, $N^2,N^{2'}$-Dimethyl-$N^2,N^{2'}$-octandiyl-bis- 1290
—, N^2-[2,4-Dimethyl-phenyl]- 1265
—, N^2-[2,5-Dimethyl-phenyl]- 1265
—, N^2,N^4-Dioctadecyl- 1260
—, N^2,N^2-Dipentyl- 1259
—, N^2,N^4-Diphenyl- 1263
—, N^2,N^4-Diphthalidyl- 1296
—, N^2-Dodecyl- 1259
—, N^4-Dodecyl-N^2,N^2-dimethyl- 1259
—, N^2-Dodecyl-N^2-phenyl- 1264
—, Hexa-N-äthyl- 1257
—, Hexa-N-deuterio- 1255
—, Hexakis-N-[2-hydroxy-äthyl]- 1269
—, Hexakis-N-hydroxymethyl- 1274
—, Hexakis-N-methoxymethyl- 1274
—, Hexa-N-methyl- 1256
—, N^2-[2-Hydroxy-äthyl]-N^4,N^6-bis-[4-sulfamoyl-phenyl]- 1285

—, N^2-Isobutyl- 1258
—, N^2-Isopropyl- 1258
—, N^2-Isopropyl-N^2-[2-vinyloxy-äthyl]- 1268
—, N^2-Methallyl-N^4-p-tolyl- 1264
—, N^2-[6-Methoxy-[8]chinolyl]- 1296
—, N^2-Methyl-N^2-phenyl- 1264
—, N^2-Methyl-N^4-phenyl- 1261
—, N^2-Methyl-N^2-[2-vinyloxy-äthyl]- 1268
—, N^2-Methyl-N^2-[2-vinyloxy-propyl]- 1270
—, N^2-[2-Nitro-phenyl]- 1261
—, N^2-[3-Nitro-phenyl]- 1261
—, N^2-[4-Nitro-phenyl]- 1262
—, N^2-Octadecyl- 1260
—, 1-Oxy- 1255
—, N^2,N^2,N^4,N^4,N^6-Pentaäthyl- 1257
—, N^2-Phenyl- 1261
—, N^2-[4-Phenylarsinoyl-phenyl]- 1293
—, N^2-[3-Piperidino-propyl]- 1289
—, N^2-[4-Sulfamoyl-phenyl]-N^4,N^6-bis-[4-sulfo-phenyl]- 1285
—, N^2-[4-Sulfanilyl-phenyl]- 1272
—, N^2,N^2,N^4,N^4-Tetraäthyl- 1257
—, N^2,N^2,N^4,N^4-Tetraäthyl-N^6-[4-chlor-phenyl]- 1262
—, N^2,N^2,N^4,N^4-Tetraäthyl-N^6-phenyl- 1262
—, N^2,N^2,N^4,N^4-Tetrakis-[2-cyan-äthyl]- 1284
—, N^2,N^2,N^4,N^4-Tetrakis-[2-hydroxy-äthyl]- 1269
—, N^2,N^2,N^4,N^4-Tetramethyl- 1256
—, N^2-[1,1,3,3-Tetramethyl-butyl]- 1259
—, N^2-m-Tolyl- 1264
—, N^2-o-Tolyl- 1264
—, N^2-p-Tolyl- 1264
—, N^2,N^4,N^6-Triäthyl- 1257
—, N^2,N^4,N^6-Tributyl- 1258
—, N^2,N^4,N^6-Tri-$tert$-butyl- 1259
—, N^2,N^4,N^6-Tricyclohexyl- 1260
—, N^2,N^4,N^6-Tricyclohexyl-N^2,N^4,N^6-tris-methoxycarbonylmethyl- 1282
—, N^2,N^4,N^6-Triisobutyl- 1259
—, N^2,N^4,N^6-Trimethyl- 1256
—, N^2-[2,4,4-Trimethyl-pentyl]-N^2-[2-vinyloxy-äthyl]- 1268
—, N^2,N^4,N^6-Triphenyl- 1263
—, N^2,N^4,N^6-Tris-[2-acetoxy-äthyl]-N^2,N^4,N^6-triphenyl- 1269
—, N^2,N^4,N^6-Tris-[2-äthoxycarbonyl-amino-äthyl]- 1287
—, N^2,N^4,N^6-Tris-äthoxymethyl- 1273
—, N^2,N^4,N^6-Tris-[2-brom-phenyl]- 1263
—, N^2,N^4,N^6-Tris-[2-chlor-phenyl]- 1263
—, N^2,N^4,N^6-Tris-[3-chlor-phenyl]- 1263
—, N^2,N^4,N^6-Tris-cyanmethyl-N^2,N^4,N^6-tricyclohexyl- 1282

[1,3,5]Triazin-2,4,6-triyltriamin (Fortsetzung)
—, N^2,N^4,N^6-Tris-cyanmethyl-N^2,N^4,N^6-tridodecyl- 1282
—, N^2,N^4,N^6-Tris-[2-diäthylamino-äthyl]- 1287
—, N^2,N^4,N^6-Tris-[3-diäthylamino-propyl]- 1289
—, N^2,N^4,N^6-Tris-[3-(diäthyl-benzyl-ammonio)-propyl]- 1289
—, N^2,N^4,N^6-Tris-[2-(diäthyl-methyl-ammonio)-äthyl]- 1287
—, N^2,N^4,N^6-Tris-[2-dimethylamino-äthyl]- 1287
—, N^2,N^4,N^6-Tris-[9,10-dioxo-9,10-dihydro-[1]anthryl]- 1274
—, N^2,N^4,N^6-Tris-[2-hydroxy-äthyl]- 1267
—, N^2,N^4,N^6-Tris-[2-hydroxy-äthyl]-N^2,N^4,N^6-triphenyl- 1269
—, N^2,N^4,N^6-Tris-hydroxymethyl- 1273
—, N^2,N^4,N^6-Tris-[3-hydroxy-propyl]- 1270
—, N^2,N^4,N^6-Tris-methoxymethyl- 1273
—, N^2,N^4,N^6-Tris-[4-sulfamoyl-phenyl]- 1285
—, N^2,N^4,N^6-Tris-[2-triäthylammonio-äthyl]- 1287
—, N^2,N^4,N^6-Tri-p-tolyl- 1264
—, N^2-[2-Vinyloxy-äthyl]- 1266
—, N^2-[Vinyloxy-$tert$-butyl]- 1271
[1,2,4]Triazin-3-ylamin 1093
—, 5,6-Dimethyl- 1103
—, 5,6-Diphenyl- 1154
—, 5-Isobutyl-2,5-dihydro- 1092
—, 5-Isopropyl- 1105
—, 5-Isopropyl-2,5-dihydro- 1091
—, 5-Methyl-2,5-dihydro- 1085
—, 5-Phenyl- 1145
—, 6-Phenyl- 1146
[1,2,4]Triazin-5-ylamin
—, 3-Chlor- 1094
—, 3,6-Diphenyl- 1154
—, 6-Methyl-3-methylmercapto- 1323
—, 3-Phenyl- 1145
—, 6-Phenyl- 1146
[1,3,5]Triazin-2-ylamin 1094
—, 4-Äthyl-6-[4-chlor-benzyl]- 1147
—, 6-Äthylmercapto-5-[4-chlor-phenyl]-4,4-dimethyl-4,5-dihydro- 1308
—, 4-Äthylmercapto-6-diazomethyl- 1402
—, 4-Allyloxy-6-chlor- 1310
—, 4-Benzyl- 1146
—, 4-Benzyl-6-phenyl- 1156
—, 4,6-Bis-acetylamino- 1275
—, 4,6-Bis-allyloxy- 1344
—, 4,6-Bis-aziridin-1-yl- 1267
—, 4,6-Bis-benzoylamino- 1277
—, 4,6-Bis-[2-chlor-benzoylamino]- 1277

—, 4,6-Bis-[3-chlor-benzoylamino]- 1277
—, 4,6-Bis-[4-chlor-benzoylamino]- 1277
—, 4,6-Bis-chlormethyl- 1104
—, 4,6-Bis-[4-chlor-phenyl]- 1155
—, 4,6-Bis-dibrommethyl- 1105
—, 4,6-Bis-[1,1-dichlor-äthyl]- 1106
—, 4,6-Bis-dichlormethyl- 1104
—, 4,6-Bis-methallyloxy- 1344
—, 4,6-Bis-[4-nitro-phenyl]- 1155
—, 4,6-Bis-tribrommethyl- 1105
—, 4,6-Bis-trichlormethyl- 1105
—, 4-Butoxy-6-piperidino- 1319
—, 4-[4-Chlor-benzyl]- 1147
—, 4-[4-Chlor-benzyl]-6-methyl- 1147
—, 4-Chlor-6-diazomethyl- 1365
—, 4-Chlor-6-methoxy- 1310
—, 4-Chlor-6-phenoxy- 1310
—, 5-[4-Chlor-phenyl]-4,4-dimethyl-6-methylmercapto-4,5-dihydro- 1308
—, 4-Chlor-6-piperidino- 1213
—, 4,6-Diäthoxy- 1344
—, 4-Diazomethyl-6-methoxy- 1402
—, 4,6-Dibutoxy- 1344
—, 4,6-Dichlor- 1096
—, 4-[3,4-Dichlor-benzyl]- 1147
—, 4,6-Diguanidino- 1279
—, 4,6-Diisopropoxy- 1344
—, 4,6-Dimethoxy- 1344
—, 4,6-Dimethyl- 1104
—, 6,6-Dimethyl-4-methylmercapto-1,6-dihydro- 1308
—, 4,6-Dimethyl-1,4,5,6-tetrahydro- 1071
—, 4,6-Diphenoxy- 1345
—, 4,6-Diphenyl- 1155
—, 4,6-Dipropoxy- 1344
—, 4-Indolin-1-yl-6-methoxymethyl- 1327
—, 4-Methoxy-6-piperidino- 1319
—, 4-Methylmercapto- 1311
—, 4-Methyl-6-piperidino- 1221
—, 4-Methyl-6-trichlormethyl- 1104
—, 4-Phenyl-6-trichlormethyl- 1147
—, 4-Piperidino- 1202
—, 4-Piperidino-6-trifluormethyl- 1223
[1,3,5]Triazin-2-ylisothiocyanat
—, Dichlor- 1099
[1,2,4]Triazocin
—, 3-Nitrosoamino-5,8-diphenyl- 1449
[1,2,4]Triazocin-3-ylamin
—, 5,8-Dimethyl-6,7-dihydro- 1105
[1,2,3]Triazol
—, 4-Acetylamino-2,5-diphenyl-2H- 1136
—, 4-Acetylamino-5-methyl-2-phenyl-2H- 1081
—, 4-Acetylamino-1-phenyl-1H- 1072
—, 4-Acetylamino-5-phenyl-1H- 1135
—, 4-Anilino-1H- 1072

[1,2,3]Triazol (Fortsetzung)
—, 5-Anilino-1-methyl-1*H*- 1072
—, 4-Anilino-5-phenyl-1*H*- 1132
—, 4-*p*-Anisidino-5-phenyl-1*H*- 1135
—, 4-Benzoylamino-2-[4-brom-phenyl]-5-phenyl-2*H*- 1136
—, 4-Benzoylamino-2,5-diphenyl-2*H*- 1136
—, 4-Benzoylamino-5-phenyl-1*H*- 1136
—, 4-Benzoylamino-2-phenyl-5-*p*-tolyl-2*H*- 1142
—, 4-Benzylamino-5-phenyl-1*H*- 1134
—, 2,4-Bis-[2,4-diamino-phenyl]-2*H*- 1240
—, 4-Dibenzoylamino-5-methyl-2-phenyl-2*H*- 1081
—, 4-Formylamino-2,5-diphenyl-2*H*- 1135
—, 4-[2-Isopropylamino-äthyl]-1*H*- 1086
—, 4-[2]Naphthylamino-5-phenyl-1*H*- 1134
—, 1-[1]Naphthyl-5-[1]naphthylamino-1*H*- 1073
—, 1-[2]Naphthyl-5-[2]naphthylamino-1*H*- 1073
—, 4-Phenyl-5-*m*-toluidino-1*H*- 1133
—, 4-Phenyl-5-*o*-toluidino-1*H*- 1133
—, 4-Phenyl-5-*p*-toluidino-1*H*- 1134
—, 5-*p*-Toluidino-1-*p*-tolyl-1*H*- 1072

[1,2,4]Triazol
—, 1-Acetyl-3-acetylamino-1*H*- 1078
—, 1-Acetyl-3-acetylamino-5-methyl-1*H*- 1082
—, 3-Acetylamino-1*H*- 1078
—, 3-Acetylamino-5-methyl-1*H*- 1082
—, 3-[4-Acetylamino-phenyl]-5-benzylmercapto-1*H*- 1338
—, 3-[4-Acetylamino-phenyl]-5-methylmercapto-1*H*- 1337
—, 3-[2-Äthylamino-äthyl]-1*H*- 1088
—, 3-Äthyl-5-anilino-1*H*- 1086
—, 3-Äthylmercapto-5-anilino-4-phenyl-4*H*- 1307
—, 4-Amino-3,5-dihydrazino-4*H*- 1438
—, 3-Aminomethyl-1*H*- 1085
—, 3-Anilino-5-benzyl-1*H*- 1143
—, 3-Anilino-1,5-diphenyl-1*H*- 1137
—, 3-Anilino-4,5-diphenyl-4*H*- 1137
—, 3-Anilino-1,4-diphenyl-4,5-dihydro-1*H*- 1071
—, 3-Anilino-5-methyl-1*H*- 1082
—, 3-Anilino-5-methylmercapto-4-phenyl-4*H*- 1306
—, 3-Anilino-1-phenyl-1*H*- 1075
—, 3-Anilino-5-phenyl-1*H*- 1136
—, 3-Anilino-4-phenyl-5-*p*-tolyl-4*H*- 1143
—, 3-Anilino-5-propyl-1*H*- 1089
—, 3-Anthraniloylamino-1*H*- 1079

—, 3-Azido-5-nitrosoamino-1*H*- 1448
—, 3-Benzolsulfonylamino-1-benzyl-5-phenyl-1*H*- 1139
—, 3-Benzoylamino-1*H*- 1079
—, 5-Benzoylamino-1-methyl-3-phenyl-1*H*- 1138
—, 3-Benzylamino-1*H*- 1076
—, 3-[2-Benzylamino-äthyl]-1*H*- 1089
—, 3-Benzylidenamino-5-benzylidenhydrazino-1*H*- 1441
—, 4-Benzylidenamino-3-benzylidenhydrazino-4*H*- 1432
—, 3,5-Bis-acetoacetylamino-1-phenyl-1*H*- 1171
—, 3,5-Bis-[4-acetoxy-phenylazo]-1*H*- 1443
—, 3,5-Bis-[4-acetoxy-phenylazo]-4-acetyl-4*H*- 1443
—, 3,5-Bis-acetylamino-1*H*- 1168
—, 3,5-Bis-benzoylamino-1*H*- 1168
—, 3,5-Bis-benzylidenhydrazino-1*H*- 1438
—, 3,5-Bis-[1-hydroxy-[2]naphthoylamino]-1*H*- 1170
—, 3,5-Bis-[4-hydroxy-phenylazo]-1*H*- 1443
—, 3,5-Bis-[3-oxo-3-phenyl-propionylamino]-1-phenyl-1*H*- 1172
—, 3,5-Bis-[*N*-phenyl-*N'*-*p*-tolyl-ureido]-1*H*- 1163
—, 3-Butylamino-5-methyl-1*H*- 1082
—, 3-Butylamino-5-propyl-1*H*- 1089
—, 3-Butyrylamino-1*H*- 1078
—, 3-Butyrylamino-5-methyl-1*H*- 1083
—, 1-Butyryl-3-butyrylamino-1*H*- 1078
—, 1-Butyryl-3-butyrylamino-5-methyl-1*H*- 1083
—, 3-Cyclohexylamino-1*H*- 1074
—, 3-[2-Diäthylamino-äthyl]-1*H*- 1088
—, 3,4-Diamino-4*H*- 1081
—, 3,4-Diamino-5-benzyl-4*H*- 1143
—, 3,4-Diamino-5-phenäthyl-4*H*- 1144
—, 3,4-Diamino-5-phenyl-4*H*- 1139
—, 3,5-Dianilino-1*H*- 1163
—, 3-[2-Dimethylamino-äthyl]-1*H*- 1088
—, 3-Dimethylamino-5-phenyl-1*H*- 1136
—, 3,5-Diureido-1*H*- 1170
—, 3-Furfurylamino-1*H*- 1080
—, 3-Hydrazino-5-methyl-1*H*- 1432
—, 3-Hydrazino-5-methylmercapto-1*H*- 1439
—, 3-[2-Isopropylamino-äthyl]-1*H*- 1088
—, 3-Isopropylamino-5-propyl-1*H*- 1089
—, 3-[4-Methoxy-phenyl]-5-piperidino-1*H*- 1338
—, 3-Methylamino-1*H*- 1074
—, 3-[2-Methylamino-äthyl]-1*H*- 1088
—, 3-[*N*-Methyl-hydrazino]-5-phenyl-1*H*- 1435

[1,2,4]Triazol (Fortsetzung)
—, 3-Methyl-5-nitroamino-1*H*- 1450
—, 3-Methyl-5-propionylamino-1*H*- 1083
—, 5-Methyl-1-propionyl-3-propionyl≳
amino-1*H*- 1083
—, 3-Methyl-5-propylamino-1*H*- 1081
—, 3-Methyl-5-sulfanilylamino-1*H*- 1084
—, 3-Nitroamino-1*H*- 1449
—, 3-Phenäthylamino-1*H*- 1077
—, 5-Phenyl-3-piperidino-1*H*- 1138
—, 3-Propionylamino-1*H*- 1078
—, 1-Propionyl-3-propionylamino-1*H*-
1078
—, 3-Propyl-5-propylamino-1*H*- 1089
—, 3-Sulfanilylamino-1*H*- 1080
—, 3-*p*-Toluidino-4,5-di-*p*-tolyl-4*H*- 1143
—, 3-*o*-Toluidino-1-*o*-tolyl-1*H*- 1076
—, 3-*p*-Toluidino-1-*p*-tolyl-1*H*- 1076
—, 3,4,5-Tris-acetylamino-4*H*- 1174
—, 3-Veratrylamino-1*H*- 1077
[1,2,3]Triazol-4-carbamidin
—, 5-Amino-2-phenyl-2*H*- 1405
[1,2,4]Triazol-1-carbamidin
—, 3,5-Diamino- 1169
[1,2,3]Triazol-4-carbimidsäure
—, 5-Amino-1-benzyl-1*H*-,
— äthylester 1405
—, 5-Amino-2-phenyl-2*H*-,
— amid 1405
—, 5-Cyan-1*H*-,
— äthylester 964
[1,2,4]Triazol-1-carbimidsäure
—, 3,5-Diamino-,
— amid 1169
[1,2,3]Triazol-4-carbonitril
—, 5-Amino-1*H*- 1403
—, 5-Amino-1-benzyl-1*H*- 1406
—, 2-Phenyl-2*H*- 934
—, 1-Phenyl-4,5-dihydro-1*H*- 931
[1,2,3]Triazol-4-carbonsäure
—, 1*H*- 931
— äthylester 931
— amid 931
— hydrazid 931
—, 1-[4-Äthoxycarbonyl-phenyl]-5-amino-
1*H*-,
— äthylester 1406
—, 5-Amino-1*H*- 1403
— amid 1403
— hydrazid 1403
—, 2-[2-Amino-4-arsono-phenyl]-
5-methyl-2*H*- 938
—, 5-Amino-1-[4-(4-azido-benzolsulfonyl)-
phenyl]-1*H*-,
— äthylester 1406
—, 5-Amino-1-benzyl-1*H*- 1405
— äthylester 1405
— amid 1405
— hydrazid 1406

—, 5-Amino-1-[4-brom-phenyl]-1*H*-,
— äthylester 1404
—, 5-Amino-1-[4-methoxy-phenyl]-1*H*-,
— äthylester 1406
—, 5-Amino-1-methyl-1*H*-,
— amid 1404
—, 1-Amino-5-oxo-2,5-dihydro-1*H*-,
— hydrazid 1009
— [naphthalin-1-sulfonylamid] 1009
— [naphthalin-2-sulfonylamid] 1009
—, 5-Amino-1-phenyl-1*H*-,
— äthylester 1404
— amid 1404
—, 5-Amino-2-phenyl-2*H*-,
— amid 1405
—, 5-Amino-1-*p*-tolyl-1*H*-,
— äthylester 1405
—, 5-Anilino-1*H*-,
— äthylester 1404
— amid 1405
—, 2-[4-Arsono-2-nitro-phenyl]-5-methyl-
2*H*- 938
— äthylester 938
—, 2-[4-Arsono-phenyl]-2*H*- 935
—, 2-[4-Arsono-phenyl]-5-methyl-2*H*-
938
—, 1-Benzyl-5-chlor-1*H*-,
— äthylester 936
—, 1-Benzyl-5-oxo-2,5-dihydro-1*H*- 1007
— äthylester 1007
— amid 1007
—, 1-Benzyl-5-phenyl-1*H*- 950
— methylester 950
—, 5-Benzyl-1-phenyl-1*H*- 951
— anilid 951
—, 1-Benzyl-5-thioxo-2,5-dihydro-1*H*-
1009
— äthylester 1009
— amid 1009
—, 2-[4-Brom-2-methyl-phenyl]-2*H*- 935
—, 2-[3-Brom-phenyl]-2*H*- 932
—, 2-[4-Brom-phenyl]-2*H*- 932
—, 1-[4-Brom-phenyl]-5-oxo-2,5-dihydro-
1*H*- 1007
— äthylester 1007
—, 5-Carbamoyl-1*H*- 964
—, 5-Carbazoyl-1*H*- 964
—, 5-Carboxymethyl-1-phenyl-1*H*- 969
—, 2-[3-Carboxy-phenyl]-2*H*- 935
—, 2-[4-Carboxy-phenyl]-2*H*- 935
—, 5-[2-Carboxy-phenyl]-2-phenyl-2*H*-
973
—, 1-[4-Chlor-benzolsulfonyl]-5-oxo-
2,5-dihydro-1*H*-,
— äthylester 1008
—, 1-[2-Chlor-4-methyl-phenyl]-5-methyl-
1*H*- 938
—, 3-[2-Chlor-phenyl]-3*H*- 933
—, 5-Chlor-1-phenyl-1*H*- 935
— methylester 935

[1,2,3]Triazol-4-carbonsäure (Fortsetzung)
−, 1-[2-Chlor-phenyl]-5-methyl-1H-
937
−, 1-[4-Chlor-phenyl]-5-oxo-2,5-dihydro-
1H- 1006
−, 5-Cyan-1H-,
− amid 964
−, 5,5'-Diamino-1H,1'H-1,1'-
[4,4'-sulfonyl-diphenyl]-bis- 1406
− diäthylester 1406
−, 3-[2,4-Dichlor-phenyl]-3H- 933
−, 3-[2,5-Dichlor-phenyl]-3H- 933
−, 1-[2,5-Dichlor-phenyl]-5-methyl-1H-
937
−, 1-[9,10-Dioxo-9,10-dihydro-anthracen-
2-sulfonyl]-5-oxo-2,5-dihydro-1H-,
− äthylester 1008
−, 5,5'-Dioxo-2,5,2',5'-tetrahydro-
1H,1'H-1,1'-[naphthalin-1,5-disulfonyl]-
bis- 1008
− diäthylester 1008
− diamid 1008
−, 1,5-Diphenyl-1H- 950
−, 2,5-Diphenyl-2H- 950
−, 3,5-Diphenyl-3H- 950
−, 5-Hydroxy-1H-,
− äthylester 1006
−, 5-Hydroxymethyl-3-phenyl-3H- 1002
−, 1-[4-Methoxy-phenyl]-5-oxo-
2,5-dihydro-1H-,
− äthylester 1007
−, 1-Methyl-1H- 931
−, 5-Methyl-1H- 937
−, 5-Methyl-1-phenyl-1H-,
− [4-nitro-phenylester] 937
− phenylester 937
− o-tolylester 938
−, 5-Methyl-1-o-tolyl-1H- 938
−, 1-[Naphthalin-1-sulfonyl]-5-oxo-
2,5-dihydro-1H- 1008
− äthylester 1008
− amid 1008
−, 1-[Naphthalin-2-sulfonyl]-5-oxo-
2,5-dihydro-1H- 1008
− äthylester 1008
− amid 1008
−, 5-[4-Nitro-anilino]-1H-,
− äthylester 1404
−, 1-[4-Nitro-phenyl]-1H- 932
−, 2-[4-Nitro-phenyl]-2H- 932
−, 5-Oxo-2,5-dihydro-1H-,
− äthylester 1006
− amid 1006
− [naphthalin-1-sulfonylamid] 1006
− [naphthalin-2-sulfonylamid] 1006
−, 5-Oxo-1-phenyl-2,5-dihydro-1H-,
− methylester 1007
−, 5-Oxo-4-phenyl-4,5-dihydro-1H-,
− amid 1017

−, 5-Oxo-1-p-tolyl-2,5-dihydro-1H-,
− äthylester 1007
−, 1-Phenyl-1H- 931
− äthylester 932
− [1-phenyl-1H-[1,2,3]triazol-
4-ylmethylester] 933
−, 2-Phenyl-2H- 932
− amid 933
− anilid 934
− [2-diäthylamino-äthylester] 933
− hydrazid 935
− [6-methoxy-[8]chinolylamid] 934
− [4-(4-methyl-[1,2,3]triazol-2-yl)-
anilid] 934
− phenylester 933
− [2-phenyl-2H-[1,2,3]triazol-
4-ylmethylester] 933
− [4-[1,2,3]triazol-2-yl-anilid] 934
−, 3-Phenyl-3H- 932
− anilid 934
−, 5-Phenyl-1H- 950
−, 5-Thioxo-2,5-dihydro-1H-,
− amid 1009
−, 2-o-Tolyl-2H- 935
−, 5-Ureido-1H-,
− amid 1406
[1,2,4]Triazol-1-carbonsäure
−, 3,5-Diamino-,
− amid 1169
[1,2,4]Triazol-3-carbonsäure
−, 1H-,
− äthylester 936
−, 1-[4-Äthoxy-phenyl]-1H- 936
−, 1-[4-Amino-phenyl]-5-oxo-
2,5-dihydro-1H-,
− äthylester 1010
− methylester 1010
−, 5-Chlor-1-[4-nitro-phenyl]-1H-,
− äthylester 936
−, 1-[4-Chlor-phenyl]-1H- 936
−, 1,5-Diphenyl-1H- 950
− amid 950
−, 1-[4-Nitro-phenyl]-5-oxo-2,5-dihydro-
1H- 1010
− äthylester 1010
− hydrazid 1010
− methylester 1010
−, 5-Oxo-2,5-dihydro-1H- 1009
−, 1-Phenyl-1H- 936
[1,2,3]Triazol-4-carbonylazid
−, 1H- 931
−, 1-Methyl-1H- 931
[1,2,4]Triazol-3-carbonylazid
−, 1-[4-Nitro-phenyl]-5-oxo-2,5-dihydro-
1H- 1010
[1,2,3]Triazol-4,5-dicarbonitril
−, 1H- 964

[1,2,3]Triazol-1,4-dicarbonsäure
−, 5-Carbamoyl-,
  − dimethylester 966
[1,2,3]Triazol-1,5-dicarbonsäure
−, 4-Carbamoyl-,
  − dimethylester 966
[1,2,3]Triazol-4,5-dicarbonsäure
−, 1H- 963
  − dimethylester 963
  − monohydrazid 964
  − monomethylester 963
−, 1-Äthoxycarbonylmethyl-1H-,
  − dimethylester 967
−, 1-Äthyl-1H- 964
−, 2-[4-Arsono-phenyl]-2H- 968
−, 1-Benzyl-1H- 965
  − bis-benzylidenhydrazid 966
  − diamid 966
  − dihydrazid 966
  − dimethylester 965
−, 1-Benzyl-4,5-dihydro-1H-,
  − dihydrazid 963
  − dimethylester 963
−, 1-[2-Benzylidencarbazoyl-äthyl]-1H-,
  − bis-benzylidenhydrazid 968
−, 1-[Benzylidencarbazoyl-methyl]-1H-,
  − bis-benzylidenhydrazid 967
−, 1-[Benzylidencarbazoyl-methyl]-
  4,5-dihydro-1H-,
  − bis-benzylidenhydrazid 963
−, 1-[Bis-äthoxycarbonyl-phenyl-methyl]-
  1H-,
  − dimethylester 968
−, 1-Butyl-1H- 965
−, 1-Carbamoyl-1H-,
  − dimethylester 966
−, 1-Carbamoylmethyl-1H-,
  − diamid 967
−, 1-[1-Carbazoyl-äthyl]-1H-,
  − dihydrazid 967
−, 1-[2-Carbazoyl-äthyl]-1H-,
  − dihydrazid 968
−, 1-Carbazoylmethyl-1H-,
  − dihydrazid 967
−, 1-Carbazoylmethyl-4,5-dihydro-1H-,
  − dihydrazid 963
−, 1-[2-Carboxy-äthyl]-1H- 967
−, 1-Carboxymethyl-1H- 967
−, 1-[5-(1-Cyan-2-phenyl-vinyl)-2-methyl-
  phenyl]-1H-,
  − dimethylester 968
−, 1-[2,5-Dimethyl-phenyl]-1H-,
  − bis-isopropylidenhydrazid 966
−, 1-Glucopyranosyl-1H-,
  − diamid 969
−, 1-Isobutyl-1H- 965
−, 1-[2-Isopropylidencarbazoyl-äthyl]-
  1H-,
  − bis-isopropylidenhydrazid 968

−, 1-[1-Methoxycarbonyl-äthyl]-1H-,
  − dimethylester 967
−, 1-[2-Methoxycarbonyl-äthyl]-1H-,
  − dimethylester 967
−, 1-Methoxycarbonylmethyl-1H-,
  − dimethylester 967
−, 1-Methyl-1H- 964
  − dimethylester 964
−, 1-Phenyl-1H- 965
  − dianilid 965
  − dimethylester 965
−, 2-Phenyl-2H- 965
  − bis-benzylidenhydrazid 965
−, 1-Ribofuranosyl-1H-,
  − diamid 969
−, 1-[Tetra-O-acetyl-glucopyranosyl]-1H-,
  − dimethylester 969
−, 1-[Tri-O-acetyl-xylopyranosyl]-1H-,
  − dimethylester 969
−, 1-Xylopyranosyl-1H-,
  − diamid 969
[1,2,3]Triazol-4,5-dicarbonylchlorid
−, 1-Phenyl-1H- 965
[1,2,4]Triazol-3,5-disulfonsäure
−, 4-Phenyl-4H-,
  − diamid 1065
[1,2,4]Triazol-3,4-diyldiamin 1081
−, 5-Äthyl- 1087
−, 5-Benzyl- 1143
−, N^3,N^4-Bis-[4-chlor-benzyliden]-
  5-methylmercapto- 1307
−, N^3,N^4-Bis-[4-methoxy-benzyliden]-
  5-methylmercapto- 1307
−, N^3,N^4-Bis-[4-methoxy-benzyliden]-
  5-phenyl- 1140
−, 5-[4-Chlor-phenyl]- 1140
−, N^3,N^4-Dibenzyliden-5-methyl- 1084
−, N^3,N^4-Dibenzyliden-5-methyl=
  mercapto- 1307
−, N^3,N^4-Dibenzyliden-5-phenyl- 1139
−, N^3,N^4-Dibenzyliden-5-propyl- 1090
−, 5,N^3-Diphenyl- 1139
−, 5-Isobutyl- 1092
−, 5-[4-Methoxy-phenyl]- 1338
−, 5-Methyl- 1084
−, 5-Methylmercapto- 1307
−, N^3-Methyl-5-phenyl- 1139
−, 5-Phenäthyl- 1144
−, 5-Phenyl- 1139
−, 5-Propyl- 1090
[1,2,4]Triazol-3,5-diyldiamin
−, 1H- 1161
−, N^3-Äthyl-N^5-[4-chlor-phenyl]-1H-
  1163
−, 1-Benzoyl-1H- 1168
−, N^3-Benzyliden-1H- 1165
−, N^3-Benzyliden-1-phenyl-1H- 1165
−, 1-Biphenyl-4-yl-1H- 1164

[1,2,4]Triazol-3,5-diyldiamin   (Fortsetzung)
—, N^3,N^5-Bis-[2-acetyl-3-oxo-but-1-enyl]-
  1-phenyl-1H-   1167
—, N^3,N^5-Bis-[2-äthoxycarbonyl-
  1-methyl-vinyl]-1-phenyl-1H-   1170
—, N^3,N^5-Bis-[2-äthoxycarbonyl-3-oxo-
  but-1-enyl]-1-phenyl-1H-   1172
—, 1-[4-Brom-phenyl]-1H-   1162
—, 1-[4-Brom-phenyl]-N^3,N^5-diphenyl-
  1H-   1164
—, N^3-[4-Brom-phenyl]-N^5-isopropyl-
  1H-   1163
—, N^3-Butyl-N^5-[4-chlor-phenyl]-1H-
  1163
—, 1-[3-Chlor-4-methyl-phenyl]-1H-
  1164
—, 1-[3-Chlor-phenyl]-1H-   1162
—, 1-[4-Chlor-phenyl]-1H-   1162
—, N^3-[4-Chlor-phenyl]-N^5-isopropyl-
  1H-   1163
—, 1-[4-(4-Chlor-phenylmercapto)-
  phenyl]-1H-   1165
—, N^3-[4-Chlor-phenyl]-N^5-methyl-1H-
  1163
—, N^3,N^5-Dibenzyliden-1H-   1166
—, 1-[2,4-Dichlor-phenyl]-1H-   1162
—, 1-[3,4-Dichlor-phenyl]-1H-   1162
—, N^3,N^5-Dinitro-1H-   1450
—, N^3,N^5-Dinitroso-1H-   1449
—, N^3,N^5-Diphenyl-1H-   1163
—, N^3,N^5-Diphenyl-1-o-tolyl-1H-   1164
—, N^3,N^5-Diphenyl-1-p-tolyl-1H-   1164
—, N^3,N^5-Disalicyliden-1H-   1166
—, 1-[4-Fluor-phenyl]-1H-   1162
—, 1-[4-Jod-phenyl]-1H-   1163
—, 1-[2]Naphthyl-1H-   1164
—, N^3-[2-Nitro-benzyliden]-1-phenyl-1H-
  1165
—, N^3-Nitroso-1H-   1449
—, 1-Phenyl-1H-   1162
—, 1-Phenyl-N^3,N^5-dipiperonyliden-1H-
  1173
—, 1-Phenyl-N^3,N^5-disalicyliden-1H-
  1166
—, 1-Propionyl-1H-   1168
—, 1-p-Tolyl-1H-   1164
—, 1-[4-p-Tolylmercapto-phenyl]-1H-
  1165
—, 1-[4-p-Tolyloxy-phenyl]-1H-   1165
—, 1,N^3,N^5-Triphenyl-1H-   1163
[1,2,4]Triazolidin
—, 1-Acetoacetyl-4-anilino-3,5-diimino-
  2-phenyl-   1174
[1,2,4]Triazolium
—, 3-Acetoacetylamino-5-amino-
  4-anilino-1-phenyl-,
  — betain 1174
—, 5-Äthyl-3-anilino-1,4-diphenyl-,
  — betain 1086

—, 3-Amino-2,4-bis-[4-chlor-phenyl]-,
  — betain 1075
—, 3-Amino-2,4-diphenyl-,
  — betain 1074
—, 3-Amino-2,4-di-p-tolyl-,
  — betain 1076
—, 3-Anilino-1-benzyl-4,5-diphenyl-,
  — betain 1137
—, 4-Anilino-3,5-bis-benzylidenamino-
  1-phenyl-,
  — betain 1173
—, 3-Anilino-1,4-diphenyl-   1075
  — betain 1075
—, 3-Anilino-5-methyl-1,4-diphenyl-,
  — betain 1082
—, 4-Anilino-1-phenyl-3,5-bis-salicyl≈
  idenamino-,
  — betain 1173
—, 3-Anilino-1,4,5-triphenyl-,
  — betain 1137
—, 3,5-Diamino-1-benzyl-2-phenyl-   1164
—, 3,5-Diamino-1-methyl-2-phenyl-   1163
  — betain 1163
—, 3-[N-Methyl-anilino]-1,4-diphenyl-
  1075
—, 3-[N-Methyl-anilino]-1,4,5-triphenyl-
  1137
[1,2,4]Triazolo[4,3-a]azepin-3-carbonsäure
—, 6,7,8,9-Tetrahydro-5H-,
  — amid 941
[1,2,4]Triazolo[4,3-a]azonin-3-carbonsäure
—, 6,7,8,9,10,11-Hexahydro-5H-,
  — amid 942
[1,2,4]Triazolo[4,3-a]chinolinium
—, 2-Äthyl-1-[4-dimethylamino-styryl]-
  1158
—, 3-Äthyl-5-[4-dimethylamino-styryl]-
  3H-   1159
[1,2,4]Triazol-3-on
—, 5-[1-Acetyl-2-anilino-propenyl]-
  1,2-dihydro-   1391
—, 5-[1-Acetyl-2-anilino-propenyl]-
  2-phenyl-1,2-dihydro-   1391
—, 5-Amino-2,4-diphenyl-2,4-dihydro-
  1351
—, 5-Amino-1-methyl-2-phenyl-,
  — imin 1163
—, 5-Benzylidenamino-2,4-diphenyl-
  2,4-dihydro-   1351
—, 2,4-Bis-[4-chlor-phenyl]-2,4-dihydro-,
  — imin 1075
—, 2,4-Diphenyl-2,4-dihydro-,
  — imin 1074
—, 2,4-Di-p-tolyl-2,4-dihydro-,
  — imin 1076
[1,2,4]Triazolo[1,2-a]pyridazinium
—, 1,3-Diamino-5,8-dihydro-   1236
—, 1,3-Diamino-5,7-dimethyl-5,8-dihydro-
  1236

[1,2,4]Triazolo[1,2-*a*]pyridazin-1-ylamin
−, 5,7-Dimethyl-3-nitroimino-
5,8-dihydro-3*H*- 1370
−, 6,8-Dimethyl-3-nitroimino-
5,8-dihydro-3*H*- 1370
**[1,2,4]Triazolo[1,2-*a*]pyridazin-6-yl⸗
quecksilber(1+)**
−, 2-Äthoxycarbonylmethyl-7-methoxy-
1,3-dioxo-hexahydro- 1454
−, 2-Carboxymethyl-7-methoxy-
1,3-dioxo-hexahydro- 1453
−, 7-Hydroxy-1,3-dioxo-hexahydro-
1453
−, 7-Methoxy-1,3-dioxo-hexahydro-
1453
−, 7-Methoxy-2-methyl-1,3-dioxo-
hexahydro- 1453
[1,2,4]Triazolo[4,3-*a*]pyridin-6-carbonsäure
946
−, 8-Chlor- 947
[1,2,4]Triazolo[4,3-*a*]pyridinium
−, 3-[4-Dimethylamino-styryl]-2-methyl-
1153
[1,2,4]Triazolo[4,3-*a*]pyridin-3-sulfonsäure
− amid 1053
− *p*-toluidid 1053
[1,2,4]Triazolo[4,3-*a*]pyridin-3-ylamin 1109
[1,2,3]Triazol-1-oxid
−, 5-Methyl-2-phenyl-4-phenylazo-2*H*-
1442
−, 5-Methyl-2-*p*-tolyl-4-*p*-tolylazo-2*H*-
1442
[1,2,3]Triazol-4-sulfonsäure
−, 1-Phenyl-4,5-dihydro-1*H*-,
− diäthylamid 1053
[1,2,4]Triazol-3-sulfonsäure
−, 1*H*-,
− amid 1053
−, 5-[2-Amino-äthyl]-1*H*-,
− amid 1427
−, 5-[4-Chlor-phenyl]-1*H*-,
− amid 1056
−, 5-Oxo-4-phenyl-4,5-dihydro-1*H*-,
− amid 1069
−, 5-[2-Phthalimido-äthyl]-1*H*-,
− amid 1427
[1,2,3]Triazol-4-thiocarbonsäure
−, 5-Amino-1*H*-,
− amid 1407
−, 5-Amino-1-benzyl-1*H*-,
− amid 1407
−, 5-Amino-2-phenyl-2*H*-,
− amid 1407
[1,2,4]Triazol-3-thion
−, 5-[4-Acetylamino-phenyl]-1,2-dihydro-
1373
−, 5-Acetylamino-4-*o*-tolyl-2,4-dihydro-
1351

−, 5-Acetylamino-4-*p*-tolyl-2,4-dihydro-
1352
−, 4-[4-Äthoxy-phenyl]-5-[4-amino-
phenyl]-2,4-dihydro- 1372
−, 5-[2-Amino-äthyl]-1,2-dihydro- 1353
−, 4-Amino-5-[4-chlor-benzylidenamino]-
2,4-dihydro- 1352
−, 5-Amino-4-[4-chlor-benzylidenamino]-
2,4-dihydro- 1352
−, 5-Amino-1,2-dihydro- 1351
−, 4-Amino-5-[4-methoxy-benzyl⸗
idenamino]-2,4-dihydro- 1352
−, 5-Amino-4-[4-methoxy-benzyl⸗
idenamino]-2,4-dihydro- 1352
−, 5-[4-Amino-phenyl]-1,2-dihydro-
1372
−, 5-Amino-4-*o*-tolyl-2,4-dihydro- 1351
−, 5-Amino-4-*p*-tolyl-2,4-dihydro- 1352
−, 4-[4-Chlor-phenyl]-5-diäthyl⸗
aminomethyl-2,4-dihydro- 1352
−, 5-Diäthylaminomethyl-4-phenyl-
2,4-dihydro- 1352
−, 4,5-Diamino-2,4-dihydro- 1352
−, 5-[2,4-Dimethyl-anilino]-1,2-dihydro-
1352
[1,2,3]Triazol-1,4,5-tricarbamid 966
[1,2,3]Triazol-1,4,5-tricarbonsäure
− triamid 966
− trihydrazid 966
− trimethylester 966
− tris-benzylidenhydrazid 966
[1,2,4]Triazol-3,4,5-triyltriamin 1173
−, *N*⁴-Benzyliden- 1173
−, *N*³,*N*⁴-Dibenzyliden- 1174
−, *N*³,*N*⁵-Diphenyl- 1173
[1,2,3]Triazol-4-ylamin
−, 1*H*- 1071
−, 3-Äthyl-5-phenyl-3*H*- 1130
−, 3-[4-Amino-2-methyl-[6]chinolyl]-5-
[4-amino-phenyl]-3*H*- 1239
−, 3-[4-Amino-2-methyl-[6]chinolyl]-5-
[4-guanidino-phenyl]-3*H*- 1240
−, 3-Benzyl-3*H*- 1072
−, 3-Benzyl-5-phenyl-3*H*- 1134
−, 3-[4-Brom-phenyl]-5-phenyl-3*H*- 1131
−, 3-[2-Chlor-phenyl]-5-phenyl-3*H*-
1131
−, 3-[3-Chlor-phenyl]-5-phenyl-3*H*-
1131
−, 3-[4-Chlor-phenyl]-5-phenyl-3*H*-
1131
−, 2,5-Diphenyl-2*H*- 1132
−, 3,5-Diphenyl-3*H*- 1131
−, 5,5-Diphenyl-5*H*- 1153
−, 3-Hexyl-5-phenyl-3*H*- 1131
−, 3-[4-Methoxy-phenyl]-5-phenyl-3*H*-
1135
−, 1-Methyl-1*H*- 1071

[1,2,3]Triazol-4-ylamin   (Fortsetzung)
—, 3-Methyl-3*H*- 1071
—, 5-Methyl-2-phenyl-2*H*- 1081
—, 3-[2]Naphthyl-5-phenyl-3*H*- 1134
—, 3-[3-Nitro-phenyl]-5-phenyl-3*H*-
    1131
—, 3-[4-Nitro-phenyl]-5-phenyl-3*H*- 1131
—, 1-Phenyl-1*H*- 1072
—, 2-Phenyl-2*H*- 1072
—, 3-Phenyl-3*H*- 1072
—, 5-Phenyl-1*H*- 1130
—, 5-Phenyl-3-*m*-tolyl-3*H*- 1133
—, 5-Phenyl-3-*o*-tolyl-3*H*- 1133
—, 5-Phenyl-3-*p*-tolyl-3*H*- 1133
[1,2,4]Triazol-3-ylamin
—, 1*H*- 1073
—, 2-Acetyl-2*H*- 1077
—, 2-[*N*-Acetyl-sulfanilyl]-2*H*- 1081
—, 2-[*N*-Acetyl-sulfanilyl]-5-methyl-2*H*-
    1084
—, 5-[2-Äthoxy-äthyl]-1*H*- 1308
—, 5-Äthyl-1*H*- 1086
—, 5-[2-Amino-äthyl]-1*H*- 1175
—, 5-Aminomethyl-1*H*- 1174
—, 5-[α-Amino-phenäthyl]-1*H*- 1242
—, 2-[3-(5-Amino-[1,2,4]triazol-1-yl)-
    crotonoyl]-2*H*- 1079
—, 2-Benzoyl-2*H*- 1078
—, 5-Benzylidenhydrazino-1*H*- 1440
—, 1-Benzyl-5-phenyl-1*H*- 1137
—, 4-Benzyl-5-phenyl-4*H*- 1137
—, 5-[4-Chlor-phenyl]-1*H*- 1140
—, 5-Cyclohexyl-1*H*- 1106
—, 5-[3,5-Dimethyl-pyrrol-1-yl]-1*H*-
    1165
—, 5-Heptadecyl-1*H*- 1093
—, 5-Hexyl-1*H*- 1093
—, 5-Hydrazino-1*H*- 1440
—, 5-[4-Methoxy-phenyl]-1*H*- 1338
—, 5-Methyl-1*H*- 1081
—, 5-Methylmercapto-4-*o*-tolyl-4*H*-
    1351
—, 5-Methylmercapto-4-*p*-tolyl-4*H*-
    1352
—, 5-Methyl-2-[4-nitro-benzolsulfonyl]-
    2*H*- 1083
—, 5-Methyl-2-sulfanilyl-2*H*- 1084
—, 2-[4-Nitro-benzolsulfonyl]-2*H*-
    1080
—, 5-[4-Nitro-phenyl]-1*H*- 1140
—, 5-Pentyl-1*H*- 1092
—, 4-Phenyl-4*H*- 1074
—, 5-Phenyl-1*H*- 1136
—, 2-Sulfanilyl-2*H*- 1080
—, 5-*m*-Tolyl-1*H*- 1142
[1,2,4]Triazol-4-ylamin
—, 3,5-Dihydrazino- 1438

Trimethinium
—, 3-[4-Acetyl-3,5-dimethyl-pyrrol-2-yl]-
    1-[4-äthoxycarbonyl-3,5-dimethyl-pyrrol-
    2-yl]-1-[5-äthoxycarbonyl-2,4-dimethyl-
    pyrrol-3-yl]- 1044
—, 3-[4-Acetyl-3,5-dimethyl-pyrrol-2-yl]-
    1,1-bis-[4-äthoxycarbonyl-3,5-dimethyl-
    pyrrol-2-yl]- 1044
—, 3-[4-Acetyl-3,5-dimethyl-pyrrol-2-yl]-
    1,1-bis-[5-äthoxycarbonyl-2,4-dimethyl-
    pyrrol-3-yl]- 1044
—, 1-Äthoxycarbonyl-3-[5-äthoxycarbonyl-
    2,4-dimethyl-pyrrol-3-yl]-1,3-bis-
    [4-benzoyl-3,5-dimethyl-pyrrol-2-yl]- 1046
—, 1-Äthoxycarbonyl-3-[5-äthoxycarbonyl-
    2,4-dimethyl-pyrrol-3-yl]-1,3-bis-
    [3,5-dimethyl-pyrrol-2-yl]- 979
—, 1-Äthoxycarbonyl-3-[5-äthoxycarbonyl-
    2,4-dimethyl-pyrrol-3-yl]-1,3-bis-[2-methyl-
    indol-3-yl]- 983
—, 1-Äthoxycarbonyl-1,3-bis-
    [4-äthoxycarbonyl-3,5-dimethyl-pyrrol-
    2-yl]-3-[5-äthoxycarbonyl-2,4-dimethyl-
    pyrrol-3-yl]- 1001
—, 1-Äthoxycarbonyl-1,3-bis-
    [4-äthoxycarbonyl-3,5-dimethyl-pyrrol-
    2-yl]-3-[2,4-dimethyl-pyrrol-3-yl]- 995
—, 1-Äthoxycarbonyl-1,3-bis-[4-benzoyl-
    3,5-dimethyl-pyrrol-2-yl]-3-[2,4-dimethyl-
    pyrrol-3-yl]- 1041
—, 1-[4-Äthoxycarbonyl-3,5-dimethyl-
    pyrrol-2-yl]-3-[4-äthoxycarbonyl-
    2,5-dimethyl-pyrrol-3-yl]-1-[5-äthoxy≈
    carbonyl-2,4-dimethyl-pyrrol-3-yl]- 996
—, 3-[1-Äthoxycarbonyl-3,5-dimethyl-
    pyrrol-2-yl]-1-[4-äthoxycarbonyl-
    3,5-dimethyl-pyrrol-2-yl]-1-[5-äthoxy≈
    carbonyl-2,4-dimethyl-pyrrol-3-yl]- 980
—, 1-[4-Äthoxycarbonyl-3,5-dimethyl-
    pyrrol-2-yl]-1-[5-äthoxycarbonyl-
    2,4-dimethyl-pyrrol-3-yl]-3-[4-äthoxy≈
    carbonyl-3-hydroxy-5-methyl-pyrrol-2-yl]-
    1047
—, 1-[4-Äthoxycarbonyl-3,5-dimethyl-
    pyrrol-2-yl]-1-[5-äthoxycarbonyl-
    2,4-dimethyl-pyrrol-3-yl]-3-[3-äthoxy≈
    carbonyl-4-methyl-pyrrol-2-yl]- 994
—, 1-[4-Äthoxycarbonyl-3,5-dimethyl-
    pyrrol-2-yl]-1-[5-äthoxycarbonyl-
    2,4-dimethyl-pyrrol-3-yl]-3-[4-äthoxy≈
    carbonyl-3-methyl-pyrrol-2-yl]- 994
—, 1-[4-Äthoxycarbonyl-3,5-dimethyl-
    pyrrol-2-yl]-1-[5-äthoxycarbonyl-
    2,4-dimethyl-pyrrol-3-yl]-3-[4-äthoxy≈
    carbonyl-5-methyl-pyrrol-2-yl]- 994
—, 1-[4-Äthoxycarbonyl-3,5-dimethyl-
    pyrrol-2-yl]-1-[5-äthoxycarbonyl-
    2,4-dimethyl-pyrrol-3-yl]-3-[1-äthoxy≈
    carbonyl-pyrrol-2-yl]- 978

Trimethinium (Fortsetzung)

–, 1-[4-Äthoxycarbonyl-3,5-dimethyl-
pyrrol-2-yl]-1-[5-äthoxycarbonyl-
2,4-dimethyl-pyrrol-3-yl]-3-[4-äthoxy≠
carbonyl-1,3,5-trimethyl-pyrrol-2-yl]- 996

–, 1-[4-Äthoxycarbonyl-3,5-dimethyl-
pyrrol-2-yl]-1-[5-äthoxycarbonyl-
2,4-dimethyl-pyrrol-3-yl]-3-[4-äthyl-
3,5-dimethyl-pyrrol-2-yl]- 981

–, 1-[4-Äthoxycarbonyl-3,5-dimethyl-
pyrrol-2-yl]-1-[5-äthoxycarbonyl-
2,4-dimethyl-pyrrol-3-yl]-3-[3-äthyl-
4-methyl-pyrrol-2-yl]- 981

–, 1-[4-Äthoxycarbonyl-3,5-dimethyl-
pyrrol-2-yl]-1-[5-äthoxycarbonyl-
2,4-dimethyl-pyrrol-3-yl]-3-[4-äthyl-
3-methyl-pyrrol-2-yl]- 981

–, 1-[4-Äthoxycarbonyl-3,5-dimethyl-
pyrrol-2-yl]-1-[5-äthoxycarbonyl-
2,4-dimethyl-pyrrol-3-yl]-3-[3,5-dimethyl-
pyrrol-2-yl]- 980

–, 1-[4-Äthoxycarbonyl-3,5-dimethyl-
pyrrol-2-yl]-1-[5-äthoxycarbonyl-
2,4-dimethyl-pyrrol-3-yl]-3-[3,5-diphenyl-
pyrrol-2-yl]- 983

–, 1-[4-Äthoxycarbonyl-3,5-dimethyl-
pyrrol-2-yl]-1-[5-äthoxycarbonyl-
2,4-dimethyl-pyrrol-3-yl]-3-[1-methyl-
pyrrol-2-yl]- 978

–, 1-[4-Äthoxycarbonyl-3,5-dimethyl-
pyrrol-2-yl]-1-[5-äthoxycarbonyl-
2,4-dimethyl-pyrrol-3-yl]-3-[5-methyl-
pyrrol-2-yl]- 979

–, 1-[4-Äthoxycarbonyl-3,5-dimethyl-
pyrrol-2-yl]-1-[5-äthoxycarbonyl-
2,4-dimethyl-pyrrol-3-yl]-3-pyrrol-2-yl-
978

–, 1-[4-Äthoxycarbonyl-3,5-dimethyl-
pyrrol-2-yl]-1,3-bis-[5-äthoxycarbonyl-
2,4-dimethyl-pyrrol-3-yl]- 996

–, 3-[1-Äthoxycarbonyl-3,5-dimethyl-
pyrrol-2-yl]-1,1-bis-[4-äthoxycarbonyl-
3,5-dimethyl-pyrrol-2-yl]- 980

–, 3-[1-Äthoxycarbonyl-3,5-dimethyl-
pyrrol-2-yl]-1,1-bis-[5-äthoxycarbonyl-
2,4-dimethyl-pyrrol-3-yl]- 980

–, 3-[4-Äthoxycarbonyl-2,5-dimethyl-
pyrrol-3-yl]-1,1-bis-[5-äthoxycarbonyl-
2,4-dimethyl-pyrrol-3-yl]- 997

–, 3-[4-Äthoxycarbonyl-3,5-dimethyl-
pyrrol-2-yl]-1,1-bis-[5-äthoxycarbonyl-
2,4-dimethyl-pyrrol-3-yl]- 996

–, 3-[4-Äthoxycarbonyl-3,5-dimethyl-
pyrrol-2-yl]-1,1-bis-[4-äthoxycarbonyl-
5-methyl-pyrrol-2-yl]- 993

–, 1,1-Bis-[4-äthoxycarbonyl-
3,5-dimethyl-pyrrol-2-yl]-3-[4-äthoxy≠
carbonyl-2,5-dimethyl-pyrrol-3-yl]- 995

–, 1,1-Bis-[4-äthoxycarbonyl-
3,5-dimethyl-pyrrol-2-yl]-3-[5-äthoxy≠
carbonyl-2,4-dimethyl-pyrrol-3-yl]- 996

–, 1,3-Bis-[4-äthoxycarbonyl-
3,5-dimethyl-pyrrol-2-yl]-3-[5-äthoxy≠
carbonyl-2,4-dimethyl-pyrrol-3-yl]- 996

–, 1,1-Bis-[4-äthoxycarbonyl-
3,5-dimethyl-pyrrol-2-yl]-3-[4-äthoxy≠
carbonyl-3-hydroxy-5-methyl-pyrrol-2-yl]-
1047

–, 1,1-Bis-[5-äthoxycarbonyl-
2,4-dimethyl-pyrrol-3-yl]-3-[4-äthoxy≠
carbonyl-3-hydroxy-5-methyl-pyrrol-2-yl]-
1048

–, 1,1-Bis-[4-äthoxycarbonyl-
3,5-dimethyl-pyrrol-2-yl]-3-[3-äthoxy≠
carbonyl-4-methyl-pyrrol-2-yl]- 993

–, 1,1-Bis-[4-äthoxycarbonyl-
3,5-dimethyl-pyrrol-2-yl]-3-[4-äthoxy≠
carbonyl-3-methyl-pyrrol-2-yl]- 993

–, 1,1-Bis-[4-äthoxycarbonyl-
3,5-dimethyl-pyrrol-2-yl]-3-[4-äthoxy≠
carbonyl-5-methyl-pyrrol-2-yl]- 994

–, 1,1-Bis-[5-äthoxycarbonyl-
2,4-dimethyl-pyrrol-3-yl]-3-[3-äthoxy≠
carbonyl-4-methyl-pyrrol-2-yl]- 994

–, 1,1-Bis-[5-äthoxycarbonyl-
2,4-dimethyl-pyrrol-3-yl]-3-[4-äthoxy≠
carbonyl-3-methyl-pyrrol-2-yl]- 994

–, 1,1-Bis-[5-äthoxycarbonyl-
2,4-dimethyl-pyrrol-3-yl]-3-[4-äthoxy≠
carbonyl-5-methyl-pyrrol-2-yl]- 994

–, 1,1-Bis-[4-äthoxycarbonyl-
3,5-dimethyl-pyrrol-2-yl]-3-[1-äthoxy≠
carbonyl-pyrrol-2-yl]- 977

–, 1,1-Bis-[5-äthoxycarbonyl-
2,4-dimethyl-pyrrol-3-yl]-3-[1-äthoxy≠
carbonyl-pyrrol-2-yl]- 978

–, 1,1-Bis-[4-äthoxycarbonyl-
3,5-dimethyl-pyrrol-2-yl]-3-[4-äthoxy≠
carbonyl-1,3,5-trimethyl-pyrrol-2-yl]- 995

–, 1,1-Bis-[5-äthoxycarbonyl-
2,4-dimethyl-pyrrol-3-yl]-3-[4-äthoxy≠
carbonyl-1,3,5-trimethyl-pyrrol-2-yl]- 997

–, 1,1-Bis-[4-äthoxycarbonyl-
3,5-dimethyl-pyrrol-2-yl]-3-[4-äthyl-
3,5-dimethyl-pyrrol-2-yl]- 981

–, 1,1-Bis-[5-äthoxycarbonyl-
2,4-dimethyl-pyrrol-3-yl]-3-[4-äthyl-
3,5-dimethyl-pyrrol-2-yl]- 981

–, 1,1-Bis-[4-äthoxycarbonyl-
3,5-dimethyl-pyrrol-2-yl]-3-[3-äthyl-
4-methyl-pyrrol-2-yl]- 980

–, 1,1-Bis-[4-äthoxycarbonyl-
3,5-dimethyl-pyrrol-2-yl]-3-[4-äthyl-
3-methyl-pyrrol-2-yl]- 980

–, 1,1-Bis-[5-äthoxycarbonyl-
2,4-dimethyl-pyrrol-3-yl]-3-[3-äthyl-
4-methyl-pyrrol-2-yl]- 981

Trimethinium (Fortsetzung)

−, 1,1-Bis-[5-äthoxycarbonyl-2,4-dimethyl-pyrrol-3-yl]-3-[4-äthyl-3-methyl-pyrrol-2-yl]- 981

−, 1,1-Bis-[4-äthoxycarbonyl-3,5-dimethyl-pyrrol-2-yl]-3-[3,5-dimethyl-pyrrol-2-yl]- 980

−, 1,1-Bis-[5-äthoxycarbonyl-2,4-dimethyl-pyrrol-3-yl]-3-[3,5-dimethyl-pyrrol-2-yl]- 980

−, 1,1-Bis-[4-äthoxycarbonyl-3,5-dimethyl-pyrrol-2-yl]-3-[3,5-diphenyl-pyrrol-2-yl]- 983

−, 1,1-Bis-[5-äthoxycarbonyl-2,4-dimethyl-pyrrol-3-yl]-3-[3,5-diphenyl-pyrrol-2-yl]- 983

−, 1,1-Bis-[4-äthoxycarbonyl-3,5-dimethyl-pyrrol-2-yl]-3-[1-methyl-pyrrol-2-yl]- 977

−, 1,1-Bis-[4-äthoxycarbonyl-3,5-dimethyl-pyrrol-2-yl]-3-[5-methyl-pyrrol-2-yl]- 979

−, 1,1-Bis-[5-äthoxycarbonyl-2,4-dimethyl-pyrrol-3-yl]-3-[1-methyl-pyrrol-2-yl]- 978

−, 1,1-Bis-[5-äthoxycarbonyl-2,4-dimethyl-pyrrol-3-yl]-3-[5-methyl-pyrrol-2-yl]- 979

−, 1,1-Bis-[4-äthoxycarbonyl-3,5-dimethyl-pyrrol-2-yl]-3-pyrrol-2-yl- 977

−, 1,1-Bis-[5-äthoxycarbonyl-2,4-dimethyl-pyrrol-3-yl]-3-pyrrol-2-yl- 978

−, 1,1-Bis-[4-äthoxycarbonyl-5-methyl-pyrrol-2-yl]-3-[3,5-dimethyl-pyrrol-2-yl]- 977

−, 1-[1,3-Diäthyl-5-äthylcarbamoyl-1(3)H-benzimidazol-2-yl]-3-[1,3,3-trimethyl-3H-indol-2-yl]- 962

−, 1,1,3-Tris-[4-äthoxycarbonyl-3,5-dimethyl-pyrrol-2-yl]- 995

−, 1,1,3-Tris-[5-äthoxycarbonyl-2,4-dimethyl-pyrrol-3-yl]- 997

−, 1,2,3-Tris-[4-äthoxycarbonyl-3,5-dimethyl-pyrrol-2-yl]- 997

−, 1,1,3-Tris-[4-äthoxycarbonyl-3,5-dimethyl-pyrrol-2-yl]-2-methyl- 998

−, 1,1,3-Tris-[4-äthoxycarbonyl-3,5-dimethyl-pyrrol-2-yl]-3-methyl- 997

Tripyrren 991

Tripyrrin

Bezifferung s. **26** IV 954 Anm.

Tripyrrin-1-carbonsäure

−, 3-[2-Äthoxycarbonylamino-äthyl]-12-äthyl-7-[2-methoxycarbonyl-äthyl]-2,8,13-trimethyl-14-oxo-16,17-dihydro-14H-,
− äthylester 1427

−, 12-Äthyl-3,7-bis-[2-carboxy-äthyl]-2,8,13-trimethyl-14-oxo-16,17-dihydro-14H- 1049

−, 13-Äthyl-3,7-bis-[2-carboxy-äthyl]-2,8,12-trimethyl-14-oxo-16,17-dihydro-14H- 1048

−, 12-Äthyl-3,7-bis-[2-methoxycarbonyl-äthyl]-2,8,13-trimethyl-14-oxo-16,17-dihydro-14H-,
− äthylester 1049

−, 13-Äthyl-3,7-bis-[2-methoxycarbonyl-äthyl]-2,8,12-trimethyl-14-oxo-16,17-dihydro-14H-,
− äthylester 1049
− methylester 1048

−, 12-Äthyl-3-[2-brom-vinyl]-7-[2-methoxycarbonyl-äthyl]-2,8,13-trimethyl-14-oxo-16,17-dihydro-14H-,
− methylester 1045

−, 12-Äthyl-3-[2-brom-vinyl]-7-[2-methoxycarbonyl-äthyl]-2,8,13-trimethyl-14-oxo-16,17-dihydro-14H- 1045

−, 3,7-Bis-[2-carboxy-äthyl]-2,8,13-trimethyl-14-oxo-12-vinyl-16,17-dihydro-14H- 1049

−, 3,7-Bis-[2-methoxycarbonyl-äthyl]-2,8,13-trimethyl-14-oxo-12-vinyl-16,17-dihydro-14H-,
− äthylester 1050

−, 2,12-Diäthyl-8-[2-brom-vinyl]-3,7,13-trimethyl-14-oxo-16,17-dihydro-14H-,
− methylester 1027

−, 2,13-Diäthyl-8-[2-brom-vinyl]-3,7,12-trimethyl-14-oxo-16,17-dihydro-14H-,
− methylester 1027

−, 3,12-Diäthyl-7-[2-carboxy-äthyl]-2,8,13-trimethyl-14-oxo-16,17-dihydro-14H- 1043

−, 3,12-Diäthyl-7-[2-methoxycarbonyl-äthyl]-2,8,13-trimethyl-14-oxo-16,17-dihydro-14H- 1043
− methylester 1044

−, 3,12-Diäthyl-7-[2-methoxycarbonyl-äthyl]-2,8,13-trimethyl-14-oxo-5,15,16,17-tetrahydro-14H-,
− methylester 1042

−, 3,12-Diäthyl-7-[2-methoxycarbonyl-äthyl]-2,8,13-trimethyl-14-oxo-10,14,16,17-tetrahydro-13H-,
− methylester 1042

−, 3,8,13-Triäthyl-2,7,12,14-tetramethyl-5,10,16,17-tetrahydro-15H-,
− benzylester 954

Tripyrrin-1,13-dicarbonsäure
—, 3,8-Diäthyl-2,7,12,14-tetramethyl-5,10,16,17-tetrahydro-15*H*-,
— diäthylester 974
Tripyrrin-1,14-dicarbonsäure
—, 7-Äthyl-3,12-bis-[2-carboxy-äthyl]-2,8,13-trimethyl-5,10,16,17-tetrahydro-15*H*-,
— diäthylester 1000
—, 3,7,12-Triäthyl-2,8,13-trimethyl-5,10,16,17-tetrahydro-15*H*-,
— diäthylester 974
Tripyrrin-3,12-dicarbonsäure
—, 7-Äthyl-2,8,13-trimethyl-1,14-dioxo-14,15,16,17-tetrahydro-1*H*-,
— diäthylester 1046
Tripyrrin-2,7,12-tricarbonsäure
—, 1,3,8,13-Tetramethyl-15*H*-,
— triäthylester 991
Tubercidin 1117

U

Unamycin-B 1419

V

Valeramid
—, *N,N',N''*-[1,3,5]Triazin-2,4,6-triyl-tris-1275

Valeriansäure
—, 5-[Acetylamino-anilino-[1,3,5]triazin-2-yl]-,
— äthylester 1417
—, 5-[Amino-anilino-[1,3,5]triazin-2-yl]-1416
— äthylester 1417
— amid 1417
— hydrazid 1417
— methylester 1416
—, 5-Hydroxyimino-5-[5-methyl-1-phenyl-1*H*-[1,2,4]triazol-3-yl]- 1011
—, 5-[5-Methyl-1-phenyl-1*H*-[1,2,4]triazol-3-yl]-5-oxo- 1011
— methylester 1011
Valeroguanamin 1229
Valeronitril
—, 5-[Diamino-[1,3,5]triazin-2-yl]- 1416
Valin
—, *N*-[Bis-aziridin-1-yl-[1,3,5]triazin-2-yl]-,
— äthylester 1284
Vengicid 1419
Viomycidin 1408

Y

Yazumycin-A 1400
Yazumycin-C 1401

Formelregister

Im Formelregister sind die Verbindungen entsprechend dem System von *Hill* (Am. Soc. **22** [1900] 478)

1. nach der Anzahl der C-Atome,
2. nach der Anzahl der H-Atome,
3. nach der Anzahl der übrigen Elemente

in alphabetischer Reihenfolge angeordnet. Isomere sind in Form des „Registerna‌mens" (s. diesbezüglich die Erläuterungen zum Sachregister) in alphabetischer Rei‌henfolge aufgeführt. Verbindungen unbekannter Konstitution finden sich am Schluss der jeweiligen Isomeren-Reihe.

Von quartären Ammonium-Salzen, tertiären Sulfonium-Salzen u.s.w., sowie Or‌ganometall-Salzen wird nur das Kation aufgeführt.

Formula Index

Compounds are listed in the Formula Index using the system of *Hill* (Am. Soc. **22** [1900] 478), following:

1. the number of Carbon atoms,
2. the number of Hydrogen atoms,
3. the number of other elements,

in alphabetical order. Isomers are listed in the alphabetical order of their Index Names (see foreword to Subject Index), and isomers of undetermined structure are located at the end of the particular isomer listing.

For quarternary ammonium salts, tertiary sulfonium salts etc. and organometallic salts only the cations are listed.

C_2

$C_2H_2N_8O$
Amin, [5-Azido-1H-[1,2,4]triazol-3-yl]-nitroso- 1448

$C_2H_3N_5O_2$
Amin, Nitro-1H-
[1,2,4]triazol-3-yl- 1449

$C_2H_3N_7O_2$
[1,2,4]Triazol-3,5-diyldiamin, N^3,N^5-Dinitroso-1H- 1449

$C_2H_3N_7O_4$
[1,2,4]Triazol-3,5-diyldiamin, N^3,N^5-Dinitro-1H- 1450

$C_2H_4N_4$
[1,2,3]Triazol-4-ylamin, 1H- 1071
[1,2,4]Triazol-3-ylamin, 1H- 1073

$C_2H_4N_4O_2$
[1,2,4]Triazin-4-ol, 3-Hydroxyamino- 1430

$C_2H_4N_4O_2S$
[1,2,4]Triazol-3-sulfonsäure, 1H-, amid 1053

$C_2H_4N_4S$
[1,2,4]Triazol-3-thion, 5-Amino-1,2-dihydro- 1351

$C_2H_4N_6O$
[1,2,4]Triazol-3,5-diyldiamin, N^3-Nitroso-1H- 1449

$C_2H_5N_5$
[1,2,4]Triazol-3,4-diyldiamin 1081
[1,2,4]Triazol-3,5-diyldiamin, 1H- 1161

$C_2H_5N_5S$
[1,2,4]Triazol-3-thion, 4,5-Diamino-2,4-dihydro- 1352

$C_2H_6N_6$
[1,2,4]Triazol-3,4,5-triyltriamin 1173
[1,2,4]Triazol-3-ylamin, 5-Hydrazino-1H- 1440

C₂H₈N₈
[1,2,4]Triazol-4-ylamin, 3,5-Dihydrazino-
1438

C₃

C₃D₆N₆
[1,3,5]Triazin-2,4,6-triyltriamin, Hexa-
N-deuterio- 1255
C₃H₂Cl₂N₄
[1,3,5]Triazin-2-ylamin, 4,6-Dichlor- 1096
C₃H₂N₆O
[1,2,3]Triazol-4-carbonylazid, 1*H*- 931
C₃H₃ClN₄
[1,2,4]Triazin-5-ylamin, 3-Chlor- 1094
C₃H₃N₃O₂
[1,2,3]Triazol-4-carbonsäure, 1*H*- 931
C₃H₃N₃O₃
[1,2,4]Triazol-3-carbonsäure, 5-Oxo-
2,5-dihydro-1*H*- 1009
C₃H₃N₅
[1,2,3]Triazol-4-carbonitril, 5-Amino-1*H*-
1403
C₃H₃N₅O₄
[1,3,5]Triazin-2,4-dion, 6-Nitroamino-1*H*-
1450
C₃H₃N₇O₅
[1,3,5]Triazin-2-on, 4,6-Bis-nitroamino-1*H*-
1450
C₃H₄ClN₅
[1,3,5]Triazin-2,4-diyldiamin, 6-Chlor-
1207
C₃H₄FN₅
[1,3,5]Triazin-2,4-diyldiamin, 6-Fluor-
1207
C₃H₄N₄
[1,2,4]Triazin-3-ylamin 1093
[1,3,5]Triazin-2-ylamin 1094
C₃H₄N₄O
[1,2,4]Triazin-3-on, 5-Amino-2*H*- 1355
[1,3,5]Triazin-2-on, 4-Amino-1*H*- 1355
[1,2,3]Triazol-4-carbonsäure, 1*H*-, amid
931
C₃H₄N₄OS
[1,2,3]Triazol-4-carbonsäure, 5-Thioxo-
2,5-dihydro-1*H*-, amid 1009
C₃H₄N₄O₂
[1,3,5]Triazin-2,4-dion, 6-Amino-1*H*- 1385
[1,2,3]Triazol-4-carbonsäure, 5-Amino-1*H*-
1403
—, 5-Oxo-2,5-dihydro-1*H*-, amid
1006
C₃H₄N₄O₃
[1,3,5]Triazin-2,4-dion, 6-Hydroxyamino-
1*H*- 1431
C₃H₄N₄S₂
[1,3,5]Triazin-2,4-dithion, 6-Amino-1*H*-
1388

C₃H₅N₅
[1,3,5]Triazin-2,4-diyldiamin 1190
C₃H₅N₅O
Amin, Methyl-nitroso-[1*H*-[1,2,4]triazol-
3-yl]- 1447
[1,3,5]Triazin-2-on, 4,6-Diamino-1*H*- 1356
[1,2,3]Triazol-4-carbonsäure, 1*H*-,
hydrazid 931
—, 5-Amino-1*H*-, amid 1403
C₃H₅N₅O₂
Amin, [5-Methyl-1*H*-[1,2,4]triazol-3-yl]-
nitro- 1450
[1,3,5]Triazin-2,4-dion, 6-Hydrazino-1*H*-
1440
C₃H₅N₅S
[1,3,5]Triazin-2-thion, 4,6-Diamino-1*H*-
1359
[1,2,3]Triazol-4-thiocarbonsäure, 5-Amino-
1*H*-, amid 1407
C₃H₆N₄
Amin, Methyl-[1*H*-[1,2,4]triazol-3-yl]-
1074
Methylamin, *C*-[1*H*-[1,2,4]Triazol-3-yl]-
1085
[1,2,3]Triazol-4-ylamin, 1-Methyl-1*H*-
1071
—, 3-Methyl-3*H*- 1071
[1,2,4]Triazol-3-ylamin, 5-Methyl-1*H*-
1081
C₃H₆N₄O
Methanol, [5-Amino-1*H*-[1,2,4]triazol-3-yl]-
1307
C₃H₆N₆
[1,3,5]Triazin-2,4,6-triyltriamin 1253
C₃H₆N₆O
Harnstoff, [5-Amino-1*H*-[1,2,4]triazol-3-yl]-
1169
[1,3,5]Triazin-2,4,6-triyltriamin, 1-Oxy-
1255
[1,2,3]Triazol-4-carbonsäure, 5-Amino-1*H*-,
hydrazid 1403
[1,2,4]Triazol-1-carbonsäure, 3,5-Diamino-,
amid 1169
C₃H₆N₆O₂
[1,2,3]Triazol-4-carbonsäure, 1-Amino-
5-oxo-2,5-dihydro-1*H*-, hydrazid 1009
C₃H₇N₅
Hydrazin, [5-Methyl-1*H*-[1,2,4]triazol-3-yl]-
1432
Pyrazol-3-ylamin, 5-Hydrazino-4*H*- 1174
[1,2,3]Triazin-4,6-diyldiamin, 2,5-Dihydro-
1174
[1,2,4]Triazol-3,4-diyldiamin, 5-Methyl-
1084
[1,2,4]Triazol-3-ylamin, 5-Aminomethyl-
1*H*- 1174
C₃H₇N₅O₆P₂
Amidophosphorsäure, *N,N'*-[1,3,5]Triazin-
2,4-diyl-bis- 1207

C₃H₇N₅S
Hydrazin, [5-Methylmercapto-
1H-[1,2,4]triazol-3-yl]- 1439
[1,2,4]Triazol-3,4-diyldiamin, 5-Methyl≠
mercapto- 1307

C₃H₇N₇
[1,3,5]Triazin-2-on, 1,4,6-Triamino-1H-,
imin 1300
[1,2,4]Triazol-1-carbamidin, 3,5-Diamino-
1169

[C₃H₈N₇]⁺
[1,3,5]Triazinium, 1,2,4,6-Tetraamino-
1300

C₄

C₄Cl₂N₄S
[1,3,5]Triazin-2-ylisothiocyanat, Dichlor-
1099

C₄HN₅
[1,2,3]Triazol-4,5-dicarbonitril, 1H- 964

C₄H₂N₄O₂
[1,3,5]Triazin-2-carbonitril, 4,6-Dioxo-
1,4,5,6-tetrahydro- 1031

C₄H₃ClN₆
[1,3,5]Triazin-2-ylamin, 4-Chlor-
6-diazomethyl- 1365

C₄H₃N₃O₃S
[1,2,4]Triazol-6-carbonsäure, 5-Oxo-
3-thioxo-2,3,4,5-tetrahydro- 1030

C₄H₃N₃O₄
[1,2,4]Triazol-6-carbonsäure, 3,5-Dioxo-
2,3,4,5-tetrahydro- 1030
[1,3,5]Triazin-2-carbonsäure, 4,6-Dioxo-
1,4,5,6-tetrahydro- 1031
[1,2,3]Triazol-4,5-dicarbonsäure, 1H- 963

C₄H₃N₅O
[1,2,3]Triazol-4-carbonsäure, 5-Cyan-1H-,
amid 964

C₄H₄Br₂N₄O
[1,3,5]Triazin-2-on, 4-Amino-
6-dibrommethyl-1H- 1362

C₄H₄Cl₂N₄
Amin, [Dichlor-[1,3,5]triazin-2-yl]-methyl-
1096

C₄H₄F₃N₅
[1,3,5]Triazin-2,4-diyldiamin, 6-Trifluormethyl-
1223

C₄H₄N₄
Acetonitril, [1H-[1,2,3]Triazol-4-yl]- 936
—, [1H-[1,2,4]Triazol-3-yl]- 939

C₄H₄N₄O₂S
[1,3,5]Triazin-2-thiocarbonsäure, 4,6-Dioxo-
1,4,5,6-tetrahydro-, amid 1032

C₄H₄N₄O₃
[1,3,5]Triazin-2-carbonsäure, 4,6-Dioxo-
1,4,5,6-tetrahydro-, amid 1031

[1,2,3]Triazol-4-carbonsäure, 5-Carbamoyl-
1H- 964

C₄H₄N₆
[3,4′]Bi[1,2,4]triazolyl, 1H- 1077

C₄H₄N₆O
[1,2,3]Triazol-4-carbonylazid, 1-Methyl-
1H- 931

C₄H₅BrClN₅
[1,3,5]Triazin-2,4-diyldiamin, 6-[Brom-
chlor-methyl]- 1226

C₄H₅ClN₄O
[1,3,5]Triazin-2-on, 4-Amino-6-chlormethyl-
1H- 1362
[1,3,5]Triazin-2-ylamin, 4-Chlor-6-methoxy-
1310

C₄H₅Cl₂N₅
[1,3,5]Triazin-2,4-diyldiamin, 6-Dichlormethyl-
1224

C₄H₅N₃O₂
[1,2,3]Triazol-4-carbonsäure, 1-Methyl-1H-
931
—, 5-Methyl-1H- 937

C₄H₅N₃O₂S
Essigsäure, [5-Thioxo-2,5-dihydro-
1H-[1,2,4]triazol-3-yl]- 1010

C₄H₅N₃O₄
[1,3,5]Triazin-2-carbonsäure, 4,6-Dioxo-
hexahydro- 1029

C₄H₅N₃O₄S
[1,2,4]Triazin-3-sulfonsäure, 6-Methyl-
5-oxo-4,5-dihydro- 1070

C₄H₅N₅O₂
[1,3,5]Triazin-2-carbaldehyd, 4-Amino-
6-oxo-1,6-dihydro-, oxim 1390
[1,3,5]Triazin-2-carbonsäure, 4-Amino-
6-oxo-1,6-dihydro-, amid 1423

C₄H₅N₅O₃
[1,3,5]Triazin-2-carbamidoxim, 4,6-Dioxo-
1,4,5,6-tetrahydro- 1031
[1,2,3]Triazol-4,5-dicarbonsäure, 1H-,
monohydrazid 964

C₄H₅N₇
[3,4′]Bi[1,2,4]triazolyl-5-ylamin, 1H- 1167
Carbamonitril, [Diamino-[1,3,5]triazin-2-yl]-
1278
[1,3,5]Triazin-2,4-diyldiamin, 6-Diazomethyl-
1366

C₄H₆ClN₅
[1,3,5]Triazin-2,4-diyldiamin, 6-Chlormethyl-
1224
—, 6-Chlor-N^2-methyl- 1207

C₄H₆N₄
Amin, Methyl-[1,3,5]triazin-2-yl- 1094

C₄H₆N₄O
Acetamid, N-[1H-[1,2,4]Triazol-3-yl]- 1078
Essigsäure, [1H-[1,2,4]Triazol-3-yl]-, amid
938
[1,2,4]Triazin-3-on, 5-Amino-6-methyl-2H-
1361

$C_4H_6N_4O$ (Fortsetzung)
[1,3,5]Triazin-2-on, 4-Amino-6-methyl-1H-
1361
[1,2,4]Triazol-3-ylamin, 2-Acetyl-2H- 1077

$C_4H_6N_4OS$
Acetyl-Derivat $C_4H_6N_4OS$ aus
5-Amino-1,2-dihydro-[1,2,4]triazol-
3-thion 1351

$C_4H_6N_4O_2$
[1,3,5]Triazin-2,4-dion, 6-Aminomethyl-
1H- 1389

$C_4H_6N_4O_3S$
[1,2,4]Triazin-3-sulfonsäure, 5-Amino-
6-methyl- 1428

$C_4H_6N_4O_4S$
Methansulfonamid, N-[4,6-Dioxo-
1,4,5,6-tetrahydro-[1,3,5]triazin-2-yl]-
1388

$C_4H_6N_4S$
[1,2,4]Triazin-3-thion, 5-Amino-6-methyl-
2H- 1361
[1,3,5]Triazin-2-thion, 4-Amino-6-methyl-
1H- 1362
[1,3,5]Triazin-2-ylamin, 4-Methylmercapto-
1311

$C_4H_6N_6O$
Formamid, N-[Diamino-[1,3,5]triazin-2-yl]-
1275
[1,3,5]Triazin-2-carbaldehyd, Diamino-,
oxim 1366
[1,3,5]Triazin-2-carbonsäure, Diamino-,
amid 1409

$C_4H_6N_6O_2$
Harnstoff, [5-Carbamoyl-1H-[1,2,3]triazol-
4-yl]- 1406
[1,3,5]Triazin-2-carbaldehyd, 4-Amino-
6-hydroxyimino-1,6-dihydro-, oxim
1390

$C_4H_6N_6O_3$
[1,3,5]Triazin-2-carbamidoxim,
4-Hydroxyimino-6-oxo-
1,4,5,6-tetrahydro- 1032

$C_4H_7N_5$
[1,3,5]Triazin-2,4-diyldiamin, 6-Methyl-
1219
−, N^2-Methyl- 1190

$C_4H_7N_5O$
Harnstoff, [5-Methyl-1H-[1,2,4]triazol-3-yl]-
1083
Methanol, [Diamino-[1,3,5]triazin-2-yl]-
1323
[1,3,5]Triazin-2,4-diyldiamin, 6-Methoxy-
1311
[1,2,4]Triazin-5-on, 3-Hydrazino-6-methyl-
4H- 1439
[1,3,5]Triazin-2-on, 4-Amino-
6-aminomethyl-1H- 1362
[1,2,3]Triazol-4-carbonsäure, 5-Amino-
1-methyl-1H-, amid 1404

$C_4H_7N_5O_2$
[1,3,5]Triazin-2,4-dion, 6-Aminomethyl-1H-,
monooxim 1389

$C_4H_7N_5O_2S$
Essigsäure, [4,5-Diamino-4H-[1,2,4]triazol-
3-ylmercapto]- 1307

$C_4H_7N_5O_3S$
Methansulfonsäure, [Diamino-[1,3,5]triazin-
2-yl]- 1428

$C_4H_7N_5S$
[1,3,5]Triazin-2,4-diyldiamin, 6-Methyl⸗
mercapto- 1321

$C_4H_7N_7O$
Harnstoff, [Diamino-[1,3,5]triazin-2-yl]-
1278

$C_4H_7N_7O_2$
Harnstoff, N,N''-[1H-[1,2,4]Triazol-
3,5-diyl]-di- 1170

$C_4H_8N_4$
Äthylamin, 1-[1H-[1,2,4]Triazol-3-yl]- 1087
−, 2-[1H-[1,2,3]Triazol-4-yl]- 1085
−, 2-[1H-[1,2,4]Triazol-3-yl]- 1087
[1,2,4]Triazin-3-ylamin, 5-Methyl-
2,5-dihydro- 1085
[1,2,4]Triazol-3-ylamin, 5-Äthyl-1H- 1086

$C_4H_8N_4S$
[1,2,4]Triazol-3-thion, 5-[2-Amino-äthyl]-
1,2-dihydro- 1353

$C_4H_8N_6$
[1,3,5]Triazin-2,4-diyldiamin,
6-Aminomethyl- 1300
[1,3,5]Triazin-2-on, 4,6-Diamino-1-methyl-
1H-, imin 1256

$C_4H_8N_6O$
Methanol, [4,6-Diamino-[1,3,5]triazin-
2-ylamino]- 1273

$C_4H_8N_8$
Guanidin, [Diamino-[1,3,5]triazin-2-yl]-
1278

$C_4H_9N_5$
[1,2,4]Triazol-3,4-diyldiamin, 5-Äthyl-
1087
[1,2,4]Triazol-3-ylamin, 5-[2-Amino-äthyl]-
1H- 1175

$C_4H_9N_5O_2S$
[1,2,4]Triazol-3-sulfonsäure, 5-[2-Amino-
äthyl]-1H-, amid 1427

C_5

$C_5H_2Br_6N_4$
[1,3,5]Triazin-2-ylamin, 4,6-Bis-
tribrommethyl- 1105

$C_5H_2Cl_6N_4$
[1,3,5]Triazin-2-ylamin, 4,6-Bis-trichlormethyl-
1105

$C_5H_2Cl_6N_4O$
Hydroxylamin, N-[Bis-trichlormethyl-
[1,3,5]triazin-2-yl]- 1430

$C_5H_3Cl_2N_5$
Glycin, N-[Dichlor-[1,3,5]triazin-2-yl]-,
nitril 1099

$C_5H_4Br_4N_4$
[1,3,5]Triazin-2-ylamin, 4,6-Bis-
dibrommethyl- 1105

$C_5H_4Cl_3N_5O$
[1,3,5]Triazin-2-carbonsäure, Amino-
trichlormethyl-, amid 1413

$C_5H_4Cl_4N_4$
[1,3,5]Triazin-2-ylamin, 4,6-Bis-
dichlormethyl- 1104

$C_5H_4F_5N_5$
[1,3,5]Triazin-2,4-diyldiamin, 6-Pentafluoräthyl-
1228

$C_5H_5ClN_4$
[1,2,4]Triazin, 5-Aziridin-1-yl-3-chlor-
1094

$C_5H_5ClN_6$
Amin, [Chlor-diazomethyl-[1,3,5]triazin-
2-yl]-methyl- 1365
Glycin, N-[Amino-chlor-[1,3,5]triazin-2-yl]-,
nitril 1214

$C_5H_5Cl_3N_4$
Amin, [2-Chlor-äthyl]-[dichlor-[1,3,5]triazin-
2-yl]- 1096
[1,3,5]Triazin-2-ylamin, 4-Methyl-
6-trichlormethyl- 1104

$C_5H_5N_3O_2S$
Propionsäure, 2-Thioxo-3-[1H-[1,2,3]triazol-
4-yl]- 1011

$C_5H_5N_3O_3S$
Essigsäure, [5-Oxo-3-thioxo-
2,3,4,5-tetrahydro-[1,2,4]triazin-6-yl]-
1032
[1,2,4]Triazin-6-carbonsäure, 3-Methyl=
mercapto-5-oxo-4,5-dihydro- 1051

$C_5H_5N_3O_4$
Essigsäure, [3,5-Dioxo-2,3,4,5-tetrahydro-
[1,2,4]triazin-6-yl]- 1032
[1,3,5]Triazin-2-carbonsäure, 5-Methyl-
4,6-dioxo-1,4,5,6-tetrahydro- 1032
[1,2,3]Triazol-4,5-dicarbonsäure, 1H-,
monomethylester 963
—, 1-Methyl-1H- 964

$C_5H_5N_5O_3$
[1,3,5]Triazin-2,4-dicarbonsäure, 6-Oxo-
1,6-dihydro-, diamid 1041

$C_5H_6Cl_2N_4$
Amin, Äthyl-[dichlor-[1,3,5]triazin-2-yl]-
1096
—, [Dichlor-[1,3,5]triazin-2-yl]-
dimethyl- 1096
[1,3,5]Triazin-2-ylamin, 4,6-Bis-
chlormethyl- 1104

$C_5H_6N_4$
Acetonitril, [1-Methyl-1H-[1,2,3]triazol-
4-yl]- 936

$C_5H_6N_4O_3$
Propionsäure, 2-Hydroxyimino-3-
[1H-[1,2,3]triazol-4-yl]- 1011

$C_5H_6N_6$
Acetonitril, [Diamino-[1,3,5]triazin-2-yl]-
1412

$C_5H_6N_6O$
Pyrazolo[1,2-a][1,2,4]triazol-5-on,
1,3,7-Triimino-tetrahydro- 1370
[1,3,5]Triazin-2-ylamin, 4-Diazomethyl-
6-methoxy- 1402

$C_5H_6N_6O_3$
[1,2,3]Triazol-1,4,5-tricarbamid 966

$C_5H_6N_8$
Formamidin, N,N'-Bis-[1H-[1,2,4]triazol-
3-yl]- 1077

$C_5H_7ClN_4$
Amin, [3-Chlor-[1,2,4]triazin-5-yl]-dimethyl-
1094

$C_5H_7N_3O_2$
[1,2,3]Triazol-4-carbonsäure, 1H-,
äthylester 931
[1,2,4]Triazol-3-carbonsäure, 1H-,
äthylester 936

$C_5H_7N_3O_3$
[1,2,3]Triazol-4-carbonsäure, 5-Oxo-
2,5-dihydro-1H-, äthylester 1006

$C_5H_7N_3O_4$
[1,3,5]Triazin-2-carbonsäure, 4,6-Dioxo-
hexahydro-, methylester 1029
—, 5-Methyl-4,6-dioxo-hexahydro-
1029

$C_5H_7N_5$
[1,3,5]Triazin-2,4-diyldiamin, 6-Vinyl-
1235

$C_5H_7N_5O_2$
Monoacetyl-Derivat $C_5H_7N_5O_2$ aus
5-Amino-1H-[1,2,3]triazol-
4-carbonsäure-amid 1403

$C_5H_7N_5O_2S$
Essigsäure, 2-[Diamino-[1,3,5]triazin-
2-ylmercapto]- 1322

$C_5H_7N_7$
Glycin, N-[Diamino-[1,3,5]triazin-2-yl]-,
nitril 1281

$C_5H_8ClN_5$
[1,3,5]Triazin-2,4-diyldiamin, N^2-Äthyl-
6-chlor- 1208
—, 6-Chlor-N^2,N^2-dimethyl- 1207
—, 6-Chlor-N^2,N^4-dimethyl- 1207

$C_5H_8ClN_5O$
Äthanol, 2-[4-Amino-6-chlor-[1,3,5]triazin-
2-ylamino]- 1212

$C_5H_8N_4$
Amin, Äthyl-[1,3,5]triazin-2-yl- 1095
—, Dimethyl-[1,2,4]triazin-5-yl- 1094

C₅H₈N₄ (Fortsetzung)

[1,2,4]Triazin-3-ylamin, 5,6-Dimethyl-
1103

[1,3,5]Triazin-2-ylamin, 4,6-Dimethyl-
1104

C₅H₈N₄O

Acetamid, N-[5-Methyl-1H-[1,2,4]triazol-
3-yl]- 1082

Essigsäure, [1H-[1,2,4]Triazol-3-yl]-,
methylamid 939

Propionamid, N-[1H-[1,2,4]Triazol-3-yl]-
1078

[1,2,4]Triazin-5-on, 6-Methyl-
3-methylamino-4H- 1361

[1,3,5]Triazin-2-on, 4-Äthyl-6-amino-1H-
1363

C₅H₈N₄OS

[1,2,4]Triazin-5-on, 6-[2-Amino-äthyl]-
3-thioxo-3,4-dihydro-2H- 1389

C₅H₈N₄O₂

Carbamidsäure, [1H-[1,2,3]Triazol-4-yl]-,
äthylester 1073

Propionsäure, 2-Amino-3-[1H-[1,2,3]triazol-
4-yl]- 1407

—, 2-Amino-3-[1H-[1,2,4]triazol-3-yl]-
1408

[1,3,5]Triazin-2-ylamin, 4,6-Dimethoxy-
1344

C₅H₈N₄O₃

Carbamidsäure, [5-Oxo-2,5-dihydro-
1H-[1,2,4]triazol-3-yl]-, äthylester 1351

C₅H₈N₄S

[1,3,5]Triazin-2-thion, 4-Äthyl-6-amino-
1H- 1363

[1,2,4]Triazin-5-ylamin, 6-Methyl-
3-methylmercapto- 1323

C₅H₈N₆

[1,3,5]Triazin-2,4-diyldiamin, 6-Aziridin-
1-yl- 1266

C₅H₉N₅

[1,3,5]Triazin-2,4-diyldiamin, 6-Äthyl-
1226

—, N²-Äthyl- 1191

—, N²,N²-Dimethyl- 1190

—, N²,N⁴-Dimethyl- 1190

C₅H₉N₅O

Äthanol, 1-[Diamino-[1,3,5]triazin-2-yl]-
1327

Harnstoff, [2-(1H-[1,2,4]Triazol-3-yl)-äthyl]-
1089

[1,3,5]Triazin-2,4-diyldiamin, 6-Äthoxy-
1311

—, 6-Methoxy-N²-methyl- 1313

[1,2,4]Triazol-3,5-diyldiamin, 1-Propionyl-
1H- 1168

C₅H₉N₅OS

Äthanol, 2-[Diamino-[1,3,5]triazin-
2-ylmercapto]- 1321

C₅H₉N₅O₂

[1,3,5]Triazin-2-on, 4-Amino-6-[2-hydroxy-
äthylamino]-1H- 1356

C₅H₉N₅O₃S

Äthansulfonsäure, 2-[Diamino-
[1,3,5]triazin-2-yl]- 1428

C₅H₉N₅S

[1,3,5]Triazin-2,4-diyldiamin, 6-Äthyl-
mercapto- 1321

C₅H₉N₉O₃

[1,2,3]Triazol-1,4,5-tricarbonsäure-trihydrazid
966

C₅H₁₀N₄

Äthylamin, 1-Methyl-2-[1H-[1,2,4]triazol-
3-yl]- 1090

—, 2-[1-Methyl-1H-[1,2,3]triazol-4-yl]-
1085

—, 2-[1-Methyl-1H-[1,2,4]triazol-3-yl]-
1087

—, 2-[2-Methyl-2H-[1,2,4]triazol-3-yl]-
1087

—, 2-[4-Methyl-4H-[1,2,4]triazol-3-yl]-
1088

Amin, Methyl-[2-(1H-[1,2,4]triazol-3-yl)-
äthyl]- 1088

Propylamin, 2-[1H-[1,2,4]Triazol-3-yl]-
1090

—, 3-[1H-[1,2,4]Triazol-3-yl]- 1090

C₅H₁₀N₄O

Äthanol, 2-[5-Methyl-1H-[1,2,4]triazol-
3-ylamino]- 1082

C₅H₁₀N₄S

Äthylamin, 2-[5-Methylmercapto-
1H-[1,2,4]triazol-3-yl]- 1308

[1,3,5]Triazin-2-thion, 6-Amino-
4,4-dimethyl-3,4-dihydro-1H- 1354

C₅H₁₀N₆

[1,3,5]Triazin-2-on, 1-Äthyl-4,6-diamino-
1H-, imin 1256

[1,3,5]Triazin-2,4,6-triyltriamin, N²-Äthyl-
1257

—, N²,N²-Dimethyl- 1256

—, N²,N⁴-Dimethyl- 1256

C₅H₁₀N₆O

Äthanol, 2-[4,6-Diamino-[1,3,5]triazin-
2-ylamino]- 1265

C₅H₁₀N₆O₂

[1,3,5]Triazin-2,4,6-triyltriamin, N²,N⁴-Bis-
hydroxymethyl- 1273

C₅H₁₀N₁₀

Guanidin, N¹,N¹'-[Amino-[1,3,5]triazin-
2,4-diyl]-di- 1279

C₅H₁₁N₅

[1,2,4]Triazol-3,4-diyldiamin, 5-Propyl-
1090

[C₅H₁₁N₆]⁺

[1,3,5]Triazinium, 1-Äthyl-2,4,6-triamino-
1256

[C$_5$H$_{11}$N$_6$O]$^+$
[1,3,5]Triazinium, 2,4,6-Triamino-1-
[2-hydroxy-äthyl]- 1265
C$_5$H$_{12}$N$_4$
[1,3,5]Triazin-2-ylamin, 4,6-Dimethyl-
1,4,5,6-tetrahydro- 1071

C$_6$

C$_6$Cl$_3$N$_3$O$_3$
[1,3,5]Triazin-2,4,6-tricarbonylchlorid 985
C$_6$H$_3$N$_3$O$_5$S
Benzotriazol-4-sulfonsäure, 6,7-Dioxo-
6,7-dihydro-1H- 1069
C$_6$H$_3$N$_3$O$_6$
[1,2,4]Triazin-3,5,6-tricarbonsäure 984
[1,3,5]Triazin-2,4,6-tricarbonsäure 985
C$_6$H$_3$N$_9$
Carbamonitril, N,N',N''-[1,3,5]Triazin-
2,4,6-triyl-tri- 1280
C$_6$H$_4$F$_7$N$_5$
[1,3,5]Triazin-2,4-diyldiamin, 6-Heptafluor=
propyl- 1229
C$_6$H$_5$ClN$_4$
Benzotriazol-5-ylamin, 4-Chlor-1H- 1116
Imidazo[4,5-b]pyridin-5-ylamin, 7-Chlor-
1(3)H- 1116
C$_6$H$_5$N$_3$O$_3$S
Imidazo[4,5-b]pyridin-5-sulfonsäure,
1(3)H- 1055
C$_6$H$_5$N$_3$O$_5$S
Benzotriazol-4-sulfonsäure, 6,7-Dihydroxy-
1H- 1069
C$_6$H$_5$N$_3$O$_6$
[1,2,3]Triazol-4,5-dicarbonsäure,
1-Carboxymethyl-1H- 967
C$_6$H$_5$N$_5$O$_3$
[1,3,5]Triazin-2-carbonitril, 4-Acetoxy=
imino-6-oxo-1,4,5,6-tetrahydro- 1031
C$_6$H$_6$Cl$_2$N$_4$
Amin, Allyl-[dichlor-[1,3,5]triazin-2-yl]-
1097
C$_6$H$_6$N$_4$
Benzotriazol-4-ylamin, 1H- 1109
Benzotriazol-5-ylamin, 1H- 1109
Imidazo[4,5-b]pyridin-5-ylamin, 1(3)H-
1116
Imidazo[4,5-b]pyridin-7-ylamin, 1(3)H-
1117
Imidazo[4,5-c]pyridin-4-ylamin, 1(3)H-
1117
Imidazo[4,5-c]pyridin-7-ylamin, 1(3)H-
1117
[1,2,4]Triazolo[4,3-a]pyridin-3-ylamin 1109
C$_6$H$_6$N$_4$O
Benzotriazol-4-ol, 6-Amino-1H- 1334
—, 7-Amino-1H- 1335
Benzotriazol-5-ol, 4-Amino-1H- 1335

Imidazo[4,5-b]pyridin-7-on, 5-Amino-
1,4-dihydro- 1371
Acetyl-Derivat C$_6$H$_6$N$_4$O aus
[1H-[1,2,3]Triazol-4-yl]-acetonitril 936
C$_6$H$_6$N$_4$O$_2$
Pyrazolo[4,3-c]pyridin-4,6-dion, 3-Amino-
1,7-dihydro- 1391
C$_6$H$_6$N$_4$O$_2$S
Benzotriazol-5-sulfonsäure, 1H-, amid
1053
Imidazo[4,5-b]pyridin-5-sulfonsäure,
1(3)H-, amid 1055
[1,2,4]Triazolo[4,3-a]pyridin-3-sulfonsäure-
amid 1053
C$_6$H$_6$N$_4$O$_3$S
Benzotriazol-5-sulfonsäure, 3-Oxy-1H-,
amid 1054
C$_6$H$_6$N$_4$O$_4$S
Benzotriazol-4-sulfonsäure, 7-Amino-
6-hydroxy-1H- 1428
C$_6$H$_6$N$_6$O$_2$
Pyrazolo[1,2-a][1,2,4]triazol-6-carbonsäure,
3-Amino-1,5-diimino-1H,5H- 1426
C$_6$H$_7$ClN$_4$
Imidazo[1,2-c]pyrimidin-8-ylamin, 5-Chlor-
2,3-dihydro- 1108
C$_6$H$_7$ClN$_4$O
[1,3,5]Triazin-2-ylamin, 4-Allyloxy-6-chlor-
1310
C$_6$H$_7$ClN$_6$
Amin, [Chlor-diazomethyl-[1,3,5]triazin-
2-yl]-dimethyl- 1365
C$_6$H$_7$N$_3$O$_2$
Acrylsäure, 3-[1-Methyl-1H-[1,2,3]triazol-
4-yl]- 939
C$_6$H$_7$N$_3$O$_3$S
[1,2,4]Triazin-6-carbonsäure, 5-Oxo-
3-thioxo-2,3,4,5-tetrahydro-, äthylester
1031
C$_6$H$_7$N$_3$O$_4$
[1,2,3]Triazol-4,5-dicarbonsäure, 1H-,
dimethylester 963
—, 1-Äthyl-1H- 964
C$_6$H$_7$N$_5$
Benzotriazol-4,5-diyldiamin, 1H- 1236
C$_6$H$_7$N$_5$O
Pyrazolo[1,2-a][1,2,4]triazol-5-on,
1,3-Diimino-7-methyl-2,3-dihydro-1H-
1370
[1,2,3]Triazol-4-carbimidsäure, 5-Cyan-1H-,
äthylester 964
C$_6$H$_7$N$_5$O$_2$
Imidazo[1,2-c]pyrimidin-5-ylamin, 8-Nitro-
2,3-dihydro- 1107
C$_6$H$_7$N$_5$O$_2$S
Imidazo[1,2-c]pyrimidin-5-thion, 7-Amino-
8-nitro-2,3-dihydro-1H- 1369

$C_6H_7N_5O_3$

Imidazo[1,2-c]pyrimidin-5-on, 7-Amino-
  8-nitro-2,3-dihydro-1H- 1369
Imidazo[1,2-c]pyrimidin-7-on, 5-Amino-
  8-nitro-2,3-dihydro-1H- 1369

$C_6H_8ClN_5$

Amin, [Aziridin-1-yl-chlor-[1,3,5]triazin-
  2-yl]-methyl- 1212
[1,3,5]Triazin-2,4-diyldiamin, N^2-Allyl-
  6-chlor- 1209

$C_6H_8Cl_2N_4$

Amin, [Dichlor-[1,3,5]triazin-2-yl]-
  isopropyl- 1097
−, [Dichlor-[1,3,5]triazin-2-yl]-propyl-
  1096

$[C_6H_8HgN_3O_3]^+$

[1,2,4]Triazolo[1,2-a]pyridazin-6-yl≠
  quecksilber(1+), 7-Hydroxy-1,3-dioxo-
  hexahydro- 1453

$C_6H_8N_4$

Imidazo[1,2-c]pyrimidin-5-ylamin,
  2,3-Dihydro- 1107
Imidazo[1,2-c]pyrimidin-8-ylamin,
  2,3-Dihydro- 1108

$C_6H_8N_4O$

Pyrrolo[2,1-c][1,2,4]triazol-3-carbonsäure,
  6,7-Dihydro-5H-, amid 940
[1,2,4]Triazin-3-carbonsäure, 5,6-Dimethyl-,
  amid 940

$C_6H_8N_4O_2$

Acetamid, N-[1-Acetyl-1H-[1,2,4]triazol-
  3-yl]- 1078
−, N-[6-Methyl-4-oxo-4,5-dihydro-
  [1,3,5]triazin-2-yl]- 1362

$C_6H_8N_4O_3$

Acetamid, N-[4,6-Dioxo-1,4,5,6-tetrahydro-
  [1,3,5]triazin-2-ylmethyl]- 1389
Propionsäure, 2-Hydroxyimino-3-[1-methyl-
  1H-[1,2,3]triazol-4-yl]- 1011

$C_6H_8N_6$

[1,3']Bi[1,2,4]triazolyl, 3,5-Dimethyl-1'H-
  1432

$C_6H_8N_6O_2$

[1,3,5]Triazin-2-carbaldehyd, Diamino-,
  [O-acetyl-oxim] 1366

$C_6H_8N_6O_3$

[1,2,3]Triazol-4,5-dicarbonsäure,
  1-Carbamoylmethyl-1H-, diamid 967

$C_6H_8N_6S$

Propionitril, 3-[Diamino-[1,3,5]triazin-
  2-ylmercapto]- 1322
[1,3,5]Triazin-2-ylamin, 4-Äthylmercapto-
  6-diazomethyl- 1402

$C_6H_9Br_2N_5$

[1,3,5]Triazin-2,4-diyldiamin,
  N^2-[2,3-Dibrom-propyl]- 1191

$C_6H_9N_3O_2$

Essigsäure, [1H-[1,2,4]Triazol-3-yl]-,
  äthylester 938

$C_6H_9N_3O_2S$

Essigsäure, [5-Thioxo-2,5-dihydro-
  1H-[1,2,4]triazol-3-yl]-, äthylester 1010

$C_6H_9N_3O_4$

[1,3,5]Triazin-2-carbonsäure, 4,6-Dioxo-
  hexahydro-, äthylester 1029
−, 5-Methyl-4,6-dioxo-hexahydro-,
  methylester 1029

$C_6H_9N_5$

[1,3,5]Triazin-2,4-diyldiamin, O^2-Allyl-
  1193
−, 6-Isopropenyl- 1236
−, 6-Propenyl- 1235

$C_6H_9N_5O$

Acetamid, N-[Amino-methyl-[1,3,5]triazin-
  2-yl]- 1221
Imidazo[1,2-c]pyrimidin-5-on, 7,8-Diamino-
  2,3-dihydro-1H- 1369
[1,2,4]Triazin-3-carbonsäure, 5,6-Dimethyl-,
  hydrazid 940
[1,3,5]Triazin-2,4-diyldiamin, 6-Allyloxy-
  1312

$C_6H_9N_5O_2$

Acetamid, N,N'-[1H-[1,2,4]Triazol-3,5-diyl]-
  bis- 1168

$C_6H_9N_5O_5S$

Propionsäure, 3-[Diamino-[1,3,5]triazin-
  2-yl]-2-sulfo- 1429

$C_6H_9N_5S$

Imidazo[1,2-c]pyrimidin-5-thion,
  7,8-Diamino-2,3-dihydro-1H- 1369
[1,3,5]Triazin-2,4-diyldiamin, 6-Allyl≠
  mercapto- 1321

$C_6H_9N_7$

[1,3,5]Triazin-2,4-diyldiamin, 6-Diazomethyl-
  N^2,N^2-dimethyl- 1367

$C_6H_9N_{11}$

Amin, Bis-[diamino-[1,3,5]triazin-2-yl]-
  1298

$C_6H_{10}ClN_5$

[1,3,5]Triazin-2,4-diyldiamin, 6-Chlor-
  N^2-propyl- 1209
−, 6-Chlor-N^2,N^2,N^4-trimethyl- 1208

$C_6H_{10}ClN_5O$

Propan-2-ol, 1-[4-Amino-6-chlor-
  [1,3,5]triazin-2-ylamino]- 1213

$[C_6H_{10}HgN_5O]^+$

Propylquecksilber(1+), 3-[4-Amino-
  [1,3,5]triazin-2-ylamino]-2-hydroxy-
  1205

$C_6H_{10}N_4$

Amin, Propyl-[1,3,5]triazin-2-yl- 1095
[1,2,4]Triazin-3-ylamin, 5-Isopropyl- 1105

$C_6H_{10}N_4O$

Acetamid, N-[2-(1H-[1,2,3]Triazol-4-yl)-
  äthyl]- 1085
−, N-[2-(1H-[1,2,4]Triazol-3-yl)-äthyl]-
  1087

$C_6H_{10}N_4O$ (Fortsetzung)

Butyramid, N-[1H-[1,2,4]Triazol-3-yl]-
1078

Essigsäure, [1H-[1,2,4]Triazol-3-yl]-,
dimethylamid 939

Propionamid, N-[5-Methyl-1H-
[1,2,4]triazol-3-yl]- 1083

[1,3,5]Triazin-2-on, 4-Amino-6-propyl-1H-
1363

$C_6H_{10}N_4O_2$

Carbamidsäure, [1-Methyl-1H-[1,2,3]triazol-
4-yl]-, äthylester 1073

Propionsäure, 2-Amino-3-[1-methyl-
1H-[1,2,3]triazol-4-yl]- 1407

2,4,6-Triaza-bicyclo[3.2.1]oct-2-en-
7-carbonsäure, 3-Amino- 1408

$C_6H_{10}N_4S$

[1,3,5]Triazin-2-thion, 4-Amino-6-propyl-
1H- 1364

$[C_6H_{10}N_5]^+$

[1,2,4]Triazolo[1,2-a]pyridazinium,
1,3-Diamino-5,8-dihydro- 1236

$C_6H_{10}N_6O_2$

Alanin, N-[Diamino-[1,3,5]triazin-2-yl]-
1283

β-Alanin, N-[Diamino-[1,3,5]triazin-2-yl]-
1283

$C_6H_{11}N_5$

[1,3,5]Triazin-2,4-diyldiamin, N^2-Isopropyl-
1191

–, 6-Propyl- 1228

–, N^2-Propyl- 1191

–, 6,N^2,N^4-Trimethyl- 1219

–, N^2,N^2,N^4-Trimethyl- 1190

$C_6H_{11}N_5O$

Propan-1-ol, 3-[Diamino-[1,3,5]triazin-2-yl]-
1333

Propan-2-ol, 2-[Diamino-[1,3,5]triazin-2-yl]-
1334

[1,3,5]Triazin-2,4-diyldiamin, 6-Äthoxy-
N^2-methyl- 1313

–, N^2-Äthyl-6-methoxy- 1313

–, 6-Isopropoxy- 1311

–, 6-[2-Methoxy-äthyl]- 1329

–, 6-Methoxy-N^2,N^2-dimethyl- 1313

–, 6-Methoxy-N^2,N^4-dimethyl- 1313

–, 6-Propoxy- 1311

$C_6H_{11}N_5OS$

Propan-1-ol, 3-[Diamino-[1,3,5]triazin-
2-ylmercapto]- 1322

Propan-2-ol, 1-[Diamino-[1,3,5]triazin-
2-ylmercapto]- 1322

$C_6H_{11}N_5O_2$

[1,3,5]Triazin-2,4-diyldiamin, 6-Dimethoxy‍
methyl- 1366

$C_6H_{11}N_5S$

[1,3,5]Triazin-2,4-diyldiamin, 6-Isopropyl‍
mercapto- 1321

$C_6H_{11}N_9O_3$

[1,2,3]Triazol-4,5-dicarbonsäure,
1-Carbazoylmethyl-1H-, dihydrazid
967

$C_6H_{12}N_4$

Amin, Äthyl-[2-(1H-[1,2,4]triazol-3-yl)-
äthyl]- 1088

–, Dimethyl-[2-(1H-[1,2,4]triazol-
3-yl)-äthyl]- 1088

–, [5-Methyl-1H-[1,2,4]triazol-3-yl]-
propyl- 1081

[1,2,4]Triazin-3-ylamin, 5-Isopropyl-
2,5-dihydro- 1091

$C_6H_{12}N_4O$

Äthanol, 2-[5-Äthyl-1H-[1,2,4]triazol-
3-ylamino]- 1086

[1,2,4]Triazol-3-ylamin, 5-[2-Äthoxy-äthyl]-
1H- 1308

$C_6H_{12}N_4S$

[1,3,5]Triazin-2-ylamin, 6,6-Dimethyl-
4-methylmercapto-1,6-dihydro- 1308

$C_6H_{12}N_6$

[1,3,5]Triazin-2,4-diyldiamin, 6-Dimethyl‍
aminomethyl- 1300

[1,3,5]Triazin-2,4,6-triyltriamin,
N^2-Isopropyl- 1258

–, N^2,N^4,N^6-Trimethyl- 1256

$C_6H_{12}N_6O_3$

[1,3,5]Triazin-2,4,6-triyltriamin, N^2,N^4,N^6-
Tris-hydroxymethyl- 1273

$C_6H_{12}N_6O_6S_3$

Methansulfonamid, N,N',N''-[1,3,5]Triazin-
2,4,6-triyl-tris- 1298

$C_6H_{12}N_{12}$

Guanidin, $N^1,N^{1'},N^{1''}$-[1,3,5]Triazin-
2,4,6-triyl-tri- 1280

$C_6H_{13}N_5$

[1,2,4]Triazol-3,4-diyldiamin, 5-Isobutyl-
1092

$C_6H_{13}N_9O_3$

[1,2,3]Triazol-4,5-dicarbonsäure,
1-Carbazoylmethyl-4,5-dihydro-1H-,
dihydrazid 963

C_7

$C_7H_4BrN_3O_2$

Benzotriazol-5-carbonsäure, 6-Brom-1H-
946

Imidazo[4,5-b]pyridin-7-carbonsäure,
6-Brom-1(3)H- 947

$C_7H_4BrN_3O_3$

Benzotriazol-5-carbonsäure, 6-Brom-3-oxy-
1H- 946

$C_7H_4ClN_3O_2$

Benzotriazol-5-carbonsäure, 6-Chlor-1H-
945

$C_7H_4ClN_3O_2$ (Fortsetzung)
[1,2,4]Triazolo[4,3-*a*]pyridin-6-carbonsäure,
  8-Chlor- 947
$C_7H_4ClN_3O_3$
Benzotriazol-5-carbonsäure, 6-Chlor-3-oxy-
  1*H*- 945
$C_7H_4Cl_2N_4O$
Benzo[*e*][1,2,4]triazin-3-ylamin, 5,7-Dichlor-
  1-oxy- 1128
$C_7H_4Cl_6N_4$
[1,3,5]Triazin, Aziridin-1-yl-bis-trichlormethyl-
  1104
$C_7H_5BrN_4$
Benzo[*e*][1,2,4]triazin-3-ylamin, 7-Brom-
  1128
$C_7H_5BrN_4O$
Benzo[*e*][1,2,4]triazin-3-ylamin, 7-Brom-
  1-oxy- 1128
$C_7H_5ClN_4$
Benzo[*e*][1,2,4]triazin-3-ylamin, 6-Chlor-
  1123
−, 7-Chlor- 1123
Pyrido[2,3-*d*]pyrimidin-4-ylamin, 2-Chlor-
  1130
Pyrido[3,2-*d*]pyrimidin-4-ylamin, 2-Chlor-
  1129
$C_7H_5ClN_4O$
Benzo[*e*][1,2,4]triazin-3-ylamin, 5-Chlor-
  1-oxy- 1123
−, 6-Chlor-1-oxy- 1123
−, 7-Chlor-1-oxy- 1124
−, 7-Chlor-2-oxy- 1124
Formamid, *N*-[7-Chlor-1(3)*H*-imidazo≈
  [4,5-*b*]pyridin-5-yl]- 1117
Hydroxylamin, *N*-[7-Chlor-benzo[*d*]≈
  [1,2,3]triazin-4-yl]- 1430
$C_7H_5ClN_4O_2$
Benzo[*e*][1,2,4]triazin-3-ylamin, 7-Chlor-
  1,4-dioxy- 1124
$C_7H_5Cl_2N_5O_2$
Essigsäure, Diazo-[4,6-dichlor-[1,3,5]triazin-
  2-yl]-, äthylester 1011
$C_7H_5IN_4O$
Benzo[*e*][1,2,4]triazin-3-ylamin, 7-Jod-
  1-oxy- 1128
$C_7H_5N_3O_2$
[1,2,4]Triazolo[4,3-*a*]pyridin-6-carbonsäure
  946
$C_7H_5N_3O_3$
Benzotriazol-4-carbonsäure, 5-Hydroxy-
  1*H*- 1002
−, 7-Hydroxy-1*H*- 1003
Benzotriazol-5-carbonsäure, 6-Hydroxy-
  1*H*- 1003
−, 3-Oxy-1*H*- 944
$C_7H_5N_5O$
Benzotriazol-4-diazonium, 5-Hydroxy-
  1-methyl-1*H*-, betain 1447

$C_7H_5N_5O_3$
Benzo[*e*][1,2,4]triazin-3-ylamin, 7-Nitro-
  1-oxy- 1128
Pyrido[2,3-*d*]pyrimidin-4-on, 2-Amino-
  6-nitro-3*H*- 1371
$C_7H_6ClN_5$
Hydrazin, [7-Chlor-benzo[*d*][1,2,2]triazin-
  4-yl]- 1434
$C_7H_6ClN_7$
Glycin, *N,N'*-[Chlor-[1,3,5]triazin-2,4-diyl]-
  bis-, dinitril 1215
$C_7H_6Cl_6N_4$
Amin, [Bis-trichlormethyl-[1,3,5]triazin-
  2-yl]-dimethyl- 1104
$C_7H_6N_4$
Benzo[*d*][1,2,3]triazin-4-ylamin 1120
Benzo[*e*][1,2,4]triazin-3-ylamin 1120
Benzo[*e*][1,2,4]triazin-6-ylamin 1129
Cycloheptatriazol-6-ylamin 1120
Pyrido[2,3-*b*]pyrazin-6-ylamin 1130
Pyrido[2,3-*b*]pyrazin-8-ylamin 1130
Pyrido[3,4-*b*]pyrazin-5-ylamin 1130
Pyrido[3,4-*b*]pyrazin-8-ylamin 1130
Pyrido[2,3-*d*]pyrimidin-4-ylamin 1130
Pyrido[3,2-*d*]pyrimidin-4-ylamin 1129
$C_7H_6N_4O$
Amin, Furfuryliden-[1*H*-[1,2,4]triazol-3-yl]-
  1080
Benzo[*e*][1,2,4]triazin-3-ylamin, 1-Oxy-
  1120
−, 2-Oxy- 1120
Formamid, *N*-[1(3)*H*-Imidazo[4,5-*b*]pyridin-
  5-yl]- 1116
Hydroxylamin, *N*-Benzo[*d*][1,2,3]triazin-
  4-yl- 1430
Pyrido[2,3-*b*]pyrazin-3-on, 6-Amino-4*H*-
  1372
Pyrido[2,3-*d*]pyrimidin-4-on, 2-Amino-3*H*-
  1371
Pyrido[3,2-*d*]pyrimidin-4-on, 2-Amino-3*H*-
  1371
$C_7H_6N_4O_2$
Benzo[*e*][1,2,4]triazin-3-ylamin, 1,4-Dioxy-
  1120
Pyrido[2,3-*b*]pyrazin-2,3-dion, 6-Amino-
  1,4-dihydro- 1392
$C_7H_6N_4O_3$
Pyrazolo[4,3-*c*]pyridin-7-carbonsäure,
  3-Amino-4-oxo-4,5-dihydro-1*H*- 1424
$C_7H_6N_4S$
Pyrido[2,3-*d*]pyrimidin-2-thion, 4-Amino-
  1*H*- 1372
Pyrido[3,2-*d*]pyrimidin-2-thion, 4-Amino-
  1*H*- 1371
$C_7H_7ClN_4O_2$
Imidazo[1,2-*c*]pyrimidin-7-carbonsäure,
  8-Amino-5-chlor-2,3-dihydro- 1417

C₇H₇Cl₃N₄O₂
[1,3,5]Triazin-2-carbonsäure, Amino-
trichlormethyl-, äthylester 1413

C₇H₇N₃O₂
Cyclopentatriazol-4-carbonsäure, 1-Methyl-
1,4-dihydro- 943

C₇H₇N₃O₆
[1,2,3]Triazol-4,5-dicarbonsäure,
1-[2-Carboxy-äthyl]-1H- 967

C₇H₇N₅
Benzo[e][1,2,4]triazin-3,7-diyldiamin 1238
Hydrazin, Benzo[d][1,2,3]triazin-4-yl- 1434
−, Benzo[e][1,2,4]triazin-3-yl- 1434
−, Pyrido[2,3-d]pyrimidin-4-yl- 1435
Pyrido[2,3-b]pyrazin-3,6-diyldiamin 1239
Pyrido[2,3-d]pyrimidin-2,4-diyldiamin 1239
Pyrido[3,2-d]pyrimidin-2,4-diyldiamin 1238

C₇H₇N₅O
Hydrazin, [1-Oxy-benzo[e][1,2,4]triazin-
3-yl]- 1434
Pyrido[3,2-d]pyrimidin-2-on, 4-Hydrazino-
1H- 1440
Pyrido[3,2-d]pyrimidin-4-on, 2-Hydrazino-
3H- 1440

C₇H₇N₅O₃
Essigsäure, [3-Amino-1-imino-7-oxo-
1H,7H-pyrazolo[1,2-a][1,2,4]triazol-5-yl]-
1426

C₇H₈ClN₅
[1,3,5]Triazin, Bis-aziridin-1-yl-chlor- 1212

C₇H₈ClN₅O₄
Glycin, N,N′-[Chlor-[1,3,5]triazin-2,4-diyl]-
bis- 1214

C₇H₈Cl₂N₄
[1,3,5]Triazin, Aziridin-1-yl-bis-
chlormethyl- 1104

C₇H₈Cl₂N₄O₂
Alanin, N-[Dichlor-[1,3,5]triazin-2-yl]-,
methylester 1100
β-Alanin, N-[Dichlor-[1,3,5]triazin-2-yl]-,
methylester 1100
Glycin, N-[Dichlor-[1,3,5]triazin-2-yl]-,
äthylester 1099

C₇H₈Cl₄N₄
Amin, [Bis-dichlormethyl-[1,3,5]triazin-
2-yl]-dimethyl- 1104
[1,3,5]Triazin-2-ylamin, 4,6-Bis-[1,1-dichlor-
äthyl]- 1106

C₇H₈N₄
Benzotriazol-4-ylamin, 1-Methyl-1H- 1109
Benzotriazol-5-ylamin, 1-Methyl-1H- 1109
−, 2-Methyl-2H- 1109
Imidazo[4,5-b]pyridin-5-ylamin, 2-Methyl-
1(3)H- 1119
Imidazo[4,5-b]pyridin-7-ylamin, 5-Methyl-
1(3)H- 1119
Imidazo[4,5-c]pyridin-4-ylamin, 6-Methyl-
1(3)H- 1119

C₇H₈N₄O
Amin, Furfuryl-[1H-[1,2,4]triazol-3-yl]-
1080
Benzotriazol-4-ol, 7-Amino-2-methyl-2H-
1335
Benzotriazol-5-ol, 4-Amino-1-methyl-1H-
1335
Benzotriazol-4-ylamin, 5-Methoxy-1H-
1335
Benzotriazol-5-ylamin, 6-Methoxy-1H-
1335
−, 7-Methoxy-1H- 1334
−, 1-Methyl-3-oxy-1H- 1110

C₇H₈N₄O₂
Pyrazolo[4,3-c]pyridin-4,6-dion, 3-Amino-
2-methyl-2,7-dihydro- 1391

C₇H₈N₄O₃
Imidazo[1,2-c]pyrimidin-7-carbonsäure,
8-Amino-5-oxo-1,2,3,5-tetrahydro-
1423

C₇H₈N₄O₅
[1,2,3]Triazol-1,4-dicarbonsäure,
5-Carbamoyl-, dimethylester 966
[1,2,3]Triazol-1,5-dicarbonsäure,
4-Carbamoyl-, dimethylester 966
[1,2,3]Triazol-4,5-dicarbonsäure,
1-Carbamoyl-1H-, dimethylester 966

C₇H₈N₈
Glycin, N,N′-[Amino-[1,3,5]triazin-2,4-diyl]-
bis-, dinitril 1281

C₇H₉ClN₄
Imidazo[1,2-c]pyrimidin-8-ylamin, 5-Chlor-
7-methyl-2,3-dihydro- 1108

C₇H₉N₃O₂
Imidazo[4,5-c]pyridin-6-carbonsäure,
4,5,6,7-Tetrahydro-1H- 940

C₇H₉N₃O₃S
Essigsäure, [5-Oxo-3-thioxo-
2,3,4,5-tetrahydro-[1,2,4]triazin-6-yl]-,
äthylester 1032

C₇H₉N₃O₄
Essigsäure, [3,5-Dioxo-2,3,4,5-tetrahydro-
[1,2,4]triazin-6-yl]-, äthylester 1032
[1,2,3]Triazol-4,5-dicarbonsäure, 1-Methyl-
1H-, dimethylester 964

C₇H₉N₅
[1,3,5]Triazin, Bis-aziridin-1-yl- 1202

C₇H₉N₅O₂
Imidazo[1,2-c]pyrimidin-5-ylamin,
7-Methyl-8-nitro-2,3-dihydro- 1108

C₇H₉N₅O₃
Acetamid, N,N′-[6-Oxo-1,6-dihydro-
[1,3,5]triazin-2,4-diyl]-bis- 1357
Diacetyl-Derivat C₇H₉N₅O₃ aus
5-Amino-1H-[1,2,3]triazol-
4-carbonsäure-amid 1403

C₇H₉N₇
Pyrido[2,3-d]pyrimidin, 2,4-Dihydrazino-
1439

$C_7H_9N_7$ (Fortsetzung)
Pyrido[3,2-d]pyrimidin, 2,4-Dihydrazino-
1438

$C_7H_9N_7O_4$
Acetamid, N,N'-[Nitroamino-[1,3,5]triazin-
2,4-diyl]-bis- 1450

$C_7H_{10}ClN_5$
[1,3,5]Triazin-2,4-diyldiamin, 6-Chlor-
N^2-methallyl- 1210

$C_7H_{10}Cl_2N_4$
Amin, [Bis-chlormethyl-[1,3,5]triazin-2-yl]-
dimethyl- 1104
–, Butyl-[dichlor-[1,3,5]triazin-2-yl]-
1097
–, tert-Butyl-[dichlor-[1,3,5]triazin-
2-yl]- 1097
–, Diäthyl-[dichlor-[1,3,5]triazin-2-yl]-
1096
–, [Dichlor-[1,3,5]triazin-2-yl]-
isobutyl- 1097

$C_7H_{10}Cl_2N_4O$
Amin, [Dichlor-[1,3,5]triazin-2-yl]-
[3-methoxy-propyl]- 1099

$C_7H_{10}Cl_3N_5$
[1,3,5]Triazin-2,4-diyldiamin, 6-Chlor-N^2,=
N^4-bis-[2-chlor-äthyl]- 1208

$[C_7H_{10}HgN_3O_3]^+$
[1,2,4]Triazolo[1,2-a]pyridazin-6-yl=
quecksilber(1+), 7-Methoxy-1,3-dioxo-
hexahydro- 1453

$C_7H_{10}N_4$
Imidazo[1,2-c]pyrimidin-8-ylamin,
7-Methyl-2,3-dihydro- 1108
[1,3,5]Triazin, Aziridin-1-yl-dimethyl- 1104

$C_7H_{10}N_4O_2$
Acetamid, N-[1-Acetyl-5-methyl-
$1H$-[1,2,4]triazol-3-yl]- 1082
[1,3,5]Triazin, Aziridin-1-yl-dimethoxy-
1346

$C_7H_{10}N_4S$
Imidazo[1,2-c]pyrimidin-5-thion, 8-Amino-
7-methyl-2,3-dihydro-$1H$- 1369

$C_7H_{10}N_6$
[1,3,5]Triazin-2-ylamin, 4,6-Bis-aziridin-
1-yl- 1267

$C_7H_{10}N_6O_2$
Acetamid, N,N'-[Amino-[1,3,5]triazin-2-yl]-
bis- 1275

$C_7H_{10}N_8$
Formamidin, N,N'-Bis-[5-methyl-
$1H$-[1,2,4]triazol-3-yl]- 1082

$C_7H_{11}ClN_4O_2$
Amin, [2-Chlor-äthyl]-[dimethoxy-
[1,3,5]triazin-2-yl]- 1345

$C_7H_{11}N_3O_4$
[1,3,5]Triazin-2-carbonsäure, 5-Methyl-
4,6-dioxo-hexahydro-, äthylester 1029

$C_7H_{11}N_5$
[1,3,5]Triazin-2,4-diyldiamin, N^2-Allyl-
6-methyl- 1219
–, N^2-Methallyl- 1193

$C_7H_{11}N_5O$
Butan-2-on, 4-[Diamino-[1,3,5]triazin-2-yl]-
1369
[1,3,5]Triazin-2,4-diyldiamin, N^2-Allyl-
6-methoxy- 1315

$C_7H_{11}N_5OS$
[1,3,5]Triazin-2,4-diyldiamin, 6-[2-Vinyloxy-
äthylmercapto]- 1321

$C_7H_{11}N_5O_2$
Propionsäure, 3-[Diamino-[1,3,5]triazin-
2-yl]-, methylester 1414

$C_7H_{11}N_5S$
[1,3,5]Triazin-2,4-diyldiamin, 6-Methallyl=
mercapto- 1321

$C_7H_{11}N_7$
[1,3,5]Triazin-2,4-diyldiamin, 6-Diazomethyl-
N^2,N^2,N^4-trimethyl- 1367

$C_7H_{12}BrN_5$
[1,3,5]Triazin-2,4-diyldiamin, 6-[α-Brom-
isobutyl]- 1229

$C_7H_{12}ClN_5$
[1,3,5]Triazin-2,4-diyldiamin, N^2-Butyl-
6-chlor- 1209
–, 6-Chlor-N^2,N^2,N^4,N^4-tetramethyl-
1208
–, N^2,N^2-Diäthyl-6-chlor- 1208
–, N^2,N^4-Diäthyl-6-chlor- 1208

$C_7H_{12}ClN_5O$
Äthanol, 2-[Äthyl-(amino-chlor-
[1,3,5]triazin-2-yl)-amino]- 1212

$C_7H_{12}ClN_5O_2$
[1,3,5]Triazin-2,4-diyldiamin, 6-Chlor-N^2,=
N^4-bis-[2-hydroxy-äthyl]- 1212

$[C_7H_{12}HgN_5O]^+$
Propylquecksilber(1+), 3-[4-Amino-
6-methyl-[1,3,5]triazin-2-ylamino]-
2-hydroxy- 1223
–, 3-[4-Amino-[1,3,5]triazin-
2-ylamino]-2-methoxy- 1205

$C_7H_{12}N_4$
Amin, Butyl-[1,3,5]triazin-2-yl- 1095
Cycloheptatriazol-6-ylamin, 1,4,5,6,7,8-
Hexahydro- 1106
[1,2,4]Triazocin-3-ylamin, 5,8-Dimethyl-
6,7-dihydro- 1105

$C_7H_{12}N_4O$
Acetamid, N-[2-(1-Methyl-$1H$-[1,2,3]triazol-
4-yl)-äthyl]- 1085
Amin, [3-Äthoxy-[1,2,4]triazin-5-yl]-
dimethyl- 1310
Butyramid, N-[5-Methyl-$1H$-[1,2,4]triazol-
3-yl]- 1083
[1,3,5]Triazin-2-on, 4-Amino-6-butyl-$1H$-
1364
–, 4-Amino-6-isobutyl-$1H$- 1364

C$_7$H$_{12}$N$_4$O (Fortsetzung)

[1,3,5]Triazin-2-on, 4-Isopropylamino-
6-methyl-1H- 1362

C$_7$H$_{12}$N$_4$O$_2$

[1,3,5]Triazin-2-ylamin, 4,6-Diäthoxy-
1344

C$_7$H$_{12}$N$_4$O$_6$S

Schwefelsäure-mono-[2-(4,6-dimethoxy-
[1,3,5]triazin-2-ylamino)-äthylester]
1346

C$_7$H$_{12}$N$_4$S

[1,3,5]Triazin-2-thion, 4-Amino-6-isobutyl-
1H- 1364

C$_7$H$_{12}$N$_6$

[1,3,5]Triazin-2,4-diyldiamin, 6-Pyrrolidino-
1270

C$_7$H$_{12}$N$_6$O

[1,3,5]Triazin-2,4,6-triyltriamin,
N^2-[2-Vinyloxy-äthyl]- 1266

C$_7$H$_{12}$N$_6$O$_2$

[1,3,5]Triazin-2,4-diyldiamin, 6-[3-Nitro-
butyl]- 1229

C$_7$H$_{13}$N$_5$

[1,3,5]Triazin-2,4-diyldiamin, 6-Butyl-
1229

–, N^2-Butyl- 1191

–, N^2-sec-Butyl- 1192

–, N^2-tert-Butyl- 1192

–, N^2,N^2-Diäthyl- 1191

–, 6-Isobutyl- 1229

–, N^2-Isobutyl- 1192

C$_7$H$_{13}$N$_5$O

[1,3,5]Triazin-2,4-diyldiamin, 6-[2-Äthoxy-
äthyl]- 1330

–, 6-Äthoxy-N^2,N^2-dimethyl- 1313

–, 6-Äthoxy-N^2,N^4-dimethyl- 1313

–, 6-Butoxy- 1311

–, 6-sec-Butoxy- 1311

–, 6-Isobutoxy- 1311

–, 6-Isopropoxymethyl- 1323

–, 6-[β-Methoxy-isopropyl]- 1334

–, 6-Methoxymethyl-N^2,N^2-dimethyl-
1323

–, 6-[2-Methoxy-propyl]- 1333

–, 6-Methoxy-N^2-propyl- 1314

–, N^2-[3-Methoxy-propyl]- 1202

–, 6-Methoxy-N^2,N^2,N^4-trimethyl-
1313

–, N^2-Methyl-6-propoxy- 1313

[1,3,5]Triazin-2-on, 4,6-Bis-äthylamino-1H-
1356

C$_7$H$_{13}$N$_5$OS

Propan-2-ol, 1-[Diamino-[1,3,5]triazin-
2-ylmercapto]-2-methyl- 1322

[1,3,5]Triazin-2,4-diyldiamin, 6-[2-Äthoxy-
äthylmercapto]- 1321

C$_7$H$_{13}$N$_5$O$_2$

[1,3,5]Triazin-2,4-diyldiamin, 6-[2-Äthoxy-
äthoxy]- 1312

–, 6-[Äthoxymethoxy-methyl]- 1323

C$_7$H$_{13}$N$_5$O$_2$S

Äthanol, 2-[2-(Diamino-[1,3,5]triazin-
2-ylmercapto)-äthoxy]- 1321

C$_7$H$_{13}$N$_7$

[1,3,5]Triazin-2,4-diyldiamin, 6-Piperazino-
1287

C$_7$H$_{13}$N$_9$O$_3$

[1,2,3]Triazol-4,5-dicarbonsäure,
1-[1-Carbazoyl-äthyl]-1H-, dihydrazid
967

–, 1-[2-Carbazoyl-äthyl]-1H-,
dihydrazid 968

C$_7$H$_{14}$N$_4$

Amin, Butyl-[5-methyl-1H-[1,2,4]triazol-
3-yl]- 1082

–, Isopropyl-[2-(1H-[1,2,3]triazol-
4-yl)-äthyl]- 1086

–, Isopropyl-[2-(1H-[1,2,4]triazol-
3-yl)-äthyl]- 1088

[1,2,4]Triazin-3-ylamin, 5-Isobutyl-
2,5-dihydro- 1092

[1,2,4]Triazol-3-ylamin, 5-Pentyl-1H- 1092

C$_7$H$_{14}$N$_4$O

Äthanol, 2-[5-Propyl-1H-[1,2,4]triazol-
3-ylamino]- 1090

C$_7$H$_{14}$N$_6$

[1,3,5]Triazin-2-on, 4,6-Diamino-1-butyl-
1H-, imin 1258

[1,3,5]Triazin-2,4,6-triyltriamin, N^2-Butyl-
1258

–, N^2-tert-Butyl- 1259

–, N^2,N^2-Diäthyl- 1257

–, N^2,N^4-Diäthyl- 1257

–, N^2-Isobutyl- 1258

–, N^2,N^2,N^4,N^4-Tetramethyl- 1256

C$_7$H$_{14}$N$_6$O

[1,3,5]Triazin-2,4-diyldiamin,
6-[2-Dimethylamino-äthoxy]- 1312

C$_7$H$_{14}$N$_6$O$_2$

[1,3,5]Triazin-2,4,6-triyltriamin, N^2,N^2-Bis-
[2-hydroxy-äthyl]- 1269

–, N^2,N^4-Bis-[2-hydroxy-äthyl]- 1266

[C$_7$H$_{15}$N$_6$]$^+$

Ammonium, [4,6-Diamino-[1,3,5]triazin-
2-ylmethyl]-trimethyl- 1300

[1,3,5]Triazinium, 2,4,6-Triamino-1-butyl-
1258

C$_8$

C$_8$H$_4$BrN$_3$O$_4$

Imidazo[4,5-b]pyridin-5,7-dicarbonsäure,
6-Brom-1(3)H- 971

C$_8$H$_4$ClN$_3$O$_2$

Benzo[e][1,2,4]triazin-3-carbonsäure,
6-Chlor- 949

C₈H₄N₆O
Benzo[e][1,2,4]triazin-3-carbonylazid 949
C₈H₅Cl₂N₅
Amin, [Dichlor-[1,3,5]triazin-2-yl]-
[2]pyridyl- 1102
C₈H₅Cl₆N₃O₂
[1,3,5]Triazin-2-carbonsäure, 4,6-Bis-
trichlormethyl-, äthylester 940
C₈H₅N₃O₂
Benzo[e][1,2,4]triazin-3-carbonsäure 948
C₈H₅N₃O₃
Pyrido[2,3-b]pyrazin-2-carbonsäure,
3-Oxo-3,4-dihydro- 1014
C₈H₆ClN₅O
Benzo[e][1,2,4]triazin-3-carbonsäure,
6-Chlor-, hydrazid 949
C₈H₆N₄O₂
Pyridinium, 1-[4,6-Dioxo-
1,4,5,6-tetrahydro-[1,3,5]triazin-2-yl]-,
betain 1386
Pyrido[2,3-b]pyrazin-2-carbonsäure,
3-Oxo-3,4-dihydro-, amid 1015
[1,3,5]Triazin-2,4-diol, 6-[2]Pyridyl- 1386
–, 6-[4]Pyridyl- 1386
[1,3,5]Triazin-2,4-dion, 6-[2]Pyridyl-1H-
1386
–, 6-[4]Pyridyl-1H- 1386
C₈H₆N₄O₃
Pyrido[2,3-b]pyrazin-2-carbonsäure,
3-Amino-6-oxo-5,6-dihydro- 1424
–, 6-Amino-3-oxo-3,4-dihydro-
1425
C₈H₇ClN₄
Pyrido[3,2-d]pyrimidin-4-ylamin, 2-Chlor-
6-methyl- 1142
[1,2,4]Triazol-3-ylamin, 5-[4-Chlor-phenyl]-
1H- 1140
C₈H₇ClN₄O
Acetamid, N-[4-Chlor-1H-benzotriazol-
5-yl]- 1116
Amin, [7-Chlor-1-oxy-benzo[e][1,2,4]triazin·
3-yl]-methyl- 1124
C₈H₇ClN₄O₂S
[1,2,4]Triazol-3-sulfonsäure, 5-[4-Chlor-
phenyl]-1H-, amid 1056
C₈H₇ClN₆O
Guanidin, [7-Chlor-1-oxy-benzo[e]⸗
[1,2,4]triazin-3-yl]- 1126
C₈H₇Cl₂N₅
[1,2,4]Triazol-3,5-diyldiamin,
1-[2,4-Dichlor-phenyl]-1H- 1162
–, 1-[3,4-Dichlor-phenyl]-1H- 1162
C₈H₇N₃O₃
Benzotriazol-4-carbonsäure, 7-Methoxy-
1H- 1003
Pyrazolo[3,4-b]pyridin-4-carbonsäure,
6-Methyl-3-oxo-2,3-dihydro-1H-
1013

Pyrazolo[1,5-a]pyrimidin-6-carbonsäure,
2-Methyl-7-oxo-4,7-dihydro- 1012
[C₈H₇N₄O₂]⁺
Pyridinium, 1-[4,6-Dioxo-
1,4,5,6-tetrahydro-[1,3,5]triazin-2-yl]-
1386
C₈H₇N₅
Amin, [2]Pyridyl-[1,3,5]triazin-2-yl- 1096
C₈H₇N₅O
Benzo[e][1,2,4]triazin-3-carbonsäure-
hydrazid 949
C₈H₇N₅O₂
Pyrazol-3-ylamin, 4-Nitro-5-[3]pyridyl-
1(2)H- 1142
Pyrido[2,3-b]pyrazin-2-carbonsäure,
3,6-Diamino- 1420
[1,2,4]Triazol-3-ylamin, 5-[4-Nitro-phenyl]-
1H- 1140
C₈H₇N₅O₃
Hydroxylamin, N-[4-Nitro-5-[3]pyridyl-
1(2)H-pyrazol-3-yl]- 1430
C₈H₇N₅O₄S
Benzolsulfonsäure, 4-Nitro-,
[1H-[1,2,4]triazol-3-ylamid] 1080
[1,2,4]Triazol-3-ylamin, 2-[4-Nitro-
benzolsulfonyl]-2H- 1080
C₈H₈BrN₅
[1,2,4]Triazol-3,5-diyldiamin, 1-[4-Brom-
phenyl]-1H- 1162
C₈H₈ClN₅
Benzo[f][1,3,5]triazepin-2,4-diyldiamin,
7-Chlor-1H- 1240
[1,2,4]Triazol-3,4-diyldiamin, 5-[4-Chlor-
phenyl]- 1140
[1,2,4]Triazol-3,5-diyldiamin, 1-[3-Chlor-
phenyl]-1H- 1162
–, 1-[4-Chlor-phenyl]-1H- 1162
C₈H₈FN₅
[1,2,4]Triazol-3,5-diyldiamin, 1-[4-Fluor-
phenyl]-1H- 1162
C₈H₈IN₅
[1,2,4]Triazol-3,5-diyldiamin, 1-[4-Jod-
phenyl]-1H- 1163
C₈H₈N₄
Amin, Phenyl-[1H-[1,2,3]triazol-4-yl]- 1072
Benzo[e][1,2,4]triazin-3-ylamin, 5-Methyl-
1140
–, 7-Methyl- 1141
Benzo[e][1,2,4]triazin-6-ylamin, 3-Methyl-
1140
Cycloheptatriazol-6-ylamin, 5-Methyl-
1140
Pyrazol-3-ylamin, 5-[3]Pyridyl-1(2)H- 1141
Pyrazol-4-ylamin, 3-[3]Pyridyl-1(2)H- 1141
Pyrido[2,3-d]pyrimidin-4-ylamin, 7-Methyl-
1142
Pyrido[3,2-d]pyrimidin-4-ylamin, 6-Methyl-
1142
[1,2,3]Triazol-4-ylamin, 1-Phenyl-1H- 1072

C₈H₈N₄ (Fortsetzung)

[1,2,3]Triazol-4-ylamin, 2-Phenyl-2*H*- 1072

−, 3-Phenyl-3*H*- 1072

−, 5-Phenyl-1*H*- 1130

[1,2,4]Triazol-3-ylamin, 4-Phenyl-4*H*- 1074

−, 5-Phenyl-1*H*- 1136

C₈H₈N₄O

Acetamid, *N*-[1*H*-Benzotriazol-4-yl]- 1109

Benzo[*e*][1,2,4]triazin-3-ylamin, 7-Methoxy-
1337

−, 5-Methyl-1-oxy- 1140

−, 7-Methyl-1-oxy- 1141

Phenol, 2-[5-Amino-1*H*-[1,2,4]triazol-3-yl]-
1338

Pyrido[2,3-*b*]pyrazin-2-on, 6-Amino-
3-methyl-1*H*- 1373

Pyrido[2,3-*b*]pyrazin-3-on, 6-Amino-
2-methyl-4*H*- 1373

−, 6-Amino-4-methyl-4*H*- 1372

Pyrido[3,4-*d*]pyridazin-1-on, 4-Amino-
7-methyl-2*H*- 1374

C₈H₈N₄O₂

Acetamid, *N*-[7-Hydroxy-1*H*-benzotriazol-
5-yl]- 1334

Benzo[*e*][1,2,4]triazin-3-ylamin, 7-Methoxy-
1-oxy- 1337

−, 7-Methoxy-2-oxy- 1337

−, 7-Methoxy-4-oxy- 1337

Hydroxylamin, *N*-[7-Methoxy-benzo[*d*]⁼
[1,2,3]triazin-4-yl]- 1430

Pyrido[3,4-*d*]pyridazin-1,5-dion, 4-Amino-
7-methyl-2,6-dihydro- 1392

C₈H₈N₄O₃

Benzo[*e*][1,2,4]triazin-3-ylamin, 7-Methoxy-
1,4-dioxy- 1337

Pyrazolo[4,3-*c*]pyridin-7-carbonsäure,
3-Amino-2-methyl-4-oxo-4,5-dihydro-
2*H*- 1424

C₈H₈N₄O₃S

[1,2,4]Triazol-3-sulfonsäure, 5-Oxo-
4-phenyl-4,5-dihydro-1*H*-, amid 1069

C₈H₈N₄O₅

Imidazo[1,2-*c*]pyrimidin-7-carbonsäure,
8-Nitro-5-oxo-1,2,3,5-tetrahydro-,
methylester 1011

C₈H₈N₄S

Pyrido[3,2-*d*]pyrimidin-2-thion, 4-Amino-
6-methyl-1*H*- 1373

[1,2,4]Triazol-3-thion, 5-[4-Amino-phenyl]-
1,2-dihydro- 1372

C₈H₈N₆

[1,3,5]Triazin-2,4-diyldiamin, *N*²-[2]Pyridyl-
1206

C₈H₈N₆O

Phenol, 4-[5-Amino-1*H*-[1,2,4]triazol-
3-ylazo]- 1444

Pyrido[2,3-*b*]pyrazin-2-carbonsäure,
3,6-Diamino-, amid 1420

C₈H₈N₆OS

Thiosemicarbazid, 1-[1-Oxy-benzo[*e*]⁼
[1,2,4]triazin-3-yl]- 1434

C₈H₉ClN₄O₂

Imidazo[1,2-*c*]pyrimidin-7-carbonsäure,
8-Amino-5-chlor-2,3-dihydro-,
methylester 1418

C₈H₉ClN₆O₂

Glycin, *N*-[Chlor-diazomethyl-[1,3,5]triazin-
2-yl]-, äthylester 1365

C₈H₉N₃O₃

Imidazo[1,5-*c*]pyrimidin-7-carbonsäure,
5-Oxo-5,6,7,8-tetrahydro-, methylester
1012

C₈H₉N₃O₆

[1,2,3]Triazol-1,4,5-tricarbonsäure-trimethyl⁼
ester 966

C₈H₉N₅

Benzo[*f*][1,3,5]triazepin-2,4-diyldiamin, 1*H*-
1240

Hydrazin, *N*-Benzo[*e*][1,2,4]triazin-3-yl-
N-methyl- 1434

Pyrazol-3,4-diyldiamin, 5-[3]Pyridyl-1(2)*H*-
1240

Pyrido[2,3-*d*]pyrimidin-2,4-diyldiamin,
7-Methyl- 1241

Pyrido[3,2-*d*]pyrimidin-2,4-diyldiamin,
6-Methyl- 1241

[1,2,4]Triazol-3,4-diyldiamin, 5-Phenyl-
1139

[1,2,4]Triazol-3,5-diyldiamin, 1-Phenyl-1*H*-
1162

C₈H₉N₅O

Hydrazin, *N*-Methyl-*N*-[1-oxy-benzo[*e*]⁼
[1,2,4]triazin-3-yl]- 1434

[1,3,5]Triazin-2,4-diyldiamin, *N*²-Furfuryl-
1206

C₈H₉N₅O₂

Acrylsäure, 2-Cyan-3-[1*H*-[1,2,4]triazol-
3-ylamino]-, äthylester 1079

C₈H₉N₅O₂S

Sulfanilsäure-[1*H*-[1,2,4]triazol-3-ylamid]
1080

[1,2,4]Triazol-3-ylamin, 2-Sulfanilyl-2*H*-
1080

C₈H₉N₅O₃

Essigsäure, [3-Amino-1-imino-6-methyl-
7-oxo-1*H*,7*H*-pyrazolo[1,2-*a*]⁼
[1,2,4]triazol-5-yl]- 1426

Pyrazolo[1,2-*a*][1,2,4]triazol-5-carbonsäure,
3-Amino-1-imino-7-oxo-1*H*,7*H*-,
äthylester 1426

C₈H₉N₅O₄

[1,3,5]Triazin-2-carbaldehyd, 4-Acetyl⁼
amino-6-oxo-1,6-dihydro-, [*O*-acetyl-
oxim] 1390

C₈H₉N₅O₄S₂

[1,2,4]Triazol-3,5-disulfonsäure, 4-Phenyl-
4*H*-, diamid 1065

[C₈H₉N₆]⁺

Pyridinium, 1-[Diamino-[1,3,5]triazin-2-yl]-
1274

C₈H₉N₇

[1,3,5]Triazin, Bis-aziridin-1-yl-diazomethyl-
1367

C₈H₁₀Cl₂N₄

[1,3,5]Triazin, Dichlor-piperidino- 1099

C₈H₁₀Cl₂N₄O₂

β-Alanin, N-[Dichlor-[1,3,5]triazin-2-yl]-,
äthylester 1100

C₈H₁₀N₄

Benzotriazol-4-ylamin, 1,6-Dimethyl-1H-
1119
Pyrazolo[1,5-a]pyrimidin-7-ylamin,
2,5-Dimethyl- 1119

C₈H₁₀N₄O

Benzotriazol-4-ylamin, 6-Äthoxy-1H- 1336
Benzotriazol-5-ylamin, 1,6-Dimethyl-3-oxy-
1H- 1118
Cyclopentanon, 2-[(1H-[1,2,4]Triazol-
3-ylamino)-methylen]- 1077
Imidazo[4,5-b]pyridin-5-ylamin, 7-Äthoxy-
1(3)H- 1336

C₈H₁₀N₄O₂

Imidazo[1,5-a]pyrazin-6,8-dion, 7-Methyl-
1-methylamino- 1391

C₈H₁₀N₄O₃

Imidazo[1,2-c]pyrimidin-7-carbonsäure,
8-Amino-5-oxo-1,2,3,5-tetrahydro-,
methylester 1423

C₈H₁₀N₄O₄S

Benzotriazol-5-sulfonsäure, 3-Oxy-1H-,
[2-hydroxy-äthylamid] 1054

C₈H₁₀N₆O₂

Acrylsäure, 3-[5-Amino-1H-[1,2,4]triazol-
3-ylamino]-2-cyan-, äthylester 1171
Pyrazolo[1,2-a][1,2,4]triazol-6-carbonsäure,
3-Amino-1,5-diimino-1H,5H-,
äthylester 1426

C₈H₁₀N₆O₅

[1,3,5]Triazin-2-carbimidsäure, N-Acetoxy-
4-acetoxyimino-6-oxo-
1,4,5,6-tetrahydro-, amid 1032

C₈H₁₀N₈O

Crotonsäure, 3-[1H-[1,2,4]Triazol-
3-ylamino]-, [1H-[1,2,4]triazol-
3-ylamid] 1079
[1,2,4]Triazol-3-ylamin, 2-[3-(5-Amino-
[1,2,4]triazol-1-yl)-crotonoyl]-2H- 1079

C₈H₁₁ClN₆

Amin, Diäthyl-[chlor-diazomethyl-
[1,3,5]triazin-2-yl]- 1365

C₈H₁₁Cl₂N₅O₂

Carbamidsäure, [2-(4,6-Dichlor-[1,3,5]triazin-
2-ylamino)-äthyl]-, äthylester 1101

C₈H₁₁N₃O₂

[1,2,4]Triazin-3-carbonsäure, 5,6-Dimethyl-,
äthylester 940

C₈H₁₁N₃O₃

Imidazo[4,5-c]pyridin-6-carbonsäure,
5-Hydroxymethyl-4,5,6,7-tetrahydro-
1H- 941

C₈H₁₁N₃O₄

[1,2,3]Triazol-4,5-dicarbonsäure, 1-Butyl-
1H- 965
—, 1-Isobutyl-1H- 965

C₈H₁₁N₅

[1,3,5]Triazin-2,4-diyldiamin, 6-Penta-
1,3-dienyl- 1237
[1,2,3]Triazol-3-ylamin, 5-[3,5-Dimethyl-
pyrrol-1-yl]-1H- 1165

C₈H₁₁N₅O

[1,3,5]Triazin, Bis-aziridin-1-yl-methoxy-
1317

C₈H₁₁N₅O₂

Acetamid, N,N'-[Methyl-[1,3,5]triazin-
2,4-diyl]-bis- 1222

C₈H₁₁N₅O₄

Malonsäure, [(5-Amino-1H-[1,2,4]triazol-
3-ylamino)-methylen]-, monoäthylester
1171
—, [(3,5-Diimino-[1,2,4]triazolidin-
1-yl)-methylen]-, monoäthylester 1171
Propionsäure, 3-[4,5-Dicarbamoyl-
[1,2,3]triazol-1-yl]-, methylester 968

C₈H₁₂ClN₅

[1,3,5]Triazin-2-ylamin, 4-Chlor-
6-piperidino- 1213

C₈H₁₂Cl₂N₄

Amin [Dichlor-[1,3,5]triazin-2-yl]-
isopentyl- 1097

C₈H₁₂F₃N₅

[1,3,5]Triazin-2,4-diyldiamin, N²-Butyl-
6-trifluormethyl- 1223

[C₈H₁₂HgN₃O₃]⁺

[1,2,4]Triazolo[1,2-a]pyridazin-6-yl-
quecksilber(1+), 7-Methoxy-2-methyl-
1,3-dioxo-hexahydro- 1453

C₈H₁₂N₄O

Pyrido[4,3-d]pyrimidin-4-on, 2-Amino-
6-methyl-5,6,7,8-tetrahydro-3H- 1370
[1,2,4]Triazolo[4,3-a]azepin-3-carbonsäure,
6,7,8,9-Tetrahydro-5H-, amid 941

C₈H₁₂N₄O₂

Propionamid, N-[1-Propionyl-
1H-[1,2,4]triazol-3-yl]- 1078

C₈H₁₂N₄O₃

N-Acetyl-Derivat C₈H₁₂N₄O₃ aus
3-Amino-2,4,6-triaza-bicyclo[3.2.1]oct-
2-en-7-carbonsäure 1409

C₈H₁₂N₄O₅

[1,3,5]Triazin-2-carbonsäure, 1-Methyl-
3-methylcarbamoyl-4,6-dioxo-
hexahydro-, methylester 1030

C₈H₁₂N₆

Amin, [Bis-aziridin-1-yl-[1,3,5]triazin-2-yl]-
methyl- 1267

$C_8H_{12}N_6$ (Fortsetzung)

Valeronitril, 5-[Diamino-[1,3,5]triazin-2-yl]-
1416

$C_8H_{12}N_6O_2$

[1,2,4]Triazolo[1,2-*a*]pyridazin-1-ylamin,
5,7-Dimethyl-3-nitroimino-5,8-dihydro-
3*H*- 1370

—, 6,8-Dimethyl-3-nitroimino-
5,8-dihydro-3*H*- 1370

$C_8H_{12}N_6O_3$

Acetamid, *N*,*N*′,*N*″-[1,2,4]Triazol-
3,4,5-triyl-tris- 1174

$C_8H_{13}N_5$

[1,3,5]Triazin-2,4-diyldiamin, 6-Äthyl-
N^2-allyl- 1226

—, N^2-Cyclopentyl- 1194

[1,3,5]Triazin-2-ylamin, 4-Piperidino- 1202

$C_8H_{13}N_5O$

[1,3,5]Triazin-2,4-diyldiamin, N^2-Allyl-
6-methoxymethyl- 1324

—, N^2-Methallyl-6-methoxy- 1316

$C_8H_{13}N_7$

[1,3,5]Triazin-2,4-diyldiamin, N^2,N^2-
Diäthyl-6-diazomethyl- 1367

—, 6-Diazomethyl-N^2,N^2,N^4,N^4-
tetramethyl- 1367

$C_8H_{14}ClN_5$

[1,3,5]Triazin-2,4-diyldiamin, 6-Chlormethyl-
N^2,N^2,N^4,N^4-tetramethyl- 1224

—, 6-Chlor-N^2-pentyl- 1209

$[C_8H_{14}HgN_5O]^+$

Propylquecksilber(1+), 2-Äthoxy-3-
[4-amino-[1,3,5]triazin-2-ylamino]- 1205

—, 3-[4-Amino-6-methyl-[1,3,5]triazin-
2-ylamino]-2-methoxy- 1223

—, 3-[4-Amino-[1,3,5]triazin-
2-ylamino]-2-methoxy-2-methyl- 1206

$C_8H_{14}N_4$

Amin, Cyclohexyl-[1*H*-[1,2,4]triazol-3-yl]-
1074

[1,2,4]Triazol-3-ylamin, 5-Cyclohexyl-1*H*-
1106

$C_8H_{14}N_4O$

[1,3,5]Triazin-2-on, 4-Amino-6-pentyl-1*H*-
1364

$[C_8H_{14}N_5]^+$

[1,2,4]Triazolo[1,2-*a*]pyridazinium,
1,3-Diamino-5,7-dimethyl-5,8-dihydro-
1236

$C_8H_{14}N_6$

[1,3,5]Triazin-2,4-diyldiamin, 6-Piperidino-
1271

$C_8H_{14}N_6O$

[1,3,5]Triazin-2,4,6-triyltriamin, N^2-Methyl-
N^2-[2-vinyloxy-äthyl]- 1268

$C_8H_{14}N_{12}$

[1,3,5]Triazin-2,4,6-triyltriamin, N^2,$N^{2'}$-
Äthandiyl-bis- 1286

$C_8H_{15}N_5$

[1,3,5]Triazin-2,4-diyldiamin, N^2-[1-Äthyl-
propyl]- 1192

—, N^2-Butyl-N^2-methyl- 1192

—, N^2-[1,2-Dimethyl-propyl]- 1192

—, N^2-Isobutyl-N^2-methyl- 1192

—, 6-Isopentyl- 1230

—, N^2-Isopentyl- 1192

—, N^2-[1-Methyl-butyl]- 1192

—, N^2-[2-Methyl-butyl]- 1192

—, N^2-Neopentyl- 1193

—, 6,N^2,N^2,N^4,N^4-Pentamethyl- 1219

—, 6-Pentyl- 1230

—, N^2-Pentyl- 1192

$C_8H_{15}N_5O$

Harnstoff, [5-Pentyl-1*H*-[1,2,4]triazol-3-yl]-
1092

Methanol, [Bis-dimethylamino-
[1,3,5]triazin-2-yl]- 1323

[1,3,5]Triazin-2,4-diyldiamin, 6-[2-Äthoxy-
propyl]- 1333

—, 6-Äthoxy-N^2,N^2,N^4-trimethyl-
1313

—, 6-Butoxy-N^2-methyl- 1313

—, 6-*tert*-Butoxymethyl- 1323

—, N^2-Butyl-6-methoxy- 1315

—, N^2,N^2-Diäthyl-6-methoxy- 1314

—, N^2,N^4-Diäthyl-6-methoxy- 1314

—, 6-Isopentyloxy- 1311

—, 6-Methoxy-N^2,N^2,N^4,N^4-
tetramethyl- 1313

—, 6-[2-Methyl-butoxy]- 1311

—, 6-Pentyloxy- 1311

$C_8H_{15}N_5O_2$

Äthanol, 2-[Äthyl-(amino-methoxy-
[1,3,5]triazin-2-yl)-amino]- 1318

Propan-2-ol, 1-[4-Äthoxy-6-amino-
[1,3,5]triazin-2-ylamino]- 1319

[1,3,5]Triazin-2,4-diyldiamin, 6-Diäthoxy≠
methyl- 1366

$C_8H_{15}N_7$

[1,3,5]Triazin-2,4-diyldiamin, 6-[4-Methyl-
piperazino]- 1287

$C_8H_{15}N_7O_2$

Carbamidsäure, [2-(4,6-Diamino-
[1,3,5]triazin-2-ylamino)-äthyl]-,
äthylester 1286

$C_8H_{16}N_4$

Amin, Diäthyl-[2-(1*H*-[1,2,4]triazol-3-yl)-
äthyl]- 1088

—, Isopropyl-[5-propyl-1*H*-
[1,2,4]triazol-3-yl]- 1089

—, Propyl-[5-propyl-1*H*-[1,2,4]triazol-
3-yl]- 1089

[1,2,4]Triazol-3-ylamin, 5-Hexyl-1*H*- 1093

$C_8H_{16}N_6$

[1,3,5]Triazin-2,4-diyldiamin, 6-Diäthyl≠
aminomethyl- 1300

C₈H₁₆N₆O₂

$C_8H_{16}N_6O_2$
[1,3,5]Triazin-2,4-diyldiamin, 6-{[Bis-(2-hydroxy-äthyl)-amino]-methyl}-1301

$C_8H_{16}N_8$
Guanidin, N-Butyl-N'-[diamino-[1,3,5]triazin-2-yl]- 1279

$[C_8H_{17}N_6]^+$
Ammonium, Äthyl-[4,6-diamino-[1,3,5]triazin-2-ylmethyl]-dimethyl-1300

C₉

$C_9H_4Cl_4N_4$
Amin, [2,4-Dichlor-phenyl]-[dichlor-[1,3,5]triazin-2-yl]- 1098
−, [2,5-Dichlor-phenyl]-[dichlor-[1,3,5]triazin-2-yl]- 1098

$C_9H_5BrCl_2N_4$
Amin, [2-Brom-phenyl]-[dichlor-[1,3,5]triazin-2-yl]- 1098
−, [3-Brom-phenyl]-[dichlor-[1,3,5]triazin-2-yl]- 1098
−, [4-Brom-phenyl]-[dichlor-[1,3,5]triazin-2-yl]- 1098

$C_9H_5Cl_2N_3O_2$
[1,2,3]Triazol-4-carbonsäure, 3-[2,4-Dichlor-phenyl]-3H- 933
−, 3-[2,5-Dichlor-phenyl]-3H- 933

$[C_9H_5Cl_2N_4Sb]^{4+}$
Antimon(4+), [4-(4,6-Dichlor-[1,3,5]triazin-2-ylamino)-phenyl]- 1102

$C_9H_5Cl_2N_5O_2$
Amin, [Dichlor-[1,3,5]triazin-2-yl]-[4-nitro-phenyl]- 1098

$C_9H_5Cl_3N_4$
Amin, [2-Chlor-phenyl]-[dichlor-[1,3,5]triazin-2-yl]- 1097
−, [3-Chlor-phenyl]-[dichlor-[1,3,5]triazin-2-yl]- 1098
−, [4-Chlor-phenyl]-[dichlor-[1,3,5]triazin-2-yl]- 1098

$C_9H_5Cl_4N_5$
[1,3,5]Triazin-2,4-diyldiamin, N^2,N^2,N^4,N^4-Tetrachlor-6-phenyl- 1246

$C_9H_5N_3O_4$
Benzo[e][1,2,4]triazin-3,6-dicarbonsäure 973

$C_9H_5N_7O_4$
[1,2,4]Triazol-3-carbonylazid, 1-[4-Nitro-phenyl]-5-oxo-2,5-dihydro-1H- 1010

$C_9H_6BrN_3O_2$
[1,2,3]Triazol-4-carbonsäure, 2-[3-Brom-phenyl]-2H- 932
−, 2-[4-Brom-phenyl]-2H- 932

$C_9H_6BrN_3O_3$
[1,2,3]Triazol-4-carbonsäure, 1-[4-Brom-phenyl]-5-oxo-2,5-dihydro-1H- 1007

$C_9H_6Br_3N_5$
[1,3,5]Triazin-2,4-diyldiamin, N^2-[2,4,6-Tribrom-phenyl]- 1197

$C_9H_6ClN_3O_2$
[1,2,3]Triazol-4-carbonsäure, 3-[2-Chlor-phenyl]-3H- 933
−, 5-Chlor-1-phenyl-1H- 935
[1,2,4]Triazol-3-carbonsäure, 1-[4-Chlor-phenyl]-1H- 936

$C_9H_6ClN_3O_3$
[1,2,3]Triazol-4-carbonsäure, 1-[4-Chlor-phenyl]-5-oxo-2,5-dihydro-1H- 1006

$C_9H_6Cl_2N_4$
Amin, [Dichlor-[1,3,5]triazin-2-yl]-phenyl-1097

$C_9H_6Cl_2N_4O_3S$
Sulfanilsäure, N-[Dichlor-[1,3,5]triazin-2-yl]- 1100

$C_9H_6N_4$
[1,2,3]Triazol-4-carbonitril, 2-Phenyl-2H-934

$C_9H_6N_4O_2$
Pyrido[2,3-d]pyridazin-3-carbonitril, 2-Methyl-5,8-dioxo-5,6,7,8-tetrahydro-1037

$C_9H_6N_4O_4$
[1,2,3]Triazol-4-carbonsäure, 1-[4-Nitro-phenyl]-1H- 932
−, 2-[4-Nitro-phenyl]-2H- 932

$C_9H_6N_4O_5$
[1,2,4]Triazol-3-carbonsäure, 1-[4-Nitro-phenyl]-5-oxo-2,5-dihydro-1H- 1010

$C_9H_7AsCl_2N_4O_3$
Arsonsäure, [4-(4,6-Dichlor-[1,3,5]triazin-2-ylamino)-phenyl]- 1101

$C_9H_7BrClN_5$
[1,3,5]Triazin-2,4-diyldiamin, N^2-[2-Brom-4-chlor-phenyl]- 1197

$C_9H_7Br_2N_5$
[1,3,5]Triazin-2,4-diyldiamin, N^2-[2,4-Dibrom-phenyl]- 1197

$C_9H_7ClN_4O$
[1,3,5]Triazin-2-on, 4-Amino-6-[4-chlor-phenyl]-1H- 1376
[1,3,5]Triazin-2-ylamin, 4-Chlor-6-phenoxy-1310

$C_9H_7ClN_4O_2$
Acetamid, N-[7-Chlor-1-oxy-benzo[e][1,2,4]triazin-3-yl]- 1126

$C_9H_7ClN_4O_4$
[1,3,5]Triazin-2-on, 4-Amino-6-[4-chlor-phenyl]-1-hydroxy-3,5-dioxy-1H- 1377

$[C_9H_7ClN_5Sb]^{4+}$
Antimon(4+), [4-(4-Amino-6-chlor-[1,3,5]triazin-2-ylamino)-phenyl]- 1218

C₉H₇ClN₆O₂
[1,3,5]Triazin-2,4-diyldiamin, N^2-[4-Chlor-
3-nitro-phenyl]- 1197

C₉H₇Cl₂N₅
[1,2,4]Triazin-3,5-diyldiamin,
6-[2,4-Dichlor-phenyl]- 1244
–, 6-[3,4-Dichlor-phenyl]- 1244
[1,3,5]Triazin-2,4-diyldiamin, 6-Chlor-
N^2-[4-chlor-phenyl]- 1211
–, N^2-[2,4-Dichlor-phenyl]- 1196

C₉H₇Cl₂N₅O₂S
Sulfanilsäure, N-[Dichlor-[1,3,5]triazin-
2-yl]-, amid 1101

C₉H₇IN₄O
Benzoesäure, 2-Jod-, [1H-[1,2,4]triazol-
3-ylamid] 1079

C₉H₇N₃O₂
Imidazol-4-carbonsäure, 5-[3]Pyridyl-
1(3)H- 951
Pyrazol-3-carbonsäure, 5-[3]Pyridyl-1(2)H-
951
–, 5-[4]Pyridyl-1(2)H- 951
[1,2,3]Triazol-4-carbonsäure, 1-Phenyl-1H-
931
–, 2-Phenyl-2H- 932
–, 3-Phenyl-3H- 932
–, 5-Phenyl-1H- 950
[1,2,4]Triazol-3-carbonsäure, 1-Phenyl-1H-
936

C₉H₇N₃O₃
Benzo[e][1,2,4]triazin-3-carbonsäure,
6-Methoxy- 1004
Pyrido[2,3-b]pyrazin-2-carbonsäure,
4-Methyl-3-oxo-3,4-dihydro- 1015
Pyrido[2,3-b]pyrazin-3-carbonsäure,
1-Methyl-2-oxo-1,2-dihydro- 1016

C₉H₇N₃O₃S
Pyrido[2,3-d]pyrimidin-5-carbonsäure,
7-Methyl-4-oxo-2-thioxo-
1,2,3,4-tetrahydro- 1036

C₉H₇N₃O₄
Pyrido[2,3-d]pyrimidin-5-carbonsäure,
7-Methyl-2,4-dioxo-1,2,3,4-tetrahydro-
1034

C₉H₇N₅O₃
Benzoesäure, 2-Nitro-, [1H-[1,2,4]triazol-
3-ylamid] 1079
Harnstoff, [3-Oxo-3,4-dihydro-pyrido[2,3-b]≠
pyrazin-2-carbonyl]- 1015
[1,3,5]Triazin-2-on, 4-Amino-6-[4-nitro-
phenyl]-1H- 1377

C₉H₇N₅O₄
Benzoesäure, 2-Hydroxy-4-nitro-,
[1H-[1,2,4]triazol-3-ylamid] 1079
Acetyl-Derivat C₉H₇N₅O₄ aus
2-Amino-6-nitro-3H-pyrido[2,3-d]≠
pyrimidin-4-on 1372

C₉H₇N₇O₄S
[1,3,5]Triazin-2,4-diyldiamin, 6-[2,4-Dinitro-
phenylmercapto]- 1321

C₉H₈AsClN₄O₄
Arsonsäure, [4-(4-Chlor-6-oxo-1,6-dihydro-
[1,3,5]triazin-2-ylamino)-phenyl]- 1355

C₉H₈AsN₃O₅
[1,2,3]Triazol-4-carbonsäure, 2-[4-Arsono-
phenyl]-2H- 935

C₉H₈BrN₃O₃
Imidazo[4,5-b]pyridin-7-carbonsäure,
6-Brom-1(3)H-, [2-hydroxy-äthylester]
947

C₉H₈BrN₅
[1,3,5]Triazin-2,4-diyldiamin, N^2-[4-Brom-
phenyl]- 1196

C₉H₈ClN₅
Benzaldehyd, 4-Chlor-, [1H-[1,2,4]triazol-
3-ylhydrazon] 1432
Hydrazin, [5-(4-Chlor-phenyl)-[1,2,4]triazin-
3-yl]- 1436
[1,2,4]Triazin-3,5-diyldiamin, 6-[4-Chlor-
phenyl]- 1244
[1,3,5]Triazin-2,4-diyldiamin, 6-Chlor-
N^2-phenyl- 1211
–, N^2-[2-Chlor-phenyl]- 1196
–, N^2-[4-Chlor-phenyl]- 1196
[4-Chlor-benzyliden]-Derivat C₉H₈ClN₅
aus [1,2,4]triazol-3,4-diyldiamin 1081

C₉H₈ClN₅S
[1,2,4]Triazol-3-thion, 4-Amino-5-[4-chlor-
benzylidenamino]-2,4-dihydro- 1352
–, 5-Amino-4-[4-chlor-benzyl≠
idenamino]-2,4-dihydro- 1352

C₉H₈Cl₂N₆
Propionitril, 3,3'-[Dichlor-[1,3,5]triazin-
2-ylimino]-di- 1100
[1,3,5]Triazin-2-on, 4,6-Diamino-1-
[2,5-dichlor-phenyl]-1H-, imin 1260
[1,3,5]Triazin-2,4,6-triyltriamin,
N^2-[2,4-Dichlor-phenyl]- 1261
–, N^2-[2,5-Dichlor-phenyl]- 1262
–, N^2-[3,4-Dichlor-phenyl]- 1261

C₉H₈FN₅
[1,3,5]Triazin-2,4-diyldiamin, N^2-[4-Fluor-
phenyl]- 1196

C₉H₈IN₅
[1,3,5]Triazin-2,4-diyldiamin, N^2-[4-Jod-
phenyl]- 1197

C₉H₈N₂
Aziridin-2-carbonitril, 1-Phenyl- 931

C₉H₈N₄
Amin, Phenyl-[1,3,5]triazin-2-yl- 1095
[1,2,4]Triazin-3-ylamin, 5-Phenyl- 1145
–, 6-Phenyl- 1146
[1,2,4]Triazin-5-ylamin, 3-Phenyl- 1145
–, 6-Phenyl- 1146
[1,2,3]Triazol-4-carbonitril, 1-Phenyl-
4,5-dihydro-1H- 931

C₉H₈N₄O

Acetamid, *N*-Benzo[*e*][1,2,4]triazin-6-yl- 1129

Benzamid, *N*-[1*H*-[1,2,4]Triazol-3-yl]- 1079

Pyrimidin-4-on, 2-Amino-6-[4]pyridyl-3*H*- 1377

[1,2,4]Triazin-5-on, 3-Amino-6-phenyl-4*H*- 1375

[1,3,5]Triazin-2-on, 4-Amino-6-phenyl-1*H*- 1376

[1,2,3]Triazol-4-carbonsäure, 2-Phenyl-2*H*-, amid 933

[1,2,4]Triazol-3-ylamin, 2-Benzoyl-2*H*- 1078

C₉H₈N₄OS

[1,2,4]Triazin-5-on, 6-[3-Amino-phenyl]- 3-thioxo-3,4-dihydro-2*H*- 1393

−, 6-[4-Amino-phenyl]-3-thioxo- 3,4-dihydro-2*H*- 1394

[1,3,5]Triazin-2-on, 6-Amino-3-phenyl- 4-thioxo-3,4-dihydro-1*H*- 1388

C₉H₈N₄O₂

Acetamid, *N*-[3-Oxo-3,4-dihydro- pyrido[2,3-*b*]pyrazin-6-yl]- 1372

−, *N*-[1-Oxy-benzo[*e*][1,2,4]triazin- 3-yl]- 1121

Äthanon, 1-[3-Amino-1-oxy-benzo[*e*]⚹ [1,2,4]triazin-7-yl]- 1377

Pyrido[2,3-*b*]pyrazin-2-carbonsäure, 4-Methyl-3-oxo-3,4-dihydro-, amid 1015

Pyrido[2,3-*b*]pyrazin-3-carbonsäure, 1-Methyl-2-oxo-1,2-dihydro-, amid 1016

Pyrido[2,3-*b*]pyrazin-3-on, 2-Acetyl- 6-amino-4*H*- 1394

[1,3,5]Triazin-2,4-dion, 6-Amino-3-phenyl- 1*H*- 1386

−, 6-Anilino-1*H*- 1386

[1,2,3]Triazol-4-carbonsäure, 5-Oxo- 4-phenyl-4,5-dihydro-1*H*-, amid 1017

C₉H₈N₄O₄

[1,3,5]Triazin-2-on, 4-Amino-1-hydroxy- 3,5-dioxy-6-phenyl-1*H*- 1376

C₉H₈N₄O₄S

Benzolsulfonamid, *N*-[4,6-Dioxo- 1,4,5,6-tetrahydro-[1,3,5]triazin-2-yl]- 1388

C₉H₈N₄S

[1,2,4]Triazin-3-thion, 5-[4-Amino-phenyl]- 2*H*- 1376

−, 5-Amino-6-phenyl-2*H*- 1376

[1,3,5]Triazin-2-thion, 4-Amino-6-phenyl- 1*H*- 1377

C₉H₈N₆O

Pyrimidin-4,6-diyldiamin, 5-Nitroso- 2-[3]pyridyl- 1246

C₉H₈N₆O₂

[1,3,5]Triazin-2,4-diyldiamin, 6-[3-Nitro- phenyl]- 1246

−, *N²*-[4-Nitro-phenyl]- 1197

C₉H₈N₆O₃

Phenol, 2-[Diamino-[1,3,5]triazin-2-yl]- 6-nitro- 1341

[1,3,5]Triazin-2,4-diyldiamin, 6-[2-Nitro- phenoxy]- 1312

−, 6-[4-Nitro-phenoxy]- 1312

C₉H₈N₆O₄

[1,2,4]Triazol-3-carbonsäure, 1-[4-Nitro- phenyl]-5-oxo-2,5-dihydro-1*H*-, hydrazid 1010

C₉H₉AsClN₅O₃

Arsonsäure, [4-(4-Amino-6-chlor- [1,3,5]triazin-2-ylamino)-phenyl]- 1217

C₉H₉AsCl₂N₆

[1,3,5]Triazin-2,4,6-triyltriamin, *N²*-[4-Dichlorarsino-phenyl]- 1292

C₉H₉AsCl₂N₆O

Phenol, 2-[4,6-Diamino-[1,3,5]triazin- 2-ylamino]-4-dichlorarsino- 1292

−, 5-[4,6-Diamino-[1,3,5]triazin- 2-ylamino]-2-dichlorarsino- 1292

C₉H₉AsN₄O₅

Arsonsäure, [4-(4,6-Dioxo- 1,4,5,6-tetrahydro-[1,3,5]triazin- 2-ylamino)-phenyl]- 1388

C₉H₉AsN₆O

[1,3,5]Triazin-2,4,6-triyltriamin, *N²*-[4-Arsenoso-phenyl]- 1291

C₉H₉AsN₆O₂

Phenol, 4-Arsenoso-2-[4,6-diamino- [1,3,5]triazin-2-ylamino]- 1292

C₉H₉AsN₆O₆

Arsonsäure, [4-(Diamino-[1,3,5]triazin- 2-yloxy)-2-nitro-phenyl]- 1313

C₉H₉BrN₆

[1,3,5]Triazin-2-on, 4,6-Diamino-1-[2-brom- phenyl]-1*H*-, imin 1260

C₉H₉ClN₄O₂

Äthanol, 2-[7-Chlor-1-oxy-benzo[*e*]⚹ [1,2,4]triazin-3-ylamino]- 1125

C₉H₉ClN₆

[1,3,5]Triazin-2,4-diyldiamin, *N²*-[3-Amino- 4-chlor-phenyl]- 1204

[1,3,5]Triazin-2,4,6-triyltriamin, *N²*-[2-Chlor-phenyl]- 1261

−, *N²*-[3-Chlor-phenyl]- 1261

−, *N²*-[4-Chlor-phenyl]- 1261

C₉H₉N₃O₃

Anhydrid, Essigsäure-[1-methyl- 1,4-dihydro-cyclopentatriazol- 4-carbonsäure]- 943

Benzotriazol-5-carbonsäure, 6-Methoxy- 1*H*-, methylester 1003

Imidazo[1,2-*a*]pyrimidin-6-carbonsäure, 5-Oxo-5,8-dihydro-, äthylester 1012

C$_9$H$_9$N$_3$O$_3$S$_3$
[1,3,5]Triazin-2,4,6-tris-thiocarbonsäure-tri-
S-methylester 985

C$_9$H$_9$N$_3$O$_4$
Benzotriazol-5-carbonsäure, 6-Äthoxy-
3-oxy-1H- 1003
Pyrazolo[3,4-b]pyridin-6-carbonsäure,
3,4-Dioxo-2,3,4,7-tetrahydro-1H-,
äthylester 1034
Pyrrolo[3,2-d]pyrimidin-6-carbonsäure,
1,3-Dimethyl-2,4-dioxo-
2,3,4,5-tetrahydro-1H- 1034

C$_9$H$_9$N$_3$O$_6$
[1,3,5]Triazin-2,4,6-tricarbonsäure-trimethyl-
ester 985

C$_9$H$_9$N$_5$
Benzaldehyd-[1H-[1,2,4]triazol-
3-ylhydrazon] 1432
Hydrazin, [5-Phenyl-[1,2,4]triazin-3-yl]-
1435
[1,3,5]Triazin, 2,4-Diimino-1-phenyl-
1,2,3,4-tetrahydro- 1195
[1,2,4]Triazin-3,5-diyldiamin, 6-Phenyl-
1244
[1,3,5]Triazin-2,4-diyldiamin, 6-Phenyl-
1244
–, N^2-Phenyl- 1195
[1,2,4]Triazol-3,5-diyldiamin, N^3-Benzyl-
iden-1H- 1165
Benzyliden-Derivat C$_9$H$_9$N$_5$ aus
[1,2,4]Triazol-3,4-diyldiamin 1081

C$_9$H$_9$N$_5$O
Amin, Benzyl-nitroso-[1H-[1,2,4]triazol-
3-yl]- 1448
Anthranilsäure-[1H-[1,2,4]triazol-3-ylamid]
1079
Benzo[e][1,2,4]triazin-3-carbonsäure,
6-Methyl-, hydrazid 951
Formamid, N-[5-Amino-1-phenyl-
1H-[1,2,4]triazol-3-yl]- 1167
Harnstoff, [5-Phenyl-1H-[1,2,4]triazol-3-yl]-
1138
Phenol, 2-[Diamino-[1,3,5]triazin-2-yl]-
1341
–, 4-[3-Hydrazino-[1,2,4]triazin-5-yl]-
1439
Pyrazol-3-carbonsäure, 5-[3]Pyridyl-1(2)H-,
hydrazid 951
Salicylaldehyd-[5-amino-1H-[1,2,4]triazol-
3-ylimin] 1166
[1,3,5]Triazin-2,4-diyldiamin, 6-Phenoxy-
1312
[1,2,4]Triazin-5-on, 3-Hydrazino-6-phenyl-
4H- 1440
[1,3,5]Triazin-2-on, 4-Amino-6-[4-amino-
phenyl]-1H- 1377
–, 4-Amino-6-anilino-1H- 1356
[1,2,3]Triazol-4-carbonsäure, 5-Amino-
1-phenyl-1H-, amid 1404

–, 5-Amino-2-phenyl-2H-, amid
1405
–, 5-Anilino-1H-, amid 1405
–, 2-Phenyl-2H-, hydrazid 935
[1,2,4]Triazol-3,5-diyldiamin, 1-Benzoyl-
1H- 1168
Acetyl-Derivat C$_9$H$_9$N$_5$O aus Benzo[e]-
[1,2,4]triazin-3,7-diyldiamin 1238

C$_9$H$_9$N$_5$O$_2$
Benzo[e][1,2,4]triazin-3-carbonsäure,
6-Methoxy-, hydrazid 1004
[1,3,5]Triazin-2,4-dion, 6-[N'-Phenyl-
hydrazino]-1H- 1440

C$_9$H$_9$N$_5$O$_3$
[1,3,5]Triazin-2-on, 6-Amino-4-[2-nitro-
phenyl]-3,4-dihydro-1H- 1375
–, 6-Amino-4-[4-nitro-phenyl]-
3,4-dihydro-1H- 1375

C$_9$H$_9$N$_5$O$_4$S
Benzolsulfonsäure, 5-[Diamino-
[1,3,5]triazin-2-yl]-2-hydroxy- 1428
–, 4-Nitro-, [5-methyl-1H-
[1,2,4]triazol-3-ylamid] 1084
Sulfanilsäure, N-[4,6-Dioxo-
1,4,5,6-tetrahydro-[1,3,5]triazin-2-yl]-,
amid 1387
[1,2,4]Triazol-3-ylamin, 5-Methyl-2-[4-nitro-
benzolsulfonyl]-2H- 1083

C$_9$H$_9$N$_5$S
[1,3,5]Triazin-2-thion, 4-Amino-6-anilino-
1H- 1360
–, 4,6-Diamino-1-phenyl-1H- 1360
[1,2,3]Triazol-4-thiocarbonsäure, 5-Amino-
2-phenyl-2H-, amid 1407

[C$_9$H$_9$N$_6$Sb]$^{2+}$
Antimon(2+), [4-(4,6-Diamino-
[1,3,5]triazin-2-ylamino)-phenyl]- 1295

[C$_9$H$_9$N$_6$Sb]$^{4+}$
Antimon(4+), [4-(4,6-Diamino-
[1,3,5]triazin-2-ylamino)-phenyl]-
1296

C$_9$H$_9$N$_7$O$_2$
[1,3,5]Triazin-2-on, 4,6-Diamino-1-[3-nitro-
phenyl]-1H-, imin 1260
–, 4,6-Diamino-1-[4-nitro-phenyl]-1H-,
imin 1260
[1,3,5]Triazin-2,4,6-triyltriamin,
N^2-[2-Nitro-phenyl]- 1261
–, N^2-[3-Nitro-phenyl]- 1261
–, N^2-[4-Nitro-phenyl]- 1262

C$_9$H$_9$N$_9$
Carbamonitril, N,N',N''-Trimethyl-N,N',
N''-[1,3,5]triazin-2,4,6-triyl-tri- 1280

C$_9$H$_{10}$AsN$_5$O$_4$
Arsonsäure, [4-(4-Amino-6-oxo-
1,6-dihydro-[1,3,5]triazin-2-ylamino)-
phenyl]- 1359
–, [4-(Diamino-[1,3,5]triazin-2-yloxy)-
phenyl]- 1312

[C₉H₁₀BrN₆]⁺

[1,3,5]Triazinium, 2,4,6-Triamino-1-
[2-brom-phenyl]- 1260

C₉H₁₀ClN₅

[1,2,4]Triazol-3,5-diyldiamin, 1-[3-Chlor-
4-methyl-phenyl]-1H- 1164

—, N³-[4-Chlor-phenyl]-N⁵-methyl-
1H- 1163

C₉H₁₀N₄

Amin, Benzyl-[1H-[1,2,4]triazol-3-yl]- 1076

—, [3-Methyl-3H-[1,2,3]triazol-4-yl]-
phenyl- 1072

—, [5-Methyl-1H-[1,2,4]triazol-3-yl]-
phenyl- 1082

Pyrido[2,3-b]pyrazin-6-ylamin,
2,3-Dimethyl- 1143

Pyrido[3,4-b]pyrazin-8-ylamin,
2,3-Dimethyl- 1143

[1,2,3]Triazol-4-ylamin, 3-Benzyl-3H- 1072

—, 5-Methyl-2-phenyl-2H- 1081

[1,2,4]Triazol-3-ylamin, 5-m-Tolyl-1H-
1142

C₉H₁₀N₄O

Amin, Dimethyl-[1-oxy-benzo[e]ꞏ
[1,2,4]triazin-3-yl]- 1121

Benzo[e][1,2,4]triazin-3-ylamin,
5,7-Dimethyl-1-oxy- 1143

Pyrido[2,3-b]pyrazin-3-on, 6-Amino-
2,4-dimethyl-4H- 1373

—, 4-Methyl-2-methylamino-4H-
1372

Pyrido[2,3-d]pyrimidin-4-on, 2-Amino-
5,7-dimethyl-3H- 1375

[1,2,4]Triazol-3-ylamin, 5-[4-Methoxy-
phenyl]-1H- 1338

C₉H₁₀N₄O₂

Äthanol, 2-[1-Oxy-benzo[e][1,2,4]triazin-
3-ylamino]- 1121

Benzo[e][1,2,4]triazin-3-ylamin, 5-Äthoxy-
1-oxy- 1337

—, 7-Äthoxy-1-oxy- 1337

C₉H₁₀N₄S

[1,2,4]Triazol-3-thion, 5-Amino-4-o-tolyl-
2,4-dihydro- 1351

—, 5-Amino-4-p-tolyl-2,4-dihydro-
1352

C₉H₁₀N₆

[1,3,5]Triazin-2,4-diyldiamin, 6-[3-Amino-
phenyl]- 1304

—, 6-[4-Amino-phenyl]- 1305

[1,3,5]Triazin-2-on, 4,6-Diamino-1-phenyl-
1H-, imin 1260

[1,3,5]Triazin-2,4,6-triyltriamin, N²-Phenyl-
1261

[1,2,3]Triazol-4-carbimidsäure, 5-Amino-
2-phenyl-2H-, amid 1405

[1,2,4]Triazol-3,4,5-triyltriamin,
N⁴-Benzyliden- 1173

[1,2,4]Triazol-3-ylamin, 5-Benzyl-
idenhydrazino-1H- 1440

C₉H₁₀N₆O

Harnstoff, [5-Amino-1-phenyl-
1H-[1,2,4]triazol-3-yl]- 1169

Phenol, 2-[4,6-Diamino-[1,3,5]triazin-
2-ylamino]- 1271

—, 3-[4,6-Diamino-[1,3,5]triazin-
2-ylamino]- 1272

—, 4-[4,6-Diamino-[1,3,5]triazin-
2-ylamino]- 1272

[1,3,5]Triazin-2,4-diyldiamin, 6-[2-Amino-
phenoxy]- 1312

—, 6-[4-Amino-phenoxy]- 1312

[1,3,5]Triazin-2-on, 4,6-Diamino-1-
[2-hydroxy-phenyl]-1H-, imin 1265

C₉H₁₀N₆O₂S

Sulfanilsäure, N-[Amino-[1,3,5]triazin-2-yl]-,
amid 1203

C₉H₁₀N₆O₃S

Benzolsulfonsäure, 4-Hydroxy-,
[4,6-diamino-[1,3,5]triazin-2-ylamid]
1298

Sulfanilsäure, N-[Diamino-[1,3,5]triazin-
2-yl]- 1285

[C₉H₁₀N₇O₂]⁺

[1,3,5]Triazinium, 2,4,6-Triamino-1-[3-nitro-
phenyl]- 1260

C₉H₁₁AsN₆O₃

Arsonsäure, [4-(4,6-Diamino-2-imino-
2H-[1,3,5]triazin-1-yl)-phenyl]- 1294

—, [2-(4,6-Diamino-[1,3,5]triazin-
2-ylamino)-phenyl]- 1293

—, [3-(4,6-Diamino-[1,3,5]triazin-
2-ylamino)-phenyl]- 1293

—, [4-(4,6-Diamino-[1,3,5]triazin-
2-ylamino)-phenyl]- 1294

C₉H₁₁AsN₆O₄

Arsonsäure, [3-(4,6-Diamino-[1,3,5]triazin-
2-ylamino)-4-hydroxy-phenyl]- 1295

—, [4-(4,6-Diamino-[1,3,5]triazin-
2-ylamino)-2-hydroxy-phenyl]- 1295

C₉H₁₁ClN₄O₂

Imidazo[1,2-c]pyrimidin-7-carbonsäure,
8-Amino-5-chlor-2,3-dihydro-,
äthylester 1418

C₉H₁₁Cl₂N₅

Glycin, N-Butyl-N-[dichlor-[1,3,5]triazin-
2-yl]-, nitril 1099

C₉H₁₁N₃O₄

[1,2,4]Triazin-5,6-dicarbonsäure-diäthylꞏ
ester 969

C₉H₁₁N₃O₆

[1,2,3]Triazol-4,5-dicarbonsäure,
1-Methoxycarbonylmethyl-1H-,
dimethylester 967

C₉H₁₁N₅

Benzo[f][1,3,5]triazepin-2,4-diyldiamin,
1-Methyl-1H- 1240

C₉H₁₁N₅ (Fortsetzung)

Hydrazin, *N*-Methyl-*N*-[5-phenyl-
1*H*-[1,2,4]triazol-3-yl]- 1435

Pyrido[2,3-*d*]pyrimidin-2,4-diyldiamin,
5,7-Dimethyl- 1242

–, 6,7-Dimethyl- 1242

[1,3,5]Triazin-2,4-diyldiamin, 6-Phenyl-
1,6-dihydro- 1241

[1,2,4]Triazol-3,4-diyldiamin, 5-Benzyl-
1143

–, *N*³-Methyl-5-phenyl- 1139

[1,2,4]Triazol-3,5-diyldiamin, 1-*p*-Tolyl-1*H*-
1164

[1,2,4]Triazol-3-on, 5-Amino-1-methyl-
2-phenyl-, imin 1163

C₉H₁₁N₅O

[1,2,4]Triazol-3,4-diyldiamin, 5-[4-Methoxy-
phenyl]- 1338

C₉H₁₁N₅O₂S

Sulfanilsäure-[5-methyl-1*H*-[1,2,4]triazol-
3-ylamid] 1084

[1,2,4]Triazol-3-ylamin, 5-Methyl-
2-sulfanilyl-2*H*- 1084

C₉H₁₁N₅O₃

Essigsäure, [3-Amino-1-imino-7-oxo-
1*H*,7*H*-pyrazolo[1,2-*a*][1,2,4]triazol-5-yl]-,
äthylester 1426

Pyrazolo[1,2-*a*][1,2,4]triazol-5-carbonsäure,
3-Amino-1-imino-6-methyl-7-oxo-
1*H*,7*H*-, äthylester 1426

[C₉H₁₁N₆]⁺

[1,3,5]Triazinium, 2,4,6-Triamino-1-phenyl-
1260

C₉H₁₁N₇

[1,3,5]Triazin-2-on, 4,6-Diamino-1-
[4-amino-phenyl]-1*H*-, imin 1290

[1,3,5]Triazin-2,4,6-triyltriamin,
*N*²-[4-Amino-phenyl]- 1291

C₉H₁₁N₇O₂S

Sulfanilsäure-[4,6-diamino-[1,3,5]triazin-
2-ylamid] 1298

Sulfanilsäure, *N*-[Diamino-[1,3,5]triazin-
2-yl]-, amid 1285

[1,3,5]Triazin-2-on, 4,6-Diamino-1-
[4-sulfamoyl-phenyl]-1*H*-, imin 1265

C₉H₁₂ClN₅

[1,3,5]Triazin-2,4-diyldiamin, *N*²,*N*²-
Diallyl-6-chlor- 1210

–, *N*²,*N*⁴-Diallyl-6-chlor- 1210

C₉H₁₂F₃N₅

[1,3,5]Triazin-2-ylamin, 4-Piperidino-
6-trifluormethyl- 1223

[C₉H₁₂HgN₃O₅]⁺

[1,2,4]Triazolo[1,2-*a*]pyridazin-6-yl≠
quecksilber(1+), 2-Carboxymethyl-
7-methoxy-1,3-dioxo-hexahydro- 1453

C₉H₁₂N₄

Acetonitril, [6,7,8,9-Tetrahydro-
5*H*-[1,2,4]triazolo[4,3-*a*]azepin-3-yl]-
942

C₉H₁₂N₄O₂

[1,3,5]Triazin-2-ylamin, 4,6-Bis-allyloxy-
1344

C₉H₁₂N₄O₄

[1,3,5]Triazin-2,4-dicarbonsäure, Amino-,
diäthylester 1422

[C₉H₁₂N₅]⁺

[1,2,4]Triazolium, 3,5-Diamino-1-methyl-
2-phenyl- 1163

C₉H₁₂N₆

[1,3,5]Triazin, Tris-aziridin-1-yl- 1268

C₉H₁₂N₆O₃

Acetamid, *N*,*N*′,*N*″-[1,3,5]Triazin-
2,4,6-triyl-tris- 1275

[C₉H₁₂N₇O₂S]⁺

[1,3,5]Triazinium, 2,4,6-Triamino-1-
[4-sulfamoyl-phenyl]- 1265

C₉H₁₂N₁₀O₃

Glutarsäure, 3-Oxo-, bis-[5-amino-
1*H*-[1,2,4]triazol-3-ylamid] 1172

C₉H₁₃ClN₆

Amin, [Bis-aziridin-1-yl-[1,3,5]triazin-2-yl]-
[2-chlor-äthyl]- 1267

Glycin, *N*-[Butylamino-chlor-[1,3,5]triazin-
2-yl]-, nitril 1214

C₉H₁₃N₅

[1,3,5]Triazin, Äthyl-bis-aziridin-1-yl- 1227

C₉H₁₃N₅O

[1,3,5]Triazin, Äthoxy-bis-aziridin-1-yl-
1317

C₉H₁₃N₅O₂

1,7,9-Triaza-spiro[4.5]deca-7,9-dien-6-on,
1-Acetyl-8,10-diamino- 1370

C₉H₁₃N₅O₆

[1,2,3]Triazol-4,5-dicarbonsäure,
1-Ribofuranosyl-1*H*-, diamid 969

–, 1-Xylopyranosyl-1*H*-, diamid 969

C₉H₁₄ClN₅

[1,3,5]Triazin-2,4-diyldiamin, 6-Chlor-
*N*²-cyclohexyl- 1211

C₉H₁₄Cl₂N₄

Amin, [Dichlor-[1,3,5]triazin-2-yl]-
diisopropyl- 1097

–, [Dichlor-[1,3,5]triazin-2-yl]-
[1,4-dimethyl-butyl]- 1097

–, [Dichlor-[1,3,5]triazin-2-yl]-
dipropyl- 1097

C₉H₁₄Cl₂N₄O

Amin, [Dichlor-[1,3,5]triazin-2-yl]-
[3-isopropoxy-propyl]- 1099

C₉H₁₄N₄O₂

Propionamid, *N*-[5-Methyl-1-propionyl-
1*H*-[1,2,4]triazol-3-yl]- 1083

$C_9H_{14}N_6$
Amin, [Bis-aziridin-1-yl-[1,3,5]triazin-2-yl]-dimethyl- 1267
[1,3,5]Triazin-2,4,6-triyltriamin, N^2,N^2-Diallyl- 1260

$C_9H_{14}N_6O$
Methacrylamid, N-[2-(Diamino-[1,3,5]triazin-2-yl)-äthyl]- 1302

$C_9H_{14}N_6O_2$
Essigsäure, [Diamino-[1,3,5]triazin-2-yl]-, [2-vinyloxy-äthylamid] 1412
Formamid, N-[4,6-Diamino-[1,3,5]triazin-2-ylmethyl]-N-[2-vinyloxy-äthyl]- 1301

$C_9H_{14}N_8$
Formamidin, N,N'-Bis-[5-äthyl-1H-[1,2,4]triazol-3-yl]- 1087

$C_9H_{15}Cl_2N_5$
Äthylendiamin, N,N-Diäthyl-N'-[dichlor-[1,3,5]triazin-2-yl]- 1101

$C_9H_{15}N_5$
Hydrazin, [5-Cyclohexyl-[1,2,4]triazin-3-yl]- 1433
[1,3,5]Triazin-2,4-diyldiamin, N^2-Cyclohexyl- 1194
—, N^2-Cyclopentylmethyl- 1194
[1,3,5]Triazin-2-ylamin, 4-Methyl-6-piperidino- 1221

$C_9H_{15}N_5O$
Acetamid, N-[Amino-isobutyl-[1,3,5]triazin-2-yl]- 1229
Cyclohexanol, 1-[Diamino-[1,3,5]triazin-2-yl]- 1334
Methanol, [Amino-piperidino-[1,3,5]triazin-2-yl]- 1327
[1,3,5]Triazin-2,4-diyldiamin, 6-Cyclohexyloxy- 1312
[1,3,5]Triazin-2-ylamin, 4-Methoxy-6-piperidino- 1319

$C_9H_{15}N_{11}$
[1,3,5]Triazin-2,4,6-triyltriamin, N^2-[1-(Diamino-[1,3,5]triazin-2-yl)-äthyl]-N^2-methyl- 1302

$C_9H_{16}ClN_5$
[1,3,5]Triazin-2,4-diyldiamin, 6-Chlor-N^2-hexyl- 1209
—, N^2,N^2,N^4-Triäthyl-6-chlor- 1208

$C_9H_{16}ClN_5O_2$
[1,3,5]Triazin-2,4-diyldiamin, 6-Chlor-N^2,-N^4-bis-[2-hydroxy-propyl]- 1213
—, 6-Chlor-N^2,N^4-bis-[3-hydroxy-propyl]- 1213

$[C_9H_{16}HgN_5O]^+$
Propylquecksilber(1+), 3-[4-Amino-[1,3,5]triazin-2-ylamino]-2-propoxy- 1205

$C_9H_{16}N_4O$
[1,3,5]Triazin-2-on, 4-Amino-6-isohexyl-1H- 1364

$C_9H_{16}N_4O_2$
Amin, Butyl-[dimethoxy-[1,3,5]triazin-2-yl]- 1345
—, Diäthyl-[dimethoxy-[1,3,5]triazin-2-yl]- 1345
[1,3,5]Triazin-2,4-dion, 6-Butylamino-1,3-dimethyl-1H- 1386
[1,3,5]Triazin-2-ylamin, 4,6-Diisopropoxy- 1344
—, 4,6-Dipropoxy- 1344

$C_9H_{16}N_6$
[1,3,5]Triazin-2,4-diyldiamin, 6-Aziridin-1-yl-N^2,N^2,N^4,N^4-tetramethyl- 1266
[1,3,5]Triazin-2,4,6-triyltriamin, N^2-Cyclohexyl- 1260

$C_9H_{16}N_6O$
[1,3,5]Triazin-2,4,6-triyltriamin, N^2-Äthyl-N^2-[2-vinyloxy-äthyl]- 1268
—, N^2-Methyl-N^2-[2-vinyloxy-propyl]- 1270
—, N^2-[Vinyloxy-$tert$-butyl]- 1271

$C_9H_{17}N_5$
[1,3,5]Triazin-2,4-diyldiamin, 6-Hexyl- 1232
—, N^2-Hexyl- 1193
—, N^2-Isohexyl- 1193
—, N^2-Isopentyl-N^2-methyl- 1192
—, N^2-Methyl-N^2-pentyl- 1192

$C_9H_{17}N_5O$
[1,3,5]Triazin-2,4-diyldiamin, 6-Äthoxy-N^2,N^4-diäthyl- 1314
—, N^2-Äthyl-6-butoxy- 1314
—, 6-[1-$tert$-Butoxy-äthyl]- 1327
—, 6-Butoxy-N^2,N^2-dimethyl- 1313
—, 6-Butoxy-N^2,N^4-dimethyl- 1313
—, 6-Hexyloxy- 1311
—, 6-Methoxymethyl-N^2,N^2,N^4,N^4-tetramethyl- 1324
—, 6-Methoxy-N^2-pentyl- 1315

$C_9H_{17}N_5O_2$
[1,3,5]Triazin-2,4-dion, 6-[2-Diäthylamino-äthylamino]-1H- 1387
[1,3,5]Triazin-2,4-diyldiamin, 6-[1-(1-Äthoxy-äthoxy)-äthyl]- 1327
—, 6-[Isobutoxymethoxy-methyl]- 1323

$[C_9H_{17}N_6O_2]^+$
Ammonium, Äthoxycarbonyl-[4,6-diamino-[1,3,5]triazin-2-ylmethyl]-dimethyl- 1300

$C_9H_{17}N_7$
[1,3,5]Triazin-2,4-diyldiamin, 6-[4-Äthyl-piperazino]- 1288

$C_9H_{18}N_3O_9P_3$
Phosphonsäure, P,P',P''-[1,3,5]Triazin-2,4,6-triyl-tris-, hexamethylester 1452

$C_9H_{18}N_4$
Amin, Butyl-[5-propyl-1H-[1,2,4]triazol-3-yl]- 1089

C$_9$H$_{18}$N$_6$
[1,3,5]Triazin-2,4,6-triyltriamin, Hexa-
N-methyl- 1256
−, N^2,N^4,N^6-Triäthyl- 1257
C$_9$H$_{18}$N$_6$O$_2$
[1,3,5]Triazin-2,4,6-triyltriamin, N^2,N^4-Bis-
[3-hydroxy-propyl]- 1270
C$_9$H$_{18}$N$_6$O$_3$
[1,3,5]Triazin-2,4,6-triyltriamin, N^2,N^4,N^6-
Tris-[2-hydroxy-äthyl]- 1267
−, N^2,N^4,N^6-Tris-methoxymethyl-
1273
C$_9$H$_{18}$N$_6$O$_6$
[1,3,5]Triazin-2,4,6-triyltriamin, Hexakis-
N-hydroxymethyl- 1274
[C$_9$H$_{19}$N$_6$]$^+$
Ammonium, Diäthyl-[4,6-diamino-
[1,3,5]triazin-2-ylmethyl]-methyl- 1300
C$_9$H$_{19}$N$_7$
[1,3,5]Triazin-2,4,6-triyltriamin,
N^2-[6-Amino-hexyl]- 1290

C$_{10}$

C$_{10}$H$_2$Cl$_{12}$N$_8$
Hydrazin, N,N'-Bis-[bis-trichlormethyl-
[1,3,5]triazin-2-yl]- 1433
C$_{10}$H$_4$F$_{15}$N$_5$
[1,3,5]Triazin-2,4-diyldiamin,
6-Pentadecafluorheptyl- 1233
C$_{10}$H$_5$Cl$_2$N$_3$O$_2$
[1,2,3]Triazol-4,5-dicarbonylchlorid,
1-Phenyl-1H- 965
C$_{10}$H$_5$Cl$_2$N$_5$
Benzonitril, 4-[4,6-Dichlor-[1,3,5]triazin-
2-ylamino]- 1100
Carbamonitril, [Dichlor-[1,3,5]triazin-2-yl]-
phenyl- 1099
C$_{10}$H$_5$Cl$_6$N$_5$
Amin, [Bis-trichlormethyl-[1,3,5]triazin-
2-yl]-[2]pyridyl- 1105
C$_{10}$H$_6$Cl$_2$N$_6$
Amin, [Chlor-diazomethyl-[1,3,5]triazin-
2-yl]-[4-chlor-phenyl]- 1365
C$_{10}$H$_6$N$_4$O$_2$
Phthalimid, N-[1H-[1,2,4]Triazol-3-yl]-
1079
C$_{10}$H$_6$N$_4$S
Benzonitril, 4-[3-Thioxo-2,3-dihydro-
[1,2,4]triazin-5-yl]- 1018
C$_{10}$H$_7$Cl$_2$N$_3$O$_2$
[1,2,3]Triazol-4-carbonsäure, 1-[2,5-Dichlor-
phenyl]-5-methyl-1H- 937
C$_{10}$H$_7$Cl$_2$N$_5$O$_2$
[1,3,5]Triazin-2-carbonsäure, Amino-
[2,4-dichlor-anilino]- 1409

C$_{10}$H$_7$Cl$_3$N$_4$
Amin, [2-Chlor-4-methyl-phenyl]-[dichlor-
[1,3,5]triazin-2-yl]- 1098
−, [3-Chlor-2-methyl-phenyl]-[dichlor-
[1,3,5]triazin-2-yl]- 1098
−, [4-Chlor-2-methyl-phenyl]-[dichlor-
[1,3,5]triazin-2-yl]- 1098
−, [5-Chlor-2-methyl-phenyl]-[dichlor-
[1,3,5]triazin-2-yl]- 1098
[1,3,5]Triazin-2-ylamin, 4-Phenyl-
6-trichlormethyl- 1147
C$_{10}$H$_7$N$_3$O$_3$
Benzo[e][1,2,4]triazin-3-carbonsäure,
6-Acetyl- 1019
[1,2,4]Triazin-3-carbonsäure, 5-Oxo-
6-phenyl-4,5-dihydro- 1019
[1,2,4]Triazin-5-carbonsäure, 6-Oxo-
3-phenyl-1,6-dihydro- 1019
[1,2,4]Triazin-6-carbonsäure, 5-Oxo-
3-phenyl-4,5-dihydro- 1019
C$_{10}$H$_7$N$_3$O$_3$S
Benzoesäure, 2-[5-Oxo-3-thioxo-
2,3,4,5-tetrahydro-[1,2,4]triazin-6-yl]-
1037
−, 4-[5-Oxo-3-thioxo-
2,3,4,5-tetrahydro-[1,2,4]triazin-6-yl]-
1037
C$_{10}$H$_7$N$_3$O$_4$
[1,2,3]Triazol-4-carbonsäure, 2-[3-Carboxy-
phenyl]-2H- 935
−, 2-[4-Carboxy-phenyl]-2H- 935
[1,2,3]Triazol-4,5-dicarbonsäure, 1-Phenyl-
1H- 965
−, 2-Phenyl-2H- 965
C$_{10}$H$_7$N$_3$O$_4$S
Benzoesäure, 2-Hydroxy-5-[5-oxo-3-thioxo-
2,3,4,5-tetrahydro-[1,2,4]triazin-6-yl]-
1052
C$_{10}$H$_8$AsN$_3$O$_7$
[1,2,3]Triazol-4,5-dicarbonsäure,
2-[4-Arsono-phenyl]-2H- 968
C$_{10}$H$_8$BrN$_3$O$_2$
Benzo[e][1,2,4]triazin-3-carbonsäure,
6-Brom-, äthylester 949
[1,2,3]Triazol-4-carbonsäure, 2-[4-Brom-
2-methyl-phenyl]-2H- 935
C$_{10}$H$_8$ClN$_3$O$_2$
Benzo[e][1,2,4]triazin-3-carbonsäure,
6-Chlor-, äthylester 949
[1,2,3]Triazol-4-carbonsäure, 5-Chlor-
1-phenyl-1H-, methylester 935
−, 1-[2-Chlor-phenyl]-5-methyl-1H-
937
C$_{10}$H$_8$ClN$_5$
Formaldehyd-[5-(4-chlor-phenyl)-
[1,2,4]triazin-3-ylhydrazon] 1436
C$_{10}$H$_8$ClN$_5$O
Harnstoff, N-[4-Chlor-phenyl]-
N'-[1,2,4]triazin-3-yl- 1093

$C_{10}H_8ClN_5O_3$
Benzoesäure, 4-[4-Amino-6-chlor-
[1,3,5]triazin-2-ylamino]-2-hydroxy-
1215

$C_{10}H_8Cl_2N_4$
Amin, Benzyl-[dichlor-[1,3,5]triazin-2-yl]-
1099
−, [Dichlor-[1,3,5]triazin-2-yl]-methyl-
phenyl- 1098
−, [Dichlor-[1,3,5]triazin-2-yl]-*m*-tolyl-
1098
−, [Dichlor-[1,3,5]triazin-2-yl]-*o*-tolyl-
1098
−, [Dichlor-[1,3,5]triazin-2-yl]-*p*-tolyl-
1098
[1,3,5]Triazin-2-ylamin, 4-[3,4-Dichlor-
benzyl]- 1147

$C_{10}H_8Cl_2N_4O$
Amin, [Dichlor-[1,3,5]triazin-2-yl]-
[2-methoxy-phenyl]- 1099
−, [Dichlor-[1,3,5]triazin-2-yl]-
[4-methoxy-phenyl]- 1099

$C_{10}H_8Cl_3N_5$
[1,3,5]Triazin-2,4-diyldiamin, N^2-Phenyl-
6-trichlormethyl- 1225

$C_{10}H_8F_3N_5$
[1,3,5]Triazin-2,4-diyldiamin, N^2-Phenyl-
6-trifluormethyl- 1223

$C_{10}H_8N_4$
Acetonitril, [1-Phenyl-1*H*-[1,2,3]triazol-
4-yl]- 937
−, [2-Phenyl-2*H*-[1,2,3]triazol-4-yl]-
937
−, [4-Phenyl-4*H*-[1,2,4]triazol-3-yl]-
939
−, [5-Phenyl-1*H*-[1,2,3]triazol-4-yl]-
952
Imidazo[4,5-*f*]chinolin-2-ylamin, 1(3)*H*-
1148
Imidazo[4,5-*h*]chinolin-2-ylamin, 1(3)*H*-
1148
Imidazo[1,2-*a*;5,4-*c′*]dipyridin-4-ylamin
1148
Pyrrolo[3,2-*c*;4,5-*c′*]dipyridin-4-ylamin,
5*H*- 1148

$C_{10}H_8N_4O$
Benz[4,5]imidazo[1,2-*a*]pyrimidin-2-on,
4-Amino-1*H*- 1380
Imidazo[4,5-*b*]chinolin-2-on, 9-Amino-
1,3-dihydro- 1380
Pyrido[2,3-*d*]pyridazin-3-carbonitril,
2,5-Dimethyl-8-oxo-7,8-dihydro- 1018

$C_{10}H_8N_4O_2$
[1,2,4]Triazin-3-carbonsäure, 5-Amino-
6-phenyl- 1421
[1,2,4]Triazin-6-carbonsäure, 5-Amino-
3-phenyl- 1421

$C_{10}H_8N_4O_3$
Benzamid, *N*-[4,6-Dioxo-1,4,5,6-tetrahydro-
[1,3,5]triazin-2-yl]- 1386
Benzoesäure, 2-[4-Amino-6-oxo-
1,6-dihydro-[1,3,5]triazin-2-yl]- 1425
Benzo[*e*][1,2,4]triazin-3-carbonsäure,
6-Acetylamino- 1420

$C_{10}H_8N_4O_4$
Benzo[*e*][1,2,4]triazin-3-carbonsäure,
6-Nitro-, äthylester 949

$C_{10}H_8N_4O_5$
[1,2,4]Triazol-3-carbonsäure, 1-[4-Nitro-
phenyl]-5-oxo-2,5-dihydro-1*H*-,
methylester 1010

$C_{10}H_8N_6O_3$
Harnstoff, *N*-[3-Nitro-phenyl]-*N′*-
[1,2,4]triazin-3-yl- 1093
−, *N*-[4-Nitro-phenyl]-*N′*-
[1,2,4]triazin-3-yl- 1093

$C_{10}H_9AsN_4O_7$
[1,2,3]Triazol-4-carbonsäure, 2-[4-Arsono-
2-nitro-phenyl]-5-methyl-2*H*- 938

$C_{10}H_9BrClN_5$
[1,3,5]Triazin-2,4-diyldiamin, 6-[Brom-
chlor-methyl]-N^2-phenyl- 1226

$C_{10}H_9ClN_4$
[1,3,5]Triazin-2-ylamin, 4-[4-Chlor-benzyl]-
1147

$C_{10}H_9ClN_4O$
Amin, Allyl-[7-chlor-1-oxy-benzo[*e*]⚬
[1,2,4]triazin-3-yl]- 1125
[1,3,5]Triazin-2-on, 4-[4-Chlor-anilino]-
6-methyl-1*H*- 1362

$C_{10}H_9ClN_4S$
[1,3,5]Triazin-2-thion, 4-Amino-6-[4-chlor-
benzyl]-1*H*- 1378

$C_{10}H_9ClN_6O$
Benzoesäure, 2-Chlor-, [4,6-diamino-
[1,3,5]triazin-2-ylamid] 1276
−, 3-Chlor-, [4,6-diamino-
[1,3,5]triazin-2-ylamid] 1276
−, 4-Chlor-, [4,6-diamino-
[1,3,5]triazin-2-ylamid] 1276

$C_{10}H_9Cl_2N_5$
[1,3,5]Triazin-2,4-diyldiamin, 6-Chlormethyl-
N^2-[4-chlor-phenyl]- 1224
−, 6-Dichlormethyl-N^2-phenyl- 1224

$C_{10}H_9N_3O_2$
Benzo[*e*][1,2,4]triazin-3-carbonsäure-
äthylester 949
Essigsäure, [2-Phenyl-2*H*-[1,2,3]triazol-4-yl]-
937
[1,2,3]Triazol-4-carbonsäure, 2-*o*-Tolyl-2*H*-
935

$C_{10}H_9N_3O_2S$
[1,2,3]Triazol-4-carbonsäure, 1-Benzyl-
5-thioxo-2,5-dihydro-1*H*- 1009

C₁₀H₉N₃O₃

Essigsäure, [5-Oxo-1-phenyl-2,5-dihydro-
1H-[1,2,4]triazol-3-yl]- 1010

Pyrido[2,3-b]pyrazin-2-carbonsäure,
3-Oxo-3,4-dihydro-, äthylester 1015

Pyrido[2,3-b]pyrazin-3-carbonsäure,
2-Oxo-1,2-dihydro-, äthylester 1016

[1,2,3]Triazol-4-carbonsäure, 1-Benzyl-
5-oxo-2,5-dihydro-1H- 1007

−, 5-Hydroxymethyl-3-phenyl-3H-
1002

−, 5-Oxo-1-phenyl-2,5-dihydro-1H-,
methylester 1007

C₁₀H₉N₃O₄

Pyrido[2,3-d]pyrimidin-5-carbonsäure,
1,7-Dimethyl-2,4-dioxo-
1,2,3,4-tetrahydro- 1035

C₁₀H₉N₃O₅

Pyrido[3,2-d]pyrimidin-6-carbonsäure,
7-Hydroxy-1,3-dimethyl-2,4-dioxo-
1,2,3,4-tetrahydro- 1052

C₁₀H₉N₅

Benz[4,5]imidazo[1,2-a]pyrimidin-
7,9-diyldiamin 1247

[1,2,3]Triazol-4-carbonitril, 5-Amino-
1-benzyl-1H- 1406

C₁₀H₉N₅O

Acetaldehyd, [5-Amino-1-phenyl-
1H-[1,2,4]triazol-3-ylimino]- 1166

C₁₀H₉N₅O₂

[1,3,5]Triazin-2-carbonsäure, Amino-
anilino- 1409

C₁₀H₉N₅O₃

Acetamid, N-[4-Nitro-5-[3]pyridyl-
1(2)H-pyrazol-3-yl]- 1142

Harnstoff, [1-Methyl-2-oxo-1,2-dihydro-
pyrido[2,3-b]pyrazin-3-carbonyl]- 1017

−, [4-Methyl-3-oxo-3,4-dihydro-
pyrido[2,3-b]pyrazin-2-carbonyl]- 1015

C₁₀H₉N₇

[3,4′]Bi[1,2,4]triazolyl-5-ylamin, 1-Phenyl-
1H- 1167

C₁₀H₁₀AsN₃O₅

[1,2,3]Triazol-4-carbonsäure, 2-[4-Arsono-
phenyl]-5-methyl-2H- 938

C₁₀H₁₀BrN₃O₂

Benzo[e][1,2,4]triazin-3-carbonsäure,
6-Brom-1,4-dihydro-, äthylester 946

C₁₀H₁₀BrN₅

[1,3,5]Triazin-2,4-diyldiamin, 6-[3-Brom-
4-methyl-phenyl]- 1247

C₁₀H₁₀ClN₃O₂

Benzo[e][1,2,4]triazin-3-carbonsäure,
6-Chlor-1,4-dihydro-, äthylester 947

C₁₀H₁₀ClN₃O₃

Pyrrolo[3,2-d]pyrimidin-7-carbonsäure,
2-Chlor-4-methyl-6-oxo-6,7-dihydro-5H-,
äthylester 1013

−, 4-Chlor-2-methyl-6-oxo-
6,7-dihydro-5H-, äthylester 1424

C₁₀H₁₀ClN₅

[1,3,5]Triazin-2,4-diyldiamin, 6-[4-Chlor-
benzyl]- 1247

−, N²-[4-Chlor-benzyl]- 1199

−, 6-Chlormethyl-N²-phenyl- 1224

−, N²-[4-Chlor-phenyl]-6-methyl-
1220

C₁₀H₁₀ClN₅O

Methanol, [Amino-(2-chlor-anilino)-
[1,3,5]triazin-2-yl]- 1324

−, [Amino-(3-chlor-anilino)-
[1,3,5]triazin-2-yl]- 1324

C₁₀H₁₀ClN₅S

Benzaldehyd, 4-Chlor-, [5-methylmercapto-
1H-[1,2,4]triazol-3-ylhydrazon] 1439

C₁₀H₁₀Cl₂N₈

Guanidin, N-[Diamino-[1,3,5]triazin-2-yl]-
N′-[2,5-dichlor-phenyl]- 1279

C₁₀H₁₀Cl₃N₃O₄

[1,3,5]Triazin-2,4-dicarbonsäure,
Trichlormethyl-, diäthylester 970

C₁₀H₁₀Cl₃N₅O

Äthanol, 1-[5-Amino-1-phenyl-
1H-[1,2,4]triazol-3-ylamino]-
2,2,2-trichlor- 1165

C₁₀H₁₀N₄

Amin, Benzyl-[1,3,5]triazin-2-yl- 1095

[1,3,5]Triazin-2-ylamin, 4-Benzyl- 1146

C₁₀H₁₀N₄O

Acetamid, N-[1-Phenyl-1H-[1,2,3]triazol-
4-yl]- 1072

−, N-[5-Phenyl-1H-[1,2,3]triazol-4-yl]-
1135

−, N-[3-[3]Pyridyl-1(2)H-pyrazol-4-yl]-
1141

−, N-[5-[3]Pyridyl-1(2)H-pyrazol-3-yl]-
1141

Essigsäure, [2-Phenyl-2H-[1,2,3]triazol-4-yl]-,
amid 937

Pyrimidin-4-on, 2-Amino-5-methyl-
6-[2]pyridyl-3H- 1379

−, 2-Amino-5-methyl-6-[3]pyridyl-
3H- 1379

−, 2-Amino-5-methyl-6-[4]pyridyl-
3H- 1379

[1,3,5]Triazin-2-on, 4-Amino-6-benzyl-1H-
1377

−, 4-Amino-6-m-tolyl-1H- 1378

−, 4-Amino-6-o-tolyl-1H- 1378

−, 4-Amino-6-p-tolyl-1H- 1379

C₁₀H₁₀N₄OS

Essigsäure-[4-(5-thioxo-2,5-dihydro-
1H-[1,2,4]triazol-3-yl)-anilid] 1373

[1,3,5]Triazin-2-thion, 4-Amino-6-
[4-methoxy-phenyl]-1H- 1402

[1,2,3]Triazol-4-carbonsäure, 1-Benzyl-
5-thioxo-2,5-dihydro-1H-, amid 1009

$C_{10}H_{10}N_4O_2$

Carbamidsäure, Benzo[e][1,2,4]triazin-3-yl-,
äthylester 1122

−, [1H-[1,2,3]Triazol-4-yl]-,
benzylester 1073

Essigsäure, Amino-[2-phenyl-2H-
[1,2,3]triazol-4-yl]- 1407

[1,3,5]Triazin-2-on, 4-Amino-6-[4-methoxy-
phenyl]-1H- 1402

[1,2,3]Triazol-4-carbonsäure, 5-Amino-
1-benzyl-1H- 1405

−, 1-Benzyl-5-oxo-2,5-dihydro-1H-,
amid 1007

Diacetyl-Derivat $C_{10}H_{10}N_4O_2$ aus
1H-Benzotriazol-4-ylamin 1109

$C_{10}H_{10}N_4O_3$

Pyrazolo[1,5-a]pyrimidin-3-carbonitril,
2-[2-Hydroxy-äthoxy]-5-methyl-7-oxo-
4,7-dihydro- 1051

[1,3,5]Triazin-2-on, 4-Amino-6-[3-hydroxy-
phenoxymethyl]-1H- 1400

[1,2,4]Triazol-3-carbonsäure, 1-[4-Amino-
phenyl]-5-oxo-2,5-dihydro-1H-,
methylester 1010

$C_{10}H_{10}N_4O_3S_2$

Methansulfonsäure-[3-(5-oxo-3-thioxo-
2,3,4,5-tetrahydro-[1,2,4]triazin-6-yl)-
anilid] 1393

− [4-(5-oxo-3-thioxo-
2,3,4,5-tetrahydro-[1,2,4]triazin-6-yl)-
anilid] 1394

$C_{10}H_{10}N_4O_4S$

Toluol-4-sulfonamid, N-[4,6-Dioxo-
1,4,5,6-tetrahydro-[1,3,5]triazin-2-yl]-
1388

$C_{10}H_{10}N_4S$

[1,3,5]Triazin-2-thion, 4-Amino-6-benzyl-
1H- 1378

−, 4-Amino-6-m-tolyl-1H- 1378

−, 4-Amino-6-o-tolyl-1H- 1378

−, 4-Amino-6-p-tolyl-1H- 1379

Methyl-Derivat $C_{10}H_{10}N_4S$ aus
4-Amino-6-phenyl-1H-[1,3,5]triazin-
2-thion 1377

$C_{10}H_{10}N_6O$

Benzamid, N-[Diamino-[1,3,5]triazin-2-yl]-
1276

Benzoesäure, 2-[Diamino-[1,3,5]triazin-
2-yl]-, amid 1421

Harnstoff, N-[4-Amino-phenyl]-
N'-[1,2,4]triazin-3-yl- 1094

[1,3,5]Triazin-2-carbaldehyd, 4-Amino-
6-oxo-1,6-dihydro-, phenylhydrazon
1390

[1,2,4]Triazin-3-carbonsäure, 5-Amino-
6-phenyl-, hydrazid 1421

[1,3,5]Triazin-2-carbonsäure, Amino-
anilino-, amid 1410

$C_{10}H_{10}N_6O_2$

Anthranilsäure, N-[Diamino-[1,3,5]triazin-
2-yl]- 1284

Benzoesäure, 3-[4,6-Diamino-[1,3,5]triazin-
2-ylamino]- 1284

−, 4-[4,6-Diamino-[1,3,5]triazin-
2-ylamino]- 1284

$C_{10}H_{11}AsN_4O_5$

[1,2,3]Triazol-4-carbonsäure, 2-[2-Amino-
4-arsono-phenyl]-5-methyl-2H- 938

$C_{10}H_{11}ClN_8$

Guanidin, N-[4-Chlor-phenyl]-N'-[diamino-
[1,3,5]triazin-2-yl]- 1279

$C_{10}H_{11}Cl_2N_5$

[1,3,5]Triazin-2,4-diyldiamin,
1-[3,4-Dichlor-phenyl]-6-methyl-
1,6-dihydro- 1175

$C_{10}H_{11}N_3O_2$

Benzo[e][1,2,4]triazin-3-carbonsäure,
1,4-Dihydro-, äthylester 947

$C_{10}H_{11}N_3O_3$

Imidazo[1,2-a]imidazol-2-carbonsäure,
5-Isopropyliden-6-oxo-6,7-dihydro-5H-,
methylester 1013

Pyrazolo[3,4-b]pyridin-4-carbonsäure,
6-Methyl-3-oxo-2,3-dihydro-1H-,
äthylester 1013

Pyrazolo[3,4-b]pyridin-5-carbonsäure,
4-Methyl-3-oxo-2,3-dihydro-1H-,
äthylester 1012

Pyrazolo[1,5-a]pyrimidin-6-carbonsäure,
2-Methyl-7-oxo-4,7-dihydro-, äthylester
1012

Pyrrolo[2,3-d]pyridazin-2-carbonsäure,
3-Methyl-4-oxo-4,5-dihydro-1H-,
äthylester 1013

$C_{10}H_{11}N_3O_4$

Pyrazolo[3,4-b]pyridin-6-carbonsäure,
5-Methyl-3,4-dioxo-2,3,4,7-tetrahydro-
1H-, äthylester 1034

$C_{10}H_{11}N_5$

Benzaldehyd-[5-methyl-1H-[1,2,4]triazol-
3-ylhydrazon] 1432

Cyclopenta[5,6]pyrido[2,3-d]pyrimidin-
2,4-diyldiamin, 7,8-Dihydro-6H- 1247

Hydrazin, [5-Benzyl-[1,2,4]triazin-3-yl]-
1436

−, [6-Methyl-5-phenyl-[1,2,4]triazin-
3-yl]- 1436

[1,3,5]Triazin, 2,4-Diimino-6-methyl-
1-phenyl-1,2,3,4-tetrahydro- 1221

−, 2,4-Diimino-1-p-tolyl-
1,2,3,4-tetrahydro- 1198

[1,3,5]Triazin-2,4-diyldiamin, 6-Benzyl-
1246

−, N^2-Benzyl- 1199

−, 6-Methyl-N^2-phenyl- 1220

−, N^2-Methyl-N^2-phenyl- 1198

−, 6-m-Tolyl- 1247

$C_{10}H_{11}N_5$ (Fortsetzung)

[1,3,5]Triazin-2,4-diyldiamin, 6-p-Tolyl-
1247

–, N^2-o-Tolyl- 1198

$C_{10}H_{11}N_5O$

Amin, Nitroso-phenäthyl-[1H-[1,2,4]triazol-
3-yl]- 1448

Benzaldehyd, 4-Methoxy-, [1H-
[1,2,4]triazol-3-ylhydrazon] 1432

Benzamid, N-[5-Amino-1H-[1,2,4]triazol-
3-ylmethyl]- 1174

Benzylalkohol, 2-[Diamino-[1,3,5]triazin-
2-yl]- 1342

Harnstoff, [1-Methyl-5-phenyl-
1H-[1,2,4]triazol-3-yl]- 1138

Hydrazin, [5-(4-Methoxy-phenyl)-
[1,2,4]triazin-3-yl]- 1439

Methanol, [Amino-anilino-[1,3,5]triazin-
2-yl]- 1324

–, [Diamino-[1,3,5]triazin-2-yl]-
phenyl- 1342

[1,3,5]Triazin, 2,4-Diimino-1-[2-methoxy-
phenyl]-1,2,3,4-tetrahydro- 1202

[1,3,5]Triazin-2,4-diyldiamin, 6-Benzyloxy-
1312

–, 6-[4-Methoxy-phenyl]- 1341

–, N^2-[2-Methoxy-phenyl]- 1202

–, N^2-[4-Methoxy-phenyl]- 1202

–, N^2-Methyl-6-phenoxy- 1313

[1,2,3]Triazol-4-carbonsäure, 5-Amino-
1-benzyl-1H-, amid 1405

[4-Methoxy-benzyliden]-Derivat $C_{10}H_{11}N_5O$
aus [1,2,4]Triazol-3,4-diyldiamin 1081

$C_{10}H_{11}N_5OS$

[1,2,4]Triazol-3-thion, 4-Amino-5-
[4-methoxy-benzylidenamino]-
2,4-dihydro- 1352

–, 5-Amino-4-[4-methoxy-
benzylidenamino]-2,4-dihydro- 1352

$C_{10}H_{11}N_5O_3S$

Sulfanilsäure, N-Acetyl-, [1H-[1,2,4]triazol-
3-ylamid] 1081

[1,2,4]Triazol-3-ylamin, 2-[N-Acetyl-
sulfanilyl]-2H- 1081

$C_{10}H_{11}N_5S$

Benzaldehyd-[5-methylmercapto-
1H-[1,2,4]triazol-3-ylhydrazon] 1439

[1,3,5]Triazin-2,4-diyldiamin, 6-Benzyl≠
mercapto- 1321

[1,2,3]Triazol-4-thiocarbonsäure, 5-Amino-
1-benzyl-1H-, amid 1407

$C_{10}H_{11}N_7$

[1,3,5]Triazin-2-carbaldehyd, Diamino-,
phenylhydrazon 1366

$C_{10}H_{11}N_7O$

[1,3,5]Triazin-2-carbonsäure, Amino-
anilino-, hydrazid 1410

$C_{10}H_{11}N_9$

Anilin, 4-[5-Azido-1H-[1,2,4]triazol-
3-ylazo]-N,N-dimethyl- 1442

$C_{10}H_{12}ClN_5$

Benzo[f][1,3,5]triazepin-2,4-diyldiamin,
1-Äthyl-8-chlor-1H- 1240

[1,3,5]Triazin-2,4-diyldiamin, 1-[3-Chlor-
phenyl]-6-methyl-1,6-dihydro- 1174

–, 1-[4-Chlor-phenyl]-6-methyl-
1,6-dihydro- 1175

[1,2,4]Triazol-3,5-diyldiamin, N^3-Äthyl-
N^5-[4-chlor-phenyl]-1H- 1163

$C_{10}H_{12}N_4$

Äthylamin, 2-[1-Phenyl-1H-[1,2,3]triazol-
4-yl]- 1086

–, 2-[4-Phenyl-4H-[1,2,4]triazol-3-yl]-
1088

–, 2-[5-Phenyl-1H-[1,2,3]triazol-4-yl]-
1144

Amin, [5-Äthyl-1H-[1,2,4]triazol-3-yl]-
phenyl- 1086

–, Dimethyl-[5-phenyl-1H-
[1,2,4]triazol-3-yl]- 1136

–, Phenäthyl-[1H-[1,2,4]triazol-3-yl]-
1077

[1,2,3]Triazol-4-ylamin, 3-Äthyl-5-phenyl-
3H- 1130

$C_{10}H_{12}N_4O$

Äthanol, 2-[5-Phenyl-1H-[1,2,4]triazol-
3-ylamino]- 1137

Amin, [2-Methoxy-benzyl]-[1H-
[1,2,4]triazol-3-yl]- 1077

–, [4-Methoxy-benzyl]-[1H-
[1,2,4]triazol-3-yl]- 1077

Pyrido[2,3-d]pyrimidin-4-on, 7-Äthyl-
2-amino-6-methyl-3H- 1375

$C_{10}H_{12}N_4O_4$

7-Oxa-norbornan-2-carbonsäure, 3-[1H-
[1,2,4]Triazol-3-ylcarbamoyl]- 1080

$C_{10}H_{12}N_4S$

[1,2,4]Triazol-3-thion, 5-[2,4-Dimethyl-
anilino]-1,2-dihydro- 1352

[1,2,4]Triazol-3-ylamin, 5-Methylmercapto-
4-o-tolyl-4H- 1351

–, 5-Methylmercapto-4-p-tolyl-4H-
1352

$C_{10}H_{12}N_6$

[1,3,5]Triazin-2-on, 4,6-Diamino-1-o-tolyl-
1H-, imin 1265

[1,3,5]Triazin-2,4,6-triyltriamin, N^2-Methyl-
N^2-phenyl- 1264

–, N^2-Methyl-N^4-phenyl- 1261

–, N^2-m-Tolyl- 1264

–, N^2-o-Tolyl- 1264

–, N^2-p-Tolyl- 1264

$C_{10}H_{12}N_6O$

[1,2,3]Triazol-4-carbonsäure, 5-Amino-
1-benzyl-1H-, hydrazid 1406

$C_{10}H_{12}N_8$
Guanidin, N-[Diamino-[1,3,5]triazin-2-yl]-
N'-phenyl- 1279

$C_{10}H_{13}AsN_6O_3$
Arsonsäure, [4-(4-Amino-6-methylamino-
[1,3,5]triazin-2-ylamino)-phenyl]- 1294

$C_{10}H_{13}Cl_2N_5O_2$
Piperazin-1-carbonsäure, 4-[Dichlor-
[1,3,5]triazin-2-yl]-, äthylester 1101

$C_{10}H_{13}N_3O_2$
Pyrazol-3-carbonsäure, 4-[2,4-Dimethyl-
pyrrol-3-yl]-4,5-dihydro-1H- 943

$C_{10}H_{13}N_3O_6$
[1,2,3]Triazol-4,5-dicarbonsäure,
1-Äthoxycarbonylmethyl-1H-,
dimethylester 967
−, 1-[1-Methoxycarbonyl-äthyl]-1H-,
dimethylester 967
−, 1-[2-Methoxycarbonyl-äthyl]-1H-,
dimethylester 967

$C_{10}H_{13}N_5$
Pyrido[2,3-d]pyrimidin-2,4-diyldiamin,
7-Äthyl-6-methyl- 1243
−, 5,6,7-Trimethyl- 1243
[1,2,4]Triazol-3,4-diyldiamin, 5-Phenäthyl-
1144
[1,2,4]Triazol-3-ylamin, 5-[α-Amino-
phenäthyl]-1H- 1242

$C_{10}H_{13}N_5O_3$
Essigsäure, [3-Amino-1-imino-6-methyl-
7-oxo-1H,7H-pyrazolo[1,2-a]⧧
[1,2,4]triazol-5-yl]-, äthylester 1427

$[C_{10}H_{13}N_6]^+$
[1,3,5]Triazinium, 2,4,6-Triamino-1-o-tolyl-
1265

$C_{10}H_{13}N_9O_2S$
Guanidin, N-[Diamino-[1,3,5]triazin-2-yl]-
N'-[4-sulfamoyl-phenyl]- 1279

$C_{10}H_{14}F_3N_5$
[1,3,5]Triazin-2,4-diyldiamin,
N^2-Cyclohexyl-6-trifluormethyl- 1223

$C_{10}H_{14}N_4O_3$
Methanol, [4,6-Bis-allyloxy-[1,3,5]triazin-
2-ylamino]- 1347

$C_{10}H_{14}N_4O_4$
Malonsäure, [(1H-[1,2,4]Triazol-3-ylamino)-
methylen]-, diäthylester 1079

$C_{10}H_{15}N_5O$
[1,3,5]Triazin, Bis-aziridin-1-yl-isopropoxy-
1317
[1,3,5]Triazin-2,4-diyldiamin, N^2,N^2-
Diallyl-6-methoxy- 1315
−, N^2,N^4-Diallyl-6-methoxy- 1315

$C_{10}H_{15}N_5O_2$
Piperazin-1-carbonsäure, 4-[1,3,5]Triazin-
2-yl-, äthylester 1096
[1,3,5]Triazin-2-carbonsäure, Amino-
cyclohexylamino- 1409

$C_{10}H_{15}N_5O_7$
[1,2,3]Triazol-4,5-dicarbonsäure,
1-Glucopyranosyl-1H-, diamid 969

$C_{10}H_{15}N_7O_2$
Glycin, N-[Diazomethyl-dimethylamino-
[1,3,5]triazin-2-yl]-, äthylester 1368

$C_{10}H_{16}Cl_2N_4$
Amin, [Dichlor-[1,3,5]triazin-2-yl]-heptyl-
1097

$C_{10}H_{16}N_4O$
[1,2,4]Triazolo[4,3-a]azonin-3-carbonsäure,
6,7,8,9,10,11-Hexahydro-5H-, amid
942

$C_{10}H_{16}N_4O_2$
Butyramid, N-[1-Butyryl-1H-[1,2,4]triazol-
3-yl]- 1078

$C_{10}H_{16}N_4O_3$
Diacetyl-Derivat $C_{10}H_{16}N_4O_3$ aus
2-[5-Äthyl-1H-[1,2,4]triazol-3-ylamino]-
äthanol 1086

$C_{10}H_{16}N_6O$
Methacrylamid, N-[2-(Diamino-
[1,3,5]triazin-2-yl)-äthyl]-N-methyl-
1302
−, N-[1-(Diamino-[1,3,5]triazin-2-yl)-
1-methyl-äthyl]- 1303

$C_{10}H_{16}N_6O_2$
Acetamid, N-[4,6-Diamino-[1,3,5]triazin-
2-ylmethyl]-N-[2-vinyloxy-äthyl]- 1301
Formamid, N-[2-(Diamino-[1,3,5]triazin-
2-yl)-äthyl]-N-[2-vinyloxy-äthyl]- 1302

$C_{10}H_{16}N_{10}$
Äthylendiamin, N,N'-Bis-[amino-methyl-
[1,3,5]triazin-2-yl]- 1222

$C_{10}H_{16}N_{10}O$
[1,3,5]Triazin-2,4-diyldiamin, 6,6'-[3-Oxa-
pentandiyl]-bis- 1330

$C_{10}H_{16}N_{12}$
[1,3,5]Triazin-2,4-diyldiamin, 6,6'-Piperazin-
1,4-diyl-bis- 1288

$C_{10}H_{17}N_3O_4$
Essigsäure, [2-Äthyl-1,3,5-trimethyl-
4,6-dioxo-[1,3,5]triazin-2-yl]- 1030

$C_{10}H_{17}N_5$
[1,3,5]Triazin-2,4-diyldiamin, N^2-Cycloheptyl-
1195
−, N^2-Cyclohexylmethyl- 1195
−, N^2-Cyclohexyl-6-methyl- 1219
−, N^2-Cyclohexyl-N^2-methyl- 1194
−, N^2-[2-Cyclopentyl-äthyl]- 1195
−, N^2-[4-Methyl-cyclohexyl]- 1195

$C_{10}H_{17}N_5O$
Acetamid, N-[Amino-isopentyl-
[1,3,5]triazin-2-yl]- 1230
[1,3,5]Triazin-2,4-diyldiamin, N^2-Allyl-
6-butoxy- 1315
−, 6-Allyloxy-N^2-butyl- 1315
−, N^2-Cyclohexyl-6-methoxy- 1316
−, 6-Cyclohexyloxy-N^2-methyl- 1313

$C_{10}H_{17}N_5OS$

Thiocarbazidsäure, 3-[6,7,8,9-Tetrahydro-5H-[1,2,4]triazolo[4,3-a]azepin-3-yl]-, O-äthylester 1433

$C_{10}H_{17}N_5O_2$

Essigsäure-[4,6-bis-dimethylamino-[1,3,5]triazin-2-ylmethylester] 1324

$C_{10}H_{17}N_7O_2$

Piperazin-1-carbonsäure, 4-[Diamino-[1,3,5]triazin-2-yl]-, äthylester 1288

$C_{10}H_{17}N_{11}$

[1,3,5]Triazin-2,4,6-triyltriamin, N^2-[1-(Diamino-[1,3,5]triazin-2-yl)-l-methyl-äthyl]-N^2-methyl- 1304

—, N^2-[1-(Diamino-[1,3,5]triazin-2-yl)-propyl]-N^2-methyl- 1303

$C_{10}H_{18}N_4O$

Acetyl-Derivat $C_{10}H_{18}N_4O$ aus Propyl-[5-propyl-1H-[1,2,4]triazol-3-yl]-amin 1089

$C_{10}H_{18}N_6$

[1,3,5]Triazin-2,4,6-triyltriamin, N^2-Cyclohexylmethyl- 1260

$C_{10}H_{18}N_6O$

[1,3,5]Triazin-2,4,6-triyltriamin, N^2-Isopropyl-N^2-[2-vinyloxy-äthyl]- 1268

$C_{10}H_{18}N_8$

Guanidin, N-Cyclohexyl-N'-[diamino-[1,3,5]triazin-2-yl]- 1279

$C_{10}H_{19}N_5$

[1,3,5]Triazin-2,4-diyldiamin, 6-[1-Äthyl-pentyl]- 1233

—, 6-Heptyl- 1232

—, N^2-Heptyl- 1193

$C_{10}H_{19}N_5O$

[1,3,5]Triazin-2,4-diyldiamin, 6-Äthoxy-N^2-pentyl- 1315

—, 6-Butoxy-N^2-propyl- 1315

—, 6-Butoxy-N^2,N^2,N^4-trimethyl- 1313

—, N^2,N^4-Diäthyl-6-propoxy- 1314

—, 6-Heptyloxy- 1311

—, N^2-Hexyl-6-methoxy- 1315

—, 6-Hexyloxy-N^2-methyl- 1313

—, N^2-Isopentyl-6-methoxymethyl- 1324

—, 6-Methoxymethyl-N^2-pentyl- 1324

—, 6-[2-Pentyloxy-äthyl]- 1330

—, N^2,N^2,N^4-Triäthyl-6-methoxy- 1314

$C_{10}H_{19}N_5O_2$

Propan-2-ol, 1-[4-Amino-6-butoxy-[1,3,5]triazin-2-ylamino]- 1319

[1,3,5]Triazin-2,4-diyldiamin, 6-[α-(1-Äthoxy-äthoxy)-isopropyl]- 1334

—, 6-[(1-Butoxy-äthoxy)-methyl]- 1323

$C_{10}H_{19}N_7$

[1,3,5]Triazin-2,4-diyldiamin, 6-[4-Isopropyl-piperazino]- 1288

$C_{10}H_{20}N_6O$

[1,3,5]Triazin-2,4-diyldiamin, 6-[3-Diäthylamino-propoxy]- 1312

$[C_{10}H_{21}N_6]^+$

Ammonium, Triäthyl-[4,6-diamino-[1,3,5]triazin-2-ylmethyl]- 1300

$[C_{10}H_{21}N_6O]^+$

Ammonium, Diäthyl-[4,6-diamino-[1,3,5]triazin-2-ylmethyl]-[2-hydroxy-äthyl]- 1301

$C_{10}H_{21}N_7$

[1,3,5]Triazin-2,4,6-triyltriamin, N^2-[3-Diäthylamino-propyl]- 1289

C_{11}

$C_{11}H_6N_4$

Pyrazolo[1,5-a]chinazolin-3-carbonitril 954

$C_{11}H_6N_4O$

Pyrrolo[2,3-b]chinoxalin-3-carbonitril, 2-Oxo-2,3-dihydro-1H- 1020

$C_{11}H_7ClN_4OS$

Amin, [7-Chlor-1-oxy-benzo[e][1,2,4]triazin-3-yl]-[2]thienyl- 1127

$C_{11}H_7ClN_6O_2$

Anthranilsäure, N-[Chlor-diazomethyl-[1,3,5]triazin-2-yl]- 1365

$C_{11}H_7Cl_2N_5$

Glycin, N-[Dichlor-[1,3,5]triazin-2-yl]-N-phenyl-, nitril 1100

$C_{11}H_7Cl_6N_5O_2S$

Benzolsulfonsäure-[N'-(bis-trichlormethyl-[1,3,5]triazin-2-yl)-hydrazid] 1433

$C_{11}H_7N_3O_2$

Pyrazolo[1,5-a]chinazolin-2-carbonsäure 954

Pyrazolo[1,5-a]chinazolin-3-carbonsäure 954

$C_{11}H_7N_5O_3$

[1,3,5]Triazin-2-carbonitril, 4-Benzoyloxy-imino-6-oxo-1,4,5,6-tetrahydro- 1031

$C_{11}H_8N_4$

Naphtho[1,2-e][1,2,4]triazin-2-ylamin 1150

Naphtho[2,1-e][1,2,4]triazin-3-ylamin 1150

Pyrido[2,3-b][1,8]naphthyridin-3-ylamin 1151

Pyrimido[4,5-b]chinolin-4-ylamin 1151

$C_{11}H_8N_4O$

Naphtho[1,2-e][1,2,4]triazin-2-ylamin, 1-Oxy- 1151

Pyrimido[2,1-b]chinazolin-6-on, 2-Amino- 1381

—, 4-Amino- 1381

Pyrimido[6,1-b]chinazolin-3-on, 1-Amino- 1381

C₁₁H₈N₄O (Fortsetzung)

Pyrimido[4,5-*b*]chinolin-2-on, 4-Amino-
1*H*- 1381
Pyrimido[4,5-*b*]chinolin-4-on, 2-Amino-
3*H*- 1381

C₁₁H₈N₄O₂

Phthalimid, *N*-[1*H*-[1,2,4]Triazol-
3-ylmethyl]- 1085
Pyrimido[4,5-*b*]chinolin-2,4-dion, 5-Amino-
1*H*- 1395

C₁₁H₈N₄O₂S

Phthalimid, *N*-[5-Thioxo-2,5-dihydro-
1*H*-[1,2,4]triazol-3-ylmethyl]- 1352

C₁₁H₈N₆O

Harnstoff, *N*-[4-Cyan-phenyl]-*N'*-
[1,2,4]triazin-3-yl- 1094

C₁₁H₈N₆O₄

Benz[4,5]imidazo[1,2-*a*]pyrimidin-2-ylamin,
4-Methyl-7,9-dinitro- 1149

C₁₁H₉ClN₄O₄

Succinamidsäure, *N*-[7-Chlor-1-oxy-
benzo[*e*][1,2,4]triazin-3-yl]- 1126
[1,2,4]Triazol-3-carbonsäure, 5-Chlor-1-
[4-nitro-phenyl]-1*H*-, äthylester 936

C₁₁H₉ClN₆

Acetonitril, [Amino-(4-chlor-anilino)-
[1,3,5]triazin-2-yl]- 1413

C₁₁H₉Cl₂N₅O

Essigsäure, Dichlor-, [*N'*-(5-phenyl-
[1,2,4]triazin-3-yl)-hydrazid] 1435

C₁₁H₉N₃O₂

Acrylsäure, 3-[2-Phenyl-2*H*-[1,2,3]triazol-
4-yl]- 939

C₁₁H₉N₃O₄

Essigsäure, [5-Carboxy-3-phenyl-
3*H*-[1,2,3]triazol-4-yl]- 969
[1,2,3]Triazol-4,5-dicarbonsäure, 1-Benzyl-
1*H*- 965

C₁₁H₉N₅

Acetonitril, [3-Cyan-5,7-dimethyl-
pyrazolo[1,5-*a*]pyrimidin-2-yl]- 972
Hydrazin, Naphtho[1,2-*e*][1,2,4]triazin-2-yl-
1437
Pyrido[2,3-*b*][1,8]naphthyridin-
2,8-diyldiamin 1249
Pyrimido[4,5-*b*]chinolin-2,4-diyldiamin
1248

C₁₁H₉N₅O

Pyrazolo[1,2-*a*][1,2,4]triazol-5-on,
3-Amino-1-imino-7-phenyl-1*H*- 1395
−, 1,3-Diimino-7-phenyl-2,3-dihydro-
1*H*- 1395

C₁₁H₁₀BrN₃O₃

Essigsäure, [7-Brom-2-oxo-1,2-dihydro-
pyrido[2,3-*b*]pyrazin-3-yl]-, äthylester
1018
−, [7-Brom-3-oxo-3,4-dihydro-
pyrido[2,3-*b*]pyrazin-2-yl]-, äthylester
1017

[1,2,3]Triazol-4-carbonsäure, 1-[4-Brom-
phenyl]-5-oxo-2,5-dihydro-1*H*-,
äthylester 1007

C₁₁H₁₀ClN₃O₂

[1,2,3]Triazol-4-carbonsäure, 1-[2-Chlor-
4-methyl-phenyl]-5-methyl-1*H*- 938

C₁₁H₁₀ClN₃O₅S

[1,2,3]Triazol-4-carbonsäure, 1-[4-Chlor-
benzolsulfonyl]-5-oxo-2,5-dihydro-1*H*-,
äthylester 1008

C₁₁H₁₀ClN₅O₂

Essigsäure, [Amino-(4-chlor-anilino)-
[1,3,5]triazin-2-yl]- 1412

C₁₁H₁₀Cl₂N₄

Amin, [2-Äthyl-phenyl]-[dichlor-
[1,3,5]triazin-2-yl]- 1099

C₁₁H₁₀N₄

Benz[4,5]imidazo[1,2-*a*]pyrimidin-4-ylamin,
2-Methyl- 1149

C₁₁H₁₀N₄O

Acetamid, *N*-[5-Phenyl-[1,2,4]triazin-3-yl]-
1145
−, *N*-[6-Phenyl-[1,2,4]triazin-3-yl]-
1146
[1,3,5]Triazin-2-on, 4-Amino-6-styryl-1*H*-
1380

C₁₁H₁₀N₄OS

Essigsäure-[4-(3-thioxo-2,3-dihydro-
[1,2,4]triazin-5-yl)-anilid] 1376

C₁₁H₁₀N₄O₂

[1,2,4]Triazin-3-carbonsäure, 5-Amino-
6-phenyl-, methylester 1421
[1,2,4]Triazin-6-carbonsäure, 5-Amino-
3-phenyl-, methylester 1421

C₁₁H₁₀N₄O₂S

Essigsäure-[3-(5-oxo-3-thioxo-
2,3,4,5-tetrahydro-[1,2,4]triazin-6-yl)-
anilid] 1393
− [4-(5-oxo-3-thioxo-
2,3,4,5-tetrahydro-[1,2,4]triazin-6-yl)-
anilid] 1394

C₁₁H₁₀N₄O₃

Amin, Acetyl-[1-methyl-2-oxo-1,2-dihydro-
pyrido[2,3-*b*]pyrazin-3-carbonyl]- 1016
−, Acetyl-[4-methyl-3-oxo-
3,4-dihydro-pyrido[2,3-*b*]pyrazin-
2-carbonyl]- 1015
Propionsäure, 2-Hydroxyimino-3-[1-phenyl-
1*H*-[1,2,3]triazol-4-yl]- 1011
−, 2-Hydroxyimino-3-[5-phenyl-
1*H*-[1,2,3]triazol-4-yl]- 1019

C₁₁H₁₀N₄O₅

[1,2,4]Triazol-3-carbonsäure, 1-[4-Nitro-
phenyl]-5-oxo-2,5-dihydro-1*H*-,
äthylester 1010

C₁₁H₁₀N₄S

[1,3,5]Triazin-2-thion, 4-Amino-6-styryl-
1*H*- 1380

C$_{11}$H$_{10}$N$_6$
Acetonitril, [Amino-anilino-[1,3,5]triazin-2-yl]- 1413

C$_{11}$H$_{10}$N$_6$O$_2$
[1,3,5]Triazin-2,4-diyldiamin, 6-[4-Nitro-styryl]- 1248

C$_{11}$H$_{10}$N$_6$O$_3$
Harnstoff, N-[5-Methyl-[1,2,4]triazin-3-yl]-N'-[4-nitro-phenyl]- 1102
−, N-[6-Methyl-[1,2,4]triazin-3-yl]-N'-[4-nitro-phenyl]- 1102

C$_{11}$H$_{11}$BrN$_4$O$_2$
[1,2,3]Triazol-4-carbonsäure, 5-Amino-1-[4-brom-phenyl]-1H-, äthylester 1404

C$_{11}$H$_{11}$ClN$_4$
Amin, Benzyl-[chlor-methyl-[1,3,5]triazin-2-yl]- 1103
[1,3,5]Triazin-2-ylamin, 4-[4-Chlor-benzyl]-6-methyl- 1147

C$_{11}$H$_{11}$Cl$_2$N$_5$
[1,3,5]Triazin-2,4-diyldiamin,
N^2-[2,4-Dichlor-phenäthyl]- 1200
−, N^2-[3,4-Dichlor-phenäthyl]- 1200

C$_{11}$H$_{11}$Cl$_2$N$_5$O
[1,3,5]Triazin-2,4-diyldiamin,
N^2-[3,4-Dichlor-phenyl]-6-methoxymethyl-1325

C$_{11}$H$_{11}$F$_3$N$_8$
Guanidin, N-[Diamino-[1,3,5]triazin-2-yl]-N'-[3-trifluormethyl-phenyl]- 1279

C$_{11}$H$_{11}$F$_6$N$_5$O
Essigsäure, Trifluor-, [4-piperidino-6-trifluormethyl-[1,3,5]triazin-2-ylamid]
1224

C$_{11}$H$_{11}$N$_3$O$_2$
Benzo[e][1,2,4]triazin-3-carbonsäure,
6-Methyl-, äthylester 951
Imidazol-4-carbonsäure, 5-[3]Pyridyl-1(3)H-,
äthylester 951
Pyrazol-3-carbonsäure, 5-[3]Pyridyl-1(2)H-,
äthylester 951
[1,2,3]Triazol-4-carbonsäure, 5-Methyl-1-o-tolyl-1H- 938
−, 1-Phenyl-1H-, äthylester 932

C$_{11}$H$_{11}$N$_3$O$_2$S
Imidazol-4-carbonsäure, 5-[3]Pyridyl-2-thioxo-2,3-dihydro-1H-, äthylester
1017

C$_{11}$H$_{11}$N$_3$O$_3$
Benzo[e][1,2,4]triazin-3-carbonsäure,
6-Methoxy-, äthylester 1004
Imidazol-4-carbonsäure, 2-Oxo-5-[3]pyridyl-2,3-dihydro-1H-, äthylester 1017
Pyrido[2,3-b]pyrazin-2-carbonsäure,
4-Methyl-3-oxo-3,4-dihydro-, äthylester
1015
Pyrido[2,3-b]pyrazin-3-carbonsäure,
1-Methyl-2-oxo-1,2-dihydro-, äthylester
1016

[1,2,4]Triazol-3-carbonsäure, 1-[4-Äthoxy-phenyl]-1H- 936

C$_{11}$H$_{11}$N$_3$O$_3$S
Pyrido[2,3-d]pyrimidin-5-carbonsäure,
7-Methyl-4-oxo-2-thioxo-1,2,3,4-tetrahydro-, äthylester 1036

C$_{11}$H$_{11}$N$_3$O$_4$
Pyrido[2,3-d]pyrimidin-5-carbonsäure,
7-Methyl-2,4-dioxo-1,2,3,4-tetrahydro-,
äthylester 1035
−, 1,3,7-Trimethyl-2,4-dioxo-1,2,3,4-tetrahydro- 1035
Pyrrol-2,3-dicarbonsäure,
5-[1(3)H-Imidazol-4-ylmethyl]-4-methyl-972

C$_{11}$H$_{11}$N$_5$
Benz[4,5]imidazo[1,2-a]pyrimidin-7,9-diyldiamin, 2-Methyl- 1248
[1,3,5]Triazin-2,4-diyldiamin, N^2-Phenyl-6-vinyl- 1235
−, 6-Styryl- 1248

C$_{11}$H$_{11}$N$_5$O
Acetamid, N-[Anilino-[1,3,5]triazin-2-yl]-1196
Essigsäure-[N'-(5-phenyl-[1,2,4]triazin-3-yl)-hydrazid] 1435
Phenol, 2-[2-(Diamino-[1,3,5]triazin-2-yl)-vinyl]- 1343
Piperazin-2-on, 4-Benzo[e][1,2,4]triazin-3-yl-1122

C$_{11}$H$_{11}$N$_5$OS$_2$
Thioharnstoff, N-Methyl-N'-[4-(5-oxo-3-thioxo-2,3,4,5-tetrahydro-[1,2,4]triazin-6-yl)-phenyl]- 1394

C$_{11}$H$_{11}$N$_5$O$_2$
Acetamid, N,N'-Pyrido[2,3-b]pyrazin-3,6-diyl-bis- 1239
Essigsäure, [Amino-anilino-[1,3,5]triazin-2-yl]- 1412
Piperazin-2-on, 4-[1-Oxy-benzo[e]⇌[1,2,4]triazin-3-yl]- 1122
[1,3,5]Triazin-2-carbonsäure, Amino-anilino-, methylester 1409
−, Amino-p-toluidino- 1411
[1,2,3]Triazol-4,5-dicarbonsäure, 1-Benzyl-1H-, diamid 966
Acetyl-Derivat C$_{11}$H$_{11}$N$_5$O$_2$ aus
4-Amino-6-anilino-1H-[1,3,5]triazin-2-on 1356

C$_{11}$H$_{11}$N$_5$O$_4$
[1,2,3]Triazol-4-carbonsäure, 5-[4-Nitro-anilino]-1H-, äthylester 1404

C$_{11}$H$_{11}$N$_7$
[3,4']Bi[1,2,4]triazolyl-5-ylamin, 1-p-Tolyl-1H- 1167

C$_{11}$H$_{12}$BrN$_5$
[1,3,5]Triazin-2,4-diyldiamin, 6-Äthyl-N^2-[4-brom-phenyl]- 1227
−, 6-[1-Brom-äthyl]-N^2-phenyl- 1228

$C_{11}H_{12}BrN_5$ (Fortsetzung)
[1,3,5]Triazin-2,4-diyldiamin, N^2-[4-Brom-phenäthyl]- 1200

$C_{11}H_{12}BrN_5O$
[1,3,5]Triazin-2,4-diyldiamin, N^2-[3-Brom-phenyl]-6-methoxymethyl- 1325

$C_{11}H_{12}ClN_5$
[1,3,5]Triazin-2,4-diyldiamin, 6-Äthyl-N^2-[4-chlor-phenyl]- 1227
—, N^2-[2-Chlor-phenäthyl]- 1200
—, N^2-[4-Chlor-phenäthyl]- 1200
—, N^2-[1-(4-Chlor-phenyl)-äthyl]- 1200

$C_{11}H_{12}ClN_5O$
Äthanol, 2-[(Amino-chlor-[1,3,5]triazin-2-yl)-phenyl-amino]- 1213
Methanol, [Amino-(4-chlor-2-methyl-anilino)-[1,3,5]triazin-2-yl]- 1325
[1,3,5]Triazin-2,4-diyldiamin, N^2-[3-Chlor-phenyl]-6-methoxymethyl- 1325

$C_{11}H_{12}Cl_2N_6$
[1,3,5]Triazin-2,4,6-triyltriamin, N^2-[2,5-Dichlor-phenyl]-N^4,N^6-dimethyl- 1261

$C_{11}H_{12}Cl_3N_5$
[1,3,5]Triazin-2,4-diyldiamin, 6,6-Dimethyl-1-[3,4,5-trichlor-phenyl]-1,6-dihydro- 1178

$C_{11}H_{12}N_4$
Amin, Benzyl-[methyl-[1,3,5]triazin-2-yl]- 1102

$C_{11}H_{12}N_4O$
Acetamid, N-[5-Methyl-2-phenyl-2H-[1,2,3]triazol-4-yl]- 1081
Äthanon, 2-Methylamino-1-[2-phenyl-2H-[1,2,3]triazol-4-yl]- 1363
Amin, [4-Methoxy-benzyl]-[1,3,5]triazin-2-yl- 1095
Benzamid, N-[2-(1H-[1,2,4]Triazol-3-yl)-äthyl]- 1087
Acetyl-Derivat $C_{11}H_{12}N_4O$ aus [5-Methyl-1H-[1,2,4]triazol-3-yl]-phenyl-amin 1082

$C_{11}H_{12}N_4OS$
Acetamid, N-[5-Thioxo-4-o-tolyl-4,5-dihydro-1H-[1,2,4]triazol-3-yl]- 1351
—, N-[5-Thioxo-4-p-tolyl-4,5-dihydro-1H-[1,2,4]triazol-3-yl]- 1352
Essigsäure-[4-(5-methylmercapto-1H-[1,2,4]triazol-3-yl)-anilid] 1337

$C_{11}H_{12}N_4OS_2$
Essigsäure-[4-(4,6-dithioxo-hexahydro-[1,3,5]triazin-2-yl)-anilid] 1393

$C_{11}H_{12}N_4O_2$
Amin, [Dimethoxy-[1,3,5]triazin-2-yl]-phenyl- 1345
Carbamidsäure, [5-[3]Pyridyl-1(2)H-pyrazol-3-yl]-, äthylester 1141

Propionsäure, 2-Amino-3-[1-phenyl-1H-[1,2,3]triazol-4-yl]- 1408
[1,3,5]Triazin-2,4-dion, 6-Anilino-1,3-dimethyl-1H- 1386
[1,3,5]Triazin-2-on, 6-Anilino-4-methoxy-1-methyl-1H- 1399
[1,2,3]Triazol-4-carbonsäure, 5-Amino-1-phenyl-1H-, äthylester 1404
—, 5-Anilino-1H-, äthylester 1404

$C_{11}H_{12}N_4O_3$
Acetamid, N-[1-Acetyl-6-methoxy-1H-benzotriazol-5-yl]- 1336
Barbitursäure, 5-Äthyl-5-[5-amino-[2]pyridyl]- 1397
Carbamidsäure, [5-Oxo-1-phenyl-2,5-dihydro-1H-[1,2,4]triazol-3-yl]-, äthylester 1351
Essigsäure, [6-Amino-3-oxo-3,4-dihydro-pyrido[2,3-b]pyrazin-2-yl]-, äthylester 1425
—, [3-Carbamoyl-5,7-dimethyl-pyrazolo[1,5-a]pyrimidin-2-yl]- 972
[1,2,4]Triazol-3-carbonsäure, 1-[4-Amino-phenyl]-5-oxo-2,5-dihydro-1H-, äthylester 1010

$C_{11}H_{12}N_6$
Benz[4,5]imidazo[1,2-a]pyrimidin-4,7,9-triyltriamin, 2-Methyl- 1305
[1,3,5]Triazin-2,4-diyldiamin, 6-[4-Amino-styryl]- 1305

$C_{11}H_{12}N_6O$
Äthanon, 1-[4-(4,6-Diamino-[1,3,5]triazin-2-ylamino)-phenyl]- 1274
Essigsäure-[3-(diamino-[1,3,5]triazin-2-yl)-anilid] 1304
— [4-(diamino-[1,3,5]triazin-2-yl)-anilid] 1305
Essigsäure, [Amino-anilino-[1,3,5]triazin-2-yl]-, amid 1413

$C_{11}H_{12}N_6O_2$
Anthranilsäure, N-[Diamino-[1,3,5]triazin-2-yl]-, methylester 1284

$C_{11}H_{12}N_6O_3$
[1,3,5]Triazin-2,4-diyldiamin, N^2-Äthyl-6-[4-nitro-phenoxy]- 1314

$C_{11}H_{13}BrClN_5$
[1,3,5]Triazin-2,4-diyldiamin, 1-[3-Brom-4-chlor-phenyl]-6,6-dimethyl-1,6-dihydro- 1178

$C_{11}H_{13}Br_2N_5$
[1,3,5]Triazin-2,4-diyldiamin, 1-[3,4-Dibrom-phenyl]-6,6-dimethyl-1,6-dihydro- 1178

$C_{11}H_{13}ClIN_5$
[1,3,5]Triazin-2,4-diyldiamin, 1-[3-Chlor-4-jod-phenyl]-6,6-dimethyl-1,6-dihydro- 1179

$C_{11}H_{13}ClN_4$

Amin, Butyl-[7-chlor-benzo[e][1,2,4]triazin-
3-yl]- 1124
—, Diäthyl-[2-chlor-pyrido[3,2-d]≠
pyrimidin-4-yl]- 1129

$C_{11}H_{13}ClN_4O$

Amin, Butyl-[7-chlor-1-oxy-benzo[e]≠
[1,2,4]triazin-3-yl]- 1125
[1,3,5]Triazin-2-on, 6-Amino-3-[4-chlor-
phenyl]-4,4-dimethyl-3,4-dihydro-1H-
1353
—, 6-[4-Chlor-anilino]-4,4-dimethyl-
3,4-dihydro-1H- 1354

$C_{11}H_{13}ClN_4O_2$

Butan-1-ol, 2-[7-Chlor-1-oxy-benzo[e]≠
[1,2,4]triazin-3-ylamino]- 1125

$C_{11}H_{13}ClN_4S$

[1,3,5]Triazin-2-thion, 6-Amino-3-[4-chlor-
phenyl]-4,4-dimethyl-3,4-dihydro-1H-
1354

$C_{11}H_{13}ClN_6$

[1,3,5]Triazin-2,4,6-triyltriamin,
N^4-[2-Chlor-phenyl]-N^2,N^2-dimethyl- 1261
—, N^4-[4-Chlor-phenyl]-N^2,N^2-
dimethyl- 1261

$C_{11}H_{13}ClN_6O$

Äthanol, 2-[4-Amino-6-(3-chlor-anilino)-
[1,3,5]triazin-2-ylamino]- 1266
—, 2-[4-Amino-6-(4-chlor-anilino)-
[1,3,5]triazin-2-ylamino]- 1266

$C_{11}H_{13}Cl_2N_5$

Glycin, N-Cyclohexyl-N-[dichlor-
[1,3,5]triazin-2-yl]-, nitril 1099
[1,3,5]Triazin-2,4-diyldiamin, 6-Äthyl-
1-[3,4-dichlor-phenyl]-1,6-dihydro-
1176
—, 1-[2,4-Dichlor-phenyl]-
6,6-dimethyl-1,6-dihydro- 1177
—, 1-[2,5-Dichlor-phenyl]-
6,6-dimethyl-1,6-dihydro- 1177
—, 1-[3,4-Dichlor-phenyl]-
6,6-dimethyl-1,6-dihydro- 1177
—, 1-[3,5-Dichlor-phenyl]-
6,6-dimethyl-1,6-dihydro- 1178

$C_{11}H_{13}NO_3$

Propionsäure, 2-Methyl-3-oxo-3-[2]pyridyl-,
äthylester 1379

$C_{11}H_{13}N_3O_4$

Pyrrolo[3,2-d]pyrimidin-6-carbonsäure,
2,4-Dimethoxy-5H-, äthylester 1005
—, 1,3-Dimethyl-2,4-dioxo-
2,3,4,5-tetrahydro-1H-, äthylester 1034

$C_{11}H_{13}N_5$

[1,3,5]Triazin, 1-[4-Äthyl-phenyl]-
2,4-diimino-1,2,3,4-tetrahydro- 1199
[1,3,5]Triazin-2,4-diyldiamin, 6-Äthyl-
N^2-phenyl- 1226
—, N^2-[2-Äthyl-phenyl]- 1199
—, N^2-[4-Äthyl-phenyl]- 1199

—, N^2-Äthyl-N^2-phenyl- 1198
—, N^2-Phenäthyl- 1200
—, N^2-[1-Phenyl-äthyl]- 1200

$C_{11}H_{13}N_5O$

Äthanol, 1-[Amino-anilino-[1,3,5]triazin-
2-yl]- 1328
—, 2-[Amino-anilino-[1,3,5]triazin-
2-yl]- 1330
Benzamid, N-[2-(5-Amino-1H-[1,2,4]triazol-
3-yl)-äthyl]- 1175
[1,3,5]Triazin, 1-[4-Äthoxy-phenyl]-
2,4-diimino-1,2,3,4-tetrahydro- 1202
[1,3,5]Triazin-2,4-diyldiamin, N^2-[4-Äthoxy-
phenyl]- 1202
—, 6-Methoxymethyl-N^2-phenyl-
1324
[1,3,5]Triazin-2-on, 4-Amino-
6-phenäthylamino-1H- 1356
Acetyl-Derivat $C_{11}H_{13}N_5O$ aus 5-Benzyl-
[1,2,4]triazol-3,4-diyldiamin 1143
Nitroso-Verbindung $C_{11}H_{13}N_5O$ aus
Phenyl-[5-propyl-1H-[1,2,4]triazol-3-yl]-
amin 1090

$C_{11}H_{13}N_5OS$

Benzaldehyd, 4-Methoxy-, [5-methyl≠
mercapto-1H-[1,2,4]triazol-
3-ylhydrazon] 1439
[1,3,5]Triazin-2,4-diyldiamin, 6-[2-Phenoxy-
äthylmercapto]- 1321

$C_{11}H_{13}N_5O_2$

Norborn-5-en-2-carbonsäure, 3-[Diamino-
[1,3,5]triazin-2-yl]- 1421
[1,3,5]Triazin-2,4-diyldiamin, 6-[2-Phenoxy-
äthoxy]- 1312

$C_{11}H_{13}N_5O_2S_3$

Sulfanilsäure-[4,6-bis-methylmercapto-
[1,3,5]triazin-2-ylamid] 1349

$C_{11}H_{13}N_5O_3S$

Äthansulfonsäure, 2-[Amino-anilino-
[1,3,5]triazin-2-yl]- 1428
Essigsäure-[4-(3-amino-5-methyl-
[1,2,4]triazol-1-sulfonyl)-anilid] 1084
Sulfanilsäure, N-Acetyl-, [5-methyl-
1H-[1,2,4]triazol-3-ylamid] 1084

$C_{11}H_{13}N_5O_4S$

Sulfanilsäure-[4,6-dimethoxy-[1,3,5]triazin-
2-ylamid] 1348
Sulfanilsäure, N-[Dimethoxy-[1,3,5]triazin-
2-yl]-, amid 1347

$C_{11}H_{13}N_7O$

Essigsäure, [Amino-anilino-[1,3,5]triazin-
2-yl]-, hydrazid 1413
Harnstoff, [4-Amino-6-anilino-[1,3,5]triazin-
2-ylmethyl]- 1301
[1,3,5]Triazin-2-carbonsäure, Amino-
p-toluidino-, hydrazid 1411

$C_{11}H_{13}N_7O_2$

[1,2,3]Triazol-4,5-dicarbonsäure, 1-Benzyl-
1H-, dihydrazid 966

C₁₁H₁₄BrN₅

[1,3,5]Triazin-2,4-diyldiamin, 1-[2-Brom-phenyl]-6,6-dimethyl-1,6-dihydro- 1178
−, 1-[3-Brom-phenyl]-6,6-dimethyl-1,6-dihydro- 1178
−, 1-[4-Brom-phenyl]-6,6-dimethyl-1,6-dihydro- 1178
−, N^2-[4-Brom-phenyl]-6,6-dimethyl-1,6-dihydro- 1180
[1,2,4]Triazol-3,5-diyldiamin, N^3-[4-Brom-phenyl]-N^5-isopropyl-1H- 1163

C₁₁H₁₄ClN₅

Benzo[f][1,3,5]triazepin-2,4-diyldiamin, 8-Chlor-1-isopropyl-1H- 1240
[1,3,5]Triazin-2,4-diyldiamin, 6-Äthyl-1-[3-chlor-phenyl]-1,6-dihydro- 1175
−, 6-Äthyl-1-[4-chlor-phenyl]-1,6-dihydro- 1175
−, 6-Äthyl-N^2-[4-chlor-phenyl]-1,6-dihydro- 1176
−, 1-[2-Chlor-phenyl]-6,6-dimethyl-1,6-dihydro- 1176
−, 1-[3-Chlor-phenyl]-6,6-dimethyl-1,6-dihydro- 1176
−, 1-[4-Chlor-phenyl]-6,6-dimethyl-1,6-dihydro- 1176
−, N^2-[4-Chlor-phenyl]-6,6-dimethyl-1,6-dihydro- 1179
[1,2,4]Triazol-3,5-diyldiamin, N^3-[4-Chlor-phenyl]-N^5-isopropyl-1H- 1163

C₁₁H₁₄ClN₅O

Äthylendiamin, N'-[7-Chlor-1-oxy-benzo[e][1,2,4]triazin-3-yl]-N,N-dimethyl- 1126

C₁₁H₁₄Cl₂N₄O₄

Asparaginsäure, N-[Dichlor-[1,3,5]triazin-2-yl]-, diäthylester 1100

C₁₁H₁₄IN₅

[1,3,5]Triazin-2,4-diyldiamin, 1-[3-Jod-phenyl]-6,6-dimethyl-1,6-dihydro- 1178
−, 1-[4-Jod-phenyl]-6,6-dimethyl-1,6-dihydro- 1178

C₁₁H₁₄N₄

Amin, Benzyl-[2-(1H-[1,2,4]triazol-3-yl)-äthyl]- 1089
−, Diäthyl-pyrido[2,3-d]pyrimidin-4-yl- 1130
−, [1-Methyl-2-phenyl-äthyl]-[1H-[1,2,4]triazol-3-yl]- 1077
−, Phenyl-[5-propyl-1H-[1,2,4]triazol-3-yl]- 1089

C₁₁H₁₄N₄O

Äthanol, 2-Methylamino-1-[2-phenyl-2H-[1,2,3]triazol-4-yl]- 1307
Amin, [2-Äthoxy-benzyl]-[1H-[1,2,4]triazol-3-yl]- 1077

C₁₁H₁₄N₄O₂

Amin, [1H-[1,2,4]Triazol-3-yl]-veratryl- 1077

Propan-2-ol, 2-Methyl-1-[1-oxy-benzo[e][1,2,4]triazin-3-ylamino]- 1121
[1,3,5]Triazin-2,4-dion, 6-[4-Dimethyl-amino-phenyl]-dihydro- 1392

C₁₁H₁₄N₄O₃

Propan-1,3-diol, 2-Methyl-2-[1-oxy-benzo[e][1,2,4]triazin-3-ylamino]- 1121
Pyrrolo[3,2-d]pyrimidin-6-carbonsäure, 2-Äthoxy-4-amino-5H-, äthylester 1423

C₁₁H₁₄N₄O₄

1,4-Anhydro-ribit, 1-[4-Amino-pyrrolo[2,3-d]pyrimidin-7-yl]- 1117

C₁₁H₁₄N₄S

[1,3,5]Triazin-2-thion, 6-Amino-4,4-dimethyl-3-phenyl-3,4-dihydro-1H- 1354

C₁₁H₁₄N₆

[1,3,5]Triazin-2,4-diyldiamin, N^2-[4-Dimethylamino-phenyl]- 1204
[1,3,5]Triazin-2,4,6-triyltriamin, N^2-Äthyl-N^2-phenyl- 1264
−, N^2-Äthyl-N^4-phenyl- 1261
−, N^2-[2,4-Dimethyl-phenyl]- 1265
−, N^2-[2,5-Dimethyl-phenyl]- 1265

C₁₁H₁₄N₆O

Äthanol, 2-[4-Amino-6-anilino-[1,3,5]triazin-2-ylamino]- 1266
[1,3,5]Triazin-2,4-diyldiamin, N^2-Äthyl-6-[4-amino-phenoxy]- 1314
[1,3,5]Triazin-2-on, 1-[4-Äthoxy-phenyl]-4,6-diamino-1H-, imin 1265
[1,3,5]Triazin-2,4,6-triyltriamin, N^2-[2-Äthoxy-phenyl]- 1271
−, N^2-[3-Äthoxy-phenyl]- 1272

C₁₁H₁₄N₆O₂

[1,3,5]Triazin-2,4-diyldiamin, 6,6-Dimethyl-1-[3-nitro-phenyl]-1,6-dihydro- 1179
−, 6,6-Dimethyl-1-[4-nitro-phenyl]-1,6-dihydro- 1179

C₁₁H₁₄N₈

Guanidin, N-Benzyl-N'-[diamino-[1,3,5]triazin-2-yl]- 1279
−, N'-[Diamino-[1,3,5]triazin-2-yl]-N-methyl-N-phenyl- 1279

C₁₁H₁₅AsN₆O₃

Arsonsäure, [4-(4,6-Bis-methylamino-[1,3,5]triazin-2-ylamino)-phenyl]- 1294

C₁₁H₁₅AsN₆O₅

Arsonsäure, [3-(4,6-Diamino-[1,3,5]triazin-2-ylamino)-4-(2-hydroxy-äthoxy)-phenyl]- 1295

C₁₁H₁₅N₃O₄S

Essigsäure, [3-Thioxo-2,3-dihydro-[1,2,4]triazin-5,6-diyl]-di-, diäthylester 1041

$C_{11}H_{15}N_5$

Äthylendiamin, N'-Benzo[e][1,2,4]triazin-3-yl-N,N-dimethyl- 1122

Pyrido[2,3-d]pyrimidin-2,4-diyldiamin, 7-Isobutyl- 1243

—, N^2,N^2,N^4,N^4-Tetramethyl- 1239

Pyrido[3,2-d]pyrimidin-2,4-diyldiamin, N^2,N^2,N^4,N^4-Tetramethyl- 1238

[1,3,5]Triazin-2,4-diyldiamin, 6,6-Dimethyl-1-phenyl-1,6-dihydro- 1176

—, 6,6-Dimethyl-N^2-phenyl-1,6-dihydro- 1179

$C_{11}H_{15}N_5O$

Äthylendiamin, N,N-Dimethyl-N'-[1-oxy-benzo[e][1,2,4]triazin-3-yl]- 1122

$C_{11}H_{15}N_7O_2$

[1,2,3]Triazol-4,5-dicarbonsäure, 1-Benzyl-4,5-dihydro-1H-, dihydrazid 963

$C_{11}H_{16}ClN_5$

[1,3,5]Triazin-2,4-diyldiamin, 6-Chlor-N^2,N^2-dimethallyl- 1210

—, 6-Chlor-N^2,N^4-dimethallyl- 1210

$C_{11}H_{16}ClN_5O_4$

Glycin, N,N'-[Chlor-[1,3,5]triazin-2,4-diyl]-bis-, diäthylester 1215

$C_{11}H_{16}Cl_2N_4O_2$

Hexansäure, 6-[4,6-Dichlor-[1,3,5]triazin-2-ylamino]-, äthylester 1100

$[C_{11}H_{16}HgN_3O_5]^+$

[1,2,4]Triazolo[1,2-a]pyridazin-6-yl-quecksilber(1+), 2-Äthoxycarbonyl-methyl-7-methoxy-1,3-dioxo-hexahydro- 1454

$C_{11}H_{16}N_4O_2$

[1,3,5]Triazin-2-ylamin, 4,6-Bis-methallyloxy- 1344

$C_{11}H_{16}N_6O_2$

Alanin, N-[Bis-aziridin-1-yl-[1,3,5]triazin-2-yl]-, methylester 1283

β-Alanin, N-[Bis-aziridin-1-yl-[1,3,5]triazin-2-yl]-, methylester 1283

Glycin, N-[Bis-aziridin-1-yl-[1,3,5]triazin-2-yl]-, äthylester 1281

$C_{11}H_{16}N_6O_2S$

Benzolsulfonsäure, 4-[4,6-Diamino-2,2-dimethyl-2H-[1,3,5]triazin-1-yl]-, amid 1185

$C_{11}H_{16}N_8$

Glycin, N,N'-[Butylamino-[1,3,5]triazin-2,4-diyl]-bis-, dinitril 1281

—, N,N'-[Diäthylamino-[1,3,5]triazin-2,4-diyl]-bis-, dinitril 1281

$C_{11}H_{17}Cl_2N_5$

Amin, [Dichlor-[1,3,5]triazin-2-yl]-[3-piperidino-propyl]- 1101

$C_{11}H_{17}N_3O_4$

1,3,8-Triaza-spiro[4.5]decan-6-carbonsäure, 8-Methyl-2,4-dioxo-, äthylester 1032

$C_{11}H_{17}N_5O$

Acetamid, N-[Cyclohexylamino-[1,3,5]triazin-2-yl]- 1194

—, N-[Methyl-piperidino-[1,3,5]triazin-2-yl]- 1221

$C_{11}H_{17}N_5O_2$

Acetamid, N,N'-[Isobutyl-[1,3,5]triazin-2,4-diyl]-bis- 1229

Propionamid, N,N'-[Äthyl-[1,3,5]triazin-2,4-diyl]-bis- 1227

$C_{11}H_{17}N_5O_5$

Glycin, N,N'-[6-Oxo-1,6-dihydro-[1,3,5]triazin-2,4-diyl]-bis-, diäthylester 1357

$C_{11}H_{18}Cl_2N_4$

Amin, [2-Äthyl-hexyl]-[dichlor-[1,3,5]triazin-2-yl]- 1097

—, Dibutyl-[dichlor-[1,3,5]triazin-2-yl]- 1097

$C_{11}H_{18}N_4O_2$

Amin, Cyclohexyl-[dimethoxy-[1,3,5]triazin-2-yl]- 1345

Butyramid, N-[1-Butyryl-5-methyl-1H-[1,2,4]triazol-3-yl]- 1083

$C_{11}H_{18}N_4O_3$

Diacetyl-Derivat $C_{11}H_{18}N_4O_3$ aus 2-[5-Propyl-1H-[1,2,4]triazol-3-ylamino]-äthanol 1090

$C_{11}H_{18}N_6$

Amin, Diäthyl-[bis-aziridin-1-yl-[1,3,5]triazin-2-yl]- 1267

$C_{11}H_{18}N_6O_2$

Acetamid, N-[1-(Diamino-[1,3,5]triazin-2-yl)-äthyl]-N-[2-vinyloxy-äthyl]- 1301

$C_{11}H_{18}N_6O_3$

Carbamidsäure, [4,6-Diamino-[1,3,5]triazin-2-ylmethyl]-[2-vinyloxy-äthyl]-, äthylester 1301

$C_{11}H_{18}N_6S_2$

Thiocarbonsäure, Dimethylamino-[1,3,5]triazin-2,4-bis-, bis-dimethylamid 1422

$C_{11}H_{18}N_6S_4$

Amin, [Bis-dimethylthiocarbamoyl-mercapto-[1,3,5]triazin-2-yl]-dimethyl- 1349

$C_{11}H_{19}ClN_6$

[1,3,5]Triazin-2,4-diyldiamin, 6-Chlor-N^2-[3-piperidino-propyl]- 1216

$C_{11}H_{19}N_5$

[1,3,5]Triazin-2,4-diyldiamin, N^2-Äthyl-N^2-cyclohexyl- 1194

—, N^2-[2-Cyclohexyl-äthyl]- 1195

—, N^2-[4-Methyl-cyclohexylmethyl]- 1195

$C_{11}H_{19}N_5O$

[1,3,5]Triazin-2,4-diyldiamin, 6-Butoxy-N^2-methallyl- 1316

$C_{11}H_{19}N_5O_3$
Propionsäure, 3-[Diamino-[1,3,5]triazin-
2-yl]-2-pentyloxy- 1423

$C_{11}H_{19}N_7O_2S$
Thioharnstoff, N-{Amino-[methyl-
(2-vinyloxy-äthyl)-amino]-[1,3,5]triazin-
2-yl}-N'-methoxymethyl- 1279

$C_{11}H_{19}N_{11}$
[1,3,5]Triazin-2,4,6-triyltriamin,
N^2-[1-(Diamino-[1,3,5]triazin-2-yl)-1-methyl-
propyl]-N^2-methyl- 1304

$C_{11}H_{20}ClN_5$
[1,3,5]Triazin-2,4-diyldiamin, N^2,N^2-
Dibutyl-6-chlor- 1209
–, N^2,N^4-Dibutyl-6-chlor- 1209
–, N^2,N^4-Di-*tert*-butyl-6-chlor- 1209
–, N^2,N^2,N^4,N^4-Tetraäthyl-6-chlor-
1208

$C_{11}H_{20}ClN_5O_4$
[1,3,5]Triazin-2,4-diyldiamin, 6-Chlor-$N^2,\neq$
N^2,N^4,N^4-tetrakis-[2-hydroxy-äthyl]-
1213

$C_{11}H_{20}FN_5$
[1,3,5]Triazin-2,4-diyldiamin, N^2,N^2,N^4,N^4-
Tetraäthyl-6-fluor- 1207

$C_{11}H_{20}N_4$
Amin, Octyl-[1,3,5]triazin-2-yl- 1095

$C_{11}H_{20}N_4O_2$
[1,3,5]Triazin-2-ylamin, 4,6-Dibutoxy-
1344

$C_{11}H_{20}N_8$
[1,3,5]Triazin-2,4-diyldiamin,
N^2-[3-Diäthylamino-propyl]-6-diazomethyl-
1368

$C_{11}H_{21}N_5$
[1,3,5]Triazin-2,4-diyldiamin, N^2-[2-Äthyl-
hexyl]- 1193
–, 6-[1-Äthyl-4-methyl-pentyl]- 1233
–, N^2-[1,1-Dimethyl-hexyl]- 1193
–, N^2-Octyl- 1193

$C_{11}H_{21}N_5O$
[1,3,5]Triazin-2,4-diyldiamin, 6-Butoxy-
N^2-butyl- 1315
–, 6-Butoxy-N^2,N^2,N^4,N^4-
tetramethyl- 1313
–, N^2,N^2-Diäthyl-6-butoxy- 1314
–, N^2,N^4-Diäthyl-6-butoxy- 1314
–, 6-Octyloxy- 1311
–, N^2-Pentyl-6-propoxy- 1315

$C_{11}H_{21}N_5O_2$
Äthanol, 2-[Äthyl-(amino-butoxy-
[1,3,5]triazin-2-yl)-amino]- 1318
[1,3,5]Triazin-2,4-diyldiamin, 6-[1-
(1-Butoxy-äthoxy)-äthyl]- 1328

$C_{11}H_{21}N_5O_2S$
[1,3,5]Triazin-2,4-diyldiamin, 6-[2-
(2-Butoxy-äthoxy)-äthylmercapto]-
1321

$C_{11}H_{21}N_5O_3$
[1,3,5]Triazin-2,4-diyldiamin, 6-Äthoxy-
N^2,N^4-bis-[2-hydroxy-propyl]- 1319

$C_{11}H_{21}N_5S$
[1,3,5]Triazin-2-thion, 4-Amino-
6-dibutylamino-1H- 1360

$C_{11}H_{21}N_7$
[1,3,5]Triazin-2,4,6-triyltriamin,
N^2-[3-Piperidino-propyl]- 1289

$C_{11}H_{22}N_6$
[1,3,5]Triazin-2,4,6-triyltriamin, N^2,N^2-
Dibutyl- 1258
–, N^2,N^4-Dibutyl- 1258
–, N^2,N^4-Diisobutyl- 1259
–, N^2,N^2,N^4,N^4-Tetraäthyl- 1257
–, N^2-[1,1,3,3-Tetramethyl-butyl]-
1259

$C_{11}H_{22}N_6O_4$
[1,3,5]Triazin-2,4,6-triyltriamin, $N^2,N^2,N^4,\neq$
N^4-Tetrakis-[2-hydroxy-äthyl]- 1269

$C_{11}H_{23}N_7$
[1,3,5]Triazin-2,4-diyldiamin, N^2,N^2,N^4,N^4-
Tetraäthyl-6-hydrazino- 1441
[1,3,5]Triazin-2,4,6-triyltriamin,
N^2-[4-Diäthylamino-butyl]- 1290

C_{12}

$C_{12}H_5Cl_{12}N_6O_3P$
Phosphonsäure, [Bis-trichlormethyl-
[1,3,5]triazin-2-yl]-, äthylester-[bis-
trichlormethyl-[1,3,5]triazin-2-ylester]
1452

$C_{12}H_6ClN_3O_3$
Pyrimido[4,5-*b*]chinolin-5-carbonylchlorid,
2,4-Dioxo-1,2,3,4-tetrahydro- 1038

$C_{12}H_6N_4O_2$
Pyrazolo[1,5-*a*]chinazolin-2-carbonsäure,
3-Cyan- 974

$C_{12}H_7Cl_7N_6$
Guanidin, N-[Bis-trichlormethyl-
[1,3,5]triazin-2-yl]-N'-[4-chlor-phenyl]-
1105

$C_{12}H_7N_3O_2$
Naphtho[1,2-*e*][1,2,4]triazin-2-carbonsäure
955
Naphtho[2,1-*e*][1,2,4]triazin-3-carbonsäure
955
Pyrido[3,2-*h*]cinnolin-4-carbonsäure 955

$C_{12}H_7N_3O_3$
Pyrido[3,2-*f*]chinoxalin-2-carbonsäure,
3-Oxo-3,4-dihydro- 1021

$C_{12}H_7N_3O_4$
Pyrazolo[1,5-*a*]chinazolin-2,3-dicarbonsäure
974
Pyrimido[4,5-*b*]chinolin-5-carbonsäure,
2,4-Dioxo-1,2,3,4-tetrahydro- 1038

$C_{12}H_7N_5O$
Benzotriazol-4-diazonium, 5-Hydroxy-
2-phenyl-2H-, betain 1447

$C_{12}H_8ClN_5O$
Benzotriazol-5-ol, 4-[4-Chlor-phenylazo]-
1H- 1443

$C_{12}H_8N_4O$
Benz[4,5]imidazo[1,2-a]pyrimidin-
3-carbonitril, 2-Methyl-4-oxo-
1,4-dihydro- 1021

$C_{12}H_8N_4O_2S$
Phthalimid, N-[3-Thioxo-2,3-dihydro-
[1,2,4]triazin-5-ylmethyl]- 1361

$C_{12}H_8N_4O_3$
Pyrimido[4,5-b]chinolin-5-carbonsäure,
2,4-Dioxo-1,2,3,4-tetrahydro-, amid
1038

$C_{12}H_8N_4O_3S$
Phthalimid, N-[5-Oxo-3-thioxo-
2,3,4,5-tetrahydro-[1,2,4]triazin-
6-ylmethyl]- 1389

$C_{12}H_8N_8O$
[2]Naphthol, 1-[5-Azido-1H-[1,2,4]triazol-
3-ylazo]- 1442

$C_{12}H_9BrN_4$
Benzotriazol-5-ylamin, 1-[4-Brom-phenyl]-
1H- 1110

$C_{12}H_9ClN_4$
Benzotriazol-5-ylamin, 1-[4-Chlor-phenyl]-
1H- 1110
–, 2-[4-Chlor-phenyl]-2H- 1110

$C_{12}H_9ClN_4O_2S$
Benzolsulfonsäure-[x-chlor-1H-benzotriazol-
5-ylamid] 1116

$C_{12}H_9Cl_6N_5O_2S$
Toluol-4-sulfonsäure-[N'-(bis-trichlormethyl-
[1,3,5]triazin-2-yl)-hydrazid] 1433

$C_{12}H_9N_3O_2$
Cyclopentatriazol-4-carbonsäure, 2-Phenyl-
2,4-dihydro- 943

$C_{12}H_9N_3O_3S$
Benzotriazol-5-sulfonsäure, 1-Phenyl-1H-
1054

$C_{12}H_9N_5O$
Benzotriazol-5-ol, 4-Phenylazo-1H- 1443
Naphtho[2,1-e][1,2,4]triazin-3-carbonsäure-
hydrazid 955

$C_{12}H_9N_5O_2$
Benzotriazol-5-ylamin, 6-Nitro-2-phenyl-
2H- 1116
Pyrazolo[1,2-a][1,2,4]triazol-5-on,
3-Amino-6-benzoyl-1-imino-1H- 1398
–, 6-Benzoyl-1,3-diimino-2,3-dihydro-
1H- 1398

$C_{12}H_{10}N_4$
Anilin, 2-[1(3)H-Imidazo[4,5-b]pyridin-2-yl]-
1151
–, 4-[1(3)H-Imidazo[4,5-c]pyridin-
2-yl]- 1152

–, 4-Imidazo[1,2-a]pyrimidin-2-yl-
1151
Benzotriazol-4-ylamin, 2-Phenyl-2H- 1109
Benzotriazol-5-ylamin, 1-Phenyl-1H- 1110
–, 2-Phenyl-2H- 1110

$C_{12}H_{10}N_4O$
Acetamid, N-Imidazo[1,2-a;5,4-c']dipyridin-
4-yl- 1148
Acetonitril, [1-Acetyl-5-phenyl-
1H-[1,2,3]triazol-4-yl]- 952
Benzotriazol-5-ol, 4-Amino-2-phenyl-2H-
1335
Phenol, 2-[5-Amino-benzotriazol-2-yl]-
1111
–, 4-[5-Amino-benzotriazol-2-yl]-
1112
Pyrazolo[1,5-a]pyrimidin-5-on, 7-Amino-
2-phenyl-4H- 1382
Pyrimido[4,5-b]chinolin-4-on, 2-Methyl-
amino-3H- 1381

$C_{12}H_{10}N_4O_2$
Amin, Furfuryl-[1-oxy-benzo[e]-
[1,2,4]triazin-3-yl]- 1123
Phthalimid, N-[1-(1H-[1,2,4]Triazol-3-yl)-
äthyl]- 1087
–, N-[2-(1H-[1,2,4]Triazol-3-yl)-äthyl]-
1089
Pyrazolo[4,3-c]pyridin-4,6-dion, 3-Amino-
2-phenyl-2,7-dihydro- 1391

$C_{12}H_{10}N_4O_2S$
Phthalimid, N-[1-(5-Thioxo-2,5-dihydro-
1H-[1,2,4]triazol-3-yl)-äthyl]- 1352
–, N-[2-(5-Thioxo-2,5-dihydro-
1H-[1,2,4]triazol-3-yl)-äthyl]- 1353

$C_{12}H_{10}N_4O_3$
Acrylsäure, 2-Benzoylamino-3-
[1H-[1,2,3]triazol-4-yl]- 1414

$C_{12}H_{10}N_4O_3S$
Benzolsulfonsäure, 4-[5-Amino-benzotriazol-
1-yl]- 1114
Phthalamidsäure, N-[3-Thioxo-2,3-dihydro-
[1,2,4]triazin-5-ylmethyl]- 1361

$C_{12}H_{10}N_4O_4S$
Benzotriazol-5-sulfonsäure, 3-Oxy-1H-,
[2-hydroxy-anilid] 1054

$C_{12}H_{10}N_4O_6S_2$
Benzotriazol-5-sulfonsäure, 2-[2-Amino-
4-sulfo-phenyl]-2H- 1054

$C_{12}H_{10}N_6$
Benzotriazol-4-ylamin, 7-Phenylazo-1H-
1445
Benzotriazol-5-ylamin, 4-Phenylazo-1H-
1445
[1,3,5]Triazin-2,4-diyldiamin,
N^2-[3]Chinolyl- 1206

$C_{12}H_{10}N_6O$
Guanidin, [4-Oxo-3,4-dihydro-pyrimido-
[4,5-b]chinolin-2-yl]- 1381

$C_{12}H_{11}ClN_6$
[1,3,5]Triazin-2-carbonitril, [4-Chlor-anilino]-dimethylamino- 1411

$C_{12}H_{11}N_3O_2$
Acrylsäure, 3-[1-Benzyl-1H-[1,2,3]triazol-4-yl]- 939

$C_{12}H_{11}N_3O_3$
Benzo[e][1,2,4]triazin-3-carbonsäure, 6-Acetyl-, äthylester 1019

$C_{12}H_{11}N_3O_4$
[1,2,3]Triazol-4,5-dicarbonsäure, 1-Phenyl-1H-, dimethylester 965

$C_{12}H_{11}N_5$
Benzotriazol-4,5-diyldiamin, 2-Phenyl-2H- 1237
Benzotriazol-5,6-diyldiamin, 2-Phenyl-2H- 1237
Benzotriazol-5-ylamin, 2-[4-Amino-phenyl]-2H- 1115
[1,2,4]Triazol-3,5-diyldiamin, 1-[2]Naphthyl-1H- 1164

$C_{12}H_{11}N_5O_2S$
Benzolsulfonsäure, 3-[5-Amino-benzotriazol-2-yl]-, amid 1114
Sulfanilsäure-[1H-benzotriazol-5-ylamid] 1115

$C_{12}H_{11}N_5O_4S$
[1,2,4]Triazol-3-sulfonsäure, 5-[2-Phthalimido-äthyl]-1H-, amid 1427

$C_{12}H_{11}N_5O_4S_2$
Benzotriazol-5-sulfonsäure, 3-[4-Sulfamoyl-phenyl]-3H-, amid 1054

$C_{12}H_{12}BrN_3O_3$
Benzo[e][1,2,4]triazin-3-carbonsäure, 1-Acetyl-6-brom-1,4-dihydro-, äthylester 948

$C_{12}H_{12}ClN_3O_2$
[1,2,3]Triazol-4-carbonsäure, 1-Benzyl-5-chlor-1H-, äthylester 936

$C_{12}H_{12}ClN_5$
Aceton-[5-(4-chlor-phenyl)-[1,2,4]triazin-3-ylhydrazon] 1436

$C_{12}H_{12}ClN_5O$
Acetamid, N-[(4-Chlor-anilino)-methyl]-[1,3,5]triazin-2-yl]- 1220
Aceton, [Amino-(4-chlor-anilino)-[1,3,5]triazin-2-yl]- 1368

$C_{12}H_{12}ClN_7$
[1,3,5]Triazin-2,4-diyldiamin, N^4-[4-Chlor-phenyl]-6-diazomethyl-N^2,N^2-dimethyl- 1367

$C_{12}H_{12}Cl_6N_8$
Äthylendiamin, N,N'-Bis-[methyl-trichlormethyl-[1,3,5]triazin-2-yl]- 1104

$C_{12}H_{12}N_4$
Benz[4,5]imidazo[1,2-a]pyrimidin-4-ylamin, 2,3-Dimethyl- 1149

$C_{12}H_{12}N_4O$
Acetonitril, [4-(4-Äthoxy-phenyl)-4H-[1,2,4]triazol-3-yl]- 939

$C_{12}H_{12}N_4O_2$
[1,3,5]Triazin-2-on, 4-Methoxy-6-[N-vinyl-anilino]-1H- 1399

$C_{12}H_{12}N_4O_3$
Benzo[e][1,2,4]triazin-3-carbonsäure, 6-Acetylamino-, äthylester 1420
Propionsäure, 2-Benzoylamino-3-[1H-[1,2,3]triazol-4-yl]- 1408

$C_{12}H_{12}N_4O_3S$
Carbamidsäure, [3-(5-Oxo-3-thioxo-2,3,4,5-tetrahydro-[1,2,4]triazin-6-yl)-phenyl]-, äthylester 1393
−, [4-(5-Oxo-3-thioxo-2,3,4,5-tetrahydro-[1,2,4]triazin-6-yl)-phenyl]-, äthylester 1394

$C_{12}H_{12}N_6O_3$
Harnstoff, N-[5,6-Dimethyl-[1,2,4]triazin-3-yl]-N'-[4-nitro-phenyl]- 1103

$C_{12}H_{12}N_6O_6$
N-[2,4-Dinitro-phenyl]-Derivat $C_{12}H_{12}N_6O_6$ aus 3-Amino-2,4,6-triaza-bicyclo[3.2.1]oct-2-en-7-carbonsäure 1409

$C_{12}H_{13}AsN_4O_7$
[1,2,3]Triazol-4-carbonsäure, 2-[4-Arsono-2-nitro-phenyl]-5-methyl-2H-, äthylester 938

$C_{12}H_{13}ClN_4$
Amin, [Äthyl-chlor-[1,3,5]triazin-2-yl]-benzyl- 1103
[1,3,5]Triazin-2-ylamin, 4-Äthyl-6-[4-chlor-benzyl]- 1147

$C_{12}H_{13}ClN_4O$
Benzo[e][1,2,4]triazin-1-oxid, 7-Chlor-3-piperidino- 1125

$C_{12}H_{13}ClN_6O$
[1,3,5]Triazin-2-carbonsäure, [4-Chlor-anilino]-dimethylamino-, amid 1411

$C_{12}H_{13}Cl_2N_5$
[1,3,5]Triazin-2,4-diyldiamin, 6-Chlor-N^2-[4-chlor-phenyl]-N^4-isopropyl- 1211

$C_{12}H_{13}Cl_2N_5O$
[1,3,5]Triazin-2,4-diyldiamin, N^2-[2,3-Dichlor-phenyl]-6-[1-methoxy-äthyl]- 1328
−, N^2-[2,5-Dichlor-phenyl]-6-[1-methoxy-äthyl]- 1328
−, N^2-[3,5-Dichlor-phenyl]-6-[1-methoxy-äthyl]- 1328

$C_{12}H_{13}N_3O_2S$
[1,2,3]Triazol-4-carbonsäure, 1-Benzyl-5-thioxo-2,5-dihydro-1H-, äthylester 1009

$C_{12}H_{13}N_3O_2S_2$
Essigsäure, [2-Methyl-1-phenyl-4,6-dithioxo-hexahydro-[1,3,5]triazin-2-yl]- 1030

C$_{12}$H$_{13}$N$_3$O$_3$

Benzo[e][1,2,4]triazin-3-carbonsäure,
1-Acetyl-1,4-dihydro-, äthylester 947

–, 6-Acetyl-1,4-dihydro-, äthylester
1018

[1,2,3]Triazol-4-carbonsäure, 1-Benzyl-
5-oxo-2,5-dihydro-1H-, äthylester 1007

–, 5-Oxo-1-p-tolyl-2,5-dihydro-1H-,
äthylester 1007

C$_{12}$H$_{13}$N$_3$O$_3$S

Pyrido[2,3-d]pyrimidin-5-carbonsäure,
1,7-Dimethyl-4-oxo-2-thioxo-
1,2,3,4-tetrahydro-, äthylester 1037

C$_{12}$H$_{13}$N$_3$O$_4$

Pyrido[2,3-d]pyrimidin-5-carbonsäure,
1-Äthyl-3,7-dimethyl-2,4-dioxo-
1,2,3,4-tetrahydro- 1035

–, 1,7-Dimethyl-2,4-dioxo-
1,2,3,4-tetrahydro-, äthylester 1035

[1,2,3]Triazol-4-carbonsäure, 1-[4-Methoxy-
phenyl]-5-oxo-2,5-dihydro-1H-,
äthylester 1007

C$_{12}$H$_{13}$N$_3$O$_5$

Pyrido[3,2-d]pyrimidin-6-carbonsäure,
7-Hydroxy-1,3-dimethyl-2,4-dioxo-
1,2,3,4-tetrahydro-, äthylester 1052

C$_{12}$H$_{13}$N$_3$O$_6$

Pyrrol-3-carbonsäure, 5-[5-Hydroxy-
2,4,6-trioxo-hexahydro-pyrimidin-5-yl]-
2-methyl-, äthylester 1052

C$_{12}$H$_{13}$N$_5$

[1,3,5]Triazin-2,4-diyldiamin, N^2-Allyl-
6-phenyl- 1244

C$_{12}$H$_{13}$N$_5$O

Acetamid, N-[Amino-benzyl-[1,3,5]triazin-
2-yl]- 1246

–, N-[Amino-m-tolyl-[1,3,5]triazin-
2-yl]- 1247

–, N-[Amino-p-tolyl-[1,3,5]triazin-
2-yl]- 1247

–, N-[Anilino-methyl-[1,3,5]triazin-
2-yl]- 1221

Aceton, [Amino-anilino-[1,3,5]triazin-2-yl]-
1368

Harnstoff, N-[5,6-Dimethyl-[1,2,4]triazin-
3-yl]-N'-phenyl- 1103

C$_{12}$H$_{13}$N$_5$O$_2$

Acetoacetamid, N-[5-Amino-1-phenyl-
1H-[1,2,4]triazol-3-yl]- 1171

Benzoesäure, 4-[4-Amino-[1,3,5]triazin-
2-ylamino]-, äthylester 1203

Essigsäure, [Amino-anilino-[1,3,5]triazin-
2-yl]-, methylester 1413

Guanidin, N-[4,5-Dioxo-4,5-dihydro-
1H-imidazol-2-yl]-N'-phenäthyl- 1412

Harnstoff, N-[4-Äthoxy-phenyl]-
N'-[1,2,4]triazin-3-yl- 1094

Imidazol-1-carbimidsäure, 2-Amino-
4,5-dioxo-4,5-dihydro-, phenäthylamid
1412

Propionsäure, 3-[Amino-anilino-
[1,3,5]triazin-2-yl]- 1414

[1,3,5]Triazin-2-carbonsäure, Amino-
anilino-, äthylester 1410

–, Amino-phenäthylamino- 1411

–, Amino-p-toluidino-, methylester
1411

C$_{12}$H$_{13}$N$_5$O$_2$S

Harnstoff, N-Äthyl-N'-[4-(5-oxo-3-thioxo-
2,3,4,5-tetrahydro-[1,2,4]triazin-6-yl)-
phenyl]- 1394

C$_{12}$H$_{13}$N$_5$O$_3$

Harnstoff, [3-Oxo-4-propyl-3,4-dihydro-
pyrido[2,3-b]pyrazin-2-carbonyl]- 1016

Oxalamidsäure, N-[5-Amino-1-phenyl-
1H-[1,2,4]triazol-3-yl]-, äthylester 1168

[1,3,5]Triazin-2-carbonsäure, Amino-
p-phenetidino- 1412

C$_{12}$H$_{13}$N$_5$O$_4$

Pyrrolo[2,3-d]pyrimidin-5-carbonitril,
4-Amino-7-ribofuranosyl-7H- 1419

C$_{12}$H$_{14}$BrN$_5$O

[1,3,5]Triazin-2,4-diyldiamin, N^2-[4-Brom-
2-methyl-phenyl]-6-methoxymethyl-
1325

–, N^2-[3-Brom-phenyl]-6-[1-methoxy-
äthyl]- 1328

–, N^2-[4-Brom-phenyl]-6-[2-methoxy-
äthyl]- 1331

C$_{12}$H$_{14}$ClN$_5$

[1,3,5]Triazin-2,4-diyldiamin, 6-Chlor-
N^2-isopropyl-N^4-phenyl- 1211

–, N^2-[4-Chlor-phenyl]-N^4-isopropyl-
1198

C$_{12}$H$_{14}$ClN$_5$O

Methanol, [(4-Chlor-anilino)-dimethyl-
amino-[1,3,5]triazin-2-yl]- 1325

[1,3,5]Triazin-2,4-diyldiamin, N^2-[3-Chlor-
2-methyl-phenyl]-6-methoxymethyl-
1325

–, N^2-[5-Chlor-2-methyl-phenyl]-
6-methoxymethyl- 1325

–, N^2-[2-Chlor-phenyl]-6-[2-methoxy-
äthyl]- 1331

–, N^2-[3-Chlor-phenyl]-6-[2-methoxy-
äthyl]- 1331

–, N^2-[4-Chlor-phenyl]-6-[2-methoxy-
äthyl]- 1331

[1,3,5]Triazin-2-on, 4-[4-Chlor-anilino]-
6-isopropylamino-1H- 1356

C$_{12}$H$_{14}$FN$_5$O

[1,3,5]Triazin-2,4-diyldiamin, N^2-[4-Fluor-
phenyl]-6-[2-methoxy-äthyl]- 1330

C$_{12}$H$_{14}$IN$_5$O

[1,3,5]Triazin-2,4-diyldiamin, N^2-[3-Jod-
phenyl]-6-[1-methoxy-äthyl]- 1328

$C_{12}H_{14}IN_5O$ (Fortsetzung)
[1,3,5]Triazin-2,4-diyldiamin, N^2-[4-Jod-
phenyl]-6-[2-methoxy-äthyl]- 1331

$C_{12}H_{14}N_4$
Amin, [Äthyl-[1,3,5]triazin-2-yl]-benzyl-
1103

$C_{12}H_{14}N_4O$
Äthanon, 2-Äthylamino-1-[2-phenyl-
2H-[1,2,3]triazol-4-yl]- 1363
Amin, [4-Äthoxy-benzyl]-[1,3,5]triazin-2-yl-
1095
Benzo[e][1,2,4]triazin-1-oxid, 3-Piperidino-
1121
Acetyl-Derivat $C_{12}H_{14}N_4O$ aus [5-Äthyl-
1H-[1,2,4]triazol-3-yl]-phenyl-amin
1086

$C_{12}H_{14}N_4O_2$
Amin, [Dimethoxy-[1,3,5]triazin-2-yl]-
methyl-phenyl- 1346
[1,2,3]Triazol-4-carbonsäure, 5-Amino-
1-benzyl-1H-, äthylester 1405
—, 5-Amino-1-p-tolyl-1H-, äthylester
1405

$C_{12}H_{14}N_4O_3$
Benzo[e][1,2,4]triazin-3-carbonsäure,
6-Acetylamino-1,4-dihydro-, äthylester
1419
Essigsäure, [3-Carbamoyl-5,7-dimethyl-
pyrazolo[1,5-a]pyrimidin-2-yl]-,
methylester 972
[1,2,3]Triazol-4-carbonsäure, 5-Amino-1-
[4-methoxy-phenyl]-1H-, äthylester
1406

$C_{12}H_{14}N_6O$
Propionsäure, 3-[Amino-anilino-
[1,3,5]triazin-2-yl]-, amid 1415
—, 3-[Diamino-[1,3,5]triazin-2-yl]-,
anilid 1414
[1,3,5]Triazin-2-carbonsäure, Amino-
phenäthylamino-, amid 1412

$C_{12}H_{14}N_{12}$
Benzol, 1,4-Bis-[4,6-diamino-2-imino-
2H-[1,3,5]triazin-1-yl]- 1291

$C_{12}H_{15}ClN_4S$
[1,3,5]Triazin-2-ylamin, 5-[4-Chlor-phenyl]-
4,4-dimethyl-6-methylmercapto-
4,5-dihydro- 1308

$C_{12}H_{15}ClN_6$
[1,3,5]Triazin-2,4-diyldiamin,
6-Aminomethyl-N^4-[4-chlor-phenyl]-
N^2,N^2-dimethyl- 1301
[1,3,5]Triazin-2,4,6-triyltriamin,
N^2-[4-Chlor-phenyl]-N^4-isopropyl- 1262

$C_{12}H_{15}Cl_2N_5$
[1,3,5]Triazin-2,4-diyldiamin, 6-Äthyl-
1-[3,4-dichlor-phenyl]-6-methyl-
1,6-dihydro- 1188
—, 1-[3,4-Dichlor-phenyl]-6-isopropyl-
1,6-dihydro- 1187

—, 1-[3,4-Dichlor-phenyl]-6-propyl-
1,6-dihydro- 1186

$C_{12}H_{15}N_3O_3$
Pyrazolo[4,3-c]pyridin-7-carbonsäure,
4,5,6-Trimethyl-3-oxo-3,5-dihydro-2H-,
äthylester 1013

$C_{12}H_{15}N_3O_4$
Pyrrolo[3,2-d]pyrimidin-6-carbonsäure,
1,3,5-Trimethyl-2,4-dioxo-
2,3,4,5-tetrahydro-1H-, äthylester 1034

$C_{12}H_{15}N_3O_6$
[1,2,4]Triazin-3,5,6-tricarbonsäure-triäthyl-
ester 985
[1,3,5]Triazin-2,4,6-tricarbonsäure-triäthyl-
ester 985

$C_{12}H_{15}N_5$
[1,3,5]Triazin-2,4-diyldiamin, N^2-Äthyl-
N^2-benzyl- 1199
—, N^2-Isopropyl-N^4-phenyl- 1197
—, 6-Methyl-N^2-phenäthyl- 1221
—, N^2-[3-Phenyl-propyl]- 1200
—, N^2-Phenyl-6-propyl- 1228
—, N^2-[2,4,5-Trimethyl-phenyl]- 1200

$C_{12}H_{15}N_5O$
Acetamid, N-[α-(5-Amino-1H-[1,2,4]triazol-
3-yl)-phenäthyl]- 1242
Methanol, [(2-Äthyl-anilino)-amino-
[1,3,5]triazin-2-yl]- 1326
Phenol, 4-[4-Amino-6-propyl-[1,3,5]triazin-
2-ylamino]- 1228
[1,3,5]Triazin-2,4-diyldiamin, 6-[1-Methoxy-
äthyl]-N^2-phenyl- 1328
—, 6-[2-Methoxy-äthyl]-N^2-phenyl-
1330
—, 6-Methoxymethyl-N^2-m-tolyl-
1326
—, 6-Methoxymethyl-N^2-p-tolyl-
1326
[1,2,3]Triazol-4-carbimidsäure, 5-Amino-
1-benzyl-1H-, äthylester 1405

$C_{12}H_{15}N_5OS$
[1,3,5]Triazin-2,4-diyldiamin, 6-[2-
o-Tolyloxy-äthylmercapto]- 1321

$C_{12}H_{15}N_5O_2$
Äthanol, 2-[N-(Amino-methoxy-
[1,3,5]triazin-2-yl)-anilino]- 1318
Benzoesäure, 4-[4-Amino-6,6-dimethyl-
1,6-dihydro-[1,3,5]triazin-2-ylamino]-
1185
—, 4-[4,6-Diamino-2,2-dimethyl-
2H-[1,3,5]triazin-1-yl]- 1185
Essigsäure, [3-Benzyl-6-oxo-
1,2,5,6-tetrahydro-[1,2,4]triazin-5-yl]-,
hydrazid 1018

$C_{12}H_{15}N_5O_4S$
Benzolsulfonsäure, 4-[(4,6-Dimethoxy-
[1,3,5]triazin-2-ylamino)-methyl]-, amid
1347

$C_{12}H_{15}N_5O_4S$ (Fortsetzung)
Sulfanilsäure-[4,6-dimethoxy-1-methyl-
　1H-[1,3,5]triazin-2-ylidenamid] 1349
－　[(dimethoxy-[1,3,5]triazin-2-yl)-
　methyl-amid] 1349
$C_{12}H_{15}N_7O$
Propionsäure, 3-[Amino-anilino-
　[1,3,5]triazin-2-yl]-, hydrazid 1415
[1,3,5]Triazin-2-on, 4,6-Diamino-1-
　[2-benzoylamino-äthyl]-1H-, imin 1286
$C_{12}H_{15}N_7O_2$
[1,3,5]Triazin-2-carbonsäure, Amino-
　p-phenetidino-, hydrazid 1412
$C_{12}H_{16}BrN_5$
[1,3,5]Triazin-2,4-diyldiamin, 6-Äthyl-1-
　[4-brom-phenyl]-6-methyl-1,6-dihydro-
　1188
$C_{12}H_{16}ClN_5$
[1,3,5]Triazin-2,4-diyldiamin, 6-Äthyl-1-
　[3-chlor-phenyl]-6-methyl-1,6-dihydro-
　1188
－, 6-Äthyl-1-[4-chlor-phenyl]-
　6-methyl-1,6-dihydro- 1188
－, 6-Äthyl-N^2-[4-chlor-phenyl]-
　6-methyl-1,6-dihydro- 1188
－, 1-[4-Chlor-3-methyl-phenyl]-
　6,6-dimethyl-1,6-dihydro- 1183
－, 1-[4-Chlor-phenyl]-6-isopropyl-
　1,6-dihydro- 1187
－, N^2-[4-Chlor-phenyl]-6-isopropyl-
　1,6-dihydro- 1187
－, 1-[4-Chlor-phenyl]-6-propyl-
　1,6-dihydro- 1186
－, 1-[4-Chlor-phenyl]-
　6,6,N^2-trimethyl-1,6-dihydro- 1180
－, 1-[4-Chlor-phenyl]-
　6,6,N^4-trimethyl-1,6-dihydro- 1180
－, N^2-[4-Chlor-phenyl]-
　1,6,6-trimethyl-1,6-dihydro- 1181
－, N^2-[4-Chlor-phenyl]-
　6,6,N^2-trimethyl-1,6-dihydro- 1182
－, N^2-[4-Chlor-phenyl]-
　6,6,N^4-trimethyl-1,6-dihydro- 1181
－, N^2,N^2,N^4-Triallyl-6-chlor- 1210
[1,2,4]Triazol-3,5-diyldiamin, N^3-Butyl-
　N^5-[4-chlor-phenyl]-1H- 1163
$C_{12}H_{16}Cl_2N_4O_4$
Glutaminsäure, N-[Dichlor-[1,3,5]triazin-
　2-yl]-, diäthylester 1100
$C_{12}H_{16}IN_5$
[1,3,5]Triazin-2,4-diyldiamin, 6-Äthyl-1-
　[4-jod-phenyl]-6-methyl-1,6-dihydro-
　1188
$C_{12}H_{16}N_4$
Amin, Dimethyl-[6-phenyl-4,5-dihydro-
　[1,2,4]triazin-3-ylmethyl]- 1144
$C_{12}H_{16}N_4O$
Äthanol, 2-Äthylamino-1-[2-phenyl-
　2H-[1,2,3]triazol-4-yl]- 1308

－, 2-[(6-Phenyl-4,5-dihydro-
　[1,2,4]triazin-3-ylmethyl)-amino]- 1144
Pyrido[2,3-d]pyrimidin-4-on, 2-Amino-
　7-butyl-6-methyl-3H- 1375
$C_{12}H_{16}N_4O_3$
Butan-1,2,3-triol, 4-Amino-1-[2-phenyl-
　2H-[1,2,3]triazol-4-yl]- 1350
Pyrrolo[3,2-d]pyrimidin-7-carbonsäure,
　4-Dimethylamino-2-methyl-6-oxo-
　6,7-dihydro-5H-, äthylester 1424
$C_{12}H_{16}N_6$
[1,3,5]Triazin-2,4-diyldiamin, N^2-[3-Amino-
　phenyl]-6-propyl- 1229
$C_{12}H_{16}N_6O$
Benzoesäure, 4-[4,6-Diamino-2,2-dimethyl-
　2H-[1,3,5]triazin-1-yl]-, amid 1185
Propan-2-ol, 1-[4-Amino-6-anilino-
　[1,3,5]triazin-2-ylamino]- 1269
$C_{12}H_{16}N_6O_2$
[1,3,5]Triazin-2,4-diyldiamin, N^2-[4-Amino-
　2,5-dimethoxy-phenyl]-6-methyl- 1222
$C_{12}H_{17}N_5$
Pyrido[2,3-d]pyrimidin-2,4-diyldiamin,
　6-Äthyl-7-propyl- 1243
－, 7-Butyl-6-methyl- 1243
[1,3,5]Triazin-2,4-diyldiamin, 6-Äthyl-
　6-methyl-1-phenyl-1,6-dihydro- 1187
－, 6,6-Dimethyl-1-o-tolyl-1,6-dihydro-
　1183
－, 6,6-Dimethyl-1-p-tolyl-1,6-dihydro-
　1183
－, 1-Phenyl-6-propyl-1,6-dihydro-
　1186
－, 1,6,6-Trimethyl-N^2-phenyl-
　1,6-dihydro- 1181
－, 6,6,N^2-Trimethyl-1-phenyl-
　1,6-dihydro- 1180
－, 6,6,N^2-Trimethyl-N^2-phenyl-
　1,6-dihydro- 1182
－, 6,6,N^4-Trimethyl-1-phenyl-
　1,6-dihydro- 1180
$C_{12}H_{17}N_5O$
[1,3,5]Triazin-2,4-diyldiamin, 1-[4-Methoxy-
　phenyl]-6,6-dimethyl-1,6-dihydro- 1183
$C_{12}H_{17}N_5O_2S$
[1,3,5]Triazin-2,4-diyldiamin,
　1-[4-Methansulfonyl-phenyl]-
　6,6-dimethyl-1,6-dihydro- 1183
$C_{12}H_{17}N_5S$
[1,3,5]Triazin-2,4-diyldiamin, 6,6-Dimethyl-
　1-[4-methylmercapto-phenyl]-
　1,6-dihydro- 1183
$C_{12}H_{18}Cl_3N_7$
[1,3,5]Triazin-2,4-diyldiamin, N^2,N^4-Bis-
　[2-aziridin-1-yl-äthyl]-6-trichlormethyl-
　1225
$C_{12}H_{18}N_4O_2S$
[1,2,3]Triazol-4-sulfonsäure, 1-Phenyl-
　4,5-dihydro-1H-, diäthylamid 1053

$C_{12}H_{18}N_6$
[1,3,5]Triazin, Bis-aziridin-1-yl-piperidino-
1271
—, Tris-azetidin-1-yl- 1270
—, Tris-[2-methyl-aziridin-1-yl]- 1270
$C_{12}H_{18}N_6O_2$
Alanin, N-[Bis-aziridin-1-yl-[1,3,5]triazin-
2-yl]-, äthylester 1283
$C_{12}H_{18}N_6O_2S$
Benzolsulfonsäure, 4-[2-Äthyl-4,6-diamino-
2-methyl-2H-[1,3,5]triazin-1-yl]-, amid
1189
$C_{12}H_{18}N_6O_3$
Propionamid, N,N',N''-[1,3,5]Triazin-
2,4,6-triyl-tris- 1275
$C_{12}H_{19}N_3O_4$
Nonansäure, 9-[3,5-Dioxo-
2,3,4,5-tetrahydro-[1,2,4]triazin-6-yl]-
1033
$C_{12}H_{19}N_5O$
Acetamid, N-[Cyclohexylamino-methyl-
[1,3,5]triazin-2-yl]- 1220
Propionamid, N-[Cyclohexylamino-
[1,3,5]triazin-2-yl]- 1194
[1,3,5]Triazin-2,4-diyldiamin, N^2,N^2-
Dimethallyl-6-methoxy- 1316
—, N^2,N^4-Dimethallyl-6-methoxy-
1316
$C_{12}H_{19}N_5O_2$
Acetamid, N,N'-[Isopentyl-[1,3,5]triazin-
2,4-diyl]-bis- 1230
$C_{12}H_{19}N_7$
[1,3,5]Triazin, Bis-aziridin-1-yl-[4-methyl-
piperazino]- 1288
$C_{12}H_{20}N_4O_2$
Amin, Cyclohexyl-[dimethoxy-[1,3,5]triazin-
2-yl]-methyl- 1345
$C_{12}H_{20}N_6O_3$
Carbamidsäure, [1-(Diamino-[1,3,5]triazin-
2-yl)-äthyl]-[2-vinyloxy-äthyl]-,
äthylester 1302
—, [2-(Diamino-[1,3,5]triazin-2-yl)-
äthyl]-[2-vinyloxy-äthyl]-, äthylester
1302
$C_{12}H_{20}N_{10}O_4S_2$
Butan, 1,4-Bis-[(diamino-[1,3,5]triazin-2-yl)-
methansulfonyl]- 1327
$C_{12}H_{21}N_5$
[1,3,5]Triazin-2,4-diyldiamin, 6-[3-Äthyl-
hept-1-enyl]- 1236
—, N^2-[3-Cyclohexyl-propyl]- 1195
$C_{12}H_{21}N_5O$
[1,3,5]Triazin-2,4-diyldiamin,
N^2-Cyclohexyl-6-[2-methoxy-äthyl]-
1330
—, 6-Cyclohexyloxy-N^2,N^2,N^4-
trimethyl- 1313
[1,3,5]Triazin-2-ylamin, 4-Butoxy-
6-piperidino- 1319

$C_{12}H_{21}N_5O_2$
Nonansäure, 9-[Diamino-[1,3,5]triazin-2-yl]-
1417
$C_{12}H_{21}N_7$
[1,3,5]Triazin-2,4-diyldiamin, N^2,N^2,N^4,N^4-
Tetraäthyl-6-diazomethyl- 1367
$C_{12}H_{21}N_{11}$
[1,3,5]Triazin-2,4,6-triyltriamin, N^2-Butyl-
N^2-[1-(diamino-[1,3,5]triazin-2-yl)-äthyl]-
1302
$C_{12}H_{22}BrN_5$
[1,3,5]Triazin-2,4-diyldiamin, 6-[9-Brom-
nonyl]- 1233
$C_{12}H_{22}N_4O$
[1,3,5]Triazin-2-on, 4-Dibutylamino-
6-methyl-1H- 1362
$C_{12}H_{22}N_8$
[1,3,5]Triazin-2,4-diyldiamin, N^2-
[3-Diäthylamino-propyl]-6-diazomethyl-
N^4-methyl- 1368
$C_{12}H_{23}N_5$
[1,3,5]Triazin-2,4-diyldiamin, 6-Nonyl-
1233
—, N^2-Nonyl- 1193
$C_{12}H_{23}N_5O$
[1,3,5]Triazin-2,4-diyldiamin, 6-[1-
tert-Butoxy-äthyl]-N^2-isopropyl- 1328
—, 6-Butoxy-N^2-pentyl- 1315
—, 6-Nonyloxy- 1312
—, N^2,N^2,N^4,N^4-Tetraäthyl-
6-methoxy- 1314
$C_{12}H_{23}N_5O_2$
[1,3,5]Triazin-2,4-diyldiamin, 6-[α-
(1-Butoxy-äthoxy)-isopropyl]- 1334
—, 6-Dibutoxymethyl- 1366
$C_{12}H_{24}N_6O_3$
[1,3,5]Triazin-2,4,6-triyltriamin, N^2,N^4,N^6-
Tris-äthoxymethyl- 1273
—, N^2,N^4,N^6-Tris-[3-hydroxy-propyl]-
1270

C_{13}

$C_{13}H_6N_6O_4$
Acenaphtho[1,2-e][1,2,4]triazin-9-ylamin,
3,4-Dinitro- 1154
$C_{13}H_7ClN_4$
Benzotriazol-5-carbonitril, 1-[2-Chlor-
phenyl]-1H- 944
—, 1-[4-Chlor-phenyl]-1H- 944
$C_{13}H_7N_5O_2$
Acenaphtho[1,2-e][1,2,4]triazin-9-ylamin,
3-Nitro- 1153
—, 4-Nitro- 1153
$C_{13}H_8BrN_3O_2$
Benzotriazol-5-carbonsäure, 7-Brom-
1-phenyl-1H- 946

$C_{13}H_8BrN_3O_3$
Benzotriazol-5-carbonsäure, 6-Brom-3-oxy-2-phenyl-2H- 946

$C_{13}H_8ClN_3O_2$
Benzotriazol-4-carbonsäure, 5-Chlor-3-phenyl-3H- 943

$C_{13}H_8ClN_3O_3$
Benzotriazol-5-carbonsäure, 6-Chlor-3-oxy-3-phenyl-2H- 945

$C_{13}H_8ClN_5O_4S$
Benzolsulfonsäure, 4-Nitro-, [7-chlor-benzo[e][1,2,4]triazin-3-ylamid] 1127

$C_{13}H_8Cl_2N_4$
Amin, [Dichlor-[1,3,5]triazin-2-yl]-[2]naphthyl- 1099

$C_{13}H_8N_4O_4$
Benzotriazol-5-carbonsäure, 7-Nitro-1-phenyl-1H- 946
Pyrazolo[1,5-a]pyrimidin-5-carbonsäure, 3-Nitroso-7-oxo-2-phenyl-4,7-dihydro-1022

$C_{13}H_8N_4O_5$
Benzotriazol-5-carbonsäure, 6-Nitro-1-oxy-2-phenyl-2H- 946

$C_{13}H_9Cl_2N_5$
Pyrido[2,3-b]pyrazin-3,6-diyldiamin, 2-[3,4-Dichlor-phenyl]- 1250

$C_{13}H_9Cl_2N_5O$
Amin, [Dichlor-[1,3,5]triazin-2-yl]-[6-methoxy-[8]chinolyl]- 1102

$C_{13}H_9N_3O_2$
Nicotinsäure, 4-[1H-Benzimidazol-2-yl]-956
Pyrido[4,3-c]cinnolin-1-carbonsäure, 4-Methyl- 956

$C_{13}H_9N_3O_3$
Benzotriazol-5-carbonsäure, 3-Oxy-2-phenyl-2H- 944
Pyrazolo[1,5-a]pyrimidin-5-carbonsäure, 7-Oxo-2-phenyl-4,7-dihydro- 1021
Pyrido[3,2-h]cinnolin-8-carbonsäure, 4-Methyl-7-oxo-7,10-dihydro- 1023

$C_{13}H_9N_3O_4$
Pyrimido[4,5-b]chinolin-5-carbonsäure, 2,4-Dioxo-1,2,3,4-tetrahydro-, methylester 1038
—, 10-Methyl-2,4-dioxo-2,3,4,10-tetrahydro- 1038

$C_{13}H_9N_3O_5S$
[1,2,3]Triazol-4-carbonsäure, 1-[Naphthalin-1-sulfonyl]-5-oxo-2,5-dihydro-1H- 1008
—, 1-[Naphthalin-2-sulfonyl]-5-oxo-2,5-dihydro-1H- 1008

$C_{13}H_9N_5O_3$
Barbitursäure, 5-[6-Amino-[5]chinolylimino]-1021
Harnstoff, [3-Oxo-3,4-dihydro-pyrido[3,2-f]chinoxalin-2-carbonyl]- 1021

$C_{13}H_9N_5O_4S$
Benzolsulfonsäure, 4-Nitro-, benzo[e][1,2,4]triazin-3-ylamid 1123

$C_{13}H_{10}BrN_5$
m-Phenylendiamin, 4-[6-Brom-benzo[e][1,2,4]triazin-3-yl]- 1249
—, 4-[7-Brom-benzo[e][1,2,4]triazin-3-yl]- 1249
Pyrido[2,3-d]pyrimidin-2,4-diyldiamin, 7-[4-Brom-phenyl]- 1250

$C_{13}H_{10}ClN_5$
Pyrido[2,3-b]pyrazin-3,6-diyldiamin, 2-[2-Chlor-phenyl]- 1250
—, 2-[3-Chlor-phenyl]- 1250
—, 2-[4-Chlor-phenyl]- 1250
Pyrido[2,3-d]pyrimidin-2,4-diyldiamin, 7-[4-Chlor-phenyl]- 1250

$C_{13}H_{10}ClN_5O_2S$
Sulfanilsäure-[7-chlor-benzo[e][1,2,4]triazin-3-ylamid] 1128

$C_{13}H_{10}ClN_7$
[1,3,5]Triazin-2,4-diyldiamin, 6-Chlor-N^2,N^4-di-[2]pyridyl- 1218

$C_{13}H_{10}Cl_2N_6$
Chinolin-4,6-diyldiamin, N^6-[Dichlor-[1,3,5]triazin-2-yl]-2-methyl- 1102

$C_{13}H_{10}FN_5$
Pyrido[2,3-b]pyrazin-3,6-diyldiamin, 2-[4-Fluor-phenyl]- 1250

$C_{13}H_{10}N_4$
Amin, Phenyl-pyrido[2,3-d]pyrimidin-4-yl-1130
Anilin, 4-Benzo[e][1,2,4]triazin-3-yl- 1152
Benzo[e][1,2,4]triazin-6-ylamin, 3-Phenyl-1152
Chinoxalin-2-ylamin, 3-[2]Pyridyl- 1153

$C_{13}H_{10}N_4O$
Anilin, 4-[1-Oxy-benzo[e][1,2,4]triazin-3-yl]-1152
Benzo[e][1,2,4]triazin-3-ylamin, 1-Oxy-7-phenyl- 1153
Pyrido[2,3-d]pyrimidin-4-on, 2-Amino-7-phenyl-3H- 1383
—, 2-Anilino-3H- 1371

$C_{13}H_{10}N_4O_2$
Acetamid, N-[6-Oxo-6H-pyrimido[2,1-b]chinazolin-2-yl]- 1381
—, N-[6-Oxo-6H-pyrimido[2,1-b]chinazolin-4-yl]- 1381
Benzotriazol-4-carbonsäure, 5-Hydroxy-1H-, anilid 1002
Benzotriazol-5-carbonsäure, 6-Hydroxy-1H-, anilid 1003
Benzotriazol-4,5-dion, 7-Anilino-1-methyl-1H- 1391
Pyrazolo[1,5-a]pyrimidin-5,7-dion, 6-Aminomethylen-2-phenyl-4H- 1395
Salicylamid, N-[1H-Benzotriazol-5-yl]-1113

$C_{13}H_{10}N_4O_3$

Benzoesäure, 5-[5-Amino-benzotriazol-2-yl]-
2-hydroxy- 1113

Pyrazolo[4,3-c]pyridin-7-carbonsäure,
3-Amino-4-oxo-2-phenyl-4,5-dihydro-
2H- 1424

$C_{13}H_{10}N_4O_3S$

Phthalimid, N-[2-(5-Oxo-3-thioxo-
2,3,4,5-tetrahydro-[1,2,4]triazin-6-yl)-
äthyl]- 1390

$C_{13}H_{10}N_4O_4S$

[1,2,3]Triazol-4-carbonsäure, 1-[Naphthalin-
1-sulfonyl]-5-oxo-2,5-dihydro-1H-,
amid 1008

–, 1-[Naphthalin-2-sulfonyl]-5-oxo-
2,5-dihydro-1H-, amid 1008

–, 5-Oxo-2,5-dihydro-1H-,
[naphthalin-1-sulfonylamid] 1006

–, 5-Oxo-2,5-dihydro-1H-,
[naphthalin-2-sulfonylamid] 1006

$[C_{13}H_{10}N_5O]^+$

Pyridinium, 1,1'-[Hydroxy-[1,3,5]triazin-
2,4-diyl]-bis-, betain 1357

$C_{13}H_{10}N_6O_2$

Pyrido[2,3-b]pyrazin-3,6-diyldiamin,
2-[4-Nitro-phenyl]- 1250

$C_{13}H_{10}N_6O_5$

Acetamid, N-[4-Methyl-7,9-dinitro-
benz[4,5]imidazo[1,2-a]pyrimidin-2-yl]-
1149

$C_{13}H_{11}N_3O_2$

Cyclopentatriazol-4-carbonsäure, 2-Phenyl-
2,4-dihydro-, methylester 943

$C_{13}H_{11}N_3O_3$

Benz[4,5]imidazo[1,2-a]pyrimidin-
3-carbonsäure, 2-Oxo-1,2-dihydro-,
äthylester 1020

–, 4-Oxo-1,4-dihydro-, äthylester
1020

$C_{13}H_{11}N_3O_4$

Benz[4,5]imidazo[1,2-a]pyrimidin-
3-carbonsäure, 2,4-Dioxo-
1,2,3,4-tetrahydro-, äthylester 1037

$C_{13}H_{11}N_5$

Hydrazin, [5-[2]Naphthyl-[1,2,4]triazin-3-yl]-
1437

–, [5-Phenyl-pyrido[2,3-d]pyridazin-
8-yl]- 1437

Pyrido[2,3-b]pyrazin-3,6-diyldiamin,
2-Phenyl- 1250

Pyrido[2,3-d]pyrimidin-2,4-diyldiamin,
7-Phenyl- 1250

[1,3,5]Triazin-2,4-diyldiamin,
6-[1]Naphthyl- 1249

–, 6-[2]Naphthyl- 1249

–, N^2-[1]Naphthyl- 1201

–, N^2-[2]Naphthyl- 1201

$C_{13}H_{11}N_5O$

Benzotriazol-5-ol, 4-o-Tolylazo-1H- 1443

–, 4-p-Tolylazo-1H- 1443

[2]Naphthol, 3-[Diamino-[1,3,5]triazin-2-yl]-
1343

$[C_{13}H_{11}N_5O]^+$

Pyridinium, 1-[Hydroxy-[2]pyridyl-
[1,3,5]triazin-2-yl]- 1357

–, 1-[Hydroxy-[4]pyridyl-[1,3,5]triazin-
2-yl]- 1357

$C_{13}H_{11}N_5O_2$

[2]Naphthoesäure, 1-Hydroxy-, [5-amino-
1H-[1,2,4]triazol-3-ylamid] 1170

$C_{13}H_{11}N_5O_2S$

Sulfanilsäure-benzo[e][1,2,4]triazin-3-ylamid
1123

$C_{13}H_{11}N_5O_4S$

Benzotriazol-4-carbonsäure, 6-Amino-2-
[4-sulfamoyl-phenyl]-2H- 1418

[1,2,3]Triazol-4-carbonsäure, 1-Amino-
5-oxo-2,5-dihydro-1H-, [naphthalin-
1-sulfonylamid] 1009

–, 1-Amino-5-oxo-2,5-dihydro-1H-,
[naphthalin-2-sulfonylamid] 1009

$C_{13}H_{11}N_7$

[1,3,5]Triazin-2,4-diyldiamin, N^2,N^4-Di-
[2]pyridyl- 1206

$C_{13}H_{12}ClN_7$

Chinolin-4,6-diyldiamin, N^6-[Amino-chlor-
[1,3,5]triazin-2-yl]-2-methyl- 1218

$C_{13}H_{12}Cl_2N_4O_2$

Alanin, N-[Dichlor-[1,3,5]triazin-2-yl]-,
benzylester 1100

$C_{13}H_{12}N_4$

Anilin, 4-[5-Methyl-imidazo[1,2-a]
pyrimidin-2-yl]- 1152

Benzotriazol-5-ylamin, 6-Methyl-2-phenyl-
2H- 1118

–, 1-o-Tolyl-1H- 1111

–, 1-p-Tolyl-1H- 1111

–, 2-p-Tolyl-2H- 1111

$C_{13}H_{12}N_4O$

Benzotriazol-5-ylamin, 1-[2-Methoxy-
phenyl]-1H- 1111

–, 1-[3-Methoxy-phenyl]-1H- 1111

–, 1-[4-Methoxy-phenyl]-1H- 1112

–, 2-[4-Methoxy-phenyl]-2H- 1112

–, 6-Methoxy-2-phenyl-2H- 1335

Imidazo[1,2-a]pyrimidin-7-on, 2-[4-Amino-
phenyl]-5-methyl-8H- 1382

Pyrazolo[1,5-a]pyrimidin-5-on, 7-Amino-
3-methyl-2-phenyl-4H- 1383

–, 7-Amino-4-methyl-2-phenyl-4H-
1382

$C_{13}H_{12}N_4O_2$

Benz[4,5]imidazo[1,2-a]pyrimidin-
3-carbonsäure, 2-Amino-, äthylester
1422

–, 4-Amino-, äthylester 1422

Phthalimid, N-[1-Methyl-2-(1H-
[1,2,4]triazol-3-yl)-äthyl]- 1090

C₁₃H₁₂N₄O₂ (Fortsetzung)

Phthalimid, *N*-[2-(1-Methyl-1*H*-
[1,2,4]triazol-3-yl)-äthyl]- 1089

–, *N*-[2-(4-Methyl-4*H*-[1,2,4]triazol-
3-yl)-äthyl]- 1089

–, *N*-[2-(1*H*-[1,2,4]Triazol-3-yl)-
propyl]- 1091

–, *N*-[3-(1*H*-[1,2,4]Triazol-3-yl)-
propyl]- 1090

C₁₃H₁₂N₄O₂S

Phthalimid, *N*-[1-Methyl-2-(5-thioxo-
4,5-dihydro-1*H*-[1,2,4]triazol-3-yl)-
äthyl]- 1354

–, *N*-[2-(1-Methyl-5-thioxo-
2,5-dihydro-1*H*-[1,2,4]triazol-3-yl)-
äthyl]- 1353

–, *N*-[2-(4-Methyl-5-thioxo-
4,5-dihydro-1*H*-[1,2,4]triazol-3-yl)-
äthyl]- 1353

–, *N*-[2-(5-Thioxo-2,5-dihydro-
1*H*-[1,2,4]triazol-3-yl)-propyl]- 1355

–, *N*-[3-(5-Thioxo-2,5-dihydro-
1*H*-[1,2,4]triazol-3-yl)-propyl]- 1355

[1,2,4]Triazolo[4,3-*a*]pyridin-3-sulfonsäure-
p-toluidid 1053

C₁₃H₁₂N₄O₃S

Benzotriazol-4-sulfonsäure, 2-[4-Amino-
phenyl]-5-methyl-2*H*- 1055

Phthalamidsäure, *N*-[1-(3-Thioxo-
2,3-dihydro-[1,2,4]triazin-5-yl)-äthyl]-
1363

–, *N*-[2-(3-Thioxo-2,3-dihydro-
[1,2,4]triazin-5-yl)-äthyl]- 1363

C₁₃H₁₂N₄O₄S

Phthalamidsäure, *N*-[2-(5-Oxo-3-thioxo-
2,3,4,5-tetrahydro-[1,2,4]triazin-6-yl)-
äthyl]- 1389

C₁₃H₁₂N₆

Benzotriazol-4-ylamin, 1-Methyl-
7-phenylazo-1*H*- 1445

[1,3,5]Triazin-2-on, 4,6-Diamino-
1-[1]naphthyl-1*H*-, imin 1265

C₁₃H₁₃AsN₆O₅

Glycin, *N*,*N'*-[(4-Arsenoso-anilino)-
[1,3,5]triazin-2,4-diyl]-bis- 1292

C₁₃H₁₃IN₄O

Methojodid [C₁₃H₁₃N₄O]I aus
N-Imidazo[1,2-*a*;5,4-*c'*]dipyridin-4-yl-
acetamid 1148

C₁₃H₁₃N₃O₂

Acrylsäure, 3-[2-Phenyl-2*H*-[1,2,3]triazol-
4-yl]-, äthylester 939

C₁₃H₁₃N₃O₃

Propionsäure, 3-Oxo-3-[1-phenyl-
1*H*-[1,2,3]triazol-4-yl]-, äthylester 1010

C₁₃H₁₃N₃O₄

[1,2,3]Triazol-4,5-dicarbonsäure, 1-Benzyl-
1*H*-, dimethylester 965

C₁₃H₁₃N₅

Benzotriazol-4,5-diyldiamin, 6-Methyl-
2-phenyl-2*H*- 1237

Benzotriazol-5,6-diyldiamin, 4-Methyl-
2-phenyl-2*H*- 1237

[1,3,5]Triazin, Bis-aziridin-1-yl-
phenyl- 1245

C₁₃H₁₃N₅O

[1,3,5]Triazin, Bis-aziridin-1-yl-phenoxy-
1317

C₁₃H₁₃N₅O₃S

Benzolsulfonsäure, 2-Amino-5-[5-amino-
6-methyl-benzotriazol-2-yl]- 1118

C₁₃H₁₃N₇O

[1,3,5]Triazin-2,4,6-triyltriamin,
N²[6-Methoxy-[8]chinolyl]- 1296

C₁₃H₁₄AsN₅O₅S₂

Essigsäure, {[4-(Diamino-[1,3,5]triazin-
2-yloxy)-phenyl]-arsandiyldimercapto}-
di- 1312

C₁₃H₁₄ClN₅

[1,2,4]Triazin, 5-[4-Chlor-phenyl]-
3-piperazino- 1145

C₁₃H₁₄N₄O₂

[1,3,5]Triazin-2,4-dion, 6-[4-Dimethyl-
amino-styryl]-1*H*- 1394

[1,3,5]Triazin-2-on, 4-Äthoxy-6-[*N*-vinyl-
anilino]-1*H*- 1399

[1,2,4]Triazol-3-on, 5-[1-Acetyl-2-anilino-
propenyl]-1,2-dihydro- 1391

C₁₃H₁₄N₆

[1,3,5]Triazin-2-carbonitril, Dimethylamino-
[*N*-methyl-anilino]- 1411

C₁₃H₁₄N₆O

[1,2,4]Triazin, 3-[4-Nitroso-piperazino]-
5-phenyl- 1145

C₁₃H₁₄N₆O₄

Glycin, *N*,*N'*-[Anilino-[1,3,5]triazin-
2,4-diyl]-bis- 1282

C₁₃H₁₄N₈

[1,3,5]Triazin-2,4,6-triyltriamin,
N²-[4-Amino-2-methyl-[6]chinolyl]- 1297

C₁₃H₁₅AsN₆O₄S₂

Essigsäure, {[4-(4,6-Diamino-[1,3,5]triazin-
2-ylamino)-phenyl]-arsandiyldimercapto}-
di- 1292

C₁₃H₁₅AsN₆O₇

Glycin, *N*,*N'*-[(4-Arsono-anilino)-
[1,3,5]triazin-2,4-diyl]-bis- 1294

C₁₃H₁₅ClN₄

Amin, Benzyl-[chlor-propyl-[1,3,5]triazin-
2-yl]- 1105

C₁₃H₁₅ClN₄O₂S

Essigsäure, [4-Amino-1-(4-chlor-phenyl)-
6,6-dimethyl-1,6-dihydro-[1,3,5]triazin-
2-ylmercapto]- 1308

C₁₃H₁₅ClN₆

[1,3,5]Triazin-2,4,6-triyltriamin,
N²-[4-Chlor-phenyl]-*N⁴*-methallyl- 1262

$C_{13}H_{15}N_3O_2$
Imidazo[1,2-a]pyridin-2-carbonsäure,
8-[1-Methyl-pyrrolidin-2-yl]- 952
$C_{13}H_{15}N_3O_4$
Pyrido[2,3-d]pyrimidin-5-carbonsäure,
1-Äthyl-7-methyl-2,4-dioxo-
1,2,3,4-tetrahydro-, äthylester 1035
–, 1,3,7-Trimethyl-2,4-dioxo-
1,2,3,4-tetrahydro-, äthylester 1035
Pyrrol-2,3-dicarbonsäure,
5-[1(3)H-Imidazol-4-ylmethyl]-4-methyl-,
3-äthylester 972
[1,2,3]Triazol-4,5-dicarbonsäure, 1-Benzyl-
4,5-dihydro-1H-, dimethylester 963
$C_{13}H_{15}N_3O_6$
Pyrrol-3-carbonsäure, 5-[5-Hydroxy-
2,4,6-trioxo-hexahydro-pyrimidin-5-yl]-
2,4-dimethyl-, äthylester 1052
$C_{13}H_{15}N_5$
[1,2,4]Triazin, 5-Phenyl-3-piperazino- 1145
$C_{13}H_{15}N_5O$
[1,3,5]Triazin-2-on, 4-Amino-6-
[4-dimethylamino-styryl]-1H- 1380
[1,3,5]Triazin-2-ylamin, 4-Indolin-1-yl-
6-methoxymethyl- 1327
$C_{13}H_{15}N_5O_2$
Acetoacetamid, N-[5-Amino-1-p-tolyl-
1H-[1,2,4]triazol-3-yl]- 1171
Buttersäure, 4-[Amino-anilino-[1,3,5]triazin-
2-yl]- 1415
Essigsäure, [Amino-anilino-[1,3,5]triazin-
2-yl]-, äthylester 1413
Propionsäure, 3-[Amino-anilino-
[1,3,5]triazin-2-yl]-, methylester 1414
[1,3,5]Triazin-2-carbonsäure, Amino-
anilino-, propylester 1410
–, Amino-p-toluidino-, äthylester
1411
$C_{13}H_{15}N_5O_3$
Malonamidsäure, N-[5-Amino-1-phenyl-
1H-[1,2,4]triazol-3-yl]-, äthylester 1168
[1,3,5]Triazin-2-carbonsäure, Amino-
p-phenetidino-, methylester 1412
$C_{13}H_{15}N_5O_5S$
Succinamidsäure, N-[4-(5-Methyl-
1H-[1,2,4]triazol-3-ylsulfamoyl)-phenyl]-
1084
Sulfanilsäure, N-Acetyl-, [4,6-dimethoxy-
[1,3,5]triazin-2-ylamid] 1348
$C_{13}H_{15}N_7O_6S$
Glycin, N,N'-[(4-Sulfamoyl-anilino)-
[1,3,5]triazin-2,4-diyl]-bis- 1285
$C_{13}H_{16}ClN_5$
6,8,10-Triaza-spiro[4.5]deca-6,8-dien-
7,9-diyldiamin, 10-[4-Chlor-phenyl]-
1230
[1,3,5]Triazin-2,4-diyldiamin, N^2-[4-Chlor-
phenyl]-N^4-isopropyl-6-methyl- 1220

–, N^2,N^2-Diäthyl-N^4-[4-chlor-phenyl]-
1197
$C_{13}H_{16}ClN_5O$
Acetamid, N-[4-(4-Chlor-anilino)-
6,6-dimethyl-1,6-dihydro-[1,3,5]triazin-
2-yl]- 1184
[1,3,5]Triazin-2,4-diyldiamin, N^2-[4-Chlor-
2-methyl-phenyl]-6-[2-methoxy-äthyl]-
1332
–, N^2-[5-Chlor-2-methyl-phenyl]-6-
[1-methoxy-äthyl]- 1328
–, N^2-[4-Chlor-phenyl]-N^4-isopropyl-
6-methoxy- 1317
$C_{13}H_{16}ClN_5O_3$
Hexansäure, 2-Amino-6-[7-chlor-1-oxy-
benzo[e][1,2,4]triazin-3-ylamino]- 1127
$C_{13}H_{16}N_4$
Amin, Allyl-[6-phenyl-4,5-dihydro-
[1,2,4]triazin-3-ylmethyl]- 1144
Anilin, 4-[6,7,8,9-Tetrahydro-5H-
[1,2,4]triazolo[4,3-a]azepin-3-yl]- 1148
[1,2,4]Triazol, 5-Phenyl-3-piperidino-1H-
1138
$C_{13}H_{16}N_4O$
Benzo[e][1,2,4]triazin-1-oxid, 3-Hexahydro≠
azepin-1-yl- 1121
Imidazo[1,2-a]pyridin-2-carbonsäure,
8-[1-Methyl-pyrrolidin-2-yl]-, amid 952
Acetyl-Derivat $C_{13}H_{16}N_4O$ aus Phenyl-
[5-propyl-1H-[1,2,4]triazol-3-yl]-amin
1090
$C_{13}H_{16}N_4O_2$
Amin, [Diäthoxy-[1,3,5]triazin-2-yl]-phenyl-
1346
Carbamidsäure, [5-Phenyl-1H-[1,2,4]triazol-
3-yl]-, butylester 1138
[1,3,5]Triazin-2-on, 4-[1-Hydroxy-äthyl]-
6-phenäthylamino-1H- 1329
$C_{13}H_{16}N_4O_3$
Äthanol, 2-[N-(Dimethoxy-[1,3,5]triazin-
2-yl)-anilino]- 1346
Carbamidsäure, [5-Phenyl-1H-[1,2,4]triazol-
3-yl]-, [2-äthoxy-äthylester] 1138
$C_{13}H_{16}N_4O_4S$
Pyrido[2,3-d]pyrimidin-6-carbonsäure,
6-Acetylamino-2-methylmercapto-7-oxo-
5,6,7,8-tetrahydro-, äthylester 1427
$C_{13}H_{16}N_4O_5S$
Sulfanilsäure, N-[Diäthoxy-[1,3,5]triazin-
2-yl]- 1347
$C_{13}H_{16}N_6$
[1,3,5]Triazin-2,4-diyldiamin,
6-[4-Dimethylamino-styryl]- 1305
$C_{13}H_{16}N_6O$
Buttersäure, 4-[Amino-anilino-[1,3,5]triazin-
2-yl]-, amid 1416
[1,3,5]Triazin-2-carbonsäure, Dimethyl≠
amino-[N-methyl-anilino]-, amid 1411

C₁₃H₁₆N₆O₃
[1,3,5]Triazin-2,4-diyldiamin, N^2,N^4-
Diäthyl-6-[4-nitro-phenoxy]- 1314

C₁₃H₁₆N₆O₄
[1,3,5]Triazin-2,4-diyldiamin,
N^2-[2,5-Diäthoxy-4-nitro-phenyl]- 1203

C₁₃H₁₇AsN₆O₃
[1,3,5]Triazin-2,4,6-triyltriamin,
N^2-[4-Arsenoso-phenyl]-N^4,N^6-bis-
[2-hydroxy-äthyl]- 1292

C₁₃H₁₇ClN₄
Amin, [7-Chlor-benzo[e][1,2,4]triazin-3-yl]-
dipropyl- 1124

C₁₃H₁₇ClN₄O
Amin, [7-Chlor-1-oxy-benzo[e][1,2,4]triazin-
3-yl]-dipropyl- 1124

C₁₃H₁₇ClN₄S
[1,3,5]Triazin-2-ylamin, 6-Äthylmercapto-
5-[4-chlor-phenyl]-4,4-dimethyl-
4,5-dihydro- 1308
[1,2,4]Triazol-3-thion, 4-[4-Chlor-phenyl]-
5-diäthylaminomethyl-2,4-dihydro-
1352

C₁₃H₁₇ClN₆
[1,3,5]Triazin-2,4,6-triyltriamin,
N^6-[2-Chlor-phenyl]-N^2,N^2,N^4,N^4-
tetramethyl- 1261
—, N^2,N^4-Diäthyl-N^6-[3-chlor-phenyl]-
1261

C₁₃H₁₇N₃O₄
Pyrrolo[3,2-d]pyrimidin-6-carbonsäure,
2,4-Diäthoxy-5H-, äthylester 1005

C₁₃H₁₇N₃O₅
Pyrrolo[3,2-c]pyrazol-6a-carbonsäure,
5-Acetoxy-6-[1-methoxy-äthyliden]-1,3a-
dihydro-6H-, äthylester 1005

C₁₃H₁₇N₅
[1,3,5]Triazin-2,4-diyldiamin, N^2-[2-Phenyl-
butyl]- 1201
—, N^2-[4-Phenyl-butyl]- 1201

C₁₃H₁₇N₅O
Äthanol, 1-[Amino-phenäthylamino-
[1,3,5]triazin-2-yl]- 1329
Äthanon, 1-[4-(4,6-Diamino-2,2-dimethyl-
2H-[1,3,5]triazin-1-yl)-phenyl]- 1184
Methanol, [(N-Äthyl-2-methyl-anilino)-
amino-[1,3,5]triazin-2-yl]- 1326
[1,3,5]Triazin-2,4-diyldiamin, 6-[2-Äthoxy-
äthyl]-N^2-phenyl- 1331
—, N^2-[2-Äthyl-phenyl]-
6-methoxymethyl- 1326
—, N^2-Benzyl-6-methoxymethyl-
N^2-methyl- 1326
—, N^2-[2,3-Dimethyl-phenyl]-
6-methoxymethyl- 1326
—, N^2-[2,4-Dimethyl-phenyl]-
6-methoxymethyl- 1326
—, N^2-[2,5-Dimethyl-phenyl]-
6-methoxymethyl- 1327

—, N^2-[2,6-Dimethyl-phenyl]-
6-methoxymethyl- 1326
—, 6-[2-Methoxy-äthyl]-N^2-methyl-
N^2-phenyl- 1331
—, 6-[1-Methoxy-äthyl]-N^2-o-tolyl-
1328
—, 6-[2-Methoxy-äthyl]-N^2-m-tolyl-
1332
—, 6-[2-Methoxy-äthyl]-N^2-o-tolyl-
1332
—, 6-[2-Methoxy-äthyl]-N^2-p-tolyl-
1332

C₁₃H₁₇N₅O₂
Äthanol, 2-[N-(Äthoxy-amino-[1,3,5]triazin-
2-yl)-anilino]- 1318
—, 1-[3-(4-Amino-6-methoxymethyl-
[1,3,5]triazin-2-ylamino)-phenyl]- 1327
[1,3,5]Triazin-2,4-diyldiamin,
N^2-[3,4-Dimethoxy-phenäthyl]- 1203
—, 6-[1-Methoxy-äthyl]-N^2-
[3-methoxy-phenyl]- 1329

C₁₃H₁₇N₅O₂S
[1,3,5]Triazin-2,4-diyldiamin, 6-[2-
(2-Phenoxy-äthoxy)-äthylmercapto]-
1322

C₁₃H₁₇N₅O₂S₃
Sulfanilsäure-[4,6-bis-äthylmercapto-
[1,3,5]triazin-2-ylamid] 1349

C₁₃H₁₇N₅O₃
[1,3,5]Triazin-2,4-diyldiamin,
N^2-[2,5-Dimethoxy-phenyl]-6-
methoxymethyl- 1327

C₁₃H₁₇N₅O₄S
Sulfanilsäure, N-[Diäthoxy-[1,3,5]triazin-
2-yl]-, amid 1347

C₁₃H₁₇N₇O
Buttersäure, 4-[Amino-anilino-[1,3,5]triazin-
2-yl]-, hydrazid 1416

C₁₃H₁₈ClN₅
[1,3,5]Triazin-2,4-diyldiamin, 1-[4-Chlor-
phenyl]-6-methyl-6-propyl-1,6-dihydro-
1189
—, 1-[4-Chlor-phenyl]-6,6,N^4,N^4-
tetramethyl-1,6-dihydro- 1181
—, N^2-[4-Chlor-phenyl]-6,6,N^4,N^4-
tetramethyl-1,6-dihydro- 1182
—, N^4-[4-Chlor-phenyl]-
1,6,6,N^2-tetramethyl-1,6-dihydro- 1181
—, 6,6-Diäthyl-1-[4-chlor-phenyl]-
1,6-dihydro- 1189

C₁₃H₁₈N₄O
Methanol, [3-Dimethylaminomethyl-
6-phenyl-4,5-dihydro-[1,2,4]triazin-5-yl]-
1341

C₁₃H₁₈N₄O₂
Methanol, {3-[(2-Hydroxy-äthylamino)-
methyl]-6-phenyl-4,5-dihydro-
[1,2,4]triazin-5-yl}- 1341

C₁₃H₁₈N₄S
[1,2,4]Triazol-3-thion, 5-Diäthylaminomethyl-
4-phenyl-2,4-dihydro- 1352

C₁₃H₁₈N₆
[1,3,5]Triazin-2,4-diyldiamin,
6-Aminomethyl-N^2,N^2,N^4-trimethyl-
N^4-phenyl- 1301
[1,3,5]Triazin-2,4,6-triyltriamin, N^2,N^4-
Diäthyl-N^6-phenyl- 1261

C₁₃H₁₈N₆O
[1,3,5]Triazin-2,4-diyldiamin, N^2,N^4-
Diäthyl-6-[4-amino-phenoxy]- 1314

C₁₃H₁₈N₆O₂
[1,3,5]Triazin-2,4-diyldiamin,
N^2-[2,5-Diäthoxy-4-amino-phenyl]- 1204
[1,3,5]Triazin-2,4,6-triyltriamin, N^2,N^4-Bis-
[2-hydroxy-äthyl]-N^6-phenyl- 1267

C₁₃H₁₉AsN₆O₅
Arsonsäure, {4-[4,6-Bis-(2-hydroxy-
äthylamino)-[1,3,5]triazin-2-ylamino]-
phenyl}- 1294

C₁₃H₁₉N₅
[1,3,5]Triazin-2,4-diyldiamin, 6-Äthyl-
6-methyl-1-p-tolyl-1,6-dihydro- 1189
−, 1-[3,4-Dimethyl-phenyl]-
6,6-dimethyl-1,6-dihydro- 1183
−, 6-Propyl-1-o-tolyl-1,6-dihydro-
1186
−, 6,6,N^2,N^2-Tetramethyl-N^4-phenyl-
1,6-dihydro- 1181
−, 6,6,N^4,N^4-Tetramethyl-1-phenyl-
1,6-dihydro- 1181

C₁₃H₁₉N₅O
Äthylendiamin, N,N-Diäthyl-N'-[1-oxy-
benzo[e][1,2,4]triazin-3-yl]- 1122
[1,3,5]Triazin-2,4-diyldiamin, 1-[4-Äthoxy-
phenyl]-6,6-dimethyl-1,6-dihydro- 1183
−, 6-Äthyl-1-[4-methoxy-phenyl]-
6-methyl-1,6-dihydro- 1189
−, 1-[4-Methoxy-phenyl]-6-propyl-
1,6-dihydro- 1186

C₁₃H₁₉N₅O₂S
[1,3,5]Triazin-2,4-diyldiamin,
1-[4-Äthansulfonyl-phenyl]-6,6-dimethyl-
1,6-dihydro- 1184

C₁₃H₁₉N₅S
[1,3,5]Triazin-2,4-diyldiamin,
1-[4-Äthylmercapto-phenyl]-
6,6-dimethyl-1,6-dihydro- 1184
−, 1-[4-Methylmercapto-phenyl]-
6-propyl-1,6-dihydro- 1187
−, N^2-[4-Methylmercapto-phenyl]-
6-propyl-1,6-dihydro- 1187

[C₁₃H₁₉N₆]⁺
Ammonium, Benzyl-[4,6-diamino-
[1,3,5]triazin-2-ylmethyl]-dimethyl-
1300

C₁₃H₂₀ClN₅
[1,3,5]Triazin, Chlor-dipiperidino- 1213

C₁₃H₂₀ClN₅O₄
β-Alanin, N,N'-[Chlor-[1,3,5]triazin-
2,4-diyl]-di-, diäthylester 1215

C₁₃H₂₀N₄O₄
Amin, [Bis-allyloxy-[1,3,5]triazin-2-yl]-bis-
[2-hydroxy-äthyl]- 1347

C₁₃H₂₀N₆
Oct-2-ennitril, 4-Äthyl-2-[diamino-
[1,3,5]triazin-2-yl]- 1418

C₁₃H₂₁N₅
[1,3,5]Triazin-2,4-diyldiamin, N^2-Bornan-
2-yl- 1195
−, N^2-[1,3,3-Trimethyl-[2]norbornyl]-
1195

C₁₃H₂₁N₅O
[1,3,5]Triazin-2,4-diyldiamin, N^2,N^2-
Diallyl-6-butoxy- 1316
−, N^2,N^4-Diallyl-6-butoxy- 1315

C₁₃H₂₁N₅O₅
β-Alanin, N,N'-[6-Oxo-1,6-dihydro-
[1,3,5]triazin-2,4-diyl]-bis-, diäthylester
1358

C₁₃H₂₂ClN₇O₄
[1,3,5]Triazin-2,4-diyldiamin, N^2,N^4-Bis-
[2-äthoxycarbonylamino-äthyl]-6-chlor-
1216

C₁₃H₂₂Cl₂N₄
Amin, Decyl-[dichlor-[1,3,5]triazin-2-yl]-
1097

C₁₃H₂₂N₆O
Amin, Diäthyl-[2-(bis-aziridin-1-yl-
[1,3,5]triazin-2-yloxy)-äthyl]- 1318
Pyrimidin-1-carbamidin, 6-[1-Äthyl-pentyl]-
2-amino-5-cyan-4-oxo-
1,4,5,6-tetrahydro- 1418
[1,3,5]Triazin-2,4,6-triyltriamin,
N^2-Cyclohexyl-N^2-[2-vinyloxy-äthyl]-
1268

C₁₃H₂₂N₁₈
[1,3,5]Triazin-2,4,6-triyltriamin, N^2,N^2-Bis-
[2-(4,6-diamino-[1,3,5]triazin-2-ylamino)-
äthyl]- 1288

C₁₃H₂₃N₅
[1,3,5]Triazin-2,4-diyldiamin,
N^2-[4-Cyclohexyl-butyl]- 1195

C₁₃H₂₃N₅O
[1,3,5]Triazin-2,4-diyldiamin, 6-Butoxy-
N^2-cyclohexyl- 1316

C₁₃H₂₃N₅O₂
[1,3,5]Triazin-2,4-diyldiamin, 6-[1-
(1-Äthoxy-äthoxy)-cyclohexyl]- 1334

C₁₃H₂₃N₇O₄
[1,3,5]Triazin-2,4-diyldiamin, N^2,N^4-Bis-
[2-äthoxycarbonylamino-äthyl]- 1203

C₁₃H₂₃N₁₁
[1,3,5]Triazin-2,4,6-triyltriamin, N^2-Butyl-
N^2-[1-(diamino-[1,3,5]triazin-2-yl)-
1-methyl-äthyl]- 1304

$C_{13}H_{24}N_6O$
[1,3,5]Triazin-2,4-diyldiamin, 6-Äthoxy-
N^2-[3-piperidino-propyl]- 1320

$C_{13}H_{25}N_5$
[1,3,5]Triazin-2,4-diyldiamin, N^2-Decyl-
1193

$C_{13}H_{25}N_5O$
[1,3,5]Triazin-2,4-diyldiamin, 6-Butoxy-
N^2-hexyl- 1315
−, 6-Decyloxy- 1312
−, N^2,N^2,N^4-Triäthyl-6-butoxy- 1314

$C_{13}H_{26}N_6$
[1,3,5]Triazin-2,4,6-triyltriamin, N^2,N^2-
Dipentyl- 1259
−, N^2,N^2,N^4,N^4,N^6-Pentaäthyl- 1257

$C_{13}H_{26}N_6O$
[1,3,5]Triazin-2,4-diyldiamin,
N^4-[4-Diäthylamino-1-methyl-butyl]-
6-methoxy- 1320

C_{14}

$C_{14}H_8N_4$
Chinoxalin-2-carbonitril, 3-[3]Pyridyl- 959
−, 3-[4]Pyridyl- 959

$C_{14}H_8N_4O_5$
Imidazo[1,2-a]pyrimidin-2,5,7-trion,
6-Phthalimido-1H- 1397

$C_{14}H_9ClN_4O_3$
Benzoesäure, 4-[7-Chlor-1-oxy-benzo[e]⩽
[1,2,4]triazin-3-ylamino]- 1126

$C_{14}H_9F_{10}N_5O_2S$
Toluol-4-sulfonsäure-[N'-(bis-pentafluoräthyl-
[1,3,5]triazin-2-yl)-hydrazid] 1433

$C_{14}H_9N_3O$
Benz[4',5']imidazo[1',2':1,2]pyrrolo[3,4-b]⩽
pyridin-5-on, 8-Methyl- 956
−, 9-Methyl- 956

$C_{14}H_9N_3O_2$
Benzo[e][1,2,4]triazin-6-carbonsäure,
3-Phenyl- 958
Benzo[e][1,2,4]triazin-8-carbonsäure,
3-Phenyl- 959

$C_{14}H_9N_3O_4$
Pyrido[2,3-d]pyrimidin-5-carbonsäure,
2,4-Dioxo-7-phenyl-1,2,3,4-tetrahydro-
1038

$C_{14}H_9N_5O_2$
Benzotriazol-5-carbonitril, 1-[2-Methyl-
4-nitro-phenyl]-1H- 944

$C_{14}H_9N_5O_4$
Benzoesäure, 3-Nitro-, [1-oxy-benzo[e]⩽
[1,2,4]triazin-3-ylamid] 1121

$C_{14}H_{10}Br_2N_6$
Triazen, N-[4-Brom-phenyl]-N'-[1-(4-brom-
phenyl)-1H-[1,2,3]triazol-4-yl]- 1451

$C_{14}H_{10}Cl_2N_4$
Amin, [4-Chlor-phenyl]-[1-(4-chlor-phenyl)-
1H-[1,2,4]triazol-3-yl]- 1075
[1,2,4]Triazolium, 3-Amino-2,4-bis-[4-chlor-
phenyl]-, betain 1075

$C_{14}H_{10}Cl_2N_8O_3$
[4,4']Azoxybenzotriazol-1,1'-dioxid,
6,6'-Dichlor-3,3'-dimethyl-3H,3'H-
1442

$C_{14}H_{10}N_4$
Benzotriazol-5-carbonitril, 1-o-Tolyl-1H-
944
−, 1-p-Tolyl-1H- 944

$C_{14}H_{10}N_4O_2$
Benzamid, N-[1-Oxy-benzo[e][1,2,4]triazin-
3-yl]- 1121
Pyrazolo[1,5-a]chinazolin-2-carbonsäure,
3-Cyan-, äthylester 974

$C_{14}H_{10}N_4O_4$
Pyrazolo[1,5-a]pyrimidin-5-carbonsäure,
4-Methyl-3-nitroso-7-oxo-2-phenyl-
4,7-dihydro- 1022
−, 6-Methyl-3-nitroso-7-oxo-2-phenyl-
4,7-dihydro- 1023

$C_{14}H_{11}BrN_4$
Amin, Benzyl-[7-brom-benzo[e]⩽
[1,2,4]triazin-3-yl]- 1128
−, [4-Brom-phenyl]-[5-phenyl-
1H-[1,2,3]triazol-4-yl]- 1132
[1,2,3]Triazol-4-ylamin, 3-[4-Brom-phenyl]-
5-phenyl-3H- 1131

$C_{14}H_{11}ClN_4$
Amin, Benzyl-[7-chlor-benzo[e]⩽
[1,2,4]triazin-3-yl]- 1125
−, [7-Chlor-benzo[e][1,2,4]triazin-3-yl]-
methyl-phenyl- 1125
−, [2-Chlor-phenyl]-[5-phenyl-
1H-[1,2,3]triazol-4-yl]- 1132
−, [3-Chlor-phenyl]-[5-phenyl-
1H-[1,2,3]triazol-4-yl]- 1132
−, [4-Chlor-phenyl]-[5-phenyl-
1H-[1,2,3]triazol-4-yl]- 1132
[1,2,3]Triazol-4-ylamin, 3-[2-Chlor-phenyl]-
5-phenyl-3H- 1131
−, 3-[3-Chlor-phenyl]-5-phenyl-3H-
1131
−, 3-[4-Chlor-phenyl]-5-phenyl-3H-
1131

$C_{14}H_{11}ClN_4O$
Amin, Benzyl-[7-chlor-1-oxy-benzo[e]⩽
[1,2,4]triazin-3-yl]- 1125
−, [7-Chlor-1-oxy-benzo[e]⩽
[1,2,4]triazin-3-yl]-methyl-phenyl- 1125

$C_{14}H_{11}ClN_4O_2$
Amin, [7-Chlor-1-oxy-benzo[e][1,2,4]triazin-
3-yl]-[4-methoxy-phenyl]- 1126

$C_{14}H_{11}ClN_4O_2S$
Benzolsulfonsäure, 4-Chlor-, [5-phenyl-
1H-[1,2,4]triazol-3-ylamid] 1139

$C_{14}H_{11}N_3O_2$
Naphtho[1,2-*e*][1,2,4]triazin-2-carbonsäure-
    äthylester 955
Naphtho[2,1-*e*][1,2,4]triazin-3-carbonsäure-
    äthylester 955
Nicotinsäure, 2-[5-Methyl-
    1(3)*H*-benzimidazol-2-yl]- 956
Pyrazolo[1,5-*a*]pyrimidin-5-carbonsäure,
    7-Methyl-2-phenyl- 956
$C_{14}H_{11}N_3O_3$
Benzotriazol-5-carbonsäure, 6-Methyl-
    3-oxy-2-phenyl-2*H*- 948
Pyrazolo[1,5-*a*]pyrimidin-5-carbonsäure,
    4-Methyl-7-oxo-2-phenyl-4,7-dihydro-
    1022
—, 6-Methyl-7-oxo-2-phenyl-
    4,7-dihydro- 1023
Pyrido[3,2-*c*][1,5]naphthyridin-
    8-carbonsäure, 7-Oxo-7,10-dihydro-,
    äthylester 1021
$C_{14}H_{11}N_3O_4$
Benzotriazol-5-carbonsäure, 6-Methoxy-
    3-oxy-2-phenyl-2*H*- 1004
Pyrimido[4,5-*b*]chinolin-5-carbonsäure,
    2,4-Dioxo-1,2,3,4-tetrahydro-,
    äthylester 1038
—, 10-Methyl-2,4-dioxo-2,3,4,10-
    tetrahydro-, methylester 1038
$C_{14}H_{11}N_5O_2$
Amin, [3-Nitro-phenyl]-[5-phenyl-
    1*H*-[1,2,3]triazol-4-yl]- 1132
—, [4-Nitro-phenyl]-[5-phenyl-
    1*H*-[1,2,3]triazol-4-yl]- 1133
[1,2,3]Triazol-4-ylamin, 3-[3-Nitro-phenyl]-
    5-phenyl-3*H*- 1131
—, 3-[4-Nitro-phenyl]-5-phenyl-3*H*-
    1131
$C_{14}H_{11}N_7O_2$
[1,2,4]Triazol, 3,5-Bis-[4-hydroxy-
    phenylazo]-1*H*- 1443
$C_{14}H_{12}ClN_5$
[1,2,4]Triazin, 5-[4-Chlor-phenyl]-3-
    [3,5-dimethyl-pyrazol-1-yl]- 1436
$C_{14}H_{12}ClN_5S$
[1,2,4]Triazol-3,5-diyldiamin, 1-[4-(4-Chlor-
    phenylmercapto)-phenyl]-1*H*- 1165
$C_{14}H_{12}N_4$
Amin, Phenyl-[1-phenyl-1*H*-[1,2,4]triazol-
    3-yl]- 1075
—, Phenyl-[5-phenyl-1*H*-[1,2,3]triazol-
    4-yl]- 1132
—, Phenyl-[5-phenyl-1*H*-[1,2,4]triazol-
    3-yl]- 1136
[1,2,4]Triazolium, 3-Amino-2,4-diphenyl-,
    betain 1074
[1,2,3]Triazol-4-ylamin, 2,5-Diphenyl-2*H*-
    1132
—, 3,5-Diphenyl-3*H*- 1131
—, 5,5-Diphenyl-5*H*- 1153

$C_{14}H_{12}N_4O$
Acetamid, *N*-[2-Phenyl-2*H*-benzotriazol-
    4-yl]- 1109
Anilin, 4-[6-Methoxy-benzo[*e*][1,2,4]triazin-
    3-yl]- 1343
Benzo[*e*][1,2,4]triazin-3-carbonsäure,
    1,4-Dihydro-, anilid 947
Essigsäure-[4-imidazo[1,2-*a*]pyrimidin-2-yl-
    anilid] 1151
Nicotinsäure, 2-[5-Methyl-
    1(3)*H*-benzimidazol-2-yl]-, amid 957
Pyrido[2,3-*d*]pyrimidin-4-on, 2-Amino-
    6-methyl-7-phenyl-3*H*- 1383
Pyrido[3,2-*d*]pyrimidin-4-ylamin, 6-Methyl-
    2-phenoxy- 1338
[1,2,4]Triazol-3-on, 5-Amino-2,4-diphenyl-
    2,4-dihydro- 1351
$C_{14}H_{12}N_4O_2$
Anilin, 4-[6-Methoxy-1-oxy-benzo[*e*]⸗
    [1,2,4]triazin-3-yl]- 1343
Carbamidsäure, Naphtho[2,1-*e*]⸗
    [1,2,4]triazin-3-yl-, äthylester 1150
Pyrido[3,4-*d*]pyridazin-1,4-dion, 5-Anilino-
    7-methyl-2,3-dihydro- 1392
$C_{14}H_{12}N_4O_3$
Benzotriazol-4-carbonsäure, 5-Hydroxy-1*H*-,
    o-anisidid 1003
Benzotriazol-5-carbonsäure, 7-Amino-1-
    [4-methoxy-phenyl]-1*H*- 1418
Pyrazolo[1,5-*a*]chinazolin-2-carbonsäure,
    3-Carbamoyl-, äthylester 974
$C_{14}H_{12}N_4O_3S$
Benzolsulfonsäure, 4-Hydroxy-, [5-phenyl-
    1*H*-[1,2,4]triazol-3-ylamid] 1139
$C_{14}H_{12}N_4O_7S_2$
Benzotriazol-5-sulfonsäure, 2-[2-Acetyl⸗
    amino-4-sulfo-phenyl]-2*H*- 1054
$C_{14}H_{12}N_6$
Triazen, *N*-Phenyl-*N'*-[1-phenyl-
    1*H*-[1,2,3]triazol-4-yl]- 1451
$C_{14}H_{12}N_6O$
Monoacetyl-Derivat $C_{14}H_{12}N_6O$ aus
    7-Phenylazo-1*H*-benzotriazol-4-ylamin
    1445
$C_{14}H_{13}ClN_4$
Benzotriazol-4-ylamin, 6-Chlor-7-methyl-
    2-*p*-tolyl-2*H*- 1118
Benzotriazol-5-ylamin, 7-Chlor-4-methyl-
    2-*p*-tolyl-2*H*- 1117
$C_{14}H_{13}ClN_6O_3$
Benzoesäure, 2-Chlor-, [4,6-bis-
    acetylamino-[1,3,5]triazin-2-ylamid]
    1277
—, 3-Chlor-, [4,6-bis-acetylamino-
    [1,3,5]triazin-2-ylamid] 1277
—, 4-Chlor-, [4,6-bis-acetylamino-
    [1,3,5]triazin-2-ylamid] 1277

C₁₄H₁₃N₃O₂

Benz[4,5]imidazo[1,2-*a*]pyrimidin-
3-carbonsäure, 2-Methyl-, äthylester
954

Naphtho[1,2-*e*][1,2,4]triazin-2-carbonsäure,
1,4-Dihydro-, äthylester 954

C₁₄H₁₃N₃O₃

Essigsäure, [4-Oxo-1,4-dihydro-benz≠
[4,5]imidazo[1,2-*a*]pyrimidin-2-yl]-,
äthylester 1020

C₁₄H₁₃N₃O₄

Indol-4-carbonsäure, 3-[3-Methyl-2,5-dioxo-
imidazolidin-4-ylmethyl]- 1037

Pyrrolo[3,4-*c*]pyrazol-3-carbonsäure,
4,6-Dioxo-5-phenyl-1,3a,4,5,6,6a-
hexahydro-, äthylester 1033

C₁₄H₁₃N₃O₆S₂

Benzotriazol-5-sulfonsäure, 6-Methyl-2-
[4-methyl-3-sulfo-phenyl]-2*H*- 1056

C₁₄H₁₃N₃O₁₂S₄

Benzotriazol-4,6-disulfonsäure, 5-Methyl-
2-[4-methyl-3,5-disulfo-phenyl]-2*H*-
1065

C₁₄H₁₃N₅

Pyrido[2,3-*b*]pyrazin-3,6-diyldiamin,
2-*o*-Tolyl- 1251

Pyrido[2,3-*d*]pyrimidin-2,4-diyldiamin,
6-Methyl-7-phenyl- 1251

–, 7-*p*-Tolyl- 1251

[1,2,4]Triazol-3,4-diyldiamin,
5,*N*³-Diphenyl- 1139

[1,2,4]Triazol-3,5-diyldiamin, 1-Biphenyl-
4-yl-1*H*- 1164

–, *N*³,*N*⁵-Diphenyl-1*H*- 1163

C₁₄H₁₃N₅O

Pyrazolo[1,5-*a*]pyrimidin-5-carbonsäure,
7-Methyl-2-phenyl-, hydrazid 956

Pyrido[2,3-*b*]pyrazin-3,6-diyldiamin,
2-[2-Methoxy-phenyl]- 1343

–, 2-[3-Methoxy-phenyl]- 1343

–, 2-[4-Methoxy-phenyl]- 1343

C₁₄H₁₃N₅O₂

Pyrazolo[1,5-*a*]pyrimidin-5-carbonsäure,
6-Methyl-7-oxo-2-phenyl-4,7-dihydro-,
hydrazid 1023

C₁₄H₁₃N₅O₂S

Sulfanilsäure-[5-[3]pyridyl-1(2)*H*-pyrazol-
3-ylamid] 1141

C₁₄H₁₃N₅O₃S

Toluol-4-sulfonsäure-[*N*′-(1-oxy-benzo[*e*]≠
[1,2,4]triazin-3-yl)-hydrazid] 1435

C₁₄H₁₃N₅O₄S

Benzotriazol-4-carbonsäure, 6-Amino-2-
[4-sulfamoyl-phenyl]-2*H*-, methylester
1418

C₁₄H₁₃N₉

Benzotriazol-4-ylamin, 1-Methyl-7-
[1-methyl-1*H*-benzotriazol-4-ylazo]-1*H*-
1445

C₁₄H₁₄ClN₃O₄

Benzo[*e*][1,2,4]triazin-3-carbonsäure,
1,4-Diacetyl-6-chlor-1,4-dihydro-,
äthylester 947

C₁₄H₁₄Cl₂N₄O₂

β-Alanin, *N*-[Dichlor-[1,3,5]triazin-2-yl]-
N-phenyl-, äthylester 1100

C₁₄H₁₄N₄

4,7-Methano-benzotriazol-5-carbonitril,
1-Phenyl-3a,4,5,6,7,7a-hexahydro-1*H*-
941

–, 3-Phenyl-3a,4,5,6,7,7a-hexahydro-
3*H*- 941

C₁₄H₁₄N₄O₂S

Crotonsäure, 3-Methyl-, [4-(5-oxo-
3-thioxo-2,3,4,5-tetrahydro-[1,2,4]triazin-
6-yl)-anilid] 1394

C₁₄H₁₄N₆

[1,2,4]Triazol-3,4,5-triyltriamin, *N*³,*N*⁵-
Diphenyl- 1173

C₁₄H₁₄N₆O₂

Acrylsäure, 3-[5-Amino-1-phenyl-
1*H*-[1,2,4]triazol-3-ylamino]-2-cyan-,
äthylester 1171

C₁₄H₁₄N₆O₃

Benzamid, *N*-[Bis-acetylamino-
[1,3,5]triazin-2-yl]- 1276

Harnstoff, *N*-[4-Nitro-phenyl]-*N*′-[5,6,7,8-
tetrahydro-benzo[*e*][1,2,4]triazin-3-yl]-
1108

C₁₄H₁₅N₃O₃

Valeriansäure, 5-[5-Methyl-1-phenyl-
1*H*-[1,2,4]triazol-3-yl]-5-oxo- 1011

C₁₄H₁₅N₃O₃S

Imidazol-4-carbonsäure, 2-Acetonyl≠
mercapto-5-[3]pyridyl-1(3)*H*-,
äthylester 1004

C₁₄H₁₅N₃O₄

Benzo[*e*][1,2,4]triazin-3-carbonsäure,
1,4-Diacetyl-1,4-dihydro-, äthylester
947

C₁₄H₁₅N₃O₅

Pyrrol-3-carbonsäure, 5-[1-Acetyl-
2,5-dioxo-imidazolidin-4-ylidenmethyl]-
2-methyl-, äthylester 1037

C₁₄H₁₅N₅O

[1,3,5]Triazin, Bis-aziridin-1-yl-benzyloxy-
1318

C₁₄H₁₅N₅O₂

Acetamid, *N*,*N*′-[Benzyl-[1,3,5]triazin-
2,4-diyl]-bis- 1246

–, *N*,*N*′-[*m*-Tolyl-[1,3,5]triazin-
2,4-diyl]-bis- 1247

–, *N*,*N*′-[*p*-Tolyl-[1,3,5]triazin-
2,4-diyl]-bis- 1247

Pentan-2,4-dion, 3-[(5-Amino-1-phenyl-
1*H*-[1,2,4]triazol-3-ylamino)-methylen]-
1167

$C_{14}H_{15}N_5S$

[1,3,5]Triazin, Bis-aziridin-1-yl-
benzylmercapto- 1322

$C_{14}H_{15}N_7$

m-Phenylendiamin, 4,4'-[1,2,3]Triazol-
2,4-diyl-bis- 1240

$C_{14}H_{16}ClN_5$

[1,2,4]Triazin, 5-[4-Chlor-phenyl]-3-
[4-methyl-piperazino]- 1146

$C_{14}H_{16}Cl_4N_6$

[1,3,5]Triazin-2,4-diyldiamin, N^2-[4-Chlor-
phenyl]-N^4-[2-dimethylamino-äthyl]-
6-trichlormethyl- 1225

$C_{14}H_{16}N_4O_3$

Valeriansäure, 5-Hydroxyimino-5-
[5-methyl-1-phenyl-1H-[1,2,4]triazol-
3-yl]- 1011
Diacetyl-Derivat $C_{14}H_{16}N_4O_3$ aus
2-[5-Phenyl-1H-[1,2,4]triazol-3-ylamino]-
äthanol 1137

$C_{14}H_{16}N_4O_4$

[1,2,3]Triazol-4-carbonsäure,
1-[4-Äthoxycarbonyl-phenyl]-5-amino-
1H-, äthylester 1406

$C_{14}H_{16}N_6$

Amin, Benzyl-[bis-aziridin-1-yl-
[1,3,5]triazin-2-yl]- 1267

$C_{14}H_{16}N_6O_2$

[1,2,4]Triazin, 5-[4-Methoxy-phenyl]-3-
[4-nitroso-piperazino]- 1341

$C_{14}H_{16}N_6O_3S$

Benzoesäure, 4-[2-(Diamino-[1,3,5]triazin-
2-ylmercapto)-acetylamino]-, äthylester
1322

$C_{14}H_{17}BrClN_5$

[1,3,5]Triazin-2,4-diyldiamin, 1-[4-Brom-
3-chlor-phenyl]-6-methyl-6-[2-methyl-
propenyl]-1,6-dihydro- 1231

$C_{14}H_{17}Br_2N_5O$

Phenol, 2,6-Dibrom-4-[4,6-diamino-
2-methyl-2-(2-methyl-propenyl)-
2H-[1,3,5]triazin-1-yl]- 1231

$C_{14}H_{17}Cl_2N_5$

1,3,5-Triaza-spiro[5.5]undeca-1,3-dien-
2,4-diyldiamin, 5-[2,4-Dichlor-phenyl]-
1232

$C_{14}H_{17}N_3O_4$

Essigsäure, [3-Äthoxycarbonyl-5-
(1(3)H-imidazol-4-ylmethyl)-4-methyl-
pyrrol-2-yl]- 972
Pyrido[2,3-d]pyrimidin-5-carbonsäure,
1-Äthyl-3,7-dimethyl-2,4-dioxo-
1,2,3,4-tetrahydro-, äthylester 1035

$C_{14}H_{17}N_3O_5$

Pyrrol-2-carbonsäure, 3,5-Dimethyl-
4-[2,4,6-trioxo-hexahydro-pyrimidin-
5-ylmethyl]-, äthylester 1041

$C_{14}H_{17}N_5$

[1,2,4]Triazin, 3-[4-Methyl-piperazino]-
5-phenyl- 1145

$C_{14}H_{17}N_5O$

[1,2,4]Triazin, 5-[4-Methoxy-phenyl]-
3-piperazino- 1341

$C_{14}H_{17}N_5O_2$

Acetamid, N-[Anilino-(2-methoxy-äthyl)-
[1,3,5]triazin-2-yl]- 1333
Propionsäure, 3-[Amino-anilino-
[1,3,5]triazin-2-yl]-, äthylester 1414
Valeriansäure, 5-[Amino-anilino-
[1,3,5]triazin-2-yl]- 1416

$C_{14}H_{17}N_5O_3$

[1,3,5]Triazin-2-carbonsäure, Amino-
p-phenetidino-, äthylester 1412

$C_{14}H_{17}N_5O_5S$

Benzolsulfonsäure, 4-[(4,6-Dimethoxy-
[1,3,5]triazin-2-ylamino)-methyl]-,
acetylamid 1347

$C_{14}H_{18}BrN_5$

[1,3,5]Triazin-2,4-diyldiamin, 1-[4-Brom-
phenyl]-6-methyl-6-[2-methyl-propenyl]-
1,6-dihydro- 1231

$C_{14}H_{18}ClN_5$

1,3,5-Triaza-spiro[5.5]undeca-1,3-dien-
2,4-diyldiamin, 5-[2-Chlor-phenyl]-
1231
—, 5-[4-Chlor-phenyl]- 1232
[1,3,5]Triazin-2,4-diyldiamin, 1-[4-Chlor-
phenyl]-6-methyl-6-[2-methyl-propenyl]-
1,6-dihydro- 1230
—, N^2,N^2-Diäthyl-N^4-[4-chlor-phenyl]-
6-methyl- 1220

$C_{14}H_{18}ClN_5O$

[1,3,5]Triazin-2,4-diyldiamin, 6-Äthoxy-
N^2-[4-chlor-phenyl]-N^4-isopropyl- 1317
—, N^2-Äthyl-N^2-[4-chlor-phenyl]-6-
[2-methoxy-äthyl]- 1332

$C_{14}H_{18}IN_5$

[1,3,5]Triazin-2,4-diyldiamin, 1-[4-Jod-
phenyl]-6-methyl-6-[2-methyl-propenyl]-
1,6-dihydro- 1231

$C_{14}H_{18}N_4$

Amin, Dimethyl-[3-[2]pyridyl-3-pyrimidin-
2-yl-propyl]- 1147
Indazolo[3,2-b]chinazolin-7-ylamin,
1,2,3,4,8,9,10,11-Octahydro- 1148

$C_{14}H_{18}N_4O$

Methanol, [3-Allylaminomethyl-6-phenyl-
4,5-dihydro-[1,2,4]triazin-5-yl]- 1341
[1,2,4]Triazol, 3-[4-Methoxy-phenyl]-
5-piperidino-1H- 1338

$C_{14}H_{18}N_6$

[1,3,5]Triazin-2,4,6-triyltriamin,
N^2-Methallyl-N^4-p-tolyl- 1264

$C_{14}H_{18}N_6O$

Valeriansäure, 5-[Amino-anilino-
[1,3,5]triazin-2-yl]-, amid 1417

C₁₄H₁₈N₆O₂

[1,3,5]Triazin-2-carbonsäure, Amino-
anilino-, [2-dimethylamino-äthylester]
1410

[1,3,5]Triazin-2,4-diyldiamin, 6-Methyl-6-
[2-methyl-propenyl]-1-[4-nitro-phenyl]-
1,6-dihydro- 1231

C₁₄H₁₈N₆O₄

[1,3,5]Triazin-2,4-diyldiamin,
N^2-[2,5-Diäthoxy-4-nitro-phenyl]-6-methyl-
1221

C₁₄H₁₉BrClN₅O

Propan-2-ol, 1-[4,6-Diamino-1-(4-brom-
3-chlor-phenyl)-2-methyl-1,2-dihydro-
[1,3,5]triazin-2-yl]-2-methyl- 1309

C₁₄H₁₉Br₂N₅O₂

Propan-2-ol, 1-[4,6-Diamino-1-(3,5-dibrom-
4-hydroxy-phenyl)-2-methyl-1,2-dihydro-
[1,3,5]triazin-2-yl]-2-methyl- 1310

C₁₄H₁₉ClIN₅O

Propan-2-ol, 1-[4,6-Diamino-1-(3-chlor-
4-jod-phenyl)-2-methyl-1,2-dihydro-
[1,3,5]triazin-2-yl]-2-methyl- 1309

C₁₄H₁₉Cl₂N₅O

Propan-2-ol, 1-[4,6-Diamino-1-(2,4-dichlor-
phenyl)-2-methyl-1,2-dihydro-
[1,3,5]triazin-2-yl]-2-methyl- 1309

C₁₄H₁₉N₃O₄

Pyrazol-3-carbonsäure, 4-[5-Äthoxycarbonyl-
2,4-dimethyl-pyrrol-3-yl]-4,5-dihydro-
1*H*-, methylester 971

C₁₄H₁₉N₃O₆

Malonsäure, [1,3,6-Trimethyl-2,4-dioxo-
1,2,3,4-tetrahydro-pyrimidin-5-ylimino]-,
diäthylester 1052

C₁₄H₁₉N₅

Äthylendiamin, N-Benzyl-N',N'-dimethyl-
N-[1,3,5]triazin-2-yl- 1095

6,8,10-Triaza-spiro[4.5]deca-6,8-dien-
7,9-diyldiamin, 10-*o*-Tolyl- 1230

[1,3,5]Triazin-2,4-diyldiamin, N^2-[5-Phenyl-
pentyl]- 1201

C₁₄H₁₉N₅O

Phenol, 4-[2,4-Diamino-1,3,5-triaza-
spiro[5.5]undeca-2,4-dien-1-yl]- 1232

[1,3,5]Triazin-2,4-diyldiamin, 6-[2-Äthoxy-
äthyl]-N^2-*m*-tolyl- 1332

—, 6-[2-Äthoxy-äthyl]-N^2-*o*-tolyl-
1332

—, 6-[2-Äthoxy-äthyl]-N^2-*p*-tolyl-
1332

—, N^2-Äthyl-6-[2-methoxy-äthyl]-
N^2-phenyl- 1332

—, N^2-Äthyl-6-methoxymethyl-N^2-
m-tolyl- 1326

—, N^2-Äthyl-6-methoxymethyl-N^2-
o-tolyl- 1326

—, N^2-[2-Äthyl-phenyl]-6-[2-methoxy-
äthyl]- 1332

—, N^2-[2,3-Dimethyl-phenyl]-6-
[1-methoxy-äthyl]- 1329

—, N^2-[2,4-Dimethyl-phenyl]-6-
[1-methoxy-äthyl]- 1329

—, 6-[2-Methoxy-äthyl]-N^2-phenäthyl-
1332

—, N^2-Phenyl-6-[1-propoxy-äthyl]-
1329

—, N^2-Phenyl-6-[2-propoxy-äthyl]-
1331

C₁₄H₁₉N₅O₂

Benzoesäure, 4-[4-Amino-6,6-dimethyl-
1,6-dihydro-[1,3,5]triazin-2-ylamino]-,
äthylester 1185

—, 4-[4,6-Diamino-2,2-dimethyl-
2*H*-[1,3,5]triazin-1-yl]-, äthylester 1185

[1,3,5]Triazin-2,4-diyldiamin, 6-[α-
(1-Äthoxy-äthoxy)-benzyl]- 1342

C₁₄H₁₉N₇O

Valeriansäure, 5-[Amino-anilino-
[1,3,5]triazin-2-yl]-, hydrazid 1417

C₁₄H₂₀BrN₅O

Propan-2-ol, 1-[4,6-Diamino-1-(4-brom-
phenyl)-2-methyl-1,2-dihydro-
[1,3,5]triazin-2-yl]-2-methyl- 1309

C₁₄H₂₀ClN₅

Propandiyldiamin, N,N-Diäthyl-N'-
[2-chlor-pyrido[3,2-*d*]pyrimidin-4-yl]-
1129

C₁₄H₂₀ClN₅O

Propandiyldiamin, N,N-Diäthyl-N'-
[7-chlor-1-oxy-benzo[*e*][1,2,4]triazin-
3-yl]- 1126

Propan-2-ol, 1-[4,6-Diamino-1-(4-chlor-
phenyl)-2-methyl-1,2-dihydro-
[1,3,5]triazin-2-yl]-2-methyl- 1309

C₁₄H₂₀IN₅O

Propan-2-ol, 1-[4,6-Diamino-1-(4-jod-
phenyl)-2-methyl-1,2-dihydro-
[1,3,5]triazin-2-yl]-2-methyl- 1309

C₁₄H₂₀N₄

Amin, Diäthyl-[6-phenyl-4,5-dihydro-
[1,2,4]triazin-3-ylmethyl]- 1144

[1,2,3]Triazol-4-ylamin, 3-Hexyl-5-phenyl-
3*H*- 1131

C₁₄H₂₀N₄O₂

2,9;4a,8-Dicyclo-pyrido[2,3-*h*]chinazolin-
9-carbonsäure, 1,7-Dimethyl-4-oxo-
decahydro-, amid 1014

Pyridin-3-carbonsäure, 1-Methyl-
1,4-dihydro-, amid; dimeres 1014

C₁₄H₂₀N₄O₆

1-Desoxy-glucit, 1-[Methyl-(1-oxy-benzo[*e*]⸗
[1,2,4]triazin-3-yl)-amino]- 1121

C₁₄H₂₀N₆O₂

[1,3,5]Triazin-2,4-diyldiamin,
N^2-[2,5-Diäthoxy-4-amino-phenyl]-
6-methyl- 1222

$C_{14}H_{20}N_6O_3$
Propan-2-ol, 1-[4,6-Diamino-2-methyl-1-(4-nitro-phenyl)-1,2-dihydro-[1,3,5]triazin-2-yl]-2-methyl- 1309

$C_{14}H_{20}N_{12}$
Methan, Bis-[4-(4,6-diamino-[1,3,5]triazin-2-ylamino)-phenyl]- 1291

$C_{14}H_{21}N_5$
Pyrido[2,3-*d*]pyrimidin-2,4-diyldiamin, 7-Butyl-6-propyl- 1243

$C_{14}H_{21}N_5O$
[1,3,5]Triazin-2,4-diyldiamin, 1-[4-Äthoxy-phenyl]-6-äthyl-6-methyl-1,6-dihydro-1189

$C_{14}H_{21}N_5O_2$
Propan-2-ol, 1-[4,6-Diamino-1-(4-hydroxy-phenyl)-2-methyl-1,2-dihydro-[1,3,5]triazin-2-yl]-2-methyl- 1310

$C_{14}H_{21}N_7$
[1,3,5]Triazin, Diazomethyl-dipiperidino-1368

$C_{14}H_{22}N_6O$
Methacrylamid, *N*-Cyclohexyl-*N*-[4,6-diamino-[1,3,5]triazin-2-ylmethyl]-1301
[1,3,5]Triazin, Bis-aziridin-1-yl-[2-piperidino-äthoxy]- 1318

$C_{14}H_{22}N_6O_2$
Valin, *N*-[Bis-aziridin-1-yl-[1,3,5]triazin-2-yl]-, äthylester 1284

$C_{14}H_{23}N_5O$
[1,3,5]Triazin, Methoxy-dipiperidino- 1319

$C_{14}H_{23}N_7$
Amin, [Bis-aziridin-1-yl-[1,3,5]triazin-2-yl]-[2-piperidino-äthyl]- 1287

$C_{14}H_{24}N_6O_3$
Carbamidsäure, [1-(Diamino-[1,3,5]triazin-2-yl)-2-methyl-propyl]-[2-vinyloxy-äthyl]-, äthylester 1304

$C_{14}H_{25}N_{11}$
[1,3,5]Triazin-2,4,6-triyltriamin, N^2-Butyl-N^2-[1-(diamino-[1,3,5]triazin-2-yl)-1-methyl-propyl]- 1304

$C_{14}H_{26}N_4O$
[1,3,5]Triazin-2-on, 4-Amino-6-undecyl-1*H*- 1365

$C_{14}H_{26}N_6O$
Propionsäure, 3-[Diamino-[1,3,5]triazin-2-yl]-, dibutylamid 1414

$C_{14}H_{26}N_{12}$
[1,3,5]Triazin-2,4,6-triyltriamin, $N^2,N^{2'}$-Dimethyl-$N^2,N^{2'}$-hexandiyl-bis- 1290

$C_{14}H_{27}N_5$
[1,3,5]Triazin-2,4-diyldiamin, 6-[1-Äthyl-pentyl]-N^2-butyl- 1233
—, 6-Undecyl- 1233

C_{15}

$C_{15}H_8Cl_5N_5$
[1,3,5]Triazin-2,4-diyldiamin, 6-Chlor-N^2,≠N^4-bis-[2,5-dichlor-phenyl]- 1212

$C_{15}H_9N_3O_2$
Indolo[2,3-*b*]chinoxalin-7-carbonsäure, 6*H*-960
Indolo[2,3-*b*]chinoxalin-8-carbonsäure, 6*H*-960
Indolo[2,3-*b*]chinoxalin-9-carbonsäure, 6*H*-960

$C_{15}H_{10}ClN_7O_4$
[1,3,5]Triazin-2,4-diyldiamin, 6-Chlor-N^2,≠N^4-bis-[4-nitro-phenyl]- 1212

$C_{15}H_{10}Cl_2N_4$
Amin, Biphenyl-2-yl-[dichlor-[1,3,5]triazin-2-yl]- 1099
—, Biphenyl-4-yl-[dichlor-[1,3,5]triazin-2-yl]- 1099
—, [Dichlor-[1,3,5]triazin-2-yl]-diphenyl- 1098
[1,3,5]Triazin-2-ylamin, 4,6-Bis-[4-chlor-phenyl]- 1155

$C_{15}H_{10}Cl_2N_4O$
Hydroxylamin, *N*-[Bis-(4-chlor-phenyl)-[1,3,5]triazin-2-yl]- 1430

$C_{15}H_{10}Cl_2N_6$
Amin, [Dichlor-[1,3,5]triazin-2-yl]-[4-phenylazo-phenyl]- 1101

$C_{15}H_{10}Cl_3N_5$
[1,3,5]Triazin-2,4-diyldiamin, 6-Chlor-N^2,≠N^4-bis-[4-chlor-phenyl]- 1211

$C_{15}H_{10}N_4$
Pyrido[3,2-*a*]phenazin-5-ylamin 1157

$C_{15}H_{10}N_4O$
Isochino[3,4-*b*]chinoxalin-5-on, 9-Amino-6*H*- 1385

$C_{15}H_{10}N_6O_4$
[1,3,5]Triazin-2-ylamin, 4,6-Bis-[4-nitro-phenyl]- 1155

$C_{15}H_{11}AsCl_2N_4O_2$
Arsinsäure, [4-(4,6-Dichlor-[1,3,5]triazin-2-ylamino)-phenyl]-phenyl- 1101

$C_{15}H_{11}Cl_2N_5S$
[1,3,5]Triazin-2-thion, 4-Amino-6-[4-chlor-anilino]-1-[4-chlor-phenyl]-1*H*- 1360

$C_{15}H_{11}N_3O_2$
Indolo[2,3-*b*][1,5]naphthyridin-3-carbonsäure, 6,11-Dihydro-5*H*- 959
[1,2,3]Triazol-4-carbonsäure, 1,5-Diphenyl-1*H*- 950
—, 2,5-Diphenyl-2*H*- 950
—, 3,5-Diphenyl-3*H*- 950
—, 2-Phenyl-2*H*-, phenylester 933
[1,2,4]Triazol-3-carbonsäure, 1,5-Diphenyl-1*H*- 950

$C_{15}H_{11}N_3O_4$
Pyrido[2,3-d]pyrimidin-5-carbonsäure,
    7-Methyl-2,4-dioxo-1-phenyl-
    1,2,3,4-tetrahydro- 1035
$C_{15}H_{11}N_5$
Isochino[3,4-b]chinoxalin-5,9-diyldiamin
    1251
$C_{15}H_{11}N_5O_3$
Harnstoff, [3-Oxo-4-phenyl-3,4-dihydro-
    pyrido[2,3-b]pyrazin-2-carbonyl]- 1016
$C_{15}H_{11}N_7O_2$
Nicotinamid, N,N'-[1,3,5]Triazin-2,4-diyl-
    bis- 1206
$C_{15}H_{12}AsClN_4O_3$
Arsinsäure, [4-(4-Chlor-6-oxo-1,6-dihydro-
    [1,3,5]triazin-2-ylamino)-phenyl]-phenyl-
    1355
$C_{15}H_{12}As_2N_6O_2$
[1,3,5]Triazin-2,4,6-triyltriamin, N^2,N^4-Bis-
    [4-arsenoso-phenyl]- 1292
$C_{15}H_{12}ClN_5$
[1,3,5]Triazin-2,4-diyldiamin, 6-Chlor-N^2,-
    N^4-diphenyl- 1211
$C_{15}H_{12}ClN_5O_2$
Essigsäure-[4-(7-chlor-1-oxy-benzo[e]-
    [1,2,4]triazin-3-ylamino)-anilid] 1127
$C_{15}H_{12}Cl_2N_6$
[1,3,5]Triazin-2,4,6-triyltriamin, N^2,N^4-Bis-
    [4-chlor-phenyl]- 1263
$C_{15}H_{12}I_2N_4O_3$
Propionsäure, 2-Amino-3-[1-(4-hydroxy-
    3-jod-phenyl)-7-jod-1H-benzotriazol-
    5-yl]- 1420
$C_{15}H_{12}N_4$
[1,2,4]Triazin-3-ylamin, 5,6-Diphenyl-
    1154
[1,2,4]Triazin-5-ylamin, 3,6-Diphenyl-
    1154
[1,3,5]Triazin-2-ylamin, 4,6-Diphenyl-
    1155
$C_{15}H_{12}N_4O$
Benzamid, N-[5-Phenyl-1H-[1,2,3]triazol-
    4-yl]- 1136
Essigsäure-[4-benzo[e][1,2,4]triazin-3-yl-
    anilid] 1152
Formamid, N-[2,5-Diphenyl-2H-
    [1,2,3]triazol-4-yl]- 1135
Indolo[4,3-fg]chinoxalin-5-on, 1-Amino-
    8,9-dimethyl-4H- 1384
—, 3-Amino-8,9-dimethyl-4H- 1384
[1,2,3]Triazol-4-carbonsäure, 2-Phenyl-2H-,
    anilid 934
—, 3-Phenyl-3H-, anilid 934
[1,2,4]Triazol-3-carbonsäure, 1,5-Diphenyl-
    1H-, amid 950
$C_{15}H_{12}N_4O_2$
[1,3,5]Triazin-2-ylamin, 4,6-Diphenoxy-
    1345

$C_{15}H_{12}N_4O_3$
Benzoesäure, 4-[(4-Oxo-3,4-dihydro-
    pyrido[3,2-d]pyrimidin-6-ylmethyl)-
    amino]- 1373
$C_{15}H_{12}N_4O_4$
Benzoesäure, 4-[(2,4-Dioxo-
    1,2,3,4-tetrahydro-pyrido[3,2-d]-
    pyrimidin-6-ylmethyl)-amino]- 1392
Essigsäure, [5-Methyl-3-nitroso-7-oxo-
    2-phenyl-4,7-dihydro-pyrazolo[1,5-a]-
    pyrimidin-6-yl]- 1024
Pyrazolo[1,5-a]pyrimidin-5-carbonsäure,
    4,6-Dimethyl-3-nitroso-7-oxo-2-phenyl-
    4,7-dihydro- 1023
—, 3-Nitroso-7-oxo-2-phenyl-
    4,7-dihydro-, äthylester 1022
$C_{15}H_{12}N_6O_2$
[1,2,4]Triazol-3,5-diyldiamin, N^3-[2-Nitro-
    benzyliden]-1-phenyl-1H- 1165
$C_{15}H_{13}AsClN_5O_2$
Arsinsäure, [4-(4-Amino-6-chlor-
    [1,3,5]triazin-2-ylamino)-phenyl]-phenyl-
    1217
$C_{15}H_{13}AsClN_5O_6S$
Sulfanilsäure, N-[(4-Arsono-anilino)-chlor-
    [1,3,5]triazin-2-yl]- 1217
$C_{15}H_{13}AsN_4O_3$
Arsinoxid, [4-(4,6-Dioxo-1,4,5,6-tetrahydro-
    [1,3,5]triazin-2-ylamino)-phenyl]-phenyl-
    1387
$C_{15}H_{13}AsN_4O_4$
Arsinsäure, [4-(4,6-Dioxo-
    1,4,5,6-tetrahydro-[1,3,5]triazin-
    2-ylamino)-phenyl]-phenyl- 1387
$C_{15}H_{13}ClN_4$
Amin, Äthyl-[2-chlor-pyrido[3,2-d]-
    pyrimidin-4-yl]-phenyl- 1129
$C_{15}H_{13}ClN_4O$
Amin, [7-Chlor-1-oxy-benzo[e][1,2,4]triazin-
    3-yl]-phenäthyl- 1125
$C_{15}H_{13}ClN_6S$
Thioharnstoff, N-[5-Amino-1-(4-chlor-
    phenyl)-1H-[1,2,4]triazol-3-yl]-
    N'-phenyl- 1170
$C_{15}H_{13}Cl_2N_5$
[1,3,5]Triazin-2,4-diyldiamin, 6-[2-Chlor-
    phenyl]-1-[4-chlor-phenyl]-1,6-dihydro-
    1242
—, 1-[2,4-Dichlor-phenyl]-6-phenyl-
    1,6-dihydro- 1242
—, 1-[2,5-Dichlor-phenyl]-6-phenyl-
    1,6-dihydro- 1242
—, 1-[3,4-Dichlor-phenyl]-6-phenyl-
    1,6-dihydro- 1242
$C_{15}H_{13}Cl_2N_5O$
Phenol, 4-[4,6-Diamino-1-(2,4-dichlor-
    phenyl)-1,2-dihydro-[1,3,5]triazin-2-yl]-
    1339

$C_{15}H_{13}IN_4O_3$

Propionsäure, 2-Amino-3-[1-(4-hydroxy-
phenyl)-7-jod-1H-benzotriazol-5-yl]-
1419

$C_{15}H_{13}N_3O_2$

Nicotinsäure, 2-[5-Methyl-
1(3)H-benzimidazol-2-yl]-, methylester
956

Pyrazolo[3,4-b]pyridin-6-carbonsäure,
3,4-Dimethyl-1-phenyl-1H- 948

$C_{15}H_{13}N_3O_3$

Cinnolin-3-carbonsäure, 4-[2-Methoxy-
1,2-dihydro-[2]pyridyl]- 1004

Essigsäure, [5-Methyl-7-oxo-2-phenyl-
4,7-dihydro-pyrazolo[1,5-a]pyrimidin-
6-yl]- 1024

Pyrazolo[3,4-b]pyridin-5-carbonsäure,
3-Oxo-4-phenyl-2,3-dihydro-1H-,
äthylester 1022

Pyrazolo[1,5-a]pyrimidin-5-carbonsäure,
4,6-Dimethyl-7-oxo-2-phenyl-
4,7-dihydro- 1023

–, 7-Oxo-2-phenyl-4,7-dihydro-,
äthylester 1022

Pyrazolo[1,5-a]pyrimidin-6-carbonsäure,
2-Oxo-5-phenyl-1,2-dihydro-, äthylester
1022

–, 2-Oxo-7-phenyl-1,2-dihydro-,
äthylester 1022

Pyrido[3,2-h]cinnolin-8-carbonsäure,
4-Methyl-7-oxo-7,10-dihydro-,
äthylester 1023

$C_{15}H_{13}N_3O_4$

Benzotriazol-5-carbonsäure, 6-Äthoxy-
3-oxy-2-phenyl-2H- 1004

Pyrimido[4,5-b]chinolin-5-carbonsäure,
1,3-Dimethyl-2,4-dioxo-
1,2,3,4-tetrahydro-, methylester 1038

$C_{15}H_{13}N_3O_5S$

[1,2,3]Triazol-4-carbonsäure, 1-[Naphthalin-
1-sulfonyl]-5-oxo-2,5-dihydro-1H-,
äthylester 1008

–, 1-[Naphthalin-2-sulfonyl]-5-oxo-
2,5-dihydro-1H-, äthylester 1008

$C_{15}H_{13}N_5$

Benzotriazol-5-carbonitril, 1-[4-Dimethyl≤
amino-phenyl]-1H- 944

Hydrazin, [5-Biphenyl-4-yl-[1,2,4]triazin-
3-yl]- 1437

–, [3,6-Diphenyl-[1,2,4]triazin-5-yl]-
1437

–, [5,6-Diphenyl-[1,2,4]triazin-3-yl]-
1437

[1,3,5]Triazin-2,4-diyldiamin,
6,N^2-Diphenyl- 1244

–, N^2,N^2-Diphenyl- 1198

–, N^2,N^4-Diphenyl- 1198

[1,2,4]Triazol-3,5-diyldiamin, N^3-Benzyl≤
iden-1-phenyl-1H- 1165

$C_{15}H_{13}N_5O$

[1,2,3]Triazol-1-oxid, 5-Methyl-2-phenyl-
4-phenylazo-2H- 1442

Benzoyl-Derivat $C_{15}H_{13}N_5O$ aus
5-Phenyl-[1,2,4]triazol-3,4-diyldiamin
1139

$C_{15}H_{13}N_5O_2S$

Benzolsulfonsäure-[N'-(5-phenyl-
[1,2,4]triazin-3-yl)-hydrazid] 1436

$C_{15}H_{13}N_5O_3S$

Benzolsulfonsäure-{N'-[5-(4-hydroxy-
phenyl)-[1,2,4]triazin-3-yl]-hydrazid}
1439

$C_{15}H_{13}N_5S$

[1,3,5]Triazin-2-thion, 4,6-Dianilino-1H-
1360

$C_{15}H_{13}N_7O_4S$

Benzolsulfonsäure, 4-[3-(Diamino-
[1,3,5]triazin-2-yl)-4-hydroxy-phenylazo]-
1446

$C_{15}H_{14}AsN_5O_2$

[1,3,5]Triazin-2-on, 4-Amino-6-
[4-phenylarsinoyl-anilino]-1H- 1359

$C_{15}H_{14}AsN_5O_3$

Arsinsäure, [4-(4-Amino-6-oxo-1,6-dihydro-
[1,3,5]triazin-2-ylamino)-phenyl]-phenyl-
1359

$C_{15}H_{14}As_2ClN_5O_6$

[1,3,5]Triazin-2,4-diyldiamin, N^2,N^4-Bis-
[4-arsono-phenyl]-6-chlor- 1218

$C_{15}H_{14}ClN_5$

Pyrido[2,3-d]pyrimidin-2,4-diyldiamin,
6-Äthyl-7-[4-chlor-phenyl]- 1251

[1,3,5]Triazin-2,4-diyldiamin, 1-[4-Chlor-
phenyl]-6-phenyl-1,6-dihydro- 1241

$C_{15}H_{14}ClN_5O$

Phenol, 4-[4,6-Diamino-1-(2-chlor-phenyl)-
1,2-dihydro-[1,3,5]triazin-2-yl]- 1339

–, 4-[4,6-Diamino-1-(3-chlor-phenyl)-
1,2-dihydro-[1,3,5]triazin-2-yl]- 1339

–, 4-[4,6-Diamino-1-(4-chlor-phenyl)-
1,2-dihydro-[1,3,5]triazin-2-yl]- 1339

$C_{15}H_{14}ClN_5O_3$

Pyridoxamin, $N^{4'}$-[7-Chlor-1-oxy-benzo[e]≤
[1,2,4]triazin-3-yl]- 1127

$C_{15}H_{14}Cl_2N_4O_2$

Amin, [Bis-allyloxy-[1,3,5]triazin-2-yl]-
[2,5-dichlor-phenyl]- 1346

$C_{15}H_{14}N_4$

Amin, Benzyl-[5-phenyl-1H-[1,2,3]triazol-
4-yl]- 1134

–, [5-Benzyl-1H-[1,2,4]triazol-3-yl]-
phenyl- 1143

–, [5-Phenyl-1H-[1,2,3]triazol-4-yl]-
m-tolyl- 1133

–, [5-Phenyl-1H-[1,2,3]triazol-4-yl]-
o-tolyl- 1133

–, [5-Phenyl-1H-[1,2,3]triazol-4-yl]-
p-tolyl- 1134

$C_{15}H_{14}N_4$ (Fortsetzung)

[1,2,3]Triazol-4-ylamin, 3-Benzyl-5-phenyl-
3*H*- 1134

–, 5-Phenyl-3-*m*-tolyl-3*H*- 1133

–, 5-Phenyl-3-*o*-tolyl-3*H*- 1133

–, 5-Phenyl-3-*p*-tolyl-3*H*- 1133

[1,2,4]Triazol-3-ylamin, 1-Benzyl-5-phenyl-
1*H*- 1137

–, 4-Benzyl-5-phenyl-4*H*- 1137

$C_{15}H_{14}N_4O$

Acetamid, *N*-[1-*o*-Tolyl-1*H*-benzotriazol-
5-yl]- 1111

Amin, [4-Methoxy-phenyl]-[5-phenyl-
1*H*-[1,2,3]triazol-4-yl]- 1135

–, [1-Oxy-benzo[*e*][1,2,4]triazin-3-yl]-
phenäthyl- 1121

Essigsäure-[4-(5-methyl-imidazo[1,2-*a*]≠
pyrimidin-2-yl)-anilid] 1152

[1,2,3]Triazol-4-ylamin, 3-[4-Methoxy-
phenyl]-5-phenyl-3*H*- 1135

$C_{15}H_{14}N_4O_2$

Acetamid, *N*-[4-Methyl-5-oxo-2-phenyl-
4,5-dihydro-pyrazolo[1,5-*a*]pyrimidin-
7-yl]- 1382

Essigsäure-[4-(5-methyl-7-oxo-7,8-dihydro-
imidazo[1,2-*a*]pyrimidin-2-yl)-anilid]
1383

$C_{15}H_{14}N_4S$

Amin, [5-Methylmercapto-4-phenyl-
4*H*-[1,2,4]triazol-3-yl]-phenyl- 1306

$C_{15}H_{14}N_4S_2$

[1,3,5]Triazin-2,4-dithion, 6-[4-Amino-
phenyl]-1-phenyl-dihydro- 1393

$C_{15}H_{14}N_6$

Formamidin, *N*-[5-Amino-1-phenyl-
1*H*-[1,2,4]triazol-3-yl]-*N'*-phenyl- 1167

[1,3,5]Triazin-2,4,6-triyltriamin,
N²-Biphenyl-2-yl- 1265

–, *N²,N⁴*-Diphenyl- 1263

$C_{15}H_{14}N_6O$

Acetamid, *N*-[1-Methyl-7-phenylazo-
1*H*-benzotriazol-4-yl]- 1445

Harnstoff, *N*-[5-Amino-1-phenyl-
1*H*-[1,2,4]triazol-3-yl]-*N'*-phenyl- 1169

$C_{15}H_{14}N_6S$

Thioharnstoff, *N*-[5-Amino-1-phenyl-
1*H*-[1,2,4]triazol-3-yl]-*N'*-phenyl- 1169

$C_{15}H_{15}AsN_6O$

[1,3,5]Triazin-2,4,6-triyltriamin,
N²-[4-Phenylarsinoyl-phenyl]- 1293

$C_{15}H_{15}AsN_6O_2$

Arsinsäure, [4-(4,6-Diamino-[1,3,5]triazin-
2-ylamino)-phenyl]-phenyl- 1293

$C_{15}H_{15}N_3O_4$

Pyrrolo[3,4-*c*]pyrazol-3-carbonsäure,
4,6-Dioxo-5-*p*-tolyl-1,3a,4,5,6,6a-
hexahydro-, äthylester 1033

–, 3a-Methyl-4,6-dioxo-5-phenyl-
1,3a,4,5,6,6a-hexahydro-, äthylester
1033

–, 6a-Methyl-4,6-dioxo-5-phenyl-
1,3a,4,5,6,6a-hexahydro-, äthylester
1033

$C_{15}H_{15}N_3O_5$

Pyrrolo[3,4-*c*]pyrazol-3-carbonsäure,
5-[4-Methoxy-phenyl]-4,6-dioxo-
1,3a,4,5,6,6a-hexahydro-, äthylester
1033

$C_{15}H_{15}N_5$

Pyrido[2,3-*d*]pyrimidin-2,4-diyldiamin,
6-Äthyl-7-phenyl- 1251

[1,3,5]Triazin-2,4-diyldiamin, 1,6-Diphenyl-
1,6-dihydro- 1241

–, 6,*N²*-Diphenyl-1,6-dihydro- 1242

–, *N²*-[1-[2]Naphthyl-äthyl]- 1201

–, *N²*-[2-[1]Naphthyl-äthyl]- 1201

$C_{15}H_{15}N_5O$

Pyrazolo[3,4-*b*]pyridin-6-carbonsäure,
3,4-Dimethyl-1-phenyl-1*H*-, hydrazid
948

Pyrido[2,3-*b*]pyrazin-3,6-diyldiamin,
2-[2-Äthoxy-phenyl]- 1343

–, 2-[3-Äthoxy-phenyl]- 1343

–, 2-[4-Äthoxy-phenyl]- 1344

Pyrido[3,4-*d*]pyridazin-1-on, 5-Anilino-
7-methyl-4-methylamino-2*H*- 1374

[1,2,4]Triazol-3,5-diyldiamin, 1-[4-
p-Tolyloxy-phenyl]-1*H*- 1165

$C_{15}H_{15}N_5O_2$

Pyrido[2,3-*b*]pyrazin-3,6-diyldiamin,
2-[3,4-Dimethoxy-phenyl]- 1350

[1,3,5]Triazin-2,4-diyldiamin, 1,6-Bis-
[4-hydroxy-phenyl]-1,6-dihydro- 1340

$C_{15}H_{15}N_5S$

[1,2,4]Triazol-3,5-diyldiamin, 1-[4-
p-Tolylmercapto-phenyl]-1*H*- 1165

$C_{15}H_{15}N_7O_2S$

[1,3,5]Triazin-2,4,6-triyltriamin,
N²-[4-Sulfanilyl-phenyl]- 1272

$C_{15}H_{16}As_2N_6O_6$

[1,3,5]Triazin-2,4,6-triyltriamin, *N²,N⁴*-Bis-
[4-arsono-phenyl]- 1295

$C_{15}H_{16}BrN_3O_2$

4,7-Methano-benzotriazol-5-carbonsäure,
5-Brom-1-phenyl-3a,4,5,6,7,7a-
hexahydro-1*H*-, methylester 942

–, 5-Brom-3-phenyl-3a,4,5,6,7,7a-
hexahydro-3*H*-, methylester 942

$C_{15}H_{16}ClN_3O_2$

4,7-Methano-benzotriazol-5-carbonsäure,
5-Chlor-1-phenyl-3a,4,5,6,7,7a-
hexahydro-1*H*-, methylester 941

–, 5-Chlor-3-phenyl-3a,4,5,6,7,7a-
hexahydro-3*H*-, methylester 941

C₁₅H₁₆ClN₉
Propionitril, 3,3′,3″,3‴-[6-Chlor-
[1,3,5]triazin-2,4-diyldiimino]-tetra-
1215

C₁₅H₁₆N₄
Acetonitril, [1-Phenyl-3a,4,5,6,7,7a-
hexahydro-1H-4,7-methano-benzotriazol-
5-yl]- 942
–, [3-Phenyl-3a,4,5,6,7,7a-hexahydro-
3H-4,7-methano-benzotriazol-5-yl]- 942
4,7-Äthano-benzotriazol-5-carbonitril,
1-Phenyl-3a,4,5,6,7,7a-hexahydro-1H-
942
–, 3-Phenyl-3a,4,5,6,7,7a-hexahydro-
3H- 942

C₁₅H₁₆N₄O₂
Amin, [Bis-allyloxy-[1,3,5]triazin-2-yl]-
phenyl- 1346

C₁₅H₁₆N₄S
Methylisothiocyanat, [1-Phenyl-3a,4,5,6,7,⤸
7a-hexahydro-1H-4,7-methano-
benzotriazol-5-yl]- 1106
–, [3-Phenyl-3a,4,5,6,7,7a-hexahydro-
3H-4,7-methano-benzotriazol-5-yl]-
1106

[C₁₅H₁₆N₅]⁺
[1,2,4]Triazolium, 3,5-Diamino-1-benzyl-
2-phenyl- 1164

C₁₅H₁₇ClN₆
[1,3,5]Triazin-2,4,6-triyltriamin, N^2,N^2-
Diallyl-N^4-[4-chlor-phenyl]- 1262
–, N^2,N^4-Diallyl-N^6-[2-chlor-phenyl]-
1262
–, N^2,N^4-Diallyl-N^6-[4-chlor-phenyl]-
1262

C₁₅H₁₇Cl₅N₆
[1,3,5]Triazin-2,4-diyldiamin,
N^2-[3,4-Dichlor-phenyl]-N^4-[3-dimethyl⤸
amino-propyl]-6-trichlormethyl- 1225

C₁₅H₁₇N₃O₃
Valeriansäure, 5-[5-Methyl-1-phenyl-
1H-[1,2,4]triazol-3-yl]-5-oxo-,
methylester 1011

C₁₅H₁₇N₃O₅
Malonsäure, [5-Oxo-1-phenyl-2,5-dihydro-
1H-[1,2,4]triazol-3-yl]-, diäthylester
1041

C₁₅H₁₇N₅
Pyrimido[4,5-b]chinolin-2,4-diyldiamin,
N^2,N^2,N^4,N^4-Tetramethyl- 1248

C₁₅H₁₇N₅O₂
Diacetyl-Derivat C₁₅H₁₇N₅O₂ aus
N^2-Phenäthyl-[1,3,5]triazin-
2,4-diyldiamin 1200

C₁₅H₁₈ClN₅O
Aceton, [(4-Chlor-anilino)-isopropylamino-
[1,3,5]triazin-2-yl]- 1368

[1,3,5]Triazin-2,4-diyldiamin, N^2-Allyl-
N^2-[4-chlor-phenyl]-6-[2-methoxy-äthyl]-
1332

C₁₅H₁₈ClN₅O₂
Propionsäure, 3-[(4-Chlor-anilino)-
isopropylamino-[1,3,5]triazin-2-yl]-
1415
Diacetyl-Derivat C₁₅H₁₈ClN₅O₂ aus
N^2-[4-Chlor-phenyl]-6,6-dimethyl-
1,6-dihydro-[1,3,5]triazin-2,4-diyldiamin
1180

C₁₅H₁₈Cl₃N₇O₂
[1,3,5]Triazin-2,4-diyldiamin,
N^2-[3-Dimethylamino-propyl]-N^4-[4-nitro-
phenyl]-6-trichlormethyl- 1226

C₁₅H₁₈Cl₄N₆
[1,3,5]Triazin-2,4-diyldiamin, N^2-[4-Chlor-
phenyl]-N^4-[3-dimethylamino-propyl]-
6-trichlormethyl- 1225

C₁₅H₁₈N₄O₂
[1,3,5]Triazin-2,4-dion, 6-[4-Dimethyl⤸
amino-styryl]-1,3-dimethyl-1H- 1395

C₁₅H₁₈N₄O₄
Äthan, 1-Acetoxy-2-[N-(dimethoxy-
[1,3,5]triazin-2-yl)-anilino]- 1346
Imidazo[1,2-a]pyridin-2-carbonsäure,
8-[1-Methyl-pyrrolidin-2-yl]-3-nitro-,
äthylester 953

C₁₅H₁₈N₁₀
Propionitril, 3,3′,3″,3‴-[6-Amino-
[1,3,5]triazin-2,4-diyldiimino]-tetra-
1284

[C₁₅H₁₉ClN₅]⁺
Piperazinium, 4-[5-(4-Chlor-phenyl)-
[1,2,4]triazin-3-yl]-1,1-dimethyl- 1146

C₁₅H₁₉Cl₃N₆
[1,3,5]Triazin-2,4-diyldiamin,
N^2-[3-Dimethylamino-propyl]-N^4-phenyl-
6-trichlormethyl- 1225

C₁₅H₁₉N₃O₂
Imidazo[1,2-a]pyridin-2-carbonsäure,
6-[1-Methyl-pyrrolidin-2-yl]-, äthylester
952
–, 8-[1-Methyl-pyrrolidin-2-yl]-,
äthylester 952

C₁₅H₁₉N₅O
[1,2,4]Triazin, 5-[4-Methoxy-phenyl]-3-
[4-methyl-piperazino]- 1341
[1,3,5]Triazin-2,4-diyldiamin,
N^2-Cyclohexyl-6-phenoxy- 1316

C₁₅H₁₉N₅O₂
Buttersäure, 4-[Amino-anilino-[1,3,5]triazin-
2-yl]-, äthylester 1416
Hexansäure, 6-[Amino-anilino-
[1,3,5]triazin-2-yl]- 1417
Valeriansäure, 5-[Amino-anilino-
[1,3,5]triazin-2-yl]-, methylester 1416

$C_{15}H_{20}ClN_5$

[1,3,5]Triazin-2,4-diyldiamin, N^2,N^2,N^4,N^4-Tetraallyl-6-chlor- 1210

$C_{15}H_{20}ClN_5O$

[1,3,5]Triazin-2,4-diyldiamin, 6-[2-Äthoxy-äthyl]-N^2-äthyl-N^2-[4-chlor-phenyl]- 1332

–, N^4-[5-Chlor-2-methyl-phenyl]-6-[1-methoxy-äthyl]-N^2,N^2-dimethyl- 1328

$C_{15}H_{20}ClN_7O$

Propionsäure, 3-[(4-Chlor-anilino)-isopropylamino-[1,3,5]triazin-2-yl]-, hydrazid 1415

$C_{15}H_{20}Cl_2N_6$

[1,3,5]Triazin-2,4-diyldiamin, 6-Chlor-N^2-[4-chlor-phenyl]-N^4-[2-diäthylamino-äthyl]- 1215

$C_{15}H_{20}N_4O_2$

[1,2,3]Triazol-4-carbonsäure, 2-Phenyl-2H-, [2-diäthylamino-äthylester] 933

$C_{15}H_{20}N_6O$

Hexansäure, 6-[Amino-anilino-[1,3,5]triazin-2-yl]-, amid 1417

$C_{15}H_{20}N_6O_4$

[1,3,5]Triazin-2,4-diyldiamin, 6-Äthyl-N^2-[2,5-diäthoxy-4-nitro-phenyl]- 1227

$C_{15}H_{21}ClN_4O$

Amin, [7-Chlor-1-oxy-benzo[e][1,2,4]triazin-3-yl]-[1-methyl-heptyl]- 1125

$C_{15}H_{21}ClN_6$

[1,3,5]Triazin-2,4-diyldiamin, 6-Chlor-N^2-[2-diäthylamino-äthyl]-N^4-phenyl- 1215

$C_{15}H_{21}ClN_6O$

[1,3,5]Triazin-2-on, 4-[4-Chlor-anilino]-6-[2-diäthylamino-äthylamino]-1H- 1358

$C_{15}H_{21}N_3O_4$

Pyrazol-3-carbonsäure, 4-[5-Äthoxycarbonyl-2,4-dimethyl-pyrrol-3-yl]-4,5-dihydro-1H-, äthylester 971

$C_{15}H_{21}N_5$

Äthylendiamin, N-Benzyl-N',N'-dimethyl-N'-[methyl-[1,3,5]triazin-2-yl]- 1102

[1,3,5]Triazin-2,4-diyldiamin, 6-Methyl-6-[2-methyl-propenyl]-1-p-tolyl-1,6-dihydro- 1231

$C_{15}H_{21}N_5O$

Äthylendiamin, N-[4-Methoxy-benzyl]-N',N'-dimethyl-N-[1,3,5]triazin-2-yl-1096

[1,3,5]Triazin-2,4-diyldiamin, 6-[2-Äthoxy-äthyl]-N^2-äthyl-N^2-phenyl- 1332

–, N^2-Äthyl-6-[1-methoxy-äthyl]-N^2-o-tolyl- 1329

–, N^2-Äthyl-6-[2-methoxy-äthyl]-N^2-o-tolyl- 1332

–, N^2-[2,6-Diäthyl-phenyl]-6-methoxymethyl- 1327

–, 1-[4-Methoxy-phenyl]-6-methyl-6-[2-methyl-propenyl]-1,6-dihydro- 1231

$C_{15}H_{21}N_5O_2$

Äthanol, 2-[N-(Amino-butoxy-[1,3,5]triazin-2-yl)-anilino]- 1318

[1,3,5]Triazin-2,4-diyldiamin, 6-Äthyl-N^2-[2,5-diäthoxy-phenyl]- 1227

$C_{15}H_{21}N_7O$

Hexansäure, 6-[Amino-anilino-[1,3,5]triazin-2-yl]-, hydrazid 1417

$C_{15}H_{22}ClN_5$

[1,3,5]Triazin-2,4-diyldiamin, 1-[4-Chlor-phenyl]-6-hexyl-1,6-dihydro- 1189

–, 6-Chlor-N^2,N^2,N^4-trimethallyl- 1210

$C_{15}H_{22}ClN_5OS$

Amin, [7-Chlor-1-oxy-benzo[e][1,2,4]triazin-3-yl]-[2-(2-diäthylamino-äthylmercapto)-äthyl]- 1125

$C_{15}H_{22}ClN_7$

[1,3,5]Triazin-2,4,6-triyltriamin, N^2-[4-Chlor-phenyl]-N^4-[2-diäthylamino-äthyl]- 1286

$C_{15}H_{22}IN_5O$

Propan-2-ol, 1-[4,6-Diamino-1-(4-jod-2-methyl-phenyl)-2-methyl-1,2-dihydro-[1,3,5]triazin-2-yl]-2-methyl- 1309

$C_{15}H_{22}N_4O$

Methanol, [3-Diäthylaminomethyl-6-phenyl-4,5-dihydro-[1,2,4]triazin-5-yl]- 1341

$C_{15}H_{22}N_6O_2$

[1,3,5]Triazin-2,4-diyldiamin, 6-Äthyl-N^2-[2,5-diäthoxy-4-amino-phenyl]- 1228

[1,3,5]Triazin-2,4,6-triyltriamin, N^2,N^4-Bis-[2-hydroxy-propyl]-N^6-phenyl- 1269

$C_{15}H_{22}N_6O_4$

Asparaginsäure, N-[Bis-aziridin-1-yl-[1,3,5]triazin-2-yl]-, diäthylester 1284

$C_{15}H_{23}N_5O$

Propan-2-ol, 1-[4,6-Diamino-2-methyl-1-p-tolyl-1,2-dihydro-[1,3,5]triazin-2-yl]-2-methyl- 1310

$C_{15}H_{23}N_5O_2$

Propan-2-ol, 1-[4,6-Diamino-1-(4-methoxy-phenyl)-2-methyl-1,2-dihydro-[1,3,5]triazin-2-yl]-2-methyl- 1310

$C_{15}H_{23}N_7$

[1,3,5]Triazin-2,4,6-triyltriamin, N^2-[2-Diäthylamino-äthyl]-N^4-phenyl- 1286

$C_{15}H_{24}ClN_5$

[1,3,5]Triazin-2,4-diyldiamin, 6-Chlor-N^2,⇄ N^4-dicyclohexyl- 1211

C₁₅H₂₄Cl₆N₃O₉P₃
Phosphonsäure, P,P',P''-[1,3,5]Triazin-
2,4,6-triyl-tris-, hexakis-[2-chlor-
äthylester] 1452

C₁₅H₂₄N₆
[1,3,5]Triazin, Tripyrrolidino- 1271

C₁₅H₂₄N₆O
Methacrylamid, N-Cyclohexyl-N-
[2-(diamino-[1,3,5]triazin-2-yl)-äthyl]-
1302

C₁₅H₂₄N₆O₃
Butyramid, N,N',N''-[1,3,5]Triazin-
2,4,6-triyl-tris- 1275

C₁₅H₂₅N₅O
[1,3,5]Triazin-2,4-diyldiamin, 6-Butoxy-
N^2,N^2-dimethallyl- 1316
–, 6-Butoxy-N^2,N^4-dimethallyl- 1316

C₁₅H₂₆Cl₂N₄
Amin, [Dichlor-[1,3,5]triazin-2-yl]-dihexyl-
1097
–, [Dichlor-[1,3,5]triazin-2-yl]-
dodecyl- 1097

C₁₅H₂₇N₅O
Dodecan-2-on, 12-[Diamino-[1,3,5]triazin-
2-yl]- 1370

C₁₅H₂₈N₄
Amin, Dodecyl-[1,3,5]triazin-2-yl- 1095

C₁₅H₂₈N₆O
[1,3,5]Triazin-2,4,6-triyltriamin,
N^2-[2,4,4-Trimethyl-pentyl]-N^2-[2-vinyloxy-
äthyl]- 1268

C₁₅H₂₈N₆O₂
Propionsäure, 3-[Diamino-[1,3,5]triazin-
2-yl]-2-methoxy-, octylamid 1422
–, 3-[Diamino-[1,3,5]triazin-2-yl]-
3-methoxy-, octylamid 1422

C₁₅H₂₉N₅
[1,3,5]Triazin-2,4-diyldiamin, N^2-Dodecyl-
1193

C₁₅H₂₉N₅O
[1,3,5]Triazin-2,4-diyldiamin, 6-Dodecyloxy-
1312
–, N^2,N^2,N^4,N^4-Tetraäthyl-6-butoxy-
1314

C₁₅H₂₉N₅S
[1,3,5]Triazin-2-thion, 4-Amino-
6-dodecylamino-1H- 1360
–, 4,6-Diamino-1-dodecyl-1H- 1360

C₁₅H₃₀ClN₇
[1,3,5]Triazin-2,4-diyldiamin, 6-Chlor-N^2,⇌
N^4-bis-[2-diäthylamino-äthyl]- 1216

C₁₅H₃₀N₃O₉P₃
Phosphonsäure, P,P',P''-[1,3,5]Triazin-
2,4,6-triyl-tris-, hexaäthylester 1452

C₁₅H₃₀N₆
[1,3,5]Triazin-2-on, 4,6-Diamino-1-dodecyl-
1H-, imin 1259
[1,3,5]Triazin-2,4,6-triyltriamin,
N^2-Dodecyl- 1259

–, Hexa-N-äthyl- 1257
–, N^2,N^4,N^6-Tributyl- 1258
–, N^2,N^4,N^6-Tri-$tert$-butyl- 1259
–, N^2,N^4,N^6-Triisobutyl- 1259

C₁₅H₃₀N₆O₆
[1,3,5]Triazin-2,4,6-triyltriamin, Hexakis-
N-[2-hydroxy-äthyl]- 1269
–, Hexakis-N-methoxymethyl- 1274

[C₁₅H₃₁N₆]⁺
[1,3,5]Triazinium, 2,4,6-Triamino-
1-dodecyl- 1259

C₁₅H₃₃N₉
[1,3,5]Triazin-2,4,6-triyltriamin, N^2,N^4,N^6-
Tris-[2-dimethylamino-äthyl]- 1287

C₁₆

C₁₆H₉F₁₄N₅O₂S
Toluol-4-sulfonsäure-[N'-(bis-heptafluorpropyl-
[1,3,5]triazin-2-yl)-hydrazid] 1433

C₁₆H₁₀Cl₂F₃N₅
[1,3,5]Triazin-2,4-diyldiamin, N^2,N^4-Bis-
[4-chlor-phenyl]-6-trifluormethyl- 1223

C₁₆H₁₀N₆O₁₀S₂
[1,2,3]Triazol-4-carbonsäure, 5,5'-Dioxo-
2,5,2',5'-tetrahydro-1H,1'H-
1,1'-[naphthalin-1,5-disulfonyl]-bis-
1008

C₁₆H₁₁Cl₂N₅
Benzaldehyd, 4-Chlor-, [5-(4-chlor-phenyl)-
[1,2,4]triazin-3-ylhydrazon] 1436

C₁₆H₁₁N₃O₂
Naphth[2',3':4,5]imidazo[1,2-a]pyrimidin-
3-carbonsäure, 2-Methyl- 961
[1,2,4]Triazin-3-carbonsäure, 5,6-Diphenyl-
960

C₁₆H₁₁N₃O₃
Pyridinium, 1-Acetyl-2-[3-carboxy-cinnolin-
4-yl]-, betain 959
Spiro[chinazolin-2,3'-indolin]-4-carbonsäure,
2'-Oxo-1H- 1027

C₁₆H₁₁N₃O₃S
Naphtho[1,2-d][1,2,3]triazol-4-sulfonsäure,
2-Phenyl-2H- 1056
Naphtho[1,2-d][1,2,3]triazol-5-sulfonsäure,
2-Phenyl-2H- 1056
Naphtho[1,2-d][1,2,3]triazol-7-sulfonsäure,
2-Phenyl-2H- 1061

C₁₆H₁₁N₃O₄
Pyrrol-3,4-dicarbonsäure, 2,5-Di-[2]pyridyl-
976
[1,2,3]Triazol-4-carbonsäure, 5-[2-Carboxy-
phenyl]-2-phenyl-2H- 973

C₁₆H₁₁N₃O₆S₂
Naphtho[1,2-d][1,2,3]triazol-5-sulfonsäure,
2-[4-Sulfo-phenyl]-2H- 1057
Naphtho[1,2-d][1,2,3]triazol-7-sulfonsäure,
2-[4-Sulfo-phenyl]-2H- 1061

C$_{16}$H$_{12}$Br$_2$N$_6$O
Triazen, 3-Acetyl-1-[4-brom-phenyl]-3-[1-
(4-brom-phenyl)-1H-[1,2,3]triazol-4-yl]-
1451

C$_{16}$H$_{12}$Cl$_2$N$_4$O
Acetyl-Derivat C$_{16}$H$_{12}$Cl$_2$N$_4$O aus
3-Amino-2,4-bis-[4-chlor-phenyl]-
[1,2,4]triazolium-betain 1075

C$_{16}$H$_{12}$N$_4$
Acetonitril, [1,5-Diphenyl-1H-[1,2,3]triazol-
4-yl]- 952
Benz[4,5]imidazo[1,2-a]pyrimidin-4-ylamin,
2-Phenyl- 1157

C$_{16}$H$_{12}$N$_4$O
Isochino[3,4-b]chinoxalin-5-on, 9-Amino-
10-methyl-6H- 1385

C$_{16}$H$_{12}$N$_4$OS
[1,2,4]Triazin-5-on, 6-[3-Benzylidenamino-
phenyl]-3-thioxo-3,4-dihydro-2H- 1393
−, 6-[4-Benzylidenamino-phenyl]-
3-thioxo-3,4-dihydro-2H- 1394

C$_{16}$H$_{12}$N$_4$O$_2$
Spiro[chinazolin-2,3'-indolin]-4-carbonsäure,
2'-Oxo-1H-, amid 1027

C$_{16}$H$_{12}$N$_4$O$_2$S
Benzoesäure-[3-(5-oxo-3-thioxo-
2,3,4,5-tetrahydro-[1,2,4]triazin-6-yl)-
anilid] 1393
− [4-(5-oxo-3-thioxo-
2,3,4,5-tetrahydro-[1,2,4]triazin-6-yl)-
anilid] 1394

C$_{16}$H$_{12}$N$_4$O$_3$S
Naphtho[1,2-d][1,2,3]triazol-4-sulfonsäure,
2-[4-Amino-phenyl]-2H- 1056
Naphtho[1,2-d][1,2,3]triazol-5-sulfonsäure,
2-[4-Amino-phenyl]-2H- 1057
Naphtho[1,2-d][1,2,3]triazol-6-sulfonsäure,
2-[4-Amino-phenyl]-2H- 1059
Naphtho[1,2-d][1,2,3]triazol-7-sulfonsäure,
2-[2-Amino-phenyl]-2H- 1064
−, 2-[3-Amino-phenyl]-2H- 1064
−, 2-[4-Amino-phenyl]-2H- 1064
Naphtho[1,2-d][1,2,3]triazol-8-sulfonsäure,
2-[4-Amino-phenyl]-2H- 1064

C$_{16}$H$_{12}$N$_4$O$_4$
[1,2,3]Triazol-4-carbonsäure, 5-Methyl-
1-phenyl-1H-, [4-nitro-phenylester] 937

C$_{16}$H$_{12}$N$_4$O$_4$S
Naphthalin-1-sulfonsäure, 4-[5-Amino-
benzotriazol-2-yl]-3-hydroxy- 1115

C$_{16}$H$_{12}$N$_4$O$_5$
Essigsäure, [6-(4-Nitro-phenyl)-5-oxo-
5,6-dihydro-pyrido[2,3-d]pyridazin-8-yl]-,
methylester 1018

C$_{16}$H$_{12}$N$_4$O$_6$S$_2$
Naphtho[1,2-d][1,2,3]triazol-4,7-disulfonsäure,
2-[4-Amino-phenyl]-2H- 1065
Naphtho[1,2-d][1,2,3]triazol-6,8-disulfonsäure,
2-[4-Amino-phenyl]-2H- 1067

Naphtho[1,2-d][1,2,3]triazol-6-sulfonsäure,
2-[4-Amino-3-sulfo-phenyl]-2H- 1059

C$_{16}$H$_{12}$N$_8$O$_8$S$_2$
Naphthalin-1,5-disulfonamid, N,N'-Bis-
[5-oxo-2,5-dihydro-1H-[1,2,3]triazol-
4-carbonyl]- 1006
[1,2,3]Triazol-4-carbonsäure, 5,5'-Dioxo-
2,5,2',5'-tetrahydro-1H,1'H-
1,1'-[naphthalin-1,5-disulfonyl]-bis-,
diamid 1008

C$_{16}$H$_{13}$ClN$_4$O$_2$
Acetoacetamid, N-[6-Chlor-2-phenyl-
2H-benzotriazol-5-yl]- 1116

C$_{16}$H$_{13}$Cl$_2$N$_5$O
[1,3,5]Triazin-2,4-diyldiamin, 6-Chlor-
N^2-[4-chlor-phenyl]-N^4-[4-methoxy-
phenyl]- 1213

C$_{16}$H$_{13}$Cl$_2$N$_5$S
[1,3,5]Triazin-2-thion, 6-[4-Chlor-anilino]-
1-[4-chlor-phenyl]-4-methylamino-1H-
1361

C$_{16}$H$_{13}$N$_3$O$_2$
Indolo[2,3-b][1,5]naphthyridin-
3-carbonsäure, 6-Methyl-6,11-dihydro-
5H- 959
[1,2,3]Triazol-4-carbonsäure, 1-Benzyl-
5-phenyl-1H- 950
−, 5-Benzyl-1-phenyl-1H- 951
−, 5-Methyl-1-phenyl-1H-,
phenylester 937

C$_{16}$H$_{13}$N$_3$O$_4$
Pyrido[2,3-d]pyrimidin-5-carbonsäure,
3,7-Dimethyl-2,4-dioxo-1-phenyl-
1,2,3,4-tetrahydro- 1035
−, 2,4-Dioxo-7-phenyl-
1,2,3,4-tetrahydro-, äthylester 1039

C$_{16}$H$_{13}$N$_5$
Isochino[3,4-b]chinoxalin-5,9-diyldiamin,
10-Methyl- 1251
[1,2,4]Triazol-3,5-diyldiamin, N^3,N^5-
Dibenzyliden-1H- 1166

C$_{16}$H$_{13}$N$_5$O$_2$
Benzamid, N,N'-[1H-[1,2,4]Triazol-3,5-diyl]-
bis- 1168
Essigsäure, [4-Oxo-1,4-dihydro-naphth≠
[2',3':4,5]imidazo[1,2-a]pyrimidin-2-yl]-,
hydrazid 1027
Harnstoff, [1-Benzoyl-5-phenyl-
1H-[1,2,4]triazol-3-yl]- 1139
Indol-4-carbonitril, 3-[2-Acetylamino-
3-methyl-5-oxo-3,5-dihydro-imidazol-
4-ylidenmethyl]- 1425
[1,3,5]Triazin-2,4-dion, 6-Benzhydryl≠
idenhydrazino-1H- 1440
[1,2,4]Triazol-3,5-diyldiamin, N^3,N^5-
Disalicyliden-1H- 1166

$C_{16}H_{13}N_5O_2S_2$
Salicylsäure-[3-(4,6-dithioxo-
1,4,5,6-tetrahydro-[1,3,5]triazin-
2-ylamino)-anilid] 1389
$C_{16}H_{13}N_5O_3S$
Naphtho[1,2-d][1,2,3]triazol-6-sulfonsäure,
2-[2,4-Diamino-phenyl]-2H- 1059
$C_{16}H_{13}N_5O_4$
Anthranilsäure, N-[5-Methyl-2-(4-nitro-
phenyl)-2H-[1,2,4]triazol-3-yl]- 1083
$C_{16}H_{13}N_7O_3$
Benzoesäure, 5-[4-(4-Amino-[1,3,5]triazin-
2-ylamino)-phenylazo]-2-hydroxy- 1205
$C_{16}H_{14}N_4$
Amin, Benzyliden-[5-methyl-2-phenyl-
2H-[1,2,3]triazol-4-yl]- 1081
Anilin, 2-[6-Methyl-5-phenyl-[1,2,4]triazin-
3-yl]- 1156
[1,3,5]Triazin-2-ylamin, 4-Benzyl-6-phenyl-
1156
$C_{16}H_{14}N_4O$
Acetamid, N-[2,5-Diphenyl-2H-
[1,2,3]triazol-4-yl]- 1136
—, N-Phenyl-N-[1-phenyl-
1H-[1,2,4]triazol-3-yl]- 1075
Benzamid, N-[2-Methyl-5-phenyl-
2H-[1,2,4]triazol-3-yl]- 1138
Acetyl-Derivat $C_{16}H_{14}N_4O$ aus
3-Amino-2,4-diphenyl-[1,2,4]triazolium-
betain 1074
$C_{16}H_{14}N_4OS$
Pyrimidin-4-on, 6-Amino-5-[2-(1-methyl-
1H-[2]chinolyliden)-äthyliden]-2-thioxo-
3,5-dihydro-2H- 1396
$C_{16}H_{14}N_4O_2$
Acetoacetamid, N-[1-Phenyl-
1H-benzotriazol-5-yl]- 1114
—, N-[2-Phenyl-2H-benzotriazol-5-yl]-
1114
Benzo[2,3][1,4]diazepino[7,1-a]phthalazin-
7,13-dion, 2-Amino-11b,12-dihydro-
14H- 1396
Essigsäure-[4-(6-methoxy-benzo[e]⚡
[1,2,4]triazin-3-yl)-anilid] 1343
$C_{16}H_{14}N_4O_3$
Acetamid, N-[4-Acetyl-5-oxo-2-phenyl-
4,5-dihydro-pyrazolo[1,5-a]pyrimidin-
7-yl]- 1382
$C_{16}H_{14}N_6$
Amin, Benzyliden-[5-benzylidenhydrazino-
1H-[1,2,4]triazol-3-yl]- 1441
[1,2,4]Triazol, 4-Benzylidenamino-
3-benzylidenhydrazino-4H- 1432
[1,2,4]Triazol-3,4,5-triyltriamin, N^3,N^4-
Dibenzyliden- 1174
$C_{16}H_{14}N_6O$
Benzoesäure-[3-(diamino-[1,3,5]triazin-2-yl)-
anilid] 1305

Harnstoff, N-[Anilino-[1,3,5]triazin-2-yl]-
N'-phenyl- 1196
[1,3,5]Triazin-2-carbonsäure, Amino-
anilino-, anilid 1410
$C_{16}H_{14}N_6O_2$
Diacetyl-Derivat $C_{16}H_{14}N_6O_2$ aus
7-Phenylazo-1H-benzotriazol-4-ylamin
1445
$C_{16}H_{14}N_8O_2S$
Sulfon, Bis-[4-(5-amino-[1,2,3]triazol-1-yl)-
phenyl]- 1073
$C_{16}H_{15}ClN_6O$
[1,3,5]Triazin-2,4,6-triyltriamin,
N^2-[4-Chlor-phenyl]-N^4-[4-methoxy-phenyl]-
1272
$C_{16}H_{15}Cl_2N_5O$
[1,3,5]Triazin-2,4-diyldiamin,
1-[2,4-Dichlor-phenyl]-6-[4-methoxy-
phenyl]-1,6-dihydro- 1339
$C_{16}H_{15}N_3O_2$
Pyrazolo[1,5-a]pyrimidin-5-carbonsäure,
7-Methyl-2-phenyl-, äthylester 956
$C_{16}H_{15}N_3O_3$
Benzotriazol-5-carbonsäure, 1-[4-Äthoxy-
phenyl]-1H-, methylester 944
Cinnolin-3-carbonsäure, 4-[2-Äthoxy-
1,2-dihydro-[2]pyridyl]- 1004
Essigsäure, [3,5-Dimethyl-7-oxo-2-phenyl-
4,7-dihydro-pyrazolo[1,5-a]pyrimidin-
6-yl]- 1024
Pyrazolo[3,4-b]pyridin-6-carbonsäure,
3-Methyl-4-oxo-1-phenyl-4,7-dihydro-
1H-, äthylester 1012
Pyrazolo[1,5-a]pyrimidin-5-carbonsäure,
6-Methyl-7-oxo-2-phenyl-4,7-dihydro-,
äthylester 1023
$C_{16}H_{15}N_3O_4$
Pyrazolo[1,5-a]chinazolin-2,3-dicarbonsäure-
diäthylester 974
Pyrazolo[3,4-b]pyridin-6-carbonsäure,
5-Methyl-3,4-dioxo-1-phenyl-
2,3,4,7-tetrahydro-1H-, äthylester 1034
$C_{16}H_{15}N_5$
Benzaldehyd-[methyl-(5-phenyl-
1H-[1,2,4]triazol-3-yl)-hydrazon] 1435
[1,3,5]Triazin-2,4-diyldiamin,
N^2-Benzhydryl- 1201
—, N^2-Benzyl-N^2-phenyl- 1199
$C_{16}H_{15}N_5O$
Harnstoff, [1-Benzyl-5-phenyl-
1H-[1,2,4]triazol-3-yl]- 1139
—, N-[5-Methyl-2-phenyl-
2H-[1,2,3]triazol-4-yl]-N'-phenyl- 1081
Methanol, [Amino-anilino-[1,3,5]triazin-
2-yl]-phenyl- 1342
[1,3,5]Triazin-2,4-diyldiamin, 6-Methoxy-
N^2,N^4-diphenyl- 1317

C₁₆H₁₅N₅O₂

Acetoacetamid, N-[5-Amino-1-[2]naphthyl-
1H-[1,2,4]triazol-3-yl]- 1171
Hydrazin, N-Acetyl-N'-[7-methyl-2-phenyl-
pyrazolo[1,5-a]pyrimidin-5-carbonyl]-
956

C₁₆H₁₅N₅O₃S

Essigsäure-[4-(5-[3]pyridyl-1(2)H-pyrazol-
3-ylsulfamoyl)-anilid] 1142

C₁₆H₁₅N₅O₄S

Amin, [1-Isopropylidenamino-5-oxo-
2,5-dihydro-1H-[1,2,3]triazol-
4-carbonyl]-[naphthalin-2-sulfonyl]-
1009

C₁₆H₁₅N₅S

[1,3,5]Triazin-2,4-diyldiamin, 6-Methyl-
mercapto-N²,N⁴-diphenyl- 1322

C₁₆H₁₅N₇

[1,2,4]Triazol, 3,5-Bis-benzylidenhydrazino-
1H- 1438

C₁₆H₁₅N₇O

[1,3,5]Triazin-2-carbonsäure, Amino-
anilino-, [N'-phenyl-hydrazid] 1411

C₁₆H₁₆ClN₅

[1,3,5]Triazin-2,4-diyldiamin, 1-[4-Chlor-
phenyl]-N²-methyl-6-phenyl-1,6-dihydro-
1242

C₁₆H₁₆ClN₅O

[1,3,5]Triazin-2,4-diyldiamin, 1-[2-Chlor-
phenyl]-6-[4-methoxy-phenyl]-
1,6-dihydro- 1339
−, 1-[3-Chlor-phenyl]-6-[4-methoxy-
phenyl]-1,6-dihydro- 1339
−, 1-[4-Chlor-phenyl]-6-[4-methoxy-
phenyl]-1,6-dihydro- 1339

C₁₆H₁₆N₄

Äthylamin, 2-[1,5-Diphenyl-1H-
[1,2,3]triazol-4-yl]- 1144
Amin, o-Tolyl-[1-o-tolyl-1H-[1,2,4]triazol-
3-yl]- 1076
−, p-Tolyl-[1-p-tolyl-1H-[1,2,4]triazol-
3-yl]- 1076
−, p-Tolyl-[3-p-tolyl-3H-[1,2,3]triazol-
4-yl]- 1072
[1,2,4]Triazolium, 3-Amino-2,4-di-p-tolyl-,
betain 1076

C₁₆H₁₆N₄OS

[1,2,4]Triazol-3-thion, 4-[4-Äthoxy-phenyl]-
5-[4-amino-phenyl]-2,4-dihydro- 1372

C₁₆H₁₆N₄O₃

Benzotriazol-5-carbonsäure, 1-[4-Äthoxy-
phenyl]-7-amino-1H-, methylester 1419

C₁₆H₁₆N₄S

Amin, [5-Äthylmercapto-4-phenyl-
4H-[1,2,4]triazol-3-yl]-phenyl- 1307

C₁₆H₁₆N₆

[1,3,5]Triazin-2,4,6-triyltriamin, N²-Benzyl-
N²-phenyl- 1264

C₁₆H₁₆N₆O

Benzylalkohol, α-[5-Benzylidenhydrazino-
1H-[1,2,4]triazol-3-ylamino]- 1441

C₁₆H₁₆N₆O₂

Aceton, [Amino-(6-methoxy-[8]chinolyl-
amino)-[1,3,5]triazin-2-yl]- 1368

C₁₆H₁₇N₃O₄

Pyrrolo[3,4-c]pyrazol-3-carbonsäure,
5-[2,4-Dimethyl-phenyl]-4,6-dioxo-
1,3a,4,5,6,6a-hexahydro-, äthylester
1033

C₁₆H₁₇N₃O₅

Pyrrolo[3,4-c]pyrazol-3-carbonsäure,
5-[4-Äthoxy-phenyl]-4,6-dioxo-
1,3a,4,5,6,6a-hexahydro-, äthylester
1033

C₁₆H₁₇N₃O₆

Pyrrolo[3,4-c]pyrazol-3-carbonsäure,
5-[2,5-Dimethoxy-phenyl]-4,6-dioxo-
1,3a,4,5,6,6a-hexahydro-, äthylester
1033

C₁₆H₁₇N₅

Pyrido[2,3-d]pyrimidin-2,4-diyldiamin,
7-Phenyl-6-propyl- 1251

C₁₆H₁₇N₅O

Phenol, 4-[4,6-Diamino-1-p-tolyl-
1,2-dihydro-[1,3,5]triazin-2-yl]- 1339
Pyrido[3,4-d]pyridazin-1-on, 5-Anilino-
2,7-dimethyl-4-methylamino-2H- 1374

C₁₆H₁₇N₅O₂

Phenol, 4-[4,6-Diamino-1-(4-methoxy-
phenyl)-1,2-dihydro-[1,3,5]triazin-2-yl]-
1340
−, 4-[4,6-Diamino-2-(4-methoxy-
phenyl)-1,2-dihydro-[1,3,5]triazin-1-yl]-
1340

C₁₆H₁₇N₅O₄

Acetoacetamid, N,N'-[1-Phenyl-
1H-[1,2,4]triazol-3,5-diyl]-bis- 1171

C₁₆H₁₇N₇O₅S₂

Sulfanilsäure, N,N'-[Methoxy-[1,3,5]triazin-
2,4-diyl]-di-, diamid 1319

C₁₆H₁₈N₄O₅

Benzo[e][1,2,4]triazin-3-carbonsäure,
1,4-Diacetyl-6-acetylamino-1,4-dihydro-,
äthylester 1419

C₁₆H₁₉N₃O₄S

Pyrrol-3-carbonsäure, 5-[1-Äthyl-4,6-dioxo-
2-thioxo-tetrahydro-pyrimidin-
5-ylidenmethyl]-2,4-dimethyl-,
äthylester 1042

C₁₆H₁₉N₇

Guanidin, [3-(3-Amino-6-indol-3-yl-
pyrazin-2-yl)-propyl]- 1249

C₁₆H₂₀ClN₅O

[1,3,5]Triazin-2,4-diyldiamin, 6-[2-Äthoxy-
äthyl]-N²-allyl-N²-[4-chlor-phenyl]-
1332

$C_{16}H_{20}Cl_4N_8$
Guanidin, N-[4-Chlor-phenyl]-N'-
[(3-dimethylamino-propylamino)-
trichlormethyl-[1,3,5]triazin-2-yl]- 1226

$C_{16}H_{20}N_6$
[1,3,5]Triazin-2,4,6-triyltriamin, N^2,N^2-
Diallyl-N^4-p-tolyl- 1264

$C_{16}H_{20}N_6O_2$
Benzamid, N-[1-(Diamino-[1,3,5]triazin-
2-yl)-äthyl]-[2-vinyloxy-äthyl]- 1302
—, N-[2-(Diamino-[1,3,5]triazin-2-yl)-
äthyl]-N-[2-vinyloxy-äthyl]- 1302

$C_{16}H_{21}Cl_3N_6O$
[1,3,5]Triazin-2,4-diyldiamin,
N^2-[3-Dimethylamino-propyl]-N^4-
[4-methoxy-phenyl]-6-trichlormethyl-
1226

$C_{16}H_{21}N_3O_2$
Imidazo[1,2-a]pyridin-3-carbonsäure,
2-Methyl-8-[1-methyl-pyrrolidin-2-yl]-,
äthylester 953

$C_{16}H_{21}N_3O_4$
Essigsäure, [3-Äthoxycarbonyl-5-
(1(3)H-imidazol-4-ylmethyl)-4-methyl-
pyrrol-2-yl]-, äthylester 972

$C_{16}H_{21}N_3O_6$
Pyrazol-3,4-dicarbonsäure, 3-[5-Äthoxy=
carbonyl-2,4-dimethyl-pyrrol-3-yl]-
4,5-dihydro-3H-, dimethylester 986
—, 4-[5-Äthoxycarbonyl-2,4-dimethyl-
pyrrol-3-yl]-4,5-dihydro-1H-,
dimethylester 986

$C_{16}H_{21}N_5O_2$
Valeriansäure, 5-[Amino-anilino-
[1,3,5]triazin-2-yl]-, äthylester 1417

$C_{16}H_{21}N_{11}$
[1,3,5]Triazin-2,4-diyldiamin, 6,6'-[3-Phenyl-
3-aza-pentandiyl]-bis- 1303

$C_{16}H_{22}N_6$
[1,3,5]Triazin-2,4-diyldiamin, 6-[2-Pyrrolidino-
äthyl]-N^2-p-tolyl- 1303

$C_{16}H_{22}N_6O$
Propionsäure, 3-[Amino-anilino-
[1,3,5]triazin-2-yl]-, diäthylamid 1415

$C_{16}H_{22}N_6O_2$
[1,3,5]Triazin-2-carbonsäure, Amino-
anilino-, [2-diäthylamino-äthylester]
1410

$C_{16}H_{22}N_{12}$
m-Phenylendiamin, N,N'-Bis-[2-(diamino-
[1,3,5]triazin-2-yl)-äthyl]- 1303

$C_{16}H_{23}ClN_6$
[1,3,5]Triazin-2,4-diyldiamin, N^2-[4-Chlor-
phenyl]-N^4-[2-diäthylamino-äthyl]-
6-methyl- 1222

$C_{16}H_{23}ClN_6O$
[1,3,5]Triazin-2,4-diyldiamin, 6-Chlor-
N^2-[2-diäthylamino-äthyl]-N^4-
[4-methoxy-phenyl]- 1215

$C_{16}H_{23}N_5$
Äthylendiamin, N-[Äthyl-[1,3,5]triazin-2-yl]-
N-benzyl-N',N'-dimethyl- 1103
—, N,N-Diäthyl-N'-benzyl-
N'-[1,3,5]triazin-2-yl- 1096
1,3,5-Triaza-spiro[5.5]undeca-1,3-dien-
2,4-diyldiamin, 5-[4-Äthyl-phenyl]-
1232
[1,3,5]Triazin-2,4-diyldiamin,
1-[2,4-Dimethyl-phenyl]-6-methyl-6-
[2-methyl-propenyl]-1,6-dihydro- 1231

$C_{16}H_{23}N_5O$
Äthylendiamin, N-[4-Äthoxy-benzyl]-
N',N'-dimethyl-N-[1,3,5]triazin-2-yl-
1096
[1,3,5]Triazin-2,4-diyldiamin, 6-[2-Äthoxy-
äthyl]-N^2-äthyl-N^2-o-tolyl- 1332
—, 1-[4-Äthoxy-phenyl]-6-methyl-6-
[2-methyl-propenyl]-1,6-dihydro- 1231
—, N^2-Butyl-6-[2-methoxy-äthyl]-
N^2-phenyl- 1332
—, N^2,N^2,N^4,N^4-Tetraallyl-6-methoxy-
1316

$C_{16}H_{23}N_5O_2$
Bicyclo[2.2.2]oct-5-en-2-carbonsäure,
3-[Diamino-[1,3,5]triazin-2-yl]-
1-isopropyl-4-methyl- 1421
—, 3-[Diamino-[1,3,5]triazin-2-yl]-
4-isopropyl-1-methyl- 1421

$C_{16}H_{24}ClN_5$
Butandiyldiamin, N^4,N^4-Diäthyl-N^1-
[7-chlor-benzo[e][1,2,4]triazin-3-y]-
1-methyl- 1127

$C_{16}H_{24}ClN_5O$
Butandiyldiamin, N^4,N^4-Diäthyl-N^1-
[7-chlor-1-oxy-benzo[e][1,2,4]triazin-
3-yl]-1-methyl- 1127

$C_{16}H_{24}N_4O_2$
2,9;4a,8-Dicyclo-pyrido[2,3-h]chinazolin-
9-carbonsäure, 1,7-Diäthyl-4-oxo-
decahydro-, amid 1014
Pyridin-3-carbonsäure, 1-Äthyl-1,4-dihydro-,
amid, dimeres 1014

$C_{16}H_{24}N_6O_4$
Glutaminsäure, N-[Bis-aziridin-1-yl-
[1,3,5]triazin-2-yl]-, diäthylester 1285

$C_{16}H_{24}N_{10}$
[1,3,5]Triazin-2,4-diyldiamin, 6,6,6',6'-
Tetramethyl-1,6,1',6'-tetrahydro-1,1'-
p-phenylen-bis- 1186

$C_{16}H_{25}N_5O$
Propan-2-ol, 1-[4,6-Diamino-1-
(2,4-dimethyl-phenyl)-2-methyl-
1,2-dihydro-[1,3,5]triazin-2-yl]-2-methyl-
1310

$C_{16}H_{25}N_5O_2$
Propan-2-ol, 1-[1-(2-Äthoxy-phenyl)-
4,6-diamino-2-methyl-1,2-dihydro-
[1,3,5]triazin-2-yl]-2-methyl- 1310

$C_{16}H_{25}N_5O_2$ (Fortsetzung)
Propan-2-ol, 1-[1-(4-Äthoxy-phenyl)-
4,6-diamino-2-methyl-1,2-dihydro-
[1,3,5]triazin-2-yl]-2-methyl- 1310
$C_{16}H_{25}N_9O_3$
[1,2,3]Triazol-4,5-dicarbonsäure,
1-[2-Isopropylidencarbazoyl-äthyl]-1H-,
bis-isopropylidenhydrazid 968
$C_{16}H_{26}N_6O$
Phenol, 2-Diäthylaminomethyl-4-
[4,6-diamino-2,2-dimethyl-2H-
[1,3,5]triazin-1-yl]- 1186
$C_{16}H_{26}N_8O_4$
Äthylendiamin, N,N'-Bis-[diäthoxy-
[1,3,5]triazin-2-yl]- 1347
$C_{16}H_{29}N_5O_2$
Nonansäure, 9-[Diamino-[1,3,5]triazin-2-yl]-,
butylester 1417
$C_{16}H_{29}N_7O_5$
[1,3,5]Triazin-2,4-diyldiamin, N^2,N^4-Bis-
[2-äthoxycarbamoyl-äthyl]-6-propoxy-
1319
$C_{16}H_{29}N_{11}$
[1,3,5]Triazin-2,4,6-triyltriamin,
N^2-[1-(Diamino-[1,3,5]triazin-2-yl)-
3,5,5-trimethyl-hexyl]-N^2-methyl- 1304
$C_{16}H_{30}N_4O$
[1,3,5]Triazin-2-on, 4-Amino-6-tridecyl-1H-
1365
$C_{16}H_{30}N_{12}$
[1,3,5]Triazin-2,4,6-triyltriamin, $N^2,N^{2'}$-
Decandiyl-bis- 1290
—, $N^2,N^{2'}$-Dimethyl-$N^2,N^{2'}$-octandiyl-
bis- 1290
$C_{16}H_{31}N_5$
[1,3,5]Triazin-2,4-diyldiamin, 6-Tridecyl-
1234
$C_{16}H_{32}I_2N_{12}$
Bis-methojodid $[C_{16}H_{32}N_{12}]I_2$ aus
$N^2,N^{2'}$-Dimethyl-$N^2,N^{2'}$-hexandiyl-bis-
[1,3,5]triazin-2,4,6-triyltriamin 1290

C_{17}

$C_{17}H_{10}ClN_7$
Carbamonitril, N,N'-Diphenyl-N,N'-[chlor-
[1,3,5]triazin-2,4-diyl]-di- 1214
$C_{17}H_{11}N_3O_2$
Benzotriazol-4-carbonsäure, 3-[2]Naphthyl-
3H- 943
Naphtho[1,2-d][1,2,3]triazol-4-carbonsäure,
3-Phenyl-3H- 953
Nicotinsäure, 2-[1H-Naphth[2,3-d]imidazol-
2-yl]- 961
$C_{17}H_{12}ClN_5O_2$
Amin, [7-Chlor-1-oxy-benzo[e][1,2,4]triazin-
3-yl]-[6-methoxy-[8]chinolyl]- 1127

$C_{17}H_{12}Cl_2N_6O_2$
[1,3,5]Triazin-2-ylamin, 4,6-Bis-[2-chlor-
benzoylamino]- 1277
—, 4,6-Bis-[3-chlor-benzoylamino]-
1277
—, 4,6-Bis-[4-chlor-benzoylamino]-
1277
$C_{17}H_{12}N_4$
Anilin, 3-Pyridazino[4,5-c]isochinolin-6-yl-
1157
—, 4-Pyridazino[4,5-c]isochinolin-6-yl-
1158
Chinoxalin-2-ylamin, 3-[2]Chinolyl- 1158
Pyridazino[3,4-c]chinolin-1-ylamin,
5-Phenyl- 1158
Pyrimido[4,5-c]chinolin-1-ylamin, 5-Phenyl-
1158
$C_{17}H_{12}N_4O$
Acetamid, N-Pyrido[3,2-a]phenazin-5-yl-
1157
$C_{17}H_{12}N_4O_2$
Benzotriazol-4-carbonsäure, 5-Hydroxy-1H-,
[1]naphthylamid 1003
Phthalimid, N-[2-Phenyl-2H-[1,2,3]triazol-
4-ylmethyl]- 1081
$C_{17}H_{13}ClN_4O$
Naphtho[1,2-d][1,2,3]triazol-6-ylamin,
2-[4-Chlor-phenyl]-7-methoxy-2H- 1343
$C_{17}H_{13}Cl_2N_5S$
[1,2,4]Triazol-3,4-diyldiamin, N^3,N^4-Bis-
[4-chlor-benzyliden]-5-methylmercapto-
1307
$C_{17}H_{13}N_3O_3$
Naphth[2',3':4,5]imidazo[1,2-a]pyrimidin-
3-carbonsäure, 2-Oxo-1,2-dihydro-,
äthylester 1026
—, 4-Oxo-1,4-dihydro-, äthylester
1026
Spiro[chinazolin-2,3'-indolin]-4-carbonsäure,
2'-Oxo-1H-, methylester 1027
$C_{17}H_{13}N_3O_4$
Naphth[2',3':4,5]imidazo[1,2-a]pyrimidin-
3-carbonsäure, 2,4-Dioxo-
1,2,3,4-tetrahydro-, äthylester 1040
[1,2,4]Triazin-5-carbonsäure, 3-[α-Hydroxy-
benzhydryl]-6-oxo-1,6-dihydro- 1051
$C_{17}H_{13}N_3O_4S$
Chinolin-6-sulfonsäure, 3-[1H-Benzimidazol-
2-yl]-4-methyl-2-oxo-1,2-dihydro- 1070
Chinolin-8-sulfonsäure, 3-[1H-Benzimidazol-
2-yl]-4-methyl-2-oxo-1,2-dihydro- 1070
$[C_{17}H_{13}N_4]^+$
Pyrido[3,4-b]chinoxalinium, 4-Amino-
10-phenyl- 1151
$C_{17}H_{13}N_5$
Pyrido[2,3-b]pyrazin-3,6-diyldiamin,
2-[1]Naphthyl- 1252
—, 2-[2]Naphthyl- 1252

$C_{17}H_{13}N_5O$

Amin, [5,8-Diphenyl-[1,2,4]triazocin-3-yl]-nitroso- 1449

$C_{17}H_{13}N_7O$

[1,2,3]Triazol-4-carbonsäure, 2-Phenyl-2H-, [4-[1,2,3]triazol-2-yl-anilid] 934

$C_{17}H_{14}N_4$

Pyrazolo[3,4-b]chinolin-4-ylamin, 3-Methyl-1-phenyl-1H- 1149

[1,3,5]Triazin, Aziridin-1-yl-diphenyl- 1155

$C_{17}H_{14}N_4O$

Acetamid, N-[5,6-Diphenyl-[1,2,4]triazin-3-yl]- 1154

$C_{17}H_{14}N_4O_3$

Propionsäure, 3-[1,5-Diphenyl-1H-[1,2,3]triazol-4-yl]-2-hydroxyimino-1019

$C_{17}H_{14}N_4O_4S$

Naphtho[1,2-d][1,2,3]triazol-6-sulfonsäure, 2-[4-Amino-2-methoxy-phenyl]-2H-1059

−, 2-[4-Amino-3-methoxy-phenyl]-2H- 1059

$C_{17}H_{14}N_6O_2$

Benzamid, N,N'-[Amino-[1,3,5]triazin-2,4-diyl]-bis- 1277

$C_{17}H_{15}ClN_4O_3$

Buttersäure, 4-[4-(7-Chlor-1-oxy-benzo[e]-[1,2,4]triazin-3-ylamino)-phenyl]- 1126

$C_{17}H_{15}N_3O_2$

[1,2,3]Triazol-4-carbonsäure, 1-Benzyl-5-phenyl-1H-, methylester 950

−, 5-Methyl-1-phenyl-1H-, o-tolylester 938

$C_{17}H_{15}N_3O_3$

Nicotinsäure, 5-[5-Oxo-1-phenyl-2,5-dihydro-1H-pyrazol-3-yl]-, äthylester 1017

$C_{17}H_{15}N_3O_4$

Benz[4,5]imidazo[2,1-b]chinazolin-3-carbonsäure, 2,12-Dioxo-1,2,3,4,5,12-hexahydro-, äthylester 1040

Cinnolin-3-carbonsäure, 4-[1-Acetyl-2-methoxy-1,2-dihydro-[2]pyridyl]-1004

Pyrido[2,3-d]pyrimidin-5-carbonsäure, 7-Methyl-2,4-dioxo-1-phenyl-1,2,3,4-tetrahydro-, äthylester 1035

$C_{17}H_{15}N_3O_5$

Pyrido[2,3-d]pyrimidin-5-carbonsäure, 1-[4-Äthoxy-phenyl]-7-methyl-2,4-dioxo-1,2,3,4-tetrahydro- 1036

$C_{17}H_{15}N_5$

[1,3,5]Triazin-2,4-diyldiamin, N^2-Phenyl-6-styryl- 1248

[1,2,4]Triazol-3,4-diyldiamin, N^3,N^4-Dibenzyliden-5-methyl- 1084

$C_{17}H_{15}N_5O_2$

Propionsäure, 3-Oxo-3-phenyl-, [5-amino-1-phenyl-1H-[1,2,4]triazol-3-ylamid] 1171

$C_{17}H_{15}N_5O_5S$

Phthalamidsäure, N-[4-(5-Methyl-1H-[1,2,4]triazol-3-ylsulfamoyl)-phenyl]-1084

$C_{17}H_{15}N_5S$

[1,2,4]Triazol-3,4-diyldiamin, N^3,N^4-Dibenzyliden-5-methylmercapto- 1307

$C_{17}H_{15}N_7$

Glycin, N-[Dianilino-[1,3,5]triazin-2-yl]-, nitril 1281

$C_{17}H_{15}N_7O_4S$

[1,2,3]Triazol-4-carbonsäure, 5-Amino-1-[4-(4-azido-benzolsulfonyl)-phenyl]-1H-, äthylester 1406

$C_{17}H_{16}ClN_5$

[1,3,5]Triazin-2,4-diyldiamin, 6-Chlor-N^2,N^4-dimethyl-N^2,N^4-diphenyl- 1212

$C_{17}H_{16}ClN_5O_2$

[1,3,5]Triazin-2,4-diyldiamin, 6-Chlor-N^2,N^4-bis-[4-methoxy-phenyl]- 1214

$C_{17}H_{16}N_4$

Amin, [5,6-Diphenyl-[1,2,4]triazin-3-yl]-dimethyl- 1154

$C_{17}H_{16}N_4OS$

Essigsäure-[4-(5-benzylmercapto-1H-[1,2,4]triazol-3-yl)-anilid] 1338

$C_{17}H_{16}N_4OS_2$

Essigsäure-[4-(1-phenyl-4,6-dithioxo-hexahydro-[1,3,5]triazin-2-yl)-anilid] 1393

$C_{17}H_{16}N_4O_2$

Acetoacetamid, N-[6-Methyl-2-phenyl-2H-benzotriazol-5-yl]- 1118

$C_{17}H_{16}N_4O_3$

Acetoacetamid, N-[2-(4-Methoxy-phenyl)-2H-benzotriazol-5-yl]- 1114

$C_{17}H_{16}N_4O_4$

Essigsäure, [5-Methyl-3-nitroso-7-oxo-2-phenyl-4,7-dihydro-pyrazolo[1,5-a]-pyrimidin-6-yl]-, äthylester 1024

$C_{17}H_{17}BrN_4$

Amin, [4-Brom-phenyl]-[1-phenyl-4,5,6,6a-tetrahydro-1H-cyclopentatriazol-3a-yl]-1091

−, [4-Brom-phenyl]-[3-phenyl-4,5,6,6a-tetrahydro-3H-cyclopentatriazol-3a-yl]-1091

−, [1-(4-Brom-phenyl)-4,5,6,6a-tetrahydro-1H-cyclopentatriazol-3a-yl]-phenyl- 1091

−, [3-(4-Brom-phenyl)-4,5,6,6a-tetrahydro-3H-cyclopentatriazol-3a-yl]-phenyl- 1091

$C_{17}H_{17}ClN_4O_3$

Amin, [7-Chlor-1-oxy-benzo[e][1,2,4]triazin-
3-yl]-[3,4-dimethoxy-phenäthyl]- 1126

$C_{17}H_{17}Cl_2N_5$

[1,3,5]Triazin-2,4-diyldiamin, 1,N^2-Bis-
[4-chlor-phenyl]-6,6-dimethyl-
1,6-dihydro- 1182

$C_{17}H_{17}N_3O_2$

Benz[4,5]imidazo[2,1-b]chinazolin-
12-carbonsäure, 1,2,3,4-Tetrahydro-,
äthylester 957

Pyrazolo[3,4-b]pyridin-6-carbonsäure,
3,4-Dimethyl-1-phenyl-1H-, äthylester
948

$C_{17}H_{17}N_3O_3$

Essigsäure, [5-Methyl-7-oxo-2-phenyl-
4,7-dihydro-pyrazolo[1,5-a]pyrimidin-
6-yl]-, äthylester 1024

Pyrazolo[3,4-b]pyridin-6-carbonsäure,
3,5-Dimethyl-4-oxo-1-phenyl-
4,7-dihydro-1H-, äthylester 1013

$C_{17}H_{17}N_5$

[1,3,5]Triazin-2,4-diyldiamin, N^2-Bibenzyl-
α-yl- 1201

—, N^2-[2,2-Diphenyl-äthyl]- 1201

$C_{17}H_{17}N_5O$

Benzaldehyd, 4-Methoxy-, [methyl-
(5-phenyl-1H-[1,2,4]triazol-3-yl)-
hydrazon] 1435

[1,2,3]Triazol-1-oxid, 5-Methyl-2-p-tolyl-
4-p-tolylazo-2H- 1442

$C_{17}H_{17}N_5O_2$

Pyrido[3,4-d]pyridazin-1-on, 2-Acetyl-
5-anilino-7-methyl-4-methylamino-2H-
1374

$C_{17}H_{17}N_7O$

[1,3,5]Triazin-2-carbonsäure, Amino-
p-toluidino-, [N'-phenyl-hydrazid]
1411

$C_{17}H_{18}N_4$

Amin, Benzyl-[6-phenyl-4,5-dihydro-
[1,2,4]triazin-3-ylmethyl]- 1144

—, Phenyl-[1-phenyl-4,5,6,6a-
tetrahydro-1H-cyclopentatriazol-3a-yl]-
1091

—, Phenyl-[3-phenyl-4,5,6,6a-
tetrahydro-3H-cyclopentatriazol-3a-yl]-
1091

$C_{17}H_{18}N_4O_3$

Essigsäure, [3-Amino-5-methyl-7-oxo-
2-phenyl-4,7-dihydro-pyrazolo[1,5-a]=
pyrimidin-6-yl]-, äthylester 1426

$C_{17}H_{18}N_6$

[1,3,5]Triazin-2,4,6-triyltriamin, N^2,N^2-
Dibenzyl- 1264

—, N^2,N^4-Dimethyl-N^2,N^4-diphenyl-
1264

$C_{17}H_{18}N_6O$

Formamidin, N-[4-Äthoxy-phenyl]-N'-
[5-amino-1-phenyl-1H-[1,2,4]triazol-
3-yl]- 1167

$C_{17}H_{18}N_6O_2$

[1,3,5]Triazin-2,4,6-triyltriamin, N^2,N^4-Bis-
[4-methoxy-phenyl]- 1272

$C_{17}H_{19}ClN_6$

[1,3,5]Triazin-2,4-diyldiamin, 1-[4-Chlor-
phenyl]-6-[4-dimethylamino-phenyl]-
1,6-dihydro- 1304

$C_{17}H_{19}ClN_6O$

[1,3,5]Triazin-2,4-diyldiamin, N^2,N^2-
Diäthyl-6-chlor-N^4-[6-methoxy-
[8]chinolyl]- 1218

$C_{17}H_{19}N_3O_4$

4,7-Methano-benzotriazol-5,6-dicarbonsäure,
1-Phenyl-3a,4,5,6,7,7a-hexahydro-1H-,
dimethylester 970

$C_{17}H_{19}N_3O_6$

Pyrazolo[3,4-c]chinolin-4,6,9b-tricarbonsäure,
4-Methyl-3,3a,4,5-tetrahydro-,
trimethylester 986

Pyrazolo[4,3-c]chinolin-4,6,9b-tricarbonsäure,
4-Methyl-3,3a,4,5-tetrahydro-,
trimethylester 986

$[C_{17}H_{19}N_4]^+$

[1,2,4]Triazolo[4,3-a]pyridinium,
3-[4-Dimethylamino-styryl]-2-methyl-
1153

$C_{17}H_{19}N_5$

[1,3,5]Triazin-2,4-diyldiamin, N^2-Biphenyl-
4-yl-6,6-dimethyl-1,6-dihydro- 1183

—, 6,6-Dimethyl-1,N^2-diphenyl-
1,6-dihydro- 1182

$C_{17}H_{19}N_5O$

Phenol, 4-[1-(2-Äthyl-phenyl)-4,6-diamino-
1,2-dihydro-[1,3,5]triazin-2-yl]- 1340

—, 4-[4,6-Diamino-1-(2,4-dimethyl-
phenyl)-1,2-dihydro-[1,3,5]triazin-2-yl]-
1340

[1,3,5]Triazin-2,4-diyldiamin, 6-[4-Methoxy-
phenyl]-1-p-tolyl-1,6-dihydro- 1339

$C_{17}H_{19}N_5O_2$

Phenol, 4-[1-(4-Äthoxy-phenyl)-
4,6-diamino-1,2-dihydro-[1,3,5]triazin-
2-yl]- 1340

Pyrido[3,4-d]pyridazin-1-on, 7-Methyl-
4-methylamino-5-p-phenetidino-2H-
1374

[1,3,5]Triazin-2,4-diyldiamin, 1,6-Bis-
[4-methoxy-phenyl]-1,6-dihydro- 1340

$C_{17}H_{19}N_5O_2S$

[1,3,5]Triazin-2,4-diyldiamin, 6-[2-
(2-[2]Naphthyloxy-äthoxy)-äthyl=
mercapto]- 1322

$C_{17}H_{20}Cl_4N_6$
[1,3,5]Triazin-2,4-diyldiamin, N^2-[4-Chlor-phenyl]-N^4-[2-piperidino-äthyl]-6-trichlormethyl- 1225

$C_{17}H_{20}N_6O_2$
Alanin, N-[Bis-aziridin-1-yl-[1,3,5]triazin-2-yl]-, benzylester 1283

$C_{17}H_{20}N_8O_5S_2$
Sulfanilsäure, N,N'-[(2-Hydroxy-äthylamino)-[1,3,5]triazin-2,4-diyl]-di-, diamid 1285

$C_{17}H_{21}ClN_6$
[1,3,5]Triazin-2,4,6-triyltriamin, N^4-[2-Chlor-phenyl]-N^2,N^2-dimethallyl- 1262
–, N^4-[4-Chlor-phenyl]-N^2,N^2-dimethallyl- 1262

$C_{17}H_{21}N_3O_{11}$
[1,2,3]Triazol-4,5-dicarbonsäure, 1-[Tri-O-acetyl-xylopyranosyl]-1H-, dimethylester 969

$C_{17}H_{21}N_7O$
[1,3,5]Triazin-2,4,6-triyltriamin, N^2,N^2-Diäthyl-N^4-[6-methoxy-[8]chinolyl]- 1296

$C_{17}H_{22}AsN_5O_5S_2$
Essigsäure, {[4-(Bis-äthylamino-[1,3,5]triazin-2-yloxy)-phenyl]-arsandiyldimercapto}-di- 1315

$C_{17}H_{22}ClN_5O_2$
Propionsäure, 3-[(4-Chlor-anilino)-isopropylamino-[1,3,5]triazin-2-yl]-, äthylester 1415

$C_{17}H_{23}ClN_8$
[1,3,5]Triazin-2,4-diyldiamin, N^2-[4-Chlor-phenyl]-N^4-[3-diäthylamino-propyl]-6-diazomethyl- 1368

$C_{17}H_{23}N_3O_6$
Pyrazol-3,5-dicarbonsäure, 4-[5-Äthoxy≠carbonyl-2,4-dimethyl-pyrrol-3-yl]-4,5-dihydro-1H-, 3-äthylester-5-methylester 986
–, 4-[5-Äthoxycarbonyl-2,4-dimethyl-pyrrol-3-yl]-4,5-dihydro-1H-, 5-äthylester-3-methylester 986

$C_{17}H_{23}N_5O_2$
Hexansäure, 6-[Amino-anilino-[1,3,5]triazin-2-yl]-, äthylester 1417

$C_{17}H_{24}N_4O$
Propan-2-ol, 2-[1-Benzyl-5-piperidino-1H-[1,2,3]triazol-4-yl]- 1309

$C_{17}H_{24}N_4O_2$
Amin, [Dibutoxy-[1,3,5]triazin-2-yl]-phenyl- 1346

$C_{17}H_{25}ClN_6$
[1,3,5]Triazin-2,4-diyldiamin, N^2-[4-Chlor-phenyl]-N^4-[3-diäthylamino-propyl]-6-methyl- 1222

[1,3,5]Triazin-2,4,6-triyltriamin, $N^2,N^2,N^4,$≠N^4-Tetraäthyl-N^6-[4-chlor-phenyl]- 1262

$C_{17}H_{25}N_5O$
[1,3,5]Triazin-2,4-diyldiamin, 6-[2-Äthoxy-äthyl]-N^2-butyl-N^2-phenyl- 1332
–, N^2-Isopentyl-6-[2-methoxy-äthyl]-N^2-phenyl- 1332

$C_{17}H_{26}ClN_7$
β-Alanin, N,N'-Dibutyl-N,N'-[chlor-[1,3,5]triazin-2,4-diyl]-di-, dinitril 1215

$C_{17}H_{26}ClN_7O_4$
Piperazin-1-carbonsäure, 4,4'-[Chlor-[1,3,5]triazin-2,4-diyl]-bis-, diäthylester 1216

$C_{17}H_{26}N_6$
[1,3,5]Triazin-2,4,6-triyltriamin, $N^2,N^2,N^4,$≠N^4-Tetraäthyl-N^6-phenyl- 1262

$C_{17}H_{27}AsN_6O_3$
Arsonsäure, [4-(4,6-Bis-diäthylamino-[1,3,5]triazin-2-ylamino)-phenyl]- 1294

$C_{17}H_{27}N_5O$
[1,3,5]Triazin-2-on, 4-Anilino-5-[2-diäthylamino-äthyl]-6,6-dimethyl-5,6-dihydro-1H- 1354
–, 4-[2-Diäthylamino-äthylamino]-6,6-dimethyl-5-phenyl-5,6-dihydro-1H- 1354

$C_{17}H_{27}N_7O_4$
Piperazin-1-carbonsäure, 4,4'-[1,3,5]Triazin-2,4-diyl-bis-, diäthylester 1204

$C_{17}H_{27}N_7O_5$
Piperazin-1-carbonsäure, 4,4'-[6-Oxo-1,6-dihydro-[1,3,5]triazin-2,4-diyl]-bis-, diäthylester 1358

$C_{17}H_{28}N_4O_2$
Amin, Dicyclohexyl-[dimethoxy-[1,3,5]triazin-2-yl]- 1345

$C_{17}H_{29}N_5O$
[1,3,5]Triazin, Butoxy-dipiperidino- 1319

$C_{17}H_{30}N_6S_4$
Amin, Diäthyl-[bis-diäthylthiocarbamoyl≠mercapto-[1,3,5]triazin-2-yl]- 1349

$C_{17}H_{31}N_{11}$
[1,3,5]Triazin-2,4,6-triyltriamin, N^2-[2-Äthyl-hexyl]-N^2-[1-(diamino-[1,3,5]triazin-2-yl)-1-methyl-äthyl]- 1304

$C_{17}H_{32}N_6O$
Lauramid, N-[2-(Diamino-[1,3,5]triazin-2-yl)-äthyl]- 1302

$C_{17}H_{33}N_5$
[1,3,5]Triazin-2,4-diyldiamin, N^2-Tetradecyl- 1193

$C_{17}H_{34}ClN_7$
[1,3,5]Triazin-2,4-diyldiamin, 6-Chlor-$N^2,$≠N^4-bis-[3-diäthylamino-propyl]- 1216

C₁₇H₃₄N₆

[1,3,5]Triazin-2,4,6-triyltriamin,
N^4-Dodecyl-N^2,N^2-dimethyl- 1259

[C₁₇H₃₆ClN₇]²⁺

[1,3,5]Triazin-2,4-diyldiamin, 6-Chlor-N^2,⸗
N^4-bis-[2-(diäthyl-methyl-ammonio)-
äthyl]- 1216

C₁₈

C₁₈H₁₀N₄O

Acetonitril, Chinoxalin-2-yl-[2-oxo-indolin-
3-yliden]- 1028

C₁₈H₁₁AsCl₄N₈O₂

Arsinsäure, Bis-[4-(4,6-dichlor-[1,3,5]triazin-
2-ylamino)-phenyl]- 1101

C₁₈H₁₁BrN₄O₂

Benzotriazol-4,5-dion, 7-Anilino-6-brom-
2-phenyl-2H- 1392

C₁₈H₁₁N₃O₂

Chinolin-2-carbonsäure, 3-Chinoxalin-2-yl-
962

C₁₈H₁₁N₇O₂

[1,5']Bibenzotriazolyl, 5-Nitro-1'-phenyl-
1'H- 1451

C₁₈H₁₂ClN₅O₂

Amin, [4-Chlor-2-nitro-phenyl]-[1-phenyl-
1H-benzotriazol-5-yl]- 1110

C₁₈H₁₂Cl₂N₆

Benzotriazol-5-ylamin, 2-[4-Chlor-phenyl]-
6-[4-chlor-phenylazo]-2H-
1445

C₁₈H₁₂N₄O₂

Benzotriazol-4,5-dion, 7-Anilino-2-phenyl-
2H- 1392

C₁₈H₁₂N₆O₄

Amin, [2,4-Dinitro-phenyl]-[1-phenyl-
1H-benzotriazol-5-yl]- 1110

C₁₈H₁₃AsCl₂N₈O₄

Arsinsäure, Bis-[4-(4-chlor-6-oxo-
1,6-dihydro-[1,3,5]triazin-2-ylamino)-
phenyl]- 1355

C₁₈H₁₃Cl₂N₃O₂

[1,2,4]Triazin-3-carbonsäure, 5,6-Bis-
[4-chlor-phenyl]-, äthylester 960

C₁₈H₁₃N₃O₂

Phenanthro[9,10-e][1,2,4]triazin-
3-carbonsäure-äthylester 961

C₁₈H₁₄N₄

Amin, [2]Naphthyl-[5-phenyl-1H-
[1,2,3]triazol-4-yl]- 1134

Pyrazolo[1,5-a]pyrimidin-7-ylamin,
2,5-Diphenyl- 1159

−, 3,6-Diphenyl- 1159

[1,2,3]Triazol-4-ylamin, 3-[2]Naphthyl-
5-phenyl-3H- 1134

C₁₈H₁₄N₄O₂

Acetamid, N-[10-Methyl-5-oxo-5,6-dihydro-
isochino[3,4-b]chinoxalin-9-yl]- 1385

Phthalimid, N-[2-(4-Phenyl-4H-
[1,2,4]triazol-3-yl)-äthyl]- 1089

C₁₈H₁₄N₄O₂S

Phthalimid, N-[2-(4-Phenyl-5-thioxo-
4,5-dihydro-1H-[1,2,4]triazol-3-yl)-
äthyl]- 1353

C₁₈H₁₄N₄O₃

Acrylsäure, 2-Benzoylamino-3-[1-phenyl-
1H-[1,2,3]triazol-4-yl]- 1414

C₁₈H₁₄N₄O₃S

Benzoesäure, 4-Acetyl-, [4-(5-oxo-3-thioxo-
2,3,4,5-tetrahydro-[1,2,4]triazin-6-yl)-
anilid] 1394

C₁₈H₁₄N₄O₇S₂

Naphtho[1,2-d][1,2,3]triazol-4,7-disulfonsäure,
2-[4-Acetylamino-phenyl]-2H- 1065

Naphtho[1,2-d][1,2,3]triazol-6-sulfonsäure,
2-[4-Acetylamino-3-sulfo-phenyl]-2H- 1060

C₁₈H₁₄N₆

Benzotriazol-5-ylamin, 2-Phenyl-
6-phenylazo-2H- 1445

C₁₈H₁₄N₆O₂

[1,2,3]Triazol-4-carbonsäure, 1-Phenyl-1H-,
[1-phenyl-1H-[1,2,3]triazol-
4-ylmethylester] 933

−, 2-Phenyl-2H-, [2-phenyl-
2H-[1,2,3]triazol-4-ylmethylester] 933

C₁₈H₁₄N₈O₆S

[1,2,3]Triazol-4-carbonsäure, 5,5'-Diamino-
1H,1'H-1,1'-[4,4'-sulfonyl-diphenyl]-bis-
1406

C₁₈H₁₄N₈O₁₀S₂

Biphenyl-3,3'-disulfonsäure, 4,4'-Bis-
[4,6-dioxo-1,4,5,6-tetrahydro-
[1,3,5]triazin-2-ylamino]- 1387

C₁₈H₁₅AsCl₂N₁₀O₂

Arsinsäure, Bis-[4-(4-amino-6-chlor-
[1,3,5]triazin-2-ylamino)-phenyl]- 1217

C₁₈H₁₅AsN₈O₅

Arsinoxid, Bis-[4-(4,6-dioxo-
1,4,5,6-tetrahydro-[1,3,5]triazin-
2-ylamino)-phenyl]- 1387

C₁₈H₁₅AsN₈O₆

Arsinsäure, Bis-[4-(4,6-dioxo-
1,4,5,6-tetrahydro-[1,3,5]triazin-
2-ylamino)-phenyl]- 1387

C₁₈H₁₅IN₄

Methojodid [C₁₈H₁₅N₄]I aus 5-Phenyl-
pyridazino[3,4-c]chinolin-1-ylamin 1158

Methojodid [C₁₈H₁₅N₄]I aus 5-Phenyl-
pyrimido[4,5-c]chinolin-1-ylamin 1158

Methojodid [C₁₈H₁₅N₄]I aus 4-Pyridazino⸗
[4,5-c]isochinolin-6-yl-anilin 1158

$C_{18}H_{15}N_3O_2$

Naphth[2′,3′:4,5]imidazo[1,2-*a*]pyrimidin-3-carbonsäure, 2-Methyl-, äthylester 961

Pyrrolo[3,2-*a*]phenazin-1-carbonsäure, 2-Methyl-3*H*-, äthylester 961

[1,2,4]Triazin-3-carbonsäure, 5,6-Diphenyl-, äthylester 960

$C_{18}H_{15}N_3O_3$

Essigsäure, [4-Oxo-1,4-dihydro-naphth= [2′,3′:4,5]imidazo[1,2-*a*]pyrimidin-2-yl]-, äthylester 1026

Indolo[2,3-*b*][1,5]naphthyridin-3-carbonsäure, 5-Acetyl-6-methyl-6,11-dihydro-5*H*- 959

Spiro[chinazolin-2,3′-indolin]-4-carbonsäure, 2′-Oxo-1*H*-, äthylester 1027

$C_{18}H_{15}N_5O$

Acetamid, *N*-[5-Amino-10-methyl-isochino[3,4-*b*]chinoxalin-9-yl]- 1252

$C_{18}H_{15}N_7O$

[1,2,3]Triazol-4-carbonsäure, 2-Phenyl-2*H*-, [4-(4-methyl-[1,2,3]triazol-2-yl)-anilid] 934

$C_{18}H_{15}N_7O_2S$

Benzolsulfonsäure, 4-[5-Amino-2-phenyl-2*H*-benzotriazol-4-ylazo]-, amid 1445

$C_{18}H_{15}N_7O_4$

[1,2,4]Triazol, 3,5-Bis-[4-acetoxy-phenylazo]-1*H*- 1443

$C_{18}H_{15}N_9O_9$

Propionsäure, 2,2′,2″-Tris-diazo-3,3′,3″-trioxo-3,3′,3″-[1,3,5]triazin-2,4,6-triyl-tri-, triäthylester 1050

$C_{18}H_{16}N_4O_2S$

Benzoesäure, 3,4-Dimethyl-, [4-(5-oxo-3-thioxo-2,3,4,5-tetrahydro-[1,2,4]triazin-6-yl)-anilid] 1394

$C_{18}H_{16}N_4O_3$

Acetamid, *N*-[7,13-Dioxo-6,7,11b,12,13,14-hexahydro-benzo[2,3][1,4]diazepino= [7,1-*a*]phthalazin-2-yl]- 1396

Propionsäure, 2-Benzoylamino-3-[1-phenyl-1*H*-[1,2,3]triazol-4-yl]- 1408

Diacetyl-Derivat $C_{18}H_{16}N_4O_3$ aus 5-Amino-2,4-diphenyl-2,4-dihydro-[1,2,4]triazol-3-on 1351

$C_{18}H_{16}N_6$

Benzen-1,2,4-triyltriamin, N^1-[1-Phenyl-1*H*-benzotriazol-5-yl]- 1111

$C_{18}H_{16}N_{10}O$

[1,3,5]Triazin-2,4-diyldiamin, 6,6′-[4,4′-Oxy-diphenyl]-bis- 1342

$C_{18}H_{16}N_{10}O_2$

Oxalamid, *N*,*N*′-Bis-[5-amino-1-phenyl-1*H*-[1,2,4]triazol-3-yl]- 1168

$C_{18}H_{17}AsN_{10}O_3$

Arsinoxid, Bis-[4-(4-amino-6-oxo-1,6-dihydro-[1,3,5]triazin-2-ylamino)-phenyl]- 1359

$C_{18}H_{17}AsN_{10}O_4$

Arsinsäure, Bis-[4-(4-amino-6-oxo-1,6-dihydro-[1,3,5]triazin-2-ylamino)-phenyl]- 1359

$C_{18}H_{17}ClN_4O$

Cyclohexanon, 2-[1-(4-Chlor-phenyl)-1*H*-benzotriazol-5-ylamino]- 1112

$C_{18}H_{17}N_3O_4$

Cinnolin-3-carbonsäure, 4-[1-Acetyl-2-äthoxy-1,2-dihydro-[2]pyridyl]- 1004

Pyrido[2,3-*d*]pyrimidin-5-carbonsäure, 3,7-Dimethyl-2,4-dioxo-1-phenyl-1,2,3,4-tetrahydro-, äthylester 1036

$C_{18}H_{17}N_3O_5$

Pyrido[2,3-*d*]pyrimidin-5-carbonsäure, 1-[4-Äthoxy-phenyl]-3,7-dimethyl-2,4-dioxo-1,2,3,4-tetrahydro- 1036

$C_{18}H_{17}N_5$

Cyclopentancarbonitril, 1-[1-Phenyl-1*H*-benzotriazol-5-ylamino]- 1113

$C_{18}H_{17}N_5O_2$

Propionsäure, 3-Oxo-3-phenyl-, [5-amino-1-*p*-tolyl-1*H*-[1,2,4]triazol-3-ylamid] 1172

$C_{18}H_{17}N_5O_3$

Diacetyl-Derivat $C_{18}H_{17}N_5O_3$ aus *N*-Acetyl-*N*′-[7-methyl-2-phenyl-pyrazolo[1,5-*a*]pyrimidin-5-carbonyl]-hydrazin 956

$C_{18}H_{17}N_7$

[1,2,3]Triazol-4-ylamin, 3-[4-Amino-2-methyl-[6]chinolyl]-5-[4-amino-phenyl]-3*H*- 1239

$C_{18}H_{18}ClN_5O$

Benzamid, *N*-[4-(4-Chlor-anilino)-6,6-dimethyl-1,6-dihydro-[1,3,5]triazin-2-yl]- 1184

$C_{18}H_{18}Cl_2N_6S$

Thioharnstoff, *N*-[4-(4-Chlor-anilino)-6,6-dimethyl-1,6-dihydro-[1,3,5]triazin-2-yl]-*N*′-[4-chlor-phenyl]- 1185

[4-Chlor-phenyl]-thiocarbamoyl-Derivat $C_{18}H_{18}Cl_2N_6S$ aus 1-[4-Chlor-phenyl]-6,6-dimethyl-1,6-dihydro-[1,3,5]triazin-2,4-diyldiamin 1177

$C_{18}H_{18}N_4O$

Cyclohexanon, 2-[1-Phenyl-1*H*-benzotriazol-5-ylamino]- 1112

Acetyl-Derivat $C_{18}H_{18}N_4O$ aus 3-Amino-2,4-di-*p*-tolyl-[1,2,4]triazolium-betain 1076

Benzoyl-Derivat $C_{18}H_{18}N_4O$ aus Phenyl-[5-propyl-1*H*-[1,2,4]triazol-3-yl]-amin 1090

$C_{18}H_{18}N_4O_2$
Crotonsäure, 3-[1-Phenyl-1H-benzotriazol-5-ylamino]-, äthylester 1113
Cyclopentancarbonsäure, 1-[1-Phenyl-1H-benzotriazol-5-ylamino]- 1113

$C_{18}H_{18}N_4O_3$
Acetoacetamid, N-[2-(4-Äthoxy-phenyl)-2H-benzotriazol-5-yl]- 1114
−, N-[2-(4-Methoxy-phenyl)-6-methyl-2H-benzotriazol-5-yl]- 1118

$C_{18}H_{18}N_4O_4$
Acetoacetamid, N-[6-Methoxy-2-(4-methoxy-phenyl)-2H-benzotriazol-5-yl]- 1336

$C_{18}H_{18}N_6O_2$
[1,2,4]Triazolidin, 1-Acetoacetyl-4-anilino-3,5-diimino-2-phenyl- 1174
[1,2,4]Triazolium, 3-Acetoacetylamino-5-amino-4-anilino-1-phenyl-, betain 1174

$C_{18}H_{18}N_{12}O_2S$
Sulfon, Bis-[4-(4,6-diamino-[1,3,5]triazin-2-ylamino)-phenyl]- 1272

$C_{18}H_{19}AsN_{12}O$
Arsinoxid, Bis-[4-(4,6-diamino-[1,3,5]triazin-2-ylamino)-phenyl]- 1293

$C_{18}H_{19}AsN_{12}O_2$
Arsinsäure, Bis-[4-(4,6-diamino-[1,3,5]triazin-2-ylamino)-phenyl]- 1293

$C_{18}H_{19}NO_6$
Norbornan-1,2,3-tricarbonsäure, 5-Anilino-6-hydroxy-, 2-lacton-1,3-dimethylester 985
−, 6-Anilino-5-hydroxy-, 3-lacton-1,2-di≠methylester 985

$C_{18}H_{19}N_3O_2$
4,8-Methano-indeno[5,6-d][1,2,3]triazol-6-carbonsäure, 1-Phenyl-1,3a,4,4a,5,7a,≠8,8a-octahydro-, methylester 948
−, 1-Phenyl-1,3a,4,4a,7,7a,8,8a-octahydro-, methylester 948

$C_{18}H_{19}N_3O_3$
Essigsäure, [3,5-Dimethyl-7-oxo-2-phenyl-4,7-dihydro-pyrazolo[1,5-a]pyrimidin-6-yl]-, äthylester 1024

$C_{18}H_{19}N_5O$
Biphenyl-4-ol, 4′-[4-Amino-6-propyl-[1,3,5]triazin-2-ylamino]- 1228
Cyclopentancarbonsäure, 1-[1-Phenyl-1H-benzotriazol-5-ylamino]-, amid 1113
[1,3,5]Triazin-2,4-diyldiamin, N^2,N^4-Diphenyl-6-propoxy- 1317

$C_{18}H_{19}N_7O_2$
[1,3,5]Triazin-2-carbonsäure, Amino-p-phenetidino-, [N'-phenyl-hydrazid] 1412

$C_{18}H_{20}N_4$
Amin, Phenyl-[1-phenyl-1,4,5,6,7,7a-hexahydro-benzotriazol-3a-yl]- 1092

−, Phenyl-[3-phenyl-3,4,5,6,7,7a-hexahydro-benzotriazol-3a-yl]- 1092

$C_{18}H_{20}N_4O$
Methanol, [3-Benzylaminomethyl-6-phenyl-4,5-dihydro-[1,2,4]triazin-5-yl]- 1341

$C_{18}H_{21}N_3O_4$
4,7-Methano-benzotriazol-5,6-dicarbonsäure, 5-Methyl-1-phenyl-3a,4,5,6,7,7a-hexahydro-1H-, dimethylester 971
−, 5-Methyl-3-phenyl-3a,4,5,6,7,7a-hexahydro-3H-, dimethylester 971

$C_{18}H_{21}N_5O$
[1,3,5]Triazin-2,4-diyldiamin, 1-[2-Äthyl-phenyl]-6-[4-methoxy-phenyl]-1,6-dihydro- 1340
−, 1-[2,4-Dimethyl-phenyl]-6-[4-methoxy-phenyl]-1,6-dihydro- 1340
−, 1-[2,6-Dimethyl-phenyl]-6-[4-methoxy-phenyl]-1,6-dihydro- 1340

$C_{18}H_{21}N_5O_2$
Pyrido[3,4-d]pyridazin-1-on, 2,7-Dimethyl-4-methylamino-5-p-phenetidino-2H- 1374
[1,3,5]Triazin-2,4-diyldiamin, 1-[4-Äthoxy-phenyl]-6-[4-methoxy-phenyl]-1,6-dihydro- 1340

$C_{18}H_{22}N_6O_2$
β-Alanin, N-[Bis-aziridin-1-yl-[1,3,5]triazin-2-yl]-N-phenyl-, äthylester 1283

$C_{18}H_{23}ClN_6$
[1,3,5]Triazin-2,4-diyldiamin, N^2-Allyl-N^2-[4-chlor-phenyl]-6-[2-pyrrolidino-äthyl]- 1302

$C_{18}H_{23}N_5O$
Pyrimido[4,5-b]chinolin-4-on, 2-[3-Diäthylamino-propylamino]-3H- 1381

$C_{18}H_{23}N_5O_3$
Valeriansäure, 5-[Acetylamino-anilino-[1,3,5]triazin-2-yl]-, äthylester 1417

$C_{18}H_{23}N_7O_2$
[1,2,3]Triazol-4,5-dicarbonsäure, 1-[2,5-Dimethyl-phenyl]-1H-, bis-isopropylidenhydrazid 966

$C_{18}H_{24}N_{12}$
Piperazin, 1,4-Bis-[bis-aziridin-1-yl-[1,3,5]triazin-2-yl]- 1288

$C_{18}H_{25}N_5O_5$
Benzoesäure, 3,4,5-Trimethoxy-, [4,6-bis-dimethylamino-[1,3,5]triazin-2-ylmethylester] 1324

$C_{18}H_{26}N_6O$
Benzoesäure, 2-[Diamino-[1,3,5]triazin-2-yl]-, octylamid 1421

$C_{18}H_{26}N_6O_2$
Propionsäure, 3-[Amino-anilino-[1,3,5]triazin-2-yl]-, [2-diäthylamino-äthylester] 1415

$C_{18}H_{28}N_4O_2$

2,9;4a,8-Dicyclo-pyrido[2,3-*h*]chinazolin-
9-carbonsäure, 4-Oxo-1,7-dipropyl-
decahydro-, amid 1014

Pyridin-3-carbonsäure, 1-Propyl-
1,4-dihydro-, amid, dimeres 1014

$C_{18}H_{29}N_5O$

Propandiyldiamin, *N,N*-Dibutyl-*N'*-[1-oxy-
benzo[*e*][1,2,4]triazin-3-yl]- 1122

$C_{18}H_{30}N_6$

[1,3,5]Triazin, Tripiperidino- 1271

$C_{18}H_{30}N_6O_3$

Isovaleramid, *N,N',N''*-[1,3,5]Triazin-
2,4,6-triyl-tris- 1275

Valeramid, *N,N',N''*-[1,3,5]Triazin-
2,4,6-triyl-tris- 1275

$C_{18}H_{33}N_5O$

Octanamid, *N*-[Amino-heptyl-[1,3,5]triazin-
2-yl]- 1232

$C_{18}H_{33}N_9O_6$

[1,3,5]Triazin-2,4,6-triyltriamin, N^2,N^4,N^6-
Tris-[2-äthoxycarbonylamino-äthyl]-
1287

$C_{18}H_{34}N_4O$

[1,3,5]Triazin-2-on, 4-Amino-6-pentadecyl-
1*H*- 1365

$C_{18}H_{34}N_{12}$

[1,3,5]Triazin-2,4,6-triyltriamin, $N^2,N^{2'}$-
Dimethyl-$N^2,N^{2'}$-decandiyl-bis- 1290

$C_{18}H_{35}N_5$

[1,3,5]Triazin-2,4-diyldiamin, 6-Pentadecyl-
1234

$[C_{18}H_{35}N_6]^+$

Ammonium, [4,6-Diamino-[1,3,5]triazin-
2-ylmethyl]-dimethyl-[5,5,7,7-
tetramethyl-oct-2-enyl]- 1300

$[C_{18}H_{36}N_{12}]^{2+}$

Ammonium, *N,N'*-Bis-[diamino-
[1,3,5]triazin-2-yl]-*N,N,N',N'*-
tetramethyl-*N,N'*-octandiyl-bis- 1290

$[C_{18}H_{37}N_6]^+$

Ammonium, [4,6-Diamino-[1,3,5]triazin-
2-ylmethyl]-dodecyl-dimethyl- 1300

C_{19}

$C_{19}H_{11}N_5$

Benzotriazol-5-carbonitril, 1-Carbazol-3-yl-
1*H*- 945

$C_{19}H_{11}N_7$

Benzotriazol-5-carbonitril, 1-[4-Benzotriazol-
1-yl-phenyl]-1*H*- 945

[1,5']Bibenzotriazolyl-5-carbonitril,
1'-Phenyl-1'*H*- 1452

$C_{19}H_{12}N_4$

Benz[*f*]isochino[3,4-*b*]chinoxalin-5-ylamin
1160

Benz[*f*]isochino[4,3-*b*]chinoxalin-5-ylamin
1160

$C_{19}H_{12}N_6O_2$

Benzonitril, 3-Nitro-4-[1-phenyl-
1*H*-benzotriazol-5-ylamino]- 1113

$C_{19}H_{13}Cl_2N_5$

Pyrido[3,2-*d*]pyrimidin-2,4-diyldiamin,
N^2,N^4-Bis-[2-chlor-phenyl]- 1238

−, N^2,N^4-Bis-[4-chlor-phenyl]- 1239

$C_{19}H_{13}N_3O_2$

Chinolin-2-carbonsäure, 3-Chinoxalin-2-yl-,
methylester 962

$C_{19}H_{13}N_3O_3$

Indol-2-carbonsäure, 3-[5-Oxo-2-phenyl-
1,5-dihydro-imidazol-4-ylidenmethyl]-
1029

$C_{19}H_{13}N_3O_7S$

[1,2,3]Triazol-4-carbonsäure, 1-[9,10-Dioxo-
9,10-dihydro-anthracen-2-sulfonyl]-
5-oxo-2,5-dihydro-1*H*-, äthylester 1008

$C_{19}H_{14}ClN_5O_3S$

Amin, [7-Chlor-1-oxy-benzo[*e*][1,2,4]triazin-
3-yl]-[4-sulfanilyl-phenyl]- 1126

$C_{19}H_{14}Cl_2N_6$

Benzotriazol-4-ylamin, 2-[4-Chlor-phenyl]-
7-[4-chlor-phenylazo]-5-methyl-2*H*-
1446

Benzotriazol-5-ylamin, 2-[4-Chlor-phenyl]-
4-[4-chlor-phenylazo]-6-methyl-2*H*-
1446

$C_{19}H_{14}N_4$

Amin, Benzyliden-[1-phenyl-
1*H*-benzotriazol-5-yl]- 1112

Pyrido[2,3-*b*]pyrazin-6-ylamin,
2,3-Diphenyl- 1159

$C_{19}H_{14}N_4O$

Acetamid, *N*-[5-Phenyl-pyridazino[3,4-*c*]⸗
chinolin-1-yl]- 1158

−, *N*-[5-Phenyl-pyrimido[4,5-*c*]⸗
chinolin-1-yl]- 1158

Benzamid, *N*-[1-Phenyl-1*H*-benzotriazol-
5-yl]- 1113

Benzotriazol-5-carbonsäure, 1-Phenyl-1*H*-,
anilid 944

Pyrido[2,3-*b*]pyrazin-8-on, 6-Amino-
2,3-diphenyl-5*H*- 1385

$C_{19}H_{14}N_4O_2$

Pyrazolo[1,5-*a*]pyrimidin-5,7-dion,
6-Anilinomethylen-2-phenyl-4*H*- 1395

Pyrido[3,4-*d*]pyridazin-1,4-dion, 5-Anilino-
7-phenyl-2,3-dihydro- 1396

$C_{19}H_{14}N_6O_4$

Phthalid, 3,3'-[6-Amino-[1,3,5]triazin-
2,4-diyldiamino]-di- 1296

$C_{19}H_{15}AsClN_5O_{10}S_2$

Naphthalin-2,7-disulfonsäure, 4-[4-
(4-Arsono-anilino)-6-chlor-[1,3,5]triazin-
2-ylamino]-5-hydroxy- 1218

[C₁₉H₁₅N₄O]⁺
Pyrido[3,4-*b*]chinoxalinium, 4-Acetylamino-
10-phenyl- 1151

C₁₉H₁₅N₅
Pyrido[2,3-*d*]pyrimidin-2,4-diyldiamin,
5,7-Diphenyl- 1252
—, N^2,N^4-Diphenyl- 1239
Pyrido[3,2-*d*]pyrimidin-2,4-diyldiamin,
N^2,N^4-Diphenyl- 1238

C₁₉H₁₅N₅O
Amin, Benzyl-nitroso-[1-phenyl-
1*H*-benzotriazol-5-yl]- 1448
[1]Naphthaldehyd, 2-Hydroxy-,
[5-amino-1-phenyl-1*H*-[1,2,4]triazol-
3-ylimin] 1166
Nicotinsäure, 2-[1*H*-Benzimidazol-2-yl]-,
[2-amino-anilid] 955

C₁₉H₁₅N₅O₂
[1,2,3]Triazol-4-carbonsäure, 2-Phenyl-2*H*-,
[6-methoxy-[8]chinolylamid] 934

C₁₉H₁₅N₇O
[2]Naphthol, 3-[Diamino-[1,3,5]triazin-2-yl]-
1-phenylazo- 1447

C₁₉H₁₅N₇O₄S
Benzolsulfonsäure, 4-[3-(Diamino-
[1,3,5]triazin-2-yl)-2-hydroxy-
[1]naphthylazo]- 1447

C₁₉H₁₆N₄
Amin, Benzyl-[1-phenyl-1*H*-benzotriazol-
5-yl]- 1111

C₁₉H₁₆N₄O₂
Diacetamid, *N*-[5,6-Diphenyl-[1,2,4]triazin-
3-yl]- 1154

C₁₉H₁₆N₆
Benzotriazol-4-ylamin, 5-Methyl-2-phenyl-
7-phenylazo-2*H*- 1446
Benzotriazol-5-ylamin, 4-Methyl-2-phenyl-
6-phenylazo-2*H*- 1445

C₁₉H₁₆N₆O
Harnstoff, *N*-[5-Amino-1-phenyl-
1*H*-[1,2,4]triazol-3-yl]-*N'*-[1]naphthyl-
1169

C₁₉H₁₆N₆S
Thioharnstoff, *N*-[5-Amino-1-phenyl-
1*H*-[1,2,4]triazol-3-yl]-*N'*-[1]naphthyl-
1170

C₁₉H₁₆N₈O₂
Amin, [2-Nitro-1-(1-phenyl-1*H*-
[1,2,3]triazol-4-yl)-äthyl]-[1-phenyl-
1*H*-[1,2,3]triazol-4-ylmethylen]- 1085

C₁₉H₁₇N₃O₂
Pyrrolo[3,2-*a*]phenazin-1-carbonsäure,
2,5-Dimethyl-3*H*-, äthylester 961

C₁₉H₁₇N₅O₂S
Toluol-4-sulfonamid, *N*-[6-Amino-2-phenyl-
2*H*-benzotriazol-5-yl]- 1237
[1,2,4]Triazin-3-thion, 5,6-Bis-
[4-acetylamino-phenyl]-2*H*- 1384

C₁₉H₁₇N₅O₅S₂
Benzolsulfonsäure, 4-[5-Amino-6-(toluol-
4-sulfonylamino)-benzotriazol-2-yl]-
1237

C₁₉H₁₇N₅O₇S
Phthalamidsäure, *N*-[4-(4,6-Dimethoxy-
[1,3,5]triazin-2-ylsulfamoyl)-phenyl]-
1348

C₁₉H₁₇N₇O₃S
Benzolsulfonsäure, 4-[5-Amino-2-
(2-methoxy-phenyl)-2*H*-benzotriazol-
4-ylazo]-, amid 1445

C₁₉H₁₇N₇O₆
Propionsäure, 3-[2,4-Dinitro-phenyl≠
hydrazono]-3-[1-phenyl-1*H*-
[1,2,3]triazol-4-yl]-, äthylester 1011

C₁₉H₁₈N₄
Amin, Äthyl-[4-(5-methyl-
1(3)*H*-benzimidazol-2-yl)-[2]chinolyl]-
1157

C₁₉H₁₈N₄O₂
[1,2,4]Triazol-3-on, 5-[1-Acetyl-2-anilino-
propenyl]-2-phenyl-1,2-dihydro- 1391

C₁₉H₁₈N₄O₃
Dibenzoyl-Derivat C₁₉H₁₈N₄O₃ aus
2-[5-Methyl-1*H*-[1,2,4]triazol-3-ylamino]-
äthanol 1082

C₁₉H₁₈N₄O₄
Pent-3-ensäure, 2-Oxo-4-[5-oxo-2-phenyl-
4,5-dihydro-pyrazolo[1,5-*a*]pyrimidin-
7-ylamino]-, äthylester 1382

C₁₉H₁₈N₆
Benzotriazol-5-ylamin, 4-Methyl-2-phenyl-
6-[*N'*-phenyl-hydrazino]-2*H*- 1441

C₁₉H₁₈N₁₀
Methan, Bis-[4-(4-amino-[1,3,5]triazin-
2-ylamino)-phenyl]- 1204

C₁₉H₁₈N₁₀O₂
Malonamid, *N,N'*-Bis-[5-amino-1-phenyl-
1*H*-[1,2,4]triazol-3-yl]- 1169

C₁₉H₁₉Cl₂N₅S
[1,3,5]Triazin-2-thion, 4-Butylamino-6-
[4-chlor-anilino]-1-[4-chlor-phenyl]-1*H*-
1361

C₁₉H₁₉N₃O₂
Imidazo[1,2-*a*]pyridin-2-carbonsäure,
8-[1-Methyl-pyrrolidin-2-yl]-3-phenyl-
959

C₁₉H₁₉N₃O₄
Cinnolin-3-carbonsäure, 4-[1-Acetyl-
2-isopropoxy-1,2-dihydro-[2]pyridyl]-
1004

C₁₉H₁₉N₃O₅
Pyrido[2,3-*d*]pyrimidin-5-carbonsäure,
1-[4-Äthoxy-phenyl]-7-methyl-2,4-dioxo-
1,2,3,4-tetrahydro-, äthylester 1036

C₁₉H₁₉N₅
[1,2,4]Triazol-3,4-diyldiamin, N^3,N^4-
Dibenzyliden-5-propyl- 1090

$C_{19}H_{19}N_5O_2$

Essigsäure, [3-Benzyl-6-oxo-
1,2,5,6-tetrahydro-[1,2,4]triazin-5-yl]-,
benzylidenhydrazid 1018

[1,3,5]Triazin-2-on, 4-[N-(2-Hydroxy-äthyl)-
anilino]-6-[N-vinyl-anilino]-1H- 1357

$C_{19}H_{19}N_5O_2S$

[1,2,4]Triazol-3,4-diyldiamin, N^3,N^4-Bis-
[4-methoxy-benzyliden]-5-methyl≠
mercapto- 1307

$C_{19}H_{19}N_5O_3$

Diacetyl-Derivat $C_{19}H_{19}N_5O_3$ aus
3,4-Dimethyl-1-phenyl-1H-pyrazolo≠
[3,4-b]pyridin-6-carbonsäure-hydrazid
948

$C_{19}H_{19}N_9$

Guanidin, {4-[5-Amino-1-(4-amino-
2-methyl-[6]chinolyl)-1H-[1,2,3]triazol-
4-yl]-phenyl}- 1240

[1,3,5]Triazin-2,4,6-triyltriamin,
N^2-[4-Amino-2-methyl-[6]chinolyl]-N^4-
[4-amino-phenyl]- 1297

$C_{19}H_{20}ClN_5O_2S$

[1,3,5]Triazin-2,4-diyldiamin, 6-{2-[2-
(5-Chlor-biphenyl-2-yloxy)-äthoxy]-
äthylmercapto}- 1322

$C_{19}H_{20}N_4$

Amin, Phenyl-[3-phenyl-3,4,5,6,7,7a-
hexahydro-4,7-methano-benzotriazol-3a-
yl]- 1106

$C_{19}H_{20}N_4O$

Cyclohexanon, 2-[1-o-Tolyl-
1H-benzotriazol-5-ylamino]- 1112

$C_{19}H_{20}N_4O_2$

Amin, [5,6-Bis-(4-methoxy-phenyl)-
[1,2,4]triazin-3-yl]-dimethyl- 1350

Cyclohexanon, 2-[1-(2-Methoxy-phenyl)-
1H-benzotriazol-5-ylamino]- 1112

−, 2-[1-(3-Methoxy-phenyl)-
1H-benzotriazol-5-ylamino]- 1112

−, 2-[1-(4-Methoxy-phenyl)-
1H-benzotriazol-5-ylamino]- 1112

$C_{19}H_{20}N_4O_3$

Piperidin, 1-[3-(3-Methyl-2,5-dioxo-
imidazolidin-4-ylidenmethyl)-indol-
2-carbonyl]- 1038

$C_{19}H_{20}N_4O_4$

Acetoacetamid, N-[2-(4-Äthoxy-phenyl)-
6-methoxy-2H-benzotriazol-5-yl]- 1336

$C_{19}H_{20}N_6O_4$

[1,3,5]Triazin-2,4-diyldiamin,
N^2-[2,5-Diäthoxy-4-nitro-phenyl]-6-phenyl-
1245

$C_{19}H_{21}N_3O_6$

4,7-Methano-benzotriazol-4,5,6-tricarbonsäure,
1-Phenyl-1,3a,5,6,7,7a-hexahydro-,
trimethylester 985

−, 3-Phenyl-3,3a,5,6,7,7a-hexahydro-,
trimethylester 985

$C_{19}H_{21}N_3O_8$

Pyrazolo[3,4-a]chinolizin-7,8,9,10-
tetracarbonsäure, 10a-Methyl-
3,3a,10a,10b-tetrahydro-, tetramethyl≠
ester 999

Pyrazolo[4,3-a]chinolizin-7,8,9,10-
tetracarbonsäure, 10a-Methyl-
1,3a,10a,10b-tetrahydro-, tetramethyl≠
ester 999

[1,2,3]Triazol-4,5-dicarbonsäure, 1-[Bis-
äthoxycarbonyl-phenyl-methyl]-1H-,
dimethylester 968

$C_{19}H_{21}N_5O$

Methanol, [(N-Äthyl-o-toluidino)-amino-
[1,3,5]triazin-2-yl]-phenyl- 1342

[1,3,5]Triazin-2,4-diyldiamin, N^2-Benzyl-
6-[2-methoxy-äthyl]-N^2-phenyl- 1332

$C_{19}H_{21}N_5O_2$

[1,3,5]Triazin-2,4-diyldiamin,
N^2-[2,5-Diäthoxy-phenyl]-6-phenyl- 1245

$C_{19}H_{21}N_5O_3$

Pyrido[3,4-d]pyridazin-1-on, 2-Acetyl-
7-methyl-4-methylamino-5-
p-phenetidino-2H- 1374

[1,3,5]Triazin-2,4-diyldiamin, 6-Äthoxy-
N^2,N^4-bis-[4-methoxy-phenyl]- 1319

$C_{19}H_{22}N_4$

Amin, Phenyl-[1-phenyl-4,5,6,7,8,8a-
hexahydro-1H-cycloheptatriazol-3a-yl]-
1092

−, Phenyl-[3-phenyl-4,5,6,7,8,8a-
hexahydro-3H-cycloheptatriazol-3a-yl]-
1092

−, Phenyl-[3-phenyl-octahydro-
4,7-methano-benzotriazol-3a-yl]-
1093

$C_{19}H_{22}N_6O_2$

[1,3,5]Triazin-2,4-diyldiamin,
N^2-[2,5-Diäthoxy-4-amino-phenyl]-6-phenyl-
1245

[1,3,5]Triazin-2,4,6-triyltriamin, N^2,N^4-Bis-
[4-äthoxy-phenyl]- 1272

−, N^2,N^4-Bis-[2-hydroxy-äthyl]-N^2,≠
N^4-diphenyl- 1269

$C_{19}H_{23}N_3O_3$

Pyrido[4,3-d]pyrimidin-8-carbonsäure,
5,6,7-Trimethyl-4-oxo-2-phenyl-
3,4,5,6,7,8-hexahydro-, äthylester
1021

$C_{19}H_{28}ClN_5$

[1,3,5]Triazin-2,4-diyldiamin, 6-Chlor-N^2,≠
N^2,N^4,N^4-tetramethallyl- 1211

$C_{19}H_{28}N_6$

[1,3,5]Triazin-2,4-diyldiamin, N^2-Butyl-
N^2-phenyl-6-[2-pyrrolidino-äthyl]-
1302

$C_{19}H_{28}N_6O_2$
Benzoesäure, 4-Amino-, [4,6-bis-
diäthylamino-[1,3,5]triazin-
2-ylmethylester] 1324

$C_{19}H_{29}ClN_4O$
Amin, [7-Chlor-1-oxy-benzo[*e*][1,2,4]triazin-
3-yl]-dodecyl- 1125

$C_{19}H_{29}N_5O$
[1,3,5]Triazin-2,4-diyldiamin, N^2,N^2,N^4,N^4-
Tetraallyl-6-butoxy- 1316

$C_{19}H_{32}N_8$
Glycin, N,N'-[Dodecylamino-[1,3,5]triazin-
2,4-diyl]-bis-, dinitril 1282

$C_{19}H_{33}N_5O$
[1,3,5]Triazin-2,4-diyldiamin, 6-Butoxy-
N^2,N^4-dicyclohexyl- 1316

$C_{19}H_{34}N_8O_8$
Imidazo[4,5-*c*]pyridin-4-on,
2-[O^6-Carbamoyl-2-(3,6-diamino-
hexanoylamino)-2-desoxy-gulopyranosyl≈
amino]-7-hydroxy-1,3a,5,6,7,7a-
hexahydro- 1400

$C_{19}H_{36}N_8$
[1,3,5]Triazin-2,4,6-triyltriamin, N^2,N^4-Bis-
[3-piperidino-propyl]- 1289

$C_{19}H_{37}N_5$
[1,3,5]Triazin-2,4-diyldiamin,
N^2-Hexadecyl- 1193

$C_{19}H_{38}N_4$
[1,2,4]Triazol-3-ylamin, 5-Heptadecyl-1*H*-
1093

$[C_{19}H_{40}ClN_7]^{2+}$
[1,3,5]Triazin-2,4-diyldiamin, 6-Chlor-N^2,≈
N^4-bis-[2-triäthylammonio-äthyl]- 1216

C_{20}

$C_{20}H_{10}N_8$
Benzotriazol-5-carbonitril, 1*H*,1'*H*-1,1'-
p-Phenylen-bis- 945

$C_{20}H_{13}N_3O_4$
Pyrido[2,3-*d*]pyrimidin-5-carbonsäure,
2,4-Dioxo-1,7-diphenyl-
1,2,3,4-tetrahydro- 1039

$C_{20}H_{13}N_3O_7S_2$
Naphtho[1,2-*d*][1,2,3]triazol-6-sulfonsäure,
2-[5-Hydroxy-7-sulfo-[2]naphthyl]-2*H*-
1059

$C_{20}H_{14}N_6O$
Äthanon, 1-[1'-Phenyl-1'*H*-
[1,5']bibenzotriazolyl-5-yl]- 1452

$C_{20}H_{15}N_3O_2$
Chinolin-2-carbonsäure, 3-Chinoxalin-2-yl-,
äthylester 962

$C_{20}H_{15}N_3O_3$
Chinolin-4-carbonsäure, 2-[1-Methyl-3-oxo-
2-phenyl-2,3-dihydro-1*H*-pyrazol-4-yl]-
1022

$C_{20}H_{15}N_3O_8S_2$
Pyrrolidin, 2,5-Bis-[2-oxo-5-sulfo-indolin-
3-yliden]- 1070
Pyrrolium, 1-[2-Hydroxy-5-sulfo-indol-3-yl]-
4-[2-oxo-5-sulfo-indolin-3-yliden]-
3,4-dihydro-2*H*-, betain 1070

$C_{20}H_{15}N_5O_3$
Äthanon, 1-[3-Nitro-4-(1-phenyl-
1*H*-benzotriazol-5-ylamino)-phenyl]-
1112

$C_{20}H_{15}N_5O_4S$
Amin, [1-Benzylidenamino-5-oxo-
2,5-dihydro-1*H*-[1,2,3]triazol-
4-carbonyl]-[naphthalin-1-sulfonyl]-
1009
—, [1-Benzylidenamino-5-oxo-
2,5-dihydro-1*H*-[1,2,3]triazol-
4-carbonyl]-[naphthalin-2-sulfonyl]-
1009

$C_{20}H_{16}BrN_5$
[1,2,4]Triazol-3,5-diyldiamin, 1-[4-Brom-
phenyl]-N^3,N^5-diphenyl-1*H*- 1164

$C_{20}H_{16}N_4$
Amin, [1,5-Diphenyl-1*H*-[1,2,4]triazol-3-yl]-
phenyl- 1137
—, [4,5-Diphenyl-4*H*-[1,2,4]triazol-
3-yl]-phenyl- 1137
[1,2,4]Triazolium, 3-Anilino-1,4-diphenyl-,
betain 1075

$C_{20}H_{16}N_4O$
Nicotinsäure, 2-[5-Methyl-
1(3)*H*-benzimidazol-2-yl]-, anilid 957

$C_{20}H_{16}N_6O_4$
Peroxid, Bis-[5-methyl-1-phenyl-
1*H*-[1,2,3]triazol-4-carbonyl]- 938

$C_{20}H_{16}N_8O_{10}S_2$
Stilben-2,2'-disulfonsäure, 4,4'-Bis-
[4,6-dioxo-1,4,5,6-tetrahydro-
[1,3,5]triazin-2-ylamino]- 1387

$C_{20}H_{17}N_3O_2$
Indol-2-carbonsäure, 3-[3-Methyl-
chinoxalin-2-yl]-, äthylester 962

$C_{20}H_{17}N_3O_3$
Indol-2-carbonsäure, 3-[4-Methyl-3-oxo-
3,4-dihydro-chinoxalin-2-yl]-, äthylester
1027

$[C_{20}H_{17}N_4]^+$
[1,2,4]Triazolium, 3-Anilino-1,4-diphenyl-
1075

$C_{20}H_{17}N_5$
[1,2,4]Triazol-3,5-diyldiamin, 1,N^3,N^5-
Triphenyl-1*H*- 1163

$C_{20}H_{17}N_5O$
Pyrido[3,4-*d*]pyridazin-1-on, 5-Anilino-
4-methylamino-7-phenyl-2*H*- 1383

$C_{20}H_{17}N_7O_5$
[1,2,4]Triazol, 3,5-Bis-[4-acetoxy-
phenylazo]-4-acetyl-4*H*- 1443

$C_{20}H_{18}N_4$

Amin, [1,4-Diphenyl-4,5-dihydro-1H-[1,2,4]triazol-3-yl]-phenyl- 1071

$C_{20}H_{18}N_4O$

Chinazolino[3,2-a]chinazolin-12-on, 5-Piperidino- 1384

$C_{20}H_{18}N_6O_2$

Benzotriazol-5-ylamin, 2-[4-Methoxy-phenyl]-4-[4-methoxy-phenylazo]-2H- 1445

$C_{20}H_{18}N_6O_{10}S_2$

[1,2,3]Triazol-4-carbonsäure, 5,5'-Dioxo-2,5,2',5'-tetrahydro-1H,1'H-1,1'-[naphthalin-1,5-disulfonyl]-bis-, diäthylester 1008

$C_{20}H_{18}N_8O_2S_2$

Disulfid, Bis-[5-(4-acetylamino-phenyl)-1H-[1,2,4]triazin-3-yl]- 1338

$C_{20}H_{18}N_{10}O_8S_2$

Stilben-2,2'-disulfonsäure, 4,4'-Bis-[4-amino-6-oxo-1,6-dihydro-[1,3,5]triazin-2-ylamino]- 1358

$C_{20}H_{19}N_3O_2$

Pyrrolo[3,2-a]phenazin-1-carbonsäure, 2,4,5-Trimethyl-3H-, äthylester 961

$C_{20}H_{19}N_3O_4$

Pyrrol-3,4-dicarbonsäure, 2,5-Di-[2]pyridyl-, diäthylester 976

$C_{20}H_{19}N_5$

Pyrrol-3-carbonitril, 2,4,2',4'-Tetramethyl-5,5'-[2]pyridylmethylen-bis- 975

$C_{20}H_{19}N_5O_2S$

[1,2,4]Triazin, 5,6-Bis-[4-acetylamino-phenyl]-3-methylmercapto- 1344

$C_{20}H_{20}N_4O_3$

Dibenzoyl-Derivat $C_{20}H_{20}N_4O_3$ aus 2-[5-Äthyl-1H-[1,2,4]triazol-3-ylamino]-äthanol 1086

$C_{20}H_{20}N_4O_4$

Pent-3-ensäure, 4-[4-Methyl-5-oxo-2-phenyl-4,5-dihydro-pyrazolo[1,5-a]pyrimidin-7-ylamino]-2-oxo-, äthylester 1382

$C_{20}H_{20}N_6O_6$

Glutaminsäure, N-{4-[(6-Amino-8-oxo-5,8-dihydro-pyrido[2,3-b]pyrazin-2-ylmethyl)-amino]-benzoyl}- 1373

$C_{20}H_{20}N_{10}O$

Crotonsäure, 3-[5-Amino-1-phenyl-1H-[1,2,4]triazol-3-ylamino]-, [5-amino-1-phenyl-1H-[1,2,4]triazol-3-ylamid] 1172

$C_{20}H_{21}IN_4O_4$

Propionsäure, 2-Acetylamino-3-[7-jod-1-(4-methoxy-phenyl)-1H-benzotriazol-5-yl]-, äthylester 1420

$C_{20}H_{21}N_3O_4$

4,8-Methano-indeno[5,6-d][1,2,3]triazol-3a,6-dicarbonsäure, 1-Phenyl-

4,4a,5,7a,8,8a-hexahydro-1H-, dimethylester 972

–, 3-Phenyl-4,4a,5,7a,8,8a-hexahydro-3H-, dimethylester 972

$C_{20}H_{21}N_3O_5$

Pyrido[2,3-d]pyrimidin-5-carbonsäure, 1-[4-Äthoxy-phenyl]-3,7-dimethyl-2,4-dioxo-1,2,3,4-tetrahydro-, äthylester 1036

$C_{20}H_{21}N_5O_4$

[1,2,4]Triazol-3,5-diyldiamin, N^3,N^5-Bis-[2-acetyl-3-oxo-but-1-enyl]-1-phenyl-1H- 1167

$C_{20}H_{22}N_4$

Acetonitril, [1-Phenyl-3a,4,4a,5,6,7,8,8a,9,9a-decahydro-1H-4,9;5,8-dimethano-naphtho[2,3-d][1,2,3]triazol-6-yl]- 948

–, [3-Phenyl-3a,4,4a,5,6,7,8,8a,9,9a-decahydro-3H-4,9;5,8-dimethano-naphtho[2,3-d][1,2,3]triazol-6-yl]- 948

Amin, Phenyl-[3-phenyl-3,4,5,6,7,7a-hexahydro-4,7-äthano-benzotriazol-3a-yl]- 1107

–, Phenyl-[1-phenyl-3a,4,5,6,7,8-hexahydro-1H-4,7-methano-cyclohepta-triazol-8a-yl]- 1106

$C_{20}H_{22}N_4O_4$

Acetoacetamid, N-[6-Äthoxy-2-(4-äthoxy-phenyl)-2H-benzotriazol-5-yl]- 1336

$C_{20}H_{23}N_5O_3$

[1,3,5]Triazin-2,4-diyldiamin, N^2,N^4-Bis-[2-hydroxy-äthyl]-6-methoxy-N^2,N^4-diphenyl- 1318

$C_{20}H_{25}N_3O_4$

4,7-Methano-benzotriazol-5,5-dicarbonsäure, 6-Methyl-1-phenyl-1,3a,4,6,7,7a-hexahydro-, diäthylester 970

–, 6-Methyl-3-phenyl-3,3a,4,6,7,7a-hexahydro-, diäthylester 970

$C_{20}H_{25}N_3O_{13}$

[1,2,3]Triazol-4,5-dicarbonsäure, 1-[Tetra-O-acetyl-glucopyranosyl]-1H-, dimethylester 969

$C_{20}H_{25}N_5O_4$

Crotonsäure, 3,3'-[1-Phenyl-1H-[1,2,4]triazol-3,5-diyldiamino]-di-, diäthylester 1170

Diacetyl-Derivat $C_{20}H_{25}N_5O_4$ aus 5-[Amino-anilino-[1,3,5]triazin-2-yl]-valeriansäure-äthylester 1417

$C_{20}H_{25}N_7$

Pyridin-2,6-diyldiamin, 3-[Bis-(6-dimethylamino-[3]pyridyl)-methyl]- 1306

$C_{20}H_{28}Cl_4N_8$

Guanidin, N-[4-Chlor-phenyl]-N'-[(4-diäthylamino-1-methyl-butylamino)-6-trichlormethyl-[1,3,5]triazin-2-yl]- 1226

$C_{20}H_{30}N_6S_4$

[1,3,5]Triazin, Piperidino-bis-[piperidin-1-thiocarbonylmercapto]- 1349

$C_{20}H_{31}Cl_2N_7$

[1,3,5]Triazin-2,4-diyldiamin, N^2-[β,β'-Bis-diäthylamino-isopropyl]-6-chlor-N^4-[4-chlor-phenyl]- 1217

$C_{20}H_{31}N_5$

[1,3,5]Triazin-2,4-diyldiamin, N^2-Phenyl-6-undecyl- 1234

$C_{20}H_{31}N_5O$

[1,3,5]Triazin-2,4-diyldiamin, N^2,N^2,N^4,N^4-Tetramethallyl-6-methoxy- 1316

$C_{20}H_{33}ClN_8$

[1,3,5]Triazin-2,4,6-triyltriamin, N^2-[β,β'-Bis-diäthylamino-isopropyl]-N^4-[4-chlor-phenyl]- 1289

$C_{20}H_{34}N_{12}$

[1,3,5]Triazin-2,4,6-triyltriamin, $N^2,N^{2'}$-Dicyclohexyl-$N^2,N^{2'}$-äthandiyl-bis-1287

$C_{20}H_{35}N_5$

[1,3,5]Triazin-2,4-diyldiamin, 6-Heptadeca-8,11-dienyl- 1238

$C_{20}H_{37}Br_2N_5$

[1,3,5]Triazin-2,4-diyldiamin, 6-[8,9-Dibrom-heptadecyl]- 1235

$C_{20}H_{38}N_4O$

[1,3,5]Triazin-2-on, 4-Amino-6-heptadecyl-1H- 1365

$C_{20}H_{39}N_5$

[1,3,5]Triazin-2,4-diyldiamin, 6-Heptadecyl-1234

$[C_{20}H_{40}N_{12}]^{2+}$

[1,3,5]Triazin-2,4-diyldiamin, 6-[Bis-(2-äthyl-hexyloxy)-methyl]- 1366

$[C_{20}H_{40}N_{12}]^{2+}$

Ammonium, N,N'-Bis-[diamino-[1,3,5]triazin-2-yl]-N,N,N',N'-tetramethyl-N,N'-decandiyl-bis- 1290

C_{21}

$C_{21}H_{15}BrN_4O$

Benzamid, N-[2-(4-Brom-phenyl)-5-phenyl-2H-[1,2,3]triazol-4-yl]- 1136

$C_{21}H_{15}Br_3N_6$

[1,3,5]Triazin-2,4,6-triyltriamin, N^2,N^4,N^6-Tris-[2-brom-phenyl]- 1263

$C_{21}H_{15}Cl_3N_6$

[1,3,5]Triazin-2,4,6-triyltriamin, N^2,N^4,N^6-Tris-[2-chlor-phenyl]- 1263

—, N^2,N^4,N^6-Tris-[3-chlor-phenyl]- 1263

$C_{21}H_{15}N_3O_4$

Pyrido[2,3-d]pyrimidin-5-carbonsäure, 3-Methyl-2,4-dioxo-1,7-diphenyl-1,2,3,4-tetrahydro- 1039

$C_{21}H_{16}N_4$

Amin, Benzyliden-[2,5-diphenyl-2H-[1,2,3]triazol-4-yl]- 1135

—, [Diphenyl-[1,3,5]triazin-2-yl]-phenyl- 1155

—, [2-Methyl-6H-indolo[2,3-b]-chinoxalin-3-yl]-phenyl- 1156

Anilin, 3-[Diphenyl-[1,3,5]triazin-2-yl]-1160

—, 4-[Diphenyl-[1,3,5]triazin-2-yl]-1161

—, 4-[5,6-Diphenyl-[1,2,4]triazin-3-yl]-1160

$C_{21}H_{16}N_4O$

Acetamid, N-[2,3-Diphenyl-pyrido[2,3-b]-pyrazin-6-yl]- 1159

Benzamid, N-[2,5-Diphenyl-2H-[1,2,3]triazol-4-yl]- 1136

[1,2,4]Triazol-3-on, 5-Benzylidenamino-2,4-diphenyl-2,4-dihydro- 1351

$C_{21}H_{16}N_4O_2$

Propionsäure, 3-Oxo-3-phenyl-, [2-phenyl-2H-benzotriazol-5-ylamid] 1114

$C_{21}H_{16}N_4O_3$

Dibenzoyl-Derivat $C_{21}H_{16}N_4O_3$ aus 7-Amino-2-methyl-2H-benzotriazol-4-ol 1335

$C_{21}H_{17}N_3O_3$

Chinolin-3-carbonsäure, 2-[3-Oxo-3,4-dihydro-chinoxalin-2-ylmethyl]-, äthylester 1029

Chinolin-4-carbonsäure, 2-[1,5-Dimethyl-3-oxo-2-phenyl-2,3-dihydro-1H-pyrazol-4-yl]- 1023

Imidazo[1,2-a]pyrimidin-6-carbonsäure, 5-Oxo-2,3-diphenyl-5,8-dihydro-, äthylester 1028

—, 7-Oxo-2,3-diphenyl-7,8-dihydro-, äthylester 1028

$C_{21}H_{17}N_3O_4$

Chinolin-4-carbonsäure, 2-[1,5-Dimethyl-3-oxo-2-phenyl-2,3-dihydro-1H-pyrazol-4-yl]-3-hydroxy- 1051

Naphth[2',3':4,5]imidazo[2,1-b]chinazolin-3-carbonsäure, 2,14-Dioxo-1,2,3,4,5,14-hexahydro-, äthylester 1040

$C_{21}H_{17}N_5$

Hydrazin, N-[Diphenyl-[1,3,5]triazin-2-yl]-N'-phenyl- 1438

—, N-[5,6-Diphenyl-[1,2,4]triazin-3-yl]-N'-phenyl- 1437

$C_{21}H_{17}N_5O$

Benzoyl-Derivat $C_{21}H_{17}N_5O$ aus N^3,N^5-Diphenyl-1H-[1,2,4]triazol-3,5-diyldiamin 1163

$C_{21}H_{17}N_5O_2S$

Benzolsulfonsäure-[N'-(5,6-diphenyl-[1,2,4]triazin-3-yl)-hydrazid] 1438

$C_{21}H_{17}N_5O_2S$ (Fortsetzung)
Sulfanilsäure-[5,6-diphenyl-[1,2,4]triazin-3-ylamid] 1154

$C_{21}H_{17}N_5O_4S$
Sulfanilsäure, N-[Diphenoxy-[1,3,5]triazin-2-yl]-, amid 1347

$C_{21}H_{17}N_7$
Formazan, 1,5-Diphenyl-3-[2-phenyl-2H-[1,2,3]triazol-4-yl]- 935

$C_{21}H_{17}N_7O$
Biphenyl-4-ol, 3-[4-(4-Amino-[1,3,5]triazin-2-ylamino)-phenylazo]- 1204

$C_{21}H_{18}N_4$
Amin, Phenyl-[4-phenyl-5-p-tolyl-4H-[1,2,4]triazol-3-yl]- 1143
[1,2,4]Triazolium, 3-Anilino-5-methyl-1,4-diphenyl-, betain 1082

$C_{21}H_{18}N_4O_2$
Acetoacetamid, N-[6-Methyl-2-[1]naphthyl-2H-benzotriazol-5-yl]- 1118

$C_{21}H_{18}N_4O_2S$
Benzolsulfonamid, N-[1-Benzyl-5-phenyl-1H-[1,2,4]triazol-3-yl]- 1139

$C_{21}H_{18}N_6$
Cyclonona[1,2-b;4,5-b';7,8-b'']tripyrrol-3,7,11-tricarbonitril, 2,6,10-Trimethyl-1,4,5,8,9,12-hexahydro- 991
[1,3,5]Triazin-2,4,6-triyltriamin, N^2,N^4,N^6-Triphenyl- 1263

$C_{21}H_{18}N_6O$
Acetamid, N-[4-Methyl-2-phenyl-6-phenylazo-2H-benzotriazol-5-yl]- 1446
Pyrazolo[1,5-a]pyrimidin-5-carbonsäure, 7-Methyl-2-phenyl-, [anilinomethylen-hydrazid] 956

$C_{21}H_{18}N_6O_6S_3$
Benzolsulfonamid, N,N',N''-[1,3,5]Triazin-2,4,6-triyl-tris- 1299

$C_{21}H_{18}N_{10}$
[1,3,5]Triazin-2,4,6-triyltriamin, N^2,N^4-Bis-[4-amino-[6]chinolyl]- 1296

$C_{21}H_{19}N_3O_2$
Naphth[2',3':4,5]imidazo[2,1-b]chinazolin-14-carbonsäure, 1,2,3,4-Tetrahydro-, äthylester 962

$[C_{21}H_{19}N_4]^+$
[1,2,4]Triazolium, 3-[N-Methyl-anilino]-1,4-diphenyl- 1075

$C_{21}H_{19}N_5$
[1,2,4]Triazol-3,5-diyldiamin, N^3,N^5-Diphenyl-1-o-tolyl-1H- 1164
—, N^3,N^5-Diphenyl-1-p-tolyl-1H- 1164

$C_{21}H_{19}N_5O$
Pyrido[3,4-d]pyridazin-1-on, 5-Anilino-2-methyl-4-methylamino-7-phenyl-2H- 1383

$C_{21}H_{19}N_7O_2S$
Sulfanilsäure, N-[Dianilino-[1,3,5]triazin-2-yl]-, amid 1285

$C_{21}H_{19}N_7O_8S_3$
Sulfanilsäure, N,N',N''-[1,3,5]Triazin-2,4,6-triyl-tri-, monoamid 1285

$C_{21}H_{20}N_4O_5$
Acetyl-Derivat $C_{21}H_{20}N_4O_5$ aus 2-Oxo-4-[5-oxo-2-phenyl-4,5-dihydro-pyrazolo[1,5-a]pyrimidin-7-ylamino]-pent-3-ensäure-äthylester 1382

$C_{21}H_{20}N_8$
Pentan-2,4-dion-bis-[5-phenyl-1H-[1,2,4]triazol-3-ylimin] 1138
Propionitril, 3,3'-[Dianilino-[1,3,5]triazin-2-ylimino]-di- 1283

$C_{21}H_{21}N_9$
Propionitril, 3,3',3'',3'''-[6-Phenyl-[1,3,5]triazin-2,4-dryldiimino]-tetra- 1245

$C_{21}H_{21}N_9O_6S_3$
Sulfanilsäure, N,N',N''-[1,3,5]Triazin-2,4,6-triyl-tri-, triamid 1285
[1,3,5]Triazin, Tris-sulfanilylamino- 1299

$C_{21}H_{24}BrN_3O_2$
Pyrrol-2-carbonsäure, 5-[Bis-(3,5-dimethyl-pyrrol-2-yl)-methyl]-4-[2-brom-vinyl]-3-methyl- 957
—, 5-[Bis-(4,5-dimethyl-pyrrol-2-yl)-methyl]-4-[2-brom-vinyl]-3-methyl- 957

$C_{21}H_{24}N_4$
Amin, [6,6-Dimethyl-3-phenyl-3,4,5,6,7,7a-hexahydro-4,7-methano-benzotriazol-3a-yl]-phenyl- 1107
—, Phenyl-[1-phenyl-1,3a,4,5,6,7,8,9-octahydro-4,8-methano-cyclooctatriazol-9a-yl]- 1107

$C_{21}H_{25}Cl_2N_7$
[1,3,5]Triazin-2,4,6-triyltriamin, N^2,N^4-Bis-[4-chlor-phenyl]-N^6-[2-diäthylamino-äthyl]- 1286

$C_{21}H_{25}N_3O_2$
Pyrrol-3-carbonsäure, 5-[Bis-(3,5-dimethyl-pyrrol-2-yl)-methylen]-2-methyl-5H-, äthylester 957

$C_{21}H_{25}N_3O_4$
Spiro[cyclopropan-1,8'-(4,7-methano-benzotriazol)]-5',5'-dicarbonsäure, 1'-Phenyl-1',3'a,4',6',7',7'a-hexahydro-, diäthylester 971
—, 3'-Phenyl-3',3'a,4',6',7',7'a-hexahydro-, diäthylester 971

$C_{21}H_{25}N_5O_8$
Propionsäure, 3,3',3'',3'''-[6-Phenyl-[1,3,5]triazin-2,4-diyldiimino]-tetra- 1245

$C_{21}H_{26}BrN_3O_2$
Pyrrol-2-carbonsäure, 5-[Bis-(4-äthyl-
5-methyl-pyrrol-2-yl)-methyl]-4-brom-
3-methyl- 954

$C_{21}H_{27}N_7O$
Buttersäure, 2-Methyl-, [3-(3-guanidino-
propyl)-5-indol-3-yl-pyrazin-2-ylamid]
1249

$C_{21}H_{28}N_4$
Amin, [3-(4,5-Dihydro-1H-imidazol-2-yl)-
3-(2,6-dimethyl-[4]pyridyl)-3-phenyl-
propyl]-dimethyl- 1152

$C_{21}H_{34}N_6$
[1,3,5]Triazin-2,4,6-triyltriamin,
N^2-Dodecyl-N^2-phenyl- 1264

$C_{21}H_{36}N_4O_2$
Amin, [Bis-allyloxy-[1,3,5]triazin-2-yl]-
dodecyl- 1345

$C_{21}H_{36}N_6$
[1,3,5]Triazin-2,4,6-triyltriamin, N^2,N^4,N^6-
Tricyclohexyl- 1260

$C_{21}H_{36}N_6O_3$
Hexanamid, N,N',N''-[1,3,5]Triazin-
2,4,6-triyl-tris- 1275

$C_{21}H_{39}N_9$
[1,3,5]Triazin, 2,4,6-Tris-[4-äthyl-
piperazino]- 1288

$C_{21}H_{41}N_5$
[1,3,5]Triazin-2,4-diyldiamin, N^2-Octadecyl-
1193

$C_{21}H_{42}ClN_7$
[1,3,5]Triazin-2,4-diyldiamin, 6-Chlor-N^2,-
N^4-bis-[3-dipropylamino-propyl]- 1216

$C_{21}H_{42}N_6$
[1,3,5]Triazin-2,4,6-triyltriamin,
N^2-Octadecyl- 1260

$[C_{21}H_{44}ClN_7]^{2+}$
[1,3,5]Triazin-2,4-diyldiamin, 6-Chlor-N^2,-
N^4-bis-[3-triäthylammonio-propyl]-
1216

$C_{21}H_{45}N_9$
[1,3,5]Triazin-2,4,6-triyltriamin, N^2,N^4,N^6-
Tris-[2-diäthylamino-äthyl]- 1287

C_{22}

$C_{22}H_{14}BrN_5O_7S_2$
Benzotriazol-5-sulfonsäure, 2-[2-(6-Brom-
2-hydroxy-[1]naphthylazo)-4-sulfo-
phenyl]-2H- 1054

$C_{22}H_{14}ClN_3O_6S_2$
Naphtho[1,2-d][1,2,3]triazol-6,8-disulfonsäure,
2-[4'-Chlor-biphenyl-4-yl]-2H- 1066

$C_{22}H_{15}N_3O_6S_2$
Naphtho[1,2-d][1,2,3]triazol-6-sulfonsäure,
2-[3-Sulfo-biphenyl-4-yl]-2H- 1057

$C_{22}H_{16}N_4$
Amin, [1]Naphthyl-[3-[1]naphthyl-
3H-[1,2,3]triazol-4-yl]- 1073
—, [2]Naphthyl-[3-[2]naphthyl-
3H-[1,2,3]triazol-4-yl]- 1073

$C_{22}H_{16}N_4O$
Benzamid, N-[Benz[4,5]imidazo[1,2-c]-
chinazolin-6-ylmethyl]- 1156

$C_{22}H_{16}N_4O_2$
Spiro[chinazolin-2,3'-indolin]-4-carbonsäure,
2'-Oxo-1H-, anilid 1027

$C_{22}H_{16}N_4O_6S_2$
Naphtho[1,2-d][1,2,3]triazol-6-sulfonsäure,
2-[4'-Amino-3-sulfo-biphenyl-4-yl]-2H-
1060

$C_{22}H_{17}N_3O_2$
Benzo[a]pyrrolo[2,3-c]phenazin-
1-carbonsäure, 2-Methyl-3H-,
äthylester 962

$C_{22}H_{17}N_3O_4$
Pyrido[2,3-d]pyrimidin-5-carbonsäure,
2,4-Dioxo-1,7-diphenyl-
1,2,3,4-tetrahydro-, äthylester 1039

$C_{22}H_{17}N_3O_5$
Pyrido[2,3-d]pyrimidin-5-carbonsäure,
1-[4-Äthoxy-phenyl]-2,4-dioxo-7-phenyl-
1,2,3,4-tetrahydro- 1039

$C_{22}H_{17}N_5$
Benzaldehyd-[5,6-diphenyl-[1,2,4]triazin-
3-ylhydrazon] 1438
[1,2,4]Triazol-3,4-diyldiamin, N^3,N^4-
Dibenzyliden-5-phenyl- 1139

$C_{22}H_{17}N_5O_2$
[1,2,3]Triazol-4,5-dicarbonsäure, 1-Phenyl-
1H-, dianilid 965
[1,2,4]Triazol-3,5-diyldiamin, 1-Phenyl-
N^3,N^5-disalicyliden-1H- 1166

$C_{22}H_{18}N_4O$
Acetamid, N-[4,5-Diphenyl-4H-
[1,2,4]triazol-3-yl]-N-phenyl- 1137
Benzamid, N-[2-Phenyl-5-p-tolyl-
2H-[1,2,3]triazol-4-yl]- 1142
[1,2,3]Triazol-4-carbonsäure, 5-Benzyl-
1-phenyl-1H-, anilid 951

$C_{22}H_{18}N_4O_3$
Cinnolin-3-carbonsäure, 4-[1-Acetyl-
2-anilino-1,2-dihydro-[2]pyridyl]- 1422
Pyrido[2,3-d]pyrimidin-5-carbonsäure,
3,7-Dimethyl-2,4-dioxo-1-phenyl-
1,2,3,4-tetrahydro-, anilid 1036

$C_{22}H_{18}N_4O_4$
[1,2,3]Triazol-4,5-dicarbonsäure, 1-[5-
(1-Cyan-2-phenyl-vinyl)-2-methyl-
phenyl]-1H-, dimethylester 968

$C_{22}H_{19}N_3O_2$
Pyrazolo[3,4-b]pyridin-6-carbonsäure,
4-Methyl-1,3-diphenyl-1H-, äthylester
957

$C_{22}H_{19}N_3O_3$
[1,2]Diazetidin-3-carbonsäure, 4-Oxo-
1,2-diphenyl-3-[2-[4]pyridyl-äthyl]- 1014
Pyrazolo[3,4-*b*]pyridin-6-carbonsäure,
5-Methyl-4-oxo-1,3-diphenyl-
4,7-dihydro-1*H*-, äthylester 1023

$C_{22}H_{19}N_3O_4$
Cinnolin-3-carbonsäure, 4-[1-Acetyl-
2-äthoxy-1,2-dihydro-[2]chinolyl]- 1005

$C_{22}H_{19}N_5O_2$
Anilin, *N,N*-Dimethyl-4-[4-(4-nitro-phenyl)-
5-phenyl-4*H*-[1,2,4]triazol-3-yl]- 1153

$C_{22}H_{20}N_4$
[1,2,4]Triazolium, 5-Äthyl-3-anilino-
1,4-diphenyl-, betain 1086

$C_{22}H_{21}N_3O_8$
Pyrazolo[4,3-*c*]pyrido[1,2-*a*]chinolin-
4,5,6,7-tetracarbonsäure, 3,3a,3b,12b-
Tetrahydro-, tetramethylester 1000

$C_{22}H_{22}N_8O_6S$
[1,2,3]Triazol-4-carbonsäure, 5,5'-Diamino-
1*H*,1'*H*-1,1'-[4,4'-sulfonyl-diphenyl]-bis-,
diäthylester 1406

$C_{22}H_{22}N_{10}O_8S_2$
Stilben-2,2'-disulfonsäure, 4,4'-Bis-
[4-amino-6-methoxy-[1,3,5]triazin-
2-ylamino]- 1320

$[C_{22}H_{23}N_4]^+$
[1,2,4]Triazolo[4,3-*a*]chinolinium, 2-Äthyl-
1-[4-dimethylamino-styryl]- 1158
−, 3-Äthyl-5-[4-dimethylamino-styryl]-
3*H*- 1159

$C_{22}H_{24}N_{10}O$
Crotonsäure, 3-[5-Amino-1-*p*-tolyl-
1*H*-[1,2,4]triazol-3-ylamino]-,
[5-amino-1-*p*-tolyl-1*H*-[1,2,4]triazol-
3-ylamid] 1173

$C_{22}H_{25}N_3O_4$
Pyrrol-3-carbonsäure, 2,2'-Dimethyl-
5,5'-[2]pyridylmethylen-bis-, diäthyl=
ester 975

$C_{22}H_{25}N_5O_6$
Acrylsäure, 2,2'-Diacetyl-3,3'-[1-phenyl-
1*H*-[1,2,4]triazol-3,5-diyldiamino]-di-,
diäthylester 1172

$C_{22}H_{26}N_4$
Amin, Phenyl-[4,6,6-trimethyl-3-phenyl-
3,4,5,6,7,7a-hexahydro-4,7-methano-
benzotriazol-3a-yl]- 1107

$C_{22}H_{27}N_3O_2$
Pyrrol-3-carbonsäure, 5-[Bis-(3,5-dimethyl-
pyrrol-2-yl)-methylen]-2,4-dimethyl-5*H*-,
äthylester 957

$C_{22}H_{27}N_5O$
[1,3,5]Triazin-2,4-diyldiamin,
6-*tert*-Butoxymethyl-N^2,N^4-di-*o*-tolyl-
1326

$C_{22}H_{28}N_6$
[2]Pyridylamin, Hexa-*N*-methyl-5,5',5''-
methantriyl-tris- 1305

$C_{22}H_{28}N_6O$
Methanol, Tris-[6-dimethylamino-
[3]pyridyl]- 1344

$C_{22}H_{28}N_{10}O_2S$
Sulfon, Bis-[4-(4,6-diamino-2,2-dimethyl-
2*H*-[1,3,5]triazin-1-yl)-phenyl]- 1184

C_{23}

$C_{23}H_{15}N_3O_3$
Pyrazolo[3,4-*b*]chinolin-4-carbonsäure,
3-Oxo-1,2-diphenyl-2,3-dihydro-1*H*-
1020

$C_{23}H_{17}N_5O$
Amin, [3-Methyl-1-phenyl-1*H*-pyrazolo=
[3,4-*b*]chinolin-4-yl]-nitroso-phenyl-
1448
Naphtho[2,3-*d*][1,2,3]triazol-4-ol, 1-Phenyl-
9-*p*-tolylazo-1*H*- 1443

$C_{23}H_{17}N_5O_{10}S_3$
Naphthalin-2,7-disulfonsäure, 3-Hydroxy-
4-[4-(5-methyl-4-sulfo-benzotriazol-2-yl)-
phenylazo]- 1055

$C_{23}H_{18}N_4$
Amin, [3-Methyl-1-phenyl-1*H*-pyrazolo=
[3,4-*b*]chinolin-4-yl]-phenyl- 1149
−, [3-Methyl-2-phenyl-2*H*-pyrazolo=
[3,4-*b*]chinolin-4-yl]-phenyl- 1149
Anilin, 2-[5-Methyl-4-phenyl-
5*H*-pyridazino[4,5-*b*]indol-1-yl]- 1161

$C_{23}H_{18}N_4O$
Essigsäure-[4-(diphenyl-[1,3,5]triazin-2-yl)-
anilid] 1161
− [4-(5,6-diphenyl-[1,2,4]triazin-3-yl)-
anilid] 1160

$C_{23}H_{18}N_4O_2$
Dibenzamid, *N*-[5-Methyl-2-phenyl-
2*H*-[1,2,3]triazol-4-yl]- 1081

$C_{23}H_{19}AsN_6O_4S_2$
Benzoesäure, 2,2'-{[4-(4,6-Diamino-
[1,3,5]triazin-2-ylamino)-phenyl]-
arsandiyldimercapto}-di- 1292

$C_{23}H_{19}N_3O_4$
Pyrido[2,3-*d*]pyrimidin-5-carbonsäure,
3-Methyl-2,4-dioxo-1,7-diphenyl-
1,2,3,4-tetrahydro-, äthylester 1039

$C_{23}H_{20}ClN_9$
[1,3,5]Triazin-2,4-diyldiamin, N^2,N^4-Bis-
[4-amino-2-methyl-[6]chinolyl]-6-chlor-
1219

$C_{23}H_{20}N_4O$
Äthanol, 2-[5,6-Diphenyl-[1,2,4]triazin-
3-ylamino]-1-phenyl- 1154

$C_{23}H_{21}ClN_6O_2$

[1,3,5]Triazin-2,4,6-triyltriamin, N^2-[4-Chlor-phenyl]-N^4,N^6-bis-[4-methoxy-phenyl]- 1272

$C_{23}H_{21}N_3O_3$

Chinolin-4-carbonsäure, 2-[1,5-Dimethyl-3-oxo-2-phenyl-2,3-dihydro-1H-pyrazol-4-yl]-, äthylester 1023

$C_{23}H_{21}N_9O$

[1,3,5]Triazin-2-on, 4,6-Bis-[4-amino-2-methyl-[6]chinolylamino]-1H- 1359

$C_{23}H_{22}N_4$

Amin, [4,5-Di-p-tolyl-4H-[1,2,4]triazol-3-yl]-p-tolyl- 1143

$C_{23}H_{22}N_{10}$

[1,3,5]Triazin-2,4,6-triyltriamin, N^2,N^4-Bis-[4-amino-2-methyl-[6]chinolyl]- 1297

$C_{23}H_{23}N_3O_8$

Pyrazolo[4,3-c]pyrido[1,2-a]chinolin-4,5,6,7-tetracarbonsäure, 3b-Methyl-3,3a,3b,12b-tetrahydro-, tetramethyl-ester 1001

$C_{23}H_{23}N_5$

Pyrido[3,2-d]pyrimidin-2,4-diyldiamin, N^2,N^4-Bis-[2,5-dimethyl-phenyl]- 1239

$C_{23}H_{24}N_4O_5S$

Benzoesäure, 4-[5-Sulfo-naphtho[1,2-d][1,2,3]triazol-2-yl]-, [2-diäthylamino-äthylester] 1056

$C_{23}H_{25}N_5O_2$

[1,3,5]Triazin, Bis-[2-phenyl-butyrylamino]- 1203

$C_{23}H_{27}N_5$

Pentandiyldiamin, N-Isopropyl-N'-pyrido[3,2-a]phenazin-5-yl- 1157

$C_{23}H_{28}BrN_3O_2$

Pyrrol-2-carbonsäure, 5-[Bis-(3-äthyl-5-methyl-pyrrol-2-yl)-methyl]-4-[2-brom-vinyl]-3-methyl- 958

−, 5-[Bis-(4-äthyl-5-methyl-pyrrol-2-yl)-methyl]-4-[2-brom-vinyl]-3-methyl-958

−, 5-[Bis-(3,4,5-trimethyl-pyrrol-2-yl)-methyl]-4-[2-brom-vinyl]-3-methyl- 958

$C_{23}H_{28}N_4O$

[1,2,4]Triazin-3-on, 6-Bibenzyl-α-yl-5-piperidinomethyl-4,5-dihydro-2H-1384

$C_{23}H_{37}N_5O$

[1,3,5]Triazin-2,4-diyldiamin, 6-Butoxy-N^2,N^2,N^4,N^4-tetramethallyl- 1316

$C_{23}H_{42}N_6S_4$

Amin, [Bis-diisopropylthiocarbamoyl-mercapto-[1,3,5]triazin-2-yl]-diisopropyl-1349

$C_{23}H_{45}N_5O$

[1,3,5]Triazin-2,4-diyldiamin, 6-[2-Octadecyloxy-äthyl]- 1330

C_{24}

$C_{24}H_{12}N_6$

Benzonitril, 2,2',2''-[1,3,5]Triazin-2,4,6-triyl-tri- 998

$C_{24}H_{15}Cl_2N_3O_4S_2$

Naphtho[1,2-d][1,2,3]triazol-6-sulfonyl-chlorid, 2-[2-Chlorsulfonyl-stilben-4-yl]-2H- 1058

$C_{24}H_{15}Cl_3N_6O_3$

[1,3,5]Triazin, Tris-[2-chlor-benzoylamino]-1278

−, Tris-[3-chlor-benzoylamino]- 1278

−, Tris-[4-chlor-benzoylamino]- 1278

$C_{24}H_{15}N_9$

Carbamonitril, N,N',N''-Triphenyl-N,N',N''-[1,3,5]triazin-2,4,6-triyl-tri- 1280

$C_{24}H_{17}N_3O_3S_2$

Naphtho[1,2-d][1,2,3]triazol-6-sulfonsäure, 2-[4'-Sulfo-stilben-4-yl]-2H- 1059

$C_{24}H_{17}N_3O_6S_2$

Naphtho[1,2-d][1,2,3]triazol-6,8-disulfonsäure, 2-Stilben-4-yl-2H- 1067

$C_{24}H_{17}N_5O_4$

[1,2,4]Triazol, 3,5-Bis-[1-hydroxy-[2]naphthoylamino]-1H- 1170

[1,2,4]Triazol-3,5-diyldiamin, 1-Phenyl-N^3,N^5-dipiperonyliden-1H- 1173

$C_{24}H_{18}N_4O_7S_2$

Naphtho[1,2-d][1,2,3]triazol-6-sulfonsäure, 2-[4'-Acetylamino-3-sulfo-biphenyl-4-yl]-2H- 1060

$C_{24}H_{18}N_4O_9S_3$

Stilben-2,2'-disulfonsäure, 4-Amino-4'-[6-sulfo-naphtho[1,2-d][1,2,3]triazol-2-yl]- 1060

$C_{24}H_{18}N_6O_3$

Benzamid, N,N',N''-[1,3,5]Triazin-2,4,6-triyl-tris- 1277

$C_{24}H_{19}N_5O$

Amin, [3,6-Dimethyl-1-phenyl-1H-pyrazolo[3,4-b]chinolin-4-yl]-nitroso-phenyl- 1448

$C_{24}H_{19}N_5O_3$

Tribenzoyl-Derivat $C_{24}H_{19}N_5O_3$ aus 2,5-Dihydro-[1,2,3]triazin-4,6-diyldiamin 1174

Tribenzoyl-Derivat $C_{24}H_{19}N_5O_3$ aus 5-Hydrazino-4H-pyrazol-3-ylamin 1174

$C_{24}H_{19}N_5O_4S_2$

Naphtho[1,2-d][1,2,3]triazol-6-sulfonsäure, 2-[2-Sulfamoyl-stilben-4-yl]-2H-, amid 1058

Naphtho[1,2-d][1,2,3]triazol-7-sulfonsäure, 2-[2-Sulfamoyl-stilben-4-yl]-2H-, amid 1062

$C_{24}H_{19}N_7O_2$
[1,2,3]Triazol-4,5-dicarbonsäure, 2-Phenyl-
2H-, bis-benzylidenhydrazid 965
$C_{24}H_{20}N_4$
Amin, [3,6-Dimethyl-1-phenyl-
1H-pyrazolo[3,4-b]chinolin-4-yl]-phenyl-
1150
–, [3,6-Dimethyl-2-phenyl-
2H-pyrazolo[3,4-b]chinolin-4-yl]-phenyl-
1150
$C_{24}H_{20}N_4O_3$
Dibenzoyl-Derivat $C_{24}H_{20}N_4O_3$ aus
2-[5-Phenyl-1H-[1,2,4]triazol-3-ylamino]-
äthanol 1137
$C_{24}H_{20}N_6O_4$
Anilin, 5-[Bis-(4-methyl-3-nitro-phenyl)-
[1,3,5]triazin-2-yl]-2-methyl- 1161
$C_{24}H_{20}N_8O$
Pyrazolo[1,5-a]pyrimidin-5-carbonsäure,
7-Methyl-2-phenyl-, {[(5-phenyl-
1(2)H-pyrazol-3-ylamino)-methylen]-
hydrazid} 956
$C_{24}H_{21}N_3O_3$
Chinolin-4-carbonsäure, 2-[1,5-Dimethyl-
3-oxo-2-phenyl-2,3-dihydro-1H-pyrazol-
4-yl]-, allylester 1023
$C_{24}H_{21}N_3O_5$
Pyrido[2,3-d]pyrimidin-5-carbonsäure,
1-[4-Äthoxy-phenyl]-2,4-dioxo-7-phenyl-
1,2,3,4-tetrahydro-, äthylester 1039
$C_{24}H_{21}N_5O_2$
[1,2,4]Triazol-3,4-diyldiamin, N^3,N^4-Bis-
[4-methoxy-benzyliden]-5-phenyl- 1140
$C_{24}H_{22}N_4$
Anilin, 5-[Di-p-tolyl-[1,3,5]triazin-2-yl]-
2-methyl- 1161
$C_{24}H_{23}N_3O_3$
Essigsäure, {5-Oxo-1-phenyl-4-[2-
(1,3,3-trimethyl-indolin-2-yliden)-
äthyliden]-4,5-dihydro-1H-pyrazol-3-yl}-
1025
$C_{24}H_{24}N_4O$
Acetoacetonitril, 2-[1,3-Dimethyl-
1,3-dihydro-benzimidazol-2-yliden]-
4-[1,3,3-trimethyl-indolin-2-yliden]-
1028
$C_{24}H_{24}N_6$
[1,3,5]Triazin-2,4,6-triyltriamin, N^2,N^4,N^6-
Tri-p-tolyl- 1264
$C_{24}H_{24}N_6O_6S_3$
Toluol-2-sulfonamid, N,N',N''-
[1,3,5]Triazin-2,4,6-triyl-tris- 1299
Toluol-4-sulfonamid, N,N',N''-
[1,3,5]Triazin-2,4,6-triyl-tris- 1299
$C_{24}H_{24}N_8O_{10}S_2$
Stilben-2,2'-disulfonsäure, 4,4'-Bis-
[4,6-dimethoxy-[1,3,5]triazin-2-ylamino]-
1348

$C_{24}H_{26}N_4$
Amin, Phenyl-[3-phenyl-3,4,4a,5,6,7,8,8a,9,=
9a-decahydro-4,9;5,8-dimethano-
naphtho[2,3-d][1,2,3]triazol-3a-yl]- 1119
$C_{24}H_{26}N_{10}O_8S_2$
Stilben-2,2'-disulfonsäure, 4,4'-Bis-
[4-äthoxy-6-amino-[1,3,5]triazin-
2-ylamino]- 1320
$C_{24}H_{29}N_3O_2$
Crotonsäure, 2,4-Bis-[3,5-dimethyl-pyrrol-
2-yl]-4-[2,4-dimethyl-pyrrol-3-yliden]-,
äthylester 960
$C_{24}H_{29}N_3O_4$
Pyrrol-2-carbonsäure, 3,5,3',5'-Tetramethyl-
4,4'-[2]pyridylmethylen-bis-, diäthyl=
ester 975
–, 3,5,3',5'-Tetramethyl-
4,4'-[3]pyridylmethylen-bis-, diäthyl=
ester 975
–, 3,5,3',5'-Tetramethyl-
4,4'-[4]pyridylmethylen-bis-, diäthyl=
ester 976
Pyrrol-3-carbonsäure, 2,4,2',4'-Tetramethyl-
5,5'-[2]pyridylmethylen-bis-, diäthyl=
ester 975
–, 2,4,2',4'-Tetramethyl-
5,5'-[3]pyridylmethylen-bis-, diäthyl=
ester 975
–, 2,4,2',4'-Tetramethyl-
5,5'-[4]pyridylmethylen-bis-, diäthyl=
ester 975
$C_{24}H_{39}N_9O_6$
Piperazin-1-carbonsäure, 4,4',4''-
[1,3,5]Triazin-2,4,6-triyl-tris-, triäthyl=
ester 1288
$C_{24}H_{42}N_6O_3$
Heptanamid, N,N',N''-[1,3,5]Triazin-
2,4,6-triyl-tris- 1275
$[C_{24}H_{49}N_6]^+$
Ammonium, [4,6-Diamino-[1,3,5]triazin-
2-ylmethyl]-dimethyl-octadecyl- 1300
$C_{24}H_{51}N_9$
[1,3,5]Triazin-2,4,6-triyltriamin, N^2,N^4,N^6-
Tris-[3-diäthylamino-propyl]- 1289
$[C_{24}H_{54}N_9]^{3+}$
[1,3,5]Triazin-2,4,6-triyltriamin, N^2,N^4,N^6-
Tris-[2-(diäthyl-methyl-ammonio)-äthyl]-
1287

C_{25}

$C_{25}H_{15}Cl_2N_3O_3S$
Naphtho[1,2-d][1,2,3]triazol-4-carbonyl=
chlorid, 2-[2-Chlorsulfonyl-stilben-4-yl]-
2H- 953
$C_{25}H_{16}N_4$
Amin, Benz[f]isochino[3,4-b]chinoxalin-5-yl-
phenyl- 1160

C₂₅H₁₆N₄ (Fortsetzung)

Amin, Benz[*f*]isochino[4,3-*b*]chinoxalin-5-yl-phenyl- 1160

C₂₅H₁₉N₃O₃

Benzo[*g*]chinolin-4-carbonsäure,
2-[1,5-Dimethyl-3-oxo-2-phenyl-2,3-dihydro-1*H*-pyrazol-4-yl]- 1028

C₂₅H₁₉N₅O₈S₂

Naphtho[1,2-*d*][1,2,3]triazol-6,8-disulfonsäure,
2-[4-(3-Acetylamino-benzoylamino)-phenyl]-2*H*- 1068

C₂₅H₁₉N₇O₃

Benzoesäure, 4-[2-Phenyl-2*H*-[1,2,3]triazol-4-carbonylamino]-, [2-phenyl-2*H*-[1,2,3]triazol-4-ylmethylester] 934

C₂₅H₂₀N₄O₂

Imidazo[1,5-*a*]imidazol-5,7-dion,
2-[4-Dimethylamino-phenyl]-3,6-diphenyl- 1396

—, 3-[4-Dimethylamino-phenyl]-2,6-diphenyl- 1396

C₂₅H₂₁N₇O₂

[1,2,3]Triazol-4,5-dicarbonsäure, 1-Benzyl-1*H*-, bis-benzylidenhydrazid 966

C₂₅H₂₁N₇O₂S

Toluol-4-sulfonamid, *N*-[6-Amino-2-phenyl-7-phenylazo-2*H*-benzotriazol-5-yl]- 1446

C₂₅H₂₄N₄O

Acetamid, *N*-[4,5-Di-*p*-tolyl-4*H*-[1,2,4]triazol-3-yl]-*N*-*p*-tolyl- 1143

C₂₅H₂₅N₃O₃

Pyrazol-3-carbonsäure, 5-Oxo-1-phenyl-4-[2-(1,3,3-trimethyl-indolin-2-yliden)-äthyliden]-4,5-dihydro-1*H*-, äthylester 1024

C₂₅H₂₅N₅O₂

p-Phenylendiamin, 2,5-Diäthoxy-*N*-[diphenyl-[1,3,5]triazin-2-yl]- 1155

C₂₅H₂₅N₉O

[1,3,5]Triazin-2,4-diyldiamin, 6-Äthoxy-*N²,N⁴*-bis-[4-amino-2-methyl-[6]chinolyl]- 1320

C₂₅H₂₆N₁₀

[1,3,5]Triazin-2,4,6-triyltriamin, *N²,N⁴*-Bis-[4-amino-2,3-dimethyl-[6]chinolyl]- 1297

—, *N²,N⁴*-Bis-[4-amino-2-methyl-[6]chinolylmethyl]- 1297

C₂₅H₂₆N₁₀O₂

[1,3,5]Triazin-2,4,6-triyltriamin, *N²,N⁴*-Bis-[4-amino-7-methoxy-2-methyl-[6]chinolyl]- 1298

C₂₅H₂₈BrN₃O₃

Propionsäure, 3-[3-Äthyl-1-brom-2,8,13-trimethyl-14-oxo-12-vinyl-16,17-dihydro-14*H*-tripyrrin-7-yl]-, methylester 1027

Tripyrrin-1-carbonsäure, 2,12-Diäthyl-8-[2-brom-vinyl]-3,7,13-trimethyl-14-oxo-16,17-dihydro-14*H*-, methylester 1027

—, 2,13-Diäthyl-8-[2-brom-vinyl]-3,7,12-trimethyl-14-oxo-16,17-dihydro-14*H*-, methylester 1027

C₂₅H₂₉N₃O₄

Propen, 1-[4-Äthoxycarbonyl-3,5-dimethyl-pyrrol-2-yl]-1-[5-äthoxycarbonyl-2,4-dimethyl-pyrrol-3-yl]-3-pyrrol-2-yliden- 978

—, 1,1-Bis-[4-äthoxycarbonyl-5-methyl-pyrrol-2-yl]-3-[3,5-dimethyl-pyrrol-2-yliden]- 977

Propionsäure, 3-[2-Acetyl-12-äthyl-3,8,13-trimethyl-14-oxo-16,17-dihydro-14*H*-tripyrrin-7-yl]-, methylester 1040

Pyrrol-2-carbonsäure, 3,5,3′,5′-Tetramethyl-4,4′-[3-pyrrol-2-yliden-propenyliden]-bis-, diäthylester 978

Pyrrol-3-carbonsäure, 2,4,2′,4′-Tetramethyl-5,5′-[3-pyrrol-2-yliden-propenyliden]-bis-, diäthylester 977

C₂₅H₂₉N₃O₅

Tripyrrin-1-carbonsäure, 3,12-Diäthyl-7-[2-carboxy-äthyl]-2,8,13-trimethyl-14-oxo-16,17-dihydro-14*H*- 1043

C₂₅H₂₉N₃O₆

Pyrrol-3-carbonsäure, 2,2′-Dimethyl-5,5′-[4-äthoxycarbonyl-5-methyl-pyrrol-2-ylidenmethandiyl]-bis-, diäthylester 989

Tripyrrin-3,12-dicarbonsäure, 7-Äthyl-2,8,13-trimethyl-1,14-dioxo-14,15,16,17-tetrahydro-1*H*-, diäthylester 1046

C₂₅H₃₀BrN₃O₃

Propionsäure, 3-[7,12-Diäthyl-14-brom-2,8,13-trimethyl-15,16-dihydro-1*H*-tripyrrin-3-yl]-, methylester 1025

—, 3-[2,12-Diäthyl-1-brom-3,8,13-trimethyl-14-oxo-16,17-dihydro-14*H*-tripyrrin-7-yl]-, methylester 1026

—, 3-[2,13-Diäthyl-1-brom-3,8,13-trimethyl-14-oxo-16,17-dihydro-14*H*-tripyrrin-7-yl]-, methylester 1025

—, 3-[3,12-Diäthyl-1-brom-2,8,13-trimethyl-14-oxo-16,17-dihydro-14*H*-tripyrrin-7-yl]-, methylester 1026

—, 3-[3,13-Diäthyl-1-brom-2,8,12-trimethyl-14-oxo-16,17-dihydro-14*H*-tripyrrin-7-yl]-, methylester 1025

C₂₅H₃₁N₃O₃

Propionsäure, 3-[3,12-Diäthyl-2,8,13-trimethyl-14-oxo-16,17-dihydro-14*H*-tripyrrin-7-yl]-, methylester 1026

$C_{25}H_{31}N_3O_4$

Propionsäure, 3-[3,13-Diäthyl-
2,8,12-trimethyl-1,14-dioxo-14,15,16,17-
tetrahydro-1H-tripyrrin-7-yl]-,
methylester 1040

Pyrrol-3-carbonsäure, 2,4,2',4'-Tetramethyl-
5,5'-[6-methyl-[2]pyridylmethylen]-bis-,
diäthylester 976

$C_{25}H_{31}N_3O_6$

Pyrrol-2-carbonsäure, 5,5',5''-Trimethyl-
4,4',4''-methantriyl-tris-, triäthylester
987

Pyrrol-3-carbonsäure, 2,2',2''-Trimethyl-
5,5',5''-methantriyl-tris-, triäthylester
986

$C_{25}H_{32}BrN_3O_2$

Pyrrol-2-carbonsäure, 5-[Bis-(3-äthyl-
4,5-dimethyl-pyrrol-2-yl)-methyl]-4-
[2-brom-vinyl]-3-methyl- 958

—, 5-[Bis-(4-äthyl-3,5-dimethyl-pyrrol-
2-yl)-methyl]-4-[2-brom-vinyl]-3-methyl-
958

$C_{25}H_{37}N_3O_3$

Chol-11-eno[11,12-e][1,2,4]triazin-24-säure,
3'-Oxo-2',3'-dihydro- 1019

Chol-11-eno[12,11-e][1,2,4]triazin-24-säure,
3'-Oxo-2',3'-dihydro- 1019

$C_{25}H_{46}N_6O_2$

Palmitamid, N-[2-(Diamino-[1,3,5]triazin-
2-yl)-äthyl]-N-[2-vinyloxy-äthyl]- 1302

$C_{25}H_{46}N_{10}O_9$

Imidazo[4,5-c]pyridin-4-on,
2-[O^6-Carbamoyl-2-(isolysyl-⟶ isolysyl⤸
amino)-2-desoxy-gulopyranosylamino]-
7-hydroxy-1,3a,5,6,7,7a-hexahydro-
1400

C_{26}

$C_{26}H_{14}N_8$

Benzotriazol-5-carbonitril, 1H,1'H-
1,1'-Biphenyl-2,2'-diyl-bis- 945

$C_{26}H_{16}N_6O_4$

Benzotriazol-5-carbonsäure, 1H,1'H-
1,1'-Biphenyl-2,2'-diyl-bis- 945

$C_{26}H_{16}N_6O_6S_2$

Naphtho[1,2-d][1,2,3]triazol-6-sulfonsäure,
2-[2-(4-Sulfo-[1]naphthyl)-
2H-benzotriazol-5-yl]-2H- 1451

$C_{26}H_{16}N_6O_{12}S_4$

Naphtho[1,2-d][1,2,3]triazol-6,8-disulfonsäure,
2H,2'H-2,2'-p-Phenylen-bis- 1068

$C_{26}H_{18}N_6O_{12}S_4$

Benzotriazol-5-sulfonsäure, 1H,1'H-
1,1'-[2,2'-Disulfo-stilben-4,4'-diyl]-bis-
1055

$C_{26}H_{19}N_9O$

Carbamonitril, N-[4-Äthoxy-phenyl]-
N',N'''-diphenyl-N,N',N'''-[1,3,5]triazin-
2,4,6-triyl-tri- 1280

$C_{26}H_{20}N_4$

[1,2,4]Triazolium, 3-Anilino-1,4,5-triphenyl-,
betain 1137

$C_{26}H_{20}N_4O_2$

Pyrido[3,4-d]pyridazin-1,4-dion, 5-Anilino-
7-methyl-2,3-diphenyl-2,3-dihydro-
1392

$C_{26}H_{20}N_4O_{10}S_3$

Stilben-2,2'-disulfonsäure, 4-Acetylamino-
4'-[6-sulfo-naphtho[1,2-d][1,2,3]triazol-
2-yl]- 1060

$C_{26}H_{20}N_8O_6S_2$

Stilben-2,2'-disulfonsäure, 4,4'-Bis-
[5-amino-benzotriazol-2-yl]- 1115

$C_{26}H_{21}N_5O_4$

[1,2,4]Triazol, 3,5-Bis-[3-oxo-3-phenyl-
propionylamino]-1-phenyl-1H- 1172

$C_{26}H_{21}N_9O_3$

[1,2,3]Triazol-1,4,5-tricarbonsäure-tris-
benzylidenhydrazid 966

$C_{26}H_{25}N_3O_8$

Pyrazolo[4,3-a]chinolizin-7,8,9,10-
tetracarbonsäure, 5-Styryl-1,3a,10a,10b-
tetrahydro-, tetramethylester 1002

$C_{26}H_{27}N_3O_3$

Essigsäure, {5-Oxo-1-phenyl-4-[2-
(1,3,3-trimethyl-indolin-2-yliden)-
äthyliden]-4,5-dihydro-1H-pyrazol-3-yl}-,
äthylester 1025

$C_{26}H_{27}N_3O_6$

Propionsäure, 3,3'-[1-Formyl-
2,8,13-trimethyl-14-oxo-12-vinyl-
16,17-dihydro-14H-tripyrrin-3,7-diyl]-di-
1046

$C_{26}H_{27}N_3O_7$

Tripyrrin-1-carbonsäure, 3,7-Bis-
[2-carboxy-äthyl]-2,8,13-trimethyl-
14-oxo-12-vinyl-16,17-dihydro-14H-
1049

$C_{26}H_{28}BrN_3O_5$

Tripyrrin-1-carbonsäure, 12-Äthyl-3-
[2-brom-vinyl]-7-[2-methoxycarbonyl-
äthyl]-2,8,13-trimethyl-14-oxo-
16,17-dihydro-14H- 1045

$C_{26}H_{28}N_8O_{10}S_2$

Stilben-2,2'-disulfonsäure, 4,4'-Bis-
[4-äthoxy-6-methoxy-[1,3,5]triazin-
2-ylamino]- 1348

$C_{26}H_{29}N_3O_7$

Tripyrrin-1-carbonsäure, 12-Äthyl-3,7-bis-
[2-carboxy-äthyl]-2,8,13-trimethyl-
14-oxo-16,17-dihydro-14H- 1049

—, 13-Äthyl-3,7-bis-[2-carboxy-äthyl]-
2,8,12-trimethyl-14-oxo-16,17-dihydro-
14H- 1048

C$_{26}$H$_{29}$N$_3$O$_8$

Propionsäure, 3-[3,12-Bis-äthoxycarbonyl-
2,8,13-trimethyl-1,14-dioxo-14,15,16,17-
tetrahydro-1H-tripyrrin-7-yl]- 1050

C$_{26}$H$_{30}$ClN$_5$O$_2$

Pyrimido[5,4-b]chinolin-4-on, 7-Chlor-10-
[4-diäthylamino-1-methyl-butylamino]-
2-phenoxy-3H- 1402

C$_{26}$H$_{31}$N$_3$O$_4$

Propen, 3-[4-Äthoxycarbonyl-3,5-dimethyl-
pyrrol-2-yl]-3-[4-äthoxycarbonyl-
3,5-dimethyl-pyrrol-2-yliden]-1-
[1-methyl-pyrrol-2-yl]- 977
–, 3-[4-Äthoxycarbonyl-3,5-dimethyl-
pyrrol-2-yl]-3-[5-äthoxycarbonyl-
2,4-dimethyl-pyrrol-3-yliden]-1-
[1-methyl-pyrrol-2-yl]- 978
–, 3-[5-Äthoxycarbonyl-2,4-dimethyl-
pyrrol-3-yl]-3-[5-äthoxycarbonyl-
2,4-dimethyl-pyrrol-3-yliden]-1-
[1-methyl-pyrrol-2-yl]- 978
–, 1-[4-Äthoxycarbonyl-3,5-dimethyl-
pyrrol-2-yl]-1-[5-äthoxycarbonyl-
2,4-dimethyl-pyrrol-3-yl]-3-[5-methyl-
pyrrol-2-yliden]- 979
–, 1,1-Bis-[4-äthoxycarbonyl-
3,5-dimethyl-pyrrol-2-yl]-3-[5-methyl-
pyrrol-2-yliden]- 979
–, 1,1-Bis-[5-äthoxycarbonyl-
2,4-dimethyl-pyrrol-3-yl]-3-[5-methyl-
pyrrol-2-yliden]- 979

C$_{26}$H$_{31}$N$_3$O$_5$

Propionsäure, 3-[3,12-Diäthyl-
1-methoxycarbonyl-2,8,13-trimethyl-
14-oxo-16,17-dihydro-14H-tripyrrin-
7-yl]- 1043
Tripyrrin-1-carbonsäure, 3,12-Diäthyl-7-
[2-methoxycarbonyl-äthyl]-
2,8,13-trimethyl-14-oxo-16,17-dihydro-
14H- 1043

C$_{26}$H$_{31}$N$_3$O$_6$

Pyrrol-3-carbonsäure, 2,2′-Dimethyl-5,5′-
[4-äthoxycarbonyl-3,5-dimethyl-pyrrol-
2-ylidenmethandiyl]-bis-, diäthylester
990
–, 2,2′-Dimethyl-5,5′-[5-äthoxy=
carbonyl-2,4-dimethyl-pyrrol-
3-ylidenmethandiyl]-bis-, diäthylester
990

C$_{26}$H$_{33}$N$_3$O$_6$

Methan, [5-Äthoxycarbonyl-2,4-dimethyl-
pyrrol-3-yl]-bis-[4-äthoxycarbonyl-
5-methyl-pyrrol-2-yl]- 987
Pyrrol-3-carbonsäure, 2,2′,2″-Trimethyl-
5,5′,5″-äthan-1,1,1-triyl-tris-, triäthyl=
ester 987

C$_{26}$H$_{43}$N$_5$

[1,3,5]Triazin-2,4-diyldiamin, 6-Heptadecyl-
N^2-phenyl- 1235

C$_{26}$H$_{49}$N$_5$O

[1,3,5]Triazin-2,4-diyldiamin, N^2-Lauroyl-
6-undecyl- 1234

C$_{27}$

C$_{27}$H$_{19}$N$_5$O

Amin, [8-Methyl-9-phenyl-9H-benzo=
[h]pyrazolo[3,4-b]chinolin-7-yl]-nitroso-
phenyl- 1448
–, [8-Methyl-10-phenyl-
10H-benzo[h]pyrazolo[3,4-b]chinolin-
7-yl]-nitroso-phenyl- 1449
–, [3-Methyl-1-phenyl-1H-pyrazolo=
[3,4-b]chinolin-4-yl]-[1]naphthyl-nitroso-
1448

C$_{27}$H$_{20}$N$_4$

Amin, [8-Methyl-9-phenyl-9H-benzo=
[h]pyrazolo[3,4-b]chinolin-7-yl]-phenyl-
1156
–, [8-Methyl-10-phenyl-
10H-benzo[h]pyrazolo[3,4-b]chinolin-
7-yl]-phenyl- 1156
–, [3-Methyl-1-phenyl-1H-pyrazolo=
[3,4-b]chinolin-4-yl]-[1]naphthyl- 1149

C$_{27}$H$_{21}$N$_9$

Carbamonitril, $N,N′,N″$-Tribenzyl-$N,N′,$=
$N″$-[1,3,5]triazin-2,4,6-triyl-tri- 1280
–, $N,N′,N″$-Tri-o-tolyl-$N,N′,N″$-
[1,3,5]triazin-2,4,6-triyl-tri- 1280

C$_{27}$H$_{21}$N$_9$O$_3$

Carbamonitril, $N,N′,N″$-Tris-[2-methoxy-
phenyl]-$N,N′,N″$-[1,3,5]triazin-
2,4,6-triyl-tri- 1280
–, $N,N′,N″$-Tris-[4-methoxy-phenyl]-
$N,N′,N″$-[1,3,5]triazin-2,4,6-triyl-tri-
1281

C$_{27}$H$_{22}$N$_4$

[1,2,4]Triazolium, 3-Anilino-1-benzyl-
4,5-diphenyl-, betain 1137

[C$_{27}$H$_{23}$N$_4$]$^+$

[1,2,4]Triazolium, 3-[N-Methyl-anilino]-
1,4,5-triphenyl- 1137

C$_{27}$H$_{23}$N$_9$O$_3$

[1,2,3]Triazol-4,5-dicarbonsäure,
1-[Benzylidencarbazoyl-methyl]-1H-,
bis-benzylidenhydrazid 967

C$_{27}$H$_{24}$N$_6$O$_3$

[1,3,5]Triazin-2,4,6-tricarbonsäure-tris-
[N-methyl-anilid] 985

C$_{27}$H$_{25}$N$_9$O$_3$

[1,2,3]Triazol-4,5-dicarbonsäure,
1-[Benzylidencarbazoyl-methyl]-
4,5-dihydro-1H-, bis-benzylidenhydrazid
963

C$_{27}$H$_{27}$N$_9$O$_9$S$_3$

[1,3,5]Triazin, Tris-[(N-acetyl-sulfanilyl)-
amino]- 1299

$C_{27}H_{29}N_7O$

Benzoyl-Derivat $C_{27}H_{29}N_7O$ aus
3-[Bis-(6-dimethylamino-[3]pyridyl)-
methyl]-pyridin-2,6-diyldiamin 1306

$C_{27}H_{30}BrN_3O_5$

Propionsäure, 3,3'-[1-Brom-
3,8,13-trimethyl-14-oxo-12-vinyl-
16,17-dihydro-14H-tripyrrin-2,7-diyl]-di-,
dimethylester 1044

Tripyrrin-1-carbonsäure, 12-Äthyl-3-
[2-brom-vinyl]-7-[2-methoxycarbonyl-
äthyl]-2,8,13-trimethyl-14-oxo-
16,17-dihydro-14H-, methylester 1045

$C_{27}H_{30}N_6O_3$

[1,3,5]Triazin-2,4,6-triyltriamin, N^2,N^4,N^6-
Tris-[2-hydroxy-äthyl]-N^2,N^4,N^6-
triphenyl- 1269

$C_{27}H_{30}N_{10}$

[1,3,5]Triazin-2,4,6-triyltriamin, N^2,N^2-
Diäthyl-N^4,N^6-bis-[4-amino-2-methyl-
[6]chinolyl]- 1297

$C_{27}H_{31}N_3O_6$

Tripyrrin-2,7,12-tricarbonsäure, 1,3,8,13-
Tetramethyl-15H-, triäthylester 991

$C_{27}H_{31}N_7O_2S$

[Toluol-4-sulfonyl]-Derivat $C_{27}H_{31}N_7O_2S$
aus 3-[Bis-(6-dimethylamino-[3]pyridyl)-
methyl]-pyridin-2,6-diyldiamin 1306

$C_{27}H_{32}BrN_3O_5$

Propionsäure, 3,3'-[12-Äthyl-1-brom-
2,8,13-trimethyl-14-oxo-16,17-dihydro-
14H-tripyrrin-3,7-diyl]-di-, dimethyl=
ester 1043

−, 3,3'-[12-Äthyl-1-brom-
3,8,13-trimethyl-14-oxo-16,17-dihydro-
14H-tripyrrin-2,7-diyl]-di-, dimethyl=
ester 1043

−, 3,3'-[13-Äthyl-1-brom-
3,8,12-trimethyl-14-oxo-16,17-dihydro-
14H-tripyrrin-2,7-diyl]-di-, dimethyl=
ester 1042

$C_{27}H_{32}BrN_3O_6$

Pyrrol-2-carbonsäure, 5-[Bis-
(4-äthoxycarbonyl-3,5-dimethyl-pyrrol-
2-yl)-methyl]-4-[2-brom-vinyl]-3-methyl-
992

−, 5-{Bis-[4-(2-carboxy-äthyl)-
3,5-dimethyl-pyrrol-2-yl]-methyl}-4-
[2-brom-vinyl]-3-methyl- 993

Pyrrol-3-carbonsäure, 2,4,2',4'-Tetramethyl-
5,5'-[5-äthoxycarbonyl-3-brom-4-methyl-
pyrrol-2-ylidenmethandiyl]-bis-,
diäthylester 990

$C_{27}H_{33}N_3O_4$

Crotonsäure, 4-[5-Äthoxycarbonyl-
2,4-dimethyl-pyrrol-3-yliden]-2,4-bis-
[3,5-dimethyl-pyrrol-2-yl]-, äthylester
979

Propen, 1-[4-Äthoxycarbonyl-3,5-dimethyl-
pyrrol-2-yl]-1-[5-äthoxycarbonyl-
2,4-dimethyl-pyrrol-3-yl]-3-
[3,5-dimethyl-pyrrol-2-yliden]- 980

−, 1,1-Bis-[4-äthoxycarbonyl-
3,5-dimethyl-pyrrol-2-yl]-3-
[3,5-dimethyl-pyrrol-2-yliden]- 980

−, 1,1-Bis-[5-äthoxycarbonyl-
2,4-dimethyl-pyrrol-3-yl]-3-
[3,5-dimethyl-pyrrol-2-yliden]- 980

$C_{27}H_{33}N_3O_5$

Tripyrrin-1-carbonsäure, 3,12-Diäthyl-7-
[2-methoxycarbonyl-äthyl]-
2,8,13-trimethyl-14-oxo-16,17-dihydro-
14H-, methylester 1044

$C_{27}H_{33}N_3O_6$

[2,2']Bipyrrolyl-4,4'-dicarbonsäure,
5'-[4-Äthoxycarbonyl-3,5-dimethyl-
pyrrol-2-ylmethylen]-3,5,3'-trimethyl-
1H,5'H-, diäthylester 991

Cyclonona[1,2-b;4,5-b';7,8-b'']tripyrrol-
3,7,11-tricarbonsäure, 2,6,10-Trimethyl-
1,4,5,8,9,12-hexahydro-, triäthylester
991

Propionsäure, 3,3'-[12-Äthyl-
2,8,13-trimethyl-1,14-dioxo-14,15,16,17-
tetrahydro-1H-tripyrrin-3,7-diyl]-di-,
dimethylester 1046

Pyrrol-3-carbonsäure, 2,4,2',4'-Tetramethyl-
5,5'-[4-äthoxycarbonyl-5-methyl-pyrrol-
2-ylidenmethandiyl]-bis-, diäthylester
990

$C_{27}H_{34}BrN_3O_6$

Pyrrol-3-carbonsäure, 5-Brom-4,2',4',2'',4''-
pentamethyl-2,5',5''-methantriyl-tris-,
triäthylester 988

$C_{27}H_{34}ClN_3O_6$

Pyrrol-3-carbonsäure, 5-Chlor-4,2',4',2'',4''-
pentamethyl-2,5',5''-methantriyl-tris-,
triäthylester 988

$C_{27}H_{35}N_3O_5$

Tripyrrin-1-carbonsäure, 3,12-Diäthyl-7-
[2-methoxycarbonyl-äthyl]-
2,8,13-trimethyl-14-oxo-5,15,16,17-
tetrahydro-14H-, methylester 1042

−, 3,12-Diäthyl-7-[2-methoxycarbonyl-
äthyl]-2,8,13-trimethyl-14-oxo-
10,14,16,17-tetrahydro-13H-,
methylester 1042

$C_{27}H_{35}N_3O_6$

Pyrrol-3-carbonsäure, 2,4,2',4',4''-
Pentamethyl-5,5',5''-methantriyl-tris-,
triäthylester 988

−, 4,2',4',2'',4''-Pentamethyl-2,5',5''-
methantriyl-tris-, triäthylester 987

$C_{27}H_{36}BrN_3O_2$

Pyrrol-2-carbonsäure, 5-[Bis-(3,4-diäthyl-
5-methyl-pyrrol-2-yl)-methyl]-4-[2-brom-
vinyl]-3-methyl- 958

$C_{27}H_{36}BrN_3O_2$ (Fortsetzung)
Pyrrol-2-carbonsäure, 5-[Bis-(4,5-dimethyl-
  3-propyl-pyrrol-2-yl)-methyl]-4-[2-brom-
  vinyl]-3-methyl- 958

$C_{27}H_{39}N_9$
Glycin, N,N',N''-Tricyclohexyl-N,N',N''-
  [1,3,5]triazin-2,4,6-triyl-tris-, trinitril
  1282

$C_{27}H_{41}N_3O_3$
Chol-11-eno[11,12-e][1,2,4]triazin-24-säure,
  3'-Methoxy-, methylester 1020
Chol-11-eno[12,11-e][1,2,4]triazin-24-säure,
  3'-Methoxy-, methylester 1020

$C_{27}H_{45}N_5$
[1,3,5]Triazin-2,4-diyldiamin, 6-Heptadecyl-
  N^2-m-tolyl- 1235
—, 6-Heptadecyl-N^2-p-tolyl- 1235

$C_{27}H_{45}N_5O$
[1,3,5]Triazin-2,4-diyldiamin, 6-Heptadecyl-
  N^2-[4-methoxy-phenyl]- 1235

$C_{27}H_{48}N_6O_3$
Octanamid, N,N',N''-[1,3,5]Triazin-
  2,4,6-triyl-tris- 1276

$[C_{27}H_{56}ClN_7]^{2+}$
[1,3,5]Triazin-2,4-diyldiamin, 6-Chlor-N^2,-
  N^4-bis-[3-tripropylammonio-propyl]-
  1216

$[C_{27}H_{60}N_9]^{3+}$
[1,3,5]Triazin-2,4,6-triyltriamin, N^2,N^4,N^6-
  Tris-[2-triäthylammonio-äthyl]- 1287

C_{28}

$C_{28}H_{17}N_3O_4$
Benzo[b]chino[3',2':3,4]chino[1,8-gh]-
  [1,6]naphthyridin-9,13-dicarbonsäure,
  9H,13H- 984
—, 10H,12H- 984

$C_{28}H_{22}N_4$
Amin, [3,6-Dimethyl-1-phenyl-
  1H-pyrazolo[3,4-b]chinolin-4-yl]-
  [1]naphthyl- 1150

$C_{28}H_{22}N_4O$
Benzaldehyd, 2-[10,11-Dihydro-
  5aH,17H-5,11-cyclo-dibenzo[3,4;7,8]-
  [1,5]diazocino[2,1-b]chinazolin-
  17-ylamino]- 1159

$C_{28}H_{22}N_4O_4S$
Stilben-2-sulfonsäure, 4-[5-Acetylamino-
  benzotriazol-2-yl]-, phenylester 1115

$C_{28}H_{22}N_6$
[1,2,4]Triazolium, 4-Anilino-3,5-bis-
  benzylidenamino-1-phenyl-, betain
  1173

$C_{28}H_{22}N_6O_2$
[1,2,4]Triazolium, 4-Anilino-1-phenyl-
  3,5-bis-salicylidenamino-, betain 1173

$C_{28}H_{23}N_9O_2$
Carbamonitril, N,N'-Bis-[4-äthoxy-phenyl]-
  N''-phenyl-N,N',N''-[1,3,5]triazin-
  2,4,6-triyl-tri- 1281

$C_{28}H_{24}N_8O_3$
Diacetyl-Derivat $C_{28}H_{24}N_8O_3$ aus
  7-Methyl-2-phenyl-pyrazolo[1,5-a]-
  pyrimidin-5-carbonsäure-{[(5-phenyl-
  1(2)H-pyrazol-3-ylamino)-methylen]-
  hydrazid} 956

$C_{28}H_{25}N_9O_3$
[1,2,3]Triazol-4,5-dicarbonsäure,
  1-[2-Benzylidencarbazoyl-äthyl]-1H-,
  bis-benzylidenhydrazid 968

$C_{28}H_{27}N_5O_4S_2$
Naphtho[1,2-d][1,2,3]triazol-7-sulfonsäure,
  2-[2-Äthylsulfamoyl-stilben-4-yl]-2H-,
  äthylamid 1062

$C_{28}H_{27}N_7$
2,5,7-Triaza-norborn-2-en, 1,3,4,6-Tetrakis-
  [4-amino-phenyl]- 1306

$C_{28}H_{29}N_5O_3S$
Stilben-2-sulfonsäure, 4-[5-Acetylamino-
  benzotriazol-2-yl]-, cyclohexylamid
  1115

$C_{28}H_{29}N_7O_4S_2$
Naphtho[1,2-d][1,2,3]triazol-7-sulfonsäure,
  2-[2-(2-Amino-äthylsulfamoyl)-stilben-
  4-yl]-2H-, [2-amino-äthylamid] 1063

$C_{28}H_{31}N_3O_4$
Pyrrol-3-carbonsäure, 2,4,2',4'-Tetramethyl-
  5,5'-[2]chinolylmethylen-bis-, diäthylester 982
—, 2,4,2',4'-Tetramethyl-
  5,5'-[4]chinolylmethylen-bis-, diäthylester 982

$C_{28}H_{31}N_3O_6$
Propionsäure, 3,3'-[1-Formyl-
  2,8,13-trimethyl-14-oxo-12-vinyl-
  16,17-dihydro-14H-tripyrrin-3,7-diyl]-di-,
  dimethylester 1046

$C_{28}H_{31}N_5O$
Pyrazolo[4,3-c]pyridin-3-on, 4,6-Bis-
  [4-dimethylamino-phenyl]-2-phenyl-
  1,2,4,5,6,7-hexahydro- 1384

$C_{28}H_{32}N_8O_{10}S_2$
Stilben-2,2'-disulfonsäure, 4,4'-Bis-
  [4,6-diäthoxy-[1,3,5]triazin-2-ylamino]-
  1348

$C_{28}H_{33}N_3O_6$
Propen, 3-[4-Äthoxycarbonyl-3,5-dimethyl-
  pyrrol-2-yl]-3-[4-äthoxycarbonyl-
  3,5-dimethyl-pyrrol-2-yliden]-1-
  [1-äthoxycarbonyl-pyrrol-2-yl]- 977
—, 3-[4-Äthoxycarbonyl-3,5-dimethyl-
  pyrrol-2-yl]-3-[5-äthoxycarbonyl-
  2,4-dimethyl-pyrrol-3-yliden]-1-
  [1-äthoxycarbonyl-pyrrol-2-yl]- 978

$C_{27}H_{29}N_7O$

Benzoyl-Derivat $C_{27}H_{29}N_7O$ aus
3-[Bis-(6-dimethylamino-[3]pyridyl)-
methyl]-pyridin-2,6-diyldiamin 1306

$C_{27}H_{30}BrN_3O_5$

Propionsäure, 3,3'-[1-Brom-
3,8,13-trimethyl-14-oxo-12-vinyl-
16,17-dihydro-14H-tripyrrin-2,7-diyl]-di-,
dimethylester 1044

Tripyrrin-1-carbonsäure, 12-Äthyl-3-
[2-brom-vinyl]-7-[2-methoxycarbonyl-
äthyl]-2,8,13-trimethyl-14-oxo-
16,17-dihydro-14H-, methylester 1045

$C_{27}H_{30}N_6O_3$

[1,3,5]Triazin-2,4,6-triyltriamin, N^2,N^4,N^6-
Tris-[2-hydroxy-äthyl]-N^2,N^4,N^6-
triphenyl- 1269

$C_{27}H_{30}N_{10}$

[1,3,5]Triazin-2,4,6-triyltriamin, N^2,N^2-
Diäthyl-N^4,N^6-bis-[4-amino-2-methyl-
[6]chinolyl]- 1297

$C_{27}H_{31}N_3O_6$

Tripyrrin-2,7,12-tricarbonsäure, 1,3,8,13-
Tetramethyl-15H-, triäthylester 991

$C_{27}H_{31}N_7O_2S$

[Toluol-4-sulfonyl]-Derivat $C_{27}H_{31}N_7O_2S$
aus 3-[Bis-(6-dimethylamino-[3]pyridyl)-
methyl]-pyridin-2,6-diyldiamin 1306

$C_{27}H_{32}BrN_3O_5$

Propionsäure, 3,3'-[12-Äthyl-1-brom-
2,8,13-trimethyl-14-oxo-16,17-dihydro-
14H-tripyrrin-3,7-diyl]-di-, dimethylester 1043

—, 3,3'-[12-Äthyl-1-brom-
3,8,13-trimethyl-14-oxo-16,17-dihydro-
14H-tripyrrin-2,7-diyl]-di-, dimethylester 1043

—, 3,3'-[13-Äthyl-1-brom-
3,8,12-trimethyl-14-oxo-16,17-dihydro-
14H-tripyrrin-2,7-diyl]-di-, dimethylester 1042

$C_{27}H_{32}BrN_3O_6$

Pyrrol-2-carbonsäure, 5-[Bis-
(4-äthoxycarbonyl-3,5-dimethyl-pyrrol-
2-yl)-methyl]-4-[2-brom-vinyl]-3-methyl-
992

—, 5-{Bis-[4-(2-carboxy-äthyl)-
3,5-dimethyl-pyrrol-2-yl]-methyl}-4-
[2-brom-vinyl]-3-methyl- 993

Pyrrol-3-carbonsäure, 2,4,2',4'-Tetramethyl-
5,5'-[5-äthoxycarbonyl-3-brom-4-methyl-
pyrrol-2-ylidenmethandiyl]-bis-,
diäthylester 990

$C_{27}H_{33}N_3O_4$

Crotonsäure, 4-[5-Äthoxycarbonyl-
2,4-dimethyl-pyrrol-3-yliden]-2,4-bis-
[3,5-dimethyl-pyrrol-2-yl]-, äthylester
979

Propen, 1-[4-Äthoxycarbonyl-3,5-dimethyl-
pyrrol-2-yl]-1-[5-äthoxycarbonyl-
2,4-dimethyl-pyrrol-3-yl]-3-
[3,5-dimethyl-pyrrol-2-yliden]- 980

—, 1,1-Bis-[4-äthoxycarbonyl-
3,5-dimethyl-pyrrol-2-yl]-3-
[3,5-dimethyl-pyrrol-2-yliden]- 980

—, 1,1-Bis-[5-äthoxycarbonyl-
2,4-dimethyl-pyrrol-3-yl]-3-
[3,5-dimethyl-pyrrol-2-yliden]- 980

$C_{27}H_{33}N_3O_5$

Tripyrrin-1-carbonsäure, 3,12-Diäthyl-7-
[2-methoxycarbonyl-äthyl]-
2,8,13-trimethyl-14-oxo-16,17-dihydro-
14H-, methylester 1044

$C_{27}H_{33}N_3O_6$

[2,2']Bipyrrolyl-4,4'-dicarbonsäure,
5'-[4-Äthoxycarbonyl-3,5-dimethyl-
pyrrol-2-ylmethylen]-3,5,3'-trimethyl-
1H,5'H-, diäthylester 991

Cyclonona[1,2-b;4,5-b';7,8-b'']tripyrrol-
3,7,11-tricarbonsäure, 2,6,10-Trimethyl-
1,4,5,8,9,12-hexahydro-, triäthylester
991

Propionsäure, 3,3'-[12-Äthyl-
2,8,13-trimethyl-1,14-dioxo-14,15,16,17-
tetrahydro-1H-tripyrrin-3,7-diyl]-di-,
dimethylester 1046

Pyrrol-3-carbonsäure, 2,4,2',4'-Tetramethyl-
5,5'-[4-äthoxycarbonyl-5-methyl-pyrrol-
2-ylidenmethandiyl]-bis-, diäthylester
990

$C_{27}H_{34}BrN_3O_6$

Pyrrol-3-carbonsäure, 5-Brom-4,2',4',2'',4''-
pentamethyl-2,5',5''-methantriyl-tris-,
triäthylester 988

$C_{27}H_{34}ClN_3O_6$

Pyrrol-3-carbonsäure, 5-Chlor-4,2',4',2'',4''-
pentamethyl-2,5',5''-methantriyl-tris-,
triäthylester 988

$C_{27}H_{35}N_3O_5$

Tripyrrin-1-carbonsäure, 3,12-Diäthyl-7-
[2-methoxycarbonyl-äthyl]-
2,8,13-trimethyl-14-oxo-5,15,16,17-
tetrahydro-14H-, methylester 1042

—, 3,12-Diäthyl-7-[2-methoxycarbonyl-
äthyl]-2,8,13-trimethyl-14-oxo-
10,14,16,17-tetrahydro-13H-,
methylester 1042

$C_{27}H_{35}N_3O_6$

Pyrrol-3-carbonsäure, 2,4,2',4',4''-
Pentamethyl-5,5',5''-methantriyl-tris-,
triäthylester 988

—, 4,2',4',2'',4''-Pentamethyl-2,5',5''-
methantriyl-tris-, triäthylester 987

$C_{27}H_{36}BrN_3O_2$

Pyrrol-2-carbonsäure, 5-[Bis-(3,4-diäthyl-
5-methyl-pyrrol-2-yl)-methyl]-4-[2-brom-
vinyl]-3-methyl- 958

C₂₇H₃₆BrN₃O₂ (Fortsetzung)
Pyrrol-2-carbonsäure, 5-[Bis-(4,5-dimethyl-
3-propyl-pyrrol-2-yl)-methyl]-4-[2-brom-
vinyl]-3-methyl- 958

C₂₇H₃₉N₉
Glycin, N,N',N''-Tricyclohexyl-N,N',N''-
[1,3,5]triazin-2,4,6-triyl-tris-, trinitril
1282

C₂₇H₄₁N₃O₃
Chol-11-eno[11,12-e][1,2,4]triazin-24-säure,
3'-Methoxy-, methylester 1020
Chol-11-eno[12,11-e][1,2,4]triazin-24-säure,
3'-Methoxy-, methylester 1020

C₂₇H₄₅N₅
[1,3,5]Triazin-2,4-diyldiamin, 6-Heptadecyl-
N^2-m-tolyl- 1235
−, 6-Heptadecyl-N^2-p-tolyl- 1235

C₂₇H₄₅N₅O
[1,3,5]Triazin-2,4-diyldiamin, 6-Heptadecyl-
N^2-[4-methoxy-phenyl]- 1235

C₂₇H₄₈N₆O₃
Octanamid, N,N',N''-[1,3,5]Triazin-
2,4,6-triyl-tris- 1276

[C₂₇H₅₆ClN₇]²⁺
[1,3,5]Triazin-2,4-diyldiamin, 6-Chlor-N^2,
N^4-bis-[3-tripropylammonio-propyl]-
1216

[C₂₇H₆₀N₉]³⁺
[1,3,5]Triazin-2,4,6-triyltriamin, N^2,N^4,N^6-
Tris-[2-triäthylammonio-äthyl]- 1287

C₂₈

C₂₈H₁₇N₃O₄
Benzo[b]chino[3',2':3,4]chino[1,8-gh]
[1,6]naphthyridin-9,13-dicarbonsäure,
9H,13H- 984
−, 10H,12H- 984

C₂₈H₂₂N₄
Amin, [3,6-Dimethyl-1-phenyl-
1H-pyrazolo[3,4-b]chinolin-4-yl]-
[1]naphthyl- 1150

C₂₈H₂₂N₄O
Benzaldehyd, 2-[10,11-Dihydro-
5aH,17H-5,11-cyclo-dibenzo[3,4;7,8]
[1,5]diazocino[2,1-b]chinazolin-
17-ylamino]- 1159

C₂₈H₂₂N₄O₄S
Stilben-2-sulfonsäure, 4-[5-Acetylamino-
benzotriazol-2-yl]-, phenylester 1115

C₂₈H₂₂N₆
[1,2,4]Triazolium, 4-Anilino-3,5-bis-
benzylidenamino-1-phenyl-, betain
1173

C₂₈H₂₂N₆O₂
[1,2,4]Triazolium, 4-Anilino-1-phenyl-
3,5-bis-salicylidenamino-, betain 1173

C₂₈H₂₃N₉O₂
Carbamonitril, N,N'-Bis-[4-äthoxy-phenyl]-
N''-phenyl-N,N',N''-[1,3,5]triazin-
2,4,6-triyl-tri- 1281

C₂₈H₂₄N₈O₃
Diacetyl-Derivat C₂₈H₂₄N₈O₃ aus
7-Methyl-2-phenyl-pyrazolo[1,5-a]
pyrimidin-5-carbonsäure-{[(5-phenyl-
1(2)H-pyrazol-3-ylamino)-methylen]-
hydrazid} 956

C₂₈H₂₅N₉O₃
[1,2,3]Triazol-4,5-dicarbonsäure,
1-[2-Benzylidencarbazoyl-äthyl]-1H-,
bis-benzylidenhydrazid 968

C₂₈H₂₇N₅O₄S₂
Naphtho[1,2-d][1,2,3]triazol-7-sulfonsäure,
2-[2-Äthylsulfamoyl-stilben-4-yl]-2H-,
äthylamid 1062

C₂₈H₂₇N₇
2,5,7-Triaza-norborn-2-en, 1,3,4,6-Tetrakis-
[4-amino-phenyl]- 1306

C₂₈H₂₉N₅O₃S
Stilben-2-sulfonsäure, 4-[5-Acetylamino-
benzotriazol-2-yl]-, cyclohexylamid
1115

C₂₈H₂₉N₇O₄S₂
Naphtho[1,2-d][1,2,3]triazol-7-sulfonsäure,
2-[2-(2-Amino-äthylsulfamoyl)-stilben-
4-yl]-2H-, [2-amino-äthylamid] 1063

C₂₈H₃₁N₃O₄
Pyrrol-3-carbonsäure, 2,4,2',4'-Tetramethyl-
5,5'-[2]chinolylmethylen-bis-, diäthyl
ester 982
−, 2,4,2',4'-Tetramethyl-
5,5'-[4]chinolylmethylen-bis-, diäthyl
ester 982

C₂₈H₃₁N₃O₆
Propionsäure, 3,3'-[1-Formyl-
2,8,13-trimethyl-14-oxo-12-vinyl-
16,17-dihydro-14H-tripyrrin-3,7-diyl]-di-,
dimethylester 1046

C₂₈H₃₁N₅O
Pyrazolo[4,3-c]pyridin-3-on, 4,6-Bis-
[4-dimethylamino-phenyl]-2-phenyl-
1,2,4,5,6,7-hexahydro- 1384

C₂₈H₃₂N₈O₁₀S₂
Stilben-2,2'-disulfonsäure, 4,4'-Bis-
[4,6-diäthoxy-[1,3,5]triazin-2-ylamino]-
1348

C₂₈H₃₃N₃O₆
Propen, 3-[4-Äthoxycarbonyl-3,5-dimethyl-
pyrrol-2-yl]-3-[4-äthoxycarbonyl-
3,5-dimethyl-pyrrol-2-yliden]-1-
[1-äthoxycarbonyl-pyrrol-2-yl]- 977
−, 3-[4-Äthoxycarbonyl-3,5-dimethyl-
pyrrol-2-yl]-3-[5-äthoxycarbonyl-
2,4-dimethyl-pyrrol-3-yliden]-1-
[1-äthoxycarbonyl-pyrrol-2-yl]- 978

$C_{28}H_{33}N_3O_6$ (Fortsetzung)

Propen, 3-[5-Äthoxycarbonyl-2,4-dimethyl-
pyrrol-3-yl]-3-[5-äthoxycarbonyl-
2,4-dimethyl-pyrrol-3-yliden]-1-
[1-äthoxycarbonyl-pyrrol-2-yl]- 978

Pyrrol-3-carbonsäure, 2,2'-Dimethyl-5,5'-
[3-(4-äthoxycarbonyl-3,5-dimethyl-
pyrrol-2-yliden)-propenyliden]-bis-,
diäthylester 993

$C_{28}H_{33}N_3O_8$

Pyrrol-2,4-dicarbonsäure, 5-[Bis-
(4-äthoxycarbonyl-5-methyl-pyrrol-2-yl)-
methylen]-3-methyl-5H-, diäthylester
1001

$C_{28}H_{35}N_3O_4$

Propen, 1-[4-Äthoxycarbonyl-3,5-dimethyl-
pyrrol-2-yl]-1-[5-äthoxycarbonyl-
2,4-dimethyl-pyrrol-3-yl]-3-[3-äthyl-
4-methyl-pyrrol-2-yliden]- 981

–, 1-[4-Äthoxycarbonyl-3,5-dimethyl-
pyrrol-2-yl]-1-[5-äthoxycarbonyl-
2,4-dimethyl-pyrrol-3-yl]-3-[4-äthyl-
3-methyl-pyrrol-2-yliden]- 981

–, 1,1-Bis-[4-äthoxycarbonyl-
3,5-dimethyl-pyrrol-2-yl]-3-[3-äthyl-
4-methyl-pyrrol-2-yliden]- 980

–, 1,1-Bis-[4-äthoxycarbonyl-
3,5-dimethyl-pyrrol-2-yl]-3-[4-äthyl-
3-methyl-pyrrol-2-yliden]- 980

–, 1,1-Bis-[5-äthoxycarbonyl-
2,4-dimethyl-pyrrol-3-yl]-3-[3-äthyl-
4-methyl-pyrrol-2-yliden]- 981

–, 1,1-Bis-[5-äthoxycarbonyl-
2,4-dimethyl-pyrrol-3-yl]-3-[4-äthyl-
3-methyl-pyrrol-2-yliden]- 981

$C_{28}H_{35}N_3O_6$

Pyrrol-3-carbonsäure, 2,4,2',4'-Tetramethyl-
5,5'-[4-äthoxycarbonyl-3,5-dimethyl-
pyrrol-2-ylidenmethandiyl]-bis-,
diäthylester 991

–, 2,4,2',4'-Tetramethyl-5,5'-
[5-äthoxycarbonyl-2,4-dimethyl-pyrrol-
3-ylidenmethandiyl]-bis-, diäthylester
992

$C_{28}H_{35}N_3O_8$

Pyrrol-2,4-dicarbonsäure, 5-[Bis-
(4-äthoxycarbonyl-5-methyl-pyrrol-2-yl)-
methyl]-3-methyl-, diäthylester 999

$[C_{28}H_{35}N_4O]^+$

Trimethinium, 1-[1,3-Diäthyl-
5-äthylcarbamoyl-1(3)H-benzimidazol-
2-yl]-3-[1,3,3-trimethyl-3H-indol-2-yl]-
962

$C_{28}H_{37}N_3O_6$

Methan, Bis-[4-äthoxycarbonyl-
3,5-dimethyl-pyrrol-2-yl]-
[5-äthoxycarbonyl-2,4-dimethyl-pyrrol-
3-yl]- 989

Pyrrol-3-carbonsäure, 2,4,2',4',2'',4''-
Hexamethyl-5,5',5''-methantriyl-tris-,
triäthylester 988

–, 3,5,3',5',3'',5''-Hexamethyl-4,4',4''-
methantriyl-tris-, triäthylester 989

$C_{28}H_{39}N_3O_4$

Tripyrrin-1,13-dicarbonsäure, 3,8-Diäthyl-
2,7,12,14-tetramethyl-5,10,16,17-
tetrahydro-15H-, diäthylester 974

$C_{28}H_{40}BrN_3O_4$

Pyrrol-2-carbonsäure, 4,4'-Diäthyl-
3,3'-dimethyl-5,5'-[4-äthyl-5-brom-
3,5-dimethyl-1,5-dihydro-pyrrol-
2,2-diyldimethyl]-bis-, monoäthylester
973

$C_{28}H_{47}N_5$

[1,3,5]Triazin-2,4-diyldiamin,
N^2-[3,4-Dimethyl-phenyl]-6-heptadecyl-
1235

–, N^2-[3,5-Dimethyl-phenyl]-
6-heptadecyl- 1235

$C_{28}H_{47}N_5O$

[1,3,5]Triazin-2,4-diyldiamin, N^2-[4-Äthoxy-
phenyl]-6-heptadecyl- 1235

C_{29}

$C_{29}H_{17}BrN_4O_2$

Anthrachinon, 1-Amino-4-brom-2-
[5,6-diphenyl-[1,2,4]triazin-3-yl]- 1397

$C_{29}H_{18}N_4O_2$

Anthrachinon, 1-Amino-2-[5,6-diphenyl-
[1,2,4]triazin-3-yl]- 1396

$C_{29}H_{19}N_5O_2$

Anthrachinon, 1,4-Diamino-2-
[5,6-diphenyl-[1,2,4]triazin-3-yl]- 1397

$C_{29}H_{27}N_3O_4S$

Benzoesäure, 4-{1-[5-(1,3-Diäthyl-4,6-dioxo-
2-thioxo-tetrahydro-pyrimidin-5-yliden)-
penta-1,3-dienyl]-3-methyl-indolizin-
2-yl}- 1045

$C_{29}H_{27}N_5O_3S$

Naphtho[1,2-d][1,2,3]triazol-4-carbonsäure,
2-[2-Äthylsulfamoyl-stilben-4-yl]-2H-,
äthylamid 953

$C_{29}H_{34}BrN_3O_7$

Propionsäure, 3,3',3''-[1-Brom-
3,8,13-trimethyl-14-oxo-16,17-dihydro-
14H-tripyrrin-2,7,12-triyl]-tri-,
trimethylester 1048

$C_{29}H_{35}N_3O_5$

Propen, 3-[4-Acetyl-3,5-dimethyl-pyrrol-
2-yliden]-1-[4-äthoxycarbonyl-
3,5-dimethyl-pyrrol-2-yl]-1-
[5-äthoxycarbonyl-2,4-dimethyl-pyrrol-
3-yl]- 1044

C₂₉H₃₅N₃O₅ (Fortsetzung)

Propen, 3-[4-Acetyl-3,5-dimethyl-pyrrol-
2-yliden]-1,1-bis-[4-äthoxycarbonyl-
3,5-dimethyl-pyrrol-2-yl]- 1044

–, 3-[4-Acetyl-3,5-dimethyl-pyrrol-
2-yliden]-1,1-bis-[5-äthoxycarbonyl-
2,4-dimethyl-pyrrol-3-yl]- 1044

C₂₉H₃₅N₃O₆

Propen, 1-[4-Äthoxycarbonyl-3,5-dimethyl-
pyrrol-2-yl]-1-[5-äthoxycarbonyl-
2,4-dimethyl-pyrrol-3-yl]-3-
[3-äthoxycarbonyl-4-methyl-pyrrol-
2-yliden]- 994

–, 1-[4-Äthoxycarbonyl-3,5-dimethyl-
pyrrol-2-yl]-1-[5-äthoxycarbonyl-
2,4-dimethyl-pyrrol-3-yl]-3-
[4-äthoxycarbonyl-3-methyl-pyrrol-
2-yliden]- 994

–, 1-[4-Äthoxycarbonyl-3,5-dimethyl-
pyrrol-2-yl]-1-[5-äthoxycarbonyl-
2,4-dimethyl-pyrrol-3-yl]-3-
[4-äthoxycarbonyl-5-methyl-pyrrol-
2-yliden]- 994

Pyrrol-2-carbonsäure, 3,5,3′,5′-Tetramethyl-
4,4′-[3-(3-äthoxycarbonyl-4-methyl-
pyrrol-2-yliden)-propenyliden]-bis-,
diäthylester 994

–, 3,5,3′,5′-Tetramethyl-4,4′-[3-
(4-äthoxycarbonyl-3-methyl-pyrrol-
2-yliden)-propenyliden]-bis-, diäthyl=
ester 994

–, 3,5,3′,5′-Tetramethyl-4,4′-[3-
(4-äthoxycarbonyl-5-methyl-pyrrol-
2-yliden)-propenyliden]-bis-, diäthyl=
ester 994

Pyrrol-3-carbonsäure, 2,4,2′,4′-Tetramethyl-
5,5′-[3-(3-äthoxycarbonyl-4-methyl-
pyrrol-2-yliden)-propenyliden]-bis-,
diäthylester 993

–, 2,4,2′,4′-Tetramethyl-5,5′-[3-
(4-äthoxycarbonyl-3-methyl-pyrrol-
2-yliden)-propenyliden]-bis-, diäthyl=
ester 993

–, 2,4,2′,4′-Tetramethyl-5,5′-[3-
(4-äthoxycarbonyl-5-methyl-pyrrol-
2-yliden)-propenyliden]-bis-, diäthyl=
ester 994

C₂₉H₃₅N₃O₇

Propen, 1-[4-Äthoxycarbonyl-3,5-dimethyl-
pyrrol-2-yl]-1-[5-äthoxycarbonyl-
2,4-dimethyl-pyrrol-2-yl]-3-
[4-äthoxycarbonyl-5-methyl-3-oxo-
1,3-dihydro-pyrrol-2-yliden]- 1047

–, 1,1-Bis-[4-äthoxycarbonyl-
3,5-dimethyl-pyrrol-2-yl]-3-
[4-äthoxycarbonyl-5-methyl-3-oxo-
1,3-dihydro-pyrrol-2-yliden]- 1047

–, 1,1-Bis-[5-äthoxycarbonyl-
2,4-dimethyl-pyrrol-3-yl]-3-
[4-äthoxycarbonyl-5-methyl-3-oxo-
1,3-dihydro-pyrrol-2-yliden]- 1048

Tripyrrin-1-carbonsäure, 13-Äthyl-3,7-bis-
[2-methoxycarbonyl-äthyl]-
2,8,12-trimethyl-14-oxo-16,17-dihydro-
14H-, methylester 1048

C₂₉H₃₅N₁₁

[1,3,5]Triazin-2,4,6-triyltriamin, N²,N⁴-Bis-
[4-amino-2-methyl-[6]chinolyl]-N⁶-
[2-diäthylamino-äthyl]- 1297

C₂₉H₃₇N₃O₄

Propen, 1-[4-Äthoxycarbonyl-3,5-dimethyl-
pyrrol-2-yl]-1-[5-äthoxycarbonyl-
2,4-dimethyl-pyrrol-3-yl]-3-[4-äthyl-
3,5-dimethyl-pyrrol-2-yliden]- 981

–, 1,1-Bis-[4-äthoxycarbonyl-
3,5-dimethyl-pyrrol-2-yl]-3-[4-äthyl-
3,5-dimethyl-pyrrol-2-yliden]- 981

–, 1,1-Bis-[5-äthoxycarbonyl-
2,4-dimethyl-pyrrol-3-yl]-3-[4-äthyl-
3,5-dimethyl-pyrrol-2-yliden]- 981

C₂₉H₃₇N₃O₆

Pyrrol-3-carbonsäure, 2,4,2′,4′,2″,4″-
Hexamethyl-5,5′,5″-äthentriyl-tris-,
triäthylester 992

–, 4,5,4′,5′,4″,5″-Hexamethyl-2,2′,2″-
äthentriyl-tris-, triäthylester 992

C₂₉H₃₇N₃O₇

Propionsäure, 3-[1-Äthoxycarbonyl-
12-äthyl-7-(2-methoxycarbonyl-äthyl)-
2,8,13-trimethyl-14-oxo-5,15,16,17-
tetrahydro-14H-tripyrrin-3-yl]- 1047

C₂₉H₃₉N₃O₆

Pyrrol-3-carbonsäure, 1,2,4,2′,4′,2″,4″-
Heptamethyl-5,5′,5″-methantriyl-tris-,
triäthylester 989

C₂₉H₄₁N₃O₄

Tripyrrin-1,14-dicarbonsäure,
3,7,12-Triäthyl-2,8,13-trimethyl-
5,10,16,17-tetrahydro-15H-, diäthyl=
ester 974

C₃₀

C₃₀H₂₂N₄O₇S₂

Naphtho[1,2-d][1,2,3]triazol-6-sulfonsäure,
2-[4′-(2-Phenyl-acetylamino)-3-sulfo-
biphenyl-4-yl]-2H- 1060

C₃₀H₂₂N₄O₈S₂

Naphtho[1,2-d][1,2,3]triazol-6-sulfonsäure,
2-[4′-(2-Phenoxy-acetylamino)-3-sulfo-
biphenyl-4-yl]-2H- 1060

$C_{30}H_{23}N_5O_3$

Benzaldehyd, 2-[(10-Acetyl-10,11-dihydro-
5aH,17H-5,11-cyclo-dibenzo[3,4;7,8]≥
[1,5]diazocino[2,1-b]chinazolin-17-yl)-
nitroso-amino]- 1159

$C_{30}H_{24}N_4O_2$

Benzaldehyd, 2-[10-Acetyl-10,11-dihydro-
5aH,17H-5,11-cyclo-dibenzo[3,4;7,8]≥
[1,5]diazocino[2,1-b]chinazolin-
17-ylamino]- 1159

$C_{30}H_{27}N_3O_4$

4,7-Methano-benzotriazol-3a,7a-
dicarbonsäure, 8-Benzhydryliden-
1-phenyl-4,5,6,7-tetrahydro-1H-,
dimethylester 981

4,7-Methano-benzotriazol-5,6-dicarbonsäure,
8-Benzhydryliden-1-phenyl-3a,4,5,6,7,7a-
hexahydro-1H-, dimethylester 981

$C_{30}H_{27}N_7O_2$

Harnstoff, N,N''-Diphenyl-N',N'''-di-
p-tolyl-N,N'''-[1H-[1,2,4]triazol-3,5-diyl]-
di- 1163

$C_{30}H_{27}N_9$

Carbamonitril, N,N',N''-Tris-[2,4-dimethyl-
phenyl]-N,N',N''-[1,3,5]triazin-
2,4,6-triyl-tri- 1280

$C_{30}H_{27}N_9O_3$

Carbamonitril, N,N',N''-Tris-[4-äthoxy-
phenyl]-N,N',N''-[1,3,5]triazin-
2,4,6-triyl-tri- 1281

$C_{30}H_{29}N_3O_3$

Essigsäure, {1-[2]Naphthyl-5-oxo-4-
[2-(1,3,3-trimethyl-indolin-2-yliden)-
äthyliden]-4,5-dihydro-1H-pyrazol-3-yl}-,
äthylester 1025

$C_{30}H_{32}N_6O_6S_3$

Naphtho[1,2-d][1,2,3]triazol-6,8-disulfonsäure,
2-[2-Äthylsulfamoyl-stilben-4-yl]-2H-,
bis-äthylamid 1067

$C_{30}H_{35}N_3O_7$

Tripyrrin-1-carbonsäure, 3,7-Bis-
[2-methoxycarbonyl-äthyl]-
2,8,13-trimethyl-14-oxo-12-vinyl-
16,17-dihydro-14H-, äthylester 1050

$C_{30}H_{36}N_6O_3$

[1,3,5]Triazin, Tris-[1-amino-2-hydroxy-
1-methyl-2-phenyl-äthyl]- 1350

$C_{30}H_{37}N_3O_6$

Crotonsäure, 2,4-Bis-[4-äthoxycarbonyl-
3,5-dimethyl-pyrrol-2-yl]-4-
[2,4-dimethyl-pyrrol-3-yliden]-,
äthylester 995

Propen, 1-[1-Äthoxycarbonyl-3,5-dimethyl-
pyrrol-2-yl]-3-[4-äthoxycarbonyl-
3,5-dimethyl-pyrrol-2-yl]-3-
[4-äthoxycarbonyl-3,5-dimethyl-pyrrol-
2-yliden]- 980

—, 1-[1-Äthoxycarbonyl-3,5-dimethyl-
pyrrol-2-yl]-3-[4-äthoxycarbonyl-
3,5-dimethyl-pyrrol-2-yl]-3-
[5-äthoxycarbonyl-2,4-dimethyl-pyrrol-
3-yliden]- 980

—, 1-[1-Äthoxycarbonyl-3,5-dimethyl-
pyrrol-2-yl]-3-[5-äthoxycarbonyl-
2,4-dimethyl-pyrrol-3-yl]-3-
[5-äthoxycarbonyl-2,4-dimethyl-pyrrol-
3-yliden]- 980

—, 1-[4-Äthoxycarbonyl-3,5-dimethyl-
pyrrol-2-yl]-1-[5-äthoxycarbonyl-
2,4-dimethyl-pyrrol-3-yl]-3-
[4-äthoxycarbonyl-2,4-dimethyl-pyrrol-
3-yliden]- 996

—, 1,1-Bis-[4-äthoxycarbonyl-
3,5-dimethyl-pyrrol-2-yl]-3-
[4-äthoxycarbonyl-3,5-dimethyl-pyrrol-
2-yliden]- 995

—, 1,2-Bis-[4-äthoxycarbonyl-
3,5-dimethyl-pyrrol-2-yl]-3-
[4-äthoxycarbonyl-3,5-dimethyl-pyrrol-
2-yliden]- 997

—, 1,3-Bis-[4-äthoxycarbonyl-
3,5-dimethyl-pyrrol-2-yl]-3-
[5-äthoxycarbonyl-2,4-dimethyl-pyrrol-
3-yliden]- 996

—, 1,3-Bis-[5-äthoxycarbonyl-
2,4-dimethyl-pyrrol-3-yl]-3-
[4-äthoxycarbonyl-3,5-dimethyl-pyrrol-
2-yliden]- 996

Pyrrol-2-carbonsäure, 3,5,3',5'-Tetramethyl-
4,4'-[3-(4-äthoxycarbonyl-2,5-dimethyl-
pyrrol-3-yliden)-propenyliden]-bis-,
diäthylester 997

—, 3,5,3',5'-Tetramethyl-4,4'-[3-
(4-äthoxycarbonyl-3,5-dimethyl-pyrrol-
2-yliden)-propenyliden]-bis-, diäthyl≥
ester 996

—, 3,5,3',5'-Tetramethyl-4,4'-[3-
(5-äthoxycarbonyl-2,4-dimethyl-pyrrol-
3-yliden)-propenyliden]-bis-, diäthyl≥
ester 997

Pyrrol-3-carbonsäure, 2,4,2',4'-Tetramethyl-
5,5'-[3-(4-äthoxycarbonyl-2,5-dimethyl-
pyrrol-3-yliden)-propenyliden]-bis-,
diäthylester 995

—, 2,4,2',4'-Tetramethyl-5,5'-[3-
(5-äthoxycarbonyl-2,4-dimethyl-pyrrol-
3-yliden)-propenyliden]-bis-, diäthyl≥
ester 995

$C_{30}H_{37}N_3O_7$

Tripyrrin-1-carbonsäure, 12-Äthyl-3,7-bis-
[2-methoxycarbonyl-äthyl]-
2,8,13-trimethyl-14-oxo-16,17-dihydro-
14H-, äthylester 1049

—, 13-Äthyl-3,7-bis-[2-methoxycarbonyl-
äthyl]-2,8,12-trimethyl-14-oxo-
16,17-dihydro-14H-, äthylester 1049

$C_{30}H_{37}N_3O_8$
Pyrrol-2,4-dicarbonsäure, 5-[Bis-
(4-äthoxycarbonyl-3,5-dimethyl-pyrrol-
2-yl)-methylen]-3-methyl-5H-,
diäthylester 1001

$C_{30}H_{39}N_3O_8$
Pyrrol-2,4-dicarbonsäure, 5-[Bis-
(4-äthoxycarbonyl-3,5-dimethyl-pyrrol-
2-yl)-methyl]-3-methyl-, diäthylester
999

$C_{30}H_{41}N_3O_6$
Pyrrol-3-carbonsäure, 1,2,4,1',2',4',2'',4''-
Octamethyl-5,5',5''-methantriyl-tris-,
triäthylester 989

$C_{30}H_{48}N_6O_6$
Glycin, N,N',N''-Tricyclohexyl-N,N',N''-
[1,3,5]triazin-2,4,6-triyl-tris-, trimethyl=
ester 1282

$C_{30}H_{54}N_6O_3$
Nonanamid, N,N',N''-[1,3,5]Triazin-
2,4,6-triyl-tris- 1276

C_{31}

$C_{31}H_{16}ClN_5O_4$
Anthrachinon, 1,1'-[6-Chlor-[1,3,5]triazin-
2,4-diyldiamino]-di- 1214

$C_{31}H_{21}N_3O_5S$
Naphtho[1,2-d][1,2,3]triazol-4-carbonsäure,
2-[2-Phenoxysulfonyl-stilben-4-yl]-2H-
953

$C_{31}H_{22}N_4$
Amin, [8-Methyl-9-phenyl-9H-benzo=
[h]pyrazolo[3,4-b]chinolin-7-yl]-
[1]naphthyl- 1156
—, [8-Methyl-10-phenyl-
10H-benzo[h]pyrazolo[3,4-b]chinolin-
7-yl]-[1]naphthyl- 1156

$C_{31}H_{22}N_4O_{10}S_3$
Stilben-2,2'-disulfonsäure, 4-Benzoylamino-
4'-[6-sulfo-naphtho[1,2-d][1,2,3]triazol-
2-yl]- 1060

$C_{31}H_{23}N_5O_{10}S_3$
Stilben-2,2'-disulfonsäure, 4-[4-Amino-
benzoylamino]-4'-[5-sulfo-naphtho[1,2-d=
[1,2,3]triazol-2-yl]- 1057
—, 4-[4-Amino-benzoylamino]-4'-
[6-sulfo-naphtho[1,2-d][1,2,3]triazol-
2-yl]- 1060
—, 4-[N'-Phenyl-ureido]-4'-[6-sulfo-
naphtho[1,2-d][1,2,3]triazol-2-yl]- 1060

$C_{31}H_{39}N_3O_6$
But-2-en, 1,3-Bis-[4-äthoxycarbonyl-
3,5-dimethyl-pyrrol-2-yl]-1-
[4-äthoxycarbonyl-3,5-dimethyl-pyrrol-
2-yliden]- 997

Propen, 3-[4-Äthoxycarbonyl-3,5-dimethyl-
pyrrol-2-yl]-3-[4-äthoxycarbonyl-
3,5-dimethyl-pyrrol-2-yliden]-1-
[4-äthoxycarbonyl-1,3,5-trimethyl-
pyrrol-2-yl]- 995
—, 3-[4-Äthoxycarbonyl-3,5-dimethyl-
pyrrol-2-yl]-3-[5-äthoxycarbonyl-
2,4-dimethyl-pyrrol-3-yliden]-1-
[4-äthoxycarbonyl-1,3,5-trimethyl-
pyrrol-2-yl]- 996
—, 3-[5-Äthoxycarbonyl-2,4-dimethyl-
pyrrol-3-yl]-3-[5-äthoxycarbonyl-
2,4-dimethyl-pyrrol-3-yliden]-1-
[4-äthoxycarbonyl-1,3,5-trimethyl-
pyrrol-2-yl]- 997
—, 1,3-Bis-[4-äthoxycarbonyl-
3,5-dimethyl-pyrrol-2-yl]-3-
[4-äthoxycarbonyl-3,5-dimethyl-pyrrol-
2-yliden]-2-methyl- 998

$C_{31}H_{39}N_3O_8$
Pyrrol-3-carbonsäure, 2,4,2',4'-Tetramethyl-
5,5'-[5-äthoxycarbonyl-4-äthoxycarbonyl=
methyl-2-methyl-pyrrol-3-ylidenmethandiyl]-
bis-, diäthylester 1001

$C_{31}H_{40}N_4O_7$
Tripyrrin-1-carbonsäure, 3-[2-Äthoxy=
carbonylamino-äthyl]-12-äthyl-7-
[2-methoxycarbonyl-äthyl]-
2,8,13-trimethyl-14-oxo-16,17-dihydro-
14H-, äthylester 1427

$C_{31}H_{41}N_3O_8$
Pyrrol-2,4-dicarbonsäure, 5-[(4-Äthoxy=
carbonyl-3,5-dimethyl-pyrrol-2-yl)-
(4-äthoxycarbonyl-1,3,5-trimethyl-
pyrrol-2-yl)-methyl]-3-methyl-,
diäthylester 999
—, 5-[Bis-(4-äthoxycarbonyl-
3,5-dimethyl-pyrrol-2-yl)-methyl]-
1,3-dimethyl-, diäthylester 1000
Tripyrrin-1,14-dicarbonsäure, 7-Äthyl-
3,12-bis-[2-carboxy-äthyl]-
2,8,13-trimethyl-5,10,16,17-tetrahydro-
15H-, diäthylester 1000

$C_{31}H_{58}N_{12}O_{10}$
Imidazo[4,5-c]pyridin-4-on,
2-[O^6-Carbamoyl-2-(isolysyl-[6,]isolysyl-[6,]=
isolysylamino)-2-desoxy-gulopyranosyl=
amino]-7-hydroxy-1,3a,5,6,7,7a-
hexahydro- 1401

C_{32}

$C_{32}H_{18}Cl_2N_6O_{12}S_4$
Naphtho[1,2-d][1,2,3]triazol-6,8-disulfonsäure,
2H,2'H-2,2'-[3,3'-Dichlor-biphenyl-
4,4'-diyl]-bis- 1069

$C_{32}H_{18}N_6O_{11}S_4$
Naphtho[1,2-d][1,2,3]triazol-6-sulfonsäure,
2H,2'H-2,2'-[5,5-Dioxo-2-sulfo-
5λ⁶-dibenzothiophen-3,7-diyl]-bis- 1061

$C_{32}H_{18}N_6O_{14}S_5$
Naphtho[1,2-d][1,2,3]triazol-6,8-disulfonsäure,
2H,2'H-2,2'-[5,5-Dioxo-5λ⁶-dibenzothiophen-
3,7-diyl]-bis- 1069

$C_{32}H_{19}N_5O_4$
Anthrachinon, 1,1'-[6-Methyl-[1,3,5]triazin-
2,4-diyldiamino]-di- 1221

$C_{32}H_{20}N_6O_9S_3$
Naphtho[1,2-d][1,2,3]triazol-4,7-disulfonsäure,
2-[4'-(7-Sulfo-naphtho[1,2-d]≠
[1,2,3]triazol-2-yl)-biphenyl-4-yl]-2H-
1065
Naphtho[1,2-d][1,2,3]triazol-5,9-disulfonsäure,
2-[4'-(7-Sulfo-naphtho[1,2-d]≠
[1,2,3]triazol-2-yl)-biphenyl-4-yl]-2H-
1066
Naphtho[1,2-d][1,2,3]triazol-6,8-disulfonsäure,
2-[4'-(7-Sulfo-naphtho[1,2-d]≠
[1,2,3]triazol-2-yl)-biphenyl-4-yl]-2H-
1068
Naphtho[1,2-d][1,2,3]triazol-6-sulfonsäure,
2H,2'H-2,2'-[3-Sulfo-biphenyl-4,4'-diyl]-
bis- 1061

$C_{32}H_{20}N_6O_{12}S_4$
Naphtho[1,2-d][1,2,3]triazol-4,7-disulfonsäure,
2H,2'H-2,2'-Biphenyl-4,4'-diyl-bis-
1066
Naphtho[1,2-d][1,2,3]triazol-5,9-disulfonsäure,
2H,2'H,2,2'-Biphenyl-4,4'-diyl-bis-
1066
Naphtho[1,2-d][1,2,3]triazol-6,8-disulfonsäure,
2H,2'H-2,2'-Biphenyl-4,4'-diyl-bis-
1068
Naphtho[1,2-d][1,2,3]triazol-7-sulfonsäure,
2H,2'H-2,2'-[2,2'-Disulfo-biphenyl-
4,4'-diyl]-bis- 1064

$C_{32}H_{26}N_{10}O_8S_2$
Stilben-2,2'-disulfonsäure, 4,4'-Bis-
[4-anilino-6-oxo-1,6-dihydro-
[1,3,5]triazin-2-ylamino]- 1358

$C_{32}H_{26}N_{10}O_{14}S_4$
Stilben-2,2'-disulfonsäure, 4,4'-Bis-[6-oxo-
4-(4-sulfo-anilino)-1,6-dihydro-
[1,3,5]triazin-2-ylamino]- 1358

$C_{32}H_{35}N_5O_8S_2$
Naphtho[1,2-d][1,2,3]triazol-7-sulfonsäure,
2-{2-[Bis-(2-hydroxy-äthyl)-sulfamoyl]-
stilben-4-yl}-2H-, [bis-(2-hydroxy-
äthyl)-amid] 1063

$C_{32}H_{39}N_3O_6$
Pyrrol-3-carbonsäure, 2,4,2',4'-Tetramethyl-
5,5'-[5-(4-äthoxycarbonyl-3,5-dimethyl-
pyrrol-2-yliden)-penta-1,3-dienyliden]-
bis-, diäthylester 998

$C_{32}H_{41}N_3O_2$
Tripyrrin-1-carbonsäure, 3,8,13-Triäthyl-
2,7,12,14-tetramethyl-5,10,16,17-
tetrahydro-15H-, benzylester 954

C_{33}

$C_{33}H_{22}N_8O_{13}S_4$
Naphtho[1,2-d][1,2,3]triazol-6,8-disulfonsäure,
2H,2'H-2,2'-[4,4'-Ureylen-di-phenyl]-bis-
1067

$C_{33}H_{31}N_5O_3S$
Stilben-2-sulfonsäure, 4-[5-Benzoylamino-
benzotriazol-2-yl]-, cyclohexylamid
1115

$C_{33}H_{33}N_3O_4$
Crotonsäure, 4-[5-Äthoxycarbonyl-
2,4-dimethyl-pyrrol-3-yliden]-2,4-bis-
[2-methyl-indol-3-yl]-, äthylester 983

$C_{33}H_{36}N_6O_6$
[1,3,5]Triazin-2,4,6-triyltriamin, N^2,N^4,N^6-
Tris-[2-acetoxy-äthyl]-N^2,N^4,N^6-
triphenyl- 1269

$C_{33}H_{41}N_3O_8$
Crotonsäure, 2,4-Bis-[4-äthoxycarbonyl-
3,5-dimethyl-pyrrol-2-yl]-4-
[5-äthoxycarbonyl-2,4-dimethyl-pyrrol-
3-yliden]-, äthylester 1001

$C_{33}H_{42}BrN_3O_4$
Pyrrol-2-carbonsäure, 4,4'-Diäthyl-
3,3'-dimethyl-5,5'-[4-äthyl-5-brom-
3,5-dimethyl-1,5-dihydro-pyrrol-
2,2-diyldimethyl]-bis-, monobenzylester
973

$C_{33}H_{45}N_3O_8$
Pyrrol-2,4-dicarbonsäure, 5-[Bis-
(4-äthoxycarbonyl-1,3,5-trimethyl-
pyrrol-2-yl)-methyl]-1,3-dimethyl-,
diäthylester 1000

C_{34}

$C_{34}H_{22}N_6O_{12}S_4$
Naphtho[1,2-d][1,2,3]triazol-5-sulfonsäure,
2H,2'H-2,2'-[2,2'-Disulfo-stilben-
4,4'-diyl]-bis- 1057
Naphtho[1,2-d][1,2,3]triazol-6-sulfonsäure,
2H,2'H-2,2'-[2,2'-Disulfo-stilben-
4,4'-diyl]-bis- 1061
Naphtho[1,2-d][1,2,3]triazol-7-sulfonsäure,
2H,2'H-2,2'-[2,2'-Disulfo-stilben-
4,4'-diyl]-bis- 1064

$C_{34}H_{23}N_3O_4$
Chinolin-4-carbonsäure, 2,2'-[9-Äthyl-
carbazol-3,6-diyl]-bis- 984

C₃₄H₂₄N₆O₁₂S₄
Naphtho[1,2-d][1,2,3]triazol-6,8-disulfonsäure,
　　2H,2′H-2,2′-[3,3′-Dimethyl-biphenyl-
　　4,4′-diyl]-bis- 1069

C₃₄H₂₄N₆O₁₄S₄
Naphtho[1,2-d][1,2,3]triazol-6,8-disulfonsäure,
　　2H,2′H-2,2′-[3,3′-Dimethoxy-biphenyl-
　　4,4′-diyl]-bis- 1069

C₃₄H₂₄N₈
[3,3′]Azo[1,2,4]triazocin, 5,8,5′,8′-
　　Tetraphenyl- 1442

C₃₄H₃₀N₁₀O₈S₂
Stilben-2,2′-disulfonsäure, 4,4′-Bis-
　　[4-anilino-6-methoxy-[1,3,5]triazin-
　　2-ylamino]- 1320

C₃₄H₃₀N₁₀O₁₄S₄
Stilben-2,2′-disulfonsäure, 4,4′-Bis-
　　[4-methoxy-6-(4-sulfo-anilino)-
　　[1,3,5]triazin-2-ylamino]- 1320

C₃₄H₃₅N₅O₄S₂
Piperidin, 1-{2-[2-(Piperidin-1-sulfonyl)-
　　stilben-4-yl]-2H-naphtho[1,2-d]≠
　　[1,2,3]triazol-7-sulfonyl}- 1063

C₃₄H₄₃N₅O₃S
Stilben-2-sulfonsäure, 4-[5-Acetylamino-
　　benzotriazol-2-yl]-, dodecylamid 1115

C₃₅

C₃₅H₂₈N₆O
Benzoesäure-[2-(10,11-dihydro-
　　5aH,17H-5,11-cyclo-dibenzo[3,4;7,8]≠
　　[1,5]diazocino[2,1-b]chinazolin-
　　17-ylamino)-benzylidenhydrazid] 1159

C₃₅H₄₂N₆O₄
Piperazin-2,5-dion, 3-[2-(1,1-Dimethyl-
　　allyl)-5,7-bis-(3-methyl-but-2-enyl)-4-
　　(4-nitro-phenylazo)-indol-3-ylmethyl]-
　　6-methyl- 1444
－, 3-[2-(1,1-Dimethyl-allyl)-5,7-bis-
　　(3-methyl-but-2-enyl)-6-(4-nitro-
　　phenylazo)-indol-3-ylmethyl]-6-methyl-
　　1444

C₃₅H₄₆BrN₃O₄
Pyrrol-2-carbonsäure, 4,4′-Diäthyl-
　　3,3′-dimethyl-5,5′-[4-äthyl-5-brom-
　　3,5-dimethyl-1,5-dihydro-pyrrol-
　　2,2-diyldimethyl]-bis-, äthylester-
　　benzylester 974

C₃₅H₄₈BrN₅O₂
Piperazin-2,5-dion, 3-[4-(4-Brom-
　　phenylazo)-5,7-diisopentyl-2-tert-pentyl-
　　indol-3-ylmethyl]-6-methyl- 1444
－, 3-[6-(4-Brom-phenylazo)-
　　5,7-diisopentyl-2-tert-pentyl-indol-
　　3-ylmethyl]-6-methyl- 1444

C₃₅H₄₈N₆O₄
Piperazin-2,5-dion, 3-[5,7-Diisopentyl-4-
　　(4-nitro-phenylazo)-2-tert-pentyl-indol-
　　3-ylmethyl]-6-methyl- 1444
－, 3-[5,7-Diisopentyl-6-(4-nitro-
　　phenylazo)-2-tert-pentyl-indol-
　　3-ylmethyl]-6-methyl- 1444

C₃₅H₄₉N₅O₅
Succinamidsäure, N-[5-(1-Hydroxy-
　　[2]naphthoylamino)-1H-[1,2,4]triazol-
　　3-yl]-3-octadec-x-enyl- 1170

C₃₆

C₃₆H₂₁N₉
Carbamonitril, N,N′,N″-Tri-[1]naphthyl-
　　N,N′,N″-[1,3,5]triazin-2,4,6-triyl-tri-
　　1280
－, N,N′,N″-Tri-[2]naphthyl-N,N′,N″-
　　[1,3,5]triazin-2,4,6-triyl-tri- 1280

C₃₆H₂₂N₄O₃
Benzamid, N-[3-(5,6-Diphenyl-[1,2,4]triazin-
　　3-yl)-9,10-dioxo-9,10-dihydro-
　　[1]anthryl]- 1397

C₃₆H₂₃N₅O₃
Benzamid, N-[4-Amino-3-(5,6-diphenyl-
　　[1,2,4]triazin-3-yl)-9,10-dioxo-
　　9,10-dihydro-[1]anthryl]- 1397

C₃₆H₂₄N₁₀
Amin, Tris-[2-phenyl-2H-benzotriazol-4-yl]-
　　1109

C₃₆H₂₅N₃O₆S₂
Naphtho[1,2-d][1,2,3]triazol-6-sulfonsäure,
　　2-[2-Phenoxysulfonyl-stilben-4-yl]-2H-,
　　phenylester 1057
Naphtho[1,2-d][1,2,3]triazol-7-sulfonsäure,
　　2-[2-Phenoxysulfonyl-stilben-4-yl]-2H-,
　　phenylester 1061

C₃₆H₂₆N₈O₄
Propionsäure, 3,3′-Dioxo-3,3′-p-phenylen-
　　di-, bis-[2-phenyl-2H-benzotriazol-
　　5-ylamid] 1114

C₃₆H₂₇N₅O₄S₂
Naphtho[1,2-d][1,2,3]triazol-7-sulfonsäure,
　　2-[2-Phenylsulfamoyl-stilben-4-yl]-2H-,
　　anilid 1062

C₃₆H₂₉N₇O₈S₄
Naphtho[1,2-d][1,2,3]triazol-7-sulfonsäure,
　　2-[2-(3-Sulfamoyl-phenylsulfamoyl)-
　　stilben-4-yl]-2H-, [3-sulfamoyl-anilid]
　　1063
－, 2-[2-(4-Sulfamoyl-phenylsulfamoyl)-
　　stilben-4-yl]-2H-, [4-sulfamoyl-anilid]
　　1063

C₃₆H₃₄N₁₀O₈S₂
Stilben-2,2′-disulfonsäure, 4,4′-Bis-
　　[4-äthoxy-6-anilino-[1,3,5]triazin-
　　2-ylamino]- 1320

$C_{36}H_{34}N_{10}O_{14}S_4$

Stilben-2,2′-disulfonsäure, 4,4′-Bis-
[4-äthoxy-6-(4-sulfo-anilino)-
[1,3,5]triazin-2-ylamino]- 1320

$C_{36}H_{39}N_5O_4S_2$

Naphtho[1,2-d][1,2,3]triazol-6-sulfonsäure,
2-[2-Cyclohexylsulfamoyl-stilben-4-yl]-
2H-, cyclohexylamid 1058
Naphtho[1,2-d][1,2,3]triazol-7-sulfonsäure,
2-[2-Cyclohexylsulfamoyl-stilben-4-yl]-
2H-, cyclohexylamid 1062

C_{37}

$C_{37}H_{21}N_5O_4$

Anthrachinon, 1,1′-[6-Phenyl-[1,3,5]triazin-
2,4-diyldiamino]-di- 1245

$C_{37}H_{27}N_5O_3S$

Naphtho[1,2-d][1,2,3]triazol-4-carbonsäure,
2-[2-Phenylsulfamoyl-stilben-4-yl]-2H-,
anilid 954

$C_{37}H_{37}N_3O_4$

Propen, 1-[4-Äthoxycarbonyl-3,5-dimethyl-
pyrrol-2-yl]-1-[5-äthoxycarbonyl-
2,4-dimethyl-pyrrol-3-yl]-3-[3,5-diphenyl-
pyrrol-2-yliden]- 983
—, 1,1-Bis-[4-äthoxycarbonyl-
3,5-dimethyl-pyrrol-2-yl]-3-[3,5-diphenyl-
pyrrol-2-yliden]- 983
—, 1,1-Bis-[5-äthoxycarbonyl-
2,4-dimethyl-pyrrol-3-yl]-3-[3,5-diphenyl-
pyrrol-3-yliden]- 983

$C_{37}H_{70}N_{14}O_{11}$

Imidazo[4,5-c]pyridin-4-on,
2-[O^6-Carbamoyl-2-(isolysyl $\xrightarrow{6}$ isolysyl $\xrightarrow{6}$
isolysyl $\xrightarrow{6}$ isolysylamino)-2-desoxy-
gulopyranosylamino]-7-hydroxy-
1,3a,5,6,7,7a-hexahydro- 1401

C_{38}

$C_{38}H_{27}N_5O_8S_2$

Anthranilsäure, N-{2-[2-(2-Carboxy-
phenylsulfamoyl)-stilben-4-yl]-
2H-naphtho[1,2-d][1,2,3]triazol-
6-sulfonyl}- 1058
Benzoesäure, 3-{2-[2-(3-Carboxy-
phenylsulfamoyl)-stilben-4-yl]-
2H-naphtho[1,2-d][1,2,3]triazol-
6-sulfonylamino}- 1058
—, 4-{2-[2-(4-Carboxy-phenylsulfamoyl)-
stilben-4-yl]-2H-naphtho[1,2-d]⥮
[1,2,3]triazol-6-sulfonylamino}- 1058

$C_{38}H_{31}N_5O_4S_2$

Naphtho[1,2-d][1,2,3]triazol-7-sulfonsäure,
2-[2-Benzylsulfamoyl-stilben-4-yl]-2H-,
benzylamid 1063

—, 2-[2-(Methyl-phenyl-sulfamoyl)-
stilben-4-yl]-2H-, [N-methyl-anilid]
1062

$C_{38}H_{37}N_3O_4$

Crotonsäure, 2,4-Bis-[4-benzoyl-
3,5-dimethyl-pyrrol-2-yl]-4-
[2,4-dimethyl-pyrrol-3-yliden]-,
äthylester 1041

C_{39}

$C_{39}H_{29}N_5O_3$

Benzotriazol, 1-Benzoyl-4,6-bis-
benzoylamino-2,3-diphenyl-2,3-dihydro-
1H- 1236

$C_{39}H_{72}N_6O_3$

Lauramid, N,N′,N″-[1,3,5]Triazin-
2,4,6-triyl-tris- 1276

$C_{39}H_{73}N_5O_3$

Stearamid, N,N′-[6-Oxo-1,6-dihydro-
[1,3,5]triazin-2,4-diyl]-bis- 1357

$C_{39}H_{76}ClN_5$

[1,3,5]Triazin-2,4-diyldiamin, 6-Chlor-N^2,⥮
N^4-dioctadecyl- 1209

$C_{39}H_{78}N_6$

[1,3,5]Triazin-2,4,6-triyltriamin, N^2,N^4-
Dioctadecyl- 1260

C_{40}

$C_{40}H_{51}N_5O_4S_2$

Naphtho[1,2-d][1,2,3]triazol-6-sulfonsäure,
2-[2-Dibutylsulfamoyl-stilben-4-yl]-2H-,
dibutylamid 1058
Naphtho[1,2-d][1,2,3]triazol-7-sulfonsäure,
2-[2-Dibutylsulfamoyl-stilben-4-yl]-2H-,
dibutylamid 1062
—, 2-[2-Octylsulfamoyl-stilben-4-yl]-
2H-, octylamid 1062

C_{41}

$C_{41}H_{41}N_3O_6$

Crotonsäure, 4-[5-Äthoxycarbonyl-
2,4-dimethyl-pyrrol-3-yliden]-2,4-bis-
[4-benzoyl-3,5-dimethyl-pyrrol-2-yl]-,
äthylester 1046

C_{42}

$C_{42}H_{29}N_3O_9S_3$

Naphtho[1,2-d][1,2,3]triazol-6,8-disulfonsäure,
2-[2-Phenoxysulfonyl-stilben-4-yl]-2H-,
diphenylester 1067

$C_{42}H_{32}N_6O_6S_3$

Naphtho[1,2-*d*][1,2,3]triazol-6,8-disulfonsäure,
2-[2-Phenylsulfamoyl-stilben-4-yl]-2*H*-,
dianilid 1067

$C_{42}H_{33}N_9O_9S_3$

[1,3,5]Triazin, Tris-[(*N*-benzoyl-sulfanilyl)-
amino]- 1299

$C_{42}H_{50}N_6O_6S_3$

Naphtho[1,2-*d*][1,2,3]triazol-6,8-disulfonsäure,
2-[2-Cyclohexylsulfamoyl-stilben-4-yl]-
2*H*-, bis-cyclohexylamid 1067

C_{43}

$C_{43}H_{27}N_5$

Benzo[*f*]benzo[5,6]chinazolino[3,4-*a*]⹌
chinazolin-8,17-dion, 9*H*-, bis-
[2]naphthylimin 1252

$C_{43}H_{27}N_5O_4$

Anthrachinon, 1,4-Bis-benzoylamino-2-
[5,6-diphenyl-[1,2,4]triazin-3-yl]- 1397

$[C_{43}H_{28}N_5]^+$

Benzo[*f*]benzo[5,6]chinazolino[3,4-*a*]⹌
chinazolinylium, 8,17-Bis-
[2]naphthylamino- 1252

C_{44}

$C_{44}H_{29}N_3O_6S_2$

Naphtho[1,2-*d*][1,2,3]triazol-7-sulfonsäure,
2-[2-[1]Naphthyloxysulfonyl-stilben-
4-yl]-2*H*-, [1]naphthylester 1061
−, 2-[2-[2]Naphthyloxysulfonyl-stilben-
4-yl]-2*H*-, [2]naphthylester 1062

$C_{44}H_{31}N_5O_4S_2$

Naphtho[1,2-*d*][1,2,3]triazol-7-sulfonsäure,
2-[2-[1]Naphthylsulfamoyl-stilben-4-yl]-
2*H*-, [1]naphthylamid 1063
−, 2-[2-[2]Naphthylsulfamoyl-stilben-
4-yl]-2*H*-, [2]naphthylamid 1063

$C_{44}H_{34}Cl_2N_{12}O_6S_2$

Stilben-2,2′-disulfonsäure, 5,5′-Dichlor-
4,4′-bis-[4,6-dianilino-[1,3,5]triazin-
2-ylamino]- 1291

$C_{44}H_{36}N_{12}O_6S_2$

Stilben-2,2′-disulfonsäure, 4,4′-Bis-
[4,6-dianilino-[1,3,5]triazin-2-ylamino]-
1291

$C_{44}H_{59}N_5O_4S_2$

Naphtho[1,2-*d*][1,2,3]triazol-7-sulfonsäure,
2-[2-Decylsulfamoyl-stilben-4-yl]-2*H*-,
decylamid 1062

C_{45}

$C_{45}H_{24}N_6O_6$

Anthrachinon, 1,1′,1″-Triamino-2,2′,2″-
[1,3,5]triazin-2,4,6-triyl-tri- 1399

−, 1,1′,1″-[1,3,5]Triazin-
2,4,6-triyltriamino-tri- 1274

$C_{45}H_{29}N_5O$

Acetyl-Derivat $C_{45}H_{29}N_5O$ aus
9*H*-Benzo[*f*]benzo[5,6]chinazolino[3,4-*a*]⹌
chinazolin-8,17-dion-bis-[2]naphthyl⹌
imin 1252

$[C_{45}H_{72}N_9]^{3+}$

[1,3,5]Triazin-2,4,6-triyltriamin, N^2,N^4,N^6-
Tris-[3-(diäthyl-benzyl-ammonio)-
propyl]- 1289

$C_{45}H_{81}N_9$

Glycin, *N,N′,N″*-Tridodecyl-*N,N′,N″*-
[1,3,5]triazin-2,4,6-triyl-tris-, trinitril
1282

C_{46}

$C_{46}H_{45}N_3O_6S_2$

Naphtho[1,2-*d*][1,2,3]triazol-6-sulfonsäure,
2-[2-(4-*tert*-Pentyl-phenoxysulfonyl)-
stilben-4-yl]-2*H*-, [4-*tert*-pentyl-
phenylester] 1058

C_{47}

$C_{47}H_{27}N_5O_7$

Diisochino[5,4-*ab*;5′,4′-*hi*]phenazin-
4,6,12,14-tetraon, 8-[4-Benzoylamino-
9,10-dioxo-9,10-dihydro-[1]anthryl]-
5,13-dimethyl-8,16-dihydro- 1398

−, 8-[5-Benzoylamino-9,10-dioxo-
9,10-dihydro-[1]anthryl]-5,13-dimethyl-
8,16-dihydro- 1398

Isochino[5,4-*ab*]naphtho[2,3-*h*]phenazin-
5,12,14,17-tetraon, 4-Benzoylamino-
13-methyl-8-[2-methyl-1,3-dioxo-
2,3-dihydro-1*H*-benz[*de*]isochinolin-
5-yl]-8,16-dihydro- 1398

−, 6-Benzoylamino-13-methyl-8-
[2-methyl-1,3-dioxo-2,3-dihydro-
1*H*-benz[*de*]isochinolin-5-yl]-
8,16-dihydro- 1398

C$_{48}$

C$_{48}$H$_{39}$N$_5$O$_4$S$_2$
Naphtho[1,2-*d*][1,2,3]triazol-7-sulfonsäure,
2-[2-(Äthyl-[1]naphthyl-sulfamoyl)-
stilben-4-yl]-2*H*-, [äthyl-[1]naphthyl-
amid] 1063

C$_{48}$H$_{67}$N$_5$O$_4$S$_2$
Naphtho[1,2-*d*][1,2,3]triazol-6-sulfonsäure,
2-[2-Dodecylsulfamoyl-stilben-4-yl]-2*H*-,
dodecylamid 1058
Naphtho[1,2-*d*][1,2,3]triazol-7-sulfonsäure,
2-[2-Dodecylsulfamoyl-stilben-4-yl]-2*H*-,
dodecylamid 1062

C$_{48}$H$_{71}$N$_9$O$_4$S$_2$
Naphtho[1,2-*d*][1,2,3]triazol-7-sulfonsäure,
2-{2-[Bis-(2-diäthylamino-äthyl)-
sulfamoyl]-stilben-4-yl}-2*H*-, [bis-
(2-diäthylamino-äthyl)-amid] 1063

C$_{50}$

C$_{50}$H$_{39}$N$_5$O$_8$S$_4$
Naphtho[1,2-*d*][1,2,3]triazol-7-sulfonsäure,
2-[2-(5-Benzolsulfonyl-2-methyl-
phenylsulfamoyl)-stilben-4-yl]-2*H*-,
[5-benzolsulfonyl-2-methyl-anilid] 1063

C$_{52}$

C$_{52}$H$_{33}$N$_7$O$_6$
Anthrachinon, 5,5′-Bis-benzoylamino-
1,1′-[6-benzyl-[1,3,5]triazin-
2,4-diyldiamino]-di- 1246

C$_{52}$H$_{57}$N$_3$O$_6$S$_2$
Naphtho[1,2-*d*][1,2,3]triazol-6-sulfonsäure,
2-[2-(4-Octyl-phenoxysulfonyl)-stilben-
4-yl]-2*H*-, [4-octyl-phenylester] 1058

C$_{54}$

C$_{54}$H$_{35}$N$_3$O$_9$S$_3$
Naphtho[1,2-*d*][1,2,3]triazol-6,8-disulfonsäure,
2-[2-[2]Naphthyloxysulfonyl-stilben-
4-yl]-2*H*-, di-[2]naphthylester 1067

C$_{54}$H$_{38}$N$_6$O$_6$S$_3$
Naphtho[1,2-*d*][1,2,3]triazol-6,8-disulfonsäure,
2-[2-[2]Naphthylsulfamoyl-stilben-4-yl]-
2*H*-, bis-[2]naphthylamid 1067

C$_{56}$

C$_{56}$H$_{83}$N$_5$O$_4$S$_2$
Naphtho[1,2-*d*][1,2,3]triazol-7-sulfonsäure,
2-[2-Hexadecylsulfamoyl-stilben-4-yl]-
2*H*-, hexadecylamid 1062

C$_{57}$

C$_{57}$H$_{102}$N$_6$O$_3$
Oleamid, *N,N′,N″*-[1,3,5]Triazin-2,4,6-triyl-
tris- 1276
C$_{57}$H$_{108}$N$_6$O$_3$
Stearamid, *N,N′,N″*-[1,3,5]Triazin-
2,4,6-triyl-tris- 1276

C$_{58}$

C$_{58}$H$_{55}$N$_5$O$_6$S$_2$
Naphtho[1,2-*d*][1,2,3]triazol-7-sulfonsäure,
2-{2-[2-(4-Pentyl-phenoxy)-phenyl-
sulfamoyl]-stilben-4-yl}-2*H*-,
[2-(4-pentyl-phenoxy)-anilid] 1063

C$_{60}$

C$_{60}$H$_{91}$N$_5$O$_4$S$_2$
Naphtho[1,2-*d*][1,2,3]triazol-6-sulfonsäure,
2-[2-Octadecylsulfamoyl-stilben-4-yl]-
2*H*-, octadecylamid 1058
Naphtho[1,2-*d*][1,2,3]triazol-7-sulfonsäure,
2-[2-Octadecylsulfamoyl-stilben-4-yl]-
2*H*-, octadecylamid 1062

C$_{86}$

C$_{86}$H$_{139}$N$_{43}$Cl$_6$
2,9,11,18,20,27,29,36,38,45,47,54,56,63,65,$\rightleftharpoons$
72-Hexadecaaza-1,73-di-(2)$\rightleftharpoons$
[1,3,5]triazin-10,19,28,37,46,55,64-
hepta-(2,4)[1,3,5]triazina-prototrihepta$\rightleftharpoons$
contaphan, 1^4,10^6,19^6,28^6,37^6,46^6,55^6,64^6,73^4-
Nonamethyl-1^6,73^6-bis-trichlormethyl-
1104